Table I-1

Weights and Mass Densities

Material	Weight Density γ	Mass Density ρ
	kN/m^3	kg/m^3
Aluminum alloys	26–28	2600–2800
2014-T6, 7075-T6	28	2800
6061-T6	26	2700
Brass	82–85	8400–8600
Bronze	80–86	8200–8800
Cast iron	68–72	7000–7400
Concrete		
Plain	23	2300
Reinforced	24	2400
Lightweight	11–18	1100–1800
Copper	87	8900
Glass	24–28	2400–2800
Magnesium alloys	17–18	1760–1830
Monel (67% Ni, 30% Cu)	87	8800
Nickel	87	8800
Plastics		
Nylon	8.6–11	880–1100
Polyethylene	9.4–14	960–1400
Rock		
Granite, marble, quartz	26–28	2600–2900
Limestone, sandstone	20–28	2000–2900
Rubber	9–13	960–1300
Sand, soil, gravel	12–21	1200–2200
Steel	77.0	7850
Titanium	44	4500
Tungsten	190	1900
Water, fresh	9.81	1000
sea	10.0	1020
Wood (air dry)		
Douglas fir	4.7–5.5	480–560
Oak	6.3–7.1	640–720
Southern pine	5.5–6.3	560–640

Table I-2

Moduli of Elasticity and Poisson's Ratios

Material	Modulus of Elasticity E	Shear Modulus of Elasticity G	Poisson's Ratio ν
	GPa	GPa	
Aluminum alloys	70–79	26–30	0.33
2014-T6	73	28	0.33
6061-T6	70	26	0.33
7075-T6	72	27	0.33
Brass	96–110	36–41	0.34
Bronze	96–120	36–44	0.34
Cast iron	83–170	32–69	0.2–0.3
Concrete (compression)	17–31		0.1–0.2
Copper and copper alloys	110–120	40–47	0.33–0.36
Glass	48–83	19–35	0.17–0.27
Magnesium alloys	41–45	15–17	0.35
Monel (67% Ni, 30% Cu)	170	66	0.32
Nickel	210	80	0.31
Plastics			
Nylon	2.1–3.4		0.4
Polyethylene	0.7–1.4		0.4
Rock (compression)			
Granite, marble, quartz	40–100		0.2–0.3
Limestone, sandstone	20–70		0.2–0.3
Rubber	0.0007–0.004	0.0002–0.001	0.45–0.50
Steel	190–210	75–80	0.27–0.30
Titanium alloys	100–120	39–44	0.33
Tungsten	340–380	140–160	0.2
Wood (bending)			
Douglas fir	11–13		
Oak	11–12		
Southern pine	11–14		

SI 재료역학 9th Edition

MECHANICS OF **MATERIALS:** SI Edition

***Mechanics of Materials,* SI Edition, Ninth Edition**

Barry J. Goodno,
James M. Gere

Original edition © 2018 Cengage Engineering, a part of Cengage Learning.
Mechanics of Materials, SI Edition, Ninth Edition by Barry J. Goodno, James M. Gere
ISBN: 9781337093354

ISBN-13: 978-89-6218-413-6

Cengage Learning Korea Ltd.
14F YTN Newsquare 76 Sangamsan-ro
Mapo-gu Seoul 03926 Korea

Printed in Korea
Print Number: 04 Print Year: 2023

MECHANICS OF SI Edition

MATERIALS

Barry J. Goodno • James M. Gere

SI재료역학

김옥환 • 김이두 • 김희중 • 손동우 • 임문혁
전의식 • 정재강 • 차용훈 • 한상훈 | 옮김

Cengage

Australia • Brazil • Canada • Mexico • Singapore • United Kingdom • United States

옮긴이 소개(가나다순)

김옥환
공주대학교 기계자동차공학부 교수

김이두
울산대학교 건축공학부 교수

김희중
계명대학교 토목공학과 교수

손동우
한국해양대학교 기계공학부 교수

임문혁
계명대학교 기계자동차공학부 교수

전의식
공주대학교 기계자동차공학부 교수

정재강
조선대학교 기계공학과 교수

차용훈
조선대학교 기계공학과 교수

한상훈
충북대학교 토목공학부 교수

SI 재료역학 -제9판-

Mechanics of Materials - SI Edition, Ninth Edition

제9판 1쇄 발행 | 2017년 3월 28일
제9판 4쇄 발행 | 2023년 6월 26일

지은이 | Barry J. Goodno, James M. Gere
옮긴이 | 김옥환 김이두 김희중 손동우 임문혁 전의식 정재강 차용훈 한상훈
발행인 | 송성헌
발행처 | 센게이지러닝코리아㈜
등록번호 | 제313-2007-000074호(2007.3.19.)
이메일 | asia.infokorea@cengage.com
홈페이지 | www.cengage.co.kr

ISBN-13: 978-89-6218-413-6

공급처 | ㈜경문사
주 소 | 서울시 마포구 와우산로 174
도서안내 및 주문 | TEL 02) 332-2004 FAX 02) 336-5193
이메일 | kyungmoon@kyungmoon.com

정 가 | 49,000원

저자 소개

Barry J .Goodno

© Barry Goodno

Barry John Goodno는 조지아공대의 토목환경공학과의 교수이다. 그는 1974년에 조지아공대에 합류했다. 그는 Evans 장학생으로 1970년에 위스콘신주 매디슨의 위스콘신대학교에서 토목공학분야의 학사학위를 받았다. 그리고 1971년과 1975년에 캘리포니아주 스탠포드의 스탠포드대학교에서 석사학위와 박사학위를 각각 받았다. 그는 조지아주의 프로엔지니어링면허(PE)를 갖고 있으며 미국토목학회(ASCE)의 탁월한 회원이고 SEI의 초기 연구원이며, 그리고 ASCE의 여러 요직을 거쳤다. 그는 정부의 ASCE 구조공학연구분과 전 위원장이며 또한 ASCE의 공학역학연구회(EMI)의 회원이기도 하다. 그는 ASCE-SEI 기술분과 실무위원회의 위원장을 역임했으며 ASCE-SEI 수상위원회의 위원장을 거쳤다. 2002년에는 Goodno 박사는 ASCE-SEI에 대한 탁월한 공로로 SEI *Dennis L. Tewksbury Award*를 수상했다. 그는 조지아공대에서 학부과정 정역학과 재료역학에서 강의교수법의 혁신적인 시도를 인정받아 2013년에 최신기법활용의 선두주자로 부서상을 수상했다. 그는 지진공학연구소(EERI)의 회원이며 MAE Memphis Test Bed Project를 주관했던 NSF설립 중부미국지진센터(MAE) 내의 여러 주요 보직을 지냈다. Goodno 박사는 조지아공대에서 재직 중 지진공학과 구조동역학 분야에서 연구를 수행하고 대학원 과목들을 강의하며 저술활동을 하였다.

Goodno 박사는 열렬한 싸이클리스트이며 축구코치이자 심판, 그리고 마라톤선수이다. 공동저자이나 멘토인 James Gere처럼 그는 1987년 보스톤 마라톤의 출전선발 대회와 본 대회 등 여러 마라톤들을 종주하였다.

James M. Gere

Courtesy of James and Janice Gere Family Trust

James M. Gere(1925~2008)는 1949년과 1951년에 Rensselaer Polytechnic Institute의 토목공학에서 학사와 석사 학위를 각각 받았다. 그는 Rensselaer에서 강사로 시작하여 후에 연구교수(Research Associate)로 근무했다. 그는 최우수 NSF Fellowship으로 수상했으며, 스탠포드에서 수학하도록 선발되었다. 그는 1954년에 박사학위를 취득한 후에 토목공학에서 교수진으로서 근무를 시작하여 역학, 구조 및 지진 공학분야에서 도전적인 주제에 34년의 경력을 쌓았다. 그는 스탠포드에서 학과장과 공대 부학장을 역임했으며, 1974년의 John A. Blume Earthquake Center를 공동으로 설립했다. 1980년에 Jim Gere는 스탠포드 지진대비 위원회 설립 위원장도 역임하였다. 같은 해에 그는 지진으로 황폐화된 중국 당산이란 도시를 연구하기 위한 최초의 외국인들 중 한 사람으로 초대되었다. Jim은 1988년에 스탠포드 대학으로부터 은퇴했으나 스탠포드 커뮤니티의 활동적이고도 가장 주요한 구성원으로 계속 지냈다.

Jim Gere는 외향적인 태도, 쾌활한 성격과 멋진 웃음, 활동성, 그리고 토목공학분야에서 교육자로서의 교육방법으로서도 유명했다. 그이 스승이자 멘토인 Stephan P. Timoshenko로부터 영향을 받은 교재인 '재료역학(*Mechanics of Materials*)'을 1972년에 집필하는 것으로 시작하여 다양한 공학분야에 대한 9권의 교재를 집필했다. 전 세계적으로 공학 교과목으로 사용되는 다른 유명한 교재로는 S. Timoshenko와 공동으로 집필한 '*Theory of Elastic Stability*', W. Weaver와 공동 집필한 '*Matrix Analysis of Framed Structure*'와 '*Matrix Algebra for Engineers*', H. Krawinker과 공동 집필한 '*Moment Distribution*' 및 '*Earthquake Tables*', 그리고 '*Structural and Construction Design Manual.* H. Shah와 동동 집필한 '*Terra Non Firma: Understanding and Preparing for Earthquakes*'가 있다.

1986년에는 에베레스트 산의 베이스 캠프까지 여행을 하였고, 여행 중에 동료의 생명을 구하였다. James는 훌륭한 달리기 선수였고, 48세에 3시간 13분 기록으로 보스톤 마라톤에서 완주하였다. James Gere는 여러 측면의 일상생활이나 업무를 쉽게 견뎌내게 하는 경쾌하고 훌륭한 유머를 가진 사려가 깊고 사랑하는 사람으로서 그를 알았던 모든 사람들에게 오랫동안 기억될 것이다.

저자 서문

재료역학은 정역학과 더불어 인공물이든 자연물이든 구조물의 강도와 물리적 성능에 관심이 있는 누구나 이해해야 할 기본적인 공학과목이다. 대학에서 정역학은 보통 저학년에 주어지며, 재료역학 분야의 뒤따르는 과목들에 대한 선수과목이다. 이 두 과목은 기계, 구조, 토목, 생체의학, 화공, 핵, 항공 및 우주 공학들을 전공하는 대부분의 학생들에게 요구된다. 게다가 재료과학, 산업공학, 건축 및 농업공학과 같은 다양한 분야의 많은 학생들도 재료역학을 공부하는 것이 유용하다는 것을 알게 될 것이다.

재료역학

오늘날 많은 대학의 공학 프로그램들에서 정역학과 재료역학은 여러 전공분야의 학생들로 구성된 상위부서에 의해 교육되고 있다. 이러한 여러 개의 유사한 부서들의 강사들은 동일한 내용을 가르쳐야 하고, 학생들이 그들의 특정한 학위 프로그램에서 요구하는 보다 높은 수준의 과정을 잘 준비하도록 모든 핵심 주제들을 가르쳐야 한다. 재료역학의 첫 과정에서 성공을 위한 핵심적인 선행요건은 정역학에 대한 탄탄한 기초를 닦는 것이며, 여기에는 2차원과 3차원 문제의 해답을 구하기 위해 정적 평형법칙을 적용하는 데 있어 기본 개념들을 충분히 이해하고 능숙해지는 것을 포함한다. 이 9판은 정역학에 대해 갱신된 절부터 시작되는데, 여기에는 정적법칙과 경계(또는 지점)조건들의 목록이 복습되고, 뿐만 아니라 적절히 그려진 자유물체도를 기초로 유도된 재하 하중형태와 내부응력의 합력도 복습된다. 학생들이 평면과 입체 트러스, 비틀림을 받는 축, 보와 평면 및 입체 프레임의 해석을 복습하고, 이전 단계에서 배운 기본개념을 강화시키기 위해 수많은 예제들과 연습문제들이 포함되어 있다.

많은 강사들은 소위 보 굽힘이라는 기본 이론을 먼저 제시하고 나서, 보의 굽힘, 보의 설계 등과 같은 주제로 실세계 예제들을 사용하여 학생들의 관심을 고취시키고자 한다. 대부분은 대학교 내의 구조물들을 통해 강의나 과제에서 세분시켰던 보, 프레임, 볼트접합부를 찾을 수 있으며, 지점의 반력, 부재내의 힘과 모멘트, 접합부응력을 구해볼 수 있다. 뿐만 아니라, 구조물과 요소의 파괴 원인에 대해 공부하면 실제 설계사례와 과거의 공학적인 실패로부터 배우는 과정을 시작할 수 있는 기회도 제공하게 된다. 이 9판의 많은 새로운 예제들과 새롭거나 수정된 연습문제들은 실제 요소와 구조물에 기초하고 있으며, 사진들이 포함되므로 학생들이 실세계 문제와 해석과정에서 사용된 간략화된 역학모델과 자유물체도를 볼 수 있다.

점점 많은 대학들이 수학, 물리, 공학의 대형 강의에서 풍부한 미디어 강의용(또는 강의실용) 프로그램을 활용하고 있다. 이 9판에 포함된 많은 새로운 사진들과 보완된 그림들은 이렇게 강화된 강의 형태를 지원할 수 있도록 기획되었다.

핵심 내용

이 책에서 다루어지는 핵심 내용은 위에서 언급한 기본 개념을 포함하여, 인장, 압축, 비틀림 및 굽힘을 받는 구조용 부재의 해석 및 설계이다. 그 밖의 주요 내용은 응력과 변형률의 변환, 조합 하중과 조합 응력, 보의 처짐, 그리고 기둥의 안정성이다. 추가적인 심화 주제는 응력집중, 동하중과 충격 하중, 불균일 단면 부재, 전단 중심, 두 재료(복합재료)로 된 보의 굽힘, 비대칭 보의 굽힘, 보의 최대 응력, 보 처짐을 계산하기 위한 에너지기반 접근방법, 그리고 부정정 보 등이다.

각 장은 다루는 주요 주제를 강조하기 위해 **개요**로 시작하고, 빠른 복습을 위해 해당 장에서 제시된 주요 수학공식뿐만 아니라 핵심사항을 열거하는 **이 장의 요약 및 복습**으로 끝난다. 또한 각 장은 해당 장에서 다룰 핵심 개념을 설명하기 위한 요소 또는 구조물의 사진으로 시작한다.

새로운 특징

재료역학의 현대화된 과목으로서의 요구를 만족시키기 위해 새롭거나 보완된 자료가 추가된 9판 책의 뚜렷한 특징은 다음과 같다.

- **문제풀이 방식** — 교재 내의 모든 예제들은 새로운 **4단계 문제해결 단계**로 제시되는 데, 이는 2013년 R. Serway와 J. Jewett가 저술하고 센게이지러닝에서 출판한 *Principles of Physics* 5판에 따랐다. 새로운 이 구조화된 형식은 학생들이 문제해결 기법을 세분화하고 예제에서 설명한 주요 개념의 이해력을 높일 수 있게 한다.
- **정역학 복습** — **정역학 복습**이란 새로운 절이 1장에 강화되었다. 1.2절은 트러스, 보, 원형 축, 평면프레임 구조물들의 지점 반력과 내부응력의 결과(부재력)를 계산해보이는 4개의 예제를 포함한다. 장 끝부분에 있는 정역학에 관한 34개의 연습문제들은 2, 3차원 구조물에 대한 실습, 복습, 과제부여 용도로 사용될 수 있는 다양한 난이도를 가진 위한 문제들을 제공한다.
- **확대된 '개요'와 '요약 및 복습' 절** — 이 두 개의 절은 확장되어, 해당 장에서 제시된 **핵심 공식**들과 **그림**들을 포함한다. 이렇게 요약하는 절들은 각 장에서 설명하였던 핵심 주제와 공식들을 학생들이 간편히 복습할 수 있도록 한다.
- **문제풀이에서 사용되는 평형방정식, 구성방정식, 변형률** — 처짐/적합 방정식과 같은 **기초가 되는 기본개념을 지속적으로 강조한다.** 예제와 장의 끝부분에 있는 Problems의 풀이는 해당 풀이를 시도하기 전에 평형방정식, 구성방정식, 변형률-처짐/적합 방정식을 명시적으로 기술하는 단계적인 절차를 강조하도록 갱신되었다.
- **주제 범위의 확대** — 다음의 주제들, 즉 축 하중 부재의 응력집중(2.10절), 원형이 아닌 단면을 가진 축의 비틀림(3.10절), 굽힘에서의 응력집중(5.13절), 복합 보의 변환 단면 해석(6.3절), 비대칭보의 일방적인 굽힘 공식(6.5절)은 갱신되거나 범위가 확장되었다.
- **새로운 예제 및 연습문제** — 40개가 넘는 새로운 예제들이 9판에 추가되었다. 뿐만 아니라 9판 교재에서 제공된 1,440 Problems 중에서 400개가 넘은 문제들이 새롭거나 보완되었다. 각 장의 끝부분에 있는 Problems은 이제 **입문적**이거나 **본격적**인 것으로 나뉘어져 있으며, 난이도 순서로 배치되어 있다.
- **도심과 관성모멘트의 복습** — 보다 많은 예제들과 문제들은 부록 D로 옮겨졌다.

예제의 중요성

이론적인 개념을 설명하고 그러한 개념이 실제 상황에 어떻게 사용되는지를 보여주기 위해 이 책에는 많은 예제들이 제시되어 있다. 모든 예제들은 **문제풀이 4단계 접근방식**을 따라 각 문제를 설정하고 풀이하는 데 주요 과정뿐만 아니라 기본개념이 명확히 이해되도록 하였다. 이론과 응용에서의 연관성을 강화시키기 위하여 실제 공학적인 구조물이나 요소를 보여주는 사진들이 추가되었다. 각 예제는 문제의 명확한 설명으로 시작하고, 그리고 나서 학생들이 시스템의 공학적인 분석에 있어 관련된 이론을 이해하고 적용하는 것을 돕기 위하여 단순화된 해석모델과 관련된 자유물체도를 제시한다. 대부분의 경우에 예제들은 아이디어를 보다 쉽게 설명하기 위해 기호로 다루어졌으며, 이후 분석단계의 마지막 부분에서 주요 변수들의 값들이 치환되었다. 교재 전반을 걸쳐 일부 예제들은 그래픽적인 결과를 추가하여 그 결과(예를 들면, 보에서의 응력)를 학생들이 쉽게 이해할 수 있도록 하였다.

예제 1-1

그림 1-6

그림 1-7
트러스 모델의 자유물체도

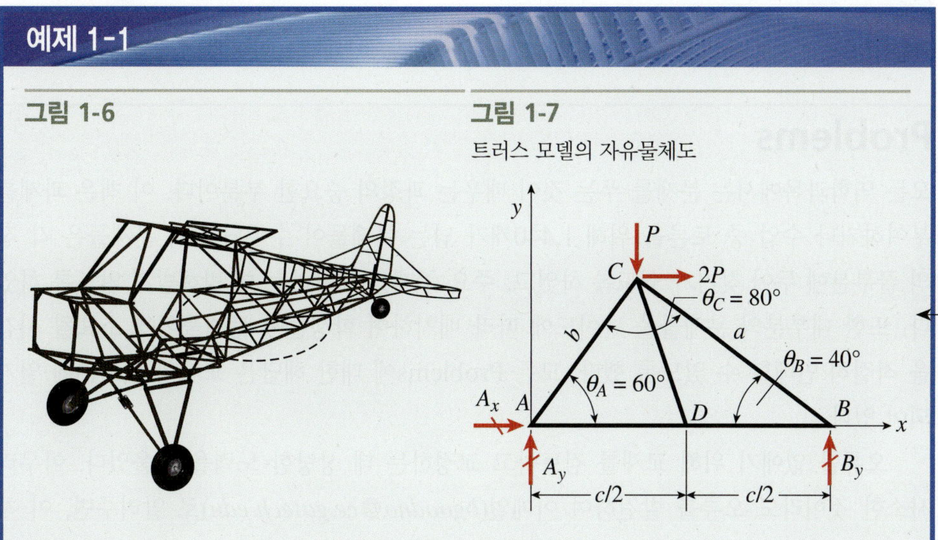

많은 경우에, 예제는 비행기 동체 부분을 나타내는 트러스 구조물(그림 1-6)과 같이 실제 구조물의 해석을 포함한다. 부재들, 지점, 치수 그리고 하중을 보여주는 구조물의 관심 부분을 스케치함으로써 풀이는 시작된다. 해석에서 이러한 **개념화** 단계는 보통 자유물체도의 결과를 낳는다(그림 1-7 참조).

풀이

풀이과정은 다음 단계들을 포함한다.

1. **개념화**[가정, 스케치]: 먼저, 전체 트러스 모델의 자유물체도를 스케치한다(그림 1-7). 자유물체도에서는 C에만 알려진 힘이 작용되고, A와 B에서는 미지수인 반력들이 보여지며, 이들은 해당 반력들을 구하기 위해 평형 분석과정에서 사용된다.

2. **분류**[단순화, 분류화]: 전체 평형을 생각하면, x와 y방향의 힘 성분들과 z축에 대한 모멘트가 0이 되어야 한다. 이는 A_x, A_y, 그리고 B_y의 반력 요소들을 필요로 한다. 이 트러스는 정정 구조물(**미지수**: $m + r = 5 + 3 = 8$, 기지수: $2j = 8$)이므로 모든 부재력들은 **절점법**으로 구해질 수 있다.

3. **해석**[수치 계산; 적절한 식의 선정, 수학적인 해를 구하기]: 먼저 힘의 작용선까지의 거리를 구하기 위해 필요한 AC와 BC 부재의 길이를 구한다.
a와 b 부재의 길이를 구하기 위한 sine 법칙 : a와 b 길이를 구하기 위해, 알려진

다음 단계는 문제를 단순화하여 알려진 데이터를 명시하고 모든 미지수를 정의하나 후에 해석을 위한 적절한 모델을 만들기 위해 필요한 가정을 설정하게 된다. 이것이 **분류화** 단계이다.

주된 방정식을 세우고, 해당 방정식을 풀기 위해 적절한 수학적이고 수치적인 기법을 사용하여 수학적인 공식 형태 또는 수치해 형태로 결과를 얻는다. 이러한 **해석** 단계를 통해 지점 반력과 트러스 내의 부재력을 구하게 된다.

$\theta_A, \theta_B, \theta_C$ 그리고 $c = 3$ m를 사용하면,

$$b = c\frac{\sin(\theta_B)}{\sin(\theta_C)} = (3\text{ m})\frac{\sin(40°)}{\sin(80°)} = 1.958\text{ m},$$

$$a = c\frac{\sin(\theta_A)}{\sin(\theta_C)} = (3\text{ m})\frac{\sin(60°)}{\sin(80°)} = 2.638\text{ m}$$

해석 단계에서의 중요 과정들을 나열함으로써 이후에 검토하기 쉽도록 한다.

계산된 a와 b의 길이가 코사인법칙에 의해 c 길이가 됨을 검토한다.

$$c = \sqrt{(1.958\text{ m})^2 + (2.638\text{ m})^2 - 2(1.958\text{ m})(2.638\text{ m})\cos(80°)} = 3\text{ m}$$

최종 단계에서 주요 과정들을 열거하고, 해답이 명확하게 제시되었는지를 확인하기 위하여 검토함으로써 다른 사람들에 의해 쉽게 검토될 수 있도록 한다. 구해진 식이나 값이 합당한지 검토한다. 그리고 이들이 처음에 기대한 것과 맞는지도 검토한다.

4. 최종 단계[결론; 해의 검토—해가 온당한가? 단위는 바른가? 비슷한 문제와 비교하였을 때 어떠한가?]: 위에서 고려한 간단한 평면트러스는 $2j = 8$개의 평형방정식을 가지며, **절점법**으로 각 절점에 차례로 $\Sigma F_x = 0$와 $\Sigma F_y = 0$를 적용하면 이 방정식들을 얻을 수 있다. 이러한 연립방정식의 해를 구하면 3개의 반력과 5개의 부재력을 얻게 된다. **절단법**은 지정된 부재력을 구하기 위해서 효율적인 방식이다.

Problems

모든 역학과목에서는 문제를 푸는 것이 배우는 과정의 중요한 부분이다. 이 책은 과제를 부여하거나 수업 중 토론을 위해 1,440개가 넘는 문제들이 수록되었다. 문제들은 각 장의 끝부분에 두어 찾기가 쉽도록 하였고, 주요 주제를 제시하는 데 방해받지 않도록 하였다. 또한 대부분의 문제들을 난이도에 따라 배치하여 학생들이 문제풀이에 소요될 시간을 적절히 안배할 수 있도록 했다. 모든 Problems에 대한 해답은 교재의 뒷부분에 열거되어 있다.

오류를 없애기 위해 교재를 검토하고 교정하는 데 상당한 노력을 기울였다. 아무리 사소한 것이라도 오류를 발견하여 이메일(*bgoodno@ce.gatech.edu*)로 알려주면, 이 책의 다음 판에서 그 오류들을 고칠 예정이다.

단위

국제단위계(SI)가 모든 예제와 연습문제에서 사용된다. SI단위계로 된 구조용 강의 단면 성질에 관한 표는 부록 F에서 제공되므로, 보 해석과 설계에 관한 예제 및 Problems의 풀이는 SI단위로 풀 수 있다.

보충내용

강사용 자료

강사용 문제풀이집(Instructor's Solution Manual)은 이 교재에 관한 강사용 자료센터에서 온라인으로 얻을 수 있으며, 일부 문제들에 대한 Mathcad 형태의 해답을 비롯해 모든 Problems에 대한 해답을 포함하고 있다. 이 풀이집은 자유물체도뿐만 아니라 회전된

응력요소들도 포함한다. 강사들은 이 풀이집을 http://www.cengagebrain.com에서 구할 수 있다. 강사용 자료센터는 전체 강의노트용 파워포인트 자료도 제공하고 있다.

S. P. Timoshenko(1878~1972)와 J. M. Gere(1925~2008)

이 책의 많은 독자는 응용역학 분야에서 아마도 가장 유명한 Stephen P. Timoshenko라는 이름을 기억할 것이다. Timoshenko의 간략한 경력은 **참고문헌과 역사적 기록**(*References and Historical Notes*) 절의 첫 번째 참고문헌에 나타나 있다. Timoshenko는 일반적으로 응용역학 분야에서 세계적으로 가장 뛰어난 개척자로 인식되고 있다. 그는 수많은 새로운 생각과 개념을 발견하였으며, 깊은 학식과 뛰어난 교육으로 유명하게 되었다. 그는 수많은 책을 저술함으로써 미국뿐만 아니라 역학이 다루어지는 어느 나라에서나 역학교육부문에 심오한 영향을 미쳤다. Timoshenko는 James Gere의 지도교수이자 멘토였으며, James Gere에 의해 저술되고 1972년에 출판된 이 책의 초판에 대한 원동력을 제공하였다. 2판 이후의 책들은 스탠퍼드 대학교에서 저자, 교육자, 그리고 연구자로서 긴 세월 동안의 뛰어난 업적으로 재직하는 과정을 통하여 Gere 교수에 의해 집필되었다. James Gere는 1952년에 스탠퍼드에서 박사과정 학생으로 시작하여, 이 책과 역학, 구조 및 지진공학에 관련한 다른 8권의 유명한 책들을 집필하고 1988년 스탠퍼드의 교수로서 은퇴했다. 2008년 1월 사망할 때까지 스탠퍼드 대학교의 명예교수로 있으면서 왕성한 활동을 계속하였다.

감사의 글

어떤 형태로든 이 책이 만들어지는 데 도움을 준 모든 사람들에게 감사를 드리는 것은 어렵다. 그러나 저자는 스탠퍼드 대학교 스승인, 특히 친구이자 멘토이며, 그리고 공동저자인 James M. Gere 교수로부터 큰 신세를 졌다.

저자는 이 교재에 대한 의견과 건설적인 비평을 제공해 준 전 세계의 여러 기관들에서 재료역학을 가르치는 많은 동료들에게 감사를 드리고, 모든 익명의 조언들에 대해서도 고마움을 전한다. 새로운 판을 만들 때마다 그들의 의견은 내용 측면이나 교육적인 측면에서 상당한 개선점을 제공해 주었다.

이 9판을 출판하는 데 상세한 의견을 제공해주었던 아래의 감수자들에게도 감사를 드린다.

Erian Armanios, *University of Texas at Arlington*
Aaron S. Budge, *Minnesota State University, Mankato*
Virginia Ferguson, *University of Colorado, Boulder*
James Giancaspro, *University of Miami*
Paul Heyliger, *Colorado State University*
Eric Kasper, *California Polytechnic State University, San Luis Obispo*
Richard Kuns, *Mercer University*
David Lattanzi, *George Mason University*

Gustavo Molina, *Georgia Southern University*
Suzannah Sandrik, *University of Wisconsin-Madison*
Morteza A.M. *Torkamani, University of Pittsburgh*

또한 조지아공대의 구조공학 및 역학 전공의 동료들에게도 이 판에 이르기까지 개정과 보완에 관한 여러 형태들에 대해 값진 의견을 제공해 준데 대해 감사를 드리고 싶다. 이러한 교육자와 함께 일하고, 구조공학과 역학분야에서의 연구와 더 나은 교육에 대해 일상적인 만남과 토론으로 그들로부터 배우는 것은 매우 영광스러운 일이다. 여러 판의 교재들을 구성하는 데 도움을 준 것에 대해 저자의 현재와 이전 학생들도 고맙게 생각한다. 마지막으로 새로운 문제들을 제안하고 새로운 예제들과 연습문제들의 해답을 꼼꼼히 검토해준 Edwin Lim에게도 고마움을 전하고 싶다.

이 새로운 책을 만드는 데 헌신적인 노력을 해준 센게이지러닝의 아래의 Global Engineering 팀에게 감사를 드린다.

제작부장인 Timothy Anderson, 선임기획부장인 Mona Zeftel, 기획 매니저인 D. Jean Buttrom, 마켓팅 매니저인 Kristin Stine, Learning Solutions Specialist인 Elizabeth Brown과 Brittany Burden, 미디어 개발부 차장인 Ashley Kaupert, 제작부 대리인 Teresa Versaggi와 Alexander Sham, 그리고 RPK Editorial Services, Inc 회사의 Rose Kernan.

그들은 이 교재의 개발과정이나 성공적인 출판에 이르기까지 모든 측면에서 능숙하게 도움을 주었다.

이 책이 출판될 때까지 인내심을 갖고 격려해준 저자의 가족들, 특히 아내인 Lana에게 깊은 고마움을 전한다.

마지막으로, 저자는 멘토이자 친구인 Jim Gere에 의해 오래전에 시작한 이러한 열정을 지속할 수 있어 매우 기쁘게 생각한다. 이 9판 교재는 이제 출판 45주년을 맞이했다. 저자는 훌륭한 책을 만들기 위한 노력을 계속할 것이며 어떠한 의견과 제안이더라도 환영하는 바이다. 독자들의 고견은 언제든지 *bgoodno@ce.gatech.edu*로 전달될 수 있다.

Barry J. Goodno
Atlanta, Georgia

SI 판에 대한 서문

재료역학 9판은 교재 전반에 걸쳐 국제표준인 SI단위계를 채택하였다.

국제표준단위계

SI단위계는 기본적으로 MKS (meter-kilogram-seond) 체계이다. 그렇지만, CGS (centimeter-gram-second) 단위들도 특히 교재들에서는 SI단위로 자주 허용된다.

이 책에서의 SI 단위계의 사용

이 책에서는 MKS와 CGS 단위계 모두 사용되었다. 이 책의 미국판에서 사용된 USCS (미국 관용단위계), 즉 FPS (foot-pound-second) 단위계는 본문과 Problems에 걸쳐 SI단위계로 변환되었다. 그렇지만 편람, 국가표준, 제품안내서로부터 얻어진 자료인 경우에는 모든 값들을 SI단위로 변환하는 것이 극히 어려울 뿐만 아니라 원본의 지적재산권을 침해하는 것이 된다. 따라서 그림, 표, 그리고 참고문헌 내의 일부 자료들은 FPS 단위계로 유지된다.

원본자료가 요구되는 문제를 풀기 위해서는 원래 값을 계산과정에서 사용하기 직전에 FPS 단위계에서 SI단위계로 변환할 수 있다. SI단위계로 된 표준값이나 제작사 자료를 얻기 위해서는 해당 지역의 관련 회사나 담당부서에 문의하면 된다.

강사용 자료

SI단위계로 된 강사용 문제풀이집(Instructor's Solution Manual)은 이 교재의 웹사이트 http://login.cengagebrain.com를 통해 온라인으로 얻을 수 있다. 이 풀이집의 컴퓨터 파일, SI 설명에 대한 강의노트용 파워포인트 슬라이드, 기타 관련된 자료들은 이 웹사이트에 등록하는 강사들에게 제공된다.

이 SI 판에 대한 독자의 의견은 매우 감사할 것이며, 후속 판을 개선하는 데 도움이 될 것이다.

Cengage Learning

역자 서문

이 책은 조지아공과대학의 Barry J. Goodno 교수와 스탠퍼드 대학교 교수로 재직했던 James M. Gere 교수가 공동 저술한 "Mechanics of Materials" 제9판(SI 판)의 번역서이다. 저자 서문에서 언급된 바와 같이, 이 책은 Gere 교수(2008년 작고)가 스승이자 재료역학의 원조라고 할 수 있는 S. Timoshenko 교수와 공저로 1972년 초판본이 발행된 이후, 45여 년 동안 꾸준히 보완되고 발전되어 아홉 번째 개정판에 이르게 되었으며, 후반에는 Goodno 교수가 참여하여 내용를 보완하는 데 중요한 역할을 담당하였다. 이 책은 방대한 내용의 주제들을 매우 체계적이고 논리적으로 쉽게 설명하고 있어서 세계 각국의 다양한 언어로 번역되어 읽혀지고 있다.

재료역학은 변형체 역학의 하나로서 탄성과 소성을 수반하는 구조재료의 내력과 변형의 문제를 보다 실용적인 측면에서 접근하여 해석하고 응용하는 학문으로 기계, 건축, 토목, 조선, 항공우주공학 등의 분야에 사용되는 각종 구조물의 내력과 변형의 해석과 강도설계를 위한 기초지식을 제공하기 때문에 이 분야를 전공하는 이들에게 필수과목일 뿐만 아니라, 재료과학, 산업공학, 농공학과 같은 분야를 전공하는 이들에게도 필요한 과목이다.

이 책의 특징은 재료역학의 주제들을 논리적으로 쉽게 설명하고 있을 뿐만 아니라, 주제와 관련된 산업현장 또는 생활에서 접할 수 있는 실제 구조물의 경우에 적용하여 다루고 있어서 독자의 흥미를 유발하고 현실감을 잃지 않도록 하고 있다. 이해를 돕기 위한 그림과 사진을 적절히 배치하여 현장 경험이 없는 학생도 문제를 파악하고 이해하기 쉽게 할 뿐만 아니라 산업현장에 종사하는 실무자들에게도 현장의 공학적 문제를 모델링하고 해석할 때 유용한 참고서가 될 수 있도록 하고 있다. 또한, 주제마다 상세한 개념설명과 함께 풍부한 예제와 연습문제를 제공하여 실제 문제에 적용하는 능력을 배양할 수 있도록 하고 있다. 강의하는 교수들에게는 교과과정에 따라서 필요한 주제를 난이도와 활용도에 따라 선별할 수 있도록 단계별로 구분하고 있다.

번역과정에서 전문용어의 우리말 표현은 대한기계학회의 기술용어사전을 참조하였으며, 여러 명의 역자가 공동으로 참여하였기 때문에 발생할 수 있는 전문용어 사용의 혼란 없이 일관성이 유지되도록 노력하였다. 본문의 내용은 가능한 한 원문의 표현을 살려 번역하였으나, 필요한 경우 원문의 의도를 왜곡하지 않는 범위 내에서 우리말의 용법에 따라 의역하였다. 각 장의 뒤에 나오는 연습문제는 학생들의 원서독해능력의 배양과 전문용어에 익숙해질 수 있도록 의도적으로 번역하지 않았음을 밝혀둔다. 또한, 출판과정에서 번역과 편집상의 오류를 최소화하기 위하여 노력하였으나, 예기치 않은 오류가 없지 않을 것으로 생각된다. 이에 대해서는 독자들의 조언을 기대하며, 보완에 힘쓸 예정이다.

끝으로 이 책이 출판되도록 애써주신 센게이지러닝코리아(주)의 관계자 여러분께 진심으로 감사의 뜻을 표하는 바이다.

2017년 2월

역자 일동

차례

CHAPTER 8 평면응력의 적용(압력용기, 보, 조합 하중) 707

CHAPTER 9 보의 처짐 775

CHAPTER 10 부정정 보 869

기호

A 면적
A_f, A_w 플렌지 면적, 웹 면적
a, b, c 치수, 거리
C 도심, 압축력, 적분상수
c 보의 중립축으로부터 바깥면까지의 거리
D 지름
d 지름, 치수, 거리
E 탄성 계수
E_r, E_t 감소 탄성 계수, 접선 탄성 계수
e 편심, 치수, 거리, 단위체적 변화(팽창율)
F 힘
f 전단흐름, 소성 굽힘에 대한 형상 계수, 연성도, 진동수(Hz)
f_T 봉의 비틀림 유연도
G 전단 탄성 계수
g 중력가속도
H 높이, 거리, 수평 하중 또는 반력, 마력
h 높이, 치수
I 면적의 관성모멘트(또는 2차 모멘트)
I_x, I_y, I_z x, y, z축에 대한 관성모멘트
I_{x1}, I_{y1} x_1, y_1축(회전축)에 대한 관성모멘트
I_{xy} xy축에 대한 관성적
I_{x1y1} x_1y_1축(회전축)에 대한 관성적
I_P 극관성모멘트
I_1, I_2 주 관성모멘트
J 비틀림 상수
K 응력집중 계수, 부피 탄성 계수, 기둥의 유효길이 계수
k 스프링 상수, 강성도, $\sqrt{P/EI}$를 위한 기호
k_T 봉의 비틀림 강성도
L 길이, 거리
L_E 기둥의 유효 길이
ln, log 자연 로그(기저 e), 상용 로그(기저 10)
M 굽힘모멘트, 짝힘, 질량
M_P, M_Y 보의 소성 모멘트, 보의 항복 모멘트
m 단위길이당 모멘트, 단위길이당 질량
N 축력

n	안전율, 정수, 분당 회전 수(rpm)
O	좌표계의 원점
O'	곡률중심
P	힘, 집중 하중, 동력
P_{allow}	허용하중
P_{cr}	기둥의 임계 하중
P_P	구조물에 대한 소성 하중
P_r, P_t	기둥의 감소 탄성 계수 하중과 접선 탄성 계수 하중
P_Y	구조물의 항복 하중
p	압력(단위면적당 힘)
Q	힘, 집중 하중, 면적의 1차 모멘트
q	분포 하중의 세기(단위길이당 힘)
R	반력, 반지름
r	반지름, 회전 반지름($r = \sqrt{I/A}$)
S	보 단면의 단면계수, 전단 중심
s	거리, 곡선상의 거리
T	인장력, 비트는 짝힘, 토크, 온도
T_P, T_Y	소성비틀림, 항복비틀림
t	두께, 시간, 비틀림 세기(단위길이당 비틀림 크기)
$t_{\text{f}}, t_{\text{w}}$	플랜지 두께, 웹 두께
U	변형 에너지
u	변형 에너지 밀도(단위부피당 변형 에너지)
u_r, u_t	탄력계수, 인성계수
V	전단력, 부피, 수직 힘 또는 반력
v	보의 처짐, 속도
v', v'', etc.	dv/dx, d^2v/dx^2 등
W	힘, 무게, 일
w	단위면적당 하중(단위면적당 힘)
x, y, z	직교 축(점 O에서 원점)
x_c, y_c, z_c	직교 축(도심 C에서 원점)
$\bar{x}, \bar{y}, \bar{z}$	도심의 좌표값
Z	보 단면의 소성계수
α	각, 열팽창계수, 무차원 비
β	각, 무차원 비, 스프링 상수, 강성도
β_R	스프링의 회전 강성도
γ	전단변형률, 비중(단위부피당 무게)
$\gamma_{xy}, \gamma_{yz}, \gamma_{zx}$	xy, yz, zx 평면에서의 전단변형률
γ_{x1y1}	x_1y_1축(회전축)에 대한 전단변형률
γ_θ	경사진 좌표축에 대한 전단변형률
δ	보의 처짐, 변위, 봉 또는 스프링의 늘어난 길이

ΔT	온도 변화
δ_P, δ_Y	소성변위, 항복변위
ε	수직변형률
$\varepsilon_x, \varepsilon_y, \varepsilon_z$	x, y, z 방향의 수직변형률
$\varepsilon_{x1}, \varepsilon_{y1}$	x_1, y_1방향(회전축)의 수직변형률
ε_θ	경사진 좌표축에 대한 수직변형률
$\varepsilon_1, \varepsilon_2, \varepsilon_3$	주변형률
ε'	단축응력에서 길이방향 변형률
ε_T	열 변형률
ε_Y	항복변형률
θ	각, 보 축의 회전각, 비틀림을 받는 봉의 비틀림 변화율 (단위길이당 비틀림각)
θ_p	주평면 또는 주축까지의 각
θ_s	최대 전단응력면까지의 각
κ	곡률($\kappa = 1/\rho$)
λ	거리, 곡률수축
ν	푸아송 비
ρ	반지름, 곡률 반지름($\rho = 1/\kappa$), 극좌표에서 중심으로부터의 거리, 밀도(단위부피당 질량)
σ	수직응력
$\sigma_x, \sigma_y, \sigma_z$	x, y, z축에 직각인 면에서의 수직응력
σ_{x1}, σ_{y1}	x_1y_1축(회전축)에 직각인 면에서의 수직응력
σ_θ	경사진 면에서의 수직응력
$\sigma_1, \sigma_2, \sigma_3$	주응력
σ_{allow}	허용 응력
σ_{cr}	기둥의 임계응력($\sigma_{cr} = P_{cr}/A$)
σ_{pl}	비례한도 응력
σ_r	잔류응력
σ_T	열응력
σ_U, σ_Y	극한 응력, 항복 응력
τ	전단응력
$\tau_{xy}, \tau_{yz}, \tau_{zx}$	x, y, z축에 직각인 면에서 y, z, x축에 평행하게 작용하는 전단응력
τ_{x1y1}	y_1축에 직각인 면에서 y_1축(회전축)에 평행하게 작용하는 수직응력
τ_θ	경사진 면에서의 전단응력
τ_{allow}	허용 전단응력
τ_U, τ_Y	극한 전단응력, 항복 전단응력
ϕ	각, 비틀림을 받는 봉의 비틀림각
ψ	각, 회전각
ω	각속도, 각 진동수($\omega = 2\pi f$)

그리스 알파벳

GREEK ALPHABET

Α	α	Alpha	Ν	ν	Nu
Β	β	Beta	Ξ	ξ	Xi
Γ	γ	Gamma	Ο	o	Omicron
Δ	δ	Delta	Π	π	Pi
Ε	ε	Epsilon	Ρ	ρ	Rho
Ζ	ζ	Zeta	Σ	σ	Sigma
Η	η	Eta	Τ	τ	Tau
Θ	θ	Theta	Υ	υ	Upsilon
Ι	ι	Iota	Φ	ϕ	Phi
Κ	κ	Kappa	Χ	χ	Chi
Λ	λ	Lambda	Ψ	ψ	Psi
Μ	μ	Mu	Ω	ω	Omega

CHAPTER 1

인장, 압축, 전단

Tension, Compression, and Shear

이 원격 통신 탑은 주로 인장 또는 압축을 받는 많은 부재의 조립이다

이 장의 목적

- 다양한 재료에 여러 하중이 작용할 때, 구조물에 발생하는 응력, 변형률 및 변형을 다루는 기술임에 대해 정의한다.
- 구조물의 재료에 따른 수직응력(σ)과 변형률(ε)을 학습한다.
- 응력 변형률 선도를 이용하여 탄성 계수(E) 및 항복 응력(σ_y), 극한 응력(σ_u)과 같은 다양한 재료의 특성을 확인한다.
- 전단응력(τ)과 전단변형률(γ) 선도를 통해 전단 탄성 계수(G)에 대해 확인한다.
- 후크의 법칙(Hooke's Law)을 통해 수직응력과 변형률($\sigma = E\varepsilon$), 전단 응력과 변형률($T = G\gamma$)에 대해 학습한다.
- 재료의 뽀아송 비(Poisson's ratio)(ν)에 따라 가로 방향 길이와 체적의 변화에 대해 조사한다.
- 볼트로 연결된 부재 사이에 작용하는 수직, 전단, 베어링 응력에 대해 학습한다.
- 안전계수를 고려하여 허용 응력을 예측한다.
- 개념설계방법을 소개한다: 상호 교환적인 과정을 통해 강도와 요구강도를 만족하는 구조물 부재의 적합한 크기를 결정하여야 한다.

이 장의 구성

1.1 재료역학의 소개

재료역학(mechanics of materials)은 여러 형태의 하중을 받는 고체의 거동을 다루는 응용역학의 한 분야이다. 이 분야의 연구에 대한 다른 이름으로 **재료 강도학***(strength of materials)*과 **변형체 역학***(mechanics of deformable bodies)*이 있다. 이 책에서 고찰되는 고체로는 축 하중을 받는 봉, 비틀림을 받는 축, 굽힘을 받는 보 및 압축을 받는 기둥이 있다.

재료역학의 주 목적은 구조물 및 그 부재에 작용하는 하중에 의한 응력, 변형률 및 변위를 결정하는 것이다. 파손을 유발시키는 하중에 이르기까지 모든 하중값에 대하여 이와 같은 양을 구할 수 있다면, 이 구조물의 기계적인 거동에 대한 모든 특성을 파악할 수 있을 것이다. 기계적인 거동에 대한 이해는, 그 구조물이 비행기와 안테나, 빌딩과 교량, 기계와 모터이든 또는 배와 우주선이든 간에, 모든 형태의 구조물 안전 설계에 필수적이다. 이것이 바로 수많은 공학 분야에서 재료역학이 기본 과목이라고 하는 이유이다. 먼저 구조물이 지지되어 있는 상태에서 하중이 작용한다고 정의하면, 지지부에 생기는 반력과 구조물의 부재 및 요소에 발생하는 내력은 정적 평형법칙에 의해 결정된다(구조물이 정적 구조물로 제시되었을 경우).

재료역학은 실제 물체의 내부에 작용하는 응력과 변형률에 대해 학습하는 것을 말하며, 다시 말해 하중이 작용할 경우 물체에 변형이 발생하는 것을 의미한다. 응력과 변형률을 결정하기 위하여 여러 가지 이론적인 법칙과 개념뿐만 아니라 재료의 물리적인 성질도 이용한다. 이후에 재료역학에서는 정적 부정정이라는 문제를 풀기 위해 물체의 변형에 기초하여 필요한 추가 정보를 얻는 경우를 보게 될 것이다(정적 법칙만을 사용한 경우 풀이가 불가능하다).

이론적 해석과 실험 결과는 재료역학에서도 똑같이 중요한 역할을 한다. 기계적인 거동을 예측하기 위한 공식이나 방정식을 유도하기 위하여 이론을 이용하지만, 이런 식들은 재료의 물리적인 성질을 알지 못하면 실용 설계에 활용할 수 없다. 이와 같은 물리적 성질들은 실험실에서 면밀하게 실험을 수행한 후에 얻을 수 있다. 더욱이 모든 문제를 이론적으로만 해석할 수 없으며, 이와 같은 경우에는 물리적인 실험이 필요하다.

재료역학의 역사적인 발전은 이론과 실험의 매혹적인 혼합이다—어떤 경우에는 이론이 유용한 결과를 얻을 수 있는 방향을 제시하기도 하였고, 다른 경우에는 실험이 그 역할을 하였다. 다빈치(Leonardo da Vinci; 1452 ~ 1519)와 갈릴레이(Galileo Galilei; 1564 ~ 1642) 같은 유명한 과학자들은 그들의 실험 결과를 설명할 수 있는 적당한 이론(오늘날과 같은 기준의)을 개발하지는 못하였으나, 철사, 봉 및 보의 강도를 결정하기 위한 실험을 수행했다. 이와 대조적으로, 저명한 수학자 오일러(Leonhard Euler; 1707 ~ 1783)는, 그의 해석 결과의 중요성을 입증할 수 있는 실험적 증거가 나오기 오래 전인, 1744년에 기둥의 수학적 이론을 전개하고 기둥의 임계 하중을 계산하였다. 오일러의 결과는 오늘날 거의 모든 기둥의 설계와 해석의 기초가 되고 있으나, 그의 이론을 뒷받침할 만한 적절한 실험 결과가 없었기 때문에 100년 이상이나 사용되지 않았었다(참고문헌 1-1, 1-2, 1-3 참고).

1.2 문제해결접근법[1)]

역학학습은 크게 두 부분으로 나뉜다: 첫 번째는 일반적인 개념과 원리를 이해하는 것이고, 두 번째는 개념과 원리를 물리적 상황에 적용하는 것이다. 일반적인 개념 이해는 이 책에서 제시된 논제와 풀이를 통해 학습할 수 있고 문제풀이 기술을 습득할 수 있다. 물론, 역학의 두 파트는 긴밀하게 연결되어 있으며 전문가들은 **일반적인 개념과 원리의 이해는 실제 상황에 적용하지 않고서는 이해할 수 없다**고 말한다. 원리를 나열하는 것은 쉽지만 실제 상황에 적용하여 깊이 있게 이해하기란 어렵다. 문제해결법은 개념이해뿐만 아니라 실제 문제를 경험하고 판단할 수 있는 기회를 제공한다.

이 교재의 주 목적은 재료에 따라 정적 상태에 있는 **구조물의 문제 해결 능력**을 향상시키는 것이다. 이 과정은 **문제해결접근법**(*problem-solving approach*, PSA)을 말하며 예제문제를 푸는 데 사용된다. PSA는 다음과 같은 4가지의 과정을 따른다:

1. **개념화**[가정, 스케치]: 관련 데이터와 작용하는 힘, 지지/ 경계조건 그리고 인접한 구조물 사이에 작용하는 반력 등을 모두 그림으로 그려서 표현하여야 한다. 이 단계에서는 자유물체도를 그리고 정의하는 것이 필수적이다.
2. **분류**[단순화, 분류화]: 문제를 해결하기 위해 모르는 부분을 확인하고, 문제를 간단화하고 문제해결 과정을 단순화하기 위한 가정이 필요하다.
3. **해석**[수치 계산; 적절한 식의 선정, 수학적인 해를 구함]: 적당한 이론을 적용하여 수학적 모델을 근사화하고 모르는 부분을 풀기 위해 필요한 수식을 세운다.
4. **최종 단계**[결론; 해의 검토—해가 타당한가? 단위는 바른가? 비슷한 문제와 비교하였을 때 어떠한가?]: 과거에 풀었던 유사한 문제와 답을 비교하여 보고, 문제를 해결하기 위해 설정된 주요 인자들이 어떻게 바뀌었는지 확인해 보아라(결과에 민감도를 확인하기 위해 설정된 변수들에 따른 그래프를 그려서 확인해 보아라).

예제로 제시된 문제들을 **문제해결접근법**을 적용하여 숙제와 수업시간에 학습해야 한다. 이런 구조화된 시스템적 접근법은 실험을 할 때도 유용하다. 부록 B.2에 문제해결접근법의 내용을 요약하여 좀 더 제시해 놓았다.

각 장의 말미에 수록된 모든 Problems는 그 문제와 관련된 절을 표시하는 문제번호와 부제를 가지고 있다.

이 책에서 최종 수치 결과는 통상 숫자가 2 ~ 9로 시작되는 경우에는 3자리 유효 숫자로 표시하였고, 숫자가 1로 시작되는 경우에는 4자리 유효 숫자로 표시하였다. 중간값은 숫자의 반올림에 의한 수치적 정밀도를 상실하는 것을 피하기 위하여 추가적인 자릿수로 일부 표기하였다.

---

1) 여기에 제시된 4단계의 문제해결 접근법은 R. Serway와 J. Jewett의 *Principles of Physics, 5e, Cengage Learning*, 2013에서 제시한 패턴이다.

1.3 정역학 복습

정역학에서는 정적인 상태에서의 다양한 하중과 구속이 작용하는 경우에 강체의 **평형상태**를 학습하였다. 결과적으로 강체는 고정된 상태에서 정하중이 가해질 경우 운동을 하지 않는다. 물체의 전체 또는 관심 부분을 **자유물체도**로 그리고, 임계점에서 외부의 반력 및 모멘트, 내력 또는 모멘트를 찾기 위해 **평형방정식**을 적용하여야 한다. 이 절에서는 기본적인 정적 평형방정식을 복습할 것이며, 대표적인 구조(2차원 및 3차원 모두)에 대하여 스칼라 및 벡터 연산을 사용하여(가속도 및 속도 모두가 0이라고 가정되는 물체의) 해를 구할 것이다. 재료역학 대부분의 문제는 첫 단계로 정적 해석을 필요로 하며, 모든 하중이 시스템에 작용하여 변형의 원인이 되는 것으로 알려져 있다. 관심 있는 외력 및 내력을 모두 찾게 되면 다음 장에서 봉, 축, 보, 기둥에 대한 응력 및 변형률 그리고 변형을 확인할 수 있다.

평형방정식

평형상태에서 강체 또는 변형체의 **모든** 외력의 합 R과 모멘트의 합 M은 0이다. 모멘트의 합은 임의의 어느 점에서도 확인할 수 있다. 도출된 평형방정식은 다음과 같이 **벡터** 형식으로 표현할 수 있다:

$$R = \Sigma F = 0 \tag{1-1}$$

$$M = \Sigma M = \Sigma(r \times F) = 0 \tag{1-2}$$

여기서 F는 물체에 작용하는 하중의 벡터 중 하나이며, r은 모멘트가 작용하는 점에서 하중 F의 작용선 위에 있는 점까지의 위치 벡터이다. 2차원(x, y) 또는 3차원(x, y, z)에서 직교좌표계를 사용하여 **스칼라 형식**으로 평형방정식을 나타내기에 편리하다.

$$\Sigma F_x = 0 \quad \Sigma F_y = 0 \quad \Sigma M_z = 0 \tag{1-3}$$

식 (1-3)은 2차원 또는 평면의 문제를 해결하는 데 사용할 수 있지만, 3차원에서는 세 개의 하중과 세 개의 모멘트 방정식을 필요로 하게 된다:

$$\Sigma F_x = 0 \quad \Sigma F_y = 0 \quad \Sigma F_z = 0 \tag{1-4}$$

$$\Sigma M_x = 0 \quad \Sigma M_y = 0 \quad \Sigma M_z = 0 \tag{1-5}$$

미지의 하중 수가 독립된 평형방정식의 수와 같으면 이 식들은 물체의 모든 미지의 반력이나 내력을 푸는 데 충분하고 이러한 문제를 **정적 정정**(*statically determinate*)이라고 한다. 물체는 안정하다고 가정된 상태에서 만약, 물체나 구조가 추가적인(또는 중복되는) 하중에 의해 제한되는 경우 **정적 부정정**(*statically indeterminate*)이고 정적 평형 법칙만을 사용하여 해결할 수 없다.

작용력

물체 또는 구조에 작용하는 외력은 집중 하중이나 분포 하중 또는 모멘트 중 하나일 것이다. 예를 들어, 그림 1-1에서 힘 F_B(뉴턴 단위, N)는 물체의 B점에 영향을 미치는 집중 하중으로 가정되었으며, 모멘트 M_A는 A점에 작용하는 집중 모멘트 또는 우력이다(단위 N·m). 분포 하중은 부재(member)의 수직방향 또는 다른 방향으로 일정한 크기를 갖는

그림 1-1
평면 프레임 구조

하중으로, 단위 하중을 갖는 q_1과 q_2(N/m)에 대하여 선 하중 q_1은 부재 BC(그림 1-1)에 수직으로 작용하고, 선 하중 q_2는 경사진 부재 DF에 대하여 $-y$방향으로 작용한다. 또한, 분포 하중은 그림 1-1의 부재 ED와 같이 q_0를 최댓값으로 하는 선형(또는 다른) 하중으로 나타낼 수 있다. 표지판에 작용하는 바람과 같이(그림 1-2) 표면압력 p (Pa의 압력 단위)는 물체의 지정된 위치에서 영향을 미친다. 최종적으로, 그림 1-2에서 기둥이나 표지판의 분포 하중과 같은 체력(body force) w(단위체적당 하중, N/m^3)는 물체의 체적 전체에 작용하며, 표지판(W_s)이나 기둥(W_p)의 무게중심(c.g.)에 작용하는 부분 하중(component weight)으로 대체할 수 있다. 사실 어떤 분포 하중(선, 면 또는 체력)이라도 구조체 전체가 정적 평형이 될 때 식 (1-1) ~ (1-5)를 이용하여 분포 하중의 무게중심에서 정적인 등가 하중(equivalent force)으로 바꿀 수 있다.

자유물체도

자유물체도(FBD)는 강성 또는 변형체의 정적 분석에 중요한 부분이다. 올바른 평형방정식의 해를 얻고자 하는 경우, 물체에 가해지는 모든 하중 또는 물체의 구성요소를 자유물체도에 표시하여야 한다. 자유물체도에는 적용된 하중과 모멘트, 반력 및 반력 모멘트 그리고 개별 구성요소 사이의 모든 접촉력이 포함되어 있다. 예를 들어, 그림 1-1에서 평면 프레임의 전체 자유물체도는 그림 1-3a에 나타낸 바와 같이; 모든 작용력과 반력은 자유물체도에 나타낼 수 있으며, 분포 하중에 대하여 정적으로 등가인 집중 하중으로 나타낸다. 분포 하중에 대하여 무게중심에 작용하는 정적동등하중 F_{q0}, F_{q1}, F_{q2}는 평형방정식 해에서 분포 하중 q_0, q_1, q_2로 표현된다.

다음으로, 평면 프레임은 그림 1-3b에서와 같이 분해된다. 분해된 자유물체도는 프레임의 각 구성요소를 그리고 D (D_x, D_y)에서 핀의 연결 하중을 나타낼 수 있다. 두 자유물체도는 핀 지지점 A에서의 하중뿐만 아니라 반력 A_x와 A_y, F점의 핀 지지점에서 F_x와 F_y를 모두 표시해야 한다. 두 요소의 올바른 해석을 위해, 핀 연결부 D에서 EDC와 DF

그림 1-2
표지판 위 바람

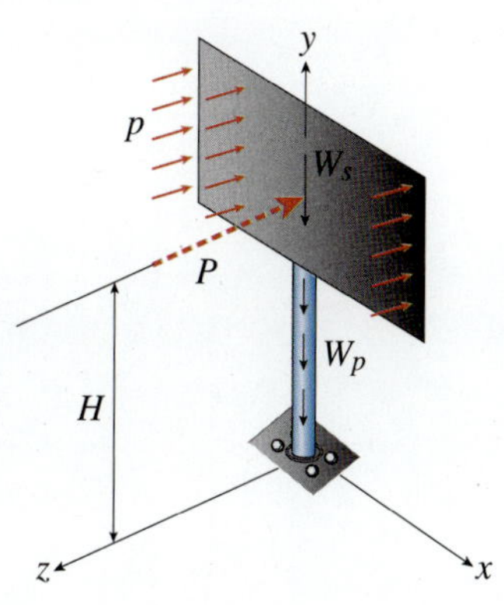

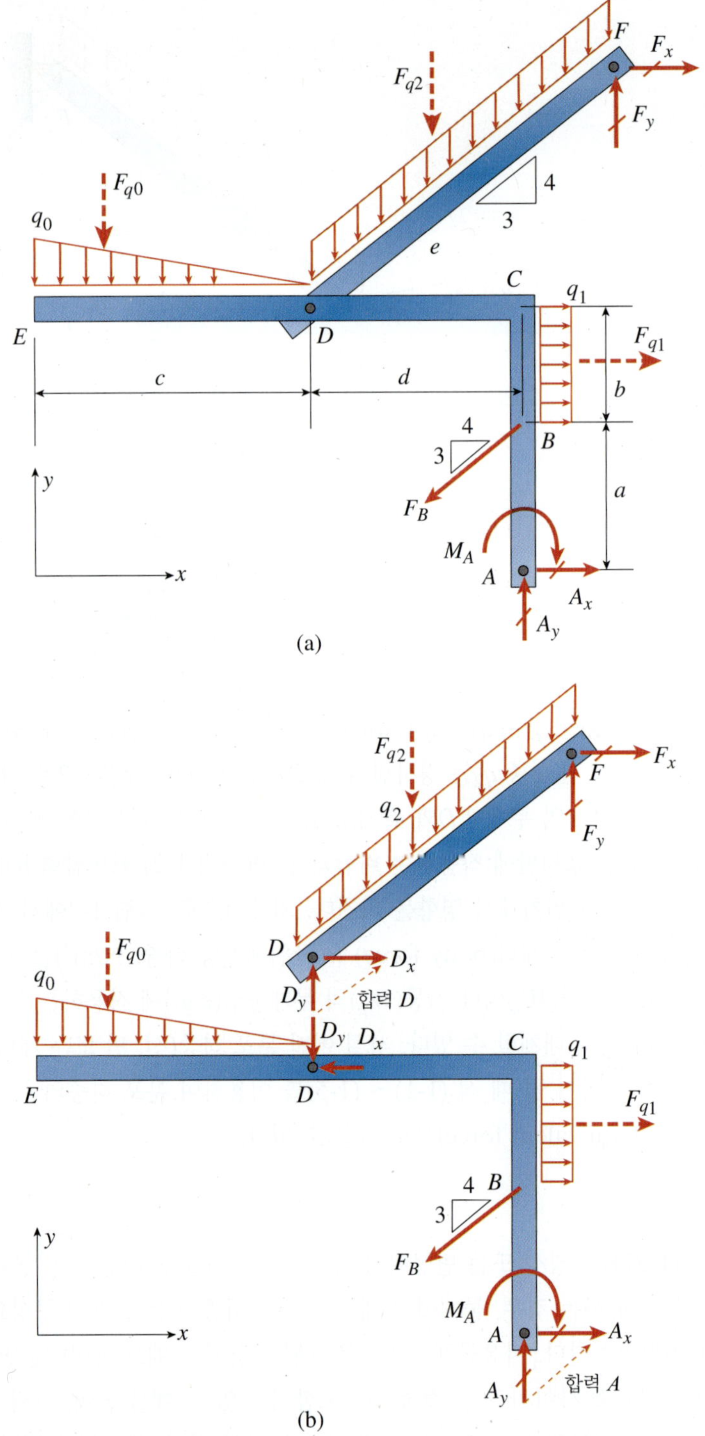

그림 1-3

(a) 그림 1-1 평면 프레임 구조의 전체 자유물체도와 (b) 그림 1-1 평면 프레임 구조의 *ABCDE* 그리고 *DF* 까지의 분리된 자유물체도

사이에 전달되는 하중은 반드시 정의되어야 한다.

그림 1-3a와 1-3b에서 보여주는 자유물체도는 이 풀이 과정의 매우 중요한 부분이다. 지지 반력을 계산하기 위해 사용되는 **정역학 부호 규약**은 일반적으로 축의 양의 방향으로 작용하는 것을 플러스(+)로 가정하고 모멘트 벡터는 오른손 법칙을 적용한다.

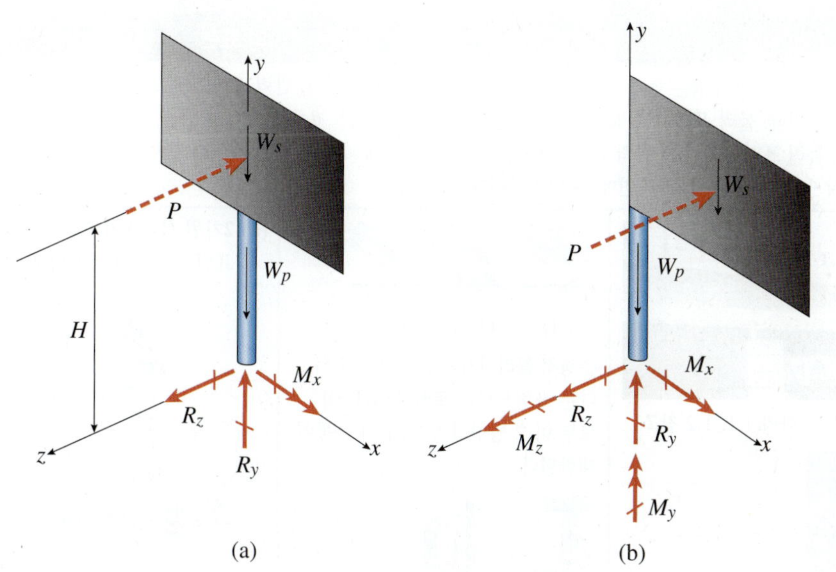

그림 1-4
(a) 대칭적인 표지판 구조의 자유물체도, (b) 비대칭적인 표지판 구조의 자유물체도

반력과 지지조건

평형방정식을 만족하기 위해, 물체나 구조물은 적절한 구속이 필수적이다. 정적인 하중이 작용할 때 강체가 운동하는 것을 방지하기 위해 적절한 지지대의 수와 배치가 필요하다. 지지체에서의 반력은 단일 화살표에 사선을 그은 것으로 표현되며(그림 1-3에서 보는 바와 같이) 지지체의 모멘트 구속은 사선과 함께 이중머리나 구부러진 화살표로 표시된다. 반력 및 모멘트는 일반적으로 앞에서 설명한(즉 집중, 표면, 체력) 작용력의 결과이다.

다양한 지지 조건은 문제가 2D인지 3D인지에 따라 달라진다. 그림 1-2의 3D 표지판은 아랫부분이 고정 또는 고정 지지대인 반면, 그림 1-1과 1-3의 2D 평면 프레임 구조인 지지점 A와 F는 핀형 지지를 나타낸다. 2D와 3D 구조에서 가장 많이 사용되는 부재와 요소 사이의 상호연결 방법은 표 1-1에 나타내었다. 지지의 종류 및 연결 유형에 따른 전달력과 모멘트는 표의 세 번째 열(자유물체도가 아니다)에서 보여준다. 그림 1-2의 3D 표지판 구조에 대한 반력과 모멘트는 그림 1-4a의 자유물체에 나타냈다; 표지판 구조 및 바람에 의한 하중은 y-z 평면에 대하여 대칭이기 때문에 반력 R_y, R_z, 그리고 M_x는 0이 아니다. 표지판이 기둥(그림 1-4b)에 편심되어 있다면, 바람에 의한 하중이 $-z$ 방향으로 가해진 경우 반력 R_x는 0이다. (그림 1-2에 있는 풍압에 의해 반력이 작용하는 유사한 표지판 구조의 문제는 1장 뒷부분에 있는 Problems 1.8-19와 1.9-17에 나타내었다; 지지판의 볼트에 작용하는 하중과 응력 또한 계산하였다.)

내력(응력)

재료역학은 전체 변형 가능 몸체를 구성하는 부재 또는 요소의 변형을 연구하는 것과 관련이 있다. 부재의 변형을 계산하기 위해서는 먼저 전체 구조물의 부재 중 관심 지점에서의 내력과 모멘트(즉, 내부응력의 합력)를 찾아야 한다. 구조물의 각 부재별 축에 따라 비틀림 모멘트, 횡단 및 전단 그리고 굽힘모멘트 등 내부 축력을 임계점 또는 영역을 쉽게 식별할 수 있도록 그래픽으로 나타내는 것이 유용하다. 첫 번째 단계로 각 부재의 축에 수직으로 부분 절단함으로써 관심 있는 내력을 자유물체도로 표현할 수 있다. 예를 들어, 그림 1-5는 평면 프레임의 부재 ED와 DF를 두 곳에서 절단한 부분을 보여준다; 도출된 자

표 1-1

2차원 또는 3차원 정적 분석에서의 반력 및 지지 조건 모델링

지지 및 결합 종류	지지 및 연결의 간략한 스케치	구속력과 모멘트 또는 연결 하중의 표현
1. 롤러지지: 하나의 반력 R은 롤러 표면에 대해 수직으로 설정되어 있다; 반력 R은 롤러 표면의 안 또는 밖으로 반대되는 운동이다. 롤러 표면은 수평이거나, 수직이거나, 임의의 각도 θ로 기울어져 있을 것이다. 만약 마찰력이 존재한다면 롤러 표면에 대해서 반력 F는 지지나 접선의 움직임에 대해 반대될 것이다. 3차원에서 롤러는 x-z평면을 움직이거나, 반력 R_y가 그 평면에 수직일 것이다.		
The Earthquake Engineering Online Archive  롤러지지로 된 다리(1.1, 1.2 참조)  로커지지를 받는 다리(1.3 참조)	 (1.1) (1.2) (1.3) 수평적 **롤러**지지[(1.1, 1.2)]; 또는 다른 표현으로는 **로커**지지[(1.3)] 모두 아래 방향과 위 방향의 운동이 제한된다. 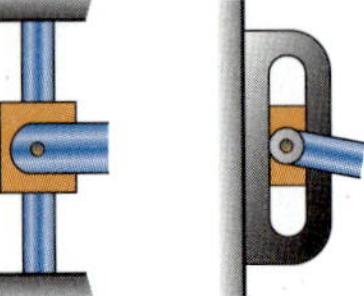 수직 롤러 저약  회전 또는 경사진 롤러지지 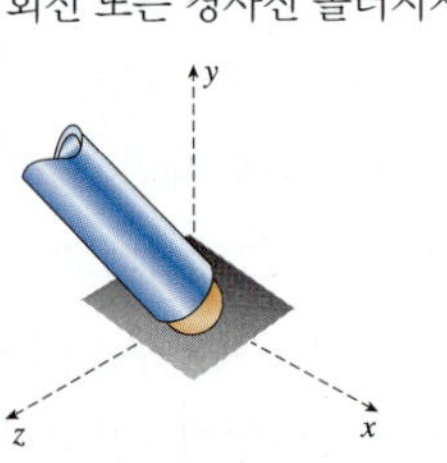 3D 롤러지지	(a) **2차원 롤러지지**(매끄러운 롤링 표면에 대하여 마찰력 $\boldsymbol{F}=0$) 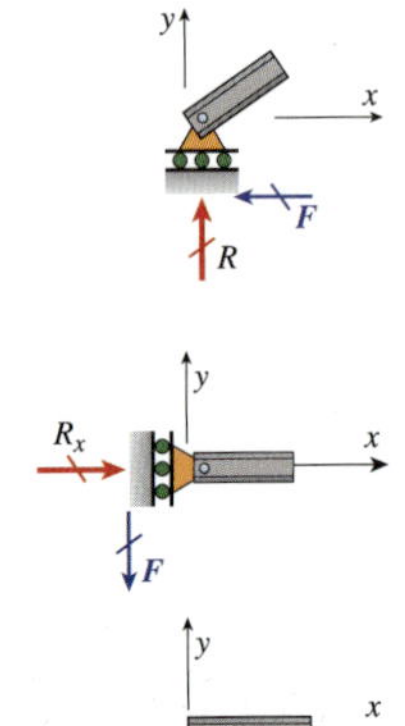 (b) **3차원 롤러지지**(매끄러운 롤링 표면에 대하여 마찰력 $\boldsymbol{F}=0$; 반력 R_y는 롤러가 이동할 때 평면 x-z에 대하여 수직으로 작용) 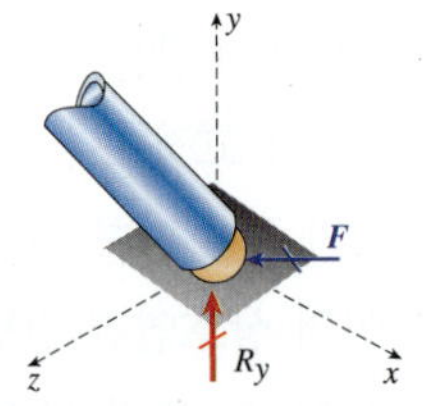
2. 핀지지: 하나의 합력에 대하여 2차원에서는 수직의 요소 R_x와 R_y를 사용하지만 3차원에서는 핀에 대하여 수직으로 어떤 방향이든 움직임에 저항을 받을 수 있다. 핀지지는 모멘트를 저항하진 못하지만, 핀은 z축에서의 회전이 자유롭다. 3차원에서 핀은 볼-소켓 조인트 또는 지지가 된다.		
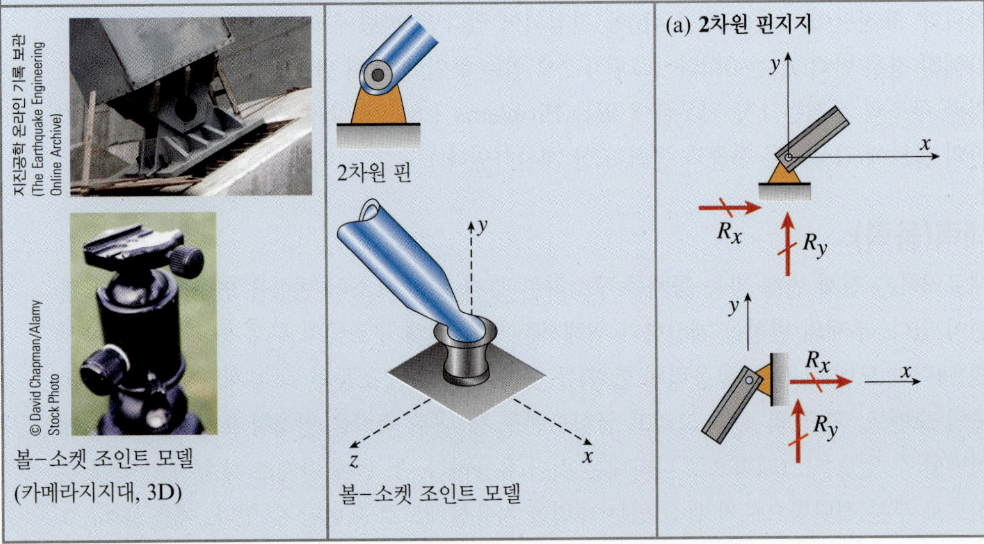 볼-소켓 조인트 모델 (카메라지지대, 3D)	2차원 핀 볼-소켓 조인트 모델	(a) **2차원 핀지지**

지지 및 결합 종류	지지 및 연결의 간략한 스케치	구속력과 모멘트 또는 연결 하중의 표현
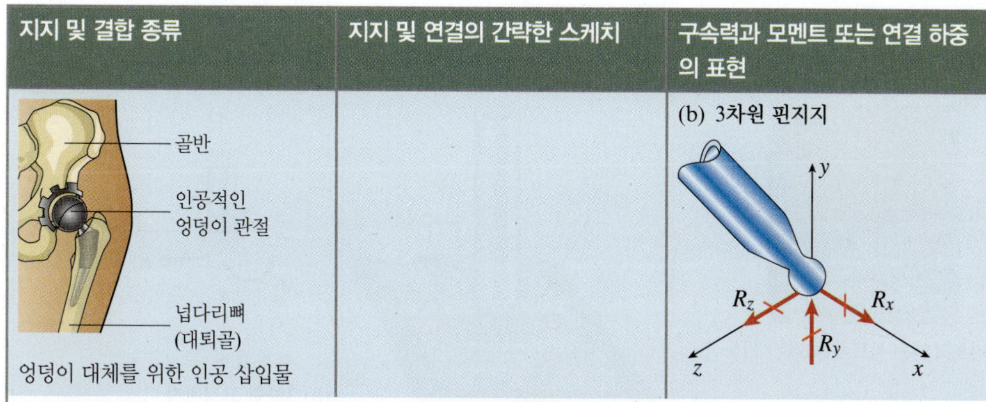 엉덩이 대체를 위한 인공 삽입물		(b) 3차원 핀지지

3. 슬라이딩지지: 회전 없이 변형되는 지지를 슬라이딩지지라 한다. 예시로는 슬리브에서의 칼라 슬라이딩이나 슬롯 내의 플랜지 움직임이 있다. 2D에서의 반력 힘 R_x는 슬리브와 모멘트 M_z에 대하여 수직이다. 3차원 안에서 슬라이딩지지는 마찰력이 없는 평면 y-z에서 이동하고 반력 모멘트 요소 M_y와 M_z는 평면과 관계된 회전을 막는다.

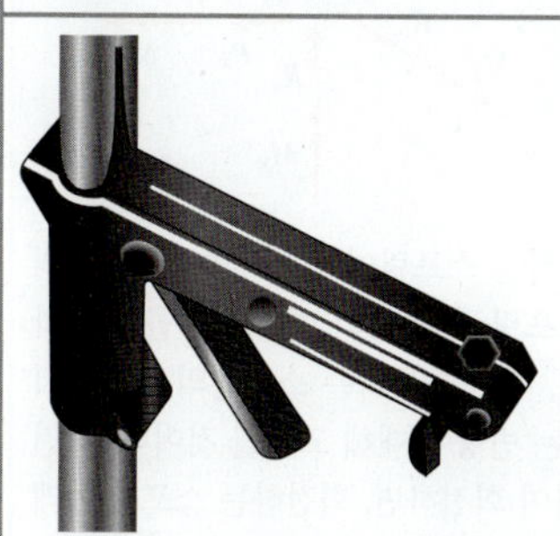 스탠드 조명 기둥에 대한 슬라이딩 지지	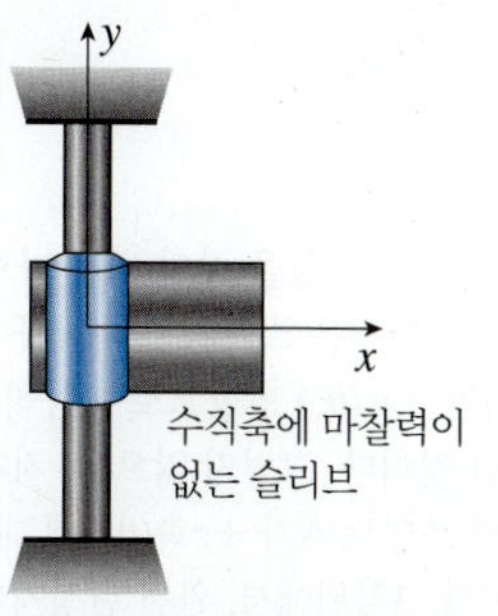 2차원 슬라이딩지지 2차원 슬라이딩 표면에서 마찰력 $\boldsymbol{F}$는 $+y$방향으로 작용한다; 마찰력 $\boldsymbol{F}$는 매끄러운 표면이 가정되면 0이다. 3차원에서 통제 모멘트 M_x는 x축으로의 회전을 막는다.	(a) **2차원 슬라이딩지지** (지지는 $+y$나 $-y$방향의 마찰력이 없는 방향으로 이동한다.) 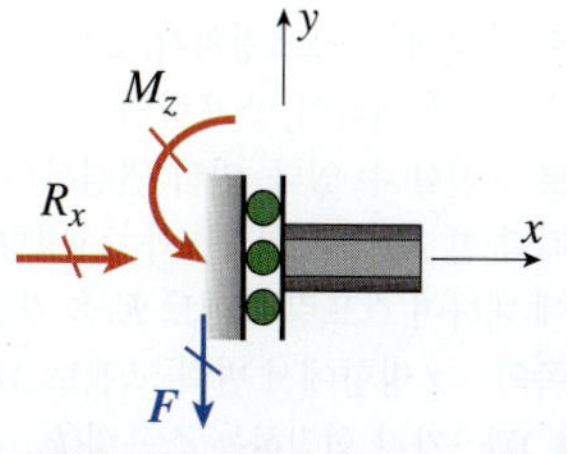 (d) **3차원 슬라이딩지지** (지지는 $+y$나 $-y$방향의 마찰력이 없는 y-z평면으로 이동한다.) 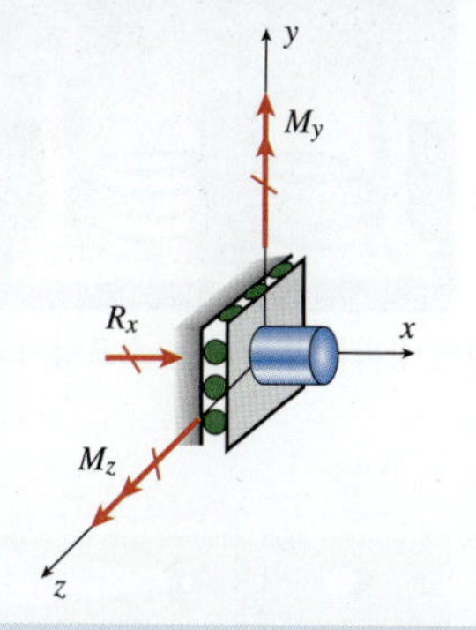

4. 고정지지: 고정지지에서는 부품과 지지 간에 이동이나 회전이 일어나지 않는다. 고정지지는 2차원에서 3가지의 반력 요소를 요구한다: 힘 구성요소 R_x, R_y, 모멘트 M_z. 3차원에서는 3가지의 반력 구성요소와 3가지의 모멘트 반력 구성요소가 요구된다.

 콘크리트에 박힌 철제 진입 방지용 말뚝	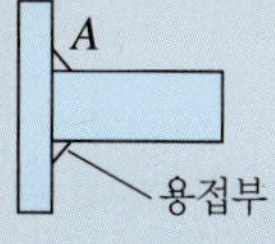	(a) **2차원 고정지지** 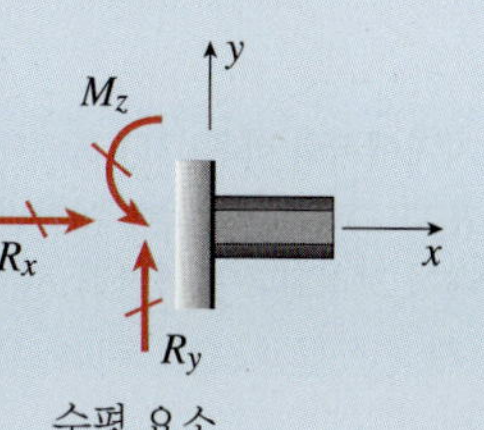 수평 요소

(계속)

지지 및 결합 종류	지지 및 연결의 간략한 스케치	구속력과 모멘트 또는 연결 하중의 표시

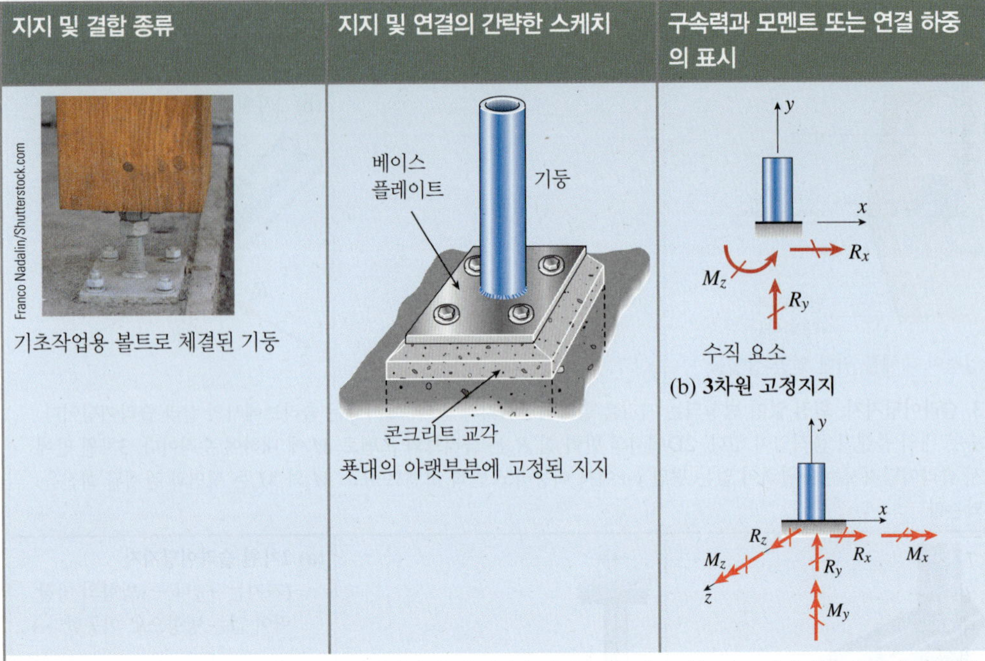

기초작업용 볼트로 체결된 기둥

풋대의 아랫부분에 고정된 지지

(b) **3차원 고정지지**

5. 탄성 또는 스프링지지: 2차원에서 길이방향과 수직 이동을 같이 또는 따로 하는 스프링이 있을 것이다. 직선의 스프링에 대하여, 스프링의 아랫 부분에 대한 지지 반력은 스프링 상수 k와 스프링 축 방향의 변위 δ의 곱의 결과로 표현할 수 있다. 만약 연결부의 A가 $+x$ (δ_x)와 $+y$ (θ_y) 방향으로 이동하면, 직선 운동하는 스프링의 지지에서 각각 힘 R_x와 R_y가 $-x$와 $-y$방향으로 만들어질 것이다. 그렇지 않으면, 지지는 변형에 대해 고정될 것이나, 회전에 대하여 스프링 모멘트 K_r을 가질 것이다. 만약 조인트 A가 $+z$축(θz)에 대하여 회전하면, 회전하는 스프링 아래쪽의 $-z$ 방향에서 반력 모멘트 M_z가 생길 것이다. 3차원에서, 완전 탄성지지는 3가지의 이동하는 스프링(k_x, k_y, k_z)과 3가지 회전하는 스프링(k_{rx}, k_{ry}, k_{rz}), 그리고 임의의 조인트 변위는 3가지 반력과 3가지 반력 모멘트를 발생시킨다. 제한적으로 각각의 스프링 상수 값은 무한에 가깝다. 탄성지지는 이 장의 4b절 위에 보이는 것과 같이 완전 고정지지가 된다.

무거운 장비를 위한 이동 스프링지지

montego/Shutterstock.com

빨래집게에서의 회전스프링

3차원에서 $+z$방향으로 k_z 반력 $R_z = -k_z\theta_z$

3차원에서 회전하는 휘는 스프링 $+y$방향 k_{ry}, 그리고 반력 모멘트 $M_y = -k_{ry}\theta_y$ 그리고 회전하는 토션스프링이 더 있다.

토션스프링은 창문 그늘에서 발견되고 차고 문 여는 시스템 리프트 메커니즘의 구성이 된다.

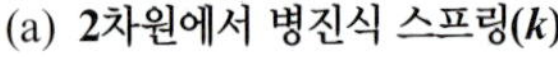
(a) **2차원에서 병진식 스프링(k)**

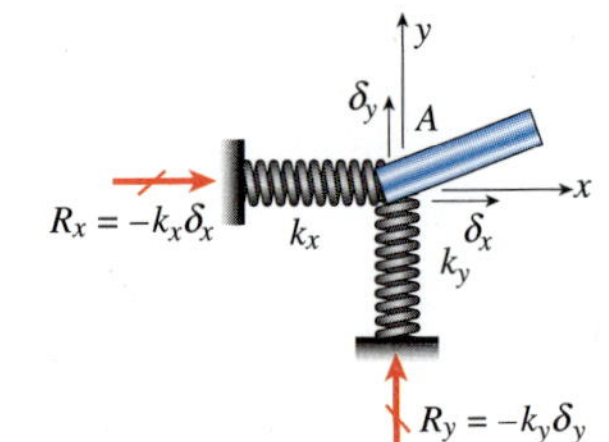

(b) **2차원에서 회전 스프링(k_r)**

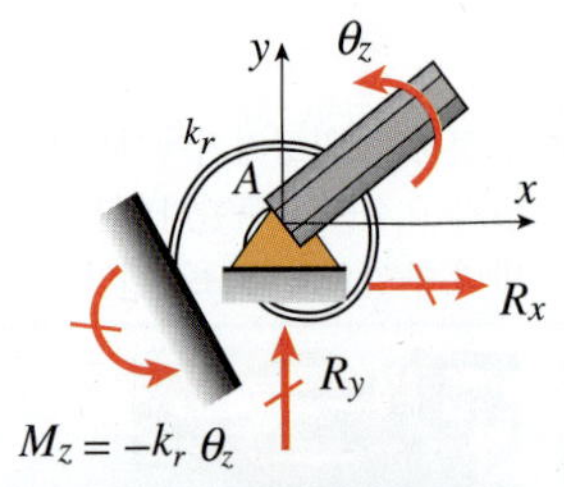

6. 레일지지에서의 바퀴: 3D 롤러지지의 특이적 형태이다(1b절 위를 참조). x-z 평면에서의 일반적 움직임은 수직응력 R_y과 횡력 R_x에 의해 제한받는다. 이 두 작용 모두 바퀴가 움직일 때 레일이나 슬롯에 대해 수직이다. 만약 마찰력이 고려된다면 마찰력 F는 바퀴 이동 반대 방향으로 레일을 따라 작용할 것이다.

z축을 따라가는 슬롯 안이나 레일 위에서 롤링할 때; 마찰력에 반대되는 움직임은 무시된다; R_x는 옆 방향으로 구속되는 힘, R_y는 수직응력이다.

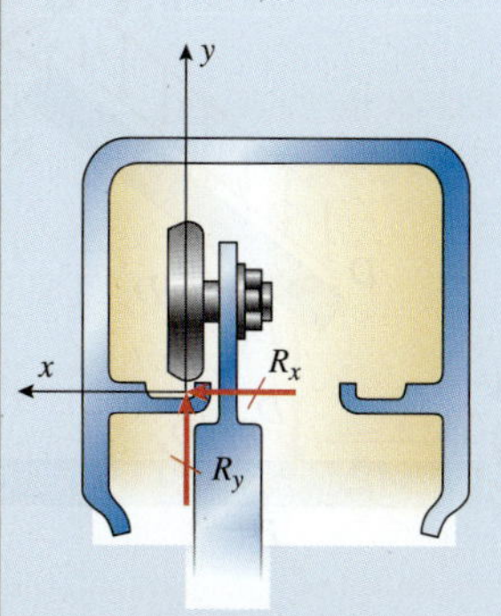

가이드 레일을 통한 단면

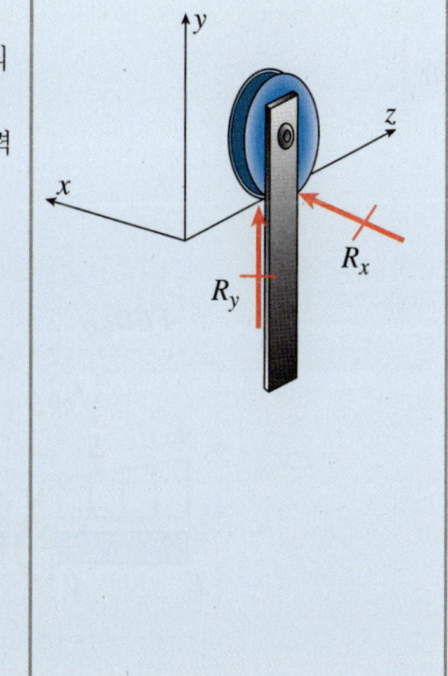

7. 트러스트 베어링 지지: 트러스트 베어링은 회전 운동이 그 축에 대하여 발생하는 동안 축선에 따른 이동 움직임을 구속한다. 지지 반력과 모멘트 구성요소는 모든 방향에서 작용하나, 마찰력이 없는 조건에서 트러스트 축에 대한 반력 모멘트 $M_x = 0$일 때는 작용하지 않는다. 축 트러스트 저항 구성요소 $R_x = 0$인 저널 베어링은 특별한 경우이다.

트러스트 베어링은 지지 반력(R_x, R_y, R_z)과 반력 모멘트 구성요소 (M_y, M_z)을 가지고 있다—트러스트나 x축 회전에 대해서 모멘트 M_x는 가지고 있지 않다.

필로우형 베어링

저널 베어링은 ($M_x = 0$)일 뿐만 아니라 축 트러스트 반력은 가지고 있지 않다($R_x = 0$).

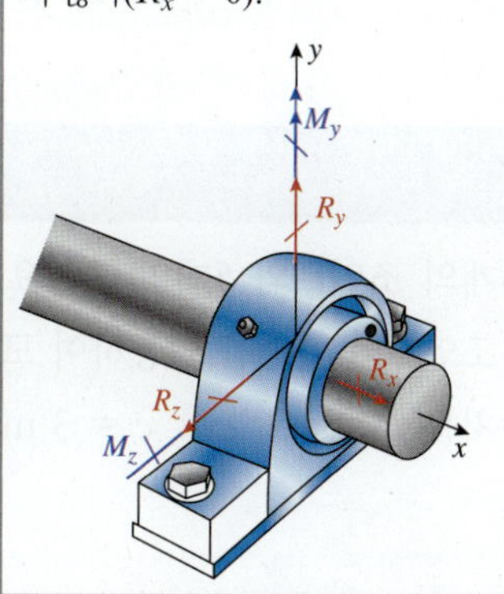

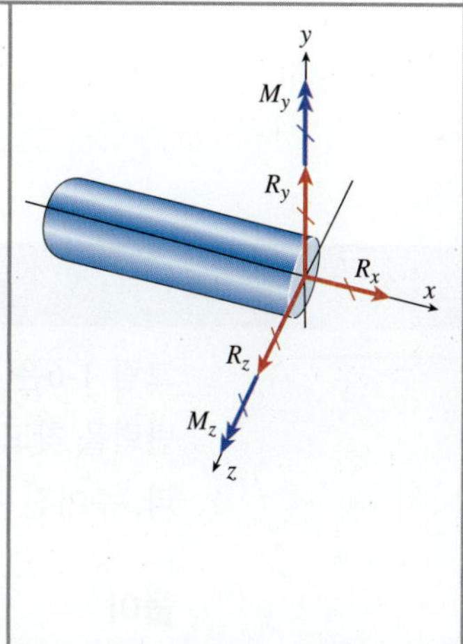

유물체도는 현재 평면 프레임의 부재 ED 및 DF에서 N, V 그리고 M을 구하기 위해 사용된다. 응력의 합인 N, V 및 M은 여러 상황을 고려하여(즉, 부분 또는 부재의 축을 사용한다) 부재의 수직 방향으로 작용하며, **변형 부호규약**(예: 장력이 양수이고 압축은 음수이다)에 의해 해를 도출한다.

다음의 예제는 트러스, 보, 원형 축 그리고 프레임 구조의 외부 및 내부응력에 대하여 정적 평형방정식을 이용하여 해를 도출하는 복습예제이다. 먼저 **트러스 구조**의 반력은 스칼라와 벡터 해를 반복적으로 사용하여 구한다. 이어서 부재의 하중은 **조인트 방법**을 이용하여 계산한다. 제대로 그려진 자유물체도는 전체 해를 구하는 과정 중에 꼭 필요하다. 두 번째 예제는 **보 구조**의 특정한 부분에서 반력과 내력을 찾기 위해 정적 해석 방법을 포함하고 있다. 세 번째 예제에서는, **계단식 축**의 반력과 내부 비틀림 모멘트를 계산한다. 그리고 마지막으로, 네 번째 예제는 여기에 설명된 **평면 프레임 구조**의 해를 구한다.

그림 1-5

부재 ED와 DF에서의 내부응력 합에 대한 자유물체도

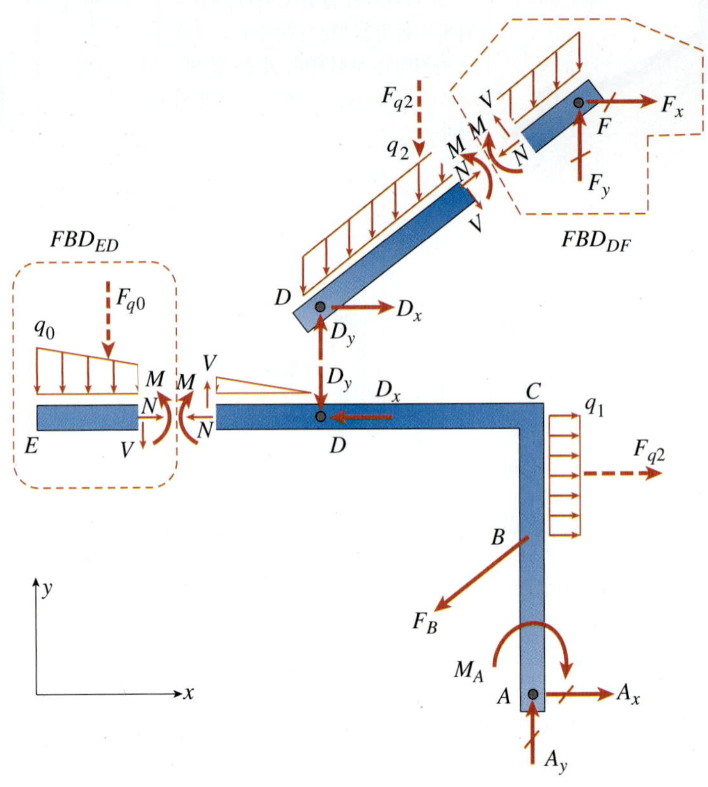

예제 1-1

그림 1-6

평면 트러스 모델

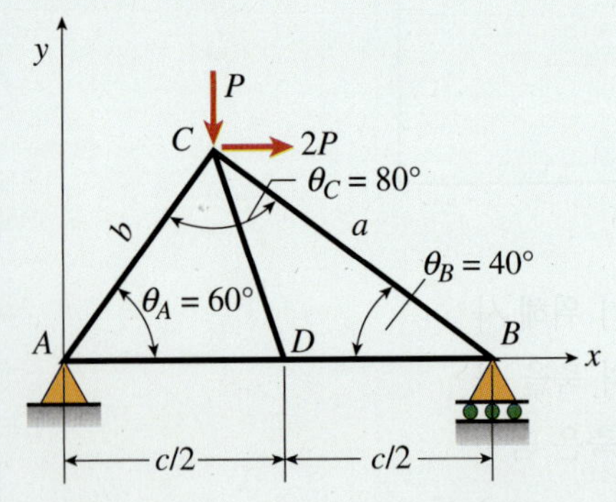

그림 1-7

트러스 모델의 자유물체도

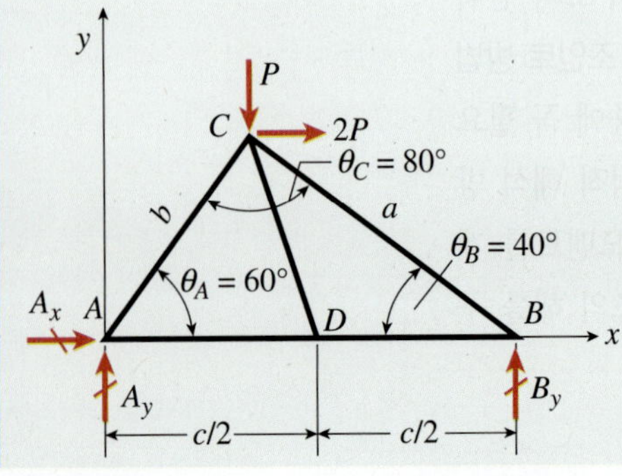

그림 1-6은 4개의 조인트와 5개의 구성요소를 보여준다. A와 B에서의 반력을 찾고, 조인트와 단면을 이용하여 모든 힘의 구성요소를 알아내어라. 주어진 수치는 $P = 150$ kN, $c = 3$ m와 같다.

풀이

문제풀이 4단계 접근방법을 사용한다.

1. **개념화**[가정, 스케치]: 먼저 전체 트러스 모델에 대한 자유물체도를 스케치하라(그림 1-7). 알고 있는 적용 가능한 힘은 C이고, A와 B에서 모르는 반력이 나타나져 있다. 평형 분석을 통해 반력을 구하여라.
2. **분류**[단순화, 분류화]: 전체 평형은 x방향과 y방향의 힘 구성요소와 z축에 대한 모멘트 값의 합이 0이 되는 것을 필요로 한다; 이것은 반력 요소 A_x, A_y, B_y를 구하는 것으로 이어진다. 트러스는 정역학적으로 결정되며, 모든 힘의 구성요소는 조인트의 방법으로 구해진다(모르는 것: $m + r = 5 + 3 = 8$, 아는 것: $2j = 8$). 만약 관심 있는 힘의 요소가 적으면 단면을 이용한 방법도 사용할 수 있다. 구성요소 힘을 풀 때의 구조 변환 변형과 외부 반력을 연산할 때 정역학 구조 변환을 이용할 수 있다.
3. **해석**[수치 계산; 적절한 식의 선정, 수학적인 해를 구함]: 먼저, AC와 BC의 길이를 구하고, 힘의 작용 거리를 연산하라.

사인 법칙을 이용하여 a와 b의 길이를 구한다: 알려진 θ_A, θ_B, θ_C 그리고 $c = 3$ m인 것을 이용하여 a와 b의 길이를 찾는다.

$$b = c\frac{\sin(\theta_B)}{\sin(\theta_C)} = (3\text{ m})\frac{\sin(40°)}{\sin(80°)} = 1.958\text{ m},\ a = c\frac{\sin(\theta_A)}{\sin(\theta_C)} = (3\text{ m})\frac{\sin(60°)}{\sin(80°)} = 2.638\text{ m}$$

코사인 법칙을 사용하여 주어진 길이 c를 통해 a와 b의 연산된 길이를 체크하라:

$$c = \sqrt{(1.958\text{ m})^2 + (2.638\text{ m})^2 - 2(1.958\text{ m})(2.638\text{ m})\cos(80°)} = 3\text{ m}$$

지지 반력: 그림 1-7에 있는 트러스 모델 자유물체도를 이용하여, 조인트 A에 대하여 x방향과 y방향의 힘과 모멘트를 더한다:

$$\begin{aligned} \Sigma M_A &= 0 \quad B_y = \frac{1}{c}[P(b\cos(\theta_A)) + 2P(b\sin(\theta_A))] = 218.5\text{ kN} \\ \Sigma F_x &= 0 \quad A_x = -2P = -300\text{ kN} \\ \Sigma F_y &= 0 \quad A_y = P - B_y = -68.5\text{ kN} \end{aligned}$$

반력 요소 A_x와 A_y는 둘 다 마이너스이고, 그들은 구조 변환 정역학에 의하여 x와 y 방향 반대로 각각 작용한다.

조인트 방법을 이용한 구성 힘: 각 조인트에서 핀의 자유물체도를 그리는 것으로 시작하여라(그림 1-8). 각 구성이 인장상태로 가정된 구조 변환 변형을 이용하라(그래서 각각의 구성요소가 연결된 두 가지 조인트에서 각 구성요소 힘은 화살표 방향으로 작용한다). 힘은 각 조인트에서 공존하므로, 힘 평형을 이용하여 각 점에서의 미지의 구성 힘을 찾는다.

먼저 구성 힘 AC를 찾기 위해 조인트 A에서 y방향에서의 힘을 더하고, 힘 AD를 구하기 위해 x방향에서의 힘을 더하여라:

$$\begin{aligned} \Sigma F_y &= 0 \quad AC = \frac{-1}{\sin(60°)}A_y = 79.1\text{ kN} \\ \Sigma F_x &= 0 \quad AD = -A_x - AC\cos(60°) = 260.4\text{ kN} \end{aligned}$$

조인트 B에서의 합하여진 힘은 구성 힘 BC와 BD를 다음과 같이 알려준다.

$$\begin{aligned} \Sigma F_y &= 0 \quad BC = \frac{-1}{\sin(40°)}B_y = -340\text{ kN} \\ \Sigma F_x &= 0 \quad BD = -BC\cos(40°) = 260.4\text{ kN} \end{aligned}$$

그림 1-8
각 트러스 조인트에서 핀의 자유물체도

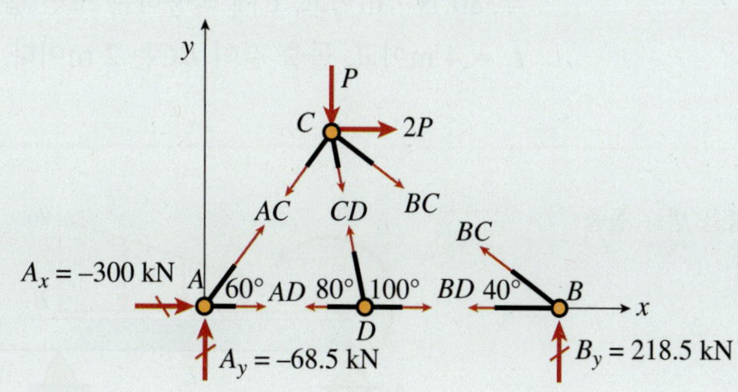

그림 1-9

오른손 자유물체도를 구하는 단면 절단

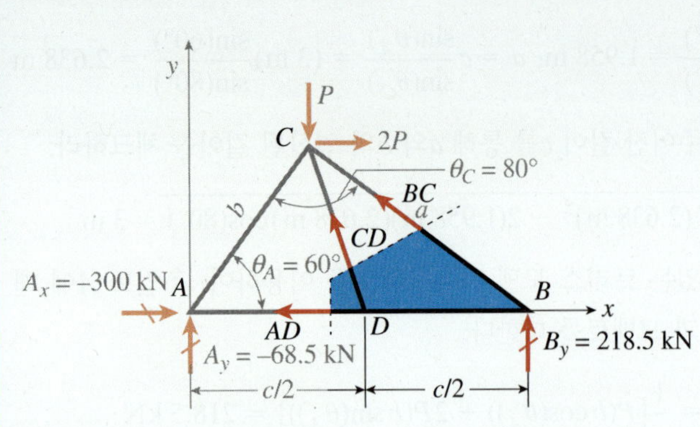

마이너스 표시는 BC가 장력 상태가 아닌 압축 상태인 것을 말한다. 마지막으로 y방향에서의 힘이 조인트 D에서 합하여 0이 될 것이기 때문에 CD가 힘이 0인 것을 확인하여라.

단면법을 이용하는 선정된 요소 힘: 다른 대안의 접근은 단면을 잘라서 그림 1-9와 같이 AD, CD, 그리고 BC 등의 관심 있는 힘을 표현하는 것이다. 조인트 B에서의 모멘트 합은 CD에서의 힘의 합이 0인 것을 확인한다.

조인트 C에서의 모멘트 합(자유물체도 위가 아닌 모멘트 합이 나타나는 편리한 지점에서의 힘 CD와 BC는 조인트 C를 통하여 작용하기 때문에)은 힘 AD가 다음과 같음을 확인할 수 있다.

$$\Sigma M_C = 0 \quad AD = \frac{1}{b\sin(60°)}\left[B_y(a)\cos(40°)\right] = 260.4 \text{ kN}$$

마지막으로, 그림 1-9에서의 A에 대한 모멘트 합은 BC 힘을 확인할 수 있다:

$$\Sigma M_A = 0 \quad BC = \frac{1}{c\sin(40°)}[-B_y c] = -340 \text{ kN}$$

4. **최종 단계**[결론; 해의 검토—해가 온당한가? 단위는 바른가? 비슷한 문제와 비교하였을 때 어떠한가?]: 단순 평면 트러스가 고려된 $2j = 8$ 평형방정식이 있고, 조인트의 방법을 사용하였으며, 이것들은 연속된 각 조인에서 $\Sigma F_x = 0$과 $\Sigma F_y = 0$을 이용하여 구할 수 있다. 연립방정식의 컴퓨터 풀이는 3개의 반력과 5개의 구성 힘을 도출해낸다. 단면법은 선택된 구성 힘을 구하기 위한 효과적인 방법이다. 가장 중요한 단계는 적절한 단면 커팅을 정하는 것이다. 관심 있는 구성요소를 분리해내고, 미지의 것은 최대한 제거하라. 이는 정적 평형 분석을 통한 자유물체도 구성에서 관심 구성요소 힘을 찾는 것이 먼저 행해져야 한다. 단면과 조인트에서의 방법은 사용되었고, 평면과 공간트러스 분석에서 자주 쓰이는 해석이다.

예제 1-2

돌출 단순보는 점 A와 B에 의해 지지된다(그림 1-10). A에 적용되는 집중 모멘트 M_0 =380 N · m이고, C에 작용하는 노면 집중 하중 P = 200 N이다. AB 구간의 길이는 L = 4 m이고, 돌출 길이 BC는 2 m이다.

그림 1-10

균일 집중 하중을 받는 돌출된 보의 물체도

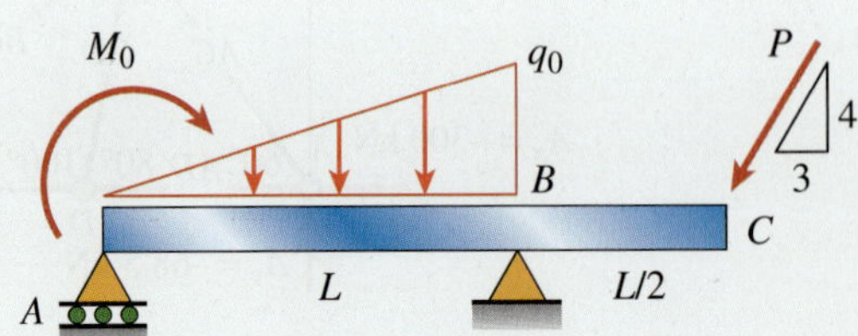

점 A와 B에서의 지지력을 구하고, 축력 N과 전단력 V, 그리고 AB의 중간부의 굽힘모멘트 M을 구하여라.

풀이

문제풀이 4단계 접근방법을 사용한다.

1. **개념화:** 그림 1-11에 나와 있는 전체 구조의 자유물체도를 이용하여 반력 A_y, B_x, B_y를 구한다. 내부 축력 N, 전단력 V, AB 중간부 굽힘모멘트 M은 해당 지점에서의 빔을 커팅함으로써 얻을 수 있다(그림 1-12). 그림 1-12의 왼손 또는 오른손 자유물체도를 이용하여 N, V, M을 찾을 수 있을 것이다.
2. **분류:** 그림 1-12의 자유물체도에서 구조변환 변형에 기초하여 가정된 양의 방향으로 내부 축력 N, 전단력 V, 굽힘모멘트 M을 보여주고 있다. 반력 A_y, B_x, B_y를 찾는 것으로 시작하고, 그림 1-12를 통해 왼손 또는 오른손 자유물체도를 이용하여 N, V, M을 찾는다.
3. **해석:**

외부 반력에 대한 풀이: 반력 구성요소 B_x를 찾기 위해 x방향에서의 힘을 합한다. 그다음 A에서의 모멘트를 합하여 반력 요소 B_y를 구한다. 마지막으로 반력 A_y를 구하기 위해 y방향에서의 힘을 합한다. 정역학 구조 변환식을 이용하면 아래와 같다.

$$\Sigma F_x = 0 \quad B_x = \frac{3}{5}P = 120\text{ N}$$

$$\Sigma M_A = 0 \quad B_y = \frac{1}{L}\left[M_0 + \frac{1}{2}q_0L\left(\frac{2L}{3}\right) + \frac{4}{5}P\left(L + \frac{L}{2}\right)\right] = 548\text{ N}$$

$$\Sigma F_y = 0 \quad A_y = -B_y + \frac{1}{2}q_0L + \frac{4}{5}P = -68\text{ N}(\downarrow)$$

반력 A_y가 음이면, 정적 기호의 규칙에 따라 아래로 이동한다. 반응요소 B_x와 B_y가 양수이면 그림 1-11과 1-12에서 나타낸 것과 같은 방향으로 이동한다.

$$B_{\text{res}} = \sqrt{B_x^2 + B_y^2} = 561\text{ N}$$

그림 1-11

보의 자유물체도

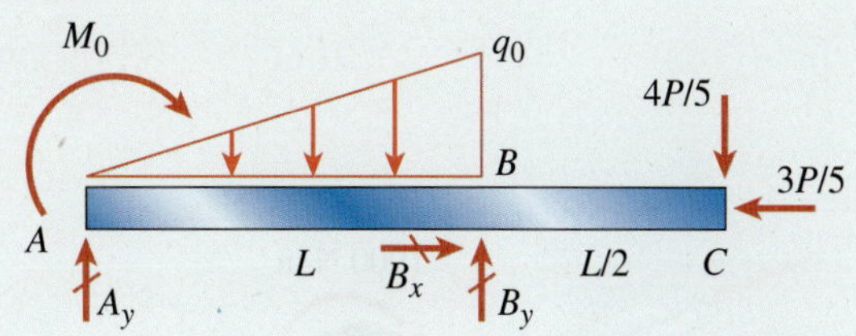

그림 1-12

AB의 중간부를 잘랐을 때의 왼손 또는 오른손 자유물체도

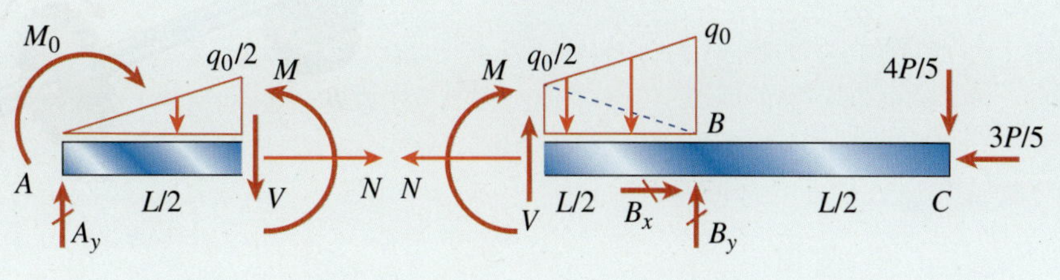

AB 중간에서의 내부 축력 N, 전단력 V, 모멘트 M에 대한 풀이: 그림 1-12에 대한 왼손 자유물체도를 이용하여 아래 식을 구한다.

$$\Sigma F_x = 0 \quad N = 0 \quad \Sigma F_y = 0 \quad V = A_y - \frac{1}{2}\frac{q_0}{2}\frac{L}{2} = -148 \text{ N}(\uparrow)$$

$$\Sigma M = 0 \quad M = M_0 + A_y\frac{L}{2} - \frac{1}{2}\frac{q_0}{2}\frac{L}{2}\left[\frac{1}{3}\frac{L}{2}\right] = 190 \text{ N}\cdot\text{m}$$

오른손 자유물체를 통해서도 N, V, M를 구할 수 있다(그림 1-12). 사다리꼴 분포된 하중 부분은 모멘트들이 합해질 때 2개의 삼각 하중으로 처리하여 내부 모멘트 M을 구할 수 있다:

$$\Sigma F_x = 0 \quad N = B_x - \frac{3}{5}P = 0 \quad \Sigma F_y = 0 \quad V = -B_y + \frac{4}{5}P + \frac{1}{2}\left[\frac{q_0}{2} + q_0\right]\frac{L}{2} = -148 \text{ N}(\downarrow)$$

$$\Sigma M = 0 \quad M = B_y\frac{L}{2} - \frac{4}{5}P\left[\frac{L}{2} + \frac{L}{2}\right] - \frac{1}{2}\frac{q_0}{2}\frac{L}{2}\left[\frac{1}{3}\frac{L}{2}\right] - \frac{1}{2}q_0\frac{L}{2}\left[\frac{2}{3}\frac{L}{2}\right] = 190 \text{ N}\cdot\text{m}$$

내부 전단력 V의 음의 표시는 그림 1-12에 가정된 것과 반대방향으로 작용하는 것을 나타낸다(기존의 식에서 표시된 부분과 반대).

4. 최종 단계: 계산된 내부력 N, V와 내부 모멘트 M은 왼손 또는 오른손 자유물체도를 이용하여 구할 수 있다. 이 방식은 보를 통한 (길이에 따른 아무 점) 아무 곳에나 적용할 수 있다. 빔의 길이를 넘어선 N, V, M의 변화를 보여주는 플롯이나 도표는 축이나 빔을 디자인할 때 매우 유용하다. 그 이유는 어느 곳에서 N, V, M이 최대 수치를 나타내는지 중요하게 고려해야 할 부위를 미리 보여주기 때문이다.

예제 1-3

그림 1-13에서 보이는 것과 같이 계단식 원형 축은 A에 고정되고 토크를 전달하는 3개의 기어가 있다. A에서의 반력 토크를 찾고, AB, BC 그리고 CD 부분에서 내부 비틀림 모멘트를 찾으시오. 해를 구하는 데 올바르게 그려진 자유물체도를 사용한다.

그림 1-13

집중된 토크에 대한 계단식 원형 축

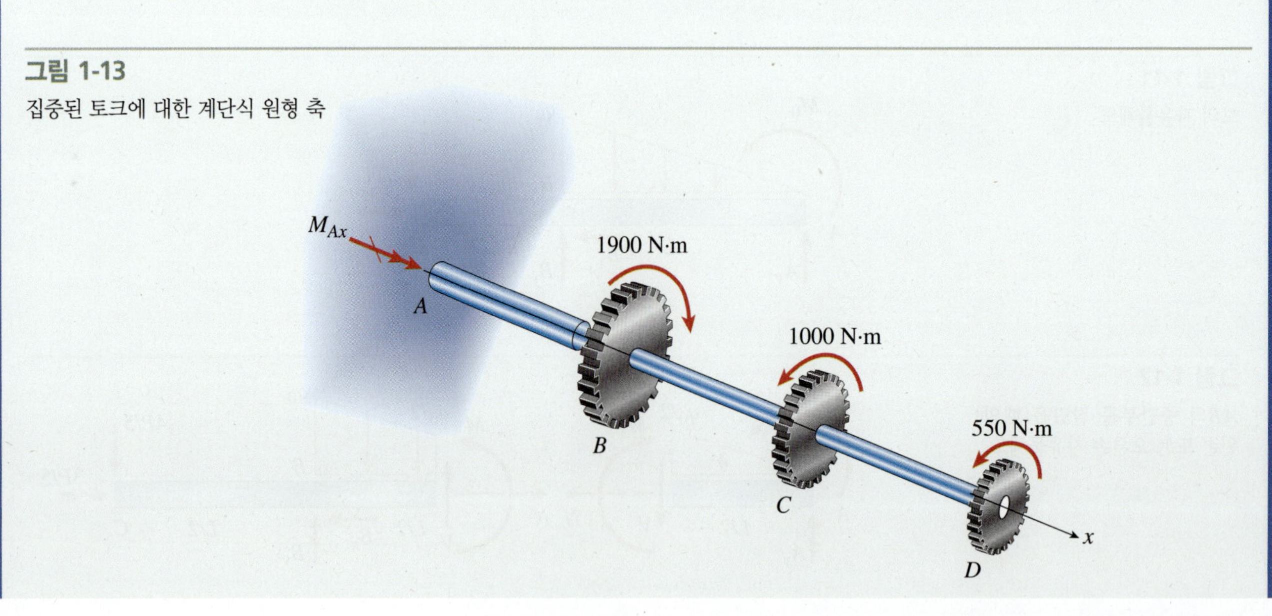

풀이

문제풀이 4단계 접근방법을 사용하여 내부 비틀림 모멘트 $T(x)$를 구한다.

1. **개념화:** 외팔보 축 구조는 안정되며 정역학적으로 확실하다. A에서의 반력 모멘트(M_{Ax})에 대한 해결은 전체 구조에 대한 적절한 자유물체도를 그리는 것에서 시작해야 한다(그림 1-14). 자유물체도는 적용, 반력되는 모든 토크를 나타낸다. 자유물체도를 분리하는 것은 AB, BC, CD(그림 1-15a~c에 나와있는)를 축에 따라 절단하여 얻을 수 있고, 각 부분에서의 내부 토크 T를 볼 수 있다. 각 절단은 왼손, 오른손 자유물체도를 만들어낸다.

2. **분류:** 축은 축의 무게중심 축으로 작용하는 적용된 토크의 대상이다. 따라서 내부 비틀림 모멘트 $T(x)$만이 축을 따라 섹션을 절단하면 나타난다. 이 축에 작용하는 분포되는 토크가 없어 내부 비틀림 모멘트 T는 각 부분 내에서 일정하다.

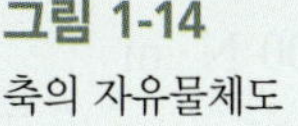
그림 1-14
축의 자유물체도

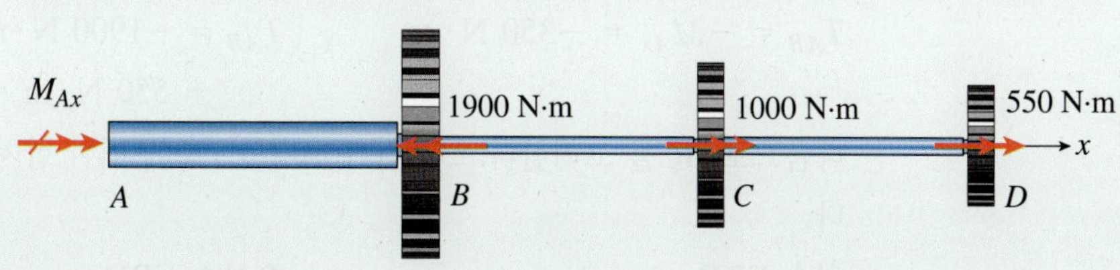

그림 1-15
(a, b, c) 각각의 축 구간에 대한 왼손 그리고 오른손 자유물체도

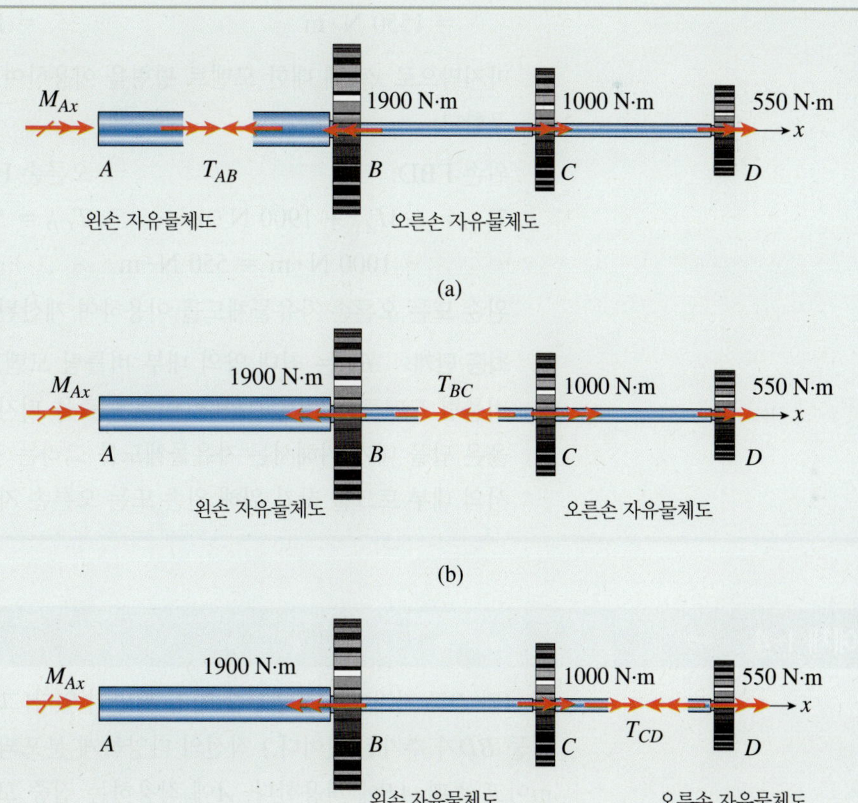

3. 해석:

외부 반력 모멘트 M_{Ax}에 대한 해결:

반력 모멘트 M_{Ax}을 찾기 위한 x축에 대한 모멘트들의 합. 이 구조는 하나의 정적 평형방정식($\Sigma M_x = 0$)과 하나의 미지 반력(M_{AX})을 이용할 수 있기 때문에 정적 정정 문제이다. 정역학적 부호규약(즉, 오른손의 법칙 또는 CCW)이 사용된다.

$$M_{Ax} - 1900 \text{ N}\cdot\text{m} + 1000 \text{ N}\cdot\text{m} + 550 \text{ N}\cdot\text{m} = 0$$

$$M_{Ax} = -(-1900 \text{ N}\cdot\text{m} + 1000 \text{ N}\cdot\text{m} + 550 \text{ N}\cdot\text{m})$$

$$= 350 \text{ N}\cdot\text{m}$$

계산된 결과 M_{Ax}는 양의 결과이며, 따라서 반력 모멘트 벡터는 양의 $+x$방향으로 가정된다.

각 부분에 대한 내부 비틀림 모멘트 T의 해결:

그림 1-15a의 AB와 FBD를 이용하여 찾는다:

왼손 FBD:

$$T_{AB} = -M_{Ax} = -350 \text{ N}\cdot\text{m}$$

오른손 FBD:

$$T_{AB} = -1900 \text{ N}\cdot\text{m} + 1000 \text{ N}\cdot\text{m} + 550 \text{ N}\cdot\text{m} = +350 \text{ N}\cdot\text{m}$$

다음으로 BC를 고려한다. 그림 1-15b에서 x축에 대한 합쳐진 모멘트는 다음과 같다:

왼손 FBD:

$$T_{BC} = -M_{Ax} + 1900 \text{ N}\cdot\text{m} = 1550 \text{ N}\cdot\text{m}$$

오른손 FBD:

$$T_{AB} = 1000 \text{ N}\cdot\text{m} + 550 \text{ N}\cdot\text{m} = 1550 \text{ N}\cdot\text{m}$$

마지막으로 x축에 대한 모멘트 평형을 이용하여 CD에 대한 내부 비틀림 모멘트를 구한다:

왼손 FBD:

$$T_{CD} = -M_{Ax} + 1900 \text{ N}\cdot\text{m} - 1000 \text{ N}\cdot\text{m} = 550 \text{ N}\cdot\text{m}$$

오른손 FBD:

$$T_{CD} = 550 \text{ N}\cdot\text{m}$$

왼손 또는 오른손 자유물체도를 이용하여 계산된 내부의 비틀림 모멘트는 같다.

4. 최종 단계: BC는 최대 양의 내부 비틀림 모멘트를 가지고 있고 AB는 최대 음의 비틀림 모멘트를 가지고 있다. 이것은 축을 디자인할 때 매우 중요한 정보가 된다. 옳은 답을 내기 위해서는 자유물체도를 그리는 것이 필수적일 것이다. 어떤 부분에서의 내부 토크를 찾기 위해 왼손 또는 오른손 자유물체도를 사용해야 할 것이다.

예제 1-4

점 A와 D로 지지받는 돌출부를 가진 평면이 있다(그림 1-16). (이것은 예제 1-2의 보에 기둥 BD가 추가된 것이다.) 직선의 다양하게 분포되는 하중의 최고 강도 q_0 = 160 N/m이고 스팬 AB에 작용한다. A에 작용하는 집중 모멘트 M_0 = 380 N · m이고, C에 작용하는 경사진 집중 하중 P = 200 N이다. 힘 P는 기둥 BD의 중간 지점에 작용한다. 구간 AB와 BD의 길이 L = 4 m이고, 돌출부 BC의 길이는 2 m이다.

그림 1-16

균일 집중 하중을 받는 돌출부를 가진 평면 구조

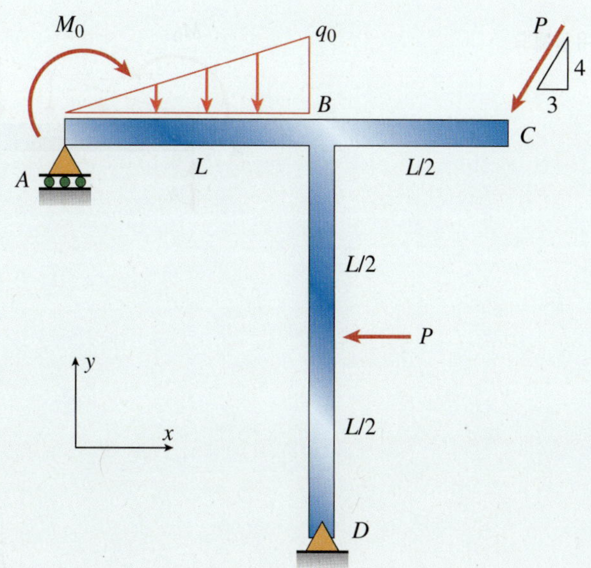

A와 D에서의 지지 반력을 찾고 기둥 BD 꼭대기에서의 축력 N, 전단력 V, 굽힘모멘트 M을 구하여라.

풀이

평면 프레임의 문제풀이 4단계 접근방법은 예제 1-2의 보에 대해 제시된 절차를 따른다.

1. **개념화:** 반력 A_y, D_x, D_y를 그림 1-17에 나와있는 전체 구조의 자유물체도를 이용하여 찾는다. 기둥 BD 꼭대기(그림 1-18)에서 내부 축력 N, 전단력 V, 그리고 굽힘모멘트 M은 기둥의 그 지점을 커팅함으로써 얻을 수 있다. 그림 1-18에 보이는 대로, 어느 면을 잘라도 기둥 BD의 왼쪽에 조인트 D를 놓고, 오른쪽에 B를 놓는 것은 N, V, M의 양의 방향을 가정하는 데 도움이 될 것이다.

2. **분류:** 먼저 반력 A_y, D_x, D_y를 찾는다. 그다음 그림 1-18의 위나 아래쪽 자유물체도를 이용하여 N, V, M을 찾는다. 그림 1-18의 자유물체도는 내부 축력 N, 전단력 V, 굽힘모멘트 M을 가정된 양의 방향과, 구조 변환 변형에 기초하여 보여준다.

3. **해석:**

외부 반력에 대한 풀이: x방향에서의 힘의 합은 반력 구성요소 D_x를 찾게 해준다. 그다음, D에서의 모멘트의 합은 반력 구성요소 A_y를 찾게 해준다. 마지막으로 y방향에서의 힘의 합은 반력 D_y를 찾게 해준다. 정적 구조 변환식을 이용하여 구하면 다음과 같다:

$$\Sigma F_x = 0 \quad D_x = \frac{3}{5}P + P = 320 \text{ N}$$

$$\Sigma M_D = 0 \quad A_y = \frac{1}{L}\left[-M_0 + \frac{1}{2}q_0 L\left[\frac{L}{3}\right] + P\frac{1}{2} - \frac{4}{5}P\left[\frac{L}{2}\right] + \frac{3}{5}PL\right] = 152 \text{ N}$$

$$\Sigma F_y = 0 \quad D_y = -A_y + \frac{1}{2}q_0 L + \frac{4}{5}P = 328 \text{ N}$$

그림 1-17

평면 프레임의 자유물체도

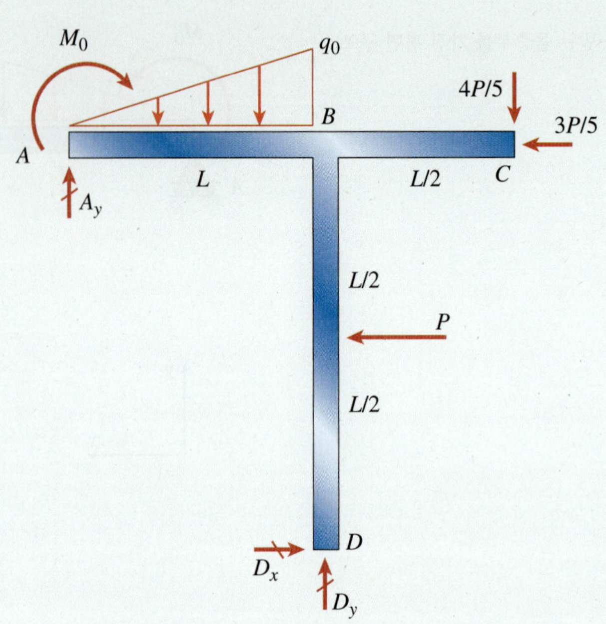

그림 1-18

BD 꼭대기에서의 단면 컷으로부터 얻어지는 위-아래 자유물체도

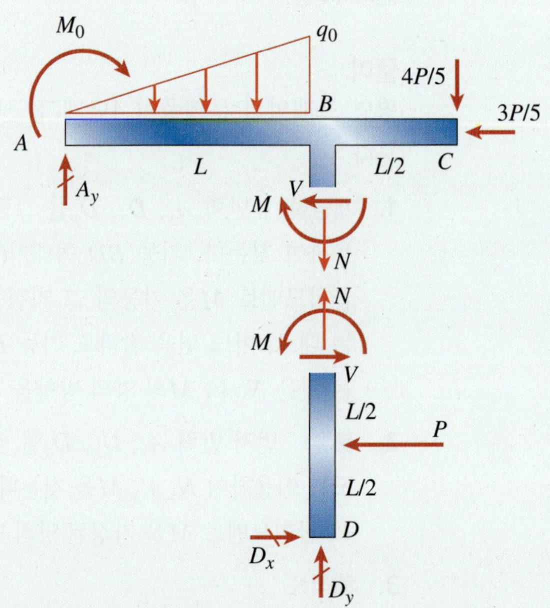

모든 반력 구성요소는 양이고, 따라서 그림 1-17과 1-18처럼 힘이 작용한다. 구해지는 D에서의 반력은 $D_{\text{res}} = \sqrt{D_x^2 + D_y^2} = 458$ N이다.

기둥 BD 꼭대기에서의 내부 축력 N, 전단력 V, 모멘트 M에 대한 풀이: 그림 1-18의 아래쪽 자유물체도를 사용하여 계산해보면,

$$\Sigma F_y = 0 \quad N = -D_y = -328 \text{ N} \quad \Sigma F_x = 0 \quad V = -D_x + P = -120 \text{ N}$$

$$\Sigma M = 0 \quad M = -D_x L + P\frac{L}{2} = -880 \text{ N} \cdot \text{m}$$

위쪽 자유물체도를 사용해도 N, V, M을 구해낼 수 있다(그림 1-18):

$$\Sigma F_y = 0 \quad N = A_y - \frac{1}{2}q_0 L - \frac{4}{5}P = -328 \text{ N} \quad \Sigma F_x = 0 \quad V = -\frac{3}{5}P = -120 \text{ N}$$

$$\Sigma M = 0 \quad M = -M_0 - A_y L - \frac{4}{5}P\frac{L}{2} + \frac{1}{2}q_0 L\left[\frac{L}{3}\right] = -880 \text{ N·m}$$

내부 축력 N, 전단력 V, 모멘트 M의 마이너스 표시는 세 힘 모두 그림 1-18에 가정된 방향에 반대인 것을 의미한다.

4. 최종 단계: 기둥 BD의 꼭대기에서 아래쪽이나 위쪽 자유물체도 어떤 것을 사용하든 내부 힘(N 그리고 V)과 내부 모멘트(M)를 구할 수 있다. 단면 힘과 모멘트는 어떤 위치에서든지 같은 접근으로 구할 수 있다. 적절한 자유물체도를 그리는 것이 풀이의 가장 중요한 첫 번째 단계이다.

1.4 수직응력과 수직변형률

지금까지 정역학을 통해 반력과 내력을 알아보았고, 이제 변형체와 관련된 내부현상을 면밀히 확인할 차례이다. 재료역학에서 가장 기본적인 개념은 **응력(stress)**과 **변형률(strain)**이다. 이 개념은 축 하중을 받는 균일 단면 봉을 고찰함으로써 가장 기본적인 형식으로 설명할 수 있다. **균일 단면 봉(prismatic bar)**이란 전 길이에 걸쳐 같은 단면적을 갖는 직선형 구조 부재이며, **축 하중(axial force)**은 부재의 축 방향으로 작용하는 하중으로서, 봉에 인장이나 압축을 초래한다. 그 예를 그림 1-19에 도시하였으며, 그림에서 견인 봉은 인장 상태에 있는 균일 단면 부재이고 착륙 기어의 지주는 압축 상태에 있는 부재이다. 다른 예로 교량용 트러스, 자동차 엔진의 연결 봉, 자전거 바퀴의 스포크(spoke), 빌딩의 기둥 및 소형 비행기의 날개 지주와 같은 부재가 있다.

논의를 위하여, 그림 1-19의 견인 봉을 고찰하며, 자유물체(그림 1-20a)와 같이 이 부분을 격리시킨다. 이 자유물체도를 그릴 때, 봉의 자중은 무시하고 양단에 작용하는 축 하중 P만 능동적인 힘(active force)으로 가정하였다. 그다음, 봉의 두 가지 형상을 고려하되: 첫 번째 것은 봉에 하중이 작용되기 **전**의 형상이며(그림 1-20b), 두 번째 것은 봉에 하중이 작용된 **후**의 형상이다(그림 1-20c). 봉의 원 길이를 문자 L로 표시하고, 하중에 의한 길이의 증분을 그리스 문자 δ (delta)로 표시한 것에 유의하라.

봉을 면 mn에서 가상 절단하면, 봉의 내부 작용이 표출된다(그림 1-20c). 이 면은 봉의 길이방향 축에 수직으로 절단하였기 때문에 **단면(cross section)**이라고 한다.

이제, 단면 mn의 왼쪽에 있는 봉의 일부를 자유물체로 고립시키자(그림 1-20d). 이

그림 1-19
축 하중을 받고 있는 구조물 부재 (견인 봉은 인장 상태에 있고 착륙 기어의 지주는 압축 상태에 있다)

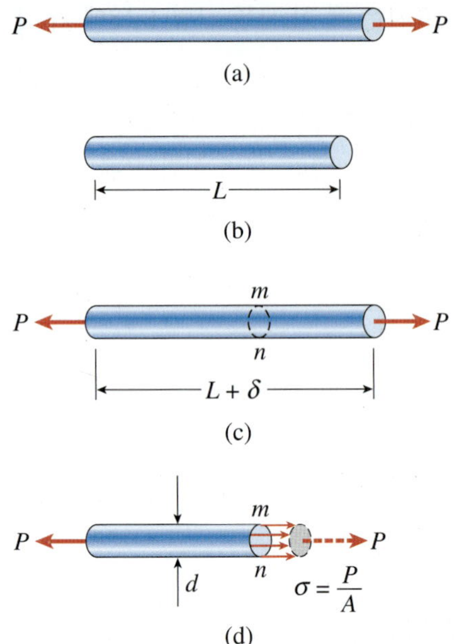

그림 1-20
인장 상태에 있는 균일 단면 봉: (a) 봉의 자유물체도, (b) 하중 작용 전의 봉, (c) 하중 작용 후의 봉, (d) 봉의 수직응력

자유물체의 우측 단부(단면 *mn*)에는 봉의 잔여 부분에 대한 제거된 부분(즉, 단면 *mn*의 오른쪽 부분)의 작용이 표시되어 있다. 이 작용은 전 단면상에 작용하는 연속 분포하는 응력으로 구성되며, 단면에 작용하는 축 하중 P는 그 응력들의 **합력**(*resultant*)이다(이 합력을 그림 1-20d에 점선으로 도시하였다).

응력(stress)은 단위 면적당 힘의 단위를 가지며 그리스 문자 σ (sigma)로 표시한다. 일반적으로 평면에 작용하는 응력 σ는 전체 면적에 걸쳐 균일하거나 한 점에서 다른 점으로 갈 때 그 크기가 변할 것이다. 응력이 단면 *mn*(그림 1-20d)상에 **균일하게 분포한다**고 가정하면, 그 응력의 합력은 응력과 봉의 단면적 A의 곱, 즉 $P = \sigma A$의 크기와 같아야 한다. 따라서 응력의 크기에 대한 다음 식을 얻을 수 있다:

$$\sigma = \frac{P}{A} \qquad \textbf{(1-6)}$$

이 식은 임의의 단면 형상을 갖는 균일 단면 봉이 축 하중을 받고 있을 때 균일한 응력의 세기를 표시한다.

바가 하중 P에 의해 신장될 경우, 응력은 **인장응력(tensile stress)**이 된다; 만약 하중 방향이 반대로 되면 바는 압축 상태에 놓이게 되고, **압축응력(compressive stress)**을 유발시키게 된다. 이와 같은 응력은 모두 절단면에 수직하게 작용하기 때문에 **수직응력(normal stress)**이라고 한다. 따라서 수직응력은 인장응력 또는 압축응력이 된다. 표면에 평행하게 작용하는 **전단응력(shear stress)**은 1.8절에 기술되어 있다.

관례적으로 인장응력을 정의할 때는 양으로, 압축응력을 정의할 때는 음으로 표현한다. 그 이유는 수직응력 σ가 축력을 단면적으로 나눔으로써 얻어지기 때문이다. 이 힘은 면적당 힘의 단위를 갖는다.

SI 단위에서 힘은 뉴톤(N)으로 표시되고, 면적은 제곱미터(m^2)로 표시된다. 따라서 응력은 제곱미터당의 뉴톤(N/m^2), 즉 파스칼(Pa)의 단위를 갖는다. 그러나 파스칼은 아주 작은 응력단위이므로, 일반적으로 메가 파스칼(MPa)과 같은 큰 배수를 이용해야 할 필요가 있다.

SI 단위에서는 권장되지 않고 있지만, 어떤 경우 응력이 메가 파스칼과 같은 단위인 제곱밀리미터당의 뉴톤(N/mm^2)으로 주어지는 경우도 있다.

제한

식 $\sigma = P/A$는 응력이 봉의 전체 단면에 균일하게 분포할 경우에만 유효하다. 이 조건은, 나중에 이 절의 뒷부분에서 설명되는 바와 같이, 축 하중 P가 단면의 도심(centroid)에 작용할 경우 실현될 수 있다. 그러나 이 책에서는(일반적으로) 특별히 다른 언급이 없는 한, 축 하중은 단면의 도심에 작용하는 것으로 생각한다.

그림 1-20d에 도시된 균일한 응력 상태가 봉의 양단 근방을 제외한 전 길이에 걸쳐서 존재한다. 봉 끝에서의 응력 분포는 하중 P가 봉에 어떻게 전달되느냐에 따라 달라진다. 만약 하중이 끝단에 균일하게 분포한다면, 끝단에서의 응력 패턴은 다른 어느 부분과 동일하게 될 것이다. 그러나 하중이 핀이나 볼트를 통하여 전달될 경우에는 국부적인 큰 응력, 즉 **응력집중**(*stress concentration*)을 유발시키게 된다.

이와 같은 가능성을 그림 1-21에 도시된 아이바(eyebar)를 이용하여 설명하였다. 이 예에서 하중 P는 봉의 양단에 있는 구멍(또는 아이)에 끼워져 있는 핀을 통하여 봉에 전달된다. 따라서 그림에 도시된 힘은 실제로 핀과 아이바 사이에 작용하는 베어링 압력(bearing pressure)의 합력이며, 구멍 주변의 응력 분포는 매우 복잡하다. 그러나 양단으로부터 봉의 중앙으로 이동함에 따라 응력 분포는 그림 1-20d에 도시된 균일 분포에 점차 근접하게 된다.

그림 1-21
인장 하중 P를 받는 강철 아이바

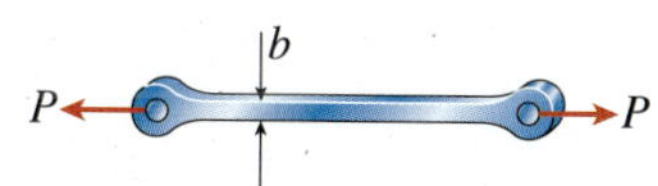

실용적인 법칙으로서, 공식 $\sigma = P/A$는 응력집중으로부터 적어도 봉의 최대 횡방향 치수만큼 떨어져 있는 균일 단면 봉의 어떤 점에서도 신뢰할 만한 정밀도를 가지고 사용될 수 있다. 다시 말해서, 그림 1-21과 같은 강철 아이바의 응력 분포는 확장된 양 끝으로부터 b(봉의 폭) 이상 떨어진 곳에서는 균일하며, 또한 그림 1-20과 같은 균일 단면 봉의 응력 분포는 양단으로부터 d(봉의 지름) 이상 떨어진 곳에서는 균일하다(그림1-20d). 물론 응력이 불균일하게 분포하는 경우에서도 식 $\sigma = P/A$는 그 단면상의 **평균** 수직응력을 표시하므로 유용하게 사용될 수 있다.

수직변형률

이미 언급된 바와 같이, 곧은 봉이 축 방향의 하중을 받으면 길이가 변하되 인장을 받으면 신장되고 압축을 받으면 단축될 것이다. 예를 들어, 그림 1-20의 균일 단면 봉을 다시 고찰해 보자. 이 봉(그림 1-20c)의 신장량 δ는 봉의 전 체적에 걸쳐서 재료의 모든 요소들이 신장된 양의 누적 결과이다. 재료는 봉의 어디에서나 모두 동일한 것으로 가정한다. 이와 같은 경우, 바의 반($L/2$ 길이)을 고려한다면 그 연신율은 $\delta/2$가 될 것이고, 바의 1/4을 고려한다면 연신율은 $\delta/4$가 될 것이다.

일반적으로 조각 부분의 신장량은 그 길이를 전체 길이 L로 나누고 전체 신장량 δ을 곱한 것과 같다. 따라서 봉의 단위 길이는 $1/L \times \delta$에 상당하는 신장량을 가진다. 이 양을 **단위길이당의 신장량** 또는 **변형률(strain)**이라고 하고, 그리스문자 ε (epsilon)으로 표시한다. 변형률은 다음 식으로 주어지는 것을 알 수 있다.

$$\varepsilon = \frac{\delta}{L} \tag{1-7}$$

만약 봉이 인장 상태에 있다면, 그 변형률은 재료의 신장을 표시하는 **인장변형률(tensile strain)**이라고 한다. 봉이 압축상태에 있다면, 그 변형률은 **압축변형률(compressive strain)**이 되며, 봉의 길이는 짧아진다. 일반적으로 인장변형률은 양으로 표시하고, 압축변형률은 음으로 표시한다. 변형률 ε은 수직응력과 연관되므로 **수직변형률(normal strain)**이라고 한다.

수직변형률은 두 길이의 비이므로 **무차원 양(dimensionless quantity)**이며, 단위를 갖지 않는다. 따라서 변형률은 단위체계에 독립으로, 단순히 숫자만으로 표시된다. 구조용 재료로 만들어진 봉에 하중이 작용할 때 그 길이의 변화가 아주 미소하므로, 변형률 값은 일반적으로 매우 작다.

예를 들어, 길이 L이 2.0 m인 강 봉을 고려해보자. 큰 인장력이 작용되었을 때, 이 봉이 1.4 mm만큼 신장되었다면 그 변형률은 다음과 같다.

$$\varepsilon = \frac{\delta}{L} = \frac{1.4 \text{ mm}}{2.0 \text{ m}} = 0.0007 = 700 \times 10^{-6}$$

실제로, δ와 L의 원래 단위가 종종 변형률에 붙여지기도 하며, 그와 같은 경우 변형률은 mm/m, μm/m과 같은 형식으로 기록된다. 예를 들어, 앞 예제에서 변형률 ε은 700 μm/m과 같이 주어질 수 있다. 또한 특히 변형률이 클 경우, 변형률은 가끔 %로 표시되기도 한다(앞의 예에서 변형률은 0.07%이다).

단축응력과 변형률

수직응력과 수직변형률의 정의는 순수 정역학적 및 기하학적 고찰에 근거를 두고 있다. 이것은 식 (1-6)과 식 (1-7)이 어떤 크기의 하중과 어떤 종류의 재료에도 적용 가능하다는 것을 의미하며, 그 일차적인 필요 조건은 봉의 변형이 전 체적에 걸쳐 균일해야 한다는 것이다. 다시 말해서 봉은 균일 단면이어야 하고, 하중은 단면의 도심에 작용되어야 하며, 재료는 **균질(homogeneous**; 즉, 봉의 모든 부분이 동일)이어야 한다는 것을 요구한다. 이와 같은 조건하에서 유발된 응력과 변형률의 상태를 **단축응력과 변형률(uniaxial stress and strain)**이라고 한다(가로 방향으로 존재하는 변형률은 1.7절에서 다룬다).

응력이 균일 분포하기 위한 축 하중의 작용선

균일 단면 봉의 응력과 변형률에 관해 앞서 다룬 내용의 전반에 걸쳐, 수직응력 σ는 전단면에 균일하게 분포한다고 가정하였다. 이제 축 하중의 작용선이 단면의 도심을 통과할 경우 이 조건이 만족된다는 것을 증명해 보기로 한다.

균일 분포 응력 σ를 발생시키는 축 하중 P를 받고 있는 임의의 단면 형상의 균일 단면 봉을 고려하자(그림 1-22a). 또한 힘의 작용선과 단면이 교차하는 단면 내에 있는 한 점을 p_1이라고 하자(그림 1-22b). 이 단면을 포함하는 평면에 x-y축을 설정한 다음, 점 p_1의 좌표를 $\bar{x}$와 $\bar{y}$로 표기한다. 이 좌표를 결정하기 위하여, x와 y축에 관한 힘 P의 모멘트 M_x와 M_y가 각각 균일 분포 응력에 상응하는 모멘트와 등치되어야 한다는 것을 생각한다.

그림 1-22
균일 단면 봉의 균일 응력 분포: (a) 축 하중 P, (b) 봉의 단면적

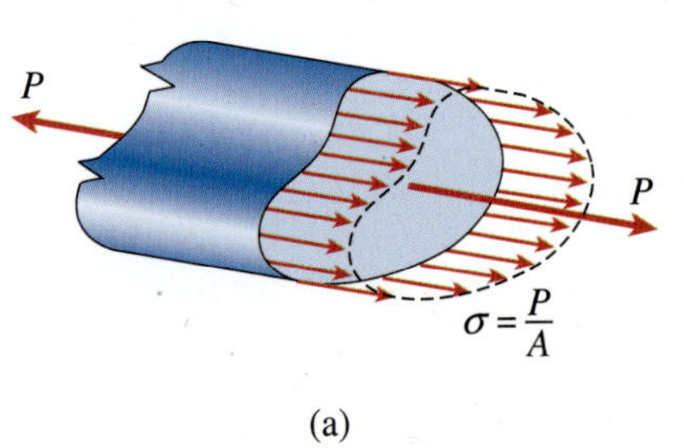

(a)

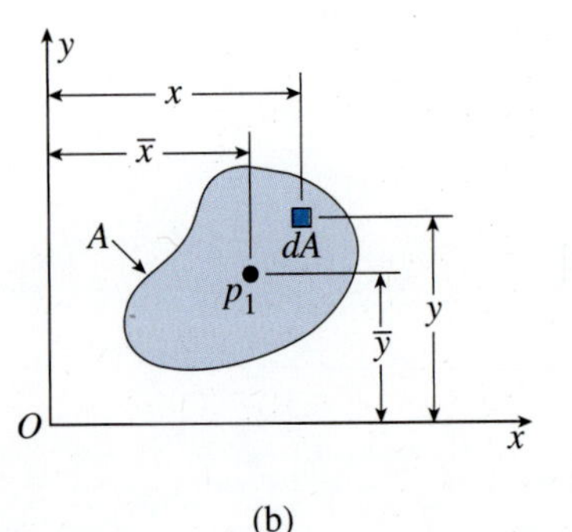

(b)

힘 P의 모멘트는 다음과 같다.

$$M_x = P\bar{y} \quad M_y = -P\bar{x} \tag{1-8a,b}$$

여기서, 모멘트는 그 벡터(오른손의 법칙을 사용하여)가 대응하는 축의 양의 방향으로 작용될 때 양으로 간주하였다.

분포 응력의 모멘트는 전 단면적 A에 걸쳐 적분함으로써 얻을 수 있다. 미소면적 요소 dA(그림 1-22b)에 작용하는 미소 힘은 σdA와 같다. 이 요소 힘의 x와 y축에 대한 모멘트는 각각 $\sigma y dA$ 및 $-\sigma x dA$이다. 여기서 x와 y는 미소 면적 요소 dA의 좌표를 나타낸다. 총 모멘트는 전 단면에 걸쳐 적분함으로써 다음과 같이 얻어진다:

$$M_x = \int \sigma y dA \quad M_y = -\int \sigma x dA \tag{1-8c,d}$$

이 식은 응력 σ에 의해 발생된 모멘트를 준다.

그다음에 하중 P로부터 얻어진 모멘트 M_x와 M_y[식 (1-8a, b)]를 분포 응력으로부터 얻은 모멘트[식 (1-8c, d)]와 등치하면 다음과 같다.

$$P\bar{y} = \int \sigma y dA \quad P\bar{x} = -\int \sigma x dA$$

응력 σ는 균일하게 분포하므로, 전 단면적 A에 걸쳐 일정하고, 적분 기호 밖으로 꺼내놓을 수 있다는 것을 안다. 응력 σ는 P/A라는 것을 알고 있으므로, 점 p_1의 좌표에 대한 다음과 같은 공식을 얻을 수 있다:

$$\bar{y} = \frac{\int y\,dA}{A} \quad \bar{x} = \frac{\int x\,dA}{A} \tag{1-9a,b}$$

이 식은 단면의 도심 좌표를 정의하는 식과 같다[부록 D의 식 (D-3a, b) 참조]. 따라서 다음과 같은 중요한 결론을 얻을 수 있다:

균일 단면 봉에서 균일한 인장 또는 압축을 얻기 위하여, 축 하중은 단면의 도심에 작용되어야 한다.

이미 언급된 바와 같이, 이 책에서는 그렇지 않다는 별도의 언급이 없는 한, 이와 같은 조건을 항상 만족한다고 가정할 것이다.

다음의 예제들은 균일 단면 봉의 응력과 변형률의 계산 과정을 예시한 것이다. 첫 번째 예제에서는 봉의 자중을 무시하였으며, 두 번째 예제에서는 그 자중을 포함하였다(교과서 문제를 풀이할 때, 봉의 자중을 포함하라는 특별한 지시가 없는 한, 구조물의 자중을 제외하는 것이 관례이다).

예제 1-5

탄성 스프링이 강체 관 B의 꼭대기에 있는 베이스 플레이트로 받쳐져 있다. 스프링은 강체 관 A로 둘러싸여 있으며, 관 A보다 s만큼 길다. 스프링을 누르기 위하여 캡 플레이트에 하중 P가 가해진다. 두 개의 관 모두 바깥지름 d_O이며, 관 A와 B의 안지름은 각각 d_A, d_B이다. 스프링 강성 k = 4,200 kN/m, d_O =75 mm, d_A = 62 mm, d_B = 57 mm 그리고 s = 3.2 mm를 가정하여 다음 문제를 푸시오.

(a) 하중 P = 11 kN을 가할 경우, 관 A와 B의 축 방향 수직응력은 얼마인가?

(b) (a)에서 P = 22 kN일 경우에 대하여 구하시오.

(c) 관 A의 수직 응력이 5.5 MPa이라면 P는 얼마인가? 또한 이에 따른 관 B의 수직 응력은 얼마인가?

풀이

문제풀이 4단계 접근방법을 사용한다.

1. **개념화:** 조립체에서 가능한 두 가지 상태의 자유물체도가 그림 1-24에 나타나 있다. 그림 1-24a에서 스프링과 관 A를 잘라내어 위쪽 부분을 만들고, 위쪽 자유물체도를 만든다. 이것은 폭 s보다 작은 아래쪽 캡 배치 x 스프링 힘 $(k)(x)$를 나타낸다. 그림 1-24b에서 캡 배치 x는 폭 s와 동일하며, 따라서 스프링 힘 $(k)(s)$와 동일하다. 그림 1-24는 또한 관 B가 잘린 섹션의 두 가지 케이스의 아래쪽 자유물체도를 보여준다. 이 것은 관 B의 내부 압축력이 적용되는 하중 P와 동일한 것을 나타낸다. [관 A와 B에서의 내부력은 (각각의 관벽에 대한) 두 가지 화살표로 나와있으며, N_A와

그림 1-23

강체 관 내부의 탄성 스프링

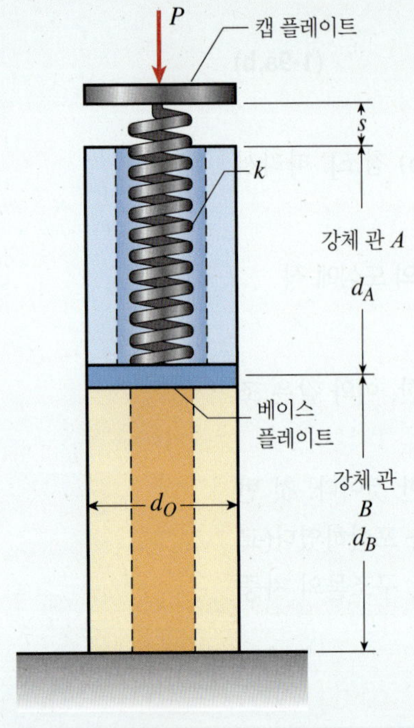

그림 1-24

(a,b) 자유물체도($x < s$, $x = s$)

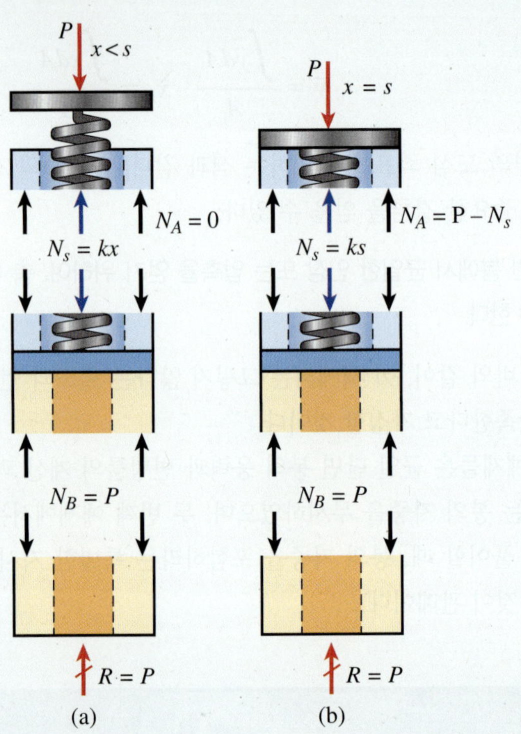

N_B가 실제로 균일하게 분포된 힘으로 각 관의 둥근 단면에 작용한다는 것을 나타낸다.]

2. **분류:** 가까운 갭 s를 요구하는 힘 P는 $(k)(s)$이다. 이 힘은 또한 최대력으로 스프링에서 만들어질 수 있다. 만약 적용력 P가 갭 s에 가까이 가기에 너무 작으면 힘 P는 베이스 플레이트로 전달되고, 강체 관 B 안으로 간다; 관 A는 하중에 의해 영향 받지 않을 것이다. 그러나 만약 힘 P가 갭 s에 충분히 다가갈 만큼 큰 압축력을 가지고 있다면, 스프링과 관 A는 하중 P를 받게 되며 캡 플레이트에 적용되고, 베이스 플레이트를 통해 관 B로 같이 전달될 것이다. 요약하면, 그림 1-24의 자유물체도는 아래와 같이 나타난다. 만약 스프링이 하중 P에 의해 x만큼 압축되면, 스프링과 두 개의 관 압축 내부력은 다음과 같다.

$$N_s = P = kx,\ N_A = 0,\ N_B = P \qquad x < s\text{일 경우}$$
$$N_s = ks,\ N_A = P - ks,\ N_B = N_s + N_A = P \qquad x = s\text{ 일 경우}$$

3. **해석:**

힘 P에 요구되는 가까운 갭 s: 갭은 P와 ks가 가까워질 때

$$P = ks = (4{,}200\ \text{kN/m})(3.2\ \text{mm}) = 13.44\ \text{kN}$$

적용 하중 $P = 11$ kN일 때의 관 응력: 캡은 $x = P/k = 2.610$ mm($< s$)일 때 아래쪽으로 배치되며, 따라서 관 내력은 $N_A = 0$, $N_B = P$로 나타내어진다. 관 단면적은 아래와 같다.

$$A_A = \frac{\pi}{4}\left(d_O^2 - d_A^2\right) = \frac{\pi}{4}\left(75^2 - 62^2\right)\text{mm}^2 = 1{,}399\text{ mm}^2$$

$$A_B = \frac{\pi}{4}\left(d_O^2 - d_B^2\right) = \frac{\pi}{4}\left(75^2 - 57^2\right)\text{mm}^2 = 1{,}866\text{ mm}^2$$

관 A와 B에서의 계산된 수직 압축응력은 아래와 같다.

$$\sigma_A = \frac{N_A}{A_A} = 0 \quad \sigma_B = \frac{N_B}{A_B} = 5.89\text{ MPa}$$

하중 P = 22 kN일 때의 관 응력: 캡 아래 배치가 현재 x = P/k = 5.24 mm(>s)이고, 따라서 관의 내력은 $N_A = P - (k)(s) = (22 - 13.44)$ kN = 8.56 kN, $N_B = P$이다. 관 A와 B에서의 수직응력은 아래와 같다:

$$\sigma_A = \frac{8.56\text{ kN}}{1{,}399\text{ mm}^2} = 6.12\text{ MPa} \quad \sigma_B = \frac{22\text{ kN}}{1{,}866\text{ mm}^2} = 11.79\text{ MPa}$$

만약 관 A에 적용되는 응력이 5.5 MPa일 때 적용되는 하중 P: 갭이 가까워지기 위해서는 힘 P가 반드시 $(k)(s)$ = 13.44 kN을 넘어야 하며, 관 A로 힘이 전달되도록 하며, 수직응력은 σ_A = 5.5 MPa이다. 관 A에서의 수직 압축응력은 $N_A = (\sigma_A)(A_A)$ = 7.69 kN이다. 적용력 P는 $P = N_A + ks$ = 7.69 kN + 13.44 kN = 21과 같이 구할 수 있다. 내부력 $N_B = P$인 점을 이용하여 관에서의 수직 압축응력을 구하면, $\sigma_B = \dfrac{21.1\text{ kN}}{1{,}866\text{ mm}^2} = 11.33$ MPa이다.

4. **최종 단계:** 만약 관 A가 여기 가정된 대로 강체가 아닌 탄성체이면, 관 A는 원래 있던 것에 평행하게 작용하는 다른 스프링으로 모델링될 수 있다. 더 나아간 분석 절차는 관에 작용되는 힘 N_A를 $P > (k)(s)$인 경우에 대해 구해보는 것이다. 힘 N_A는 $P - (k)(s)$와 동등할 수 없으며, 아래 배치 된 x는 s보다 커야 할 것이다.

예제 1-6

로컬 레이더 장치 위 바람 터빈의 효과를 측정하기 위해 안테나와 수신기가 헬리콥터에 있는 철선에 매달려 있다(그림 1-25 참조). 와이어의 최대 응력을 계산하기 위해 와이어 자체의 무게를 고려해야 한다. 와이어의 최대 응력 MPa를 다음과 같은 수치들을 이용하여 계산하여라: L_1 = 6 m, L_2 = 5 m, d = 9.5 mm; 안테나 무게 W_1 = 380 N; 수신기 무게 W_2 = 700 N. 체적 밀도 γ는 77.0 kN/m^{3}이다(부록 I의 표 I-1 참조).

풀이

문제풀이 4단계 접근방법을 사용한다.

1. **개념화:** 그림 1-26에 매달려 있는 장치 패키지의 자유물체도가 나타나 있다. 안테나(W_1)와 수신기(W_2)는 와이어의 특정 지점에서 힘이 모인다; 와이어의 무게는 전체적으로 분포되 있는 축력 $w(x) = \gamma A$로 표현되며, A는 와이어의 단면 영역이다. 와이어를 특정 지점에서 자른 x를 기준으로 위쪽과 아래쪽의 자유물체도를 나타낸 것이 그림 1-27이다; 둘 중 어떤 것을 사용하여도 잘라낸 부분 지점에서의 내부 축

그림 1-25

(a,b) 헬리콥터 와이어에 매달려 있는 장치

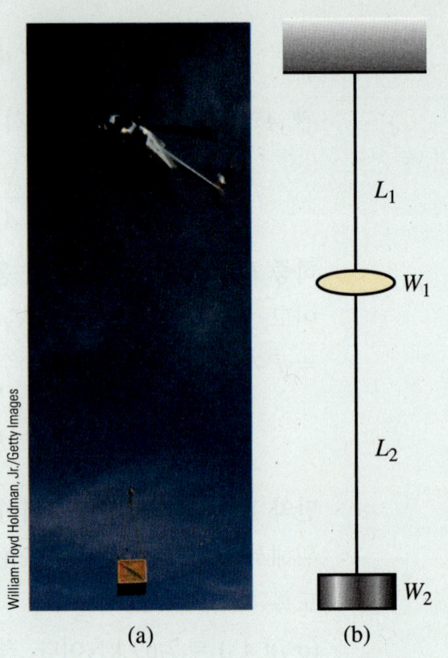

그림 1-26

자유물체도

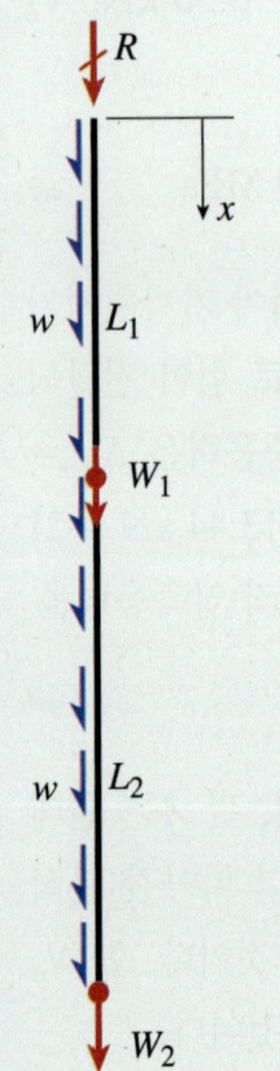

그림 1-27

와이어의 축력 $N(x)$

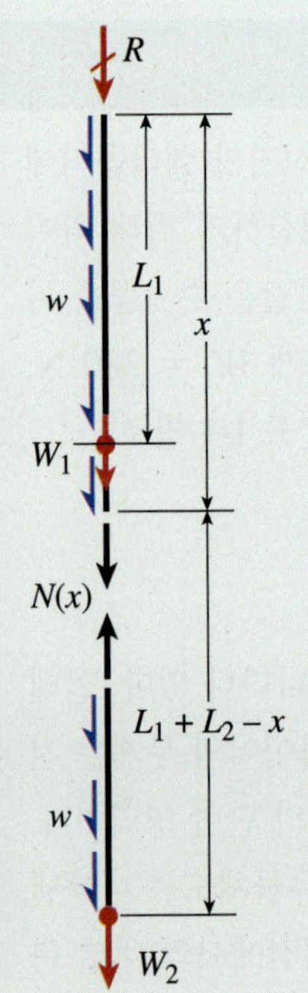

력 $N(x)$를 구할 수 있다. 와이어에서 내부 축력은 헬리콥터에 다다른 지점에서 최대가 될 것이다($x = 0$).

2. **분류:** 와이어 꼭대기에서 반력 R을 구하는 것으로 문제풀이를 시작하자. 그리고 아래쪽 지지를 받는 쪽으로 와이어를 짧은 간격으로 잘라 N_{max}를 구한다. 와이어는 프리즘 모양이기 때문에, 쉽게 N_{max}를 단면 영역 A로 나누어 최대 축 수직응력 σ_{max}를 구할 수 있다.

3. **해석:**

반력 R: 그림 1-26의 자유물체도를 이용하면 아래의 식을 얻을 수 있다.

$$R = -\left[W_1 + W_2 + w(L_1 + L_2)\right] = -\left[W_1 + W_2 + \gamma A(L_1 + L_2)\right]$$

마이너스 표시는 반력 R이 $(-x)$ 방향으로 작용하고, 그림 1-26과 그림 1-27에서 위쪽 방향으로 작용한다는 것을 의미한다.

매달린 와이어의 내부 축력 $N(x)$: 와이어의 길이에 따라 와이어의 내부 축력은 변화한다. 와이어의 위와 아랫부분(그림 1-27에 나와 있는 잘라진 아래쪽 부분)을 잘라서 나타내 보면 아래 식을 얻을 수 있다.

$$N(x) = W_1 + W_2 + w(L_1 + L_2 - x) \quad 0 \le x \le L_1$$
$$N(x) = W_2 + w(L_1 + L_2 - x) \quad L_1 \le x \le L_1 + L_2$$

내력 $N(x)$는 인장 상태에서 와이어가 인장력이 양일 때 부호규약 변형과 규합하게 단면을 자른 것으로부터 작용하는 쌍의 힘으로 보여진다. 와이어의 최대 힘은 $N_{max} = N(0) = W_1 + W_2 + w(L_1 + L_2)$

와이어의 최대 응력 계산: 와이어의 단면 영역 A는 일정하므로, N_{max}를 A로 나누면 와이어의 최대 응력을 구할 수 있다.

$$\sigma_{max} = \frac{N_{max}}{A} = \frac{W_1 + W_2 + w(L_1 + L_2)}{A} = \frac{W_1 + W_2}{A} + \gamma(L_1 + L_2)$$

수치 계산: 와이어의 단면 영역은 다음과 같다.

$$A = \frac{\pi}{4}d^2 = \frac{\pi}{4}(9.5 \text{ mm})^2 = 70.88 \text{ mm}^2$$

최대 응력을 다음과 같이 구할 수 있다.

$$\sigma_{max} = \frac{W_1 + W_2}{A} + \gamma(L_1 + L_2) = \frac{380 \text{ N} + 700 \text{ N}}{70.88 \text{ mm}^2} + 77.0\frac{\text{kN}}{\text{m}^3}(6 \text{ m} + 5 \text{ m}) = 16.08 \text{ MPa}$$

4. **최종 단계:** 만약 와이어의 무게가 무시되면, 최대 수직응력은 5% 수치인 15.24 MPa까지 감소될 것이다. 비록 이 문제에선 응력이 작지만, 응력 계산을 할 때 와이어의 자체 무게를 제거하는 것은 추천하지 않는다.

1.5 재료의 기계적 성질

기계 및 구조물의 기능을 적절하게 수행할 수 있도록 설계하기 위하여 사용될 재료의 **역학적 거동(mechanical behavior)**에 대한 이해를 필요로 한다. 일반적으로, 재료가 하중을 받을 때 어떻게 거동하는지를 결정할 수 있는 유일한 방법은 실험실에서 실험을 수행하는 것이다. 통상적인 과정은 평가 대상 재료로 제작된 작은 시편을 시험기에 장착하고 하중을 가한 다음, 초래된 변형량(길이의 변화나 직경의 변화 등)을 측정하는 것이다.

전형적인 **인장 시험기(tensile-test machine)**를 그림 1-28에 나타내었다. 시편을 시험기의 두 그립 사이에 설치한 다음, 인장 하중을 가한다. 측정 장치들은 변형량(deformation)을 기록하고, 자동 제어 시스템과 데이터 처리 시스템은 결과를 도표화한다.

그림 1-29에 보다 상세한 **인장 시험편(tensile-test specimen)**의 형상을 나타내었다. 그립이 무는 원형 단면 시편의 양 끝은 크게 해서 그립 근처에서는 파단이 발생하지 않는다. 1.4절에서 예시된 바와 같이 그립 주변에서는 응력 분포가 불균일하기 때문에 시편이 그 양단에서 파손될 경우 재료에 관한 필요 정보를 얻을 수 없게 된다. 잘 설계된 시편의 경우, 응력 분포가 균일한 시편의 균일 단면부에서 파단이 일어날 것이며, 봉은 순수 인장만을 받게 된다. 이와 같은 경우가 그림 1-29에 도시되어 있으며, 그림에서 강재 시편은 하중을 받아 파괴된 것이다. 오른쪽 장치는, 두 암(arm)에 의해 시편에 장착되어 있는 오른쪽 장치는 하중이 가해지는 동안 신장량을 측정하는 **신장계(extensometer)**이다.

그림 1-28
자동 데이터 처리 시스템을 갖춘 인장 시험기
(MTS System사 제공)

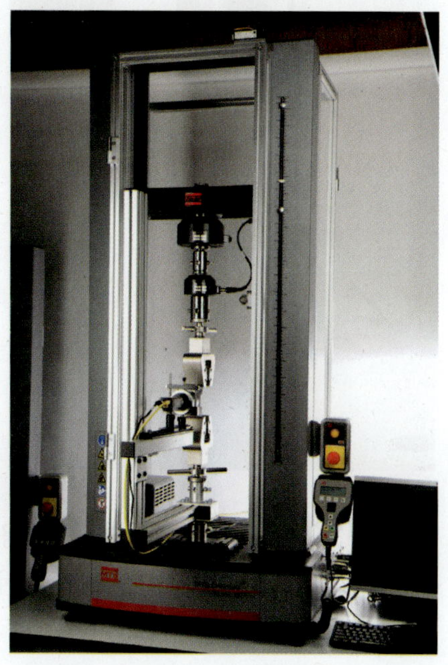

시험 결과를 비교할 수 있게 하기 위하여 시험편의 치수와 부하 방법이 표준화되어 있다. 미국에서는 미국 시험 및 재료 학회(American Society for Testing and Materials, ASTM)가 재료와 시험에 대하여 시방서(specification)와 표준을 발간하고 있다. 다른 표준화 기구인 미국 표준 협회(American Standards Association, ASA), 국립 표준 기술원(National Institute of Standards and Technology, NIST), 그리고 Bureau International des Poids et Mesures (BIPM)가 있다. 다른 나라에도 이와 유사한 기구들이 있다.

ASTM 표준 인장 시편의 지름은 12.8 mm이고, 시편(그림 1-29 참조)에 신장계의 암이 장착되는 표점(gage mark) 사이의 **표점 거리(gage length)**는

그림 1-29
신장계가 부착된 일반적인 인장 시험편(MTS System사 제공)

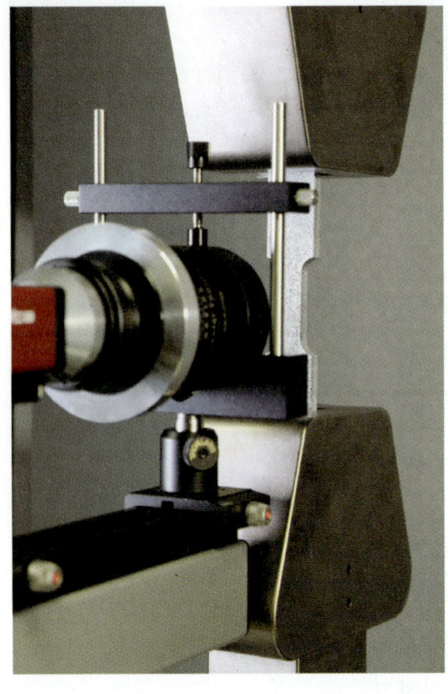

50.8 mm이다. 시편이 신장될 때, 축 하중은 자동적으로 측정되어 기록되거나 또는 다이얼의 지침을 읽어 기록한다. 표점 거리의 신장량은 그림 1-29와 같은 유형의 기계적 게이지나 전기 저항식 스트레인 게이지에 의해 동시에 측정된다.

정적 시험(static test)에서는 하중이 서서히 가해지며, 부하 속도가 시편의 거동에 영향을 미치지 않으므로 정밀한 부하 속도는 중요하지가 않다. 그러나 **동적 시험(dynamic test)**에서는 하중이 급속하게 가해지며, 어떤 경우 주기적인 방식으로 작용되기도 한다. 동하중의 특성은 재료의 성질에 영향을 미치므로 부하 속도 또한 측정되어야 한다.

금속의 **압축 시험(compressive test)**은 관례적으로 정육면체나 원통형의 작은 시편으로 수행한다. 정육면체는 보통 한 변의 길이가 50 mm이며, 원통형은 약 25 mm의 직경과 25~300 mm의 길이를 갖는다. 시험기에 의해 가해진 하중과 시편의 단축된 길이를 모두 측정해야 하며, 짧아진 길이는 단부의 영향을 배제시키기 위하여 시편의 길이보다 짧은 표점 거리에 대하여 측정하여야 한다.

중요한 건설 프로젝트에서는 요구되는 강도가 얻어진 것을 보증하기 위하여 콘크리트의 압축 시험이 수행된다. 콘크리트 시험편의 한 형태로 직경이 152 mm이고, 길이가 305 mm이며, 28일 동안 양생된 것이 있다(콘크리트는 양생되면서 강도가 강해지므로, 콘크리트의 양생은 중요하다). 암석에 대한 압축 시험을 수행할 때에는 이와 유사하지만 약간 작은 시편을 사용한다(그림 1-30).

그림 1-30
압축 강도, 탄성 계수 및 뽀아송 비(Poisson's ratio)를 얻기 위하여 압축 시험될 암석 샘플(MTS System사 제공)

응력-변형률 선도

시험 결과는 일반적으로 시험될 시편의 치수에 따라 다르다. 시험할 시편과 크기가 같은 부품을 갖는 구조물의 설계는 있을 수가 없으므로, 모든 크기의 부재에 적용할 수 있는 형식으로 시험 결과를 표시할 필요가 있다. 이와 같은 목적을 성취할 수 있는 간단한 방법은 시험 결과를 응력(stress)과 변형률(strain)로 변환시키는 것이다.

시험편의 축 응력(axial stress) σ는 축 하중 P를 단면적 A로 나누어 계산한다[식 (1-6)]. 이때 시편의 초기 단면적이 계산에 사용되었다면, 그 응력은 **공칭 응력(nominal stress)**이라고 부른다[다른 이름으로는 **관용적 응력**(*conventional stress*) 및 **공학적 응력**(*engineering stress*)이 있다]. **진 응력(true stress)**이라고 하는 축 응력의 보다 정확한 값은, 파손이 일어난 단면에서 봉의 실제 단면적을 사용하여 계산한다. 왜냐하면 장력 테스트에서의 실제 면적은 초기 면적보다 항상 작기 때문이다(그림 1-29에 예시된 바와 같이). 따라서 진 응력은 공칭 응력보다 크다.

시험편의 평균 축 변형률 ε은 표점 사이에서 측정된 신장량 δ를 표점 거리 L로 나누어 계산한다[그림 1-29 및 식 (1-7) 참조]. 이 계산에 초기 표점 거리(예: 50 mm)가 사용되었다면, **공칭변형률(nominal strain)**이 얻어진다. 표점 사이의 거리는 인장 하중이 가해지면 증대될 것이므로, 표점 사이의 실제 길이를 사용하여 임의의 하중에서의 **진 변형률(true strain)**[또는 **자연변형률**(*natural strain*)]을 계산할 수 있다. 인장에서 진 변형률은 항상 공칭변형률보다 작다. 그러나 대부분의 공학적 용도에서는 공칭 응력과 공칭변형률이 적절하다.

인장 및 압축 시험을 수행하고, 각각의 하중값에 대한 응력과 변형률을 계산한 다음, 응력에 대한 변형률의 선도를 그릴 수 있다. 이와 같은 **응력-변형률 선도(stress-strain diagram)**는 시험된 특정 재료의 특성을 나타내며, 기계적인 성질과 거동의 유형에 관한 중요한 정보를 제공한다.[2)]

구조용 강의 응력과 변형률 구조용 강(**structural steel**)은 연강(*mild steel*) 또는 저탄소강(*low-carbon steel*)으로 알려져 있으며, 가장 널리 사용되는 금속으로 건물, 교량, 크레인, 선박, 탑, 차량 및 기타 여러 가지 유형의 구조물에서 찾아볼 수 있다. 인장을 받는 전형적인 구조용 강에 대한 응력-변형률 선도를 그림 1-31에 나타냈다. 변형률을 수평축에 도시하고, 응력은 수직축에 도시하였다.

선도는 원점 *O*에서부터 점 *A*까지 직선으로 시작되며, 이것은 초기 영역에서 응력과 변형률의 관계가 선형적(*linear*)일 뿐만 아니라 비례적이라는 것을 의미한다.[3)] 점 A를 지나면, 응력과 변형률 사이의 비례 관계가 더 이상 유지되지 않으며; 따라서 점 A에서의 응력을 **비례 한도(proportional limit)**라고 한다. 저탄소강의 경우 이 한도는 210 ~ 350 MPa 범위이지만, 고강도 강(높은 탄소 함유량과 기타 합금으로 된)은 550 MPa 이상의 비례 한도를 가질 수 있다. *O*에서 *A*까지의 직선의 기울기를 **탄성 계수(modulus of elasticity)**라고 한다. 이 기울기는 변형률로 나눈 응력의 단위를 가지므로, 탄성 계수는 응력과 동일한 단위를 갖는다(탄성 계수는 나중에 1.6절에서 논의하게 될 것이다.)

비례 한도를 상회하여 응력이 증가하면, 변형률은 응력의 증분보다 훨씬 빠르게 증가하기 시작한다. 그 결과 응력-변형률 곡선은 점 *B*에서 곡선이 수평해질 때까지 그 기울기가 점점 작아지게 되며(그림 1-31 참조), 이 점을 시점으로 하여 인장력이 거의 증가하지 않는 상태에서도 시편의 신장량이 현저하게 증가한다(*B*에서 *C*까지). 이와 같은 현상

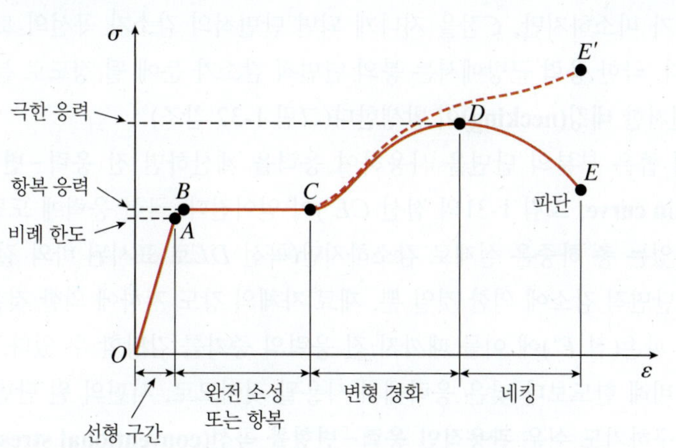

그림 1-31
인장을 받는 전형적인 구조용 강의 응력-변형률 선도(비균일 척도)

---

2) 응력-변형률 선도는 Jacob Bernoulli (1654 ~ 1705)와 J. V. Poncelet (1778 ~ 1867)이 체계화하였다(참고문헌 1-4 참조).

3) 두 변수의 비가 일정할 경우 양자는 서로 비례한다고 말한다. 따라서 비례 관계는 원점을 지나는 직선으로 표시할 수 있다. 그러나 비례 관계와 선형 관계가 같은 것은 아니다. 비례 관계가 선형적이라고 할지라도, 그 역이 반드시 사실이지는 않다. 왜냐하면 원점을 지나지 않는 직선으로 표시되는 관계는 선형적이지만 비례 관계는 아니기 때문이다. 흔히 쓰는 "직접 비례"라는 표현은 "비례"의 동의어이다(참고문헌 1-5).

그림 1-32

인장을 받는 연강 봉의 네킹(© Barry Goodno)

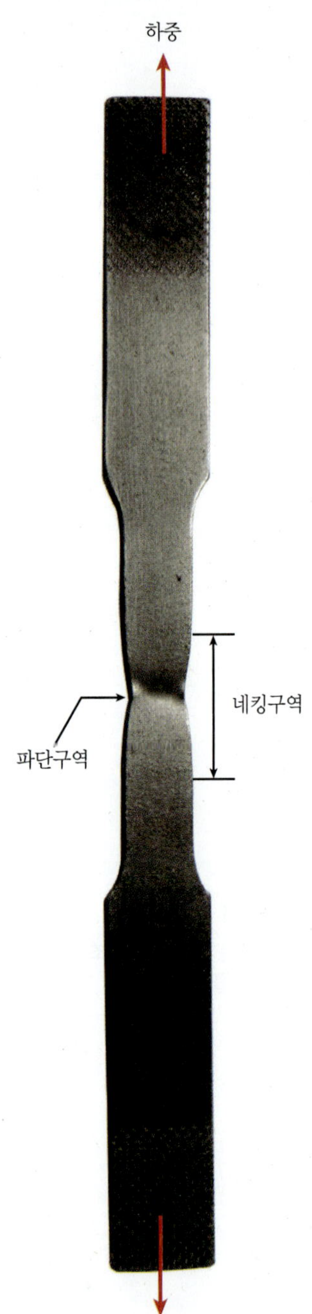

을 재료의 **항복(yielding)**이라 하고, *B*점을 **항복점(yield point)**이라고 한다. 이에 대응하는 응력을 강의 **항복 응력(yield stress)**이라고 한다.

*B*로부터 *C*까지의 영역에서(그림 1-31 참조), 재료는 **완전 소성(perfectly plastic)**으로 되며, 이는 작용 하중이 증가하지 않더라도 변형이 됨을 의미한다. 완전 소성 영역에서 연강 시편의 신장량은 전형적으로 선형 구간(하중 작용 시점과 비례 한도 사이)에서 발생되는 신장량의 10 ~ 15배에 이른다. 소성 영역(그리고 그 이후)에서 매우 큰 변형률이 발생하기 때문에 이 선도를 비례적으로 그리지 않았다.

BC 영역에서 항복이 진행되는 동안에 발생된 큰 변형이 있은 다음, 강은 **변형 경화(strain harden)**를 일으키기 시작한다. 변형 경화 과정에서 재료는 결정 구조가 변화하며, 그 결과 추가적인 변형에 대한 재료의 저항력을 증가시키게 된다. 이 영역에서 시편의 신장은 인장 하중의 증가를 필요로 하며, 따라서 응력-변형률 선도는 *C*에서부터 *D*까지의 양의 기울기를 가지게 된다. 마침내 하중은 최대치에 도달하게 되며, 이에 대응하는 응력(*D*점에서의)을 **극한 응력(ultimate stress)**이라고 한다. 봉을 더 신장시키면 하중은 감소하고, 결국 그림 1-31의 점 *E*에서 파단(fracture)이 발생한다.

또한, 재료의 항복 응력과 극한 응력을 각각 **항복 강도(yield strength)**와 **극한 강도(ultimate strength)**라고도 한다. **강도(strength)**는 구조물의 하중에 대한 저항 능력을 표시하는 일반적인 용어이다. 예를 들어, 보의 항복 강도는 보에 항복을 유발시키는 데 필요한 하중의 크기이며, 트러스의 극한 강도는 트러스가 지탱할 수 있는 최대 하중, 즉 파손 하중이다. 그러나 특정 재료의 인장 시험을 수행할 때, 시편에 작용하는 총 하중이 아닌 시편의 응력으로 부하 능력을 정의하고 있으며, 따라서 일반적으로 재료의 강도는 응력으로 표시한다.

시편이 신장되면, 전술된 바와 같이 **횡방향 수축(lateral contraction)**이 발생한다. 이로 인한 단면적의 감소는 그림 1-31의 *C*점까지는 응력 계산값에 영향을 미치지 않을 만큼 그 크기가 미소하지만, *C*점을 지나게 되면 단면적의 감소가 곡선의 모양을 변화시키기 시작한다. 극한 응력 근방에서는 봉의 단면적 감소가 눈에 띌 정도로 분명하게 나타나며, 봉에 현저한 **네킹(necking)**이 발생한다(그림 1-32 참조).

네킹의 좁은 부분의 단면을 사용하여 응력을 계산하면 **진 응력-변형률 곡선(true stress-strain curve**; 그림 1-31의 점선 *CE*′)이 얻어진다. 극한 응력에 도달한 다음, 봉이 지탱할 수 있는 총 하중은 실제로 감소하지만(곡선 *DE*로 표시된 바와 같이), 이러한 감소는 봉의 단면적 감소에 의한 것일 뿐, 재료 자체의 강도 저하에 의한 것은 아니다. 실제로, 재료는 파손(점 *E*′)에 이를 때까지 진 응력의 증가를 감당할 수 있다. 대부분의 구조물의 경우 비례 한도보다 낮은 응력에서 사용될 것이므로, 시편의 원 단면적을 기준으로 하고 또한 구하기도 쉬운 **관용적인 응력-변형률 곡선(conventional stress-strain curve)** *OABCDE*가 공학적 설계에 활용할 만족스런 정보를 제공해 준다.

그림 1-31의 선도는 연강에 대한 응력-변형률 곡선의 일반적인 특성을 보여주고 있으나 그 비율은 실제와 다르다. 왜냐하면 이미 언급된 바와 같이, *B*에서 *C* 구간에서 발생된 변형률은 *O*에서 *A* 구간에서 발생된 변형률의 10배 이상 크기 때문이다. 더욱이 *C*에서 E까지의 변형률은 *B*에서 *C*까지의 변형률보다 몇 배나 더 크다. 그림 1-33은 비례적으로 그려진 연강의 응력-변형률 선도의 정확한 관계를 도시한 것이다. 이 그림에서 원점으로부터 *A*까지의 변형률은 *A*로부터 *E*까지의 변형률에 비해 아주 작기 때문에 식별

할 수가 없으며, 선도의 초기 부분이 수직선으로 나타난다.

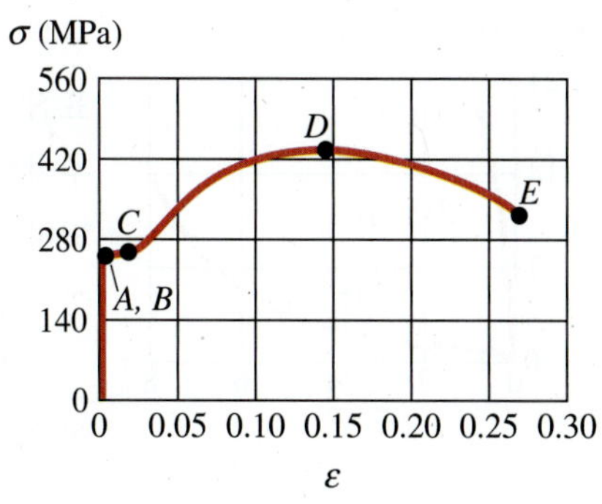

그림 1-33
인장을 받는 전형적인 구조용 강의 응력–변형률 선도(균일 척도로 도시됨)

연성 큰 소성 변형률을 수반하는 뚜렷한 항복점의 존재는 실제 설계에서 흔히 사용되는 구조용 강의 중요한 특성이다(2.12 및 6.10절의 탄소성 재료 거동에 관한 기술 참조). 파손 전에 큰 **영구** 변형률을 발생시키는 구조용 강과 같은 재료는 **연성** 재료로 분류된다. 연성은 강 봉이 원호로 굽혀지거나 끊어지지 않고 철사로 인발될 수 있는 성질이다. 연성 재료의 바람직한 특성은 하중이 아주 커지면 현저한 변형(distortion)을 일으키는 것이다. 따라서 실제 파괴가 일어나기 전에 보수할 수 있는 기회를 부여해 준다. 또한 연성 거동을 하는 재료는 파괴 전에 많은 양의 변형 에너지를 흡수할 수 있다.

구조용 강은 약 0.2%의 탄소를 함유하는 철 합금이므로, 저탄소강으로 분류된다. 탄소 함유량이 증가함에 따라, 연성은 저하되지만 강도는 커진다(큰 항복 응력과 큰 극한 응력). 강의 물리적인 성질은 열처리, 타 금속의 존재 및 압연과 같은 제조 과정의 영향을 받는다. 연성적으로 거동하는 기타 재료(어떤 조건에서)로는 알루미늄, 구리, 마그네슘, 납, 몰리브덴, 니켈, 황동, 청동, 모넬 메탈, 나일론 및 테플론 등이 있다.

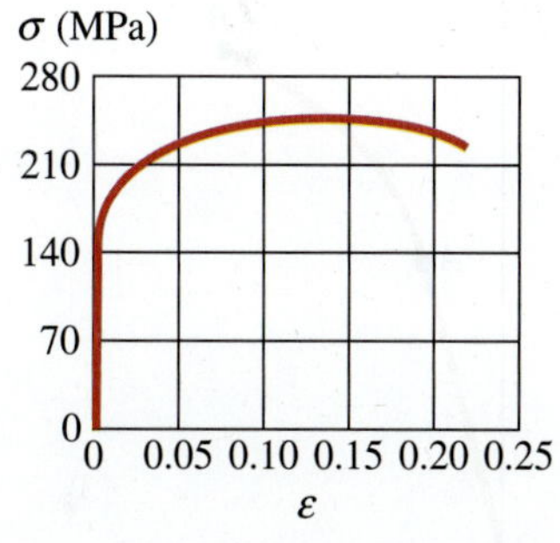

그림 1-34
알루미늄 합금의 전형적인 응력–변형률 선도

알루미늄 합금 현저하게 큰 연성을 가지고 있지만 **알루미늄 합금(aluminum alloy)**은, 그림 1-34의 응력–변형률 선도에서 알 수 있는 바와 같이, 뚜렷하게 정의할 수 있는 항복점을 가지고 있지 않다. 그러나 명시적인 비례 한도를 갖는 초기 선형 영역을 가지고 있다. 구조용으로 생산된 합금은 70 ~ 410 MPa 범위의 비례 한도를 가지며, 140 ~ 550 MPa 범위의 극한 응력을 갖는다.

알루미늄과 같이 뚜렷한 항복점을 가지고 있지 않으며, 그럼에도 불구하고 비례 한도를 초과한 후 큰 변형이 초래되었을 때, **오프셋 법(offset method)**을 이용하여 임의의 항복 응력을 결정할 수 있다. 곡선(그림 1-35)의 초기 직선 부분에 평행하며, 0.002 (또는 0.2%)만큼의 표준 변형률로 오프셋된 직선을 응력–변형률 선도상에 그린다. 오프셋된 직선과 응력–변형률 곡선의 교점(그림의 점 *A*)을 항복 응력으로 정의한다. 이 응력은 임의의 규정에 따라 결정되었고 또한 재료의 고유 물성이 아니므로, **오프셋 항복 응력(offset yield stress)**이라고 별칭하여 실제 항복 응력과 구분하고 있다. 알루미늄과 같은 재료의 오프셋 항복 응력은 비례 한도보다 다소 크며, 선형 영역에서 소성 변형 영역으로 급격하게 천이하는 구조용 강의 오프셋 응력은 본질적으로 항복 응력 및 비례 한도와 같다.

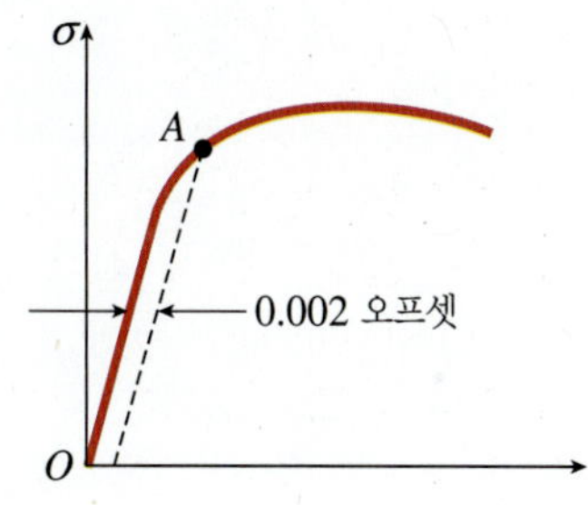

그림 1-35
오프셋 법으로 결정된 임의의 항복 응력

고무 고무(rubber)는 상대적으로 매우 큰 변형률에(금속에 비해) 이르기까지 응력과 변형률 사이에 선형적인 관계를 유지하며, 비례 한도에서의 변형률은 0.1 또는 0.2 (10% 또는 20%)만큼 높을 수 있다. 비례 한도를 넘어서면 그 거동은 고무의 종류에 따라 달라진다(그림 1-36). 어떤 종류의 연질 고무는 파단 없이 거대하게 신장되어, 원 길이의 몇 배에 도달하기도 한다. 그 결과 재료(고무)는 하중에 대한 저항력을 증가시키고, 응력–변형률 곡선은 현저하게 상향된다. 고무 밴드를 손으로 당겨보면 이러한 특성을 쉽게 감지할 수 있을 것이다. (고무는 매우 큰 변형률을 일으키지만, 그 변형률이 영구 변형이 아니기 때문에 연성재료가 아니다. 물론 고무는 탄성재료이다; 1.6절 참조)

연성과 신장량 인장을 받는 재료의 연성(ductility)은 신장량과 파단면의 단면 수축률로 그 특성을 파악할 수 있다. **백분율 신장량(percent elongation)**은 다음과 같이 정의된다:

그림 1-36
인장을 받는 2종의 고무에 대한 응력-변형률 곡선

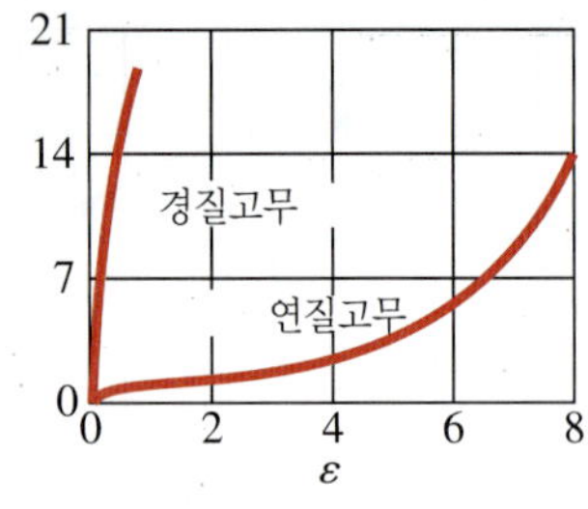

그림 1-37
비례 한도(점 A)와 파괴 응력(점 B)이 표시된 취성 재료의 전형적인 응력-변형률 선도

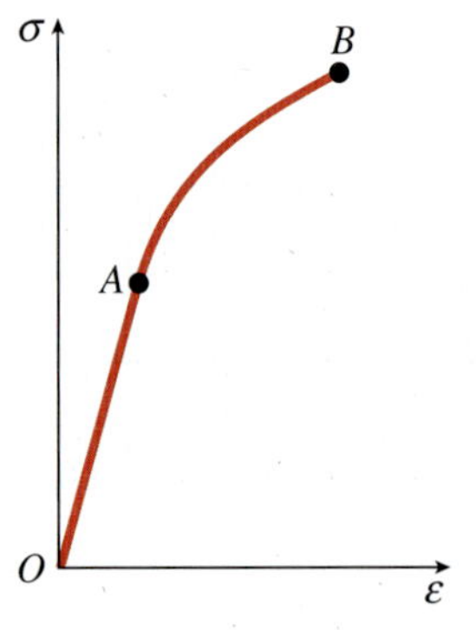

$$\text{신장량} = \frac{L_1 - L_0}{L_0}(100) \tag{1-10}$$

여기서, L_0는 원래의 표점 거리이고, L_1은 파괴가 일어났을 때의 표점 간 거리이다. 신장량은 시편의 전 길이에 걸쳐 균일하지 않으며 네킹 영역에 집중되므로, 백분율 신장량은 표점 거리에 따라 다르게 된다. 따라서 백분율 신장량을 언급할 때에는 항상 표점 거리가 주어져야 한다. 표점 거리 50 mm에 대한 강의 신장량은 재료의 성분에 따라 3 ~ 40%가 되며, 구조용 강의 경우에는 보통 20% 또는 30% 정도이다. 알루미늄 합금의 신장량은 그 성분과 처리에 따라 1 ~ 45%까지 변한다.

단면 수축률(percent reduction in area)은 발생된 네킹 양의 척도가 되며, 다음과 같이 정의된다:

$$\text{단면 수축률} = \frac{A_0 - A_1}{A_0}(100) \tag{1-11}$$

여기서, A_0는 원래의 단면적이며, A_1은 파단부의 최종 단면적이다. 연강의 경우, 단면 수축률은 약 50% 정도이다.

취성 재료 비교적 작은 변형률에서 인장 파손되는 재료는 **취성(brittle)** 재료로 분류된다. 그 예로서 콘크리트, 돌, 주철, 유리, 세라믹 및 여러 가지 금속 합금 등이 있다. 취성 재료는 비례 한도(그림 1-37의 점 A에서의 응력)를 상회한 후 조금만 신장되어도 파손된다. 더욱이 단면 수축률이 미소하므로 공칭 파괴 응력(점 B)은 진 극한 응력(true ultimate stress)과 같다. 고탄소강은—어떤 경우 700 MPa이 넘는—큰 항복 응력을 가지나, 취성적으로 거동하고 단지 몇 %의 신장률에서 파괴되기도 한다.

보통의 유리(glass)는 거의 연성이 없기 때문에 이상적인 취성 재료이다. 인장을 받는 유리의 응력-변형률 곡선은, 항복을 일으키기 전에 파손되기 때문에, 본질적으로 직선이다. 어떤 종류의 판유리에 대한 극한 응력은 약 70 MPa 정도이지만, 유리의 종류, 시편의 크기 및 미시적인 결함의 존재에 따라 큰 차이가 있다. **유리 섬유(glass fiber)**는 현저하게 큰 강도를 갖도록 개발할 수 있으며, 7 GPa 이상의 극한 응력을 갖는 것도 있다.

플라스틱 가볍고 부식에 대한 저항력이 클 뿐만 아니라 양호한 전기 절연성을 가지고 있기 때문에, 다양한 종류의 **플라스틱(plastic)**이 구조용 재료로 사용되고 있다. 이 재료의 기계적인 성질은 대단히 다양하며, 취성적인 것도 있고 연성적인 것도 있다. 플라스틱으로 설계를 할 때 그 성질이 온도 변화와 시간의 경과에 크게 의존한다는 것을 유의해야 한다. 예를 들어, 어떤 플라스틱의 인장 극한 응력은 단지 온도를 10°C에서 50°C로 올려도 거의 반으로 줄어든다. 또한 하중을 지탱하고 있는 플라스틱은 시간이 경과함에 따라 더 이상 사용할 수 없을 때까지 점점 늘어난다. 예를 들어, 초기에 0.005의 변형률을 발생시키는 인장 하중을 받고 있는 폴리 염화 비닐 봉은 하중이 일정한 상태에서도 일주일 후에는 그 변형률이 2배가 된다[**크리프**(*creep*)라고 알려진 이 현상은 다음 절에서 논의한다].

플라스틱의 극한 인장응력은 일반적으로 14 ~ 350 MPa 범위에 있으며, 비중량은 8 ~ 14 kN/m^{3}까지 변화한다. 어떤 종류의 나일론은 극한 응력이 80 MPa이고, 그 비중량이 물에 비해 불과 12% 무거운 11 kN/m^{3}인 것도 있다. 나일론의 중량-강도 비는 그 무게가 가볍기 때문에, 구조용 강과 거의 같다(Problems 1.4-4 참조).

복합 재료 **섬유 보강 재료(filament-reinforced material)**는 고강도 섬유(filament), 섬유(fiber) 또는 단결정(whisker)이 삽입된 모재(또는 **기지 재료**)로 이루어져 있으며, 이와 같은 복합 재료는 모재보다 훨씬 큰 강도를 갖는다. 그 예로 유리섬유를 사용하면 플라스틱 기지 재료의 강도를 2배 이상 크게 할 수 있다. 복합 재료는 고강도와 경량성이 요구되는 항공기, 배, 로켓 및 우주선 등에 널리 사용되고 있다.

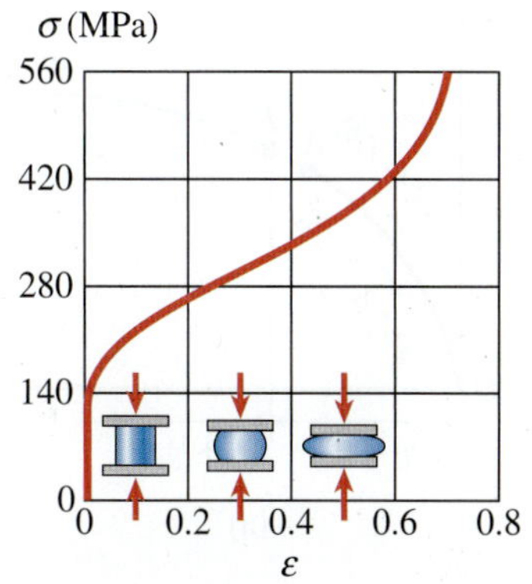

그림 1-38
압축을 받는 구리의 응력-변형률 선도

압축

압축을 받는 재료의 응력-변형률 곡선은 인장의 경우와 다르다. 강, 알루미늄 및 구리와 같은 연성 재료는 인장에서와 거의 비슷한 압축 비례 한도를 가지며, 압축 및 인장에서의 응력-변형률 선도의 초기 영역은 거의 같다. 그러나 항복이 시작된 후 그 거동은 매우 다르다. 인장 시험의 경우에서는 시편이 신장되고 네킹이 발생한 다음 궁극적으로 파단에 이르게 된다. 재료가 압축될 때, 시편과 엔드 플레이트(end plates) 사이의 마찰이 횡팽창을 구속하기 때문에 시편이 측면으로 불룩해져 배럴형이 된다. 하중이 증가함에 따라, 시편이 납작하게 되어 추가적인 압축 변형에 대한 큰 저항력을 유발시키게 된다(이것은 응력-변형률 곡선이 급경사진 것을 의미한다). 이와 같은 특성을, 구리의 압축응력-변형률 선도를 나타낸, 그림 1-38에 예시하였다. 압축 시험된 시편의 실제 단면적은 초기 단면적보다 크기 때문에, 압축 시험에서의 진 응력은 공칭 응력보다 작다.

압축 하중을 받는 취성 재료는 전형적인 초기 선형 영역을 가지며, 이어서 하중 증가 속도에 비해 다소 빠른 속도로 압축 변형이 증가하는 영역을 수반한다. 인장과 압축에 대한 응력-변형률 곡선은 거의 유사한 모양을 가지지만, 압축에서의 극한 응력이 인장에 비해 훨씬 큰 값을 갖는다. 또한 압축될 때 납작해지는 연성 재료와는 달리, 취성 재료는 실제로 최대 하중에서 깨져버린다.

기계적 성질 표

재료의 기계적 성질(mechanical property)이 책 뒷부분의 부록 I에 수록되어 있다. 표에 있는 데이터들은 재료에 대하여 대표적인 것이며 이 교재의 문제를 푸는 데는 적합하다. 그러나 동일한 재료일지라도 제작 과정의 차이, 화학적 성분의 차이, 내부결함, 온도 및 기타 여러 가지 인자들로 인하여 그 재료의 성질과 응력-변형률 곡선은 크게 달라진다.

따라서 부록 I(또는 유사한 종류의 표)에서 얻은 자료는 특정한 공학적 용도나 설계 목적으로 사용해서는 안된다. 그 대신에 제작자나 재료 공급자는 특정 생산품에 대한 정보를 참고해야 한다.

1.6 탄성, 소성 및 크리프

앞 절에서 언급된 바와 같이, 응력-변형률 선도는 재료가 인장이나 압축 하중을 받을 경우, 공업 재료의 거동을 표시한다. 한 걸음 더 나아가, 하중이 제거되고 재료에서 하중을 제거할 경우에는 어떤 현상이 발생하는지 살펴보기로 하자.

예를 들어, 응력과 변형률이 그림 1-39a 응력-변형률 곡선상의 원점 O로부터 점 A로 가도록 인장 시편에 하중을 가한다고 가정하자. 또한 하중이 제거되었을 때 재료가 동일 곡선을 따라 원점 O로 되돌아간다고 가정해보자. 이와 같이 하중이 제거되는 동안에 원래의 크기로 되돌아가는 재료의 성질을 **탄성(elasticity)**이라 하고, 그 재료는 **탄성적**

그림 1-39

응력-변형률 선도 (a) 탄성적인 거동, (b) 부분적으로 탄성적인 거동

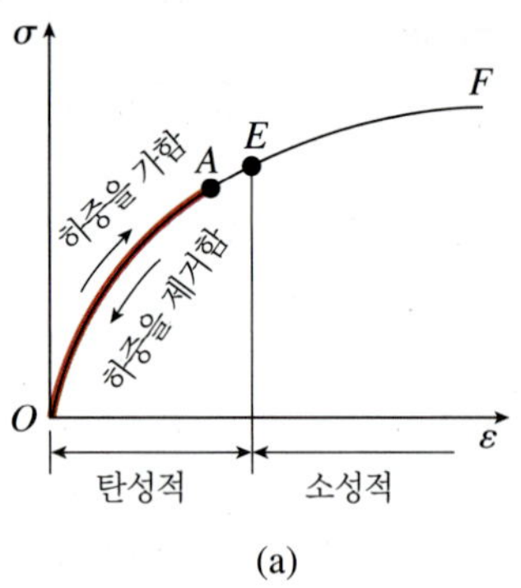

(a)

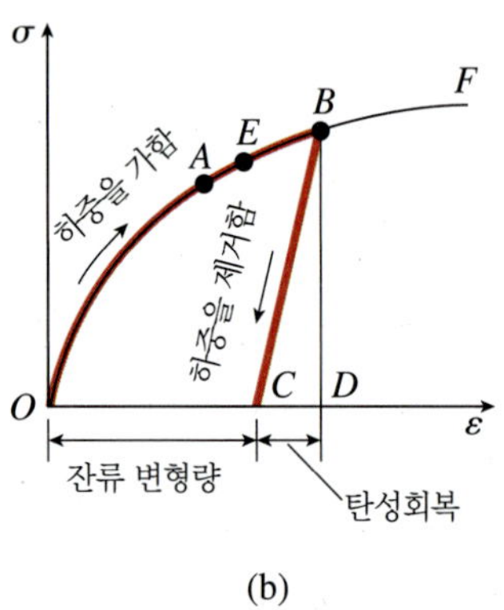

(b)

(*elastic*)이라고 한다. 재료가 탄성적이기 위하여 응력-변형률 곡선이 *O*에서 *A*까지 선형적일 필요는 없다는 것에 유의하기 바란다.

이제 같은 재료에 좀 더 큰 하중을 가하여 응력-변형률 선도(그림 1-39b)상의 *B*점에 도달하였다고 가정해보자. 점 *B*에서 하중을 제거하면, 재료는 선도상의 선 *BC*를 따르게 된다. 이 하중 제거선은 부하 곡선의 초기 부분에 평행하다; 즉 직선 *BC*는 응력-변형률 곡선 원점의 접선에 평행하다. 점 *C*에 도달하게 되면 하중은 완전히 제거되지만, 선분 *OC*로 표시되는 **잔류 변형률(residual strain)** 또는 **영구 변형률**(*permanent strain*)이 재료에 잔류한다. 그 결과, 시험된 봉은 하중을 가하기 전보다 길어지며, 봉의 잔류 신장량을 **영구 변형(permanent set)**이라고 한다. 하중이 *O*에서 *B*까지 가해지는 동안에 유발된 총 변형률 *OD* 중에서, 변형률 *CD*는 탄성적으로 회복되고, 변형률 *OC*는 영구 변형률로 남게 된다. 따라서 하중을 제거하는 동안에 봉은 부분적으로 원래의 형상으로 회복되므로 이 재료는 부분적으로 **탄성적(partially elastic)**이라고 한다.

응력-변형률 곡선(그림 1-39b)의 점 *A*와 점 *B* 사이에 있는 어떤 점 이전에서는 재료가 탄성적이고, 그 점을 넘어서면 재료가 부분적으로 탄성적(partially elastic)인 한 점이 존재한다. 이 점을 찾기 위하여 어떤 크기의 선정된 응력에 이를 때까지 재료에 하중을 가한 다음 하중을 제거하기로 한다. 영구 변형이 없다면(즉, 봉의 신장이 0으로 복귀한다면), 그 재료는 선정된 크기의 응력에 도달할 때까지 완전 탄성적이다.

연속적으로 높은 응력값까지 부하(loading)와 하중 제거(unloading) 과정을 반복할 수 있으며, 마침내 하중 제거 동안에 모든 변형률이 완전히 복구되지 않는 응력에 도달할 수 있게 된다. 이와 같은 절차에 의해 탄성 영역의 상 한계 응력, 예를 들어 그림 1-39a, b의 *E*점에서의 응력을 구할 수 있으며, 이 점에서의 응력을 그 재료의 **탄성 한도(elastic limit)**라고 한다.

대부분의 금속을 포함한 많은 재료가 응력-변형률 곡선의 초기구간에 선형 영역을 가진다(예: 그림 1-31과 1-34 참조). 이 선형 영역의 상 한계 응력을 앞 절에서 설명한 바와 같이, 비례 한도(proportional limit)라 한다. 탄성 한도는 일반적으로 비례 한도와 같거나 약간 크다. 따라서 많은 재료의 경우 이 두 한도에 같은 수치값을 지정하고 있다. 연강의 경우에서는 항복 응력이 비례 한도에 거의 근접되어 있기 때문에, 실용 목적에서는 항복 응력, 탄성 한도 및 비례 한도는 모두 같은 것으로 가정한다. 물론 이와 같은 사실이 모든 재료에 적용되는 것은 아니다. 고무는 비례 한도를 훨씬 초과한 후에도 탄성적인 재료의 대표적인 예이다.

탄성 한도의 변형률을 초과하여 비탄성 변형률을 일으키는 재료의 특성을 **소성(plasticity)**이라고 한다. 따라서 그림 1-39a의 응력-변형률 곡선에서 소성 영역을 수반하는 탄성 영역을 볼 수 있다. 소성 영역에서 하중을 받고 있는 연성 재료에 큰 변형이 유발되었을 때, 이 재료는 **소성 유동(plastic flow)** 상태에 있다고 말한다.

재료의 재부하

재료가 탄성 범위 내에 있을 때에는 재료의 거동을 현저하게 변화시키지 않으면서 부하와 하중 제거 및 재부하(reloading)를 할 수가 있다. 그러나 소성 영역에서 부하되었을 때에는 재료의 내부 구조가 달라지고 그 성질이 변한다. 예를 들어, 소성 영역에서 하중을 제거한 후에는 시편에 영구 변형률이 존재한다는 것을 이미 관찰한 바 있다(그림

1-39b). 이제 위와 같이 하중을 제거한 다음, 재료가 재부하되었다고 가정해보자(그림 1-40). 재부하가 응력-변형률 선도의 C점에서 시작하여, 1차 부하 과정에서 하중 제거가 시작된 점인 점 B까지 지속되었다고 하면, 그 후 이 재료는 원래의 응력-변형률 선도를 따라 점 F를 향하게 된다. 따라서 2차 부하 과정에서, C점을 원점으로 하는 새로운 응력-변형률 곡선이 얻어진 것으로 생각할 수가 있다.

2차 부하 과정에서, 재료는 C에서 B까지 선형 탄성적으로 거동하며, 직선 CB는 원래 부하 곡선의 원점에서 그린 접선의 기울기와 동일한 기울기를 갖는다. 이때 비례 한도는, 원래의 탄성 한도(점 E)보다 큰 응력인, 점 B가 된다. 따라서 강이나 알루미늄과 같은 재료를 비탄성 또는 소성 영역까지 신장시키면 **재료의 성질이 변화된다**. 즉 선형 탄성 영역이 증대되고 비례 한도와 탄성 한도가 상향된다. 그러나 "새로운 재료"에서 탄성 한도를 상회한 항복 영역(B에서 F까지)의 크기가 원래의 재료(E에서 F까지)에 비해 작기 때문에 연성은 감소한다.[4)]

그림 1-40
재료의 재부하와 탄성 한도 및 비례 한도의 상승

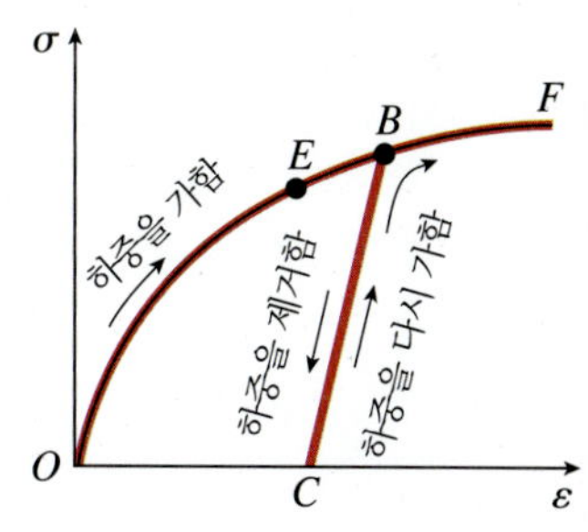

크리프

전술된 응력-변형률 선도는 시편의 정적 부하와 하중 제거를 포함하는 인장 시험에서 얻어진 것이며, 시간의 경과는 논의에서 제외하였다. 그러나 장시간에 걸쳐 하중이 작용될 경우, 어떤 재료는 부가적인 변형률이 발생하며, 이것을 **크리프(creep)**라고 한다.

이와 같은 현상은 여러 가지 방식으로 증명할 수 있다. 예를 들어, 수직 봉(그림 1-41a)에 힘 P를 서서히 가하여, δ_0만큼 신장되었다고 가정하자. 또한 부하와 그에 상당하는 신장이 t_0의 지속 시간 동안에 유발되었다고 가정해 보자(그림 1-41b). 시간 t_0 동안 하중은 일정하게 유지된다. 그러나 하중에 변하지 않더라도 봉은 크리프에 의해 그림 1-41b에 도시된 바와 같이 점차 신장되는 것을 알 수 있다. 이러한 거동은, 변형이 미소하여 가끔 무시되기도 하지만 많은 재료에서 발생되고 있다.

그림 1-41
일정 하중을 받는 봉의 크리프

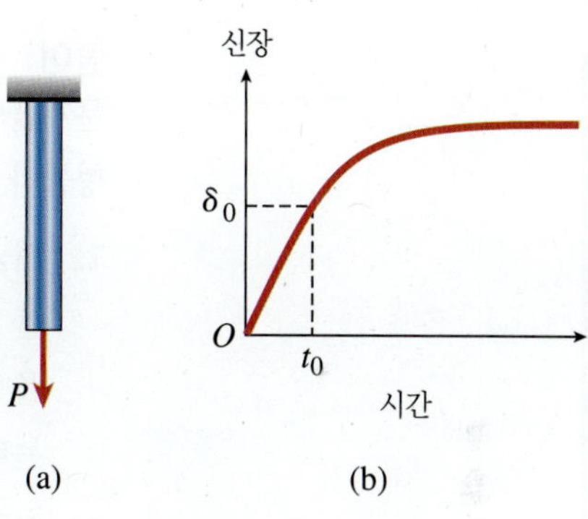

크리프의 두 번째 예로서, 두 고정 지지단 사이에서 신장되어 초기 인장응력 σ_0를 받고 있는 와이어를 고려해보자(그림 1-42). 또한, 와이어가 처음 신장되는 동안의 시간을 t_0로 표시하기로 한다. 시간이 경과함에 따라, 와이어의 양단에 있는 지지점이 움직이지 않더라도 와이어의 응력은 점차 감소되다가 마침내 일정값에 도달하게 된다. 크리프의 또 다른 예라고 할 수 있는 이 과정을 재료의 **이완(relaxation)**이라고 한다.

크리프는 일반적으로 상온보다 고온에서 훨씬 중요하므로, 엔진과 가열로(furnace)의 설계 및 장시간 동안 고온에서 운용되는 여타 구조물의 설계 시 반드시 고려되어야 한다. 그러나 강, 콘크리트 및 목재와 같은 재료는 대기 온도에서 약간의 크리프를 유발시키는 것으로 알려져 있다. 예를 들어, 장시간에 걸친 콘크리트의 크리프는 지지대 사이의 처짐으로 인한 교량 상판(deck)의 진동을 유발시킬 수 있다[그 개선책은, 수평선 위의 초기 변위인 상향 **캠버(camber)**를 갖는 상판을 건설함으로써 크리프가 발생되었을 때 스팬을 수평 위치로 낮아지게 하는 것이다].

그림 1-42
일정 변형량을 받는 와이어에서의 응력의 이완

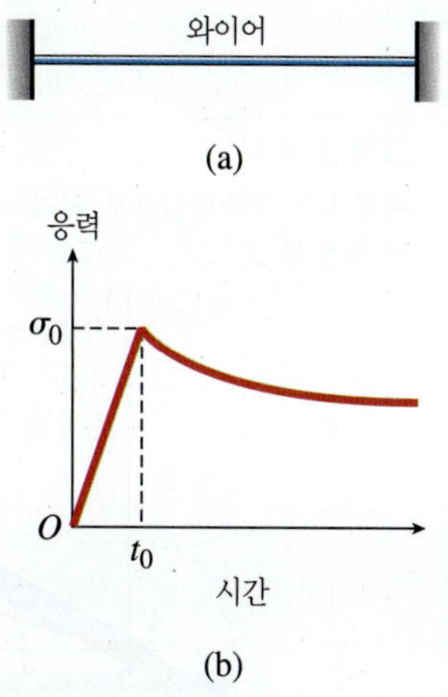

---

4) 여러 가지 환경 및 하중 조건하에서의 재료 거동에 관한 연구는 응용 역학의 중요한 가지이다. 재료에 관한 더 상세한 공학 정보에 대해서는 이 주제에 대해서만 다루는 교재를 참조하라.

예제 1-7

수평봉을 따라 슬라이드 운동을 하는 A와 수직 슬롯을 따라 움직이는 B를 구성요소로 하는 기구물이 있다. 구성요소 중 점 A와 B에서 롤러를 지지하고 있는 봉 AB(길이 $L = 1.5$ m, 무게 $W = 4.5$ kN)는 강체이다(마찰은 무시한다). 기구물은 사용되지 않을 때, 기구물의 와이어 끝단이 A와 C에 부착되어(지름 $d = 3.5$ mm) 지탱되고 있다(그림 1-43 참조). 와이어는 구리합금으로 되어 있다; 이 와이어의 응력-변형률 관계는 아래와 같다.

$$\sigma(\varepsilon) = \frac{124{,}000\varepsilon}{1+240\varepsilon} \qquad 0 \le \varepsilon \le 0.03 \quad (\sigma \text{ in MPa})$$

(a) 재료의 응력-변형률 선도에서 탄성 계수 E는 얼마인가(GPa)? 0.2%의 오프셋 항복 응력은 얼마인가(MPa)?

(b) 와이어에 작용하는 인장 하중 T(kN)을 구하시오.

(c) 와이어의 축 방향 수직변형률(ε)과 늘어난 길이(δ)를 구하시오.

(d) 모든 하중을 제거할 경우 영구 변형을 구하시오.

풀이

문제풀이 4단계 접근방법을 사용하여 탄성 계수를 찾고, 항복 응력, 인장 하중, 수직변형률과 신장량 그리고 구리합금 와이어 AC의 영구 변형을 찾는다.

1. **개념화:** 구리합금은 상당한 연성을 갖고 있지만 명확한 항복점이 없는 응력-변형률 곡선을 나타낸다. 그림 1-35에 도시된 바와 같이 오프셋 방법을 사용하여 항복점을 정의한다. 그림 1-39와 같이 잔류 변형률을 찾은 다음 와이어의 영구 변형을 찾는다.

2. **분류:** 응력-변형률 곡선의 $\sigma(\varepsilon)$에 대한 주어진 해석 식은 와이어를 제조하는 데 사용된 구리합금에 대한 측정된 실험 데이터를 기반으로 한다. 따라서 분석식은 재료의 실제 거동의 근사치이며 실험 데이터를 기반으로 공식화되었다. 실제 응력-변형률 곡선은 다양한 종류의 서로 다른 재료의 구조물을 모델링하고 분석하는 데

그림 1-43
예제 1-7: 구리합금으로 지지된 강철 봉

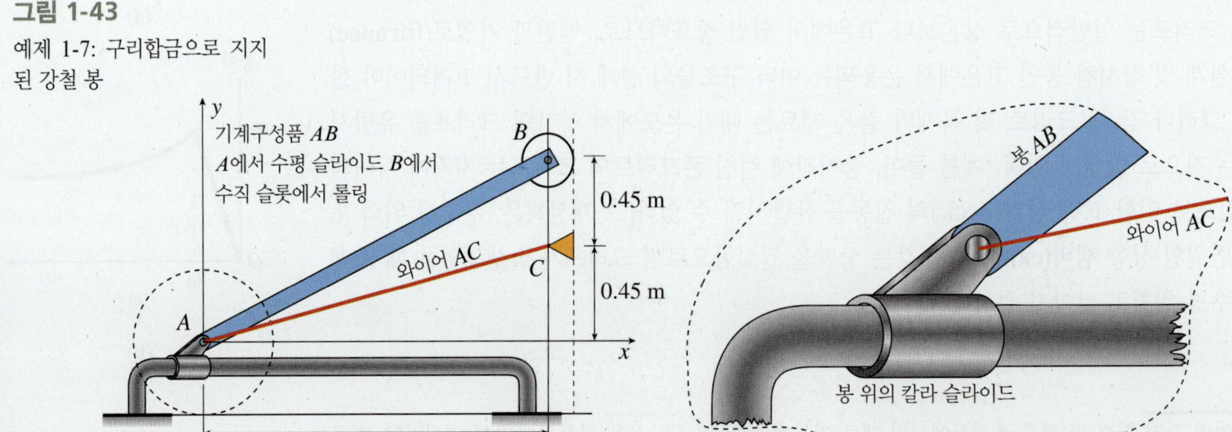

사용할 수 있는 컴퓨터 프로그램에 종종 사용된다.

3. 해석:

Part (a): 재료의 응력-변형률 선도에서 탄성 계수 E는 얼마인가(GPa)?

0.2%의 오프셋 항복 응력은 얼마인가(MPa)?

변형률이 0과 0.03 사이일 경우 함수 $\sigma(\varepsilon)$의 그래프(그림 1-44)를 그려라. 변형률 $\varepsilon = 0.03$일 때 응력은 454 MPa이다.

$$\sigma(\varepsilon) = \frac{124{,}000\varepsilon}{1+240\varepsilon} \qquad \varepsilon = 0, 0.001, \ldots, 0.03$$

$$\sigma(0) = 0 \qquad \sigma(0.03) = 454\ \text{MPa}$$

응력-변형률 곡선에서 변형률 $\varepsilon = 0$일 때 접선의 기울기는 탄성 계수 E이다(그림 1-45 참조). $\sigma(\varepsilon)$ 곡선에서 접선의 기울기를 얻기 위해 $\sigma(\varepsilon)$ 함수에 미분을 취하고 E값을 찾기 위해 $\varepsilon = 0$으로 계산한다:

$$E(\varepsilon) = \frac{d}{d\varepsilon}\sigma(\varepsilon) = \frac{124{,}000}{(240\varepsilon + 1)^2}$$

$$E = E(0) \qquad E = 124{,}000\ \text{MPa} = 124\ \text{GPa}$$

0.2% 오프셋된 직선과 응력-변형률 선도가 교차하는 항복 변형률 ε_y을 찾는다(그림 1-45 참조). ε_y을 $\sigma(\varepsilon)$의 함수로 표현하고, 항복 응력 $\sigma(\varepsilon_y) = \sigma_y$를 푼다:

$$\varepsilon_y = 0.002 + \frac{\sigma_y}{E} \quad \text{그리고} \quad \sigma(\varepsilon_y) = \sigma_y \quad \text{또는} \quad \sigma_y = \frac{124{,}000\varepsilon_y}{1+240\varepsilon_y}$$

σ_y의 항으로 식을 재정리하면

$$\sigma_y^2 + \left(\frac{E}{500}\right)\sigma_y - \frac{E^2}{120{,}000} = 0$$

0.2% 오프셋 항복 응력 σ_y는 2차 방정식을 풀면 $\sigma_y = 255$ MPa이다.

항복 변형률은 다음처럼 계산된다.

그림 1-44

예제 1-7의 구리합금 와이어의 응력-변형률 곡선

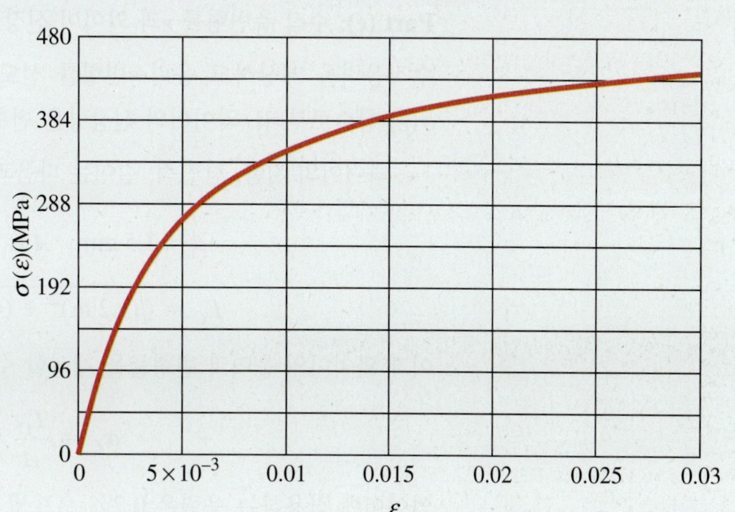

그림 1-45

예제 1-7의 구리합금 와이어의 탄성 계수 E, 0.2% 오프셋 직선과 항복 응력 σ_y과 변형률 ε_y

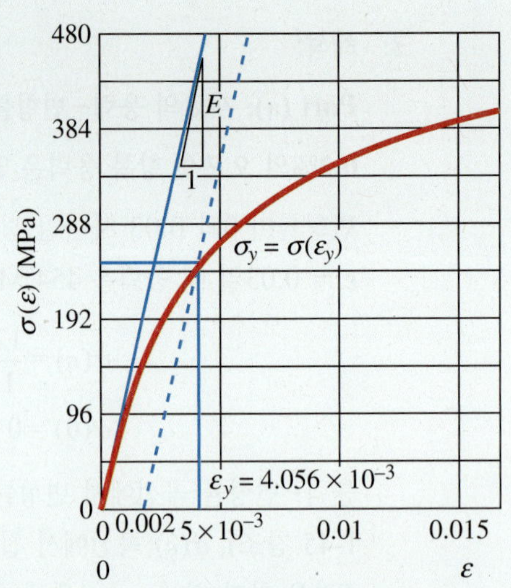

$$\varepsilon_y = 0.002 + \frac{\sigma_y}{E(\text{GPa})} = 4.056 \times 10^{-3}$$

Part (b): 와이어에 작용하는 인장 하중 T (kN)를 구하라. 바의 무게 W = 4.5 kN임을 기억하자.

x축과 C 위치에 부착된 케이블 사이의 각도를 구한다:

$$\alpha_C = \arctan\left(\frac{0.45}{1.2}\right) = 20.556°$$

하나의 미지수와 하나의 방정식을 구하기 위해 점 A에서의 모멘트 합을 구한다. 반력 B_x는 왼쪽으로 작용한다.

$$B_x = \frac{-W(0.6\text{ m})}{0.9\text{ m}} = -3\text{ kN}$$

다음으로 케이블에 작용하는 T_C를 구하기 위해 x방향 힘의 합력을 구한다:

$$T_C = \frac{-B_x}{\cos(\alpha_C)} \qquad T_C = 3.2\text{ kN}$$

Part (c): 수직 축변형률 ε과 와이어 신장량 δ (mm)를 구한다.

수직응력을 계산하고 응력-변형률 선도에서 변형률과 관련된 점을 찾는다[또는 $\sigma(\varepsilon)$ 함수로부터]. 와이어의 신장량은 변형률에 와이어 길이를 곱한 값이다.

와이어의 지름, 단면적, 길이는 다음과 같다.

$$d = 3.5\text{ mm} \quad A = \frac{\pi}{4}d^2 = 9.6211\text{ mm}^2$$

$$L_C = \sqrt{(1.2\text{ m})^2 + (0.45\text{ m})^2} = 1.282\text{ m}$$

이제 와이어의 응력과 변형률을 계산할 수 있고 와이어의 신장량을 계산할 수 있다.

$$\sigma_C = \frac{T_C}{A} = 333\text{ MPa}$$

와이어에 작용하는 응력은 0.2% 오프셋 항복 응력인 225 MPa을 초과한 것을 유

그림 1-46

예제 1-7에서 구리합금 와이어의 잔류 변형률(ε_{res})과 탄성회복 변형률(ε_{er})

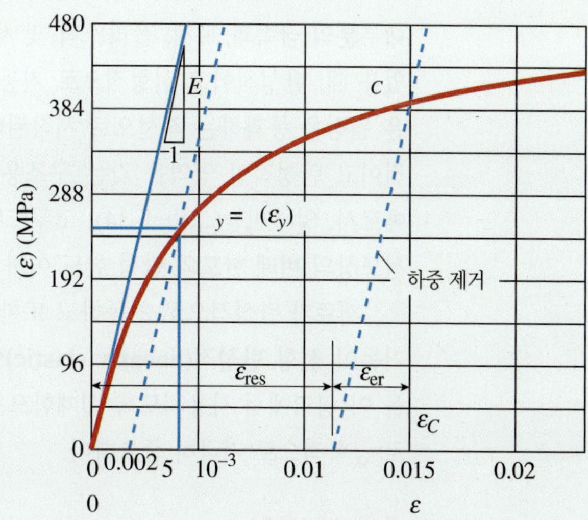

의하여야 한다. σ(ε) 선도나 주어진 σ(ε) 함수로부터 해당하는 수직응력을 찾을 수 있다.

$$\varepsilon(\sigma) = \frac{\sigma}{124{,}000 - 240\sigma}$$

그때,

$$\varepsilon(\sigma_C) = \varepsilon_C \text{ 또는 } \varepsilon_C = \frac{\sigma_C}{124\text{ GPa} - 240\sigma_C} = 7.556 \times 10^{-3}$$

최종적으로, 와이어의 신장량은

$$\delta_C = \varepsilon_C L_C = 9.68\text{ mm}$$

Part (d): 모든 하중을 제거할 경우 영구 변형을 구한다.

와이어의 외력이 제거된다면 와이어에 작용하는 응력은 그림 1-46에서(그림 1-39b 또한 참조) 하중 제거라인 *BC*를 따라 0으로 돌아갈 것이다. 탄성회복은 다음과 같이 계산할 수 있다.

$$\varepsilon_{er} = \frac{\sigma_C}{E} = 3.895 \times 10^{-4}$$

이런 이유로 잔류 변형률은 총 변형률(ε_C)에서 탄성회복(ε_{er})을 뺀 값이다.

$$\varepsilon_{res} = \varepsilon_C - \varepsilon_{er} = 7.166 \times 10^{-3}$$

결국, 와이어의 영구 변형은 잔류 변형률과 와이어 길이의 곱으로 계산된다.

$$\varepsilon_{res}\, L_C = 9.184\text{ mm}$$

4. 최종 단계: 이 예제에서는 구리합금에 대한 응력-변형률 관계의 해석 모델을 제시한다. 탄성 계수의 계산된 값 *E*와 항복 응력 σ_y는 부록 I에 열거된 값과 일치한다. 와이어의 인장력, 수직변형률과 신장량, 영구 변형률은 재료가 명백한 항복점을 넘어가면서 힘을 받을 때 계산된다.

1.7 선형 탄성, 후크의 법칙 및 뽀아송 비

대부분의 금속과 목재, 플라스틱 및 세라믹을 포함하여 많은 구조용 재료는 처음 부하되었을 때, 탄성적이고 선형적으로 거동한다. 따라서 이와 같은 재료의 응력-변형률 곡선은 원점을 통과하는 직선으로 시작된다. 그 예로 원점 O에서 비례 한도(점 A)까지 선형적이고 탄성적인 영역을 갖는 구조용 강의 응력-변형률 곡선(그림 1-31)이 있다. 다른 예로서, 알루미늄(그림 1-34), 고무(그림 1-37) 및 구리(그림 1-38)에 대한 응력-변형률 선도상의 비례 한도와 탄성 한도 이하의 영역을 예시할 수가 있다.

재료가 탄성적으로 거동하고 또한 응력과 변형률이 선형적인 관계를 나타낼 경우, 그 거동이 **선형 탄성적(linearly elastic)**이라고 말한다. 이런 유형의 거동은 기계나 구조물을 이 영역에서 사용되도록 설계함으로써 항복에 의한 영구 변형을 피할 수 있을 것이므로 공학적으로 지극히 중요하다.

후크의 법칙

단순 인장이나 단순 압축을 받는 봉의 응력과 변형률 사이의 선형적인 관계는 다음 식으로 표시할 수 있다.

$$\sigma = E\varepsilon \tag{1-12}$$

여기서, σ는 축 방향 응력이고, ε은 축 방향 변형률이며, E는 재료의 **탄성 계수(modulus of elasticity)**로 알려져 있는 비례 상수이다. 탄성 계수는 1.5절에서 언급된 바와 같이, 선형탄성 영역에서 응력-변형률 선도의 기울기이다. 변형률이 무차원 양이므로, 탄성 계수 E의 단위는 응력의 단위와 같다. SI 단위에서 E의 단위는 파스칼로 나타낸다.

식 $\sigma = E\varepsilon$은 유명한 영국 과학자 Robert Hooke (1635~1703)의 이름을 붙여 일반적으로 **후크의 법칙(Hooke's low)**이라고 한다. 후크는 재료의 탄성 거동을 연구한 최초의 인물이며 금속, 목재, 돌, 뼈 및 힘줄과 같은 다양한 재료를 시험하였다. 그는 무게를 지탱하고 있는 긴 와이어의 신장량을 측정하였으며, "각각의 신장량과 무게는 언제나 그 비율이 같다"는 것을 관찰하였다(참고문헌 1-6). 따라서 후크는 작용 하중과 초래된 신장량 사이의 선형적인 관계를 확립하였다.

식 (1-12)은 봉의 단순 인장, 압축(단축응력)에 의한 길이방향의 응력과 변형률에만 적용되므로, 사실상 후크의 법칙의 매우 제한된 버전(version)이라고 할 수 있다. 대부분의 구조물 및 기계에서 관찰할 수 있는 것과 같은 좀 더 복잡한 응력 상태를 다루기 위해서는 확장된 후크의 법칙을 사용해야 한다(7.5절과 7.6절 참조).

구조용 금속과 같이 강성이 큰 재료의 탄성 계수는 비교적 큰 값을 갖는다. 강은 약 210 GPa의 탄성 계수를 가지며; 알루미늄의 경우 대략 73 GPa이다. 유연성이 큰 재료는 작은 탄성 계수를 가지며, 플라스틱의 경우 0.7~14 GPa 범위의 값을 갖는다. E의 대표적인 값들이 부록 I의 표 I-2에 수록되어 있다. 대부분의 재료에서 압축 시 E의 값은 인장 시와 거의 같다.

탄성 계수는 또 다른 영국의 과학자 Thomas Young (1773~1829)의 이름을 붙여 흔히 **영 계수(Young's modulus)**라고도 한다. 균일 단면 봉의 인장 및 압축의 연구와 관련하여, 영은 "탄성 계수"의 개념을 도입하였다. 그러나 영이 사용한 계수는, 재료뿐만 아니라 봉의 성질이 포함되었기 때문에, 오늘날 사용되고 있는 것과는 다르다(참고문헌 1-7).

뽀아송 비

균일 단면 봉이 인장 하중을 받을 때, 축 방향 신장은 **횡방향 수축(lateral contraction**; 작용 하중 방향에 수직인 수축)을 수반하게 된다. 이와 같은 형상의 변화를 그림 1-47에 도시하였으며, 그림 (a)는 하중 작용 전의 봉이고, 그림 (b)는 하중 작용 후의 봉이다. 또한 그림 (b)에서 점선은 하중 작용 전 봉의 형상을 표시한 것이다.

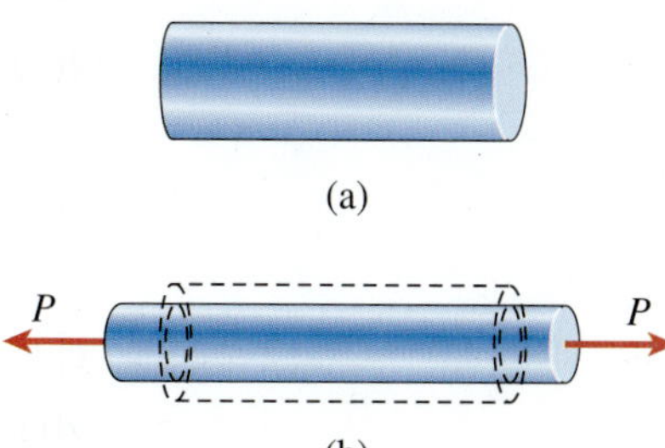

그림 1-47

인장을 받는 균일 단면 봉의 축 방향 신장과 횡방향 수축: (a) 하중 작용 전의 봉, (b) 하중 작용 후의 봉(봉의 변형은 대단히 과장되었다)

횡방향 수축은 고무 밴드를 신장시킴으로써 쉽게 알 수 있으나, 금속의 경우(선형 탄성 범위 내에서) 횡방향의 크기 변화가 매우 미소하여 쉽게 눈에 띄지 않는다. 그러나 정밀한 계측 장치를 사용함으로써 탐지할 수가 있다.

재료가 선형 탄성적이라면, 봉의 어떤 점에서 **횡방향 변형률(lateral strain)** ε'은 같은 점에서의 축 방향 변형률 ε에 비례한다. 이 변형률의 비가 **뽀아송 비(Poisson's ratio)**로 알려져 있는 재료의 성질이다. 일반적으로 그리스 문자 ν(nu)로 표시되는 이 무차원 비는 다음 식으로 표시할 수 있다.

$$\nu = -\frac{\text{횡방향 변형률}}{\text{축 방향 변형률}} = -\frac{\varepsilon'}{\varepsilon} \tag{1-13}$$

보통 횡방향과 축 방향의 변형률이 서로 다른 부호를 갖는다는 사실을 보정하기 위하여, 식 중에 음의 부호가 삽입되었다. 예를 들어, 인장을 받는 봉의 축 방향 변형률은 양이며, 횡방향 변형률은 음이다(봉의 폭이 감소하므로). 압축의 경우에는 봉의 길이가 짧아지고(음의 축 방향 변형률) 폭이 넓어짐(양의 횡방향 변형률)에 따라 그 반대 상황이 초래된다. 따라서 일반적인 재료의 경우 뽀아송 비는 항상 양의 값을 갖는다. 그러나 낮은 농도의 오픈 셀 폴리머 구조와 같은 재료들은 음의 뽀아송 비를 가질 수 있다. 따라서 선형 탄성 범위 안에서 뽀아송 비는 −1에서 +0.5까지 변화한다.

재료의 뽀아송 비가 주어지면, 축 방향 변형률로부터 다음과 같이 횡방향 변형률을 얻을 수 있다.

$$\varepsilon' = -\nu\varepsilon \tag{1-14}$$

식 (1-13)과 (1-14)를 사용할 때, 이 식은 단축응력을 받는 봉, 즉 축 방향에 수직응력 σ만 작용하는 봉에만 적용할 수 있다는 것을 항상 유념해야 한다.

뽀아송 비는, 재료의 분자 이론을 이용하여 이 비의 계산을 시도한, 프랑스의 저명한 수학자 Siméon Denis Poisson (1781~1840)의 이름을 따서 붙여진 것이다(참고문헌 1-8). 등방성 재료에 대하여 뽀아송은 $\nu = 1/4$임을 발견하였다. 보다 정밀한 원자구조 모델을 토대로 한 최근의 계산에서는 $\nu = 1/3$으로 주어진다. 이 두 값은, 대부분의 금속과 여타 재료에서 0.25~0.35의 범위에 있는, 실제 측정치와 거의 일치하고 있다. 극히 작은 뽀아송 비를 갖는 재료는 코르크이며 이의 ν는 실질적으로 0이며 콘크리트의 ν는 약 0.1 혹은 0.2이다. 뽀아송 비에 대한 이론적인 상한값은 0.5이며 이는 뒤의 7.5절에서 설명된다. 고무는 이 한계값에 가깝다. 뽀아송 비는 낮은 밀도의 오픈 셀 폴리머 구조 등의 물질에서 −1.0까지 낮아질 수 있다. 따라서 탄성 범위 안에서 뽀아송 비는 −1.0에서 +0.5까지 변화한다.

선형 탄성 영역에서 각종 재료의 뽀아송 비의 표를 부록 I(표 I-2 참조)에 주었다. 일반적으로 인장 및 압축에 대한 뽀아송 비는 서로 같다고 가정한다.

재료의 변형률이 커지게 되면 뽀아송 비는 변한다. 예를 들어, 구조용 강의 경우 소성 항복이 일어나면 뽀아송 비는 약 0.5가 된다. 따라서 뽀아송 비는 선형 탄성 영역에서만 일정한 값을 갖는다. 재료의 거동이 비선형적일 때에는 축 방향의 변형률에 대한 횡방향 변형률의 비를 흔히 **수축 비**(*contraction ratio*)라고 한다. 물론 선형탄성 거동의 특수한 경우에서는 수축비와 뽀아송 비는 서로 같다.

제한

전술된 바와 같이, 특별한 재료의 경우 뽀아송 비는 선형 탄성 영역 내에서 일정하다. 따라서 그림 1-47의 균일 단면 봉의 어떤 주어진 점에서 횡방향의 변형률은 하중이 증가하거나 감소함에 따라 축 방향의 변형률에 비례한다. 그러나 주어진 하중 값에 대하여(봉 전체에 걸쳐서 축 방향의 변형률이 일정함을 뜻한다), 횡방향의 변형률이 봉 전체에 걸쳐 동일해지려면 부가적인 조건을 만족해야 한다.

첫째, 재료는 **균질(homogeneous)**이어야 한다. 즉 모든 점에서 같은 성분(따라서 동일한 탄성 성질)을 가져야 한다. 그러나 균질 재료라는 것이 특정 점에서의 탄성 성질이 모든 **방향**으로 같다는 것을 의미하지는 않는다. 예를 들어, 목재 기둥에서와 같이 탄성 계수가 축 방향과 횡방향에서 차이가 있을 수 있다. 따라서 횡방향의 변형률이 균일하기 위한 두 번째 조건은, 길이방향의 축에 **수직한** 모든 방향에서 탄성 성질이 동일해야 한다는 것이다. 종종 금속의 경우와 같이, 전술한 모든 조건이 만족될 때, 균일한 인장을 받는 균일 단면 봉의 횡방향 변형률은 봉의 모든 점에서 같으며 봉의 축 직각의 모든 방향으로 같을 것이다.

모든 방향(축 방향, 횡방향 또는 여타의 모든 방향)으로 동일한 성질을 갖는 재료를 **등방성(isotropic)**이라고 한다. 여러 방향에서의 성질이 다를 경우 그 재료는 **이방성(anisotropic** 또는 **aeolotropic)**이라고 한다.

이 책에서는 특정하게 반대로 언급되지 않는 한, 재료는 선형 탄성적, 균질 및 등방성이라고 가정하여 모든 예제와 문제를 푼다.

예제 1-8

속이 빈 원형 플라스틱 관(길이 L_p, 안지름 d_1, 바깥지름 d_2; 그림 1-48 참조)이 주철관(길이 L_c, 안지름 d_3, 바깥지름 d_4) 안쪽에 일직선으로 삽입되어 있다.

(a) 압축하는 힘 P가 작용할 때 플라스틱 파이프의 초기길이 L_p를 구하기 위한 수식을 유도하여라. 최종적으로 두 파이프의 길이는 동시에 같아진다. 플라스틱 관의 바깥지름은 주철관의 안지름과 같다.

(b) 아래 주어진 수치 데이터를 이용하여 초기길이 L_p (m)를 구하고 플라스틱 관의 최종 두께 t_p (mm)를 구하여라.

(c) 압축 하중 P(N)는 얼마인가? 두 개의 관에 작용하는 수직응력(MPa)은 얼마인가?

(d) 플라스틱 관의 초기부피와 최종부피(mm^3)를 비교하여라.

수치 데이터와 관 단면 특징은:

그림 1-48

예제 1-8: 주철관 내부의 압축을 받는 플라스틱 관

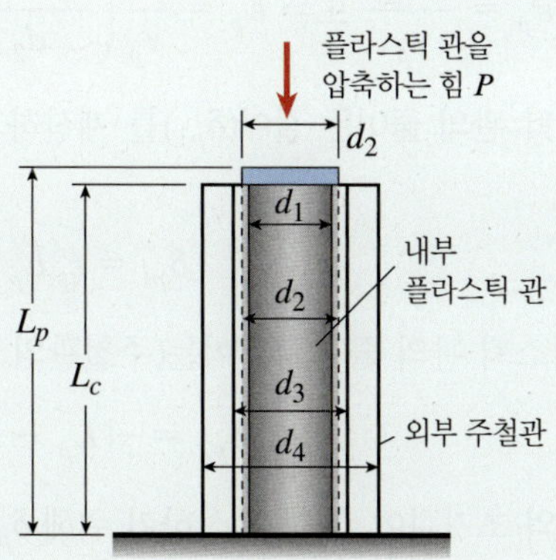

$$L_c = 0.25\text{ m}\quad E_c = 170\text{ GPa}\quad E_p = 2.1\text{ GPa}\quad \nu_c = 0.3\quad \nu_p = 0.4$$

$$d_1 = 109.8\text{ mm}\qquad d_2 = 110\text{ mm}\qquad d_3 = 110.2\text{ mm}$$

$$d_4 = 115\text{ mm}\qquad t_p = \frac{d_2 - d_1}{2} = 0.1\text{ mm}$$

이다.

풀이

문제풀이 4단계 접근방법을 사용하여 주조철 안에 들어가는 알맞은 플라스틱 직선의 치수와 힘을 구한다.

1. **개념화:** 철관은 응력에서 자유로운 데에 반해, 플라스틱 관에서 압축력 P의 작용은 압축 수직변형과 외부 축변형을 일으킨다. 플라스틱 관의 초기길이(L_P)는 주철 파이프(L_c)보다 길다. 힘 P가 완전히 작용할 때, 길이는 동일하게 된다.

   플라스틱 관과 주철관의 초기 단면적은 아래와 같다.

$$A_p = \frac{\pi}{4}(d_2^2 - d_1^2) = 34.526\text{ mm}^2\quad A_c = \frac{\pi}{4}(d_4^2 - d_3^2) = 848.984\text{ mm}^2$$

2. **분류:** 두 가지 요구조건은 다음과 같다. (a) 플라스틱 관의 압축은 플라스틱 관과 내부 주조철관 표면 사이의 차이($d_3 - d_2$)를 가깝게 해야 한다. 플라스틱 관의 (b) 두 관의 최종길이는 같아야 한다. 첫 번째 요구조건은 축변형의 영향을 받고 두 번째 요구조건은 수직변형의 영향을 받는다. 각각의 요구조건은 플라스틱 관의 짧아짐의 표현을 이끌 것이다. 두 가지 표현의 동등은 (예: 변형 양립성 직면하기) 요구되는 플라스틱 파이프의 길이를 도출한다.

3. **해석**

Part (a): 플라스틱 관의 초기길이 L_p를 구하기 위한 수식을 유도하여라.

플라스틱 관의 압축으로 가로 방향 변형이 발생하며 이로 인해 플라스틱 관과 주철관 내부 표면 사이의 간격($d_3 - d_2$)은 가까워진다. 가로 방향의 신장은 양의 부호를 갖는다(여기서 $\varepsilon_{\text{lat}} = \varepsilon'$):

$$\varepsilon_{\text{lat}} = \frac{d_3 - d_2}{d_2} = 1.818 \times 10^{-3}$$

플라스틱 관에서 압축을 수반하는 수직변형률은 뽀아송 비와 축변형률을 이용해 계산하는 것으로 구할 수 있다[식 (1-14)]:

$$\varepsilon_p = \frac{-\varepsilon_{\mathrm{lat}}}{\nu_p} \text{ 또는 } \varepsilon_p = \frac{-1}{\nu_p}\left(\frac{d_3 - d_2}{d_2}\right) = -4.545 \times 10^{-3}$$

이제 플라스틱 관의 줄어든 길이(δ_{p1})를 계산하기 위해 압축 수직변형률 ε_p를 이용한다.

$$\delta_{p1} = \varepsilon_p L_p$$

동시에, 플라스틱 관의 줄어든 길이는(주철관의 길이와 같아진 길이)

$$\delta_{p2} = -(L_p - L_c)$$

플라스틱 관의 초기길이 L_P를 계산하기 위해 δ_{p1}과 δ_{p2}는 같다로 풀면

$$L_p = \frac{L_c}{1 + \varepsilon_p} \text{ 또는 } L_p = \frac{L_c}{1 - \dfrac{d_3 - d_2}{\nu_p d_2}}$$

Part (b): 초기길이 L_P를 계산하기 위해 플라스틱 관의 바뀐 두께 Δt_p와 최종두께 t_{pf}를 수치값으로 대체한다.

예상대로, L_p는 주철관의 길이 $L_c = 0.25$ m보다 더 길고 압축된 플라스틱 파이프의 두께는 Δt_p에 의해 증가한다:

$$L_p = \frac{L_c}{1 - \left(\dfrac{d_3 - d_2}{\nu_p d_2}\right)} = 0.25114 \text{ m}$$

$$\Delta t_p = \varepsilon_{\mathrm{lat}} t_p = 1.818 \times 10^{-4} \text{ mm 따라서 } t_{pf} = t_p + \Delta t_p = 0.10018 \text{ mm}$$

Part (c): 두 관에 작용하는 압축 하중 P와 공칭 응력을 구하여라.

플라스틱 관에 작용하는 수직 압축변형률을 확인해보면 , 후크의 법칙[식 (1-12)]를 이용해 계산된 값은 플라스틱의 극한 응력 이하이다(부록 I, 표 I-3 참조); 플라스틱 관의 최종 수직응력은 다음과 같다.

$$\sigma_p = E_p \varepsilon_p = -9.55 \text{ MPa}$$

플라스틱 관을 압축하기 위해 필요한 아래 방향의 힘은 다음과 같다.

$$P_{\mathrm{reqd}} = \sigma_p A_p = -330 \text{ N}$$

주철관에 작용하는 초기와 최종 응력은 주철관에 작용하는 힘이 없으므로 0이다.

Part (d): 플라스틱 관의 초기와 최종부피를 비교하여라.

플라스틱 관의 초기 단면적은 다음과 같다.

$$A_p = 34.526 \text{ mm}^2$$

플라스틱 관의 최종 단면적은 다음과 같다.

$$A_{pf} = \frac{\pi}{4}[d_3^2 - (d_3 - 2t_{pf})^2] = 34.652 \text{ mm}^2$$

플라스틱 관의 초기부피는 다음과 같다.

$$V_{\mathrm{pinit}} = L_p A_p = 8{,}671 \text{ mm}^3$$

플라스틱 관의 최종부피는 다음과 같다.

$$V_{pfinal} = L_c A_{pf} \text{ 또는 } V_{pfinal} = 8{,}663\,\text{mm}^3$$

4. 최종 단계: 플라스틱 관의 부피의 초기와 최종값의 변화비를 살펴보면 약간의 변화가 있는 것을 알 수 있다.

$$\frac{V_{pfinal}}{V_{pinit}} = 0.99908$$

이 예제에서 얻어진 수치 결과는 보통의 하중 조건하에서 구조용 재료의 치수 변화가 지극히 작다는 것을 보여주고 있다. 크기의 변화가 거의 없음에도 불구하고, 치수의 변화는 어떤 종류의 해석(부정적 구조물의 해석 등)과 응력 및 변형률의 실험적인 결정에 중요하게 작용할 수 있다.

1.8 전단응력 및 전단변형률

앞 절에서는 직선 봉에 작용하는 축 하중에 의해 발생된 수직응력의 영향을 검토하였다. 이 응력은 재료의 표면에 **수직**방향으로 작용하기 때문에 "수직응력"이라고 한다. 이제 재료의 표면에 **접선** 방향으로 작용하는, **전단응력(shear stress)**이라고 하는 또 다른 종류의 응력을 고찰할 것이다.

이중 전단을 받는 U자형 고리와 핀을 보여주는 고가 보도에 대한 대각선 지주

© Barry Goodno

전단응력의 작용 예로서 그림 1-49a에 도시된 볼트 이음을 고찰해 보자. 이 이음은 평판형 봉 A와 U자형 고리 C 및 봉과 U자형 고리를 통과하는 볼트 B로 이루어져 있다. 인장 하중 P의 작용하에서, 봉과 U자형 고리는 **베어링(bearing)** 상태에 있는 볼트를 압박하게 되며, **베어링 응력(bearing stress)**이라고 하는 접촉 응력을 발생시키게 된다. 또한 봉과 U자형 고리는 볼트를 전단(shear), 즉 절단시키려 하며, 이와 같은 경향은 볼트의 전단응력에 의해 저지된다. 예를 들어, 사진에 보이는 보행자용 고가 보도에 대한 지주를 고찰해 보라.

베어링 응력과 전단응력의 작용을 보다 명시적으로 보이기 위하여, 이 유형의 이음부에 대한 측면도를 살펴보자(그림 1-49b). 이 그림을 염두에 두고 볼트의 자유물체도를 그린다(그림 1-49c). U자형 고리에 의해 볼트에 가해진 베어링 응력은 왼손 자유물체도에 나타나 있으며, 1과 3으로 표기하였다. 또한 봉으로부터의 응력은 오른손 자유물체도에 나타나 있으며 2로 표기하였다. 베어링 응력의 실제 분포는 구하기가 쉽지 않기 때문에, 응력이 균일하게 분포한다고 가정하는 것이 일반적이다. 균일 분포의 가정을 근거로 하여, 전체 베어링 하중 F_b를 베어링 면적 A_b로 나누어 **평균 베어링 응력(average bearing stress)** σ_b를 계산할 수 있다:

$$\sigma_b = \frac{F_b}{A_b} \tag{1-15}$$

베어링 면적(bearing area)은 만곡된 베어링 면의 투영 면적으로 정의된다. 예를 들어, 그림에서 1로 표기된 베어링 응력을 고찰해 보자. 베어링 응력이 작용하는 투영 면적 A_b는 높이가 U자형 고리의 두께와 같고 폭이 볼트의 직경과 같은 직사각형이다. 또한 1로 표

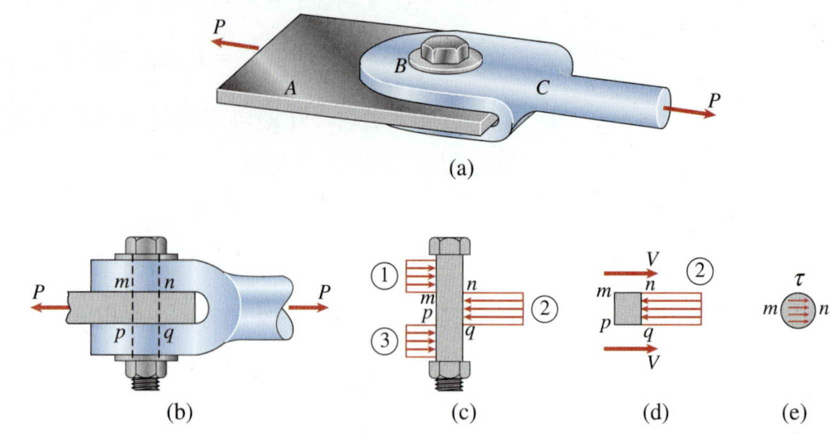

그림 1-49
이중 전단 하중을 받는 볼트로 연결한 볼트 이음

기된 응력에 상당하는 베어링 하중 F_b는 $P/2$이며, 마찬가지로 같은 크기의 면적과 힘이 3으로 표기된 응력에도 적용된다.

이제 평판형 봉과 볼트 사이의 베어링 응력(2로 표기된 응력)을 고찰해 보자. 이 응력의 경우, 베어링 면적 A_b는 높이가 평판형 봉의 두께와 같고 폭이 볼트의 직경과 같은 직사각형이며, 이에 대응하는 베어링 하중 F_b는 하중 P와 같다.

그림 1-49c의 자유물체도는 단면 mn과 pq를 따라 볼트를 전단되려는 것을 예시한 것이다. 볼트의 $mnpq$ 부분에 대한 자유물체도(그림 1-49d 참조)로부터, 전단력 V가 볼트의 절단면에 작용하는 것을 알 수 있다. 이 특수한 예의 경우, 두 개의 전단면(mn 및 pq)이 존재하며, 따라서 볼트는 **이중 전단(double shear)** 상태에 있다고 말한다. 이중 전단에서 각각의 전단력은 볼트에 의해 전달된 전체 하중의 반, 즉 $V = P/2$와 같다.

전단력은 볼트 단면에 분포된 전단응력의 합력이다. 예를 들어, 단면 mn에 작용하는 전단응력을 도시하면 그림 1-49e와 같다. 이 응력은 절단면에 평행하게 작용한다. 응력의 정확한 분포는 알 수 없으나 중심 근처에서 최대가 되고, 가장자리에 있는 어떤 위치에서 0이 된다. 또한 그림 1-49e에 도시된 바와 같이 전단응력은 관례적으로 그리스 문자 τ (tau)로 표기한다.

단일 전단(single shear)을 받는 볼트 이음을 그림 1-50a에 도시하였으며, 여기서 금속 봉에 작용하는 축 하중 P는 볼트를 통하여 강재 기둥의 플렌지에 전달된다. 기둥의 단면도(그림 1-50b)는 이음부를 보다 상세하게 보여주고 있다. 또한 볼트의 스케치(그림 1-50c)는 볼트에 작용하는 베어링 응력의 가정된 분포를 보여준다. 전술된 바와 같이, 실제 베어링 응력의 정확한 분포는 그림에 도시된 것보다 훨씬 복잡하다. 더욱이 베어링 응력은 볼트의 헤드 및 너트의 내부 표면에도 발생된다. 따라서 그림 1-50c는 자유물체도가 아니며, 볼트의 축(shank)상에 작용하는 이상화된 베어링 응력을 예시한 것이다.

볼트를 단면 mn으로 절단하면 그림 1-50d에 도시된 그림을 얻는다. 이 그림에는 볼트의 단면에 작용하는 전단력 V(하중 P와 같은)가 포함되어 있다. 이미 지적한 바와 같이, 이 전단력은 볼트의 단면에 작용하는 전단응력의 합력이다.

단일 전단 상태에서 파괴될 무렵까지 하중을 가한 볼트의 변형을 그림 1-51에 도시하였다(그림 1-50c와 비교하라).

볼트 이음에 관한 앞의 논의에서, 체결 요소 사이의 **마찰**(볼트를 조임으로써 발생된)

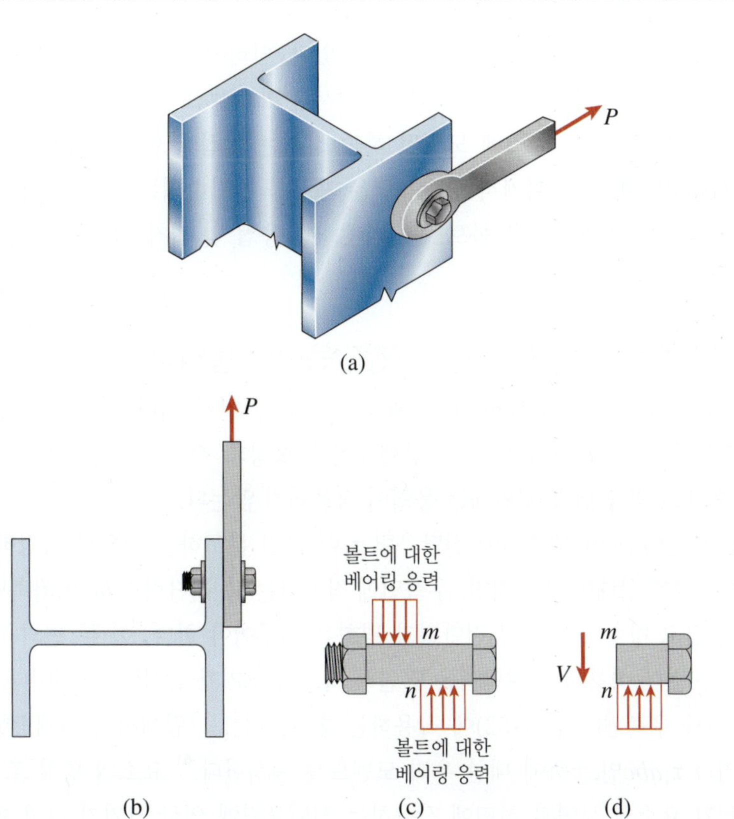

그림 1-50
단일 전단 하중을 받는 볼트로 연결한 볼트 이음

은 무시하였다. 마찰의 존재는 하중의 일부가 마찰력으로 전달되는 것을 뜻하므로, 볼트에 작용하는 하중을 감소시키게 된다. 마찰력은 신뢰성이 없고 평가하기도 어려우므로, 오차가 개재되더라도 안전 측으로 평가되도록 계산에서 제외시키는 것이 일반적이다.

볼트 단면의 **평균 전단응력(average shear stress)**은 전체 전단력 V를 이 힘이 작용하는 단면의 면적 A로 나누어 다음과 같이 구할 수 있다:

$$\tau_{\text{aver}} = \frac{V}{A} \tag{1-16}$$

단일 전단을 받는 볼트를 보여주는 그림 1-50의 예에서, 전단력 V는 하중 P와 같고, 면적 A는 볼트의 단면적이다. 그러나 이중 전단을 받는 볼트를 보여주는 그림 1-49의 예에서, 전단력 V는 $P/2$와 같다.

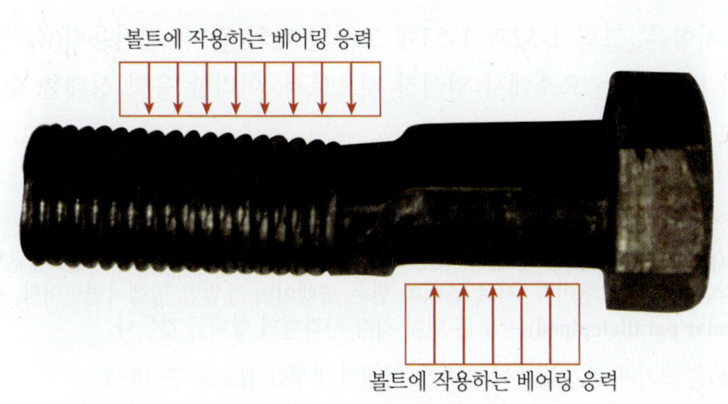

그림 1-51
단일 전단을 받는 볼트의 파단
(© Barry Goodno)

그림 1-52

전단응력을 받는 미소 재료 요소

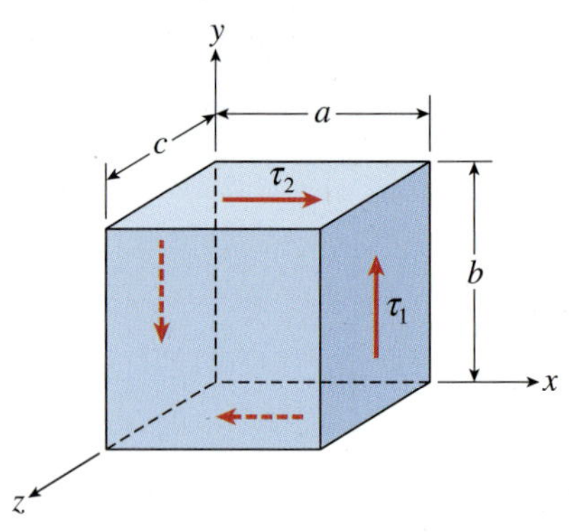

식 (1-19)로부터 전단응력은, 수직응력과 마찬가지로, 힘의 세기 또는 단위 면적당의 힘으로 표시되는 것을 알 수 있다. 따라서 전단응력의 **단위(unit)**는 수직응력의 단위와 동일하다. 즉, SI단위에서는 파스칼 또는 그의 곱이 된다.

그림 1-49와 1-50에 도시된 하중 장치는 **직접 전단(direct shear** or *simple shear*)의 예로서, 여기서 전단응력은 재료를 절단하려는 힘의 직접 작용에 의해 발생된다. 직접 전단은 볼트, 핀, 리벳, 키, 용접 및 접착 이음의 설계에서 발생한다.

직교하는 평면에 작용하는 전단응력의 동일성

전단응력의 작용에 대한 보다 완전한 그림을 얻기 위하여, x, y, z방향의 변의 길이가 각각 a, b, c인 직각 평행육면체 형상의 작은 요소를 고찰해 보자(그림 1-52).[5] 이 요소의 앞면과 뒷면에는 응력이 작용되지 않는다.

우선, 면적이 bc인 우측면에 전단응력 τ_1이 균일 분포하는 것으로 가정하자. 요소가 y 방향으로 평형 상태에 있으려면, 우측면에 작용하는 총 전단력 $\tau_1 bc$가 좌측면에 작용하는 크기가 같고 방향이 반대인 전단력과 평형을 이루어야 한다. 이 두 면의 면적은 서로 같으므로 두 면에 작용하는 전단력은 당연히 서로의 크기가 같아야 할 것이다.

좌측면과 우측면(그림 1-52)에 작용하는 힘 $\tau_1 bc$는, 그림에서 반시계방향으로 작용하고 크기가 $\tau_1 abc$인, z축에 대한 우력 모멘트를 형성한다.[6] 요소의 평형 조건은, 이 우력 모멘트가 요소의 상면과 하면에 작용하는 전단응력에 의한 크기가 같고 방향이 반대인 모멘트와 평형을 이루어야 한다는 것을 요한다. 상면과 하면에 작용하는 응력을 τ_2로 나타내면, 이에 상응하는 수평 전단력이 $\tau_2 ac$가 되는 것을 알 수 있다. 이 힘이 시계방향의 우력 모멘트 $\tau_2 abc$를 형성한다. z축에 대한 요소의 평형으로부터, $\tau_1 abc$는 $\tau_2 abc$와 같다는 것을 알 수 있다. 또는

$$\tau_1 = \tau_2 \tag{1-17}$$

따라서 그림 1-53a와 같이, 요소에 작용하는 4개 전단응력의 크기는 모두 같다.

요약하면, 직사각형 요소에 작용하는 전단응력에 관한 다음과 같은 일반적인 관찰 결과를 얻을 수 있다:

1. 요소의 대향(그리고 평행한)면에 작용하는 전단응력은 서로 크기가 같고 방향이 반대이다.
2. 요소의 인접(그리고 수직한)면에 작용하는 전단응력은 크기가 같고, 두 응력은 두 인접면이 교차하는 모서리를 향하거나 또는 멀어지는 방향을 취한다.

이 관찰 사항은, 그림 1-52과 1-53에 도시된 바와 같이, 전단응력(수직응력은 존재하지 않음)만 받고 있는 요소에서 얻어진 것으로서, 이러한 응력 상태를 **순수전단(pure shear)**이라고 한다.

5) **평행육면체(parallelepiped)**는 밑변이 평행 4변형인 각기둥이다; 그러므로 평행육면체는 6개 면을 가지며 각각은 평행 4변형이다. 서로 반대쪽 면은 평행이며 동일한 평행 4변형이다. **직각 평행육면체(rectangular parallelepiped)**는 모든 면이 직각 사각형의 형태를 갖는다.

6) **우력(couple)**은 크기가 같고 방향이 반대인 두 개의 평행한 힘으로 구성된다.

일반적으로, 전술된 결론은 요소의 면에 수직응력이 작용하는 경우에도 타당하다. 그것은 미소 요소의 대향면에 작용하는 수직응력은 통상적으로 크기가 같고 방향이 반대이기 때문이다.

그림 1-53
전단응력 및 변형률을 받는 재료의 요소

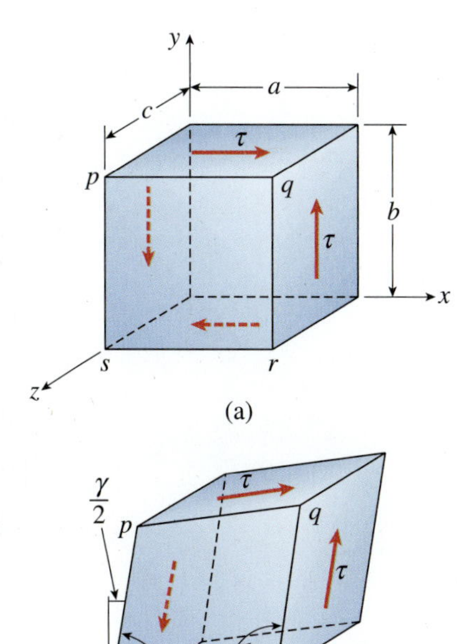

전단변형률

재료의 요소에 작용하는 전단응력(그림 1-53a)은 **전단변형률**(*shear strain*)을 동반한다. 이 변형률을 도시함으로써, 전단응력은 x, y 및 z방향으로 요소를 신장시키거나 신축시키지 않는다는 것에 주목한다. 다시 말해서, 요소의 각 면의 길이는 변하지 않는다. 그 대신에 전단응력은 요소의 **형상**을 변하게 한다(그림 1-53b). 즉, 직각 평행육면체인 원래의 요소는 경사진 평행육면체(oblique parallelepiped)로 변형되며, 앞면과 뒷면은 장사방형(rhomboid)이 된다.[7)]

이와 같은 변형 때문에 측면 사이의 각이 변하게 된다. 예를 들어, 변형 전에 $\pi/2$이었던 점 q와 s에서의 각은 미소각 γ만큼 감소되어 $\pi/2 - \gamma$가 된다(그림 1-53b). 동시에 점 p 및 r에서의 각은 $\pi/2 + \gamma$로 증가한다. 각 γ는 요소의 **뒤틀림(distortion)** 또는 형상 변화의 정도로서, 전단변형률(shear strain)이라고 한다. **전단변형률**은 각이기 때문에 도(degree)나 라디안(radian)으로 측정된다.

전단응력과 전단변형률의 부호규약

전단응력과 전단변형률에 대한 부호규약을 설정할 때, 응력 요소의 각 면을 지정하는 방법을 강구할 필요가 있다(그림 1-53a). 지금부터 좌표축의 양의 방향으로 향하는 면을 요소의 양의 면(positive face)으로 간주하기로 한다. 다른 말로, 양의 면은 그 외향 법선이 좌표축의 양의 방향을 향하며, 그 대향면은 음의 면이 된다. 그러므로 그림 1-53a에서 오른쪽, 위 및 앞면은 각각 양의 x, y 및 z면이며 그 반대 방향의 면들은 음의 x, y 및 z면이 된다.

앞 단락에서 기술된 술어를 사용하면, 전단응력에 대한 부호규약을 다음과 같이 기술할 수 있다:

> 요소의 양의 면에 작용하는 전단응력이 좌표축의 양의 방향으로 작용하면 양이 되고, 좌표축의 음의 방향으로 작용하면 음이 된다. 요소의 음의 면에 작용하는 전단응력은 좌표축의 음의 방향으로 작용하면 양이 되고, 좌표축의 양의 방향으로 작용하면 음이 된다.

따라서 그림 1-53a에 도시된 전단응력은 모두 양이다.

전단변형률에 대한 부호 규약은 다음과 같다:

> 요소의 전단변형률은 양의 두 면(또는 음의 두 면) 사이의 각이 감소되면 양이 된다. 또한, 전단변형률은 양의 두 면(또는 음의 두 면) 사이의 각이 증가하면 음이 된다.

따라서 그림 1-53b에 도시된 변형률은 양이며, 양의 전단응력은 양의 전단변형률을 동반한다는 것을 알 수 있다.

---

7) **경사진 각(oblique angle)**은 예각이나 둔각일 수 있지만, 직각은 아니다. **장사방형(rhomboid)**은 경사진 각을 가지며 서로 이웃한 변이 다른 평행 4변형이다(마름모는 경사진 각을 가지며 4변이 같은 평행 4변형이며, 종종 다이아몬드 형상이라고 부른다).

전단에서의 후크의 법칙

전단을 받는 재료의 성질은 직접 전단 시험이나 비틀림 시험을 통하여 실험적으로 결정할 수 있다. 비틀림 시험은 중공 원형 관을 이용하여 수행되며, 순수전단응력 상태를 유발시킨다. 이 실험 결과로부터 **전단응력-변형률 선도(shear stress-strain diagram**; 즉, 전단변형률 γ에 대한 전단응력 τ의 선도)를 그릴 수 있다. 이 선도는 동일 재료에 대한 인장 시험 선도(σ 대 ε)와 크기는 다르지만 형상은 비슷하다.

전단응력-변형률 선도로부터 여러분은 비례 한도, 탄성 계수, 항복 응력 및 극한 응력과 같은 재료의 성질을 얻을 수 있다. 전단에서 이 성질들의 절대값은 통상 인장일 때의 반 정도가 된다. 예를 들어, 전단을 받는 구조용 강의 항복 응력은 인장 항복 응력의 0.5 ~ 0.6배이다.

많은 재료의 경우, 전단응력-변형률 선도의 초기 부분은 인장에서와 같이 원점을 통과하는 직선이 된다. 이 선형 탄성 영역에서 전단응력과 전단변형률은 비례하며, 따라서 전단에서의 **후크의 법칙(Hooke's law in shear)**은 다음과 같이 표시할 수 있다:

$$\tau = G\gamma \qquad \textbf{(1-18)}$$

여기서 G는 **전단 탄성 계수[shear modulus of elasticity**; 또한 강성계수(*modulus of rigidity*)라고도 한다]이다.

전단 탄성 계수 G는 인장 탄성 계수 E와 같은 단위를 가진다. 즉, SI단위의 경우 파스칼(또는 그의 곱)로 표기된다. 연강의 경우 G의 전형적인 값은 75 GPa이고, 알루미늄 합금의 경우 전형적인 G의 값은 28 GPa이다. 부차적인 값들은 부록 I의 I-2에 수록되어 있다.

인장 및 전단에서의 탄성 계수는 다음과 같은 관계가 있다.

$$G = \frac{E}{2(1 + \nu)} \qquad \textbf{(1-19)}$$

여기서, ν는 뽀아송 비이다. 이 관계식은 E, G, ν가 재료의 독립적인 탄성 성질이 아니라는 것을 보여주고 있다. 보통 재료의 뽀아송 비는 0과 0.5 사이의 값을 가지므로, 식 (1-19)로부터 G는 E의 1/3~1/2이 되는 것을 알 수 있다.

다음 예제들은 전단의 영향과 관련된 전형적인 해석과정을 보여준다. 예제 1-9는 판에서의 전단응력에 관한 것이고, 예제 1-10은 수평 전단력을 받는 탄성 중합체 베어링 패드의 전단응력과 전단변형률을 구하는 문제이다. 예제 1-11은 볼트로조여진 브레킷에서의 수직응력, 전단응력을 다룬다.

예제 1-9

강판의 구멍 가공용 펀치를 그림 1-54a에 도시하였다. 단면도(그림 1-54b)에 도시된 바와 같이, 직경 $d = 20$ mm의 펀치가 8 mm 강판의 구멍 가공에 사용되었다고 한다. 만약 구멍을 뚫는 데 $P = 110$ kN의 힘이 요구된다면, 강판의 평균 전단응력과 펀치의 평균 압축응력은 얼마인가?

그림 1-54
예제 1-9: 강판의 구멍 펀칭

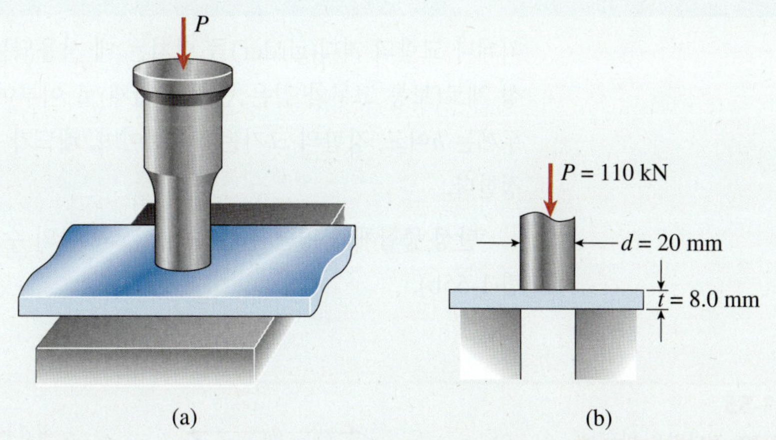

풀이

문제풀이 4단계 접근방법을 사용하여 강판의 평균 전단응력과 펀치의 평균 압축응력을 구한다.

1. **개념화:** 하중 P에 의해 전체 길이에 걸쳐서 펀치의 축이 압축되어 있다고 가정하자. 힘 P는 강판에서 아래쪽으로 작용하고 펀치가 강판을 지날 때 생기는 직경 d를 따라 힘이 균일하게 분포되어 있다.

2. **분류:** 강판에서 평균 전단응력은 하중 P를 강판의 전단 영역으로 나눔으로써 얻을 수 있다. 전단 영역은 펀치가 강판을 지날 때 노출되는 원통형 영역이다. 압축응력은 펀치의 아래쪽 부분을 통한 원형 단면 영역 위에 작용한다(그림 1-54).

3. **해석:** 전단면적 A_s는 구멍의 원둘레에 강판의 두께를 곱한 것과 같다.

$$A_s = \pi dt = \pi(20\ \text{mm})(8.0\ \text{mm}) = 502.7\ \text{mm}^2$$

여기서, d는 펀치의 직경이며 t는 강판의 두께이다. 따라서 강판의 평균 전단응력은

$$\tau_{\text{aver}} = \frac{P}{A_s} = 110\ \text{kN}/502.7\ \text{mm}^2 = 219\ \text{MPa}$$

펀치의 평균 압축응력은

$$\sigma_c = \frac{P}{A_{\text{punch}}} = \frac{P}{\pi d^2/4} = 110\ \text{kN}/\pi(20\ \text{mm})^2/4 = 350\ \text{MPa}$$

4. **최종 단계:** 수직과 전단응력 분포는 균일하지 않고, 응력 응집 효과에 의해 나타난다; 따라서 계산결과는 "평균" 응력으로 나온다. 게다가 이 해석은 펀치가 판을 뚫을 때 생기는 충격 효과가 무시되었기 때문에, 지극히 이상화된 것이다.

예제 1-10

기계나 교량의 거더(girder)를 받치는 데 사용되는 베어링 패드가 강판이 덮인 선형 탄성 재료(보통 고무와 같은 탄성 중합체)로 이루어져 있다(그림 1-55a). 탄성 중합체의 두께는 h이고, 강판의 크기는 $a \times b$이며, 패드가 수평 전단력 V를 받고 있는 것으로 가정한다.

탄성 중합체의 평균 전단응력 τ_{aver}와 판의 수평 변위 d에 대한 공식을 유도하라(그림 1-55b).

그림 1-55

예제 1-10: 전단력을 받는 베어링 패드(출처 Mageba)

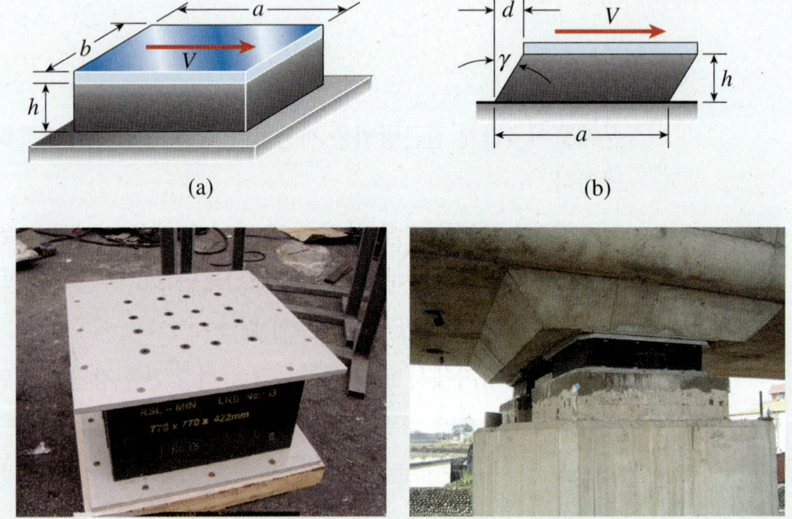

풀이

문제풀이 4단계 접근방법을 사용하여 탄성 중합체의 평균 전단력을 찾고 평판의 수평 방향의 변형량 d를 계산한다.

1. **개념화:** 그림 1-55b에 나타낸 것과 같이 전단력 V의 아래에 있는 베어링 패드의 변형은 두께 h처럼 선형으로 가정한다.
2. **분류:** 탄성 중합체의 전단응력은 전 체적에 걸쳐 균일하게 분포하고, 전단변형률 γ는 작은 것으로 가정한다.
3. **해석:** 탄성 중합체의 수평면에 작용하는 전단응력은 전단력 V를 평판의 면적 ab로 나눈 것과 같다(그림 1-55a):

$$\tau_{aver} = \frac{V}{ab} \tag{1-20}$$

이에 대응하는 전단변형률[전단에서의 후크의 법칙으로부터; 식 (1-18)]은

$$\gamma = \frac{\tau_{aver}}{G_e} = \frac{V}{abG_e} \tag{1-21}$$

여기서 G_e는 탄성 중합 재료의 전단 탄성 계수이다. 끝으로 수평변위 d는 h tanr와

같다[식 (1-55b)]:

$$d = h\tan\gamma = h\tan\left(\frac{V}{abG_e}\right) \quad \text{(1-22)}$$

대부분의 실제 상황에서 전단변형률 γ는 작은 각이며, 이와 같은 경우 $\tan\gamma$를 γ로 대체 할 수 있다.

$$d = h\gamma = \frac{hV}{abG_e} \quad \text{(1-23)}$$

예를 들어, 만약 $V = 0.8$ kN, $a = 75$ mm, $b = 60$ mm, $h = 20$ mm 그리고 $G_e = 1.25$ MPa일 때, 식 (1-22)의 결과는 $d = 2.86$ mm인 반면 식 (1-23)의 결과는 $d = 2.84$ mm이다.

4. **최종 단계:** 식 (1-22)와 (1-23)은 전단응력과 전단변형률이 탄성 중합체의 전 체적에 걸쳐 균일하다는 가정을 전제로 하고 있으므로, 평판의 수평 변위에 대한 근사치이다. 실제로는 재료의 가장자리에서 전단응력은 0이 되며(수직방향 자유면에는 전단응력이 존재하지 않으므로), 따라서 재료의 변형은 그림 1-55b에 도시된 것보다 훨씬 복잡하다. 그러나 평판의 길이 a가 탄성 중합체의 두께 h와 비교하여 크다면, 위 결과는 설계 목적상 만족할 만한 것이다.

예제 1-11

농구선수가 덩크슛을 한 뒤 농구 골대에 매달렸다. 농구선수는 $P = 1.75$ kN의 크기로 A지점에서 아래 방향으로 하중을 가한다(그림 1-56a). 후에 선수는 다시 덩크슛을 하고 골대의 점 A와 점 B를 잡고 매달렸다(그림 1-56b, c 참조). 골대와 지지브래킷은 4개의 와셔와 볼트로 백보드에 체결되어 있다(그림 1-56d). 한 손일 경우와 두 손으로 하중이 작용하는 경우 2번 볼트에 작용하는 응력을 각각 비교하여라. 백보드는 고정지지물이고 볼트와 와셔의 직경은 각각 $d_b = 10$ mm, $d_w = 16$ mm이며, 지지브래킷의 두께 $t = 5$ mm로 가정한다.

풀이

문제풀이 4단계 접근방법을 사용한다.

1. **개념화:** 지지점 O에서 반력과 모멘트를 찾은 뒤에 각 볼트결합부에 작용하는 힘과 모멘트를 각각 계산하라. 골대와 브래킷은 외팔보이다. 각 하중에 대한 반력은 그림 1-57의 자유물체도와 같다.

반력—케이스 1: 하중 P는 점 A에서 $(-y)$ 방향으로 작용한다. 하중과 모멘트의 합은 다음과 같다.

$$\Sigma F_y = 0 \qquad R_y = P = 1.75 \text{ kN}$$
$$\Sigma M_z = 0 \quad M_{z1} = P(125 + 450) \text{ mm} = (1.75)(0.575) \text{ kN}\cdot\text{m} = 1.006 \text{ kN}\cdot\text{m} \quad \text{(a)}$$

반력—케이스 2: 점 A와 B에 하중 $P/2$가 작용한다. 점 O에서의 반력은 다음과 같다.

그림 1-56

(a) 케이스 1—하중이 골대 점 A에서 작용하는 경우, (b) 케이스 2—하중이 A와 B에 작용하는 경우, (c) 농구 골대를 위에서 봤을 때, (d) 지지브래킷과 볼트 확대도

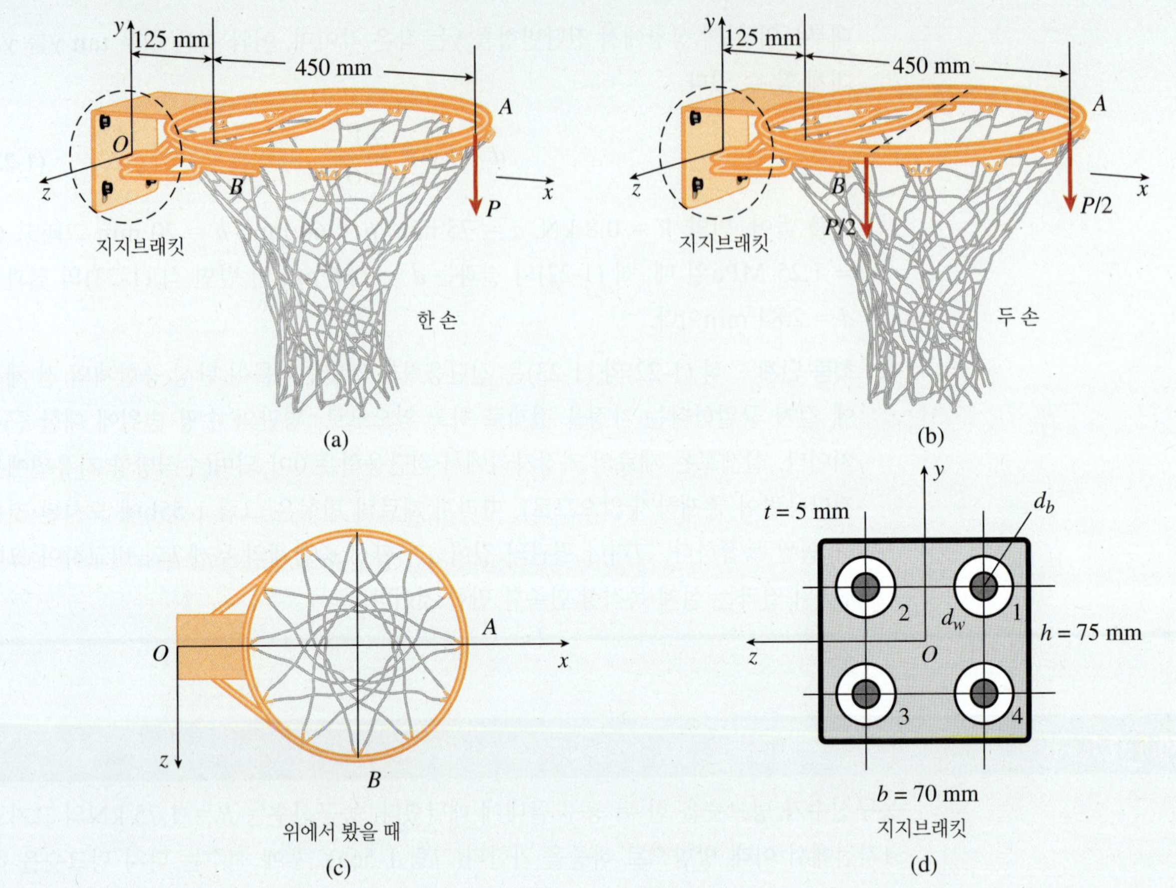

그림 1-57

(a) 케이스 1의 경우 점 O에서의 지지 반력, (b) 케이스 2의 경우 점 O에서의 지지 반력

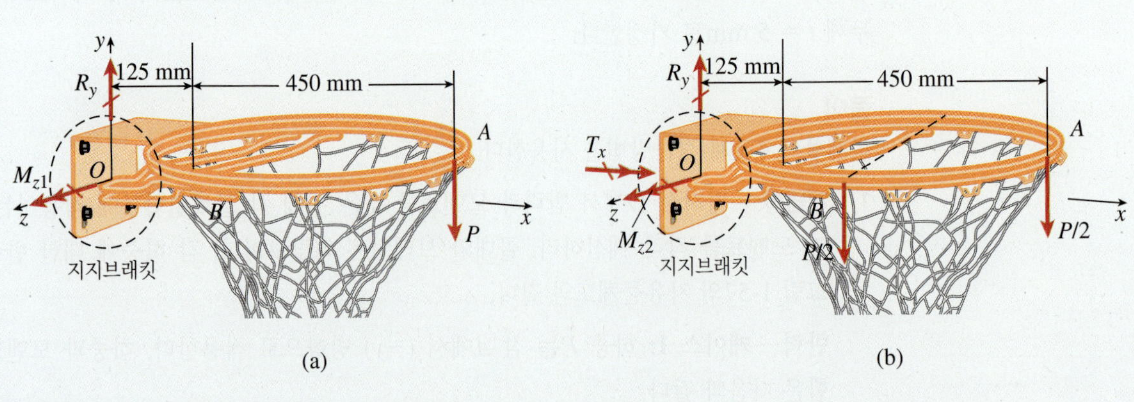

$$\Sigma F_y = 0 \quad R_y = P = 1.75\ \text{kN}$$

$$\Sigma M_z = 0 \quad M_{z2} = \frac{P}{2}(125 + 225)\ \text{mm} + \frac{P}{2}(575\ \text{mm}) = 0.809\ \text{kN}\cdot\text{m} \qquad \textbf{(b)}$$

$$\Sigma M_x = 0 \quad T_x = -\frac{P}{2}(225\ \text{mm}) = -0.1969\ \text{kN}\cdot\text{m}$$

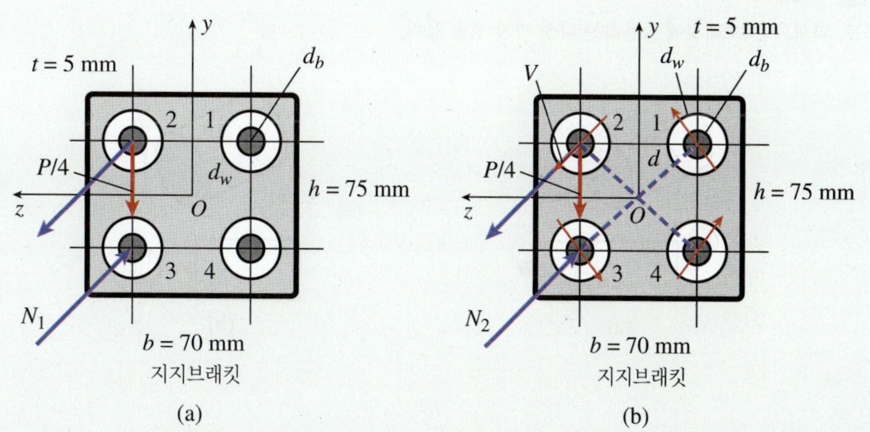

그림 1-58

(a) 케이스 1에 대한 볼트 2의 힘, (b) 케이스 2에 대한 볼트 2에 작용하는 힘

힘이 볼트 2에 작용할 때—케이스 1: 점 O에서의 반력을 음수로 하여 볼트에 작용하는 수직하중 및 전단력을 구한다. 이때 반력 R_y에 의해 네 개의 볼트에 각각 작용하는 전단력은 $P/4 = 437.5$ N이다(그림 1-58a). 모멘트 M_{z1}[식 (a)]를 같은 값을 가지는 두 개의 짝힘 $(N_1)(h)$로 바꾸면(그림 1-58a 참조) 볼트 2에서 $(+x)$ 방향으로의 수직응력 N_1을 다음과 같이 계산할 수 있다.

$$N_1 = \frac{M_{z1}}{2h} = \frac{1.006\ \text{kN}\cdot\text{m}}{0.15\ \text{m}} = 6.708\ \text{kN} \tag{c}$$

힘이 볼트 2에 작용할 때—케이스 2: 반력 R_y은 케이스 1과 2에서 같다. 따라서 전단력 $P/4 = 437.5$ N이 볼트 2에 작용한다(그림 1-58b). 모멘트 M_{z2}[식 (b)]을 두 개의 힘(그림 1-58b)으로 대체하면 볼트 2의 장력은

$$N_2 = \frac{M_{z2}}{2h} = \frac{0.809\ \text{kN}\cdot\text{m}}{0.15\ \text{m}} = 5.396\ \text{kN} \tag{d}$$

그림 1-59

평행사변형 법칙을 이용하여 구한 R

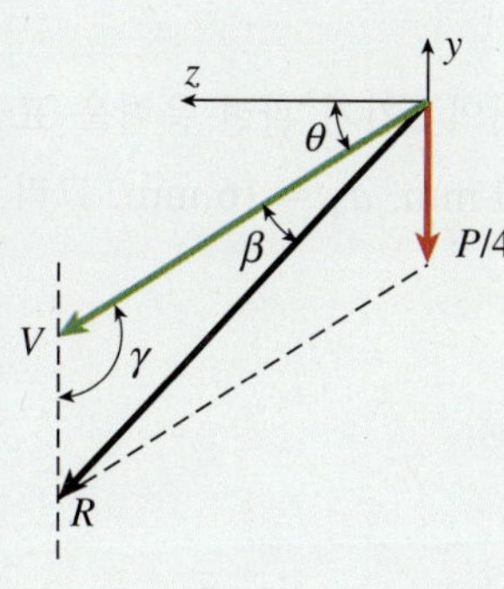

또한 케이스 2는 비틀림 모멘트 T_x는[식 (b) 참조] 반시계방향으로 작용하는 두 개의 힘으로 대체할 수 있으며 이는 $(V)(d)$(그림 1-58b 참조)와 같다. 여기서 $d = \sqrt{b^2 + h^2} = 102.6$ mm이다. 볼트 2의 평면 내 전단력을 다음과 같이 계산한다.

$$V = \frac{T_x}{2d} = \frac{196.9\ \text{N}\cdot\text{m}}{2(102.6\ \text{mm})} = 0.9595\ \text{kN} \tag{e}$$

힘 V의 작용선은 그림 1-58b에 나타낸 바와 같이 각도 $\theta = \tan^{-1}\left(\frac{b}{h}\right) = 43.025°$이며, 볼트 2의 전체 평면에 작용하는 전단력은 힘와 $P/4$의 계산 결과 R이다.

$$R = \sqrt{(V\cos\theta)^2 + \left(\frac{P}{4} + V\sin\theta\right)^2} = \sqrt{(707.34)^2 + (437.5 + 648.39)^2}\ \text{N} = 1.298\ \text{kN} \tag{f}$$

결과 R은 평행사변형 법칙을 사용하여도 그림 1-59와 같이 $\beta = 14.265°$ 및 $\gamma = 133.025°$로 나타낼 수 있다.

2. **분류:** 볼트 2에 작용하는 하중을 이용하여 와서 위의 볼트와 볼트 2가 있는 지지브래킷에 평균 응력을 계산하기 위한 식을 만든다. 5개의 관심 있는 관련 응력은

그림 1-60

볼트, 와셔, 지지브래킷에 작용하는 다섯 가지 평균 응력

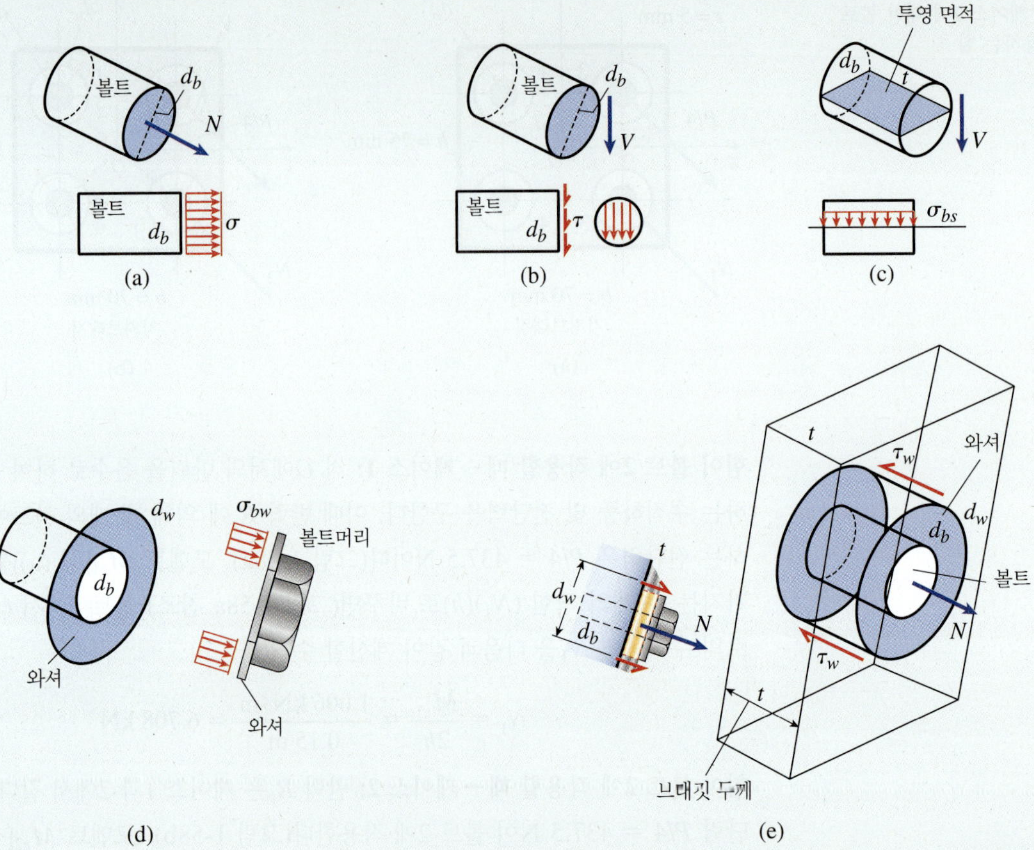

(a) 볼트에 작용하는 수직응력(그림 1-60a), (b) 볼트에 작용하는 전단응력(그림 1-60b), (c) 볼트의 기둥에 작용하는 베어링 응력(그림 1-60c), (d) 와셔에 작용하는 베어링 응력(그림 1-60d), 그리고 (e) 브래킷 위에 있는 와셔 주변의 전단응력(그림 1-60e)이다.

3. **해석:** 케이스 1과 케이스 2에 대하여 볼트 2 위치에서의 5가지 관련 응력을 표 1-2에 나타내었다. 볼트, 와셔, 브래킷의 치수는 $d_b = 10$ mm, $d_w = 16$ mm, 그리고 $t = 5$ mm이다. 응력 계산에 필요한 면적은

볼트의 단면적:

$$A_b = \frac{\pi}{4}d_b^2 = 78.54 \text{ mm}^2$$

와셔의 표면적:

$$A_w = \frac{\pi}{4}\left(d_w^2 - d_b^2\right) = 122.52 \text{ mm}^2$$

브래킷 위 와셔 주변부의 실린더 영역:

$$A_p = \pi d_w t = 251.33 \text{ mm}^2$$

4. **최종 단계:** 볼트 2 에서 전단응력과 베어링 응력(표 1-2의 아이템 b와 c)은 케이스 2에서 비틀림 모멘트 T_x[식 (b) 참조]가 브래킷에 작용할 때 3배로 증가한다. 나머

지 세 개의 볼트 응력은 2개 하중 경우에 비교하면 25% 정도 다르다. 평균 응력들은 그림 1-60에 나타나 있고, 표 1-2에 제시된 것은 지지브래킷의 4개 중 하나의 볼트에 작용하는 실제의 응력 상태를 근사화한 것이다. 최대 진응력은 다양한 이유로 높을 수 있으며, 예를 들면 연결부의 국부적인 응력집중, 볼트의 체결력, 측면에 작용하는 충격 등이 있다. 여기서 계산된 응력값은 작다. 만약 응력값을 높이려면 유한요소법을 이용한 컴퓨터 모델을 통해 좀 더 자세하고 정교한 분석을 수행하여야 할 것이다.

표 1-2

볼트 2에서의 다섯 가지 응력

다섯 가지 응력	하중 케이스 1	하중 케이스 2
a. 볼트에 작용하는 수직응력	$\frac{N_1}{A_b} = 85.4$ MPa	$\frac{N_2}{A_b} = 68.7$ MPa
b. 볼트에 작용하는 전단응력	$\frac{P}{4A_b} = 5.57$ MPa	$\frac{R}{A_b} = 16.53$ MPa
c. 볼트의 기둥에 작용하는 베어링 응력	$\frac{P}{4d_b t} = 8.75$ MPa	$\frac{R}{d_b t} = 26.0$ MPa
d. 와셔에 작용하는 베어링 응력	$\frac{N_1}{A_w} = 54.7$ MPa	$\frac{N_2}{A_w} = 44.0$ MPa
e. 브래킷 위에 있는 와셔 주변의 전단응력	$\frac{N_1}{A_p} = 26.7$ MPa	$\frac{N_2}{A_p} = 21.5$ MPa

1.9 허용 응력 및 허용 하중

엔지니어는 사회의 기본적인 요구를 충족시킬 수 있는 온갖 종류의 물체를 끊임없이 설계한다. 이 요구에는 주택, 농업, 교통, 통신 및 현대생활의 여러 가지 양상이 포함된다. 설계에 고려되어야 할 인자에는 기능, 강도, 외관, 경제 및 환경적인 영향 등이 있다. 그러나 재료역학을 학습할 때, 설계의 주요 관심사는 **강도(strength)**, 즉 하중을 지탱하거나 전달할 수 있는 물체(*object*)의 능력이다. 하중을 지탱하는 물체에는 빌딩, 기계, 컨테이너, 트럭, 항공기 및 선박 등이 있다. 단적으로, 이와 같은 모든 물체를 **구조물(structure)**이라고 하며; 따라서 구조물이란 하중을 지탱하거나 전달시키는 물체이다.

안전계수

하중에 대한 구조물의 저항 능력을 강도라고 한다. 구조물의 실제 강도는 요구 강도보다 커야 한다. 요구 강도에 대한 실제 강도의 비를 **안전계수(factor of safety)** n이라고 한다:

$$\text{안전계수 } n = \frac{\text{실제 강도}}{\text{요구 강도}} \tag{1-24}$$

물론, 파손을 일으키지 않도록 하려면 안전계수가 1.0보다 커야 한다. 상황에 따라 1.0보다 다소 큰 값으로부터 10까지의 안전계수가 사용되고 있다.

강도와 파손은 양자가 모두 여러 가지 다른 의미를 가지고 있기 때문에, 안전계수를 설계에 포함시키는 것은 간단한 일이 아니다. 강도는 구조물의 부하 능력으로 측정될 수도 있고, 재료의 응력으로 측정될 수도 있다. 파손(failure)은 구조물의 파괴(fracture)와 전반적인 붕괴(collapse)를 뜻하거나, 또는 변형이 과도해져서 구조물이 소기의 기능을 더 이상 수행할 수 없는 상태를 의미할 수 있다. 후자와 같은 파손 유형은 실제 붕괴를 일으키는 하중보다 훨씬 작은 하중에서도 발생될 수가 있다.

안전계수의 결정에는 다음과 같은 사항들이 고려되어야 한다: 설계 하중을 초과하는 하중에 의해 구조물이 우발적인 과대 하중을 받을 수 있는 확률; 하중의 종류(정하중 또는 동하중); 하중이 한 번만 작용할 것인지 또는 반복될 것인지 그 여부; 하중을 얼마나 정확히 알고 있는지; 피로 파손의 가능성; 제작상의 과실; 기량의 질(quality)적 차이; 재료의 성질 변동; 부식이나 기타 환경적 영향에 의한 열화; 해석 방법의 정확성; 파손이 점진적인지(충분한 경고) 또는 급작스러운지(경고 없음) 그 여부; 파손의 결과(소규모의 손상 또는 대규모의 재해) 및 기타 고려 사항들. 안전계수가 너무 적으면 파손 가능성이 커지며, 구조물은 부적격하게 될 것이다; 안전계수가 지나치게 크면, 구조물은 재료를 낭비하게 될 것이고, 기능상으로 부적합해질 것이다(예: 너무 무거워진다).

이와 같은 복잡성과 불확실성 때문에, 안전계수는 확률 기준으로 결정된다. 안전계수는 보통, 다른 설계자들이 사용할 코드나 시방서를 작성한 노련한 엔지니어 집단에 의해 설정되며, 때로는 법으로 정해지기도 한다. 코드와 시방서의 규정은 불합리한 경비를 배제시키고 합리적인 수준의 안전성을 확보하기 위한 것이다.

항공기 설계에서는 안전계수보다 **안전 여유(margin of safety)**를 말하는 것이 관례이다. 안전 여유는 안전계수에서 1을 뺀 값으로 정의된다:

$$\text{안전 여유} = n - 1 \tag{1-25}$$

안전 여유는 가끔 백분율로 표시되며, 이 경우에는 주어진 값에 100이 곱해진다. 따라서 실제 강도가 요구 강도의 1.75배인 구조물은 안전계수가 1.75이며, 안전 여유는 0.75(또는 75%)이다. 안전 여유가 0 이하로 감소할 경우 그 구조물은 (아마) 파손될 것이다.

허용 응력

안전계수가 여러 가지 방법으로 정의되고 기술되었다. 많은 구조물에 대하여, 하중이 제거되었을 때 영구변형이 잔류하지 않도록 하기 위해서는 재료가 선형 탄성 영역 내에 있어야 한다는 것이 중요하다. 이와 같은 조건에서, 구조물의 항복을 기준으로 한 안전계수를 설정한다. 구조물 내에 있는 임의점의 응력이 항복 응력에 도달하게 되면 항복이 시작된다. 따라서 항복 응력(또는 항복 강도)에 관하여 안전계수를 적용하면, 구조물의 어디에서나 초과되어서는 안 되는 **허용 응력(allowable stress**; 또는 사용 응력(*working stress*)]을 얻을 수 있다. 즉,

$$\text{허용 응력} = \frac{\text{항복 강도}}{\text{안전계수}} \tag{1-26}$$

또는 인장과 전단에 대하여 각각 다음과 같다.

$$\sigma_{\text{allow}} = \frac{\sigma_Y}{n_1} \quad \text{그리고} \quad \tau_{\text{allow}} = \frac{\tau_Y}{n_2} \tag{1-27a,b}$$

여기서, σ_Y와 τ_Y는 항복 응력이며, n_1과 n_2는 대응하는 안전계수이다. 빌딩 설계에서, 인장 항복에 대한 대표적인 안전계수는 1.67이다; 따라서 항복 응력이 250 MPa인 연강은 150 MPa의 허용 응력을 갖는다.

때때로, 안전계수가 항복 응력 대신에 **극한 응력(ultimate stress)**에 적용된다. 이 방법은 콘크리트나 플라스틱과 같은 취성 재료와 목재 및 고강도 강과 같이 명시적으로 항복 응력이 정의되지 않는 재료에 적합하다. 이 경우 인장과 전단에서의 허용 응력은

$$\sigma_{\text{allow}} = \frac{\sigma_U}{n_3} \text{ 그리고 } \tau_{\text{allow}} = \frac{\tau_U}{n_4} \tag{1-28}$$

여기서, σ_U와 τ_U는 극한 응력(또는 극한 강도)이다. 재료의 극한 강도에 대한 안전계수는 보통 항복 강도를 기준으로 한 것보다 크다. 연강의 경우, 항복에 대한 안전계수 1.67은 극한 강도에 대한 안전계수 약 2.8에 상당한다.

허용 하중

특정 재료와 구조물에 대한 허용 응력이 설정되면, 그 구조물에 대한 **허용 하중(allowable load)**을 구할 수 있다. 허용 하중과 허용 응력 사이의 관계는 구조물의 형태에 의존한다. 이 장에서는 가장 기본적인 종류의 구조물, 즉 인장 또는 압축을 받는 봉, 직접 전단과 직접 베어링(direct bearing)을 받는 핀(또는 볼트)만을 다룬다.

이런 종류의 구조물에서 응력은 전 단면에 균일하게 분포한다(또는 최소한 균일 분포하는 것으로 가정한다). 예를 들어 인장을 받는 봉의 경우, 축 하중의 합력이 단면의 도심에 작용되는 한 응력은 전 단면에 균일하게 분포한다. 이와 같은 분포 특성은 봉이 좌굴되지 않는 한 압축을 받는 봉에도 적용된다. 전단을 받는 핀의 경우에서는 단면에 작용하는 평균 전단응력만 고려하며, 이것은 전단응력이 균일 분포한다는 가정과 같은 의미이다. 마찬가지로, 핀의 투영 면적에 작용하는 평균 베어링 응력만을 고려한다.

따라서 전술된 네 가지 경우에서 모두 **허용 하중**(또한 **안전 하중**이라고도 함)은 허용 응력에 그 작용 면적을 곱한 것과 같다.

$$\text{허용 하중} = (\text{허용 응력})(\text{면적}) \tag{1-29}$$

직접 인장 및 압축(좌굴 없음)을 받는 봉의 경우, 이 식은 다음과 같이 된다.

$$P_{\text{allow}} = \sigma_{\text{allow}} A \tag{1-30}$$

여기서, σ_{allow}는 허용 수직응력이고, A는 봉의 단면적이다. 봉에 관통 구멍이 있는 경우, 봉이 인장될 때는 보통 **유효 면적**(*net area*)을 사용한다. **유효 면적**은 총 단면적에서 구멍에 의해 삭감된 면적을 뺀 것이다. 압축의 경우에는, 구멍에 압축응력을 전달할 수 있는 볼트나 핀이 끼워져 있으면 전체 단면적을 사용할 수 있다.

직접 전단을 받는 핀에 대하여, 식 (1-29)는 다음과 같이 된다.

$$P_{\text{allow}} = \tau_{\text{allow}} A \tag{1-31}$$

여기서 τ_{allow}는 허용 전단응력이고, A는 전단응력이 작용하는 면적이다. 핀이 단일 전단 상태에 있다면 면적은 핀의 단면적이 되고, 이중 전단이라면 그 면적은 핀 단면적의 2배가 된다.

끝으로 베어링에 대한 허용 하중은 다음과 같다.

$$P_{\text{allow}} = \sigma_b A_b \tag{1-32}$$

여기서 σ_b는 허용 베어링 응력이며, A_b는 베어링 응력이 작용하는 핀이나 다른 표면의 투영 면적이다.

다음 예제는 재료의 허용 응력을 알고 있을 때, 허용 하중을 구하는 방법을 예시한 것이다.

예제 1-12

공장에서 중장비를 지지하기 위한 수직 행거(hanger)로 사용되는 강 봉이, 그림 1-61와 같이 볼트 이음으로 지지대에 부착되어 있다. 두 개의 클립앵글(clip angle; 두께 t_c = 9.5 mm)은 상부의 지지대에 지름이 12 mm인 볼트 1과 2에 의해 체결되었다; 각각의 볼트는 지름 d_w = 28 mm인 와셔와 함께 있다. 행거의 주요부는 지름 d = 25 mm인 단일 볼트(그림 1-61a의 볼트 3)로 클립앵글에 체결되어 있다. 행거는 너비 b_1 = 38 mm, 두께 t = 13 mm인 직사각형 단면을 갖는다. 볼트 이음부 행거 너비는 b_2 = 75 mm로 확대된다. 다음과 같은 고려 사항을 기준으로 하여 행거에 작용하는 인장 하중 P의 허용치를 결정하라.

(a) 행거 주요부의 허용 인장응력은 110 MPa이다.

(b) 볼트 3의 구멍이 위치한 단면에서 행거의 허용 인장응력은 75 MPa이다(이 단면에서의 허용 응력은 구멍 주변의 응력집중으로 인하여 더 작다).

(c) 행거와 볼트 3의 생크(shank) 사이 허용 베어링 응력은 180 MPa이다.

(d) 볼트 3의 허용 전단응력은 45 MPa이다.

(e) 볼트 1과 2의 허용 수직응력은 160 MPa이다.

(f) 와셔와 볼트 1이나 2에 있는 클립앵글 사이의 허용 베어링 응력은 65 MPa이다.

(g) 볼트 1과 2에 있는 클립앵글의 허용 베어링 응력은 35 MPa이다.

풀이

행거에서 허용 인장응력 P의 값을 찾기 위하여 다양한 연결 구성요소 안에서 다양한 허용 응력을 기반으로 한 문제풀이 4단계 접근방법을 사용한다.

1. **개념화**: 각 연결 구성요소에 작용하는 힘을 자유물체도를 스케치하여 찾는다. 각 구성요소에 허용 인장응력과 관련된 영역을 나타내라. 즉, 하중이 걸릴 때 연관된 면의 하중이 배가 되는 것을 나타내자. 이 힘은 응력 조건하에서 적용되는 하중 P에 대하여 허용되는 값을 말한다. 각각의 7가지 응력 상태와 [(a) ~ (g) 문제에서 언급된 내용] 그리고 각각의 연관되어 적용되는 하중은 예제 그림에 각각 나와있고, 해당되는 계산은 단계 3에 나타나 있다.

2. **분류**: 허용 응력과 해당 면적을 기준으로 허용 하중 P의 7가지 값을 계산한다. 허용 하중 P의 최솟값은 제어된다.

   그림 1-61에 나타난 행거 연결 장치 수치 데이터는 다음과 같다.

   (a) 연결 요소 치수:

$$t_c = 9.5\text{ mm} \quad t = 13\text{ mm} \quad b_1 = 38\text{ mm} \quad b_2 = 75\text{ mm}$$
$$d_1 = 12\text{ mm} \quad d = 25\text{ mm} \quad d_w = 28\text{ mm}$$

(b) 허용 응력:

$$\sigma_a = 110\text{ MPa} \quad \sigma_{a3} = 75\text{ MPa} \quad \sigma_{ba3} = 180\text{ MPa} \quad \tau_{a3} = 45\text{ MPa}$$
$$\tau_{a1} = 35\text{ MPa} \quad \sigma_{a1} = 160\text{ MPa} \quad \sigma_{ba1} = 65\text{ MPa}$$

3. 해석:

Part (a): 행거 주요부의 응력을 기준으로 하여 허용 하중을 구한다(그림 1-61c). 이것은 인장응력(110 Mpa)과 허용 응력 행거의 단면적[식 (1-30)]을 곱한 값과 같다:

$$P_a = \sigma_a b_1 t = (110\text{ MPa})(38\text{ mm} \times 13\text{ mm}) = 54.3\text{ kN}$$

이 값보다 큰 하중은 행거의 주요부에 과도한 응력을 유발시킬 것이다. (즉, 실제 응력은 허용 응력을 초과할 것이므로) 그 결과 안전계수가 작아지게 된다.

Part (b): 볼트 3이 관통하는 곳의 행거의 단면에서 허용 인장응력(75 Mpa)을 기준으로 허용 하중을 찾는다.

볼트가 관통하는 곳의 행거의 단면에서(그림 1-61d), 크기가 다른 허용 응력과 단면적을 이용하여 위와 같은 계산을 한다. 유효 단면적(즉, 봉에 구멍이 가공된 후의 잔여 면적)은 유효 폭(net width)에 두께를 곱한 것과 같다. 유효 폭은 전체 폭 b_2에서 구멍의 직경 d를 뺀 것과 같다. 따라서 이 단면의 허용 하중 P_b에 대한 식은 다음과 같다.

$$P_b = \sigma_{a3}(b_2 - d)t = (75\text{ MPa})(75\text{ mm} - 25\text{ mm})(13\text{ mm}) = 48.8\text{ kN}$$

Part (c): 이제 행거와 볼트 3 사이의 베어링 허용 응력(180 Mpa)을 기준으로 허

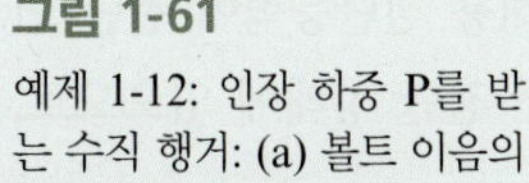

그림 1-61

예제 1-12: 인장 하중 P를 받는 수직 행거: (a) 볼트 이음의 정면도, (b) 이음의 측면도

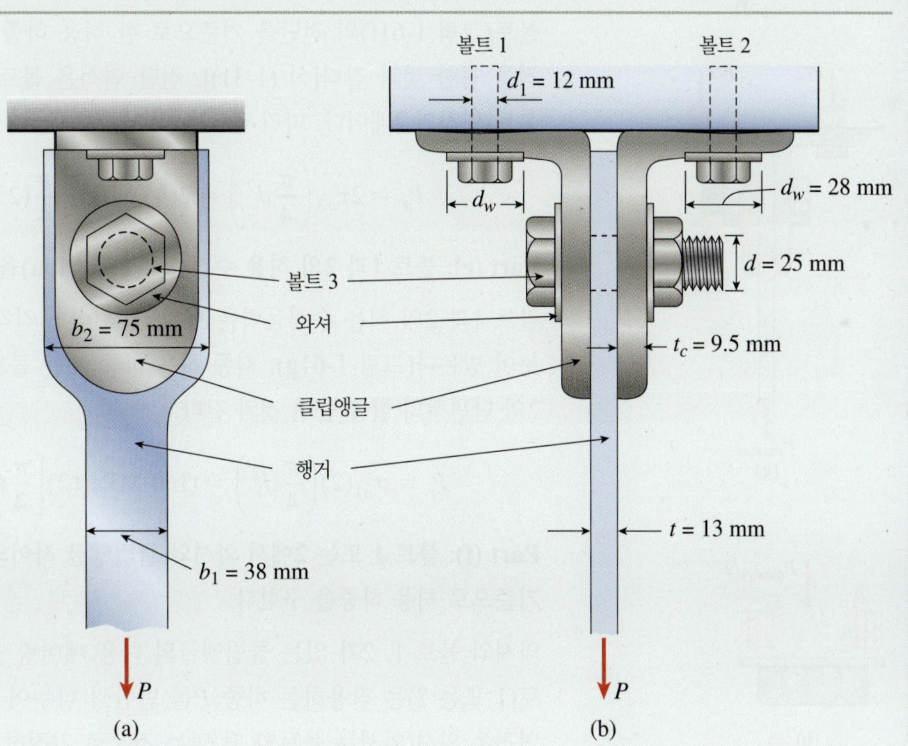

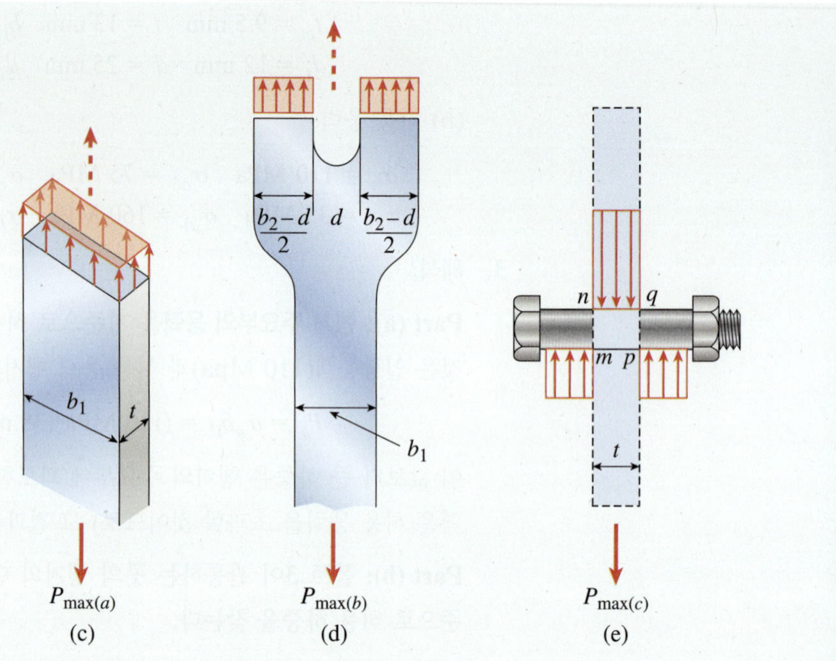

(c) (d) (e)

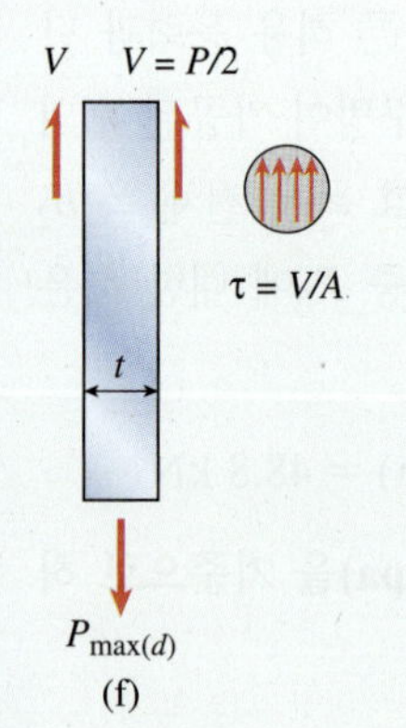

(f)

용 하중을 찾는다.

행거와 볼트 사이의 베어링을(그림 1-61e) 기준으로 한 허용 하중은 허용 베어링 응력에 베어링 면적을 곱한 것과 같다. 베어링 면적은 실제 접촉면의 투영 면적이며, 이 투영 면적은 볼트의 직경에 행거의 두께를 곱한 것과 같다. 따라서 허용 하중[식 (1-32)]은 다음과 같다.

$$P_c = \sigma_{ba3} dt = 58.5 \text{ kN} = (180 \text{ MPa})(25 \text{ mm})(13 \text{ mm}) = 58.5 \text{ kN}$$

Part (d): 볼트 3의 허용 전단응력(45 Mpa)을 기준으로 허용 하중을 결정한다.

볼트(그림 1-61f)의 전단을 기준으로 한 허용 하중 P_d는 허용 전단응력에 전단 면적을 곱한 것과 같다[식 (1-31)]. 전단 면적은 볼트가 이중 전단 상태에 있으므로, 볼트 면적의 2배이다: 따라서

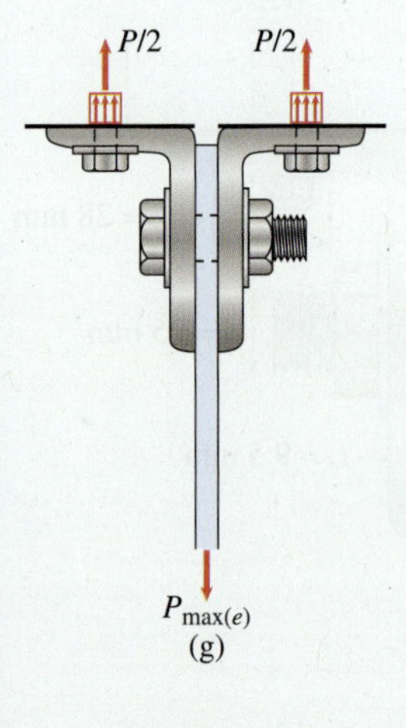

(g)

$$P_d = 2\tau_{a3}\left(\frac{\pi}{4}d^2\right) = 2(45 \text{ MPa})\left[\frac{\pi}{4}(25 \text{ mm})^2\right] = 44.2 \text{ kN}$$

Part (e): 볼트 1과 2의 허용 수직응력(160 Mpa)을 기준으로 허용 하중을 구한다.

볼트 1과 2의 허용 수직응력은 160 MPa이다. 각각의 볼트에는 하중 P를 반씩 나누어 받는다(그림 1-61g). 최종 허용 하중 P_e는 볼트의 허용 수직 하중과 볼트 1과 2의 단면적의 합을 곱한 것과 같다.

$$P_e = \sigma_{a1}(2)\left(\frac{\pi}{4}d_1^2\right) = (160 \text{ MPa})(2)\left[\frac{\pi}{4}(12 \text{ mm})^2\right] = 36.2 \text{ kN}$$

Part (f): 볼트 1 또는 2에서 와셔와 클립앵글 사이의 허용 베어링 응력(65 Mpa)을 기준으로 허용 하중을 구한다.

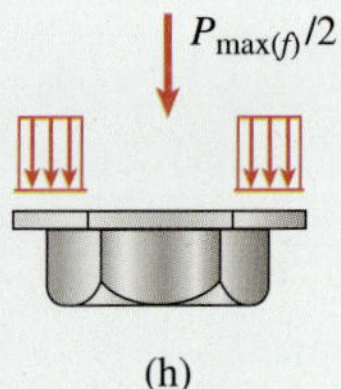

(h)

와셔와 볼트 1, 2가 있는 클립앵글의 허용 베어링 응력은 65 MPa이다. 각각의 볼트(1 또는 2)는 작용하는 하중 P를 반반씩 나누어 받는다(그림 1-61h 참조). 지지면적은 와셔(와셔는 볼트와 딱 맞는 것으로 가정하였다) 링 부분의 원형 면적이다.

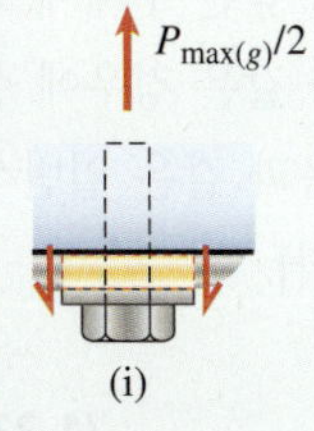

최종 허용 하중 P_f는 와셔의 허용 지지응력에 와셔의 면적을 곱한 것과 같다.

$$P_f = \sigma_{ba1}(2)\left[\frac{\pi}{4}(d_w^2 - d_1^2)\right] = (65\text{ MPa})(2)\left\{\frac{\pi}{4}[(28\text{ mm})^2 - (12\text{ mm})^2]\right\}$$
$$= 65.3\text{ kN}$$

Part (g): 최종적으로 볼트 1과 2의 클립앵글을 통하여 허용 전단응력(35 Mpa)을 기준으로 허용 하중을 구한다.

볼트 1과 2가 있는 클립앵글을 통한 허용 전단응력은 35 MPa이다. 각각의 볼트(1 또는 2)는 하중 P를 반씩 나누어 받는다(그림 1-61i 참조). 각 볼트의 전단면적은 홀의 원주($\pi \times d_w$)에 클립 앵글의 두께(t_c)를 곱한 것과 같다.

최종 허용 하중 P_g는 허용 전단응력에 전단면적의 2배를 곱한 것과 같다:

$$P_g = \tau_{a1}(2)(\pi d_w t_c) = (35\text{ MPa})(2)(\pi \times 28\text{ mm} \times 9.5\text{ mm}) = 58.5\text{ kN}$$

4. **최종 단계:** 이제 일곱 가지 주어진 조건을 기준으로 하여 행거의 허용 인장 하중을 구하였다. 이상과 같은 일곱 가지 결과를 비교하면, 가장 작은 하중은 볼트 1과 2에서 수직응력을 기준으로 한[Part (e) 참조] $P_{allow} = 36.2\text{ kN}$임을 알 수 있다.

더 정교한 분석은 전체 행거 조립의 무게를 고려한 분석이며, 예제 1-6에서 볼 수 있다. 예제 1-11에서는 계산된 하중이 평균값만을 나타내며, 국소된 효과들을 포함하지 않았다(볼트 구멍에 대한 스트레스 집중).

1.10 축 하중과 직접 전단에 대한 설계

앞 절에서는 간단한 구조물에 대한 허용 하중의 결정 방법에 관하여 논의하였으며, 그 앞 절들에서는 봉의 응력, 변형률 및 변형을 구하는 방법을 살펴보았다. 이와 같은 양을 결정하는 것을 **해석(analysis)**이라고 한다. 재료역학과 관련하여, 해석은 하중, 온도 변화 및 기타 물리 작용에 대한 구조물의 응답(*response*)을 결정하는 것이다. 구조물의 응답이란 하중에 의해 발생된 응력, 변형률 및 변형을 말한다.

또한 응답은 구조물의 부하 능력을 표시한다; 예를 들어, 구조물의 허용 하중은 응답의 한 유형이다.

구조물의 모든 물리적 특성이 완벽하게 파악되었을 때, 즉 구조물의 모든 성질을 알고 있을 때 그 구조물을 알려진(또는 주어진) 구조물이라고 한다. 구조물의 성질은 부재의 유형과 그 배열 방법, 모든 부재의 크기, 지지 유형과 그 위치, 사용된 재료 및 재료의 성질 등을 포함한다. 따라서 구조물을 해석할 때, 성질은 주어지고 응답은 구해야 한다.

해석의 역 과정을 **설계(design)**라고 한다. 구조물을 설계할 때, 구조물이 하중을 지탱하고 의도된 기능을 수행할 수 있도록 구조물의 성질을 결정해야 한다. 예를 들어, 공학에서 일반적인 설계 문제는 주어진 하중을 지탱할 수 있는 부재의 크기를 결정하는 것이다. 구조물의 설계는 통상적으로 해석에 비해 더 많은 시간이 소요되고 훨씬 어려운 과정이라고 할 수 있다. 실제로, 구조물을 한 번 이상 해석하는 것은 전형적인 설계 과정의 일부이다.

이 절에서는 전단을 받는 핀과 볼트뿐만 아니라, 단순 인장 및 압축을 받는 부재에 요구되는 크기를 계산하는 가장 기본적인 형태의 설계를 다룰 것이다. 이와 같은 경우에 설계 과정은 아주 단순하다. 전달될 하중과 재료의 허용 응력을 알고, 다음과 같은 일반식으로부터 부재에 요구되는 면적을 계산할 수 있다[식 (1-29)와 비교해보라].

$$\text{요구면적} = \frac{\text{전달될 하중}}{\text{허용 응력}} \tag{1-33}$$

이 식은, 응력이 전체 면적에 균일하게 분포하는 어떤 구조물에도 적용할 수 있다. (인장을 받는 봉의 크기와 전단을 받는 핀의 크기를 구하기 위해 이 식을 활용하는 과정을 예제 1-13에 예시하였으며 그것은 다음과 같다.)

식 (1-33)에 예시된 바와 같이, **강도(strength)**를 고려하는 것 외에도, 구조물의 설계에는 **강성(stiffness)**과 **안정성(stability)**도 포함되어야 한다. 강성은 구조물의 형상 변화에 대한 저항 능력(예: 신장, 굽힘 및 비틀림에 대한 저항)이며, 안정성은 압축응력하에서 구조물의 좌굴에 대한 저항 능력을 말한다. 보의 성능을 저해할 수 있는 큰 처짐과 같은 과도한 변형을 방지하기 위하여 가끔 강성에 대한 제한이 필요하다. 좌굴은 가는 압축 부재인 기둥의 설계에서 주요 고려사항이다(11장 참조).

설계 과정의 또 다른 영역은 **최적화(optimization)**이다. 그것은 최소 중량과 같은 특정 목적에 가장 적합한 구조물을 설계하는 것이다. 예를 들어, 주어진 하중을 지탱할 수 있는 구조물은 수없이 많을 수 있지만, 어떤 환경에서 가장 좋은 구조물은 가장 가벼운 것일 수 있다. 물론 최소 중량과 같은 목적은 일반적으로 특정 설계 프로젝트의 미학적, 경제적, 환경적, 정치적 및 기술적인 측면을 포함한 일반적인 고려사항들과 균형을 이루어야 한다.

구조물을 해석하거나 설계할 때, 구조물에 작용하는 힘을 **하중(load)** 또는 **반력(reaction)**이라고 한다. 하중은 중력, 수압, 바람, 지진과 같이 어떤 외적 요인에 의해 구조물에 가해지는 **능동적인 힘**(*active force*)이다. 반력은 구조물의 지지부에 발생하는 **수동적인 힘**(*passive force*)이다 —그 크기와 방향은 구조물 자체의 특성에 의해 결정된다. 따라서 반력은 해석의 일부로 계산되어야 하며, 반면에 하중은 미리 알려져 있다.

예제 1-13

연속 케이블 ADB는 건물 입구 캐노피의 일부인 빔 $OABC$를 지지하기 위해 D의 마찰이 없는 작은 도르래 위에서 작동된다(그림 1-62 참조). 하중 P = 4.5 kN은 캐노피의 끝단 C에서 적용된다. 캐노피 부분의 무게가 W = 7.5 kN이라고 가정한다.

(a) 케이블 힘 T와 O와 D 지점에서의 핀지지 반력을 구하라.

(b) 허용 수직응력이 125 Mpa일 때, 케이블 ADB에서의 단면적 영역을 구하여라.

(c) 전단에서의 허용 응력이 80 Mpa일 때, O, A, B, D에서의 핀의 직경을 구하여라.

(참조: O, A, B, D에서의 핀은 양면 전단이다. 또한 덮개의 하중 P와 무게 W만 고려하고, 케이블 ADB의 무게는 무시하라.)

그림 1-62

(a) 빌딩 입구의 인클라인 캐노피, (b) 하나의 빔과 지지 케이블로 이루어진 2차원 모델
(© Archimage / Alamy Stock Photo)

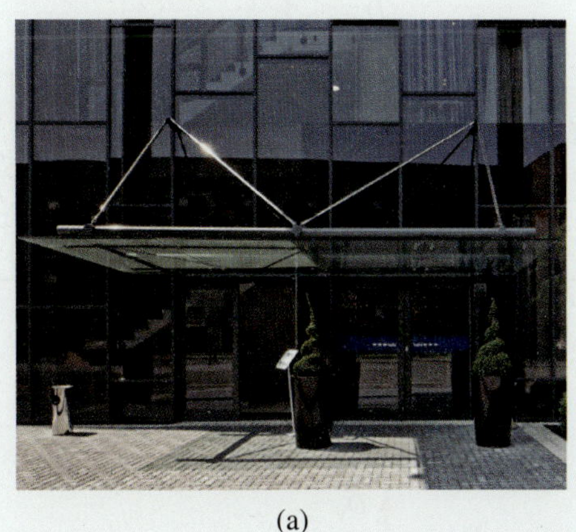

(a)

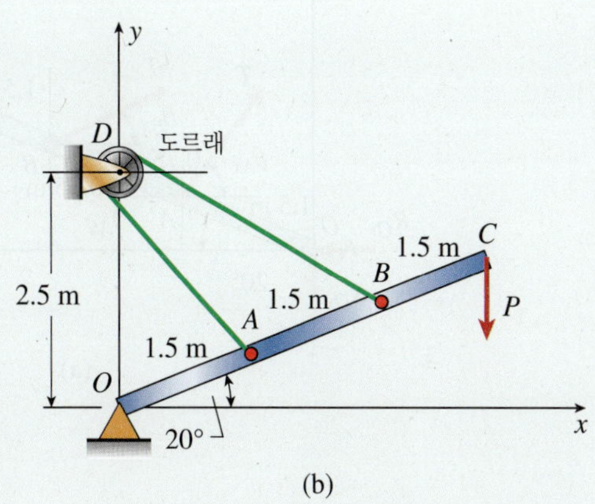

(b)

풀이

문제풀이 4단계 접근방법을 사용한다.

1. **개념화**: 빔 $OABC$의 자유물체도에서 시작하라(그림 1-63a). 또한 전체 구조의 자유물체도를 스케치하고(그림 1-63b), 조인트 D 부분은 따로 스케치하여라(그림 1-63c). 케이블 힘 T와 적용되는 반력 구성요소를 모두 표기하자.

2. **분류**: 먼저 그림 1-63a 보 $OABC$의 FBD를 이용하여 O점에서의 케이블 힘 T와 반력 구성요소를 구한다. 그리고 그림 1-63b나 그림 1-63c를 이용하여 D에서의 반력을 구한다. 케이블 힘 T와 허용되는 수직응력을 이용하여 필요한 케이블 단면 영역을 구한다. 힘 T와 허용되는 전단력을 이용하여 A와 B에서의 핀의 직경을 구한다. 얻어진 O와 D에서의 반력을 이용하여 이들 지점에서의 핀 직경을 구해낸다.

3. **해석**:

케이블 힘 T: 먼저, 그림 1-63a에서 요구되는 거리와 각도를 구한다:

$$AD = \sqrt{1.5^2 + 2.5^2 - 2(1.5)(2.5)\cos 70°}\ \text{m} = 2.436\ \text{m} \quad BD = \sqrt{3^2 + 2.5^2 - 2(3)(2.5)\cos 70°}\ \text{m} = 3.181\ \text{m}$$

$$\theta_{Ax} = \sin^{-1}\left(\frac{2.5\ \text{m}}{AD}\sin 70°\right) - 20° = 54.648° \qquad \theta_{Bx} = \sin^{-1}\left(\frac{2.5\ \text{m}}{BD}\sin 70°\right) - 20° = 27.603°$$

그림 1-63에서 점 O에서의 모멘트 값을 더하고, 케이블 ADB에서의 장력 T를 구한다.

$$T = \frac{W(2.25\ \text{m})(\cos 20°) + P(4.5\ \text{m})(\cos 20°)}{d_1 + d_2} = 9.527\ \text{kN} \qquad \text{(a)}$$

여기서 d값은 다음과 같다.

$$d_1 = \cos\theta_{Ax}(2.5\ \text{m} - AD\sin\theta_{Ax}) + \sin\theta_{Ax}(1.5\ \text{m}\ \cos 20°) = 1.446\ \text{m}$$
$$d_2 = \cos\theta_{Bx}(2.5\ \text{m} - BD\sin\theta_{Bx}) + \sin\theta_{Bx}(3\ \text{m}\ \cos 20°) = 2.215\ \text{m}$$

O에서의 반력: 그림 1-63a에서 힘을 합하여 O점에서의 반력 구성요소를 구한다.

그림 1-63

자유물체도: (a) 보 $OABC$, (b) 보와 케이블 구조, (c) 조인트 D

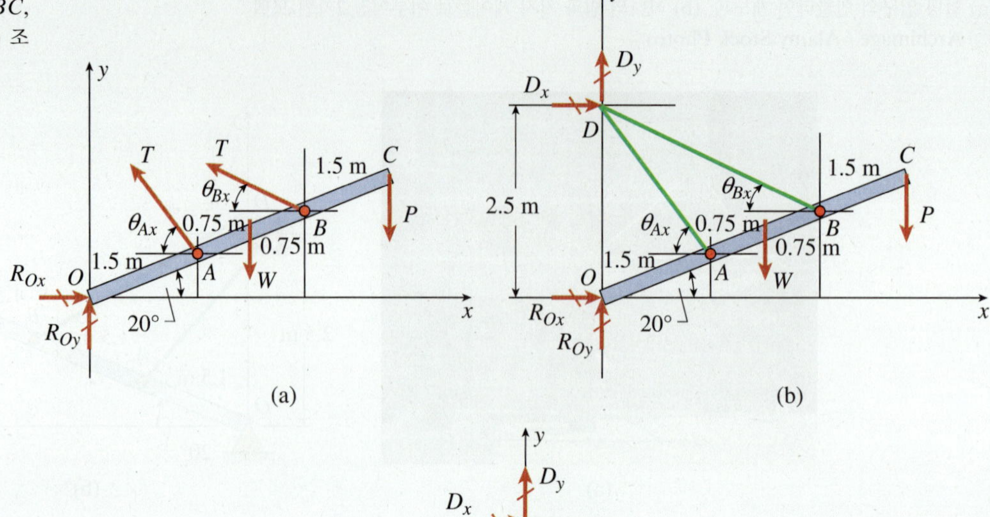

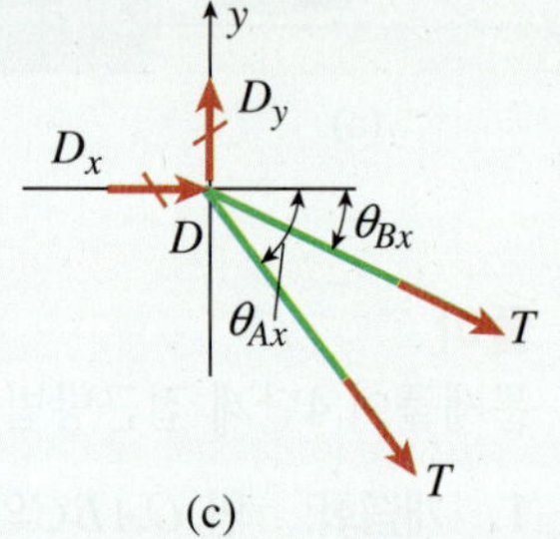

$$\Sigma F_x = 0 \quad R_{Ox} = T(\cos\theta_{Ax} + \cos\theta_{Bx}) = 13.95 \text{ kN}$$
$$\Sigma F_y = 0 \quad R_{Oy} = -T(\sin\theta_{Ax} + \sin\theta_{Bx}) + W + P = -0.184 \text{ kN}$$

O에서의 반력은 다음과 같다. $R_{Ores} = \sqrt{R_{Ox}^2 + R_{Oy}^2} = 13.96 \text{ kN}$ **(b)**

***D*에서의 반력:** 그림 1-63c에서 힘을 합하여 D에서의 반력 구성요소를 구한다.

$$\Sigma F_x = 0 \quad D_x = -T(\cos\theta_{Ax} + \cos\theta_{Bx}) = -13.95 \text{ kN}$$
$$\Sigma F_y = 0 \quad D_y = T(\sin\theta_{Ax} + \sin\theta_{Bx}) = 12.18 \text{ kN}$$

D에서의 반력은 다음과 같다.

$$D_{res} = \sqrt{D_x^2 + D_y^2} = 18.53 \text{ kN} \qquad \textbf{(c)}$$

케이블 *ADB*에서의 단면 영역: 허용되는 수직응력이 125 MPa이고 케이블 힘 T=9.527 kN[식 (a)]인 것을 이용하여 케이블에서의 단면 영역을 구한다.

$$A_{cable} = \frac{9.527 \text{ kN}}{125 \text{ MPa}} = 76.21 \text{ mm}^2$$

점 *O*, *A*, *B*, *D*에서의 핀의 직경: 모든 핀은 이중 전단이다. 허용되는 전단응력은 τ_{allow} = 80 Mpa이다. 계산된 각 핀의 직경은 다음과 같다.

$$\text{Pins } A, B: \quad A_{reqd} = \frac{T}{2\tau_{allow}} = \frac{9.527 \text{ kN}}{2(80 \text{ MPa})} = 59.54 \text{ mm}^2 \text{ 따라서 } d = \sqrt{\frac{4}{\pi}(59.54 \text{ mm}^2)} = 8.71 \text{ mm}$$

$$\text{Pin } O: \quad A_{reqd} = \frac{R_{Ores}}{2\tau_{allow}} = \frac{13.96 \text{ kN}}{2(80 \text{ MPa})} = 87.22 \text{ mm}^2 \text{ 따라서 } d = \sqrt{\frac{4}{\pi}(87.22 \text{ mm}^2)} = 10.54 \text{ mm}$$

$$\text{Pin } D: \quad A_{reqd} = \frac{D_{res}}{2\tau_{allow}} = \frac{18.53 \text{ kN}}{2(80 \text{ MPa})} = 115.8 \text{ mm}^2 \text{ 따라서 } d = \sqrt{\frac{4}{\pi}(115.8 \text{ mm}^2)} = 12.14 \text{ mm}$$

4. 최종 단계: 실제로 마지막 결정을 내릴 때 캐노피의 무게를 고려하는 것 외에 케이블과 핀의 크기를 고려해야 할 것이다. 하중은 일시적으로 구조에 의해 지지되는 풍하중, 지진하중, 그리고 물체의 무게를 포함한다. 또한 만약 케이블 *AD*와 *BD*가 분리된 케이블이라면(연결된 케이블 *ADB*가 아니라), 두 개의 케이블에서 힘은 동등하지 않을 것이다. 구조는 지금 **부정정**하고, 케이블 힘과 *O*와 *D*에서의 반력은 정적 평형만 따져서 결정되어서는 안 될 것이다. 이러한 문제들은 2장, 2.4절에서 논의될 것이다(예제 2-7 참조).

이 장의 요약 및 복습

1장에서는 구조용 재료의 기계적 성질에 대하여 배웠다. 도심에 작용하는 축 하중을 받는 봉의 수직응력과 변형률을 계산하였으며, 또한 트러스 같은 간단한 구조물을 조립하는 데 쓰이는 핀 이음에 발생하는 (베어링 응력 이외에도) 전단응력과 변형률을 계산하였다. 적당한 안전계수에 의한 허용 응력 수준을 정의하였으며, 구조물에 가할 수 있는 허용 하중을 구하기 위하여 이 값들을 사용하였다.

이 장에 나타낸 주된 개념은 다음과 같다:

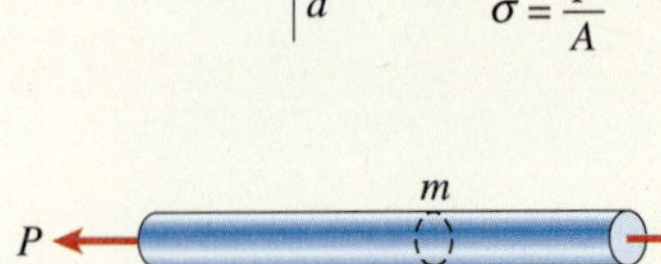

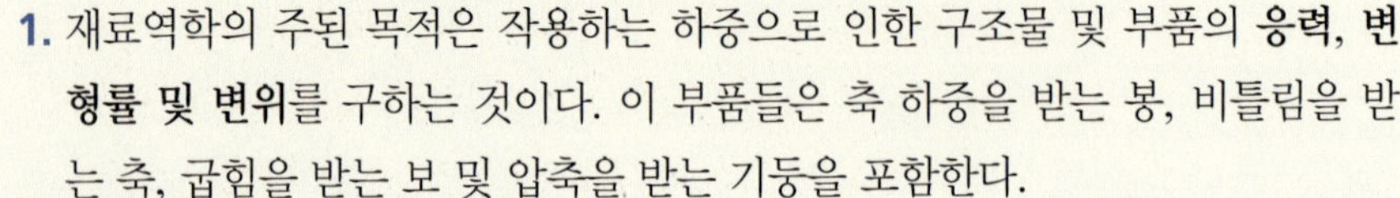

1. 재료역학의 주된 목적은 작용하는 하중으로 인한 구조물 및 부품의 **응력, 변형률 및 변위**를 구하는 것이다. 이 부품들은 축 하중을 받는 봉, 비틀림을 받는 축, 굽힘을 받는 보 및 압축을 받는 기둥을 포함한다.

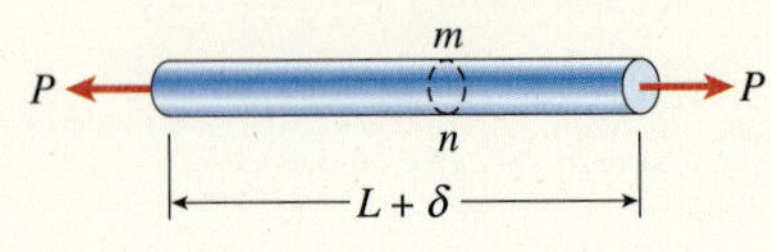

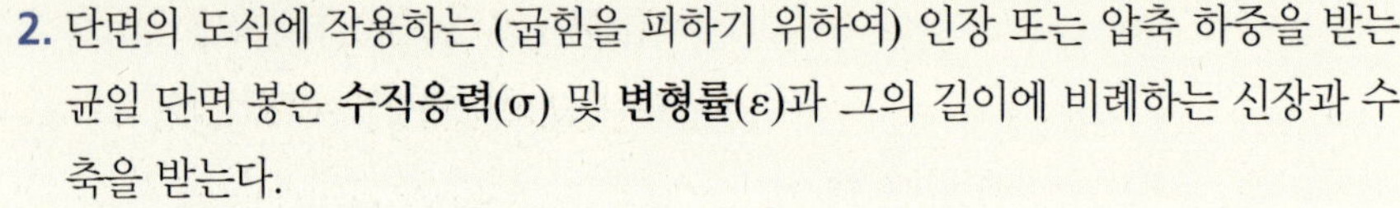

2. 단면의 도심에 작용하는 (굽힘을 피하기 위하여) 인장 또는 압축 하중을 받는 균일 단면 봉은 **수직응력**(σ) 및 **변형률**(ε)과 그의 길이에 비례하는 신장과 수축을 받는다.

$$\sigma = \frac{P}{A} \qquad \varepsilon = \frac{\delta}{L}$$

이 응력과 변형률은 부분적으로 높은 응력 또는 **응력집중**이 발생하는 하중 작용점 근처를 제외하고는 **균일**하다.

3. 여러 가지 재료의 **기계적 거동**을 조사하였으며 재료에 관한 중요한 정보를 제공하는 응력-변형률 선도를 그렸다. **연성** 재료는(**비례 한도**까지) 초기에는 수직응력과 변형률 사이의 선형 관계를 가지며 **후크의 법칙**으로 연결된 응력과 변형률 관계를 가져 **선형 탄성적**이라고 말한다:

$$\sigma = E\varepsilon$$

그들은 또한 잘 정의되는 항복점을 갖는다. 또 다른 연성 재료는 전형적으로 명확히 정의할 수 있는 항복점을 갖지 않아서, **오프셋 방법(offset method)**을 사용하여 임의의 항복점을 결정할 수 있다.

4. (콘크리트, 석재, 주철, 유리 세라믹 및 여러 가지 금속합금 같이) 비교적 낮

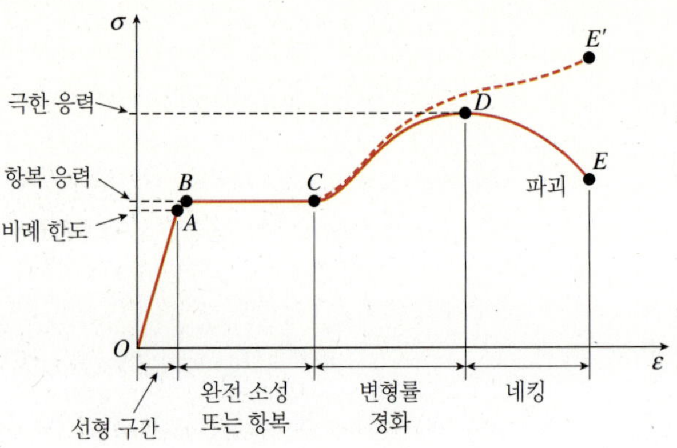

은 변형률 값에서 인장 파손하는 재료는 **취성적(brittle)**으로 분류된다. 취성 재료는 비례 한도 이후에 단지 작은 신장량으로도 파손한다.

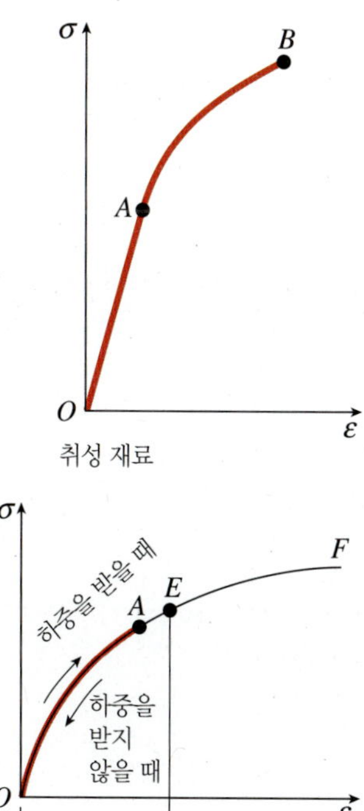

5. 재료가 탄성 영역 내에 있으면, 재료는 거동의 현저한 변화 없이 하중을 가하고, 제거하고 또 다시 가할 수 있다. 그러나 소성 영역으로 하중을 가하면, 재료의 내부 구조가 달라지고 그 성질이 변한다. 재료의 하중 부하(loading) 및 하중 제거(unloading) 거동은 재료의 **탄성 한도** 및 **영구 변형**(잔류 응력)과 같은 재료의 **탄성** 및 **소성** 특성에 의존한다. 시간에 대한 지속 하중은 **크리프** 및 **이완(relaxation)**을 초래한다.

6. 인장 하중을 받는 봉의 축 방향 신장량은 횡 수축을 동반한다; 수직변형률에 대한 횡변형률의 비를 **뽀아송 비**(ν)라 한다.

$$\nu = -\frac{\text{횡변형률}}{\text{축변형률}} = -\frac{\varepsilon'}{\varepsilon}$$

재료가 균질이고 등방성이라면 선형 탄성 영역에서는 뽀아송 비는 일정하다. 이 교재에서 대부분의 예제 및 Problems는 재료가 선형 탄성, 균질 및 **등방성**이라는 가정으로 푼다.

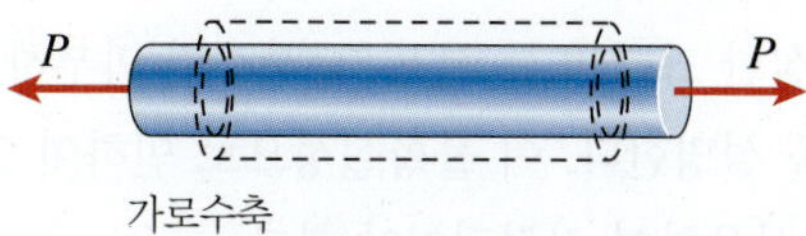

가로수축

7. **수직**응력(σ)은 재료의 표면에 수직으로 작용하며, **전단**응력(τ)은 표면의 접선방향으로 작용한다. 우리는 지지응력뿐만 아니라 판 사이에서 하나 또는 이중으로 전단(τ_{aver})을 받는 볼트 이음을 조사하였다.

$$\tau_{aver} = \frac{V}{A}$$

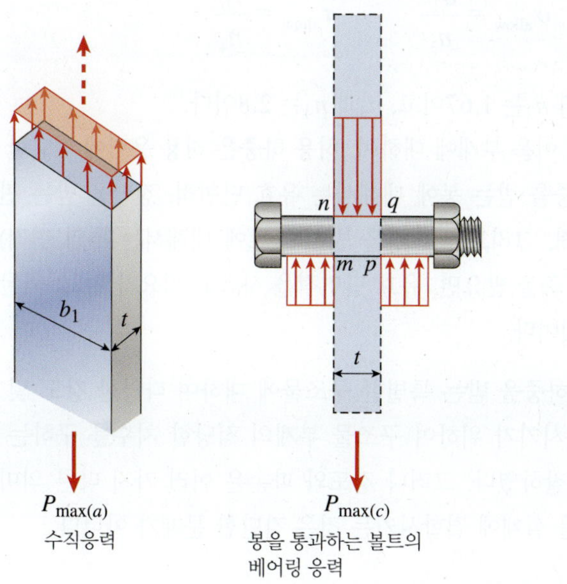

수직응력

봉을 통과하는 볼트의 베어링 응력

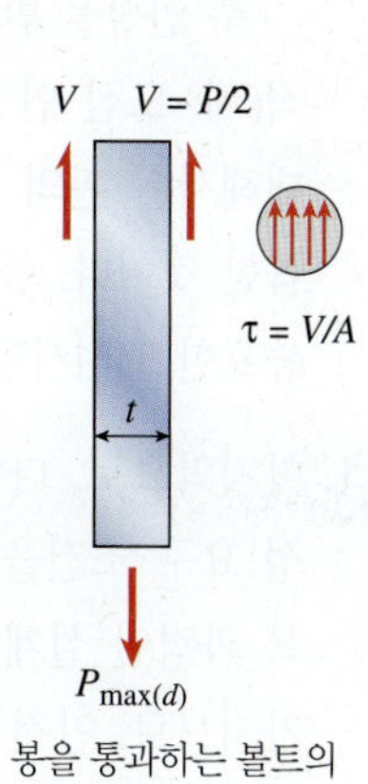

봉을 통과하는 볼트의 전단응력

평균 **지지**응력(σ_b)은 볼트와 판 사이의 실제 둥근 접촉 면의 투영 면적(A_b)에 작용한다:

$$\sigma_b = \frac{F_b}{A_b}$$

8. 전단응력 및 변형에 의해서만 작용하는 재료의 요소는 **순수전단**이라는 응력 상태에 있다. 전단변형률(γ)은 순수전단을 받는 요소에서 뒤틀림의 정도 또는 형상의 변화라는 것을 관찰하였다. 전단응력(τ)이 전단변형률과 전단 탄성 계수(G)에 의하여 관계를 갖는 전단에서의 후크의 법칙을 조사하였다.

$$\tau = G\gamma$$

E와 G는 서로 연관되어 있어서 그들은 재료의 독립 탄성 성질이 아니라는 것을 주목하였다. 뽀아송 비를 이용하여 E와 G를 구하면 다음과 같다:

$$G = \frac{E}{2(1+\nu)}$$

9. **강도**는 하중을 지지하거나 전달하는 구조물 또는 부품의 능력이다. **안전계수**는 구조물 부재의 실제 강도를 요구 강도와 연결시키며 재료 성질의 변동, 하중의 불확실한 크기 또는 분포, 급작스런 과부하 가능성 등과 같은 여러 가지 불확실성을 설명한다. 이 불확실성으로 인하여 안전계수(n_1, n_2, n_3, n_4)는 확률 방법을 사용하여 결정되어야 한다.

10. 설계에 사용할 허용 응력은 항복 또는 극한 응력을 안전계수로 나누어 구할 수 있다. **연성**을 가진 재료의 경우

$$\sigma_{\text{allow}} = \frac{\sigma_Y}{n_1} \qquad \tau_{\text{allow}} = \frac{\tau_Y}{n_2}$$

반면 **취성**을 가진 재료의 경우

$$\sigma_{\text{allow}} = \frac{\sigma_U}{n_3} \qquad \tau_{\text{allow}} = \frac{\tau_U}{n_4}$$

일반적으로 변수 n_1과 n_2는 1.67이고, n_3과 n_4는 2.8이다.

축 인장을 받는 핀 이음 부재에 대하여, **허용 하중**은 허용 응력에 적당한 면적(예: 도심 인장 하중을 받는 봉에 대해서는 유효 단면적, 전단을 받는 핀에 대해서는 핀의 단면적, 그리고 베어링을 받는 볼트에 대해서는 투영 면적)을 곱한 것이다. 봉이 압축을 받으면, 유효 단면적을 사용할 필요가 없고, 좌굴이 중요한 고려사항일 것이다.

11. 마지막으로, 다양한 하중을 받는 특별한 구조물에 대하여 다양한 **강도** 및 **강성** 요구 조건을 만족시키기 위하여 구조물 부재의 적당한 치수를 구하는 반복 과정인 **설계**를 고찰하였다. 그러나 강도와 파손은 여러 가지 다른 의미를 가지므로, 안전계수를 설계에 결합시키는 것은 간단한 문제가 아니다.

PROBLEMS Chapter 1

1.3 Statics Review

Introductory Problems

1.3-1 Find support reactions at A and B and then calculate the axial force N, shear force V, and bending moment M at mid-span of AB. Let $L = 4.25$ m, $q_0 = 175$ N/m, $P = 225$ N, and $M_0 = 410$ N·m.

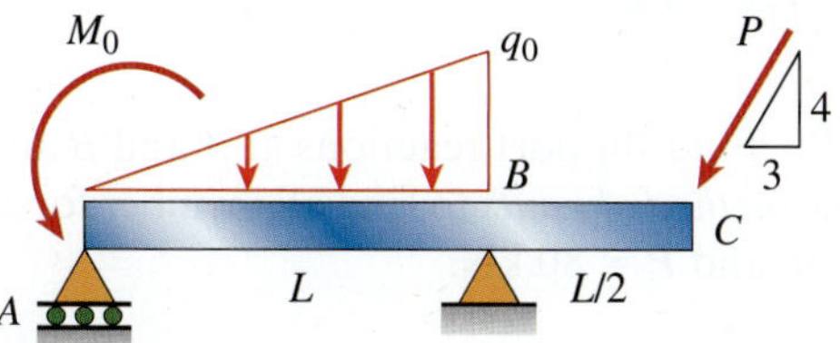

PROBLEM 1.3-1

1.3-2 Find support reactions at A and B and then calculate the axial force N, shear force V, and bending moment M at mid-span of AB. Let $L = 4$ m, $q_0 = 160$ N/m, $P = 200$ N, and $M_0 = 380$ N · m.

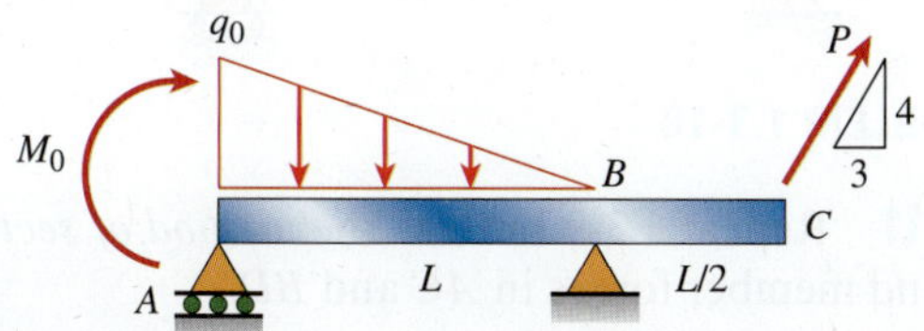

PROBLEM 1.3-2

1.3-3 Segments AB and BC of beam ABC are pin connected a small distance to the right of joint B (see figure). Axial loads act at A and at the mid-span of AB. A concentrated moment is applied at joint B.

(a) Find reactions at supports A, B, and C.

(b) Find internal stress resultants N, V, and M at 4.5 m.

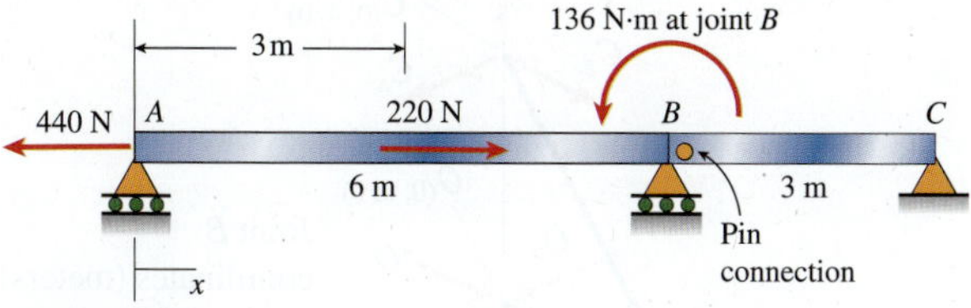

PROBLEM 1.3-3

1.3-4 Segments AB and BCD of beam $ABCD$ are pin connected at $x = 4$ m. The beam is supported by a sliding support at A and roller supports at C and D (see figure). A triangularly distributed load with peak intensity of 80 N/m acts on BC. A concentrated moment is applied at joint D.

(a) Find reactions at supports A, C, and D.

(b) Find internal stress resultants N, V, and M at $x = 5$ m.

(c) Repeat parts (a) and (b) for the case of the roller support at C replaced by a linear spring of stiffness $k_y = 200$ kN/m (see figure).

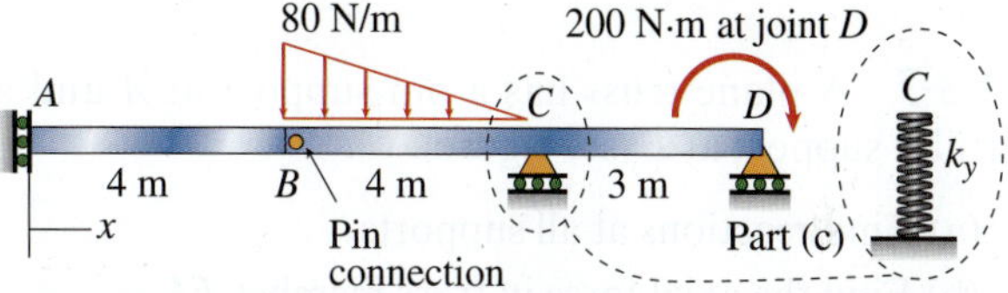

PROBLEM 1.3-4

1.3-5 Segments AB and BCD of beam $ABCD$ are pin connected at $x = 3$ m. The beam is supported by a pin support at A and roller supports at C and D; the roller at D is rotated by 30° from the x axis (see figure). A trapezoidal distributed load on BC varies in intensity from 74 N/m at B to 37 N/m at C. A concentrated moment is applied at joint A, and a 180 N inclined load is applied at the mid-span of CD.

(a) Find reactions at supports A, C, and D.

(b) Find the resultant force in the pin connection at B.

(c) Repeat parts (a) and (b) if a rotational spring ($k_r = 68$ N·m) is added at A *and* the roller at C is removed.

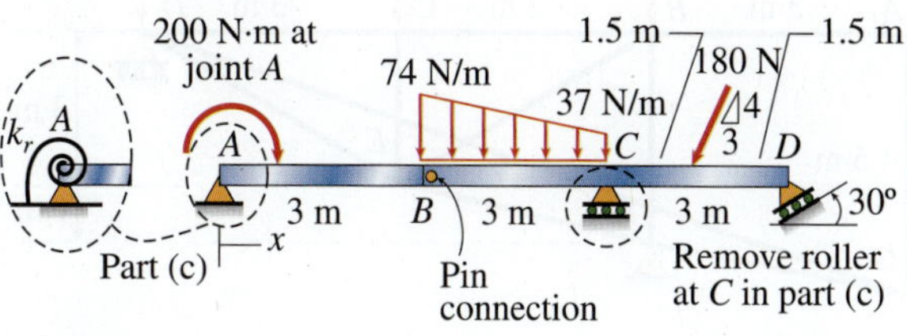

PROBLEM 1.3-5

1.3-6 Consider the plane truss with a pin support at joint 3 and a vertical roller support at joint 5 (see figure).

(a) Find reactions at support joints 3 and 5.

(b) Find axial forces in truss members 11 and 13.

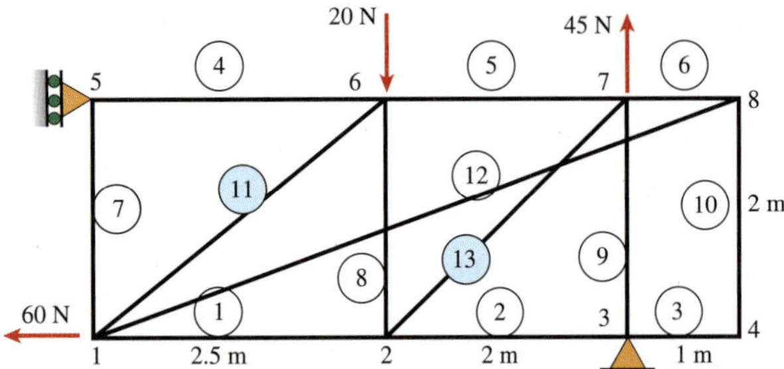

PROBLEM 1.3-6

1.3-7 A plane truss has a pin support at A and a roller support at E (see figure).

(a) Find reactions at all supports.

(b) Find the axial force in truss member FE.

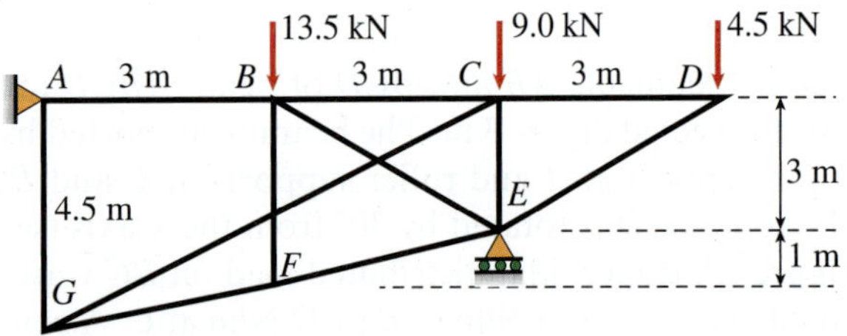

PROBLEM 1.3-7

1.3-8 A plane truss has a pin support at F and a roller support at D (see figure).

(a) Find reactions at both supports.

(b) Find the axial force in truss member FE.

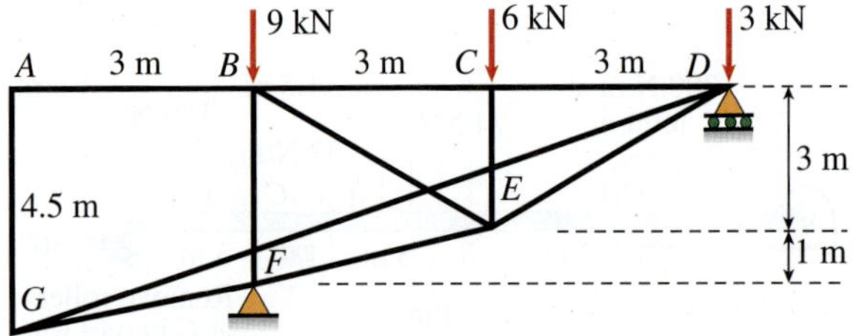

PROBLEM 1.3-8

1.3-9 Find support reactions at A and B and then use the *method of joints* to find all member forces. Let $c = 2.5$ m and $P = 90$ kN.

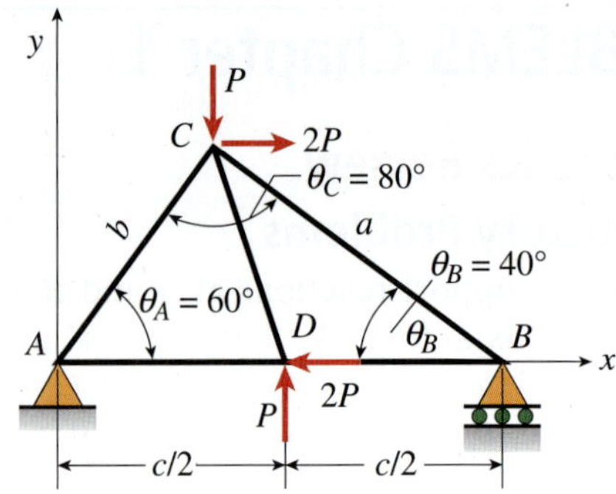

PROBLEM 1.3-9

1.3-10 Find support reactions at A and B and then use the *method of joints* to find all member forces. Let $b = 3$ m and $P = 80$ kN.

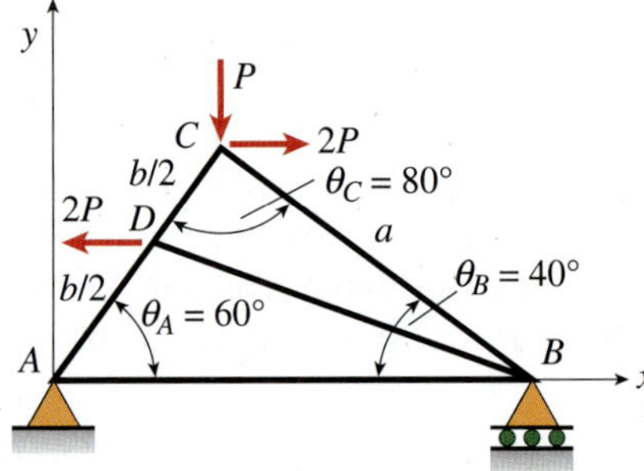

PROBLEM 1.3-10

1.3-11 Repeat 1.3-9 but use the *method of sections* to find member forces in AC and BD.

1.3-12 Repeat 1.3-10 but use the *method of sections* to find member forces in AB and DC.

1.3-13 A space truss has three-dimensional pin supports at joints O, B, and C. Load P is applied at joint A and acts toward point Q. Coordinates of all joints are given in meters (see figure).

(a) Find reaction force components B_x, B_z, and O_z.

(b) Find the axial force in truss member AC.

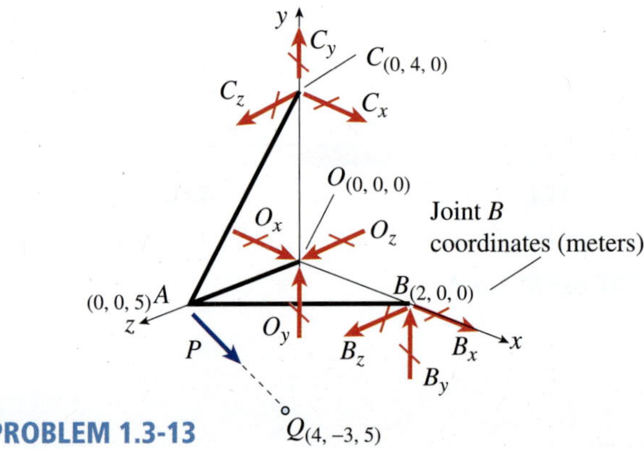

PROBLEM 1.3-13

1.3-14 A space truss is restrained at joints O, A, B, and C, as shown in the figure. Load P is applied at joint A and load $2P$ acts downward at joint C.

(a) Find reaction force components A_x, B_y, and B_z in terms of load variable P.

(b) Find the axial force in truss member AB in terms of load variable P.

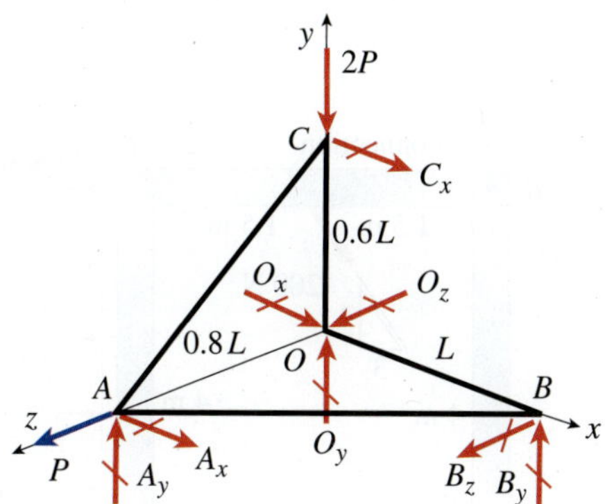

PROBLEM 1.3-14

1.3-15 A space truss is restrained at joints A, B, and C, as shown in the figure. Load $2P$ is applied at in the $-x$ direction at joint A, load $3P$ acts in the $+z$ direction at joint B, and load P is applied in the $+z$ direction at joint C. Coordinates of all joints are given in terms of dimension variable L (see figure).

(a) Find reaction force components A_y and A_z in terms of load variable P.

(b) Find the axial force in truss member AB in terms of load variable P.

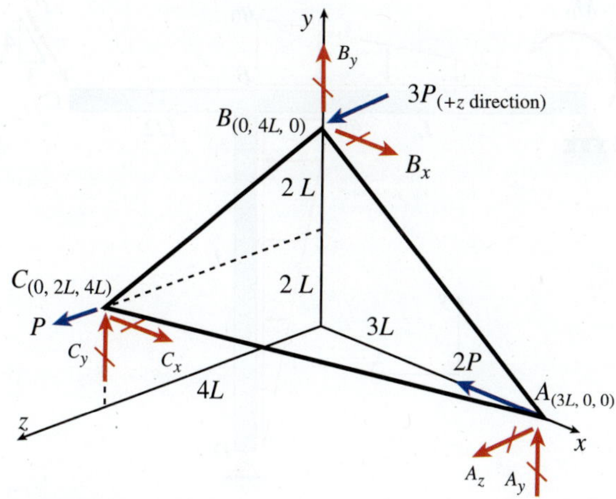

PROBLEM 1.3-15

1.3-16 A space truss is restrained at joints A, B, and C, as shown in the figure. Load P acts in the +z direction at joint B and in the −z directions at joint C. Coordinates of all joints are given in terms of dimension variable L (see figure). Let $P = 5$ kN and $L = 2$ m.

(a) Find the reaction force components A_z and B_x.

(b) Find the axial force in truss member AB.

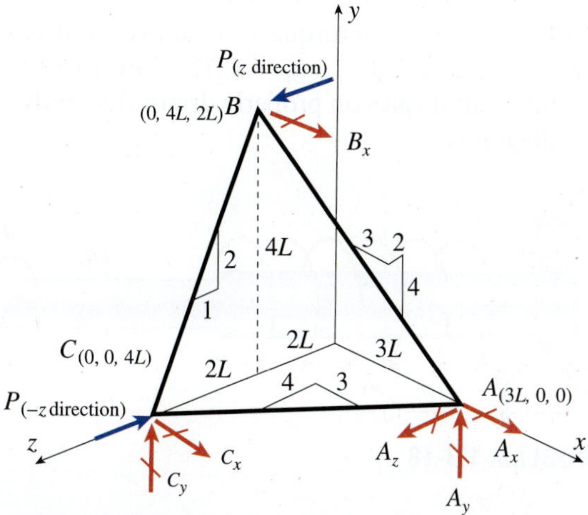

PROBLEM 1.3-16

1.3-17 A stepped shaft ABC consisting of two solid, circular segments is subjected to torques T_1 and T_2 acting in opposite directions, as shown in the figure. The larger segment of the shaft has a diameter of $d_1 = 58$ mm and a length $L_1 = 0.75$ m; the smaller segment has a diameter $d_2 = 44$ mm and a length $L_2 = 0.5$ m. The torques are $T_1 = 2400$ N·m and $T_2 = 1130$ N·m.

(a) Find reaction torque T_A at support A.

(b) Find the internal torque $T(x)$ at two locations: $x = L_1/2$ and $x = L_1 + L_2/2$. Show these internal torques on properly drawn free-body diagrams (FBDs).

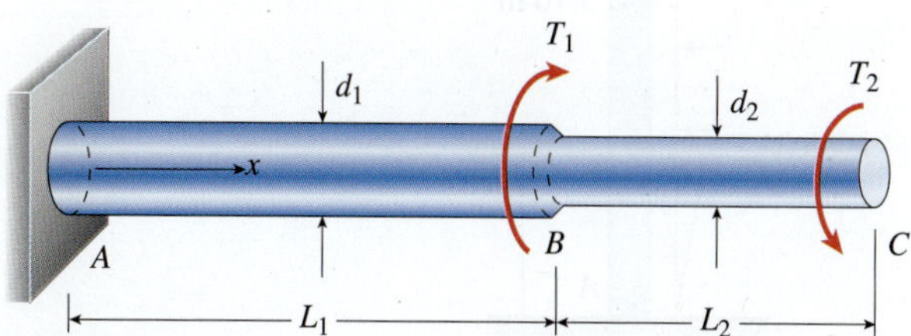

PROBLEM 1.3-17

1.3-18 A stepped shaft ABC consisting of two solid, circular segments is subjected to uniformly distributed torque t_1 acting over segment 1 and concentrated torque T_2 applied at C, as shown in the figure. Segment 1 of the shaft has a diameter of $d_1 = 57$ mm and length of $L_1 = 0.75$ m; segment 2 has a diameter $d_2 = 44$ mm and length $L_2 = 0.5$ m. Torque intensity $t_1 = 3100$ N · m/m and $T_2 = 1100$ N · m.

(a) Find reaction torque T_A at support A.

(b) Find the internal torque $T(x)$ at two locations: $x = L_1/2$ and at $x = L_1 + L_2/2$. Show these internal torques on properly drawn free-body diagrams.

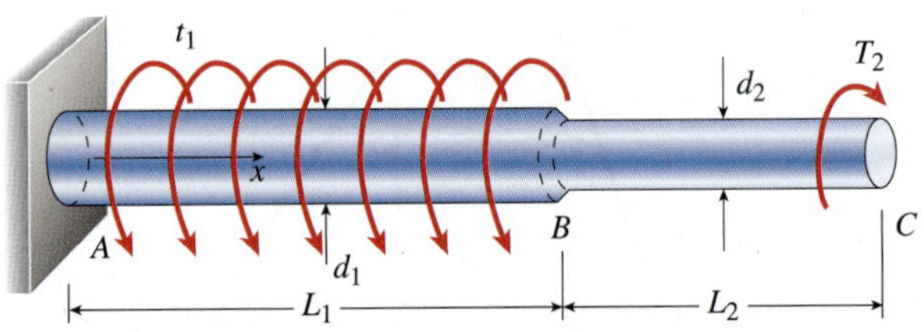

PROBLEM 1.3-18

1.3-19 A plane frame is restrained at joints A and C, as shown in the figure. Members AB and BC are pin connected at B. A triangularly distributed lateral load with a peak intensity of 1300 N/m acts on AB. A concentrated moment is applied at joint C.

(a) Find reactions at supports A and C.

(b) Find internal stress resultants N, V, and M at $x = 1.0$ m on column AB.

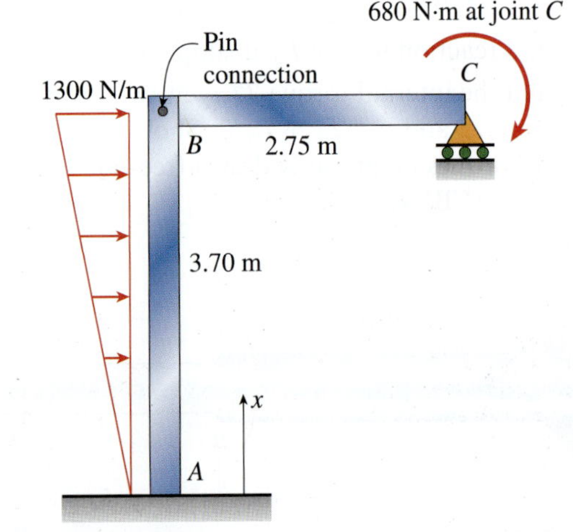

PROBLEM 1.3-19

1.3-20 A plane frame is restrained at joints A and D, as shown in the figure. Members AB and BCD are pin connected at B. A triangularly distributed lateral load with peak intensity of 80 N/m acts on CD. An inclined concentrated force of 200 N acts at the mid-span of BC.

(a) Find reactions at supports A and D.

(b) Find resultant forces in the pins at B and C.

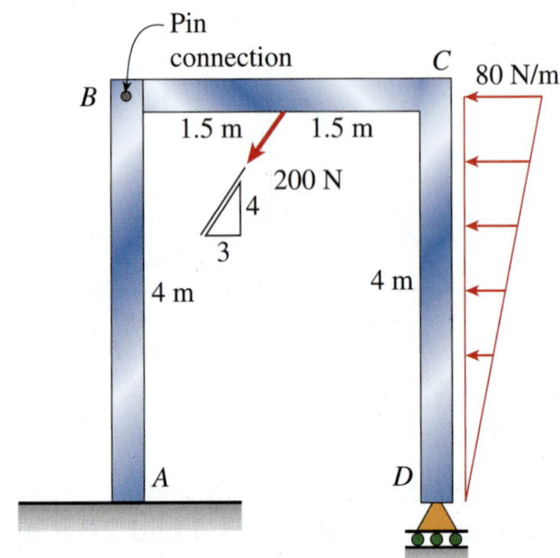

PROBLEM 1.3-20

1.3-21 Find support reactions at A and D and then calculate the axial force N, shear force V, and bending moment M at mid-span of AB. Let $L = 4.25$ m, $q_0 = 175$ N/m, $P = 225$ N, and $M_0 = 400$ N·m.

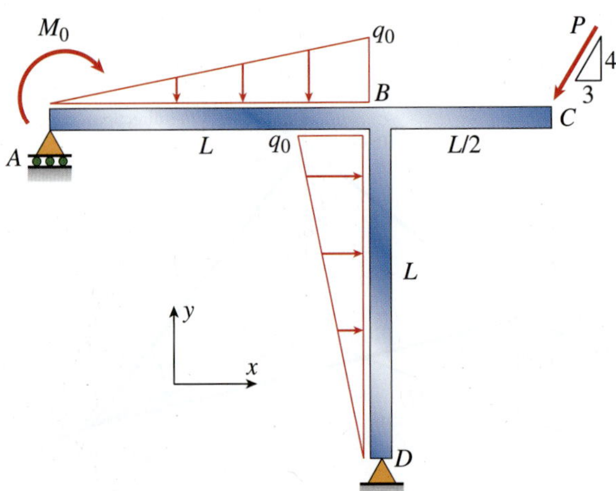

PROBLEM 1.3-21

1.3-22 Find support reactions at A and D and then calculate the axial force N, shear force V, and bending moment M at mid-span of column BD. Let $L = 4$ m, $q_0 = 160$ N/m, $P = 200$ N, and $M_0 = 380$ N · m.

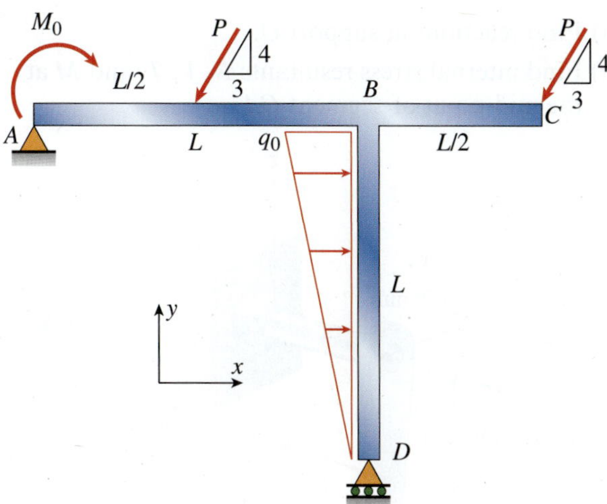

PROBLEM 1.3-22

1.3-23 A 1900 N trap door (AB) is supported by a strut (BC) which is pin connected to the door at B (see figure).

(a) Find reactions at supports A and C.

(b) Find internal stress resultants N, V, and M on the trap door at 0.5 m from A.

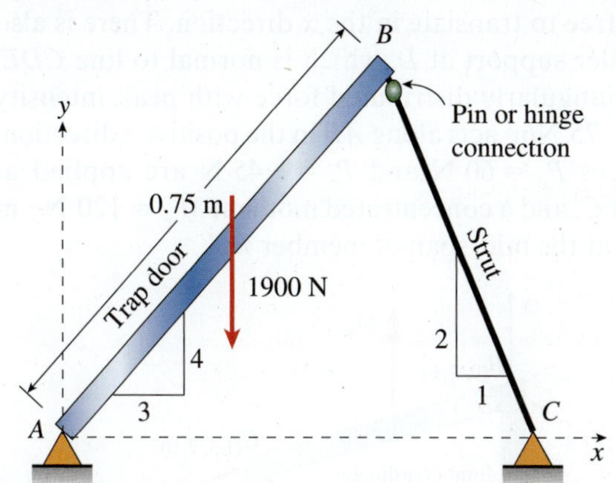

PROBLEM 1.3-23

1.3-24 A plane frame is constructed by using a pin connection between segments ABC and CDE. The frame has pin supports at A and E and joint loads at B and D (see figure).

(a) Find reactions at supports A and E.

(b) Find the resultant force in the pin at C.

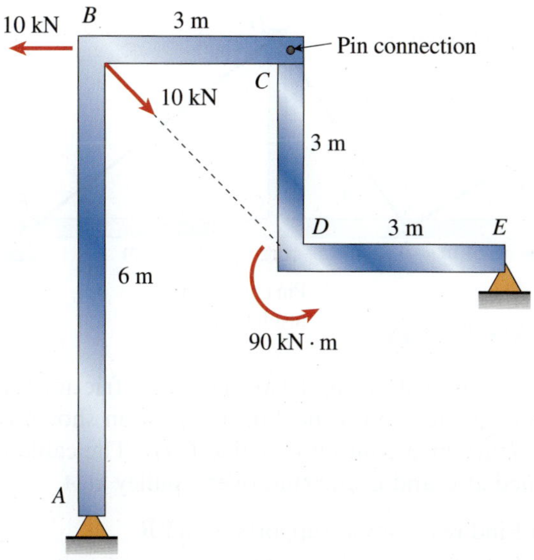

PROBLEM 1.3-24

1.3-25 A plane frame with pin supports at A and E has a cable attached at C, which runs over a frictionless pulley at F (see figure). The cable force is known to be 2.25 kN.

(a) Find reactions at supports A and E.

(b) Find internal stress resultants N, V, and M at point H.

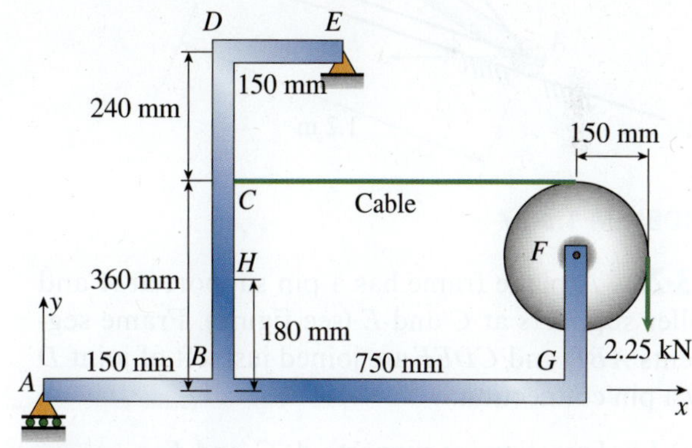

PROBLEM 1.3-25

1.3-26 A plane frame with a pin support at A and roller supports at C and E has a cable attached at E, which runs over frictionless pulleys at D and B (see figure). The cable force is known to be 400 N. There is a pin connection just to the left of joint C.

(a) Find reactions at supports A, C, and E.

(b) Find internal stress resultants N, V, and M just to the right of joint C.

(c) Find resultant force in the pin near C.

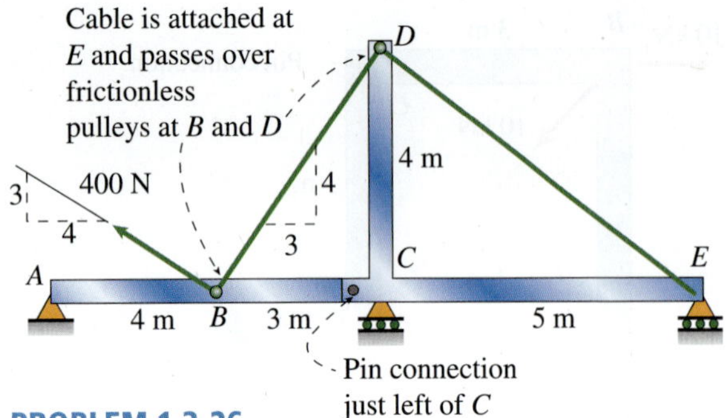

PROBLEM 1.3-26

1.3-27 A 650 N rigid bar AB, with frictionless rollers at each end, is held in the position shown in the figure by a continuous cable CAD. The cable is pinned at C and D and runs over a pulley at A.

(a) Find reactions at supports A and B.

(b) Find the force in the cable.

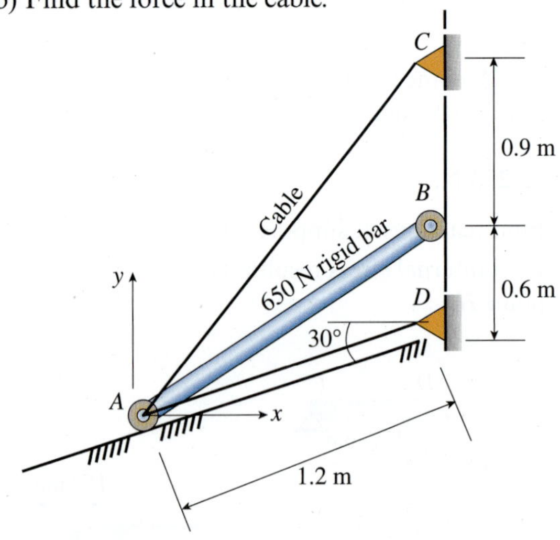

PROBLEM 1.3-27

1.3-28 A plane frame has a pin support at A and roller supports at C and E (see figure). Frame segments ABD and $CDEF$ are joined just left of joint D by a pin connection.

(a) Find reactions at supports A, C, and E.

(b) Find the resultant force in the pin just left of D.

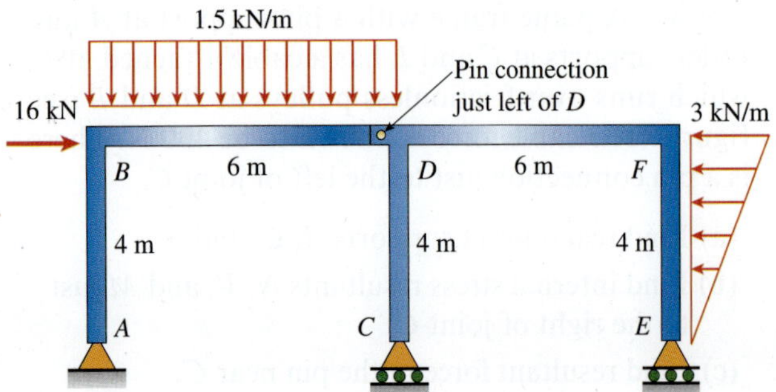

1.3-29 A special vehicle brake is clamped at O when the brake force P_1 is applied (see figure). Force $P_1 = 220$ N and lies in a plane that is parallel to the x-z plane and is applied at C normal to line BC. Force $P_2 = 180$ N and is applied at B in the $-y$ direction.

(a) Find reactions at support O.

(b) Find internal stress resultants N, V, T, and M at the mid-point of segment OA.

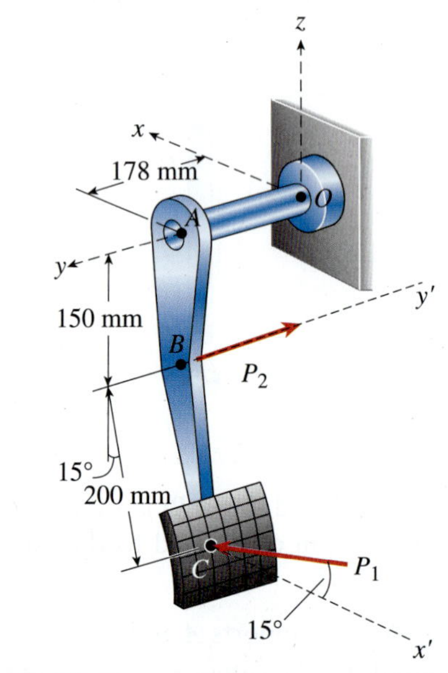

PROBLEM 1.3-29

1.3-30 Space frame $ABCD$ is clamped at A, except it is free to translate in the x direction. There is also a roller support at D, which is normal to line CDE. A triangularly distributed force with peak intensity $q_0 = 75$ N/m acts along AB in the positive z direction. Forces $P_x = 60$ N and $P_z = -45$ N are applied at joint C, and a concentrated moment $M_y = 120$ N · m acts at the mid-span of member BC.

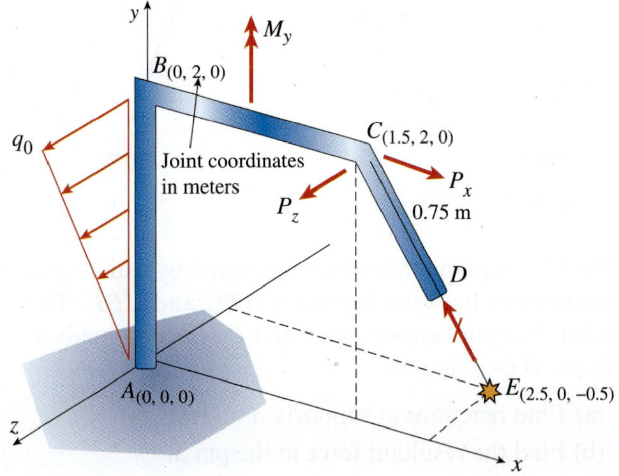

(a) Find reactions at supports A and D.

(b) Find internal stress resultants N, V, T, and M at the mid-height of segment AB.

1.3-31 Space frame ABC is clamped at A, except it is free to rotate at A about the x and y axes. Cables DC and EC support the frame at C. Force $P_y = -220$ N is applied at the mid-span of AB, and a concentrated moment $M_x = -2.25$ N·m acts at joint B.

(a) Find reactions at support A.

(b) Find cable tension forces.

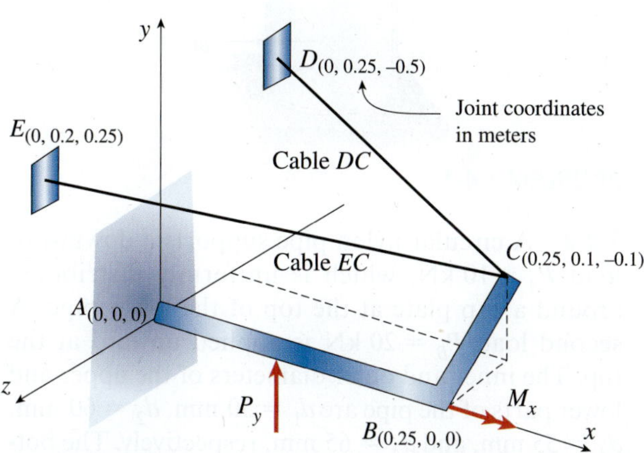

PROBLEM 1.3-31

1.3-32 A soccer goal is subjected to gravity loads (in the $-z$ direction, $w = 73$ N/m for DG, BG, and BC; $w = 29$ N/m for all other members; see figure) and a force $F = 200$ N applied eccentrically at the mid-height of member DG. Find reactions at supports C, D, and H.

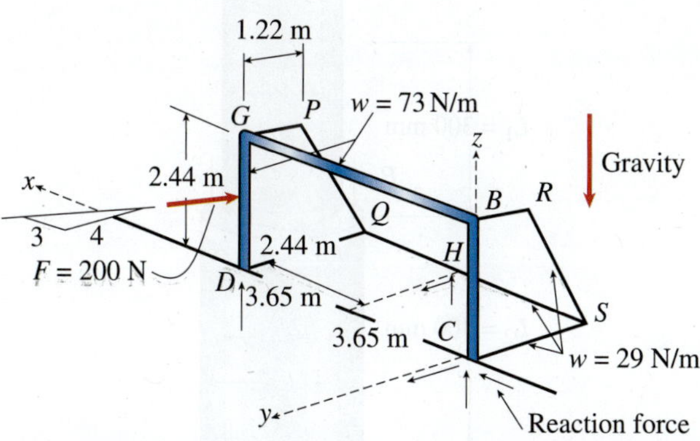

PROBLEM 1.3-32

1.3-33 An elliptical exerciser machine (see figure part a) is composed of front and back rails. A simplified plane-frame model of the back rail is shown in figure part b. Analyze the plane-frame model to find reaction forces at supports A, B, and C for the position and applied loads given in figure part b. Note that there are axial and moment releases at the base of member 2 so that member 2 can lengthen and shorten as the roller support at B moves along the 30° incline. (These releases indicate that the internal axial force N and moment M must be zero at this location.)

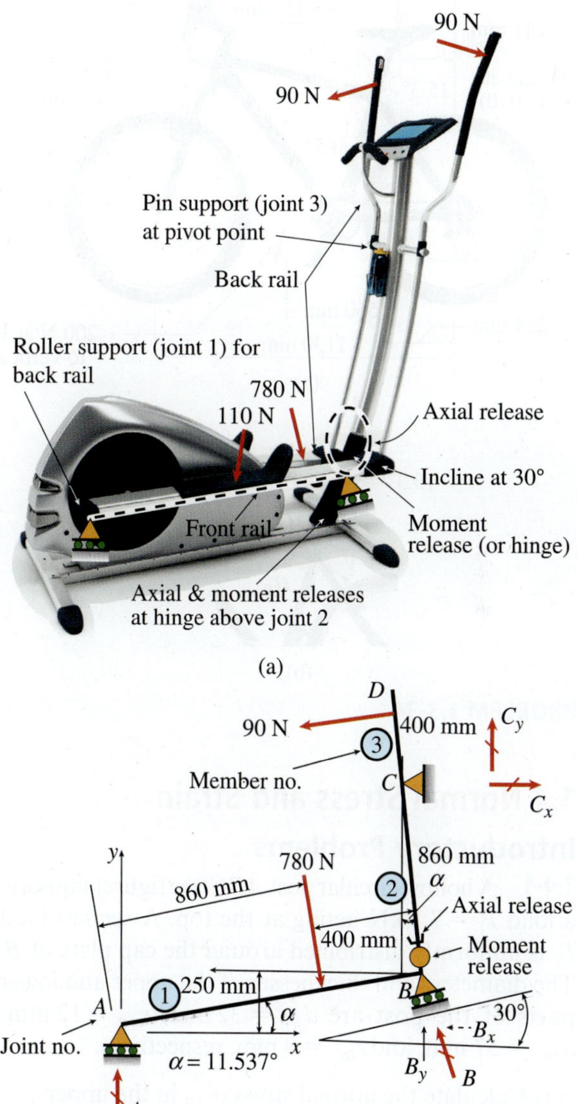

PROBLEM 1.3-33

1.3-34 A mountain bike is moving along a flat path at constant velocity. At some instant, the rider (weight = 670 N) applies pedal and hand forces, as shown in the figure part a.

(a) Find reaction forces at the front and rear hubs. (Assume that the bike is pin supported at the rear hub and roller supported at the front hub.)

(b) Find internal stress resultants N, V, and M in the inclined seat post (see figure part b).

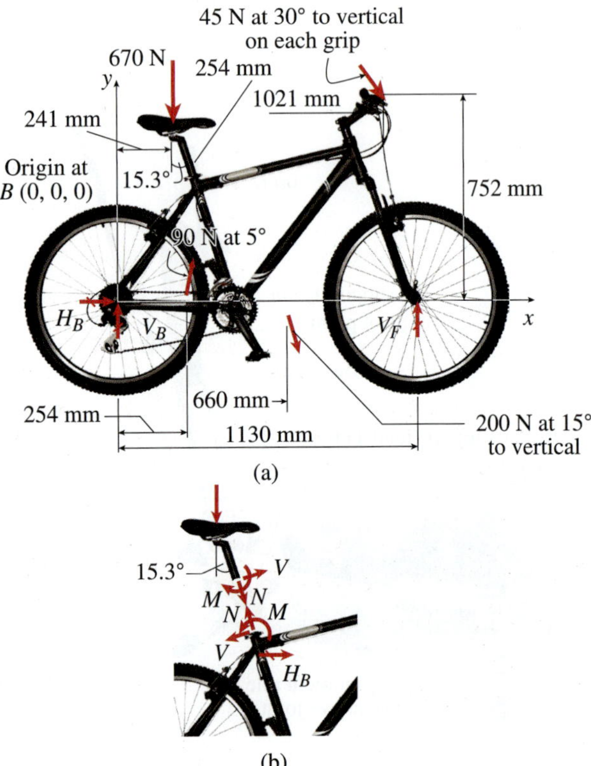

PROBLEM 1.3-34

1.4 Normal Stress and Strain

Introductory Problems

1.4-1 A hollow circular post ABC (see figure) supports a load $P_1 = 7.5$ kN acting at the top. A second load P_2 is uniformly distributed around the cap plate at B. The diameters and thicknesses of the upper and lower parts of the post are $d_{AB} = 32$ mm, $t_{AB} = 12$ mm, $d_{BC} = 57$ mm, and $t_{BC} = 9$ mm, respectively.

(a) Calculate the normal stress σ_{AB} in the upper part of the post.

(b) If you want the lower part of the post to have the same compressive stress as the upper part, what should be the required magnitude of load P_2?

(c) If P_1 remains at 7.5 kN and P_2 is set at 10 kN, what new thickness of BC will result in the same compressive stress in both parts?

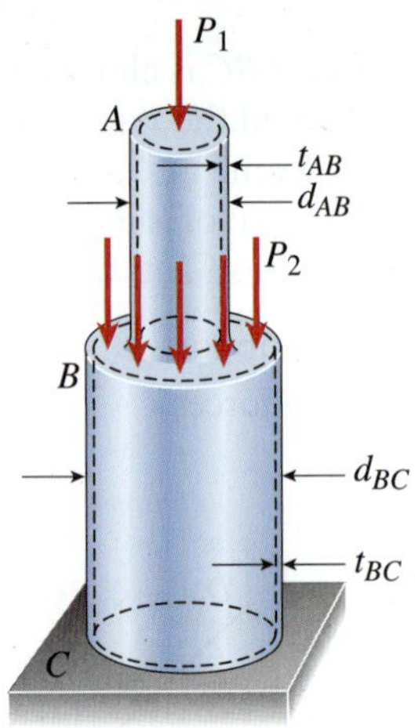

PROBLEM 1.4-1

1.4-2 A circular nylon pipe supports a downward load $P_A = 10$ kN, which is uniformly distributed around a cap plate at the top of the lower pipe. A second load $P_B = 20$ kN is applied upward at the top. The inner and outer diameters of the upper and lower parts of the pipe are $d_1 = 50$ mm, $d_2 = 60$ mm, $d_3 = 55$ mm, and $d_4 = 65$ mm, respectively. The bottom pipe has length 400 mm and the upper pipe has length 300 mm.

(a) Calculate the axial normal stress in each pipe segment.

(b) Calculate the strain in each pipe segment if the elongation of the upper pipe is 3.29 mm and the elongation of the bottom part is 1.25 mm.

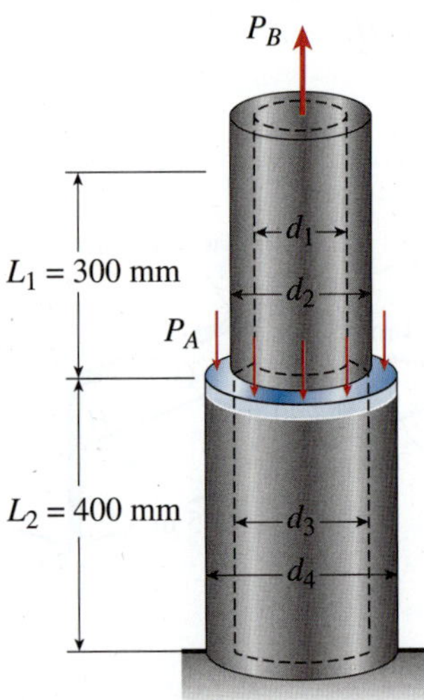

PROBLEM 1.4-2

1.4-3 A circular tube AB is fixed at one end and free at the other end. The tube is subjected to axial force at joint B. If the outer diameter of the tube is 75 mm and the thickness is 19 mm, calculate the maximum normal stress in the tube.

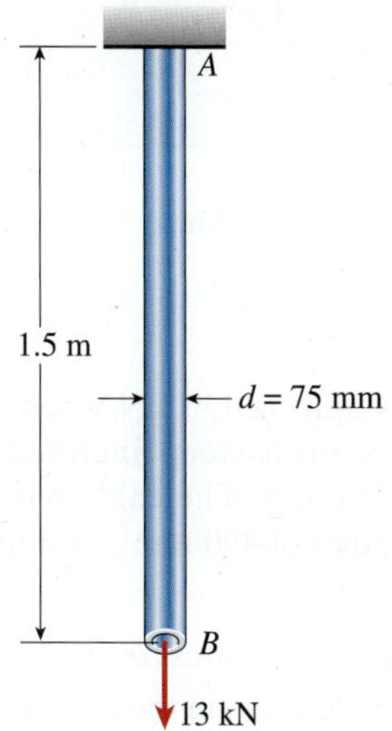

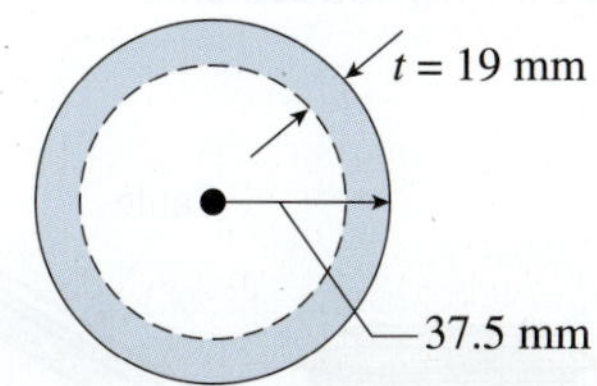

PROBLEM 1.4-3

1.4-4 A force P of 70 N is applied by a rider to the front hand brake of a bicycle (P is the resultant of an evenly distributed pressure). As the hand brake pivots at A, a tension T develops in the 460-mm long brake cable ($A_e = 1.075\text{ mm}^2$), which elongates by $\delta = 0.214$ mm. Find the normal stress δ and strain ε in the brake cable.

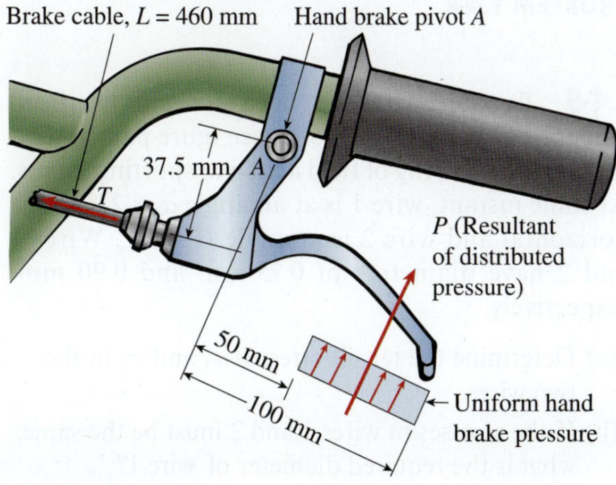

PROBLEM 1.4-4

Representative Problems

1.4-5 A bicycle rider wants to compare the effectiveness of cantilever hand brakes (see figure part a) versus V brakes (figure part b).

(a) Calculate the braking force R_B at the wheel rims for each of the bicycle brake systems shown. Assume that all forces act in the plane of the

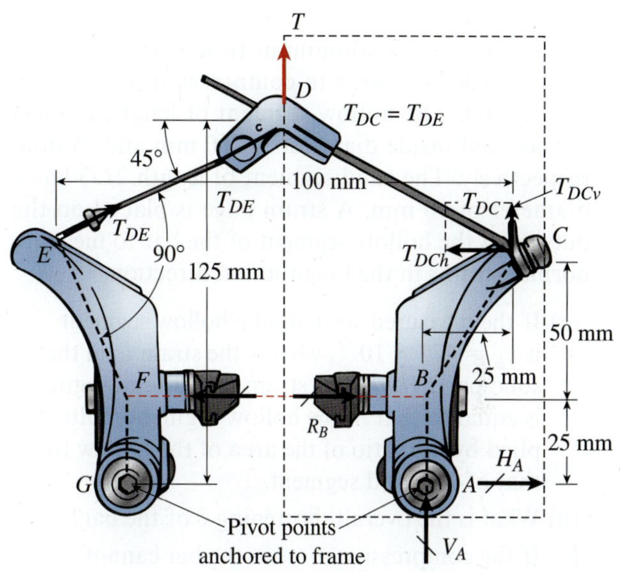

(a) Cantilever brakes

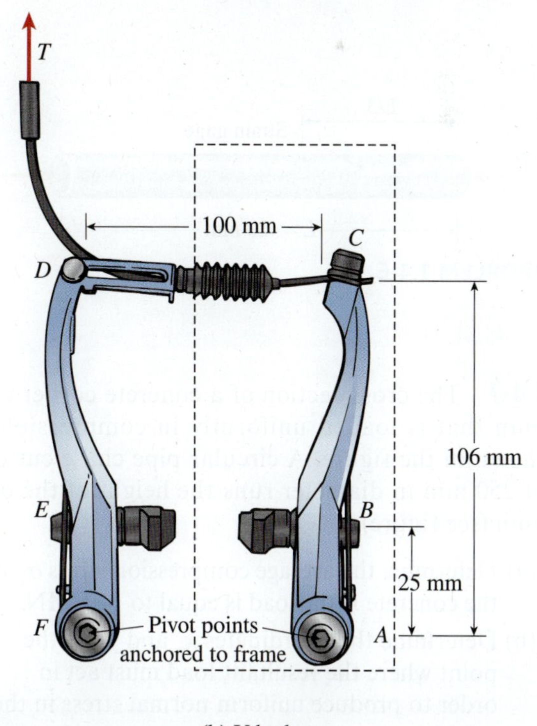

(b) V brakes

PROBLEM 1.4-5

figure and that cable tension $T = 200$ N. Also, what is the average compressive normal stress σ_c on the brake pad ($A = 4\ \text{cm}^2$)?

(b) For each braking system, what is the stress in the brake cable if the effective cross-sectional area is 1.077 mm^2?

Hint: Because of symmmetry, use only the right half of each figure in your analysis.

1.4-6 A circular aluminum tube with a lenth of $L = 420$ mm is loaded in compression by forces P (see figure). The hollow segment of length $L/3$ has outside and inside diameters of 60 mm and 35 mm, respectively. The solid segment of length $2L/3$ has a diameter of 60 mm. A strain gage is placed on the outside of the hollow segment of the bar to measure normal strains in the longitudinal direction.

(a) If the measured strain in the hollow segment is $\varepsilon_h = 470 \times 10^{-6}$, what is the strain ε_s in the solid part? *Hint:* The strain in the solid segment is equal to that in the hollow segment multiplied by the ratio of the area of the hollow to that of the solid segment.

(b) What is the overall shortening δ of the bar?

(c) If the compressive stress in the bar cannot exceed 48 MPa, what is the maximum permissible value of load P?

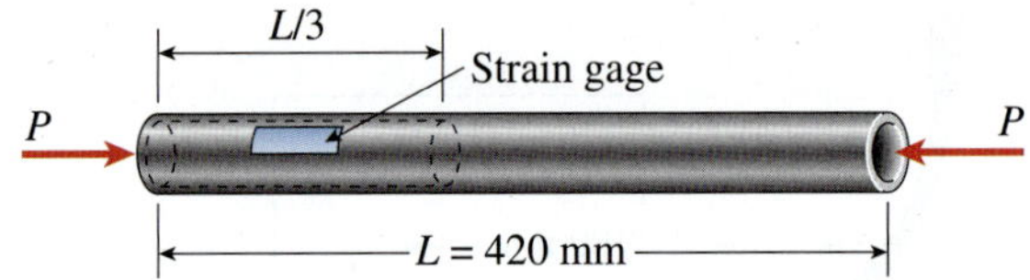

PROBLEM 1.4-6

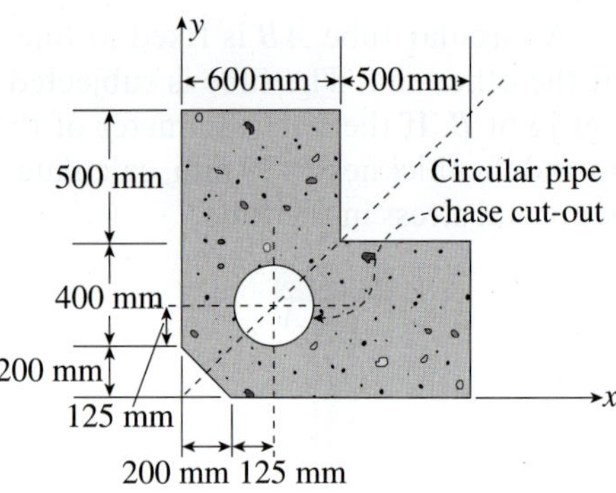

PROBLEM 1.4-7

1.4-7 The cross section of a concrete corner column that is loaded uniformly in compression is shown in the figure. A circular pipe chase cut-out of 250 mm in diameter runs the height of the column (see figure).

(a) Determine the average compression stress σ_c in the concrete if the load is equal to 14.5 MN.

(b) Determine the coordinates x_c and y_c of the point where the resultant load must act in order to produce uniform normal stress in the column.

1.4-8 A car weighing 130 kN when fully loaded is pulled slowly up a steep inclined track by a steel cable (see figure). The cable has an effective cross-sectional area of 490 mm^2, and the angle α of the incline is 30°.

(a) Calculate the tensile stress σ_t in the cable.

(b) If the allowable stress in the cable is 150 MPa, what is the maximum acceptable angle of the incline for a fully loaded car?

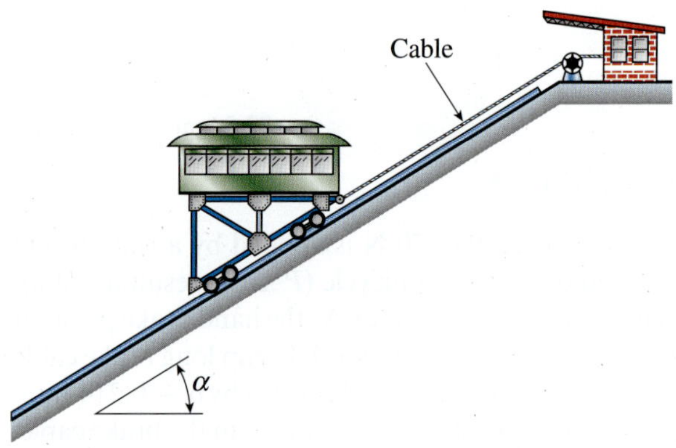

PROBLEM 1.4-8

1.4-9 Two steel wires support a moveable overhead camera weighing $W = 125$ N (see fgure part a) used for close-up viewing of field action at sporting events. At some instant, wire 1 is at an angle $\alpha = 22°$ to the horizontal and wire 2 is at angle $\beta = 40°$. Wires 1 and 2 have diameters of 0.75 mm and 0.90 mm, respectively.

(a) Determine the tensile stresses σ_1 and σ_2 in the two wires.

(b) If the stresses in wires 1 and 2 must be the same, what is the required diameter of wire 1?

(c) To stabilize the camera for windy outdoor conditions, a third wire is added (see figure part b). Assume the three wires meet at a common point coordinates (0, 0, 0) above the camera at the instant shown in figure part b. Wire 1 is attached to a support at coordinates (25 m, 16 m, 23 m). Wire 2 is supported at (−23 m, 18 m, 27 m). Wire 3 is supported at (−3 m, −28 m, 25 m). Assume that all three wires have a diameter of 0.8 mm. Find the tensile stresses in all three wires.

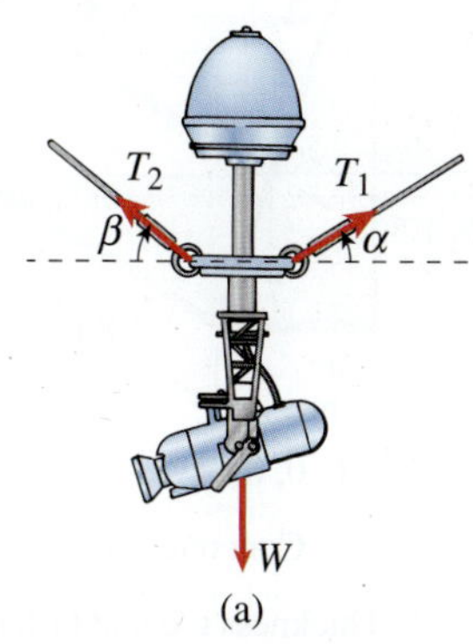

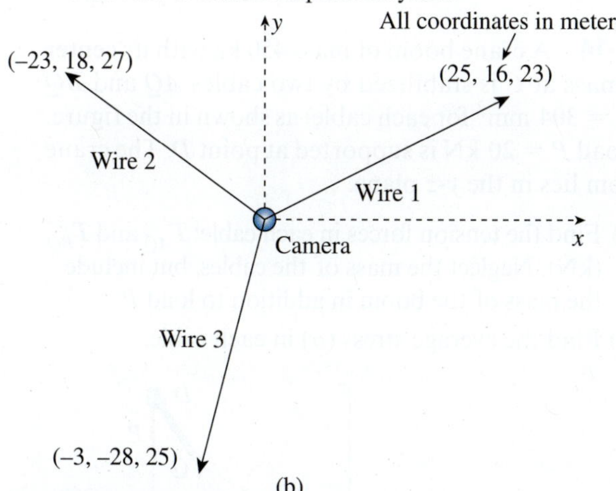

PROBLEM 1.4-9

1.4-10 A long retaining wall is braced by wood shores set at an angle of 30° and supported by concrete thrust blocks, as shown in the first part of the figure. The shores are evenly spaced at 3 m apart.

For analysis purposes, the wall and shores are idealized as shown in the second part of the figure. Note that the base of the wall and both ends of the shores are assumed to be pinned. The pressure of the soil against the wall is assumed to be triangularly distributed, and the resultant force acting on a 3-meter length of the walls is $F = 190$ kN.

If each shore has a 150 mm × 150 mm square cross section, what is the compressive stress σ_c in the shores?

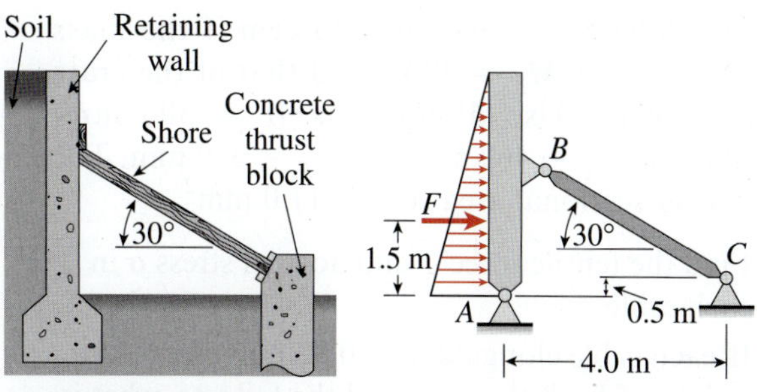

PROBLEM 1.4-10

1.4-11 A pickup truck tailgate supports a crate where $W_C = 900$ N, as shown in the figure. The tailgate weighs $W_T = 270$ N and is supported by two cables (only one is shown in the figure). Each cable has an effective cross-sectional area $A_e = 11$ mm².

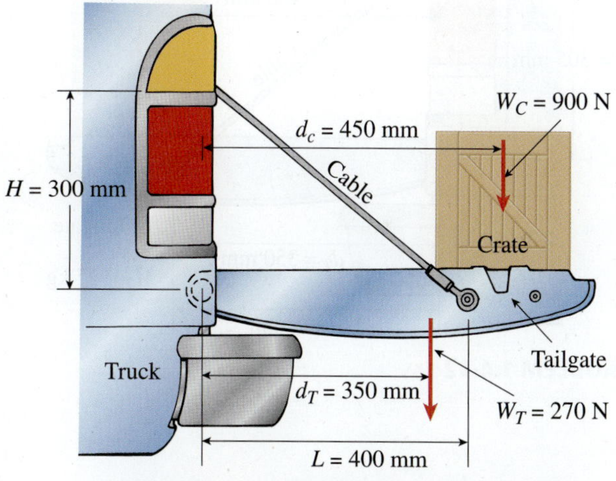

PROBLEM 1.4-11

(a) Find the tensile force T and normal stress σ in each cable.

(b) If each cable elongates $\delta = 0.42$ mm due to the weight of both the crate and the tailgate, what is the average strain in the cable?

1.4-12 Solve the preceding problem if the mass of the tailgate is $M_T = 27$ kg and that of the crate is $M_C = 68$ kg. Use dimensions $H = 305$ mm, $L = 406$ mm, $d_C = 460$ mm, and $d_T = 350$ mm. The cable cross-sectional area is $A_e = 11.0\ \text{mm}^2$.

(a) Find the tensile force T and normal stress σ in each cable.

(b) If each cable elongates $\delta = 0.25$ mm due to the weight of both the crate and the tailgate, what is the average strain in the cable?

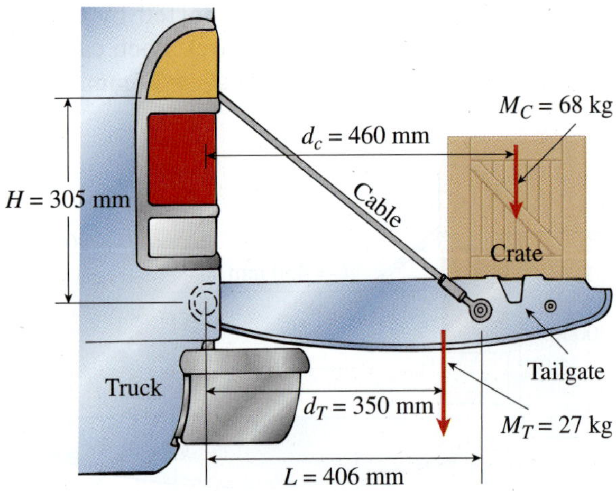

PROBLEM 1.4-12

1.4-13 An L-shaped reinforced concrete slab 3.6 m × 3.6 m, with a 1.8 m × 1.8 m cut-out and thickness $t = 230$ mm, is lifted by three cables attached at O, B, and D, as shown in the figure. The cables are are combined at point Q, which is 2.1 m above the top of the slab and directly above the center of mass at C. Each cable has an effective cross-sectional area of $A_e = 77\ \text{mm}^2$.

(a) Find the tensile force $T_i (i = 1, 2, 3)$ in each cable due to the weight W of the concrete slab (ignore weight of cables).

(b) Find the average stress σ_i in each cable. (See Table I-1 in Appendix I for the weight density of reinforced concrete.)

(c) Add cable AQ so that OQA is one continuous cable, with each segment having force T_1, which is connected to cables BQ and DQ at point Q. Repeat parts (a) and (b). *Hint*: There are now three forced equilibrium equations and one *constraint equation*, $T_1 = T_4$.

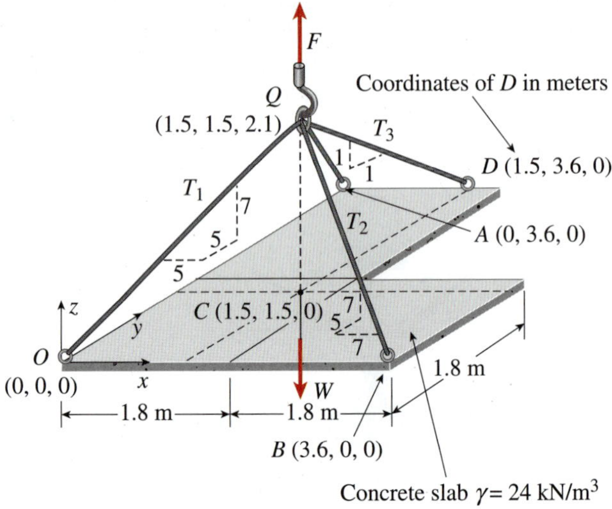

PROBLEM 1.4-13

1.4-14 A crane boom of mass 450 kg with its center of mass at C is stabilized by two cables AQ and BQ ($A_e = 304\ \text{mm}^2$ for each cable) as shown in the figure. A load $P = 20$ kN is supported at point D. The crane boom lies in the y-z plane.

(a) Find the tension forces in each cable: T_{AQ} and T_{BQ} (kN). Neglect the mass of the cables, but include the mass of the boom in addition to load P.

(b) Find the average stress (σ) in each cable.

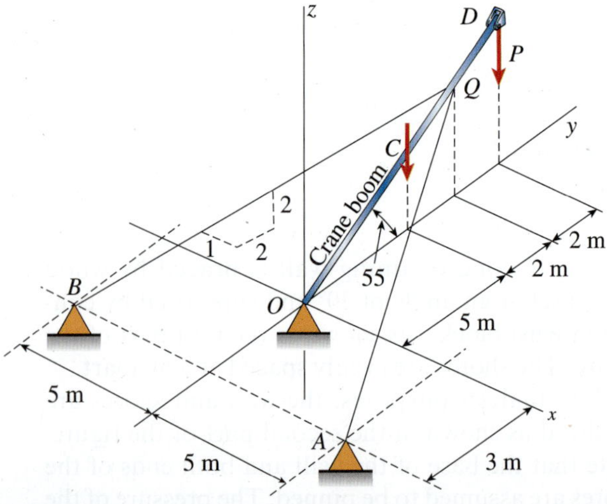

PROBLEM 1.4-14

1.4-15 Two gondolas on a ski lift are locked in the position shown in the figure while repairs are being made elsewhere. The distance between support towers is $L = 30.5$ m. The length of each cable segment under gondolas weighing $W_B = 2000$ N and $W_C = 2900$ N are $D_{AB} = 3.7$ m, $D_{BC} = 21.4$ m, and $D_{CD} = 6.1$ m. The cable sag at B is $\Delta_B = 1.3$ m and that at C is $\Delta_C = 2.3$ m. The effective cross-sectional area of the cables is $A_e = 77$ mm^2.

(a) Find the tension force in each segment; neglect the mass of the cable.

(b) Find the average stress (σ) in each cable segment.

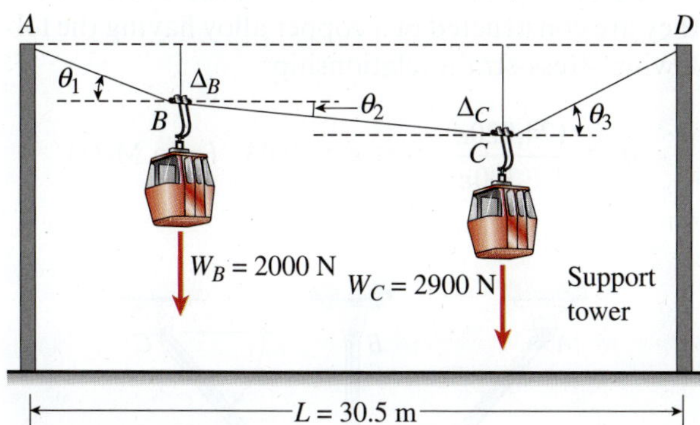

PROBLEM 1.4-15

1.4-16 A round bar ABC of length $2L$ (see figure) rotates about an axis through the midpoint C with constant angular speed ω (radians per second). The material of the bar has weight density γ.

(a) Derive a formula for the tensile stress σ_x in the bar as a function of the distance x from the midpoint C.

(b) What is the maximum tensile stress σ_{max}?

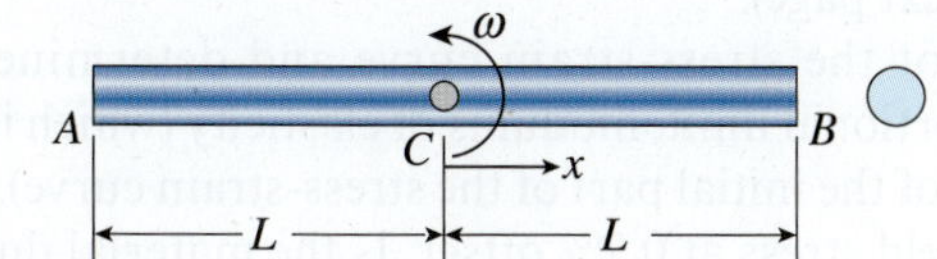

PROBLEM 1.4-16

1.4-17 Two separate cables AC and BC support a sign structure of weight $W = 7$ kN attached to a building. The sign is also supported by a pin support at O and a lateral restraint in the z-direction at D.

(a) Find the tension in each cable. Neglect the mass of the cables.

(b) Find the average stress in each cable if the area of each cable is $A_e = 300$ mm^2.

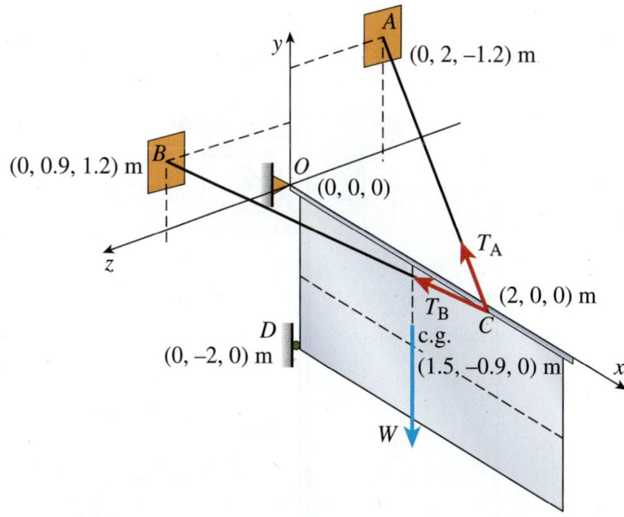

PROBLEM 1.4-17

1.5 Mechanical Properties of Materials

Introductory Problems

1.5-1 Imagine that a long steel wire hangs vertically from a high-altitude balloon.

(a) What is the greatest length (meters) it can have without yielding if the steel yields at 260 MPa?

(b) If the same wire hangs from a ship at sea, what is the greatest length? (Obtain the weight densities of steel and sea water from Table I-1, Appendix I.)

1.5-2 A steel riser pipe hangs from a drill rig located offshore in deep water (see figure).

(a) What is the greatest length (meters) it can have without breaking if the pipe is suspended in the air and the ultimate strength (or breaking strength) is 550 MPa?

(b) If the same riser pipe hangs from a drill rig at sea, what is the greatest length? (Obtain the weight densities of steel and sea water from Table I-1, Appendix I. Neglect the effect of buoyant foam casings on the pipe.)

1.5-3 Three different materials, designated A, B, and C, are tested in tension using test specimens having diameters of 12 mm and gage lengths of 50 mm (see figure). At failure, the distances between the gage marks are found to be 54.5 mm, 63.2 mm, and 69.4 mm, respectively. Also, at the failure cross sections, the diameters are found to be 11.46 mm, 9.48 mm, and 6.06 mm, respectively.

Determine the percent elongation and percent reduction in area of each specimen. Using your own judgment, classify each material as brittle or ductile.

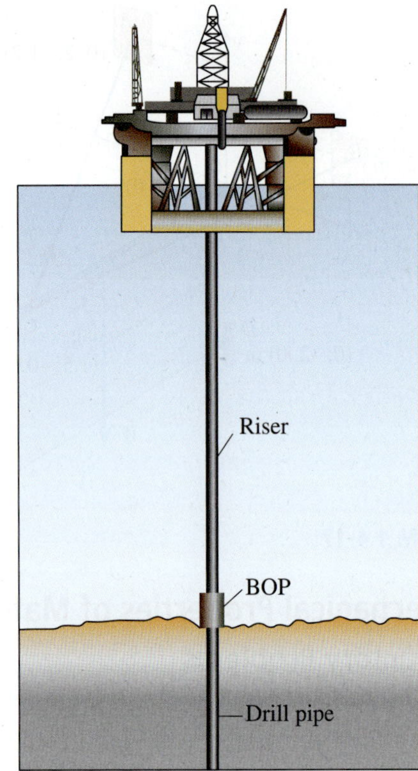

PROBLEM 1.5-2

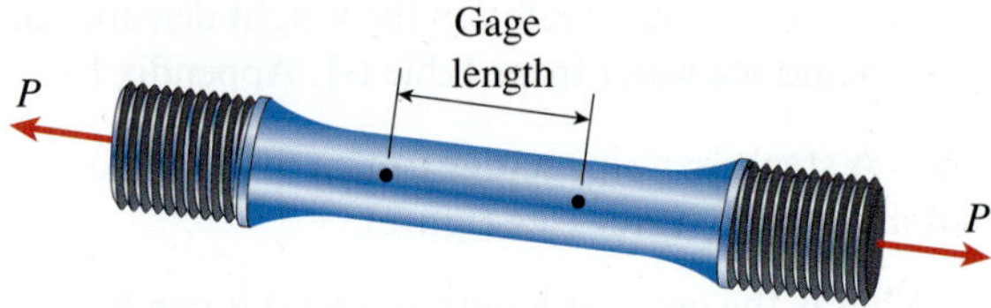

PROBLEM 1.5-3

Representative Problems

1.5-4 The *strength-to-weight ratio* of a structural material is defined as its load-carrying capacity divided by its weight. For materials in tension, use a characteristic tensile stress obtained from a stress-strain curve as a measure of strength. For instance, either the yield stress or the ultimate stress could be used, depending upon the particular application. Thus, the strength-to-weight ratio $R_{S/W}$ for a material in tension is defined as

$$R_{S/W} = \frac{\sigma}{\gamma}$$

in which σ is the characteristic stress and γ is the weight density. Note that the ratio has units of length.

Using the ultimate stress σ_U as the strength parameter, calculate the strength-to-weight ratio (in units of meters) for each of the following materials: aluminum alloy 6061-T6, Douglas fir (in bending), nylon, structural steel ASTM-A572, and a titanium alloy. Obtain the material properties from Tables I-1 and I-3 of Appendix I. When a range of values is given in a table, use the average value.

1.5-5 A symmetrical framework consisting of three pin-connected bars is loaded by a force P (see figure). The angle between the inclined bars and the horizontal is $\alpha = 52°$. The axial strain in the middle bar is measured as 0.027.

Determine the tensile stress in the outer bars if they are constructed of a copper alloy having the following stress-strain relationship:

$$\sigma = \frac{124{,}020\varepsilon}{1 + 300\varepsilon} \quad 0 \le \varepsilon \le 0.03 \quad (\sigma = \text{MPa})$$

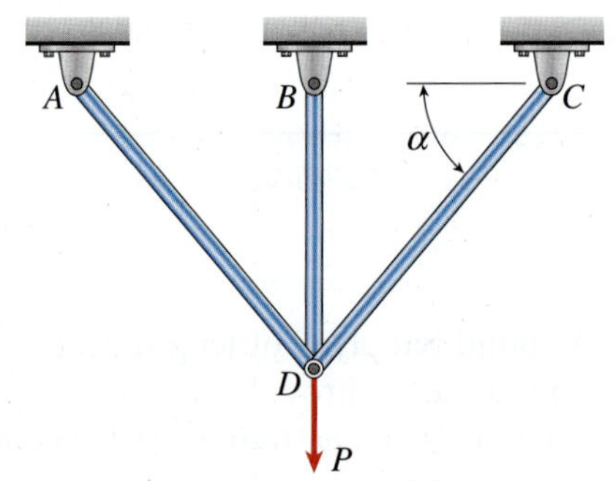

PROBLEM 1.5-5

1.5-6 A specimen of a methacrylate plastic is tested in tension at room temperature (see figure), producing the stress-strain data listed in the accompanying table (see next page).

Plot the stress-strain curve and determine the proportional limit, modulus of elasticity (which is the slope of the initial part of the stress-strain curve), and the yield stress at 0.2% offset. Is the material ductile or brittle?

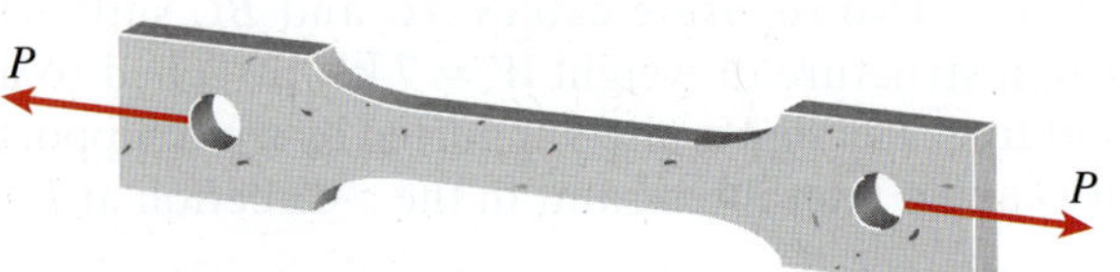

PROBLEM 1.5-6

STRESS-STRAIN DATA FOR PROB. 1.5-6

Stress (MPa)	Strain
8.0	0.0032
17.5	0.0073
25.6	0.0111
31.1	0.0129
39.8	0.0163
44.0	0.0184
48.2	0.0209
53.9	0.0260
58.1	0.0331
60.2	0.0384
62.0	0.0429
62.1	Fracture

1.5-7 The data shown in the accompanying table are from a tensile test of high-strength steel. The test specimen has a diameter of 13 mm and a gage length of 50 mm (see figure for Prob. 1.5-3). At fracture, the elongation between the gage marks is 3.0 mm and the minimum diameter is 10.7 mm.

Plot the conventional stress-strain curve for the steel and determine the proportional limit, modulus of elasticity (the slope of the initial part of the stress-strain curve), yield stress at 0.1% offset, ultimate stress, percent elongation in 50 mm, and percent reduction in area.

TENSILE-TEST DATA FOR PROB. 1.5-7

Load (kN)	Elongation (mm)
5	0.005
10	0.015
30	0.048
50	0.084
60	0.099
64.5	0.109
67.0	0.119
68.0	0.137
69.0	0.160
70.0	0.229
72.0	0.259
76.0	0.330
84.0	0.584
92.0	0.853
100.0	1.288
112.0	2.814
113.0	Fracture

1.6 Elasticity, Plasticity, and Creep

Introductory Problems

1.6-1 A bar made of structural steel having the stress-strain diagram shown in the figure has a length of 1.5 m. The yield stress of the steel is 350 MPa, and the slope of the initial linear part of the stress-strain curve is 200 GPa.

(a) The bar is loaded axially until it elongates 5 mm and then the load is removed. How does the final length of the bar compare with its original length?

(b) If the bar has a circular cross section with a diameter $d = 40$ mm and is loaded by tensile forces $P = 350$ kN, what is the stress in the bar? What is the permanent set of the bar?

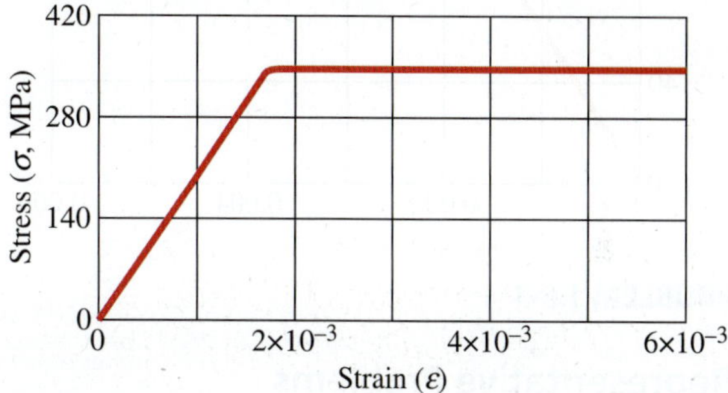

PROBLEM 1.6-1

1.6-2 A bar of length 2.0 m is made of a structural steel having the stress-strain diagram shown in the figure. The yield stress of the steel is 250 MPa, and the slope of the initial linear part of the stress-strain curve (modulus of elasticity) is 200 GPa. The bar is loaded axially until it elongates 6.5 mm, and then the load is removed.

How does the final length of the bar compare with its original length? *Hint:* Use the concepts illustrated in Fig. 1-39b.

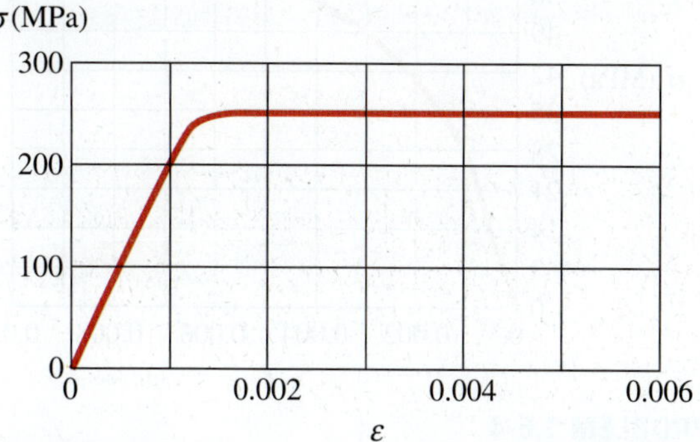

PROBLEM 1.6-2

1.6-3 A bar made of structural steel having the stress-strain diagram shown in the figure has a length of 1.5 m. The yield stress of the steel is 290 MPa, and the slope of the initial linear part of the stress-strain curve (modulus of elasticity) is 207 GPa. The bar is loaded axially until it elongates 7.6 mm, and then the load is removed.

How does the final length of the bar compare with its original length? *Hint:* Use the concepts illustrated in Fig. 1-39b.

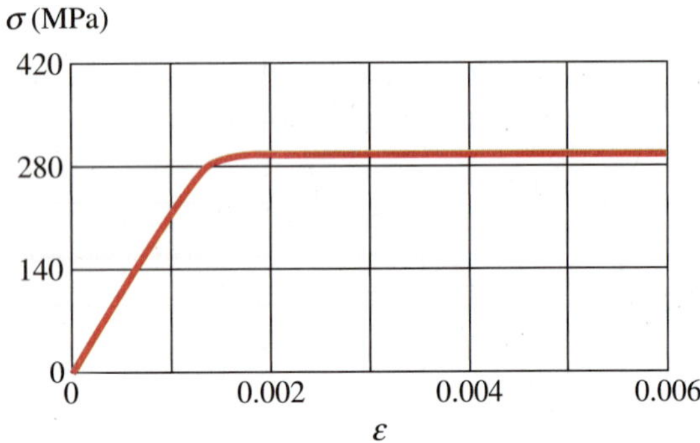

PROBLEM 1.6-3

Representative Problems

1.6-4 A circular bar of magnesium alloy is 750 mm long. The stress-strain diagram for the material is shown in the figure. The bar is loaded in tension to an elongation of 6.0 mm, and then the load is removed.

(a) What is the permanent set of the bar?

(b) If the bar is reloaded, what is the proportional limit?

Hint: Use the concepts illustrated in Figs. 1-39b and 1-40.

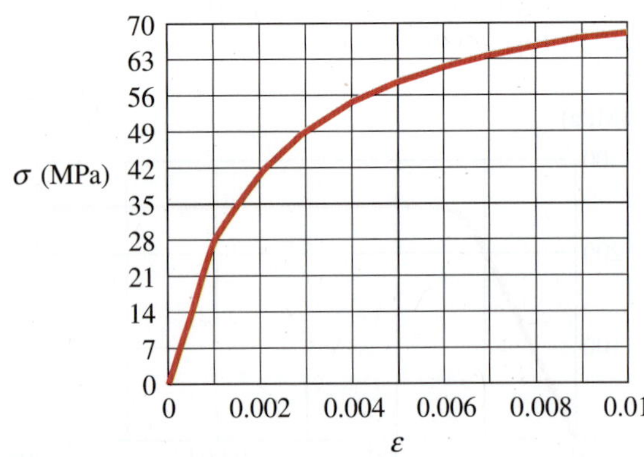

PROBLEM 1.6-4

1.6-5 An aluminum bar has length $L = 1.8$ m and diameter $d = 34$ mm. The stress-strain curve for the aluminum is shown in Fig. 1-34. The initial straight-line part of the curve has a slope (modulus of elasticity) of 73 GPa. The bar is loaded by tensile forces $P = 200$ kN and then unloaded.

(a) What is the permanent set of the bar?

(b) If the bar is reloaded, what is the proportional limit?

Hint: Use the concepts illustrated in Figs. 1-39b and 1-40.

1.6-6 A continuous cable (diameter 6 mm) with tension force T is attached to a horizontal frame member at B and C to support a sign structure. The cable passes over a small frictionless pulley at D. The wire is made of a copper alloy, and the stress-strain relationship for the wire is

$$\sigma(\varepsilon) = \frac{124{,}000\varepsilon}{1 + 300\varepsilon} \qquad 0 \le \varepsilon \le 0.03 \qquad (\sigma \text{ in MPa})$$

(a) Find the axial normal strain in the cable and its elongation due to the load $W = 6.8$ kN.

(b) If the forces are removed, what is the permanent set of the cable?

Hint: Start with constructing the stress-strain diagram and determine the modulus of elasticity, E, and the 0.2% offset yield stress.

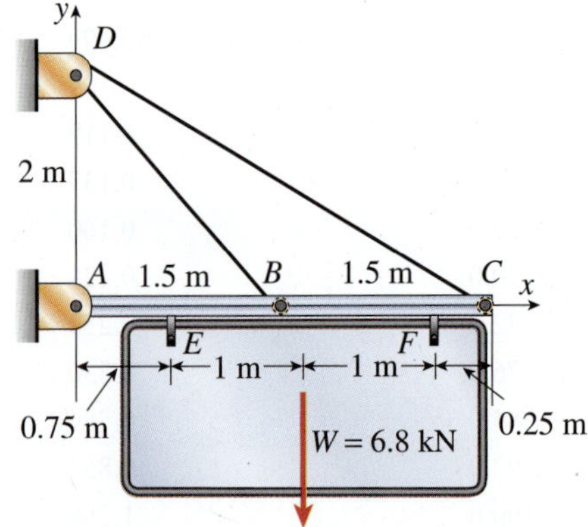

PROBLEM 1.6-6

1.6-7 A wire of length $L = 2.5$ m and diameter $d = 1.6$ mm is stretched by tensile forces $P = 600$ N. The wire is made of a copper alloy having a stress-strain relationship that may be described mathematically by

$$\sigma = \frac{124{,}020\varepsilon}{1 + 300\varepsilon} \quad 0 \le \varepsilon \le 0.03 \quad (\sigma = \text{MPa})$$

in which ε is nondimensional and σ has units of MPa.

(a) Construct a stress-strain diagram for the material.

(b) Determine the elongation of the wire due to the forces *P*.

(c) If the forces are removed, what is the permanent set of the bar?

(d) If the forces are applied again, what is the proportional limit?

1.7 Linear Elasticity, Hooke's Law, and Poisson's Ratio

When solving the problems for Section 1.7, assume that the material behaves linearly elastically.

Introductory Problems

1.7-1 A high-strength steel bar used in a large crane has a diameter $d = 50$ mm (see figure). The steel has a modulus of elasticity $E = 200$ GPa and Poisson's ratio is $\nu = 0.3$. Because of clearance requirements, the diameter of the bar is limited to 50.025 mm when it is compressed by axial forces.

What is the largest compressive load P_{max} that is permitted?

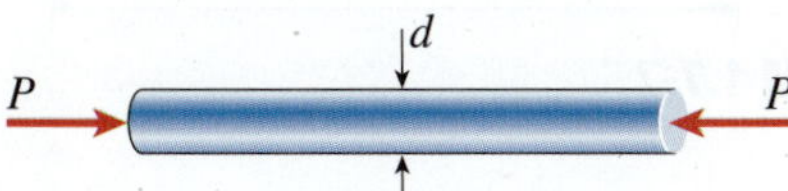

PROBLEM 1.7-1

1.7-2 A round bar of 10 mm diameter is made of aluminum alloy 7075-T6 (see figure). When the bar is stretched by axial forces *P*, its diameter decreases by 0.016 mm.

Find the magnitude of the load *P*. Obtain the material properties from Appendix I.

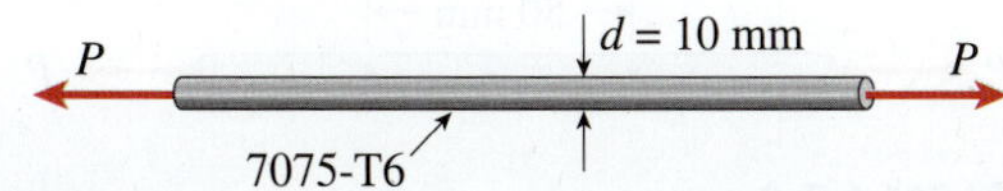

PROBLEM 1.7-2

1.7-3 A polyethylene bar with a diameter $d_1 = 70$ mm is placed inside a steel tube with an inner diameter $d_2 = 70.2$ mm (see figure). The polyethylene bar is then compressed by an axial force *P*.

At what value of the force *P* will the space between the polyethylene bar and the steel tube be closed? For polyethylene, assume $E = 1.4$ GPa and $\nu = 0.4$.

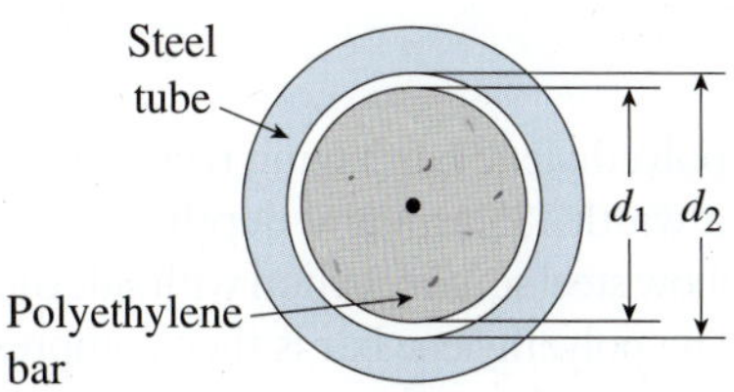

PROBLEM 1.7-3

1.7-4 A square plastic bar (length L_p, side dimension $s_p = 193$ mm) is inserted inside a hollow, square, cast iron tube (length $L_c = 400$ mm, side $s_c = 200$ mm, and thickness $t_c = 3$ mm).

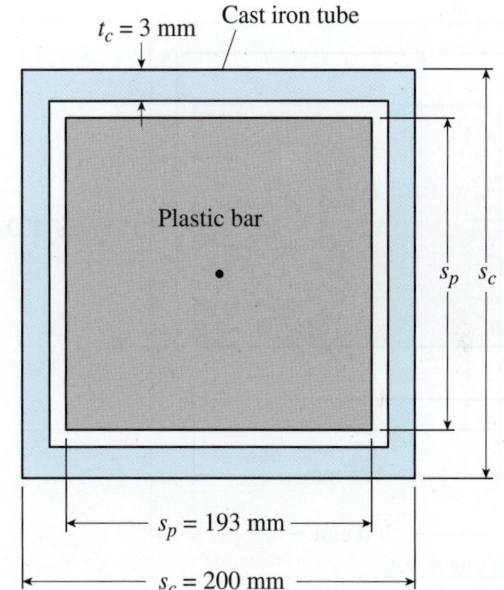

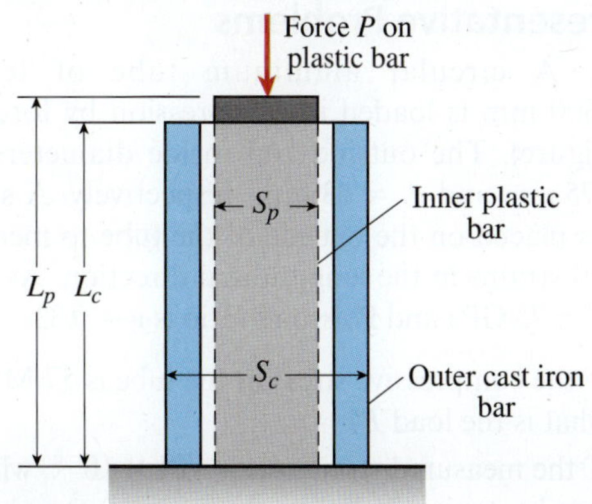

PROBLEM 1.7-4

(a) What is the required initial length L_p of the plastic bar so that, when it is compressed by some force P, the final length of bar and tube are equal to length L_c and, at the same time, the gap between plastic bar and cast iron tube is closed?

(b) Compare initial and final volumes for the plastic bar.

Assume that $E_c = 170$ GPa, $E_p = 2.1$ GPa, $v_c = 0.3$, and $v_p = 0.4$.

1.7-5 A polyethylene bar having rectangular cross section with a width 185 mm and depth 175 mm is placed inside a hollow steel square section with side dimension of 200 mm. The polyethylene bar is then compressed by an axial force P. At what value of the force P will the gap between the polyethylene bar and the steel tube be closed for the first time on one side? What is the remaining gap between the polyethylene bar and the steel tube on the other side? For polyethylene, assume $E = 1400$ MPa and $\nu = 0.4$.

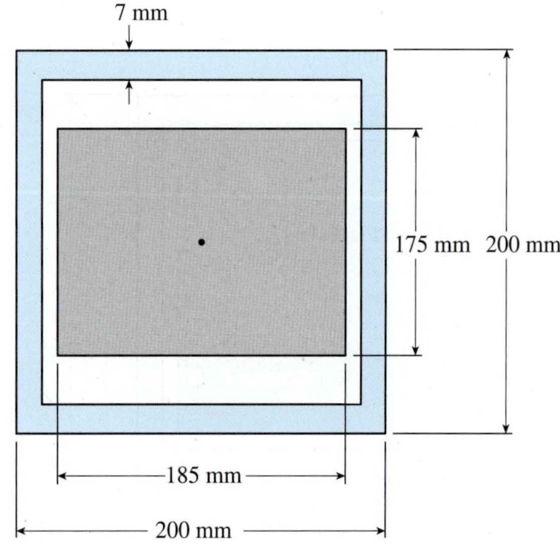

PROBLEM 1.7-5

Representative Problems

1.7-6 A circular aluminum tube of length $L = 600$ mm is loaded in compression by forces P (see figure). The outside and inside diameters are $d_2 = 75$ mm and $d_1 = 63$ mm, respectively. A strain gage is placed on the outside of the tube to measure normal strains in the longitudinal direction. Assume that $E = 73$ GPa and Poisson's ratio is $\nu = 0.33$.

(a) If the compressive stress in the tube is 57 MPa, what is the load P?

(b) If the measured strain is $\varepsilon = 781 \times 10^{-6}$, what is the shortening δ of the tube? What is the percent change in its cross-sectional area? What is the volume change of the tube?

(c) If the tube has a constant outer diameter of $d_2 = 75$ mm along its entire length L but now has increased *inner* diameter d_3 with a normal stress of 70 MPa over the middle third (see figure, part b) while the rest of the tube remains at normal stress of 57 MPa, what is the diameter d_3?

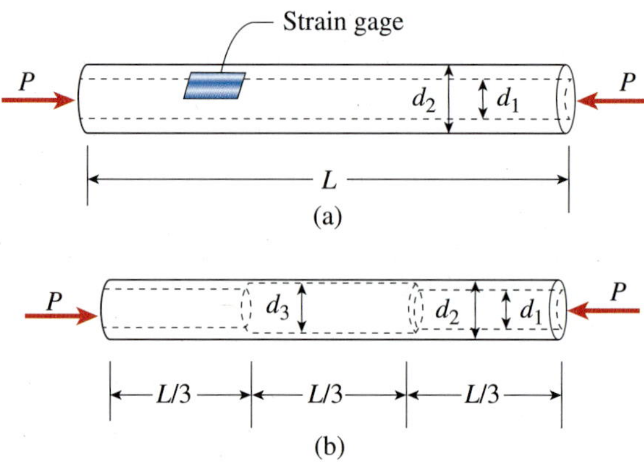

PROBLEM 1.7-6

1.7-7 A bar of monel metal with a length $L = 230$ mm and a diameter $d = 6$ mm is loaded axially by a tensile force P (see figure). If the bar elongates by 0.5 mm, what is the decrease in diameter d? What is the magnitude of the load P? Use the data in Table I-2, Appendix I.

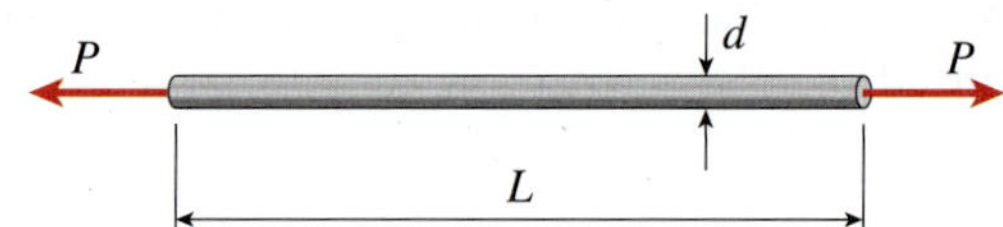

PROBLEM 1.7-7

1.7-8 A tensile test is performed on a brass specimen 10 mm in diameter using a gage length of 50 mm (see figure). When the tensile load P reaches a value of 20 kN, the distance between the gage marks has increased by 0.122 mm.

(a) What is the modulus of elasticity E of the brass?

(b) If the diameter decreases by 0.00830 mm, what is Poisson's ratio?

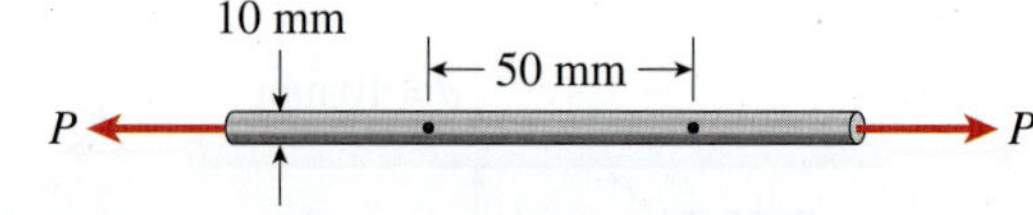

PROBLEM 1.7-8

1.7-9 A hollow, brass circular pipe ABC (see figure) supports a load $P_1 = 118$ kN acting at the top. A second load $P_2 = 98$ kN is uniformly distributed around the cap plate at B. The diameters and thicknesses of the upper and lower parts of the pipe are $d_{AB} = 31$ mm, $t_{AB} = 12$ mm, $d_{BC} = 57$ mm, and $t_{BC} = 9$ mm, respectively. The modulus of elasticity is 96 GPa. When both loads are fully applied, the wall thickness of pipe segment BC increases by 5×10^{-3} mm.

(a) Find the increase in the inner diameter of pipe segment BC.
(b) Find Poisson's ratio for the brass.
(c) Find the increase in the wall thickness of pipe segment AB and the increase in the inner diameter of segment AB.

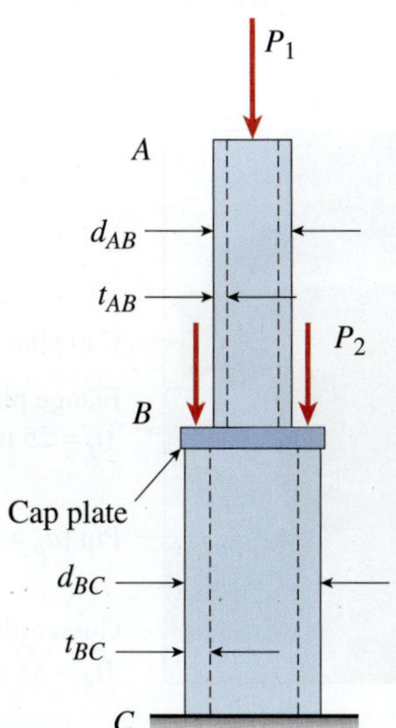

PROBLEM 1.7-9

1.7-10 Three round, copper alloy bars having the same length L but different shapes are shown in the figure. The first bar has a diameter d over its entire length, the second has a diameter d over one-fifth of its length, and the third has a diameter d over one-fifteenth of its length. Elsewhere, the second and third bars have a diameter $2d$. All three bars are subjected to the same axial load P.

Use the following numerical data: $P = 1400$ kN, $L = 5$ m, $d = 80$ mm, $E = 110$ GPa, and $\nu = 0.33$.

(a) Find the change in length of each bar.
(b) Find the change in volume of each bar.

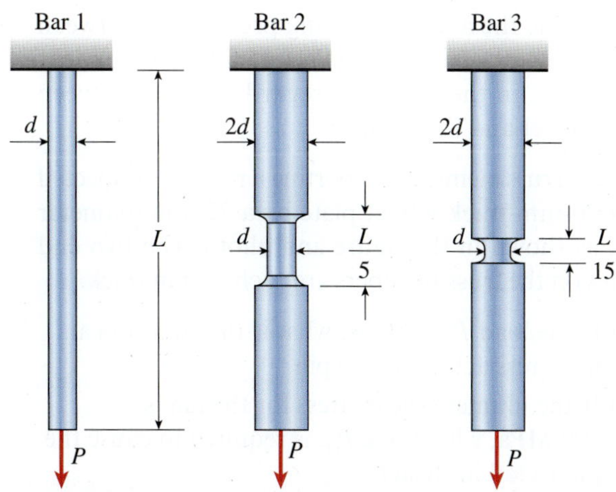

PROBLEM 1.7-10

1.8 Shear Stress and Strain

Introductory Problems

1.8-1 An angle bracket having a thickness $t = 19$ mm is attached to the flange of a column by two 16 mm diameter bolts (see figure). A uniformly distributed load from a floor joist acts on the top face of the bracket with a pressure $p = 1.9$ MPa. The top face of the bracket has a length $L = 200$ mm and width $b = 75$ mm.

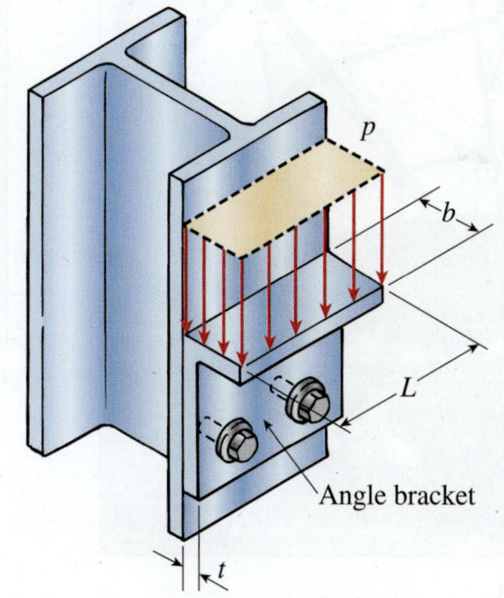

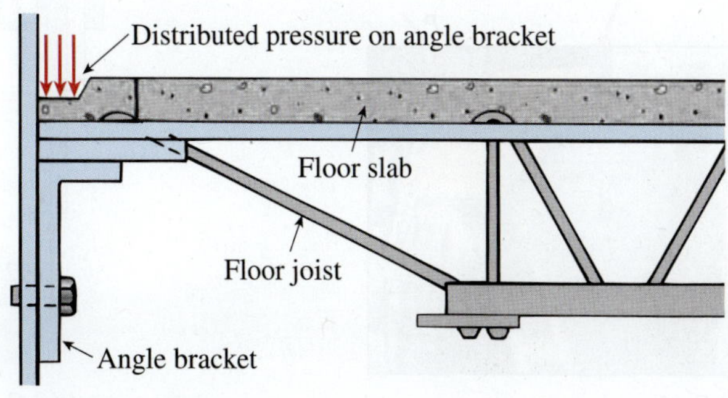

PROBLEM 1.8-1

Determine the average bearing pressure σ_b between the angle bracket and the bolts and the average shear stress τ_{aver} in the bolts. Disregard friction between the bracket and the column.

1.8-2 Truss members supporting a roof are connected to a 26-mm-thick gusset plate by a 22-mm diameter pin, as shown in the figure and photo. The two end plates on the truss members are each 14 mm thick.

(a) If the load $P = 80$ kN, what is the largest bearing stress acting on the pin?

(b) If the ultimate shear stress for the pin is 190 MPa, what force P_{ult} is required to cause the pin to fail in shear?

Disregard friction between the plates.

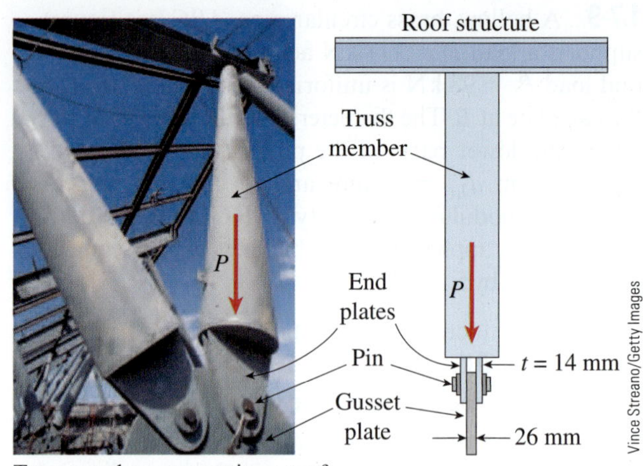

Truss members supporting a roof

PROBLEM 1.8-2

1.8-3 The upper deck of a football stadium is supported by braces, each of which transfers a load $P = 700$ kN to the base of a column (see figure part a). A cap plate at the bottom of the brace distributes the load P to four flange plates ($t_f = 25$ mm) through a pin ($d_p = 50$ mm) to two gusset plates ($t_g = 38$ mm) (see figure parts b and c).

(a) Stadium brace

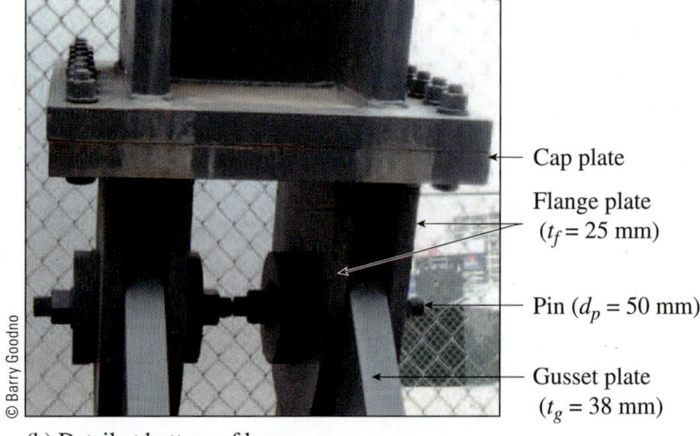

(b) Detail at bottom of brace

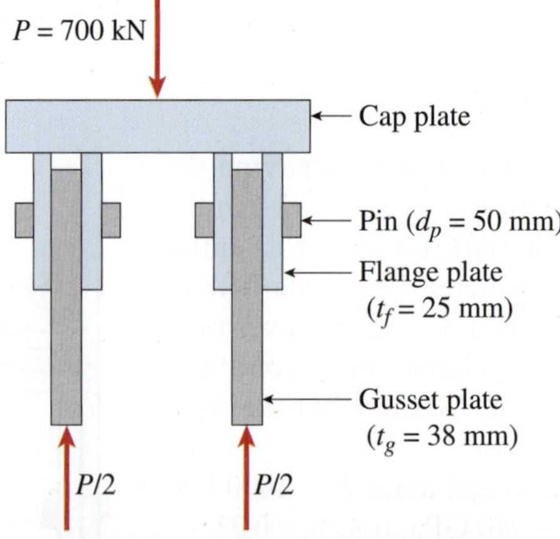

(c) Section through bottom of brace

PROBLEM 1.8-3

Determine the following quantities.

(a) The average shear stress τ_{aver} in the pin.

(b) The average bearing stress between the flange plates and the pin (σ_{bf}), and also between the gusset plates and the pin (σ_{bg}).

Disregard friction between the plates.

1.8-4 The inclined ladder AB supports a house painter (85 kg) at C and the weight ($q = 40$ N/m) of the ladder itself. Each ladder rail ($t_r = 4$ mm) is supported by a shoe ($t_s = 5$ mm) that is attached to the ladder rail by a bolt of diameter $d_p = 8$ mm.

(a) Find support reactions at A and B.

(b) Find the resultant force in the shoe bolt at A.

(c) Find maximum average shear τ and bearing (σ_b) stresses in the shoe bolt at A.

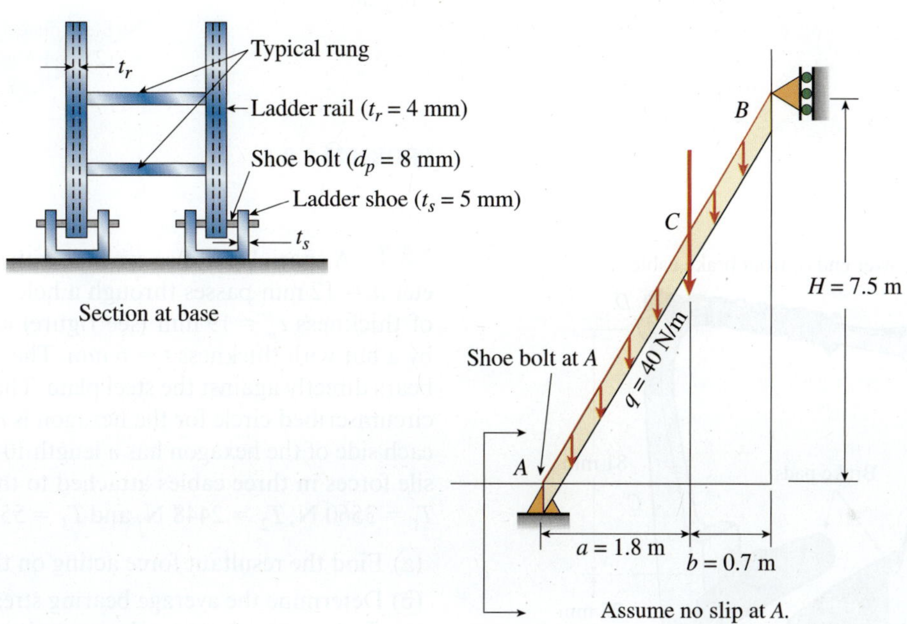

PROBLEM 1.8-4

1.8-5 The force in the brake cable of the V-brake system shown in the figure is $T = 200$ N. The pivot pin at A has a diameter $d_p = 6$ mm and length $L_p = 16$ mm.

Use the dimensions shown in the figure. Neglect the weight of the brake system.

(a) Find the average shear stress τ_{aver} in the pivot pin where it is anchored to the bicycle frame at B.

(b) Find the average bearing stress $\sigma_{b,aver}$ in the pivot pin over segment AB.

1.8-6 A steel plate of dimensions $2.5 \times 1.5 \times 0.08$ m and weighing 23.1 kN is hoisted by steel cables with lengths $L_1 = 3.2$ m and $L_2 = 3.9$ m that are each attached to the plate by a clevis and pin (see figure). The pins through the clevises are 18 mm in diameter and are located 2.0 m apart. The orientation angles are measured to be $\theta = 94.4°$ and $\alpha = 54.9°$.

For these conditions, first determine the cable forces T_1 and T_2, then find the average shear stress τ_{aver} in both pin 1 and pin 2, and then the average bearing stress σ_b between the steel plate and each pin. Ignore the weight of the cables.

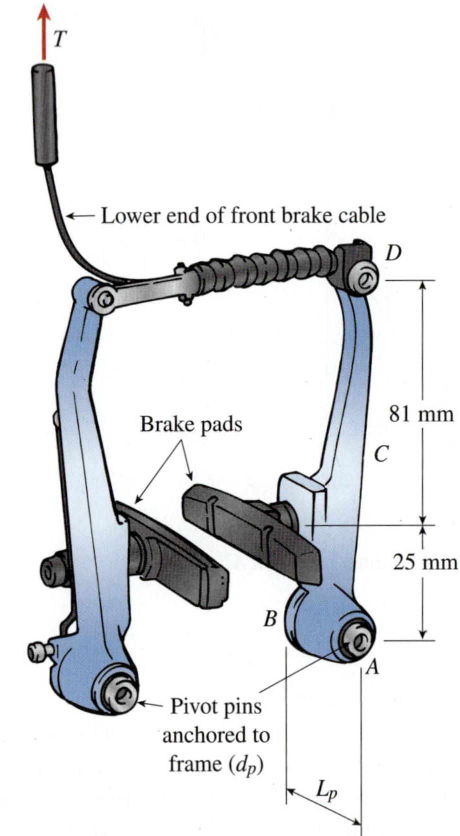

PROBLEM 1.8-5

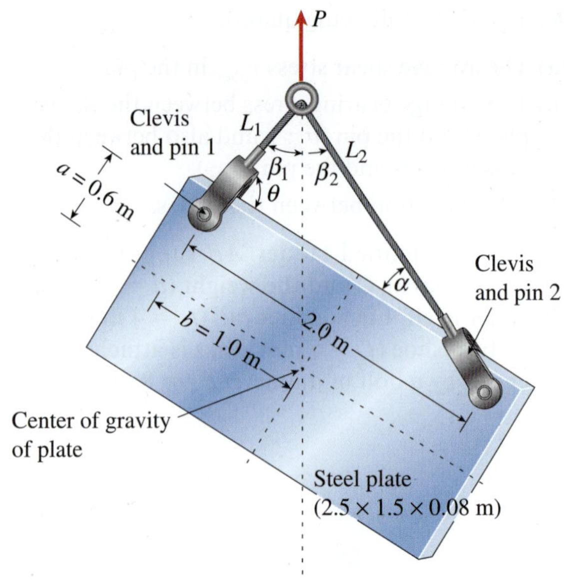

PROBLEM 1.8-6

1.8-7 A special-purpose eye bolt with a shank diameter d = 12 mm passes through a hole in a steel plate of thickness t_p = 19 mm (see figure) and is secured by a nut with thickness t = 6 mm. The hexagonal nut bears directly against the steel plate. The radius of the circumscribed circle for the hexagon is r = 10 mm, so each side of the hexagon has a length 10 mm. The tensile forces in three cables attached to the eye bolt are T_1 = 3560 N, T_2 = 2448 N, and T_3 = 5524 N.

(a) Find the resultant force acting on the eye bolt.

(b) Determine the average bearing stress σ_b between the hexagonal nut on the eye bolt and the plate.

(c) Determine the average shear stress τ_{aver} in the nut and also in the steel plate.

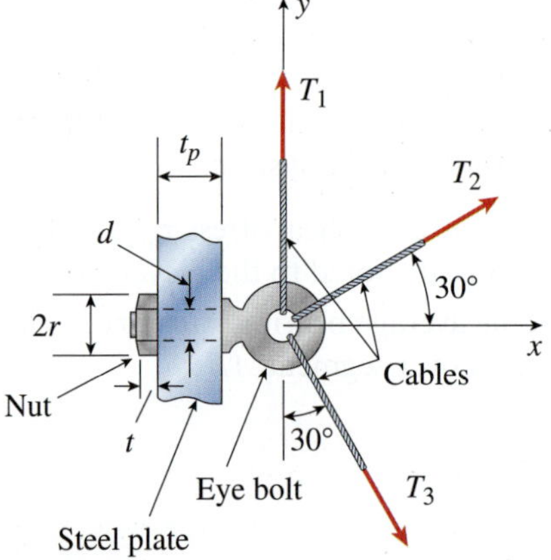

PROBLEM 1.8-7

Representative Problems

1.8-8 An elastomeric bearing pad consisting of two steel plates bonded to a chloroprene elastomer (an artificial rubber) is subjected to a shear force V during a static loading test (see figure). The pad has dimensions $a = 125$ mm and $b = 240$ mm, and the elastomer has a thickness $t = 50$ mm. When the force V equals 12 kN, the top plate is found to have displaced laterally 8.0 mm with respect to the bottom plate.

What is the shear modulus of elasticity G of the chloroprene?

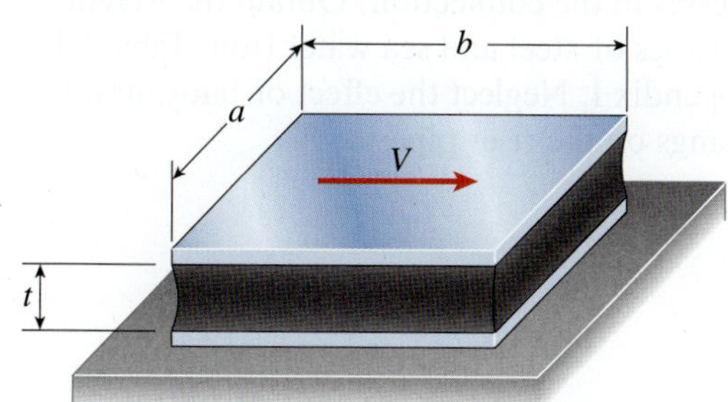

PROBLEM 1.8-8

1.8-9 A joint between two concrete slabs A and B is filled with a flexible epoxy that bonds securely to the concrete (see figure). The height of the joint is $h = 100$ mm, its length is $L = 1.0$ m, and its thickness is $t = 12$ mm. Under the action of shear forces V, the slabs displace vertically through the distance $d = 0.048$ mm relative to each other.

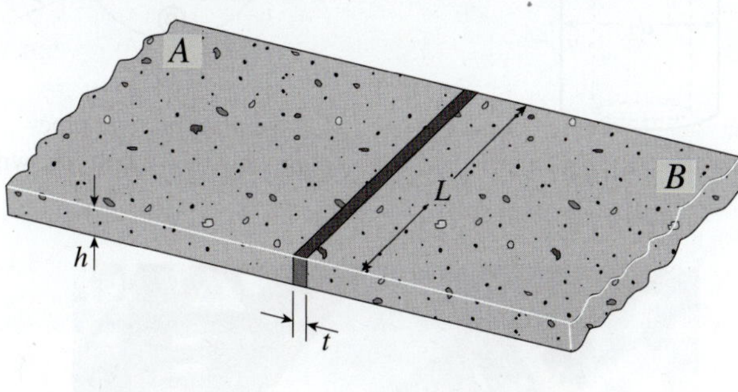

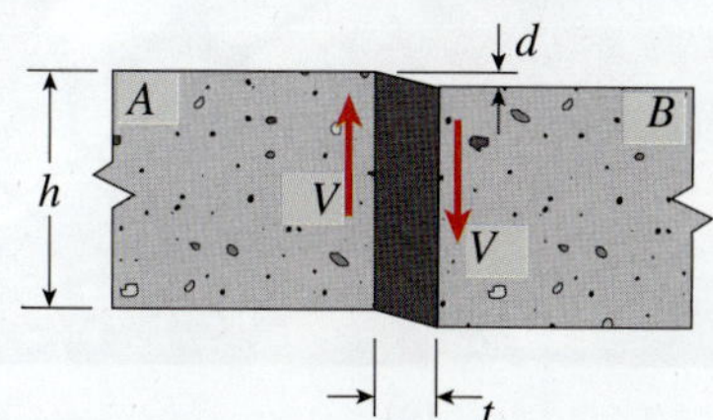

PROBLEM 1.8-9

(a) What is the average shear strain γ_{aver} in the epoxy?

(b) What is the magnitude of the forces V if the shear modulus of elasticity G for the epoxy is 960 MPa?

1.8-10 A steel punch consists of two shafts: upper shaft and lower shaft. Assume that the upper shaft has a diameter $d_1 = 24$ mm and the bottom shaft has a diameter $d_2 = 16$ mm. The punch is used to insert a hole in a 4 mm plate, as shown in the figure. If a force $P = 70$ kN is required to create the hole, what is the average shear stress in the plate and the average compressive stress in the upper and lower shaft of the punch?

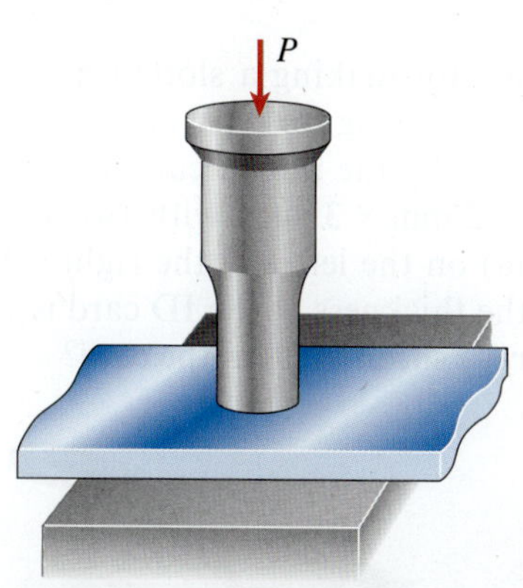

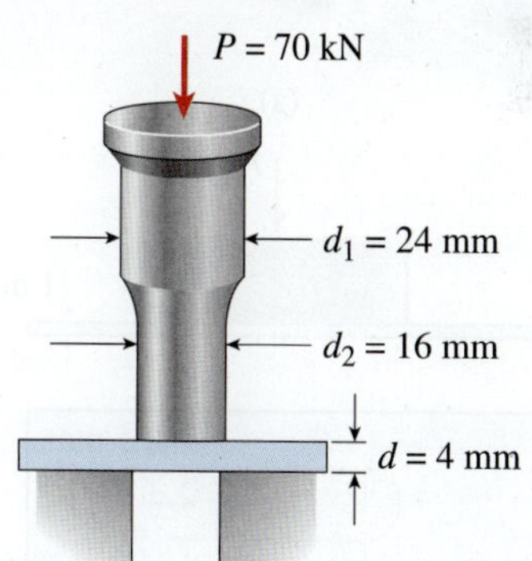

PROBLEM 1.8-10

1.8-11 A joint between two glass plates A and B is filled with a flexible epoxy that bonds securely to the glass. The height of the joint is $h = 13$ mm, its length is $L = 750$ mm, and its thickness is $t = 13$ mm. Shear force of $V = 110$ kN is applied to the joint. Calculate the displacement of the joint if the shear modulus of elasticity G of the epoxy is 690 MPa. Calculate the average shear strain in the epoxy.

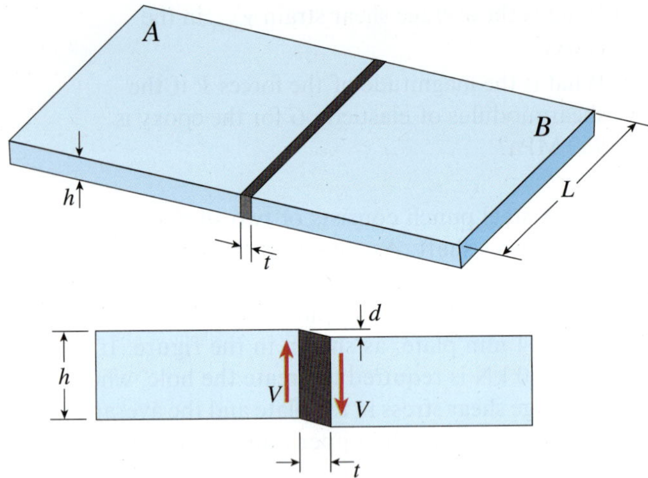

PROBLEM 1.8-11

1.8-12 A punch for making a slotted hole in ID cards is shown in the figure part a. Assume that the hole produced by the punch can be described as a rectangle (12 mm × 3 mm) with two half circles ($r = 1.5$ mm) on the left and the right sides. If $P = 10$ N and the thickness of the ID card is 1 mm, what is the average shear stress in the card?

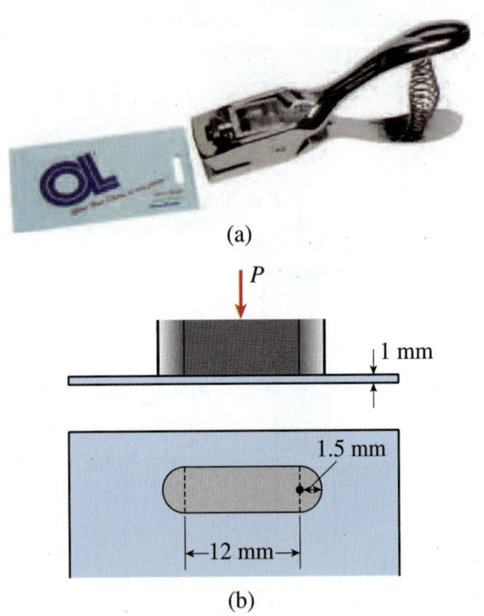

PROBLEM 1.8-12

1.8-13 A steel riser pipe hangs from a drill rig located offshore in deep water (see figure). Separate segments are joined using bolted flange plages (see figure part b and photo). Assume that there are six bolts at each pipe segment connection. Assume that the total length of the riser pipe is $L = 1500$ m; outer and inner diameters are $d_2 = 405$ mm and $d_1 = 380$ mm; flange plate thickness $t_f = 44$ mm; and bolt and washer diameters are $d_b = 28$ mm, and $d_w = 47$ mm, respectively.

(a) If the entire length of the riser pipe is suspended in air, find the average normal stress σ in each bolt, the average bearing stress σ_b beneath each washer, and the average shear stress τ through the flange plate at each bolt location for the topmost bolted connection.

(b) If the same riser pipe hangs from a drill rig at sea, what are the normal, bearing, and shear stresses in the connection? Obtain the weight densities of steel and sea water from Table I-1, Appendix I. Neglect the effect of buoyant foam casings on the riser pipe.

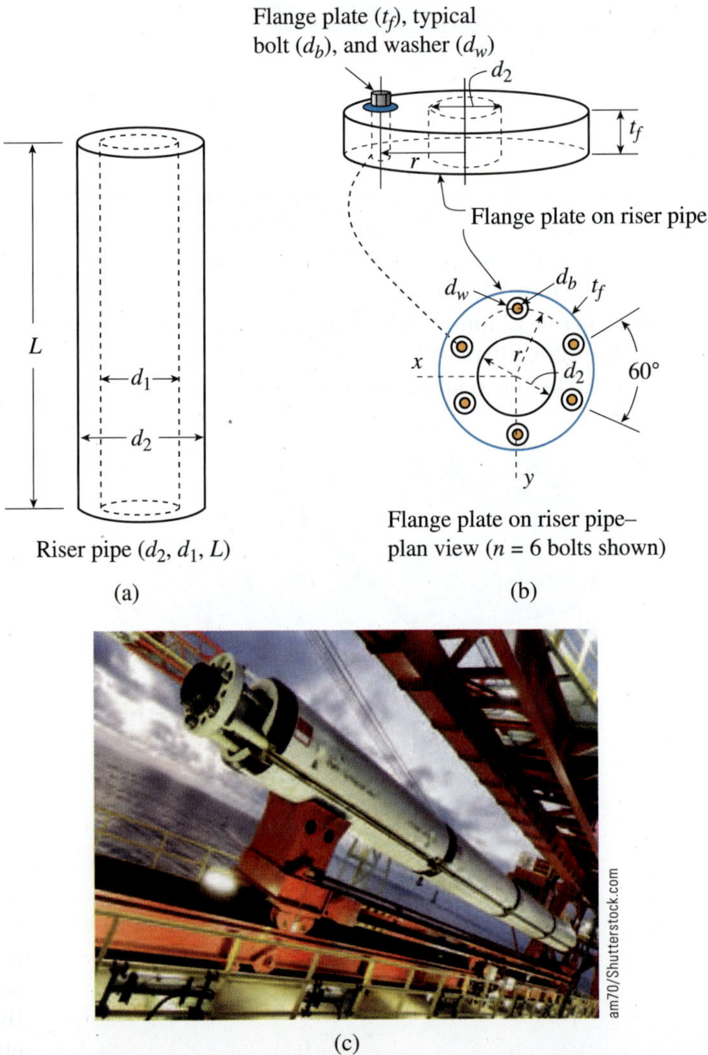

PROBLEM 1.8-13

1.8-14 A flexible connection consisting of rubber pads (thickness $t = 9$ mm) bonded to steel plates is shown in the figure. The pads are 160 mm long and 80 mm wide.

(a) Find the average shear strain γ_{aver} in the rubber if the force $P = 16$ kN and the shear modulus for the rubber is $G = 1250$ kPa.

(b) Find the relative horizontal displacement δ between the interior plate and the outer plates.

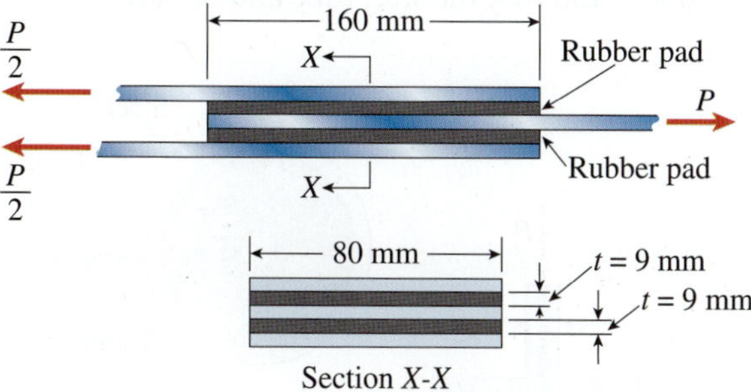

PROBLEM 1.8-14

1.8-15 A hitch-mounted bicycle rack is designed to carry up to four 135 N bikes mounted on and strapped to two arms *GH* (see bike loads in the figure part a). The rack is attached to the vehicle at *A* and is assumed to be like a cantilever beam *ABCDGH* (figure part b). The weight of fixed segment *AB* is $W_1 = 45$ N, centered 225 mm from *A* (see figure part b) and the rest of the rack weighs $W_2 = 180$ N, centered 480 mm from *A*. Segment *ABCDG* is a steel tube of 50 mm × 50 mm with a thickness $t = 3$ mm. Segment *BCDGH* pivots about a bolt at *B* with a diameter $d_B = 6$ mm to allow access to the rear of the vehicle without removing the hitch rack. When in use, the rack is secured in an upright position by a pin at *C* (diameter of pin $d_p = 8$ mm) (see photo and figure part c). The overturning effect of the bikes on the rack is resisted by a force couple $F \cdot h$ at *BC*.

(a) Find the support reactions at *A* for the fully loaded rack.

(b) Find forces in the bolt at *B* and the pin at *C*.

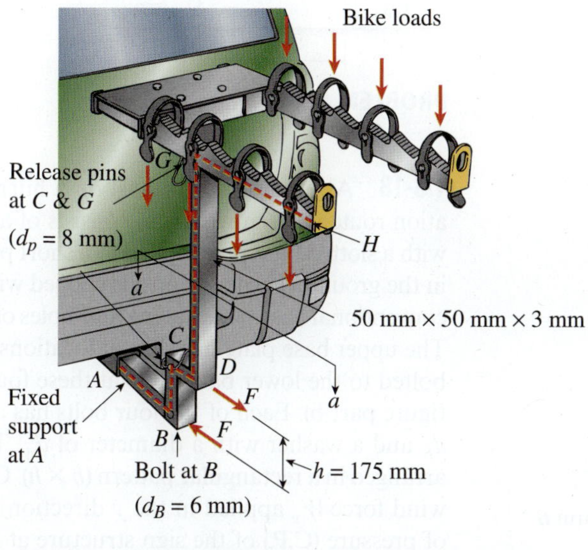

(a)

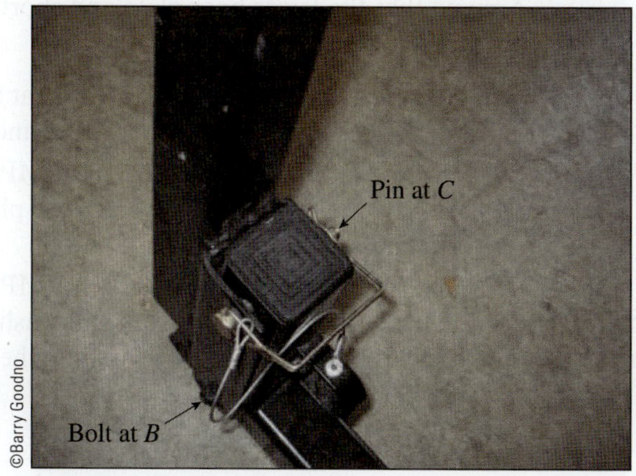

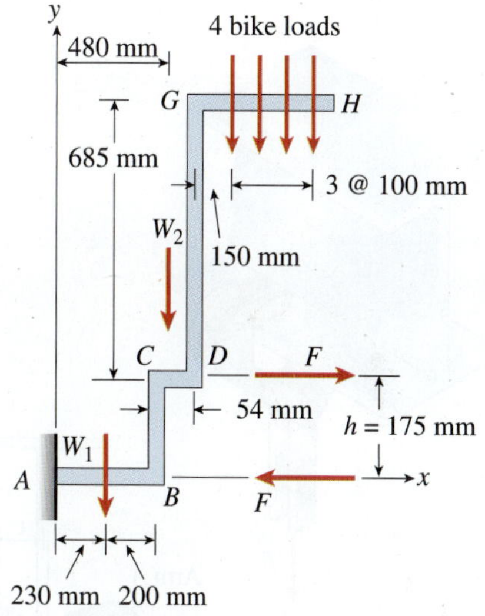

(b)

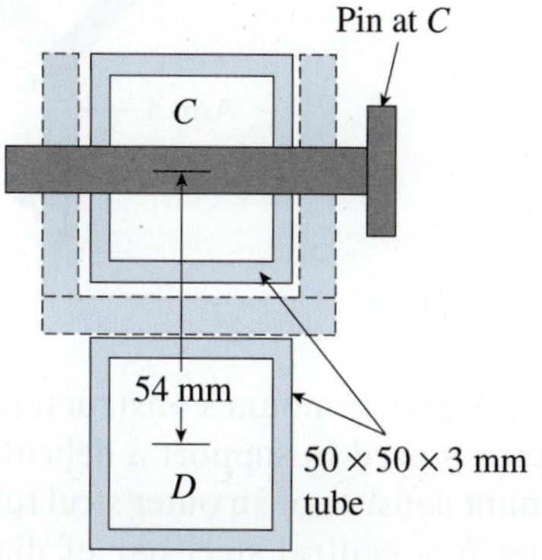

(c) Section *a–a*

PROBLEM 1.8-15

(c) Find average shear stresses τ_{aver} in both the bolt at B and the pin at C.

(d) Find average bearing stresses σ_b in the bolt at B and the pin at C.

1.8-16 The clamp shown in the figure supports a load hanging from the lower flange of a steel beam. The clamp consists of two arms (A and B) joined by a pin at C. The pin has a diameter $d = 12$ mm. Because arm B straddles arm A, the pin is in double shear.

Line 1 in the figure defines the line of action of the resultant horizontal force H acting between the lower flange of the beam and arm B. The vertical distance from this line to the pin is $h = 250$ mm. Line 2 defines the line of action of the resultant vertical force V acting between the flange and arm B. The horizontal distance from this line to the centerline of the beam is $c = 100$ mm. The force conditions between arm A and the lower flange are symmetrical with those given for arm B.

Determine the average shear stress in the pin at C when the load $P = 18$ kN.

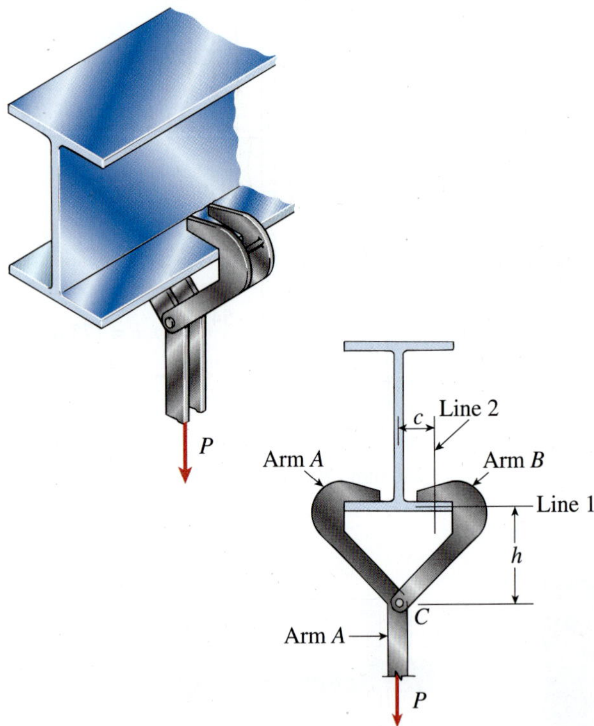

PROBLEM 1.8-16

1.8-17 A shock mount constructed as shown in the figure is used to support a delicate instrument. The mount consists of an outer steel tube with inside diameter b, a central steel bar of diameter d that supports the load P, and a hollow rubber cylinder (height h) bonded to the tube and bar.

(a) Obtain a formula for the shear stress τ in the rubber at a radial distance r from the center of the shock mount.

(b) Obtain a formula for the downward displacement δ of the central bar due to the load P, assuming that G is the shear modulus of elasticity of the rubber and that the steel tube and bar are rigid.

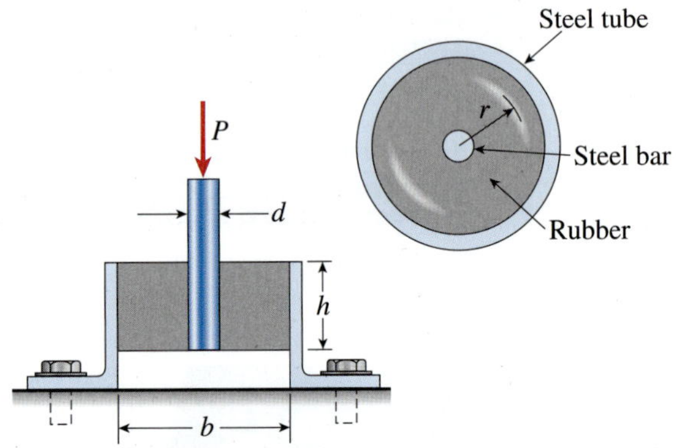

PROBLEM 1.8-17

1.8-18 A removable sign post on a hurricane evacuation route (see figure part a) consists of an upper pole with a slotted base plate bolted to a short post anchored in the ground. The lower post is capped with a separate conventional base plate having four holes of diameter d_b. The upper base plate has slots at locations 1 to 4 and is bolted to the lower base plate at these four points (see figure part b). Each of the four bolts has a diameter of d_b and a washer with a diameter of d_w. The bolts are arranged in a rectangular pattern ($b \times h$). Consider only wind force W_y applied in the y direction at the center of pressure (C.P.) of the sign structure at height $z = L$ above the base. Neglect the weight of the sign and post and the friction between the upper and lower base plates. Assume that the lower base plate and short anchored post are rigid.

(a) Find the average shear stress τ (MPa) at bolts 1 and 4 (see figure part c) due to the wind force W_y.

(b) Find the average bearing stress σ_b (MPa) between the bolt and the upper base plate (thickness t) at bolts 1 and 4.

(c) Find the average bearing stress σ_b (MPa) between the upper base plate and washer at bolt 4 due to the wind force W_y (assume the initial bolt pretension is zero).

(d) Find the average shear stress τ (MPa) through the upper base plate at bolt 4 due to the wind force W_y.

(e) Find an expression for the normal stress σ in bolt 3 due to the wind force W_y.

(See problem 1.9-17 for additional discussion of wind on a sign and the resulting forces acting on a conventional base plate.)

Numerical data	
$H = 150$ mm	$b = 96$ mm
$h = 108$ mm	$t = 14$ mm
$d_b = 12$ mm	$d_w = 22$ mm
$L = 2.75$ m	$W_y = 667$ N

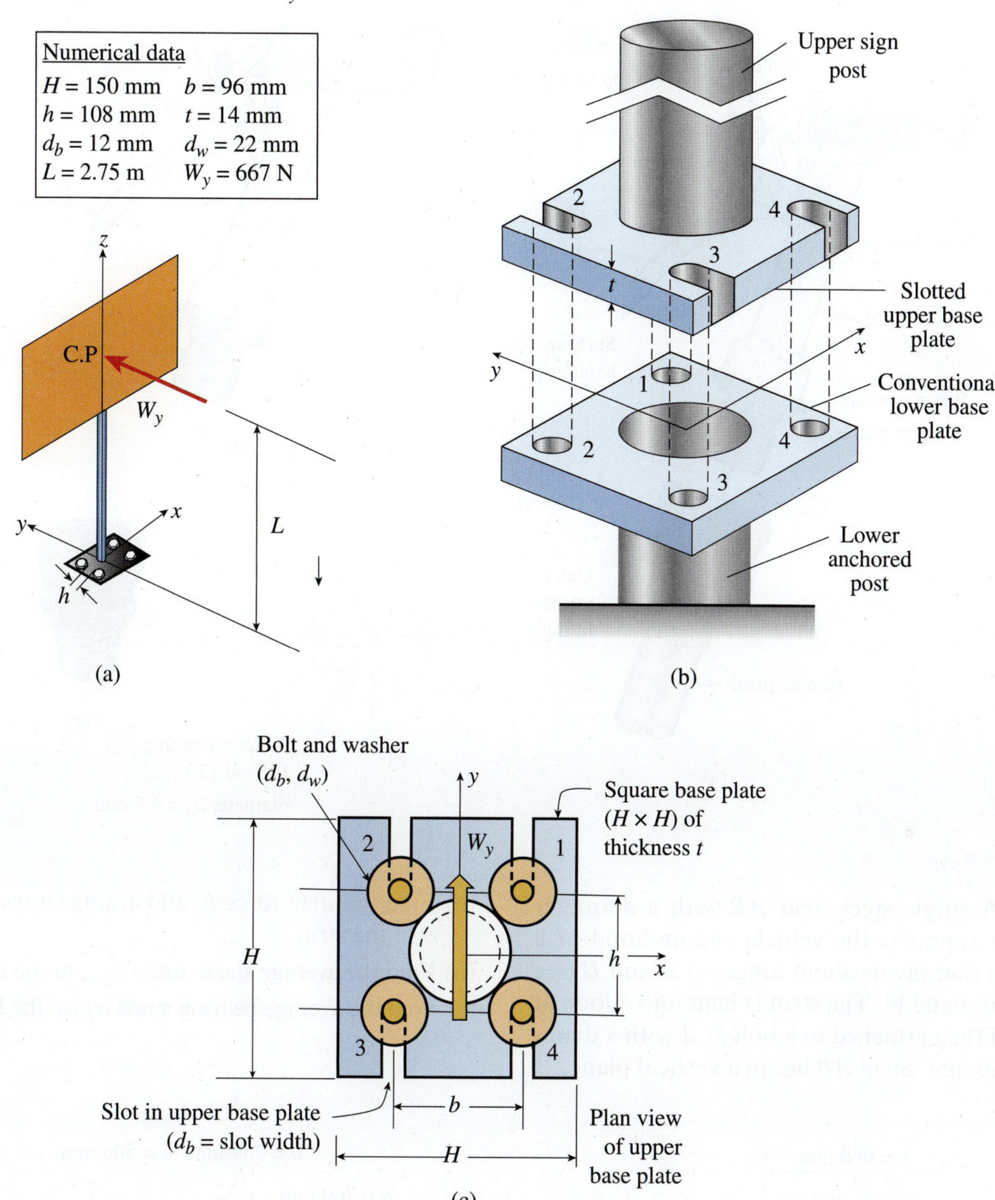

PROBLEM 1.8-18

1.8-19 A spray nozzle for a garden hose requires a force $F = 22$ N to open the spring-loaded spray chamber AB. The nozzle hand grip pivots about a pin through a flange at O. Each of the two flanges has a thickness $t = 1.5$ mm, and the pin has a diameter $d_p = 3$ mm (see figure part a). The spray nozzle is attached to the garden hose with a quick release fitting at B (see figure part b). Three brass balls (diameter $d_b = 4.5$ mm) hold the spray head in place under a water pressure force $f_p = 135$ N at C (see figure part c). Use dimensions given in figure part a.

(a) Find the force in the pin at O due to applied force F.

(b) Find average shear stress τ_{aver} and bearing stress σ_b in the pin at O.

(c) Find the average shear stress τ_{aver} in the brass retaining balls at C due to water pressure force f_p.

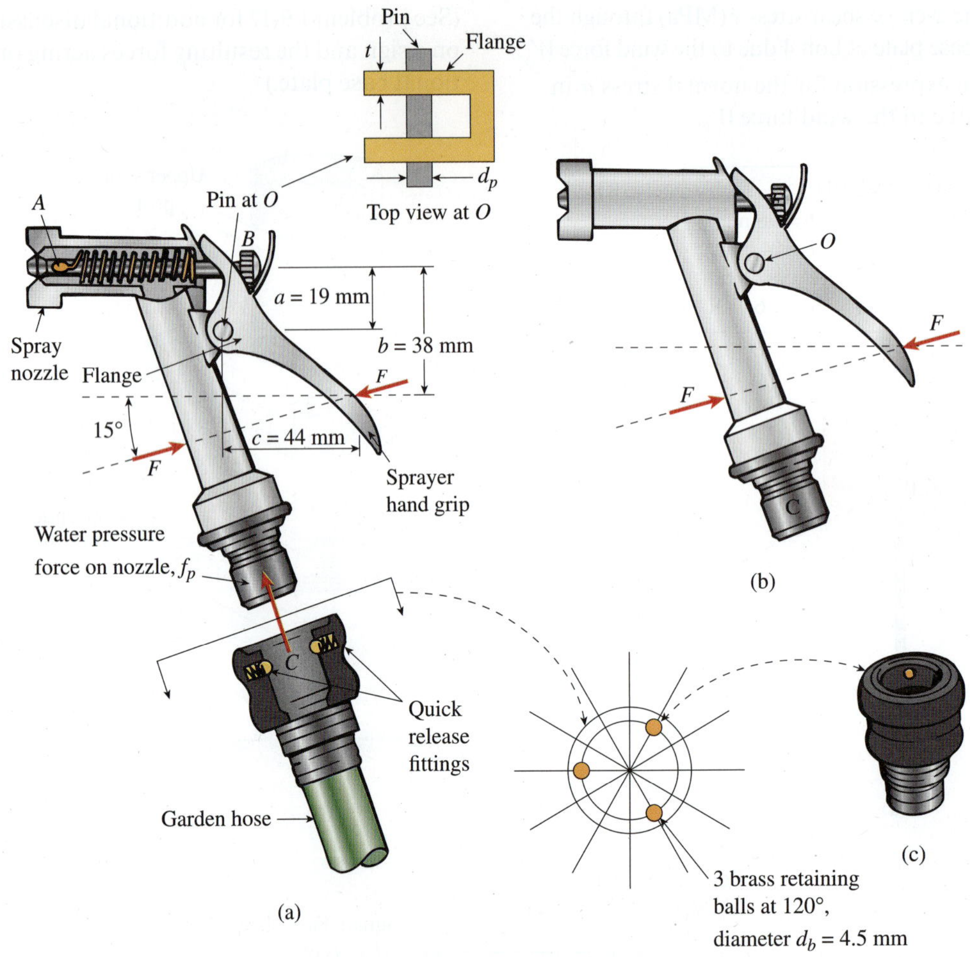

PROBLEM 1.8-19

1.8-20 A single steel strut AB with a diameter $d_s = 8$ mm supports the vehicle engine hood of a mass 20 kg that pivots about hinges at C and D (see figure parts a and b). The strut is bent into a loop at its end and then attached to a bolt at A with a diameter $d_b = 10$ mm. Strut AB lies in a vertical plane.

(a) Find the strut force F_s and average normal stress σ in the strut.

(b) Find the average shear stress τ_{aver} in the bolt at A.

(c) Find the average bearing stress σ_b on the bolt at A.

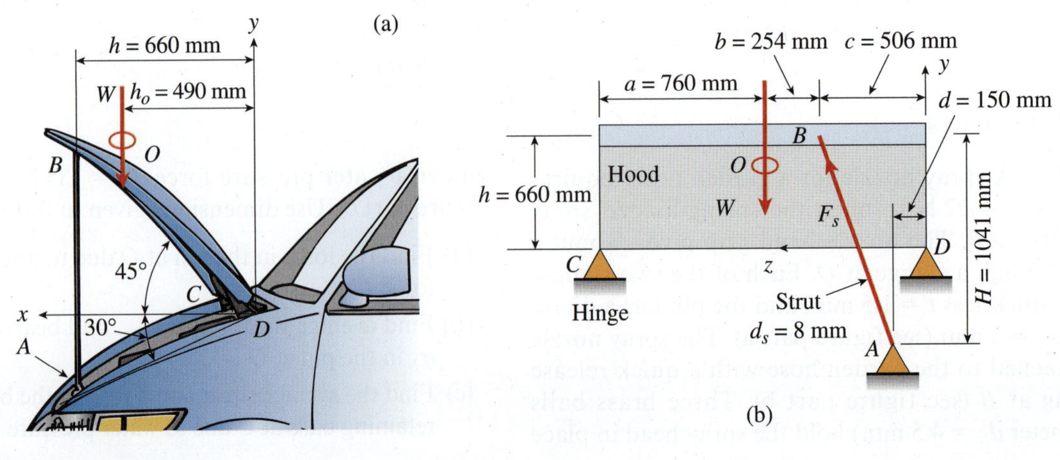

PROBLEM 1.8-20

1.8-21 The top portion of a pole saw used to trim small branches from trees is shown in the figure part a. The cutting blade *BCD* (see figure parts a and c) applies a force *P* at point *D*. Ignore the effect of the weak return spring attached to the cutting blade below *B*. Use properties and dimensions given in the figure.

(a) Find the force *P* on the cutting blade at *D* if the tension force in the rope is $T = 110$ N (see free-body diagram in figure part b).

(b) Find force in the pin at *C*.

(c) Find average shear stress τ_{aver} and bearing stress σ_b in the support pin at *C* (see section *a–a* through cutting blade in figure part c).

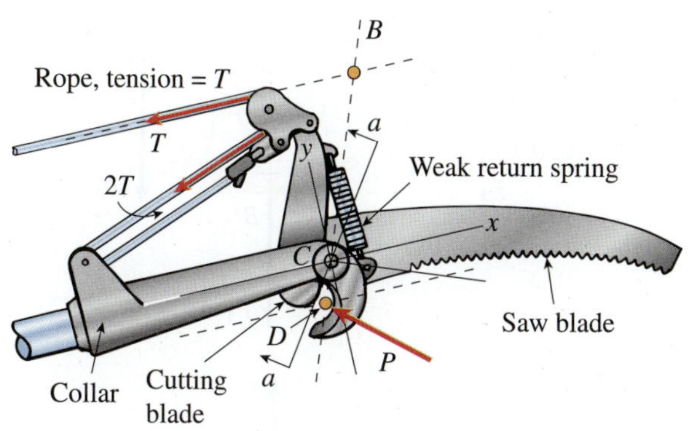

(a) Top part of pole saw

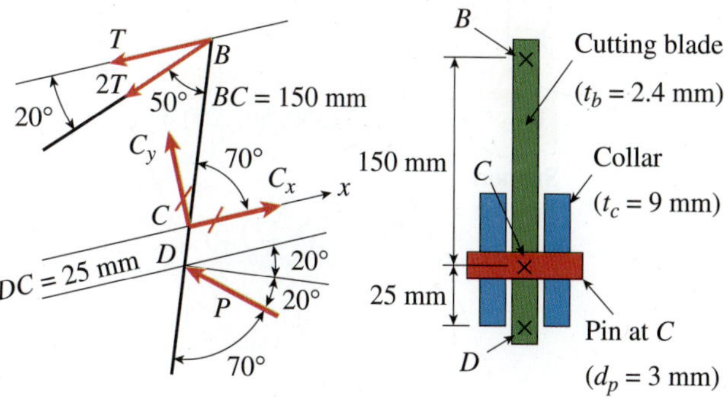

(b) Free-body diagram (c) Section *a–a*

PROBLEM 1.8-21

1.8-22 A cargo ship is tied down to marine bollards at a number of points along its length while its cargo is unloaded by a container handling crane. Each bollard is fastened to the wharf using anchor bolts. Three cables having known tension force magnitudes $F_1 = 110$ kN, $F_2 = 85$ kN, and $F_3 = 90$ kN are secured to one bollard at a point *A* with coordinates (0, 0.45 m, 0) in the *x-y-z* coordinate system shown in the figure part b. Each cable force is directed at an attachment point on the ship. Force F_1 is directed from point *A* to a point on the ship having coordinates (3 m, 9 m, 0); force F_2 is directed at a point with coordinates (6.5 m, 8.5 m, 2 m); and force F_3 is directed at a point with coordinates (8 m, 9 m, 5 m). The diameter of each anchor bolts is $d_b = 24$ mm.

(a) Find the reaction forces and reaction moments at the base of the bollard.

(b) Calculate the average shear stress in the anchor bolts (in the *x-z* plane). Assume each bolt carries an equal share of the total force.

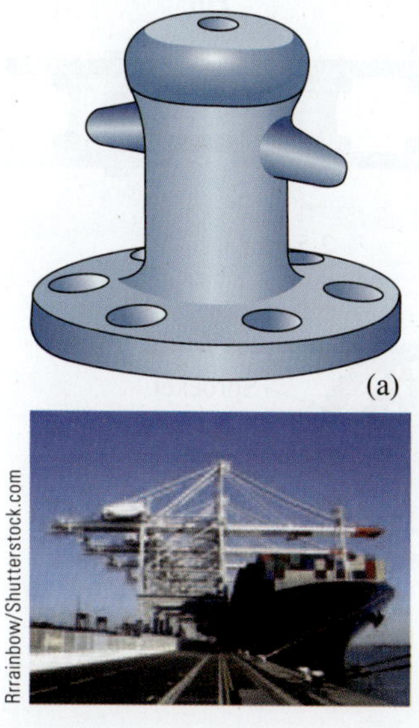

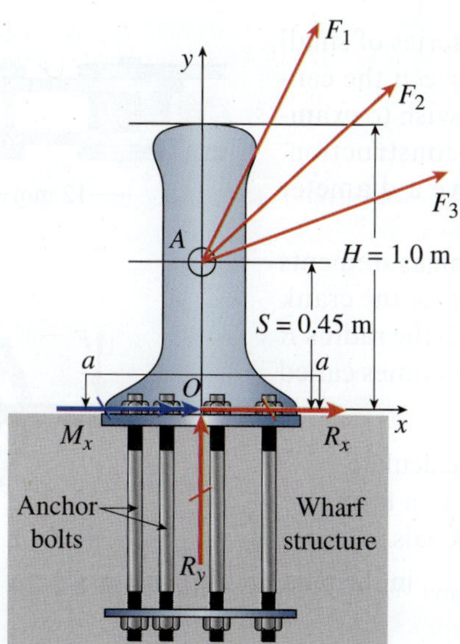

(b)

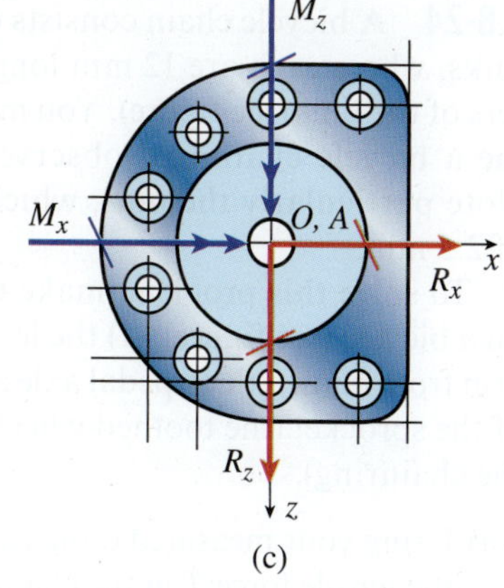

(c)

PROBLEM 1.8-22

1.8-23 A basketball player hangs on the rim after a dunk. He applies equal forces $P_1 = P_2 = 500$ N at both A and B (see joint coordinates in the figure). Forces P_1 *and* P_2 act parallel to the y-z plane.

(a) Find the *reactions* at the support bracket (assume that the bracket-rim assembly is a cantilever beam).

(b) Find connection shear stresses at bolt 2.

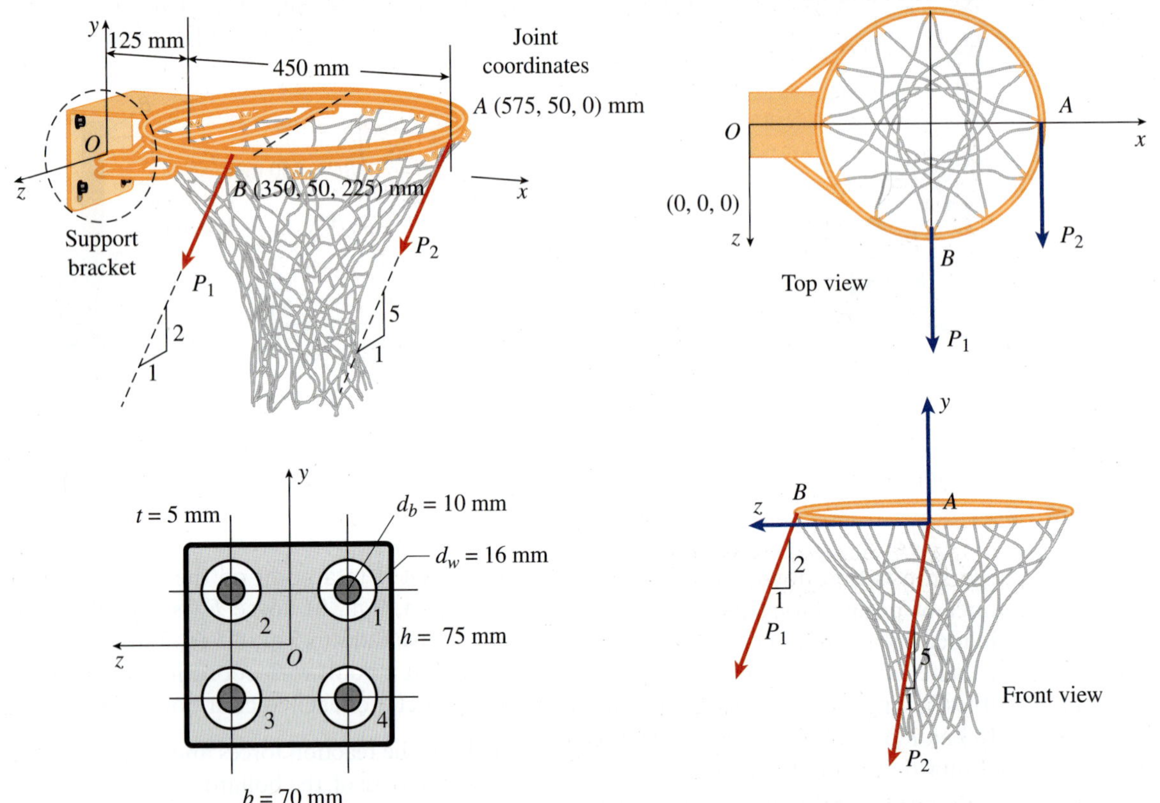

PROBLEM 1.8-23 Support bracket

1.8-24 A bicycle chain consists of a series of small links, where each are 12 mm long between the centers of the pins (see figure). You might wish to examine a bicycle chain and observe its construction. Note particularly the pins, which have a diameter of 2.5 mm.

To solve this problem, make two measurements on a bicycle (see figure): (1) the length L of the crank arm from main axle to pedal axle and (2) the radius R of the sprocket (the toothed wheel, sometimes called the chainring).

(a) Using your measured dimensions, calculate the tensile force T in the chain due to a force $F = 800$ N applied to one of the pedals.

(b) Calculate the average shear stress τ_{aver} in the pins.

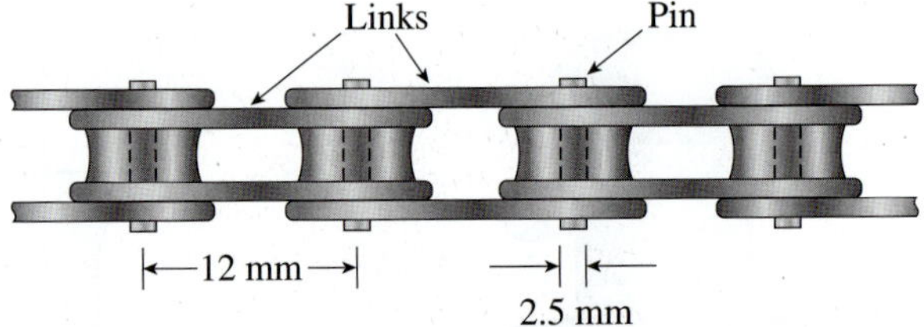

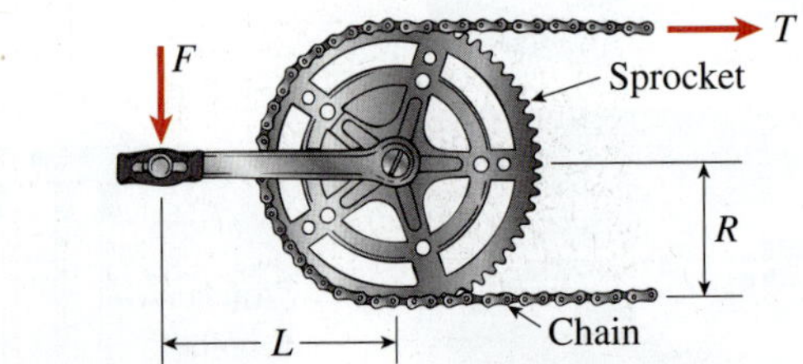

PROBLEM 1.8-24

1.9 Allowable Stresses and Allowable Loads

Introductory Problems

1.9-1 A bar of solid circular cross section is loaded in tension by forces P (see figure). The bar has a length $L = 380$ mm and diameter $d = 6$ mm. The material is a magnesium alloy having a modulus of elasticity $E = 42.7$ GPa. The allowable stress in tension is $\sigma_{allow} = 89.6$ MPa, and the elongation of the bar must not exceed 0.8 mm.

What is the allowable value of the forces P?

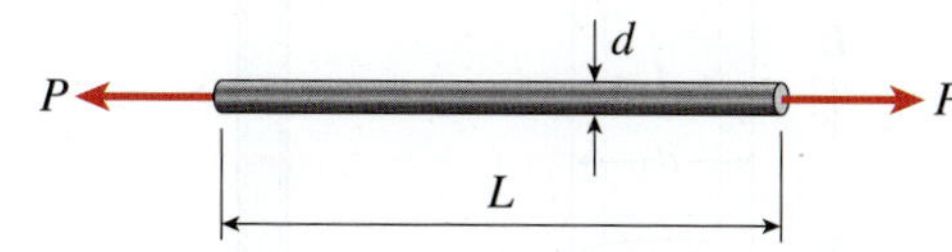

PROBLEM 1.9-1

1-9.2 A torque T_0 is transmitted between two flanged shafts by means of ten 20-mm bolts (see figure and photo). The diameter of the bolt circle is $d = 250$ mm.

If the allowable shear stress in the bolts is 85 MPa, what is the maximum permissible torque? (Disregard friction between the flanges.)

Drive shaft coupling on a ship propulsion motor

PROBLEM 1.9-2

1.9-3 A tie-down on the deck of a sailboat consists of a bent bar bolted at both ends, as shown in the figure. The diameter d_B of the bar is 6 mm, the diameter d_W of the washers is 22 mm, and the thickness t of the fiberglass deck is 10 mm.

If the allowable shear stress in the fiberglass is 2.1 MPa, and the allowable bearing pressure between the washer and the fiberglass is 3.8 MPa, what is the allowable load P_{allow} on the tie-down?

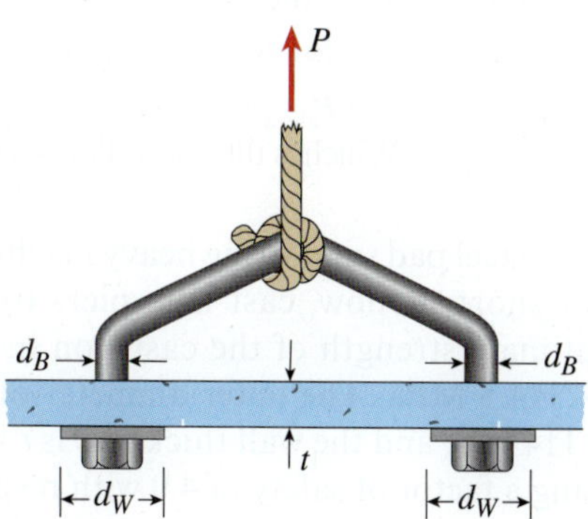

PROBLEM 1.9-3

1.9-4 Two steel tubes are joined at B by four pins ($d_p = 11$ mm), as shown in the cross section a–a in the figure. The outer diameters of the tubes are $d_{AB} = 41$ mm and $d_{BC} = 28$ mm. The wall thickness are $t_{AB} = 6.5$ mm and $t_{BC} = 7.5$ mm. The yield stress in tension for the steel is $\sigma_Y = 200$ MPa and the ultimate stress in *tension* is $\sigma_U = 340$ MPa. The corresponding yield and ultimate values in *shear* for the

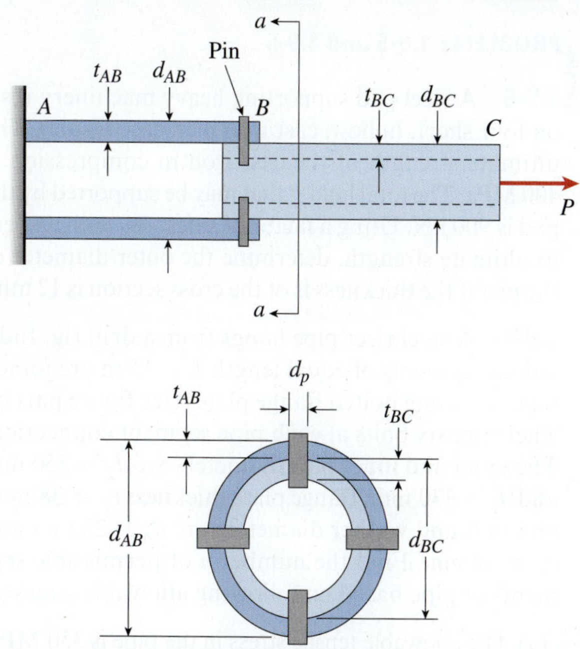

Section a–a

PROBLEM 1.9-4

pin are 80 MPa and 140 MPa, respectively. Finally, the yield and ultimate values in *bearing* between the pins and the tubes are 260 MPa and 450 MPa, respectively. Assume that the factors of safety with respect to yield stress and ultimate stress are 3.5 and 4.5, respectively.

(a) Calculate the allowable tensile force P_{allow} considering tension in the tubes.

(b) Recompute P_{allow} for shear in the pins.

(c) Finally, recompute P_{allow} for bearing between the pin and the tubes. Which is the controlling value of P?

1.9-5 A steel pad supporting heavy machinery rests on four short, hollow, cast iron piers (see figure). The ultimate strength of the cast iron in compression is 344.5 MPa. The outer diameter of the piers is $d = 114$ mm, and the wall thickness is $t = 10$ mm.

Using a factor of safety of 4.0 with respect to the ultimate strength, determine the total load P that can be supported by the pad.

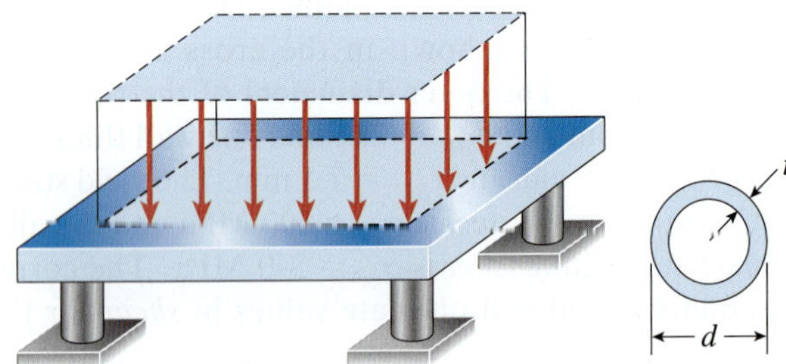

PROBLEMS 1.9-5 and 1.9-6

1.9-6 A steel pad supporting heavy machinery rests on four short, hollow, cast iron piers (see figure). The ultimate strength of the cast iron in compression is 400 MPa. The total load P that may be supported by the pad is 900 kN. Using a factor of safety 3.0 with respect to ultimate strength, determine the outer diameter of the pier if the thickness is of the cross section is 12 mm.

1.9-7 A steel riser pipe hangs from a drill rig. Individual segments of equal length $L = 15$ m are joined together using bolted flange plates (see figure part b). There are six bolts at each pipe segment connection. The outer and inner pipe diameters are $d_2 = 350$ mm and $d_1 = 330$ mm; flange plate thickness $t_f = 38$ mm; and bolt and washer diameters are $d_b = 28$ mm and $d_w = 48$ mm. Find the number n of permissible segments of pipe based on following allowable stresses.

(a) The allowable tensile stress in the pipe is 350 MPa.

(b) The allowable tensile stress in a bolt is 825 MPa.

Find number of segments n for two cases: pipe hanging in air and pipe hanging in seawater.

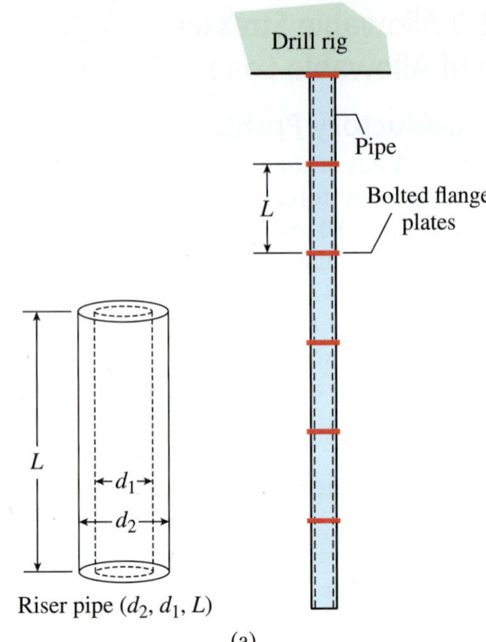

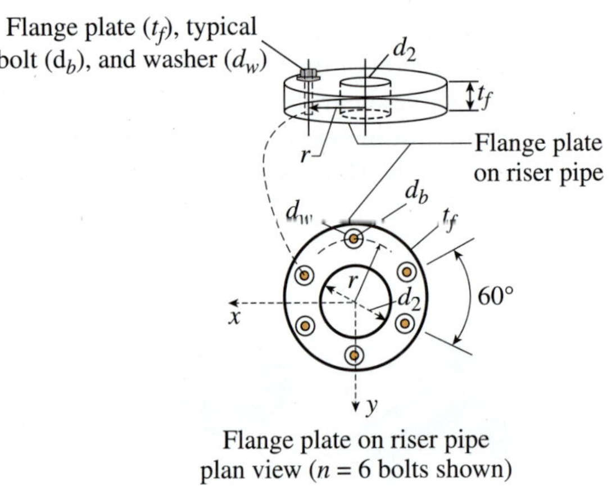

PROBLEM 1.9-7

Representative Problems

1.9-8 The rear hatch of a van ($BDCG$ in figure part a) is supported by two hinges at B_1 and B_2 and by two struts A_1B_1 and A_2B_2 (diameter $d_s = 10$ mm), as shown in figure part b. The struts are supported at A_1 and A_2 by pins, each with a diameter $d_p = 9$ mm and passing through an eyelet of thickness $t = 8$ mm at the end of the strut (figure part b). A closing force $P = 50$ N is applied at G, and the mass of the hatch $M_h = 43$ kg is concentrated at C.

(a) What is the force F in each strut? (Use the free-body diagram of one half of the hatch in the figure part c.)

(b) What is the maximum permissible force in the strut, F_{allow}, if the allowable stresses are compressive stress in the strut, 70 MPa; shear stress in the pin, 45 MPa; and bearing stress between the pin and the end of the strut, 110 MPa.

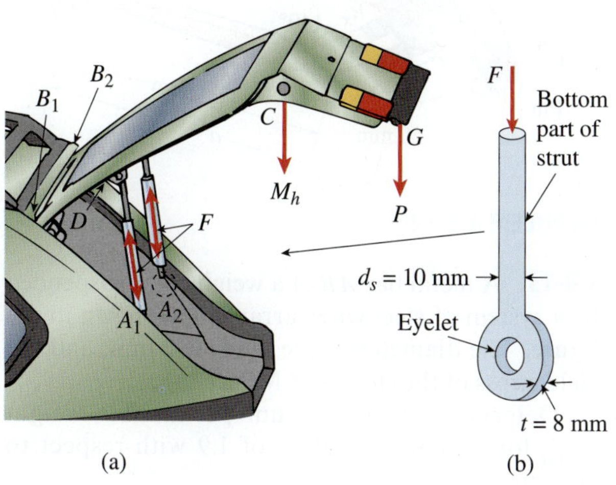

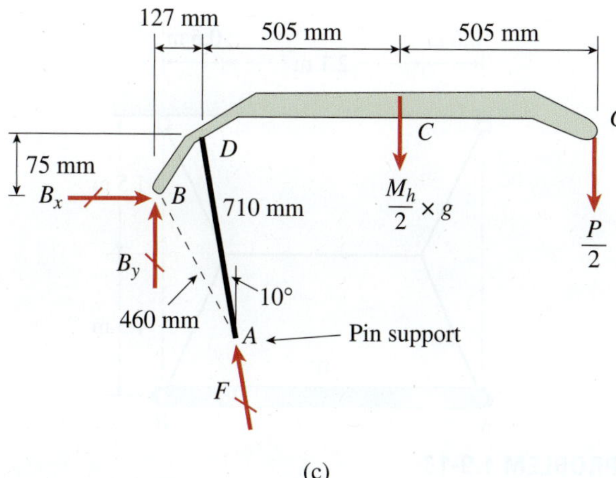

PROBLEM 1.9-8

1.9-9 A lifeboat hangs from two ship's davits, as shown in the figure. A pin of diameter $d = 20$ mm passes through each davit and supports two pulleys, one on each side of the davit.

Cables attached to the lifeboat pass over the pulleys and wind around winches that raise and lower the lifeboat. The lower parts of the cables are vertical and the upper parts make an angle $\alpha = 15°$ with the horizontal. The allowable tensile force in each cable is 8 kN, and the allowable shear stress in the pins is 27.5 MPa.

If the lifeboat weighs 6.7 kN, what is the maximum weight that can be carried in the lifeboat?

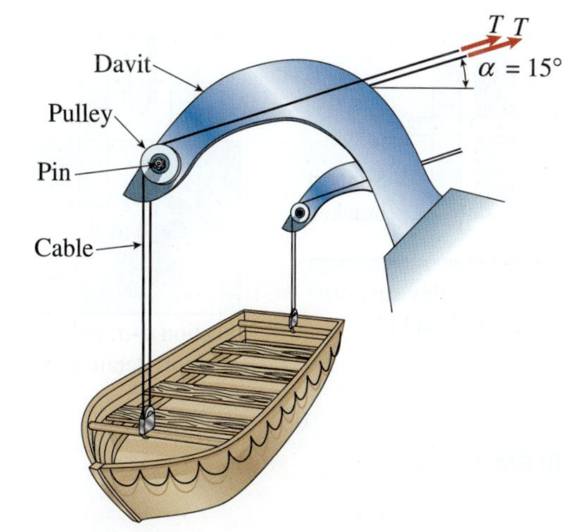

PROBLEM 1.9-9

1.9-10 A cable and pulley system in the figure part a supports a cage of a mass 300 kg at B. Assume that this includes the mass of the cables as well. The thickness of each of the three steel pulleys is $t = 40$ mm. The pin diameters are $d_{pA} = 25$ mm, $d_{pB} = 30$ mm, and $d_{pC} = 22$ mm (see figure part a and part b).

(a) Find expressions for the resultant forces acting on the pulleys at A, B, and C in terms of cable tension T.

(b) What is the maximum weight W that can be added to the cage at B based on the following allowable stresses? Shear stress in the pins is 50 MPa; bearing stress between the pin and the pulley is 110 MPa.

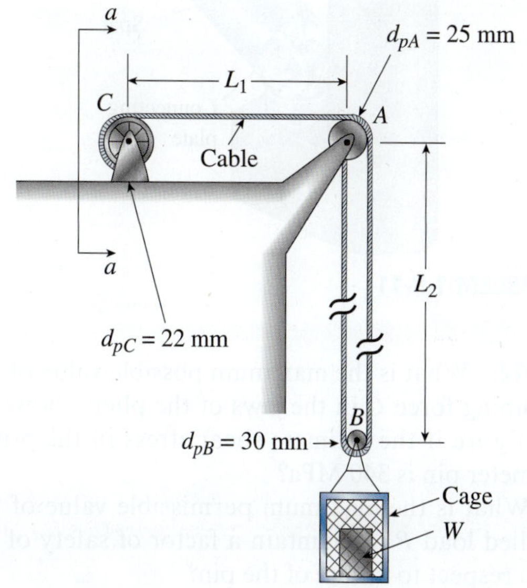

(a)

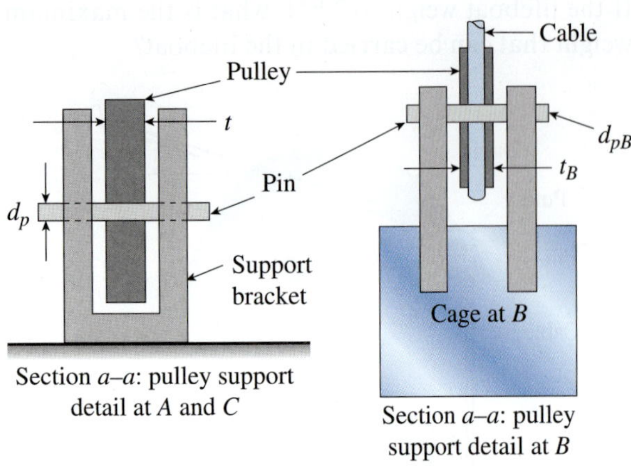

PROBLEM 1.9-10

1.9-11 A ship's spar is attached at the base of a mast by a pin connection (see figure). The spar is a steel tube of outer diameter $d_2 = 80$ mm and inner diameter $d_1 = 70$ mm. The steel pin has a diameter $d = 25$ mm, and the two plates connecting the spar to the pin have a thickness $t = 12$ mm. The allowable stresses are compressive stress in the spar, 75 MPa; shear stress in the pin, 50 MPa; and bearing stress between the pin and the connecting plates, 120 MPa.

Determine the allowable compressive force P_{allow} in the spar.

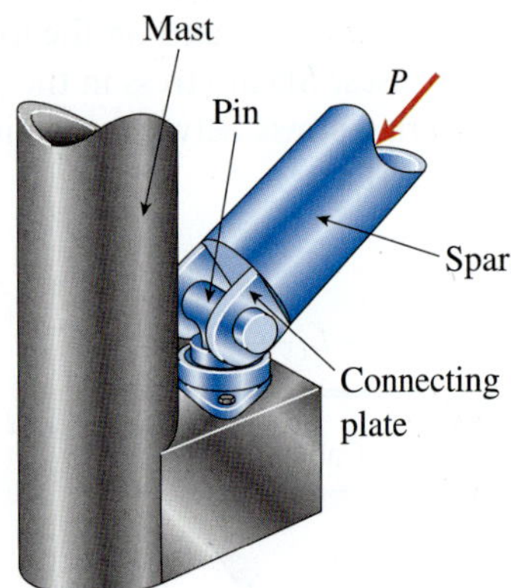

PROBLEM 1.9-11

1.9-12 What is the maximum possible value of the clamping force C in the jaws of the pliers shown in the figure if the ultimate shear stress in the 5-mm diameter pin is 340 MPa?

What is the maximum permissible value of the applied load P to maintain a factor of safety of 3.0 with respect to failure of the pin?

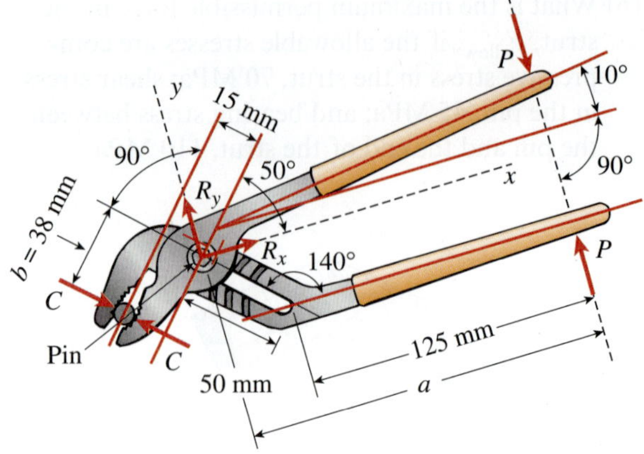

PROBLEM 1.9-12

1.9-13 A metal bar AB of a weight W is suspended by a system of steel wires arranged as shown in the figure. The diameter of the wires is 2 mm, and the yield stress of the steel is 45 MPa.

Determine the maximum permissible weight W_{max} for a factor of safety of 1.9 with respect to yielding.

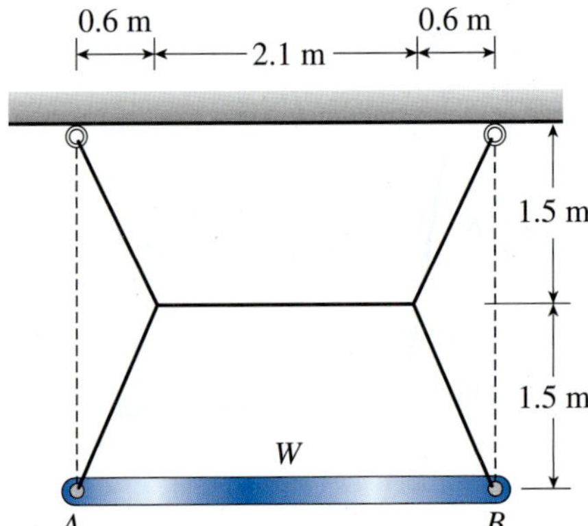

PROBLEM 1.9-13

1.9-14 A plane truss is subjected to loads $2P$ and P at joints B and C, respectively, as shown in the figure part a. The truss bars are made of two steel angles (cross-sectional area of the two angles, $A = 2180\ \text{mm}^2$, and thickness = 6.4 mm, see figure part b) having an ultimate stress in tension equal to 390 MPa. The angles are connected to a 12-mm-thick gusset plate at C (figure part c) with 16-mm diameter rivets; assume each rivet transfers an equal share of the member force to the gusset plate. The ultimate stresses in shear and bearing for the rivet steel are 190 MPa and 550 MPa, respectively.

Determine the allowable load P_{allow} if a safety factor of 2.5 is desired with respect to the ultimate load that can be carried. Consider tension in the bars, shear in the rivets, bearing between the rivets and the bars, and also bearing between the rivets and the gusset plate. Disregard friction between the plates and the weight of the truss itself.

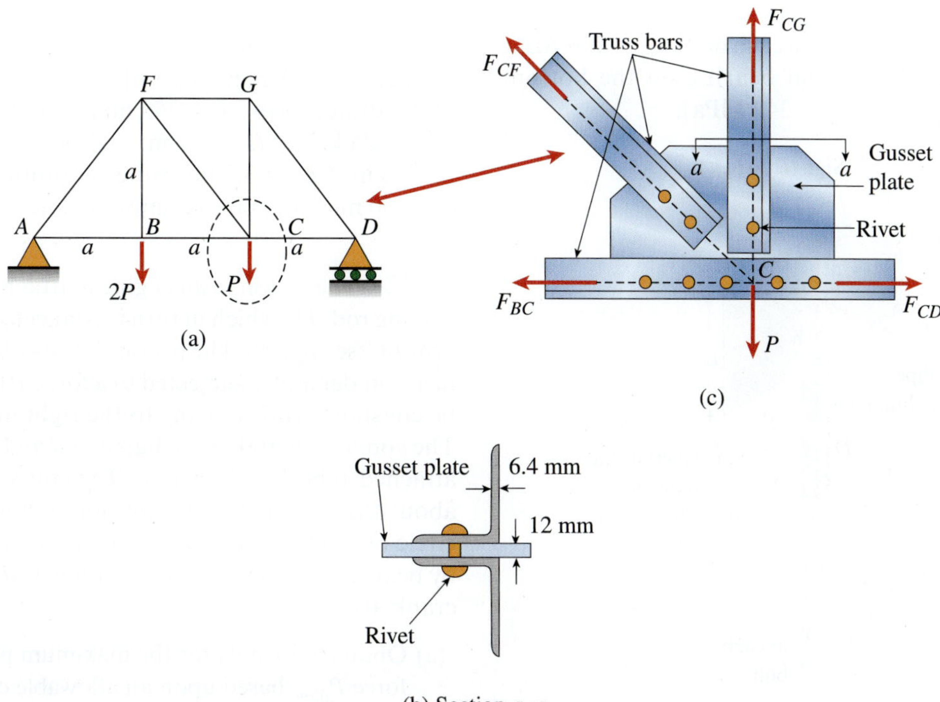

(b) Section *a–a*

PROBLEM 1.9-14

1.9-15 A solid bar of circular cross section (diameter d) has a hole of diameter $d/5$ drilled laterally through the center of the bar (see figure). The allowable average tensile stress on the net cross section of the bar is σ_{allow}.

(a) Obtain a formula for the allowable load P_{allow} that the bar can carry in tension.
(b) Calculate the value of P_{allow} if the bar is made of brass with a diameter $d = 45$ mm and $\sigma_{\text{allow}} = 83$ MPa.

Hint: Use the formulas of Case 15, Appendix E.

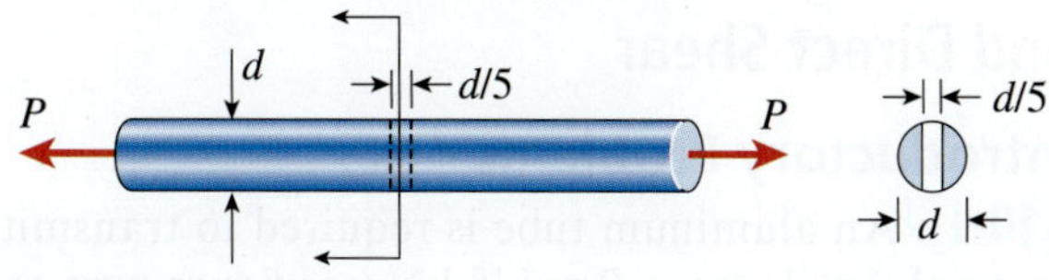

PROBLEM 1.9-15

1.9-16 A solid steel bar of a diameter $d_1 = 60$ mm has a hole of a diameter $d_2 = 32$ mm drilled through it (see figure). A steel pin of a diameter d_2 passes through the hole and is attached to supports.

Determine the maximum permissible tensile load P_{allow} in the bar if the yield stress for shear in the pin is $\tau_Y = 120$ MPa, the yield stress for tension in the bar is $\sigma_Y = 250$ MPa, and a factor of safety of 2.0 with respect to yielding is required. *Hint*: Use the formulas of Case 15, Appendix E.

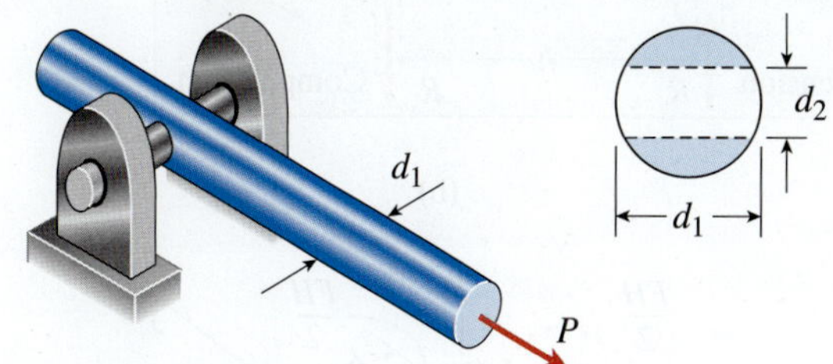

PROBLEM 1.9-16

1.9-17 A sign of weight W is supported at its base by four bolts anchored in a concrete footing. Wind pressure p acts normal to the surface of the sign; the resultant of the uniform wind pressure is force F at the center of pressure (C.P.). The wind force is assumed to create equal shear forces $F/4$ in the y direction at each bolt (see figure parts a and c). The overturning effect of the wind force also causes an uplift force R at bolts A and C and a downward force $(-R)$ at bolts B and D

(see figure part b). The resulting effects of the wind and the associated ultimate stresses for each stress condition are normal stress in each bolt ($\sigma_u = 410$ MPa); shear through the base plate ($\tau_u = 115$ MPa); horizontal shear and bearing on each bolt ($\tau_{hu} = 170$ MPa and $\sigma_{bu} = 520$ MPa); and bearing on the bottom washer at B (or D) ($\sigma_{bw} = 340$ MPa).

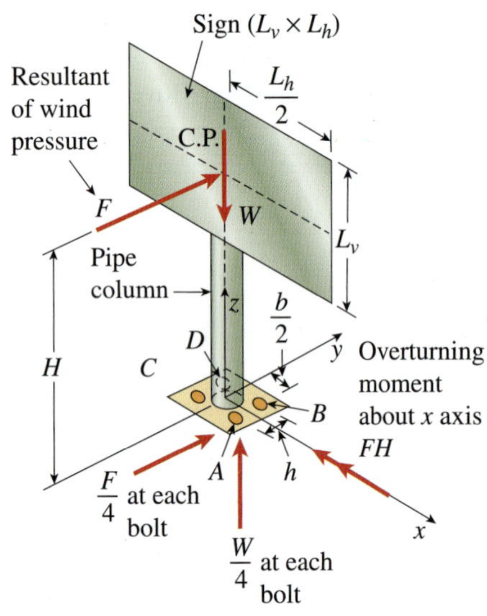

(a)

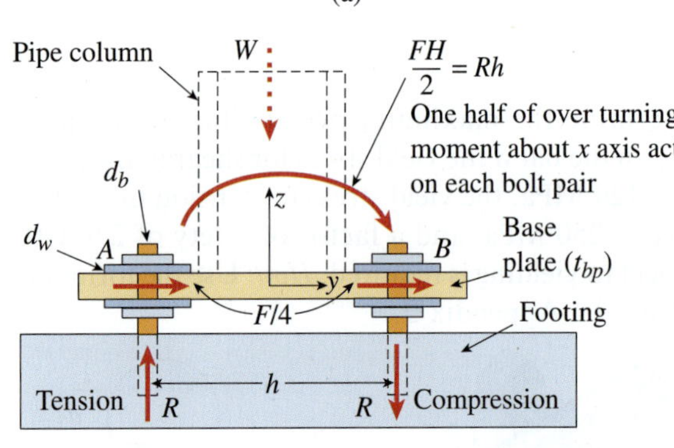

(b)

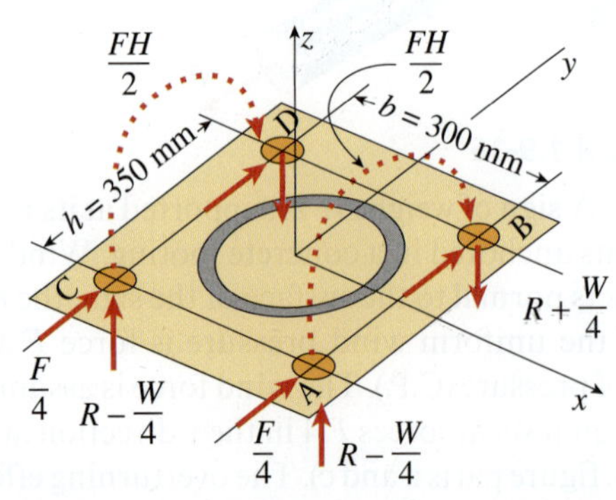

(c)

PROBLEM 1.9-17

Find the maximum wind pressure p_{max} (Pa) that can be carried by the bolted support system for the sign if a safety factor of 2.5 is desired with respect to the ultimate wind load that can be carried.

Use the following numerical data: bolt $d_b = 19$ mm; washer $d_w = 38$ mm; base plate $t_{bp} = 25$ mm; base plate dimensions: $h = 350$ mm and $b = 300$ mm; $W = 2.25$ kN; $H = 5.2$ m; sign dimensions: $L_v = 3$ m $\times$ $L_h = 3.7$ m; pipe column diameter: $d = 150$ mm; and pipe column thickness: $t = 10$ mm.

1.9-18 The piston in an engine is attached to a connecting rod AB, which in turn is connected to a crank arm BC (see figure). The piston slides without friction in a cylinder and is subjected to a force P (assumed to be constant) while moving to the right in the figure. The connecting rod, with diameter d and length L, is attached at both ends by pins. The crank arm rotates about the axle at C with the pin at B moving in a circle of radius R. The axle at C, which is supported by bearings, exerts a resisting moment M against the crank arm.

(a) Obtain a formula for the maximum permissible force P_{allow} based upon an allowable compressive stress σ_c in the connecting rod.

(b) Calculate the force P_{allow} for the following data: $\sigma_c = 160$ MPa, $d = 9.00$ mm, and $R = 0.28L$.

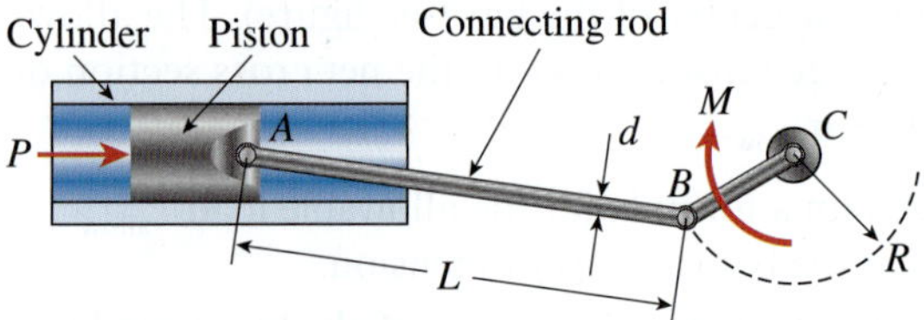

PROBLEM 1.9-18

1.10 Design for Axial Loads and Direct Shear

Introductory Problems

1.10-1 An aluminum tube is required to transmit an axial tensile force $P = 148$ kN (see figure part a). The thickness of the wall of the tube is 6 mm.

(a) What is the minimum required outer diameter d_{min} if the allowable tensile stress is 84 MPa?

(b) Repeat part (a) if the tube has a hole of a diameter $d/10$ at mid-length (see figure parts b and c).

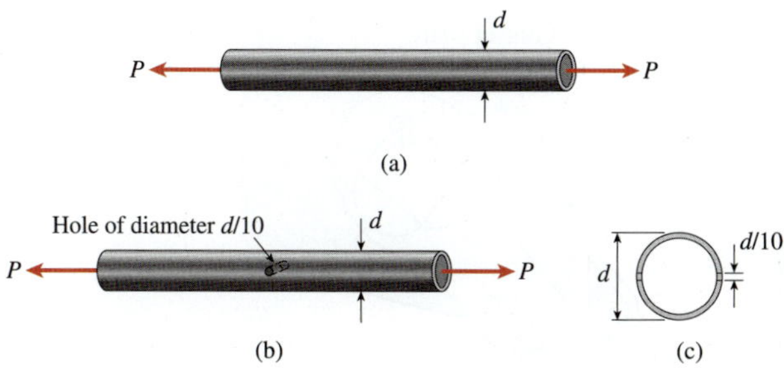

PROBLEM 1.10-1

1.10-2 A copper alloy pipe with a yield stress $\sigma_Y = 290$ MPa is to carry an axial tensile load $P = 1500$ kN (see figure part a). Use a factor of safety of 1.8 against yielding.

(a) If the thickness t of the pipe is one-eighth of its outer diameter, what is the minimum required outer diameter d_{min}?

(b) Repeat part (a) if the tube has a hole of diameter $d/10$ drilled through the entire tube, as shown in the figure part b.

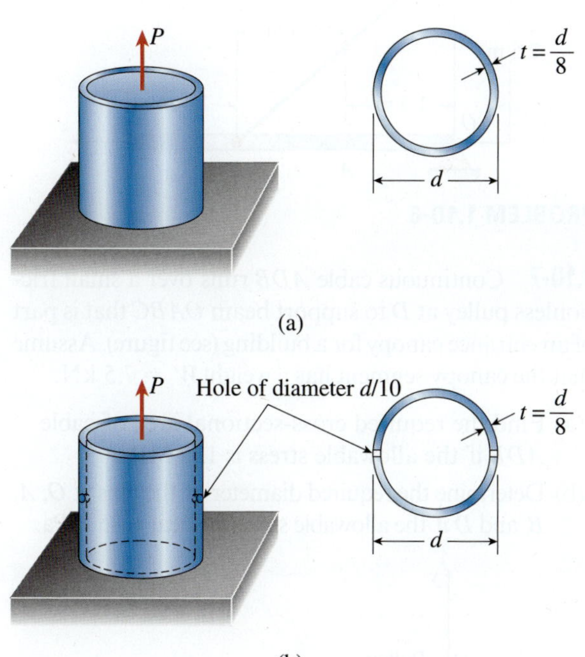

PROBLEM 1.10-2

1.10-3 A horizontal beam AB with cross-sectional dimensions ($b = 19$ mm) × ($h = 200$ mm) is supported by an inclined strut CD and carries a load $P = 12$ kN at joint B (see figure part a). The strut, which consists of two bars each of thickness $5b/8$, is connected to the beam by a bolt passing through the three bars meeting at joint C (see figure part b).

(a) If the allowable shear stress in the bolt is 90 MPa, what is the minimum required diameter d_{min} of the bolt at C?

(b) If the allowable bearing stress in the bolt is 130 MPa, what is the minimum required diameter d_{min} of the bolt at C?

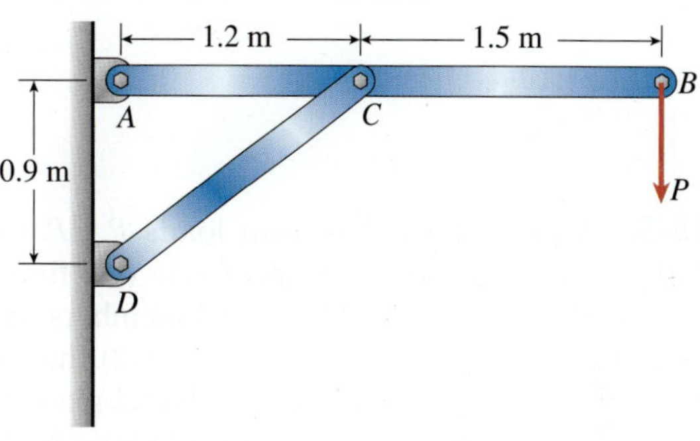

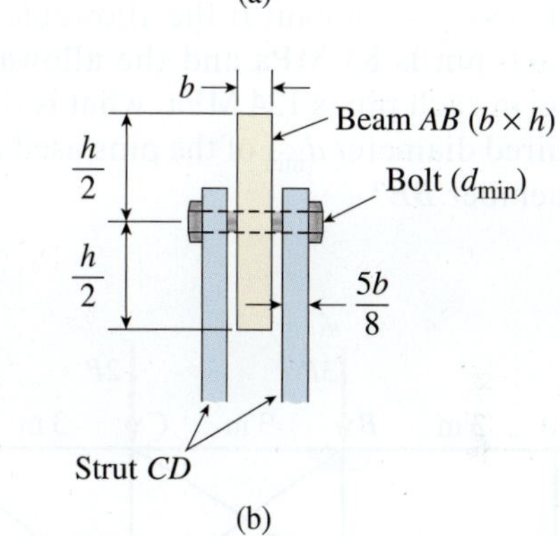

PROBLEM 1.10-3

Representative Problems

1.10-4 Lateral bracing for an elevated pedestrian walkway is shown in the figure part a. The thickness of the clevis plate $t_c = 16$ mm and the thickness of the gusset plate $t_g = 20$ mm (see figure part b). The maximum force in the diagonal bracing is expected to be $F = 190$ kN.

If the allowable shear stress in the pin is 90 MPa and the allowable bearing stress between the pin and both the clevis and gusset plates is 150 MPa, what is the minimum required diameter d_{min} of the pin?

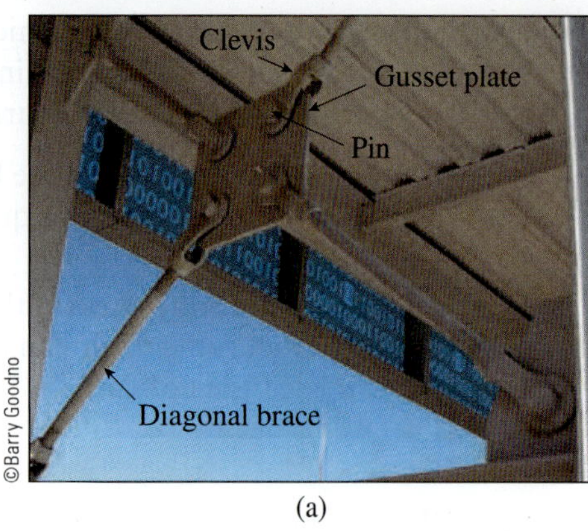

(a)

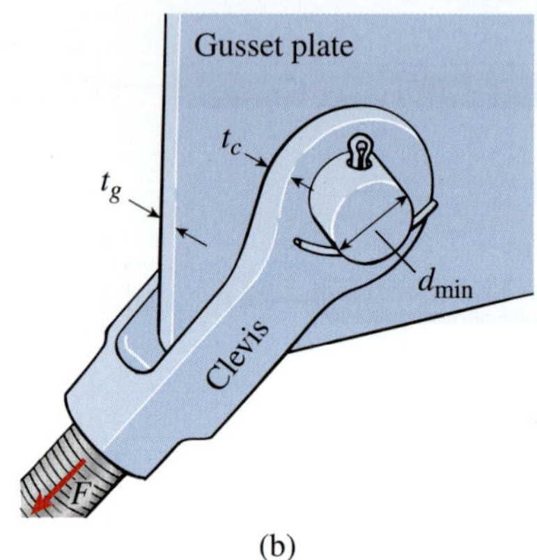

(b)

PROBLEM 1.10-4

1.10-5 A plane truss has joint loads P, $2P$, and $3P$ at joints D, C, and B, respectively (see figure) where load variable $P = 23$ kN. All members have two end plates (see figure for Prob. 1.8-2) that are pin-connected to gusset plates. Each end plate has a thickness $t_p = 16$ mm, and all gusset plates have a thickness $t_g = 28$ mm. If the allowable shear stress in each pin is 83 MPa and the allowable bearing stress in each pin is 124 MPa, what is the minimum required diameter d_{min} of the pins used at either end of member BE?

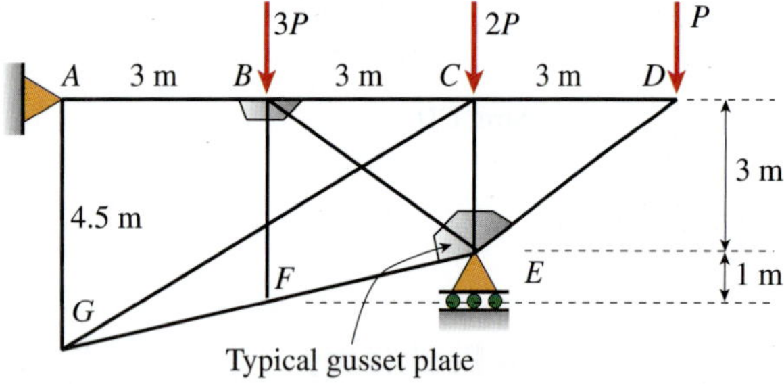

PROBLEM 1.10-5

1.10-6 Cable DB supports canopy beam $OABC$ as shown in the figure. Find the required cross-sectional area of cable BD if the allowable normal stress is 125 MPa. Determine the required diameter of the pins at O, B, and D if the allowable stress in shear is 80 MPa. Assume that canopy beam weight is $W = 8$ kN. *Note*: The pins at O, A, B, and D are in double shear. Consider only the weight of the canopy; disregard the weight of cable DB.

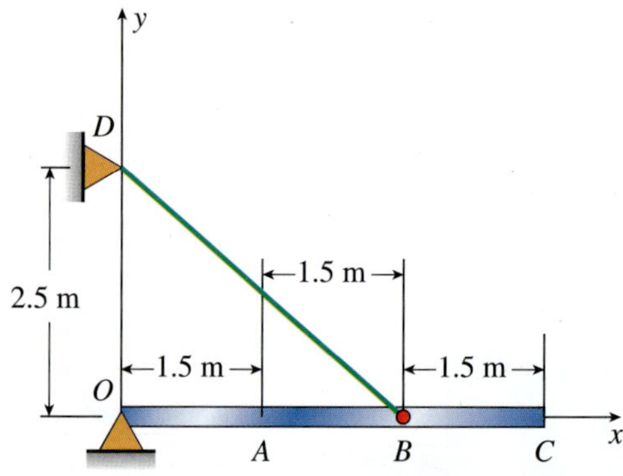

PROBLEM 1.10-6

1.10-7 Continuous cable ADB runs over a small frictionless pulley at D to support beam $OABC$ that is part of an entrance canopy for a building (see figure). Assume that the canopy segment has a weight $W = 7.5$ kN.

(a) Find the required cross-sectional area of cable ADB if the allowable stress is 125 MPa.

(b) Determine the required diameter of the pins at O, A, B, and D if the allowable stress in shear is 85 MPa.

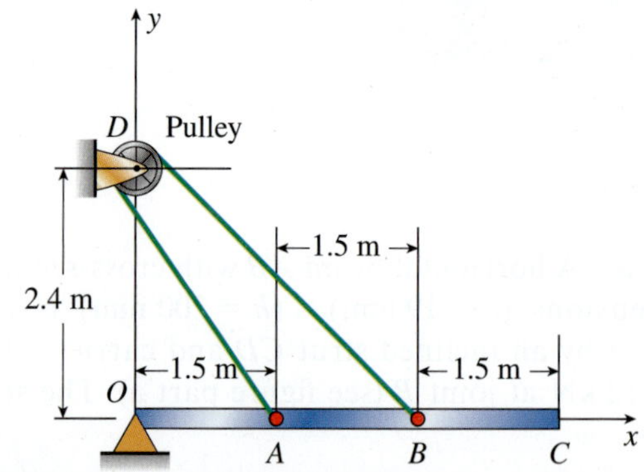

PROBLEM 1.10-7

1.10-8 A suspender on a suspension bridge consists of a cable that passes over the main cable (see figure) and supports the bridge deck, which is far below. The suspender is held in position by a metal tie that is prevented from sliding downward by clamps around the suspender cable.

Let P represent the load in each part of the suspender cable, and let θ represent the angle of the suspender cable just above the tie. Let σ_{allow} represent the allowable tensile stress in the metal tie.

(a) Obtain a formula for the minimum required cross-sectional area of the tie.

(b) Calculate the minimum area if $P = 130$ kN, $\theta = 75°$, and $\sigma_{\text{allow}} = 80$ MPa.

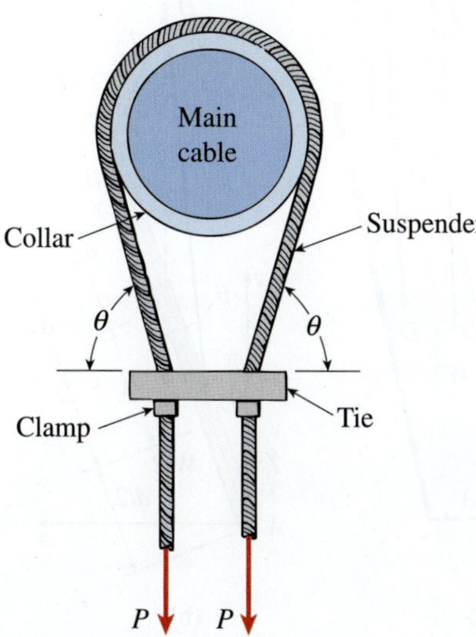

PROBLEM 1.10-8

1.10-9 A square steel tube of a length $L = 6$ m and width $b_2 = 250$ mm is hoisted by a crane (see figure). The tube hangs from a pin of diameter d that is held by the cables at points A and B. The cross section is a hollow square with an inner dimension $b_1 = 210$ mm and outer dimension $b_2 = 250$ mm. The allowable shear stress in the pin is 60 MPa, and the allowable bearing stress between the pin and the tube is 90 MPa.

Determine the minimum diameter of the pin in order to support the weight of the tube. *Note:* Disregard the rounded corners of the tube when calculating its weight.

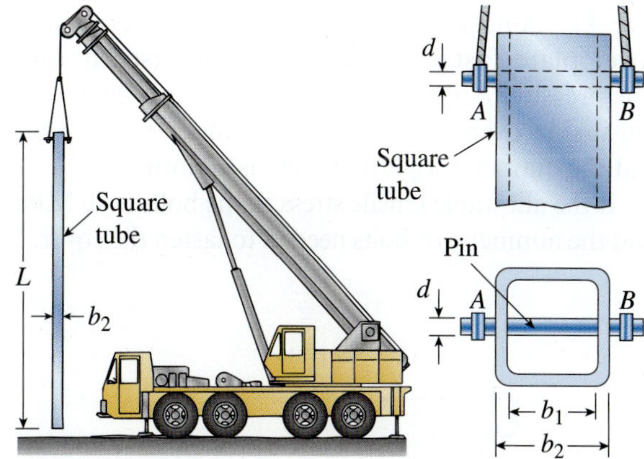

PROBLEM 1.10-9

1.10-10 A cable and pulley system at D is used to bring a 230-kg pole (ACB) to a vertical position, as shown in the figure part a. The cable has tensile force T and is attached at C. The length L of the pole is 6.0 m, the outer diameter is $d = 140$ mm, and the wall thickness is $t = 12$ mm. The pole pivots about a pin at A in figure part b. The allowable shear stress in the pin is 60 MPa and the allowable bearing stress is 90 MPa.

Find the minimum diameter of the pin at A in order to support the weight of the pole in the position shown in the figure part a.

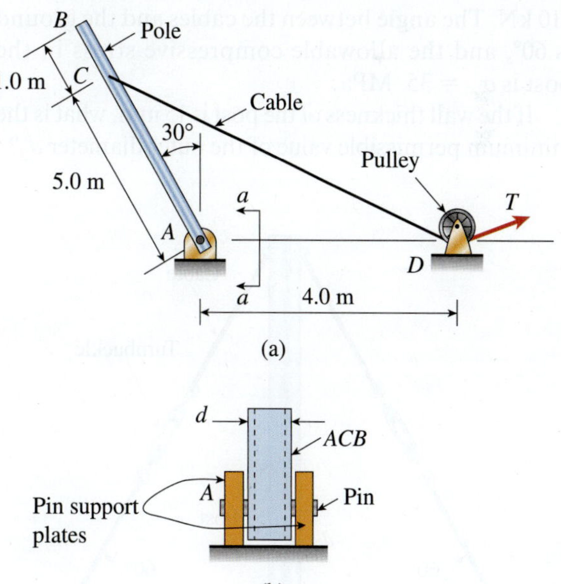

PROBLEM 1.10-10

1.10-11 A pressurized circular cylinder has a sealed cover plate fastened with steel bolts (see figure). The pressure p of the gas in the cylinder is 1900 kPa, the inside diameter D of the cylinder is 250 mm, and the diameter d_B of the bolts is 12 mm.

If the allowable tensile stress in the bolts is 70 MPa, find the number n of bolts needed to fasten the cover.

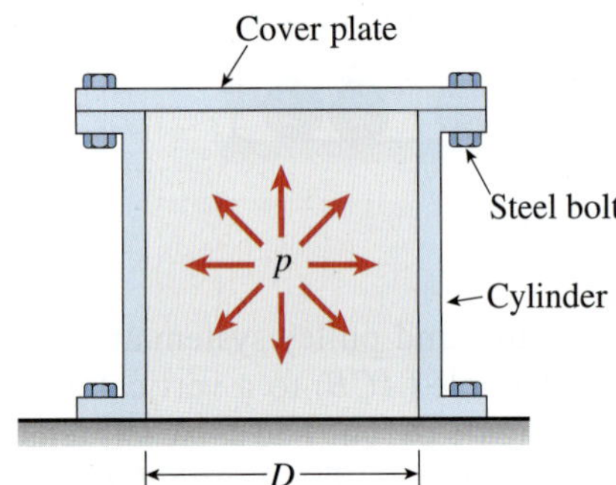

PROBLEM 1.10-11

1.10-12 A tubular post of outer diameter d_2 is guyed by two cables fitted with turnbuckles (see figure). The cables are tightened by rotating the turnbuckles, producing tension in the cables and compression in the post. Both cables are tightened to a tensile force of 110 kN. The angle between the cables and the ground is 60°, and the allowable compressive stress in the post is $\sigma_c = 35$ MPa.

If the wall thickness of the post is 15 mm, what is the minimum permissible value of the outer diameter d_2?

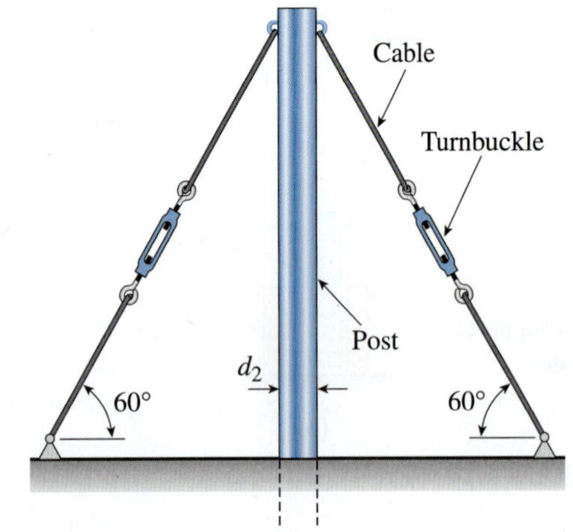

PROBLEM 1.10-12

1.10-13 A large precast concrete panel for a warehouse is raised using two sets of cables at two lift lines, as shown in the figure part a. Cable 1 has a length $L_1 = 6.7$ m, cable 2 has a length $L_2 = 2$ m, and the distance along the panel between lift points B and D is $d = 5.2$ m (see figure part b). The total weight of the panel is $W = 378$ kN. Assuming the cable lift forces F at each lift line are about equal, use the simplified model of one half of the panel in figure part b to perform your analysis for the lift position shown.

Find the required cross-sectional area AC of the cable if its breaking stress is 630 MPa and a factor of safety of 4 with respect to failure is desired.

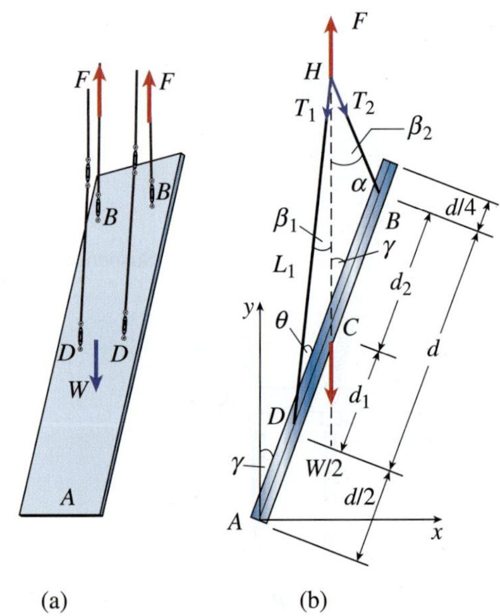

PROBLEM 1.10-13

1.10-14 A steel column of hollow circular cross section is supported on a circular, steel base plate and a concrete pedestal (see figure). The column has an outside diameter $d = 250$ mm and supports a load $P = 750$ kN.

(a) If the allowable stress in the column is 55 MPa, what is the minimum required thickness t? Based upon your result, select a thickness for the column. (Select a thickness that is an even integer, such as 10, 12, 14, . . ., in units of millimeters.)

(b) If the allowable bearing stress on the concrete pedestal is 11.5 MPa, what is the minimum required diameter D of the base plate if it is designed for the allowable load P_{allow} that the column with the selected thickness can support?

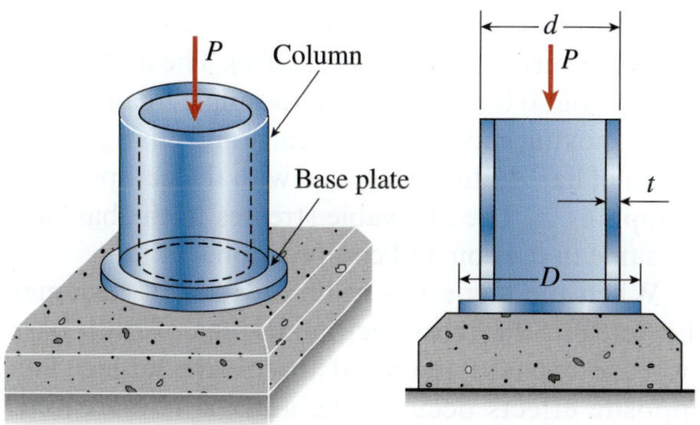

PROBLEM 1.10-14

1.10-15 An elevated jogging track is supported at intervals by a wood beam AB ($L = 2.3$ m) that is pinned at A and supported by steel rod BC and a steel washer at B. Both the rod ($d_{BC} = 5$ mm) and the washer ($d_B = 25$ mm) were designed using a rod tension force of $T_{BC} = 1890$ N. The rod was sized using a factor of safety of 3 against reaching the ultimate stress $\sigma_u = 410$ MPa. An allowable bearing stress $\sigma_{ba} = 3.9$ MPa was used to size the washer at B.

A small platform HF is suspended below a section of the elevated track to support some mechanical and electrical equipment. The equipment load is uniform load $q = 730$ N/m and concentrated load $W_E = 780$ N at mid-span of beam HF. The plan is to drill a hole through beam AB at D and install the same rod (d_{BC}) and washer (d_B) at both D and F to support beam HF.

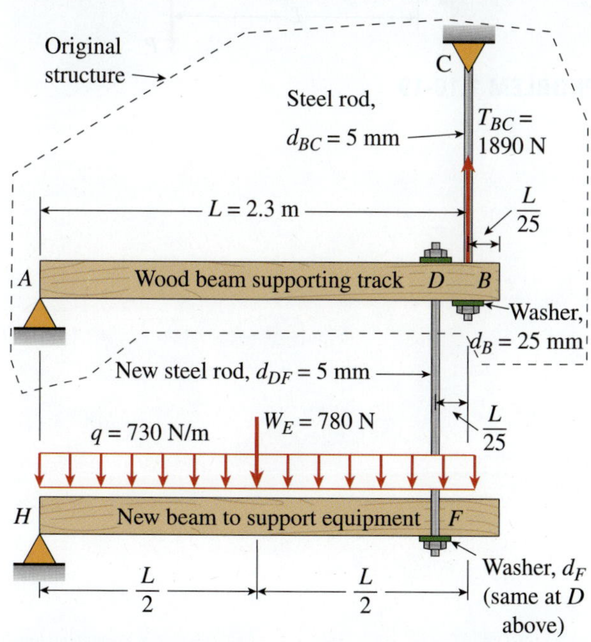

PROBLEM 1.10-15

(a) Use σ_u and σ_{ba} to check the proposed design for rod DF and washer d_F; are they acceptable?

(b) Re-check the normal tensile stress in rod BC and bearing stress at B; if either is inadequate under the additional load from platform HF, redesign them to meet the original design criteria.

1.10-16 A flat bar of a width $b = 60$ mm and thickness $t = 10$ mm is loaded in tension by a force P (see figure). The bar is attached to a support by a pin of a diameter d that passes through a hole of the same size in the bar. The allowable tensile stress on the net cross section of the bar is $\sigma_T = 140$ MPa, the allowable shear stress in the pin is $\tau_S = 80$ MPa, and the allowable bearing stress between the pin and the bar is $\sigma_B = 200$ MPa.

(a) Determine the pin diameter d_m for which the load P is a maximum.

(b) Determine the corresponding value P_{max} of the load.

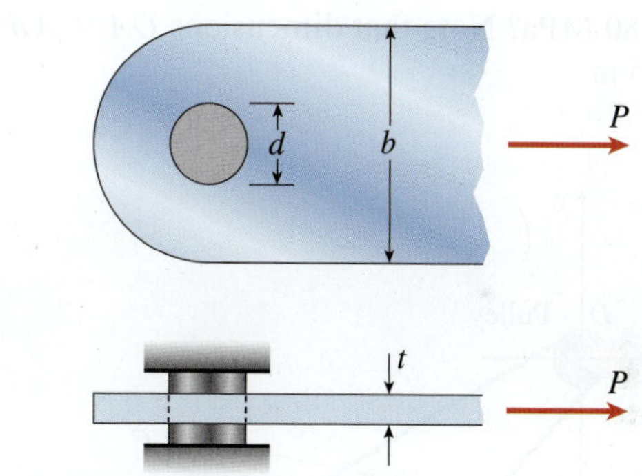

PROBLEM 1.10-16

1.10-17 Continuous cable ADB runs over a small frictionless pulley at D to support beam $OABC$, which is part of an entrance canopy for a building (see figure). The canopy segment has a weight $W = 7.5$ kN that acts as a concentrated load in the middle of segment AB.

(a) What is the maximum permissible value of load P at C if the allowable force in the cable is 18 kN?

(b) If $P = 10$ kN, what is the required diameter of pins A, B, and D? Assume that the pins are in *double shear* and the allowable shear stress in the pins is 70 MPa.

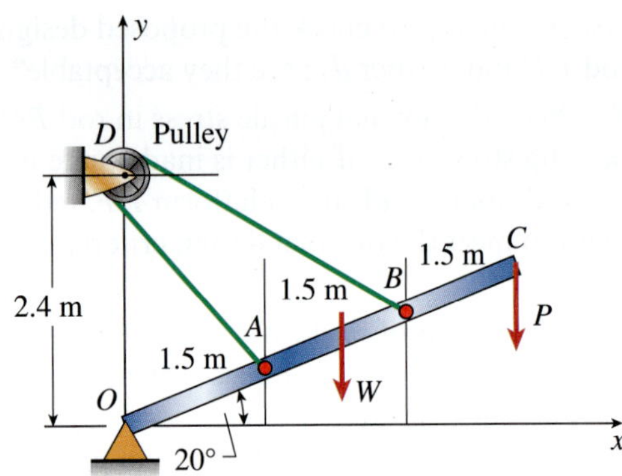

PROBLEM 1.10-17

1.10-18 Continuous cable ADB runs over a small frictionless pulley at D to support beam $OABC$, which is part of an entrance canopy for a building (see figure). A downward distributed load with peak intensity $q_0 = 5$ kN/m at O acts on the beam (see figure). Assume that canopy weight $W = 8$ kN and that the cable cross-sectional area is 100 mm^2.

What is the required diameter of pins A, B, and D if the pins are in *double shear* and the allowable shear stress is 80 MPa? Note that dimensions $OA = AB = BC = 1.5$ m.

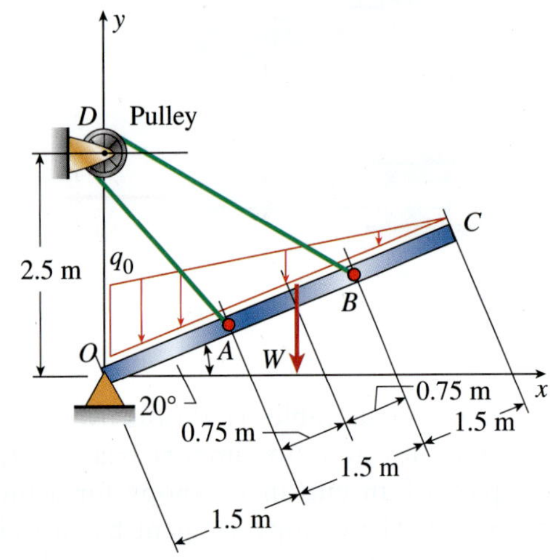

PROBLEM 1.10-18

1.10-19 Two bars AC and BC of the same material support a vertical load P (see figure). The length L of the horizontal bar is fixed, but the angle θ can be varied by moving support A vertically and changing the length of bar AC to correspond with the new position of support A. The allowable stresses in the bars are the same in tension and compression.

When the angle θ is reduced, bar AC becomes shorter, but the cross-sectional areas of both bars increase because the axial forces are larger. The opposite effects occur if the angle θ is increased. Thus, the weight of the structure (which is proportional to the volume) depends upon the angle θ.

Determine the angle θ so that the structure has minimum weight without exceeding the allowable stresses in the bars. *Note*: The weights of the bars are very small compared to the force P and may be disregarded.

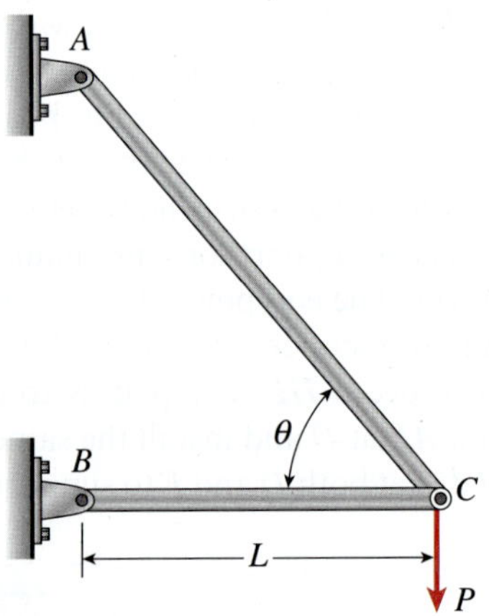

PROBLEM 1.10-19

SOME ADDITIONAL REVIEW PROBLEMS: Chapter 1

R-1.1 A plane truss has downward applied load P at joint 2 and another load P applied leftward at joint 5. The force in member 3–5 is:

(A) 0
(B) $-P/2$
(C) $-P$
(D) $+1.5\,P$

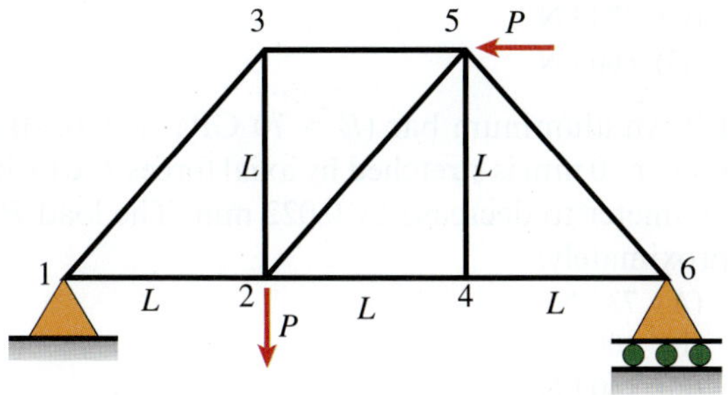

R-1.2 The force in member FE of the plane truss below is approximately:

(A) -1.5 kN
(B) -2.2 kN
(C) 3.9 kN
(D) 4.7 kN

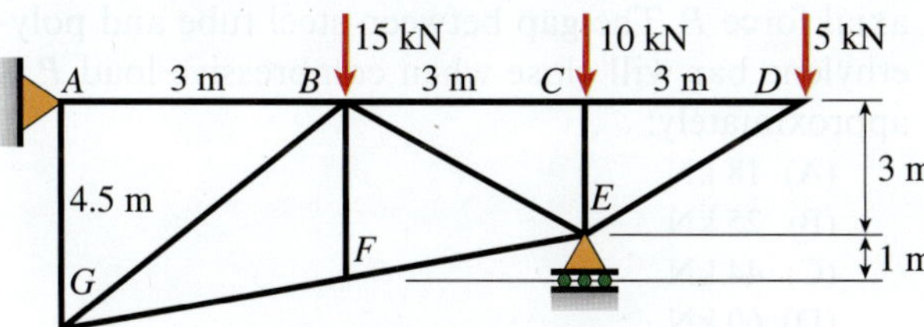

R-1.3 The moment reaction at A in the plane frame below is approximately:

(A) $+1400$ N·m
(B) -2280 N·m
(C) -3600 N·m
(D) $+6400$ N·m

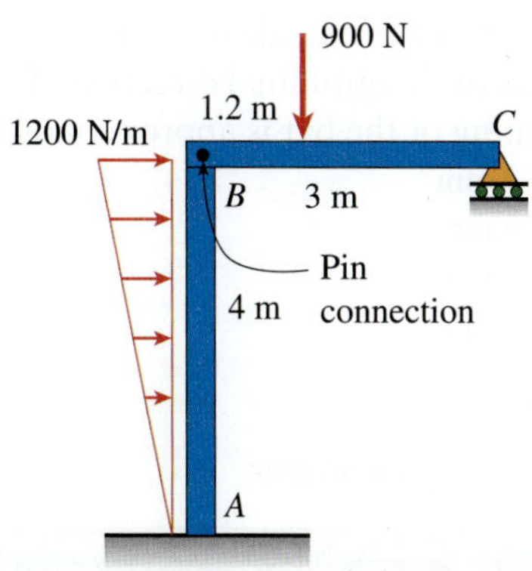

R-1.4 A hollow circular post ABC (see figure) supports a load $P_1 = 16$ kN acting at the top. A second load P_2 is uniformly distributed around the cap plate at B. The diameters and thicknesses of the upper and lower parts of the post are $d_{AB} = 30$ mm, $t_{AB} = 12$ mm, $d_{BC} = 60$ mm, and $t_{BC} = 9$ mm, respectively. The lower part of the post must have the same compressive stress as the upper part. The required magnitude of the load P_2 is approximately:

(A) 18 kN
(B) 22 kN
(C) 28 kN
(D) 46 kN

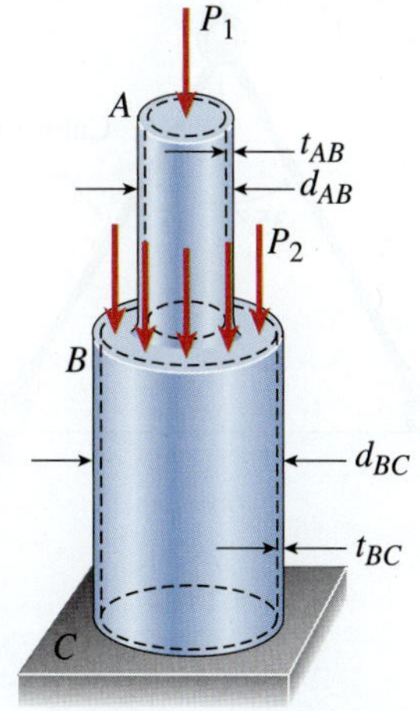

R-1.5 A circular aluminum tube of length $L = 650$ mm is loaded in compression by forces P. The outside and inside diameters are 80 mm and 68 mm, respectively. A strain gage on the outside of the bar records a normal strain in the longitudinal direction of 400×10^{-6}. The shortening of the bar is approximately:

(A) 0.12 mm
(B) 0.26 mm
(C) 0.36 mm
(D) 0.52 mm

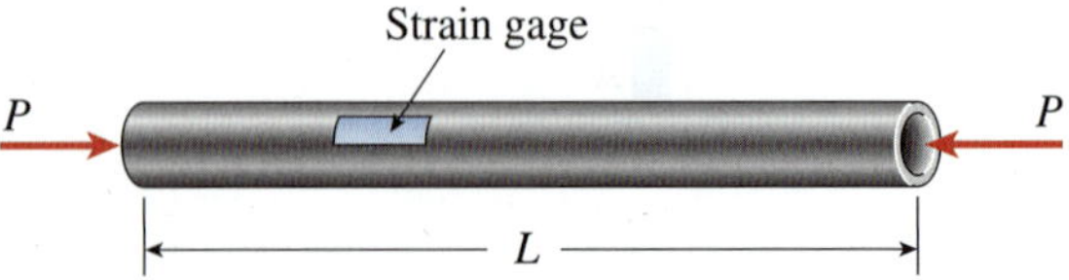

R-1.6 A steel plate weighing 27 kN is hoisted by a cable sling that has a clevis at each end. The pins through the clevises are 22 mm in diameter. Each half of the cable is at an angle of 35° to the vertical. The average shear stress in each pin is approximately:

(A) 22 MPa
(B) 28 MPa
(C) 40 MPa
(D) 48 MPa

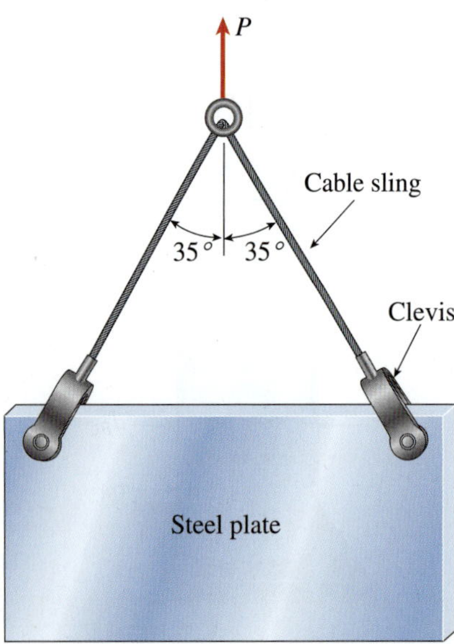

R-1.7 A steel wire hangs from a high-altitude balloon. The steel has unit weight 77 kN/m^3 and yield stress of 280 MPa. The required factor of safety against yield is 2.0. The maximum permissible length of the wire is approximately:

(A) 1800 m
(B) 2200 m
(C) 2600 m
(D) 3000 m

R-1.8 An aluminum bar (E = 72 GPa, ν = 0.33) of diameter 50 mm cannot exceed a diameter of 50.1 mm when compressed by axial force P. The maximum acceptable compressive load P is approximately:

(A) 190 kN
(B) 200 kN
(C) 470 kN
(D) 860 kN

R-1.9 An aluminum bar (E = 70 GPa, ν = 0.33) of diameter 20 mm is stretched by axial forces P, causing its diameter to decrease by 0.022 mm. The load P is approximately:

(A) 73 kN
(B) 100 kN
(C) 140 kN
(D) 339 kN

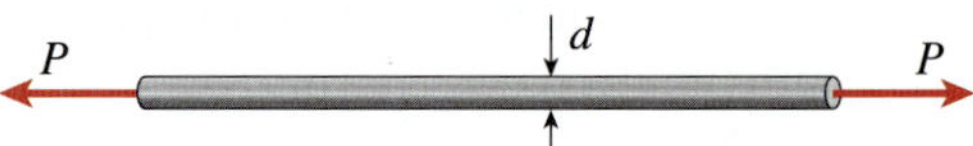

R-1.10 A polyethylene bar (E = 1.4 GPa, ν = 0.4) of diameter 80 mm is inserted in a steel tube of inside diameter 80.2 mm and then compressed by axial force P. The gap between steel tube and polyethylene bar will close when compressive load P is approximately:

(A) 18 kN
(B) 25 kN
(C) 44 kN
(D) 60 kN

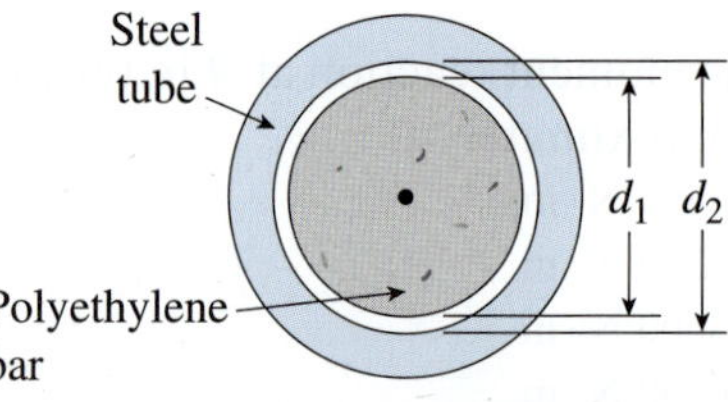

R-1.11 A pipe (E = 110 GPa) carries a load P_1 = 120 kN at A and a uniformly distributed load P_2 = 100 kN on the cap plate at B. Initial pipe diameters and thicknesses are d_{AB} = 38 mm, t_{AB} = 12 mm, d_{BC} = 70 mm, and t_{BC} = 10 mm. Under loads P_1 and P_2, wall thickness t_{BC} increases by 0.0036 mm. Poisson's ratio v for the pipe material is approximately:

(A) 0.27
(B) 0.30
(C) 0.31
(D) 0.34

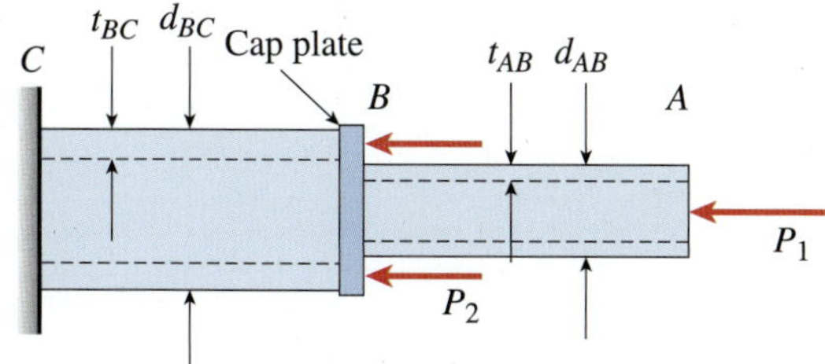

R-1.12 A titanium bar (E = 100 GPa, v = 0.33) with square cross section (b = 75 mm) and length L = 3.0 m is subjected to tensile load P = 900 kN. The increase in volume of the bar is approximately:

(A) 1400 mm^3
(B) 3500 mm^3
(C) 4800 mm^3
(D) 9200 mm^3

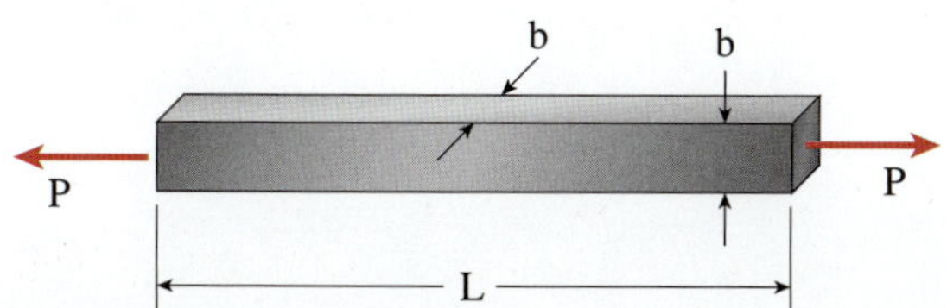

R-1.13 An elastomeric bearing pad is subjected to a shear force V during a static loading test. The pad has dimensions a = 150 mm and b = 225 mm, and thickness t = 55 mm. The lateral displacement of the top plate with respect to the bottom plate is 14 mm under a load P = 16 kN. The shear modulus of elasticity G of the elastomer is approximately:

(A) 1.0 MPa
(B) 1.5 MPa
(C) 1.7 MPa
(D) 1.9 MPa

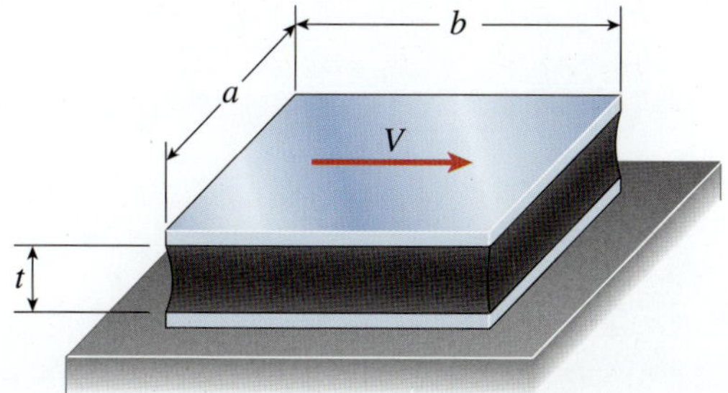

R-1.14 A bar of diameter d = 18 mm and length L = 0.75 m is loaded in tension by forces P. The bar has modulus E = 45 GPa and allowable normal stress of 180 MPa. The elongation of the bar must not exceed 2.7 mm. The allowable value of forces P is approximately:

(A) 41 kN
(B) 46 kN
(C) 56 kN
(D) 63 kN

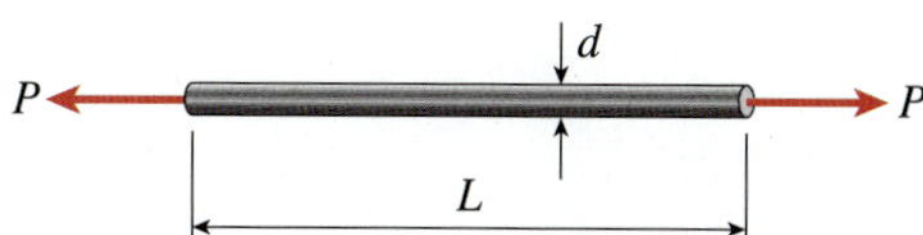

R-1.15 Two flanged shafts are connected by eight 18-mm bolts. The diameter of the bolt circle is 240 mm. The allowable shear stress in the bolts is 90 MPa. Ignore friction between the flange plates. The maximum value of torque T_0 is approximately:

(A) 19 kN·m
(B) 22 kN·m
(C) 29 kN·m
(D) 37 kN·m

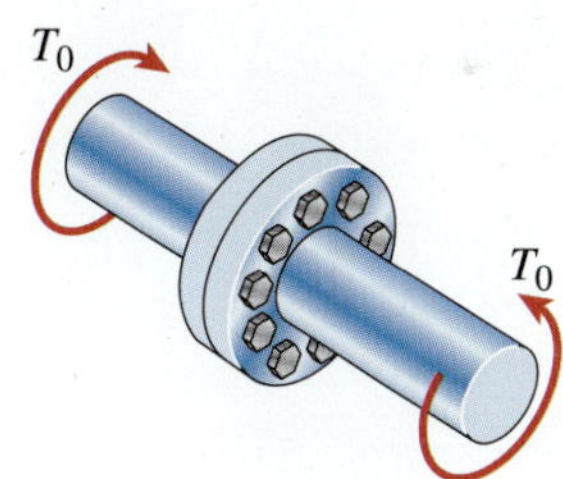

R-1.16 A copper tube with wall thickness of 8 mm must carry an axial tensile force of 175 kN. The allowable tensile stress is 90 MPa. The minimum required outer diameter is approximately:

(A) 60 mm
(B) 72 mm
(C) 85 mm
(D) 93 mm

thickness t_w increases by 0.0016 mm. Poisson's ratio for the pipe material is approximately

(A) 0.27
(B) 0.29
(C) 0.31
(D) 0.34

R-1.12: A titanium bar (E = 100 GPa, ν = 0.33) with square cross section (b = 75 mm) and length L = 3.0 m is subjected to tensile load P = 900 kN. The increase in volume of the bar is approximately

(A) 1400 mm³
(B) 2500 mm³
(C) 4200 mm³
(D) 9200 mm³

R-1.13: An elastomeric bearing pad is subjected to a shear force V during a static loading test. The pad has dimensions a = 150 mm and b = 225 mm, and thickness t = 55 mm. The lateral displacement of the top plate with respect to the bottom plate is 14 mm under a load P = 16 kN. The shear modulus of elasticity G of the elastomer is approximately

(A) 1.0 MPa
(B) 1.5 MPa
(C) 1.7 MPa
(D) 1.9 MPa

R-1.14: A bar of diameter d = 18 mm and length L = 0.75 m is loaded in tension by forces P. The bar has modulus E = 45 GPa and allowable normal stress of 180 MPa. The elongation of the bar must not exceed 2.7 mm. The allowable value of forces P is approximately

(A) 41 kN
(B) 46 kN
(C) 56 kN
(D) 63 kN

R-1.15: Two flanged shafts are connected by eight 18 mm bolts. The diameter of the bolt circle is 240 mm. The allowable shear stress in the bolts is 90 MPa. Ignore friction between the flange plates. The maximum value of torque T_0 is approximately

(A) 19 kN·m
(B) 22 kN·m
(C) 29 kN·m
(D) 37 kN·m

R-1.16: A copper tube with wall thickness of 8 mm must carry an axial tensile force of 175 kN. The allowable tensile stress is 90 MPa. The minimum required outer diameter is approximately

(A) 60 mm
(B) 72 mm
(C) 85 mm
(D) 93 mm

CHAPTER 2

축 하중을 받는 부재

Axially Loaded Members

원유 시추 장치는 자중, 충격 및 온도 효과에 의한 여러 가지 하중 조건을 고려하여 설계하여야 하는 축 하중 부재로 구성된다.

이 장의 목적

- 힘–변위 관계에 기초하여 축 하중을 받는 부재의 길이 변화를 검토한다.
- 집중되고 분포된 축 방향 힘을 받는 부정정 봉들의 지지 반력을 구한다.
- 온도, 부적합 및 사전 변형률 효과로 인한 봉의 길이 변화를 구한다.
- 축 하중을 받는 봉의 관심 지점의 경사면에서의 수직응력과 전단응력을 구한다.
- 축 하중을 받는 봉에서 국부 응력집중을 발생시키는 구멍들의 영향을 검토한다.
- 변형 에너지, 충격, 피로 및 비선형 거동과 같은 선택된 심화 주제들을 검토한다.

이 장의 구성

2.1 서론

오직 인장 또는 압축만 받는 구조물 요소를 **축 하중을 받는 부재(axially loaded member)**라 한다. 길이방향으로 직선 축을 갖는 봉이 가장 일반적인 형태지만, 케이블과 코일 스프링도 축 하중을 받는다. 트러스(truss) 부재, 엔진의 커넥팅 로드, 자전거 바퀴의 살(spoke), 건물의 기둥 및 항공기 엔진 마운트 등이 축 하중을 받는 봉의 예이다. 1장은 그런 부재의 응력-변형률 거동과 단면에 작용하는 응력에 대한 공식($\sigma = P/A$)과 길이방향변형률에 대한 공식($\varepsilon = \delta/L$)을 논의하였다.

2.2 축 하중을 받는 부재의 길이 변화

그림 2-1
축 하중 P를 받는 스프링

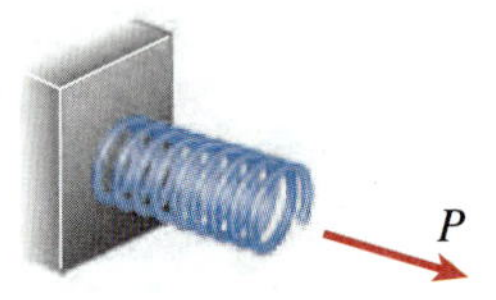

길이방향으로 하중을 받는 부재의 길이 변화를 구할 때는 **코일 스프링(coil spring)**(그림 2-1)으로 시작하는 것이 편리하다. 이런 형태의 스프링은 많은 종류의 기계와 장치에 많이 사용된다(예를 들어, 모든 자동차에는 수십 개의 코일 스프링이 사용된다).

그림 2-1과 같이 스프링의 축 방향으로 하중을 가할 때, 하중 방향에 따라 스프링은 길어지거나 짧아진다. 하중이 스프링 바깥쪽으로 작용하면, 스프링은 늘어나며 스프링은 **인장**(*tension*)으로 하중을 받는다. 하중이 스프링 쪽으로 작용하면, 스프링은 짧아지고 스프링은 **압축**(*compression*)을 받는다. 그러나 이러한 용어에 의하여, 스프링 각각의 코일이 직접 인장 또는 압축응력을 받는다고 생각해서는 안 된다. 오히려 코일은 주로 직접 전단 및 비틀림을 받는다. 그럼에도 불구하고 스프링의 전체적인 늘어남이나 짧아짐은 인장 또는 압축의 거동과 비슷하므로 같은 용어가 사용된다.

스프링

그림 2-2
축 하중을 받는 스프링의 신장량

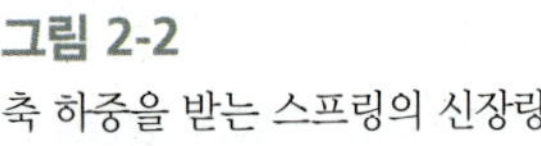

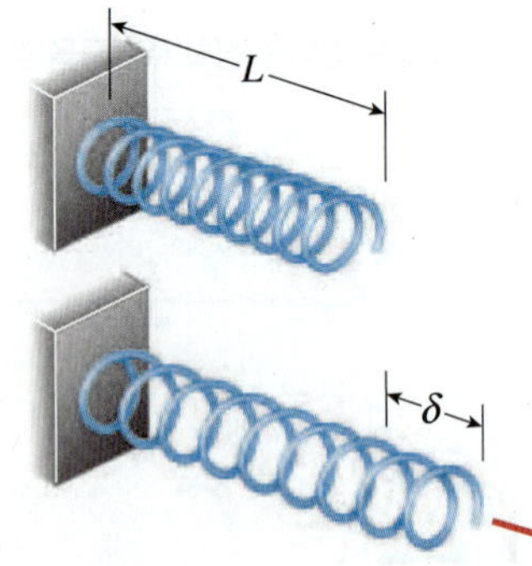

그림 2-2에 스프링의 신장량을 나타냈다. 그림에서 위 그림은 **자연 상태의 길이(natural length)** L(응력을 받지 않은 길이, 이완 길이 또는 자유 길이라고도 부름)을 보여주며, 아래 그림은 인장 하중을 가한 결과를 보여준다. 하중 P가 작용하면, 스프링은 양 δ만큼 늘어나며, 그 최종 길이는 $L + \delta$가 된다. 스프링 재료가 **선형 탄성(linear elastic)**이면, 하중과 신장량은 비례할 것이다:

$$P = k\delta \qquad \delta = fP \tag{2-1a,b}$$

여기서 k와 f는 비례상수이다.

상수 k는 스프링의 **강성도(stiffness)**라 하며 단위 신장량을 발생시키는 데 필요한 힘으로 정의된다. 즉, $k = P/\delta$이다. 비슷하게, 상수 f는 **유연도(flexibility)**라 하고 단위 하중으로 발생하는 신장량으로 정의된다. 즉, $f = \delta/P$이다. 이 논의에서는, 인장을 받는 스프링을 대상으로 하였지만, 식 (2-1a와 b)는 명백히 압축을 받는 스프링에도 적용한다.

앞의 논의로부터, 스프링의 강성도와 유연도는 서로 역수임을 알 수 있다:

$$k = \frac{1}{f} \qquad f = \frac{1}{k} \tag{2-2a,b}$$

스프링의 유연도는 주어진 하중에 의한 신장량을 측정하여 쉽게 구할 수 있다. 그 다음에 식 (2-2a)로부터 강성도를 계산할 수 있다. 스프링의 강성도와 유연도에 대한 다른 용어로는 각각 **스프링 상수(spring constant)**와 **컴플라이언스(compliance)**가 있다.

식 (2-1)과 식 (2-2)로 주어지는 스프링 특성은 뒤의 예제 2-1에서 설명된 바와 같이, 스프링을 포함한 여러 가지 기계 장치의 해석에 사용될 수 있다.

균일 단면 봉

축 하중을 받는 봉은 스프링과 마찬가지로, 인장 하중을 받으면 늘어나고 압축 하중을 받으면 줄어든다. 이러한 거동을 해석하기 위해서 그림 2-3과 같은 균일 단면 봉을 고찰해 본다. **균일 단면 봉(prismatic bar)**은 길이방향으로 직선 축을 가지며 전 길이에 걸쳐 일정한 단면을 갖는 구조용 부재이다. 원형 봉을 예로 들었지만, 그림 2-4에 보이는 것과 같이 구조용 부재는 여러 가지 형태의 단면을 가진다.

그림 2-3
원형단면의 균일 단면 봉

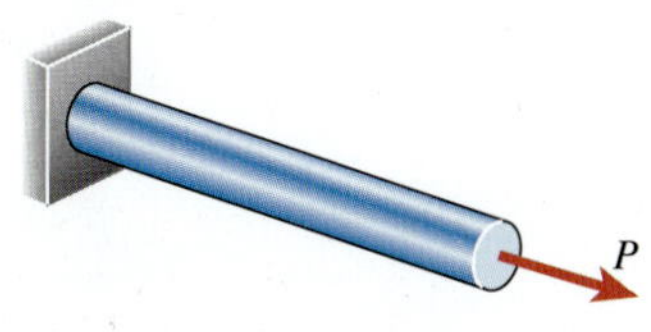

그림 2-4
구조용 부재의 전형적인 단면

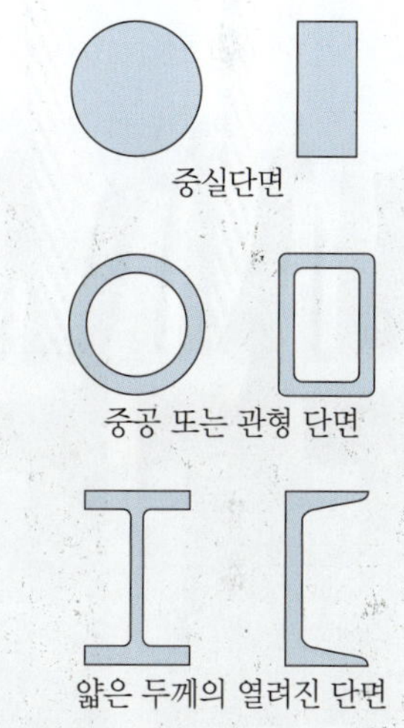

그림 2-5는 인장 하중 P를 받는 균일 단면 봉의 **신장량(elongation)**를 보여준다. 하중이 끝 단면의 도심에 작용하면, 끝에서 멀리 떨어진 단면에 작용하는 균일 수직응력은 공식 $\sigma = P/A$로 구한다. 여기서 A는 축선에 수직인 단면의 면적이다. 또한 봉이 균질 재료로 제작되었다면 축 방향 변형률은 $\varepsilon = \delta/L$이며, 여기서 δ는 신장량, L은 봉의 길이이다.

재료가 **선형 탄성(linear elastic)**이라고 가정한다면, 이는 재료가 후크의 법칙을 따름을 의미한다. 길이방향 응력과 변형률은 식 $\sigma = E\varepsilon$의 관계가 있다. 여기서 E는 탄성 계수(modulus of elasticity)이다. 이러한 기본적 관계를 조합하면 다음과 같은 봉의 신장량을 구하는 식을 얻는다:

$$\delta = \frac{PL}{EA} \tag{2-3}$$

이 식은 신장량이 하중 P와 길이 L에 비례하고, 탄성 계수 E와 단면적 A에 반비례하는 것을 보여준다. EA 값을 봉의 **축 강성(axial rigidity)**이라 한다.

식 (2-3)은 인장을 받는 부재에 대해서 유도되었지만, 압축을 받는 부재에 대해서도 똑같이 적용되며, 이때에는 δ가 봉의 수축량을 나타낸다. 일반적으로 부재가 길어졌는지 짧아졌는지는 육안으로 알 수 있으나, **부호규약(sign convention)**이 필요한 경우가 있다(예를 들어, 부정정 봉을 해석할 때). 이러한 경우 보통 신장은 양으로, 수축은 음으로 나타낸다. 이것을 **변형 부호규약**이라 한다.

일반적으로 봉의 길이 변화는 원래 길이에 비하여, 특히 강이나 알루미늄 같은 구조용 금속 재료인 경우, 매우 작다. 예를 들어, 길이가 2 m이고 48 MPa의 압축 하중을 받

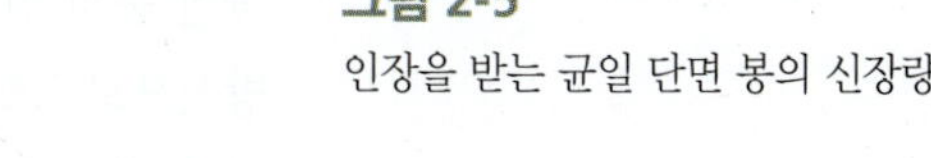

그림 2-5
인장을 받는 균일 단면 봉의 신장량

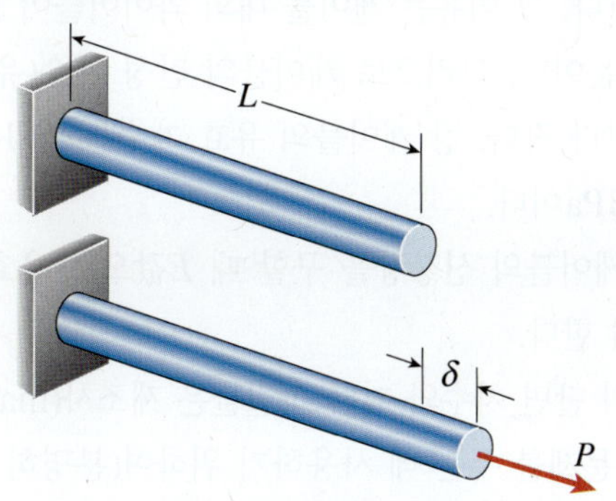

는 알루미늄 지주를 생각하자. 탄성 계수가 72 GPa이라면, 지주의 수축량은 [P/A를 σ로 바꾼 식 (2-3)으로부터] $\delta = 0.0013$ m이다. 결론적으로 원래 길이에 대한 길이 변화의 비는 0.0013/2이며 최종 길이는 원래 길이의 0.999배이다. 이와 유사한 일반적 조건에서는, 계산할 때(봉의 최종 길이 대신에) 봉의 원래 길이를 사용한다.

균일 단면 봉의 강성도와 유연도는 스프링의 경우와 같은 방법으로 정의된다. 강성도는 단위 신장량을 발생시키는 데 필요한 힘, 또는 P/δ이며, 유연도는 단위 하중으로 인한 신장량, 또는 δ/P이다. 그러므로 식 (2-3)으로부터, 균일 단면 봉의 **강성도**와 **유연도**는 각각 다음과 같다.

$$k = \frac{EA}{L} \qquad f = \frac{L}{EA} \tag{2-4a,b}$$

식 (2-4a와 b)로 주어지는 것들을 포함하여, 구조용 부재의 강성도와 유연도는 컴퓨터를 이용하여 대형 구조물을 해석하는 데 있어서 특별한 역할을 한다.

© Barsik/Dreamstime.com

풀리의 강케이블

케이블

케이블은, 예를 들면 무거운 물체를 들어 올리고 잡아당길 때, 승강기를 올릴 때, 타워를 당김 줄로 고정시킬 때 및 현수교를 지지할 때 및 큰 인장력을 전달하는 데 사용한다. 스프링 및 균일 단면 봉과는 달리 케이블은 압축에는 견디지 못한다. 게다가 굽힘에 대한 저항이 작으므로 직선이 되는 것만큼 굽어지기도 쉽다. 그럼에도 불구하고 케이블은 인장력만 받기 때문에 축 하중을 받는 부재로 간주된다. 케이블의 인장력은 축 방향으로 작용하기 때문에 힘은 케이블의 형상에 따라 방향과 크기가 달라질 수 있다.

케이블은 수많은 와이어를 어떤 특정 방식으로 꼬아서 만든다. 케이블의 용도에 따라 많은 종류의 배열이 가능하지만 케이블의 공통적인 형태는 그림 2-6과 같이 중앙의 가닥(strand) 주위에 나선형으로 꼬아진 여섯 개의 가닥으로 이루어진다. 각각의 가닥은 나선형으로 꼬아진 많은 와이어로 구성된다. 이런 이유로 케이블을 때로는 **와이어 로프(wire rope)**라고 부른다.

케이블의 단면적은 각각의 와이어의 총 단면적과 같으며, 이를 **유효 면적(effective area)** 또는 **금속 면적(metallic area)**이라고 부른다. 이 면적은 각각의 와이어 사이에 공간이 있기 때문에 케이블과 같은 지름을 갖는 원의 면적보다 작다. 예를 들면, 25 mm 지름을 갖는 케이블의 실제 단면적(유효 면적)은 단 300 mm^{2}이며, 반면에 25 mm 지름 원의 면적은 491 mm^{2}이다.

같은 인장 하중을 받을 때, 케이블의 신장량은 같은 재료 및 같은 금속 단면적을 갖는 중실 봉의 신장량보다 크다. 그 이유는 케이블 내의 와이어들이 로프 내의 화이버와 같은 방식으로 "조여지기" 때문이다. 그러므로 케이블의 탄성 계수(**유효 계수**라 부른다)는 케이블 재료의 탄성 계수보다 작다. 강 케이블의 유효 계수는 약 140 GPa이지만 강 그 자체의 탄성 계수는 210 GPa이다.

식 (2-3)에 의하여 케이블의 **신장량**을 구할 때 E값으로 유효 계수를, 그리고 A값으로 유효 면적을 사용해야 한다.

실제에서는 케이블의 단면 치수와 기타 성질들은 제조사(manufacturer)로부터 얻는다. 그러나 이 책에서는 문제를 푸는 데 사용하기 위하여(분명히 공학 응용에서 사용하면

표 2-1

강 케이블의 성질[1]

공칭 지름	근사 중량	유효 면적	극한 하중
mm	N/m	mm^2	kN
12	6.1	76.7	102
20	13.9	173	231
25	24.4	304	406
32	38.5	481	641
38	55.9	697	930
44	76.4	948	1260
50	99.8	1230	1650

[1] 이 책의 문제를 푸는 데에 만 사용하여야 함

그림 2-6

강 케이블에서 가닥과 와이어의 전형적인 배열

안 됨), 특정한 형태의 케이블에 대한 성질을 표 2-1에 수록하였다. 마지막 열은 케이블을 끊을 수 있는 하중인 **극한 하중**을 나타냄을 주목하라. 케이블의 용도에 따라 **허용 하중**은 극한 하중에 3 ~ 10 범위의 안전 계수를 적용하여 구한다. 케이블의 각각의 와이어들은 보통 고강도 강으로 제작하며 파괴될 때의 응력은 1,400 MPa 정도일 수 있다.

다음 예제는 스프링과 봉을 포함하는 간단한 장치를 해석하는 기법을 보여준다. 해를 구하는 데는 자유물체도, 평형방정식 및 길이 변화에 대한 식을 필요로 한다. 이 장의 끝에 있는 문제들은 많은 추가적인 예제들을 제공한다.

예제 2-1

기계 요소가 두 개의 강체 봉들이 스프링으로 CD에서 연결되어 있으며 B와 E에서 선형 탄성 스프링으로 지지되는 방식으로 설계되어 있다(그림 2-7 참조). 하중 P가 C에 적용되기 전에는 봉들은 평행하며 스프링들에는 응력이 작용하지 않는다. 봉들의 무게는 무시한다.

(a) 하중 P가 C에 작용되었을 때 C에서의 하향 변위 δ_C의 공식을 유도하고 봉 DEF의 회전 각도 θ의 공식을 유도하라. (하중 P가 작용할 때 봉이 아주 작은 각도만큼만 회전한다고 가정하라.)

(b) 두 개의 병진 스프링에서의 힘을 구하고 E에 있는 회전 스프링에 작용하는 모멘트를 구하라.

그림 2-7

탄성 스프링에 의해 연결 및 지지되어있는 두 개의 강체 봉

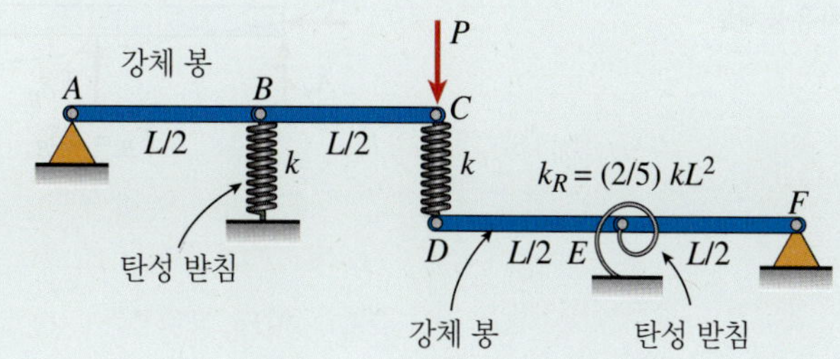

풀이

문제풀이 4단계 접근방법을 이용해 두 봉의 회전, 병진 스프링에 작용하는 힘 그리고 회전 스프링에 작용하는 모멘트를 구한다.

1. **개념화**[가정, 스케치]: 그림 2-8의 점선으로 볼 수 있듯이, 봉 ABC는 하중 P가 작용하면 아래로 움직일 것이고 봉 DEF는 반시계방향으로 회전할 것이다. 그 결과로 스프링에 작용하는 힘 F_B와 F_{CD} 그리고 회전 스프링에 작용하는 모멘트 M_E는 그림 2-8에서 보는 바와 같이 작용할 것이다. 이제 B에서의 병진 스프링이 지지하는 힘을 $F_B = k\delta_B$로 교체하고 E에서의 회전 스프링이 지지하는 모멘트를 $M_E = k_R\theta$로 치환함으로써 각 봉의 자유물체도를 그린다. C와 D 사이에서 두 개의 봉을 지지하는 스프링은, 크기는 같지만 방향이 반대인 힘 $F_{CD} = k(\delta_C - \delta_D)$를 C와 D 점에 가하는데 이것은 상대 변위 $(\delta_C - \delta_D)$에 따라 변한다. 힘 P는 점 C에서 아래 방향으로 작용한다. 따라서 변위 δ_C는 δ_D보다 크다. 음수 결과 값은 그림 2-8에서 보이는 힘과 모멘트가 반대 방향으로 작용하는 것을 의미한다.

2. **분류**[단순화, 분류화]: 두 봉은 강체이고 변위와 회전은 작다. 따라서 $\delta_B = \delta_C/2$이고 $\theta = \delta_D/L$이다.

3. **해석**[수치 계산; 적절한 식의 선정, 수학적인 해를 구함]:

봉 *ABC*의 평형: 그림 2-8에서 위 자유물체도의 점 A에 관한 모멘트를 합한다:

$$\Sigma M_A = 0 \quad F_B\frac{L}{2} + F_{CD}L - PL = 0 \quad \text{or} \quad \frac{k}{2}\delta_B + k(\delta_C - \delta_D) = P$$

$\delta_B = \delta_C/2$로 치환하고 단순화해 다음을 얻는다.

$$\frac{5k}{4}\delta_C - k\delta_D = P \qquad \text{(a)}$$

봉 *DEF*의 평형: 다음으로 그림 2-8에서 아래 자유물체도의 점 F에 관한 모멘트를 합한다:

$$\Sigma M_F = 0 \quad F_{CD}L - M_E = 0 \quad \text{or} \quad k(\delta_C - \delta_D)L = k_R\theta$$

$\theta = \dfrac{\delta_D}{L}$와 $k_R = \dfrac{2}{5}kL^2$을 대입하고 단순화해 다음을 얻는다.

$$\delta_C = \frac{7}{5}\delta_D \qquad \text{(b)}$$

그림 2-8
스프링 연결점 C와 D로 연결된 위와 아래 봉의 자유물체도

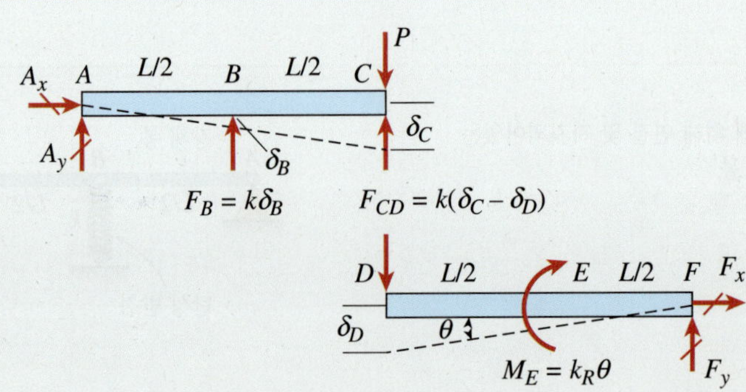

마지막으로 식 (b)를 식 (a)에 대입하고 변위 δ_C, δ_D와 회전 θ를 구하면 다음을 얻는다.

$$\delta_D = \frac{4}{3}\frac{P}{k},\ \delta_C = \frac{28}{15}\frac{P}{k} \text{ and } \theta = \frac{4}{3}\frac{P}{kL} \qquad \text{(c)}$$

두 개의 스프링에 작용하는 힘과 *E*에서 회전 스프링에 작용하는 모멘트: 식 (b)와 (c)의 변위를 이용해서 병진 스프링에 작용하는 힘과 회전 스프링 지지점 *E*에 작용하는 모멘트를 구하면 다음과 같다.

$$F_B = k\delta_B = \frac{14}{15}P,\ F_{CD} = k(\delta_C - \delta_D) = \frac{8}{15}P,\ M_E = k_R\theta = \frac{8}{15}PL$$

4. 최종 단계[결론; 해의 검토—해가 온당한가? 단위는 바른가? 비슷한 문제와 비교하였을 때 어떠한가?]: 스프링에 작용하는 힘과 모멘트 값을 보면 모두 양수이다, 따라서 그림 2-8에서 가정한 힘과 모멘트들의 방향이 정확하다는 것을 알 수 있다. 예상된 대로, 두 개의 병진 스프링 모두 압력을 받고 있으며, *E*지점의 회전 스프링은 봉 *DEF*를 반시계방향으로 돌리는 방향으로 작용한다.

예제 2-2

2개의 프레임이 강체 보(*ABC*)와 탄성 기둥(*BD*, 그림 2-9 참조)을 사용하여 설치되어 있다. 프레임 1은 미끄럼 지지대가 *A*에 설치되어 있으며 하중 *P*가 *C*에 가해지고 있다. 프레임 2는 *A*가 핀으로 지지되어 있으며 점 *C*에 모멘트 $M = PL/3$이 가해지고 있다. 두 개의 프레임 모두에 대해, 기둥 *BD*는 단면적 $A = 8500\ \text{mm}^2$과 높이 $L = 725$ mm을 갖는다. 기둥은 $E = 205$ GPa인 강철로 구성되어 있다고 가정하라.

(a) 각각의 프레임에 대해서, 점 *C*에서의 변위 δ_C가 0.75 mm로 제한될 때 허용 하중 값 *P*를 구하라.

(b) $P = 1200$ kN인 경우, $\delta_C = 0.75$ mm가 되도록 하기 위해 필요한 각각 기둥의 단면적은 얼마인가?

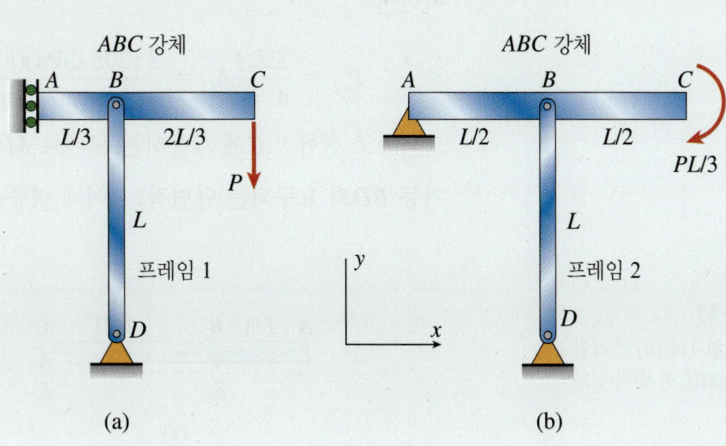

그림 2-9
두 개의 프레임: 탄성 기둥으로 지지된 강체 보

그림 2-10
(a) 프레임 1과 (b) 프레임 2의 강체 보 ABC의 자유물체도

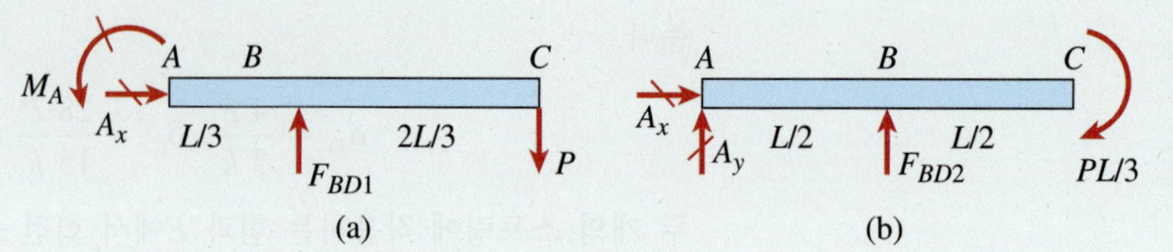

풀이

문제풀이 4단계 접근방법을 사용하여 허용 하중 P와 요구되는 단면적을 구한다.

1. **개념화:** 프레임 1과 2의 강체 보 ABC의 자유물체도를 그림 2-10에 나타냈다. 이 자유물체도를 사용하여 기둥 BD에 작용하는 힘 F_{BD}를 구한다.
2. **분류:** A의 미끄럼 지지 때문에 프레임 1의 강체 보 ABC는 회전할 수 없다. 따라서 그림 2-11a의 변위 선도에서 보이는 대로 강체 보는 아래 방향으로 평행이동 할 것이다. 그러므로 기둥 BD의 아래 방향 변위 δ_B는 δ_C와 같다. 프레임 2에 있어서, 강체 보 ABC는 그림 2-11b의 변위 선도에서 보이는 대로 핀 지지점 A를 중심으로 회전할 것이다. 삼각형의 상사로부터, 기둥 BD 맨 위에서의 아래 방향 변위 δ_B는 $\delta_C/2$와 같다. 그림 2-11의 모든 변위는 매우 작다고 가정한다.
3. **해석:**

프레임 1의 허용 하중 P: 그림 2-10a에서 y방향의 힘들을 모두 합해 $F_{BD1} = P$를 얻는다. 힘-변위 관계와 $\delta_B = \delta_C$를 사용하여 프레임 1에서 허용 하중 P_{a1}의 수식을 찾는다. 이 하중은 C에서의 아래 방향 변위가 δ_C를 초과할 수 없다는 요구조건을 만족시킨다. 수치 값들을 대입해서 다음을 얻는다.

$$P_{a1} = \frac{EA}{L}\delta_C = \frac{(205\text{ GPa})(8500\text{ mm}^2)}{725\text{ mm}}(0.75\text{ mm}) = 1803\text{ kN}$$ ⬅

프레임 2의 허용 하중 P: 그림 2-10b의 접합점 A에 관한 모멘트를 합하여 $F_{BD2} = 2P/3$을 얻는다. 힘-변위 관계와 $\delta_B = \delta_C/2$를 사용하여 프레임 2의 허용 하중 P_{a2}에 대한 수식을 구하고 수치 값들을 대입한다:

$$\delta_B = \frac{F_{BD2}L}{EA} = \frac{(2P/3)L}{EA} = \frac{\delta_C}{2}$$

따라서

$$P_{a2} = \frac{3}{4}\frac{EA}{L}\delta_C = \frac{3}{4}\frac{(205\text{ GPa})(8500\text{ mm}^2)}{725\text{ mm}}(0.75\text{ mm}) = 1352\text{ kN}$$ ⬅

그러므로 접합점 C에 작용하는 모멘트 M의 허용 값은 $P_{a2}L/3 = 327$ kN·m이다.

기둥 BD의 요구되는 단면적: 이제 하중은 $P = 1200$ kN로 주어졌지만, 변위 δ_C

그림 2-11
(a) 프레임 1과 (b) 프레임 2의 강체 보 ABC의 변위 선도

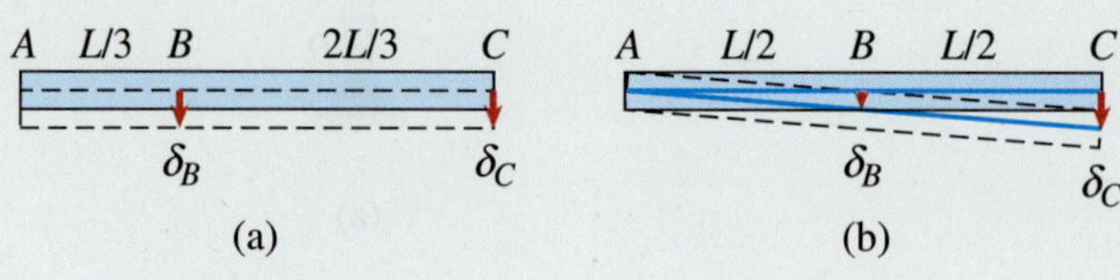

의 한계 값에 근거하여 각 프레임의 기둥 BD의 필요한 단면적을 구한다. 힘-변위 관계로부터 다음을 얻는다.

$$A_{BD1} = \frac{F_{BD1}L}{E\delta_B} = \frac{(1200\text{ kN})(725\text{ mm})}{(205\text{ GPa})(0.75\text{ mm})} = 5659\text{ mm}^2$$

$$A_{BD2} = \frac{F_{BD2}L}{E\delta_B} = \frac{\left(\frac{2}{3}1200\text{ kN}\right)(725\text{ mm})}{(205\text{ GPa})\left(\frac{0.75\text{ mm}}{2}\right)} = 7545\text{ mm}^2$$

4. 최종 단계: $\delta_C \le 0.75$ mm라는 지점 C에서의 변위 제한에 근거하여 허용 하중 P_{a1}과 P_{a2}의 값들을 계산하였다. 이제 각 프레임의 기둥 BD의 축 방향 수직응력 σ을 확인해 봐서 위의 하중 값들이 주어졌을 때 수직응력이 탄성 범위 안에 있음을 확실히 하라. 프레임 1과 2의 기둥 BD에 작용하는 응력 값들은 다음과 같다.

$$\sigma_{BD1} = \frac{F_{BD1}}{A} = \frac{1803\text{ kN}}{8500\text{ mm}^2} = 212\text{ MPa} \quad \text{그리고} \quad \sigma_{BD2} = \frac{F_{BD2}}{A} = \frac{901\text{ kN}}{8500\text{ mm}^2} = 106\text{ MPa}$$

강철의 항복 응력은 250 MPa이므로 두 응력 값 모두 가능하다(부록 I의 표 I-3 참조). 두 개의 기둥 모두 압축을 받고 있다는 것을 주목하라. 따라서 앞으로의 논의에서는 좌굴 불안정성의 가능성을 고려해야 할 것이다.

2.3 불균일 조건에서의 길이 변화

앞 절에서 설명한 바와 같이, 선형 탄성 재료로 된 균일 단면 봉이 끝에 하중을 받을 때 길이 변화는 식 $\delta = PL/EA$로 구한다. 이 절에서는 같은 식이 더욱 일반적인 경우에도 사용될 수 있다는 것을 보여준다.

중간 지점에서 축 하중을 받는 봉

예를 들어, 균일 단면 봉이 축의 중간 지점에 축 방향으로 한 개 또는 그 이상의 축 하중을 받는다고 가정하자(그림 2-12a). 각 부분의 신장량 및 수축량을 대수합 함으로써 이 봉의 길이 변화를 구할 수 있다. 그 절차는 다음과 같다.

1. 봉의 AB, BC 및 CD 부분을 각각 1, 2 및 3이라고 정의한다.
2. 그림 2-12b, c 및 d의 자유물체도로부터, 각 부분 1, 2 및 3의 내력 N_1, N_2 및 N_3를 구한다. 축 방향 내력을 외력 P와 구별하기 위하여 문자 N으로 나타냈음을 주목하라. 수직방향 힘을 합하여 축력에 대한 식을 다음과 같이 얻는다:

$$N_1 = -P_B + P_C + P_D \quad N_2 = P_C + P_D \quad N_3 = P_D$$

이 수식들을 적을 때 변위 부호규약이 사용되었다(내부 축력이 인장이면 양의 값을 가지고 압축이면 음의 값을 가진다). 이 봉에 대해서 **축력 선도**(*axial force diagram*, AFD)를 그릴 수도 있는데, 이 선도는 봉의 길이에 걸친 내부 축력 $N(x)$의 변화를 보여준다(그림 2-12e).

3. 식 (2-3)으로 각 부분의 길이 변화를 구한다:

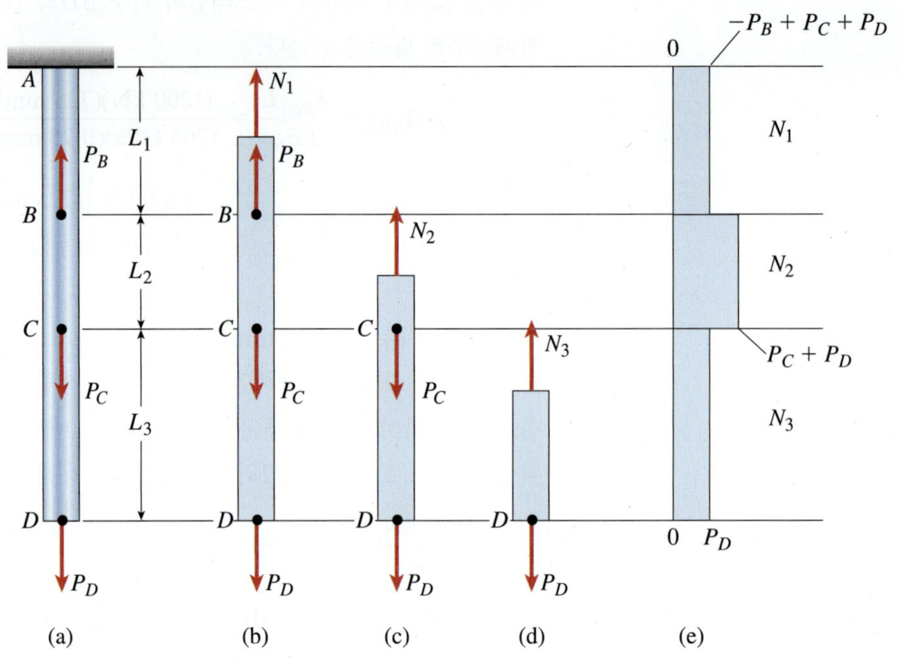

그림 2-12
(a) 중간 지점에 외력이 작용하는 봉, (b), (c) 및 (d) 축 방향 내력 N_1, N_2 및 N_3를 보여주는 자유물체도, (e) 축력 선도

$$\delta_1 = \frac{N_1 L_1}{EA} \quad \delta_2 = \frac{N_2 L_2}{EA} \quad \delta_3 = \frac{N_3 L_3}{EA}$$

여기서 L_1, L_2 및 L_3는 각 부분의 길이이고, EA는 봉의 축 강성이다.

4. δ_1, δ_2 및 δ_3를 더하여 δ 를 구한다. 그것은 전체 봉의 길이 변화이다:

$$\delta = \sum_{i=1}^{3} \delta_i = \delta_1 + \delta_2 + \delta_3$$

길이 변화는 신장은 양으로, 수축은 음으로 하여 대수합 해야 한다. 각 봉 부분의 끝에 그려진 변위 그림은 그 구조물에 대한 **축변위 선도**(*axial displacement diagram*, ADD)라 한다.

균일 단면 부분으로 구성된 봉

이러한 똑같은 접근방법이 각각 다른 축력, 다른 치수 및 다른 재료로 된 여러 개의 균일 단면 봉으로 구성된 봉에도 사용될 수 있다(그림 2-13a). 길이 변화는 다음 식으로 구한다.

$$\delta = \sum_{i=1}^{n} \frac{N_i L_i}{E_i A_i} \tag{2-5}$$

여기서 하첨자 i는 여러 부분에 대한 숫자 표시이며, n은 부분의 전체 개수이다. 특히, N_i는 외부 하중이 아니며 부분 i의 축 방향 내력이라는 것을 주목하라. 그림 2-13b에 AFD의 스케치를 나타냈으며, ADD를 그림 2-13c에 보였다. A에서의 변위 δ_A는 각 부분의 수축의 합 $\delta_{AB} + \delta_{BC}$와 같으며 B에서의 변위 δ_B는 부분 $BC(\delta_{BC})$의 수축 값과 같다. 지지점 C는 고정되어 있으므로 $\delta_C = 0$이다. 각 부분의 내력은 일정하지만, 각 부분 안에서의 내부 변위는 선형적으로 변한다(그림 2-13c).

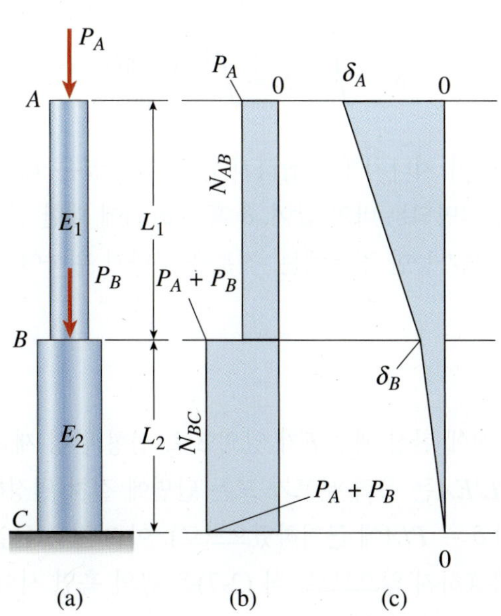

그림 2-13

(a) 다른 축력, 다른 치수 및 다른 재료를 갖는 균일 단면 부분들로 구성된 봉, (b) AFD, (c) ADD

연속적으로 변하는 하중 또는 치수를 갖는 봉

때로는 축력 N과 단면적 A가, 그림 2-14a의 테이퍼 봉에서 보는 바와 같이, 봉의 축을 따라 연속적으로 변한다. 이 봉은 단면적이 연속적으로 변할 뿐만 아니라 축력도 연속적으로 변한다. 이 예제에서는 하중이 두 개의 부분, 즉 봉의 B단에 작용하는 단일 힘 P_B와 축에 따라 작용하는 분포력 $p(x)$로 구성되어 있다. (분포력은 미터당 뉴턴과 같은 단위길이당 힘의 단위를 갖는다.) 분포된 축 하중은 원심력, 마찰력 또는 수직으로 매달려 있는 봉의 무게와 같은 인자들에 의하여 발생할 수 있다.

이러한 조건에서 식 (2-5)는 길이 변화를 구하는 데 더 이상 유용하지 않다. 그 대신에, 봉의 미분 요소의 길이를 구하여 이를 봉 전체 길이에 대하여 적분한다.

봉의 좌단으로부터 길이 x만큼 떨어진 위치에 있는 미소 요소를 선정한다(그림 2-14c). 이 단면에 작용하는 축 방향 내력 $N(x)$(그림 2-14b)는 부분 AC 또는 CB를 자유물체로 하여 평형 조건으로 구할 수 있다. 일반적으로, 이 힘은 x의 함수이다. 또한 봉의 치수를 알기 때문에 단면적 $A(x)$를 x의 함수로 표시할 수 있다.

미분 요소의 신장량 $d\delta$(그림 2-14c)는 $\delta = PL/EA$에 P 대신 $N(x)$, L 대신 dx, A 대신 $A(x)$를 대입하여, 다음과 같이 구할 수 있다:

$$d\delta = \frac{N(x)dx}{EA(x)} \tag{2-6}$$

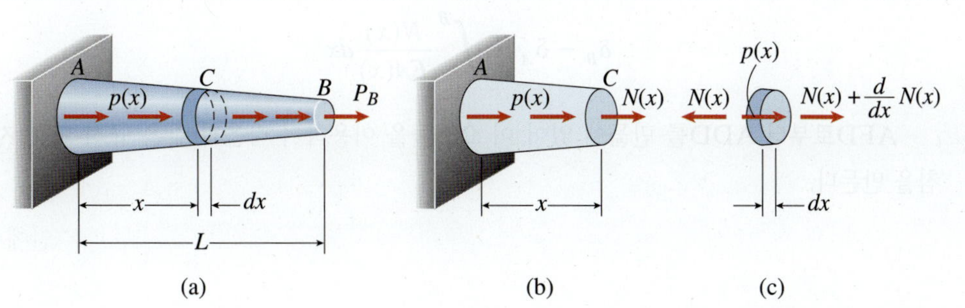

그림 2-14

변하는 단면적과 변하는 축력을 가진 봉

전체 봉의 신장량은 위 식을 전체 길이에 대해 적분하여 구한다:

$$\delta = \int_0^L d\delta = \int_0^L \frac{N(x)dx}{EA(x)} \qquad \textbf{(2-7)}$$

$N(x)$과 $A(x)$에 대한 식이 지나치게 복잡하지 않다면, 적분은 해석적으로 구할 수 있으며, 뒤의 예제 2-4에서 설명되는 바와 같이, δ 혹은 $\delta(x)$에 대한 공식을 구할 수 있다. 그러나 적분이 어렵거나 불가능한 경우에는, 적분을 구하기 위하여 수치 방법을 사용하여야 한다.

제한

식 (2-5) ~ (2-7)은, 공식에 탄성 계수 E가 있으므로, 선형 탄성 재료로 된 봉에만 적용된다. 또한 공식 $\delta = PL/EA$는 응력 분포가 모든 단면에 걸쳐 일정하다는 가정에서 유도되었다(왜냐하면, 공식 $\delta = P/A$에 근거하였으므로). 이 가정은 균일 단면 봉에는 유효하지만 테이퍼 봉에는 유효하지 않으므로, 식 (2-7)은 봉의 측면 사이의 각이 작은 경우의 테이퍼 봉에 대해서만 만족한 결과를 준다.

예를 들면, 봉의 측면 사이의 각이 20°인 경우, 식 $\delta = P/A$에서 구한 응력(임의로 선정한 단면에서)은 그곳의 같은 단면적에 대한 정확한 응력 값(더욱 고급 방법에 의해 계산된)보다 3% 작다. 더 작은 각에 대해서 오차는 더욱 작아진다. 결과적으로, 식 (2-7)은 테이퍼 각이 작으면 만족하다고 말할 수 있다. 테이퍼 각이 큰 경우에는 더욱 정확한 해석 방법이 필요하다(참고문헌 2-1).

축변위 선도 *(ADD)*

평형 상태를 사용하면 봉의 길이에 걸친 내부 축력 $N(x)$의 변화를 시각적인 그림으로 나타낼 수 있는데, 이것을 이용함으로써 최대 내부 축력 N_{max}의 위치와 같은(이 위치는 또한 최대 축 수직응력의 위치일 수도 있다) 봉의 특이점을 찾을 수 있다. 이 그림을 **축력 선도**(*axial force diagram*, AFD)라 한다. 축력 선도를 그리는 규칙은 $q(x)$와 $N(x)$ 사이의 미분적인 그리고 적분적인 관계를 이용하는 것이다. 이제 식 (2-7)의 힘–변위 관계를 사용해서 봉의 길이에 걸친 축 변위 $\delta(x)$의 변화에 대한 그림을 그릴 수 있는데, 여기서 이것을 **축변위 선도**라 한다.

ADD를 만들 때, 먼저 식 2-7에서 내부 축력 $N(x)$가 내부 변위 $\delta(x)$에 대한 식으로 이루어지는 피적분함수의 일부라는 것을 주목하라. 따라서 축력 선도에서 세로축 $N(x)$는 축변위에서의 기울기에 **비례**한다; 기울기에 대한 정확한 식은 식 (2-7)의 분자에 $EA(x)$를 포함해야 한다. 두 번째로, 적분 식으로 표현된다는 것은 임의의 두 점 A와 B 사이의 축변위의 변화가 AFD상의 같은 두 점 사이의 넓이에 비례한다는 것을 나타낸다:

$$\delta_B - \delta_A = \int_A^B \frac{N(x)}{EA(x)}dx$$

AFD로부터 ADD를 만듦에 있어 이 요소들을 이용하여 다음과 같은 규칙 또는 지침을 만든다.

- ADD에서 임의의 지점의 기울기는 같은 지점의 봉 EA의 축 강도로 나누어진 같은 지점에 AFD의 세로축 값과 같다.
- 봉 위의 임의의 두 점 사이의 축 변위의 변화는 같은 범위상의 봉 EA의 축 강도로 나누어진 두 같은 지점 사이의 축력 선도의 넓이와 같다.

봉이 부분적으로 균일 단면이고(EA가 각 봉 부분에서 일정한 경우) $N(x)$가 x에 대해서 일정하거나 선형적인 경우, ADD는 아래에 주어져 있는 것과 같이 간단한 기하학을 이용해 만들 수 있다. 그렇지 않은 경우, ADD를 만들기 위해 식 (2-7)의 해석적 혹은 수치적인 적분이 필요할 것이다.

축력을 받는 다양한 봉들에 대해서 축력 선도가 그림 2-12e와 2-13b에 주어져 있다. 이제 그림 2-15a와 b의 봉의 평형 상태를 고려해 보는데, 여기서 그림 2-15d의 ADD를 만듦에 있어 그림 2-15c의 AFD를 사용하자. 그림 2-15d의 ADD는 식 (2-7)의 힘-변위 관계에 기초하는데, 위에 수록된 규칙 2개로 표현되어 있는 기하학적인 해석을 활용한다. 먼저, 지지점의 변위 $\delta_A = 0$임을 주목한다. 다음으로, AFD에서 A와 B 사이의 세로축 값은 상수($+2P$)이며 A와 B 사이의 AFD 밑의 넓이는 $+PL/2EA$이며, 따라서 ADD는 기울기 $+2P/EA$로 선형적으로 변하며 이 부분에 걸친 세로축 상의 변화는 $\delta_B - \delta_A = \delta_B = +PL/2EA$다. B부터 C까지 세로축 상의 변화는 $-PL/4EA$이며, 따라서 $\delta_C = +PL/4EA$이다. 마지막으로, 부분 CD에 걸친 세로축 상의 변화는 $+PL/2EA$이며, 따라서 $\delta_D = \delta_{max} = +3PL/4EA$이다. ADD를 전개함에 있어 정역학 부호 규약을 사용한다: 축변위 벡터가 $+x$방향이면 축변위 $\delta(x)$는 양의 값을 가진다(따라서 ADD에서 기준선 위에 그려져 있다). 예제 2-3과 2-4에 이 개념들의 추가적인 응용 예를 보인다.

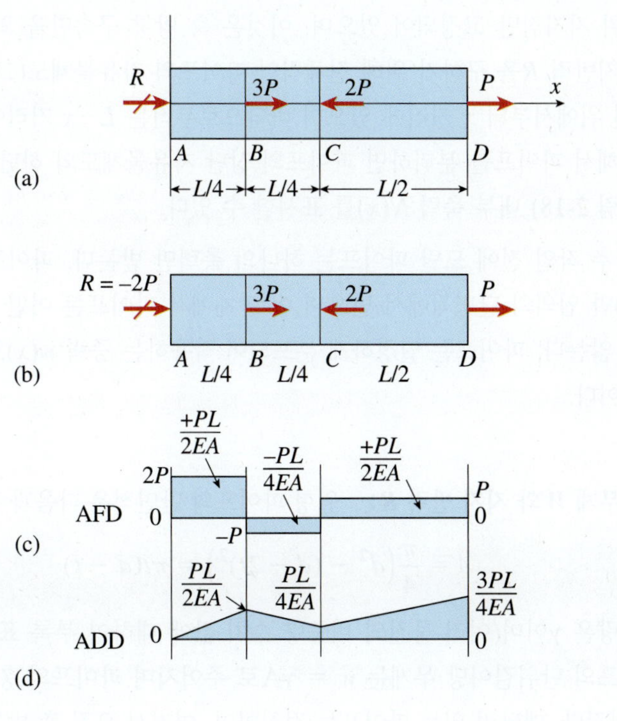

그림 2-15

(a) 중간 지점에 축 방향 하중을 받는 균일 단면 봉, (b, c, d) 전체 FBD, 축력 선도(AFD) 및 축변위 선도 (ADD)

예제 2-3

그림 2-16
시추 장치에 매달려 있는 균일 단면 파이프

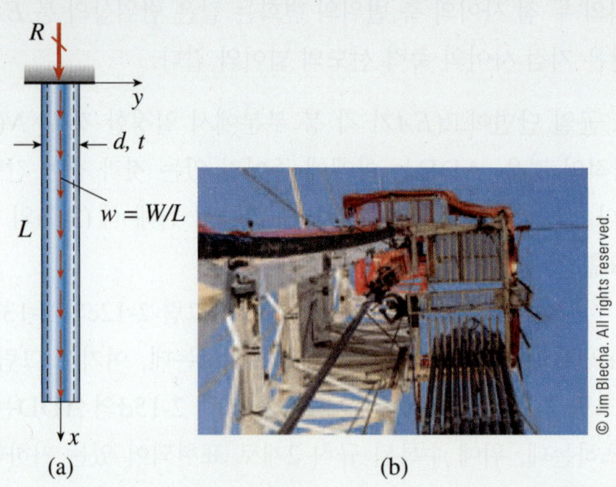

석유 시추 작업 시작 전에 드릴 파이프의 단면을 석유 시추 장비에 매단다(그림 2-16). 파이프의 길이는 L, 지름은 d 그리고 벽두께는 t이다. 파이프의 무게 W, 파이프 맨 위 지지점에서의 지지 반력 R, 그리고 중력에 의한 파이프 위의 임의의 점 x에서의 내부 축력 $N(x)$와 변위 $\delta(x)$에 대한 수식을 구하라. 축력 선도(AFD)와 축변위 선도(ADD)를 그리라.

풀이

문제풀이 4단계 접근방법을 사용한다.

1. **개념화:** 드릴 파이프는 균일 단면이며 파이프의 총 무게는 W이다. 따라서 단위 길이당 무게는 일정한 강도의 축력 $w = W/L$로 균일하게 분포되어 있다. x축은 파이프의 세로 중심축이며 파이프의 맨 위 지지점부터 바닥의 파이프 끝까지 이어져 있다. 맨 위 지지점만 고정되어 있으며, 이것은 축 방향 구속만을 의미한다. 맨 위 지점의 지지반력 R을 구하기 위해 전체적인 파이프의 자유물체도(그림 2-17)로 시작한다. 맨 위에서부터 x 거리에 있으며 바닥으로부터는 $L-x$ 거리에 있는 지점을 기점으로 해서 파이프를 분리하면 파이프의 상단 자유물체도와 하단 자유물체도가 나오며(그림 2-18) 내부 축력 $N(x)$를 표시할 수 있다.

그림 2-17
전체 파이프의 자유물체도

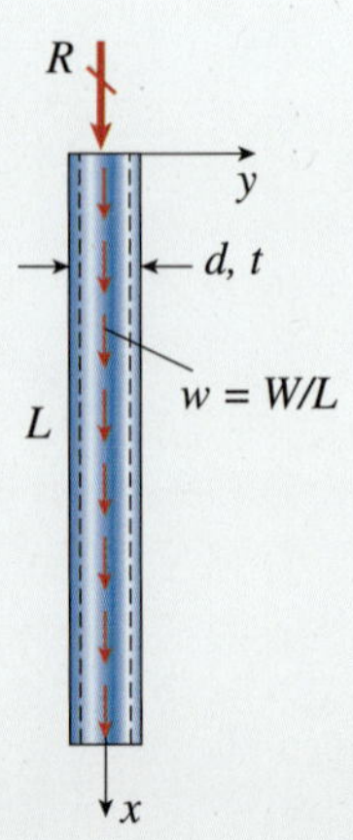

2. **분류:** 시추 작업 전에 드릴 파이프는 하나의 축력만 받는다. 파이프는 오직 내부 축력 $N(x)$만 임의의 단면적에서 받으며 이 단계에서 파이프는 어떤 전단력과 모멘트도 받지 않는다. 파이프는 일정하게 분포되어 작용하는 중력 $w(x)$로 인해 길이가 증가할 것이다.

3. **해석:**

파이프의 무게 W와 지지 반력 R: 원형 파이프의 단면적은 다음과 같이 주어진다.

$$A = \frac{\pi}{4}\left(d^2 - (d - 2t)^2\right) = \pi t(d - t)$$

철의 비중량은 γ이며(여러 물질의 비중량 수치 값에 대하여 부록 표 I-1 참조), 따라서 파이프의 단위길이당 무게는 $w = \gamma A$로 주어지며 파이프의 총 무게는 $W = wL$로 주어진다. 매달려 있는 파이프는 정정이며, 여기서 오직 축 방향 힘만 고려한

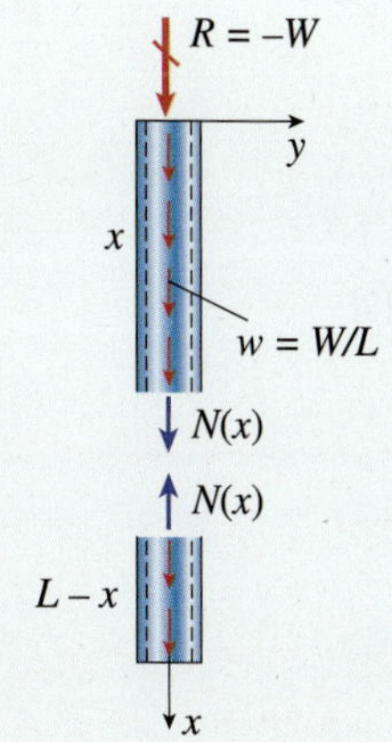

그림 2-18
위와 아래 자유물체도

다. 그림 2-17에서 x방향 힘을 다 합하면 반력 R을 다음과 같이 얻는다:

$$\Sigma F_x = 0 \qquad R + wL = 0 \text{ 그러므로 } R = -wL = -W$$

정역학 부호규약을 따라, 음수 결과 값은 반력 R이 위쪽 방향인 $-x$방향으로 작용하는 것을 의미한다.

매달려 있는 파이프의 내부 축력 $N(x)$: 그림 2-18의 위 자유물체도나 아래 자유물체도 어느 것이든 파이프의 임의의 지점 x에서의 내부 축력을 구하는 데 사용될 수 있다. 위 자유물체도를 사용하여 다음과 같은 수식을 구한다.

$$\Sigma F_x = 0 \quad R + (w)(x) + N(x) = 0 \; (UFBD) \text{ 또는 } N(x) = w(L - x)$$

그림 2-18의 아래 자유물체도의 평형 상태를 이용해도 똑같은 결과가 나온다.

$$\Sigma F_x = 0 \quad -N(x) + (w)(L - x) = 0 \; (LFBD) \text{ 또는 } N(x) = w(L - x)$$

내부 축력은 x에 대한 일차 함수로 나타내지며 변형 부호규약에 근거한 그림 2-18에서 가정된 대로 인장으로 작용한다. $N(x)$ 식에 x값들을 넣으면 최대 인장력이 맨 위 지지점$(x = 0)$에서 $N(0) = N_{max} = W$로 주어짐을 알 수 있고, 선형적으로 감소해서 파이프의 바닥$(x = L)$에서 $N(L) = 0$이 됨을 알 수 있다.

축력 선도(AFD): 내부 축력 $N(x)$의 그래프를 그림 2-19에 나타냈으며 이것을 축력 선도라 한다. 파이프는 모든 부분에서 인장이며, 따라서 $N(x)$는 기준 축의 오른쪽에 그려져 있다 ($+y$ 방향으로). 이 그래프는 $\dfrac{dN}{dx} = -w$라는 일정한 기울기를 갖는다.

축변위 선도(ADD): 힘-변위 관계[식 (2-7)]를 써서[ζ를 적분의 가상변수(dummy variable)로 하여] 파이프 위의 임의의 위치 x에서의 변위 $\delta(x)$의 수식을 다음과 같이 구한다.

$$\delta(x) = \int_0^x \frac{N(\zeta)d\zeta}{EA} = \int_0^x \frac{w(L-\zeta)d\zeta}{EA} = \frac{wL^2}{2EA}\left[\frac{2x}{L} - \left(\frac{x}{L}\right)^2\right]$$

축력 $N(x)$는 x의 일차식이고 변위 $\delta(x)$는 맨 위 지지점에서 0이고 $x = L$일 때 최대인 이차식이다:

$$\delta(0) = 0, \quad \delta_{max} = \delta(L) = \frac{wL^2}{2EA} = \frac{WL}{2EA}$$

파이프 바닥의 최대 변위는 전체 파이프의 무게 W가 $x = L$에서만 작용했을 때의 변위의 절반이다. 그림 2-19b에 그려진 파이프의 높이에 따른 변위 $\delta(x)$의 그래프를 축변위 선도라 한다.

4. 최종 단계: 축력 선도(그림 2-19a)로부터, 최대 인장 내력 N_{max}는 맨 위 지지점에 있다. 예상된 대로, N_{max}는 W로 파이프의 무게와 같다. 균일 단면을 가지는 파이프이기 때문에 최대 응력과 변형 또한 맨 위 지지점에서 발생한다.

분포된 하중 강도 w는 파이프 전체에 걸쳐 일정하다. 하중 강도 w와 내부 축력 N 사이의 미분 관계식은 그림 2-14(c)에 보이는 대로, $\dfrac{dN}{dx} = -w$다[여기서 하중 강도

그림 2-19

파이프 전체의 (a) 축력 선도(AFD) 및 (b) 축변위 선도(ADD)

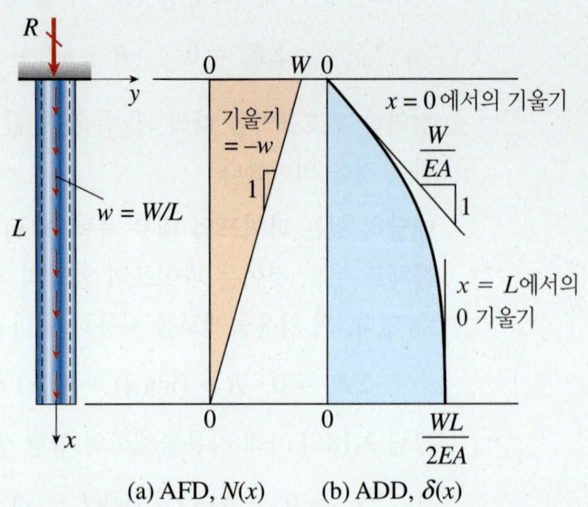

$p(x)$를 $w(x)$로 바꾼다]. x-y 좌표계에서 AFD의 일정 기울기는 $-w = -(W/L)$임을 주목하라. 이는 *AFD*의 기울기가 $w(x)$의 선도, 즉 분포된 축 하중 선도의 (−) 세로축 값과 같음을 확인시킨다. 더불어서, 축 하중 선도 밑의 넓이는 $-wL$이며, 이것은 *AFD*에서 파이프의 시작부터 끝까지의 내력 축의 변화와 같다. 이것은 다음과 같이 나타내진다.

$$N_{\text{bottom}} - N_{\text{top}} = -W = -\int_0^L w dx = -wL.$$

내력 $N(x)$와 변위 $\delta(x)$ 사이의 비슷한 기하학적 관계는 그림 2-19에서 AFD와 ADD를 비교하면 명백하다. 식 (2-7)에서 내력 $N(x)$는 축변위 $\delta(x)$로 표현되는 피적분 함수라는 것을 주목하라. 따라서 축력 선도에서 세로축 $N(x)$는 축변위 선도에서의 기울기에 비례한다[기울기에 대한 전체 식은 식 (2-7)의 분모에 $EA(x)$를 포함해야만 한다]. 게다가, 적분식 표현은 임의의 두 점 사이의 축변위가 AFD상의 동일한 두 점 사이의 넓이에 비례한다는 것을 의미한다. 파이프의 상단($x = 0$)과 바닥($x = L$)을 두 위치로 선택하면 AFD 아래의 총 면적은 $\frac{1}{2}WL$이며 $\delta_{\text{bottom}} - \delta_{\text{top}} = \delta_{\max} - 0 = \dfrac{WL}{2EA}$이다.

예제 2-4

T 프레임 구조물은 균일 단면 보 ABC와 불균일 단면 기둥 DBF로 구성되어 있다; 이들은 마찰 없는 핀으로 연결되어 B에서 결합되었다. 보는 A에서 핀지지되고, 기둥은 F에서 핀지지되었다(그림 2-20 참조). 보 ABC와 기둥 DB 부분은 단면적 A를 갖는다; 기둥 BF 부분은 면적 $2A$를 갖는다. 두 부재의 탄성 계수 E는 같다. C에서 하중 $2P$가 아래 방향으로 작용되고, D에서 하중 P가 작용한다. 또한 두 부재의 자중을 고려한다: 재료의 비중량은 γ이다. $D(\delta_D)$와 $B(\delta_B)$에서의 기둥 DBF의 하향 변위의 식을 구하라.

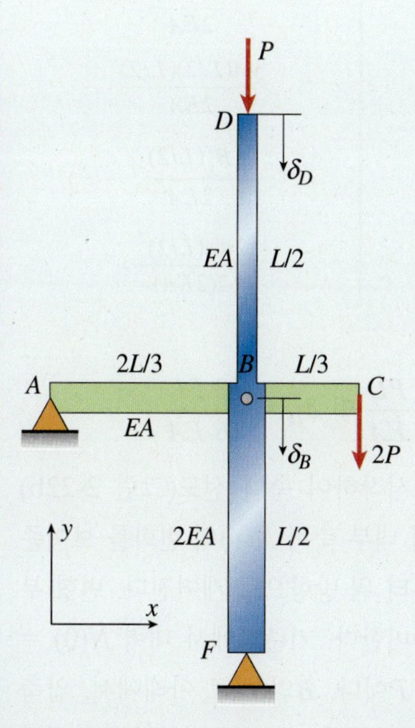

그림 2-20
T-프레임 구조물

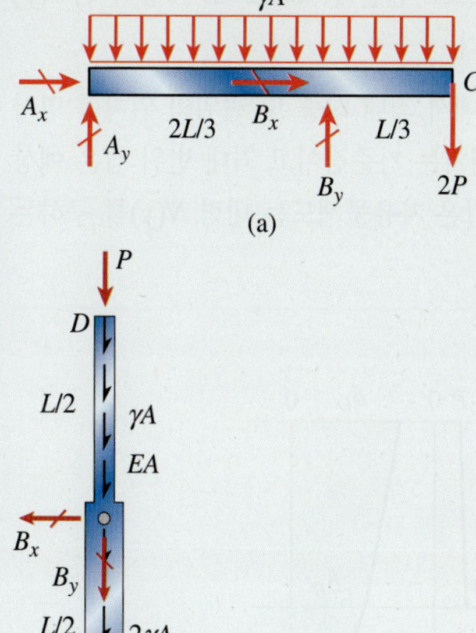

그림 2-21
(a) 보 *ABC*와 (b) 기둥 *DBF*의 자유물체도

기둥 *DBF*에 대한 축력 선도(AFD)와 축방향 변위 선도(ADD)를 그려라.

풀이

이 *T* 프레임 구조물에 대하여 *B*와 *D*에서의 변위를 구하기 위하여 문제풀이 4단계 접근방법을 사용한다.

1. **개념화:** *B*의 핀을 제거하고 프레임을 두 개의 자유물체도로 분리한다: 보 *ABC*에 대한 것과 기둥 *DBF*에 대한 것(그림 2-21). *A*와 *F*의 반력 성분을 나타낸다; *B*에서 핀 힘 성분에 반대 방향이며 크기가 같다; *C*와 *D*에 각각 가한 하중 2*P*와 *P*; 보 *ABC*에 균일 분포 자중에 의한 횡방향 하중 γA; *DB*에 γA와 *BF*에 $2\gamma A$로 불균일 분포 자중에 의한 축 방향 하중. 기둥의 *DB*와 *BF* 부분에서 *DB*와 *BF*의 축 방향 변위를 구하기 위하여 **힘-변위 관계**를 사용하고 변위 δ_D와 δ_B를 구한다.

2. **분류:** 변위 δ_B는 기둥 *BF* 부분의 압축의 결과이고, 반면에 *D*의 변위 δ_D는 δ_B와 기둥 *DB* 부분 압축 변위의 합이다. 그림 2-21b에 보이는 각각의 하중에 의한 변위를 표 2-2에 정리하였다. 예제 2-3으로부터 균일 분포 축 하중 *w*에 의한 변위는 집중 하중에 의한 것의 1/2임을 기억하라. 그 변위는 다음과 같다.

$$\frac{wL}{2EA} = \frac{(\gamma A)L}{2EA}$$

3. **해석:**

정적—핀 힘 성분 B_y: 힘 B_y를 구하기 위해 그림 2-21a의 점 *A*에 대하여 모멘트 합을 구한다:

$$\Sigma M_A = 0 \quad B_y = \frac{1}{(2L/3)}\left(\gamma AL\left(\frac{L}{2}\right) + 2PL\right) = \frac{3}{4}\gamma AL + 3P \quad \textbf{(a)}$$

그림 2-21b에서 *y*방향 힘을 합하면 기둥 *DBF*의 기점의 반력 성분을 다음과 같이 구할 수 있다:

$$F_y = P + B_y + (\gamma A + 2\gamma A)\frac{L}{2} = 4P + \frac{9}{4}\gamma AL \quad \textbf{(b)}$$

***B*의 하향 변위:** 식 (a)의 힘 B_y에 대한 식을 대입한 후, 표 2-2의 3열의 요소를 모두 합하여 변위 δ_B를 구한다:

$$\delta_B = \frac{7}{16}\frac{\gamma L^2}{E} + \frac{PL}{EA} \quad \textbf{(c)}$$

***D*의 하향 변위:** 변위 δ_D를 구하기 위하여, 표 2-2의 2열의 요소를 모두 합하고 식 (c)의 변위 δ_B를 합한다:

$$\delta_D = \delta_B + \frac{\gamma L^2}{8E} + \frac{PL}{2EA} = \frac{9}{16}\frac{\gamma L^2}{E} + \frac{3}{2}\frac{PL}{EA} \quad \textbf{(d)}$$

이제 축력과 변위 선도를 간단하게 하기 위하여, γAL을 가한 하중 *P*와 같다고 가정한다. γA에 이 식을 식 (a) ~ (d)에 대입하여, 힘 F_y와 B_y 및 *B*와 *D*의 변위에 대한 순화된 식을 구한다:

표 2-2

그림 2-21b의 하중이 D의 하향 변위에 미치는 영향

(1) 그림 2-21b의 하중 성분	(2) 기중 부분 DB	(3) 기중 부분 BF
D에서의 힘 P	$\dfrac{P(L/2)}{EA}$	$\dfrac{P(L/2)}{2EA}$
DB에서의 균일 축 하중 γA	$\dfrac{\gamma A(L/2)^2}{2EA}$	$\dfrac{\gamma A(L/2)(L/2)}{2EA}$
B에서의 힘 B_y	없음	$\dfrac{B_y(L/2)}{2EA}$
BF에서의 균일 축 하중 $2\gamma A$	없음	$\dfrac{2\gamma A(L/2)^2}{2(2EA)}$

$$B_y = \frac{15}{4}P \text{ 및 } F_y = \frac{25}{4}P;\ \text{또한 } \delta_B = \frac{23}{16}\frac{PL}{EA} \text{ 및 } \delta_D = \frac{33}{16}\frac{PL}{EA}$$

축력 선도(AFD): 자유물체도(그림 2-22a)로 시작하여 축력 선도(그림 2-22b)를 그린다. 축력 선도는 기둥 DBF의 높이에 걸친 내부 축력 $N(y)$의 변화를 보여준다. 길이방향 중심 축 y는 이음 F의 기준점으로부터 위 방향으로 재어진다. 변형 부호규약을 사용하면, 음의 $N(y)$는 압축 내력을 의미한다. 기준점에서 내력 $N(0) = -F_y$이다. 기둥 DBF의 꼭대기에서, $N(L) = -P$이다. B의 바로 아래에서, 압축 축력은 B_y만큼 증가한다. D와 B 사이와 D와 F 사이에서, $N(y)$는 선형적으로 변하고, AFD는 $y = 0$, $L/2$ 및 L에서 아는 축력 N을 연결하는 직선으로 된다.

축변위 선도(ADD): 축변위 선도(그림 2-22c)는 기둥 DBF의 높이에 걸친 축변위 $\delta(y)$의 선도이다. $\delta(0) = 0$, $\delta(L/2) = \delta_B$ 그리고 $\delta(L) = \delta_D$임을 주목하라. 축력 $N(y)$는 기둥 DBF의 높이에 걸쳐 선형적으로 변한다. 그러므로 하향 변위 $\delta(y)$는 DB와 BF 부분에서 2차 함수적으로 변한다.

4. **최종 단계:** 축력과 축변위의 선도는 구조물에서 최대 하중 및 변위의 위치를 명시해준다. 기둥 DBF에 대하여, 최대 압축력 위치는 기준점이고 최대 변위 점은 예상했던 대로 맨 꼭대기이다. 그림 2-21에서와 같은 자유물체도는 내력 $N(y)$를 구하는

그림 2-22

(a) 기둥 DBF의 자유물체도, (b) 축 방향 내력 N, (c) 축 방향 변위 δ

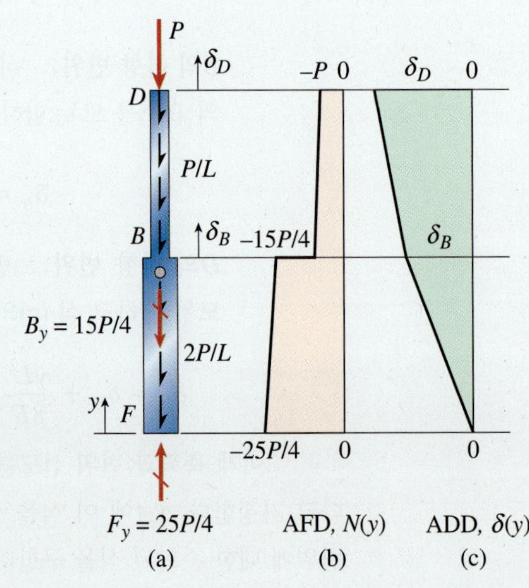

그림 2-23

기둥 DBF의 위와 아래 자유물체도

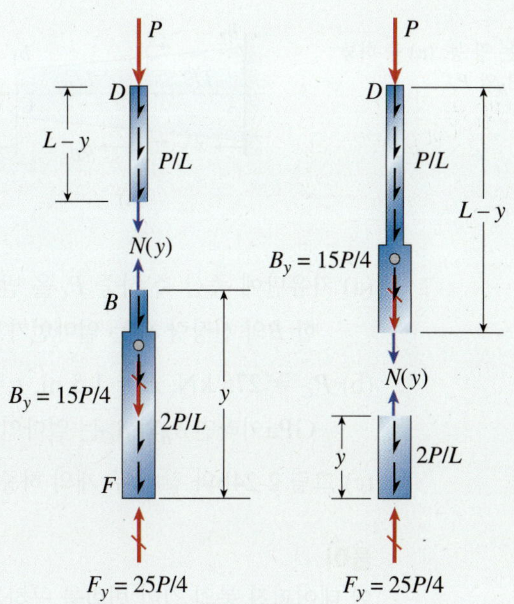

데 필수적이다. 내력은 힘–변위 관계를 가지고 기둥의 높이에 걸친 축 방향 변위 $\delta(y)$를 구하는 데 사용한다.

아는 힘의 점들과 아는 변위 점들 사이에 선을 넣어서 그림 2-22의 선도를 그렸다. 좀 더 엄격한 방법은 기둥 DBF를 위와 아래 자유물체도로 자르고 (그림 2-23 참조) BF와 DB 부분의 내력 $N(y)$에 대한 두 개의 함수를 기록하는 것이다:

$$y \le \frac{L}{2}\text{에서}\quad N(y) = -\frac{25}{4}P + \frac{2P}{L}y \qquad \frac{L}{2} \le y \le L\text{에서}\quad N(y) = -P - \frac{P}{L}(L - y)$$

기둥 DBF가 전체 높이에 걸쳐 압축이므로 내력 $N(y)$은 음이다. 기둥의 전체 높이에 걸친 축변위 분포 $\delta(y)$는 내력 $N(y)$를 힘–변위 관계식에 대입하여 구하며 다음의 두 개 방정식을 얻는다:

$$y \le \frac{L}{2}\text{에서}\quad \delta(y) = \int_0^y \frac{\left(-\dfrac{25}{4}P + \dfrac{2P}{L}\zeta\right)}{2EA}d\zeta = \frac{P}{EA}\left(\frac{y^2}{2L} - \frac{25}{8}y\right)$$

$$\delta(y) = -\frac{23}{16}\frac{PL}{EA} - \int_{L/2}^{y} \frac{P + \left(\dfrac{P}{L}\right)(L-\zeta)}{EA}d\zeta = \frac{P}{EA}\left(\frac{y^2}{2L} - 2y - \frac{9L}{16}\right) \quad \frac{L}{2} \le y \le L$$

변위 $\delta(y)$는 하향이므로 음이다. 함수 $N(y)$와 $\delta(y)$의 선도는 각각 그림 2-22b와 c에 나타냈다.

예제 2-5

길이 L, 일정한 두께 t인 평봉의 폭이 고정단 b_2와 자유단 b_1 사이에서 선형적으로 변하는 직사각형 단면을 갖는다(그림 2-24a 참조). 봉의 경사는 작은 것으로 가정한다. 봉은 탄성 계수 E를 갖는다.

그림 2-24
직사각형 단면을 갖는 평 봉: (a) 축 하중 P_C만, (b) 축 하중 P_B와 P_C

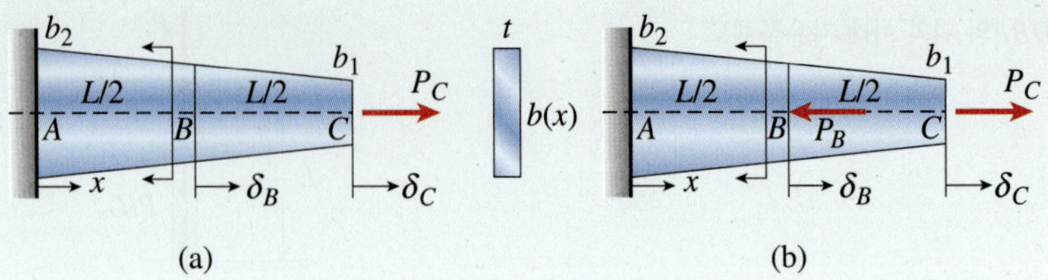

(a) 자유단에 중심 축 하중 P_C을 받는 경우 신장량 δ_C에 대한 식을 구하라. P_C만에 의한 B의 신장량 δ_B는 얼마인가?

(b) $P_C = 275$ kN, $L = 1.5$ m, $t = 19$ mm, $b_1 = 100$ mm, $b_2 = 150$ mm, $E = 70$ GPa이라면 δ_B와 δ_C는 얼마인가?

(c) 그림 2-24b와 같이 두 개의 하중이 작용될 때 $\delta_C = 0$이라면 하중 P_B는 얼마인가?

풀이

이 테이퍼진 봉의 길이 변화를 구하기 위하여 문제풀이 4단계 접근방법을 사용한다.

1. **개념화:** 그림 2-24에서 봉은 전 길이에 걸쳐 인장을 받으며, 축 방향 내력 $N(x)$은 가한 하중 P_C와 같다(그림 2-25a의 자유물체도 참조). 하중 P_B가 그림 2-24b에 추가되면 인장 내력 $N(x)$은

$$N(x) = P_C - P_B \quad 0 \le x \le L/2$$
$$N(x) = P_C \quad L/2 \le x \le L$$

이다. 몇 개의 자유물체도 스케치(그림 2-25b 및 그림 2-25c)가 이 방정식을 얻기 위한 가이드로 사용된다. 모든 경우에, 내력 $N(x)$은 변형 부호규약에 따라 초기에 인장인 것으로 가정하므로, $N(x)$에 대한 화살표의 머리는 절단면의 각 면으로부터 나가는 쪽으로 향한다.

2. **분류:** 봉 ABC는 각 봉 부분에서 일정 축력을 갖지만 연속적으로 변하는 단면을 가지며, 따라서 B와 C에서의 변위를 구하기 위하여 힘-변위 관계[식 (2-7) 참조]의 적분 형을 사용해야 한다. 단면적은 x에 선형적으로 변하고 봉의 폭 b_2와 b_1 그리고 두께 t에 의하여 $A(x) = t\left[b_2 - \dfrac{x}{L}(b_2 - b_1)\right]$와 같이 된다.

그림 2-25
축 방향 인장 내력 $N(x)$: (a) 축 하중 P_C만 작용하는 경우의 자유물체도, (b)(c) 두 개의 축 하중 P_B와 P_C가 작용하는 경우에 대한 AB와 BC의 두 절단면

3. 해석:

Part (a): B와 C에서 하중 P_C만에 의한 봉 신장량

$x = L$에 하중 P_C를 가하고, 불균일 단면 봉 ABC의 신장량을 구하기 위하여 식 (2-7)을 사용한다:

$$\delta_C = \int_0^L \frac{P_C}{EA(x)}dx = \int_0^L \frac{P_C}{Et\left[b_2 - \frac{x}{L}(b_2 - b_1)\right]}dx = \frac{P_C L}{Et(b_2 - b_1)}\ln\left[\frac{b_2}{b_1}\right]$$

이 식은, L이 $L/2$로 대체되고 $x = L/2$에서 $(b_B = b_1 + b_2)/2$이 봉의 폭으로 대체될 경우에 대하여 P_C만에 의한 B의 변위 δ_B를 구하는 데 사용할 수 있다. B의 변위는

$$\delta_B = \int_0^{L/2} \frac{P_C}{Et\left[b_2 - \frac{x}{L}(b_2 - b_B)\right]}dx = \frac{P_C L/2}{Et(b_2 - b_B)}\ln\left[\frac{b_2}{b_B}\right] = \frac{P_C L}{Et(b_2 - b_1)}\ln\left[\frac{2b_2}{b_1 + b_2}\right]$$

이다.

Part (b): 수치 계산, P_C만에 의한 B와 C에서의 봉 신장량

B와 C에서의 봉 신장량은 수치 값을 δ_B와 δ_C에 대한 이전 식에 대입하여 구한다: $P_C = 275$ kN, $L = 1.5$ m, $t = 19$ mm, $b_1 = 100$ mm, $b_2 = 150$ mm, 그리고 $E = 70$ GPa:

$$\delta_B = \frac{275\text{ kN}(0.75\text{ m})}{70\text{ GPa}(19\text{ mm})(25\text{ mm})}\ln\left[\frac{6}{5}\right] = 1.131\text{ mm}$$

$$\delta_C = \frac{275\text{ kN}(1.5\text{ m})}{70\text{ GPa}(19\text{ mm})(50\text{ mm})}\ln\left[\frac{3}{2}\right] = 2.515\text{ mm}$$

Part (c): 하중 P_B와 P_C에 의한 변위가 이음 C에서 0이 되도록 하는 하중 P_B

음의 x방향으로 하중 P_B만 작용하면, 이음 B와 C는 같은 양만큼 변위할 것이며, P_C가 $(-P_B)$로 대체되는 것 이외에는 여기서 주어진 δ_B의 식을 사용하여 변위량을 계산한다.

P_B와 P_C가 함께 작용하는 경우 적합조건에 의하여 C에서 변위량의 합은 0이다. 그러므로 요구되는 하중 P_B는 다음의 해와 같다:

$$P_B = \frac{Et(b_2 - b_B)}{\frac{L}{2}\ln\left[\frac{b_2}{b_B}\right]}\delta_C = \frac{70\text{ GPa}(19\text{ mm})(25\text{ mm})}{(0.75\text{ m})\ln\left[\frac{6}{5}\right]}(2.515\text{ mm}) = 612\text{ kN}$$

4. 최종 단계:

주 1: 봉의 임의 위치 x에서 계산된 평균 응력은 $\sigma(x) = N(x)/A(x)$이다. 부분 (c)의 조합 하중에 대하여, 이 7075-T6 알루미늄 합금의 응력은 항복점 아래이다 (표 I-3: $\sigma_y = 480$ MPa 참조):

$$\sigma_{\text{near}A} = \frac{(-612 + 275)\text{kN}}{(150\text{ mm})(19\text{ mm})} = -118.2\text{ MPa},\ \sigma_{\text{near}B} = \frac{275\text{ kN}}{(125\text{ mm})(19\text{ mm})} = 115.8\text{ MPa},$$

$$\sigma_{\text{near}C} = \frac{275\text{ kN}}{(100\text{ mm})(19\text{ mm})} = 144.7\text{ MPa}$$

주 2: 극한에서는 일정 단면적 $A = (b_1)(t)$(그리고 일정 두께 t)이 되는 균일 단면 봉이 되도록 b_2가 b_1에 접근하며, 힘-변위 관계는 $\delta = PL/EA$로 된다[식 (2-3) 참조]. 이것을 증명하기 위해 δ_C에 대한 위 식을 $\xi = b_2/b_1$의 항으로 나타낸다. 그리고, $f(\xi) = \ln(\xi)$와 $g(\xi) = b_1(\xi - 1)$을 가지고 L'Hospital의 정리를 사용하여 $b_2 \rightarrow b_1$일 경우에 대한 변위 δ_C를 구한다.

$$\lim_{\xi \to 1} \frac{f(\xi)}{g(\xi)} = \lim_{\xi \to 1} \frac{\ln(\xi)}{b_1(\xi - 1)} = \lim_{\xi \to 1} \frac{f'(\xi)}{g'(\xi)} = \frac{1}{b_1} \quad \text{그러므로} \quad \delta_C = \frac{P_C L}{E(b_1 t)} = \frac{P_C L}{EA}$$

2.4 부정정 구조물

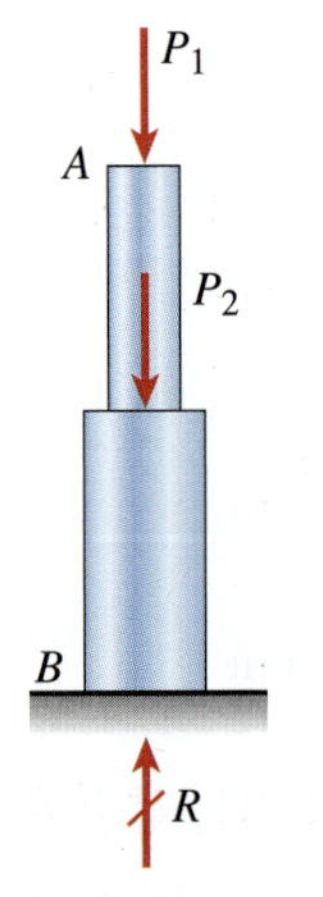

그림 2-26
정정 봉

앞 절에서 다루어진 스프링, 봉 및 케이블은 공통적인 한 가지 중요한 성질—즉, 반력과 축 방향 내력을 자유물체도와 평형방정식만으로 구할 수 있다는 중요한 성질을 갖고 있다. 이런 형태의 구조물을 **정정(statically determinate)**이라고 분류한다. 정정 구조물의 힘은 재료의 성질을 알지 못하더라도 구할 수 있다는 것에 특히 유의한다. 예를 들어, 그림 2-26에 있는 봉 AB를 고찰하여 보자. 하단의 반력 R뿐만 아니라, 봉의 두 부분의 축 방향 내력을 계산하는 과정은 봉의 재료와 무관하다.

대부분의 구조물은 그림 2-26의 봉보다 더 복잡하여, 이들의 반력과 축 방향 내력은 정역학만으로는 구할 수 없다. 양단이 고정된 봉 AB를 보여주는 그림 2-27에 이런 경우를 예시하였다. 두 개의 수직 반력(R_A와 R_B)이 있지만, 쓸 수 있는 평형방정식—즉, 수직 방향 힘들을 합한 식이 한 개 있다. 이 식은 두 개의 미지수를 포함하고 있으므로, 반력을 구하기에 충분하지 않다. 이러한 종류의 구조물은 **부정정(statically indeterminate)**으로 분류된다. 이러한 구조물을 해석하기 위해서는, 평형방정식에 추가적으로 구조물의 변위에 관계된 추가적인 식을 보충하여야 한다.

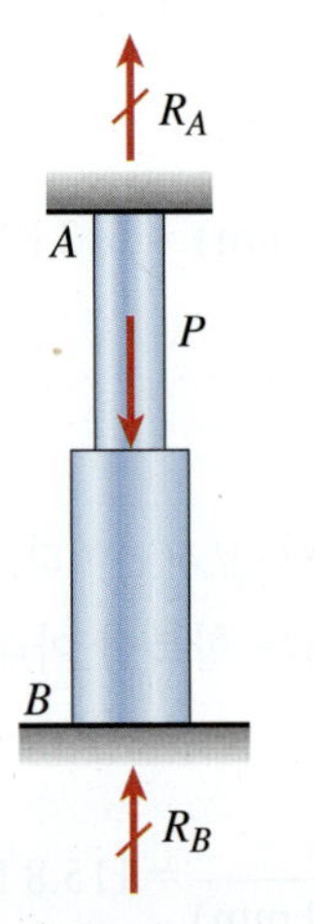

그림 2-27
부정정 봉

부정정 구조물을 해석하는 방법을 이해하기 위하여, 그림 2-28a의 예제를 고찰하자. 균일 단면 봉 AB는 양단에서 견고하게 지지되었고, 중간 지점 C에서 축 하중 P를 받는다. 이미 언급한 바와 같이, 단 한 개의 **평형방정식(equation of equilibrium)**만 쓸 수 있으므로, 반력 R_A와 R_B는 정역학적인 식만으로는 구할 수 없다:

$$\Sigma F_{\text{vert}} = 0 \quad R_A - P + R_B = 0 \tag{2-8}$$

두 개의 미지 반력을 구하기 위해서는 추가적인 방정식이 필요하다.

추가적인 방정식은 양단이 고정된 봉은 길이의 변화가 없다는 관찰에 근거한다. 봉을 지점으로부터 분리하면(그림 2-28), 양단이 자유로우며 세 개의 힘 R_A, R_B 및 P를 받는 봉을 얻는다. 이들 힘은 봉에 δ_{AB}만큼의 길이 변화를 일으키고 이 값은 0이 되어야 한다:

$$\delta_{AB} = 0 \tag{2-9}$$

적합 방정식(equation of compatibility)이라고 부르는 이 방정식은 봉의 길이 변화가 지점의 조건에 적합해야 된다는 사실을 표현한다.

식 (2-8)과 (2-9)를 풀기 위해서, 적합 방정식을 미지의 힘 R_A와 R_B의 항으로 나타내어야 한다. 봉에 작용하는 힘과 길이 변화 사이의 관계를 **힘-변위 관계(force-displacement relation)**라고 한다. 이러한 관계는 재료의 성질에 따라 여러 가지 형태를 갖는다.

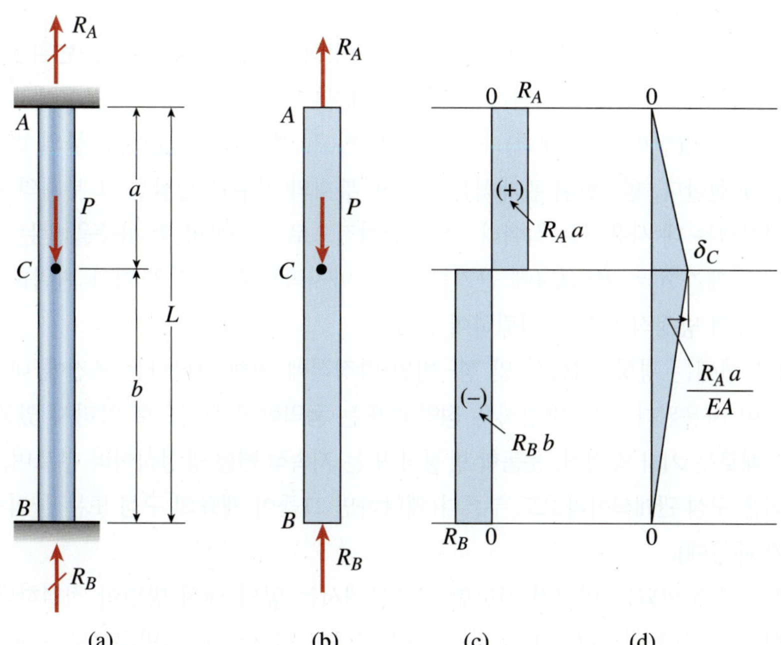

그림 2-28

부정정 봉의 해석: (a) 부정정 봉, (b) 자유물체도; (c) 축력 선도, (d) 축변위 선도

재료가 선형 탄성적이면, 방정식 $\delta = PL/EA$는 힘-변위 관계를 얻기 위하여 사용된다.

그림 2-28의 봉이 단면적 A를 가지고 탄성 계수가 E인 재료로 만들었다고 가정하자. 봉의 윗부분 및 아랫부분의 길이 변화는 각각 다음과 같다.

$$\delta_{AC} = \frac{R_A a}{EA} \qquad \delta_{CB} = -\frac{R_B b}{EA} \tag{2-10a,b}$$

여기서 음의 부호는 봉이 줄어듦을 의미한다. 식 (2-10a와 b)는 힘-변위 관계식이다.

이제 세 개의 방정식(평형방정식, 적합 방정식 및 힘-변위 관계식)을 연립하여 푼다. 이 예제에서는 먼저 힘-변위 관계식을 적합 방정식과 조합함으로써 시작한다:

$$\delta_{AB} = \delta_{AC} + \delta_{CB} = \frac{R_A a}{EA} - \frac{R_B b}{EA} = 0 \tag{2-11}$$

이 식은 두 개의 미지 반력을 포함하고 있음을 유의하라.

다음 단계는 평형방정식[식 (2-8)]과 이전의 식[식 (2-11)]을 연립하여 푸는 것이다. 그 결과는 다음과 같다.

$$R_A = \frac{Pb}{L} \qquad R_B = \frac{Pa}{L} \tag{2-12a,b}$$

반력을 구하면 모든 다른 힘과 변위 값을 구할 수 있다. 예를 들어, 점 C의 아래 방향 변위 δ_C를 구한다고 하자. 이 변위는 부재 AC의 신장량과 같다:

$$\delta_C = \delta_{AC} = \frac{R_A a}{EA} = \frac{Pab}{LEA} \tag{2-13}$$

또한, 봉의 두 부분의 응력은 축 방향 내력으로부터 직접 구할 수 있다(예를 들면, $\sigma_{AC} = R_A/A = Pb/AL$). 내부 축력 N의 분포 선도(AFD)를 그림 2-28c에 나타내었다. 봉의 높이에 걸친 축변위의 변화(ADD)를 그림 2-28d에 나타내었다. 봉이 A와 B에서 단단히 고정되었으므로, ADD에서 보듯이 변위 $\delta_A = \delta_B = 0$이다.

일반적 유의사항

앞의 논의로부터 부정정 구조물의 해석은 **평형**방정식, **적합** 방정식 및 **힘-변위** 관계식을 세우고, 이를 푸는 과정을 포함한다는 것을 이해했다. 평형방정식은 구조물에 작용하는 하중을 미지의 힘(반력 또는 내력)과 관계 짓게 하고, 적합 방정식은 구조물의 변위에 관한 조건을 표현한다. 힘-변위 관계식은 구조용 부재의 치수와 성질을 그 부재의 힘과 변위에 관련시키는 데 사용하는 식이다. 선형 탄성적으로 거동하며 축 하중을 받는 봉의 경우에는 이 관계가 $\delta = PL/EA$에 근거를 둔다. 마지막으로, 미지의 힘과 변위를 구하기 위하여 세 개의 방정식 모두를 연립하여 푼다.

공학 문헌에는 평형, 적합성 및 힘-변위 방정식에 의해 나타나는 조건에 대해 다양한 용어들이 사용된다. 평형방정식은 **정역학** 또는 **동역학** 방정식으로 알려져 있고; 적합 방정식은 때로는 **기하** 방정식, **운동학** 방정식 또는 **지속적 변형** 방정식이라 부르며; 힘-변위 관계식은 **구성 관계식**이라고도 부른다(왜냐하면 그들이 재료의 **구성** 또는 물리적 성질을 다루기 때문에).

이 장에서 논의되는 비교적 간단한 구조물에서는 앞의 해석 방법이 적절하다. 그러나 복잡한 구조물에 대해서는 더욱 정형적인 접근이 필요하다. 일반적으로 사용되는 두 개의 방법, 즉 **유연도 방법**(**하중 방법**이라고도 함)과 **강성도 방법**(**변위 방법**이라고도 함)이 구조 해석에 관한 교과서에 자세하게 서술되어 있다. 이러한 방법은 백 또는 수천 개의 연립방정식을 풀어야 하는 대형 복합 구조물에 사용되지만, 평형방정식, 적합 방정식 및 힘-변위 관계식과 같은, 앞에서 설명한 개념을 기초로 한 것이다.[1)]

다음 두 개의 예제는 축 하중을 받는 부재들로 구성된 부정정 구조물을 해석하는 방법론을 예시한다.

예제 2-6

그림 2-29에서 C에 작용하는 하중 $2P$를 가지는 평면 프레임의 모든 지지 반력에 대한 식을 구하라. 부재 AC는 길이 L, 폭 b, 두께 t인 균일 단면 평봉으로 가정한다. 보 ABC는 중간 높이(점 B)에서 기둥 DBF에 핀지지되어 있다. 기둥 DBF는 D의 $b_1 = b$로부터 F의 폭 $b_2 = 5b/4$까지 선형적으로 경사졌으며 일정 두께를 갖는다. 하중은 C의 $2P$만 고려한다; 모든 부재의 무게는 무시한다. 두 부재의 탄성 계수 E는 서로 같다.

풀이

이 T-프레임 구조물의 지지 반력을 구하기 위하여 문제풀이 4단계 접근방법을 사용한다.

1. **개념화:** **프레임은 1 자유도 부정정이다:** 다섯 개의 반력 성분(A와 F점에 각각 두 개씩, 점 D에 한 개; 그림 2-30a 참조)이 있지만 오직 세 개의 총괄 평형방정식 더

---

1) 역사적 관점에서 보면, 1774년에 Euler가 최초로 부정정 시스템을 해석하였으며, 그는 탄성적 기초 위에 지지된 네 개의 다리를 가진 테이블에 관한 문제를 고찰하였다(참고문헌 2-2 및 2-3). 다음 작업은 프랑스 수학자이며 공학도인 L. M. H. Navier에 의해 수행되었고, 그는 1825년에 정역학적 부정정 반력을 구조물의 탄성을 고려해서 구할 수 있다는 것을 발견하였다(참고문헌 2-4). Navier는 부정정 트러스와 보를 정역학적으로 풀었다.

그림 2-29

T-프레임 구조물

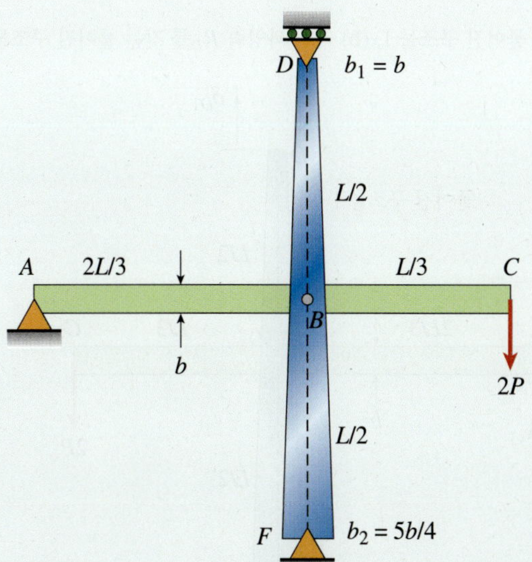

하기 B의 핀으로 인한 하나의 추가적 방정식만 있을 뿐이다. B의 핀을 제거하여 프레임을 두 개의 자유물체도로 분리한다: 보 ABC 한 개와 기둥 DBF 한 개(그림 2-30b 참조). 각기 분리된 자유물체도에서 점 B의 핀 하중 성분은 서로 방향이 반대이고 크기가 같은 것을 주목하라.

2. **분류:** 점 D에서의 변위 적합 조건에 근거하여 하나의 추가 방정식을 세우기 위하여 R_D를 과잉력으로 선택하고 중첩을 사용한다.

풀어진 구조물의 중첩: 풀어지고, 또는 정정인 구조물을 만들기 위하여 과잉력 R_D를 제거한다. 첫째의 풀어진 구조물(그림 2-31a)의 점 C에 실제 하중, $2P$를 적용하고 두 번째 풀어진 구조물(그림 2-31b)에 미지의 과잉력 R_D를 적용한다. 실제 구조물(그림 2-31a)에서 모든 반력과 변위는 두 개의 풀어진 구조물(그림 2-31a와 b)에서의 해당하는 항목의 합이어야 한다.

그림 2-30

(a) 전체 자유물체도, (b) 보 ABC와 기둥 DBF의 자유물체도

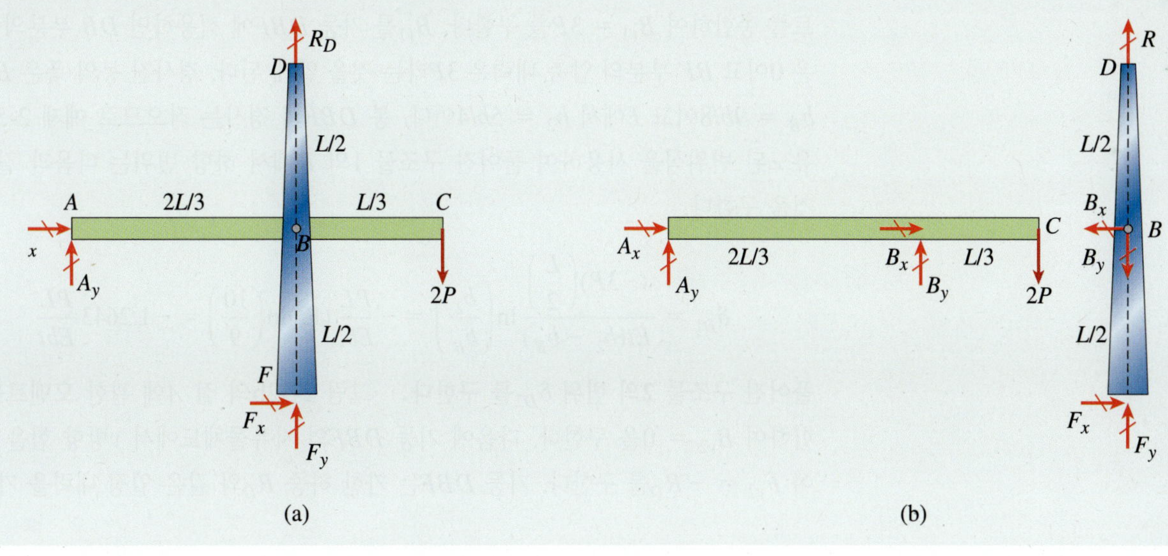

그림 2-31

(a) 실제 하중을 받는 풀어진 구조물 1, (b) 가한 과잉력 R_D를 갖는 풀어진 구조물 2

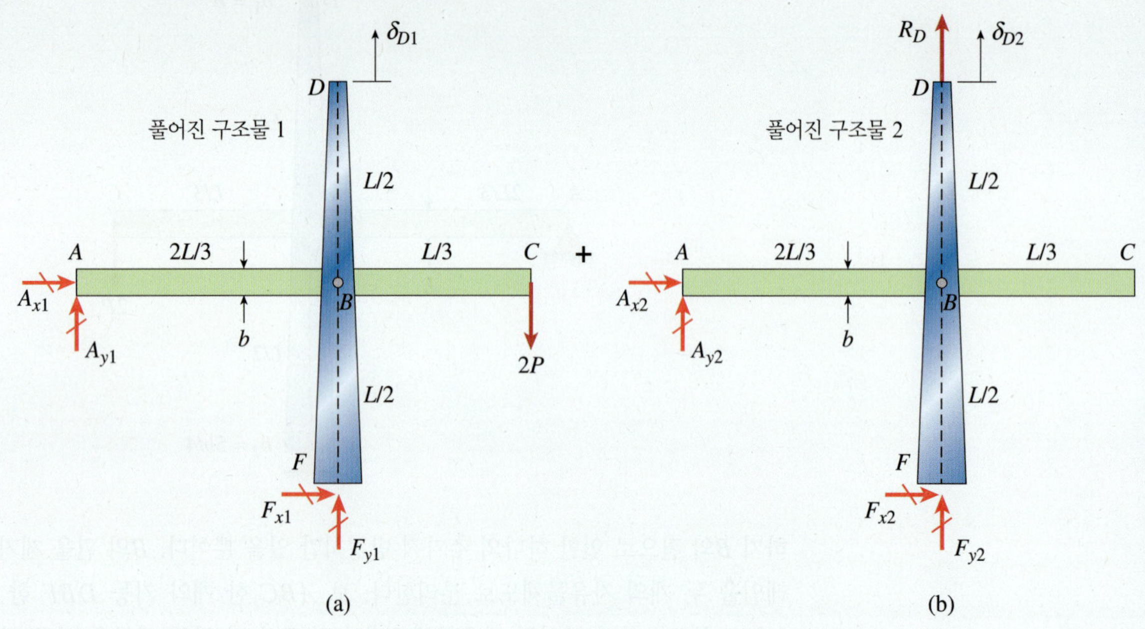

적합 방정식: 실제 구조물의 점 D에서의 수직 변위(그림 2-30a)는 0이다. 그림 2-31a와 b의 점 D에서의 변위를 중첩하여 다음의 적합 방정식을 얻는다:

$$\delta_D = 0 = \delta_{D1} + \delta_{D2} \tag{a}$$

힘-변위 관계를 그림 2-31a의 풀어진 구조물에 적용하여 점 C에 가한 하중 $2P$의 항으로 된 δ_{D1} 식을 얻는다. 비슷하게, 그림 2-31b의 변위 δ_{D2}에 대한 해도 미지 반력 R_D의 항으로 된 식을 얻을 것이다. 두 개의 식을 식 (a)에 대입하여 반력 R_D를 구한다. 마지막 단계는 나머지 반력을 구하기 위하여 정적 평형을 적용하는 것이다.

3. 해석:

풀어진 구조물 1의 변위 δ_{D1}를 구한다: B의 핀을 제거하고 보 ABC와 기둥 DBF(그림 2-32a)에 대한 각각의 자유물체도를 그린다. 보 ABC에서 점 A에 관한 모멘트를 총합하여 $B_{y1} = 3P$를 구한다. B_{y1}를 기둥 DBF에 적용하면 DB 부분의 내력은 0이고 BF 부분의 압축 내력은 $3P$라는 것을 알게 된다. 경사진 봉의 폭은 B에서 $b_B = 9b/8$이고 F에서 $b_2 = 5b/4$이다. 봉 DBF의 경사는 작으므로 예제 2-5에서 유도된 변위식을 사용하여 풀어진 구조물 1의 D에서 하향 변위는 다음과 같다는 것을 구한다.

$$\delta_{D1} = \frac{(-3P)\left(\dfrac{L}{2}\right)}{Et(b_2 - b_B)}\ln\left(\frac{b_2}{b_B}\right) = -\frac{PL}{Ebt}(12)\ln\left(\frac{10}{9}\right) = -1.2643\frac{PL}{Ebt} \tag{b}$$

풀어진 구조물 2의 변위 δ_{D2}를 구한다: 그림 2-32b의 점 A에 관한 모멘트를 총합하여 $B_{y2} = 0$을 구한다. 다음에 기둥 DBF의 자유물체도에서 y방향 힘을 합하여 $F_{y2} = -R_D$를 구한다. 기둥 DBF는 가한 하중 R_D와 같은 일정 내력을 가지며

그림 2-32

(a) 풀어진 구조물 1과 (b) 풀어진 구조물 2에 대한 보와 기둥의 자유물체도

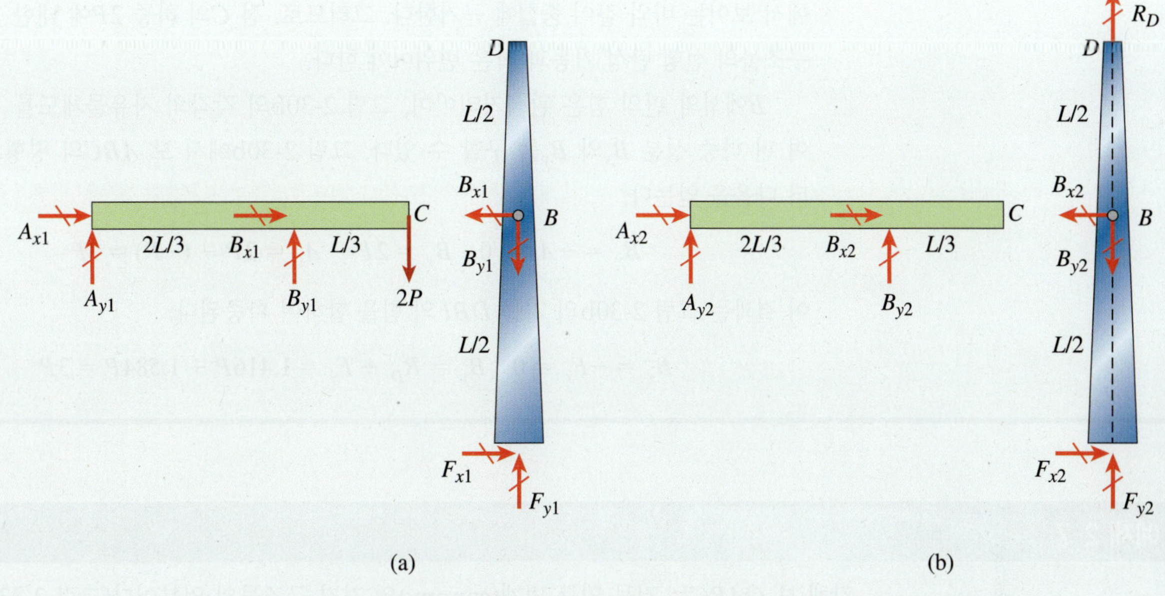

봉 DBF의 D에서 폭은 $b_1 = b$이다. 그러므로, 풀어진 구조물 2의 D의 상향 변위는 다음과 같다.

$$\delta_{D2} = \frac{(R_D L)}{Et(b_2 - b_1)}\ln\left(\frac{b_2}{b_1}\right) = \frac{R_D L}{Ebt}(4)\ln\left(\frac{5}{4}\right) = 0.8926\frac{R_D L}{Ebt} \qquad \text{(c)}$$

과잉력 R_D를 구하기 위하여 적합 조건 방정식을 푼다: δ_{D1}과 δ_{D2}에 대한 식을 식 (a)에 대입하고 과잉력 R_D에 대하여 푼다:

$$R_D = P\frac{1.2643}{0.8926} = 1.416P \qquad \text{(d)}$$

나머지 반력을 구하기 위한 평형 식: 과잉력 R_D를 아는 것으로 하고, 그림 2-30의 자유물체도를 사용하여 점 A와 F에서의 반력 성분을 구한다. 그림 2-30b의 보 ABC로부터,

$$\Sigma M_B = 0 \qquad A_y = \frac{-1}{\left(\frac{2L}{3}\right)}\left(2P\left(\frac{L}{3}\right)\right) = -P \qquad \text{(e)}$$

이제 그림 2-30의 총괄 자유물체도를 이용하여 나머지 반력을 구한다:

$$\Sigma M_F = 0 \qquad A_x = \frac{-1}{\left(\frac{L}{2}\right)}\left(A_y\left(\frac{2L}{3}\right) + 2P\left(\frac{L}{3}\right)\right) = 0$$

$$\Sigma F_x = 0 \quad F_x = -A_x = 0 \qquad \text{(f)}$$

$$\Sigma F_y = 0 \quad F_y = 2P - A_y - R_D = 1.584P$$

또 다른 방법으로, 그림 2-31a와 b의 반력을 중첩하여 다음과 같은 그림 2-30a의 총 반력을 구한다.

$$A_x = A_{x1} + A_{x2} \quad A_y = A_{y1} + A_{y2} \quad F_x = F_{x1} + F_{x2} \quad F_y = F_{y1} + F_{y2} \tag{g}$$

4. **최종 단계:** 이 1 자유도 부정정 프레임의 반력의 해는 그림 2-31과 식 (a) 및 (g)에서 보이는 바와 같이 **중첩**에 근거한다. 그러므로, 점 C의 하중 $2P$에 대한 거동은 구조물의 선형 탄성 거동과 작은 변위여야 한다.

B에서의 핀의 힘은 관심거리이며, 그림 2-30b의 각각의 자유물체도를 사용하여 핀 하중 성분 B_x와 B_y를 구할 수 있다. 그림 2-30b에서 보 ABC의 평형으로부터 다음을 얻는다.

$$B_x = -A_x = 0 \quad B_y = 2P - A_y = 2P - (-P) = 3P$$

이 결과는 그림 2-30b의 기둥 DBF의 힘을 합하여 확증된다:

$$B_x = -F_x = 0 \quad B_y = R_D + F_y = 1.416P + 1.584P = 3P$$

예제 2-7

강체 보 $OABC$는 건물 입구 덮개(canopy)의 지지 구조물의 일부이다(그림 2-33a). 보 $OABC$는 끝점 O에서 핀으로 연결되고 A와 B에서 두 개의 케이블(AD와 BD)로 지지되어 있다(그림 2-33b). 덮개와 케이블의 합친 무게 W = 7.5 kN는 A와 B 사이에서 집중 하중으로 작용하고, 수직 하중 P는 점 C에 작용한다. 보의 길이는 4.5 m이다. 두 케이블의 공칭 지름은 12 mm이고 유효 면적은 76.7 mm^2(표 2-1 참조)이며, 유효 탄성 계수는 135 GPa이다. 각 케이블의 최대 허용 하중이 20 kN라면 C에 작용 가능한 최대 하중 P를 구하라.

풀이

문제풀이 4단계 접근방법을 사용한다.

1. **개념화:** 전체 구조물의 자유물체도로 시작하고(그림 2-34a), 케이블의 수평면을

그림 2-33

(a) 건물 입구의 경사진 덮개, (b) 한 개의 보와 두 개의 지지 케이블에 대한 2차원 모델

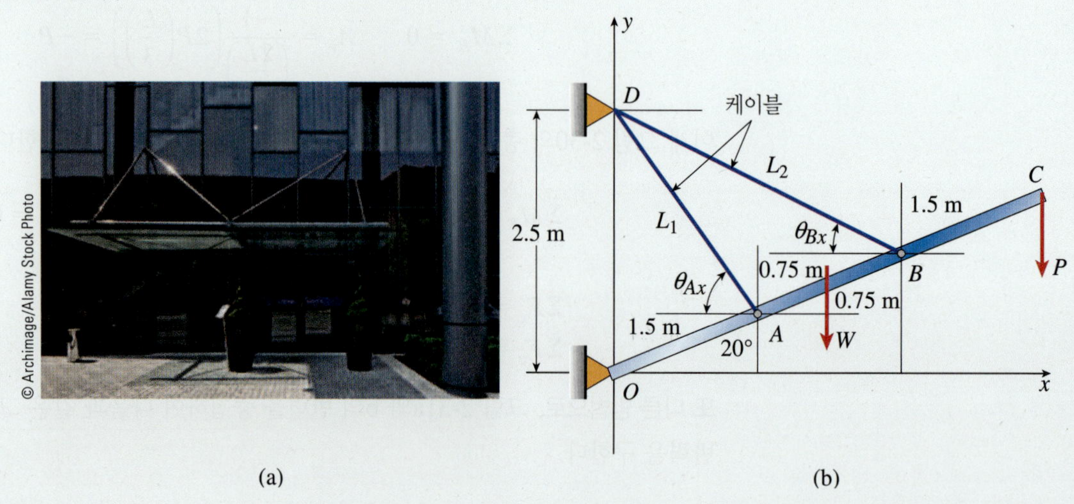

그림 2-34

(a) 보와 케이블 구조물 및 (b) 보 $OABC$의 자유물체도

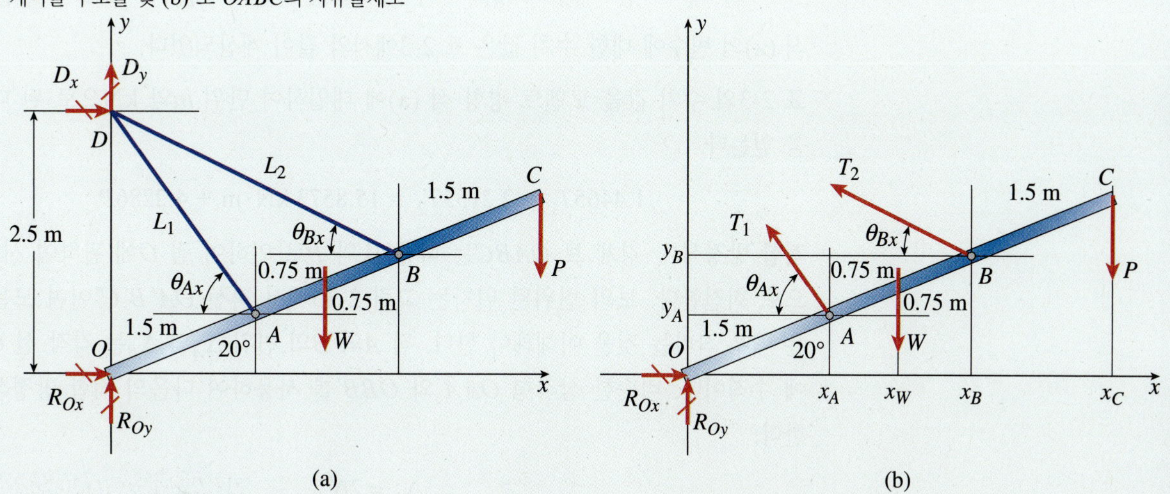

통하여 위와 아래 자유물체도를 생성한다. 여기서는, 케이블 AD와 BD의 힘 T_1과 T_2가 표시되므로 그림 2-34b의 아래 자유물체도가 가장 중요하다.

2. **분류:** 이 구조물은 예제 1-13에서 검토되었지만, 그 예제에서는 여기서 사용한 케이블 AD와 BD의 위치한 D에서 풀리로 이어지는 연속 케이블로 덮개를 지지했다. 두 개의 케이블 미지력 T_1과 T_2는 예제 1-13에서서는 하나의 케이블 미지력으로 대체되었다. 그러므로 그림 2-34b의 보 OABC는 **1 자유도 부정정**이다: 미지수 (R_{Ox}, R_{Oy}, T_1, T_2)가 4개 있지만 3개의 독립된 **평형방정식**만 있다. 또 다른 관계식을 얻기 위하여 두 개의 케이블 미지력 사이에 **적합 방정식**이 필요하다.

3. **해석:**

평형방정식: 그림 2-34b의 점 O에 관한 모멘트를 총합하여 케이블 힘 T_1과 T_2을 포함하는 평형방정식을 구한다:

표 2-3

식 (a)에서 사용하기 위한 변수의 수치 값

점 O로부터의 모멘트 팔길이	$x_A = (1.5\text{ m})\cos(20°) = 1.4095\text{ m}$ $y_A = (1.5\text{ m})\sin(20°) = 0.5130\text{ m}$ $x_B = 2.8191\text{ m},\ y_B = 1.0261\text{ m}$ $x_C = 4.2286\text{ m},\ x_W = 2.1143\text{ m}$
코사인 법칙을 사용한 초기 케이블 길이	$L_1 = \sqrt{1.5^2 + 2.5^2 - 2(1.5)(2.5)\cos 70°}\text{ m} = 2.436\text{ m}$ $L_2 = \sqrt{3^2 + 2.5^2 - 2(3)(2.5)\cos 70°}\text{ m} = 3.181\text{ m}$
사인 법칙을 사용한 케이블과 보 사이의 각도	$\theta_A = \sin^{-1}\left(\frac{2.5\text{ m}}{L_1}\sin 70°\right) = 74.648°$ $\theta_B = \sin^{-1}\left(\frac{2.5\text{ m}}{L_2}\sin 70°\right) = 47.603°$ $\theta_{Ax} = \theta_A - 20° = 54.648°,\ \theta_{Bx} = \theta_B - 20° = 27.603°$

$$\Sigma M_O = 0$$

$$T_1(x_A \sin\theta_{Ax} + y_A \cos\theta_{Ax}) + T_2(x_B \sin\theta_{Bx} + y_B \cos\theta_{Bx}) = Wx_W + Px_C \quad \text{(a)}$$

식 (a)의 변수에 대한 수치 값은 표 2-3에서와 같이 계산되었다.

표 2-3의 수치 값을 모멘트 평형 식 (a)에 대입하여 단위 m와 kN으로 된 다음 식을 얻는다.

$$1.4465T_1 + 2.2155T_2 = 15.8573\ \text{kN}\cdot\text{m} + 4.2286P \quad \text{(b)}$$

적합 방정식: 강체 보 $OABC$는 하중 W와 P로 인하여 점 O에 관하여 시계방향으로 회전한다. 보의 변위된 위치는 그림 2-35에서 직선 $OA'B'C'$이며 모든 변위는 매우 작다는 것을 이해해야 한다. 점 A와 B의 변위 Δ_A와 Δ_B는 각각 선 $OABC$에 수직이다. 비슷한 삼각형 OAA'와 OBB'를 사용하여 다음의 적합 방정식을 구한다:

$$\Delta_B = 2\Delta_A \quad \text{(c)}$$

힘−변위 관계: 그림 2-35의 변위는 매우 작지만, 점 A와 B의 변위 Δ_A와 Δ_B와 케이블 AD의 신장량 δ_1과 케이블 BD의 신장량 δ_2 사이의 기하학적 관계가 다음과 같이 쓰여질 정도로 충분히 크다.

$$\Delta_A = \frac{\delta_1}{\sin\theta_A} \qquad \Delta_B = \frac{\delta_2}{\sin\theta_B}$$

Δ_A와 Δ_B에 대한 이 식을 식 (c)에 대입하여 다음을 구한다.

$$\delta_2 = 2\left(\frac{\sin\theta_B}{\sin\theta_A}\right)\delta_1$$

케이블은 선형 탄성적으로 거동하므로, 그들 신장량은 힘−변위 관계의 유연도 f의 항으로 다음과 같이 쓴다:

$$\delta_1 = \left(\frac{L_1}{EA}\right)T_1 = f_1T_1 \qquad \delta_2 = \left(\frac{L_2}{EA}\right)T_2 = f_2T_2$$

이는 다음과 같이 된다.

$$f_2T_2 = 2\left(\frac{\sin\theta_B}{\sin\theta_A}\right)f_1T_1 \quad \text{또는} \quad T_2 = 2\left(\frac{\sin\theta_B}{\sin\theta_A}\right)\left(\frac{f_1}{f_2}\right)T_1$$

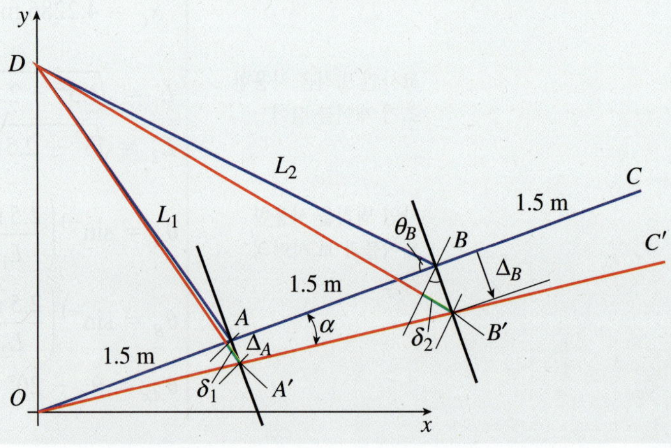

그림 2-35
변위 선도

수치 값을 대입하면 다음과 같다.

$$T_2 = 2\left(\frac{\sin 47.603°}{\sin 74.648°}\right)\left(\frac{2.353(10^{-4})}{3.072(10^{-4})}\right)T_1 = 1.173\,T_1 \qquad \text{(d)}$$

케이블 힘 T_1과 T_2 사이의 이 관계는 힘–변위 관계를 적합 식[식 (c)]에 대입한 결과이다.

방정식의 해: 여기서의 제한 조건은 케이블 힘 T_1과 T_2 모두 20 kN을 초과할 수 없다는 것이다. 식 (d)로부터 T_2는 T_1보다 크며, C에서의 힘 P의 크기가 증가할 때 첫 한계 20 kN에 다다른다. 식 (d)를 평형방정식 (b)에 대입하고 T_2 = 20 kN을 P_{max}에 대한 해를 구한다:

$$P_{max} = \frac{1}{4.2286}\left(1.4465\left(\frac{T_2}{1.173}\right) + 2.2155\,T_2 - 15.8573\right)\text{kN} = 12.56\text{ kN} \qquad \text{(e)}$$

4. **최종 단계:** 점 C에서 P_{max} = 12.56 kN일 때, 케이블 BD는 한계 힘 T_2 = 20kN에 이르고, 케이블 AD는 인장력 $T_1 = \dfrac{20\text{ kN}}{1.173} = 17.05$ kN을 갖는다. 케이블 유연도 f는 알고 있으므로, 힘–변위 관계를 사용하여 케이블 신장량 $\delta_1 = f_1T_1$ = 4.012 mm와 $\delta_2 = f_2T_2$ = 6.144 mm를 구한다. 다음으로, 점 A와 B의 하향 변형량(보 $OABC$에 수직, 그림 2-35 참조)은 $\Delta_A = \dfrac{\delta_1}{\sin\theta_A} = 4.16$ mm이고 $\Delta_B = \dfrac{\delta_2}{\sin\theta_B} = 8.32$ mm이다. 그러므로 점 B에서의 x와 방향 변위는, 예를 들어 $\Delta_{Bx} = \Delta_B\sin(20°)$ = 2.85 mm, $\Delta_{By} = -\Delta_B\cos(20°)$ = −7.82 mm이다.

Δ_B를 사용하여, 보 $OABC$의 시계방향 회전은 $\alpha = \Delta_B/3$ m = 2.77(10^{-3}) rad =0.159°로 계산되며, 이것은 작은 변위 가정을 확증한다. 끝으로, 지점 O와 D에서의 반력(그림 2-34 참조)은 케이블 힘 T_1과 T_2를 알고 있다는 것을 이용하여 계산한다.

예제 2-8

중실 원형 강철 실린더 S가 속이 빈 원형 구리 관 C 안에 들어있다(그림 2-36a와 b). 실린더와 관은 시험기의 강체 판 사이에서 압축력 P에 의하여 압축을 받고 있다. 강철 실린더의 단면적은 A_s, 탄성 계수는 E_s이며, 구리 관의 단면적은 A_c, 탄성 계수는 E_c이며, 이들의 길이는 모두 L이다.

다음 값을 구하라: (a) 강철 실린더에 작용하는 압축력 P_s와 구리 관에 작용하는 압축력 P_c; (b) 이에 대응되는 압축응력 σ_s와 σ_c; (c) 조립체의 수축량 δ.

풀이

풀이에는 문제풀이 4단계 접근방법을 사용한다. 필수적인 단계는 각 부분에 나와 있다.

Part (a): 강철 실린더 및 구리 관에 작용하는 압축력

1. **개념화:** 강철 실린더와 구리 관에 작용하는 압축력 P_s와 P_c를 드러내기 위하여,

그림 2-36

예제 2-8: 부정정 구조물의 해석

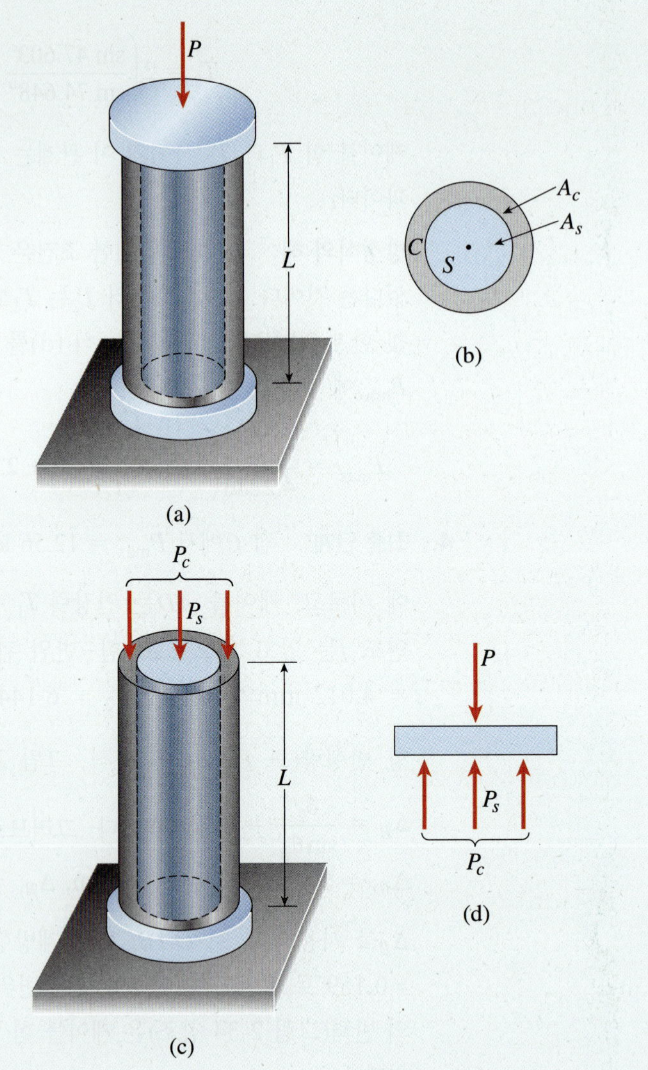

먼저 조립체 상단의 판을 제거한다(그림 2-36c). 힘 P_s는 강철 실린더의 전체 단면적에 작용하는 등분포 응력의 합력이며, 힘 P_c는 구리 관의 전체 단면적에 작용하는 응력의 합력이다.

2. **분류:**

평형방정식: 상단의 판의 자유물체도를 그림 2-36d에 보여준다. 이 판은 힘 P와 미지의 압축력 P_s 및 P_c를 받으므로 평형방정식은

$$\Sigma F_{\text{vert}} = 0 \qquad P_s + P_c - P = 0 \tag{a}$$

이다. 유일하게 사용할 수 있는 의미 있는 평형방정식인 이 식은 두 개의 미지수를 포함한다. 그러므로 이 구조물은 부정정이다.

적합 방정식: 상단의 판은 강체이므로 강철 실린더와 구리 관은 같은 양만큼 줄어든다. 강철 부분과 구리 부분의 수축량을 각각 δ_s와 δ_c라 하면, 다음과 같은 적합 방정식을 얻는다:

$$\delta_s = \delta_c \tag{b}$$

힘-변위 관계: 실린더와 관의 길이 변화는 일반 방정식 $\delta = PL/EA$에서 구할 수 있으므로, 이 예제에서 힘-변위 관계는 다음과 같다.

$$\delta_s = \frac{P_s L}{E_s A_s} \quad \delta_c = \frac{P_c L}{E_c A_c} \tag{c,d}$$

3. 해석: 이제 세 개의 방정식을 연립하여 푼다. 먼저 힘-변위 관계를 적합 방정식[식 (b)]에 대입하면 다음과 같게 된다.

$$\frac{P_s L}{E_s A_s} = \frac{P_c L}{E_c A_c} \tag{e}$$

이 방정식은 적합 조건을 미지 힘들의 항으로 나타낸다.

다음에는 평형방정식[식 (a)]과 앞의 적합 조건 방정식[식 (e)]을 연립하여 풀어서 강철 실린더와 구리 관에 작용하는 축력을 구한다:

$$P_s = P\left(\frac{E_s A_s}{E_s A_s + E_c A_c}\right) \quad P_c = P\left(\frac{E_c A_c}{E_s A_s + E_c A_c}\right) \tag{2-14a,b}$$

4. 최종 단계: 이 식들은, 강철과 구리 부분의 압축력이 이들 각각의 축 강성에는 비례하고, 이들 축 강성의 합에는 반비례한다는 것을 보여준다.

Part (b): 강철 실린더와 구리 관에 작용하는 압축응력

3. 해석: 축력을 구한 다음, 두 재료의 압축응력들을 구한다:

$$\sigma_s = \frac{P_s}{A_s} = \frac{PE_s}{E_s A_s + E_c A_c} \quad \sigma_c = \frac{P_c}{A_c} = \frac{PE_c}{E_s A_s + E_c A_c} \tag{2-15a,b}$$

4. 최종 단계: 응력 비 σ_s/σ_c는 탄성 계수 비 E_s/E_c와 같음을 유의해야 하며, 이는 일반적으로 "강성"이 높은 재료에 더 큰 응력이 발생함을 보여준다.

Part (c): 조립체의 수축량

2. 분류: 전체 조립체의 수축량 δ는 식 (c) 또는 식 (d)로부터 구할 수 있다. 식 (2-14a와 b)로부터 힘을 대입하면 다음을 얻는다.

$$\delta = \frac{P_s L}{E_s A_s} = \frac{P_c L}{E_c A_c} = \frac{PL}{E_s A_s + E_c A_c} \tag{2-16}$$

4. 최종 단계: 이 결과는, 조립체의 수축량은 전체 하중을 두 개 부분의 강성도의 합으로 나눈 것과 같음을 보여준다[식 (2-4a)로부터 축 하중을 받는 봉의 강성도는 $k = EA/L$임을 상기하라].

방정식의 대체 해: 힘-변위 관계식[식 (c)와 (d)]을 적합 방정식에 대입하는 대신에 이 관계식을 다음과 같은 형태로 다시 쓸 수 있다.

$$P_s = \frac{E_s A_s}{L}\delta_s \quad P_c = \frac{E_c A_c}{L}\delta_c \tag{f,g}$$

이 식들을 평형방정식[식 (a)]에 대입하면 다음과 같다;

$$\frac{E_s A_s}{L}\delta_s + \frac{E_c A_c}{L}\delta_c = P \tag{h}$$

이 식은 평형방정식을 미지의 변위 항들로 나타난다. 적합 방정식[식 (b)]과 앞의 방

정식을 연립하여 풀면 변위를 구한다:

$$\delta_s = \delta_c = \frac{PL}{E_s A_s + E_c A_c} \tag{i}$$

이 식은 식 (2-16)과 일치한다. 마지막으로 식 (i)를 식 (f)와 (g)에 대입하여 압축력 P_s와 P_c를 구한다[식 (2-14a 및 b) 참조].

참고: 방정식을 푸는 대체의 방법은 **강성도**(또는 **변위**) **해석 방법**의 단순화된 형태이며, 방정식을 푸는 첫 번째 방법은 **유연도**(또는 **하중**) **방법**의 단순화된 형태이다. 이들 두 가지 방법에 대한 이름은, 식 (h)는 변위를 미지수로, 그리고 강성도를 계수로 갖는다는 사실[식 (2-4a) 참조]과, 반면에 식 (e)는 힘을 미지수로, 그리고 유연도를 계수로 갖는다는 사실[식 (2-4b) 참조]에서 비롯된다.

2.5 열효과, 부적합 및 사전 변형률

외부 하중만이 구조물에 응력과 변형률을 일으키는 유일한 원인은 아니다. 다른 원인으로는 온도 변화로 인한 **열효과**(*thermal effect*), 구조물의 불완전성에서 초래된 **부적합**(*misfit*) 및 초기 변형에 의해서 생기는 **사전 변형률**(*prestrain*)을 포함한다. 또 다른 원인으로는 지지점의 정착(또는 이동), 가속운동에 의해 초래된 내부 하중 및 지진과 같은 자연현상 등이 있다.

열효과, 부적합 및 사전 변형률은 기계적 시스템이나 구조 시스템에서 흔히 일어나며, 이 절에서 설명된다. 일반적으로, 이들은 정정 구조물보다 부정정 구조물의 설계에서 더욱 중요하다.

열효과

그림 2-37
온도 증가를 받는 재료의 블록

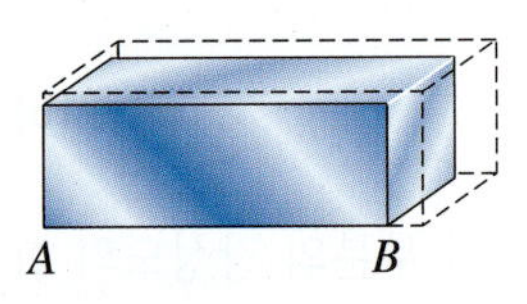

온도 변화는 구조용 재료의 팽창 또는 수축을 일으키며, **열 변형률(thermal strain)**과 **열 응력(thermal stress)**을 초래한다. 열팽창에 관한 간단한 예가 그림 2-58에 예시되었으며, 여기서, 재료의 블록은 제한을 받지 않고 자유롭게 팽창한다. 블록을 가열하면, 재료의 모든 요소는 모든 방향으로 열 변형률을 갖게 되며, 결과적으로 블록의 치수들은 증가한다. 모퉁이 A를 고정 기준점으로 취하고 변 AB가 원래의 위치를 유지한다면, 블록은 점선과 같은 모양이 될 것이다.

대부분의 구조용 재료에 대하여, 열 변형률 ε_T는 온도 변화 ΔT에 비례한다; 즉,

$$\varepsilon_T = \alpha(\Delta T) \tag{2-17}$$

여기서, α는 **열팽창 계수(coefficient of thermal expansion)**라고 하는 재료의 성질이다. 변형률은 무차원 양이므로 열팽창 계수는 온도 변화의 역수와 같은 단위를 갖는다. SI단위에서는, α의 단위가 $1/K$(켈빈 온도의 역수) 또는 1/°C(섭씨 도의 역수)로 표시된다. 온도 **변화**가 켈빈 도와 섭씨 도에서 수치적으로 같기 때문에, α의 값은 두 가지 경우에 대하여 같다.[2)] α의 전형적인 값들이 부록 I의 표 I-4에 수록되어 있다.

열 변형률에 대해 **부호규약**이 필요할 때, 일반적으로 팽창은 양으로, 수축은 음으로

2) 온도의 단위와 스케일에 대한 논의는 부록 A의 A.4절을 참조하라.

가정한다.

열 변형률의 상대적인 중요성을 설명하기 위하여, 다음과 같은 방법으로 열 변형률과 축 하중으로 인한 변형률을 비교한다. 공식 $\varepsilon = \sigma/E$에 의한 길이방향 변형률을 가지며 축 하중을 받는 봉을 고찰해 보자. 여기서, σ는 응력이고, E는 탄성 계수이다. 온도 변화 ΔT를 갖는 똑같은 봉을 생각하면, 봉은 식 (2-17)로 주어지는 열 변형률을 갖는다. 이 두 변형률의 값을 같게 놓으면 다음 식을 얻는다.

$$\sigma = E\alpha(\Delta T)$$

온도 변화 ΔT에 의한 것과 같은 변형률을 발생하는 축 응력 σ를 계산하기 위하여 이 식을 사용한다. E = 210 GPa이고 α = 17 × 10^{-6}/°C인 스테인리스강으로 된 봉을 예로 들자. σ에 대한 앞의 방정식을 이용하여 신속 계산하면, 60°C의 온도 변화는 214 MPa의 응력에 해당하는 같은 변형률을 발생시키는 것을 알 수 있다. 이 응력은 재료의 전형적인 허용 응력 범위 내에 있다. 그러므로 상대적으로 적당한 온도 변화는 보통 하중에 의한 변형률과 같은 크기의 변형률을 일으키므로, 이는 온도 효과가 공학 설계에서 중요하다는 것을 보여준다.

보통의 구조용 재료는 가열하면 팽창하고 냉각하면 수축하므로, 온도의 증가는 양의 열 변형률을 일으킨다. 온도가 원래 값으로 되돌아가면, 부재가 원래의 모양으로 되돌아간다는 의미에서 보면, 열 변형률은 보통 가역(reversible)이다. 그러나 일반적인 방법으로 거동하지 않는 몇 개의 특수한 금속 합금이 최근에 개발되었다. 이러한 경우에, 어떤 온도 범위 이상에서는 가열하면 치수가 줄어들고, 냉각하면 치수가 늘어난다.

또한 열의 관점에서 보면, 물은 특이한 물질이다—물은 4°C 위 온도로 가열하면 팽창하고, 또한 4°C 아래 온도로 냉각해도 팽창한다. 따라서 물은 4°C에서 최대 밀도를 갖는다.

이제 그림 2-37에 보인 재료의 블록을 다시 고찰해 보자. 재료는 균질이고, 등방성이며, 온도 증가 ΔT는 전체 블록을 통하여 균일하다고 가정한다. 블록의 모든 치수들의 증가는 원래 치수를 열 변형률로 곱하여 계산할 수 있다. 이를 테면, 치수 중의 하나를 L이라 하면, 이 길이는 다음과 같이 증가한다.

$$\delta_T = \varepsilon_T L = \alpha(\Delta T)L \tag{2-18}$$

식 (2-18)은 앞 절에서 언급된 힘-변위 관계식과 유사한 **온도-변위 관계식(temperature-displacement relation)**이다. 이 식은, 그림 2-38에 보인 균일 단면 봉의 신장량 δ_T와 같은, 균일한 온도 변화를 받는 구조용 부재의 길이를 계산하는 데 사용된다. (봉의 가로 방향의 치수도 변하지만, 이들의 변화는 봉에 의해 전달된 축력에 아무런 영향을 미치지 못하므로 그림에 보여주지 않는다.)

열 변형률에 대한 앞에서의 논의에서는, 구조물이 제약을 받지 않고 자유로 팽창하거나 수축할 수 있다고 가정하였다. 이러한 조건들은 물체가 마찰이 없는 표면에 놓여 있거나, 열린 공간에서 매달려 있을 때 존재한다. 이러한 경우에 물체 전체에 걸쳐 온도 변화가 균일한 경우에는 응력이 발생하지 않으며, 온도 변화가 불균일하게 작용할 때는 내부 응력이 발생한다. 그러나 많은 구조물들은 자유 팽창이나 수축을 억제하

그림 2-38

균일한 온도 증가로 인한 균일 단면 봉의 길이 증가[식 (2-18)]

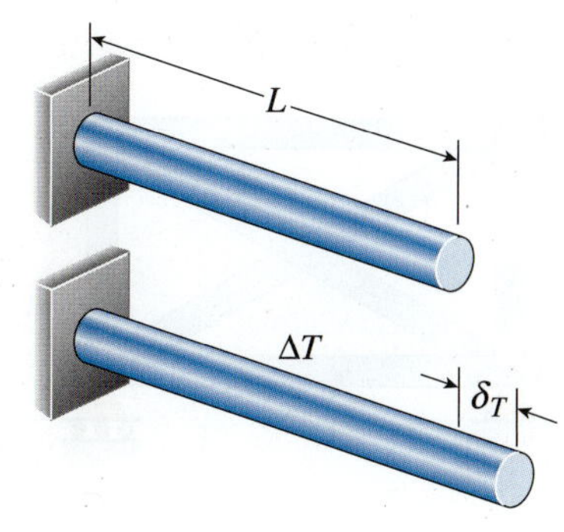

그림 2-39

각 부재가 균일한 온도 변화를 받는 정정 트러스

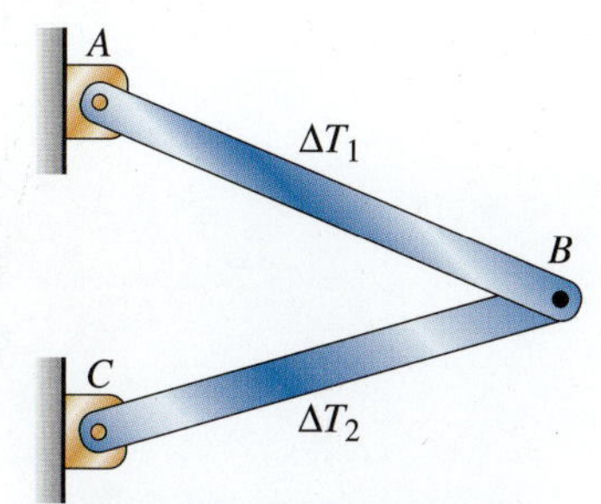

부정정 트러스에는 온도 변화와 사전 변형률로 인하여 힘이 발생할 수 있다

는 지점들을 가지므로, 이 경우에는, 구조물 전체를 통하여 온도 변화가 균일하더라도 **열응력**이 발생할 것이다.

열효과에 대한 이러한 개념을 설명하기 위하여, 그림 2-39의 두 개의 봉으로 된 트러스 ABC에서, 봉 AB의 온도는 ΔT_1만큼 변하고, 봉 BC의 온도는 ΔT_2만큼 변한다고 가정한다. 트러스는 정정이므로, 두 개의 봉들은 자유로 늘어나거나 줄어들며, 조인트 B에 변위를 일으킨다. 그러나 두 개의 봉 내에는 응력이 없고 지점에서는 반력이 없다. 이러한 결론은 일반적으로 **정정 구조물(statically determinate structure)**에 적용된다; 즉, 부재 내의 균일한 온도 변화는 이에 대응되는 응력을 발생시키지 않은 채, 열 변형률(및 이에 대응되는 길이 변화)을 일으킨다.

그림 2-40

온도 변화를 받는 부정정 트러스

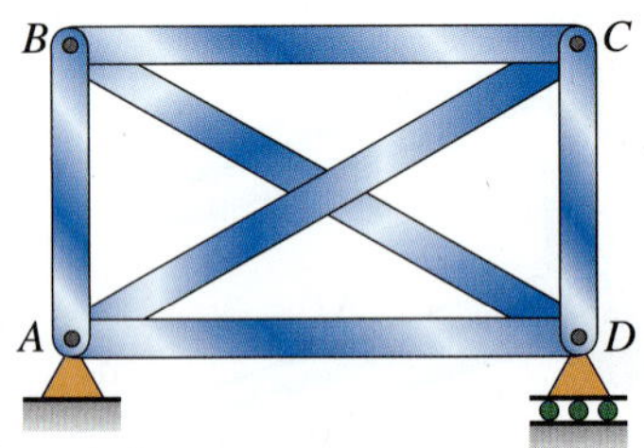

부정정 구조물(statically indeterminate structure)은 구조물의 특성이나 온도 변화의 성질에 따라 열응력을 일으킬 수도 있고, 일으키지 않을 수도 있다. 몇 가지 가능성을 예시하기 위해, 그림 2-40에 보인 부정정 트러스를 고찰해보자. 이 구조물의 지점은 조인트 D를 수평으로 이동하게 허용하므로, 전체 트러스가 균일하게 가열될 때, 아무 응력도 일으키지 않는다. 모든 부재들은 원래 길이에 비례하여 길이가 늘어나며, 트러스는 크기가 약간 커진다.

그러나 어떤 봉은 가열되고 다른 봉들은 가열되지 않는다면, 봉의 부정정 배열이 자유 팽창을 억제하기 때문에 열응력이 생길 것이다. 이러한 조건을 보여주기 위해, 한 쪽 봉만 가열된다고 가정하자. 이 봉이 커짐에 따라 다른 봉으로부터 저항을 받으며, 따라서 모든 부재에 응력이 발생한다.

온도 변화를 갖는 부정정 구조물의 해석은, 앞의 절에서 언급한 개념, 즉, 평형방정식, 적합 방정식 및 힘-변위 관계식을 기초로 한다. 주요한 차이점은, 해석을 수행할 때, 힘-변위 관계식($\delta = PL/EA$과 같은)에 추가하여 온도-변위 관계식[식 (2-18)]을 사용한다는 점이다. 다음 두 예제들은 이런 과정을 자세하게 설명한다.

예제 2-9

선형 탄성 재료로 만들어졌으며, 길이가 L인 균일 단면 봉 AB가 고정된 지점 사이에 받쳐져 있다(그림 2-41a). 봉의 선형 탄성 계수는 E이고 열팽창 계수는 α이다.

(a) 봉의 온도가 ΔT만큼 균일하게 증가한다면, 봉에 생기는 열응력 σ_T에 대한 공식을 유도하라.

(b) 위의 문제 (a)에서 강체 지점 B가 스프링 상수 k를 갖는 탄성 받침으로 교체된다면, 공식을 수정하라(그림 2-41b); 오직 봉 AB만이 ΔT만큼 균일하게 온도 증가한다고 가정한다.

(c) 봉이 A로부터 x거리에서 온도가 $\Delta T(\chi) = \Delta T_0(1 - x^2/L^2)$으로 증가하는 형태로 불균일하게 가열된다고 가정하여 문제 (b)를 되풀이하라(그림 2-41c 참조).

풀이

풀이에는 문제풀이 4단계 접근방법을 사용한다. 필수적인 단계는 각 부분에 나와 있다.

그림 2-41

예제 2-9: (a) 균일한 온도 증가 ΔT 를 받는 부정정 봉, (b) 균일한 온도 증가 ΔT와 탄성 받침을 가진 부정정 봉, (c) 불균일한 온도 증가 $\Delta T(x)$와 탄성 받침을 가진 부정정 봉 (d) 지점 B가 제거된 정정 봉(즉, 풀어진 구조물)

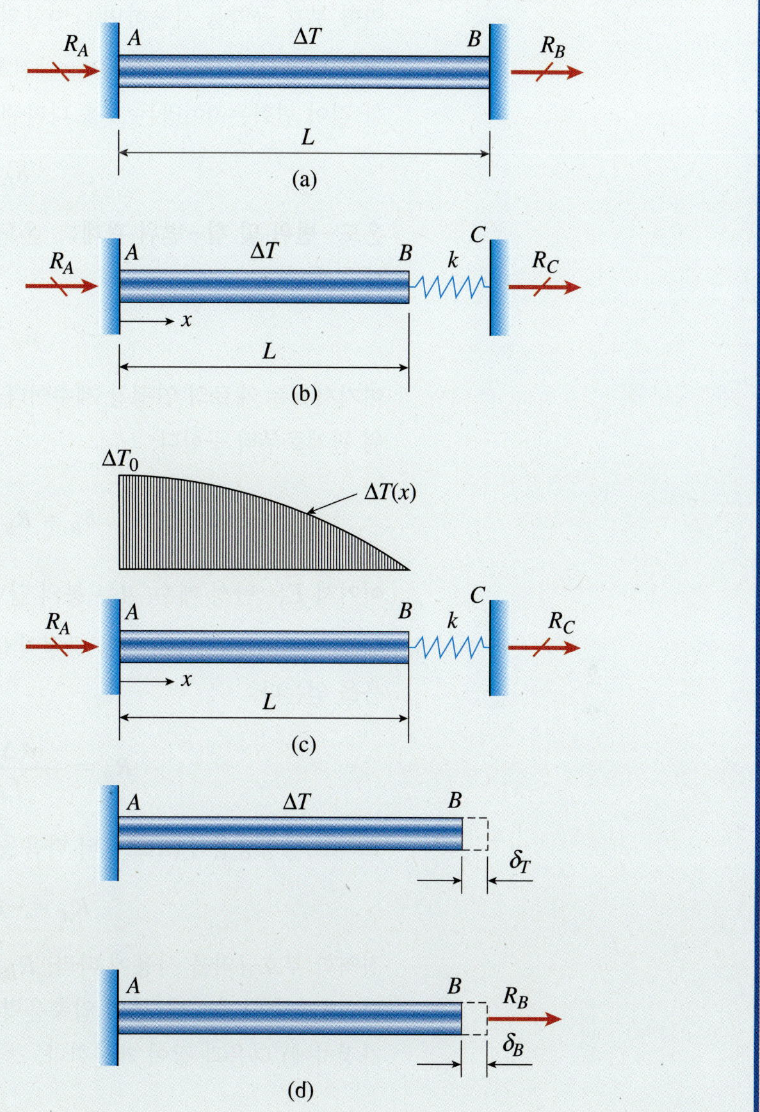

Part (a): A와 B에서 고정되었으며, ΔT만큼 균일하게 온도가 증가하는 봉의 열응력을 구한다.

1. **개념화:** 온도가 증가하기 때문에 봉은 늘어나려 하지만 A와 B에서 강체로 지지되어서 저지당한다. 그러므로 지점에서 반력 R_A와 R_B가 발생하며, 봉은 균일 압축응력을 받는다.

2. **분류:** **평형방정식:** 오직 유효한 정적 평형방정식은 반력 R_A와 R_B의 합이 0이 되어야 한다. 그러므로 두 개의 미지수를 갖는 하나의 식을 얻는다. 이것을 **1 자유도 부정정 문제**(*one-degree statically indeterminate problem*)라 한다:

$$\Sigma F_x = 0 \quad R_A + R_B = 0 \tag{a}$$

반력 R_B를 과잉 반력으로 선택하고, 추가적인 식(적합 방정식)을 얻기 위해 두 개의 "풀어진(released)" 정정 구조물(그림 2-41d)의 중첩을 사용한다. 첫 번째 풀어진 구조물은 ΔT만큼 균일하게 온도가 증가하고, 그리하여 δ_T만큼 늘어난다. 두 번째 풀어진 구조물은 과잉 반력 R_B(힘으로 가하여지는)에 의하여 δ_B만큼 늘어난다. 정역학 부호 규약을 사용하면, x방향의 힘과 변위는 양으로 가정한다.

적합 방정식: 지점 A와 B는 완전히 억제되어 있으므로 적합 방정식은 봉의 순수한 길이 변화는 0이라는 것을 나타낸다:

$$\delta_T + \delta_B = 0 \qquad \textbf{(b)}$$

온도-변위 및 힘-변위 관계: 온도로 인한 봉의 길이 증가는 식 (2-18)에 의하여 다음과 같다.

$$\delta_T = \alpha(\Delta T)L \qquad \textbf{(c)}$$

여기서 α는 재료의 열팽창 계수이다. 미지의 하중 R_B로 인한 길이의 증가는 힘-변위 관계로부터 구한다:

$$\delta_B = R_B\left(\frac{L}{EA}\right) = R_B f_{AB} \qquad \textbf{(d)}$$

여기서 E는 탄성 계수, A는 봉의 단면적, f_{AB}는 봉의 유연도이다.

3. **해석:** 식 (c)와 (d)를 적합 방정식 (b)에 대입하여 과잉 반력 R_B에 대하여 풀면 다음을 얻는다.

$$R_B = \frac{-\alpha(\Delta T)L}{f_{AB}} = -EA\alpha(\Delta T) \qquad \textbf{(e)}$$

그리고 평형방정식 (a)로부터 다음을 얻는다.

$$R_A = -R_B = EA\alpha(\Delta T) \qquad \textbf{(f)}$$

정역학 부호규약을 사용에 따라, R_B는 음의 x방향이고, 반면에 R_A는 양의 x방향이다. 마지막 단계로서, 봉의 압축응력을(ΔT가 양이고, 그러므로 온도는 증가한다는 가정하에) 다음과 같이 계산한다.

$$\sigma_T = \frac{R_A}{A} = E\alpha(\Delta T) \qquad \textbf{(g)}$$

4. **최종 단계:**

주 1: 이 예제에서, 반력은 봉의 길이에 무관하고, 응력은 길이와 단면적에 무관하다[식 (f)와 (g) 참조]. 그러므로 다시 한번, 순전히 수치 계산 풀이에서는 봉의 거동의 중요한 면을 주목할 수 없으므로, 부호로 표시된 해의 유용성이 입증되었다.

주 2: 봉의 열 변형량을 구할 때[식 (c)], 재료는 균질(homogeneous)이며 온도 증가는 봉의 전체 체적에 대하여 균일하다고 가정했다. 또한, 반력으로 인한 길이 증가를 구할 때[식 (d)], 재료는 선형 탄성적으로 거동한다고 가정했다. 이러한 제한은, 식 (c) 및 (d) 같은 식을 쓸 때 언제나 명심해야 한다.

주 3: 이 예제에서 봉은 고정단뿐만 아니라 모든 단면에서 길이방향 변위가 0이다. 그러므로 **이 봉에서 축 방향 변형률은 0이며,** 길이방향 변형률이 없는 길이방향 응력의 특별한 상태가 존재한다. 물론, 온도 변화와 축 압축 모두에서 봉의 횡방향 변형률이 있다.

Part (b): A에서는 고정되고 B에서는 탄성 지점을 가지며, 균일한 온도 증가 ΔT를 받는 봉의 열응력을 구한다.

2. **분류:** 그림 2-41b에서 구조물은 1 자유도 부정정이며, 그러므로 R_C를 과잉으로 선택하고, 문제를 풀기 위해 한 번 더 두 개의 풀어진 구조물의 중첩을 사용한다.

3. **해석:** 첫째로, 원래의 부정정 구조물의 정적 평형에 의하여 다음을 얻는다.

$$R_A + R_C = 0 \tag{h}$$

두 개의 풀어진 구조물에 대하여, 조인트 C에서 변위 적합 조건은 다음과 같이 나타난다.

$$\delta_T + \delta_C = 0 \tag{i}$$

첫 번째 풀어진 구조물에서, 오직 봉 AB에만 균일 온도 변화 ΔT를 적용하면,

$$\delta_T = \alpha(\Delta T)L \tag{c, 반복}$$

스프링은 양의 x방향으로 변위하고 온도 변화에 의하여 변형되지는 않는다는 것을 주목하라. 다음에, 두 번째 풀어진 구조물에서 스프링의 끝에 과잉력 R_C를 가했으며, 그리하여 양의 x방향으로 변위를 발생시킨다. 봉 AB와 스프링 모두 힘 R_C를 받으므로, C에서의 총 변위는 봉과 스프링의 신장량의 합이다:

$$\delta_C = R_C\left(\frac{L}{EA}\right) + \frac{R_C}{k} = R_C(f_{AB} + f) \tag{j}$$

여기서 $f = 1/k$는 스프링의 유연도이다. 온도-변위 식[식 (c)]와 힘-변위 식[식 (j)]을 적합 방정식[식 (i)]에 대입한 후, 과잉력 R_C에 대하여 풀면 다음을 얻는다.

$$R_C = \frac{-\alpha(\Delta T)L}{f_{AB} + f} = \frac{-\alpha(\Delta T)L}{\dfrac{L}{EA} + \dfrac{1}{k}} \quad \text{or} \quad R_C = -\left[\frac{EA\alpha(\Delta T)}{1 + \dfrac{EA}{kL}}\right] \tag{k}$$

평형방정식[식 (h)]으로부터 다음을 얻는다.

$$R_A = -R_C = \frac{EA\alpha(\Delta T)}{1 + \dfrac{EA}{kL}} \tag{l}$$

정역학 부호규약에 근거하여, 반력 R_A는 양의 x방향이고, 반면 반력 R_C는 음의 x 방향임을 기억하라. 마지막으로, 봉의 압축응력은 다음과 같다.

$$\sigma_T = \frac{R_A}{A} = \frac{E\alpha(\Delta T)}{1 + \dfrac{EA}{kL}} \tag{m}$$

4. **최종 단계:** 스프링 강성도 k가 무한대로 된다면, 식 (l)이 식 (f)로 되고, 식 (m)이 식 (g)로 됨을 주목하라. 요컨대, 무한히 뻣뻣한 스프링을 사용하면 강체 지점이 C에서 B로 옮겨진다.

Part (c): A에서는 고정되고 B에서는 탄성 받침을 가지며 비균일 온도 변화를 받는 봉의 열응력을 구한다.

2. **분류:** 그림 2-41c의 구조물은 1 자유도 부정정이다. 그러므로 다시 한번, 반력 R_C

그림 2-41(연속)

예제 2-9: (e) 지점 C가 제거되고 (즉, 풀어진 구조물) 비균일 온도 증가를 받는 부정정 봉, (f) 지점 C가 제거되고(즉, 풀어진 구조물) 하중 R_C를 받는 부정정 봉

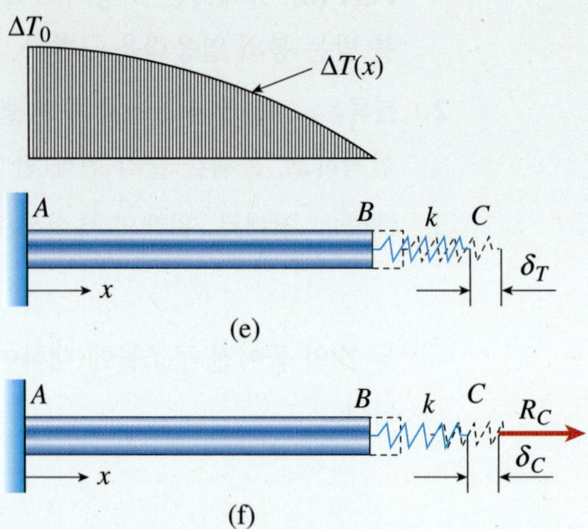

를 과잉으로 선택하고, Part (a)와 (b)에서와 같이, 1 자유도 부정정 문제를 풀기 위하여 두 개의 풀어진 구조물의 중첩을 사용한다(그림 2-41e, f).

3. **해석:** 전체 구조물에 대하여 정적 평형방정식은 식 (h)이며, 적합 방정식은 식 (i)이다. 첫째, 풀어진 구조물(그림 2-41e)에서의 변위 δ_T를 다음과 같이 구한다.

$$\delta_T = \int_0^L \alpha[\Delta T(x)]dx = \int_0^L \alpha\left\{\Delta T_0\left[1-\left(\frac{x}{L}\right)^2\right]\right\}dx = \frac{2}{3}\alpha(\Delta T_0)L \qquad \textbf{(n)}$$

두 번째 풀어진 구조물(그림 2-41f)에 대한 δ_T는 식 (i)와 똑같으며, 다음과 같다.

$$\delta_C = R_C(f_{AB}+f) \qquad \textbf{(j, 반복)}$$

온도-변위 식 [식 (n)]과 힘-변위 식 [식 (j)]를 적합 방정식[식 (i)]에 대입하면 다음을 얻는다.

$$R_C = \frac{\dfrac{-2}{3}\alpha(\Delta T_0)L}{f_{AB}+f} = \frac{-2\alpha(\Delta T_0)L}{3\left(\dfrac{L}{EA}+\dfrac{1}{k}\right)} \text{ 또는 } R_C = -\left(\frac{2}{3}\right)\left[\frac{EA\alpha(\Delta T_0)}{1+\dfrac{EA}{kL}}\right] \qquad \textbf{(o)}$$

정적 평형방정식[식 (h)]으로부터 다음을 얻는다.

$$R_A = -R_C = \left(\frac{2}{3}\right)\left[\frac{EA\alpha(\Delta T_0)}{1+\dfrac{EA}{kL}}\right] \qquad \textbf{(p)}$$

마지막으로, 비균질 온도 변화 $\Delta T(x) = \Delta T_0(1-(x/L)_2)$를 받는 봉의 압축응력은

$$\sigma_T = \frac{R_A}{A} = \left(\frac{2}{3}\right)\left[\frac{E\alpha(\Delta T_0)}{1+\dfrac{EA}{kL}}\right] \qquad \textbf{(q)}$$

4. **최종 단계:** 다시 한번, 무한히 뻣뻣한 스프링을 사용하면 식(q)에서 EA/kL 항이 소거되고, 그 결과는 A와 B에서 고정되고 비균일 온도 변화 $\Delta T(x) = \Delta T_0(1-(x/L)^2)$를 받는 균일 단면 봉의 해로 됨을 주목하라.

예제 2-10

길이 L인 원형관 형태를 가진 슬리브(sleeve)가 볼트 주위를 둘러싸고, 양단에 있는 와셔(washer) 사이에 끼워져 있다(그림 2-42a). 너트는 슬리브가 꼭 끼도록 조여져 있다. 슬리브와 볼트는 다른 재료와 서로 다른 단면적으로 되어 있다. (슬리브의 열팽창 계수 α_S는 볼트의 열팽창 계수 α_B보다 크다고 가정한다.)

(a) 전체 조립체의 온도가 ΔT만큼 증가하면, 슬리브와 볼트에 발생하는 응력 σ_S와 σ_B는 각각 얼마인가?

(b) 슬리브와 볼트길이 L의 증가량 δ는 얼마인가?

풀이

풀이에는 문제풀이 4단계 접근방법을 사용한다. 필수적인 단계는 각 부분에 나와 있다.

Part (a): 슬리브와 볼트의 응력

1. **개념화:** 슬리브와 볼트는 서로 다른 재료로 되어 있으므로, 가열되어 자유롭게 팽창되도록 한다면, 이들은 서로 다른 양만큼 늘어날 것이다. 그러나 이들이 조립체로 결합될 때, 자유 팽창은 일어나지 않으며 두 개의 재료 모두에 열응력이 발생한다. 이러한 응력을 구하기 위하여, 부정정 해석에서와 같은 개념의 평형방정식, 적합 방정식 및 변위 관계식을 사용한다. 그러나 구조물을 분해하기 전에는 이런 공식을 만들 수 없다.

2. **분류:** 구조물을 분해하는 간단한 방법은, 볼트의 머리 부를 제거하여 슬리브와 볼트가 온도 변화 ΔT의 작용으로 자유롭게 팽창하도록 허용하는 것이다(그림

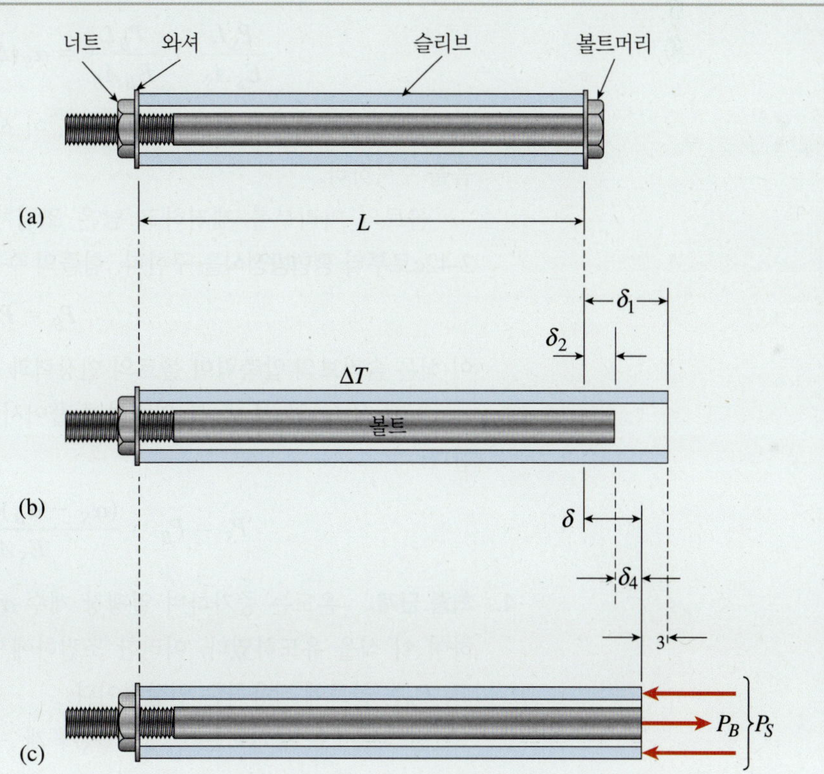

그림 2-42
예제 2-10: 균일한 온도 증가 ΔT를 받는 슬리브와 볼트의 조립체

2-42b). 이로 인한 슬리브와 볼트의 늘어난 길이는 각각 δ_1과 δ_2로 표시되며, 이에 대응되는 **온도-변위 관계식**은 다음과 같다.

$$\delta_1 = \alpha_S(\Delta T)L \quad \delta_2 = \alpha_B(\Delta T)L \tag{a,b}$$

α_S는 α_B보다 크므로, 그림 2-42b에서 보인 바와 같이, 신장량 δ_1은 δ_2보다 크다.

슬리브와 볼트의 최종 길이가 같을 때까지, 슬리브와 볼트의 축력은 슬리브를 줄어들게 하고, 볼트는 늘어나게 한다. 이러한 힘들이 그림 2-42c에 보여진다. 여기서, P_S는 슬리브에 작용하는 압축력, P_B는 볼트에 작용하는 인장력을 나타낸다. 이에 대응되는 슬리브의 수축량 δ_3와 볼트의 신장량 δ_4는

$$\delta_3 = \frac{P_S L}{E_S A_S} \quad \delta_4 = \frac{P_B L}{E_B A_B} \tag{c,d}$$

이다. 여기서, $E_S A_S$와 $E_B A_B$는 각각의 축 강성이다. 식 (c)와 식 (d)는 **힘-변위 관계식**이다.

3. **해석:** 이제, 최종 신장량 δ는 슬리브와 볼트에 대해서 모두 같다는 사실을 나타내는 **적합 방정식**을 쓴다. 슬리브의 신장량은 $\delta_1 - \delta_3$이고, 볼트의 신장량 $\delta_2 + \delta_4$이다; 그러므로,

$$\delta = \delta_1 - \delta_3 = \delta_2 + \delta_4 \tag{e}$$

온도-변위 관계식과 하중-변위 관계식[식 (a) ~ (d)]를 이 방정식에 대입하면 다음 식을 얻는다.

$$\delta = \alpha_S(\Delta T)L - \frac{P_S L}{E_S A_S} = \alpha_B(\Delta T)L + \frac{P_B L}{E_B A_B} \tag{f}$$

식 (f)를 재배치하면 다음을 얻는다.

$$\frac{P_S L}{E_S A_S} + \frac{P_B L}{E_B A_B} = \alpha_S(\Delta T)L - \alpha_B(\Delta T)L \tag{g}$$

위 식은 적합방정식의 변형된 형태이다. 이 식은 미지의 힘 P_S와 P_B를 포함하고 있음을 주목하라.

볼트의 머리부를 제거하고 남은 조립체의 부분에 대한 자유물체도인 그림 2-42c로부터 **평형방정식**을 구한다. 힘들의 수평방향 합으로부터 다음 식을 얻는다.

$$P_S = P_B \tag{h}$$

이 식은 슬리브의 압축력이 볼트의 인장력과 같다는 명백한 사실을 나타낸다.

이제 식 (g)와 식 (h)를 연립하여 풀어서 슬리브와 볼트에 작용하는 축력을 구한다:

$$P_S = P_B = \frac{(\alpha_S - \alpha_B)(\Delta T)E_S A_S E_B A_B}{E_S A_S + E_B A_B} \tag{2-19}$$

4. **최종 단계:** 온도는 증가하며 열팽창 계수 α_S는 열팽창 계수 α_B보다 크다고 가정하여 이 식을 유도하였다. 이러한 조건하에서, P_S는 슬리브에 작용하는 압축력이고, P_B는 볼트에 작용하는 인장력이다.

만약 온도는 증가하는데 계수 α_S가 계수 α_B보다 작다면, 그 결과는 아주 달라

질 것이다. 이러한 조건하에서는, 볼트 머리 부와 슬리브 사이에 틈이 열리며, 조립체의 어느 부분에서도 응력이 작용하지 않는다.

슬리브와 볼트의 응력: 슬리브와 볼트의 응력 σ_S와 σ_B에 대한 식은, 각각 이에 대응되는 힘을 해당 면적으로 나누어 구한다.

$$\sigma_S = \frac{P_S}{A_S} = \frac{(\alpha_S - \alpha_B)(\Delta T)E_S E_B A_B}{E_S A_S + E_B A_B} \quad \text{(2-20a)}$$

$$\sigma_B = \frac{P_B}{A_B} = \frac{(\alpha_S - \alpha_B)(\Delta T)E_S A_S E_B}{E_S A_S + E_B A_B} \quad \text{(2-20b)}$$

가정된 조건하에서, 슬리브의 응력 σ_S는 압축응력이고, 볼트의 응력 σ_B는 인장응력이다. 이러한 응력은 조립체의 길이와 무관하고, 이들의 크기가 각각 이들의 해당 면적에 역비례한다는 것(즉, $\sigma_S/\sigma_B = A_B/A_S$)은 흥미로운 일이다.

Part (b): 슬리브와 볼트의 길이 증가

2, 3. 분류, 해석: 조립체의 신장량 δ는 식 (2-19)의 P_S 또는 P_B를 식 (*f*)에 대입하여 구할 수 있으며, 다음과 같은 식을 얻는다.

$$\delta = \frac{(\alpha_S E_S A_S + \alpha_B E_B A_B)(\Delta T)L}{E_S A_S + E_B A_B} \quad \text{(2-21)}$$

앞의 공식을 이용하여, 주어지는 수치 자료의 어떤 값에 대해서도 조립체의 힘, 응력 및 변위를 쉽게 계산할 수 있다.

4. 최종 단계: 결과에 대한 부분적 검토 과정으로, 식 (2-19), (2-20) 및 (2-21)이 간단한 경우의 아는 값으로 줄어드는 것을 주목하라. 예를 들어, 볼트가 강체이며 온도 변화에 대해 영향을 받지 않는다고 가정하자. $\alpha_B = 0$, $E_B = \infty$로 놓아 이러한 경우를 표현할 수 있으며, 이것이 슬리브가 강체의 지점 사이에 고정된 조립체에 대한 조건이다. 이 값들을 식 (2-19), (2-20) 및 (2-21)에 대입하면 다음을 얻는다.

$$P_S = E_S A_S \alpha_S(\Delta T) \quad \sigma_S = E_S \alpha_S(\Delta T) \quad \delta = 0$$

이러한 결과는 강체의 지점 사이에 고정된 봉에 대한 예제 2-9의 결과와 일치한다.

두 번째 특수 경우로, 슬리브와 볼트가 같은 재료로 되었다고 가정하자. 그러면 두 개의 부분은 자유롭게 팽창하고 온도가 변할 때 같은 양만큼 늘어나며, 힘 또는 응력이 발생하지 않는다. 유도된 방정식이 이러한 거동을 예측하는가 알아보기 위해, $\alpha_S = \alpha_B = \alpha$를 식 (2-19), (2-20) 및 (2-21)에 대입하면 다음을 얻는다.

$$P_S = P_B = 0 \quad \sigma_S = \sigma_B = 0 \quad \delta = \alpha(\Delta T)L$$

이것은 예상된 결과이다.

부적합 및 사전 변형률

구조물의 부재가 사전에 정해진 길이보다 약간 다른 길이로 제조되었다고 가정하자. 그러면 부재는 구조물에 의도된 대로는 맞지 않을 것이며, 구조물의 기하학적 모양은 계획된 것과는 다를 것이다. 이런 종류의 상황을 **부적합(misfit)**이라고 한다. 때때로 부적합은 구조물을 만든 시점에서 구조물 내에 변형률을 주기 위해 의도적으로 만들어진다. 이

그림 2-43
작은 부적합을 갖는 정정 구조물

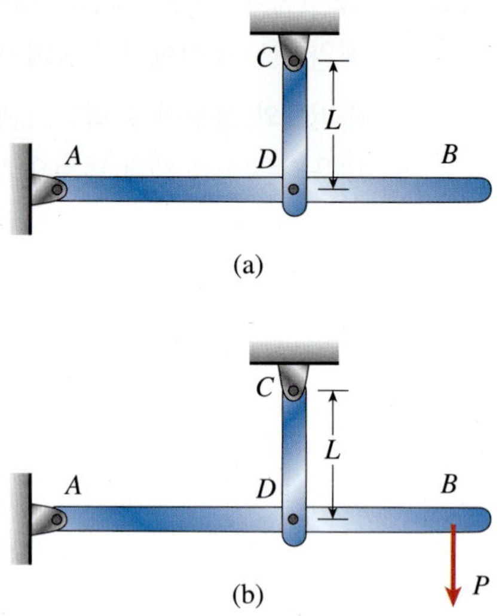

러한 변형률은 다른 하중이 구조물에 가해지기 전에 이미 존재하기 때문에 이를 **사전 변형률(prestrain)**이라고 한다. 사전 변형률에 수반되는 것이 사전 응력(prestress)이며 구조물은 **사전 응력**을 받는다고 한다. 사전 응력의 일반적인 예들은 자전거 바퀴 살(spoke)(이것은 사전 응력을 받지 않으면 붕괴될 수 있음), 테니스 라켓의 사전 인장된 면, 오그려서 맞춰진 기계 부품 및 사전 응력을 받는 콘크리트 보(beam) 등이다.

구조물이 **정정(statically determinate)**이면, 하나 또는 그 이상의 부재에서의 작은 부적합은, 구조물의 이론적인 형상과는 약간 다르게 되겠지만, 변형률이나 응력을 발생시키지 않는다. 이러한 상황을 예시하기 위하여 수직 봉 *CD*(그림 2-43a)에 의해 지지되는 수평 보 *AB*로 구성된 단순 구조물을 고찰하자. 봉 *CD*가 확실하게 정확한 길이 *L*을 가진다면, 보는 구조물이 만들어질 때 수평일 것이다. 그러나 봉이 의도했던 것보다 약간 길다면 보는 수평으로부터 작은 각을 가지게 될 것이다. 그럼에도 불구하고, 부정확한 봉의 길이로 인해 봉이나 보에는 변형률이나 응력이 생기지 않을 것이다. 게다가, 하중 *P*가 보의 끝단에 작용하면(그림 2-43b), 이 하중에 의한 구조물의 응력은 봉 *CD*의 부정확한 길이에 의해 영향을 받지 않는다.

일반적으로 구조물이 정정이면, 작은 부적합은 기하학적으로는 약간의 변화를 주지만 변형률이나 응력을 일으키지 않는다. 그러므로 부적합의 효과는 온도 변화의 효과와 비슷하다.

구조물이 **부정정(statically indeterminate)**인 경우에는 상황이 아주 다르다. 그 이유는 이때에는 구조물이 부적합에 대해 자유롭게 조정되지 않기 때문이다(어떤 종류의 온도 변화에 대해 자유롭게 조정되지 않듯이). 이것을 보여주기 위해서 두 개의 수직 봉으로 지지된 보를 고찰하기로 하자(그림 2-44a). 두 개의 봉이 모두 정확한 길이 *L*을 가진다면 구조물은 변형률이나 응력을 받지 않고 조립될 수 있으며 보는 수평이 될 것이다.

그러나 봉 *CD*가 사전에 정해진 길이보다 약간 길다고 가정하면, 구조물을 조립하기 위해서는 봉 *CD*는 외력에 의해 압축되어야 하고(또는 봉 *EF*가 외력에 의해 늘려져야 하고), 봉은 제자리에 맞춰진 후 외력은 제거되어야 한다. 결과적으로, 보는 변형되고 회전할 것이며 봉 *CD*는 압축을 받고 봉 *EF*는 인장을 받을 것이다. 다시 말하면, 외력이 작용하지 않더라도 모든 부재 내에는 사전 변형률이 존재하게 되며 구조물은 사전 응력을 받

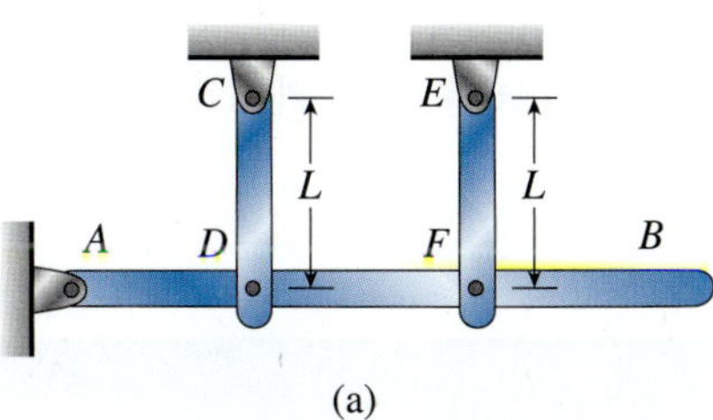

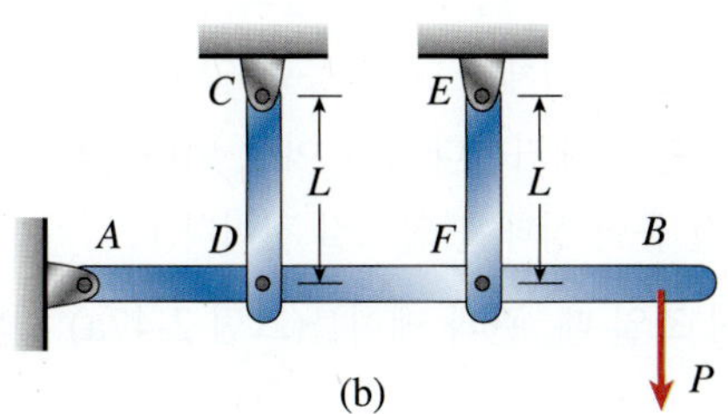

그림 2-44
작은 부적합을 갖는 부정정 구조물

게 된다. 이제 하중 P가 추가되면(그림 2-44b), 추가적인 변형률과 응력이 생기게 된다.

부적합과 사전 변형률을 가진 부정정 구조물의 해석은 앞에서 하중과 온도 변화에 대해 기술했던 것과 같은 일반적인 방법으로 진행한다. 해석의 기본 핵심은 평형방정식, 적합 방정식, 힘-변위 관계식 및 온도-변위 관계식(필요한 경우)이다. 이 방법론은 예제 2-12에 예시된다.

볼트 및 턴버클

구조물의 사전 응력은 구조물의 하나 이상의 부분이 이론적인 길이보다 늘려지거나 압축될 때 일어난다. 길이의 변형을 일으키는 간단한 방법은 볼트나 턴버클(turnbuckle)을 조이는 것이다. **볼트**의 경우에는(그림 2-45), 너트를 한 바퀴 돌릴 때마다 너트가 나사의 간격 p(나사 피치라고 함)와 같은 거리만큼 볼트를 따라 움직인다. 그러므로 너트가 움직인 거리 δ는

$$\delta = np \tag{2-22}$$

이다. 여기서 n은 너트의 회전 수(정수일 필요는 없음)이다. 구조물의 정렬에 따라 너트를 돌리면 부재를 늘리거나 압축시킬 수 있다.

그림 2-45
나사의 피치는 하나의 나사산에서 다음 나사산까지의 길이이다.

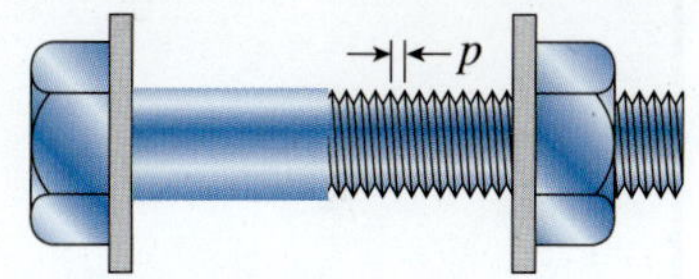

이중 작용 턴버클(그림 2-46)의 경우에는, 두 개의 끝쪽 나사가 있다. 한쪽 끝에는 오른 나사가 사용되고, 다른 쪽 끝에는 왼 나사가 사용되기 때문에, 턴버클이 회전함에 따라 이 장치는 늘어나거나 또는 줄어든다. 턴버클을 한 바퀴 돌리면 각 나사를 따라 거리 p만큼 이동하게 된다. 여기서 p는 나사의 피치이다. 그러므로 턴버클을 한 바퀴 돌려서 조이면 나사들은 거리 $2p$만큼 가까워지며 그 효과는 장치를 $2p$만큼 줄어들게 한다. n바퀴에 대해

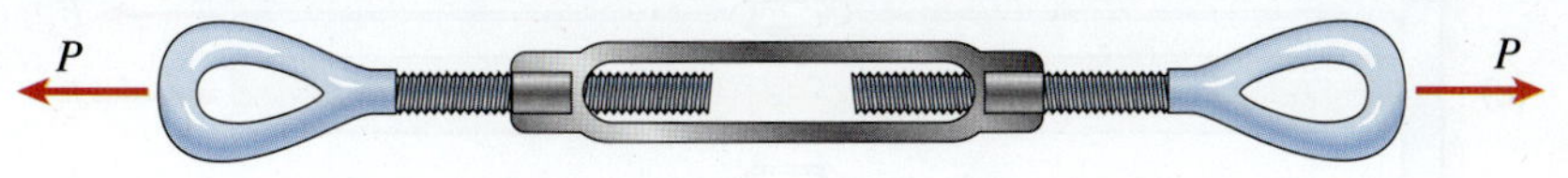

그림 2-46
이중 작용 턴버클 (턴버클의 한 바퀴 회전은 케이블을 $2p$만큼 줄어들게 하거나 늘어나게 한다. 여기서 p는 나사의 피치이다.)

$$\delta = 2np \tag{2-23}$$

다음의 예제에서 보는 것처럼, 턴버클은 종종 케이블에 설치되고 조여져서 케이블에 초기 장력을 준다.

예제 2-11

그림 2-47a에 보인 기계 조립체는 구리 관과 양끝의 강체 판 및 턴버클을 가진 두 개의 강철 케이블로 구성되어 있다. 조립체가 초기 응력 없이 제대로 맞춰질 때까지 턴버클을 돌려 케이블로부터 느슨함을 제거한다. (더 이상 턴버클을 조이면 케이블은 인장을 받고 관은 압축을 받는 사전 응력 상태를 일으킬 것이다.)

(a) 턴버클을 n회 회전하여 조일 때, 관과 케이블(그림 2-47a) 내의 힘을 구하라.

(b) 관의 수축량을 구하라.

풀이

풀이에는 문제풀이 4단계 접근방법을 사용한다. 필수적인 단계는 각부분에 나와있다.

Part (a): 케이블과 관에 작용하는 힘

1. **개념화:** 관과 케이블의 길이 변화가 자유로울 수 있도록 조립체의 우측 단 판을 제거함으로써 해석을 시작한다(그림 2-47b). 턴버클을 n회 회전시키면 케이블은 그림 2-47b에 보인 바와 같이 다음 길이만큼 줄어들 것이다.

$$\delta_1 = 2np \tag{a}$$

케이블의 인장력과 관의 압축력은 이들의 최종 길이가 같아질 때까지 케이블은 늘어나게 하고 관은 줄어들게 하는 것이어야 한다. 이 힘들을 그림 2-47c에 보여준다. 여기서 P_s는 강철 케이블 중의 하나에 작용하는 인장력, 그리고 P_c는 구리 관에 작용하는 압축력을 나타낸다. 하중 P_s에 의한 케이블의 신장량

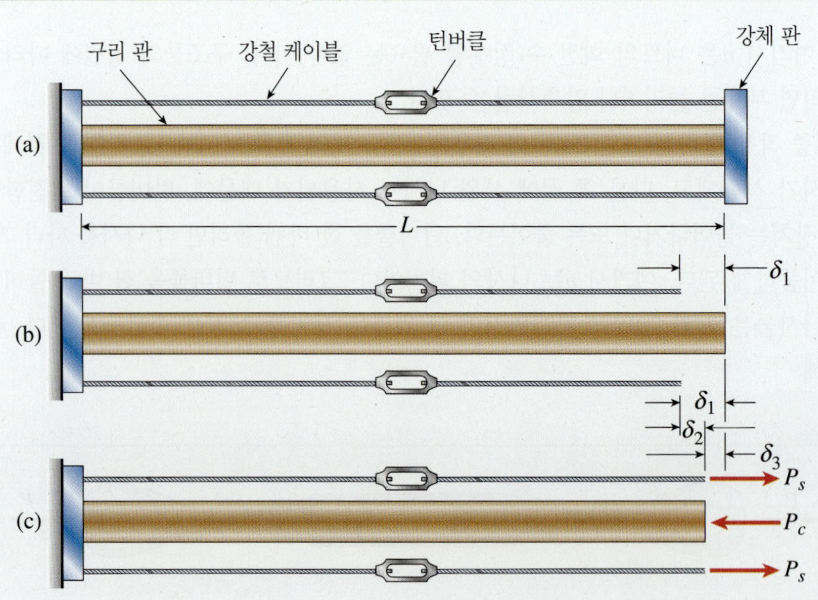

그림 2-47
예제 2-11: 압축을 받는 구리 관과 인장을 받는 두 개의 강철 케이블을 가진 부정정 조립체

$$\delta_2 = \frac{P_s L}{E_s A_s} \qquad \text{(b)}$$

이다. 여기서 E_sA_s는 케이블의 축 강성, L은 케이블의 길이이다. 또한 구리 관의 압축력 P_c는 구리 관을 다음 길이만큼 줄어들게 한다.

$$\delta_3 = \frac{P_c L}{E_c A_c} \qquad \text{(c)}$$

여기서 E_cA_c는 관의 축 강성이다. 식 (b)와 (c)는 하중-변위 관계식이다.

2. **분류:** 케이블 중 하나가 최종적으로 수축량은 턴버클의 회전에 의해 수축량 δ_1에서 힘 P_s에 의한 신장량 δ_2를 뺀 것과 같다. 케이블이 최종적으로 줄어든 이 길이는 관의 수축량 δ_3와 같아야 한다.

$$\delta_1 - \delta_2 = \delta_3 \qquad \text{(d)}$$

이것이 적합 방정식이다.

턴버클 관계식[식 (a)]과 하중-변위 관계식[식 (b)와 (c)]을 앞의 방정식에 대입하면 다음과 같은 식을 얻는다.

$$2np - \frac{P_s L}{E_s A_s} = \frac{P_c L}{E_c A_c} \qquad \text{(e)}$$

또는

$$\frac{P_s L}{E_s A_s} + \frac{P_c L}{E_c A_c} = 2np \qquad \text{(f)}$$

이 식은 적합 방정식의 수정된 형태이다. 이 식은 P_s와 P_c를 미지수로 포함하고 있음을 주목하라.

끝의 판이 제거된 조립체의 자유물체도인 그림 2-47c를 사용하여 다음과 같은 평형방정식을 얻는다.

$$2P_s = P_c \qquad \text{(g)}$$

3. **해석:** **케이블과 관의 힘**: 이제 식 (f)와 (g)를 연립해서 풀어 강철 케이블과 구리 관의 축력을 각각 다음과 같이 구한다:

$$P_s = \frac{2npE_cA_cE_sA_s}{L(E_cA_c + 2E_sA_s)} \qquad P_c = \frac{4npE_cA_cE_sA_s}{L(E_cA_c + 2E_sA_s)} \qquad \text{(2-24a,b)}$$

힘 P_s는 인장력이고, 힘 P_c는 압축력임을 상기하라. 만일 원한다면, 이제 힘 P_s와 P_c를 단면적 A_s와 A_c로 나눔으로써 강철과 구리에서의 응력 σ_s와 σ_c를 각각 구할 수 있다.

Part (b): 관의 수축량

2, 3. **분류, 해석:** 관 길이의 감소량은 δ_3이다[그림 2-47과 식 (c) 참조]:

$$\delta_3 = \frac{P_c L}{E_c A_c} = \frac{4npE_sA_s}{E_cA_c + 2E_sA_s} \qquad \text{(2-25)}$$

4. **최종 단계:** 앞의 공식들을 이용하여 주어진 수치 데이터에 대해 조립체의 힘, 응력 및 변위들을 쉽게 계산할 수 있다.

예제 2-12

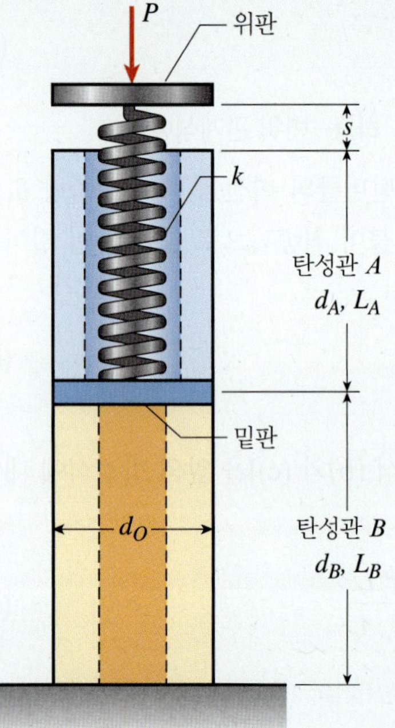

그림 2-48
알루미늄 관 내의 탄성 스프링

탄성 스프링이 관 A에 의하여 둘러싸여져 있고 관 A보다 s만큼 길다. 스프링은 밑판으로 받쳐져 있고 관 B의 꼭대기에 받쳐져 있다(그림 2-48 참조). 강체인 위판에 스프링과 관을 누르는 힘 P가 가해진다. 관 A와 B는 알루미늄 합금으로 만들었으며 외경 d_o, 내경 d_A와 d_B이다. 하중 P = 140 kN을 가할 때, 관 A와 B의 축 압축응력을 구하고 관 구조물에 대한 축력과 변위 선도를 그려라. E = 72 GPa, 스프링 강성 k = 200 MN/m, d_o = 76 mm, d_A = 62 mm, d_B = 58 mm, 그리고 s = 0.5 mm로 가정한다. 관 A와 B의 길이는 L_A = 0.35 m와 L_B = 0.4 m이다.

풀이

풀이에는 문제풀이 4단계 접근방법을 사용한다.

1. **개념화:** 탄성 스프링은 관 A에 맞지 않는다. 그러므로 힘 P는 간격을 닫도록 스프링에 압축으로 작용한다. 간격이 닫힐 때까지 관 A의 하중은 0이다. 그림 2-49a에서, 스프링과 관 A를 자른 단면은 위판의 아래 방향 변위 x에 대한 스프링 힘 N_s = (k)(s) = P를 보여주는 위 자유물체도를 생성시킨다. 간격이 닫혀져서 위판이 관 A에 닿을 때까지 관 A의 내력은 0이다. 그림 2-49b에서 위판 변위 x가 간격 s를 초과하면 힘 P는 스프링과 관 A를 동시에 누른다. 관 B를 자른 단면도와 관 B의 압축 내력 N_B(가한 하중 P와 같음)를 포함하는 아래 자유물체도를 보여준다. (관 A와 관 B의 내력은 두 개의 화살표로 나타내었다. 각 관에서 화살표는, N_A와 N_B는 각 관 원형단면에 균일하게 분포되어 작용하는 힘이라는 것을 나타낸다.)

2. **분류:** 힘 P가 간격 s를 닫을 만큼 충분히 크다면, 구조물은 부정정이 된다; 그림 2-49b에서 보듯이, 힘 P는 스프링과 관 A에 의하여 작용된다. 스프링의 힘 N_s와 관 A의 내력 N_A를 구하기 위하여 **평형**과 **적합** 방정식이 필요하다. 간격을 닫는 데 필요한 힘 P는 $(k)(s)$이다. 그 후, 스프링과 관 A는 동시에 평행으로 변형한다.

평형: 그림 2-49a의 아래 자유물체도에서 x방향 축력을 합하여 $N_B = P$라는 관 B의 압축력을 구한다. 그림 2-49b의 위 자유물체도에서 힘을 합하면 다음과 같이 된다.

$$N_A + N_s = P \tag{a}$$

이 하나의 방정식은 두 개의 미지수를 가지므로, 구조물은 **1 자유도 부정정**이다.

적합 조건: 힘 P로 스프링을 압축하여 간격이 닫히면, 관 A와 스프링이 함께 변형하기 시작한다. 적합 방정식은

$$\frac{N_A}{k_A} = \frac{N_s}{k} - s \tag{b}$$

이다. 여기서 관 A의 단면적을 A_A로 하여, 관 A의 축 강성은 $k_A = \dfrac{EA_A}{L_A}$이다.

그림 2-49

(a, b) 자유물체도($x \le s$, $x > s$)

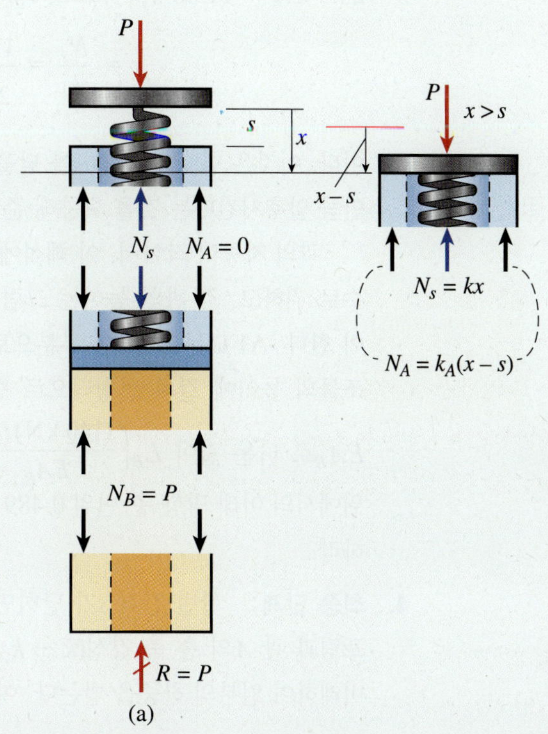

3. 해석:

평형 및 적합 방정식 풀이: $N_A = \dfrac{k_A}{k}N_s - k_A s$를 얻기 위하여 식 (b)를 N_A에 대하여 푼다. 이것을 식 (a)에 대입하여 스프링 힘 $N_s = \dfrac{k}{k+k_A}(P + k_A s)$를 구한다. 그러면 $N_A = P - N_S$ 또는 $N_A = \dfrac{k_A}{k+k_A}(P - ks)$이다. 마지막으로, $N_A = kx$이므로, 평형방정식 (a)는 $kx + k_A(x - s) = P$로 쓸 수 있다.

관 A와 B의 응력: 이제 관 A와 B의 축 압축 수직응력은 N_A와 N_B를 알고 있다는 것으로 계산할 수 있다. 관 단면적은

$$A_A = \frac{\pi}{4}\left(d_O^2 - d_A^2\right) = 1517\,\text{mm}^2, \quad A_B = \frac{\pi}{4}\left(d_O^2 - d_B^2\right) = 1894\,\text{mm}^2$$

이다. 만일 $E = 72$ GPa, $L_A = 0.35$ m, 관 A가 축 강성을 갖는다면:

$$k_A = \frac{EA_A}{L_A} = \frac{(72\,\text{GPa})(1517\,\text{mm}^2)}{350\,\text{mm}} = 312\,\frac{\text{MN}}{\text{m}} \quad \text{및}$$

$$N_A = \frac{k_A}{k+k_A}(P - ks) = \frac{312}{200+312}\left(140\,\text{kN} - 200\,\frac{\text{MN}}{\text{m}}(0.5\,\text{mm})\right) = 24.4\,\text{kN}$$

관 A와 B의 응력은

$$\sigma_A = \frac{N_A}{A_A} = \frac{24.4\,\text{kN}}{1517\,\text{mm}^2} = 16.1\,\text{MPa} \quad \text{및} \quad \sigma_B = \frac{N_B}{A_B} = \frac{140\,\text{kN}}{1894\,\text{mm}^2} = 73.9\,\text{MPa}$$

이다.

축력 및 변위 선도: 평형으로부터, 스프링의 힘은 $N_s = P - N_A = 140\text{ kN} -$

24.4 kN = 115.6 kN이므로, 스프링의 총 압축은

$$x = \frac{N_s}{k} = \frac{115.6\ \text{kN}}{200\ \dfrac{\text{MN}}{\text{m}}} = 0.578\ \text{mm}$$

이다. 이것은 힘 P가 간격 s를 닫을 만큼 충분히 크며 관 A를 $x - s = 0.078$ mm 만큼 압축시킨다는 것을 확증해 준다.

관의 자중이 작아서, 이 해석에는 포함되지 않는다. 그러므로 힘 N_A와 N_B는 상수로 취하고, 각 관의 높이는 그림 2-50a의 축력 선도(AFD)에 보여주는 것과 같이 한다. AFD는 일정 힘 부분으로 구성되고, 따라서 ADD(그림 2-50b)는 관 구조물의 높이에 걸쳐 선형적으로 변한다. 관 B의 밑과 위 사이의 축 변위 변화는 EA_B로 나눈 길이 $L_B\left(\dfrac{(140\ \text{kN})L_B}{EA_B} = 0.411\ \text{mm}\right)$에 대한 AFD의 면적과 같다. 위에서의 아래 방향 총 변위 0.489 mm를 찾기 위하여 관 A의 이 압축 $(x-s)$에 더하라.

4. **최종 단계:** 한번 간격 s가 닫히면, 관 A와 스프링 k는 평행으로 되고, 각각은 스프링과 관 A의 총 축 강성$(k + k_A)$에 관련하여, 하중 P 중에서 자신의 축 강성에 비례하여 일부의 하중을 받는다. 여기서, 간격이 닫히면, 스프링 홀로 $(k)(s) = 100$ kN을 받고; 그 후 나머지 힘 $(P-ks)$는 축 강성의 비, 관 A에 대해서는 $\dfrac{k_A}{k + k_A}$이고 탄성 스프링에 대해서는 $\dfrac{k}{k + k_A}$에 근거하여 관 A와 스프링에 분배된다.

결국, 스프링은 $N_s = 100\ \text{kN} + 15.6\ \text{kN} = 115.6\ \text{kN}$(가한 하중의 83%)의 힘을 받고 관 A는 $N_A = 24.4$ kN(가한 하중의 17%)의 힘을 받는다.

예제 1-5는 관 A와 B가 강체라고 가정한 이 구조물 모델을 사용하였다는 것을

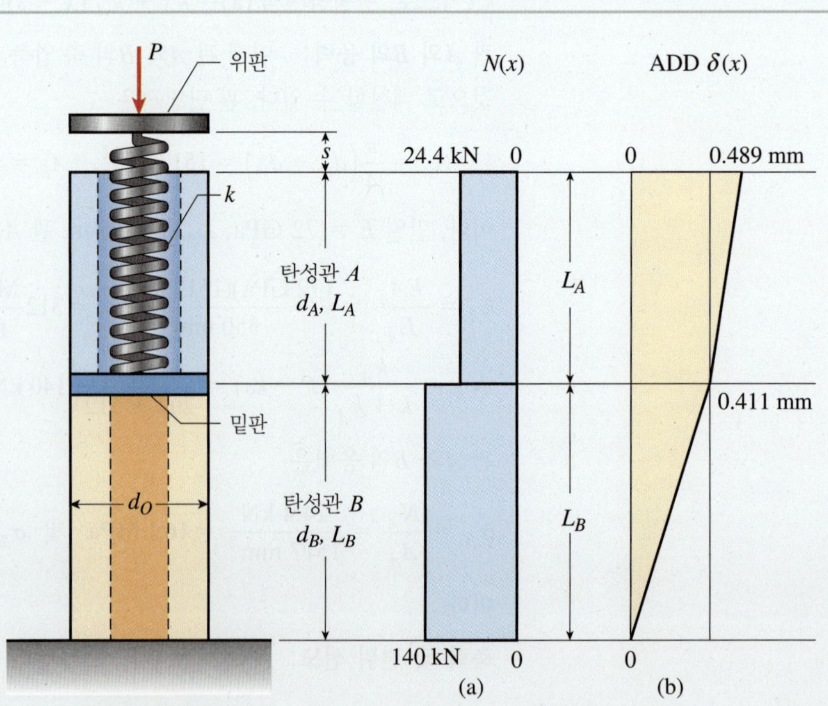

그림 2-50
(a, b) 관 A와 B에 대한 축력 및 변위 선도

회상하라. 관이 강체라는 가정은 해석 절차를 더 간단하게 하며 스프링 강성 k가 관 A의 축 강성보다 매우 작다면 적절하다; k/k_A = 0.64인 이 예제에서는 그렇지 않다. 예제 1-5에서, 탄성 스프링은 여기서 사용한 것보다 50배 더 유연하다.

이 예제에서 관 A가 강체라고 가정한다면, 스프링 힘은 N_s = (k)(s) = 100 kN이고, 이것은 먼저 계산한 것보다 13.5% 낮다. 동시에, 관 A의 힘은 $N_A = P - N_s$ = (140 − 100) kN = 40 kN이고, 이것은 N_A = 24.4 kN가 되는 부정정 구조물에서 구한 값보다 약 64% 크다. 이 예제의 강체 관과 탄성 스프링 가정은 잘못된 결과를 낳는다.

2.6 경사면에서의 응력

앞장에서 논의된 축 하중을 받는 부재의 인장과 압축에 있어서는, 단면에 수직으로 작용하는 응력들만 고려하였다. 이러한 응력들은 그림 2-51에 도시되어 있으며, 여기서는 봉 AB가 축 하중 P를 받고 있다.

봉이 평면 mn (x축에 수직)으로 중간 단면을 절단하면 그림 2-51b와 같은 수직응력을 들어내 보여준다. 절단면 A에서의 응력 분포가 균일하다고 가정하면, 절단면에 작용하는 수직응력은 공식 $\sigma_x = P/A$로 구할 수 있다. 1장에서 설명한 바와 같이, 균일 단면 봉이며 균질 재료(homogeneous material)의 조건이 만족되어야 한다. 또한 축 하중 P는 절단면의 중심에 작용하며, 절단면은 국부적으로 응력집중이 일어나는 위치에서 멀리 떨어져 있어야 하며, 봉의 길이방향 축에 수직인 절단면에는 전단응력이 작용하지 않는

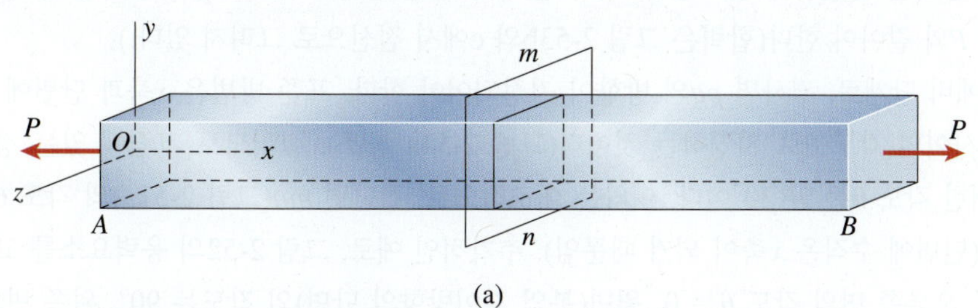

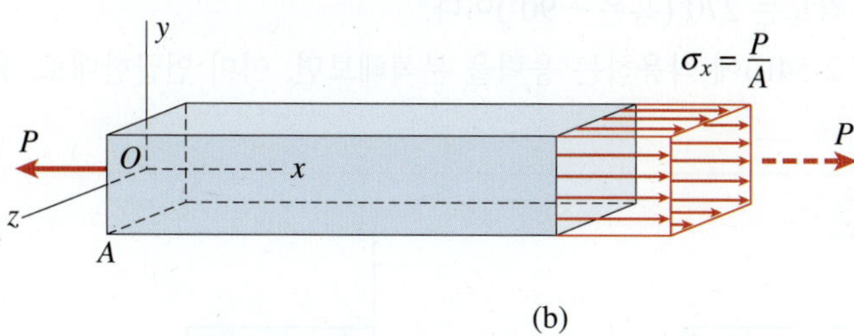

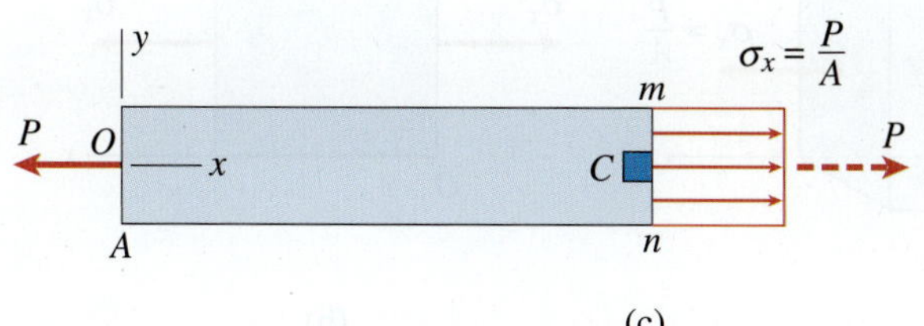

그림 2-51

균일 단면 봉에서 절단면 mn에 작용하는 응력: (a) 축력 P를 받는 봉, (b) 절단된 봉에 수직응력을 받는 3차원 보기, (c) 2차원 보기

다는 조건이 만족되어야 한다.

편의상, 응력은 복잡한 3차원 보기(그림 2-51b)보다는 2차원 보기(그림 2-51c)로 나타낸다. 그러나 2차원으로 나타낸 그림이라도 봉은 그림면에 수직으로 두께를 가지고 있다는 점은 명심해야 한다. 수식 유도나 계산을 할 경우에는 반드시 3차원을 고려하여야 한다.

응력요소

그림 2-51과 같은 봉에서 응력을 표현하는 가장 유용한 방법은 그림 2-51c에서 C로 명명된 것과 같은 작은 요소로 재료를 분리하고, 이 요소의 모든 면에 작용하는 응력을 나타내는 것이다. 이러한 종류의 요소를 **응력요소(stress element)**라고 부른다. 점 C에서의 응력요소는 오른쪽 면이 절단면 mn에 있는 작은 직사각형 블록이다(정육면체이든 직육면체이든 그것은 중요하지 않음).

응력요소의 크기는 극히 작은 것이지만, 명확히 하기 위하여 그림 2-52a에서와 같이 요소를 크게 확대하여 그린다. 이 경우, 요소의 각 모서리는 x, y, z축과는 평행하며, 응력은 x면(x면은 x축에 수직인 면)에 작용하는 수직응력 x만 존재한다. 3차원 보기 대신 요소의 2차원 보기(그림 2-52b)로 표시하는 것이 더 편리하다.

경사면에서의 응력

그림 2-52의 응력요소는 축 하중을 받는 봉의 제한된 응력을 보여주고 있다. 좀 더 완벽한 그림을 얻기 위해서는 그림 2-53a의 경사면 pq로 잘려진 단면 같은 **경사면**에 작용하는 응력에 대해 조사해 볼 필요가 있다. 응력은 봉 전체에 걸쳐 같기 때문에, 그림 2-53b (3차원 보기) 및 그림 2-53c (2차원 보기)의 자유물체도에서 나타낸 것과 같이 경사면에서의 응력은 균일하게 분포된다. 자유 물체의 평형 원리에 따라, 응력에 의한 합력은 수평력 P와 같아야 한다(합력은 그림 2-53b와 c에서 점선으로 그려져 있다.).

예비 단계로, 경사면 pq의 **방향**이 지정되어야 한다. 표준 방법은 x축과 단면에 수직인 n사이의 각도 θ로 지정하는 것이다(그림 2-54a 참조). 그러므로 그림에 있는 경사면에 대한 각도 θ는 약 30°이다. 이와는 대조적으로, 절단면 mn(그림 2-51a)의 각도 θ는 0이다(단면에 수직은 x축이 되기 때문임). 추가적인 예로, 그림 2-52의 응력요소를 고찰해 보면, 오른쪽 면의 각도 θ는 0, 윗면(봉의 길이방향의 단면)의 각도는 90°, 왼쪽 면의 각도는 180°이며, 밑면의 각도는 270°(혹은 −90°)이다.

이제 단면 pq(그림 2-54b)에 작용하는 응력을 분석해보면, 이미 언급한대로, 응력에

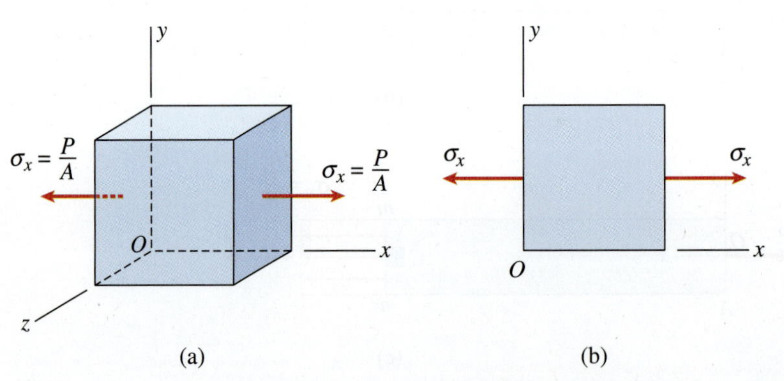

그림 2-52
그림 2-51c에서 축 하중 봉의 점 C에서의 응력요소: (a) 요소의 3차원 보기, (b) 요소의 2차원 보기

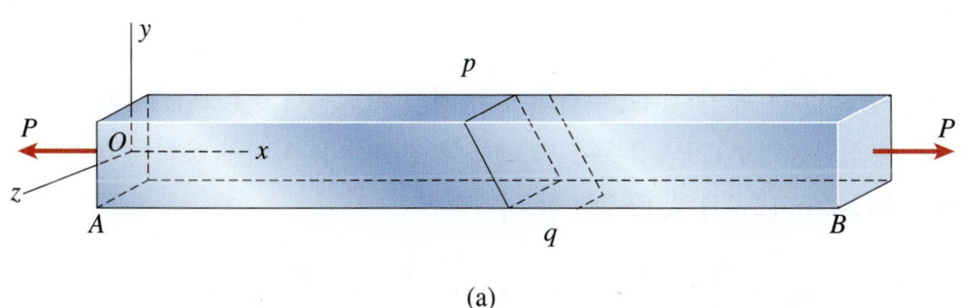

(a)

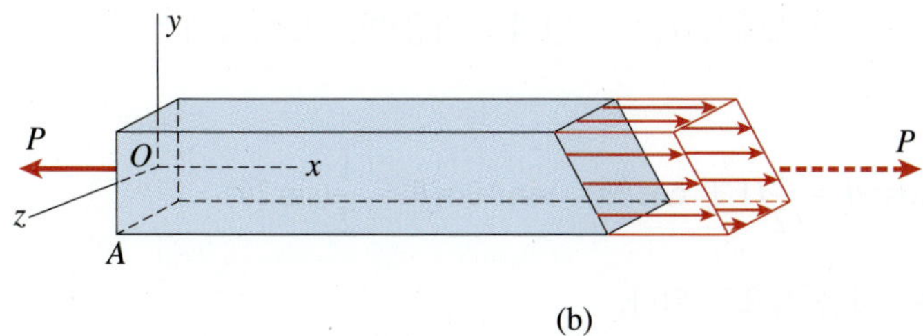

(b)

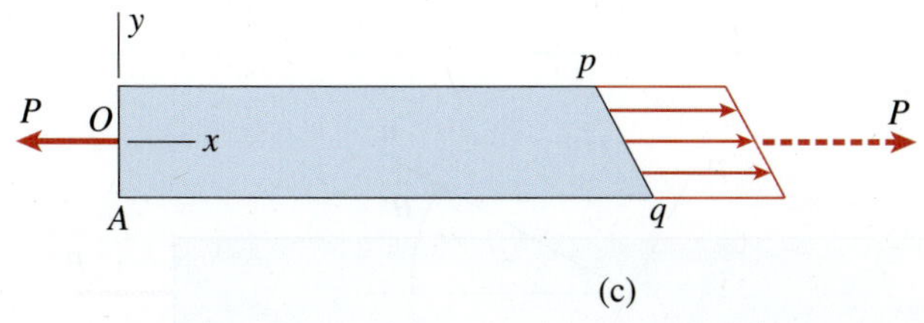

(c)

그림 2-53

균일 단면 봉에서 경사면 pq에 작용하는 응력: (a) 축 하중 P를 받는 봉, (b) 절단 봉에서의 응력 3차원 보기, (c) 2차원 보기

의한 합력은 x방향으로 작용하는 힘 P이다. 이 합력은 다음의 두 가지 성분, 즉 경사면 pq에 수직으로 작용하는 수직력 N과 경사면에 접선 방향으로 작용하는 전단력 V로 분해할 수 있다. 이들 힘의 성분은 다음과 같다.

$$N = P\cos\theta \quad V = P\sin\theta \tag{2-26a,b}$$

수직력 N과 전단력 V는 경사면(그림 2-54c 및 d)에 균일하게 분포되어 있는 수직응력 및 전단응력과 관련을 갖는다. 수직력 N을 절단면의 면적으로 나누면 수직응력이 되고, 전단력 V를 절단면의 면적으로 나누면 전단응력이 된다. 따라서 응력은

$$\sigma = \frac{N}{A_1} \quad \tau = \frac{V}{A_1} \tag{2-27a,b}$$

이다. 여기서 A_1은 경사면의 면적이므로 다음과 같다.

$$A_1 = \frac{A}{\cos\ \theta} \tag{2-28}$$

일반적으로 A는 봉의 단면적을 나타낸다. 응력 σ와 τ는 그림 2-54c 및 d에 표시된 방향, 즉 각각 수직력 N과 전단력 V의 방향으로 작용한다.

이 시점에서, 경사면에 작용하는 응력에 대하여 표준화된 **표시법과 부호규약(notation and sign convention)**을 정할 필요가 있다. 첨자 θ는 응력이 각도 θ로 기울어진 단면에 작용하는 것을 가리킨다(그림 2-55). 이는 첨자 x가 x축에 수직인 면에 작용하는 응력을 표현할 때 사용하는 것과 같다(그림 2-51 참조). 수직응력 σ_θ는 인장인 경우 양으로

하고, 전단응력 τ_θ는 그림 2-55에 보는 바와 같이 재료를 반시계방향으로 회전시킬 때를 양으로 한다.

인장을 받고 있는 봉인 경우, 수직력 N은 양의 수직응력 σ_θ(그림 2-54c 참조), 전단력 V는 음의 전단응력 τ_θ(그림 2-54d 참조)을 발생시킨다. 이러한 응력은 아래의 식으로 주어진다[식 (2-26), (2-27) 및 (2-28) 참조]

$$\sigma_\theta = \frac{N}{A_1} = \frac{P}{A}\cos^2\theta \quad \tau_\theta = -\frac{V}{A_1} = -\frac{P}{A}\sin\theta\cos\theta$$

식 $\sigma_x = P/A$를 도입하고, 여기에서 σ_x는 단면의 수직응력이고, 다음의 삼각함수 관계식을 적용하면

$$\cos^2\theta = \frac{1}{2}(1 + \cos 2\theta) \quad \sin\theta\cos\theta = \frac{1}{2}(\sin 2\theta)$$

수직응력과 전단응력은 다음 식으로 된다:

그림 2-54

경사면 pq에 작용하는 응력을 보여 주는 인장을 받는 균일 단면 봉

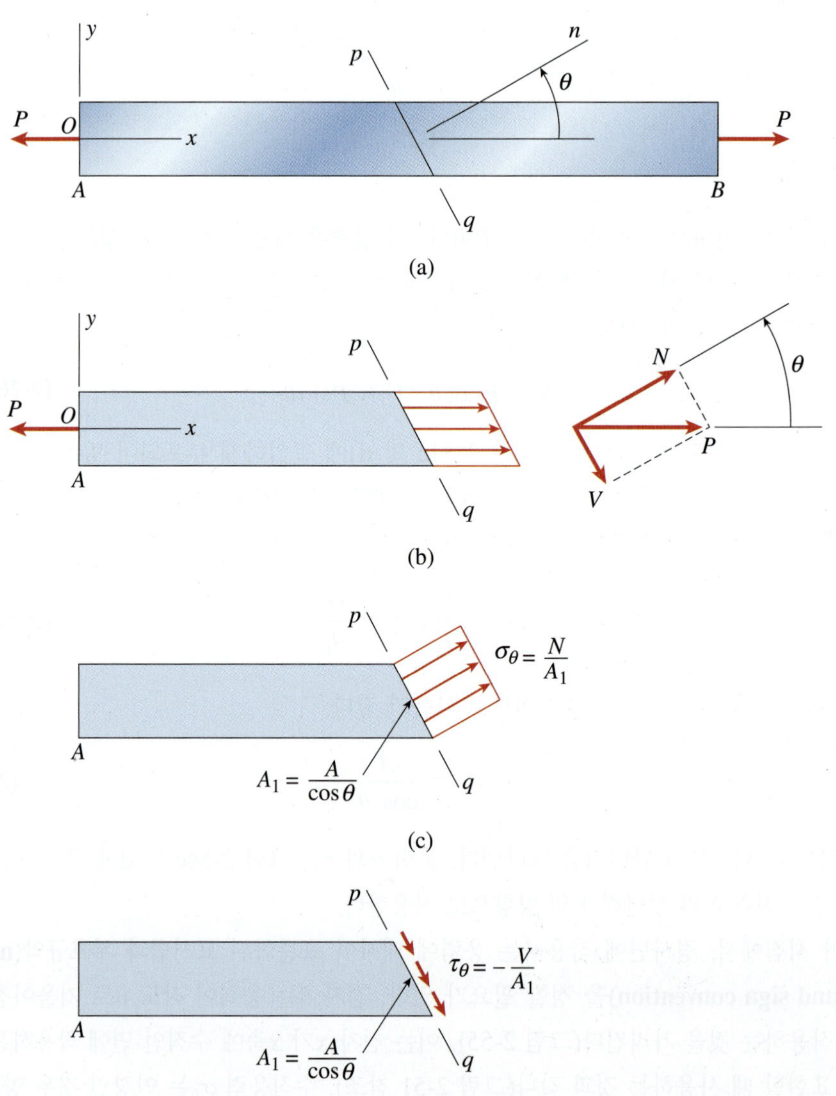

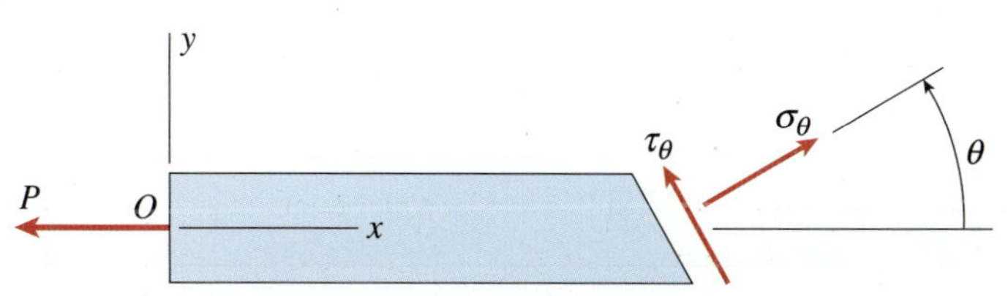

그림 2-55

경사면에 작용하는 응력에 대한 부호규약(수직응력은 인장인 경우 양, 전단응력은 반시계방향 회전을 유발시키는 경우 양임)

$$\sigma_\theta = \sigma_x \cos^2\theta = \frac{\sigma_x}{2}(1 + \cos 2\theta) \tag{2-29a}$$

$$\tau_\theta = -\sigma_x \sin\theta\cos\theta = -\frac{\sigma_x}{2}(\sin 2\theta) \tag{2-29b}$$

이 식은 x축에 각도 θ를 가지는 경사면에 작용하는 응력을 나타낸다(그림 2-55).

식 (2-29a와 b)는 정역학만으로 유도된 것이므로 재료에 무관하다는 것을 인식하는 것이 중요하다. 그러므로 이 방정식은 재료의 거동이 선형이거나 비선형이거나 또는 탄성적이든 비탄성적이든 관계없이 어떤 재료에 대해서도 유효하다.

최대 수직 및 전단응력

그림 2-56에 따르면 경사면의 각도가 변함에 따라 응력 값이 변화됨을 알 수 있다. 수평축은 각도 θ가 $-90°$에서 $90°$로 변화되는 것을 나타내고, 수직축은 σ_θ와 τ_θ의 값을 나타내고 있다. 여기에서 양의 각도 θ는 그림 2-55의 x축에 반시계방향의 값을 나타내고 음의 각도는 시계방향을 나타낸다.

그래프에서 보면, 수직응력 σ_θ는 $\theta = 0$일 때 σ_x와 같고,가 증가 또는 감소하면 $\theta = \pm 90°$에서 0이 될 때까지 수직응력은 감소한다. 이는 절단면이 길이방향의 축과 평행인 경우에는 수직응력이 없기 때문이다. **최대 수직응력**은 $\theta = 0$일 때 발생하며 그 값은

$$\sigma_{max} = \sigma_x \tag{2-30}$$

이다. 또한 $\theta = \pm 45°$에서 수직응력은 최대 수직응력의 반이 됨에 주목하라.

전단응력 τ_θ는 길이방향 단면($\theta = \pm 90°$)에서뿐만 아니라, 봉의 단면($\theta = 0$)에서 0이 된다. 이 극단 사이에서 전단응력은 그래프에 보이는 것과 같이 변하며, 즉 전단응력

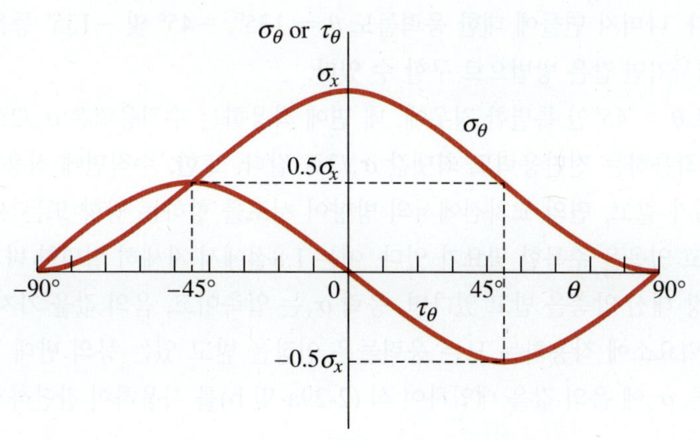

그림 2-56

경사면의 각도 θ에 대한 수직응력 σ_θ와 전단응력 τ_θ의 그래프[그림 2-55와 식 (2-29a와 b) 참조]

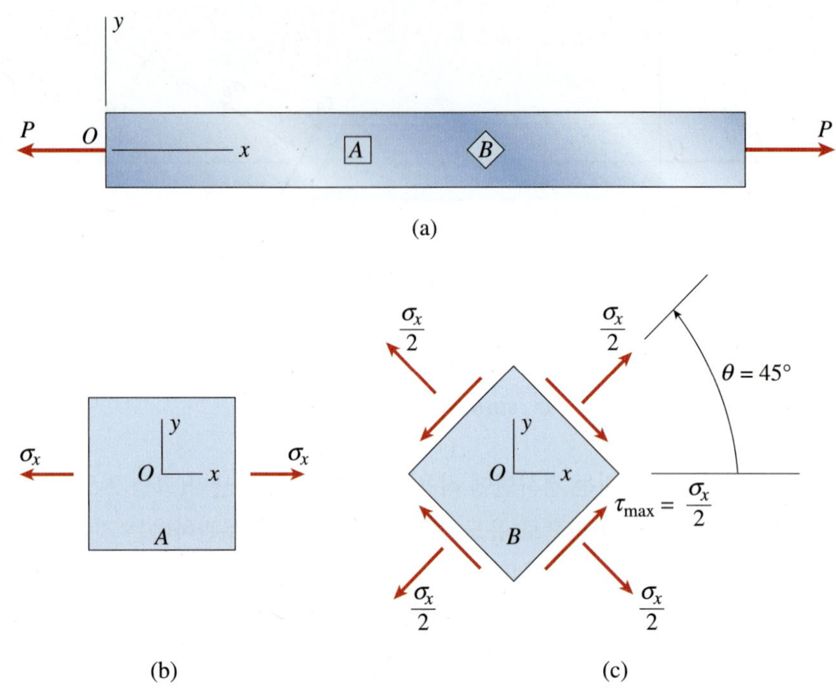

그림 2-57
인장을 받는 봉에서 $\theta = 0°$ 및 $\theta = 45°$인 응력요소에 작용하는 수직 및 전단응력

은 $\theta = -45°$일 때 가장 큰 양의 값을 가지고, $\theta = +45°$에서 가장 큰 음의 값이 이른다. 이러한 **최대 전단응력**들은 같은 크기를 가진다:

$$\tau_{\max} = \frac{\sigma_x}{2} \tag{2-31}$$

그러나 이 값들은 요소를 서로 반대 방향으로 회전시킨다.

그림 2-57에 **인장을 받는 봉**의 최대 응력을 나타내었다. 여기에서는 2개의 응력요소가 선정되었다—A 요소는 $\theta = 0°$ 방향, B 요소는 $\theta = 45°$ 방향. A 요소는 최대 수직응력[식 (2-30)], B 요소는 최대 전단응력[식 (2-31)]을 가진다. A 요소의 경우에(그림 2-57b), 작용하는 응력은 수직응력만 존재한다(어느 면이든 전단응력이 없다).

B 요소의 경우에(그림 2-57c), 모든 면에 수직응력과 전단응력이 모두 작용한다(물론 요소의 정면과 후면은 제외하고). 45°의 면인 경우(그림에서 오른쪽 윗면)를 예를 들어보면, 이 면에는 수직응력과 전단응력은 [식 (2-29a와 b)에 의해서] 각각 $\sigma_x/2$와 $-\sigma_x/2$가 된다. 따라서 수직응력은 인장(양)이며 전단응력은 요소에 대하여 시계방향으로 작용(음)하고 있다. 나머지 면들에 대한 응력들도 $\theta = 135°$, $-45°$ 및 $-135°$ 등을 식 (2-29a 및 b)에 대입시키면 같은 방법으로 구할 수 있다.

그러므로 $\theta = 45°$인 특별한 경우에, 네 면에 작용하는 수직응력은 $\sigma_x/2$로 모두 같으며, 네 면에 작용하는 전단응력도 최댓값 $\sigma_x/2$로 같다. 또한, 수직면에 작용하는 전단응력은 그 크기가 같고, 면의 교차점에서의 방향이 서로를 향하는 방향 또는 서로 반대 방향으로 향하고 있음을 주목할 필요가 있다. 이는 1.8절에서 자세히 설명한 바가 있다.

봉이 인장 대신 압축을 받고 있다면, 응력 σ_x는 압축이고, 음의 값을 가지게 되며, 결론적으로 응력요소에 작용하는 모든 응력들은 인장을 받고 있는 봉의 반대 방향을 가지게 된다. 물론, σ_x에 음의 값을 대입하여 식 (2-29a 및 b)를 사용하여 간단하게 계산할 수 있다.

축 하중을 받고 있는 봉의 최대 전단응력이 최대 수직응력의 반밖에 되지 않지만, 재질이 인장에 비해 전단에 훨씬 취약한 경우에는 전단응력이 재료의 파괴(failure)를 일으키는 원인이 될 수 있다. 그 예로 그림 2-58에서 전단 파괴를 보여주고 있는데, 이 그림은 목재 블록이 압축 하중을 받는 경우 45° 방향의 면을 따라 전단 파괴되는 모습을 보여주고 있다.

이와 유사한 형태의 거동은 인장 하중을 받고 있는 연철에서 발생한다. 표면 연마된 저탄소강 시험편의 인장 실험 과정에서, 봉의 표면에서 약 45° 방향으로 거시적인 **미끄럼 띠**가 발생한다(그림 2-59). 이 띠들은 전단응력이 최대인 면을 따라서 재질이 전단 파괴되고 있음을 나타내고 있다. 이러한 띠들은 1842년에 G. Piobert와 1860년에 W. Lüders에 의해 처음으로 관찰되었으며(참고문헌 2-5와 2-6 참조), 오늘날 이 띠를 *Lüders* **밴드** 또는 *Piobert* **밴드**라고 부른다. 이 띠들은 봉이 항복 응력에 도달했을 경우에 나타나기 시작한다(1.5절의 그림 1-31에서 B 지점).

그림 2-58
압축 하중을 받는 목재 블록의 45° 면으로의 전단 파괴(©Jim Gere)

단축응력

이 절에서 설명하고 있는 응력의 상태는 **단축응력(uniaxial stress)**이다. 이는 명백히 봉은 인장 또는 압축력을 오직 한 방향에서만 받기 때문이다. 이와 같은 단축 응력의 응력요소 중에서 가장 중요한 방향은 $\theta = 0$과 $\theta = 45°$이다 (그림 2-57b와 c); 전자는 최대 수직응력을 가지고 있고 후자는 최대 전단응력을 가지고 있다. 만약 다른 각도로 절단된 경우에는 각 절단면에서의 응력요소에 작용하는 응력들은, 예제 2-13과 2-14에서 예증하듯이, 식 (2-29a와 b)로부터 구할 수 있다.

단축응력은 **평면응력**(*plane stress*)으로 알려진 좀 더 일반적인 응력 상태의 특별한 경우이다. 이것은 7장에서 자세히 다룰 것이다.

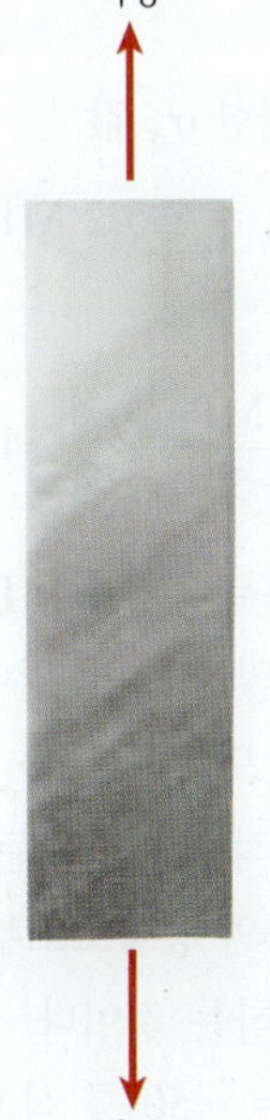

그림 2-59
인장 하중을 받는 연마된 시편에 나타나는 미끄럼 띠(또는 Lüders 밴드) (©Jim Gere)

예제 2-13

폭 b의 정사각형 단면을 가지는 압축 봉이 $P = 35$ kN의 하중을 지지해야 한다(그림 2-60a). 이 봉은 두 개의 조각으로 구성되어 있으며, 이 두 조각은 수직과의 각도 $\alpha = 40°$인 면 pq를 따라서 접착이음(*scarf* 조인트로 알려진)으로 연결되어 있다. 재질은 허용 압축응력과 허용 전단응력이 각각 7.5 MPa, 4.0 MPa인 구조용 플라스틱이다. 또한 접착이음의 허용 응력은 5.2 MPa, 허용 전단응력은 3.4 MPa이다.

이 봉의 최소 폭 b를 결정하라.

풀이

풀이에는 문제풀이 4단계 접근방법을 사용한다.

1. 개념화: 편의상, 경사면에 작용하는 응력에 대한 공식을 유도하는 데 사용되었던 그림(그림 2-54, 그림 2-55 참조)과 일치하는 수평 위치(그림 2-60b)로 봉을 회전시키자. 이 위치에서의 봉에 대하여, 접착이음의 평면(면 pq)에 수직인 n이 봉의 축과 각도 $\beta = 90° - \alpha$ 또는 50°를 이루는 것을 본다. 각도 θ는 반시계방향이 양으로 정의되므로(그림 2-55), 여기에서는 접착이음에 대하여 각도 $\theta = -50°$가 된다.

봉의 단면적은 하중 P와 단면에 작용하는 응력 σ_x에 다음과 같이 연관된다.

$$A = \frac{P}{\sigma_x} \tag{a}$$

2. 분류: 필요한 면적을 구하기 위해서는, 먼저 4개의 허용 응력에 해당하는 σ_x를 결정해야 한다. 그런 다음에 가장 작은 σ_x 값이 요구되는 면적을 구하는 데 활용될 수 있다. σ_x의 값은 식 (2-29a 및 b)를 재정리하여 구하면 다음과 같다.

$$\sigma_x = \frac{\sigma_\theta}{\cos^2\theta} \qquad \sigma_x = -\frac{\tau_\theta}{\sin\theta\cos\theta} \tag{2-32a,b}$$

이제 이 식들을 접착이음과 플라스틱에 적용한다.

3. 해석:

Part (a): 접착이음의 허용 응력에 근거한 σ_x 값

접착이음에서의 압축에 대하여, $\sigma_\theta = -5.2$ MPa, $\theta = -50°$이므로, 식 (2-32a)에 대입하면, 다음을 얻는다.

$$\sigma_x = \frac{-5.2 \text{ MPa}}{(\cos\ (-50°))^2} = -12.6 \text{ MPa} \tag{b}$$

접착이음의 전단에 대해서, 허용 응력은 3.4 MPa이다. 그러나, τ_θ가 +3.4 MPa인지 또는 −3.4 MPa인지 분명하지 않다. 이를 알아내는 한 가지 방법은 식 (2-32b)에 +3.4와 −3.4를 대입하고 음의 값으로 되는 σ_x를 선택하는 것이다. σ_x의 다른 값은 양(인장)이 될 것이며 이 봉에 적용되지 않는다. 또 다른 방법으로는 봉 자체를 자세히 살펴보고(그림 2-60b) 하중의 방향으로부터, 전단응력이 평면 pq에 대해 시계방향으로 작용한다는 것을 관찰하는 것이다. 이는 전단응력이 음인 것을 의미한다. 그러므로 $\tau_\theta = -3.4$ MPa, $\theta = -50°$를 식 (2-32b)에 대입하여 다음을 얻는다.

그림 2-60

예제 2-13: 경사면에서의 응력

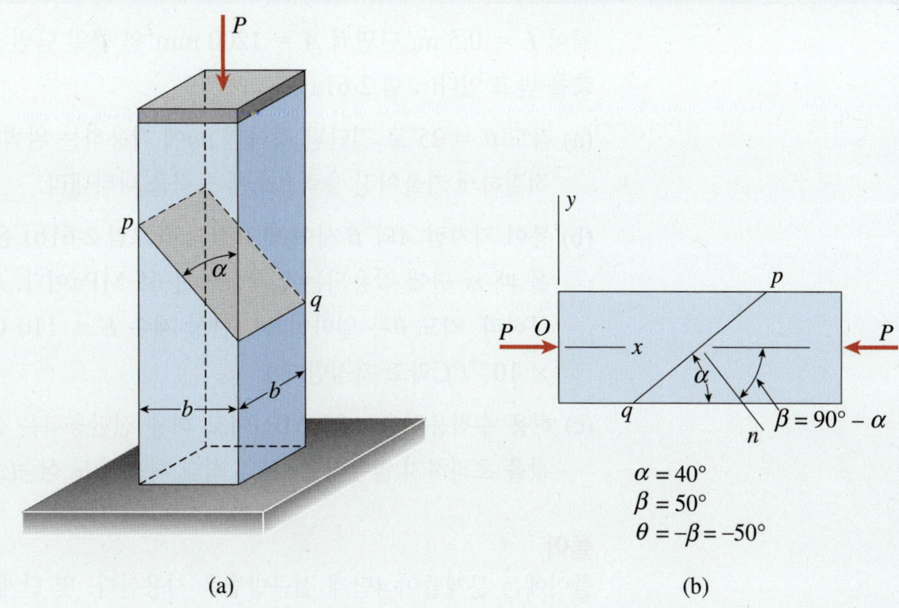

$$\sigma_x = -\frac{-3.4\ \text{MPa}}{(\sin\ (-50°))(\cos\ (-50°))} = -6.9\ \text{MPa} \qquad \textbf{(c)}$$

Part (b): 플라스틱의 허용 응력에 근거한 σ_x 값

최대 압축응력은 축선에 직각인 단면에서 발생한다, 따라서, 최대 허용 압축응력은 7.5 MPa이므로, 다음과 같음을 즉시 알 수 있다.

$$\sigma_x = -7.5\ \text{MPa} \qquad \textbf{(d)}$$

최대 전단응력은 45°에서 발생하고 그 값은 $\sigma_x/2$이다[식 (2-31) 참조]. 허용 전단응력은 4 MPa이므로 다음과 같이 된다.

$$\sigma_x = -8\ \text{MPa} \qquad \textbf{(e)}$$

식 (2-32b)에 $\tau_\theta = 4$ MPa, θ =45°를 대입하여 똑같은 결과를 구할 수 있다.

Part (c): 봉의 최소 폭

σ_x의 네 개 값[식 (b), (c), (d) 및 (e)]을 비교하고 $\sigma_x = -6.9$ MPa이 최소가 됨을 주목하면, 이 값이 설계를 지배함을 알 수 있다. 요구되는 면적을 구하기 위하여 식 (a)에 대입하고 오직 수치 값을 사용하면 다음을 얻는다:

$$A = \frac{35\ \text{kN}}{6.9\ \text{MPa}} = 5072\ \text{mm}^2$$

4. 최종 단계: 봉은 정사각형 단면($A = b^2$)을 가지고 있으므로, 최소 폭은

$$b_{\min} = \sqrt{A} = \sqrt{5072\ \text{mm}^2} = 71.2\ \text{mm}$$

이다. $b_{\min}$보다 큰 폭은 허용 응력을 초과하지 않음을 보증한다.

예제 2-14

길이 $L = 0.5$ m, 단면적 $A = 1200$ mm^{2}인 균일 단면 봉이 축 하중 $P = 90$ kN의 압축을 받고 있다(그림 2-61a).

(a) 각도 $\theta = 25°$로 절단된 경사면 pq에 작용하는 완벽한 응력 상태를 구하라. 그리고 적절하게 기울어진 응력요소에 응력을 나타내라.

(b) 봉이 지지점 A와 B 사이에 고정되고(그림 2-61b) 온도가 $\Delta T = 33°C$로 증가되었을 때 rs 면에 작용되는 압축응력이 65 MPa이다. rs면에 작용하는 전단응력 τ_θ를 구하라. 각도 θ는 얼마인가? (탄성 계수 $E = 110$ GPa이고 열팽창 계수 $\alpha = 20 \times 10^{-6}/°C$라고 가정한다.)

(c) 허용 수직응력은 ±82 MPa이고 허용 전단응력은 ±40 MPa이며, 봉의 허용응력 값을 초과하지 않는다면, 봉의 최대 허용 온도 상승(ΔT)을 구하라.

풀이

풀이에는 문제풀이 4단계 접근방법을 사용한다. 몇 단계는 합하고 필수적인 단계는 각 부분에 나와있다.

Part (a): 경사면 pq에 나란한 응력요소에 작용하는 완벽한 응력 상태를 구한다.

1, 2. 개념화, 분류: 경사면 pq에 작용하는 완벽한 응력 상태를 구하기 위해, 먼저 적용 하중 P로 인한 압축 수직응력 σ_x를 구하는 것으로 시작한다:

$$\sigma_x = \frac{-P}{A} = \frac{-90 \text{ kN}}{1200 \text{ mm}^2} = -75 \text{ MPa}$$

3. 해석: 다음으로 식 (2-29a와 b)를 이용하여 $\theta = 25°$인 경우의 수직응력과 전단응력을 다음과 같이 구한다:

$$\sigma_\theta = \sigma_x \,[\cos(\theta)]^2 = (-75 \text{ MPa})\,[\cos(25°)]^2 = -61.6 \text{ MPa}$$

$$\tau_\theta = -\sigma_x \sin(\theta)\cos(\theta) = -(-75 \text{ MPa}) \sin(25°)\cos(25°) = 28.7 \text{ MPa}$$

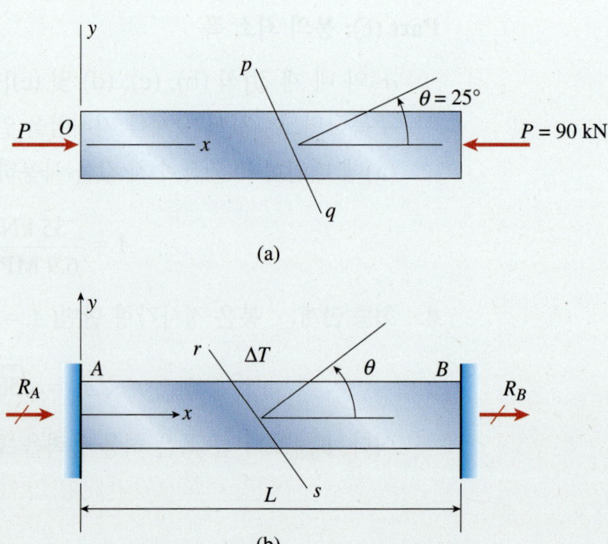

그림 2-61

예제 2-14: (a) 봉의 경사면 pq에서의 응력, (b) 봉의 경사면 rs에서의 응력이 응력들은 그림 2-61c의 경사면 pq에 작용하는 것으로 나타내었다. 응력요소 **면** ***ab***(그림 2-61d)는 단면 pq에 나란하다. 수직응력 σ_θ는 음(*negative*)(압축)이고, 전단응력 τ_θ는 양(*positive*)(반시계방향)임을 주목하라. 이제, 응력요소의 남아 있는 세 면에 작용하는 수직 및 전단응력을 구하기 위하여 식 (2-29a와 b)를 사용한다(그림 2-61d 참조).

면 ***cb***에 작용하는 수직 및 전단응력은 식 (2-29a와 b)에서 각도 $\theta + 90° = 115°$를 사용하여 계산한다:

$$\sigma_{cb} = \sigma_x\ [\cos(115°)]^2 = (-75\text{ MPa})\ [\cos(115°)]^2 = -13.4\text{ MPa}$$

$$\tau_{cb} = -\sigma_x \sin(115°)\ \cos(115°) = -(-75\text{ MPa})[\sin(115°)\cos(115°)] = -28.7\text{ MPa}$$

4. **최종 단계:** 반대쪽 **면** ***cd***에 작용하는 응력은 **면** ***ab***에 작용하는 응력과 같으며, 그것은 식 (2-29a와 b)에 $\theta = 25° + 180° = 205°$를 대입하여 검증할 수 있다. **면** ***ad***에 대하여, 식 (2-29a와 b)에 $\theta = 25° - 90° = -65°$를 대입한다. 완벽한 응력 상태를 그림 2-61d에 보여준다.

Part (b): 경사진 단면 *rs*에 나란한 응력요소에 온도 증가로 인한 수직 및 전단응력을 결정한다.

2. **분류:** 예제 2-9로부터, 온도 증가 $\Delta T = 33°$로 인한 반력 R_A와 R_B(그림 2-61b)는

$$R_A = -R_B = EA\alpha(\Delta T) \tag{a}$$

이고 이로 인한 결과인 축 방향 압축 열응력은

$$\sigma_T = \frac{R_A}{A} = E\alpha(\Delta T) \tag{b}$$

이다. 그러므로

$$\sigma_x = -(110\text{ GPa})[20 \times 10^{-6}/°\text{C})](33°\text{C}) = -72.6\text{ MPa}$$

그림 2-61(연속)

예제 2-14: (c) 봉의 경사면 pq에 작용하는 응력, (d) 봉의 경사면 pq에 작용하는 완벽한 상태의 응력

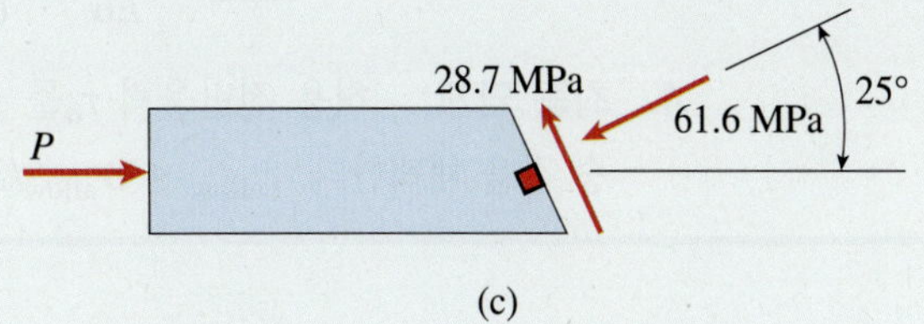

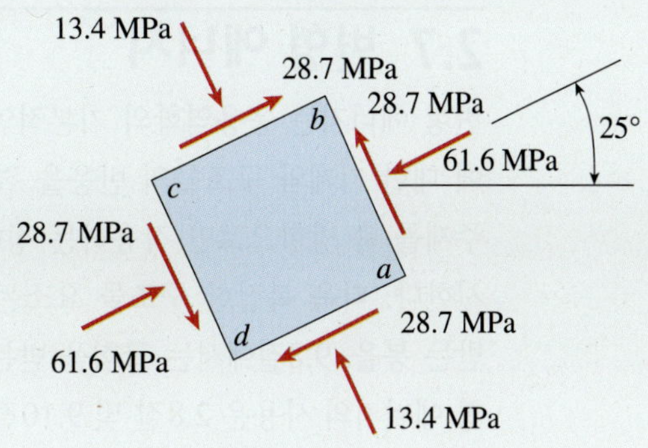

그림 2-61(연속)

예제 2-14: (e) 봉의 경사면 rs의 요소에 작용하는 수직 및 전단응력

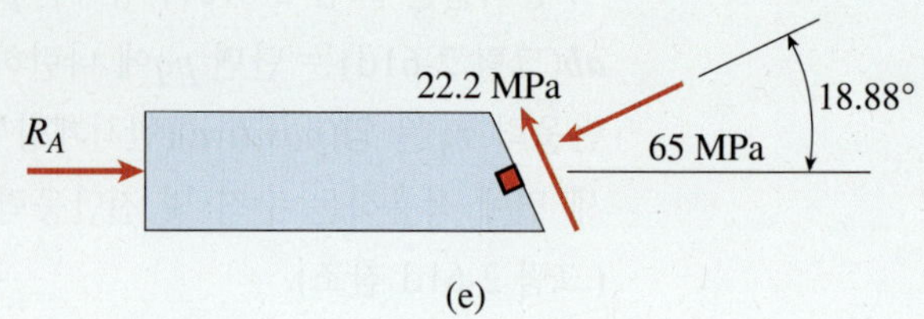

3. **해석:** rs 평면에 작용하는 압축응력은 65 MPa이므로, 식 (2-29a)로부터 경사면 rs의 각도 θ는

$$\theta_{rs} = \cos^{-1}\left(\sqrt{\frac{\sigma_\theta}{\sigma_x}}\right) = \cos^{-1}\left(\sqrt{\frac{-65\text{ MPa}}{-72.6\text{ MPa}}}\right) = 18.878°$$

이고 식 (2-29b)로부터, 경사면 rs에 작용하는 전단응력 τ_θ는

$$\tau_\theta = -\sigma_x(\sin(\theta_{rs})\cos(\theta_{rs})) = -(-72.6\text{ MPa})\sin(18.878°)\ \cos(18.878°) = 22.2\text{ MPa}$$

이다.

Part (c): 허용 응력 값에 근거한 봉의 최대 허용 온도 증가(ΔT)를 결정한다.

2, 3. **분류, 해석:** 최대 수직응력 σ_{max}는 $\theta = 0$로 경사진 응력요소에 발생한다[식 (2-30)]. 그러므로 $\sigma_{max} = \sigma_x$이다. 식 (b)의 열응력을 허용 수직응력 $\sigma_a = 82$ MPa과 같게 하면, 허용 수직응력에 근거한 ΔT_{max}의 값을 구할 수 있다:

$$\Delta T_{max1} = \frac{\sigma_a}{E\alpha} = \frac{82\text{ MPa}}{(110\text{ GPa})[20\times10^{-6}/°\text{C}]} = 37.3°\text{C} \qquad \textbf{(c)}$$

식 (2-31)로부터, 최대 전단응력 τ_{max}는 경사각 45°인 단면에서 발생하며, 그 값은 $\tau_{max} = \sigma_x/2$임을 알 수 있다. 주어진 허용 전단응력, $\tau_a = 40$ MPa과 식 (2-31)의 최대 수직 및 전단응력 사이의 관계를 이용하여, ΔT_{max}에 대한 두 번째 값을 다음과 같이 구한다.

$$\Delta T_{max2} = \frac{2\tau_a}{E\alpha} = \frac{2(40\text{ MPa})}{(110\text{ GPa})[20\times10^{-6}/°\text{C}]} = 36.4°\text{C}$$

4. **최종 단계:** 허용 전단응력 τ_a를 초과하지 않는다는 것에 근거하여, 낮은 온도 상승 값을 채택한다. $\tau_{allow} < \sigma_{allow}/2$이므로 이것을 예상할 수 있다.

2.7 변형 에너지

변형 에너지는 응용역학의 기본적인 개념이며, 변형 에너지의 원리는 정하중 및 동하중에 대한 기계와 구조물의 반응을 결정하는 데 널리 사용된다. 이 절에서는, 변형 에너지 주제를 축 방향으로만 작용하는 정하중을 받는 부재를 고찰하여 가장 단순한 형태로 제시한다. 더욱 복잡한 구조물 요소는 뒤의 장에서 논의된다—즉, 3.9절에서는 비틀림을 받는 봉을, 9.8절에서는 굽힘을 받는 보를 취급한다. 그뿐만 아니라, 동하중과 관련된 변형 에너지의 사용은 2.8절 및 9.10절에서 설명된다.

기본 개념을 설명하기 위하여, 인장 하중 P를 받고 길이가 L인 균일 단면 봉을 다시 고찰해 보기로 하자(그림 2-62). 하중이 서서히 작용하여, 0으로부터 최댓값 P까지 점차적으로 증가한다고 가정한다. 운동으로 인한 동적 또는 관성 효과가 없기 때문에 이러한 하중을 **정하중(static load)**이라고 부른다. 하중이 작용됨에 따라 점차적으로 늘어나며, 하중이 최댓값 P에 도달할 때에 최대 신장량 δ에 이르게 된다. 그 이후에는 하중과 신장량이 변하지 않는다.

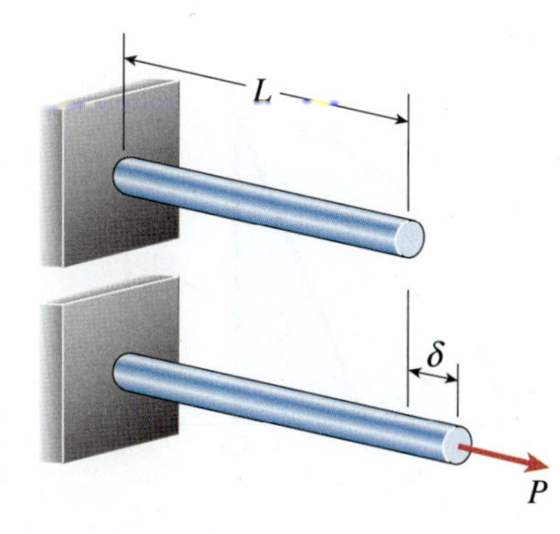

그림 2-62
정하중을 받는 균일 단면 봉

하중이 가해지는 동안, 하중 P는 천천히 길이 δ만큼 이동하므로 어떤 양만큼의 **일(work)**을 한다. 이 일을 계산하기 위하여 초등 역학을 상기해 보면, 일정한 힘은, 힘과 그 힘이 이동한 거리를 곱한 것과 같은 일을 한다. 그러나 이 경우에는 힘의 크기가 0에서 최댓값 P까지 변한다. 이러한 조건하에서 하중이 한 일을 구하기 위해 하중이 변하는 양상을 알 필요가 있다. 이러한 사항이 그림 2-63에 그려진 것과 같은 **하중-변위 선도(load-displacement diagram)**에 나타난다. 이 선도에서 수직축은 축 하중을, 수평축은 이에 대응되는 봉의 신장량을 나타낸다. 곡선의 모양은 재료의 성질에 따른다.

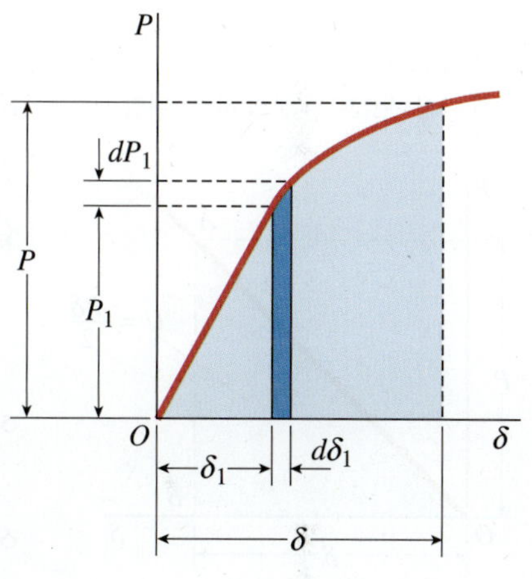

그림 2-63
하중-변위 선도

영과 최댓값 P 사이의 임의 하중 값을 P_1으로 표시하고 이에 대응되는 봉의 신장량 δ_1으로 표시하자. 이때 하중의 증가량 dP_1은 신장량 증가량 $d\delta_1$을 발생시킬 것이다. 신장량 증가량이 생기는 동안, 하중이 한 일은 하중과 하중이 이동한 거리를 곱한 것이며, 즉 일은 $P_1 d\delta_1$과 같다. 이 일은 하중-변위 곡선 아랫부분에 어둡게 그려진 띠의 면적으로 표시된다. 하중이 0에서 최댓값 P까지 증가하는 동안, 하중이 한 전체 일은 모든 띠 요소를 전체적으로 합한 것이다:

$$W = \int_0^{\delta} P_1 d\delta_1 \qquad \textbf{(2-33)}$$

기하학적 용어로 표시하면, 하중이 한 일은 하중-변위 곡선 아랫부분의 면적과 같다.

하중이 봉을 늘어나게 하면 변형률이 발생한다. 이러한 변형률의 존재는 봉 자체의 에너지 수준을 증가시킨다. **변형 에너지(strain energy)**라고 부르는 새로운 양은 하중이 작용되는 과정 중에 봉에 흡수된 에너지로 정의된다. 에너지 보존의 법칙으로부터, 에너지가 열의 형태로 가감되지 않는 한, 이 변형 에너지는 하중이 한 일과 같다. 그러므로,

$$U = W = \int_0^{\delta} P_1 d\delta_1 \qquad \textbf{(2-34)}$$

여기서, U는 변형 에너지를 나타내는 기호이다. 때로는 변형 에너지를 하중이 한 외부 일과 구별하기 위하여, **내부일(internal work)**이라고도 한다.

일과 에너지는 같은 **단위**로 표시된다. SI단위에서는, 일과 에너지의 단위가 1뉴톤미터와 같은 1주울(Joule)이다(1 J = 1N • m).

탄성 및 비탄성 에너지

하중 P(그림 2-62)이 봉에서 천천히 제거되면 봉은 줄어든다. 재료의 탄성 한계를 넘지 않으면, 봉은 원래 길이로 되돌아간다. 탄성 한계를 넘으면 **영구 변형**이 생긴다(1.6절 참조). 그러므로 변형 에너지의 전부 또는 일부가 일이라는 형태로 회복된다. 이러한 거동

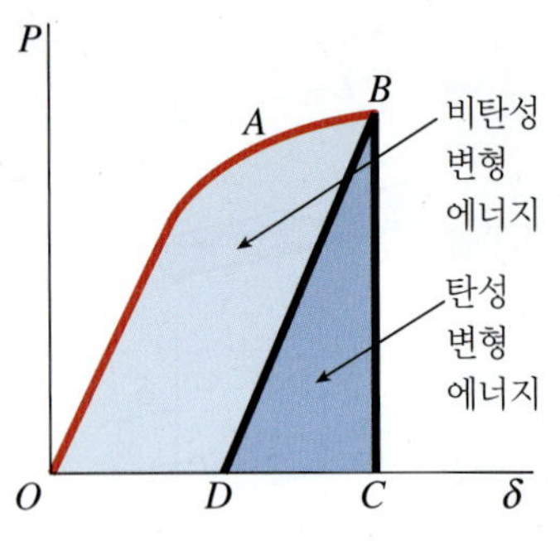

그림 2-64
탄성 및 비탄성 변형 에너지

이 그림 2-64의 하중-변위 선도에 보인다. 하중이 작용하는 동안, 하중이 한 일은 곡선 아랫부분의 면적(면적 *OABCDO*)과 같다. 하중이 제거될 때, 점 *B*가 탄성 한도를 지나고 영구 신장량 *OD*가 남는다면, 하중-변위 선도는 선 *BD*를 따른다. 그러므로 하중이 제거되는 동안 회복된 변형 에너지(**탄성 변형 에너지**라고 부름)는 어둡게 그려진 삼각형 *BCD*로 표시된다. 면적 *OABDO*는 봉이 영구적으로 변형되는 과정에서 소모된 에너지이다. 이 에너지를 **비탄성 변형 에너지(inelastic strain energy)**라고 한다.

대부분의 구조물은 재료가 보통의 사용 상태에서 탄성 범위 내에 있다는 예측하에 설계된다. 인장봉의 경우에, 재료의 응력이 탄성한도에 이르게 하는 하중을 하중-변위 곡선상에 점 *A*로 표시한다(그림 2-64). 하중이 이 값 이하에 있는 한, 변형 에너지는 하중이 제거되는 동안 모두 회복되며 영구 신장량이 생기지 않는다. 그러므로 봉은 하중이 작용되고 제거됨에 따라서 에너지를 저장하고 방출하는 탄성 스프링과 같은 작용을 한다.

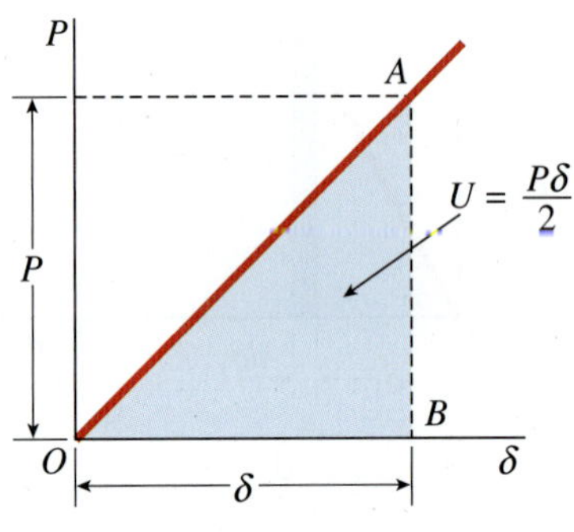

그림 2-65
선형 탄성 재료로 된 봉의 하중-변위 선도

선형 탄성 거동

이제 봉 재료가 후크의 법칙을 따르며, 하중-변위 곡선이 직선이라고 가정하자(그림 2-65). 그러면 봉에 저장된 변형 에너지 *U*(하중이 한 일 *W*와 같은)는 다음과 같다.

$$U = W = \frac{P\delta}{2} \tag{2-35}$$

이것은 그림에서 어둡게 그려진 삼각형 *OAB*의 면적이다.[3)]

선형 탄성 재료의 봉에 대하여 하중 *P*와 신장량 δ 사이의 관계는 다음 식으로 주어진다.

$$\delta = \frac{PL}{EA} \tag{2-36}$$

이 식과 식 (2-35)를 결합하면, **선형 탄성 봉**의 변형 에너지를 다음과 같은 형태로 나타낼 수 있다:

$$U = \frac{P^2L}{2EA} \qquad U = \frac{EA\delta^2}{2L} \tag{2-37a,b}$$

첫 번째 식은 변형 에너지를 하중의 함수로 표현하였고, 두 번째 식은 변형 에너지를 신장량 함수로 표현하였다.

첫 번째 식으로부터, 하중이 변화하지 않더라도 봉 길이가 증가하면 변형 에너지량도 증가한다는 것을 주목하라(더 많은 재료가 하중에 의해 변형되기 때문에). 반면에, 탄성계수나 단면적이 증가하면 봉의 변형률이 감소하기 때문에 변형 에너지는 감소한다. 이러한 개념이 예제 2-15 및 2-17에 예시되었다.

식 (2-37a 및 b)와 유사한 변형 에너지 방정식은 균일 단면 봉의 강성도 *EA*/*L*을 스

3) 외부 하중이 한 일이 변형 에너지와 같다는 원리는 (선형 탄성 거동의 경우에 대하여) 프랑스 공학자 B. P. E. Clapeyron(1799~1864)에 의해 최초로 언급되었으며, 이를 *Clapeyron*의 이론이라 한다(참고문헌 2-7).

프링의 강성도 k로 바꾸어 놓음으로써 **선형 탄성 스프링**에 대한 식으로도 사용될 수 있다. 따라서,

$$U = \frac{P^2}{2k} \quad U = \frac{k\delta^2}{2} \tag{2-38a,b}$$

이러한 식의 다른 형태는 k를 $1/f$로 바꾸어 놓아 구할 수 있다. 여기서 f는 유연도를 나타낸다.

불균일 봉

여러 개의 부분으로 구성된 봉의 전체 변형 에너지 U는 각 부분의 변형 에너지의 합과 같다. 예를 들어, 그림 2-66에 보인 봉의 변형 에너지는 부분 AB의 변형 에너지와 부분 BC의 변형 에너지를 합한 것과 같다. 이러한 개념이 다음과 같이 일반적인 형태의 식으로 표현된다.

$$U = \sum_{i=1}^{n} U_i \tag{2-39}$$

여기서, U_i는 봉의 부분 i의 변형 에너지이고, n은 부분의 개수이다. (이 관계는 재료가 선형적으로 거동하거나 비선형적으로 거동하거나에 관계없이 성립한다.)

이제 봉의 재료가 선형 탄성적으로 거동하고 내부 축력이 각 부분에서 일정하다고 가정하자. 그 다음에 각 부분의 변형 에너지를 구하기 위하여 식 (2-37a)를 사용하며, 그러면 식 (2-39)는 다음과 같이 된다.

$$U = \sum_{i=1}^{n} \frac{N_i^2 L_i}{2E_i A_i} \tag{2-40}$$

여기서, N_i는 부분 i에 작용하는 축력이고, L_i , E_i 및 A_i는 부분 i의 성질이다. (이 방정식의 사용은 이 절의 뒤에 나오는 예제 2-15 및 2-17에 예시된다.)

연속적으로 변하는 축력을 가진 불균일 단면 봉(그림 2-67)의 변형 에너지는 식 (2-37a)를 (그림에서 어둡게 그려진) 미분 요소에 적용하여 구한 후, 봉의 길이 전체에 대해 적분한다:

$$U = \int_0^L \frac{[N(x)]^2\,dx}{2EA(x)} \tag{2-41}$$

이 방정식에서, $N(x)$와 $A(x)$는 봉의 끝에서 거리 x만큼 떨어진 위치의 축력과 단면적이다. (예제 2-16은 이 방정식의 사용을 예시한다.)

그림 2-66
다른 단면적과 다른 축력을 갖는 균일 단면 부분으로 구성된 봉

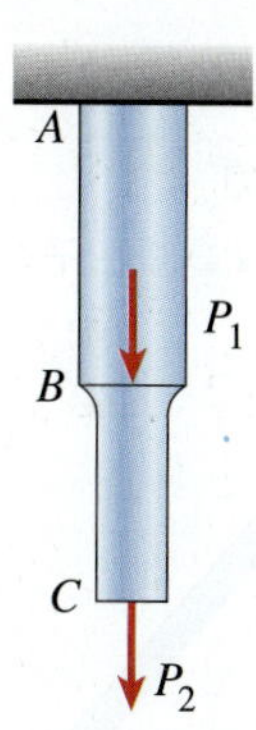

그림 2-67
변하는 축력을 받는 불균일 단면 봉

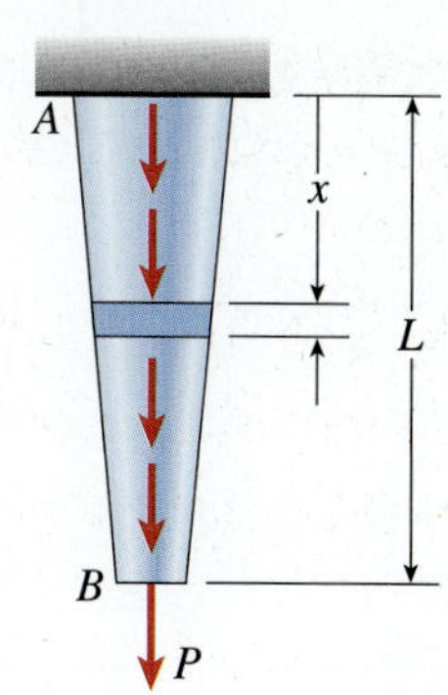

유의사항

앞에서의 변형 에너지 식들[식 (2-37)부터 (2-41)]은, 재료가 선형 탄성인 경우가 아닐지라도, 하중의 선형 함수가 아님을 보여준다. 그러므로 한 개 이상의 하중을 지지하는 구조물의 변형 에너지는 개별적으로 작용하는 각각의 하중에 대해서 구한 변형 에너지를 합해서 구할 수 없다는 것을 이해하는 것이 중요하다.

그림 2-66에 보인 불균일 단면 봉의 경우에, 전체 변형 에너지는 하중 P_1만 작용하였을 때 변형 에너지와 하중 P_2만 작용하였을 때 변형 에너지를 합한 것이 아니다. 대신에,

예제 2-16에서 설명하는 바와 같이, 동시에 작용하는 모든 하중에 대한 변형 에너지를 계산한다.

앞에서의 변형 에너지에 대한 논의에서는 인장 부재만 고려하였으나, 모든 개념과 방정식은 **압축** 부재에도 똑같이 적용된다. 하중이 인장을 일으키거나 압축을 일으키거나에 관계없이 축 하중이 한 일은 양이므로, 변형 에너지는 항상 양의 값을 갖는다. 이러한 사실은 선형 탄성 봉에 대한 변형 에너지 식[식 (2-37a 및 b)와 같은]에서 명확하게 알 수 있다. 하중과 신장량의 항이 제곱이 되므로 이러한 식들의 값은 언제나 양이다.

변형 에너지는 **위치 에너지(potential energy** or "energy of position")의 한 형태인데, 이는 이 에너지가 부재를 구성하는 질점 또는 요소의 상대 위치에 따라 좌우되기 때문이다. 봉이나 스프링이 압축될 때, 질점들은 더욱 서로 가깝게 밀착되며; 늘어뜨리면, 질점 간의 거리는 증가한다. 두 가지 경우에서 부재의 변형 에너지는 하중을 받지 않는 위치의 변형 에너지에 비하여 증가한다.

그림 2-68

단일 하중 P를 받는 구조물

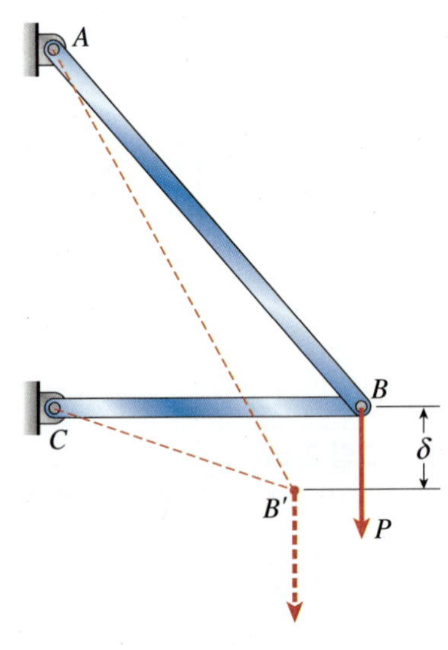

단일 하중에 의한 변위

단 한 개의 하중을 지지하는 선형 탄성 구조물의 변위는 변형 에너지로부터 구할 수 있다. 이 방법을 설명하기 위하여, 수직 하중 P를 받는 두 개의 봉으로 된 트러스(그림 2-68)를 고찰해 보자. 목적은 하중이 작용하는 조인트 B에서의 수직 변위 δ를 구하는 것이다.

하중이 천천히 트러스에 가해질 때, 하중 P는 수직 변위 δ만큼 움직이므로 일을 한다. 그러나 하중은 가로 방향으로, 즉 옆으로 움직일 때는 일을 하지 않는다. 따라서 하중-변위 선도는 직선이므로[그림 2-65과 식 (2-35) 참조], 구조물에 저장된 변형 에너지는 하중이 한 일과 같으며 다음과 같다.

$$U = W = \frac{P\delta}{2}$$

이 식으로부터 다음 식을 얻는다.

$$\delta = \frac{2U}{P} \tag{2-42}$$

이 방정식은, 다음 문단에 요약된 것과 같은 어떤 특수 조건하에서 구조물의 변위가 변형 에너지로부터 직접 구해질 수 있다는 것을 보여준다.

식 (2-42)를 사용하기 위해 충족해야 할 조건은 다음과 같다: (1) 구조물은 선형 탄성적으로 거동하여야 하며, (2) 구조물에 단 한 개의 하중만이 작용한다. 게다가, 구할 수 있는 단 한 개의 변위는 하중 자체에 대응되는 변위이다(즉, 변위의 방향은 하중 방향과 같아야 하며, 하중이 작용하는 점에서 일어나야 한다). 그러므로 이러한 변위를 구하는 방법은 적용에 있어서 매우 제한되며, 구조역학의 변형 에너지 원리의 중요성을 나타내는 좋은 예는 아니다. 그러나 이 방법은 변형 에너지 사용의 개념을 소개하는 데 쓰인다. (이 방법은 뒤의 예제 2-18에서 설명된다.)

변형 에너지 밀도

많은 경우에, 재료의 단위체적당 변형 에너지로 정의되는 **변형 에너지 밀도**(strain ener-

gy density)라고 하는 양을 사용하는 것이 편리하다. 선형 탄성 재료의 경우에서 변형 에너지 밀도에 대한 식은 균일 단면 봉의 변형 에너지 공식[식 (2-37a와 b)]으로부터 구할 수 있다. 봉의 변형 에너지는 전체 체적을 통하여 균일 분포되기 때문에, 전체 변형 에너지 U를 봉의 체적 AL로 나누어 변형 에너지 밀도를 구한다. 그러므로 u라는 기호로 표시되는 변형 에너지 밀도는 다음 중의 한 가지로 나타낼 수 있다:

$$u = \frac{P^2}{2EA^2} \quad u = \frac{E\delta^2}{2L^2} \tag{2-43a,b}$$

이 식에 P/A를 응력 σ로, δ/L을 변형률 ε으로 바꿔놓으면,

$$u = \frac{\sigma^2}{2E} \quad u = \frac{E\varepsilon^2}{2} \tag{2-44a,b}$$

이 식은 선형 탄성 재료의 변형 에너지 밀도를 수직응력 σ와 수직 변형률 ε의 항으로 나타낸다.

식 (2-44a 및 b)의 표현은 단순한 기하학적 해석을 하게 한다. 변형 에너지 밀도는 후크의 법칙($\sigma = E\varepsilon$)을 따르는 재료에 대한 응력−변형률 선도 아랫부분에 삼각형의 면적 $\sigma\varepsilon/2$와 같다. 재료가 후크의 법칙을 따르지 않는 더욱 일반적인 경우에서는, 변형 에너지 밀도가 응력−변형률 곡선 아랫부분의 면적과 같지만, 그 면적은 각각의 특수 재료에 대하여 계산되어야 한다.

변형 에너지 밀도는 에너지를 체적으로 나눈 **단위**를 갖는다. SI단위는 세제곱미터 당 주울(J/m^3)이다. 이러한 모든 단위는 응력의 단위로 되므로(1J = 1 N.m임을 상기할 것), 변형 에너지 밀도에 대해 파스칼(Pa)과 같은 단위를 사용할 수도 있다.

비례 한도까지 응력을 가할 때의 재료의 변형 에너지 밀도를 **탄력 계수(modulus of resilience)** u_r이라고 한다. 이 값은 식 (2-44a)에 비례 한도 σ_{pl}을 대입하여 구한다:

$$u_r = \frac{\sigma_{pl}^2}{2E} \tag{2-45}$$

예를 들어, σ_{pl} = 210 MPa이고, E = 210 GPa인 연강의 탄력 계수는 u_r = 149 kPa이다. 탄력 계수는 비례 한도까지의 응력−변형률 곡선 아래의 면적과 같다는 것을 유의하라. **탄력**(*resilience*)은 탄성 범위 내에서 에너지를 흡수하거나 방출할 수 있는 재료의 능력을 나타낸다.

인성(*toughness*)이라고 부르는 또 하나의 양은 파단되기 전까지 에너지를 흡수하는 재료의 능력을 나타낸다. 이에 대응되는 계수, 즉 **인성 계수(modulus of toughness)** u_t는 재료에 파괴점까지 응력을 가했을 때의 변형 에너지 밀도이다. 이 값은 전체의 응력−변형률 곡선 아랫부분의 면적과 같다. 인성 계수가 크면 클수록 파단되지 않고 에너지를 흡수할 수 있는 재료의 능력은 커진다. 따라서 높은 인성 계수는 재료가 충격 하중을 받을 때 중요하다(2.8절 참조).

변형 에너지 밀도에 대한 앞의 식들[식 (2-43)부터 (2-45)]은 1축 응력, 즉, 인장과 압축만을 받는 재료에 대해서 유도되었다. 더욱 일반적인 응력 상태에 대한 변형 에너지 공식은 3장과 7장에 나온다.

예제 2-15

길이 L은 서로 같으나 모양이 다른 세 개의 둥근 봉이 그림 2-69에 보였다. 첫 번째 봉은 전 길이를 통해 지름 d를 갖고, 두 번째 봉은 전 길이의 1/5이 지름 d를 가지며, 세 번째 봉은 전 길이의 1/15이 같이 지름 d를 갖는다. 나머지 부분에, 두 번째 봉과 세 번째 봉은 지름 $2d$를 갖는다. 세 개의 봉은 모두 같은 축 하중 P를 받고 있다.

선형 탄성적으로 거동한다고 가정할 때, 봉들에 저장된 변형 에너지 양을 비교하라. (응력집중의 효과와 봉의 무게는 무시한다.)

풀이

풀이에는 문제풀이 4단계 접근방법을 사용한다. 필수적인 단계는 각 부분에 나와 있다.

Part (a): 첫 번째 봉의 변형 에너지 U_1

1, 2, 3. 개념화, 분류, 해석: 첫 번째 봉의 변형 에너지는 식 (2-37a)로부터 직접 구한다:

$$U_1 = \frac{P^2 L}{2EA} \quad \text{(a)}$$

여기서, $A = \pi d^2/4$이다.

Part (b) 두 번째 봉의 변형 에너지 U_2

1, 2, 3. 개념화, 분류, 해석: 변형 에너지는 봉의 세 부분의 변형 에너지를 합하여 구한다[식 (2-40) 참조]. 그러므로,

$$U_2 = \sum_{i=1}^{n} \frac{N_i^2 L_i}{2E_i A_i} = \frac{P^2(L/5)}{2EA} + \frac{P^2(4L/5)}{2E(4A)} = \frac{P^2 L}{5EA} = \frac{2U_1}{5} \quad \text{(b)}$$

이 값은 첫 번째 봉의 변형 에너지의 40%이다. 그러므로 봉의 일부분의 단면적을 증가시키면 봉에 저장될 수 있는 변형 에너지의 양은 크게 감소된다.

Part (c): 세 번째 봉의 변형 에너지 U_3

1, 2, 3. 개념화, 분류, 해석: 식 (2-40)을 다시 사용하면,

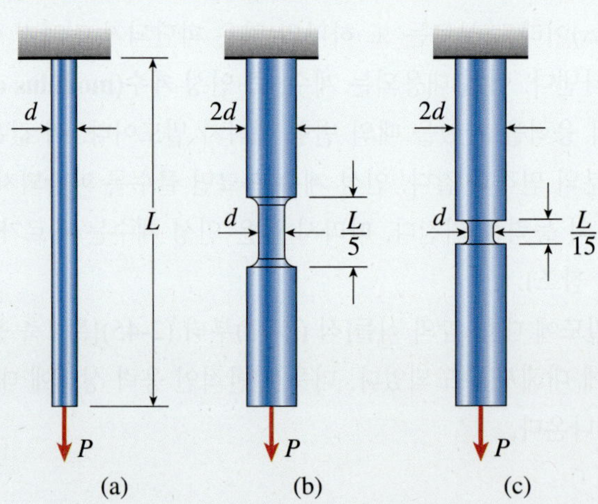

그림 2-69
예제 2-15: 변형 에너지의 계산

$$U_3 = \sum_{i=1}^{n} \frac{N_i^2 L_i}{2E_i A_i} = \frac{P^2(L/15)}{2EA} + \frac{P^2(14L/15)}{2E(4A)} = \frac{3P^2L}{20EA} = \frac{3U_1}{10} \quad \text{(c)}$$

이번에는 변형 에너지가 첫 번째 봉의 변형 에너지의 30%로 감소되었다.

4. 최종 단계: 이러한 결과를 비교해 보면, 봉의 더 큰 단면적을 갖는 부분이 증가함에 따라 변형 에너지가 감소하는 것을 알 수 있다. 같은 양의 일이 세 개의 봉에 모두 작용하면, 세 번째 봉이 최소의 에너지 흡수 능력을 갖고 있기 때문에, 세 번째 봉에서 최대 응력이 생길 것이다. 지름 d를 갖는 부분이 더욱 적어지면 에너지 흡수 능력은 더욱 감소한다.

이것은 홈(groove)을 가진 봉에서 단지 작은 양의 일도 높은 인장응력을 발생시키며, 홈이 좁으면 좁을수록 더욱 심각한 상태에 놓이게 된다는 것을 보여준다. 하중이 동적으로 작용하고 에너지 흡수 능력이 중요한 경우에는, 홈이 있으면 매우 큰 손상을 입게 된다.

정하중의 경우에는 최대 응력이 에너지 흡수 능력보다 더 중요하다. 이 예제에서는, 하중이 정적으로 작용할 때, 세 개의 봉이 모두 같은 최대 응력 P/A를 가지며 (응력집중이 완화되는 한), 따라서 세 개의 봉은 모두 같은 하중 부하 능력을 갖는다.

예제 2-16

상단이 고정되어 매달려 있는 균일 단면 봉의 변형 에너지를 구하라(그림 2-70). 다음 하중을 고려하라: (a) 봉 자체의 무게, (b) 봉 자체의 무게 및 하단에 작용하는 하중 P. (선형 탄성적으로 거동한다고 가정하라.)

풀이

풀이에는 문제풀이 4단계 접근방법을 사용한다. 필수적인 단계는 각 부분에 나와 있다.

Part (a): 봉 자체의 무게로 인한 변형 에너지(그림 2-70a)

1, 2, 3. 개념화, 분류, 해석: 봉은 변하는 축 하중을 받으며, 이 힘은 하단에서는 0

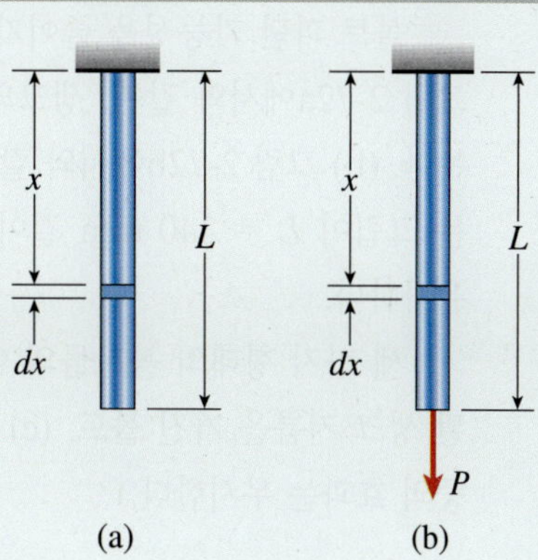

그림 2-70

예제 2-16: (a) 자체 무게에 의해 매달려 있는 봉, (b) 자체 무게와 지지 하중 P에 의해 매달려 있는 봉이고, 상단에서는 최대가 된다. 축력을 구하기 위하여 상단에서 거리 x만큼 떨어진 위치에 있는 길이 요소 dx(그림에서 어둡게 그려진)를 고려하라. 이 요소에 작용하는 내부 축력 $N(x)$은 이 요소 밑부분 봉의 무게와 같다:

$$N(x) = \gamma A(L - x) \tag{a}$$

여기서, γ는 재료의 비중량이며, A는 봉의 단면적이다. 이것을 식 (2-41)에 대입하여 적분함으로써, 전체 변형 에너지를 얻는다:

$$U = \int_0^L \frac{[N(x)]^2 dx}{2EA(x)} = \int_0^L \frac{[\gamma A(L - x)]^2 dx}{2EA} = \frac{\gamma^2 AL^3}{6E} \tag{2-46}$$

Part (b) 봉 자체의 무게와 하중 P로 인한 변형 에너지(그림 2-70b)

1, 2, 3. 개념화, 분류, 해석: 이 경우에는, 요소에 작용하는 축력 $N(x)$는

$$N(x) = \gamma A(L - x) + P \tag{b}$$

[식 (a)와 비교하라]. 식 (2-41)로부터, 총 변형 에너지는

$$U = \int_0^L \frac{[\gamma A(L - x) + P]^2 dx}{2EA} = \frac{\gamma^2 AL^3}{6E} + \frac{\gamma PL^2}{2E} + \frac{P^2 L}{2EA} \tag{2-47}$$

4. 최종 단계: 식 (2-47)에서 첫 번째 항은 봉 자체의 무게에 의해 매달려 있는 봉의 변형 에너지와 같으며[식 (2-46)], 마지막 항은 축 하중 P만 받는 봉의 변형 에너지와 같다[식 (2-37a)]. 그러나 중간 항은 γ와 P항을 모두 포함하며, 이는 봉 자체 무게와 작용 하중의 크기에 따라 좌우된다는 것을 보여준다.

이 예제는 두 개의 하중을 받는 봉의 변형 에너지가 각각 따로 작용하는 하중에 의한 변형 에너지들의 합과 같지 않다는 것을 예시한다.

예제 2-17

공기압축기의 실린더가 플랜지를 관통하는 볼트로 고정되어 있다(그림 2-71a). 볼트 중의 하나에 대한 상세한 그림을 (b) 부분에 보였다. 생크의 지름 d는 13 mm이고, 나사 부분의 골지름 d_r은 10 mm이다. 볼트의 그립(grip) g는 40 mm이고, 나사는 t = 6.5 mm 길이만큼 그립 안으로 연장된다. 챔버 안에서 고압 및 저압의 반복 사이클의 작용을 받을 때, 끝내 볼트는 파단될 것이다.

볼트 파단 가능성을 줄이기 위해, 설계자는 두 가지 가능한 수정안을 제안한다: (a) 그림 2-72a에서와 같이, 생크의 지름이 나사 지름 d_r과 같게 되도록 볼트의 생크를 깎는다. (b) 그림 2-72b에서와 같이, 각 쌍의 볼트를 한 개의 긴 볼트로 대체한다. 긴 볼트는 그립이 L = 340 mm 길이만큼 증가한 것을 제외하고는 원래 볼트(그림 2-71b)와 유사하다.

세 가지 형태의 볼트들의 에너지 흡수 능력을 비교하라: (a) 원래의 볼트, (b) 감소된 생크 지름을 가진 볼트, (c) 긴 볼트. (선형 탄성적으로 거동한다고 가정하고 응력집중의 효과는 무시한다.)

그림 2-71

예제 2-17: (a) 피스톤과 고정 볼트를 갖는 실린더, (b) 한 개 볼트의 상세도

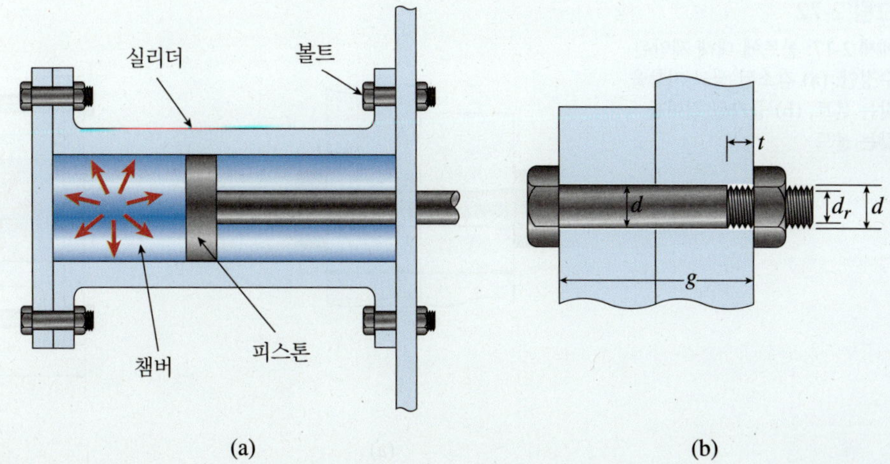

풀이

풀이에는 문제풀이 4단계 접근방법을 사용한다. 필수적인 단계는 각 부분에 나와 있다.

Part (a): 원래의 볼트

1, 2, 3. 개념화, 분류, 해석: 원래의 볼트는 두 개의 부분으로 구성된 봉으로 이상화될 수 있다(그림 2-71b). 왼쪽 부분의 길이는 $g-t$이고 지름은 d이며, 오른쪽 부분의 길이는 t이고 지름은 d_r이다. 인장 하중 P를 받는 볼트 한 개의 변형 에너지는 두 부분의 변형 에너지를 더하여 구할 수 있다[식 (2-40)]:

$$U_1 = \sum_{i=1}^{n} \frac{N_i^2 L_i}{2E_i A_i} = \frac{P^2(g-t)}{2EA_s} + \frac{P^2 t}{2EA_r} \tag{a}$$

여기서, A_s는 생크의 단면적이고, A_r는 나사의 골의 단면적이다; 그러므로,

$$A_s = \frac{\pi d^2}{4} \qquad A_r = \frac{\pi d_r^2}{4} \tag{b}$$

이 값들은 식 (a)에 대입하여, 원래의 네 개의 볼트 중 한 개에 대한 다음과 같은 변형 에너지 공식을 얻는다:

$$U_1 = \frac{2P^2(g-t)}{\pi E d^2} + \frac{2P^2 t}{\pi E d_r^2} \tag{c}$$

Part (b): 감소된 생크 지름을 가진 볼트

1, 2, 3. 개념화, 분류, 해석: 이 볼트들은 길이가 g이고 지름이 d_r인 균일 단면 봉으로 이상화될 수 있다(그림 2-72a). 그러므로 볼트 한 개에 대한 변형 에너지는[식 (2-37a 참조] 다음과 같다.

$$U_2 = \frac{P^2 g}{2EA_r} = \frac{2P^2 g}{\pi E d_r^2} \tag{d}$$

(1)과 (2)의 경우에 대한 변형 에너지의 비는 다음과 같다.

$$\frac{U_2}{U_1} = \frac{gd^2}{(g-t)d_r^2 + td^2} \tag{e}$$

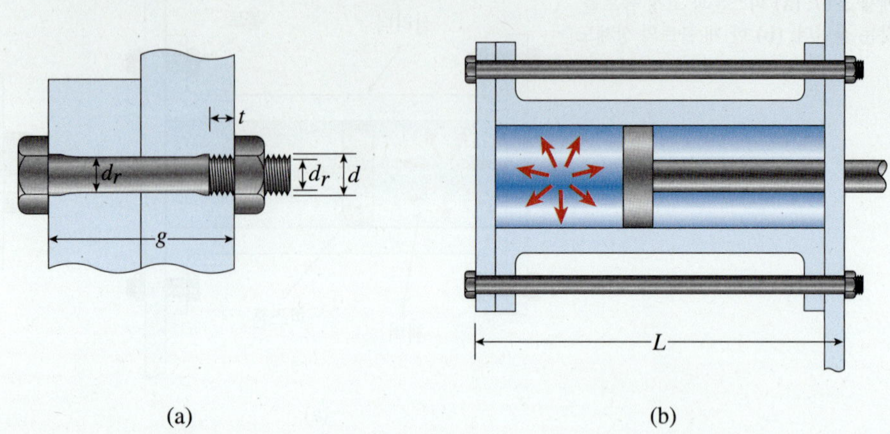

그림 2-72

예제 2-17: 볼트에 대해 제안된 수정안: (a) 감소된 생크 지름을 갖는 볼트, (b) 증가된 길이를 갖는 볼트

또는 수치 값을 대입하면,

$$\frac{U_2}{U_1} = \frac{(40\text{ mm})(13\text{ mm})^2}{(40\text{ mm} - 6.5\text{ mm})(10\text{ mm})^2 + (6.5\text{ mm})(13\text{ mm})^2} = 1.52$$

4. 최종 단계: 감소된 생크 지름을 갖는 볼트를 사용하면 볼트에 의해 흡수될 수 있는 변형 에너지의 양이 52% 증가하게 된다. 이와 같이 보완되면, 충격 하중에 의해 초래되는 파단의 횟수를 줄일 수 있을 것이다.

Part (c): 긴 볼트

1, 2, 3. 개념화, 분류, 해석: 긴 볼트(그림 2-72b)에 대한 계산은, 그림 g가 그림 L로 바뀐 것을 제외하고는 원래의 볼트에 대한 것과 똑같다. 따라서 한 개의 긴 볼트에 대한 변형 에너지는[식 (c)와 비교]

$$U_3 = \frac{2P^2(L-t)}{\pi E d^2} + \frac{2P^2 t}{\pi E d_r^2} \tag{f}$$

한 개의 긴 볼트는 원래의 두 개 볼트를 대체하므로, 변형 에너지들은 U_3와 $2U_1$의 비를 취하여 다음과 같이 비교하면,

$$\frac{U_3}{2U_1} = \frac{(L-t)d_r^2 + td^2}{2(g-t)d_r^2 + 2td^2} \tag{g}$$

수치 값을 대입하면 다음을 얻는다.

$$\frac{U_3}{2U_1} = \frac{(340\text{ mm} - 6.5\text{ mm})(10\text{ mm})^2 + (6.5\text{ mm})(13\text{ mm})^2}{2(40\text{ mm} - 6.5\text{ mm})(10\text{ mm})^2 + 2(6.5\text{ mm})(13\text{ mm})^2} = 3.87$$

4. 최종 단계: 긴 볼트를 사용하면 에너지 흡수 능력이 387% 증가하며, 변형 에너지의 관점에서 보면 제일 안전하게 된다.

참고: 볼트를 설계할 때, 설계자는 최대 인장응력, 최대 지지응력, 응력집중 및 많은 기타 사항들도 고려하여야 한다.

예제 2-18

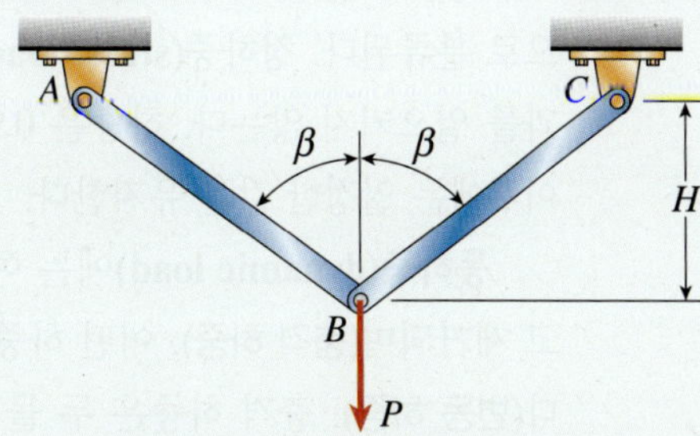

그림 2-73

예제 2-18: 단일 하중 P를 지지하는 트러스의 변위

그림 2-73에 보인 트러스의 조인트 B에서의 수직 변위 δ_B을 구하라. 트러스에 작용하는 유일한 힘은 조인트 B에 작용하는 수직 하중 P임을 유의하라. 트러스의 양쪽 부재는 같은 축 강성 EA를 갖고 있다고 가정하라.

풀이

풀이에는 문제풀이 4단계 접근방법을 사용한다.

1. **개념화:** 트러스에는 한 개의 하중만이 작용하므로, 하중에 대응되는 변위는 하중이 한 일과 부재의 변형 에너지를 등식으로 놓아 구한다. 그러나 변형 에너지를 구하기 위해서는 부재 내의 힘들을 알아야 한다[식 (2-37a) 참조].
조인트 B에 작용하는 힘의 평형으로부터, 어느 쪽이든 축력 F는 다음과 같다.

$$F = \frac{P}{2\cos\beta} \tag{a}$$

여기서 β는 그림에 보인 각이다.

또한, 트러스의 기하학적 모양으로부터, 각 봉의 길이는 다음과 같다.

$$L_1 = \frac{H}{\cos\beta} \tag{b}$$

여기서, H는 트러스의 높이이다.

2. **분류:** 이제 식 (2-37a)로부터 두 개 봉의 변형 에너지를 구할 수 있다:

$$U = (2)\frac{F^2 L_1}{2EA} = \frac{P^2 H}{4EA\cos^3\beta} \tag{c}$$

또한, 하중 P가 한 일은[식 (2-35)로부터]

$$W = \frac{P\delta_B}{2} \tag{d}$$

여기서 δ_B는 조인트 B의 아래 방향 변위이다.

3. **해석:** U와 W를 등식으로 놓고 δ_B에 대해 풀면 다음과 같다.

$$\delta_B = \frac{PH}{2EA\cos^3\beta} \tag{2-48}$$

4. **최종 단계:** 변형은 오직 평형과 변형 에너지만을 사용하여 구했다. 조인트 B에서의 변위 선도를 그릴 필요가 없었다.

그림 2-74
질량 M인 낙하 물체로 인해 균일 단면 봉 AB에 작용하는 충격 하중

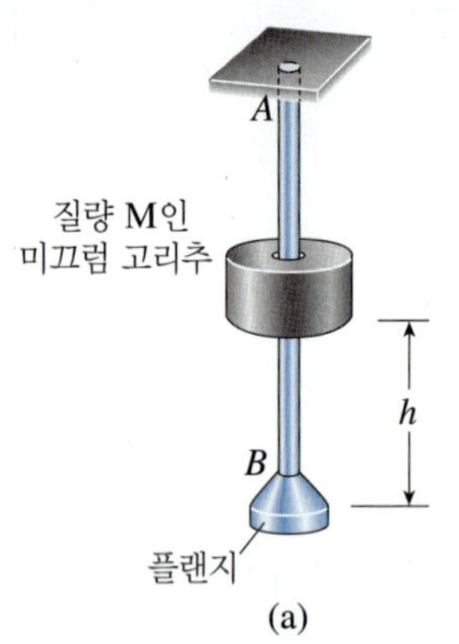

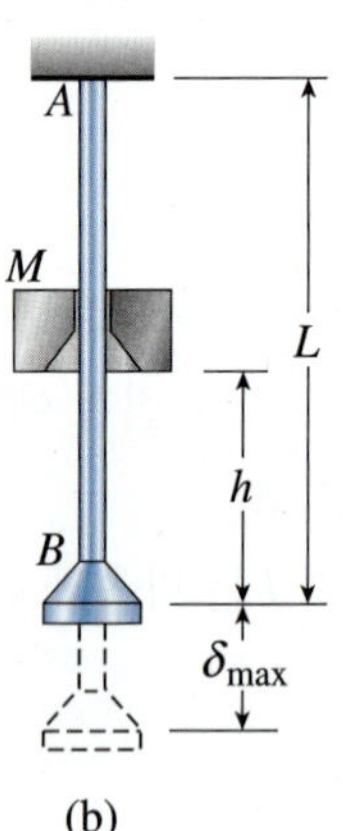

*2.8 충격 하중

하중은 그것이 일정하게 유지되는가 또는 시간에 따라 변하는가에 따라 정하중과 동하중으로 분류된다. **정하중(static load)**은 천천히 작용하여 구조물에 진동 효과 또는 동적 효과를 일으키지 않는다. 하중은 0으로부터 최댓값에 이르기까지 점차적으로 증가하며 그 이후에는 일정한 값을 유지한다.

동하중(dynamic load)에는 여러 가지 형태가 있다—어떤 하중은 순간적으로 가해지고 제거되며(**충격 하중**), 어떤 하중은 오랜 시간에 걸쳐 가해지며 연속적으로 강도가 변한다(**변동 하중**). 충격 하중은 두 물체가 충돌하거나 낙하 물체가 구조물에 부딪칠 때 생긴다. 변동 하중은 회전 기계, 교통, 돌풍, 파도, 지진 및 제조 공정에 의해 생긴다.

구조물이 동하중에 어떻게 반응하는지를 보여주는 예로서, 균일 단면 봉의 아래 끝부분을 향해 떨어지는 물체의 충격에 대해 고찰해 보자(그림 2-74). 처음에 정지 상태에 있던, 질량이 M인 고리추가 높이 h로부터 봉 AB의 하단에 부착되어 있는 플랜지로 낙하한다. 고리추가 플랜지에 부딪칠 때 봉은 늘어나기 시작하면서 봉 내의 축응력과 축변형을 일으킨다. 몇 밀리초라는 아주 짧은 시간에, 플랜지는 아래로 움직이고 최대 변위 위치에 도달할 것이다. 그 이후에는 봉이 길이방향으로 진동함에 따라 봉이 짧아졌다가 늘어났다가, 다시 짧아졌다를 반복하면서 봉의 하단은 오르락내리락한다. 이 진동은 스프링을 늘였다가 놓았을 때 또는 번지점프를 할 때 생기는 진동과 유사하다. 봉의 진동은 여러 가지 감쇠 효과 때문에 곧 중지되며, 봉은 질량 M이 플랜지 위에 놓인 채 움직이지 않는다.

낙하 고리추에 대한 봉의 반응은 매우 복잡하며, 완전하고 정확한 해석은 고급 수학적 기법이 필요하다. 그러나 변형 에너지의 개념(2.7절)을 사용하고 몇 가지 단순화시킨 가정을 사용하여 근사적 해석을 할 수 있다.

먼저 고리추를 떨어뜨리기 바로 직전 시스템의 에너지를 고려한다(그림 2-74a). 플랜지의 높이에 대한 고리추의 위치에너지는 Mgh이고, 여기서 g는 중력가속도이다.[4] 이 위치 에너지는 고리추가 낙하함에 따라 운동 에너지로 변환된다. 고리추가 플랜지에 부딪치는 순간, 플랜지의 높이에 대한 위치 에너지는 0이며, 운동 에너지는 $Mv^2/2$이고, 여기서 $v = \sqrt{2gh}$는 고리추의 속도(velocity)이다.[5]

충격이 일어나는 동안, 고리추의 운동 에너지는 다른 형태의 에너지로 변환된다. 운동 에너지의 일부는 늘어난 봉의 변형 에너지로 변환된다. 다른 일부의 운동 에너지는 열을 발생시키고 고리추와 플랜지의 국부 소성 변형을 일으키는 데 소모된다. 나머지의 소량의 운동에너지는 운동 에너지로 남아서 고리추가 밑으로 더 내려가거나(플랜지와 접촉한 상태로) 위로 튀어 오른다.

이 매우 복잡한 상황을 간단하게 해석하기 위해서, 다음과 같은 가정들을 세워서 물체의 거동을 이상화한다. (1) 고리추와 플랜지는 고리추가 플랜지에 "달라붙어" 같이 밑으로 움직이도록 구성되어 있다고 가정한다(다시 말하면, 고리추는 튀어 오르지 않는다).

4) SI단위에서는 중력가속도 g = 9.81m/s2이다. 더욱 정확한 g의 값, 또는 질량과 무게에 대한 논의는 부록 A를 참조하라.

5) 공학에서의 속도(velocity)는 일반적으로 벡터 양으로 취급된다. 그러나 운동 에너지는 스칼라 양이므로, 여기서 "속도"라는 용어는 속도의 크기 또는 속력(*speed*)을 의미하는 데 사용된다.

이러한 현상은 고리추의 질량이 봉의 질량에 비해 클수록 잘 일어난다. (2) 모든 에너지 손실은 무시하며 낙하 질량의 운동에너지는 모두 봉의 변형 에너지로 변환된다고 가정한다. 에너지 손실도 고려할 경우 예측한 것보다 더 많은 응력이 봉에 작용할 것이란 걸 이 가정을 통해 예측할 수 있다. (3) 봉 자체의 위치에너지 변화(봉의 요소들의 수직 운동으로 인한)는 무시하고 봉 자체의 무게로 인한 봉의 변형 에너지도 무시한다. 이 두 가지의 효과는 극히 작다. (4) 봉의 응력은 선형 탄성 영역에 머무른다고 가정한다. (5) 봉의 길이에 걸친 응력 분포는 봉의 하단에 정적으로 작용하는 힘에 의한 것과 같다고 가정한다. 즉, 응력이 봉의 체적 전체에 걸쳐 균일하다는 것을 의미한다. (실제로는 길이방향 응력파가 봉 전체에 걸쳐 이동해 응력 분포에 변화를 일으킬 것이다.)

이와 같은 가정들을 기초로 해서, 충격 하중에 의한 최대 신장량과 최대 인장 응력을 계산할 수 있다. (봉 자체의 무게는 무시하고 오직 낙하하는 고리추에 의한 응력을 구하려는 것을 상기하자.)

봉의 최대 신장량

최대 신장량 δ_{max}(그림 2-74b)는 에너지 보존의 법칙으로 구할 수 있다. 낙하 하중에 의한 위치 에너지 손실과 봉이 얻은 최대 변형 에너지를 같다고 놓으면 된다. 위치 에너지 손실은 $W(h + \delta_{max})$이고, 여기서 $W = Mg$는 고리추의 무게, $h + \delta_{max}$는 고리추가 이동한 거리다. 봉의 변형 에너지는 $EA\delta^2_{max}/2L$이고, 여기서 EA는 축 강성, L은 봉의 길이이다[식 (2-37b) 참조]. 따라서 다음과 같은 식을 얻는다.

$$W(h + \delta_{max}) = \frac{EA\delta^2_{max}}{2L} \quad \textbf{(2-49)}$$

이 식은 δ_{max}에 대한 2차 방정식이고, 이 방정식의 양의 해를 구하면 다음과 같다.

$$\delta_{max} = \frac{WL}{EA} + \left[\left(\frac{WL}{EA}\right)^2 + 2h\left(\frac{WL}{EA}\right)\right]^{1/2} \quad \textbf{(2-50)}$$

고리추의 무게나 낙하 높이가 증가하는 경우 봉의 최대 신장량도 늘어난다는 것을 주목하라. 강성도 EA/L이 증가하면 신장량은 감소한다.

위의 방정식은 다음과 같은 기호를 도입하여 더욱 간단한 형태로 쓸 수 있다.

$$\delta_{st} = \frac{WL}{EA} = \frac{MgL}{EA} \quad \textbf{(2-51)}$$

여기서 δ_{st}는 고리추의 무게가 정하중으로 봉에 작용할 때의 봉의 신장량이다. 이제 식 (2-50)은 다음과 같이 된다.

$$\delta_{max} = \delta_{st} + (\delta^2_{st} + 2h\delta_{st})^{1/2} \quad \textbf{(2-52)}$$

또는

$$\delta_{max} = \delta_{st}\left[1 + \left(1 + \frac{2h}{\delta_{st}}\right)^{1/2}\right] \quad \textbf{(2-53)}$$

이 식으로부터 봉의 신장량은 똑같은 하중이 정하중으로 작용할 때보다 충격 하중으로 작용할 때가 더 값이 크다는 것을 주목하라. 예를 들어, 높이 h가 정적 변위 δ_{st}의 40배라고 가정하면, 최대 신장량은 정적 신장량의 10배가 된다.

높이 h가 정적 신장량에 비해 값이 크면, 식 (2-53)의 우변에 "숫자 1들"은 무시할 수 있으며, 다음 식을 얻는다.

$$\delta_{\max} = \sqrt{2h\delta_{\text{st}}} = \sqrt{\frac{Mv^2L}{EA}} \tag{2-54}$$

여기서, $M = W/g$이고, $v = \sqrt{2gh}$는 낙하 질량이 플랜지에 부딪치는 순간의 속도다. 이 식은 식 (2-49)에서 식의 좌변의 $\delta_{\max}$를 없앤 후 $\delta_{\max}$에 대해 풀어 직접 구할 수도 있다. 식에서 제외시킨 항들이 있기 때문에, 식 (2-54)으로부터 구한 $\delta_{\max}$의 값은 식 (2-53)으로 구한 값보다 항상 작다.

봉의 최대 응력

응력 분포가 봉의 길이 전체에 걸쳐 균일하다고 가정하였으므로, 최대 응력은 최대 신장량으로부터 쉽게 구할 수 있다. 일반식 $\delta = PL/EA = \sigma L/E$를 사용하면,

$$\sigma_{\max} = \frac{E\delta_{\max}}{L} \tag{2-55}$$

임을 알 수 있다. 이 식을 식 (2-50)에 대입하면 최대 인장응력에 대한 다음과 같은 식을 얻는다.

$$\sigma_{\max} = \frac{W}{A} + \left[\left(\frac{W}{A}\right)^2 + \frac{2WhE}{AL}\right]^{1/2} \tag{2-56}$$

다음과 같은 표기법을 도입하자.

$$\sigma_{\text{st}} = \frac{W}{A} = \frac{Mg}{A} = \frac{E\delta_{\text{st}}}{L} \tag{2-57}$$

여기서, σ_{st}는 하중이 정적으로 작용할 때의 응력이며, 식 (2-56)을 다음과 같은 형태로 쓸 수 있다.

$$\sigma_{\max} = \sigma_{\text{st}} + \left(\sigma_{\text{st}}^2 + \frac{2hE}{L}\sigma_{\text{st}}\right)^{1/2} \tag{2-58}$$

또는

$$\sigma_{\max} = \sigma_{\text{st}}\left[1 + \left(1 + \frac{2hE}{L\sigma_{\text{st}}}\right)^{1/2}\right] \tag{2-59}$$

이 식은 식 (2-53)과 유사하며, 충격 하중은 같은 크기의 하중이 정적으로 작용할 때보다 더 큰 효과를 일으킨다는 것을 보여준다.

높이 h가 봉의 신장량에 비해 큰 경우를 다시 고찰해 보면[식 (2-54)와 비교해 보라] 다음 식을 얻을 수 있다.

$$\sigma_{\max} = \sqrt{\frac{2hE\sigma_{\text{st}}}{L}} = \sqrt{\frac{Mv^2E}{AL}} \tag{2-60}$$

이 결과로부터 낙하 질량의 운동에너지 $Mv^2/2$이 증가하면 응력이 증가하고, 반면에 봉의 체적 AL이 증가하면 응력이 감소한다는 것을 알 수 있다. 이러한 상황은 응력이 길이 L과 탄성 계수 E에 무관한, 정하중이 작용하는 봉의 경우와는 전혀 다르다.

앞의 최대 신장량과 최대 응력에 관한 식들은 플랜지가 최 하단으로 내려가 있는 순간에만 적용된다. 봉의 최대 신장량까지 늘어난 후, 봉은 정적 신장량에서 머무를 때까지 축 방향으로 진동한다. 그 다음으로, 신장량과 응력은 식 (2-51)과 (2-57)로 주어지는 값을 가지게 된다.

앞의 식들은 균일 단면 봉의 경우에 대하여 유도되었지만, 구조물의 적당한 강성도를 알면 이 방정식들은 낙하 하중을 받는 어떤 선형 탄성 구조물에도 사용할 수 있다. 특히, 이 식들은 균일 단면 봉의 강성도 EA/L 대신 스프링의 강성도 k를 대입하면(2.2절 참조) 스프링에 대해서도 사용할 수 있다.

충격 계수

충격 계수(impact factor)는 구조물의 정적 반응에 대한 동적 반응의 비(같은 하중에 대하여)이다. 예를 들면, 그림 2-74에 나타난 신장량에 대한 충격 계수는 정적 신장량에 대한 최대 신장량의 비다:

$$\text{충격 계수} = \frac{\delta_{max}}{\delta_{st}} \tag{2-61}$$

이 계수는 정적 신장량이 충격 하중의 동적 효과로 인해 몇 배나 증가했는지 나타낸다.

봉의 응력에 대한 충격 계수처럼 식 (2-61)과 유사하게 다른 충격 계수에 대한 식을 쓸 수도 있다(σ_{st}에 대한 σ_{max}의 비). 고리추가 상당히 높은 높이에서 낙하하면, 충격 계수는 100 이상으로까지 아주 커질 수 있다.

갑자기 가해진 하중

초기 속도 없이 하중이 갑자기 가해진 경우 특수한 충격이 발생한다. 이러한 종류의 하중을 설명하기 위해, 다시 그림 2-74의 균일 단면 봉을 고찰해 보자. 고리추가 플랜지에 접촉할 때까지 서서히 밑으로 내려진다고 생각해보자. 그 다음 고리추를 갑자기 놓는다. 이 경우, 봉이 늘어나기 시작할 때 운동 에너지는 없지만 나타나는 현상은 봉이 정하중을 받는 경우와 전혀 다르다. 정하중을 받는 상태일 때는, 하중이 점차적으로 놓아져 작용 하중과 봉의 저항력은 언제나 서로 평형 상태에 있다.

그러나 고리추를 플랜지와의 접촉점에서 갑자기 놓을 때 어떤 일이 일어나는지 고찰해 보자. 봉의 신장량과 응력은 초기에는 0이지만 고리추는 자체 무게에 의해 아래로 이동한다. 이러한 운동을 하는 동안 봉은 늘어나며 저항력은 점점 더 증가한다. 이 운동은 저항력이 고리추의 무게인 W와 같아지는 순간까지 계속된다. 이 특별한 순간, 봉의 신장량은 δ_{st}이다. 그러나 이제 고리추는 아래로 δ_{st}만큼 움직이면서 얻은 운동 에너지가 있다. 따라서 고리추는 봉의 저항력에 의해 속도가 0이 되는 순간까지 아래로 계속 움직인다. 이 상태에 대한 최대 신장량은 식 (2-53)에서 h 값을 0으로 놓고 구한다. 그러므로,

$$\delta_{max} = 2\delta_{st} \tag{2-62}$$

이 식으로부터, 갑자기 가해진 하중은 같은 크기의 하중이 정적으로 작용했을 때의 신장

량보다 2배나 큰 신장량을 발생시킨다는 것을 알 수 있다. 그러므로 충격 계수는 2이다.

최대 신장량 $2\delta_{st}$에 도달한 이후 봉의 하단은 위로 움직이며, 오르락내리락하는 진동을 시작하고, 결국에는 고리추의 무게에 의한 정적 신장량에 머물게 된다.[6)]

제한

앞의 해석에서 충격이 일어나는 동안 에너지의 손실이 없다는 가정을 세웠다. 실제로는, 충격이 일어나는 동안에 에너지 손실은 항상 생기며, 손실된 에너지의 대부분은 열과 재료의 국부 변형 형태로 소모된다. 이러한 손실 때문에 충격 직후의 시스템의 운동 에너지는 충격 직전의 운동 에너지보다 작다. 따라서 앞에서 가정했던 것보다 작은 양이 봉의 변형 에너지로 변환된다. 결과적으로 그림 2-74에 나타낸 봉의 곁에서의 실제 변위는 앞의 단순화된 해석으로 예측한 값보다 작다.

또한 봉의 응력은 비례 한도 내에 머문다고 가정했다. 만약 최대 응력이 이 한도를 넘게 되면 봉의 신장량이 더 이상 축력에 비례하지 않기 때문에 해석은 더욱 복잡해진다. 그 외에도 응력파, 감쇠 및 접촉면에서의 결함 등에 의한 효과들도 고려해 줘야 한다. 그러므로 이 절에 나오는 모든 식은 고도로 이상적인 조건에 기초하고 있다. 또한 이 식들은 실제 조건에 대하여 근사식에 불과하다(보통 신장량이 과대평가 됨).

비례 한도를 넘어서 상당한 연성을 보이는 재료들은 일반적으로 취성 재료보다 충격 하중에 대한 저항력이 훨씬 크다. 또한 홈이나 구멍이 있거나 다른 형태의 응력집중을 받는 봉(2.9 및 2.10절 참조)은 충격에 매우 약하다—즉, 정하중을 받는 재료 자체가 연성이 있다 하더라도, 작은 충격으로 파손될 수 있다.

예제 2-19

길이 $L = 2.0$ m, 지름 $d = 15$ mm인 둥근 균일 단면 강 봉($E = 210$ GPa)이 상단에 수직으로 매달려 있다(그림 2-75). 질량 $M = 20$ kg인 고리추가 높이 $h = 150$ mm에서 봉의 하단에 있는 플랜지 위로 반동 없이 낙하한다.

(a) 충격에 의한 봉의 최대 신장량을 계산하고 이에 대응하는 충격 계수를 구하라.

(b) 최대 인장응력을 계산하고 이에 대응하는 충격 계수를 구하라.

그림 2-75
예제 2-19: 수직 봉에 작용하는 충격 하중

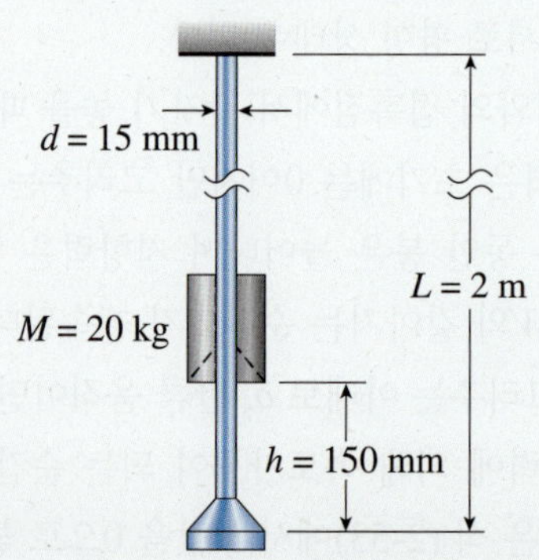

6) 식 (2-62)는 프랑스의 수학자이며 과학자인 J. V. Poncelet(1788~1867)이 최초로 구했다(참고문헌 2-8 참조).

풀이

풀이에는 문제풀이 4단계 접근방법을 사용한다.

1, 2. 개념화, 분류: 이 예제의 봉과 고리추의 배열은 그림 2-74와 같으므로, 앞에서 유도된 식을 사용할 수 있다[식 (2-49) ~ (2-60)].

Part (a): 최대 신장량

3. 해석: 낙하하는 고리추에 의해 생기는 신장량은 식 (2-53)으로 직접 구할 수 있다. 첫 번째 단계는 고리추의 무게로 인한 봉의 정적 신장량을 구하는 것이다. 고리추의 무게는 Mg이므로

$$\delta_{st} = \frac{MgL}{EA} = \frac{(20\ \text{kg})\left(9.81\ \text{m/s}^2\right)(2\ \text{mm})}{210\ \text{GPa}\left(\dfrac{\pi}{4}\right)(15\ \text{mm})^2} = 0.0106\ \text{mm}$$

이 결과로부터,

$$\frac{h}{\delta_{st}} = \frac{150\ \text{mm}}{0.0106\ \text{mm}} = 14{,}150$$

이제 최대 신장량을 구하기 위해 위의 수치 값을 식 (2-53)에 대입한다:

$$\begin{aligned}\delta_{max} &= \delta_{st}\left[1 + 1\left(1+\frac{2h}{\delta_{st}}\right)^{1/2}\right] \\ &= (0.0106\ \text{mm})\left[1 + \sqrt{1 + 2(14{,}150)}\right] \\ &= 1.79\ \text{mm}\end{aligned}$$

낙하 높이가 정적 신장량에 비해 매우 크기 때문에, 식 (2-54)로 최대 신장량을 계산한 것과 거의 같은 결과를 얻는다:

$$\delta_{max} = \sqrt{2h\delta_{st}} = \sqrt{2(150\ \text{mm})[2(150\ \text{mm})(0.0106\ \text{mm})]^{½}} = 1.78\ \text{mm}$$

충격 계수는 정적 신장량에 대한 최대 신장량의 비와 같다:

$$\text{충격 계수} = \frac{\delta_{max}}{\delta_{st}} = \frac{1.79\ \text{mm}}{0.0106\ \text{mm}} = 169$$

4. 최종 단계: 이 결과는 동하중의 효과가 같은 크기의 정하중의 효과에 비해 매우 클 수 있다는 것을 보여준다.

Part (b): 최대 인장응력

3. 해석: 낙하하는 고리추에 의해 생기는 최대 응력은 식 (2-55)로 다음과 같이 구한다:

$$\sigma_{max} = \frac{E\delta_{max}}{L} = \frac{(210\ \text{GPa})(1.79\ \text{mm})}{2.0\ \text{m}} = 188\ \text{MPa}$$

이 응력은 다음과 같은 정적 응력[식 (2-57) 참조]과 비교된다.

$$\sigma_{st} = \frac{W}{A} = \frac{Mg}{A} = \frac{(20\ \text{kg})\left(9.81\ \text{m/s}^2\right)}{(\pi/4)(15\ \text{mm})^2} = 1.11\ \text{MPa}$$

4. 최종 단계: σ_{st}에 대한 σ_{max}의 비는 188/1.11 = 169이며, 이 값은 신장량에 대한

충격 계수와 같다. 응력은 이에 대응되는 신장량에 비례하므로 이는 예측된 결과다 [식 (2-55) 및 (2-57) 참조].

예제 2-20

길이가 L인 수평봉 AB가 v의 속도로 수평으로 움직이는 질량이 M인 무거운 블록과 자유단에서 충돌한다(그림 2-76).

(a) 충격에 의한 봉의 최대 수축량 δ_{max}와 이에 대응하는 충격 계수를 구하라.

(b) 봉의 최대 압축 응력 σ_{max}와 이에 대응하는 충격 계수를 구하라. (EA로 봉의 축 강성을 나타낸다.)

그림 2-76

예제 2-20: 수평봉에 작용하는 충격 하중

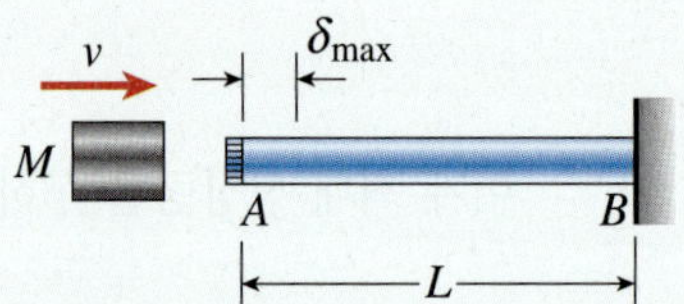

풀이

문제풀이 4단계 접근방법을 사용한다.

1, 2. 개념화, 분류: 이 예제에서 봉에 작용하는 하중 형태는 그림 2-74와 2-75에 나타난 봉에 대한 하중과는 전혀 다르다. 그러므로 에너지 보존 법칙에 기초하여 새로운 해석을 해야 한다.

Part (a): 봉의 최대 수축량

3. 해석: 이 해석에서는 앞에서의 가정을 그대로 적용한다. 그러므로 모든 에너지 손실은 무시하고 움직이는 블록의 운동 에너지는 전부 봉의 변형 에너지로 변환된다고 가정한다.

충격 순간의 블록의 운동 에너지는 $Mv^2/2$이다. 블록이 최대 수축량에 머물러 정지했을 때, 봉의 변형 에너지는 식 (2-37b)에서 주어진 $EA\delta^2_{max}/2L$이다. 따라서 에너지 보존의 법칙에 관한 방정식을 다음과 같이 쓸 수 있다:

$$\frac{Mv^2}{2} = \frac{EA\delta^2{}_{max}}{2L} \tag{2-63}$$

이 식을 δ_{max}에 대해 풀면 다음을 얻는다.

$$\delta_{max} = \sqrt{\frac{Mv^2L}{EA}} \tag{2-64}$$

예상대로, 이 방정식은 식 (2-54)와 같다.

이제 충격 계수를 구하기 위하여 봉의 끝에서의 정적 변위를 구한다. 이 경우, 정적 변위는 봉에 압축 하중으로 작용하는 블록의 무게로 인한 봉의 수축량이다[식

(2-51) 참조]:

$$\delta_{st} = \frac{WL}{EA} = \frac{MgL}{EA}$$

그러므로 충격 계수는 다음과 같다.

$$충격계수 = \frac{\delta_{max}}{\delta_{st}} = \sqrt{\frac{EAv^2}{Mg^2L}} \quad (2\text{-}65)$$

4. 최종 단계: 이 식으로 구한 값은 1보다 훨씬 클 것이다.

Part (b): 봉의 최대 압축응력

3. 해석: 봉의 최대 압축응력은 식 (2-55)에 의한 최대 수축량으로 구한다:

$$\sigma_{max} = \frac{E\delta_{max}}{L} = \frac{E}{L}\sqrt{\frac{Mv^2L}{EA}} = \sqrt{\frac{Mv^2E}{AL}} \quad (2\text{-}66)$$

이 식은 식 (2-60)과 같다.

4. 최종 단계: 봉의 정적 응력 σ_{st}는 W/A 또는 Mg/A와 같으며, 이는 [식 (2-66)과 결합하여] 앞의 식 (2-65)에서 구한 것과 같은 충격 계수를 준다.

*2.9 반복 하중 및 피로

구조물의 거동은 재료의 성질뿐만 아니라 하중의 특성에 따라 좌우된다. 어떤 경우에는, 하중은 정적이다—하중이 점차적으로 작용하며, 오랜 시간 동안 작용하고, 천천히 변화한다. 또 어떤 하중은 특성상 동적이다—예로는 갑자기 작용하는 충격 하중(2.8절)과 여러 사이클 동안에 반복해서 작용하는 하중이 있다.

반복 하중(repeated load)의 전형적인 형태를 그림 2-77에 보였다. 첫 번째 그래프 (a)는 항상 같은 방향으로 작용하였다가, 제거하였다가, 또 다시 작용하는 하중을 보여준다. 두 번째 그래프 (b)는 매 하중 사이클 동안 반대 방향으로 작용하는 교번 하중(alternating load)을 보여준다. 세 번째 그래프 (c)는 평균값을 기준으로 변화하는 변동 하중(fluctuating load)을 보여준다. 반복 하중은 일반적으로 기계, 엔진, 터빈, 발전기, 축, 프로펠러, 비행기 부품, 자동차 부품 등과 관련되어 있다. 어떤 이러한 구조물에는 사용 수명 동안 수백만(때로는 수조) 번의 사이클만큼 하중이 작용한다.

특히 하중이 많은 사이클 동안 반복해서 작용할 때에는, 동하중을 받는 구조물은 같은 크기의 정하중이 작용할 때보다 더 낮은 응력에서 파괴될 수도 있다. 이러한 경우에, 파괴는 일반적으로 **피로(fatigue)** 또는 **점진적 파괴(progressive fracture)**에 의해 생긴다. 피로 파괴에 대한 잘 알려진 한 가지 예는, 금속제 종이 클립(clip)을 앞뒤로 반복해서 구부림으로써 클립이 파단 전까지 응력을 받게 하는 현상이다. 클립이 단 한번만 구부려지면 클립은 파단되지 않는다. 그러나 클립을 반대 방향으로 구부려지도록 교번 하중이 작용하고, 또 전체 하중 사이클이 여러 번 반복되면 클립은 결국 부러질 것이다. 피로는 응력과 변

그림 2-77

반복 하중의 형태: (a) 한 방향으로만 작용하는 하중, (b) 교번 하중 또는 반전 하중, (c) 평균치를 기준으로 변하는 변동 하중

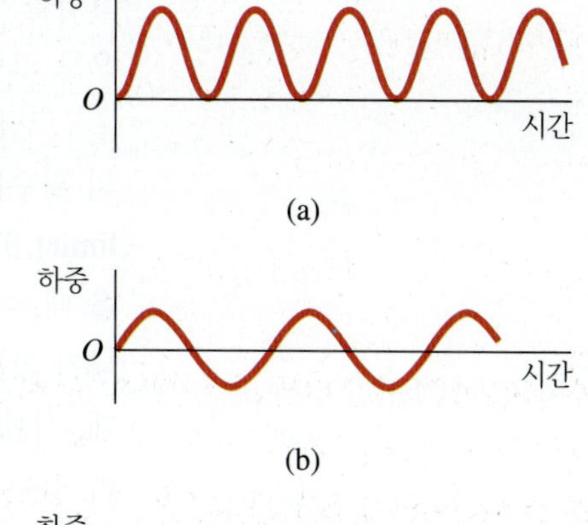

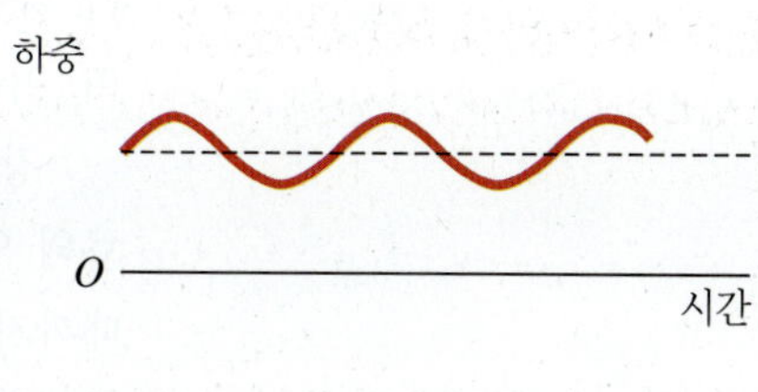

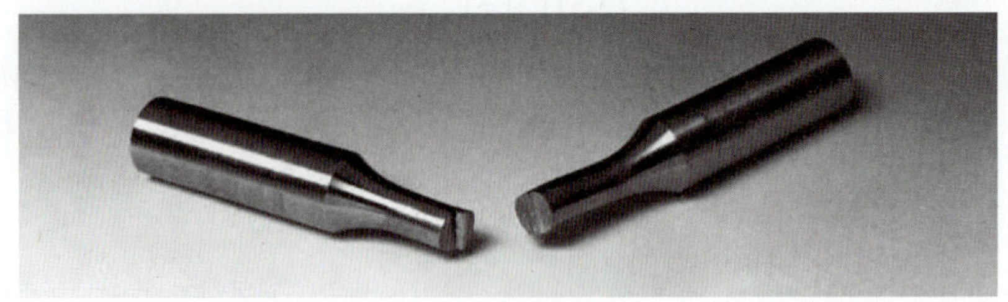

그림 2-78
인장으로 반복 하중을 받은 봉의 피로 파괴; 파괴가 순간적으로 발생할 때까지 균열이 단면을 가로질러 퍼져나간다. (MTS System Corporation 제공)

형률의 반복된 사이클로 인해 균열이 점진적으로 일어나서 마침내는 파괴되는, 재료의 품질 저하 현상으로 정의될 수 있다.

전형적인 피로 파괴에서는, 미세한 균열이 고응력 점(보통은 다음 절에서 논의되는 **응력집중** 점)에서 생성되며, 하중이 반복해서 작용함에 따라 균열은 점차적으로 확산된다. 균열이 너무 커져서 남아있는 재료가 하중을 지탱하지 못할 때에는 재료가 갑자기 파괴된다(그림 2-78). 재료의 성질에 따라, 피로 파괴가 일어나려면 작은 몇 번에서부터 수억 번까지의 하중 사이클을 필요로 한다.

그림 2-79
피로 한도를 보여주는 내구 곡선, 또는 $S-N$ 선도

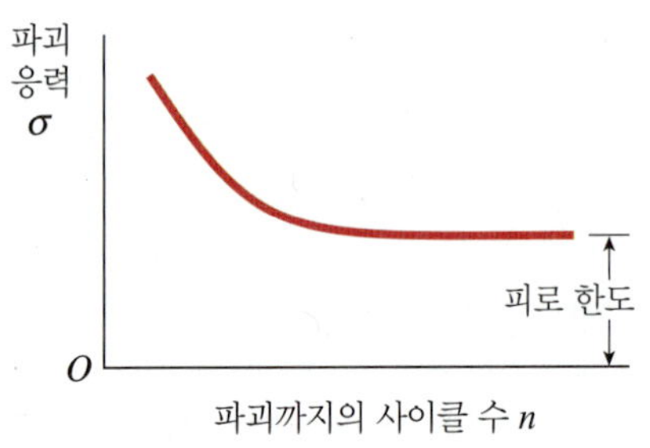

피로 파괴를 일으키는 하중의 크기는, 이미 지적한 바와 같이 정적으로 지탱될 수 있는 하중 값보다 작다. 파괴 하중을 구하기 위해서는 재료 시험을 수행하여야 한다. 반복 하중의 경우에, 재료는 여러 가지 응력 수준에서 시험되며 파괴가 일어날 때까지의 사이클 횟수를 센다. 예를 들면, 재료의 시편을 피로 시험기에 놓고, σ_1이라 하는 어떤 응력까지 계속해서 반복 하중을 가한다. 하중 사이클은 파괴가 일어날 때까지 계속되며 파괴가 일어날 때까지의 하중 사이클 횟수 n을 기록한다. σ_2라 하는 다른 응력에 대해서 반복해서 시험한다. σ_2가 σ_1보다 크면, 파괴가 일어날 때까지의 사이클 수는 더 작을 것이다. σ_2가 σ_1보다 작으면, 파괴가 일어날 때까지의 사이클 수는 더 클 것이다. 결과적으로, **내구 곡선(endurance curve)** 또는 **$S-N$ 선도**를 그리기 위하여 충분한 데이터들이 모아진다. 여기서, $S-N$ 선도는 파괴응력(S) 대 파괴가 일어날 때까지의 사이클 수(N)의 그림을 말한다(그림 2-79). 일반적으로 수직축은 선형 눈금으로, 수평축은 대수 눈금으로 그린다.

그림 2-79의 내구 곡선은 응력이 작으면 작을수록 파괴가 일어날 때까지의 사이클의 횟수는 더욱 커지는 것을 보여준다. 어떤 재료에 대해서는 곡선이 **피로 한도(fatigue limit)** 또는 **내구 한도(endurance limit)**라 알려진 수평 점근선을 갖는다. 이런 한계가 있을 때, 이 한계란 이 값 이하에서는 반복 하중을 아무리 여러 번 가해도 피로 파괴가 일어나지 않는 응력을 말한다. 내구 곡선의 정확한 모양은 재료의 성질, 시편의 기하학적 형태, 시험의 속도, 하중 작용의 형태 및 시편의 표면 조건을 포함하는 여러 가지 인자에 따라 좌우된다. 다양한 재료와 구조물 구성품에 대한 많은 피로 시험의 결과가 나와 있으며, 이들이 공학 문헌에 보고되었다.

강철과 알루미늄에 대한 전형적인 $S-N$ 선도를 그림 2-80에 보였다. 세로 좌표는 재료의 인장 강도의 백분율로 표시되는 파괴응력을 나타내고, 가로좌표는 파괴가 일어날 때까지의 사이클 수를 나타낸다. 사이클 수는 대수 눈금으로 그려졌다는 것을 주목하라. 강에 대한 곡선은 약 10^7 사이클에서 수평선이 되며, 피로한도는 보통의 정하중에 대한 인장강도의 약 50%이다. 알루미늄에 대한 피로 한도는 강에서 정의된 것과 같이 분명하

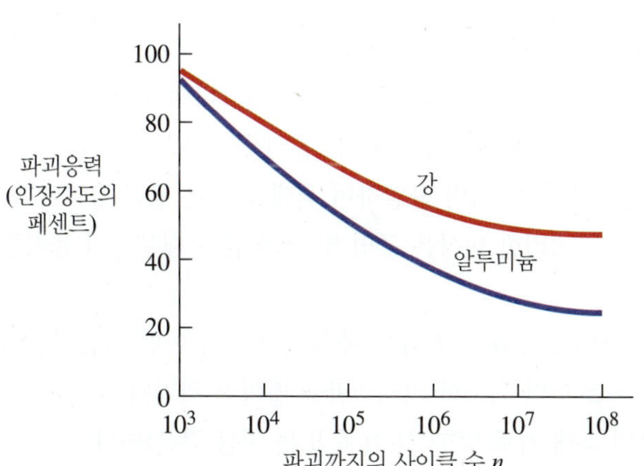

그림 2-80
교번(반전) 하중을 받는 강과 알루미늄에 대한 전형적인 내구 곡선

지 않으나, 전형적인 피로 한도의 값은 5×10^8 사이클에서의 응력이거나, 또는 극한 응력의 약 25%이다.

일반적으로 피로 파괴는 높은 국부 응력 점(즉, 응력집중 점)에서 미세한 균열로 시작되므로, 재료의 표면 조건은 매우 중요하다. 표면이 아주 잘 연마된 시편은 더 높은 내구 한도를 갖게 된다. 거친 표면, 특히 구멍이나 홈 주위의 응력집중 점의 표면은 더 낮은 내구 한도를 갖게 한다. 표면에 아주 작은 울퉁불퉁한 모양을 생기게 하는 부식은 이와 비슷한 효과를 일으킨다. 강에 대해서, 보통의 부식은 피로 한도를 50% 이상 감소시킬 수도 있다.

*2.10 응력집중

축 하중을 받는 봉의 응력을 구할 때, 관례대로 기본 공식 $\sigma = P/A$를 사용한다. 여기서, P는 봉의 축력이고, A는 봉의 단면적이다. 이 공식은 응력 분포가 전체 단면에 걸쳐 균일하다는 가정을 기초로 하였다. 실제에 있어서는, 봉은 흔히 구멍, 홈, 노치, 키 홈, 어깨(shoulder), 나사 또는 기하학적 모양의 급작스런 변화를 가지며, 이들이 없다면 균일한 응력 분포를 발생시킬 것이나, 이들로 인해 파괴가 일어나게 된다. 이러한 기하학적 불연속 부분은 봉의 아주 작은 영역에서 높은 응력을 일으키며, 이러한 높은 응력을 **응력집중(stress concentration)**이라 한다. 불연속 부분 자체를 **응력 상승체(stress raiser)**라 한다.

응력집중은 또한 하중 작용점에서도 일어난다. 예를 들어, 하중이 아주 작은 면적에 걸쳐 작용하여, 작용점 주위의 영역에서 높은 응력을 일으킬 수도 있다. 핀 연결부를 통해 작용하는 하중이 하나의 예이며, 이 경우에 하중은 핀의 지압 면적 위에 작용한다.

응력집중에서의 응력은 실험 방법이나 또는 유한요소법을 포함한 고급 해석 방법에 의해서 구할 수 있다. 실질적으로 관심의 대상이 되는 여러 가지 경우에 대한 연구 결과는 공학 문헌에서 쉽게 접할 수 있다(참고문헌 2-9). 몇 가지 전형적인 응력집중 데이터가 이 절 뒤와 3장과 5장에 주어진다.

Saint-Venant의 원리

응력집중 성질을 설명하기 위하여, 끝에 집중 하중 P를 받는 직사각형 단면(폭이 b이고,

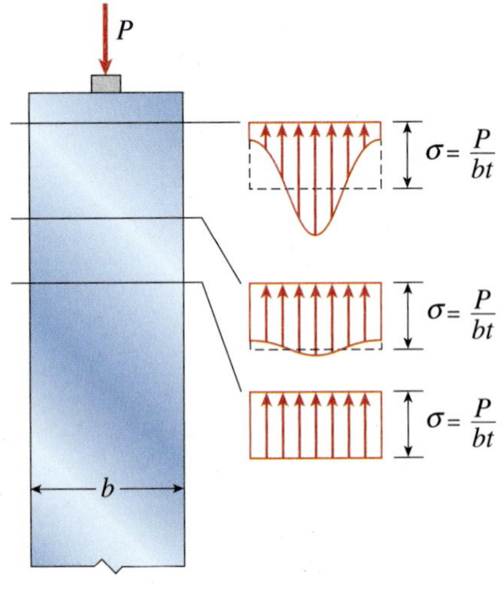

그림 2-81
작은 면적에 작용하는 집중 하중 P를 받는 직사각형 단면(폭 b, 두께 t) 봉의 끝 근처의 응력 분포

두께가 t인)을 가진 봉에서의 응력을 고찰해 보자(그림 2-81). 하중이 작용하는 면적에 따라, 하중 바로 밑에서의 최고 응력은 평균 응력 P/bt의 몇 배가 될 것이다. 그러나 그림의 응력 선도에서 보는 바와 같이, 하중 작용점에서 멀어질수록 최대 응력은 빨리 감소된다. 봉의 끝으로부터 봉의 폭 b만큼 떨어진 위치에서, 응력 분포는 거의 균일하며 최대 응력은 평균 응력보다 단지 몇 퍼센트만큼 더 크다. 이러한 현상은 구멍 및 홈과 같은 대부분의 응력집중에 대하여 사실이다.

그러므로, 식 $\sigma = P/A$은 봉의 단면적이 어떤 집중하중이나 모양이 불연속인 부분으로부터 최소한 거리 b만큼 떨어진 위치의 축 응력을 나타낸다. 여기서 b는 봉의 최대 가로 방향 치수(폭 또는 지름 같은)이다.

균일 단면 봉의 응력에 대한 앞에서의 설명은 **Saint-Venant의 원리**로 알려진, 보다 일반적인 관찰의 한 부분이다. 이 원리는 거의 예외 없이, 모든 형태의 선형 탄성 물체에 적용된다. Saint-Venant의 원리를 이해하기 위하여, 표면의 작은 부분에 여러 개의 하중을 받는 물체를 생각하자. 예를 들어, 끝에 여러 개의 집중 하중이 작용하는 폭이 b인 균일 단면 봉을 고찰하자(그림 2-82a). 단순하게, 하중들은 대칭이며 단 한 개의 수직 합력을 갖는다고 가정한다.

다음에, 바로 앞의 경우와는 다르지만, 봉의 똑같은 작은 영역에 작용하는, 정적으로는 등가인 하중 시스템을 고찰한다. ("정적 등가"라는 말은 두 개의 하중 시스템이 같은 축합력과 같은 모멘트를 갖는다는 것을 의미한다.) 예를 들면, 그림 2-82b에 보인 등분포 하중은 그림 2-82a에 보인 여러 개의 집중 하중을 받는 시스템과 정적으로 등가이다. Saint-Venant의 "원리"는, 하중 작용 영역의 최대 치수(이 예제에서는 거리 b)와 같은 길이만큼 떨어져 있는 위치에서는 두 개의 하중 시스템에 의하여 물체에 작용하는 각각의 응력이 서로 같다는 것을 말한다. 그러므로 그림 2-81에 보인 응력 분포는 Saint-Venant의 원리를 설명해 준다. 물론 이 원리는 역학의 엄격한 법칙은 아니나, 이론적 및 실제적인 경험을 기초로 한 상식적인 관찰이다.

그림 2-82
Saint-Venant의 원리 예시: (a) 봉의 작은 영역에 걸쳐 작용하는 집중 하중 시스템, (b) 정적으로 등가인 시스템

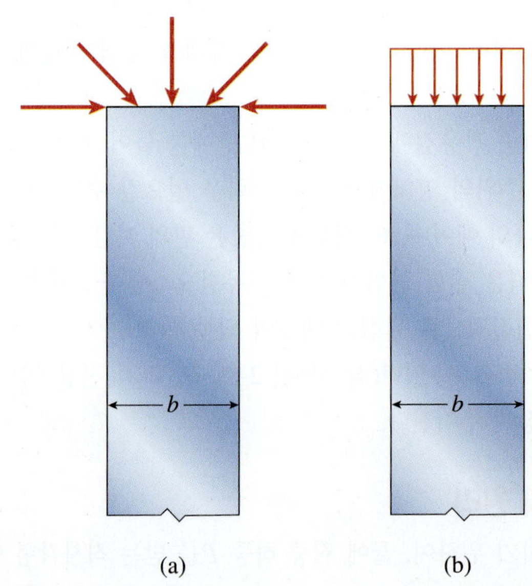

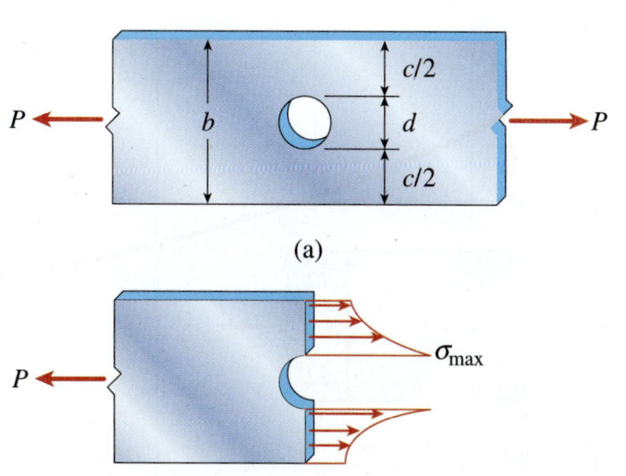

그림 2-83
원형 구멍을 가진 평봉의 응력 분포

Saint-Venant의 원리는 재료역학에서 다루게 될 봉, 보, 축 및 기타 구조물의 설계와 해석에서 실제적인 큰 의미를 가지고 있다. 응력집중의 효과는 국부적이므로, 집중점으로부터 충분히 떨어진 단면에서는 모든 표준 응력 공식($\sigma = P/A$와 같은)을 사용할 수 있다. 집중점 부근에서 응력은 하중 작용의 세부적인 상태와 부재의 모양에 따라 좌우된다. 게다가, 신장량, 변위 및 변형 에너지에 대한 공식과 같이 전체 부재에 적용되는 공식들은 응력집중이 존재하더라도 만족할 만한 결과를 준다. 이러한 사실은 응력집중이 국부적이고 부재의 전반적인 거동에 대해서는 거의 영향을 끼치지 않는다는 사실에 근거한다.[7)]

응력집중 계수

봉의 형상의 불연속 때문에 생기는 응력집중의 어느 특수한 경우를 고찰해 보자. 원형 구멍을 가지며 인장력 P를 받는 직사각형 단면 봉으로부터 시작한다(그림 2-83a). 봉은 두께 t보다 훨씬 큰 폭 b를 갖는 비교적 얇은 것이다. 또한 구멍의 지름은 d이다.

구멍 중심을 통하는 단면에 작용하는 수직응력은 그림 2-83에 보인 것과 같은 분포를 갖는다. 최대 응력 σ_{max}은 구멍의 가장자리에서 일어나며, 같은 단면에서의 공칭 응력 (*nominal stress*) $\sigma = P/ct$보다 훨씬 클 것이다. (ct는 구멍을 지나는 단면에서의 순 면적이다.) 응력집중의 세기는 일반적으로 최대 응력과 공칭 응력의 비로 나타내며, 이를 **응력집중 계수(stress-concentration factor)** K라 한다:

$$K = \frac{\sigma_{max}}{\sigma_{nom}} \tag{2-67}$$

인장 봉에 대하여, 공칭 응력은 순 단면적을 근거로 한 평균 응력이다. 다른 경우에는 다양한 응력이 사용될 수 있다. 응력집중 계수를 사용할 때마다 공칭 응력이 어떻게 정의되는가를 주의 깊게 주목해야 한다.

구멍을 가진 봉에 대한 응력집중 계수 K의 그래프를 그림 2-84에 주어졌다. 구멍이 아주 작으면 계수 K는 3이며, 이는 최대 응력이 공칭 응력의 3배임을 의미한다. 구멍이

7) Saint-Venant의 원리는 유명한 프랑스 수학자이며 탄성 연구가인 Barré de Saint-Venant (1797~1886)의 이름을 따른 것이다(참고문헌 2-10). 이 원리는 일반적으로 고체 봉과 보에 적용되지만 모든 두께가 얇은 속이 빈 단면에는 적용되지 않는다. Saint-Venant의 원리의 제한에 대한 토의는 참고문헌 2-11을 참조하라.

그림 2-84

원형 구멍을 가진 평봉의 응력집중 계수 K

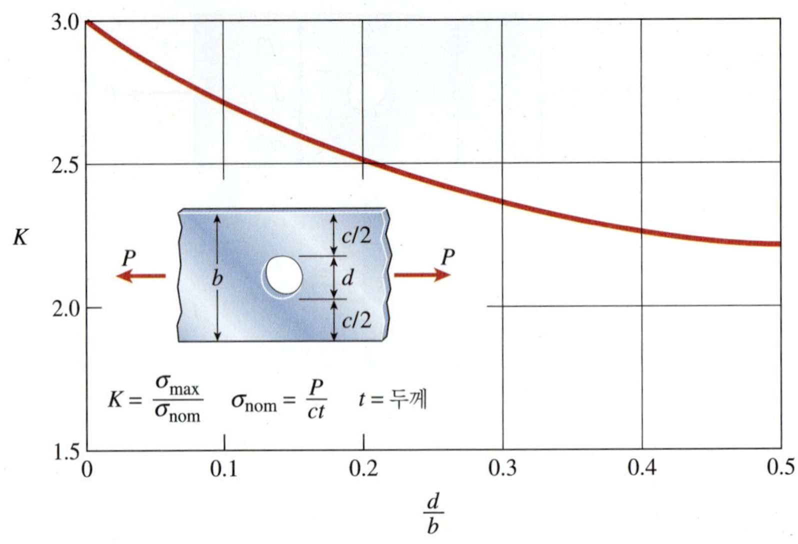

그림 2-85

어깨 필릿을 가진 평봉의 응력 분포

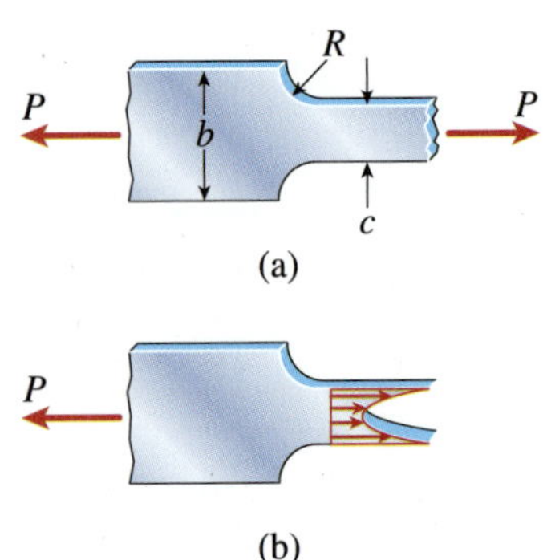

봉의 폭에 비해 커짐에 따라, K는 더 작아지고 집중의 효과는 그렇게 심각하지 않다.

Saint-Venant의 원리로부터, 어느 축 방향으로든 구멍에서 봉의 폭 b와 같은 거리의 위치에서, 응력의 분포는 실제로 균일하고, P를 전체 단면적으로 나눈 값($\sigma = P/bt$)을 갖는다는 것을 알 수 있다.

응력집중 효과를 감소시키기 위해(그림 2-85 참조), 오목한 구석에 필릿(*fillet*)을 사용한다.[8] 실제적으로 관심사가 되는 다른 두 가지 경우에 대한 응력집중 계수가 그림 2-86과 2-87에 주어졌다. 이들 그래프는 각각 크기가 단계적으로 줄어들고 어깨 형상을 갖는 평봉과 원형 봉에 대한 것이다. 필릿이 없으면, 필릿 반지름 R이 0으로 접근함에 따라 K가 무한대에 이르게 되는 그래프의 왼쪽 부분에 나타난 것과 같이, 응력집중 계수가 아주 클 것이다. 두 가지 경우에서 최대 응력은 필릿 영역에서 봉의 더 작은 부분

그림 2-86

어깨 필릿을 가진 평봉의 응력집중 계수 K. 점선은 1/4 원호를 갖는 필릿에 대한 것이다.

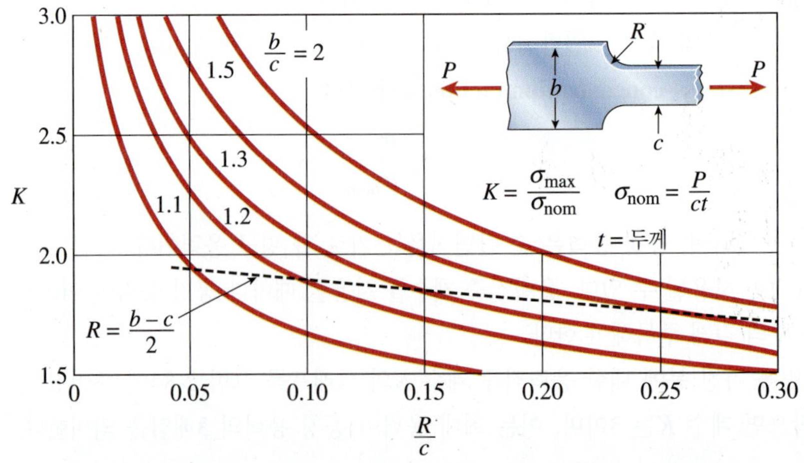

8) 필릿은 두 개의 다른 표면이 만나는 곳에 형성된 곡선 모양의 오목한 표면이다. 필릿의 목적은 단면이 변하는 위치의 날카로운 구석을 둥글게 하는 것이다.

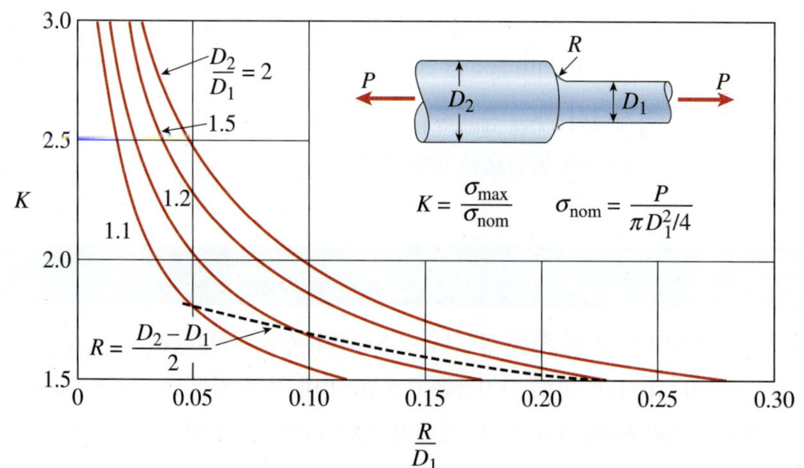

그림 2-87
어깨 필릿을 가진 원형 봉의 응력집중 계수 K. 점선은 1/4 원호를 갖는 필릿에 대한 것이다.

에서 일어난다.[9)]

응력집중에 대한 설계

피로 파괴의 가능성 때문에, 응력집중은 부재가 반복 하중을 받을 때 특히 중요하다. 앞 절에서 설명한 바와 같이, 하중이 반복됨에 따라 균열은 응력을 최고로 받는 점에서 시작되어 재료를 통하여 점차적으로 전파된다. 실제 설계에 있어서, 피로 한도(그림 2-79)는 사이클의 횟수가 아주 클 때의 재료의 극한 응력이다. 하용 응력은 이 극한 응력에 안전계수를 적용하여 구한다. 응력집중에서의 최고 응력은 허용 응력과 비교된다.

많은 경우에, 이론적인 응력집중 계수의 값을 사용하는 것은 너무 과도하다. 피로 시험을 해보면, 통상적으로 피로 한도를 K로 나누어 구한 값보다 더 높은 수준의 공칭 응력에서 파괴가 일어난다. 다른 말로, 반복 하중을 받는 구조용 부재는 K값이 가리키는 것만큼 응력집중에 대해 민감하지 않으며, 줄인 응력집중 계수가 흔히 사용된다.

충격 하중과 같은, 다른 종류의 동하중에 대해서도 역시 응력집중 효과를 고려하는 것이 필요하다. 더 좋은 정보를 가용하지 않는 한, 완전 응력집중 계수가 사용되어야 한다. 저온 상태의 부재 역시 응력집중부에서 파괴가 일어날 가능성이 많으며, 따라서 이런 경우에도 특별한 주의가 요구된다.

부재가 정하중을 받는 경우에는 응력집중의 중요성은 재료의 종류에 따라 좌우된다. 구조용 강과 같은 연성 재료에 대해서는 응력집중이 흔히 무시될 수 있다. 그 이유는, 이러한 재료는 최고 응력점(구멍 둘레와 같은)에서 항복이 일어나고 소성 흐름(plastic flow)이 생겨서 응력집중의 세기를 약화시키고, 응력 분포를 거의 균일하게 하기 때문이다. 반면에, 취성 재료(유리 같은)에 대해서는 응력집중이 파단 점까지 유지될 것이다. 그러므로 일반적으로 정하중을 받는 연성 재료에서는 응력집중 효과가 그리 중요하지 않지만, 정하중을 받는 취성 재료에서는 완전 응력집중 계수를 고려해야 한다.

부품을 적당히 조화시키면 응력집중의 정도를 감소시킬 수 있다. 단면이 변하는 부분의 모퉁이에서의 완만한 모양의 필릿은 응력집중을 감소시킨다. 구멍의 내부와 같은 고

9) 그래프에 주어진 응력집중 계수는 선형 탄성 재료의 봉에 대한 이론적 계수이다. 이 그래프는 참고문헌 2-9에 주어진 공식을 이용하여 그린 것이다.

응력점에서 부드러운 표면은 균열의 생성을 억제한다. 구멍 둘레를 적절히 보강하는 것이 이로울 수 있다. 구조용 부재 내의 응력 분포를 완만하게 하여 응력집중 계수를 줄이는 여러 가지 기법들이 있다. 일반적으로 공학 설계 과목에서 공부하는 이 기법들은 항공기, 선박 및 기계의 설계에서 아주 중요하다. 설계자가 응력집중과 피로 효과를 인식하지 못했기 때문에 많은 구조물의 불필요한 파괴가 발생하였다.

예제 2-21

하나의 구멍을 가지며 단이 진 황동 봉(그림 2-88a)의 폭 $b = 9.0$ cm, $c = 6.0$ cm, 그리고 두께 $t = 1.0$ cm이다. 필릿 반지름은 0.5 cm이며 구멍 지름 $d = 1.8$ cm이다. 황동의 극한 강도는 200 MPa이다. 안전 계수가 2.8이라면, 최대 허용 인장 하중 P_{max}는 얼마인가?

그림 2-88

예제 2-21: 하나의 구멍을 가지며 단이 진 봉에서의 응력집중

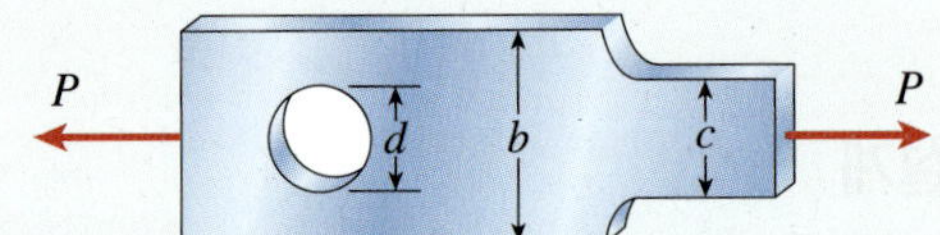

풀이

문제풀이 4단계 접근방법을 사용한다.

1. **개념화:** 최대 허용 인장 하중은 단이 진 봉의 각 부분에서 공칭 응력과 실면적의 곱을 비교하여 구한다(즉, 구멍과 필릿을 가진 부분). 각 부분에 대하여 적절한 응력집중 계수 K를 사용한다: 구멍을 가진 부분에 대하여 그림 2-84를 이용하고, 필릿을 가진 부분에 대하여 그림 2-86을 이용한다.

2. **분류:** 봉에서 폭 b와 두께 t와 지름 d의 구멍을 가진 부분에 대하여, 실 단면적은 (b-d)(t)이며, 공칭 축 응력은 다음과 같이 계산한다.

$$\sigma_1 = \frac{P}{(b-d)t} \quad \text{그리고} \quad \sigma_1 = \frac{\sigma_{allow}}{K_{hole}} = \frac{\left(\dfrac{\sigma_U}{FS_U}\right)}{K_{hole}} \qquad \textbf{(a, b)}$$

여기서 최대 응력은 허용 응력과 같게 놓았으며 K_{hole}은 그림 2-84로부터 구한다. 이제 식 (a)와 (b)의 공칭 응력 식을 같게 놓고 P_{max}에 대해서 푼다:

$$\sigma_1 = \frac{P}{(b-d)t} = \frac{\left(\dfrac{\sigma_U}{FS_U}\right)}{K_{hole}} \quad \text{그러므로} \quad P_{maxh} = \frac{\left(\dfrac{\sigma_U}{FS_U}\right)}{K_{hole}}(b-d)t \qquad \textbf{(c)}$$

다음에 반지름 R을 갖는 부분에서 단이 진 봉의 인장하중 수용 능력을 계산한다. 식 (a)로부터 (c)의 P_{maxh}를 구하기 위하여 사용한 절차를 따르면 P_{max}에 대한 두 번째 식을 다음과 같이 구한다:

$$P_{max\,f} = \frac{\left(\dfrac{\sigma_U}{FS_U}\right)}{K_{fillet}}(ct) \qquad \textbf{(d)}$$

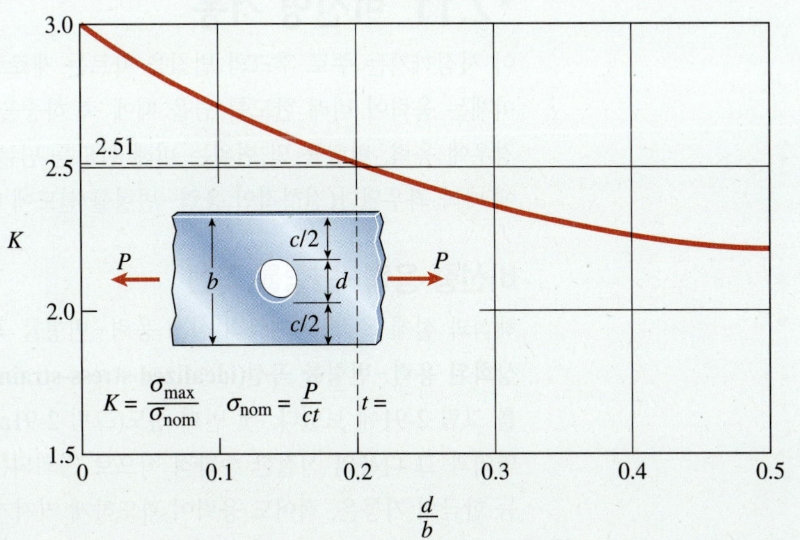

그림 2-89
그림 2-84를 이용하여 계수 K_{hole}의 선정

3. 해석: **구멍을 가진 부분**: 봉에 대해 주어진 수치값, $d/b = 1.8/9.0 = 0.2$를 사용하면, 그림 2-84로부터 K_{hole}은 약 2.51이다(그림 2-89 참조). 식 (c)를 사용하여 단이 진 봉의 구멍에서의 응력집중을 고려한 허용 인장 하중은 다음과 같다.

$$P_{\text{maxh}} = \frac{\left(\frac{200\text{ MPa}}{2.8}\right)}{2.51} \cdot (9.0\text{ cm} - 1.8\text{ cm}) \cdot (1.0\text{ cm}) = 20.5\text{ kN} \qquad \text{(e)}$$

필릿을 가진 부분: 응력집중 계수 K_{fillet}은 두 파라미터, 필릿 반지름 R과 줄어든 폭 c의 비($R/c = 0.083$)와 봉의 전체 폭과 줄어든 폭의 비($b/c = 1.5$)를 사용하여 그림 2-86으로부터 구한다. 필릿 부분에서, 줄어든 폭 $c = b - 2R = 6.0$ cm이다. 응력집중 계수는 약 2.35이며(그림 2-90 참조), 그러므로 봉의 필릿 부분에서의 응력집중에 근거한 최대 허용 인장 하중은 식 (d)를 사용하여 다음과 같이 구한다.

$$P_{\text{maxf}} = \frac{\left(\frac{200\text{ MPa}}{2.8}\right)}{2.35}(6.0\text{ cm})(1\text{ cm}) = 18.24\text{ kN} \qquad \text{(f)}$$

4. 최종 단계: 식 (e)와 (f)를 비교하면, 여기서는 최대 허용 인장 하중 중에서 작은 값 P_{maxf}(단이 진 봉의 필릿 영역에서 응력집중에 근거한)가 지배적이다.

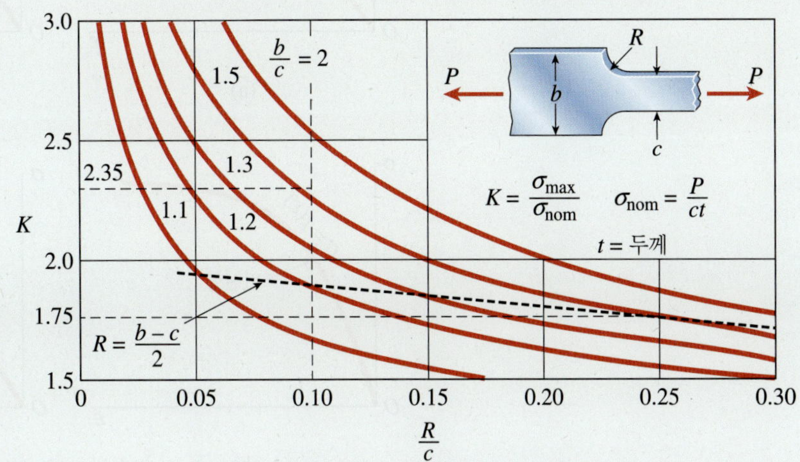

그림 2-90
그림 2-86을 이용하여 계수 K_{fillet}의 선정

*2.11 비선형 거동

이 시점까지는 주로 후크의 법칙을 따르는 재료로 구성된 부재와 구조물을 취급하였다. 이제는 응력이 비례 한도를 넘을 때에 축 하중을 받는 부재의 거동을 고찰한다. 이러한 경우에 응력, 변형률 및 변위는 비례 한도를 넘는 영역에서의 응력-변형률 곡선의 모양에 따라 좌우된다(전형적인 응력-변형률 선도에 대해서는 1.4절 참조).

비선형 응력-변형률 곡선

해석과 설계 목적상, 재료의 실제 응력-변형률 곡선은 수학적 함수의 식으로 표현한 **이상화된 응력-변형률 곡선(idealized stress-strain curve)**으로 흔히 나타낸다. 몇 가지 예를 그림 2-91에 보였다. 첫 번째 선도(그림 2-91a)는 두 개의 부분, 즉 초기의 선형 탄성 영역과 그 다음의 적절한 수학적 식으로 정의되는 비선형 영역으로 구성되었다. 알루미늄 합금의 거동은, 적어도 응력이 과도하게 커지기 전의 영역에서는, 이러한 형태의 곡선으로 정확히 나타낼 수 있다(그림 2-91a와 그림 1-13을 비교하라).

두 번째 예로는(그림 2-91b), 한 개의 수학적 표현식이 전체의 응력-변형률 곡선에 적용된다. 가장 잘 알려진 이런 종류의 식이 Ramberg-Osgood 응력-변형률 법칙이며, 이는 뒤에 더욱 자세히 설명된다.

구조용 강에 자주 사용되는 응력 변형률 선도가 그림 2-91c에 보인다. 강철은 선형 탄성 영역과 다음에 이어지는 상당한 항복이 일어나는 영역을 가지고 있으므로(그림 1-31과 1-33의 응력-변형률 선도 참조), 그 거동은 두 개의 직선으로 나타낼 수 있다. 재료는 항복 응력 σ_y까지 후크의 법칙을 따르고, 그 이후에는 일정한 응력으로 항복이 일어난다고 가정한다. 뒷부분의 거동은 **완전 소성(perfect plasticity)**이라 알려져 있다. 완전 소성 영역은 변형률이 항복 변형률의 10배 또는 20배 될 때까지 지속된다. 이러한 종류

그림 2-91

이상화된 재료 거동의 형태: (a) 탄성-비선형 응력-변형률 선도, (b) 일반적인 비선형 응력-변형률 선도, (c) 탄소성 응력-변형률 선도, (d) 복선형 응력-변형률 선도

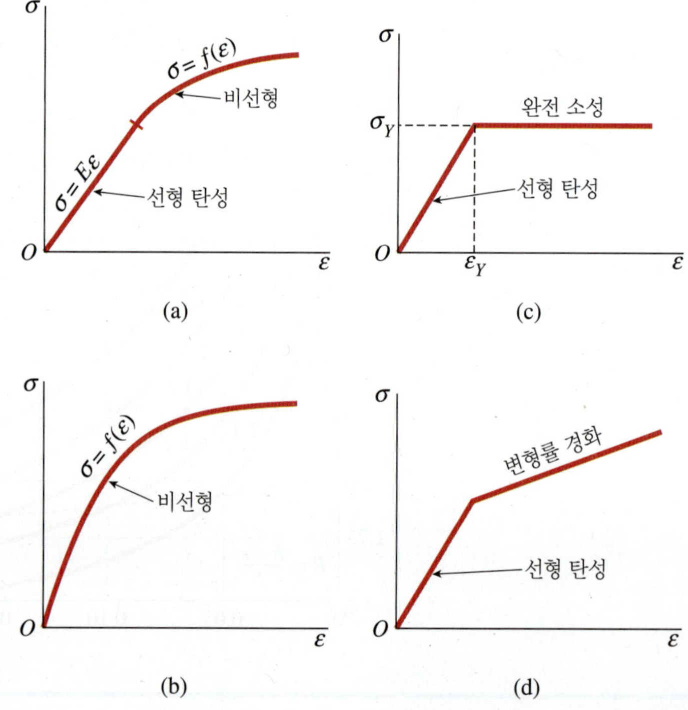

의 응력-변형률 선도를 갖는 재료를 **탄소성 재료(elastoplastic material** or *elastic-plastic material*)라고 한다.

궁극적으로, 변형률이 아주 커짐에 따라, 강철에 대한 응력-변형률 선도는 1.4절에서 설명한 바와 같이, 변형 경화 때문에 항복 응력 이상으로 올라간다. 그러나 변형 경화가 시작되는 시간까지는 변위가 너무 커서 그 구조물을 사용하지 못할 것이다. 그러므로 강 구조물은 그림 2-91c에 보이는 탄소성 선도를 기초로 하여 설계하는 것이 일반적이다. 그리고 인장과 압축 모두에도 같은 선도를 사용한다. 이러한 가정으로 하는 해석을 **탄소성 해석(elastoplastic analysis)**이라고 하거나 또는 간단히 **소성 해석(plastic analysis)**라고도 하며, 이는 다음 절에서 설명된다.

그림 2-91d는 각각 다른 기울기를 갖는 두 개의 선으로 구성된 응력-변형률 선도를 보여주며, 이를 **복선형 응력-변형률 선도(bilinear stress-strain diagram)**라 한다. 선도 두 부분에서의 응력과 변형률 관계는 선형이지만, 첫째 부분에서만 응력과 변형률이 비례한다는 것(후크의 법칙)을 유의하라. 이러한 이상화된 선도는 변형 경화를 가지는 재료를 나타내는 데 사용되거나, 또는 그림 2-91a와 b에 보인 일반적인 비선형 모형의 선도에 대한 근사 선도로 사용될 수 있다.

봉의 길이 변화

봉의 신장량 또는 수축량은 재료의 응력-변형률 곡선을 알면 구할 수 있다. 일반적인 과정을 설명하기 위하여 그림 2-92a에 보이는 테이퍼 봉 AB를 고찰하기로 한다. 단면적과 축력이 모두 봉의 길이에 따라 변하며, 재료는 일반적인 비선형 응력-변형률 곡선을 갖는다(그림 2-92b). 봉은 정정이므로, 모든 단면에서의 축력은 정역학적 평형만으로 구할 수 있다. 그리하여 축력을 단면적으로 나누어 응력을 구하고 변형률은 응력-변형률 곡선에서 구한다. 마지막으로, 다음 문단에 언급되는 바와 같이 변형률로부터 길이 변화를 구할 수 있다.

봉의 요소 dx의 길이 변화(그림 2-92a)는 εdx이다. 여기서 ε은 고정 단으로부터 x 거리만큼 떨어진 곳의 변형률이다. 이를 봉의 한쪽 끝에서 다른 쪽 끝까지 적분함으로써 전체 봉의 길이 변화를 구한다:

$$\delta = \int_0^L \varepsilon dx \tag{2-68}$$

여기서, L은 봉의 길이이다. 변형률이 해석적으로, 즉 대수 공식으로 표현되면, 식 (2-68)을 정상적인 수학적 기법으로 적분하는 것이 가능하며, 따라서 길이 변화에 대한 공식을

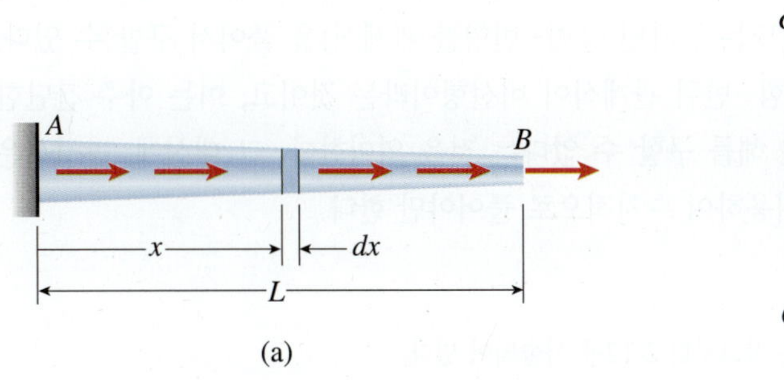

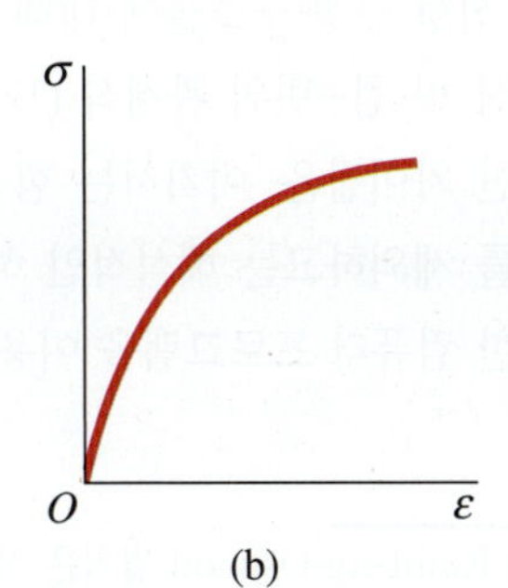

그림 2-92
비선형 응력-변형률 곡선을 갖는 재료로 된 테이퍼 봉의 길이 변화

구할 수 있다. 응력과 변형률이 수치적으로, 즉 수치 값의 표로 표현된다면 다음과 같이 진행할 수 있다. 봉은 길이 Δx인 미소 부분으로 나누고, 각 부분의 평균 응력과 변형률을 구한 후, 각 부분의 신장량을 전부 더함으로써 전체 봉의 신장량을 구한다. 이러한 과정은 식 (2-68)의 적분을 정상적인 적분 대신에 수치 방법으로 구하는 것과 같다.

일정한 축력을 가진 균일 단면 봉의 경우에서와 같이 변형률이 봉의 전 길이에 걸쳐 균일하다면, 식 (2-68)의 적분은 무의미하며, 예상했던 대로 길이 변화는 다음과 같다 [1.4절의 식 (1-7)와 비교].

$$\delta = \varepsilon L \tag{2-69}$$

Ramberg-Osgood의 응력-변형률 법칙

알루미늄과 마그네슘을 포함한 몇 개의 금속에 대한 응력-변형률 선도는 Ramberg-Osgood **방정식**으로 정확하게 표현할 수 있다.

$$\frac{\varepsilon}{\varepsilon_0} = \frac{\sigma}{\sigma_0} + \alpha\left(\frac{\sigma}{\sigma_0}\right)^m \tag{2-70}$$

이 방정식에서, σ와 ε은 각각 응력과 변형률이며, ε_0, σ_0, α 및 m은 (인장시험에서 구한) 재료 상수이다. 이 방정식의 또 다른 형태는 다음과 같다.

$$\varepsilon = \frac{\sigma}{E} + \frac{\sigma_0\alpha}{E}\left(\frac{\sigma}{\sigma_0}\right)^m \tag{2-71}$$

여기서, $E = \sigma_0/\varepsilon_0$는 응력-변형률 곡선의 초기 부분의 탄성 계수이다.[10)]

알루미늄 합금에 대해서 식 (2-71)에 대한 그래프가 그림 2-93에 주어졌으며, 사용된 상수들은 다음과 같다: E = 70 GPa, σ_0 =260 MPa, α = 3/7, m = 10. 이러한 특별 응력-변형률 곡선에 대한 방정식은 다음과 같다.

$$\varepsilon = \frac{\sigma}{70{,}000} + \frac{1}{628.2}\left(\frac{\sigma}{260}\right)^{10} \tag{2-72}$$

여기서 σ는 메가 파스칼(MPa)의 단위를 갖는다.

응력-변형률 관계를 나타내는 식 (2-71)을 사용하여 봉의 길이 변화를 계산하는 과정을 예제 2-22에 설명하였다.

부정정 구조물

구조물이 부정정이고 재료가 비선형 거동을 하는 경우, 응력, 변형률 및 변위는 2.4절에서 선형 탄성 구조물에 대해 언급했던 바와 똑같이 일반 방정식, 즉 평형방정식, 적합 방정식 및 힘-변위 관계식 (또는 등가인 응력-변형률 관계식)을 풀어서 구할 수 있다. 중요한 차이점은, 여기서는 힘-변위 관계식이 비선형이라는 것이고, 이는 아주 간단한 경우를 제외하고는 해석적인 해를 구할 수 없다는 것을 의미한다. 그 대신에, 방정식은 적절한 컴퓨터 프로그램을 이용하여 수치적으로 풀어야만 한다.

---

10) Ramberg-Osgood 법칙은 참고문헌 2-12에 서술되어 있다.

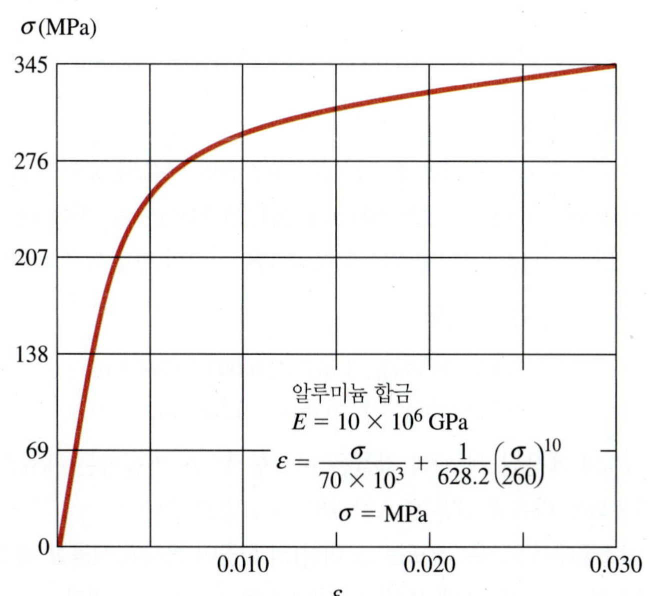

그림 2-93

Ramberg-Osgood 방정식[식 2-72)]을 사용한 알루미늄 합금에 대한 응력-변형률 곡선

예제 2-22

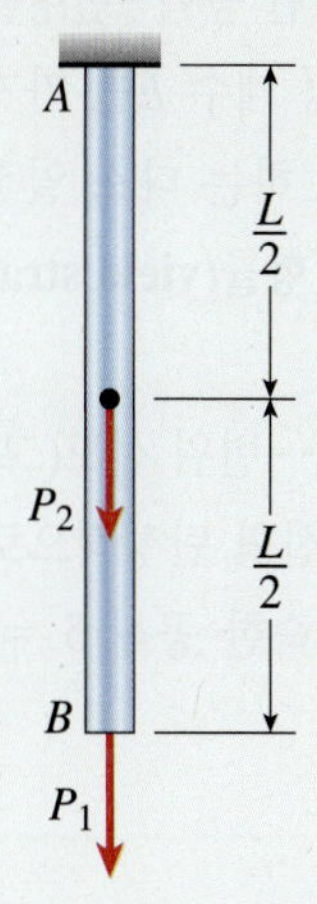

그림 2-94

예제 2-22: Ramberg-Osgood 방정식을 사용한 비선형 재료 봉의 신장량

그림 2-94에서와 같이, 길이 $L = 2.2$ m, 단면적 $A = 480$ mm^{2}인 균일 단면 봉 AB가 두 개의 집중 하중 $P_1 = 108$ kN과 $P_2 = 27$ kN을 받고 있다. 봉의 재료는 다음의 Ramberg-Osgood 방정식[식 (2-73)]으로 표시되는 비선형 응력-변형률 곡선을 갖는 알루미늄 합금이다:

$$\varepsilon = \frac{\sigma}{70{,}000} + \frac{1}{628.2}\left(\frac{\sigma}{260}\right)^{10}$$

여기서, σ는 MPa의 단위를 갖는다. (이러한 응력-변형률 곡선의 일반적인 모양을 그림 2-93에 보였다.)

다음의 각 경우에 대해 봉 하단의 변위 δ_B를 구하라: (a) 하중 P_1만 작용하는 경우, (b) 하중 P_2만 작용하는 경우, (c) 하중 P_1과 P_2가 동시에 작용하는 경우.

풀이

문제풀이 4단계 접근방법을 사용한다.

Part (a): 하중 P_1만에 의한 변위

1, 2, 3. 개념화, 분류, 해석: 하중 P_1은 봉의 전체 길이에 걸쳐 P_1/A 또는 225 MPa과 같은 균일한 인장 응력을 발생시킨다. 이 값을 응력-변형률 관계식에 대입하면 $\varepsilon = 0.003589$가 된다. 그러므로 점 B에서의 변위와 같은 봉의 신장량은 다음과 같다[식 (2-69) 참조].

$$\delta_B = \varepsilon L = (0.003589)(2.2 \text{ m}) = 7.90 \text{ mm}$$

Part (b): 하중 P_2만에 의한 변위

봉의 위쪽 절반 부분의 응력은 P_2/A 또는 56.25 MPa이며, 아래쪽 절반 부분에는 응력이 작용하지 않는다. 부분 (a)와 같은 수순에 따르면, 다음을 얻는다.

$$\delta_B = \varepsilon L/2 = (0.0008036)(1.1 \text{ m}) = 0.884 \text{ mm}$$

Part (c): 두 개의 하중이 동시에 작용할 때의 변위

봉의 아래쪽 절반 부분의 응력은 P_1/A이고 위쪽 절반 부분의 응력은 $(P_1 + P_2)/A$이다. 이에 대응하는 응력들은 225 MPa과 281.25 MPa이며, 이에 대응하는 변형률들은 0.003589와 0.007510이다(Ramberg-Osgood의 방정식으로부터).

그러므로 봉의 신장량은 다음과 같다.

$$\delta_B = (0.003589)(1.1 \text{ m}) + (0.007510)(1.1 \text{ m}) = 3.95 \text{ mm} + 8.26 \text{ mm} = 12.2 \text{ mm}$$

4. **최종 단계:** δ_B의 계산된 세 개의 값들은 비선형적으로 거동하는 재료로 만들어진 구조물에 적용되는 다음과 같은 중요한 원리를 설명해 준다:

비선형 구조물에서는, 두 개(또는 그 이상)의 하중이 동시에 작용할 때 생기는 변위는 각각의 하중이 따로 작용할 때 생기는 변위들을 합한 것과 같지 않다.

*2.12 탄소성 해석

앞의 절에서는 재료 내의 응력이 비례 한도를 넘는 경우에 대한 구조물의 거동을 논의하였다. 이제는 공학 설계에서 상당히 중요한 재료인, 구조용 금속으로 가장 널리 사용되는 강철을 고찰하기로 한다. 연강(또는 구조용 강)은 그림 2-95에 보인 응력-변형률 선도를 가진 **탄소성 재료**로 간주될 수 있다. 탄소성 재료는 초기에는 탄성 계수 E를 가지고 선형 탄성적으로 거동한다. 소성 항복이 시작된 후, **항복 응력** σ_Y라고 하는 다소 일정한 응력 하에서 변형률은 증가한다. 항복이 일어날 때의 변형률을 **항복 변형률(yield strain)** ε_Y라고 한다.

그림 2-95

구조용 강과 같은 탄소성 재료에 대한 이상적인 응력-변형률 선도

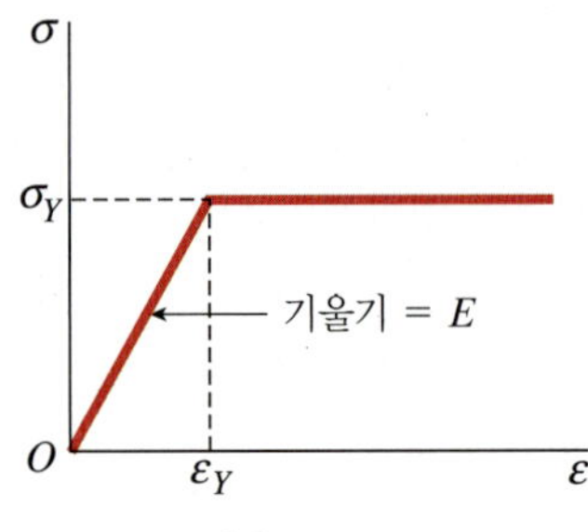

인장 하중을 받고 탄소성 재료로 된 균일 단면 봉에 대한 하중-변위 선도(그림 2-96)은 응력-변형률 선도와 똑같은 모양을 갖는다. 처음에는, 봉이 선형 탄성적으로 늘어나며, 후크의 법칙을 따른다. 그러므로 이러한 하중 영역에서는 친숙한 공식 $\delta = PL/EA$

그림 2-96

탄소성 재료로 된 균일 단면 봉에 대한 하중-변위 선도

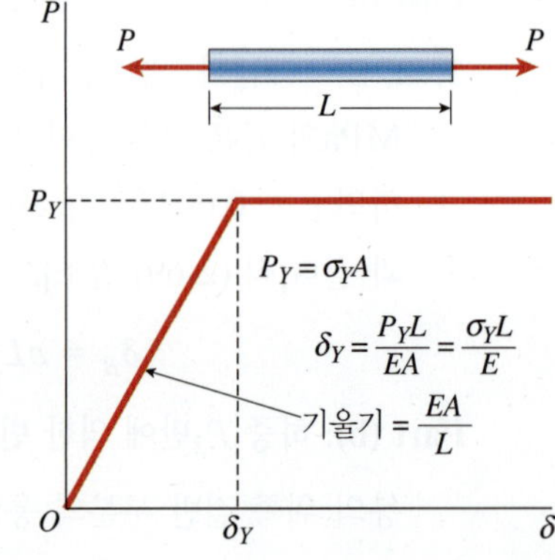

로 길이의 변화를 구할 수 있다. 항복 응력에 도달하면, 봉은 하중의 증가 없이 늘어나며, 신장량은 특정한 크기가 없다. 항복이 시작될 때의 하중을 **항복 하중** P_Y라고 하며, 이에 대응하는 봉의 신장량을 **항복 변위** δ_Y라고 한다. 균일 단면 봉에 대해서는 항복 하중 P_Y는 $\sigma_Y A$와 같고 항복 변위 δ_Y는 $P_Y L/EA$ 또는 $\sigma_Y L/E$과 같다. (좌굴이 일어나지 않는 한, 이러한 내용은 압축을 받는 봉에도 적용된다.)

축 하중을 받는 부재만으로 구성된 구조물이 **정정**일 때는(그림 2-97), 전체적인 거동은 같은 형태를 따른다. 구조물은 부재 중의 하나가 항복 응력에 이를 때까지 선형 탄성적으로 거동한다. 그 다음에, 부재 내의 축 하중이 더 이상의 변화 없이 부재는 늘어나기(또는 줄어들기) 시작한다. 따라서 전체 구조물은 항복을 일으키며, 이 구조물의 하중-변위 선도는 단일 봉에 대한 것과 같은 모양을 갖는다(그림 2-96).

그림 2-97
축 하중을 받는 부재로 구성된 정정 구조물

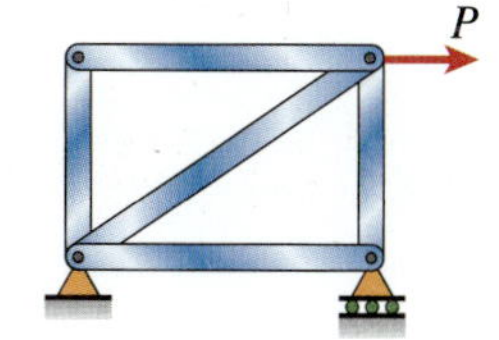

부정정 구조물

탄소성 구조물이 부정정일 때에는 상황이 더욱 복잡하다. 한 개의 부재가 항복을 일으키면, 다른 부재는 계속해서 하중 증가에 저항할 것이다. 그러나 마침내는, 전체 구조물이 항복을 일으키게 될 것이다.

부정정 구조물의 거동을 설명하기 위하여, 그림 2-98에 보인 간단한 배치물을 고찰하기로 한다. 이 구조물은 강체 판을 통하여 작용하는 하중 P를 지지하는 세 개의 강철봉으로 구성되었다. 두 개의 바깥쪽 봉의 길이는 L_1, 안쪽 봉의 길이는 L_2이며, 세 개 봉의 단면적 A는 모두 같다. 강철에 대한 응력-변형률 선도가 그림 2-95와 같이 이상화되었으며, 선형 탄성 영역에서의 탄성 계수는 $E = \sigma_Y/\varepsilon_Y$이다.

부정정 구조물의 일반적인 경우에서와 같이 평형방정식과 적합 방정식으로 해석을 시작한다. 강체 판의 수직방향 평형으로부터 다음을 얻는다.

$$2F_1 + F_2 = P \tag{2-74}$$

여기서, F_1과 F_2는 각각 바깥쪽 및 안쪽 봉의 축력이다. 판은 하중이 작용할 때 강체로서 아래 방향으로 움직이므로, 적합 방정식은

$$\delta_1 = \delta_2 \tag{2-75}$$

여기서, δ_1과 δ_2는 각각 바깥쪽 및 안쪽 봉의 신장량이다. 이들은 평형과 기하학적 모양에 의존하므로, 앞의 두 개 방정식은 하중 P의 모든 값에서 유효하다; 즉, 변형률이 선형 탄성 영역이나 또는 소성 영역에 머물거나에 관계없다.

하중 P가 작을 때에는 봉 내의 응력들은 항복 응력 σ_Y보다 작으며, 재료는 선형 탄성 영역 내의 응력을 받게 된다. 그러므로 봉의 축력과 신장량 사이의 힘-변위 관계식은 다음과 같다.

$$\delta_1 = \frac{F_1 L_1}{EA} \qquad \delta_2 = \frac{F_2 L_2}{EA} \tag{2-76a,b}$$

이 식들을 적합 방정식[식 (2-75)]에 대입하면 다음을 얻는다.

$$F_1 L_1 = F_2 L_2 \tag{2-77}$$

식 (2-74)와 (2-77)을 연립해서 풀면, 다음 식을 얻는다.

그림 2-98
부정정 구조물의 탄소성 해석

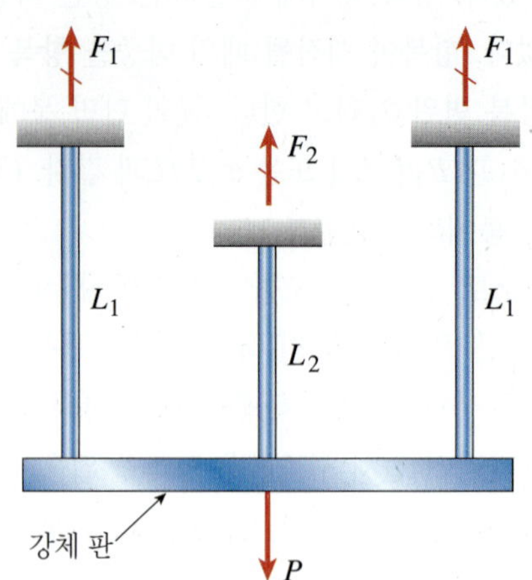

$$F_1 = \frac{PL_2}{L_1 + 2L_2} \quad F_2 = \frac{PL_1}{L_1 + 2L_2} \tag{2-78a,b}$$

이로써, 선형 탄성 영역 내에서의 봉의 축력을 알면, 이에 대응하는 응력은 다음과 같다.

$$\sigma_1 = \frac{F_1}{A} = \frac{PL_2}{A(L_1 + 2L_2)} \quad \sigma_2 = \frac{F_2}{A} = \frac{PL_1}{A(L_1 + 2L_2)} \tag{2-79a,b}$$

힘과 응력에 대한 이 방정식들은 모든 세 개 봉 내의 응력들이 항복 응력 σ_Y 이하에 머무는 경우에만 유효하다.

하중 P가 점점 증가하면, 항복 응력이 안쪽 봉이나 또는 바깥쪽 봉들 중의 하나에 도달할 때까지 봉 내의 응력은 증가한다. 그림 2-98에 그려진 것과 같이, 바깥쪽 봉이 안쪽 봉보다 더 길다고 가정한다:

$$L_1 > L_2 \tag{2-80}$$

그러면 안쪽 봉이 바깥쪽 봉보다 더욱 큰 응력을 받고[식 (2-79a 및 b) 참조], 항복 응력에 먼저 도달할 것이다. 이렇게 될 때에, 안쪽 봉의 축력은 $F_2 = \sigma_Y A$이다. 항복 응력이 봉들 중 하나에 먼저 도달할 때의 하중 P의 크기를 **항복 하중** P_Y라고 한다. 식 (2-78b)에서 F_2를 $\sigma_Y A$로 놓음으로써 P_Y를 구할 수 있다:

$$P_Y = \sigma_Y A\left(1 + \frac{2L_2}{L_1}\right) \tag{2-81}$$

하중 P가 P_Y보다 작은 경우에, 구조물은 선형 탄성적으로 거동하며, 봉의 축력은 식 (2-78a와 b)로부터 구할 수 있다.

항복 하중에서의 강체 판의 아래 방향 변위는 **항복 변위** δ_Y라고 부르며, 이 값은 안쪽 봉의 응력이 먼저 항복 응력 σ_Y에 도달할 때 이 봉의 신장량과 같다:

$$\delta_Y = \frac{F_2 L_2}{EA} = \frac{\sigma_2 L_2}{E} = \frac{\sigma_Y L_2}{E} \tag{2-82}$$

적용 하중 P와 강체 판의 아래 방향 변위 δ 사이의 관계를 그림 2-99의 하중−변위 선도에 나타내었다. 항복 하중 P_Y까지의 구조물의 거동은 선 OA로 나타난다.

하중이 좀 더 증가하면, 바깥 봉의 축력 F_1은 증가하나, 안쪽 봉의 축력 F_2는, 이봉이 완전 소성이므로 값 $\sigma_Y A$으로 일정하게 유지된다(그림2-96 참조). 축력 F_1이 값 $\sigma_Y A$에 도달할 때, 바깥쪽 봉 역시 항복이 시작되며, 따라서 구조물은 어떠한 추가적인 하중도 지지할 수 없다. 대신에, 모든 세 개의 봉은 소성 하중 P_P라고 부르는 일정한 하중 하에 소성적으로 늘어날 것이다. 소성 하중은 하중-변위 선도 상에 점은 B로 나타나며(그림 2-99), 수평선 BC는 하중의 증가 없이 지속적으로 소성 변형을 일으키는 영역을 나타낸다.

소성 하중 P_P는 정역학 평형[식 (2-74)]으로부터 아래와 같이 계산할 수 있다.

$$F_1 = \sigma_Y A \quad F_2 = \sigma_Y A \tag{2-83a,b}$$

그러므로 평형으로부터 다음과 같은 값을 얻는다.

$$P_P = 3\sigma_Y A \tag{2-84}$$

하중이 소성 하중 P_P에 도달한 순간의 **소성 변위** δ_P는 바깥쪽 봉의 응력이 항복 응력에 도달한 순간의 이 봉의 신장량과 같다. 그러므로,

$$\delta_P = \frac{F_1 L_1}{EA} = \frac{\sigma_1 L_1}{E} = \frac{\sigma_Y L_1}{E} \tag{2-85}$$

δ_P와 δ_Y를 비교하면, 소성 변위와 항복 변위의 비는 다음과 같음을 알 수 있다.

$$\frac{\delta_P}{\delta_Y} = \frac{L_1}{L_2} \tag{2-86}$$

또한, 소성 하중과 항복 하중의 비는

$$\frac{P_P}{P_Y} = \frac{3L_1}{L_1 + 2L_2} \tag{2-87}$$

예를 들어, $L_1 = 1.5L_2$라면, 비의 값들은 $\delta_P/\delta_Y = 1.5$, $P_P/P_Y = 9/7 = 1.29$이다. 일반적으로, 변위들의 비는 언제나 이를 대응하는 하중들의 비보다 크며, 하중-변위 선도(그림 2-99)상에서 부분 소성 영역 AB는 탄성 영역 OA보다 언제나 더욱 작은 기울기를 갖는다. 물론, 완전 소성 영역 BC는 가장 작은 기울기(0)를 갖는다.

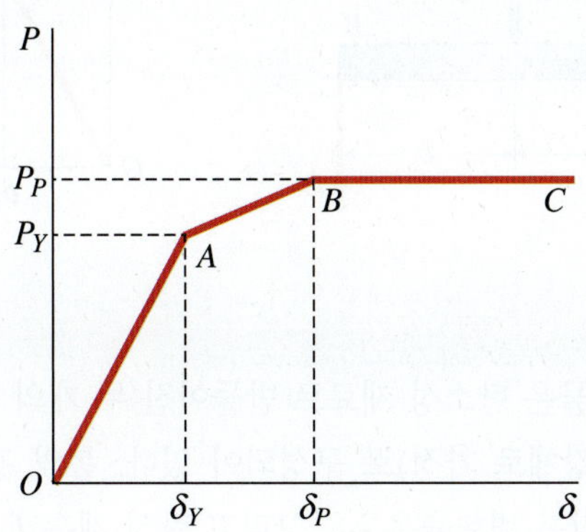

그림 2-99
그림 2-98에 보인 부정정 구조물의 하중-변위 선도

일반적인 유의사항

하중–변위 선도가 부분 소성 영역(그림 2-99의 선 AB)에서는 선형이고, 선형 탄성 영역보다 기울기가 작은 이유를 이해하기 위해 다음을 고찰한다. 구조물의 부분 소성 영역에서 바깥 봉은 아직도 선형 탄성적으로 거동한다. 그러므로 이들의 신장량은 하중의 선형 함수이다. 이들의 신장량이 강체 판의 하향 변위와 같기 때문에, 강체 판의 변위는 역시 하중의 선형 함수이다. 결론적으로, 점 A와 B 사이에는 직선이다. 그러나 안쪽 봉은 소성적으로 항복을 일으키며 바깥쪽 봉만이 증가하는 하중에 대해 저항이 증가하므로, 이 영역의 하중–변위 선도의 기울기는 초기 선형 영역에서보다 작다. 사실상 구조물의 강성도는 소멸된다.

식 (2-84)와 관련된 논의에서, 소성 하중 P_P의 계산은 정역학의 사용만이 필요하다. 이는 모든 부재가 항복을 일으키고, 이들의 축력을 알기 때문이다. 대조적으로, 항복 하중 P_Y의 계산은 부정정 해석을 필요로 하며, 이는 평형방정식, 적합 방정식 및 힘–변위 관계식을 풀어야 한다는 것을 의미한다.

소성 하중 P_P에 도달한 뒤에, 구조물은 하중–변위 선도(그림 2-99)상의 선 BC에 보인 바와 같이 지속적으로 변형한다. 이에 따라 변형 경화가 일어나고 구조물은 추가적인 하중을 지지할 수 있게 된다. 그러나 매우 큰 변위가 존재한다는 것은 구조물이 사용될 수 없다는 것을 의미하므로, 소성 하중 P_P는 파괴 하중이라고 간주할 수 있다.

앞에서의 논의는 하중이 첫 번째 작용하는 경우의 구조물 거동을 다뤘다. 하중이 항복 하중에 이르기 전에 제거되면, 구조물은 탄성적으로 거동하며 응력을 받지 않는 원래의 상태로 돌아갈 것이다. 그러나 항복 하중을 초과하면, 구조물의 어떤 부재는 하중이 제거될 때 영구 변형을 일으키며 사전 변형 상태를 일으킨다. 결과적으로 구조물은 외부 하중이 작용하지 않더라도 **잔류 응력**(*residual stress*)을 갖게 된다. 하중이 두 번째 작용하면, 구조물은 다른 형태로 거동할 것이다.

예제 2-23

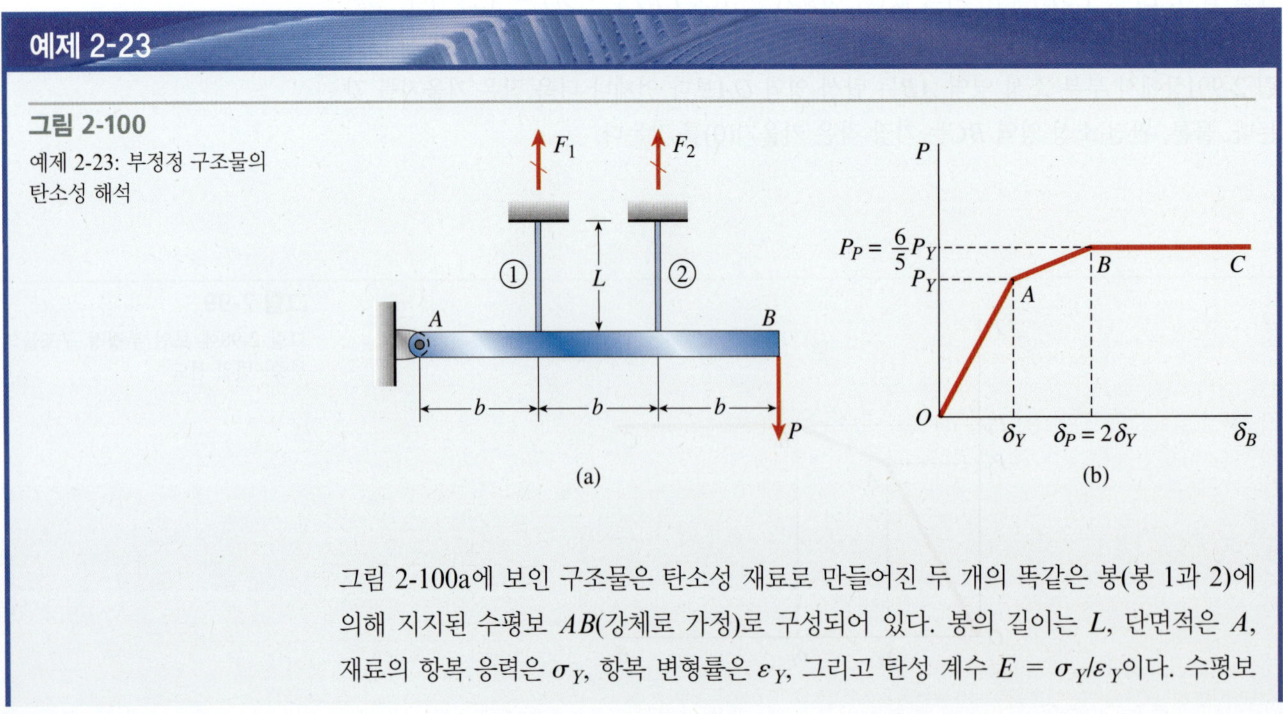

그림 2-100
예제 2-23: 부정정 구조물의 탄소성 해석

그림 2-100a에 보인 구조물은 탄소성 재료로 만들어진 두 개의 똑같은 봉(봉 1과 2)에 의해 지지된 수평보 AB(강체로 가정)로 구성되어 있다. 봉의 길이는 L, 단면적은 A, 재료의 항복 응력은 σ_Y, 항복 변형률은 ε_Y, 그리고 탄성 계수 $E = \sigma_Y/\varepsilon_Y$이다. 수평보

의 길이는 $3b$이고 끝 점 B에서 하중 P를 지지한다.

(a) 항복 하중 P_Y와 봉의 끝단(점B)에서의 이에 대응되는 항복 변위 δ_Y를 구하라

(b) 소성 하중 P_P와 이에 대응되는 점 B에서의 소성 변위 δ_P를 구하라.

(c) 하중 P와 점 B에서의 변위 δ_B의 관계를 나타내는 하중–변위 선도를 그려라.

풀이

문제풀이 4단계 접근방법을 사용한다.

1, 2. 개념화, 분류:

평형방정식: 구조물이 부정정이므로, 평형방정식과 적합 방정식으로 시작한다. 보 AB의 평형을 고려하고, 점 A에 대해 모멘트를 취함으로써 다음과 같은 식을 얻는다.

$$\Sigma M_A = 0 \quad F_1(b) + F_2(2b) - P(3b) = 0$$

여기서, F_1과 F_2는 각각 봉 1과 2의 축력이다. 이 방정식을 간단하게 하면

$$F_1 + 2F_2 = 3P \tag{a}$$

적합 방정식: 적합 방정식은 구조물의 기하학적 형상을 근거로 한다. 하중 P의 작용 하에 강체 보는 점 A를 중심으로 회전하며, 보의 모든 점의 하향 변위는 점 A로부터의 거리에 비례한다. 그러므로 적합 방정식은

$$\delta_2 = 2\delta_1 \tag{b}$$

여기서, δ_2는 봉 2의 신장량이고, δ_1는 봉 1의 신장량이다.

3. 해석: 항복 하중과 변위, 소성 하중과 변위를 고려하라.

Part (a): 항복 하중 및 항복 변위

하중 P가 작고 재료 내의 응력이 선형 탄성 영역에 있다면, 두 개의 봉에 대한 힘–변위 관계식은 다음과 같다.

$$\delta_1 = \frac{F_1L}{EA} \quad \delta_2 = \frac{F_2L}{EA} \tag{c,d}$$

이 방정식들을 적합 조건[식 (b)]과 병합하면 다음을 얻는다.

$$\frac{F_2L}{EA} = 2\frac{F_1L}{EA} \quad \text{또는} \quad F_2 = 2F_1 \tag{e}$$

이 식들을 평형방정식[식 (a)]에 대입하면 다음을 얻는다.

$$F_1 = \frac{3P}{5} \quad F_2 = \frac{6P}{5} \tag{f,g}$$

더 큰 축력을 가진 봉 2는 항복 응력에 먼저 도달할 것이다. 그 순간에 봉 2의 축력은 $F_2 = \sigma_Y A$이다. 이 값을 식 (g)에 대입하여 다음과 같은 항복 하중 P_Y를 구한다.

$$P_Y = \frac{5\sigma_Y A}{6} \tag{2-88}$$

이에 대응되는 봉 2의 신장량은[식 (d)로부터] $\delta_2 = \sigma_Y L/E$이므로, 점 B에서의 항복 변위는 다음과 같다.

$$\delta_Y = \frac{3\delta_2}{2} = \frac{3\sigma_Y L}{2E} \tag{2-89}$$

P_Y와 δ_Y 둘 다 하중–변위 선도(그림 2-100b)에 표시되었다.

Part (b): 소성 하중 및 소성 변위

소성 하중 P_P에 도달할 때, 두 개의 봉들은 항복 응력까지 늘어나게 되며, 두 개의 축력 F_1과 F_2는 $\sigma_Y A$와 같게 될 것이다. 평형방정식[식 (a)]으로부터 소성 하중은

$$P_P = \sigma_Y A \tag{2-90}$$

이 하중에서는, 왼쪽 봉(봉 1)이 항복 응력에 도달했으므로, 그 신장량[식 (i)로부터]은 $\delta_1 = \sigma_Y L/E$이고, 점 B에서의 소성 변위는

$$\delta_P = 3\delta_1 = \frac{3\sigma_Y L}{E} \tag{2-91}$$

소성 하중 P_P와 항복 하중 P_Y의 비는 6/5이고, 소성 변위 δ_P와 항복 변위 δ_Y의 비는 2이다. 이 값들 역시 하중–변위 선도에 표시되었다.

4. 최종 단계:

Part (c): 하중–변위 선도

구조물의 완전한 하중–변위 거동을 그림 2-100b에 타나내었다. 거동은 O에서 A까지의 영역에서는 선형 탄성적이고, A에서 B까지는 부분 소성적이며, B에서 C까지는 완전 소성적이다.

이 장의 요약 및 복습

2장에서 자중, 온도 변화 및 사전 변형률 같은 분포 하중으로 축 하중을 받는 봉의 거동을 논하였다. 균일하거나 불균일한 조건 두 경우의 봉의 길이 변화를 계산하는 데 사용하는 힘-변위 관계식을 유도하였다. 부정정 구조물에 대한 평형 및 적합 방정식이 유도되었다. 경사 단면의 수직 및 전단응력에 대한 식들을 유도하였다. 이들은 이 장에 제시한 주요한 개념이다.

1. 인장 또는 압축 하중을 받는 균일 단면 봉의 신장량 또는 수축량(δ)은 봉의 하중(P)과 길이(L)에 비례하며, 봉의 축 강성(EA)에 역비례한다; 이 관계를 **힘-변위 관계**라 한다.

$$\delta = \frac{PL}{EA}$$

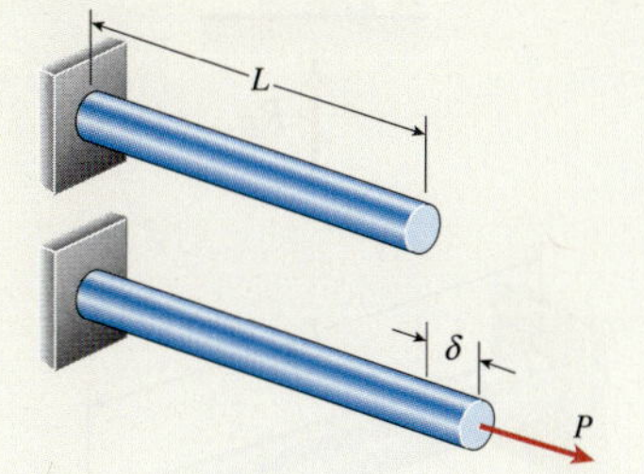

2. 케이블은 **오직 인장 요소**이며, 유효 탄성 계수(E_e)와 유효 단면적(A_e)은 케이블에 하중을 가할 때 발생하는 긴장 효과를 설명하는 데 사용되어야 한다.

3. 봉의 단위길이당 축 강성을 봉의 **강성도(stiffness)** (k)라 하며, 그 역을 봉의 **유연도(flexibility)** (f)라 한다.

$$\delta = Pf = \frac{P}{k} \qquad f = \frac{L}{EA} = \frac{1}{k}$$

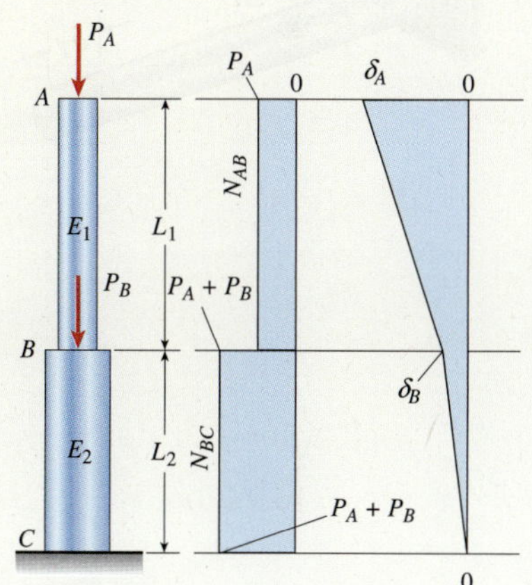

4. 불균일 단면 봉의 각각 부분의 변위의 합은 전체 봉의 신장량 또는 수축량(δ)과 같다.

$$\delta = \sum_{i=1}^{n} \frac{N_i L_i}{E_i A_i}$$

내력 N_i의 도식적 표현을 **축력 선도(axial force diagram**, AFD)라 부른다. AFD는, **축 변위 선도(axial displacement diagram**, ADD)에 관련되는 변형된 형상을 나타내기 위하여, **힘-변위 관계**를 따라 사용된다. 이 선도들은 최대 하중과 응력, 변위 및 변형률의 위치를 파악하는 데 시각적인 도움을 준다.

5. 각 부재 i의 축력(N_i)를 구하기 위하여 **자유물체도(free body diagram)**를 이용한다; 축력 또는 단면적이 연속적으로 변한다면 적분식을 써야 한다.

$$\delta = \int_0^L d\delta = \int_0^L \frac{N(x)dx}{EA(x)}$$

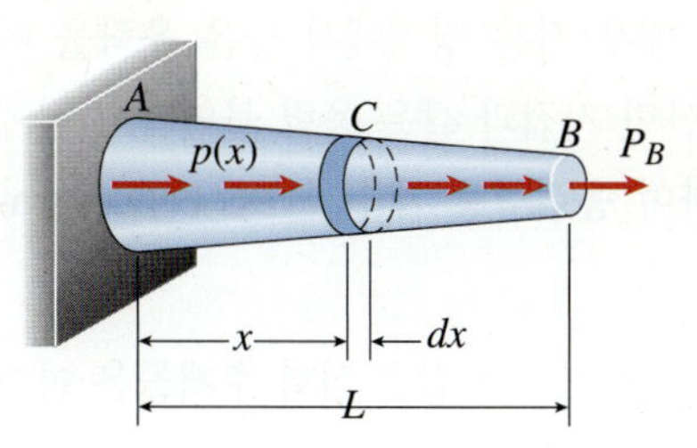

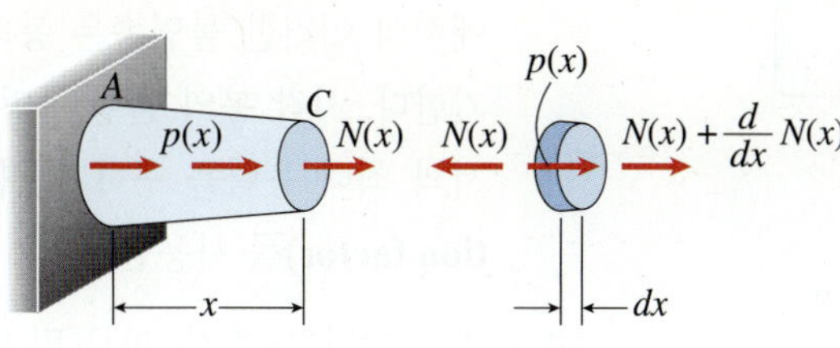

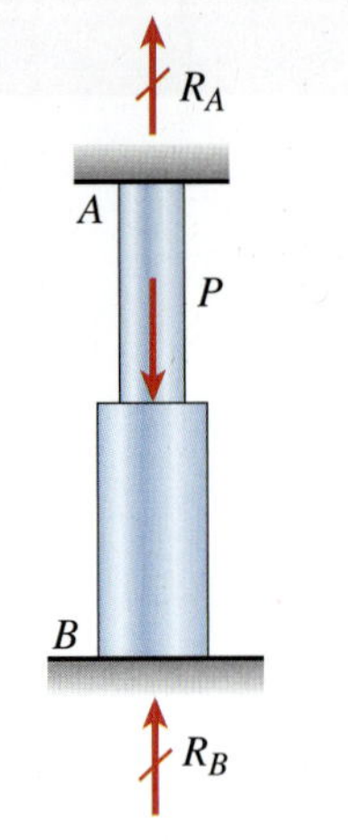

6. 봉 구조물이 **부정정**이라면, 미지력을 구하기 위해(정역학에서 이용하는 식 이상으로) 추가의 식이 요구된다. 조건을 만족하도록 봉의 변위들을 관계 짓고, 그리하여 미지수 사이의 추가적인 관계식을 생성하기 위하여 **적합 조건식**을 사용한다. 실제로는 부정정인 봉 구조물을 나타내기 위하여 "분해된(released)" (또는 정정) 구조물의 **중첩(superposition)**을 이용하는 것이 편리하다.

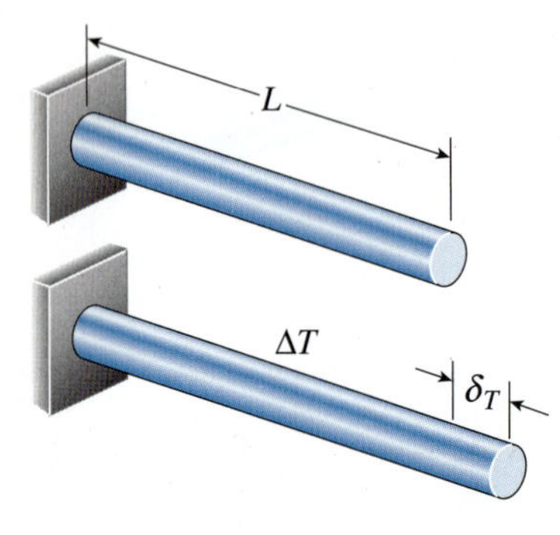

7. **열효과**는 정정 구조물에서 변위는 온도 변화(ΔT)와 봉의 길이(L)에 비례하지만 응력은 그렇지 않다. 열효과로 인한 축 방향 변형률(ε_T)과 축 방향 변위(δ_0)를 계산하기 위하여 재료의 열팽창 계수(α)도 필요하다.

$$\varepsilon_T = \alpha(\Delta T) \quad \delta_T = \varepsilon_T L = \alpha(\Delta T)L$$

8. **부적합(misfit)** 및 **사전 변형률(prestrain)**은 부정정 봉에서 오직 축 방향 힘만 발생시킨다.

9. 축 방향 하중을 받는 봉에서 경사진 응력요소를 고찰함으로써 **최대 수직응력**(σ_{max}) 및 **최대 전단응력**(τ_{max})을 구할 수 있다. 최대 수직응력은 봉의 축 방향에서 발생하지만 최대 전단응력은 봉의 축에 45° 경사진 면에서 발생한다. 그리고 최대 전단응력은 최대 수직응력의 반이다.

$$\sigma_{max} = \sigma_x \quad \tau_{max} = \frac{\sigma_x}{2}$$

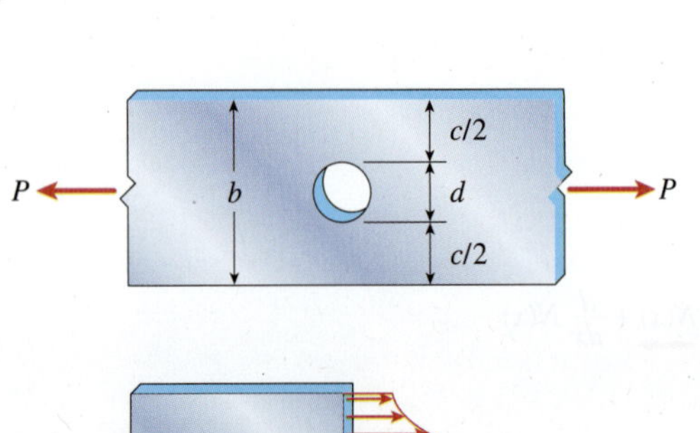

10. 축 방향 힘을 받는 봉은 균일한 응력 형태의 붕괴를 유발하는 구멍, 홈, 노치, 키 홈, 어깨면, 나선, 또는 임의 변화 형상을 갖는다. 형상에서의 이러한 불연속은 봉의 매우 작은 영역에서 높은 응력을 야기한다. 사각 봉의 원형 구멍 단면 지점과 같은 응력 불연속 지점에서의 최대 응력을 구하기 위하여 **응력집중 계수(stress-concentration factor)**를 사용한다.

11. 변형 에너지, 충격, 피로 및 비선형 거동과 같은 **심화 주제**들은 여기서는 요약하지 않고 논하였다.

PROBLEMS Chapter 2

2.2 Changes in Lengths of Axially Loaded Members

Introductory Problems

2.2-1 A 3-m rigid bar AB is supported with a vertical translational spring at A and a pin at B. The bar is subjected to a linearly varying distributed load with maximum intensity q_0. Calculate the vertical deformation of the spring if the spring constant is 700 kN/m.

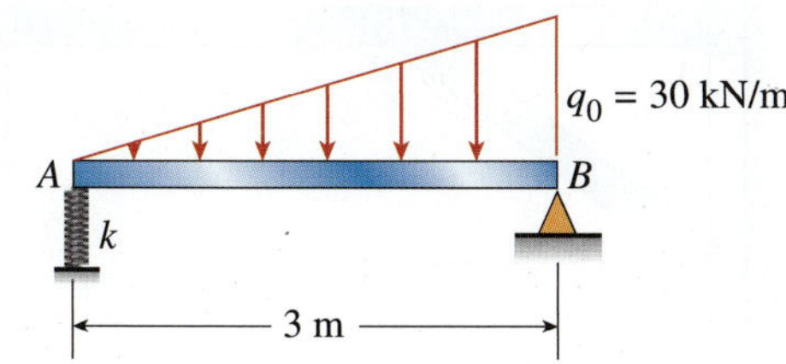

PROBLEM 2.2-1

2.2-2 Rigid bar ABC is supported with a pin at A and an elastic steel rod at C. The elastic rod has a diameter of 25 mm and modulus of elasticity $E = 200$ GPa. The bar is subjected to a uniform load q on span AC and a point load at B. Calculate the change in length of the elastic rod. What is the vertical displacement at point B?

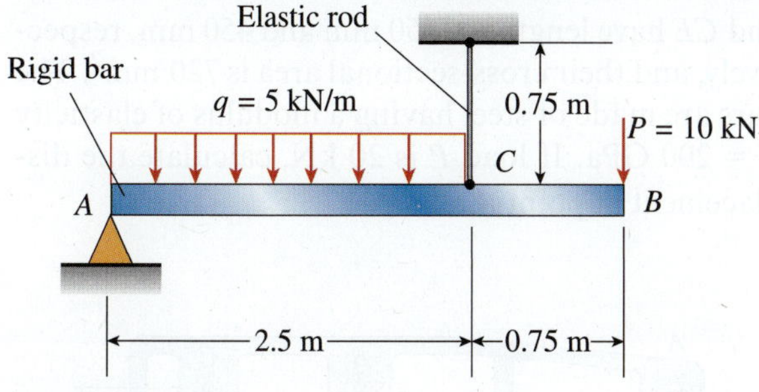

PROBLEM 2.2-2

2.2-3 The L-shaped arm $ABCD$ shown in the figure lies in a vertical plane and pivots about a horizontal pin at A. The arm has a constant cross-sectional area and total weight W. A vertical spring of stiffness k supports the arm at point B.

(a) Obtain a formula for the elongation of the spring due to the weight of the arm.

(b) Repeat part (a) if the pin support at A is moved to D.

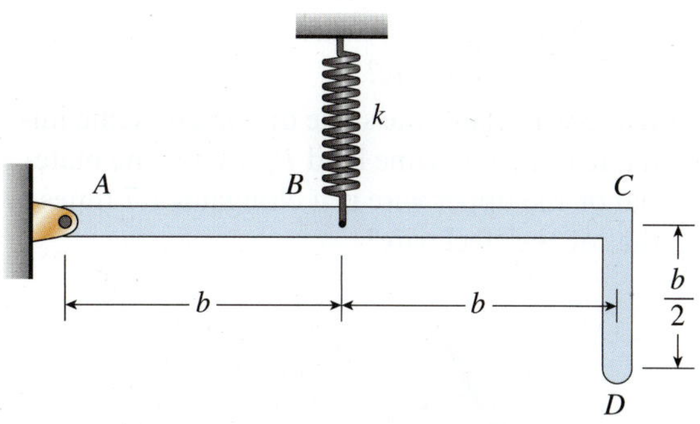

PROBLEM 2.2-3

2.2-4 A steel cable with a nominal diameter of 25 mm (see Table 2-1) is used in a construction yard to lift a bridge section weighing 38 kN, as shown in the figure. The cable has an effective modulus of elasticity $E = 140$ GPa.

(a) If the cable is 14 m long, how much will it stretch when the load is picked up?

(b) If the cable is rated for a maximum load of 70 kN, what is the factor of safety with respect to failure of the cable?

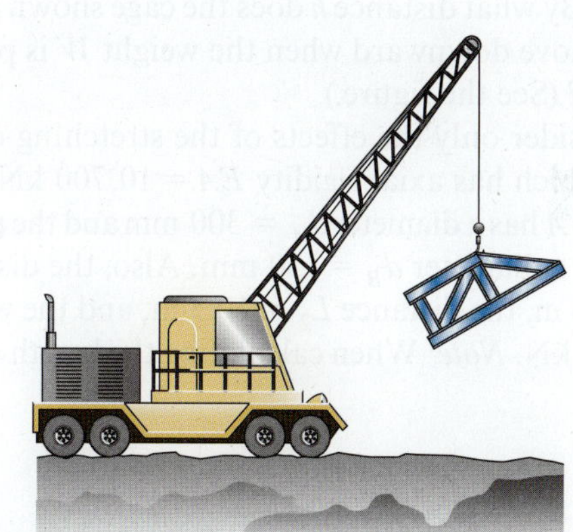

PROBLEM 2.2-4

2.2-5 A steel wire and an aluminum alloy wire have equal lengths and support equal loads P (see figure). The moduli of elasticity for the steel and aluminum alloy are $E_s = 206$ GPa and $E_a = 76$ GPa, respectively.

(a) If the wires have the same diameters, what is the ratio of the elongation of the aluminum alloy wire to the elongation of the steel wire?

(b) If the wires stretch the same amount, what is the ratio of the diameter of the aluminum alloy wire to the diameter of the steel wire?

(c) If the wires have the same diameters and same load P, what is the ratio of the initial length of the aluminum alloy wire to that of the steel wire if the aluminum alloy wire stretches 1.5 times that of the steel wire?

(d) If the wires have the same diameters, same initial length, and same load P, what is the material of the upper wire if it elongates 1.7 times that of the steel wire?

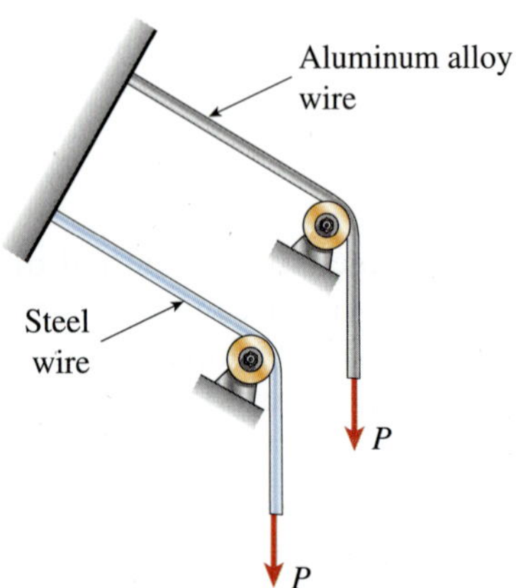

PROBLEM 2.2-5

2.2-6 By what distance h does the cage shown in the figure move downward when the weight W is placed inside it? (See the figure.)

Consider only the effects of the stretching of the cable, which has axial rigidity $EA = 10{,}700$ kN. The pulley at A has a diameter $d_A = 300$ mm and the pulley at B has a diameter $d_B = 150$ mm. Also, the distance $L_1 = 4.6$ m, the distance $L_2 = 10.5$ m, and the weight $W = 22$ kN. *Note:* When calculating the length of the cable, include the parts of the cable that go around the pulleys at A and B.

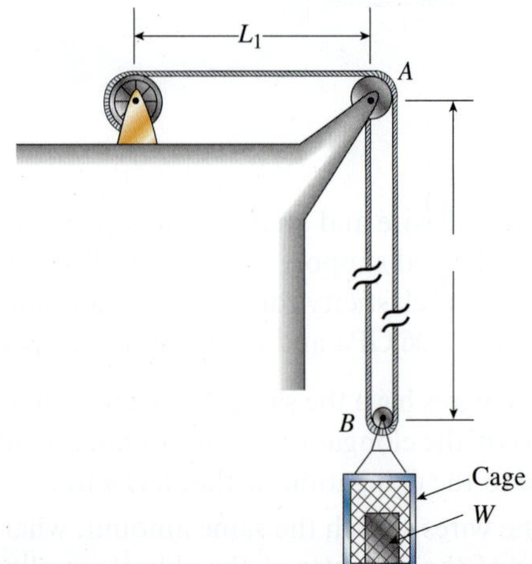

PROBLEM 2.2-6

2.2-7 Rigid bar ACB is supported by an elastic circular strut DC having an outer diameter of 380 mm and inner diameter of 365 mm. The strut is made of steel with a modulus elasticity of $E = 200$ GPa. Point load $P = 22$ kN is applied at B. Calculate the change in length of the circular strut DC. What is the vertical displacement of the rigid bar at point B?

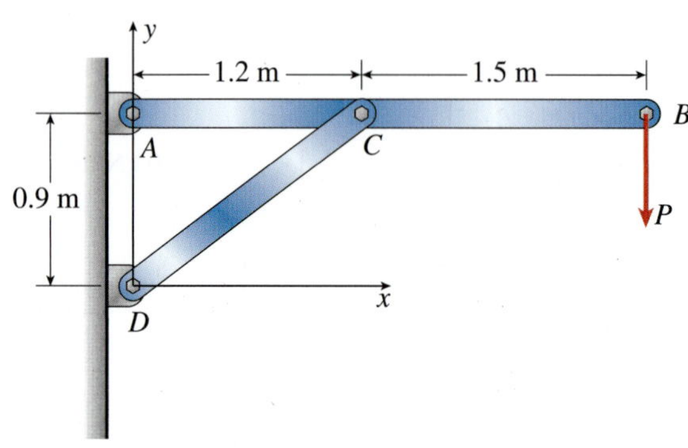

PROBLEM 2.2-7

2.2-8 A device consists of a horizontal beam ABC supported by two vertical bars BD and CE. Bar CE is pinned at both ends but bar BD is fixed to the foundation at its lower end. The distance from A to B is 600 mm and from B to C is 350 mm. Bars BD and CE have lengths of 350 mm and 450 mm, respectively, and their cross-sectional area is 720 mm^2. The bars are made of steel having a modulus of elasticity $E = 200$ GPa. If load P is 20 kN, calculate the displacement at point A.

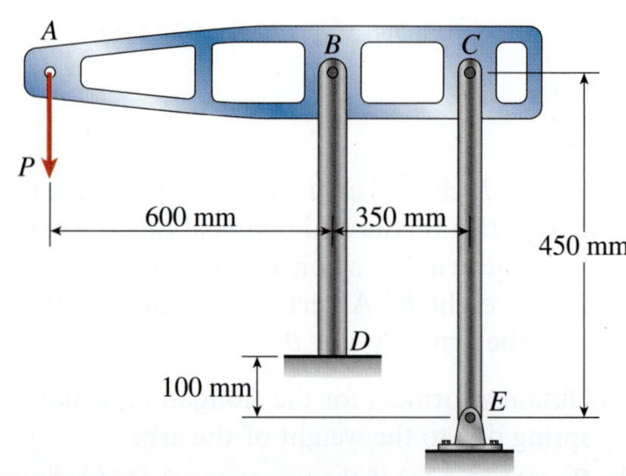

PROBLEM 2.2-8

Representative Problems

2.2-9 A safety valve on the top of a tank containing steam under pressure p has a discharge hole of diameter d (see figure). The valve is designed to release the steam when the pressure reaches the value p_{max}.

If the natural length of the spring is L and its stiffness is k, what should be the dimension h of the valve? (Express your result as a formula for h.)

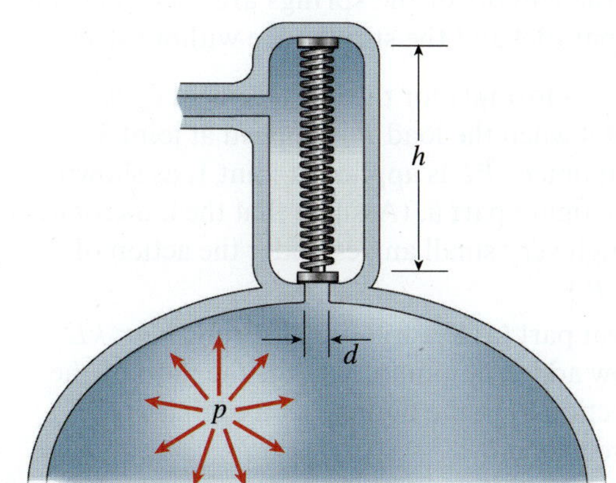

PROBLEM 2.2-9

2.2-10 The device shown in the figure consists of a prismatic rigid pointer ABC supported by a uniform translational spring of stiffness $k = 950$ N/m. The spring is positioned at distance $b = 165$ mm from the pinned end A of the pointer. The device is adjusted so that, when there is no load P, the pointer reads zero on the angular scale.

(a) If the load $P = 11$ N, at what distance x should the load be placed so that the pointer will read $\theta = 2.5°$ on the scale (see figure part a)?

(b) Repeat part (a) if a rotational spring $k_r = kb^2$ is added at A (see figure part b).

(c) Let $x = 7b/8$. What is P_{max} (N) if θ cannot exceed 2°? Include spring k_r in your analysis.

(d) Now, if the weight of the pointer ABC is known to be $W_p = 3$ N and the weight of the spring is $W_s = 2.75$ N, what initial angular position (i.e., θ in degrees) of the pointer will result in a zero reading on the angular scale once the pointer is released from rest? Assume $P = k_r = 0$.

(e) If the pointer is rotated to a vertical position (see figure part c), find the required load P applied at mid-height of the pointer that will result in a pointer reading of $\theta = 2.5°$ on the scale. Consider the weight of the pointer W_p in your analysis.

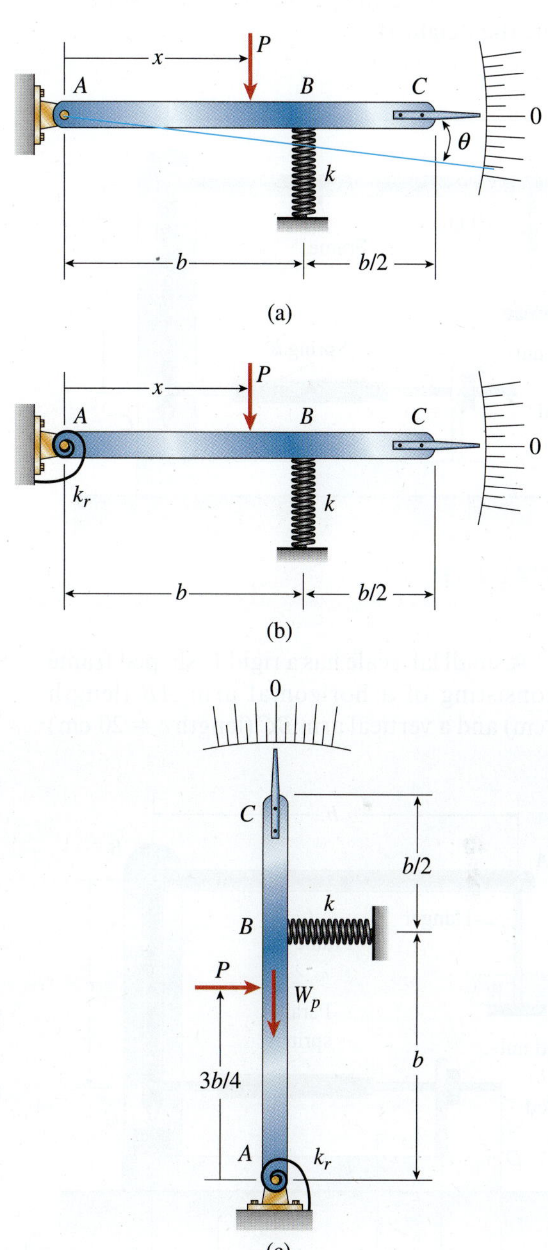

PROBLEM 2.2-10

2.2-11 A small lab scale has a rigid L-shaped frame ABC consisting of a horizontal arm AB (length $b = 250$ mm) and a vertical arm BC (length $c = 175$ mm) pivoted at point B. The pivot is attached to the outer frame BCD that stands on a laboratory bench. The position of the pointer at C is controlled by a spring, $k = 875$ N/m, that is attached to a threaded rod. The pitch of the threads is $p = 1.6$ mm. Under application of load W, 12 revolutions of the nut are required to bring the pointer back to the mark. Calculate the weight W.

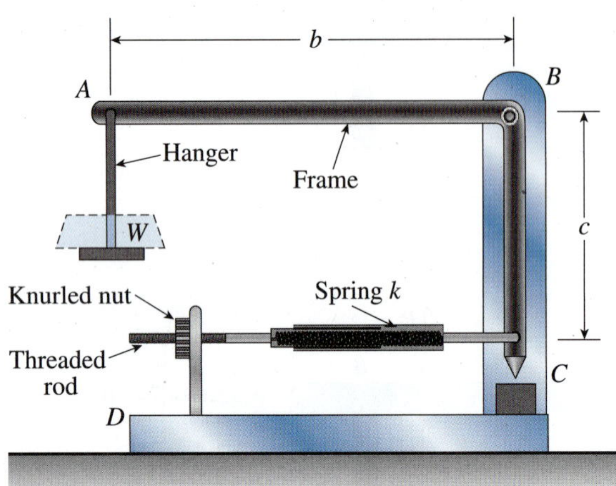

PROBLEM 2.2-11

2.2-12 A small lab scale has a rigid L-shaped frame ABC consisting of a horizontal arm AB (length $b = 30$ cm) and a vertical arm BC (length $c = 20$ cm)

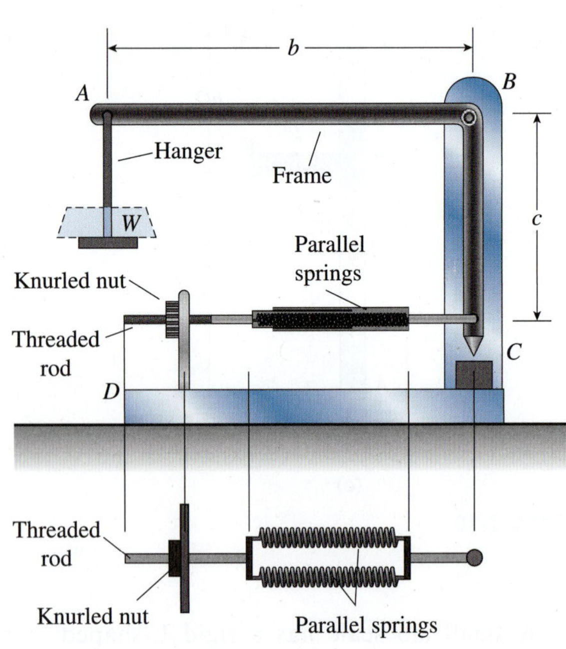

PROBLEM 2.2-12

pivoted at point B. The pivot is attached to the outer frame BCD that stands on a laboratory bench. The position of the pointer at C is controlled by two parallel springs, each having a spring constant $k = 3650$ N/m, that are attached to a threaded rod. The pitch of the threads is $p = 1.5$ mm. If the weight is 65 N, how many revolutions of the nut are required to bring the pointer back to the mark?

2.2-13 Two rigid bars are connected to each other by two linearly elastic springs. Before loads are applied, the lengths of the springs are such that the bars are parallel and the springs are without stress.

(a) Derive a formula for the displacement δ_4 at point 4 when the load P is applied at joint 3 and moment PL is applied at joint 1, as shown in the figure part a. (Assume that the bars rotate through very small angles under the action of load P.)

(b) Repeat part (a) if a rotational spring, $k_r = kL^2$, is now added at joint 6. What is the ratio of the deflection δ_4 in the figure part a to that in the figure part b ?

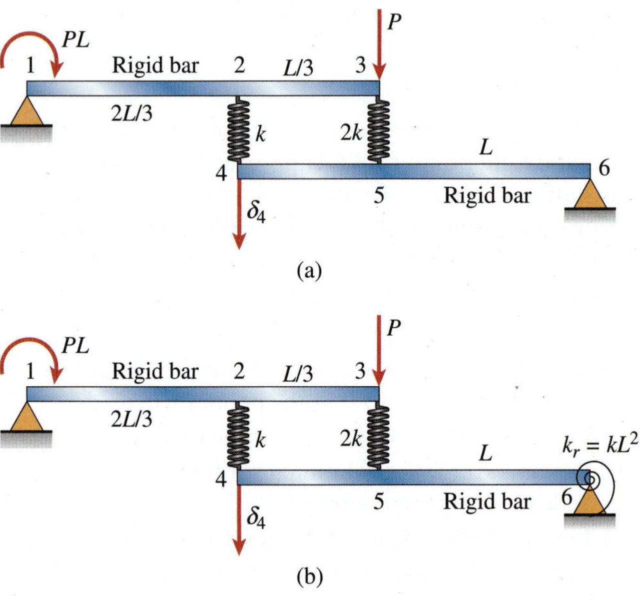

PROBLEM 2.2-13

2.2-14 The three-bar truss ABC shown in the figure part a has a span $L = 3$ m and is constructed of steel pipes having a cross-sectional area $A = 3900$ mm^2 and modulus of elasticity $E = 200$ GPa. Identical loads P act both vertically and horizontally at joint C, as shown.

(a) If $P = 475$ kN, what is the horizontal displacement of joint B?

(b) What is the maximum permissible load value P_{max} if the displacement of joint B is limited to 1.5 mm?

(c) Repeat parts (a) and (b) if the plane truss is replaced by a space truss (see figure part b).

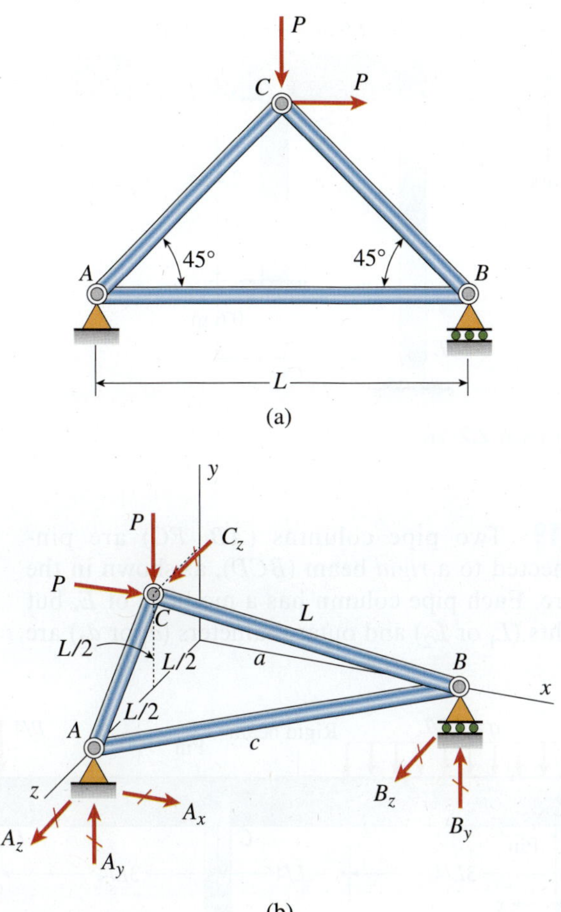

PROBLEM 2.2-14

2.2-15 An aluminum wire having a diameter $d = 2$ mm and length $L = 3.8$ m is subjected to a tensile load P (see figure). The aluminum has a modulus of elasticity $E = 75$ GPa.

If the maximum permissible elongation of the wire is 3 mm and the allowable stress in tension is 60 MPa, what is the allowable load P_{max}?

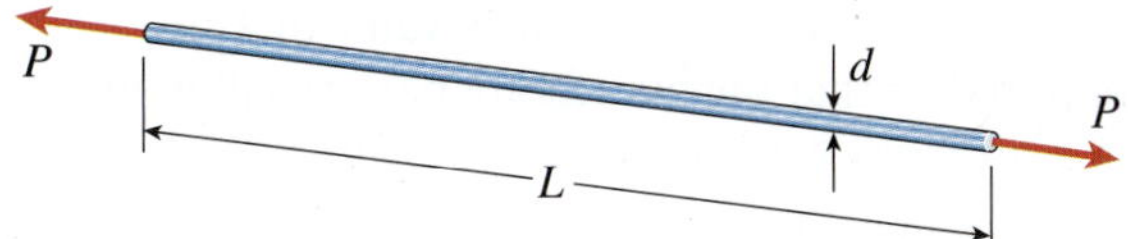

PROBLEM 2.2-15

2.2-16 A uniform bar AB of weight $W = 25$ N is supported by two springs, as shown in the figure. The spring on the left has a stiffness $k_1 = 300$ N/m and natural length $L_1 = 250$ mm. The corresponding quantities for the spring on the right are $k_2 = 400$ N/m and $L_2 = 200$ mm. The distance between the springs is $L = 350$ mm, and the spring on the right is suspended from a support that is a distance $h = 80$ mm below the point of support for the spring on the left. Neglect the weight of the springs.

(a) At what distance x from the left-hand spring (figure part a) should a load $P = 18$ N be placed in order to bring the bar to a horizontal position?

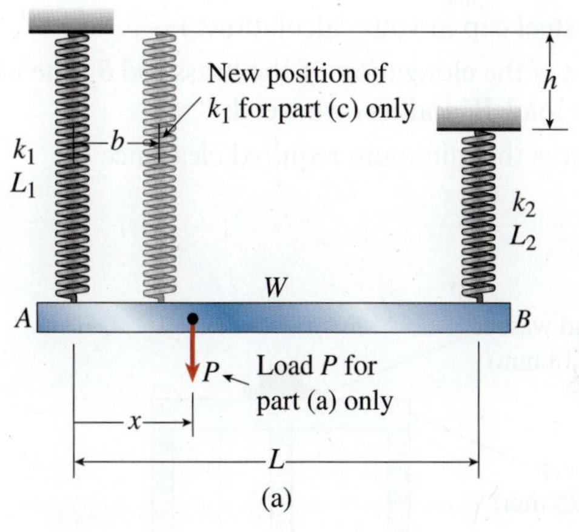

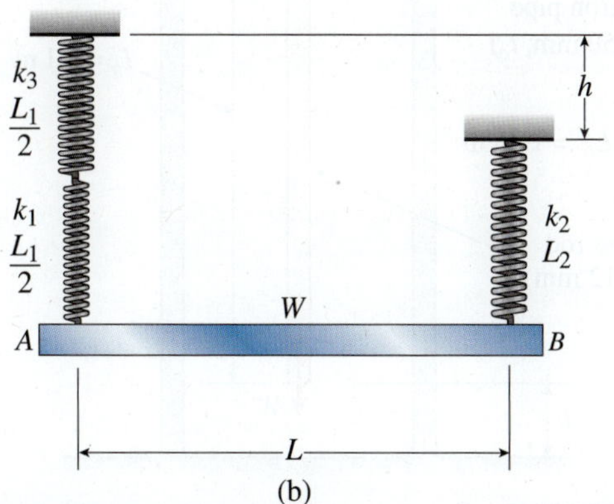

PROBLEM 2.2-16

(b) If P is now removed, what new value of k_1 is required so that the bar (figure part a) will hang in a horizontal position under weight W?

(c) If P is removed and $k_1 = 300$ N/m, what distance b should spring k_1 be moved to the right so that the bar (figure part a) will hang in a horizontal position under weight W?

(d) If the spring on the left is now replaced by two springs in series ($k_1 = 300$ N/m, k_3) with overall natural length $L_1 = 250$ mm (see figure part b), what value of k_3 is required so that the bar will hang in a horizontal position under weight W?

2.2-17 A hollow, circular, cast-iron pipe ($E_c = 83$ GPa) supports a brass rod ($E_b = 96$ GPa) and weight $W = 9$ kN, as shown. The outside diameter of the pipe is $d_c = 150$ mm.

(a) If the allowable compressive stress in the pipe is 35 MPa and the allowable shortening of the pipe is 0.5 mm, what is the minimum required wall thickness $t_{c,\min}$? (Include the weights of the rod and steel cap in your calculations.)

(b) What is the elongation of the brass rod δ_r due to both load W and its own weight?

(c) What is the minimum required clearance h?

PROBLEM 2.2-17

2.2-18 The horizontal rigid beam $ABCD$ is supported by vertical bars BE and CF and is loaded by vertical forces $P_1 = 400$ kN and $P_2 = 360$ kN acting at points A and D, respectively (see figure). Bars BE and CF are made of steel ($E = 200$ GPa) and have cross-sectional areas $A_{BE} = 11{,}100$ mm^2 and $A_{CF} = 9280$ mm^2. The distances between various points on the bars are shown in the figure.

Determine the vertical displacements δ_A and δ_D of points A and D, respectively.

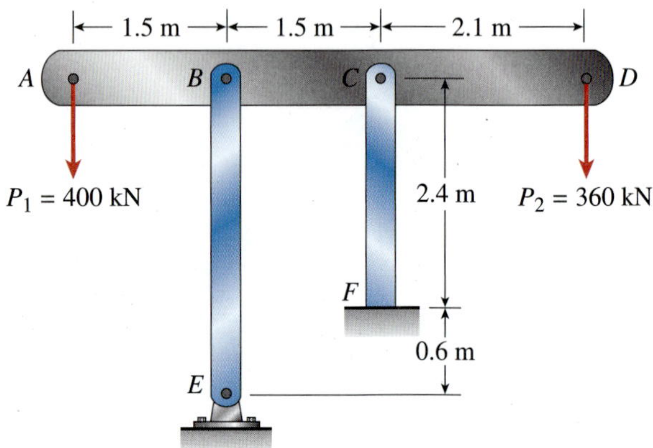

PROBLEM 2.2-18

2.2-19 Two pipe columns (AB, FC) are pin-connected to a *rigid* beam (BCD), as shown in the figure. Each pipe column has a modulus of E, but heights (L_1 or L_2) and outer diameters (d_1 or d_2) are

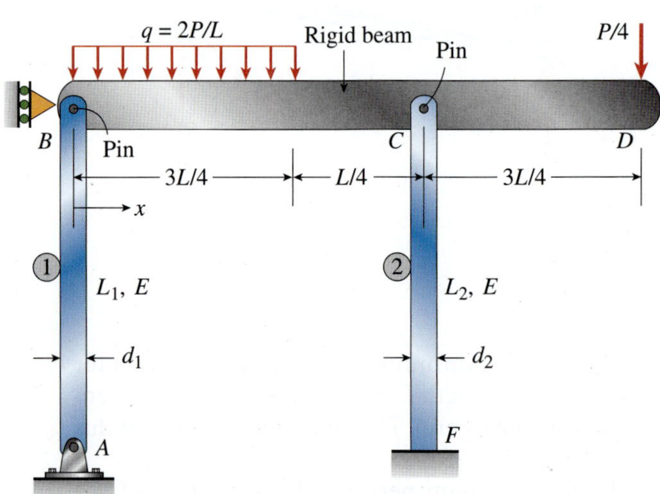

PROBLEM 2.2-19

different for each column. Assume the inner diameter of each column is 3/4 of outer diameter. Uniformly distributed downward load $q = 2P/L$ is applied over a distance of $3L/4$ along BC, and concentrated load $P/4$ is applied downward at D.

(a) Derive a formula for the displacement δ_D at point D in terms of P and column flexibilities f_1 and f_2.
(b) If $d_1 = (9/8)d_2$, find the L_1/L_2 ratio so that beam BCD displaces downward to a horizontal position under the load system in part (a).
(c) If $L_1 = 2L_2$, find the d_1/d_2 ratio so that beam BCD displaces downward to a horizontal position under the load system in part (a).
(d) If $d_1 = (9/8)d_2$ and $L_1/L_2 = 1.5$, at what horizontal distance x from B should load $P/4$ be placed so that beam BCD displaces downward to a horizontal position under the load system in part (a)?

2.2-20 A framework ABC consists of two rigid bars AB and BC, each having a length b (see the first part of the figure part a). The bars have pin connections at A, B, and C and are joined by a spring of stiffness k. The spring is attached at the midpoints of the bars. The framework has a pin support at A and a roller support at C, and the bars are at an angle α to the horizontal.

When a vertical load P is applied at joint B (see the second part of the figure part a) the roller support C moves to the right, the spring is stretched, and the angle of the bars decreases from α to the angle θ.

(a) Determine the angle θ and the increase δ in the distance between points A and C. Also find reactions at A and C. (Use the following data: $b = 200$ mm, $k = 3.2$ kN/m, $\alpha = 45°$, and $P = 50$ N.)
(b) Repeat part (a) if a translational spring $k_1 = k/2$ is added at C and a rotational spring $k_r = kb^2/2$ is added at A (see figure part b).

2.2-21 Solve the preceding problem for the following data: $b = 300$ mm, $k = 7.8$ kN/m, $\alpha = 55°$, and $P = 100$ N.

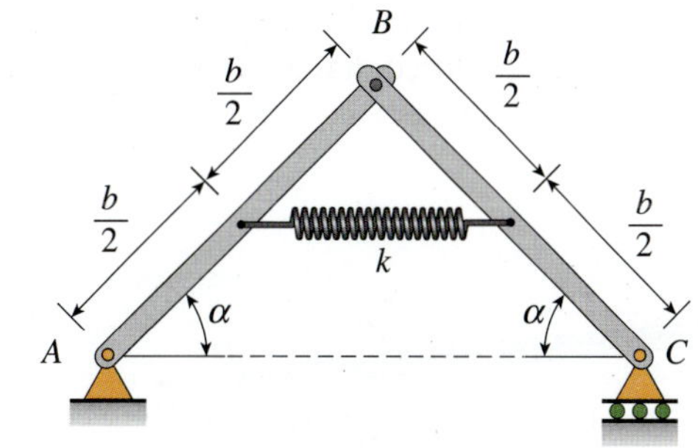

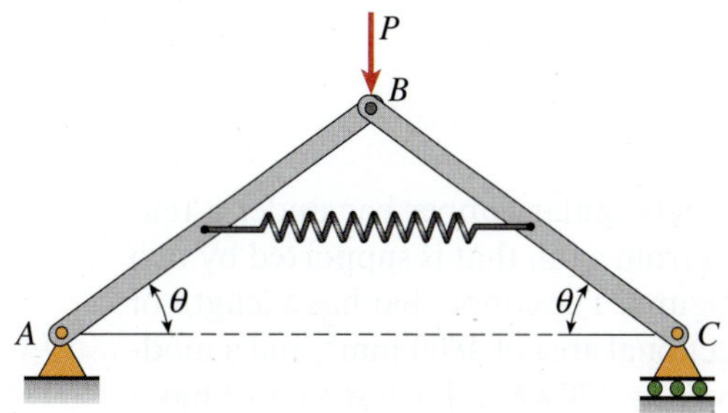

(a) Initial and displaced structures

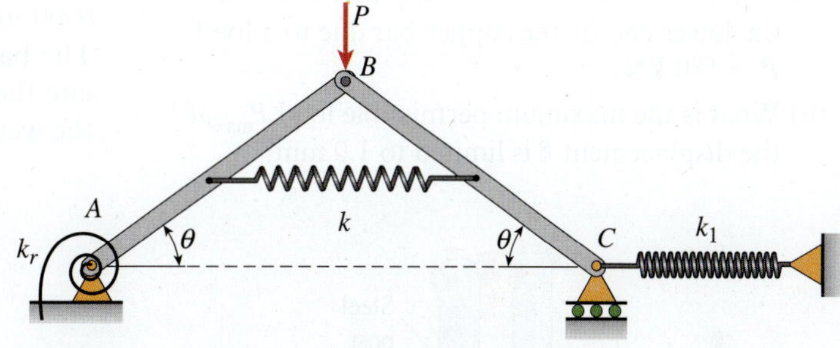

(b) Displaced structure

PROBLEMS 2.2-20 and 2.2-21

2.3 Changes in Lengths Under Nonuniform Conditions

Introductory Problems

2.3-1 The length of the end segments of the bar (see figure) is 500 mm and the length of the prismatic middle segment is 1250 mm. Also, the diameters at cross sections A, B, C, and D are 12, 24, 24, and 12 mm, respectively, and the modulus of elasticity is 120 GPa.

(a) Calculate the elongation of a copper bar of solid circular cross section with tapered ends when it is stretched by axial loads of magnitude 14 kN (see figure).

(b) If the total elongation of the bar cannot exceed 0.635 mm, what are the required diameters at *B* and *C*? Assume that diameters at *A* and *D* remain at 12 mm.

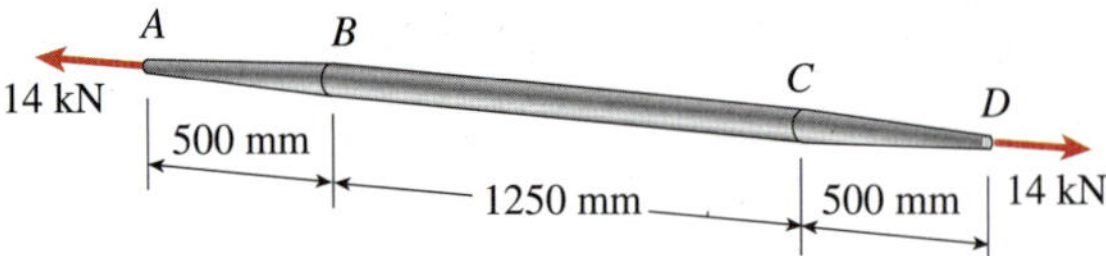

PROBLEM 2.3-1

2.3-2 A long, rectangular copper bar under a tensile load *P* hangs from a pin that is supported by two steel posts (see figure). The copper bar has a length of 2.0 m, a cross-sectional area of 4800 mm^2, and a modulus of elasticity E_c = 120 GPa. Each steel post has a height of 0.5 m, a cross-sectional area of 4500 mm^2, and a modulus of elasticity E_s = 200 GPa.

(a) Determine the downward displacement δ of the lower end of the copper bar due to a load P = 180 kN.

(b) What is the maximum permissible load P_{max} if the displacement δ is limited to 1.0 mm?

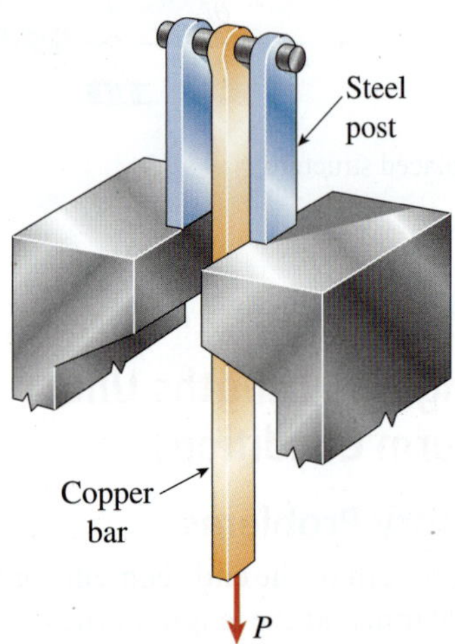

PROBLEM 2.3-2

2.3-3 An aluminum bar *AD* (see figure) has a cross-sectional area of 250 mm^2 and is loaded by forces P_1 = 7560 N, P_2 = 5340 N, and P_3 = 5780 N. The lengths of the segments of the bar are a = 1525 mm, b = 610 mm, and c = 910 mm.

(a) Assuming that the modulus of elasticity is E = 72 GPa, calculate the change in length of the bar. Does the bar elongate or shorten?

(b) By what amount *P* should the load P_3 be increased so that the bar does not change in length when the three loads are applied?

(c) If P_3 remains at 5780 N, what revised cross-sectional area for segment *AB* will result in no change of length when all three loads are applied?

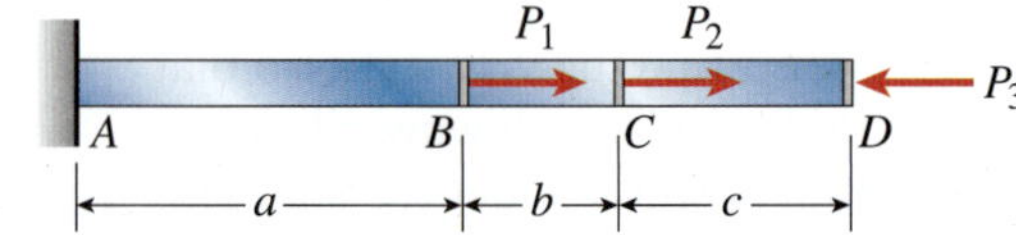

PROBLEM 2.3-3

2.3-4 A vertical bar consists of three prismatic segments A_1, A_2, and A_3 with cross-sectional areas of 6000 mm^2, 5000 mm^2, and 4000 mm^2, respectively. The bar is made of steel with E = 200 GPa. Calculate the displacements at points *B*, *D*, and *E*. Ignore the weight of the bar.

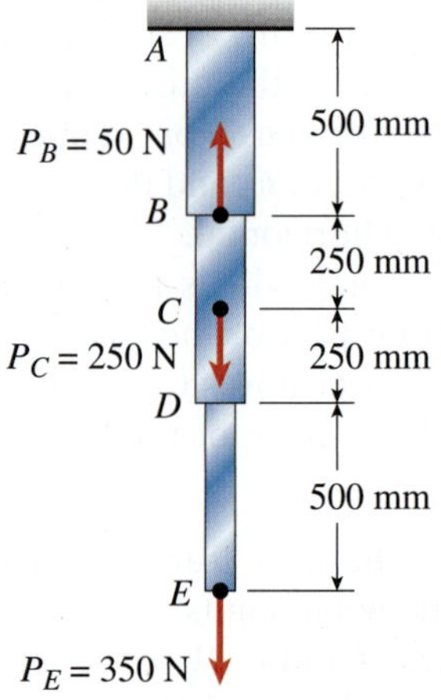

PROBLEM 2.3-4

2.3-5 A vertical bar is loaded with axial loads at points *B*, *C*, and *D*, as shown in the figure. The bar is made of steel with a modulus of elasticity E = 200 GPa. The bar has a cross-sectional area of 5300 mm^2. Calculate the displacements at points *B*, *C*, and *D*. Ignore the weight of the bar.

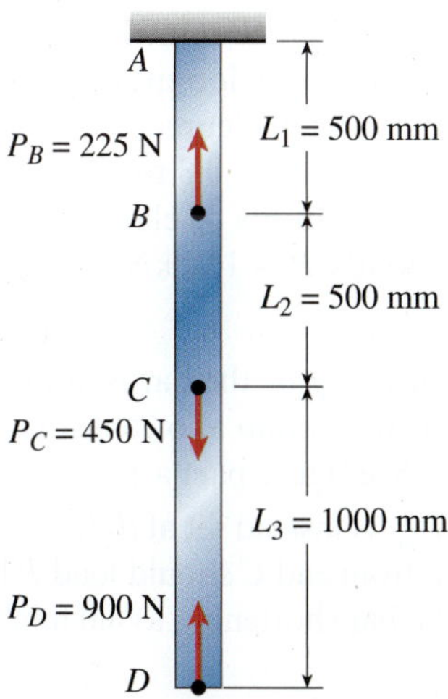

PROBLEM 2.3-5

2.3-6 Repeat Problem 2.3-4, but now include the weight of the bar. See Table I-1 in Appendix I for the weight density of steel.

2.3-7 Repeat Problem 2.3-5, but now include the weight of the bar. See Table I-1 in Appendix I for the weight density of steel.

Representative Problems

2.3-8 A rectangular bar of length L has a slot in the middle half of its length (see figure). The bar has width b, thickness t, and modulus of elasticity E. The slot has width $b/4$.

(a) Obtain a formula for the elongation δ of the bar due to the axial loads P.

(b) Calculate the elongation of the bar if the material is high-strength steel, the axial stress in the middle region is 160 MPa, the length is 750 mm, and the modulus of elasticity is 210 GPa.

(c) If the total elongation of the bar is limited to $\delta_{max} = 0.475$ mm, what is the maximum length of the slotted region? Assume that the axial stress in the middle region remains at 160 MPa.

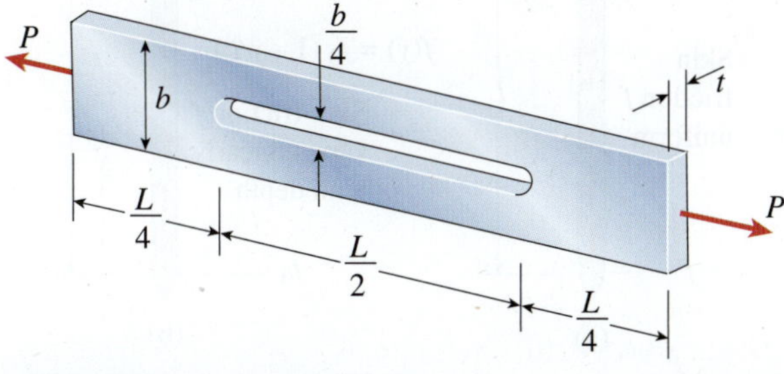

PROBLEMS 2.3-8 and 2.3-9

2.3-9 Solve the preceding problem if the axial stress in the middle region is 165 MPa, the length is 760 mm, and the modulus of elasticity is 207 GPa. In part (c), assume that $\delta_{max} = 0.5$ mm.

2.3-10 A two-story building has steel columns AB in the first floor and BC in the second floor, as shown in the figure. The roof load P_1 equals 400 kN, and the second-floor load P_2 equals 720 kN. Each column has a length $L = 3.75$ m. The cross-sectional areas of the first- and second-floor columns are 11,000 mm^2 and 3900 mm^2, respectively.

(a) Assuming that $E = 206$ GPa, determine the total shortening δ_{AC} of the two columns due to the combined action of the loads P_1 and P_2.

(b) How much additional load P_0 can be placed at the top of the column (point C) if the total shortening δ_{AC} is not to exceed 4.0 mm?

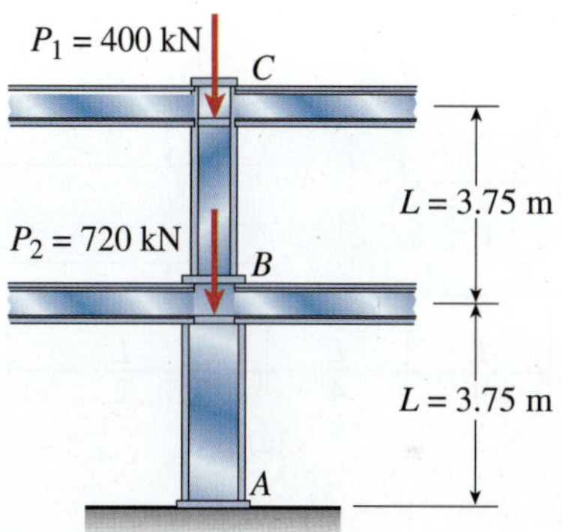

PROBLEM 2.3-10

2.3-11 A steel bar is 2.4 m long and has a circular cross section of diameter $d_1 = 20$ mm over one-half of its length and diameter $d_2 = 12$ mm over the other half (see figure on following page part a). The modulus of elasticity is $E = 205$ GPa.

(a) How much will the bar elongate under a tensile load $P = 22$ kN?

(b) If the same volume of material is made into a bar of constant diameter d and length 2.4 m, what will be the elongation under the same load P?

(c) If the uniform axial centroidal load $q = 18.33$ kN/m is applied to the left over segment 1 (see figure part b), find the ratio of the total elongation of the bar to that in parts (a) and (b).

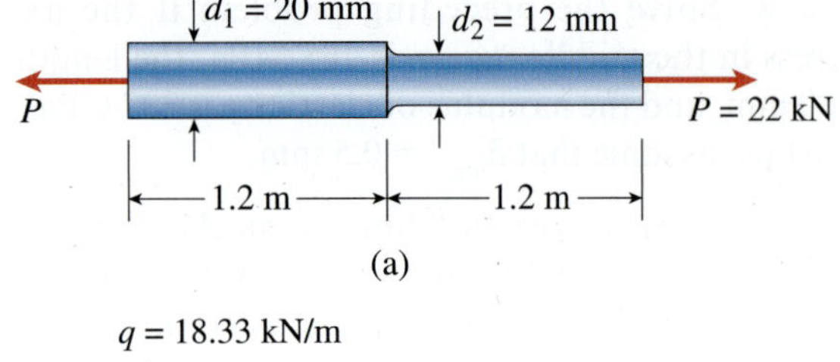

(a)

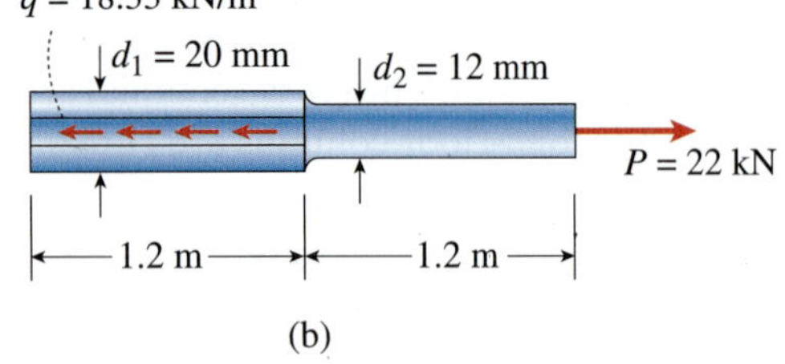

(b)

PROBLEM 2.3-11

2.3-12 A bar ABC of length L consists of two parts of equal lengths but different diameters. Segment AB has diameter $d_1 = 100$ mm, and segment BC has diameter $d_2 = 60$ mm. Both segments have a length $L/2 = 0.6$ m. A longitudinal hole of diameter d is drilled through segment AB for one-half of its length (distance $L/4 = 0.3$ m). The bar is made of plastic having a modulus of elasticity $E = 4.0$ GPa. Compressive loads $P = 110$ kN act at the ends of the bar.

(a) If the shortening of the bar is limited to 8.0 mm, what is the maximum allowable diameter d_{max} of the hole? (See figure part a.)

(b) Now, if d_{max} is instead set at $d_2/2$, at what distance b from end C should load P be applied to limit the bar shortening to 8.0 mm? (See figure part b.)

(c) Finally, if loads P are applied at the ends and $d_{max} = d_2/2$, what is the permissible length x of the hole if shortening is to be limited to 8.0 mm? (See figure part c.)

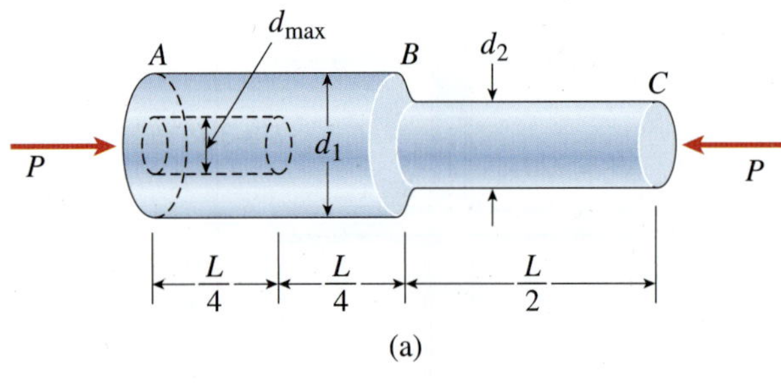

(a)

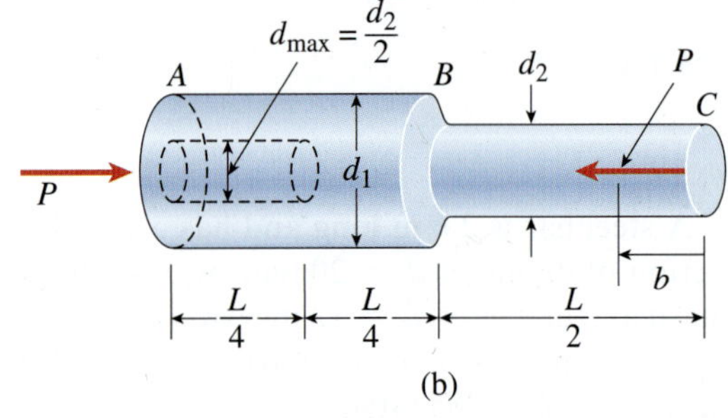

(b)

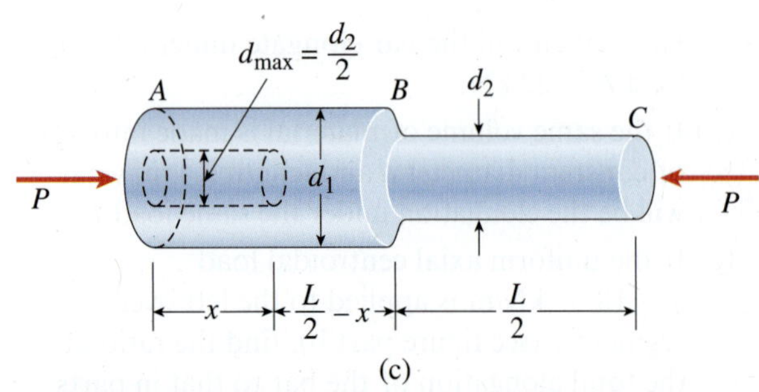

(c)

PROBLEM 2.3-12

2.3-13 A wood pile, driven into the earth, supports a load P entirely by friction along its sides (see figure part a). The friction force f per unit length of the pile is assumed to be uniformly distributed over the surface of the pile. The pile has a length L, cross-sectional area A, and modulus of elasticity E.

(a) Derive a formula for the shortening δ of the pile in terms of P, L, E, and A.

(b) Draw a diagram showing how the compressive stress σ_c varies throughout the length of the pile.

(c) Repeat parts (a) and (b) if skin friction f varies linearly with depth (see figure part b).

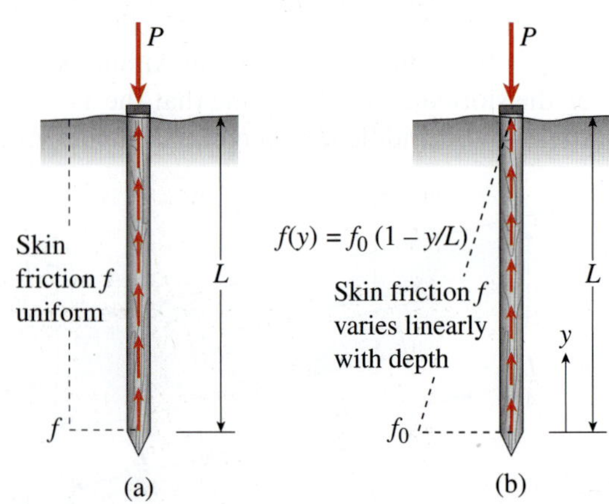

PROBLEM 2.3-13

2.3-14 Consider the copper tubes joined in the figure using a "sweated" joint. Use the properties and dimensions given.

(a) Find the total elongation of segment 2-3-4 (δ_{2-4}) for an applied tensile force of $P = 5$ kN. Use $E_c = 120$ GPa.

(b) If the yield strength in shear of the tin-lead solder is $\tau_y = 30$ MPa and the tensile yield strength of the copper is $\sigma_y = 200$ MPa, what is the maximum load P_{max} that can be applied to the joint if the desired factor of safety in shear is $FS_\tau = 2$ and in tension is $FS_\sigma = 1.7$?

(c) Find the value of L_2 at which tube and solder capacities are equal.

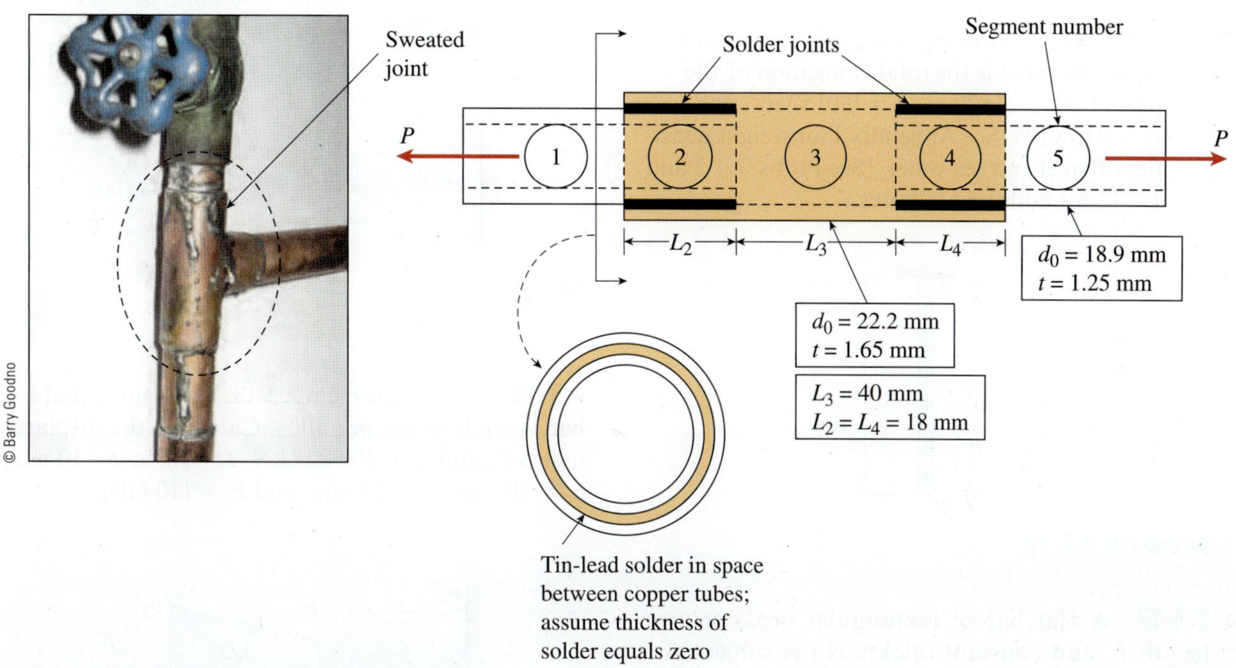

PROBLEM 2.3-14

2.3-15 The nonprismatic cantilever circular bar shown has an internal cylindrical hole of diameter $d/2$ from 0 to x, so the net area of the cross section for segment 1 is (3/4)A. Load P is applied at x, and load $P/2$ is applied at $x = L$. Assume that E is constant.

(a) Find reaction force R_1.

(b) Find internal axial forces N_i in segments 1 and 2.

(c) Find x required to obtain axial displacement at joint 3 of $\delta_3 = PL/EA$.

(d) In part (c), what is the displacement at joint 2, δ_2?

(e) If P acts at $x = 2L/3$ and $P/2$ at joint 3 is replaced by βP, find β so that $\delta_3 = PL/EA$.

(f) Draw the *axial force* (AFD: $N(x)$, $0 \le x \le L$) and *axial displacement diagrams* (ADD: $\delta(x)$, $0 \le x \le L$) using results from parts (b) through (d).

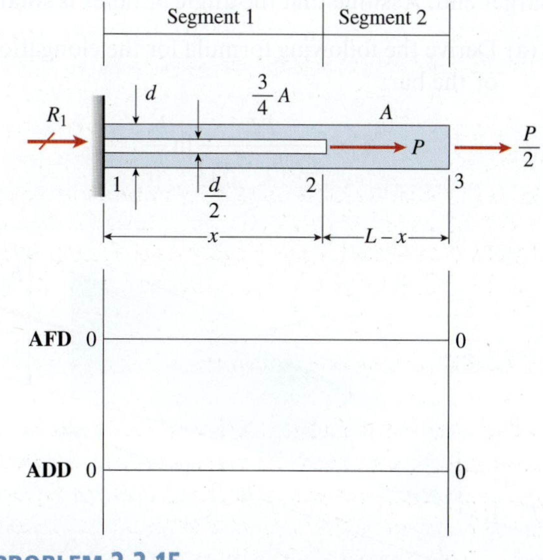

PROBLEM 2.3-15

2.3-16 A prismatic bar AB of length L, cross-sectional area A, modulus of elasticity E, and weight W hangs vertically under its own weight (see figure).

(a) Derive a formula for the downward displacement δ_C of point C, located at distance h from the lower end of the bar.

(b) What is the elongation δ_B of the entire bar?

(c) What is the ratio β of the elongation of the upper half of the bar to the elongation of the lower half of the bar?

(d) If bar AB is a riser pipe hanging from a drill rig at sea, what is the total elongation of the pipe? Let $L = 1500$ m, $A = 0.0157$ m^2, and $E = 210$ GPa. See Appendix I for weight densities of steel and sea water. (See Probs. 1.4-2 and 1.7-13 for additional figures.)

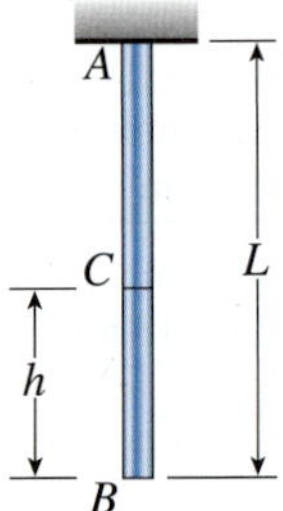

PROBLEM 2.3-16

2.3-17 A flat bar of rectangular cross section, length L, and constant thickness t is subjected to tension by forces P (see figure). The width of the bar varies linearly from b_1 at the smaller end to b_2 at the larger end. Assume that the angle of taper is small.

(a) Derive the following formula for the elongation of the bar:

$$\delta = \frac{PL}{Et(b_2 - b_1)} \ln \frac{b_2}{b_1}$$

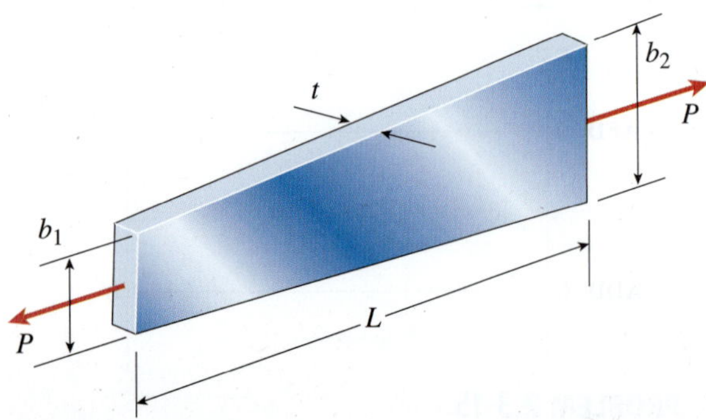

PROBLEM 2.3-17

(b) Calculate the elongation, assuming $L = 1.5$ m, $t = 25$ mm, $P = 125$ kN, $b_1 = 100$ mm, $b_2 = 150$ mm, and $E = 200$ GPa.

2.3-18 A flat brass bar has length L, constant thickness t, and a rectangular cross section whose width varies linearly between b_2 at the fixed support to b_1 at the free end (see figure). Assume that the taper of the bar is small. The bar has modulus of elasticity E. Calculate the displacements δ_B and δ_C if $P = 200$ kN, $L = 2$ m, $t = 20$ mm, $b_1 = 100$ mm, $b_2 = 115$ mm, and $E = 96$ GPa.

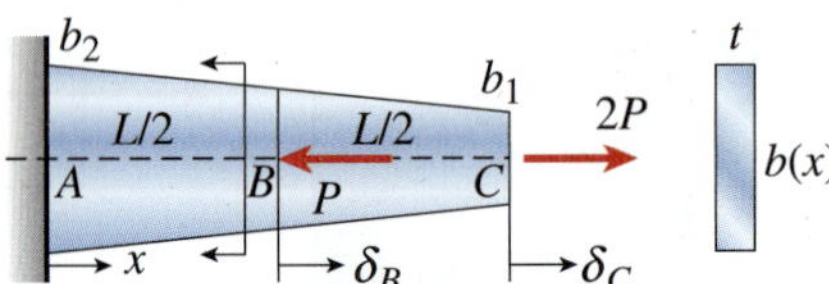

PROBLEM 2.3-18

2.3-19 Repeat Problem 2.3-18, but assume that the bar is made of copper alloy. Calculate the displacements δ_B and δ_C if $P = 225$ kN, $L = 1.5$ m, $t = 10$ mm, $b_1 = 70$ mm, $b_2 = 75$ mm, and $E = 110$ GPa.

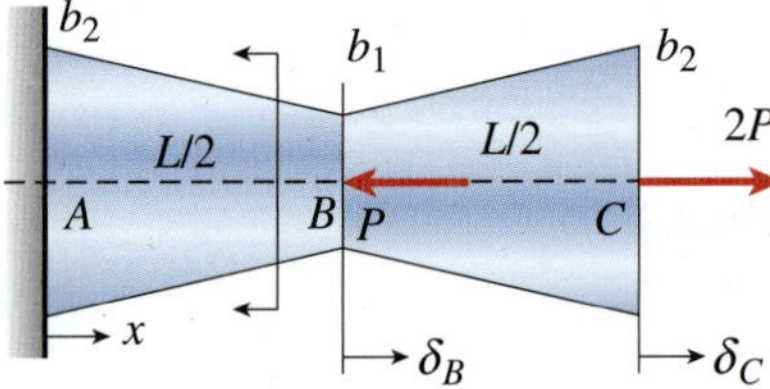

PROBLEM 2.3-19

2.3-20 Repeat Problem 2.3-18, but assume that the bar is made of aluminum alloy. If $P_2 = 200$ kN, what is P_1 so that displacement $\delta_C = 0$? What is displacement δ_B? Assume that $L = 2$ m, $t = 20$ mm, $b_1 = 100$ mm, $b_2 = 115$ mm, and $E = 72$ GPa.

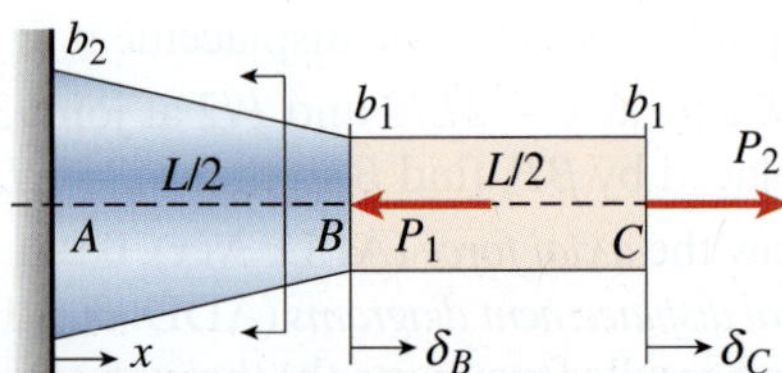

PROBLEM 2.3-20

2.3-21 A slightly tapered bar AB of solid circular cross section and length L is supported at end B and subjected to a tensile load P at the free end A. The diameters of the bar at ends A and B are d_A and d_B, respectively. Determine the length of the bar if the elongation of the bar due to the load $P = 200$ kN is 0.5 mm. Assume that $E = 72$ GPa.

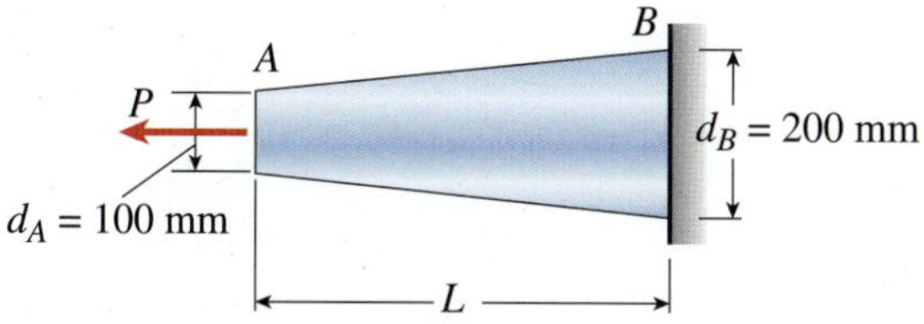

PROBLEM 2.3-21

2.3-22 A circular aluminum alloy bar of length $L = 1.8$ m has a slot in the middle half of its length (see figure). The bar has a radius $r = 36$ mm and modulus of elasticity $E = 72$ GPa. The slot has a height $2a = r/4$. Calculate the elongation of the bar due to forces P applied at the ends if the axial stress in the middle region is known to be 180 MPa.

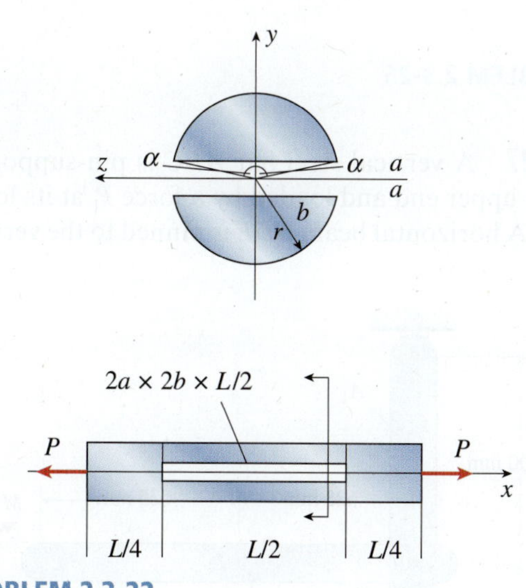

PROBLEM 2.3-22

2.3-23 A long, slender bar in the shape of a right circular cone with length L and base diameter d hangs vertically under the action of its own weight (see figure). The weight of the cone is W and the modulus of elasticity of the material is E.

Derive a formula for the increase δ in the length of the bar due to its own weight. (Assume that the angle of taper of the cone is small.)

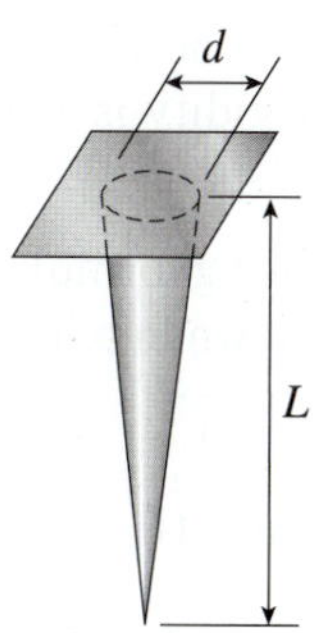

PROBLEM 2.3-23

2.3-24 A post AB supporting equipment in a laboratory is tapered uniformly throughout its height H (see figure). The cross sections of the post are square, with dimensions $b \times b$ at the top and $1.5b \times 1.5b$ at the base.

Derive a formula for the shortening δ of the post due to the compressive load P acting at the top. (Assume that the angle of taper is small and disregard the weight of the post itself.)

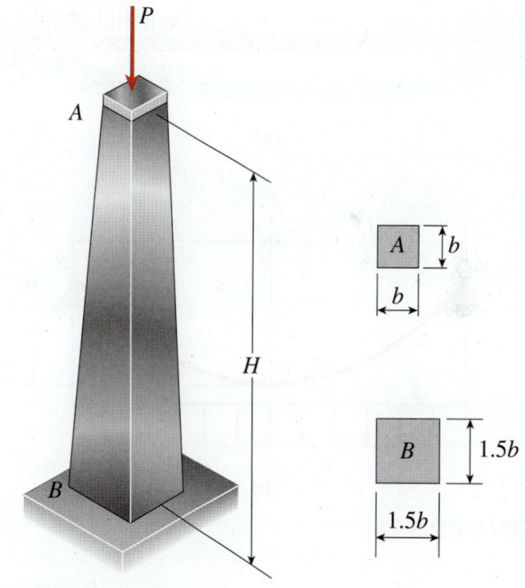

PROBLEM 2.3-24

2.3-25 The main cables of a suspension bridge (see figure part a) follow a curve that is nearly parabolic because the primary load on the cables is the weight of the bridge deck, which is uniform in intensity along the horizontal. Therefore, represent the central region AOB of one of the main cables (see part b of the figure) as a parabolic cable supported at points A and B and carrying a uniform load of intensity q

along the horizontal. The span of the cable is L, the sag is h, the axial rigidity is EA, and the origin of coordinates is at midspan.

(a) Derive the following formula for the elongation of cable AOB shown in part b of the figure:

$$\delta = \frac{qL^3}{8hEA}\left(1 + \frac{16h^2}{3L^2}\right)$$

(b) Calculate the elongation δ of the central span of one of the main cables of the Golden Gate Bridge for which the dimensions and properties are $L = 1300$ m, $h = 140$ m, $q = 185$ kN/m, and $E = 200$ GPa. The cable consists of 27,572 parallel wires of diameter 5 mm.

Hint: Determine the tensile force T at any point in the cable from a free-body diagram of part of the cable; then determine the elongation of an element of the cable of length ds; finally, integrate along the curve of the cable to obtain an equation for the elongation δ.

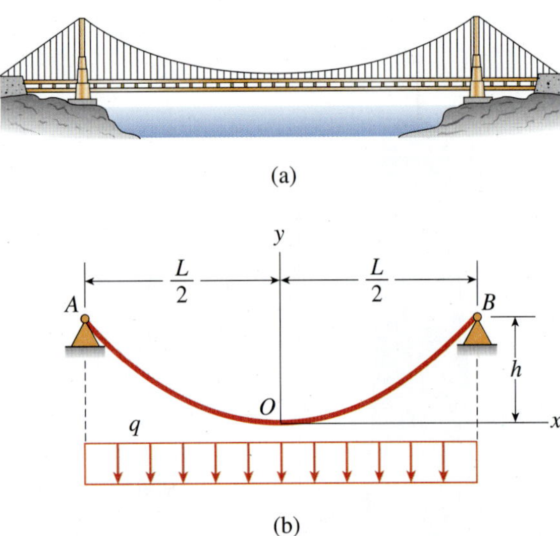

PROBLEM 2.3-25

2.3-26 A uniformly tapered tube AB of circular cross section and length L is shown in the figure. The average diameters at the ends are d_A and $d_B = 2d_A$. Assume E is constant. Find the elongation δ of the tube when it is subjected to loads P acting at the ends. Use the following numerical data: $d_A = 35$ mm, $L = 300$ mm, $E = 2.1$ GPa, and $P = 25$ kN. Consider the following cases.

(a) A hole of *constant* diameter d_A is drilled from B toward A to form a hollow section of length $x = L/2$.

(b) A hole of *variable* diameter $d(x)$ is drilled from B toward A to form a hollow section of length $x = L/2$ and constant thickness $t = d_A/20$.

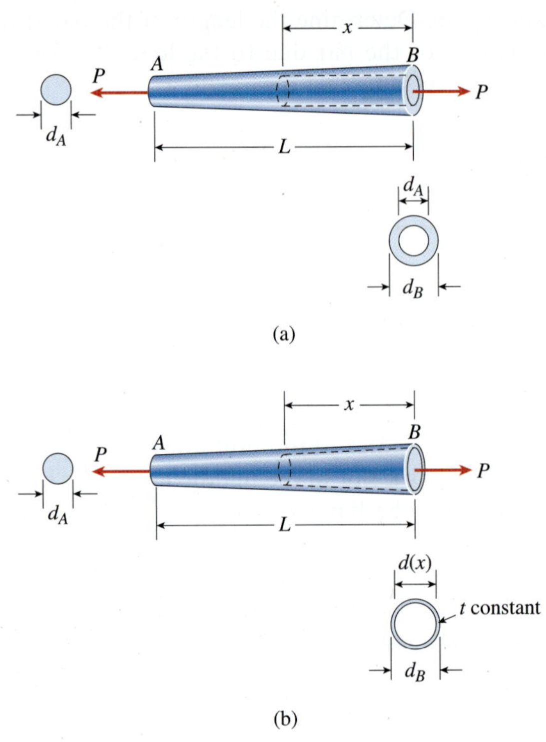

PROBLEM 2.3-26

2.3-27 A vertical steel bar ABC is pin-supported at its upper end and loaded by a force P_1 at its lower end. A horizontal beam BDE is pinned to the vertical

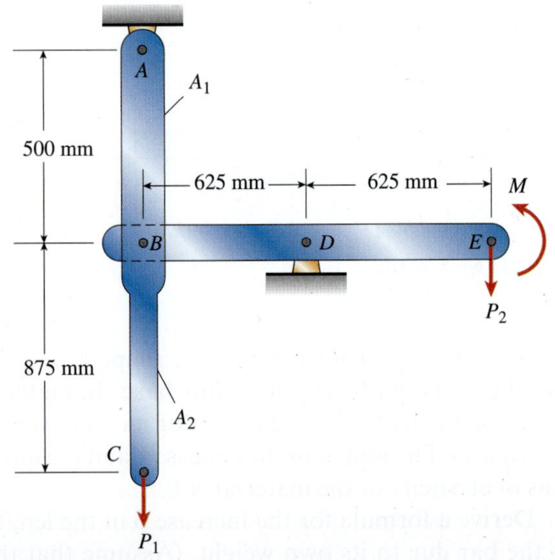

PROBLEM 2.3-27

bar at joint B and supported at point D. Load P_2 and moment M are applied at end E. Calculate the vertical displacement δ_C at point C if the loads are $P_1 = 11$ kN, $P_2 = 4.5$ kN, and $M = 2.8$ kN·m. The modulus of elasticity is $E = 200$ GPa and cross-sectional areas are $A_1 = 160$ mm^2 and $A_2 = 100$ mm^2. Ignore the weight of the bar.

2.3-28 A T-frame structure is composed of a prismatic beam ABC and a nonprismatic column DBF. The beam and the column have a pin support at A and D, respectively. Both members are connected with a pin at B. The lengths and properties of the members are shown in the figure. Find the vertical displacement of the column at points F and B. Plot axial force (AFD) and axial displacement (ADD) diagrams for column DBF.

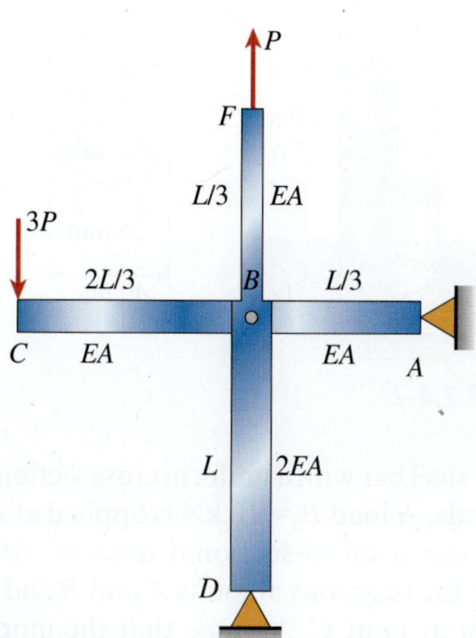

PROBLEM 2.3-28

2.3-29 A T-frame structure is composed of prismatic beam ABC and nonprismatic column DBF that are joined at B by a frictionless pin connection. The beam has a sliding support at A and the column is pin supported at F (see figure). Beam ABC and column segment DB have cross-sectional area A; column segment BF has area $2A$. The modulus of elasticity E is the same for both members. Load $2P$ is applied downward at C, and load P acts at D. Find expressions for the downward displacements of column DBF at D (δ_D) and also at B (δ_B). Plot axial force (AFD) and axial displacement (ADD) diagrams for column DBF.

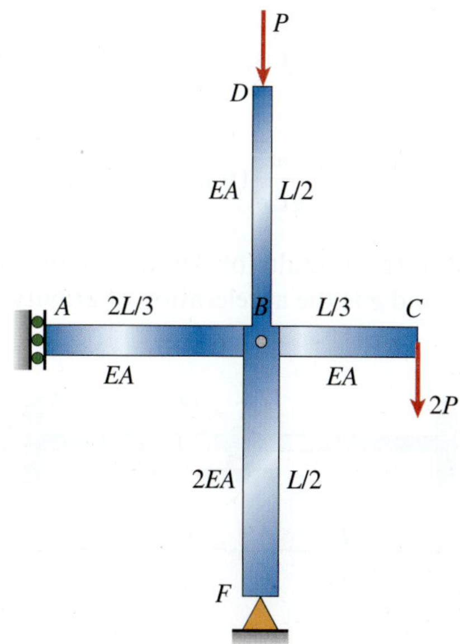

PROBLEM 2.3-29

2.3-30 Repeat Problem 2.3-29 if vertical load P at D is replaced by a horizontal load P at D (see figure).

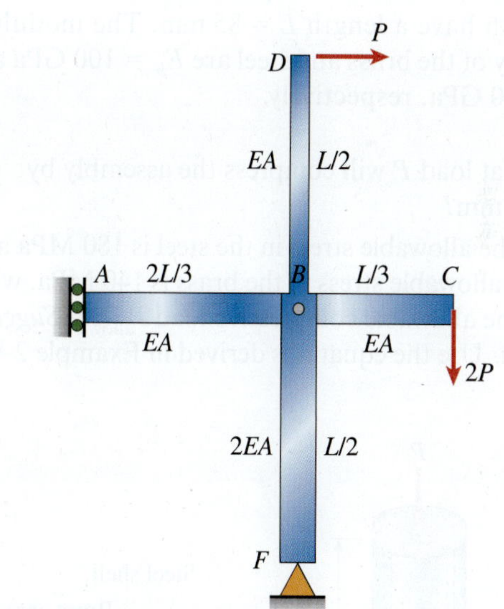

PROBLEM 2.3-30

2.3-31 A bar ABC revolves in a horizontal plane about a vertical axis at the midpoint C (see figure). The bar, which has a length $2L$ and cross-sectional area A, revolves at constant angular speed ω. Each half of the bar (AC and BC) has a weight W_1 and supports a weight W_2 at its end.

Derive the following formula for the elongation of one-half of the bar (that is, the elongation of either AC or BC):

$$\delta = \frac{L^2\omega^2}{3gEA}(W_1 + 3W_2)$$

in which E is the modulus of elasticity of the material of the bar and g is the acceleration of gravity.

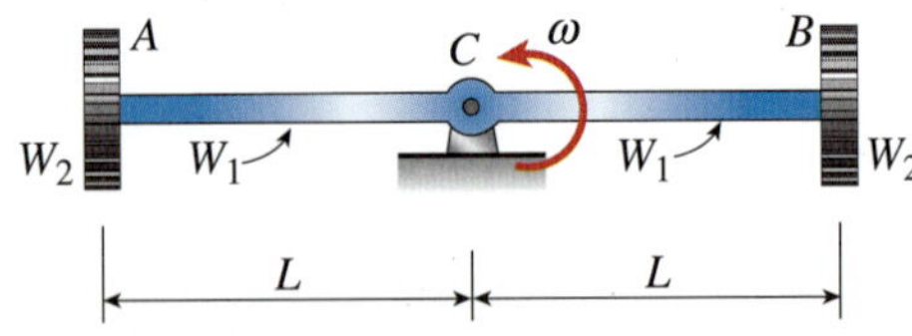

PROBLEM 2.3-31

2.4 Statically Indeterminate Structures

Introductory Problems

2.4-1 The assembly shown in the figure consists of a brass core (diameter $d_1 = 6$ mm) surrounded by a steel shell (inner diameter $d_2 = 7$ mm, outer diameter $d_3 = 9$ mm). A load P compresses the core and shell that both have a length $L = 85$ mm. The moduli of elasticity of the brass and steel are $E_b = 100$ GPa and $E_s = 200$ GPa, respectively.

(a) What load P will compress the assembly by 0.1 mm?

(b) If the allowable stress in the steel is 180 MPa and the allowable stress in the brass is 140 MPa, what is the allowable compressive load P_{allow}? (*Suggestion:* Use the equations derived in Example 2-8.)

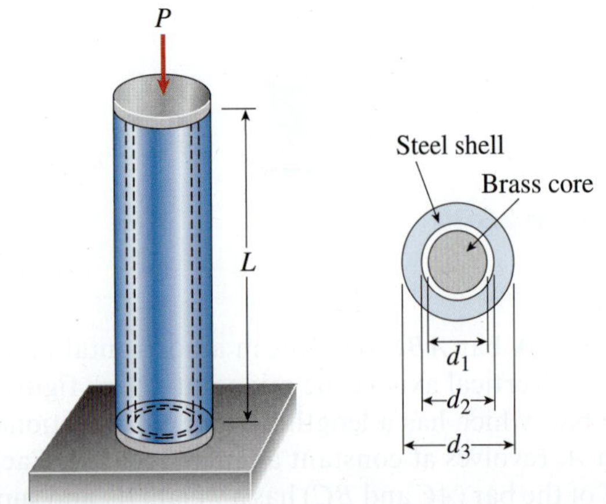

PROBLEM 2.4-1

2.4-2 A cylindrical assembly consisting of a brass core and an aluminum collar is compressed by a load P (see figure). The length of the aluminum collar and brass core is 350 mm, the diameter of the core is 25 mm, and the outside diameter of the collar is 40 mm. Also, the moduli of elasticity of the aluminum and brass are 72 GPa and 100 GPa, respectively.

(a) If the length of the assembly decreases by 0.1% when the load P is applied, what is the magnitude of the load?

(b) What is the maximum permissible load P_{max} if the allowable stresses in the aluminum and brass are 80 MPa and 120 MPa, respectively?

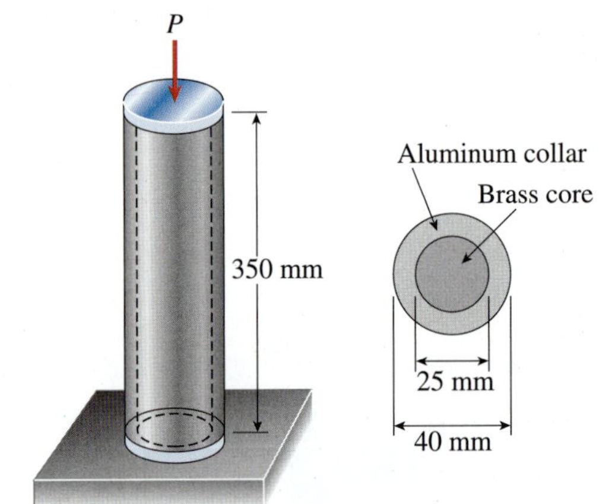

PROBLEM 2.4-2

2.4-3 A steel bar with a uniform cross section is fixed at both ends. A load $P = 10$ kN is applied at point C. The bar has a cross-sectional area of 5100 mm^2. Calculate the reactions at joints A and B and the displacement at joint C. Assume that the modulus of elasticity $E = 200$ GPa.

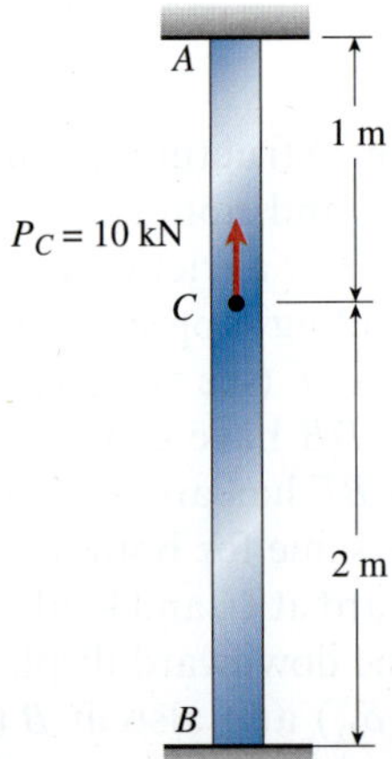

PROBLEM 2.4-3

2.4-4 A horizontal rigid bar ABC is pinned at end A and supported by two cables at points B and C. A vertical load $P = 10$ kN acts at end C of the bar. The two cables are made of steel with a modulus elasticity $E = 200$ GPa and have the same cross-sectional area. Calculate the minimum cross-sectional area of each cable if the yield stress of the cable is 400 MPa and the factor of safety is 2.0. Consider load P only; ignore the weight of bar ABC and the cables.

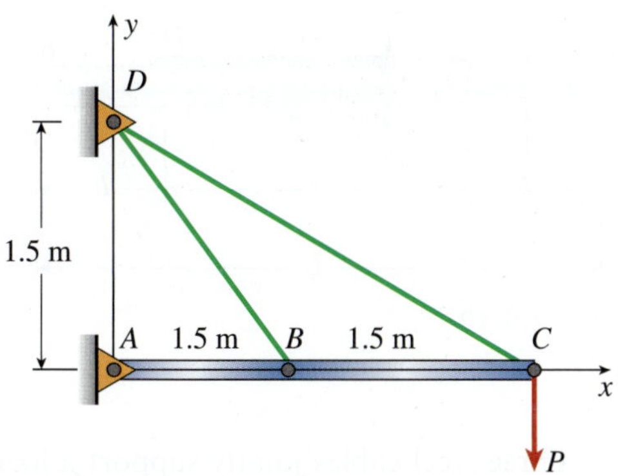

PROBLEM 2.4-4

2.4-5 A solid circular steel cylinder S is encased in a hollow circular aluminum tube A. The cylinder and tube are compressed between the rigid plates of a testing machine which applies forces P. Calculate the allowable value of the compressive force if the yield stresses of steel and aluminum are $\sigma_{yS} = 340$ MPa and $\sigma_{yA} = 410$ MPa, respectively. Assume that $A_S = 7700\ \text{mm}^2$, $A_A = 3800\ \text{mm}^2$, $L = 500$ mm, $E_S = 200$ GPa, and $E_A = 73$ GPa.

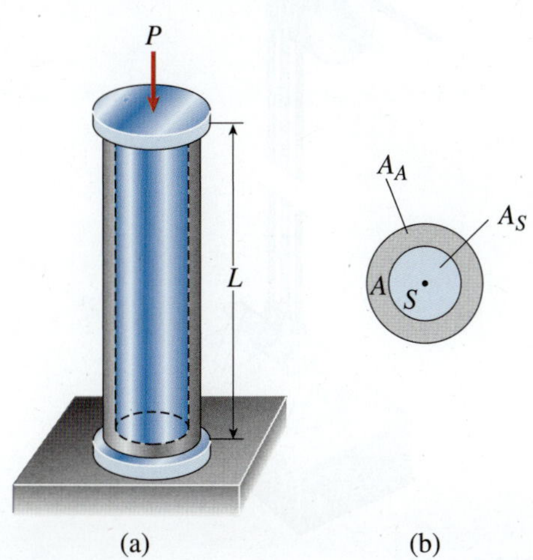

PROBLEM 2.4-5

2.4-6 Three prismatic bars, two of material A and one of material B, transmit a tensile load P (see figure). The two outer bars (material A) are identical. The cross-sectional area of the middle bar (material B) is 50% larger than the cross-sectional area of one of the outer bars. Also, the modulus of elasticity of material A is twice that of material B.

(a) What fraction of the load P is transmitted by the middle bar?

(b) What is the ratio of the stress in the middle bar to the stress in the outer bars?

(c) What is the ratio of the strain in the middle bar to the strain in the outer bars?

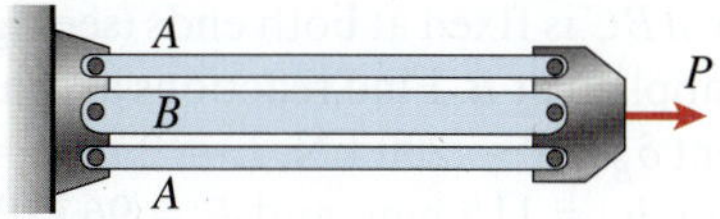

PROBLEM 2.4-6

Representative Problems

2.4-7 A circular bar ACB of a diameter d having a cylindrical hole of length x and diameter $d/2$ from A to C is held between rigid supports at A and B.

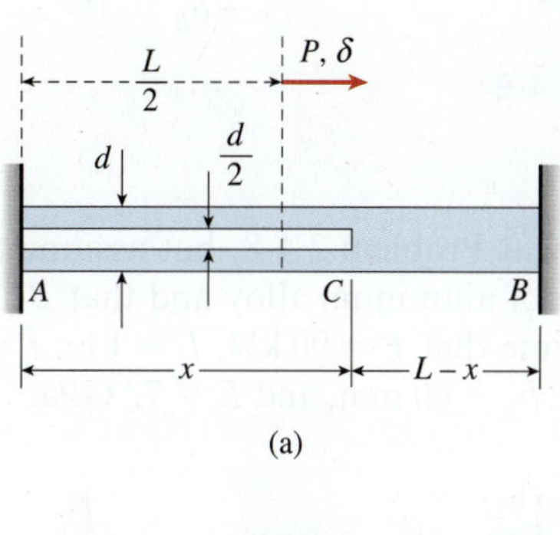

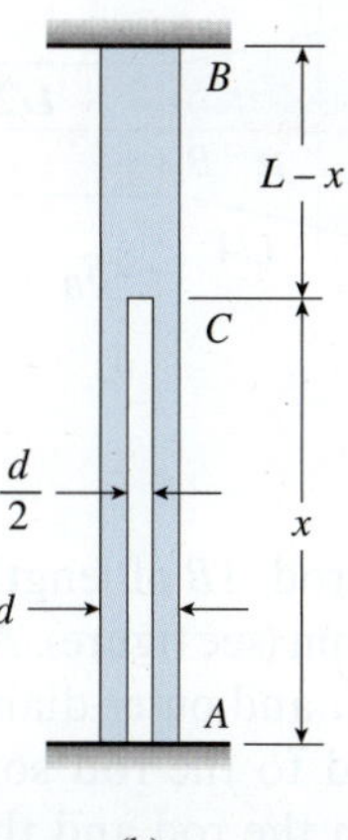

PROBLEM 2.4-7

A load P acts at $L/2$ from ends A and B. Assume E is constant.

(a) Obtain formulas for the reactions R_A and R_B at supports A and B, respectively, due to the load P (see figure part a).
(b) Obtain a formula for the displacement δ at the point of load application (see figure part a).
(c) For what value of x is $R_B = (6/5)R_A$? (See figure part a.)
(d) Repeat part (a) if the bar is now rotated to a vertical position, load P is removed, and the bar is hanging under its own weight (assume mass density $= \rho$). (See figure part b.) Assume that $x = L/2$.

2.4-8 Bar ABC is fixed at both ends (see figure) and has load P applied at B. Find reactions at A and C and displacement δ_B if $P = 200$ kN, $L = 2$ m, $t = 20$ mm, $b_1 = 100$ mm, $b_2 = 115$ mm, and $E = 96$ GPa.

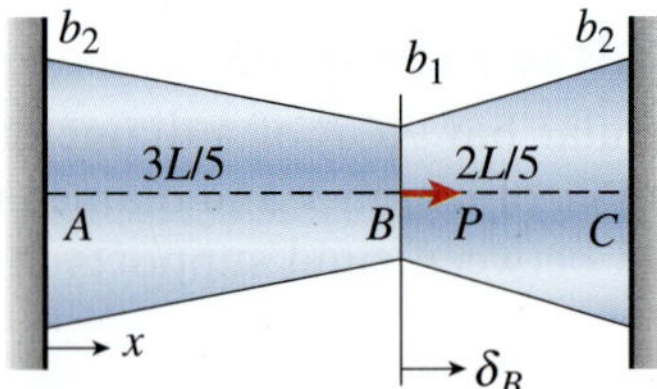

PROBLEM 2.4-8

2.4-9 Repeat Problem 2.4-8, but assume that the bar is made of aluminum alloy and that BC is prismatic. Assume that $P = 90$ kN, $L = 1$ m, $t = 6$ mm, $b_1 = 50$ mm, $b_2 = 60$ mm, and $E = 72$ GPa.

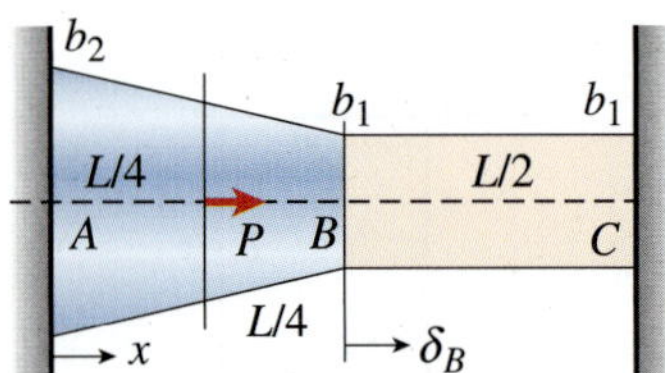

PROBLEM 2.4-9

2.4-10 A plastic rod AB of length $L = 0.5$ m has a diameter $d_1 = 30$ mm (see figure). A plastic sleeve CD of length $c = 0.3$ m and outer diameter $d_2 = 45$ mm is securely bonded to the rod so that no slippage can occur between the rod and the sleeve. The rod is made of an acrylic with a modulus of elasticity $E_1 = 3.1$ GPa, and the sleeve is made of a polyamide with $E_2 = 2.5$ GPa.

(a) Calculate the elongation δ of the rod when it is pulled by axial forces $P = 12$ kN.
(b) If the sleeve is extended for the full length of the rod, what is the elongation?
(c) If the sleeve is removed, what is the elongation?

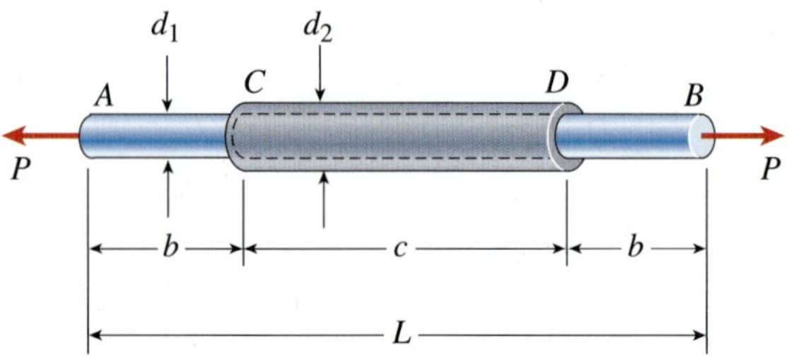

PROBLEM 2.4-10

2.4-11 Three steel cables jointly support a load of 60 kN (see figure). The diameter of the middle cable is 20 mm and the diameter of each outer cable is 12 mm. The tensions in the cables are adjusted so that each cable carries one-third of the load (i.e., 20 kN). Later, the load is increased by 40 kN to a total load of 100 kN.

(a) What percent of the total load is now carried by the middle cable?
(b) What are the stresses σ_M and σ_O in the middle and outer cables, respectively? *Note:* See Table 2-1 in Section 2.2 for properties of cables.

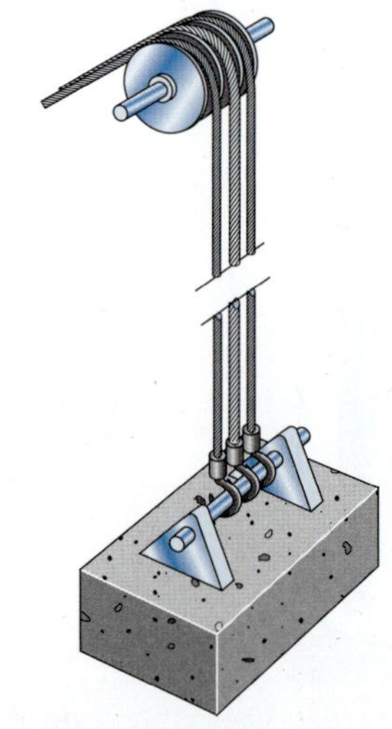

PROBLEM 2.4-11

2.4-12 The fixed-end bar $ABCD$ consists of three prismatic segments, as shown in the figure. The end segments have a cross-sectional area $A_1 = 840\ \text{mm}^2$ and length $L_1 = 200$ mm. The middle segment has a cross-sectional area $A_2 = 1260\ \text{mm}^2$ and length $L_2 = 250$ mm. Loads P_B and P_C are equal to 25.5 kN and 17.0 kN, respectively.

(a) Determine the reactions R_A and R_D at the fixed supports.

(b) Determine the compressive axial force F_{BC} in the middle segment of the bar.

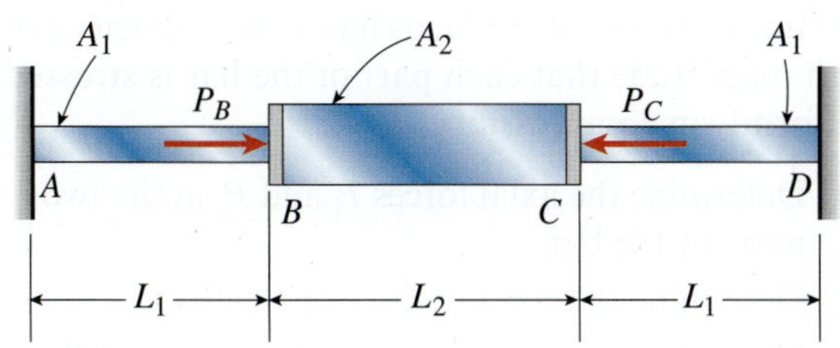

PROBLEM 2.4-12

2.4-13 A tube structure is acted on by loads at B and D, as shown in the figure. The tubes are joined using two flange plates at C that are bolted together using six 12.5 mm diameter bolts.

(a) Derive formulas for the reactions R_A and R_E at the ends of the bar.

(b) Determine the axial displacements δ_B, δ_C, and δ_D at points B, C, and D, respectively.

(c) Draw an axial-displacement diagram (ADD) in which the abscissa is the distance x from support A to any point on the bar and the ordinate is the horizontal displacement δ at that point.

(d) Find the maximum value of the load variable P if allowable normal stress in the bolts is 96 MPa.

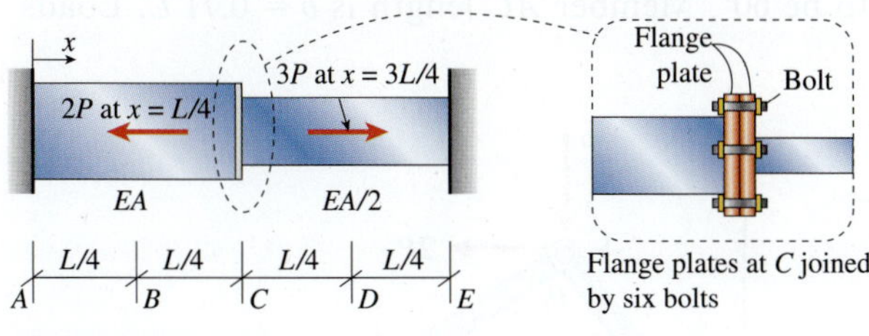

PROBLEM 2.4-13

2.4-14 A hollow circular pipe (see figure) supports a load P that is uniformly distributed around a cap plate at the top of the lower pipe. The inner and outer diameters of the upper and lower parts of the pipe are $d_1 = 50$ mm, $d_2 = 60$ mm, $d_3 = 57$ mm, and $d_4 = 64$ mm, respectively. Pipe lengths are $L_1 = 2$ m and $L_2 = 3$ m. Neglect the self-weight of the pipes. Assume that cap plate thickness is small compared to L_1 and L_2. Let $E = 110$ MPa.

(a) If the tensile stress in the upper part is $\sigma_1 = 10.5$ MPa, what is load P? Also, what are reactions R_1 at the upper support and R_2 at the lower support? What is the stress σ_2 (MPa) in the lower part?

(b) Find displacement δ (mm) at the cap plate. Plot the axial force diagram (AFD) [$N(x)$] and axial displacement diagram (ADD) [$\delta(x)$].

(c) Add the uniformly distributed load q along the centroidal axis of pipe segment 2. Find q (kN/m) so that $R_2 = 0$. Assume that load P from part (a) is also applied.

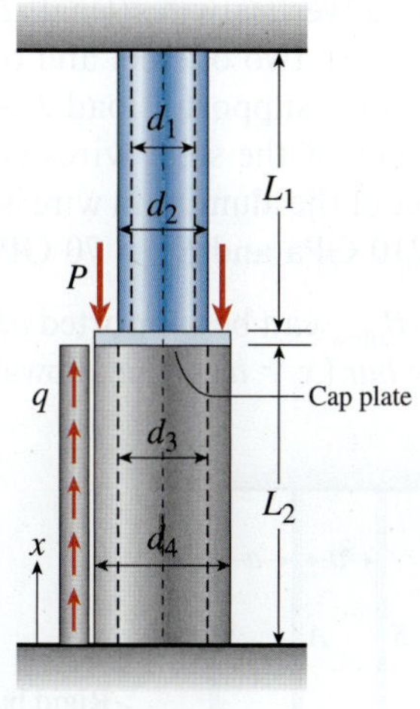

PROBLEM 2.4-14

2.4-15 The aluminum and steel pipes shown in the figure are fastened to rigid supports at ends A and B and to a rigid plate C at their junction. The aluminum pipe is twice as long as the steel pipe. Two equal and symmetrically placed loads P act on the plate at C.

(a) Obtain formulas for the axial stresses σ_a and σ_s in the aluminum and steel pipes, respectively.

(b) Calculate the stresses for the following data:
$P = 50$ kN,
$A_a = 6000\ \text{mm}^2$, cross-sectional area of aluminum pipe,
$A_s = 600\ \text{mm}^2$, cross-sectional area of steel pipe,
$E_a = 70$ GPa, modulus of elasticity of aluminum, and
$E_s = 200$ GPa, modulus of elasticity of steel.

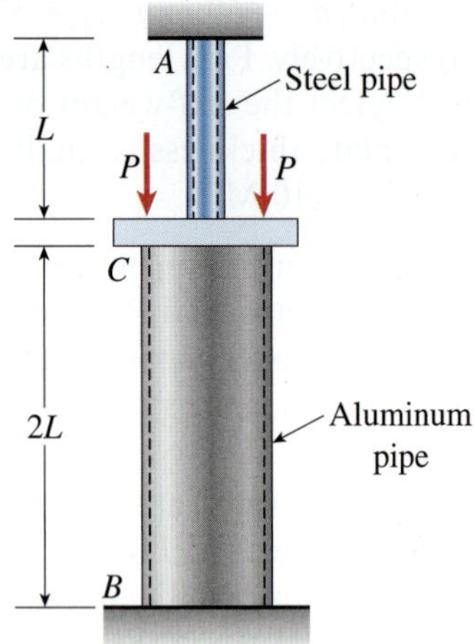

PROBLEM 2.4-15

2.4-16 A rigid bar of weight $W = 800$ N hangs from three equally spaced vertical wires (length $L = 150$ mm, spacing $a = 50$ mm): two of steel and one of aluminum. The wires also support a load P acting on the bar. The diameter of the steel wires is $d_s = 2$ mm, and the diameter of the aluminum wire is $d_a = 4$ mm. Assume $E_s = 210$ GPa and $E_a = 70$ GPa.

(a) What load P_{allow} can be supported *at the midpoint of the bar* ($x = a$) if the allowable stress in the steel wires is 220 MPa and in the aluminum wire is 80 MPa? (See figure part a.)

(b) What is P_{allow} if the load is positioned at $x = a/2$? (See figure part a.)

(c) Repeat part (b) if the second and third wires are *switched* as shown in the figure part b.

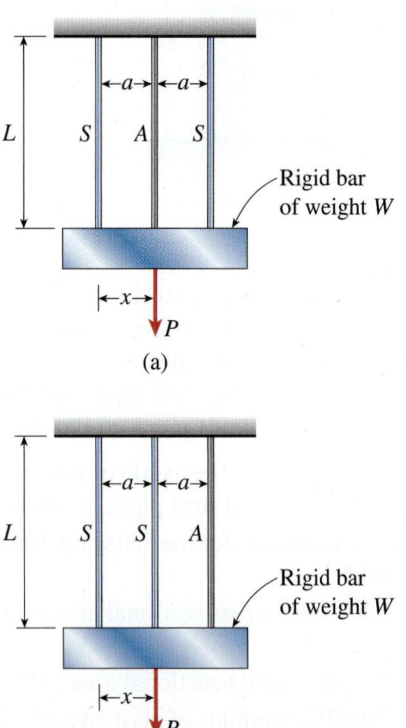

PROBLEM 2.4-16

2.4-17 A *bimetallic* bar (or composite bar) of square cross section with dimensions $2b \times 2b$ is constructed of two different metals having moduli of elasticity E_1 and E_2 (see figure). The two parts of the bar have the same cross-sectional dimensions. The bar is compressed by forces P acting through rigid end plates. The line of action of the loads has an eccentricity e of such magnitude that each part of the bar is stressed uniformly in compression.

(a) Determine the axial forces P_1 and P_2 in the two parts of the bar.

(b) Determine the eccentricity e of the loads.

(c) Determine the ratio σ_1/σ_2 of the stresses in the two parts of the bar.

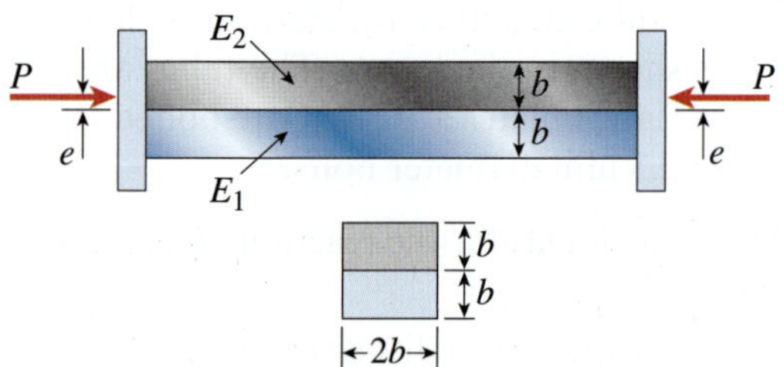

PROBLEM 2.4-17

2.4-18 Three-bar truss ABC (see figure) is constructed of steel pipes having a cross-sectional area $A = 3500$ mm^2 and a modulus of elasticity $E = 210$ GPa. Member BC is of length $L = 2.5$ m, and the angle between members AC and AB is known to be 60°. Member AC length is $b = 0.71\,L$. Loads

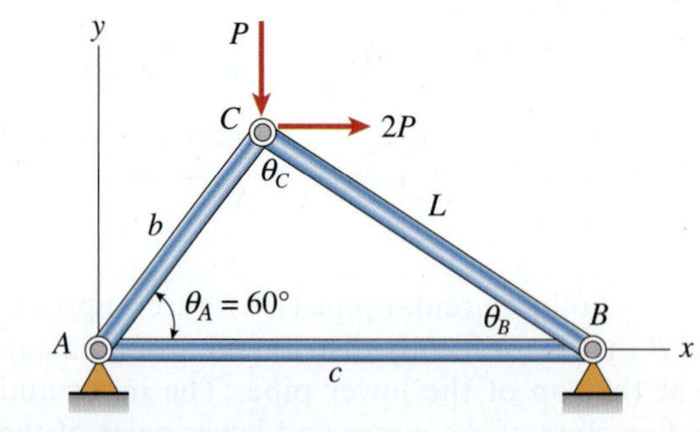

PROBLEM 2.4-18

$P = 185$ kN and $2P = 370$ kN act vertically and horizontally at joint C, as shown. Joints A and B are pinned supports. (Use the law of sines and law of cosines to find missing dimensions and angles in the figure.)

(a) Find the support reactions at joints A and B. Use horizontal reaction B_x as the redundant.

(b) What is the maximum permissible value of load variable P if the allowable normal stress in each truss member is 150 MPa?

2.4-19 A horizontal rigid bar of weight $W = 32$ kN is supported by three slender circular rods that are equally spaced (see figure). The two outer rods are made of aluminum ($E_1 = 70$ GPa) with diameter $d_1 = 10$ mm and length $L_1 = 1$ m. The inner rod is magnesium ($E_2 = 42$ GPa) with diameter d_2 and length L_2. The allowable stresses in the aluminum and magnesium are 165 MPa and 90 MPa, respectively.

If it is desired to have all three rods loaded to their maximum allowable values, what should be the diameter d_2 and length L_2 of the middle rod?

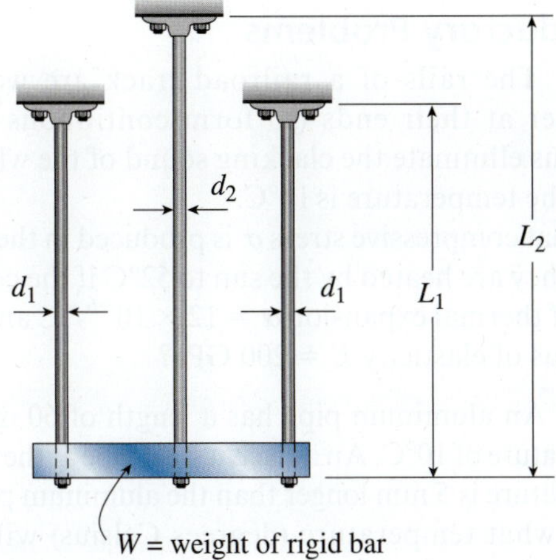

PROBLEM 2.4-19

2.4-20 A rigid bar $ABCD$ is pinned at point B and supported by springs at A and D (see figure). The springs at A and D have stiffnesses $k_1 = 10$ kN/m and $k_2 = 25$ kN/m, respectively, and the dimensions a, b, and c are 250 mm, 500 mm, and 200 mm, respectively. A load P acts at point C.

If the angle of rotation of the bar due to the action of the load P is limited to 3°, what is the maximum permissible load P_{max}?

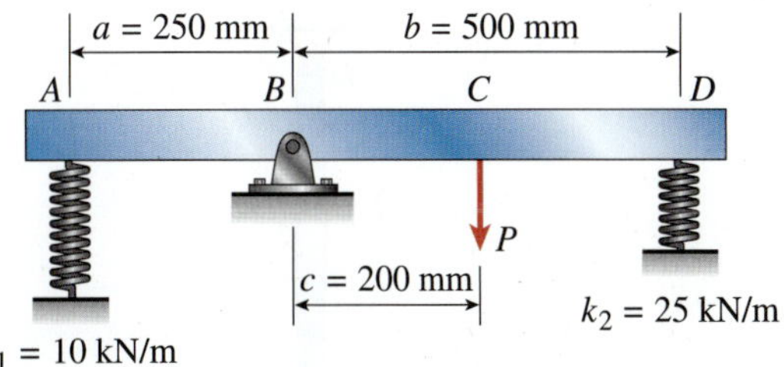

PROBLEM 2.4-20

2.4-21 A rigid bar AB of a length $L = 1600$ mm is hinged to a support at A and supported by two vertical wires attached at points C and D (see figure). Both wires have the same cross-sectional area ($A = 16$ mm^2) and are made of the same material (modulus $E = 200$ GPa). The wire at C has a length $h = 0.4$ m and the wire at D has a length twice that amount. The horizontal distances are $c = 0.5$ m and $d = 1.2$ m.

(a) Determine the tensile stresses σ_C and σ_D in the wires due to the load $P = 970$ N acting at end B of the bar.

(b) Find the downward displacement δ_B at end B of the bar.

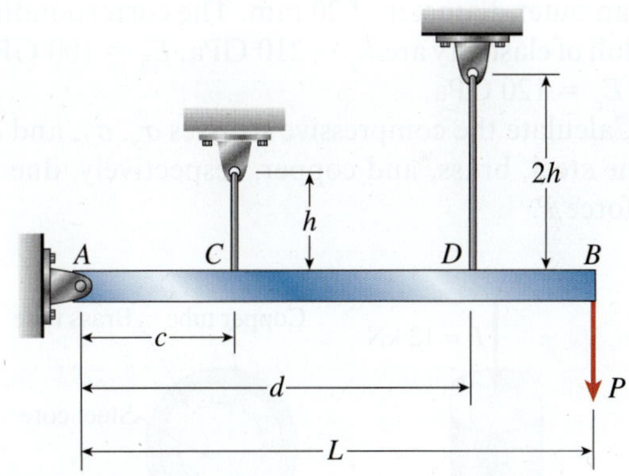

PROBLEM 2.4-21

2.4-22 Find expressions for all support reaction forces in the plane frame with load $2P$ applied at C, as shown in the figure. Joint A is a sliding support, joint D is pinned, and joint F is a roller support. Assume that member AC is a flat prismatic bar of length L, width b, and thickness t. Beam ABC is pinned to column DBF at mid-height (point B). Column DBF has constant thickness t and width b for DB but width $2b$ for BF. Consider load $2P$ at C only; neglect the weights of all members. The modulus of elasticity E is the same for both members. Select reaction R_F as the *redundant*.

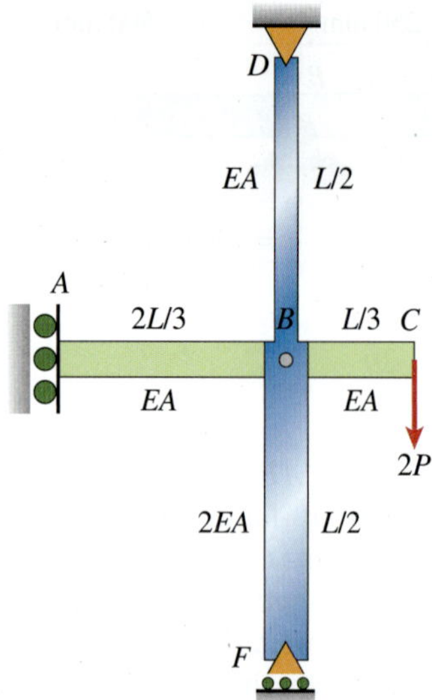

PROBLEM 2.4-22

2.4-23 A trimetallic bar is uniformly compressed by an axial force $P = 12$ kN applied through a rigid end plate (see figure). The bar consists of a circular steel core surrounded by brass and copper tubes. The steel core has a diameter of 10 mm, the brass tube has an outer diameter of 15 mm, and the copper tube has an outer diameter of 20 mm. The corresponding moduli of elasticity are $E_s = 210$ GPa, $E_b = 100$ GPa, and $E_c = 120$ GPa.

Calculate the compressive stresses σ_s, σ_b, and σ_c in the steel, brass, and copper, respectively, due to the force P.

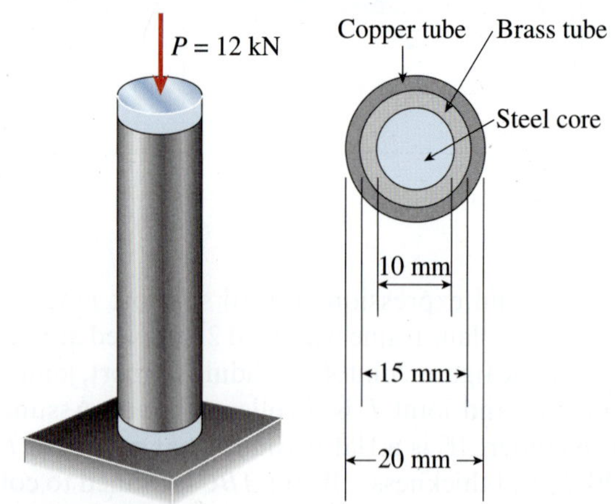

PROBLEM 2.4-23

2.4-24 Find expressions for all support reaction forces in the plane frame with load $3P$ applied at C as shown in the figure. Joints A and D are pin supported, and there is a roller support at joint F. The lengths and the properties of the members are shown in the figure. Neglect the weights of all members. Select R_F as the redundant.

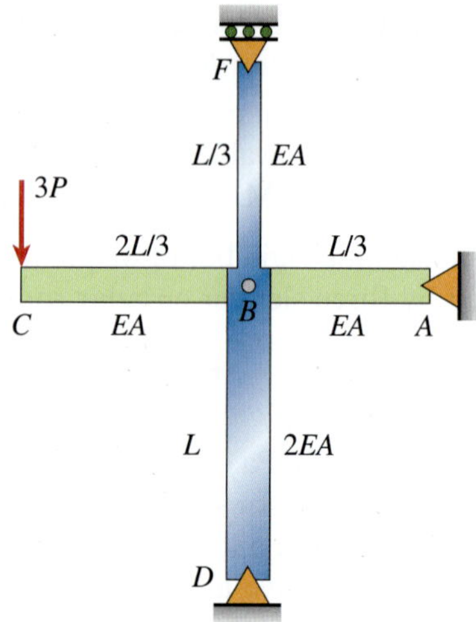

PROBLEM 2.4-24

2.5 Thermal Effects

Introductory Problems

2.5-1 The rails of a railroad track are welded together at their ends (to form continuous rails and thus eliminate the clacking sound of the wheels) when the temperature is 10°C.

What compressive stress σ is produced in the rails when they are heated by the sun to 52°C if the coefficient of thermal expansion $\alpha = 12 \times 10^{-6}$/°C and the modulus of elasticity $E = 200$ GPa?

2.5-2 An aluminum pipe has a length of 60 m at a temperature of 10°C. An adjacent steel pipe at the same temperature is 5 mm longer than the aluminum pipe.

At what temperature (degrees Celsius) will the aluminum pipe be 15 mm longer than the steel pipe? (Assume that the coefficients of thermal expansion of aluminum and steel are $\alpha_a = 23 \times 10^{-6}$/°C and as $\alpha_S = 12 \times 10^{-6}$/°C, respectively.)

2.5-3 A rigid bar of weight $W = 3560$ N hangs from three equally spaced wires: two of steel and one of aluminum (see figure). The diameter of the wires is 3.2 mm. Before they were loaded, all three wires had the same length.

What temperature increase ΔT in all three wires will result in the entire load being carried by the steel wires? (Assume $E_S = 205$ GPa, $\alpha_S = 12 \times 10^{-6}$/°C, and $\alpha_a = 24 \times 10^{-6}$/°C.)

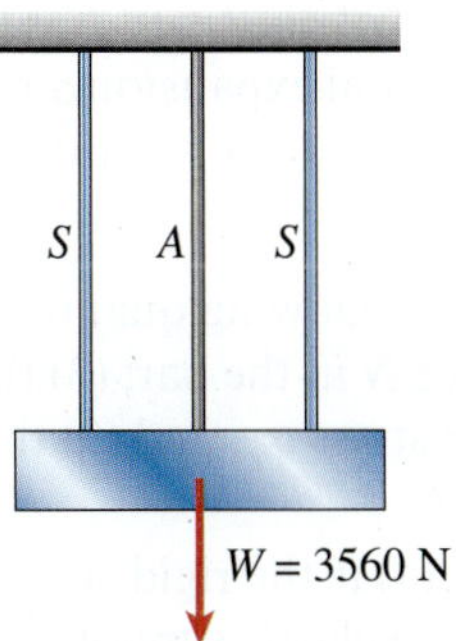

PROBLEM 2.5-3

2.5-4 A steel rod of 15-mm diameter is held snugly (but without any initial stresses) between rigid walls by the arrangement shown in the figure part a. (For the steel rod, use $\alpha = 12 \times 10^{-6}$ / °C and $E = 200$ GPa.)

(a) Calculate the temperature drop ΔT (degrees Celsius) at which the average shear stress in the 12-mm diameter bolt becomes 45 MPa. Also, what is the normal stress in the rod?

(b) What are the average bearing stresses in the bolt and clevis at A and between the washer (d_w = 20 mm) and wall (t = 18 mm) at B?

(c) If the connection to the wall at B is changed to an end plate with two bolts (see figure part b), what is the required diameter d_b of each bolt if the temperature drop is ΔT = 38°C and the allowable bolt stress is 90 MPa?

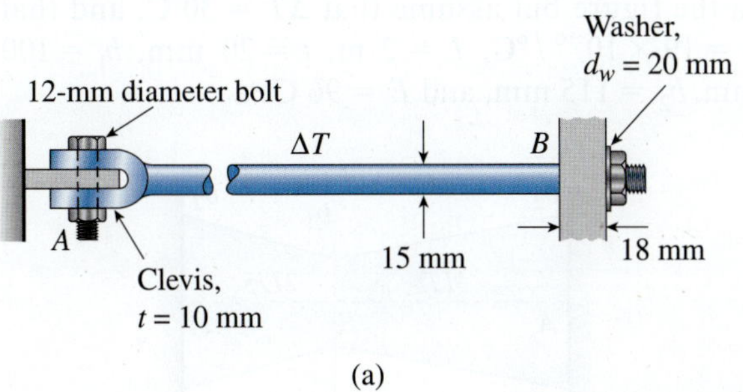

(a)

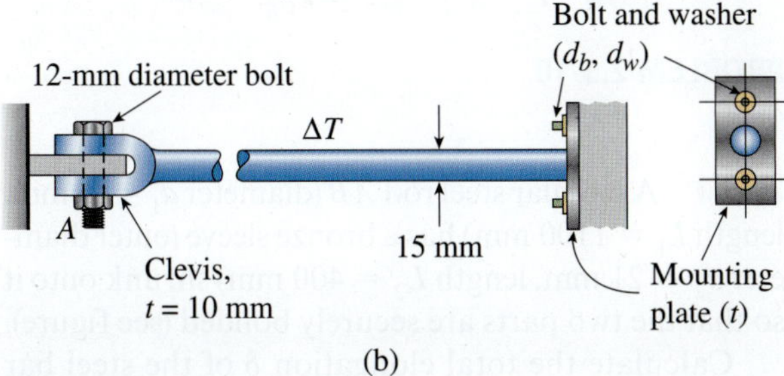

(b)

PROBLEM 2.5-4

Representative Problems

2.5-5 A bar AB of length L is held between rigid supports and heated nonuniformly in such a manner that the temperature increase ΔT at a distance x from end A is given by the expression $\Delta T = \Delta T_B x^3/L^3$, where ΔT_B is the increase in temperature at end B of the bar (see figure part a).

(a) Derive a formula for the compressive stress σ_c in the bar. (Assume that the material has modulus of elasticity E and coefficient of thermal expansion α).

(b) Now modify the formula in part (a) if the rigid support at A is replaced by an elastic support at A having a spring constant k (see figure part b). Assume that only bar AB is subject to the temperature increase.

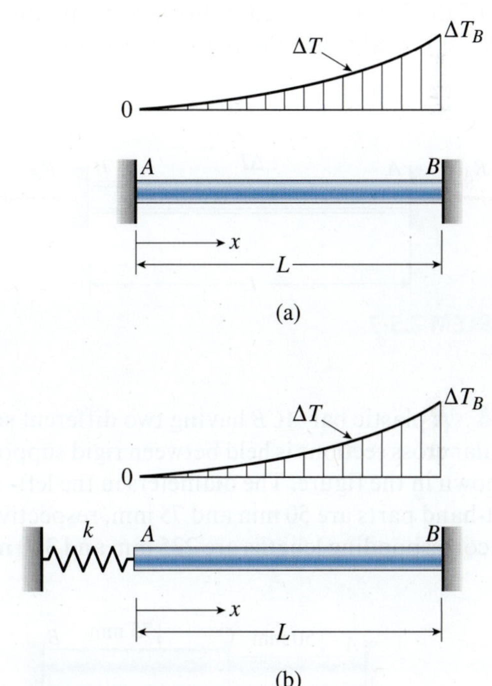

PROBLEM 2.5-5

2.5-6 A beam is constructed using two angle sections (L120 × 80 × 10) arranged back to back, as shown in the figure. The beam is fixed at joint A and attached to an elastic support having a spring constant k = 1750 kN/m at joint B. Assume only the beam is subjected to temperature increase ΔT = 45°C. Calculate the thermal stress developed in the beam and the displacement at point B. Assume that $\alpha = 12 \times 10^{-6}$/°C. Let E = 205 GPa.

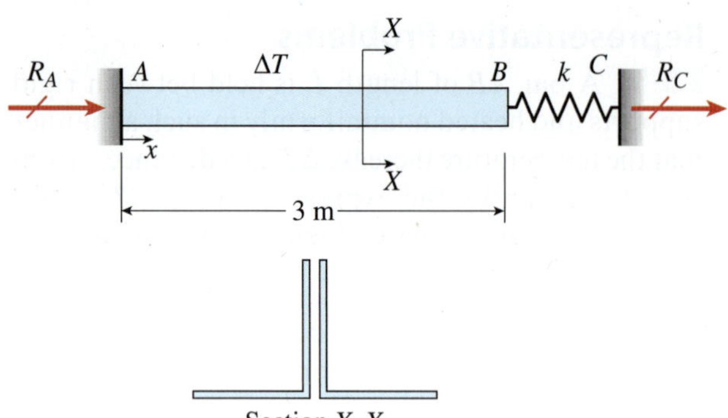

PROBLEM 2.5-6

2.5-7 An IPN 200 beam of a length 3 m is held between immoveable supports. The beam has a modulus of elasticity $E = 200$ GPa and coefficient of thermal expansion $\alpha = 12 \times 10^{-6}$/°C. If the temperature of the beam is raised uniformly by an amount $\Delta T = 10$°C, calculate the thermal stress σ_T in the beam.

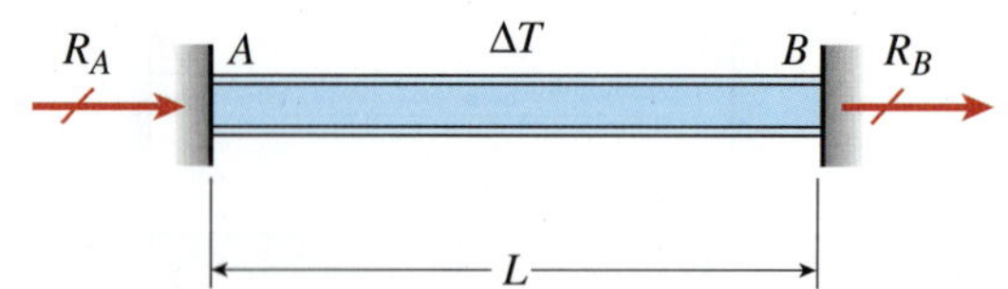

PROBLEM 2.5-7

2.5-8 A plastic bar ACB having two different solid circular cross sections is held between rigid supports, as shown in the figure. The diameters in the left- and right-hand parts are 50 mm and 75 mm, respectively. The corresponding lengths are 225 mm and 300 mm.

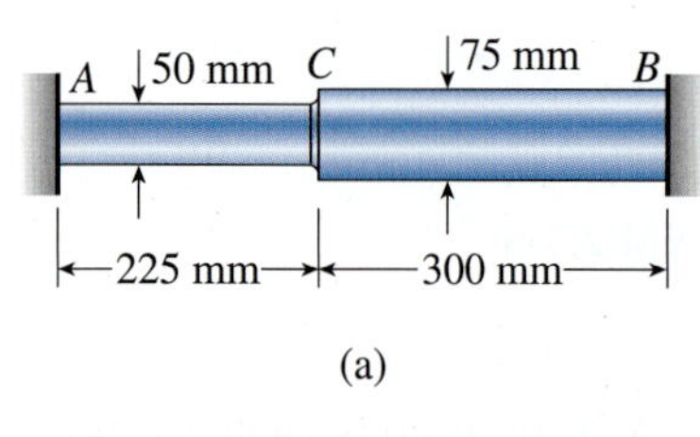

(a)

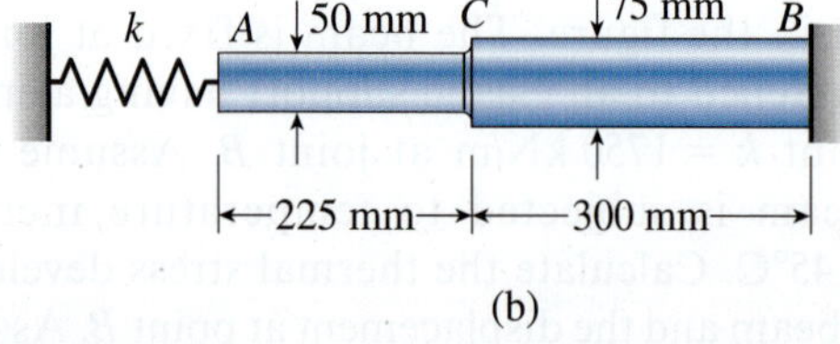

(b)

PROBLEM 2.5-8

Also, the modulus of elasticity E is 6.0 GPa, and the coefficient of thermal expansion α is 100×10^{-6} / °C. The bar is subjected to a uniform temperature increase of 30°C.

(a) Calculate the following quantities: (1) the compressive force N in the bar; (2) the maximum compressive stress σ_c; and (3) the displacement δ_C of point C.

(b) Repeat part (a) if the rigid support at A is replaced by an elastic support having spring constant $k = 50$ MN/m (see figure part b; assume that only the bar ACB is subject to the temperature increase).

2.5-9 A flat aluminum alloy bar is fixed at both ends. Segment AB has a slight taper. If the temperature of the bar is raised uniformly by an amount $\Delta T = 10$°C, find reactions at A and C. What is the displacement at B? Assume that $L = 1$ m, $t = 6$ mm, $b_1 = 50$ mm, $b_2 = 60$ mm, $E = 72$ GPa, and the coefficient of thermal expansion $\alpha = 23 \times 10^{-6}$ / °C.

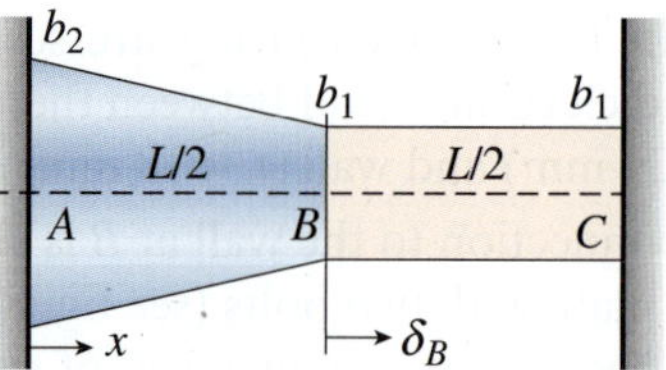

PROBLEM 2.5-9

2.5-10 Repeat Problem 2.5-9 for the flat bar shown in the figure but assume that $\Delta T = 30$°C, and that $\alpha = 19 \times 10^{-6}$ / °C, $L = 2$ m, $t = 20$ mm, $b_1 = 100$ mm, $b_2 = 115$ mm, and $E = 96$ GPa.

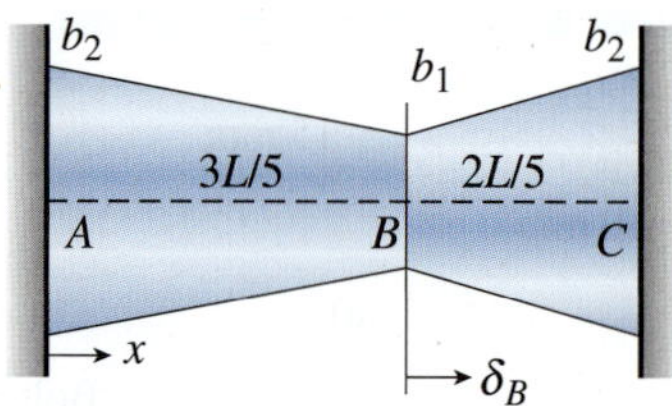

PROBLEM 2.5-10

2.5-11 A circular steel rod AB (diameter $d_1 = 15$ mm, length $L_1 = 1100$ mm) has a bronze sleeve (outer diameter $d_2 = 21$ mm, length $L_2 = 400$ mm) shrunk onto it so that the two parts are securely bonded (see figure).

Calculate the total elongation δ of the steel bar due to a temperature rise $\Delta T = 350$°C. (Material properties are as follows: for steel, $E_S = 210$ GPa and $\alpha_S = 12 \times 10^{-6}$ /°C; for bronze, $E_b = 110$ GPa and $\alpha_b = 20 \times 10^{-6}$/°C.)

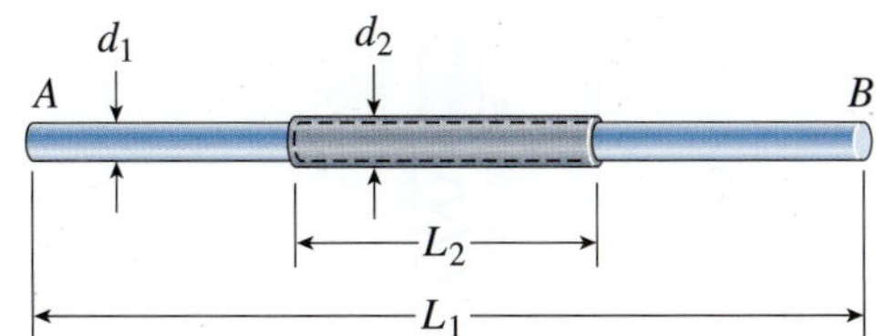

PROBLEM 2.5-11

2.5-12 A circular, aluminum alloy bar of a length $L = 1.8$ m has a slot in the middle half of its length (see figure). The bar has a radius $r = 36$ mm and modulus of elasticity $E = 72$ GPa. The slot has a height $2a = r/4$. If the temperature of the beam is raised uniformly by an amount $\Delta T = 15$°C, calculate the thermal stress σ_T developed in the bar. Assume that $\alpha = 23 \times 10^{-6}$/°C.

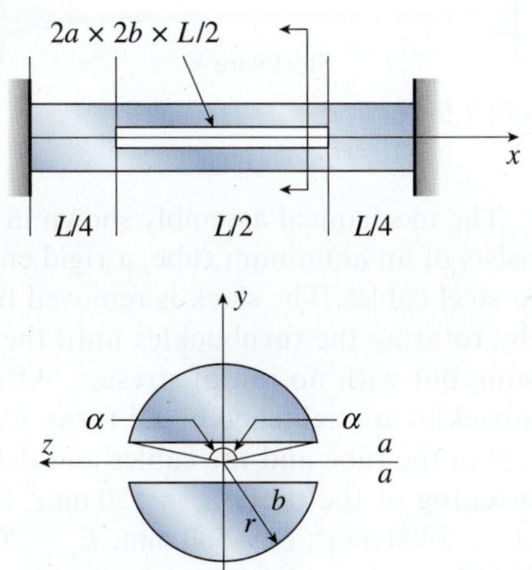

PROBLEM 2.5-12

2.5-13 Rectangular bars of copper and aluminum are held by pins at their ends, as shown in the figure. Thin spacers provide a separation between the bars. The copper bars have cross-sectional dimensions 12 mm × 50 mm, and the aluminum bar has dimensions 25 mm × 50 mm.

Determine the shear stress in the 11 mm diameter pins if the temperature is raised by 40°C. (For copper, $E_c = 124$ GPa and $\alpha_c = 20 \times 10^{-6}$/°C; for aluminum, $E_a = 69$ GPa and $\alpha_a = 26 \times 10^{-6}$/°C.) *Suggestion:* Use the results of Example 2-10.

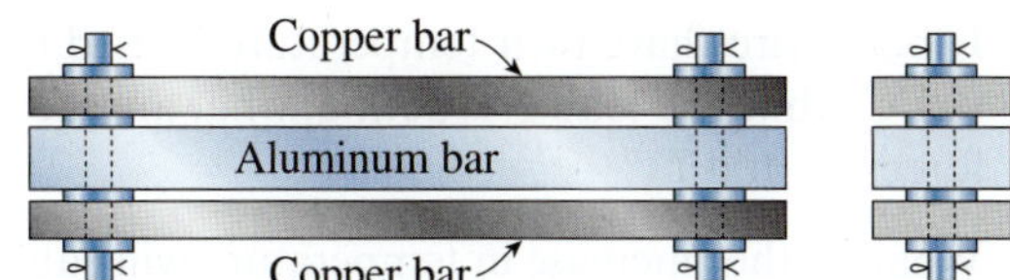

PROBLEM 2.5-13

2.5-14 A brass sleeve S is fitted over a steel bolt B (see figure), and the nut is tightened until it is just snug. The bolt has a diameter $d_B = 25$ mm, and the sleeve has inside and outside diameters $d_1 = 26$ mm and $d_2 = 36$ mm, respectively.

Calculate the temperature rise ΔT that is required to produce a compressive stress of 25 MPa in the sleeve. (Use material properties as follows: for the sleeve, $\alpha_S = 21 \times 10^{-6}$ /°C and $E_S = 100$ GPa; for the bolt, $\alpha_B = 10 \times 10^{-6}$ /°C and $E_B = 200$ GPa.)

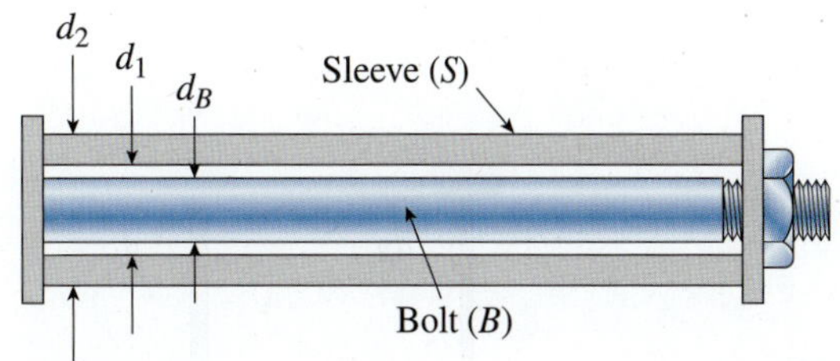

PROBLEM 2.5-14

2.5-15 A rigid triangular frame is pivoted at C and held by two identical horizontal wires at points A and B (see figure). Each wire has an axial rigidity $EA = 540$ kN and coefficient of thermal expansion $\alpha = 23 \times 10^{-6}$/°C.

(a) If a vertical load $P = 2.2$ kN acts at point D, what are the tensile forces T_A and T_B in the wires at A and B, respectively?

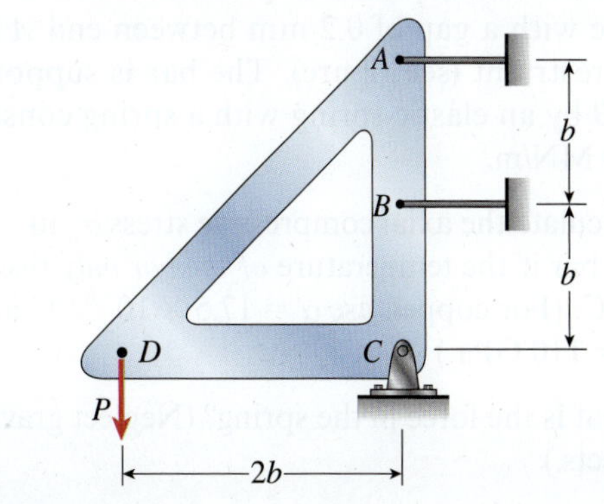

PROBLEM 2.5-15

(b) If both wires have their temperatures raised by 100°C while the load P is acting, what are the forces T_A and T_B?

(c) What further increase in temperature will cause the wire at B to become slack?

2.5-16 A rigid bar $ABCD$ is pinned at end A and supported by two cables at points B and C (see figure). The cable at B has a nominal diameter $d_B = 12$ mm and the cable at C has a nominal diameter $d_C = 20$ mm. A load P acts at end D of the bar.

What is the allowable load P if the temperature rises by 60°C and each cable is required to have a factor of safety of at least 5 against its ultimate load?

Note: The cables have an effective modulus of elasticity $E = 140$ GPa and coefficient of thermal expansion $\alpha = 12 \times 10^{-6}$/°C. Other properties of the cables can be found in Table 2-1, Section 2.2.

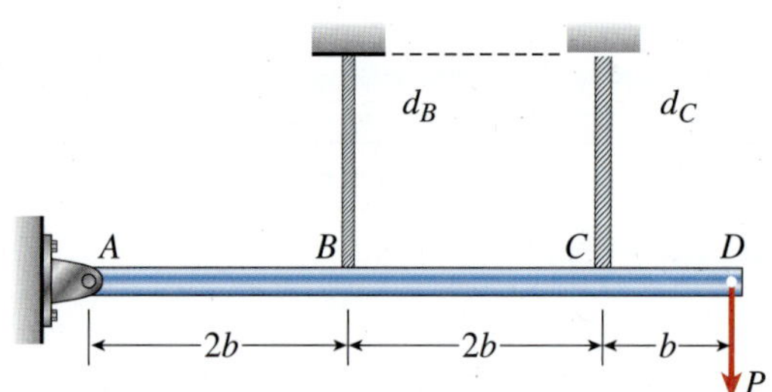

PROBLEM 2.5-16

2.5 Misfits and Prestrains

Introductory Problems

2.5-17 A copper bar AB with a length 0.635 m and diameter 50 mm is placed in position at room temperature with a gap of 0.2 mm between end A and a rigid restraint (see figure). The bar is supported at end B by an elastic spring with a spring constant $k = 210$ MN/m.

(a) Calculate the axial compressive stress σ_c in the bar if the temperature *of the bar only* rises 27°C. (For copper, use $\alpha = 17.5 \times 10^{-6}$/°C and $E = 110$ GPa.)

(b) What is the force in the spring? (Neglect gravity effects.)

(c) Repeat part (a) if $k \to \infty$.

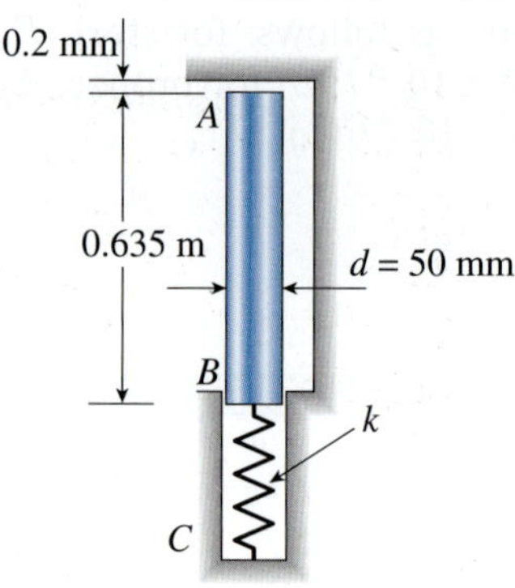

PROBLEM 2.5-17

2.5-18 A steel wire AB is stretched between rigid supports (see figure). The initial prestress in the wire is 42 MPa when the temperature is 20°C.

(a) What is the stress σ in the wire when the temperature drops to 0°C?

(b) At what temperature T will the stress in the wire become zero? (Assume $\alpha = 14 \times 10^{-6}$/°C and $E = 200$ GPa.)

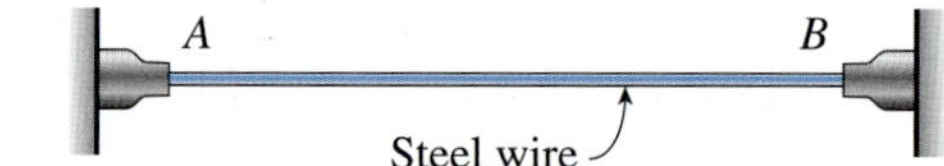

PROBLEM 2.5-18

2.5-19 The mechanical assembly shown in the figure consists of an aluminum tube, a rigid end plate, and two steel cables. The slack is removed from the cables by rotating the turnbuckles until the assembly is snug but with no initial stresses. Afterward, the turnbuckles are tightened by 1.5 turns. Calculate the forces in the tube and the cables and determine the shortening of the tube. $A_s = 550$ mm^2 for each cable, $A_A = 2900$ mm^2, $L = 500$ mm, $E_s = 200$ GPa, $E_A = 73$ GPa, and $p = 1.6$ mm.

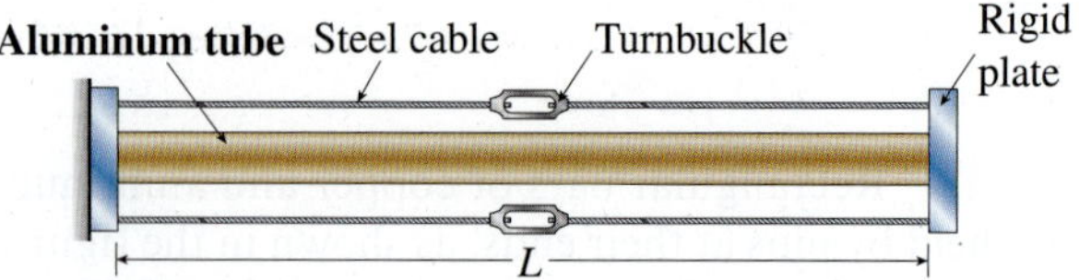

PROBLEM 2.5-19

2.5-20 A bar AB having a length L and axial rigidity EA is fixed at end A (see figure). At the other end, a small gap of dimension s exists between the end of the bar and a rigid surface. A load P acts on the bar at point C, which is two-thirds of the length from the fixed end.

If the support reactions produced by load P are to be equal in magnitude, what should be the size s of the gap?

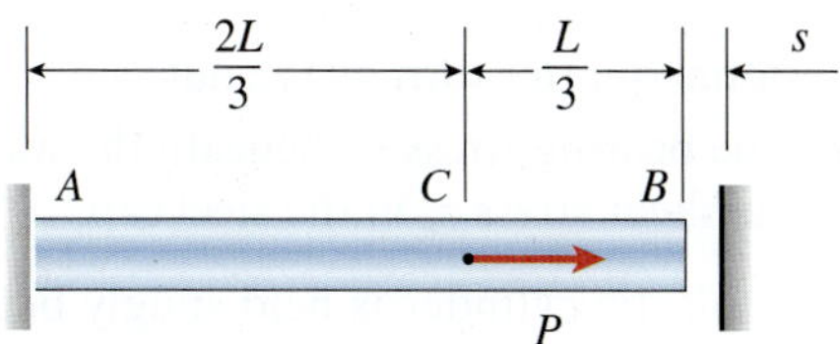

PROBLEM 2.5-20

2.5-21 Pipe 2 has been inserted snugly into Pipe 1, but the holes for a connecting pin do not line up; there is a gap s. The user decides to apply *either* force P_1 to Pipe 1 *or* force P_2 to Pipe 2, whichever is smaller. Determine the following using the numerical properties in the box.

(a) If only P_1 is applied, find P_1 (kN) required to close gap s; if a pin is then inserted and P_1 removed, what are reaction forces R_A and R_B for this load case?

(b) If only P_2 is applied, find P_2 (kN) required to close gap s; if a pin is inserted and P_2 removed, what are reaction forces R_A and R_B for this load case?

(c) What is the maximum *shear* stress in the pipes, for the loads in parts (a) and (b)?

(d) If a temperature increase ΔT is to be applied to the entire structure to close gap s (*instead of applying forces* P_1 *and* P_2), find the ΔT required to close the gap. If a pin is inserted after the gap has closed, what are reaction forces R_A and R_B for this case?

(e) Finally, if the structure (with pin inserted) then cools to the *original* ambient temperature, what are reaction forces R_A and R_B?

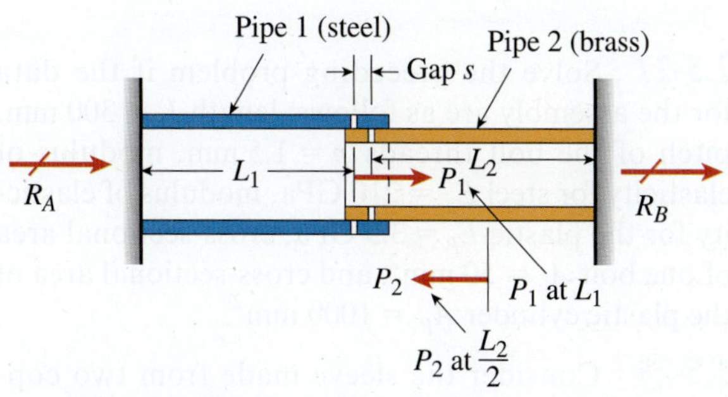

Numerical properties:
$E_1 = 210$ GPa, $E_2 = 96$ GPa
$\alpha_1 = 12 \times 10^{-6}/°C$, $\alpha_2 = 21 \times 10^{-6}/°C$
Gap $s = 1.25$ mm
$L_1 = 1.4$ m, $d_1 = 152$ mm, $t_1 = 12.5$ mm, $A_1 = 5478$ mm^2
$L_2 = 0.9$ m, $d_2 = 127$ mm, $t_2 = 6.5$ mm, $A_2 = 2461$ mm^2

PROBLEM 2.5-21

2.5-22 A nonprismatic bar ABC made up of segments AB (length L_1, cross-sectional area A_1) and BC (length L_2, cross-sectional area A_2) is fixed at end A and free at end C (see figure). The modulus of elasticity of the bar is E. A small gap of dimension s exists between the end of the bar and an elastic spring of length L_3 and spring constant k_3. If bar ABC only (*not the spring*) is subjected to temperature increase ΔT, determine the following.

(a) Write an expression for reaction forces R_A and R_D if the elongation of ABC exceeds gap length s.

(b) Find expressions for the displacements of points B and C if the elongation of ABC exceeds gap length s.

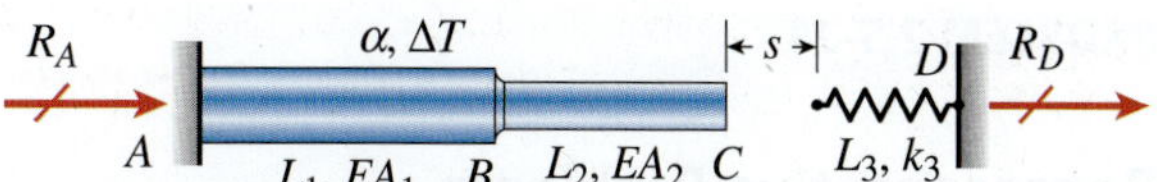

PROBLEM 2.5-22

2.5-23 Wires B and C are attached to a support at the left-hand end and to a pin-supported rigid bar at the right-hand end (see figure). Each wire has cross-sectional area $A = 19.3$ mm^2 and modulus of elasticity $E = 210$ GPa. When the bar is in a vertical position, the length of each wire is $L = 2.032$ m. However, before being attached to the bar, the length of wire B was 2.031 m and wire C was 2.030 m.

Find the tensile forces T_B and T_C in the wires under the action of a force $P = 3.115$ kN acting at the upper end of the bar.

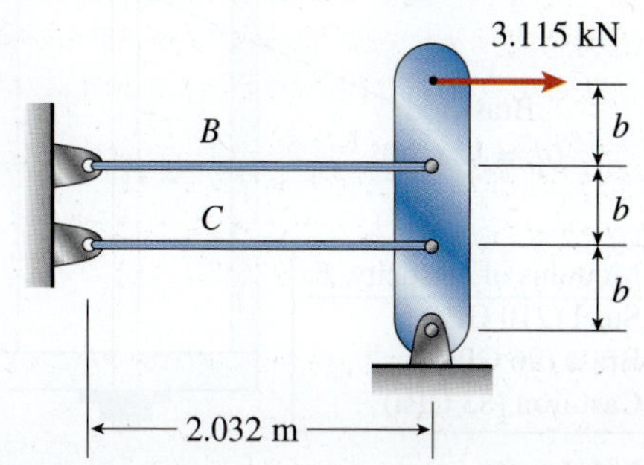

PROBLEM 2.5-23

2.5-24 A rigid steel plate is supported by three posts of high-strength concrete each having an effective cross-sectional area $A = 40{,}000\ \text{mm}^2$ and length $L = 2$ m (see figure). Before the load P is applied, the middle post is shorter than the others by an amount $s = 1.0$ mm.

Determine the maximum allowable load P_{allow} if the allowable compressive stress in the concrete is $\sigma_{\text{allow}} = 20$ MPa. (Use $E = 30$ GPa for concrete.)

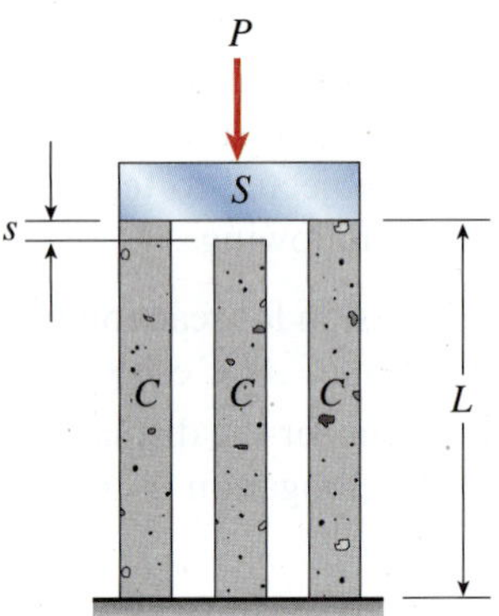

PROBLEM 2.5-24

Representative Problems

2.5-25 A capped cast-iron pipe is compressed by a brass rod, as shown. The nut is turned until it is just snug, then add an additional quarter turn to pre-compress the cast-iron pipe. The pitch of the threads of the bolt is $p = 1.3$ mm. Use the numerical properties provided.

(a) What stresses σ_p and σ_r will be produced in the cast-iron pipe and brass rod, respectively, by the additional quarter turn of the nut?

(b) Find the bearing stress σ_b beneath the washer and the shear stress τ_c in the steel cap.

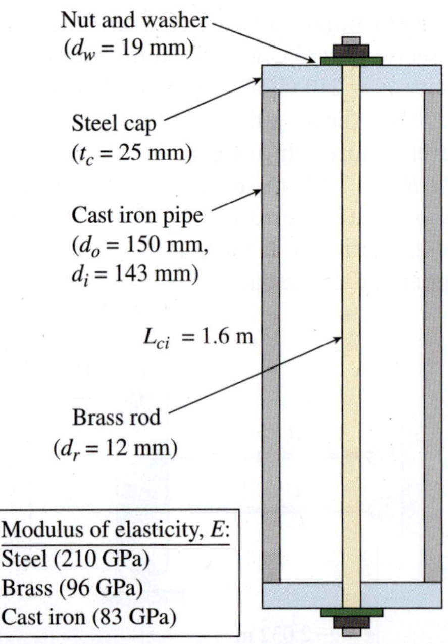

PROBLEM 2.5-25

2.5-26 A plastic cylinder is held snugly between a rigid plate and a foundation by two steel bolts (see figure).

Determine the compressive stress σ_P in the plastic when the nuts on the steel bolts are tightened by one complete turn.

Data for the assembly are as follows: length $L = 200$ mm, pitch of the bolt threads $p = 1.0$ mm, modulus of elasticity for steel $E_s = 200$ GPa, modulus of elasticity for the plastic $E_P = 7.5$ GPa, cross-sectional area of one bolt $A_s = 36.0\ \text{mm}^2$, and cross-sectional area of the plastic cylinder $A_P = 960\ \text{mm}^2$.

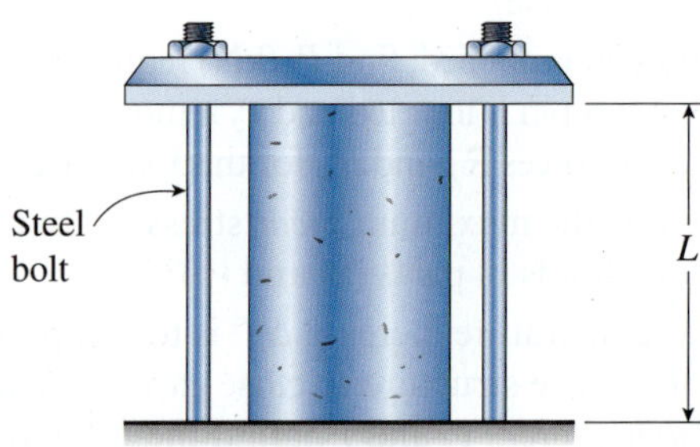

PROBLEMS 2.5-26 and 2.5-27

2.5-27 Solve the preceding problem if the data for the assembly are as follows: length $L = 300$ mm, pitch of the bolt threads $p = 1.5$ mm, modulus of elasticity for steel $E_s = 210$ GPa, modulus of elasticity for the plastic $E_P = 3.5$ GPa, cross-sectional area of one bolt $A_s = 50\ \text{mm}^2$, and cross-sectional area of the plastic cylinder $A_P = 1000\ \text{mm}^2$.

2.5-28 Consider the sleeve made from two copper tubes joined by tin-lead solder over distance s. The sleeve has brass caps at both ends that are held in place by a steel bolt and washer with the nut turned just snug at the outset. Then, two "loadings" are applied: $n = 1/2$ turn applied to the nut; at the same time, the internal temperature is raised by $\Delta T = 30°\text{C}$.

(a) Find the forces in the sleeve and bolt, P_S and P_B, due to both the prestress in the bolt and the temperature increase. For copper, use $E_c = 120$ GPa and $\alpha_c = 17 \times 10^{-6}/°C$; for steel, use $E_s = 200$ GPa and $\alpha_s = 12 \times 10^{-6}/°C$. The pitch of the bolt threads is $p = 1.0$ mm. Assume $s = 26$ mm and bolt diameter $d_B = 5$ mm.

(b) Find the required length of the solder joint, s, if shear stress in the sweated joint cannot exceed the allowable shear stress $\tau_{aj} = 18.5$ MPa.

(c) What is the final elongation of the entire assemblage due to both temperature change ΔT and the initial prestress in the bolt?

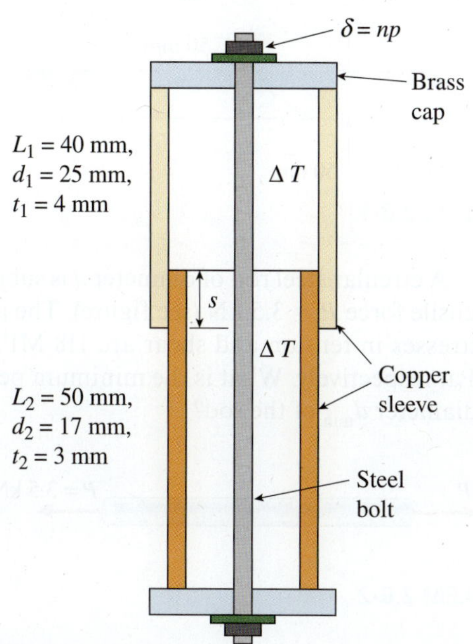

PROBLEM 2.5-28

2.5-29 A polyethylene tube (length L) has a cap that when installed compresses a spring (with undeformed length $L_1 > L$) by an amount $\delta = (L_1 - L)$. Ignore deformations of the cap and base. Use the force at the base of the spring as the redundant. Use numerical properties given in the boxes.

(a) What is the resulting force in the spring, F_k?

(b) What is the resulting force in the tube, F_t?

(c) What is the final length of the tube, L_f?

(d) What temperature change ΔT inside the tube will result in zero force in the spring?

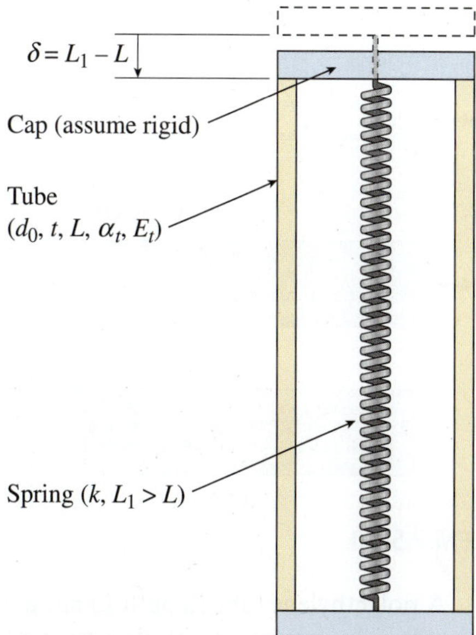

Modulus of elasticity:
Polyethylene tube ($E_t = 0.7$ GPa)

Coefficients of thermal expansion:
$\alpha_t = 140 \times 10^{-6}/°C$, $\alpha_k = 12 \times 10^{-6}/°C$

Properties and dimensions:
$d_0 = 150$ mm $t = 3$ mm
$L_1 = 308$ mm $> L = 305$ mm $k = 262.5$ kN/m

PROBLEM 2.5-29

2.5-30 Prestressed concrete beams are sometimes manufactured in the following manner. High-strength steel wires are stretched by a jacking mechanism that applies a force Q, as represented schematically in part a of the figure. Concrete is then poured around the wires to form a beam, as shown in the figure part b.

After the concrete sets properly, the jacks are released, and the force Q is removed (see part c of the figure). Thus, the beam is left in a prestressed condition with the wires in tension and the concrete in compression.

Assume that the prestressing force Q produces in the steel wires an initial stress $\sigma_0 = 620$ MPa. If the moduli of elasticity of the steel and concrete are in the ratio 12:1 and the cross-sectional areas are in the ratio 1:50, what are the final stresses σ_s and σ_c in the two materials?

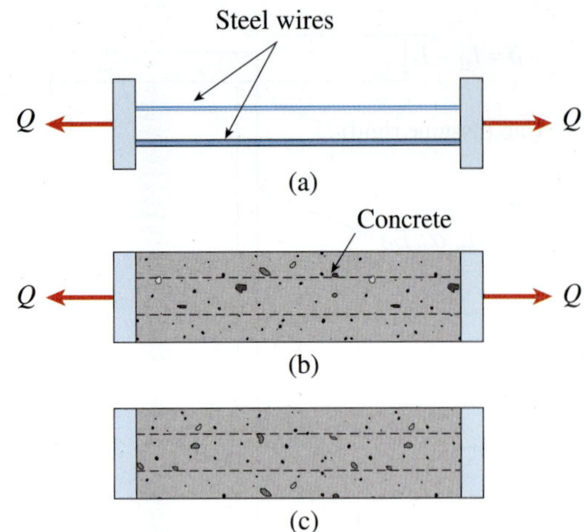

PROBLEM 2.5-30

2.5-31 A polyethylene tube (length L) has a cap that is held in place by a spring (with undeformed length $L_1 < L$). After installing the cap, the spring is post-tensioned by turning an adjustment screw by an amount δ. Ignore deformations of the cap and base. Use the force at the base of the spring as the redundant. Use numerical properties in the boxes below the figure.

(a) What is the resulting force in the spring, F_k?
(b) What is the resulting force in the tube, F_t?
(c) What is the final length of the tube, L_f?
(d) What temperature change ΔT inside the tube will result in zero force in the spring?

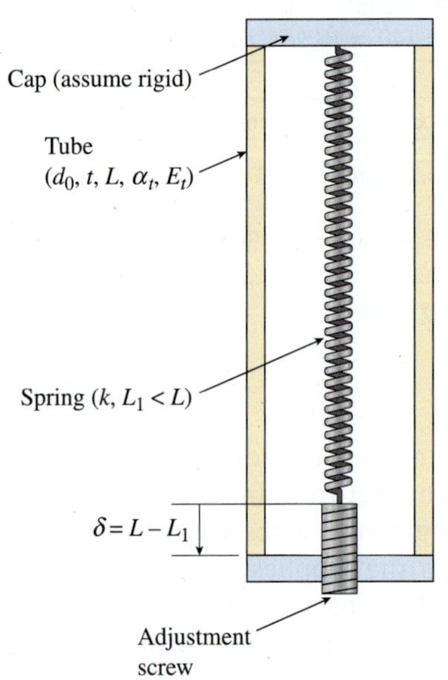

Modulus of elasticity:
Polyethylene tube (E_t = 0.7 GPa)

Coefficients of thermal expansion:
$\alpha_t = 140 \times 10^{-6}/°C$, $\alpha_k = 12 \times 10^{-6}/°C$

Properties and dimensions:

d_0 = 150 mm t = 3 mm

L = 305 mm L_1 = 302 mm k = 262.5 kN/m

PROBLEM 2.5-31

2.6 Stresses on Inclined Sections

Introductory Problems

2.6-1 A steel bar of rectangular cross section (50 mm × 50 mm) carries a tensile load P (see figure). The allowable stresses in tension and shear are 125 MPa and 76 MPa, respectively. Determine the maximum permissible load P_{max}.

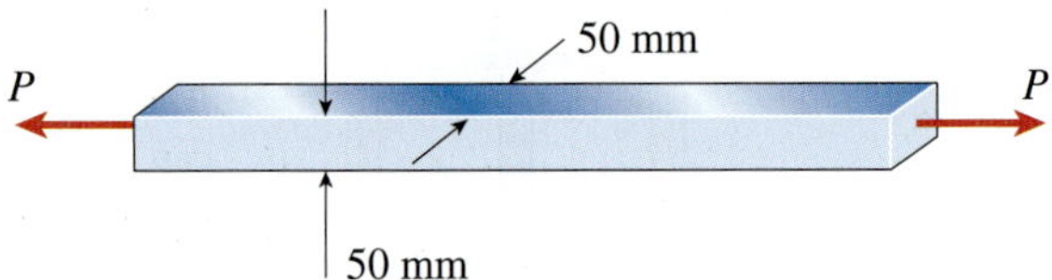

PROBLEM 2.6-1

2.6-2 A circular steel rod of diameter d is subjected to a tensile force P = 3.5 kN (see figure). The allowable stresses in tension and shear are 118 MPa and 48 MPa, respectively. What is the minimum permissible diameter d_{min} of the rod?

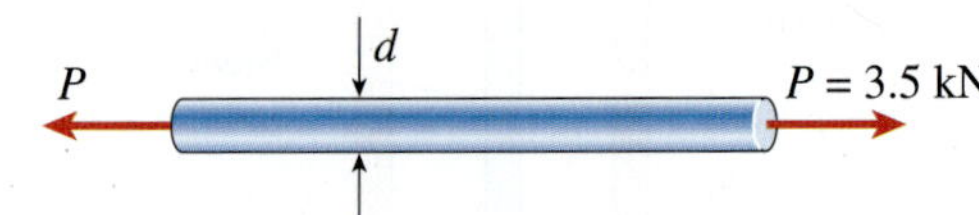

PROBLEM 2.6-2

2.6-3 A standard brick (dimensions 200 mm × 100 mm × 65 mm) is compressed lengthwise by a force P, as shown in the figure. If the ultimate shear stress for brick is 8 MPa and the ultimate compressive stress is 26 MPa, what force P_{max} is required to break the brick?

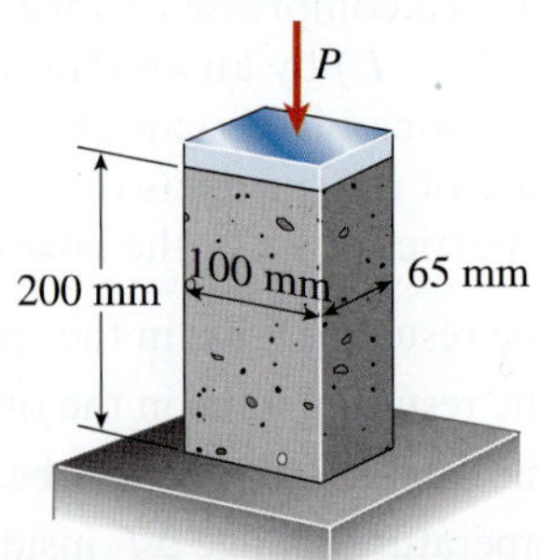

PROBLEM 2.6-3

2.6-4 A brass wire of diameter $d = 2.42$ mm is stretched tightly between rigid supports so that the tensile force is $T = 98$ N (see figure). The coefficient of thermal expansion for the wire is $19.5 \times 10^{-6}/°C$, and the modulus of elasticity is $E = 110$ GPa.

(a) What is the maximum permissible temperature drop ΔT if the allowable shear stress in the wire is 60 MPa?

(b) At what temperature change does the wire go slack?

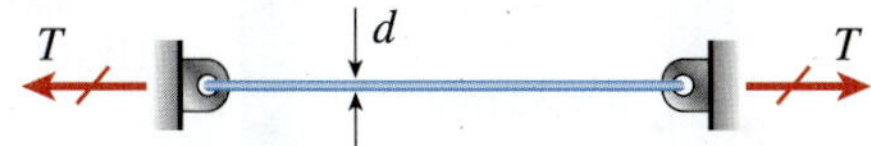

PROBLEMS 2.6-4 and 2.6-5

2.6-5 A brass wire of diameter $d = 1.6$ mm is stretched between rigid supports with an initial tension T of 200 N (see figure). Assume that the coefficient of thermal expansion is $21.2 \times 10^{-6}/°C$ and the modulus of elasticity is 110 GPa.

(a) If the temperature is lowered by 30°C, what is the maximum shear stress τ_{max} in the wire?

(b) If the allowable shear stress is 70 MPa, what is the maximum permissible temperature drop?

(c) At what temperature change ΔT does the wire go slack?

2.6-6 A steel bar with a diameter $d = 12$ mm is subjected to a tensile load $P = 9.5$ kN (see figure).

(a) What is the maximum normal stress σ_{max} in the bar?

(b) What is the maximum shear stress τ_{max}?

(c) Draw a stress element oriented at 45° to the axis of the bar and show all stresses acting on the faces of this element.

(d) Repeat part (c) for a stress element oriented at 22.5° to the axis of the bar.

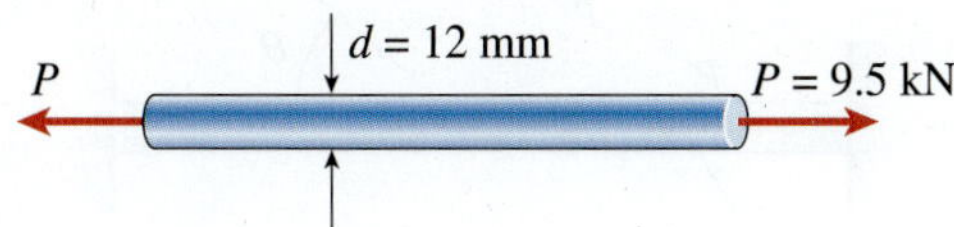

PROBLEM 2.6-6

2.6-7 During a tension test of a mild-steel specimen (see figure), the extensometer shows an elongation of 0.004 mm with a gage length of 50 mm. Assume that the steel is stressed below the proportional limit and that the modulus of elasticity $E = 210$ GPa.

(a) What is the maximum normal stress σ_{max} in the specimen?

(b) What is the maximum shear stress τ_{max}?

(c) Draw a stress element oriented at an angle of 45° to the axis of the bar, and show all stresses acting on the faces of this element.

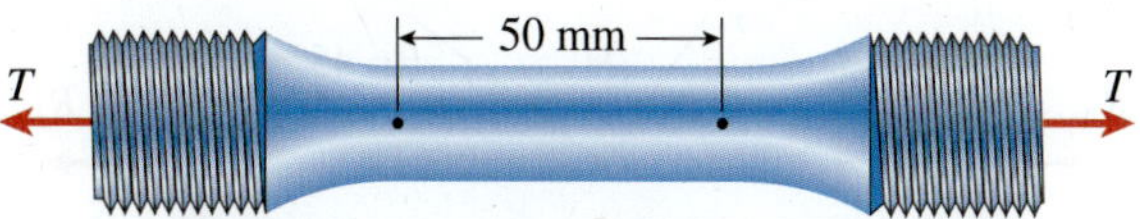

PROBLEM 2.6-7

Representative Problems

2.6-8 A copper bar with a rectangular cross section is held without stress between rigid supports (see figure). Subsequently, the temperature of the bar is raised 50°C.

(a) Determine the stresses on all faces of the elements A and B, and show these stresses on sketches of the elements. (Assume $\alpha = 17.5 \times 10^{-6}/°C$ and $E = 120$ GPa.)

(b) If the shear stress at B is known to be 48 MPa at some inclination θ, find angle θ and show the stresses on a sketch of a properly oriented element.

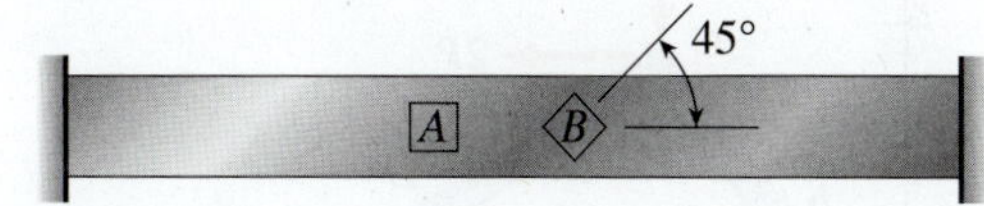

PROBLEM 2.6-8

2.6-9 A prismatic bar with a length $L = 1$ m and cross-sectional area $A = 5200\ mm^2$ is compressed by an axial centroidal load $P = 45$ kN. Determine the complete state of stress acting on an inclined section pq that is cut through the bar at an angle $\theta = 35°$, and show the stresses on a properly oriented stress element.

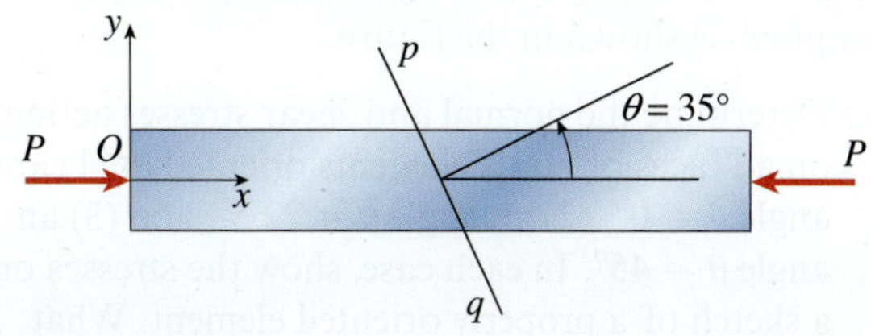

PROBLEM 2.6-9

2.6-10 A prismatic bar with a length $L = 1$ m and cross-sectional area $A = 1200\ \text{mm}^2$ is supported at the ends. The bar is then subjected to a temperature increase of $\Delta T = 25°\text{C}$. Calculate the complete state of stress acting on an inclined section *rs* that is cut through the bar at an angle $\theta = 45°$. Use $E = 200$ GPa and the coefficient of thermal expansion $\alpha = 12 \times 10^{-6}\,/°\text{C}$.

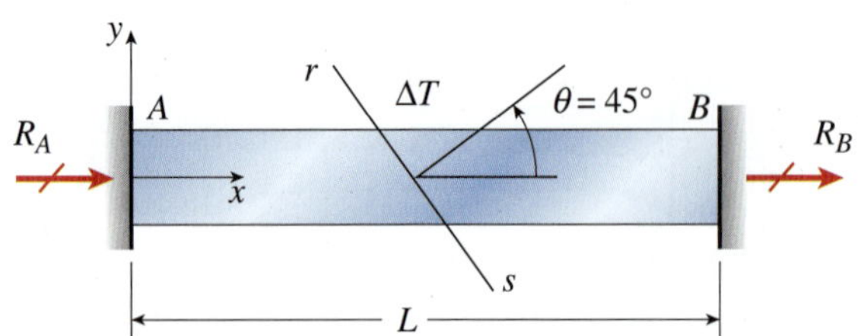

PROBLEM 2.6-10

2.6-11 The plane truss in the figure is assembled from steel UPN 220 shapes (see Table 3 in Appendix F). Assume that $L = 3$ m and $b = 0.71L$.

(a) If load variable $P = 220$ kN, what is the maximum shear stress τ_{max} in each truss member?

(b) What is the maximum permissible value of load variable P if the allowable normal stress is 96 MPa and the allowable shear stress is 52 MPa?

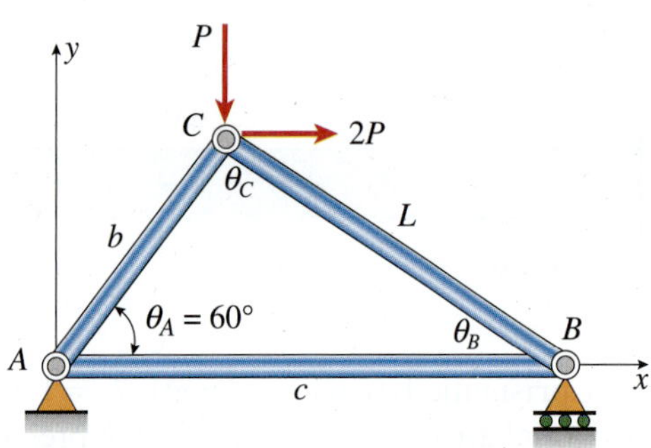

PROBLEM 2.6-11

2.6-12 A plastic bar of diameter $d = 32$ mm is compressed in a testing device by a force $P = 190$ N that is applied as shown in the figure.

(a) Determine the normal and shear stresses acting on all faces of stress elements oriented at (1) an angle $\theta = 0°$, (2) an angle $\theta = 22.5°$, and (3) an angle $\theta = 45°$. In each case, show the stresses on a sketch of a properly oriented element. What are σ_{max} and τ_{max}?

(b) Find σ_{max} and τ_{max} in the plastic bar if a re-centering spring of stiffness k is inserted into the testing device, as shown in the figure. The spring stiffness is 1/6 of the axial stiffness of the plastic bar.

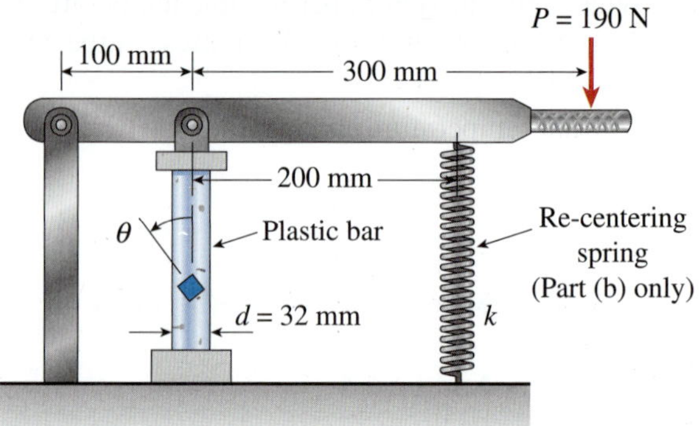

PROBLEM 2.6-12

2.6-13 A plastic bar of rectangular cross section ($b = 38$ mm and $h = 75$ mm) fits snugly between rigid supports at room temperature (20°C) but with no initial stress (see figure). When the temperature of the bar is raised to 70°C, the compressive stress on an inclined plane *pq* at mid-span becomes 8.7 MPa.

(a) What is the shear stress on plane *pq*? (Assume $\alpha = 95 \times 10^{-6}/°\text{C}$ and $E = 2.4$ GPa.)

(b) Draw a stress element oriented to plane *pq* and show the stresses acting on all faces of this element.

(c) If the allowable normal stress is 23 MPa and the allowable shear stress is 11.3 MPa, what is the maximum load P (*in the positive x direction*), which can be added at the quarter point (in addition to thermal effects given) without exceeding allowable stress values in the bar?

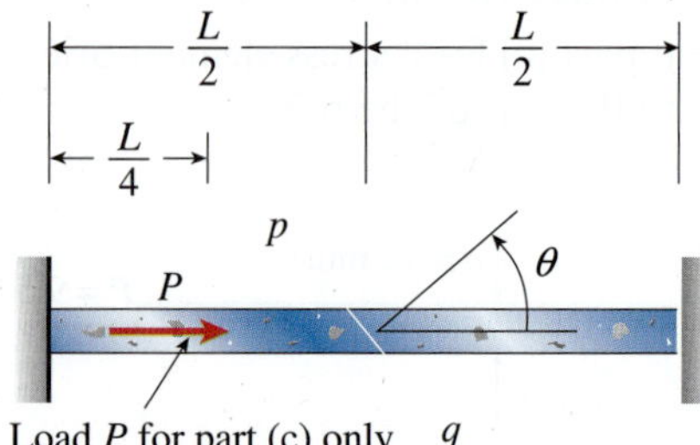

PROBLEM 2.6-13

2.6-14 A copper bar of rectangular cross section ($b = 18$ mm and $h = 40$ mm) is held snugly (but without any initial stress) between rigid supports (see figure). The allowable stresses on the inclined plane pq at midspan, for which $\theta = 55°$, are specified as 60 MPa in compression and 30 MPa in shear.

(a) What is the maximum permissible temperature rise ΔT if the allowable stresses on plane pq are not to be exceeded? (Assume $\alpha = 17 \times 10^{-6}$/°C and $E = 120$ GPa.)

(b) If the temperature increases by the maximum permissible amount, what are the stresses on plane pq?

(c) If the temperature rises $\Delta T = 28$°C, how far to the right of end A (distance βL, which is expressed as a fraction of length L) can load $P = 15$ kN be applied without exceeding allowable stress values in the bar? Assume that $\sigma_a = 75$ MPa and $\tau_a = 35$ MPa.

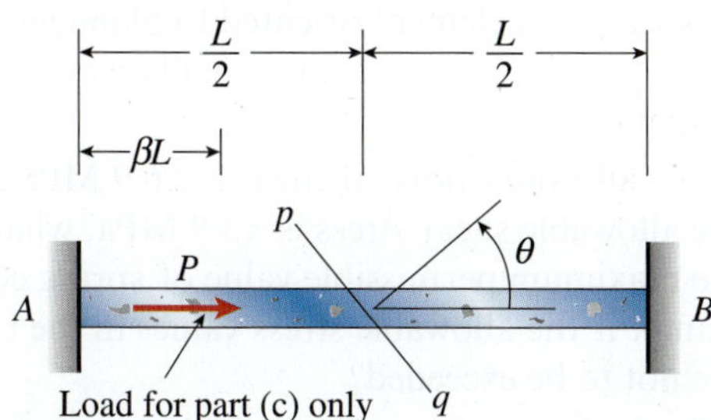

PROBLEM 2.6-14

2.6-15 A circular brass bar with a diameter d is member AC in truss ABC that has load $P = 30$ kN applied at joint C. Bar AC is composed of two segments brazed together on a plane pq, making an angle $\alpha = 36°$ with the axis of the bar (see figure). The allowable stresses in the brass are 90 MPa in tension and 48 MPa in shear. On the brazed joint, the allowable stresses are 40 MPa in tension and 20 MPa in shear. What is the tensile force N_{AC} in bar AC? What is the minimum required diameter d_{min} of bar AC?

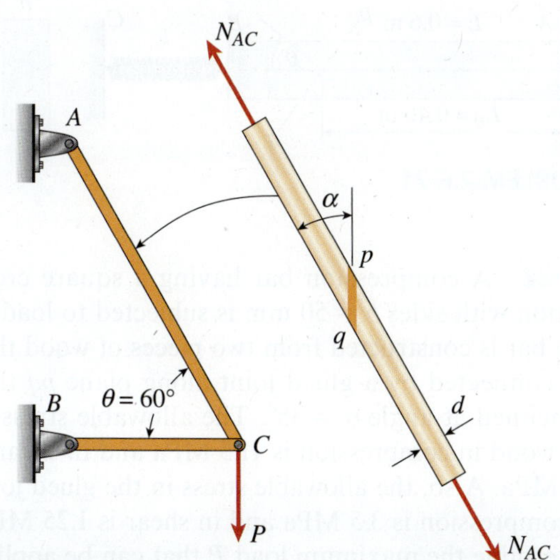

PROBLEM 2.6-15

2.6-16 Two boards are joined by gluing along a scarf joint, as shown in the figure. For purposes of cutting and gluing, the angle α between the plane of the joint and the faces of the boards must be between 10° and 40°. Under a tensile load P, the normal stress in the boards is 4.9 MPa.

(a) What are the normal and shear stresses acting on the glued joint if $\alpha = 20°$?

(b) If the allowable shear stress on the joint is 2.25 MPa, what is the largest permissible value of the angle α?

(c) For what angle α will the shear stress on the glued joint be numerically equal to twice the normal stress on the joint?

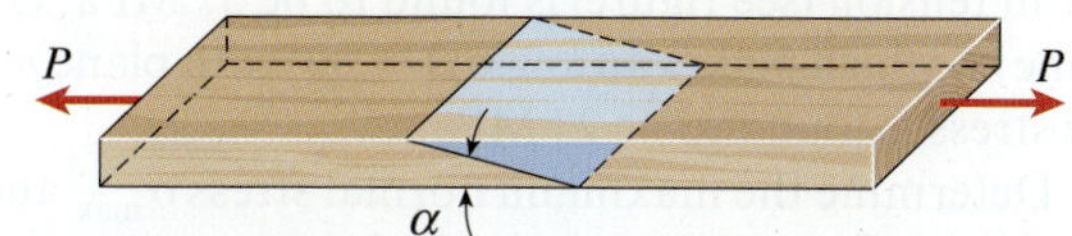

PROBLEM 2.6-16

2.6-17 Acting on the sides of a stress element cut from a bar in uniaxial stress are tensile stresses of 60 MPa and 20 MPa, as shown in the figure.

(a) Determine the angle θ and the shear stress τ_θ, and show all stresses on a sketch of the element.

(b) Determine the maximum normal stress σ_{max} and the maximum shear stress τ_{max} in the material.

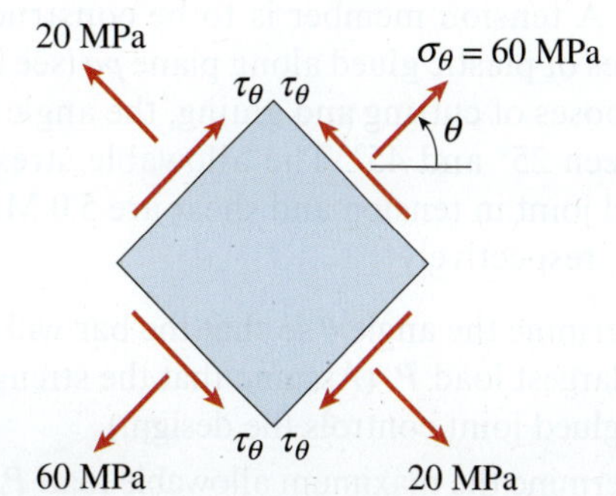

PROBLEM 2.6-17

2.6-18 A prismatic bar is subjected to an axial force that produces a tensile stress $\sigma_\theta = 65$ MPa and a shear stress $\tau_\theta = 23$ MPa on a certain inclined plane (see figure). Determine the stresses acting on all faces of a stress element oriented at $\theta = 30°$, and show the stresses on a sketch of the element.

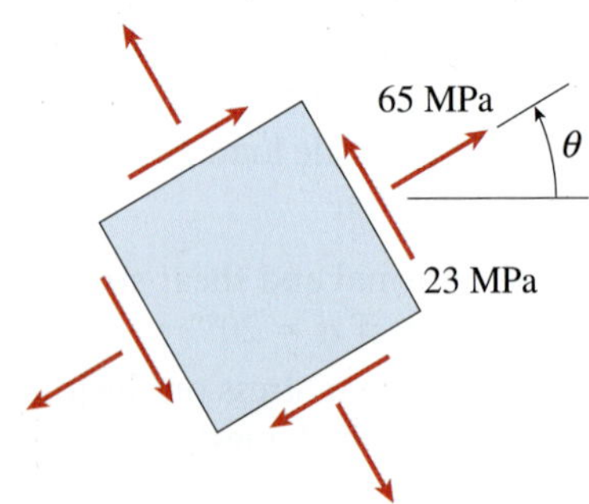

PROBLEM 2.6-18

2.6-19 The normal stress on plane *pq* of a prismatic bar in tension (see figure) is found to be 57 MPa. On plane *rs*, which makes an angle $\beta = 30°$ with plane *pq*, the stress is found to be 23 MPa.

Determine the maximum normal stress σ_{max} and maximum shear stress τ_{max} in the bar.

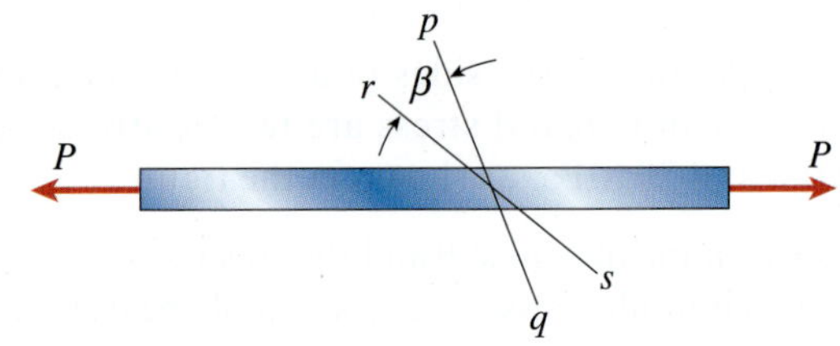

PROBLEM 2.6-19

2.6-20 A tension member is to be constructed of two pieces of plastic glued along plane *pq* (see figure). For purposes of cutting and gluing, the angle θ must be between 25° and 45°. The allowable stresses on the glued joint in tension and shear are 5.0 MPa and 3.0 MPa, respectively

(a) Determine the angle θ so that the bar will carry the largest load *P*. (Assume that the strength of the glued joint controls the design.)

(b) Determine the maximum allowable load P_{max} if the cross-sectional area of the bar is 225 mm^2.

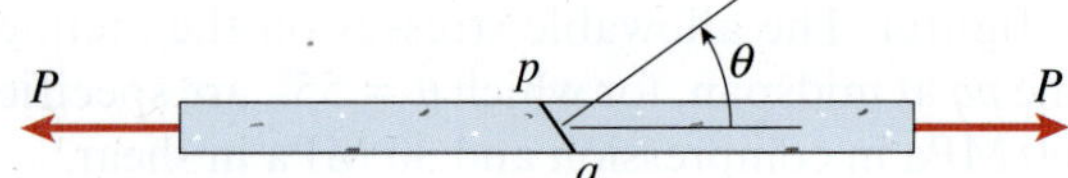

PROBLEM 2.6-20

2.6-21 Plastic bar *AB* of rectangular cross section ($b = 19$ mm and $h = 38$ mm) and length $L = 0.6$ m is fixed at *A* and has a spring support ($k = 3150$ kN/m) at *C* (see figure). Initially, the bar and spring have no stress. When the temperature of the bar is *raised* by 48°C, the *compressive* stress on an inclined plane *pq* at $L_\theta = 0.46$ m becomes 5.3 MPa. Assume the spring is massless and is unaffected by the temperature change. Let $\alpha = 95 \times 10^{-6}$/°C and $E = 2.8$ GPa.

(a) What is the shear stress τ_θ on plane *pq*? What is angle θ?

(b) Draw a stress element oriented to plane *pq*, and show the stresses acting on all faces of this element.

(c) If the allowable normal stress is ±6.9 MPa and the allowable shear stress is ±3.9 MPa, what is the maximum permissible value of spring constant *k* if the allowable stress values in the bar are not to be exceeded?

(d) What is the maximum permissible length *L* of the bar if the allowable stress values in the bar are not be exceeded? (Assume $k = 3150$ kN/m.)

(e) What is the maximum permissible temperature increase (ΔT) in the bar if the allowable stress values in the bar are not to be exceeded? (Assume $L = 0.6$ m and $k = 3150$ kN/m.)

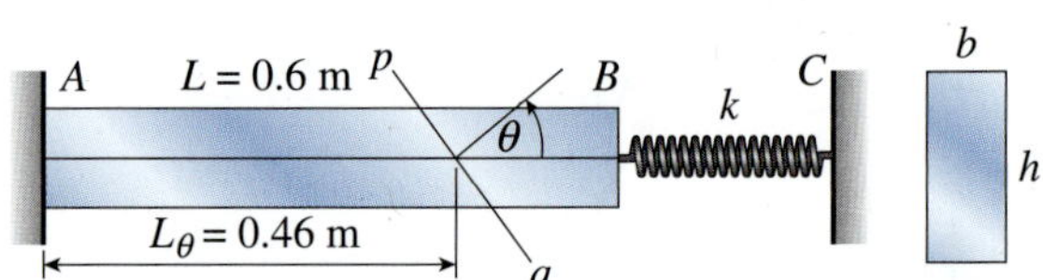

PROBLEM 2.6-21

2.6-22 A compression bar having a square cross section with sides $b = 50$ mm is subjected to load *P*. The bar is constructed from two pieces of wood that are connected by a glued joint along plane *pq* that is inclined at angle $\alpha = 35°$. The allowable stress in the wood in compression is 11.5 MPa and in shear is 4.5 MPa. Also, the allowable stress in the glued joint in compression is 3.5 MPa and in shear is 1.25 MPa. Determine the maximum load *P* that can be applied to the bar.

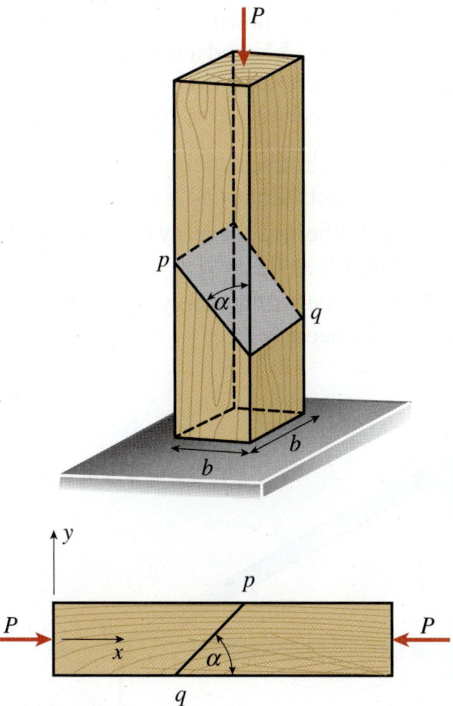

PROBLEM 2.6-22

2.7 Strain Energy

When solving the problems for Section 2.7, assume that the material behaves linearly elastically.

2.7-1 A prismatic bar *AD* of length *L*, cross-sectional area *A*, and modulus of elasticity *E* is subjected to loads 5*P*, 3*P*, and *P* acting at points *B*, *C*, and *D*, respectively (see figure). Segments *AB*, *BC*, and *CD* have lengths *L*/6, *L*/2, and *L*/3, respectively.

(a) Obtain a formula for the strain energy *U* of the bar.

(b) Calculate the strain energy if $P = 27$ kN, $L = 130$ cm, $A = 18$ cm^2, and the material is aluminum with 72 GPa.

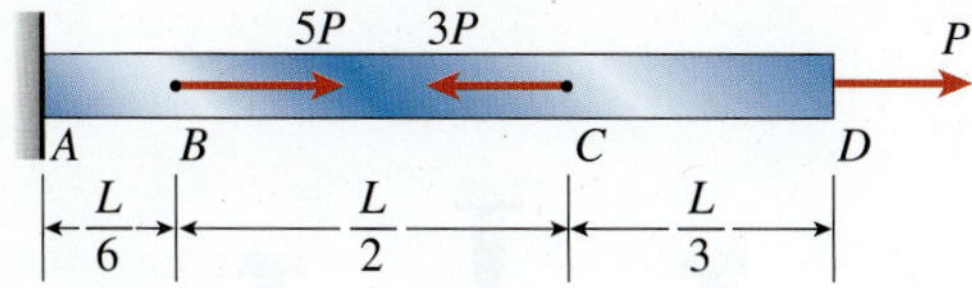

PROBLEM 2.7-1

2.7-2 A bar with a circular cross section having two different diameters *d* and 2*d* is shown in the figure. The length of each segment of the bar is *L*/2, and the modulus of elasticity of the material is *E*.

(a) Obtain a formula for the strain energy *U* of the bar due to the load *P*.

(b) Calculate the strain energy if the load $P = 27$ kN, the length $L = 600$ mm, the diameter $d = 40$ mm, and the material is brass with $E = 105$ GPa.

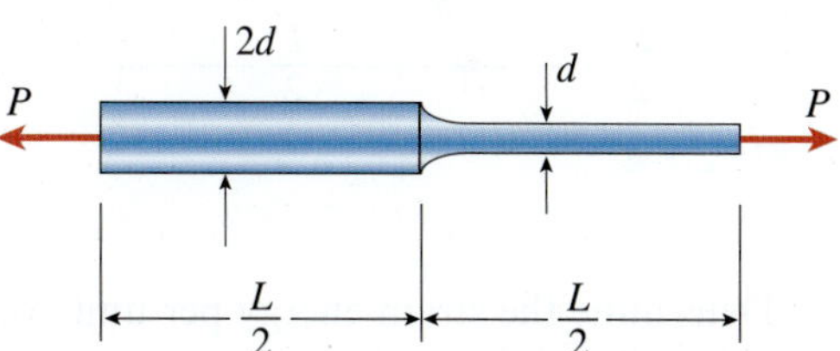

PROBLEM 2.7-2

2.7-3 A three-story steel column in a building supports roof and floor loads as shown in the figure. The story height *H* is 3 m, the cross-sectional area *A* of the column is 7500 mm^2, and the modulus of elasticity *E* of the steel is 200 GPa.

Calculate the strain energy *U* of the column assuming $P_1 = 150$ kN and $P_2 = P_3 = 300$ kN.

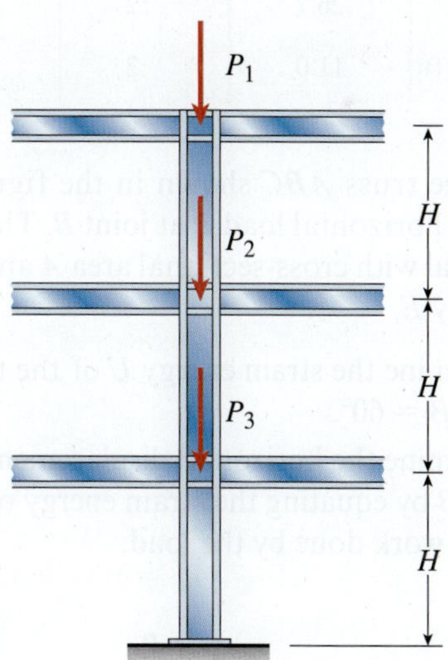

PROBLEM 2.7-3

2.7-4 The bar *ABC* shown in the figure is loaded by a force *P* acting at end *C* and by a force *Q* acting at the midpoint *B*. The bar has a constant axial rigidity *EA*.

(a) Determine the strain energy U_1 of the bar when the force *P* acts alone ($Q = 0$).

(b) Determine the strain energy U_2 when the force Q acts alone ($P = 0$).

(c) Determine the strain energy U_3 when the forces P and Q act simultaneously upon the bar.

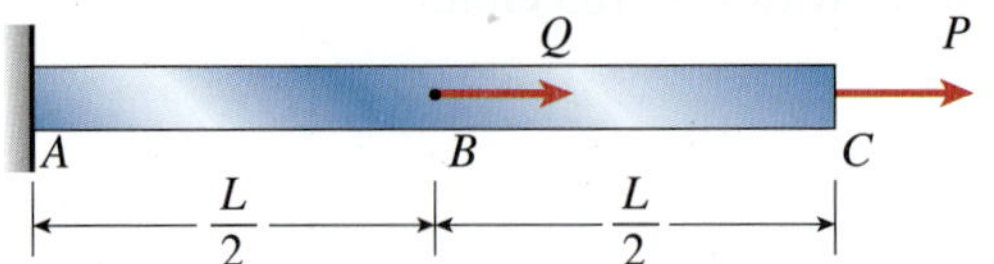

PROBLEM 2.7-4

2.7-5 Determine the strain energy per unit volume (units of kN/m^2) and the strain energy per unit weight (units of m) that can be stored in each of the materials listed in the accompanying table, assuming that the material is stressed to the proportional limit.

DATA FOR PROBLEM 2.7-5

Material	Weight Density (kN/m^3)	Modulus of Elasticity (GPa)	Proportional Limit (MPa)
Mild steel	77.1	207	248
Tool steel	77.1	207	827
Aluminum	26.7	72	345
Rubber (soft)	11.0	2	1.38

2.7-6 The truss ABC shown in the figure is subjected to a horizontal load P at joint B. The two bars are identical with cross-sectional area A and modulus of elasticity E.

(a) Determine the strain energy U of the truss if the angle $\beta = 60°$.

(b) Determine the horizontal displacement δ_B of joint B by equating the strain energy of the truss to the work done by the load.

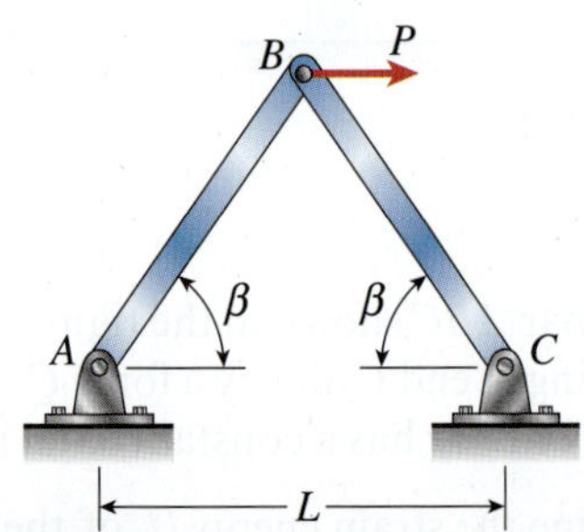

PROBLEM 2.7-6

2.7-7 The truss ABC shown in the figure supports a horizontal load $P_1 = 1.3$ kN and a vertical load $P_2 = 4$ kN. Both bars have a cross-sectional area $A = 1500$ mm^2 and are made of steel with $E = 200$ GPa.

(a) Determine the strain energy U_1 of the truss when the load P_1 acts alone ($P_2 = 0$).

(b) Determine the strain energy U_2 when the load P_2 acts alone ($P_1 = 0$).

(c) Determine the strain energy U_3 when both loads act simultaneously.

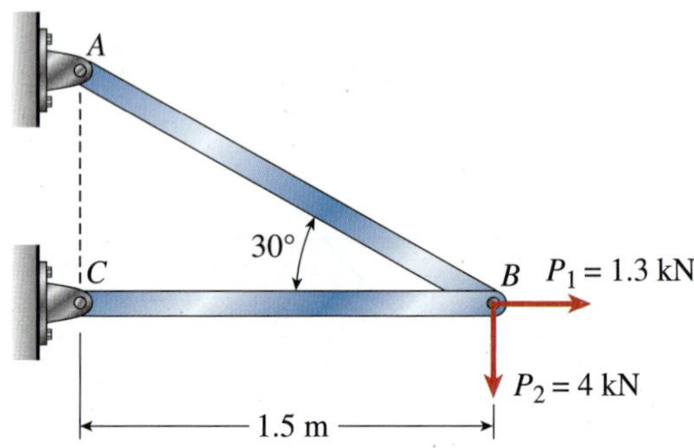

PROBLEM 2.7-7

2.7-8 The statically indeterminate structure shown in the figure consists of a horizontal rigid bar AB supported by five equally spaced springs. Springs 1, 2, and 3 have stiffnesses $3k$, $1.5k$, and k, respectively. When unstressed, the lower ends of all five springs lie along a horizontal line. Bar AB, which has weight W, causes the springs to elongate by an amount δ.

(a) Obtain a formula for the total strain energy U of the springs in terms of the downward displacement δ of the bar.

(b) Obtain a formula for the displacement δ by equating the strain energy of the springs to the work done by the weight W.

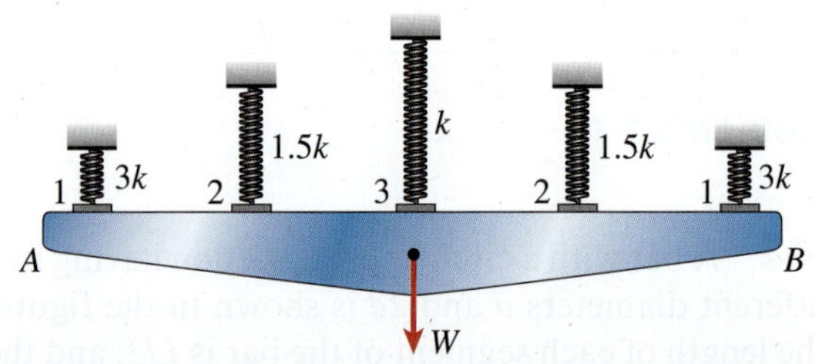

PROBLEM 2.7-8

(c) Determine the forces F_1, F_2, and F_3 in the springs.

(d) Evaluate the strain energy U, the displacement δ, and the forces in the springs if $W = 600$ N and $k = 7.5$ N/mm.

2.7-9 A slightly tapered bar AB of rectangular cross section and length L is acted upon by a force P (see figure). The width of the bar varies uniformly from b_2 at end A to b_1 at end B. The thickness t is constant.

(a) Determine the strain energy U of the bar.

(b) Determine the elongation δ of the bar by equating the strain energy to the work done by the force P.

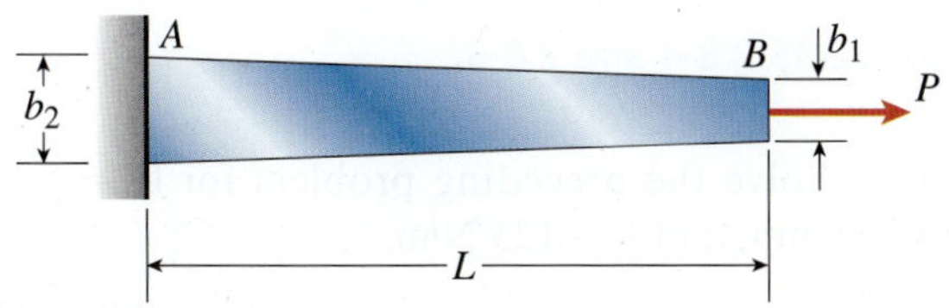

PROBLEM 2.7-9

2.7-10 A compressive load P is transmitted through a rigid plate to three magnesium-alloy bars that are identical except that initially the middle bar is slightly shorter than the other bars (see figure). The dimensions and properties of the assembly are as follows: length $L = 1.0$ m, cross-sectional area of each bar $A = 3000$ mm^2, modulus of elasticity $E = 45$ GPa, and the gap $s = 1.0$ mm.

(a) Calculate the load P_1 required to close the gap.

(b) Calculate the downward displacement δ of the rigid plate when $P = 400$ kN.

(c) Calculate the total strain energy U of the three bars when $P = 400$ kN.

(d) Explain why the strain energy U is *not* equal to $P\delta / 2$. *Hint:* Draw a load-displacement diagram.

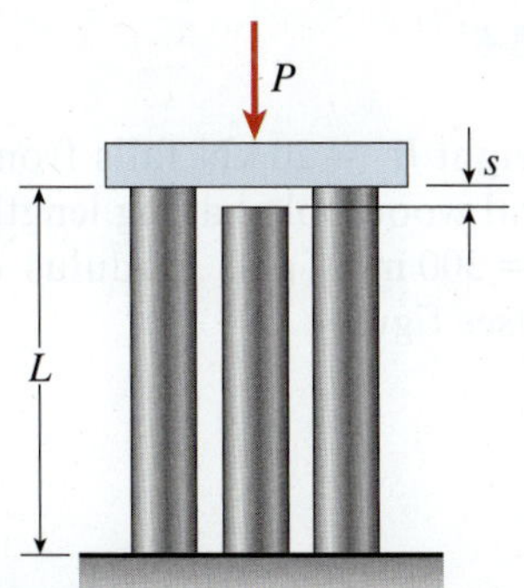

PROBLEM 2.7-10

2.7-11 A block B is pushed against three springs by a force P (see figure). The middle spring has a stiffness k_1, and the outer springs each have stiffness k_2. Initially, the springs are unstressed, and the middle spring is longer than the outer springs (the difference in length is denoted s).

(a) Draw a force-displacement diagram with the force P as ordinate and the displacement x of the block as abscissa.

(b) From the diagram, determine the strain energy U_1 of the springs when $x = 2s$.

(c) Explain why the strain energy U_1 is not equal to $P\delta / 2$, where $\delta = 2s$.

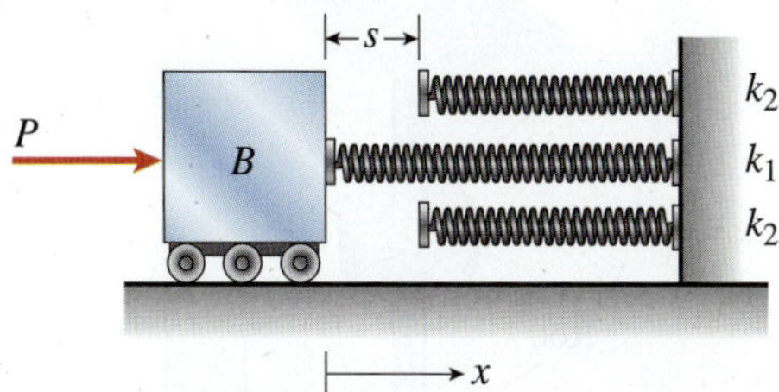

PROBLEM 2.7-11

2.7-12 A bungee cord that behaves linearly elastically has an unstressed length $L_0 = 760$ mm and a stiffness $k = 140$ N/m. The cord is attached to two pegs, distance $b = 380$ mm apart, and is pulled at its midpoint by a force $P = 80$ N (see figure).

(a) How much strain energy U is stored in the cord?

(b) What is the displacement δ_C of the point where the load is applied?

(c) Compare the strain energy U with the quantity $P\delta_C/2$.

Note: The elongation of the cord is *not* small compared to its original length.

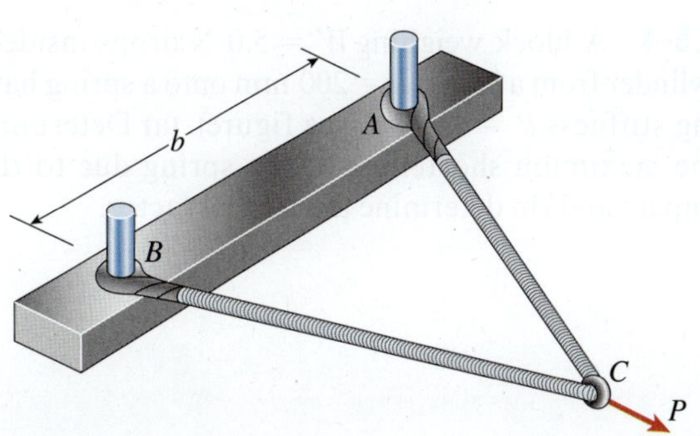

PROBLEM 2.7-12

2.8 Impact Loading

Solve the problems for Section 2.8 by assuming that the material behaves linearly elastically and no energy is lost during the impact.

2.8-1 A sliding collar of weight $W = 650$ N falls from a height $h = 50$ mm onto a flange at the bottom of a slender vertical rod (see figure). The rod has a length $L = 1.2$ m, cross-sectional area $A = 5\ \text{cm}^2$, and modulus of elasticity $E = 210$ GPa.

Calculate the following quantities: (a) the maximum downward displacement of the flange, (b) the maximum tensile stress in the rod, and (c) the impact factor.

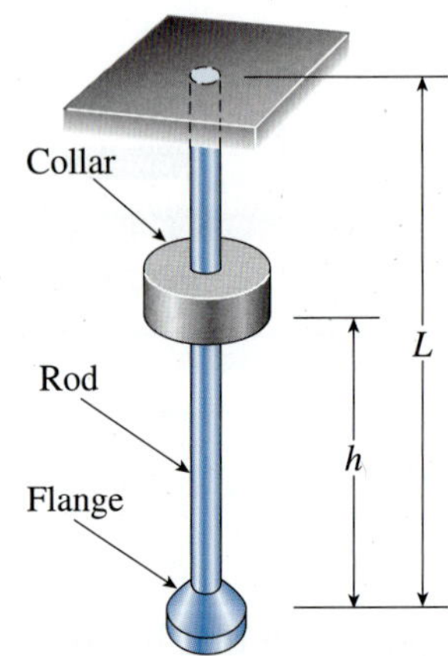

PROBLEMS 2.8-1, 2.8-2, and 2.8-3

2.8-2 Solve the preceding problem if the collar has mass $M = 80$ kg, the height $h = 0.5$ m, the length $L = 3.0$ m, the cross-sectional area $A = 350\ \text{mm}^2$, and the modulus of elasticity $E = 170$ GPa.

2.8-3 Solve Prob. 2.8-1 if the collar has weight $W = 200$ N, the height $h = 50$ mm, the length $L = 0.9$ m, the cross-sectional area $A = 1.5\ \text{cm}^2$, and the modulus of elasticity $E = 210$ GPa.

2.8-4 A block weighing $W = 5.0$ N drops inside a cylinder from a height $h = 200$ mm onto a spring having stiffness $k = 90$ N/m (see figure). (a) Determine the maximum shortening of the spring due to the impact and (b) determine the impact factor.

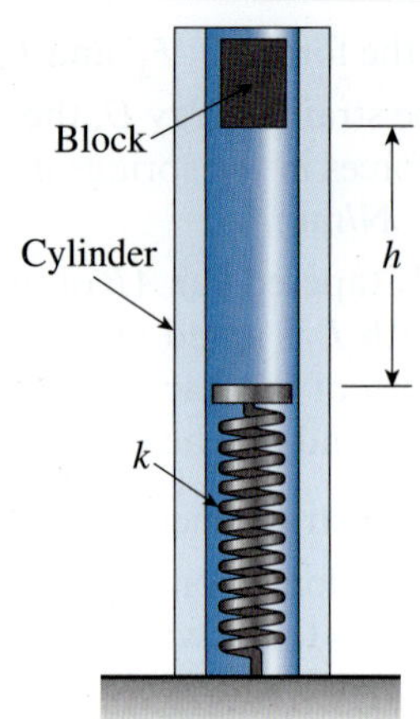

PROBLEMS 2.8-4 and 2.8-5

2.8-5 Solve the preceding problem for $W = 8$ N, $h = 300$ mm, and $k = 125$ N/m.

2.8-6 A small rubber ball (weight $W = 450$ mN) is attached by a rubber cord to a wood paddle (see figure). The natural length of the cord is $L_0 = 200$ mm, its cross-sectional area is $A = 1.6\ \text{mm}^2$, and its modulus of elasticity is $E = 2.0$ MPa. After being struck by the paddle, the ball stretches the cord to a total length $L_1 = 900$ mm.

What was the velocity v of the ball when it left the paddle? (Assume linearly elastic behavior of the rubber cord, and disregard the potential energy due to any change in elevation of the ball.)

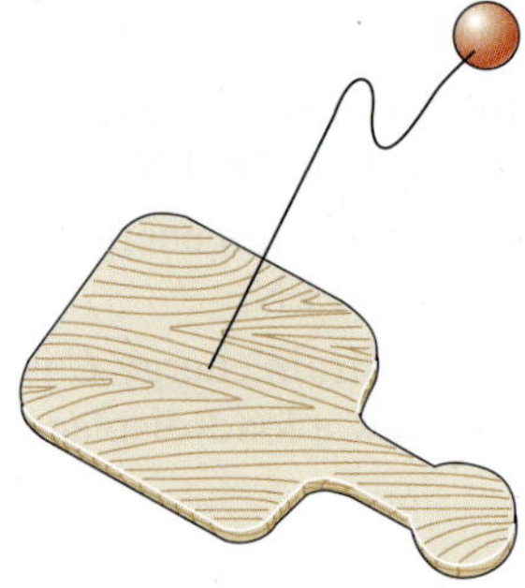

PROBLEM 2.8-6

2.8-7 A weight $W = 20$ kN falls from a height h onto a vertical wood pole having length $L = 5.5$ m, diameter $d = 300$ mm, and modulus of elasticity $E = 10$ GPa (see figure).

If the allowable stress in the wood under an impact load is 17 MPa, what is the maximum permissible height h?

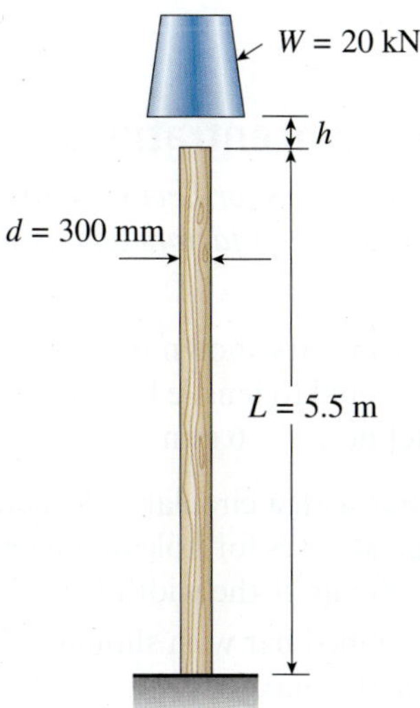

PROBLEM 2.8-7

2.8-8 A cable with a restrainer at the bottom hangs vertically from its upper end (see figure). The cable has an effective cross-sectional area $A = 40 \text{ mm}^2$ and an effective modulus of elasticity $E = 130$ GPa. A slider of mass $M = 35$ kg drops from a height $h = 1.0$ m onto the restrainer.

If the allowable stress in the cable under an impact load is 500 MPa, what is the minimum permissible length L of the cable?

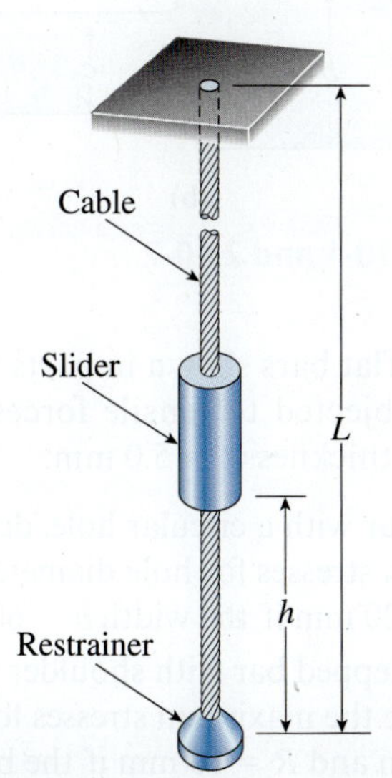

PROBLEMS 2.8-8 and 2.8-9

2.8-9 Solve the preceding problem if the slider has $W = 145$ N, $h = 120$ cm, $A = 0.5 \text{ cm}^2$, $E = 150$ GPa, and the allowable stress is 480 MPa.

2.8-10 A bumping post at the end of a track in a railway yard has a spring constant $k = 8.0$ MN/m (see figure). The maximum possible displacement d of the end of the striking plate is 450 mm.

What is the maximum velocity v_{max} that a railway car of weight $W = 545$ kN can have without damaging the bumping post when it strikes it?

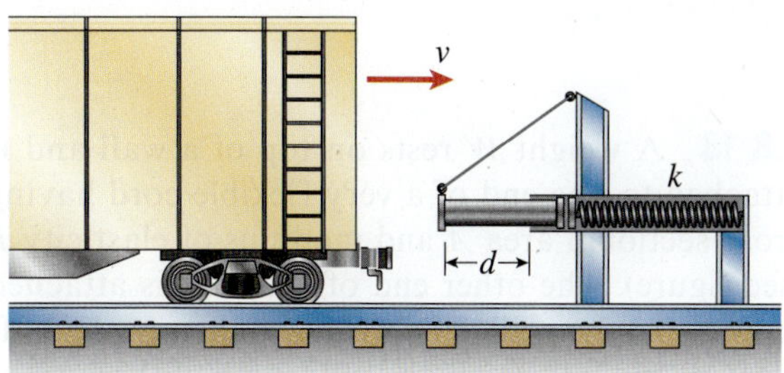

PROBLEM 2.8-10

2.8-11 A bumper for a mine car is constructed with a spring of stiffness $k = 176$ kN/m (see figure). If a car weighing 14 kN is traveling at velocity $v = 8$ km/h when it strikes the spring, what is the maximum shortening of the spring?

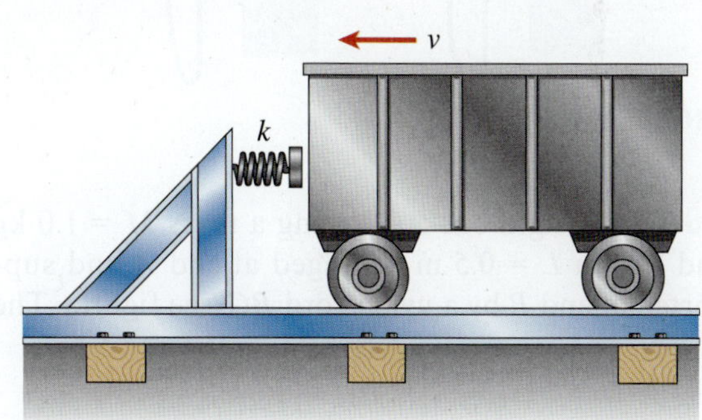

PROBLEM 2.8-11

2.8-12 A bungee jumper having a mass of 55 kg leaps from a bridge, braking her fall with a long elastic shock cord having axial rigidity $EA = 2.3$ kN (see figure).

If the jumpoff point is 60 m above the water, and if it is desired to maintain a clearance of 10 m between the jumper and the water, what length L of cord should be used?

PROBLEM 2.8-12

2.8-13 A weight W rests on top of a wall and is attached to one end of a very flexible cord having cross-sectional area A and modulus of elasticity E (see figure). The other end of the cord is attached securely to the wall. The weight is then pushed off the wall and falls freely the full length of the cord.

(a) Derive a formula for the impact factor.

(b) Evaluate the impact factor if the weight, when hanging statically, elongates the band by 2.5% of its original length.

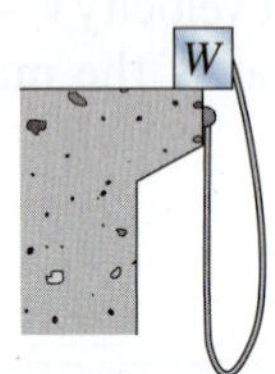

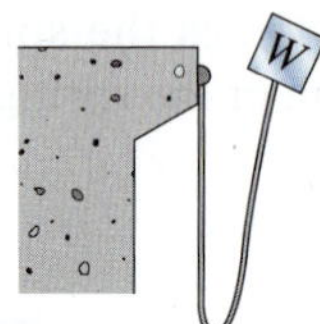

PROBLEM 2.8-13

2.8-14 A rigid bar AB having a mass $M = 1.0$ kg and length $L = 0.5$ m is hinged at end A and supported at end B by a nylon cord BC (see figure). The cord has cross-sectional area $A = 30\text{ mm}^2$, length $b = 0.25$ m, and modulus of elasticity $E = 2.1$ GPa.

If the bar is raised to its maximum height and then released, what is the maximum stress in the cord?

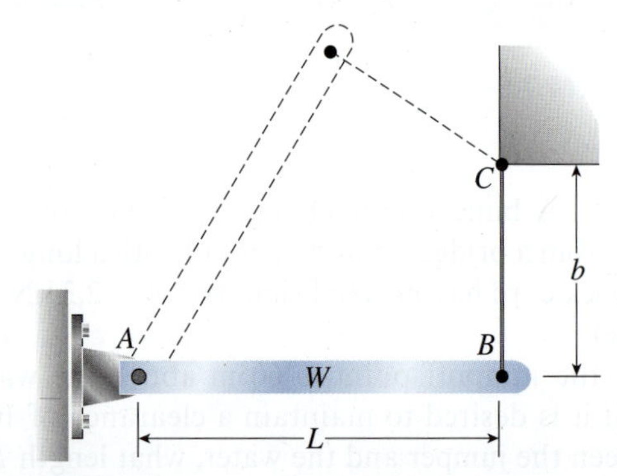

PROBLEM 2.8-14

2.10 Stress Concentrations

Solve the The problems for Section 2.10 by considering the stress-concentration factors and assuming linearly elastic behavior.

2.10-1 The flat bars shown in parts a and b of the figure are subjected to tensile forces $P = 13$ kN. Each bar a has thickness $t = 6$ mm.

(a) For the bar with a circular hole, determine the maximum stresses for hole diameters $d = 25$ mm and $d = 50$ mm if the width $b = 150$ mm.

(b) For the stepped bar with shoulder fillets, determine the maximum stresses for fillet radii $R = 6$ mm and $R = 13$ mm if the bar widths are $b = 100$ mm and $c = 65$ mm.

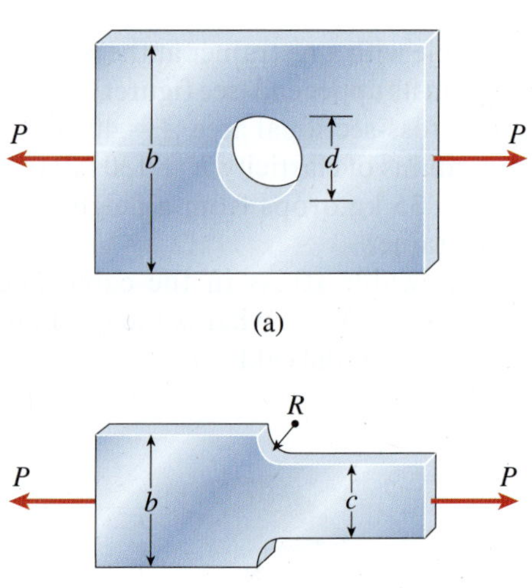

PROBLEMS 2.10-1 and 2.10-2

2.10-2 The flat bars shown in parts a and b of the figure are subjected to tensile forces $P = 2.5$ kN. Each bar has thickness $t = 5.0$ mm.

(a) For the bar with a circular hole, determine the maximum stresses for hole diameters $d = 12$ mm and $d = 20$ mm if the width $b = 60$ mm.

(b) For the stepped bar with shoulder fillets, determine the maximum stresses for fillet radii $R = 6$ mm and $R = 10$ mm if the bar widths are $b = 60$ mm and $c = 40$ mm.

2.10-3 A flat bar of width b and thickness t has a hole of diameter d drilled through it (see figure). The hole may have any diameter that will fit within the bar.

What is the maximum permissible tensile load P_{max} if the allowable tensile stress in the material is σ_t?

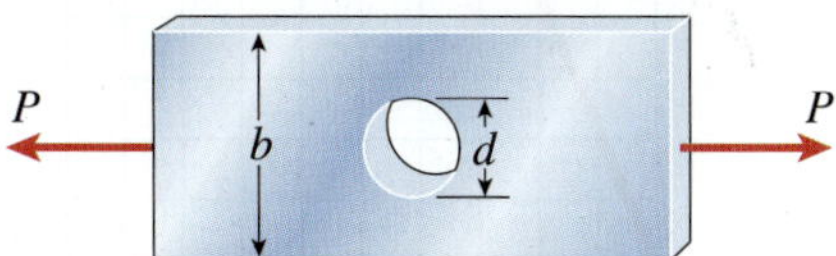

PROBLEM 2.10-3

2.10-4 A round brass bar of a diameter $d_1 = 20$ mm has upset ends each with a diameter $d_2 = 26$ mm (see figure). The lengths of the segments of the bar are $L_1 = 0.3$ m and $L_2 = 0.1$ m. Quarter-circular fillets are used at the shoulders of the bar, and the modulus of elasticity of the brass is $E = 100$ GPa.

If the bar lengthens by 0.12 mm under a tensile load P, what is the maximum stress σ_{max} in the bar?

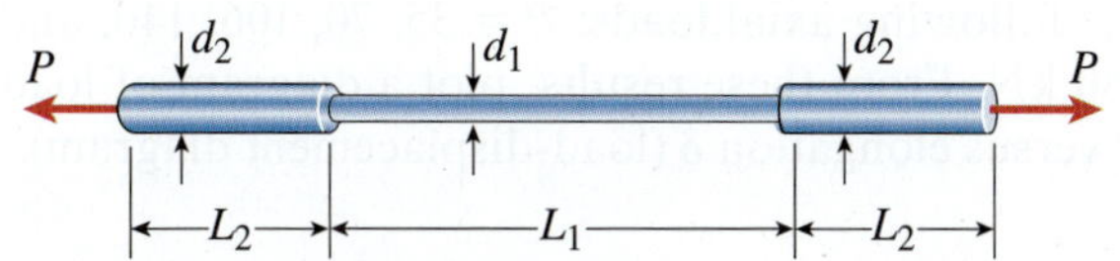

PROBLEMS 2.10-4 and 2.10-5

2.10-5 Solve the preceding problem for a bar of monel metal having the following properties: $d_1 = 25$ mm, $d_2 = 36$ mm, $L_1 = 500$ mm, $L_2 = 125$ mm, and $E = 170$ GPa. Also, the bar lengthens by 0.1 mm when the tensile load is applied.

2.10-6 A prismatic bar with a diameter $d_0 = 20$ mm is being compared with a stepped bar of the same diameter ($d_1 = 20$ mm) that is enlarged in the middle region to a diameter $d_2 = 25$ mm (see figure). The radius of the fillets in the stepped bar is 2.0 mm.

(a) Does enlarging the bar in the middle region make it stronger than the prismatic bar? Demonstrate your answer by determining the maximum permissible load P_1 for the prismatic bar and the maximum permissible load P_2 for the enlarged bar, assuming that the allowable stress for the material is 80 MPa.

(b) What should be the diameter d_0 of the prismatic bar if it is to have the same maximum permissible load as does the stepped bar?

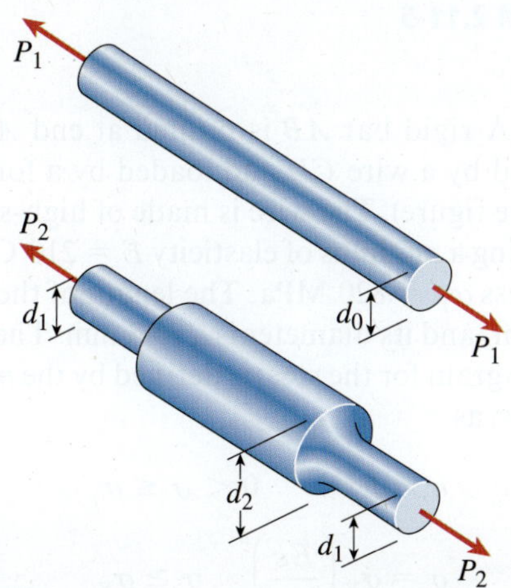

PROBLEM 2.10-6

2.10-7 A stepped bar with a hole (see figure) has widths $b = 60$ mm and $c = 40$ mm. The fillets have radii equal to 5 mm.

What is the diameter d_{max} of the largest hole that can be drilled through the bar without reducing the load-carrying capacity?

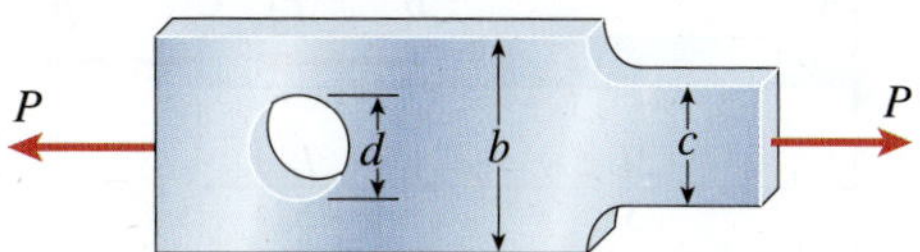

PROBLEM 2.10-7

2.11 Nonlinear Behavior

2.11-1 A bar AB of length L and weight density γ hangs vertically under its own weight (see figure). The stress-strain relation for the material is given by the Ramberg-Osgood equation [Eq. (2-71)]:

$$\varepsilon = \frac{\sigma}{E} + \frac{\sigma_0 \alpha}{E}\left(\frac{\sigma}{\sigma_0}\right)^m$$

Derive the formula

$$\delta = \frac{\gamma L^2}{2E} + \frac{\sigma_0 \alpha L}{(m+1)E}\left(\frac{\gamma L}{\sigma_0}\right)^m$$

for the elongation of the bar.

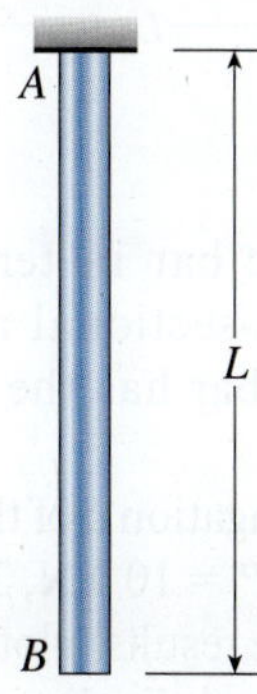

PROBLEM 2.11-1

2.11-2 A prismatic bar of length $L = 1.8$ m and cross-sectional area $A = 480\ \text{mm}^2$ is loaded by forces $P_1 = 30$ kN and $P_2 = 60$ kN (see figure). The bar is constructed of magnesium alloy having a stress-strain curve described by the Ramberg-Osgood equation:

$$\varepsilon = \frac{\sigma}{45{,}000} + \frac{1}{618}\left(\frac{\sigma}{170}\right)^{10}$$

in which σ has units of megapascals (MPa).

(a) Calculate the displacement δ_C of the end of the bar when the load P_1 acts alone.

(b) Calculate the displacement when the load P_2 acts alone.

(c) Calculate the displacement when both loads act simultaneously.

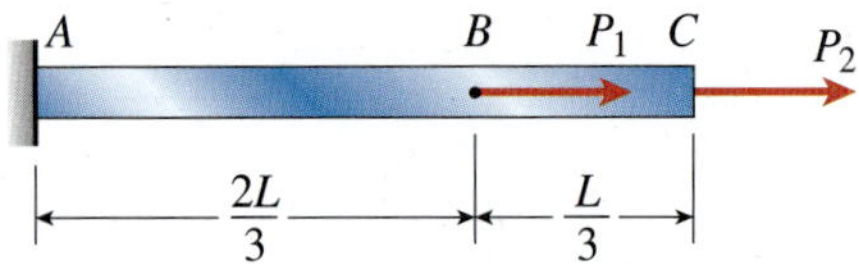

PROBLEM 2.11-2

2.11-3 A circular bar of length $L = 810$ mm and diameter $d = 19$ mm is subjected to tension by forces P (see figure). The wire is made of a copper alloy having the *hyperbolic stress-strain relationship*:

$$\sigma = \frac{18{,}000\varepsilon}{1 + 300\varepsilon} \times 6.809 \quad 0 \le \varepsilon \le 0.03 \quad (\sigma = \text{MPa})$$

(a) Draw a stress-strain diagram for the material.

(b) If the elongation of the wire is limited to 6 mm and the maximum stress is limited to 275 MPa, what is the allowable load P?

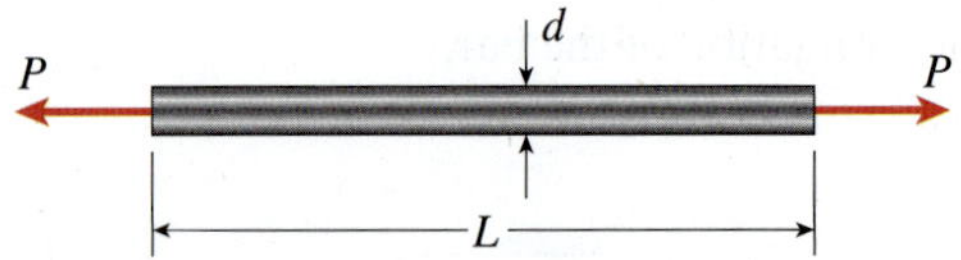

PROBLEM 2.11-3

2.11-4 A prismatic bar in tension has a length $L = 2.0$ m and cross-sectional area $A = 249\ \text{mm}^2$. The material of the bar has the stress-strain curve shown in the figure.

Determine the elongation δ of the bar for each of the following axial loads: $P = 10$ kN, 20 kN, 30 kN, 40 kN, and 45 kN. From these results, plot a diagram of load P versus elongation δ (load-displacement diagram).

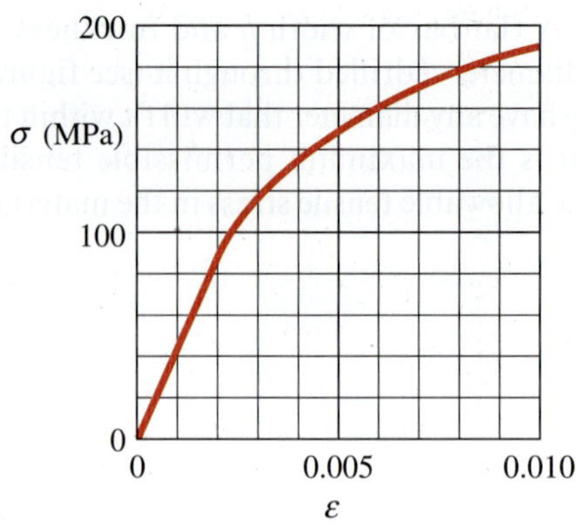

PROBLEM 2.11-4

2.11-5 An aluminum bar subjected to tensile forces P has a length $L = 3.8$ m and cross-sectional area $A = 1290\ \text{mm}^2$. The stress-strain behavior of the aluminum may be represented approximately by the bilinear stress-strain diagram shown in the figure.

Calculate the elongation δ of the bar for each of the following axial loads: $P = 35$, 70, 106, 140, and 180 kN. From these results, plot a diagram of load P versus elongation δ (load-displacement diagram).

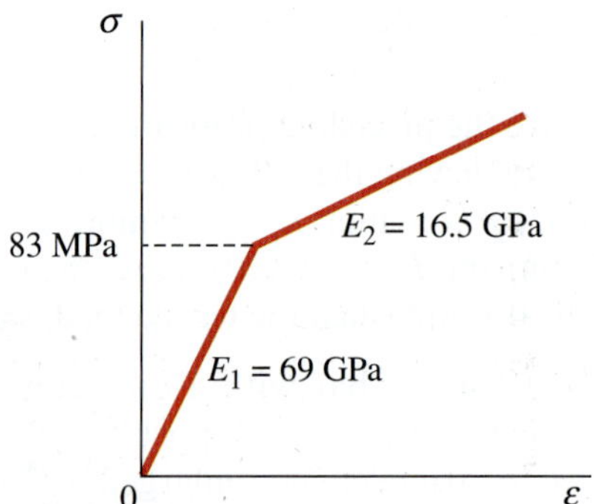

PROBLEM 2.11-5

2.11-6 A rigid bar AB is pinned at end A and is supported by a wire CD and loaded by a force P at end B (see figure). The wire is made of high-strength steel having a modulus of elasticity $E = 210$ GPa and yield stress $\sigma_Y = 820$ MPa. The length of the wire is $L = 1.0$ m, and its diameter is $d = 3$ mm. The stress-strain diagram for the steel is defined by the *modified power law*, as

$$\sigma = E\varepsilon \qquad 0 < \sigma \le \sigma_Y$$

$$\sigma = \sigma_Y\left(\frac{E\varepsilon}{\sigma_Y}\right)^n \qquad \sigma \ge \sigma_Y$$

(a) Assuming $n = 0.2$, calculate the displacement δ_B at the end of the bar due to the load P. Take values of P from 2.4 kN to 5.6 kN in increments of 0.8 kN.

(b) Plot a load-displacement diagram showing P versus δ_B.

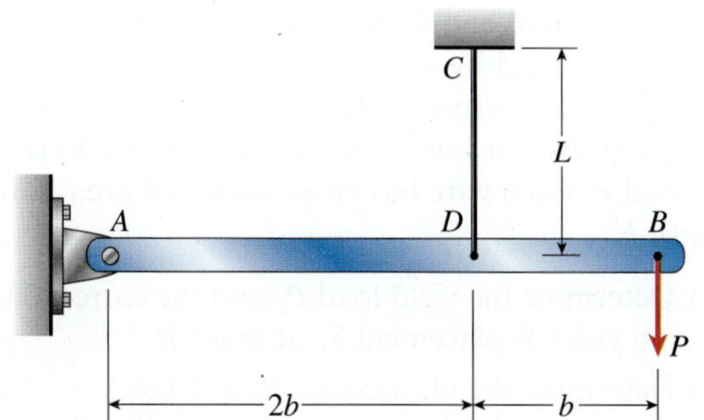

PROBLEM 2.11-6

2.12 Elastoplastic Analysis

Solve the problems for Section 2.12 assuming that the material is elastoplastic with yield stress σ_Y, yield strain ε_Y, and modulus of elasticity E in the linearly elastic region (see Fig. 2-95).

2.12-1 Two identical bars AB and BC support a vertical load P (see figure). The bars are made of steel having a stress-strain curve that may be idealized as elastoplastic with yield stress σ_Y. Each bar has cross-sectional area A.

Determine the yield load P_Y and the plastic load P_P.

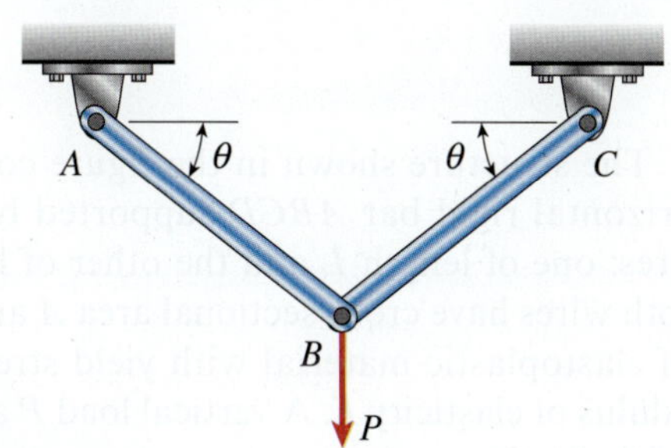

PROBLEM 2.12-1

2.12-2 A stepped bar ACB with circular cross sections is held between rigid supports and loaded by an axial force P at midlength (see figure). The diameters for the two parts of the bar are $d_1 = 20$ mm and $d_2 = 25$ mm, and the material is elastoplastic with yield stress $\sigma_Y = 250$ MPa.

Determine the plastic load P_P.

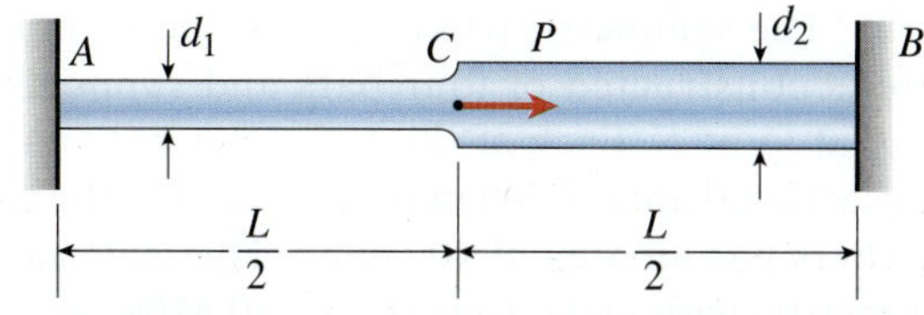

PROBLEM 2.12-2

2.12-3 A horizontal rigid bar AB supporting a load P is hung from five symmetrically placed wires, each of cross-sectional area A (see figure). The wires are fastened to a curved surface of radius R.

(a) Determine the plastic load P_P if the material of the wires is elastoplastic with yield stress σ_Y.

(b) How is P_P changed if bar AB is flexible instead of rigid?

(c) How is P_P changed if the radius R is increased?

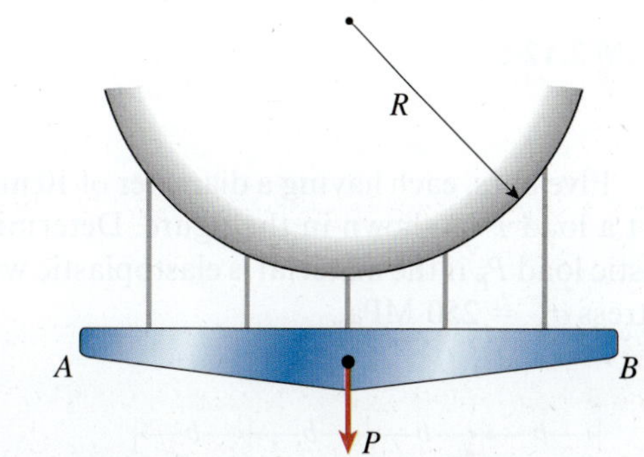

PROBLEM 2.12-3

2.12-4 A load P acts on a horizontal beam that is supported by four rods arranged in the symmetrical pattern shown in the figure. Each rod has a cross-sectional area A, and the material is elastoplastic with a yield stress σ_Y. Determine the plastic load P_P.

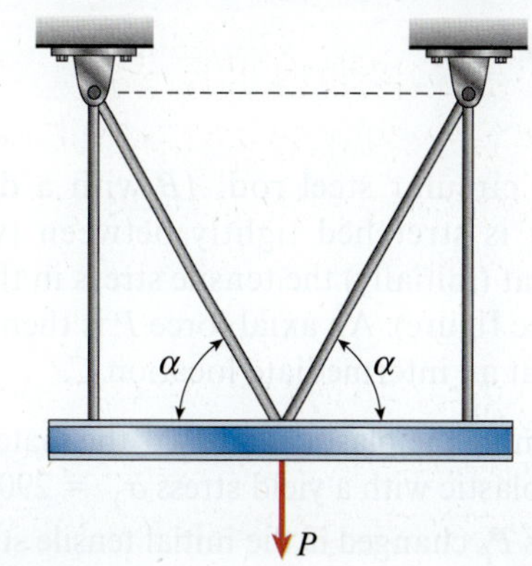

PROBLEM 2.12-4

2.12-5 The symmetric truss $ABCDE$ shown in the figure is constructed of four bars and supports a load P at joint E. Each of the two outer bars has a cross-sectional area of 200 mm^2, and each of the two inner bars has an area of 400 mm^2. The material is elastoplastic with yield stress $\sigma_Y = 250$ MPa.

Determine the plastic load P_P.

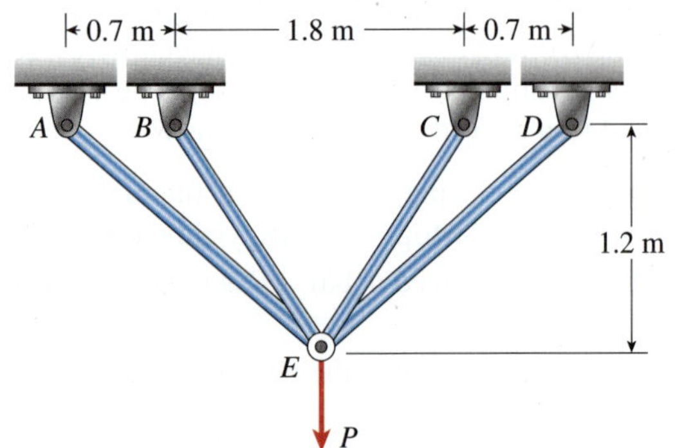

PROBLEM 2.12-5

2.12-6 Five bars, each having a diameter of 10 mm, support a load P as shown in the figure. Determine the plastic load P_P if the material is elastoplastic with yield stress $\sigma_Y = 250$ MPa.

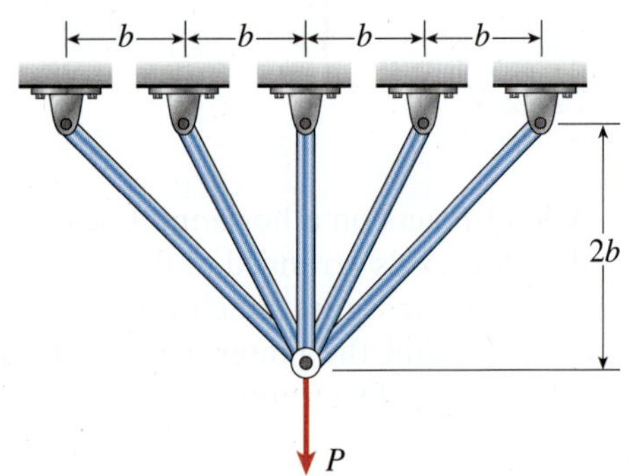

PROBLEM 2.12-6

2.12-7 A circular steel rod AB with a diameter $d = 15$ mm is stretched tightly between two supports so that (initially) the tensile stress in the rod is 60 MPa (see figure). An axial force P is then applied to the rod at an intermediate location C.

(a) Determine the plastic load P_P if the material is elastoplastic with a yield stress $\sigma_Y = 290$ MPa.

(b) How is P_P changed if the initial tensile stress is doubled to 120 MPa?

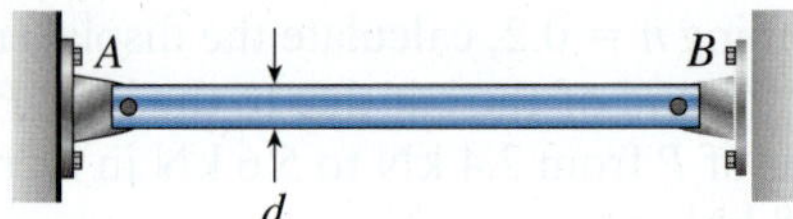

PROBLEM 2.12-7

2.12-8 A rigid bar ACB is supported on a fulcrum at C and loaded by a force P at end B (see figure). Three identical wires made of an elastoplastic material (yield stress σ_Y and modulus of elasticity E) resist the load P. Each wire has cross-sectional area A and length L.

(a) Determine the yield load P_Y and the corresponding yield displacement δ_Y at point B.

(b) Determine the plastic load P_P and the corresponding displacement δ_P at point B when the load just reaches the value P_P.

(c) Draw a load-displacement diagram with the load P as ordinate and the displacement δ_B of point B as abscissa.

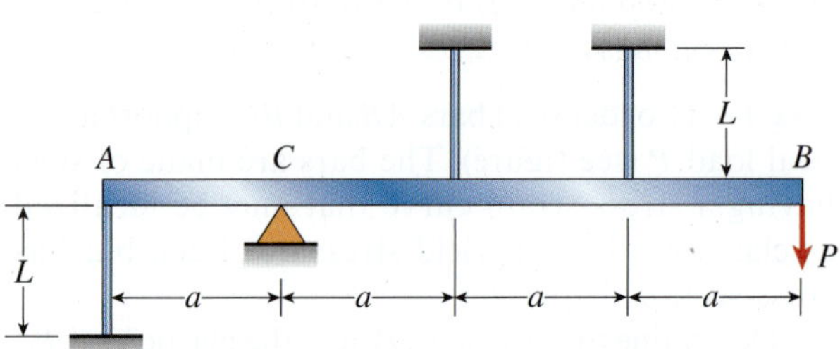

PROBLEM 2.12-8

2.12-9 The structure shown in the figure consists of a horizontal rigid bar $ABCD$ supported by two steel wires: one of length L and the other of length $3L/4$. Both wires have cross-sectional area A and are made of elastoplastic material with yield stress σ_Y and modulus of elasticity E. A vertical load P acts at end D of the bar.

(a) Determine the yield load P_Y and the corresponding yield displacement δ_Y at point D.

(b) Determine the plastic load P_P and the corresponding displacement δ_Y at point D when the load just reaches the value P_P.

(c) Draw a load-displacement diagram with the load P as ordinate and the displacement δ_D of point D as abscissa.

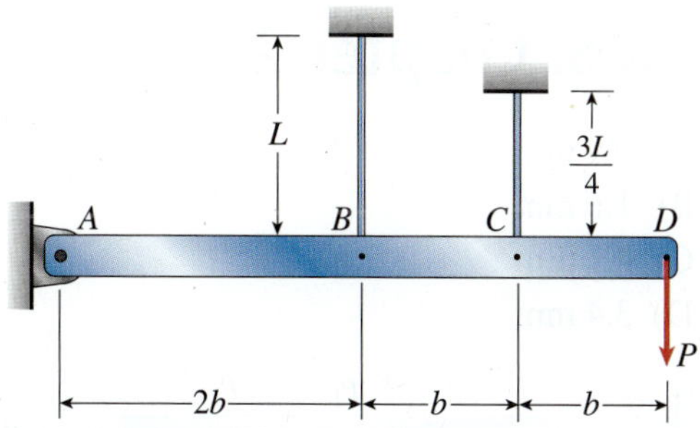

PROBLEM 2.12-9

2.12-10 Two cables, each having a length L of approximately 40 m, support a loaded container of weight W (see figure). The cables, which have an effective cross-sectional area $A = 48.0\ \text{mm}^2$ and effective modulus of elasticity $E = 160$ GPa, are identical except that one cable is longer than the other when they are hanging separately and unloaded. The difference in lengths is $d = 100$ mm. The cables are made of steel having an elastoplastic stress-strain diagram with $\sigma_Y = 500$ MPa. Assume that the weight W is initially zero and is slowly increased by the addition of material to the container.

(a) Determine the weight W_Y that first produces yielding of the shorter cable. Also, determine the corresponding elongation δ_Y of the shorter cable.

(b) Determine the weight W_P that produces yielding of both cables. Also, determine the elongation δ_P of the shorter cable when the weight W just reaches the value W_P.

(c) Construct a load-displacement diagram showing the weight W as ordinate and the elongation δ of the shorter cable as abscissa. *Hint*: The load displacement diagram is not a single straight line in the region $0 \le W \le W_{Y'}$.

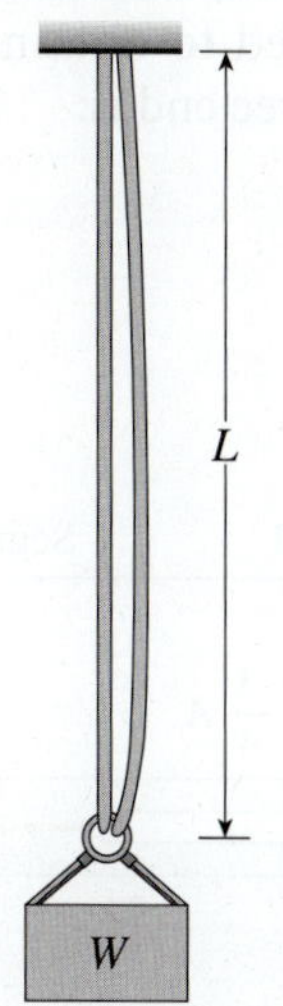

PROBLEM 2.12-10

2.12-11 A hollow circular tube T of a length $L = 380$ mm is uniformly compressed by a force P acting through a rigid plate (see figure). The outside and inside diameters of the tube are 76 and 70 mm, respectively. A concentric solid circular bar B of 38 mm diameter is mounted inside the tube. When no load is present, there is a clearance $c = 0.26$ mm between the bar B and the rigid plate. Both bar and tube are made of steel having an elastoplastic stress-strain diagram with $E = 200$ GPa and $\sigma_Y = 250$ MPa.

(a) Determine the yield load P_Y and the corresponding shortening δ_Y of the tube.

(b) Determine the plastic load P_P and the corresponding shortening δ_P of the tube.

(c) Construct a load-displacement diagram showing the load P as ordinate and the shortening δ of the tube as abscissa. *Hint:* The load-displacement diagram is not a single straight line in the region $0 \le P \le P_{Y'}$.

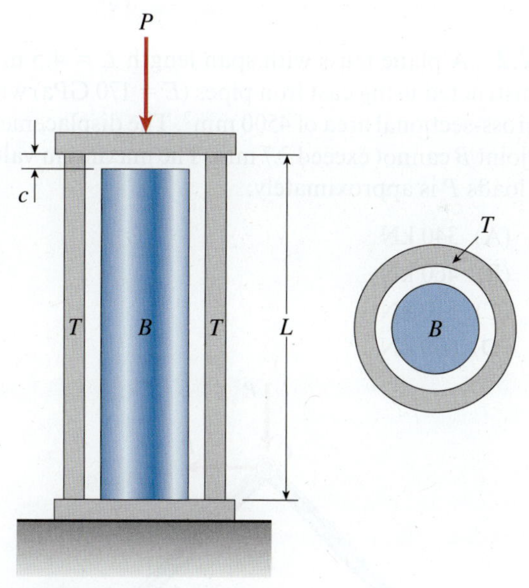

PROBLEM 2.12-11

SOME ADDITIONAL REVIEW PROBLEMS: Chapter 2

R-2.1 Two wires, one copper and the other steel, of equal length stretch the same amount under an applied load P. The moduli of elasticity for each is E_s = 210 GPa and E_c = 120 GPa. The ratio of the diameter of the copper wire to that of the steel wire is approximately:

(A) 1.00
(B) 1.08
(C) 1.19
(D) 1.32

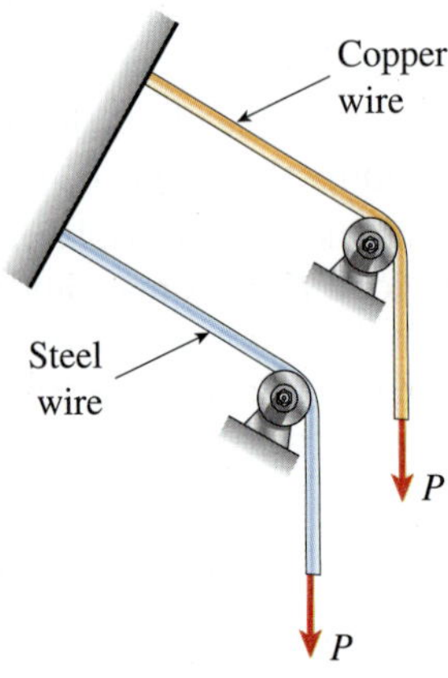

R-2.2 A plane truss with span length L = 4.5 m is constructed using cast iron pipes (E = 170 GPa) with a cross-sectional area of 4500 mm^2. The displacement of joint B cannot exceed 2.7 mm. The maximum value of loads P is approximately:

(A) 340 kN
(B) 460 kN
(C) 510 kN
(D) 600 kN

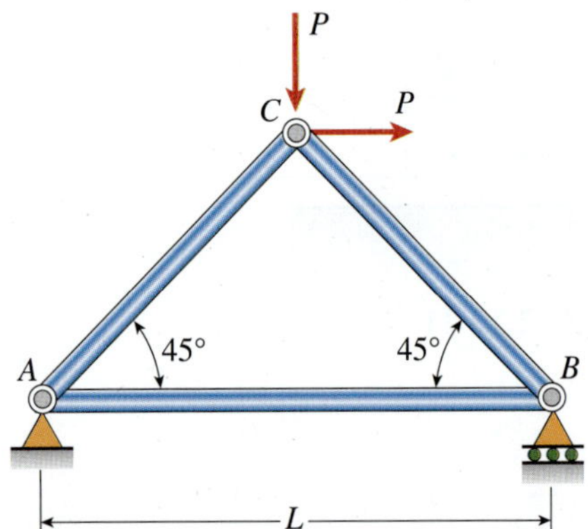

R-2.3 A brass rod (E = 110 GPa) with a cross-sectional area of 250 mm^2 is loaded by forces P_1 = 15 kN, P_2 = 10 kN, and P_3 = 8 kN. Segment lengths of the bar are a = 2.0 m, b = 0.75 m, and c = 1.2 m. The change in length of the bar is approximately:

(A) 0.9 mm
(B) 1.6 mm
(C) 2.1 mm
(D) 3.4 mm

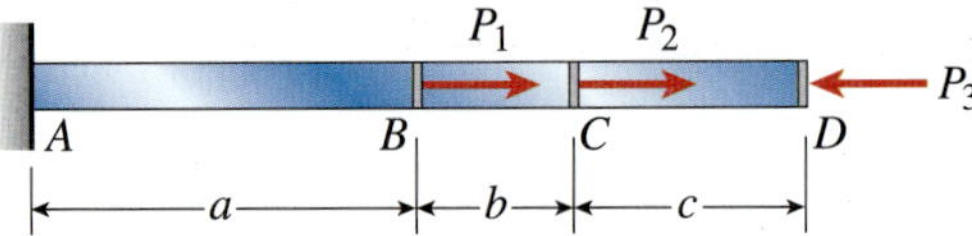

R-2.4 A brass bar (E = 110 MPa) of length L = 2.5 m has diameter d_1 = 18 mm over one-half of its length and diameter d_2 = 12 mm over the other half. Compare this nonprismatic bar to a prismatic bar of the same volume of material with constant diameter d and length L. The elongation of the prismatic bar under the same load P = 25 kN is approximately:

(A) 3 mm
(B) 4 mm
(C) 5 mm
(D) 6 mm

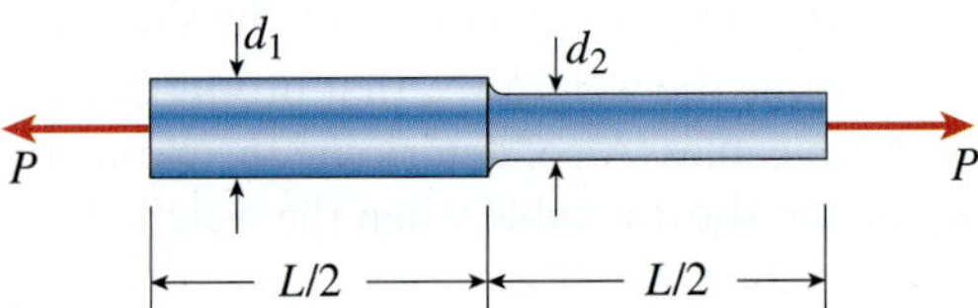

R-2.5 A nonprismatic cantilever bar has an internal cylindrical hole of diameter $d/2$ from 0 to x, so the net area of the cross section for Segment 1 is (3/4)A. Load $2P$ is applied at x, and load $-P/2$ is applied at $x = L$. Assume that E is constant. The length of the hollow segment, x, required to obtain axial displacement $\delta = PL/EA$ at the free end is:

(A) $x = L/5$
(B) $x = L/4$
(C) $x = L/3$
(D) $x = 3L/5$

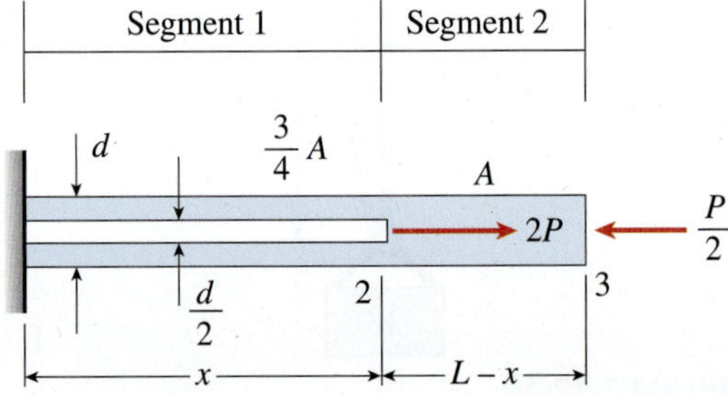

R-2.6 A nylon bar (E = 2.1 GPa) with diameter 12 mm, length 4.5 m, and weight 5.6 N hangs vertically under its own weight. The elongation of the bar at its free end is approximately:

(A) 0.05 mm
(B) 0.07 mm
(C) 0.11 mm
(D) 0.17 mm

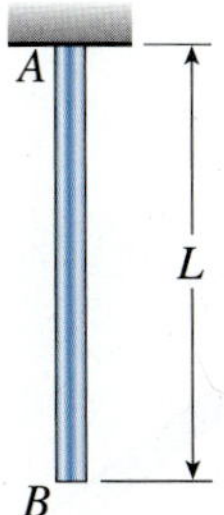

R-2.7 A monel shell (E_m = 170 GPa, d_3 = 12 mm, d_2 = 8 mm) encloses a brass core (E_b = 96 GPa, d_1 = 6 mm). Initially, both shell and core are a length of 100 mm. A load P is applied to both shell and core through a cap plate. The load P required to compress both shell and core by 0.10 mm is approximately:

(A) 10.2 kN
(B) 13.4 kN
(C) 18.5 kN
(D) 21.0 kN

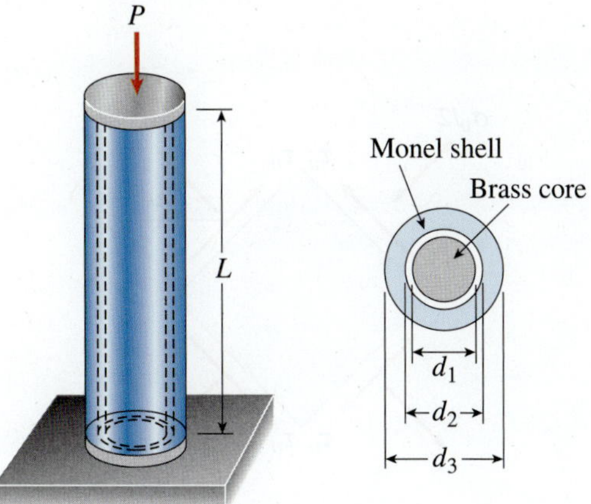

R-2.8 A steel rod (E_s = 210 GPa, d_r = 12 mm, α_s = 12 × 10^{-6}/°C) is held stress-free between rigid walls by a clevis and pin (d_p = 15 mm) assembly at each end. If the allowable shear stress in the pin is 45 MPa and the allowable normal stress in the rod is 70 MPa, the maximum permissible temperature drop ΔT is approximately:

(A) 14°C
(B) 20°C
(C) 28°C
(D) 40°C

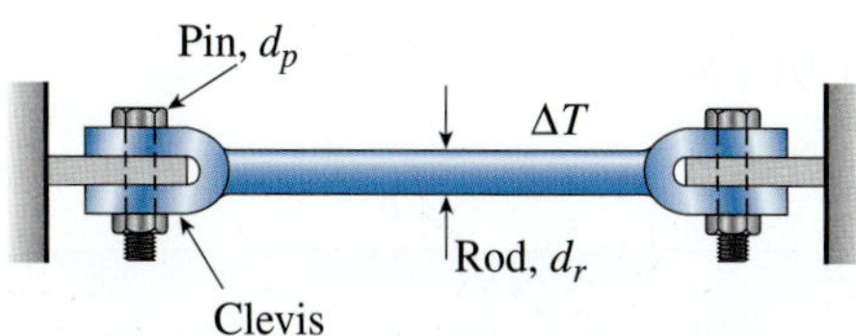

R-2.9 A threaded steel rod (E_s = 210 GPa, d_r = 15 mm, α_s = 12 × 10^{-6}/°C) is held stress-free between rigid walls by a nut and washer (d_w = 22 mm) assembly at each end. If the allowable bearing stress between the washer and wall is 55 MPa and the allowable normal stress in the rod is 90 MPa, the maximum permissible temperature drop ΔT is approximately:

(A) 25°C
(B) 30°C
(C) 38°C
(D) 46°C

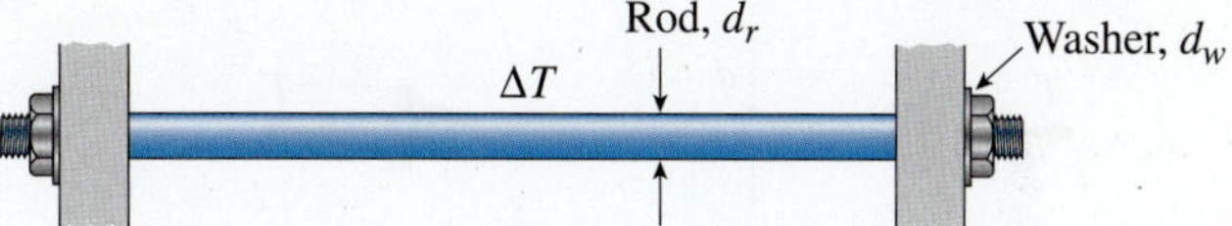

R-2.10 A steel bolt (area = 130 mm², E_s = 210 GPa) is enclosed by a copper tube (length = 0.5 m, area = 400 mm², E_c = 110 GPa) and the end nut is turned until it is just snug. The pitch of the bolt threads is 1.25 mm. The bolt is now tightened by a quarter turn of the nut. The resulting stress in the bolt is approximately:

(A) 56 MPa
(B) 62 MPa
(C) 74 MPa
(D) 81 MPa

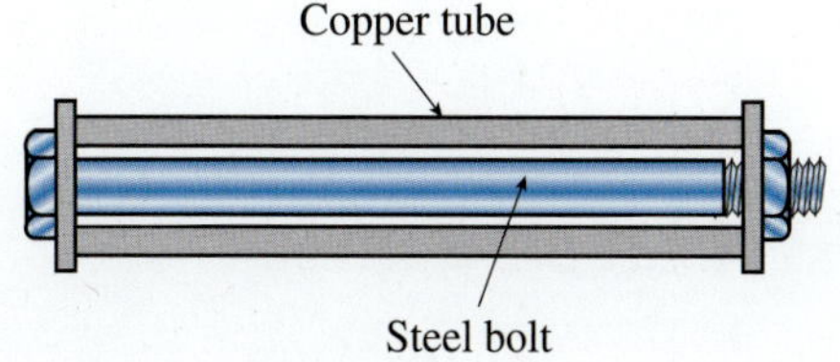

R-2.11 A steel bar of rectangular cross section (a = 38 mm, b = 50 mm) carries a tensile load P. The allowable stresses in tension and shear are 50 MPa and 24 MPa, respectively. The maximum permissible load P_{max} is approximately:

(A) 56 kN
(B) 62 kN
(C) 74 kN
(D) 91 kN

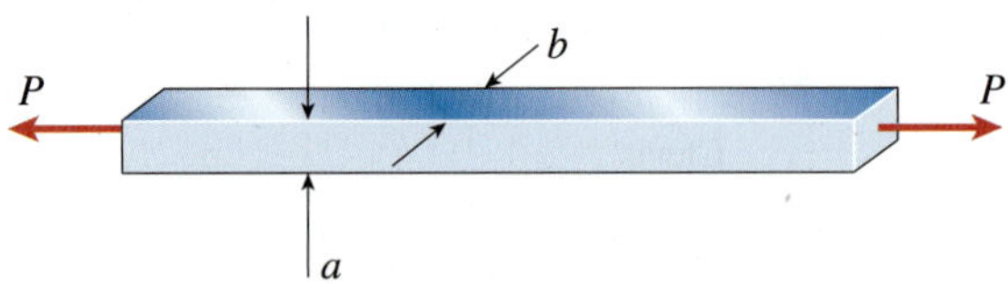

R-2.12 A brass wire (d = 2.0 mm, E = 110 GPa) is pretensioned to T = 85 N. The coefficient of thermal expansion for the wire is 19.5 = 10^{-6}/°C. The temperature change at which the wire goes slack is approximately:

(A) +5.7°C
(B) −12.6°C
(A) +12.6°C
(B) −18.2°C

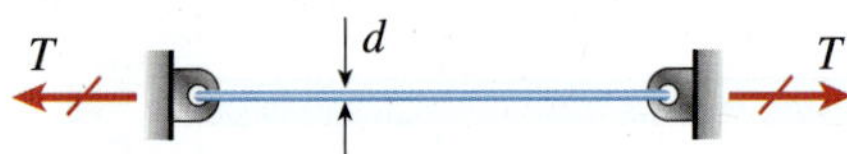

R-2.13 A copper bar (d = 10 mm, E = 110 GPa) is loaded by tensile load P = 11.5 kN. The maximum shear stress in the bar is approximately:

(A) 73 MPa
(B) 87 MPa
(C) 145 MPa
(D) 150 MPa

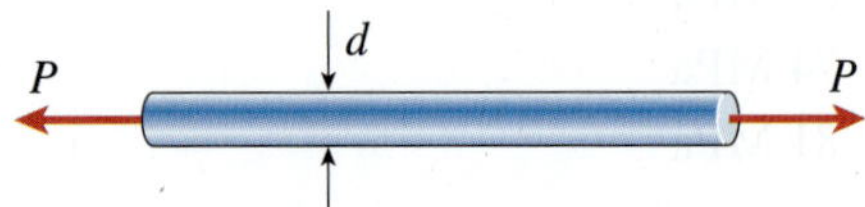

R-2.14 A steel plane truss is loaded at B and C by forces P = 200 kN. The cross-sectional area of each member is A = 3970 mm^2. Truss dimensions are H = 3 m and L = 4 m. The maximum shear stress in bar AB is approximately:

(A) 27 MPa
(B) 33 MPa
(C) 50 MPa
(D) 69 MPa

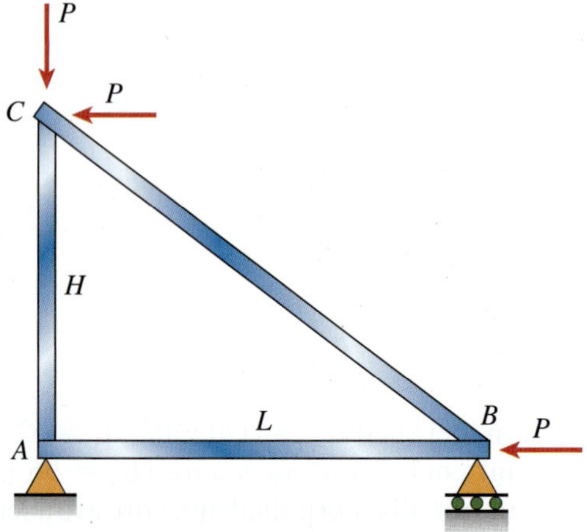

R-2.15 A plane stress element on a bar in uniaxial stress has a tensile stress of σ_θ = 78 MPa (see fig.). The maximum shear stress in the bar is approximately:

(A) 29 MPa
(B) 37 MPa
(C) 50 MPa
(D) 59 MPa

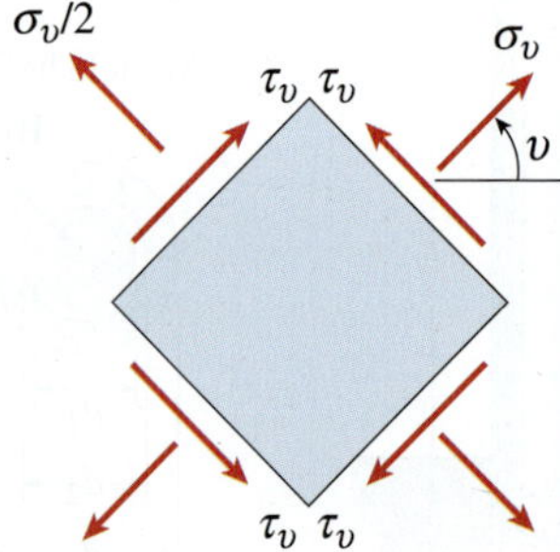

R-2.16 A prismatic bar (diameter $d_0 = 18$ mm) is loaded by force P_1. A stepped bar (diameters $d_1 = 20$ mm and $d_2 = 25$ mm with radius of fillets $R = 2$ mm) is loaded by force P_2. The allowable axial stress in the material is 75 MPa. The ratio P_1/P_2 of the maximum permissible loads that can be applied to the bars, considering stress concentration effects in the stepped bar, is:

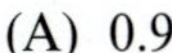

(A) 0.9
(B) 1.2
(C) 1.4
(D) 2.1

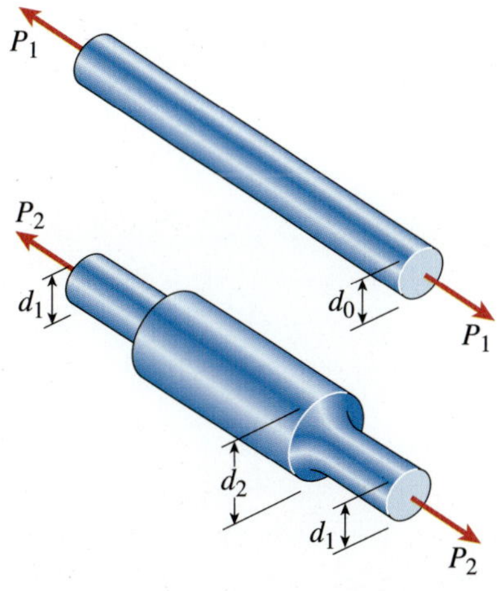

FIGURE 2-87

Stress-concentration factor K for round bars with shoulder fillets. The dashed line is for a full quarter-circular fillet.

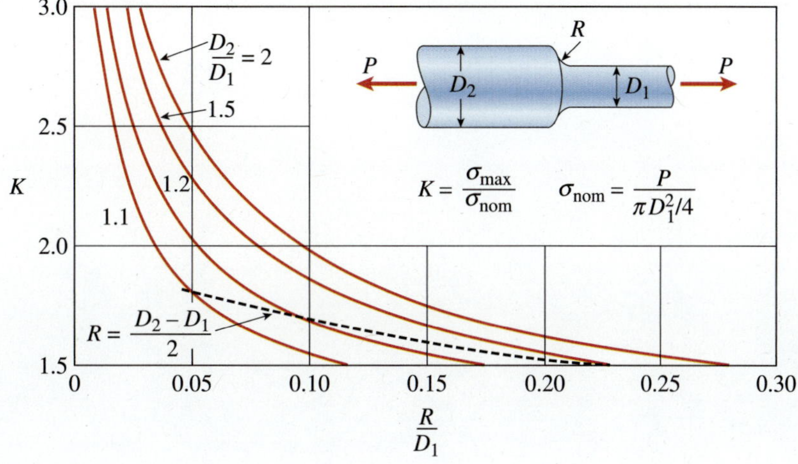

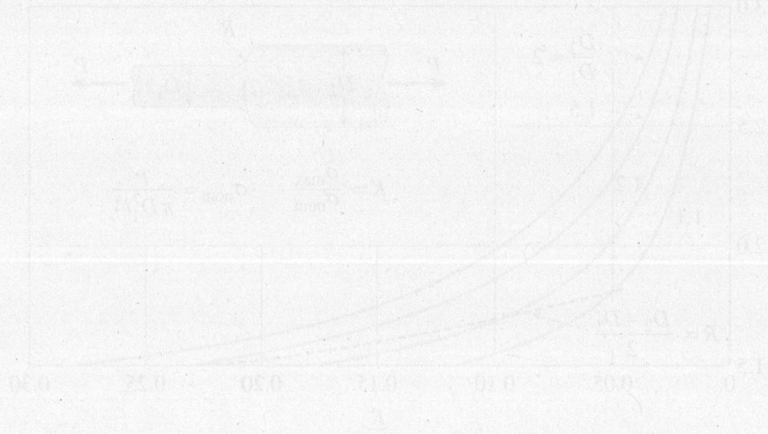

CHAPTER 3

비틀림

Torsion

RGB Ventures/SuperStock/Alamy Stock Photo

대형 선박에 동력을 전달하기 위한 프로펠러 축에는 대형 크랭크축이 필요하다. 프로펠러 축은 회전 중에 비틀림 응력과 비틀림이 발생한다.

이 장의 목적

- 비틀림 모멘트를 받는 원형 봉과 속이 빈 축의 비틀림
- 단면에서 반지름 방향의 거리에 따른 전단응력의 변화와 관련된 비틀림 공식
- 원형 봉에서 비틀림각이 비틀림 모멘트와 비틀림 유연도의 곱에 비례하는 토크-변위 관계식
- 원형 봉에서 경사진 단면에서 관심지점의 수직응력과 전단응력
- 탄성 계수 E와 전단 탄성 계수 G와의 관계
- 원형 축에서 동력 전달 시 동력 P, 토크 T, 회전 속도 n 사이의 관계식
- 비틀림 모멘트를 받는 부정정 축의 반력 모멘트
- 원형이 아닌 축에 걸리는 최대 전단응력과 단면이 급격히 변하는 축에서의 응력집중

이 장의 구성

* 특수 및 심화 주제

3.1 서론

그림 3-1
손잡이에 작용된 토크 T로 인한 스크류 드라이버의 비틀림

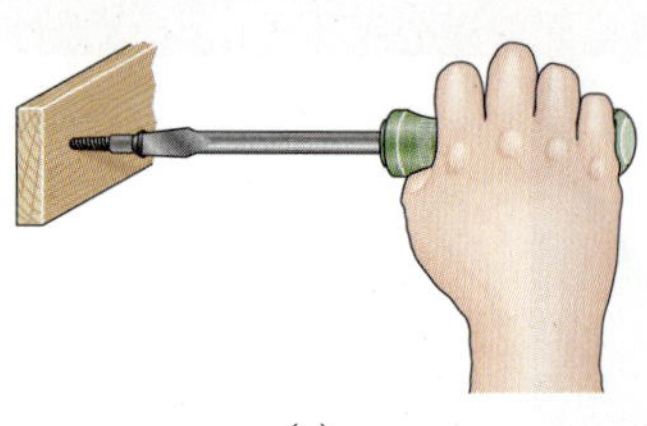

(a)

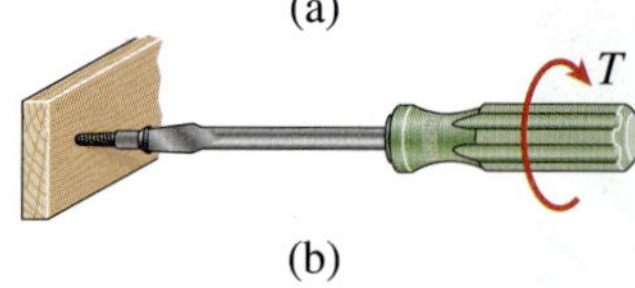

(b)

1장과 2장에서 가장 단순한 형태의 구조 부재, 즉 축 하중을 받는 직선 봉의 거동을 논의하였다. 이제는 **비틀림(torsion)**이라 알려진 좀 더 복잡한 형태의 거동을 고찰할 것이다. 모멘트(또는 토크)는 봉의 축에 대하여 회전을 일으키려 하는데, 이 모멘트를 받는 직선 봉의 뒤틀림을 비틀림이라 한다. 예를 들면 스크류 드라이버를 돌릴 때(그림 3-1a), 손이 손잡이(그림 3-1b)에 토크 T를 작용하여 스크류 드라이버의 긴 자루를 비튼다. 그 밖의 비틀림을 받는 예는 구동축, 짧은 차축, 프로펠러 축, 조향장치 봉 및 드릴 비트가 있다.

이상적인 경우의 비틀림 하중이 그림 3-2a에 도시되어 있다. 이 그림에서 직선 봉의 한쪽 끝은 고정되어 있고, 봉은 크기가 같고 방향이 반대인 두 쌍의 하중을 받고 있다. 첫 번째 쌍은 봉의 중간 지점에 힘 P_1이 작용하고 있고, 두 번째 쌍은 봉의 끝에 힘 P_2가 작용하고 있다. 각기 쌍으로 작용하는 힘은 **우력(couple)**을 이루어 봉을 축 방향으로 비틀어 주려 한다. 정역학에서 배운 바와 같이 **우력의 모멘트(moment of a couple)**는 한 개의 힘과 두 힘 작용선 사이의 수직거리를 곱한 것과 같다; 따라서 첫 번째 우력의 모멘트 $T_1 = P_1d_1$이고 두 번째는 $T_2 = P_2d_2$이다.

모멘트는 SI단위계에서 뉴톤미터(N · m)이다.

그림 3-2
비틀림 토크 T_1와 T_2를 받는 원형 봉

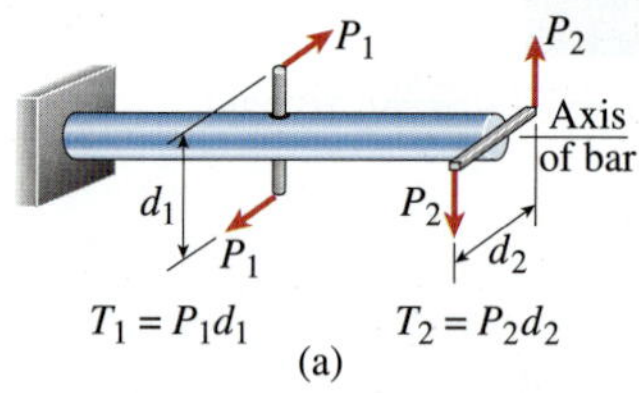

(a)

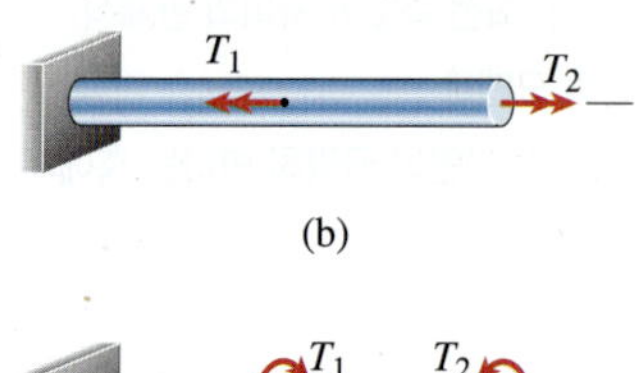

(b)

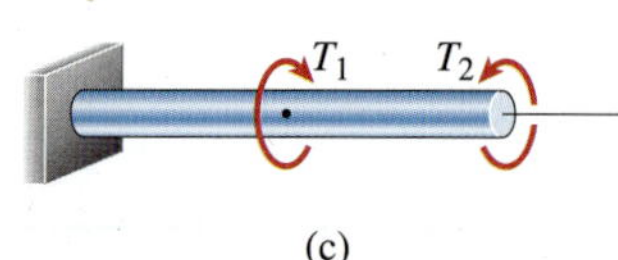

(c)

우력의 모멘트는 두 개의 머리를 가진 화살 형태의 **벡터**로 나타낼 수 있다(그림 3-2b). 그 화살은 우력을 포함한 평면에 수직이므로, 두 개의 화살 모두 봉의 축과 평행하다. 모멘트의 방향(또는 *sense*)은 모멘트 벡터의 오른손법칙을 따른다. 즉 오른손에서 손가락으로 모멘트 방향을 감싸면 엄지손가락이 모멘트 방향을 가리킨다.

모멘트를 나타내는 또 다른 방법은 회전방향으로 작용하는 곡선 화살표이다(그림 3-2c). 곡선 화살과 벡터 표시 모두 널리 사용되며 이 책에서는 둘 다 사용된다. 편의성과 개인의 취향에 따라 선택한다.

그림 3-2에서 모멘트 T_1과 T_2같이 봉을 비트는 모멘트를 **토크(torque)** 또는 **비틀림 모멘트(twisting moment)**라 부른다. 토크를 받고 회전에 의해 동력을 전달하는 원기둥형 부재를 **축(shaft)**이라고 부른다. 예를 들면 자동차의 구동축, 또는 선박의 프로펠러축이 있다. 대부분의 축은 원형단면을 갖고 있으며 속이 차 있거나 관 형태이다.

이 장은 비틀림을 받는 원형 봉 내의 변형과 응력에 대한 공식을 만드는 것으로부터 시작한다. 그 후 순수전단(*pure shear*)이라 알려진 응력 상태를 해석하고, 인장 탄성 계수 E와 전단 탄성 계수 G의 관계식을 구한다. 다음으로 회전축을 해석하고 전달 동력을 구한다. 마지막으로 비틀림에 관련된 몇 가지 추가적 주제, 즉 부정정 부재, 원형단면이 아닌 축 및 응력집중을 다룰 것이다.

3.2 원형 봉의 비틀림 변형

양끝에서 토크 T를 받는 원형단면을 가진 균일한 봉을 고려하여 비틀림에 관한 논의를 시작하려 한다(그림 3-3a). 봉의 모든 단면이 동일하고 같은 내부 토크 T를 받고 있을 때 봉은 **순수비틀림(pure torsion)** 상태에 있다고 한다. 대칭성으로부터 모든 단면이 축 길이방향으로 회전할 때 봉 단면의 형상이 변하지 않는다는 것을 증명할 수 있다. 다시 말하자면, 모든 단면은 평면인 채 원형으로 남아 있으며 모든 반지름은 직선을 유지한다. 더욱이 봉 양 끝면 사이의 회전각이 작으면 봉의 길이나 지름은 변하지 않을 것이다.

봉의 변형을 시각적으로 보여 주기 위하여 봉의 왼쪽 끝(그림 3-3a)은 고정되어 있다고 상상하자. 그러면 토크 T의 작용으로 오른쪽 끝면이 작은 각도 ϕ만큼 회전할 것이다(왼쪽 끝면에 대하여). 여기서 ϕ는 **비틀림각(angle of twist** 또는 *angle of rotation*)이라 부른다. 이 회전으로 봉의 표면에 있는 길이방향 직선 pq가 나선 곡선 pq'으로 변한다. 여기서 q'은 q 오른쪽 끝 단면이 ϕ만큼 회전한 후 점 q의 위치이다(그림 3-3b).

축을 따라 비틀림각이 변하며, 중간에 있는 단면의 회전각 $\phi(x)$는 왼쪽 끝면의 값 0과 오른쪽 끝 단면의 값 ϕ의 사이에 놓일 것이다. 봉의 모든 단면이 같은 반지름을 갖고 있고 같은 토크를 받는다면(순수전단) 각도 $\phi(x)$는 양끝 사이에서 선형적으로 변할 것이다.

외부 표면에서의 전단변형률

이제 거리가 dx만큼 떨어진 두 개의 단면 사이의 봉 요소를 고려해 보자(그림 3-4a 참조). 이 요소가 확대되어 그림 3-4b에 있다. 이 요소의 바깥 표면에 처음에 길이방향 축에 평행한 변 ab와 cd를 가진 작은 요소 $abcd$를 주목하자. 봉이 비틀리는 동안에 오른쪽 단면이 왼쪽 단면에 대하여 미소 비틀림각 $d\phi$만큼 회전하여, 점 b와 점 c가 각각 b'과 c' 위치로 이동한다. 이 작은 회전이 일어나는 동안 이제 요소 $ab'c'd$인 요소 변의 길이는 변하지 않는다.

그러나 요소 모서리각(그림 3-4b)은 더 이상 90°와 같지 않다. 따라서 요소는 **순수전단** 상태에 놓여 있고 이것은 요소에 전단변형률만 있고 수직변형률은 없는 것을 의미한다(1.8절의 그림 1-53 참조). 봉의 바깥 표면에서 γ_{max}로 표시된 전단변형률은 점 a에서의 각도 감소량과 같다. 즉 각 bad의 감소량을 말한다. 그림 3-4b로부터 각도의 감소량은 다음과 같다.

$$\gamma_{\max} = \frac{bb'}{ab} \tag{3-1}$$

여기서 γ_{max}는 라디안으로 측정되고 bb'은 점 b가 움직인 거리, ab는 요소의 길이(dx와 같다). 봉의 반지름을 r로 표시하면 거리 bb'은 $rd\phi$로 표시할 수 있다. 여기서 $d\phi$도 라디안으로 측정된다. 그러면 앞의 식은 다음과 같이 된다.

$$\gamma_{\max} = \frac{rd\phi}{dx} \tag{3-2}$$

이 식은 봉의 표면에서의 전단변형률과 비틀림각 사이의 관계식이다.

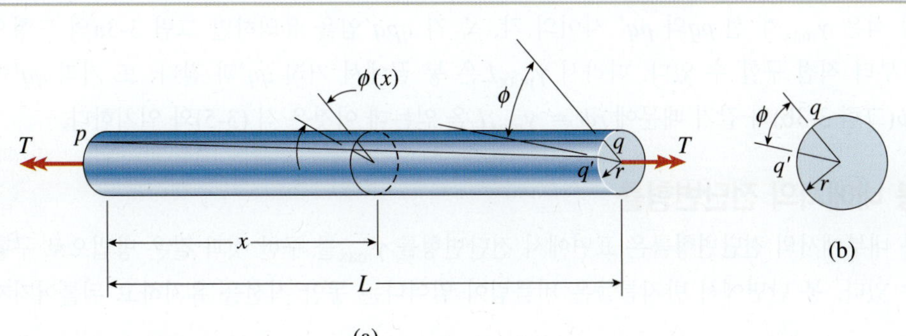

그림 3-3
순수비틀림을 받는 원형 봉의 변형

그림 3-4

비틀림을 받는 봉에서 절단된 길이가 dx인 요소의 변형

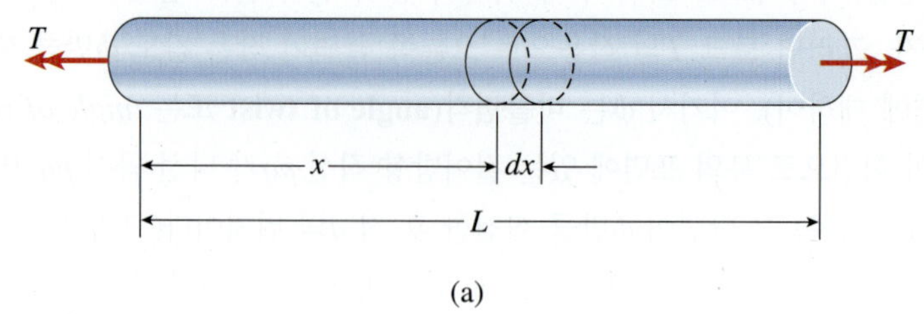

(a)

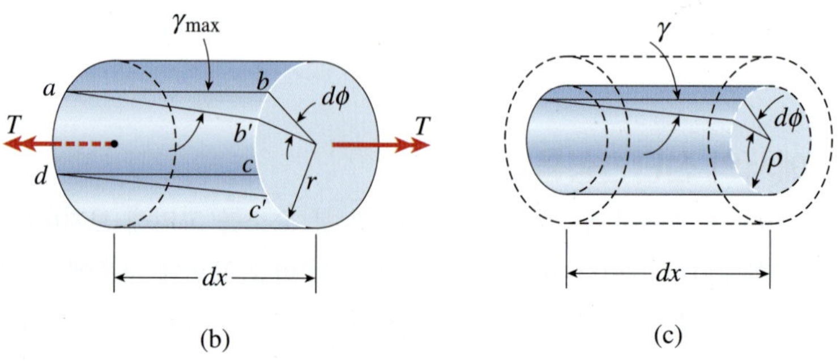

(b) (c)

$d\phi/dx$은 비틀림각 ϕ의 축 방향 거리 x에 대한 변화율이다. $d\phi/dx$를 기호 θ로 표기하고 **비틀림 변화율(rate of twist)** 또는 **단위길이당 비틀림각**이라 한다.

$$\theta = \frac{d\phi}{dx} \tag{3-3}$$

이 기호를 사용하여 표면에서의 전단변형률에 대한 식[식 (3-2)]을 다음과 같이 쓸 수 있다:

$$\gamma_{\max} = \frac{rd\phi}{dx} = r\theta \tag{3-4}$$

식 (3-3)과 식 (3-4)를 유도할 때 편의상 순수비틀림을 받는 봉을 고려하였다. 그러나 두 개의 식은 비틀림 변화율 θ가 일정하지 않고 축 방향 거리 x에 따라 변하는 일반적인 경우에도 유효하다.

순수비틀림에서 특수한 경우에 비틀림 변화율이 전체 비틀림각 ϕ를 봉의 길이 L로 나눈 값과 같은 경우가 있다. 즉 $\theta = \phi/L$이다. 따라서 **오로지 순수비틀림**인 경우 다음 식을 얻는다.

$$\gamma_{\max} = r\theta = \frac{r\phi}{L} \tag{3-5}$$

이 식은 $\gamma_{\max}$가 선 pq와 pq' 사이의 각, 즉 각 qpq'임을 유의하면 그림 3-3a의 도형으로부터 직접 구할 수 있다. 따라서 $\gamma_{\max}L$은 봉 끝에서 거리 qq'과 같다. 또 거리 qq'이 $r\phi$(그림 3-3b)와 같기 때문에 $r\phi = \gamma_{\max}L$을 얻는데 이것은 식 (3-5)와 일치한다.

봉 내에서의 전단변형률

봉 내부에서의 전단변형률은 표면에서 전단변형률 $\gamma_{\max}$를 구한 것과 같은 방법으로 구할 수 있다. 봉 단면에서 반지름들은 비틀림이 일어나는 동안 직선을 유지하고 뒤틀어지지

않으므로, 외부 표면의 요소 *abcd*(그림 3-4b)에 대한 앞서의 논의는 반지름이 ρ인 내부의 원기둥의 표면에 위치한 비슷한 요소(그림 3-4c)에 그대로 적용된다. 그러므로 내부 요소는 그에 상응하는 전단변형률을 갖고 순수전단 상태에 있게 된다[식 (3-4)와 비교]:

$$\gamma = \rho\theta = \frac{\rho}{r}\gamma_{max} \tag{3-6}$$

이 식은 원형 봉 내의 전단변형률이 중심으로부터 반지름 방향의 거리 ρ에 따라 선형적으로 변하는 것을 보여 준다. 변형률은 중심에서 0이고 외부 표면에서 최댓값 γ_{max}에 도달한다.

원형관

앞에서의 논의를 다시 검토하면 전단변형률에 대한 식[식 (3-2)부터 (3-4)]은 속이 찬 원형 봉과 마찬가지로 **원형관**(그림 3-5)에도 적용할 수 있다는 것을 알 수 있다. 그림 3-5는 외부 표면의 최대 전단변형률과 내부 표면의 최소 전단변형률 사이의 선형적 변화를 보여 준다. 이들 변형률에 대한 식은 다음과 같다.

$$\gamma_{max} = \frac{r_2\phi}{L} \quad \gamma_{min} = \frac{r_1}{r_2}\gamma_{max} = \frac{r_1\phi}{L} \tag{3-7a,b}$$

그림 3-5

원형관 내에서의 전단변형률

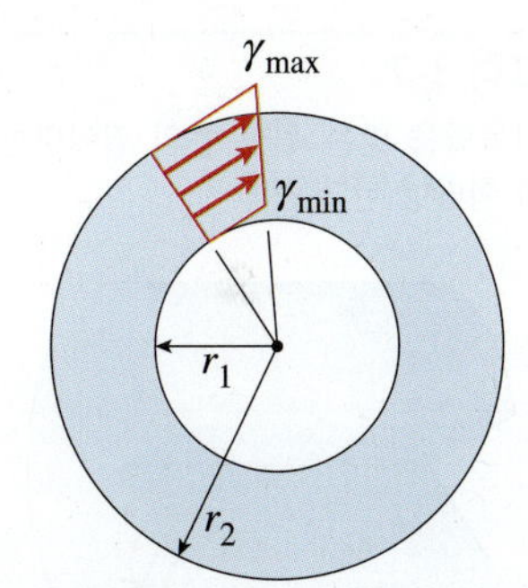

여기서 r_1과 r_2는 각각 관의 안쪽과 바깥쪽 반지름이다.

원형 봉에서 변형률에 관한 모든 식들은 기하학적 개념에 근거하였으며 물성치가 포함되지 않았다. 그러므로 이 식들은 재료가 탄성이든 비탄성이든, 선형이든 비선형이든 관계없이 모든 재료에 대해서도 유효하다. 그러나 이 식들은 작은 비틀림각과 작은 변형률을 갖는 봉으로 제한된다.

3.3 선형 탄성 재료로 된 원형 봉

이제 비틀림을 받는 원형 봉의 전단변형률을 검토하였으므로(그림 3-3에서 3-5까지 참조) 이에 대응하는 전단응력의 방향과 크기를 구할 준비가 되었다. 응력의 방향은 그림 3-6a에 예시한 바와 같이 관찰로 결정할 수 있다. 토크 *T*는 오른쪽에서 보면 봉의 오른쪽 끝을 반시계방향으로 회전시키려 한다. 따라서 봉의 표면에 위치한 응력요소의 전단응력 τ는 그림과 같은 방향을 가진다.

명확하게 하기 위해, 그림 3-6a에 보인 응력요소를 그림 3-6b에서와 같이 확대시켰으며, 여기에서는 전단변형률과 전단응력들이 모두 도시되었다. 2.6절에서 이미 설명한 바와 같이, 그림 3-6b와 같이 응력요소를 습관대로 2차원으로 그렸으나, 응력요소는 실제로는 그림의 평면에 수직인 두께를 갖는 3차원 물체라는 것을 언제나 기억해야 한다.

전단응력의 크기는 봉 재료에 대한 응력-변형률 관계식을 이용하여 변형률로부터 구할 수 있다. 재료가 선형 탄성이면, **전단에서의 후크**(Hooke)**의 법칙**을 사용할 수 있다 [식 (1-18)]:

$$\tau = G\gamma \tag{3-8}$$

여기서 *G*는 전단 탄성 계수이고, γ는 라디안으로 표시된 전단변형률이다. 이 식을 전단변형률에 대한 식[식 (3-2)와 (3-4)]과 결합하면 다음 식을 얻는다.

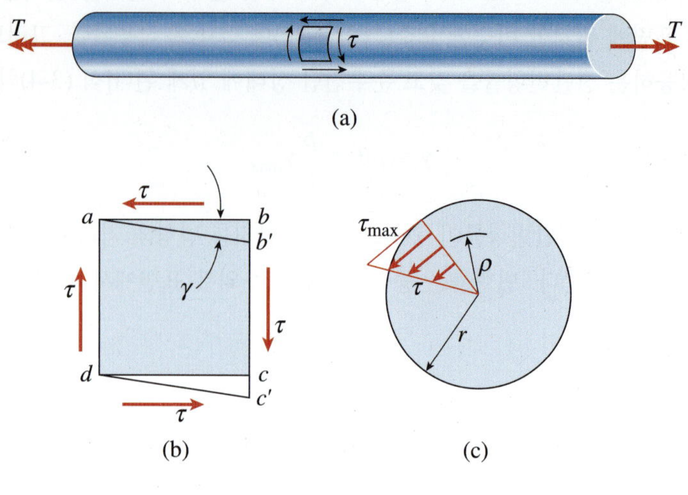

그림 3-6
비틀림을 받는 원형 봉의 전단응력

$$\tau_{max} = Gr\theta \qquad \tau = G\rho\theta = \frac{\rho}{r}\tau_{max} \tag{3-9 a,b}$$

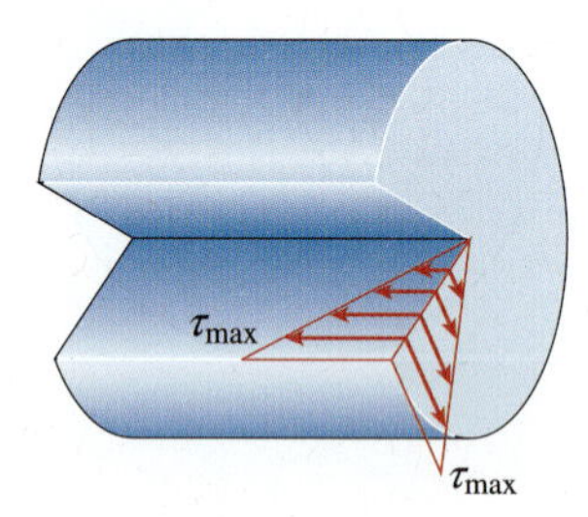

그림 3-7
비틀림을 받는 원형 봉의 길이방향과 횡방향 전단응력

여기서 τ_{max}는 봉의 외부 표면(반지름 r)에서의 전단응력이고 τ는 내부 점(반지름 ρ)에서의 전단응력이며 θ는 비틀림 변화율(이 식에서 θ는 단위길이당 라디안의 단위임)이다.

그림 3-6c의 삼각형 모양의 응력선도에 의해 예시된 바와 같이, 식 (3-9a)와 (3-9b)는 전단응력이 봉의 중심으로부터 떨어진 거리에 따라 선형적으로 변한다는 것을 보여준다. 이러한 응력의 선형 변화는 후크의 법칙을 따른 결과이다. 응력-변형률 관계가 비선형이면, 응력도 비선형적으로 변하며, 다른 해석방법이 필요하게 될 것이다.

단면에 평면 위에 작용하는 전단응력은 봉의 길이방향 평면 위에 작용하는 같은 크기의 전단응력을 동반한다(그림 3-7). 1.8절에서 설명한 바와 같이, 서로 직교하는 평면 위에는 항상 같은 크기의 전단응력이 존재하기 때문이다. 봉의 재료가 단면방향 평면에서보다 길이방향 평면에서 전단력에 더 약하다면 비틀림으로 인한 최초의 균열은 길이방향의 표면 위에 나타날 것이다. 통상적인 목재가 이에 해당되며 나뭇결이 봉의 축에 따라 평행하게 진행된다.

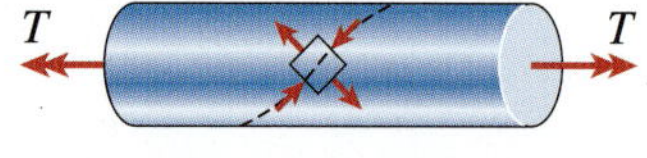

그림 3-8
길이방향에 대하여 45°에 위치한 응력요소에 작용하는 인장응력과 압축응력

봉의 표면에서의 순수전단 응력 상태(그림 3-6b)는 각 45°만큼 회전된 요소 위에 같은 크기의 인장응력과 압축응력이 작용하는 상태와 동등하다. 이것은 뒤의 3.5절에서 설명할 것이다. 그러므로 이 봉의 축과 45°의 각을 이루는 측면을 가진 사각형 요소는 그림 3-8에서 보인 인장응력과 압축응력을 받게 될 것이다. 비틀림을 받는 봉이 전단보다 인장에 대하여 더 취약한 재료로 만들어진 경우 축에 대하여 45° 경사진 나선(helix)을 따라 인장에서 파괴가 일어날 것이며, 이는 백묵을 비틀어 시범을 보일 수 있다.

비틀림 공식

해석의 다음 단계는 전단응력과 토크 T 사이의 관계식을 구하는 것이다. 이것이 해결되면, 어떤 종류의 토크가 작용하더라도 이로 인한 봉 내의 응력과 변형률도 계산할 수 있다.

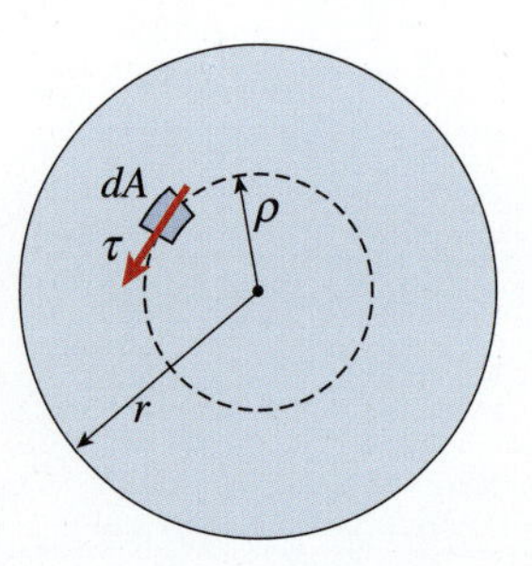

그림 3-9
단면에 작용하는 전단응력의 합력의 결정

단면에 작용하는 전단응력의 분포가 그림 3-6c와 3-7에 그려졌다. 이 응력들은 단면에 걸쳐 연속적으로 작용하므로 그 결과가 모멘트 형태로 나타나며, 그 모멘트는 봉에 작용하는 토크 T와 같다. 이 합 모멘트를 구하기 위해 봉의 축으로부터 반지름 방향으로 거

리 ρ만큼 떨어진 곳에 위치한 면적 요소 dA를 고려하자(그림 3-9). 이 요소에 작용하는 전단력은 τdA와 같고, 여기서 τ는 반지름 ρ에서의 전단응력이다. 이 힘의 봉의 축에 대한 모멘트는 힘과 중심으로부터의 거리를 곱한 값 $\tau\rho dA$와 같다. 식 (3-9b)의 전단응력 τ를 대입하면, 요소에 의한 모멘트는 다음과 같이 나타낼 수 있다.

$$dM = \tau\rho dA = \frac{\tau_{\max}}{r}\rho^2 dA$$

합 모멘트(토크 T와 같다)는 이러한 모든 요소 모멘트를 전체 단면적에 걸쳐 합한 것이다.

$$T = \int_A dM = \frac{\tau_{\max}}{r}\int_A \rho^2 dA = \frac{\tau_{\max}}{r} I_p \qquad \textbf{(3-10)}$$

여기서

$$I_p = \int_A \rho^2 dA \qquad \textbf{(3-11)}$$

는 원형단면의 **극관성모멘트(polar moment of inertia)**이다.

반지름이 r이고 지름이 d인 **원**의 극관성모멘트는

$$I_p = \frac{\pi r^4}{2} = \frac{\pi d^4}{32} \qquad \textbf{(3-12)}$$

이며 부록 E, 사례 9에 주어져 있다. 관성모멘트의 단위는 길이의 4제곱임을 유의하라.[1)]

최대 전단응력에 대한 식은 식 (3-10)을 정리하여 다음과 같이 구할 수 있다.

$$\tau_{\max} = \frac{Tr}{I_p} \qquad \textbf{(3-13)}$$

이 식이 **비틀림 공식(torsion formula)**이며, 이 식은 최대 전단응력이 작용토크 T에는 비례하고 극관성모멘트 I_p에는 반비례한다는 것을 보여준다.

비틀림 공식에 사용되는 전형적인 **단위**는 다음과 같다. SI에서는, 통상 토크 T는 뉴톤미터(N · m), 반지름 r은 미터(m), 극관성모멘트 I_p는 4제곱미터(m^4), 전단응력 τ는 파스칼(Pa)로 표시된다.

$r = d/2$와 $I_p = \pi d^4/32$를 비틀림 공식에 대입하면 최대 응력에 대한 다음 식을 얻는다.

$$\tau_{\max} = \frac{16T}{\pi d^3} \qquad \textbf{(3-14)}$$

이 식은 속이 찬 원형단면 봉에만 적용되는 반면, 비틀림 공식 자체[식 (3-13)]는 뒤에 설명되는 것과 같이 속이 찬 봉과 원형관에 다 같이 적용된다. 식 (3-14)는 전단응력이 지름의 3제곱에 반비례함을 보여준다. 그러므로 지름이 2배가 되면 응력은 1/8로 줄어든다.

봉의 중심으로부터 거리 ρ 만큼 떨어진 곳의 전단응력은

$$\tau = \frac{\rho}{r}\tau_{\max} = \frac{T\rho}{I_p} \qquad \textbf{(3-15)}$$

1) 극관성모멘트는 부록 D의 D.5절에서 다룬다.

이고, 이 식은 식 (3-9b)을 비틀림 공식[식 (3-13)]과 결합하여 구하였다. 식 (3-15)는 일반화된 비틀림 공식이며, 전단응력은 봉의 중심으로부터 반지름방향의 거리에 따라 선형으로 변한다는 것을 다시 한번 보여 준다.

비틀림각

이제 선형 탄성 재료로 된 봉의 비틀림각과 적용된 토크 T에 연관시킬 수 있다. 식 (3-9a)와 비틀림 공식을 결합하면

$$\theta = \frac{T}{GI_p} \tag{3-16}$$

이고, 여기서 θ는 단위길이당 라디안의 단위를 갖는다. 이 식은 비틀림 변화율 θ가 토크 T에 비례하고, **비틀림 강도(torsional rigidity)**라고 알려진 GI_p에 반비례한다는 것을 보여준다.

순수비틀림을 받는 봉에서, 전체 비틀림각 ϕ는 비틀림 변화율과 봉의 길이와의 곱과 같으므로(즉 $\phi = \theta L$)

$$\phi = \frac{TL}{GI_p} \tag{3-17}$$

여기서 ϕ는 라디안으로 측정된다. 앞의 식들을 해석과 설계에 사용하는 과정이 뒤의 예제 3-1과 3-2에 예시된다.

봉의 **비틀림 강성도(torsional stiffness)**라고 부르는 양 GI_p/L은 단위 회전각을 일으키는 데 필요한 토크이다. **비틀림 유연도(torsional flexibility)**는 강성도의 역수, 또는 L/GI_p이며, 단위 토크에 의해 생기는 회전각으로 정의된다. 그러므로 비틀림 강성도와 유연도는 다음과 같다.

$$k_T = \frac{GI_p}{L} \qquad f_T = \frac{L}{GI_p} \tag{3-18 a,b}$$

이러한 양은 인장 또는 압축을 받는 봉의 축 강성도 $k = EA/L$과 축 유연도 $f = L/EA$와 유사하다[식 (2-4a)와 (2-4b)와 비교]. 강성도와 유연도는 구조 해석에서 중요한 역할을 한다.

비틀림각에 관한 식[식 (3-17)]은 재료의 전단 탄성 계수 G를 편하게 구하는 방법 중의 하나이다. 원형 봉의 비틀림 시험을 하여 크기를 아는 토크 T에 의해 생기는 비틀림각 ϕ를 측정할 수 있다. 그 다음에 G 값은 식 (3-17)로부터 계산한다.

원형관

비틀림 하중을 견디어 내는 데에는 원형관이 속이 찬 봉보다 더 효율적이다. 알고 있는 바와 같이 속이 찬 원형 봉 내의 전단응력은 단면의 외부 경계에서는 최대이고 중심에서는 0임을 알고 있다. 그러므로 속이 찬 축 재료의 대부분은 최대 전단응력 이하의 응력을 받고 있다. 게다가 단면의 중심 근처의 응력은 토크 계산에서 다른 부분보다 더 작은 모멘트 암 ρ를 가진다[그림 3-9와 식 (3-10)을 참조].

이와는 대조적으로 속이 빈 관에서는 재료의 대부분이 단면의 외부 경계 근처에 있

그림 3-10
비틀림을 받는 원형관

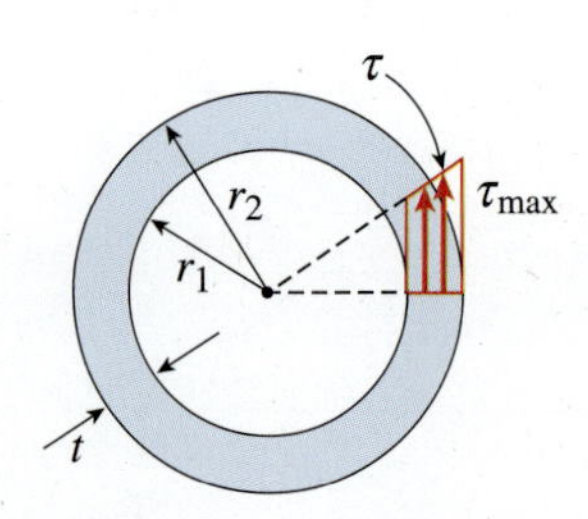

어 전단응력과 모멘트 암이 가장 크다(그림 3-10). 그래서 무게 감소와 재료의 절감이 중요한 경우에 원형관을 사용하는 것을 권장한다. 예를 들면, 대형 구동 축, 프로펠러 축 및 발전기 축은 일반적으로 속이 빈 원형단면을 갖는다.

원형관의 비틀림 해석은 속이 찬 봉에 대한 것과 거의 동일하다. 전단응력에 대한 같은 기본식이 사용될 수 있다[이를테면, 식 (3-9a)와 (3-9b)]. 물론 반지름방향 거리 ρ는 r_1에서 r_2까지로 한정된다. 여기서 r_1은 봉의 안쪽 반지름, r_2는 바깥쪽 반지름이다(그림 3-10).

토크 T와 최대 응력 사이의 관계식은 식 (3-10)으로 주어지지만, 극관성모멘트의 적분 한계 값[식 (3-11)]은 $\rho = r_1$과 $\rho = r_2$이다. 그러므로 관의 단면적의 극관성모멘트는 다음과 같다.

$$I_p = \frac{\pi}{2}(r_2^4 - r_1^4) = \frac{\pi}{32}(d_2^4 - d_1^4) \tag{3-19}$$

이 식은 다음과 같은 형태로도 표시할 수 있다:

$$I_p = \frac{\pi r t}{2}(4r^2 + t^2) = \frac{\pi d t}{4}(d^2 + t^2) \tag{3-20}$$

여기서 r은 관의 **평균 반지름**이며 $(r_1 + r_2)/2$와 같다: d는 **평균 지름**이며 $(d_1 + d_2)/2$와 같다, t는 **벽두께**(그림 3-10)이며 $r_2 - r_1$과 같다. 물론 식 (3-19)와 식 (3-20)은 같은 결과를 주지만, 때로는 후자의 식이 더욱 편리한 경우도 있다.

관이 상대적으로 얇아서 벽두께 t가 반지름 r에 비해 작다면, 식 (3-20)에서 t^2항은 무시할 수 있다. 이와 같이 단순화하면 극관성모멘트에 대한 다음과 같은 **근사공식**을 얻는다.

$$I_p \approx 2\pi r^3 t = \frac{\pi d^3 t}{4} \tag{3-21}$$

이 결과는 부록 E의 사례 22에 주어져 있다.

참고: 식 (3-20)과 (3-21)에서 문자 r과 d는 각각 평균 반지름과 평균 지름이며 최댓값은 아니다. 또한 식 (3-19)와 (3-20)은 같은 식이며 식 (3-21)은 근사식이다.

I_p를 식 (3-19)과 식 (3-20) 또는 필요한 경우 식 (3-21)에 따라 구할 수 있다면, 비틀림 공식[식 (3-13)]은 선형 탄성 재료로 된 원형관에 대해 사용될 수 있다. 같은 논리가 전단응력에 대한 일반 방정식[식 (3-15)], 비틀림 변화율과 비틀림각에 대한 방정식[식 (3-16)과 (3-17)] 및 강성도와 유연도 방정식[식 (3-18a와 b)]에 적용된다.

관의 전단응력 분포가 그림 3-10에 그려졌다. 그림으로부터 얇은 관의 평균응력은 거의 최대 응력만큼 크다는 것을 알 수 있다. 이것은 속이 빈 봉이 속이 찬 봉보다 재료의 사용면에서 더욱 효율적임을 의미한다. 이 내용은 이미 설명한 바도 있고 뒤의 예제 3-2와 3-3에서 보여 줄 것이다.

토크를 전달하는 원형관을 설계할 때, 두께 t는 관의 벽에 주름이 지나거나 좌굴이 일어나지 않도록 충분히 커야 된다는 것을 확인해야 한다. 예를 들면 또는 $(r^2/t)_{max} = 12$과 같이 반지름과 두께의 비의 최대치가 정해져야 한다. 다른 설계 고려사항에는 환경과 내구성의 요인이 포함된다. 이것 역시 최소 벽두께가 요구된다. 이러한 주제는 기계설계 교과목이나 교과서에서 다루어진다.

제한

이 절에서 유도된 방정식은 선형 탄성 거동하는 원형단면 봉(속이 찬 또는 빈)으로 제한된다. 다시 말하면, 하중은 응력이 재료의 비례 한도를 넘지 않도록 해야 한다. 게다가, 응력에 대한 식은 응력집중(구멍 및 모양의 다른 급격한 변화) 부위와 하중이 작용하는 단면으로부터 멀리 떨어진 봉의 부분에서만 유효하다. (비틀림에서의 응력집중은 뒤의 3.12절에 논의된다.)

결론적으로 원형 봉과 관의 비틀림에 대한 식은 다른 모양의 봉에는 사용될 수 없다는 것을 강조하는 것이 중요하다. 직사각형 단면이나 I-형 단면과 같은 비원형 봉은 원형 봉과는 전혀 다르게 거동한다. 이를테면, 이들의 단면은 평면으로 남아있지 **않고** 최대 응력도 단면의 중앙에서 가장 멀리 떨어진 곳에서 일어나지 **않는다**. 그러므로 이러한 봉들에 대해서는 탄성이론과 고급 재료역학에 관련된 책에서 제시된 고급 해석방법이 필요하다.[2] (3.10절에서 원형단면이 아닌 균일한 축의 비틀림에 대한 간단한 개관이 소개될 것이다.)

예제 3-1

원형단면을 가진 속이 찬 강철봉(그림 3-11)의 지름이 $d = 40$ mm, 길이 $L = 1.3$ m이고 전단 탄성 계수는 $G = 80$ Gpa이다. 봉이 양단에서 토크 T를 받고 있다.

(a) 토크의 크기가 $T = 340$ N · m일 때 봉에서 받는 최대 전단응력은 얼마인가? 또 양 끝단 사이의 비틀림각은 얼마인가?

(b) 허용 전단응력이 42 MPa이고 허용 비틀림각이 2.5°라면 최대 허용 토크는 얼마인가?

풀이

문제풀이 4단계 접근방법을 사용한다. 효율적인 풀이를 위하여 필요에 따라 단계를 합한다.

Part (a): 최대 전단응력과 비틀림각

1, 2. 개념화[가정, 스케치], **분류**[단순화, 분류화]: 원형단면을 가졌으므로 식 (3-14)로부터 최대 전단응력을 다음과 같이 구할 수 있다.

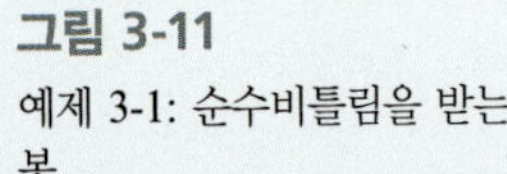

그림 3-11

예제 3-1: 순수비틀림을 받는 봉

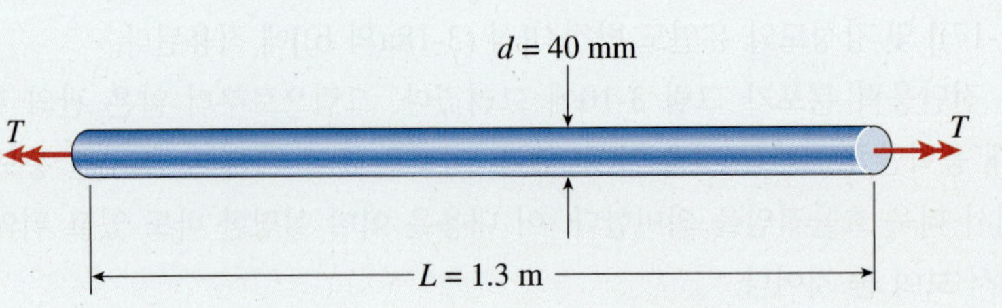

2) 원형 봉에 대한 비틀림 이론은 유명한 프랑스 과학자 C. A. de Coulomb(1736~1806)의 연구로 시작 되었다; 그 후에 Thomas Young과 A. Duleau에 의해 더욱 발전되었다(참고문헌 3-1). 비틀림의 일반 이론(모든 모양의 봉에 대한)은 가장 유명한 탄성 이론가 Barré de Saint-Venant(1797~1886)에 의한 것이다; 참고문헌 2-10 참조.

$$\tau_{\max} = \frac{16T}{\pi d^3} = \frac{16(340\ \text{N}\cdot\text{m})}{\pi(0.04\ \text{m})^3} = 27.1\ \text{MPa}$$

같은 방법으로 식 (3-17)과 극관성모멘트 식 (3-12)로부터 비틀림각을 구한다.

3. 해석[수치 계산; 적절한 식의 선정, 수학적인 해를 구함]:

$$I_p = \frac{\pi d^4}{32} = \frac{\pi(0.04\ \text{m})^4}{32} = 2.51 \times 10^{-7}\ \text{m}^4$$

$$\phi = \frac{TL}{GI_p} = \frac{(340\ \text{N}\cdot\text{m})(1.3\ \text{m})}{(80\ \text{GPa})(2.51 \times 10^{-7}\ \text{m}^4)} = 0.02198\ \text{rad} = 1.26°$$

4. 최종 단계[결론; 해의 검토—해가 온당한가? 단위는 바른가? 비슷한 문제와 비교하였을 때 어떠한가?]: 여기서 사용된 공식은 원형단면을 가진 봉의 경우에만 사용할 수 있다. 예상된 바와 같이 비틀림각이 매우 작다.

Part (b): 최대 허용 토크

1, 2. 개념화, 분류: 최대 허용 토크는 허용 전단응력이나 허용 비틀림각으로부터 구한다.

3. 해석: 전단응력으로부터 식 (3-14)를 변형하여 다음과 같이 계산할 수 있다.

$$T_1 = \frac{\pi d^3 \tau_{\text{allow}}}{16} = \frac{\pi}{16}(0.04\ \text{m})^3(42\ \text{MPa}) = 528\ \text{N}\cdot\text{m}$$

계산된 값보다 더 큰 토크는 허용 전단응력 42 MPa를 초과할 것이다.

식 (3-17)을 이용하여 비틀림각에 해당하는 토크를 계산한다.

$$T_2 = \frac{GI_p\phi_{\text{allow}}}{L} = \frac{(80\ \text{GPa})(2.51 \times 10^{-7}\ \text{m}^4)(2.5°)(\pi\text{rad}/180°)}{1.3\ \text{m}}$$
$$= 674\ \text{N}\cdot\text{m}$$

4. 최종 단계: T_2보다 더 큰 토크는 허용 비틀림각을 초과할 것이다. 최대 허용 토크는 T_1과 T_2 중에서 작은 값이다.

$$T_{\max} = 528\ \text{N}\cdot\text{m}$$

이 예제에서 허용 전단응력이 제한조건으로 작용한다.

예제 3-2

© culture-image GmbH/Alamy

강철로 원형단면을 가진 속이 찬 봉과 속이 빈 원형관으로 만들려고 한다(그림 3-12). 축은 1200 N · m을 전달하면서 허용 전단응력 40 MPa와 단위길이당 비틀림각 0.75°/m를 초과할 수 없다. (강철의 전단 탄성 계수는 78 GPa이다)

(a) 속이 찬 축의 지름 d_0를 구하라.

(b) 속이 빈 축의 두께 t가 바깥지름의 1/10일 때 바깥지름 d_2을 구하라.

그림 3-12

예제 3-2: 강철 축의 비틀림

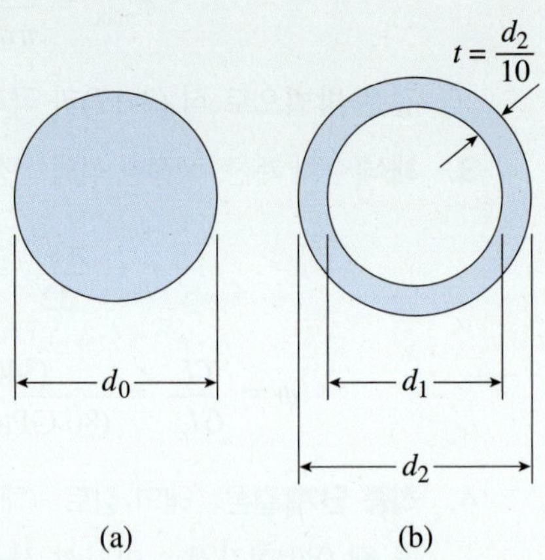

(c) 속이 빈 축과 속이 찬 축의 지름 비(d_2/d_0)와 무게 비를 구하여라.

풀이

풀이에서 문제풀이 4단계 접근방법을 사용한다. 필수적인 단계는 각 부분에 나와있다.

Part (a): 속이 찬 축

1, 2. 개념화, 분류: 바깥지름 d_0은 허용 전단응력이나 허용 비틀림 변화율로부터 구한다.

3. 해석: 허용 전단응력의 경우 식 (3-14)로부터 다음을 구한다.

$$d_0^3 = \frac{16T}{\pi\tau_{\text{allow}}} = \frac{16(1200\ \text{N}\cdot\text{m})}{\pi(40\ \text{MPa})} = 152.8 \times 10^{-6}\ \text{m}^3$$

따라서 필요한 지름은 다음과 같다.

$$d_0 = 0.0535\ \text{m} = 53.5\ \text{mm}$$

허용 비틀림 변화율의 경우 먼저 요구되는 극관성모멘트를 구하여야 한다[식 (3-16) 참조].

$$I_p = \frac{T}{G\theta_{\text{allow}}} = \frac{1200\ \text{N}\cdot\text{m}}{(78\ \text{GPa})(0.75°/\text{m})(\pi\text{rad}/180°)} = 1175 \times 10^{-9}\ \text{m}^4$$

극관성모멘트는 $\pi d^4/32$이어서 필요한 지름은 다음과 같다.

$$d_0^4 = \frac{32I_p}{\pi} = \frac{32(1175 \times 10^{-9}\ \text{m}^4)}{\pi} = 11.97 \times 10^{-6}\ \text{m}^4$$

또는

$$d_0 = 0.0588\ \text{m} = 58.8\ \text{mm}$$

4. 최종 단계: 앞에서 구한 두 개의 바깥지름 d_0를 비교하면 비틀림 변화율이 최종 지름을 결정하는 것을 알 수 있으며 그 값은 다음과 같다.

$$d_0 = 58.8\ \text{mm}$$

실제 설계의 경우 지름은 계산된 값보다 약간 더 크게, 즉 60 mm 정도를 선정하여야 한다.

Part (b): 속이 빈 축

1, 2. 개념화, 분류: 또 다시 바깥지름은 허용 전단응력이나 허용 비틀림 변화율로부터 구한다.

3. 해석: 바깥지름 d_2와 안지름 d_1의 관계는 다음과 같다.

$$d_1 = d_2 - 2t = d_2 - 2(0.1d_2) = 0.8d_2$$

따라서 극관성모멘트[식 (3-19)]는

$$I_p = \frac{\pi}{32}(d_2^4 - d_1^4) = \frac{\pi}{32}\left[d_2^4 - (0.8d_2)^4\right] = \frac{\pi}{32}(0.5904d_2^4) = 0.05796d_2^4$$

허용 전단응력의 경우 토크와 전단응력 관계식[식 (3-13)]으로부터 다음을 구한다.

$$\tau_{\text{allow}} = \frac{Tr}{I_p} = \frac{T(d_2/2)}{0.05796d_2^4} = \frac{T}{0.1159d_2^3}$$

다시 정리하면

$$d_2^3 = \frac{T}{0.1159\tau_{\text{allow}}} = \frac{1200\text{ N}\cdot\text{m}}{0.1159(40\text{ MPa})} = 258.8 \times 10^{-6}\text{ m}^3$$

d_2에 관하여 풀면

$$d_2 = 0.0637\text{ m} = 63.7\text{ mm}$$

이 값은 전단응력에 기초해서 구한 바깥지름이다.

허용 비틀림 변화율의 경우 식 (3-16)에서 θ를 θ_{allow}로, I_p를 앞에서 구한 형식으로 바꾸면 다음과 같다.

$$\theta_{\text{allow}} = \frac{T}{G(0.05796d_2^4)}$$

따라서

$$d_2^4 = \frac{T}{0.05796G\theta_{\text{allow}}}$$

$$= \frac{1200\text{ N}\cdot\text{m}}{0.05796(78\text{ GPa})(0.75°/\text{m})(\pi\text{rad}/180°)} = 20.28 \times 10^{-6}\text{ m}^4$$

되고, d_2에 관해서 풀면

$$d_2 = 0.0671\text{ m} = 67.1\text{ mm}$$

이 값은 허용 비틀림 변화율에 기초해서 구한 바깥지름이다.

4. 최종 단계: 두 개의 바깥지름 d_2를 비교하면 비틀림 변화율이 최종 지름을 결정하는 것을 알 수 있으며 그 값은 다음과 같다.

$$d_2 = 67.1\text{ mm}$$

안지름 d_1은 $0.8d_2$와 같아 53.7 mm이다. (실제 설계의 경우 바깥지름 $d_2 = 70$ mm, $d_1 = 0.8d_2 = 56$ mm를 사용한다.)

Part (c): 바깥지름과 무게의 비

1, 2. 개념화, 분류: 계산된 속이 찬 축과 속이 빈 축의 바깥지름 비를 구하면 다음과

같다.

$$\frac{d_2}{d_0} = \frac{67.1 \text{ mm}}{58.8 \text{ mm}} = 1.14$$

3. **해석**: 무게는 단면적에 비례하므로 속이 빈 축과 속이 찬 축의 무게 비를 다음과 같이 표시할 수 있다.

$$\frac{W_H}{W_S} = \frac{A_H}{A_S} = \frac{\pi(d_2^2 - d_1^2)/4}{\pi d_0^2/4} = \frac{d_2^2 - d_1^2}{d_0^2}$$

$$= \frac{(67.1 \text{ mm})^2 - (53.7 \text{ mm})^2}{(58.8 \text{ mm})^2} = 0.47$$

4. **최종 단계**: 이 결과로부터 속이 빈 축은 속이 찬 축에 비해 바깥지름은 14% 크게 하고도 무게는 47%밖에 되지 않는다는 것을 알 수 있다.

참고: 이 예제로 허용 전단응력과 허용 비틀림 변화율을 알고 있을 때 속이 찬 축과 속이 빈 축의 바깥지름을 구하는 방법을 보여주었다. 또 속이 빈 축이 속이 찬 축에 비하여 재료 사용면에서 유리하다는 것을 알 수 있다.

예제 3-3

속이 빈 축과 속이 찬 축이 같은 재질과 같은 바깥지름을 갖고 있다(그림 3-13). 속이 빈축의 안쪽 반지름은 $0.6R$이다.

(a) 두 개의 축이 같은 토크를 받을 때 전단응력, 비틀림각 및 무게 비를 구하여라.

(b) 두 축의 강도 대 무게 비(strength-to-weight ratio)를 구하여라.

풀이

문제풀이 4단계 접근방법을 사용한다. 효율적인 풀이를 위하여 필요에 따라 단계를 합한다.

Part (a): 전단응력의 비교

2, 3. **분류, 해석**: 식 (3-13)에서 최대 전단응력은 토크와 반지름이 같으면 $1/I_p$에 비례한다. 속이 빈 축의 경우

$$I_p = \frac{\pi R^4}{2} - \frac{\pi(0.6R)^4}{2} = 0.4352\pi R^4$$

그림 3-13
예제 3-3: 속이 빈 축과 속이 찬 축의 비교

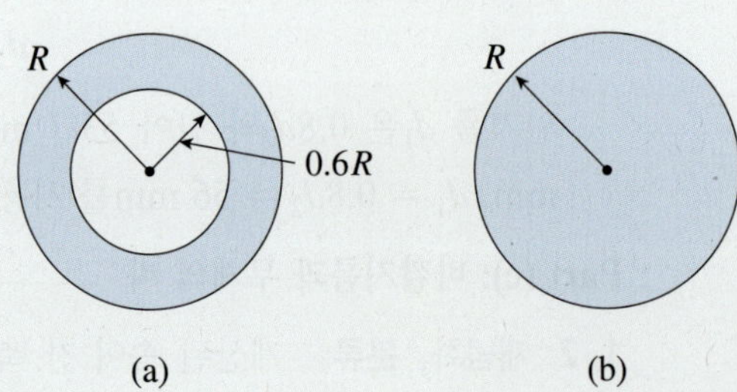

이고, 속이 찬 축의 경우

$$I_p = \frac{\pi R^4}{2} = 0.5\pi R^4$$

이다. 따라서 속이 빈 축과 속이 찬 축의 최대 전단응력비 β_1은 다음과 같다.

$$\beta_1 = \frac{\tau_H}{\tau_S} = \frac{0.5\pi R^4}{0.4352\pi R^4} = 1.15$$

여기서 하첨자 H와 S는 각각 속이 빈 축과 속이 찬 축을 의미한다.

비틀림각의 비교

2, 3. 분류, 해석: 비틀림각[식 (3-17)]도 두 축이 토크 T, 길이 L, 전단 탄성 계수 G가 같으므로 $1/I_p$에 비례한다. 따라서 비틀림각의 비도 전단응력의 비와 같다.

$$\beta_2 = \frac{\phi_H}{\phi_S} = \frac{0.5\pi R^4}{0.4352\pi R^4} = 1.15$$

무게의 비교

2, 3. 분류, 해석: 축의 무게는 단면적에 비례한다. 따라서 속이 찬 축의 무게는 πR^2에 비례하고, 속이 빈 축은 다음과 같이 비례한다.

$$\pi R^2 - \pi(0.6R)^2 = 0.64\pi R^2$$

따라서 두 축의 무게 비는 다음과 같다.

$$\beta_3 = \frac{W_H}{W_S} = \frac{0.64\pi R^2}{\pi R^2} = 0.64$$

4. 최종 단계: 앞의 계산 결과로부터 속이 빈 축의 장점을 알 수 있다. 본 예제에서 속이 빈축은 속이 찬 축에 비하여 전단응력은 15%, 비틀림각도 15% 더 크게 나타나나 무게는 36%나 적다는 것을 알 수 있다.

Part (b): 강도 대 무게비

2. 분류: 구조물의 상대적인 효율을 강도 대 무게비로 계량할 수 있다. 강도 대 무게비는 비틀림을 받는 봉에서 허용 토크를 무게로 나눈 값으로 정의된다.

3. 해석: 그림 3-13a의 속이 빈 축에서 허용 토크는 다음과 같다.

$$T_H = \frac{\tau_{max} I_p}{R} = \frac{\tau_{max}(0.4352\pi R^4)}{R} = 0.4352\pi R^3 \tau_{max}$$

속이 찬 축의 경우

$$T_S = \frac{\tau_{max} I_p}{R} = \frac{\tau_{max}(0.5\pi R^4)}{R} = 0.5\pi R^3 \tau_{max}$$

이다. 축의 무게는 단면적 , 길이 L, 재료의 무게밀도 γ를 곱하여 구한다.

$$W_H = 0.64\pi R^2 L\gamma \qquad W_S = \pi R^2 L\gamma$$

따라서 속이 빈 축과 속이 찬 축의 강도 대 무게 비 S_H 및 S_S는 각각 다음과 같다.

$$S_H = \frac{T_H}{W_H} = 0.68\frac{\tau_{max} R}{\gamma L} \qquad S_S = \frac{T_S}{W_S} = 0.5\frac{\tau_{max} R}{\gamma L}$$

4. **최종 단계:** 본 예제에서 강도 대 무게 비는 속이 빈 축이 속이 찬 축에 비하여 36% 커서 속이 빈 축의 효율이 좋다는 것을 보여 주고 있다. 축이 얇은 경우 백분율이 증가하고 두꺼운 경우 백분율이 감소한다.

3.4 불균일 비틀림

3.2절에서 설명한 바와 같이 **순수비틀림**은 균일한 단면을 갖는 봉의 양단에서 토크를 받는 것을 의미하였다. 순수비틀림과 달리 **불균일 비틀림(nonuniform torsion)**은 단면이 균일할 필요가 없고 봉의 어느 곳에서나 토크가 작용할 수 있다. 불균일 비틀림을 받는 봉은 구간별로 순수비틀림의 식을 사용하여 해석한 후 그 결과를 더해서 구하거나, 봉의 미소요소에 대하여 공식을 적용하고 적분하여 해석할 수 있다.

이러한 과정을 설명하기 위하여 세 가지 불균일 비틀림의 경우를 고려하려 한다. 그 밖의 경우는 여기서 설명한 방법과 비슷한 방법으로 해결할 수 있다.

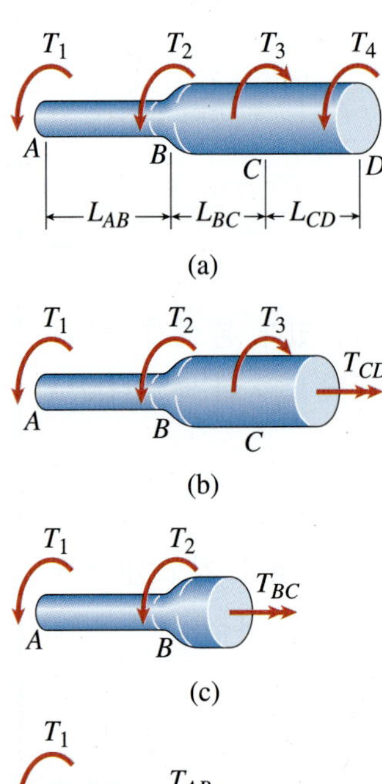

그림 3-14
불균일 비틀림을 받는 봉(경우 1)

경우 1. 구간별로 일정한 토크를 받는 균일한 단면적을 가진 봉(그림 3-14). 그림 (a)에서 봉은 두 가지 다른 지름을 가지고 있고 A, B, C, D의 위치에서 토크를 받고 있다. 결과적으로 봉을 각 구간이 균일한 단면적을 갖고 일정한 토크를 받는 여러 조각으로 나눌 수 있다. 이 예제에서 AB, BC, CD의 3개 구간이 있다. 각 구간은 순수비틀림을 받고 있으므로 전 절에서 유도된 공식을 각 부분에 적용할 수 있다.

첫 번째 해석 단계는 각 구간별로 작용하는 내적 토크의 크기와 방향을 구하는 것이다. 통상적으로 토크는 관찰에 의해서 구할 수 있다. 그러나 필요하다면 봉을 절단하여 자유물체도를 그리고, 평형 조건식을 풀어 구할 수 있다. 이러한 과정이 그림 (b), (c), (d)에 나타나 있다. 첫 번째 절단은 내부 토크 T_{CD}가 나타날 수 있도록 구간 CD 어디를 잘라도 좋다. 자유물체도(그림 3-14b)로부터 T_{CD}가 $-T_1 - T_2 + T_3$와 같다는 것을 알 수 있다. 다음 그림으로부터 T_{BC}가 $-T_1 - T_2$와 같고, 마지막 그림에서 TA_B가 $-T_1$과 같다는 것을 알 수 있다.

$$T_{CD} = -T_1 - T_2 + T_3 \qquad T_{BC} = -T_1 - T_2 \qquad T_{AB} = -T_1 \quad \textbf{(3-22 a, b, c)}$$

위 식의 토크값들은 각 구간별로 길이에 따라 일정하다.

각 구간별 전단응력을 구하기 위해서는 내부 토크의 크기만 필요하다. 그 이유는 응력의 방향은 관심의 대상이 아니기 때문이다. 그러나 전체 봉의 비틀림각을 구하기 위해서는 각 구간별 비틀림의 방향을 알아야 한다. 따라서 내부 토크에 관한 **부호규약**(*sign convention*)이 필요하다. 여러 가지 경우에 사용되는 편리한 방법은 다음과 같다.

토크 벡터의 방향이 단면의 바깥을 향하면 내부 토크는 양의 부호를 갖고, 단면을 향하면 음의 부호를 갖는다.

따라서 그림 3-14b, c, d에 나타난 모든 내부 토크는 양의 방향이다. 계산된 토크[식 (3-22a, b, c)로부터]들이 양의 부호를 가지면 실제 토크가 가정된 방향과 같은 방향이이며, 음의 부호를 가지면 실제는 반대 방향이다.

봉에서 각 구간별 최대 전단응력은 구간별 단면치수와 내부 토크를 사용하여 비틀림 공식(식 3-13)으로부터 구할 수 있다. 예를 들자면 BC구간(그림 3-14)의 최대 전단응력은 그 구간의 지름과 토크 T_{BC}를 식 (3-22b)에 넣어 구한다. 봉 전체에서 최대 전단응력은 각 구간별로 구한 응력 중 최댓값이다.

각 구간별 비틀림각은 구간별 단면치수와 내부 토크를 식 (3-17)에 넣어 구할 수 있다. 전체 비틀림각은 각 구간의 비틀림각을 산술적으로 더하여 얻을 수 있다.

$$\phi = \phi_1 + \phi_2 + \ldots + \phi_n \tag{3-23}$$

여기서 ϕ_1은 구간 1의 비틀림각, ϕ_2는 구간 2의 비틀림각이다. n은 전체 구간의 수이다. 각 구간의 비틀림각은 식 (3-17)로 표시할 수 있으므로 일반 공식을 다음과 같이 쓸 수 있다.

$$\phi = \sum_{i=1}^{n} \phi_i = \sum_{i=1}^{n} \frac{T_i L_i}{G_i (I_p)_i} \tag{3-24}$$

여기서 하첨자 i는 구간의 번호를 나타내는 지수이다. 봉의 i번째 구간에서 T_i는 내부 토크(그림 3-14의 평형에서 나타나는), L_i는 길이, G_i는 전단 탄성 계수, $(I_p)_i$는 극관성모멘트이다. 그중 어떤 토크(또는 토크에 상응하는 비틀림각)는 양일 수 있고, 어떤 것은 음일 수 있다. 각 구간의 비틀림각을 대수적으로 모두 더하면 봉 양단 사이의 비틀림각을 구할 수 있다. 이러한 과정을 나중의 예제 3-4에서 설명한다.

경우 2. 연속적으로 변하는 단면과 일정한 토크를 받는 봉(그림 3-15). 토크가 일정할 때 식 (3-14)에서 보인 바와 같이 최대 전단응력은 단면의 지름이 최소인 곳에서 발생한다. 더욱이 이러한 현상은 관 모양의 봉에도 같이 적용된다. 이러한 경우에 최대 전단응력을 구하기 위해서 최소 단면적인 곳만 검토하면 된다. 그렇지 않은 경우에는 최대 응력을 구하기 위하여 한 곳 이상의 응력을 계산해 보아야 한다.

그림 3-15

불균일 비틀림을 받는 봉(경우 2)

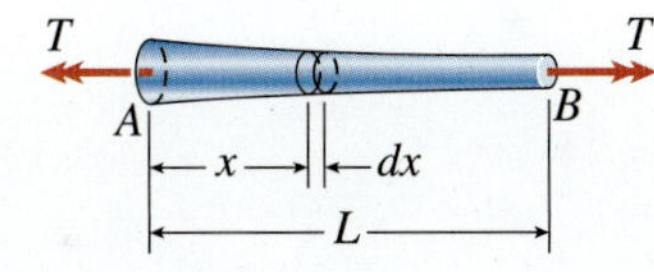

비틀림각을 구하기 위해서 봉의 한쪽 끝단에서 x 떨어진 곳에서 길이가 dx인 요소를 생각해 보자(그림 3-15). 이 요소의 미소회전각 $d\phi$는

$$d\phi = \frac{T dx}{G I_p(x)} \tag{3-25}$$

이다. 여기서 $I_p(x)$는 끝에서 x만큼 떨어진 단면에서의 극관성모멘트이다. 봉 전체의 비틀림각은 미소회전각의 합이다:

$$\phi = \int_0^L d\phi = \int_0^L \frac{T dx}{G I_p(x)} \tag{3-26}$$

극관성모멘트 $I_p(x)$가 너무 복잡하지 않으면 적분을 해석적으로 수행할 수 있다. 그렇지 않으면 수치적으로 구해야 한다.

경우 3. 연속적으로 변하는 단면과 연속적으로 변하는 토크를 받는 봉(그림 3-16). 그림 (a)에서 봉은 축 방향으로 단위길이당 세기 t의 분포 토크를 받고 있다. 그 결과 내부 토크 $T(x)$가 축 방향을 따라 연속적으로 변하고 있다(그림 3-16b). 그 내부 토크는 자유물체도와 평형방정식의 도움으로 구할 수 있다. 경우 2에서와 같이 극관성모멘트 $I_p(x)$는 봉의 단면 치수로부터 구할 수 있다.

토크와 극관성모멘트를 x의 함수로 표시한다면 비틀림 공식을 이용하여 축 방향에 따른 전단응력의 변화를 결정할 수 있다. 그러면 최대 전단응력이 발생하는 단면을 확인

그림 3-16

불균일 비틀림을 받는 봉(경우 3)

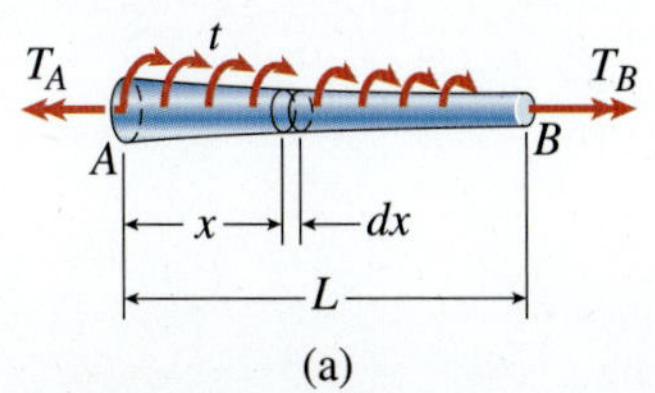

(a)

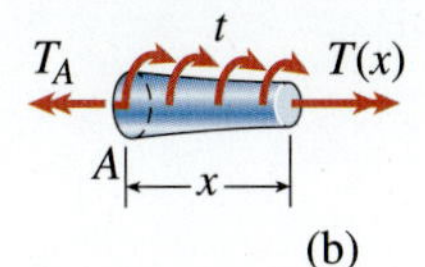

(b)

할 수 있고 최대 전단응력을 구할 수 있다.

그림 3-16a에 있는 봉의 비틀림각은 경우 2에서 설명한 방법과 같이 구할 수 있다. 차이점은 극관성모멘트와 같이 토크만이 다른데 이 역시 축을 따라 변한다. 결론적으로 비틀림 식은 다음과 같다.

$$\phi = \int_0^L d\phi = \int_0^L \frac{T(x)dx}{GI_p(x)} \tag{3-27}$$

위의 적분은 몇 가지 경우에는 해석적으로 적분이 가능하나 그 외의 경우에는 보통 수치적으로 적분해야만 하다.

제한

본 절에서 서술된 방법은 봉이 선형 탄성체로 이루어져 있고 단면이 원형(꽉 차 있거나 빈 형태)인 경우에만 유효하다. 또 비틀림 공식으로부터 구한 응력도 응력집중현상이 생기는 위치로부터 충분히 떨어져 있는 위치에서 유효하다. 여기서 응력집중현상이란 지름이 급격히 변하거나 집중토크가 작용한 곳에서 국부적으로 큰 응력이 발생하는 현상을 말한다(3.12절 참조). 그러나 응력집중현상은 비틀림각에는 상대적으로 적은 영향을 미치므로 비틀림각 ϕ을 구하는 식은 대체적으로 유효하다.

마지막으로 비틀림 공식과 비틀림각 식은 단면이 일정한 봉의 경우에 유도되었다는 것을 명심하여야 한다(비틀림을 받는 비원형 막대에 대한 간략한 설명은 3.10절을 참조). 봉의 단면적의 변화가 적거나 점진적으로 변하는 경우에 위의 식들을 적용하는 것이 안전하다. 경험적으로 본 절에서 주어진 식들은 봉의 기울기(봉 측면의 각도)가 10° 이하인 경우에 만족할 만한 결과를 준다.

비틀림 변위 선도*(Torsional Displacement Diagram, TDD)*

여기에서는 내부 비틀림 모멘트 $T(x)$가 축의 길이에 따라 변하는 것을 그림으로 나타내어서 축에서 위험한 부위(최대 비틀림 모멘트 T_{max}인 부위, 아마도 최대 전단응력이 발생하는 곳)를 확인할 수 있다. 이 그림을 **비틀림 모멘트 선도**(*torsional moment diagram*, TMD)라 한다. 비틀림 모멘트 선도를 그리기 위한 법칙은 적용된 비틀림 세기(intensity) $t(x)$와 내부 비틀림 모멘트 $T(x)$ 사이의 미분과 적분 관계에 기초하고 있다. 식 (3-27)의 **토크–변위 관계식**(*torque-displacement relation*)이 비틀림 변위 $\phi(x)$를 축의 길이방향에 따라 그리는 데 사용되며, 여기서 이것을 **비틀림 변위 선도**(TDD)라 한다.

TDD를 그리기 위해 첫째로 식 (3-27)의 비틀림 변위 $\phi(x)$식에서 내부 비틀림 모멘트 $T(x)$가 피적분 함수로 되어 있는 것을 주의해야 한다. 그 결과로 비틀림 변위 선도에서 기울기는 비틀림 모멘트 선도의 수직좌표 값에 **비례**한다; 기울기를 완전히 표현하기 위해서는 비틀림 강성 $GI_p(x)$가 식 (3-27)의 분모에 포함되어야만 한다. 둘째로 TMD 상에서 두 점 사이의 면적은 두 점 사이의 비틀림 변위의 변화에 비례하는 것을 적분식으로 나타낸 것이다.

$$\phi_B - \phi_A = \int_A^B \frac{T(x)}{GI_p(x)} dx$$

전술한 관찰로부터 다음의 규칙이나 TMD로부터 TDD를 구하기 위한 지침에 사용된다.

- TDD상의 한 점에서의 기울기는 TMD상에서 같은 위치에서의 수직좌표 값을 축의 비틀림 강성 GI_p로 나눈 것과 같다.
- 축의 길이에 따라 있는 두 점의 비틀림 변위의 변화는 비틀림 모멘트 선도에서 같은 두 점 사이의 면적을 GI_p로 나눈 것과 같다.

만약 축이 부분적으로 균일하고(즉 GI_p가 각 부분별로 일정하다) 내부 모멘트 $T(x)$가 일정하다면 TDD는 간단한 도형으로부터 그릴 수 있다. 예를 들면 만약 내부 비틀림 모멘트가 각 부분에서 일정하다면 비틀림은 그 부분에서는 선형적으로 변할 것이다. 그렇지 않으면 TDD를 그리기 위해 식 (3-27)을 해석적이나 수치적으로 적분하는 것이 필요하다.

삼각형으로 분포된 토크 $t(x)$를 받는 외팔보(그림 3-17a, b 참조)의 TMD를 그리는 방법을 보여 줄 것이다. 비틀림 하중이 선형적으로 변하고 있어 그림 3-17c에서 TMD는 이차 함수의 변화를 보이고 있다. 따라서 비틀림 변위 $\phi(x)$는 TDD에서 삼차 함수의 변화를 보이고 있다(그림 3-17d). 그림 3-17c와 그림 3-17d에 있는 TMD와 TDD를 비교해 보면 다음을 알 수 있다: (a) TDD 곡선의 $x = 0$에서의 접선의 기울기는 TMD의 수직 좌표값 $t_0L/2$를 비틀림 강성 GI_p로 나눈 것과 같다; (b) $x = L$에서의 TMD 값이 0이어서 TDD는 그 위치에서 기울기가 0이다; (c) 전체 TMD의 면적 A_m은 $x = 0$에서 $x = L$까지의 비틀림 변화량과 비례한다. 따라서 A_m/GI_p는 $x = L$에서의 최대 비틀림 값과 같다. **정역학 부호규약**(*static sign convention*)을 TDD를 그릴 때 사용하자: 비틀림 변위 $\phi(x)$는 비틀림 변위 벡터가 $+x$방향이면 양(TDD상에서 세로 축 위로 그린다)으로 취급한다. 예제 3-4와 예제 3-5에서 이러한 개념을 좀 더 확장한다.

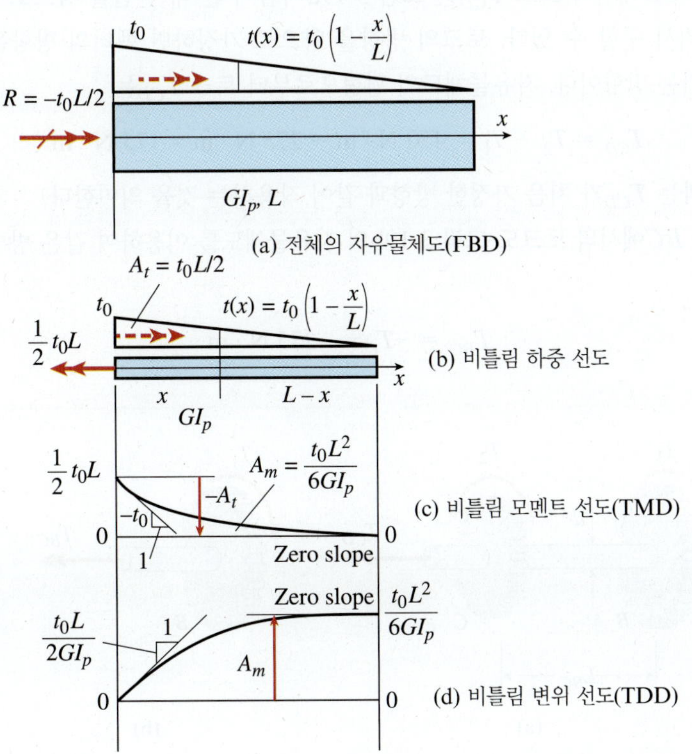

그림 3-17

(a) 균질 축이 삼각형 분포 토크를 받고 있다. (b, c, d) 전체 FBC에서 비틀림 모멘트 선도(TMD), 비틀림 변위 선도(TDD)

예제 3-4

지름이 d = 30 mm인 속이 찬 강철 축 $ABCDE$(그림 3-18)가 점 A와 E에서 베어링으로 지지되어 자유롭게 회전할 수 있다. 축은 점 C에서 기어를 통하여 T_2 = 450 N · m의 토크를 그림의 방향으로 받고 있다. 축은 점 B와 점 D의 기어에서 T_2와 반대 방향으로 T_1 = 275 N · m와 T_3 = 175 N · m의 저항 토크를 받고 있다. 구간 BC와 CD의 길이는 각각 L_{BC} = 500 mm와 L_{CD} = 400 mm이고 전단 탄성 계수 G = 80 Gpa이다.

각 구간에서의 최대 전단응력과 기어 B와 D 사이의 비틀림각을 구하라.

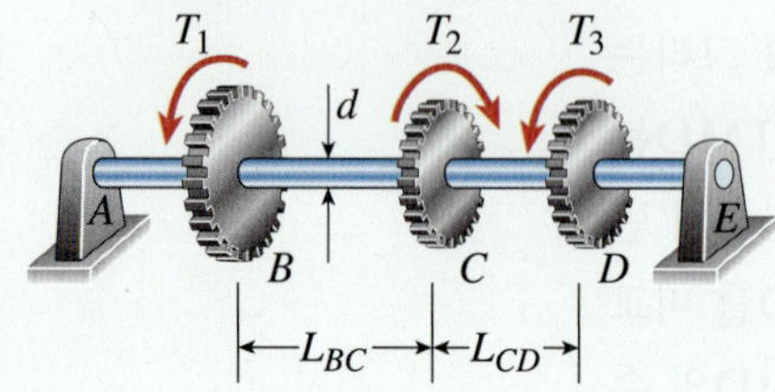

그림 3-18

예제 3-4: 비틀림을 받는 강철 축

풀이

문제풀이 4단계 접근방법을 사용하여 최대 전단응력과 B와 D 사이의 비틀림각을 구한다.

1. **개념화**: 봉의 각 부분은 균일하고 일정한 토크를 받고 있다(경우 1). 그러므로 우선 각 구간의 토크를 결정하면 전단응력과 비틀림각을 구할 수 있다. 그림 3-19에 축을 구간 BC와 CD로 잘랐을 때의 자유물체도가 있다.

2. **분류**: 내부 토크를 구하기 위하여 각 자유물체도에서 축 방향에 대한 모멘트를 더하시오. 그림 3-19에 내부 토크 T_{BC}와 T_{CD}가 나타나 있다.

각 구간에 작용하는 토크: 양단 베어링 지지에서 마찰을 무시하면 양끝 구간(AB와 DE)의 토크는 0이다. 따라서 양 끝 구간의 응력과 비틀림각도 0이다.

구간 CD에서의 토크 T_{CD}는 그림 3-19a처럼 구간 내 단면을 자르고 자유물체도를 그려서 구할 수 있다. 토크의 방향을 양으로 가정하면 벡터의 방향은 면으로부터 나가는 방향이다. 자유물체도의 평형으로부터 토크 T_{CD}는

$$T_{CD} = T_2 - T_1 = 450 \text{ N} \cdot \text{m} - 275 \text{ N} \cdot \text{m} = 175 \text{ N} \cdot \text{m}$$

양의 결과는 T_{CD}가 처음 가정한 방향과 같이 작용하는 것을 의미한다.

구간 BC에서의 토크도 그림 3-19b의 자유물체도를 이용하여 같은 방법으로 구한다.

$$T_{BC} = -T_1 = -275 \text{ N} \cdot \text{m}$$

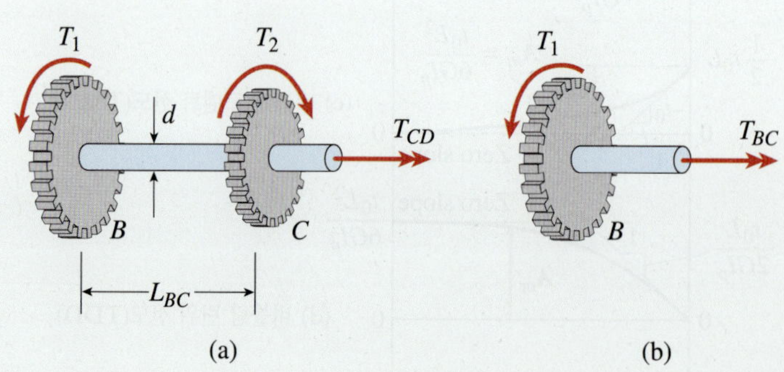

그림 3-19

예제 3-4의 자유물체도

이 계산 결과는 음의 부호를 가지고 있는데 이것은 그림에서의 방향과 반대인 것을 의미한다.

모든 내부 토크를 알면 그림 3-20a와 같이 TMD를 그릴 수 있다.

3. 해석:

전단응력: 구간 BC와 CD에서의 최대 전단응력 비틀림 공식[식 (3-14)]을 변형하여 구할 수 있다.

$$\tau_{BC} = \frac{16T_{BC}}{\pi d^3} = \frac{16(275\ \text{N}\cdot\text{m})}{\pi(30\ \text{mm})^3} = 51.9\ \text{MPa}$$

$$\tau_{CD} = \frac{16T_{CD}}{\pi d^3} = \frac{16(175\ \text{N}\cdot\text{m})}{\pi(30\ \text{mm})^3} = 33.0\ \text{MPa}$$

본 예제에서 전단응력의 방향은 고려사항이 아니므로 토크의 절대값이 다음의 계산에 이용된다.

비틀림각: 기어 B와 D 사이의 비틀림각 ϕ_{BD}는 식 (3-23)에서 주어진 것과 같이 그 사이 구간 비틀림각의 합이다.

$$\phi_{BD} = \phi_{BC} + \phi_{CD}$$

각각의 비틀림각을 구하기 위해 단면의 극관성모멘트를 구해야 한다.

$$I_p = \frac{\pi d^4}{32} = \frac{\pi(30\ \text{mm})^4}{32} = 79{,}520\ \text{mm}^4$$

비틀림각을 구하면 다음과 같다.

$$\phi_{BC} = \frac{T_{BC}L_{BC}}{GI_p} = \frac{(-275\ \text{N}\cdot\text{m})(500\ \text{mm})}{(80\ \text{GPa})(79{,}520\ \text{mm}^4)} = -0.0216\ \text{rad}$$

그리고

$$\phi_{CD} = \frac{T_{CD}L_{CD}}{GI_p} = \frac{(175\ \text{N}\cdot\text{m})(400\ \text{mm})}{(80\ \text{GPa})(79{,}520\ \text{mm}^4)} = 0.0110\ \text{rad}$$

이 예제에서 비틀림각의 방향이 반대인 것을 주의해야 한다. 산술적으로 더하면 전체 비틀림각은

그림 3-20
비틀림을 받는 강철 축의 TMD와 TDD

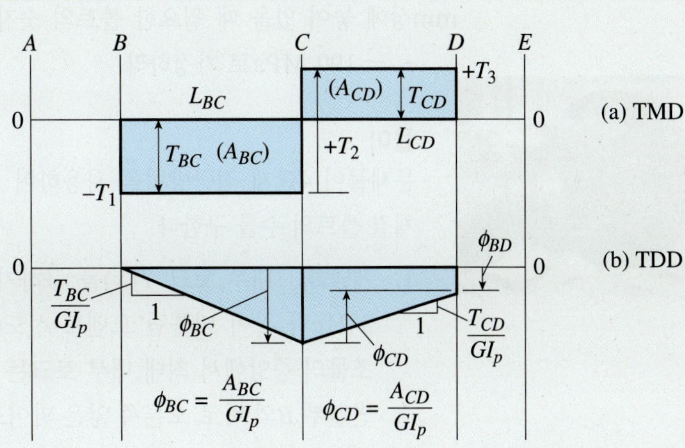

$$\phi_{BD} = \phi_{BC} + \phi_{CD} = -0.0216 + 0.0110 = -0.0106 \text{ rad} = -0.61°$$

음의 부호가 갖는 의미는 기어 D는 기어 B에 대해서 시계방향으로 회전한다(축을 오른쪽에서 바라보면). 그러나 대부분의 경우 절대값만이 필요하므로 기어 B와 D 사이의 비틀림각은 0.61°라 하여도 무방하다. 축 양단 사이의 비틀림각을 종종 *wind-up*이라고 부른다.

그림 3-20b에 비틀림 변위 선도가 있다. 여기서 비틀림 변위는 실제로 점 B에 대한 상대 비틀림이다. 축의 변위 벡터가 축의 양의 방향이라면 비틀림 변위가 양임을 상기하시오. 그림에서 표시된 기하학적 관계를 확인하기 위하여 그림 3-20a와 b를 잘 연구해 보시오.

4. **최종 단계:** 본 예제에서 적용된 방법은 각 구간 내의 지름과 물질이 다르더라도 구간 내의 치수와 물성이 일정한 경우에 사용할 수 있다.

본 장에 있는 예제에서는 비틀림의 영향만을 고려하였는데 4장에서는 굽힘의 영향을 고려할 것이다.

예제 3-5

강으로 된 드릴 파이프가 두 부분(AB, BC)으로 플렌지 B에서 볼트로 연결되어 있고 파이프와 볼트 연결부의 안전성을 시험하고 있다(그림 3-21 참조). 시험에서 파이프는 A에서 고정되어 있고 $x = 2L/5$에 집중 모멘트 $2T_0$가 작용하고 있고 파이프 BC는 $t_0 = 3T_0/L$의 균일한 토크 강도가 작용하고 있다.

(a) 파이프에서 최대 전단응력 τ_{max}와 그 위치를 구하라. $T_0 = 226$ kN · m로 가정하고 $G = 81$ Gpa로 놓자. 그리고 두 파이프 모두 같은 안지름 $d = 250$ mm이고 두께는 각각 $t_{AB} = 19$ mm, $t_{BC} = 16$ mm이다.

(b) 비틀림각 $\phi(x)$를 표시하는 식을 구하라. 만약 최대 허용 비틀림각이 $\phi_{allow} = 0.5°$이라면 $L = 3$ m일 때 최대 허용 비틀림 모멘트 T_0를 구하여라. 비틀림 모멘트 선도(TMD)와 비틀림 변위 선도(TDD)를 그리시오.

(c) (b)에서 구한 T_0를 이용하여 $d_b = 22$ mm인 볼트가 플렌지 B에서 반지름 $r = 380$ mm상에 놓여 있을 때 필요한 볼트의 숫자를 구하여라. 볼트의 허용 전단응력을 $\tau_a = 190$ MPa로 가정하라.

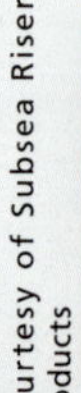
Courtesy of Subsea Riser Products

풀이

문제풀이 4단계 접근방법을 사용하여 최대 전단응력, 최대 비틀림, B에서의 체결 볼트의 수를 구한다.

1. **개념화:** 내부 토크 $T(x)$를 구하기 위해 축을 따라 단면을 자르고 그림 3-21c와 같이 비틀림 모멘트 선도(TMD)를 그리시오. TMD로부터 구조물의 중앙에서 최대 내부 토크는 $6T_0/5$이다. 그것으로 최대 전단응력이 연결부 B의 바로 오른쪽 얇은 파이프 BC 부분에서 일어날 것이다.

그림 3-21

예제 3-5: (a, b) 불균일 비틀림을 받는 두 개의 파이프, (c) 전체 축의 비틀림 모멘트 선도(TMD)

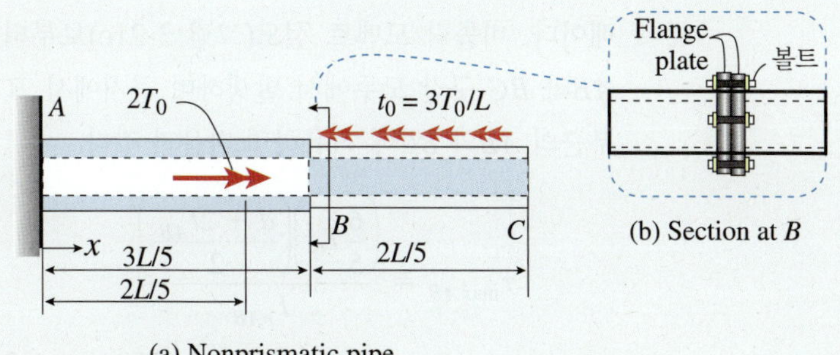

(a) Nonprismatic pipe

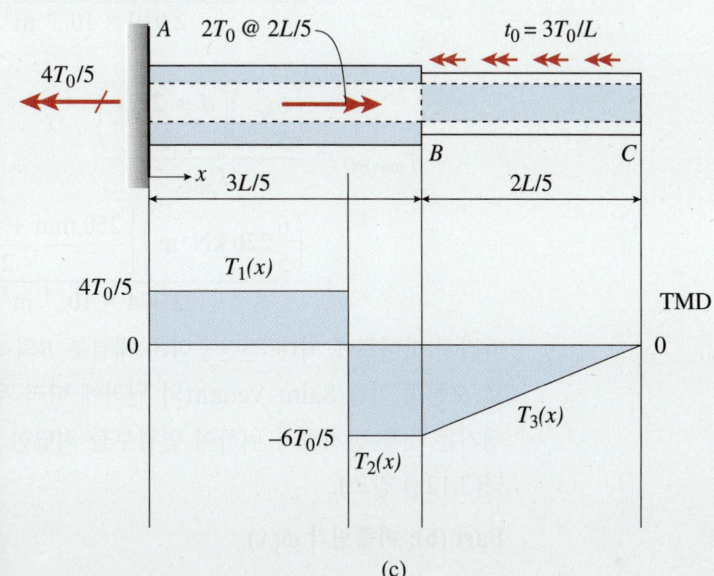

(c)

2. **분류**: 각 부분의 표면에서 전단응력을 구하기 위해서는 비틀림 공식[식 (3-13)]을 사용하시오. TDD에서 나타나는 비틀림 변위를 파이프의 길이에 따라 구하기 위해서는 토크–변위 관계식[식 (3-17)]을 사용하시오. 마지막으로 필요한 볼트의 수를 구하기 위해 볼트 접합부의 전단응력을 검토하시오.

3. **해석**:

Part (a): 파이프에서의 최대 전단응력 τ_{max}

비틀림 공식[식 (3-13)]을 이용하여 파이프에서의 전단응력을 계산하자. 최대 전단응력은 표면에서 발생한다. 각 파이프의 극관성모멘트는

$$I_{pAB} = \frac{\pi}{32}\left[(d + 2t_{AB})^4 - (d)^4\right]$$

$$= \frac{\pi}{32}\left[[250\text{ mm} + 2(19\text{ mm})]^4 - (250\text{ mm})^4\right] = 2.919 \times 10^{-4}\text{ m}^4$$

그리고

$$I_{pBC} = \frac{\pi}{32}\left[(d + 2t_{BC})^4 - (d)^4\right]$$

$$= \frac{\pi}{32}\left[[250\text{ mm} + 2(16\text{ mm})]^4 - (250\text{ mm})^4\right] = 2.374 \times 10^{-4}\text{ m}^4$$

이다. 전단 탄성 계수 G가 일정하므로 AB 부분의 비틀림 강성은 BC 부분의 1.23 배이다. 비틀림 모멘트 선도(그림 3-21c)로부터 최대 비틀림 모멘트는 B 부근의 AB와 BC 구간 모두에서 발생하며 근처에서 크기는 $6T_0/5$이다. 비틀림 공식을 B 부근의 AB와 BC에 적용하면 다음과 같다.

$$\tau_{\max AB} = \frac{\left(\frac{6}{5}T_0\right)\left(\frac{d + 2t_{AB}}{2}\right)}{I_{pAB}}$$

$$= \frac{\left(\frac{6}{5}226\ \text{kN}\cdot\text{m}\right)\left[\frac{250\ \text{mm} + 2(19\ \text{mm})}{2}\right]}{2.919 \times 10^{-4}\ \text{m}^4} = 133.8\ \text{MPa}$$

$$\tau_{\max BC} = \frac{\left(\frac{6}{5}T_0\right)\left(\frac{d + 2t_{BC}}{2}\right)}{I_{pBC}}$$

$$= \frac{\left(\frac{6}{5}226\ \text{kN}\cdot\text{m}\right)\left[\frac{250\ \text{mm} + 2(16\ \text{mm})}{2}\right]}{2.374 \times 10^{-4}\ \text{m}^4} = 161.1\ \text{MPa}$$

따라서 파이프에 최대 전단응력은 체결부 B의 바로 오른쪽에 나타난다. 여기서 "바로 오른쪽"이란 Saint-Venant의 원리에 따라 두 파이프의 연결부에서 응력집중이 생기는 것을 방지하기 위하여 연결부를 적당한 거리를 옮겨야 한다는 것을 의미한다(3.12절 참조).

Part (b): 비틀림각 $\phi(x)$

다음으로 식 (3-24)에서 식 (3-27)의 토크–비틀림각의 관계식을 이용하여 길이방향의 비틀림각을 구한다. 지지점 A는 고정되어 있으므로 $\phi_A = \phi(0) = 0$이다. $x = 0$에서 $x = 2L/5$ (1 부분)에서 토크가 일정하므로 식 (3-24)를 이용하여 비틀림각 $\phi_1(x)$를 구한다. 이것은 $x = 0$에서 $x = 2L/5$까지 선형적으로 변한다:

$$\phi_1(x) = \frac{T_1(x)(x)}{GI_{pAB}} = \frac{\left(\frac{4T_0}{5}\right)(x)}{GI_{pAB}} = \frac{4T_0 x}{5GI_{pAB}} \qquad 0 \le x \le \frac{2L}{5} \tag{a}$$

식 (a)를 $x = 2L/5$에서 계산하면 토크 $2T_0$가 적용된 위치에서의 비틀림각을 얻는다.

$$\phi_1\left(\frac{2L}{5}\right) = \frac{T_1\left(\frac{2L}{5}\right)\left(\frac{2L}{5}\right)}{GI_{pAB}} = \frac{\left(\frac{4T_0}{5}\right)\left(\frac{2L}{5}\right)}{GI_{pAB}} = \frac{8T_0 L}{25GI_{pAB}} = \frac{0.32T_0 L}{GI_{pAB}} \tag{b}$$

다음으로 $x = 2L/5$부터 $x = 3L/5$ (2 부분)까지의 비틀림각 $\phi_2(x)$를 구하자. 토크 $T_2(x)$가 일정하므로(그림 3-21c) $\phi_1(x)$와 마찬가지로 $\phi_2(x)$도 선형적으로 변한다. 식 (3-24)를 사용하여 다음을 구한다.

$$\phi_2(x) = \phi_1\left(\frac{2L}{5}\right) + \frac{T_2(x)\left(x - \frac{2L}{5}\right)}{GI_{pAB}} = \frac{8T_0 L}{25GI_{pAB}} + \frac{\left(\frac{-6}{5}T_0\right)\left(x - \frac{2L}{5}\right)}{GI_{pAB}}$$

$$= \frac{2T_0(2L - 3x)}{5GI_{pAB}} \qquad \frac{2L}{5} \le x \le \frac{3L}{5} \tag{c}$$

마지막으로 3부분(파이프 BC)의 비틀림각을 구하기 위한 식을 구해보자. 내부 비틀림 모멘트가 선형적으로 변하는 것을 알고 있으므로(그림 3-21), 토크–비틀림각 관계식[식 (3-27)]을 적분할 필요가 있다. $T_3(x)$를 대입한 후 B에서의 비틀림각을 더하면 BC 구간에서의 비틀림각을 구할 수 있다.

$$\phi_3(x) = \phi_2\left(\frac{3L}{5}\right) + \int_{\frac{3L}{5}}^{x} \frac{\left[3T_0\left(\frac{\zeta}{L} - 1\right)\right]}{GI_{pBC}}\, d\zeta$$

$$= \frac{2T_0\left[2L - 3\left(\frac{3L}{5}\right)\right]}{5GI_{pAB}} + \int_{\frac{3L}{5}}^{x} \frac{\left[3T_0\left(\frac{\zeta}{L} - 1\right)\right]}{GI_{pBC}}\, d\zeta$$

토크 $T_3(x)$가 선형적으로 변하므로 적분하면 BC 구간의 비틀림각은 이차 함수로 나타난다.

$$\phi_3(x) = \frac{2T_0L}{25GI_{pAB}} + \frac{3T_0(21L^2 - 50Lx + 25x^2)}{50GI_{pBC}L} \qquad \frac{3L}{5} \le x \le L \tag{d}$$

$x = 3L/5$을 위 식에 대입하면 B에서의 비틀림각은 다음과 같다.

$$\phi_3\left(\frac{3L}{5}\right) = \frac{2T_0L}{25GI_{pAB}}$$

$x = L$를 넣어 C에서의 비틀림각을 구한다.

$$\phi_3(L) = \frac{2T_0L}{25GI_{pAB}} - \frac{6T_0L}{25GI_{pBC}} = -0.219\frac{T_0L}{GI_{pAB}}$$

만약 $I_{pAB} = 1.23\ I_{pBC}$이라면 파이프의 비틀림각의 변화를 길이방향으로 그릴 수 있다(그림 3-22). 최대 비틀림각 ϕ_{max}가 $x = 2L/5$에서 나타난다[식 (b) 참조]

마지막으로 만약 ϕ_{max}를 0.5°까지만 허락한다면 최대 허용 토크 T_0(kN · m)는 앞에서 주어진 수치 값을 이용하여 다음과 같이 구한다.

$$T_{0\,max} = \frac{GI_{pAB}}{0.32L}(\phi_{allow}) = \frac{(81\ \text{GPa})(2.919 \times 10^{-4}\ \text{m}^4)}{0.32(3\ \text{m})}(0.5°) \tag{e}$$

$$= 215\ \text{kN}\cdot\text{m}$$

그림 3-22

예제 3-5: 비틀림 변위 선도 (TDD)

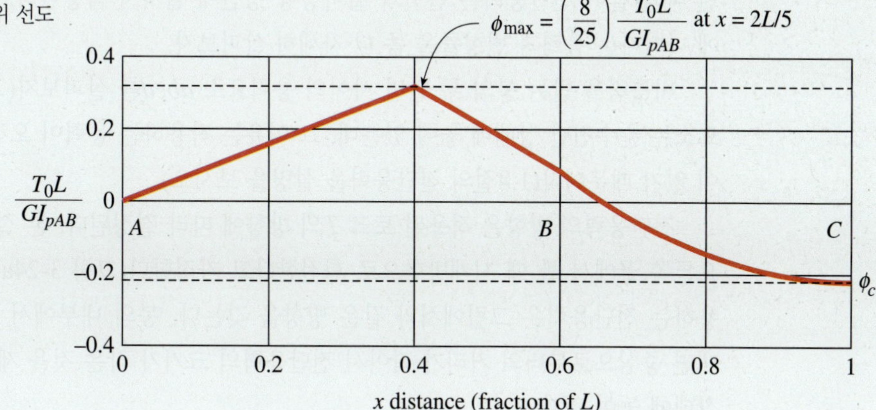

그림 3-23
예제 3-5: B에서의 플렌지 볼트

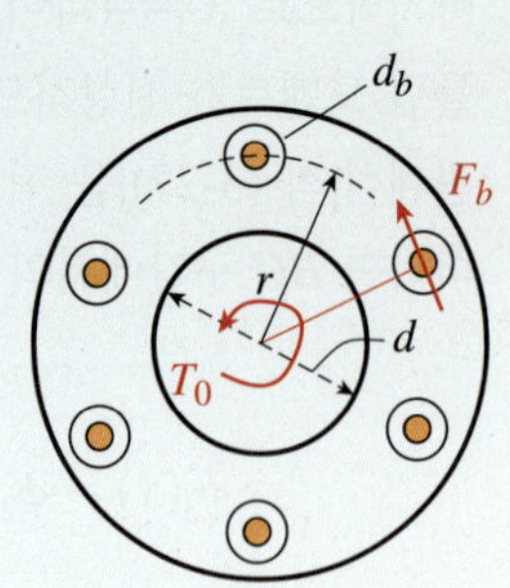

Part (c): 플렌지 판에서 필요한 볼트의 수

식 (e)로부터 $T_{0,\max}$를 사용하여 필요한 플렌지판 연결 부위 B에서 반지름 r = 380 mm 상에 놓여 있는 지름이 d_b = 22 mm인 볼트의 수를 구하시오. 볼트의 허용전단응력은 τ_a = 190 MPa이다. B에서 각 볼트들이 토크를 똑같이 전달한다고 가정하면 단면의 도심으로부터 r만큼 떨어진 곳에서 전단력 F_b를 전달한다(그림 3-23).

볼트당 최대 전단력 F_b는 τ_a에 볼트의 단면적 A_b를 곱한 것과 같다. 그리고 B에서의 전체 토크는 $6T_{0,\max}/5$(그림 3-21c의 TMD 참조)이므로

$$nF_b r = \frac{6}{5}T_{0\max} \text{ or } n = \frac{\frac{6}{5}T_{0\max}}{\tau_a A_b r} = \frac{\frac{6}{5}(215\ \text{kN}\cdot\text{m})}{(190\ \text{MPa})\left[\frac{\pi}{4}(22\ \text{mm})^2\right](380\ \text{mm})} = 9.4$$

따라서 체결부 B에서 모두 10개의 22 mm 지름의 볼트를 사용하여야 한다.

4. 최종 단계: 3.4절에서 소개된 법칙과 그림 3-21c의 TMD를 사용하여 그림 3-22의 TDD를 확인해 보시오. 최대 비틀림 모멘트와 최대 비틀림의 값의 위치를 쉽게 선도에서 확인할 수 있으며 그 값들은 이러한 종류의 구조물을 평가할 때 필수적인 정보이다.

3.5 순수전단을 받는 경우의 응력과 변형률

속이 차 있거나 비어 있는 원형단면을 가진 봉이 비틀림을 받을 때 앞의 그림 3-7에서 보인 바와 같이 전단응력은 단면과 길이방향 평면에 걸쳐서 작용한다. 비틀림을 받는 동안에 나타나는 응력과 변형률을 좀 더 자세히 살펴보자.

비틀림을 받는 봉의 두 단면 사이의 응력요소 $abcd$를 살펴보자(그림 3-24a와 b). 이 요소는 순수전단 상태에 놓여 있는데, 그 이유는 작용하는 응력이 오직 4면의 전단응력만이 있기 때문이다(1.8절의 전단응력을 설명을 보시오).

전단응력의 방향은 적용된 토크 T의 방향에 따라 결정된다. 본 절에서는 토크는 봉의 오른쪽 끝에서 볼 때 시계방향으로 회전한다고 가정한다(그림 3-24a); 따라서 요소에 작용하는 전단응력은 그림에서와 같은 방향을 갖는다. 봉의 내부에서 비슷한 요소를 잘라 내면 중심으로부터의 거리가 작아서 전단응력의 크기가 작은 것을 제외하고는 같은 응력 상태에 놓여 있다.

그림 3-24a에 보인 토크의 방향은 결과적으로 전단응력(그림 3-24b)이 1.8절에서 논의된 부호규약에 따라 양의 방향이 되도록 의도적으로 선정되었다. 이러한 **부호규약**이 다시 되풀이된다.

> 전단응력은 요소의 양의 면에서 축 양의 방향으로 작용하면 양의 부호를 갖는다. 역으로 요소의 음의 면에서 축 음의 방향으로 작용하면 양이고, 음의 면에서 축 양의 방향으로 작용하면 음의 부호를 갖는다.

그림 3-24b의 응력요소에 작용하는 전단응력들에 부호규약을 적용하면 4개의 전단응력 모두 양의 부호를 갖는다. 예를 들자면 오른쪽 면(x축이 오른쪽을 향하므로 양의 면이다)에 작용하는 응력이 양의 y축 방향으로 작용하므로 양의 전단응력이다. 그리고 왼쪽 면(음의 면)에 작용하는 응력이 음의 y축 방향으로 작용하므로 양의 전단응력이다. 나머지 응력들도 같은 방법으로 설명할 수 있다.

그림 3-24
비틀림을 받는 봉에서 떼어낸 응력요소에 작용하는 응력들(순수전단)

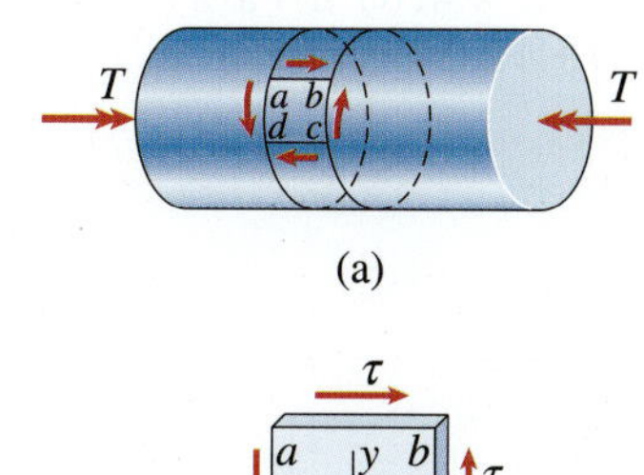

(a)

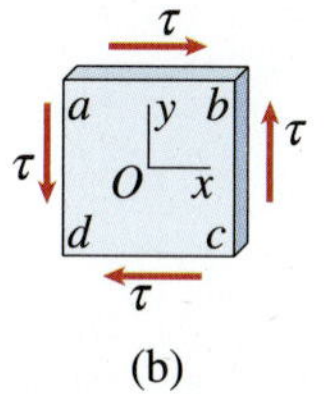

(b)

경사면에서의 응력

이제 우리는 순수전단 상태에 있는 응력요소를 잘라낸 **경사면**상에 작용하는 응력을 구할 준비가 되었다. 단축응력 상태의 응력을 검토하기 위해 2.6절에서 사용하였던 것과 같은 접근 방식을 사용할 것이다.

그림 3.25a에 응력요소의 2차원 형상에 있다. 2.6절에서 이미 설명된 바와 같이 편의상 2차원으로 나타내지만 그림의 평면에 수직인 3차원(두께)을 갖는다는 것을 항상 알고 있어야 한다.

면의 방향이 x축과 θ의 각도를 갖는 쐐기모양(또는 "삼각형")의 응력요소를 요소로부터 잘라내자(그림 3-25b). 이 경사진 면에 수직응력 σ_θ와 전단응력 τ_θ이 작용하며 그림에서 양의 방향으로 나타나 있다. σ_θ와 τ_θ의 **부호규약**은 이미 2.6절에서 설명하였으며 여기에서도 같이 적용된다:

수직응력 σ_θ는 인장일 때 양이고 전단응력 τ_θ는 요소를 시계방향으로 회전시키려 할 때 양이다. (경사면에 작용하는 전단응력 τ_θ에 대한 부호규약은 xy축을 기준으로 한 직사각형 요소의 변에 작용하는 일반 전단응력 τ와 다르다는 것에 유의하여야 한다.)

삼각형 요소의 수평과 수직면(그림 3-25b)에 양의 전단응력 τ가 작용하고 있으며 요소의 앞면과 뒷면에는 응력이 작용하지 않는다. 따라서 그림에서 요소에 작용하는 모든 응력들을 볼 수 있다.

이제 응력 σ_θ와 τ_θ는 삼각형 요소의 평형으로부터 구할 수 있다. 3개의 면에 작용하는 힘은 응력과 그 응력이 작용하는 면의 넓이를 곱하여 구한다. 예를 들자면 왼쪽 수직면의 면적이 A_0이라면 왼쪽 면에 작용하는 힘은 τA_0이다. 이 힘은 음의 y방향으로 작용하며 그림 3-25c의 **자유물체도**에 나타나 있다. 이 요소의 z방향의 두께가 일정하므로, 밑면의 넓이는 $A_0 \tan\theta$이고 경사면의 넓이는 $A_0 \sec\theta$ 이다. 이 면들에 작용하는 응력과 해당 면적을 곱하여 나머지 힘을 구할 수 있으며 이로써 자유물체도가 완성되었다.

이제 삼각형 요소에 대한 σ_θ방향과 τ_θ방향, 즉 두 개의 평형방정식을 쓸 수 있게 되었다. 이 방정식을 꾸밀 때 왼쪽 면과 밑면에 작용하는 힘은 σ_θ와 τ_θ방향의 분력으로 분해할 수 있다. 따라서 σ_θ방향으로 힘을 더하여 구한 첫 번째 식은

$$\sigma_\theta A_0 \sec\theta = \tau A_0 \sin\theta + \tau A_0 \tan\theta \cos\theta$$

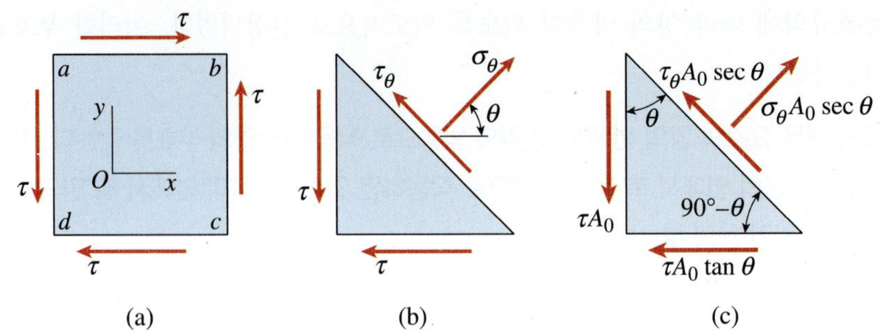

그림 3-25
경사면의 응력 해석: (a) 순수전단 상태의 요소, (b) 삼각형 요소에 작용하는 응력, (c) 삼각형 응력요소에 작용하는 힘(자유물체도)

또는

$$\sigma_\theta = 2\tau \sin\theta \cos\theta \qquad \textbf{(3-28a)}$$

두 번째 식은 τ_θ방향으로 힘을 더하여 구한다:

$$\tau_\theta A_0 \sec\theta = \tau A_0 \cos\theta - \tau A_0 \tan\theta \sin\theta$$

또는

$$\tau_\theta = \tau(\cos^2\theta - \sin^2\theta) \qquad \textbf{(3-28b)}$$

이러한 식들은 삼각함수 항등식을 이용하여 좀 더 간단한 형태로 표시할 수 있다(부록 C 참조).

$$\sin 2\theta = 2\sin\theta\cos\theta \quad \cos 2\theta = \cos^2\theta - \sin^2\theta$$

그러면 σ_θ와 τ_θ는 다음과 같이 된다.

$$\sigma_\theta = \tau \sin 2\theta \qquad \tau_\theta = \tau\cos 2\theta \qquad \textbf{(3-29a,b)}$$

식 (3-29a와 b)는 임의의 경사면에 작용하는 수직응력과 전단응력을 xy평면상에 나타나는 전단응력 τ(그림 3-25a)와 경사면의 방향을 나타내는 각도 θ(그림 3-25b)로 표시하는 식이다.

그림 3-26
경사면의 각 θ에 대한 수직응력 σ_θ와 전단응력 τ_θ의 그래프

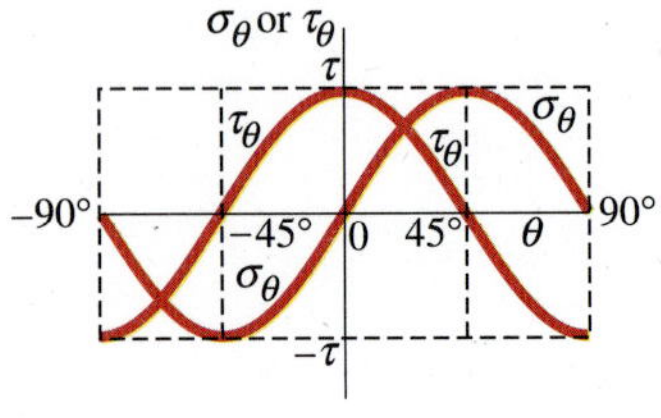

그림 3-26에서 응력 σ_θ와 τ_θ가 경사면의 방향에 따라 변하는 모습을 보여 주고 있으며 이것은 식 (3-29a,b)를 그린 것이다. 그림 3-25a에서 응력요소의 오른쪽 면을 나타내는 $\theta = 0$일 때, 이 그래프는 $\sigma_\theta = 0$ 와 $\tau_\theta = \tau$임을 알려준다. 전단응력 τ가 요소에 대하여 반시계방향으로 작용하면 양의 전단응력 τ_θ이 되어 후자의 결과는 예견된 것이다.

이 요소의 윗면($\theta = 90°$)에서 $\sigma_\theta = 0$와 $\tau_\theta = -\tau$ 이다. τ_θ가 음의 부호이면 요소에 시계방향으로 작용하여, 즉 면 ab의 오른쪽으로 작용하는 것을 의미하며(그림 3-25a) 이것은 전단응력 τ의 방향과 일치한다. 수치상 최대 전단응력은 $\theta = 0°$와 $90°$인 면과 그 반대면($\theta = 180°$와 $270°$)에서 일어난다는 것을 유의해야 한다.

그래프로부터 수직응력 σ_θ는 $\theta = 45°$에서 최댓값에 도달하는 것을 알 수 있다. 이 각도에서 응력은 양(인장력)이고 전단응력 τ와 크기가 같다. 마찬가지로 수직응력 σ_θ는 $\theta = -45°$에서 최솟값(압축)을 갖는다. 이 두 개의 $\pm 45°$에서 전단응력 τ_θ는 0이다. 이 조건이 그림 3-27에 응력요소가 $\theta = 0°$와 $\theta = 45°$일 때 나타나 있다. 요소의 경사각이 $45°$일 때 요소는 같은 크기의 인장응력과 압축응력이 직교하며 작용하고 전단응력은 작용하

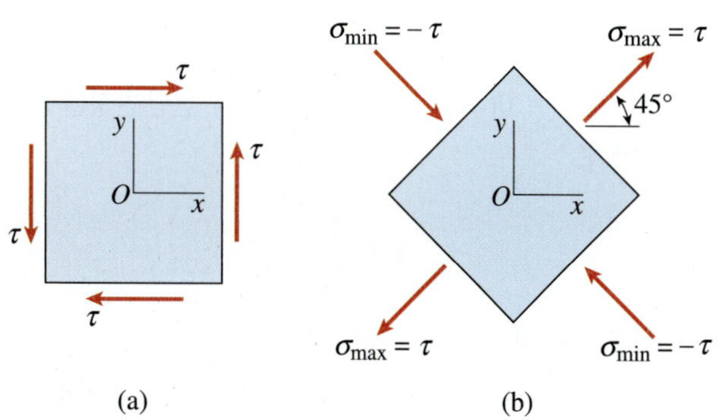

그림 3-27

순수전단을 받는 $\theta = 0$와 $\theta = 45°$인 응력요소

지 않는다.

45°의 요소(그림 3-27b)에 작용하는 수직응력은 그림 3-27a에 보인 방향으로 작용하는 전단응력 τ을 받는 요소에 대응되는 것임을 유의해야 한다. 만약 그림 3-27a에 작용하는 전단응력의 방향이 반대가 되면 45°에 작용하는 수직응력의 방향도 바뀔 것이다.

응력요소가 45° 이외의 방향에 위치한다면 수직응력과 전단응력 모두가 경사면에 작용할 것이다[식 (3-29a,b), 그림 3-26 참조].이보다 좀 더 일반적인 경우에 관해서는 7장에서 좀 더 자세히 논의하겠다.

이 절에서 유도된 식들은 응력요소가 비틀림을 받는 봉이나 다른 구조물로부터 잘라낸 것에 관계없이 순수전단을 받는 경우에 유효하다. 또 식 (3-29)는 평형방정식만으로부터 유도되었기 때문에 물체가 선형 탄성 거동을 보이든, 보이지 않든 어떠한 재질에도 유효하다.

x축에 대하여 45°에 위치한 평면에서 최대 인장응력이 존재한다는 것(그림 3-27b)이 취성을 갖고 인장력에 약한 재질로 만들어진 봉이 비틀림을 받을 때 45° 나선면(helical surface)을 따라 균열이 발생하여 파괴되는 것을 설명해 준다(그림 3-28). 3.3절에서 언급한 바와 같이 이러한 형식의 파단은 교실의 백묵을 비틀어 쉽게 보여 줄 수 있다.

순수전단에서의 변형률

이제 순수전단을 받는 요소에서 생기는 변형률을 고려해 보자. 예를 들어서 그림 3-27a에 있는 순수전단을 받는 요소를 보자. 그림 3-29a에 전단응력에 대응하는 전단변형률이 상당히 과장되게 그려져 있다. 전단변형률 γ는 이미 1.8절에서 논의된 바와 같이 원래 직각이었던 두 직선의 각도 변화량이다. 그러므로 요소 왼쪽 아래 모서리의 각도 감소가 전단변형률 γ이다(라디안으로 측정). 같은 각도 변화가 위 오른쪽 모서리에도 발생하며 나머지 두 모서리는 각도가 증가한다. 그러나 요소 변의 길이나 종이 평면에 수직인 두께는 전단변형이 일어날 때 변하지 않는다. 따라서 요소의 모양은 직육면체(그림 3-27a)에서

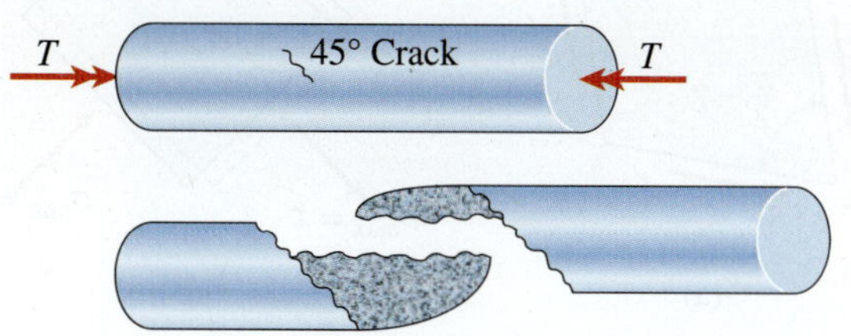

그림 3-28

45° 나선면을 따라 생기는 인장 균열에 의한 취성재료의 비틀림

경사진 직육면체(그림 3-29a)로 변한다. 이러한 변형을 **전단뒤틀림(shear distortion)**이라 부른다.

재료가 선형 탄성일 때 $\theta = 0$(그림 3-29a)인 요소의 전단변형률은 후크의 법칙에 따라 전단응력과 관계가 있다.

$$\gamma = \frac{\tau}{G} \tag{3-30}$$

여기서 기호 G는 보통 전단 탄성 계수를 의미한다.

다음으로 $\theta = 45°$인 요소의 변형률을 고려해 보자(그림 3-29b). 45° 방향으로 작용하는 인장응력은 그 방향으로 요소를 늘리려 하는 경향이 있다. 뽀아송 효과(Poisson effect)로 이 응력은 요소를 수직인 방향($\theta = 135°$ 또는 $\theta = -45°$ 방향)은 줄이려 하는 경향이 있다. 마찬가지로 135°에 작용하는 압축응력은 그 방향으로 요소를 줄이려 하고 45° 방향으로는 늘리려고 한다. 이러한 치수변화가 그림 3-29b에 있으며 점선은 변형된 요소를 나타낸다. 전단뒤틀림이 없기 때문에 요소는 비록 치수는 변하여도 직육면체를 유지한다.

재료가 선형 탄성이고 후크의 법칙(Hooke's Law)을 따르면 $\theta = 45°$인 요소의 응력과 변형률 관계식을 얻을 수 있다(그림 3-29b). $\theta = 45°$에 작용하는 인장응력 σ_{max}는 그 방향으로 σ_{max}/E만큼의 수직변형률을 일으킨다. $\sigma_{max} = \tau$이므로 이 변형률은 τ/E로 표시할 수 있다. 응력 σ_{max}는 직교 방향으로 $-\nu\tau/E$인 음의 변형률도 일으킨다. 여기서 ν는 뽀아송의 비이다. 마찬가지로 응력 $\sigma_{min} = -\tau(\theta = 135°)$는 그 방향으로 $-\tau/E$인 음의 변형률을 일으키고 수직인 방향($\theta = 45°$)에 $\nu\tau/E$의 변형률을 일으킨다. 따라서 45° 방향의 수직변형률은

$$\varepsilon_{max} = \frac{\tau}{E} + \frac{\nu\tau}{E} = \frac{\tau}{E}(1 + \nu) \tag{3-31}$$

이 값은 양이며 길이가 늘어남을 의미한다. 직교 방향의 변형률은 음이며 같은 크기를 갖는다. 다시 말하면 순수전단은 45° 방향으로는 늘어나게 하고 135° 방향으로는 줄어들게 한다. 이러한 변형률은 45° 대각선 방향으로 늘어나고 135° 대각선 방향으로 줄어들었기 때문에 그림 3-29a의 변형된 요소와 부합한다.

다음 절에서 변형된 요소를 이용하여 전단변형률 γ(그림 3-29a)와 45° 방향의 수직변형률 ε_{max}(그림 3-29b)의 관계를 구하여 다음 관계식을 유도할 것이다

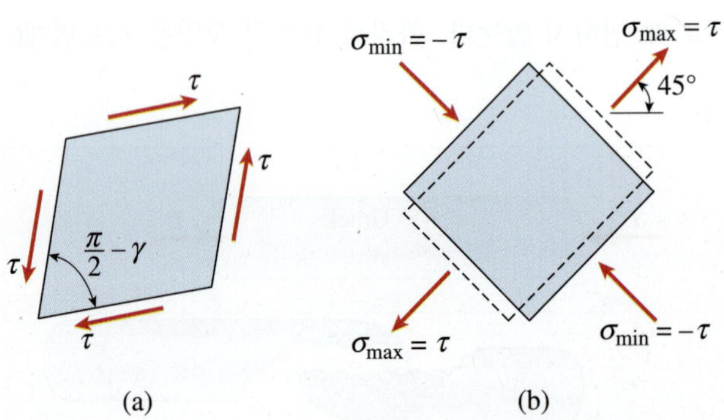

그림 3-29
순수전단에서의 변형률: (a) $\theta = 0$인 요소의 전단뒤틀림, (b) $\theta = 45°$인 요소의 전단뒤틀림

$$\varepsilon_{max} = \frac{\gamma}{2} \tag{3-32}$$

이 식과 식 (3-30)을 이용하여 순수비틀림에서 전단응력 τ를 알 때 최대 전단변형률과 최대 수직변형률을 계산하는 데 사용할 수 있다.

예제 3-6

바깥지름이 80 mm이고 안지름이 60 mm인 원형관이 토크 $T = 4.0 \text{ kN} \cdot \text{m}$를 받고 있다(그림 3-30). 관은 알루미늄 합금 7075-T6로 만들었다.

(a) 관에서 최대 인장, 전단, 압축응력을 구하고 이 응력들을 알맞게 위치한 응력요소에 그려라.

(b) 각각에 대응하는 최대 변형률을 구하고 변형된 요소에 이 변형률을 그려라.

(c) 허용 수직변형률 $\varepsilon_a = 0.9 \times 10^{-3}$이라면 최대 허용 토크 T_{max}는 얼마인가?

(d) 만약 $T = 4 \text{ kN} \cdot \text{m}$이고 $\varepsilon_a = 0.9 \times 10^{-3}$이라면 관이 필요한 토크 T를 견디기 위한 바깥지름은 얼마가 되어야 하는가(관의 안지름은 60 mm로 변하지 않는다고 가정하라)?

풀이

풀이에서 문제풀이 4단계 접근방법을 사용한다. 필수적인 단계는 각 부분에 나와있다.

Part (a): 최대 응력

1, 2. 개념화, 분류: 세 가지 응력(전단, 인장, 압축)의 최댓값의 크기는 모두 같으나 서로 다른 평면에서 작용한다. 이 응력들의 크기는 비틀림 공식으로부터 구한다:

$$\tau_{max} = \frac{Tr}{I_p} = \frac{(4000 \text{ N} \cdot \text{m})(0.040 \text{ m})}{\frac{\pi}{32}\left[(0.080 \text{ m})^4 - (0.060 \text{ m})^4\right]} = 58.2 \text{ MPa}$$

3. 해석: 최대 전단응력은 그림 3-31a의 응력요소에서 보는 바와 같이 단면과 길이방향 평면에 작용하며 x축이 관의 길이방향과 평행하다.

최대 인장응력과 압축응력은 다음과 같다.

$$\sigma_t = 58.2 \text{ MPa} \quad \sigma_c = -58.2 \text{ MPa}$$

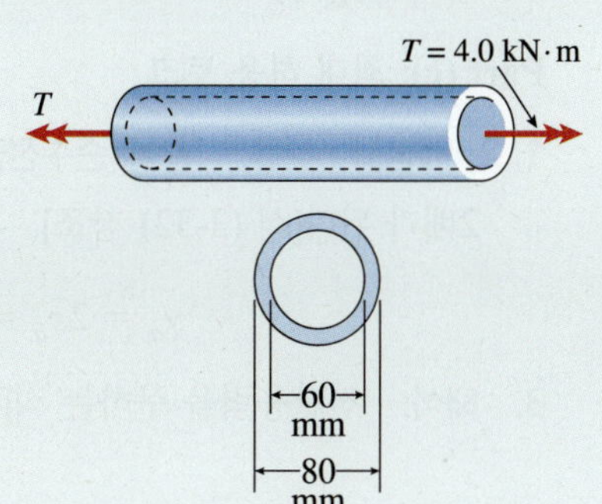

그림 3-30
예제 3-6: 비틀림을 받는 원형관

그림 3-31

예제 3-6의 관에 대한 응력과 변형률 요소: (a) 최대 전단응력, (b) 최대 인장응력과 최대 압축응력, (c) 최대 전단변형률, (d) 최대 인장변형률과 최대 압축변형률

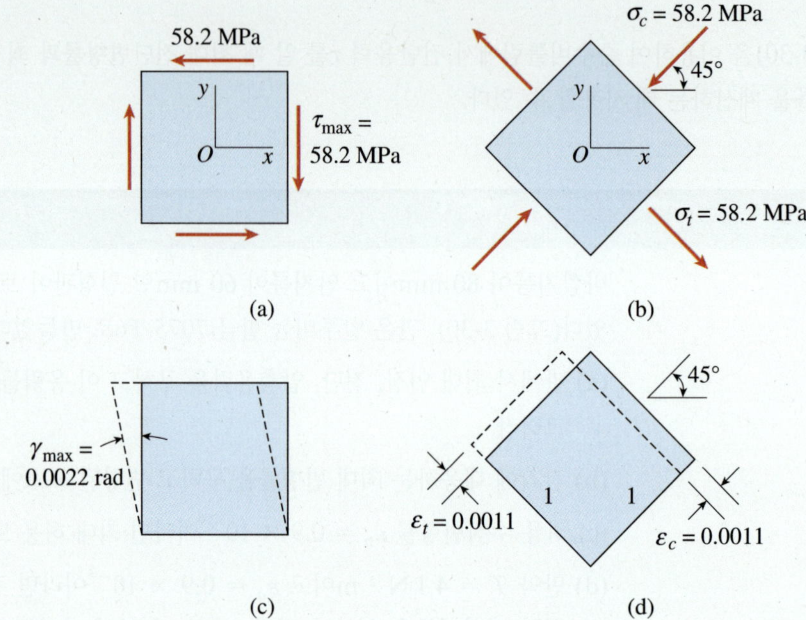

4. **최종 단계:** 이 응력들은 축에 대하여 45°인 평면에서 작용한다(그림 3-31b).

Part (b): 최대 변형률

1, 2. **개념화, 분류:** 관에서의 최대 전단변형률은 식 (3-30)으로부터 구한다. 전단 탄성계수는 부록 I의 표 I-2에서 구하며 $G = 27$ Gpa이다.

3. **해석:** 따라서 최대 전단변형률은 다음과 같다.

$$\gamma_{max} = \frac{\tau_{max}}{G} = \frac{58.2 \text{ MPa}}{27 \text{ GPa}} = 0.0022 \text{ rad}$$

변형된 요소는 그림 3-31c에서 점선으로 나타나 있다.

최대 수직변형률의 크기는[식 (3-32)로부터]

$$\varepsilon_{max} = \frac{\gamma_{max}}{2} = 0.0011$$

이다. 따라서 최대 인장변형률과 최대 압축변형률은 다음과 같다.

$$\varepsilon_t = 0.0011 \qquad \varepsilon_c = -0.0011$$

4. **최종 단계:** 변의 길이가 1인 요소가 변형된 후의 모양이 그림 3-31d에 점선으로 나타나 있다.

Part (c): 최대 허용 토크

1, 2. **개념화, 분류:** 관이 순수전단 상태이므로 허용 전단변형률은 허용 수직변형률의 2배가 된다[식 (3-32) 참조].

$$\gamma_a = 2\varepsilon_a = 2(0.9 \times 10^{-3}) = 1.8 \times 10^{-3}$$

3. **해석:** 전단응력을 구하는 식[식 (3-13)]으로부터

$$\tau_{\max} = \frac{T\left(\dfrac{d_2}{2}\right)}{I_p} \quad \text{so} \quad T_{\max} = \frac{\tau_a I_p}{\left(\dfrac{d_2}{2}\right)} = \frac{2(G\gamma_a)I_p}{d_2}$$

여기서 d_2는 바깥지름이다. 수치값을 대입하면 다음과 같다.

$$T_{\max} = \frac{2(27\text{ GPa})(1.8 \times 10^{-3})\left[\dfrac{\pi}{32}[(0.08\text{ m})^4 - (0.06\text{ m})^4]\right]}{0.08\text{ m}}$$
$$= 3.34\text{ kN}\cdot\text{m}$$

4. 최종 단계: 허용 전단변형률이 (b)에서의 $\gamma_{\max}$보다 작아서 예상된 대로 $T_{\max}$는 4.0 kN · m보다 작다.

Part (d): 관의 새로운 바깥지름

1, 2. 개념화, 분류: 필요한 바깥지름 d_2를 구하기 위하여 T = 4.0 kN · m를 앞의 식에 대입하여 요구된 바깥지름 d_2를 구하기 위한 식은 다음과 같다.

$$\frac{I_p}{d_2} = \frac{T}{2G\gamma_a} \quad \text{or} \quad \frac{d_2^4 - (0.06\text{ m})^4}{d_2} = \frac{\left(\dfrac{32}{\pi}\right)4\text{ kN}\cdot\text{m}}{2(27\text{ GPa})(1.8 \times 10^{-6})} = 0.41917\text{ m}^3$$

3. 해석: 요구된 바깥지름 d_2를 수치적인 방법으로 풀면

$$d_2 = 83.2\text{ mm}$$

4. 최종 단계: 적용 토크가 (c)에서의 $T_{\max}$보다 크기 때문에, 예상된대로 바깥지름 d_2가 (c)에서의 바깥지름보다 크다.

3.6 탄성 계수 E와 G의 관계식

탄성 계수 E와 G 사이의 중요한 관계식은 전 절에서 유도한 식들로부터 구할 수 있다. 이러한 목적으로 그림 3-32a에 보인 응력요소 $abcd$를 고려해 보자. 요소의 앞면은 변의 길이가 h인 정사각형이라고 가정하자. 이 요소가 응력 τ에 의해서 순수전단을 받을 때, 면은 변의 길이가 h이고 전단변형률 $\gamma = \tau/G$인 마름모꼴로 변형된다(그림 3-32b). 이 뒤틀림으로 대각선 길이 bd는 늘어나고 대각선 ac는 줄어든다. 대각선 bd의 길이는 원래 길이의 $\sqrt{2}h$ 에 $1 + \varepsilon_{\max}$를 곱한 것과 같다. 여기서 $\varepsilon_{\max}$는 45° 방향의 수직변형률이다. 따라서

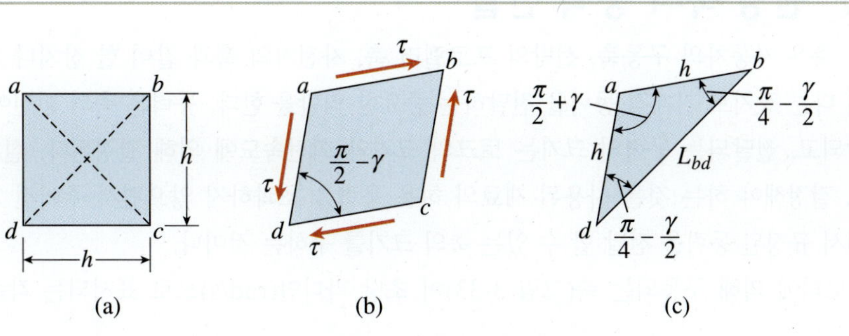

그림 3-32
순수전단응력 상태의 변형 모양

$$L_{bd} = \sqrt{2}h(1 + \varepsilon_{max}) \tag{3-33}$$

이 길이는 변형된 요소의 기하학적 형상을 고려하여 전단변형률 γ과 관련지을 수 있다.

필요한 기하학적 관계를 얻기 위하여 그림 3-32b의 마름모의 반에 해당하는 삼각형 *abd*(그림 3-32c)를 고려해 보자. 이 삼각형의 변 *bd*의 길이는 L_{bd} [식 (3-33)], 다른 변의 길이는 *h*이다. 삼각형의 각도 *adb*는 마름모의 각도 *adc*의 반 또는 $\pi/4 - \gamma/2$이다. 삼각형에서 각도 *abd*도 같다. 그러므로 삼각형의 각도 *dab*는 $\pi/2 + \gamma$이다. 삼각형 *abd*에서 코사인 법칙(부록 C를 참조)을 적용하여 다음 식을 얻는다.

$$L_{bd}^2 = h^2 + h^2 - 2h^2 \cos\left(\frac{\pi}{2} + \gamma\right)$$

이 식에 식 (3-33)의 L_{bd}를 대입하여 간단히 정리하면

$$(1 + \varepsilon_{max})^2 = 1 - \cos\left(\frac{\pi}{2} + \gamma\right)$$

이 식의 왼쪽 항을 전개하고 $\cos(\pi/2 + \gamma) = -\sin\gamma$인 것을 이용하면 다음의 식을 얻는다.

$$1 + 2\varepsilon_{max} + \varepsilon_{max}^2 = 1 + \sin\gamma$$

ε_{max}와 γ가 매우 작은 변형률이므로, ε_{max}^2는 $2\varepsilon_{max}$에 비해 매우 작아서 무시하고 $\sin\gamma$를 γ로 대치할 수 있다. 그 결과 식은 다음과 같다.

$$\varepsilon_{max} = \frac{\gamma}{2} \tag{3-34}$$

이 식은 3.5절의 식 (3-32)에서 이미 설명하였다.

식 (3-34)에 나타나는 전단변형률 γ는 후크의 법칙[식 (3-30)]에 따라 τ/G와 같고 수직변형률 ε_{max}는 식 (3-31)로부터 $\tau(1 + \nu)/E$와 같다. 이 두 항을 식 (3-34)에 대입하면 다음의 관계식을 얻는다.

$$G = \frac{E}{2(1 + \nu)} \tag{3-35}$$

*E*와 *G* 및 ν는 선형 탄성체의 독립된 성질이 아니라는 것을 알 수 있다. 이들 중 2개를 알면 식 (3-35)를 이용하여 나머지를 구할 수 있다.

전형적인 *E*와 *G* 및 ν의 값이 부록 I의 표 I-2에 있다.

3.7 원형 축의 동력 전달

그림 3-33
각속도 ω로 일정한 토크 *T*를 전달하는 축

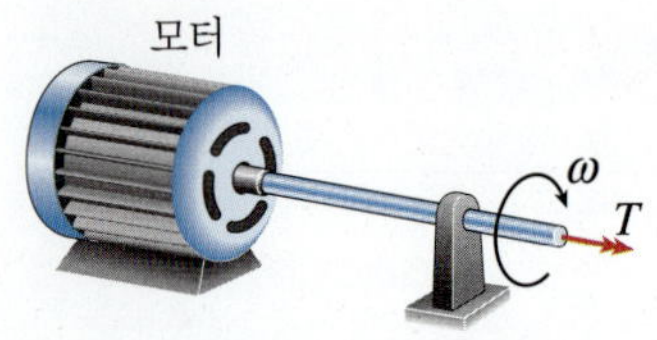

원형 축은 자동차의 구동축, 선박의 프로펠러 축, 자전거의 축과 같이 한 장치나 기계로부터 다른 장치로 기계적 동력을 전달하는 중요한 역할을 한다. 동력은 축의 회전에 의해 전달되고, 전달되는 동력의 크기는 토크의 크기와 회전속도에 의해 결정된다. 설계에서 주로 결정해야 하는 것은 사용된 재료의 허용 응력을 초과하지 않으면서 주어진 회전속도에서 규정된 동력을 전달 할 수 있는 축의 크기를 구하는 것이다.

모터에 의해 구동되는 축(그림 3-33)이 초당 라디안(rad/s)으로 표시되는 각속도 ω

로 회전하고 있다고 가정하자. 이 축은 토크 T를 유용한 일을 하는 기구(그림에서는 보이지 않음)에 전달한다. 축에 의해 외부장치에 전달된 토크는 같은 각속도 ω를 갖고 있다. 즉 토크 벡터는 왼쪽을 향한다. 그러나 그림에서 보이는 토크는 기구에 의해 축에 작용하는 토크이므로 벡터 방향은 반대이다.

일반적으로 일정한 크기를 갖는 토크가 한 일 W는 토크와 회전한 각도를 곱한 것과 같다; 즉

$$W = T\psi \tag{3-36}$$

여기서 ψ는 라디안으로 표시된 회전각이다.

동력(power)은 일의 시간에 대한 **변화율**(*rate*)이다.

$$P = \frac{dW}{dt} = T\frac{d\psi}{dt} \tag{3-37}$$

여기서 P는 동력, t는 시간을 의미한다. 각 변위의 변화율 $d\psi/dt$는 각속도 ω이므로 앞의 식은 다음과 같이 된다.

$$P = T\omega \quad (\omega = \text{rad/s}) \tag{3-38}$$

기초물리학에서 나오는 이 공식은 일정한 토크 T를 전달하는 회전축의 전달 동력을 구하는 데 사용된다.

식 (3-38)에서 사용되는 **단위**는 다음과 같다. 토크 T는 뉴톤미터(N · m)로 표현되며 동력은 와트(W)로 표시한다. 1와트는 1초당 1뉴톤미터(또는 1초당 1줄)와 같다.

각속도은 흔히 단위시간당 회전 수인 회전주파수 f로 표시된다. 주파수의 단위는 헤르쯔(Hz)이며 초당 회전수(s^{-1})와 같다. 1회전은 2π라디안이므로

$$\omega = 2\pi f \quad (\omega = \text{rad/s},\ f = \text{Hz} = \text{s}^{-1}) \tag{3-39}$$

그러면 동력에 관한 식[식 (3-38)]은 다음과 같다.

$$P = 2\pi f T \quad (f = \text{Hz} = \text{s}^{-1}) \tag{3-40}$$

그밖에 흔히 사용하는 단위는 분당 회전 수(rpm)이며 문자 n을 사용한다. 그러므로 다음과 같은 관계식을 얻는다.

$$n = 60f \tag{3-41}$$

그리고

$$P = \frac{2\pi nT}{60} \quad (n = \text{rpm}) \tag{3-42}$$

식 (3-40)과 (3-42)에서 P와 T는 식 (3-38)과 같은 단위를 갖는다; 즉 T가 뉴톤미터 단위를 가지면 P는 와트 단위이다.

미국의 공학 실무에서 동력은 때때로 550 ft-lb/s과 같은 크기인 마력(hp)로 표시한다. 따라서 회전축에 전달되는 마력 H는 다음과 같다.

$$H = \frac{2\pi nT}{60(550)} = \frac{2\pi nT}{33{,}000} \quad (n = \text{rpm},\ T = \text{lb-ft},\ H = \text{hp}) \tag{3-43}$$

1마력은 약 746와트와 같다.

앞의 식들은 축에 작용하는 토크와 축이 전달하는 동력 사이의 관계식이었다. 일단 토크를 알면 3.2절에서부터 3.5절까지 언급된 방법으로 전단응력, 전단변형률, 비틀림각 및 그밖에 요구되는 여러 양을 구할 수 있다.

다음의 예제들이 회전축을 해석하는 방법을 보여준다.

예제 3-7

속이 찬 강철로 된 축이 점 B의 기어에 30 kW의 동력을 전달하고 있다(그림 3-34). 강철의 허용 전단응력은 42 MPa이다.

(a) 500 rpm으로 작동하려면 필요한 축의 지름은 얼마인가?

(b) 3,000 rpm으로 작동하려면 필요한 축의 지름은 얼마인가?

풀이

문제풀이 4단계 접근방법을 사용한다. 효율적인 풀이를 위하여 필요에 따라 단계를 합한다.

Part (a): 500 rpm으로 작동하는 모터

1, 2. 개념화, 분류: 마력과 회전속력을 알고 있으므로 식 (3-43)을 이용하여 축에 작용하는 토크 T를 구할 수 있다. 이 식을 T에 대해 풀면

$$T = \frac{60\,P}{2\pi n} = \frac{60(30\text{ kW})}{2\pi(500\text{ rpm})} = 573\text{ N}\cdot\text{m}$$

이 토크는 축에 의해서 모터로부터 기어로 전달된다.

최대 전단응력은 수정된 비틀림 공식[식 (3-14)]으로부터 구할 수 있다.

$$\tau_{\max} = \frac{16T}{\pi d^3}$$

3. 해석: 이 식을 지름 d에 대해서 풀고 $\tau_{\max}$ 대신 τ_{allow}을 대입하면 다음을 얻는다.

$$d^3 = \frac{16T}{\pi\tau_{\text{allow}}} = \frac{16(573\text{ N}\cdot\text{m})}{\pi(42\text{ MPa})} = 6.948 \times 10^{-5}\text{ m}^3$$

이 식으로부터

$$d = 41.1\text{ mm}$$

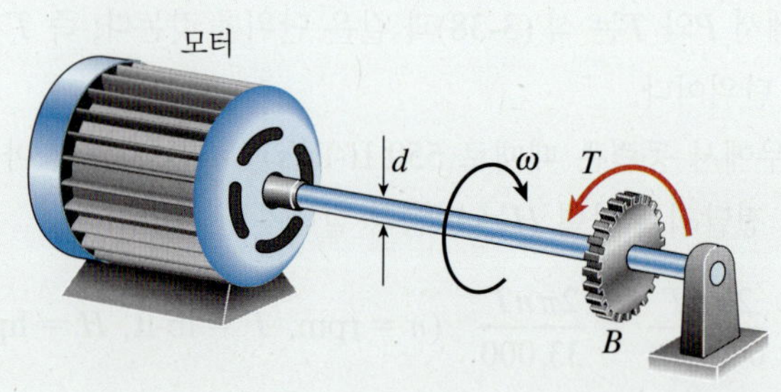

그림 3-34
예제 3-7: 비틀림을 받는 강철 축

4. 최종 단계: 허용전단응력을 초과하지 않으려면 축의 지름은 최소한 이정도 값을 가져야 한다.

Part (b): 3,000 rpm으로 작동하는 모터

1, 2. 개념화, 분류: (a)에서와 같은 순서를 따르면 다음을 얻는다.

3. 해석: 토크 T와 지름 d는 다음과 같다.

$$T = \frac{60\,P}{2\pi n} = \frac{60(30\text{ kW})}{2\pi(3000\text{ rpm})} = 95.49\text{ N}\cdot\text{m}$$

$$d^3 = \frac{16T}{\pi\tau_{\text{allow}}} = \frac{16(95.49\text{ N}\cdot\text{m})}{\pi(42\text{ MPa})} = 1.158 \times 10^{-5}\text{ m}^3$$

$$d = 22.6\text{ mm}$$

이 값은 (a)에서 구한 값보다 지름이 작다.

4. 최종 단계: 이 예제는 회전 속력이 높을수록 요구되는 축의 지름이 작아진다는 것을 보여 준다(같은 응력과 허용응력 하에서).

예제 3-8

지름이 50 mm인 속이 찬 강철 축 ABC(그림 3-35a)가 점 A에서 모터에 의해 50 kW 동력을 10 Hz로 전달하고 있다. 기어 B와 C는 기계를 구동하기 위해 각각 35 kW와 15 kW가 필요하다.

축에서 발생하는 최대 전단응력 $\tau_{\max}$와 점 A의 모터와 점 C 기어 사이의 비틀림각 ϕ_{AC}를 계산하라. (G = 80 Gpa를 사용하시오.)

그림 3-35

예제 3-8: 비틀림을 받는 강철 축

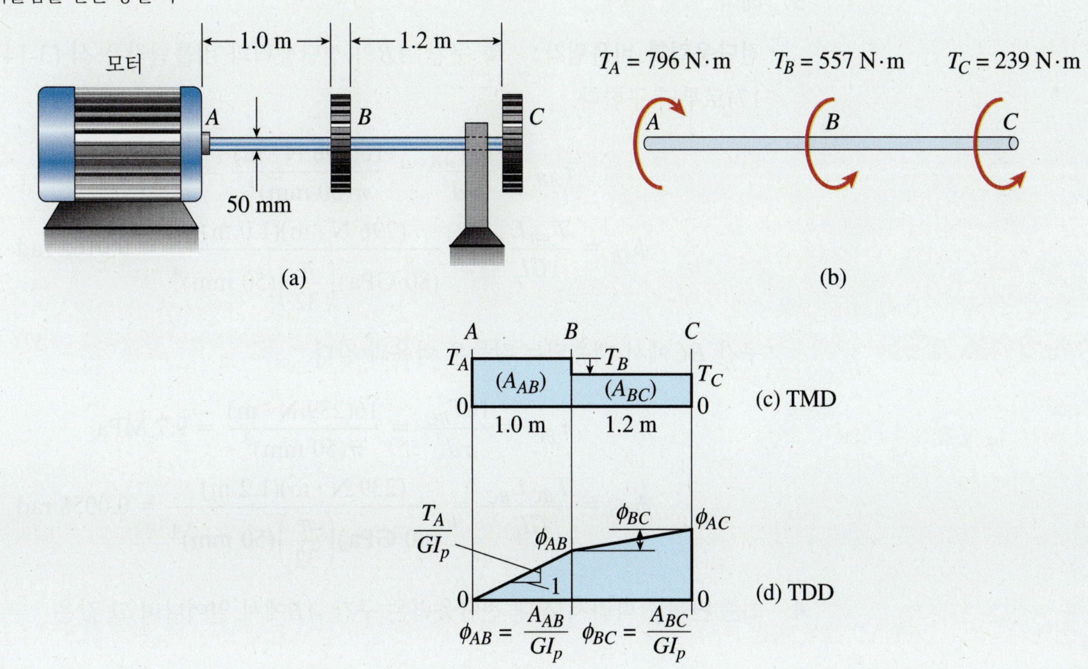

풀이

문제풀이 4단계 접근방법을 사용한다.

1. **개념화:**

축에 작용하는 토크: 해석은 모터와 두 개의 기어에 걸리는 토크를 구하는 것으로부터 시작하자. 모터는 10 Hz로 50 kW의 동력을 공급하므로 축 점 A에서 토크 T_A를 발생시킨다(그림 3-35b). 식 (3-40)으로부터 토크는

$$T_A = \frac{P}{2\pi f} = \frac{50\ \text{kW}}{2\pi(10\ \text{Hz})} = 796\ \text{N}\cdot\text{m}$$

같은 방법으로 기어에 걸리는 토크 T_B와 T_C는 다음과 같다.

$$T_B = \frac{P}{2\pi f} = \frac{35\ \text{kW}}{2\pi(10\ \text{Hz})} = 557\ \text{N}\cdot\text{m}$$

$$T_C = \frac{P}{2\pi f} = \frac{15\ \text{kW}}{2\pi(10\ \text{Hz})} = 239\ \text{N}\cdot\text{m}$$

이 토크들이 자유물체도에 나타나 있다(그림 3-35b). 기어에 의해 작용하는 토크의 방향이 모터에 의해 작용하는 토크와 반대인 것을 유의해야 한다. (T_A를 모터에 의해 축에 작용하는 "하중"이라고 생각하면 T_B와 T_C는 기어의 "반력"이 된다.)

축의 두 개의 내부구간에 작용하는 내부 토크는 그림 3-35b의 자유물체도로부터(관찰에 의해) 구한다.

$$T_{AB} = 796\ \text{N}\cdot\text{m} \quad T_{BC} = 239\ \text{N}\cdot\text{m}$$

그림 3-35c에 TMD가 있다.

2. **분류:** 두 개의 내부 토크는 같은 방향으로 작용하므로 전체 비틀림각을 구하기 위하여 구간 AB와 구간 BC의 비틀림각을 더하여 구한다. (좀 더 구체적으로 말하자면 두 개의 토크는 3.4절에서 정한 부호규약에 따라 양이다.)

3. **해석:**

전단응력과 비틀림각: 축 구간 AB의 전단응력과 비틀림각은 식 (3-14)와 식 (3-17)로부터 구한다.

$$\tau_{AB} = \frac{16T_{AB}}{\pi d^3} = \frac{16(796\ \text{N}\cdot\text{m})}{\pi(50\ \text{mm})^3} = 32.4\ \text{MPa}$$

$$\phi_{AB} = \frac{T_{AB}L_{AB}}{GI_p} = \frac{(796\ \text{N}\cdot\text{m})(1.0\ \text{m})}{(80\ \text{GPa})\left(\dfrac{\pi}{32}\right)(50\ \text{mm})^4} = 0.0162\ \text{rad}$$

구간 BC에서 대응되는 값들은 다음과 같다.

$$\tau_{BC} = \frac{16T_{BC}}{\pi d^3} = \frac{16(239\ \text{N}\cdot\text{m})}{\pi(50\ \text{mm})^3} = 9.7\ \text{MPa}$$

$$\phi_{BC} = \frac{T_{BC}L_{BC}}{GI_p} = \frac{(239\ \text{N}\cdot\text{m})(1.2\ \text{m})}{(80\ \text{GPa})\left(\dfrac{\pi}{32}\right)(50\ \text{mm})^4} = 0.0058\ \text{rad}$$

4. **최종 단계:** 따라서 최대 전단응력은 구간 AB에서 일어나며 그 값은

$$\tau_{max} = 32.4 \text{ MPa}$$

이다. 또 점 A의 모터와 점 C 기어 사이의 전체 비틀림각은

$$\phi_{AC} = \phi_{AB} + \phi_{BC} = 0.0162 \text{ rad} + 0.0058 \text{ rad} = 0.0220 \text{ rad} = 1.26°$$

이다. 그림 3-35d에 TDD가 있다. 이미 설명한대로 축의 두 부분은 같은 방향으로 비틀어졌으므로, 비틀림각은 더해야 한다.

3.8 부정정 비틀림 부재

이 장의 앞 절에서 언급된 봉과 축은 모든 내부 토크와 반력들을 자유물체도와 평형방정식으로부터 구할 수 있으므로 정정(*statically determinate*; 정역학적으로 결정할 수 있는)이다. 그러나 봉에 고정지지와 같은 구속이 추가되면 평형방정식만으로 토크를 결정하는 것은 적당하지 않다. 이러한 봉을 **부정정(statically indeterminate**; 정역학적으로 결정할 수 없는)으로 분류한다. 이런 종류의 비틀림 부재는 회전변위와 관련된 적합 방정식으로 평형보건식을 보완하여 해석할 수 있다. 따라서 일반적인 비틀림을 받는 부정정 비틀림 부재의 해석은 2.4절에서 축 하중을 받는 부정정 봉에서 기술한 방법과 같다.

해석의 첫 번째 단계는 주어진 물리적 상황 하에서 자유물체도로부터 **평형방정식**을 쓰는 것이다. 평형방정식에서 미지수는 내부 토크이거나 반력 토크이다.

해석의 두 번째 단계는 비틀림각에 관련된 물리적 조건에 기초하여 **적합 방정식**을 세우는 것이다. 결과적으로 적합 방정식에서 비틀림각을 미지수로 취급한다.

해석의 세 번째 단계는 $\phi = TL/GI_p$와 같은 **토크-변위 관계식**으로 비틀림각과 토크를 연계시키는 것이다. 이 관계식을 적합 방정식에 도입하면 그 식은 토크를 미지수로 하는 방정식이 된다. 따라서 미지의 토크를 결정하기 위한 마지막 단계는 평형방정식과 적합 방정식을 동시에 푸는 것이다.

풀이 방법을 설명하기 위해 그림 3-36a의 복합 봉 AB를 해석하려 한다. 이 봉은 점 A에서 고정지지되어 있고 점 B에서 토크 T를 받는다. 그런데 봉은 두 부분, 즉 속이 찬 봉과 관(그림 3-36b와 c)으로 이루어져 있다. 그리고 B에서 강체 판으로 봉과 관이 연결되어 있다.

편의상 봉과 관(그리고 물성치까지)을 각가 숫자 1과 2로 구별하여 표시하자. 예를 들자면 봉의 지름은 d_1, 관의 바깥지름은 d_2로 표시한다. 봉과 관 사이에 약간의 틈이 있으므로 관의 안지름은 봉의 바깥지름 d_1보다 약간 더 크다.

복합 봉에 토크 T가 작용하면 밑판은 미소각 ϕ(그림 3-32c)만큼 회전하고 봉과 관에 각각 T_1과 T_2의 토크가 걸린다(그림 3-36d와 e). 평형을 고려하면 이 두 토크의 합이 작용된 토크와 같음을 알 수 있어 **평형방정식**을 쓰면 다음과 같다.

$$T_1 + T_2 = T \tag{3-44}$$

그림 3-36
비틀림을 받는 부정정 봉

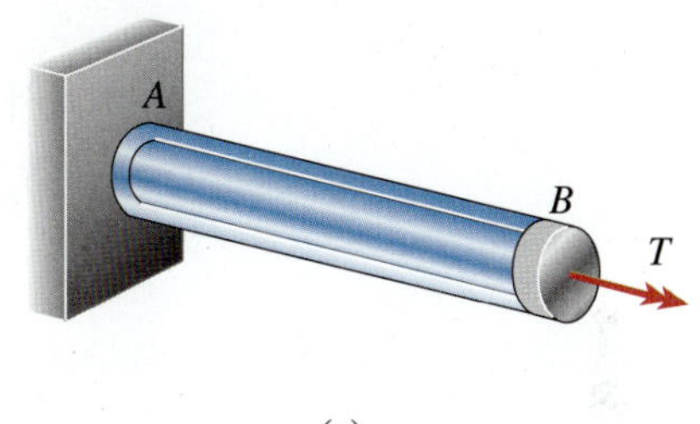

(a)

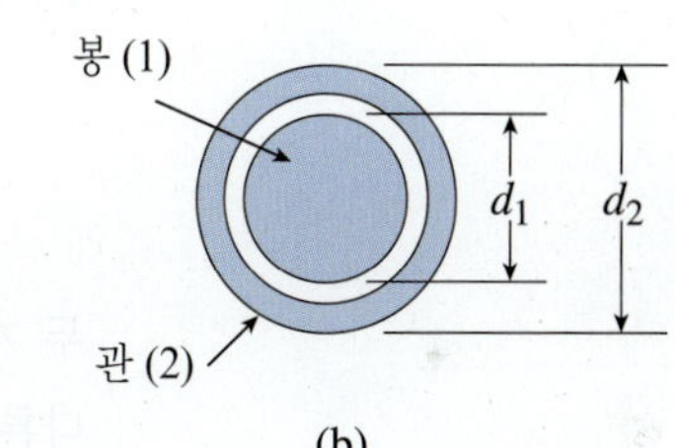

(b)

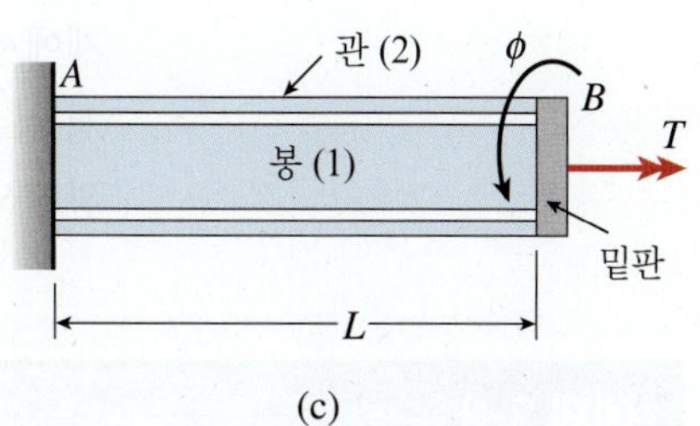

(c)

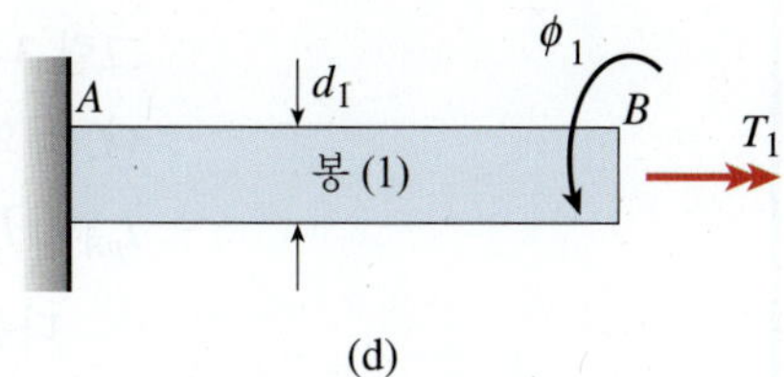

(d)

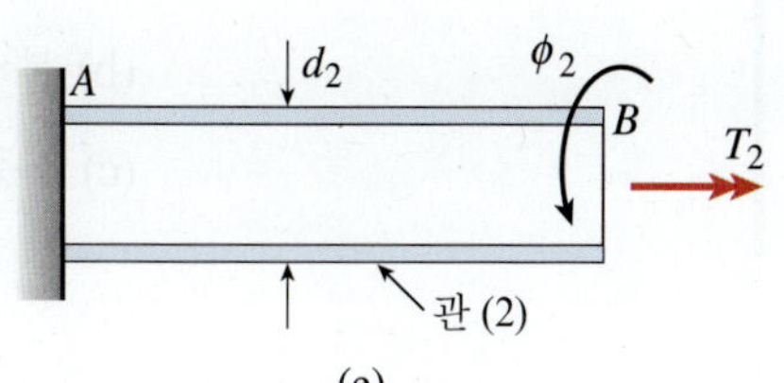

(e)

이 방정식은 두 개의 미지수(T_1과 T_2)를 포함하고 있으므로 복합 봉은 부정정이다.

두 번째 방정식을 구하기 위해 봉과 관의 회전변위를 고려해야 한다. 봉의 비틀림각(그림 3-36d)을 ϕ_1으로, 관의 비틀림각(그림 3-36e)을 ϕ_2로 표기하자(그림 3-36e). 이 각들은 밑판에 의하여 견고하게 고정되어 있으므로 같아야만 한다; 결론적으로 **적합방정식**은 다음과 같다.

$$\phi_1 = \phi_2 \tag{3-45}$$

각 ϕ_1와 ϕ_2는 토크 T_1과 T_2는 **토크-변위 관계식**으로 연계되어 있어 선형 탄성체의 경우 $\phi = TL/GI_p$식으로부터 구한다. 따라서

$$\phi_1 = \frac{T_1 L}{G_1 I_{p1}} \quad \phi_2 = \frac{T_2 L}{G_2 I_{p2}} \tag{3-46a,b}$$

여기서 G_1과 G_2는 재료의 전단 탄성 계수이고 I_{p1}과 I_{p2}는 각 단면의 극관성모멘트이다.

ϕ_1와 ϕ_2의 식을 식 (3-45)에 대입하면 적합 방정식은 다음과 같이 된다.

$$\frac{T_1 L}{G_1 I_{p1}} = \frac{T_2 L}{G_2 I_{p2}} \tag{3-47}$$

이제 두 개의 미지수가 있는 두 개의 방정식[식 (3-44)와 (3-47)]을 구하였다. 토크 T_1과 T_2에 대해서 풀면 결과는 다음과 같다.

$$T_1 = T\left(\frac{G_1 I_{p1}}{G_1 I_{p1} + G_2 I_{p2}}\right) \quad T_2 = T\left(\frac{G_2 I_{p2}}{G_1 I_{p1} + G_2 I_{p2}}\right) \tag{3-48 a,b}$$

두 개의 토크를 구하였으므로 부정정 해석의 필수적인 부분이 종료되었다. 그 밖의 모든 다른 값, 즉 응력과 비틀림각들은 토크로부터 구할 수 있다.

전술한 내용이 비틀림을 받는 부정정 시스템을 해석하는 일반적인 방법이다. 다음 예제에서 양단이 고정된 봉을 해석하는 데 같은 방법을 사용할 것이다. 모든 예제와 문제에서 봉은 선형 탄성 재료로 되어 있다고 가정하였다. 그러나 일반적인 방법은 토크-변위 관계식에서 차이를 보이는 비선형 재료에 대해서도 적용할 수 있다.

예제 3-9

그림 3-37a와 b에 보인 봉 ABC가 양단이 고정되어 있고 점 C에서 토크 T_0를 받고 있다. 봉의 구간 AC와 CB에서 각각 지름은 d_A와 d_B, 길이는 L_A와 L_B, 극관성모멘트는 I_{pA}와 I_{pB}이다. 봉의 재료는 봉 전체가 같다.

다음 공식을 구하시오.

(a) 양단의 반력 토크 T_A와 T_B

(b) 봉의 각 구간에서의 최대 전단응력 τ_{AC}와 τ_{CB}.

(c) 하중 T_0가 작용하는 지점의 비틀림각 ϕ_C

그림 3-37

예제 3-9: 비틀림을 받는 부정정 봉

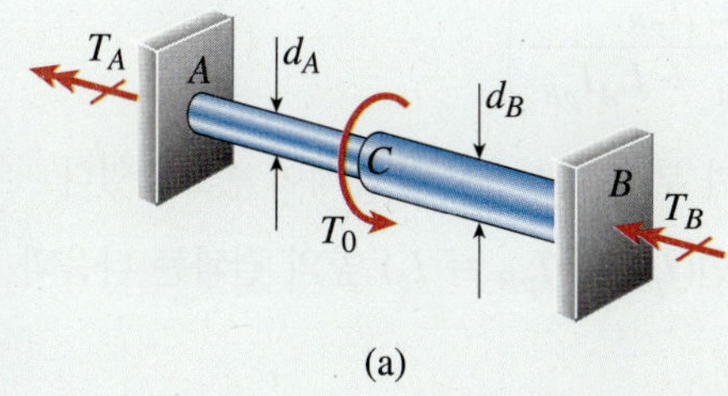

(a)

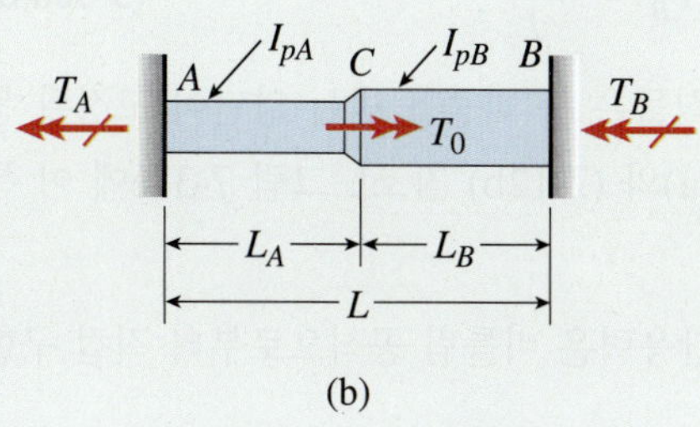

(b)

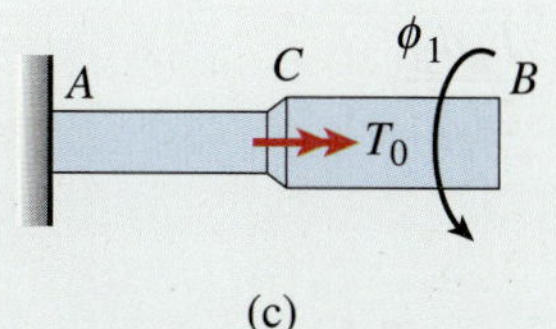

(c)

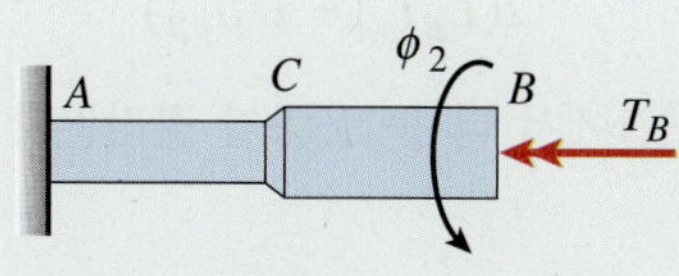

(d)

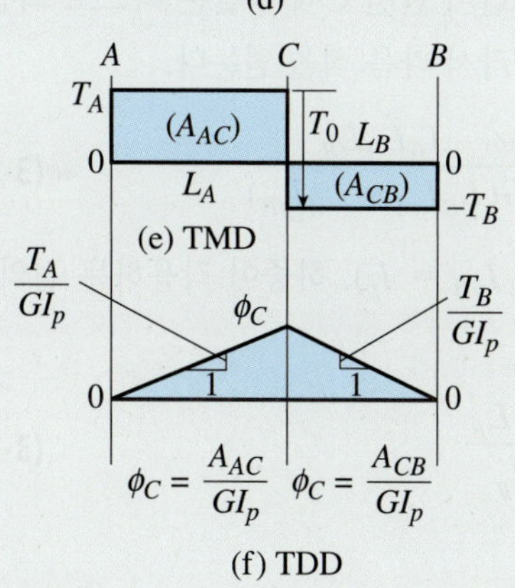

풀이

문제풀이 4단계 접근방법을 사용한다. 효율적인 풀이를 위하여 필요에 따라 단계를 합한다.

1, 2. 개념화, 분류:

평형방정식: 하중 T_0는 그림 3-37a와 b에서 보는 바와 같이 봉의 양단에서 반력 T_A와 T_B를 일으킨다. 따라서 봉의 평형으로부터 다음 식을 얻는다.

$$T_A + T_B = T_0 \tag{a}$$

이 방정식에 두 개의 미지수가 있기 때문에(그리고 다른 쓸 만한 평형방정식이 없으므로) 봉은 부정정이다.

적합 방정식: 이제 봉의 끝 B 지지점을 분리하여 점 A에서 고정이 되어 있고 점 B는 자유로운 봉을 만들자(그림 3-37c와 d). 하중 T_0가 홀로 작용하면(그림 3-37c) 점 B에서 비틀림각 ϕ_1이 생긴다. 마찬가지로 반력 토크 T_B가 홀로 작용하면 ϕ_2의 비틀림각이 발생한다(그림 3-37d). 원래 봉의 점 B 비틀림각은 0이며, 이것은 ϕ_1와 ϕ_2의 합과 같다. 따라서 적합 방정식은

$$\phi_1 + \phi_2 = 0 \tag{b}$$

ϕ_1와 ϕ_2는 그림에서 방향이 양으로 가정된 것에 주의해야 한다.

토크-변위 방정식: 그림 3-37c와 d를 참조하고 식 $\phi = TL/GI_p$를 사용하면 ϕ_1와 ϕ_2를 T_0와 T_B의 항으로 표시할 수 있다. 그 식들은 다음과 같다.

$$\phi_1 = \frac{T_0 L_A}{GI_{pA}} \quad \phi_2 = -\frac{T_B L_A}{GI_{pA}} - \frac{T_B L_B}{GI_{pB}} \tag{c,d}$$

T_B가 양의 방향 $\phi 2$와 반대 방향으로 회전을 시키기 때문에 식 (d)에 음의 부호가 나타났다(그림 3-37d).

이제 비틀림각들[식 (c)와 (d)]을 적합 방정식[식 (b)]에 대입하면 다음을 얻는다.

$$\frac{T_0 L_A}{GI_{pA}} - \frac{T_B L_A}{GI_{pA}} - \frac{T_B L_B}{GI_{pB}} = 0$$

또는

$$\frac{T_B L_A}{I_{pA}} + \frac{T_B L_B}{I_{pB}} = \frac{T_0 L_A}{I_{pA}} \tag{e}$$

3. 해석:

방정식의 해: 앞의 방정식을 토크 T_B에 대하여 풀 수 있으며, 이 값을 평형방정식[식 (a)]에 대입하여 T_A를 구할 수 있다. 결과는 다음과 같다.

$$T_A = T_0\left(\frac{L_B I_{pA}}{L_B I_{pA} + L_A I_{pB}}\right)$$

$$T_B = T_0\left(\frac{L_A I_{pB}}{L_B I_{pA} + L_A I_{pB}}\right) \quad \text{(3-49a,b)}$$

이로써 봉의 양단의 반력 토크가 구해졌으며 부정정 시스템의 해석이 종료되었다.

특수한 경우로 봉이 균일 단면을 가지면($I_{pA} = I_{pB} = I_p$) 앞의 결과는 다음과 같이 간단히 된다.

$$T_A = \frac{T_0 L_B}{L} \quad T_B = \frac{T_0 L_A}{L} \quad \text{(3-50a,b)}$$

여기서 L은 봉 전체의 길이이다. 이 방정식들은 축 하중을 받는 양단이 고정된 봉의 반력에 대한 식들과 유사하다[식 (2-12a)와 (2-12b) 참조]. 그림 7-37e에 이 특별한 경우의 TMD가 있다.

최대 전단응력: 봉의 각 부분의 최대 전단응력은 비틀림 공식으로부터 직접 구할 수 있다:

$$\tau_{AC} = \frac{T_A d_A}{2I_{pA}} \quad \tau_{CB} = \frac{T_B d_B}{2I_{pB}}$$

식 (3-49a)와 (3-49b)를 위 식에 대입하면

$$\tau_{AC} = \frac{T_0 L_B d_A}{2(L_B I_{pA} + L_A I_{pB})} \quad \tau_{CB} = \frac{T_0 L_A d_B}{2(L_B I_{pA} + L_A I_{pB})} \quad \text{(3-51a,b)}$$

$L_B d_A$와 $L_A d_B$ 값을 비교하면 봉의 어느 구간에서 더 큰 응력이 걸리는지 바로 알 수 있다.

회전각: 단면 C에서의 회전각 ϕ_C는 양쪽 구간이 단면 C에서 같은 각으로 회전하기 때문에 어느 구간과도 비틀림각이 같다. 따라서 다음 식을 얻는다.

$$\phi_C = \frac{T_A L_A}{G I_{pA}} = \frac{T_B L_B}{G I_{pB}} = \frac{T_0 L_A L_B}{G(L_B I_{pA} + L_A I_{pB})} \quad \text{(3-52)}$$

특별한 경우에 균일한 단면을 가진 봉($I_{pA} = I_{pB} = I_p$), 하중이 작용하는 섬의 회전각은 다음과 같다.

$$\phi_C = \frac{T_0 L_A L_B}{G L I_p} \quad \text{(3-53)}$$

그림 7-37f에 균질한 봉의 TDD가 있다.

4. **최종 단계:** 이 예제는 부정정 봉의 해석뿐만 아니라 응력과 회전각을 구하는 방법을 보여 주었다. 추가로 이 예제에서 얻은 결과는 속이 차거나 또는 속이 빈 구간을 갖는 봉에도 유효하다는 것을 주의하시오.

3.9 비틀림과 순수전단에서의 변형 에너지

하중이 구조물에 작용할 때 하중에 의해 일을 하게 되고 구조물 내에 변형 에너지가 저장된다. 이것은 2.7절에서 봉이 축 하중을 받을 때 자세히 설명하였다. 이 절에서는 같은 개념을 사용하여 비틀림을 받는 봉의 변형 에너지를 구할 것이다.

균일한 봉 AB가 토크 T를 받아 **순수비틀림** 상태에 있다고 하자(그림 3-38). 하중이 정적으로 작용할 때 봉은 비틀리고 자유단은 각도 ϕ 만큼 회전할 것이다. 봉의 재질이 선형 탄성이고 후크의 법칙을 따른다면, 그림 3-39에서 보인 바와 같이 작용 토크 T와 비틀림각은 선형적 관계일 것이며 식 $\phi = TL/GI_p$으로 주어진다.

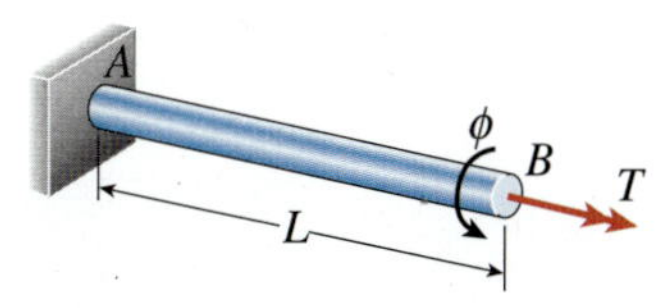

그림 3-38
순수비틀림을 받는 균일한 봉

각도 ϕ만큼 회전되는 동안 토크가 한 일은 토크-회전 선도의 OA 선분 아래의 면적, 즉 그림 3-39에서 어둡게 칠해진 삼각형의 면적과 같다. 열의 형태로 에너지를 얻거나 손실되지 않는다는 전제하에 에너지 보존 법칙으로부터 봉의 변형 에너지는 하중이 한 일과 같다는 것을 알고 있다. 따라서 봉의 변형 에너지 U에 대하여 다음 식을 얻는다.

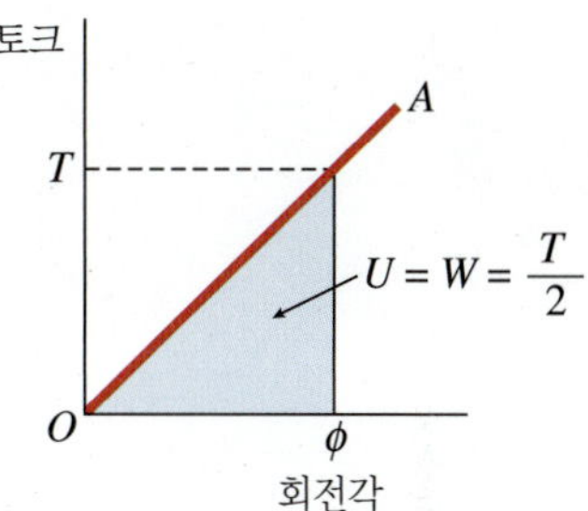

그림 3-39
순수비틀림을 받는 봉의 토크-회전각 선도(선형 탄성 재료)

$$U = W = \frac{T\phi}{2} \tag{3-54}$$

이 식은 축 하중을 받는 봉에 대한 식 $U = W = P\delta/2$와 유사하다[식 (2-35)를 보라].

식 $\phi = TL/GI_p$를 이용하여 변형 에너지를 다음의 형태로 쓸 수 있다.

$$U = \frac{T^2L}{2GI_p} \qquad U = \frac{GI_p\phi^2}{2L} \tag{3-55 a,b}$$

첫 번째 식은 하중의 항으로 표시한 것이고 두 번째 식은 비틀림각의 항으로 표현한 것이다. 다시 한번 축 하중을 받는 봉에서 이에 대응하는 식들이 유사하다는 것을 유의해야 한다[식 (2-37a와 b) 참조].

SI단위계에서 일과 에너지의 단위는 주울(J)이며 이것은 1뉴톤미터와 같다(1 J = 1N · m).

불균일 비틀림

봉이 불균일 비틀림을 받는다면(3.4절에서 언급된) 변형 에너지에 대한 추가 공식이 필요하다. 봉이 구간별로 균일하고 일정한 토크를 받는다면(3.4절의 그림 3-14a 참조), 각 구간의 변형 에너지를 구하여 그것을 다 더하여 봉 전체의 변형 에너지를 구한다:

$$U = \sum_{i=1}^{n} U_i \tag{3-56}$$

여기서 U_i는 구간 i에서의 변형 에너지이고 n은 전체 구간의 개수이다. 식 (3-55a)를 이용하여 각 구간의 변형 에너지를 구한다면 식은 다음과 같이 된다.

$$U = \sum_{i=1}^{n} \frac{T_i^2 L_i}{2G_i(I_p)_i} \tag{3-57}$$

여기서 T_i는 구간 i에서의 내부 토크이고 L_i, G_i, $(I_p)_i$는 그 구간에서의 비틀림 물성치이다.

3.4절의 그림 3-15와 그림 3-16에서와 같이 봉의 단면이나 내부 토크가 봉을 따라 변한다면 먼저 요소의 변형 에너지를 구하고 축을 따라 적분하여 전체 변형 에너지를 구할

수 있다. 길이 dx인 요소의 변형 에너지는 다음과 같다[식 (3-55a) 참조].

$$dU = \frac{[T(x)]^2\,dx}{2GI_p(x)}$$

여기서 $T(x)$는 요소에 작용하는 내부 토크이며 $I_p(x)$는 요소 단면의 극관성모멘트이다. 그러므로 전체 변형 에너지는 다음과 같다.

$$U = \int_0^L \frac{[T(x)]^2\,dx}{2GI_p(x)} \tag{3-58}$$

다시 한번 강조하면 비틀림과 축 하중을 받는 봉의 변형 에너지를 표현하는 식이 유사한 것을 유의해야 한다[식 (3-57)과 (3-58)을 2.7절의 식 (2-40)과 (2-41)을 비교해 보라).

불균일 비틀림에 대한 앞의 식들을 이용하는 예제가 앞으로 나올 것이다. 균일 단면 구간을 갖는 봉의 변형 에너지를 구하는 문제를 예제 3-10에서 다루었고, 예제 3-11과 예제 3-12에서는 변하는 토크와 변하는 단면치수를 갖는 봉의 변형 에너지를 구하는 문제를 다룰 것이다.

추가로 예제 3-12에서 매우 제한된 조건이지만 봉의 비틀림각을 변형 에너지로부터 어떻게 구하는지를 보여 주려 한다. (이 방법에 대한 제한 사항을 포함하여 더욱 자세한 논의는 2.7절의 "단일 하중에 의한 변위"를 참조하라.)

제한

변형 에너지를 계산할 때 이 절에서 유도된 식들은 작은 비틀림각을 갖는 선형 탄성 재료에만 적용된다는 것을 꼭 염두에 두어야 한다. 또 앞의 2.7절에서 언급된 다음과 같은 중요한 관찰사항을 꼭 기억해야 한다. **즉 한 개 이상의 하중을 지지하는 구조물의 변형 에너지는 따로 따로 작용하는 개별 하중에 대해 구한 변형 에너지의 합으로 구할 수 없다.** 이 관찰사항을 예제 3-10에서 보여 줄 것이다.

순수전단에서의 변형 에너지 밀도

비틀림을 받는 봉의 각 요소들은 순수전단 하에서 응력을 받기 때문에 전단응력과 연계된 변형 에너지로 표현하는 것이 유용하다. 측면에서 전단응력 τ를 받는 작은 요소를 고려하는 것으로 해석을 시작하자(그림 3-40a). 편의상 요소의 앞면은 정사각형이고 각 변의 길이가 h인 것으로 가정하자. 비록 그림은 요소의 2차원 형상만을 보여주고 있으나 요소는 그림 평면에 수직방향으로 두께 t를 가진 3차원 형상임을 인지해야 한다.

전단응력이 작용하여 요소는 그림 3-40b처럼 뒤틀려 앞면이 마름모꼴이 된다. 요소 각 모퉁이에서의 각변화는 전단변형률 γ이다.

요소의 측면에 작용하는 전단력 V는(그림 3-40c) 응력과 그 응력이 작용하는 면적 ht을 곱한 것과 같다.

$$V = \tau ht \tag{3-59}$$

이 전단력들은 초기 형태(그림 3-40a)에서 뒤틀린 형태(그림 3-40b)로 변하는 동안에 일을 한다. 이 일을 계산하기 위해 전단력이 움직인 상대거리를 구할 필요가 있다. 이 과제는 그림 3-40c의 요소가 강체같이 회전하여 두 개의 면이 수평이 될 때까지 회전시킨다

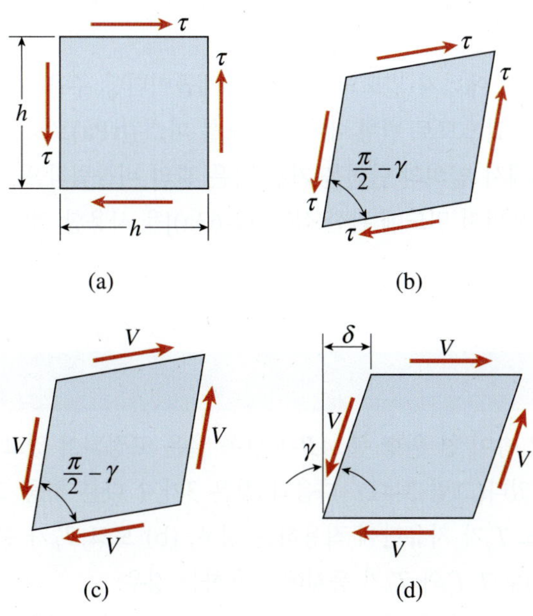

그림 3-40
순수전단을 받는 요소

면 좀 더 쉽게 해결될 것이다. 이 강체 회전을 하는 동안에 힘 V가 한 일은 0이 된다. 그 이유는 힘들이 크기가 같고 방향이 반대인 우력으로 된 쌍을 이루기 때문이다.

그림 3-40d에서 보듯이 전단력이 0에서 서서히 증가하여 최종값 V가 될 때까지 요소의 윗면은 수평으로 거리 δ만큼(밑면에 비하여) 이동되었다. 변위 δ는 전단변형률 γ(작은 각도)와 요소의 수직 길이를 곱한 것과 같다:

$$\delta = \gamma h \tag{3-60}$$

재료가 선형 탄성이고 후크의 법칙을 따른다고 가정하면 힘 V가 한 일은 $V\delta/2$와 같고, 이것이 요소에 저장된 변형 에너지이다.

$$U = W = \frac{V\delta}{2} \tag{3-61}$$

이 요소의 옆면에 작용하는 힘(그림 3-40d)은 작용선을 따라 움직이지 않았기 때문에 일을 하지 않았다는 것을 유의해야 한다.

식 (3-59)와 식 (3-60)을 식 (3-61)에 대입하면 요소의 전체 변형 에너지를 얻는다:

$$U = \frac{\tau\gamma h^2 t}{2}$$

요소의 부피가 h^2t이므로 **변형 에너지 밀도** u(즉 단위 부피당 변형 에너지)는

$$u = \frac{\tau\gamma}{2} \tag{3-62}$$

마지막으로 전단에 관한 후크의 법칙($\tau = G\gamma$)을 대입하여 순수전단 하에서 다음과 같은 변형 에너지 밀도 식을 얻는다.

$$u = \frac{\tau^2}{2G} \qquad u = \frac{G\gamma^2}{2} \tag{3-63 a,b}$$

이 식들이 단축응력에 대한 변형 에너지 밀도 식과 형태가 닮았다[2.7절의 식 (2-44a와 b)를 참조].

SI단위계에서 변형 에너지 밀도의 단위는 세제곱미터당 주울(J/m^3)이다. 이러한 단위들은 응력과 단위가 같으므로 변형 에너지 밀도를 파스칼(Pa)로도 표시할 수 있다.

다음 절(3.11절)에서 임의의 단면을 가진 얇은 관의 비틀림각을 구하기 위해 전단응력으로 표시된 변형 에너지 밀도에 관한 식[식 (3-63a)]을 사용할 것이다.

예제 3-10

그림 3-41

예제 3-10: 두 개의 하중에 의한 변형 에너지

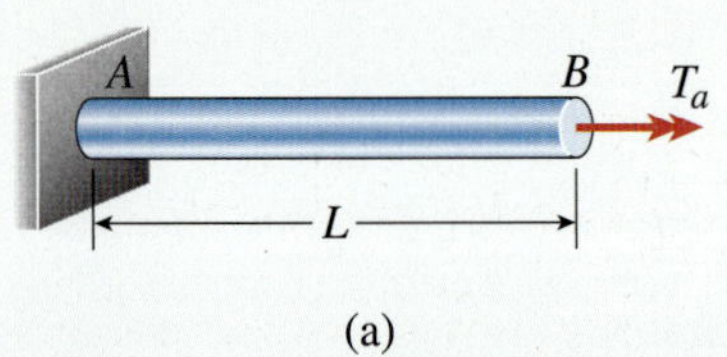

(a)

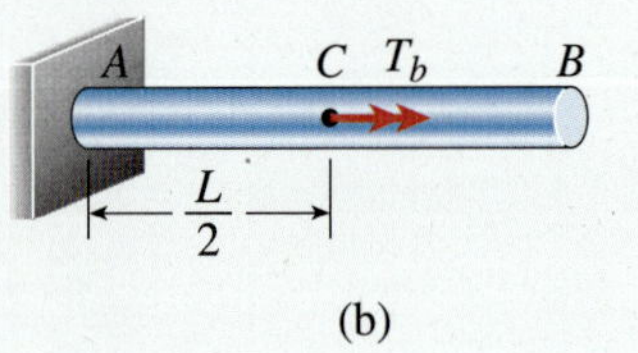

(b)

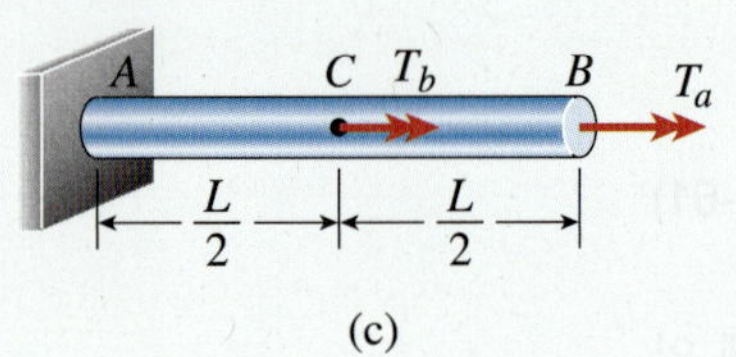

(c)

길이가 L이고 속이 찬 원형 봉 AB가 한쪽 끝은 고정되어 있고 다른 끝은 자유단으로 되어 있다(그림 3-41). 다음과 같은 3가지 다른 하중 조건을 고려하고 있다: (a) 토크 T_a가 자유단에 작용하는 경우, (b) 토크 T_b가 봉의 중앙에 작용하는 경우, (c)토크 T_a와 T_b가 동시에 작용하는 경우.

각각의 하중 경우에 대하여 봉에 저장된 변형 에너지에 대한 공식을 구하라. 변형 에너지를 구할 때 다음 자료를 이용하시오: $T_a = 100\ \text{N} \cdot \text{m}$, $T_b = 150\ \text{N} \cdot \text{m}$, $L = 1.6\ \text{m}$, $G = 80\ \text{Gpa}$, $I_p = 79.52 \times 10^3\ \text{mm}^4$.

풀이

문제풀이 4단계 접근방법을 사용한다. 효율적인 풀이를 위하여 필요에 따라 단계를 합한다.

1, 2. 개념화, 분류:

Part (a): 자유단에 토크 T_a가 작용하는 경우(그림 3-41a)

이 경우 변형 에너지는 식 (3-55a)로부터 바로 구할 수 있다:

$$U_a = \frac{T_a^2 L}{2GI_p} \tag{a}$$

Part (b): 토크 T_b가 봉의 중앙에 작용하는 경우(그림 3-41b)

토크가 봉의 중앙에 작용할 때 구간 AC에 식 (3-55a)를 적용한다:

$$U_b = \frac{T_b^2(L/2)}{2GI_p} = \frac{T_b^2 L}{4GI_p} \tag{b}$$

Part (c): 토크 T_a와 T_b가 동시에 작용하는 경우(그림 3-41c)

두 개의 하중이 동시에 작용하는 경우 구간 CB에 걸리는 토크는 T_a이고, 구간 AC에서는 $T_a + T_b$이다. 따라서 변형 에너지[식 (3-57)로부터]는 다음과 같다.

$$U_c = \sum_{i=1}^{n} \frac{T_i^2 L_i}{2G(I_p)_i} = \frac{T_a^2(L/2)}{2GI_p} + \frac{(T_a + T_b)^2(L/2)}{2GI_p}$$

$$= \frac{T_a^2 L}{2GI_p} + \frac{T_a T_b L}{2GI_p} + \frac{T_b^2 L}{4GI_p} \tag{c}$$

식 (a), (b), (c)를 비교해 보면 두 개의 하중이 동시에 작용하는 경우의 변형 에너지는 각각의 하중에 의해 저장되는 변형 에너지의 합과 다르다. 2.7절에서 지적한 바와 같이 변형 에너지는 선형함수가 아니고 하중의 이차 함수이기 때문이다.

3. 해석:

Part (d): 수치 결과

주어진 자료를 식 (a)에 대입하면 다음과 같다.

$$U_a = \frac{T_a^2 L}{2GI_p} = \frac{(100\ \text{N}\cdot\text{m})^2(1.6\ \text{m})}{2(80\ \text{GPa})(79.52\times10^3\ \text{mm}^4)} = 1.26\ \text{J}$$

1주울이 1뉴톤미터와 같다는 것을 상기하시오(1 J = 1 N · m).

식 (b)와 (c)에 대하여 같은 방법으로 계산하면 다음과 같다.

$$U_b = 1.41\ \text{J}$$
$$U_c = 1.26\ \text{J} + 1.89\ \text{J} + 1.41\ \text{J} = 4.56\ \text{J}$$

4. 최종 단계: 두 개 하중의 곱을 포함하는 중간 항은 변형 에너지에 상당한 기여를 하므로 무시할 수 없다는 것을 유의해야 한다.

예제 3-11

한 끝은 고정단이고 다른 쪽 끝이 자유단인 균일한 봉 *AB*가 봉의 축 방향을 따라 단위 길이당 일정한 세기 *t*의 분포 하중을 받고 있다(그림 3-42).

(a) 봉의 변형 에너지를 구하는 식을 유도하라.

(b) 속이 빈 축으로 땅을 굴착할 때 저장된 변형 에너지를 구하라. 단 다음의 자료를 이용하라:

$$t = 2100\ \text{N}\cdot\text{m},\ L = 3.7\ \text{m},\ G = 80\ \text{Gpa},\ I_p = 7.15\times10^{-6}\ \text{m}^4$$

그림 3-42

예제 3-11: 분포 토크에 의해 생기는 변형 에너지

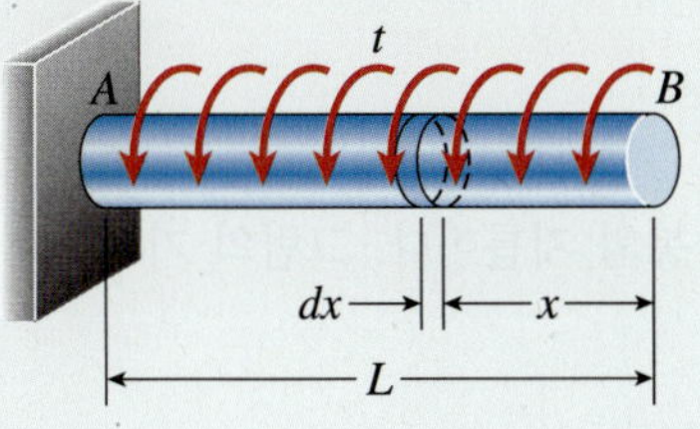

풀이

문제풀이 4단계 접근방법을 사용한다.

1,2. 개념화, 분류:

Part (a): 봉의 변형 에너지

풀이의 첫 단계는 봉의 자유단으로부터 x만큼 떨어진 곳의 내부 토크 $T(x)$를 구하는 것이다(그림 3-42). 이 내부 토크는 $x = 0$에서 $x = x$ 사이에 작용하는 전체 토크와 같다. 토크의 크기는 토크의 세기 t에 구간 사이의 거리 x를 곱한 것과 같다:

$$T(x) = tx \quad \textbf{(a)}$$

식 (3-58)에 대입하면

$$U = \int_0^L \frac{[T(x)]^2 dx}{2GI_p} = \frac{1}{2GI_p}\int_0^L (tx)^2 dx = \frac{t^2L^3}{6GI_p} \quad \textbf{(3-64)}$$

이 식은 봉에 저장된 전체 변형 에너지를 구하는 식이다.

3. 해석:

Part (b): 수치 결과

속이 빈 축에 저장된 변형 에너지를 계산하기 위해 주어진 자료들을 식 (3-64)에 대입하면 다음과 같다.

$$U = \frac{t^2 L^3}{6GI_p} = \frac{(2100\ \text{N}\cdot\text{m/m})^2(3.7\ \text{m})^3}{6(80\ \text{GPa})(7.15 \times 10^{-6}\ \text{m}^4)} = 65.1\ \text{N}\cdot\text{m}$$

4. 최종 단계: 이 예제는 분포 토크를 받는 봉의 변형 에너지를 구하기 위해 적분을 사용하는 것을 보여 주었다.

예제 3-12

그림 3-43

예제 3-12: 비틀림을 받는 경사진 봉

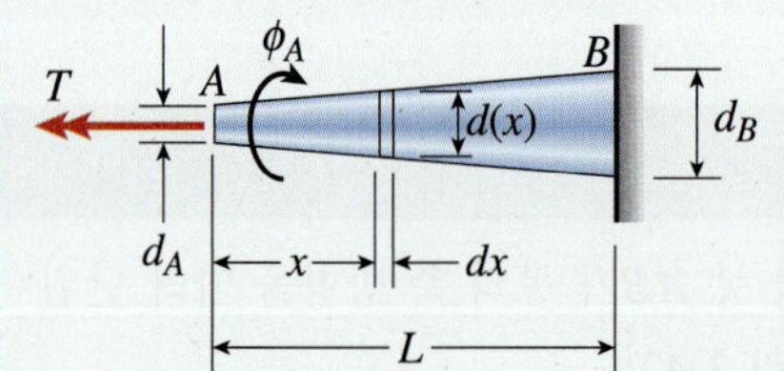

속이 찬 원형단면을 가진 경사진 봉 AB가 오른쪽 끝이 고정된 채로 다른 쪽 끝에서 토크 T를 받고 있다(그림 3-43). 봉의 지름은 왼쪽 끝에서 d_A이고 오른쪽 끝에서 d_B이며 선형적으로 변한다.

변형 에너지와 하중이 한 일이 같다고 놓아 봉의 A 지점에서의 회전각 ϕ_A를 구하라.

풀이

문제풀이 4단계 접근방법을 사용한다. 효율적인 풀이를 위하여 필요에 따라 단계를 합한다.

1, 2. 개념화, 분류: 에너지 보존 법칙으로부터 작용된 토크가 해준 일은 봉에 저장된 변형 에너지와 같으므로 $W = U$이다. 일은 다음 식으로 주어진다.

$$W = \frac{T\phi_A}{2} \tag{a}$$

변형 에너지 U는 식 (3-58)에 있다.

3. 해석: 식 (3-58)을 이용하기 위해서 토크 $T(x)$와 극관성모멘트 $I_p(x)$의 식이 필요하다. 토크는 봉의 축을 따라 일정하고 하중 T와 같다. 극관성모멘트는 다음과 같다.

$$I_p(x) = \frac{\pi}{32}[d(x)]^4$$

여기서 $d(x)$는 끝단 A로부터의 거리 x인 곳에서 봉의 지름이다. 그림의 기하학적 형상으로부터 $d(x)$는 다음과 같다.

$$d(x) = d_A + \frac{d_B - d_A}{L}x \tag{b}$$

따라서

$$I_p(x) = \frac{\pi}{32}\left(d_A + \frac{d_B - d_A}{L}x\right)^4 \tag{c}$$

인데 이 식을 식 (3-58)에 대입하면 다음과 같다.

$$U = \int_0^L \frac{[T(x)]^2\,dx}{2GI_p(x)} = \frac{16T^2}{\pi G}\int_0^L \frac{dx}{\left(d_A + \frac{d_B - d_A}{L}x\right)^4}$$

이 적분은 적분표를 이용하여 적분할 수 있다(부록 C 참조).

$$\int_0^L \frac{dx}{\left(d_A + \frac{d_B - d_A}{L}x\right)^4} = \frac{L}{3(d_B - d_A)}\left(\frac{1}{d_A^3} - \frac{1}{d_B^3}\right)$$

따라서 경사진 봉의 변형 에너지는 다음과 같다.

$$U = \frac{16T^2L}{3\pi G(d_B - d_A)}\left(\frac{1}{d_A^3} - \frac{1}{d_B^3}\right) \quad \textbf{(3-65)}$$

변형 에너지를 토크가 한 일[식 (a)]과 같다고 놓고 ϕ_A에 대해서 풀면

$$\phi_A = \frac{32TL}{3\pi G(d_B - d_A)}\left(\frac{1}{d_A^3} - \frac{1}{d_B^3}\right) \quad \textbf{(3-66)}$$

4. **최종 단계:** 이 식으로 경사진 봉의 끝단 A에서의 회전각을 구할 수 있다. [이 식은 문제 3.4-10(a)에서 구한 해와 같은 비틀림각이 나타낸다]

회전각을 구하기 위해서 이 예제에서 사용된 방법은 봉이 한 개의 하중만 받아, 그 하중에 대한 회전각을 구할 때만 적합하다는 것을 특히 유의해야 한다. 그렇지 않으면 3.3절, 3.4절 및 3.8절에서 기술된 방법으로 회전 변위를 구해야만 한다.

3.10 원형단면을 갖지 않는 균일한 축의 비틀림

본 장의 3.1절에서 3.9절까지 원형단면을 갖는 축만 논의하였다. 원형단면을 갖는 축은 속이 차 있거나 비어 있거나에 관계없이 비틀림 모멘트를 받으면 단면이 **뒤틀리지** 않는다(not *warp*). 평면 단면이 평면을 유지하고(그림 3-4에 나타난), 전단응력과 전단변형률이 축의 중심으로 바깥 외면($\rho = r$)까지 거리 ρ에 선형적으로 변한다. 이제 **비원형**단면을 갖는 균일한 길이가 L인 축이 한 끝에서 토크 T를 받는다고 하자. 이 단면은 꽉 차있거나 (그림 3-44에 있는 타원형, 삼각형, 사각형) 또는 그림 3-45에 나타난 I형 단면, 채널, Z형 단면을 갖는 **열린** 단면(*open* cross section)일 수 있다.

이러한 비원형단면이 비틀림 모멘트를 받으면 단면이 **뒤틀리며** 이러한 뒤틀림이 단면의 전단응력과 전단변형률을 변화시킨다. 이제 우리는 더 이상 전단응력을 구하기 위해 **비틀림 공식** 식 (3-13)을 사용할 수 없고 또 **토크-비틀림 관계식**[식 (3-17)]도 더 이상 적용할 수 없다. 예를 들자면 길이가 L인 사각형 봉이 토크 T에 의해 뒤틀린 변형을 그림 3-46a에서와 같이하고 있다; 단면은 여전히 사각형이나 봉의 표면에 그려진 격자들이 그림과 같이 변형되어 있고, 플러스와 마이너스는 단면 밖으로 뒤틀린 x변위를 의미한다. 그림 3-46b에 사각형 단면을 가진 봉의 비틀림에 의한 전단응력 분포가 나타나 있다. 구석에서의 전단응력은 0이고 최대 전단응력은 긴 변의 중앙에서 나타난다(그림 3-44와 3-46b에서 점 A). 비원형단면을 갖는 축의 비틀림을 서술하기 위해서는 세인트 베낭

그림 3-44

속이 찬 타원형, 삼각형, 사각형 단면

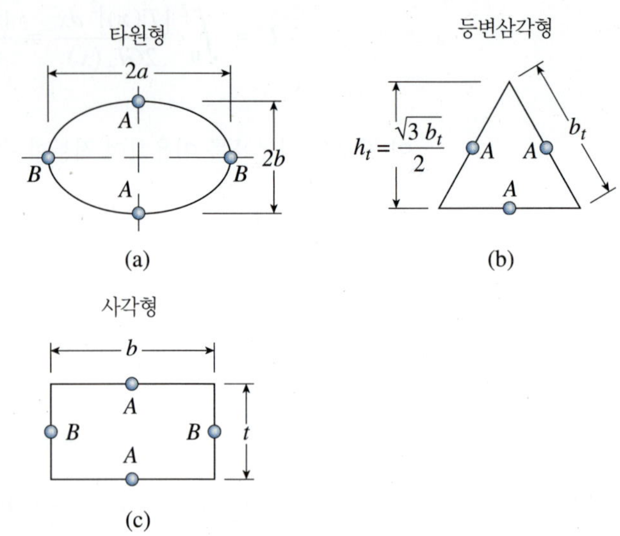

에 의해 개발된 좀 더 고급이론이 필요하다. 그림 3-44와 3-45에 있는 단면을 가진 축들의 최대 전단응력과 비틀림각을 구하기 위한 간단한 식들을 다음에 소개하고 예제 3-13과 3-14를 계산하는 데 사용한다. 그러나 식의 유도는 본 교과서의 범주를 벗어난다; **탄성론**(*theory of elasticity*)이나 **유한요소법**(*finite element method*) 같은 고급과목에서 토크를 받는 비원형단면을 갖는 축의 응력분포와 비틀림각에 대하여 좀 더 자세히 배울 것이다.

전단응력 분포와 비틀림각

다음에서 비틀림 모멘트 T와 다양한 단면을 갖는 봉의 3가지 중요한 항목과의 기본적인 관계식을 보여 준다.

1. 단면에서 최대 전단응력 τ_{max}의 위치와 크기
2. 비틀림 강성 GJ
3. 길이가 L인 봉의 비틀림각

상수 G는 탄성물체의 전단 탄성 계수이고 J는 단면의 **비틀림 상수**(*torsion constant*)이다. 원형단면을 가진 봉의 경우에만 상수 J가 극관성모멘트 I_p가 되는 것에 유의하라.

그림 3-45

얇은 열린 단면들: I형, 채널, Z형

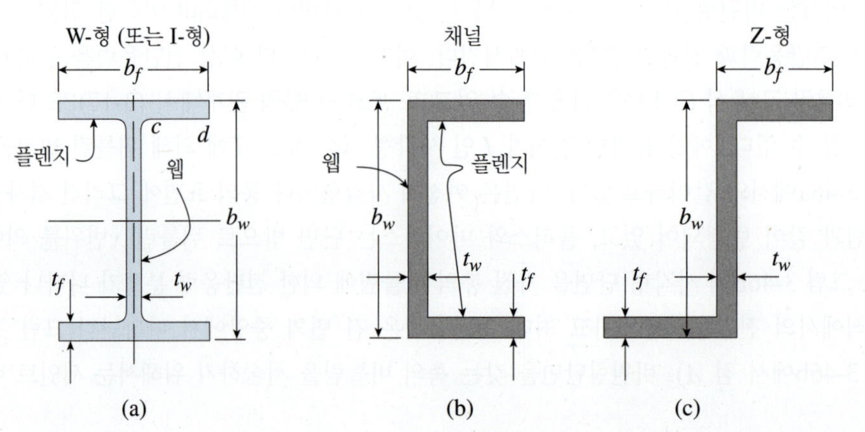

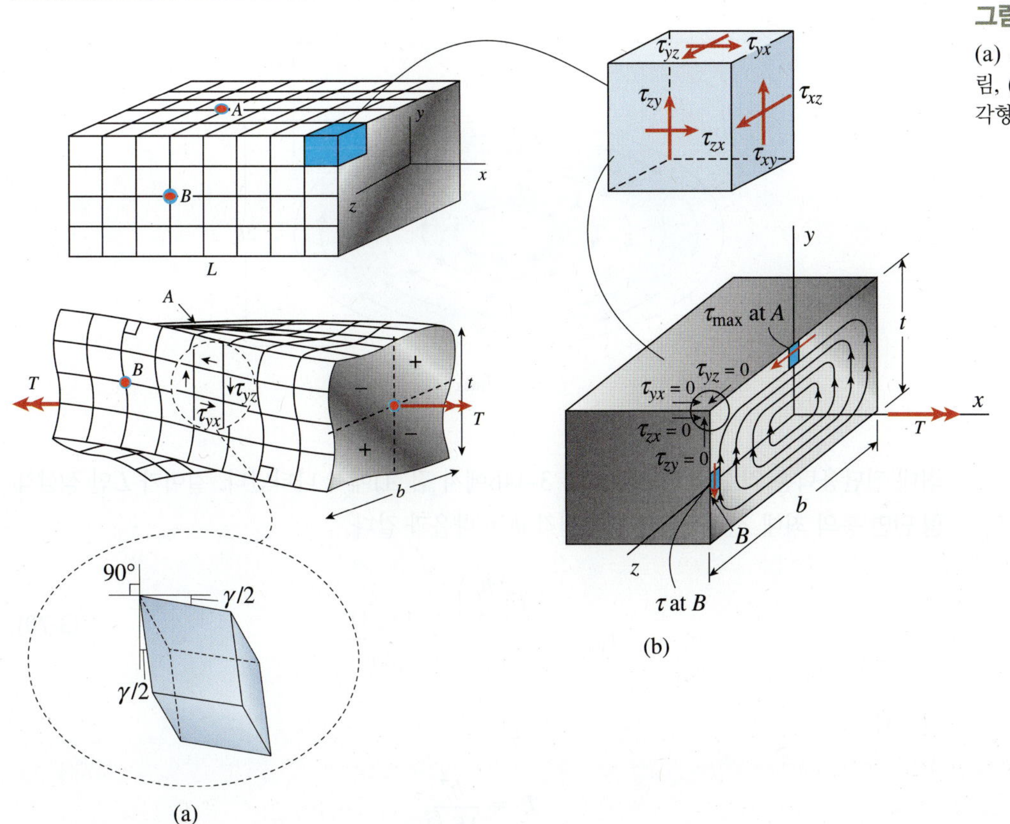

그림 3-46

(a) 사각형 단면을 갖는 봉의 비틀림, (b) 비틀림 모멘트 T를 받는 사각형 단면 봉의 전단응력 분포

타원형, 삼각형, 사각형 단면

타원형 단면(장축 $2a$, 단축 $2b$, 면적 $A = \pi ab$)을 갖는 봉의 전단응력이 그림 3-47에 있다. 최대 전단응력은 단축의 끝에 위치하고 다음 식을 사용하여 구할 수 있다.

$$\tau_{max} = \frac{2T}{\pi ab^2} \quad \textbf{(3-67)}$$

여기서 a는 b보다 크거나 같다. 길이가 L인 타원형 단면 봉의 비틀림각은 다음과 같이 쓸 수 있다.

$$\phi = \frac{TL}{GJ_e}$$

여기서 비틀림 상수 J_e는 다음과 같다.

$$J_e = \frac{\pi a^3 b^3}{a^2 + b^2} \quad \textbf{(3-68 a, b)}$$

만약 $a = b$이면 타원단면이 원형단면이 되어 J_e는 극관성모멘트 I_p가 된다[식 (3-12)]. 그리고 식 (3-67)과 식 (3-68a)가 각각 식 (3-13)과 식 (3-17)로 된다.

다음으로 정삼각형 단면(그림 3-44b)을 갖는 길이가 L인 축이 토크 T를 받는 경우를 고려해 보자. 각 변의 길이가 b_t이고, 삼각형 높이는 h_t일 때 비틀림 상수 J_t는 다음과 같다.

$$J_t = \frac{h_t^4}{15\sqrt{3}} \quad \textbf{(3-69)}$$

그림 3-47

타원형 단면의 전단응력 분포

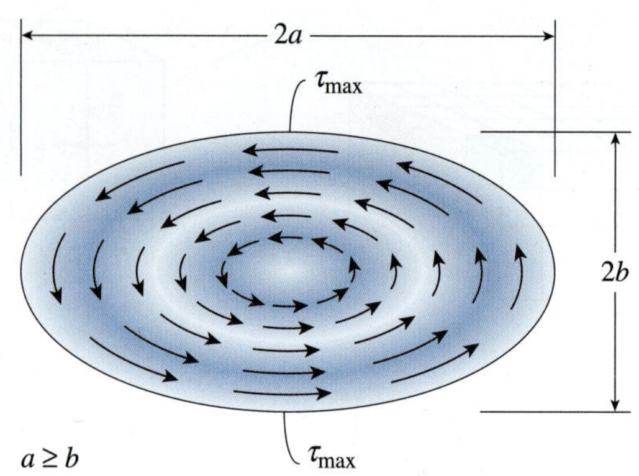

최대 전단응력은 각 변의 중앙점(그림 3-44b에서 점 A)에서 나타난다. 길이가 L인 정삼각형 단면 봉의 최대 전단응력과 비틀림각 ϕ는 다음과 같다.

$$\tau_{max} = \frac{T\left(\frac{h_t}{2}\right)}{J_t} = \frac{15\sqrt{3}T}{2h_t^3} \tag{3-70}$$

여기서

$$J_t = \frac{h_t^4}{15\sqrt{3}}$$

이다.

$$\phi = \frac{TL}{GJ_t} = \frac{15\sqrt{3}TL}{Gh_t^4} \tag{3-71}$$

마지막으로 사각형 단면($b \times t$, $b/t \geq 1$)(그림 3-44c와 3-46 참조)을 고려해 보자. 탄성이론의 해에 의하면 단면에서 점 A에서의 최대 전단응력과 다양한 b/t의 비에 따른 비틀림각은 다음 식으로 주어진다.

$$\tau_{max} = \frac{T}{k_1 bt^2} \tag{3-72}$$

$$\phi = \frac{TL}{(k_2 bt^3)G} = \frac{TL}{GJ_r} \tag{3-73}$$

여기서

$$J_r = k_2 bt^3$$

이고 무차원 상수 k_1과 k_2는 표 3-1에 있다.

타원형, 삼각형, 또는 사각형 단면을 갖는 축의 최대 전단응력은 원형단면과 달리 축의

표 3-1

사각형 봉의 무차원 상수

b/t	1.00	1.50	1.75	2.00	2.50	3.00	4	6	8	10	∞
k_1	0.208	0.231	0.239	0.246	0.258	0.267	0.282	0.298	0.307	0.312	0.333
k_2	0.141	0.196	0.214	0.229	0.249	0.263	0.281	0.298	0.307	0.312	0.333

중앙에서 가장 멀리 떨어진 곳에서 일어나지 않는다는 것을 각별히 명심해야 한다. 그 대신 최대 전단변형률과 응력은 각 변의 중앙점(midppoint)에서 일어난다. 사실상 사각형이나 삼각형 단면의 경우 구석에서의 응력은 0이다(그림 3-46a의 사각형 단면에서 전단변형률이 구석에서 0인 것으로 나타났다)

얇고 열린 단면들; I형, 앵글, 채널, Z형

열린 단면을 갖는 금속구조물은(그림 3-45 참조) 가해진 비틀림 모멘트의 반응과 비틀림 특성을 계산하기 위하여 사각형의 결합체로 나타난다. 전형적인 강 구조물의 비틀림 상수는 AISC 매뉴얼에 수록되어 있고 플렌지(flange)와 웹(web)의 사각형을 사용한 것보다 10% 정도 높게 나와 있다. 따라서 여기에 소개된 식들을 이용하여 최대 전단응력과 비틀림각을 계산하면 약간 보수적인 값이 나온다.

전체 토크는 플렌지와 웹에서 감당하는 토크의 합과 같다고 가정한다. 먼저 b_f/t_f비(그림 3-45의 단면치수 참조)를 계산한다. 그 후 표 3-1(필요하다면 보간법을 사용)로부터 상수 k_2를 구한다. 웹의 경우 표 3-1에서 $(b_w - 2t_f)/t_w$의 비를 이용하여 웹에 대한 새로운 상수 k_2를 찾는다. 플렌지와 웹의 비틀림 상수는 각각 다음과 같다.

$$J_f = k_2 b_f t_f^3 \quad J_w = k_2(b_w - 2t_f)\left(t_w^3\right) \tag{3-74a,b}$$

두 개의 플렌지를 갖는 얇고 열린 단면의 전체 비틀림 상수는 다음과 같다.

$$J = J_w + 2J_f \tag{3-75}$$

최대 전단응력과 비틀림각은 다음으로 계산한다.

$$\tau_{\max} = \frac{2T\left(\dfrac{t}{2}\right)}{J} \quad \text{and} \quad \phi = \frac{TL}{GJ} \tag{3-76a,b}$$

여기서 $\tau_{\max}$를 계산할 때 식에서보다 더 큰 t_f와 t_w를 사용하였다.

그림 3-44와 3-45에 있는 비원형단면을 갖는 봉의 최대 전단응력과 비틀림각을 앞의 식들을 이용하여 구하기 위한 예제가 3-13과 3-14에 있다.

예제 3-13

길이 L = 1.8 m인 축이 토크 T = 5 kN · m를 양단에서 받고 있다(그림 3-48). AB 부분(L_1 = 900 mm)은 황동(G_b = 41 Gpa)으로 되어있고 사각형 단면(a = 75 mm)을 갖고 있다. BC부분(L_2 = 900 mm)은 강(G_s = 74 Gpa)으로 되어있고 원형단면(d = a = 75 mm)을 갖고 있다. B 근처의 응력집중은 무시하라.

그림 3-48

예제 3-13: 비원형단면 축의 비틀림

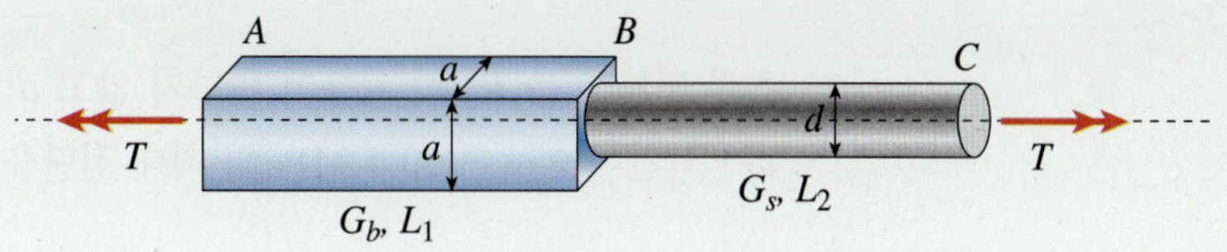

(a) 각 부분의 최대 전단응력과 비틀림각을 구하라.

(b) AB와 BC 부분의 최대 전단응력이 같을 때 봉 AB의 새로운 치수 a를 구하라.

(c) AB와 BC 부분의 비틀림각이 같을 때 봉 AB의 새로운 치수 a를 구하라.

(d) 만약 a = 75 mm로 놓고 봉 BC가 속이 비고 바깥지름 $d_2 = a$인 관이라면 AB와 BC 부분의 비틀림각이 같게 되기 위한 안지름 d_1을 구하라.

풀이

문제풀이 4단계 접근방법을 사용한다. 효율적인 풀이를 위하여 필요에 따라 단계를 합한다.

Part (a): 각 부분의 최대 전단응력과 비틀림각

1, 2. 개념화, 분류: 축의 각 부분이 받는 토크는 적용토크 T와 같다. AB 부분의 경우 표 3-1에서 비틀림 상수 k_1, k_2를 구한다.

3. 해석: 식 (3-72)와 (3-73)을 이용하여 최대 전단응력과 비틀림각을 구한다.

$$\tau_{\max 1} = \frac{T}{k_1 bt^2} = \frac{T}{k_1 a^3} = \frac{(5\ \text{kN}\cdot\text{m})}{0.208(75\ \text{mm})^3} = 57\ \text{MPa} \qquad \text{(a)}$$

$$\phi_1 = \frac{TL_1}{(k_2 bt^3)G_b} = \frac{TL_1}{k_2 a^4 G_b} = \frac{(5\ \text{kN}\cdot\text{m})(900\ \text{mm})}{0.141(75\ \text{mm})^4(41\ \text{GPa})} \qquad \text{(b)}$$
$$= 2.46 \times 10^{-2}\ \text{radians}$$

AB 부분에서 최대 전단응력은 사각형 각 변의 중점에서 발생한다.

BC 부분은 속이 찬 원형단면이므로 식 (3-14)와 (3-17)을 이용하여 최대 전단응력과 비틀림각을 구한다.

$$\tau_{\max 2} = \frac{16T}{\pi d^3} = \frac{16(5\ \text{kN}\cdot\text{m})}{\pi(75\ \text{mm})^3} = 60.4\ \text{MPa} \qquad \text{(c)}$$

$$\phi_2 = \frac{TL_2}{G_s I_p} = \frac{(5\ \text{kN}\cdot\text{m})(900\ \text{mm})}{74\ \text{GPa}\left[\frac{\pi}{32}(75\ \text{mm})^4\right]} = 1.958 \times 10^{-2} \qquad \text{(d)}$$

4. 최종 단계: 사각형 AB 부분과 원형 BC 부분을 비교하여 보면 강파이프 BC 부분이 황동 사각형 봉 AB 부분보다 최대 전단응력은 6% 크고, 비틀림각은 20% 작다.

Part (b): AB와 BC 부분의 최대 전단응력이 같게 되기 위한 봉 AB의 새로운 치수

1, 2. 개념화, 분류: $\tau_{\max 1}$와 $\tau_{\max 2}$를 구하는 식 (a)와 (c)를 같이 놓고 새로운 값 a를 푼다.

3. 해석:

$$\tau_{\max 1} = \tau_{\max 2} \quad \text{so} \quad \frac{16}{\pi d^3} = \frac{1}{k_1 a_{\text{new}}^3} \quad \text{or} \quad a_{\text{new}} = \left(\frac{\pi d^3}{16\, k_1}\right)^{\frac{1}{3}} = 73.6\ \text{mm} \qquad \text{(e)}$$

4. 최종 단계: 봉 BC의 지름이 변하지 않고 d = 75 mm이고 이어서 봉 AB의 치수 a가 약간 줄어들어 60.4 MPa의 최대 전단응력[식 (c)]이 되었다.

Part (c): *AB*와 *BC* 부분의 비틀림각이 같게 되기 위한 봉 *AB*의 새로운 치수

1, 2. 개념화, 분류: 이제 ϕ_1와 ϕ_2를 구하기 위한 식 (b)와 (d)를 같이 놓고 새로운 값 *a*를 푼다.

3. 해석:

$$\phi_1 = \phi_2$$

$$\frac{L_1}{k_2 a_{\text{new}}^4 G_b} = \frac{L_2}{G_s I_p} \tag{f}$$

$$a_{\text{new}} = \left[\frac{L_1}{L_2}\left(\frac{G_s I_p}{k_2 G_b}\right)\right]^{\frac{1}{4}} = 79.4 \text{ mm}$$

4. 최종 단계: 봉 *BC*의 지름이 변하지 않고 d = 75 mm이고, 이어서 봉 *AB*의 치수 *a*가 약간 증가하여 0.01958라디안[식 (d)]이 되었다.

Part (d): *BC* 부분을 파이프로 바꾸어 *AB*와 *BC* 부분의 비틀림각이 같아지기 위한 안지름 d_1을 구하라.

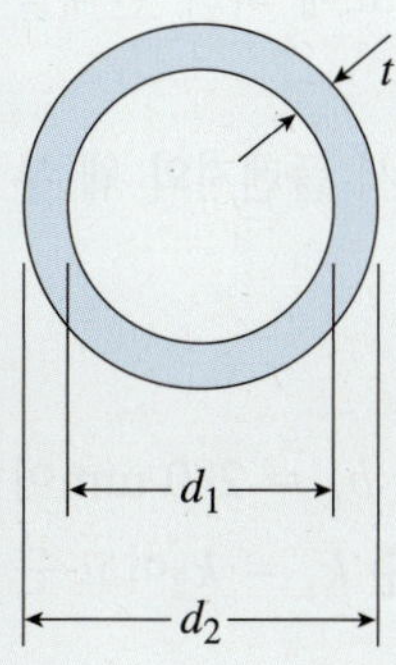

그림 3-49
BC 부분의 속이 빈 파이프

1,2. 개념화, 분류: 사각형 단면의 한 변의 길이 *a*가 75 mm이고 바깥지름도 d_2 = 75 mm이다(그림 3-49). 식 (3-19)를 이용하여 *BC* 부분의 극관성모멘트를 구하면 비틀림각 ϕ_2는 다음과 같다

$$\phi_2 = \frac{TL_2}{G_s\left[\frac{\pi}{32}\left(d_2^4 - d_1^4\right)\right]} \tag{g}$$

3. 해석: 이번에는 식 (b)와 (g)를 이용하여 ϕ_1와 ϕ_2를 연립한다. d_1에 대하여 풀면 다음과 같다.

$$d_1 = \left[d_2^4 - 32\left(\frac{L_2}{L_1}\right)\left(\frac{G_b}{G_s}\right)\left(\frac{a^4 k_2}{\pi}\right)\right]^{\frac{1}{4}}$$

$$= \left[(75\text{ mm})^4 - 32\left(\frac{900\text{ mm}}{900\text{ mm}}\right)\left(\frac{41\text{ GPa}}{74\text{ GPa}}\right)\left[\frac{(75\text{ mm})^4(0.141)}{\pi}\right]\right]^{\frac{1}{4}} \tag{h}$$

$$= 50.4 \text{ mm}$$

4. 최종 단계: 적용된 토크 *T*에 대한 속이 찬 *AB* 부분의 황동봉($a \times a$, a = 75 mm)과 속이 빈 강관 *BC* 부분(d_2 = 75 mm, d_1 = 50.4 mm)가 모두 900 mm의 길이로 같은 비틀림각(0.0246라디안)을 보인다. 그럼에도 불구하고 *BC* 부분에서 속이 찬 봉 대신 속이 빈 봉을 이용하면 최대 전단응력이 60.4 MPa[식 (c)]에서 75.9 MPa로 증가하는 것을 추가로 계산할 수 있다.

식 (h)에서 안지름 d_1을 유도하기 위한 식을 이용하여 여러 가지 중요한 변수에 대한 다른 해를 검토할 수 있다. 예를 들면 만약 봉 *AB*의 길이가 L_1 = 1100 mm로 증가하고, *BC* 구간의 안지름 d_1이 57.6 mm로 증가한다면 *AB* 구간과 *BC* 구간의 비틀림각은 같을 것이다.

예제 3-14

그림 3-50

예제 3-14: 비틀림을 받는 W형과 앵글 강

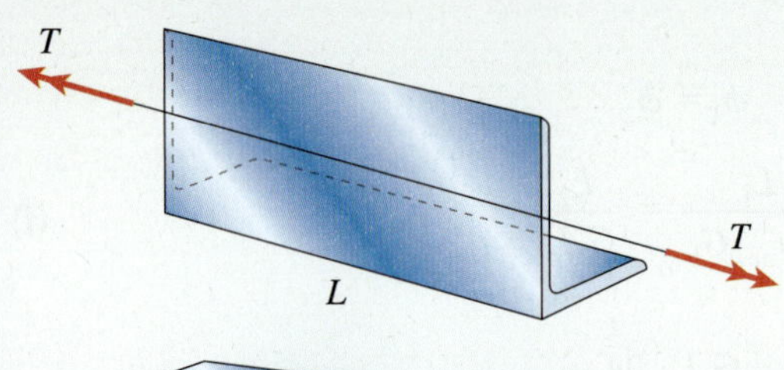

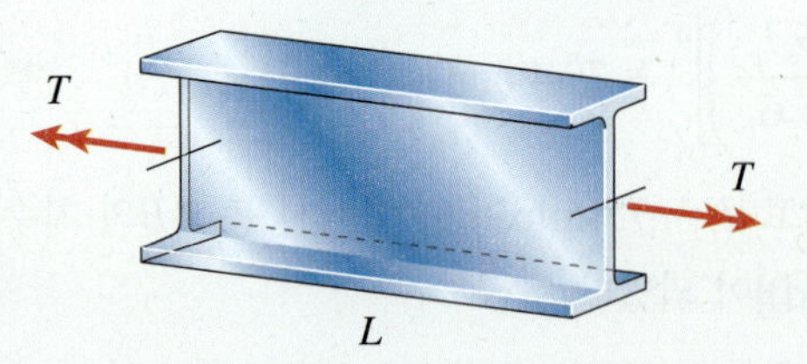

강으로 된 앵글과 넓은 플렌지형 보의 길이가 3.5 m이고 토크 T를 받고 있다(그림 3-50 참조). 허용 응력이 45 MPa이고 최대 허용 비틀림각이 5이다. 각 단면에 적용할 수 있는 최대 토크 T를 구하라. G = 80 Gpa로 가정하고 응력집중 현상은 무시하라. 다음에 주어지는 단면 물성치와 치수를 사용하시오. (넓은 플렌지형 보는 표 F-1을, 앵글은 표 F-5를 보시오.)

앵글과 보의 단면과 치수는 다음과 같다.

앵글: A = 49.6 cm^2, 전체 다리 길이 = b_L = 280 mm, 다리 두께 = t_L = 19 mm

보: A = 49.6 cm^2, 웹(web) 깊이 = d_w = 353 mm, 웹 두께 = t_w = 6.48 mm, 플렌지 폭 = b_f = 128 mm, 플렌지 두께 = t_f = 10.7 mm

풀이

문제풀이 4단계 접근방법을 사용한다. 효율적인 풀이를 위하여 필요에 따라 단계를 합한다.

앵글과 넓은 플렌지 강은 같은 단면적을 갖고 있으나 각 단면에서 플렌지와 웹 부분의 두께가 크게 다르다. 먼저 앵글을 고려해 보자.

Part (a): 강 앵글

1, 2. 개념화, 분류: 각 변의 길이가 다른 앵글에서 긴 사각형의 길이 b_L = 280 mm이고 두께 t_L = 19 mm이므로 b_L/t_L = 14.7이다. 표 3-1에서 상수 $k_1 = k_2$이고 근사적으로 0.319이다.

3. 해석: 주어진 허용 전단응력과 허용 비틀림각을 식 (3-72)와 (3-73)을 이용하여 최대 허용 토크를 각각 구하면 다음과 같다.

$$T_{\max 1} = \tau_a k_1 b_L t_L^2 = 45\ \text{MPa}(0.319)(280\ \text{mm})[(19\ \text{mm})^2] = 1451\ \text{N}\cdot\text{m} \quad \textbf{(a)}$$

$$T_{\max 2} = \phi_a (k_2 b_L t_L^3)\frac{G}{L} = \left(\frac{5\pi}{180}\ \text{rad}\right)(0.319)(280\ \text{mm})[(19\ \text{mm})^3]\frac{80\ \text{GPa}}{3500\ \text{mm}} = 1222\ \text{N}\cdot\text{m} \quad \textbf{(b)}$$

별도로 앵글에 대한 비틀림 상수 J_L을 다음과 같이 계산할 수 있다.

$$J_L = k_2 b_L t_L^3 = 6.128 \times 10^5\ \text{mm}^4 \quad \textbf{(c)}$$

그 후 최대 허용 토크를 구하기 위하여 식 (3-74)와 (3-76)을 사용한다.

식 (3-76a)로부터 $T_{\max 1}$, 식 (3-76b)로부터 $T_{\max 2}$를 다음과 같이 구한다.

$$T_{\max 1} = \frac{\tau_a J_L}{t_L} = 1451\ \text{N}\cdot\text{m} \quad \text{and} \quad T_{\max 2} = \frac{G J_L}{L}\phi_a = 1222\ \text{N}\cdot\text{m}$$

4. 최종 단계: 앵글의 경우 작은 값 T = 1222 N · m를 선택한다.

Part (b): 강 W형

1, 2. 개념화, 분류: 서로 다른 사각형인 두 개의 플렌지와 웹은 적용된 비틀림 모멘트에 동시에 저항한다. 그러나 이러한 사각형의 치수 (b, t)는 각각 다르며 플렌지의 폭은 $b_f = 128$ mm, 두께는 $t_f = 10.7$ mm이다. 웹은 두께 $t_w = 6.48$ mm이고, $b_w = (d_w - 2t_f) = (353 \text{ mm} - 2(10.7 \text{ mm})) = 331.6$ mm이다. b/t의 비에 따라 표 3-1에서 플렌지와 웹에 대한 상수 k_1을 따로 구한다. 그 후 비틀림 상수 J를 식 (3-74)를 이용하여 구한다.

플렌지의 경우:

$$\frac{b_f}{t_f} = 11.963$$

따라서 $k_{1f} = 0.316$으로 추정하여 다음을 얻는다.

$$J_f = k_{2f} b_f t_f^3 = 0.316(128 \text{ mm})[(10.7 \text{ mm})^3] = 4.955 \times 10^4 \text{ mm}^4 \quad \textbf{(d)}$$

웹의 경우:

$$\frac{d_w - 2t_f}{t_w} = 51.173$$

따라서 $k_{2w} = 0.329$으로 추정하여 다음을 얻는다.

$$\begin{aligned} J_w &= k_{2w}(d_w - 2t_f)(t_w^3) = 0.329[353 \text{ mm} - 2(10.7 \text{ mm})][(6.48 \text{ mm})^3] \\ &= 2.968 \times 10^4 \text{ mm}^4 \end{aligned} \quad \textbf{(e)}$$

전체 단면의 비틀림 상수는 웹과 플렌지의 기여도[식 (d)와(e)]를 합해서 구한다.

$$J_W = 2J_f + J_w = [2(4.955) + 2.968](10^4) \text{ mm}^4 = 1.288 \times 10^5 \text{ mm}^4 \quad \textbf{(f)}$$

3. 해석: 이제 식 (3-76a)와 허용 전단응력 τ_a를 이용하여 플렌지와 웹의 최대 전단응력에 의거한 최대 허용 토크를 구한다.

$$T_{\max f} = \tau_a \frac{J_W}{t_f} = 45 \text{ MPa}\left(\frac{1.288 \times 10^5 \text{ mm}^4}{10.7 \text{ mm}}\right) = 542 \text{ N} \cdot \text{m} \quad \textbf{(g)}$$

$$T_{\max w} = \tau_a \frac{J_W}{t_w} = 45 \text{ MPa}\left(\frac{1.288 \times 10^5 \text{ mm}^4}{6.48 \text{ mm}}\right) = 894 \text{ N} \cdot \text{m} \quad \textbf{(h)}$$

플렌지가 웹보다 두께가 크므로 최대 전단응력은 플렌지에서 생긴다. 따라서 식 (h)를 사용하여 웹의 최대 전단응력을 구하는 $T_{\max}$의 계산은 불필요하다.

마지막으로 식 (3-76b)를 이용하여 최대 허용 비틀림각에 의거한 $T_{\max}$를 구한다.

$$\begin{aligned} T_{\max \phi} &= \frac{GJ_W}{L}\phi_a = \frac{80 \text{ GPa}(1.288 \times 10^5 \text{ mm}^4)}{3500 \text{ mm}}\left(\frac{5\pi}{180}\text{rad}\right) \\ &= 257 \text{ N} \cdot \text{m} \end{aligned} \quad \textbf{(i)}$$

4. 최종 단계: W 단면의 경우 가장 엄격하게 제한하는 것이 허용 비틀림각이므로

T_{max} = 257 N · m이다[식 (i)].

비록 앵글과 W형 단면의 면적이 같아도 W형이 비틀림에 훨씬 더 약하다. 그 이유는 단면의 사각형(t_w = 6.48 mm, t_f = 10.7 mm)이 앵글의 단면(t_L = 19 mm)보다 훨씬 얇기 때문이다. W형은 비틀림에 취약하지만 5장에서 본 것과 같이 굽힘과 횡전단 응력에 잘 견디는 상당한 장점을 가지고 있다.

3.11 두께가 얇은 관

앞 절에서 서술된 비틀림 이론은 속이 차거나 속이 빈 원형단면 봉에 적용 가능하다. 원형 모양은 비틀림에 저항하는 가장 효율적인 형상이어서 가장 널리 사용되고 있다. 그러나 비행기나 우주선 같은 경량 구조물에서 비원형단면을 갖는 부재가 비틀림을 견디기 위해서 종종 사용된다. 이 절에서는 이러한 종류의 구조용 부재를 해석할 것이다.

다양한 형상에 적용할 수 있는 공식을 얻기 위하여 임의의 단면을 갖는 얇은 관을 고려해 보자(그림 3-51a). 이 관은 원통 형상을 하고 있다. 즉 모든 단면이 똑같고 길이방향 축이 직선이다. 벽의 두께 t는 일정할 필요가 없고 단면의 둘레를 따라 변할 수 있다. 그러나 두께는 관의 전체 폭에 비하여 작아야만 한다. 이 관이 양단에서 토크 T를 받고 있다.

전단응력과 전단류

관의 단면에 작용하는 전단응력 τ가 그림 3-51b에 그려져 있다. 이 그림에서 관 요소는 거리 dx만큼 떨어진 두 단면을 잘라서 만들었다. 응력은 단면의 경계와 평행하게 작용하

그림 3-51
임의의 단면을 가진 얇은 관

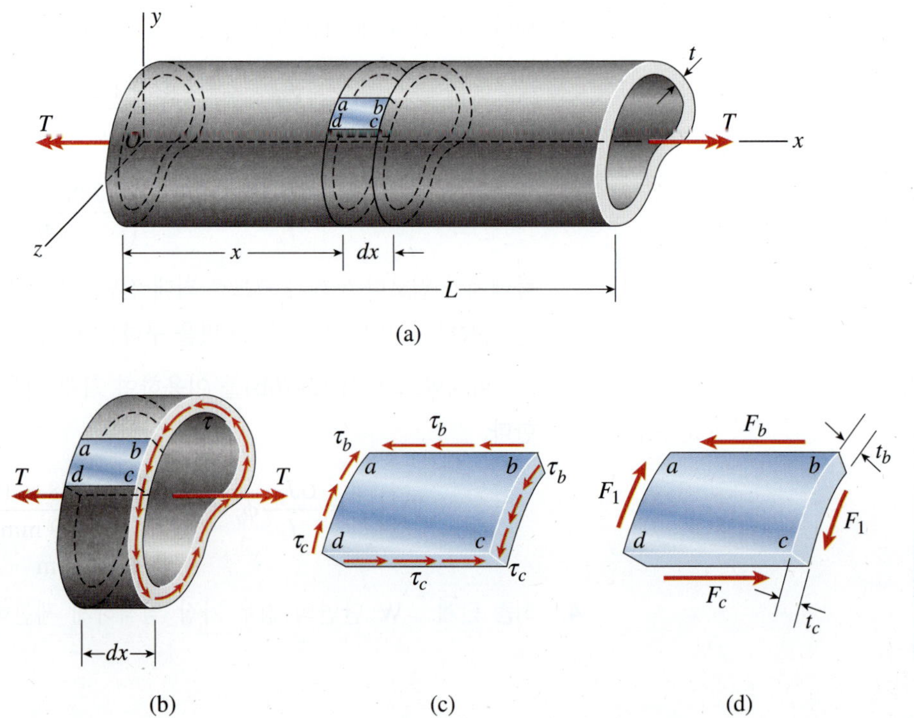

고 있으며 단면을 따라 "유동한다". 또한 응력의 세기는 관의 두께에 걸쳐 거의 변하지 않으므로(관이 얇다고 가정되어 있어서) τ는 그 방향으로 일정하다고 가정할 수 있다. 그러나 두께 t가 일정하지 않으면 단면 둘레에 따라 평형으로부터 결정해야 되는 응력의 세기와 거동이 변할 것이다.

전단응력의 크기를 구하기 위해서 길이방향 분할선 ab와 cd로 잘라낸 사각형 요소 $abcd$를 고려해 보자(그림 3-51a와 b). 이 요소가 그림 3-51c에서 자유물체로 분리하였다. 그림 3-51b에 보인 전단응력 τ가 단면 bc에 작용하고 있다. 이 응력의 세기는 단면을 따라 b에서 c까지 움직일 때 변한다고 가정하자; 그러므로 b에서의 전단응력을 τ_b, c에서의 전단응력을 τ_c로 표시하자(그림 3-51c 참조).

평형으로부터 아는 바와 같이 반대쪽 단면 ad에 똑같은 전단응력이 반대 방향으로 작용하고, 같은 크기의 전단응력이 길이방향 단면 ab와 cd에 작용한다. 따라서 면 ab와 면cd에 작용하는 전단응력은 각각 τ_b와 τ_c이다.

길이방향 면 ab와 cd에 작용하는 응력은 힘 F_b와 F_c를 일으킨다(그림 3-51d). 이 힘들은 응력과 응력이 작용하는 면적을 곱하여 구한다.

$$F_b = \tau_b t_b dx \quad F_c = \tau_c t_c dx$$

여기서 t_b와 t_c는 각각 b와 c 위치에서 관의 두께를 의미한다(그림 3-51d).

게다가 힘 F_1은 면 bc와 ad에 작용하는 응력으로부터 생긴다. 요소 길이방향(x방향)의 평형으로부터 $F_b = F_c$임을 알 수 있다. 또는

$$\tau_b t_b = \tau_c t_c$$

길이방향의 절단선 ab와 cd의 위치는 임의로 잡았으므로 앞의 식으로부터 전단응력 τ 와 관의 두께 t의 곱은 단면 어디에서나 같다. 이 곱을 **전단류(shear flow)**라 부르고 문자 f로 표시한다:

$$f = \tau t = \text{일정} \qquad \textbf{(3-77)}$$

이 관계식은 최대 전단응력은 관의 두께가 최소인 곳에서 발생하는 것을 보여 준다. 두께가 일정한 영역에서는 전단응력이 일정하다. 전단류는 단면 주위 길이당 전단력임을 유의하시오.

두께가 얇은 관의 비틀림 공식

해석의 다음 단계는 전단류 f(따라서 전단응력 τ)과 관에 작용하는 토크 T의 관계를 밝히는 것이다. 이 목적으로 그림 3-52에서와 같은 관의 단면을 고려해 보자. 관 벽면 사이의 **중앙선**(또는 **중심선**)이 그림에서 점선으로 표시되어 있다. 길이가 ds(중앙선을 따라 측정된)이고 두께가 t인 요소를 고려해 보자. 거리 s는 임의로 정한 기준점으로부터 중앙선을 따라 측정된 위치로 정의되었다.

요소면적에 작용하는 전체 전단력은 fds이고 이 힘이 관 내의 임의의 점 O에 일으키는 모멘트는

$$dT = rfds$$

이다. 여기서 r은 점 O로부터 힘 fds의 작용선까지의 수직거리이다(힘 fds의 작용선은 요

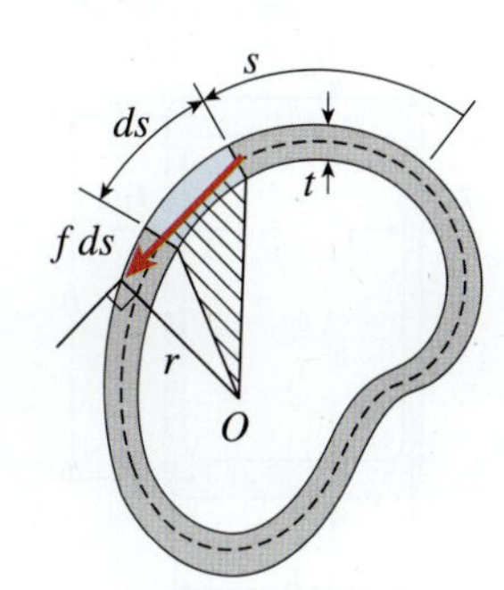

그림 3-52
두께가 얇은 관의 단면

소 ds에서 단면의 중앙선에서 접선이라는 것을 유의해야 한다). 전단응력에 의해서 생기는 전체 토크 T는 단면의 중앙선을 따라 적분하여 구한다.

$$T = f \int_0^{L_m} r ds \tag{3-78}$$

여기서 L_m은 중앙선의 길이를 나타낸다.

식 (3-78)의 적분식은 정상적인 수학적 방법으로 적분하기가 곤란하나, 다행히 단순한 기하학적 해석으로 쉽게 계산할 수 있다. rds의 크기가 그림 3-52의 그림자 진 삼각형 면적의 2배이다. (삼각형은 밑변의 길이 ds, 높이가 r임을 유의하라.) 따라서 이 적분은 단면의 중앙선에 의해 둘러싸인 면적의 두 배가 된다.

$$\int_0^{L_m} r ds = 2A_m \tag{3-79}$$

식 (3-78)로부터 $T = 2fA_m$이므로 **전단류**는 다음과 같다.

$$f = \frac{T}{2A_m} \tag{3-80}$$

이제 식 (3-77)과 식 (3-80)에서 전단류 f를 소거하여 **두께가 얇은 관의 비틀림 공식**을 구하였다.

$$\tau = \frac{T}{2tA_m} \tag{3-81}$$

t와 A_m은 단면 성질이므로, 전단응력 τ는 값을 아는 토크 T를 받는 두께가 얇은 어떤 종류의 관에 대해서도 식 (3-81)로부터 계산할 수 있다. (주: A_m는 중앙선으로 둘러싸인 면적이지 관의 단면적이 아니다.)

비틀림 공식을 사용하는 것을 보여 주기 위하여 두께가 t이고 중앙선의 반지름이 r인 얇은 **원형관**(그림 3-53)을 고려해 보자. 중앙선에 의해 둘러싸인 면적은

$$A_m = \pi r^2 \tag{3-82}$$

따라서 전단응력(단면 둘레에 걸쳐 일정)은 다음과 같다.

$$\tau = \frac{T}{2\pi r^2 t} \tag{3-83}$$

얇은 원형관의 극관성모멘트에 대한 근사식 $I_p \approx 2\pi r^3 t$[식 (3-21)]을 표준 비틀림 공식[식 (3-13)]에 적용한 결과와 위 식의 결과는 일치한다.

두 번째 예로서 측면의 두께가 t_1이고 윗면과 아랫면의 두께가 t_2인 얇은 **사각형 관**(그림 3-54)을 고려해 보자. 단면의 중앙선에서 측정한 높이와 폭은 각각 h와 b이다. 중앙선 내의 면적은

$$A_m = bh \tag{3-84}$$

수직단면과 수평단면의 전단응력은 다음과 같다.

$$\tau_{\text{vert}} = \frac{T}{2t_1 bh} \qquad \tau_{\text{horiz}} = \frac{T}{2t_2 bh} \tag{3-85 a,b}$$

그림 3-53
두께가 얇은 원형관

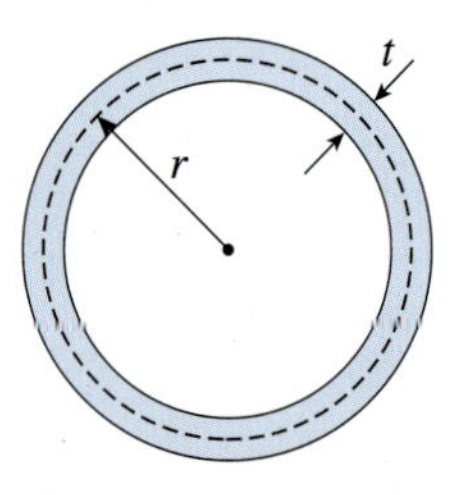

그림 3-54
얇은 벽을 가진 사각형 관

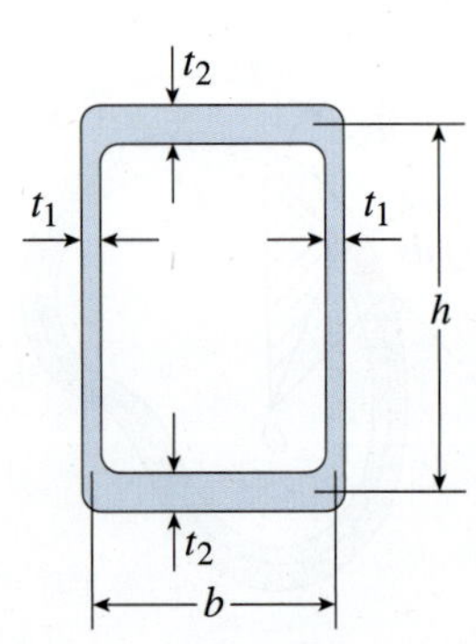

만약 t_2가 t_1보다 크다면 최대 전단응력은 수직단면에서 일어날 것이다.

변형 에너지와 비틀림 상수

두께가 얇은 관의 변형 에너지는 먼저 요소의 변형 에너지를 구하고 봉의 부피 전체에 걸쳐서 적분하여 구할 수 있다. 단면 내에서 면적 tds와(그림 3-52)와 길이 dx(그림 3-51의 요소 참조)를 갖는 요소를 고려해 보자. 그림 3-51a에 보인 요소 $abcd$와 비슷한 형상을 갖는 요소의 부피는 $tdsdx$이다. 관의 요소는 순수전단 상태에 있으므로 식 (3-63a)에서 주어진 것과 같이 변형 에너지 밀도는 $\tau^2/2G$이다. 전체 변형 에너지는 변형 에너지 밀도에 부피를 곱한 것과 같다:

$$dU = \frac{\tau^2}{2G}tdsdx = \frac{\tau^2 t^2}{2G}\frac{ds}{t}dx = \frac{f^2}{2G}\frac{ds}{t}dx \tag{3-86}$$

여기서 τt를 전단류 f(상수)와 바꾸어 놓았다.

관의 전체 변형 에너지는 dU를 전체 부피에 대하여 적분하여 구한다. 즉 ds는 0에서 L_m까지 중앙선을 따라 적분하고 dx는 관의 축 방향을 따라 0에서 L까지 적분한다. 그러므로

$$U = \int dU = \frac{f^2}{2G}\int_0^{L_m}\frac{ds}{t}\int_0^L dx \tag{3-87}$$

두께 t는 중앙선 둘레를 따라 변할 수 있으며 적분 기호 안에 ds와 같이 남아 있어야 한다는 것을 주의해야 한다. 마지막 적분은 관의 길이 L과 같아 변형 에너지 식은 다음과 같다.

$$U = \frac{f^2 L}{2G}\int_0^{L_m}\frac{ds}{t} \tag{3-88}$$

식 (3-80)의 전단류를 위 식에 대입하면 다음과 같다.

$$U = \frac{T^2 L}{8GA_m^2}\int_0^{L_m}\frac{ds}{t} \tag{3-89}$$

이 식은 관의 변형 에너지를 토크 T의 항으로 나타낸 식이다.

비틀림 상수(torsion constant)라 부르는 단면의 새로운 성질을 도입하면 위의 식을 좀 더 간단한 형태로 표시할 수 있다. 두께가 얇은 관의 경우 비틀림 상수(문자 J로 표시되는)는 다음과 같이 정의된다:

$$J = \frac{4A_m^2}{\displaystyle\int_0^{L_m}\frac{ds}{t}} \tag{3-90}$$

이런 기호를 사용하면 **변형 에너지** 식[식 (3-89)]은 다음과 같이 된다.

$$U = \frac{T^2 L}{2GJ} \tag{3-91}$$

이 식은 원형 봉의 변형 에너지 식[식 (3-55a)]과 같은 형태가 되었다. 유일한 차이점은 극관성모멘트 I_p를 비틀림 상수 J로 바꾸어 놓은 것뿐이다. 비틀림 상수가 길이의 4승임

그림 3-53 (반복)

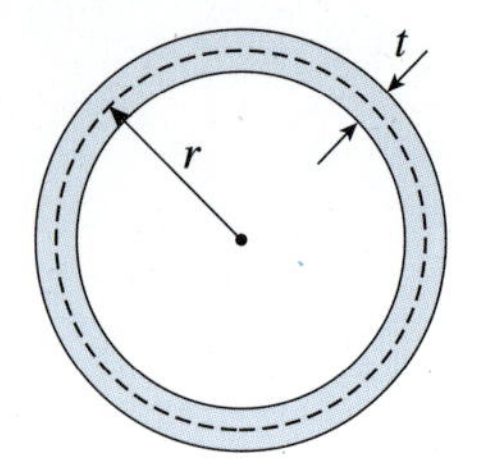

그림 3-54 (반복)

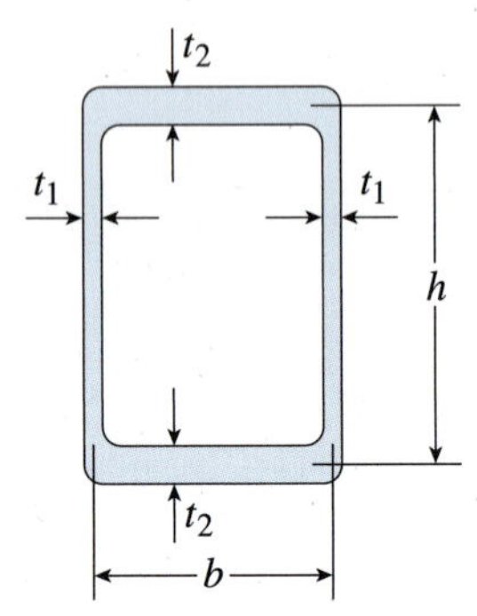

을 유의하시오.

일정한 두께 t를 갖는 특수한 경우에 J에 대한 식[식 (3-90)]은 다음과 같이 간단하게 된다.

$$J = \frac{4tA_m^2}{L_m} \quad \textbf{(3-92)}$$

각각의 단면에 대해서 J는 식 (3-90) 또는 식 (3-92)로부터 계산할 수 있다.

첫 번째 예로 그림 3-53의 얇은 **원형관**을 다시 고려해 보자. 두께가 일정하므로 식 (3-92)를 이용하고 $L_m = 2\pi r$을 $A_m = \pi r^2$에 대입하면 다음과 같다.

$$J = 2\pi r^3 t \quad \textbf{(3-93)}$$

이것은 극관성모멘트[식 (3-21)]의 근사적 표현이다. 따라서 두께가 얇은 원형관의 경우 극관성모멘트는 비틀림 상수와 같다.

두 번째 예로 그림 3-54의 **사각형 관**을 이용할 것이다. 이 단면에서 $A_m = bh$이므로 식 (3-90)의 적분은

$$\int_0^{L_m} \frac{ds}{t} = 2\int_0^h \frac{ds}{t_1} + 2\int_0^b \frac{ds}{t_2} = 2\left(\frac{h}{t_1} + \frac{b}{t_2}\right)$$

이다. 따라서 비틀림 상수[식 (3-90)]는 다음과 같다.

$$J = \frac{2b^2h^2t_1t_2}{bt_1 + ht_2} \quad \textbf{(3-94)}$$

다른 두께가 얇은 단면에 대한 비틀림 상수도 비슷한 방법으로 구할 수 있다.

비틀림각

임의의 단면을 갖는 얇은 관의 비틀림각 ϕ는 토크 T가 한 일 w와 변형 에너지 U가 같다고 놓아 구할 수 있다. 그러므로

$$W = U \quad \text{or} \quad \frac{T\phi}{2} = \frac{T^2L}{2GJ}$$

이 식으로부터 비틀림각을 구하는 식을 얻는다.

$$\phi = \frac{TL}{GJ}$$

그림 3-55

두께가 얇은 관의 비틀림각 ϕ

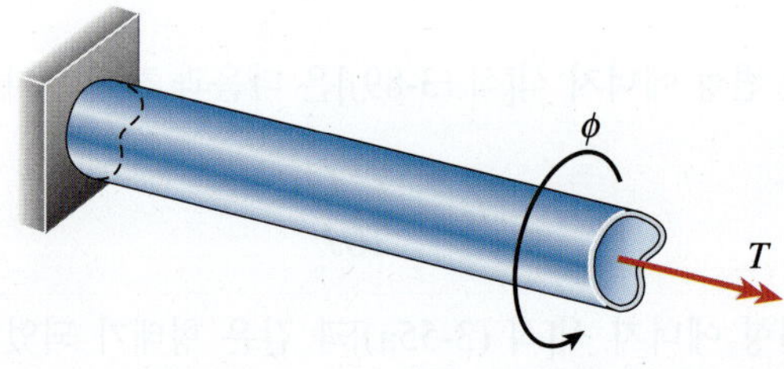

이 식은 이에 대응하는 원형 봉에 대한 식에서 극관성모멘트를 비틀림 상수로 대체한 것을 제외하면 또다시 같은 형태를 갖고 있다[식 (3-17)]. 여기서 *GJ*를 관의 **비틀림 강도 (torsional rigidity)**라 부른다.

제한

이 개발된 공식은 두께가 얇고 닫힌 관 모양을 가진 균일한 부재를 적용할 수 있다. 단면의 두께는 얇지만 I 보와 채널과 같이 단면이 **열려 있는** 경우, 여기에서 주어진 이론은 더 이상 적용되지 않는다. 이 점을 강조하기 위하여 두께가 얇은 관을 길이방향으로 절개한다고 가정하자. 그러면 단면은 열린 단면이 되어 전단응력과 비틀림각은 증가하고 비틀림 저항은 감소하여, 이 절에서 주어진 식들을 더 이상 사용할 수 없다. 3.10절에서 원형 단면이 아닌 봉의 비틀림을 간단히 살펴보았다. 사각형, 삼각형, 타원단면뿐만 아니라 얇고 열린 단면(I 보와 채널)도 포함하였다. 그러한 봉의 전단응력과 비틀림각을 구하는 공식을 유도하기 위해서는 고급이론이 필요하여 중요한 공식과 그 응용에 대해서만 소개하였다.

이 절에서 주어진 몇 개의 공식은 선형 탄성 재료로 한정된다. 예를 들면 전단 탄성계수가 들어가는 어떤 식들도 이 범주에 들어간다. 그럼에도 불구하고 전단응력과 전단류에 대한 식들[식 (3-80)과 (3-81)]은 평형에 기초하여 유도되었으므로 물성치에 관계없이 유효하다. 그 전체 이론은 중앙선 치수에 근거하였기 때문에 근사적이고 벽의 두께 *t*가 증가할수록 부정확하게 된다.[3)]

두께가 얇은 부재의 설계에서 중요한 고려사항은 벽이 좌굴을 일으킬 가능성이다. 벽 두께가 얇을수록 관이 길면 길수록 더 좌굴이 일어날 가능성이 크다. 비원형단면의 경우 흔히 보강재와 다이아프램이 관의 모양을 유지하고 국부적 좌굴을 방지하도록 사용된다. 모든 토의와 문제에서 좌굴은 없다고 가정하였다.

예제 3-15

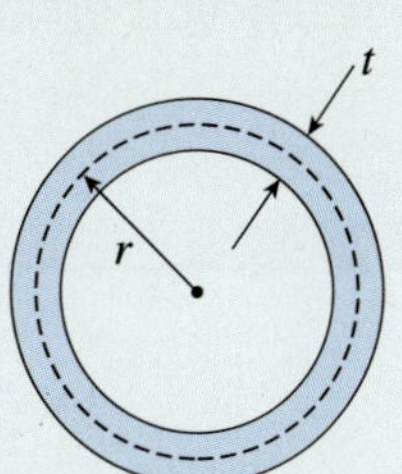

그림 3-56
예제 3-15: 비틀림의 근사이론과 정밀이론의 비교

원형관(그림 3-56)에 걸리는 최대 전단응력을 근사이론으로 구한 값과 정확한 이론에 의한 값을 비교하시오. (관이 일정한 두께를 갖고 있고 반지름 *r*은 단면 중앙선의 반지름임을 주의하라.)

풀이

문제풀이 4단계 접근방법을 사용한다.

1, 2. 개념화, 분류:

근사이론: 께가 얇은 관에 대한 근사이론[식 (3-83)]으로부터 구한 전단응력은

$$\tau_1 = \frac{T}{2\pi r^2 t} = \frac{T}{2\pi t^3 \beta^2} \qquad \textbf{(3-95)}$$

여기서 다음 식이 도입되었다.

---

3) 이 절에서 기술된 얇은 두께를 가진 관에 대한 비틀림 이론은 1896년 독일 공학자 R. Bredt에 의해 발표되었으며 개발되었다(참고문헌 3-2). 이 이론을 흔히 *Bredt*의 비틀림 이론이라 부른다.

$$\beta = \frac{r}{t} \tag{3-96}$$

비틀림 공식: 더욱 정확한 비틀림 공식[식 (3-13)]으로 부터 구한 최대 전단응력은

$$\tau_2 = \frac{T(r + t/2)}{I_p} \tag{a}$$

여기서

$$I_p = \frac{\pi}{2}\left[\left(r + \frac{t}{2}\right)^4 - \left(r - \frac{t}{2}\right)^4\right] \tag{b}$$

전개하면 다음과 같이 간단하게 된다.

$$I_p = \frac{\pi rt}{2}(4r^2 + t^2) \tag{3-97}$$

전단응력[식 (a)]은 다음과 같이 된다.

$$\tau_2 = \frac{T(2r + t)}{\pi rt(4r^2 + t^2)} = \frac{T(2\beta + 1)}{\pi t^3 \beta(4\beta^2 + 1)} \tag{3-98}$$

3. 해석:

비: 전단응력비 τ_1/τ_2는

$$\frac{\tau_1}{\tau_2} = \frac{4\beta^2 + 1}{2\beta(2\beta + 1)} \tag{3-99}$$

이다. 여기서 전단응력비는 오직 β에만 의존한다.

4. 최종 단계: β가 5, 10, 20일 때 식 (3-99)로부터 $\tau_1/\tau_2 = 0.92, 0.95, 0.98$이었다. 따라서 전단응력에 대한 근사공식에서 구한 값은 정확한 공식으로부터 구한 값보다 약간 작다는 것을 알 수 있다. 근사공식은 관의 두께가 얇아질수록 정확도가 증가한다. 두께가 0으로 접근하고 β가 무한대로 접근하는 극한에서 전단응력비 τ_1/τ_2는 1이 된다.

예제 3-16

원형관과 정사각형 관(그림 3-57)이 같은 재료로 만들어져 있고 같은 토크를 받고 있다. 두 개의 관은 같은 길이, 같은 벽두께, 같은 단면적을 갖고 있다.

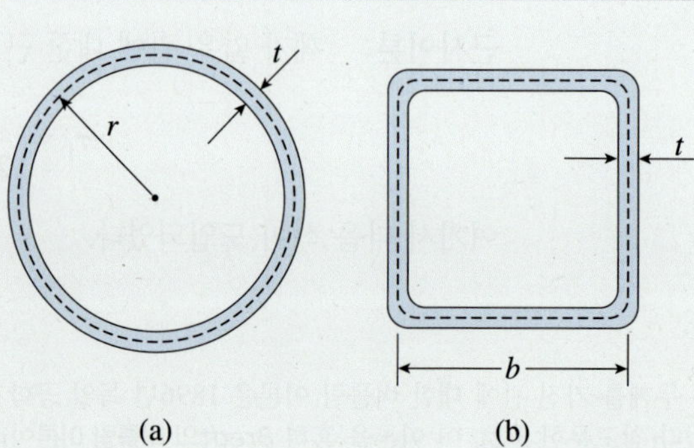

그림 3-57
예제 3-16: 원형관과 정사각형 관의 비교

두 관의 전단응력의 비와 비틀림각의 비는 얼마인가? (정사각형 관의 구석에서 생기는 응력집중 효과는 무시하라.)

풀이

문제풀이 4단계 접근방법을 사용한다.

1, 2. 개념화, 분류:

원형관: 원형관의 경우 단면의 중앙선에 의해 둘러싸인 면적 A_{m1}은

$$A_{m1} = \pi r^2 \tag{a}$$

여기서 r은 중앙선의 반지름이다. 또한 비틀림 상수[식 (3-70)]와 단면적은

$$J_1 = 2\pi r^3 t \quad A_1 = 2\pi rt \tag{b, c}$$

정사각형: 정사각형 관에서 단면적은

$$A_2 = 4bt \tag{d}$$

여기서 b는 중앙선을 따라 측정된 한 변의 길이이다. 두 관의 면적이 같으므로 $b = \pi r/2$이다. 또 비틀림 상수[식 (3-94)]와 중앙선으로 둘러싸인 면적은 다음과 같다.

$$J_2 = b^3 t = \frac{\pi^3 r^3 t}{8} \qquad A_{m2} = b^2 = \frac{\pi^2 r^2}{4} \tag{e,f}$$

3. 해석:

비: 원형관과 정사각형 관의 전단응력비 τ_1/τ_2[식 (3-81)]로부터는

$$\frac{\tau_1}{\tau_2} = \frac{A_{m2}}{A_{m1}} = \frac{\pi^2 r^2/4}{\pi r^2} = \frac{\pi}{4} = 0.79 \tag{g}$$

토크–변위 관계식 $\phi = \dfrac{TL}{GJ}$로부터 비틀림각의 비는

$$\frac{\phi_1}{\phi_2} = \frac{J_2}{J_1} = \frac{\pi^3 r^3 t/8}{2\pi r^3 t} = \frac{\pi^2}{16} = 0.62 \tag{h}$$

이다.

4. 최종 단계: 이 결과는 원형관이 정사각형관보다 21% 작은 전단응력이 걸릴 뿐만 아니라 회전에 대해서도 더 큰 강성을 가지고 있다는 것을 보여 준다.

*3.12 비틀림에서의 응력집중

이 장의 앞절에서 응력 분포가 부드럽게 연속적으로 변한다는 가정하에 비틀림 부재의 응력을 논의하였다. 이러한 가정은 봉의 형상에 급격한 변화가 없고(구멍, 홈, 급격한 턱 등) 관심의 대상 영역이 어떤 하중들로부터도 떨어져 있는 경우에 유효하다. 그렇게 급격히 변하는 상황이 생기면 불연속한 부위 주변 영역에 국부적으로 높은 응력이 발생한다. 공학 실무에서 이러한 **응력집중(stress concentration)**은 2.10절에서 설명한 **응력집중 계수(stress-concentration factors)**로 해결한다.

Saint-Venant의 원리(2.10절 참조)에 따르면 응력집중 효과는 불연속 주위의 작

그림 3-58
비틀림을 받는 턱이 진 축

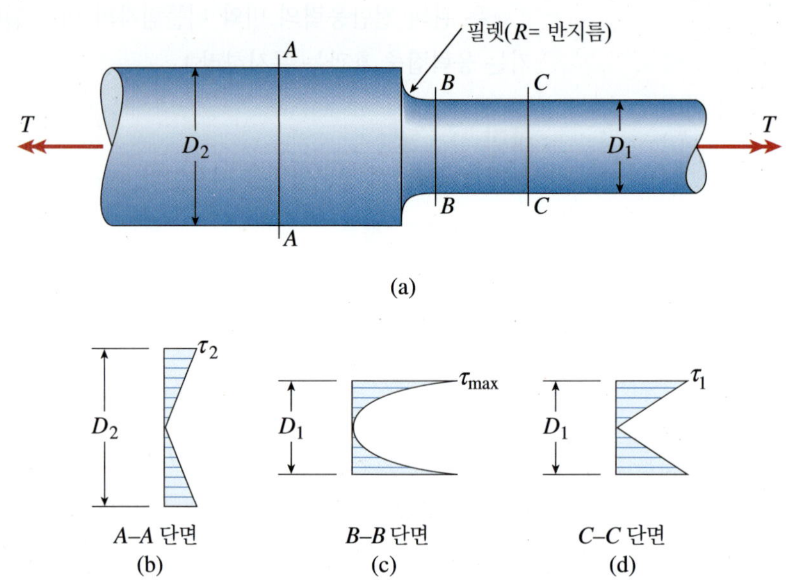

은 영역으로 국한된다. 예를 들어 서로 다른 지름을 가진 구간으로 이루어져 턱이 진(stepped) 축을 생각해 보자(그림 3-58). 큰 구간의 지름은 D_2이고 작은 구간의 지름은 D_1이다. 두 구간의 연결부는 필렛(fillet) 반지름 R로 기계 가공되어 "턱(step)"이나 "어깨(shoulder)"를 형성한다. 필렛이 없으면 단면이 바뀌는 부분의 모서리가 90°로 날카로워서 이론적인 응력집중 계수는 무한대로 클 것이다. 물론 무한대의 응력은 발생하지 않는다. 그 대신에 단면이 바뀌는 부분의 재질이 변형되어 높은 응력집중을 완화시켜 줄 것이다. 그러나 그러한 상황은 동적 하중하에서는 매우 위험하여 좋은 설계에서는 항상 필렛이 사용된다. 필렛의 반지름이 클수록 응력은 작아진다.

어깨로부터 대체로 지름 D_2만큼 떨어진 곳(예를 들면 그림 3-58a의 단면 A-A)에서 비틀림에 의한 전단응력은 불연속의 영향을 받지 않는다. 그러므로 어깨의 왼쪽으로 충분한 거리가 떨어진 위치의 최대 전단응력 τ_2는 D_2를 지름으로 사용하는 비틀림 공식으로부터 구할 수 있다(그림 3-58b). 필렛의 끝에서 거리 D_1(또는 더 먼 거리)인 단면 C-C에 대해서도 같은 설명을 할 수 있다. 지름 D_1이 지름 D_2보다 작으므로 단면 C-C에서의 최대 전단응력 τ_1(그림 3-58d)이 응력 τ_2보다 크다.

응력집중 효과는 필렛의 끝부분 절단면 B-B에서 가장 크다. 이 단면에서의 최대 응력은 다음과 같다.

$$\tau_{max} = K\tau_{nom} = K\frac{Tr}{I_p} = K\left(\frac{16T}{\pi D_1^3}\right) \qquad \textbf{(3-100)}$$

이 식에서 K는 응력집중 계수이고 τ_{nom} (τ_1과 같다)은 공칭 전단응력이며 이 공칭 전단응력은 축 최소 단면에서의 전단응력이다.

그림 3-59에 계수 K의 값들이 R/D_1의 함수로 그려져 있다. 곡선들이 여러 가지 비 D_2/D_1에 대해 그려졌다. 필렛 반지름이 매우 작아지면 하나의 지름에서 다른 지름으로의 변화가 급격히 일어나 K값이 매우 커진다. 역으로 R이 커지면 K값은 1.0으로 접근하여 응력집중 효과가 없어진다. 그림 3-59에서 점선으로 된 곡선은 필렛이 1/4 원호인 특별

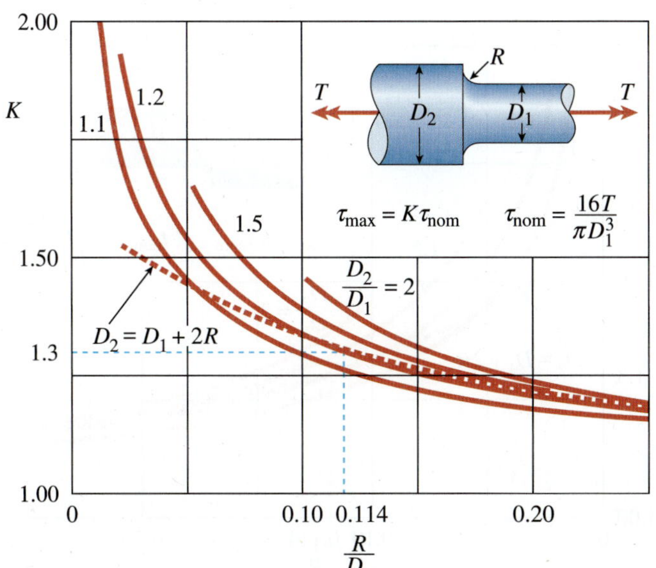

그림 3-59

비틀림을 받는 턱이 진 축의 응력집중 계수 K(점선은 1/4 원호 필렛의 경우)

한 경우에 대한 것이며, 이는 $D_2 = D_1 + 2R$임을 의미한다. (참고: Problem 3.12-1부터 3.12-5까지는 그림 3-59로부터 K값을 구하는 연습문제이다.)

키 홈을 가진 축이나 구멍이 있는 축과 같은 원형 축에서 여러 가지 경우의 응력집중 현상은 공학 문헌에서 찾을 수 있다(예를 들면 참고문헌 2-9).

2.10절에서 설명한 바와 같이 응력집중은 정하중을 받는 취성 재료와 동하중을 받는 대부분의 재료에서 중요하다. 이러한 점에서 피로 파괴는 회전축과 차축 설계에서 중요한 관심사항이다. 이 절에서 주어진 이론적인 응력집중 계수 K는 재료의 선형 탄성 거동에 근거를 두고 있다. 그러나 피로 실험에 따르면 이 계수 들은 보수적이며, 연성재료의 파괴는 이론적 계수에 의해 예측된 것보다 더 큰 하중에서 일어난다.

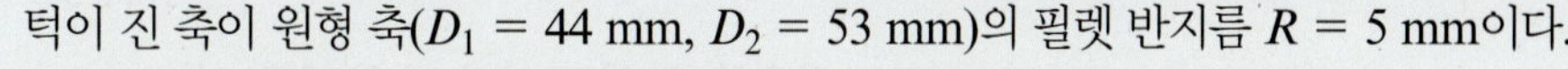

예제 3-17

그림 3-60

예제 3-17: 비틀림을 받는 턱이 진 원형축

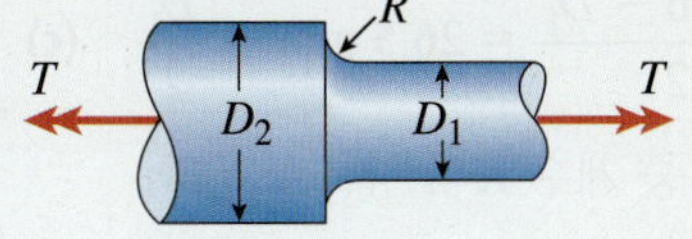

턱이 진 축이 원형 축(D_1 = 44 mm, D_2 = 53 mm)의 필렛 반지름 R = 5 mm이다.

(a) 응력집중부에서 최대 허용 전단응력이 63 MPa일때 최대 가능한 토크 T_{max}를 구하라.

(b) 만약 축이 T = 960 N·m의 토크를 받고 허용 전단응력이 86 MPa이고 D_2 = 53 mm, 완전한 4분원의 필렛을 가진 축으로 대체된다면 허용할 수 있는 가장 작은 지름 D_1을 구하라.

풀이

문제풀이 4단계 접근방법을 사용한다. 효율적인 풀이를 위하여 필요에 따라 단계를 합한다.

Part (a): 최대 허용 토크

1, 2. 개념화, 분류: 축의 지름비(D_2/D_1 = 1.2)와 필렛 반지름 R과 지름 D_1과의 비

그림 3-59(반복)

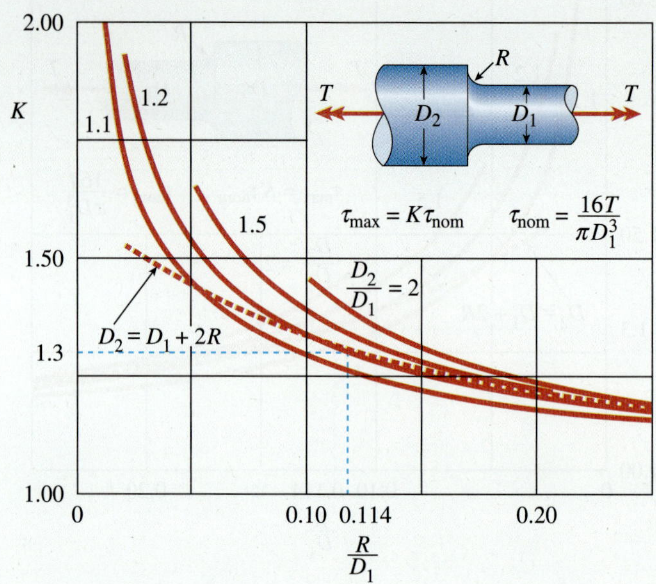

(R/D_1 = 0.114)를 계산한 후 응력집중 계수 K는 그림 3-59로부터 근사적으로 1.3이다(다시 그렸다). 작은 지름 축에서의 최대 전단응력과 허용 전단응력 τ_a를 연립하면 다음과 같다.

$$\tau_{max} = K\left(\frac{16T}{\pi D_1^3}\right) = \tau_a \tag{a}$$

3, 4. 해석, 최종 단계: 식 (a)를 T_{max}에 대해 풀면 다음과 같다.

$$T_{max} = \tau_a\left(\frac{\pi D_1^3}{16K}\right) \tag{b}$$

구체적 수치를 대입하면

$$T_{max} = (63\text{ MPa})\left[\frac{\pi(44\text{ mm})^3}{16(1.3)}\right] = 811\text{ N}\cdot\text{m}$$

Part (b): 허용할 수 있는 가장 작은 지름 D_1

1, 2. 개념화, 분류: 축을 다시 설계할 때 완전한 4분원의 필렛이 사용되었다.

$$D_2 = D_1 + 2R \quad \text{or} \quad R = \frac{D_2 - D_1}{2} = \frac{53\text{ mm} - D_1}{2} = 26.5\text{ mm} - \frac{D_1}{2} \tag{c}$$

다음으로 식 (a)를 지름 D_1에 대해서 미지의 응력집중 계수 K의 항으로 푼다.

$$D_1 = \left[K\left(\frac{16T}{\pi\tau_a}\right)\right]^{\frac{1}{3}} = \left[K\left[\frac{16(960\text{ N}\cdot\text{m})}{\pi(86\text{ MPa})}\right]\right]^{\frac{1}{3}} = \left(\frac{7680K\text{ N}\cdot\text{m}}{43\text{ MPa}}\right)^{\frac{1}{3}} \tag{d}$$

3. 해석: 식 (c)와 (d)를 시행착오법(*trial and error*)으로 풀고 그림 3-59에서 K를 구하면 다음 결과를 얻는다.

1차 시도:

$$D_{1a} = 38 \text{ mm} \quad R = 26.5 \text{ mm} - \frac{D_{1a}}{2} = 7.5 \text{ mm} \quad \frac{R}{D_{1a}} = 0.197$$

그림 3-59로부터 $K = 1.24$

$$D_{1b} = \left(\frac{7680K \text{ N}\cdot\text{m}}{43 \text{ MPa}}\right)^{\frac{1}{3}} = 41.31 \text{ mm}$$

2차 시도:

$$D_{1a} = 41.3 \text{ mm} \quad R = 26.5 \text{ mm} - \frac{D_{1a}}{2} = 5.85 \text{ mm} \quad \frac{R}{D_{1a}} = 0.142$$

그림 3-59로부터 $K = 1.26$

$$D_{1b} = \left(\frac{7680K \text{ N}\cdot\text{m}}{43 \text{ MPa}}\right)^{\frac{1}{3}} = 41.53 \text{ mm}$$

3차 시도:

$$D_{1a} = 41.6 \text{ mm} \quad R = 26.5 \text{ mm} - \frac{D_{1a}}{2} = 5.7 \text{ mm} \quad \frac{R}{D_{1a}} = 0.137$$

그림 3-59로부터 $K = 1.265$

$$D_{1b} = \left(\frac{7680K \text{ N}\cdot\text{m}}{43 \text{ MPa}}\right)^{\frac{1}{3}} = 41.59 \text{ mm}$$

D_1 = 41.6 mm를 사용하자. 최대 전단응력을 확인해 보자:

$$\tau_{max} = K\left(\frac{16T}{\pi D_1^3}\right) = (1.265)\left[\frac{16(960 \text{ N}\cdot\text{m})}{\pi(41.6 \text{ mm})^3}\right] = 86 \text{ MPa}$$

4. **최종 단계**: D_2 = 53 mm, D_1 = 41.6 mm로 턱이 지고 완전한 4분원의 필렛 R = 5.7 mm으로 연결된 축은 필렛 영역에서 허용전단응력을 초과하지 않고 요구 토크 T를 전달할 수 있다. 축은 (a)에서의 축과 크기가 거의 같으나 높은 허용전단응력으로 인하여 더 큰 토크를 견딜 수 있다.

이 장의 요약 및 복습

3장에서 이미 변형되어 있는 봉뿐만 아니라 집중 토크나 분포된 비틀림 모멘트를 받는 봉이나 속이 빈 관의 거동에 대하여 고찰하였다. 균일 조건 또는 불균일 조건 하에 있는 봉의 비틀림각을 계산하기 위한 토크-변위 관계식을 유도하였다. 그 후 부정정 구조물의 미지의 토크, 회전변위, 응력 등을 구하기 위해 중첩 과정을 도입하여 평형방정식과 적합 방정식을 구하였다. 경사단면의 수직응력과 전단응력의 관계식을 유도하였다. 이 장에서 소개된 주요 개념은 다음과 같다:

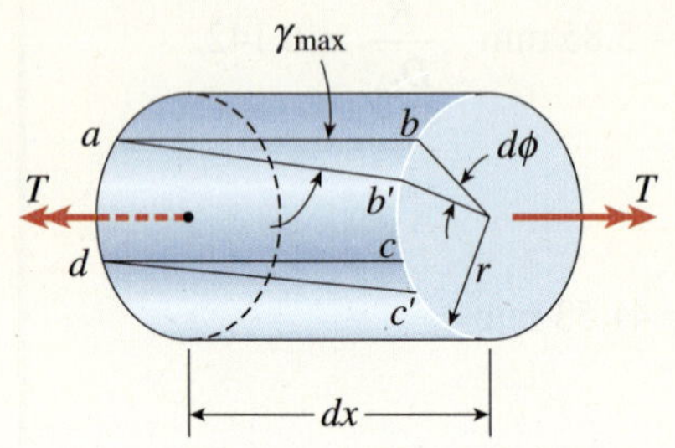

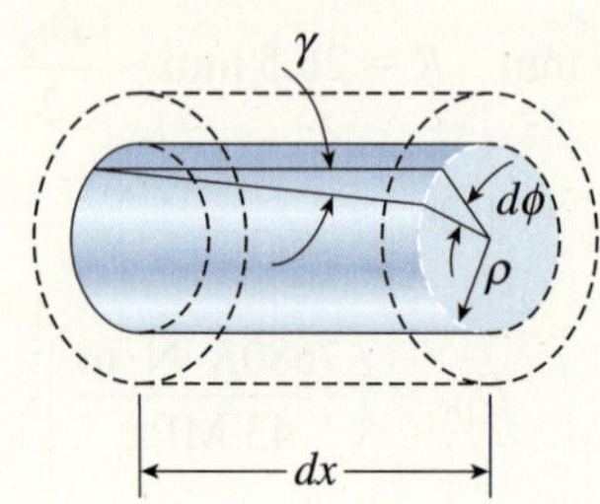

1. 원형 봉과 관에서 **전단응력**(τ)과 **전단변형률**(γ) 단면 중심으로부터의 거리에 따라 선형적으로 변한다.

$$\tau = (\rho/r)\tau_{max} \quad \gamma = (\rho/r)\gamma_{max}$$

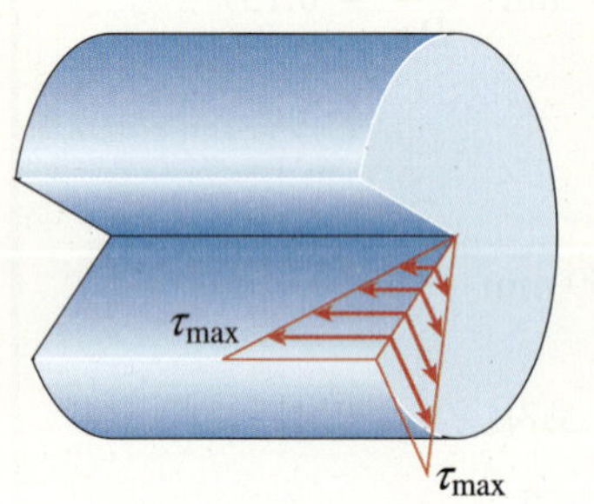

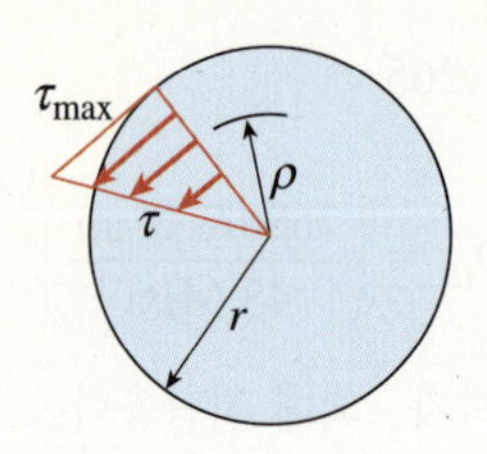

2. **비틀림 공식**에서 전단응력과 비틀림 모멘트 사이의 관계를 정의하였다. 최대 전단응력 τ_{max}는 봉이나 관의 외측 면에서 발생하며, 비틀림 모멘트 T, 반지름 거리 r과 원형단면에서 극관성모멘트로 알려진 단면의 2차 관성모멘트 I_p에 종속되어 있다. 얇은 관에서 부재가 좀 더 균일한 응력을 받고 있으므로 얇은 관이 비틀림을 받을 때 속이 찬 봉보다 효율적이다.

$$\tau_{max} = \frac{Tr}{I_p}$$

3. 균일한 원형 봉이 비틀림 모멘트를 받을 때 비틀림각 ϕ는 토크 T와 봉의 길이 L에 비례하고 비틀림 강성(G/I_p)에 반비례한다; 이 식을 **토크-변위 관계식**이라 부른다.

$$\phi = \frac{TL}{GI_p}$$

4. 봉에서 단위길이당 비틀림각을 **비틀림 유연도**(f_T)라 부르고 **비틀림 강성도**($k_T = 1/f_T$)와 역수 관계에 있다.

$$k_T = \frac{GI_p}{L} \qquad f_T = \frac{L}{GI_p}$$

5. 불균일 봉에서는 각 부분별 비틀림각을 더하여 전체 봉의 비틀림각(ϕ)을 구한다. 각 구간 i에서의 비틀림 모멘트(T_i)는 자유물체도를 이용하여 구한다.

$$\phi = \sum_{i=1}^{n} \phi_i = \sum_{i=1}^{n} \frac{T_i L_i}{G_i (I_p)_i}$$

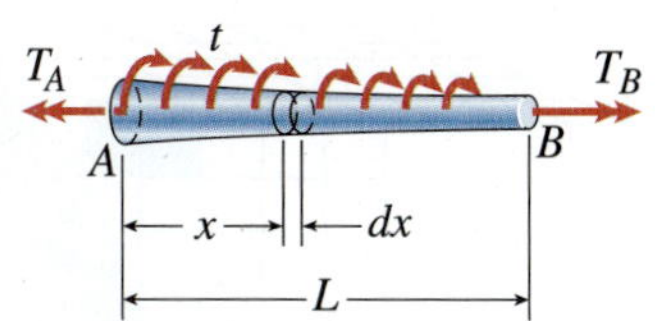

비틀림 모멘트 또는 단면 성질(I_p)이 연속적으로 변하면 적분식이 필요하다.

$$\phi = \int_0^L d\phi = \int_0^L \frac{T(x)dx}{GI_p(x)}$$

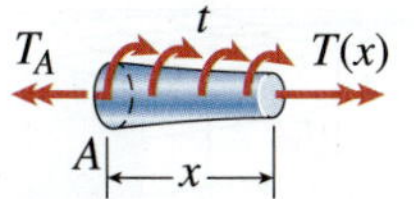

내부 비틀림 모멘트 T_i를 그린 그림을 **비틀림 모멘트 선도**(TMD)라 부른다. TMD는 토크-변위 관계와 함께 **비틀림 변위 선도**(TDD)를 그리는 데 사용된다. 이러한 선도들은 비틀림 모멘트, 최대 전단력, 비틀림 변위 및 전단변형률 등이 최대가 되는 곳을 시각적으로 찾는 데 도움을 준다.

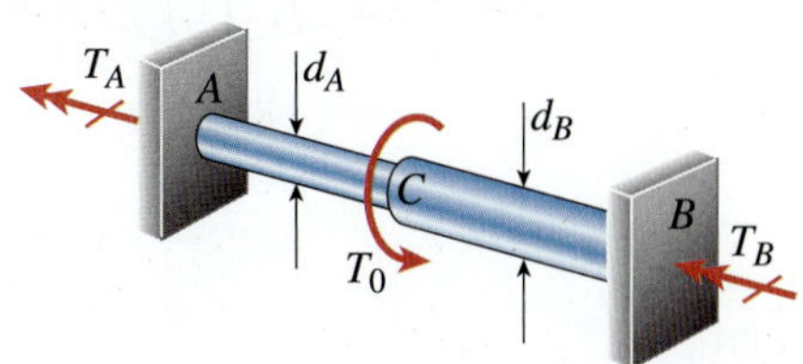

6. 봉 구조물이 **부정정**이면 미지의 모멘트를 구하기 위하여 추가로 식이 필요하다. **적합 방정식**이 회전각과 지지조건을 연계시키는 데 사용되며 미지수 중에서 추가 관계식을 만든다. 실제 부정정 봉 구조물을 나타내기 위하여 "완화된"(또는 정정인) 구조물로 만든 후 **중첩**시켜 사용하면 편리하다.

7. **부적합(misfit)**이나 **사전 변형률(prestrain)**은 부정정 봉이나 축에서만 비틀림 모멘트를 일으킨다.

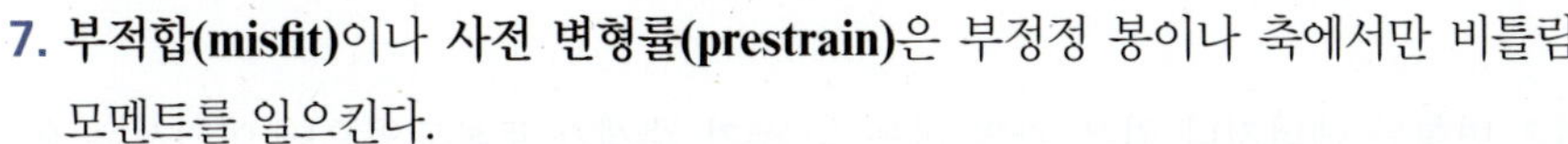

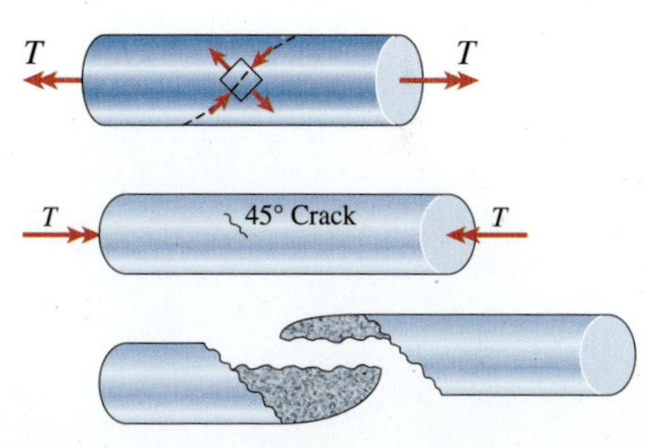

8. 원형 축은 비틀림 모멘트로 **순수전단** 상태가 된다. **최대 수직응력**과 **전단응력**은 경사진 응력요소를 고려하면 구할 수 있다. 최대 전단응력은 요소가 봉의 축 방향과 일치할 때 최대가 되나, 최대 수직응력은 축과 45° 기울어진 위치에 발생한다. 그리고 최대 수직응력은 최대 전단응력과 같다.

$$\sigma_{max} = \tau$$

또 순수전단의 경우 최대 전단변형률과 수직변형률 사이의 관계는 다음과 같다.

$$\varepsilon_{max} = \gamma_{max}/2$$

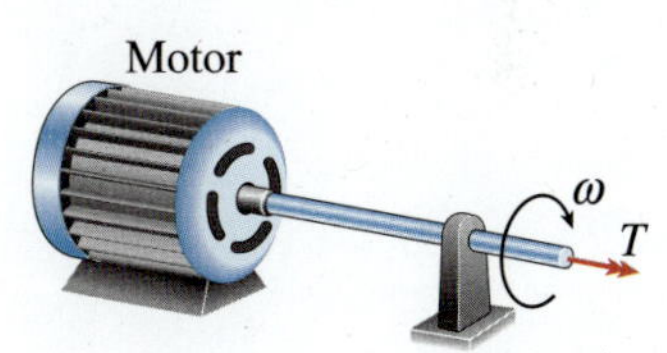

9. 원형 축은 한 기계에서 다른 기계로 기계적 동력을 전달하는 데 공통적으로 사용된다. T가 뉴톤과 미터로 표시되고 n이 축의 rpm이면 동력 P는 와트로 다음과 같다.

$$P = \frac{2\pi nT}{60}$$

US 관용 단위에서 T는 ft-lb로 주어지고 동력 H는 마력(hp)으로 다음과 같다.

$$H = \frac{2\pi nT}{33,000}$$

10. 비틀림 공식과 토크-변위 관계식은 **원형이 아닌 축**에는 적용할 수 없다. 타원, 삼각형, 사각형 단면을 가진 축은 비틀림 모멘트를 받으면 단면이 뒤틀리며(*warp*), 원형단면의 축과 달리 최대 전단응력이 축의 중심으로부터 가장 먼 곳에서 발생하지 않는다.

11. 축에 홈(grooves), 노치(notches), 키홈(keyways), 어깨(shoulders), 나사 또는 급격한 단면의 변화가 있다면 **응력집중**이 발생하여 균일한 응력 분포를 방해한다. 이러한 도형의 불연속은 봉의 아주 좁은 부분에 큰 응력을 야기한다. 응력집중 계수가 이러한 위치에서의 최대 응력을 구하기 위하여 사용된다.

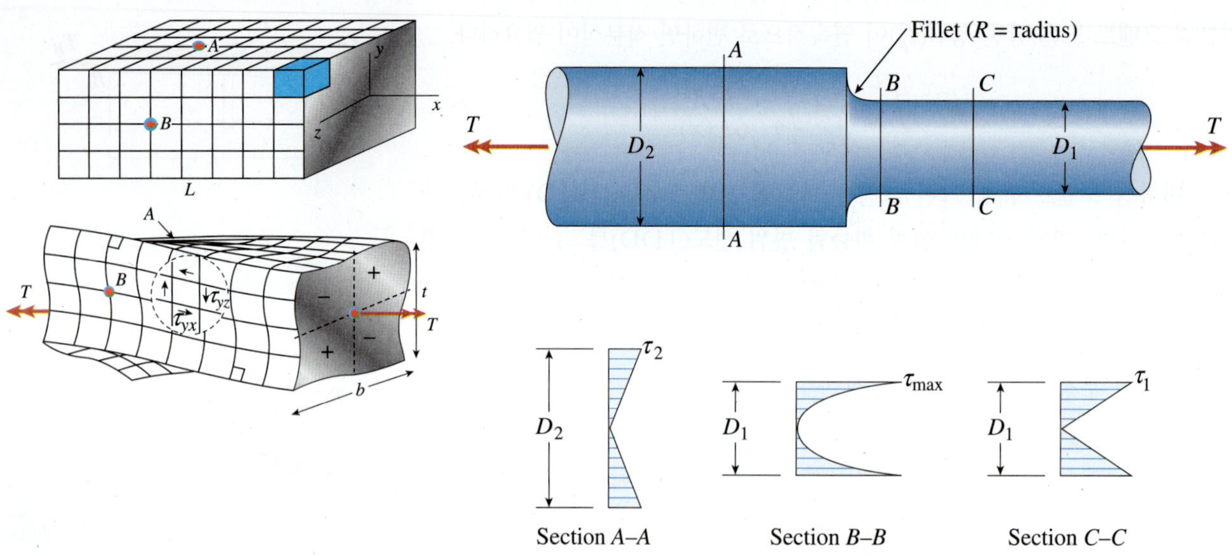

12. 변형률 에너지나 얇은 관의 거동 등 **추가 주제**가 토론되었으나 여기서는 요약하지 않았다.

PROBLEMS Chapter 3

3.2 Torsional Deformations of a Circular Bar

Introductory Problems

3.2-1 A circular tube is subjected to torque T at its ends. The resulting maximum shear strain in the tube is 0.005. Calculate the minimum shear strain in the tube and the shear strain at the median line of the tube section.

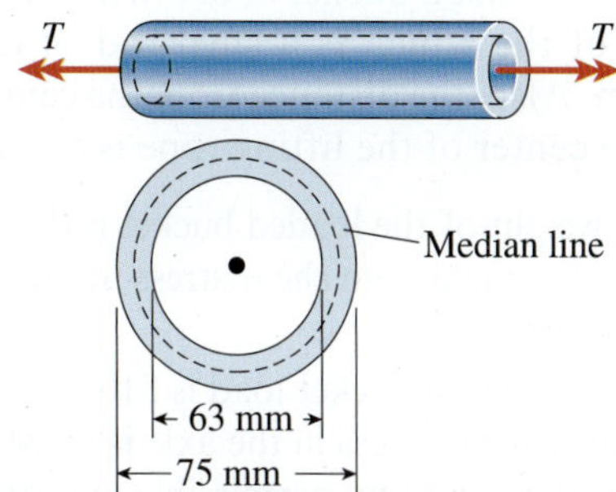

PROBLEM 3.2-1

3.2-2 A plastic bar of diameter $d = 56$ mm is to be twisted by torques T (see figure) until the angle of rotation between the ends of the bar is 4.0°.

(a) If the allowable shear strain in the plastic is 0.012 rad, what is the minimum permissible length of the bar?

(b) If the length of the bar is 200 mm, what is the maximum permissible diameter of the bar?

3.2-3 A copper rod of length $L = 460$ mm is to be twisted by torques T (see figure) until the angle of rotation between the ends of the rod is 3.0°.

(a) If the allowable shear strain in the copper is 0.0006 rad, what is the maximum permissible diameter of the rod?

(b) If the rod diameter is 12.5 mm, what is the minimum permissible length of the rod?

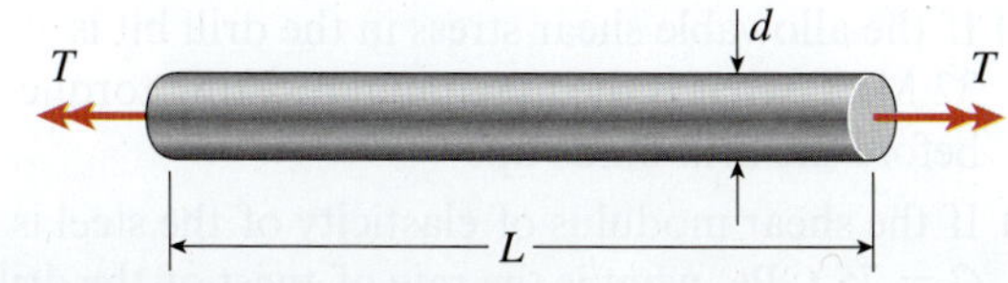

PROBLEMS 3.2-2 and 3.2-3

Representative Problems

3.2-4 A circular steel tube of length $L = 1.0$ m is loaded in torsion by torques T (see figure).

(a) If the inner radius of the tube is $r_1 = 45$ mm and the measured angle of twist between the ends is 0.5°, what is the shear strain γ_1 (in radians) at the inner surface?

(b) If the maximum allowable shear strain is 0.0004 rad and the angle of twist is to be kept at 0.45° by adjusting the torque T, what is the maximum permissible outer radius $(r_2)_{max}$?

3.2-5 Solve the preceding problem if the length $L = 1420$ mm, the inner radius $r_1 = 32$ mm, the angle of twist is 0.5°, and the allowable shear strain is 0.0004 rad.

3.2-6 A circular aluminum tube subjected to pure torsion by torques T (see figure) has an outer radius r_2 equal to 1.5 times the inner radius r_1.

(a) If the maximum shear strain in the tube is measured as 400×10^{-6} rad, what is the shear strain γ_1 at the inner surface?

(b) If the maximum allowable rate of twist is 0.125 °/m and the maximum shear strain is to be kept at 400×10^{-6} rad by adjusting the torque T, what is the minimum required outer radius $(r_2)_{min}$?

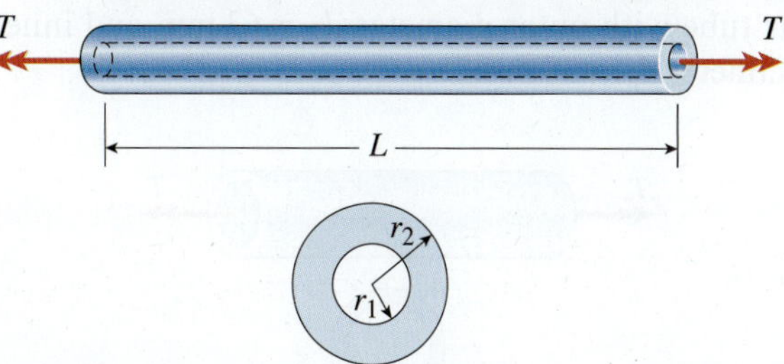

PROBLEMS 3.2-4, 3.2-5, and 3.2-6

3.3 Circular Bars of Linearly Elastic Materials

Introductory Problems

3.3-1 A solid steel bar of circular cross section has diameter $d = 63$ mm, $L = 1.5$ m, and shear modulus of elasticity $G = 80$ GPa. The bar is subjected to torques $T = 400$ N·m at the ends. Calculate the angle of twist between the ends. What is the maximum shear stress and the shear stress at a distance $r_A = 25$ mm measured from the center of the bar?

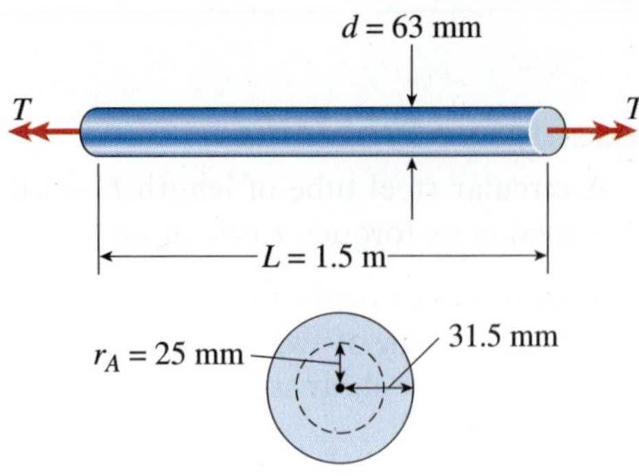

PROBLEM 3.3-1

3.3-2 A solid copper bar of circular cross section has length $L = 1.25$ m and shear modulus of elasticity $G = 45$ GPa. The bar is designed to carry a 250 N · m torque acting at the ends. If the allowable shear stress is 30 MPa and the allowable angle of twist between the ends is 2.5°, what is the minimum required diameter?

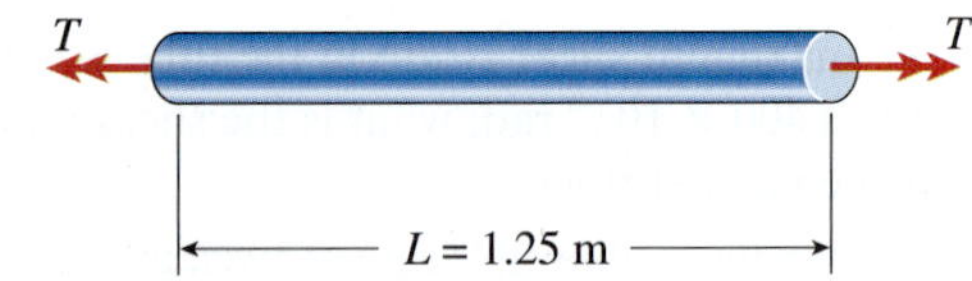

PROBLEM 3.3-2

3.3-3 Repeat Problem 3.3-1, but now use a circular tube with outer diameter $d_o = 63$ mm and inner diameter $d_i = 38$ mm.

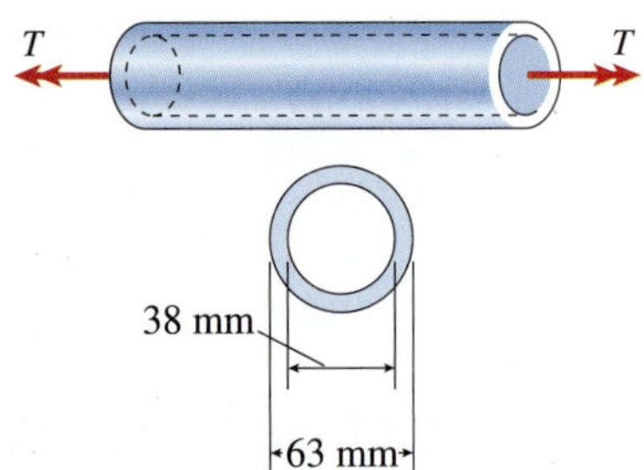

PROBLEM 3.3-3

3.3-4 A copper tube with circular cross section has length $L = 1.25$ m, thickness $t = 2$ mm, and shear modulus of elasticity $G = 45$ GPa. The bar is designed to carry a 300 N · m torque acting at the ends. If the allowable shear stress is 25 MPa and the allowable angle of twist between the ends is 2.5°, what is the minimum required outer diameter d?

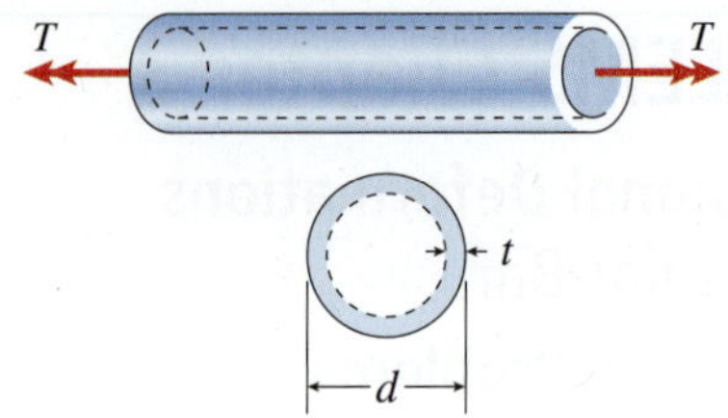

PROBLEM 3.3-4

Representative Problems

3.3-5 A prospector uses a hand-powered winch (see figure) to raise a bucket of ore in his mine shaft. The axle of the winch is a steel rod of diameter $d = 15$ mm. Also, the distance from the center of the axle to the center of the lifting rope is $b = 100$ mm.

(a) If the weight of the loaded bucket is $W = 400$ N, what is the maximum shear stress in the axle due to torsion?

(b) If the maximum bucket load is 510 N and the allowable shear stress in the axle is 65 MPa, what is the minimum permissible axle diameter?

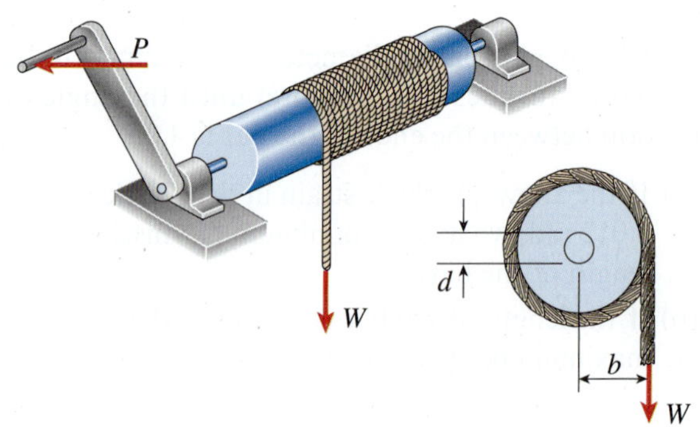

PROBLEM 3.3-5

3.3-6 When drilling a hole in a table leg, a furniture maker uses a hand-operated drill (see figure) with a bit of diameter $d = 4.0$ mm.

(a) If the resisting torque supplied by the table leg is equal to 0.3 N · m, what is the maximum shear stress in the drill bit?

(b) If the allowable shear stress in the drill bit is 32 MPa, what is the maximum resisting torque before the drill binds up?

(c) If the shear modulus of elasticity of the steel is $G = 75$ GPa, what is the rate of twist of the drill bit (degrees per meter)?

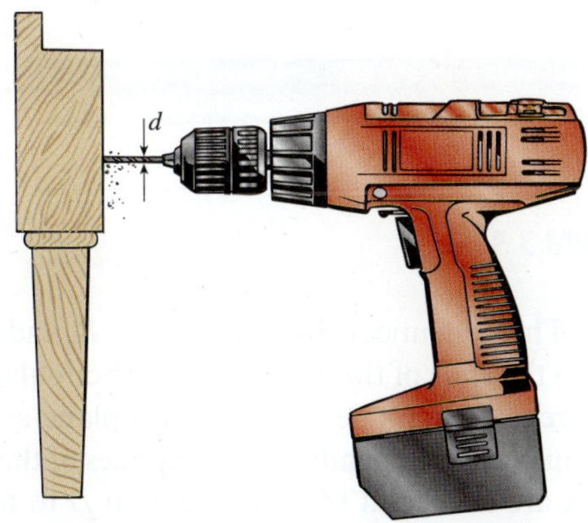

PROBLEM 3.3-6

3.3-7 While removing a wheel to change a tire, a driver applies forces $P = 100$ N at the ends of two of the arms of a lug wrench (see figure). The wrench is made of steel with shear modulus of elasticity $G = 78$ GPa. Each arm of the wrench is 225 mm long and has a solid circular cross section of diameter $d = 12$ mm.

(a) Determine the maximum shear stress in the arm that is turning the lug nut (arm A).

(b) Determine the angle of twist (in degrees) of this same arm.

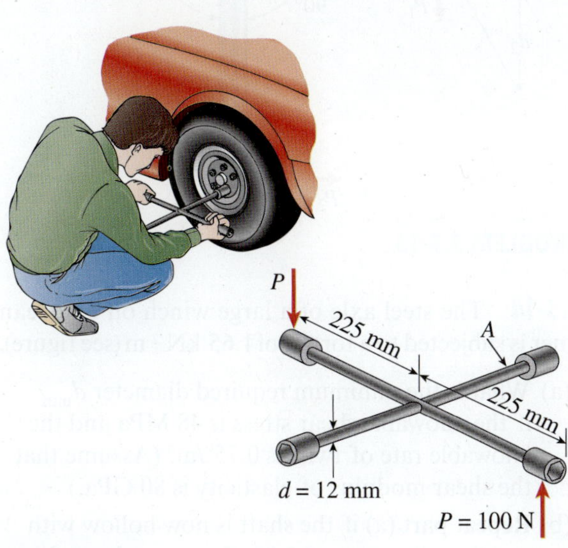

PROBLEM 3.3-7

3.3-8 An aluminum bar of solid circular cross section is twisted by torques T acting at the ends (see figure). The dimensions and shear modulus of elasticity are $L = 1.4$ m, $d = 32$ mm, and $G = 28$ GPa.

(a) Determine the torsional stiffness of the bar.

(b) If the angle of twist of the bar is 5°, what is the maximum shear stress? What is the maximum shear strain (in radians)?

(c) If a hole of diameter $d/2$ is drilled longitudinally through the bar, what is the ratio of the torsional stiffnesses of the hollow and solid bars? What is the ratio of their maximum shear stresses if both are acted on by the same torque?

(d) If the hole diameter remains at $d/2$, what new outside diameter d_2 will result in equal stiffnesses of the hollow and solid bars?

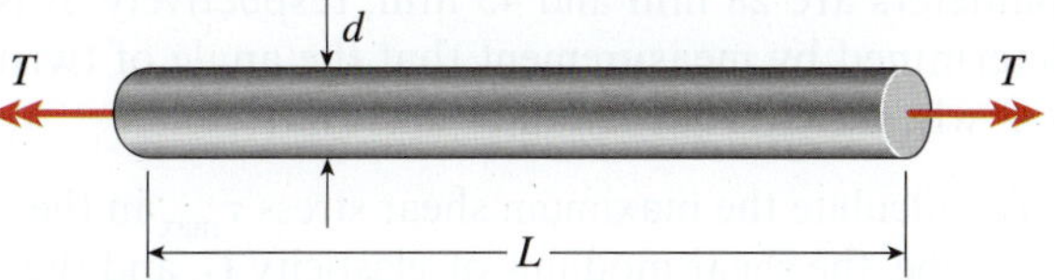

PROBLEM 3.3-8

3.3-9 A high-strength steel drill rod used for boring a hole in the earth has a diameter of 12 mm (see figure). The allowable shear stress in the steel is 300 MPa and the shear modulus of elasticity is 80 GPa.

(a) What is the minimum required length of the rod so that one end of the rod can be twisted 30° with respect to the other end without exceeding the allowable stress?

(b) If the shear strain in part (a) is limited to 3.2×10^{-3}, what is the minimum required length of the drill rod?

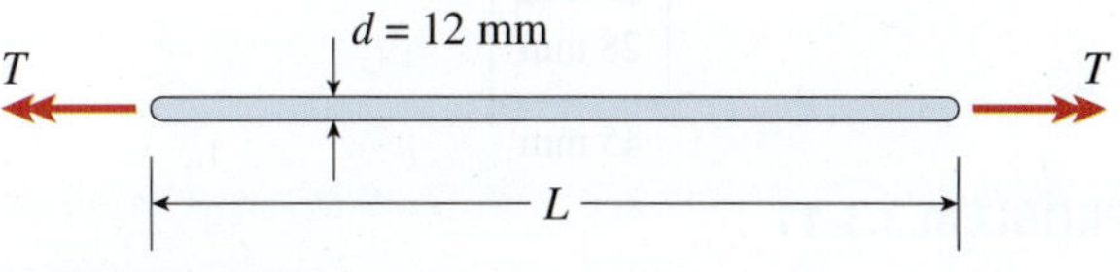

PROBLEM 3.3-9

3.3-10 The steel shaft of a socket wrench has a diameter of 8.0 mm and a length of 200 mm (see figure).

If the allowable stress in shear is 60 MPa, what is the maximum permissible torque T_{max} that may be exerted with the wrench?

Through what angle ϕ (in degrees) will the shaft twist under the action of the maximum torque? (Assume $G = 78$ GPa and disregard any bending of the shaft.)

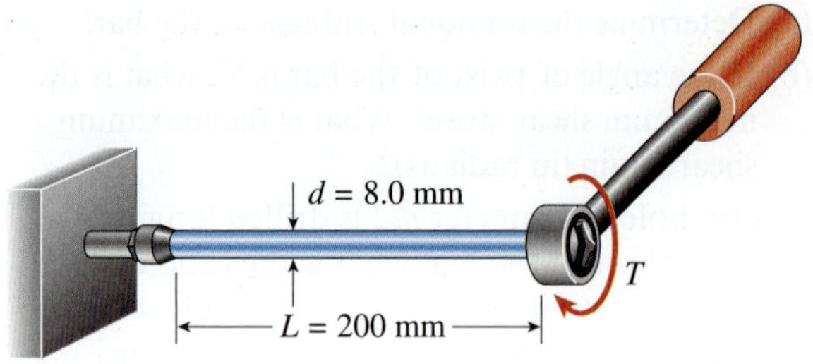

PROBLEM 3.3-10

3.3-11 A circular tube of aluminum is subjected to torsion by torques T applied at the ends (see figure). The bar is 0.75 m long, and the inside and outside diameters are 28 mm and 45 mm, respectively. It is determined by measurement that the angle of twist is 4° when the torque is 700 N · m.

(a) Calculate the maximum shear stress τ_{max} in the tube, the shear modulus of elasticity G, and the maximum shear strain γ_{max} (in radians).

(b) If the maximum shear strain in the tube is limited to 2.2×10^{-3} and the inside diameter is increased to 35 mm, what is the maximum permissible torque?

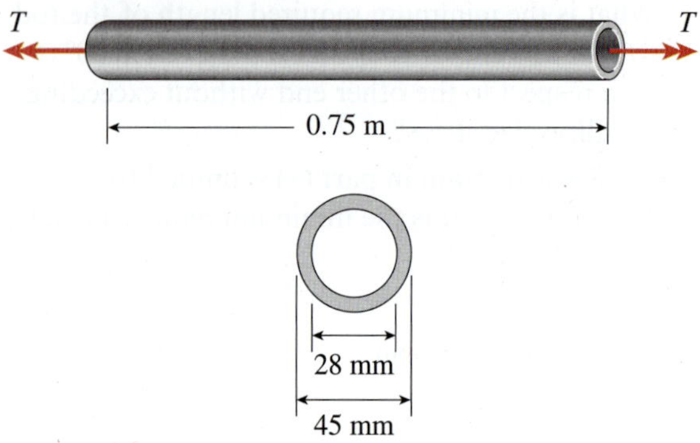

PROBLEM 3.3-11

3.3-12 A propeller shaft for a small yacht is made of a solid steel bar 104 mm in diameter. The allowable stress in shear is 48 MPa, and the allowable rate of twist is 2.0° in 3.5 meters.

(a) Assuming that the shear modulus of elasticity is $G = 80$ GPa, determine the maximum torque T_{max} that can be applied to the shaft.

(b) Repeat part (a) if the shaft is now hollow with an inner diameter of $5d/8$. Compare T_{max} values to corresponding values from part (a).

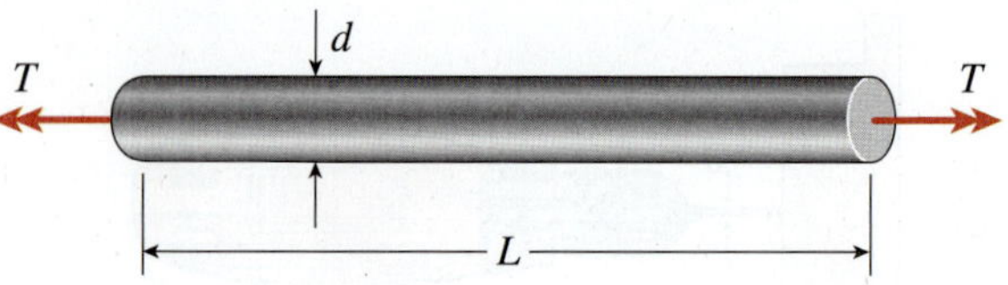

PROBLEM 3.3-12

3.3-13 Three identical circular disks A, B, and C are welded to the ends of three identical solid circular bars (see figure). The bars lie in a common plane and the disks lie in planes perpendicular to the axes of the bars. The bars are welded at their intersection D to form a rigid connection. Each bar has diameter $d_1 = 10$ mm and each disk has diameter $d_2 = 75$ mm.

Forces P_1, P_2, and P_3 act on disks A, B, and C, respectively, thus subjecting the bars to torsion. If $P_1 = 100$ N, what is the maximum shear stress τ_{max} in any of the three bars?

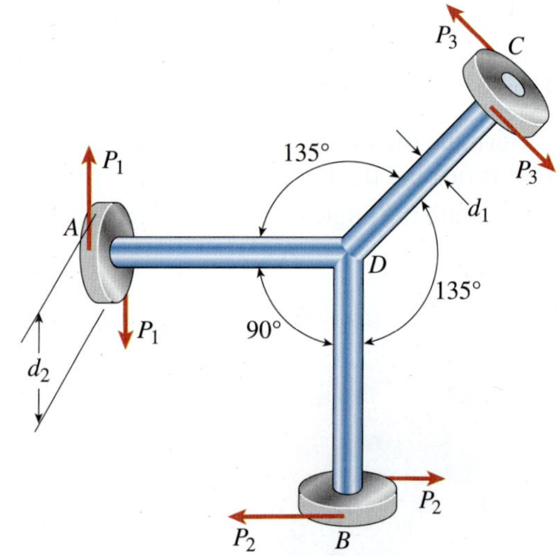

PROBLEM 3.3-13

3.3-14 The steel axle of a large winch on an ocean liner is subjected to a torque of 1.65 kN · m (see figure).

(a) What is the minimum required diameter d_{min} if the allowable shear stress is 48 MPa and the allowable rate of twist is 0.75°/m? (Assume that the shear modulus of elasticity is 80 GPa.)

(b) Repeat part (a) if the shaft is now hollow with an inner diameter of $5d/8$. Compare d_{min} values to corresponding values from part (a).

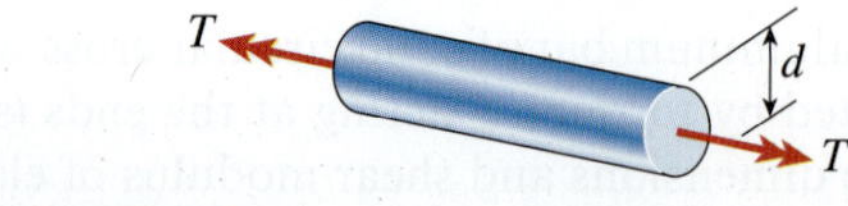

PROBLEM 3.3-14

3.3-15 A hollow steel shaft used in a construction auger has an outer diameter $d_2 = 175$ mm and inner diameter $d_1 = 125$ mm (see figure). The steel has a shear modulus of elasticity $G = 80$ GPa.

For an applied torque of 20 kN · m, determine the following quantities:

(a) shear stress τ_2 at the outer surface of the shaft,
(b) shear stress τ_1 at the inner surface, and
(c) rate of twist θ (degrees per unit of length).

Also, draw a diagram showing how the shear stresses vary in magnitude along a radial line in the cross section.

PROBLEMS 3.3-15 and 3.3-16

3.3-16 Solve the preceding problem if the shaft has an outer diameter $d_2 = 150$ mm and inner diameter $d_1 = 100$ mm. Also, the steel has a shear modulus of elasticity $G = 75$ GPa, and the applied torque is 16 kN · m.

3.3-17 A vertical pole of solid, circular cross section is twisted by horizontal forces $P = 12$ kN acting at the ends of a rigid horizontal arm AB (see figure part a). The distance from the outside of the pole to the line of action of each force is $c = 212$ mm (see figure part b) and the pole height is $L = 425$ mm.

(a) If the allowable shear stress in the pole is 32 MPa, what is the minimum required diameter $d_{min.}$ of the pole?
(b) Find the torsional stiffness of the pole (kN · m/rad). Assume that $G = 28$ GPa.
(c) If two translational springs, each with stiffness $k = 2700$ kN/m, are added at $2c/5$ from A and B (see figure part c), repeat part (a) to find d_{min}. *Hint:* Consider the pole and pair of springs as "springs in parallel."

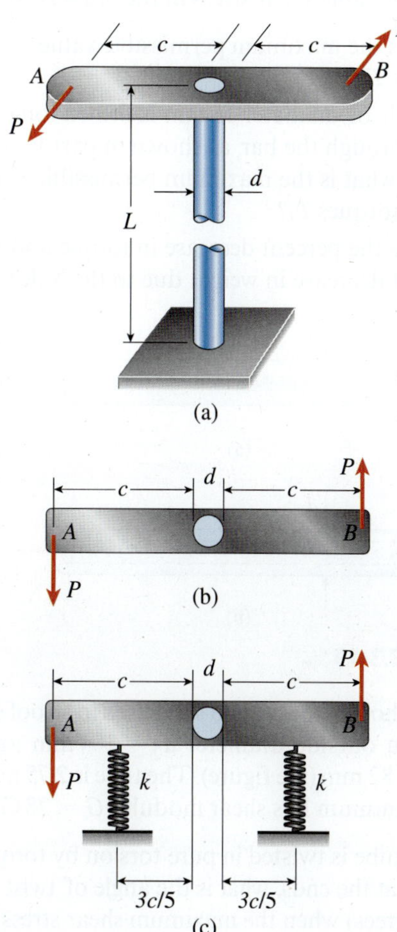

PROBLEMS 3.3-17 and 3.3-18

3.3-18 A vertical pole of solid, circular cross section is twisted by horizontal forces $P = 5$ kN acting at the ends of a rigid horizontal arm AB (see figure part a). The distance from the outside of the pole to the line of action of each force is $c = 125$ mm (see figure part b) and the pole height $L = 350$ mm.

(a) If the allowable shear stress in the pole is 30 MPa, what is the minimum required diameter d_{min} of the pole?
(b) What is the torsional stiffness of the pole (kN · m/rad)? Assume that $G = 28$ GPa.

(c) If two translational springs, each with stiffness $k = 2550$ kN/m, are added at $2c/5$ from A and B (see figure part c), repeat part (a) to find d_{min}. *Hint*: Consider the pole and pair of springs as "springs in parallel."

3.3-19 A solid brass bar of diameter $d = 30$ mm is subjected to torques T_1, as shown in part a of the figure. The allowable shear stress in the brass is 80 MPa.

(a) What is the maximum permissible value of the torques T_1?

(b) If a hole of diameter 15 mm is drilled longitudinally through the bar, as shown in part b of the figure, what is the maximum permissible value of the torques T_2?

(c) What is the percent decrease in torque and the percent decrease in weight due to the hole?

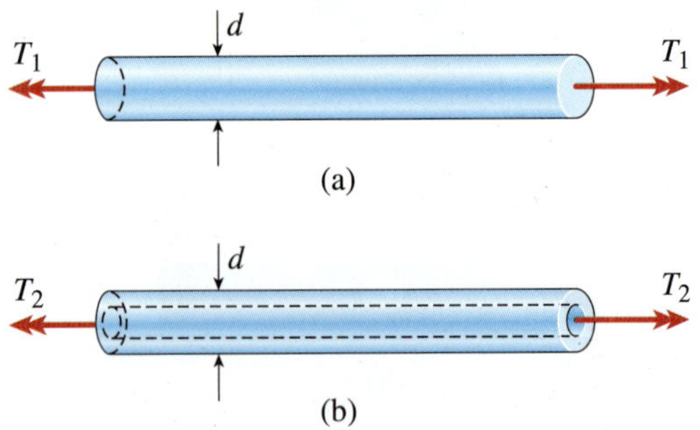

PROBLEM 3.3-19

3.3-20 A hollow aluminum tube used in a roof structure has an outside diameter $d_2 = 104$ mm and an inside $d_1 = 82$ mm (see figure). The tube is 2.75 m long, and the aluminum has shear modulus $G = 28$ GPa.

(a) If the tube is twisted in pure torsion by torques acting at the ends, what is the angle of twist (in degrees) when the maximum shear stress is 48 MPa?

(b) What diameter d is required for a solid shaft (see figure) to resist the same torque with the same maximum stress?

(c) What is the ratio of the weight of the hollow tube to the weight of the solid shaft?

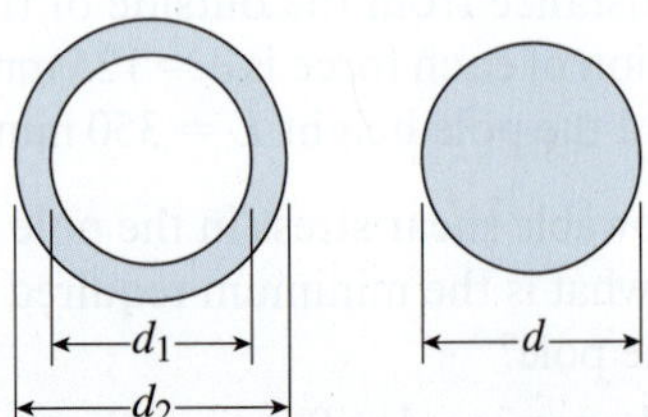

PROBLEM 3.3-20

3.3-21 A circular tube of inner radius r_1 and outer radius r_2 is subjected to a torque produced by forces $P = 4000$ N (see figure part a). The forces have their lines of action at a distance $b = 140$ mm from the outside of the tube.

(a) If the allowable shear stress in the tube is 43 MPa and the inner radius $r_1 = 30$ mm, what is the minimum permissible outer radius r_2?

(b) If a torsional spring of stiffness $k_R = 50$ kN·m/rad is added at the end of the tube (see figure part b), what is the maximum value of forces P if the allowable shear stress is not to be exceeded? Assume that the tube has a length of $L = 450$ mm, outer radius of $r_2 = 37$ mm, and shear modulus $G = 74$ GPa. *Hint*: Consider the tube and torsional spring as "springs in parallel."

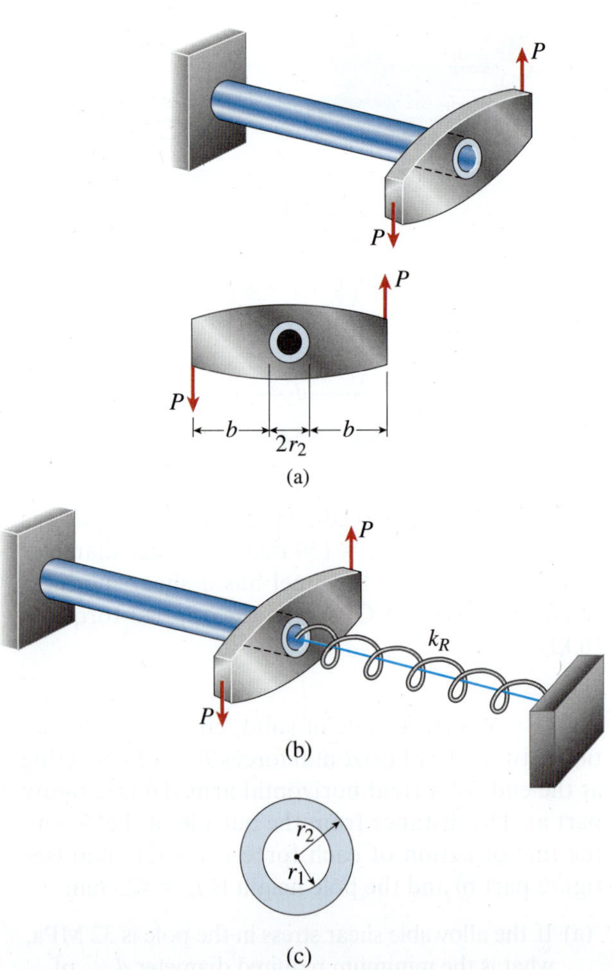

PROBLEM 3.3-21

3.4 Nonuniform Torsion

Introductory Problems

3.4-1 A stepped shaft *ABC* consisting of two solid circular segments is subjected to torques T_1 and T_2 acting in opposite directions, as shown in the figure. The larger segment of the shaft has a diameter of $d_1 = 58$ mm and length $L_1 = 760$ mm; the smaller segment has a diameter of $d_2 = 45$ mm and length of $L_2 = 510$ mm. The material is steel with shear modulus $G = 76$ GPa, and the torques are $T_1 = 2300$ N·m and $T_2 = 900$ N·m.

(a) Calculate the maximum shear stress τ_{max} in the shaft and the angle of twist ϕ_c (in degrees) at end *C*.

(b) If the maximum shear stress in *BC* must be the same as that in *AB*, what is the required diameter of segment *BC*? What is the resulting twist at end *C*?

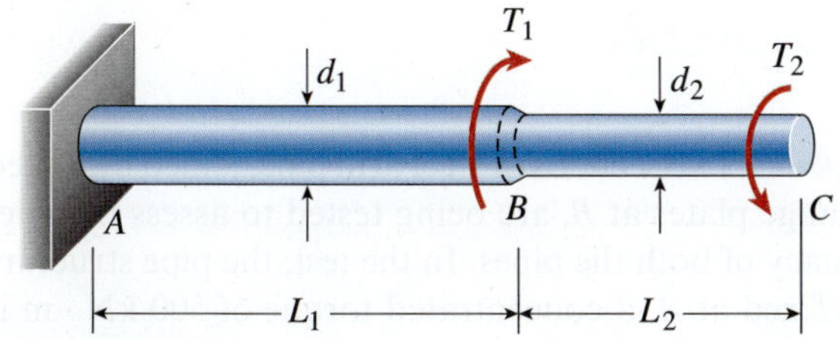

PROBLEM 3.4-1

3.4-2 A circular tube of outer diameter $d_3 = 70$ mm and inner diameter $d_2 = 60$ mm is welded at the right-hand end to a fixed plate and at the left-hand end to a rigid end plate (see figure). A solid, circular bar with a diameter of $d_1 = 40$ mm is inside of, and concentric with, the tube. The bar passes through a hole in the fixed plate and is welded to the rigid end plate.

The bar is 1.0 m long and the tube is half as long as the bar. A torque $T = 1000$ N·m acts at end *A* of the bar. Also, both the bar and tube are made of an aluminum alloy with a shear modulus of elasticity $G = 27$ GPa.

(a) Determine the maximum shear stresses in both the bar and tube.

(b) Determine the angle of twist (in degrees) at end *A* of the bar.

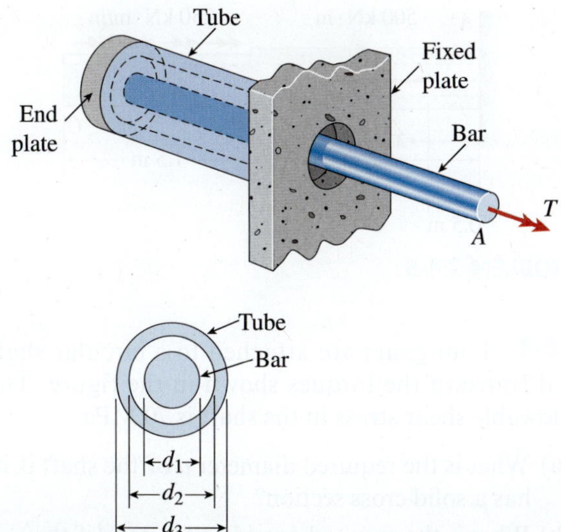

PROBLEM 3.4-2

3.4-3 A stepped shaft *ABCD* consisting of solid circular segments is subjected to three torques, as shown in the figure. The torques have magnitudes of 3000 N·m, 2000 N·m, and 800 N·m. The length of each segment is 0.5 m and the diameters of the segments are 80 mm, 60 mm, and 40 mm. The material is steel with shear modulus of elasticity $G = 80$ GPa.

(a) Calculate the maximum shear stress τ_{max} in the shaft and the angle of twist ϕ_D (in degrees) at end *D*.

(b) If each segment must have the same shear stress, find the required diameter of each segment in part (a) so that all three segments have shear stress τ_{max} from part (a). What is the resulting angle of twist at *D*?

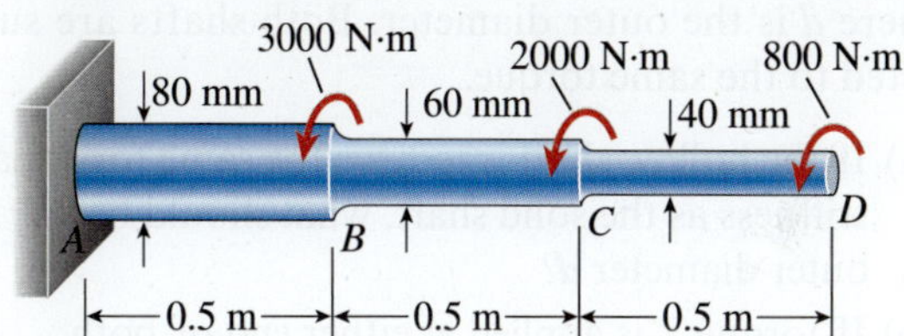

PROBLEM 3.4-3

3.4-4 A solid, circular bar *ABC* consists of two segments, as shown in the figure. One segment has a diameter of $d_1 = 56$ mm and length of $L_1 = 1.45$ m; the other segment has a diameter of $d_2 = 48$ mm and length of $L_2 = 1.2$ m.

What is the allowable torque T_{allow} if the shear stress is not to exceed 30 MPa and the angle of twist between the ends of the bar is not to exceed 1.25°? (Assume $G = 80$ GPa.)

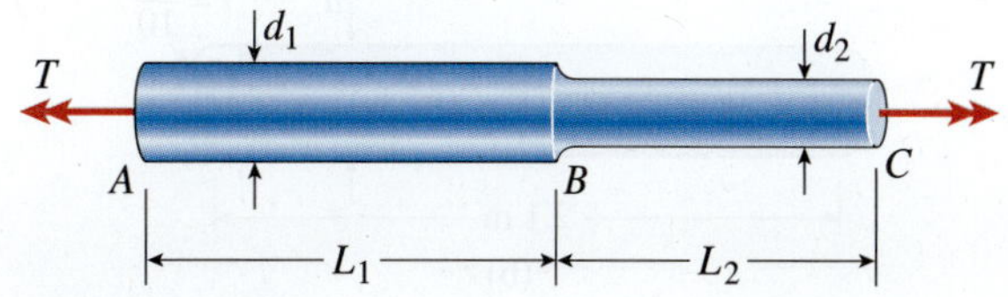

PROBLEM 3.4-4

3.4-5 A hollow tube $ABCDE$ constructed of monel metal is subjected to five torques acting in the directions shown in the figure. The magnitudes of the torques are $T_1 = 100$ N·m, $T_2 = T_4 = 50$ N·m, and $T_3 = T_5 = 80$ N·m. The tube has an outside diameter of $d_2 = 25$ mm. The allowable shear stress is 80 MPa and the allowable rate of twist is 6°/m.

Determine the maximum permissible inside diameter d_1 of the tube.

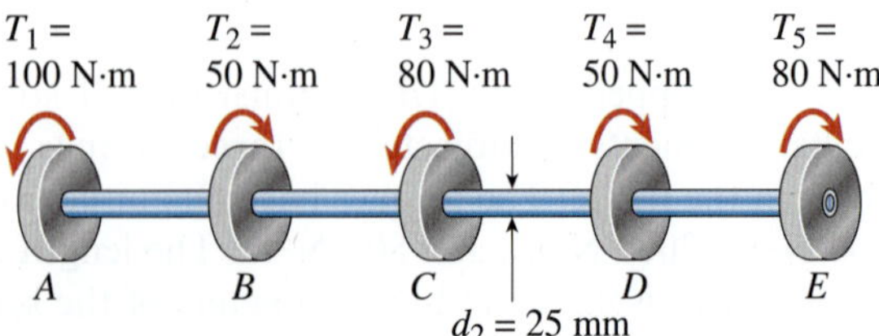

PROBLEM 3.4-5

3.4-6 A shaft with a solid, circular cross section consisting of two segments is shown in part a of the figure. The left-hand segment has a diameter of 80 mm and length of 1.2 m; the right-hand segment has a diameter of 60 mm and length of 0.9 m.

Shown in part b of the figure is a hollow shaft made of the same material and having the same length. The thickness t of the hollow shaft is $d/10$, where d is the outer diameter. Both shafts are subjected to the same torque.

(a) If the hollow shaft is to have the same torsional stiffness as the solid shaft, what should be its outer diameter d?

(b) If torque T is applied at either end of both shafts and the hollow shaft is to have the same maximum shear stress as the solid shaft, what should be its outer diamteter d?

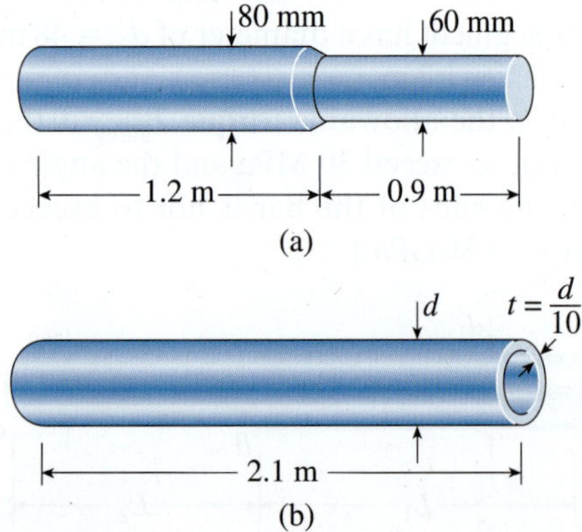

PROBLEM 3.4-6

Representative Problems

3.4-7 A solid steel shaft $ABCDE$ turns freely in bearings at points A and E. The shaft is driven by the gear at C, which applies a torque $T_2 = 440$ N·m. Gears at B and D are driven by the shaft and have resisting torques $T_1 = 270$ N·m and $T_3 = 170$ N·m, respectively. Segments BC and CD have lengths $L_{BC} = 500$ mm and $L_{CD} = 380$ mm and the shear modulus $G = 80$ GPa. Determine the minimum required diameter (d) of the shaft if the allowable shear stress $\tau_a = 40$ MPa. Also calculate the angle of twist between gears B and D.

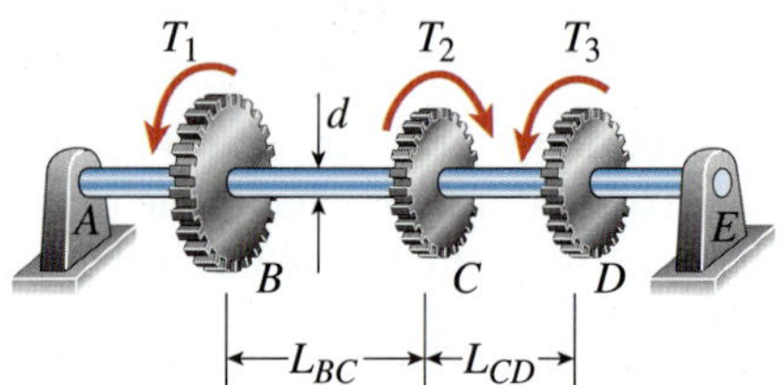

PROBLEM 3.4-7

3.4-8 Two sections of steel drill pipe, joined by bolted flange plates at B, are being tested to assess the adequacy of both the pipes. In the test, the pipe structure is fixed at A, a concentrated torque of 500 kN · m is applied at $x = 0.5$ m, and uniformly distributed torque intensity $t_0 = 250$ kN · m/m is applied on pipe BC. Both pipes have the same inner diameter $d = 200$ mm. Pipe AB has thickness $t_{AB} = 15$ mm, while pipe BC has thickness $t_{BC} = 12$ mm. Find the maximum shear stress and maximum twist of the pipe and their locations along the pipe. Assume $G = 75$ GPa.

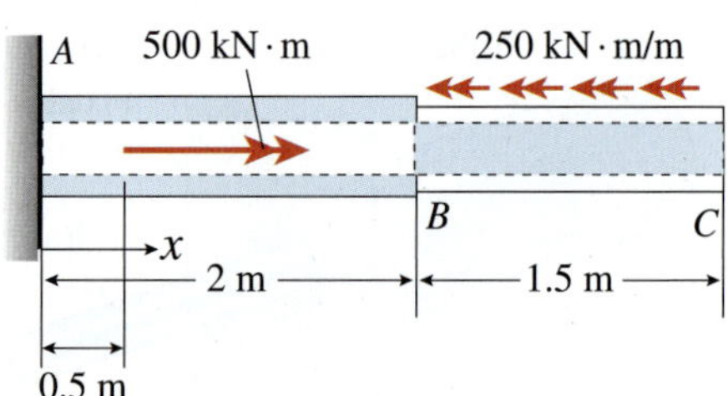

PROBLEM 3.4-8

3.4-9 Four gears are attached to a circular shaft and transmit the torques shown in the figure. The allowable shear stress in the shaft is 70 MPa.

(a) What is the required diameter d of the shaft if it has a solid cross section?

(b) What is the required outside diameter d if the shaft is hollow with an inside diameter of 40 mm?

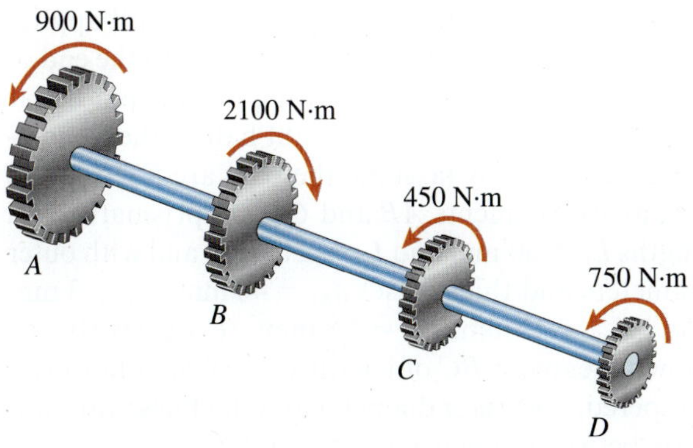

PROBLEM 3.4-9

3.4-10 A tapered bar AB with a solid circular cross section is twisted by torques T (see figure). The diameter of the bar varies linearly from d_A at the left-hand end to d_B at the right-hand end.

(a) Confirm that the angle of twist of the tapered bar is

$$\phi = \frac{32TL}{3\pi G(d_B - d_A)}\left(\frac{1}{d_A^3} - \frac{1}{d_B^3}\right)$$

(b) For what ratio d_B/d_A will the angle of twist of the tapered bar be one-half the angle of twist of a prismatic bar of diameter d_A? (The prismatic bar is made of the same material, has the same length, and is subjected to the same torque as the tapered bar.)

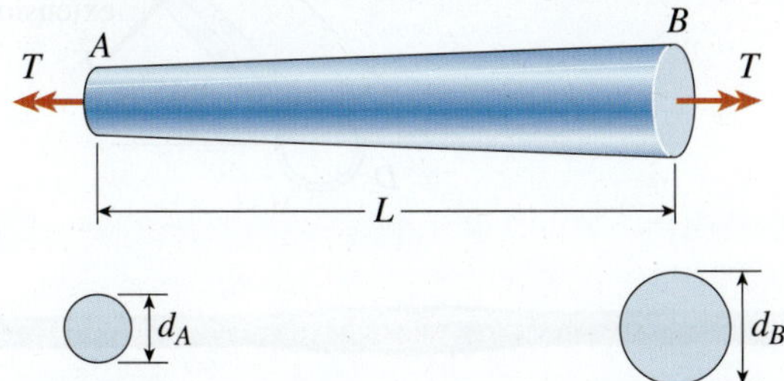

PROBLEMS 3.4-10, 3.4-11, and 3.4-12

3.4-11 A tapered bar AB with a solid circular cross section is twisted by torques $T = 2035$ N·m (see figure). The diameter of the bar varies linearly from d_A at the left-hand end to d_B at the right-hand end. The bar has length $L = 2.4$ m and is made of an aluminum alloy having shear modulus of elasticity $G = 27$ GPa. The allowable shear stress in the bar is 52 MPa and the allowable angle of twist is 3.0°.

If the diameter at end B is 1.5 times the diameter at end A, what is the minimum required diameter d_A at end A?

3.4-12 The bar shown in the figure is tapered linearly from end A to end B and has a solid circular cross section. The diameter at the smaller end of the bar is $d_A = 25$ mm and the length is $L = 300$ mm. The bar is made of steel with shear modulus of elasticity $G = 82$ GPa.

If the torque $T = 180$ N · m and the allowable angle of twist is 0.3°, what is the minimum allowable diameter d_B at the larger end of the bar?

3.4-13 The nonprismatic, cantilever circular bar shown has an internal cylindrical hole from 0 to x, so the net polar moment of inertia of the cross section for segment 1 is $(7/8)I_p$. Torque T is applied at x and torque $T/2$ is applied at $x = L$. Assume that G is constant.

(a) Find the reaction moment R_1.
(b) Find internal torsional moments T_i in segments 1 and 2.
(c) Find x required to obtain twist at joint 3 of $\phi_3 = TL/GI_p$.
(d) What is the rotation at joint 2, ϕ_2?
(e) Draw the torsional moment (TMD : $T(x), 0 \le x \le L$) and displacement (TDD : $\phi(x), 0 \le x \le L$) diagrams.

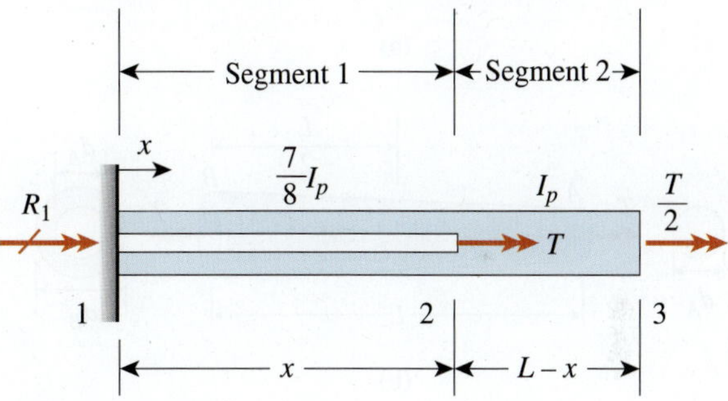

PROBLEM 3.4-13

3.4-14 A uniformly tapered tube AB with a hollow circular cross section is shown in the figure. The tube has constant wall thickness t and length L. The average diameters at the ends are d_A and $d_B = 2d_A$. The polar moment of inertia may be represented by the approximate formula $I_p \approx \pi d^3 t/4$ [see Eq. (3-21)].

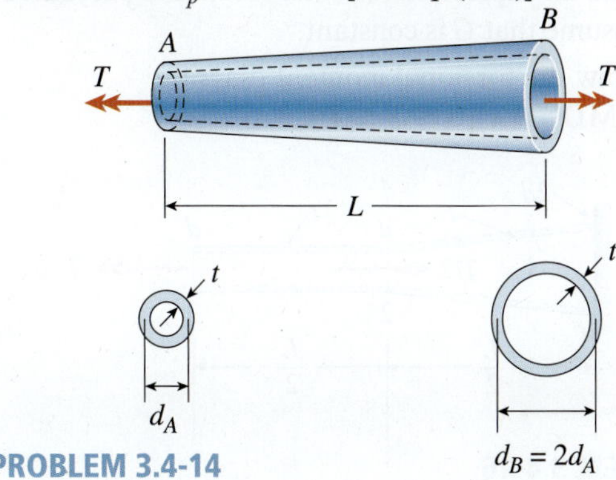

PROBLEM 3.4-14

Derive a formula for the angle of twist ϕ of the tube when it is subjected to torques T acting at the ends.

3.4-15 A uniformly tapered aluminum-alloy tube AB with a circular cross section and length L is shown in the figure. The outside diameters at the ends are d_A and $d_B = 2d_A$. A hollow section of length $L/2$ and constant thickness $t = d_A/10$ is cast into the tube and extends from B halfway toward A.

(a) Find the angle of twist ϕ of the tube when it is subjected to torques T acting at the ends. Use numerical values: $d_A = 65$ mm, $L = 1.2$ m, $G = 27$ GPa, and $T = 4.5$ kN·m.

(b) Repeat part (a) if the hollow section has constant diameter d_A (see figure part b).

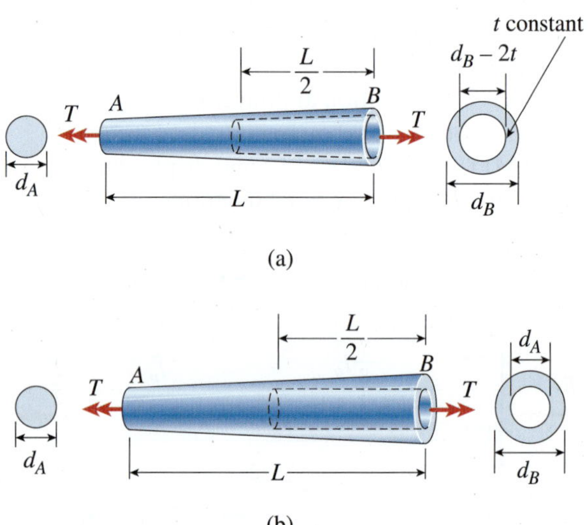

PROBLEM 3.4-15

3.4-16 For the *thin* nonprismatic steel pipe of constant thickness t and variable diameter d shown with applied torques at joints 2 and 3, determine the following.

(a) Find the reaction moment R_1.

(b) Find an expression for twist rotation ϕ_3 at joint 3. Assume that G is constant.

(c) Draw the torsional moment diagram (TMD: $T(x), 0 \le x \le L$).

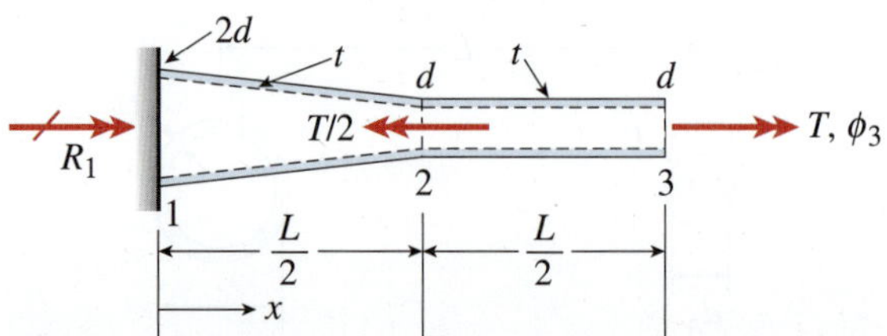

PROBLEM 3.4-16

3.4-17 A mountain-bike rider going uphill applies torque $T = Fd$ ($F = 65$ N, $d = 100$ mm) to the end of the handlebars $ABCD$ by pulling on the handlebar extenders DE. Consider the right half of the handlebar assembly only (assume the bars are fixed at the fork at A). Segments AB and CD are prismatic with lengths $L_1 = 50$ mm and $L_3 = 210$ mm and with outer diameters and thicknesses $d_{01} = 40$ mm, $t_{01} = 3$ mm and $d_{03} = 22$ mm, $t_{03} = 2.8$ mm respectively as shown. Segment BC of length $L_2 = 38$ mm however, is tapered, and outer diameter and thickness vary linearly between dimensions at B and C.

Consider torsion effects only. Assume $G = 28$ GPa is constant.

Derive an integral expression for the angle of twist ϕ_D of half of the handlebar tube when it is subjected to torque $T = Fd$ acting at the end. Evaluate ϕ_D for the given numerical values.

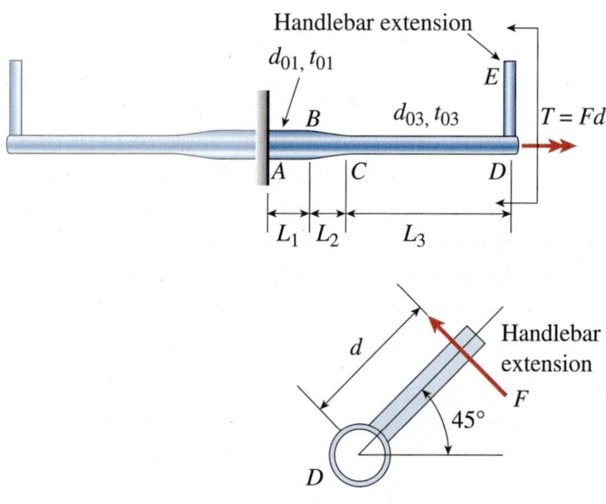

Bontrager Race XXX Lite Flat Handlebar, used Courtesy of Bontrager

PROBLEM 3.4-17

3.4-18 A prismatic bar AB of length L and solid circular cross section (diameter d) is loaded by a distributed torque of constant intensity t per unit distance (see figure).

(a) Determine the maximum shear stress τ_{max} in the bar.

(b) Determine the angle of twist ϕ between the ends of the bar.

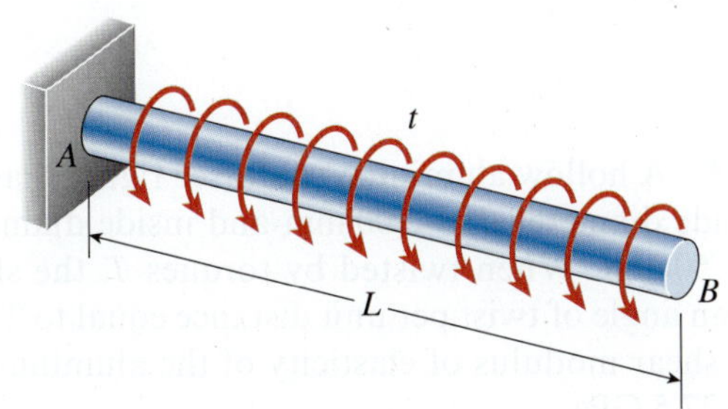

PROBLEM 3.4-18

3.4-19 A prismatic bar AB with a solid circular cross section (diameter d) is loaded by a distributed torque (see figure). The intensity of the torque, that is, the torque per unit distance, is denoted $t(x)$ and varies linearly from a maximum value t_A at end A to zero at end B. Also, the length of the bar is L and the shear modulus of elasticity of the material is G.

(a) Determine the maximum shear stress τ_{max} in the bar.

(b) Determine the angle of twist ϕ between the ends of the bar.

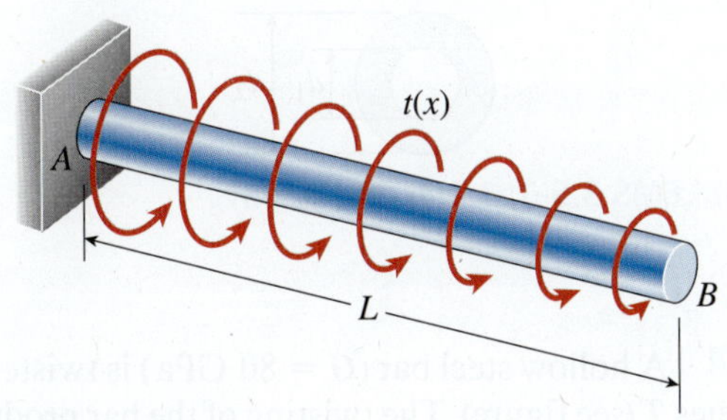

PROBLEM 3.4-19

3.4-20 A magnesium-alloy wire of diameter $d = 4$ mm and length L rotates inside a flexible tube in order to open or close a switch from a remote location (see figure). A torque T is applied manually (either clockwise or counterclockwise) at end B, thus twisting the wire inside the tube. At the other end A, the rotation of the wire operates a handle that opens or closes the switch.

A torque $T_0 = 0.2\text{ N}\cdot\text{m}$ is required to operate the switch. The torsional stiffness of the tube, combined with friction between the tube and the wire, induces a distributed torque of constant intensity $t = 0.04\text{ N}\cdot\text{m/m}$ (torque per unit distance) acting along the entire length of the wire.

(a) If the allowable shear stress in the wire is $\tau_{allow} = 30$ MPa, what is the longest permissible length L_{max} of the wire?

(b) If the wire has length $L = 4.0$ m and the shear modulus of elasticity for the wire is $G = 15$ GPa, what is the angle of twist ϕ (in degrees) between the ends of the wire?

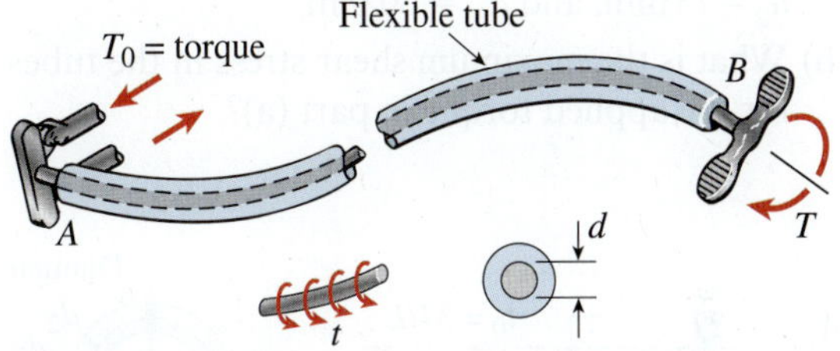

PROBLEM 3.4-20

3.4-21 A nonprismatic bar ABC with a solid circular cross section is loaded by distributed torques (see figure). The intensity of the torques, that is, the torque per unit distance, is denoted $t(x)$ and varies linearly from zero at A to a maximum value T_0/L at B. Segment BC has linearly distributed torque of intensity $t(x) = T_0/3L$ of opposite sign to that applied along AB. Also, the polar moment of inertia of AB is twice that of BC, and the shear modulus of elasticity of the material is G.

(a) Find the reaction torque R_A.

(b) Find internal torsional moments $T(x)$ in segments AB and BC.

(c) Find the rotation ϕ_C.

(d) Find the maximum shear stress τ_{max} and its location along the bar.

(e) Draw the torsional moment diagram (TMD: $T(x), 0 \le x \le L$).

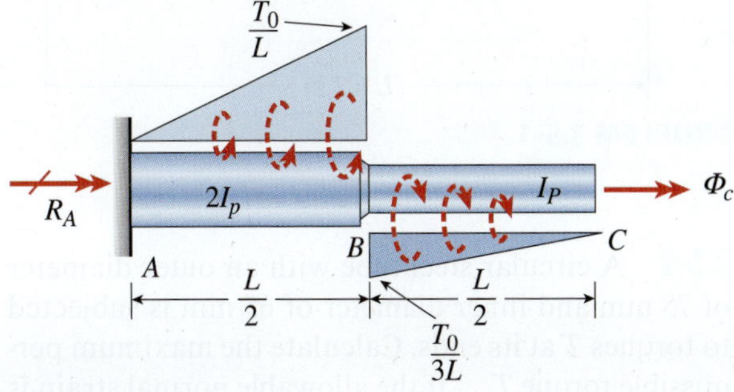

PROBLEM 3.4-21

3.4-22 Two tubes (AB, BC) of the same material are connected by three pins (pin diameter $= d_p$) just left of B as shown in the figure. Properties and dimensions for each tube are given in the figure. Torque $2T$ is applied at $x = 2L/5$ and uniformly distributed torque intensity $t_0 = 3T/L$ is applied on tube BC.

(a) Find the maximum value of load variable T(N·m) based on allowable shear (τ_a) and bearing (σ_{ba}) stresses in the three pins which connect the two tubes at B.
Use the following numerical properties:
$L = 1.5\text{ m}$, $E = 74\text{ GPa}$, $v = 0.33$, $d_p = 18\text{ mm}$, $\tau_a = 45\text{ MPa}$, $\sigma_{ba} = 90\text{ MPa}$, $d_1 = 85\text{ mm}$, $d_2 = 73\text{ mm}$, and $d_3 = 60\text{ mm}$.

(b) What is the maximum shear stress in the tubes for the applied torque in part (a)?

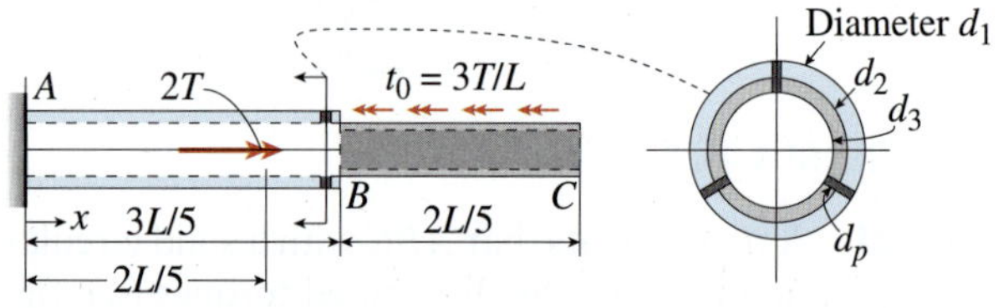

PROBLEM 3.4-22

3.5 Stresses and Strains in Pure Shear

Introductory Problems

3.5-1 A circular copper bar with diameter $d = 75$ mm is subjected to torques $T = 3.4$ kN·m at its ends. Find the maximum shear, tensile, and compressive stresses in the tube and their corresponding strains. Assume that $G = 41$ GPa.

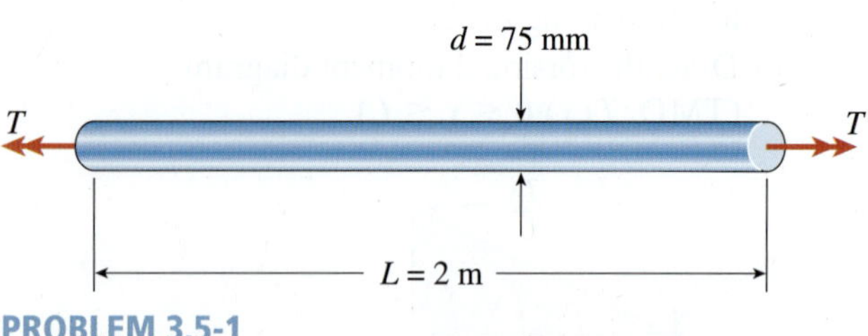

PROBLEM 3.5-1

3.5-2 A circular steel tube with an outer diameter of 75 mm and inner diameter of 65 mm is subjected to torques T at its ends. Calculate the maximum permissible torque T_{max} if the allowable normal strain is $\varepsilon_a = 5 \times 10^{-4}$. Assume that $G = 75$ GPa.

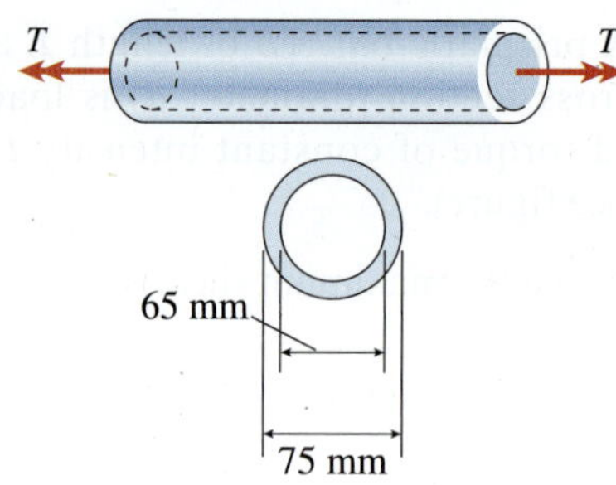

PROBLEM 3.5-2

3.5-3 A hollow aluminum shaft (see figure) has an outside diameter $d_2 = 100$ mm and inside diameter $d_1 = 50$ mm. When twisted by torques T, the shaft has an angle of twist per unit distance equal to 2°/m. The shear modulus of elasticity of the aluminum is $G = 27.5$ GPa.

(a) Determine the maximum tensile stress σ_{max} in the shaft.

(b) Determine the magnitude of the applied torques T.

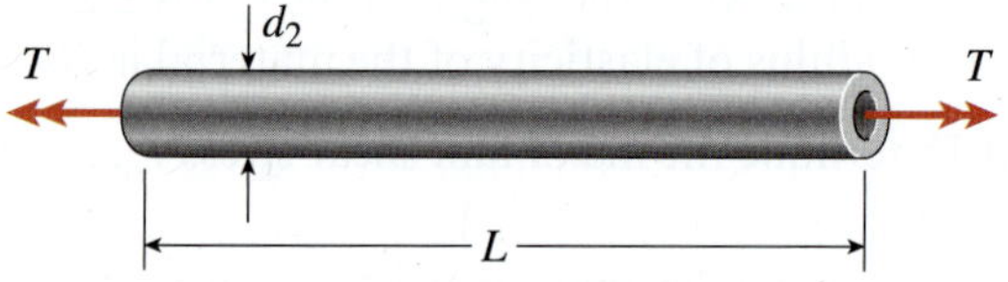

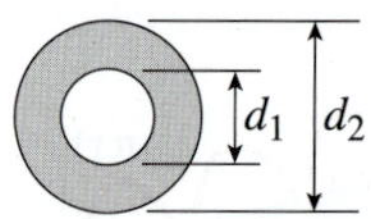

PROBLEMS 3.5-3, 3.5-4, and 3.5-5

3.5-4 A hollow steel bar ($G = 80$ GPa) is twisted by torques T (see figure). The twisting of the bar produces a maximum shear strain $\gamma_{max} = 640 \times 10^{-6}$ rad. The bar has outside and inside diameters of 150 mm and 120 mm, respectively.

(a) Determine the maximum tensile strain in the bar.

(b) Determine the maximum tensile stress in the bar.

(c) What is the magnitude of the applied torques T?

3.5-5 A tubular bar with outside diameter $d_2 = 100$ mm is twisted by torques $T = 8.0$ kN·m (see figure). Under the action of these torques, the maximum tensile stress in the bar is found to be 46.8 MPa.

(a) Determine the inside diameter d_1 of the bar.

(b) If the bar has length $L = 1.2$ m and is made of aluminum with shear modulus $G = 28$ GPa, what is the angle of twist ϕ (in degrees) between the ends of the bar?

(c) Determine the maximum shear strain γ_{max} (in radians)?

Representative Problems

3.5-6 A solid circular bar of diameter $d = 50$ mm (see figure) is twisted in a testing machine until the applied torque reaches the value $T = 500$ N · m. At this value of torque, a strain gage oriented at 45° to the axis of the bar gives a reading $\varepsilon = 339 \times 10^{-6}$.

What is the shear modulus G of the material?

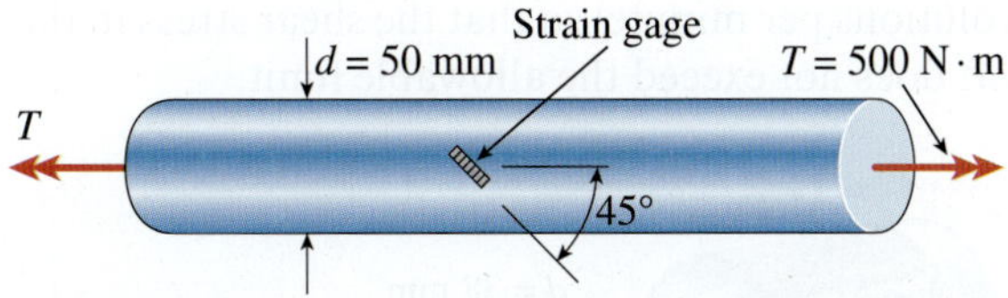

PROBLEM 3.5-6

3.5-7 A steel tube ($G = 80$ GPa) has an outer diameter $d_2 = 40$ mm and an inner diameter $d_1 = 30$ mm. When twisted by a torque T, the tube develops a maximum normal strain of 170×10^{-6}.

What is the magnitude of the applied torque T?

3.5-8 A solid circular bar of steel ($G = 78$ GPa) transmits a torque $T = 360$ N · m. The allowable stresses in tension, compression, and shear are 90 MPa, 70 MPa, and 40 MPa, respectively. Also, the allowable tensile strain is 220×10^{-6}.

(a) Determine the minimum required diameter d of the bar.

(b) If the bar diameter $d = 40$ mm, what is T_{max}?

3.5-9 The normal strain in the 45° direction on the surface of a circular tube (see figure) is 880×10^{-6} when the torque $T = 85$ N·m. The tube is made of copper alloy with $G = 42$ GPa and $\nu = 0.35$.

(a) If the outside diameter d_2 of the tube is 20 mm, what is the inside diameter d_1?

(b) If the allowable normal stress in the tube is 96 MPa, what is the maximum permissible inside diameter d_1?

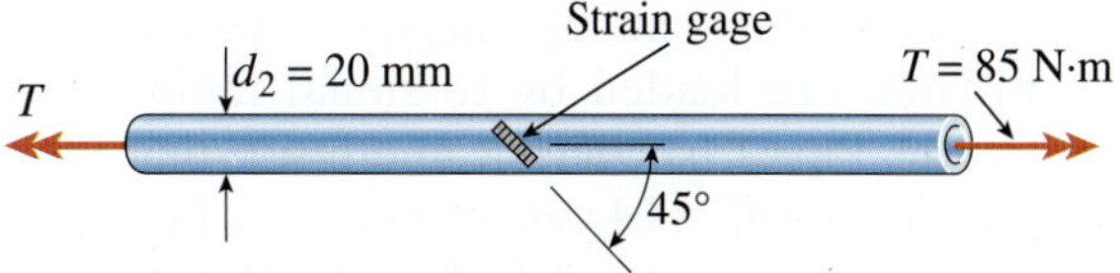

PROBLEM 3.5-9

3.5-10 An aluminum tube has inside diameter $d_1 = 50$ mm, shear modulus of elasticity $G = 27$ GPa, $\nu = 0.33$, and torque $T = 4.0$ kN · m. The allowable shear stress in the aluminum is 50 MPa, and the allowable normal strain is 900×10^{-6}.

(a) Determine the required outside diameter d_2.

(b) Re-compute the required outside diameter d_2 if allowable normal stress is 62 MPa and allowable shear strain is 1.7×10^{-3}.

3.5-11 A solid steel bar ($G = 81$ GPa) of diameter $d = 50$ mm is subjected to torques $T = 0.9$ kN·m acting in the directions shown in the figure.

(a) Determine the maximum shear, tensile, and compressive stresses in the bar and show these stresses on sketches of properly oriented stress elements.

(b) Determine the corresponding maximum strains (shear, tensile, and compressive) in the bar and show these strains on sketches of the deformed elements.

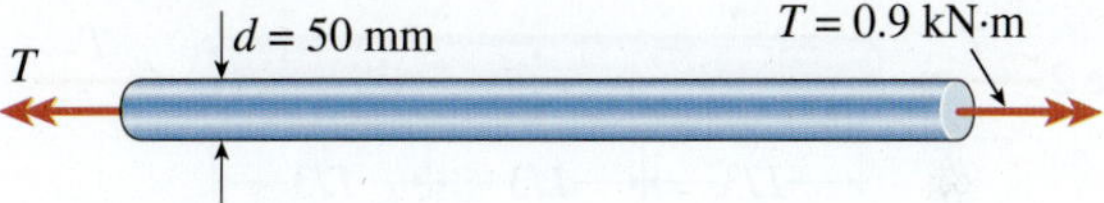

PROBLEM 3.5-11

3.5-12 A solid aluminum bar ($G = 27$ GPa) of diameter $d = 40$ mm is subjected to torques $T = 300$ N · m acting in the directions shown in the figure.

(a) Determine the maximum shear, tensile, and compressive stresses in the bar and show these stresses on sketches of properly oriented stress elements.

(b) Determine the corresponding maximum strains (shear, tensile, and compressive) in the bar and show these strains on sketches of the deformed elements.

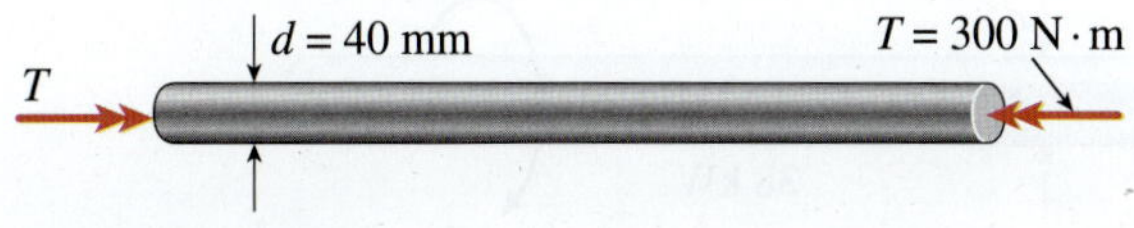

PROBLEM 3.5-12

3.5-13 Two circular aluminum pipes of equal length $L = 610$ mm are loaded by torsional moments T (see figure). Pipe 1 has outside and inside diameters $d_2 = 76$ mm and $d_1 = 64$ mm, respectively. Pipe 2 has a constant outer diameter of d_2 along its entire length L and an inner diameter of d_1 but has an increased inner diameter of $d_3 = 67$ mm over the middle third.

Assume that $E = 72$ GPa, $\upsilon = 0.33$, and allowable shear stress $\tau_a = 45$ MPa.

(a) Find the maximum acceptable torques that can be applied to Pipe 1; repeat for Pipe 2.

(b) If the maximum twist ϕ of Pipe 2 cannot exceed 5/4 of that of Pipe 1, what is the maximum acceptable length of the middle segment? Assume both pipes have total length L and the same applied torque T.

(c) Find the new value of inner diameter d_3 of Pipe 2 if the maximum torque carried by Pipe 2 is to be 7/8 of that for Pipe 1.

(d) If the maximum normal strain in each pipe is known to be $\varepsilon_{max} = 811 \times 10^{-6}$, what is the applied torque on each pipe? Also, what is the maximum twist of each pipe? Use the original properties and dimensions.

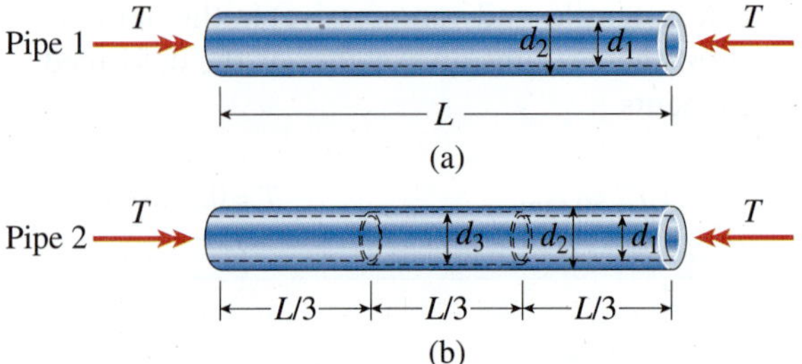

PROBLEM 3.5-13

3.7 Transmission of Power by Circular Shafts

Introductory Problems

3.7-1 A generator shaft in a small hydroelectric plant turns at 120 rpm and delivers 38 kW (see figure).

(a) If the diameter of the shaft is $d = 75$ mm, what is the maximum shear τ_{max} in the shaft?

(b) If the shear stress is limited to 28 MPa, what is the minimum permissible diameter d_{min} of the shaft?

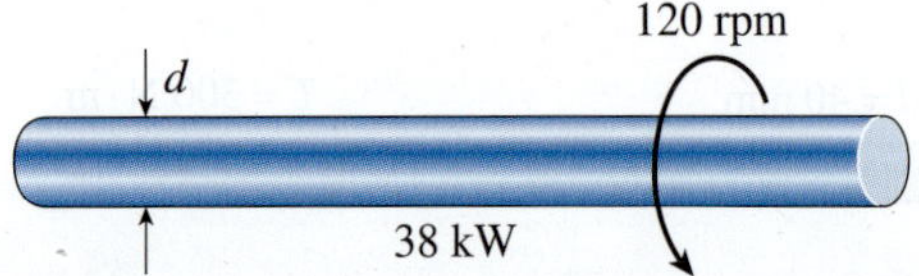

PROBLEM 3.7-1

3.7-2 A motor drives a shaft at 12 Hz and delivers 20 kW of power (see figure).

(a) If the shaft has a diameter of 30 mm, what is the maximum shear stress τ_{max} in the shaft?

(b) If the maximum allowable shear stress is 40 MPa, what is the maximum permissible diameter d_{min} of the shaft?

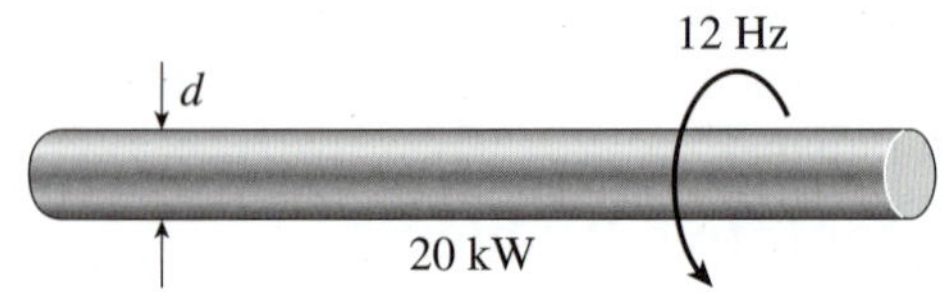

PROBLEM 3.7-2

3.7-3 A motor driving a solid circular steel shaft with diameter $d = 38$ mm transmits 37 kW to a gear at B. The allowable shear stress in the steel is 40 MPa. Calculate the required speed of rotation (number of revolutions per minute) so that the shear stress in the shaft does not exceed the allowable limit.

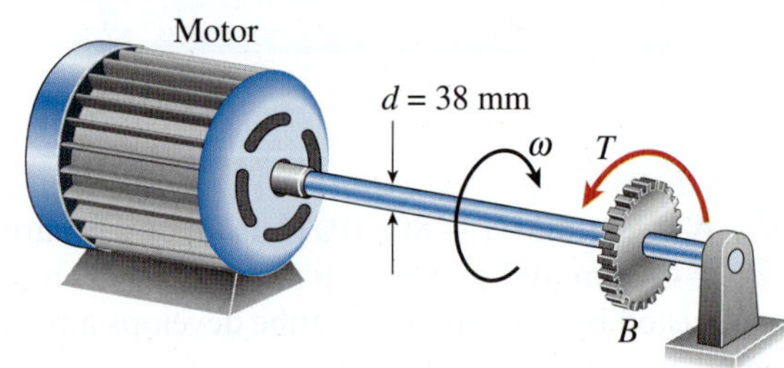

PROBLEM 3.7-3

3.7-4 A solid steel shaft ABC with diameter $d = 40$ mm is driven at A by a motor that transmits 75 kW to the shaft at 15 Hz. The gears at B and C drive machinery requiring power equal to 50 kW and 25 kW, respectively. Compute the maximum shear stress and angle of twist in the shaft between the motor at A and the gear at C. Assume that $G = 75$ GPa.

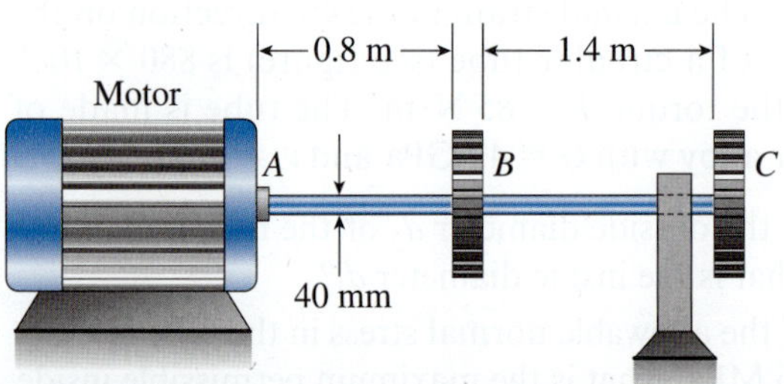

PROBLEM 3.7-4

Representative Problems

3.7-5 The propeller shaft of a large ship has an outside diameter 350 mm and inside diameter 250 mm, as shown in the figure. The shaft is rated for a maximum shear stress of 62 MPa.

(a) If the shaft is turning at 500 rpm, what is the maximum horsepower that can be transmitted without exceeding the allowable stress?

(b) If the rotational speed of the shaft is doubled but the power requirements remain unchanged, what happens to the shear stress in the shaft?

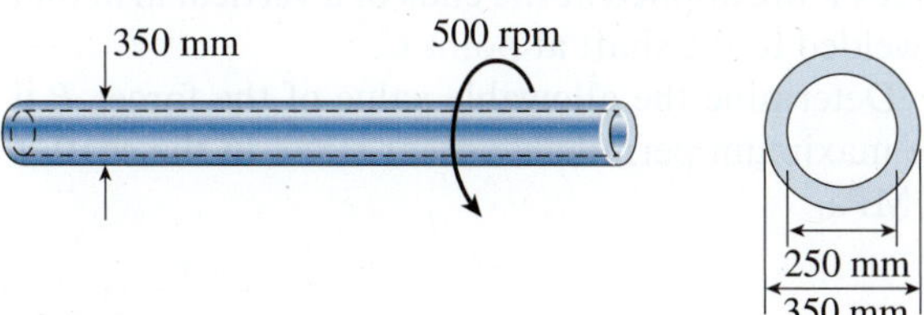

PROBLEM 3.7-5

3.7-6 The drive shaft for a truck (outer diameter 60 mm and inner diameter 40 mm) is running at 2500 rpm (see figure).

(a) If the shaft transmits 150 kW, what is the maximum shear stress in the shaft?

(b) If the allowable shear stress is 30 MPa, what is the maximum power that can be transmitted?

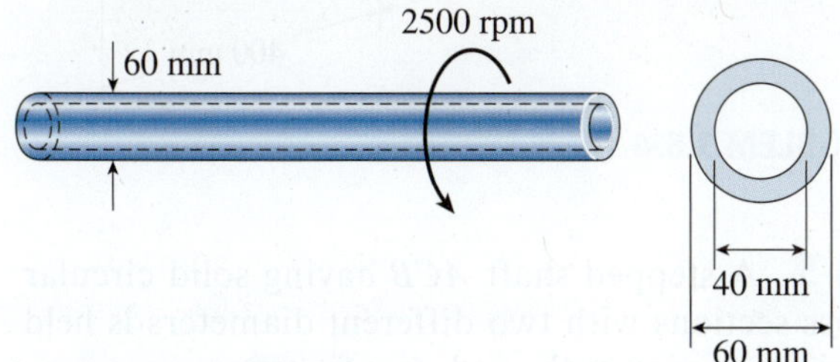

PROBLEM 3.7-6

3.7-7 A hollow circular shaft for use in a pumping station is being designed with an inside diameter equal to 0.8 times the outside diameter. The shaft must transmit 300 kW at 800 rpm without exceeding the allowable shear stress of 42 MPa.

Determine the minimum required outside diameter d.

3.7-8 A tubular shaft being designed for use on a construction site must transmit 120 kW at 1.75 Hz. The inside diameter of the shaft is to be one-half of the outside diameter.

If the allowable shear stress in the shaft is 45 MPa, what is the minimum required outside diameter d?

3.7-9 A propeller shaft of solid circular cross section and diameter d is spliced by a collar of the same material (see figure). The collar is securely bonded to both parts of the shaft.

What should be the minimum outer diameter d_1 of the collar in order that the splice can transmit the same power as the solid shaft?

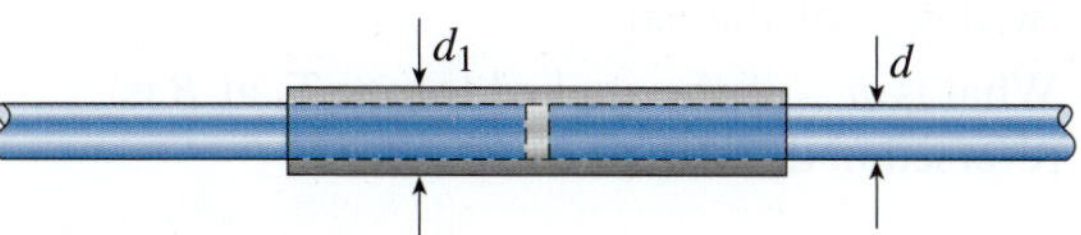

PROBLEM 3.7-9

3.7-10 What is the maximum power that can be delivered by a hollow propeller shaft (outside diameter 50 mm, inside diameter 40 mm, and shear modulus of elasticity 80 GPa) turning at 600 rpm if the allowable shear stress is 100 MPa and the allowable rate of twist is 3.0°/m?

3.7-11 A motor delivers 200 kW at 1000 rpm to the end of a shaft (see figure). The gears at B and C take out 90 and 110 kW, respectively.

Determine the required diameter d of the shaft if the allowable shear stress is 7500 psi and the angle of twist between the motor and gear C is limited to 1.5°. (Assume $G = 80$ GPa, $L_1 = 1.8$ m, and $L_2 = 1.2$ m.)

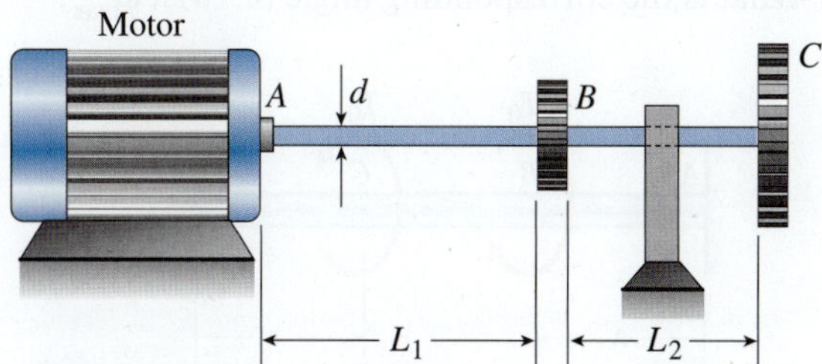

PROBLEMS 3.7-11 and 3.7-12

3.7-12 The shaft ABC shown in the figure is driven by a motor that delivers 300 kW at a rotational speed of 32 Hz. The gears at B and C take out 120 kW and 180 kW, respectively. The lengths of the two parts of the shaft are $L_1 = 1.5$ m and $L_2 = 0.9$ m.

Determine the required diameter d of the shaft if the allowable shear stress is 50 MPa, the allowable angle of twist between points A and C is 4.0°, and $G = 75$ GPa.

3.8 Statically Indeterminate Torsional Members

Introductory Problems

3.8-1 A solid circular bar $ABCD$ with fixed supports is acted upon by torques T_0 and $2T_0$ at the locations shown in the figure.

(a) Obtain a formula for the maximum angle of twist ϕ_{max} of the bar.

(b) What is ϕ_{max} if the applied torque T_0 at B is reversed in direction?

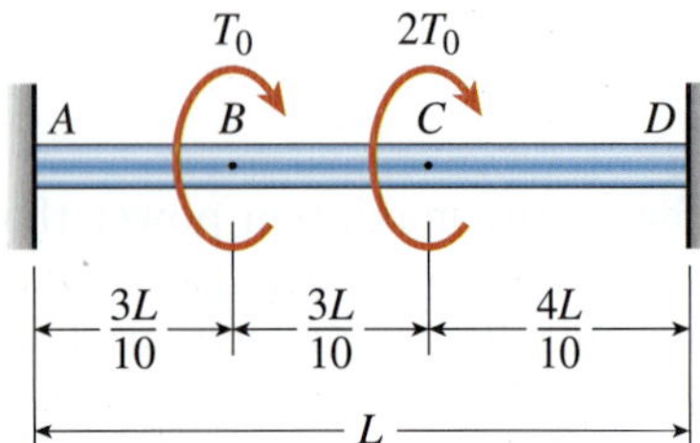

PROBLEM 3.8-1

3.8-2 A solid circular bar $ABCD$ with fixed supports at ends A and D is acted upon by two equal and oppositely directed torques T_0, as shown in the figure. The torques are applied at points B and C, each of which is located at distance x from one end of the bar. (The distance x may vary from zero to $L/2$.)

(a) For what distance x will the angle of twist at points B and C be a maximum?

(b) What is the corresponding angle of twist ϕ_{max}?

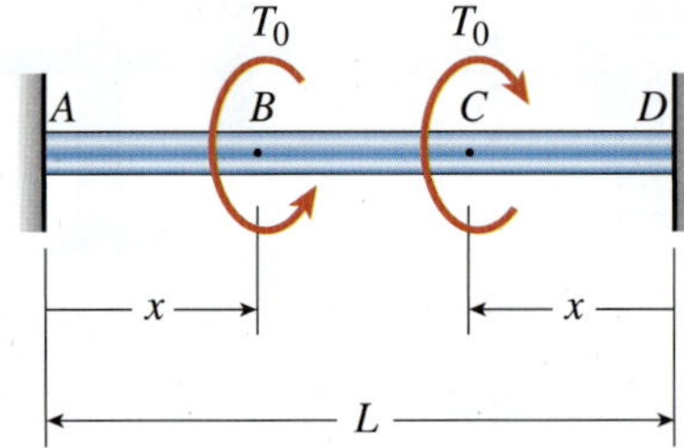

PROBLEM 3.8-2

3.8-3 A solid circular shaft AB of diameter d is fixed against rotation at both ends (see figure). A circular disk is attached to the shaft at the location shown.

What is the largest permissible angle of rotation ϕ_{max} of the disk if the allowable shear stress in the shaft is τ_{allow}? [Assume that $a > b$. Also, use Eqs. (3-50a and b) of Example 3-9 to obtain the reactive torques.]

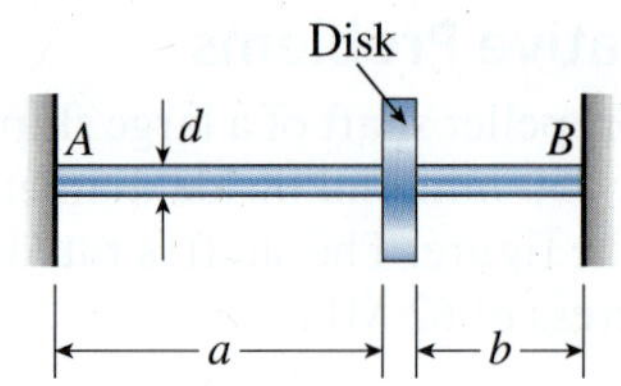

PROBLEM 3.8-3

3.8-4 A hollow steel shaft ACB of outside diameter 50 mm and inside diameter 40 mm is held against rotation at ends A and B (see figure). Horizontal forces P are applied at the ends of a vertical arm that is welded to the shaft at point C.

Determine the allowable value of the forces P if the maximum permissible shear stress in the shaft is 45 MPa.

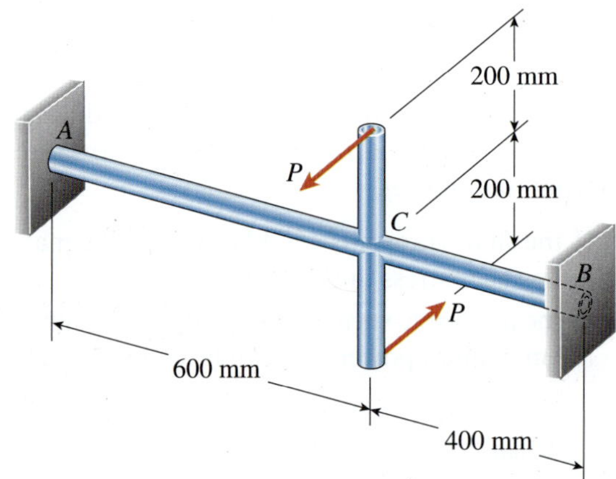

PROBLEM 3.8-4

3.8-5 A stepped shaft ACB having solid circular cross sections with two different diameters is held against rotation at the ends (see figure).

(a) If the allowable shear stress in the shaft is 43 MPa, what is the maximum torque $(T_0)_{max}$ that may be applied at section C?

(b) Find $(T_0)_{max}$ if the maximum angle of twist is limited to 1.85°. Let $G = 28$ GPa.

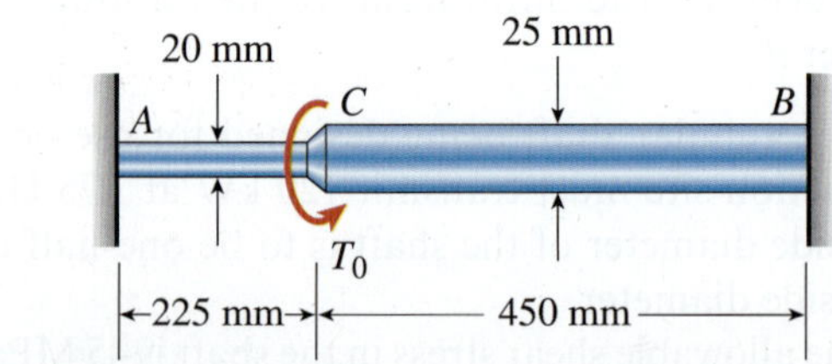

PROBLEM 3.8-5

3.8-6 A stepped shaft ACB having solid circular cross sections with two different diameters is held against rotation at the ends (see figure).

(a) If the allowable shear stress in the shaft is 43 MPa, what is the maximum torque $(T_0)_{max}$ that may be applied at section C?

(b) Find $(T_0)_{max}$ if the maximum angle of twist is limited to 1.85°. Let $G = 28$ GPa.

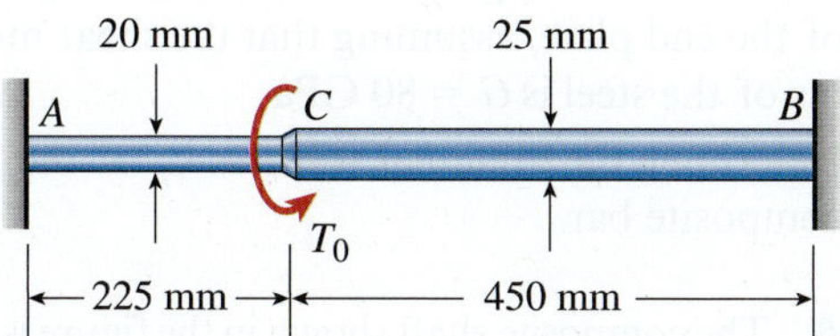

PROBLEM 3.8-6

3.8-7 A stepped shaft ACB is held against rotation at ends A and B and subjected to a torque T_0 acting at section C (see figure). The two segments of the shaft (AC and CB) have diameters d_A and d_B, respectively, and polar moments of inertia I_{pA} and I_{pB}, respectively. The shaft has length L and segment AC has length a.

(a) For what ratio a/L will the maximum shear stresses be the same in both segments of the shaft?

(b) For what ratio a/L will the internal torques be the same in both segments of the shaft?

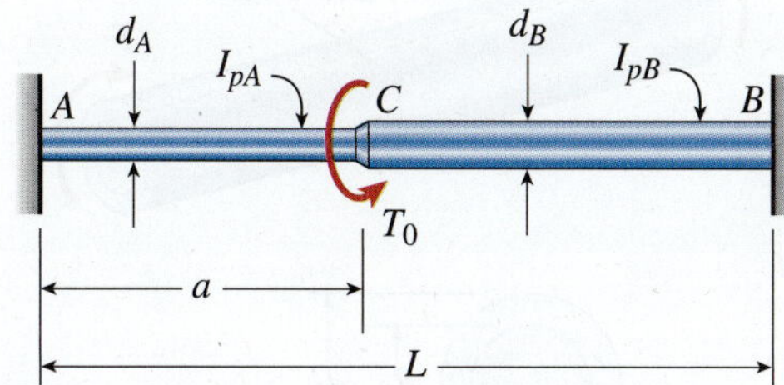

PROBLEM 3.8-7

Representative Problems

3.8-8 A solid circular aluminum bar AB is fixed at both ends and loaded by a uniformly distributed torque 150 N · m/m. The bar has diameter $d = 30$ mm. Calculate the reactive torques at the supports and the angle of twist at midspan. Assume that $G = 28$ GPa.

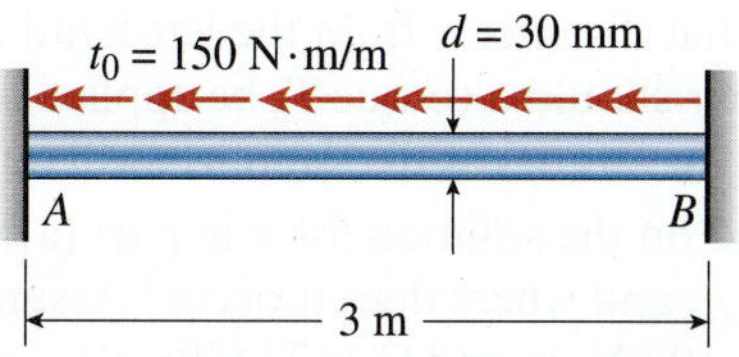

PROBLEM 3.8-8

3.8-9 Two sections of steel drill pipe, joined by bolted flange plates at B, are subjected to a concentrated torque 450 kN · m at $x = 0.9$ m, and a uniformly distributed torque $t_0 = 225$ kN·m/m is applied on pipe BC. Let $G = 81$ GPa and assume that pipes AB and BC have the same inner diameter, $d = 300$ mm. Pipe AB has a thickness $t_{AB} = 19$ mm, and pipe BC has a thickness $t_{BC} = 16$ mm. Find the reactive torques at A and C and the maximum shear stresses in each segment.

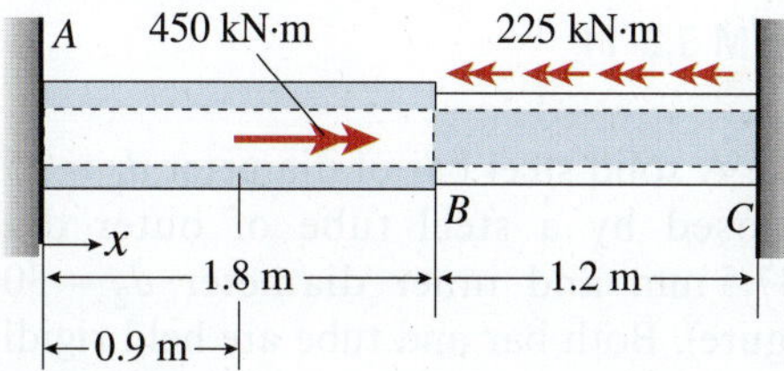

PROBLEM 3.8-9

3.8-10 A circular bar AB of length L is fixed against rotation at the ends and loaded by a distributed torque $t(x)$ that varies linearly in intensity from zero at end A to t_0 at end B (see figure).

(a) Obtain formulas for the fixed-end torques T_A and T_B.

(b) Find an expression for the angle of twist $\phi(x)$. What is ϕ_{max}, and where does it occur along the bar?

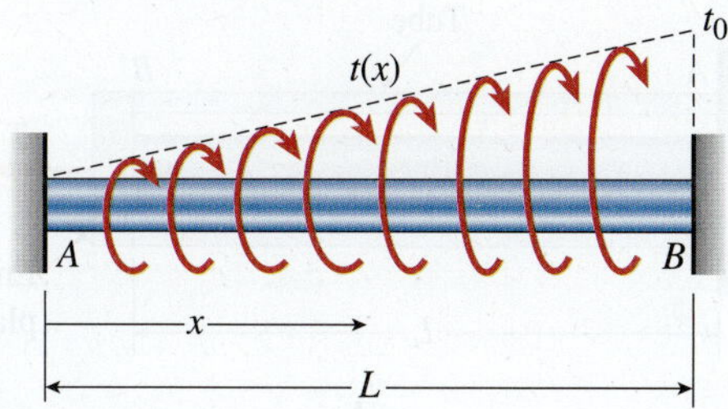

PROBLEM 3.8-10

3.8-11 A circular bar AB with ends fixed against rotation has a hole extending for half of its length (see figure). The outer diameter of the bar is $d_2 = 76$ mm, and the diameter of the hole is $d_1 = 61$ mm. The total length of the bar is $L = 1270$ mm.

(a) At what distance x from the left-hand end of the bar should a torque T_0 be applied so that the reactive torques at the supports will be equal?

(b) Based on the solution for x in part (a), what is ϕ_{max}, and where does it occur? Assume that $T_0 = 10$ kN·m and $G = 73$ GPa.

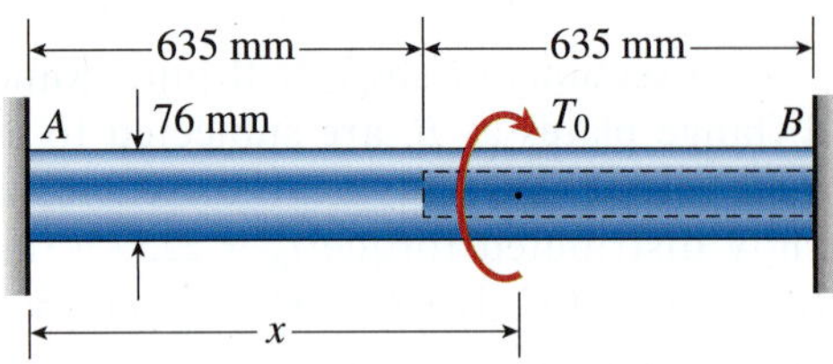

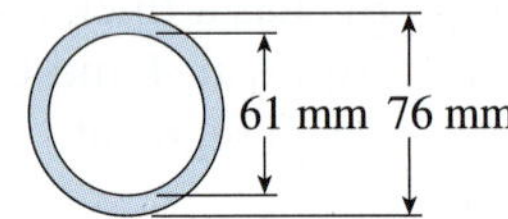

PROBLEM 3.8-11

3.8-12 A solid steel bar of diameter $d_1 = 25.0$ mm is enclosed by a steel tube of outer diameter $d_3 = 37.5$ mm and inner diameter $d_2 = 30.0$ mm (see figure). Both bar and tube are held rigidly by a support at end A and joined securely to a rigid plate at end B. The composite bar, which has a length $L = 550$ mm, is twisted by a torque $T = 400$ N · m acting on the end plate.

(a) Determine the maximum shear stresses τ_1 and τ_2 in the bar and tube, respectively.

(b) Determine the angle of rotation ϕ (in degrees) of the end plate, assuming that the shear modulus of the steel is $G = 80$ GPa.

(c) Determine the torsional stiffness k_T of the composite bar.

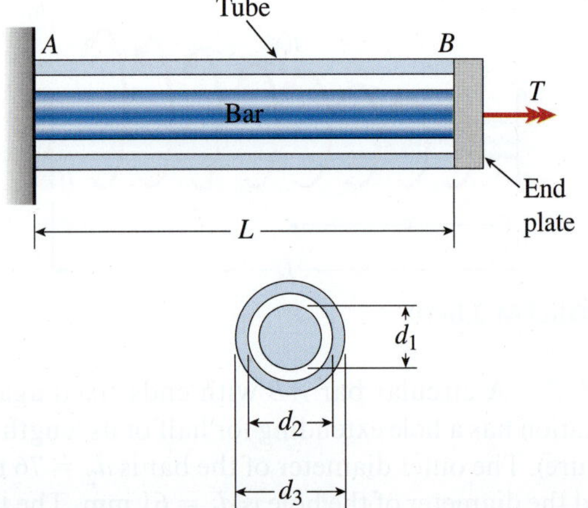

PROBLEMS 3.8-12 and 3.8-13

3.8-13 A solid steel bar of diameter $d_1 = 50$ mm is enclosed by a steel tube of outer diameter $d_3 = 75$ mm and inner diameter $d_2 = 65$ mm (see figure). Both bar and tube are held rigidly by a support at end A and joined securely to a rigid plate at end B. The composite bar, which has length $L = 660$ mm, is twisted by a torque $T = 2$ kN·m acting on the end plate.

(a) Determine the maximum shear stresses τ_1 and τ_2 in the bar and tube, respectively.

(b) Determine the angle of rotation ϕ (in degrees) of the end plate, assuming that the shear modulus of the steel is $G = 80$ GPa.

(c) Determine the torsional stiffness k_T of the composite bar.

3.8-14 The composite shaft shown in the figure is manufactured by shrink-fitting a steel sleeve over a brass core so that the two parts act as a single solid bar in torsion. The outer diameters of the two parts are $d_1 = 40$ mm for the brass core and $d_2 = 50$ mm for the steel sleeve. The shear moduli of elasticity are $G_b = 36$ GPa for the brass and $G_s = 80$ GPa for the steel.

(a) Assuming that the allowable shear stresses in the brass and steel are $\tau_b = 48$ MPa and $\tau_s = 80$ MPa, respectively, determine the maximum permissible torque T_{max} that may be applied to the shaft.

(b) If the applied torque $T = 2500$ kN · m, find the required diameter d_2 so that allowable shear stress τ_s is reached in the steel.

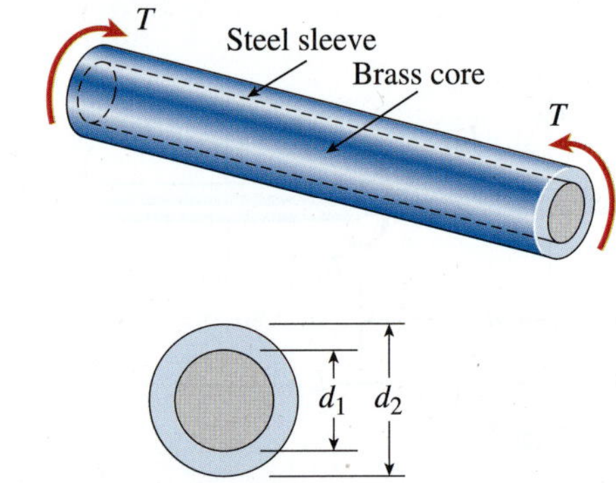

PROBLEMS 3.8-14 and 3.8-15

3.8-15 The composite shaft shown in the figure is manufactured by shrink-fitting a steel sleeve over a brass core so that the two parts act as a single solid bar in torsion. The outer diameters of the two parts are $d_1 = 40$ mm for the brass core and $d_2 = 50$ mm for the steel sleeve. The shear moduli of elasticity are $G_b = 36$ GPa for the brass and $G_s = 80$ GPa for the steel.

(a) Assuming that the allowable shear stresses in the brass and steel are $\tau_b = 48$ MPa and $\tau_s = 80$ MPa, respectively, determine the maximum permissible torque T_{max} that may be applied to the shaft.

(b) If the applied torque $T = 2500$ N·m, find the required diameter d_2 so that allowable shear stress τ_s is reached in the steel.

3.8-16 A steel shaft ($G_s = 80$ GPa) of total length $L = 3.0$ m is encased for one-third of its length by a brass sleeve ($G_b = 40$ GPa) that is securely bonded to the steel (see figure). The outer diameters of the shaft and sleeve are $d_1 = 70$ mm and $d_2 = 90$ mm, respectively.

(a) Determine the allowable torque T_1 that may be applied to the ends of the shaft if the angle of twist between the ends is limited to 8.0°.

(b) Determine the allowable torque T_2 if the shear stress in the brass is limited to $\tau_b = 70$ MPa.

(c) Determine the allowable torque T_3 if the shear stress in the steel is limited to $\tau_s = 110$ MPa.

(d) What is the maximum allowable torque T_{max} if all three of the preceding conditions must be satisfied?

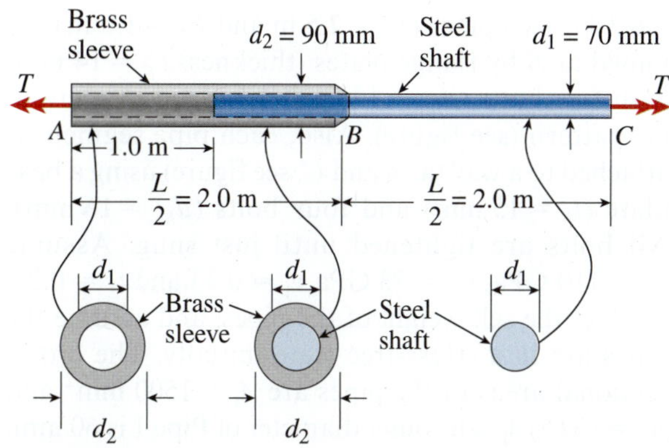

PROBLEM 3.8-16

3.8-17 A uniformly tapered aluminum-alloy tube AB of circular cross section and length L is fixed against rotation at A and B, as shown in the figure. The outside diameters at the ends are d_A and $d_B = 2d_A$. A hollow section of length $L/2$ and constant thickness $t = d_A/10$ is cast into the tube and extends from B halfway toward A. Torque T_0 is applied at $L/2$.

(a) Find the reactive torques at the supports, T_A and T_B. Use numerical values as follows: $d_A = 64$ mm, $L = 1.2$ m, $G = 27$ GPa, and $T_0 = 4.5$ kN·m.

(b) Repeat part (a) if the hollow section has constant diameter d_A.

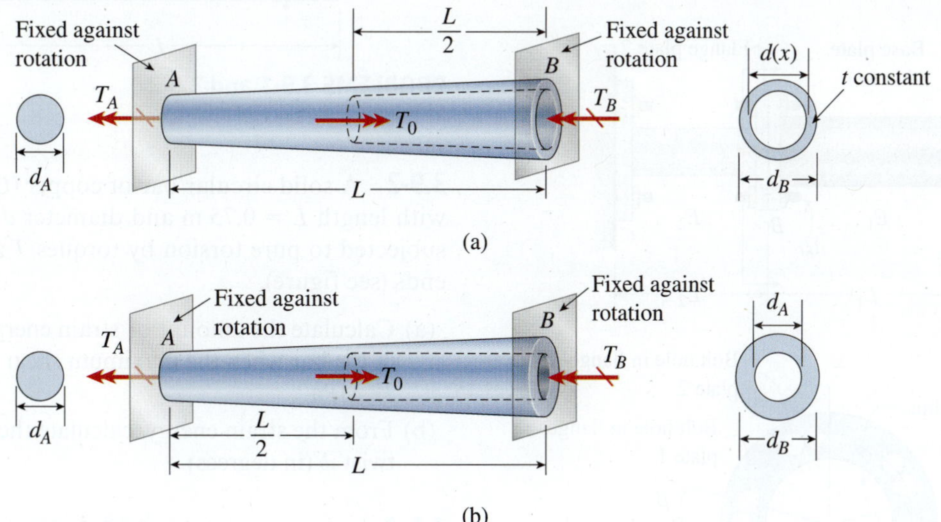

PROBLEM 3.8-17

3.8-18 Two pipes ($L_1 = 2.5$ m and $L_2 = 1.5$ m) are joined at B by flange plates (thickness $t_f = 14$ mm) with five bolts ($d_{bf} = 13$ mm) arranged in a circular pattern (see figure). Also, each pipe segment is attached to a wall (at A and C, see figure) using a base plate ($t_b = 15$ mm) and four bolts ($d_{bb} = 16$ mm). All bolts are tightened until just snug. Assume $E_1 = 110$ GPa, $E_2 = 73$ GPa, $v_1 = 0.33$, and $v_2 = 0.25$. Neglect the self-weight of the pipes, and assume the pipes are in a stress-free state initially. The cross-sectional areas of the pipes are $A_1 = 1500$ mm^2 and $A_2 = (3/5)A_1$. The outer diameter of Pipe 1 is 60 mm. The outer diameter of Pipe 2 is equal to the inner diameter of Pipe 1. The bolt radius $r = 64$ mm for both base and flange plates.

(a) If torque T is applied at $x = L_1$, find an expression for reactive torques R_1 and R_2 in terms of T.

(b) Find the maximum load variable T (i.e., T_{max}) if allowable torsional stress in the two pipes is $\tau_{allow} = 65$ MPa.

(c) Draw torsional moment (TMD) and torsional displacement (TDD) diagrams. Label all key ordinates. What is ϕ_{max}?

(d) Find T_{max} if allowable shear and bearing stresses in the base plate and flange bolts cannot be exceeded. Assume allowable stresses in shear and bearing for all bolts are $\tau_{allow} = 45$ MPa and $\sigma_{allow} = 90$ MPa.

(e) Remove torque T at $x = L_1$. Now assume the flange-plate bolt holes are misaligned by some angle β (see figure). Find the expressions for reactive torques R_1 and R_2 if the pipes are twisted to align the flange-plate bolt holes, bolts are then inserted, and the pipes released.

(f) What is the maximum permissible misalignment angle β_{max} if allowable stresses in shear and bearing for all bolts [from part (d)] are not to be exceeded?

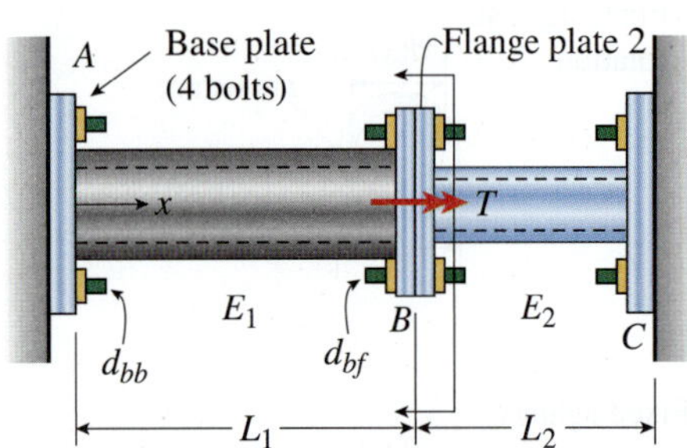

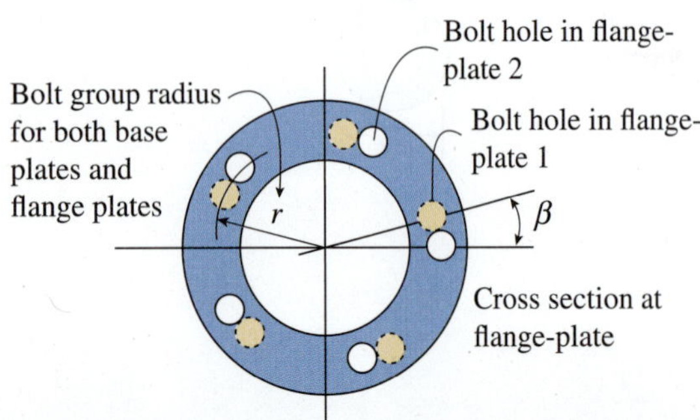

PROBLEM 3.8-18

3.9 Strain Energy in Torsion and Pure Shear

Introductory Problems

3.9-1 A solid circular bar of steel ($G = 80$ GPa) with length $L = 1.5$ m and diameter $d = 75$ mm is subjected to pure torsion by torques T acting at the ends (see figure).

(a) Calculate the amount of strain energy U stored in the bar when the maximum shear stress is 45 MPa.

(b) From the strain energy, calculate the angle of twist ϕ (in degrees).

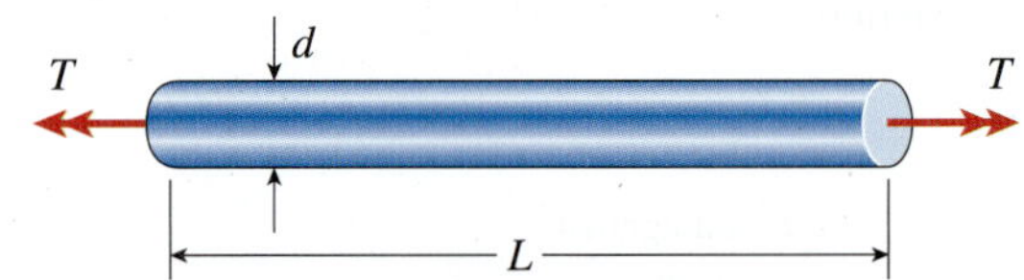

PROBLEMS 3.9-1 and 3.9-2

3.9-2 A solid circular bar of copper ($G = 45$ GPa) with length $L = 0.75$ m and diameter $d = 40$ mm is subjected to pure torsion by torques T acting at the ends (see figure).

(a) Calculate the amount of strain energy U stored in the bar when the maximum shear stress is 32 MPa.

(b) From the strain energy, calculate the angle of twist ϕ (in degrees).

3.9-3 A stepped shaft of solid circular cross sections (see figure) has length $L = 2.6$ m, diameter $d_2 = 50$ mm, and diameter $d_1 = 40$ mm. The material is brass with $G = 81$ GPa.

Determine the strain energy U of the shaft if the angle of twist is 3.0°.

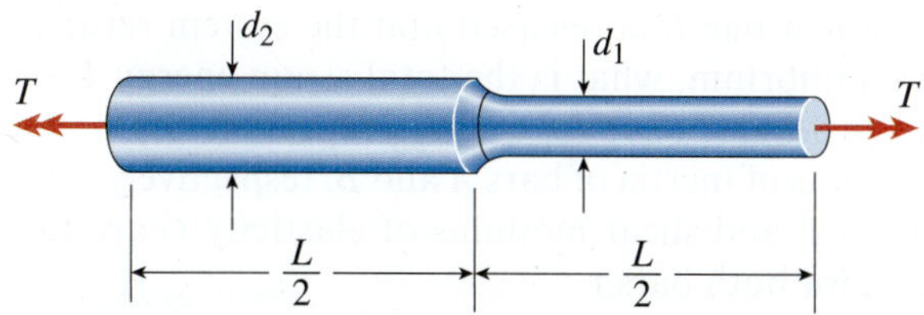

PROBLEMS 3.9-3 and 3.9-4

3.9-4 A stepped shaft of solid circular cross sections (see figure) has length $L = 0.80$ m, diameter $d_2 = 40$ mm, and diameter $d_1 = 30$ mm. The material is steel with $G = 80$ GPa.

Determine the strain energy U of the shaft if the angle of twist is 1.0°.

Representative Problems

3.9-5 A circular tube AB is fixed at one end and free at the other. The tube is subjected to concentrated torques as shown in the figure. If the outer radius of the tube is 37.5 mm and the thickness is 19 mm, calculate the strain energy stored in the tube. Let $G = 81$ GPa.

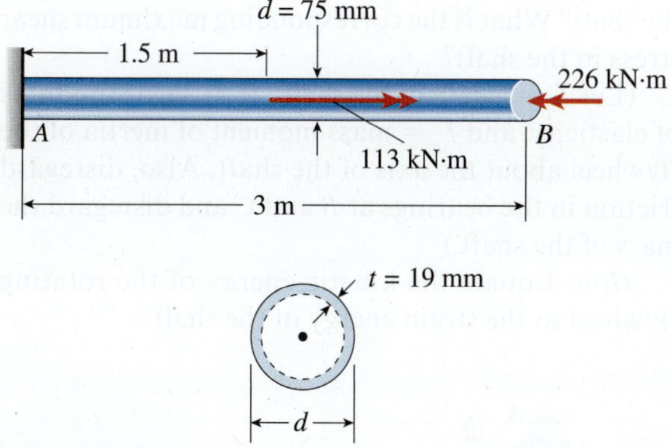

PROBLEM 3.9-5

3.9-6 A cantilever bar of circular cross section and length L is fixed at one end and free at the other (see figure). The bar is loaded by a torque T at the free end and by a distributed torque of constant intensity t per unit distance along the length of the bar.

(a) What is the strain energy U_1 of the bar when the load T acts alone?

(b) What is the strain energy U_2 when the load t acts alone?

(c) What is the strain energy U_3 when both loads act simultaneously?

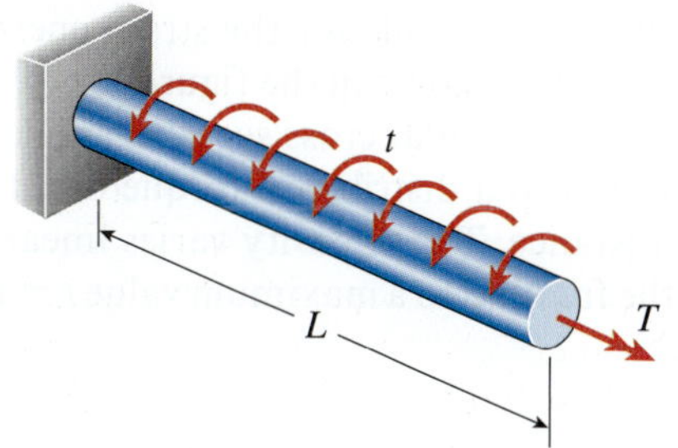

PROBLEM 3.9-6

3.9-7 Obtain a formula for the strain energy U of the statically indeterminate circular bar shown in the figure. The bar has fixed supports at ends A and B and is loaded by torques $2T_0$ and T_0 at points C and D, respectively.

Hint: Use Eqs. (3-50a and b) of Example 3-9 to obtain the reactive torques.

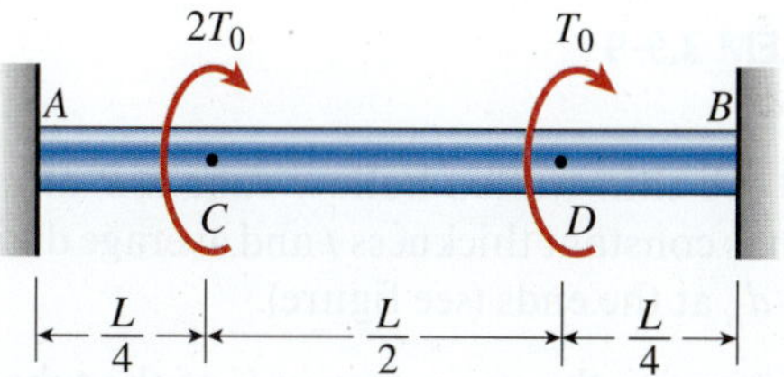

PROBLEM 3.9-7

3.9-8 A statically indeterminate stepped shaft ACB is fixed at ends A and B and loaded by a torque T_0 at point C (see figure). The two segments of the bar are made of the same material, have lengths L_A and L_B, and have polar moments of inertia I_{pA} and I_{pB}.

Determine the angle of rotation ϕ of the cross section at C by using strain energy.

Hint: Use Eq. (3-55b) to determine the strain energy U in terms of the angle ϕ. Then equate the strain energy to the work done by the torque T_0. Compare your result with Eq. (3-52) of Example 3-9.

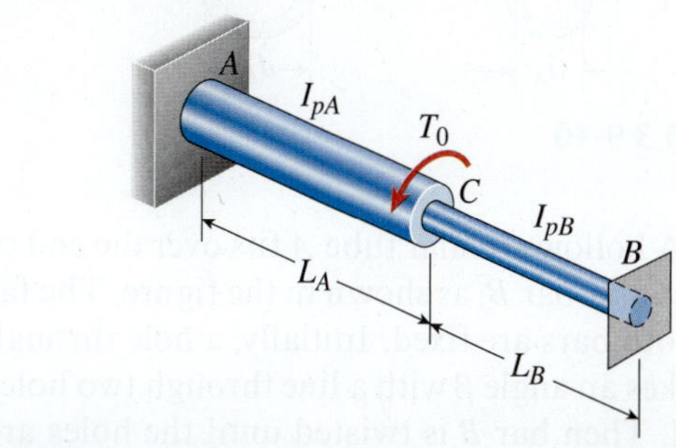

PROBLEM 3.9-8

3.9-9 Derive a formula for the strain energy U of the cantilever bar shown in the figure.

The bar has circular cross sections and length L. It is subjected to a distributed torque of intensity t per unit distance. The intensity varies linearly from $t = 0$ at the free end to a maximum value $t = t_0$ at the support.

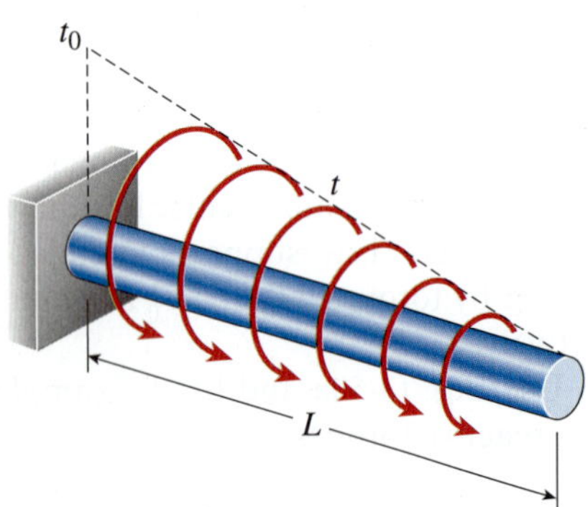

PROBLEM 3.9-9

3.9-10 A thin-walled hollow tube AB of conical shape has constant thickness t and average diameters d_A and d_B at the ends (see figure).

(a) Determine the strain energy U of the tube when it is subjected to pure torsion by torques T.

(b) Determine the angle of twist ϕ of the tube.

Note: Use the approximate formula $I_p \approx \pi d^3 t/4$ for a thin circular ring; see Case 22 of Appendix E.

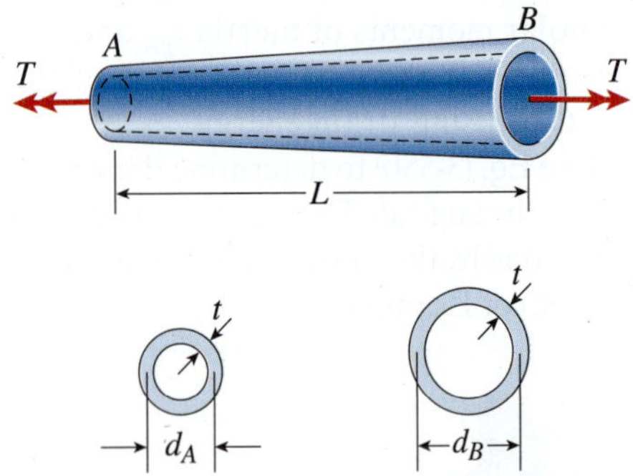

PROBLEM 3.9-10

3.9-11 A hollow circular tube A fits over the end of a solid circular bar B, as shown in the figure. The far ends of both bars are fixed. Initially, a hole through bar B makes an angle β with a line through two holes in tube A. Then bar B is twisted until the holes are aligned, and a pin is placed through the holes.

When bar B is released and the system returns to equilibrium, what is the total strain energy U of the two bars? (Let I_{pA} and I_{pB} represent the polar moments of inertia of bars A and B, respectively. The length L and shear modulus of elasticity G are the same for both bars.)

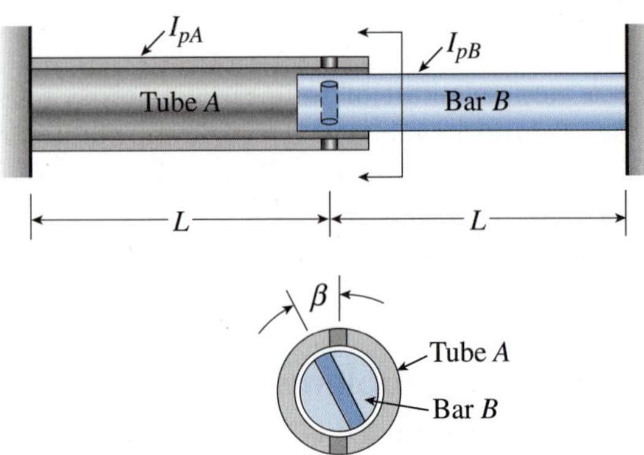

PROBLEM 3.9-11

3.9-12 A heavy flywheel rotating at n revolutions per minute is rigidly attached to the end of a shaft of diameter d (see figure). If the bearing at A suddenly freezes, what will be the maximum angle of twist ϕ of the shaft? What is the corresponding maximum shear stress in the shaft?

(Let L = length of the shaft, G = shear modulus of elasticity, and I_m = mass moment of inertia of the flywheel about the axis of the shaft. Also, disregard friction in the bearings at B and C and disregard the mass of the shaft.)

Hint: Equate the kinetic energy of the rotating flywheel to the strain energy of the shaft.

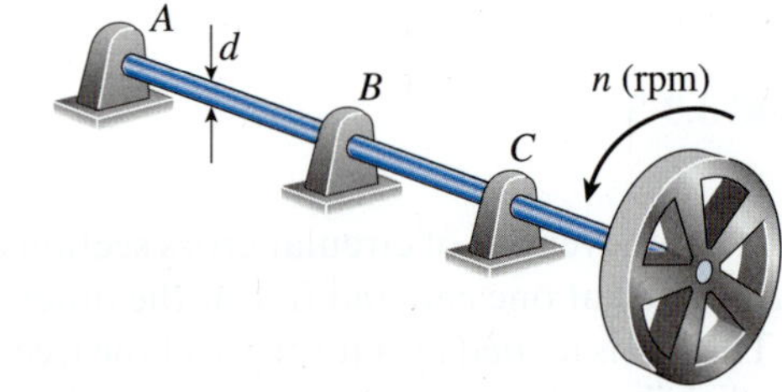

PROBLEM 3.9-12

3.11 Thin-Walled Tubes

Introductory Problems

3.11-1 A hollow circular tube having an inside diameter of 230 mm and a wall thickness of 30 mm (see figure) is subjected to a torque $T = 136$ kN·m.

Determine the maximum shear stress in the tube using (a) the approximate theory of thin-walled tubes, and (b) the exact torsion theory. Does the approximate theory give conservative or nonconservative results?

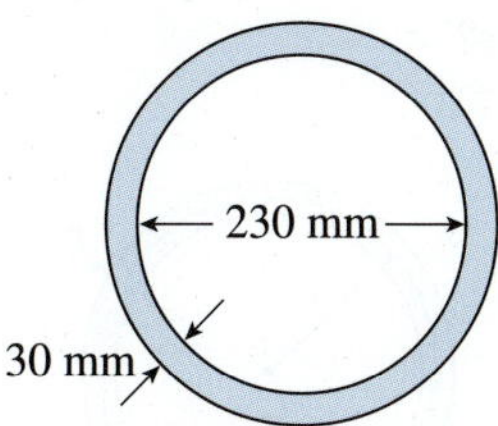

PROBLEM 3.11-1

3.11-2 A solid circular bar having diameter d is to be replaced by a rectangular tube having cross-sectional dimensions $d \times 2d$ to the median line of the cross section (see figure).

Determine the required thickness t_{min} of the tube so that the maximum shear stress in the tube will not exceed the maximum shear stress in the solid bar.

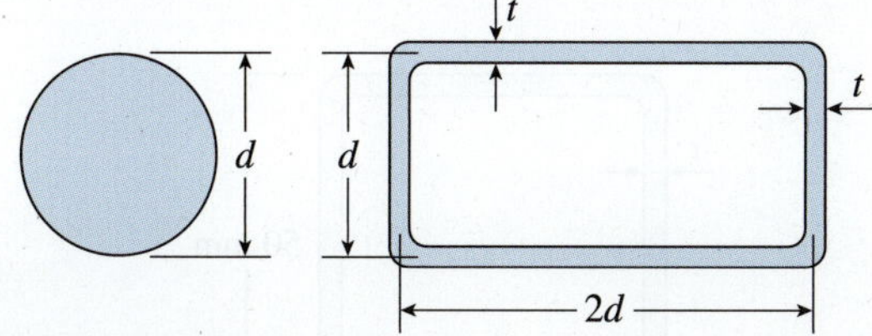

PROBLEM 3.11-2

3.11-3 A thin-walled aluminum tube of rectangular cross section (see figure) has a centerline dimensions $b = 50$ mm and $h = 20$ mm. The wall thickness t is constant and equal to 3 mm.

(a) Determine the shear stress in the tube due to a torque $T = 90$ N·m.
(b) Determine the angle of twist (in degrees) if the length L of the tube is 0.25 m and the shear modulus G is 26 GPa.

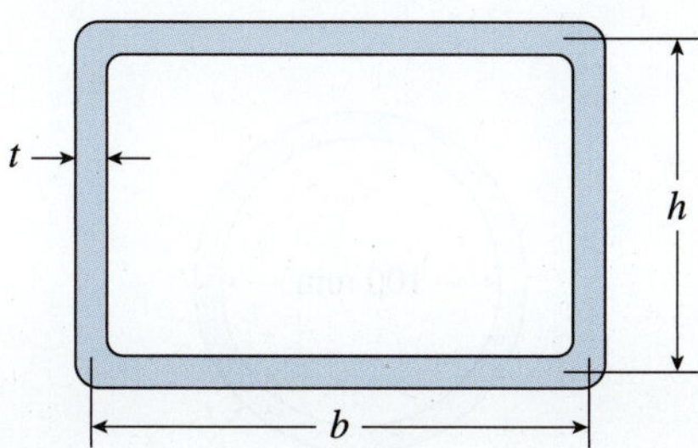

PROBLEMS 3.11-3 and 3.11-4

3.11-4 A thin-walled steel tube of rectangular cross section (see figure) has centerline dimensions $b = 150$ mm and $h = 100$ mm. The wall thickness t is constant and equal to 6.0 mm.

(a) Determine the shear stress in the tube due to a torque $T = 1650$ N · m.
(b) Determine the angle of twist (in degrees) if the length L of the tube is 1.2 m and the shear modulus G is 75 GPa.

Representative Problems

3.11-5 A square tube section has side dimension of 500 mm and thickness of 13 mm. If the section is used for a 2.75 m-long beam subjected to 140 kN·m torque at both ends, calculate the maximum shear stress and the angle of twist between the ends. Use $G = 80$ GPa.

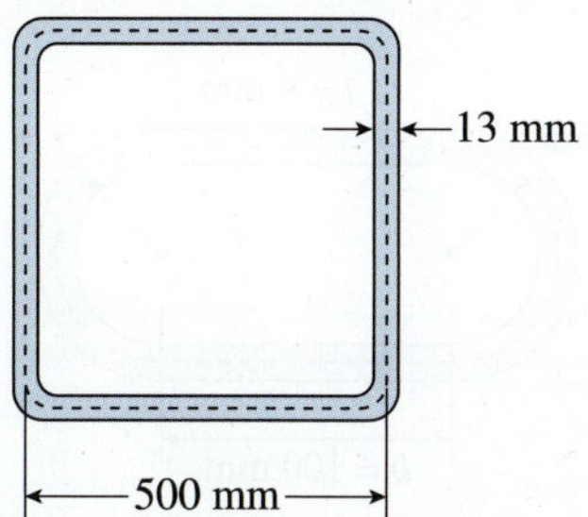

PROBLEM 3.11-5

3.11-6 A thin-walled circular tube and a solid circular bar of the same material (see figure) are subjected to torsion. The tube and bar have the same cross-sectional area and the same length.

What is the ratio of the strain energy U_1 in the tube to the strain energy U_2 in the solid bar if the maximum shear stresses are the same in both cases? (For the tube, use the approximate theory for thin-walled bars.)

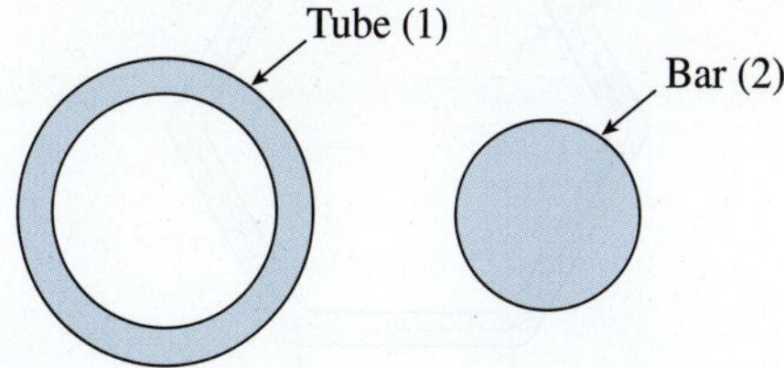

PROBLEM 3.11-6

3.11-7 A thin-walled steel tube having an elliptical cross section with constant thickness t (see figure) is subjected to a torque $T = 5.5$ kN·m.

Determine the shear stress τ and the rate of twist θ (in degrees per meter) if $G = 83$ GPa, $t = 5$ mm, $a = 75$ mm, and $b = 50$ mm. *Note:* See Appendix E, Case 16, for the properties of an ellipse.

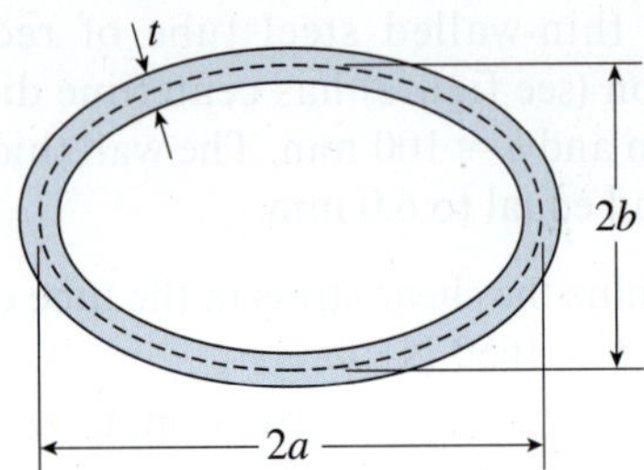

PROBLEM 3.11-7

3.11-8 Calculate the shear stress τ and the angle of twist ϕ (in degrees) for a steel tube ($G = 76$ GPa) having the cross section shown in the figure. The tube has length $L = 1.5$ m and is subjected to a torque $T = 10$ kN · m.

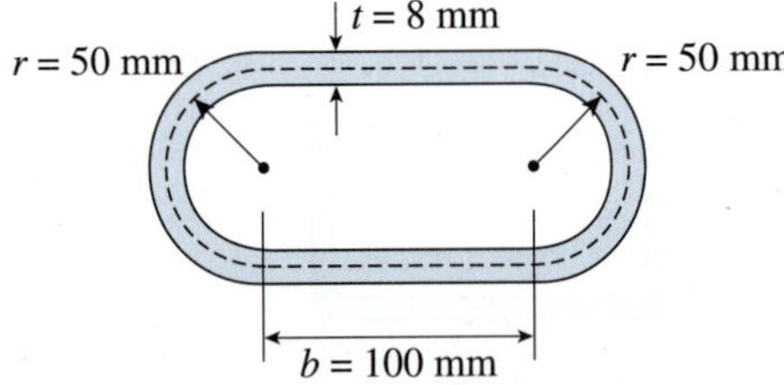

PROBLEM 3.11-8

3.11-9 A torque T is applied to a thin-walled tube having a cross section in the shape of a regular hexagon with constant wall thickness t and side length b (see figure). Obtain formulas for the shear stress τ and the rate of twist θ.

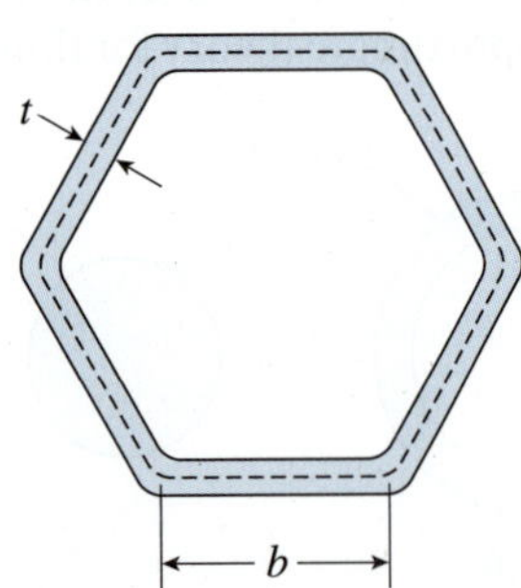

PROBLEM 3.11-9

3.11-10 Compare the angle of twist ϕ_1 for a thin-walled circular tube (see figure) calculated from the approximate theory for thin-walled bars with the angle of twist ϕ_2 calculated from the exact theory of torsion for circular bars.

(a) Express the ratio ϕ_1/ϕ_2 in terms of the nondimensional ratio $\beta = r/t$.

(b) Calculate the ratio of angles of twist for $\beta = 5$, 10, and 20. What conclusion about the accuracy of the approximate theory do you draw from these results?

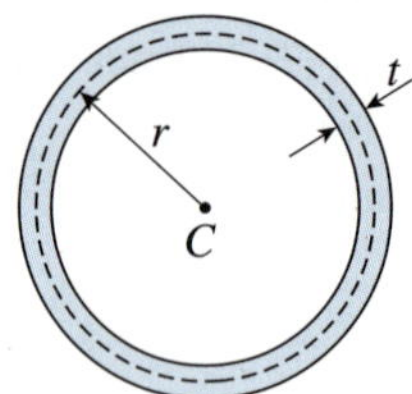

PROBLEM 3.11-10

3.11-11 A tubular aluminum bar ($G = 28$ GPa) of square cross section (see figure) with outer dimensions 50 mm × 50 mm must resist a torque $T = 300$ N·m.

Calculate the minimum required wall thickness t_{min} if the allowable shear stress is 20 MPa and the allowable rate of twist is 0.025 rad/m.

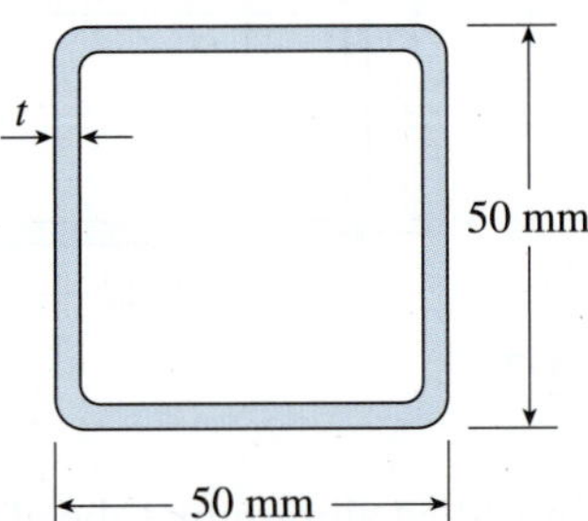

PROBLEM 3.11-11

3.11-12 A thin tubular shaft with a circular cross section (see figure) and with inside diameter 100 mm is subjected to a torque of 5000 N · m.

If the allowable shear stress is 42 MPa, determine the required wall thickness t by using (a) the approximate theory for a thin-walled tube and (b) the exact torsion theory for a circular bar.

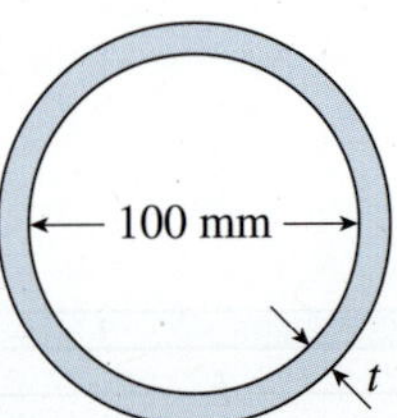

PROBLEM 3.11-12

3.11-13 A thin-walled rectangular tube has uniform thickness t and dimensions $a \times b$ to the median line of the cross section (see figure).

How does the shear stress in the tube vary with the ratio $\beta = a/b$ if the total length L_m of the median line of the cross section and the torque T remain constant?

From your results, show that the shear stress is smallest when the tube is square ($\beta = 1$).

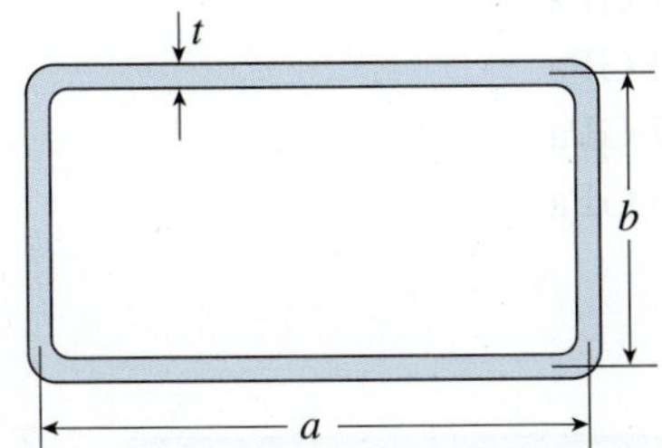

PROBLEM 3.11-13

3.11-14 A long, thin-walled tapered tube AB with a circular cross section (see figure) is subjected to a torque T. The tube has length L and constant wall thickness t. The diameter to the median lines of the cross sections at the ends A and B are d_A and d_B, respectively.

Derive the following formula for the angle of twist of the tube:

$$\phi = \frac{2TL}{\pi G t}\left(\frac{d_A + d_B}{d_A^2 d_B^2}\right)$$

Hint: If the angle of taper is small, you may obtain approximate results by applying the formulas for a thin-walled prismatic tube to a differential element of the tapered tube and then integrating along the axis of the tube.

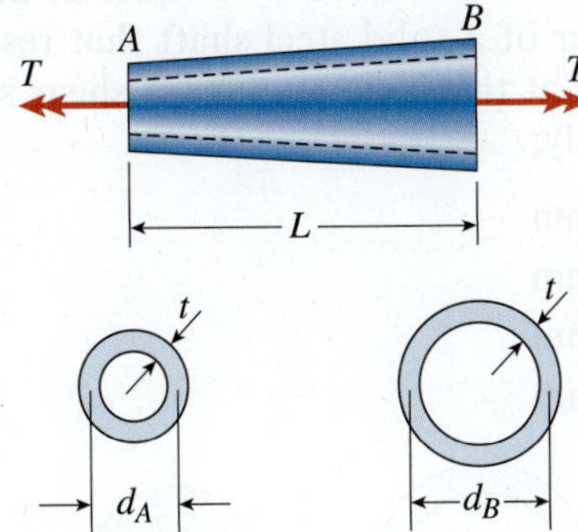

PROBLEM 3.11-14

3.12 Stress Concentrations in Torsion

Solve the problems for Section 3.12 by considering the stress-concentration factors.

3.12-1 A stepped shaft consisting of solid circular segments having diameters $D_1 = 50$ mm and $D_2 = 60$ mm (see figure) is subjected to torques T. The radius of the fillet is $R = 2.5$ mm.

If the allowable shear stress at the stress concentration is 110 MPa, what is the maximum permissible torque T_{max}?

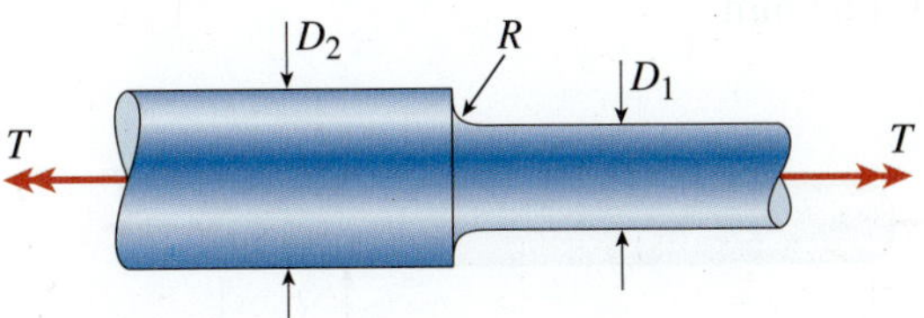

PROBLEMS 3.12-1 through 3.12-5

3.12-2 A stepped shaft with diameters $D_1 = 40$ mm and $D_2 = 60$ mm is loaded by torques $T = 1100$ N · m (see figure).

If the allowable shear stress at the stress concentration is 120 MPa, what is the smallest radius R_{min} that may be used for the fillet?

3.12-3 A full quarter-circular fillet is used at the shoulder of a stepped shaft having diameter $D_2 = 25$ mm (see figure). A torque $T = 115$ N·m acts on the shaft.

Determine the shear stress τ_{max} at the stress concentration for values as follows: $D_1 = 18$, 20 and 22 mm. Plot a graph showing τ_{max} versus D_1.

3.12-4 The stepped shaft shown in the figure is required to transmit 600 kW of power at 400 rpm. The shaft has a full quarter-circular fillet, and the smaller diameter $D_1 = 100$ mm.

If the allowable shear stress at the stress concentration is 100 MPa, at what diameter D_2 will this stress be reached? Is this diameter an upper or a lower limit on the value of D_2?

3.12-5 A stepped shaft (see figure) has diameter $D_2 = 40$ mm and a full quarter-circular fillet. The allowable shear stress is 100 MPa and the load $T = 540$ N·m.

What is the smallest permissible diameter D_1?

SOME ADDITIONAL REVIEW PROBLEMS: Chapter 3

R-3.1 A brass rod of length $L = 0.75$ m is twisted by torques T until the angle of rotation between the ends of the rod is 3.5°. The allowable shear strain in the copper is 0.0005 rad. The maximum permissible diameter of the rod is approximately:

(A) 6.5 mm
(B) 8.6 mm
(C) 9.7 mm
(D) 12.3 mm

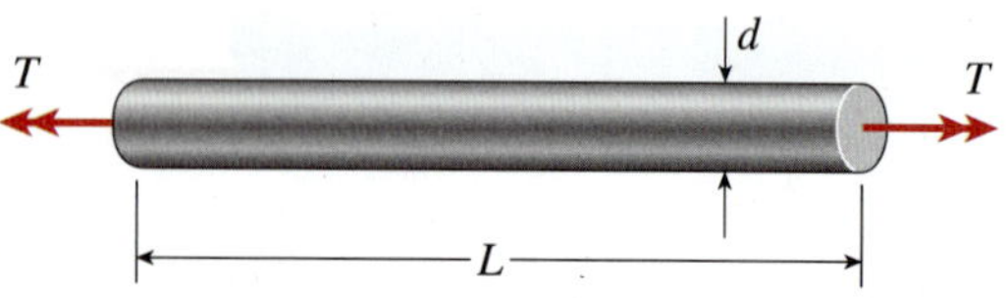

R-3.2 The angle of rotation between the ends of a nylon bar is 3.5°. The bar diameter is 70 mm and the allowable shear strain is 0.014 rad. The minimum permissible length of the bar is approximately:

(A) 0.15 m
(B) 0.27 m
(C) 0.40 m
(D) 0.55 m

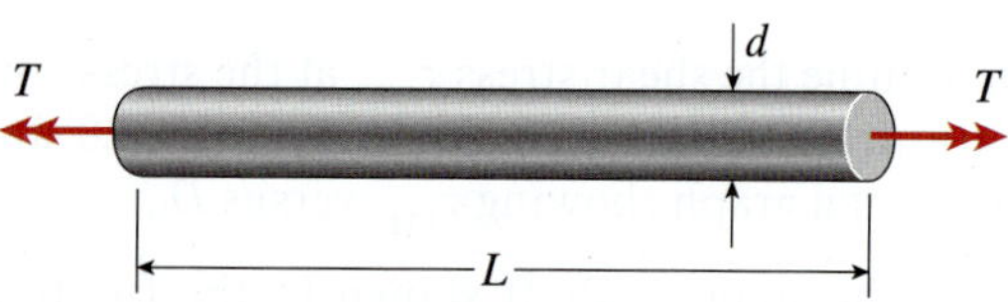

R-3.3 A brass bar twisted by torques T acting at the ends has the following properties: $L = 2.1$ m, $d = 38$ mm, and $G = 41$ GPa. The torsional stiffness of the bar is approximately:

(A) 1200 N·m
(B) 2600 N·m
(C) 4000 N·m
(D) 4800 N·m

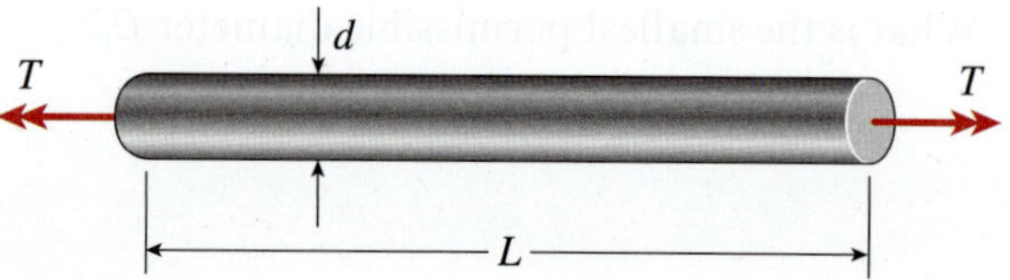

R-3.4 A brass pipe is twisted by torques $T = 800$ N·m acting at the ends causing an angle of twist of 3.5°. The pipe has the following properties: $L = 2.1$ m, $d_1 = 38$ mm, and $d_2 = 56$ mm. The shear modulus of elasticity G of the pipe is approximately:

(A) 36.1 GPa
(B) 37.3 GPa
(C) 38.7 GPa
(D) 40.6 GPa

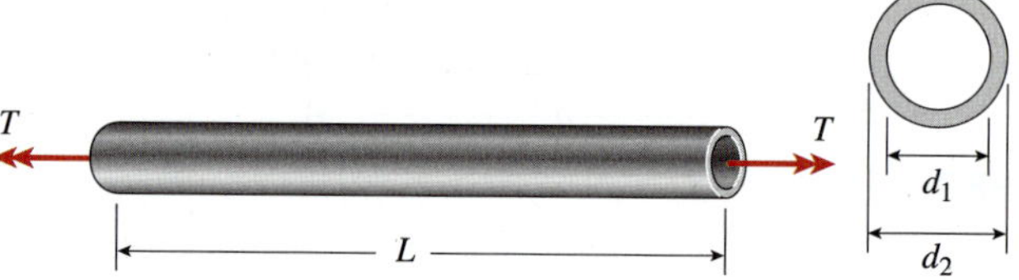

R-3.5 An aluminum bar of diameter $d = 52$ mm is twisted by torques T_1 at the ends. The allowable shear stress is 65 MPa. The maximum permissible torque T_1 is approximately:

(A) 1450 N·m
(B) 1675 N·m
(C) 1710 N·m
(D) 1800 N·m

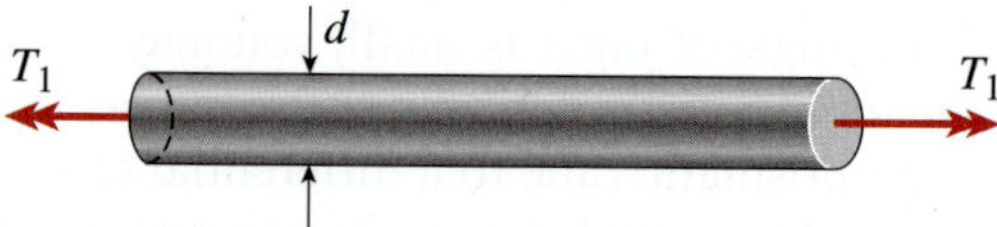

R-3.6 A steel tube with diameters $d_2 = 86$ mm and $d_1 = 52$ mm is twisted by torques at the ends. The diameter of a solid steel shaft that resists the same torque at the same maximum shear stress is approximately:

(A) 56 mm
(B) 62 mm
(C) 75 mm
(D) 82 mm

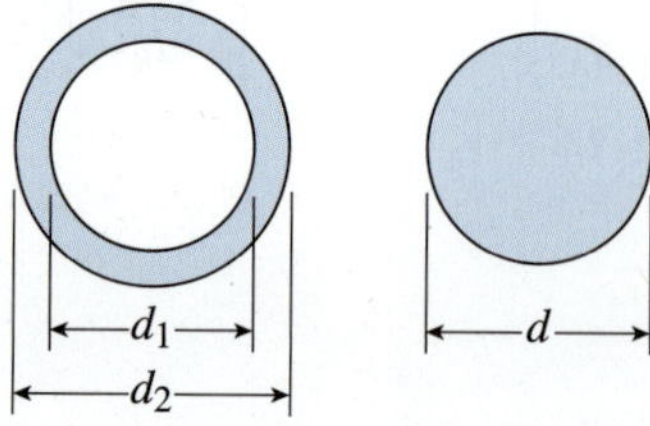

R-3.7 A stepped steel shaft with diameters $d_1 = 56$ mm and $d_2 = 52$ mm is twisted by torques $T_1 = 3.5$ kN·m and $T_2 = 1.5$ kN·m acting in opposite directions. The maximum shear stress is approximately:

(A) 54 MPa
(B) 58 MPa
(C) 62 MPa
(D) 79 MPa

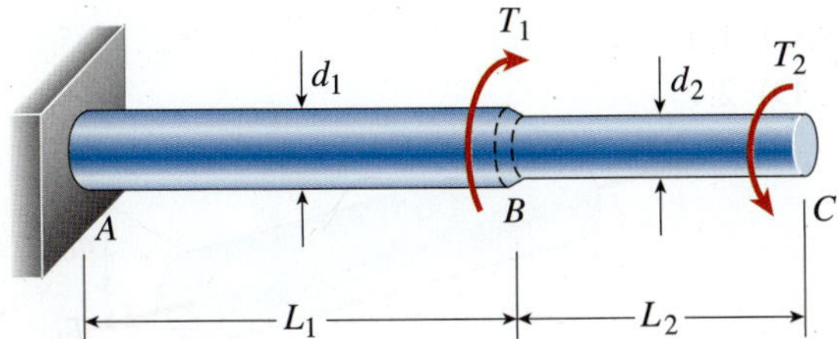

R-3.8 A stepped steel shaft ($G = 75$ GPa) with diameters $d_1 = 36$ mm and $d_2 = 32$ mm is twisted by torques T at each end. Segment lengths are $L_1 = 0.9$ m and $L_2 = 0.75$ m. If the allowable shear stress is 28 MPa and maximum allowable twist is 1.8°, the maximum permissible torque is approximately:

(A) 142 N·m
(B) 180 N·m
(C) 185 N·m
(D) 257 N·m

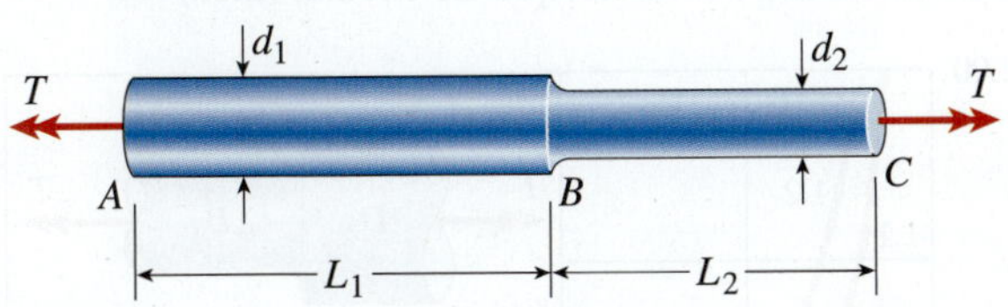

R-3.9 A gear shaft transmits torques $T_A = 975$ N·m, $T_B = 1750$ N·m, $T_C = 650$ N·m, and $T_D = 125$ N·m. If the allowable shear stress is 50 MPa, the required shaft diameter is approximately:

(A) 38 mm
(B) 44 mm
(C) 46 mm
(D) 48 mm

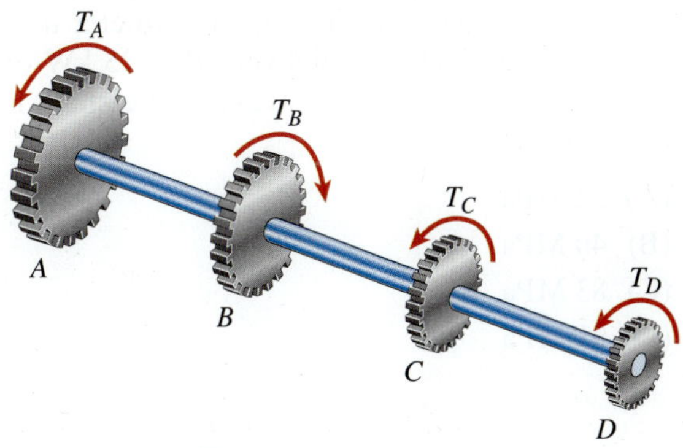

R-3.10 A hollow aluminum shaft $G = 27$ GPa, $d_2 = 96$ mm, and $d_1 = 52$ mm) has an angle of twist per unit length of 1.8°/m due to torques T. The resulting maximum tensile stress in the shaft is approximately:

(A) 38 MPa
(B) 41 MPa
(C) 49 MPa
(D) 58 MPa

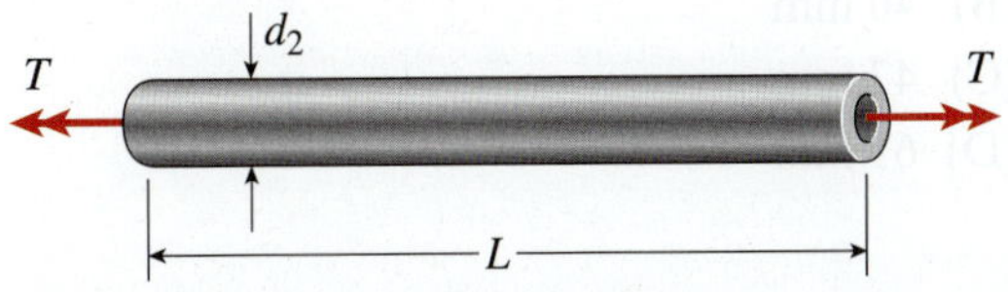

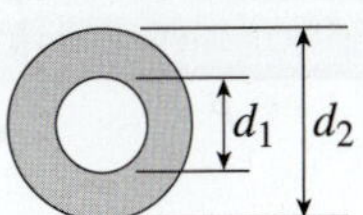

R-3.11 Torques $T = 5.7$ kN·m are applied to a hollow aluminum shaft ($G = 27$ GPa and $d_1 = 52$ mm). The allowable shear stress is 45 MPa and the allowable normal strain is 8.0×10^{-4}. The required outside diameter d_2 of the shaft is approximately:

(A) 38 mm
(B) 56 mm
(C) 87 mm
(D) 91 mm

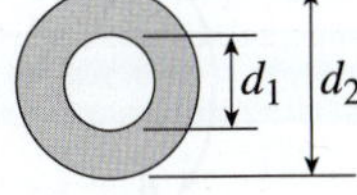

R-3.12 A motor drives a shaft with diameter d = 46 mm at f = 5.25 Hz and delivers P = 25 kW of power. The maximum shear stress in the shaft is approximately:

(A) 32 MPa
(B) 40 MPa
(C) 83 MPa
(D) 91 MPa

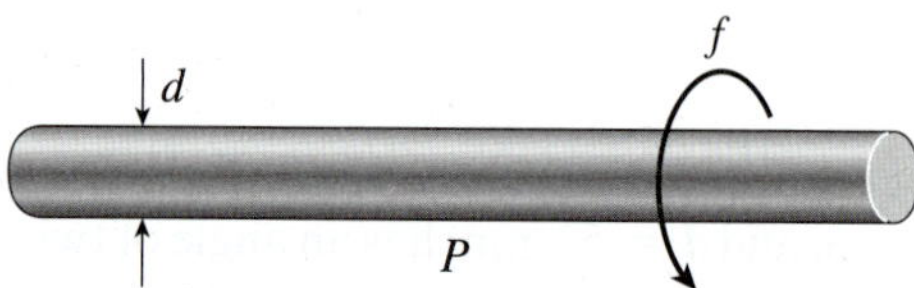

R-3.13 A motor drives a shaft at f = 10 Hz and delivers P = 35 kW of power. The allowable shear stress in the shaft is 45 MPa. The minimum diameter of the shaft is approximately:

(A) 35 mm
(B) 40 mm
(C) 47 mm
(D) 61 mm

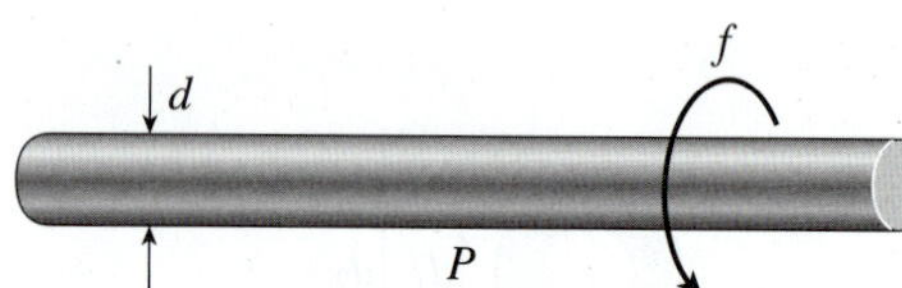

R-3.14 A drive shaft running at 2500 rpm has outer diameter 60 mm and inner diameter 40 mm. The allowable shear stress in the shaft is 35 MPa. The maximum power that can be transmitted is approximately:

(A) 220 kW
(B) 240 kW
(C) 288 kW
(D) 312 kW

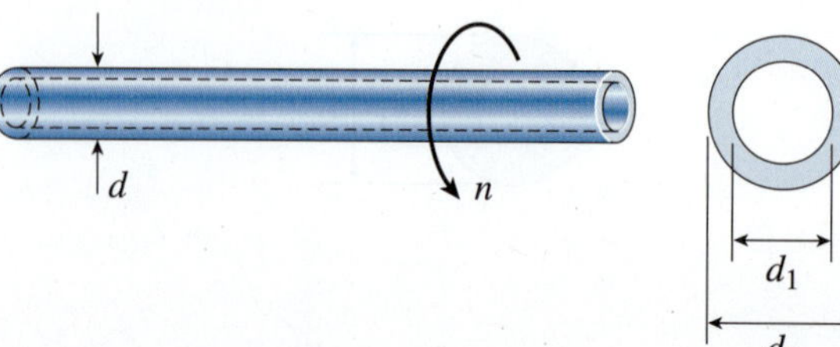

R-3.15 A prismatic shaft (diameter d_0 = 19 mm) is loaded by torque T_1. A stepped shaft (diameters d_1 = 20 mm and d_2 = 25 mm with radius of fillets R = 2 mm) is loaded by torque T_2. The allowable shear stress in the material is 42 MPa. The ratio T_1/T_2 of the maximum permissible torques that can be applied to the shafts, considering stress concentration effects in the stepped shaft is:

(A) 0.9
(B) 1.2
(C) 1.4
(D) 2.1

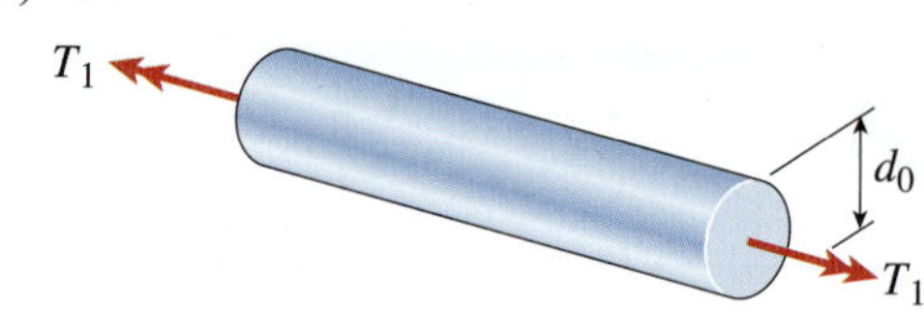

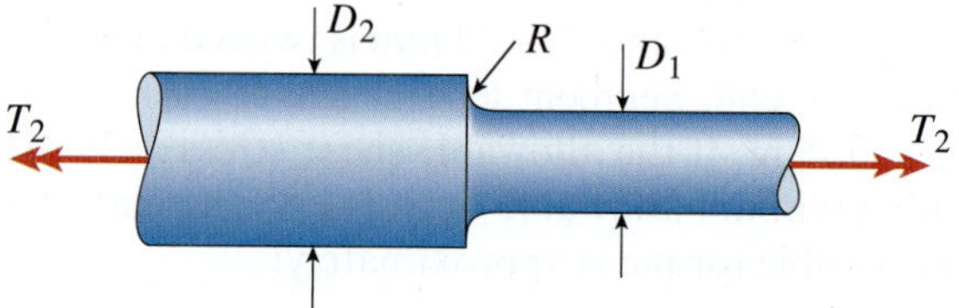

FIGURE 3-59

Stress-concentration factor K for a stepped shaft in torsion. (The dashed line is for a full quarter-circular fillet.)

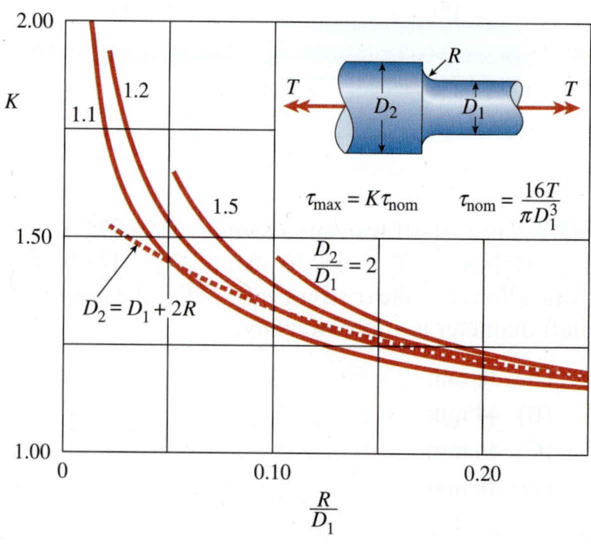

CHAPTER 4

전단력과 굽힘모멘트

Shear Forces and Bending Moments

셀카봉은 캔틸레버보와 같이 작동하고 그 길이방향으로 전단력과 굽힘모멘트가 주어진다.

이 장의 목적

- 보와 프레임에 발생하는 힘과 모멘트의 학습
- 다른 형태의 보와 여러 종류의 하중들과 지지 조건들을 갖는 보와 프레임에 대한 정의
- 보 부재의 정확한 모델에 포함되어야 하고 보와 프레임에 있을 수 있는 내부 이완에 대한 설명
- 보와 프레임에서 횡방향 분포 하중 $q(x)$, 전단력 $V(x)$ 및 굽힘모멘트 $M(x)$ 사이의 미분과 적분 관계 유도
- 보와 프레임에 대한 축력(N) 선도, 전단력(V) 선도 및 굽힘모멘트(M) 선도의 작성
- 보와 프레임 설계에서 중요한 최대 축력, 전단력 및 굽힘모멘트의 크기들과 위치들을 구하는 데 축력, 전단력 및 모멘트 선도가 어떻게 도움이 되는지 보여주기

이 장의 구성

4.1 서론

구조용 부재는 일반적으로 그들이 부담하는 하중의 종류에 따라 분류된다. 예를 들면, **축하중을 받는 봉**(*axially loaded bar*)은 그 벡터가 봉의 축 방향으로 향하는 힘들을 지지하며, **비틀림을 받는 봉**(*bar in torsion*)은 그 모멘트 벡터가 축 방향으로 향하는 토크(혹은 우력)를 지지한다. 이 장에서는 횡방향 하중, 즉 그들의 벡터가 봉의 축에 대하여 수직으로 작용하는 힘 혹은 모멘트를 받는 구조용 부재인 **보**(그림 4-1)에 대해 알아본다.

그림 4-1
횡하중을 받는 보의 예

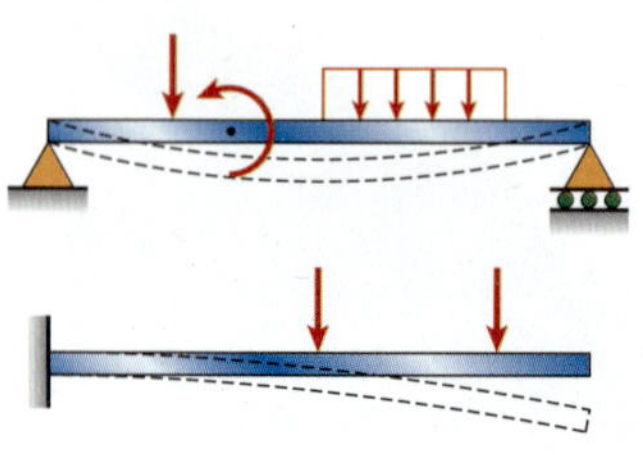

그림 4-1에 보이는 보는 단일 평면에 놓여 있기 때문에 **평면구조물**(*planar structures*)로 분류된다. 만일 모든 하중이 동일 평면에서 작용하고 모든 처짐(점선으로 나타낸)이 그 평면에서 발생한다면, 그 평면은 **굽힘 평면(plane of bending)**이라고 한다.

이 장에서는 보에 발생하는 전단력들과 굽힘모멘트들을 보여주고, 그 값들이 서로 간에 어떠한 관계가 있고 또한 하중과 어떠한 관계가 있는지 보여줄 것이다. 전단력과 굽힘모멘트를 구하는 것은 모든 보의 설계에서 필수적인 단계이다. 이 크기들의 최댓값뿐 아니라 크기들이 축을 따라 변하는 모양도 흥미롭다. 일단 전단력들과 굽힘모멘트들이 구해지고 나면, 뒤의 5, 6 및 9장에서 논의될 응력, 변형률 및 처짐을 구할 수 있다.

4.2 보, 하중 및 반력의 종류

보는 일반적으로 그들이 지지되는 방법에 따라 설명된다. 예를 들면, 한쪽 끝은 핀지지로 다른 쪽 끝은 롤러지지된(그림 4-2a) 보는 **단순지지보(simply supported beam)** 혹은 **단순보(simple beam)**로 불린다. **핀지지**의 근본적인 특징은, 핀이 보 끝의 이동은 억제하지만 회전은 억제하지 않는다는 것이다. 따라서 그림 4-2a에서 보는 바와 같이 보의 끝 A는 수평방향 혹은 수직방향으로 이동할 수 없지만 보의 축은 그림의 평면 내에서 회전할 수 있다. 결과적으로 핀지지는 수평방향과 수직방향 분력들(H_A와 R_A)을 갖는 반력을 일으킬 수 있으나 모멘트 반력을 일으킬 수는 없다.

보의 끝 B(그림 4-2a)에서 **롤러지지**는 수직방향의 이동을 억제하지만 수평방향의 이동을 억제하지 않을 것이다; 따라서 이 지지는 수직방향의 힘(R_B)은 억제할 수 있지만 수평방향 힘은 억제할 수 없다. 물론, 보의 축은 A에서와 같이 B에서 회전에 자유롭다. 롤러지지와 핀지지의 수직 반력들은 상향 또는 하향으로 작용할 수 있으며, 핀지지의 수평 반력은 오른쪽으로나 왼쪽으로 작용할 수 있다. 그림에서, 반력들은 앞의 1.3절에서 설명한 바와 같이 하중들로부터 그것들을 구분할 목적으로 빗금친 화살표로 표시된다.

그림 4-2b에서 보듯이 한쪽 끝은 고정되어 있고 다른 쪽은 자유단으로 지지된 보는 **캔틸레버보**라고 불린다. **고정지지(fixed support** or *clamped support*)에서 이 보는 이동도 할 수 없고 회전도 할 수 없다. 반면에 자유단에서는 이동과 회전을 할 수 있다. 결과적으로 고정지지에서는 힘과 모멘트 반력 둘 다 존재한다. (이 장 앞의 사진에 있는 셀카봉은 캔틸레버보이고 셀카봉을 잡고 있는 손이 고정지지이다).

세 번째 예제는 **돌출보(beam with an overhang)**이다(그림 4-2c). 이 보는 점 A와 B에서 단순지지되어 있으나(즉, 보는 A에서 핀지지가 되고 B에서 롤러지지가 되어 있다), 보는 지점 B를 지나 돌출되어 있다. 돌출된 구간 BC는 보의 축이 점 B에서 회전할 수 있다는 것을 제외하고 캔틸레버보와 비슷하다.

보의 해석 모델을 그릴 때, 그림 4-2에 그려진 것과 같이 지지점들은 **관습적인 기호**

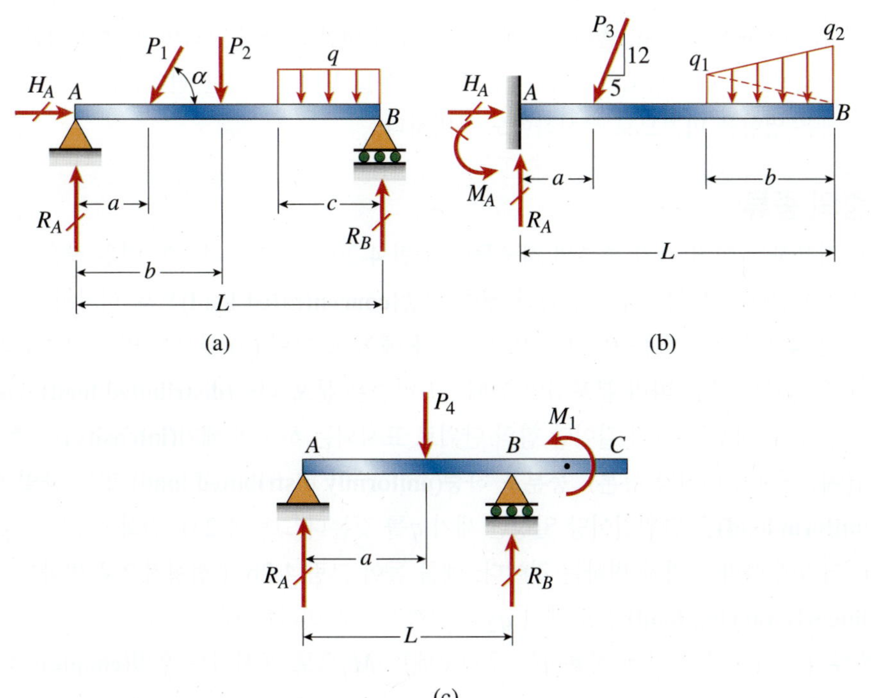

그림 4-2

보의 종류: (a) 단순보, (b) 캔틸레버보, (c) 돌출보

로 식별된다. 이 기호들은 보가 억제되는 방법을 나타내고 있으며, 따라서 그것들 또한 반작용에 의한 힘들과 모멘트들의 특징을 나타낸다. 그러나 이 기호들은 실제적인 물리적 구조 상태를 나타내지 않는다. 그림 4-3에 보인 예들을 고려해보자. 그림의 (a) 부분은 넓은 플렌지(wide-flange)를 가진 보가 콘크리트 벽에 지지되고, 하부 플랜지의 슬롯트 구멍을 관통하는 앵커 볼트에 의해 고정된 것을 보여준다. 이 연결은 보의 수직방향 이동(상향이든 하향이든 간에)은 구속하지만, 수평방향 이동은 구속하지 않는다. 또한 보의 길이방향 축의 회전을 막는 억제력이 매우 작아서 일반적으로 무시될 수 있다. 따라서 이와 같은 종류의 지점은 일반적으로 그림의 (b) 부분에 보이는 것과 같이 롤러로 표시된다.

두 번째 예(그림 4-3c)는 보와 기둥 플렌지 사이의 앵글(angle)을 볼트로 연결한 보-기둥 연결부이다(다음 쪽 그림 참조). 이러한 종류의 지지는 보통 보의 수평 및 수직 이동은 구속하지만, 회전은 구속되지 않는다고 가정한다(앵글과 기둥 모두 휘어질 수 있기 때문에 회전에 대한 구속은 미미하다). 그러므로 이 연결은 일반적으로 보에 대한 핀지지로 표시된다(그림 4-3d).

마지막 예(그림 4-3e와 f)는 지반 깊이 묻혀있는 콘크리트 교각 위에 고정된 기초판에 용접되어 있는 금속 봉이다. 봉의 기초는 이동과 회전 모두에 대하여 완전히 구속되기 때문에, 그것은 고정지지로 표시된다(그림 4-3f).

보와 다른 구조물들을 위한 지지점의 구속에 대한 추가적인 사항은 1장 표 1-1을 보라.

그림 4-2에 그려진 보들로 예시했듯이, 실제 구조물을 **이상적인 모델(idealized model)**로 표시하는 과제는 공학 업무에서 중요한 일이다. 모델은 수학적 해석을 용이하게 하도록 충분히 단순해야 하지만, 합리적인 정확도를 갖은 구조물의 실제 거동을 나타내기에 충분할 만큼 복합적이어야 한다. 물론, 모든 모델은 본질에 유사해야 한다. 예를 들면 보의 실제 지지점들은 결코 완벽히 견고할 수 없으므로, 핀지지에서는 약간의 이동이 있

그림 4-3

벽에 지지된 보: (a) 실제 구조, (b) 롤러 지점으로 표현; 보-기둥연결, (c) 실제 구조, (d) 핀지지로 표현

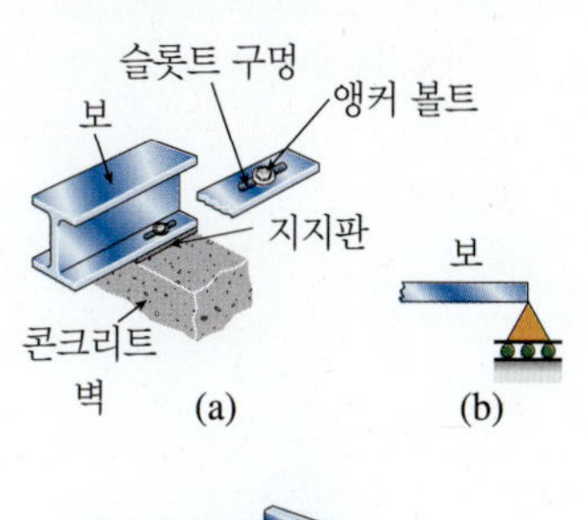

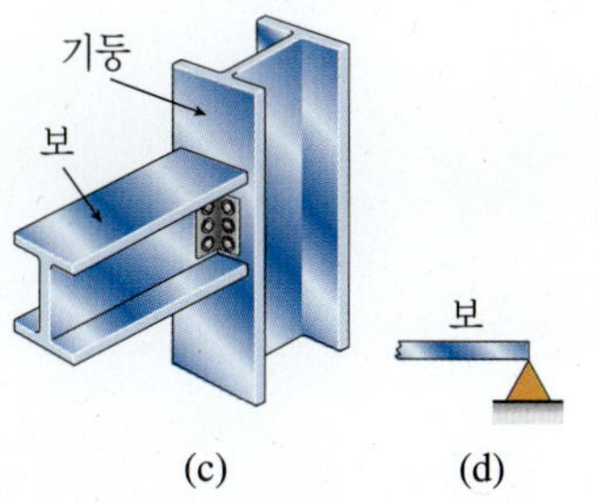

그림 4-3(계속)
콘크리트 교각에 고정된 막대: (e) 실제 구조, (f) 고정단으로 표현

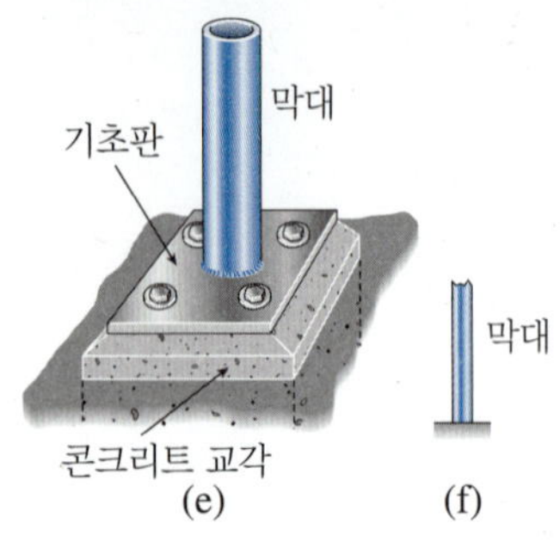

보 하나가 기둥 플랜지에 부착되고 다른 보는 기둥 복부판에 부착된 보-기둥 연결

고 고정지지에서는 약간의 회전이 항상 발생할 것이다. 또한 지지들은 결코 완전히 마찰에 자유로울 수 없으므로, 롤러지지에서는 이동에 대한 소량의 구속이 항상 존재한다. 대부분의 경우, 특히 정정보의 경우 이상적인 조건들로부터 이러한 편차들은 보의 거동에 매우 작은 영향을 미치므로 무시하여도 무방하다.

하중의 종류

보에 작용하는 여러 가지 종류의 하중들이 그림 4-2에 보인다. 하중이 매우 작은 면적에 걸쳐 작용할 때 그것은 하나의 힘인 **집중 하중(concentrated load)**으로 이상화될 수 있다. 그림 4-2에 있는 하중 P_1, P_2, P_3 및 P_4가 예이다. 그림 (a) 부분에 있는 하중 q와 같이 하중이 보의 축을 따라 분포되었을 때, 그 하중은 **분포 하중(distributed load)**으로 설명된다. 분포 하중은 단위 길이당 힘의 단위로 표시되는 하중의 **세기(intensity)**로 측정된다(예를 들면, 미터당 뉴톤). **등분포 하중(uniformly distributed load)** 또는 **균일 하중(uniform load)**은 단위길이당 일정한 세기 q를 갖는다(그림 4-2a). 변화하중은 축을 끼고 거리에 따라 세기가 변하는 것이다; 예를 들어 그림 4-2b의 **선형적으로 변하는 하중(linearly varying load)**은 q_1에서 q_2로 선형적으로 변하는 세기를 갖고 있다. 또 다른 종류의 하중은 돌출보에 작용하는 우력모멘트 M_1으로 표시되는 **우력(couple)**이다(그림 4-2c).

4.1절에서 언급한 바와 같이, 이 논의에서 하중들은 그림의 평면 내에서 작용한다고 가정하였으며, 이는 모든 힘은 그림의 평면 내에 그 벡터를 가지며 모든 우력은 그림의 평면과 수직인 모멘트 벡터를 가진다는 것이다. 더욱이 보 자체는 그 평면에 대하여 대칭이어야 하며, 이는 보의 모든 단면이 대칭되는 수직축을 가져야 한다는 것을 의미한다. 이러한 조건에서, 보는 오직 **굽힘평면**(그림의 평면) 내에서만 처짐이 발생할 것이다.

반력

반력을 구하는 것은 일반적으로 보의 해석에서 첫 단계이다. 일단 반력이 구해지면, 이 장의 후반부에서 설명되듯이 전단력과 굽힘모멘트는 구해질 수 있다. 만약 보가 정정 형식으로 지지되면, 모든 반력은 자유물체도와 평형방정식으로부터 구해질 수 있다.

내부 이완

어떤 경우에는, 전체 구조물의 거동에 중요한 영향을 미칠 수 있는 구조물의 실제 조건을 잘 묘사하도록 보나 프레임의 해석 모델에 내부 이완을 추가할 필요가 있을 것이다. 그림 4-4에 보이는 4가지 종류의 이완을 고려해 보자. 첫째는 파이프 1에 삽입된 파이프 2로 그려진 **축력 이완**(그림 4-4a)이다. 파이프 1에 작용하는 하중 P는 파이프 2로 전달되지 않을 것이다. 왜냐하면 내부 축력 N(마찰이 없는)이 연결점에서 0이기 때문이다. 그러나 전단력 V와 굽힘모멘트 M은 이 연결점에서 전달된다. 축력 이완의 기호는 그림 4-4a의 아래에 보였다. 같은 파이프 연결부는 비틀림 모멘트 T가 파이프 1에서 파이프 2로 전달되지 않기 때문에 **비틀림 이완**(그림 4-4b 참조)으로도 작용한다. 보와 프레임에서 더욱 흥미로운 것은 그림 4-4c와 d에 각각 그려진 전단 이완과 모멘트 이완이다. 보의 위와 아래에서 인장력과 압축력이 전달(따라서 모멘트)될 수 있는 한 쌍의 연결 고리로 **전단**

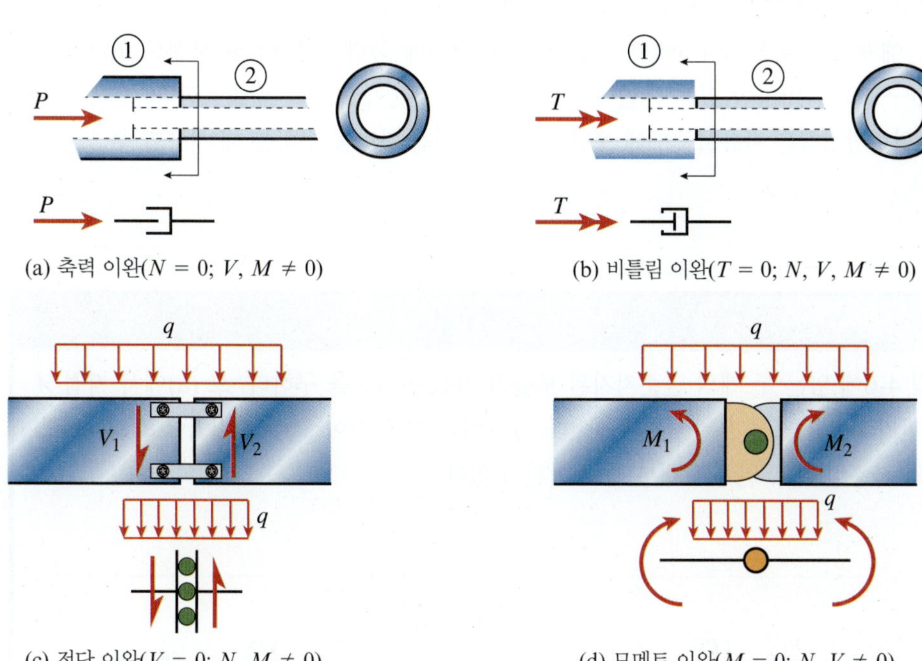

그림 4-4
평면 보와 프레임 부재에 적용되는 내부 이완의 종류

이완이 표시되어 있다. 그러나 전단력은 이 연결점에서 0이 된다. 그림 4-4d의 **모멘트 이완**은 일반적으로 **핀** 연결로 알려졌다; 보나 프레임에서 이 연결부는 축력과 전단력은 전달하지만 모멘트는 0이 되어야 한다.

축력과 모멘트 이완이 있는 실례(핀 및 롤러지지점이 추가된)가 한 가지 타원형 운동기구로 그림 4-5a에 있다. 운동기구에는 수직의 중앙 봉에 핀 연결된 막대들이 있고, 이 막대들은 운동 중 앞뒤로 주어지는 움직임으로 길이가 변한다. 수직 막대와 무게가 주어지는 발판 사이는 모멘트 이완으로 되어 있어서, 이 두 구성요소들은 따로따로 회전할 수 있다. 다양한 종류의 위치에서 기구의 해석에 이용할 수 있는 단순한 모델이 그림 4-5b에

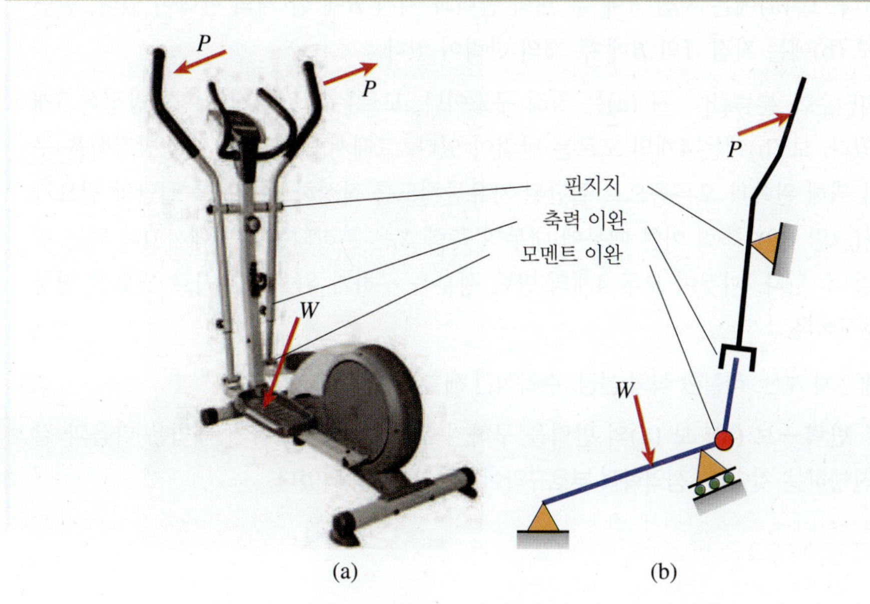

그림 4-5
(a) 타원형 운동기구에 포함된 축력과 모멘트 이완, (b) 단순 프레임 모델(Tatuasha/Shutterstock.com)

있다(실례의 해석을 위해서 1장 Problems 1.2-33을 보라.).

예제 4-1, 4-2 및 4-3에서 보듯이, 구조 모델에 축력, 전단력 및 모멘트 이완이 있다면, 구조물은 이완이 있는 단면에서 절단하여 자유물체도를 분리해야 한다; 그러면 추가된 평형방정식은 자유물체도에 포함된 미지의 지점 반력을 구하는 데 사용할 수 있다.

예제 4-1

그림 4-6에 있는 두 개의 단순지지된 보들의 지점 반력들을 구하라. 보 (a)에서 지점 A는 핀지지이고 지점 B는 롤러지지이다. 보 (b)는 양쪽 끝이 모두 핀지지이고 경사하중 P_1의 작용점 바로 왼쪽에 내부 축력 이완이 있다.

그림 4-6
등분포 하중과 집중 하중이 작용하는 단순보

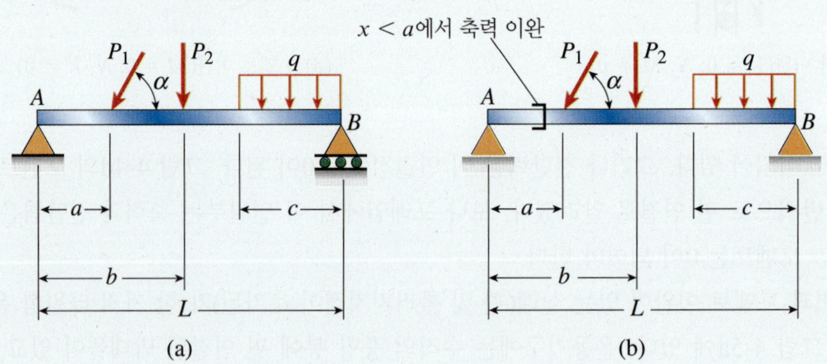

풀이

이 보에 문제풀이 4단계 접근방법을 사용한다.

1. **개념화**[가정, 스케치]: 각 보(그림 4-7과 4-8)에 대한 전체 자유물체도 작성으로 시작한다. 보 (a)에는 지점 A에 두 개의 반력과 지점 B에 한 개의 반력이 있다. 반면에 보 (b)에는 지점 A와 B에 두 개의 반력이 있다.

2. **분류**[단순화, 분류화]: 보 (a)는 정정 구조이다; 모르는 반력 3개와 평형방정식 3개가 있다. 보 (b)에는 4개의 모르는 반력이 있다. 그래서 또 하나의 평형방정식을 구하기 위해 왼쪽과 오른쪽으로 절단된 자유물체도를 작성하도록 보를 절단할 필요가 있다(그림 4-9). 축력 이완 때문에 내부의 축력 N은 분리되는 단면에서 0이 되는 것을 알 수 있다. 이것이 모두 4개의 반력 성분을 구하기 위해서 추가로 필요한 평형방정식이다.

3. **해석**[수치 계산; 적절한 식의 선정, 수학적인 해를 구함]:

외부 반력—보 (a): 보 (a)의 반력을 구하기 위해 가능한 하나의 해법은 다음과 같이 진행하는 것이다. 정역학적 부호규약이 풀이에 사용되었다.

그림 4-7
보 (a)의 자유물체도

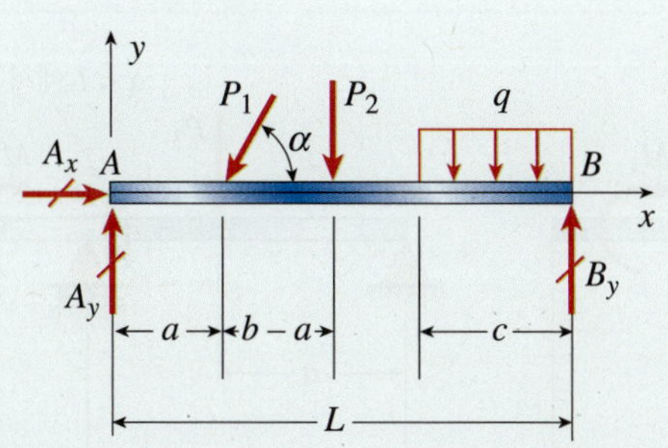

그림 4-8
보 (b)의 전체 자유물체도

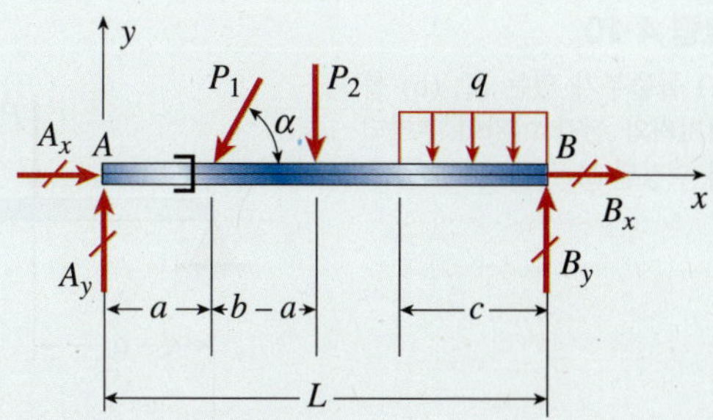

$$\Sigma F_x = 0 \quad A_x - P_1 \cos\alpha = 0 \text{ 따라서 } A_x = P_1 \cos\alpha$$

$$\Sigma M_B = 0 \quad -A_y L + (P_1 \sin\alpha)(L - a) + P_2(L - b) + \frac{qc^2}{2} = 0$$

$$\text{따라서 } A_y = P_1 \sin\alpha\left(1 - \frac{a}{L}\right) + P_2\left(1 - \frac{b}{L}\right) + \frac{qc^2}{2L}$$

$$\Sigma M_A = 0 \quad B_y L - (P_1 \sin\alpha)(a) - P_2 b - qc\left(L - \frac{c}{2}\right) = 0$$

$$\text{따라서 } B_y = P_1 \sin\alpha\left(\frac{a}{L}\right) + P_2\left(\frac{b}{L}\right) + qc\left(1 - \frac{c}{2L}\right)$$

외부 반력—보 (b): 앞에서 풀이한 Ay와 By는 보 (b)에서도 유효하며 왼손과 오른손의 자유물체도(그림 4-9)를 사용하여 다음을 구한다.

$$\Sigma F_x = 0 \quad \text{(왼손)} \quad A_x = -N = 0$$

$$\Sigma F_x = 0 \quad \text{(오른손)} \quad B_x = P_1 \cos\alpha$$

그 대신에 왼손 자유물체도에서 $A_x = 0$을 구하면, 반력 B_i는 그림 4-8 보 (b)의 전체 자유물체도에서 $\Sigma F_x = 0$을 사용하여 구해진다.

4. 최종 단계[결론; 해의 검토—해가 온당한가? 단위는 바른가? 비슷한 문제와 비교하였을 때 어떤가?]: 만약 보 (a)에서 지점 B의 롤러지지가 핀지지로 대치된다면, 보는 1차 부정정 구조가 된다. 그러나 만약 축력 이완이 보 (b)와 같이 삽입된다면, 이완이 추가적인 평형방정식을 제공하기 때문에 그 보는 정역학만으로도 해석될 수 있다.

그림 4-9
보 (b)의 왼손과 오른손 자유물체도

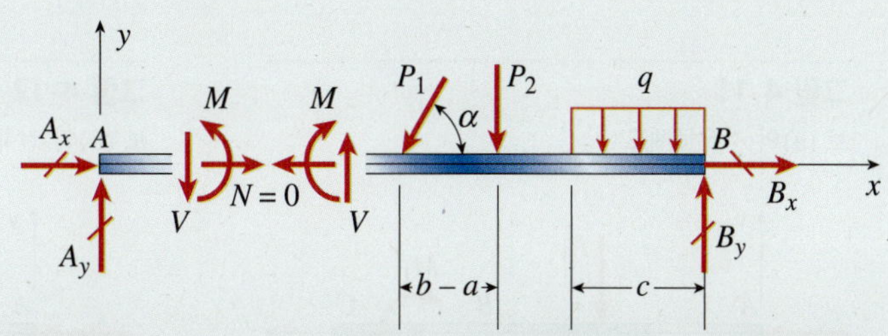

예제 4-2

그림 4-10

(a) 돌출부가 있는 보, (b) 롤러지지와 전단 이완이 추가되어 수정된 보

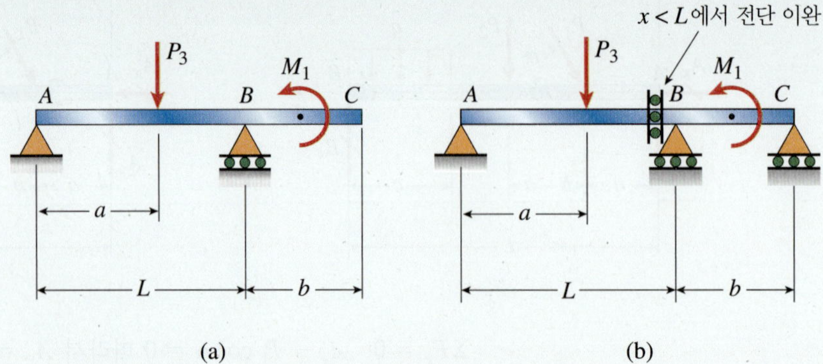

그림 4-10에 보인 두 개의 보에 발생하는 지지 반력들을 구하라. 보 (a)는 지점 A가 핀 지지이고 지점 B가 롤러지지이다. 보 (b)는 지점 B의 바로 왼쪽에 전단 이완이 있다.

풀이

이 보에 문제풀이 4단계 접근방법을 사용한다.

1. **개념화:** 각 보에 대한 전체 자유물체도가 그림 4-11과 4-12에 있다. 보 (a)는 3개의 지지 반력이 있다: 지점 A에 2개 지점 B에 1개. 그러나 보 (b)는 모두 4개의 반력으로 지점 A에 2개의 반력과 지점 B와 C에 각각 1개가 있다.
2. **분류:** 보 (a)는 정정 구조이다; 3개의 평형방정식과 미지의 반력이 3개가 있다. 보 (b)에는 미지의 반력 4개가 있기 때문에 부정정 구조로 보인다. 전단 이완이 있는 단면에서 전단력 V가 0이 되는 사실을 이용하도록 보를 왼손과 오른손 자유물체도(그림 4-13)로 분리할 필요가 있다. 추가된 평형방정식은 보 (b)에 있는 모두 4개의 반력을 구하는 데 사용될 것이다.
3. **해석:**

외부 반력—보 (a): 그림 4-11에서 x방향의 힘들을 모두 더하면 $Ax = 0$을 구할 수 있다. 수직 반력을 구하려면 A에서 모멘트를 취해서 모두 더하면 By를 구할 수 있고, B에서 모멘트를 취해서 모두 더하면 Ay를 구할 수 있다:

그림 4-11

보 (a)의 자유물체도

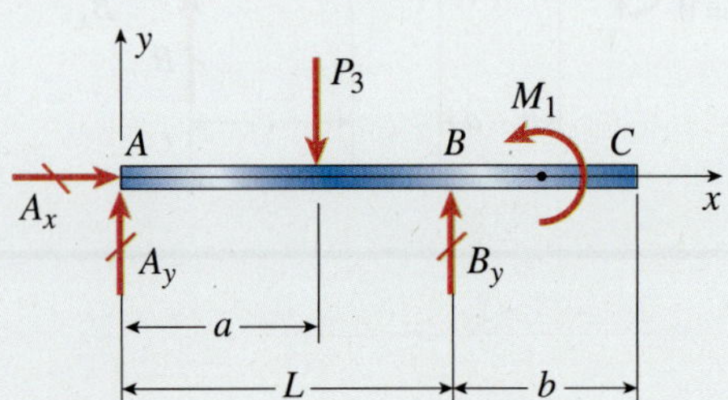

그림 4-12

보 (b)의 전체 자유물체도

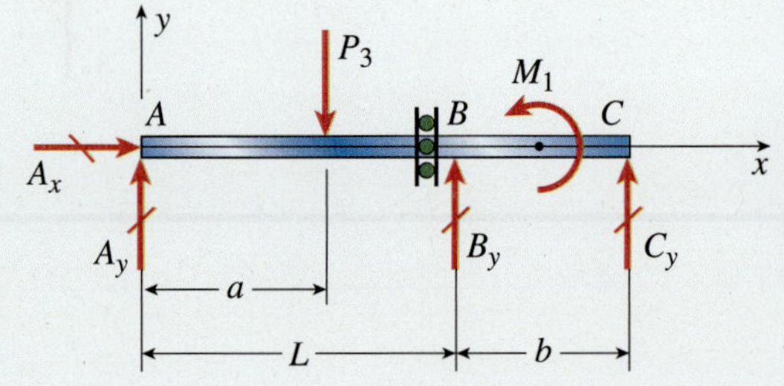

그림 4-13
보 (b)에 대한 왼손과 오른손 자유물체도

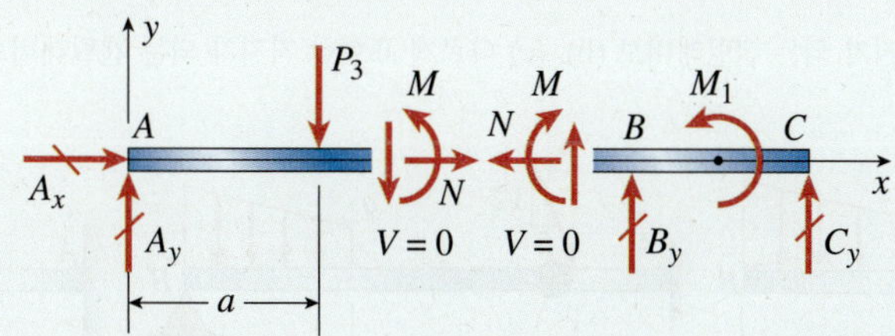

$$\Sigma F_x = 0 \quad A_x = 0$$

$$\Sigma M_A = 0 \quad -P_3 a + B_y L + M_1 = 0 \text{ 따라서 } B_y = P_3\left(\frac{a}{L}\right) - \frac{M_1}{L} \quad \text{(a)}$$

$$\Sigma M_B = 0 \quad -A_y L + P_3(L - a) + M_1 = 0 \text{ 따라서 } A_y = P_3\left(1 - \frac{a}{L}\right) + \frac{M_1}{L}$$

외부 반력—보 (b): 왼손과 오른손 자유물체도(그림 4-13)들을 사용하여 다음을 구한다.

$$\Sigma F_y = 0 \text{ (왼손) } \quad A_y = P_3$$

$$\Sigma F_y = 0 \text{ (오른손) } \quad B_y + C_y = 0 \quad \text{so} \quad B_y = -C_y \quad \text{(b)}$$

그림 4-12에서 보 (b)의 전체 자유물체도를 사용; B_y를 구하기 위해 C에서 모멘트를 모두 합하거나 C_y를 구하기 위해 B에서 모멘트를 합하여 구할 수 있다.

$$\Sigma M_B = 0 \quad -A_y(L) + P_3(L - a) + M_1 + C_y b = 0$$

$$\text{따라서 } C_y = A_y\left(\frac{L}{b}\right) - P_3\left(\frac{L - a}{b}\right) - \frac{M_1}{b} = P_3\left(\frac{a}{b}\right) - \frac{M_1}{b} = -B_y$$

4. **최종 단계:** 보 (a)와 보 (b) 모두 정정 구조이다. 그러나 보 (b)에는 4개의 지지 반력이 있다. 그래서 또 하나의 식 $V = 0$를 사용하기 위해서 전단 이완이 있는 위치에서 보를 두 개로 분리함으로써 추가적인 평형방정식이 세워졌다. 일반적으로 보가 내부 이완을 포함하면, 모든 지지 반력들을 구하기 위해 분리된 자유물체도가 작성되도록 이완이 있는 단면에서 보의 절단이 필요하다.

예제 4-3

그림 4-14a와 b에 보인 두 보의 지지 반력들을 구하여라. 보 (a)는 경사 집중 하중 P_4와 선형적으로 변화하는 분포 하중을 받고 있는 캔틸레버보이다. 보 (b)에는 작용되는 하중은 같으나 지지점 A 오른쪽에 핀 연결(혹은 모멘트 이완)이 있고 지점 B에 롤러지지가 있다. 모멘트 이완을 강조하기 위해 그림 4-14b에 확대하였다. 부재의 두 구간을 연결하기 위해 마찰이 없는 핀을 사용한 일반적인 다른 표식이 그림 4-14c에 있다.

풀이

이 보에 문제풀이 4단계 접근방법을 사용한다.

1. **개념화:** 각각의 보에 대한 전체 자유물체도가 그림 4-15와 4-16에 작성되어 있다.

그림 4-14

(a) 캔틸레버보 (a), (b) 지지가 되는 캔틸레버보 (b), (c) 다르게 표현한 지지가 되는 캔틸레버보 (b)

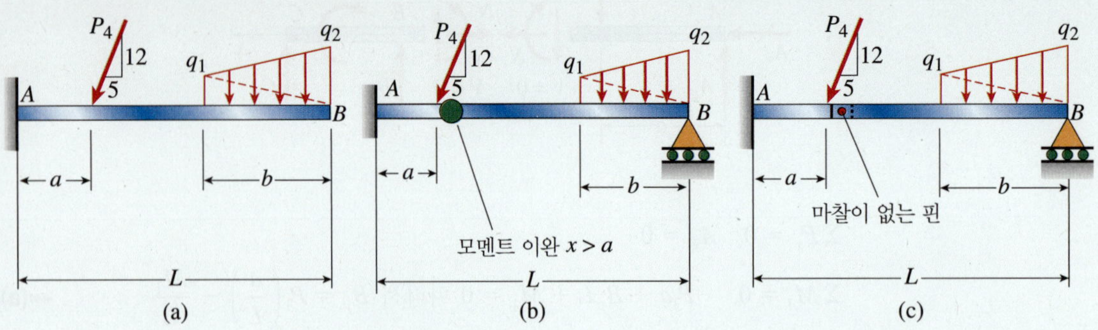

보 (a)와 보 (b) 모두 지점 A에서 3개의 반력(2개의 힘 반력과 1개의 모멘트 반력)을 갖고, 보 (b)는 롤러지지 B에서 추가적인 반력을 갖는다.

2. 분류: 보 (a)는 앞에서 보였듯이 3개의 미지 반력과 3개의 평형방정식이 있으므로 정정 구조이다. 보 (b)는 예제 4-1과 4-2에서와 같이 4개의 미지 반력을 갖는다. 따라서 추가로 필요한 하나의 평형방정식을 세우기 위해 보를 왼손과 오른손 자유물체도(그림 4-17)로 절단할 필요가 있다: 모멘트 이완이 있는 단면에서 모멘트는 0이 될 것으로 가정한다. 이 추가적인 평형방정식이 모두 4개의 반력을 구하는 데 필요하다.

3. 해석:

외부 반력—보 (a): 그림 4-15에서 x와 y방향 힘들과 지점 A에서 모멘트들을 모두 더하면 A에 발생하는 반력들이 구해진다. 그림 4-16에서 사다리꼴 분포 하중을 점선으로 나타낸 두 개의 삼각형 하중으로 나눈다[혹은 세기 $q1$인 등분포 하중 더하기 최대 세기 $(q2 - q1)$인 삼각형 하중을 사용한다]. 각각의 삼각형 하중은 크기는 삼각형의 면적과 같고 작용 위치는 삼각형의 도심으로 표시되는 합력으로 대치될 수 있다. 정역학적 부호규약을 사용하여 다음을 구한다.

그림 4-15

보 (a)의 자유물체도

그림 4-16

보 (b)의 자유물체도

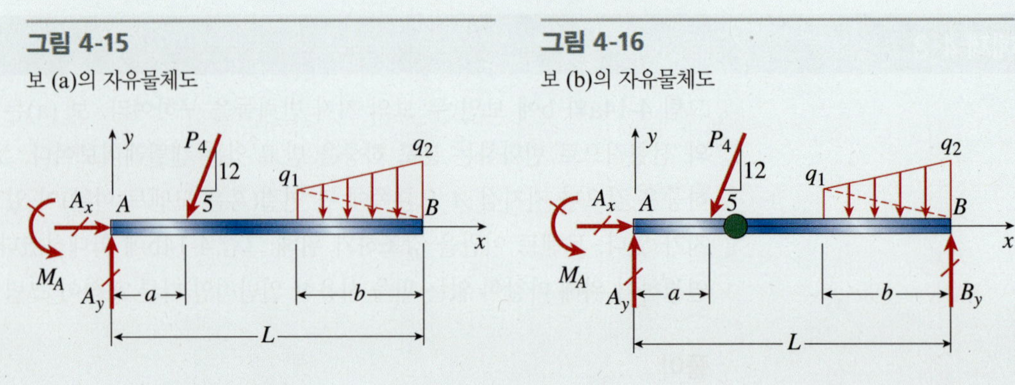

그림 4-17

보 (b)의 왼손과 오른손 자유물체도

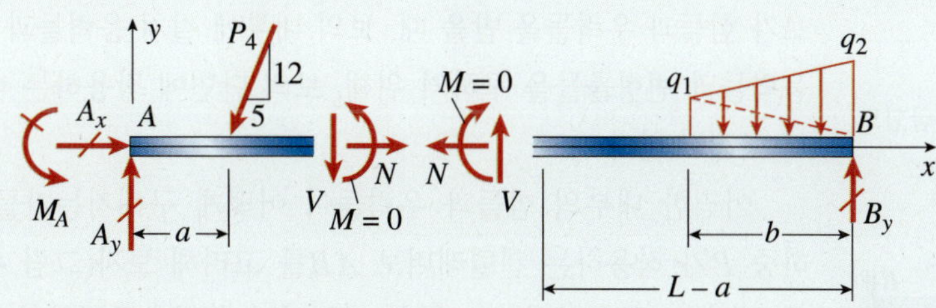

$$\Sigma F_x = 0 \quad A_x = \frac{5}{13}P_4$$

$$\Sigma F_y = 0 \quad A_y = \frac{12}{13}P_4 + \frac{1}{2}(q_1 + q_2)b$$

$$\Sigma M_A = 0 \quad M_A = \frac{12}{13}P_4(a) + \frac{1}{2}q_1 b\left(L - \frac{2}{3}b\right) + \frac{1}{2}q_2 b \tag{a}$$

$$\text{또는} \quad M_A = \frac{12}{13}P_4(a) + \frac{bL}{2}(q_1 + q_2) - \frac{b^2}{6}(2q_1 + q_2)$$

외부 반력—보 (b): 먼저 반력 Ax는 보 (a)와 보 (b)에서 같다. 이제 모멘트 이완이 있는 단면을 절단하고 그림 4-17에 보인 오른손 자유물체도를 사용한다. 절단된 점에서 모멘트를 합하여 반력 By를 얻는다.

$$\Sigma M = 0 \quad B_y(L - a) - \frac{1}{2}(q_1 b)\left(L - a - \frac{2b}{3}\right) - \frac{1}{2}(q_2 b)\left(L - a - \frac{b}{3}\right) \tag{b}$$

$$\text{따라서} \quad B_y = \frac{\frac{1}{2}(q_1 b)\left(L - a - \frac{2b}{3}\right) + \frac{1}{2}(q_2 b)\left(L - a - \frac{b}{3}\right)}{L - a} = \frac{b}{2}(q_1 + q_2) - \frac{b^2}{6(L - a)}(2q_1 + q_2)$$

다음으로 전체 자유물체도(그림 4-16)에서 y방향 힘들을 합해서 반력 A_y를 얻는다.

$$\Sigma F_y = 0 \quad A_y = \frac{12}{13}P_4 + \frac{1}{2}(q_1 + q_2)(b) - B_y = \frac{12}{13}P_4 + \frac{b^2}{6(L - a)}(2q_1 + q_2) \tag{c}$$

마지막으로 전체 자유물체도(그림 4-16)의 점 A에서 취한 모멘트를 합해서 반력 모멘트 M_A를 얻는다:

$$\Sigma M_A = 0 \quad M_A = \frac{12}{13}P_4 a + \frac{1}{2}q_1 b\left(L - \frac{2b}{3}\right) + \frac{1}{2}q_2 b\left(L - \frac{b}{3}\right) - B_y L$$

M_A를 다음 식으로 간략히 한다:

$$M_A = \frac{12}{13}P_4 a + \frac{ab^2}{6(L - a)}(2q_1 + q_2) \tag{d}$$

4. 최종 단계: 반력 B_y[식 (b) 참조]의 해를 구하도록 추가적인 평형방정식을 만들기 위하여 모멘트 이완점에서 보 (b)를 두 구간으로 분리할 필요가 있다. 각 단계가 어떻게 수행되는지를 보여주기 위해서 예제 4-1, 4-2 및 4-3에서 수치적인 예제들보다 상징적인 예제들이 사용되었다. 각 경우에서, 그림 4-15, 4-16 및 4-17에 보인 자유물체도들은 모든 반력을 효과적으로 구하는 데 기본이 되는 것이다.

4.3 전단력과 굽힘모멘트

보가 힘들과 우력들을 받을 때, 보의 내부에 걸쳐 응력들과 변형률들이 발생한다. 이러한 응력들과 변형률들을 구하기 위해, 보의 단면에 작용하는 내부 힘들과 내부 우력들을 먼저 구해야 한다.

그림 4-18
보에 발생하는 전단력 V와 굽힘모멘트 M

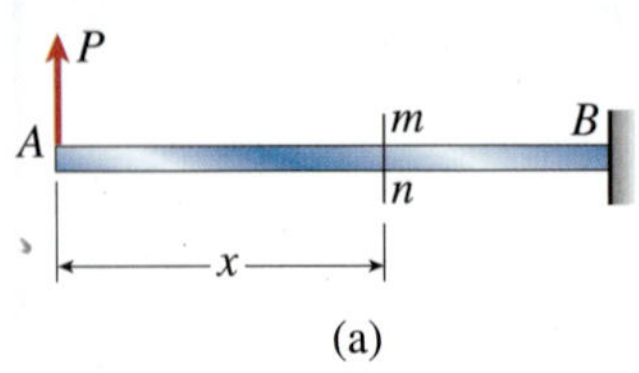

(a)

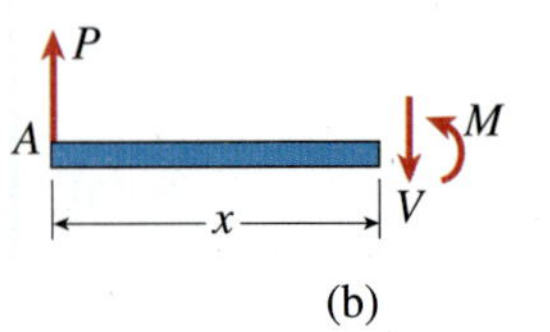

(b)

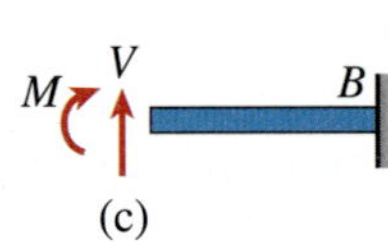

(c)

이러한 내부의 힘들과 우력들이 어떻게 구해지는가를 보여주는 예로서, 자유단에 하중 P가 작용하는 캔틸레버보 AB를 고려해 보자(그림 4-18a). 자유단에서 거리 x만큼 떨어진 곳의 단면 mn에서 보를 잘라서 자유물체처럼 보의 왼쪽을 분리시킨다(그림 4-18b). 자유물체는 힘 P와 절단된 단면 전체에 작용하는 응력에 의하여 평형을 이루고 있다. 이 응력들은 보의 왼쪽 부분에 대한 오른쪽 부분의 작용을 나타낸다. 지금 단계에서 단면 전체에 걸쳐 작용하는 응력의 분포를 알 수 없지만, 이 응력들의 합력이 자유물체의 평형을 유지하는 것이어야 한다.

정역학으로부터, 단면에 작용하는 응력의 합력은 **전단력** V와 **굽힘모멘트** M으로 나타낼 수 있다(그림 4-18b). 하중 P는 보의 축에 대해 가로방향이기 때문에, 단면에는 축력이 존재하지 않는다. 전단력과 굽힘모멘트는 모두 보의 평면 내에 작용한다. 즉, 전단력 벡터는 그림의 평면 안에 위치하며 모멘트 벡터는 그림의 평면에 직각이다.

막대의 축력과 봉의 내부 토크처럼, 전단력과 굽힘모멘트는 단면 전체에 걸쳐 분포하는 응력의 합력이다. 그러므로 이러한 양은 통틀어서 **합응력**으로 알려져 있다.

정정 보에서 합응력은 평형방정식으로부터 계산될 수 있다. 그림 4-18a의 캔틸레버보인 경우, 그림 4-18b의 자유물체도를 사용한다. 수직방향의 힘들을 합하고 절단된 단면에서 모멘트를 취하면, 다음의 식을 얻는다.

$$\Sigma F_{\text{vert}} = 0 \qquad P - V = 0 \text{ 또는 } V = P$$
$$\Sigma M = 0 \qquad M - Px = 0 \text{ 또는 } M = Px$$

여기서 x는 보의 자유단에서 V와 M을 구하고자 하는 단면까지의 거리이다. 따라서 자유물체도와 두 개의 평형방정식을 사용하여, 전단력과 굽힘모멘트의 크기와 거리 x까지 변화를 어려움 없이 구할 수 있다.

부호규약

이제 전단력과 굽힘모멘트를 위한 부호규약을 고려해 보자. 전단력과 굽힘모멘트가 그림 4-18b에 보인 방향으로 작용할 때 양이라고 가정하는 것이 관례이다. 전단력은 부재를 시계방향으로 회전시키려 하고, 굽힘모멘트는 보의 상부는 줄어들게 하고, 하부는 늘어나게 한다는 것을 유념해라. 또한, 이 경우 전단력은 아래로 작용하고 굽힘모멘트는 반시계방향으로 작용한다.

보의 오른쪽 부분에 이 동일한 합응력들의 작용이 그림 4-18c에 있다. 이제 두 힘들의 방향은 반대이다—전단력은 위로 작용하고 굽힘모멘트는 시계방향으로 작용한다. 그러나 전단력은 여전히 부재를 시계방향으로 회전시키려 하고, 굽힘모멘트는 여전히 보의 상부는 줄어들게 하고, 하부는 늘어나게 하려고 한다.

그림 4-19
전단력 V과 굽힘모멘트 M에 대한 부호규약

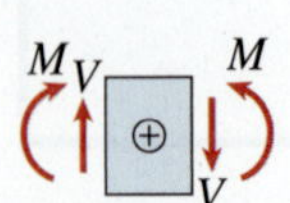

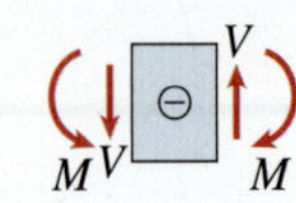

그러므로 합응력의 대수적 부호는 공간에서 이것의 방향에 따르기보다 합응력이 작용하는 부재를 어떻게 변형시키는가에 따라 결정된다는 것을 알아야 한다. 보의 경우에는, 양의 전단력은 부재에 대하여 시계방향으로 작용하고(그림 4-18b, c), 음의 전단력은 부

재에 대하여 반시계방향으로 작용한다. 또한, 양의 굽힘모멘트는 보의 상부를 줄어들게 하고, (그림 4-18 b, c) 음의 굽힘모멘트는 하부를 줄어들게 한다.

이러한 규약을 확실히 하기 위하여, 모든 양과 음의 전단력들과 굽힘모멘트들을 그림 4-19에 보여주었다. 힘들과 모멘트들이 미소 거리만큼 떨어진 두 단면 사이를 절단한 보의 요소에 작용하는 것을 보여주었다.

모든 양과 음의 전단력들 및 굽힘모멘트들에 의해 발생한 요소의 **변형**이 그림 4-20에 그려져 있다. 양의 전단력은 오른쪽 면이 왼쪽 면에 비해 아래로 움직이게 함으로써 요소를 변형시키려 하고, 이미 언급한 것처럼, 양의 굽힘모멘트는 보의 상부는 줄어들게 하고 하부는 늘어나게 한다는 것을 볼 수 있다.

합응력들을 위한 부호규약들은 그것이 부재가 어떻게 변형되었는가에 근거를 두기 때문에 **변형 부호규약(deformation sign conventions)**이라고 불린다. 예를 들면, 변형 부호규약은 봉의 축력을 다루는 데 이미 사용되었다. 봉을 늘리는(혹은 인장) 축력은 양이고, 줄이는(혹은 압축) 축력은 음이라고 명시하였다. 따라서 축력의 부호는 공간에서 축력의 방향에 따르는 것이 아니라 축력이 부재를 어떻게 변형시키는가에 따른다.

대조적으로, 평형방정식을 작성할 때는 **정역학적 부호규약(static sign conventions)**을 사용하는데, 여기서 힘들은 좌표축에 따른 힘의 방향에 따라 양과 음이 된다. 예를 들어, 만약 y방향의 힘들은 더한다면, y축의 양의 방향으로 작용하는 힘들은 양으로 되고 음의 방향으로 작용하는 힘들은 음으로 된다.

예로서, 캔틸레버보의 왼쪽 부분에 대한 자유물체도인 그림 4-18b를 고려해 보자. 수직방향의 힘들을 합하는 데 y축이 위로 향하는 것을 양이라고 하자. 그러면 하중 P는 위로 향하기 때문에 평형방정식에서 양의 부호가 주어진다. 그러나 전단력 V(양의 전단력이다)는 아래로(즉, y축의 음의 방향) 작용하기 때문에 음의 부호가 주어진다. 이 예제는 전단력에 사용된 변형 부호규약과 평형방정식에서 사용된 정역학적 부호규약 사이의 차이를 보여준다.

다음 예제들은 부호규약을 다루는 방법과 보의 전단력과 굽힘모멘트를 구하는 방법을 설명한다. 일반적인 과정은 자유물체도를 작성하는 것과 평형방정식을 푸는 것으로 구성되어 있다.

그림 4-20

(a) 전단력과 (b) 굽힘모멘트로 인한 보 요소의 변형(크게 과장되었음)

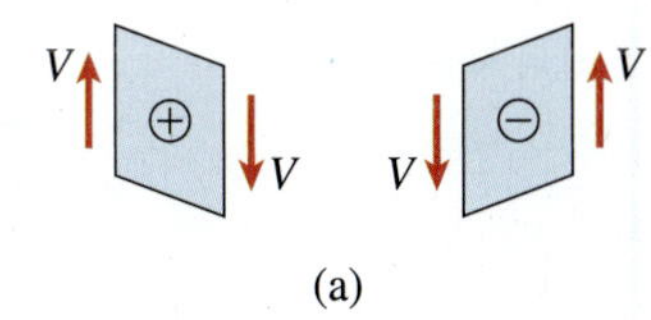

(a)

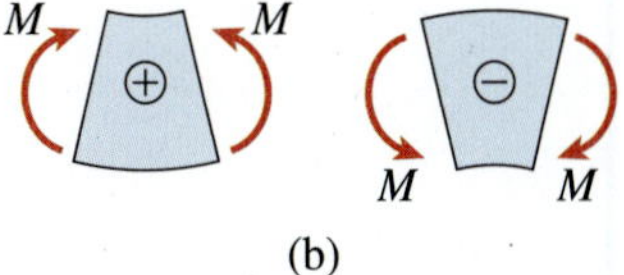

(b)

예제 4-4

단순보 AB가 그림 4-21a에서와 같이 작용하는 두 개의 하중, 힘 P와 우력 M_o를 지지하고 있다. 다음과 같은 위치의 단면에 발생하는 보의 전단력 V와 굽힘모멘트 M을 구하여라: (a) 보의 중간에서 왼쪽으로 약간 떨어진 위치, (b) 보의 중간에서 오른쪽으로 약간 떨어진 위치

풀이

문제풀이 4단계 접근방법을 사용한다.

1. **개념화:** 보 전체의 자유물체도(그림 4-21b)를 작성한다. 오직 수직 하중만 보에 작용하므로 수평 반력 A_x는 0이다. 모멘트 M_0가 작용하는 지간의 중간에서 바로

그림 4-21
(a) 하중 P와 M_0가 작용하는 단순보, (b) 단순보의 자유물체도

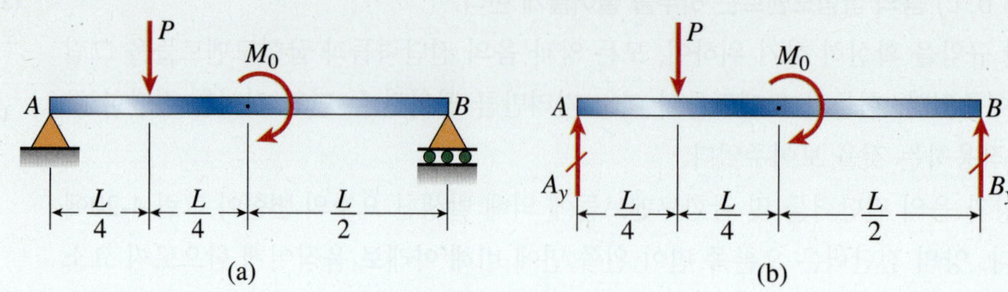

왼쪽과 오른쪽에서 보를 절단한다. 절단된 두 개의 자유물체도가 그림 4-22a와 b에 보인다.

2. **분류:** 그림 4-21의 보는 정정이다. 크기를 알고 있는 하중들 P와 M_0의 함수로 반력 A_y의 식을 구하기 위해 B에서 모멘트를 취하여 모두 합한다. 알고자 하는 두 지점에서 전단력 V와 모멘트 M을 구하기 위해서 그림 4-22의 자유물체도를 사용한다.

3. **해석:**

반력 A_y: 지점 B에서 모멘트를 합하고 정역학적 부호규약을 사용하여 다음을 구한다.

$$\Sigma M_B = 0 \quad A_y = \frac{1}{L}\left(P\left(\frac{3L}{4}\right) - M_0\right) = \frac{3}{4}P - \frac{M_0}{L} \qquad \text{(a)}$$

오직 반력 A_y만이 그림 4-22의 자유물체도에 필요해진다. 대신에 만약 오른손 자유물체도가 작성되었다면 반력 B_y가 필요하며 다음과 같이 구한다.

$$\Sigma F_y = 0 \quad A_y + B_y = P \text{ 따라서 } B_y = P - A_y = \frac{1}{4}P + \frac{M_0}{L} \qquad \text{(b)}$$

보 중간의 바로 왼쪽에서 전단력과 굽힘모멘트: 그림 4-22a의 자유물체도를 이용한다. 전단력 V와 모멘트 M은 가정된 양의 방향으로 작성하였다. V와 M을 구하기 위해 절단 단면에서 힘과 모멘트들을 합한다.

$$\Sigma F_y = 0 \quad V = A_y - P = -\frac{P}{4} - \frac{M_0}{L}$$
$$\Sigma M = 0 \quad M = A_y\left(\frac{L}{2}\right) - P\left(\frac{L}{4}\right) = \frac{PL}{8} - \frac{M_0}{2} \qquad \text{(c)}$$

그림 4-22
(a) 왼손 자유물체도—(a)의 경우, (b) 왼손 자유물체도—(b)의 경우

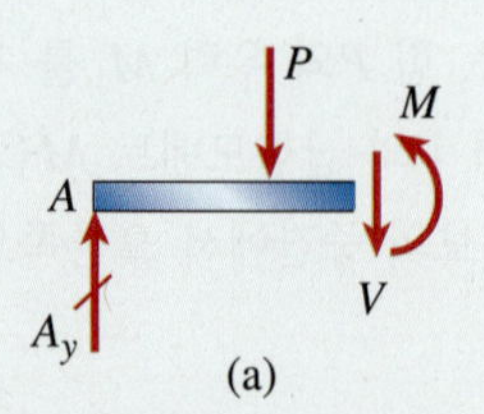

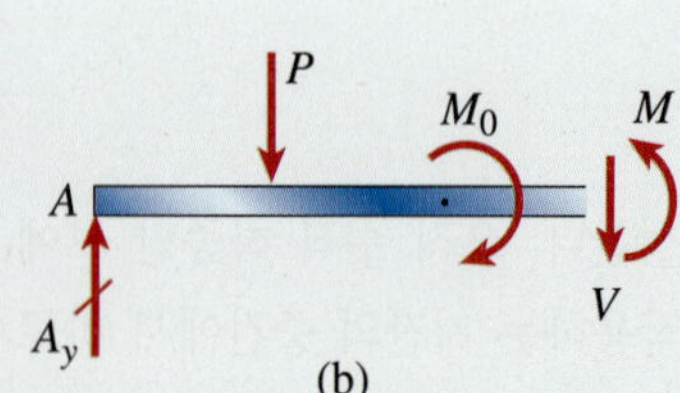

전단력 V는 음이므로 위로 작용한다—그림 4-22a에 가정한 것과 반대이다. 굽힘모멘트 M은 하중 P와 M_0의 상대적인 크기에 따라서 양이나 음이 될 수 있다.

보 중간의 바로 오른쪽에서 전단력과 굽힘모멘트: 작용 하중 M_0가 포함된 그림 4-22b의 자유물체도를 사용한 해석을 반복한다:

$$\Sigma F_y = 0 \quad V = A_y - P = -\frac{P}{4} - \frac{M_0}{L}$$
$$\Sigma M = 0 \quad M = A_y\left(\frac{L}{2}\right) - P\left(\frac{L}{4}\right) + M_0 = \frac{PL}{8} + \frac{M_0}{2} \qquad \text{(d)}$$

4. **최종 단계:** 이 결과들로부터 절단면이 우력 M_0의 왼쪽에서 오른쪽으로 움직이면 전단력은 바뀌지 않는다(왜냐하면 자유물체도에 작용하는 수직력은 변화

가 없기 때문이다)는 것을 알 수 있다. 그러나 굽힘모멘트는 M_0의 크기만큼 대수적 증가할 것이다[식 (c)와 (d)의 모멘트 식들을 비교하라].

만약 보의 중간에서 전단력 V와 모멘트 M을 구하기 위해 오른손 자유물체도를 사용하였다면(그림 4-22의 왼손 자유물체도 대신에), 식 (c)와 (d)의 그것들과 같이 동일한 식을 얻을 것이다.

예제 4-5

돌출부가 있는 단순보가 점 A와 점 B에서 지지되어 있다(그림 4-23). 세기 $q = 6$ kN/m의 등분포 하중이 보의 전체 길이에 걸쳐 작용하고, $P = 28$ kN의 집중 하중이 왼쪽 지점으로부터 3 m 떨어진 위치에 작용한다. 경간의 길이는 8 m이고 돌출부의 길이는 2 m이다.

왼쪽 지점으로부터 5 m 떨어진 위치의 단면 D에서 전단력 V와 굽힘모멘트 M을 계산하여라.

그림 4-23
돌출부를 갖은 보와 등분포 및 집중 하중

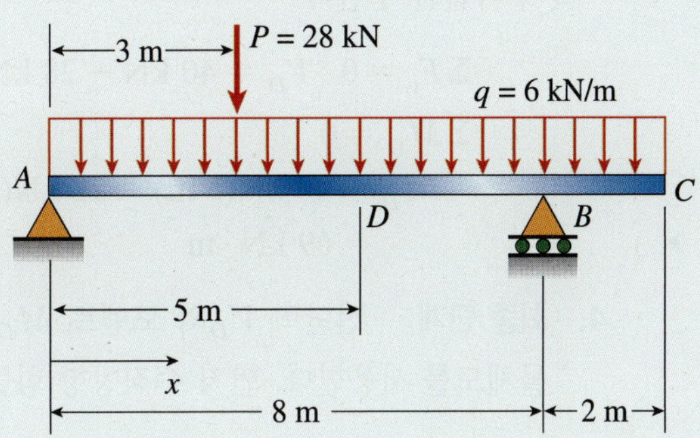

풀이

지지점에서 외부 반력을 구하고; 단면 D에서 내부 전단력과 굽힘모멘트를 구한다. 문제풀이 4단계 접근방법을 사용한다.

1. **개념화:** 그림 4-24에 보인 전체 구조의 자유물체도를 이용하여 반력 R_A와 R_B를 구한다. 핀지지 A의 수평 반력 성분은 보에 오직 수직하중만 작용하기 때문에 0이다. 점 D에서 보를 절단하여 단면 D(그림 4-25)에서 전단력 V_D와 굽힘모멘트 M_D를 구한다. 그림 4-25의 왼손이나 오른손 자유물체도는 V_D와 M_D를 구할 때 사용될 수 있을 것이다.

2. **분류:** 그림 4-25의 자유물체도에는 변형 부호규약에 따라 양의 방향으로 가정된 전단력 V_D와 굽힘모멘트 M_D를 보였다. 이 정정 보의 반력 R_A와 R_B를 구하는 것으로 시작한다.

3. **해석:**

외부 반력의 풀이: y방향의 힘들과 A점에서 모멘트들을 합하고 정역학적 부호규약

그림 4-24
보의 자유물체도

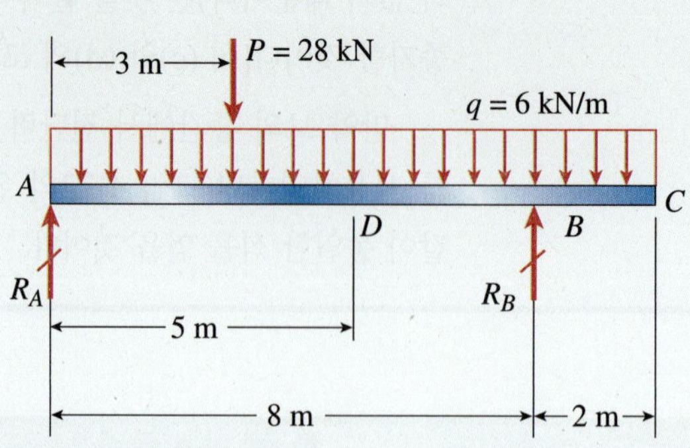

을 사용하여 다음을 구한다.

$$\Sigma F_y = 0 \quad R_A + R_B = P + qL = 28\text{ kN} + (6\text{ kN/m})(10\text{ m}) = 88\text{ kN}$$
$$\Sigma M_A = 0 \quad R_B(8\text{ m}) = (28\text{ kN})(3\text{ m}) + (6\text{ kN/m})(10\text{ m})(5\text{ m}) = 384\text{ kN}\cdot\text{m} \qquad \text{(a)}$$

식 (a)에서 분포 하중 $q(x)$는 거리 $x = (8 + 2)/2$ m $= 5$ m에 작용하는 합력으로 대치된다. 식 (a)를 풀어서 $R_B = 48$ kN을 얻는다; 그 뒤에 $R_A = 40$ kN을 얻는다. 이 반력들은 그림 4-25에 보였다.

점 *D*에서 전단력 *V*와 모멘트 *M*의 풀이: 그림 4-25a의 왼손 자유물체도를 사용하여 다음을 구한다.

$$\Sigma F_y = 0 \quad V_D = 40\text{ kN} - 28\text{ kN} - (6\text{ kN/m})(3 + 2)\text{ m} = -18\text{ kN } (\uparrow)$$
$$\Sigma M_D = 0$$
$$M_D = 40\text{ kN}(5\text{ m}) - 28\text{ kN}(2\text{ m}) - (6\text{ kN/m})(5\text{ m})(5\text{ m}/2) \qquad \text{(b)}$$
$$= 69\text{ kN}\cdot\text{m}$$

4. 최종 단계: 전단력 V_D와 모멘트 M_D를 구하는 또 다른 해석 방법은 오른손 자유물체도를 사용한다. 먼저 수직방향 힘들을 더해서 다음을 구한다:

$$V_D = -48\text{ kN} + (6\text{ kN/m})(5\text{ m}) = -18\text{ kN}$$

다음으로 절단 단면 D에서 모멘트들을 합한다:

$$M_D = (48\text{ kN})(3\text{ m}) - (6\text{ kN/m})(5\text{ m})(5\text{ m}/2) = 69\text{ kN}\cdot\text{m}$$

이 결과들은 식 (b)의 결과와 일치한다. 따라서 왼손 또는 오른손 자유물체도는 풀이에 사용될 수 있다.

그림 4-25
D에서 절단된 단면의 왼손과 오른손 자유물체도

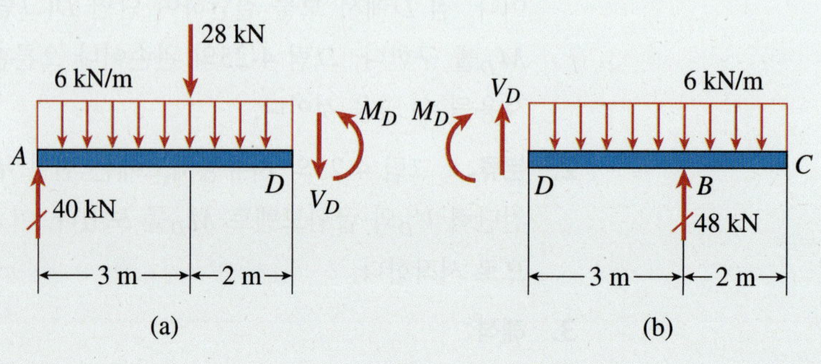

예제 4-6

그림 4-26
선형으로 변하는 분포 하중을 받는 단순보

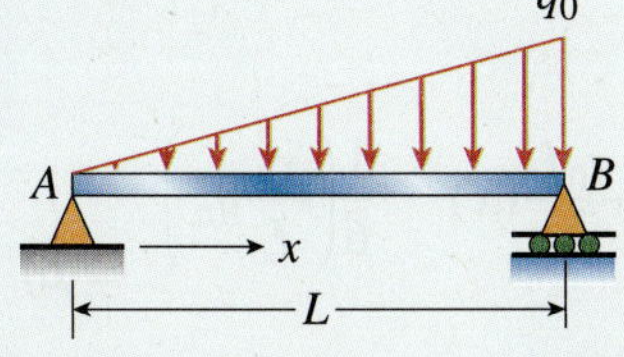

길이 L의 단순보가 세기 $q(x) = \frac{x}{L}q_0$의 선형적으로 변화하는 분포 하중을 받고 있다(그림 4-26 참조). 지지점 A와 B의 반력을 구하라; 그 뒤에 보의 점 A에서 거리 x 떨어진 곳의 전단력 $V(x)$와 굽힘모멘트 $M(x)$의 식을 구하라.

풀이

외부 지지 반력들을 구한다; 그 후 내부 전단력 $V(x)$와 굽힘모멘트 $M(x)$의 식을 구한다. 문제풀이 4단계 접근방법을 사용한다.

1. **개념화:** 그림 4-27에 있는 전체 구조물의 자유물체도를 사용하여 반력 R_A와 R_B를 구한다. 내부 전단력 V와 굽힘모멘트 M은 지지점 A(그림 4-28)에서 거리 x 떨어진 곳의 보를 절단함으로써 나타낼 수 있다. 이 절단은 왼손과 오른손 자유물체도를 만들지만, 오직 왼손 자유물체도만 보였다.

2. **분류:** 왼손 자유물체도(그림 4-28)에는 변형 부호규약에 따라 양의 방향으로 가정된 내부 전단력 V와 굽힘모멘트 M을 보였다. 힘들과 절단된 단면에서 모멘트들을 합하면 함수 $V(x)$와 $M(x)$가 주어진다. 먼저 이 정정 보의 반력 R_A를 구한다.

3. **해석:**

외부 반력 풀이: y방향의 힘들과 점 A에서 취한 모멘트들을 합하고 **정역학적 부호규약**을 사용하여 다음을 구한다.

$$\Sigma F_y = 0 \quad R_A + R_B - \frac{1}{2}q_0 L = 0$$

$$\Sigma M_A = 0 \quad R_B L - \frac{1}{2}(q_0 L)\left(\frac{2}{3}L\right) = 0 \tag{a}$$

$$R_B = \frac{1}{3}q_0 L$$

첫 번째 식에 R_B를 대입하여 다음을 얻는다.

$$R_A = -R_B + \frac{1}{2}q_0 L = \frac{1}{6}q_0 L \tag{b}$$

A에서 반력은 작용 하중의 1/3이고 B에서 반력은 하중의 2/3를 받는다. 작용하는 수평 하중이나 분력이 없으므로 핀 A에서 x방향 반력은 0이다.

내부 전단력 $V(x)$와 모멘트 $M(x)$의 풀이: 보 전체 길이에 대한 V와 M의 변화를

그림 4-27
보의 자유물체도

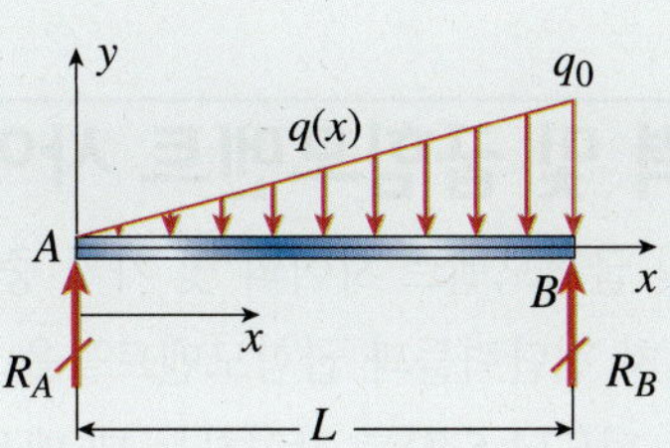

그림 4-28
왼손 자유물체도

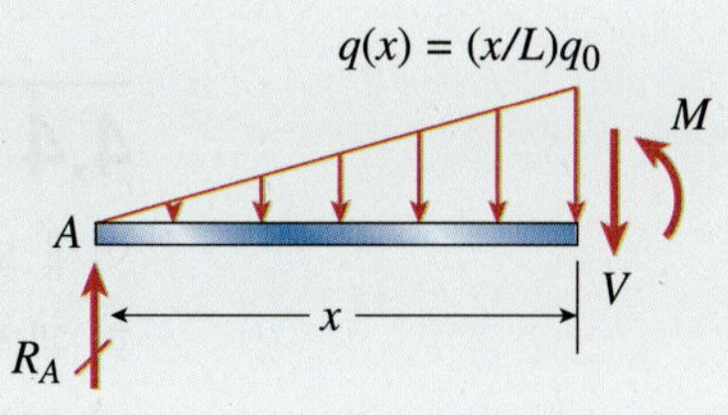

보여주는 다음 식들을 얻기 위해 그림 4-28의 자유물체도에 있는 힘들과 모멘트들을 합한다:

$$\Sigma F_y = 0 \quad V(x) = R_A - \frac{1}{2}\left(\frac{x}{L}q_0\right)(x) = \frac{q_0 L}{6} - \frac{1}{2}\left(\frac{x}{L}q_0\right)(x)$$

$$V(x) = \frac{q_0}{6L}(L^2 - 3x^2) \tag{c}$$

$$\Sigma M = 0 \quad M(x) = R_A(x) - \frac{1}{2}\left(\frac{x}{L}q_0\right)(x)\left(\frac{x}{3}\right) = \frac{q_0 L}{6}(x) - \frac{1}{6}\left(\frac{x^3}{L}q_0\right)$$

$$M(x) = \frac{q_0 x}{6L}(L^2 - x^2) \tag{d}$$

R_B의 크기는 R_A의 2배이고 수치적으로 최대 전단력은 지점 B에서 발생한다:

$$V_{\max} = \frac{-q_0 L}{3} \tag{e}$$

보를 따라서 최대 모멘트가 발생하는 위치는 명백하지는 않다. 그러나 식 $M(x)$를 미분하고 그 식이 0이 되는 x를 구하면, 함수 $M(x)$에서 최대 혹은 최소가 발생하는 위치(x_m)를 구한다. x_m을 구하고 x_m을 모멘트 식에 대입하여 다음을 얻었다.

$$\frac{d}{dx}(M(x)) = \frac{d}{dx}\left[\frac{q_0 x(L^2 - x^2)}{6L}\right] = \frac{q_0(L^2 - 3x^2)}{6L} = 0$$

결과는 다음과 같다.

$$x_m = \frac{L}{\sqrt{3}}$$

그리고

$$M_{\max} = M(x_m) = \frac{\sqrt{3}}{27}q_0 L^2 \tag{f}$$

4. **최종 단계:** $x = 0$인 지점 A에서 $V(0) = R_A$이고 $M(0) = 0$이다. $x = L$에서 $V(L) = -R_B$이고 $M(L) = 0$이다. 왜냐하면 롤러 지점 B에 모멘트가 작용하지 않기 때문이다.

$\frac{d}{dx}(M(x))$의 결과는 식 (c)에서 $V(x)$의 식과 동일한 것을 알아라. 전단력 V와 모멘트 M의 함수들은 전단력과 모멘트 선도를 작성하는 다음 절에서 그려질 것이다. 선도들은 보 전체 길이에 따라 전단력과 모멘트의 변화를 보여줄 것이다. 최대 전단력과 모멘트의 크기와 위치는 보 설계에 사용할 수 있도록 이 선도들에 명백히 주어질 것이다.

4.4 하중, 전단력 및 굽힘모멘트 사이의 관계

이제 보의 하중, 전단력 및 굽힘모멘트 사이의 몇 가지 중요한 관계를 고찰해 보자. 이러한 관계들은 보 전체에 걸쳐 전단력들과 굽힘모멘트들을 고찰하는 데 많은 도움이 되고, 전단력 선도와 굽힘모멘트 선도(4.5절)를 작성하는 데 매우 유용하다.

관계식을 얻기 위한 수단으로, 보 요소는 두 단면 사이가 dx가 되도록 절단되었다(그림 4-29). 요소의 윗면에 작용하는 하중은 그림 4-29a, b 및 c에 보인 것과 같이 각각 분포 하중, 집중 하중 또는 우력이 될 수 있다. 이 하중들에 대한 **부호규약**은 다음과 같다.

> 분포 하중과 집중 하중은 보에 대하여 아래로 작용할 때 양이며, 하중들이 위로 작용할 때 음이다. 보에 하중으로서 작용하는 우력은 반시계방향일 때 양이며, 시계방향일 때 음이다.

만일 다른 부호규약들이 사용되면, 이 절에서 유도된 식들에 나타난 항들의 부호들에 변화가 일어날 수 있다.

요소의 측면들에 작용하는 전단력들과 굽힘모멘트들은 그림 4-20에 이들의 양의 방향으로 나타내었다. 일반적으로 전단력들과 굽힘모멘트들은 보의 축에 따라 변한다. 그러므로 요소의 오른쪽 면에 작용하는 이들의 크기는 왼쪽 면에 작용하는 이들의 크기와 다를 것이다.

분포 하중의 경우에(그림 4-29a), V와 M의 증가분이 미소하므로 이들을 각각 dV와 dM으로 표기한다. 오른쪽 면에서 이에 대응하는 합응력은 $V + dV$와 $M + dM$이다.

집중 하중(그림 4-29b) 또는 우력(그림 4-29c)의 경우에, 증가분이 한정될 것이므로 이것들은 V_1과 M_1으로 표기된다. 오른쪽 면에서 이에 대응하는 합응력은 $V + V_1$과 $M + M_1$이다.

각각의 하중 종류에 대하여, 요소에 대한 두 개의 평형방정식을 세울 수 있다—수직방향으로 힘들의 평형에 대한 한 개의 식과 모멘트 평형에 대한 한 개의 식이다. 이 식들에서 첫째 식은 하중과 전단력 사이의 관계를 나타내고, 둘째 식은 전단력과 굽힘모멘트 사이의 관계를 나타낸다.

그림 4-29
하중, 전단력 및 굽힘모멘트 사이의 관계식을 유도하는 데 사용된 보 요소(모든 하중과 합응력들은 그들의 양의 방향으로 나타내었다)

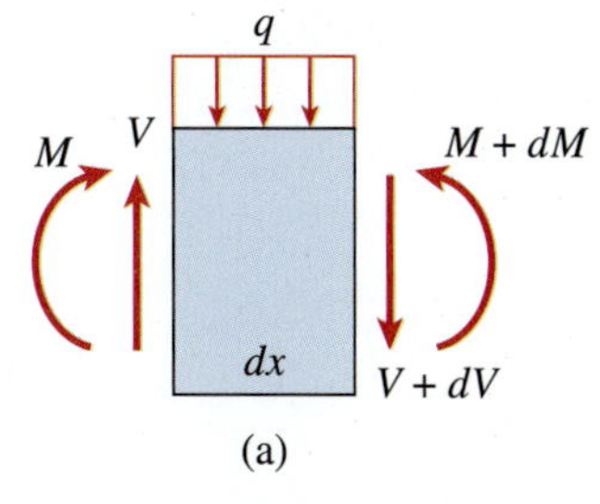

(a)

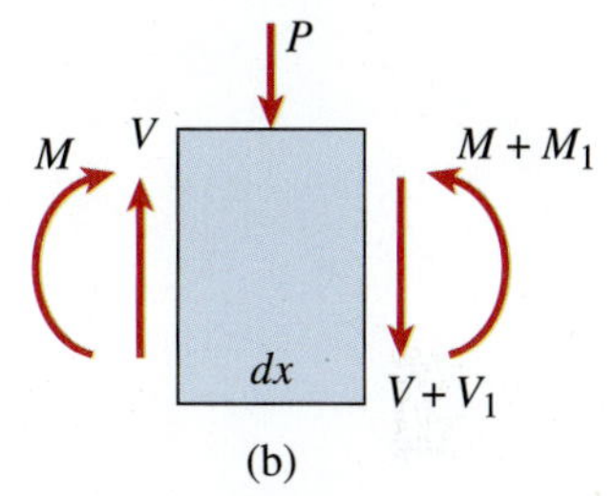

(b)

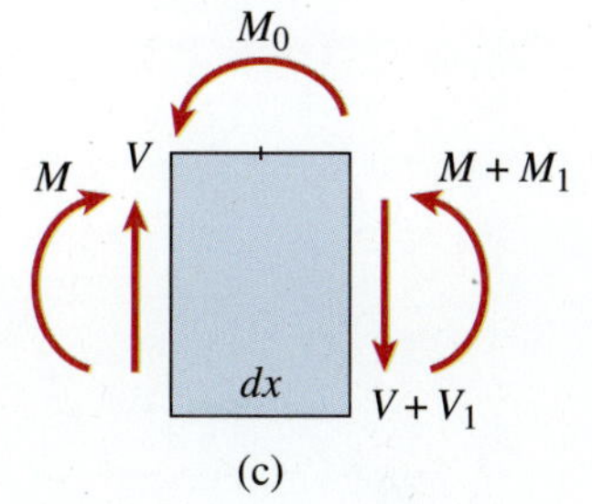

(c)

분포 하중(그림 4-29a)

하중의 첫 번째 종류는 그림 4-29a에 보인 것과 같이 세기 q의 분포 하중이다. 먼저 분포 하중과 전단력과의 관계를 고려하고, 다음에는 굽힘모멘트와의 관계에 대해 고려한다.

전단력 수직방향의 힘의 평형으로부터 다음 식을 얻는다(위 방향 힘이 양이다).

$$\Sigma F_{\text{vert}} = 0 \qquad V - q\,dx - (V + dV) = 0$$

또는

$$\frac{dV}{dx} = -q \tag{4-1}$$

이 식으로부터, 보의 축을 따라 임의의 점에서 전단력의 변화율은 동일한 점에서 분포 하중 세기의 음의 값과 같다는 것을 알 수 있다. (참고: 분포 하중의 부호규약이 반대이면, q는 아래 방향 대신에 위 방향이 양이며, 이때에는 앞의 식에서 음의 부호는 없어진다.)

몇 가지 유용한 관계식은 식 (4-1)에서 바로 알 수 있다. 이를 테면, 보의 구간에 분포 하중이 없으면(즉, $q = 0$이면), $dV/dx = 0$이고 전단력은 보의 그 구간에서 일정하다. 또한 만약 분포 하중이 보의 구간에 걸쳐 일정하면(q = 상수), dV/dx는 역시 상수이고 전단력은 보의 그 구간에서 선형적으로 변한다.

식 (4-1)의 증명으로, 앞 절의 예제 4-6에서 논의했던 선형적으로 변하는 하중을 받는 단순보를 고려해 보자(그림 4-27 참조). 보의 하중은 다음과 같다.

$$q = \frac{q_0 x}{L}$$

여기서 이 하중은 아래 방향으로 작용하므로 양이다. 또한 전단력은 다음과 같다[예제 4-6의 식 (c)를 보라].

$$V(x) = \frac{q_0}{6L}(L^2 - 3x^2)$$

도함수 dV/dx을 취하면 다음과 같다.

$$\frac{dV}{dx} = \frac{d}{dx}\left[\frac{q_0}{6L}(L^2 - 3x^2)\right] = -\frac{q_0 x}{L} = -q$$

이 식은 식 (4-1)과 일치한다.

보에서 두 개의 다른 단면에 작용하는 전단력에 관련된 유용한 관계식은 보의 축에 따라 식 (4-1)을 적분하여 얻을 수 있다. 이 관계식을 얻기 위해, 식 (4-1)의 양변에 dx를 곱한 다음에 보의 축을 따라 임의의 두 점 A와 B 사이를 적분하면 다음과 같다.

$$\int_A^B dV = -\int_A^B q dx \tag{4-2}$$

여기서 점 A에서 점 B로 이동함에 따라 x는 증가한다고 가정한다. 이 식의 좌변은 점 B와 점 A에서 전단력의 차($V_B - V_A$)와 같다. 우변의 적분은 하중 선도에서 A와 B 사이의 면적을 나타내며, 이것은 점 A와 B 사이에 작용하는 분포 하중의 합력의 크기와 같다. 그러므로 식 (4-2)로부터 다음 식을 얻는다.

$$\begin{aligned} V_B - V_A &= -\int_A^B q dx \\ &= -(\text{하중 선도에서 } A\text{와 } B \text{ 사이의 면적}) \end{aligned} \tag{4-3}$$

다시 말하면, 보의 축을 따라 두 점 사이에서 전단력의 차이는 동일한 점 사이에서 아래 방향으로 작용하는 전체 하중의 음의 값과 같다. 하중 선도의 면적은 (만약 q가 아래로 작용하면) 양이기도 하고 (만약 q가 위로 작용하면) 음이기도 하다.

식 (4-1)은 오직 분포 하중(혹은 무하중)을 받는 보의 요소에 대해 유도되었기 때문에, 집중 하중이 작용하는 점에서는 식 (4-1)를 사용할 수 없다(하중의 세기는 집중 하중을 위해서 정의되지 않기 때문에). 같은 이유로, 집중 하중 P가 보의 점 A와 B 사이에서 작용하면 식 (4-3)을 사용할 수 없다.

굽힘모멘트 이제 그림 4-29a에 보인 보 요소의 모멘트 평형을 고려해 보자. 요소 왼쪽 면의 축에 대해 모멘트를 합하고(축은 그림의 평면에 수직이다), 반시계방향의 모멘트를 양으로 취하면 다음 식을 얻는다.

그림 4-29a(반복)

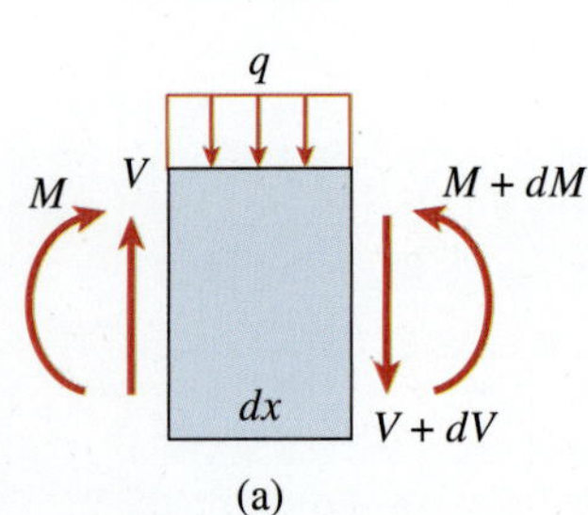

(a)

$$\Sigma M = 0 \qquad -M - qdx\left(\frac{dx}{2}\right) - (V + dV)dx + M + dM = 0$$

미분들의 곱들을 제거시키면(왜냐하면 다른 항들에 비해 무시할 수 있으므로) 다음과 같은 관계식을 얻는다:

$$\frac{dM}{dx} = V \tag{4-4}$$

이 식은 보의 축을 따라 임의의 점에서 굽힘모멘트의 변화율이 동일한 점에서 전단력과 같다는 것을 보여준다. 이를테면 전단력이 보의 구간에서 0이면 굽힘모멘트는 동일한 구간에서 일정하다.

식 (4-4)는 분포 하중(혹은 무하중)이 보에 작용하는 구간에서만 적용된다. 집중 하중이 작용하는 점에서, 전단력의 갑작스런 변화(또는 불연속)가 일어나고 도함수 dM/dx는 이 지점에서 정의되지 않는다.

예제 4-6의 단순보를 예로 다시 설명하면 굽힘모멘트는 다음과 같다는 것을 상기할 수 있다[예제 4-6의 식 (d)를 보라].

$$M(x) = \frac{q_0 x}{6L}(L^2 - x^2)$$

그러므로 도함수 dM/dx는 다음과 같다.

$$\frac{dM}{dx} = \frac{d}{dx}\left[\frac{q_0 x}{6L}\left(L^2 - x^2\right)\right] = \frac{q_0}{6L}(L^2 - 3x^2)$$

이것은 보에서 전단력과 같다.

보의 축을 따라 두 점 A와 B 사이에서 식 (4-4)를 적분하면 다음과 같다.

$$\int_A^B dM = \int_A^B V dx \tag{4-5}$$

이 식에서 좌변의 적분은 점 B와 A에서 굽힘모멘트의 차($M_B - M_A$)와 같다. 우변의 적분을 설명하기 위해, x에 따라 V의 변화를 보여주는 전단력 선도를 작성한다. 그러면 오른쪽의 적분은 전단력 선도에서 점 A와 점 B 사이의 면적을 나타낸다. 그러므로 식 (4-5)를 다음과 같은 방법으로 표현할 수 있다.

$$M_B - M_A = \int_A^B V dx \tag{4-6}$$
$$= (\text{전단력 선도에서 } A\text{와 } B \text{ 사이의 면적})$$

이 식은 집중 하중이 보의 점 A와 B 사이에 작용할 때에도 유효하다. 그러나 우력이 A와 B 사이에 작용할 때에는 유효하지 않다. 우력은 굽힘모멘트에서 갑작스런 변화를 일으키고, 식 (4-5)의 좌변은 이러한 불연속점을 지나서 적분될 수 없다.

집중 하중(그림 4-29b)

이제는 보 요소에 작용하는 집중 하중 P를 고려해 보자(그림 4-29b). 수직방향의 힘의 평형으로부터 다음 식을 얻는다.

$$V - P - (V + V_1) = 0 \text{ 또는 } V_1 = -P \tag{4-7}$$

그림 4-29b(반복)

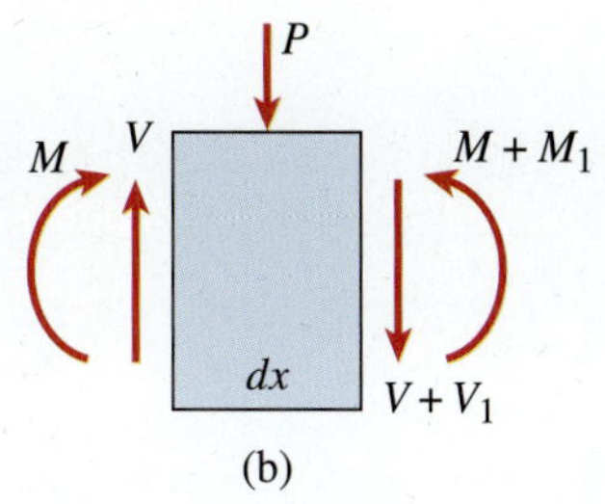

(b)

이 결과는 집중 하중이 작용하는 어느 점에서나 전단력의 급격한 변화가 발생한다는 것을 의미한다. 하중 작용점을 왼쪽에서 오른쪽으로 통과했기 때문에, 전단력은 아래로 작용하는 하중 P의 크기와 같은 양만큼 감소한다.

요소의 왼쪽 면에 대한 모멘트의 평형으로부터 다음 식을 얻는다(그림 4-29b).

$$-M - P\left(\frac{dx}{2}\right) - (V + V_1)dx + M + M_1 = 0$$

또는

$$M_1 = P\left(\frac{dx}{2}\right) + Vdx + V_1dx \quad \textbf{(4-8)}$$

요소의 길이 dx는 매우 미소하므로, 굽힘모멘트의 증분 M_1 역시 매우 미소하다는 것을 이 식으로부터 알 수 있다. **따라서 집중 하중의 작용점을 지나갈 때 굽힘모멘트는 변하지 않는다.**

굽힘모멘트 M이 집중 하중의 작용점에서 변하지 않을지라도, 이것의 변화율 dM/dx는 갑자기 변화를 하게 된다. 요소의 왼쪽 면에서는(그림 4-29b), 굽힘모멘트의 변화율[식 (4-4) 참조]이 $dM/dx = V$이다. 오른쪽 면에서는 변화율이 $dM/dx = V + V_1 = V - P$이다. **그러므로 집중 하중 P의 작용점에서, 굽힘모멘트의 변화율 dM/dx는 P와 같은 양만큼 갑자기 감소한다.**

그림 4-29c(반복)

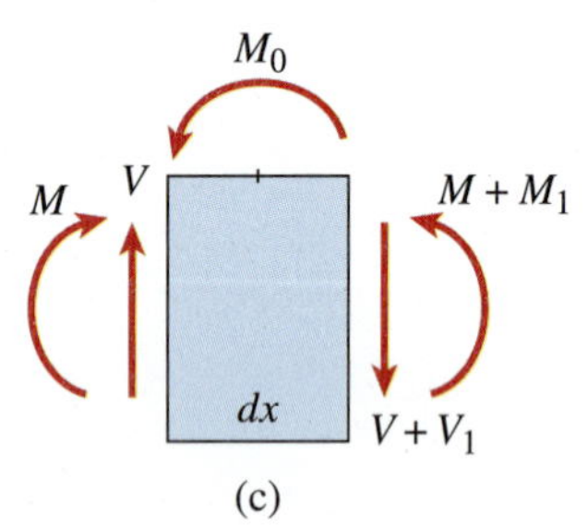

(c)

우력 형태의 하중(그림 4-29c)

고려해야 되는 마지막 경우는 우력 M_0 형태의 하중이다(그림 4-29c). 수직방향에 대한 요소의 평형으로부터 $V_1 = 0$을 얻고, 이는 **전단력이 우력의 작용점에서 변하지 않는다는 것**을 보여준다.

요소의 왼쪽 면에 대한 모멘트의 평형에서 다음을 얻는다.

$$-M + M_0 - (V + V_1)dx + M + M_1 = 0$$

미분들을 포함하는 항을 제거하여(왜냐하면 그것들은 유한한 항들에 비해 무시할 수 있으므로) 다음 식을 얻는다.

$$M_1 = -M_0 \quad \textbf{(4-9)}$$

이 식은 하중 작용점을 왼쪽에서 오른쪽으로 지나갈 때 굽힘모멘트가 M_0만큼 감소한다는 것을 보여준다. **그러므로 굽힘모멘트는 우력의 작용점에서 급격히 변한다.**

식 (4-1)에서 (4-9)까지의 식들은 다음 절에서 논의되겠지만 보의 전단력과 굽힘모멘트에 대한 완전한 검토를 할 때 유용하다.

4.5 전단력과 굽힘모멘트 선도

보를 설계할 때, 일반적으로 전단력과 굽힘모멘트가 보의 길이에 걸쳐 어떻게 변하는가를 아는 것이 필요하다. 특별히 중요한 것은 크기들의 최댓값 및 최솟값이다. 이러한 종류의 정보는 일반적으로 전단력과 굽힘모멘트는 세로 축에 나타내고 보의 축에 따른 거리 x를 가로 축에 나타낸 그래프에 의해 주어진다. 이러한 그래프를 **전단력과 굽힘모멘트 선도(shear-force and bending-moment diagram)**라고 부른다.

이 선도들에 대한 확실한 이해를 돕기 위해, 이 선도들이 세 가지 기본적인 하중 조건(한 개의 집중 하중, 균일 하중 및 여러 개의 집중 하중)에 따라 어떻게 해석되고 작성되는지를 고려해 보자. 추가적으로, 이 절의 마지막 부분에 있는 예제 4-7부터 4-13까지는 우력이 보에 하중으로 작용하는 경우를 포함해서 여러 가지 종류의 하중을 취급하는 기법에 대한 상세한 실례를 제공한다.

집중 하중

집중 하중 P를 지지하는 단순보 AB로부터 시작하자(그림 4-30a). 하중 P는 왼쪽 지점으로부터 거리 a만큼 떨어져 있고 오른쪽 지점으로부터 거리 b인 위치에 작용한다. 보 전체에 대한 자유물체를 고려하면, 평형으로부터 보의 반력들을 쉽게 구할 수 있다; 그 결과는 다음과 같다.

$$R_A = \frac{Pb}{L} \quad R_B = \frac{Pa}{L} \tag{4-10a,b}$$

하중 P의 왼쪽 구간이고 지점 A로부터 거리 x만큼 떨어진 위치의 단면에서 보를 절단한다. 다음에 보의 왼쪽 부분에 대한 자유물체도를 그린다(그림 4-30b). 이 자유물체에 대한 평형방정식을 사용하여, 지점으로부터 거리 x만큼 떨어진 위치에서 전단력 V와 굽힘모멘트 M을 얻는다.

$$V = R_A = \frac{Pb}{L} \quad M = R_A x = \frac{Pbx}{L} \quad (0 < x < a) \tag{4-11a,b}$$

이 식들은 하중 P의 왼쪽에 있는 보 구간에 대해서만 유효하다.

다음에는 하중 P의 오른쪽 구간(즉, $a < x < L$ 인 구간)에서 보를 절단하고, 보의 왼쪽 부분의 자유물체도를 다시 그린다(그림 4-30c). 이 자유물체에 대한 평형방정식으로부터 전단력과 굽힘모멘트에 대한 식은 다음과 같다.

$$V = R_A - P = \frac{Pb}{L} - P = -\frac{Pa}{L} \quad (a < x < L) \tag{4-12a}$$

또한

$$M = R_A x - P(x - a) = \frac{Pbx}{L} - P(x - a)$$
$$= \frac{Pa}{L}(L - x) \quad (a < x < L) \tag{4-12b}$$

이 식들은 하중 P의 오른쪽에 있는 보 구간에 대해서만 유효하다는 것을 유의하라.

전단력과 굽힘모멘트에 대한 식들[식 (4-11)과 식 (4-12)]이 그림 4-30에 그려졌다. 그림 4-30d는 **전단력 선도**이고 그림 4-30e는 **굽힘모멘트 선도**이다.

전단력 선도로부터 보의 끝 점 $A(x = 0)$에서 전단력은 반력 R_A와 같다는 것을 알 수 있다. 그 다음에 이 값은 하중 P의 작용점까지 일정하게 유지된다. 하중 작용점에서 전단력은 하중 P와 같은 양만큼 급격히 감소한다. 보의 오른쪽 구간에서, 전단력은 다시 일정하게 되는데 수치적으로 B에서의 반력과 같다.

그림 4-30e에서 보는 바와 같이, 보의 왼쪽 구간에 대한 굽힘모멘트는 지점에서 0으로부터 집중 하중 작용점($x = a$)에서 Pab/L까지 선형적으로 증가한다. 오른쪽 구간에서 굽힘모멘트는 역시 x에 대한 선형함수이며, 크기는 $x = a$에서 Pab/L로부터 지점($x = L$)에서 0으로 변한다. 그러므로 최대 굽힘모멘트는 다음과 같다.

그림 4-30
집중 하중을 받고 있는 단순보의 전단력과 모멘트 선도

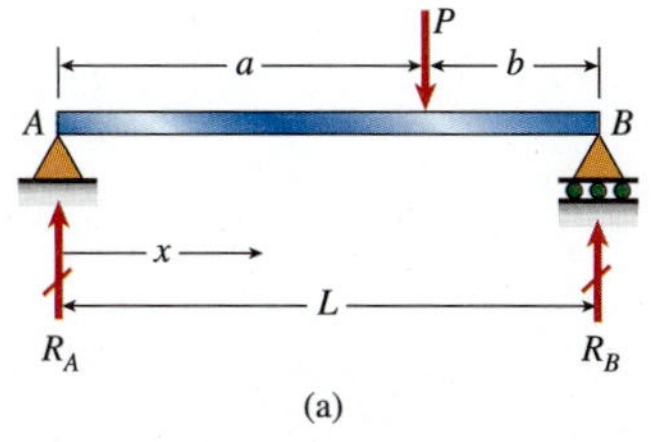

(a)

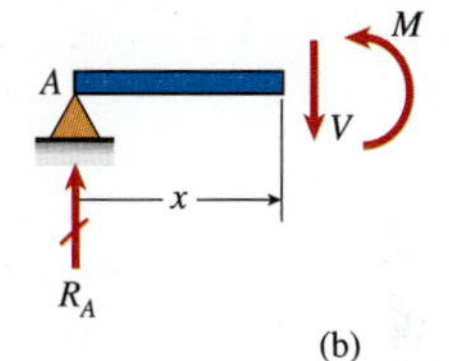

(b)

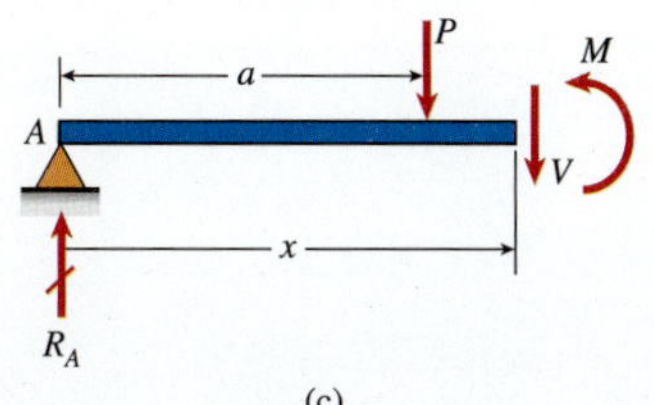

(c)

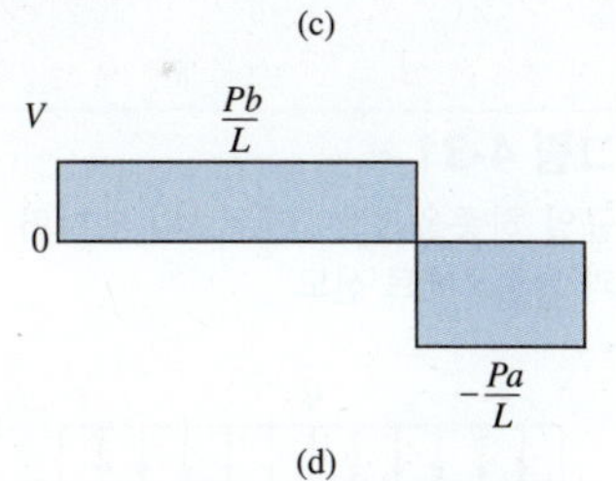

(d)

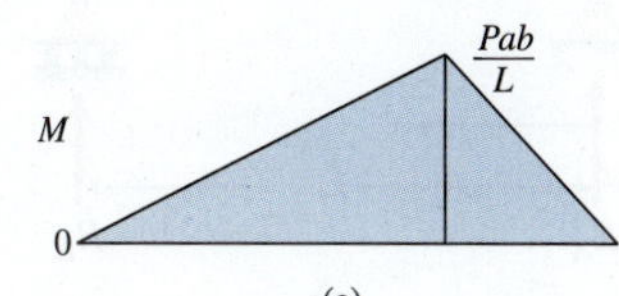

(e)

$$M_{\max} = \frac{Pab}{L} \tag{4-13}$$

그리고 최대 굽힘모멘트는 집중 하중 작용점에서 발생한다.

하중 P의 오른쪽에 발생하는 전단력과 굽힘모멘트에 대한 식[식 (4-12a 및 b)]은 보의 왼쪽 구간(그림 4-30c)의 평형으로부터 얻어진다. 이 자유물체는 V와 M에 추가적으로 힘 R_A와 P를 받는다. 이 특별한 예제에서는 보의 오른쪽 부분을 자유물체로 취급하는 것이 약간 더 간단한데, 이는 한 개의 힘(R_B)만이 평형방정식에 나타나기 때문이다(V와 M에 추가해서). 물론 마지막 결과는 변하지 않는다.

이제 전단력과 굽힘모멘트 선도(그림 4-30d와 e)의 어떤 특징이 보인다. 먼저 전단력 선도의 기울기 dV/dx는 $0 < x < a$와 $a < x < L$ 구간에서 0이며, 이는 $dV/dx = -q$[식 (4-1)]에 따른 것이라는 것을 유의하자. 또한 같은 구간에서 굽힘모멘트 선도의 기울기 dM/dx는 V와 같다[식 (4-4)]. 하중 P의 왼쪽에서 모멘트 선도의 기울기는 양이며 Pb/L과 같고; 오른쪽에서 기울기는 음이며 $-Pa/L$과 같다. 그러므로 하중 P의 작용점에서, 전단력 선도의 갑작스런 변화(하중 P의 크기와 같은)가 발생하며 굽힘모멘트 선도의 기울기에서도 이에 상응하는 변화가 발생한다.

이제 전단력 선도의 **면적**을 고려해 보자. $x = 0$에서 $x = a$까지 이동함에 따라, 전단력 선도의 면적은 $(Pb/L)a$ 또는 Pab/L이 된다. 이 양은 동일한 두 점 사이의 굽힘모멘트의 증가량을 보여준다[식 (4-6) 참조]. $x = a$에서 $x = L$까지 전단력 선도의 면적은 $-Pab/L$이며, 이는 이 구간에서 굽힘모멘트가 그 크기만큼 감소한다는 것을 의미한다. 결과적으로 굽힘모멘트는 보의 끝 B에서 예상했던 대로 0이다.

일반적으로 단순보의 경우가 그렇듯이 만일 보의 양단에서 굽힘모멘트가 0이고 보에 작용하는 우력이 없으면, 보 양단 사이의 전단력 선도 면적은 0이 되어야 한다[4.4절의 식 (4-6) 논의 참조].

이미 언급한 바와 같이 전단력과 굽힘모멘트의 최댓값 및 최솟값은 보를 설계할 때 필요하다. 한 개의 집중 하중을 가진 단순보에서, 최대 전단력은 집중 하중에서 가까운 쪽의 보 끝점에서 발생하며 최대 굽힘모멘트는 바로 하중 작용점에서 발생한다.

그림 4-31

균일 하중을 받는 단순보의 전단력과 굽힘모멘트 선도

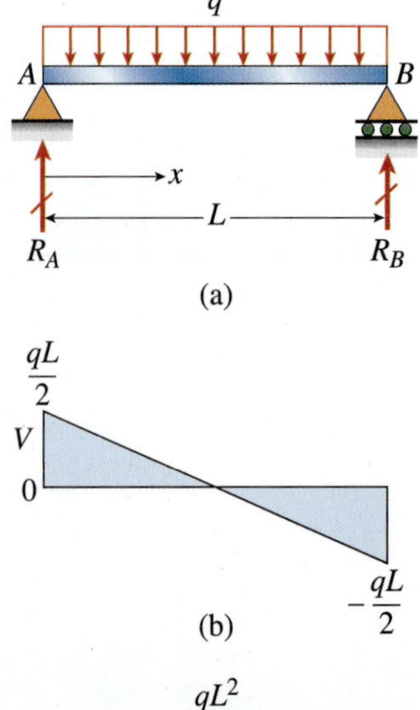

균일 하중

일정한 세기 q를 갖는 균일 하중이 작용하는 단순보가 그림 4-31a에 보여진다. 보와 작용하는 하중은 대칭이므로 각각의 반력들(R_A와 R_B)은 $qL/2$와 같다. 그러므로 왼쪽 끝에서 거리 x만큼 떨어진 곳의 전단력과 굽힘모멘트는 다음과 같다.

$$V = R_A - qx = \frac{qL}{2} - qx \tag{4-14a}$$

$$M = R_A x - qx\left(\frac{x}{2}\right) = \frac{qLx}{2} - \frac{qx^2}{2} \tag{4-14b}$$

보의 길이에 걸쳐 유효한 이 식들은 그림 4-31b와 c에 전단력 선도와 굽힘모멘트 선도로 각각 그려졌다.

전단력 선도는 $x = 0$과 $x = L$에서 세로축 값들을 잇는 경사진 직선으로 되어있으며, 이 값들은 수치적으로 반력과 같은 크기이다. 이 선의 기울기는 식 (4-1)에서 예상했던 대로 $-q$이다. 굽힘모멘트 선도는 보의 중간점에 대해 대칭인 포물선 형식이다. 각각의 단면에서 굽힘모멘트 선도의 기울기는 전단력과 같다[식 (4-4) 참조].

$$\frac{dM}{dx} = \frac{d}{dx}\left(\frac{qLx}{2} - \frac{qx^2}{2}\right) = \frac{qL}{2} - qx = V$$

굽힘모멘트의 최댓값은 dM/dx와 전단력 V가 모두 0이 되는 보의 중간점에서 발생한다. 그러므로 M에 대한 식에 $x = L/2$를 대입하여 굽힘모멘트 선도에서 보는 것과 같은 다음 값을 구한다.

$$M_{\max} = \frac{qL^2}{8} \qquad \textbf{(4-15)}$$

하중 세기 선도(그림 4-31a)의 면적은 qL이고, 식 (4-3)에 의해 전단력 V는 보를 따라 A에서 B로 이동하는 양만큼 감소해야 한다. 전단력이 $qL/2$에서 $-qL/2$까지 감소하기 때문에 이것이 사실인 것을 알 수 있다.

$x = 0$에서 $x = L/2$까지 전단력 선도의 면적은 $qL^2/8$이며, 이 면적은 같은 두 점 사이에서 굽힘모멘트의 증가분을 나타낸다는 것을 알 수 있다[식 (4-7)]. 비슷한 방법으로 굽힘모멘트는 $x = L/2$에서 $x = L$까지 구간에서 $qL^2/8$만큼 감소하였다.

여러 개의 집중 하중

만일 여러 개의 집중 하중이 단순보에 작용하면(그림 4-32a), 전단력과 굽힘모멘트에 대한 식은 하중 작용점들 사이의 각 구간에 따라 결정될 것이다. 다시 보의 왼쪽 부분의 자유물체도를 사용하고 x를 보의 끝 A로부터 거리라고 하면, 보의 첫째 구간에 대하여 다음과 같은 식들을 얻는다 :

$$V = R_A \qquad M = R_A x \qquad (0 < x < a_1) \qquad \textbf{(4-16a,b)}$$

두 번째 구간에 대한 식들은 다음과 같다.

$$V = R_A - P_1 \quad M = R_A x - P_1(x - a_1) \quad (a_1 < x < a_2) \qquad \textbf{(4-17a,b)}$$

세 번째 구간에서는 보의 왼쪽보다는 오른쪽 구간을 고려하는 것이 유리한다. 왜냐하면 더 적은 수의 하중이 이에 상응하는 자유물체에 작용하기 때문이다. 전단력과 모멘트는 다음과 같다.

$$V = -R_B + P_3 \qquad \textbf{(4-18a)}$$

$$M = R_B(L - x) - P_3(L - b_3 - x) \quad (a_2 < x < a_3) \qquad \textbf{(4-18b)}$$

마지막으로 보의 네 번째 구간에서 다음을 얻는다.

$$V = -R_B \quad M = R_B(L - x) \quad (a_3 < x < L) \qquad \textbf{(4-19a,b)}$$

식 (4-16)부터 (4-19)까지는 전단력과 굽힘모멘트 선도를 작성하는 데 사용될 수 있다(그림 4-32b와 c).

전단력 선도로부터 전단력은 보의 각 구간 내에서 일정하며 모든 하중작용점에서 하중과 같은 양만큼 급격히 변화함을 알 수 있다. 또한 각 구간에서 굽힘모멘트는 x의 선형

그림 4-32
여러 개의 집중 하중을 받는 단순보의 전단력과 굽힘모멘트 선도

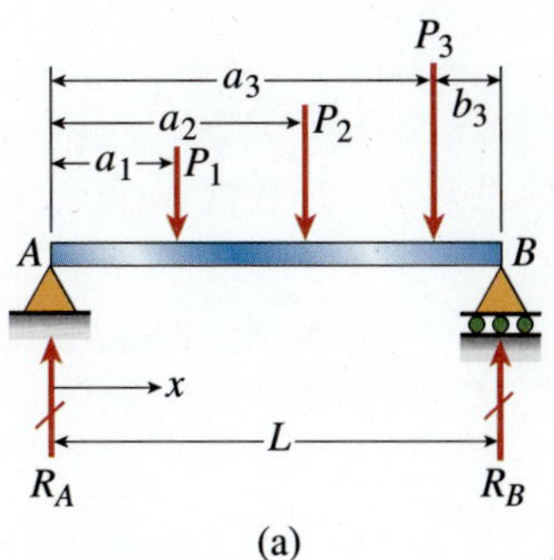

(a)

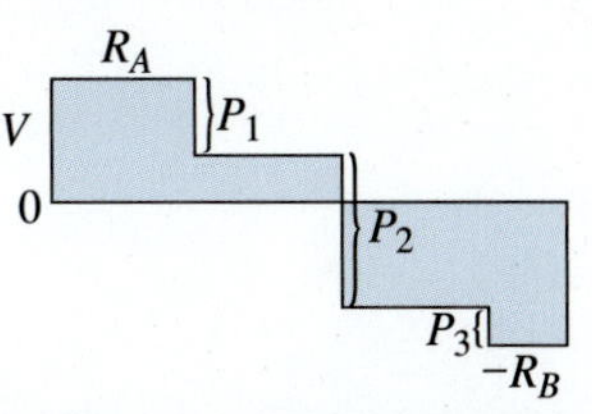

(b)

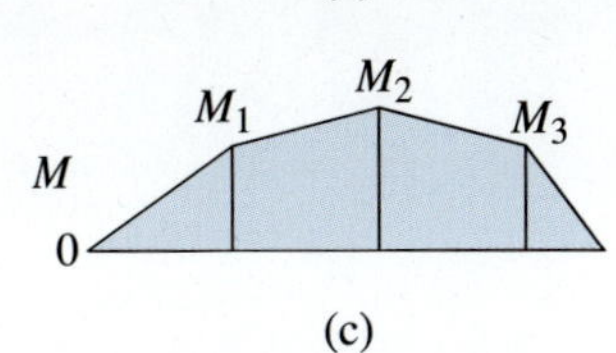

(c)

함수이고, 따라서 굽힘모멘트 선도의 해당구간은 경사진 직선이다. 이 선들을 그리는 데 도움을 주기 위해 $x = a_1$, $x = a_2$ 및 $x = a_3$를 식 (4-16b), (4-17b) 및 (4-18b)에 각각 대입함으로써 집중 하중 바로 밑에서 굽힘모멘트를 구한다. 이러한 방법으로 다음과 같은 굽힘모멘트를 얻는다:

$$M_1 = R_A a_1 \quad M_2 = R_A a_2 - P_1(a_2 - a_1) \quad M_3 = R_B b_3 \qquad \textbf{(4-20a,b)}$$

이 값들을 알면 굽힘모멘트 선도는 이 점들을 직선으로 연결하여 작성할 수 있다.

전단력의 각 불연속점에서, 굽힘모멘트 선도의 기울기 dM/dx에 상응하는 변화가 있다. 또한 2개 하중 작용점 사이의 굽힘모멘트 변화는 동일한 두 점 사이의 전단력 선도의 면적과 같다[식 (4-6) 참조]. 예를 들면 하중 P_1과 P_2 사이의 굽힘모멘트의 변화는 $M_2 - M_1$ 이다. 식 (4-20a와 b)를 대입하면 다음과 같다.

$$M_2 - M_1 = (R_A - P_1)(a_2 - a_1)$$

이것은 $x = a_1$과 $x = a_2$ 사이의 직사각형 전단력 선도 면적이다.

오직 집중 하중들만 작용하는 보에서 최대 굽힘모멘트는 하중들 중의 하나 또는 반력이 있는 곳에서 발생해야 한다. 이것을 보여주기 위하여, 굽힘모멘트 선도의 기울기는 전단력과 같다는 것을 상기하자. 그러므로 굽힘모멘트가 최대 또는 최솟값을 가질 때마다, 도함수 dM/dx(따라서 전단력)은 부호가 바뀌져야 한다. 그러나 오직 한 개의 집중 하중만 받는 보에서는 전단력은 그 하중 작용점에서만 부호가 바뀔 수 있다.

x축을 따라 진행되므로, 만약 전단력이 양에서 음으로 바뀌면(그림 4-32b에서와 같이), 굽힘모멘트 선도의 기울기 또한 양에서 음으로 바뀐다. 그러므로 이 단면에서 최대 굽힘모멘트가 발생해야 한다. 반대로, 전단력이 음에서 양의 값으로 변하는 것은 최소 굽힘모멘트가 있음을 나타낸다. 매우 드문 경우지만, 이론적으로 전단력 선도가 여러 점에서 수평축과 교차될 수 있다. 그러한 교차점의 각각에 대응하여 굽힘모멘트 선도에 국부적인 최대와 최소가 발생한다. 모든 국부적인 최대와 최솟값은 보에서 양과 음의 최대 굽힘모멘트를 구하기 위해 결정되어야 한다.

일반적인 유의사항

"최대"와 "최소"라는 용어는 "가장 큰"과 "가장 작은"이라는 관례적인 의미를 가지고 종종 사용된다. 따라서 굽힘모멘트 선도가 완만하고 연속적인 함수(그림 4-31c와 같은)로 묘사되거나 또는 일련의 선분(그림 4-32c와 같이)으로 묘사되거나 간에 상관없이 "보의 최대 굽힘모멘트"로 언급된다.

더욱이 양의 값과 음의 값의 구별할 필요가 종종 있다. 따라서 "최대 양의 모멘트"와 "최대 음의 모멘트"와 같은 표현을 사용한다. 이 두 가지 경우에서, 이러한 표현은 수치적으로 가장 큰 값을 나타낸다. 즉 "최대 음의 모멘트"는 실제로 "수치적으로 가장 큰 음의 모멘트"를 의미한다. 전단력과 처짐 같은 보의 다른 값들에 대해서도 유사한 의미가 적용된다.

보에서 최대 양과 음의 굽힘모멘트는 다음과 같은 위치에서 일어날 수 있다: (1) 집중 하중이 작용하여 전단력의 부호가 바뀌는 단면(그림 4-30 및 4-32 참조), (2) 전단력이 0이 되는 단면(그림 4-31 참조), (3) 수직 반력이 발생하는 지점, (4) 우력이 작용하는 단면. 앞의 논의와 다음의 예제들은 이러한 모든 가능성들을 보여준다.

보에 여러 개의 하중이 작용할 때, 전단력과 굽힘모멘트 선도들은 따로 따로 작용하는 하중에 대해 각각 얻은 선도들을 중첩(또는 합)하여 얻을 수 있다. 예를 들면 그림 4-32b의 전단력 선도는 실제적으로 그림 4-30d에 보인 단일 집중 하중을 위한 형태로 작성된 세 개의 독립된 선도를 합한 것이다. 그림 4-32c의 굽힘모멘트 선도에 대해서도 동일하다. 정정보에서 전단력과 굽힘모멘트는 작용 하중들에 대해 선형함수들이기 때문에 전단력 및 굽힘모멘트 선도의 중첩을 허용할 수 있다.

컴퓨터 프로그램들은 전단력과 굽힘모멘트 선도를 작성하는 데 쉽게 이용될 수 있다. 손으로 선도를 작성함으로써 선도의 성질에 대한 이해를 한 후, 컴퓨터 프로그램을 사용하여 선도를 작성하고 수치 결과를 구하는 것이 믿을 수 있다고 느껴질 것이다. 참고로 전단력 선도와 굽힘모멘트 선도의 작성에 사용되는 미분방정식은 예제 4-13 다음에 있는 4장 요약과 복습에 설명하였다.

예제 4-7

지간의 일부분에 작용하는 세기 q의 균일 하중을 받는 단순보에 대하여 전단력 선도와 굽힘모멘트 선도를 그려라(그림 4-33a).

풀이

문제풀이 4단계 접근방법을 사용한다. 효율적인 풀이를 위하여 필요에 따라 단계를 합한다.

1, 2 개념화, 분류: 보 전체에 대한 자유물체도(그림 4-33a)로부터 보의 반력들을 구하는 것으로 해석을 시작한다. 그 결과는 다음과 같다.

$$R_A = \frac{qb(b + 2c)}{2L} \qquad R_B = \frac{qb(b + 2a)}{2L} \tag{4-21a,b}$$

3. 해석:

전단력과 굽힘모멘트: 전체 보에 대한 전단력과 굽힘모멘트를 얻기 위하여, 보의 세 구간을 개별적으로 고려해야 한다. 각각 구간에서 전단력 V와 굽힘모멘트 M이 나타나도록 보를 분리시킨다. 그런 다음 미지수인 V와 M이 포함된 자유물체도를 그린다. 예를 들면 보의 중간 구간을 위한 왼손 자유물체도가 그림 4-33c에 있다. 마지막으로 전단력을 얻기 위해 수직방향의 힘들을 합하고 굽힘모멘트를 얻기 위해 잘라진 단면에서 모멘트를 취한다. 세 구간 모두에 대한 결과들은 다음과 같다.

$$V = R_A \quad M = R_A x \quad (0 < x < a) \tag{4-22a, b}$$

$$V = R_A - q(x - a) \quad M = R_A x - \frac{q(x - a)^2}{2} \quad (a < x < a + b) \tag{4-23a, b}$$

$$V = -R_B \quad M = R_B(L - x) \quad (a + b < x < L) \tag{4-24a, b}$$

이 식들은 보의 모든 단면에 대한 전단력과 굽힘모멘트를 나타내고 있으며 변형 부호규약으로 표시되었다. 이 결과들의 부분적인 검토를 위해 식 (4-1)을 전단력들에 적용시키고 식 (4-4)를 굽힘모멘트들에 적용시키면 식들이 만족한다는 것을 증명할 수 있다.

그림 4-33
지간의 일부분에 균일 하중이 작용하는 단순보

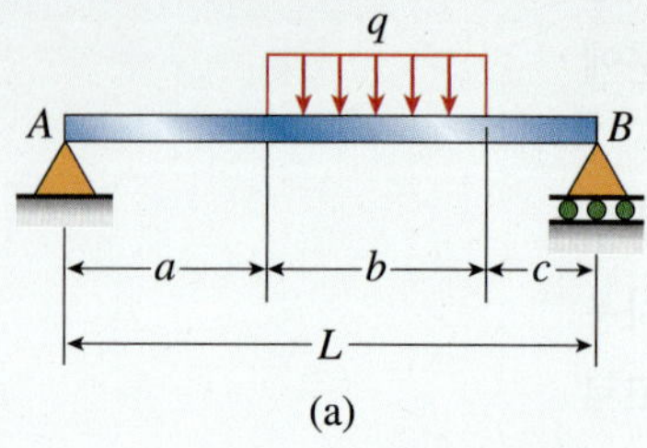

(a)

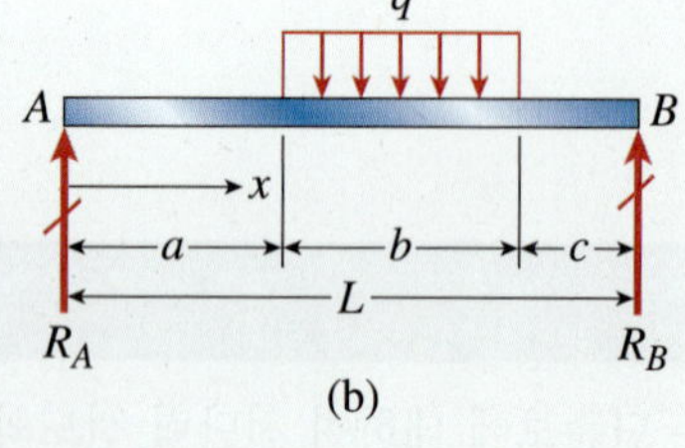

(b)

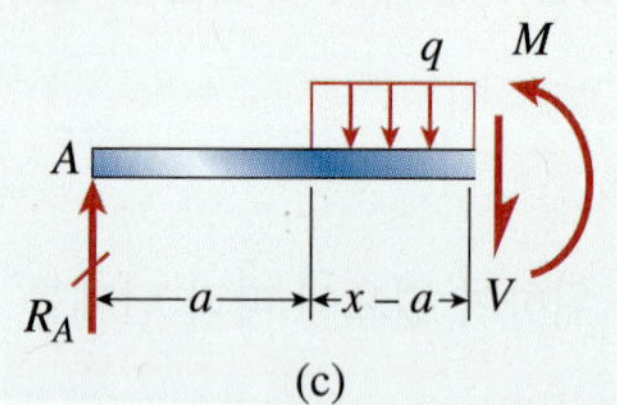

(c)

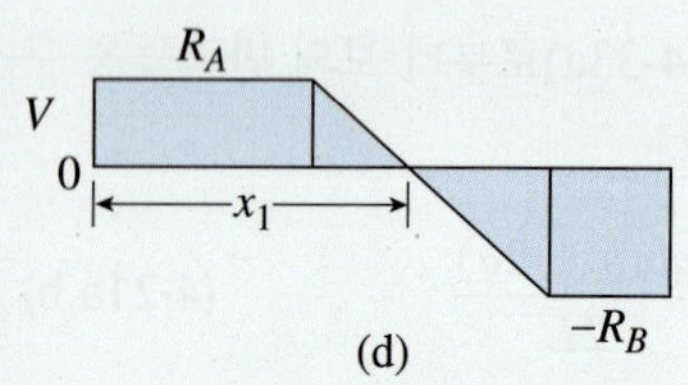

(d)

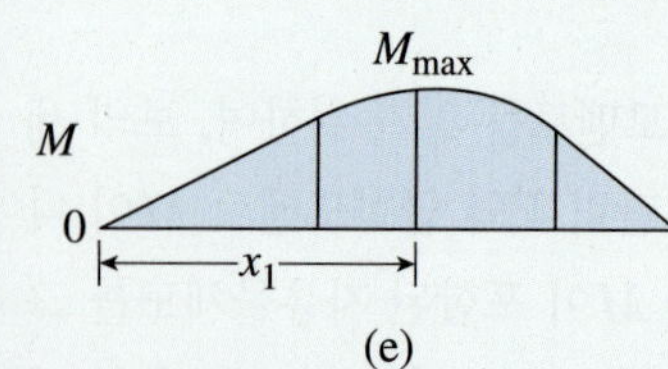

(e)

이제 식 (4-22)에서 (4-24)까지의 식을 사용하여 전단력 선도와 굽힘모멘트 선도(그림 4-33d와 e)를 작성할 수 있다. 전단력 선도는 보의 하중이 작용하지 않는 구간에서는 수평선을 이루고, 하중이 작용하는 구간에서는 식 $dV/dx = -q$[식 (4-1)]에서 예상한 바와 같이 음의 기울기를 갖는 경사진 직선으로 이루어진다.

굽힘모멘트 선도는 보의 하중이 작용하지 않는 구간에서는 두 개의 경사진 직선을 이루고, 하중이 작용하는 구간에서는 포물선을 이룬다. 경사진 선들은 식 $dM/dx = V$[식 (4-4)]에서 예상되는 바와 같이 각각 R_A와 $-R_B$와 같은 기울기를 갖는다. 또한 경사진 선들은 각각 포물선과 만나는 점에서 이 곡선에 대한 접선이 된다. 변형 부호규약에 따라 굽힘모멘트 선도는 보의 압축면에 작성된다. 따라서 예상과 같이 보 AB의 전체 윗면이 압축이다.

최대 굽힘모멘트: 최대 모멘트는 전단력이 0이 되는 곳에서 발생한다. 이 위치는 전단력 V[식 (4-23a)에서]를 0으로 놓고 이를 x값에 대해 풀어서 구할 수 있으며, 이 값을 x_1이라 표시하고 다음과 같다.

$$x_1 = a + \frac{b}{2L}(b + 2c) \qquad \textbf{(4-25)}$$

이제 x_1을 굽힘모멘트에 대한 식[식 4-(23b)]에 대입하여 최대 모멘트를 구한다. 그 결과는 다음과 같다.

$$M_{max} = \frac{qb}{8L^2}(b + 2c)(4aL + 2bc + b^2) \qquad \textbf{(4-26)}$$

4. 최종 단계: 최대 굽힘모멘트는 식 (4-25)에서 보는 바와 같이 언제나 균일 하중의 구간 내에서 발생한다.

특수한 경우: 균일 하중이 보에 대칭적으로 작용하면($a = c$), 식 (4-25)와 (4-26)으로부터 다음의 간략식을 얻는다.

$$x_1 = \frac{L}{2} \quad M_{max} = \frac{qb(2L - b)}{8} \qquad \textbf{(4-27a,b)}$$

만일 균일 하중이 경간 전체에 걸쳐 작용되면, $b = L$이고 $M_{max} = qL^2/8$이 되며, 이는 그림 4-31과 식 (4-15)와 일치한다.

예제 4-8

두 개의 집중 하중을 받는 캔틸레버보(그림 4-34a)에 대하여 전단력 선도와 굽힘모멘트 선도를 그려라.

풀이

문제풀이 4단계 접근방법을 사용한다. 효율적인 풀이를 위하여 필요에 따라 단계를 합한다.

1, 2. 개념화, 분류:

반력: 보 전체에 대한 자유물체도에서 수직 반력 R_B(상향일 때 양)와 모멘트 반력

그림 4-34

예제 4-8: (a) 두 개의 집중 하중을 받는 캔틸레버보, (b) 전단력 선도, (c) 모멘트 선도

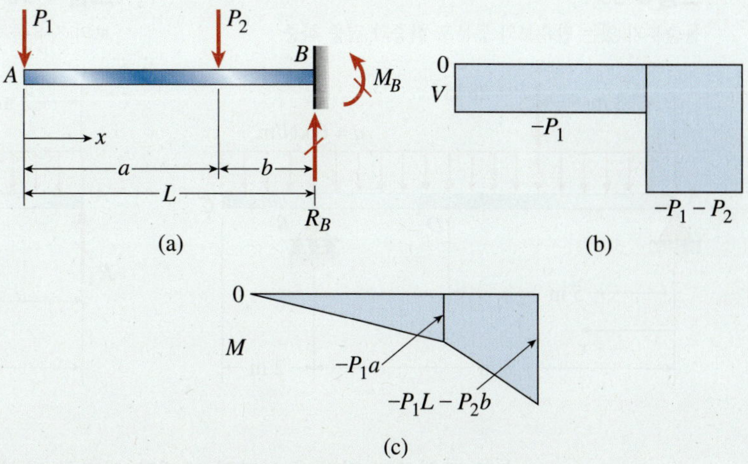

M_B(정역학적 부호규약에서 반시계방향일 때 양)를 구한다:

$$R_B = P_1 + P_2 \quad M_B = -(P_1L + P_2b) \tag{4-28a,b}$$

전단력과 굽힘모멘트: 보를 두 개의 구간으로 나누어, 각 구간에 대한 자유물체도를 작성하고, 평형방정식을 풀어서 전단력과 굽힘모멘트를 구한다. 전단력과 모멘트는 다음과 같다.

$$V = -P_1 \quad M = -P_1x \quad (0 < x < a) \tag{4-29a,b}$$

$$V = -P_1 - P_2 \quad M = -P_1x - P_2(x - a) \quad (a < x < L) \tag{4-30a,b}$$

3. 해석: 대응되는 전단력 선도와 굽힘모멘트 선도가 그림 4-34b와 c에 보여진다. 전단력은 하중들 사이에서 일정하고 지지점에서 수치적인 최댓값에 도달하며, 지지점에서 전단력은 수치적으로 수직 반력 R_B[식 (4-28a)]와 같다.

굽힘모멘트 선도는 두 개의 경사진 직선으로 이루어지며, 각 직선은 보에서 해당되는 구간의 전단력과 같은 기울기를 갖는다. 최대 굽힘모멘트는 지지점에서 발생하며 수치적으로는 모멘트 반력 M_B[식 (4-28b)]와 같다. 또한 이 값은 식 (4-6)에서 예상한 바와 같이 전단력 선도의 전체 면적과 같다.

4. 최종 단계: 전단력 선도는 하중 작용점 사이에서 일정하므로 모멘트 선도는 이 동일한 두 점들 사이에서 직선이 되어야 한다. 모멘트 선도가 보의 압축면에 작성되므로, 예상과 같이 이 캔틸레버보의 윗면 전체가 인장이다.

예제 4-9

예제 4-5에서 돌출부가 있는 단순보가 그림 4-35에 있다. 세기 $q = 6$ kN/m의 등분포 하중이 보 전체에 작용하고 집중 하중 $P = 28$ kN이 왼쪽 지지점에서 3 m 지점에 작용한다.

왼쪽 지지점에서 거리 x만큼 떨어진 단면의 전단력 V와 굽힘모멘트 M을 x의 함

그림 4-35

돌출부가 있는 단순보와 등분포 하중과 집중 하중

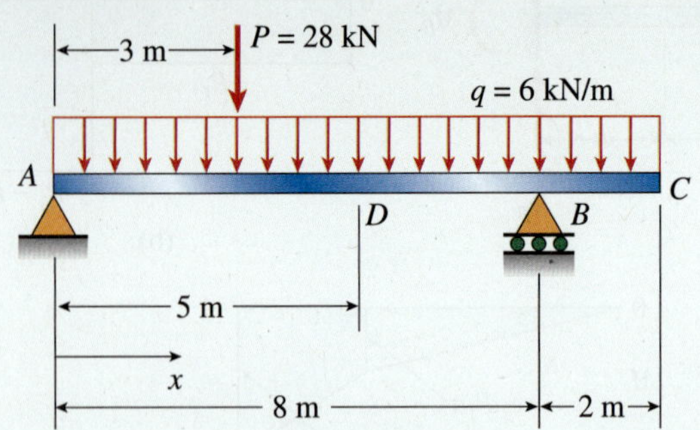

그림 4-36

보의 자유물체도

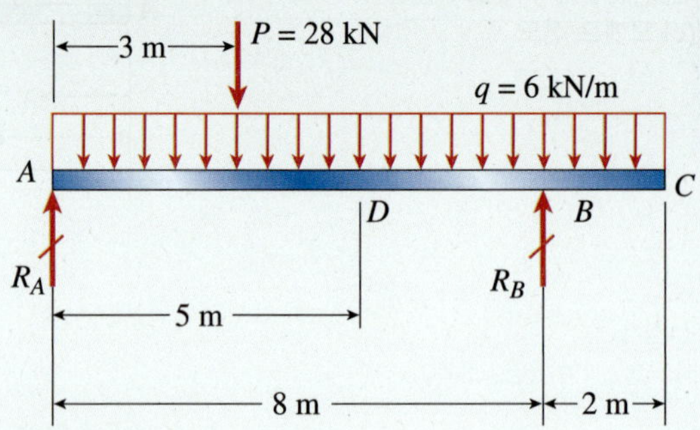

수로 표현하고 전단력 선도와 모멘트 선도를 작성하라.

풀이

문제풀이 4단계 접근방법을 사용한다. x의 함수로 전단력 V와 모멘트 M을 구한다. 전단력 선도와 굽힘모멘트 선도를 그린다.

1. **개념화:** 반력 R_A와 R_B는 그림 4-36의 전체 구조에 대한 자유물체도를 이용하여 예제 4-5에서 계산되었다. 단면 D에서 전단력 V_D와 모멘트 M_D는 D에서 보를 절단하여 구해진다. 이제 보 전체 길이에 걸친 전단력 V와 모멘트 M의 변화는 계산되어 그려질 것이다. 전단력 함수 $V(x)$와 모멘트 함수 $M(x)$는 집중 하중 P와 반력 R_B 때문에 불연속이 된다. 따라서 $V(x)$와 $M(x)$를 구하기 위해서 보 전체 길이를 세 구간으로 분리해야 한다(그림 4-37).

2. **분류:** 예제 4-5에서 정정 보의 반력 R_A와 R_B를 구하기 위해 점 A에서 모멘트들과 y방향으로 힘들을 합하면 다음과 같다.

$$\Sigma F_y = 0 \quad R_A + R_B = P + qL = 28 \text{ kN} + (6 \text{ kN/m})(10 \text{ m}) = 88 \text{ kN}$$
$$\Sigma M_A = 0 \quad R_B(8 \text{ m}) = (28 \text{ kN})(3 \text{ m}) + (6 \text{ kN/m})(10 \text{ m})(5 \text{ m}) = 384 \text{ kN}\cdot\text{m} \qquad \text{(a)}$$

둘째 식에서 R_B = 48 kN을 구하고, 첫째 식에서 R_A = 40 kN을 구한다. 함수 $V(x)$와 $M(x)$를 구하기 위해 그림 4-37의 절단된 단면에서 힘들과 모멘트들을 합할 때 이 반력들을 사용한다.

그림 4-37

단면력 함수 $V(x)$와 $M(x)$를 구하기 위해 필요한 세 구간으로 절단

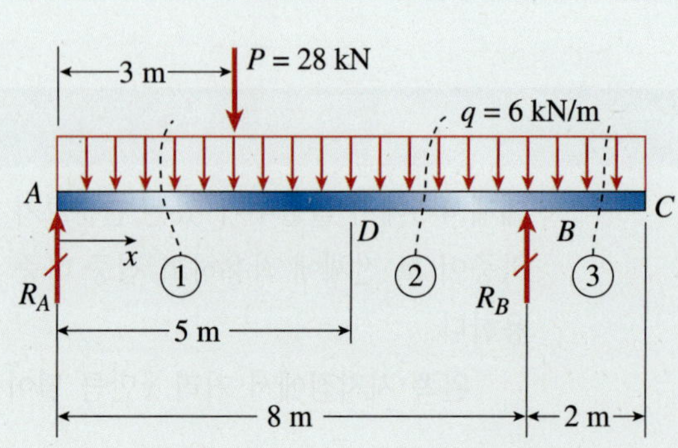

3. 해석:

내력 $V(x)$와 모멘트 $M(x)$를 위한 풀이: 보를 단면 1에서 3까지 분리한다(그림 4-38). 그 다음에 $V(x)$와 $M(x)$를 구하기 위해 왼손 자유물체도(LHFB) 혹은 오른손 자유물체도(RHFB)를 사용한다.

전단력 $V(x)$:

$$\begin{aligned}
&\text{단면 1 (LHFB)}\ V(x) = R_A - qx = 40 - 6x\ (\text{kN}) && 0 \le x \le 3\ \text{m} \\
&\text{단면 2 (LHFB)}\ V(x) = R_A - qx - P = 12 - 6x\ (\text{kN}) && 3\ \text{m} < x \le 8\ \text{m} \qquad \textbf{(b)} \\
&\text{단면 3 (RHFB)}\ V(x) = q(10\ \text{m} - x) = (6\ \text{kN/m})(10\ \text{m} - x) && x \ge 8\ \text{m}
\end{aligned}$$

단면 3에서는 LHFB보다 RHFB를 사용하면 $V(x)$를 쉽게 구할 수 있다. 만일 $V(x)$의 식은 LHFB를 사용하면 R_A와 P를 포함해야 하지만, 수치적인 값이 주어지면 식 (b)에 보이는 것과 같이 단순해진다. 다음으로 굽힘모멘트 함수를 구하고, 아래와 같다.

모멘트 $M(x)$:

$$\begin{aligned}
&\text{단면 1 (LHFB)}\ M(x) = R_A x - q\frac{x^2}{2} = 40x - 3x^2\ (\text{kN}\cdot\text{m}) && 0 \le x \le 3\ \text{m} \\
&\text{단면 2 (LHFB)}\ M(x) = R_A x - q\frac{x^2}{2} - P(x - 3\ \text{m}) = 12x - 3x^2 + 84\ (\text{kN}\cdot\text{m}) && 3\ \text{m} \le x \le 8\ \text{m} \qquad \textbf{(c)} \\
&\text{단면 3 (RHFB)}\ M(x) = \frac{-q}{2}(10\ \text{m} - x)^2 = -3(10 - x)^2\ (\text{kN}\cdot\text{m}) && x \ge 8\ \text{m}
\end{aligned}$$

최대 전단력은 지지점 A의 오른쪽과 B의 왼쪽에서 발생한다. 최대 굽힘모멘트는 $V = 0$이 되는 곳에서 발생한다. 최대 모멘트 발생점($x = x_m$)은 함수 $V(x)$ [식 (b)]를 0이 되도록 세우면 $x_m = 3$ m로 구해진다. $M(x_m)$[식 (c)]를 풀면 $M_{\max} = 93$ kN · m가 주어진다.

전단력과 모멘트 선도: 전단력과 모멘트 선도를 작성하는 한 가지 방법은 보 전체에 대한 함수 $V(x)$와 $M(x)$를 구하는 것이고[식 (b)와 (c)], 그 다음에 V와 M 선도를 그리는 컴퓨터 소프트웨어를 사용하는 것이다. 전단력과 모멘트 선도를 작성하기 위해 선호하는 다른 방법은 하중, 전단력과 모멘트 간의 미분과 적분 관계에 대한 도식적 해석을 사용하는 것이다. 선도들은 그림 4-39에 작성되어 있다. 도식적 방법에 기초하여 이 선도들로부터 다음을 관찰하였다.

(a) A에서 미소 거리 오른쪽의 전단력 V는 $+R_A$이다. A에서 더 오른쪽으로 이동하면 전단력은 미터당 하중 크기 q 만큼 감소한다. 거리 $x = 3$ m에서 전단력

그림 4-38

(a) 단면 1의 왼손 자유물체도
(b) 단면 2의 왼손 자유물체도
(c) 단면 3의 오른손 자유물체도

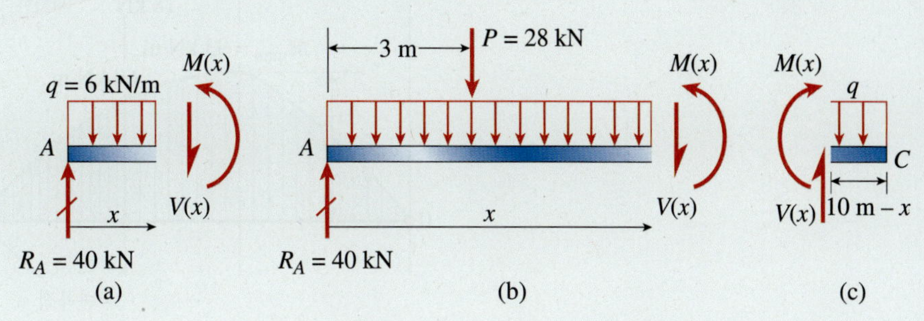

V는 40 kN에서 [40 kN − 3 m (6 kN/m)] = 22 kN으로 떨어진다.

(b) $\dfrac{dV}{dx} = -q(x)$이기 때문에 전단력 선도의 접선 기울기는 하중 곡선에서 세로축 값의 음의 크기와 같다. 하중 $q(x)$가 일정하기 때문에 전단력은 선형적으로 감소한다.

(c) 하중 P 작용점 바로 오른쪽에서 전단력은 22 kN − P, 즉 −6 kN이다. 이 곳은 양의 최대 모멘트 M_{max}가 발생하는 위치(x_m = 3 m)이다.

(d) 지지점 A(모멘트가 0이다)에서 최대 모멘트가 발생하는 x_m = 3 m까지 모멘트 변화는 두 지점간 전단력 선도의 면적과 같다. 전단력 선도의 삼각형 면적[그림 (4-39a)에서 A_1으로 표기]은 다음과 같다.

$$M_{max} = \frac{1}{2}[40\text{ kN} + 22\text{ kN}](x_m) = 93\text{ kN}\cdot\text{m}$$

(e) 하중 곡선 $q(x)$가 일정한 크기이기 때문에, 하중과 전단력 및 전단력과 모멘트 사이의 적분 관계들은 전단력 선도 $V(x)$는 선형이고 모멘트 선도 $M(x)$는 2차 곡선으로 작성된다는 것을 뜻한다. [이것은 식 (b)와 (c)에 나타나 있다.]

(f) D에서 전단력은 $x = x_m$에서 전단력보다 (−2 m)(q) = −12 kN 적은 크기이다. D에서 모멘트는 전단력 선도의 $x = x_m$에서 x = 5 m까지 삼각형 면적을 M_{max}에서 뺀 것으로 다음과 같다.

$$M_D = M_{max} - \frac{1}{2}(6+18)\text{kN (2 m)} = [93 - \frac{1}{2}(24\text{ kN})(2\text{ m})]\text{ kN}\cdot\text{m} = 69\text{ kN}\cdot\text{m}$$

(g) B에서 모멘트는 전단력 선도의 $x = x_m$에서 x = 8 m까지 삼각형 면적 전체를 빼고, 다음을 얻는다.

$$M_B = M_{max} - \frac{1}{2}(42\text{ kN})(5\text{ m}) = (93 - 105)\text{ kN}\cdot\text{m} = -12\text{ kN}\cdot\text{m}$$

(h) 전단력 선도에서 B를 지나면 전단력은 반력 R_B 때문에 + 48 kN 증가하여 −36 kN에서 +12 kN이 된다.

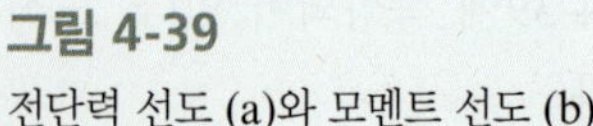

그림 4-39

전단력 선도 (a)와 모멘트 선도 (b)

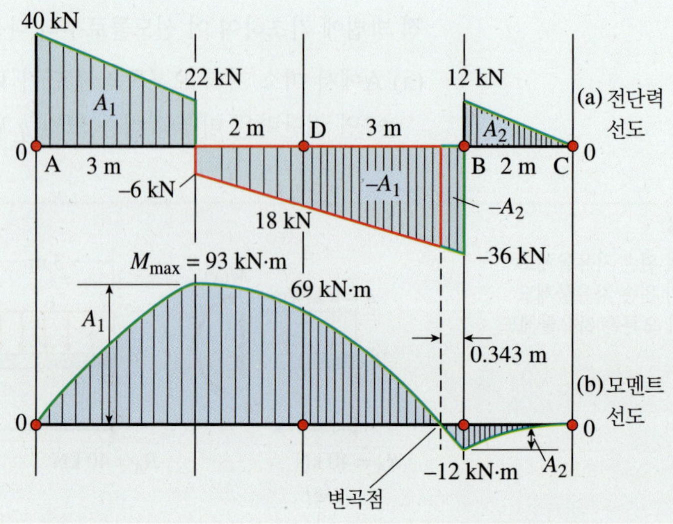

(i) 모멘트는 **변곡점** B의 바로 왼쪽에서 0이다. 전단력 선도에서 A_1으로 표기된 두 개 면적[삼각형 면적 A_1은 (d)를 보면 구할 수 있으며 $-A_1$으로 표기된 삼각형 면적과 동일하다]이 동일하므로 변곡점은 B의 왼쪽으로 0.343 m이라는 것을 알 수 있다. 전단력 선도에서 A_2라고 표기된 B에서 C까지 면적은 12 kN · m이다; 여기에 모멘트 M_B를 더하면 모멘트 선도는 C에서 0으로 돌아간다.

4. **최종 단계:** 하중, 전단력 및 모멘트 사이의 미분과 적분 관계에 대한 도식적 해석은 그림 4-39에 보이는 선도들을 작성하는 데 사용된다. 이 선도들을 확인하기 위해서 함수 $V(x)$와 $M(x)$[식 (b)와 (c)]는 널리 사용되고 있는 컴퓨터 소프트웨어(Maple, Mathcad, Mathematica 및 MATLAB 등)를 이용하여 그려질 수 있다.

모멘트 선도는 보의 압축면에 그려진다. 따라서 A에서 B까지 대부분 보 윗면(즉, 점 A에서 변곡점까지)이 압축인 반면에, 변곡점에서 C까지 보 윗면은 인장이다. 이것은 특정 재료로 만들어지는 보의 설계에 필요한 중요한 정보이다.

예제 4-10

예제 4-4에 있는 단순보 AB의 전단력과 모멘트 선도를 그려라. 그림 4-40a에 보인 것과 같이 보는 두 개의 하중(하중 P와 우력 M_0)을 받고 있다. 이 예제에서 작용 모멘트는 $M_0 = PL/2$이다.

풀이

문제풀이 4단계 접근방법을 사용한다.

1. **개념화:** 보 전체에 대한 자유물체도를 그린다(그림 4-40b). 내부 전단력 V와 모멘트 M을 나타낼 수 있도록 보의 각 구간에서 보를 절단한다. 작성된 왼손 자유물체도가 그림 4-41에 있다.

2. **분류:** $A_y = P/4$와 $B_y = 3P/4$를 구하기 위해 예제 4-4에서 반력 A_y와 B_y의 식에 $M_0 = PL/2$를 대입한다. 3개의 각 구간에서 전단력 V와 모멘트 M을 구하기 위해 그림 4-41의 자유물체도를 사용한다.

3. **해석:**

전단력과 모멘트 함수: 함수 $V(x)$와 $M(x)$를 구하기 위해서 그림 4-41의 왼손 자유물체도를 사용한다.

그림 4-40
(a) 하중 P와 M_0를 받는 단순보, (b) 단순보의 자유물체도

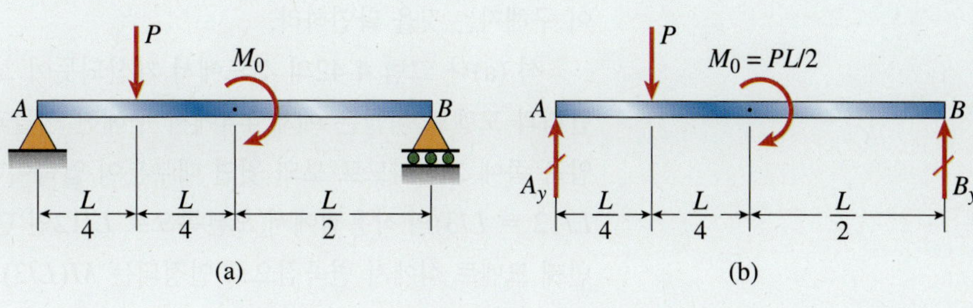

그림 4-41

(a, b, c) 각 구간별 왼손 자유물체도

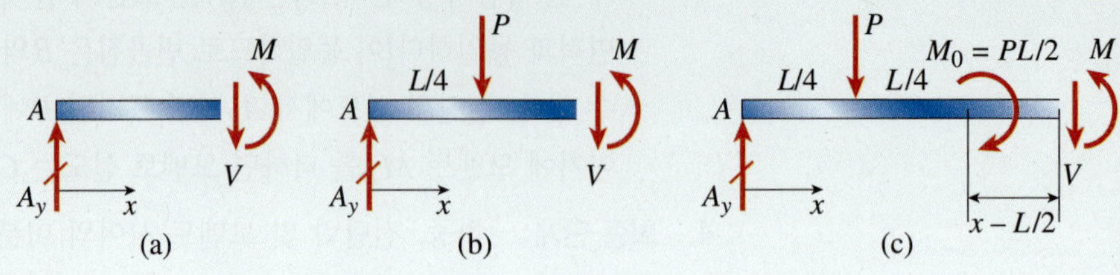

$$0 \le x \le \frac{L}{4} \quad V(x) = A_y = \frac{P}{4} \qquad M(x) = A_y x = \frac{Px}{4}$$

$$\frac{L}{4} \le x \le \frac{L}{2} \quad V(x) = A_y - P = \frac{-3P}{4} \quad M(x) = A_y x - P\left(x - \frac{L}{4}\right) = \frac{-3Px}{4} + \frac{PL}{4} \qquad \textbf{(a)}$$

$$\frac{L}{2} \le x \le L \quad V(x) = A_y - P = \frac{-3P}{4} \quad M(x) = A_y x - P\left(x - \frac{L}{4}\right) + M_0 = \frac{3P}{4}(L - x)$$

세 번째 구간에서 V와 M의 식들은 그림 4-41c의 왼손 자유물체도를 사용하는 것보다 오른손 자유물체도를 사용하면 더 쉽게 구해진다.

전단력과 굽힘모멘트 선도: 전단력과 모멘트 선도를 작성하기 위해 하중, 전단력 및 모멘트 사이의 미분과 적분 관계에 대한 도식적 해석을 사용한다; 작성된 선도는 그림 4-42에 있다. 선도들은 식 (a)와 일치한다. 이 선도들을 검토하여 다음의 관찰을 얻었다.

- 보에 분포 하중 $q(x)$가 없으며 $\frac{dV}{dx} = q$이므로 전단력 선도는 기울기가 0인 직선 구간으로 만들어진다. 식 (a)에서 3구간 모두 $\frac{dV}{dx} = 0$인 것을 알 수 있다.
- $x = L/4$에서 전단력 선도는 집중 하중 때문에 $(-P)$ 만큼 감소한다.
- $x = L/2$에서 모멘트 선도는 모멘트 하중 때문에 $M_0 = PL/2$만큼 증가한다.
- 첫 구간에서 모멘트 선도의 기울기는 전단력 선도의 크기인 $+P/4$이다. 두 번째와 세 번째 구간에서 모멘트 선도의 기울기는 $-3P/4$이다; 이것은 미분 관계식 $\frac{dM}{dx} = V$의 결과이다. 각각의 기울기는 식 (a)의 $M(x)$를 미분하여 얻어질 수 있다.
- 전단력 선도에서 면적 A_V는 모멘트 선도에서 각 구간의 변화량에 해당한다. 예를 들면, 지점 A에서 0인 모멘트가 $x = L/4$에서 $A_{V1} = PL/16$으로 변한다.

4. 최종 단계: 보의 각 구간에서 전단력 V와 모멘트 M을 구하기 위하여 오른손 자유물체도(그림 4-41의 왼손 자유물체도 대신에)를 사용하여도 식 (a)에서와 같은 식들이 구해지는 것을 확인하라.

식 (a)나 그림 4-42의 선도에서 계산되듯이 보 중앙 바로 왼쪽과 오른쪽의 전단력과 모멘트 식들은 예제 4-4에서 구해진 식들과 동일하다. 모멘트 선도가 보의 압축 쪽에 그려지므로 보의 윗면 대부분이 압축이다. 집중 하중 P(거리 $x = l/4 + L/12 = L/3$)의 작용점에서 오른쪽으로 $L/12$인 단면에 **변곡점**이 있다. 식 (a)의 두 번째 모멘트 식에서 변곡점으로 인정되는 $M(L/3) = 0$이 되는 것을 확인하라.

그림 4-42

(a, b) 전단력과 모멘트 선도

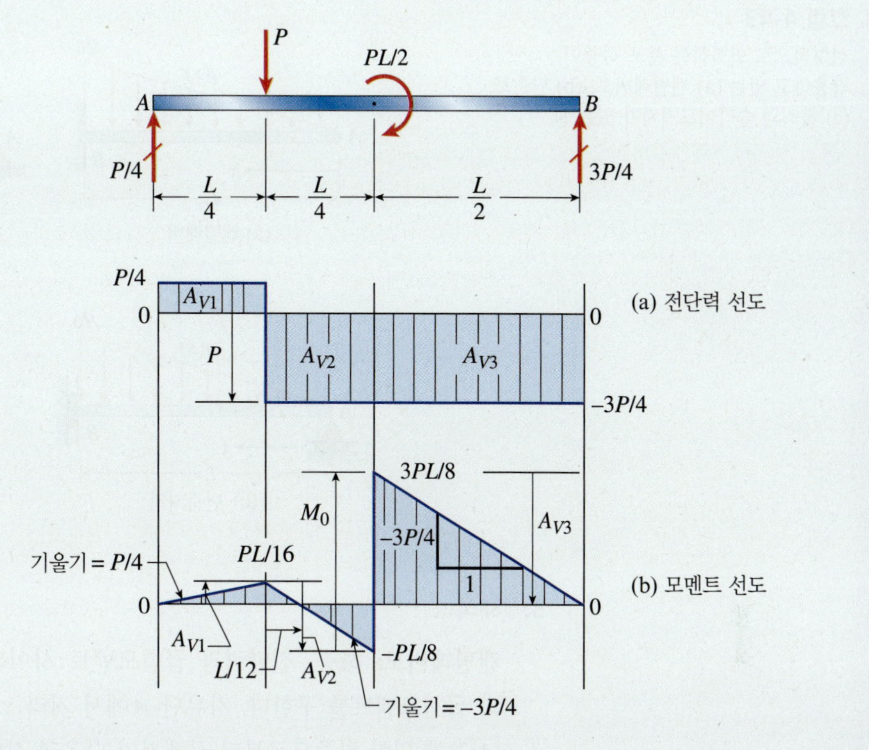

예제 4-11

세기 $q(x) = \dfrac{x}{L}q_0$ (그림 4-43 참조)의 선형 변화 분포 하중이 작용하고 있는 3개의 보에 발생하는 전단력과 모멘트 선도들을 작성하라. 3가지 다른 지지 조건은 (a) 캔틸레버보, (b) 단순보 및 (c) A에 롤러지지와 B에 슬라이딩지지가 있는 보이다. 이 선도들을 작성하기 위해 하중, 전단력 및 모멘트 사이의 미분과 적분 관계에 대한 도식적 해석을 사용하라.

풀이

문제풀이 4단계 접근방법을 사용한다.

1. **개념화:** 각 구조물(그림 4-44 참조)의 자유물체도를 사용하여 지지 반력들 R_A와 R_B를 구한다. 내부 전단력 V와 굽힘모멘트 M은 지점 A로부터 약간 떨어진 거리 x의 절단면에서 힘들과 모멘트들을 합하여 구해진다.

2. **분류:** 예제 4-6에서, 그림 4-43(b)의 단순보에 발생하는 전단력 함수 $V(x)$와 모멘트 함수 $M(x)$를 나타내었다. 점 A로부터 약간 떨어진 거리 x에서 보를 절단하여 왼손 자유물체도를 그린다. 그 다음에 함수 $V(x)$와 $M(x)$를 구하기 위해 절단면에서 힘들과 모멘트들을 더한다. 그림 4-43a와 c의 보들에 발생하는 함수 $V(x)$와 $M(x)$를 찾기 위해 어떤 방법이 사용될 수 있지만, 보다 직접적인 방법은 여기에 적용되었다. 더욱 효과적인 방법으로 V와 M 선도를 작성하기 위해 하중, 전단력과 모멘트 사이의 미분과 적분 관계들을 이용한다.

그림 4-43

선형적으로 변화하는 분포 하중이 작용하고 있는 (a) 캔틸레버보, (b) 단순보, (c) 롤러와 슬라이드지지가 있는 보

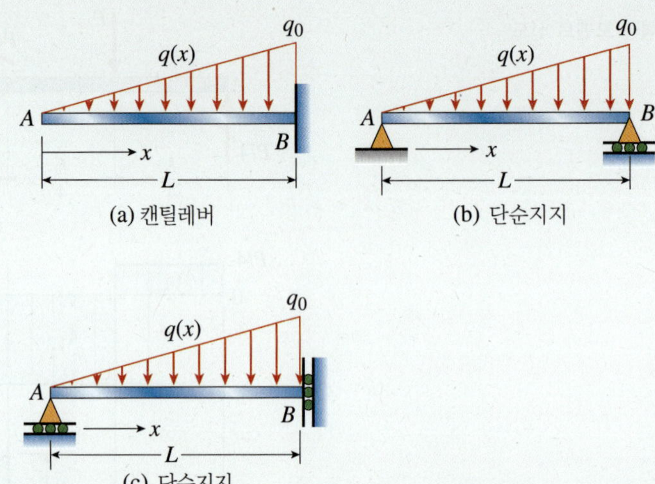

3. 해석:

캔틸레버보: 하중, 전단력과 굽힘모멘트 사이의 미분 관계식을 적분하여 전단력과 굽힘모멘트를 구한다. 자유단 A에서 거리 x 떨어진 단면의 전단력 V는 적분식 (4-3)에 의한 하중으로부터 구해지며 다음과 같다:

$$V - V_A = V - 0 = V = -\int_0^x q(x)dx \tag{a}$$

A에서 B까지 전단 변화를 구하기 위해 보 전체 길이에 대한 적분은 그림 4-45a에서 보듯이 분포 하중 선도에서 면적($-A_g$)의 음의 값과 같다. 또한, 임의의 점 x에서 전단력 선도의 접선 기울기는 같은 점에서 분포 하중 곡선에 대응하는 음의 값과 같다. 하중 곡선이 선형이므로 전단력 선도는 2차식이다. 점 A로부터 거리 x인 곳의 굽힘모멘트 M은 적분식 (4-6)에 의한 전단력으로 구해지며 다음과 같다:

그림 4-44

세 보의 자유물체도: (a) 캔틸레버보, (b) 단순보, (c)롤러와 슬라이딩지지가 있는 보

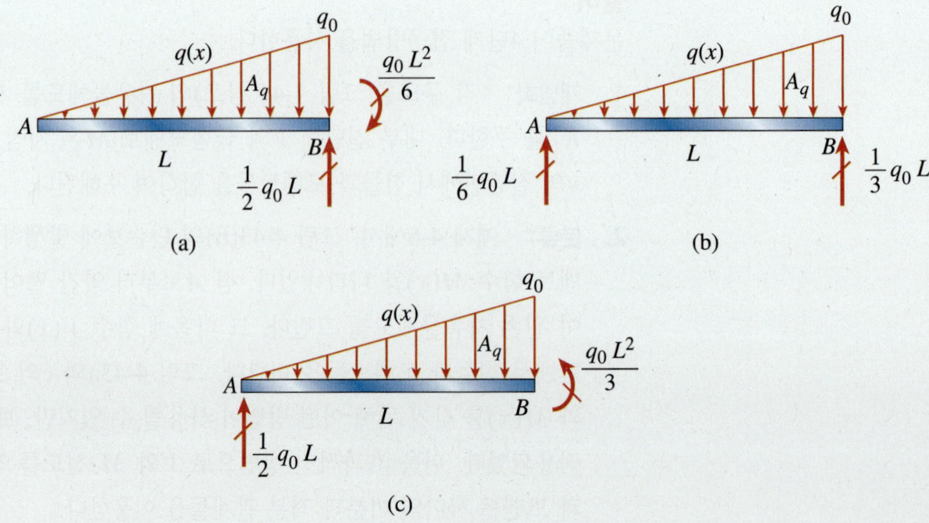

그림 4-45

세 개의 보에 대한 전단력과 모멘트 선도: (a) 캔틸레버보, (b) 단순보, (c) 롤러와 마찰슬라이딩지지가 있는 보

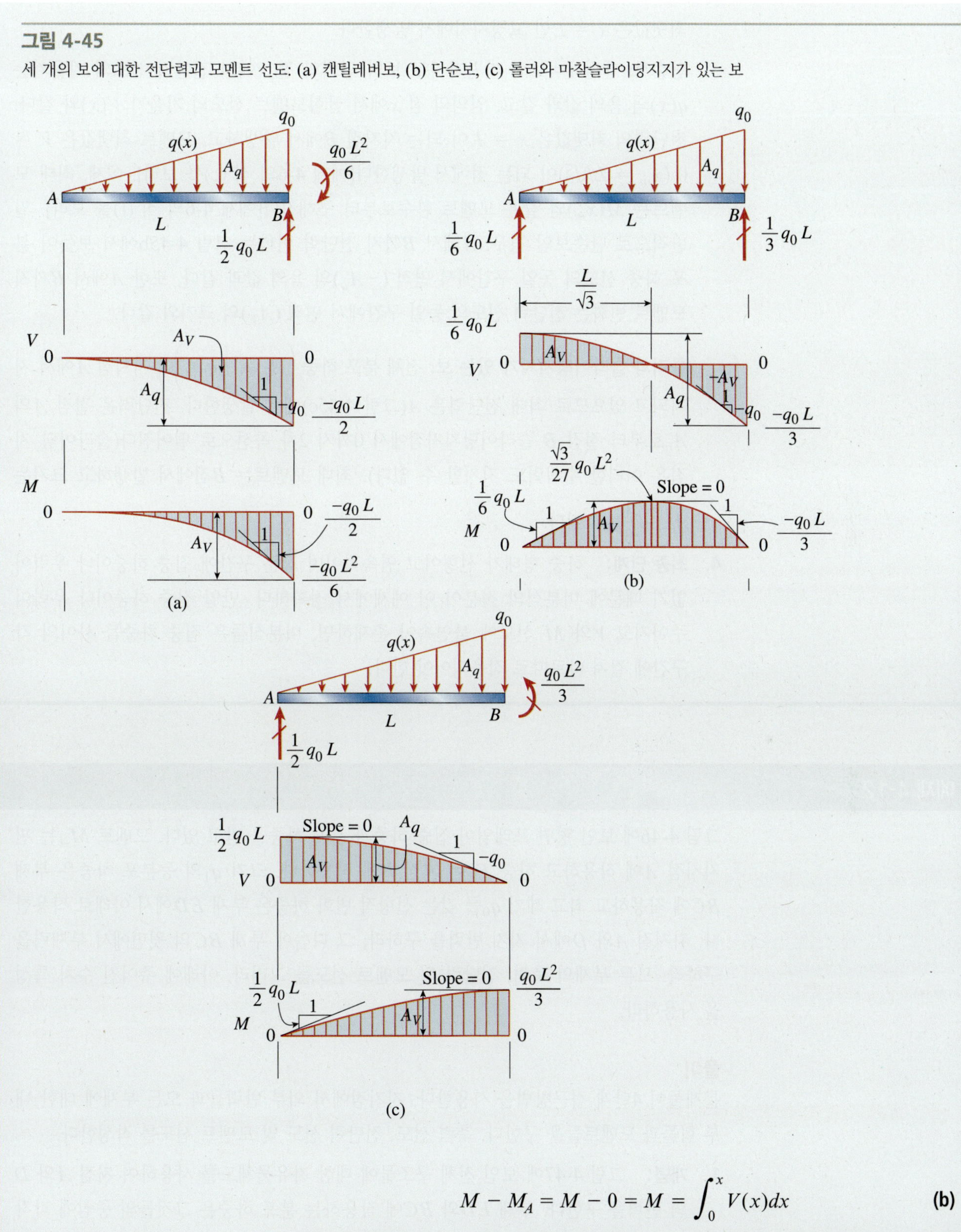

$$M - M_A = M - 0 = M = \int_0^x V(x)dx \qquad \textbf{(b)}$$

A에서 B까지 모멘트 변화를 구하기 위해 보 전체 길이에 대한 적분은 그림 4-45a에서 보듯이 전단력 선도에서 면적 (A_V)의 값과 같다. 또한, 임의의 점 x에서 모멘트 선도의 접선 기울기는 같은 점에서 전단력 선도에 대응하는 값과 같다. 전단력 선도가 2차 곡선이므로 굽힘모멘트 선도는 3차 곡선이다. 전단력과 굽힘모멘트의

최댓값은 $x = L$인 고정지지에서 발생한다.

단순보: 캔틸레버보와 마찬가지로 보의 임의의 점 x에서 전단력 선도의 기울기는 $q(x)$의 음의 값과 같고, 임의의 점 x에서 굽힘모멘트 선도의 기울기 $V(x)$와 같다. 전단력의 최댓값은 $x = L$이 되는 지지점 B에서 발생하고, 모멘트 최댓값은 $V = 0$ $(x_m = L/\sqrt{3})$이 되는 점에서 발생한다[예제 4-6의 식 (c)를 보라]. 이제, 최대 모멘트는 $M(x_m)$와 같은 모멘트 함수로부터 구해진다[예제 4-6의 식 (f)를 보라]. 일반적으로 단순보인 경우, A에서 B까지 전단력 변화는 그림 4-45b에서 보듯이 분포 하중 선도의 동일 구간에서 면적 $(-A_q)$의 음의 값과 같다. 또한 A에서 B까지 모멘트 변화는 전단력 선도의 동일 구간에서 면적 (A_V)의 크기와 같다.

롤러와 슬라이딩지지가 있는 보: 전체 분포 하중 $\left(A_q = \frac{1}{2}q_0L\right)$이 지지점 A에서 지지되고 있으므로 최대 전단력은 A(그림 4-45c)에서 발생한다. 전단력은 절점 A의 A_q로부터 절점 B 슬라이딩지지점에서 0까지 2차 곡선으로 떨어진다(슬라이딩 지점은 어떠한 수직력도 지지할 수 없다). 최대 모멘트는 B점에서 발생하고 크기는 $A_V = \frac{1}{3}q_0L^2$이다.

4. **최종 단계:** 하중 형태가 선형이고 연속적이며 적분 구간에 집중 하중이나 우력이 없기 때문에 미분식의 적분이 이 예제에서 정확하다. 만일 집중 하중이나 우력이 주어지고 V와 M 선도에 불연속이 존재하면, 미분식들은 집중 하중들 사이의 각 구간에 걸쳐 따로따로 적용되어야 한다.

예제 4-12

그림 4-46에 보인 평면 프레임이 집중 하중과 분포 하중을 받고 있다. 모멘트 M_A는 핀 지지점 A에 작용하고 하중 F_B는 지점 B에 작용한다. 크기 q_1의 등분포 하중은 부재 BC에 작용하고 최고 세기 q_0를 갖는 선형적 변화 하중은 부재 ED에서 아래로 작용한다. 지지점 A와 D에서 지지 반력을 구하라; 그 다음에 부재 BC의 윗면에서 부재력을 구하라. 모든 부재의 축력, 전단력 및 모멘트 선도를 그려라. 아래에 주어진 수치 특성을 사용하라.

풀이

문제풀이 4단계 접근방법을 사용한다. 지지점에서 외부 반력들과 모든 부재에 대한 내부 힘들과 모멘트들을 구한다. 축력 선도, 전단력 선도 및 모멘트 선도를 작성한다.

1. **개념:** 그림 4-47에 보인 전체 구조물에 대한 자유물체도를 사용하여 지점 A와 D의 반력을 구한다. 부재 ED와 BC에 작용하는 분포 하중은 그것들의 중심에 각각 작용하는 정적 등가 하중(F_{q0}와 F_{q1})으로 대치된다. 정적 등가 하중은 분포 하중 곡선의 면적과 같다. 점 C 바로 아래의 내부 축력 N_C, 전단력 V_C 및 모멘트 M_C는 그림 4-48에 보인 것과 같이 프레임을 분리함으로써 구해진다. 그림 4-48의 자유물체도 윗부분이나 아랫부분은 그 단면에서 부재 내력과 모멘트를 구하는 데 이용될

그림 4-46

집중 하중과 분포 하중이 모두 작용하는 평면 프레임

수치 데이터(N과 m)

$a = 3$ m
$b = 2$ m
$c = 6$ m
$d = 2.4$ m
$M_A = 380$ N · m
$F_B = 200$ N
$q_0 = 73$ N/m
$q_1 = 146$ N/m

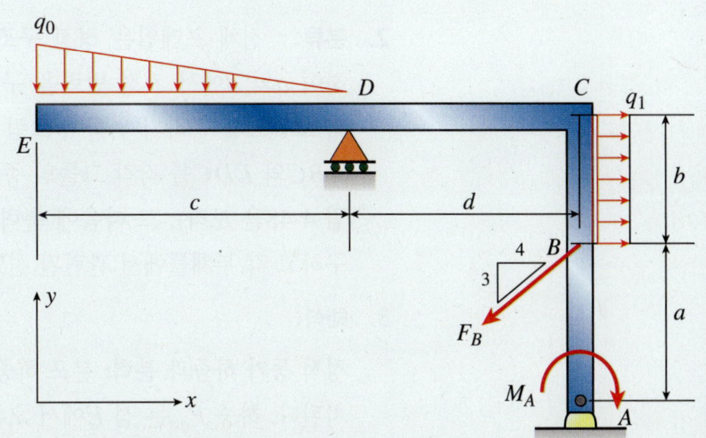

그림 4-47

프레임의 자유물체도

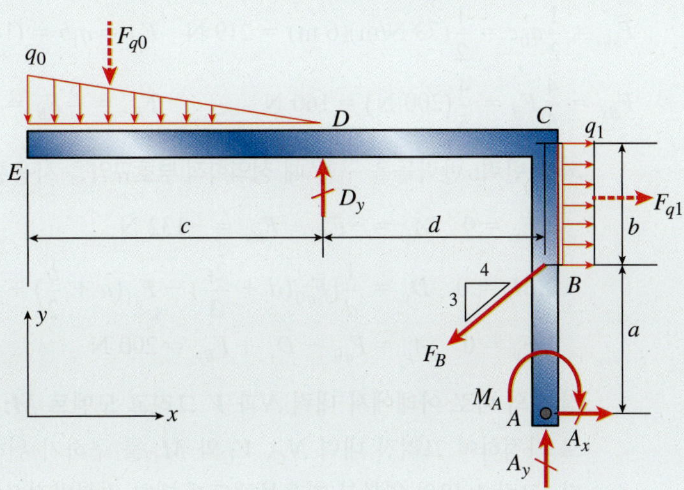

그림 4-47

절점 C의 바로 아래에서 단면을 분리한 윗부분과 아랫부분의 자유물체도

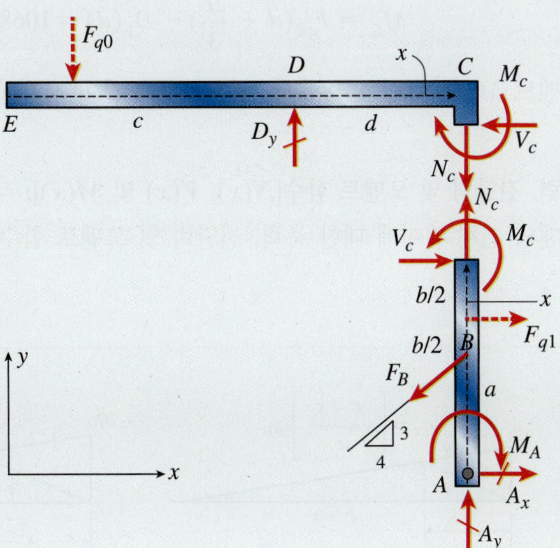

수 있다.

2. **분류:** 전체 프레임은 정정 구조이다. 먼저 그림 4-47의 전체 자유물체도를 사용하여 a와 d에서 지점 반력을 구한다; 그리고 절점 C 바로 아래 단면에서 내력들과 모멘트를 구하기 위하여 그림 4-48의 자유물체도 중에서 하나를 사용한다. 부재 ABC와 EDC를 각각 그들의 종 방향 중심축 x를 갖는 분리된 보들로 취급한다(그림 4-48을 보라); 그 다음에 축력, 전단력 및 모멘트 함수[$N(x)$, $V(x)$ 및 $M(x)$]를 구하고 각 부재들에서 관련된 선도를 그린다.

3. **해석:**

정적 등가 하중과 분력: 분포 하중들은 그것들의 정적 등가 하중(F_{q0}와 F_{q1})으로 대치된다. 하중 F_{q0}는 점 E에서 오른쪽 $c/3 = 2$ m에서 아래로 작용하고, 하중 F_{q1}은 BC의 중앙에 작용한다. 정적 등가 하중들과 점 B에 작용하는 경사진 집중 하중의 분력들은 다음과 같이 계산된다.

$$F_{q0} = \frac{1}{2}q_0 c = \frac{1}{2}(73\ \text{N/m})(6\ \text{m}) = 219\ \text{N} \qquad F_{q1} = q_1 b = (146\ \text{N/m})(2\ \text{m}) = 292\ \text{N}$$
$$F_{Bx} = \frac{4}{5}F_B = \frac{4}{5}(200\ \text{N}) = 160\ \text{N} \qquad F_{By} = \frac{3}{5}F_B = \frac{3}{5}(200\ \text{N}) = 120\ \text{N} \tag{a}$$

외부 반력: 반력들을 구할 때 **정역학적 부호규약**을 사용한다.

$$\Sigma F_x = 0 \quad A_x = -F_{q1} + F_{Bx} = -132\ \text{N}$$
$$\Sigma M_A = 0 \quad D_y = \frac{1}{d}\left[F_{q0}\left(d + \frac{2c}{3}\right) - F_{q1}\left(a + \frac{b}{2}\right) + F_{Bx}(a) - M_A\right] = 139\ \text{N} \tag{b}$$
$$\Sigma F_y = 0 \quad A_y = F_{q0} - D_y + F_{By} = 200\ \text{N}$$

점 C의 바로 아래에서 내력 N과 V 그리고 모멘트 M: 그림 4-48에서 양의 방향으로 가정하여 그려진 내력 N_C, V_C와 M_C를 구하기 위하여 **변형 부호규약**을 사용한다. 그림 4-48의 윗부분 자유물체도에 대한 평형방정식에서 다음을 구한다.

$$N_C = D_y - F_{q0} = -80\ \text{N}\ (\uparrow)$$
$$V_C = 0 \tag{c}$$
$$M_C = F_{q0}\left(d + \frac{2c}{3}\right) - D_y(d) = 1068\ \text{N}\cdot\text{m(CW)}$$

모멘트 M_C는 그림 4-48에서 가정한 것과 같이 시계방향(CW)이므로 결과는 양이다.

축력, 전단력 및 모멘트 함수[$N(x)$, $V(x)$ 및 $M(x)$]: 각 부재를 보로서 취급하고 그 부재의 전체 길이에 대한 축력, 전단력 및 모멘트 함수를 표시하기 위하여 각 부재

그림 4-49
프레임의 자유물체도

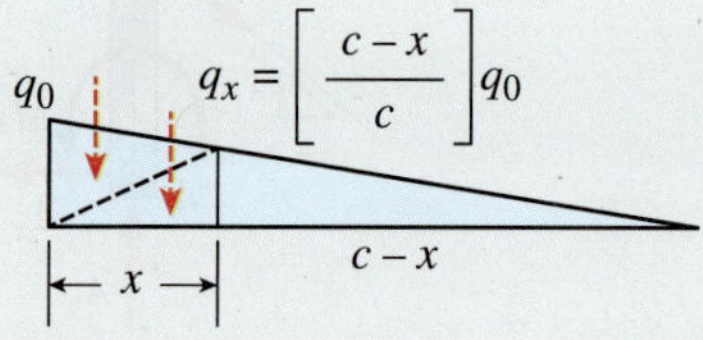

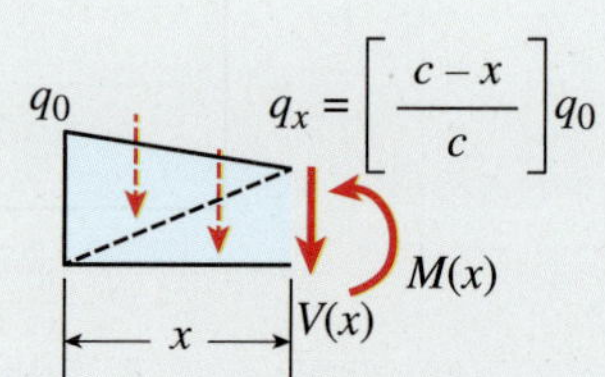

의 중심축 X를 사용한다.

보 EDC(그림 4-48의 윗부분 자유물체도): EDC의 두 구간에 대한 식 $V(x)$와 $M(x)$를 쉽게 세우기 위해서 ED의 삼각형 하중은 삼각형 하중 부분들로 분할한다(그림 4-49의 점선 참조).

$$
\begin{aligned}
N(x) &= 0 \qquad 0 \le x \le c+d \\
V(x) &= -\frac{1}{2}(q_0 + q_x)(x) \text{ with } q_x = \left[\frac{c-x}{c}\right]q_0 \quad 0 \le x \le c \\
&= -\frac{1}{2}(q_0)(c) + D_y \qquad c \le x \le c+d \\
M(x) &= -\frac{1}{2}(q_0 x)\left(\frac{2x}{3}\right) - \frac{1}{2}(q_x)\left(\frac{x^2}{3}\right) \qquad 0 \le x \le c \\
&= -\frac{1}{2}(q_0 c)\left(x - \frac{c}{3}\right) + D_y(x-c) \qquad c \le x \le c+d
\end{aligned} \tag{d}
$$

보 ABC(그림 4-48의 아랫부분 자유물체도): 기둥 ABC를 두 구간 AB와 BC에서 축력, 전단력 및 모멘트에 대한 식들을 세우기 위해 보로 취급한다. 부재의 축에서 x의 원점은 A이다(그림 4-48); 부재 ABC를 수평이 되게 시계방향으로 회전하면 쉽게 이해될 것이다. ABC의 두 두간에 발생하는 함수 $N(x)$, $V(x)$와 $M(x)$는 다음과 같다.

$$
\begin{aligned}
&N(x) = -A_y \quad 0 \le x \le a, \quad N(x) = -A_y + F_{By} \quad a \le x \le a+b \\
&V(x) = -A_x \quad 0 \le x \le a, \quad V(x) = -A_x + F_{Bx} - q_1(x-a) \quad a \le x \le a+b \\
&M(x) = M_A - A_x x \qquad 0 \le x \le a \\
&\quad = M_A - A_x x + F_{Bx}(x-a) - \frac{q_1}{2}(x-a)^2 \quad a \le x \le a+b
\end{aligned} \tag{e}
$$

식 (e)의 함수를 검토하기 위해, 절점 C의 내력들과 모멘트 $N(a+b) = NC$, $V(a+b) = VC$와 $M(a+b) = MC$가 식 (c)에 주어진 것을 보라.

축력, 전단력 및 굽힘모멘트 선도: 축력, 전단력 및 굽힘모멘트 선도를 작성하는 또 다른 방법은 하중, 전단력 및 모멘트 사이의 미분과 적분 관계에 근거한다. 작성된 선도들은 그림 4-50에 나타나 있다. 이 선도들로부터 다음을 알 수가 있다.

(a) 축력은 두 기둥 구간 AB와 BC에서 일정하며 압축이다[그림 (4-50a)의 축력 선도를 보라]. 구간 AB에서 $N(x) = -A_y$; 구간 BC에서 $N(x) = N_C$이다[식 (c)].

(b) 절점 E(그림 4-50b)에서 전단력 곡선의 접선 기울기는 $-q_0$이다. 왜냐하면 q_0가 아래로 향하며 $\dfrac{dV}{dx} = -q(x)$이기 때문이다; 지점 D에서 하중 크기 $q(c) = 0$이므로 전단력 곡선의 기울기는 0이다. E에서 D까지 하중 곡선의 면적은 F_{q0}이므로 E에서 D까지 전단력 변화는 $-F_{q0}$이다. D에서 전단력 변화는 $+D_y =$ 139 N이며, 전단력은 D에서 C까지 일정하다. 절점 C의 바로 왼쪽에서 전단력은 N_C와 같다(그림 4-48).

(c) E에서 D까지 전단력 선도의 면적 A_{VED}는 E에서 D까지 모멘트 변화와 같다

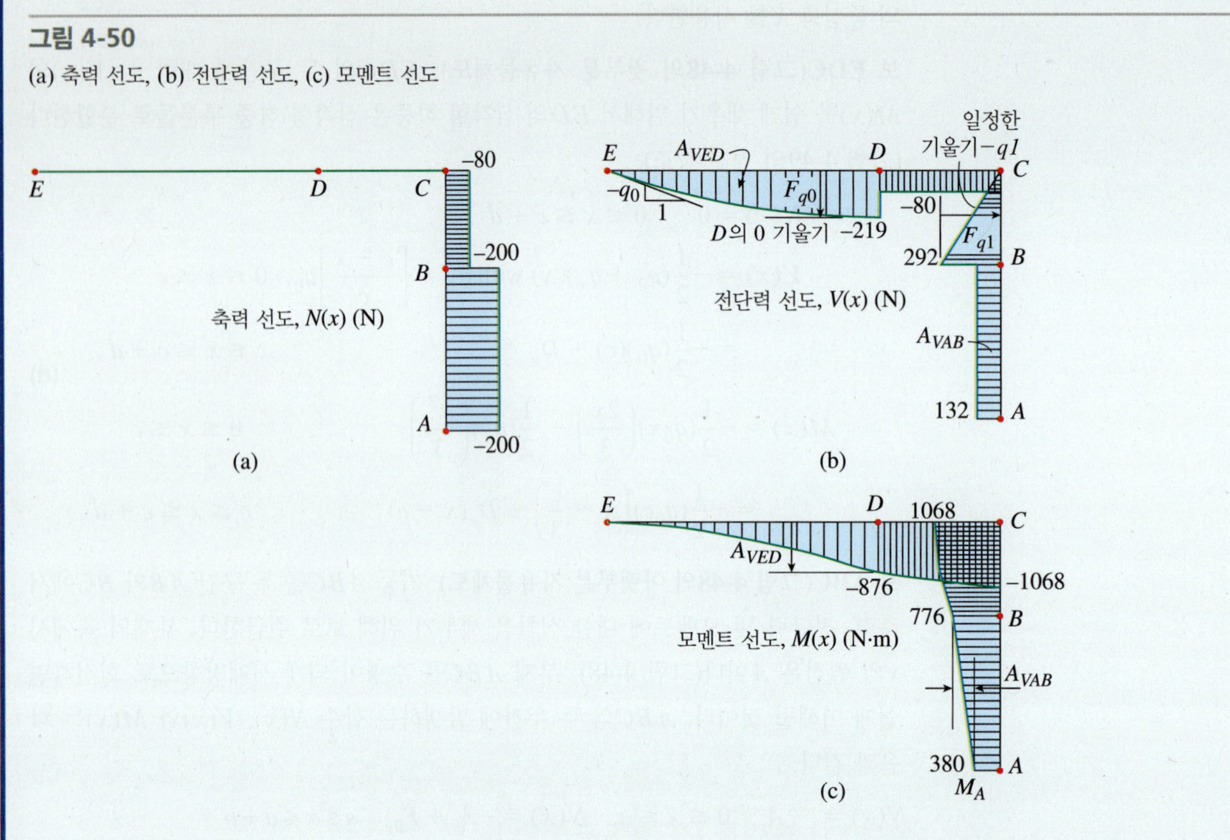

그림 4-50

(a) 축력 선도, (b) 전단력 선도, (c) 모멘트 선도

(그림 4-50b와 c). D에서 C까지 모멘트 변화는 전단력 선도의 D에서 C까지 직사각형 면적과 같다[즉, $(-80\ \text{N})(d) = -192\ \text{N·m}$)].

(d) A에서 B까지 전단력은 일정하다. 왜냐하면 기울기는 분포 하중의 크기와 같지만, 이 구간에서 분포 하중의 크기 $q = 0$이기 때문이다. B에서 x방향 분력 $F_{Bx} = 160$ N[식 (a)] 때문에 전단력은 증가한다. 그리고 전단력의 기울기 $(-q_1)$는 절점 C 바로 아래에서 크기 $V_C = 0$이 되도록 선형적으로 변화한다. B에서 C까지 전단력 감소는 B에서 C까지 하중 선도의 면적 $(-F_{q1})$과 같다.

(e) 지지점 A(모멘트 M_A가 작용한다.)에서 B까지 모멘트 변화는 A에서 B까지 전단력 선도의 면적과 같다. 따라서 면적 $A_{VAB} = (132\ \text{N})(3\ \text{m}) = 396\ \text{N·m}$이다. B에서 C까지 모멘트는 전단력 선도의 삼각형 면적 $\frac{1}{2}(292\ \text{N})(b) = 292\ \text{N·m}$ 만큼 증가한다.

(f) 그림 4-50의 선도로부터: (1) 최대 압축력은 구간 AB에서 발생한다; (2) 최대 전단력은 부재 AB에서 B점 바로 위에 있다. (3) 최대 모멘트는 점 C 양쪽에서 구할 수 있다.

그림 4-51

점 C 양면에 작용하는 내력과 모멘트

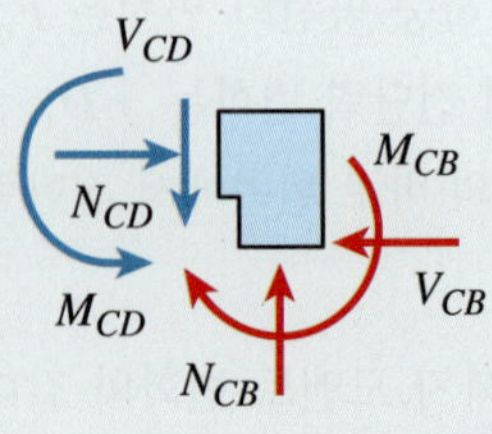

4. **최종 단계:** 프레임의 축력, 전단력 및 모멘트 선도는 그림 4-50에 보듯이 종종 프레임의 윗부분에 그려진다. 보 EDC에 축력은 없으며, 기둥 ABC는 길이 전체에 걸쳐 압축을 받고 있다. 모멘트 선도는 기둥 AB의 왼쪽과 보 EDC의 아래 부분 전체에 압축이 발생한다는 것을 보인다.

보 EDC와 기둥 ABC의 연결부는 이 프레임의 설계에서 중요한 부분이다. 이 연결부의 응력을 결정하는 데 필요한 내력들과 모멘트들을 구하기 위해 절점 C의 자유물체도와 축력, 전단력 및 모멘트 선도를 사용한다. 연결점 C(그림 4-51)의 자유물체도로부터 내력과 모멘트 평형이 이 절점에서 만족한다는 것을 알 수 있다. 점 C 왼쪽의 전단력(V_{CD})는 BC의 축력(N_{CB})과 같으며, 점 C 아래의 전단력은 부재 DC의 끝에서 축력(N_{CD})와 같다.

예제 4-13

돌출부가 있는 평면 프레임이 A와 D에서 지지되어 있다(그림 4-52). (이것은 예제 1-4의 프레임이다.) 최고 세기 q_0 = 160 N/m의 선형 변화 분포 하중이 경간 AB에 작용한다. 모멘트 하중 M_0 = 380 N · m가 A에 작용하고 경사진 집중 하중 P = 200 N이 C에 작용한다. 또한 하중 P가 기둥 BD의 중간 높이에 작용한다. 구간 AB와 BD의 길이 L = 4 m이고, 돌출부 BC의 길이는 2 m이다. 이 프레임에 대한 축력 선도, 전단력 선도와 모멘트 선도를 작성하라.

풀이

이 평면 프레임 해석에 문제풀이 4단계 접근방법을 사용한다.

1. **개념화:** 전체 프레임의 자유물체도를 작성하는 것으로 시작한다(그림 4-53); 그 다음에 반력들 A_y, D_x 및 D_y를 구한다(예제 1-4 참고). 각 부재에 발생하는 축력 N, 전단력 V 및 모멘트 M을 표시하기 위해서 각 부재의 단면을 절단한다(그림 4-54). (단면 절단은 구간 BC에서 보이지 않지만 구간 AB에는 보인다.) 그림 4-54에 보인 것과 같이 절단면의 어느 면에서나 N, V 및 M에 대해 가정한 양의 방향이 설정되도록 기둥 BD를 왼쪽에 D가 오른쪽에 B가 보이도록 프레임을 시계방향

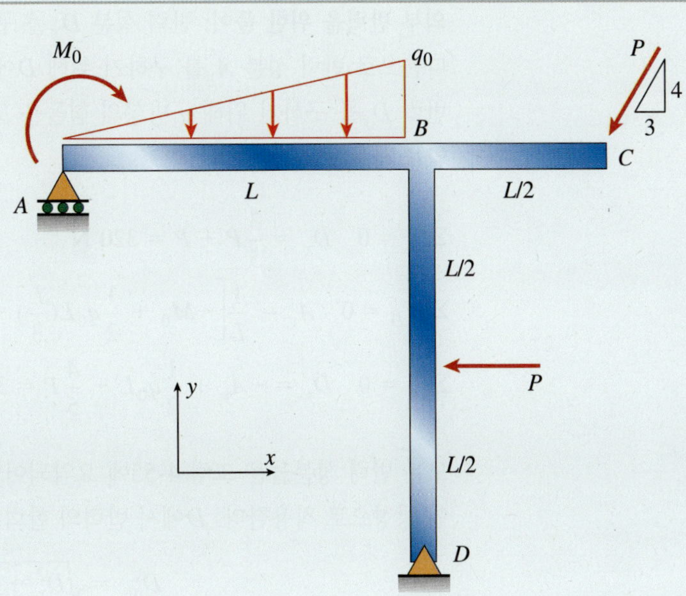

그림 4-52
돌출부가 있는 평면 프레임과 분포 및 집중 하중

그림 4-53
평면 프레임의 전체 자유물체도

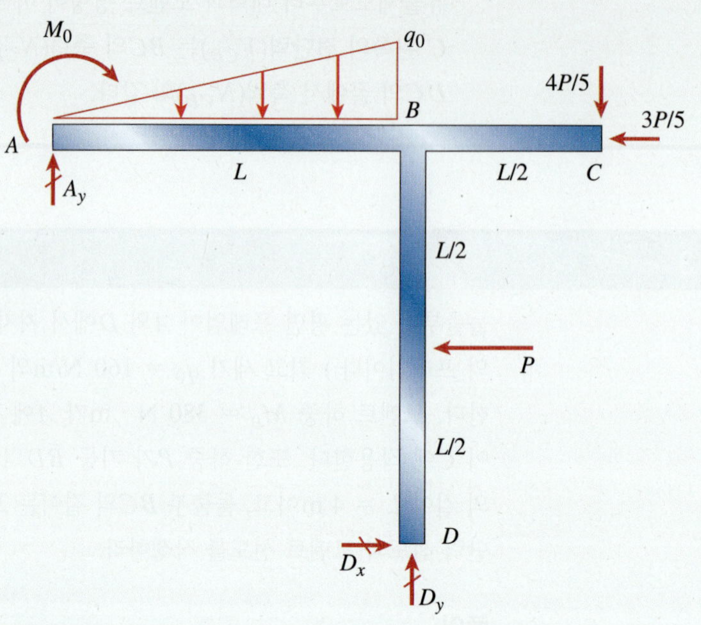

으로 90° 회전한다.

2. **분류:** 축력 선도, 전단력 선도 및 모멘트 선도를 작성하기 위해 예제 4-6의 함수 $N(x)$, $V(x)$ 및 $M(x)$를 사용하거나 예제 4-10의 V와 M의 미분 관계들을 이용한다. 그림 4-54의 자유물체도들은 변형 부호규약에 따라 양의 방향으로 가정한 내부 축력 N, 전단력 V와 굽힘모멘트 M을 보여준다. 각 단면 절단은 그 부재를 두 구간으로 나눈다. 그 위치에서 N, V와 M의 크기들을 작성하는 데 어느 구간을 사용해도 된다.

3. **해석:**

외부 반력을 위한 풀이: 반력 성분 D_x를 구하기 위해 x방향의 힘들을 모두 합한다. 다음으로 반력 성분 A_y를 구하기 위해 D에서 모멘트들을 모두 합한다. 마지막으로 반력 D_y를 구하기 위해 y 방향의 힘들을 모두 합한다. 이 풀이에는 **정역학적 부호규약**을 사용한다.

$$\Sigma F_x = 0 \quad D_x = \frac{3}{5}P + P = 320 \text{ N}$$

$$\Sigma M_D = 0 \quad A_y = \frac{1}{L}\left[-M_0 + \frac{1}{2}q_0 L\left(\frac{L}{3}\right) + P\frac{L}{2} - \frac{4}{5}P\left(\frac{L}{2}\right) + \frac{3}{5}PL\right] = 152 \text{ N} \quad \textbf{(a)}$$

$$\Sigma F_y = 0 \quad D_y = -A_y + \frac{1}{2}q_0 L + \frac{4}{5}P = 328 \text{ N}$$

모든 반력 성분들은 그림 4-55에 요약되어있다. 반력들은 양의 값이므로 그림에 보인 방향으로 작용한다. D에서 반력의 합력은 다음과 같다.

$$D_{\text{res}} = \sqrt{D_x^2 + D_y^2} = 458 \text{ N}$$

그림 4-54

내력 N과 V 그리고 모멘트 M을 보이기 위해 각 부재를 절단한 단면

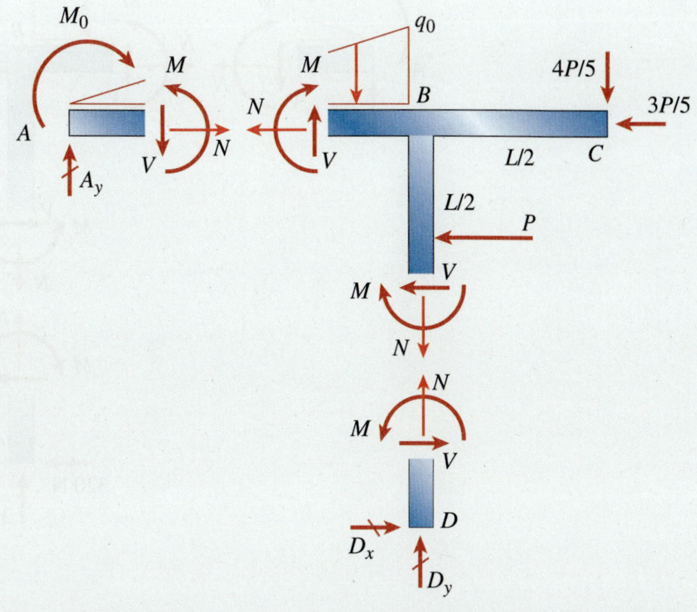

내부 축력 N, 전단력 V와 모멘트 M: 첫 번째 방법은 그림 4-55를 이용하여 각 부재의 시작점으로부터 거리 x만큼 떨어진 위치에서 $N(x)$, $V(x)$와 $M(x)$이 함수들을 구하는 것이다. 다른 방법은 하중과 전단력 및 전단력과 모멘트 사이의 미분과 기하학적 관계를 사용하는 것이다.

부재 AB: 그림 4-54와 그림 4-55의 왼손 자유물체도와 지점 A로부터 거리 x를 사용하여 다음을 얻는다.

$$\Sigma F_x = 0 \quad N(x) = 0$$

$$\Sigma F_y = 0 \quad V(x) = A_y - \frac{1}{2}\left(\frac{x}{L}q_0\right)x = \left(152 - 20x^2\right)\ \mathrm{N} \tag{b}$$

$$\Sigma M = 0 \quad M(x) = M_0 + A_y x - \frac{1}{2}\left(\frac{x}{L}q_0\right)(x)\left(\frac{x}{3}\right) = \left(380 + 152x - \frac{20}{3}x^3\right)\mathrm{N\cdot m}$$

전단력 선도 $V(x)$가 그림 4-56a에 있고 모멘트 선도 $M(x)$는 그림 4-56b에 있다. A의 바로 왼쪽에서 전단력은 $A_y = 152$ N과 같고, A에서 B까지 이동하면서 구간 AB의 삼각형 하중 면적과 동일한 크기 320 N만큼 감소한다. A에서 모멘트 $M_0 = 380$ N·m이고, 점 A에서 오른쪽으로 $x = 2.76$ m 떨어지고 전단력이 0이 되는 곳까지 모멘트는 279 N·m(두 점 사이의 전단력 선도 면적) 증가하여 최댓값은 659 N·m이 된다. 모멘트는 최대 모멘트 발생 위치와 B 사이에서 98 N·m 감소한다.

부재 BC: 보 BC에 N, V와 M을 구하기 위해 점 B의 바로 오른쪽에서 부재 BC를 절단한다. 절점 B에서 거리 x를 측정하지만 함수$N(x)$, $V(x)$ 및 $M(x)$를 구하기 위해서 오른손 자유물체도를 사용한다.

그림 4-55
평면 프레임의 구간별 자유물체도

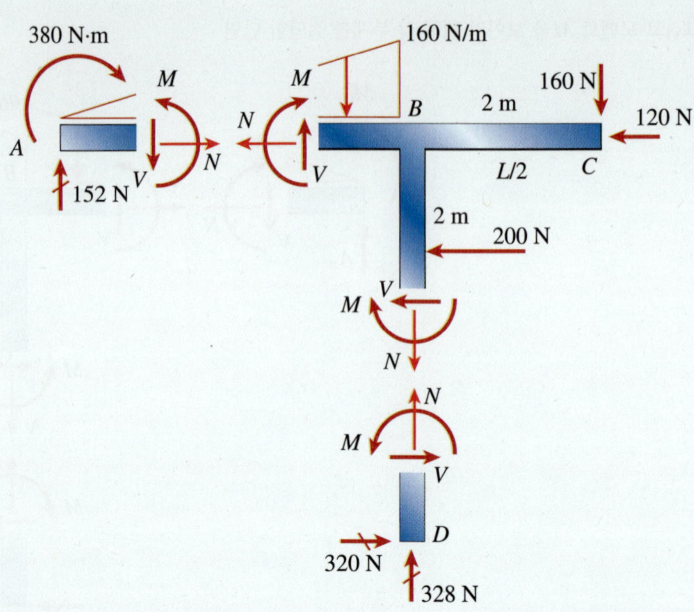

그림 4-56
(a, b) 평면 프레임의 전단력과 모멘트 선도

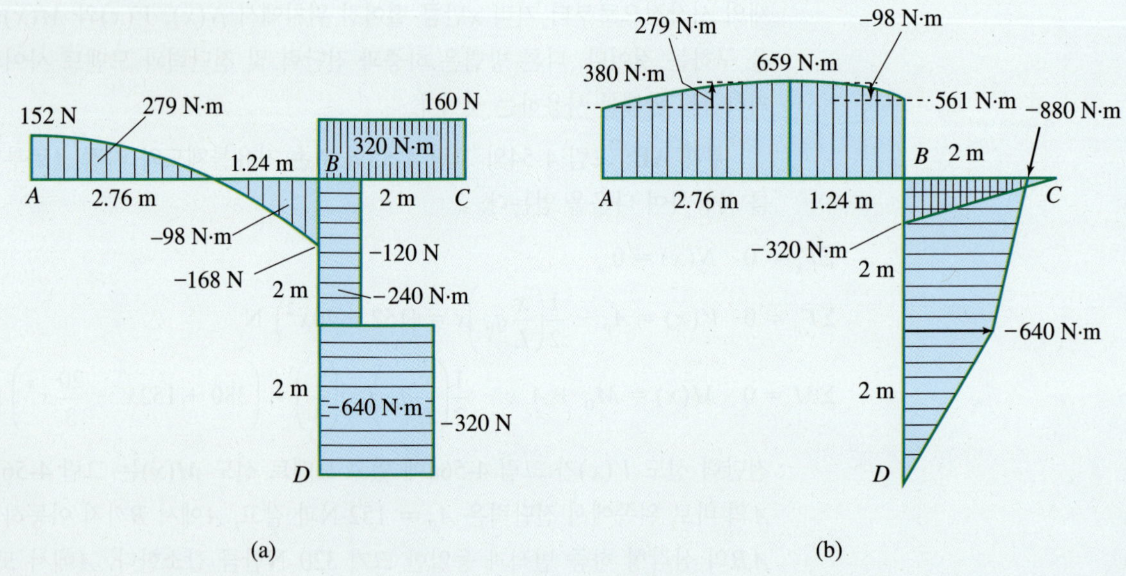

$$\Sigma F_x = 0 \quad N(x) = -\frac{3}{5}P = -120\ \text{N}$$

$$\Sigma F_y = 0 \quad V(x) = \frac{4}{5}P = 160\ \text{N} \qquad \textbf{(c)}$$

$$\Sigma M = 0 \quad M(x) = -\frac{4}{5}P\left(\frac{L}{2} - x\right) = (160x - 320)\ \text{N} \cdot \text{m}$$

축력 N은 압축이고 부재 BC 전체에서 일정하다. 부재 BC의 전단력과 모멘트 함수는 그림 4-56에 그려져 있다. 전단력은 일정하고, B와 C 사이의 전단력 선도 면적은 + (160 N)(2 m) = +320 N·m이다. 그 값은 모멘트 선도의 B에서 C로 이동할 때 BC 사이에서 모멘트 변화량이다.

부재 *DB*: 마지막으로 부재 DB를 두 위치에서 절단한다—하나는 횡하중 P의 위이고 하나는 아래이다—그리고 절점 D로부터 위로 x 떨어진 단면에서 함수 $N(x)$, $V(x)$ 및 $M(x)$를 구하면 다음과 같다.

$$
\begin{aligned}
N(x) &= -D_y = -328 \text{ N} \qquad 0 \le x \le 4 \text{ m} \\
V(x) &= -D_x = -320 \text{ N} \qquad 0 \le x \le 2 \text{ m} \\
&= P - D_x = -120 \text{ N} \quad 2 \text{ m} \le x \le 4 \text{ m} \\
M(x) &= -D_x(x) = -320x \text{ N}\cdot\text{m} \quad 0 \le x \le 2 \text{ m} \\
&= -D_x(x) + P\left(x - \frac{L}{2}\right) = (-400 - 120x) \text{ N}\cdot\text{m} \quad 2 \text{ m} \le x \le 4 \text{ m}
\end{aligned}
\tag{d}
$$

BC에서와 같이 축력 N은 압축이며 BD 전 구간에서 일정하다. 그래서 여기에 보이지 않았다. 부재 BD의 전단력과 모멘트 모두 음이므로 그림 4-56에서 DB 아래에 그렸다(부재 DB를 D는 왼쪽이고 B는 오른쪽이 되는 수평으로 위치시키고 거리 x는 D에서 B로 향할 때). 전단력 선도 첫 절반의 면적은 (−320 N)(2 m) = −640 N·m이다. 그 면적은 DB의 첫 절반에서 모멘트의 변화량이다; DB의 중앙에서 B까지 전단력 선도의 추가적인 면적은 (−120 N)(2 m) = −240 N·m이고 B 바로 아래의 모멘트는 (−640 − 240 = −880)N·m로 주어진다.

4. **최종 단계:** 프레임에서 임의의 위치에 발생하는 단면 부재력들과 모멘트들은 절단면의 어느 쪽 자유물체도를 사용하여도 구할 수 있다. 따라서 적절하게 작성된 자유물체도는 풀이에서 중요한 첫 단계이다. 하중과 전단력, 전단력과 모멘트 사이의 미분과 기하학적 관계들을 사용하는 것은 N, V와 M을 작성하고 최댓값이 발생하는 곳의 위치를 구하는 데 유용한 방법이다. 축력, 전단력 및 모멘트 함수를 작성하는 것은 일반적으로 단순한 구조물과 하중들의 경우에 편리하다.

이 장의 요약 및 복습

4장에서, 지지 반력과 부재력 및 모멘트를(N, V와 M) 구하기 위해 정정 보와 단순 프레임의 해석을 복습하였다. 그 다음에 **축력, 전단력** 및 **굽힘모멘트 선도**가 구조물 전체에서 이 값들의 변화를 나타내기 위해 작성되었다. 다양한 지지 조건들과 집중 및 분포 하중들이 해석을 위한 구조물 모델들을 구성하는 데 고려되었다. **정역학적 부호규약**은 외부 힘들과 모멘트들을 구할 때 사용되었고, **변형 부호규약**은 부재에서 선택된 단면들에서 내부 부재력을 구할 때 사용되었다.

여기에 4장에서 주어진 몇 개의 중요 개념이 있다.

1. 만약 구조물이 **정정**이라면, 보나 프레임 부재의 어떤 위치에서 내부 **축력**(N), 전단력(V) 및 굽힘모멘트(M)의 크기뿐만 아니라 지지 반력들과 모멘트들의 모든 값을 구하기 위해서는 정역학 법칙만으로도 충분하다.

2. 내력 N, V와 M에 대한 양의 값은 그림에서 보듯이 **변형 부호규약**을 사용하여 정의되었다.

3. 구조물 전체에 걸쳐서 N, V 및 M의 변화를 보여주는 도식적 표현이나 **선도**는 설계에 유용하다, 왜냐하면 선도들은 **설계**에 필요한 N, V 및 M의 최댓값이 발생하는 위치를 쉽게 보여주기 때문이다.

4. 보에서 분포 하중 $q(x)$, 내부 전단력 $V(x)$와 굽힘모멘트 $M(x)$ 사이의 **미분과 적분 관계**는 보 요소를 절단함으로써 유도될 수 있다. 이 관계들은 다음과 같다.

$$\frac{dV}{dx} = -q \quad \text{와} \quad V_B - V_A = -\int_A^B q(x)dx;\text{또한}\frac{dM}{dx} = V \quad \text{와} \quad M_B - M_A = \int_A^B V(x)\,dx$$

5. 보와 프레임을 위한 **전단력과 굽힘모멘트 선도들을 작성하는 규칙**은 앞에서 주어진 미분과 적분의 관계에 근거되었으며, 다음과 같이 요약된다.

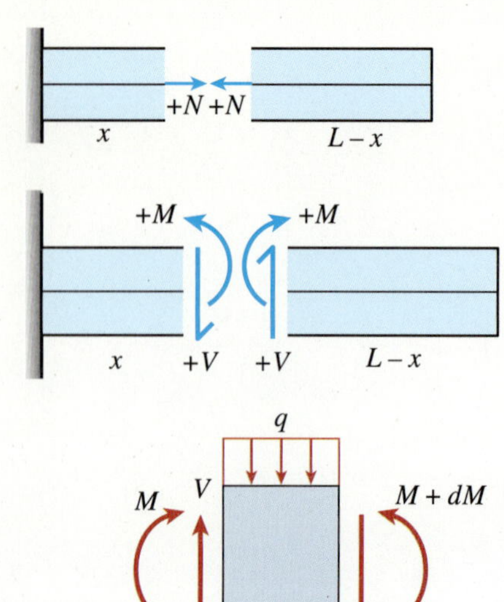

- 분포 하중 곡선 (q)의 세로좌표 값은 전단력 선도에서 기울기 $\frac{dV}{dx}$의 음의 값과 같다.
- 전단력 선도에서 임의의 두 점 A와 B 사이의 전단력 값의 차이는 분포 하중 곡선에서 그것과 동일한 두 점 사이의 (−)면적과 같다.
- 전단력 선도(V)의 세로좌표 값은 굽힘모멘트 선도에서의 기울기 $\frac{dM}{dx}$와 같다.
- 굽힘모멘트 선도에서 임의의 두 점 사이의 값 차이는 전단력 선도에서 그것과 동일한 두 점 사이의 면적과 같다.
- 전단력 곡선이 기준축(즉 $V = 0$)을 가로지르는 점들에서, 굽힘모멘트 선도의 모멘트 값은 국부적으로 최대 혹은 최소이다.
- 집중 하중 혹은 굽힘모멘트가 작용하는 점에서 V 혹은 M 선도 위에 크기가 변화(혹은 불연속)한다.

6. 변형 부호규약에 따르면 양의 모멘트는 보의 윗면에 압축을 발생시키고 아랫면에는 인장을 발생시킨다. 결과적으로 굽힘모멘트 선도는 구조 부재 혹은 부재 일부분의 **압축면**에 그려진다.

7. 굽힘모멘트 선도가 기준축($M = 0$)을 지나는 점을 **변곡점**이라고 불린다.

8. **축력**, **전단력** 및 **굽힘모멘트 선도**는 최대 축력, 전단력 및 모멘트가 발생하는 위치와 크기를 확인하는 데 도움이 된다. 그래서 부재 내에 발생하는 **최대 응력과 변형률**을 구할 수 있다.

9. 축력 선도(N)의 세로좌표 값은 **축력 이완**이 있는 곳에서 0이다; 전단력 선도(V)의 세로좌표 값은 **전단 이완**이 있는 곳에서 0이다; 모멘트 선도(M)의 세로좌표 값은 **모멘트 이완**이 있는 곳에서 0이다.

PROBLEMS Chapter 4

4.3 Shear Forces and Bending Moments

Introductory Problems

4.3-1 Calculate the shear force V and bending moment M at a cross section just to the right of the 3.5 kN load acting on the simple beam AB shown in the figure.

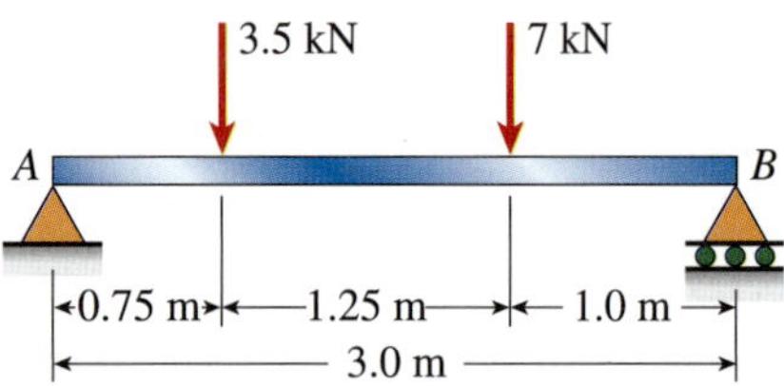

PROBLEM 4.3-1

4.3-2 Determine the shear force V and bending moment M just right of the 6 kN load on the simple beam AB shown in the figure.

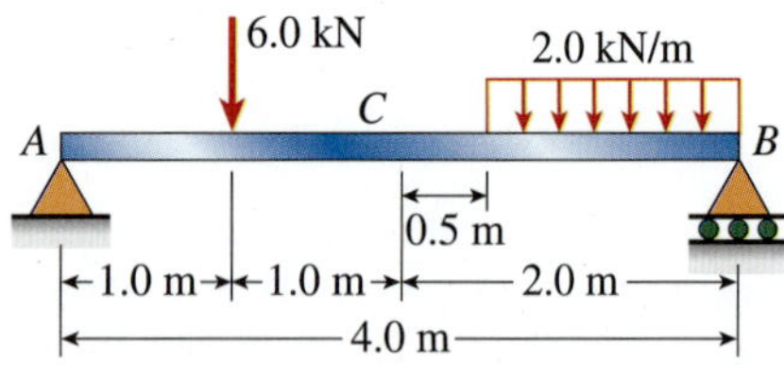

PROBLEM 4.3-2

4.3-3 Determine the shear force V and bending moment M at the midpoint of the beam with overhangs (see figure). Note that one load acts downward and the other upward, and clockwise moments Pb are applied at each support. Repeat if moments Pb are moved to the ends of the beam (Fig. b).

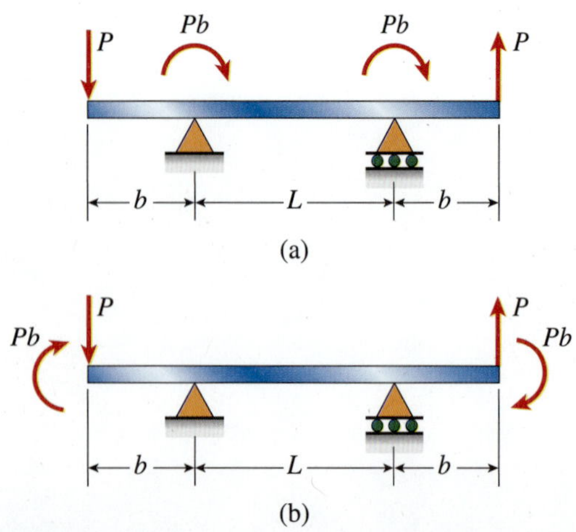

PROBLEM 4.3-3

4.3-4 Calculate the shear force V and bending moment M at a cross section located just right of the 4 kN load on the cantilever beam AB shown in the figure.

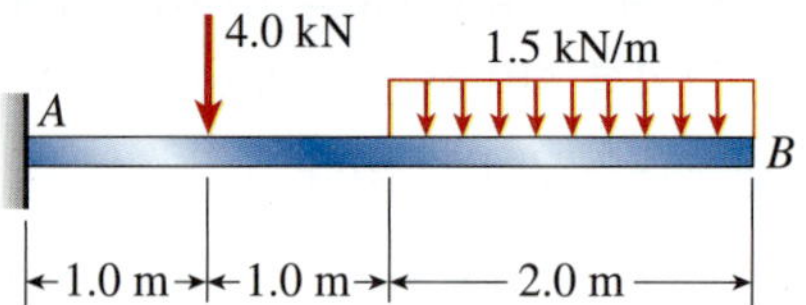

PROBLEM 4.3-4

Representative Problems

4.3-5 Consider the beam with an overhang shown in the figure.

(a) Determine the shear force V and bending moment M at a cross section located 5.5 m from the left-hand end A.

(b) Find the required magnitude of load intensity q acting on the right half of member BC that will result in a zero shear force on the cross section 5.5 m from A.

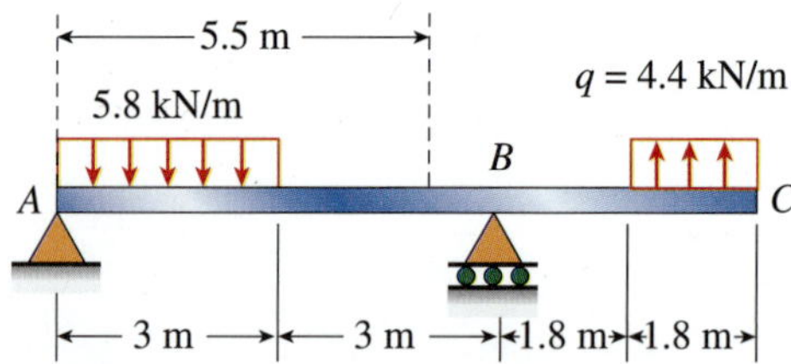

PROBLEM 4.3-5

4.3-6 The beam ABC shown in the figure is simply supported at A and B and has an overhang from B to C. The loads consist of a horizontal force $P_1 = 4.0$ kN acting at the end of a vertical arm and a vertical force $P_2 = 8.0$ kN acting at the end of the overhang.

(a) Determine the shear force V and bending moment M at a cross section located 3.0 m from the left-hand support. *Note:* Disregard the widths of the beam and vertical arm and use centerline dimensions when making calculations.

(b) Find the value of load P_2 that results in $V = 0$ at a cross section located 2.0 m from the left-hand support.

(c) If $P_2 = 8.0$ kN, find the value of load P_1 that results in $M = 0$ at a cross section located 2.0 m from the left-hand support.

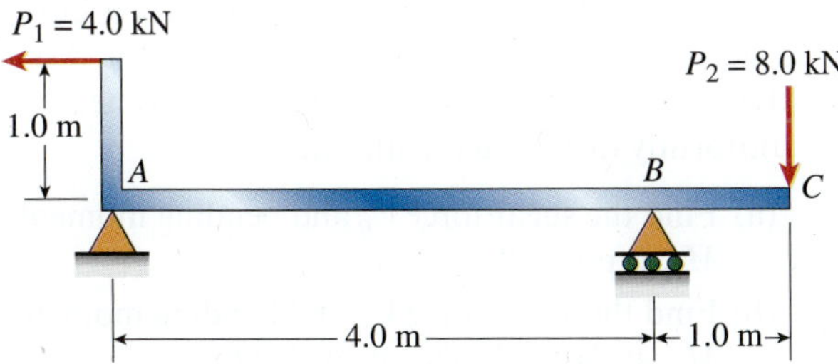

PROBLEM 4.3-6

4.3-7 The beam *ABCD* shown in the figure has overhangs at each end and carries a uniform load of intensity q (Fig. a). For what ratio b/L will the bending moment at the midpoint of the beam be zero?

Repeat for a triangular load with peak intensity q_0 at $L/2$ (Fig. b).

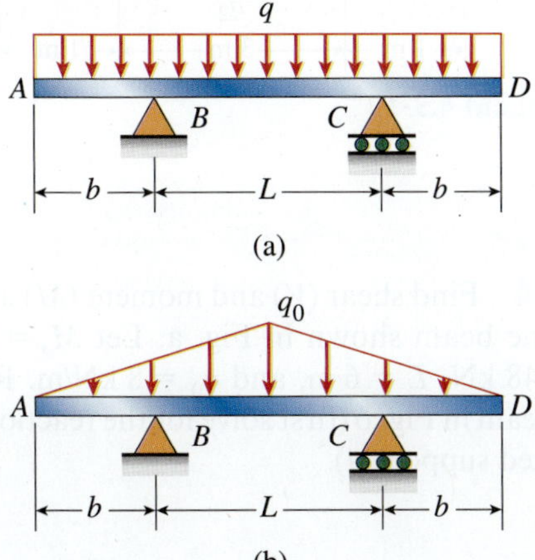

PROBLEM 4.3-7

4.3-8 At a full draw, an archer applies a pull of 130 N to the bowstring of the bow shown in the figure. Determine the bending moment at the midpoint of the bow.

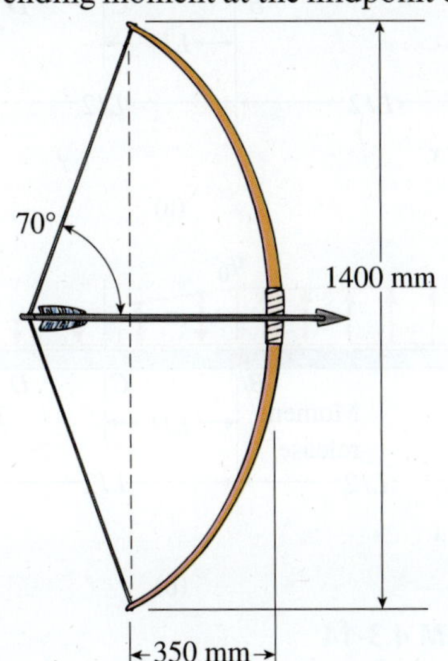

PROBLEM 4.3-8

4.3-9 A curved bar *ABC* is subjected to loads in the form of two equal and opposite forces *P*, as shown in the figure. The axis of the bar forms a semicircle of radius *r*.

Determine the axial force *N*, shear force *V*, and bending moment *M* acting at a cross section defined by the angle θ.

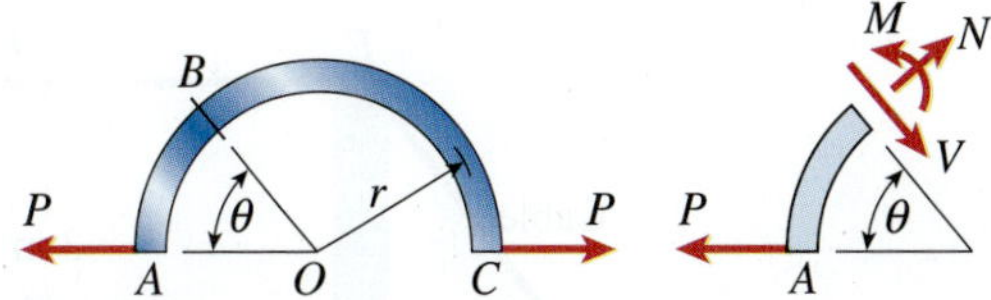

PROBLEM 4.3-9

4.3-10 Under cruising conditions, the distributed load acting on the wing of a small airplane has the idealized variation shown in the figure.

Calculate the shear force *V* and bending moment *M* at 4 m from the tip of the wing.

(a)

Wings of a small airplane have distributed uplift loads.

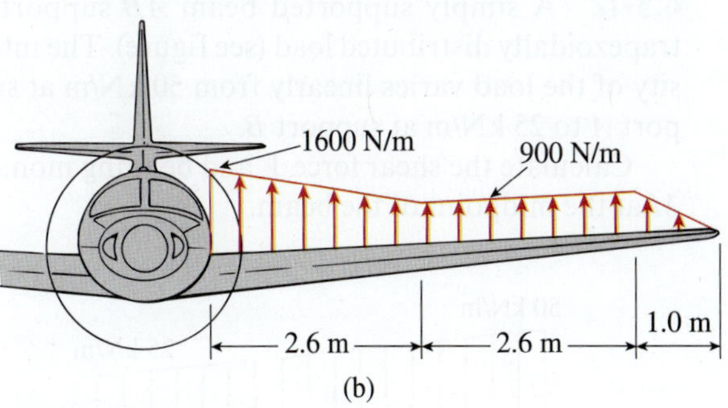

(b)

PROBLEM 4.3-10

4.3-11 A beam *ABCD* with a vertical arm *CE* is supported as a simple beam at *A* and *D* (see figure part a). A cable passes over a small pulley that is attached to the arm at *E*. One end of the cable is attached to the beam at point *B*.

(a) What is the force P in the cable if the bending moment in the beam just to the left of point C is equal numerically to 7.5 kN · m? *Note:* Disregard the widths of the beam and vertical arm and use centerline dimensions when making calculations.

(b) Repeat part (a) if a roller support is added at C and a shear release is inserted just left of C (see figure part b).

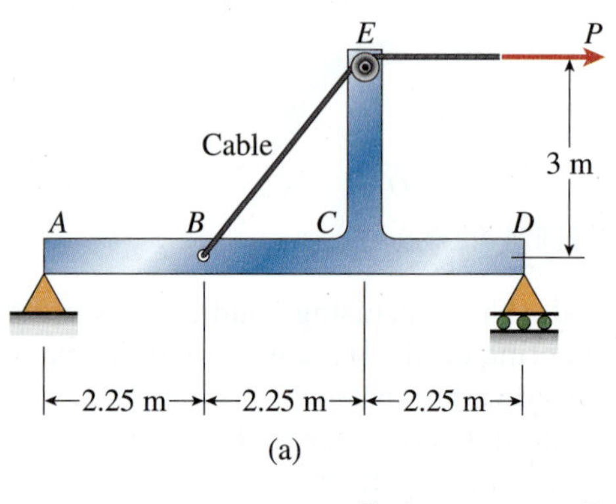

(a)

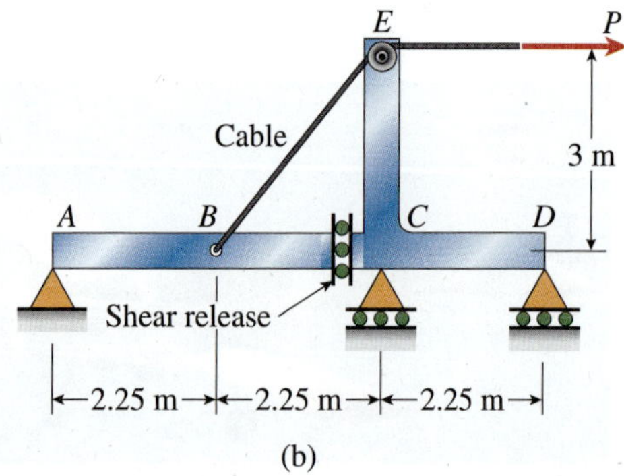

(b)

PROBLEM 4.3-11

4.3-12 A simply supported beam AB supports a trapezoidally distributed load (see figure). The intensity of the load varies linearly from 50 kN/m at support A to 25 kN/m at support B.

Calculate the shear force V and bending moment M at the midpoint of the beam.

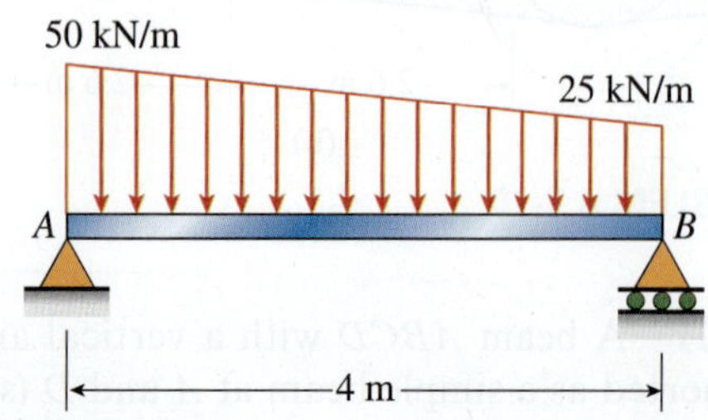

PROBLEM 4.3-12

4.3-13 Beam $ABCD$ represents a reinforced-concrete foundation beam that supports a uniform load of intensity $q_1 = 40$ kN/m (see figure). Assume that the soil pressure on the underside of the beam is uniformly distributed with intensity q_2.

(a) Find the shear force V_B and bending moment M_B at point B.

(b) Find the shear force V_m and bending moment M_m at the midpoint of the beam.

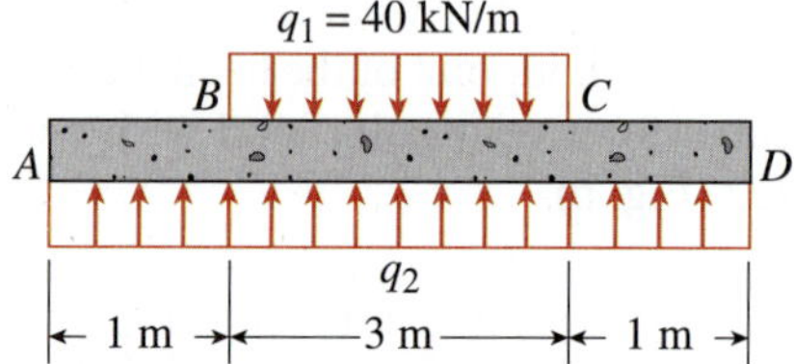

PROBLEM 4.3-13

4.3-14 Find shear (V) and moment (M) at $x = 3L/4$ for the beam shown in Fig. a. Let $M_A = 24$ kN·m, $P = 48$ kN, $L = 6$ m, and $q_0 = 8$ kN/m. Repeat for the beam in Fig. b (first solve for the reaction moment at fixed support A).

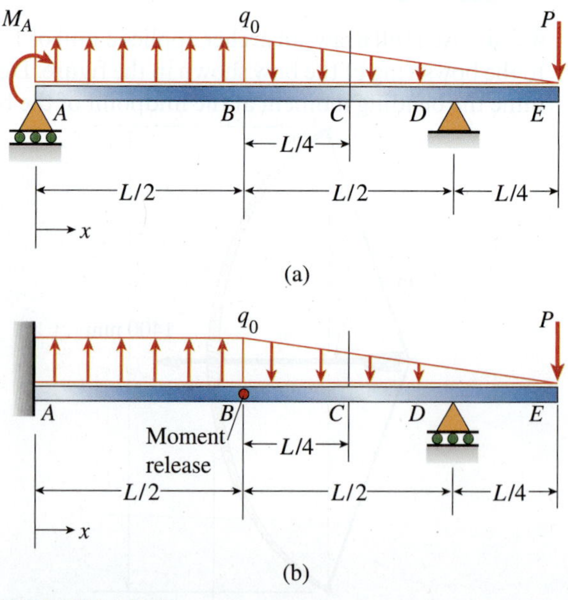

PROBLEM 4.3-14

4.3-15 Find expressions for shear force V and moment M at mid-span of beam AB in terms of peak load intensity q_0 and beam length variables a and L Let $a = 5L/6$.

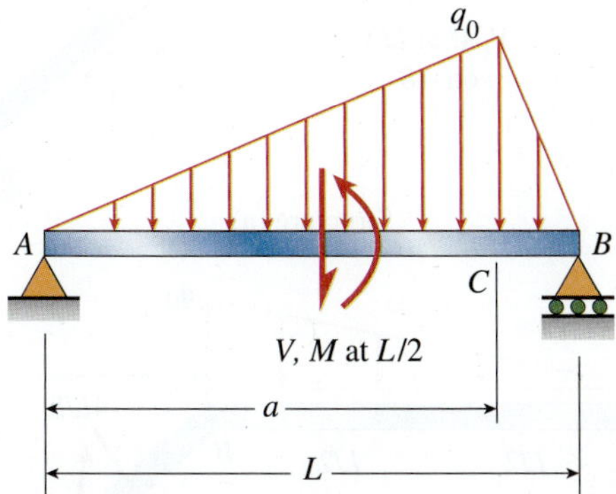

PROBLEM 4.3-15

4.3-16 Find expressions for shear force V and moment M at $x = 2L/3$ of beam (a) in terms of peak load intensity q_0 and beam length variable L. Repeat for beam (b) but at $x = L/2$.

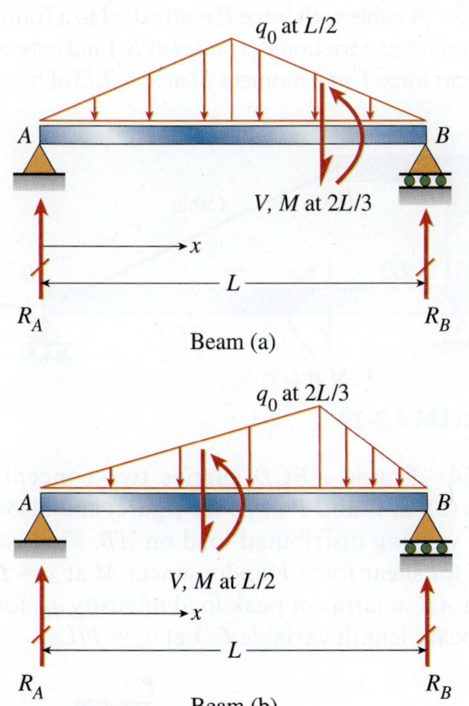

PROBLEM 4.3-16

4.3-17 Find expressions for shear force V and moment M at $x = 2L/3$ of beam (a) in terms of peak load intensity q_0 and beam length variable L. Repeat for beam (b).

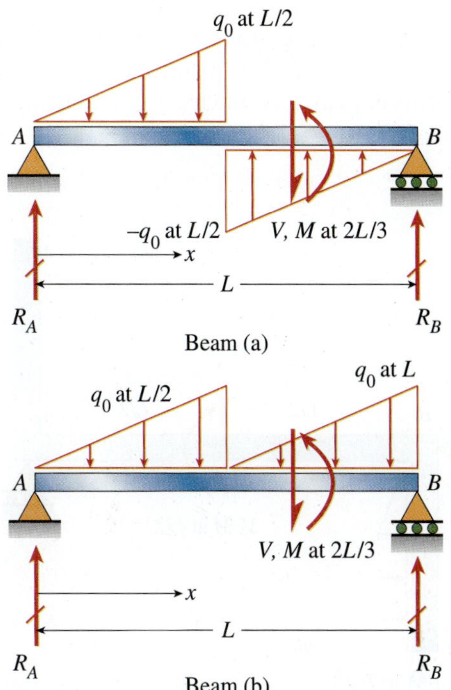

PROBLEM 4.3-17

4.3-18 Find expressions for shear force V and moment M at $x = x_0$ of beam AB in terms of peak load intensity q_0 and beam length variable L. Let $x_0 = L/2$.

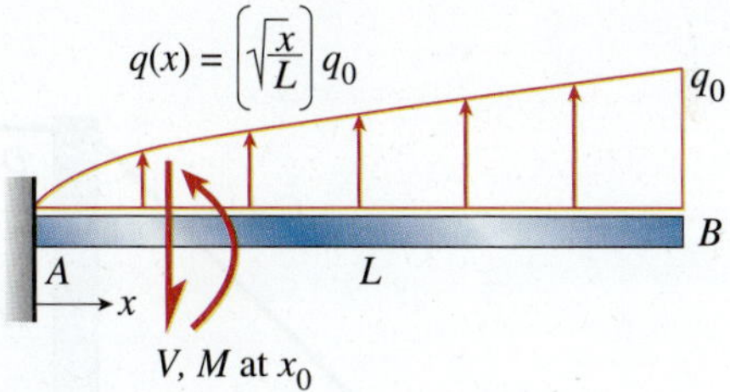

PROBLEM 4.3-18

4.3-19 Find expressions for shear force V and moment M at $x = x_0$ of beam AB in terms of peak load intensity q_0 and beam length variable L. Let $x_0 = 2L/3$.

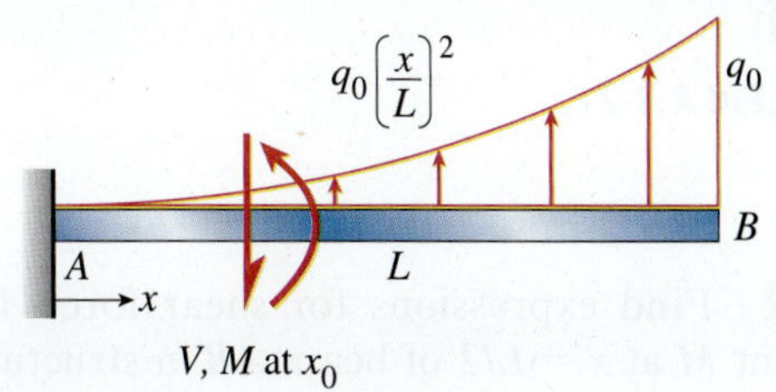

PROBLEM 4.3-19

4.3-20 Find expressions for shear force V and moment M at $x = L/2$ of beam BC. Express V and M in terms of peak load intensity q_0 and beam length variable L.

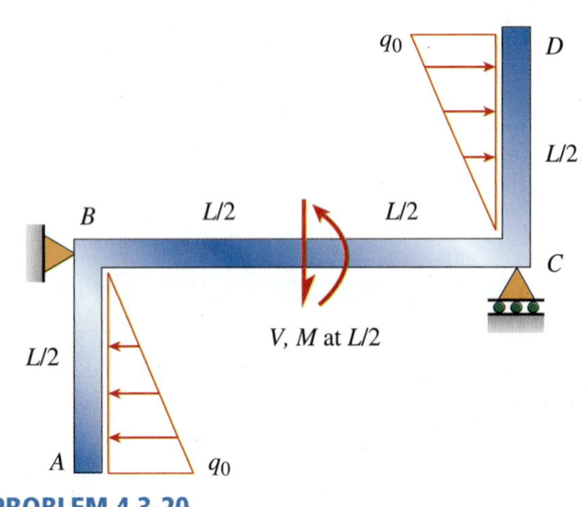

PROBLEM 4.3-20

4.3-21 A cable with force P is attached to a frame at A and runs over a frictionless pulley at D. Find expressions for shear force V and moment M at $x = L/2$ of beam BC.

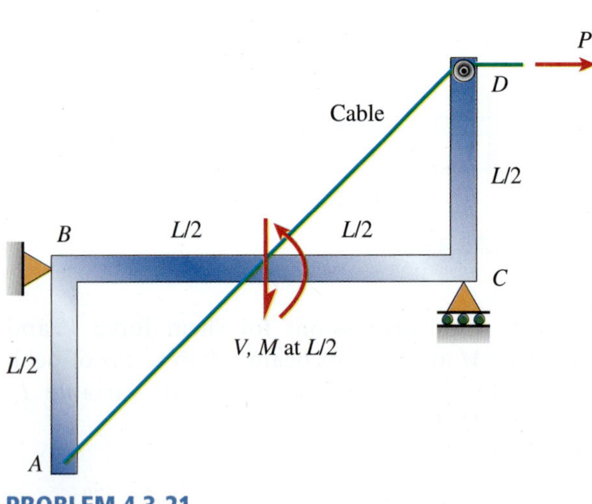

PROBLEM 4.3-21

4.3-22 Find expressions for shear force V and moment M at $x = L/2$ of beam AB in structure (a). Express V and M in terms of peak load intensity q_0 and beam length variable L. Repeat for structure (b) but find V and M at mid-span of member BC.

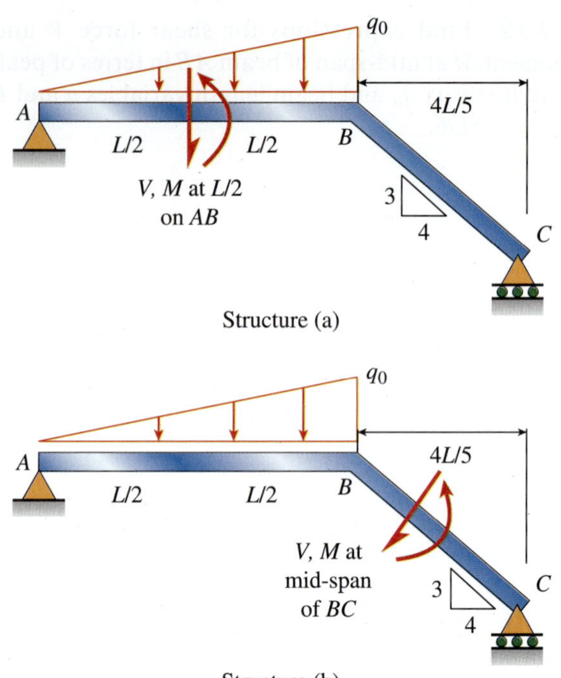

PROBLEM 4.3-22

4.3-23 A cable with force P is attached to a frame at D and runs over a frictionless pulley at B. Find expressions for shear force V and moment M at $x = L/3$ of beam AB.

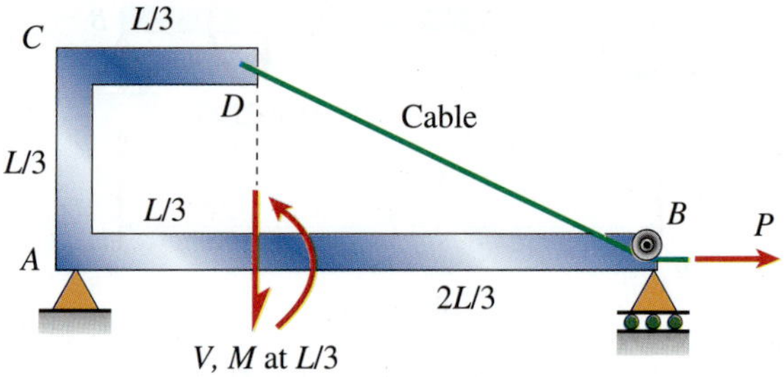

PROBLEM 4.3-23

4.3-24 Frame $ABCD$ carries two concentrated loads ($2P$ at C and P at D, see figure) and also a linearly varying distributed load on AB. Find expressions for shear force V and moment M at $x = L/3$ of beam AB in terms of peak load intensity q_0, force P, and beam length variable L. Let $q_0 = P/L$.

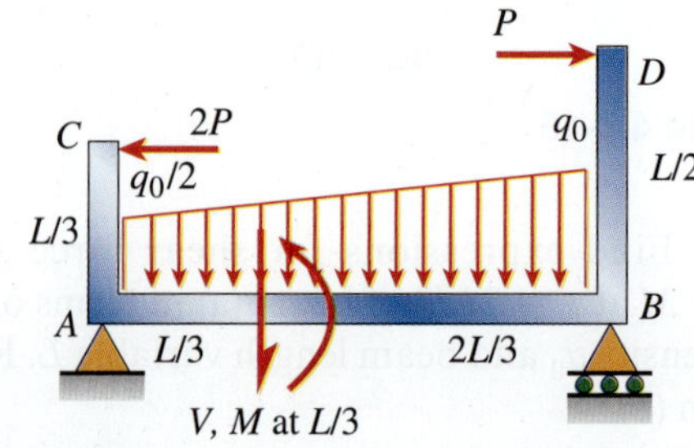

PROBLEM 4.3-24

4.3-25 Frame ABC has a moment release just left of joint B. Find axial force N, shear force V, and moment M at the top of column AB. Write variables N, V, and M in terms of variables P and L.

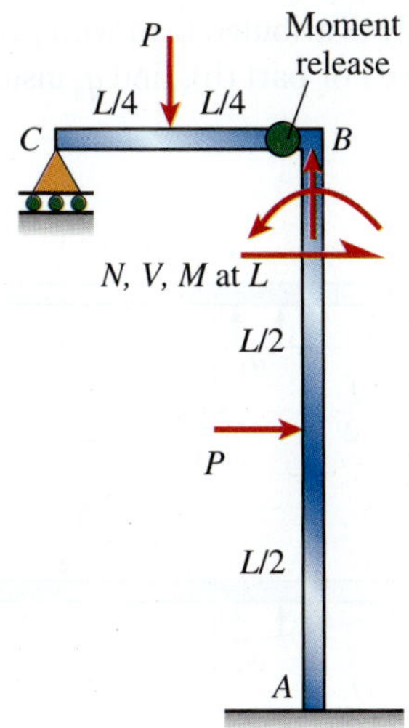

PROBLEM 4.3-25

4.3-26 The simply supported beam $ABCD$ is loaded by a weight $W = 27$ kN through the arrangement shown in the figure part a. The cable passes over a small frictionless pulley at B and is attached at E to the end of the vertical arm.

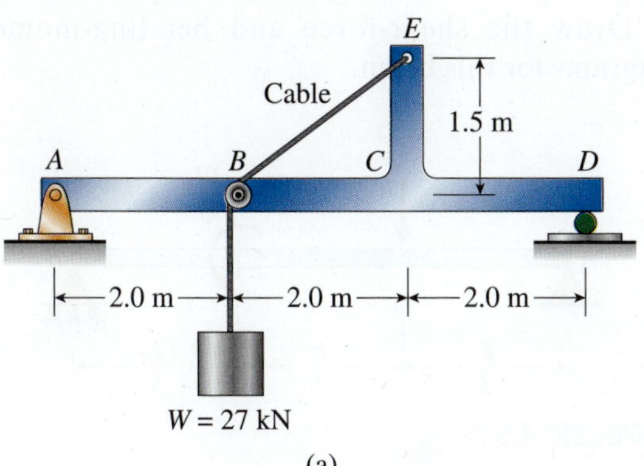

(a)

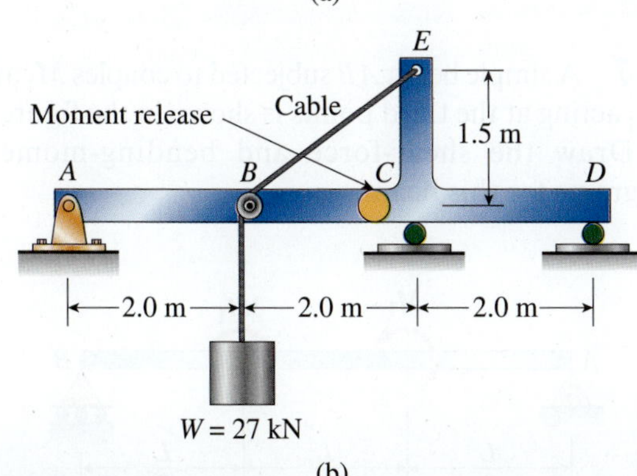

(b)

PROBLEM 4.3-26

(a) Calculate the axial force N, shear force V, and bending moment M at section C, which is just to the left of the vertical arm. *Note:* Disregard the widths of the beam and vertical arm and use centerline dimensions when making calculations.

(b) Repeat part (a) if a roller support is added at C and a moment release is inserted just left of C (see figure part b).

4.3-27 The centrifuge shown in the figure rotates in a horizontal plane (the x-y plane) on a smooth surface about the z axis (which is vertical) with an angular acceleration α. Each of the two arms has a weight w per unit length and supports a weight $W = 2.0wL$ at its end.

Derive formulas for the maximum shear force and maximum bending moment in the arms, assuming $b = L/9$ and $c = L/10$.

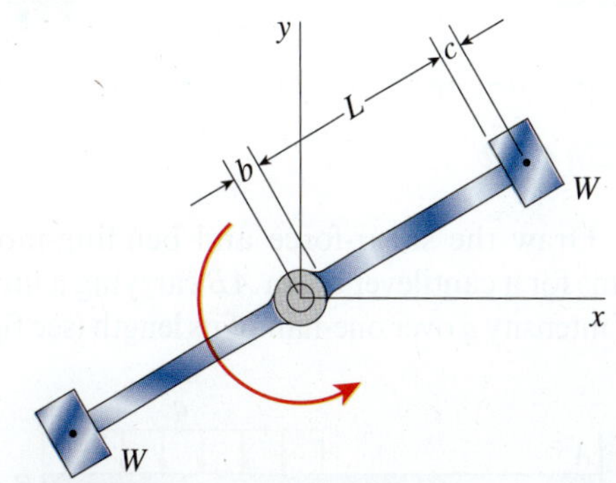

PROBLEM 4.3-27

4.5 Shear-Force and Bending-Moment Diagrams

To solve the problems for Section 4.5, draw the shear-force and bending-moment diagrams approximately to scale and label all critical ordinates, including the maximum and minimum values.

Introductory Problems

4.5-1 Draw the shear-force and bending-moment diagrams for a simple beam AB supporting two equal concentrated loads P (see figure). Repeat if the left-hand load is upward and the right-hand load is downward.

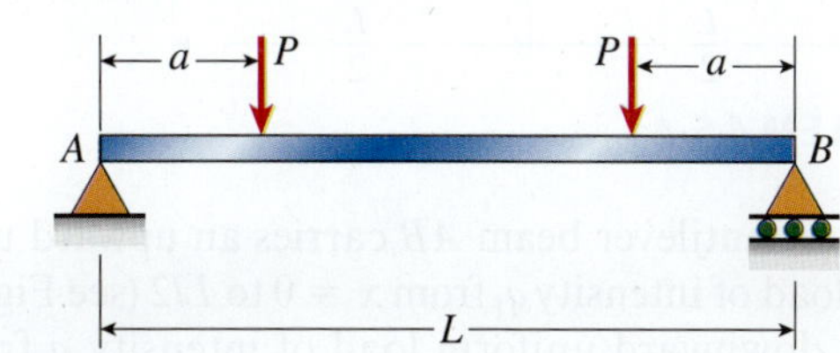

PROBLEM 4.5-1

4.5-2 A simple beam AB is subjected to a counterclockwise couple of moment M_0 acting at distance a from the left-hand support (see figure). Draw the shear-force and bending-moment diagrams for this beam.

Also draw the shear-force and bending-moment diagrams if a second moment M_0 is added at distance a from support B.

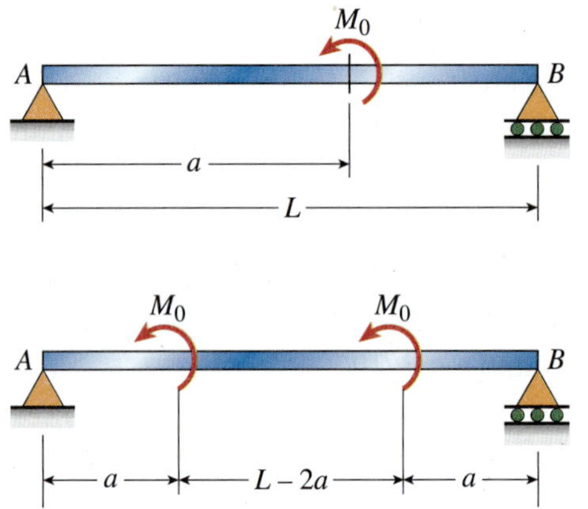

PROBLEM 4.5-2

4.5-3 Draw the shear-force and bending-moment diagrams for a cantilever beam AB carrying a uniform load of intensity q over one-half of its length (see figure).

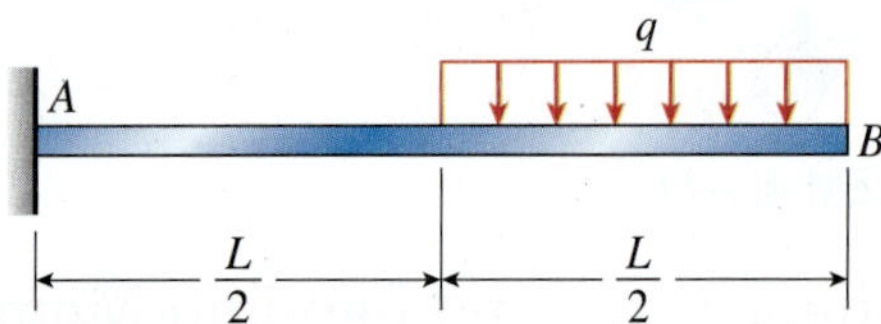

PROBLEM 4.5-3

4.5-4 The cantilever beam AB shown in the figure is subjected to a concentrated load P at the midpoint and a counterclockwise couple of moment $M_1 = PL/4$ at the free end.

Draw the shear-force and bending-moment diagrams for this beam.

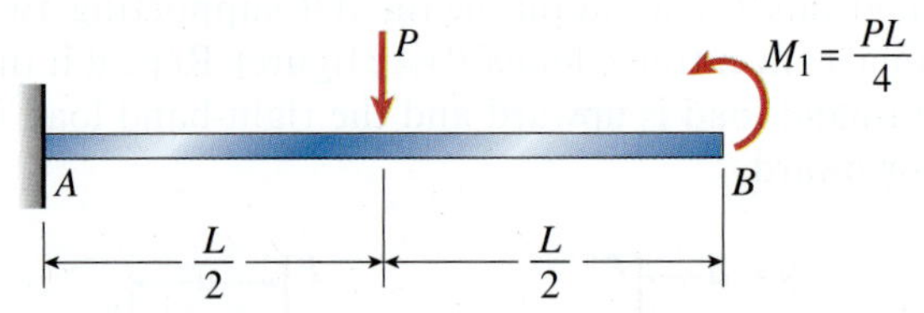

PROBLEM 4.5-4

4.5-5 Cantilever beam AB carries an upward uniform load of intensity q_1 from $x = 0$ to $L/2$ (see Fig. a) and a downward uniform load of intensity q from $x = L/2$ to L.

(a) Find q_1 in terms of q if the resulting moment at A is zero. Draw V and M diagrams for the case of both q and q_1 as applied loadings.

(b) Repeat part (a) for the case of an upward triangularly distributed load with peak intensity q_0 (see Fig. b). For part (b), find q_0 instead of q_1.

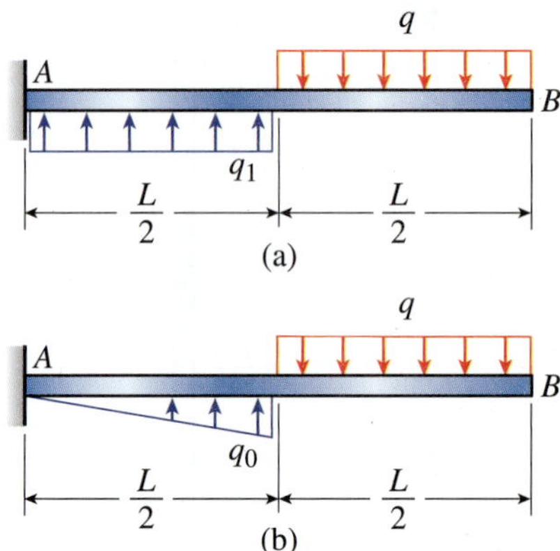

PROBLEM 4.5-5

4.5-6 The simple beam AB shown in the figure is subjected to a concentrated load P and a clockwise couple $M_1 = PL/3$ acting at the third points.

Draw the shear-force and bending-moment diagrams for this beam.

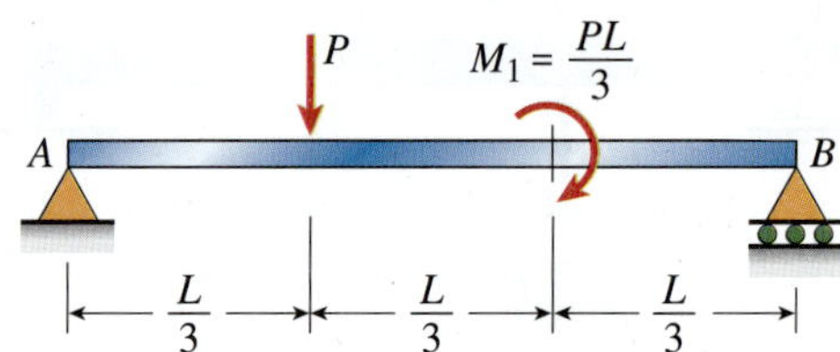

PROBLEM 4.5-6

4.5-7 A simple beam AB subjected to couples M_1 and $3M_1$ acting at the third points is shown in the figure.

Draw the shear-force and bending-moment diagrams for this beam.

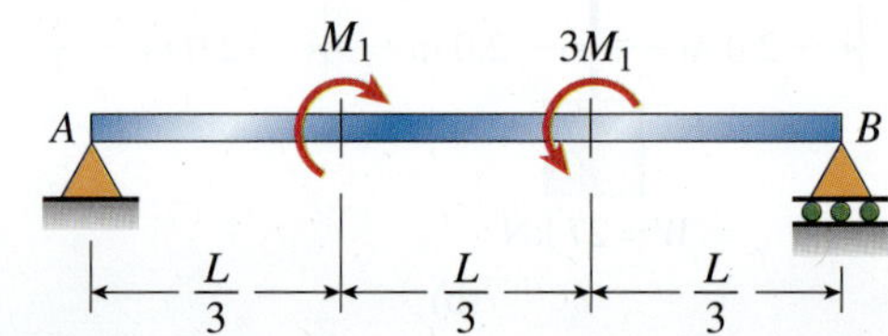

PROBLEM 4.5-7

4.5-8 A simply supported beam ABC is loaded by a vertical load P acting at the end of a bracket BDE (see figure).

(a) Draw the shear-force and bending-moment diagrams for beam ABC.
(b) Now assume that load P at E is directed to the right. The vertical dimension BD is $L/5$. Draw axial-force, shear-force, and bending-moment diagrams for ABC.

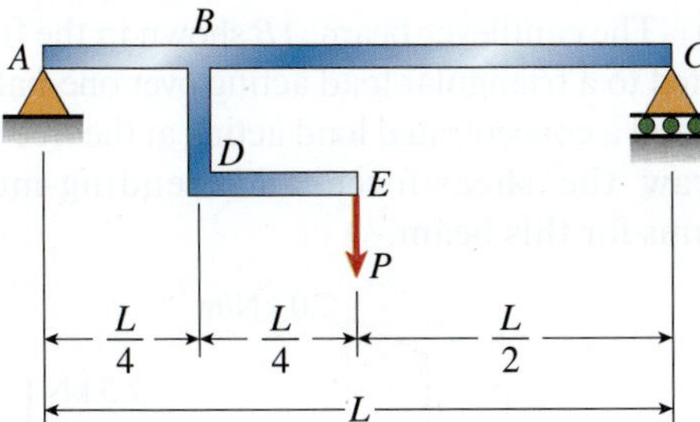

PROBLEM 4.5-8

4.5-9 A simply supported beam ABC is loaded at the end of a bracket BDE (see figure). Draw axial-force, shear-force, and bending-moment diagrams for ABC.

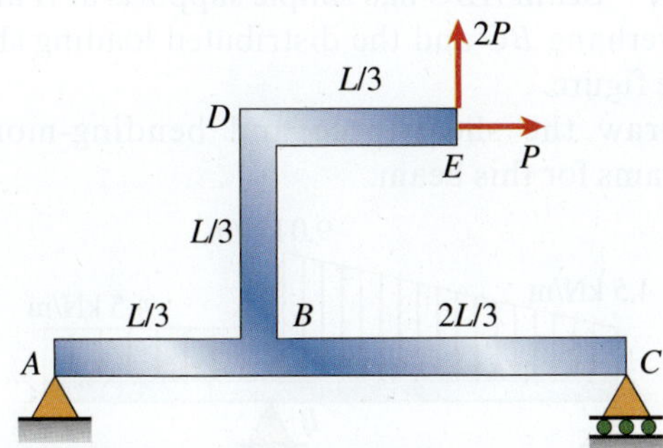

PROBLEM 4.5-9

Representative Problems

4.5-10 A beam ABC is simply supported at A and B and has an overhang BC (see figure). The beam is loaded by two forces P and a clockwise couple of moment Pa at D that act through the arrangement shown.

(a) Draw the shear-force and bending-moment diagrams for beam ABC.
(b) If moment Pa at D is replaced by moment M, find an expression for M in terms of variables P and a so that the reaction at B goes to zero. Plot the associated shear-force and bending-moment diagrams for beam ABC.

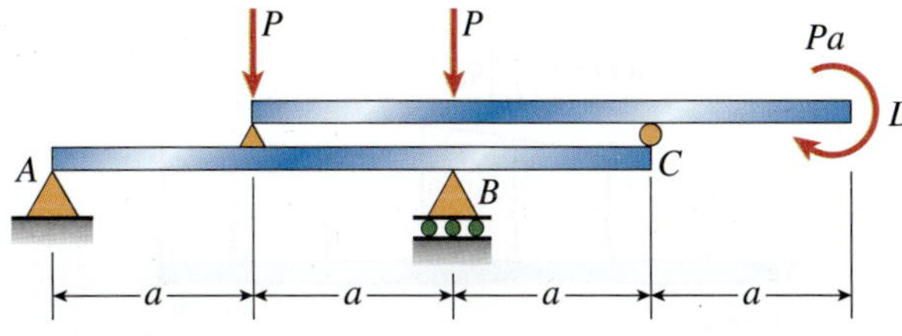

PROBLEM 4.5-10

4.5-11 Beam $ABCD$ is simply supported at B and C and has overhangs at each end (see Fig. a). The span length is L and each overhang has length $L/3$. A uniform load of intensity q acts along the entire length of the beam.

(a) Draw the shear-force and bending-moment diagrams for this beam.
(b) Repeat part (a) if the uniform load is replaced with a triangularly distributed load with peak intensity $q_0 = q$ at mid-span (see Fig. b).

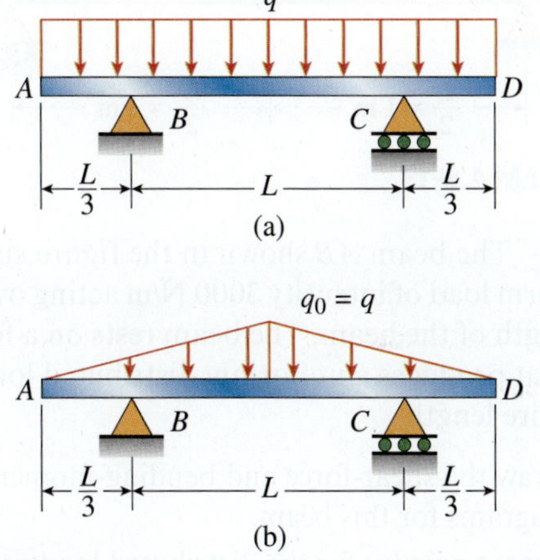

PROBLEM 4.5-11

4.5-12 Draw the shear-force and bending-moment diagrams for a cantilever beam AB acted upon by two different load cases.

(a) A distributed load with linear variation and maximum intensity q_0 (see figure part a).
(b) A distributed load with parabolic variation and maximum intensity q_0 (see figure part b).

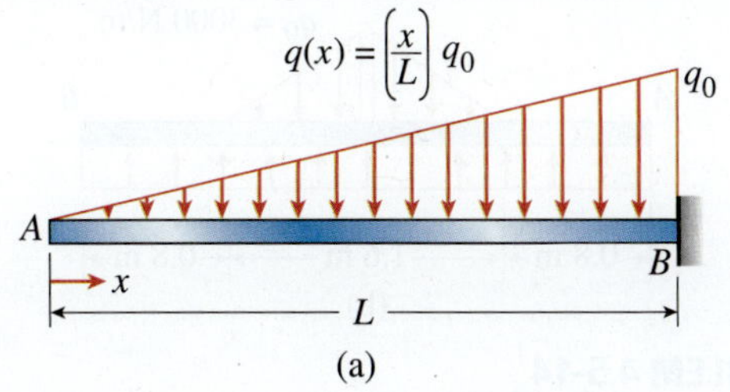

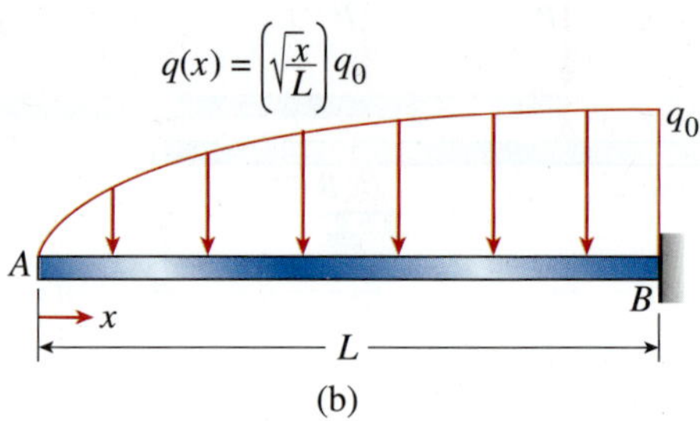

(b)

PROBLEM 4.5-12

4.5-13 The simple beam AB supports a triangular load of maximum intensity $q_0 = 1.75$ kN/m acting over one-half of the span and a concentrated load $P = 350$ N acting at midspan (see figure). Draw the shear-force and bending-moment diagrams for this beam.

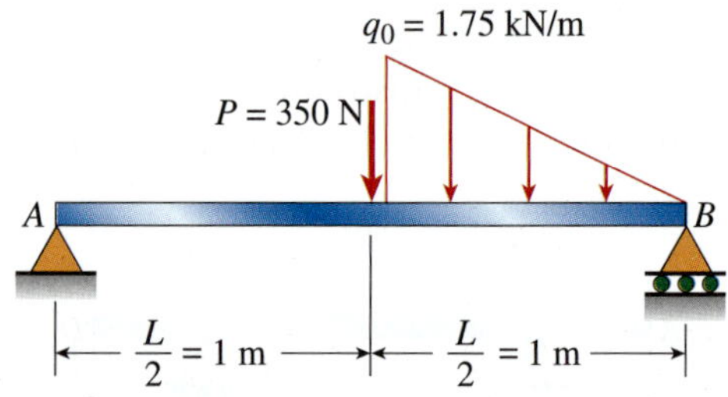

PROBLEM 4.5-13

4.5-14 The beam AB shown in the figure supports a uniform load of intensity 3000 N/m acting over half the length of the beam. The beam rests on a foundation that produces a uniformly distributed load over the entire length.

(a) Draw the shear-force and bending-moment diagrams for this beam.

(b) Repeat part (a) for the distributed load variation shown in Fig. b.

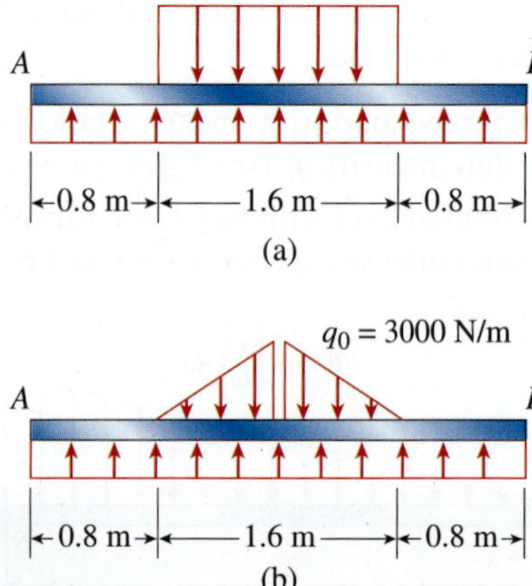

PROBLEM 4.5-14

4.5-15 A cantilever beam AB supports a couple and a concentrated load, as shown in the figure. Draw the shear-force and bending-moment diagrams for this beam.

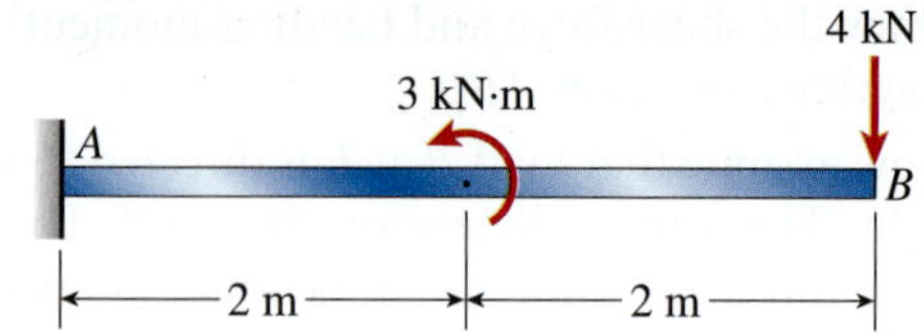

PROBLEM 4.5-15

4.5-16 The cantilever beam AB shown in the figure is subjected to a triangular load acting over one-half of its length and a concentrated load acting at the free end.

Draw the shear-force and bending-moment diagrams for this beam.

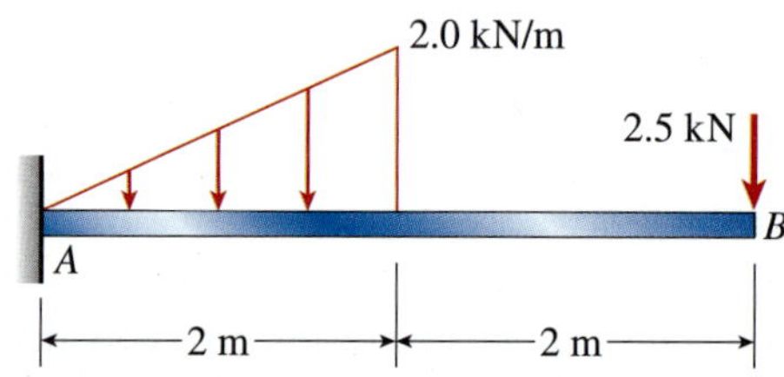

PROBLEM 4.5-16

4.5-17 Beam ABC has simple supports at A and B, an overhang BC and the distributed loading shown in the figure.

Draw the shear-force and bending-moment diagrams for this beam.

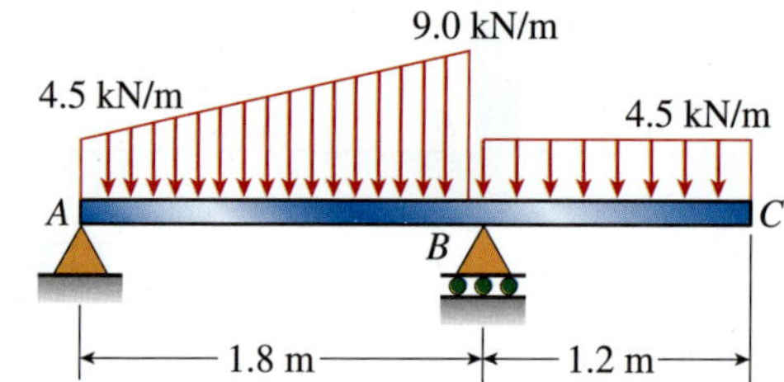

PROBLEM 4.5-17

4.5-18 Beam ABC with an overhang at one end supports a partial uniform load of intensity 12 kN/m and a concentrated moment of magnitude 4 kN·m at C (see figure).

Draw the shear-force and bending-moment diagrams for this beam.

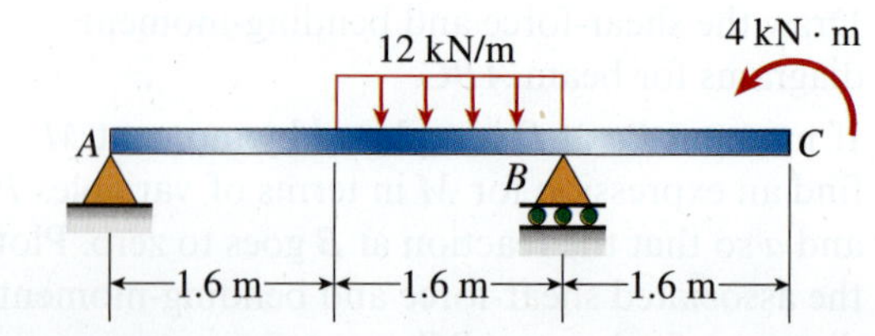

PROBLEM 4.5-18

4.5-19 Consider the two beams shown in the figures. Which beam has the larger maximum moment?

First, find support reactions; then plot axial force (N), shear (V), and moment (M) diagrams for both beams. Label all critical N, V, and M values and also the *distance* to points where N, V, and/or M are zero.

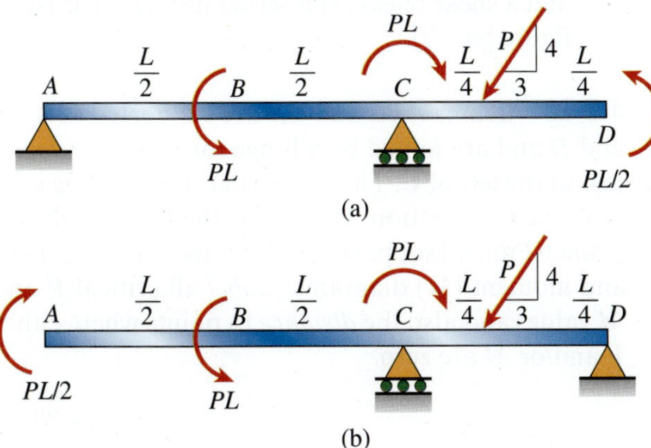

PROBLEM 4.5-19

4.5-20 The three beams in the figure have the same loading. However, one has a *moment release* just to the left of C, the second has a *shear release* just to the right of C, and the third has an *axial release* just to the left of C. Which beam has the largest maximum moment?

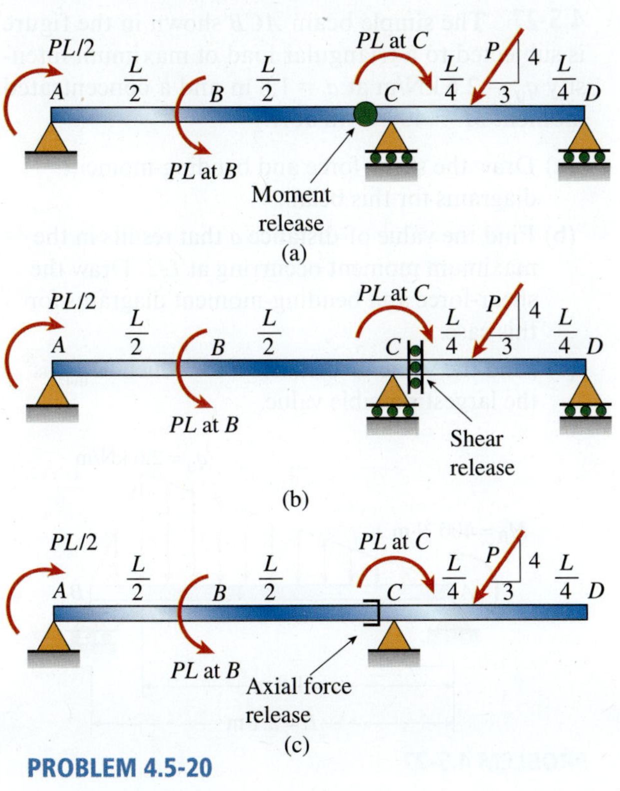

PROBLEM 4.5-20

First, find support reactions; then plot axial force (N), shear (V), and moment (M) diagrams for all three beams. *Label* all critical N, V, and M values and also the *distance* to points where N, V, and/or M are zero.

4.5-21 The beam ABC shown in the figure is simply supported at A and B and has an overhang from B to C.

Draw the shear-force and bending-moment diagrams for beam ABC. *Note:* Disregard the widths of the beam and vertical arm and use centerline dimensions when making calculations.

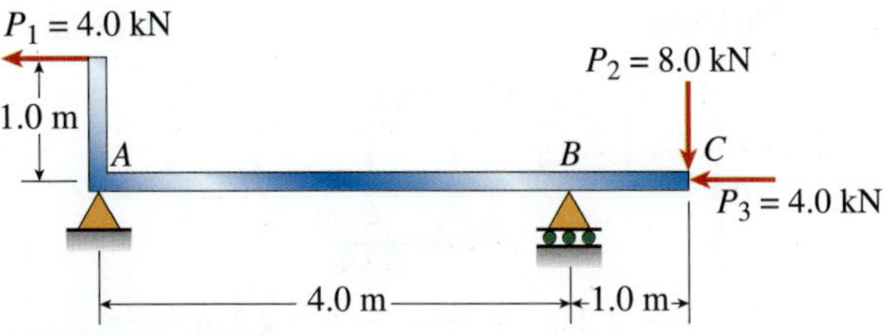

PROBLEM 4.5-21

4.5-22 A simple beam AB is loaded by two segments of uniform load and two horizontal and vertical forces acting at the ends of a vertical arm (see figure).

Draw the shear-force and bending-moment diagrams for this beam.

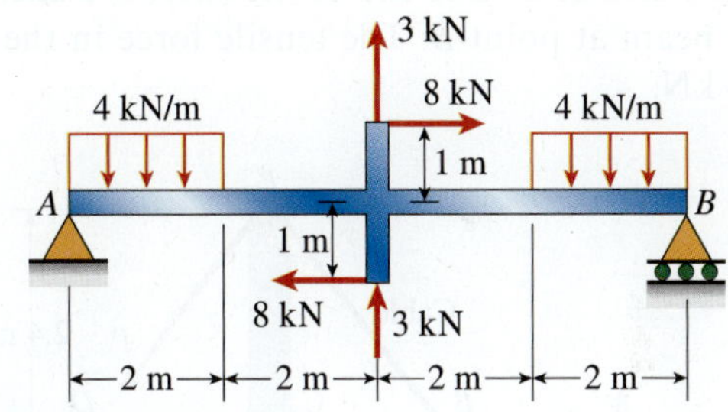

PROBLEM 4.5-22

4.5-23 Two beams (see figure) are loaded the same and have the same support conditions. However, the location of internal *axial, shear,* and *moment releases* is different for each beam (see figures). Which beam has the larger maximum moment?

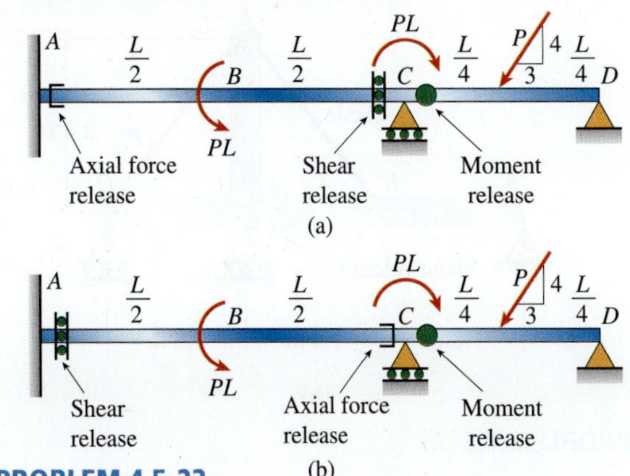

PROBLEM 4.5-23

First, find support reactions; then plot axial force (N), shear (V), and moment (M) diagrams for both beams. *Label* all critical N, V, and M values and also the *distance* to points where N, V, and/or M are zero.

4.5-24 The beam $ABCD$ shown in the figure has overhangs that extend in both directions for a distance of 4.2 m from the supports at B and C, which are 1.2 m apart.

Draw the shear-force and bending-moment diagrams for this overhanging beam.

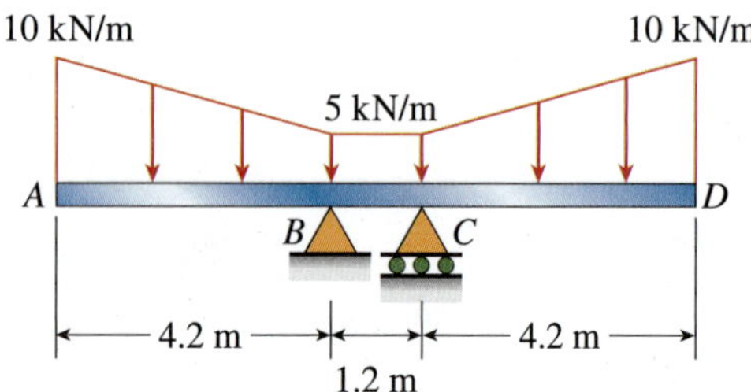

PROBLEM 4.5-24

4.5-25 A beam $ABCD$ with a vertical arm CE is supported as a simple beam at A and D (see figure). A cable passes over a small pulley that is attached to the arm at E. One end of the cable is attached to the beam at point B. The tensile force in the cable is 8 kN.

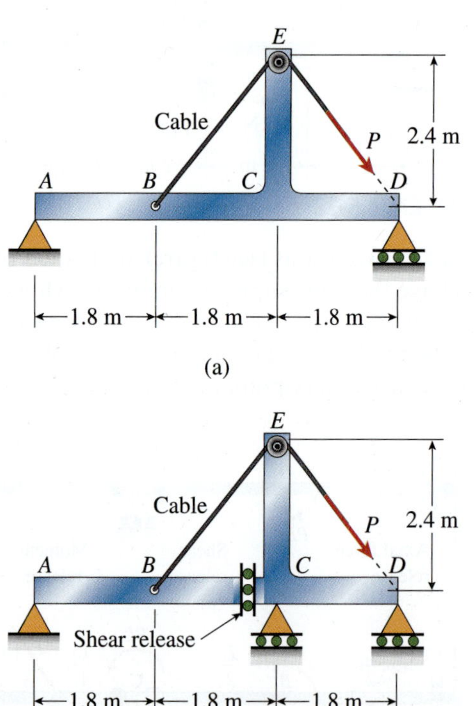

PROBLEM 4.5-25

(a) Draw the shear-force and bending-moment diagrams for beam $ABCD$. *Note:* Disregard the widths of the beam and vertical arm and use centerline dimensions when making calculations.

(b) Repeat part (a) if a roller support is added at C and a shear release is inserted just left of C (see figure part b).

4.5-26 Beams ABC and CD are supported at A, C, and D and are joined by a hinge (or *moment release*) just to the left of C. The support at A is a sliding support (hence reaction $A_y = 0$ for the loading shown below). Find all support reactions; then plot shear (V) and moment (M) diagrams. *Label* all critical V and M values and also the *distance* to points where either V and/or M are zero.

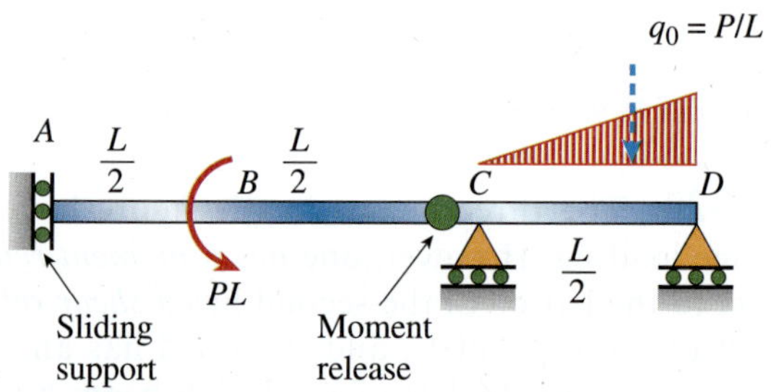

PROBLEM 4.5-26

4.5-27 The simple beam ACB shown in the figure is subjected to a triangular load of maximum intensity $q_0 = 2.6$ kN/m at $a = 1.8$ m and a concentrated moment $M = 400$ N·m at A.

(a) Draw the shear-force and bending-moment diagrams for this beam.

(b) Find the value of distance a that results in the maximum moment occurring at $L/2$. Draw the shear-force and bending-moment diagrams for this case.

(c) Find the value of distance a for which M_{max} is the largest possible value.

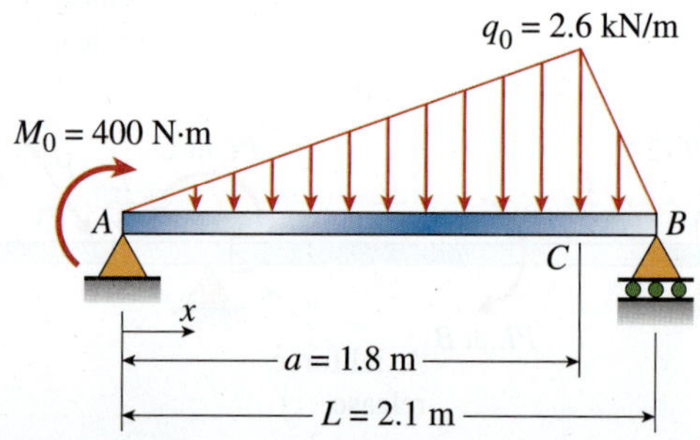

PROBLEM 4.5-27

4.5-28 A beam with simple supports is subjected to a trapezoidally distributed load (see figure). The intensity of the load varies from 1.0 kN/m at support A to 2.5 kN/m at support B.

(a) Draw the shear-force and bending-moment diagrams for this beam. Assume that M_0 at B is zero.
(b) Find the required moment M_0 at B so that the maximum moment in the beam does not exceed $1.0\ \text{kN}\cdot\text{m}$.

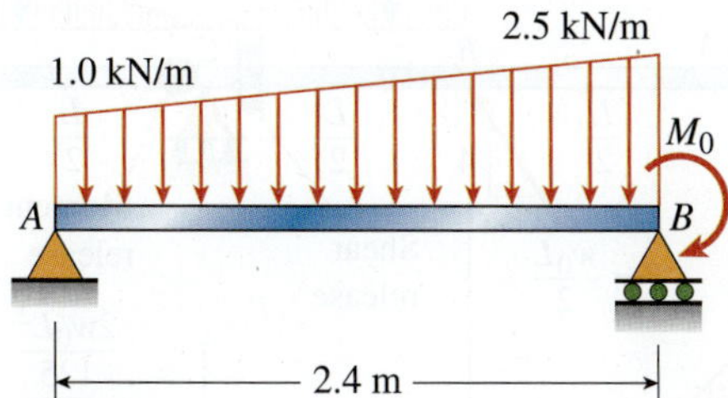

PROBLEM 4.5-28

4.5-29 A beam of length L is designed to support a uniform load of intensity q (see figure). If the supports of the beam are placed at the ends, creating a simple beam, the maximum bending moment in the beam is $qL^2/8$. However, if the supports of the beam are moved symmetrically toward the middle of the beam (as shown), the maximum bending moment is reduced.

(a) Determine the distance a between the supports so that the maximum bending moment in the beam has the smallest possible numerical value. Draw the shear-force and bending-moment diagrams for this condition.
(b) Repeat part (a) if the uniform load is replaced with a triangularly distributed load with peak intensity $q_0 = q$ at mid-span (see Fig. b).

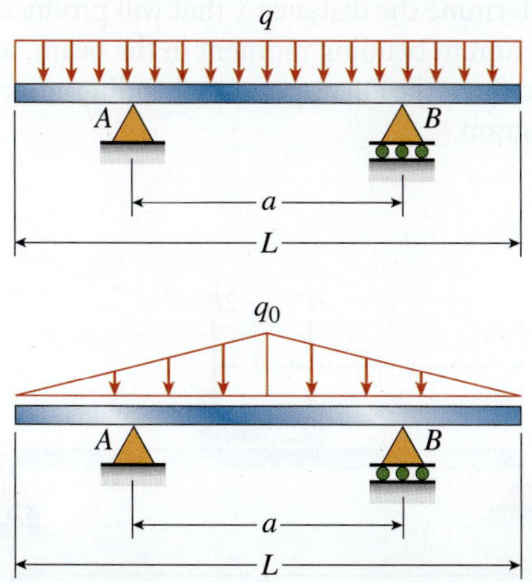

PROBLEM 4.5-29

4.5-30 The compound beam $ABCDE$ shown in the figure consists of two beams (AD and DE) joined by a hinged connection (or moment release) at D. The moment release can transmit a shear force but not a bending moment. Draw the shear-force and bending-moment diagrams for this compound beam.

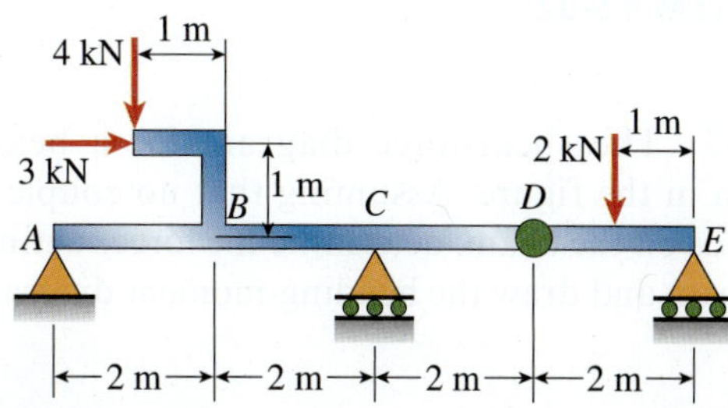

PROBLEM 4.5-30

4.5-31 Draw the shear-force and bending-moment diagrams for beam AB with a sliding support at A and an elastic support with spring constant k at B acted upon by two different load cases:

(a) A distributed load with linear variation and maximum intensity q_0 (see figure part a).
(b) A distributed load with parabolic variation with maximum intensity q_0 (see figure part b).

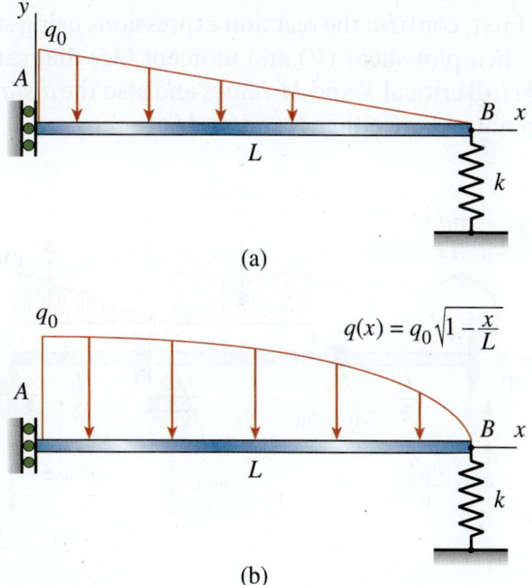

PROBLEM 4.5-31

4.5-32 The shear-force diagram for a simple beam is shown in the figure.

Determine the loading on the beam and draw the bending-moment diagram, assuming that no couples act as loads on the beam.

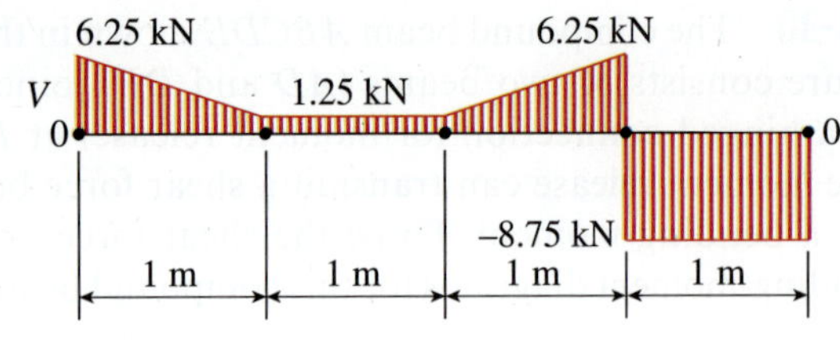

PROBLEM 4.5-32

4.5-33 The shear-force diagram for a beam is shown in the figure. Assuming that no couples act as loads on the beam, determine the forces acting on the beam and draw the bending-moment diagram.

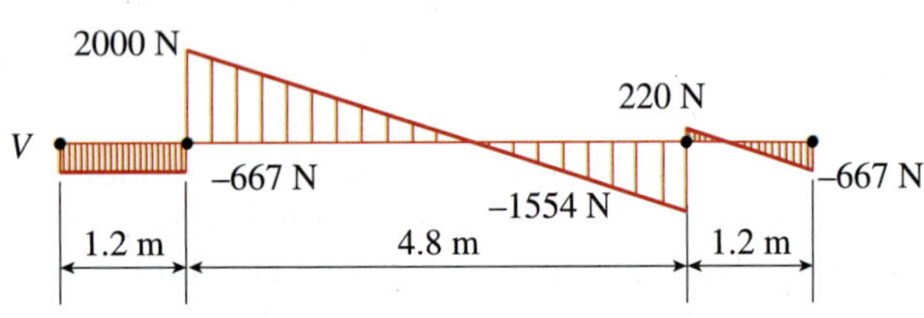

PROBLEM 4.5-33

4.5-34 A compound beam (see figure) has an internal *moment release* just to the left of B and a *shear release* just to the right of C. Reactions have been computed at A, C, and D and are shown in the figure.

First, confirm the reaction expressions using statics; then plot shear (V) and moment (M) diagrams. *Label* all critical V and M values and also the *distance* to points where either V and/or M are zero.

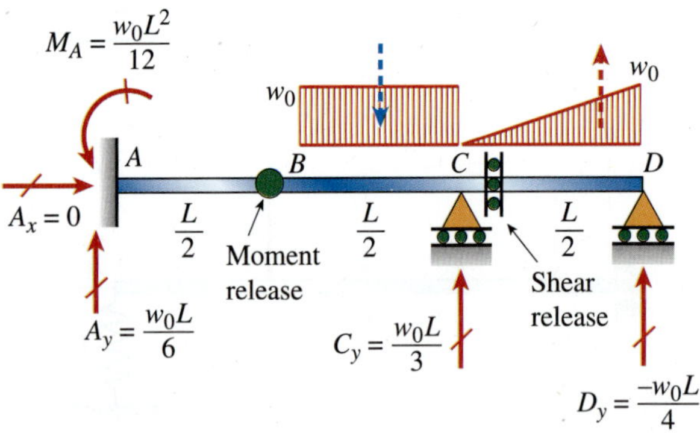

PROBLEM 4.5-34

4.5-35 A compound beam (see figure) has an *shear release* just to the left of C and a *moment release* just to the right of C. A plot of the moment diagram is provided below the beam for applied load P at B and triangular distributed loads $w(x)$ on segments BC and CD.

First, solve for reactions using statics; then plot axial force (N) and shear force (V) diagrams. Confirm that the moment diagram is that shown below. *Label* all critical N, V, and M values and also the *distance* to points where N, V, and/or M are zero.

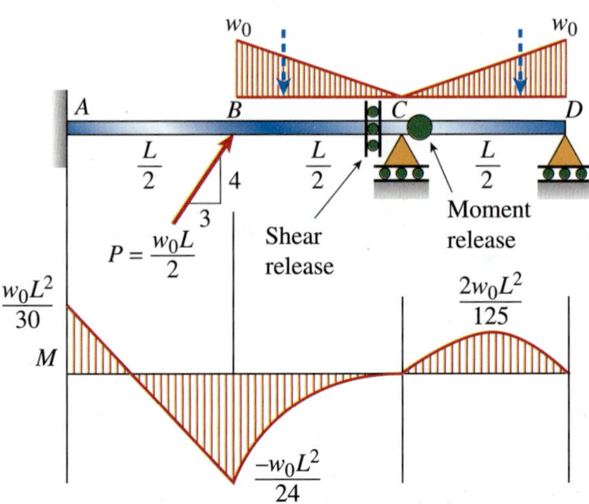

PROBLEM 4.5-35

4.5-36 A simple beam AB supports two connected wheel loads $3P$ and $2P$ that are a distance d apart (see figure). The wheels may be placed at any distance x from the left-hand support of the beam. (Assume $P = 12$ kN, $d = 2$ m, and $L = 15$ m.)

(a) Determine the distance x that will produce the maximum shear force in the beam, and also determine the maximum shear force V_{max}.

(b) Determine the distance x that will produce the maximum bending moment in the beam, and also draw the corresponding bending-moment diagram.

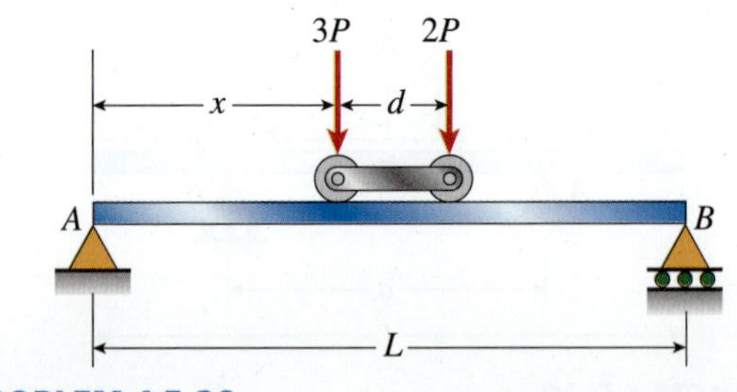

PROBLEM 4.5-36

4.5-37 The inclined beam represents a ladder with the following applied loads: the weight (W) of the house painter and the distributed weight (w) of the ladder itself.

(a) Find support reactions at A and B; then plot axial force (N), shear (V), and moment (M) diagrams. *Label* all critical N, V, and M values and also the *distance* to points where any critical ordinates are zero. Plot N, V, and M diagrams normal to the inclined ladder.

(b) Repeat part (a) for the case of the ladder suspended from a pin at B and traveling on a roller support perpendicular to the floor at A.

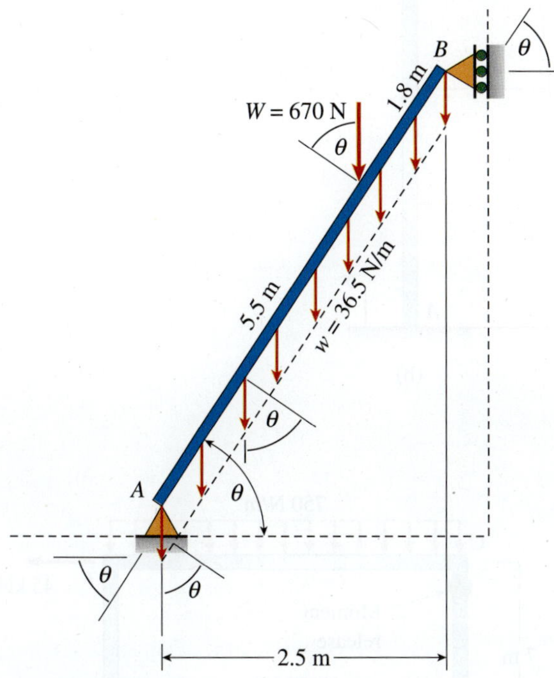

PROBLEM 4.5-37

4.5-38 Beam ABC is supported by a tie rod CD as shown. Two configurations are possible: pin support at A and downward triangular load on AB or pin at B and upward load on AB. Which has the larger maximum moment?

First, find all support reactions; then plot axial force (N), shear (V), and moment (M) diagrams for ABC only and *label* all critical N, V, and M values. Label the *distance* to points where any critical ordinates are zero.

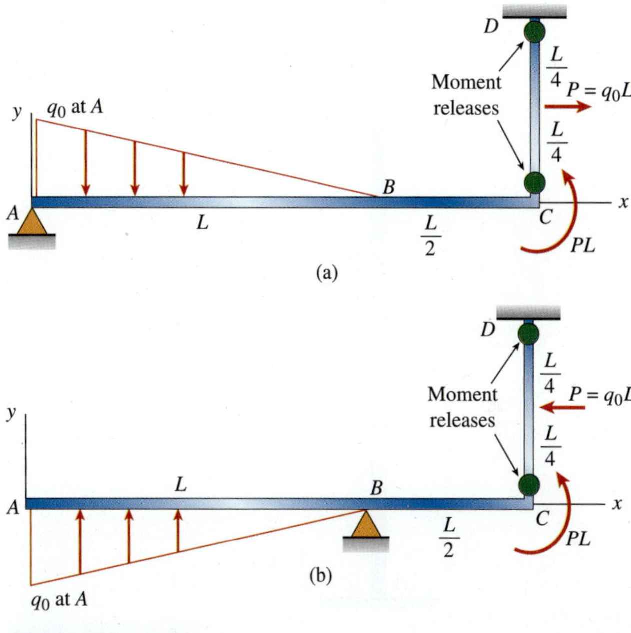

PROBLEM 4.5-38

4.5-39 A plane frame (see figure) consists of column AB and beam BC that carries a triangular distributed load (see figure part a). Support A is fixed, and there is a roller support at C. Beam BC has a shear release just right of joint B.

(a) Find the support reactions at A and C; then plot axial-force (N), shear-force (V), and bending-moment (M) diagrams for both members. *Label* all critical N, V, and M values and also the *distance* to points where any critical ordinates are zero.

(b) Repeat part (a) if a parabolic lateral load acting to the right is now added on column AB (figure part b).

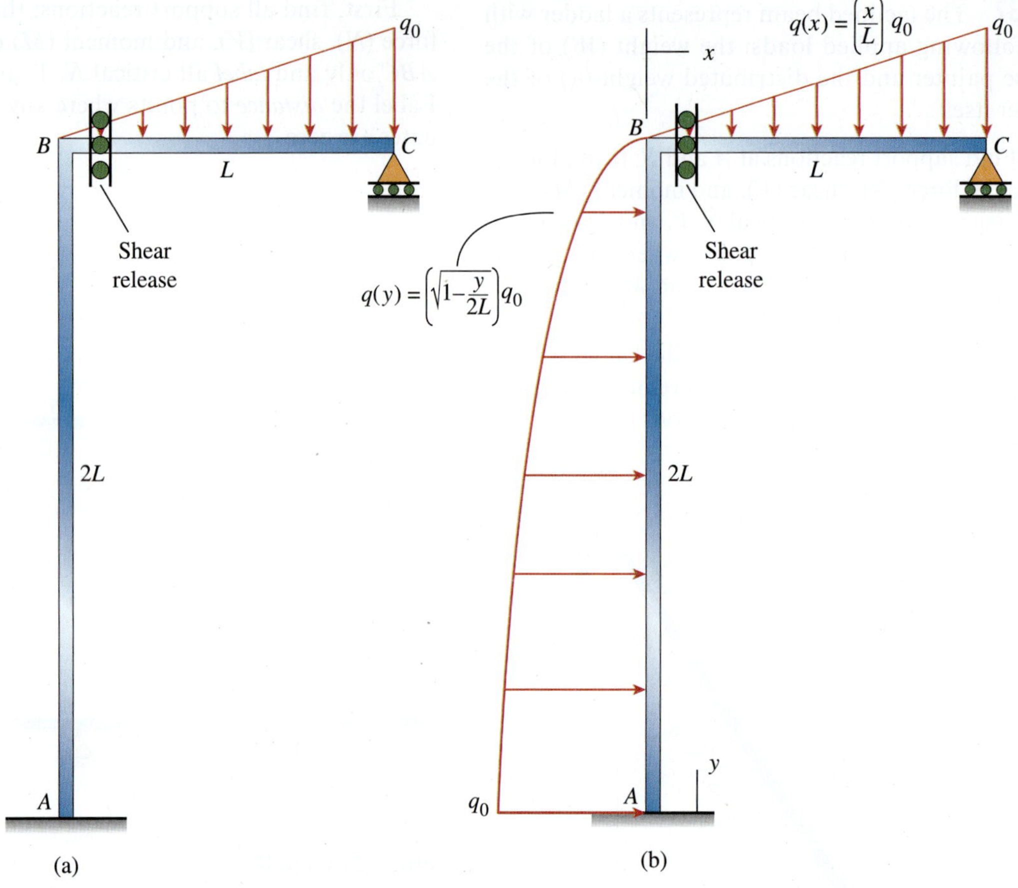

PROBLEM 4.5-39

4.5-40 The plane frame shown in the figure is part of an elevated freeway system. Supports at A and D are fixed, but there are *moment releases* at the base of both columns (AB and DE) as well as in column BC and at the end of beam BE.

Find all support reactions; then plot axial-force (N), shear (V), and moment (M) diagrams for all beam and column members. *Label* all critical N, V, and M values and also the *distance* to points where any critical ordinates are zero.

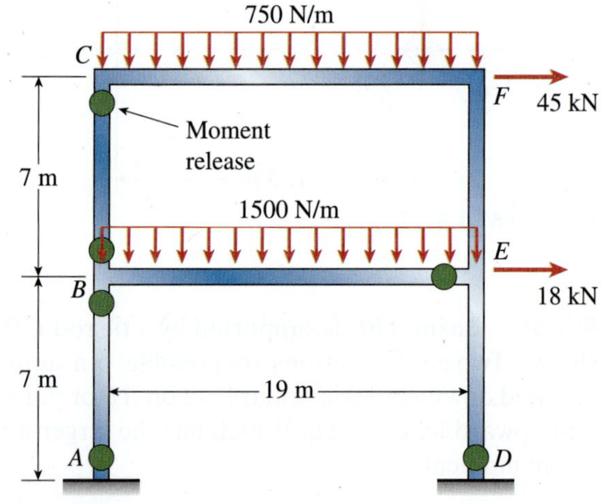

PROBLEM 4.5-40

SOME ADDITIONAL REVIEW PROBLEMS: Chapter 4

R-4.1 A simply supported beam with proportional loading ($P = 4.1$ kN) has span length $L = 5$ m. Load P is 1.2 m from support A and load $2P$ is 1.5 m from support B. The bending moment just left of load $2P$ is approximately:

(A) 5.7 kN·m
(B) 6.2 kN·m
(C) 9.1 kN·m
(D) 10.1 kN·m

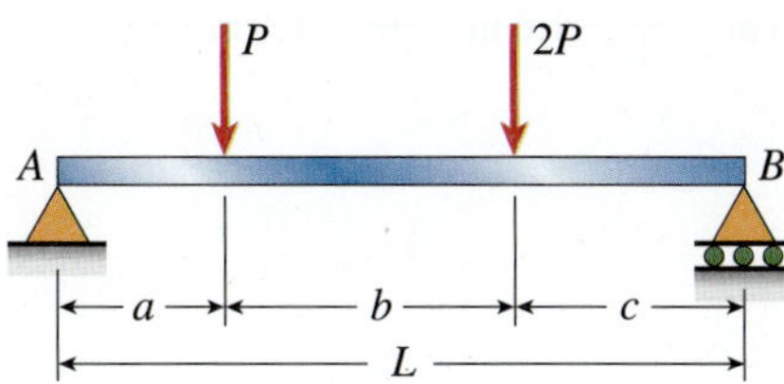

R-4.2 A simply supported beam is loaded as shown in the figure. The bending moment at point C is approximately:

(A) 5.7 kN·m
(B) 6.1 kN·m
(C) 6.8 kN·m
(D) 9.7 kN·m

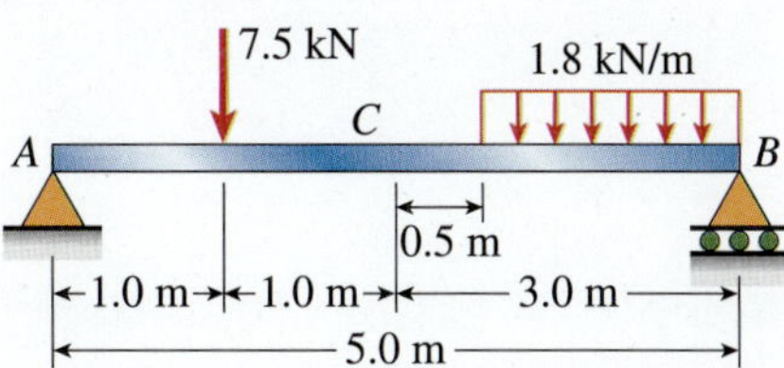

R-4.3 A cantilever beam is loaded as shown in the figure. The bending moment at 0.5 m from the support is approximately:

(A) 12.7 kN·m
(B) 14.2 kN·m
(C) 16.1 kN·m
(D) 18.5 kN·m

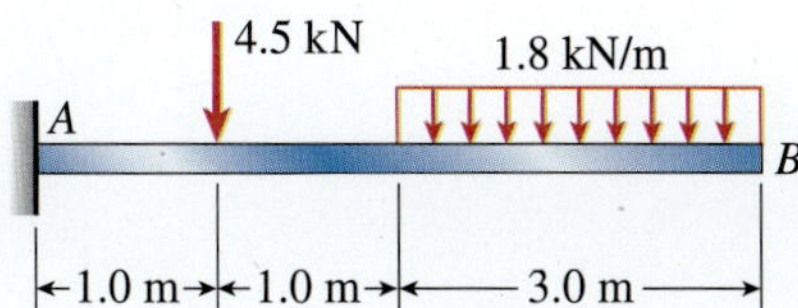

R-4.4 An L-shaped beam is loaded as shown in the figure. The bending moment at the midpoint of span AB is approximately:

(A) 6.8 kN·m
(B) 10.1 kN·m
(C) 12.3 kN·m
(D) 15.5 kN·m

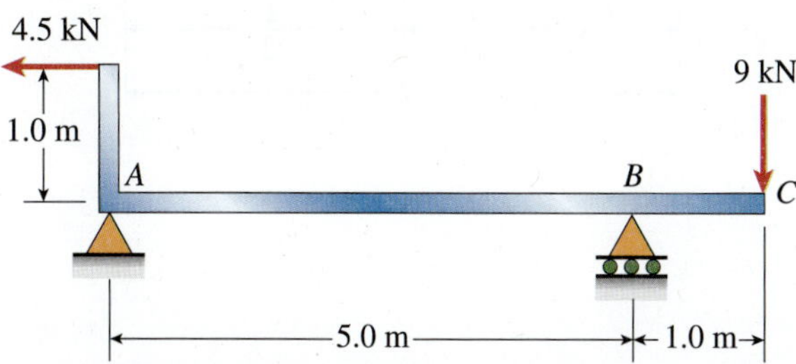

R-4.5 A T-shaped simple beam has a cable with force P anchored at B and passing over a pulley at E, as shown in the figure. The bending moment just left of C is 1.25 kN·m. The cable force P is approximately:

(A) 2.7 kN
(B) 3.9 kN
(C) 4.5 kN
(D) 6.2 kN

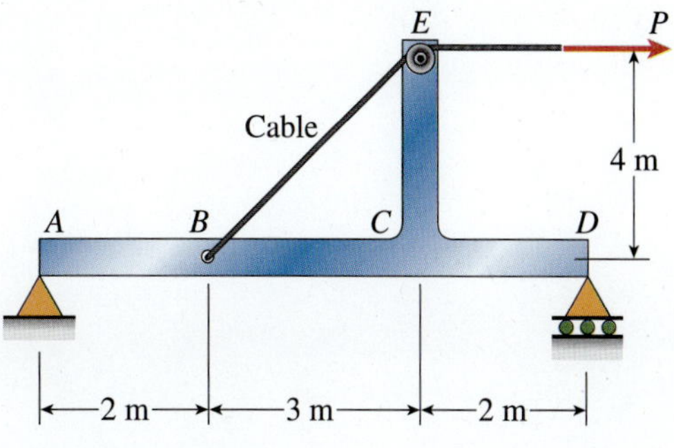

R-4.6 A simple beam (L = 9 m) with attached bracket BDE has force P = 5 kN applied downward at E. The bending moment just right of B is approximately:

(A) 6 kN·m
(B) 10 kN·m
(C) 19 kN·m
(D) 22 kN·m

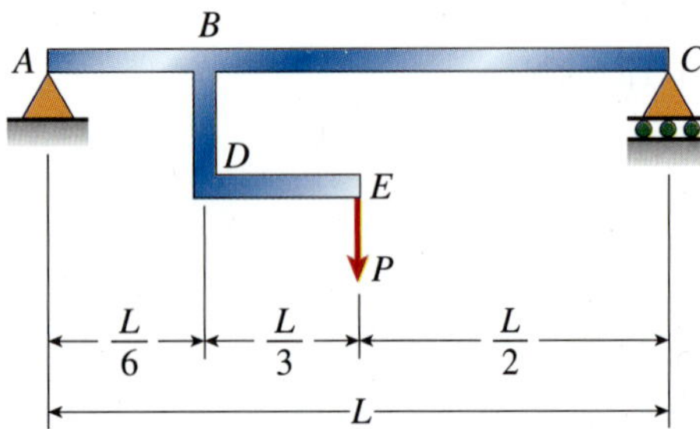

R-4.7 A simple beam AB with an overhang BC is loaded as shown in the figure. The bending moment at the midspan of AB is approximately:

(A) 8 kN·m
(B) 12 kN·m
(C) 17 kN·m
(D) 21 kN·m

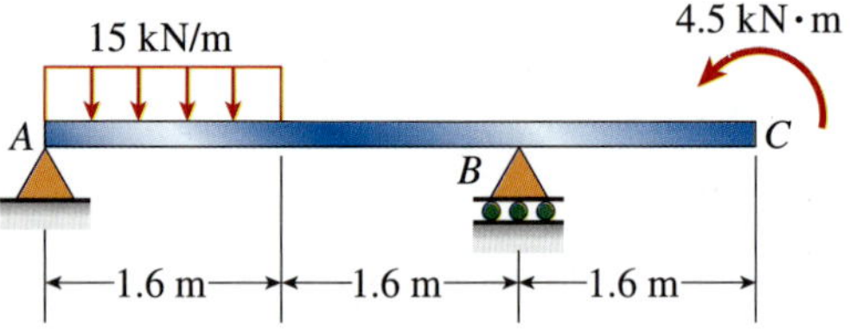

CHAPTER 5

보에서의 응력(기본 이론)

Stresses in Beams (Basic Topics)

Jeff_Hu/iStock/Getty Images Plus/Getty Images

보는 현대의 다양한 구조물에서 하중을 지지하는 기본적인 부재이다.

이 장의 목적

- 가로로 작용하는 하중이나 굽힘모멘트를 받는 보에서 모멘트와 곡률 사이의 관계식을 유도한다.
- 수직응력이 보의 깊이에 따라 선형적으로 변화하고 굽힘모멘트에 비례하며 단면의 관성모멘트에 역비례 함을 보여주는 굽힘 공식을 정의한다.
- 보의 단면 계수를 정의하고, 재료의 허용 응력에 기반하여 강재, 목재 혹은 다른 재료들로 이루어진 보를 설계하기 위해 단면 계수를 사용한다.
- 다른 단면형상을 가지는 보에서 전단응력을 살펴보고 전단 공식을 사용하여 보의 깊이에 따른 전단응력의 변화를 공부한다.
- 조립 보의 부품들 사이의 접착제 혹은 못을 이용한 연결재를 설계한다. 연결재는 보의 부품들 사이에 작용하는 수평전단력을 충분히 전달 할 수 있도록 확실히 강하게 설계되어야 한다.
- 횡방향과 축 방향 하중을 동시에 받는 구조 부재에 발생하는 굽힘과 축 응력을 중첩한다.
- 응력집중이 발생할 수 있는 구멍 혹은 갑작스러운 변화 단면을 가지는 보에서 수직응력을 평가한다.

이 장의 구성

*특수 및 심화 주제

5.1 서론

이전 장에서는 보에 작용하는 하중이 어떻게 전단력과 굽힘모멘트와 같은 형태의 내적 작용력(또는 **합응력**)을 일으키는지 알아보았다. 이 장에서는 한 단계 더 나아가 전단력과 굽힘모멘트에 관련된 **응력**과 **변형률**을 알아보도록 한다. 응력과 변형률을 알면, 여러 가지 형태의 하중조건하에서 보를 해석하고 설계할 수 있다.

그림 5-1

외팔보의 굽힘: (a) 하중을 받는 보, (b) 처짐 곡선

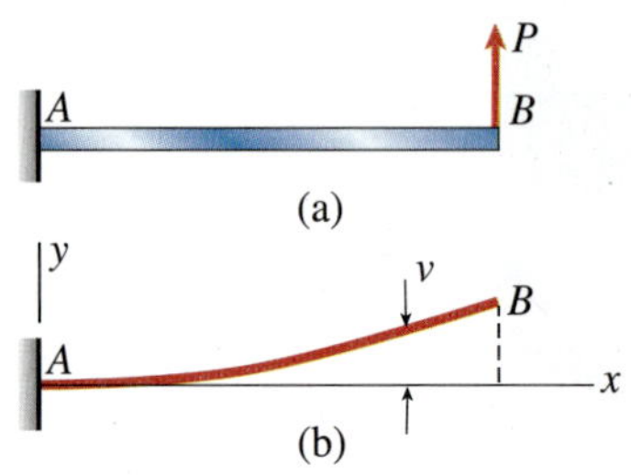

보에 작용하는 하중은 보를 굽혀지게(또는 휘어지게) 하여 보의 축을 곡선으로 변형시킨다. 예를 들어, 자유단에 하중 P를 받는 외팔보 AB를 고려한다(그림 5-1a). 원래는 직선이던 축이 곡선으로 굽혀졌으며(그림 5-1b), 이 곡선을 보의 **처짐 곡선(deflection curve)**이라고 한다.

기준을 정하기 위해, 보의 길이방향 축 상의 적절한 점에 원점을 갖는 **좌표축(coordinate axes)**계를 설정한다. 이 예에서는 고정단에 원점을 정한다. 양의 x축은 오른쪽으로 향하고, 양의 y축은 위쪽으로 향한다. 그림에는 보이지 않는 z축은 앞쪽(즉, 바라보는 사람 쪽)을 향하게 함으로써 세 개의 축은 오른손 법칙 좌표계를 형성한다.

이 장에서 취급되는 보는(4장에서 논의된 바와 같이) xy평면에 대해 대칭인 것으로 가정하며, 이는 y축이 단면의 대칭축임을 의미한다. 또한 모든 하중은 xy평면 내에 작용하여야 한다. 결론적으로 굽힘 처짐은 **굽힘 평면(plane of bending)**으로 알려진 이와 같은 평면 내에서 일어난다. 따라서 그림 5-1b의 처짐 곡선은 굽힘 평면 내에 놓인 평면 곡선이다.

보의 **축선** 상의 임의의 점에서의 보의 처짐은 원래 위치로부터 y방향에서 측정된 그 점의 **변위**(*displacement*)이다. 처짐은 y좌표와 구별하기 위해 v로 표시하였다(그림 5-1b 참조).[1]

5.2 순수 굽힘과 불균일 굽힘

보를 해석할 때 종종 순수 굽힘과 불균일 굽힘을 구분하는 것이 필요하다. **순수 굽힘(pure bending)**은 일정한 굽힘모멘트 하에서 보가 휘는 것을 말한다. 그러므로 순수 굽힘은 전단력이 0인 보의 구간에서만 일어난다[왜냐하면 $V = dM/dx$이므로, 식 (4-6) 참조]. 한편, **불균일 굽힘(nonuniform bending)**은 전단력이 존재하는 상태에서 보가 휘는 것을 말하며, 이는 굽힘모멘트가 보의 축을 따라 변화하는 것을 의미한다.

그림 5-2

순수 굽힘을 받는 단순 보($M = M_1$)

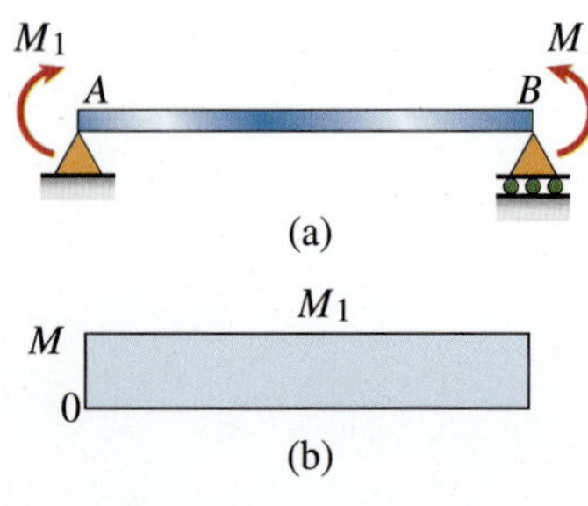

순수 굽힘의 예로서, 같은 크기를 가지나 서로 반대방향으로 작용하는 두 개의 짝힘 M_1을 받는 단순 보 AB를 고려한다(그림 5-2a). 이러한 하중은 그림 (b)의 굽힘모멘트 선도에서(그림 5-2b) 알 수 있듯이, 보의 전 길이에 걸쳐 일정한 굽힘모멘트 $M = M_1$을 일으킨다. 전단력 V는 보의 모든 단면에서 0임을 유의하라.

그림 5-3a는 순수 굽힘을 보여준다. 여기서 외팔보 AB는 자유단에서 시계방향의 짝힘 M_2를 받고 있다. 이 보에는 전단력이 없으며 굽힘모멘트 M은 전 길이에 걸쳐 일정하다. 굽힘모멘트는 그림 5-3b의 굽힘모멘트 선도에서 알 수 있듯이 음($M = -M_2$)이다.

그림 5-4a와 같이 대칭으로 하중을 받는 단순 보는 전단력과 굽힘모멘트 선도(그

1) 응용역학에서 x, y, 그리고 z방향에서 변위에 대한 전통적인 기호는 각각 u, v, 그리고 w이다.

림 5-4b와 c)로부터 알 수 있듯이, 일부는 순수 굽힘 상태에 있고 일부는 불균일 굽힘 상태에 있는 보의 예이다. 보의 중앙 구간에서는 전단력이 0이고 굽힘모멘트가 일정하므로 순수 굽힘 상태에 있다. 보의 양단 부근의 구간에서는 전단력이 존재하고 굽힘모멘트가 변하기 때문에 불균일 굽힘 상태에 있다.

다음의 두 절에서는 순수 굽힘만을 받는 보의 변형률과 응력을 고찰하기로 한다. 다행히도 5.8절에서 설명하는 바와 같이, 순수 굽힘에 대해 얻어진 결과들은 전단력이 존재하는 경우에도 사용될 수 있다.

그림 5-3
순수 굽힘 상태의 외팔보($M = -M_2$)

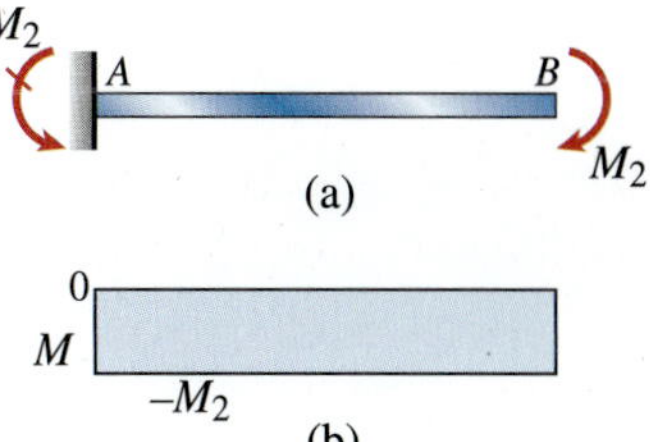

5.3 보의 곡률

하중이 보에 작용할 때, 보의 길이방향 축은 앞의 그림 5-1에서와 같이 곡선으로 변형된다. 그 결과로 생긴 보의 변형률과 응력은 처짐 곡선의 **곡률(curvature)**에 직접적으로 관련된다.

곡률의 개념을 설명하기 위해, 자유단에 작용하는 하중 P를 받는 외팔보를 다시 고려해본다(다음 페이지에 있는 그림 5-5a 참조). 이 보의 처짐 곡선은 그림 5-5b에 나타나 있다. 해석 목적을 위해 처짐 곡선상에 두 점 m_1과 m_2를 설정한다. 점 m_1은 y축으로부터 임의의 거리 x만큼 떨어진 곳에 선택하고, 점 m_2는 곡선을 따라 미소 거리 ds만큼 더 떨어진 곳에 위치한다. 각각의 점에서 처짐 곡선의 접선에 수직인 선 즉, 곡선 자체에 수직인 선을 그린다. 이 수직선들은 점 O'에서 교차하는데, 이 점이 처짐 곡선의 **곡률중심(center of curvature)**이다. 대부분의 보의 처짐은 매우 작고 처짐 곡선은 편평하기 때문에, 점 O'는 일반적으로 그림에서 보이는 것보다 보로부터 훨씬 먼 곳에 위치한다.

곡선으로부터 곡률중심까지의 거리 m_1O'는 **곡률 반경(radius of curvature)** ρ(그리스 문자 로)라고 부르며, **곡률** κ(그리수 문자 카파)는 곡률 반경의 역수로 정의된다. 따라서

$$\kappa = \frac{1}{\rho} \tag{5-1}$$

이고 곡률은 보가 얼마나 급격하게 굽혀졌는가에 대한 척도이다. 보에 작용하는 하중이 작으면, 보는 거의 직선일 것이며 곡률 반경은 매우 크고 곡률은 작을 것이다. 하중이 증가하면 굽힘 정도는 커질 것이며, 곡률 반경은 작아지고 곡률은 커질 것이다.

삼각형 $O'm_1m_2$(그림 5-5b)의 기하학적 형상으로부터 다음 식을 얻는다.

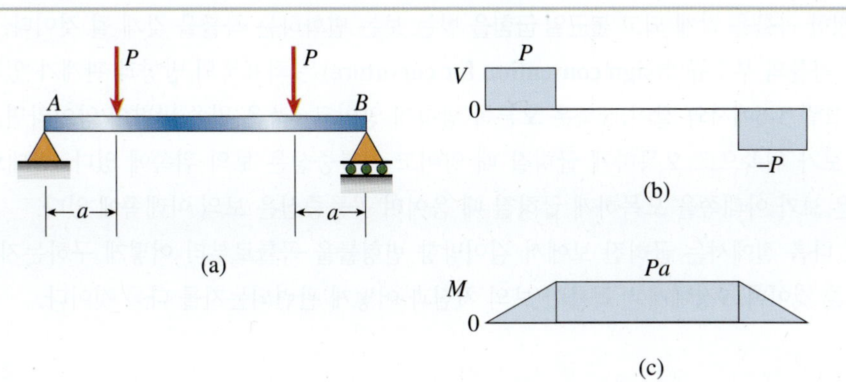

그림 5-4
중앙 구간은 순수 굽힘 상태이고 양단 구간은 불균일 굽힘 상태인 단순 보

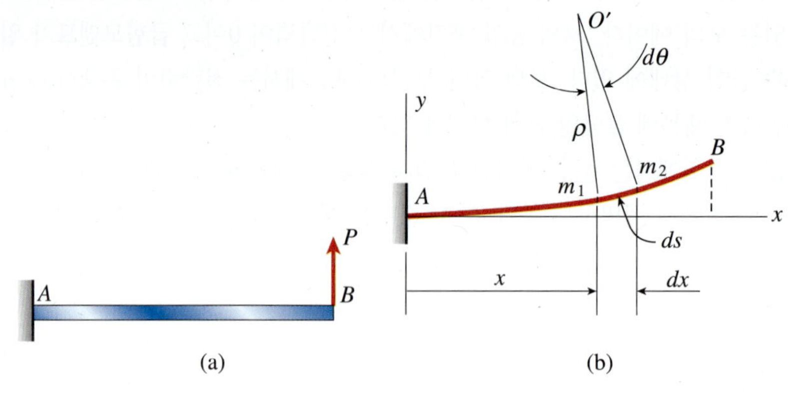

그림 5-5
굽혀진 보의 곡률: (a) 하중을 받는 보, (b) 처짐 곡선

$$\rho d\theta = ds \tag{5-2}$$

여기서, $d\theta$(라디안으로 측정된)는 두 수직선 사이의 미소 각이고, ds는 점 m_1과 m_2 사이의 곡선상의 미소 거리이다. 식 (5-2)와 식 (5-1)을 조합하면 다음 식을 얻을 수 있다.

$$\kappa = \frac{1}{\rho} = \frac{d\theta}{ds} \tag{5-3}$$

곡률에 대한 이 식은 계산학에 관한 교재들에 그 유도 과정이 나와 있고, 곡률 크기에 관계없이 어느 곡선에도 적용된다. 곡률이 곡선의 전 길이에 걸쳐 일정하다면, 곡률 반경도 일정하며 곡선은 원호가 될 것이다.

보의 처짐은 일반적으로 보의 길이에 비하여 매우 작다(예: 자동차 구조 프레임의 처짐 또는 건물에서 보의 처짐을 생각해 보라). 처짐이 작다는 것은 처짐 곡선이 거의 편평하다는 것을 의미한다. 따라서, 곡선상의 거리 ds는 이의 수평 투영 거리인 dx와 같다고 놓을 수 있다(그림 5-5b 참조). 이러한 **미소 처짐**에 대한 특별한 조건하에서, 곡률에 대한 식은 다음과 같이 된다.

$$\kappa = \frac{1}{\rho} = \frac{d\theta}{dx} \tag{5-4}$$

곡률과 곡률 반경은 모두 x축을 따라 측정되는 거리 x의 함수이다. 마찬가지로, 곡률중심 O'의 위치는 거리 x에 따라 결정된다.

보의 축상의 특정점에서의 곡률은 그 점에서의 굽힘모멘트와 보 자체의 물성치(단면의 형상 및 재료의 종류)에 달려 있다. 그러므로 보가 균일 단면이고 재료가 균질이면, 곡률은 굽힘모멘트만에 의해 변화할 것이다(5.5절 참조). 결론적으로, **순수 굽힘**하의 보는 일정한 곡률을 갖게 되고 **불균일 굽힘**을 받는 보는 변화하는 곡률을 갖게 될 것이다.

그림 5-6
곡률에 대한 부호규약

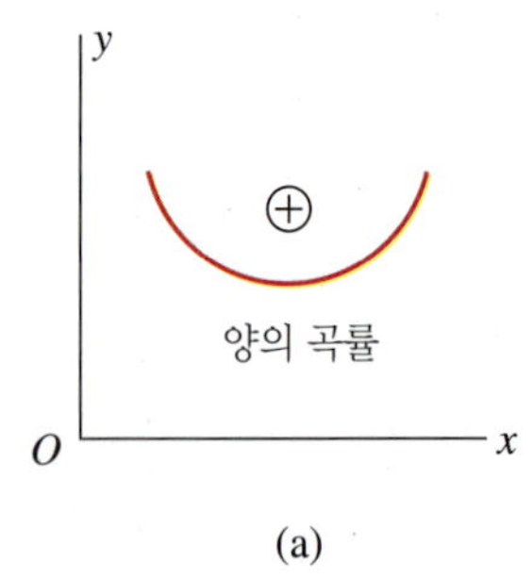

(a)

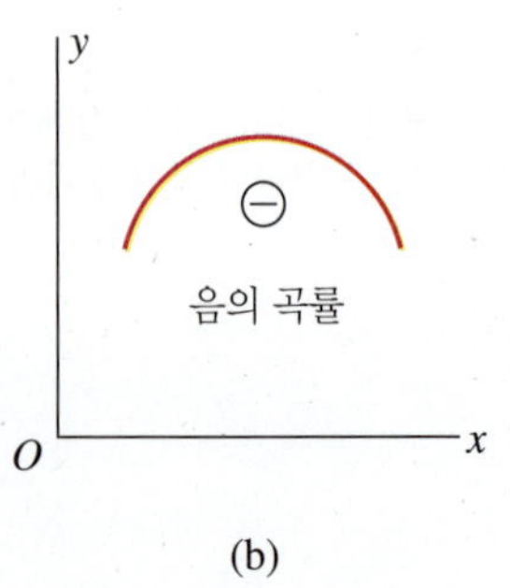

(b)

곡률의 부호규약(sign convention for curvature)은 좌표축의 방향과 관계가 있다. 만일 그림 5-6에서와 같이, x축은 오른쪽 방향이 양이고 y축은 위쪽 방향이 양이라면, 곡률은 보가 위쪽으로 오목하게 굽혀질 때 양이고 곡률중심은 보의 위쪽에 있다. 반대로, 곡률은 보가 아래쪽을 오목하게 굽혀질 때 음이며 곡률중심은 보의 아래쪽에 있다.

다음 절에서는 굽혀진 보에서 길이방향 변형률을 곡률로부터 어떻게 구하는지를 보여 줄 것이며, 9장에서는 곡률이 보의 처짐과 어떻게 관련되는지를 다룰 것이다.

5.4 보에서의 길이방향 변형률

보의 길이방향 변형률은 보의 곡률과 이에 관련된 변형을 해석하여 구할 수 있다. 이를 위해, 양의 굽힘모멘트 M을 받아 순수 굽힘 상태에 있는 보의 AB부분을 고려한다(그림 5-7a). 초기에 보는 직선의 길이방향 축(그림에서 x축)을 가지고 있으며, 보의 단면은 그림 5-7b에서와 같이 y축에 대해 대칭이라고 가정한다.

굽힘모멘트의 작용하에, 보는 xy평면(굽힘 평면) 내에서 휘게 되고 보의 길이방향 축은 원형 곡선(그림 5-7c의 곡선 ss)으로 굽혀진다. 보는 위쪽으로 오목하게 굽혀지며 그것은 양의 곡률이다(그림 5-6a).

그림 5-7a의 mn면과 pq면 같은 **보의 단면**은 평면으로 남아 있고 길이방향 축에 수직이다(그림 5-7c). 순수 굽힘 상태에 있는 보의 단면이 여전히 평면으로 남아 있다는 사실은 보의 이론에서 기본이며 흔히 이를 가정이라고 부른다. 그러나 가정을 이론이라고도 부르는데, 왜냐하면 가정은 대칭성에 근거한 합리적인 논증만을 사용하여 엄격하게 증명되어질 수 있기 때문이다(참고문헌 5-1). 보와 하중 상태의 대칭성(그림 5-7a와 b)이라는 기본 관점은 보의 모든 요소(요소 $mpqn$과 같은)가 동일한 방식으로 변형되어야만 한다는 것을 의미하며, 이는 굽힘을 받는 동안 단면이 평면으로 남아 있는 경우에만 가능하다(그림 5-7c). 이러한 결론은 재료가 탄성이든 비탄성이든, 선형이든 비선형이든 상관없이 어떠한 재료의 보에 대해서도 유효하다. 물론, 치수와 같은 재료 물성치는 굽힘 평면에 대하여 대칭이어야 한다[주: 순수 굽힘 상태의 평면 단면이 평면으로 남아 있을지라도 평면 자체의 변형이 있을 수 있다. 그러한 변형은 이 논의의 끝 부분에서 설명된 바와 같이 포아송의 비(Poisson's ratio)의 영향에 기인한 것이다].

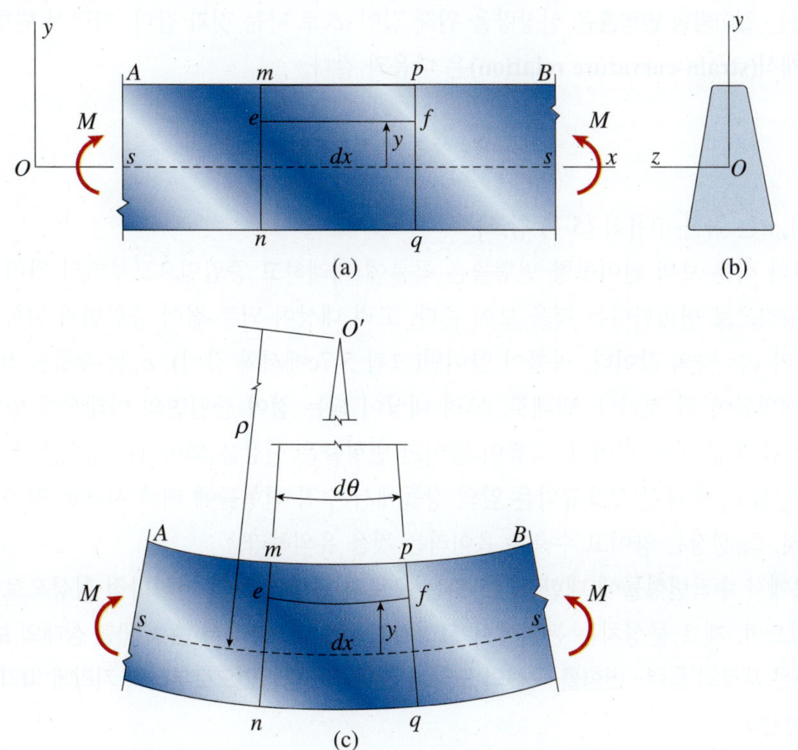

그림 5-7
순수 굽힘 상태의 보의 변형: (a) 보의 측면도, (b) 보의 단면, (c) 변형된 보

그림 5-7c에 보여지는 굽힘 변형 때문에 단면 mn과 단면 pq는 xy평면에 수직인 축에 대해 서로 회전한다. 보의 아랫부분의 길이방향 선은 늘어나는 반면에 윗부분의 선은 줄어든다. 따라서 보의 아랫부분은 인장 상태에 있고, 보의 윗부분은 압축 상태에 있다. 보의 상단과 하단 사이의 어느 곳엔가 길이방향 선의 길이가 변하지 않는 면이 있게 된다. 그림 5-7a와 c에 점선 $s-s$로 표시된 이 면을 보의 **중립면(neutral surface)**이라 한다. 이 면과 어떤 단면의 평면과의 교선을 그 단면의 **중립축(neutral axis)**이라 한다. 예를 들면, z축은 그림 5-7b의 단면에 대한 중립축이다.

변형된 보(그림 5-7c) 내의 단면 mn과 pq를 포함하는 평면은 곡률중심 O'을 통하는 선에서 교차한다. 이 평면 사이의 각을 $d\theta$라 표기하며, O'으로부터 중립면 $s-s$까지의 거리는 곡률 반경 ρ이다. 두 평면 사이의 원래 길이 dx(그림 5-7a)는 중립면(그림 5-7c)에서는 변하지 않으므로 $\rho d\theta = dx$이다. 그러나 두 평면사이의 모든 다른 길이방향 선들은 늘어나거나 혹은 줄어들며, 그래서 **수직변형률(normal strain)** ε_x가 일어난다.

이러한 수직변형률을 계산하기 위하여, 평면 mn과 pq 사이의 보 내에 위치한 대표적인 길이방향 선 ef를 고려해 본다(그림 5-7a). 선 ef는 원래 직선이던 보에서 중립면으로부터 거리 y만큼 떨어진 위치에 있다는 것을 알 수 있다. 이제 x축이 **변형 전** 보의 중립면을 따라 놓여 있다고 가정한다. 물론 보가 처질 때, 중립면은 보와 같이 움직이지만, x축의 위치는 고정된 채로 유지된다. 어쨌든 처진 보 내의 길이방향 선 ef(그림 5-7c)는 아직도 중립면으로부터 같은 거리 y만큼 떨어진 위치에 있다. 따라서 굽힘이 일어난 후의 선 ef의 길이 L_1은

$$L_1 = (\rho - y)d\theta = dx - \frac{y}{\rho}dx$$

이고, $d\theta = dx/\rho$를 대입한 것이다.

선 ef의 원래 길이는 dx이기 때문에 선의 신장량은 $L_1 - dx$ 또는 $-ydx/\rho$이다. 이에 대응하는 길이방향 변형률은 신장량을 원래 길이 dx로 나눈 것과 같다. 따라서 **변형률-곡률 관계식(strain-curvature relation)**은 다음과 같다.

$$\varepsilon_x = -\frac{y}{\rho} = -\kappa y \tag{5-5}$$

여기서, κ는 곡률이다[식 (5-1) 참조].

위의 식은 보의 길이방향 변형률은 곡률에 비례하고 중립면으로부터의 거리 y에 따라 선형적으로 변화한다는 것을 보여 준다. 고려 대상이 되는 점이 중립면의 위쪽에 있다면, 거리 y는 양의 값이다. 곡률이 양이면(그림 5-7c에서와 같이), ε_x는 수축을 의미하는 음의 변형률이 될 것이다. 반대로, 고려 대상이 되는 점이 중립면의 아래쪽에 있다면 거리 y는 음의 값이 될 것이고, 곡률이 양이면 변형률은 신장을 의미하는 양의 변형률이 된다. 변형률 ε_x에 대한 **부호규약**은 앞의 장들에서 수직 변형률에 대해 사용한 것과 동일하다는 것, 즉 신장은 양이고 수축은 음이라는 것을 유의하라.

보에서 수직변형률에 대한 식 (5-5)는 오로지 변형된 보의 기하학적 형상으로부터 유도되었으며, 재료 물성치는 논의에서 고려하지 않았다. 따라서 순수 굽힘 상태의 보에서의 변형률은 재료의 응력-변형률 곡선의 모양에 관계없이 중립면으로부터의 거리에 따라 선형적으로 변한다.

해석의 다음 단계, 즉 변형률로부터 응력을 구하기 위해서는 **응력-변형률 선도**의 사용을 필요로 한다. 이 단계는 선형 탄성 재료에 대한 다음 절에서 설명할 것이고, 탄소성 재료에 대해서는 6.10절에서 설명할 것이다.

보의 길이방향 변형률은 포아송의 비의 영향 때문에 **가로 방향 변형률**(즉, y 및 z방향에서의 수직변형률)을 동반한다. 그러나 보는 가로 방향으로 자유롭게 변형되기 때문에 가로 방향 응력은 발생하지 않는다. 이러한 응력 상태는 인장이나 압축을 받는 균일 단면 봉의 상태와 유사하며, 그래서 **순수 굽힘 상태의 보의 길이방향 요소는 단축응력 상태에 있다.**

예제 5-1

그림 5-8

예제 5-1: 순수 굽힘 상태의 보: (a) 하중을 받는 보, (b) 처짐 곡선

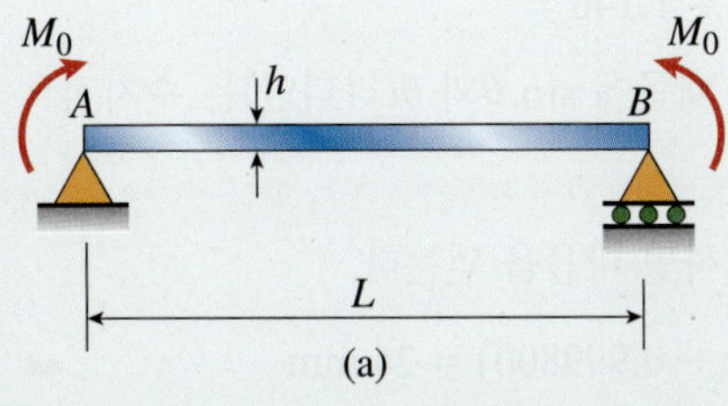

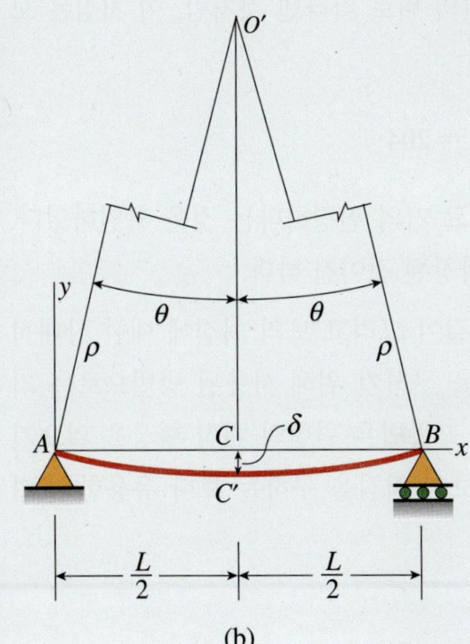

길이 $L = 4.9$ m이고 높이 $h = 300$ mm인 강재 단순 보 AB(그림 5-8a)가 짝힘 M_0에 의해 중앙점에서 아래 방향 처짐을 갖는 원호 δ로 굽혀졌다(그림 5-8b). 보의 밑면에서의 길이방향 수직변형률(신장)은 0.00125이고 보의 중립면으로부터 밑면까지의 거리는 150 mm이다.

이때 보의 곡률 반경 ρ, 곡률 κ 그리고 처짐 δ를 결정하라.

주: 이 보는 높이에 비해 길이가 매우 길고(L/h = 16.33), 또 변형률 0.00125도 매우 크기 때문에 상대적으로 큰 처짐을 갖는 경우이다(이는 보통 구조용 강에 대한 항복변형률과 거의 같다).

풀이

문제풀이 4단계 접근방법을 사용한다. 효율적인 풀이를 위하여 필요에 따라 단계를 합한다.

Part (a): 곡률

1, 2. 개념화[가정, 스케치], **분류**[단순화, 분류화] 보의 밑면에서의 길이방향 변형률(ε_x = 0.00125)과 중립면으로부터 밑면까지의 거리(y = −150 mm)를 알기 때문에, 곡률 반경과 곡률을 계산하기 위해 식 (5-5)를 이용할 수 있다.

3. 해석[수치 계산; 적절한 식의 선정; 수학적인 해를 구함]: 식 (5-5)를 재배열하고 수치를 대입하면 다음을 얻는다.

$$\rho = -\frac{y}{\varepsilon_x} = -\frac{-150\text{ mm}}{0.00125} = 120\text{ m} \quad \kappa = \frac{1}{\rho} = 8.33\times10^{-3}\text{m}^{-1}$$

4. 최종 단계[결론; 해의 검토—해가 온당한가? 단위는 바른가? 비슷한 문제풀이와 비교하였을 때 어떠한가?]: 이러한 결과들은 재료의 변형률이 클 때에도 곡률 반경은 보의 길이에 비해 극단적으로 크다는 것을 보여 준다. 만일 변형률이 일반적인 것처럼 보다 더 작다면 곡률 반경은 더 커진다.

Part (b): 처짐

1, 2. 개념화, 분류: 5.3절에서 지적하였듯이, 일정한 굽힘모멘트(순수 굽힘)는 보의

전 길이에 걸쳐 일정한 곡률을 일으킨다. 따라서 처짐 곡선은 원호로 된다. 그림 5-8에서, 곡률중심 O'으로부터 처진 보의 중앙점 C'까지의 거리는 곡률 반경 ρ이고 O'으로부터 x축 선상의 점 C까지의 거리는 $\rho \cos \theta$이며 여기서 θ는 각 $BO'C$이다. 이로부터 보의 중앙점에서의 처짐에 대한 다음과 같은 식을 얻을 수 있다.

$$\delta = \rho(1 - \cos \theta) \tag{5-6}$$

거의 편평한 곡선에 대해, 지지점 사이의 거리는 보 자체의 길이와 같다고 가정할 수 있다. 따라서 삼각형 $BO'C$로부터 다음을 얻는다.

$$\sin \theta = \frac{L/2}{\rho} \tag{5-7}$$

3. 해석: 수치를 대입하면 다음과 같은 값을 얻는다.

$$\sin \theta = \frac{4.9 \text{ m}}{2(120 \text{ m})} = 0.0200$$

그리고

$$\theta = 0.0200 \text{ rad} = 1.146°$$

실제 적용을 위해서는 θ가 매우 작은 각이기 때문에 $\sin \theta$와 θ(라디안)는 수치적으로 같다고 고려한다.

이제 θ 값을 처짐에 대한 식 (5-6)에 대입하면 다음을 얻는다.

$$\delta = \rho(1 - \cos \theta) = (120 \text{ m})(1 - 0.999800) = 24 \text{ mm}$$

4. 최종 단계: 다음과 같이 처짐에 대한 보 길이의 비로 나타낸 것처럼, 이 처짐은 보 길이에 비해 매우 작다.

$$\frac{L}{\delta} = \frac{4.9 \text{ m}}{24 \text{ mm}} = 204$$

이로부터 처짐 곡선은 큰 변형률에도 불구하고 거의 편평하다는 것을 확인하였다. 물론 그림 5-8b의 보의 처짐은 명확히 크게 과장된 것이긴 하다.

참고: 이 예제의 목적은 곡률 반경, 보의 길이 그리고 보의 처짐에 대한 상대적인 크기를 보이기 위한 것이다. 그러나 처짐을 구하기 위해 사용된 방법으로는 거의 실제와 같은 값을 얻지 못한다. 왜냐하면 그 방법은 원형의 처짐 형상을 일으키는 순수 굽힘 상태로 제한되었기 때문이다. 보의 처짐을 구하는 보다 유용한 방법들은 9장에서 소개될 것이다.

5.5 보에서의 수직응력(선형 탄성 재료)

앞 절에서는 순수 굽힘 상태의 보에서 길이방향 변형률 ε_x를 고찰하였다[식 (5-5)와 그림 5-7 참조]. 보의 길이방향 요소는 인장 또는 압축만을 받기 때문에, 변형률로부터 응력을 구하기 위해 재료에 대한 **응력-변형률 곡선**을 이용할 수 있다. 응력은 보의 전단면에 걸쳐 작용하고 응력-변형률 선도의 형상과 단면치수에 따라 세기가 변한다. x방향이 길이방향이기 때문에(그림 5-7a), 이러한 응력을 표시하기 위해 기호 σ_x를 사용한다.

공학에서 접하는 가장 일반적인 응력-변형률 관계식은 **선형 탄성 재료**에 대한 식이다. 그러한 재료에 대해서 단축응력에 대한 후크의 법칙(Hook's law, $\sigma = E\varepsilon$)을 식 (5-5)에 대입하여 다음 식을 얻는다.

$$\sigma_x = E\varepsilon_x = -\frac{Ey}{\rho} = -E\kappa y \quad \textbf{(5-8)}$$

이 식은 단면에 작용하는 수직응력이 중립면으로부터의 거리 y에 따라 선형적으로 변한다는 것을 보여 준다. 이러한 응력 분포가 굽힘모멘트 M이 양이고 보가 양의 곡률로 굽혀진 경우에 대한 그림 5-9a에 그려져 있다.

곡률이 양일 때 응력 σ_x는 중립면 위에서는 음(압축)이고 중립면 아래에서는 양(인장)이다. 이 그림에서 압축응력은 **단면 쪽**으로 가리키는 화살표로, 인장응력은 **단면 밖**으로 가리키는 화살표로 표시되었다.

식 (5-8)이 실제적인 값이 되기 위해서는, 거리 y를 결정할 수 있도록 좌표의 원점을 선정해야만 한다. 다시 말하면, 단면의 중립축의 위치를 선정해야만 한다. 또한 곡률과 굽힘모멘트 사이의 관계식을 구할 필요가 있다. 그런 다음 식 (5-8)에 대입하여 응력과 굽힘모멘트 사이의 관계식을 얻을 수 있다. 이러한 두 가지 목적은 단면에 작용하는 응력 σ_x의 합력을 구함으로써 이루어질 수 있다.

일반적으로 **수직응력의 합력**은 두 개의 합 응력으로 구성된다: (1) x방향으로 작용하는 힘, (2) z축에 작용하는 굽힘 짝힘. 그러나 보가 순수 굽힘 상태에 있을 때 축력은 0이다. 따라서 다음과 같은 정역학 방정식을 쓸 수 있다: (1) x방향으로의 합력은 0이고, (2) 합 모멘트는 굽힘모멘트 M과 같다. 첫 번째 식으로 중립축의 위치를 알 수 있고, 두 번째 식으로는 모멘트-곡률 관계식을 알 수 있다.

그림 5-9
선형 탄성 재료를 갖는 보에서의 수직응력: (a) 수직응력의 분포를 보여 주는 보의 측면도, (b) 단면의 중립축인 z축을 보여 주는 보의 단면

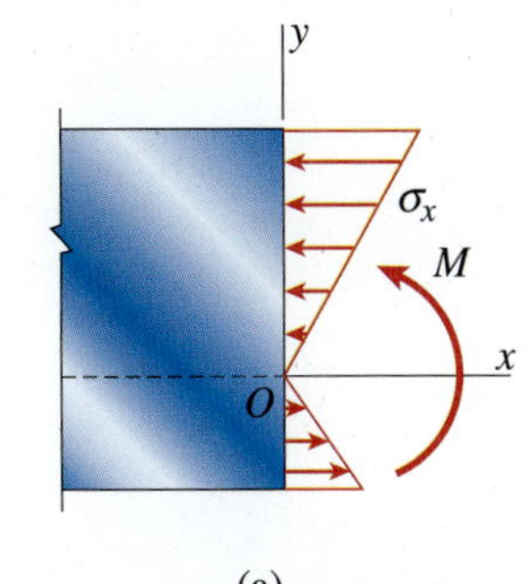

(a)

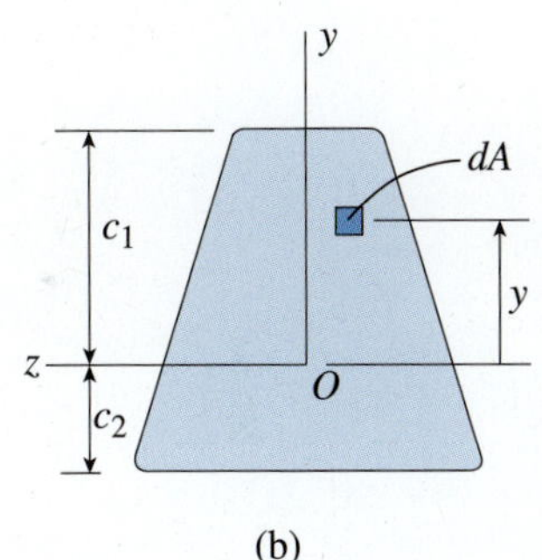

(b)

중립축 위치

정역학의 첫 번째 식을 얻기 위해, 단면 내의 면적 요소 dA를 고려한다(그림 5-9b). 이 요소는 중립축으로부터 거리 y만큼 떨어진 위치에 있고, 따라서 이 요소에 작용하는 응력 σ_x는 식 (5-8)에서 구할 수 있다. 이 요소에 작용하는 힘은 $\sigma_x dA$와 같고 y가 양일 때 압축이다. 단면에 작용하는 합력이 없기 때문에 전체 단면적 A에 걸친 $\sigma_x dA$에 대한 적분은 0이 된다. 따라서 정역학의 첫 번째 식은 다음과 같다.

$$\int_A \sigma_x dA = -\int_A E\kappa y\, dA = 0 \quad \textbf{(5-9a)}$$

곡률 κ와 탄성 계수 E는 굽혀진 보의 어떠한 주어진 단면에서도 0이 아닌 상수이므로, 이들은 단면적에 걸친 적분에 포함되지 않는다. 따라서 식에서 이들을 제외시키면 다음 식을 얻는다.

$$\int_A y\, dA = 0 \quad \textbf{(5-9b)}$$

이 식은 z축에 대한 단면적의 1차 모멘트가 0임을 보여 준다. 다시 말해, z축은 단면의 도심을 통과해야만 한다.[2)]

2) 면적의 도심과 1차 모멘트는 부록 D의 D.1절과 D.2절에 설명되었다.

z축은 역시 중립축이고, 그래서

재료가 후크의 법칙을 따르고 단면에 작용하는 축력이 없다면 중립축은 단면적의 도심을 지난다.

이러한 사실은 중립축의 위치를 비교적 간단하게 구할 수 있게 해준다.

5.1절에서 설명한 바와 같이, 논의는 y축이 대칭축인 보로 제한되어 있다. 결론적으로 y축도 역시 도심을 지난다. 그래서

좌표의 원점 O(그림 5-9b)는 단면적의 도심에 위치한다.

y축은 단면의 대칭축이므로 y축은 **주축**(*principal axis*)이다(주축에 대한 논의는 부록 D의 D.8절 참조). z축은 y축에 수직이기 때문에, z축 역시 주축이다. 따라서 선형 탄성 재료의 보가 순수 굽힘을 받을 때, y와 z축은 **도심 주축**(*principal centroidal axes*)이다.

모멘트-곡률 관계식

정역학의 두 번째 식은 단면에 걸쳐 작용하는 수직응력 σ_x의 합 모멘트가 굽힘모멘트 M과 같다는 사실을 나타낸다(그림 5-9a). 미소 면적 dA에 작용하는 힘 $\sigma_x dA$(그림 5-9b)는 σ_x가 양일 때 x축의 양의 방향으로 작용하고, σ_x가 음일 때 x축의 음의 방향으로 작용한다. 미소 면적 dA는 중립축의 윗부분에 위치해 있으므로, 그 미소 면적에 작용하는 양의 응력 σ_x는 $\sigma_x y dA$와 같은 모멘트 성분을 발생시킨다. 이 모멘트 성분은 그림 5-9a에 보인 양의 굽힘모멘트의 방향과 반대방향으로 작용한다. 따라서 모멘트 성분은

$$dM = -\sigma_x y dA$$

이다. 이러한 모든 모멘트 성분들을 전체 단면적 A에 걸쳐 적분한 것은 굽힘모멘트와 같아야만 한다:

$$M = -\int_A \sigma_x y dA \quad \textbf{(5-10a)}$$

또는, 식 (5-9)의 σ_x를 대입하면

$$M = \int_A \kappa E y^2 dA = \kappa E \int_A y^2 dA \quad \textbf{(5-10b)}$$

이다. 이 식은 보의 곡률과 굽힘모멘트 M의 관계식이다.

위의 식에서 적분은 단면적의 성질이기 때문에, 이 식을 다음과 같은 식으로 다시 쓰는 것이 편리하다.

$$M = \kappa EI \quad \textbf{(5-11)}$$

여기서

$$I = \int_A y^2 dA \quad \textbf{(5-12)}$$

이다. 이 적분은 z축에 관한(즉, 중립축에 관한) 단면적의 **관성모멘트**(*moment of inertia*)이다. 관성모멘트는 항상 양의 값이며 길이의 네 제곱 차원을 갖는다. 예를 들면, 보

의 계산을 할 때 전형적인 SI단위는 mm^4이다.[3)]

식 (5-11)은 **곡률**을 보의 굽힘모멘트의 항으로 표현하기 위해 다음과 같이 정리할 수 있다.

$$\kappa = \frac{1}{\rho} = \frac{M}{EI} \tag{5-13}$$

모멘트-곡률 관계식(moment-curvature equation)으로 알려진 식 (5-13)은 곡률 이 굽힘모멘트 M에는 정비례하고, 보의 **굽힘 강성(flexural rigidity)**이라는 양 EI에는 반비례하는 것을 보여 준다. 굽힘 강성은 보의 굽힘에 대한 저항의 척도이다. 즉, 굽힘 강성이 클수록 주어진 굽힘모멘트에 대한 곡률은 더욱 작아진다.

굽힘모멘트의 **부호규약**(그림 4-19)과 곡률의 부호규약(그림 5-6)을 비교하면, 양의 굽힘모멘트는 양의 곡률을 일으키고 음의 굽힘모멘트는 음의 곡률을 일으킨다는 것을 알 수 있다(그림 5-10 참조).

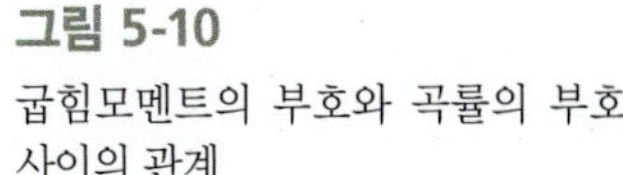
그림 5-10
굽힘모멘트의 부호와 곡률의 부호 사이의 관계

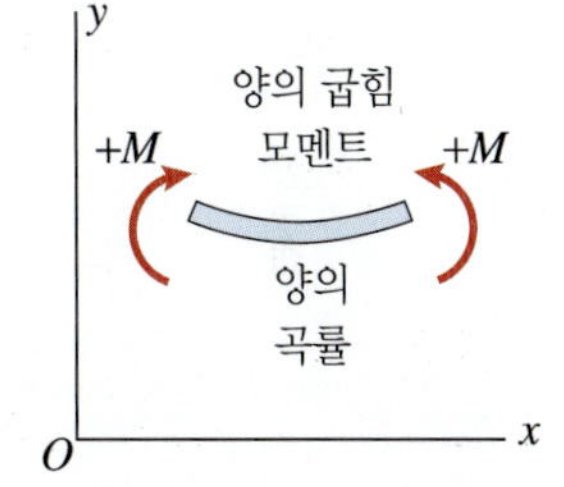

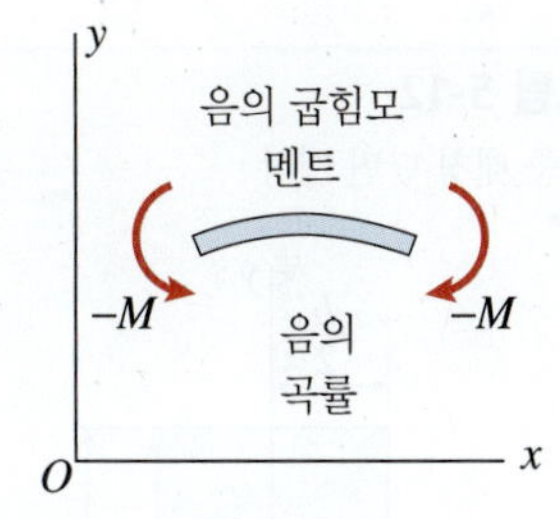

굽힘 공식

이제 중립축의 위치를 정하고 모멘트-곡률 관계식을 유도했으므로 응력을 굽힘모멘트의 항으로 표현할 수 있다. 곡률에 대한 표현식[식 (5-13)]을 응력 σ_x에 대한 표현식[식 (5-8)]에 대입하면 다음 식을 얻는다.

$$\sigma_x = -\frac{My}{I} \tag{5-14}$$

이 식은 **굽힘 공식(flexure formula)**이라 하며, 응력은 굽힘모멘트 M에는 정비례하고 단면의 관성모멘트 I에는 반비례하는 것을 보여준다. 또한 응력은 앞에서 관찰한 바와 같이 중립축으로부터의 거리 y에 따라 선형적으로 변한다. 굽힘 공식으로부터 계산한 응력을 **굽힘 응력(bending stress)** 혹은 **휨 응력(flexural stress)**이라고 한다.

보에서의 굽힘모멘트가 양이면, 굽힘 응력은 y가 음인 단면의 부분, 즉 보의 아랫부분에서 양(인장)이며, 보의 윗부분에서는 음(압축)이다. 굽힘모멘트가 음이면 응력의 방향은 반대가 된다. 이러한 관계를 그림 5-11에 나타내었다.

단면에서의 최대 응력

어떠한 주어진 단면에 작용하는 최대 인장 굽힘 응력 및 최대 압축 굽힘 응력은 중립축으로부터 가장 먼 곳에 위치한 점에서 일어난다. 중립축으로부터 양과 음의 y 방향으로 맨 끝에 있는 요소까지의 거리를 각각 c_1과 c_2라고 표시한다(그림 5-9b 및 그림 5-11 참조). 그러면 이에 대응하는 **최대 수직응력(maximum normal stress)** σ_1과 σ_2는 굽힘 공식으로부터 다음과 같다.

$$\sigma_1 = -\frac{Mc_1}{I} = -\frac{M}{S_1} \qquad \sigma_2 = \frac{Mc_2}{I} = \frac{M}{S_2} \tag{5-15a,b}$$

여기서

3) 면적의 관성모멘트는 부록 D의 D.3절에 설명되었다.

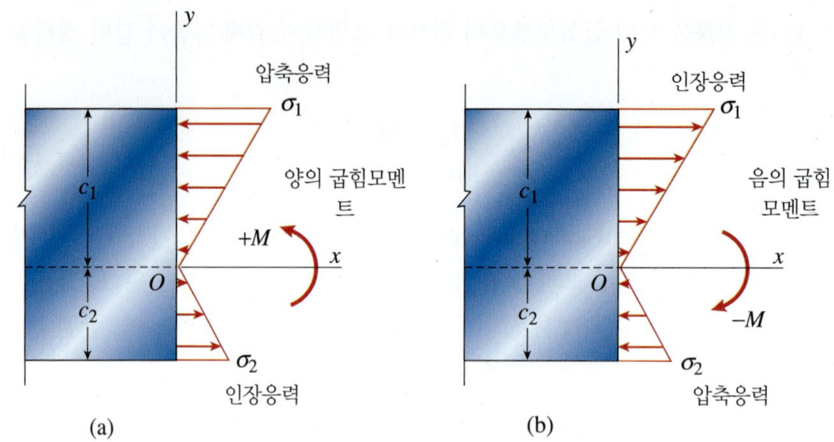

그림 5-11
굽힘모멘트의 부호와 수직응력의 방향 사이의 관계: (a) 양의 굽힘모멘트, 그리고 (b) 음의 굽힘모멘트

$$S_1 = \frac{I}{c_1} \qquad S_2 = \frac{I}{c_2} \tag{5-16a,b}$$

양 S_1과 S_2는 단면적의 **단면 계수(section modulus)**로 알려져 있다. 식 (5-16a와 b)로부터 각 단면 계수는 길이 치수의 세제곱(예: mm^3)임을 유의하라. 또한 보의 상단과 하단까지의 거리 c_1과 c_2는 언제나 양의 값으로 취급된다는 것에 유의하라.

최대 응력을 단면 계수의 항으로 표현할 때 얻을 수 있는 이점은 각각의 단면계 수가 보의 적절한 단면 성질을 하나의 양으로 조합한다는 것이다. 단면 계수는 설계자에게 편리한 보의 성질로서 표나 핸드북에 수록되어 있다(단면 계수를 이용한 보의 설계는 다음 절에서 설명된다).

이중 대칭 형상

만일 보의 단면이 y축뿐만 아니라 z축에 대해 대칭이면(이중 대칭 단면), $c_1 = c_2 = c$ 이고 최대 인장응력 및 최대 압축응력은 수치적으로 **같다**.

$$\sigma_1 = -\sigma_2 = -\frac{Mc}{I} = -\frac{M}{S} \quad \text{or} \quad \sigma_{max} = \frac{M}{S} \tag{5-17a,b}$$

여기서

$$S = \frac{I}{c} \tag{5-18}$$

이것은 단면에 대한 단 하나의 단면 계수이다.

그림 5-12
이중 대칭 단면 형상

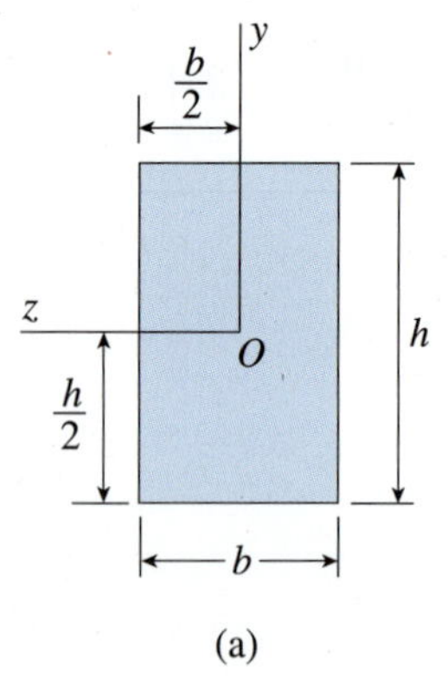

(a)

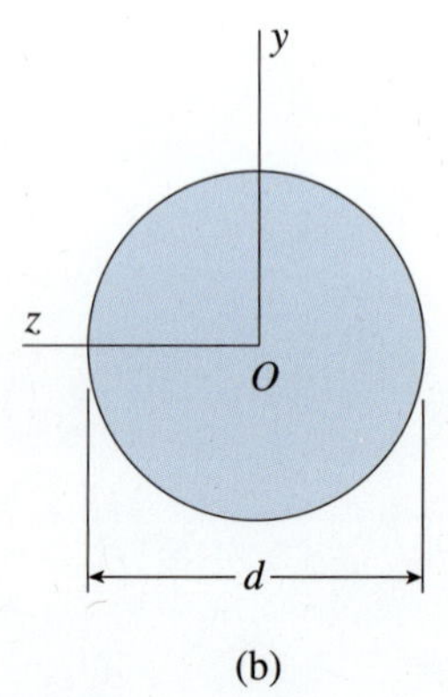

(b)

폭이 b이고 높이가 h인 **직사각형 단면(rectangular cross section**; 그림 5-12a)의 보에 대한 관성모멘트와 단면 계수는 다음과 같다.

$$I = \frac{bh^3}{12} \qquad S = \frac{bh^2}{6} \tag{5-19a,b}$$

직경이 d인 **원형단면(circular cross section**; 그림 5-12b)에 대해서, 이 특성치는 다음과 같다.

$$I = \frac{\pi d^4}{64} \qquad S = \frac{\pi d^3}{32} \tag{5-20a,b}$$

속이 빈 관형(직사각형이거나 원형)이나 넓은 플렌지 형상과 같은 다른 이중 대칭 형상의 특성치는 앞의 공식들로부터 쉽게 구할 수 있다.

보 단면의 특성치

많은 평면 그림들의 관성모멘트가 참고용으로 부록 *E*에 수록되어 있다. 또한 표준 크기의 강재 보와 목재 보에 대한 치수와 특성치가 부록 *F*와 *G* 및 많은 공학 핸드북에 수록되어 있고, 다음 절에서 더욱 상세하게 설명된다.

다른 단면 형상에 대해서는 중립축의 위치, 관성모멘트 및 단면 계수를 부록 D에서 설명한 기법을 사용하여 직접 계산함으로써 결정할 수 있다. 이러한 과정이 다음의 예제 5-4에서 예시되었다.

제한

이 절에서는 선형 탄성 재료로 이루어진 균일 단면 보의 순수 굽힘에 대한 해석을 다루었다. 보가 불균일 굽힘을 받는다면, 전단력은 단면의 **뒤틀림**(*warping*)[혹은 평면 외 비틀어짐(distortion)]을 일으킨다. 따라서 굽힘 전에는 평면이었던 단면이 굽힘 후에는 더이상 평면을 유지하지 않는다. 전단변형으로 인한 뒤틀림은 보의 거동을 매우 복잡하게 한다. 그러나 상세한 검토를 통해 굽힘 공식으로부터 계산된 수직응력이 전단응력의 존재와 이와 관련된 뒤틀림에 의해 크게 변하지 않는다는 것을 보여준다(참고문헌 2-1의 42와 48페이지). 따라서 순수 굽힘에 대한 이론을 불균일 굽힘을 받는 보의 수직응력을 계산하는 데 정당하게 사용할 수 있다.[4)]

굽힘 공식은 응력 분포가 보의 형상의 변화나 하중의 불연속성에 의해 갑자기 변하는 곳이 아닌 보의 구간에서만 정확한 결과를 줄 수 있다. 예를 들면, 굽힘 공식은 보의 지지점 부근이나 **집중 하중**과 가까운 곳에서는 적용할 수 없다. 이러한 불규칙성은 굽힘 공식으로부터 구한 응력보다 훨씬 큰 국부 응력이나 응력집중을 일으킨다(5.13절 참조).

예제 5-2

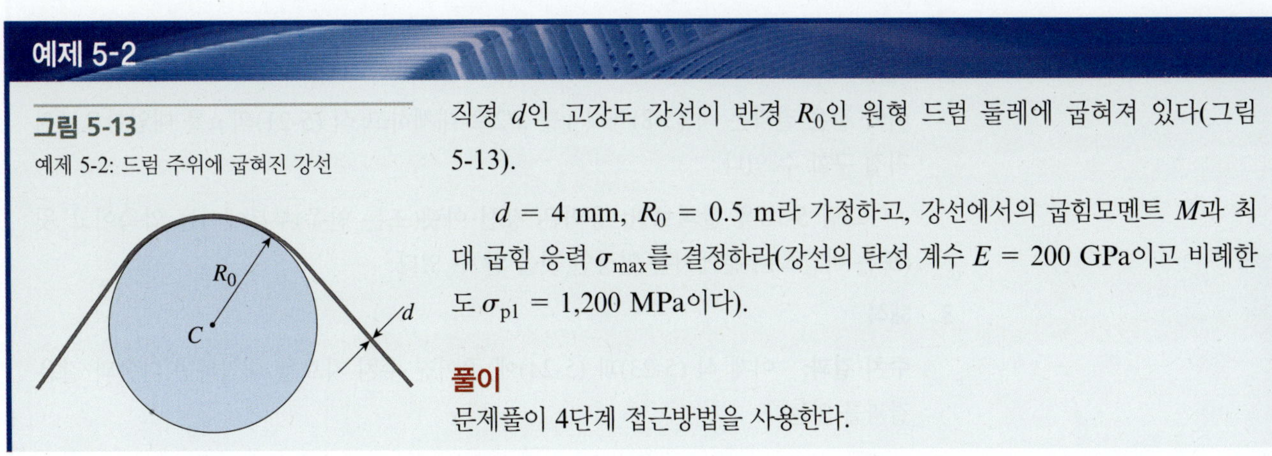

그림 5-13
예제 5-2: 드럼 주위에 굽혀진 강선

직경 d인 고강도 강선이 반경 R_0인 원형 드럼 둘레에 굽혀져 있다(그림 5-13).

d = 4 mm, R_0 = 0.5 m라 가정하고, 강선에서의 굽힘모멘트 M과 최대 굽힘 응력 σ_{max}를 결정하라(강선의 탄성 계수 E = 200 GPa이고 비례한도 σ_{pl} = 1,200 MPa이다).

풀이
문제풀이 4단계 접근방법을 사용한다.

---

4) 보 이론은 여러 가지 보의 형태에 대한 거동을 연구한 Galileo Galilei (1564-1642)에 의해 시작되었다. 그의 재료역학에서의 연구는 1638년에 처음으로 출판된 그의 유명한 책 *Two New Science*에 기 술되어 있다(참고문헌 5-2). Galileo가 비록 보에 관한 많은 중요한 발견을 하였지만 오늘날 사용하는 응력 분포를 얻지는 못하였다. 보 이론에 대한 진전은 Mariotte, Jacob Bernoulli, Eular, Parent, Saint-Venant, 그리고 다수의 연구자들에 의해 이루어졌다(참고문헌 5-3).

1. **개념화:** 이 예제에서 해석의 첫 번째 단계는 굽혀진 강선의 곡률 반경 ρ를 구하는 것이다. ρ를 알면 굽힘모멘트와 최대 응력을 구할 수 있다.

2. **분류:**

곡률 반경: 굽혀진 강선의 곡률 반경은 드럼의 중심으로부터 강선 단면의 중립축까지의 거리이다.

$$\rho = R_0 + \frac{d}{2} \tag{5-21}$$

굽힘모멘트: 강선의 굽힘모멘트는 모멘트–곡률 관계식[식 (5-13)]으로부터 구할 수 있다.

$$M = \frac{EI}{\rho} = \frac{2EI}{2R_0 + d} \tag{5-22}$$

여기서, I는 강선 단면적의 관성모멘트이다. 강선의 직경 d의 항으로 표시된 I에 관한 식 (5-20a)에 대입하면 다음 식을 얻는다.

$$M = \frac{\pi E d^4}{32(2R_0 + d)} \tag{5-23}$$

이 결과는 굽힘의 방향이 그림에서 보는 바와 같이 명확하므로, 굽힘모멘트의 부호에 관계없이 얻을 수 있다.

최대 굽힘 응력: 수치적으로 같은 값을 갖는 최대 인장응력 및 최대 압축응력은 식 (5-17b)에 주어진 굽힘 공식으로부터 구한다.

$$\sigma_{\max} = \frac{M}{S}$$

여기서 S는 원형단면의 단면 계수이다. 식 (5-23)의 M과 식 (5-20b)의 S를 위 식에 대입하면 다음 식을 얻는다.

$$\sigma_{\max} = \frac{Ed}{2R_0 + d} \tag{5-24}$$

이와 같은 결과는 식 (5-8)에서 y를 $d/2$로 대체하고 식 (5-21)의 ρ를 대입함으로써 직접 구할 수 있다.

그림 5-13을 살펴보면, 응력은 강선 아랫(또는 안쪽)부분에서는 압축이고 윗(또는 바깥쪽)부분에서는 인장인 것을 알 수 있다.

3. **해석**

수치 결과: 이제 식 (5-23)과 (5-24)에 주어진 수치 자료를 대입하면 다음과 같은 결과를 얻는다.

$$M = \frac{\pi E d^4}{32(2R_0 + d)} = \frac{\pi(200\text{ GPa})(4\text{ mm})^4}{32[2(0.5\text{ m}) + 4\text{ mm}]} = 5.01\text{ N}\cdot\text{m}$$

$$\sigma_{\max} = \frac{Ed}{2R_0 + d} = \frac{(200\text{ GPa})(4\text{ mm})}{2(0.5\text{ m}) + 4\text{ mm}} = 797\text{ MPa}$$

4. 최종 단계: 최대 응력 σ_{max}은 강선의 비례 한도보다 작으므로 계산이 유효하다는 것에 유의하라.

참고: 드럼의 반경은 강선의 직경에 비해 크기 때문에, M과 σ_{max}에 대한 식의 분모에서 $2R_0$에 비해 d를 안전하게 무시할 수 있다. 그러면 식 (5-23)과 (5-24)에서 다음과 같은 결과를 얻는다.

$$M = 5.03\ \text{N}\cdot\text{m} \qquad \sigma_{max} = 800\ \text{MPa}$$

이 결과들은 받아들일 수 있는 값이고 보다 정확한 값에 비해 1% 이내의 오차를 가진다.

예제 5-3

돌출부를 가지는 단순 보(예제 4-5와 4-9로부터)가 그림 5-14에 나타나 있다. 하중세기 $q = 6$ kN/m인 등분포 하중이 보의 전 길이에 걸쳐 작용하고 있고 집중하중 $P = 28$ kN이 왼쪽 지지점으로부터 3 m 떨어진 지점에 작용하고 있다. 등분포 하중 q는 보의 자중을 포함한다. 보는 구조적으로 접착된 적층 목재판으로 만들어졌으며, 단면은 폭 $b = 140$ mm이고 높이 $h = 580$ mm이다(그림 5-15).

(a) 굽힘으로 인한 보에서의 최대 인장응력 및 최대 압축응력을 결정하라.

(b) 만일 등분포 하중 q가 변하지 않고 인장과 압축에서 허용 수직응력이 $\sigma_a = 13$ MPa이라면, 집중 하중 P의 최대 허용값은 얼마인가?

풀이

문제풀이 4단계 접근방법을 사용한다. 효율적인 풀이를 위하여 필요에 따라 단계를 합한다.

Part (a): 최대 수직응력

1, 2. 개념화, 분류: 전단력 선도와 굽힘모멘트 선도를 그리는 것으로 해석을 시작한다(그림 5-16). 그리고 집중 하중이 작용하는 곳에서 일어나는 최대 굽힘모멘트를 결정한다. 이 상세한 과정은 예제 4-9에 있으며 최종 선도들은 그림 5-16에 나타나 있다. 모멘트 선도에서 지지점 A의 오른쪽 3 m 위치에서 $M_{max} = 93$ kN · m임을 알 수 있다. 보에서 최대 굽힘 응력은 최대 모멘트 단면에서 일어난다.

단면 계수: 그림 5-15의 직사각형 단면적에 대한 단면 계수는 식 (5-19b)로부터:

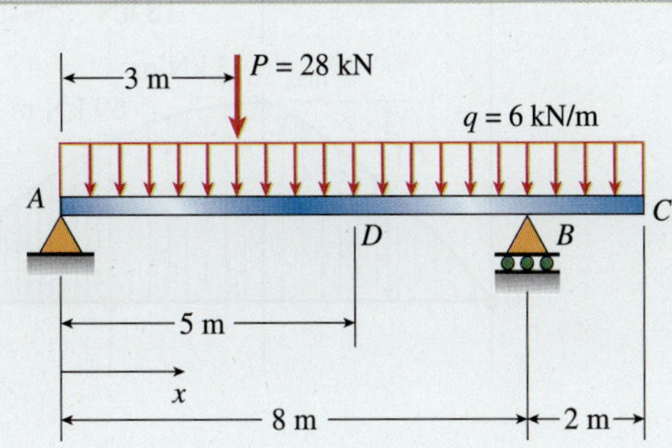

그림 5-14
등분포 하중과 집중하중이 작용하는 돌출부가 있는 보

그림 5-15
보 단면

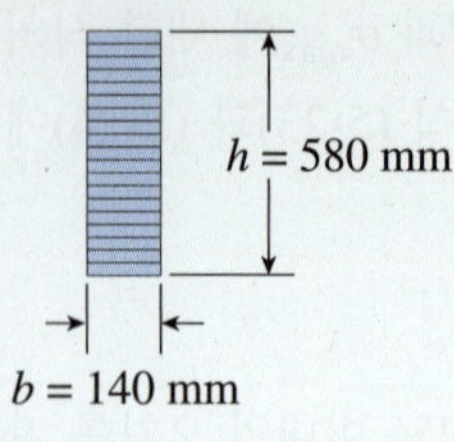

$$S = \frac{bh^2}{6} = \frac{1}{6}(140\text{ mm})(580\text{ mm})^2 = 7849.3\text{ cm}^3 \quad \text{(a)}$$

3. 해석:

최대 응력: 최대 인장 및 압축응력은 식 (5-17)로부터 얻어진다.

$$\sigma_t = \frac{M_{max}}{S} = \frac{(93\text{ kN}\cdot\text{m})}{7849.3\text{ cm}^3} = 11.85\text{ MPa}$$

$$\sigma_c = -\frac{M_{max}}{S} = -11.85\text{ MPa} \quad \text{(b)}$$

4. 최종 단계: 모멘트 선도는 보의 압축면에서 그려진 것이고, 그래서 지간 AB의 대부분에서 보의 상단에는 압축응력 하단에는 인장응력을 받는다. 돌출부 BC를 포함하는 변곡점의 오른쪽 보 부분에 대해서 그 역도 성립한다.

Part (b): 최대 허용 하중 P

1, 2. 개념화, 분류: 최대 모멘트 위치에서 식 (b)의 수직응력은 허용값인 13 MPa보다 아래이다. 그래서 보는 (a) 부분에서 작용하는 하중보다 더 큰 하중 P를 지지할 수 있다. 지지점 A로부터 하중 P까지 거리 a = 3 m로 놓고, 지간 AB의 길이 L = 8 m, 돌출부 BC의 길이 = $L/4$, 그리고 등분포 하중은 q = 6 kN/m로 변함이 없다고 하자.

3. 해석: 집중 하중 P와 등분포 하중 q를 작용시키고 A에서의 반력을 구하면

$$R_A = P\left(\frac{L-a}{L}\right) + \frac{15}{32}qL \quad \text{(c)}$$

최대 모멘트는 지지점 A로부터 거리 a에서 일어나고 다음과 같이 쓸 수 있다.

$$M_{max} = R_A a - \frac{qa^2}{2} \quad \text{(d)}$$

M_{max}를 $(\sigma_a)(S)$ = 102.04 kN · m로 놓고 식 (d)에 수치를 대입하면 P_{max} = 32.8 kN을 얻는다.

그림 5-16
(a, b) 전단력과 모멘트 선도(예제 4-9로부터)

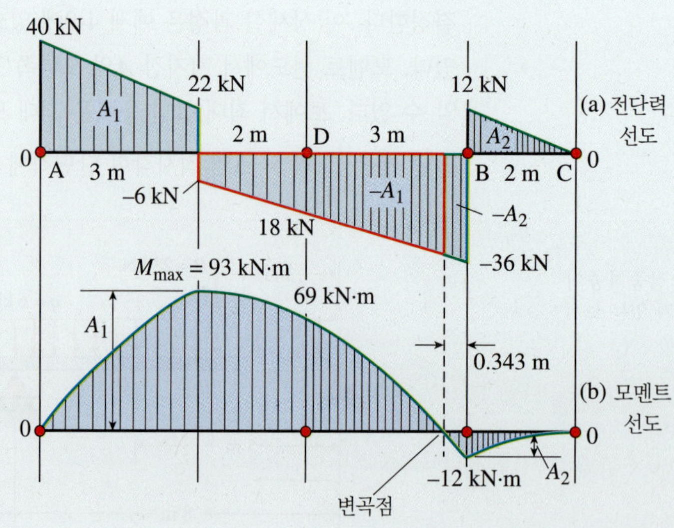

다른 풀이: 최대 모멘트를 93 kN · m로부터 102.04 kN · m로, 즉 $\Delta M = 9.04$ kN · m 증가시키기 위한 추가 하중 ΔP를 작용시킨다. 소요 추가 하중 ΔP는 식 (4-13)을 이용하여 계산하고, 그것은 집중 하중 위치에서의 모멘트로 주어진다.

$$\Delta P = \frac{L}{a(L-a)}\Delta M = \frac{8\text{ m}}{3\text{ m}(8\text{ m} - 3\text{ m})}(9.04\text{ kN}\cdot\text{m}) = 4.82\text{ kN} \tag{e}$$

(a) 부분으로부터 하중 $P = 28$ kN에 ΔP를 더하면 다음을 얻는다.

$$P_{max} = P + \Delta P = 28\text{ kN} + 4.8\text{ kN} = 32.8\text{ kN} \tag{f}$$

4. 최종 단계: 최대 모멘트 점의 허용 수준에서 P의 최대 허용값이 일으키는 수직응력을 검산한다. P_{max}를 식 (c)와 (d)에 대입하면 $R_A = 43.01$ kN과 $M_{max} = 102.04$ kN · m가 구해진다. 이 값들을 이용하여 하중 P_{max}가 작용하는 점에서 응력들은 다음과 같다.

$$\sigma_t = -\sigma_c = \frac{M_{max}}{S} = \frac{(102.04\text{ kN}\cdot\text{m})}{7849.3\text{ cm}^3} = 13\text{ MPa} \tag{g}$$

예제 5-4

그림 5-17a에 나타낸 보 ABC는 A와 B에서 단순지지되고, B에서 C까지 돌출부를 가지고 있다. 지간의 길이는 $L = 3.0$ m이고 돌출부의 길이는 $L/2 = 1.5$ m이다. 하중세기 $q = 3.2$ kN/m의 등분포 하중이 보의 전 길이(4.5 m)에 걸쳐 작용하고 있다.

이 보는 폭 $b = 300$ mm이고, 높이 $h = 80$ mm인 채널형 단면을 갖는다(그림 5-18a). 웹 두께 $t = 12$ mm이고, 경사진 플렌지의 평균 두께는 동일하다. 단면의 성질을 계산하기 위해, 그림 5-18b에서와 같이 단면은 세 개의 직사각형으로 구성되었다고 가정한다.

(a) 등분포 하중으로 인한 보에서의 최대 인장응력 및 최대 압축응력을 결정하라.

(b) 만일 인장과 압축에서 허용 응력이 각각 $\sigma_{aT} = 110$ MPa과 $\sigma_{aC} = 92$ MPa이라면, 등분포 하중 q(kN/m)의 최대 허용값은 얼마인가?

풀이

문제풀이 4단계 접근방법을 사용한다. 효율적인 풀이를 위하여 필요에 따라 단계를 합한다.

Part (a): 최대 인장 및 압축응력

1, 2. 개념화, 분류: 이 보의 해석에서 반력, 전단력 그리고 굽힘모멘트는 계산된다. 첫 번째, A와 B에서의 반력은 4장에서 기술된 기법을 사용하여 구한다. 그 결과는 다음과 같다.

$$R_A = \frac{3}{8}qL = 3.6\text{ kN} \qquad R_B = \frac{9}{8}qL = 10.8\text{ kN}$$

이 값으로부터 전단력 선도(그림 5-17b)를 그린다. 두 곳에서 전단력의 부호가 바뀌고 0이 됨을 유의하라: (1) 왼쪽 지지점으로부터 1.125 m 떨어진 위치, 그리고 (2) 오른쪽 반력 위치.

다음은 그림 5-17c와 같은 굽힘모멘트 선도를 그린다. 양의 최대 굽힘모멘트와 음의 최대 굽힘모멘트는 전단력의 부호가 바뀌는 단면에서 일어난다. 이러한 최대 모멘트는 각각 다음과 같다.

$$M_{\text{pos}} = \frac{9}{128}qL^2 = 2.025 \text{ kN} \cdot \text{m} \qquad M_{\text{neg}} = \frac{-qL^2}{8} = -3.6 \text{ kN} \cdot \text{m}$$

단면의 중립축(그림 5-18b): yz 좌표의 원점 O는 단면적의 도심에 위치하고, 따라서 z축은 단면의 중립축이 된다. 도심은 부록 D의 D.2절에서 설명한 다음과 같은 기법을 사용해서 결정한다.

첫 번째, 면적을 세 개의 직사각형(A_1, A_2, A_3)으로 나눈다. 두 번째, 단면의 상단을 지나는 기준축 $Z-Z$를 세우고, y_1과 y_2를 각각 $Z-Z$축으로부터 면적 A_1과 A_2의 도심까지의 거리라고 정한다. 그래서 전체 채널 단면의 도심(거리 c_1과 c_2)의 위치를 구하기 위한 계산은 다음과 같다:

면적 1: $y_1 = t/2 = 6 \text{ mm}$

$$A_1 = (b - 2t)(t) = (276 \text{ mm})(12 \text{ mm}) = 3312 \text{ mm}^2$$

면적 2: $y_2 = h/2 = 40 \text{ mm}$

그림 5-17
예제 5-4: 돌출부를 갖는 보에서의 응력

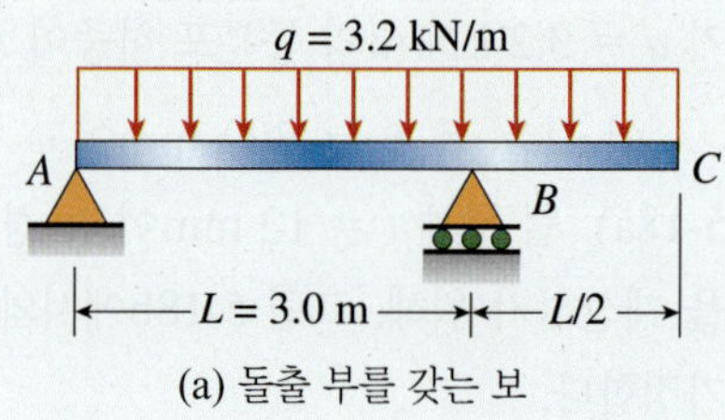

(a) 돌출 부를 갖는 보

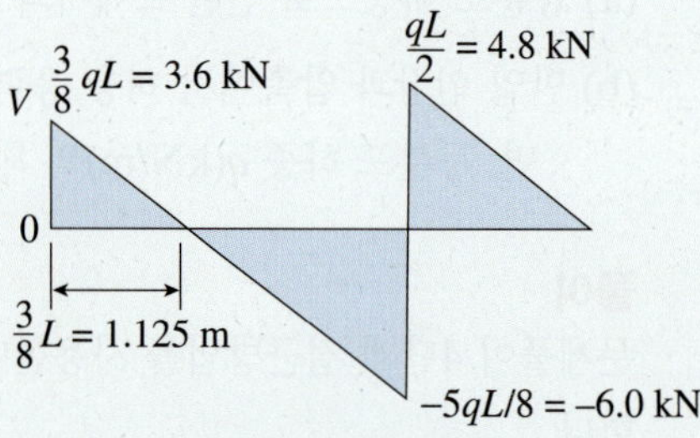

(b) 전단력 선도

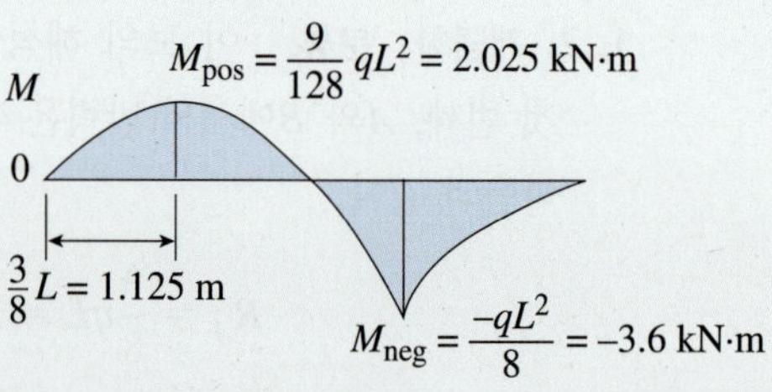

(c) 모멘트 선도

그림 5-18

예제 5-4에서 논의되었던 보의 단면: (a) 실제 형상, (b) 해석에 사용하기 위해 이상 화시킨 형상(보의 두께는 명확하게 보이기 위해 과장되었다.)

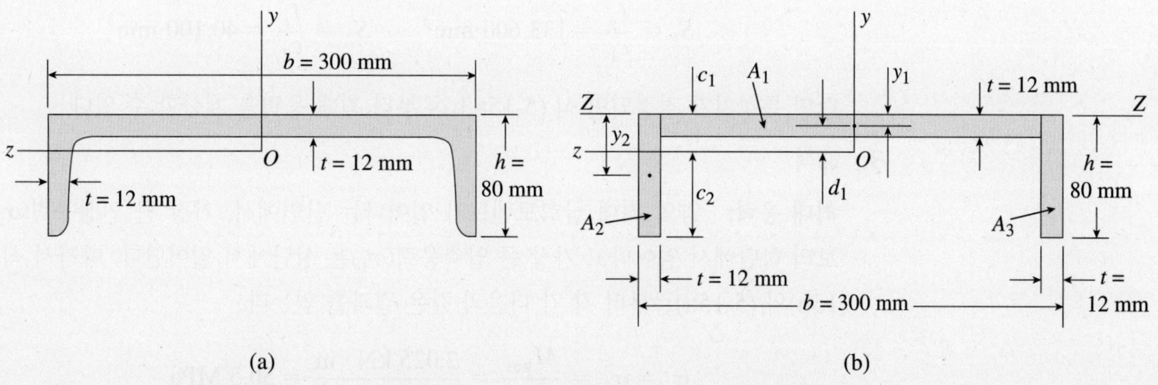

$$A_2 = ht = (80\text{ mm})(12\text{ mm}) = 960\text{ mm}^2$$

면적 3: $y_3 = y_2 \quad A_3 = A_2$

$$c_1 = \frac{\Sigma y_i A_i}{\Sigma A_i} = \frac{y_1 A_1 + 2y_2 A_2}{A_1 + 2A_2}$$

$$= \frac{(6\text{ mm})(3312\text{ mm}^2) + 2(40\text{ mm})(960\text{ mm}^2)}{3312\text{ mm}^2 + 2(960\text{ mm}^2)} = 18.48\text{ mm}$$

$$c_2 = h - c_1 = 80\text{ mm} - 18.48\text{ mm} = 61.52\text{ mm}$$

따라서, 중립축(z축)의 위치가 결정된다.

관성모멘트: 굽힘 공식으로부터 응력을 계산하기 위해, 중립축에 관한 단면적의 관성모멘트를 구해야만 한다. 이 계산에는 평행축 정리(부록 D의 D.4절 참조)를 사용해야 한다.

면적 A_1으로부터 시작하면, z축에 대한 면적의 관성모멘트$(I_z)_1$은 다음 식으로부터 구할 수 있다.

$$(I_z)_1 = (I_c)_1 + A_1 d_1^2 \quad \textbf{(a)}$$

이 식에서 $(I_c)_1$은 면적 A_1 자체의 도심축에 대한 관성모멘트이다:

$$(I_c)_1 = \frac{1}{12}(b - 2t)(t)^3 = \frac{1}{12}(276\text{ mm})(12\text{ mm})^3 = 39{,}744\text{ mm}^4$$

그리고 d_1은 면적 A_1의 도심축으로부터 z축까지의 거리이다:

$$d_1 = c_1 - t/2 = 18.48\text{ mm} - 6\text{ mm} = 12.48\text{ mm}$$

그래서 면적 A_1의 z축에 관한 관성모멘트는[식 (a)로부터] 다음과 같다.

$$(I_z)_1 = 39{,}744\text{ mm}^4 + (3312\text{ mm}^2)(12.48\text{ mm})^2 = 555{,}600\text{ mm}^4$$

면적 A_2와 A_3에 대해 같은 방법으로 계산하면 다음과 같다.

$$(I_z)_2 = (I_z)_3 = 956{,}600\text{ mm}^4$$

따라서, 전체 단면적의 도심축에 대한 관성모멘트 I_z는 다음과 같다.

$$I_z = (I_z)_1 + (I_z)_2 + (I_z)_3 = 2.469 \times 10^6\text{ mm}^4$$

단면 계수: 보의 상단과 하단에 대한 단면 계수는 각각 다음과 같다[식 (5-16a, b) 참조].

$$S_1 = \frac{I_z}{c_1} = 133{,}600 \text{ mm}^3 \qquad S_2 = \frac{I_z}{c_2} = 40{,}100 \text{ mm}^3$$

단면 특성치가 결정되면 식 (5-15a,b)로부터 최대 응력을 계산할 수 있다.

3. 해석:

최대 응력: 양의 최대 굽힘모멘트가 일어나는 단면에서, 가장 큰 인장응력(σ_2)은 보의 하단에서 일어나고 가장 큰 압축응력(σ_1)은 상단에서 일어난다. 따라서 식 (5-15b)와 (5-15a)로부터 각 각 다음과 같은 결과를 얻는다.

$$\sigma_t = \sigma_2 = \frac{M_{\text{pos}}}{S_2} = \frac{2.025 \text{ kN} \cdot \text{m}}{40{,}100 \text{ mm}^3} = 50.5 \text{ MPa}$$

$$\sigma_c = \sigma_1 = -\frac{M_{\text{pos}}}{S_1} = -\frac{2.025 \text{ kN} \cdot \text{m}}{133{,}600 \text{ mm}^3} = -15.2 \text{ MPa}$$

마찬가지로 음의 최대 굽힘모멘트가 일어나는 단면에서의 가장 큰 응력은

$$\sigma_t = \sigma_1 = -\frac{M_{\text{neg}}}{S_1} = -\frac{-3.6 \text{ kN} \cdot \text{m}}{133{,}600 \text{ mm}^3} = 26.9 \text{ MPa}$$

$$\sigma_c = \sigma_2 = \frac{M_{\text{neg}}}{S_2} = \frac{-3.6 \text{ kN} \cdot \text{m}}{40{,}100 \text{ mm}^3} = -89.8 \text{ MPa}$$

이다.

4. 최종 단계: 이러한 네 개의 응력을 비교하면, 보에서의 가장 큰 인장응력은 50.5 MPa이고 양의 최대 굽힘모멘트가 일어나는 단면의 보의 하단에서 일어난다; 따라서

$$(\sigma_t)_{\text{max}} = 50.5 \text{ MPa}$$

이다. 가장 큰 압축응력은 −89.8 MPa이고 음의 최대 굽힘모멘트가 일어나는 단면의 보의 하단에서 일어난다:

$$(\sigma_c)_{\text{max}} = -89.8 \text{ MPa}$$

이러한 값들이 보에 작용하는 등분포 하중으로 인해 발생되는 최대 굽힘 응력임을 상기하자.

Part (b): 등분포 하중 q의 최대 허용값

1, 2. 개념화, 분류: 다음으로 인장과 압축에서 서로 다르게 주어진 허용 수직응력을 기반으로 해서 q_{max}를 구하고자 한다. 허용 압축응력 σ_{aC}는 C 형상의 플렌지의 국부좌굴의 가능성을 고려하기 위해(플렌지가 압축부에 존재한다면) 허용 인장응력 σ_{aT} 보다 낮다.

네 곳에서 q_{max}의 가능값을 계산하기 위해 굽힘 공식을 이용할 것이다: 양의 최대 모멘트(M_{pos}) 위치에서 보의 상하단 그리고 음의 최대 모멘트(M_{neg}) 위치에서 보의 상하단. 각 경우에서, 상응하는 허용 응력값을 확실히 사용해야만 한다. C 형상은 그림 5-16(즉, 플렌지가 아래로 향하는)에서처럼 사용된다고 가정한다. 그래

서 M_{pos} 위치에서 보의 상단은 압축이고 하단은 인장임을 주목하고, 반면 점 B에서는 반대이다. M_{pos}와 M_{neg}를 구하는 식을 사용하고 허용 응력과 단면 계수의 적절한 곱으로 이루어진 각각을 같다고 놓으면, 여기에 주어진 것처럼 q_{max}의 가능한 값에 대해 풀 수 있다.

3. 해석: 보 AB 부분의 보의 상단에서,

$$M_{pos} = \frac{9}{128} q_1 L^2 = \sigma_{aC} S_1 \quad \text{그래서} \quad q_1 = \frac{128}{9L^2}(\sigma_{aC} S_1) = 19.42 \text{ kN/m}$$

보 AB 부분의 보의 하단에서,

$$M_{pos} = \frac{9}{128} q_2 L^2 = \sigma_{aT} S_2 \quad \text{그래서} \quad q_2 = \frac{128}{9L^2}(\sigma_{aT} S_2) = 6.97 \text{ kN/m}$$

지점 B의 보의 상단에서,

$$M_{pos} = \frac{1}{8} q_3 L^2 = \sigma_{aT} S_1 \quad \text{그래서} \quad q_3 = \frac{8}{L^2}(\sigma_{aT} S_1) = 13.06 \text{ kN/m}$$

지점 B의 보의 하단에서,

$$M_{pos} = \frac{1}{8} q_4 L^2 = \sigma_{aC} S_2 \quad \text{그래서} \quad q_4 = \frac{8}{L^2}(\sigma_{aC} S_2) = 3.28 \text{ kN/m}$$

4. 최종 단계: 이 계산으로부터 지점 B에 가까운 보의 하단에서(여기에서 플렌지 선단은 압축상태에 있다) 등분포 하중 q의 최대허용값을 좌우하고 있음을 알 수 있다. 따라서,

$$q_{max} = 3.28 \text{ kN/m}$$

이다.

5.6 굽힘 응력에 의한 보의 설계

보를 설계하는 과정은 구조물의 형태(항공기, 자동차, 교량, 빌딩 및 기타), 사용되는 재료, 지지되는 하중, 주변 환경 조건 그리고 지불 비용을 포함하여 고려하여야 할 많은 요인들이 요구된다. 그러나 강도의 관점에서 보면, 결국 이 작업은 보에서의 실제 응력이 재료에 대한 허용 응력을 초과하지 않도록 보의 형상과 크기를 선정하는 것으로 좁혀진다. 이 절에서는, 굽힘 응력[즉, 식 (5-14)의 굽힘 공식으로부터 구한 응력]만 고려할 것이다.

굽힘 응력에 저항하는 보를 설계할 때, **통상 소요되는 단면 계수**를 계산하는 것으로서 시작한다. 예를 들어, 보가 이중 대칭 단면을 갖고 있고 허용 응력이 인장과 압축에서 모두 동일하다면, 최대 굽힘모멘트를 재료의 허용 굽힘 응력으로 나누어 소요되는 단면 계수를 계산할 수 있다[식 (5-17) 참조]:

$$S = \frac{M_{max}}{\sigma_{allow}} \tag{5-25}$$

허용 응력은 재료의 물성치와 필요한 안전계수에 근거하고 있다. 이 응력을 초과하지 않는다는 것을 보장하기 위해서는, 적어도 식 (5-25)로부터 얻은 값만큼의 단면 계수를 갖

는 단면을 선정해야만 한다.

단면이 이중 대칭이 아니거나 허용 응력이 인장과 압축에 대해서 다르다면, 일반적으로 두 개의 필요한 단면 계수—한 개는 인장에 근거한 것이고 다른 한 개는 압축에 근거한 단면 계수를 구하는 것이 요구된다. 그리고 두 기준을 모두 만족하는 보를 선택한다.

무게를 최소화하거나 재료를 절감하기 위해서 일반적으로 소요 단면 계수를 만족하는(그리고 부과될 수 있는 어떤 다른 설계 요구사항을 만났을 때에도) 가장 작은 단면적을 갖는 보를 선택한다.

그림 5-19

대형 넓은 플렌지 강재 보를 제작하고 있는 용접공(AISC의 허가에 의한)

(Courtesy of AISC)

보는 다채로운 목적에 맞도록 다양한 형상과 크기로 제작된다. 예를 들면, 대형 강재 보는 용접으로 제작되고(그림 5-19), 알루미늄 보는 원형 혹은 직사각형 관으로 사출 성형으로 제작되며, 목재 보는 잘라서 특수 조건에 알맞도록 접착되어 제작되고, 그리고 철근 콘크리트 보는 거푸집을 제작함으로써 원하는 형상으로 제작된다.

더욱이 강재, 알루미늄, 플라스틱 그리고 목재 보는 판매상이나 제조업자에 의해 제공되는 카탈로그로부터 **표준 형상 및 표준 크기**로 주문할 수 있다. 쉽게 구할 수 있는 형상에는 넓은 플렌지형 보, I형 보, 앵글, 채널 직사각형 보 그리고 관 등이 있다.

표준 형상 및 표준 크기의 보

여러 종류의 보에 대한 치수와 성질이 공학 핸드북과 매뉴얼에 수록되어 있다. 예를 들면, 영국(UK)의 강구조협회(British Constructional Steelwork Association)는 **강구조 시방서**(*National Structural Steelwork Specification*)를 출판하였고, 그리고 미국에서는 구조용 강재 보의 형상 및 크기를 미국 강구조협회(American Institute of Steel Construction, AISC)에서 표준화하였다. AISC는 강재의 특성치를 USCS와 SI단위 두 가지로 수록한 **강구조 매뉴얼**(*Steel Construction Manual*)을 출판하였다. 이러한 매뉴얼의 표에는 단면 치수 그리고 질량, 단면적, 관성모멘트 및 단면 계수와 같은 특성치가 수록되어 있다. 세계의 많은 국가에서 사용되는 구조용 강의 형상에 대한 성질을 온라인상에서도 쉽게 이용할 수 있도록 하였다. 유럽에서 강구조의 설계는 *Eurocode* 3(참고문헌 5-4)에 의한다.

알루미늄 보에 대한 성질도 비슷한 방법으로 표로 만들었으며 알루미늄협회(참고문헌 5-5)(치수와 단면 특성치에 대한 **알루미늄 설계 매뉴얼 6부** 참조)에서 발행한 발간물에서 찾아볼 수 있다. 유럽에서의 알루미늄 구조물 설계는 *Eurocode 9*에 의하고 유용한 형상에 대한 성질은 제작자들의 웹사이트에서 온라인상으로 찾아 볼 수 있다(참고문헌 5-5). 마지막으로 유럽에서의 목재 보의 설계는 *Eurocode 5*에 의한다. 미국에서는 **목재 구조 설계 시방서**(*National Design Specification for Wood Construction, ASD/LRFD*)가 사용된다. 이 책에서는 문제를 풀기 위해 사용하도록 강재 보와 목재 보에 대한 요약표가 뒤에 수록되어 있다(부록 F와 G 참조).

구조용 강의 단면이 HE 600A와 같이 표시되는데, 이는 단면의 공칭 깊이가 600 mm인 넓은 플렌지 형상임을 의미하며, 표 F-1(부록 F)에 보이는 것처럼 폭은 300 mm, 단면적은 226.5 cm^2 그리고 질량이 단위 m당 178 kg이다. 표 F-2는 유럽 표준 보(IPN 형상)에 대한 유사한 특성치를 수록한 것이다. 표 F-3는 유럽 표준 채널(UPN 형상)의 특성치이고 표 F-4와 F-5는 각각 유럽의 등 앵글 단면과 부등 앵글 단면에 대한 특성치이다. 위에 기술된 모든 표준화된 강재 단면은 **압연**(*rolling*)과정으로 제조된다. 이 과정에서는 고온의 강괴(billet)가 원하는 형상으로 성형될 때 까지 압연기(roll) 사이를 왔다 갔다 하며 통과한다.

구조용 알루미늄 단면은 일반적으로 고온의 강괴를 금형을 통해 밀어 **압출**시키는 사출성형의 과정을 거쳐 제조된다. 금형은 비교적 만들기 쉽고 재료는 가공하기 좋기 때문에, 알루미늄 보는 거의 원하는 형상으로 사출성형될 수 있다. 넓은 플렌지형 보, *I*형 보, 채널, 앵글, 관 및 기타 단면의 표준 형상이 **알루미늄 설계 매뉴얼**(*Aluminum Design Manual*)에 수록되어 있고 유럽에서 사용되는 구조용 알루미늄 형상은 온라인에서 찾아볼 수 있다(참고문헌 5-5). 그리고 맞춤형 형상도 주문할 수 있다.

대부분의 **목재 보**는 직사각형 단면을 가지며 50 × 75 mm와 같은 공칭 치수로 표시된다. 이 치수는 원목을 대강 깎아서 만든 크기를 나타낸다. 목재 보의 순 치수(또는 실제 치수)는 거친 원목의 면을 매끈하게 다듬기 위해 편평하게 깎는다면 공칭 치수보다 작게 된다. 따라서 50 × 75 mm의 목재 보는 편평하게 깎아진 후에 47 × 72 mm의 실제 치수를 갖게 된다. 물론 편평하게 깎아진 원목의 순 치수가 모든 공학 계산에 사용되어야 한다. 그래서 순 치수와 이에 해당되는 특성치가 부록 G에 수록되어 있다.

여러 가지 보 형상의 상대적인 효율성

보를 설계하는 목적 중의 하나는 기능, 외관, 제조 경비 그리고 그와 같은 다른 것 등으로 부과되는 제한 조건 내에서 가능한 한 효율적으로 재료를 사용하기 위함이다. 강도만의 관점에서 보면, 굽힘에서의 효율성은 주로 단면의 형상에 의존한다. 특히, 가장 효율적인 보는 재료가 중립축으로부터 실제적으로 가장 멀리까지 위치해 있는 보이다. 주어진 재료의 양이 중립축으로부터 멀리 있을수록 단면 계수는 더 커지고, 단면 계수가 커질수록 저항할 수 있는 굽힘모멘트는 더 커진다(주어진 허용 응력에 대하여).

하나의 예로서, 폭이 b이고 높이가 h인 **직사각형** 형태의 단면을 고려해 본다(그림 5-20a). 단면 계수는[식 (5-19b)로부터]

$$S = \frac{bh^2}{6} = \frac{Ah}{6} = 0.167Ah \qquad \textbf{(5-26)}$$

이고, 여기서 A는 단면적을 나타낸다. 이 식은 주어진 면적의 직사각형 단면이 높이 h가 증가할수록(그리고 폭 b는 면적을 일정하게 유지하기 위해 감소된다) 더욱 효율적임을 보여 준다. 물론, 보는 높이 대 폭의 비가 너무 커지면 측면으로 불안정해지기 때문에 높이의 증가에는 실제적으로 한계가 있다. 따라서 매우 좁은 직사각형 단면의 보는 재료의

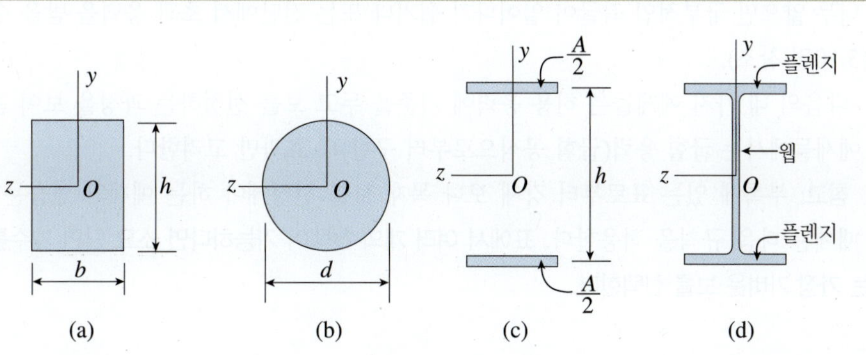

그림 5-20
보의 단면 형상

불충분한 강도보다는 측면(횡) 좌굴로 인해 파괴될 것이다.

다음으로, 직경이 d인 **속이 찬 원형단면**(그림 5-20b)을 같은 면적을 갖는 정사각형 단면과 비교해 보자. 원과 같은 면적을 갖는 정사각형의 변의 길이 $h = (d/2)\sqrt{\pi}$이다. 이에 대응하는 단면 계수는[식 (5-19b)와 식 (5-20b)로부터] 다음과 같다.

$$S_{\text{square}} = \frac{h^3}{6} = \frac{\pi\sqrt{\pi}d^3}{48} = 0.1160d^3 \qquad \textbf{(5-27a)}$$

$$S_{\text{circle}} = \frac{\pi d^3}{32} = 0.0982d^3 \qquad \textbf{(5-27b)}$$

위 식들로부터 다음을 얻는다.

$$\frac{S_{\text{square}}}{S_{\text{circle}}} = 1.18 \qquad \textbf{(5-28)}$$

이 결과는 정사각형 단면의 보가 같은 면적의 원형단면의 보보다 굽힘 저항에 더욱 효율적임을 보여준다. 물론 그 이유는 원형단면이 중립축 부근에 비교적 더 많은 양의 재료가 위치해 있기 때문이다. 이 재료는 높지 않은 응력을 받지 않고 따라서 보의 강도에 대해 크게 기여하지 않는다.

주어진 단면적 A와 높이 h인 보에 대한 **이상적인 단면 형상**은 그림 5-18c에 보이는 것처럼, 면적의 절반을 중립축 위로 거리 $h/2$ 되는 곳에 위치시키고 나머지 절반을 중립축 아래 거리 $h/2$ 되는 곳에 위치시킴으로써 얻을 수 있다. 이러한 이상적인 형상에 대해 다음 식을 얻는다.

$$I = 2\left(\frac{A}{2}\right)\left(\frac{h}{2}\right)^2 = \frac{Ah^2}{4} \qquad S = \frac{I}{h/2} = 0.5Ah \qquad \textbf{(5-29a,b)}$$

대부분의 재료가 플렌지에 치우쳐 있는 넓은 플렌지형 단면이나 I형 단면(그림 5-20d)을 이용함으로써 이러한 이론적인 한계에 실제적으로 접근할 수 있다. 표준의 넓은 플렌지형 보에 대해, 단면 계수는 대략

$$S \approx 0.35Ah \qquad \textbf{(5-30)}$$

이고, 이 값은 이상적인 경우보다 작지만 같은 면적과 높이를 갖는 직사각형 단면의 단면 계수보다 훨씬 크다[식 (5-26) 참조].

넓은 플렌지형 보의 또 다른 바람직한 특성은 폭이 크다는 것이고, 그래서 같은 높이와 단면 계수를 갖는 직사각형 보에 비교했을 때 횡 좌굴에 대해 큰 안정성을 갖고 있다. 반면에, 넓은 플렌지형 보의 웹을 얼마나 얇게 할 수 있는가에 실제적인 한계가 있다. 웹이 너무 얇으면 국부적인 좌굴이 일어나기 쉽거나 또는 전단에서 초과 응력을 받을 수 있다(5.10절 참조).

다음의 네 가지 예제들은 허용 응력에 기준을 두고 보를 선정하는 과정을 보여 준다. 이 예제들에서는 굽힘 응력(굽힘 공식으로부터 구한)의 효과만 고려한다.

참고: 부록에 있는 표로부터 강재 보나 목재 보를 선정해야 하는 예제와 연습문제를 풀 때에는 다음 규칙을 적용한다. 표에서 여러 개의 선택이 가능하다면 소요 단면 계수를 가지는 가장 가벼운 보를 선택한다.

예제 5-5

지간의 길이 L = 3 m인 단순지지 목재 보가 등분포 하중 q = 4 kN/m을 지지하고 있다(그림 5-21). 허용 굽힘 응력은 12 MPa이고 목재의 단위중량은 5.4 kN/m^{3}이며, 보는 횡 좌굴과 전도(tipping)에 대하여 측면에서 지지되고 있다.

부록 G의 표로부터 보의 적당한 크기를 선택하라.

풀이

문제풀이 4단계 접근방법을 사용한다. 효율적인 풀이를 위하여 필요에 따라 단계를 합한다.

1, 2. 개념화, 분류: 보의 무게를 미리 알지 못하기 때문에 다음과 같이 시행착오법을 이용하여 진행한다.

i. 주어진 등분포 하중에 근거한 소요 단면 계수를 계산한다.

ii. 보에 대한 시험적인 크기를 선택한다.

iii. 보의 무게를 등분포 하중에 더하고 새로운 소요 단면 계수를 계산한다.

선택한 보가 여전히 만족하는지를 검토한다. 만족하지 않는다면, 더 큰 보를 선택하고 이 과정을 반복한다.

3. 해석:

i. 보의 최대 굽힘모멘트는 중앙점에서 일어난다.

$$M_{\max} = \frac{qL^2}{8} = \frac{(4\ \text{kN/m})(3\ \text{m})^2}{8} = 4.5\ \text{kN}\cdot\text{m}$$

소요 단면 계수[식 (5-25)]는 다음과 같이 구해진다.

$$S = \frac{M_{\max}}{\sigma_{\text{allow}}} = \frac{4.5\ \text{kN}\cdot\text{m}}{12\ \text{MPa}} = 0.375 \times 10^6\ \text{mm}^3$$

ii. 부록 G의 표로부터 축 1 – 1에 대한 적어도 0.375×10^6 mm^{3}의 단면 계수를 갖는 가장 가벼운 보는 75 × 200 mm 보(공칭 치수)임을 알 수 있다. 이 보의 단면 계수는 0.456×10^6 mm^{3}이고 무게는 77.11 N/m이다(부록 G는 단위중량 5.4 kN/m^{3}에 근거한 보의 무게임을 유의하라).

iii. 이제 보에 작용하는 등분포 하중은 4.077 kN/m로 되고, 이에 대응되는 소요 단면 계수는 다음과 같다.

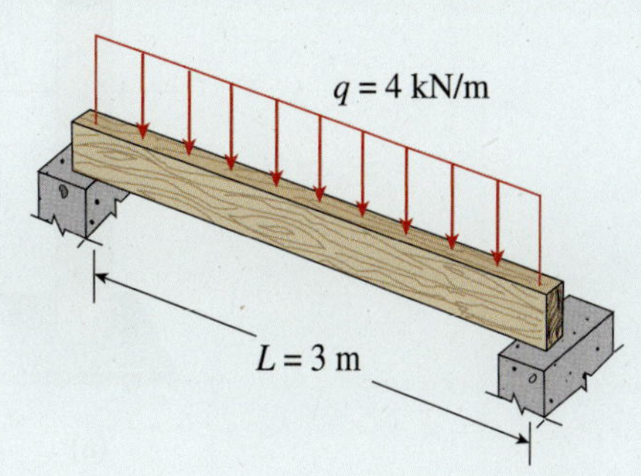

그림 5-21
예제 5-5: 단순지지된 목재 보의 설계

$$S = (0.375 \times 10^6\ \text{mm}^3)\left(\frac{4.077}{4.0}\right) = 0.382 \times 10^6\ \text{mm}^3$$

4. 최종 단계: 앞에서 선택한 보의 단면 계수는 $0.456 \times 10^6\ \text{mm}^3$이며, 이는 소요 단면 계수 $0.382 \times 10^6\ \text{mm}^3$보다 크다.

따라서 75 × 200 mm 보는 만족한다.

주: 목재의 단위중량이 5.4 kN/m³이 아니라면, 부록 G의 마지막 열의 값을 5.4 kN/m³에 대한 실제 단위중량의 비로 곱하여 단위 길이당 보의 무게를 계산한다.

예제 5-6

높이가 2.5 m인 수직 기둥이 상단에서 가로 방향 하중 P = 12 kN을 지지하여야 한다(그림 5-22). 속이 찬 목재 기둥과 속이 빈 알루미늄 관 기둥의 두 개의 계획이 제안되었다.

(a) 목재의 허용 굽힘 응력이 15 MPa일 때 목재 기둥의 소요 최소 직경 d_1은 얼마인가?

(b) 관벽 두께가 외경의 1/8이고 알루미늄의 허용 굽힘 응력이 50 MPa일 때 알루미늄 관의 소요 최소 외경 d_2는 얼마인가?

풀이

문제풀이 4단계 접근방법을 사용한다. 효율적인 풀이를 위하여 필요에 따라 단계를 합한다.

1. 개념화:

최대 굽힘모멘트: 최대 굽힘모멘트는 기둥의 기초에서 일어나며 하중 P에 높이 h를 곱한 값이다. 따라서

$$M_{\max} = Ph = (12\ \text{kN})(2.5\ \text{m}) = 30\ \text{kN} \cdot \text{m}$$

Part (a): 목재 기둥

2, 3. 분류, 해석: 목재 기둥에 대한 소요 단면 계수 S1은[식 (5-20b와 5-25) 참조]

그림 5-22
예제 5-6: (a) 속이 찬 목재 기둥, (b) 알루미늄 관

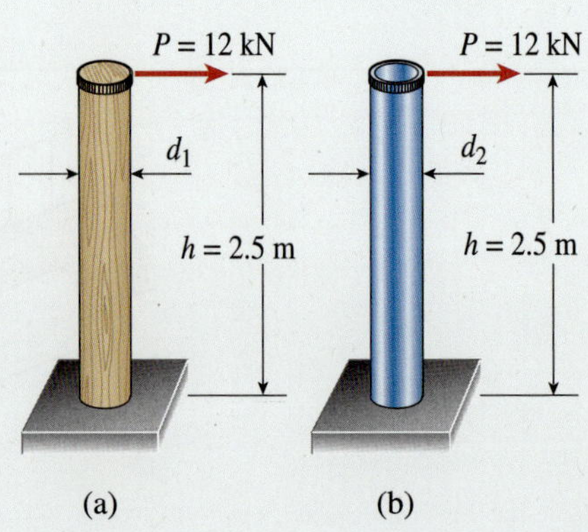

$$S_1 = \frac{\pi d_1^3}{32} = \frac{M_{max}}{\sigma_{allow}} = \frac{30 \text{ kN} \cdot \text{m}}{15 \text{ MPa}} = 0.0020 \text{ m}^3 = 2 \times 10^6 \text{ mm}^3$$

이고, 직경에 대해 풀면 다음을 얻는다.

$$d_1 = 273 \text{ mm}$$

4. 최종 단계: 목재 기둥에 대해 선택한 직경이 허용 응력을 초과하지 않으려면 273 mm와 같거나 더 커야만 한다.

Part (b):알루미늄 관

2, 3. 분류, 해석: 관에 대한 단면 계수 S_2를 결정하기 위해, 우선 단면의 관성모멘트 I_2를 구해야만 한다. 관의 벽 두께는 $d_2/8$이므로 내경은 $d_2 - d_2/4$ 혹은 $0.75d_2$가 된다. 따라서 관성모멘트[식 (5-20a) 참조]는 다음과 같다.

$$I_2 = \frac{\pi}{64}[d_2^4 - (0.75d_2)^4] = 0.03356d_2^4$$

관의 단면 계수는 식 (5-18)로부터 다음과 같이 구해진다.

$$S_2 = \frac{I_2}{c} = \frac{0.03356d_2^4}{d_2/2} = 0.06712d_2^3$$

소요 단면 계수는 식 (5-25)로부터 다음과 같이 구해진다.

$$S_2 = \frac{M_{max}}{\sigma_{allow}} = \frac{30 \text{ kN} \cdot \text{m}}{50 \text{ MPa}} = 0.0006 \text{ m}^3 = 600 \times 10^3 \text{ mm}^3$$

단면 계수에 대한 위의 두 식을 같다고 놓으면 소요 외경을 구할 수 있다.

$$d_2 = \left(\frac{600 \times 10^3 \text{ mm}^3}{0.06712}\right)^{1/3} = 208 \text{ mm}$$

4. 최종 단계: 이에 부합하는 내경은 0.75 (208 mm) 혹은 156 mm이다.

예제 5-7

지간의 길이가 7 m인 단순 보 AB는 그림 5-23a에서처럼 보에 걸쳐 분포된 하중세기 $q = 60$ kN/m의 등분포 하중을 지지하여야만 한다.

등분포 하중과 보의 무게를 고려하고 110 MPa의 허용 굽힘 응력을 사용하여, 하중을 지지하기 위한 넓은 플렌지형 구조용 강재 보를 선택하라.

풀이

문제풀이 4단계 접근방법을 사용한다. 효율적인 풀이를 위하여 필요에 따라 단계를 합한다.

1, 2. 개념화, 분류: 이 예제에서는 다음과 같이 진행한다.

i. 등분포 하중으로 인한 보의 최대 굽힘모멘트를 구한다.

ii. 최대 굽힘모멘트로부터 소요 단면 계수를 구한다.

그림 5-23
예제 5-7: 부분 등분포 하중을 받는 단순 보의 설계

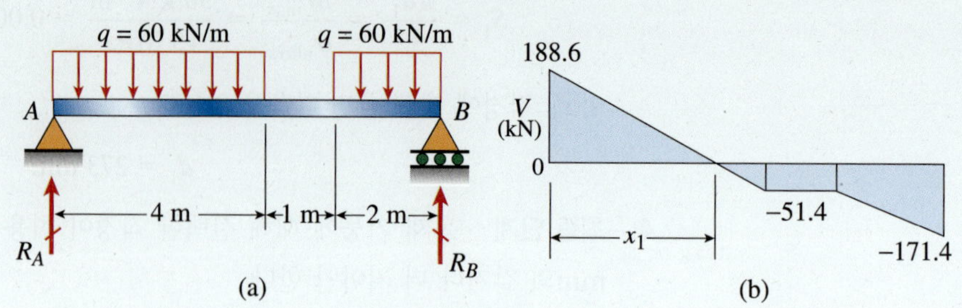

iii. 부록 F의 표 F-1로부터 시험적인 넓은 플렌지형 보를 선택하고 보의 무게를 얻는다.

iv. 얻은 무게로부터 굽힘모멘트의 새로운 값과 단면 계수의 새로운 값을 계산한다.

선택된 보가 여전히 만족한지를 결정한다. 만족하지 않는다면, 새로운 보의 크기를 선택하고 만족할 만한 보의 크기를 얻을 때까지 이 과정을 반복한다.

최대 굽힘모멘트: 최대 굽힘모멘트가 일어나는 단면의 위치를 구하기 위해, 4장에서 기술된 방법을 이용하여 전단력 선도(그림 5-23b)를 그린다. 이 과정 중의 하나로 지지점에서의 반력을 구한다.

$$R_A = 188.6 \text{ kN} \qquad R_B = 171.4 \text{ kN}$$

왼쪽 지지점으로부터 전단력이 0이 되는 단면까지의 거리 x_1은 다음 식으로 구한다.

$$V = R_A - qx_1 = 0$$

이 식은 $0 \le x \le 4$ m인 구간에서 유효하다. x_1에 대해 풀면 다음을 얻고

$$x_1 = \frac{R_A}{q} = \frac{188.6 \text{ kN}}{60 \text{ kN/m}} = 3.14 \text{ m}$$

이 값은 4 m보다 작으므로 따라서 계산은 유효하다.

최대 굽힘모멘트는 전단력이 0인 단면에서 일어난다; 따라서

$$M_{\max} = R_A x_1 - \frac{qx_1^2}{2} = 296.3 \text{ kN}\cdot\text{m}$$

이다.

3. 해석:

소요 단면 계수: 소요 단면 계수(하중 q에만 근거한)는 식 (5-25)로부터 구한다:

$$S = \frac{M_{\max}}{\sigma_{\text{allow}}} = \frac{(296.3 \times 10^6 \text{ N}\cdot\text{mm})}{110 \text{ MPa}} = 2.694 \times 10^6 \text{ mm}^3$$

시험 보: 이제 표 F-1에서 2,694 cm^3보다 큰 단면 계수를 갖는 가장 가벼운 넓은 플렌지형 보를 선택한다. 이 단면 계수에 해당되는 가장 가벼운 보는 S = 2,896 cm^3을 갖는 HE 450A이다. 이 보는 140 kg/m, 혹은 1.373 kN/m의 무게를 가진다(부록 F의 표는 요약된 것이므로 실제로는 더 가벼운 보가 있을 수 있음을 상기하라).

이제 등분포 하중 q와 보 자체의 무게의 작용을 받는 보에 대해 반력, 최대 굽힘모멘트 및 소요 단면 계수를 다시 계산한다. 이러한 조합 하중하에서 반력은

$$R_A = 193.4 \text{ kN} \qquad R_B = 176.2 \text{ kN}$$

이고, 전단력이 0인 단면까지의 거리는 다음과 같다.

$$x_1 = \frac{193.4 \text{ kN}}{(60 \text{ kN/m} + 1.373 \text{ kN/m})} = 3.151 \text{ m}$$

최대 굽힘모멘트는 304.7 kN · m로 증가되었으며, 새로운 소요 단면 계수는

$$S = \frac{M_{\text{max}}}{\sigma_{\text{allow}}} = \frac{(304.7 \times 10^6 \text{ N·mm})}{110 \text{ MPa}} = 2770 \text{ cm}^3$$

이다.

4. 최종 단계: 따라서 $S = 2{,}896 \text{ cm}^3$인 단면 계수를 갖는 HE 450A 보는 아직도 만족한다는 것을 알 수 있다.

참고: 새로운 소요 단면 계수가 HE 450A 보의 단면 계수를 초과한다면, 더 큰 단면 계수를 갖는 새로운 보를 선택해야 하고 이 과정을 반복해야 할 것이다.

예제 5-8

임시로 만든 목재 댐이 외팔보의 역할을 하도록, 땅속에 박힌 수직 목재 기둥 B에 의해 지지되는 수평 판자 A로 만들어졌다(그림 5-24). 기둥은 정사각형 단면(치수 $b \times b$)을 가지며 중심에서 중심까지의 거리 $s = 0.8$ m 간격으로 배치되어 있다. 댐 안의 수위는 댐의 높이 $h = 2.0$ m까지 꽉 차 있다고 가정한다.

목재의 허용 굽힘 응력이 $\sigma_{\text{allow}} = 8.0$ MPa일 때 기둥의 소요 최소 치수 b를 결정하라.

풀이

문제풀이 4단계 접근방법을 사용한다.

1. 개념화:

하중 선도: 각 기둥은 판자에 작용하는 수압에 의해 생기는 삼각형 분포 하중을 받고 있다. 따라서 각 기둥에 대한 하중 선도는 삼각형이다(그림 5-24c). 기둥에 작용하는 하중의 최대 세기 q_0는 깊이 h에서의 수압에 기둥 사이의 간격 s를 곱한 것과 같다.

$$q_0 = \gamma h s \tag{a}$$

여기서 γ는 물의 비중이다. q_0의 단위는 단위 길이당 힘이고, γ의 단위는 단위 체적당 무게이며, h와 s는 모두 길이의 단위를 갖고 있음을 유의하라.

2. 분류화:

단면 계수: 각 기둥은 외팔보이므로, 최대 굽힘모멘트는 기초에서 일어나며 다음

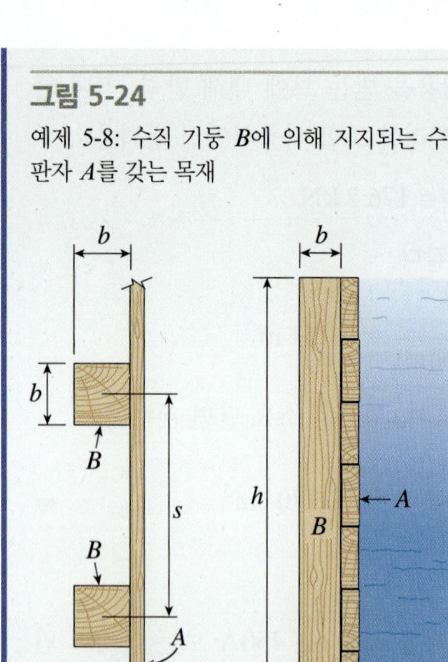

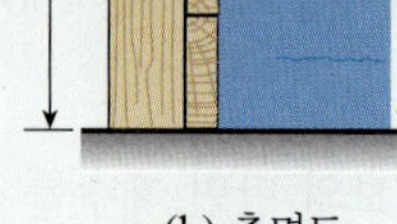

(a) 부감도 (b) 측면도

(c) 하중 선도

그림 5-24

예제 5-8: 수직 기둥 B에 의해 지지되는 수평 판자 A를 갖는 목재

식으로 주어진다:

$$M_{max} = \frac{q_0 h}{2}\left(\frac{h}{3}\right) = \frac{\gamma h^3 s}{6} \quad \textbf{(b)}$$

그러므로, 소요 단면 계수[식 (5-25)]는 다음과 같다.

$$S = \frac{M_{max}}{\sigma_{allow}} = \frac{\gamma h^3 s}{6\sigma_{allow}} \quad \textbf{(c)}$$

3. 해석: 정사각형 단면의 보에 대해, 단면 계수 $S = b^3/6$이다[식 (5-19b) 참조]. S에 대한 이 식을 식 (c)에 대입하면, 기둥의 최소 치수 b의 세제곱에 대한 식을 얻을 수 있다:

$$b^3 = \frac{\gamma h^3 s}{\sigma_{allow}} \quad \textbf{(d)}$$

수치값: 이제 수치값을 식 (d)에 대입하면 다음을 얻고

$$b^3 = \frac{(9.81 \text{ kN/m}^3)(2.0 \text{ m})^3(0.8 \text{ m})}{8.0 \text{ MPa}} = 0.007848 \text{ m}^3 = 7.848 \times 10^6 \text{ mm}^3$$

이 식으로부터

$$b = 199 \text{ mm}$$

이다.

4. 최종 단계: 따라서 기둥의 소요 최소 치수 b는 199 mm이다. 200 mm와 같은 큰 치수는 실제 굽힘 응력이 허용 응력보다 작다는 것을 보증한다.

5.7 불균일 단면 보

이 장에서 기술된 보의 이론들은 균일 단면 보, 즉 전 길이에 걸쳐 동일한 단면을 갖는 직선 보에 대해 유도되었다. 그러나 무게를 줄이고 외관을 개선하기 위해 일반적으로 불균일 단면 보가 사용된다. 이러한 보는 자동차, 항공기, 기계, 교량, 빌딩, 공구 및 많은 다른 응용물에서 찾아볼 수 있다(그림 5-25). 다행스럽게도 그림 5-25의 예에서와 같이, 단면 치수가 점차적으로 변하는 불균일 단면 보에서 굽힘 응력에 대한 굽힘 공식[식 (5-14)]은 합리적으로 정확한 값을 제공한다.

불균일 단면 보의 축을 따라 굽힘 응력이 변하는 양상은 균일 단면 보에서와 같지 않다. 균일 단면 보에서 단면 계수 S는 일정하므로 응력은 굽힘모멘트 M에 정비례로 변화한다(왜냐하면 $s = M/S$이기 때문에). 그러나 불균일 단면 보에서 단면 계수는 역시 축을 따라 변화한다. 결론적으로, 최대 응력이 최대 굽힘모멘트를 가지는 단면에서 일어난

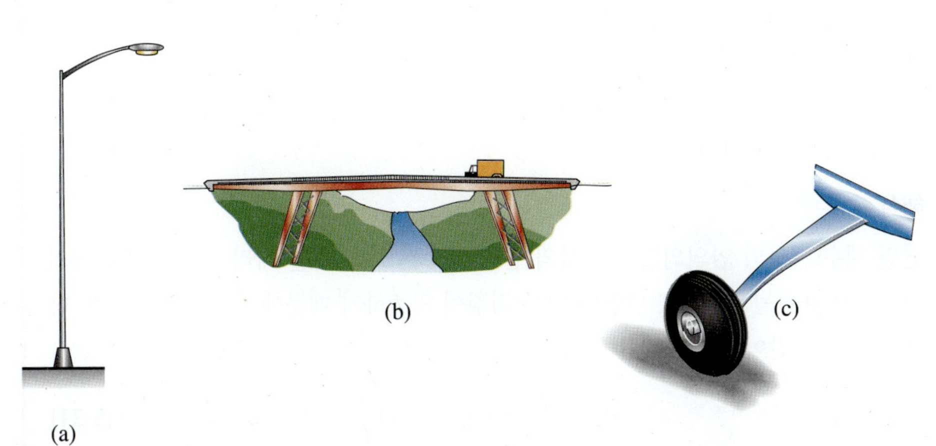

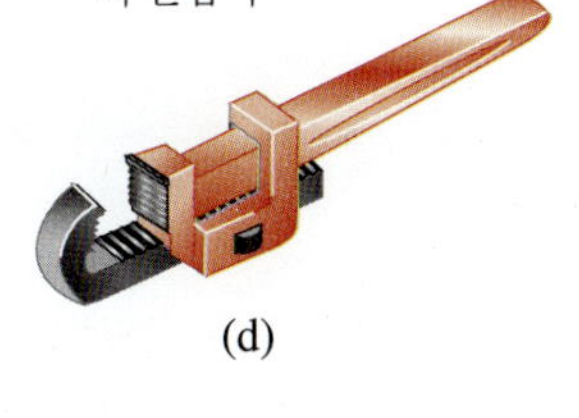

그림 5-25

불균일 단면 보의 예: (a) 가로등, (b) 테이퍼 거더와 교각의 교량, (c) 소형 비행기의 바퀴 지주, (d) 렌치의 손잡이

다고 가정할 수 없다. 때때로 최대 응력은 예제 5-9에서 보여지듯이 다른 곳에서 일어난다.

완전 응력 보

재료의 양을 최소화하여 가능한 한 가장 가벼운 보를 얻기 위해, 각 단면에서 최대 허용 굽힘 응력을 갖도록 단면의 치수를 변화시킬 수 있다. 이러한 조건의 보를 **완전 응력 보 (fully stressed beam)** 또는 일정 강도의 보(*beam of constant strength*)라고 부른다.

물론 보를 제작하는 데 있어 실제적인 문제와 설계에서 가정했던 것과는 다른 하중이 될 수 있기 때문에, 이러한 이상적인 조건은 얻기 힘들다. 그럼에도 불구하고, 완전 응력 보의 특성을 안다는 것은 최소 무게의 구조물을 설계하는 데 있어 공학자들에게 큰 도움이 될 수 있다. 거의 일정한 최대 응력을 유지하도록 설계되는 구조물의 친숙한 예로는 자동차의 겹판 스프링, 교량의 테이퍼형 거더 그리고 그림 5-25에 나타낸 몇 가지 구조물 등이 있다.

완전 응력 보의 형상에 대한 결정은 예제 5-10에서 예시된다.

예제 5-9

그림 5-26

예제 5-9: 원형단면을 갖는 테이퍼형 외팔보

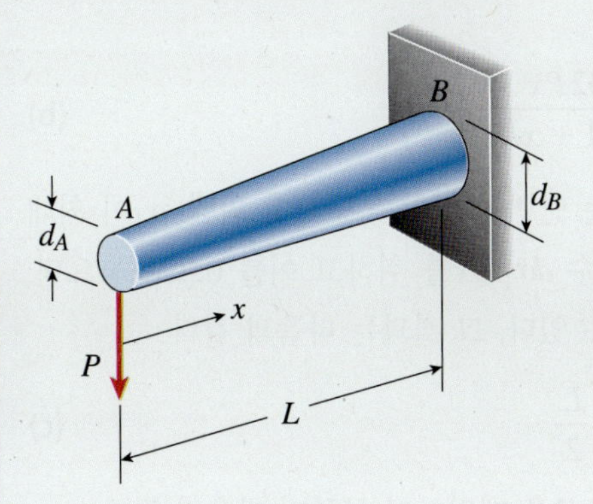

속이 찬 원형단면의 테이퍼 형 외팔보 AB가 자유단에서 하중 P를 지지하고 있다(그림 5-26). 고정단에서의 단면의 직경 d_B는 자유단에서의 단면의 직경 d_A의 두 배이다.

$$\frac{d_B}{d_A} = 2$$

고정단에서의 굽힘 응력 σ_B와 최대 굽힘 응력 $\sigma_{\max}$을 결정하라.

풀이

문제풀이 4단계 접근방법을 사용한다. 효율적인 풀이를 위하여 필요에 따라 단계를 합한다.

1, 2. 개념화, 분류: 보의 테이퍼 각이 작으면, 굽힘 공식으로 구한 굽

힘 응력은 정확한 값과 약간의 차이만 보일 것이다. 정확성에 관련된 지침으로, 선 AB(그림 5-26)와 보의 길이방향 축 사이의 각이 약 20°이면 굽힘 공식으로부터 수직응력을 계산할 때의 오차는 약 10%라는 것에 유의한다. 물론 테이퍼 각이 감소할수록 오차도 작아진다.

3. 해석:

단면 계수: 보의 임의의 단면에서의 단면 계수는 보의 축을 따라 측정된 거리 x의 함수로서 표현될 수 있다. 단면 계수는 직경에 의존하기 때문에 우선 직경을 x의 항으로 다음과 같이 나타내야만 한다:

$$d_x = d_A + (d_B - d_A)\frac{x}{L} \tag{5-31}$$

여기서 d_x는 자유단으로부터 거리 x만큼 떨어진 곳에서의 직경이다. 따라서 자유단으로부터 거리 x만큼 떨어진 곳에서의 단면 계수[식 (5-20b)]는 다음과 같다.

$$S_x = \frac{\pi d_x^3}{32} = \frac{\pi}{32}\left[d_A + (d_B - d_A)\frac{x}{L}\right]^3 \tag{5-32}$$

굽힘 응력: 굽힘모멘트는 Px와 같기 때문에, 임의의 단면에서의 최대 수직응력은 다음 식으로 주어진다.

$$\sigma_1 = \frac{M_x}{S_x} = \frac{32Px}{\pi[d_A + (d_B - d_A)(x/L)]^3} \tag{5-33}$$

응력 σ_1은 보의 상부에서는 인장이고, 하부에서는 압축임을 보를 살펴봄으로서 알 수 있다.

식 (5-31), (5-32), 그리고 (5-33)은 테이퍼의 각이 작기만 하면 d_A와 d_B의 어떤 값에 대해서도 유효하다는 것을 유의하라. 다음 논의에서는 $d_B = 2d_A$인 경우를 고려한다.

고정단에서의 최대 응력: 가장 큰 굽힘모멘트가 일어나는 단면(보의 B단)에서의 최대 응력은 식 (5-33)에 $x = L$과 $d_B = 2d_A$를 사용하여 얻어진다. 그 결과는 다음과 같다.

$$\sigma_B = \frac{4PL}{\pi d_A^3} \tag{a}$$

보에서의 최대 응력: $d_B = 2d_A$로 가정해서 자유단으로부터 거리 x 만큼 떨어진 단면에서의 최대 응력[식 (5-33)]은

$$\sigma_1 = \frac{32Px}{\pi d_A^3(1 + x/L)^3} \tag{b}$$

이다. 보에서 가장 큰 굽힘 응력이 일어나는 단면의 위치를 구하기 위해, σ_1이 최대가 되게 하는 x의 값을 구해야 한다. 도함수 $d\sigma_1/dx$를 취하고 이를 0으로 놓으면, σ_1이 최대가 되게 하는 x의 값에 대해 풀 수 있다. 그 결과는 다음과 같다.

$$x = \frac{L}{2} \tag{c}$$

이에 대응하는 최대 응력은 식 (b)에 $x = L/2$을 대입하여 구하며 다음과 같다.

$$\sigma_{\max} = \frac{128PL}{27\pi d_A^3} = \frac{4.741PL}{\pi d_A^3} \tag{d}$$

4. 최종 단계: 이 특별한 예제에서, 최대 응력은 보의 중앙에서 일어나며 고정단에서의 응력 σ_B보다 19% 더 크다.

주: 보의 테이퍼가 감소하면, 최대 수직응력의 단면이 중앙으로부터 고정단 쪽으로 이동한다. 테이퍼 각이 아주 작으면, 최대 수직응력은 고정단 B에서 일어난다.

예제 5-10

그림 5-27

예제 5-10: 일정한 최대 수직응력을 갖는 완전 응력 보(전단응력은 무시한 이론적인 형상)

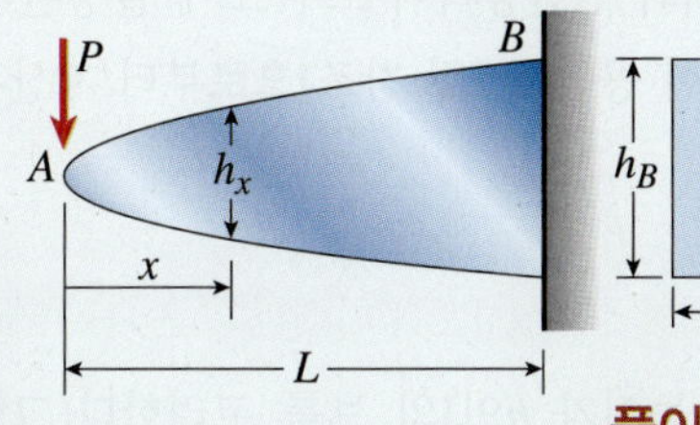

길이가 L인 외팔보 AB가 자유단에서 집중 하중 P를 지지하도록 설계하려 한다(그림 5-25). 보의 단면은 일정한 폭 b와 변화하는 높이 h를 갖는 직사각형이다. 이 보를 설계하는 데 도움을 주기 위해, 설계자는 이상적인 보의 높이가 모든 단면에서의 최대 수직응력이 허용 응력 σ_{allow}과 같아지도록 하기 위해 어떻게 변화해야 할 것인지를 알고 싶어 할 것이다.

굽힘 공식으로부터 구한 굽힘 응력만을 고려하여 완전 응력 보의 높이를 결정하라.

풀이

문제풀이 4단계 접근방법을 사용한다. 효율적인 풀이를 위하여 필요에 따라 단계를 합한다.

1, 2. 개념화, 분류: 보의 자유단으로부터 거리 x만큼 떨어진 곳에서의 굽힘모멘트와 단면 계수는

$$M = Px \qquad S = \frac{bh_x^2}{6}$$

이고, 여기서 h_x는 거리 x인 곳에서의 보의 높이이다. 이들을 굽힘 공식에 대입하면 다음 식을 얻을 수 있다.

$$\sigma_{\text{allow}} = \frac{M}{S} = \frac{Px}{bh_x^2/6} = \frac{6Px}{bh_x^2} \tag{a}$$

3. 해석: 보의 높이에 대해 풀면 다음을 얻고,

$$h_x = \sqrt{\frac{6Px}{b\sigma_{\text{allow}}}} \tag{b}$$

보의 고정단에서($x = L$), 높이 h_B는

$$h_B = \sqrt{\frac{6PL}{b\sigma_{\text{allow}}}} \tag{c}$$

이다. 따라서 높이 h_x는 다음과 같은 형태로 표현할 수 있다.

$$h_x = h_B\sqrt{\frac{x}{L}} \tag{d}$$

4. 최종 단계: 이 마지막 식은 완전 응력 보의 높이가 x의 제곱근에 따라 변화한다는 것을 보여준다. 결론적으로, 이상적인 보는 그림 5-27과 같은 포물선 형상을 갖는다.

참고: 하중이 작용하는 보의 끝단에서는($x = 0$) 굽힘모멘트가 없기 때문에 이론적인 높이는 0이다. 물론 이러한 형상의 보는 보의 자유단 부근에서 전단력을 지지할 수 없기 때문에 실용적이지 못하다. 그럼에도 불구하고, 이상적인 형상은 전단응력과 다른 영향들을 고려하는 실제 설계를 위해 유용한 출발점을 제공해 줄 수 있다.

5.8 직사각형 단면 보에서의 전단응력

보가 **순수 굽힘** 상태에 있을 때 유일한 합 응력은 굽힘모멘트이며, 유일한 응력은 단면에 작용하는 수직응력이다. 그러나 대부분의 보는 굽힘모멘트와 전단력 모두를 일으키는 하중을 받는다(**불균일 굽힘**). 이러한 경우에는, 수직응력과 전단응력이 모두 보에 발생된다. 보가 선형 탄성 재료로 만들어진다면 수직응력은 굽힘 공식(5.5절 참조)으로부터 계산된다. 전단응력은 이 절과 다음 두 절에서 논의된다.

수직전단응력과 수평전단응력

양의 전단력 V를 받는 직사각형 단면(폭이 b이고 높이가 h인)의 보를 고려한다(그림 5-28a). 단면에 작용하는 전단응력 τ는 전단력에 평행하다고, 즉 단면의 수직면에 평행하고 또한 전단응력은 높이에 따라 변화할 수 있지만, 보의 폭에 걸쳐 등분포된다고 가정한다. 이러한 두 가정을 사용하여, 단면상 임의의 점에서의 전단응력의 세기를 결정할 수 있다.

그림 5-28
직사각형 단면을 갖는 보에서의 전단응력

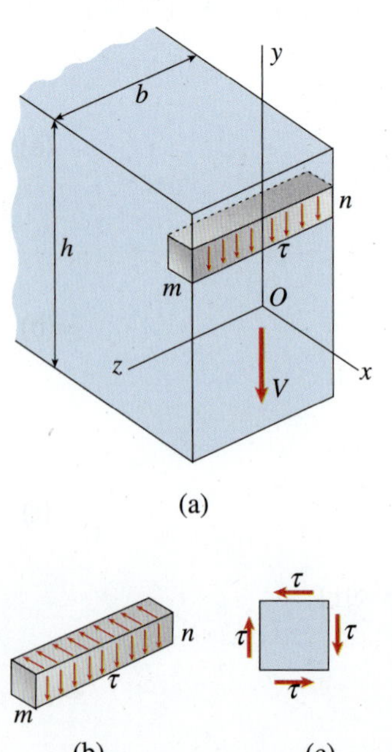

해석의 목적을 위해, 두 개의 인접 단면 사이와 두 개의 수평면 사이를 잘라낸 보의 작은 요소 mn(그림 5-26a)을 분리시킨다. 가정에 따르면, 이 요소의 앞면에 작용하는 전단응력 τ는 수직이며, 보의 한쪽 면으로부터 다른 면까지 등분포되어 있다. 또한 1.8절의 전단응력에 대한 논의로부터, 요소의 한쪽 면에 작용하는 전단응력은 요소의 수직면에 작용하는 같은 크기의 전단응력을 동반한다는 것을 알고 있다(그림 5-28b와 c). 따라서 단면에 작용하는 수직전단응력뿐만 아니라 보의 수평층 사이에 작용하는 수평전단응력도 존재한다. 보의 임의의 점에서, 이 상보 전단응력(complementary shear stresses)은 크기가 같다.

요소에 작용하는 수평전단응력과 수직전단응력의 동일성은 보의 윗면과 밑면에서의 전단응력에 관한 중요한 결론을 얻을 수 있도록 한다. 요소 mn(그림 5-28a)이 보의 윗면이나 밑면에 위치한다고 생각하면, 보의 바깥 표면에는 응력이 없기 때문에 수평전단응력도 없어져야 한다는 것을 알 수 있다. 그것의 결과로써, 그 위치에서의 수직전단응력도 역시 없어져야만 한다. 다시 말하면, $y = \pm h/2$에서 $\tau = 0$이다.

보에서의 수평전단응력의 존재는 간단한 실험으로 보여줄 수 있다. 그림 5-29a에서와 같이, 단순지지 위에 두 개의 똑같은 직사각형 보를 올려놓고 하중 P를 가한다. 만일 보 사이의 마찰이 작다면 보는 독립적으로 굽혀질 것이다(그림 5-29b). 각각의 보는 자체의 중립축 위에서는 압축을, 그리고 중립축 아래에서는 인장을 받을 것이며, 따라서 위쪽 보의 바닥면은 아래쪽 보의 윗면에 대해 미끄러질 것이다.

이제 두 보를 단일체 보로 만들기 위해, 접촉면을 따라 접착시켰다고 생각하자. 이 보가 하중을 받으면 그림 5-29b에서 보이는 것과 같은 미끄러짐을 방지하기 위하여, 접착 표면을 따라 수평전단응력이 발생해야 한다. 이러한 전단응력의 존재 때문에, 단일체 보는 두 개로 분리된 보보다 더욱 튼튼하고 강하다.

그림 5-29
두 개로 분리된 보의 굽힘

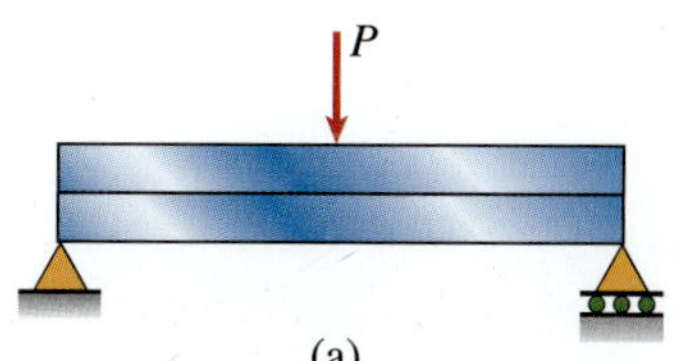

(a)

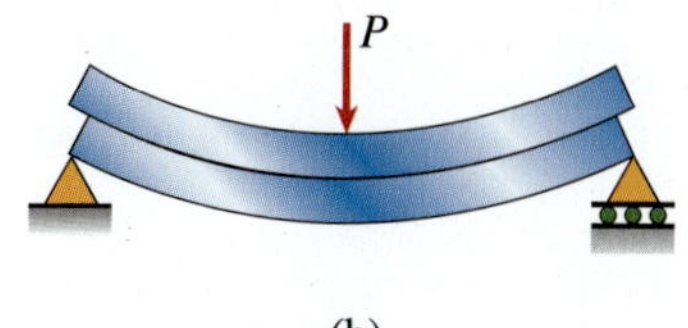

(b)

전단 공식의 유도

이제 직사각형 보에서의 전단응력 τ에 대한 공식을 유도해 본다. 그러나 단면에 작용하는 수직전단응력을 구하는 것보다 보의 층 사이에 작용하는 수평전단응력을 구하는 것이 쉽다. 물론, 수직전단응력은 수평전단응력과 같은 크기를 갖는다.

이러한 과정을 염두에 두고, 불균일 굽힘 상태의 보를 고려해 본다(그림 5-30a). 거리 dx만큼 떨어진 두 개의 인접 단면 mn과 m_1n_1을 취하고 **요소** mm_1n_1n을 고려한다. 이 요소의 왼쪽 면에 작용하는 굽힘모멘트와 전단력은 각각 M과 V로 표시한다. 보의 축을 따라 굽힘모멘트와 전단력은 모두 변하기 때문에, 요소의 오른쪽 면에 작용하는 크기는(그림 5-30a) 각각 $M + d_M$과 $V + d_V$로 표시한다.

굽힘모멘트와 전단력의 존재 때문에, 그림 5-30a에서 보이는 요소는 단면의 양면에서 수직응력과 전단응력의 작용을 받는다. 그러나 다음의 유도에서는 수직응력만 필요하며, 따라서 수직응력만 그림 5-30b에 나타나 있다. 단면 mn과 m_1n_1에 작용하는 수직응력은 각각 굽힘 공식[식 (5-14)]에 의해 다음과 같이 주어진다.

$$\sigma_1 = -\frac{My}{I} \quad \text{and} \quad \sigma_2 = -\frac{(M + dM)y}{I} \qquad \textbf{(5-34a,b)}$$

이 식에서 y는 중립축으로부터의 거리이고, I는 중립축에 관한 단면적의 관성모멘트이다.

다음으로, 수평 평면 pp_1을 요소 mm_1n_1n(그림 5-30b)에 통과시켜 얻은 **보조 요소** mm_1p_1p를 분리한다. 평면 pp_1는 보의 중립면으로부터 거리 y_1만큼 떨어진 곳에 있다. 보조 요소는 그림 5-30c에 따로 나타내었다. 보조 요소의 맨 윗면은 보의 상부 표면의 일부분이고, 따라서 응력이 없다는 것에 유의한다. 보조 요소의 바닥면(그 면은 중립면에 평행하며 중립면에서 거리 y_1만큼 떨어져 있다)은 보에서의 이 위치에 존재하는 수평전단응력 τ의 작용을 받는다. 보조 요소 단면의 면 mp와 m_1p_1은 각각 굽힘모멘트에 의해 생긴 굽힘 응력 σ_1과 σ_2의 작용을 받는다. 또한 수직전단응력도 단면의 면에 작용한다. 그러나 이러한 응력은 보조 요소의 수평방향(x방향)에서의 평형에 영향을 주지 않기 때문에 그림 5-30c에 나타내지 않았다.

단면 mn과 m_1n_1(그림 5-30b)에 작용하는 굽힘모멘트가 같다면(즉, 보가 순수 굽힘 상태에 있다면), 보조 요소(그림 5-30c)의 측면 mp와 m_1p_1에 걸쳐 작용하는 수직응력 σ_1과 σ_2 역시 같을 것이다. 이러한 조건 하에서, 보조 요소는 수직응력의 작용하에서만 평형을 이룰 것이므로, 밑면 pp_1에 작용하는 전단응력 τ는 없어질 것이다. 이 결론은 순수 굽힘 상태의 보에는 전단력이 없고, 따라서 전단응력도 없다는 것만큼이나 명백하다.

굽힘모멘트가 x축을 따라 변하면(불균일 굽힘), 보조 요소(그림 5-30c)의 밑면에 작용하는 전단응력 τ는 보조 요소의 x방향으로의 평형을 고려함으로써 결정할 수 있다.

중립축으로부터 거리 y만큼 떨어진 단면에서의 면적 요소 dA를 확인하는 것으로 시

그림 5-30
직사각형 단면을 갖는 보에서의 전단응력

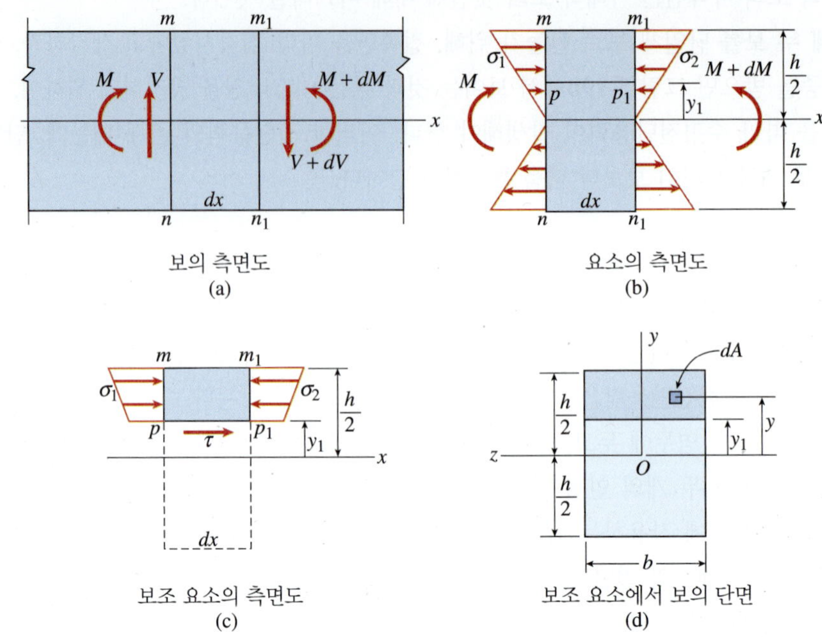

작한다(그림 5-30d). 이 요소에 작용하는 힘은 σdA이고, 여기서 σ는 굽힘 공식으로부터 구한 수직응력이다. 면적 요소가 보조 요소의 왼쪽 면 mp(여기서 굽힘모멘트는 M)에 위치한다면, 수직응력은 식 (5-34a)에 의해 주어지며, 따라서 힘 성분은 다음과 같다.

$$\sigma_1 dA = \frac{My}{I} dA$$

응력의 방향은 그림 5-30으로부터 명백히 알 수 있기 때문에 이 식에서는 단지 절대 값만 사용한다는 것에 유의하라. 보조 요소의 면 mp의 면적에 걸쳐 이 힘 성분을 합하면(그림 5-30c) 그 면에 작용하는 전체 수평력 F_1이 구해진다:

$$F_1 = \int \sigma_1 dA = \int \frac{My}{I} dA \qquad \textbf{(5-35a)}$$

이 적분은 그림 5-30d의 단면에 음영 부분의 면적, 즉 $y = y_1$으로부터 $y = h/2$까지의 단면의 면적에 걸쳐 행해진다는 것에 유의하라.

그림 5-31
모든 수평방향 힘을 보여주는 보조 요소의 부분 자유물체도(그림 5-30c와 비교)

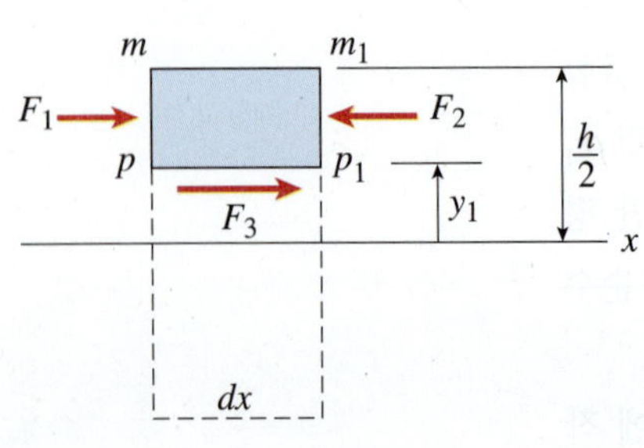

힘 F_1은 보조 요소의 부분 자유물체도상에 그림 5-31에서처럼 그려져 있다(수직력은 생략되었다).

비슷한 방법으로, 보조 요소의 오른쪽 면 m_1p_1에 작용하는 전체 수평력 F_2를 구하면(그림 5-31과 그림 5-30c)

$$F_2 = \int \sigma_2 dA = \int \frac{(M + dM)y}{I} dA \qquad \textbf{(5-35b)}$$

이다. 힘 F_1과 F_2를 알면, 보조 요소의 밑면에 작용하는 수평력 F_3을 결정할 수 있다.

보조 요소는 평형 상태에 있기 때문에, x방향으로의 힘을 합할 수 있고 다음을 얻는다.

$$F_3 = F_2 - F_1 \tag{5-35c}$$

혹은

$$F_3 = \int \frac{(M + dM)y}{I} dA - \int \frac{My}{I} dA = \int \frac{(dM)y}{I} dA$$

마지막 항의 dM과 I는 주어진 어떠한 단면에서나 일정하기 때문에, 적분 부호 밖으로 꺼낼 수 있으며 적분에 포함되지 않는다. 따라서 힘 F_3에 대한 식은 다음과 같이 된다.

$$F_3 = \frac{dM}{I} \int y dA \tag{5-36}$$

만일 전단응력 τ가 보의 폭 b에 걸쳐 등분포되었다면, 힘 F_3는 역시 다음과 같게 될 것이다:

$$F_3 = \tau b dx \tag{5-37}$$

여기서 bdx는 보조 요소의 밑면의 면적이다.

식 (5-36)과 (5-37)을 결합하고 전단응력 τ에 관해 풀면 다음 식을 얻는다.

$$\tau = \frac{dM}{dx}\left(\frac{1}{Ib}\right)\int y dA \tag{5-38}$$

양 dM/dx은 전단력 V와 같고[식 (4-4) 참조], 따라서 위의 식은 다음과 같이 된다.

$$\tau = \frac{V}{Ib} \int y dA \tag{5-39}$$

이 식에서의 적분은 이미 설명한 바와 같이 단면의 음영부분(그림 5-30d)에 걸쳐 계산된다. 따라서 적분은 중립축(z축)에 관한 음영부분 면적의 1차 모멘트이다. 다시 말하면, **적분은 전단응력 τ가 계산되는 위치에서 위쪽 단면적의 1차 모멘트이다.** 이 1차 모멘트는 일반적으로 기호 Q로 표시한다:

$$Q = \int y dA \tag{5-40}$$

이 기호를 사용하면, 전단응력에 대한 식은 다음과 같이 된다.

$$\tau = \frac{VQ}{Ib} \tag{5-41}$$

전단 공식(shear formula)으로 알려진 이 식은 직사각형 보 단면의 임의의 점에서의 전단응력 τ를 결정하는 데 사용될 수 있다. 특정 단면에 대해서는 전단력 V, 관성모멘트 I 그리고 폭 b는 일정하다는 것을 유의하라. 그러나 1차 모멘트 Q(그래서 전단응력 τ)는 중립축으로부터의 거리 y_1에 따라 변화한다.

1차 모멘트 Q의 계산

만일 그림 5-30d에서와 같이 결정해야 할 전단응력의 위치가 중립축의 위에 있다면, 이 위치 위의 단면적(그림에서 음영 면적)의 1차 모멘트를 계산하여 Q를 구하는 것이 당연하다. 그러나 다른 방법으로는 나머지 단면적, 즉 음영 면적 아래 면적의 1차 모멘트를 계산할 수도 있다. 이때의 1차 모멘트는 음의 Q값과 같다.

이러한 설명은 중립축에 관한 전체 단면적의 1차 모멘트는 0이라는 사실(왜냐하면 중립축이 도심을 통과하기 때문에)에서 찾을 수 있다. 그래서 위치 y_1 아래의 면적에 대한 Q값은 그 위치의 위의 면적에 대한 음의 Q값이다. 편의상, 구하고자 하는 전단응력의 위치가 보의 윗부분에 있을 때는 보통 위치 y_1 위의 면적을 사용하고, 전단응력의 위치가 보의 아랫부분에 있을 때는 위치 y_1 아래의 면적을 사용한다.

더구나 V와 Q에 대한 부호규약은 신경 쓰지 않아도 된다. 대신에 전단 공식의 모든 항은 양의 값으로 다루고 전단응력의 방향을 검사함으로써 결정할 수 있는데, 왜냐하면 응력은 전단력 V 자체와 같은 방향으로 작용하기 때문이다. 전단응력을 결정하는 이러한 과정은 뒤의 예제 5-11에서 예시된다.

직사각형 보에서의 전단응력의 분포

그림 5-32

직사각형 단면을 갖는 보에서의 전단응력 분포: (a) 보의 단면, (b) 보의 높이에 걸쳐 전단응력의 포물선 분포를 보여주는 선도

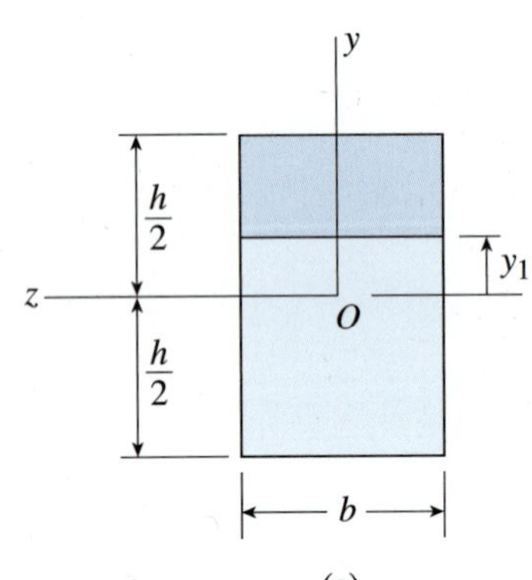

(a)

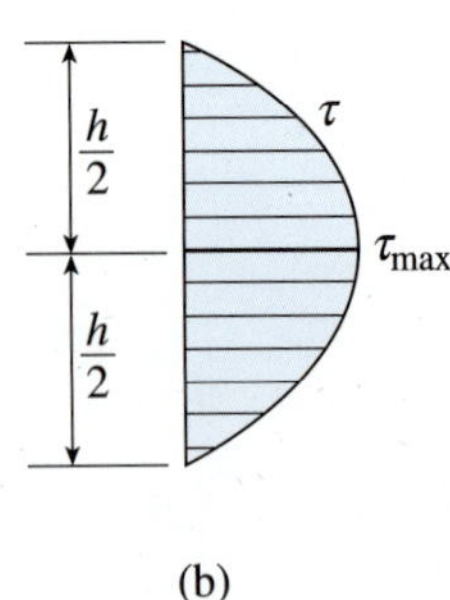

(b)

이제 직사각형 단면 보(그림 5-32)에서의 전단응력의 분포를 결정할 준비가 되었다. 단면적의 음영 부분의 1차 모멘트 Q는 이 면적에 이 면적 자체의 도심으로부터 중립축까지의 거리를 곱하여 구한다:

$$Q = b\left(\frac{h}{2} - y_1\right)\left(y_1 + \frac{h/2 - y_1}{2}\right) = \frac{b}{2}\left(\frac{h^2}{4} - y_1^2\right) \quad \textbf{(5-42a)}$$

물론 식 (5-40)을 이용하여 적분하여도 같은 결과를 얻을 수 있다:

$$Q = \int y\,dA = \int_0^{h/2} ybdy = \frac{b}{2}\left(\frac{h^2}{4} - y_1^2\right) \quad \textbf{(5-42b)}$$

Q에 대한 식을 전단 공식[식 (5-41)]에 대입하면 다음 식을 얻는다.

$$\tau = \frac{V}{2I}\left(\frac{h^2}{4} - y_1^2\right) \quad \textbf{(5-43)}$$

이 식은 직사각형 보에서의 전단응력은 중립축으로부터의 거리 y_1에 따라 2차식으로 변화한다는 것을 보여 준다. 따라서 보의 높이에 따라 응력도를 그릴 때, τ는 그림 5-32b와 같이 변화한다. 전단응력은 $y_1 = \pm h/2$일 때 0이라는 것에 유의하라.

전단응력의 최댓값은 1차 모멘트 Q가 최댓값을 갖는 중립축($y_1 = 0$)에서 일어 난다. $y_1 = 0$을 식 (5-43)에 대입하면 다음 식을 얻는다.

$$\tau_{max} = \frac{Vh^2}{8I} = \frac{3V}{2A} \quad \textbf{(5-44)}$$

여기서 $A = bh$는 단면적이다. 따라서 직사각형 단면 보에서의 최대 전단응력은 평균 전단응력 V/A보다 50% 더 크다.

전단응력에 대한 위의 식들은 단면에 작용하는 수직전단응력이나 보의 수평 층 사이에 작용하는 수평전단응력을 계산하는 데 사용될 수 있다는 것에 다시 한 번 유의하라.[5)]

5) 이 절에서 소개된 전단-응력 해석은 러시아의 공학자 D. J. Jourawski에 의해 개발되었다; 참고문헌 5-7과 5-8 참조.

제한

이 절에서 소개된 전단응력에 대한 공식은 이 공식을 유도하는 데 사용된 굽힘 공식과 같은 제한을 받는다. 따라서 이 공식들은 작은 처짐을 갖는 선형 탄성 재료로 된 보에만 유효하다.

직사각형 보의 경우에서 전단 공식의 정확도는 단면의 높이 대 폭의 비에 의존한다. 이 공식은 아주 좁은 보(높이 h가 폭 b보다 훨씬 큰)에 대해 정확한 것으로 고려될 수 있다. 그러나 이 공식은 b가 h에 비해 상대적으로 증가함에 따라 정확도가 감소한다. 예를 들어, 보가 정사각형($b = h$) 단면이면, 최대 전단응력의 참값은 식 (5-44)에서 구한 값보다 약 13% 정도 더 크다(전단 공식의 제한에 대한 더 완전한 논의는 참고문헌 5-9를 참조하라.)

흔히 하는 실수는 전단 공식[식 (5-41)]을 적용할 수 없는 단면 형상에 적용하는 것이다. 예를 들면, 이 공식은 삼각형 단면이나 반원형 형상의 단면에는 적용할 수 없다. 공식의 잘못된 사용을 피하기 위해, 유도에 기초가 되었던 다음과 같은 가정들을 유념해야만 한다. (1) 단면의 모서리는 y축에 평행하여야 한다(전단응력이 y축에 평행하게 작용하도록), 그리고 (2) 전단응력은 단면의 폭에 걸쳐 균일하여야 한다. 이러한 가정들은 이 절과 다음 두 절에서 논의된 어떤 경우들에만 적합하다.

마지막으로, 전단 공식은 균일 단면 보에만 적용된다. 만일 보가 불균일 단면을 가지면(예: 보가 테이퍼 보이면), 여기서 주어진 공식에 의해 예측한 전단응력과는 매우 다르다(참고문헌 5-9와 5-10 참조).

전단변형률의 효과

전단응력 τ는 직사각형 보의 높이에 걸쳐 포물선 모양으로 변화하기 때문에, 전단변형률 $\gamma = \tau/G$도 역시 포물선 모양으로 변화한다. 이러한 전단변형률의 결과로, 원래 평면이었던 보의 단면은 뒤틀리게 된다. 이러한 뒤틀림(warping)이 그림 5-31에 나타나 있으며, 여기서 원래 평면이었던 단면 mn와 pq는 중립면에서 일어나는 최대 전단변형률을 갖는 구부러진 면 m_1n_1과 p_1q_1으로 된다. 점 m_1, p_1, n_1, q_1에서는 전단변형률이 0이므로, 곡선 m_1n_1과 p_1q_1은 보의 윗면과 아랫면에 대해 수직이다.

만일 전단력 V가 보의 축을 따라 일정하다면, 뒤틀림도 모든 단면에서 같다. 그래서 굽힘모멘트로 인한 길이방향 요소의 늘어남과 줄어듦은 전단변형률의 영향을 받지 않으며, 수직응력의 분포는 순수 굽힘에서와 동일하다. 더욱이 고급 해석 방법을 사용한 상세한 검토는 전단변형률로 인한 단면의 뒤틀림이 전단력이 길이에 따라 연속적으로 변하는 경우에도, 길이방향 변형률에 구체적으로 영향을 주지 못한다는 것을 보여 준다. 따라서 대부분의 조건에서, 식이 순수 굽힘에 대해 유도되었지만 굽힘 공식[식 (5-14)]을 불균일 굽힘에 대해 사용하는 것이 정당화될 수 있다.

그림 5-33
전단변형률로 인한 보 단면의 뒤틀림

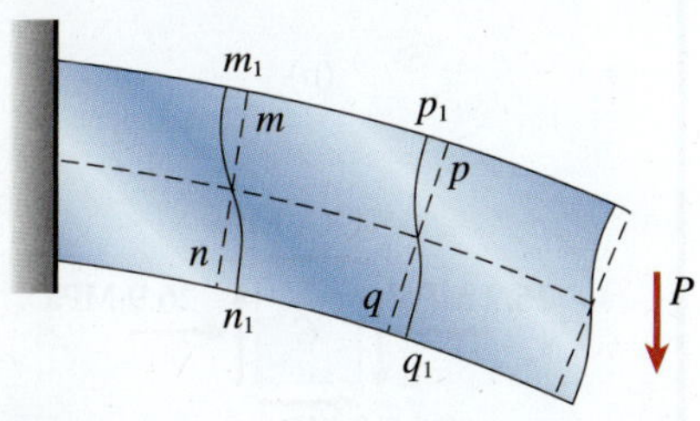

예제 5-11

그림 5-34

예제 5-11: (a) 등분포 하중을 받는 단순 보, (b) 보의 단면, (c) 점 C에서 수직응력과 전단응력을 보여 주는 응력 요소

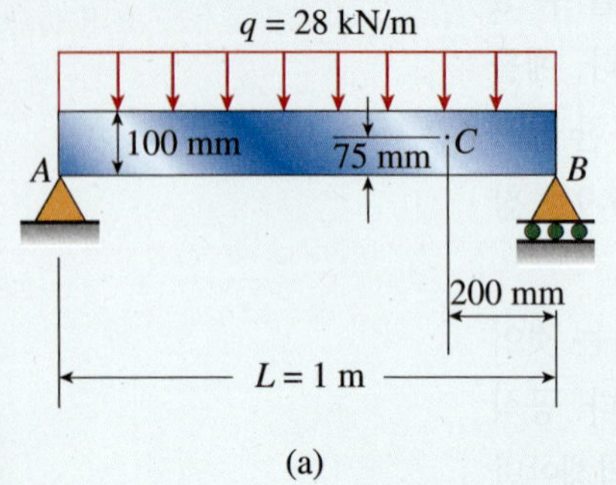

(a)

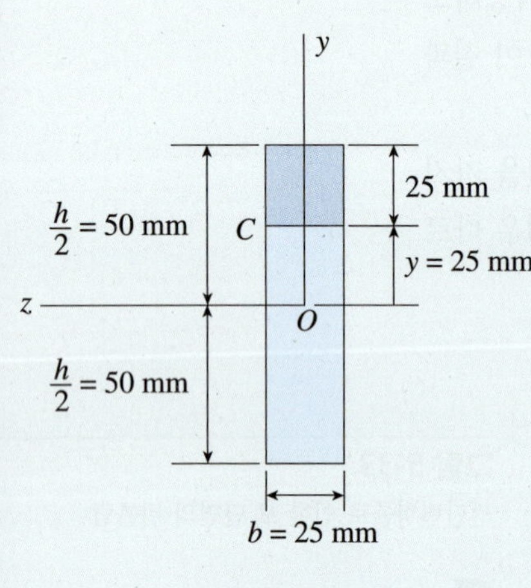

(b)

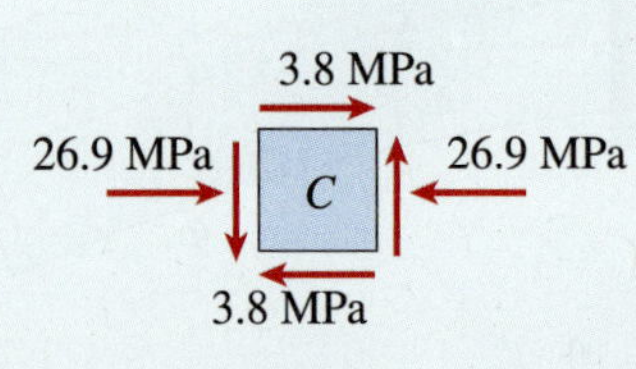

(c)

지간의 길이 $L = 1$ m인 금속 보가 점 A와 B에 단순지지되어 있다(그림 5-34a). 보에 작용하는 등분 포 하중(자중 포함)은 $q = 28$ kN/m이다. 보의 단면은 폭 $b = 25$ mm이고 높이 $h = 100$ mm인 직사각형(그림 5-34b)이다. 보는 횡 좌굴에 대해 적절하게 지지되어 있다.

보의 상단으로부터 25 mm 아래, 그리고 오른쪽 지지점으로부터 200 mm 떨어진 점 C에서의 수 직 응력 σ_c와 전단응력 τ_c를 결정하라. 또 이 응력을 점 C의 응력 요소 위에 나타내어라.

풀이

문제풀이 4단계 접근방법을 사용한다. 효율적인 풀이를 위하여 필요에 따라 단계를 합한다.

1, 2. 개념화, 분류:

전단력과 굽힘모멘트: 점 C를 지나는 단면에서의 전단력 Vc와 굽힘모멘트 M_C는 4장에서 기술한 방법에 의해 구한다. 결과는 다음과 같다.

$$M_C = 2.22\ \text{kN}\cdot\text{m} \qquad V_C = -8.4\ \text{kN}$$

이 양들의 부호는 굽힘모멘트와 전단력에 대한 표준 부호규약에 근거한 것이다(그림 4-19 참조).

관성모멘트: 중립축(그림 5-34b의 z축)에 관한 단면적의 관성모멘트는 다음과 같다.

$$I = \frac{bh^3}{12} = \frac{1}{12}(25\ \text{mm})(100\ \text{mm})^3 = 2083\times10^3\ \text{mm}^4$$

3. 해석:

점 C에서의 수직응력: 점 C에서의 수직응력은 굽힘 공식[식 (5-14)]에 중립축으로부터의 거리 $y = 25$ mm를 대입하여 구한다; 따라서

$$\sigma_C = -\frac{My}{I} = -\frac{(2.24\times10^6\ \text{N}\cdot\text{mm})(25\ \text{mm})}{2083\times10^3\ \text{mm}^4} = -26.9\ \text{MPa}$$

이다. 음의 부호는 예상대로 응력이 압축임을 나타낸다.

점 C에서의 전단응력: 점 C에서의 전단응력을 구하기 위해, 점 C 윗부분의 단면적(그림 5-34b)의 1차 모멘트 Qc를 계산하여야 한다. 이 1차 모멘트는 면적과 z축으로부터 이 면적의 도심 거리(y_C로 표시된)를 곱한 것과 같다; 따라서

$$A_C = (25\ \text{mm})(25\ \text{mm}) = 625\ \text{mm}^2 \quad y_C = 37.5\ \text{mm} \quad Q_C = A_C y_C = 23{,}440\ \text{mm}^3$$

이제 수치값을 전단 공식[식 (5-41)]에 대입하여 전단응력의 크기를 구한다:

$$\tau_C = \frac{V_C Q_C}{Ib} = \frac{(8400\ \text{N})(23{,}440\ \text{mm}^3)}{(2083\times10^3\ \text{mm}^4)(25\ \text{mm})} = 3.8\ \text{MPa}$$

4. 최종 단계: 이 응력의 방향은 육안으로 결정할 수 있는데, 왜냐하면 응력이 전단력과 같은 방향으로 작용하기 때문이다. 이 예제에서, 전단력은 점 C의 왼쪽 보의 편

에서 위로 작용하고 점 C의 오른쪽 보의 편에서 아래로 작용한다. 수직응력과 전단응력의 방향을 나타내는 가장 좋은 방법은 다음과 같이 응력 요소를 그리는 것이다.

점 C에서의 응력 요소: 그림 5-34c에 나타낸 응력 요소는 점 C에서의 보의 면에서 잘라낸 것이다(그림 5-34a). 압축응력 σ_C = 26.9 MPa는 요소 단면의 면에 작용하고, 전단응력 τ_C = 3.8 MPa는 단면의 면뿐만 아니라 윗면과 밑면에도 작용한다.

예제 5-12

그림 5-35
예제 5-12: 집중 하중을 받는 목재 보

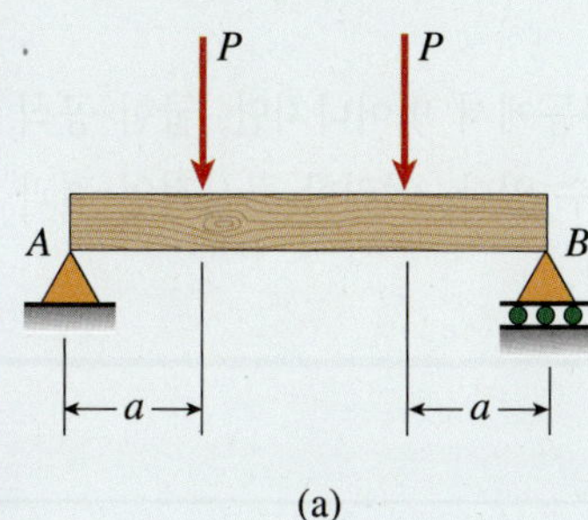

(a)

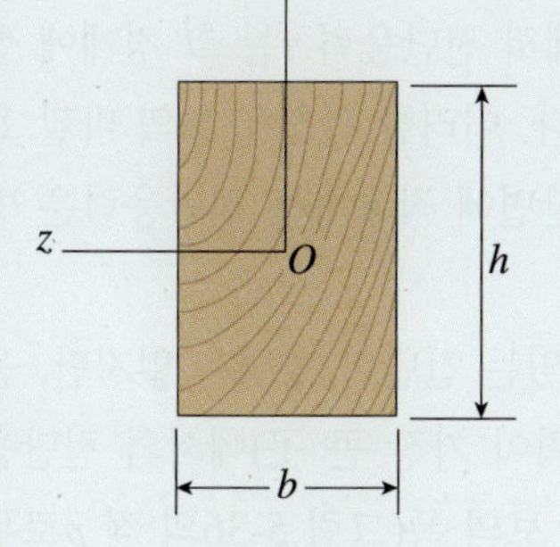

(b)

두 개의 집중 하중 P를 받는 목재 보 AB는 폭 b = 100 mm이고 높이 h = 150 mm인 직사각형 단면을 가지고 있다(그림 5-35b). 보의 양단으로부터 가장 가까운 하중까지의 거리는 a = 0.5 m이다.

굽힘에 대한 허용 응력이 σ_{allow} = 11 MPa(인장과 압축에 대해)이고 수평전단력에 대한 허용 응력이 τ_{allow} = 1.2 MPa일 때, 하중의 최대 허용값 P_{max}을 결정하라(보 자체의 무게는 무시한다).

참고: 목재 보는 결을 가로지르는 전단(*cross-grain shear*: 단면상의 전단)에서보다 수평전단(*horizontal shear*): 목재의 길이방향 섬유에 평행한 전단)에 많이 약하다. 결론적으로, 설계 시 수평전단에서의 허용 응력이 통상적으로 고려된다.

풀이

문제풀이 4단계 접근방법을 사용한다.

1. 개념화: 최대 전단력은 지지점에서 발생하고 최대 굽힘모멘트는 하중 사이의 구간에 걸쳐 생긴다. 이 값들은

$$V_{max} = P \quad M_{max} = Pa$$

이고, 또한 단면 계수 S와 단면적 A는 다음과 같다.

$$S = \frac{bh^2}{6} \quad A = bh$$

2. 분류: 보에서의 최대 수직응력과 최대 전단응력은 굽힘 공식과 전단 공식[식 (5-17)과 (5-44)]으로부터 구한다:

$$\sigma_{max} = \frac{M_{max}}{S} = \frac{6Pa}{bh^2} \qquad \tau_{max} = \frac{3V_{max}}{2A} = \frac{3P}{2bh}$$

따라서 굽힘과 전단에서의 하중 P의 최대 허용값은 각각 다음과 같다.

$$P_{bending} = \frac{\sigma_{allow}bh^2}{6a} \qquad P_{shear} = \frac{2\tau_{allow}bh}{3}$$

3. 해석: 수치를 이 공식들에 대입하면 다음을 얻는다.

$$P_{bending} = \frac{(11\text{ MPa})(100\text{ mm})(150\text{ mm})^2}{6(0.5\text{ m})} = 8.25\text{ kN}$$

$$P_{shear} = \frac{2(1.2\text{ MPa})(100\text{ mm})(150\text{ mm})}{3} = 12.0\text{ kN}$$

따라서 굽힘 응력이 설계를 지배하고 최대 허용 하중은

$$P_{max} = 8.25 \text{ kN}$$

이 된다.

4. 최종 단계: 이 보에 대한 좀 더 완벽한 해석은 보의 무게를 고려하는 것이 요구되고, 이때에는 허용 하중의 값이 감소한다.

주:

i. 이 예제에서 최대 수직응력과 최대 전단응력은 보 내의 같은 위치에서 발생하지 않는다. – 수직응력은 보의 중간 구간에 있는 단면의 윗면과 밑면에서 최대가 되며, 전단응력은 지지점 근처 단면의 중립축에서 최대가 된다.

ii. 대부분의 보에서 굽힘 응력(전단응력이 아니라)이 이 예제에서처럼 허용 하중을 지배한다.

iii. 목재는 균질 재료가 아니고 가끔 선형 탄성 거동에서 벗어나지만, 굽힘 공식과 전단 공식으로부터 근사적인 결과를 얻을 수 있다. 이러한 근사적인 결과는 일반적으로 목재 보를 설계하는 데 적합하다.

5.9 원형단면 보에서의 전단응력

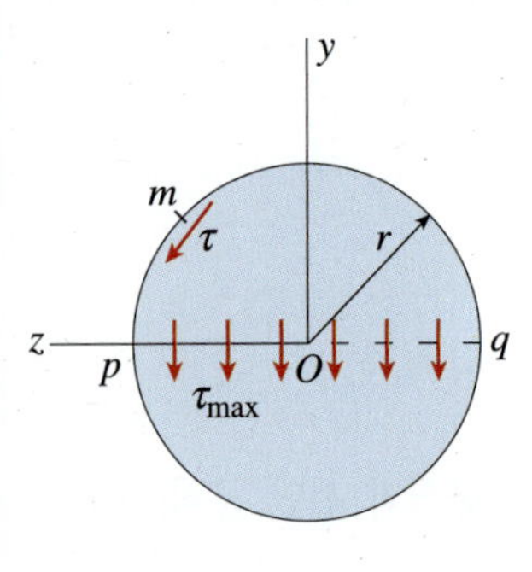

그림 5-36

원형단면 보의 단면에 작용하는 전단응력

보가 **원형단면**(그림 5-36)을 가지면, 더이상 전단응력이 y축에 평행하게 작용한다고 가정할 수 없다. 예를 들면, 점 m(단면의 경계상에 있는)에서 전단응력 τ는 그 경계에 접선 방향으로 작용해야만 한다는 것으로 쉽게 증명할 수 있다. 이러한 관찰은 보의 바깥 표면에 응력이 적용하지 않는다는 사실에 따르고, 그래서 단면에 작용하는 전단응력은 방사 방향으로 성분을 가질 수 없다.

전체 단면에 걸쳐서 작용하는 전단응력을 구할 수 있는 간단한 방법은 없지만, 응력 분포에 대한 몇 가지 합리적인 가정을 하면 중립축(응력이 가장 큰 곳)에서의 전단응력은 쉽게 구할 수 있다. 응력은 y축에 평행하게 작용하며 보의 폭(그림 5-36의 점 p로부터 점 q까지)에 걸쳐 일정한 세기를 가지고 있다고 가정한다. 이러 한 가정은 전단 공식 $\tau = VQ/Ib$[식 (5-41)]를 유도하는 데 사용된 것과 같기 때문에, 이 전단 공식을 중립축에서의 전단응력을 계산하는 데 사용할 수 있다.

전단 공식을 사용하기 위해서는, 반경 r인 원형단면에 관한 다음과 같은 특성치가 필요하다.

$$I = \frac{\pi r^4}{4} \quad Q = A\bar{y} = \left(\frac{\pi r^2}{2}\right)\left(\frac{4r}{3\pi}\right) = \frac{2r^3}{3} \quad b = 2r \tag{5-45a,b}$$

관성모멘트 I에 대한 식은 부록 E의 사례 9를 이용했으며, 1차 모멘트 Q에 대한 식은 반원에 대한 공식(부록 E의 사례 10)에 근거하였다. 이 식들을 전단 공식에 대입하면 다음 식을 얻는다.

$$\tau_{max} = \frac{VQ}{Ib} = \frac{V(2r^3/3)}{(\pi r^4/4)(2r)} = \frac{4V}{3\pi r^2} = \frac{4V}{3A} \tag{5-46}$$

여기서 $A = \pi r^2$은 단면의 면적이다. 이 식은 원형단면 보에서의 최대 전단응력은 평균 수직전단응력 V/A의 4/3배와 같다는 것을 보여 준다.

그림 5-37
속이 빈 원형단면

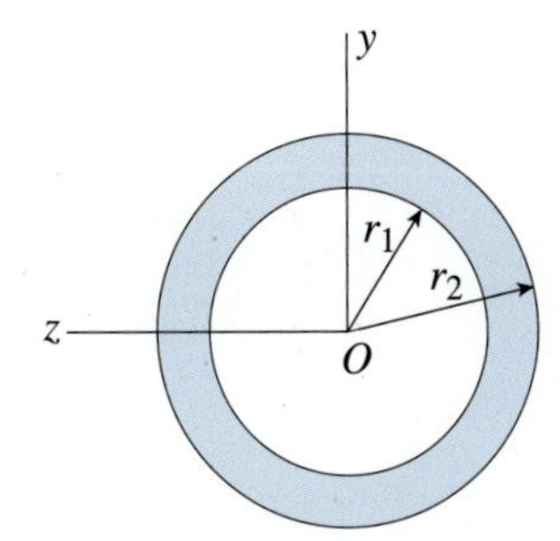

만일 보가 **속이 빈 원형단면(hollow circular cross section**, 그림 5-37)을 가지면, 중립축에서의 전단응력은 y축에 평행하며 단면에 걸쳐 등분포된다는 합리적인 정확성으로 다시 가정할 수 있다. 결론적으로, 최대 응력을 구하기 위해 전단 공식을 다시 사용할 수 있다. 속이 빈 원형단면에 대한 필요한 성질은 다음과 같다.

$$I = \frac{\pi}{4}(r_2^4 - r_1^4) \quad Q = \frac{2}{3}(r_2^3 - r_1^3) \quad b = 2(r_2 - r_1) \qquad \textbf{(5-47a,b,c)}$$

여기서, r_1과 r_2는 단면의 안쪽과 바깥쪽의 반경이다. 따라서 최대 전단응력은

$$\tau_{\max} = \frac{VQ}{Ib} = \frac{4V}{3A}\left(\frac{r_2^2 + r_2 r_1 + r_1^2}{r_2^2 + r_1^2}\right) \qquad \textbf{(5-48)}$$

이고, 여기서

$$A = \pi(r_2^2 - r_1^2)$$

단면의 면적이다. 만일 $r_1 = 0$이면, 식 (5-48)은 속이 찬 원형단면 보에 대한 식 (5-46)으로 됨을 유의하라.

원형단면 보에서의 전단응력에 대한 앞의 이론은 근사적이지만, 정확한 탄성 이론(참고문헌 5-9)을 사용하여 구한 결과와 불과 몇 % 정도밖에 차이가 없다. 결론적으로 식 (5-46)과 (5-48)은 보통의 상황에서 원형단면 보의 최대 전단응력을 결정하는 데 사용할 수 있다.

예제 5-13

외경 $d_2 = 100$ mm이고 내경 $d_1 = 80$ mm인 원형 관으로 구성된 수직 기둥이 수평력 $P = 6{,}675$ N의 작용을 받고 있다(그림 5-38a).

(a) 기둥에서의 최대 전단응력을 결정하라.

그림 5-38
예제 5-13: 원형단면 보에서의 전단응력

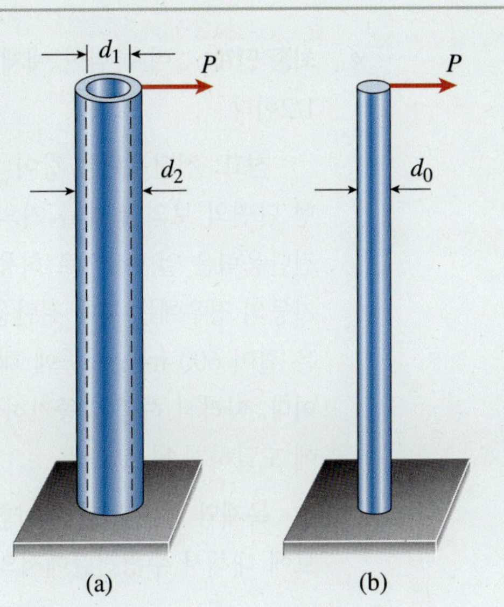

(b) 동일한 하중 P와 동일한 최대 전단응력에 대하여, 속이 찬 원형 기둥(그림 5-38b)의 직경 d_0는 얼마인가?

풀이

문제풀이 4단계 접근방법을 사용한다. 효율적인 풀이를 위하여 필요에 따라 단계를 합한다.

Part (a): 최대 전단응력

1, 2. 개념화, 분류: 속이 빈 원형단면 기둥(그림 5-38a)에 대하여, 전단력 V를 하중 P로, 단면적 A를 $\pi(r_2^2 - r_1^2)$ 으로 바꿔 놓은 식 (5-48)을 사용한다; 따라서

$$\tau_{max} = \frac{4P}{3\pi}\left(\frac{r_2^2 + r_2 r_1 + r_1^2}{r_2^4 - r_1^4}\right) \tag{a}$$

3, 4. 해석, 최종 단계: 다음에 수치를 대입하면, 즉

$$P = 6675 \text{ N} \qquad r_2 = d_2/2 = 50 \text{ mm} \qquad r_1 = d_1/2 = 40 \text{ mm}$$

이고 다음을 얻는다.

$$\tau_{max} = 4.68 \text{ MPa}$$

이것은 기둥에서의 최대 전단응력이다.

Part (b): 속이 찬 원형 기둥의 직경

1, 2. 개념화, 분류: 속이 찬 원형단면을 가진 기둥(그림 5-38b)에 대하여 V를 P로, r을 $d_0/2$로 바꿔 놓은 식 (5-46)을 사용한다:

$$\tau_{max} = \frac{4P}{3\pi(d_0/2)^2} \tag{b}$$

3. 해석: d_0에 관해 풀면 다음을 얻고

$$d_0^2 = \frac{16P}{3\pi\tau_{max}} = \frac{16(6675 \text{ N})}{3\pi(4.68 \text{ MPa})} = 2.42 \times 10^{-3} \text{ m}^2$$

이것으로부터 다음 값을 얻는다.

$$d_0 = 49.21 \text{ mm}$$

4. 최종 단계: 이 특별한 예제에서 속이 찬 원형 기둥의 직경은 관 기둥의 직경의 약 1/2이다.

참고: 전단응력은 강이나 알루미늄과 같은 금속으로 만들어진 원형이나 직사각형 단면의 보의 설계를 거의 지배하지 않는다. 이러한 종류의 재료에 대해서 허용 전단응력은 일반적으로 허용 인장응력의 25~50% 범위 내에 있다. 이 예제에서 관 기둥의 경우에는 최대 전단응력이 4.68 MPa 정도이다. 대조적으로, 상대적으로 짧은 길이 600 mm 기둥에 대해 굽힘 공식으로부터 구한 최대 굽힘 응력은 69MPa이다. 따라서 하중이 증가하면, 허용 전단응력에 도달하기 오래전에 허용 인장응력에 도달하게 될 것이다.

목재와 같이 전단에 약한 재료에 대해서는 상황이 매우 다르다. 전형적인 목재 보에 대해서 수평전단에서의 허용 응력은 허용 굽힘 응력의 4~10% 범위 내에 있

다. 결론적으로 비록 최대 전단응력이 상대적으로 작은 값을 가질지라도, 때때로 이 것이 설계를 지배하게 된다.

5.10 플렌지를 가진 보의 웹에서의 전단응력

넓은 플렌지형 보(그림 5-39a)가 굽힘모멘트(불균일 굽힘)뿐만 아니라 전단력도 받을 때, 단면에 수직응력 및 전단응력이 모두 발생한다. 넓은 플렌지형 보에서의 전단응력 분포는 직사각형 보보다 더욱 복잡하다. 예를 들면, 보의 플렌지에서의 전단응력은 그림 5-39b의 작은 화살표로 보여준 것과 같이 수직방향 및 수평방향(y 및 z방향)으로 작용한다. 플렌지에서 수직전단응력보다 훨씬 큰 수평전단응력은 뒤의 6.8절에서 논의 된다.

넓은 플렌지형 보의 웹에서의 전단응력은 수직방향으로만 작용하며 플렌지에서의 응력보다 크다. 이 응력은 직사각형 보의 전단응력을 구하기 위해 사용된 것과 같은 기법으로 구할 수 있다.

그림 5-39

(a) 넓은 플렌지형 보, (b) 단면에 작용하는 전단응력의 방향

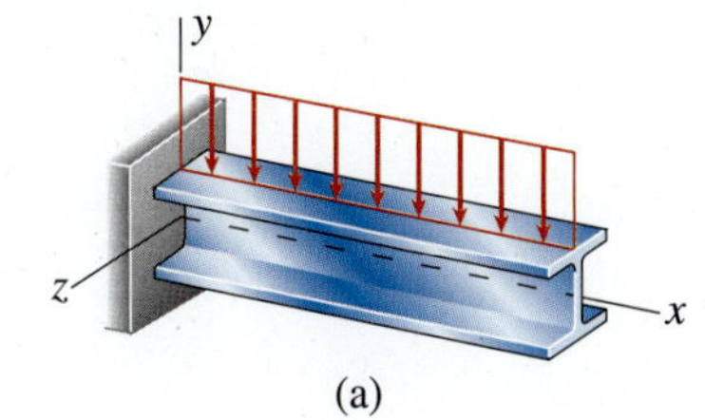

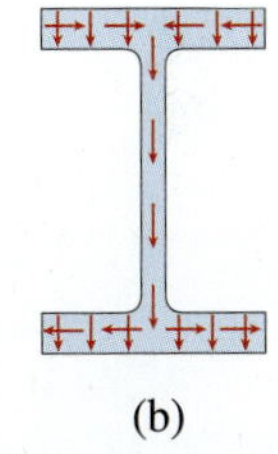

웹에서의 전단응력

넓은 플렌지형 보의 웹 내의 선 ef(그림 5-40a)에서의 전단응력을 결정하는 것으로 해석을 시작하자. 직사각형 보에 대하여 했던 가정과 동일한 가정을 할 것이다. 즉, 전단응력은 y축에 평행하게 작용하며 웹의 두께에 걸쳐 등분포되었다고 가정한다. 그러면 전단 공식 $t = VQ/Ib$를 적용할 수 있다. 그러나 이번에는 폭 b가 웹의 두께 τ이며, 1차 모멘트 Q를 계산하는 데 사용되는 면적은 선 ef와 단면의 맨 윗부분 사이의 면적(그림 5-40a의 음영 면적으로 표시된)이다.

음영 면적의 1차 모멘트 Q를 구할 때 웹과 플렌지의 접합부(그림 5-40a의 점 b와 c)에서의 작은 필렛(fillet)의 영향은 무시한다. 이 필렛의 면적을 무시하는 데서 오는 오차는 매우 작다. 그러면 음영 면적을 두 개의 직사각형으로 나눌 수 있다. 첫 번째 직사각형은 상부 플렌지 자체이며, 다음과 같은 면적을 갖는다.

$$A_1 = b\left(\frac{h}{2} - \frac{h_1}{2}\right) \tag{5-49a}$$

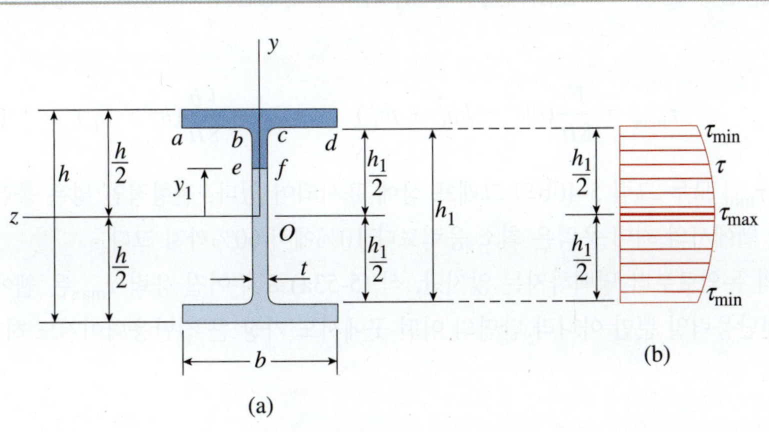

그림 5-40

넓은 플렌지형 보의 웹에서의 전단응력: (a) 보의 단면, (b) 웹에서의 수직전단응력의 분포

여기서 b는 플렌지의 폭이고, h는 보의 전체 높이이며, h_1은 플렌지의 안쪽 사이의 거리이다. 두 번째 직사각형은 ef와 플렌지 사이의 웹 부분, 즉 직사각형 $efcb$이며 그 면적은 다음과 같다.

$$A_2 = t\left(\frac{h_1}{2} - y_1\right) \tag{5-49b}$$

여기서 t는 웹의 두께이고, y_1은 중립축으로부터 선 ef까지의 거리이다.

중립축에 대하여 계산되는 면적 A_1과 A_2의 1차 모멘트는 이 면적들에 각 면적의 도심으로부터 z축까지의 거리를 곱하여 구한다. 이 1차 모멘트를 합하면 조합 면적의 1차 모멘트 Q를 얻는다.

$$Q = A_1\left(\frac{h_1}{2} + \frac{h/2 - h_1/2}{2}\right) + A_2\left(y_1 + \frac{h_1/2 - y_1}{2}\right)$$

식 (5-49a와 b)로부터 A_1과 A_2를 위 식에 대입하고 간단하게 정리하면 다음을 얻는다.

$$Q = \frac{b}{8}(h^2 - h_1^2) + \frac{t}{8}(h_1^2 - 4y_1^2) \tag{5-50}$$

따라서 중립축으로부터 거리 y_1만큼 떨어진 보의 웹에서의 전단응력 τ는

$$\tau = \frac{VQ}{It} = \frac{V}{8It}\left[b(h^2 - h_1^2) + t(h_1^2 - 4y_1^2)\right] \tag{5-51}$$

이고, 여기서 단면의 관성모멘트는 다음과 같다.

$$I = \frac{bh^3}{12} - \frac{(b-t)h_1^3}{12} = \frac{1}{12}(bh^3 - bh_1^3 + th_1^3) \tag{5-52}$$

식 (5-51)에서의 모든 양은 y_1만 제외하고는 상수이기 때문에, τ는 그림 5-40b의 그래프에서와 같이 웹의 높이에 걸쳐 2차식으로 변화한다는 것을 즉시 알 수 있다. 그래프는 웹에 대해서만 그려졌고 플렌지는 포함하지 않는다는 것에 유의한다. 그 이유는 간단하다. 식 (5-51)은 보의 플렌지에서의 수직전단응력을 결정하는 데 사용될 수 없기 때문이다(이 절의 뒤에 나오는 제목 "제한"에서의 논의를 참조).

최대 전단응력 및 최소 전단응력

넓은 플렌지형 보의 웹에서의 최대 전단응력은 $y_1 = 0$인 중립축에서 발생한다. 최소 전단응력은 웹과 플렌지의 접합부($y_1 = \pm h_1/2$)에서 발생한다. 이 응력은 식 (5-51)로부터 구한다.

$$\tau_{max} = \frac{V}{8It}(bh^2 - bh_1^2 + th_1^2) \qquad \tau_{min} = \frac{Vb}{8It}(h^2 - h_1^2) \tag{5-53a,b}$$

τ_{max}와 τ_{min} 모두 그림 5-40b의 그래프 상에 표시되어 있다. 전형적인 넓은 플렌지형 보에 대한 웹에서의 최대 응력은 최소 응력보다 10%에서 60%까지 크다.

앞의 논의로부터 명백하지는 않지만, 식 (5-53a)로 주어진 응력 τ_{max}은 웹에서의 가장 큰 전단응력일 뿐만 아니라 단면의 어떤 곳에서도 가장 큰 전단응력이기도 하다.

웹에서의 전단력

웹만이 지지하는 수직전단력은 전단응력 선도(그림 5-40b)의 면적에 웹의 두께 t를 곱하여 결정할 수 있다. 전단응력 선도는 면적이 $h_1\tau_{min}$인 직사각형과 다음과 같은 면적을 갖는 포물선 부분의 두 부분으로 구성되어 있다.

$$\frac{2}{3}(h_1)(\tau_{max} - \tau_{min})$$

이 두 면적을 더하고 웹의 두께 τ를 곱한 후 이를 정리하면 웹에서의 전체 전단력을 얻는다.

$$V_{web} = \frac{th_1}{3}(2\tau_{max} + \tau_{min}) \qquad \textbf{(5-54)}$$

전형적인 크기를 갖는 보에서 웹의 전단력은 단면에 작용하는 전체 전단력 V의 90~98%이며, 나머지 전단력은 플렌지가 지지한다.

웹이 대부분의 전단력을 지지하기 때문에, 설계자는 종종 전체 전단력을 웹의 면적으로 나누어 최대 전단응력의 근삿값을 얻는다. 이 결과는 웹이 전단력의 **전부**를 지지한다는 가정하에서 웹에서의 평균 전단응력이다.

$$\tau_{aver} = \frac{V}{th_1} \qquad \textbf{(5-55)}$$

전형적인 넓은 플렌지형 보에 대하여, 이러한 방법으로 계산된 평균 전단응력은 식 (5-53a)로부터 계산된 최대 전단응력의 10% 이내에 있다. 따라서 식 (5-55)는 최대 전단응력을 추정하는 간단한 방법이다.

제한

이 절에서 제시된 기초 전단 이론은 넓은 플렌지형 보의 웹에서의 수직전단응력을 결정하는 데 적합하다. 그러나 플렌지에서의 수직전단응력을 검토할 때 전단응력이 단면의 폭에 걸쳐, 즉 플렌지의 폭 b(그림 5-40a)에 걸쳐 일정하다고 더 이상 가정할 수는 없다. 그래서 이 응력을 결정하는 데 전단 공식을 사용할 수 없다.

이 점을 강조하기 위하여, 단면의 폭이 t에서 b로 갑자기 변하는 웹과 상부 플렌지의 접합부($y_1 = h_1/2$)를 고려한다. 자유 표면 ab와 cd(그림5-40a)에서의 전단응력은 0이 되

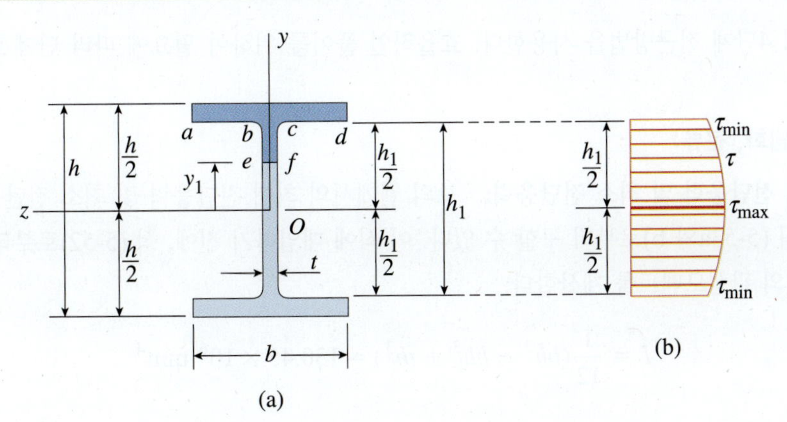

그림 5-40(반복)
넓은 플렌지형 보의 웹에서의 전단응력: (a) 보의 단면, (b) 웹에서의 수직전단응력의 분포

어야 하고, 반면에 선 bc에서 웹에 걸친 전단응력은 τ_{min}이다. 이러한 관찰은 웹과 플렌지의 접합부에서의 전단응력 분포는 매우 복잡하며 기초적인 방법으로는 검토할 수 없다는 것을 보여준다. 응력 해석은 요각 모퉁이(모퉁이 b와 c)에서 필렛을 사용함으로써 더욱 복잡해진다. 필렛은 응력이 위험하게 커지는 것을 방지하기 위해 필요하지만, 이것은 웹에 걸친 응력 분포를 변경시킨다.

따라서 전단 공식은 플렌지에서의 수직전단응력을 결정하기 위해 사용할 수 없다는 결론에 이른다. 그러나 전단 공식은 뒤의 6.8절에서 논의된 것처럼, 플렌지(그림 5-39b)에서 **수평으로** 작용하는 전단응력에 대하여는 좋은 결과를 준다.

넓은 플렌지형 보의 웹에서의 전단응력을 결정하기 위해 위에서 기술된 방법은 얇은 웹을 갖는 다른 단면에도 사용할 수 있다. 예를 들어, 예제 5-15는 T형 보에 대한 과정을 보여준다.

예제 5-14

넓은 플렌지형 보(그림 5-39a)가 수직전단력 $V = 45$ kN을 받고 있다. 보의 단면 치수는 $b = 165$ mm, $t = 7.5$ mm, $h = 320$ mm, 그리고 $h_1 = 290$ mm이다.

웹에서의 최대 전단응력, 최소 전단응력 그리고 전체 전단력을 결정하라(계산 시 필렛의 면적은 무시하라).

그림 5-41
예제 5-14: 넓은 플렌지형 보의 웹에서의 전단응력

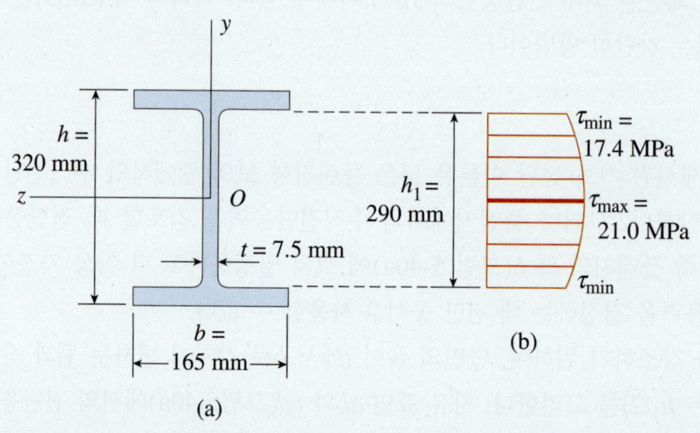

풀이

문제풀이 4단계 접근방법을 사용한다. 효율적인 풀이를 위하여 필요에 따라 단계를 합한다.

1, 2. 개념화, 분류:

최대 전단응력 및 최소 전단응력: 보의 웹에서의 최대 전단응력 및 최소 전단응력은 식 (5-53a와 b)로부터 구할 수 있다. 이 식에 대입하기 전에, 식 (5-52)로부터 단면적의 관성모멘트를 계산한다:

$$I = \frac{1}{12}(bh^3 - bh_1^3 + th_1^3) = 130.45 \times 10^6 \text{ mm}^4$$

3. 해석: 이제 식 (5-53a)와 (5-53b)에 전단력 V와 단면 치수에 대한 수치뿐만 아니라 I에 대한 값도 대입한다:

$$\tau_{max} = \frac{V}{8It}(bh^2 - bh_1^2 + th_1^2) = 21.0 \text{ MPa}$$

$$\tau_{min} = \frac{Vb}{8It}(h^2 - h_1^2) = 17.4 \text{ MPa}$$

이 경우에 τ_{max}와 τ_{min}의 비는 1.21이다. 즉, 웹에서의 최대 응력이 최소 응력보다 21% 크다. 웹의 높이 h_1에 대한 전단응력의 변화는 그림 5-41b에 나와 있다.

전체 전단력: 웹에서의 전단력은 다음과 같이 식 (5-54)로부터 계산된다.

$$V_{web} = \frac{th_1}{3}(2\tau_{max} + \tau_{min}) = 43.0 \text{ kN}$$

4. 최종 단계: 이 결과로부터 이 특별한 보의 웹은 전체 전단력의 96%를 지지한다는 것을 알 수 있다.

주: 보의 웹에서의 평균 전단응력[식 (5-55)로부터]은 다음과 같다.

$$\tau_{aver} = \frac{V}{th_1} = 20.7 \text{ MPa}$$

이 값은 최대 응력보다 단지 1% 작다.

예제 5-15

T형 단면을 갖는 보(그림 5-42a)가 수직전단력 V = 45 kN의 작용을 받고 있다. 단면 치수는 b = 100 mm, t = 24 mm, h = 200 mm, 그리고 h_1 = 176 mm이다.

웹의 맨 윗부분(위치 nn)에서의 전단응력 τ_1과 최대 전단응력 τ_{max}을 결정하라(필렛의 면적은 무시한다).

풀이

문제풀이 4단계 접근방법을 사용한다. 효율적인 풀이를 위하여 필요에 따라 단계를 합한다.

1, 2. 개념화, 분류:

중립축의 위치: T형 보의 중립축의 위치는 보의 맨 윗면과 밑면으로부터 단면의 도심까지 거리 c_1과 c_2를 계산하여 구한다(그림 5-42a). 먼저, 단면을 플렌지와 웹의 두 개의 직사각형으로 나눈다(그림 5-42a의 점선 참조). 다음에 보의 밑면에서 선 aa에 대한 이 두 직사각형의 1차 모멘트 Q_{aa}를 계산한다. 거리 c_2는 Q_{aa}를 전체 단면적 A로 나눈 것과 같다(합성 면적의 도심의 위치를 찾는 방법에 대해서는 부록 D의 D.2절 참조). 계산 과정은 다음과 같다:

$$A = \Sigma A_i = b(h - h_1) + th_1 = 6624 \text{ mm}^2$$

$$Q_{aa} = \Sigma y_i A_i = \left(\frac{h + h_1}{2}\right)(b)(h - h_1) + \frac{h_1}{2}(th_1) = 822{,}912 \text{ mm}^3$$

$$c_2 = \frac{Q_{aa}}{A} = \frac{822{,}912 \text{ mm}^3}{6624 \text{ mm}^2} = 124.23 \text{ mm} \quad c_1 = h - c_2 = 75.77 \text{ mm}$$

그림 5-42
예제 5-15: T형 보의 웹에서의 전단응력

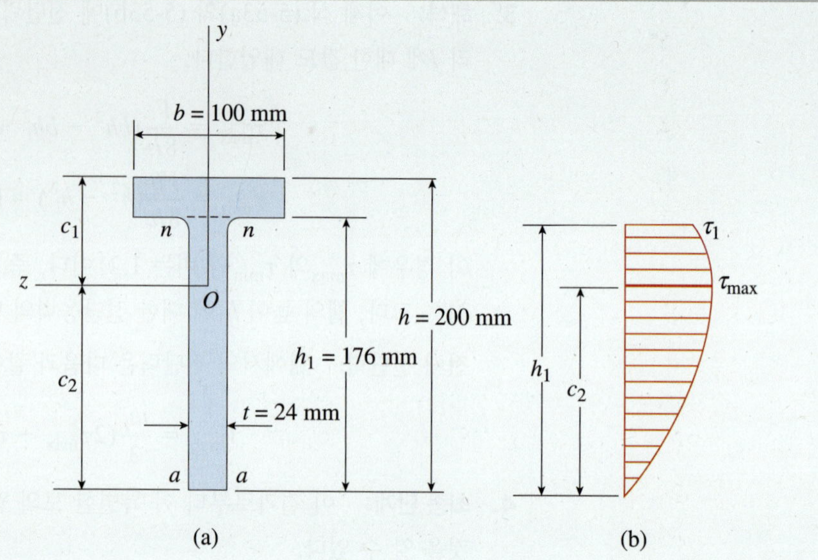

관성모멘트: 전체 단면적의 관성모멘트 I(중립축에 대한)는 보의 밑면에서 선 aa에 대한 관성모멘트 I_{aa}를 계산하고 다음에 평행축 정리(부록 D의 D.4절 참조)를 이용하여 구할 수 있다.

$$I = I_{aa} - Ac_2^2$$

계산 결과는 다음과 같다.

$$I_{aa} = \frac{bh^3}{3} - \frac{(b-t)h_1^3}{3} = 128.56 \times 10^6 \text{ mm}^4 \quad Ac_2^2 = 102.23 \times 10^6 \text{ mm}^4 \quad I = 26.33 \times 10^6 \text{ mm}^4$$

3. 해석:

웹의 맨 위쪽 부분에서의 전단응력: 웹의 맨 위쪽부분(선 nn에 따라)에서의 전단응력 τ_1을 구하기 위해, 위치 nn 위 면적의 1차 모멘트 Q_1를 계산할 필요가 있다. 이 1차 모멘트는 플렌지의 면적에 중립 축으로부터 플렌지의 도심까지의 거리를 곱한 것과 같다:

$$Q_1 = b(h - h_1)\left(c_1 - \frac{h - h_1}{2}\right)$$
$$= (100 \text{ mm})(24 \text{ mm})(75.77 \text{ mm} - 12 \text{ mm}) = 153.0 \times 10^3 \text{mm}^3$$

물론 위치 nn 아래 면적의 1차 모멘트를 계산해도 같은 결과를 얻는다:

$$Q_1 = th_1\left(c_2 - \frac{h_1}{2}\right) = (24 \text{ mm})(176 \text{ mm})(124.33 \text{ mm} - 88 \text{ mm}) = 153 \times 10^3 \text{ mm}^3$$

이 값을 전단 공식에 대입하여 전단응력을 구한다.

$$\tau_1 = \frac{VQ_1}{It} = \frac{(45 \text{ kN})(153 \times 10^3 \text{mm}^3)}{(26.33 \times 10^6 \text{mm}^4)(24 \text{ mm})} = 10.9 \text{ MPa}$$

이 응력은 단면에 작용하는 수직전단응력뿐만 아니라 플렌지와 웹 사이의 수평 평면에 작용하는 수평전단응력으로도 존재한다.

최대 전단응력: 웹에서의 최대 전단응력은 중립축에서 일어난다. 그러므로 중립축 아래 단면적의 1차 모멘트 Q_{max}를 계산한다:

$$Q_{\max} = tc_2\left(\frac{c_2}{2}\right) = (24 \text{ mm})(124.23 \text{ mm})\left(\frac{124.23 \text{ mm}}{2}\right) = 185 \times 10^3 \text{ mm}^3$$

이전에 지적한대로 중립축 위 단면적의 1차 모멘트를 계산해도 같은 결과를 얻을 수 있으나, 그 계산 과정이 약간 더 길다.

이 값을 전단 공식에 대입하여 다음을 얻는다.

$$\tau_{\max} = \frac{VQ_{\max}}{It} = \frac{(45 \text{ kN})(185 \times 10^3 \text{mm}^3)}{(26.33 \times 10^6 \text{mm}^4)(24 \text{ mm})} = 13.2 \text{ MPa}$$

이것이 보에서의 최대 전단응력이다.

4. 최종 단계: 웹에서의 포물선형 전단응력 분포가 그림 5-42b에 나타나 있다.

*5.11 조립 보와 전단류

조립 보(built -up beam)는 두 가지 이상의 재료들을 단일 보로 형성하기 위해 서로 접합하여 만든 것이다. 이러한 보는 특별한 건축학적인 혹은 구조적인 필요성을 충족시키고 일반적으로 사용되는 것보다 큰 단면을 얻을 수 있도록 매우 다양한 형상으로 만들어 낼 수 있다.

그림 5-43은 몇 가지 대표적인 조립 보의 단면을 보여 준다. 그림의 (a)는 플렌지 역할을 하는 두 개의 판자와 두 개의 합판 웹으로 만들어진 목재 **상자형 보(box beam**, 그림 5-43a)이다. 조각들은 전체 보가 단일체로 기능할 수 있도록 못, 나사 또는 접착제로 서로 접합된다. 상자형 보는 강, 플라스틱 및 복합 재료를 포함한 다른 재료들로 만들기도 한다.

두 번째 예는(그림 5-43b) 나무로부터 단일 부재로 잘라낼 수 있는 것보다 훨씬 큰 보를 만들기 위해 판자들을 접착제로 붙여 만든 적층판 보(**glulam** 보라 부른다)이다. 적층판 보는 소형 빌딩을 건축하는 데 널리 사용된다.

세 번째 예는(그림 5-43c) 교량이나 대형 빌딩에 일반적으로 사용되는 형태인 **강판 거더**(steel **plate girder**)이다. 용접으로 접합한 세 개의 강판으로 구성되어 있는 이 거 더는 일반적으로 사용되는 넓은 플렌지형 보나 *I*형 보의 단면보다 훨씬 큰 크기로 제조될 수 있다.

그림 5-43
전형적인 조립 보의 단면들: (a) 목재 상자형 보, (b) 적층판 보, (c) 판 거더

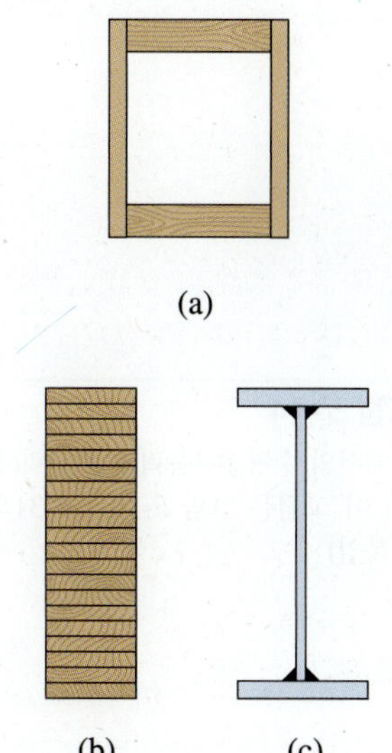

조립 보는 보가 단일 부재로 거동할 수 있도록 설계되어야만 한다. 결론적으로, 설계 계산에는 두 가지 측면이 포함된다. 첫째, 보는 굽힘 응력과 전단응력 모두 고려하여 한 개의 개체로 만들어진 것처럼 설계된다. 둘째, 부재 사이의 **연결재**(못, 볼 트, 용접, 및 접착제와 같은)도 보가 하나의 단일체로 확실히 거동하도록 설계된다. 특히 연결재는 보의 부재 사이에 작용하는 수평전단력을 전달시키기에 충분할만큼 강해야 한다. 이러한 힘을 얻기 위해 **전단류**(*shear flow*)의 개념을 이용한다.

전단류

보의 부재 사이에 작용하는 수평전단력에 대한 공식을 얻기 위하여, 전단 공식의 유도 과정(5.8절의 그림 5-30과 5-31 참조)으로 되돌아가자. 그 유도과정에서, 보로부터 요소 mm_1n_1n을 잘라내고(그림 5-44a) 보조 요소 mm_1p_1p(그림 5-44b)의 수평방향의 평형

을 검토한다. 보조 요소의 수평방향의 평형으로부터, 보조 요소의 아랫면에 작용하는 힘 F_3(그림 5-44c)가 구해진다:

$$F_3 = \frac{dM}{I}\int y\,dA \tag{5-56}$$

이 식은 5.8절의 식 (5-36)을 다시 쓴 것이다.

요소의 측면도보조 요소의 측면도 보조 요소의 측면도 이제 **전단류(shear flow)** f라 부르는 새로운 양을 정의하자. 전단류는 **보의 길이방향 축에 따른 단위 거리당 수평전단력이**다. 힘 F_3는 거리 dx에 걸쳐 작용하기 때문에, 단위 거리당 전단력은 F_3를 dx로 나눈 것과 같다; 따라서

$$f = \frac{F_3}{dx} = \frac{dM}{dx}\left(\frac{1}{I}\right)\int y\,dA$$

dM/dx을 전단력 V로 대체하고 적분 항을 Q로 표시하면, 다음과 같은 **전단류 공식**을 얻는다:

$$f = \frac{VQ}{I} \tag{5-57}$$

이 식은 그림 5-44a에 나타낸 수평 평면 pp_1에 작용하는 전단류를 구하는 식이다. 항 V, Q, 그리고 I는 전단 공식[식 (5-41)]에서와 같은 의미를 갖는다.

만일 평면 pp_1의 전단응력이 직사각형 보와 넓은 플렌지형 보에서 가정했던 것과 같이 균등하게 분포되었다면, 전단류 f는 τb와 같다. 이 경우에는, 전단류 공식이 전단 공식으로 축소된다. 그러나 힘 F_3에 대한 식 (5-56)의 유도에서는 보에서의 전단응력 분포에 대한 어떠한 가정도 하지 않았다. 대신에 힘 F_3는 오로지 보조 요소(그림 5-44c)의 수평

그림 5-44
보에서의 수평전단응력과 전단력(참고: 이 그림은 그림 5-30과 5-31의 반복임)

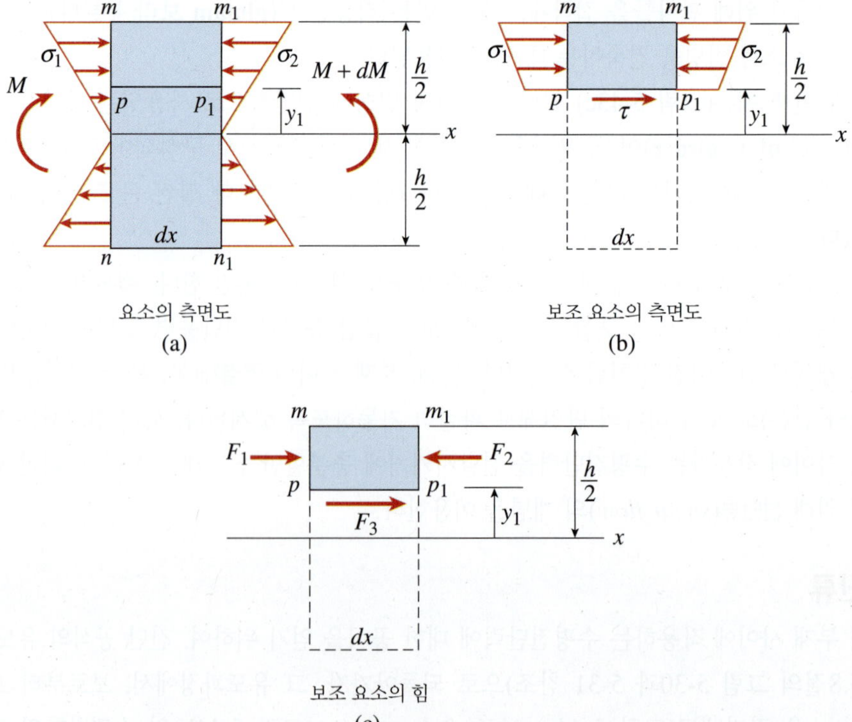

방향의 평형으로부터 구하였다. 따라서 이제는 보조 요소와 힘 F_3을 이전보다 좀 더 일반적인 항으로 해석할 수 있다.

보조 요소는 단면 mn과 m_1n_1(그림 5-44a) 사이의 재료의 어떠한 균일 단면 블록(block)일 수도 있다. 이 보조 요소는 보를 통하여 단일 수평 절단(pp_1과 같은)을 하여 얻지 않아도 된다. 또한 힘 F_3는 보조 요소와 보의 나머지 부분 사이에 작용하는 전체 수평전단력이기 때문에, 이 힘은 단지 보조 요소의 아랫면뿐만 아니라 보조 요소의 측면 어느 곳에서나 분포될 수 있다. 이와 같은 설명이 전단류 f에도 적용될 수 있는데, 왜냐하면 이는 전단류가 단지 단위 거리당 힘 F_3이기 때문이다.

이제 전단류 공식 $f = VQ/I$ [식 (5-57)]로 되돌아가자. 항 V와 I는 이들의 통상적인 의미를 가지며 보조 요소의 선택에 의해 영향을 받지 않는다. 그러나 1차 모멘트 Q는 보조 요소의 단면 특성치이다. Q가 어떻게 결정되는지 조립 보의 세 가지 특수한 예(그림 5-45)를 고려한다.

그림 5-45

1차 모멘트 Q를 계산할 때 사용되는 면적

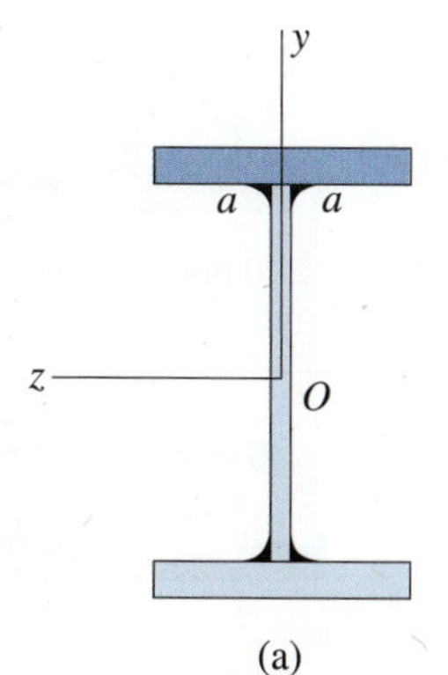

(a)

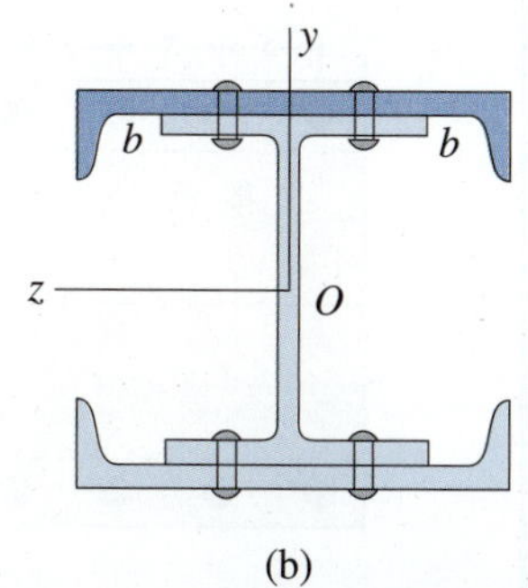

(b)

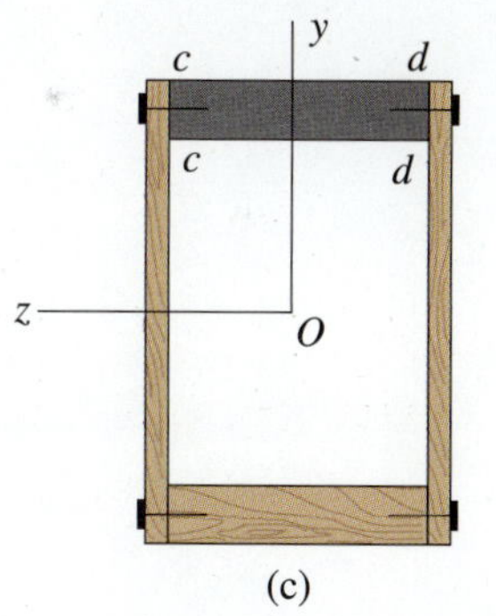

(c)

1차 모멘트 Q를 계산할 때 사용되는 면적

조립 보의 첫 번째 예는 용접된 강**판 거더**(그림 5-45a)이다. 용접부는 플렌지와 웹 사이에 작용하는 수평전단력을 전달하여야만 한다. 상부 플렌지에서, 수평전단력(보의 축을 따라 단위 거리당)은 접촉면 aa에 걸친 전단류이다. 이 전단류는 접촉면 aa 위 단면적의 1차 모멘트 Q로부터 계산할 수 있다. 다시 말하면 Q는 중립축에 대해 계산된 플렌지 면적(그림 5-45a에 어둡게 그려진)의 1차 모멘트이다. 전단류를 계산한 후 전단력에 저항하는 데 필요한 용접 길이를 쉽게 결정할 수 있다. 왜냐하면 용접부의 강도는 일반적으로 용접부에 따른 단위 거리당 힘의 항으로 나타내기 때문이다.

두 번째 예는 각 플렌지에 채널 단면을 리베팅하여 보강한 **넓은 플렌지형 보**이다(그림 5-45b). 각 채널과 주 보 사이에 작용하는 수평전단력은 리벳(rivet)에 의해 전달되어져야만 한다. 이 힘은 전체 채널(그림에서 어둡게 그려진)의 1차 모멘트인 Q를 사용하여 전단류 공식으로부터 계산된다. 결과적인 전단류는 접촉면 bb를 따라 작용하는 단위 거리당 길이방향으로의 힘이며, 리벳은 이 힘을 저항하기 위해 적절한 크기와 길이방향으로 간격을 가져야 한다.

마지막 예는 못이나 나사로 연결된 두 개의 플렌지와 두 개의 웹을 가진 **목재 상자형 보**이다(그림 5-45c). 상부 플렌지와 웹 사이의 전체 수평전단력은 두 접촉면 cc와 dd를 따라 작용하는 전단류이며, 그래서 1차 모멘트 Q는 상부 플렌지(어둡게 그려진 면적)에 대해 계산된다. 다시 말하면, 공식 $f = VQ/I$로부터 계산된 전단류는 Q가 계산된 면적을 둘러싼 모든 접촉면에 따른 전체 전단류이다. 이 경우에서, 다음 예제에서 설명하는 바와 같이 전단류 f는 보의 양 측면, 즉 cc와 dd에 있는 못의 결합 작용에 의해 지지된다.

예제 5-16

목재 상자형 보(그림 5-46)는 플렌지 역할을 하는 각각 40 × 180 mm인 단면을 갖는 두 개의 판자와 각각 두께가 15 mm인 두 개의 합판 웹으로 만들어졌다. 보의 전체 높이는 280 mm이다. 합판은 개당 $F = 800$ N의 허용 전단 하중을 갖는 목재 나사로 플렌지에 조여져 있다.

그림 5-46
예제 5-16: 목재 상자형 보

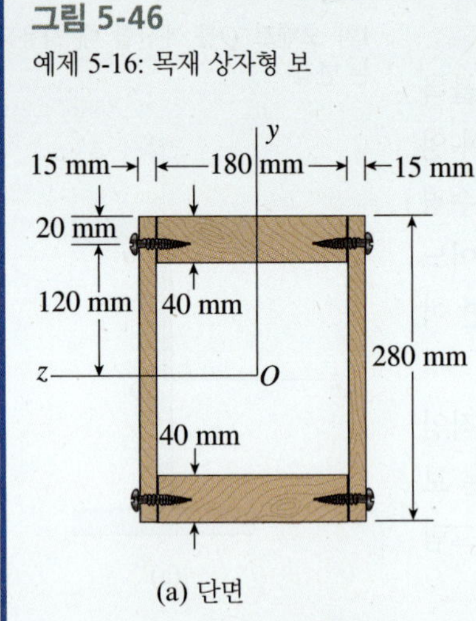

(a) 단면

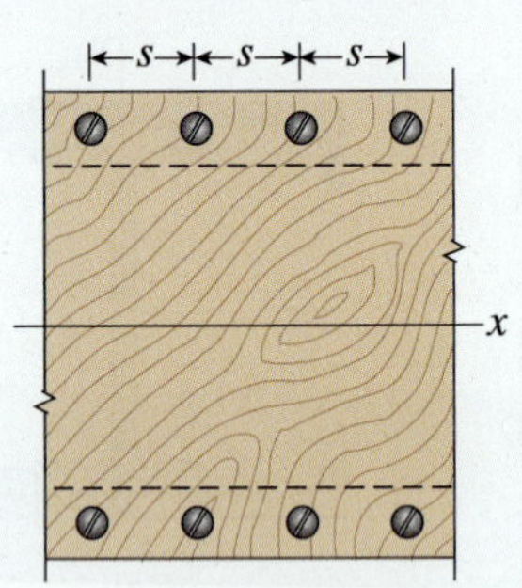

(b) 측면도

단면에 작용하는 전단력 V가 10.5 kN일 때, 나사의 길이방향 최대 허용 간격 s를 결정하라(그림 5-46b).

풀이

문제풀이 4단계 접근방법을 사용한다. 효율적인 풀이를 위하여 필요에 따라 단계를 합한다.

1, 2. 개념화, 분류:

전단류: 상부 플렌지와 두 웹 사이에 전달되는 수평전단력은 전단류 공식 $f = VQ/I$로부터 구할 수 있으며, 여기서 Q는 플렌지 단면적의 1차 모멘트이다. 이 1차 모멘트를 구하기 위하여, 플렌지의 면적 A_f에 플렌지의 도심으로부터 중립축까지의 거리 d_f를 곱한다:

$$A_f = 40 \text{ mm} \times 180 \text{ mm} = 7200 \text{ mm}^2 \quad d_f = 120 \text{ mm}$$

$$Q = A_f d_f = (7200 \text{ mm}^2)(120 \text{ mm}) = 864 \times 10^3 \text{ mm}$$

중립축에 대한 전체 단면적의 관성모멘트는 바깥쪽 직사각형의 관성모멘트에서 "구멍 부분(안쪽 직사각형)"의 관성모멘트를 뺀 것과 같다:

$$I = \frac{1}{12}(210 \text{ mm})(280 \text{ mm})^3 - \frac{1}{12}(180 \text{ mm})(200 \text{ mm})^3$$
$$= 264.2 \times 10^6 \text{ mm}^4$$

V, Q, 그리고 I값을 전단류 공식[식 (5-57)]에 대입하면 다음을 얻는다.

$$f = \frac{VQ}{I} = \frac{(10{,}500 \text{ N})(864 \times 10^3 \text{ mm}^3)}{264.2 \times 10^6 \text{ mm}^4} = 34.3 \text{ N/mm}$$

이것은 플렌지와 두 웹 사이에 전달되어야 할 *mm* 길이당 수평전단력이다.

3. 해석:

나사의 간격: 길이방향의 나사 간격이 s이고, 나사가 두 줄(플렌지의 각 측면에 한 개씩)로 배열되어 있기 때문에, 나사의 내하력은 보에 따른 거리 s당 $2F$이다. 그러므로 보에 따른 단위 거리당 나사의 내하력은 $2F/s$이다. $2F/s$와 전단류 f를 같다고 놓고 간격 s에 대해 풀면 다음을 얻는다.

$$s = \frac{2F}{f} = \frac{2(800 \text{ N})}{34.3 \text{ N/mm}} = 46.6 \text{ mm}$$

4. 최종 단계: 이 s값은 나사당 허용 하중에 근거한 나사의 최대 허용 간격이다. 46.6 mm보다 큰 간격은 나사에 초과 하중을 초래할 것이다. 제작의 편의와 안전 측면에서, s = 45 mm 정도의 간격이 선택될 것이다.

*5.12 축 하중을 받는 보

구조 부재는 종종 굽힘 하중과 축 하중의 작용을 동시에 받는다. 예를 들면, 항공기 프레임, 빌딩의 기둥, 기계, 선박의 부재 및 우주선 등에서 이런 현상이 일어난다. 만일 부재가 지나치게 가늘지 않다면, 조합 응력은 굽힘 응력과 축 응력을 중첩하여 얻어질 수 있다.

이것이 어떻게 이루어지는지 알아보기 위하여, 그림 5-47a의 외팔보를 고려한다. 보에 작용하는 유일한 하중은 자유단 단면의 도심을 통해 작용하는 경사 힘 P이다. 이 하중은 두 개의 성분, 가로 방향 하중 Q와 축 하중 S로 분해된다. 이 하중들은 보 전체에 걸쳐 굽힘모멘트 M, 전단력 V, 그리고 축 하중 N의 형태로 합 응력을 일으킨다(그림 5-47b). 지지점으로부터 거리 x만큼 떨어진 전형적인 단면상에 이 합 응력들은

$$M = Q(L - x) \quad V = -Q \quad N = S$$

이고, 여기서 L은 보의 길이이다. 이러한 합 응력의 각각에 관련된 응력은 단면 내의 임의의 점에서 적합한 공식($\sigma = -My/I$, $\tau = VQ/Ib$, $\sigma = N/A$)을 사용하여 결정할 수 있다.

축력 N과 굽힘모멘트 M은 모두 수직응력을 일으키기 때문에, 최종 응력 분포를 얻기 위해 이 응력을 조합할 필요가 있다. **축력**(단독으로 작용할 때)은 그림 5-47c의 응력 선도와 같이, 전체 단면에 걸쳐 균일 응력 분포 $\sigma = N/A$을 일으킨다. 이 특별한 예제에서, 응력 σ는 선도에 양의 부호로 표시한 것과 같이 인장이다.

굽힘모멘트는 보의 윗부분에 압축을, 아랫부분에는 인장인 선형적으로 변화하는 응력 $\sigma = -My/I$를 일으킨다(그림 5-47d). z축으로부터 측정된 거리 y는 단면의 도심을 통과한다.

수직응력의 최종 분포는 축력과 굽힘모멘트에 의해 발생한 응력을 중첩하여 얻는다. 따라서 **조합 응력**에 대한 식은

$$\sigma = \frac{N}{A} - \frac{My}{I} \tag{5-58}$$

이다.

N은 인장을 일으키면 양이고 M은 굽힘모멘트 부호규약(양의 굽힘모멘트는 보의 윗부분에 압축을 일으키고 아랫부분에는 인장을 일으킨다)에 따라 양임을 유의한다. 또한 식 (5-58)에서 이러한 부호규약을 사용하는 한, 수직응력 σ는 인장일 때는 양이고 압축일 때는 음이다.

최종 응력 분포는 식 (5-58)에서 항의 상대적 대수값에 따른다. 이 특별한 예에 대해 세 가지 가능성이 그림 5-45e, f, 그리고 g에 나타나 있다. 만일 보의 상부에서의 굽힘 응력(그림 5-47d)이 축 응력(그림 5-47c)보다 수치적으로 작으면, 전체 단면은 그림 5-47e와 같이 인장을 받을 것이다. 만일 상부에서의 굽힘 응력이 축 응력과 같다면 분포는 삼각형(그림 5-47f)이 될 것이고, 상부에서의 굽힘 응력이 축 응력보다 수치적으로 크다면 단면은 부분적으로는 압축을, 부분적으로는 인장을 받게될 것이다(그림 5-47g). 물론 축력이 압축력이거나 혹은 굽힘모멘트의 방향이 반대가 되면, 응력 분포는 이에 따라 변할 것이다.

굽힘 하중과 축 하중이 동시에 작용할 때마다 중립축(즉, 수직응력이 0이 되는 단면에서의 선)은 더이상 단면의 도심을 지나지 않는다. 그림 5-47e, f, 그리고 g에 각각 나타낸 바와 같이 중립축은 단면 바깥쪽, 단면의 가장자리, 또는 단면 내에 있을 수 있다.

축 하중을 받는 보에서의 응력을 결정하기 위해 식 (5-58)을 사용하는 과정이 뒤의 예제 5-17에 예시되었다.

그림 5-47

굽힘 및 축 하중을 받는 외팔보의 수직응력: (a) 자유단에 작용하는 하중 P를 받는 보, (b) 지지점으로부터 거리 x 만큼 떨어진 단면에 작용하는 합응력 N, V, 그리고 M, (c) 단독으로 작용하는 축력 N에 의한 인장응력, (d) 단독으로 작용하는 굽힘모멘트 M에 의한 인장 및 압축응력, 그리고 (e), (f), (g) N과 M의 조합 효과에 의한 가능한 최종 응력 분포

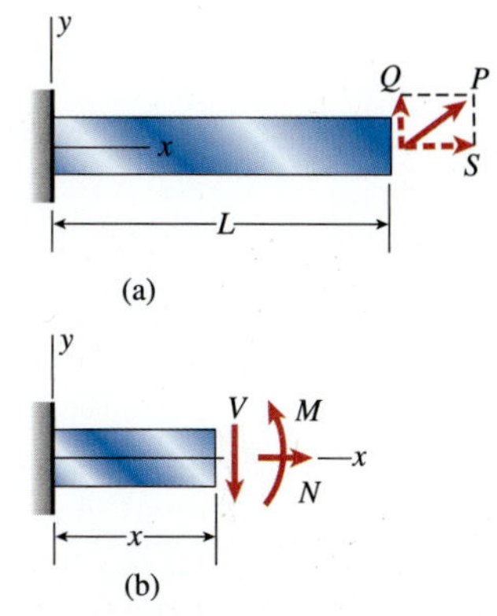

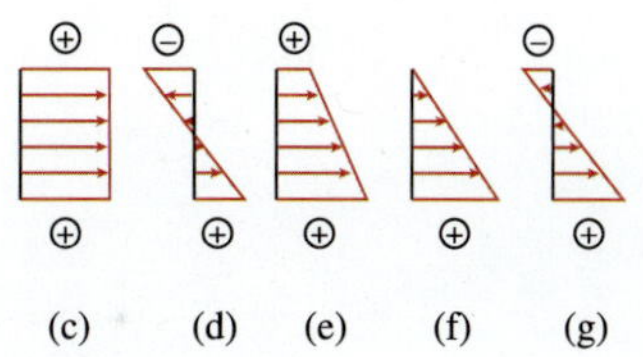

보의 자중으로 인한 굽힘과 케이블의 들어올리는 힘의 수평방향 성분으로 인한 축 압축

편심 축 하중

편심 축 하중(eccentric axial load)은 단면의 도심을 통해 작용하지 않는 축력이다. 하나의 예가 그림 5-48a에 나타나 있는데, 여기서 외팔보 AB는 x축(x축은 단면의 도심을 통과한다)으로부터 거리 e만큼 떨어진 곳에 작용하는 인장 하중 P를 받고 있다. 하중의 **편심 거리**(*eccentricity*)라 부르는 거리 e는 y축의 양의 방향에서 양이다.

편심 하중 P는 x축을 따라 작용하는 축력 P와 z축에 대하여 작용하는 굽힘모멘트 Pe와 정역학적으로 등가이다(그림 5-48b). 모멘트 Pe는 음의 굽힘모멘트임을 유의하라.

보의 단면도(그림 5-48c)는 y축과 z축이 단면의 도심 C를 통과하는 것을 보여 준다. 편심 하중 P는 대칭축인 y축과 교차한다.

임의 단면에서의 축력 N은 P와 같고, 굽힘모멘트 M은 $2Pe$와 같기 때문에, 단면의 임의 점에서의 **수직응력**[식 (5-58)로부터]은 다음과 같다.

$$\sigma = \frac{P}{A} + \frac{Pey}{I} \tag{5-59}$$

여기서 A는 단면의 면적이고 I는 z축에 대한 관성모멘트이다. P와 e가 모두 양일 경우, 식 (5-59)로부터 얻어지는 응력 분포는 그림 5-48d와 같다.

중립축 nn(그림 5-48c)의 위치는 식 (5-59)에서 응력 σ를 0으로 놓고 y_0로 표시하는 좌표 y에 대해 풀어 얻어질 수 있다. 그 결과는 다음과 같다.

$$y_0 = -\frac{I}{Ae} \tag{5-60}$$

좌표 y_0는 z축(순수 굽힘 상태일 때의 중립축)으로부터 응력이 0인 선 nn(굽힘 하중과 축 하중의 조합 하중하의 중립축)까지 측정된다. y_0는 y축 방향으로 양이기 때문에(그림 5-48c에서 위 방향), 그림에서 아래에 있을 때 $-y_0$로 표시된다.

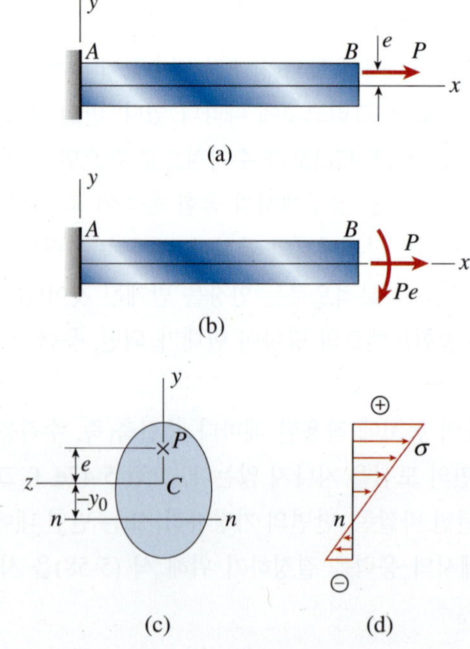

그림 5-48
(a) 편심 축 하중 P를 받는 외팔보, (b) 등가 하중 P와 Pe, (c) 보의 단면, 그리고 (d) 단면에 걸친 수직응력의 분포

식 (5-60)으로부터 중립축은 e가 양일 때 z축 아래에 있고, e가 음일 때 z축 위에 있다는 것을 알 수 있다. 만일 편심 거리가 감소하면, 거리 y_0는 증가하며 중립축은 도심으로부터 멀어진다. e가 0으로 접근하는 한계상태에서는, 하중은 도심에 작용하고 중립축은 무한 거리에 있게 되며 응력분포는 균일하다. 만일 편심 거리가 증가하면, 거리 y_0는 감소하고 중립축은 도심 쪽으로 이동한다. e가 극단적으로 커지는 한계상태에서는, 하중은 무한 거리에서 작용하고 중립축은 도심을 지나며 응력 분포는 순수 굽힘에서와 동일하다.

편심 축 하중은 이장의 끝 부분에 있는 몇 개의 문제를 통해 해석된다.

제한

축 하중을 받는 보에 대한 앞의 해석에서는 보의 처짐을 고려하지 않고 굽힘모멘트를 계산할 수 있다는 가정에 근거하고 있다. 다시 말하면 식 (5-58)에 사용할 굽힘모멘트 M을 구할 때 보의 원래 치수, 즉 어떤 변형이나 처짐이 일어나기 **전**의 치수를 사용할 수 있어야만 한다. 원래 치수의 사용은 보가 굽힘에서 상대적으로 강성이 커서 처짐이 매우 작은 경우일 때 유효하다.

따라서 축 하중을 받는 보를 해석할 때, 상대적으로 짧아서 굽힘에 대한 저항력이 큰 **땅딸막한(stocky) 보**와 상대적으로 길어서 매우 유연한 **가느다란(slender) 보**를 구분하는 것이 중요하다. 땅딸막한 보의 경우에서 가로 방향 처짐은 축 하중의 작용선에 아무런 영향을 미치지 못할만큼 작다. 결론적으로 굽힘모멘트는 처짐에 좌우되지 않으며 응력은 식 (5-58)로부터 구해질 수 있다.

가느다란 보의 경우에는, 가로 방향 처짐(비록 크기는 작을지라도)이 축 하중의 작용선을 심각하게 변경시킬 수 있을 만큼 충분히 크다. 그런 현상이 일어나면, 축력과 가로 방향 처짐의 곱과 같은 추가적인 굽힘모멘트가 모든 단면에서 발생한다. 다시 말하면, 축 방향 효과와 굽힘 효과 사이에 상호 작용 혹은 연결 작용이 있다. 이러한 거동 형태는 11장 **기둥**에서 논의된다.

땅딸막한 보와 가느다란 보 사이의 차이는 분명하게 정확한 것이 아니다. 일반적으로, 상호 작용 효과가 중요한지 아닌지를 알기 위한 유일한 방법은 상호 작용이 있는 보와 없는 보를 해석하여 그 결과가 중대하게 다른지 아닌지에 대한 주의를 주는 것이다. 그러나 이러한 과정은 상당한 계산 노력을 요한다. 그래서 실제 사용의 지침으로, 높이에 대한 길이의 비(length-to-height ratio)가 10 이하인 보를 일반적으로 땅딸막한 보로 고려한다. 땅딸막한 보만 이 절에 관한 Problems에서 고려한다.

예제 5-17

길이 L = 1.5 m인 관형 보 ACB가 A와 B 양단에서 핀으로 지지되어 있다. E에서 발동기를 갖춘 권양기가 중앙지점에 있는 마찰 없는 도르래(점 D, 그림 5-49a)를 통과하는 케이블을 이용하여 C점 아래에 있는 하중 W를 들어 올린다. 도르래의 중심으로부터 관의 길이방향 축까지의 거리 d = 140 mm이다. 관의 단면은 정사각형(그림 5-49b)이며, 바깥치수 b = 150 mm, 면적 A = 125 cm^2 그리고 관성모멘트 I = 3,385 cm^{4}이다.

그림 5-49

예제 5-17: 굽힘과 축 하중의 조합 하중을 받는 관형 보

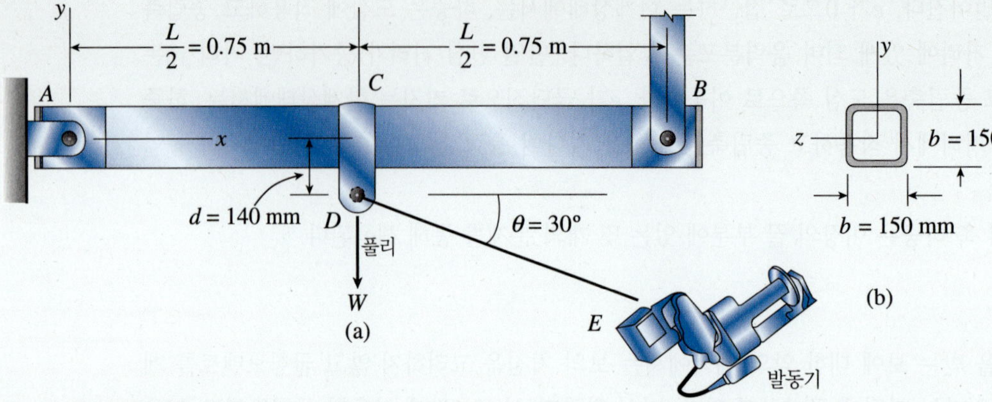

(a) 하중 W = 13.5 kN에 의한 보에서의 최대 인장응력 및 최대 압축응력을 구하라.

(b) 만일 튜브에서의 허용 수직응력이 24 MPa이라면, 최대 허용 하중 W는 얼마인가? 케이블, 도르래 그리고 브래킷 CD는 하중 W_{max}를 지지하기에 충분하다고 가정한다.

풀이

문제풀이 4단계 접근방법을 사용한다. 효율적인 풀이를 위하여 필요에 따라 단계를 합한다.

Part (a): 보에서의 최대 인장응력과 최대 압축응력

1, 2. 개념화, 분류:

보 그리고 하중: 해석 목적을 위해 보와 작용하는 하중을 이상적인 형태로 표현함으로써 시작한다(그림 5-50a). 단부 A에서의 지지는 수평과 수직 변위 모두에 저항하기 때문에 핀지지로 표현한다. B점에서의 지지는 수직 변위는 억제하지만 수평 변위에 대해서는 저항을 제공하지 않기 때문에 롤러지지로 나타낸다.

D점에서 케이블에 작용하는 힘은 정역학적 등가력 F_H와 F_V 그리고 모멘트 M_O로 대체할 수 있고, 이 등가력은 C점에서 보의 축에 작용한다(그림 5-50a 참조):

$$F_H = W\cos(\theta) = 11.691\text{ kN} \qquad F_V = W[1 + \sin(\theta)] = 20.25\text{ kN}$$

$$M_0 W\cos(\theta)d = 1636.8\text{ N}\cdot\text{m}$$

반력과 합응력: 보에서의 반력(R_H, R_A, 그리고 R_B)은 그림 5-50a에 명칭을 붙혀 놓았다. 또한 축력 N, 전단력 V 그리고 굽힘모멘트 M의 선도도 그림 5-50b, c에 각각 나타내었다. 이 모든 크기는 4장에서 기술된 기법들을 사용하여 자유물체도와 평형방정식으로부터 구하였다. 예를 들어, 정역학적 식을 이용하여 다음을 구한다.

$$\Sigma F_H = 0: \quad R_H = -F_H = -W\ \cos(\theta) = -(13.5\text{ kN})\ \cos(30°) = -11.691\text{ kN} \quad \textbf{(a)}$$

$$\Sigma M_A = 0: \quad R_B = \frac{1}{L}\left(F_V\frac{L}{2} - M_0\right) = \frac{W}{2}[1 + \sin(\theta)] - W\frac{d}{L}[\cos(\theta)]$$

$$R_B = (13.5\text{ kN})\left[\frac{1 + \sin(30°)}{2} - \left(\frac{140\text{ mm}}{1.5\text{ m}}\right)\cos(30°)\right] = 9.034\text{ kN} \quad \textbf{(b)}$$

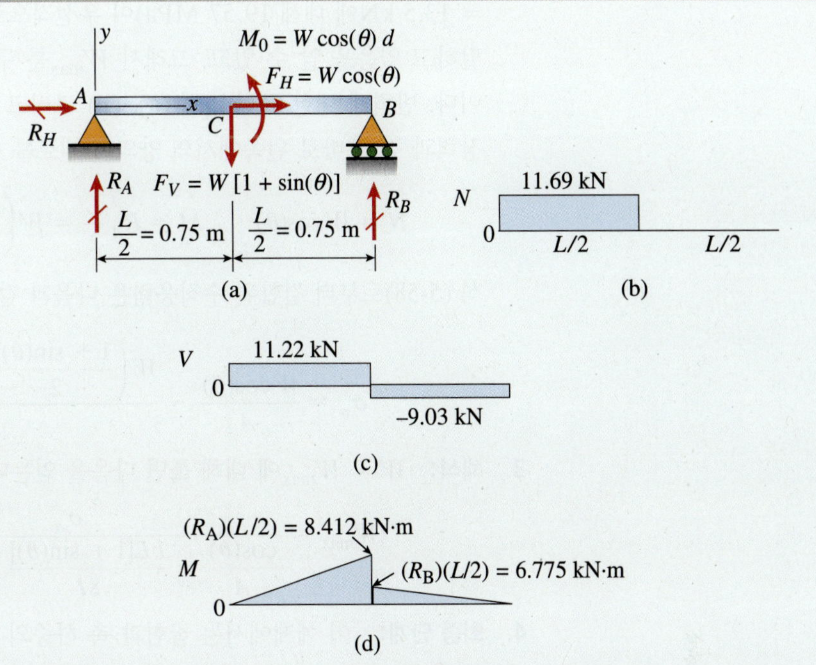

그림 5-50

예제 5-17의 해: (a) 이상적인 보와 하중, (b) 축력 선도, (c) 전단력 선도, (d) 굽힘모멘트 선도

$$\Sigma F_V = 0: \quad R_A = F_V - R_B = (13.5 \text{ kN})(1 + \sin(30°)) - 9.034 \text{ kN} = 11.216 \text{ kN} \quad \textbf{(c)}$$

다음으로 보 ACB에서의 조합 응력을 식 (5-58)을 사용하여 구하기 위해 축력(N), 전단력(V) 그리고 굽힘모멘트(M)도(각각 그림 5-50b, c 그리고 d)를 이용한다.

3. 해석:

보에서의 응력: 보에서의 최대 인장응력은 중앙점 C의 바로 왼쪽 보의 밑면($y = -75$ mm)에서 일어난다. 보의 이 점에서는 축 하중에 의한 인장응력과 가장 큰 굽힘모멘트에 의한 인장응력이 합해진다는 사실에 주목하자. 따라서 식 (5-58)로부터 다음을 얻을 수 있다.

$$(\sigma_t)_{\max} = \frac{N}{A} - \frac{My}{I} = \frac{11.691 \text{ kN}}{125 \text{ cm}^2} - \frac{(8.412 \text{ kN}\cdot\text{m})(-75 \text{ mm})}{3385 \text{ cm}^4}$$
$$= 0.935 \text{ MPa} + 18.638 \text{ MPa} = 19.57 \text{ MPa}$$

최대 압축응력은 점 C의 왼쪽 보의 맨 윗면($y = 75$ mm)에서 일어나거나 점 C의 오른쪽 보의 맨 윗면에서 일어난다. 이 두 응력은 다음과 같이 계산된다.

$$(\sigma_c)_{\text{left}} = \frac{N}{A} - \frac{My}{I} = \frac{11.691 \text{ kN}}{125 \text{ cm}^2} - \frac{(8.412 \text{ kN}\cdot\text{m})(75 \text{ mm})}{3385 \text{ cm}^4}$$
$$= 0.934 \text{ MPa} - 18.638 \text{ MPa} = -17.7 \text{ MPa}$$

$$(\sigma_c)_{\text{right}} = \frac{N}{A} - \frac{My}{I} = 0 - \frac{(6.775 \text{ kN}\cdot\text{m})(75 \text{ mm})}{3385 \text{ cm}^4} = -15.01 \text{ MPa}$$

따라서 최대 압축응력은

$$(\sigma_c)_{\max} = -17.7 \text{ MPa}$$

이며, 점 C의 왼쪽 보의 맨 윗면에서 일어난다.

Part (b): 최대 허용 하중 W

1, 2. 개념화, 분류: 식 (a)로부터 점 C의 바로 왼쪽 보의 밑면에서의 인장응력(하중 W

= 13.5 kN에 대해 19.57 MPa)이 우선적으로 허용 수직응력 σ_a = 24 MPa에 도달하고 있음을 알 수 있고, 그래서 W_{max}를 구하기 위한 인자를 결정할 수 있을 것이다. 반력에 대한 표현식[식 (a), (b) 그리고 (c)]을 이용하여, 보 AC에서의 축 인장력과 점 C 바로 왼쪽에서의 양의 모멘트를 구하면 다음과 같다.

$$N = W\cos(\theta) \qquad M = R_A \frac{L}{2} = W\left(\frac{1 + \sin(\theta)}{2} + \frac{d}{L}\cos(\theta)\right)\left(\frac{L}{2}\right)$$

식 (5-58)로부터 결합된 수직응력은 다음과 같다.

$$\sigma_a = \frac{W\cos(\theta)}{A} - \frac{W\left(\frac{1 + \sin(\theta)}{2} + \frac{d}{L}\cos(\theta)\right)\left(\frac{L}{2}\right)\left(\frac{-b}{2}\right)}{I}$$

3. **해석:** $W = W_{max}$에 대해 풀면 다음을 얻는다.

$$W_{max} = \frac{\sigma_a}{\frac{\cos(\theta)}{A} + \frac{bL[1 + \sin(\theta)]}{8I} + \frac{bd\cos(\theta)}{4I}} = 16.56\text{ kN}$$

4. **최종 단계:** 이 예제에서는 굽힘과 축 하중의 조합 하중으로 인한 보에서의 수직응력이 어떻게 결정될 수 있는지 보여준다. 보의 단면에 작용하는 전단응력(전단력 V로 인한)은 이 장의 초반에서 기술하였던 것처럼, 수직응력과는 무관하게 결정되어질 수 있다. 7장 후반부에서, 단면의 평면에 작용하는 수직응력과 전단응력 모두 알고 있는 경우에 경사 평면상에의 응력들을 계산한다.

*5.13 굽힘에서의 응력집중

이 장의 앞 절들에서 논의한 굽힘 공식과 전단 공식은 구멍, 노치(notch) 혹은 치수 상의 다른 갑작스런 변화가 없는 보에 적용 가능하다. 이러한 불연속성이 존재할 때마다, 높은 국부적인 응력이 발생한다. 이러한 **응력집중**은 부재가 취성 재료로 되어 있거나 동 하중을 받을 때 매우 중요해질 수 있다(응력집중이 중요시되는 조건에 대한 논의는 2장의 2.10절 참조).

예시를 위한 목적으로, 보에서의 두 가지 경우에 대한 응력집중을 이 절에서 기술한다. 첫 번째 경우는 **중립축에서 하나의 구멍**을 갖는 직사각형 단면 보이다(그림 5-51). 이 보는 높이가 h이고 두께가 b(그림의 평면에 수직으로)이며 굽힘모멘트 M의 작용 하에 순수 굽힘 상태에 있다.

구멍의 직경 d가 높이 h에 비해 작을 때, 구멍으로 인한 단면의 근사적인 응력 분포가 그림 5-51a의 선도에 나타나 있다. 구멍의 가장자리에 있는 점 B에서의 응력은 구멍이 없을 때의 그 점에서의 응력보다 훨씬 크다(그림에서의 점선은 구멍이 없을 때의 응력 분포를 나타낸다). 그러나 보의 바깥쪽 가장자리로 갈수록(점 A로 갈수록), 응력 분포는 중립축으로부터의 거리에 따라 선형적으로 변화하며 구멍의 존재로 인한 영향은 아주 미미하다.

이 구멍이 비교적 클 때, 근사적인 응력 패턴은 그림 5-51b와 같다. 구멍이 없는 보에서의 응력 분포(점선으로 나타낸)에 비하여 점 B에서의 응력은 크게 증가하고, 점 A에서의 응력은 작은 변화만 있다. 점 C에서의 응력은 점 A에서의 응력보다는 크지만 점 B에서의 응력보다는 작다.

심도 있는 검토를 해 보면, 구멍의 가장자리(점 B)에서의 응력은 근사적으로 그 점에서의 **공칭 응력**의 두 배이다. 공칭 응력은 표준 방법인 굽힘 공식, 즉 $\sigma = My/I$로부터 계산되는데, 여기서 y는 중립축으로부터 점 B까지의 거리인 $d/2$이고 I는 구멍에서 순 단면의 관성모멘트이다. 따라서 점 B에서의 응력을 구하기 위해 다음과 같은 근사 공식을 사용할 수 있다:

$$\sigma_B \approx 2\frac{My}{I} = \frac{12Md}{b(h^3 - d^3)} \tag{5-61}$$

보의 바깥쪽 가장자리(점 C에서)에서의 응력은 점 A ($y = h/2$인 곳)에서의 공칭 응력(실제 응력이 아닌)과 근사적으로 같다:

$$\sigma_C \approx \frac{My}{I} = \frac{6Mh}{b(h^3 - d^3)} \tag{5-62}$$

마지막 두 식으로부터 비 σ_B/σ_C는 근사적으로 $2d/h$임을 알 수 있다. 그래서 보의 높이에 대한 구멍 직경의 비 d/h가 1/2을 초과할 때, 가장 큰 응력이 점 B에서 발생한다는 결론을 얻을 수 있다. d/h가 1/2보다 작을 때에는 가장 큰 응력이 점 C에서 발생한다.

논의할 두 번째 경우는 **노치가 있는 직사각형 보**이다(그림 5-52). 그림에 나타나 있는 보는 순수 굽힘을 받으며 높이가 h이고 두께가 b(그림의 평면에 수직으로)이다. 또한 보의 순 높이(즉, 노치의 밑 부분 사이의 거리)는 h_1이고 각 노치의 밑 부분에서의 반경은 R이다. 이 보에서의 최대 응력은 노치의 밑 부분에서 발생하며, 그 점에서의 공칭 응력보다 훨씬 클 수 있다. 공칭 응력은 $y = h/2$과 $I = bh_1^3/12$을 굽힘 공식에 대입하여 계산한다; 따라서

$$\sigma_{nom} = \frac{My}{I} = \frac{6M}{bh_1^2} \tag{5-63}$$

이다. 최대 응력은 응력집중계수 K에 공칭 응력을 곱한 것과 같다:

그림 5-51

중립축에 원형 구멍을 갖는 순수 굽힘 상태의 보에서의 응력 분포(보는 높이 h 그리고 두께 b의 직사각형 단면을 갖는다).

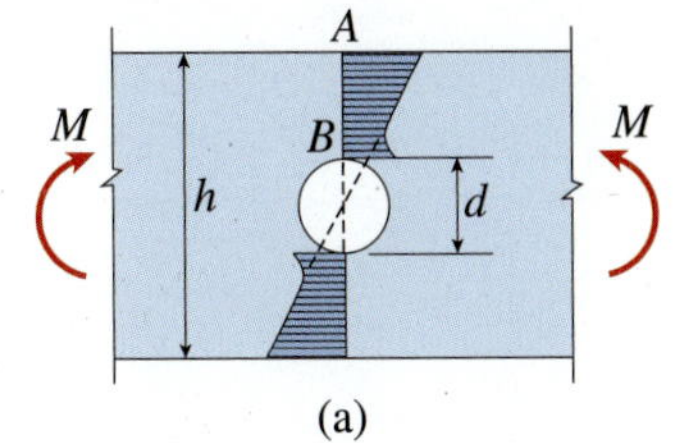

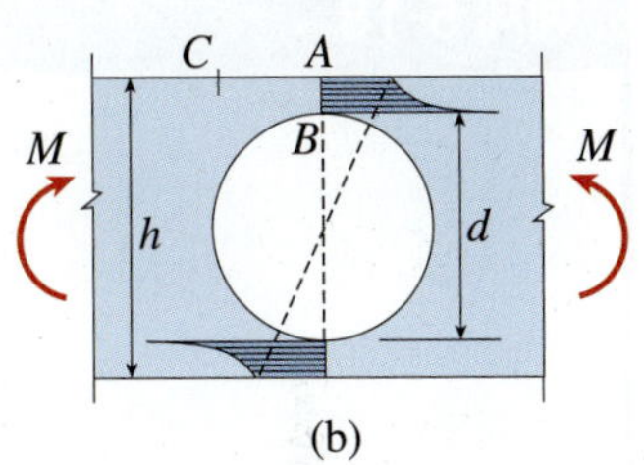

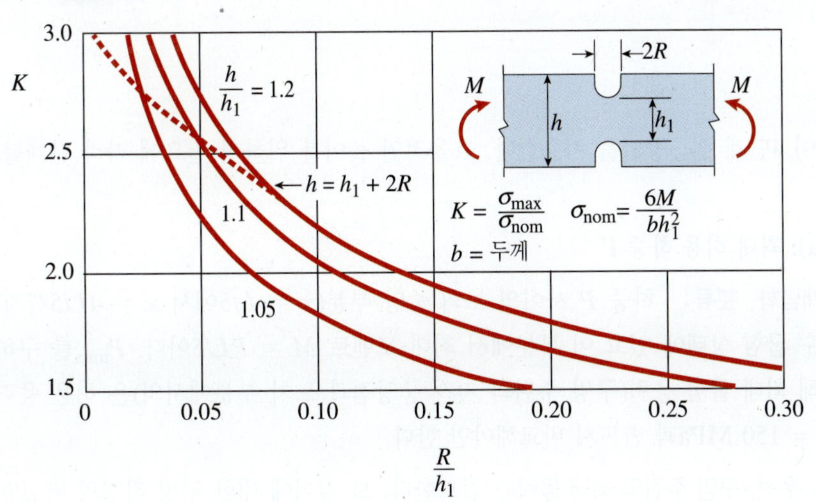

그림 5-52

순수 굽힘 상태에 있는 노치를 가진 직사각 형 단면 보에 대한 응력집중계수 K (h = 보의 높이; b = 그림의 평면에 수직인 보의 두께). 점선은 반원 형태의 노치에 대한 것이다 ($h = h_1 + 2R$).

$$\sigma_{max} = K\sigma_{nom} \tag{5-64}$$

비 h/h_1의 몇 가지 값에 대한 응력집중계수 K가 그림 5-52에 그려져 있다. 노치가 더욱 "뾰족해져서(sharper)", 즉 비 R/h_1이 점점 작아지면 응력집중계수는 증가함을 유의하라 (그림 5-52는 참고문헌 2-9에 주어진 공식으로부터 그린 것이다).

응력집중의 효과는 2.10절의 Saint-Venant의 원리에 대한 논의에서 설명한 것처럼, 구멍이나 노치 주위의 작은 영역에 국한된다. 구멍과 노치로부터 h 혹은 그보다 멀리 떨어진 거리에서의 응력집중 효과는 무시할 수 있으며 응력에 대한 일반 공식을 사용할 수 있다.

예제 5-18

중심선에 직경 d의 구멍과 보 중심선으로부터 등거리 위치의 양쪽 상하면에 두 개의 노치를 갖는 직사각형 단면($b \times h$)의 단순 보 AB가 있다. 보 AB는 단순지지되어 있고, 하중 P는 보의 양단으로부터 $L/5$ 되는 지점에 각각 작용하고 있다. 그림 5-51에서 주어진 치수는 다음과 같다고 가정한다: L = 4.5 m, b = 50 mm, h = 144 mm, h_1 = 120 mm, d = 85 mm 그리고 R = 10 mm. 허용 굽힘 응력 σ_a = 150 MPa이라고 가정한다.

(a) 작용 하중 P의 최대 허용값을 구하라.

(b) 만일 P가 11 kN일 때, 노치의 허용되는 최소 반경 R_{min}은 얼마인가?

(c) 만일 P가 11 kN일 때, 보의 중간 높이에 있는 구멍의 허용되는 최대 직경은 얼마인가?

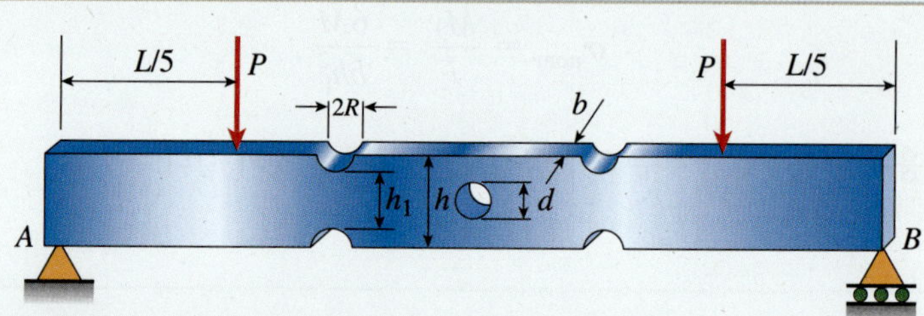

그림 5-53
예제 5-18: 노치와 구멍을 가지는 직사각형 단면의 강재 보

풀이

문제풀이 4단계 접근방법을 사용한다. 효율적인 풀이를 위하여 필요에 따라 단계를 합한다.

Part (a): 최대 허용 하중 P

1, 2. 개념화, 분류: 하중 P 사이의 보의 중앙 부분($x = L/5$에서 $x = 4L/5$까지)은 순수 굽힘 상태에 있고 이 부분에서 최대 모멘트 $M = PL/5$이다. P_{max}를 구하기 위해 최대 굽힘 응력(구멍 주위의 지간 중앙점과 노치 부분에서의)은 허용 응력값 σ_a = 150 MPa과 반드시 비교해야만 한다.

우선, 구멍 주위의 최대 응력을 검토한다. 보 깊이에 대한 구멍 직경의 비 d/h =

85 mm/144 = 0.59로 1/2을 초과한다. 그래서 점 C에서보다 점 B에서의 응력(그림 5-51)이 지배할 것이라는 것을 안다. σ_B가 σ_a와 같다고 놓고, 식 (5-61)의 M에 $PL/5$를 대입하면 다음과 같은 P_{max}에 대한 식을 만들 수 있다:

$$M_{max} = \sigma_a\left[\frac{b(h^3 - d^3)}{12d}\right] \quad \text{and} \quad P_{max1} = \frac{5}{L}\left\{\sigma_a\left[\frac{b(h^3 - d^3)}{12d}\right]\right\}$$

3. 해석: 이 식으로부터

$$P_{max1} = \frac{5}{4.5\text{ m}}\left\{150\text{ MPa}\left[\frac{50\text{ mm}[(144\text{ mm}^3) - (85\text{ mm})^3]}{12(85\text{ mm})}\right]\right\} = 19.38\text{ kN}$$

다음으로 P_{max}의 두 번째 값을 얻기 위해 두 노치의 저부에서 최고 응력을 검토해 보아야 한다. 높이 h_1에 대한 노치 반경 R의 비가 0.083이고 $h/h_1 = 1.2$이다. 그래서 그림 5-52로부터 응력집중계수 K가 약 2.3임을 알 수 있다(그림 5-54 참조).

식 (5-63)과 (5-64)를 이용하여, 다음과 같은 식을 얻을 수 있다:

$$\sigma_{max} = K\sigma_{nom} = K\left(\frac{6M}{bh_1^2}\right) = K\left[\frac{6}{bh_1^2}\left(\frac{PL}{5}\right)\right]$$

그래서

$$P_{max2} = \sigma_a\left(\frac{5bh_1^2}{6KL}\right) = 150\text{ MPa}\left[\frac{5(50\text{ mm})(120\text{ mm})^2}{6(2.3)(4.5\text{ m})}\right] = 8.7\text{ kN}$$

이다.

4. 최종 단계: P_{max1}과 P_{max2}를 비교하면, 노치의 저부에서 최고 응력이 지배함을 알 수 있다. 그래서,

$$P_{max} = 8.7\text{ kN}$$

이다.

Part (b): 허용되는 노치의 최소 반경 R

1, 2. 개념화, 분류: 그림 5-52에서 응력집중계수 K는 치수 h_1에 대한 노치 반경 R의

그림 5-54

예제 5-18의 (a)항을 위한 보의 노치 부분에서의 응력집중계수 K

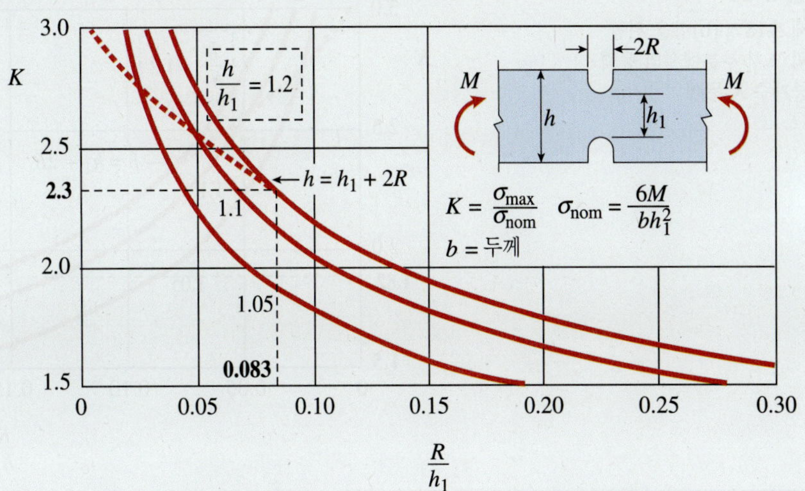

비가 감소함에 따라 증가한다.

3, 4. 해석, 최종 단계: 식 (5-63)을 이용하여 수직응력을 다음과 같이 계산할 수 있다.

$$\sigma_{\text{nom}} = \frac{6\left(\frac{PL}{5}\right)}{bh_1^2} = \frac{6(11\text{ kN})(4.5\text{ m})}{5(50\text{ mm})(120\text{ mm})^2} = 82.5\text{ MPa}$$

그리고 응력집중계수 K를 구하기 위해 최대 굽힘 응력 $\sigma_{\max}$을 허용 응력 σ_a = 150 MPa과 같다고 놓는다:

$$K = \frac{\sigma_a}{\sigma_{\text{nom}}} = \frac{150\text{ MPa}}{82.5\text{ MPa}} = 1.82$$

그림 5-55로부터 $h/h_1 = 1.2$ 그리고 $K = 1.82$일 때 다음을 얻는다.

$$\frac{R}{h_1} = 0.16 \quad \text{그래서} \quad R_{\min} = 0.16(120\text{ mm}) = 19.2\text{ mm}$$

Part (c): 구멍의 허용되는 최대 직경

1, 2. 개념화, 분류: 비 $d/h > 1/2$이라고 가정함으로써 시작하면, $d_{\max}$를 구하기 위해 식 (5-61)(그림 5-51에서처럼 최대 굽힘 응력은 점 B에서 일어난다고 가정한 것)로 출발할 수 있다. 만일 d/h가 1/2보다 작은 것으로 판명되면, 식 (5-62)를 이용해야만 할 것이며 이것은 최대 굽힘 응력이 실제로 점 C에서 일어난다는 것을 의미한다. 만일 최고 응력이 점 B에서 일어난다면 식 (5-61)을 다음과 같이 쓸 수 있다.

$$\frac{12\left(\frac{PL}{5}\right)d}{b(h^3 - d^3)} = \sigma_a$$

3. 해석: 이전 식은 $d_{\max} = 108.3$ mm임을 구하기 위해 수치적으로 풀이된다.

$$d_{\max} = 108.3\text{ mm.}$$

4. 최종 단계: d/h의 비에 대한 원래의 가정이 확실함이 증명되었다. 왜냐하면 $d_{\max}/h = 0.752$는 1/2을 초과하고, 그래서 최고 응력은 정말로 점 C이 아니고 점 B에서 일어난다.

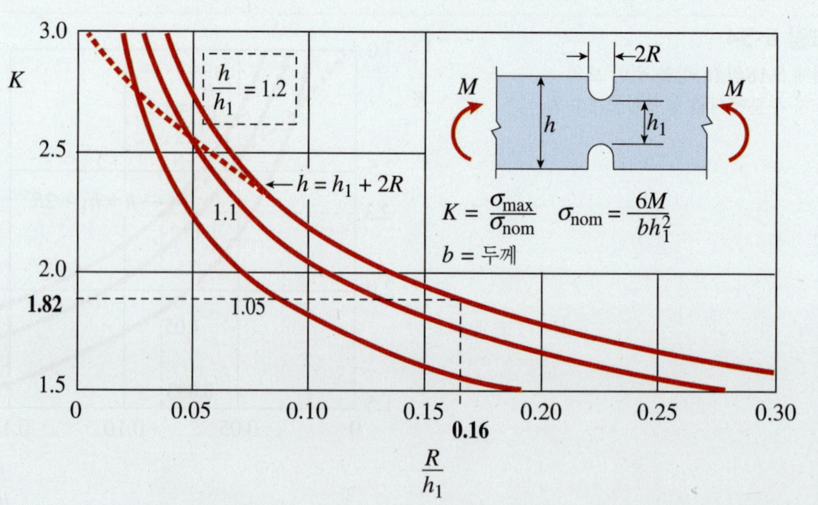

그림 5-55
예제 5-18의 (b)항을 위한 보의 노치 부분에서의 응력 집중계수 K 두께

이 장의 요약 및 복습

5장에서는 하중이 작용하는 보의 거동과 보 단면에서 대칭 평면인 xy평면에서 발생하는 굽힘에 대해 다루었다: 순수 굽힘과 불균일 굽힘 모두 고려하였다. 수직응력(σ)은 **굽힘 공식**에 따라 중립면으로부터 선형적으로 변화함을 알았다. 불균일 굽힘을 받는 직사각형 혹은 원형단면의 보에서의 수평전단응력과 수직전단응력(τ)이 **전단 공식**을 사용하여 계산되었다. 플렌지를 갖는 보와 조립 보에서 전단의 특별한 경우에 대해서도 고려되었다. 마지막으로, 축 하중과 횡방향 하중을 모두 받는 땅딸막한 보에 대해 논의하였으며, 이어서 노치 혹은 구멍 주위의 급격한 단면 변화를 하는 보에서의 국부 응력을 평가하였다.

이 장에서 소개된 몇 가지 주요 개념과 결과는 다음과 같다:

1. 만일 xy평면이 보 단면의 대칭 평면이고 작용 하중이 xy평면에 작용한다면, 굽힘 처짐은 **굽힘 평면**으로 알려진 이와 동일한 평면에 발생한다.

2. 순수 굽힘 상태에 있는 보는 일정한 곡률 κ을 갖고 불균일 굽힘 상태에 있는 보는 변화하는 곡률을 갖는다. 굽혀진 보에서 길이방향 변형률(ε_x)은 다음 식과 같이 곡률에 비례하고, 순수 굽힘 상태의 보에서의 변형률은 재료의 응력-변형률 곡선의 형상에 관계없이 중립면으로부터 거리에 따라 선형적으로 변화한다.

$$\varepsilon_x = -\kappa y$$

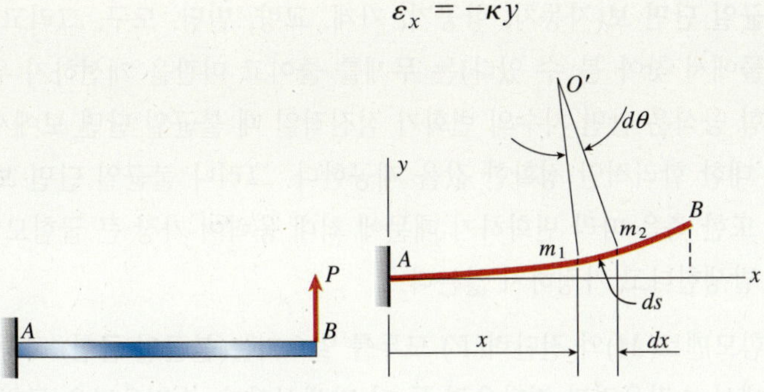

3. 중립축은 재료가 후크의 법칙을 따르고 단면에 작용하는 축력이 없을 때 단면의 면적의 도심을 통과한다. 선형 탄성 재료의 보가 순수 굽힘을 받을 때, y축과 z축은 **도심에서의 주축**이다.

4. 만일 보의 재료가 선형 탄성이고 후크의 법칙을 따른다면, **모멘트-곡률 관계식**은 곡률은 굽힘모멘트 M에 정비례하고 보의 **굽힘 강성**인 EI에 반비례함을 보여 준다. 모멘트-곡률 관계식은 다음과 같다.

$$\kappa = \frac{M}{EI}$$

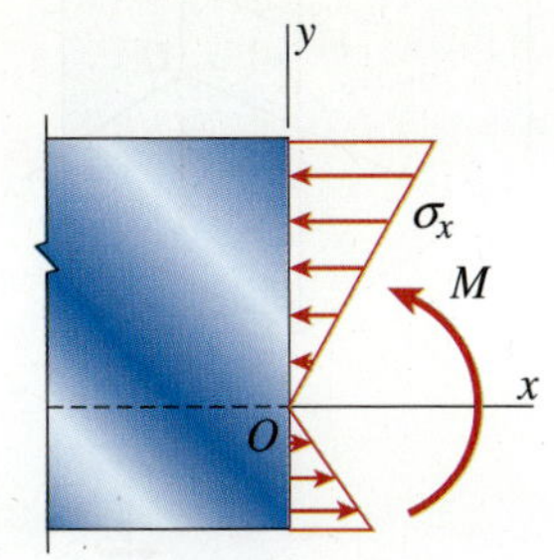

5. **굽힘 공식**은 수직응력 σ_x 이 굽힘모멘트 M에 정비례하고 단면의 관성모멘트 I에 반비례한다는 것을 보여 준다:

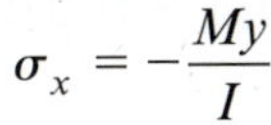

$$\sigma_x = -\frac{My}{I}$$

주어진 임의의 단면에 작용하는 최대 인장 굽힘 응력과 최대 압축 굽힘 응력은 중립축으로부터 가장 멀리 위치한 점에서 발생한다.

$$(y = c_1,\ y = -c_2)$$

6. 불균일 굽힘의 경우에 대해 굽힘 공식으로부터 계산한 수직응력은 전단응력의 존재나 단면의 결합된 뒤틀림에 의해 크게 변화하지 않는다. 그러나 굽힘 공식은 보의 지지점 근처나 집중 하중 가까이에서는 적용할 수 없다. 왜냐 하면 그러한 불규칙한 것들은 굽힘 공식으로부터 얻은 응력보다 더 큰 **응력집중**을 일으키기 때문이다.

7. 굽힘 응력에 저항하기 위한 보를 **설계**하기 위해, 최대 모멘트와 허용 수직응력으로부터 소요 **단면 계수**를 다음과 같이 계산한다;

$$S = \frac{M_{\max}}{\sigma_{\text{allow}}}$$

무게를 최소화하고 재료를 절약하기 위해 통상 소요 단면 계수를 제공하는 가장 최소의 단면적이 나와 있는 재료 설계 매뉴얼(강과 목재에 대한 부록 F와 G에서 견본 표 참조)로부터 보를 선택한다; 넓은 플렌지 단면, 그리고 I형 단면은 플렌지에 대부분의 재료가 배치되고 플렌지의 폭은 횡방향 좌굴의 가능성을 감소시킨다.

8. **불균일 단면 보**(자동차, 항공기, 기계, 교량, 빌딩, 도구, 그리고 다른 많은 응용물에서 찾아 볼 수 있다)는 무게를 줄이고 미관을 개선하기 위해 사용된다. 굽힘 공식은 단면 치수의 변화가 점진적일 때 불균일 단면 보에서의 굽힘 응력에 대한 합리적인 정확한 값을 제공한다. 그러나 불균일 단면 보에서 단면 계수 또한 축을 따라 변화하기 때문에 최대 응력이 가장 큰 굽힘모멘트의 단면에서 발생한다고 가정하지 않는다.

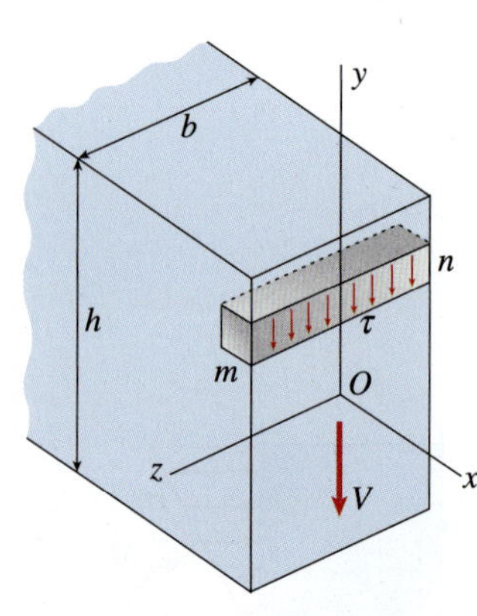

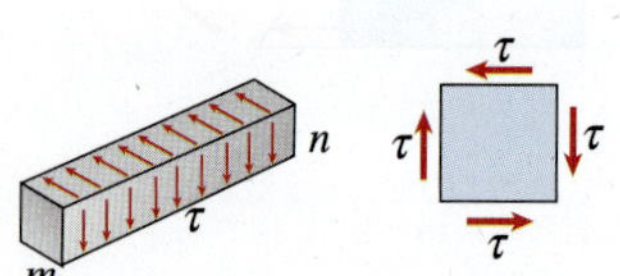

9. 굽힘모멘트(M)와 전단력(V) 모두를 일으키는(**불균일 굽힘**) 하중을 받는 보 는 보에서 수직응력과 전단응력 둘 다 발생시킨다. 수직응력은 **굽힘 공식**(보가 선형 탄성 재료로 만들어진 경우)으로부터 계산되고 전단응력은 다음과 같은 **전단 공식**을 사용하여 계산된다:

$$\tau = \frac{VQ}{Ib}$$

전단응력은 직사각형 단면 보의 높이에 걸쳐 포물선으로 변화하며 전단변형률도 역시 포물선으로 변화한다; 이러한 전단변형률은 원래는 평면인 보의 단면을 뒤틀리게 만든다. 전단응력과 전단변형률($\tau_{\max}$, $\gamma_{\max}$)의 최댓값은 중립축에서 발생하고 보의 맨 윗면과 밑면에서 0이다.

10. 전단 공식은 균일 단면 보에만 적용되며 작은 처짐을 갖는 선형 탄성 재료의 보 에서만 유용하다; 또한 단면의 가장자리는 y축에 **평행**하여야만 한다. **직사각형** 단면 보에서 전단 공식의 정확성은 단면의 높이와 폭의 비에 따른다: 공

식은 매우 좁은 보에 대해서는 정확한 것으로 고려할 수 있지만 폭 b가 높이 h에 비해 증가하면 덜 정확해진다. 전단공식은 **원형**단면의 보의 중립축에서의 전단응력만을 계산하기 위해 사용된다.

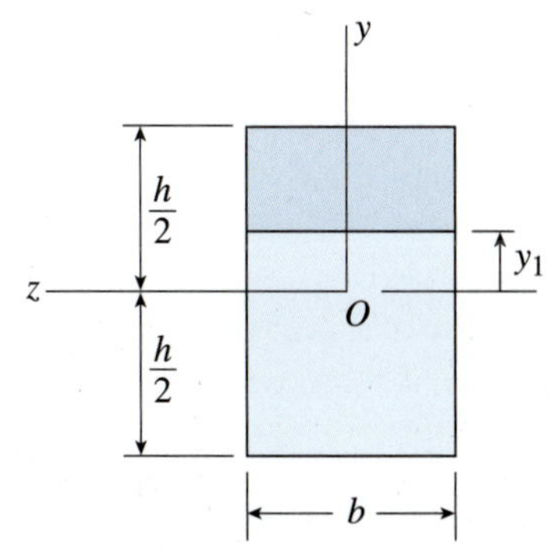

직사각형 단면에 대해서

$$\tau_{max} = \frac{3}{2}\frac{V}{A}$$

이고, 속이 찬 원형단면에 대해서는

$$\tau_{max} = \frac{4}{3}\frac{V}{A}$$

이다.

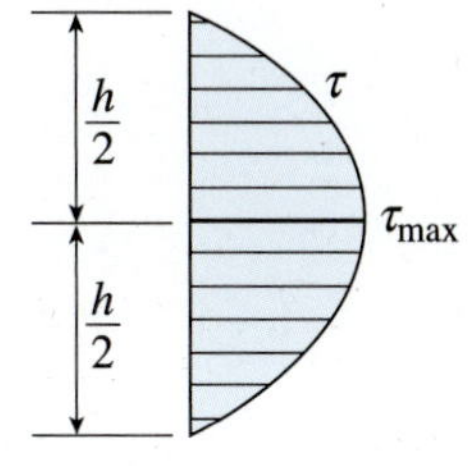

11. 전단응력은 허용 전단응력이 통상 허용 인장응력의 25~50% 범위에 있는 강과 알루미늄과 같은 금속으로 만들어진 원형 혹은 직사각형 단면의 보 설계를 좀처럼 지배하지는 않는다. 그러나 목재와 같이 **전단에 약한 재료들**에서 수평 전단에서의 허용 응력은 허용 굽힘 응력의 4~10% 범위에 있어 설계를 지배할 수도 있다.

12. **넓은 플렌지형 보**의 플렌지에서의 전단응력은 수직 방향과 수평방향 양쪽에서 작용한다. 플렌지에서의 수평전단응력은 수직전단응력보다 훨씬 크다. 넓은 플렌지형 보의 웹에서의 전단응력은 수직방향으로만 작용하고 플렌지에서의 응력보다 크며, 전단 공식을 이용하여 계산될 수 있다. **넓은 플렌지형 보의 웹**에서의 최대 전단응력은 중립축에서 발생하고, 최소 전단응력은 웹이 플렌지와 만나는 곳에서 발생한다. 전형적인 치수를 갖는 보에서 웹에서의 전단력은 단면에 작용하는 전체 전단력 V의 90~98%이다; 나머지는 플렌지에서의 전단에 의해 지지된다.

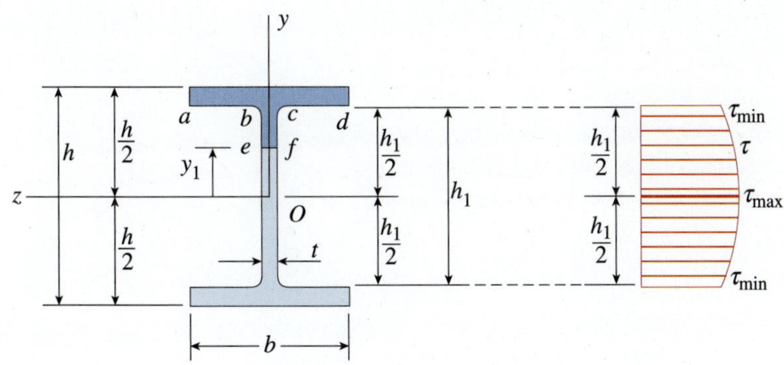

13. **조립 보**에서 부재 사이의 연결재(못, 볼트, 용접 그리고 접착제)는 보의 부재 사이에 작용하는 수평전단력을 전달할 수 있도록 충분히 강해야만 한다. 연결재는 보가 단일체로 거동할 수 있도록 다음과 같은 **전단류 공식**을

$$f = \frac{VQ}{I}$$

이용하여 설계한다. **전단류** f는 보의 길이방향 축에 따른 단위 길이당 수평전

단력으로 정의된다.

14. **축 하중을 받는 보**에서의 수직응력은 축력 N과 굽힘모멘트 M에 의해 발생 하는 응력을 다음과 같이 중첩함으로서 얻어진다.

$$\sigma = \frac{N}{A} - \frac{My}{I}$$

굽힘과 축 하중이 동시에 작용할 때마다 중립축은 더 이상 단면의 도심을 통과하지 않고 단면의 바깥쪽, 단면의 가장자리 혹은 단면 내에 위치할 수도 있다. 이 논의는 가로 방향 처짐이 작아서 축력의 작용선에 중요한 영향을 주지 않는 **땅딸막한 보**에만 적용된다.

15. 보에서의 응력 분포는 구멍, 노치 혹은 단면의 급격한 변화부에 의해 변화하며, 높은 국부 응력이나 **응력집중**에 이르게 한다. 이것은 보의 재료가 취성이거나 부재가 동 하중을 받는 경우 특별히 중요하게 고려되어야 한다. 최대 응력 값은 공칭 응력보다 몇 배 커질 수도 있다.

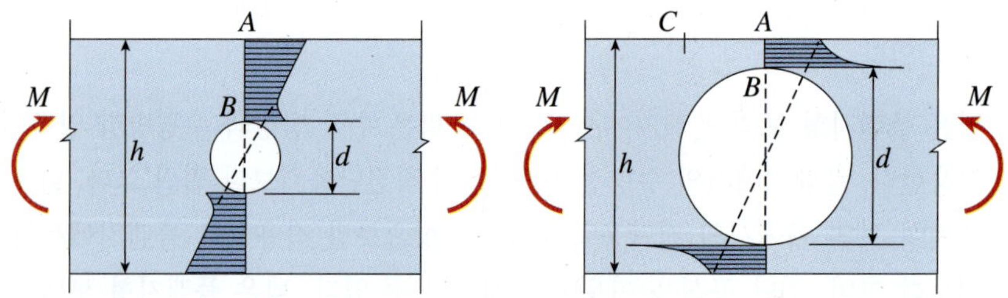

PROBLEMS Chapter 5

5.4 Longitudinal Strains in Beams

Introductory Problems

5.4-1 A steel wire with a diameter of $d = 1.6$ mm is bent around a cylindrical drum with a radius of $R = 0.9$ m (see figure).

(a) Determine the maximum normal strain ε_{max}.

(b) What is the minimum acceptable radius of the drum if the maximum normal strain must remain below yield? Assume $E = 210$ GPa and $\sigma_Y = 690$ MPa.

(c) If $R = 0.9$ m, what is the maximum acceptable diameter of the wire if the maximum normal strain must remain below yield?

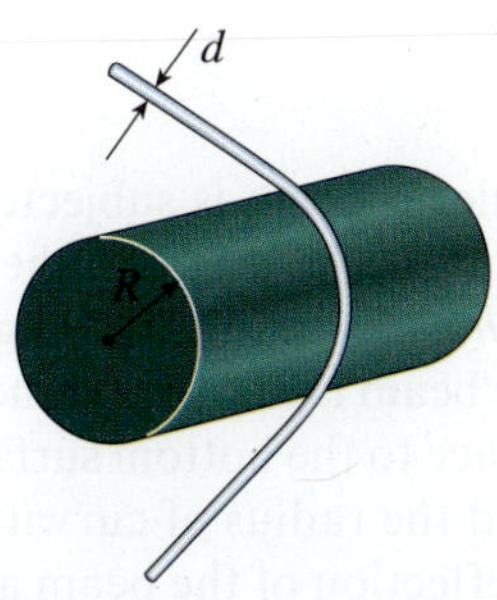

PROBLEM 5.4-1

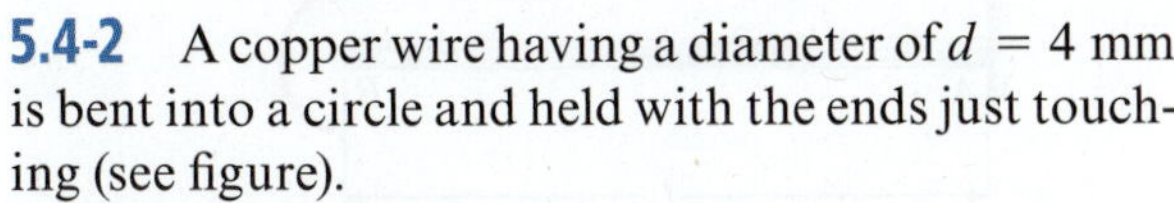

5.4-2 A copper wire having a diameter of $d = 4$ mm is bent into a circle and held with the ends just touching (see figure).

(a) If the maximum permissible strain in the copper is $\varepsilon_{max} = 0.0024$, what is the shortest length L of wire that can be used?

(b) If $L = 5.5$ m, what is the maximum acceptable diameter of the wire if the maximum normal strain must remain below yield? Assume $E = 120$ GPa and $\sigma_Y = 300$ MPa.

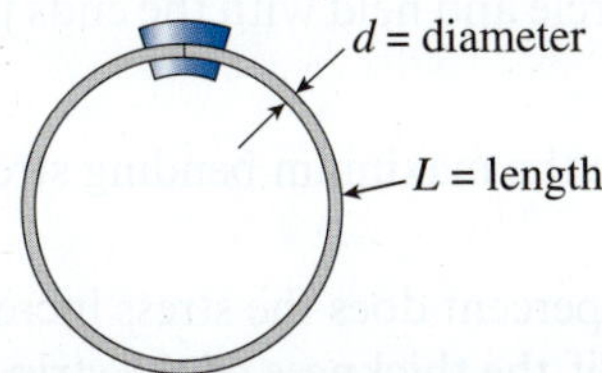

PROBLEM 5.4-2

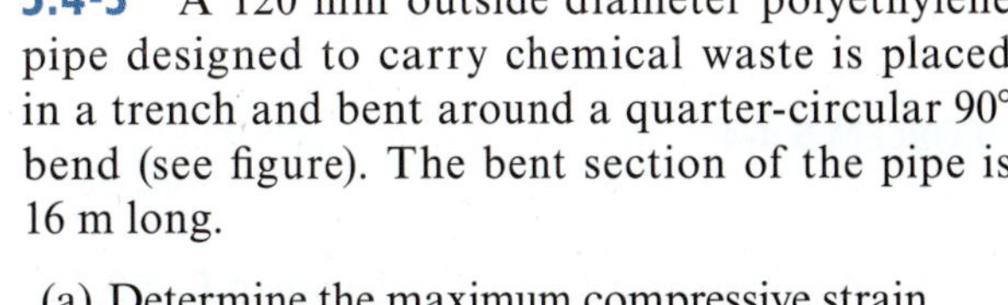

5.4-3 A 120 mm outside diameter polyethylene pipe designed to carry chemical waste is placed in a trench and bent around a quarter-circular 90° bend (see figure). The bent section of the pipe is 16 m long.

(a) Determine the maximum compressive strain ε_{max} in the pipe.

(b) If the normal strain cannot exceed 6.1×10^{-3}, what is the maximum diameter of the pipe?

(c) If $d = 120$ mm, what is the minimum acceptable length of the bent section of the pipe?

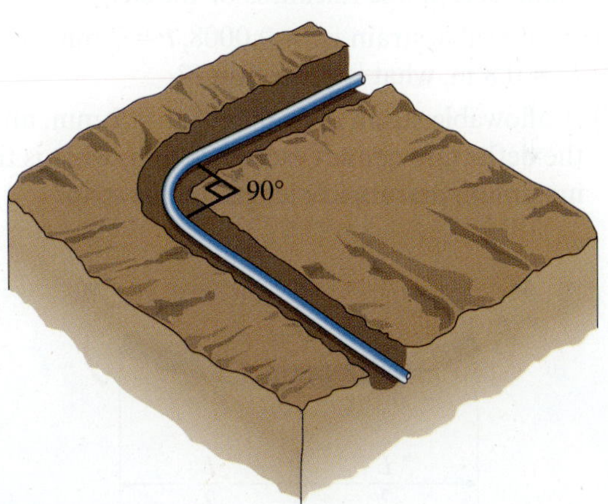

PROBLEM 5.4-3

Representative Problems

5.4-4 A cantilever beam AB is loaded by a couple M_0 at its free end (see figure). The length of the beam is $L = 2.0$ m, and the longitudinal normal strain at the top surface is $\varepsilon = 0.0010$. The distance from the top surface of the beam to the neutral surface is $c = 85$ mm.

(a) Calculate the radius of curvature ρ, the curvature κ, and the vertical deflection δ at the end of the beam.

(b) If allowable strain $\varepsilon_a = 0.0008$, what is the maximum acceptable depth of the beam? [Assume that the curvature is unchanged from part(a)].

(c) If allowable strain $\varepsilon_a = 0.0008$, $c = 85$ mm, and $L = 4$ m, what is deflection δ?

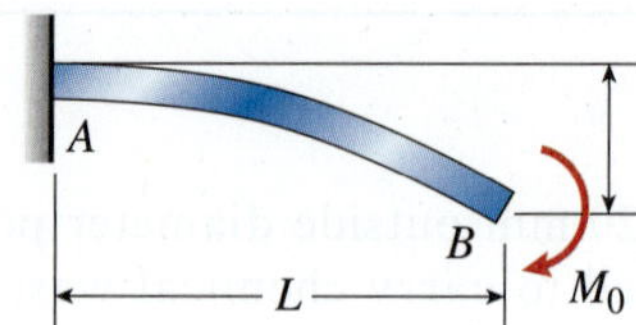

PROBLEM 5.4-4

5.4-5 A thin strip of steel with a length of $L = 0.5$ m and thickness of $t = 7$ mm is bent by couples M_0 (see figure). The deflection at the midpoint of the strip (measured from a line joining its end points) is found to be 7.5 mm.

(a) Determine the longitudinal normal strain ε at the top surface of the strip.

(b) If allowable strain $\varepsilon_a = 0.0008$, what is the maximum acceptable thickness of the strip?

(c) If allowable strain $\varepsilon_a = 0.0008$, $t = 7$ mm, and $L = 0.8$ m, what is deflection δ?

(d) If allowable strain $\varepsilon_a = 0.0008$, $t = 7$ mm, and the deflection cannot exceed 25 mm, what is the maximum permissible length of the strip?

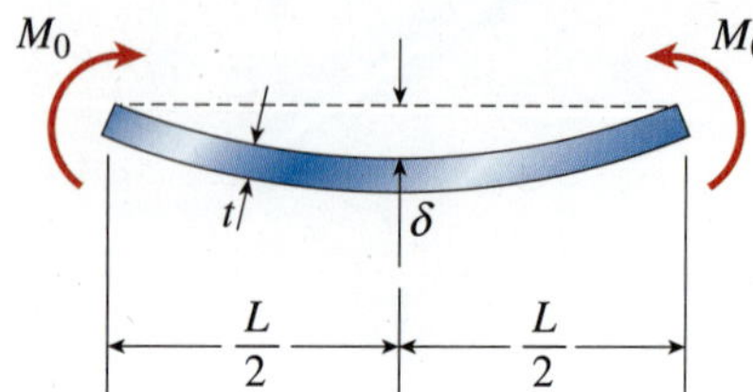

PROBLEM 5.4-5

5.4-6 A bar of rectangular cross section is loaded and supported as shown in the figure. The distance between supports is $L = 1.75$ m, and the height of the bar is $h = 140$ mm. The deflection at the midpoint is measured as 2.5 mm.

(a) What is the maximum normal strain ε at the top and bottom of the bar?

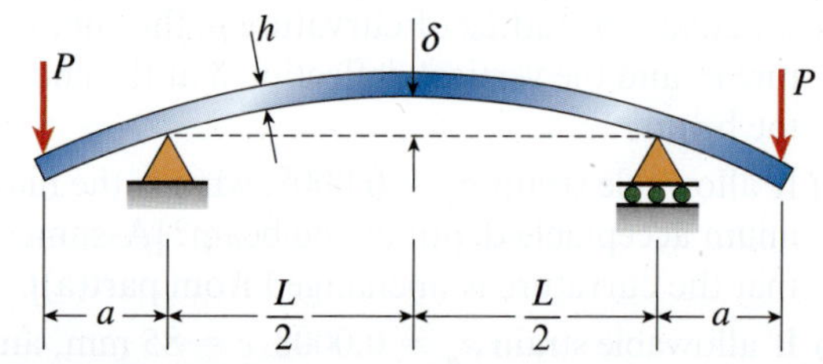

PROBLEM 5.4-6

(b) If allowable strain $\varepsilon_a = 0.0006$ and the deflection cannot exceed 4.3 mm, what is the maximum permissible length of the bar?

5.4-7 A simply supported beam with a length $L = 3$ m and height 175 mm is bent by couples M_0 into a circular arc with downward deflection δ at the midpoint. If the curvature of the beam is 9.8×10^{-3} m^{-1}, calculate the deflection, δ, at the mid-span of the beam and the longitudinal strain at the bottom fiber given that the distance between the neutral surface and the bottom surface is 87.5 mm.

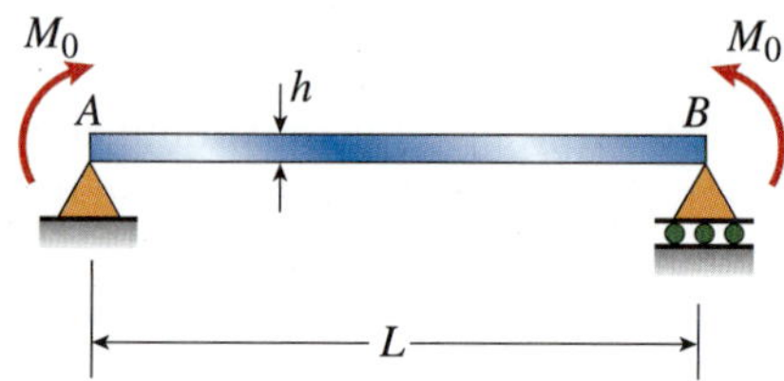

PROBLEM 5.4-7

5.4-8 A cantilever beam is subjected to a concentrated moment at B. The length of the beam $L = 3$ m and the height $h = 600$ mm. The longitudinal strain at the top of the beam is 0.0005 and the distance from the neutral surface to the bottom surface of the beam is 300 mm. Find the radius of curvature, the curvature, and the deflection of the beam at B.

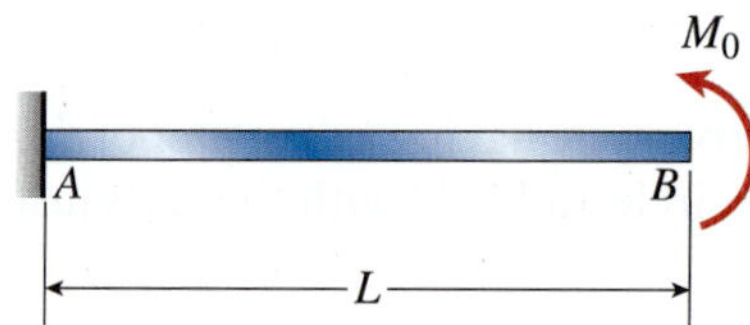

PROBLEM 5.4-8

5.5 Normal Stresses in Beams (Linearly Elastic Materials)

Introductory Problems

5.5-1 A thin strip of hard copper ($E = 110$ GPa) having length $L = 2.3$ m and thickness $t = 2.4$ mm is bent into a circle and held with the ends just touching (see figure).

(a) Calculate the maximum bending stress σ_{max} in the strip.

(b) By what percent does the stress increase or decrease if the thickness of the strip is increased by 0.8 mm?

(c) Find the new length of the strip so that the stress in part (b) (t = 3.2 m and L = 2.3 m) is equal to that in part (a) (t = 2.4 mm and L = 2.3 m).

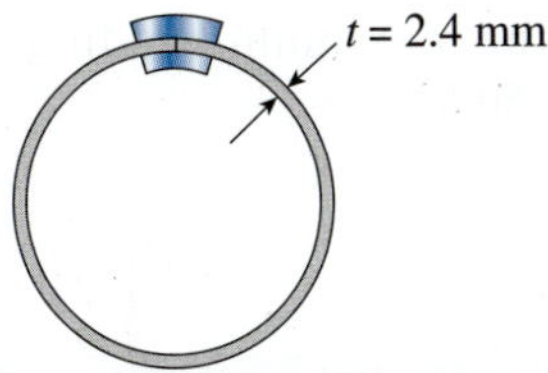

PROBLEM 5.5-1

5.5-2 A steel wire (E = 200 GPa) of a diameter d = 1.25 mm is bent around a pulley of a radius R_0 = 500 mm (see figure).

(a) What is the maximum stress σ_{max} in the wire?
(b) By what percent does the stress increase or decrease if the radius of the pulley is increased by 25%?
(c) By what percent does the stress increase or decrease if the diameter of the wire is increased by 25% while the pulley radius remains at R_0 = 500 mm?

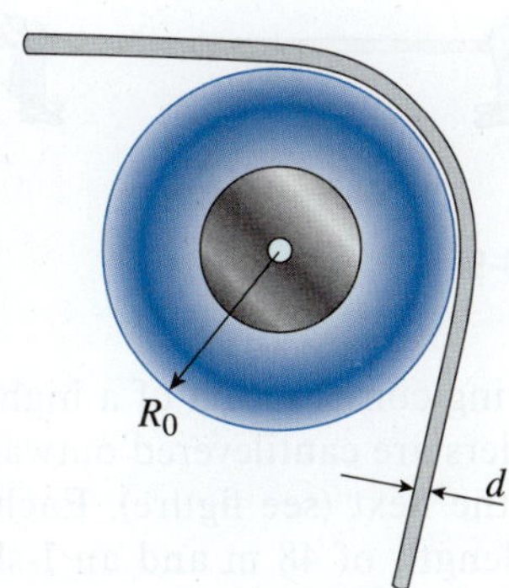

PROBLEM 5.5-2

5.5-3 A thin, high-strength steel rule (E = 200 GPa) having a thickness t = 4 mm and length L = 1.5 m is bent by couples M_0 into a circular arc subtending a central angle α = 40° (see figure).

(a) What is the maximum bending stress σ_{max} in the rule?
(b) By what percent does the stress increase or decrease if the central angle is increased by 10%?
(c) What percent increase or decrease in rule thickness will result in the maximum stress reaching the allowable value of 290 MPa?

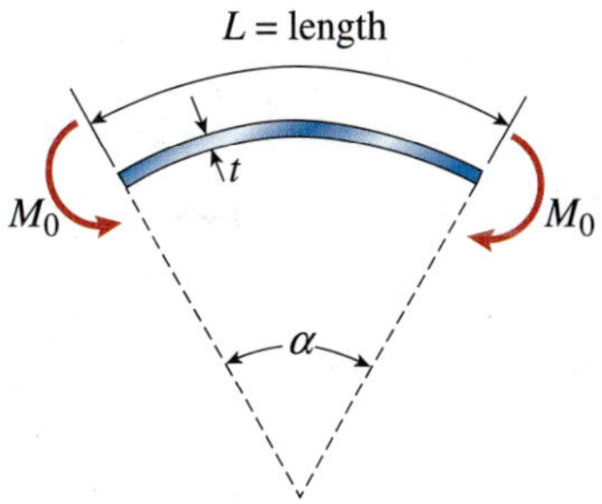

PROBLEM 5.5-3

Representative Problems

5.5-4 A simply supported wood beam AB with a span length L = 4 m carries a uniform load of intensity q = 5.8 kN/m (see figure).

(a) Calculate the maximum bending stress σ_{max} due to the load q if the beam has a rectangular cross section with width b = 140 mm and height h = 240 mm.
(b) Repeat part (a) but use the trapezoidal distributed load shown in the figure part b.

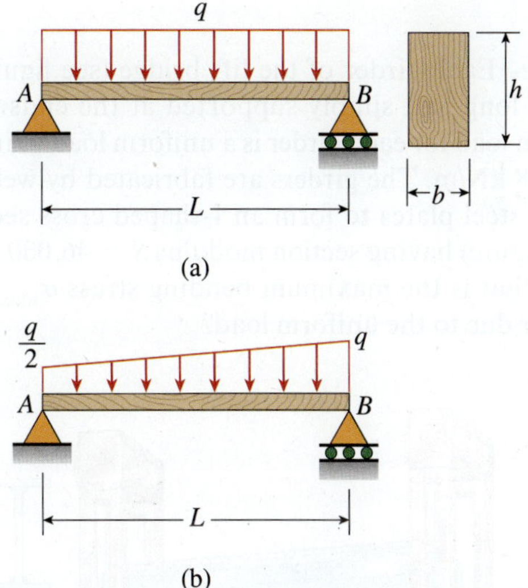

PROBLEM 5.5-4

5.5-5 Beam ABC has simple supports at A and B and an overhang from B to C. The beam is constructed from a steel IPN 400 shape. The beam must carry its own weight in addition to uniform load q = 2.2 kN/m. Determine the maximum tensile and compressive stresses in the beam.

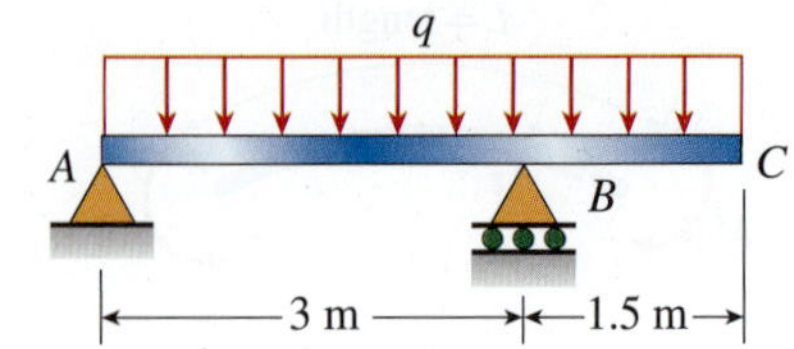

PROBLEM 5.5-5

5.5-6 A simply supported beam is subjected to a linearly varying distributed load $q(x) = \frac{x}{L}q_0$ with maximum intensity q_0 at B. The beam has a length $L = 4$ m and rectangular cross section with a width of 200 mm and height of 300 mm. Determine the maximum permissible value for the maximum intensity, q_0, if the allowable normal stresses in tension and compression are 120 MPa.

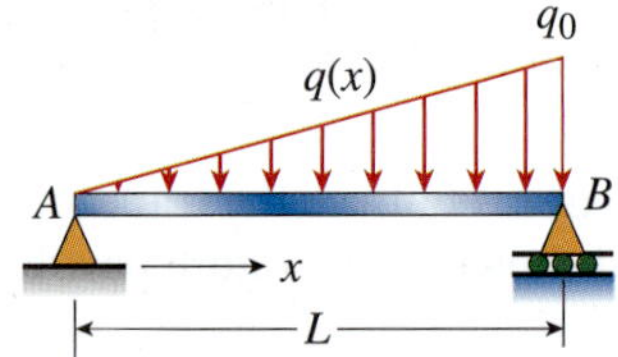

PROBLEM 5.5-6

5.5-7 Each girder of the lift bridge (see figure) is 50 m long and simply supported at the ends. The design load for each girder is a uniform load of intensity 18 kN/m. The girders are fabricated by welding three steel plates to form an I-shaped cross section (see figure) having section modulus $S = 46{,}000$ cm^3.

What is the maximum bending stress σ_{max} in a girder due to the uniform load?

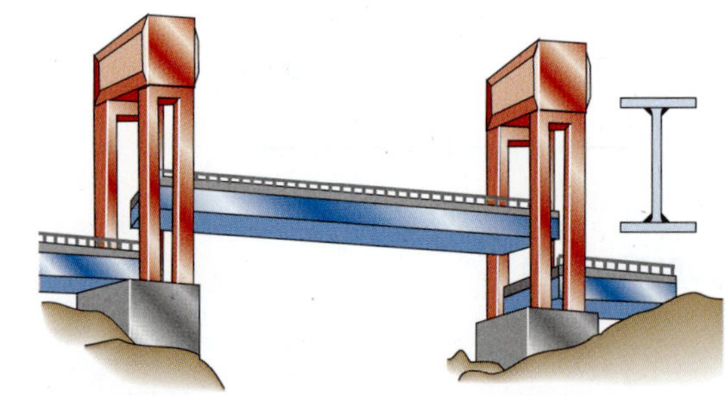

PROBLEM 5.5-7

5.5-8 A freight-car axle AB is loaded approximately as shown in the figure, with the forces P representing the car loads (transmitted to the axle through the axle boxes) and the forces R representing the rail loads (transmitted to the axle through the wheels). The diameter of the axle is $d = 82$ mm, the distance between centers of the rails is L, and the distance between the forces P and R is $b = 220$ mm.

Calculate the maximum bending stress σ_{max} in the axle if $P = 50$ kN.

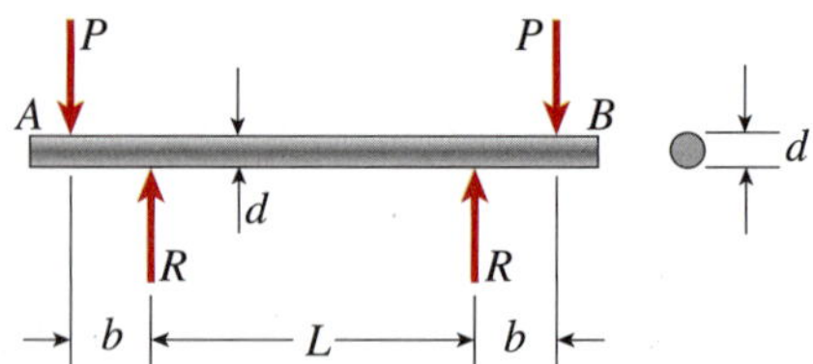

PROBLEM 5.5-8

5.5-9 A seesaw weighing 45 N/m of length is occupied by two children, each weighing 400 N (see figure). The center of gravity of each child is 2.5 m from the fulcrum. The board is 6 m long, 200 mm wide, and 40 mm thick.

What is the maximum bending stress in the board?

PROBLEM 5.5-9

5.5-10 During construction of a highway bridge, the main girders are cantilevered outward from one pier toward the next (see figure). Each girder has a cantilever length of 48 m and an I-shaped cross

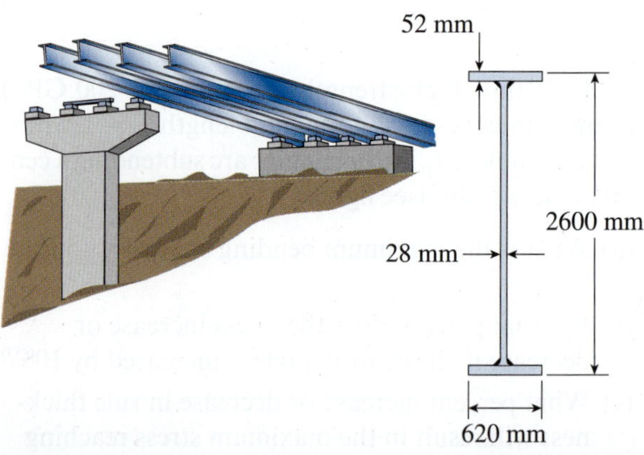

PROBLEM 5.5-10

section with dimensions shown in the figure. The load on each girder (during construction) is assumed to be 9.5 kN/m, which includes the weight of the girder.

Determine the maximum bending stress in a girder due to this load.

5.5-11 The horizontal beam ABC of an oil-well pump has the cross section shown in the figure. If the vertical pumping force acting at end C is 39 kN and if the distance from the line of action of that force to point B is 4.5 m, what is the maximum bending stress in the beam due to the pumping force?

Gabriel M. Covian/Getty Images

Horizontal beam transfers loads as part of oil well pump

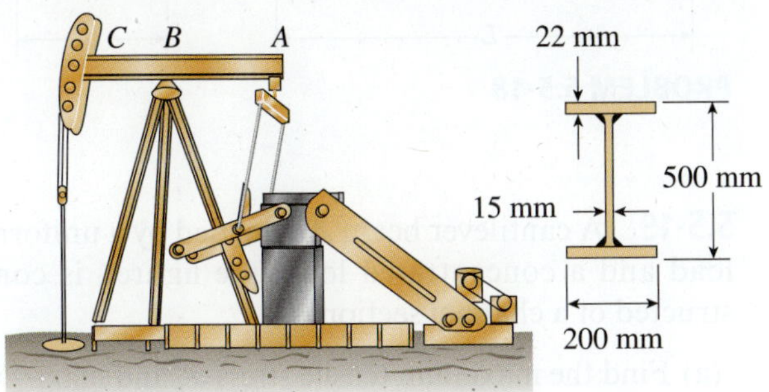

PROBLEM 5.5-11

5.5-12 A railroad tie (or *sleeper*) is subjected to two rail loads, each of magnitude $P = 175$ kN, acting as shown in the figure. The reaction q of the ballast is assumed to be uniformly distributed over the length of the tie, which has cross-sectional dimensions $b = 300$ mm and $h = 250$ mm.

Calculate the maximum bending stress σ_{max} in the tie due to the loads P, assuming the distance $L = 1500$ mm and the overhang length $a = 500$ mm.

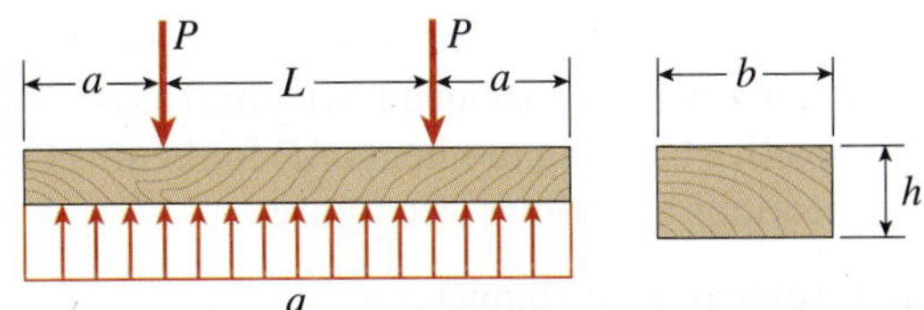

PROBLEM 5.5-12

5.5-13 A fiberglass pipe is lifted by a sling, as shown in the figure. The outer diameter of the pipe is 150 mm, its thickness is 6 mm, and its weight density is 18 kN/m^3. The length of the pipe is $L = 13$ m and the distance between lifting points is $s = 4$ m.

(a) Determine the maximum bending stress in the pipe due to its own weight.

(b) Find the spacing s between lift points which minimizes the bending stress. What is the minimum bending stress?

(c) What spacing s leads to maximum bending stress? What is that stress?

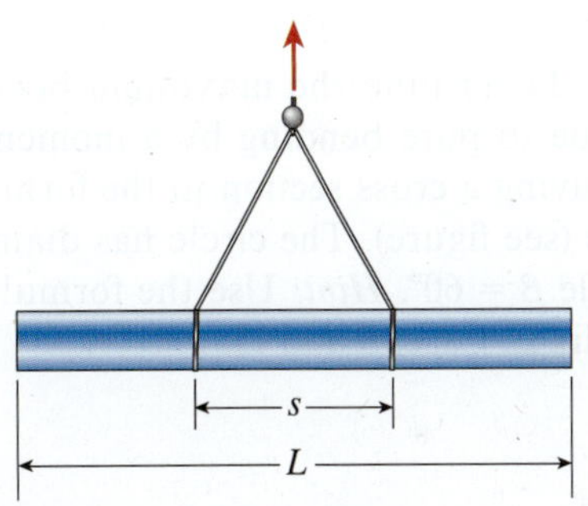

PROBLEM 5.5-13

5.5-14 A small dam of height $h = 2.0$ m is constructed of vertical wood beams AB of thickness $t = 120$ mm, as shown in the figure. Consider the beams to be simply supported at the top and bottom.

Determine the maximum bending stress σ_{max} in the beams, assuming that the weight density of water is $\gamma = 9.81$ kN/m^3.

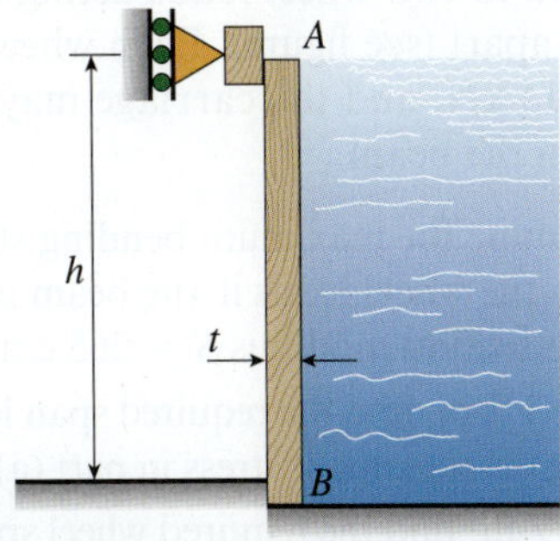

PROBLEM 5.5-14

5.5-15 Determine the maximum tensile stress σ_t (due to pure bending about a horizontal axis through C by positive bending moments M) for beams having cross sections as follows (see figure).

(a) A semicircle of diameter d.

(b) An isosceles trapezoid with bases $b_1 = b$ and $b_2 = 4b/3$ and altitude h.

(c) A circular sector with $\alpha = \pi/3$ and $r = d/2$

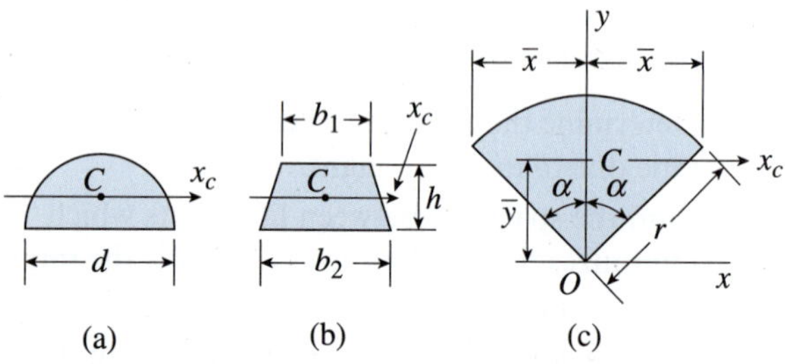

PROBLEM 5.5-15

5.5-16 Determine the maximum bending stress σ_{max} (due to pure bending by a moment M) for a beam having a cross section in the form of a circular core (see figure). The circle has diameter d and the angle $\beta = 60°$. *Hint:* Use the formulas given in Appendix E, Cases 9 and 15.

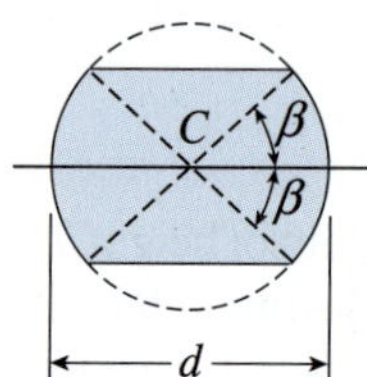

PROBLEM 5.5-16

5.5-17 A simple beam AB of a span length $L = 7$ m is subjected to two wheel loads acting at a distance $d = 1.5$ m apart (see figure). Each wheel transmits a load $P = 14$ kN, and the carriage may occupy any position on the beam.

(a) Determine the maximum bending stress σ_{max} due to the wheel loads if the beam is an I-beam having section modulus $S = 265\ \text{cm}^3$.

(b) If $d = 1.5$ m, find the required span length L to reduce the maximum stress in part (a) to 124 MPa.

(c)If $L = 7$ m, find the required wheel spacing s to reduce the maximum stress in part (a) to 124 MPa.

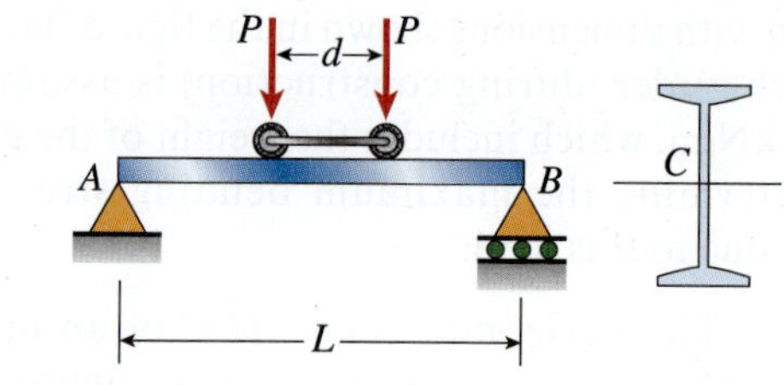

PROBLEM 5.5-17

5.5-18 Determine the maximum tensile stress σ_t and maximum compressive stress σ_c due to the load P acting on the simple beam AB (see figure).

(a) Data are $P = 6.2$ kN, $L = 3.2$ m, $d = 1.25$ m, $b = 80$ mm, $t = 25$ mm, $h = 120$ mm, and $h_1 = 90$ mm.

(b) Find the value of d for which tensile and compressive stresses are the largest. What are these stresses?

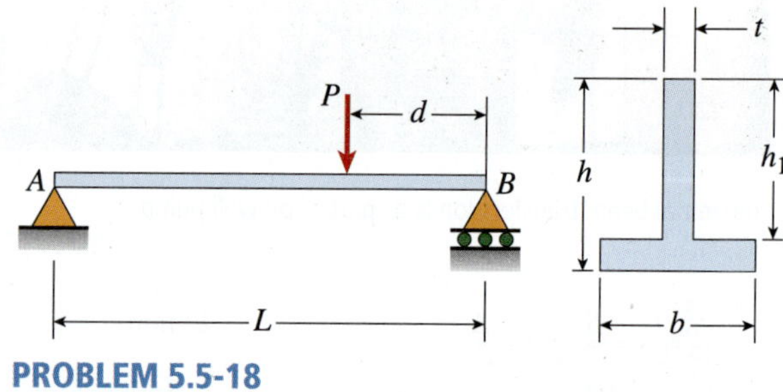

PROBLEM 5.5-18

5.5-19 A cantilever beam AB, loaded by a uniform load and a concentrated load (see figure), is constructed of a channel section.

(a) Find the maximum tensile stress σ_t and maximum compressive stress σ_c if the cross section has the dimensions indicated and the moment of inertia about the z axis (the neutral axis) is $I = 130\ \text{cm}^4$. *Note:* The uniform load represents the weight of the beam.

(b) Find the maximum value of the concentrated load if the maximum tensile stress cannot exceed 27 MPa and the maximum compressive stress is limited to 100 MPa.

(c) How far from A can load $P = 1$ kN be positioned if the maximum tensile stress cannot exceed 27 MPa and the maximum compressive stress is limited to 100 MPa?

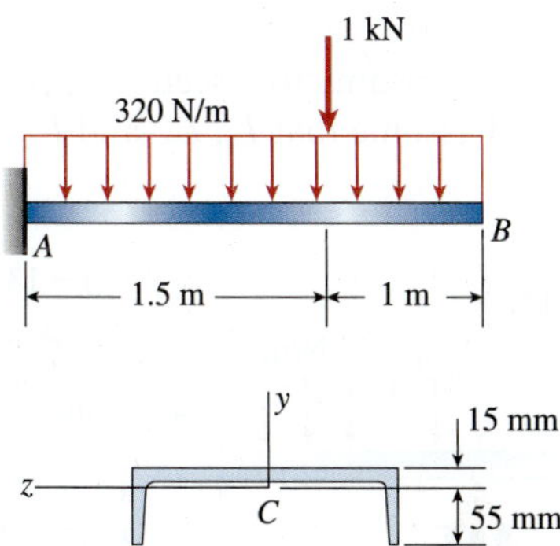

PROBLEM 5.5-19

5.5-20 A cantilever beam AB of an isosceles trapezoidal cross section has a length $L = 0.8$ m, dimensions $b_1 = 80$ mm and $b_2 = 90$ mm, and height $h = 110$ mm (see figure). The beam is made of brass weighing 85 kN/m^3.

(a) Determine the maximum tensile stress σ_t and maximum compressive stress σ_c due to the beam's own weight.

(b) If the width b_1 is doubled, what happens to the stresses?

(c) If the height h is doubled, what happens to the stresses?

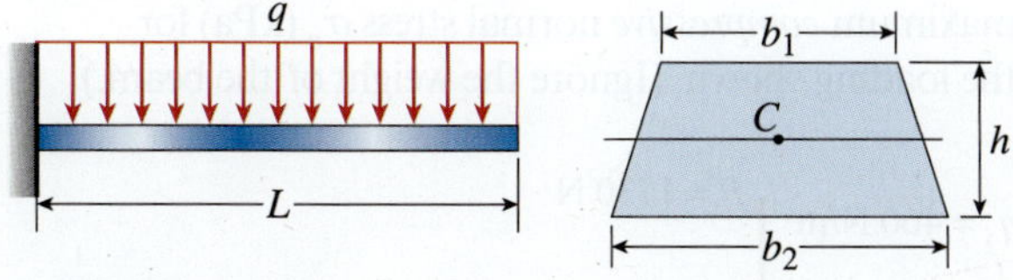

PROBLEM 5.5-20

5.5-21 A cantilever beam, a UPN 300 section, is subjected to its own weight and a point load at B. Find the maximum permissible value of load P at B (kN) if the allowable stress in tension and compression is $\sigma_a = 125$ MPa.

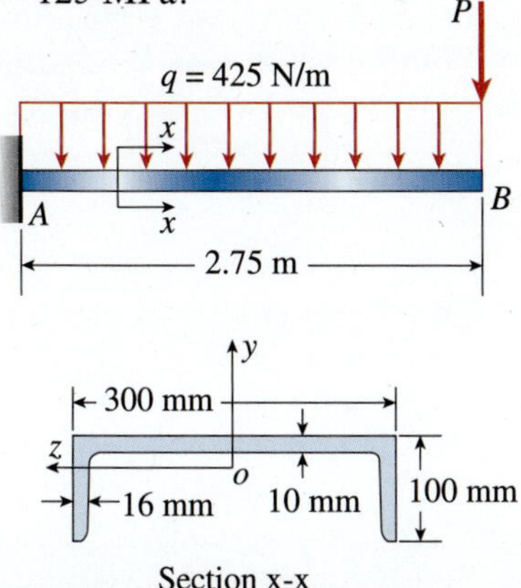

PROBLEM 5.5-21

5.5-22 A frame ABC travels horizontally with an acceleration a_0 (see figure). Obtain a formula for the maximum stress σ_{max} in the vertical arm AB, which has length L, thickness t, and mass density ρ.

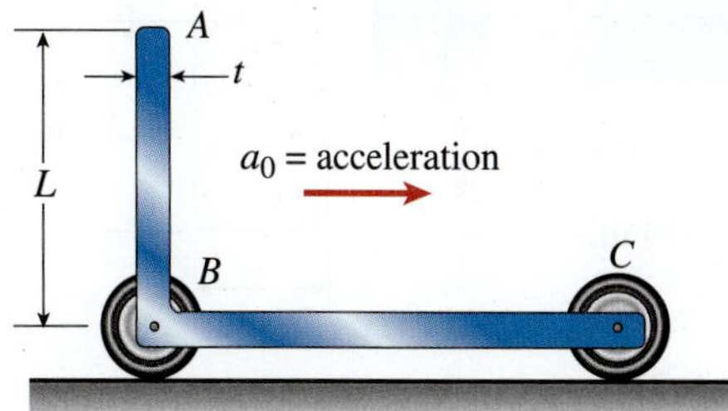

PROBLEM 5.5-22

5.5-23 A beam ABC with an overhang from B to C supports a uniform load of 3 kN/m throughout its length (see figure). The beam is a channel section with dimensions as shown in the figure. The moment of inertia about the z axis (the neutral axis) equals 210 cm^4.

(a) Calculate the maximum tensile stress σ_t and maximum compressive stress σ_c due to the uniform load.

(b) Find the required span length a that results in the ratio of larger to smaller compressive stress being equal to the ratio of larger to smaller tensile stress for the beam. Assume that the total length $L = a + b = 6$ m remains unchanged.

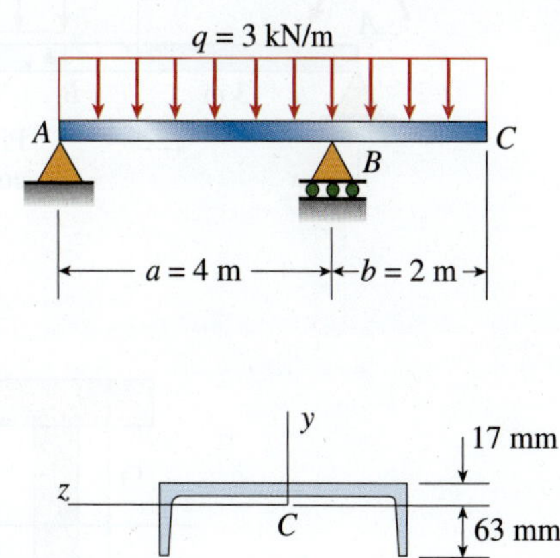

PROBLEM 5.5-23

5.5-24 A cantilever beam AB with a rectangular cross section has a longitudinal hole drilled throughout its length (see figure). The beam supports a load $P = 600$ N. The cross section is 25 mm wide and 50 mm high, and the hole has a diameter of 10 mm.

Find the bending stresses at the top of the beam, at the top of the hole, and at the bottom of the beam.

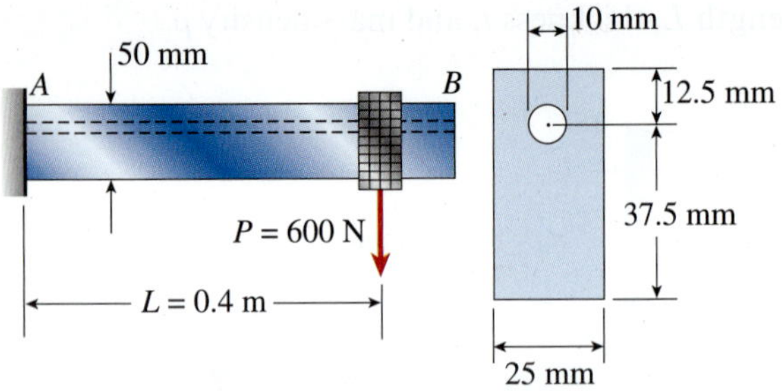

PROBLEM 5.5-24

5.5-25 A beam with a T-section is supported and loaded as shown in the figure. The cross section has width $b = 65$ mm, height $h = 75$ mm, and thickness $t = 13$ mm.

(a) Determine the maximum tensile and compressive stresses in the beam.

(b) If the allowable stresses in tension and compression are 124 MPa and 82 MPa, respectively, what is the required depth h of the beam? Assume that thickness t remains at 13 mm and that flange width $b = 65$ mm.

(c) Find the new values of loads P and q so that the allowable tension (124 MPa) and compression (82 MPa) stresses are reached simultaneously for the beam. Use the beam cross section in part (a) (see figure) and assume that L_1, L_2, and L_3 are unchanged.

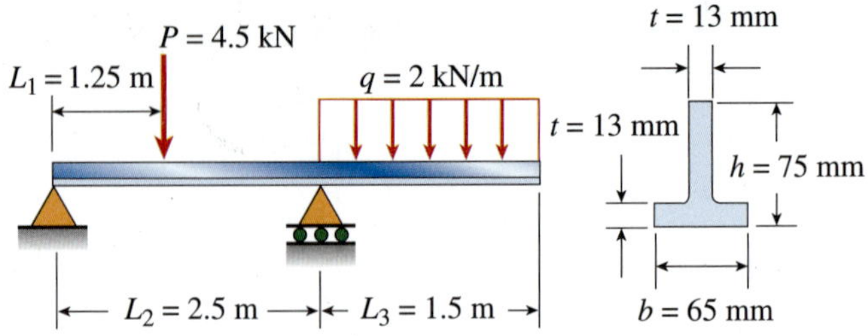

PROBLEM 5.5-25

5.5-26 Consider the compound beam with segments AB and BCD joined by a pin connection (moment release) just right of B (see figure part a). The beam cross section is a double-T made up from three 50 mm × 150 mm wood members (actual dimensions, see figure part b).

(a) Find the centroid C of the double-T cross section (c_1, c_2); then compute the moment of inertia, $[I_z(\text{mm}^4)]$.

(b) Find the maximum *tensile* normal stress σ_t and maximum *compressive* normal stress σ_c (kPa) for the loading shown. (Ignore the weight of the beam.)

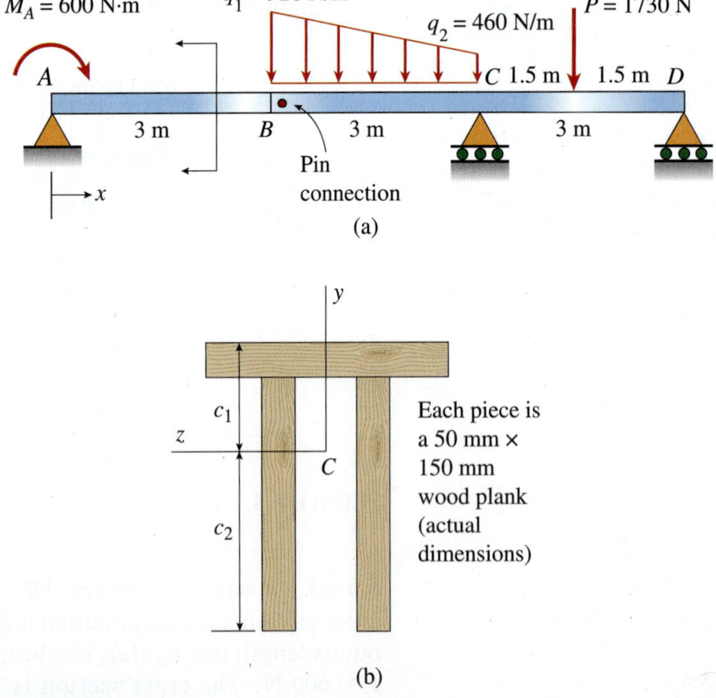

PROBLEM 5.5-26

5.5-27 A small dam of a height $h = 2$ m is constructed of vertical wood beams AB, as shown in the figure. The wood beams, which have a thickness $t = 64$ mm, are simply supported by horizontal steel beams at A and B.

Construct a graph showing the maximum bending stress σ_{max} in the wood beams versus the depth d of the water above the lower support at B. Plot the stress σ_{max} (MPa) as the ordinate and the depth d (m) as the abscissa. *Note:* The weight density γ of water equals 10 kN/m³.

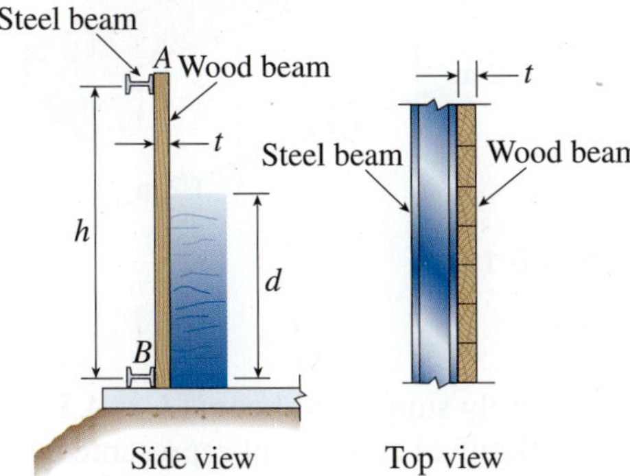

PROBLEM 5.5-27

5.5-28 A foot bridge on a hiking trail is constructed using two timber logs each having a diameter $d = 0.5$ m (see figure a). The bridge is simply supported and has a length $L = 4$ m. The top of each log is trimmed to form the walking surface (see Fig. b). A simplified model of the bridge is shown in Fig. c. *Each log* must carry its own weight $w = 1.2$ kN/m and the weight ($P = 850$ N) of a person at mid-span. (see Fig. b).

(a) Determine the maximum tensile and compressive stresses in the beam (Fig. b) due to bending.

(b) If load w is unchanged, find the maximum permissible value of load P_{max} if the allowable normal stress in tension and compression is 2.5 MPa.

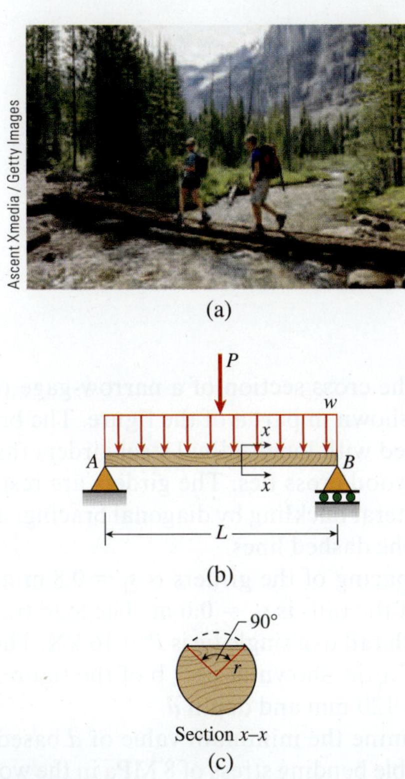

PROBLEM 5.5-28

5.5-29 A steel post ($E = 200$ GPa) having thickness $t = 3$ mm and height $L = 2$ m supports a stop

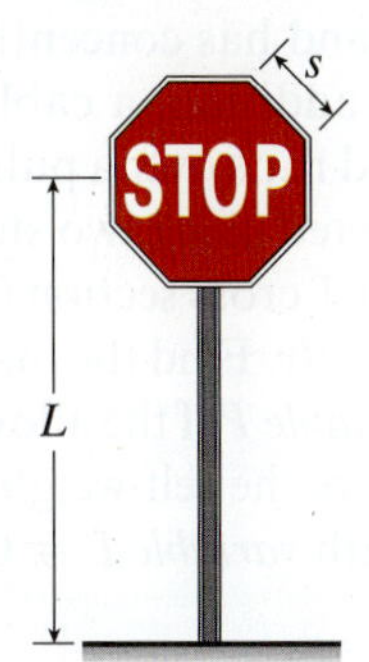

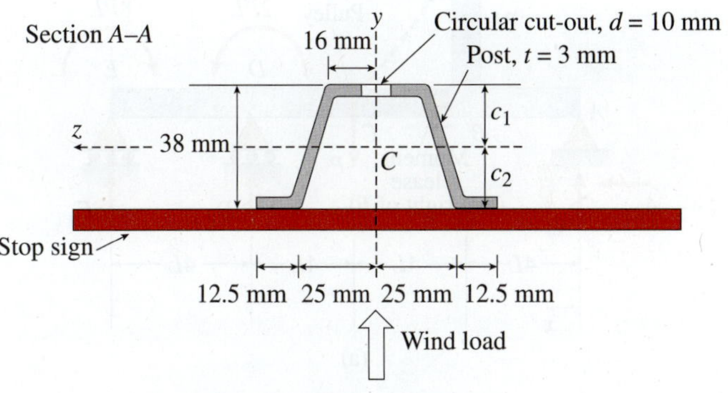

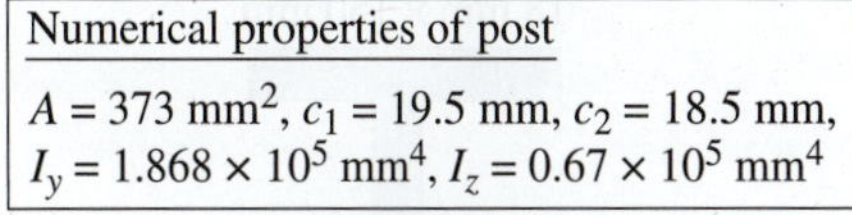

Numerical properties of post
$A = 373$ mm², $c_1 = 19.5$ mm, $c_2 = 18.5$ mm,
$I_y = 1.868 \times 10^5$ mm⁴, $I_z = 0.67 \times 10^5$ mm⁴

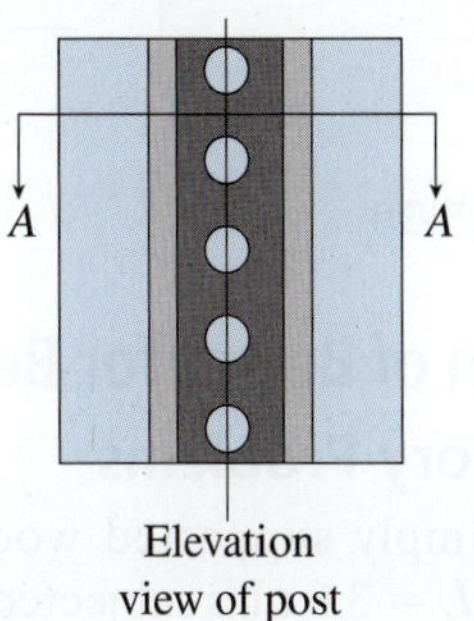

PROBLEM 5.5-29

sign (see figure), where $s = 310$ mm. The height of the post L is measured from the base to the centroid of the sign. The stop sign is subjected to wind pressure $p = 0.95$ kPa normal to its surface. Assume that the post is fixed at its base.

(a) What is the resultant load on the sign? (See Appendix E, Case 25, for properties of an octagon, $n = 8$.)
(b) What is the maximum bending stress σ_{max} in the post?
(c) Repeat part (b) if the circular cut-outs are eliminated over the height of the post.

5.5-30 Beam $ABCDE$ has a moment release just right of joint B and has concentrated moment loads at D and E. In addition, a cable with tension P is attached at F and runs over a pulley at C (Fig. a). The beam is constructed using two steel plates, which are welded to form a T cross section (see Fig. b). *Consider flexural stresses only.* Find the maximum permissible value of load *variable* P if the allowable bending stress is 130 MPa. Ignore the self-weight of the frame members and let length *variable* $L = 0.75$ m.

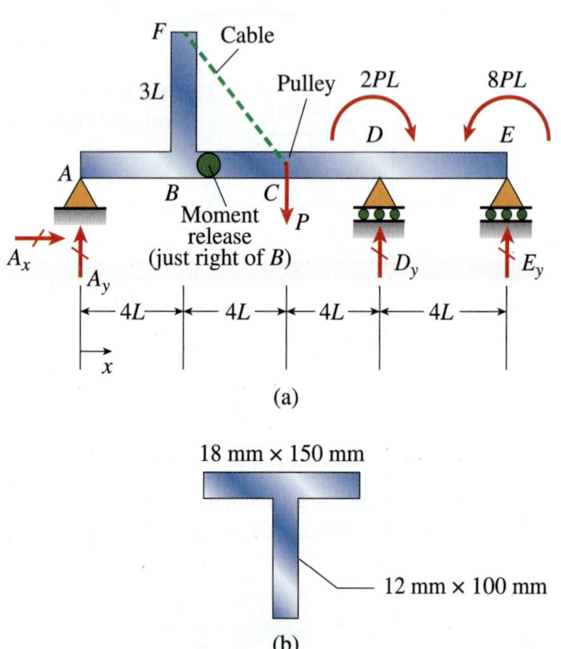

PROBLEM 5.5-30

5.6 Design of Beams for Bending Stresses

Introductory Problems

5.6-1 A simply supported wood beam having a span length $L = 3.6$ m is subjected to unsymmetrical point loads, as shown in the figure. Select a suitable size for the beam from the table in Appendix G. The allowable bending stress is 12 MPa and the wood weighs 5.5 kN/m^3.

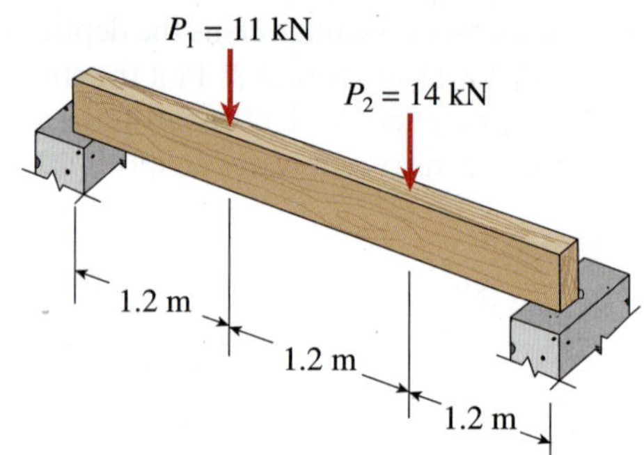

PROBLEM 5.6-1

5.6-2 A simply supported beam ($L = 4.5$ m) must support mechanical equipment represented as a distributed load with intensity $q = 30$ kN/m acting over the middle segment of the beam (see figure). Select the most economical IPN shape steel beam from Table F-2 to support the loads. Consider both the distributed force q *and the weight of the beam*. Use an allowable bending stress of 140 MPa.

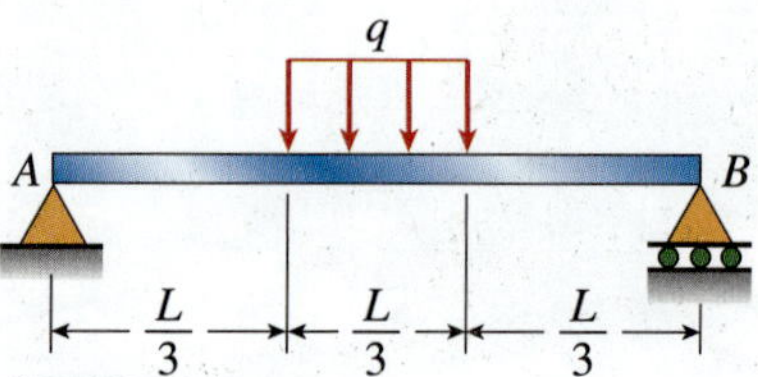

PROBLEM 5.6-2

5.6-3 The cross section of a narrow-gage railway bridge is shown in part a of the figure. The bridge is constructed with longitudinal steel girders that support the wood cross ties. The girders are restrained against lateral buckling by diagonal bracing, as indicated by the dashed lines.

The spacing of the girders is $s_1 = 0.8$ m and the spacing of the rails is $s_2 = 0.6$ m. The load transmitted by each rail to a single tie is $P = 16$ kN. The cross section of a tie, shown in part b of the figure, has a width $b = 120$ mm and depth d.

Determine the minimum value of d based upon an allowable bending stress of 8 MPa in the wood tie. (Disregard the weight of the tie itself.)

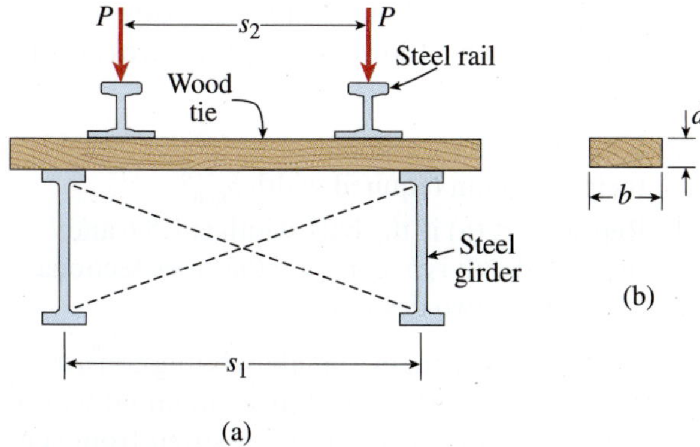

PROBLEM 5.6-3

5.6-4 A fiberglass bracket $ABCD$ with a solid circular cross section has the shape and dimensions shown in the figure. A vertical load $P = 40$ N acts at the free end D.

(a) Determine the minimum permissible diameter d_{min} of the bracket if the allowable bending stress in the material is 30 MPa and $b = 37$ mm. *Note:* Disregard the weight of the bracket itself.

(b) If $d = 10$ mm, $b = 37$ mm, and $\sigma_{allow} = 30$ MPa, what is the maximum value of load P if vertical load P at D is replaced with horizontal loads P at B and D (see figure part b)?

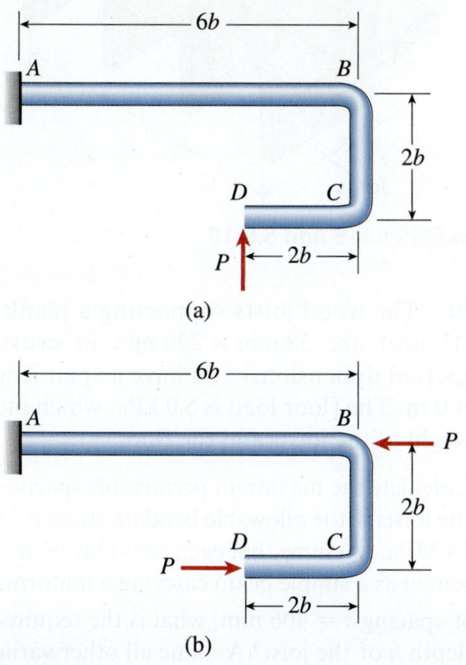

PROBLEM 5.6-4

Representative Problems

5.6-5 A cantilever beam AB is loaded by a uniform load q and a concentrated load P, as shown in the figure.

(a) Select the most economical steel UPN shape from Table F-3 in Appendix F; use $q = 292$ N/m and $P = 1.33$ kN (assume allowable normal stress is $\sigma_a = 124$ MPa).

(b) Select the most economical steel IPN shape from Table F-2 in Appendix F; use $q = 657$ N/m and $P = 9$ kN (assume allowable normal stress is $\sigma_a = 138$ MPa).

(c) Select the most economical steel HE shape from Table F-1 in Appendix F; use $q = 657$ N/m and $P = 9$ kN (assume allowable normal stress is $\sigma_a = 138$ MPa). *However*, assume that the design requires that the HE shape must be used in weak axis bending, i.e., it must bend about the 2–2 (or y) axis of the cross section.

Note: For parts (a), (b), and (c), revise your initial beam selection as needed to include the distributed weight of the beam in addition to uniform load q.

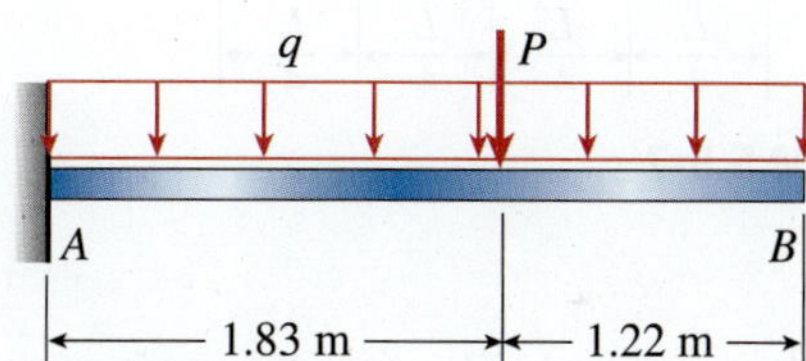

PROBLEM 5.6-5

5.6-6 A simple beam of length $L = 5$ m carries a uniform load of intensity $q = 5.8$ kN/m and a concentrated load 22.5 kN (see figure).

(a) Assuming $\sigma_{allow} = 110$ MPa, calculate the required section modulus S. Then select the most economical wide-flange beam (HE shape) from Table F-1 in Appendix F, and recalculate

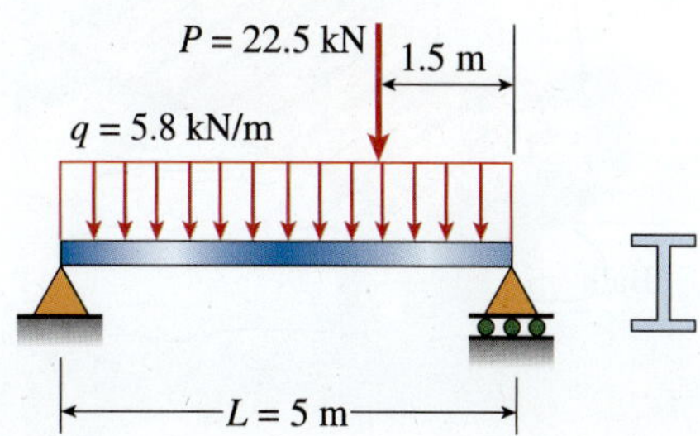

PROBLEM 5.6-6

S, taking into account the weight of the beam. Select a new beam if necessary.

(b) Repeat part (a), but now assume that the design requires that the HE shape must be used in weak axis bending (i.e., it must bend about the 2–2 (or y) axis of the cross section).

5.6-7 A simple beam AB is loaded as shown in the figure.

(a) Calculate the required section modulus S if $\sigma_{allow} = 124$ MPa, $L = 9.75$ m, $P = 13$ kN, and $q = 6.6$ kN/m. Then select a suitable I-beam (IPN shape) from Table F-2, Appendix F, and recalculate S taking into account the weight of the beam. Select a new beam size if necessary.

(b) What is the maximum load P that can be applied to your final beam selection in part (a)?

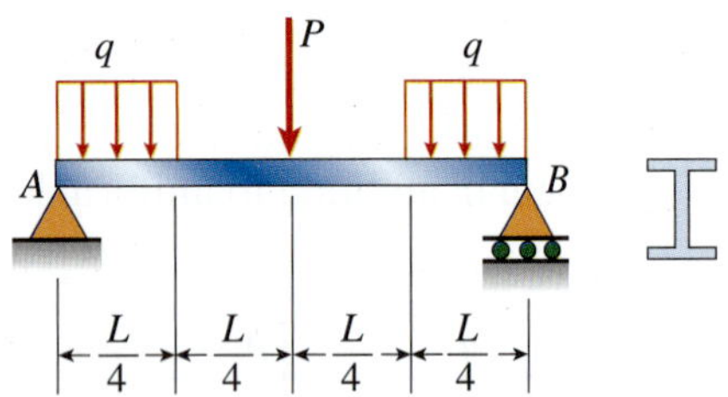

PROBLEM 5.6-7

5.6-8 A pontoon bridge (see figure) is constructed of two longitudinal wood beams, known as *balks*, that span between adjacent pontoons and support the transverse floor beams, which are called *chesses*. For purposes of design, assume that a uniform floor load of 7.5 kPa acts over the chesses. (This load includes an allowance for the weights of the chesses and balks.) Also, assume that the chesses are 2.5 m long and that the balks are simply supported with a span of 3.0 m. The allowable bending stress in the wood is 15 MPa.

(a) If the balks have a square cross section, what is their minimum required width b_{min}?

(b) Repeat part (a) if the balk width is 1.5 b and the balk depth is b; compare the cross-sectional areas of the two designs.

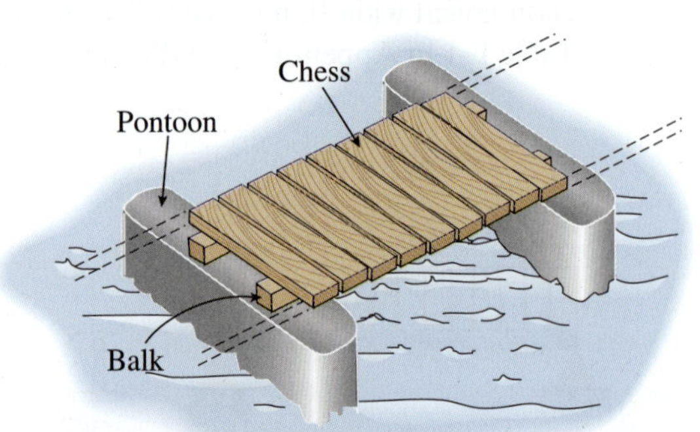

PROBLEM 5.6-8

5.6-9 A floor system in a small building consists of wood planks supported by 50 mm (nominal width) joists spaced at distance s and measured from center to center (see figure). The span length L of each joist is 3 m, the spacing s of the joists is 400 mm, and the allowable bending stress in the wood is 8 MPa. The uniform floor load is 6 kN/m^2, which includes an allowance for the weight of the floor system itself.

(a) Calculate the required section modulus S for the joists, and then select a suitable joist size (surfaced lumber) from Appendix G, assuming that each joist may be represented as a simple beam carrying a uniform load.

(b) What is the maximum floor load that can be applied to your final beam selection in part (a)?

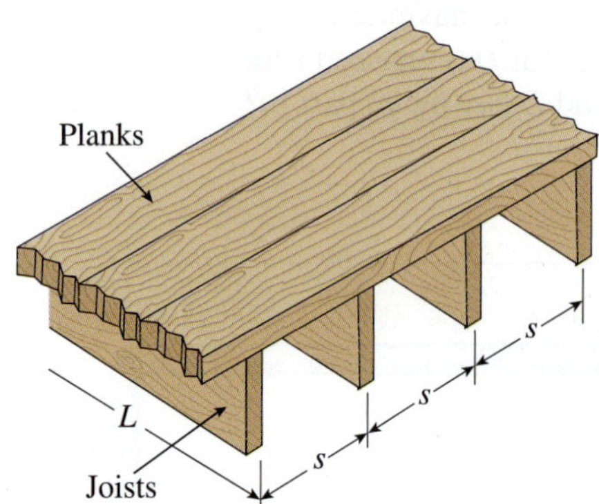

PROBLEMS 5.6-9 and 5.6-10

5.6-10 The wood joists supporting a plank floor (see figure) are 38 mm × 220 mm in cross section (actual dimensions) and have a span length of $L = 4.0$ m. The floor load is 5.0 kPa, which includes the weight of the joists and the floor.

(a) Calculate the maximum permissible spacing s of the joists if the allowable bending stress is 14 MPa. (Assume that each joist may be represented as a simple beam carrying a uniform load.)

(b) If spacing $s = 406$ mm, what is the required depth h of the joist? Assume all other variables remain unchanged.

5.6-11 A beam ABC with an overhang from B to C is constructed of a UPN 260 channel section with flanges facing upward (see figure). The beam supports its own weight (372 N/m) plus a *triangular* load of maximum intensity q_0 acting on the overhang. The allowable stresses in tension and compression are 138 MPa and 75 MPa, respectively.

(a) Determine the allowable *triangular* load intensity $q_{0,\text{allow}}$ if the distance L equals 1.2 m.

(b) What is the allowable triangular load intensity $q_{0,\text{allow}}$ if the beam is rotated 180° about its longitudinal centroidal axis so that the flanges are downward?

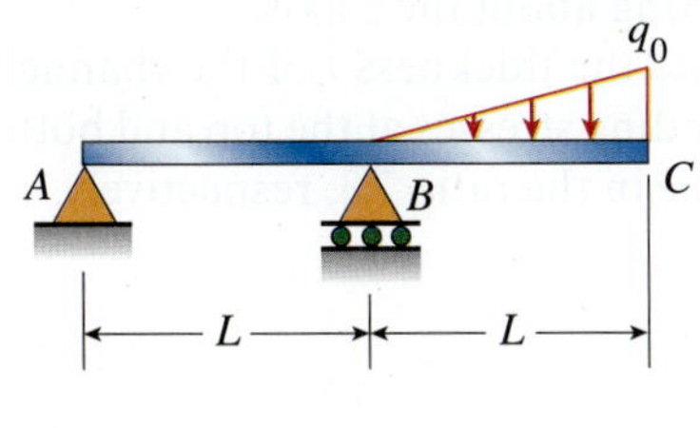

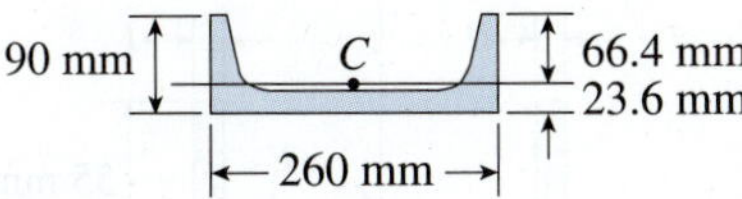

PROBLEM 5.6-11

5.6-12 A "trapeze bar" in a hospital room provides a means for patients to exercise while in bed (see figure). The bar is 2.1 m long and has a cross section in the shape of a regular octagon. The design load is 1.2 kN applied at the midpoint of the bar, and the allowable bending stress is 200 MPa.

Determine the minimum height h of the bar. (Assume that the ends of the bar are simply supported and that the weight of the bar is negligible.)

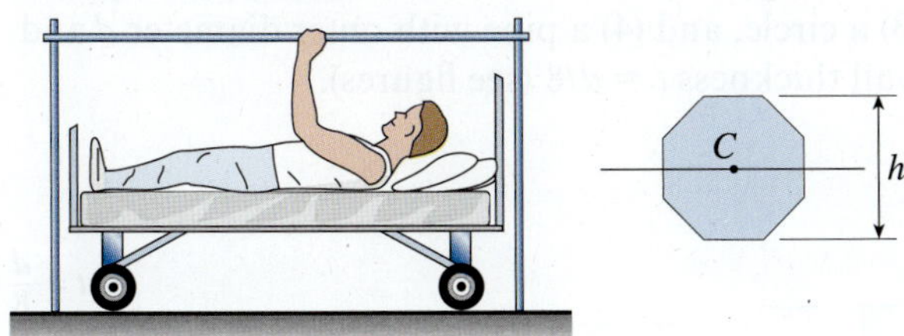

PROBLEM 5.6-12

5.6-13 A two-axle carriage that is part of an overhead traveling crane in a testing laboratory moves slowly across a simple beam AB (see figure). The load transmitted to the beam from the front axle is 9 kN and from the rear axle is 18 kN. The weight of the beam itself may be disregarded.

(a) Determine the minimum required section modulus S for the beam if the allowable bending stress is 110 MPa, the length of the beam is 5 m, and the wheelbase of the carriage is 1.5 m.

(b) Select the most economical beam (IPN shape) from Table F-2, Appendix F.

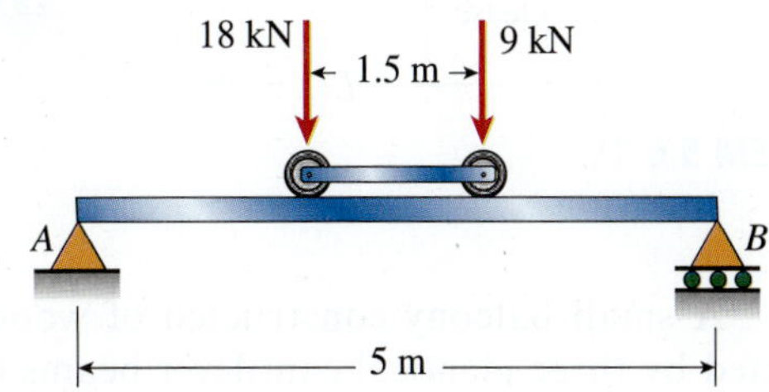

PROBLEM 5.6-13

5.6-14 A cantilever beam AB with a circular cross section and length $L = 750$ mm supports a load $P = 800$ N acting at the free end (see figure). The beam is made of steel with an allowable bending stress of 120 MPa.

(a) Determine the required diameter d_{min} (figure part a) of the beam, considering the effect of the beam's own weight.

(b) Repeat part (a) if the beam is hollow with wall thickness $t = d/8$ (figure part b); compare the cross-sectional areas of the two designs.

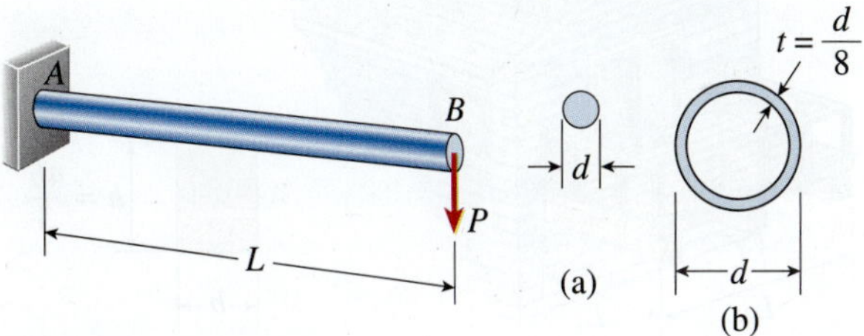

PROBLEM 5.6-14

5.6-15 A propped cantilever beam ABC (see figure) has a shear release just right of the mid-span.

(a) Select the most economical wood beam from the table in Appendix G; assume $q = 800$ N/m, $L = 5$ m, $\sigma_{aw} = 12$ MPa, and $\tau_{aw} = 2.6$ MPa. Include the self-weight of the beam in your design.

(b) If a UPN 180 steel beam is now used for beam ABC, what is the maximum permissible value of load variable q? Assume $\sigma_{as} = 110$ MPa and $L = 3$ m. Include the self-weight of the beam in your analysis.

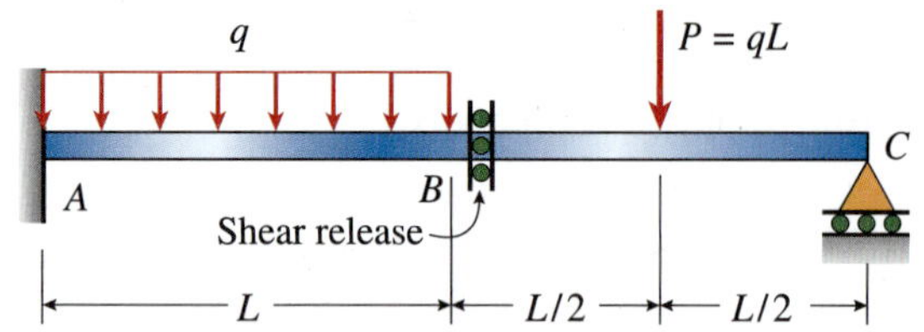

PROBLEM 5.6-15

5.6-16 A small balcony constructed of wood is supported by three identical cantilever beams (see figure). Each beam has length $L_1 = 2.1$ m, width b, and height $h = 4b/3$. The dimensions of the balcony floor are $L_1 \times L_2$, where $L_2 = 2.5$ m. The design load is 5.5 kPa acting over the entire floor area. (This load accounts for all loads except the weights of the cantilever beams, which have a weight density $\gamma = 5.5$ kN/m^3.) The allowable bending stress in the cantilevers is 15 MPa.

Assuming that the middle cantilever supports 50% of the load and each outer cantilever supports 25% of the load, determine the required dimensions b and h.

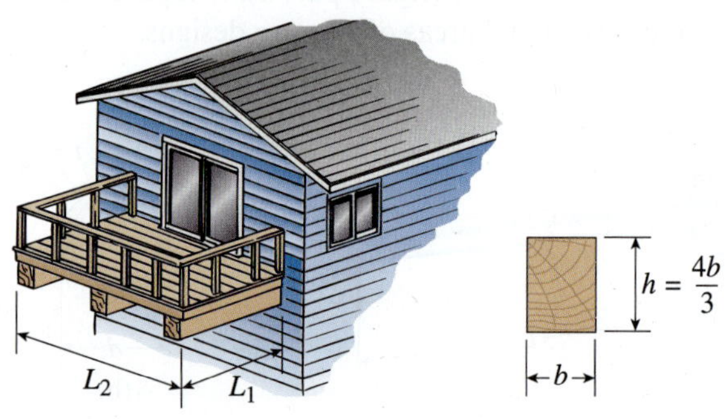

PROBLEM 5.6-16

5.6-17 A beam having a cross section in the form of an unsymmetric wide-flange shape (see figure) is subjected to a negative bending moment acting about the z axis.

Determine the width b of the top flange in order that the stresses at the top and bottom of the beam will be in the ratio 4:3, respectively.

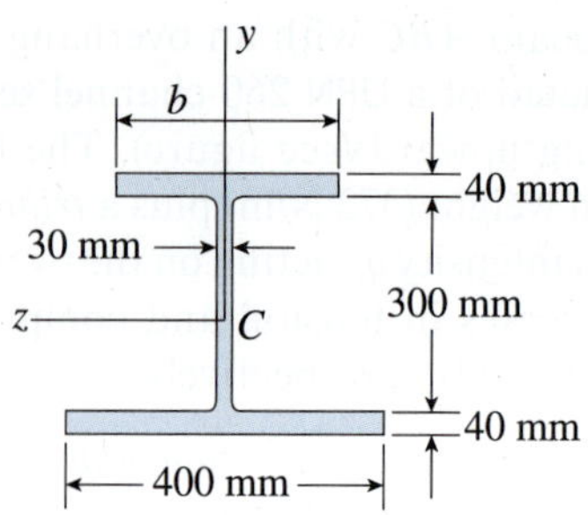

PROBLEM 5.6-17

5.6-18 A beam having a cross section in the form of a channel (see figure) is subjected to a bending moment acting about the z axis.

Calculate the thickness t of the channel in order that the bending stresses at the top and bottom of the beam will be in the ratio 7:3, respectively.

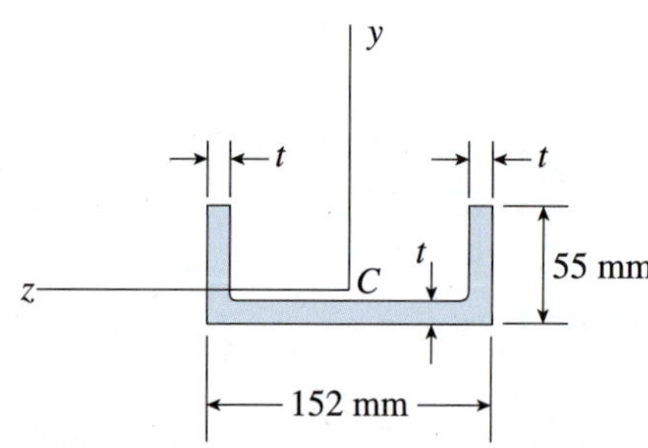

PROBLEM 5.6-18

5.6-19 Determine the ratios of the weights of four beams that have the same length, are made of the same material, are subjected to the same maximum bending moment, and have the same maximum bending stress if their cross sections are (1) a rectangle with height equal to twice the width, (2) a square, (3) a circle, and (4) a pipe with outer diameter d and wall thickness $t = d/8$ (see figures).

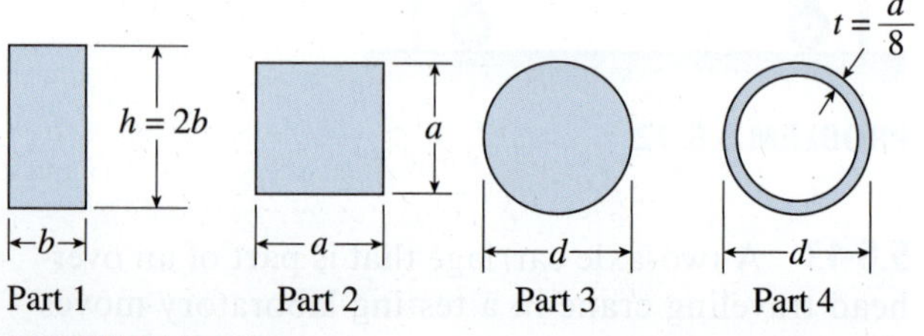

PROBLEM 5.6-19

5.6-20 A horizontal shelf AD of length $L = 1215$ mm, width $b = 305$ mm, and thickness $t = 22$ mm is supported by brackets at B and C (see part a of the figure). The brackets are adjustable and may be placed in any desired positions between the ends of the shelf. A uniform load of intensity q, which includes the weight of the shelf itself, acts on the shelf (see part b of the figure).

(a) Determine the maximum permissible value of the load q if the allowable bending stress in the shelf is $\sigma_{allow} = 8.5$ MPa and the position of the supports is adjusted for maximum load carrying capacity.

(b) The bookshelf owner decides to reinforce the shelf with a bottom wood plate $b/2 \times t/2$ along its entire length (see figure part c). Find the new maximum permissible value of the load q if the allowable bending stress in the shelf remains at $\sigma_{allow} = 8.5$ MPa.

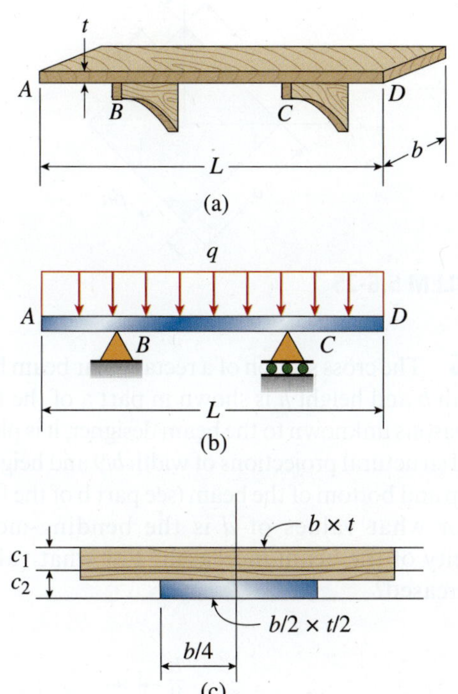

PROBLEM 5.6-20

5.6-21 A steel plate (called a *cover plate*) having cross-sectional dimensions 200 mm × 12 mm is welded along the full length of the bottom flange of a HE 260B wide-flange beam (see figure, which shows the beam cross section).

What is the percent increase in the smaller section modulus (as compared to the wide-flange beam alone)?

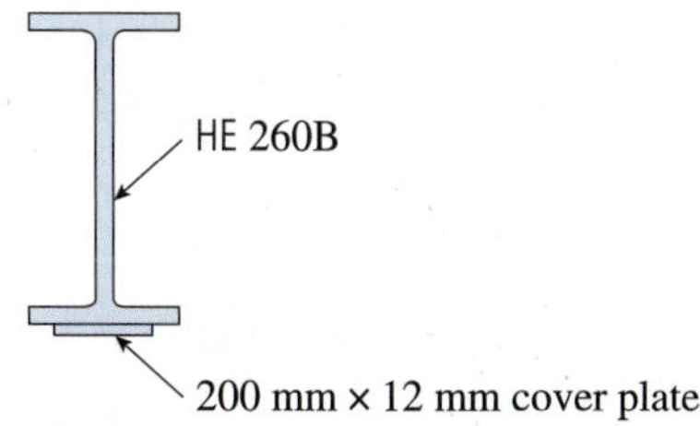

PROBLEM 5.6-21

5.6-22 A steel beam ABC is simply supported at A and B and has an overhang BC of length $L = 150$ mm (see figure). The beam supports a uniform load of intensity $q = 4.0$ kN/m over its entire span AB and $1.5q$ over BC. The cross section of the beam is rectangular with width b and height $2b$. The allowable bending stress in the steel is $\sigma_{allow} = 60$ MPa, and its weight density is $\gamma = 77.0$ kN/m^3.

(a) Disregarding the weight of the beam, calculate the required width b of the rectangular cross section.

(b) Taking into account the weight of the beam, calculate the required width b.

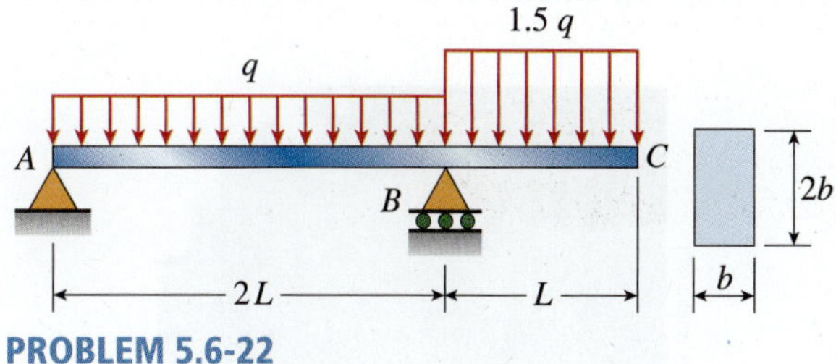

PROBLEM 5.6-22

5.6-23 A retaining wall 1.5 m high is constructed of horizontal wood planks 75 mm thick (actual dimension) that are supported by vertical wood piles of a 300 mm diameter (actual dimension), as shown in the figure. The lateral earth pressure is $p_1 = 5$ kPa at the top of the wall and $p_2 = 20$ kPa at the bottom.

(a) Assuming that the allowable stress in the wood is 8 MPa, calculate the maximum permissible spacing s of the piles.

(b) Find the required diameter of the wood piles so that piles and planks ($t = 75$ mm) reach the allowable stress at the same time.

Hint: Observe that the spacing of the piles may be governed by the load-carrying capacity of either the planks or the piles. Consider the piles to act as cantilever beams subjected to a trapezoidal distribution of load, and consider the planks to act as simple beams between the piles. To be on the safe side, assume that the pressure on the bottom plank is uniform and equal to the maximum pressure.

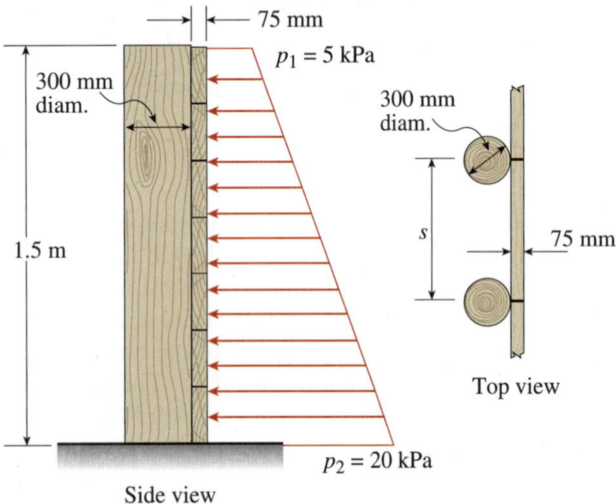

PROBLEM 5.6-23

5.6-24 A retaining wall (Fig. a) is constructed using steel IPN shape columns and concrete panel infill (Fig. b). Each column is subjected to lateral soil pressure with peak intensity q_0 (Figs. b and c). The tensile and compressive strength of the beam is 600 MPa. Select the most economical IPN section from Table F-2 based on safety factor of 3.0.

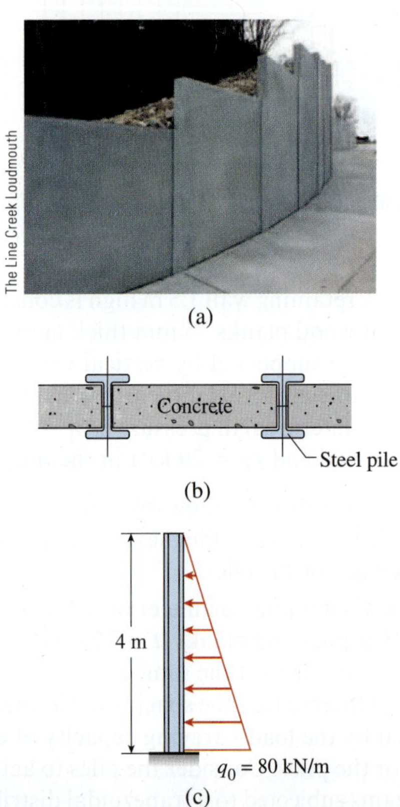

PROBLEM 5.6-24

5.6-25 A beam of square cross section (a = length of each side) is bent in the plane of a diagonal (see figure). By removing a small amount of material at the top and bottom corners, as shown by the shaded triangles in the figure, you can increase the section modulus and obtain a stronger beam, even though the area of the cross section is reduced.

(a) Determine the ratio β defining the areas that should be removed in order to obtain the strongest cross section in bending.

(b) By what percent is the section modulus increased when the areas are removed?

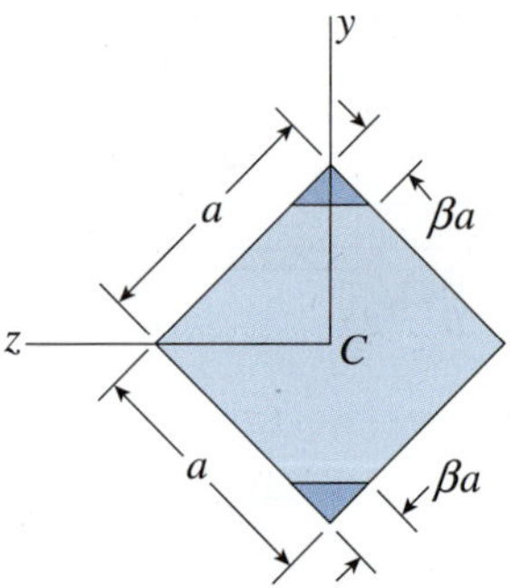

PROBLEM 5.6-25

5.6-26 The cross section of a rectangular beam having a width b and height h is shown in part a of the figure. For reasons unknown to the beam designer, it is planned to add structural projections of width $b/9$ and height d to the top and bottom of the beam (see part b of the figure).

For what values of d is the bending-moment capacity of the beam increased? For what values is it decreased?

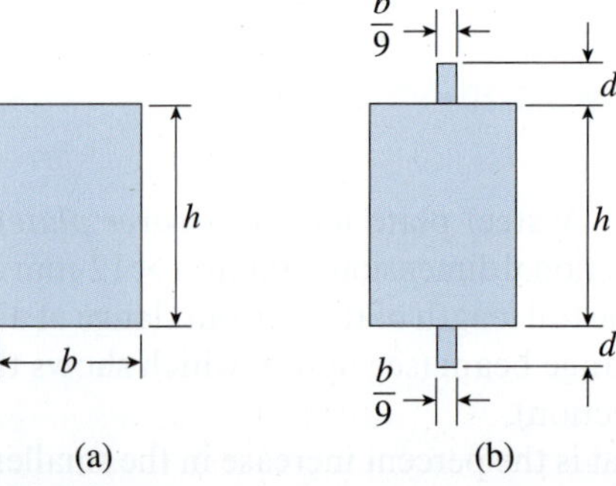

PROBLEM 5.6-26

5.7 Nonprismatic Beams

Introductory Problems

5.7-1 A tapered cantilever beam AB of length L has square cross sections and supports a concentrated load P at the free end (see figure part a). The width and height of the beam vary linearly from h_A at the free end to h_B at the fixed end.

Determine the distance x from the free end A to the cross section of maximum bending stress if $h_B = 3h_A$.

(a) What is the magnitude σ_{max} of the maximum bending stress? What is the ratio of the maximum stress to the largest stress B at the support?

(b) Repeat part (a) if load P is now applied as a uniform load of intensity $q = P/L$ over the entire beam, A is restrained by a roller support, and B is a sliding support (see figure part b).

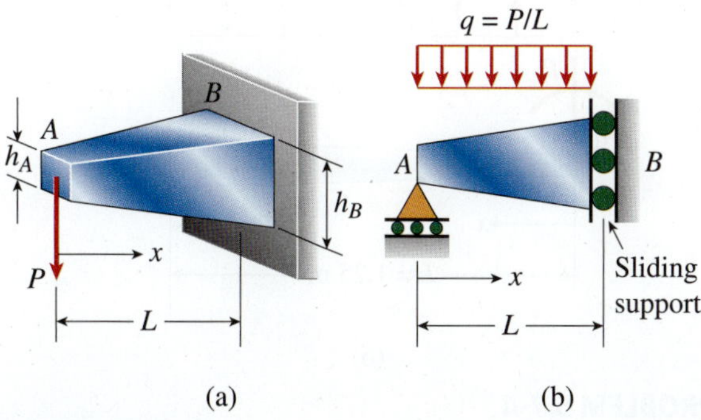

PROBLEM 5.7-1

5.7-2 A tall signboard is supported by two vertical beams consisting of thin-walled, tapered circular tubes (see figure part a). For purposes of this analysis, each beam may be represented as a cantilever AB of length $L = 8.0$ m subjected to a lateral load $P = 2.4$ kN at the free end. The tubes have a constant thickness $t = 10.0$ mm and average diameters $d_A = 90$ mm and $d_B = 270$ mm at ends A and B, respectively.

Because the thickness is small compared to the diameters, the moment of inertia at any cross section may be obtained from the formula $I = \pi d^3 t/8$ (see Case 22, Appendix E); therefore, the section modulus may be obtained from the formula $S = \pi d^2 t/4$.

(a) At what distance x from the free end does the maximum bending stress occur? What is the magnitude σ_{max} of the maximum bending stress? What is the ratio of the maximum stress to the largest stress σ_B at the support?

(b) Repeat part (a) if concentrated load P is applied upward at A and downward uniform load $q(x) = 2P/L$ is applied over the entire beam as shown in the figure part b. What is the ratio of the maximum stress to the stress at the location of maximum moment?

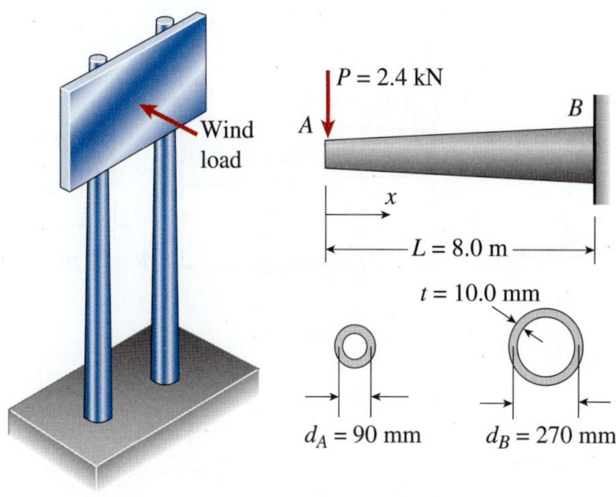

(a)

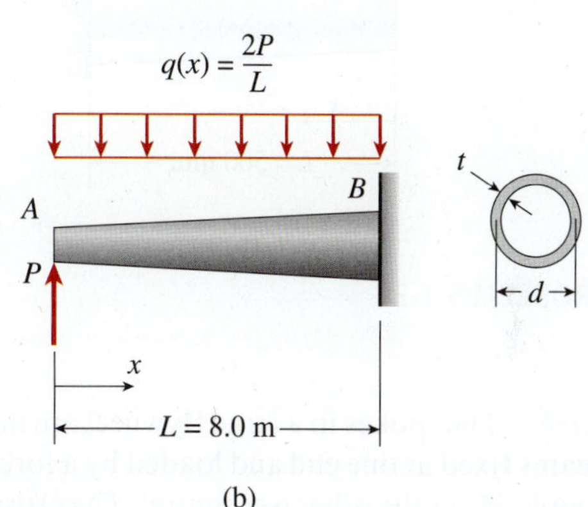

(b)

PROBLEM 5.7-2

Representative Problems

5.7-3 A tapered cantilever beam AB with rectangular cross sections is subjected to a concentrated load $P = 220$ N and a couple $M_0 = 90$ N·m acting at the free end (see figure part a). The width b of the beam is constant and equal to 25 mm, but the height varies linearly from $h_A = 50$ mm at the loaded end to $h_B = 75$ mm at the support.

(a) At what distance x from the free end does the maximum bending stress σ_{max} occur? What is the magnitude σ_{max} of the maximum bending stress? What is the ratio of the maximum stress to the largest stress σ_B at the support?

(b) Repeat part a if, in addition to P and M_0, a triangular distributed load with peak intensity $q_0 = 3P/L$ acts upward over the entire beam as shown in the figure part b. What is the ratio of the maximum stress to the stress at the location of maximum moment?

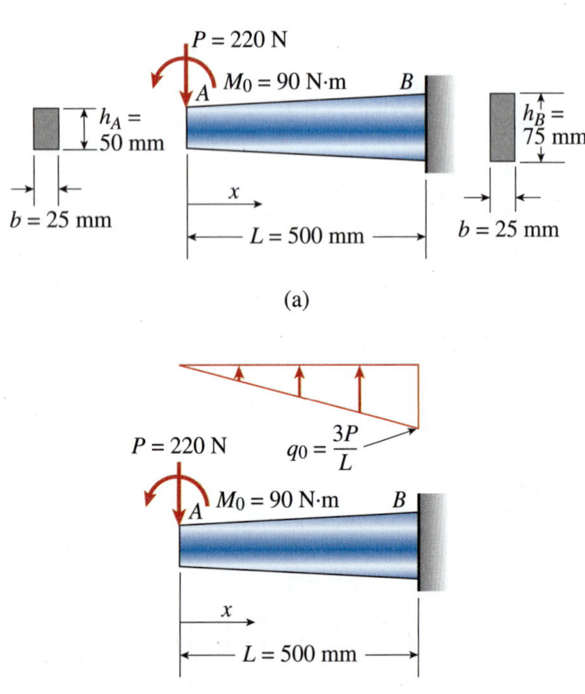

PROBLEM 5.7-3

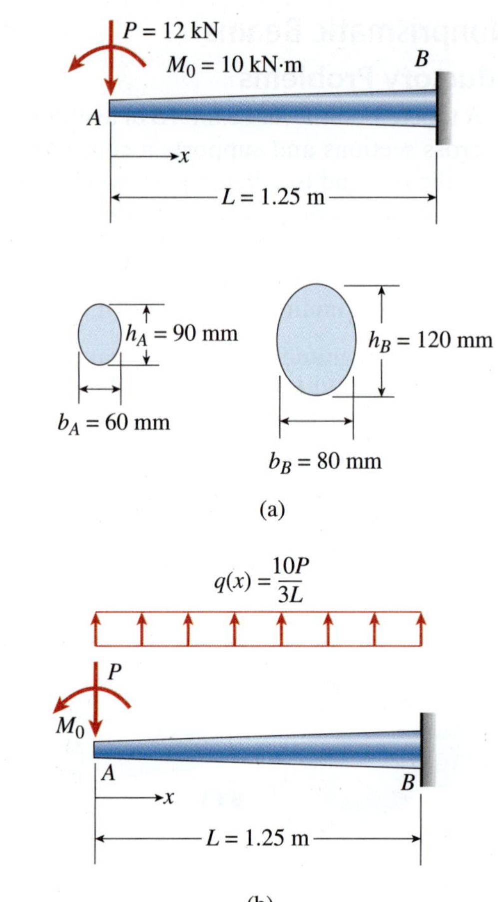

PROBLEM 5.7-4

5.7-4 The spokes in a large flywheel are modeled as beams fixed at one end and loaded by a force P and a couple M_0 at the other (see figure). The cross sections of the spokes are elliptical with major and minor axes (height and width, respectively) having the lengths shown in the figure part a. The cross-sectional dimensions vary linearly from end A to end B.

Considering only the effects of bending due to the loads P and M_0, determine the following quantities.

(a) The largest bending stress σ_A at end A.
(b) The largest bending stress σ_B at end B.
(c) The distance x to the cross section of maximum bending stress.
(d) The magnitude σ_{max} of the maximum bending stress.
(e) Repeat part d if a uniform load $q(x) = 10P/3L$ is added to loadings P and M_0, as shown in the figure part b.

5.7-5 Refer to the tapered cantilever beam of solid circular cross section shown in Fig. 5-26 of Example 5-9.

(a) Considering only the bending stresses due to the load P, determine the range of values of the ratio d_B/d_A for which the maximum normal stress occurs at the support.
(b) What is the maximum stress for this range of values?

Fully Stressed Beams

Problems 5.7-6 to 5.7-8 pertain to fully stressed beams of rectangular cross section. Consider only the bending stresses obtained from the flexure formula and disregard the weights of the beams.

5.7-6 A cantilever beam AB with rectangular cross sections of a constant width b and varying height h_x is subjected to a uniform load of intensity q (see figure).

How should the height h_x vary as a function of x (measured from the free end of the beam) in order to have a fully stressed beam? (Express h_x in terms of the height h_B at the fixed end of the beam.)

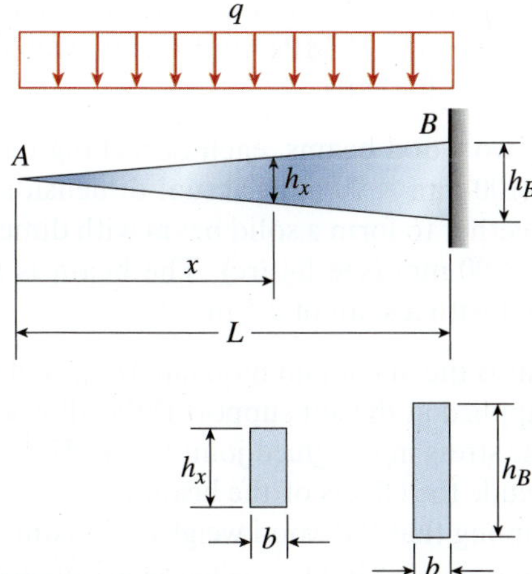

PROBLEM 5.7-6

5.7-7 A simple beam ABC having rectangular cross sections with constant height h and varying width b_x supports a concentrated load P acting at the midpoint (see figure).

How should the width b_x vary as a function of x in order to have a fully stressed beam? (Express b_x in terms of the width b_B at the midpoint of the beam.)

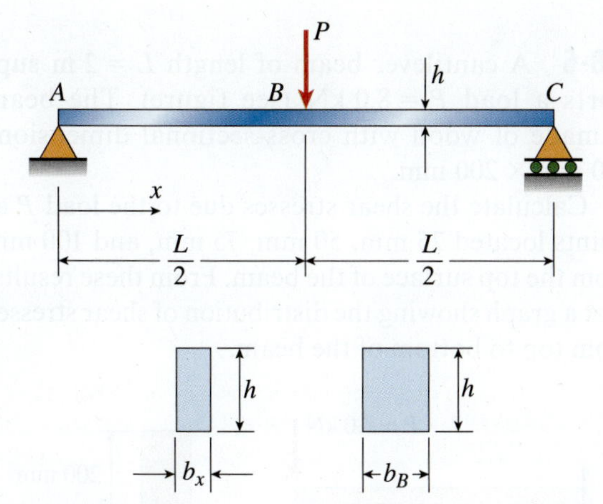

PROBLEM 5.7-7

5.7-8 A cantilever beam AB having rectangular cross sections with varying width b_x and varying height h_x is subjected to a uniform load of intensity q (see figure). If the width varies linearly with x according to the equation $b_x = b_B x/L$, how should the height h_x vary as a function of x in order to have a fully stressed beam? (Express h_x in terms of the height h_B at the fixed end of the beam.)

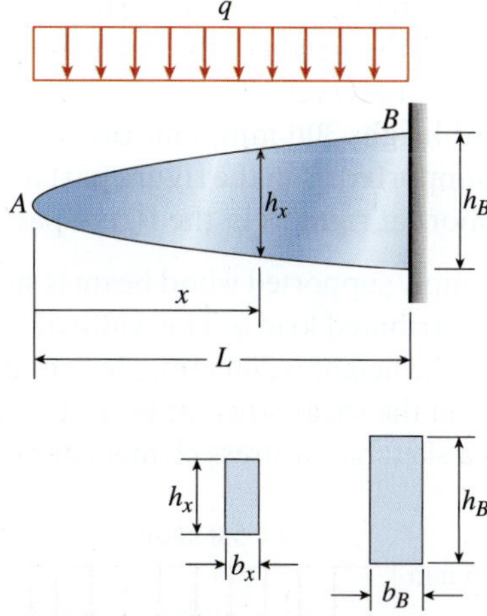

PROBLEM 5.7-8

5.8 Shear Stresses in Beams of Rectangular Cross Section

Introductory Problems

5.8-1 The shear stresses τ in a rectangular beam are given by Eq. (5-43):

$$\tau = \frac{V}{2I}\left(\frac{h^2}{4} - y_1^2\right)$$

in which V is the shear force, I is the moment of inertia of the cross-sectional area, h is the height of the beam, and y_1 is the distance from the neutral axis to the point where the shear stress is being determined (Fig. 5-32).

By integrating over the cross-sectional area, show that the resultant of the shear stresses is equal to the shear force V.

5.8-2 Calculate the maximum shear stress τ_{max} and the maximum bending stress σ_{max} in a wood beam

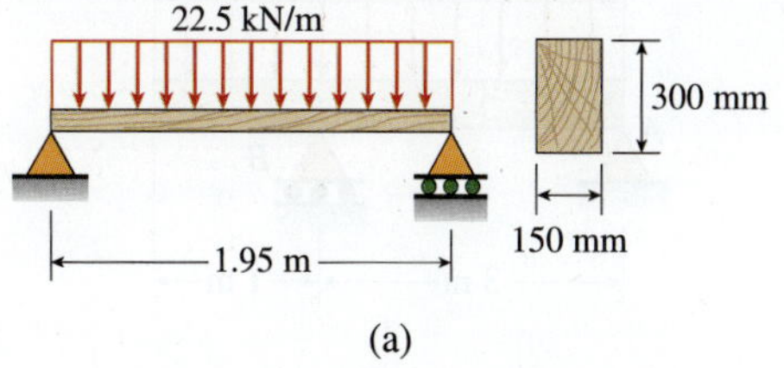

(a)

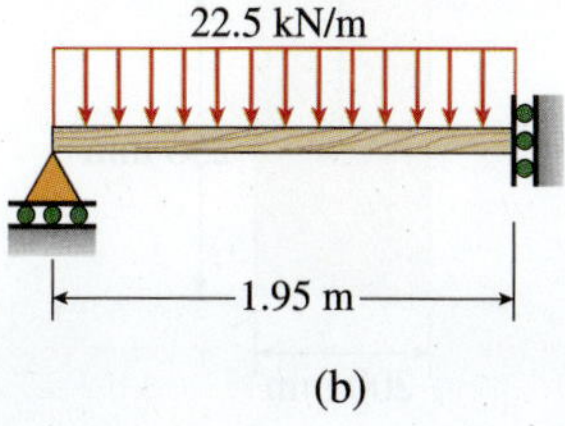

(b)

PROBLEM 5.8-2

(see figure) carrying a uniform load of 22.5 kN/m (which includes the weight of the beam) if the length is 1.95 m and the cross section is rectangular with width 150 mm and height 300 mm, and the beam is either (a) simply supported as in the figure part a, or b has a sliding support at right as in the figure part b.

5.8-3 A simply supported wood beam is subjected to uniformly distributed load q. The width of the beam is 150 mm and the height is 200 mm. Determine the normal stress and the shear stress at point C. Show these stresses on a sketch of a stress element at point C.

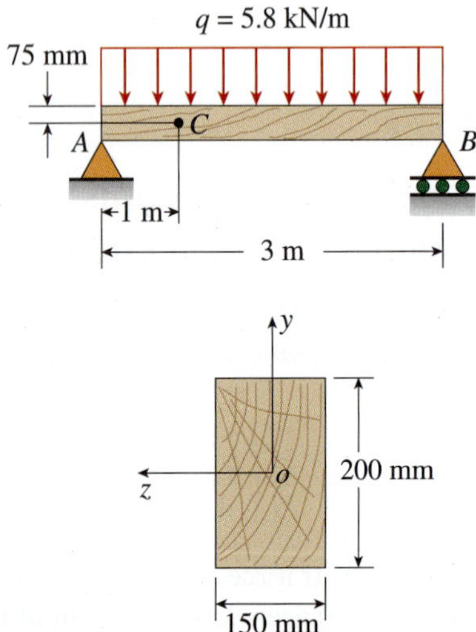

PROBLEM 5.8-3

5.8-4 A simply supported wood beam with overhang is subjected to uniformly distributed load q. The beam has a rectangular cross section with width $b = 200$ mm and height $h = 250$ mm. Determine the

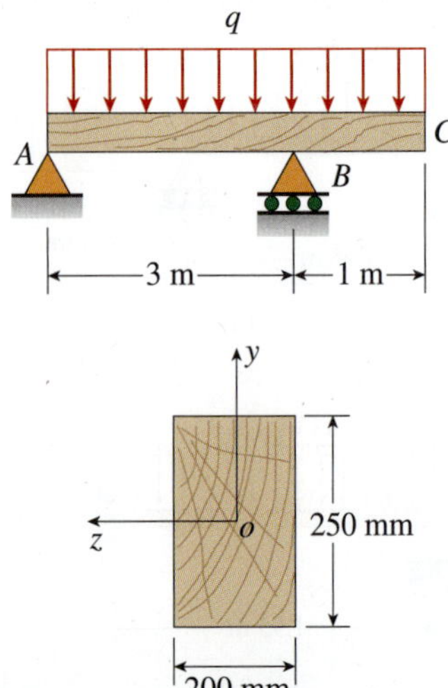

PROBLEM 5.8-4

maximum permissible value q if the allowable bending stress is $\sigma_{all} = 11$ MPa, and the allowable shear stress is $\tau_{all} = 1.2$ MPa.

5.8-5 Two wood beams, each of rectangular cross section (100 mm × 90 mm, actual dimensions), are glued together to form a solid beam with dimensions 200 mm × 90 mm (see figure). The beam is simply supported with a span of 2.5 m.

(a) What is the maximum moment M_{max} that may be applied at the left support if the allowable shear stress in the glued joint is 1.4 MPa? (Include the effects of the beam's own weight, assuming that the wood weighs 5.4 kN/m^3.)

(b) Repeat part (a) if M_{max} is based on allowable bending stress of 17.25 MPa.

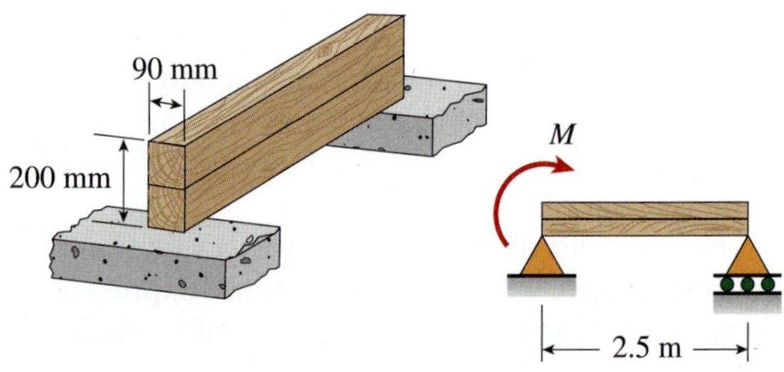

PROBLEM 5.8-5

5.8-6 A cantilever beam of length $L = 2$ m supports a load $P = 8.0$ kN (see figure). The beam is made of wood with cross-sectional dimensions 120 mm × 200 mm.

Calculate the shear stresses due to the load P at points located 25 mm, 50 mm, 75 mm, and 100 mm from the top surface of the beam. From these results, plot a graph showing the distribution of shear stresses from top to bottom of the beam.

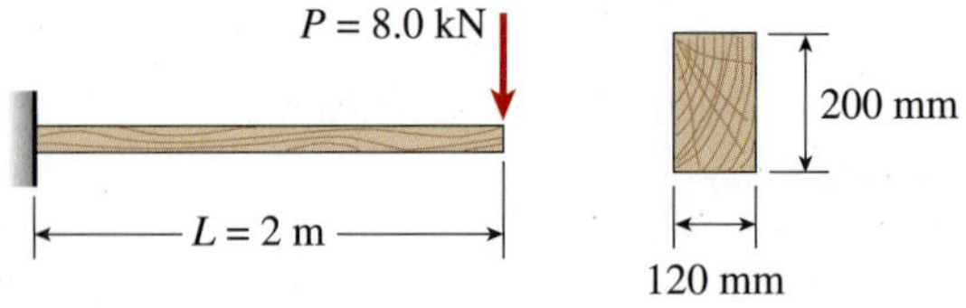

PROBLEM 5.8-6

5.8-7 A steel beam of length $L = 400$ mm and cross-sectional dimensions $b = 12$ mm and $h = 50$ mm (see figure) supports a uniform load of intensity $q = 45$ kN/m, which includes the weight of the beam.

Calculate the shear stresses in the beam (at the cross section of maximum shear force) at points located 6.25 mm, 12.5 mm, 18.75 mm, and 25 mm from the top surface of the beam. From these calculations, plot a graph showing the distribution of shear stresses from top to bottom of the beam.

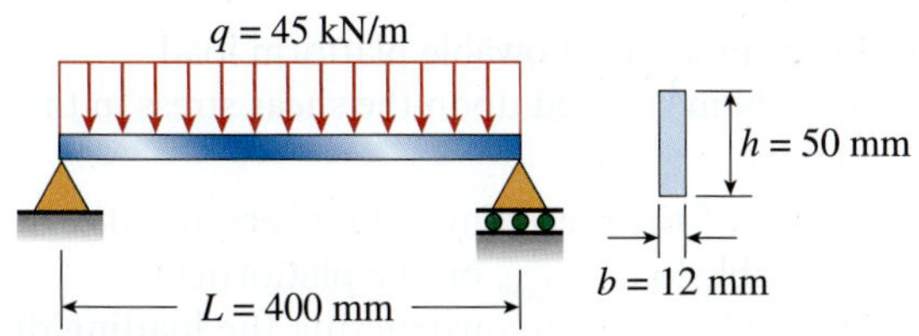

PROBLEM 5.8-7

Representative Problems

5.8-8 A beam of rectangular cross section (width b and height h) supports a uniformly distributed load along its entire length L. The allowable stresses in bending and shear are σ_{allow} and τ_{allow}, respectively.

(a) If the beam is simply supported, what is the span length L_0 below which the shear stress governs the allowable load and above which the bending stress governs?

(b) If the beam is supported as a cantilever, what is the length L_0 below which the shear stress governs the allowable load and above which the bending stress governs?

5.8-9 A laminated wood beam on simple supports (figure part a) is built up by gluing together four 50 mm × 100 mm boards (actual dimensions) to form a solid beam 100 mm × 200 mm in cross section, as shown in the figure part b. The allowable shear stress in the glued joints is 425 kPa, the allowable shear stress in the wood is 1.2 MPa, and the allowable bending stress in the wood is 11.4 MPa.

(a) If the beam is 3.6 m long, what is the allowable load P acting at the one-third point along the beam, as shown? (Include the effects of the beam's own weight, assuming that the wood weighs 5.5 kN/m^3.)

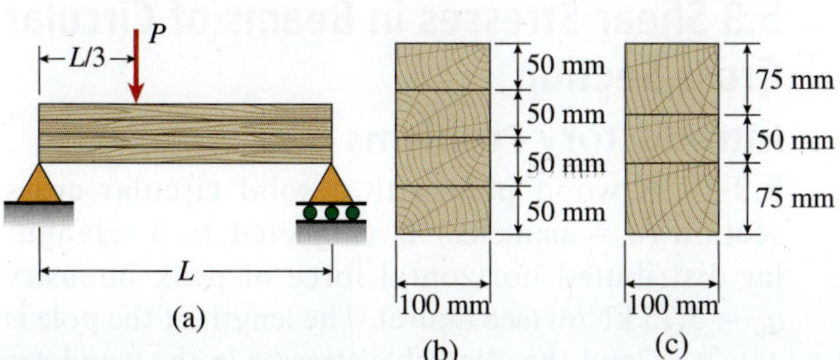

PROBLEM 5.8-9

(b) Repeat part (a) if the beam is assembled by gluing together two 75 mm × 100 mm boards and a 50 mm × 100 mm board (see figure part c).

5.8-10 A laminated plastic beam of square cross section is built up by gluing together three strips, each 10 mm × 30 mm in cross section (see figure). The beam has a total weight of 3.6 N and is simply supported with span length L = 360 mm.

Considering the weight of the beam (q), calculate the maximum permissible CCW moment M that may be placed at the right support.

(a) The allowable shear stress in the glued joints is 0.3 MPa.

(b) The allowable bending stress in the plastic is 8 MPa.

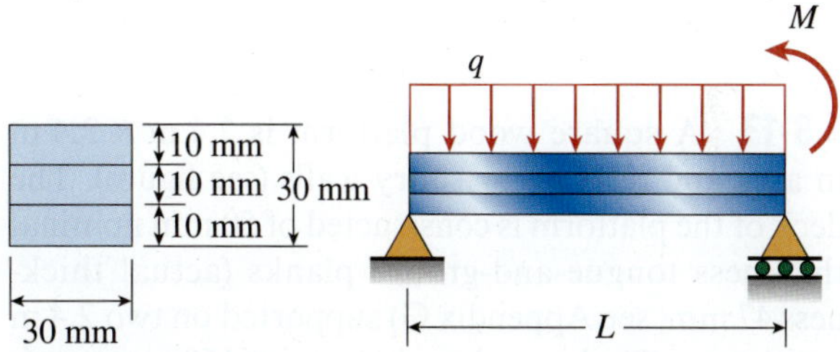

PROBLEM 5.8-10

5.8-11 A wood beam AB on simple supports with span length equal to 3 m is subjected to a uniform load of intensity 2 kN/m acting along the entire length of the beam, a concentrated load of magnitude 30 kN acting at a point 1 m from the right-hand support, and a moment at A of 26 kN · m (see figure). The allowable stresses in bending and shear, respectively, are 15 MPa and 1.1 MPa.

(a) From the table in Appendix G, select the lightest beam that will support the loads (disregard the weight of the beam).

(b) Taking into account the weight of the beam (weight density = 5.4 kN/m^3), verify that the selected beam is satisfactory, or if it is not, select a new beam.

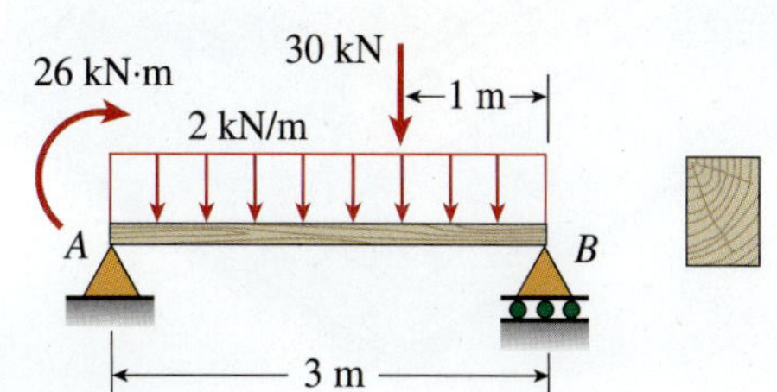

PROBLEM 5.8-11

5.8-12 A simply supported wood beam of rectangular cross section and span length 1.2 m carries a concentrated load P at midspan in addition to its own weight (see figure). The cross section has width 140 mm and height 240 mm. The weight density of the wood is 5.4 kN/m^3.

Calculate the maximum permissible value of the load P if (a) the allowable bending stress is 8.5 MPa and (b) the allowable shear stress is 0.8 MPa.

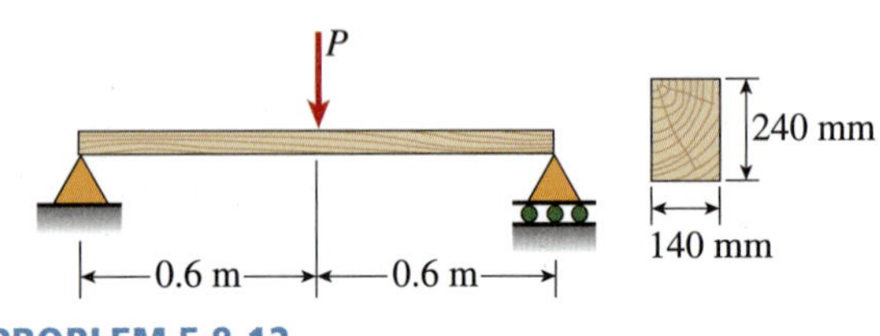

PROBLEM 5.8-12

5.8-13 A square wood platform is 2.4 m × 2.4 m in area and rests on masonry walls (see figure). The deck of the platform is constructed of 50 mm nominal thickness tongue-and-groove planks (actual thickness 47 mm; see Appendix G) supported on two 2.4 m long beams. The beams have 100 mm × 150 mm nominal dimensions (actual dimensions 97 mm × 147 mm).

The planks are designed to support a uniformly distributed load w (kN/m^2) acting over the entire top surface of the platform. The allowable bending stress for the planks is 17 MPa and the allowable shear stress is 0.7 MPa. When analyzing the planks, disregard their weights and assume that their reactions are uniformly distributed over the top surfaces of the supporting beams.

(a) Determine the allowable platform load w_1 (kN/m^2) based upon the bending stress in the planks.

(b) Determine the allowable platform load w_2 (kN/m^2) based upon the shear stress in the planks.

(c) Which of the preceding values becomes the allowable load w_{allow} on the platform?

Hints: Use care in constructing the loading diagram for the planks, noting especially that the reactions are distributed loads instead of concentrated loads. Also, note that the maximum shear forces occur at the inside faces of the supporting beams.

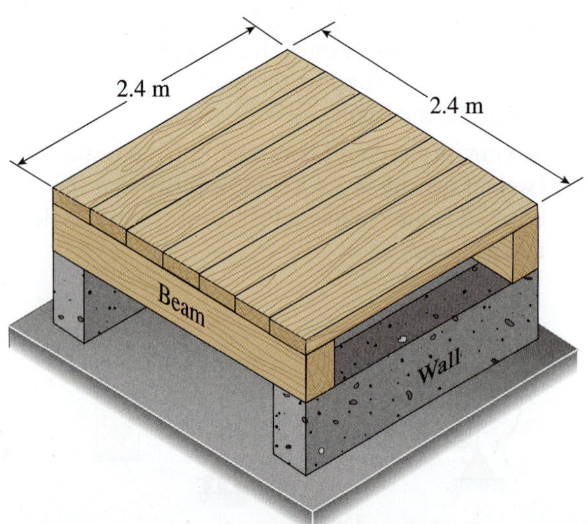

PROBLEM 5.8-13

5.8-14 A wood beam ABC with simple supports at A and B and an overhang BC has height $h = 300$ mm (see figure). The length of the main span of the beam is $L = 3.6$ m and the length of the overhang is $L/3 = 1.2$ m. The beam supports a concentrated load $3P = 18$ kN at the midpoint of the main span and a moment $PL/2 = 10.8$ kN · m at the free end of the overhang. The wood has a weight density $\gamma = 5.5$ kN/m^3.

(a) Determine the required width b of the beam based upon an allowable bending stress of 8.2 MPa.

(b) Determine the required width based upon an allowable shear stress of 0.7 MPa.

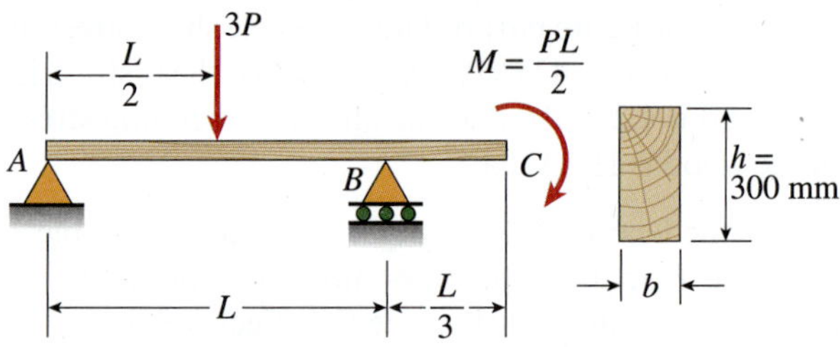

PROBLEM 5.8-14

5.9 Shear Stresses in Beams of Circular Cross Section

Introductory Problems

5.9-1 A wood pole with a solid circular cross section (d = diameter) is subjected to a triangular distributed horizontal force of peak intensity $q_0 = 3.75$ kN/m (see figure). The length of the pole is $L = 2$ m, and the allowable stresses in the wood are 13 MPa in bending and 820 kPa in shear.

Determine the minimum required diameter of the pole based upon (a) the allowable bending stress, and (b) the allowable shear stress.

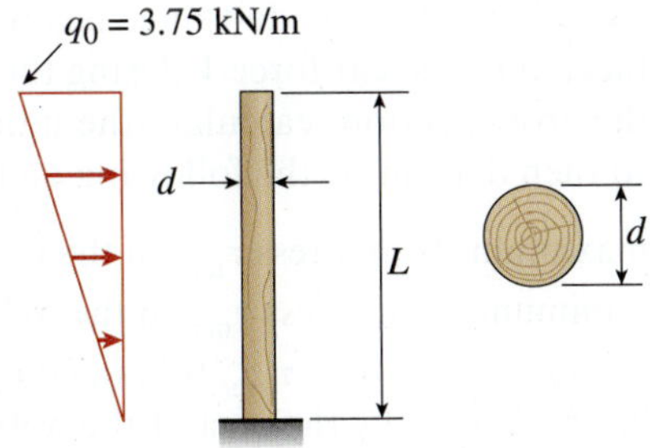

PROBLEM 5.9-1

5.9-2 A simple log bridge in a remote area consists of two parallel logs with planks across them (see figure). The logs are Douglas fir with an average diameter 300 mm. A truck moves slowly across the bridge, which spans 2.5 m. Assume that the weight of the truck is equally distributed between the two logs.

Because the wheelbase of the truck is greater than 2.5 m, only one set of wheels is on the bridge at a time. Thus, the wheel load on one log is equivalent to a concentrated load W acting at any position along the span. In addition, the weight of one log and the planks it supports is equivalent to a uniform load of 850 N/m acting on the log.

Determine the maximum permissible wheel load W based upon (a) an allowable bending stress of 7.0 MPa and (b) an allowable shear stress of 0.75 MPa.

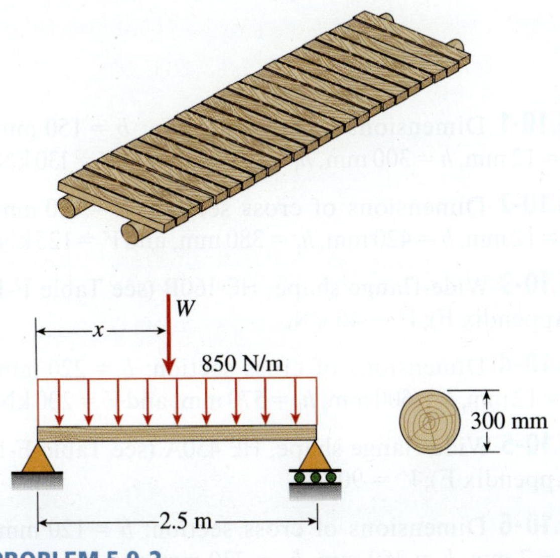

PROBLEM 5.9-2

Representative Problems

5.9-3 A vertical pole consisting of a circular tube of outer diameter 127 mm and inner diameter 115 mm is loaded by a linearly varying distributed force with maximum intensity of q_0. Find the maximum shear stress in the pole.

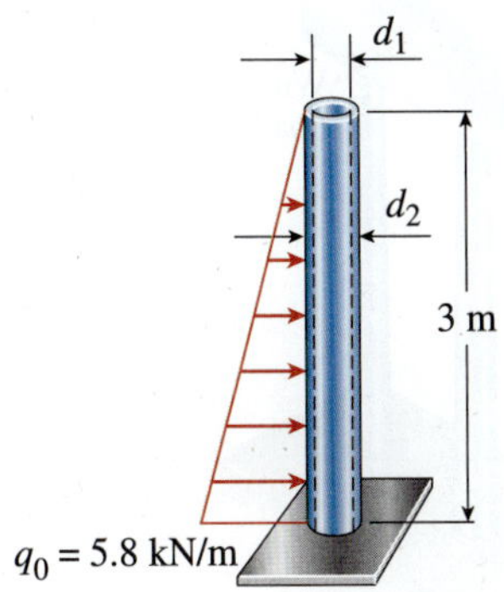

PROBLEM 5.9-3

5.9-4 A circular pole is subjected to linearly varying distributed force with maximum intensity q_0. Calculate the diameter d_0 of the pole if the maximum allowable shear stress for the pole is 75 MPa.

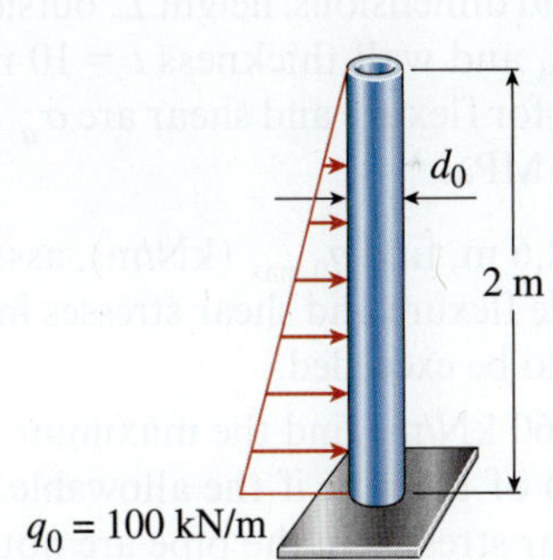

PROBLEM 5.9-4

5.9-5 A sign for an automobile service station is supported by two aluminum poles of hollow circular cross section, as shown in the figure. The poles are being designed to resist a wind pressure of 3.8 kPa against the full area of the sign. The dimensions of the poles and sign are $h_1 = 7$ m, $h_2 = 2$ m, and $b = 3.5$ m. To prevent buckling of the walls of the poles, the thickness t is specified as one-tenth the outside diameter d.

(a) Determine the minimum required diameter of the poles based upon an allowable bending stress of 52 MPa in the aluminum.

(b) Determine the minimum required diameter based upon an allowable shear stress of 14 MPa.

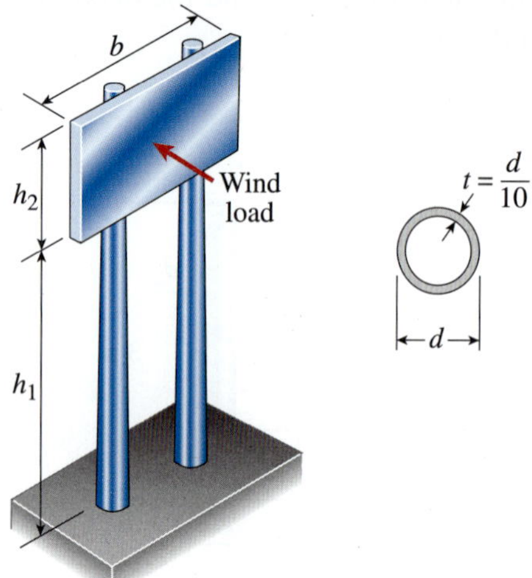

PROBLEM 5.9-5

5.9-6 A steel pipe is subjected to a quadratic distributed load over its height with the peak intensity q_0 at the base (see figure). Assume the following pipe properties and dimensions: height L, outside diameter d = 200 mm, and wall thickness t = 10 mm. Allowable stresses for flexure and shear are σ_a = 125 MPa and τ_a = 30 MPa.

(a) If L = 2.6 m, find $q_{0,max}$ (kN/m), assuming that allowable flexure and shear stresses in the pipe are not to be exceeded.

(b) If q_0 = 60 kN/m, find the maximum height L_{max} (m) of the pipe if the allowable flexure and shear stresses in the pipe are not to be exceeded.

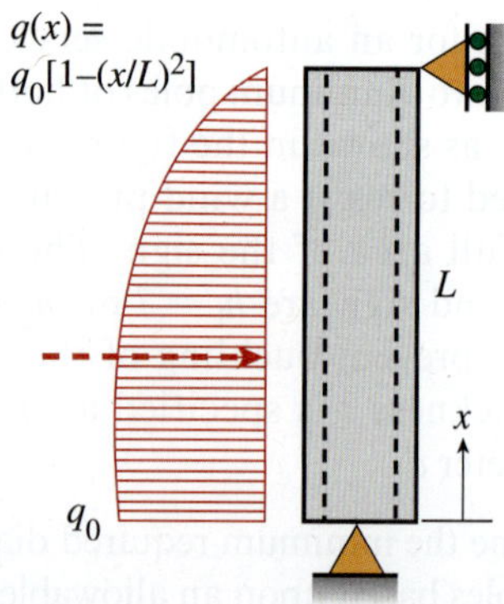

PROBLEM 5.9-6

5.10 Shear Stresses in the Webs of Beams with Flanges

Introductory Problems

5.10-1 through 5.10-6 A wide-flange beam (see figure) is subjected to a shear force V. Using the dimensions of the cross section, calculate the moment of inertia and then determine the following quantities:

(a) The maximum shear stress τ_{max} in the web.

(b) The minimum shear stress τ_{min} in the web.

(c) The average shear stress τ_{aver} (obtained by dividing the shear force by the area of the web) and the ratio τ_{max}/τ_{aver}.

(d) The shear force V_{web} carried in the web and the ratio V_{web}/V.

Note: Disregard the fillets at the junctions of the web and flanges and determine all quantities, including the moment of inertia, by considering the cross section to consist of three rectangles.

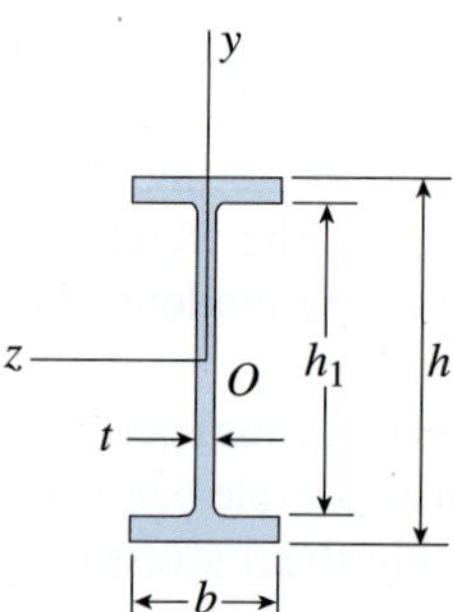

PROBLEMS 5.10-1 through 5.10-6

5.10-1 Dimensions of cross section: b = 150 mm, t = 12 mm, h = 300 mm, h_1 = 270 mm, and V = 130 kN.

5.10-2 Dimensions of cross section: b = 180 mm, t = 12 mm, h = 420 mm, h_1 = 380 mm, and V = 125 kN.

5.10-3 Wide-flange shape, HE 160B (see Table F-1, Appendix F); V = 45 kN.

5.10-4 Dimensions of cross section: b = 220 mm, t = 12 mm, h = 600 mm, h_1 = 570 mm, and V = 200 kN.

5.10-5 Wide-flange shape, HE 450A (see Table F-1, Appendix F); V = 90 kN.

5.10-6 Dimensions of cross section: b = 120 mm, t = 7 mm, h = 350 mm, h_1 = 330 mm, and V = 60 kN.

Representative Problems

5.10-7 A cantilever beam AB of length $L = 2$ m supports a trapezoidal distributed load of peak intensity q, and minimum intensity $q/2$, that includes the weight of the beam (see figure). The beam is a steel HE 340B wide-flange shape (see Table F-1, Appendix F).

Calculate the maximum permissible load q based upon (a) an allowable bending stress $\sigma_{allow} = 124$ MPa and (b) an allowable shear stress $\tau_{allow} = 52$ MPa. *Note:* Obtain the moment of inertia and section modulus of the beam from Table F-1.

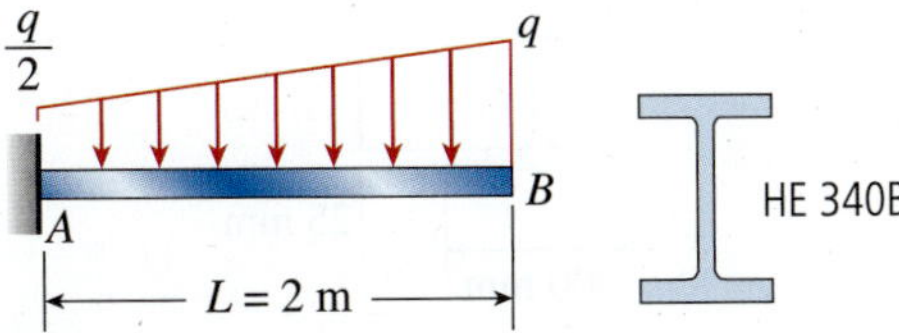

PROBLEM 5.10-7

5.10-8 A bridge girder AB on a simple span of length $L = 14$ m supports a distributed load of maximum intensity q at mid-span and minimum intensity $q/2$ at supports A and B that includes the weight of the girder (see figure). The girder is constructed of three plates welded to form the cross section shown.

Determine the maximum permissible load q based upon (a) an allowable bending stress $\sigma_{allow} = 110$ MPa and (b) an allowable shear stress $\tau_{allow} = 50$ MPa.

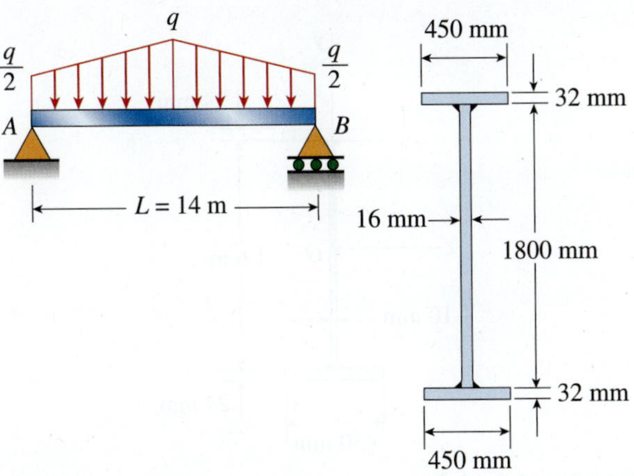

PROBLEM 5.10-8

5.10-9 A simple beam with an overhang supports a uniform load of intensity $q = 17.5$ kN/m and a concentrated $P = 13$ kN load at 2.5 m to the right of A and also at C (see figure). The uniform load includes an allowance for the weight of the beam. The allowable stresses in bending and shear are 124 MPa and 76 MPa, respectively.

Select from Table F-2, Appendix F, the lightest I-beam (IPN shape) that will support the given loads.

Hint: Select a beam based upon the bending stress and then calculate the maximum shear stress. If the beam is overstressed in shear, select a heavier beam and repeat.

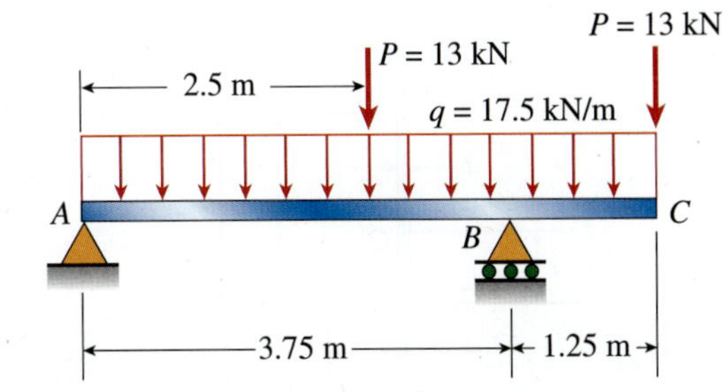

PROBLEM 5.10-9

5.10-10 A hollow steel box beam has the rectangular cross section shown in the figure. Determine the maximum allowable shear force V that may act on the beam if the allowable shear stress is 36 MPa.

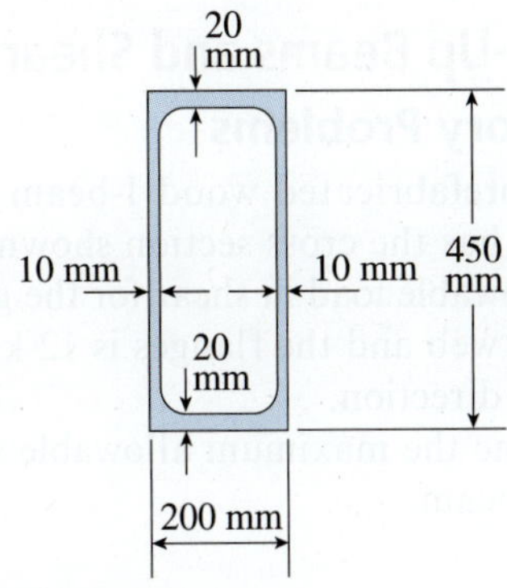

PROBLEM 5.10-10

5.10-11 A hollow aluminum box beam has the square cross section shown in the figure. Calculate the maximum and minimum shear stresses τ_{max} and τ_{min} in the webs of the beam due to a shear force $V = 125$ kN.

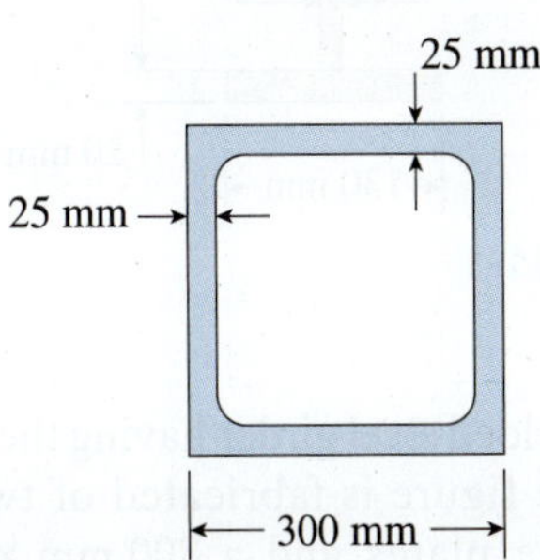

PROBLEM 5.10-11

5.10-12 The T-beam shown in the figure has cross-sectional dimensions: $b = 210$ mm, $t = 16$ mm, $h = 300$ mm, and $h_1 = 280$ mm. The beam is subjected to a shear force $V = 68$ kN.

Determine the maximum shear stress τ_{max} in the web of the beam.

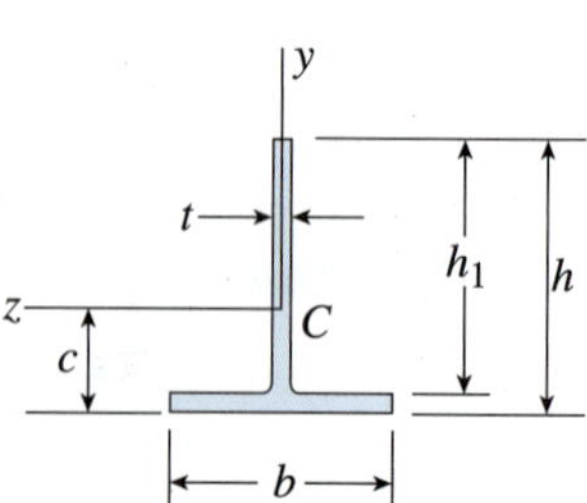

PROBLEMS 5.10-12 and 5.10-13

5.10-13 Calculate the maximum shear stress τ_{max} in the web of the T-beam shown in the figure which is one half of an HE 450A (see Appendix F-1). Assume the shear force $V = 24$ kN.

5.11 Built-Up Beams and Shear Flow

Introductory Problems

5.11-1 A prefabricated wood I-beam serving as a floor joist has the cross section shown in the figure. The allowable load in shear for the glued joints between the web and the flanges is 12 kN/m in the longitudinal direction.

Determine the maximum allowable shear force V_{max} for the beam.

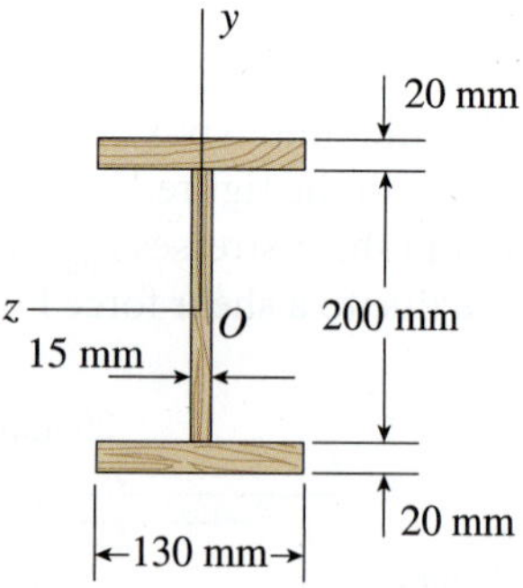

PROBLEM 5.11-1

5.11-2 A welded steel girder having the cross section shown in the figure is fabricated of two 300 mm × 25 mm flange plates and a 800 mm × 16 mm web plate. The plates are joined by four fillet welds that run continuously for the length of the girder. Each weld has an allowable load in shear of 920 kN/m.

Calculate the maximum allowable shear force V_{max} for the girder.

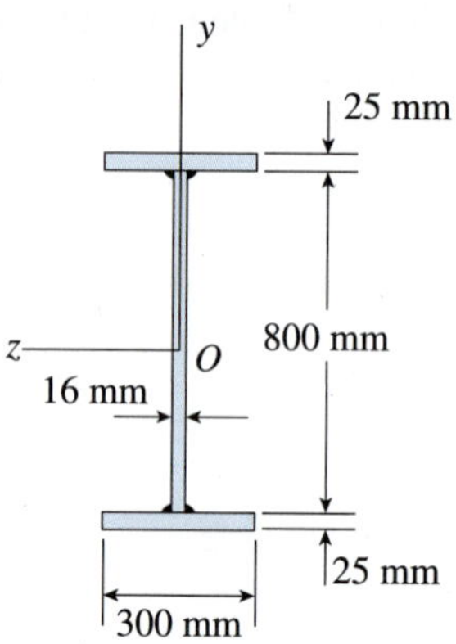

PROBLEM 5.11-2

5.11-3 A welded steel girder having the cross section shown in the figure is fabricated of two 450 mm × 24 mm flange plates and a 1.6 mm × 10 mm web plate. The plates are joined by four longitudinal fillet welds that run continuously throughout the length of the girder.

If the girder is subjected to a shear force of 1300 kN, what force F (per meter of length of weld) must be resisted by each weld?

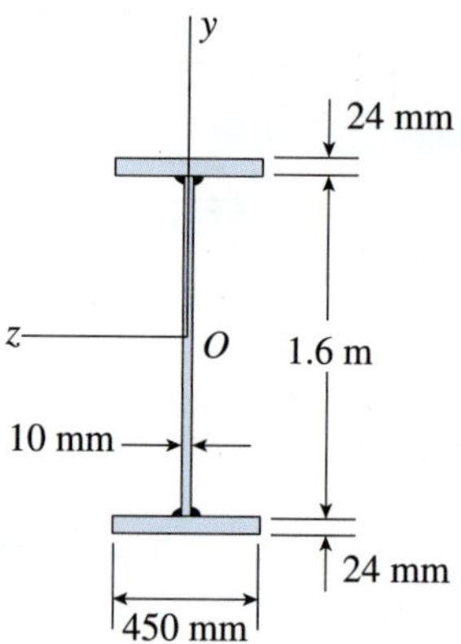

PROBLEM 5.11-3

5.11-4 A wood box beam is constructed of two 260 mm × 50 mm boards and two 260 mm × 25 mm boards (see figure). The boards are nailed at a longitudinal spacing $s = 100$ mm.

If each nail has an allowable shear force $F = 1200$ N, what is the maximum allowable shear force V_{max}?

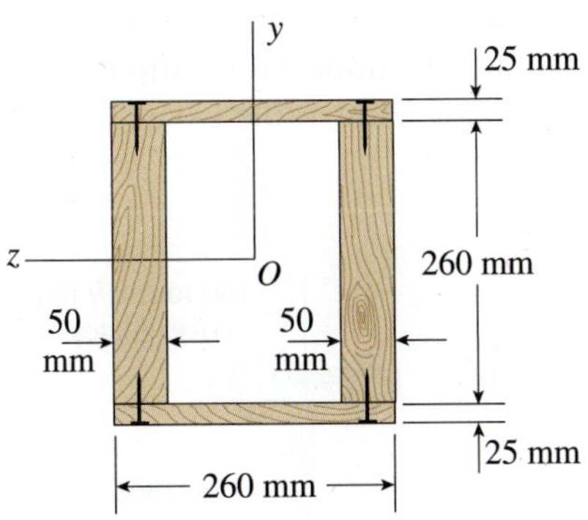

PROBLEM 5.11-4

5.11-5 A box beam is constructed of four wood boards as shown in the figure part a. The webs are 200 mm × 25 mm and the flanges are 150 mm × 25 mm boards (actual dimensions), joined by screws for which the allowable load in shear is $F = 1.1$ kN per screw.

(a) Calculate the maximum permissible longitudinal spacing s_{max} of the screws if the shear force V is 5.3 kN.

(b) Repeat part (a) if the flanges are attached to the webs using a *horizontal arrangement* of screws as shown in the figure part b.

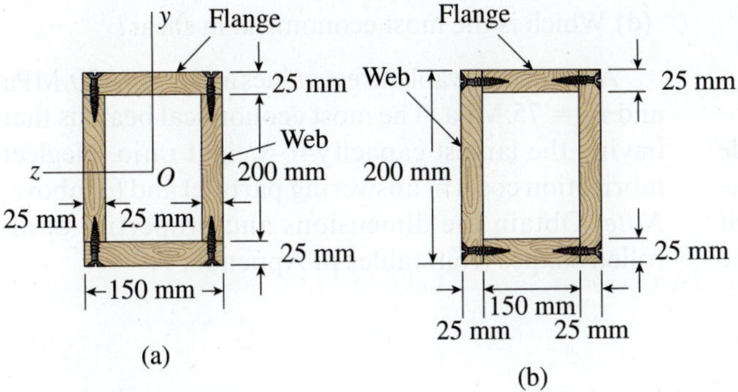

PROBLEM 5.11-5

Representative Problems

5.11-6 Two wood box beams (beams A and B) have the same outside dimensions (200 mm × 360 mm) and the same thickness ($t = 20$ mm) throughout, as shown in the figure. Both beams are formed by nailing, with each nail having an allowable shear load of 250 N. The beams are designed for a shear force $V = 3.2$ kN.

(a) What is the maximum longitudinal spacing s_A for the nails in beam A?

(b) What is the maximum longitudinal spacing s_B for the nails in beam B?

(c) Which beam is more efficient in resisting the shear force?

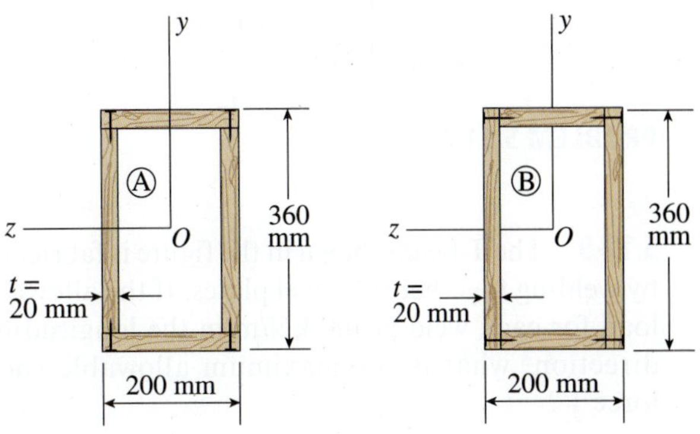

PROBLEM 5.11-6

5.11-7 A hollow wood beam with plywood webs has the cross-sectional dimensions shown in the figure. The plywood is attached to the flanges by means of small nails. Each nail has an allowable load in shear of 130 N.

Find the maximum allowable spacing s of the nails at cross sections where the shear force V is equal to (a) 900 N and (b) 1350 N.

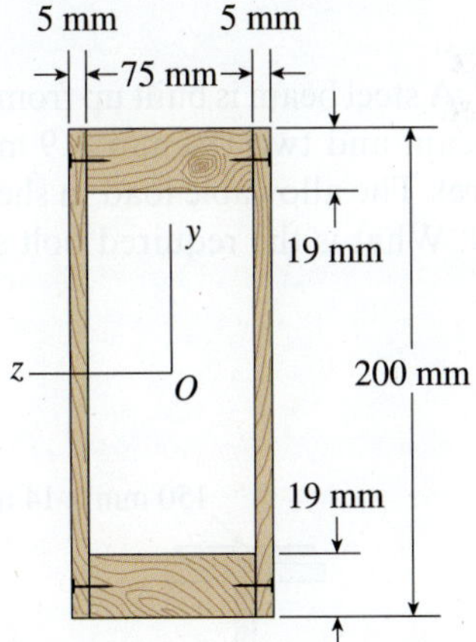

PROBLEM 5.11-7

5.11-8 A beam of a T cross section is formed by nailing together two boards having the dimensions shown in the figure.

If the total shear force V acting on the cross section is 1500 N and each nail may carry 760 N in shear, what is the maximum allowable nail spacing s?

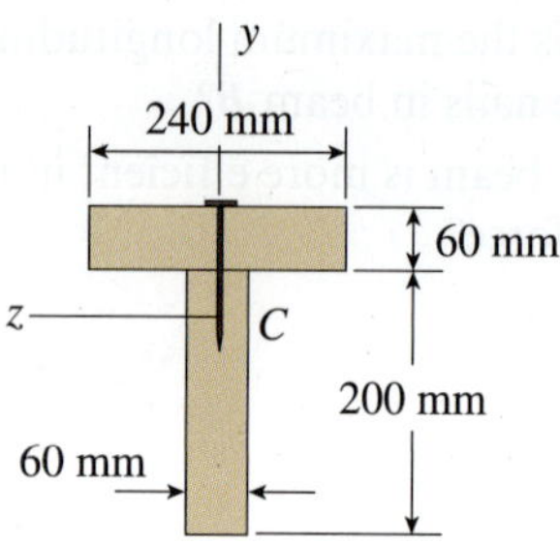

PROBLEM 5.11-8

5.11-9 The T-beam shown in the figure is fabricated by welding together two steel plates. If the allowable load for each weld is 400 kN/m in the longitudinal direction, what is the maximum allowable shear force V?

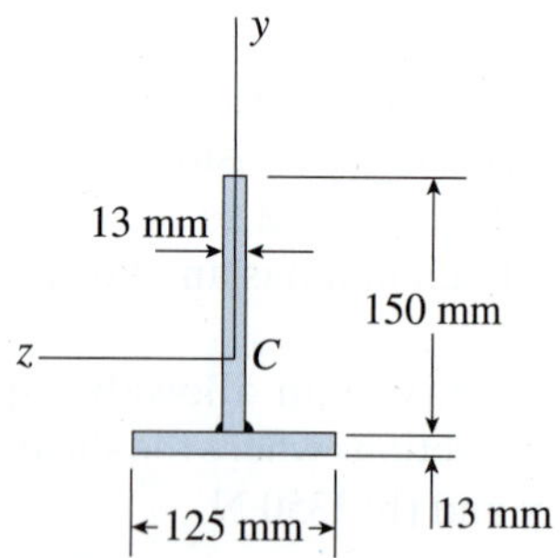

PROBLEM 5.11-9

5.11-10 A steel beam is built up from a HE 180B wide flange beam and two 180 mm × 9 mm cover plates (see figure). The allowable load in shear on each bolt is 9.8 kN. What is the required bolt spacing s in the longitudinal direction if the shear force $V = 110$ kN *Note:* Obtain the dimensions and moment of inertia of the HE shape from Table F-1.

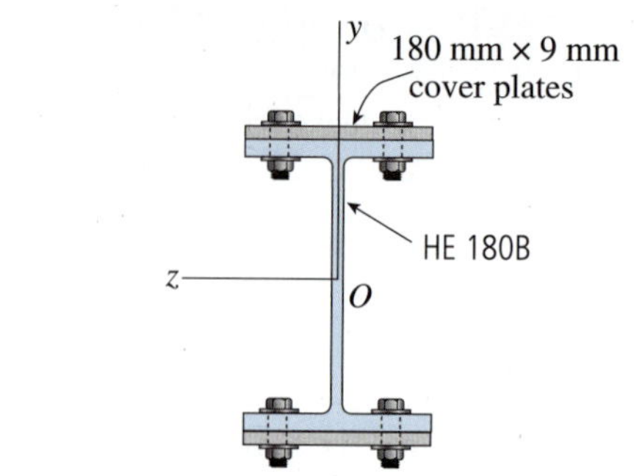

PROBLEM 5.11-10

5.11-11 The three beams shown have approximately the same cross-sectional area. Beam 1 is an IPN 400 with flange plates; beam 2 consists of a web plate with four angles; and beam 3 is constructed of 2 UPN shapes with flange plates.

(a) Which design has the largest moment capacity?
(b) Which has the largest shear capacity?
(c) Which is the most economical in bending?
(d) Which is the most economical in shear?

Assume allowable stress values are: $\sigma_a = 120$ MPa and $\tau_a = 75$ MPa. The most economical beam is that having the largest capacity-to-weight ratio. Neglect fabrication costs in answering parts (c) and (d) above. *Note:* Obtain the dimensions and properties of all rolled shapes from tables in Appendix F.

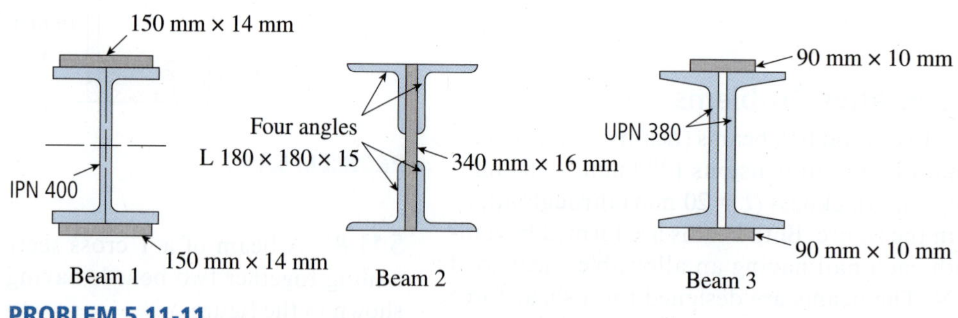

PROBLEM 5.11-11

5.11-12 Two IPN 300 steel beams are bolted together to form a built-up beam as shown in the figure. What is the maximum permissible bolt spacing s if the shear force $V = 80$ kN and the allowable load in shear on each bolt is $F = 13.5$ kN. *Note:* Obtain the dimensions and properties of the W shapes from Table F-2.

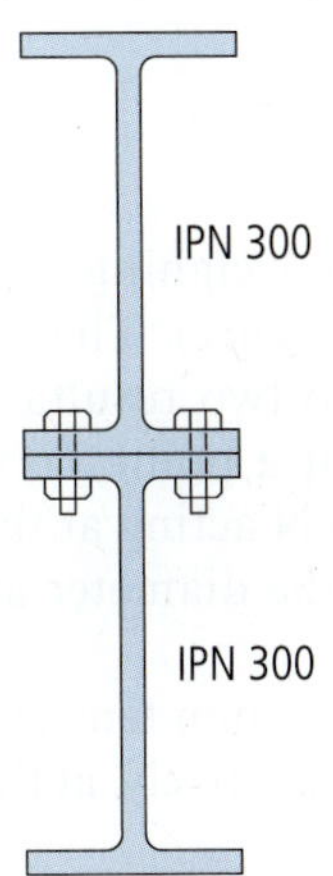

PROBLEM 5.11-12

5.12 Beams with Axial Loads

When solving the problems for Section 5.12, assume that the bending moments are not affected by the presence of lateral deflections.

Introductory Problems

5.12-1 A pole is fixed at the base and is subjected to a linearly varying distributed force with maximum intensity of q_0 *and* an axial compressive load $P = 90$ kN at the top (see figure). The pole has a circular cross section with an outer diameter of 127 mm and an inner diameter of 115 mm. Find the *normal* stresses on the surface of the pole at the base at locations A and B.

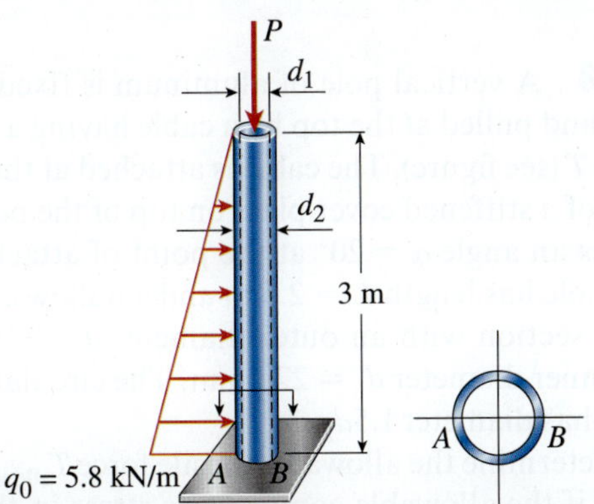

PROBLEM 5.12-1

5.12-2 A solid circular pole is subjected to linearly varying distributed force with maximum intensity q_0 at the base and an axial compressive load P at the top (see figure). Find the required diameter d of the pole if the maximum allowable normal stress is 150 MPa. Let $q_0 = 6.5$ kN/m, $P = 70$ kN, and $L = 3$ m.

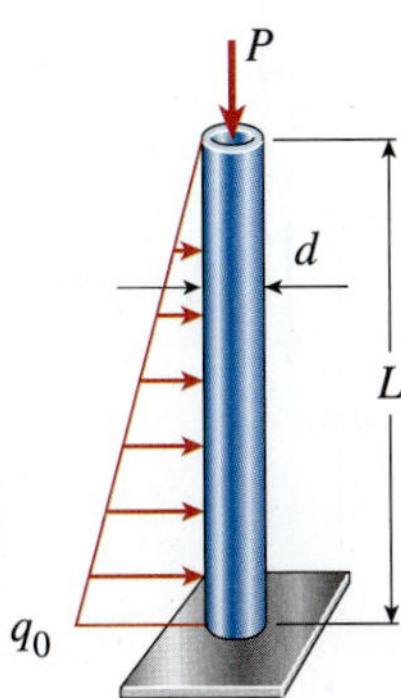

PROBLEM 5.12-2

5.12-3 While drilling a hole with a brace and bit, you exert a downward force $P = 100$ N on the handle of the brace (see figure). The diameter of the crank arm is $d = 11$ mm and its lateral offset is $b = 125$ mm

Determine the maximum tensile and compressive stresses σ_t and σ_c, respectively, in the crank.

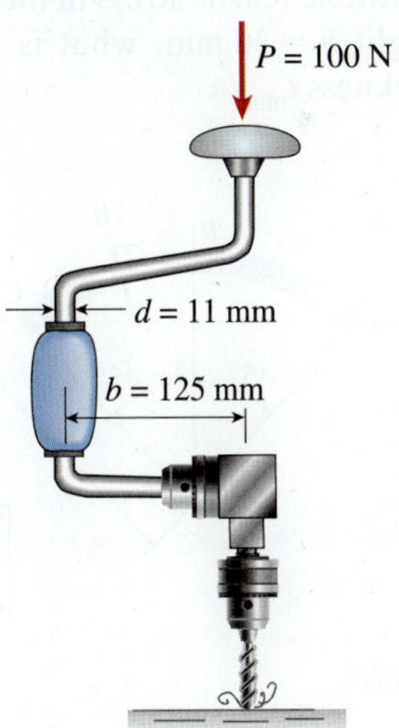

PROBLEM 5.12-3

5.12-4 An aluminum pole for a street light weighs 4600 N and supports an arm that weighs 660 N (see figure). The center of gravity of the arm is 1.2 m from the axis of the pole. A wind force of 300 N also acts in the $(-y)$ direction at 9 m above the base. The outside diameter of the pole (at its base) is 225 mm, and its thickness is 18 mm.

Determine the maximum tensile and compressive stresses σ_t and σ_c, respectively, in the pole (at its base) due to the weights and the wind force.

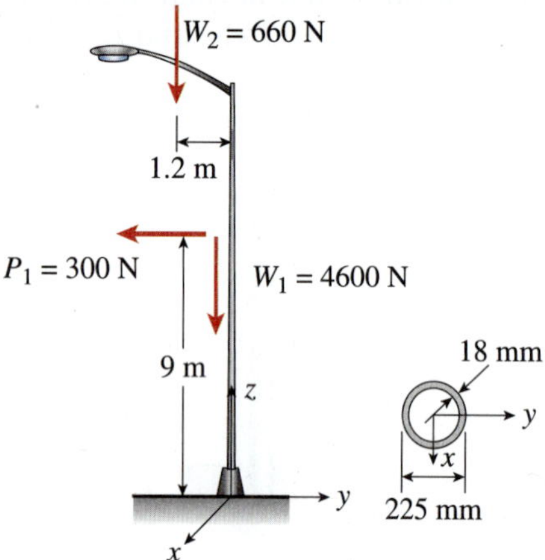

PROBLEM 5.12-4

Representative Problems

5.12-5 A curved bar ABC having a circular axis (radius $r = 300$ mm) is loaded by forces $P = 1.6$ kN (see figure). The cross section of the bar is rectangular with height h and thickness t.

If the allowable tensile stress in the bar is 80 MPa and the height $h = 30$ mm, what is the minimum required thickness t_{min}?

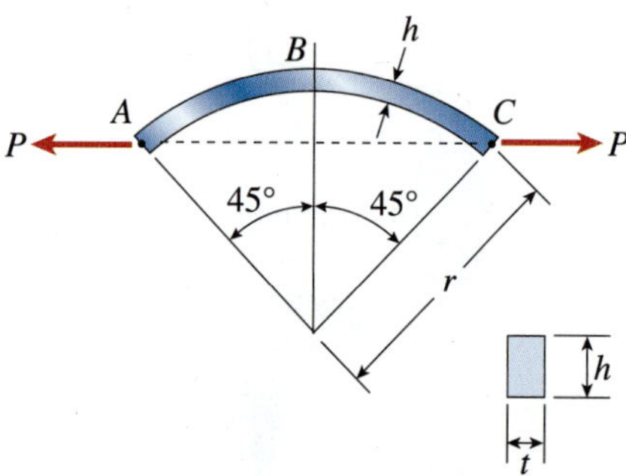

PROBLEM 5.12-5

5.12-6 A rigid frame ABC is formed by welding two steel pipes at B (see figure). Each pipe has cross-sectional area $A = 11.31 \times 10^3$ mm^2, moment of inertia $I = 46.37 \times 10^6$ mm^4, and outside diameter $d = 200$ mm.

Find the maximum tensile and compressive stresses σ_t and σ_c, respectively, in the frame due to the load $P = 8.0$ kN if $L = H = 1.4$ m.

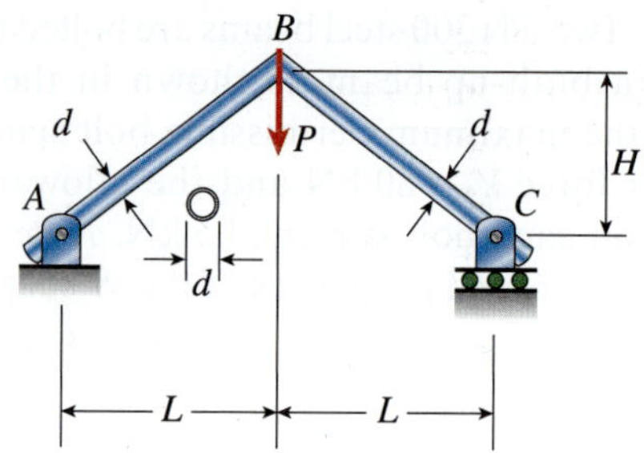

PROBLEM 5.12-6

5.12-7 A palm tree weighing 5 kN is inclined at an angle of 60° (see figure). The weight of the tree may be resolved into two resultant forces: a force $P_1 = 4.5$ kN acting at a point 3.6 m from the base and a force $P_2 = 500$ N acting at the top of the tree, which is 9 m long. The diameter at the base of the tree is 350 mm.

Calculate the maximum tensile and compressive stresses σ_t and σ_c, respectively, at the base of the tree due to its weight.

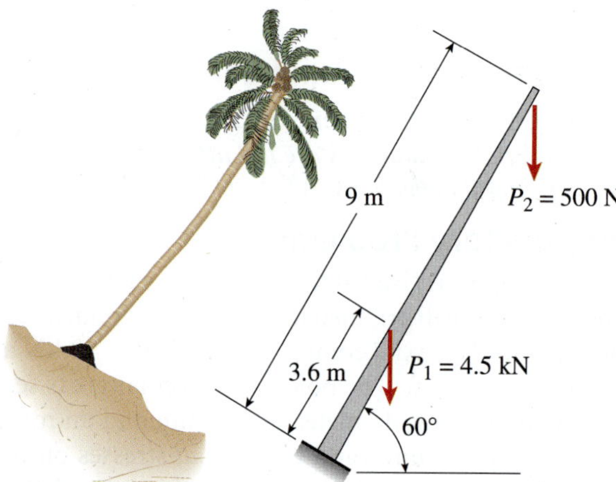

PROBLEM 5.12-7

5.12-8 A vertical pole of aluminum is fixed at the base and pulled at the top by a cable having a tensile force T (see figure). The cable is attached at the outer edge of a stiffened cover plate on top of the pole and makes an angle $\alpha = 20°$ at the point of attachment. The pole has length $L = 2.5$ m and a hollow circular cross section with an outer diameter $d_2 = 280$ mm and inner diameter $d_1 = 220$ mm. The circular cover plate has diameter $1.5d_2$.

Determine the allowable tensile force T_{allow} in the cable if the allowable compressive stress in the aluminum pole is 90 MPa.

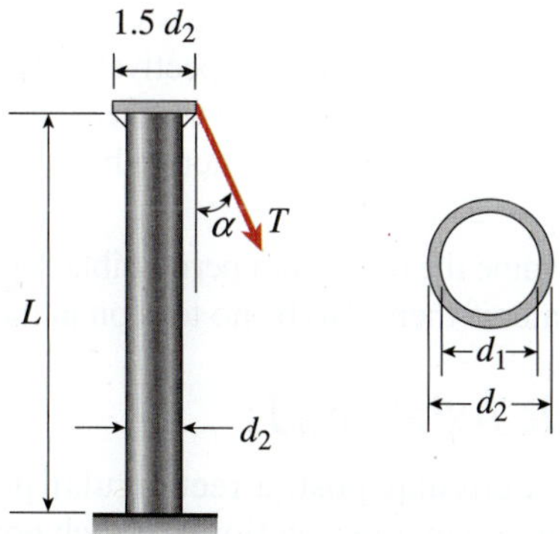

PROBLEM 5.12-8

5.12-9 Because of foundation settlement, a circular tower is leaning at an angle α to the vertical (see figure). The structural core of the tower is a circular cylinder of height h, outer diameter d_2, and inner diameter d_1. For simplicity in the analysis, assume that the weight of the tower is uniformly distributed along the height.

Obtain a formula for the maximum permissible angle α if there is to be no tensile stress in the tower.

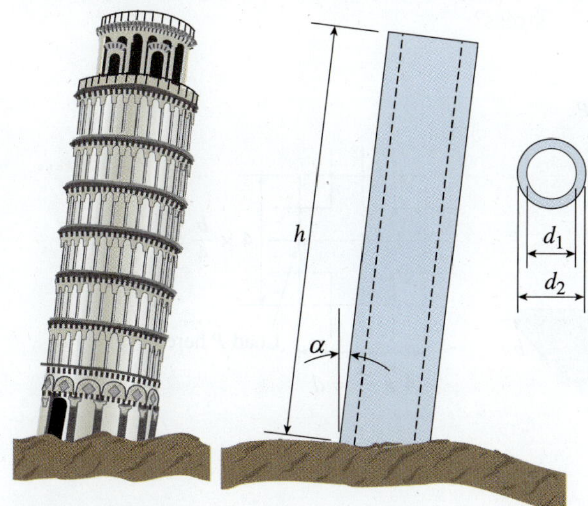

PROBLEM 5.12-9

5.12-10 A steel bracket of solid circular cross section is subjected to two loads, each of which is $P = 4.5$ kN at D (see figure). Let the dimension variable be $b = 240$ mm.

(a) Find the minimum permissible diameter d_{min} of the bracket if the allowable normal stress is 110 MPa.

(b) Repeat part (a), including the weight of the bracket. The weight density of steel is 77.0 kN/m^3.

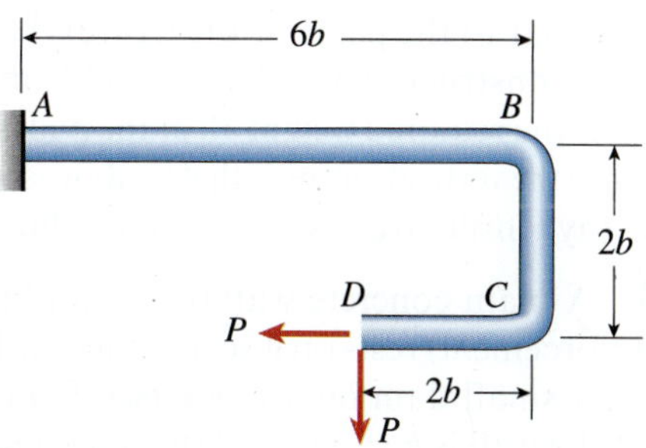

PROBLEM 5.12-10

5.12-11 A cylindrical brick chimney of height H weighs $w = 12$ kN/m of height (see figure). The inner and outer diameters are $d_1 = 0.9$ m and $d_2 = 1.2$ m, respectively. The wind pressure against the side of the chimney is $p = 480$ N/m^2 of projected area.

Determine the maximum height H if there is to be no tension in the brickwork.

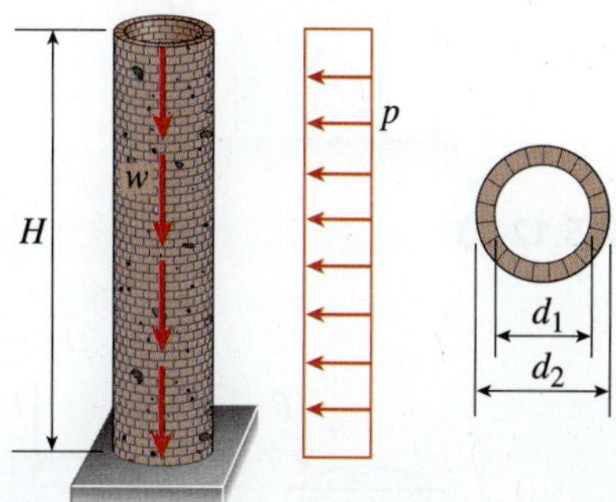

PROBLEM 5.12-11

5.12-12 A flying buttress transmits a load $P = 25$ kN, acting at an angle of 60° to the horizontal, to the top of a vertical buttress AB (see figure). The vertical buttress has height $h = 5.0$ m and rectangular cross section of thickness $t = 1.5$ m and width $b = 1.0$ m

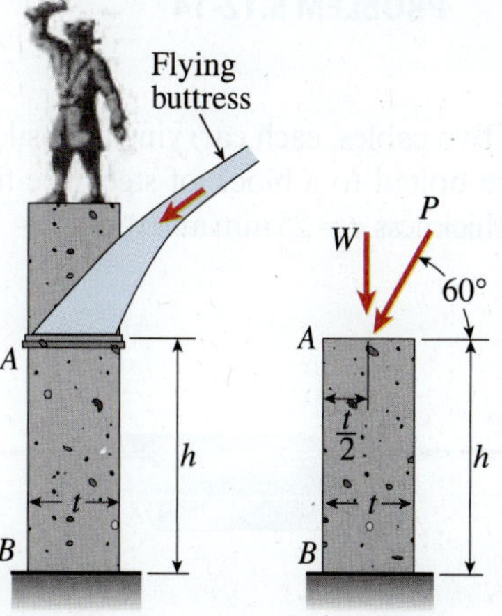

PROBLEM 5.12-12

(perpendicular to the plane of the figure). The stone used in the construction weighs $\gamma = 26 \text{ kN/m}^3$.

What is the required weight W of the pedestal and statue above the vertical buttress (that is, above section A) to avoid any tensile stresses in the vertical buttress?

5.12-13 A plain concrete wall (i.e., a wall with no steel reinforcement) rests on a secure foundation and serves as a small dam on a creek (see figure). The height of the wall is $h = 2$ m and the thickness of the wall is $t = 0.3$ m.

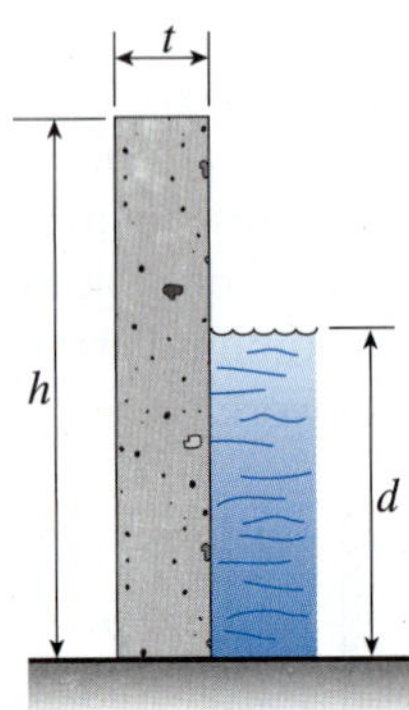

PROBLEM 5.12-13

(a) Determine the maximum tensile and compressive stresses σ_t and σ_c, respectively, at the base of the wall when the water level reaches the top ($d = h$). Assume plain concrete has weight density $\gamma_c = 23 \text{ kN/m}^3$.

(b) Determine the maximum permissible depth d_{max} of the water if there is to be no tension in the concrete.

Eccentric Axial Loads

5.12-14 A circular post, a rectangular post, and a post of cruciform cross section are each compressed by loads that produce a resultant force P acting at the edge of the cross section (see figure). The diameter of the circular post and the depths of the rectangular and cruciform posts are the same.

(a) For what width b of the rectangular post will the maximum tensile stresses be the same in the circular and rectangular posts?

(b) Repeat part (a) for the post with cruciform cross section.

(c) Under the conditions described in parts (a) and (b), which post has the largest compressive stress?

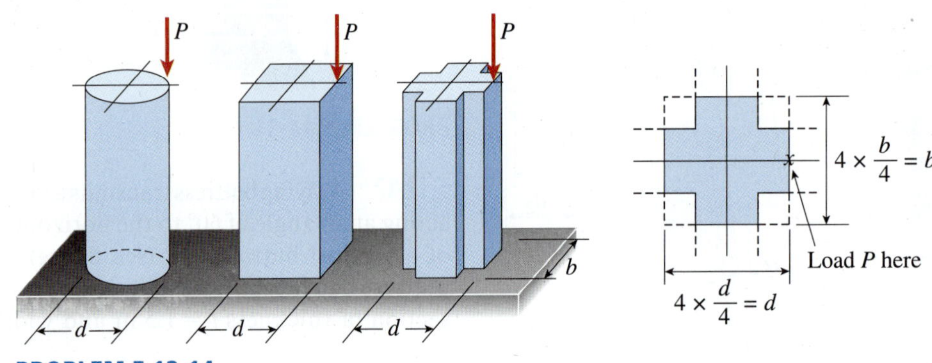

PROBLEM 5.12-14

5.12-15 Two cables, each carrying a tensile force $P = 5.5$ kN, are bolted to a block of steel (see figure). The block has thickness $t = 25$ mm and width $b = 75$ mm.

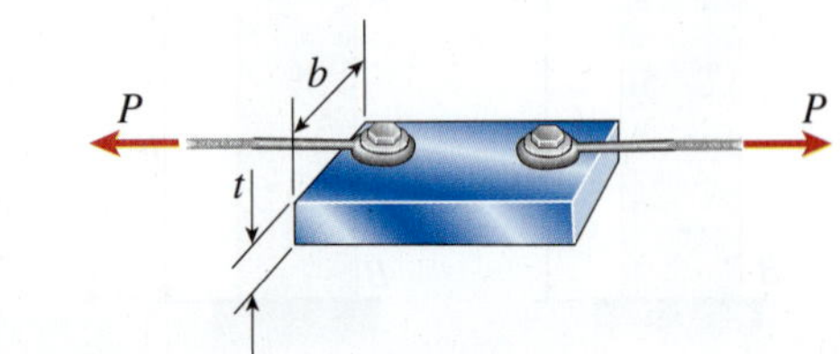

PROBLEM 5.12-15

(a) If the diameter d of the cable is 7 mm, what are the maximum tensile and compressive stresses σ_t and σ_c, respectively, in the block?

(b) If the diameter of the cable is increased (without changing the force P), what happens to the maximum tensile and compressive stresses?

5.12-16 A bar AB supports a load P acting at the centroid of the end cross section (see figure). In the middle region of the bar the cross-sectional area is reduced by removing one-half of the bar.

(a) If the end cross sections of the bar are square with sides of length b, what are the maximum tensile and compressive stresses σ_t and σ_c, respectively, at cross section *mn* within the reduced region?

(b) If the end cross sections are circular with diameter *b*, what are the maximum stresses σ_t and σ_c?

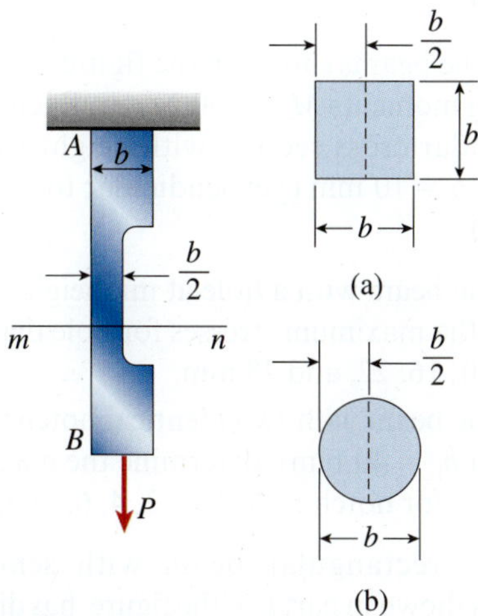

PROBLEM 5.12-16

5.12-17 A short column constructed of a IPN 300 wide-flange shape is subjected to a resultant compressive load $P = 100$ kN having its line of action at the midpoint of one flange (see figure).

(a) Determine the maximum tensile and compressive stresses σ_t and σ_c, respectively, in the column.
(b) Locate the neutral axis under this loading condition.
(c) Recompute maximum tensile and compressive stresses if a UPN 180 is attached to one flange, as shown.

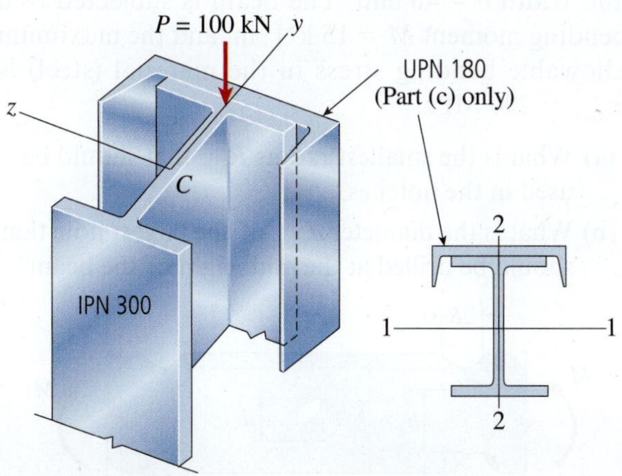

PROBLEM 5.12-17

5.12-18 A short column with a wide-flange shape is subjected to a compressive load that produces a resultant force $P = 55$ kN acting at the midpoint of one flange (see figure).

(a) Determine the maximum tensile and compressive stresses σ_t and σ_c, respectively, in the column.
(b) Locate the neutral axis under this loading condition.
(c) Recompute maximum tensile and compressive stresses if a 120 mm × 10 mm cover plate is added to one flange as shown.

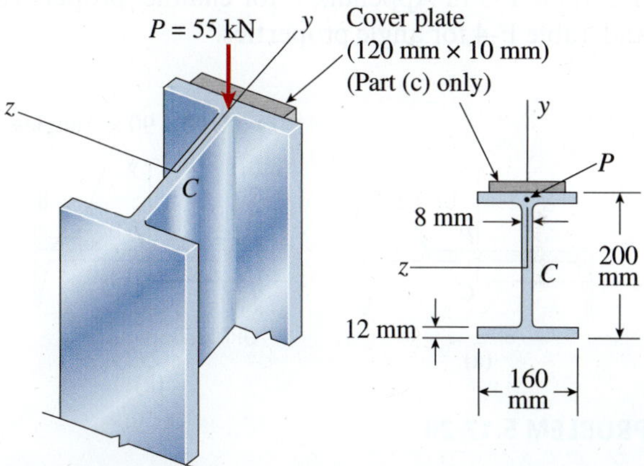

PROBLEM 5.12-18

5.12-19 A tension member constructed of an L 100 × 100 × 12 angle section (see Table F-4 in Appendix F) is subjected to a tensile load $P = 56$ kN that acts through the point where the mid-lines of the legs intersect (see figure part a).

(a) Determine the maximum tensile stress σ_t in the angle section.
(b) Recompute the maximum tensile stress if two angles are used and *P* is applied as shown in the figure part b.

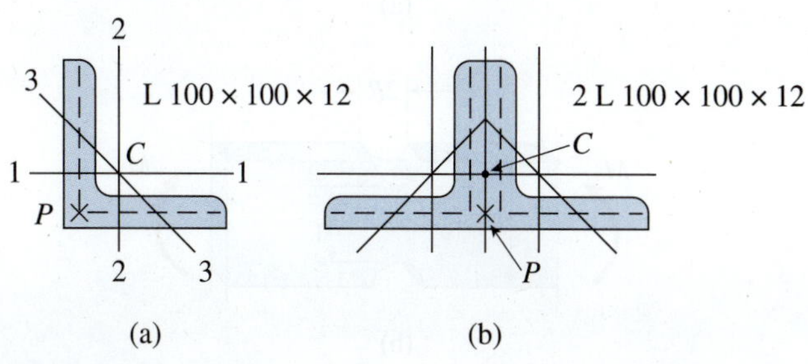

PROBLEM 5.12-19

5.12-20 A short length of a UPN 200 channel is subjected to an axial compressive force P that has its line of action through the midpoint of the web of the channel (see figure part a).

(a) Determine the equation of the neutral axis under this loading condition.

(b) If the allowable stresses in tension and compression are 76 MPa and 52 MPa respectively, find the maximum permissible load P_{max}.

(c) Repeat parts (a) and (b) if two L 90 × 90 × 7 angles are added to the channel as shown in the figure part b.

See Table F-3 in Appendix F for channel properties and Table F-4 for angle properties.

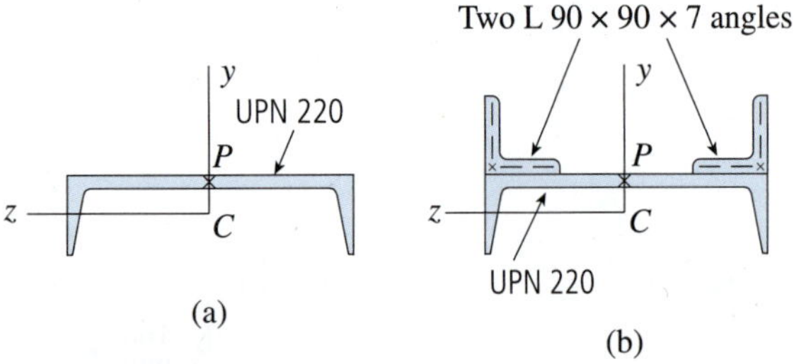

PROBLEM 5.12-20

5.13 Stress Concentrations in Bending

The problems for Section 5.13 are to be solved considering the stress-concentration factors.

5.13-1 The beams shown in the figure are subjected to bending moments $M = 250$ N · m. Each beam has a rectangular cross section with height $h = 40$ mm and width $b = 10$ mm (perpendicular to the plane of the figure).

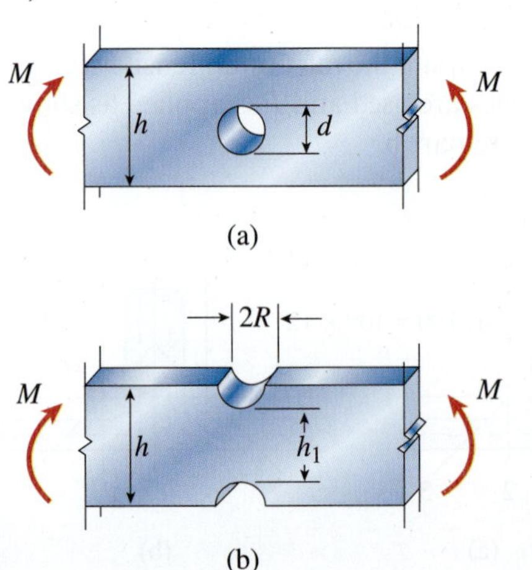

PROBLEMS 5.13-1 through 5.13-4

(a) For the beam with a hole at midheight, determine the maximum stresses for hole diameters $d = 6$, 12, 18, 24 mm.

(b) For the beam with two identical notches (inside height $h_1 = 30$ mm), determine the maximum stresses for notch radii $R = 1.25$, 2.5, 3.75, and 5.0 mm.

5.13-2 The beams shown in the figure are subjected to bending moments $M = 250$ N · m. Each beam has a rectangular cross section with height $h = 44$ mm and width $b = 10$ mm (perpendicular to the plane of the figure).

(a) For the beam with a hole at midheight, determine the maximum stresses for hole diameters $d = 10$, 16, 22, and 28 mm.

(b) For the beam with two identical notches (inside height $h_1 = 40$ mm), determine the maximum stresses for notch radii $R = 2$, 4, 6, and 8 mm.

5.13-3 A rectangular beam with semicircular notches, as shown in part b of the figure, has dimensions $h = 22$ mm and $h_1 = 20$ mm. The maximum allowable bending stress in the metal beam is $\sigma_{max} = 410$ MPa, and the bending moment is $M = 68$ N · m.

Determine the minimum permissible width b_{min} of the beam.

5.13-4 A rectangular beam with semicircular notches, as shown in part b of the figure, has dimensions $h = 120$ mm and $h_1 = 100$ mm. The maximum allowable bending stress in the plastic beam is $\sigma_{max} = 6$ MPa, and the bending moment is $M = 150$ N · m.

Determine the minimum permissible width b_{min} of the beam.

5.13-5 A rectangular beam with notches and a hole (see figure) has dimensions $h = 140$ mm, $h_1 = 128$ mm, and width $b = 40$ mm. The beam is subjected to a bending moment $M = 15$ kN · m, and the maximum allowable bending stress in the material (steel) is $\sigma_{max} = 290$ MPa.

(a) What is the smallest radius R_{min} that should be used in the notches?

(b) What is the diameter d_{max} of the largest hole that should be drilled at the midheight of the beam?

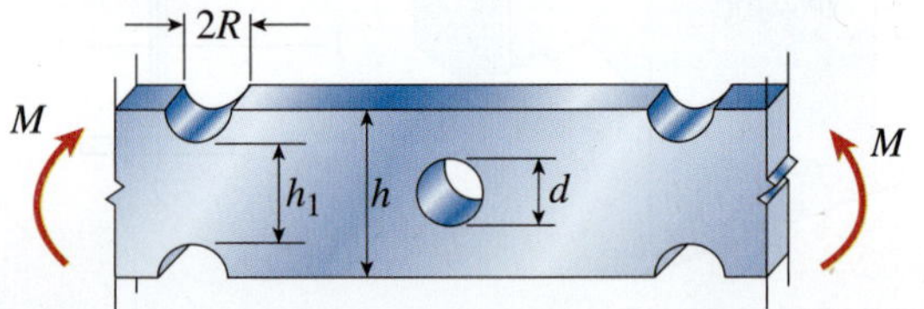

PROBLEM 5.13-5

SOME ADDITIONAL REVIEW PROBLEMS: Chapter 5

R-5.1 A copper wire (d = 1.5 mm) is bent around a tube of radius R = 0.6 m. The maximum normal strain in the wire is approximately:

(A) 1.25×10^{-3}
(B) 1.55×10^{-3}
(C) 1.76×10^{-3}
(D) 1.92×10^{-3}

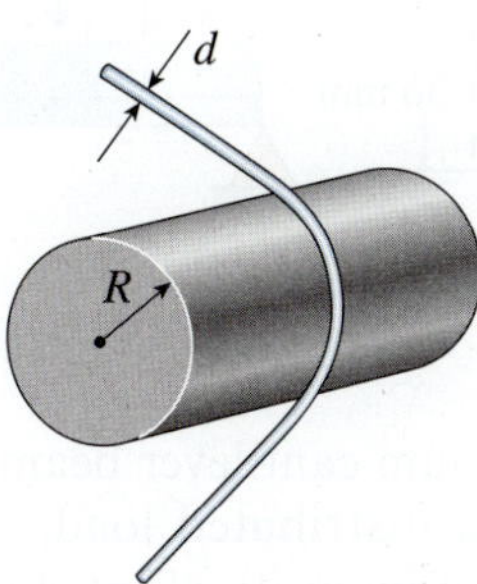

R-5.2 A simply supported wood beam (L = 5 m) with rectangular cross section (b = 200 mm, h = 280 mm) carries uniform load q = 9.5 kN/m includes the weight of the beam. The maximum flexural stress is approximately:

(A) 8.7 MPa
(B) 10.1 MPa
(C) 11.4 MPa
(D) 14.3 MPa

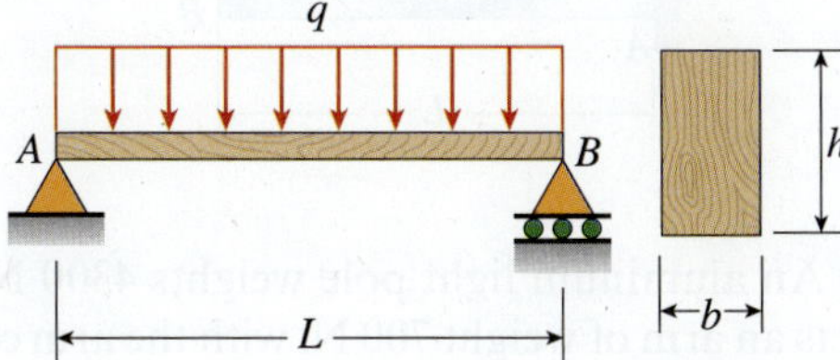

R-5.3 A cast iron pipe (L = 12 m, weight density = 72 kN/m³, d_2 = 100 mm, and d_1 = 75 mm) is lifted by a hoist. The lift points are 4 m apart. The maximum bending stress in the pipe is approximately:

(A) 28 MPa
(B) 33 MPa
(C) 47 MPa
(D) 59 MPa

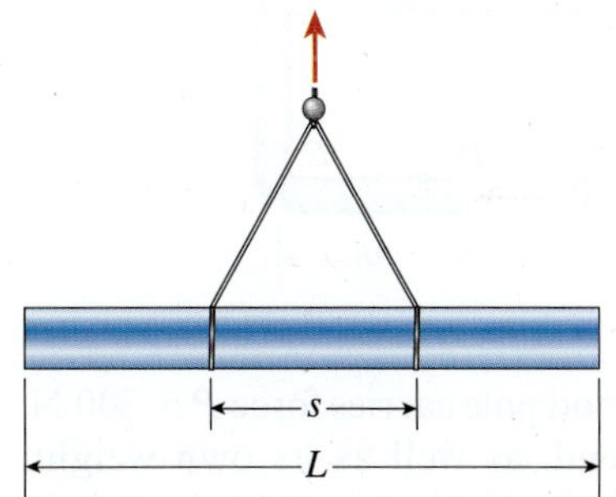

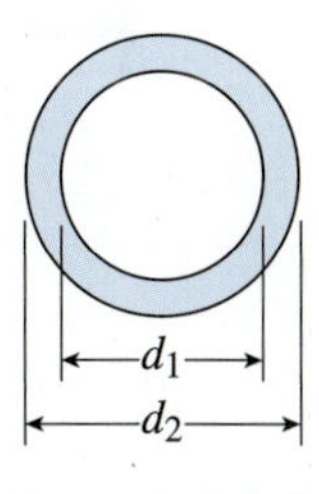

R-5.4 A beam with an overhang is loaded by a uniform load of 3 kN/m over its entire length. Moment of inertia $I_Z = 3.36 \times 10^6$ mm⁴ and distances to top and bottom of the beam cross section are 20 mm and 66.4 mm, respectively. It is known that reactions at A and B are 4.5 kN and 13.5 kN, respectively. The maximum bending stress in the beam is approximately:

(A) 36 MPa
(B) 67 MPa
(C) 102 MPa
(D) 119 MPa

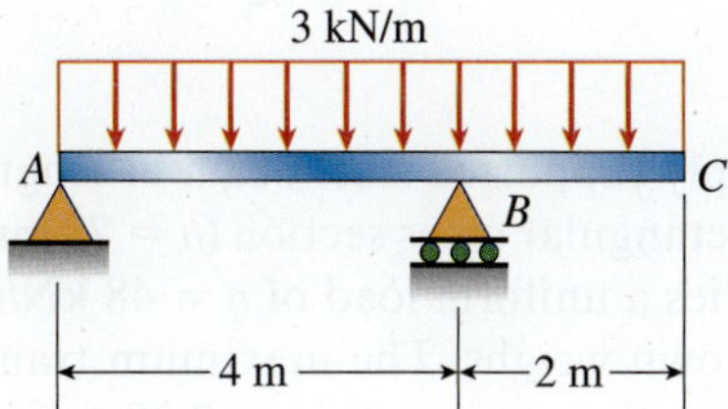

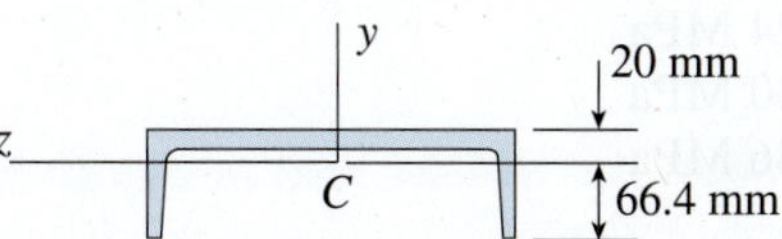

R-5.5 A steel hanger with solid cross section has horizontal force P = 5.5 kN applied at free end D. Dimension variable b = 175 mm and allowable normal stress is 150 MPa. Neglect self-weight of the hanger. The required diameter of the hanger is approximately:

(A) 5 cm
(B) 7 cm
(C) 10 cm
(D) 13 cm

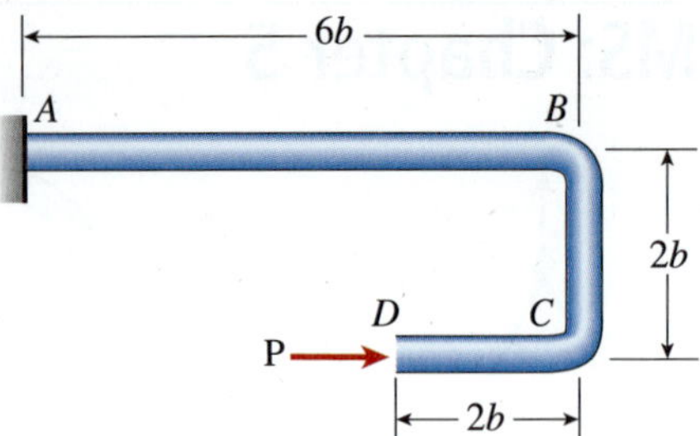

R-5.6 A cantilever wood pole carries force $P = 300$ N applied at its free end, as well as its own weight (weight density $= 6$ kN/m³). The length of the pole is $L = 0.75$ m and the allowable bending stress is 14 MPa. The required diameter of the pole is approximately:

(A) 4.2 cm
(B) 5.5 cm
(C) 6.1 cm
(D) 8.5 cm

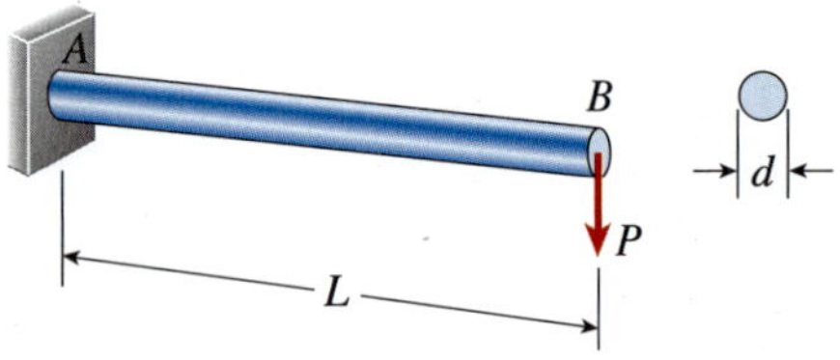

R-5.7 A simply supported steel beam of length $L = 1.5$ m and rectangular cross section ($h = 75$ mm, $b = 20$ mm) carries a uniform load of $q = 48$ kN/m that includes its own weight. The maximum transverse shear stress on the cross section at 0.25 m from the left support is approximately:

(A) 20 MPa
(B) 24 MPa
(C) 30 MPa
(D) 36 MPa

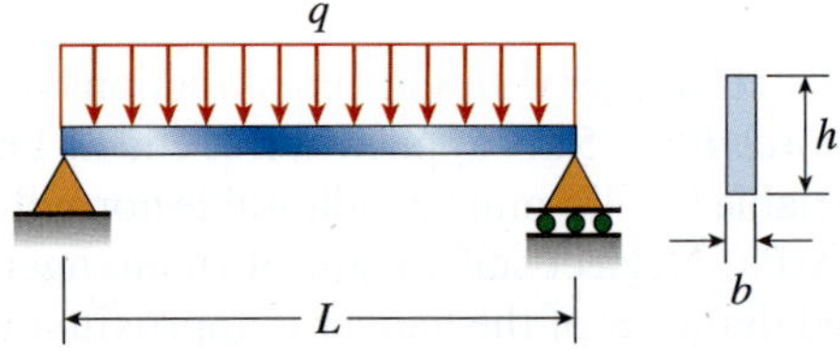

R-5.8 A simply supported laminated beam of length $L = 0.5$ m and square cross section weighs 4.8 N. Three strips are glued together to form the beam, with the allowable shear stress in the glued joint equal to 0.3 MPa. Considering also the weight of the beam, the maximum load P that can be applied at $L/3$ from the left support is approximately:

(A) 240 N
(B) 360 N
(C) 434 N
(D) 510 N

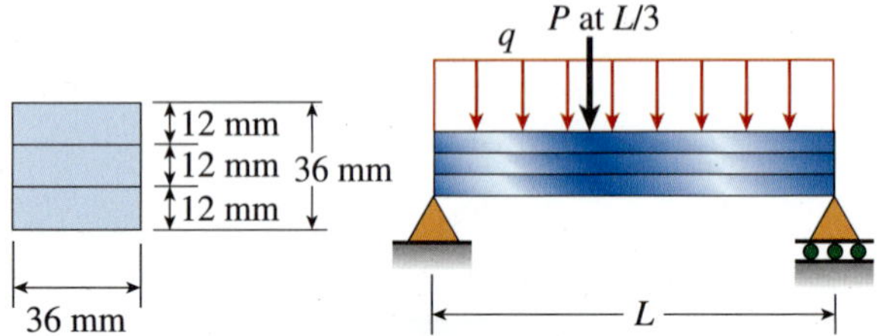

R-5.9 An aluminum cantilever beam of length $L = 0.65$ m carries a distributed load, which includes its own weight, of intensity $q/2$ at A and q at B. The beam cross section has a width of 50 mm and height of 170 mm. Allowable bending stress is 95 MPa and allowable shear stress is 12 MPa. The permissible value of load intensity q is approximately:

(A) 110 kN/m
(B) 122 kN/m
(C) 130 kN/m
(D) 139 kN/m

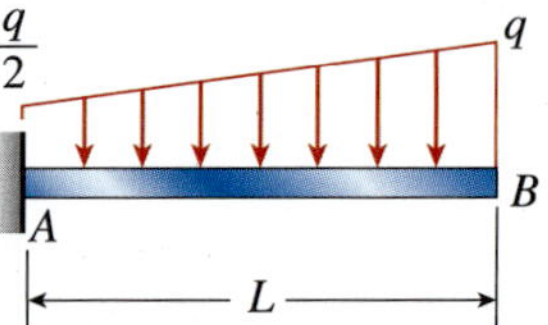

R-5.10 An aluminum light pole weights 4300 N and supports an arm of weight 700 N, with the arm center of gravity at 1.2 m left of the centroidal axis of the pole. A wind force of 1500 N acts to the right at 7.5 m above the base. The pole cross section at the base has an outside diameter of 235 mm and thickness of 20 mm. The maximum compressive stress at the base is approximately:

(A) 16 MPa
(B) 18 MPa
(C) 21 MPa
(D) 24 MPa

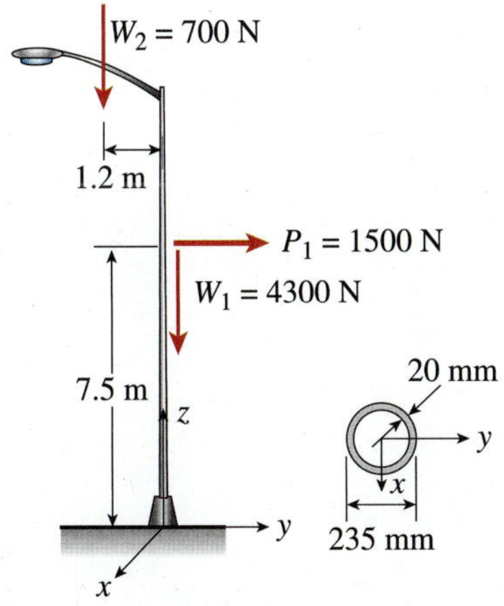

R-5.11 Two thin cables, each having a diameter of $d = t/6$ and carrying tensile loads P, are bolted to the top of a rectangular steel block with cross-sectional dimensions $b \times t$. The ratio of the maximum tensile to compressive stress in the block due to loads P is:

(A) 1.5
(B) 1.8
(C) 2.0
(D) 2.5

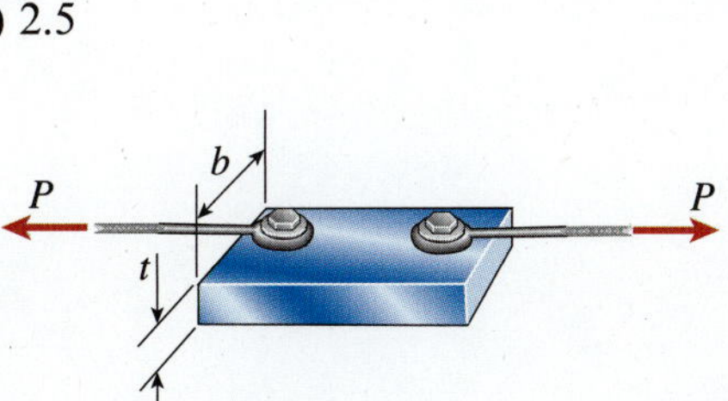

R-5.12 A rectangular beam with semicircular notches has dimensions h = 160 mm and h_1 = 140 mm. The maximum allowable bending stress in the plastic beam is σ_{max} = 6.5 MPa, and the bending moment is M = 185 N · m. The minimum permissible width of the beam is:

(A) 12 mm
(B) 20 mm
(C) 28 mm
(D) 32 mm

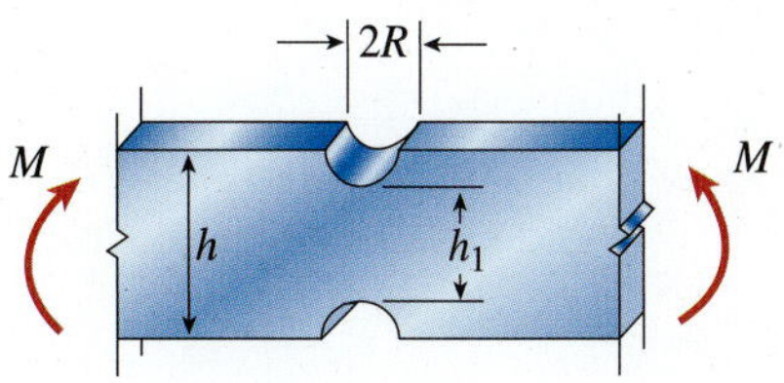

FIG. 5-50 Stress-concentration factor K for a notched beam of rectangular cross section in pure bending (h = height of beam; b = thickness of beam, perpendicular to the plane of the figure). The dashed line is for semicircular notches ($h = h_1 + 2R$).

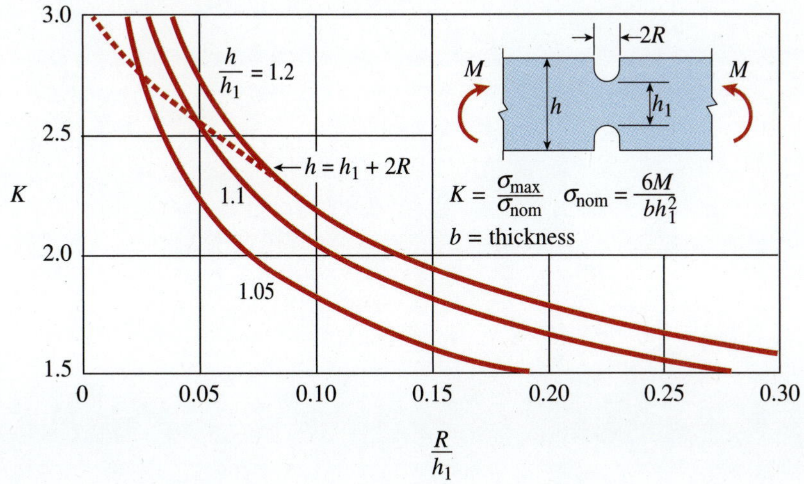

CHAPTER 6

보에서의 응력(고급 주제)

Stresses in Beams (Advanced Topics)

zhengzaishuru/Shutterstock.com

합성 보와 벽이 얇은 보 그리고 비대칭 단면을 갖는 보의 해석과 설계는 좀 더 고급의 이론이 요구된다.

이 장의 목적

- 합성 보로 일컬어지는 두 가지 재료로 구성된 보에서 수직응력을 계산하기 위한 수정된 굽힘 공식을 제시한다.
- 단면의 도심을 통과하는 작용선을 갖는 경사하중이 작용하는 이중 대칭 보의 굽힘에 대해 공부한다.
- 단면의 주 도심축을 따라 구성 성분으로 분해된 굽힘모멘트 M을 받거나 또는 단면의 원래의 축에 사용되는 일반화된 굽힘 공식을 비대칭 보를 해석하는 데 적용하기 위하여 일반적인 과정을 제시한다.
- 단면의 전단 중심의 위치를 구한다: 그 점을 통해 작용하는 하중은 보의 길이방향 축에 대해 비틀림이 일어나지 않도록 작용해야만 한다.
- 채널, 앵글 및 Z형과 같은 벽이 얇은 개방형 단면을 갖는 몇몇 보의 단면 요소에서 전단응력의 분포를 구한다.
- 수직응력이 선형 탄성 거동 범위를 벗어나는 탄소성 보의 굽힘을 공부하고, 그러한 보에 대한 *항복*과 *소성 모멘트*를 정의한다.

이 장의 구성

*특수 및 심화 주제

그림 6-1

합성 보의 예: (a) 두 가지 금속으로 된 보, (b) 플라스틱으로 피복된 강관, (c) 강판으로 보강된 목재 보

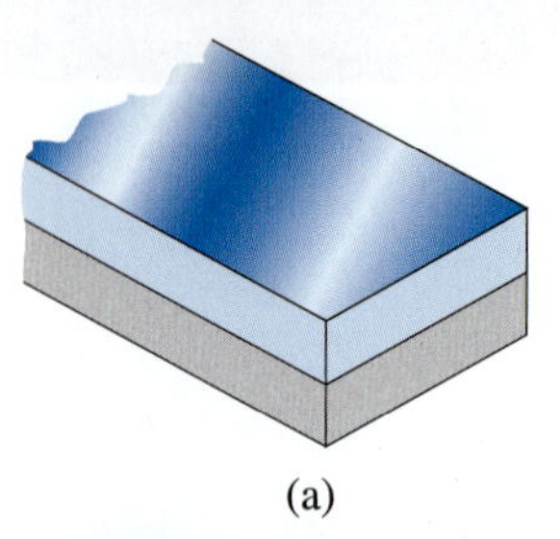

(a)

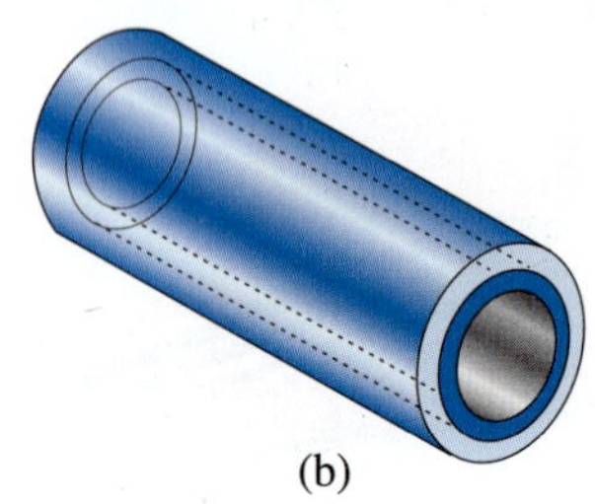

(b)

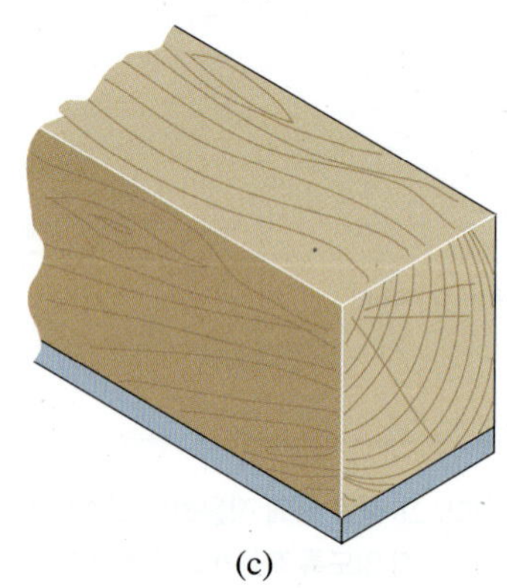

(c)

6.1 서론

6장에서는 몇 가지 특별한 주제를 고찰함으로써 보의 굽힘에 관한 공부를 계속한다. 이러한 주제들은 5장에서 이미 논의된 곡률, 보에서의 수직응력(굽힘 공식을 포함한) 그리고 보에서의 전단응력과 같은 기본 주제에 근거한다. 그러나 보가 한 가지 재료로만 구성된다는 것은 더이상 요구되지 않으며, 또한 보가 가로 방향 하중이 작용될 수 있는 대칭면을 가져야 한다는 제한을 제거할 것이다. 마지막으로, 탄소성 재료로 만들어진 보의 비탄성 거동 영역으로 확장할 것이다.

이후에 9장과 10장에서 보 설계에서 기본적으로 중요한 두 가지 추가적인 주제 — 보와 부정정 보의 처짐에 대하여 논의할 것이다.

6.2 합성 보

한 가지 이상의 재료로 제작된 보를 **합성 보(composite beam)**라 부른다. 두 금속으로 된 보(온도 조절장치에 사용되는 것과 같은), 플라스틱 피복 관 그리고 강재 보 강판을 가진 목재 보(그림 6-1 참조)가 합성 보의 예이다.

최근에 많은 다양한 형태의 합성 보가 기본적으로 재료를 절감하고 무게를 줄이기 위해 개발되었다. 예를 들면, **샌드위치 보(sandwich beam)**는 경량이면서 고강도 그리고 고강성이 요구되는 항공기 및 우주산업에서 널리 이용되고 있다. 그와 비슷한 목적으로 스키, 문, 벽 판자, 책꽂이 그리고 판지 상자도 역시 샌드위치 형태로 제작된다.

전형적인 샌드위치 보(그림 6-2)는 경량이면서 저강도 재료인 두꺼운 **심부**(*core*)와 그에 의해 분리된 상대적으로 고강도 재료(알루미늄과 같은)인 두 개의 얇은 **면**(*face*)으로 구성되어 있다. 면은 중립축으로부터 가장 먼 거리(굽힘 응력이 최대인 곳)에 위치하고 있기 때문에 어느 정도 *I*형 보의 플렌지와 같은 기능을 가진다. 심부는 충전재(filler)로서 역할을 하며 면을 주름(wrinkling)이나 좌굴(buckling)에 대해 안정화시킴으로써 면에 대한 지지 역할을 한다. 벌집구조나 주름구조와 마찬가지로 경량의 플라스틱과 포말(foam)이 심부에 종종 사용된다.

지붕구조: 목재와 강재의 *I*형 합성 보 그리고 서까래

변형률 및 응력

합성 보의 변형률은 한 가지 재료로 된 보의 변형률을 구하는 데 사용되었던 것과 같은 기본 원리, 즉 굽힘이 일어나는 동안 단면이 평면을 유지한다는 원리로부터 구한다. 이러한 원리는 재료의 특성치에 관계없이 순수 굽힘 상태에서 유효하다(5.4절 참조). 그러므로 합성 보의 길이방향 변형률 ε_x는 식 (5-5)에서 나타낸 바와 같이 보의 윗면으로부터 밑면까지 선형적으로 변화하며 여기서 다시 반복된다:

$$\varepsilon_x = -\frac{y}{\rho} = -\kappa y \tag{6-1}$$

이 식에서 y는 중립축으로부터의 거리, ρ는 곡률 반경, κ는 곡률이다.

식 (6-1)로 표현되는 선형변형률 분포로 시작하여 임의의 합성 보의 변형률과 응력을 구할 수 있다. 이 과정이 어떻게 이루어지는가를 보여주기 위하여 그림 6-3에 보인 합성

보를 고려한다. 이 보는 그림에서 1과 2로 표시된 두 개의 부분으로 구성되었으며, 이들은 단단하게 접착되어 한 개의 강체 보와 같이 거동한다.

보에 대한 앞에서의 논의(5장)에서와 같이, xy평면이 대칭 평면이고 xz평면이 보의 중립면이라고 가정한다. 그러나 중립축(그림 6-3b의 z축)은 보가 두 가지 다른 재료로 되어 있을 때에는 단면적의 도심을 지나지 않는다.

만일 보가 양의 곡률을 가지고 굽혀진다면 변형률 ε_x는 그림 6-3c에 보인 것과 같이 변화할 것이며, 여기서 ε_A는 보의 윗면에서의 압축변형률이고, ε_B는 보의 밑면에서의 인장변형률이며, ε_C는 두 재료의 접촉면에서의 변형률이다. 물론 중립축(z축)에서 변형률은 0이다.

단면에 작용하는 수직응력은 두 재료에 대한 응력–변형률 관계를 이용하여 구할 수 있다. 두 재료는 선형 탄성 거동을 하여 단축응력(uniaxial stress)에 대해 후크의 법칙이 유효하다고 가정하자. 그러면 재료의 응력은 변형률과 적절한 탄성 계수를 곱함으로써 구해진다.

재료 1과 재료 2에 대한 탄성 계수를 각각 E_1과 E_2라 표시하고, $E_2 > E_1$이라고 가정하면, 그림 6-3d에 보인 것과 같은 응력 선도를 얻는다. 보의 윗면에서의 압축 응력은 $\sigma_A = E_1\varepsilon_A$이고 밑면에서의 인장응력은 $\sigma_B = E_2\varepsilon_B$이다.

접촉면(C)에서는 두 재료의 탄성 계수값이 다르기 때문에 두 재료에서의 응력도 다르다. 재료 1에서는 응력이 $\sigma_{1C} = E_1\varepsilon_C$이고 재료 2에서는 $\sigma_{2C} = E_2\varepsilon_C$이다.

후크의 법칙과 식 (6-1)을 사용하여 중립축으로부터 거리 y만큼 떨어진 위치의 수직응력을 곡률의 항으로 나타낼 수 있다:

$$\sigma_{x1} = -E_1\kappa y \quad \sigma_{x2} = -E_2\kappa y \tag{6-2a,b}$$

여기서 σ_{x1}는 재료 1에서의 응력이고, σ_{x2}는 재료 2에서의 응력이다. 이 식들을 이용하여 중립축의 위치와 모멘트–곡률 관계식을 얻을 수 있다.

그림 6-2

샌드위치 보: (a) 플라스틱 심부, (b) 벌집형 심부, (c) 주름모양 심부 (© Barry Goodno)

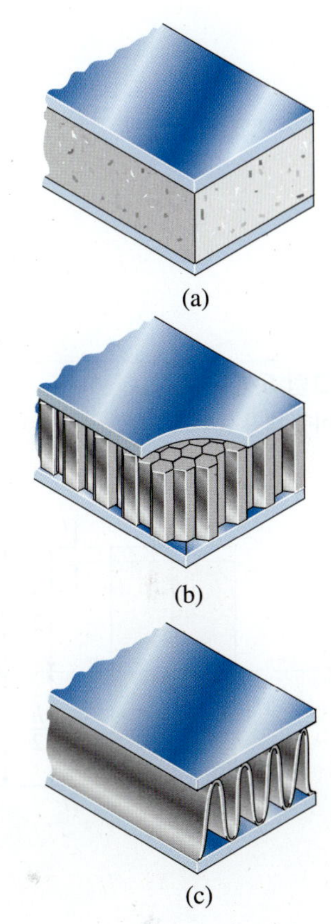

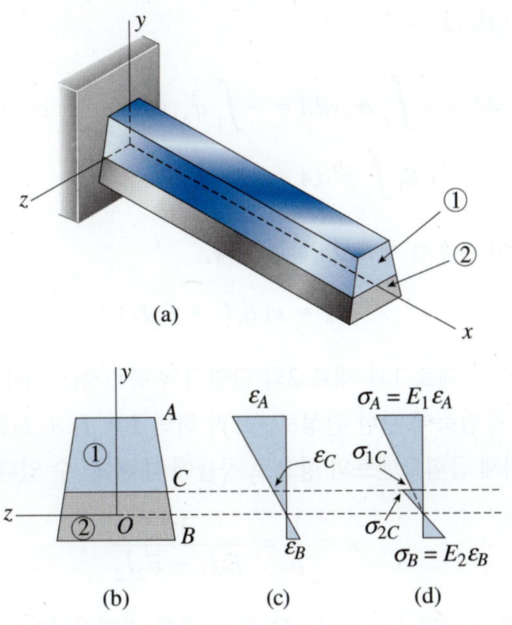

그림 6-3

(a) 두 재료로 된 합성 보, (b) 보의 단면, (c) 보의 높이에 따른 변형률 ε_x의 분포, 그리고 (d) $E_2 > E_1$인 경우에 보에서의 응력 σ_x의 분포

중립축

중립축(z축)의 위치는 단면에 작용하는 축력의 합이 0이라는 조건으로부터 구한다(5.5절 참조); 따라서

$$\int_1 \sigma_{x1} dA + \int_2 \sigma_{x2} dA = 0 \tag{6-3}$$

이고 여기서 첫 번째 적분은 재료 1의 단면적에 걸쳐 계산되고, 두 번째 적분은 재료 2의 단면적에 걸쳐 계산된다. σ_{x1}과 σ_{x2}에 대한 식 (6-2a와 b)를 위 식에 대입하여 다음 식을 얻는다.

$$-\int_1 E_1 \kappa y dA - \int_2 E_2 \kappa y dA = 0$$

곡률은 어느 단면에서나 일정하기 때문에 적분에 포함되지 않으며 식에서 제외된다; 따라서 **중립축**의 위치를 구하는 식은 다음과 같이 된다.

$$E_1 \int_1 y dA + E_2 \int_2 y dA = 0 \tag{6-4}$$

그림 6-4
이중 대칭 단면

이 식에서 적분은 단면적의 두 부분의 중립축에 관한 1차 모멘트를 나타낸다(만일 드문 조건이지만 두 가지 이상의 재료로 되어 있다면 식에 추가적인 항이 필요하다).

식 (6-4)는 한 가지 재료로 된 보에 대한 식 (5-9)와 유사한 일반적인 형태의 식이다. 식 (6-4)를 이용하여 중립축의 위치를 구하는 상세한 과정은 이후 예제 6-1에 예시된다.

만일 윗면과 밑면에 강재 덮개 판을 갖는 목재 보(그림 6-4)와 같이 보의 단면이 **이중 대칭**이면, 중립축은 단면 높이의 중앙에 위치하며 식 (6-4)는 불필요하다.

모멘트-곡률 관계식

두 가지 재료의 합성 보(그림 6-3)에 대한 모멘트-곡률 관계식은 굽힘 응력의 합 모멘트가 단면에 작용하는 굽힘모멘트 M과 같다는 조건으로부터 구할 수 있다. 한 가지 재료의 보에 대한 것과 같은 단계[식 (5-10)에서 (5-13)까지 참조]를 따르고, 식 (6-2a와 b)를 이용하여 다음 식을 얻는다.

$$\begin{aligned} M &= -\int_A \sigma_x y dA = -\int_1 \sigma_{x1} y dA - \int_2 \sigma_{x2} y dA \\ &= \kappa E_1 \int_1 y^2 dA + \kappa E_2 \int_2 y^2 dA \end{aligned} \tag{6-5a}$$

이 식은 다음과 같이 단순한 형태로 쓸 수 있다.

$$M = \kappa(E_1 I_1 + E_2 I_2) \tag{6-5b}$$

여기서 I_1과 I_2는 각각 재료 1과 재료 2의 단면적의 중립축(z축)에 관한 관성모멘트이다. I를 전체 단면적의 중립축에 관한 관성모멘트라 하면 $I = I_1 + I_2$임을 유의 한다.

식 (6-5b)는 이제 굽힘모멘트의 항으로 곡률에 대해 풀 수 있다:

$$\kappa = \frac{1}{\rho} = \frac{M}{E_1 I_1 + E_2 I_2} \tag{6-6}$$

이 식은 두 가지 재료로 된 보에 대한 **모멘트-곡률 관계식**이다[한 가지 재료로 된 보에

대한 식 (5-13)과 비교하라]. 우변의 분모는 합성 보의 굽힘 강성(flexural rigidity)이다.

수직응력(굽힘 공식)

보의 수직응력(또는 굽힘 응력)은 곡률에 대한 표현식[식 (6-6)]을 σ_{x1}과 σ_{x2}에 대한 표현식[식 (6-2a와 b)]에 대입하여 구한다; 따라서,

$$\sigma_{x1} = -\frac{MyE_1}{E_1I_1 + E_2I_2} \qquad \sigma_{x2} = -\frac{MyE_2}{E_1I_2 + E_2I_2} \qquad \textbf{(6-7a,b)}$$

이다. 합성 보에 대한 굽힘 공식으로 알려진 이 표현식은 각각 재료 1과 2의 수직응력을 구하는 데 사용된다. 두 재료가 같은 탄성 계수를 가진다면($E_1 = E_2 = E$), 두 식은 한 가지 재료로 된 보에 대한 굽힘 공식[식 (5-14)]으로 축소된다.

식 (6-4)에서 식 (6-7)까지를 이용한 합성 보의 해석은 이 절의 끝부분의 예제 6-1과 6-2에 예시된다.

샌드위치 보의 굽힘에 대한 근사이론

이중 대칭 단면을 가지고 두 가지 선형 탄성 재료로 합성된 샌드위치 보(그림 6-5)는 위에서 기술된 식 (6-6)과 (6-7)을 이용하여 굽힘에 대해 해석될 수 있다. 그러나 몇 가지 간단한 가정을 도입함으로써 샌드위치 보의 굽힘에 대한 근사이론을 개발할 수 있다.

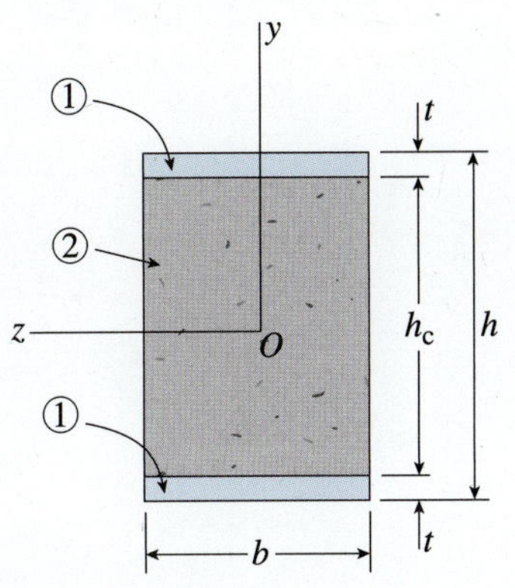

그림 6-5
두 대칭축을 갖는 샌드위치 보의 단면 (이중 대칭 단면)

만일 면의 재료(재료 1)가 심부의 재료(재료 2)보다 매우 큰 탄성 계수를 갖는다면, 심부에서의 수직응력은 무시하고 면이 길이방향 굽힘 응력 전부를 지지한다고 가정해도 합리적이다. 이러한 가정은 심부의 탄성 계수 E_2가 0이라고 하는 것과 동등하다. 이러한 조건하에서, 재료 2에 대한 굽힘 공식[식 (6-7b)]은 $\sigma_{x2} = 0$(예상대로)임을 보여 주며, 재료 1에 대한 굽힘 공식[식 (6-7a)]은 다음과 같게 된다.

$$\sigma_{x1} = -\frac{My}{I_1} \qquad \textbf{(6-8)}$$

이 식은 보통 굽힘 공식[식 (5-14)]과 유사하다. I_1의 값은 중립축에 대한 두 면의 관성모멘트이다; 따라서,

$$I_1 = \frac{b}{12}\left(h^3 - h_c^3\right) \qquad \textbf{(6-9)}$$

이고, 여기서 b는 보의 폭, h는 보의 전체 높이이며, h_c는 심부의 높이이다. t가 면의 두께일 때, $h_c = h - 2t$임을 유의한다.

샌드위치 보에서의 최대 수직응력은 각각 $y = h/2$ 와 $-h/2$인 단면의 윗면과 밑면에서 일어난다. 따라서 식 (6-8)로부터 다음 식을 얻는다.

$$\sigma_{\text{top}} = -\frac{Mh}{2I_1} \qquad \sigma_{\text{bottom}} = \frac{Mh}{2I_1} \qquad \textbf{(6-10a,b)}$$

만일 굽힘모멘트 M이 양이면, 위쪽 면은 압축을 받고 아래쪽 면은 인장을 받는다. [이 식은 면에서 주어진 응력이 식 (6-7a와 b)로부터 구한 응력보다 더 크기 때문에 보수적이다].

만일 면이 심부의 두께에 비해 얇다면(즉, τ가 h_c에 비해 작다면), 면에서의 전단응력

은 무시할 수 있고 심부가 전단응력의 전부를 지지한다고 가정할 수 있다. 이러한 조건하에서, 심부에서의 평균 전단응력과 평균 전단변형률은 각각 다음과 같다.

$$\tau_{\text{aver}} = \frac{V}{bh_{\text{c}}} \quad \gamma_{\text{aver}} = \frac{V}{bh_{\text{c}}G_{\text{c}}} \tag{6-11a,b}$$

여기서 V는 단면에 작용하는 전단력이고, G_c는 심부 재료의 전단 탄성 계수이다. (비록 최대 전단응력과 최대 전단변형률이 평균값보다 크지만, 평균값은 설계목적상 종종 사용된다.)

제한

합성 보에 대한 앞의 논의에서는 두 재료 모두 후크의 법칙을 따르고 보의 두 부분이 적절하게 접착되어 단일체로 거동한다고 가정하였다. 따라서 이러한 해석은 매우 이상화되었고, 합성 보와 복합 재료의 거동을 이해하는 첫 번째 단계만 표현되었다. 불균질이고 비선형 재료, 부분 사이의 부착 응력, 단면의 전단응력, 면의 좌굴 그리고 기타 사항을 다루는 방법들은 복합구조물을 전문적으로 다룬 참고문헌에서 취급된다.

철근 콘크리트 보는 가장 복잡한 형태의 복합구조물(그림 6-6) 중의 하나이며, 이들의 거동은 이 절에서 논의된 합성 보의 거동과는 확연히 다르다. 콘크리트는 압축에서는 강하지만 인장에는 매우 약하다. 결론적으로, 콘크리트의 인장 강도는 통상 전적으로 무시된다. 이러한 조건에서, **이 절에서 주어진 공식은 적용되지 않는다**. 보의 인장 부분이 합성 보 단면으로부터 제거된 허용 응력 설계가 철근 콘크리트 보의 처짐을 계산하기 위해 사용되었고, 그래서 허용 응력 방법이 일반적인 해석 과정을 보여주기 위해 예제 6-4에 소개될 것이다. 예제 6-4는 이러한 철근 콘크리트 해석 과정을 예시하기 위해 "균열 단면 해석"을 이용했다.

대부분의 철근 콘크리트 보는 선형 탄성 거동을 근거로 설계되지 않으며, 대신에 허용응력 대신 내하력에 근거한 더욱 현실적인 설계방법이 사용된다는 것에 주목하라. 철근 콘크리트 부재의 설계는 매우 전문적인 주제이며, 그 주제만을 다루는 교재나 과정에서 소개된다.

그림 6-6
길이방향 철근과 수직 스터럽을 갖는 철근 콘크리트 보

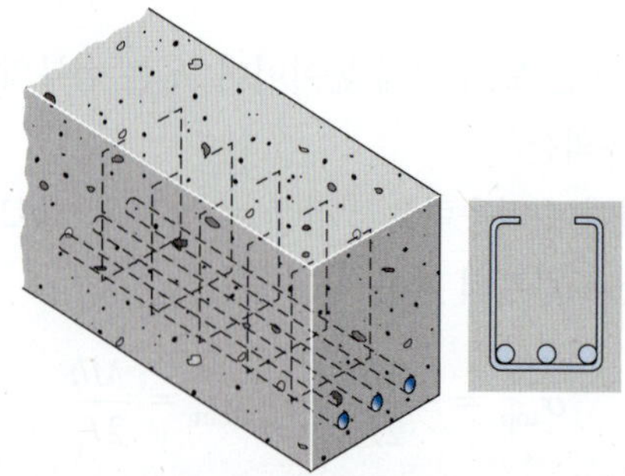

예제 6-1

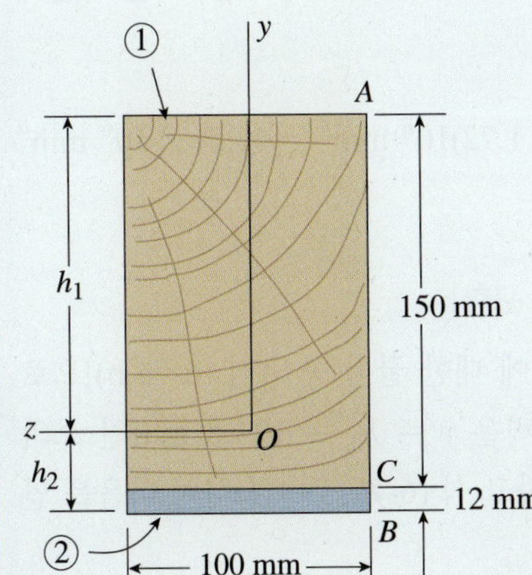

그림 6-7
예제 6-1: 목재와 강으로 된 합성 보의 단면

합성 보(그림 6-7)가 목재 보(실제 치수 100 mm × 150 mm)와 강 보강판(폭이 100 mm, 두께가 12 mm)으로 만들어졌다. 목재와 강은 단단하게 고착되어 한 개의 보처럼 거동한다. 보는 양의 굽힘모멘트 $M = 6$ kN·m을 받고 있다.

$E_1 = 10.5$ GPa이고 $E_2 = 210$ Gpa일 때, 목재(재료 1)에서의 가장 큰 인장응력과 압축응력 그리고 강판(재료 2)에서의 최대 응력과 최소 응력을 계산하라.

풀이

문제풀이 4단계 접근방법을 사용한다.

1. **개념화**[가정, 스케치]: 합성 보에 대한 일반적 굽힘 이론을 사용하라.
2. **분류**[단순화, 분류화]:

중립축: 해석의 첫 단계는 단면의 중립축의 위치를 구하는 것이다. 이를 위해 중립축으로부터 보의 윗면과 밑면까지의 거리를 각각 h_1과 h_2라 표시하자. 이 거리를 구하기 위해 식 (6-4)를 사용한다. 식 중의 적분은 면적 1과 2의 z축에 관한 1차 모멘트를 취하여 다음과 같이 계산한다.

$$\int_1 ydA = \bar{y}_1 A_1 = (h_1 - 75\text{ mm})(100\text{ mm} \times 150\text{ mm}) = (h_1 - 75\text{ mm})(15000\text{ mm}^2)$$

$$\int_2 ydA = \bar{y}_2 A_2 = -(156\text{ mm} - h_1)(100\text{ mm} \times 12\text{ mm}) = (h_1 - 75\text{ mm})(1200\text{ mm}^2)$$

여기서 A_1과 A_2는 단면 1과 2 부분의 면적이며, $\bar{y}_1$과 $\bar{y}_2$ 는 각각 면적의 도심들의 y 좌표를 나타내고 그리고 h_1은 밀리미터(millimeters)의 단위를 갖는다.

앞의 표현식을 중립축의 위치를 구하는 식 (6-4)에 대입하면 다음과 같다:

$$E_1 \int_1 ydA + E_2 \int_2 ydA = 0$$

혹은

(10.5 Gpa)(h_1 − 75 mm)(15,000 mm) + (210 GPa)(h_1 − 75 mm)(1,200 mm) = 0 이 식을 풀면, 중립축으로부터 보의 윗면까지의 거리 h_1을 얻는다:

$$h_1 = 124.8\text{ mm}$$

또한, 중립축으로부터 보의 밑면까지의 거리 h_2는

$$h_2 = 162\text{ mm} - h_1 = 37.2\text{ mm}$$

이고 따라서 중립축의 위치가 정해졌다.

관성모멘트: 면적 A_1과 A_2의 중립축에 대한 관성모멘트 I_1과 I_2는 평행축 원리(부록 D의 D.4절 참조)를 이용하여 구할 수 있다. 면적 1(그림 6-7)부터 시작하면 다음을 얻는다.

$$I_1 = \frac{1}{12}(100\text{ mm})(150\text{ mm})^3 + (100\text{ mm})(150\text{ mm})(h_1 - 75\text{ mm})^2 = 65.33 \times 10^6\text{ mm}^4$$

비슷한 방법으로, 면적 2에 대해서도 다음을 얻는다.

$$I_2 = \frac{1}{12}(100 \text{ mm})(12 \text{ mm})^3 + (100 \text{ mm})(12 \text{ mm})(h_2 - 6 \text{ mm})^2 = 1.18 \times 10^6 \text{ mm}^4$$

이러한 계산을 검산하기 위하여, 전체 단면적의 z축에 관한 관성모멘트 I를 다음과 같이 결정할 수 있다:

$$I = \frac{1}{3}(100 \text{ mm})h_1^3 + \frac{1}{3}(100 \text{ mm})h_2^3 = (64.79 + 1.72)10^6 \text{ mm}^4 = 66.51 \times 10^6 \text{ mm}^4$$

이 값은 I_1과 I_2의 합과 일치한다.

3. **해석**[수치계산; 적절한 식의 선정, 수학적인 해를 구함]:

수직응력: 재료 1과 2에서의 응력은 합성 보에 대한 굽힘 공식[식 (6-7a,b)]으로부터 계산된다. 재료 1에서의 가장 큰 압축응력은 $y = h_1 = 124.8$ mm인 보의 윗면(A)에서 발생한다. 이 응력을 σ_{1A}라 표시하고 식 (6-7a)을 이용하여 다음을 얻는다.

$$\sigma_{1A} = -\frac{Mh_1E_1}{E_1I_1 + E_2I_2}$$

$$= -\frac{(6 \text{ kN}\cdot\text{m})(124.8 \text{ mm})(10.5 \text{ GPa})}{(10.5 \text{ GPa})(65.33 \times 10^6 \text{ mm}^4) + (210 \text{ GPa})(1.18 \times 10^6 \text{ mm}^4)} = -8.42 \text{ MPa}$$

재료 1에서의 가장 큰 인장응력은 $y = -(h_2 - 12 \text{ mm}) = 225.2$ mm인 두 재료 사이의 접촉면(C) 에서 발생한다. 앞에서의 계산과정처럼 진행하면 다음을 얻는다.

$$\sigma_{1C} = -\frac{(6 \text{ kN}\cdot\text{m})(-25.2 \text{ mm})(10.5 \text{ GPa})}{(10.5 \text{ GPa})(65.33 \times 10^6 \text{ mm}^4) + (210 \text{ GPa})(1.18 \times 10^6 \text{ mm}^4)} = 1.7 \text{ MPa}$$

이 응력이 목재에서의 가장 큰 압축응력과 인장응력이다.

강판(재료 2)은 중립축 아래에 위치하므로 전체적으로 인장을 받는다. 최대 인장 응력은 $y = -h_2 = 237.2$ mm인 보의 밑면(B)에서 발생한다. 그래서 식 (6-7b)로부터 다음을 얻는다.

$$\sigma_{2B} = -\frac{M(-h_2)E_2}{E_1I_1 + E_2I_2}$$

$$= -\frac{(6 \text{ kN}\cdot\text{m})(-37.2 \text{ mm})(210 \text{ GPa})}{(10.5 \text{ GPa})(65.33 \times 10^6 \text{ mm}^4) + (210 \text{ GPa})(1.18 \times 10^6 \text{ mm}^4)} = 50.2 \text{ MPa}$$

재료 2에서의 최소 인장응력은 $y = -25.2$ mm인 접촉면(C)에서 발생한다. 따라서 다음을 얻는다.

$$\sigma_{2C} = -\frac{(6 \text{ kN}\cdot\text{m})(-25.2 \text{ mm})(210 \text{ GPa})}{(10.5 \text{ GPa})(65.33 \times 10^6 \text{ mm}^4) + (210 \text{ GPa})(1.18 \times 10^6 \text{ mm}^4)} = 34 \text{ MPa}$$

이 응력이 강판에서의 최대 및 최소 인장응력이다.

4. **최종 단계**[결론; 해의 검토—해가 온당한가? 단위는 바른가? 비슷한 문제와 비교하였을 때 어떠한가?]: 목재와 강의 합성 보 단면에 대한 응력 분포는 그림 6-8에 나타나 있다.

참고: 접촉면에서 강판에서의 응력과 목재에서의 응력의 비는

그림 6-8

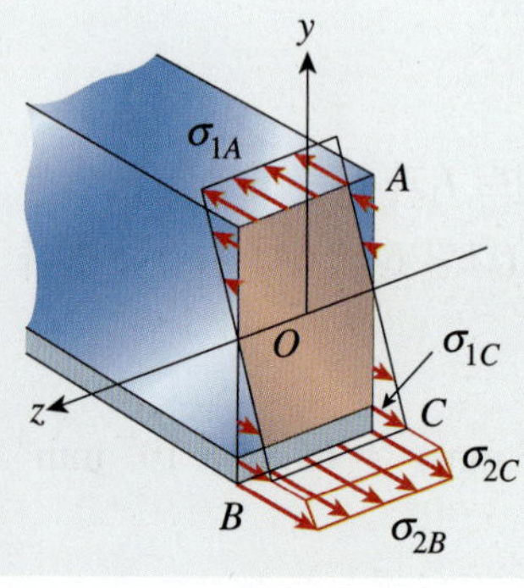

$$\sigma_{2C}/\sigma_{1C} = 34\text{ MPa}/1.7\text{ MPa} = 20$$

이고 이 값은 탄성 계수의 비 E_2/E_1와 같다(예상대로). 비록 강판과 목재에서의 변형률은 접촉면에서 서로 같지만 응력은 탄성 계수가 다르기 때문에 서로 다르다.

예제 6-2

플라스틱으로 된 심부와 알루미늄-합금면을 가진 샌드위치 보(그림 6-9)가 굽힘모멘트 $M = 3.0\text{ kN}\cdot\text{m}$를 받고 있다. 면의 두께 $t = 5$ mm이고 탄성 계수 $E_1 = 72$ GPa이다. 플라스틱 심부의 높이 $h_c = 150$ mm이고 탄성 계수는 $E_2 = 800$ MPa이다. 보의 전체 치수는 $h = 160$ mm이고 $b = 200$ mm이다.

다음 방법들에 의하여 면과 심부에서의 최대 인장응력과 압축응력을 결정하라: (a) 합성 보에 대한 일반 이론, 그리고 (b) 샌드위치 보에 대한 근사 이론

그림 6-9
예제 6-2: 알루미늄 합금으로 된 면과 플라스틱 심부를 갖는 샌드위치 보의 단면

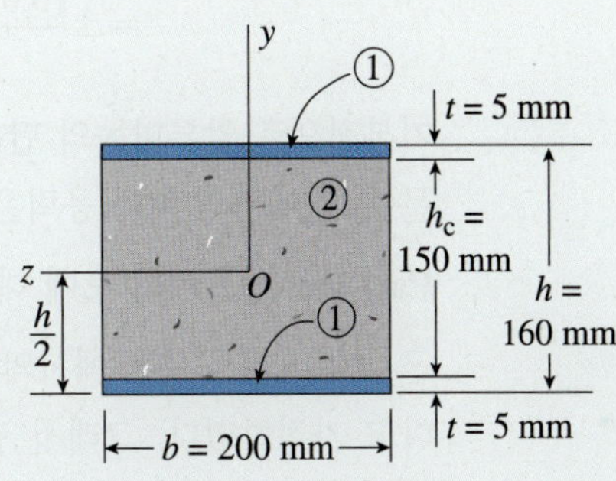

풀이

문제풀이 4단계 접근방법을 사용한다. 효율적인 풀이를 위하여 필요에 따라 단계를 합한다.

1. **개념화**: 합성 보에 대한 일반적인 굽힘 이론을 사용하라.

2. **분류**:

중립축: 단면이 이중 대칭이기 때문에, 중립축(그림 6-9의 z축)은 중앙에 위치한다.

관성모멘트: 면의 단면적의 관성모멘트 I_1 (z축에 관한)은

$$I_1 = \frac{b}{12}(h^3 - h_c^3) = \frac{200\text{ mm}}{12}\left[(160\text{ mm})^3 - (150\text{ mm})^3\right]$$
$$= 12.017 \times 10^6\text{ mm}^4$$

이고, 플라스틱 심부의 관성모멘트 I_2는

$$I_2 = \frac{b}{12}(h_c^3) = \frac{200\text{ mm}}{12}(150\text{ mm})^3 = 56.250 \times 10^6\text{ mm}^4$$

이다. 이 결과들을 검산할 때 z축에 관한 전체 단면적의 관성모멘트($I = bh^3/12$)는 I_1과 I_2의 합과 같다는 것에 유의한다.

3, 4. 해석, 최종 단계:

Part (a): 합성 보에 대한 일반 이론으로부터 구한 수직응력

이러한 응력을 계산하기 위하여, 식 (6-7a와 b)를 이용한다. 사전 작업으로, 이 식들의 분모 항(즉, 합성 보의 굽힘 강성)을 계산한다:

$$\begin{aligned} E_1I_1 + E_2I_2 &= (72 \text{ GPa})(12.017 \times 10^6 \text{ mm}^4) + (800 \text{ MPa})(56.250 \times 10^6 \text{ mm}^4) \\ &= 910{,}200 \text{ N} \cdot \text{m}^2 \end{aligned}$$

알루미늄 면에서의 최대 인장응력 및 압축응력은 식 (6-7a)로부터 구한다:

$$\begin{aligned} (\sigma_1)_{\max} &= \pm\frac{M(h/2)(E_1)}{E_1I_1 + E_2I_2} \\ &= \pm\frac{(3.0 \text{ kN} \cdot \text{m})(80 \text{ mm})(72 \text{ GPa})}{910{,}200 \text{ N} \cdot \text{m}^2} = \pm 19.0 \text{ MPa} \end{aligned}$$

플라스틱 심부의 최대 인장응력 및 압축응력은 다음과 같다[식 (6-7b)로부터].

$$\begin{aligned} (\sigma_2)_{\max} &= \pm\frac{M(h_c/2)(E_2)}{E_1I_1 + E_2I_2} \\ &= \pm\frac{(3.0 \text{ kN} \cdot \text{m})(75 \text{ mm})(800 \text{ MPa})}{910{,}200 \text{ N} \cdot \text{m}^2} = \pm 0.198 \text{ MPa} \end{aligned}$$

기본적으로 알루미늄의 탄성 계수가 플라스틱의 탄성 계수보다 90배만큼 크기 때문에, 면에서의 최대 응력은 심부에서의 최대 응력보다 96배 크다.

Part (b): 샌드위치 보에 대한 근사 이론으로부터 구한 수직응력

근사 이론에서, 심부에서의 수직응력은 무시하였고 면이 굽힘모멘트 전부를 전달한다고 가정하였다. 그래서 면에서의 최대 인장응력과 압축응력은 식 (6-10a와b)로부터 다음과 같이 구해진다:

$$(\sigma_1)_{\max} = \pm\frac{Mh}{2I_1} = \pm\frac{(3.0 \text{ kN} \cdot \text{m})(80 \text{ mm})}{12.017 \times 10^6 \text{ mm}^4} = \pm 20.0 \text{ MPa}$$

예상대로, 근사 이론은 합성 보에 대한 일반 이론으로부터 구한 면에서의 응력보다 약간 큰 값을 준다.

6.3 환산 단면법

환산 단면법(transformed-section method)은 합성 보에서의 굽힘 응력을 해석하는 대안 과정이다. 이 방법은 앞 절에서 개발된 이론과 식에 기초를 두고 있다; 따라서 같은 제한(예: 이 방법은 선형 탄성 재료에 대해서만 유효하다)이 적용되며 같은 결과를 얻는다. 비록 환산 단면법은 계산 노력을 덜어주지는 않지만, 많은 설계자들은 이 방법이 계산과정을 구체화하고 체계화하는 데 편리한 수단을 제공해 준다는 것을 알고 있다.

이 방법은 합성 보의 단면을 한 가지 재료로만 구성된 가상 보의 등가 단면으로 변환하는 것으로 이루어져 있다. 이 새로운 단면은 **환산 단면**이라 불린다. 그래서 환산 단면을 갖는 가상 보는 한 가지 재료로 된 보에 대한 재래적인 방법으로 해석된다. 마지막 단계로, 환산된 보에서의 응력은 원래 보의 응력으로 변환시킨다.

중립축과 환산 단면

만일 환산된 보가 원래 보와 등가이려면, 중립축이 같은 위치에 있어야 하며 모멘트-저항 능력이 같아야만 한다. 이러한 두 가지 요구조건이 어떻게 충족되는가를 보여주기 위하여, 두 가지 재료로 된 합성 보(그림 6-10a)를 다시 고려하기로 한다. 단면의 **중립축**은 식 (6-4)로부터 얻어지며, 여기서 다시 반복된다:

$$E_1 \int_1 ydA + E_2 \int_2 ydA = 0 \tag{6-12}$$

이 식에서 적분은 단면의 두 부분의 중립축에 관한 1차 모멘트를 나타낸다.

이제 다음과 같은 기호를 도입하자.

$$n = \frac{E_2}{E_1} \tag{6-13}$$

여기서 n은 **계수 비(modular ratio)**이다. 이 기호를 사용하여 식 (6-12)를 다음과 같은 형태로 다시 쓸 수 있다.

$$\int_1 ydA + \int_2 yndA = 0 \tag{6-14}$$

식 (6-12)와 식 (6-14)는 등가이기 때문에 앞의 식은 각각의 면적 요소에 대한 y좌표가 변하지 않는 한, 재료 2에서의 각 면적 요소 d_A에 계수 n을 곱하더라도 중립축은 변하지 않음을 보여준다.

따라서 두 부분으로 구성된 새로운 단면을 만들 수 있다: (1) 치수가 변하지 않는 면적 1, 그리고 (2) 원래 폭(즉, 폭의 치수가 중립축에 평행한)에 n을 곱한 폭을 갖는 면적 2. 이 새로운 단면(환산 단면)이 $E_2 > E_1$인 경우(따라서 $n > 1$)에 대해 그림 6-10b에 나타나 있다. 이 단면의 중립축은 원래 보의 중립축과 같은 위치에 있다(중립축에 수직인 모든 치수는 원래 값을 갖는다는 것에 유의한다).

재료에서의 응력(주어진 변형률에 대한)은 탄성 계수에 비례하기 때문에($\sigma = E\varepsilon$), 재료 2의 폭에 $n = E_2/E_1$으로 곱하는 것은 재료 2를 재료 1로 환산시키는 것과 등가임을 알 수 있다. 예를 들어, $n = 10$이라 가정한다. 그러면 단면의 부분 2의 면적은 이제 환산 전보다 10배 더 넓다. 만일 보의 이 부분을 이제는 재료 1이라고 생각하면, 이 부분의 탄성 계수는 10분의 1로 줄었고(E_2에서 E_1으로), 동시에 이 부분의 면적은 10배 증가하였기 때문에 이 부분은 전과 같이 똑같은 힘을 지지할 것이라는 것을 알 수 있다. 따라서, 새로운 단면(환산 단면)은 재료 1만으로 구성된다.

그림 6-10

두 재료로 된 합성 보: (a) 실제 단면, (b) 재료 1만으로 구성된 환산 단면

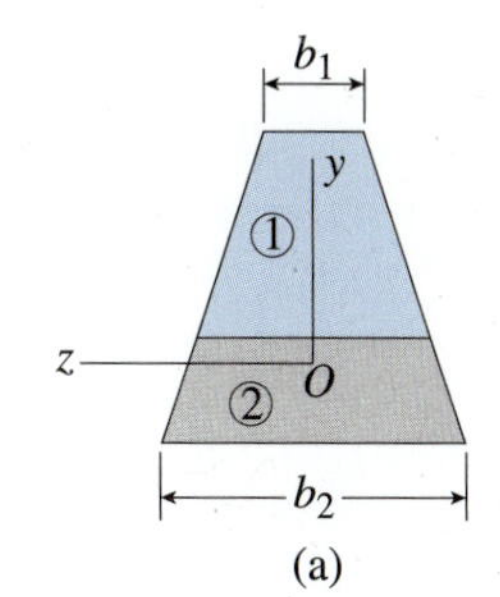

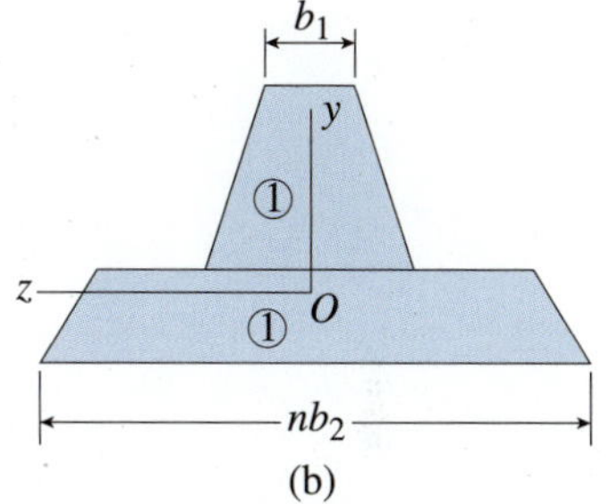

모멘트-곡률 관계식

환산된 보에 대한 모멘트-곡률 관계식은 원래 보에 대한 것과 같아야만 한다. 이러한 사실을 보여주기 위하여, 환산된 보에서의 응력은(재료 1로만 구성되었기 때문에) 5.5절의 식 (5-8)로 주어진다는 것에 유의한다:

$$\sigma_x = -E_1 \kappa y$$

이 식을 사용하고, 한 가지 재료의 보에 대한 것과 같은 과정을 따르면(5.5절 참조), 환산된 보에 대한 모멘트-곡률 관계식을 얻을 수 있다:

$$M = -\int_A \sigma_x y dA = -\int_1 \sigma_x y dA - \int_2 \sigma_x y dA$$
$$= E_1\kappa \int_1 y^2 dA + E_1\kappa \int_2 y^2 dA = \kappa(E_1 I_1 + E_1 n I_2)$$

또는

$$M = \kappa(E_1 I_1 + E_2 I_2) \tag{6-15}$$

이 식은 식 (6-5)와 같으며, 이것으로 환산된 보에 대한 모멘트-곡률 관계식이 원래 보에 대한 것과 같다는 것을 보여준다.

수직응력

환산된 보는 한 가지 재료만으로 구성되어 있기 때문에, 수직응력(또는 **굽힘 응력**)은 표준 굽힘 공식[식 (5-14)]으로부터 구할 수 있다. 따라서 재료 1로 환산된 보(그림 6-10b)에서의 수직응력은 다음과 같다.

$$\sigma_{x1} = -\frac{My}{I_T} \tag{6-16}$$

여기서 I_T는 환산 단면의 중립축에 관한 관성모멘트이다. I_T값을 이 식에 대입함으로써, **환산된** 보에서 임의의 점에서의 응력을 계산할 수 있다(뒤에 설명하는 것과 같이, 환산된 보에서의 응력은 재료 1로 구성된 원래 보의 부분에서 원래 보에서의 응력과 같다; 그러나 재료 2로 구성된 원래 보의 부분에서, 응력은 환산된 보에서의 응력과 다르다).

환산 단면(그림 6-10b)의 관성모멘트는 원래 단면(그림 6-10a)의 관성모멘트와 다음과 같은 관계가 있다는 것을 유의함으로써 식 (6-16)은 쉽게 증명될 수 있다:

$$I_T = I_1 + nI_2 = I_1 + \frac{E_2}{E_1} I_2 \tag{6-17}$$

I_T에 대한 이 표현식을 식 (6-16)에 대입하면 다음과 같다.

$$\sigma_{x1} = -\frac{MyE_1}{E_1 I_1 + E_2 I_2} \tag{6-18a}$$

이 식은 식 (6-7a)와 같으며, 따라서 원래 보의 재료 1에서의 응력은 환산된 보의 대응되는 부분에서의 응력과 같다는 것을 보여준다.

앞에서 언급한 바와 같이, 원래 보의 재료 2에서의 응력은 환산된 보의 대응되는 부분에서의 응력과 같지 **않다**. 대신에 원래 보의 재료 2에서의 응력을 얻기 위해서는 환산된 보에서의 응력에[식 (6-16)] 계수 비 n을 곱해 주어야만 한다.

$$\sigma_{x2} = -\frac{My}{I_T} n \tag{6-18b}$$

I_T에 대한 식 (6-17)을 식 (6-18b)에 대입하면 식 (6-7)과 같은

$$\sigma_{x2} = -\frac{MynE_1}{E_1 I_1 + E_2 I_2} = -\frac{MyE_2}{E_1 I_1 + E_2 I_2} \tag{6-18c}$$

을 얻으므로 이 식을 증명할 수 있다.

일반적 유의사항

환산 단면법에 대한 논의에서 원래의 보가 전체적으로 재료 1로 구성된 보로 환산되었다. 물론 보를 재료 2로 환산하는 것도 가능하다. 이 경우에서 재료 2의 원래 보에서의 응력은 환산된 보의 대응되는 부분에서의 응력과 같을 것이다. 그러나 원래 보의 재료 1에서의 응력은 환산된 보의 대응되는 부분에서의 응력에 계수 비 n을 곱함으로써 구해져야만 한다. 이 경우에서 $n = E_1/E_2$로 정의된다.

또한 원래 보를 임의의 탄성 계수 E를 가지는 재료로 변환하는 것도 가능하며, 이 경우에는 보의 모든 부분들이 가상의 재료로 환산되어져야만 한다. 물론 원래 재 료 중의 하나로 환산하면 계산은 더욱 간단해진다. 마지막으로 좀 정교한 방법을 이 용하면 환산 단면법을 두 가지 이상의 재료로 된 합성 보로 확장하는 것이 가능하다.

예제 6-3

그림 6 -11a에 보인 합성 보는 목재 보(실제 치수 100 mm × 150 mm)와 강재 보강판(폭이 100 mm이고 두께가 12 mm인)으로 구성되어 있다. 보는 양의 굽힘모멘트 M = 6 kN·m를 받고 있다.

환산 단면법을 사용하여, E_1 = 10.5 GPa이고 E_2 = 210 GPa인 경우에 목재(재료 1)에서의 가장 큰 인장 및 압축응력과 강판(재료 2)에서의 최대 및 최소 인장응력을 계산하라.

참고: 이 보는 이미 6.2절의 예제 6-1에서 해석된 같은 보이다.

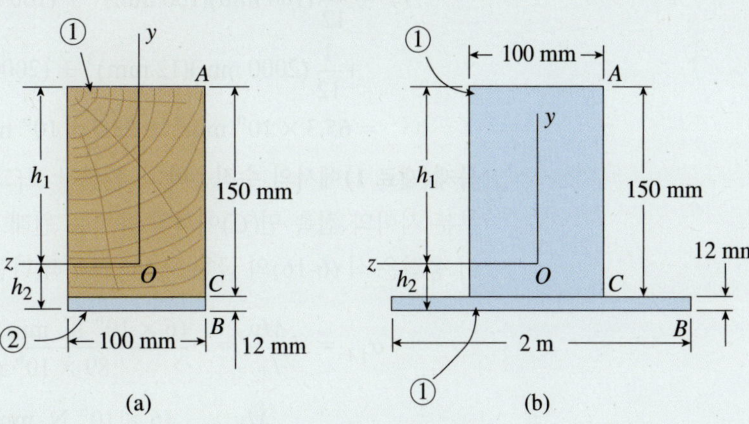

그림 6-11

예제 6-3: 환산 단면법으로 해석된 예제 6-1의 합성 보: (a) 원래 보의 단면, (b) 환산 단면(재료 1)

풀이

문제풀이 4단계 접근방법을 사용한다. 효율적인 풀이를 위하여 필요에 따라 단계를 합한다.

1, 2. 개념화, 분류: 환산 단면법을 사용하고 그 결과를 예제 6-1의 결과와 비교하라.

3. 해석:

환산 단면: 원래 보를 재료 1의 보로 환산할 것이다. 이는 계수 비가 다음과 같이

정의됨을 의미한다.

$$n = \frac{E_2}{E_1} = \frac{210\ \text{GPa}}{10.5\ \text{GPa}} = 20$$

목재로 된 보의 부분(재료 1)은 변하지 않지만 강재로 된 부분(재료 2)은 계수 비를 곱한 폭을 가지게 된다. 따라서 보의 이 부분의 폭은 환산 단면(그림 6-11b)에서 다음과 같이 된다.

$$n(100\ \text{mm}) = 20(100\ \text{mm}) = 2\ \text{m}$$

중립축: 환산된 보는 한 가지 재료만으로 되어 있기 때문에, 중립축은 단면적의 도심을 통과한다. 따라서 단면의 윗면을 기준선으로 잡고, 아래 방향을 양으로 하여 거리 y_i 를 잡으면, 도심까지의 거리 h_1을 다음과 같이 계산할 수 있다:

$$h_1 = \frac{\Sigma y_i A_i}{\Sigma A_i} = \frac{(75\ \text{mm})(100\ \text{mm})(150\ \text{mm}) + (156\ \text{mm})(2000\ \text{mm})(12\ \text{mm})}{(100\ \text{mm})(150\ \text{mm}) + (2000\ \text{mm})(12\ \text{mm})}$$

$$= \frac{4869 \times 10^3\ \text{mm}^3}{39 \times 10^3\ \text{mm}^2} = 124.8\ \text{mm}$$

또한 단면의 밑면으로부터 도심까지의 거리는 h_2는 다음과 같다.

$$h_2 = 162\ \text{mm} - h_1 = 37.2\ \text{mm}$$

따라서 중립축의 위치가 결정되었다.

환산 단면의 관성모멘트: 평행축 정리(부록 D의 D.4절 참조)를 이용하여, 전체 단면적의 중립축에 관한 관성모멘트 I_T는 다음과 같이 계산할 수 있다:

$$I_T = \frac{1}{12}(100\ \text{mm})(150\ \text{mm})^3 + (100\ \text{mm})(150\ \text{mm})(h_1 - 75\ \text{mm})^2$$

$$+\frac{1}{12}(2000\ \text{mm})(12\ \text{mm})^3 + (2000\ \text{mm})(12\ \text{mm})(h_2 - 6\ \text{mm})^2 \quad \blacktriangleleft$$

$$= 65.3 \times 10^6\ \text{mm}^4 + 23.7 \times 10^6\ \text{mm}^4 = 89.0 \times 10^6\ \text{mm}^4$$

목재(재료 1)에서의 수직응력: 환산된 보(그림 6-11b)에서 단면의 윗면(A)과 두 부분 사이의 접촉 면(C)에서의 응력은 원래 보(그림 6-11a)에서의 응력과 같다. 이 응력은 식 (6-16)의 굽힘 공식으로부터 다음과 같이 구할 수 있다:

$$\sigma_{1A} = -\frac{My}{I_T} = -\frac{(6 \times 10^6\ \text{N}\cdot\text{mm})(124.8\ \text{mm})}{89 \times 10^6\ \text{mm}^4} = -8.42\ \text{MPa} \quad \blacktriangleleft$$

$$\sigma_{1C} = -\frac{My}{I_T} = -\frac{(6 \times 10^6\ \text{N}\cdot\text{mm})(-25.2\ \text{mm})}{89 \times 10^6\ \text{mm}^4} = 1.7\ \text{MPa} \quad \blacktriangleleft$$

이 값들은 원래 보의 목재(재료 1)에서의 가장 큰 인장 및 압축응력이다. 응력 σ_{1A}는 압축이고 응력 σ_{1C}는 인장이다.

강판(재료 2)에서의 수직응력: 강판에서의 최대 및 최소 응력은 식 (6-18b)에서 환산된 보에서 이에 대응하는 응력에 계수 비 n을 곱하여 구한다. 최대 응력은 단면의 밑면 (B)에서 일어나고 최소 응력은 접촉면(C)에서 일어난다:

$$\sigma_{2B} = -\frac{My}{I_T}n = -\frac{(6 \times 10^6\ \text{N}\cdot\text{mm})(-37.2\ \text{mm})}{89 \times 10^6\ \text{mm}^4}(20) = 50.2\ \text{MPa} \quad \blacktriangleleft$$

그림 6-12
예제 6-3: 합성 보의 균형설계:
(a) 원래의 보, (b) 환산된 보

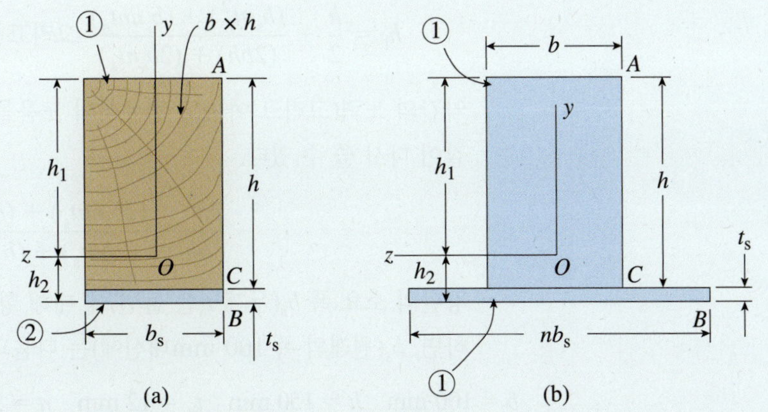

$$\sigma_{2C} = -\frac{My}{I_T}n = -\frac{(6 \times 10^6\ \text{N}\cdot\text{mm})(-25.2\ \text{mm})}{89 \times 10^6\ \text{mm}^4}(20) = 34\ \text{MPa}$$

이 응력은 모두 인장이다.

4. 최종 단계: 환산 단면법에 의해 계산된 응력은 합성 보에 대한 공식들을 직접 적용한 예제 6-1에서 구한 응력과 일치하는 것에 유의한다.

균형 설계: 이 예제와 예제 6-1에서 고려하였던 목재와 강의 합성 보의 최종 평가로서, 목재나 강 두 재료 다 허용 응력 수준에 도달하지 못했다는 것에 주목한다. 아마도 이 보의 재설계가 관심사가 될 것이다; 여기서는 오직 강판만이 고려될 것이다(그러나 원한다면 목재 보도 역시 재설계 할 수 있다).

균형 설계는 설계 모멘트하에서 목재와 강에서의 응력이 동시에 허용 응력에 도달하게 하는 설계이다; 이것은 이 보의 좀 더 효율적인 설계로 간주될 수 있다. 우선 강판의 두께는 t_s = 12 mm로 고정하고 소요되는 강판의 폭 bs을 구할 것이며, 그래서 목재와 강은 설계 모멘트 M_D 하에서 동시에 허용 응력값에 도달한다. 그런 다음 b_s = 100 mm로 놓고, 같은 목적을 이루기 위해 소요되는 강판 두께 t_s를 구하는 이전 과정을 반복할 것이다. 목재와 강에 대한 허용 응력값을 각각 σ_{aw} = 12.7 MPa와 σ_{as} = 96 MPa라 가정한다. 또한 목재 보의 치수는 변하지 않는다고 가정한다.

환산 단면법을 이용하여 목재의 상단과 강의 하단에서의 응력에 대한 식을 쓸 수 있다. 각 식을 허용 값과 같다고 놓을 수 있고 다음과 같다.

$$\sigma_{\text{aw}} = \frac{-M_{\text{D}}h_1}{I_T} \text{ 그리고 } \sigma_{\text{as}} = \frac{-M_{\text{D}}h_2 n}{I_T} \quad \textbf{(a, b)}$$

다음으로, 식 (a)와 (b)의 각 식을 비 M_D/I_T에 대해 풀고, 두 재료에서 허용 응력 수준에 도달하기 위한 비 h_1/h_2을 구하기 위해 두 표현식을 같다고 놓는다:

$$\frac{h_1}{h_2} = n\frac{\sigma_{\text{aw}}}{\sigma_{\text{as}}} \quad \textbf{(c)}$$

h_1과 h_2에 대한 표현식은 z축에 대한 1차 모멘트를 취함으로써 환산 단면 치수 b, h, b_s 그리고 t_s(그림 6-12a와 b)의 항으로 얻어질 수 있다.

$$h_1 = \frac{h}{2} + \frac{(b_s n t_s^2) + (b_s h n t_s)}{(2bh) + (2b_s n t_s)} \quad \text{그리고} \quad h_2 = \frac{n b_s t_s \left(\frac{t_s}{2}\right) + bh\left(t_s + \frac{h}{2}\right)}{(n b_s t_s) + (bh)} \tag{d}$$

약간의 노력(그리고 아마도 컴퓨터의 도움을 얻는다면)을 들이면, 식 (c)를 다음과 같이 다시 쓸 수 있다.

$$\frac{bh^2 + (2b_s n h t_s) + (b_s n t_s^2)}{bh^2 + (2bht_s) + (b_s n t_s^2)} = n\frac{\sigma_{aw}}{\sigma_{as}} \tag{e}$$

강판의 소요 폭 b_s(두께 t_s는 불변)에 대해 항을 모으고 풀이하고 나서, 수치를 대입하면, b_s(원래의 폭 100 mm대신에)는 다음과 같다.

$$b = 100\text{ mm} \quad h = 150\text{ mm} \quad t_s = 12\text{ mm} \quad n = 20 \quad \sigma_{aw} = 12.7\text{ MPa} \quad \sigma_{as} = 96\text{ MPa}$$

$$b_s = \frac{\left(n\frac{\sigma_{aw}}{\sigma_{as}}\right)(bh^2 + 2bht_s) - bh^2}{(2nht_s) + nt_s^2\left(1 - n\frac{\sigma_{aw}}{\sigma_{as}}\right)} = 69.2\text{ mm} \tag{f}$$

그래서 69.2 mm × 12 mm 강판으로 보강된 100 mm × 150 mm 목재 보(그림 6-12a)에 대해 M_D보다 작거나 혹은 같은 어떠한 작용 모멘트하에서도, 응력비 σ_{1A}/σ_{2B}는 σ_{aw}/σ_{as}와 같게 될 것이다. 만약 $M = M_D$이면, $\sigma_{1A} = \sigma_{aw}$이고 $\sigma_{2B} = \sigma_{as}$이다.

다른 방법으로 강판 두께 t_s(원래 폭 b_s = 100 mm를 갖는)를 구하기 위한 이차 방정식을 얻기 위해 식 (e)를 재구성할 수 있고 다음과 같다.

$$t_s^2\left[nb_s\left(1 - n\frac{\sigma_{aw}}{\sigma_{as}}\right)\right] + t_s\left\{2h\left[nb_s - b\left(n\frac{\sigma_{aw}}{\sigma_{as}}\right)\right]\right\} + bh^2\left(1 - n\frac{\sigma_{aw}}{\sigma_{as}}\right) = 0 \tag{g}$$

식 (g)의 해는 t_s = 7.46 mm인 목재–강 합성 보의 **균형설계**로 되는 수정된 강판 두께이다. 다시 한 번, b_s = 100 mm 그리고 t_s = 7.46 mm에 대해 작용 모멘트 M에 대한 응력 비 $\sigma_{1A}/\sigma_{2B} = \sigma_{aw}/\sigma_{as}$는 M_D보다 작거나 같다.

예제 6-4

그림 6-13

예제 6-4: 단철근 역 T형 콘크리트 보

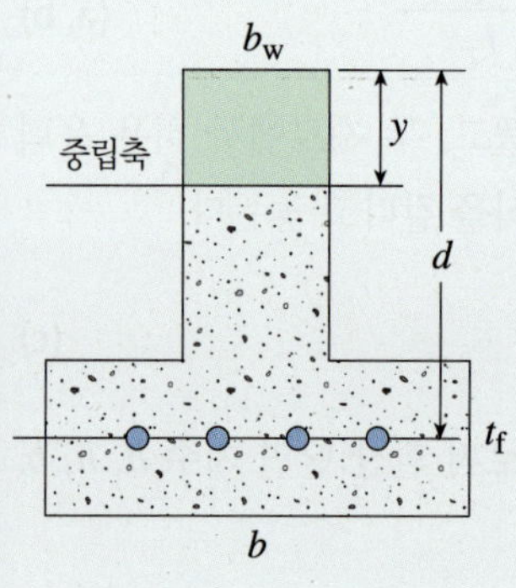

프리캐스트 콘크리트 역 T형 보가 주차장 바닥에서 프리캐스트 이중 T형 마루 보를 지지하기 위해 사용되었다(그림 6-13과 사진 참조). 보의 치수는 b = 500 mm, b_w = 300 mm, d = 600 mm 그리고 t_f = 100 mm이다. 4개의 철근이 배근되었고 각 철근의 직경은 25 mm이다. 콘크리트의 탄성 계수는 E_c = 25 GPa이고 철근은 E_s = 200 GPa이다. 콘크리트와 철근의 허용 응력은 각각 σ_{ac} = 9.3 MPa와 σ_{as} = 137 MPa이다.

(a) 그림 6-14의 환산 단면(여기서 인장부 콘크리트는 무시하고, 철근은 등가의 콘크리트로 환산된다)을 이용하여, 이 보에 작용할 수 있는 최대 허용 모멘트를 구하라.

(b) 만일 보가 그림 6-15처럼 180° 회전되고, 철근은 그대로 아래 인장영역에 배근되어 있을 경우 문항 (a)를 반복하라.

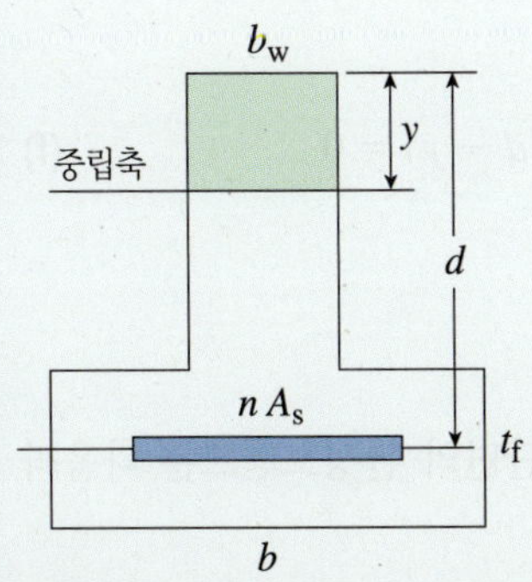

그림 6-14
단철근 역 T형 콘크리트 보의 환산 단면

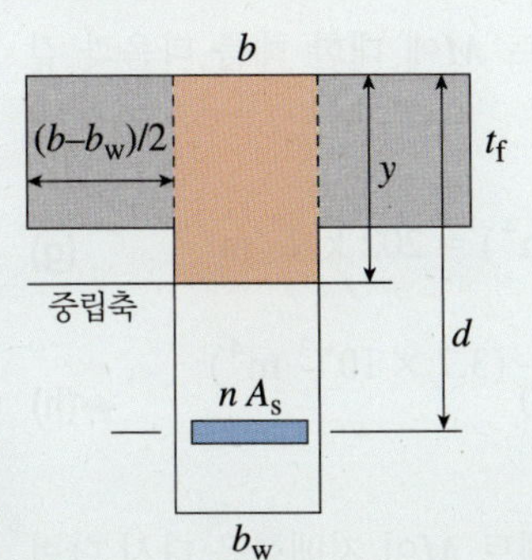

그림 6-15
단철근 콘크리트 T형 보에 대한 환산 단면

풀이

문제풀이 4단계 접근방법을 사용한다. 효율적인 풀이를 위하여 필요에 따라 단계를 합한다.

Part (a): 역 T형 보

1, 2. 개념화, 분류: 그림 6-14에 보여진 환산 단면에 대한 **중립축**(보의 상단으로부터 아래로의 거리 y)을 구하는 것으로 시작한다. 압축을 받는 콘크리트 면적($b_w \times y$)과 인장을 받는 철근의 환산 단면적($n \times A_s$)에 대한 1차 모멘트를 같다고 놓으면 이차방정식으로 된다. y에 대한 해는 다음과 같이 중립축의 위치로 주어진다.

$$b_w y \frac{y}{2} - nA_s(d-y) = 0 \quad \text{여기서} \quad n = \frac{E_s}{E_c} = 8 \tag{a}$$

$$y = \sqrt{\left(\frac{nA_s}{b_w}\right)^2 + 2d\left(\frac{nA_s}{b_w}\right)} - \left(\frac{nA_s}{b_w}\right) = 0.204 \text{ m} \tag{b}$$

이제 식 (6-17)을 이용하여 환산 단면의 관성모멘트를 계산한다:

$$I_T = \frac{b_w y^3}{3} + nA_s[(d-y)^2] = 3.312 \times 10^{-3} \text{ m}^4 \tag{c}$$

3, 4. 해석, 최종 단계: 마지막으로, M에 대해 식 (6-16)(콘크리트를 통제하는 허용 응력)과 식 (6-18b)(철근을 통제하는 허용 응력)를 풀이함으로써 보의 모멘트 능력을 얻을 수 있으며 여기서 철근의 허용 응력에 근거한 낮은 값이 지배한다:

$$M_c = \frac{\sigma_{ac}}{y} I_T = \left(\frac{9.3 \text{ MPa}}{0.204 \text{ m}}\right)(3.312 \times 10^{-3} \text{ m}^4) = 151 \text{ kN} \cdot \text{m} \tag{d}$$

$$M_s = \frac{\sigma_{as}}{n(d-y)} I_T = \frac{137 \text{ MPa}}{8(0.6 \text{ m} - 0.204 \text{ m})}(3.312 \times 10^{-3} \text{ m}^4) = 143.2 \text{ kN} \cdot \text{m} \tag{e}$$

Part (b): T형 보

1, 2. 개념화, 분류: 이제 T형 보에서 두께 t_f인 플랜지가 위쪽에 있고, 중립축 위치까지의 거리 y는 t_f보다 크다고 가정함으로써 시작한다. 환산 단면(그림 6-15)에서

압축을 받는 콘크리트를 세 개의 직사각형으로 나눌 수 있고, 거리 y에 대한 이차 방정식을 얻기 위해 압축을 받는 콘크리트 면적과 철근의 환산 단면적($n \times A_s$)에 대한 1차 모멘트를 같다고 놓는다. y에 대한 해는 다음과 같이 중립축의 위치가 된다.

$$(b - b_w)t_f\left(y - \frac{t_f}{2}\right) + b_w y \frac{y}{2} - nA_s(d - y) = 0 \qquad \textbf{(f)}$$

식 (f)를 y에 대해 풀면 다음을 얻는다.

$$y = 0.1702 \text{ m}$$

이 값은 가정한 것과 같이 t_f보다 크다. 그러면 환산 단면의 관성모멘트는 다음과 같다.

$$I_T = \frac{b_w y^3}{3} + \frac{(b - b_w)t_f^3}{12} + (b - b_w)t_f\left(y - \frac{t_f}{2}\right)^2 + nA_s(d - y)^2$$
$$= 3.7 \times 10^{-3} \text{ m}^4$$

3. 해석: 마지막으로, 식 (d)와 (e)에서 최대 허용 모멘트 M에 대한 해를 다음과 같이 반복하고

$$M_c = \frac{\sigma_{ac}}{y} I_T = \frac{(9.3 \text{ MPa})}{0.1702 \text{ m}}(3.7 \times 10^{-3} \text{ m}^4) = 202 \text{ kN} \cdot \text{m} \qquad \textbf{(g)}$$

$$M_s = \frac{\sigma_{as}}{n(d - y)} I_T = \frac{137 \text{ MPa}}{8(0.6 \text{ m} - 0.1702 \text{ m})}(3.7 \times 10^{-3} \text{ m}^4)$$
$$= 147.4 \text{ kN} \cdot \text{m} \qquad \textbf{(h)}$$

4. 최종 단계: 철근의 허용 응력에 근거한 낮은 값의 모멘트 M이 지배함을 다시 한번 알 수 있다. 철근에서의 허용 응력이 두 보를 다 지배하므로, 두 보의 모멘트 능력[식 (e)와 (h)]은 거의 비슷하다.

6.4 경사 하중을 받는 이중 대칭 보

그림 6-16
대칭 평면 내에 작용하는 가로 방향 하중을 받는 보

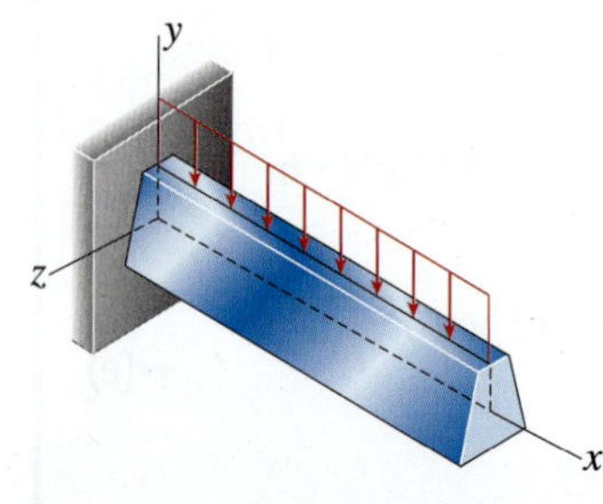

굽힘에 대한 앞에서의 논의에서는 길이방향 대칭 평면(그림 6-16의 xy평면)을 가지고 같은 평면 내에 작용하는 가로 방향 하중을 지지하는 보를 다루었다. 이러한 조건하에서, 재료가 균질이고 선형 탄성적이면 굽힘 응력은 굽힘 공식[식 (5-14)]으로 부터 구할 수 있다.

이 절에서는 이러한 개념을 보가 대칭 평면 내에 작용하지 않는 하중, 즉 **경사 하중**(그림 6-17)을 받는 경우 어떻게 되는지를 고찰하기 위해 확장시킨다. 여기서는 보가 이중 대칭, 즉 xy평면과 xz평면 모두 대칭 평면을 갖는 경우만으로 논의를 국한시킬 것이다. 또한 경사 하중은 보가 길이방향 축에 대해 비틀림이 일어나지 않도록 단면의 도심을 통해 작용해야만 한다.

그림 6-17에 보인 보에서의 굽힘 응력은 경사 하중을 두 성분으로 분해하고 각 성분이 각 대칭 평면에 작용하는 것으로 하여 결정할 수 있다. 그래서 굽힘 응력은 각각의 하중 성분이 독립적으로 작용하는 것에 대한 굽힘 공식으로부터 구할 수 있으며, 최종 응력

은 각각의 응력을 중첩시킴으로써 구할 수 있다.

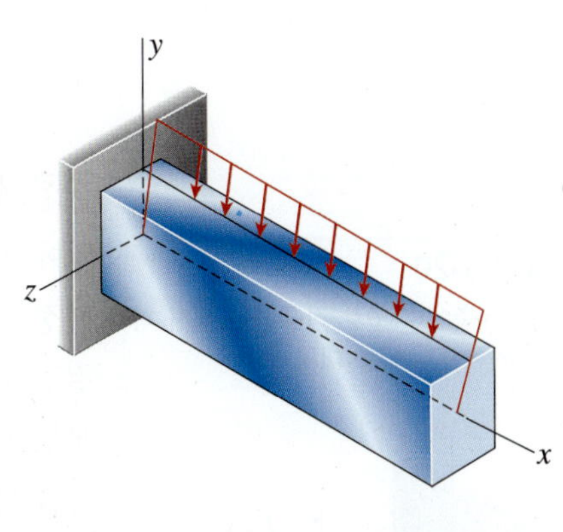

그림 6-17
경사 하중을 받는 이중 대칭 보

굽힘모멘트에 대한 부호규약

사전작업으로, 보의 단면에 작용하는 굽힘모멘트에 대한 부호규약을 설정할 것이다.[1] 이러한 목적으로 보를 절단하여 전형적인 단면(그림 6-18)을 고려한다. y축과 z축 각각에 대해 작용하는 굽힘모멘트 M_y와 M_z는 이중 머리 화살표를 사용하여 벡터로 표현한다. 모멘트는 모멘트의 벡터가 해당되는 축의 양의 방향을 가리킬 때 양이며, 벡터의 오른손 법칙에 의하여 회전 방향이 정해진다(그림에서 곡선 화살표로 표시된).

그림 6-18로부터 양의 굽힘모멘트 M_y는 보의 우측(음의 z축 쪽)에서는 압축을, 보의 좌측(양의 z축 쪽)에서는 인장을 일으키는 것을 명심하라. 유사하게, 양의 굽힘모멘트 M_z는 보의 윗부분(y가 양인 곳)에서는 압축을, 보의 아랫부분(y가 음인 곳)에서는 인장을 일으킨다. 또한 그림 6-18에 보인 굽힘모멘트는 보의 양의 x면 부분, 즉 x축의 양의 방향에 바깥쪽으로 수직인 면에 작용하고 있음을 유의하는 것이 중요하다.

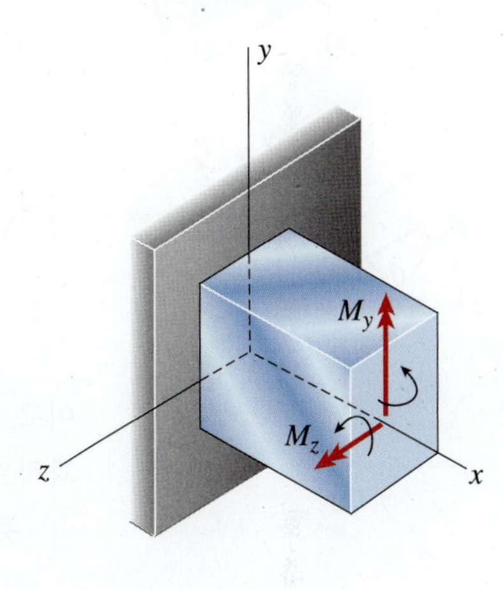

그림 6-18
굽힘모멘트 M_y와 M_z에 대한 부호규약

수직응력(굽힘 응력)

굽힘모멘트 M_y와 M_z 각각에 관련된 수직응력은 굽힘 공식[식 (5-14)]으로부터 얻어진다. 다음에 이 응력을 중첩하여 두 모멘트가 동시에 작용할 때 발생하는 응력을 얻는다. 예를 들어, 양의 y와 z좌표를 갖는 단면 내의 한 점(그림 6-19의 점 A)에서의 응력을 고려한다. 양의 모멘트 M_y는 이 점에서 인장을 일으키고 양의 모멘트 M_z는 이 점에서 압축을 일으킨다; 따라서 점 A에서의 **수직응력**은

$$\sigma_x = \frac{M_y z}{I_y} - \frac{M_z y}{I_z} \tag{6-19}$$

이고, 여기서 I_y와 I_z는 각각 단면적의 y축과 z축에 관한 관성모멘트이다. 이 식을 이용하여 모멘트와 좌표에 적절한 대수값을 대입함으로써 단면 내의 임의의 점에서의 수직응력을 구할 수 있다.

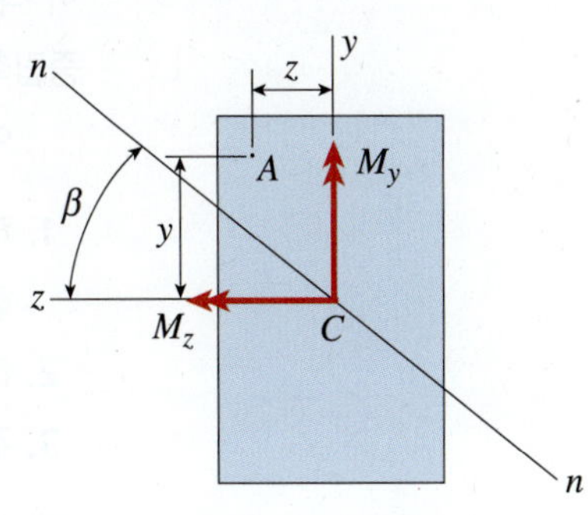

그림 6-19
굽힘모멘트 M_y와 M_z를 받는 보의 단면

중립축

중립축의 식은 수직응력 σ_x[식 (6-19)]을 0으로 놓음으로써 결정할 수 있다:

$$\frac{M_y}{I_y} z - \frac{M_z}{I_z} y = 0 \tag{6-20}$$

이 식은 중립축 nn이 도심 C(그림 6-19)를 지나는 직선임을 보여준다. 중립축과 z축 사이의 각 β는 다음과 같이 결정된다.

$$\tan \beta = \frac{y}{z} = \frac{M_y I_z}{M_z I_y} \tag{6-21}$$

---

1) 보에서의 수직응력과 전단응력의 방향은 일반적으로 보와 하중상태를 관찰함으로써 분명하게 알 수 있으며, 따라서 종종 부호규약을 무시하고 절댓값만을 사용하여 응력을 계산한다. 그러나 일반적인 공식을 유도할 때에는 식의 모호함을 피하기 위해 엄격한 부호규약을 유지할 필요가 있다.

굽힘모멘트의 크기와 방향에 따라서 각 β는 $-90°$에서 $+90°$까지 변화한다. 중립축의 방향을 아는 것은 수직응력이 가장 큰 단면 내의 점을 구할 때 유용하다(응력은 중립축으로부터 거리에 따라 선형적으로 변화하므로, 최대 응력은 중립축으로부터 가장 먼 곳에 위치한 점에서 발생한다).

중립축과 하중의 경사각 사이의 관계

그림 6-20

양의 y축에 각 θ로 작용하는 경사 하중 P를 받는 이중 대칭 보

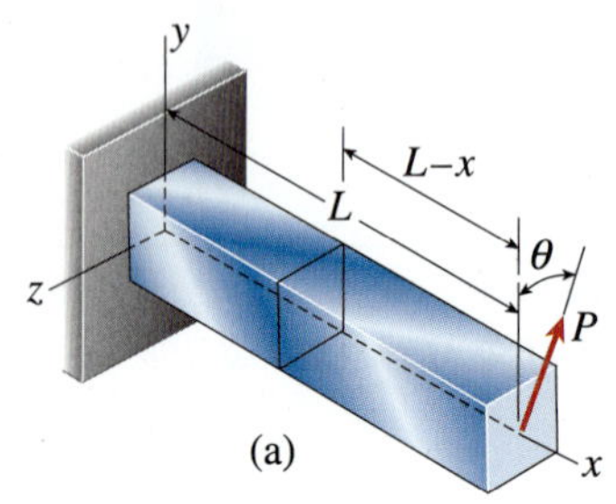

(a)

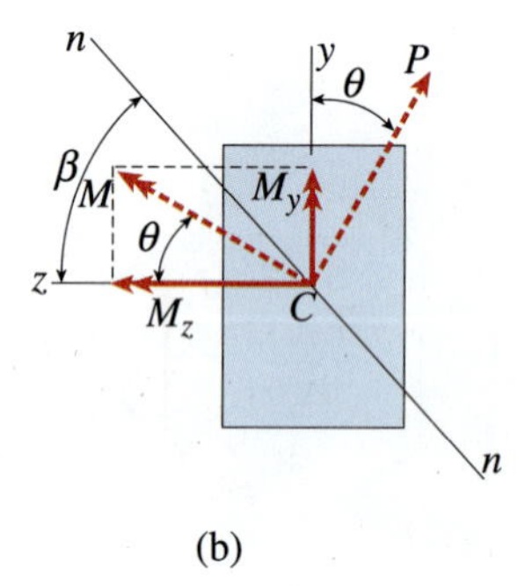

(b)

앞에서 언급한 바와 같이, z축에 대한 중립축의 방향은 굽힘모멘트와 관성모멘트에 의해 결정된다[식 (6-21)]. 다음 단계는 보에 작용하는 하중의 경사각에 관한 중립축의 방향을 결정하는 것이다. 이러한 목적으로, 그림 6-20a에 보인 외팔보를 예로 사용할 것이다. 이 보는 자유단 단면의 평면 내에 작용하고 양의 y축에 대해 각 θ만큼 경사진 하중 P의 작용을 받고 있다. 이러한 하중의 특정 방향은 두 굽힘모멘트(M_y및 M_z)가 θ의 값이 0에서 90° 사이일 때 양임을 의미하기 때문에 선택되었다.

하중 P는 양의 y방향에서 성분 $P\cos\theta$로, 음의 z방향에서 성분 $P\sin\theta$로 분해될 수 있다. 그러므로 고정단으로부터 거리 x만큼 떨어진 위치의 단면에 작용하는 굽힘모멘트 M_y와 M_z(그림 6-20b)는

$$M_y = (P\sin\theta)(L-x) \quad M_z = (P\cos\theta)(L-x) \tag{6-22a,b}$$

이며, 여기서 L은 보의 길이이다. 이 모멘트의 비는

$$\frac{M_y}{M_z} = \tan\theta \tag{6-23}$$

이고, 이는 합 모멘트 벡터 M이 z축과 각 θ를 이루고 있음을 보여준다(그림 6-20b). 결과적으로, 합 모멘트 벡터는 힘 P를 포함하는 길이방향 평면에 수직이다.

중립축 nn과 z축 사이의 각 β(그림 6-20b)는 식 (6-21)로부터 얻는다:

$$\tan\beta = \frac{M_y I_z}{M_z I_y} = \frac{I_z}{I_y}\tan\theta \tag{6-24}$$

이 식은 각 β가 일반적으로 각 θ와 같지 않음을 보여준다. 따라서 특별한 경우를 제외하고, 중립축은 하중을 포함하는 길이방향 평면에 수직하지 않다.

이러한 일반적인 규칙에 대한 예외는 세 가지 **특별한 경우**에서 발생한다:

1. 하중이 xy평면 내에 놓여 있을 때($\theta = 0$ 또는 180°), 이것은 z축이 중립축임을 의미한다.
2. 하중이 xz평면 내에 놓여 있을 때($\theta = \pm 90°$), 이것은 y축이 중립축임을 의미한다.
3. 주관성모멘트가 같을 때, 즉 $I_y = I_z$일 때.

세 번째 경우에는 도심을 지나는 모든 축은 주축이며 모두 동일한 관성모멘트를 갖는 다. 하중이 작용하는 평면은 방향이 어떻든 간에 항상 주면이며, 중립축은 항상 이 면에 수직이다(이 상황은 정사각형, 원형 그리고 부록 D의 D.8절에 기술된 기타 다른 단면에서 발생한다).

중립축이 하중이 작용하는 평면에 수직일 필요가 없다는 사실은, 특히 주관성모멘트의 비가 매우 클 때 보에서의 응력에 큰 영향을 줄 수 있다. 이러한 조건하의 보에서의 응

력은 하중 방향의 미세한 변화와 보 자체의 정렬상태의 불규칙성에 대해 매우 민감하다. 어떤 보의 이러한 특성이 뒤의 예제 6-5에서 예시된다.

예제 6-5

4 m 길이의 외팔보(그림 6-21a)가 IPN 500 단면으로 제작되었다(이 보에 대한 치수 및 특성치에 관해서는 부록 F의 표 F-2 참조). 보의 끝단에서 $P = 45$ kN의 하중이 수직방향으로 작용한다.

이 보는 높이에 비하여 매우 좁기 때문에(그림 6-21b), 보의 z축에 대한 관성모멘트가 y축에 대한 관성모멘트보다 훨씬 크다.

(a) 만일 단면의 y축이 수직이며 따라서 하중 P와 일렬로 되었을 때 보에서의 최대 굽힘 응력을 결정하라(그림 6-21a).

(b) 보가 하중 P에 대하여 작은 각 $\alpha = 1°$ 경사져 있을 때 최대 굽힘 응력을 결정하라(그림 6-21b). (작은 경사는 보 제작에서의 불완전성, 건축 과정에서의 보의 잘못된 중심 맞추기, 또는 지지구조물의 이동에 의해 일어날 수 있다.)

그림 6-21
예제 6-5: 관성모멘트 I_z가 I_y보다 훨씬 큰 외팔보

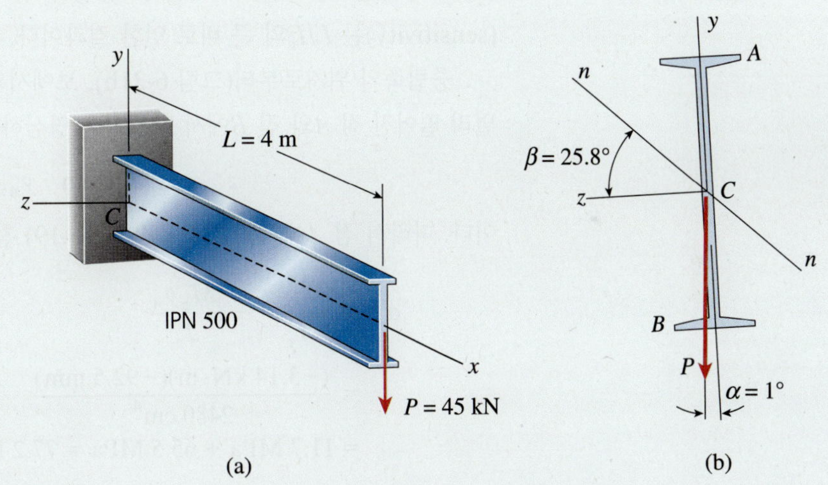

풀이

문제풀이 4단계 접근방법을 사용한다. 효율적인 풀이를 위하여 필요에 따라 단계를 합한다.

Part (a): 하중이 y축에 일렬로 되었을 때의 최대 굽힘 응력

1, 2 개념화, 분류: 만일 보와 하중이 완전히 일렬로 되었다면, z축은 중립축이 되며 보에서의 최대 응력(지지부에서)은 굽힘 공식으로부터 얻어진다:

$$\sigma_{\max} = \frac{My}{I_z} = \frac{PL(h/2)}{I_z}$$

여기서 $M_z = -M = -PL$은 지지부에서의 굽힘모멘트이고, h는 보의 높이, 그리고 I_z는 z축에 관한 관성모멘트이다.

3. 해석: 수치값을 대입하면 다음을 얻는다.

$$\sigma_{max} = \frac{(45 \text{ kN})(4000 \text{ mm})(250 \text{ mm})}{68740 \text{ cm}^4} = 65.5 \text{ MPa}$$

4. 최종 단계: 이 응력은 보의 윗면에서는 인장이고 보의 밑면에서는 압축이다.

Part (b): 하중이 y축에 대하여 경사져 작용할 때의 최대 굽힘 응력

1, 2. 개념화, 분류: 이제 보가 약간의 경사를 가져서(그림 6-21b) y축과 하중 사이의 각이 $\alpha = 1°$라고 가정하자.

하중 P의 성분은 음의 y방향, $P \cos \alpha$와 양의 z방향으로 $P \sin \alpha$이다.

3. 해석: 지지부에서의 굽힘모멘트는

$$M_y = -(P \sin \alpha)L = -(45 \text{ kN})(\sin 1°)(4000 \text{ mm}) = -3.14 \text{ kN} \cdot \text{m}$$
$$M_z = -(P \cos \alpha)L = -(45 \text{ kN})(\cos 1°)(4000 \text{ mm}) = -180 \text{ kN} \cdot \text{m}$$

이다. 중립축 nn(그림 6-21b)의 방위를 나타내는 각 β는 식 (6-21)로부터 얻어진다:

$$\tan \beta = \frac{y}{z} = \frac{M_y I_z}{M_z I_y} = \frac{(-3.14 \text{ kN} \cdot \text{m})(68740 \text{ cm}^4)}{(-180 \text{ kN} \cdot \text{m})(2480 \text{ cm}^4)} = 0.878 \quad \beta = 25.8°$$

이 계산은 하중 평면이 y축으로부터 1°만 경사지더라도 중립축은 z축으로부터 25.8° 경사진다는 것을 보여준다. 중립축 위치의 하중 작용 각도에 대한 민감도(sensitivity)는 I_z/I_y의 큰 비로 인한 결과이다.

중립축의 위치로부터(그림 6-21b), 보에서의 최대 응력은 중립축으로부터 가장 멀리 떨어진 점 A와 점 B에서 발생함을 명심하라. 점 A의 좌표는

$$z_A = -92.5 \text{ mm} \quad y_A = 250 \text{ mm}$$

이다. 따라서 점 A에서의 인장응력[식 (6-19) 참조]은

$$\sigma_A = \frac{M_y z_A}{I_y} - \frac{M_z y_A}{I_z}$$
$$= \frac{(-3.14 \text{ kN} \cdot \text{m})(-92.5 \text{ mm})}{2480 \text{ cm}^4} - \frac{(-180 \text{ kN} \cdot \text{m})(250 \text{ mm})}{68740 \text{ cm}^4}$$
$$= 11.7 \text{ MPa} + 65.5 \text{ MPa} = 77.2 \text{ MPa}$$

점 B에서의 응력은 같은 크기를 갖지만 압축응력이다:

$$\sigma_B = -77.2 \text{ MPa}$$

4. 최종 단계: 이 응력은 완전하게 일렬로 된 하중을 받는 동일 보에 대한 응력 σ_{max} = 65.5 MPa보다 18% 더 크다. 게다가 경사 하중은 z방향으로 가로 방향 처짐을 일으키고, 반면에 완전히 일렬로 된 하중은 이러한 처짐을 일으키지 않는다.

이 예제는 I_y보다 훨씬 큰 I_z를 가진 보는 보 혹은 하중이 계획된 정렬선보다 약간이라도 편차가 생기면 큰 응력이 발생할 수 있다는 것을 보여준다. 따라서 이러한 보는 과응력과 가로 방향(즉, 횡방향) 굽힘 및 좌굴에 매우 민감하기 때문에 주의하여 사용하여야 한다. 이에 대한 대책은 보에 대한 적절한 가로 방향 지지를 하여 횡 방향 굽힘을 방지하는 것이다. 예를 들면, 빌딩에서 목재 마루 장 선(joists)은 장선 사이에 연결재나 블록재를 설치함으로써 가로 방향으로 지지된다.

예제 6-6

지붕 들보(roof purlin)의 역할을 하는 직사각형 단면의 목재 보 AB(그림 6-22a와 b)가 인접한 두 지붕 트러스의 상현재(top chords)에 의해 단순 지지되어 있다. 이 보는 지붕 덮개와 루핑 재료의 무게에다 보 자체 무게 및 지붕에 영향을 미치는 추가적인 하중(바람, 눈 및 지진 하중과 같은)을 지지하고 있다.

그림 6-22

예제 6-6: 지붕 들보 역할을 하는 직사각형 단면의 목재 보

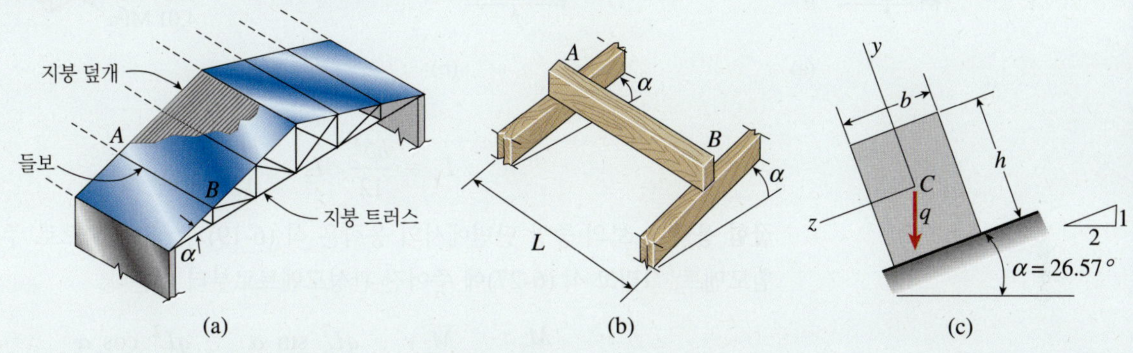

이 예제에서는 단면의 도심을 지나며 수직방향으로 작용하는 하중 강도 $q = 3.0$ kN/m의 등분포 하중의 영향만을 고려한다(그림 6-22c). 하중은 보의 전 길이에 걸쳐 작용하며 보의 무게를 포함한 다. 트러스의 상현재는 1/2($\alpha = 26.57°$)의 기울기를 가지며 보의 폭 $b = 100$ mm, 높이 $h = 150$ mm, 그리고 지간 길이 $L = 1.6$ m이다.

보에서의 최대 인장 및 압축응력을 구하고 중립축의 위치를 결정하라.

풀이

문제풀이 4단계 접근방법을 사용한다. 효율적인 풀이를 위하여 필요에 따라 단계를 합한다.

1, 2. 개념화, 분류:

하중 그리고 굽힘모멘트: 수직방향으로 작용하는 등분포 하중 q는 y와 z방향의 성분으로 분해될 수 있다(그림 6-23a):

$$q_y = q \cos \alpha \quad q_z = q \sin \alpha \tag{6-25a,b}$$

최대 굽힘모멘트는 보의 중앙에서 일어나며, 일반 공식 $M = qL^2/8$로부터 구한다; 그러므로

$$M_y = \frac{q_z L^2}{8} = \frac{qL^2 \sin \alpha}{8} \qquad M_z = \frac{q_y L^2}{8} = \frac{qL^2 \cos \alpha}{8} \tag{6-26a,b}$$

이다. 모멘트는 모두 양이다. 왜냐하면 이 모멘트의 벡터는 y축과 z축의 양의 방향에 있기 때문이다(그림 6-23b).

관성모멘트: 단면적의 y축과 z축에 관한 관성모멘트는 다음과 같다:

그림 6-23

예제 6-6에 대한 해: (a) 등분포 하중의 성분, (b) 단면에 작용하는 굽힘모멘트, (c) 수직응력 분포

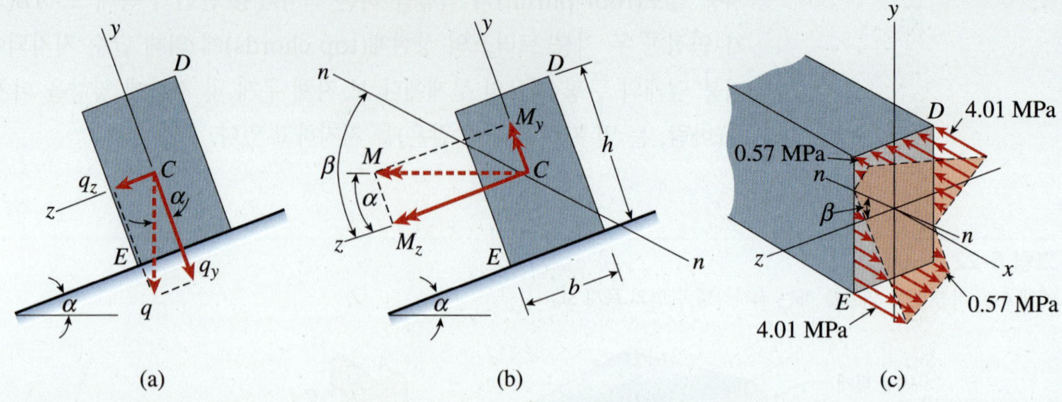

$$I_y = \frac{hb^3}{12} \quad I_z = \frac{bh^3}{12} \qquad \textbf{(6-27a,b)}$$

굽힘 응력: 보의 중앙 단면에서의 응력은 식 (6-19)과 식(6-26)으로 주어지는 굽힘모멘트, 그리고 식 (6-27)에 주어진 관성모멘트로부터 얻는다:

$$\begin{aligned}\sigma_x &= \frac{M_y z}{I_y} - \frac{M_z y}{I_z} = \frac{qL^2 \sin\alpha}{8hb^3/12} z - \frac{qL^2 \cos\alpha}{8bh^3/12} y \\ &= \frac{3qL^2}{2bh}\left(\frac{\sin\alpha}{b^2} z - \frac{\cos\alpha}{h^2} y\right)\end{aligned} \qquad \textbf{(6-28)}$$

단면의 임의의 점에서의 응력은 이 점의 y 및 z좌표값을 이 식에 대입함으로써 구할 수 있다.

단면의 방위 그리고 하중과 굽힘모멘트의 방향으로부터(그림 6-23), 최대 압축응력은 점 D ($y = h/2$, $z = -b/2$인 곳)에서 발생하고, 최대 인장응력은 점 E ($y = -h/2$, $z = b/2$인 곳)에서 발생하는 것이 명백하다. 이 좌표값을 식 (6-28)에 대입하고 간단하게 정리하면, 보에서의 최대 및 최소 응력에 대한 식을 얻을 수 있다:

$$\sigma_E = -\sigma_D = \frac{3qL^2}{4bh}\left(\frac{\sin\alpha}{b} + \frac{\cos\alpha}{h}\right) \qquad \textbf{(6-29)}$$

3. 해석:

수치값: 주어진 다음의 수치 자료를 앞의 식에 대입하여 최대 인장 및 압축응력을 계산할 수 있다:

$$q = 3.0 \text{ kN/m} \quad L = 1.6 \text{ m} \quad b = 100 \text{ mm} \quad h = 150 \text{ mm} \quad \alpha = 26.57°$$

그 결과는 다음과 같다.

$$\sigma_E = -\sigma_D = 4.01 \text{ MPa}$$

중립축: 보에서의 응력을 구하는 것에 추가하여 때로는 중립축의 위치를 구하는 것이 유용하다. 중립축을 나타내는 직선의 식은 응력[식 (6-28)]을 0으로 놓음으로써 얻어진다:

$$\frac{\sin\alpha}{b^2} z - \frac{\cos\alpha}{h^2} y = 0 \qquad \textbf{(6-30)}$$

중립축은 선 nn으로 그림 6-23b에 나타나 있다. z축으로부터 중립축까지의 각 β는 식(6-30)으로부터 다음과 같이 얻어진다:

$$\tan\beta = \frac{y}{z} = \frac{h^2}{b^2}\tan\alpha \tag{6-31}$$

수치값을 대입하면 다음을 얻는다.

$$\tan\beta = \frac{h^2}{b^2}\tan\alpha = \frac{(150\text{ mm})^2}{(100\text{ mm})^2}(\tan 26.57°) = 1.125 \quad \beta = 48.4°$$

각 β는 각 α와 같지 않기 때문에, 중립축은 하중 평면(그것은 수직이다)에 대해 기울어져 있다.

4. **최종 단계:** 중립축의 방위로부터(그림 6-23b) 점 D와 점 E는 중립축으로부터 가장 멀리 떨어져 있음을 알았고, 따라서 최대 응력은 이 점들에서 발생한다는 가정이 입증되었다. 중립축의 위쪽과 오른쪽의 보 부분은 압축을 받고 있고, 중립축의 왼쪽과 아래쪽의 보 부분은 인장을 받고 있다.

6.5 비대칭 보의 굽힘

굽힘에 대한 앞에서의 논의에서 보는 적어도 하나의 대칭축을 갖는 단면을 갖는것 으로 가정되었다. 이제는 이러한 제한을 버리고 비대칭 단면을 갖는 보를 고려하기로 한다. 순수 굽힘을 받는 보를 검토하는 것으로 시작하여 다음 절들(6.6절에서 6.9절까지)에서 가로 방향 하중의 영향을 고려한다. 앞의 논의에서와 같이, 보는 선형 탄성 재료로 만들어졌다고 가정한다.

비대칭 단면을 가진 보가 끝단 단면에 작용하는 굽힘모멘트 M을 받고 있다고 생각한다(그림 6-24a). 여기서 주목해야 할 것은 보의 응력과 중립축의 위치이다. 불행하게도, 지금의 해석단계에서는 이러한 값을 결정하는 직접적인 방법이 없다. 따라서 굽힘 모멘트로 시작하여 중립축을 찾는 대신에 간접적인 방법을 사용할 것이며, 가정된 중립축으로 시작해서 관련된 굽힘모멘트를 구할 것이다.

중립축

단면의 평면 내에 임의로 선정된 점에서 두 개의 수직축(y축과 z축)을 세우는 것으로 시작한다(그림 6-24b). 축은 임의의 방위를 가질 수 있으나, 편의상 이 축을 수평과 수직으로 위치시킨다. 다음으로 보의 z축이 단면의 중립축이 되도록 굽혀진다고 가정한다. 결과적으로, 보는 굽힘 평면이 되는 xy평면 내에서 처짐을 일으킨다. 이러한 조건 하에서, 중립축으로부터 거리 y만큼 떨어진 위치의 면적 요소 dA에 작용하는 수직응력은 다음과 같다[그림 6-24b와 5장의 식 (5-8) 참조].

$$\sigma_x = -E\kappa_y y \tag{6-32}$$

z축(중립축)의 위에 있는 보의 부분은 곡률이 양일 때 압축 상태에 있게 되기 때문에 음의 부호가 필요하다(보가 xy평면 내에서 굽혀질 때 곡률에 대한 부호 규약은 다 음 페이지 그림 6-25a에 나타나 있다).

그림 6-24
굽힘모멘트 M을 받는 비대칭 보

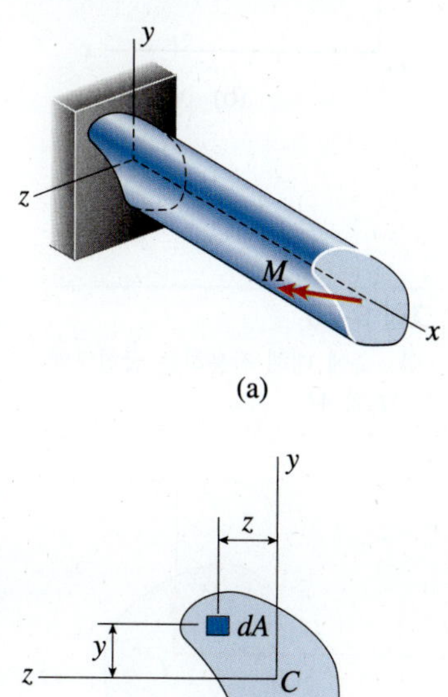

채널 단면과 오래된 목재 보로 만들어진 비대칭 합성 보

면적 요소 dA에 작용하는 힘은 $s_x dA$이고, 전체 단면적에 작용하는 합력은 이 힘 요소를 전체 단면적 A에 걸쳐 적분한 것이다. 보는 순수 굽힘 상태에 있기 때문에 합력은 0이 되어야만 한다: 그러므로 다음과 같다.

$$\int_A \sigma_x dA = -\int_A E\kappa_y y dA = 0$$

탄성 계수와 곡률은 주어진 어떤 단면에서나 일정하므로, 따라서

$$\int_A y dA = 0 \tag{6-33}$$

이고, 이 식은 z축(중립축)이 단면의 도심 C를 지나는 것을 보여준다.

이제 보가 y축이 중립축이고 xz평면이 굽힘 평면이 되도록 굽혀진다고 가정하자. 그러면 면적 요소 dA(그림 6-24b)에 작용하는 수직응력은 다음과 같다.

$$\sigma_x = -E\kappa_z z \tag{6-34}$$

그림 6-25
xy와 xz평면에서 곡률 κ_y와 κ_z에 대한 부호규약

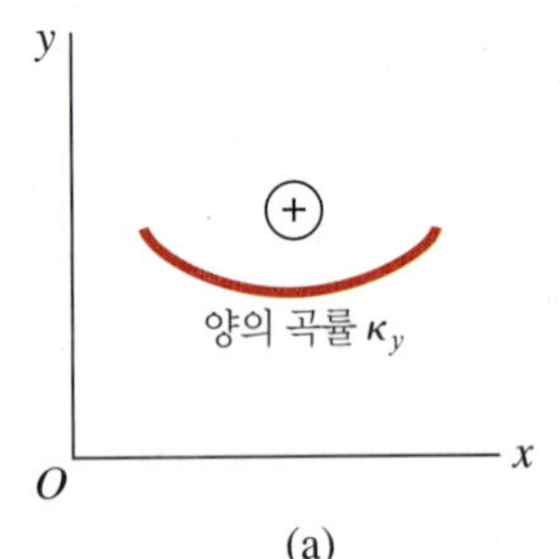

(a)

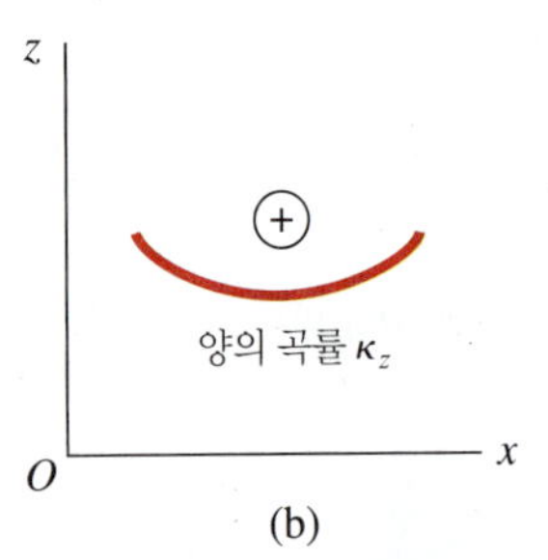

(b)

xz평면에서의 곡률 κ_z에 대한 부호규약은 그림 6-25b에 나타나 있다. xz평면에서의 양의 곡률은 요소 dA에 대해 압축을 일으키기 때문에 식 (6-34)에서 음의 부호가 필요하다. 이 경우의 합력은

$$\int_A \sigma_x dA = -\int_A E\kappa_z z dA = 0$$

이고, 이 식으로부터 다음을 얻는다.

$$\int_A z dA = 0 \tag{6-35}$$

중립축은 도심을 지나야만 한다는 것을 다시 한번 알 수 있다. 따라서 **비대칭 보에 대한 y축과 z축의 원점은 반드시 도심 C에 위치해야 한다는 것을 확립하였다.**

이제 응력 σ_x의 합 모멘트를 고려하자. 굽힘은 응력 σ_x가 식 (6-32)로 주어지는 경우에서 중립축인 z축에 대하여 일어난다고 한 번 더 다시 가정한다. z축과 y축에 관해 대응되는 굽힘모멘트 M_z와 M_y는 각각 다음과 같다(그림 6-26).

$$M_z = -\int_A \sigma_x y dA = \kappa_y E\int_A y^2 dA = \kappa_y E I_z \tag{6-36a}$$

$$M_y = \int_A \sigma_x z dA = -\kappa_y E\int_A yz dA = -\kappa_y E I_{yz} \tag{6-36b}$$

그림 6-26
y와 z축에 대해 작용하는 굽힘모멘트 M_y와 M_z

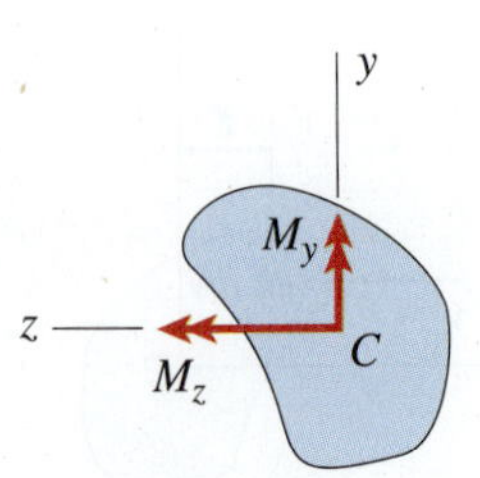

이 식들에서 I_z는 z축에 관한 단면적의 관성모멘트이고, I_{yz}는 y와 z축에 대한 **관성모멘트 적**(product of inertia)이다.[2)]

식 (6-36a와 b)로부터 다음과 같은 결론을 내릴 수 있다: (1) 만일 z축 이 도심을 지나는 임의의 방향으로 선정될 때 모멘트 M_y와 M_z가 y축과 z축에 대해 작용하고, 이 모멘트가 식 (6-36a와 b)로 구한 비 내에 있는 경우에만 z축이 중립축이 될 것이다. (2) 만일 z축이 **주축**으로 선정될 때, 관성모멘트 적 I_{yz}는 0이 되고, 작용하는 유일한 굽힘모멘트는 M_z이다. 이 경우에 z축은 중립축이고 굽힘은 xy평면 내에서 일어나며, 모멘

2) 관성모멘트 적은 부록 D의 D.6절에서 논의된다.

트 M_z는 같은 평면에 작용한다. 따라서 굽힘은 대칭 보의 굽힘과 유사한 방법으로 일어난다.

요약하면 z축이 **주 도심축**이고 같은 축에 대해 작용하는 유일한 굽힘모멘트가 모멘트 M_z이면 비대칭 보는 대칭 보와 같은 일반적인 방법으로 굽혀진다.

이제 비슷한 결론에 도달하기 위해 y축이 중립축이라고 가정하자. 응력 σ_x는 식 (6-34)로 주어지며 굽힘모멘트는 다음과 같다.

$$M_y = \int_A \sigma_x z dA = -\kappa_z E \int_A z^2 dA = -\kappa_z E I_y \tag{6-37a}$$

$$M_z = -\int_A \sigma_x y dA = \kappa_z E \int_A yz dA = \kappa_z E I_{yz} \tag{6-37b}$$

여기서 I_y는 y축에 대한 관성모멘트이다. 만일 중립축(이 경우에는 y축)이 임의의 방위를 갖는다면, 모멘트 M_y와 M_z가 존재해야만 한다는 것을 다시 한 번 관찰할 수 있다. 그러나 만일 y축이 주축이면, 유일한 모멘트는 M_y이고 xz평면 내에서 통상적인 굽힘이 생긴다. 따라서 y축이 **주 도심축**이고 같은 축에 대해 작용하는 유일한 굽힘모멘트가 모멘트 M_y일 때, 비대칭 보는 대칭 보에서와 같이 동일한 일반적인 방법으로 굽혀진다고 말할 수 있다.

한 가지 더 관찰할 수 있는 것은 y와 z축이 서로 직교하기 때문에 둘 중의 한 축이 주축이면 다른 축은 자동적으로 주축이 된다는 것을 알 수 있다.

이제 다음과 같은 중요한 결론에 도달하게 된다: **비대칭 보가 순수 굽힘을 받을 때, 굽힘모멘트가 작용하는 평면은 y와 z축이 단면의 주 도심축이고 굽힘모멘트는 두 주면(xy평면 혹은 xz평면) 중의 한 면에 작용할 때에만 중립면에 수직이다.** 이러한 경우에, 굽힘모멘트가 작용하는 주면은 굽힘 평면이 되고 통상적인 굽힘 이론(굽힘 공식을 포함하는)이 유용하다.

이 결론은 임의의 방향으로 작용하는 굽힘모멘트를 받는 비대칭 보에서의 응력을 구하는 직접적인 방법으로 이어진다.

비대칭 보를 해석하는 과정

이제 임의의 굽힘모멘트 M을 받는 비대칭 보(그림 6-27)를 해석하는 일반적인 과정을 기술할 것이다. 단면의 도심 C의 위치를 정하고 그 점에서 한 쌍의 주축(그림에서 y와 z축)을 설정하는 것으로 시작한다.[3] 다음에 굽힘모멘트 M은 그림에 보인 방향들을 양으로 하여 성분 M_y와 M_z로 분해한다. 이 성분은

$$M_y = M \sin\theta \qquad M_z = M \cos\theta \tag{6-38 a,b}$$

이고, 여기서 θ는 모멘트 벡터 M과 z축 사이의 각이다(그림 6-27). 각 성분은 주면 내에서 작용하기 때문에, 같은 평면 내에서 순수 굽힘을 일으킨다. 따라서 순수 굽힘에 대한 통상적인 공식이 적용되며, 분리되어 작용하는 모멘트 M_y와 M_z로 인한 응력을 쉽게 구할 수 있다. 분리되어 작용하는 모멘트로부터 구한 굽힘 응력은 원래의 굽힘모멘트 M에 의해 발생하는 응력을 구하기 위해 중첩한다(이러한 일반적인 과정은 경사 하중을 받는

그림 6-27
주 도심축에 작용하는 성분 M_y와 M_z로 분해되는 굽힘모멘트 M을 받는 비대칭 단면

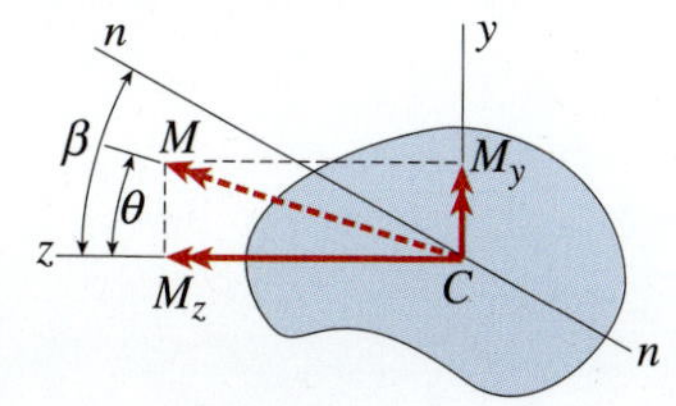

3) 주축은 부록 D의 D.7절과 D.8절에서 논의된다.

이중 대칭 보를 해석하기 위해 앞 절에서 기술한 것과 비슷하다는 것에 유의한다).

단면의 임의의 점에서의 합 응력을 구하기 위한 굽힘 응력의 중첩은 식 (6-19)에 의해 주어진다:

$$\sigma_x = \frac{M_y z}{I_y} - \frac{M_z y}{I_z} = \frac{(M \sin\ \theta)z}{I_y} - \frac{(M \cos\ \theta)y}{I_z} \tag{6-39}$$

여기서 y와 z는 고려되는 점에 대한 좌표들이다.

또한, 중립축 nn(그림 6-27)에 대한 식은 σ_x를 0으로 놓고 간단하게 정리하여 얻는다:

$$\frac{\sin\ \theta}{I_y} z - \frac{\cos\ \theta}{I_z} y = 0 \tag{6-40}$$

중립축과 z축 사이의 각 β는 앞의 식으로부터 다음과 같이 얻을 수 있다.

$$\tan\ \beta = \frac{y}{z} = \frac{I_z}{I_y} \tan\ \theta \tag{6-41}$$

이 식은 일반적으로 각 β와 각 θ가 서로 같지 않으며, 그러므로 중립축은 일반적으로 짝힘 M이 작용하는 평면에 대해 수직이 아니라는 것을 보여준다. 다만 예외적인 경우는 앞 절의 식 (6-24) 뒤에 나오는 문단에서 기술한 세 가지 특별한 경우들이다.

이 절은 비대칭 보에 관심의 초점을 맞춘다. 물론 대칭 보는 비대칭 보의 특별한 경우이고, 따라서 이 절의 논의는 대칭 보에도 적용된다. 만일 보가 1축 대칭이면, 대칭축은 단면의 주 도심축 중의 하나이며; 다른 주축은 도심에서 대칭축에 대해 수직이다. 만일 보가 이중 대칭이면, 두 대칭축은 도심의 주축이다.

엄밀한 의미에서 이 절의 논의는 순수 굽힘에만 적용되는데, 이는 전단력이 단면에 작용하지 않는다는 것을 의미한다. **전단력이 존재하면 보가 길이방향 축에 대해 비틀릴 가능성이 생긴다.** 그러나 전단력이 다음 절에서 설명되는 **전단 중심**(*shear center*)을 통하여 작용하면 비틀림을 피할 수 있다.

예제 6-7은 하나의 대칭축을 갖는 보의 해석을 설명한다. 대칭축이 없는 비대칭 보에 대해 계산(예제 6-8 참조)은 다양한 단면의 특성치의 결정이 매우 복잡한 것을 제외하고는 동일한 일반적인 방법으로 진행된다.

비대칭 보 해석을 위한 다른 과정

이전의 논의에서, 비대칭 보는 단면의 주 도심축(principal centroidal axes)들을 찾은 다음 굽힘모멘트를 이 방향들의 성분으로 분해하여 해석되었다. 이 방법의 장점은 굽힘이 주면에서 발생하기 때문에 응력과 처짐에 대한 모든 표준 공식이 적용된다는 것이다. 그러나, 이 방법은 주축의 방향들이 검사(대칭축이 존재하는 경우) 또는 표(표준 각을 갖는 단면의 경우와 같이)에 의해 구할 수 없는 경우에는 불편하다. 주축들의 방향과 주관성모멘트의 크기를 그림 6-28의 Z-단면에 대해 계산해야 한다면, **주 도심축이 아닌(nonprincipal centroidal axes)** 단면의 면들과 나란한 축들을 이용하는 것이 더 쉽다.

주축이 아닌 축(nonprincipal axes)들에 대한 일반화된 굽힘 이론 방정식을 유도하기 위해 그림 6-29의 비대칭 단면을 고려해 보자. y축과 z축의 도심은 원점에 있지만 주축이 아니다. 굽힘모멘트 M_y와 M_z는 단면에서 작용하며, 보의 굽힘은 xy평면과 xz평면에서 발생하고 둘 다 주면이 아니다. xy 및 xz평면의 곡률이 각각 κy 및 κz이라면(그림 6-25 참조), 점 A에서의 수직응력은 다음과 같다.

$$\sigma_x = -\kappa_y Ey - \kappa_z Ez \tag{6-42}$$

x방향에서 단면에 작용하는 합력(축력)은 0과 같으며, 다음 식으로 표현할 수 있다.

$$\int \sigma_x dA = 0 \quad \text{or} \quad \kappa_y E \int y dA + \kappa_z E \int z dA = 0 \tag{6-43}$$

이 식은 축의 원점이 단면의 도심에 있기 때문에 자동으로 만족된다.

모멘트 M_y는 y축에 대한 모멘트 응력의 합력이다.

$$M_y = \int \sigma_x z dA = -\kappa_y E \int yz dA - \kappa_z E \int z^2 dA \tag{6-44a}$$

또는

$$M_y = -\kappa_y EI_{yz} - \kappa_z EI_y \tag{6-44b}$$

여기서, I_{yz}는 y축과 z축에 대한 단면적의 관성적(product of inertia)이다. 유사한 방법으로 z축에 대한 모멘트 식은 다음과 같다.

$$M_z = -\int \sigma_x y dA = \kappa_y E \int y^2 dA + \kappa_z E \int yz dA \tag{6-45a}$$

또는

$$M_z = \kappa_y EI_z + \kappa_z EI_{yz} \tag{6-45b}$$

굽힘모멘트의 항으로 곡률에 대한 식을 얻기 위해 나타낼 수 있도록 식 (6-44)와 (6-45)을 동시에 풀이하면 다음 식들을 얻는다.

$$\kappa_y = \frac{M_z I_y + M_y I_{yz}}{E(I_y I_z - I_{yz}^2)} \quad \text{and} \quad \kappa_z = -\frac{M_y I_z + M_z I_{yz}}{E(I_y I_z - I_{yz}^2)} \tag{6-46}$$

이제 모멘트 M_y와 M_z를 알 때 비대칭 보의 임의의 점에서 **수직응력** σ_x를 산정하기 위해 곡률에 대한 이 식들을 식 (6-42)에 대입한다.

$$\sigma_x = \frac{(M_y I_z + M_z I_{yz})z - (M_z I_y + M_y I_{yz})y}{I_y I_z - I_{yz}^2} \tag{6-47}$$

식 (6-47)은 반듯이 주축이 아닌 수직 도심축에 대한 모멘트에 의해 작용되는 비대칭 보에 대한 **일반화된 굽힘 공식**이다. y축과 z축이 주축이라면 주축에 대해 $I_{yz} = 0$이기 때문에 식 (6-47)은 식 (6-39)로 축소된다.

중립축 nn의 방향은(그림 6-29), z축과 중립축 사이의 각 β에 대한 식을 구하기 위해 σ_x를 0으로 하여 얻어질 수 있다:

그림 6-28
주 도심축이 아닌 축을 가진 비대칭 Z-단면

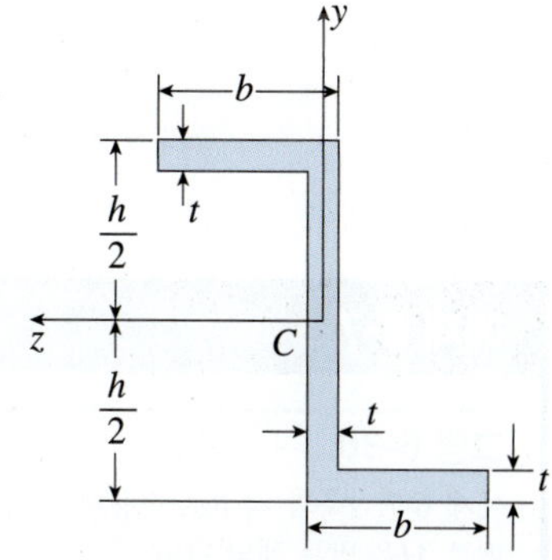

그림 6-29
주 도심축이 아닌 축에 대해 작용하는 M_y와 M_z 성분으로 분해된 굽힘모멘트 M를 갖는 비대칭 단면

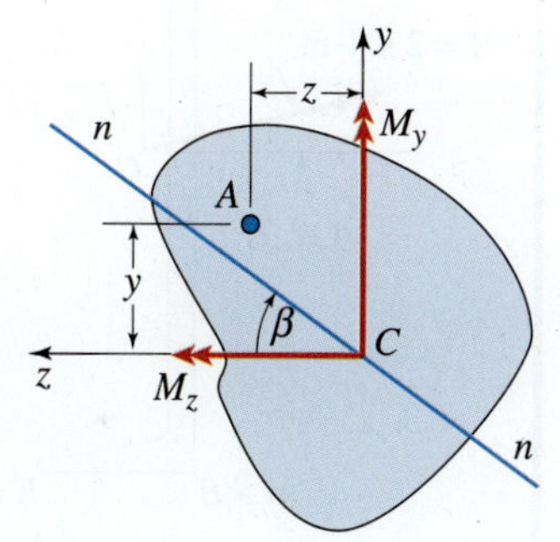

$$\tan\beta = \frac{y}{z} = \frac{M_y I_z + M_z I_{yz}}{M_z I_y + M_y I_{yz}} \tag{6-48}$$

굽힘 평면은 중립축에 수직이다.

주축에 대한 굽힘 공식과 일반화된 굽힘 공식 모두를 사용하여 Z-단면의 굽힘 응력을 계산하는 방법에 대해서 예제 6-8을 참조하라.

예제 6-7

그림 6-30

예제 6-7: z축과 각 θ로 작용하는 굽힘모멘트 M을 받는 채널 단면

채널(channel) 단면 UPN 220이 z축에 대하여 각 $\theta = 10°$ 방향으로 굽힘모멘트 $M = 2\ \text{kN·m}$을 받고 있다(그림 6-30).

점 A와 B에서의 굽힘 응력 σ_A와 σ_B를 각각 계산하고 중립축의 위치를 결정하라.

풀이

문제풀이 4단계 접근방법을 사용한다. 효율적인 풀이를 위하여 필요에 따라 단계를 합한다.

1, 2. 개념화, 분류:

단면의 특성치: 도심 C는 대칭축(z축)상에 채널의 뒷면으로부터 다음과 같은 거리에 위치한다(그림 6-31).[4]

$$c = 2.14\ \text{cm}$$

y와 z축은 다음과 같은 관성모멘트를 갖는 주 도심축이다.

$$I_y = 197\ \text{cm}^4 \quad I_z = 2690\ \text{cm}^4$$

또한 점 A, B, D, 그리고 E의 좌표는 다음과 같다:

$$y_A = 110\ \text{mm} \quad z_A = -80\ \text{mm} + 21.4\ \text{mm} = -58.6\ \text{mm}$$

$$y_B = -110\ \text{mm} \quad z_B = 21.4\ \text{mm}$$

$$y_D = y_A,\ z_D = z_B$$

$$y_E = y_B,\ z_E = z_A$$

굽힘모멘트: y축과 z축에 대한 굽힘모멘트(그림 6-31)는 다음과 같다.

$$M_y = M\sin\theta = (2\ \text{kN·m})(\sin 10°) = 0.347\ \text{kN·m}$$

$$M_z = M\cos\theta = (2\ \text{kN·m})(\cos 10°) = 1.97\ \text{kN·m}$$

3. 해석:

굽힘 응력: 이제 식 (6-39)로부터 점 A에서의 응력을 계산한다:

$$\sigma_A = \frac{M_y z_A}{I_y} - \frac{M_z y_A}{I_z}$$

$$= \frac{(0.347\ \text{kN·m})(-0.0586\ \text{m})}{1.97\times10^{-6}\ \text{m}^4} - \frac{(1.97\ \text{kN·m})(0.110\ \text{m})}{2.69\times10^{-5}\ \text{m}^4}$$

$$= -10.32\ \text{MPa} - 8.06\ \text{MPa} = -18.38\ \text{MPa}$$

[4] 채널 단면의 치수와 특성치에 대한 부록 F의 표 F-3 참조

그림 6-31

예제 6-7에 대한 해: (a) 단면의 특성치, (b) 채널 단면에서의 수직응력 분포

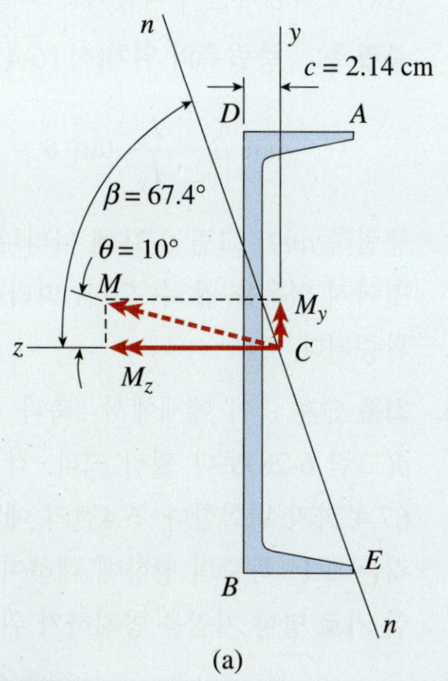

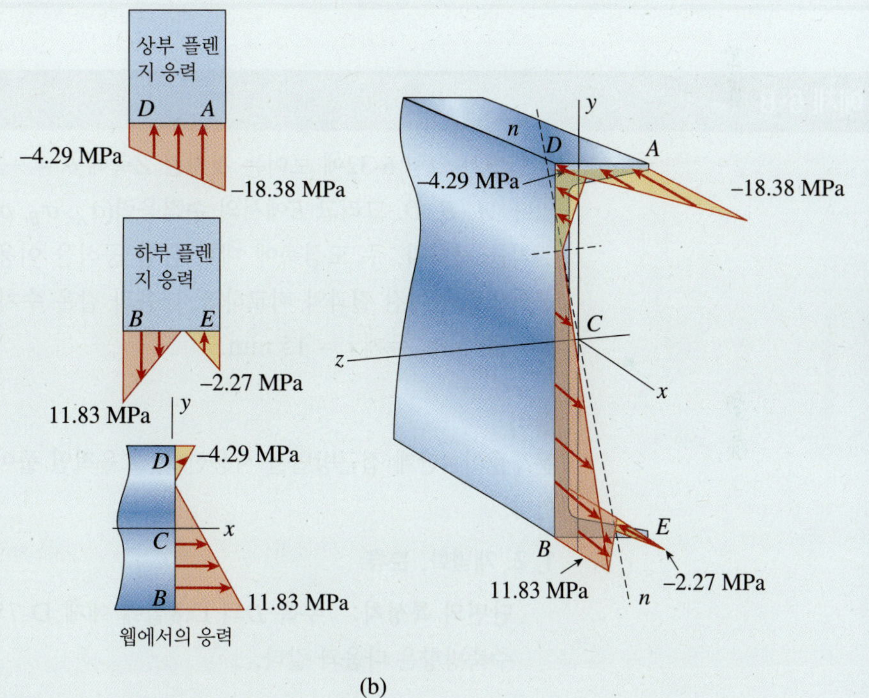

비슷한 계산 방법으로 점 B에서의 응력을 구한다:

$$\sigma_B = \frac{M_y z_B}{I_y} - \frac{M_z y_B}{I_z}$$

$$= \frac{(0.347\ \text{kN}\cdot\text{m})(0.0214\ \text{m})}{1.97\times 10^{-6}\ \text{m}^4} - \frac{(1.97\ \text{kN}\cdot\text{m})(-0.110\ \text{m})}{2.69\times 10^{-5}\ \text{m}^4}$$

$$= 3.77\ \text{MPa} + 8.06\ \text{MPa} = 11.83\ \text{MPa}$$

이 응력은 보에서의 최대 압축 및 인장응력이다.

점 D와 E에서의 수직응력 또한 보여준 과정을 이용하여 계산될 수 있다.

$$\sigma_D = -4.29\ \text{MPa},\quad \sigma_E = -2.27\ \text{MPa}$$

단면에 작용하는 수직응력을 그림 6-31b에 나타내었다.

중립축: 중립축의 위치[식 (6-41)]를 나타내는 각 β는 다음과 같이 구한다:

$$\tan \beta = \frac{I_z}{I_y} \tan \theta = \frac{2690 \text{ cm}^4}{197 \text{ cm}^4} \tan 10° = 2.408 \quad \beta = 67.4°$$

중립축 nn이 그림 6-31에 나타나 있고, 점 A와 점 B가 중립축으로부터 가장 멀리 떨어져 있음을 알 수 있다. 따라서 σ_A와 σ_B가 보에서의 가장 큰 응력이라는 것이 확증된다.

4. 최종 단계: 이 예제에서 z축과 중립축 사이의 각 β는 비 I_z/I_y가 크기 때문에 각 θ(그림 6-28)보다 훨씬 크다. 각 β는 각 θ가 0에서 10°까지 변화함에 따라 0에서 67.4°까지 변화한다. 6.4절의 예제 6-5에서 이미 논의한 바와 같이, 큰 I_z/I_y 비를 갖는 보는 하중의 방향에 대하여 매우 민감하다. 따라서 이러한 종류의 보는 과도한 가로 방향 처짐을 방지하기 위하여 가로 방향의 지지를 마련하여야만 한다.

예제 6-8

Z 단면은 그림 6-32에 보이는 것처럼 Z축에 $\theta = -20°$ 각도로 $M = 3$ kN·m을 받고 있다. A, B, D, 그리고 E에서의 수직응력(σ_A, σ_B, σ_D, 그리고 σ_E)을 구하고 중립축의 위치를 구하라. 주 도심축에 대한 굽힘 공식을 이용하여 얻은 결과와 일반화된 굽힘 공식으로 얻어진 결과와 비교하라. 다음과 같은 수치 자료를 이용한다: $h = 200$ mm, $b = 90$ mm, 두께 $t = 15$ mm.

풀이

문제풀이 4단계 접근방법을 사용한다. 효율적인 풀이를 위하여 필요에 따라 단계를 합한다.

1, 2. 개념화, 분류:

단면의 특성치: 부록 D의 D.8절에 예제 D-7의 결과를 사용하라. 관성모멘트와 주축방향은 다음과 같다.

$$I_z = 32.6 \times 10^6 \text{ mm}^4 \quad I_y = 2.4 \times 10^6 \text{ mm}^4$$

$$\theta_{p1} = 19.2° \qquad \theta_{p1} = (19.2)\frac{\pi}{180} \text{ 라디안}$$

라디안 회전된 주축(그림 6-32에서 y와 z로 표시됨)에 대한 A, B, D, D', E, 그리고 E'의 좌표(y, z)는 다음과 같다.

$$\theta = -20\left(\frac{\pi}{180}\right) \text{ 라디안}$$

$$y_A = \frac{h}{2}\cos(\theta_{p1}) + \left(b - \frac{t}{2}\right)\sin(\theta_{p1}) \qquad y_A = 121.569 \text{ mm}$$

$$y_B = -y_A \qquad y_B = -121.569 \text{ mm}$$

$$y_D = \frac{h}{2}\cos(\theta_{p1}) - \frac{t}{2}\sin(\theta_{p1}) \qquad y_D = 91.971 \text{ mm}$$

그림 6-32

(a) z축에 각 θ로 작용하는 굽힘 모멘트 M을 받는 Z 단면, (b) Z 단면에서의 수직응력 분포

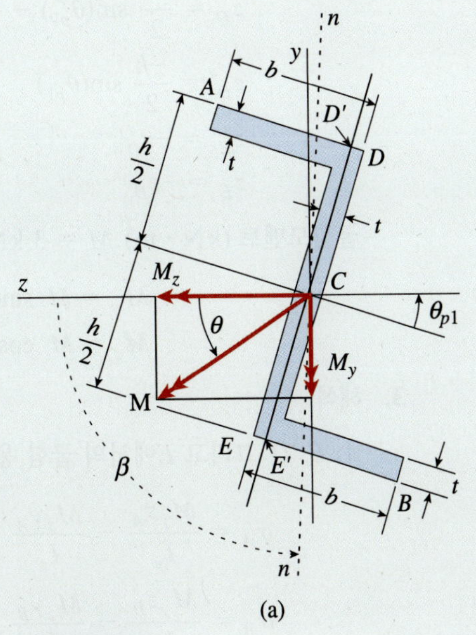

(a)

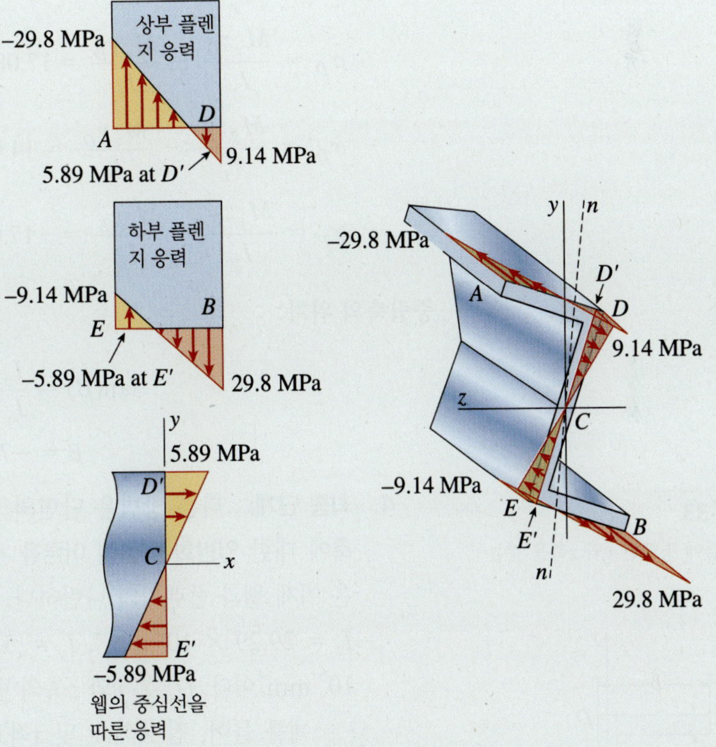

(b)

$$y_D{}' = \frac{h}{2}\cos(\theta_{p1}) \qquad y_D{}' = 94.438 \text{ mm}$$

$$y_E{}' = -y_D{}' \qquad y_E{}' = -94.438 \text{ mm}$$

$$y_E = -y_D \qquad y_E = -91.971 \text{ mm}$$

$$z_A = \left(b - \frac{t}{2}\right)\cos(\theta_{p1}) - \frac{h}{2}\sin(\theta_{p1}) \qquad z_A = 45.024 \text{ mm}$$

$$z_B = -z_A \qquad z_B = -45.024 \text{ mm}$$

$$z_D = \frac{-h}{2}\sin(\theta_{p1}) - \frac{t}{2}\cos(\theta_{p1}) \qquad z_D = -39.969 \text{ mm}$$

$$z_D' = \frac{-h}{2}\sin(\theta_{p1}) \qquad z_D' = -32.887 \text{ mm}$$

$$z_E' = -z_D' \qquad z_E' = 32.887 \text{ mm}$$

$$z_E = -z_D \qquad z_E = 39.969 \text{ mm}$$

굽힘모멘트 (kN · m) $M = 3$ kN · m:

$$M_y = M\sin(\theta) \qquad M_y = -1.026 \text{ kN}\cdot\text{m}$$

$$M_z = M\cos(\theta) \qquad M_z = 2.819 \text{ kN}\cdot\text{m}$$

3. 해석:

A, B, D, 그리고 *E*에서의 굽힘 응력(그림 **6-32b**의 수직응력 도면 참조)

$$\sigma_A = \frac{M_y z_A}{I_y} - \frac{M_z y_A}{I_z} = -19.249 - 10.513 = -29.8 \text{ MPa}$$

$$\sigma_B = \frac{M_y z_B}{I_y} - \frac{M_z y_B}{I_z} = 19.249 + 10.513 = 29.8 \text{ MPa}$$

$$\sigma_D = \frac{M_y z_D}{I_y} - \frac{M_z y_D}{I_z} = 17.088 - 7.953 = 9.14 \text{ MPa}$$

$$\sigma_D' = \frac{M_y z_D'}{I_y} - \frac{M_z y_D'}{I_z} = 14.06 - 8.167 = 5.89 \text{ MPa} = -\sigma_E'$$

$$\sigma_E = \frac{M_y z_E}{I_y} - \frac{M_z y_E}{I_z} = -17.088 + 7.953 = -9.14 \text{ MPa}$$

중립축의 위치:

$$\tan(\beta) = \frac{I_z}{I_y}\tan(\theta)$$

$$\beta = -78.6°$$

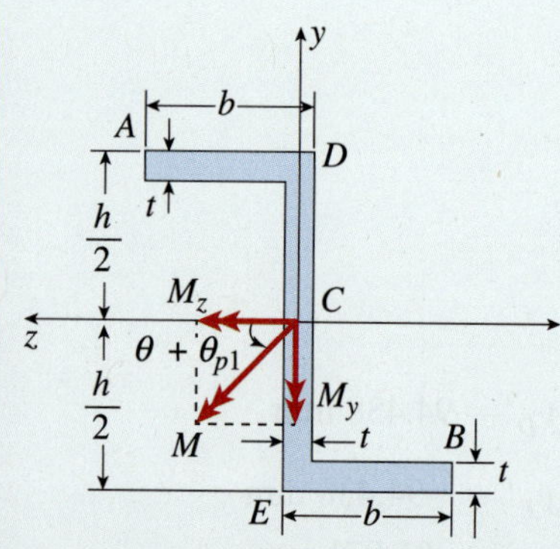

그림 6-33
단면 면들에 평행한 y와 z축을 갖는 Z-단면

4. 최종 단계: 다른 방법은 단면의 면들에 평행한 단면에서 주 도심축이 아닌 축에 대한 일반화된 굽힘 이론을 사용하는 것이다. 그림 6-33의 y축과 z축은 이제 웹과 플렌지와 나란하다. 예제 D-7로부터, 관성모멘트와 관성적은 $I_z = 29.29 \times 10^6$ mm^4, $I_y = 5.667 \times 10^6$ mm^4 그리고 $I_{yz} = 9.366 \times 10^6$ mm^{4}이다. (I_{yz}는 y와 z축의 방향에 대해 양의 부호인 것에 주의하자.)

예를 들어, 점 A의 y 및 z좌표는 이 축 시스템에서 $y_A = h/2 = 100$ nm, $z_A = b - t/2 = 82.5$ mm로 쉽게 계산된다. 작용 모멘트 M은 z축에 대해 $\theta + \theta_{p1} = 39.2°$의 각을 이루고 있으므로, 모멘트 M의 y축과 z축에 대한 성분은 다음과 같다.

$$M_y = -(3 \text{ kN}\cdot\text{m})\sin(\theta + \theta_{p1}) = -1.896 \text{ kN}\cdot\text{m}$$

$$M_z = (3 \text{ kN}\cdot\text{m})\cos(\theta + \theta_{p1}) = 2.325 \text{ kN}\cdot\text{m}$$

여기에 일반 굽힘 공식[식 (6-47)]에 주어진 수치를 입력하면 이전에 구했던 것과 같은 압축응력을 얻을 수 있다:

$$\sigma_A = \frac{(M_y I_z + M_z I_{yz}) z_A - (M_z I_y + M_y I_{yz}) y_A}{I_y I_z - I_{yz}^2} = -29.8 \text{ MPa}$$

단면에서 다른 관심 지점의 y 및 z좌표를 사용하면 단계 3에서 나열된 B, D 및 E의 수직응력을 계산할 수 있다.

6.6 전단 중심의 개념

이 장의 앞 절들에서는 다양한 특정 조건하에서 보의 굽힘 응력을 결정하는 것에 관심을 두었다. 예를 들면, 6.4절에서는 경사 하중을 받는 대칭 보를 고려하였고, 6.5절에서는 비대칭 보를 고려하였다. 그러나 보에 작용하는 가로 방향 하중은 굽힘모멘트뿐만 아니라 전단력도 일으키며, 따라서 이 절과 다음의 세 절에서는 전단의 영향을 검토할 것이다.

5장에서 하중이 대칭 평면 내에 작용할 때 보에서의 전단응력을 어떻게 결정하는가를 알았고, 특정 형상의 보에 대한 응력을 계산하는 전단 공식을 유도하였다. 이제 가로 방향 하중이 대칭 평면이 아닌 평면 내에 작용할 때 보에서의 전단응력을 검토할 것이다. 만일 보가 비틀림 없이 굽혀지려면, 하중은 **전단 중심**(*shear center*)이라고 불리는 단면 내의 특정한 점에 작용하여야만 한다는 것을 알게 될 것이다.

자유단에서 하중 P를 지지하는 1축 대칭 단면을 가진 외팔보를 고려한다(그림 6-34a 참조). 그림 6-34b에 보인 단면을 가진 보를 **불균형 *I*-보**(*unbalanced I-beam*)라고 한다. I-형 보는 균형이든 불균형이든 간에 일반적으로 대칭 평면(xz 평면) 내에 하중이 작용하지만, 이 경우에는 힘 P의 작용선이 이 평면에 수직이다. 좌표의 원점을 단면의 도심 C로 취하고, z축이 단면의 대칭축이기 때문에, y와 z축 모두 주 도심축이다.

하중 P의 작용하에 보가 중립면인 xz평면 내에서 굽혀진다고 가정하자. 이는 xy평면이 굽힘 평면임을 의미한다. 이러한 조건하에서, 두 가지 합 응력이 보의 중간 단면에 존재한다(그림 6-34b): z축에 대하여 작용하고 z축의 음의 방향으로 모멘트 벡터를 갖는 굽힘모멘트 M_0와 음의 y축 방향으로 작용하는 크기 P인 전단력이다. 주어진 보와 하중에 대하여, M_0와 P는 모두 알고 있는 양이다.

단면에 작용하는 수직응력은 굽힘모멘트 M_0인 합력을 가지며, 전단응력은 전단력(P와 같은)인 합력을 가진다. 만일 재료가 후크의 법칙을 따른다면 수직응력 은 중립축으로부터의 거리에 따라 선형적으로 변화하며 굽힘 공식으로부터 계산될 수 있다. 단면에 작용하는 전단응력은 오직 평형만을 고려하여 수직응력으로부터 결정되기 때문에(5.8절의 전단 공식 유도 참조), 이에 따라 단면에 걸친 전단응력의 분포 역시 결정된다. 이러한 전단응력의 합력은 크기가 힘 P와 같고 그 작용선이 z축 선상에 놓여 있는 어떤 점 S를 통과하는 수직력이다(그림 6-34b). 이 점은 단면의 **전단 중심**[또는, **굽힘 중심**(*center of flexure*)이라 부른다]이라고 알려져 있다.

요약하면, z축이 중립축이라고 가정하여 수직응력의 분포뿐만 아니라 전단 응력의 분포 그리고 합 전단력의 위치를 결정할 수 있다. 따라서 이제 보의 끝단에 작용하는 하중 P(그림 6-34a)가 굽힘이 중립축인 z축에 대해 일어난다면, 특정한 점(전단 중심)을 통

그림 6-34

1축 대칭 단면을 가진 외팔보: (a) 하중을 받는 보, (b) 합 응력 P 그리고 M_0, 도심 C, 그리고 전단 중심 S를 보여주는 보의 중간 단면

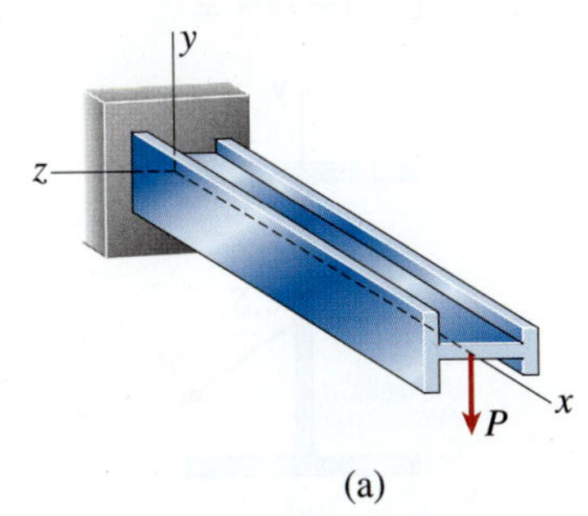

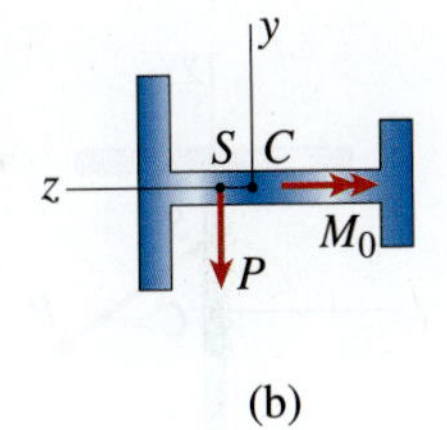

해 작용하여야만 한다는 것을 알게 된다.

만일 하중이 z축 선상의 어떤 다른 점에 작용한다면(말하자면, 그림 6-35의 점 A), 이는 전단 중심에 작용하는 힘 P와 비틀림 모멘트 T로 구성된 정역학적 등가 시스템으로 대체될 수 있다. 전단 중심에 작용하는 힘은 z축에 대하여 굽힘을 일으키고, 비틀림 모멘트는 비틀림을 일으킨다. **보에 작용하는 가로 방향 하중은 전단 중심을 통해 작용할 때에만 비틀림 없는 굽힘을 일으킨다.**

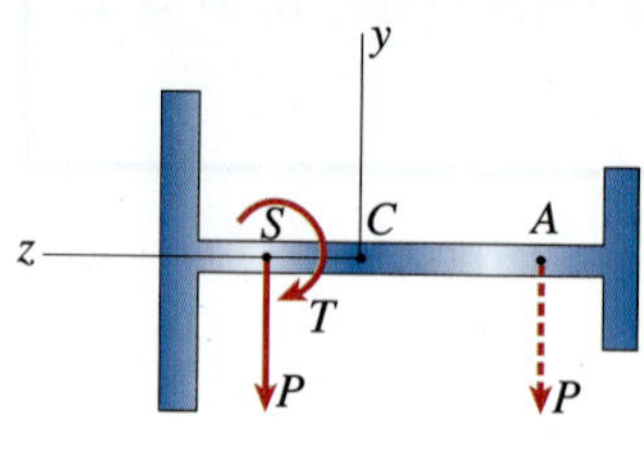

그림 6-35

점 A에 작용하는 하중 P를 받는 1축 대칭 보

전단 중심(도심 같이)은 어떤 대칭축 상에 놓이며, 따라서 전단 중심 S와 도심 C는 **이중 대칭 단면**에서는 일치한다(그림 6-36a). 도심을 통해 작용하는 하중 P는 비틀림 없이 y축과 z축에 대하여 굽힘을 일으키며, 이에 대응되는 굽힘 응력은 이중 대칭 보에 대하여 6.4절에서 기술한 방법에 의해 구할 수 있다.

만일 보가 **1축 대칭 단면**을 갖는다면(그림 6-36b), 도심과 전단 중심은 모두 대칭축 상에 놓인다. 전단 중심을 통해 작용하는 하중 P는 y와 z방향의 성분으로 분해할 수 있다. y방향의 성분은 중립축인 z축에 대해 xy평면 내에서 굽힘을 일으키며, z방향의 성분은 중립축인 y축에 대해 xz평면 내에서 굽힘(비틀림 없이)을 일으키게 될 것이다. 이러한 성분에 의해 생기는 굽힘 응력은 원래 하중에 의해 생기는 응력을 얻기 위해 중첩시킬 수 있다.

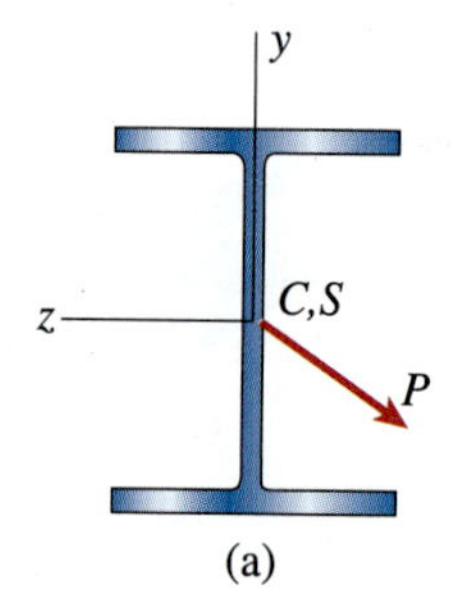

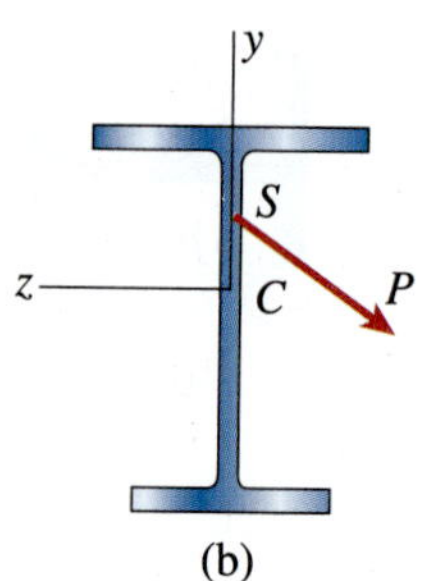

그림 6-36

(a) 도심(그리고 전단 중심)을 통해 작용하는 하중 P를 받는 이중 대칭 보, (b) 전단 중심을 통해 작용하는 하중 P를 받는 1축 대칭 보

마지막으로, 보가 **비대칭 단면**을 갖는다면(그림 6-37), 굽힘 해석은 다음과 같이 진행된다(하중이 전단 중심을 통해 작용한다면). 처음에는 단면의 도심 C의 위치를 정하고 주 도심축 y와 z축 방위를 결정한다. 그리고 하중을 y와 z방향의 성분(전단 중심에 작용하는)으로 분해하고 주축에 대한 굽힘모멘트 M_y와 M_z를 결정한다. 마지막으로, 6.5절에서 설명한 방법을 이용하여 비대칭 보에 대한 굽힘 응력을 계산한다.

이제 전단 중심의 중요성과 보 해석에서의 전단 중심의 사용에 대하여 설명하였으므로 "전단 중심의 위치를 어떻게 찾느냐" 하는 것은 자연스러운 질문이다. 이중 대칭 형상에 대한 답은 물론 간단하다—답은 도심이다. 1축 대칭 형상에 대한 전단 중심은 대칭축 선상에 놓여 있지만, 축 선상의 정확한 위치를 결정하는 것은 쉽지 않다. 만일 단면이 비대칭인 경우에(그림 6-37) 전단 중심의 위치를 찾는 것이 더욱더 어렵다. 이러한 경우에 작업은 이 책에서의 적절한 방법보다 더 고급인 방법을 필요로 한다(일부의 공학 핸드북에서는 전단 중심의 위치에 대한 공식들이 제공된다. 예로 참고문헌 2-9를 참조).

넓은 플렌지형 보, 채널, 앵글, T-형 보, 그리고 Z-형 단면 같은 **벽이 얇은 개방형 단면** 보는 특수한 경우이다. 이들은 구조용 목적으로 일반적으로 사용될 뿐만 아니라 비틀림에 대해서 매우 약하다. 결과적으로, 이들의 전단 중심의 위치를 결정하는 것은 특히 중요하다. 이러한 형태의 단면들은 다음의 세 절에서 고려한다. 6.7절과 6.8절에서는 이러한 보에서 어떻게 전단응력을 구하는가를 논의하고, 6.9절에서는 이들의 전단 중심의 위치를 어떻게 구하는가를 보여준다.

그림 6-37

전단 중심 S를 통해 작용하는 하중 P를 받는 비대칭 보

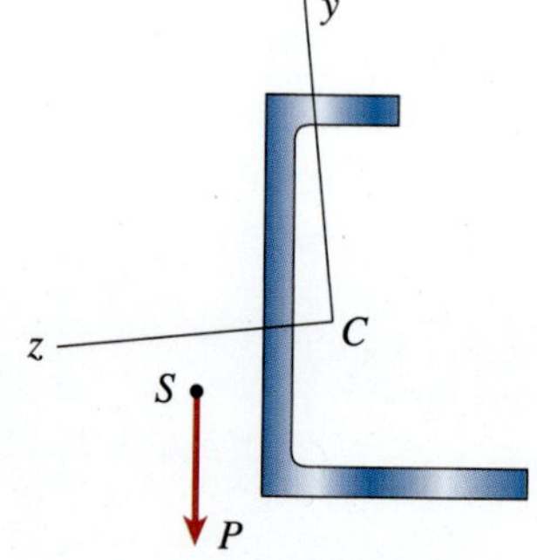

6.7 벽이 얇은 개방형 단면 보에서의 전단응력

직사각형 보, 원형 보 그리고 플렌지를 갖는 보의 웹에서의 전단응력 분포는 이미 5.8절, 5.9절 그리고 5.10절에서 기술되었으며, 응력을 계산하기 위한 전단 공식[식 (5-41)]도 유도되었다:

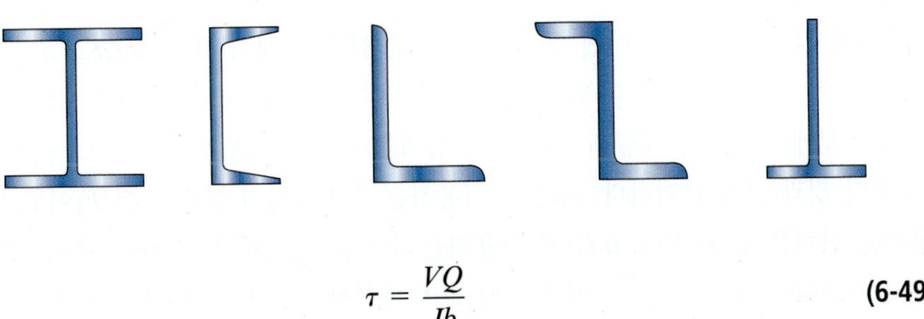

그림 6-38
벽이 얇은 개방형 단면의 전형적인 보(넓은 플렌지형 보 혹은 I형 보, 채널 보, 앵글 단면, Z 단면, 그리고 T형 보)

$$\tau = \frac{VQ}{Ib} \tag{6-49}$$

이 공식에서 V는 단면에 작용하는 전단력, I는 단면적의 관성모멘트(중립축에 대한), b는 전단응력을 구해야 하는 위치에서의 보의 폭, 그리고 Q는 전단응력을 구해야 하는 위치의 바깥쪽 단면적의 1차 모멘트이다.

이제 **벽이 얇은 개방형 단면(thin-walled open cross section)**의 보로 알려진 특별한 종류의 보에서의 전단응력을 고려하기로 한다. 이런 형태의 보는 두 가지 특징으로 구분된다: (1) 벽두께가 단면의 높이와 폭에 비하여 작고, (2) 단면이 속이 빈 상자형 보의 경우와 같이 폐합형이기보다, I형 보나 채널형 보의 경우와 같이 개방형이다. 예가 그림 6-38에 나타나 있다. 이런 형태의 보를 **구조용 단면(structural sections)** 또는 **프로파일 단면(profile section)**이라고도 부른다.

벽이 얇은 개방형 단면 보에서의 전단응력은 전단 공식[식 (6-49)]을 유도할 때 사용했던 것과 같은 기법을 사용하여 결정할 수 있다. 유도를 가능한 한 일반화하기 위해, 임의의 형상의 단면 중앙선 mm을 가진 보를 고려하기로 한다(그림 6-39a). y와 z축은 단면의 주 도심축이며, 하중 P는 전단 중심 S를 통해 y축에 평행하게 작용한다(그림 6-39b). 따라서 z축을 중립축으로 하여 굽힘이 xy평면 내에서 일어날 것이다.

이러한 조건하에서, 굽힘 공식으로부터 보의 임의의 점에서의 수직응력을 얻을 수 있다.

$$\sigma_x = -\frac{M_z y}{I_z} \tag{6-50}$$

여기서 M_z는 z축에 대한 굽힘모멘트(그림 6-18에서 정의한 대로 양인)이며, y는 고려한

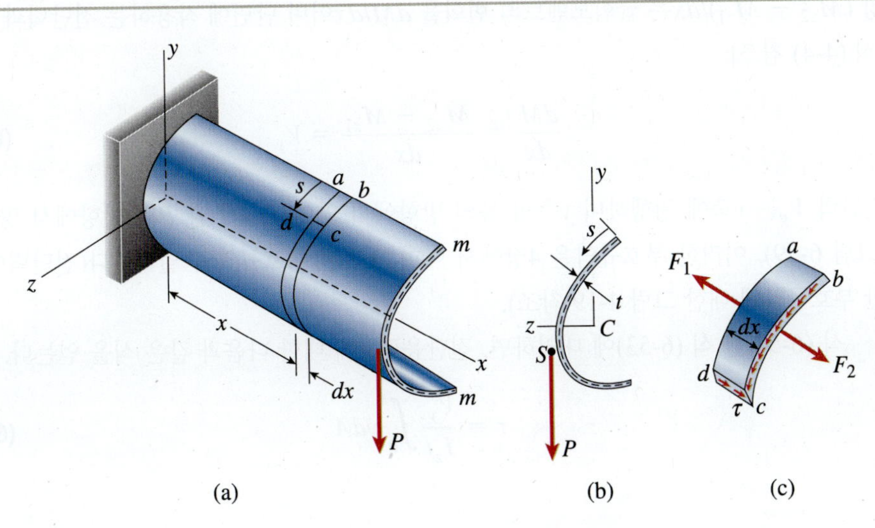

그림 6-39
벽이 얇은 개방형 단면 보에서의 전단응력(y와 z축은 주 도심축이다).

점의 좌표이다.

이제 길이 dx만큼 떨어진 두 단면 사이를 잘라낸 체적 요소 $abcd$를 고려한다(그림 6-39a). 이 요소는 단면의 가장자리에서 시작되며 중앙선 mm을 따라 측정된 길이 s를 갖는다는 것에 유의한다(그림 6-39b). 전단응력을 결정하기 위하여, 이 요소를 그림 6-39c에 보인 것과 같이 분리한다. ad면에 작용하는 수직응력의 합력은 힘 F_1이고 bc면에 작용하는 합력은 힘 F_2이다. ad면에 작용하는 수직응력은 bc면 에 작용하는 수직응력보다 크기 때문에(왜냐하면 굽힘모멘트가 더 크기 때문에), 힘 F_1은 F_2보다 클 것이다. 따라서 요소가 평형상태에 있기 위해서는 전단응력 τ가 cd면을 따라 작용해야만 한다. 이러한 전단응력은 요소의 윗면과 밑면에 대해 평행하게 작용하며, 그림에서 보인 것과 같이 ad 면과 bc면의 단면에 작용하는 상보 전단 응력(complementary shear stresses)을 동반하여야만 한다.

이러한 전단응력을 계산하기 위하여, 요소 $abcd$에 대해 x방향의 힘을 합한다(그림 6-39c); 따라서

$$\tau t dx + F_2 - F_1 = 0 \text{ 또는 } \tau t dx = F_1 - F_2 \tag{6-51}$$

이고, 여기서 t는 요소의 면 cd의 단면 두께이다. 다시 말하면 t는 자유 가장자리로부터 거리 s만큼 떨어진 곳의 단면의 두께이다(그림 6-39b). 다음에 식 (6-50)을 이용하여 힘 F_1에 대한 표현식을 얻는다:

$$F_1 = \int_0^s \sigma_x dA = -\frac{M_{z1}}{I_z}\int_0^s y dA \tag{6-52a}$$

여기서 dA는 체적 요소 $abcd$의 면 ad상의 면적 요소이고 y는 요소 dA에 대한 좌표이며, M_{z1}은 단면의 굽힘모멘트이다. 이와 유사한 표현식이 힘 F_2에 대하여 얻어진다:

$$F_2 = \int_0^s \sigma_x dA = -\frac{M_{z2}}{I_z}\int_0^s y dA \tag{6-52b}$$

F_1과 F_2에 관한 이 식들을 식 (6-51)에 대입하면 다음 식을 얻게 된다.

$$\tau = \left(\frac{M_{z2} - M_{z1}}{dx}\right)\frac{1}{I_z t}\int_0^s y dA \tag{6-53}$$

양 $(M_{z2} - M_{z1})/dx$은 굽힘모멘트의 변화율 dM/dx이며 단면에 작용하는 전단력과 같다[식 (4-4) 참조]:

$$\frac{dM}{dx} = \frac{M_{z2} - M_{z1}}{dx} = V_y \tag{6-54}$$

전단력 V_y는 y축에 평행하며 y축의 음의 방향에서 양이다. 즉, 힘 P의 방향에서 양이다(그림 6-39). 이러한 부호규약은 4장에서 이미 채택된 부호규약과 일치한다(전단력에 대한 부호규약에 대한 그림 4-19 참조).

식 (6-54)를 식 (6-53)에 대입하면, 전단응력 τ에 대한 다음과 같은 식을 얻는다.

$$\tau = \frac{V_y}{I_z t}\int_0^s y dA \tag{6-55}$$

이 식은 자유 가장자리로부터 거리 s만큼 떨어진 단면상의 임의의 점에 대한 전단응력을 나타낸다. 식 우변의 적분은 $s = 0$에서 $s = s$까지의 단면적의 z축(중립축)에 대한 1차 모멘트를 나타낸다. 이 1차 모멘트를 Q_z라고 표시하면, **전단응력** τ에 대한 식은 다음과 같이 간단한 형태로 쓸 수 있다.

$$\tau = \frac{V_y Q_z}{I_z t} \tag{6-56}$$

이 식은 표준 전단 공식[식 (6-47)]과 유사하다.

전단응력은 단면의 중앙선을 따라 향하고 단면의 가장자리에 평행하게 작용한다. 더 나아가 이 응력은 벽의 두께 t에 걸쳐 일정한 세기를 갖는다고 묵시적으로 가정하였으며, 이는 두께가 작은 경우에 유효한 가정이다(벽의 두께는 일정할 필요는 없지만 거리 s의 함수로 변화할 수 있다는 것에 유의).

단면의 임의의 점에서의 전단류(shear flow)는 그 점에서의 전단응력에 두께를 곱한 것과 같다.

$$f = \tau t = \frac{V_y Q_z}{I_z} \tag{6-57}$$

V_y와 I_z는 일정하기 때문에 전단류는 Q_z에 정비례한다. 단면의 위와 밑의 가장자리에서 Q_z는 0이고, 그러므로 전단류는 역시 0이다. 전단류는 이 끝점들 사이에서 연속적으로 변화하고 Q_z가 최대인 곳, 즉 중립축에서 최댓값에 도달한다.

이제 그림 6-39에 보이는 보가 z축에 평행하고 전단 중심을 통해 작용하는 하중에 의해 굽혀진다고 생각한다. 그러면 보는 xz평면 내에서 굽혀질 것이고 y축은 중립축이 될 것이다. 이러한 경우에서 동일한 형태의 해석을 반복할 수 있으며 전단응력과 전단류에 대한 식들에 도달할 수 있다[식 (6-56)과 (6-57)을 비교하라]:

$$\tau = \frac{V_z Q_y}{I_y t} \qquad f = \tau t = \frac{V_z Q_y}{I_y} \tag{6-58a,b}$$

이 식들에서 V_z는 z축에 평행한 전단력이며 Q_y는 y축에 대한 1차 모멘트이다.

요약하면, 전단력이 전단 중심을 통해 작용하여야만 하고 주 도심축의 하나에 평행하여야만 한다는 조건하에, 벽이 얇은 개방형 단면 보의 전단응력에 대한 공식을 유도하였다. 만일 전단력이 y와 z축에 경사지게 작용하면(그러나 전단 중심을 통해 작용), 전단력은 주축에 평행한 성분으로 분해될 수 있다. 그러면 두 가지 별도 해석이 이루어질 수 있고, 그 결과들이 중첩될 수 있다.

전단응력 공식 사용을 예시하기 위하여, 다음 절에서 넓은 플렌지형 보에서의 전단응력을 고려할 것이다. 뒤의 6.9절에서, 개방형 단면을 갖는 몇 개의 벽이 얇은 보의 전단 중심의 위치를 찾기 위하여 전단응력 공식을 사용할 것이다.

6.8 넓은 플렌지형 보에서의 전단응력

이제 넓은 플렌지형 보에서의 전단응력을 검토하기 위하여 앞 절에서 논의했던 개념과 식들을 이용할 것이다. 이 논의를 위하여 다음 페이지에 있는 그림 6-40a의 넓은 플렌지형 보(wide-flange beam)를 고려한다. 이 보는 단면의 도심과 일치하는 전단 중심을 통해 웹의 평면 내에 작용하는 힘 P의 작용을 받는다. 단면치수는 그림 6-40b에 나타나 있으며 여기서 b는 플렌지의 폭, h는 플렌지의 중심선 사이의 높이, t_f는 플렌지의 두께, 그리고 t_w는 웹의 두께임을 유의한다.

상부 플렌지에서의 전단응력

우선 상부 플렌지의 우측 부분에 있는 단면 bb에서의 전단응력을 고려하자(그림 6-40b). 거리 s가 단면의 가장자리(점 a)를 원점으로 하였기 때문에, 점 a와 단면 bb 사이의 단면적은 st_f이다. 또한 이 면적의 도심으로부터 중립축까지의 거리는 $h/2$이고, 따라서 면적의 1차 모멘트 Q_z는 $st_fh/2$와 같다. 따라서 단면 bb에서의 플렌지의 전단응력 t_f는[식 (6-56)으로부터] 다음과 같다.

$$\tau_f = \frac{V_yQ_z}{I_zt} = \frac{P(st_fh/2)}{I_zt_f} = \frac{shP}{2I_z} \tag{6-59}$$

이 응력의 방향은 점 a와 단면 bb 사이의 플렌지에서 잘라낸 요소 A에 작용하는 힘을 검토함으로써 결정할 수 있다(그림 6-40a,b 참조).

이 요소는 요소에 작용하는 힘과 응력을 명확하게 보여주기 위하여 그림 6-40c에 더 큰 축척으로 그려져 있다. 굽힘모멘트는 요소의 앞면보다는 뒷면에서 더 크기 때문에, 인

그림 6-40
넓은 플렌지형 보에서의 전단응력

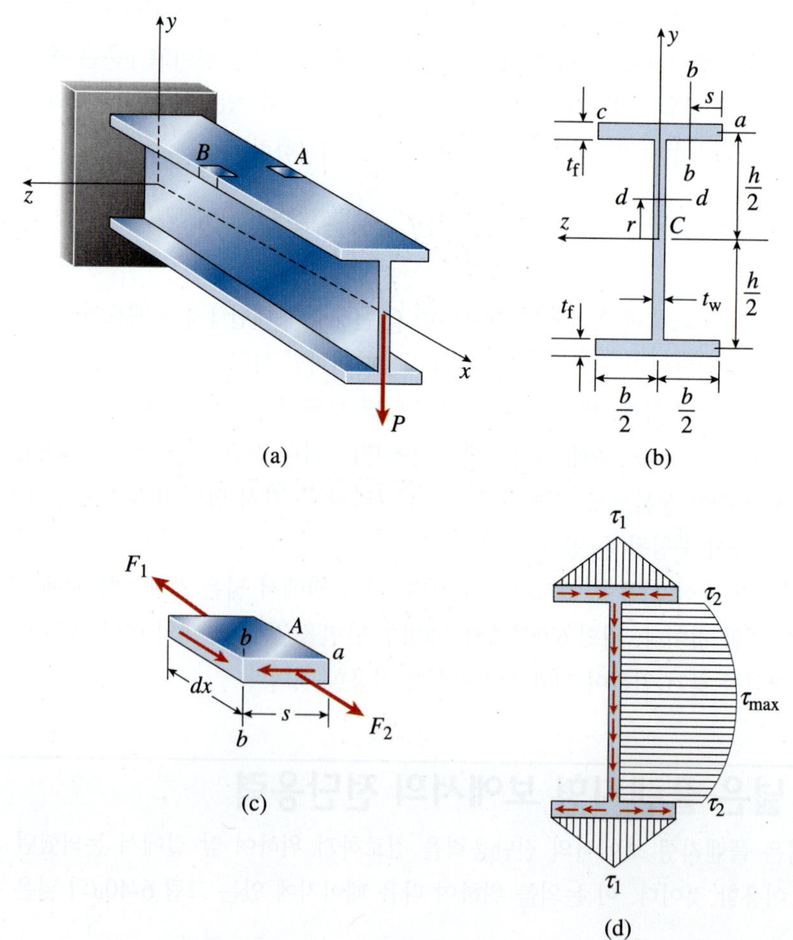

장력 F_1은 F_2보다 더 크다는 것을 즉시 알게 된다. 만일 요소가 평형상태에 있기 위해서는, 요소 A의 좌측면에 작용하는 전단응력이 독자를 향하여 작용해야만 한다는 결론이 된다. 이러한 관찰로부터, 요소 A의 앞면에 작용하는 전단 응력은 왼쪽을 향해 작용해야만 한다.

이제 그림 6-40b로 되돌아가서, 단면 bb에서의 전단응력의 크기와 방향이 완전하게 결정되었음을 알 수 있다. 여기서 단면 bb는 점 a와 플렌지와 웹의 접합부 사이에 임의로 위치를 정할 수 있다. 따라서 플렌지의 우측 부분에 걸쳐서 전단 응력은 수평하게 좌측으로 작용하며, 그 크기는 식 (6-59)로 주어진다. 이 식으로부터 아는 바와 같이, 전단응력은 거리 s에 따라 선형적으로 증가한다.

상부 플렌지에서 응력의 변화는 그림 6-40d에 도해적으로 나타나 있고, 응력은 점 a ($s = 0$인 곳)에서 0으로부터 $s = b/2$에서 최댓값 τ_1까지 변화한다:

$$\tau_1 = \frac{bhP}{4I_z} \tag{6-60}$$

이에 대응하는 전단류는 다음과 같다.

$$f_1 = \tau_1 t_f = \frac{bht_f P}{4I_z} \tag{6-61}$$

계산에서 단면의 중앙선 치수만을 사용하여, 플렌지와 웹의 중앙선의 접합부에서의 전단응력과 전단류를 계산하였음을 유의한다. 이러한 근사방법은 계산을 단순하게 하며 벽이 얇은 단면에 대해서 만족한 결과를 준다.

상부 플렌지의 좌측 부분상의 점 c(그림 6-40b)에서 시작하여 우측으로 거리 s를 측정함으로써 같은 형태의 해석을 반복할 수 있다. 전단응력의 크기는 역시 식 (6-59)와 식 (6-60)에 의해 구해진다. 그러나 요소 B(그림 6-40a)를 잘라내어 평형을 고려함으로써, 이번에는 단면의 전단응력이 그림 6-40d에 보인 것처럼 우측으로 작용함을 알 수 있다.

웹에서의 전단응력

다음 단계는 웹에 작용하는 전단응력을 결정하는 것이다. 웹의 상단(플렌지와 웹의 접합부에서)에서 수평으로 잘라낸 부분을 고려하면, 중립축에 대한 1차 모멘트 $Q_z = bt_f h/2$이므로 이에 대응하는 전단응력은

$$\tau_2 = \frac{bht_f P}{2I_z t_w} \tag{6-62}$$

이고, 관련된 전단류는 다음과 같다.

$$f_2 = \tau_2 t_w = \frac{bht_f P}{2I_z} \tag{6-63}$$

전단류 f_2는 전단류 f_1의 2배임을 유의한다. 이는 상부 플렌지의 두 반쪽 부분에서의 전단류가 웹의 상단에서의 전단류를 일으키기 위해 합해지기 때문에 예상된 결과이다.

웹에서의 전단응력은 아래 방향으로 작용하며, 중립축에 도달할 때까지 그 크기가 증가한다. 중립축으로부터 거리 r만큼 떨어진 단면 dd(그림 6-40b)에서, 웹에서의 전단응력 τ_w는 다음과 같이 계산된다:

$$Q_z = \frac{bt_f h}{2} + \left(\frac{h}{2} - r\right)(t_w)\left(\frac{h/2 + r}{2}\right) = \frac{bt_f h}{2} + \frac{t_w}{2}\left(\frac{h^2}{4} - r^2\right)$$

$$\tau_w = \left(\frac{bt_f h}{t_w} + \frac{h^2}{4} - r^2\right)\frac{P}{2I_z} \tag{6-64}$$

$r = h/2$일 때, 이 식은 식 (6-62)로 축소되고, $r = 0$일 때 최대 전단응력이 발생한다:

$$\tau_{max} = \left(\frac{bt_f}{t_w} + \frac{h}{4}\right)\frac{Ph}{2I_z} \tag{6-65}$$

모든 계산은 단면의 중앙선 치수를 근거로 이루어졌음을 다시 한번 유의해야 한다. 이러한 이유로, 식 (6-64)로부터 계산된 넓은 플렌지형 보의 웹에서의 전단응력은 5장에서 했던 더 정확한 해석으로 구한 값과 약간의 차이가 있을 수 있다[5.10절의 식 (5-51) 참조].

비록 웹에서 전단응력의 변화는 크지 않지만, 그림 6-40d에 보인 것과 같이 포물선 모양으로 변화한다. τ_2에 대한 τ_{max}의 비는 다음과 같다.

$$\frac{\tau_{max}}{\tau_2} = 1 + \frac{ht_w}{4bt_f} \tag{6-66}$$

예를 들어, 만일 $h = 2b$이고 $t_f = 2t_w$라 가정하면 비는 $\tau_{max}/\tau_2 = 1.25$이다.

하부 플렌지에서의 전단응력

해석의 마지막 단계로, 상부 플렌지에 대해 사용했던 것과 같은 방법으로 하부 플렌지에서의 전단응력을 고려하자. 응력의 크기는 상부 플렌지에서의 응력과 같으나 그 방향은 그림 6-40d에 보인 것과 같다.

총론

그림 6-40d로부터 단면에 작용하는 전단응력은 상부 플렌지의 가장 바깥쪽 가장자리로부터 안쪽으로 "흐르고", 그 다음에 웹을 통하여 아래로 흐르며 최종적으로 하부 플렌지의 바깥쪽 가장자리로 흐름을 알 수 있다. 이 흐름은 어떠한 구조용 단면에서나 연속적이기 때문에, 응력의 방향을 결정하는 편리한 방법으로 쓰인다. 예를 들어, 만일 전단력이 그림 6-40a의 보에서 아래 방향으로 작용한다면, 웹에서의 전단류도 아래로 향해야만 한다는 것을 바로 알 수 있다. 웹에서의 전단류의 방향을 알면, 요구되는 흐름의 연속성 때문에 플렌지에서의 전단류의 방향도 알 수 있다. 전단응력의 방향을 구하기 위한 이러한 간단한 기법을 사용하는 것은, 보에서 잘라낸 A(그림 6-40c)와 같은 요소에 작용하는 힘의 방향을 눈에 보이게 하는 것보다 더 쉽다.

플렌지에서의 수평 방향 응력은 합력을 일으키지 않기 때문에, 단면에 작용하는 모든 전단응력의 합력은 분명히 수직력이다. 웹에서의 전단응력은 합력 R을 가지며, 이는 전단응력을 웹의 높이에 걸쳐 적분함으로써 다음과 같이 구한다:

$$R = \int \tau dA = 2\int_0^{h/2} \tau t_w dr$$

식 (6-64)를 이 식에 대입하면 다음을 얻는다.

$$R = 2t_w\int_0^{h/2}\left(\frac{bt_f h}{t_w} + \frac{h^2}{4} - r^2\right)\left(\frac{P}{2I_z}\right)dr = \left(\frac{bt_f}{t_w} + \frac{h}{6}\right)\frac{h^2 t_w P}{2I_z} \tag{6-67}$$

관성모멘트 I_z는 다음과 같이 계산될 수 있다(중심선 치수를 사용하여) :

$$I_z = \frac{t_w h^3}{12} + \frac{bt_f h^2}{2} \tag{6-68}$$

여기서 첫 번째 항은 웹의 관성모멘트이고 둘째 항은 플렌지의 관성모멘트이다. I_z에 대한 이 식을 식 (6-65)에 대입하면, $R = P$가 되며, 이는 단면에 작용하는 전단응력의 합력이 하중과 같다는 것을 보여준다. 더 나아가 합력의 작용선은 웹의 평면 내에 있고, 따라서 합력은 전단 중심을 지난다.

앞에서의 해석은 플렌지를 포함하기 때문에, 넓은 플렌지형 보나 I형 보에서의 전단 응력에 대한 더욱 완전한 개념을 제공한다(5장에서는 웹에서의 전단응력만 검토하였음을 상기하라). 더 나아가, 이 해석은 벽이 얇은 개방형 단면 보에서의 전단응력을 구하는 일반적인 방법을 보여준다. 다른 예가 다음 절에 주어져 있는데, 여기서는 채널 단면과 앵글 단면에서의 전단응력이 전단 중심의 위치를 구하는 과정의 한 부분으로서 결정된다.

6.9 벽이 얇은 개방형 단면의 전단 중심

6.7절과 6.8절에서, 벽이 얇은 개방형 단면 보에서의 전단응력을 구하는 방법을 개발하였다. 이제 이 방법을 여러 가지 형상의 보의 전단 중심의 위치를 구하는 데 이용할 것이다. 이중 대칭 단면의 전단 중심은 도심에 위치한다는 것을 이미 알고 있기 때문에, 1축 대칭이거나 비대칭 단면을 갖는 보만 고려할 것이다.

전단 중심의 위치를 구하는 과정은 두 가지 주요 단계로 구성된다: 첫째는 굽힘이 주축 중의 하나에 대해 일어날 때 단면에 작용하는 전단응력을 구하는 것이고, 그리고 둘째는 이 응력의 합력을 구하는 것이다. 전단 중심은 합력의 작용선상에 위치한다. 두 주축에 대한 굽힘을 고려함으로써, 전단 중심의 위치를 결정할 수 있다.

6.7절과 6.8절에서처럼 공식을 유도하고 계산을 수행할 때 중앙선 치수만을 사용할 것이다. 이러한 과정은 보가 얇은 두께를 가질 때, 즉 보의 두께가 단면의 다른 치수에 비해 작을 때 만족스럽다.

채널 단면

해석하고자 하는 첫 번째 보는 1축 대칭인 채널 단면(그림 6-41a)이다. 6.6절의 일반적 논의로부터 전단 중심은 대칭축(z축) 상에 위치함을 바로 알 수 있다. z축 상의 전단 중심의 위치를 구하기 위하여 보는 z축을 중립축으로 하여 굽혀진다고 가정하고, y축에 평행하게 작용하는 합 전단력 V_y의 작용선을 결정한다. 전단 중심은 V_y의 작용선이 z축과 교차하는 곳에 위치한다(축의 원점은 도심 C이므로 y와 z축은 모두 주 도심축임을 유의한다).

6.8절에서의 논의를 근거로 하여, 채널에서의 전단응력은 플렌지에서는 선형적으로 변화하고, 웹에서는 포물선형으로 변화한다고 결정을 내릴 수 있다(그림 6-41b). 플렌지에서의 최대 응력 τ_1, 웹 상부에서의 응력 τ_2 및 웹에서의 최대 응력 τ_{max}을 알면, 이 응력

의 합력을 구할 수 있다.

플렌지에서의 응력 τ_1을 구하기 위해, 식 (6-56)의 Q_z를 플렌지 면적의 z축에 관한 1차 모멘트와 같게 놓는다:

$$Q_z = \frac{bt_f h}{2} \tag{6-69}$$

여기서 b는 플렌지의 폭, t_f는 플렌지의 두께, 그리고 h는 보의 높이이다(b와 h는 단면의 중앙선을 따라 측정됨을 다시 한번 유의한다). 따라서 플렌지에서의 응력 τ_1는

$$\tau_1 = \frac{V_y Q_z}{I_z t_f} = \frac{bhV_y}{2I_z} \tag{6-70}$$

이고, 여기서 I_z는 z축에 대한 관성모멘트이다.

웹의 상부에서의 응력 τ_2는 비슷한 방법으로 구해지지만, 두께는 플렌지의 두께 대신에 웹의 두께와 같다고 놓는다:

$$\tau_2 = \frac{V_y Q_z}{I_z t_w} = \frac{bt_f hV_y}{2t_w I_z} \tag{6-71}$$

또한, 중립축에서 면적의 1차 모멘트는 다음과 같다.

$$Q_z = \frac{bt_f h}{2} + \frac{ht_w}{2}\left(\frac{h}{4}\right) = \left(bt_f + \frac{ht_w}{4}\right)\frac{h}{2} \tag{6-72}$$

따라서 최대 응력은 다음과 같다.

$$\tau_{max} = \frac{V_y Q_z}{I_z t_w} = \left(\frac{bt_f}{t_w} + \frac{h}{4}\right)\frac{hV_y}{2I_z} \tag{6-73}$$

보의 하반부에서의 응력 τ_1과 τ_2는 상반부에서의 대응되는 응력과 같다(그림 6-41b).

각 플렌지에 걸리는 수평전단력 F_1(그림 6-41c)은 삼각형 모양의 응력 선도로부터 구할 수 있다. 각 힘은 응력 삼각형의 면적에 플렌지의 두께를 곱한 것과 같다:

그림 6-41
채널 단면의 전단 중심 S

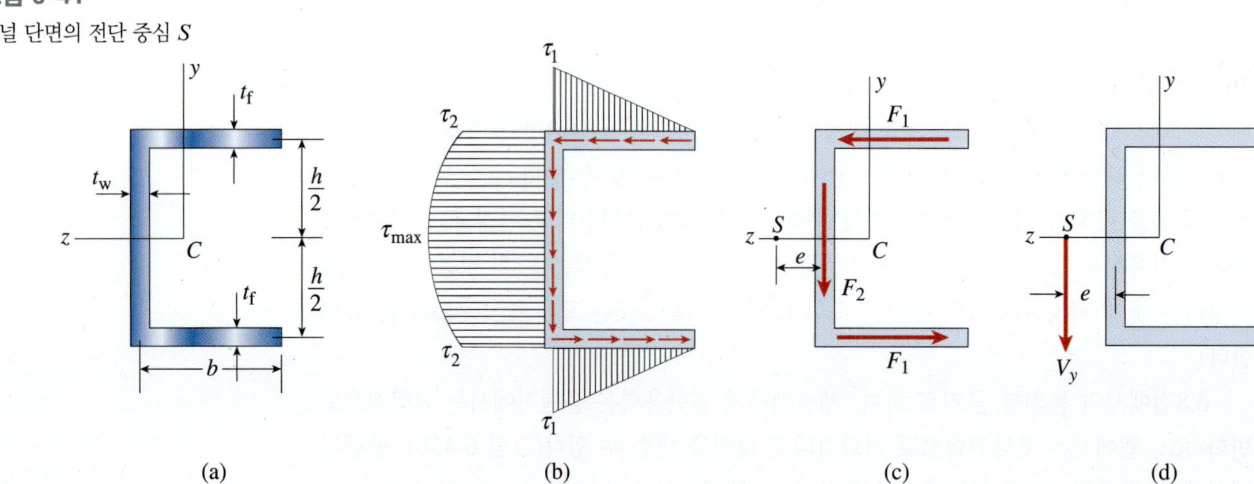

$$F_1 = \left(\frac{\tau_1 b}{2}\right)(t_f) = \frac{hb^2 t_f V_y}{4I_z} \tag{6-74}$$

플렌지에서의 힘은 수직 성분을 갖지 않기 때문에 웹에서의 수직력 F_2는 전단력 V_y와 같아야만 한다. 이를 검토하기 위해서, 그림 6-41b의 포물선형 응력 선도를 고려함으로써 $F_2 = V_y$임을 증명할 수 있다. 이 선도는 두 부분의 면적, $\tau_2 h$의 직사각형 면적과 다음과 같은 포물선 부분의 면적으로 구성되어 있다.

$$\frac{2}{3}(\tau_{max} - \tau_2)h$$

따라서 전단력 F_2는 응력 선도의 면적에 웹의 두께 t_w를 곱한 것과 같으며 다음과 같다.

$$F_2 = \tau_2 h t_w + \frac{2}{3}(\tau_{max} - \tau_2)ht_w$$

τ_2와 τ_{max}에 대한 표현식[식 (6-71)과 (6-73)]을 앞 식에 대입하면 다음을 얻는다.

$$F_2 = \left(\frac{t_w h^3}{12} + \frac{bh^2 t_f}{2}\right)\frac{V_y}{I_z} \tag{6-75}$$

마지막으로 관성모멘트에 대한 식은

$$I_z = \frac{t_w h^3}{12} + \frac{bh^2 t_f}{2} \tag{6-76}$$

이며, 계산은 중심선 치수에 근거하였음을 다시 한번 유의한다. I_z에 대한 이 식을 F_2에 대한 식 (6-75)에 대입하면 예상대로 다음을 얻게 된다.

$$F_2 = V_y \tag{6-77}$$

단면에 작용하는 세 개의 힘(그림 6-41c)은 전단 중심 S에서 z축과 교차하는 합력 V_y를 갖는다(그림 6-41d). 그러므로 세 힘의 단면에서 임의의 점에 대한 모멘트는 힘 V_y의 같은 점에 대한 모멘트와 같아야만 한다. 이러한 모멘트 관계는 전단 중심의 위치를 구할 수 있는 식을 제공해 준다.

예로서, 전단 중심 자체를 모멘트의 중심으로 선택하자. 이 경우에, 세 힘의 모멘트(그림 6-41c)는 $F_1 h - F_2 e$이고, 여기서 e는 웹의 중앙선으로부터 전단 중심까지의 거리이며, 합력 V_y의 모멘트는 0이다(그림 6-41d). 이 모멘트를 같게 놓으면

$$F_1 h - F_2 e = 0 \tag{6-78}$$

이고, 식 (6-74)의 F_1과 식 (6-77)의 F_2를 위 식에 대입하여 e에 대하여 풀면 다음을 얻는다.

$$e = \frac{b^2 h^2 t_f}{4I_z} \tag{6-79}$$

I_z에 대한 식[식 (6-76)]을 대입하면, 식 (6-79)는 다음과 같이 된다.

$$e = \frac{3b^2 t_f}{ht_w + 6bt_f} \tag{6-80}$$

따라서 채널 단면의 전단 중심의 위치를 결정하였다.

6.6절에서 설명한 바와 같이, 채널 보는 전단 중심에 작용하는 하중을 받을 때 비틀림 없이 굽힘 작용을 받는다. 만일 하중이 y축에 평행하지만 전단 중심이 아닌 어떤 점에 작용하면(예: 하중이 웹 평면 내에 작용하면), 이 하중은 전단 중심을 지나는 하중과 비틀림 짝힘으로 구성되는 정역학적 등가 힘 시스템으로 대체할 수 있다. 그러면 보는 굽힘과 비틀림의 결합작용을 받는다. 만일 하중이 z축에 따라 작용하면, y축에 대한 단순 굽힘이 된다. 만일 하중이 전단 중심을 통해 비스듬한 방향으로 작용하면, 이 하중은 y와 z축에 평행하게 작용하는 정역학적 등가 하중으로 대체될 수 있다.

앵글 단면

다음에 고려할 형상은 등변 앵글 단면(equal-leg angle section)이며(그림 6-42a), 여기서 앵글의 각 변의 길이는 b이고 두께는 t이다. z축이 대칭축이며 좌표의 원점은 도심 C에 있다; 따라서 y와 z축은 모두 주 도심축이다.

전단 중심의 위치를 구하기 위하여, 채널 단면에 대해 기술한 바와 동일한 일반 절차를 따를 것이며, 이는 해석의 일부로 전단응력의 분포를 결정하고자 하기 때문이다. 그러나 뒤에서 알게 되는 것처럼, 앵글 단면의 전단 중심은 육안으로 결정할 수 있다.

먼저 단면은 y축에 평행하게 작용하는 전단력 V_y를 받고 있다고 가정함으로써 시작한다. 다음에 앵글의 변에서 대응하는 전단응력을 구하기 위해 식 (6-56)을 사용한다. 이러한 목적으로 보의 바깥쪽 가장자리의 점 a와 점 a에서 거리 s만큼 떨어진 단면 bb 사이의 단면적의 1차 모멘트가 필요하다(그림 6-42b). 면적은 s_t와 같고 중립축으로부터 면적의 도심까지의 거리는

$$\frac{b - s/2}{\sqrt{2}}$$

이다. 따라서 면적의 1차 모멘트는 다음과 같다.

$$Q_z = st\left(\frac{b - s/2}{\sqrt{2}}\right) \tag{6-81}$$

그림 6-42

등변 앵글 단면의 전단 중심

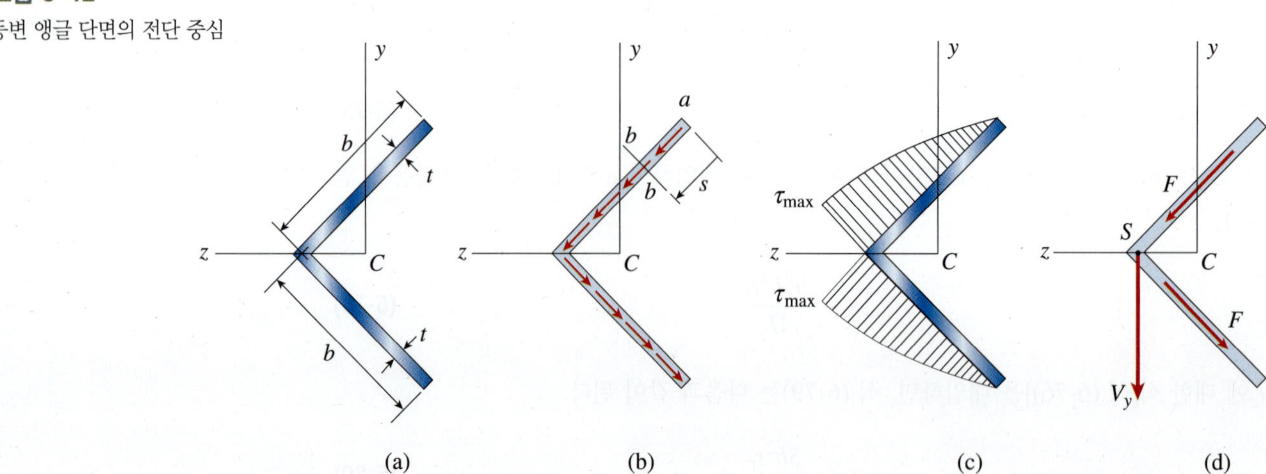

이 식을 식 (6-56)에 대입함으로써, 단면의 가장자리로부터 거리 s만큼 떨어진 곳에서의 전단응력에 대한 다음과 같은 공식을 얻는다.

$$\tau = \frac{V_y Q_z}{I_z t} = \frac{V_y s}{I_z \sqrt{2}}\left(b - \frac{s}{2}\right) \qquad \textbf{(6-82)}$$

관성모멘트 I_z는 부록 E의 사례 24에 $\beta = 45°$를 대입하여 얻을 수 있다:

$$I_z = 2I_{BB} = 2\left(\frac{tb^3}{6}\right) = \frac{tb^3}{3} \qquad \textbf{(6-83)}$$

I_z에 대한 이 식을 식 (6-80)에 대입하면 다음을 얻는다.

$$\tau = \frac{3V_y s}{b^3 t\sqrt{2}}\left(b - \frac{s}{2}\right) \qquad \textbf{(6-84)}$$

이 식은 앵글의 변을 따라 임의의 점에서의 전단응력을 나타낸다. 이 응력은 그림 6-42c에 보인 바와 같이, s에 따라 2차적으로 변화한다.

전단응력의 최댓값은 앵글의 변의 교차점에서 일어나며 식 (6-84)에 $s = b$를 대입하여 얻는다:

$$\tau_{\max} = \frac{3V_y}{2bt\sqrt{2}} \qquad \textbf{(6-85)}$$

각 변에서의 전단력 F(그림 6-42d)는 포물선 응력 선도의 면적(그림 6-42c)에 변의 두께 t를 곱한 것과 같다:

$$F = \frac{2}{3}(\tau_{\max} b)(t) = \frac{V_y}{\sqrt{2}} \qquad \textbf{(6-86)}$$

힘 F의 수평 성분은 서로 상쇄되므로 수직 성분만 남게 된다. 각각의 수직 성분은 $F/\sqrt{2}$ 또는 $V_y/2$와 같고, 따라서 수직 방향 합력은 예상대로 전단력 V_y와 같다.

합력은 두 힘 F의 작용선의 교차점을 지나기 때문에(그림 6-42d), 전단 중심 S는 앵글의 두 변의 접합부에 위치함을 알 수 있다.

두 개의 좁은 직사각형의 접합체로 구성된 단면

앵글 단면에 대한 앞의 논의에서는 벽이 얇은 개방형 단면을 해석하기 위한 일반적인 방법을 예시하기 위하여 변에서의 전단응력과 힘을 계산하였다. 그러나 만일 유일한 목적이 전단 중심을 찾는 것이었다면, 응력과 힘을 계산할 필요가 없었을 것이다.

전단응력은 변의 중앙선에 평행하기 때문에(그림 6-42b), 이들의 합력이 두 힘 F임을 바로 알았어야 했을 것이다(그림 6-42d). 이 두 힘의 합력은 두 힘의 교차점을 지나는 한 개의 힘이다. 결과적으로, 이 점이 전단 중심이다. 따라서 이러한 간단한 이유로(어떠한 계산도 할 필요 없이) 등변 앵글 단면의 전단 중심의 위치를 결정할 수 있다.

같은 이유가 두 개의 얇은 직사각형 접합체로 구성된 모든 단면에 적용된다(그림 6-43). 각 경우에서 전단응력의 합력은 직사각형의 접합부에서 교차하는 힘이다. 따라서 전단 중심 S는 그 점에 위치한다.

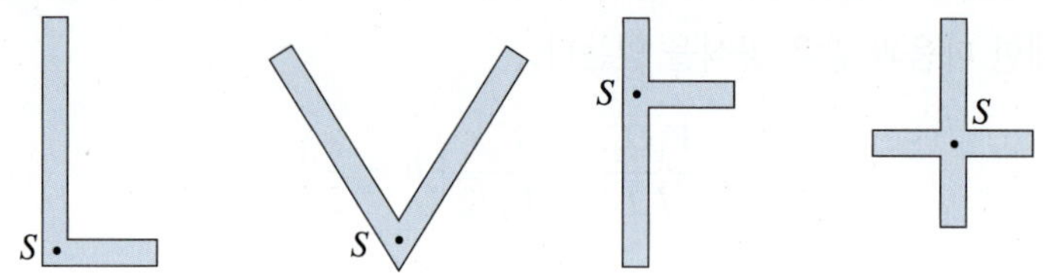

그림 6-43
두 개의 좁은 직사각형 접합체로 구성된 단면의 전단 중심

Z형 단면

이제 벽이 얇은 Z형 단면(그림 6-44a)의 전단 중심의 위치를 결정해 보자. 단면은 대칭축을 갖지 않지만 도심 C에 대해 대칭이다(점 대칭에 대한 논의는 부록 D의 D.1절 참조). y와 z축은 도심을 지나는 주축이다.

전단력 V_y는 y축에 평행하게 작용하고 z축을 중립축으로 하여 굽힘을 일으킨다고 가정하는 것으로 시작한다. 그러면 플렌지와 웹에서의 전단응력은 그림 6-44a에서 보이는 방향으로 향할 것이다. 대칭을 고려하면 두 플렌지에서의 힘 F_1은 서로 같아야만 한다(그림 6-44b). 단면에 작용하는 세 힘(플렌지에서의 F_1과 웹 에서의 F_2)의 합력은 전단력 V_y와 같아야만 한다. 힘 F_1은 도심을 지나며 플렌지에 평행한 합력 $2F_1$을 갖는다. 이 힘은 도심 C에서 힘 F_2와 교차하며, 따라서 전단력 V_y의 작용선은 도심을 지나야만 한다는 결론을 얻는다.

만일 보가 z축에 평행한 전단력 V_z의 작용을 받는다면, 비슷한 결론에 도달하는데, 즉 전단력이 도심을 통해 작용한다는 결론에 도달한다. 전단 중심은 두 전단력의 작용선의 교차점에 위치하기 때문에, Z형 단면의 전단 중심은 도심과 일치한다는 결론을 얻는다.

이러한 결론은 도심에 대해 대칭인 어떠한 Z형 단면, 즉 동일한 플렌지(같은 폭과 같은 두께를 가진)를 갖는 Z형 단면에도 적용된다. 그러나 웹의 두께는 플렌지의 두께와 같지 않아도 된다는 것에 유의한다.

다른 많은 구조용 형상에 대한 전단 중심의 위치는 이 장 뒷부분의 연습문제에서 주어진다.[5]

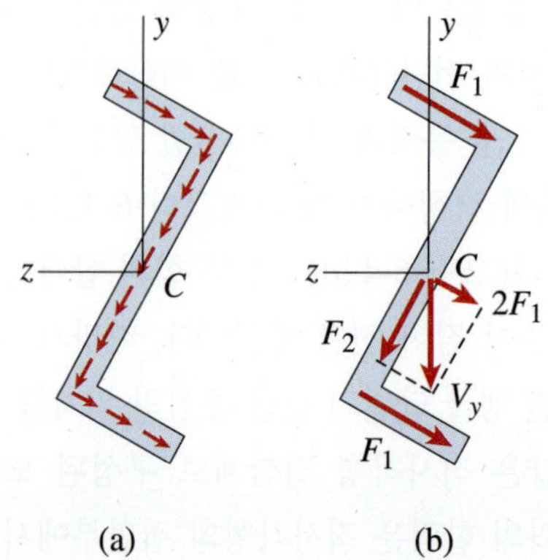

그림 6-44
벽이 얇은 Z형 단면의 전단 중심

5) 전단 중심의 첫 번째 결정은 1913년 S. P. Timoshenko에 의해 이루어졌다(참고문헌 6-1).

예제 6-9

반경이 r이고 두께가 τ인 벽이 얇은 반원형 단면이 그림 6-45a에 나타나 있다. 반원의 중심 O로부터 전단 중심 S까지의 거리 e를 결정하라.

그림 6-45

예제 6-9: 벽이 얇은 반원형 단면의 전단 중심

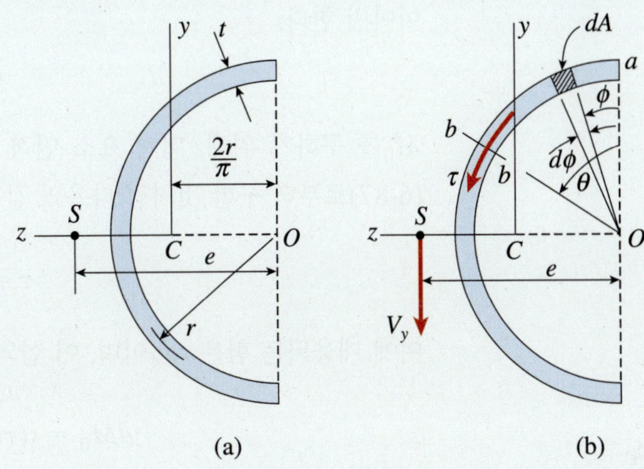

풀이

문제풀이 4단계 접근방법을 사용한다. 효율적인 풀이를 위하여 필요에 따라 단계를 합한다.

1. **개념화:** 전단 중심이 대칭축(z축) 위의 어떤 곳에 위치한다는 것을 바로 알 수 있다. 정확한 위치를 결정하기 위하여 보는 y축에 평행하게 작용하는 전단력 V_y에 의해 굽혀지며, 중립축인 z축에 대해 굽힘이 일어난다고 가정한다(그림 6-45b).

2. **분류:**

전단응력: 첫 번째 단계는 단면에 작용하는 전단응력 t를 결정하는 것이다(그림 6-45b). 점 a로부터 단면의 중앙선을 따라 측정한 거리 s인 위치의 단면 bb를 고려한다. 점 a와 단면 bb 사이의 호의 중심각을 θ라 표시한다. 따라서 s는 $r\theta$와 같으며, 여기서 r은 중앙선의 반경이고 θ는 라디안으로 측정된다.

점 a와 단면 bb 사이의 단면적의 1차 모멘트를 구하기 위하여, 면적 요소 dA를 정하고(그림에서 어둡게 그려진 부분) 다음과 같이 적분한다:

$$Q_z = \int y dA = \int_0^\theta (r\cos\phi)(tr\,d\phi) = r^2 t \sin\theta \qquad \textbf{(a)}$$

여기서 ϕ는 면적 요소까지의 각이며 t는 단면의 두께이다. 따라서 단면 bb에서의 전단응력 τ는

$$\tau = \frac{V_y Q_z}{I_z t} = \frac{V_y r^2 \sin\theta}{I_z} \qquad \textbf{(b)}$$

이고, $I = \pi r^3 t/2$(부록 E의 사례 22 또는 사례 23 참조)를 대입하면 다음을 얻는다.

$$\tau = \frac{2V_y \sin\theta}{\pi r t} \qquad \textbf{(6-87)}$$

$\theta = 0$ 또는 $\theta = \pi$일 때, 이 식은 예상대로 $\tau = 0$이 된다. $\theta = \pi/2$일 때, 최대 전단응력이 된다.

3. 해석:

전단 중심의 위치: 전단응력의 합력은 수직전단력 V_y가 되어야만 한다. 따라서 중심 O에 대한 전단응력의 모멘트 M_0는 같은 점에 대한 전단력 V_y의 모멘트와 같아야만 한다:

$$M_0 = V_y e \tag{c}$$

M_0를 구하기 위해, 먼저 요소 면적 dA에 작용하는 전단응력 τ(그림 6-45b)는 식 (6-87)로부터 구한 것처럼 다음과 같음을 유의함으로써 시작한다.

$$\tau = \frac{2V_y \sin\phi}{\pi r t}$$

이에 대응되는 힘은 τd_A이며, 이 힘의 모멘트는

$$dM_0 = r(\tau dA) = \frac{2V_y \sin\phi\, dA}{\pi t}$$

이다. $\delta A = trd\phi$이므로 이 식은 다음과 같이 된다.

$$dM_0 = \frac{2rV_y \sin\phi\, d\phi}{\pi}$$

따라서 전단응력에 의해 생기는 모멘트는 다음과 같다.

$$M_0 = \int dM_0 = \int_0^{\pi} \frac{2rV_y \sin\phi\, d\phi}{\pi} = \frac{4rV_y}{\pi} \tag{d}$$

식 (c)로부터 전단 중심까지의 거리 e는 다음과 같다.

$$e = \frac{M_0}{V_y} = \frac{4r}{\pi} \approx 1.27r \tag{6-88}$$

4. 최종 단계: 이 결과는 전단 중심 S가 반원 단면 바깥쪽에 위치함을 보여준다.

참고: 반원의 중심 O로부터 단면의 도심 C까지의 거리(그림 6-45a)는 $2r/\pi$이며(부록 E의 사례 23으로부터), 이는 거리 e의 1/2이다. 따라서 도심은 전단 중심과 반원의 중심 사이 중간에 위치한다.

벽이 얇은 원형단면의 보다 일반적인 경우에 있어서 전단 중심의 위치는 Problems 6.9~13에서 구해진다.

*6.10 탄소성 굽힘

굽힘에 대한 앞의 논의에서 보는 후크의 법칙을 따르는 재료(선형 탄성 재료)로 만들어졌다고 가정하였다. 이제 재료가 선형 구간을 지나 변형될 때 탄소성 보의 굽힘에 대해 고려할 것이다. 그러한 현상이 일어나면 응력의 분포가 더 이상 선형이 아니며 응력-변형률 곡선의 모양에 따라 변화한다.

탄소성 재료(elastoplastic material)는 이미 2.12절에서 축 하중을 받는 봉을 해석

할 때 논의되었다. 그 절에서 설명한 바와 같이, 탄소성 재료는 항복 응력 σ_Y에 이르기까지 후크의 법칙을 따르고, 그 다음에는 일정한 응력에서 소성적으로 항복을 일으킨다(그림 6-46의 응력-변형률 선도 참조). 그림으로부터, 탄소성 재료는 완전 소성 영역 사이에 선형 탄성 영역을 가지고 있음을 알 수 있다. 이 절을 통해, 재료가 인장과 압축에서 같은 항복 응력 σ_Y와 같은 항복변형률 ε_Y를 가진다고 가정할 것이다.

구조용 강은 뚜렷이 정의된 항복점을 가지고 있고 항복 동안 큰 변형률을 일으키기 때문에 탄소성 재료의 가장 좋은 예이다. 결국에는 강은 변형률 경화가 시작되고 그러면 완전 소성 가정이 더 이상 유용하지 않게 된다. 그러나 변형률 경화는 강도의 증가를 일으키고, 따라서 완전 소성의 가정은 안전한 편이다.

그림 6-46
탄소성 재료에 대한 이상적인 응력-변형률 선도

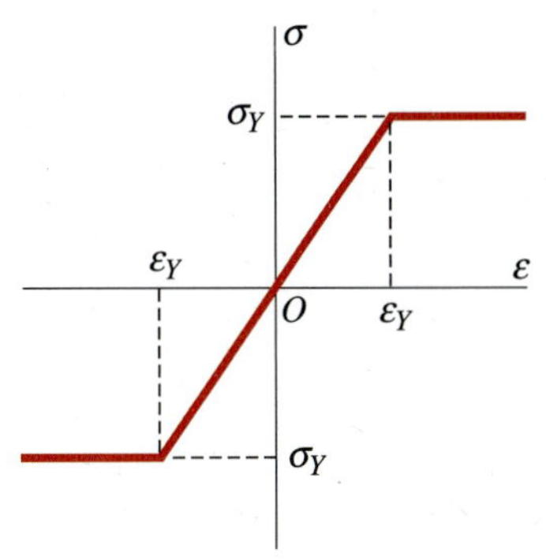

항복 모멘트

xy평면 내에서 굽힘을 일으키는 굽힘모멘트 M의 작용을 받는 탄소성 재료로 된 보를 고려해 보자(그림 6-47). 굽힘모멘트가 작을 때에는 보에서의 최대 응력이 항복 응력 σ_Y보다 작고, 따라서 보는 그림 6-48b에 보이는 것처럼 선형 응력 분포를 갖는 보통의 탄성 굽힘에서의 보와 같은 조건에 있다. 이러한 조건하에서 중립축은 단면의 도심을 통하며, 수직응력은 굽힘 공식($\sigma = -My/I$)으로부터 구한다. 굽힘모멘트가 양이기 때문에 응력은 z축 위에서는 압축이고, z축 아래에서는 인장이다.

전술한 조건은 중립축으로부터 가장 멀리 떨어진 점에서 보에서의 응력이 인장이든 혹은 압축이든 간에, 항복 응력 σ_Y에 도달할 때까지 존재한다(그림 6-48c). 최대 응력이 항복 응력에 막 도달한 때 보에서의 굽힘모멘트를 **항복 모멘트** M_Y라고 하며 굽힘 공식으로부터 구할 수 있다:

$$M_Y = \frac{\sigma_Y I}{c} = \sigma_Y S \qquad \textbf{(6-89)}$$

여기서 c는 중립축으로부터 가장 먼 점까지의 거리이고 S는 대응하는 단면계수이다.

그림 6-47
양의 굽힘모멘트 M를 받는 탄소성 재료의 보

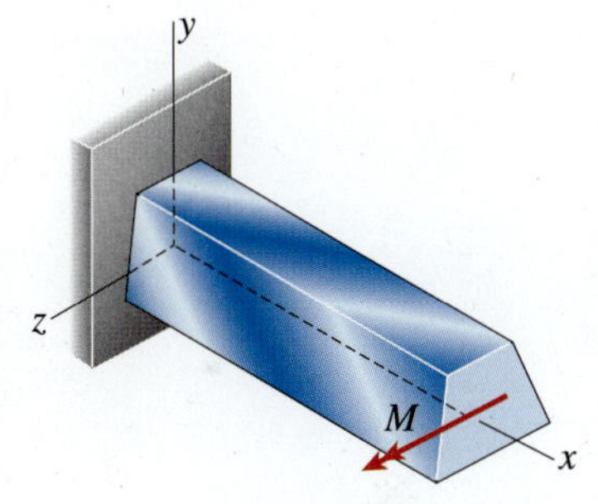

소성 모멘트 그리고 중립축

만일 굽힘모멘트를 항복 모멘트 M_Y 이상으로 증가시키면 보에서의 변형률은 계속 증가할 것이며, 최대 변형률은 항복변형률 ε_Y를 초과할 것이다. 그러나 완전 소성 항복 때문에, 최대 응력은 그림 6-48d에서와 같이 일정하게 될 것이고 σ_Y와 같게 될 것이다. 보의 중심부(**탄성 심부**라 부른다)가 선형 탄성 상태를 유지하는 동안 보의 바깥영역은 완전 소성이 됨을 유의한다.

만일 z축이 대칭축이 아니면(1축 대칭 단면), 중립축은 항복 모멘트를 초과할 때 도심으로부터 멀어지게 된다. 중립축 위치의 이러한 이동은 크지 않으며, 그림 6-48의 사다리꼴 단면의 경우에는 이러한 값을 그림에 보이기에는 너무 작다. 만일 단면이 이중 대칭이면, 중립축은 항복 모멘트를 초과할 때에도 도심을 지난다.

굽힘모멘트가 더 증가함에 따라 소성 영역은 확대되고, 그림 6-48e에 보인 조건에 도달할 때까지 중립축을 향해 안쪽으로 움직인다. 이 단계에서 보에서의 최대 변형률은(중립축으로부터 가장 먼 거리에 있는) 아마도 항복 변형률 ε_Y 의 10 또는 15배가 되고, 탄성 심부는 거의 없어진다. 따라서 실제 목적상 보는 극한 모멘트 저항 능력에 도달하게 되고, 극한 응력 분포가 두 개의 직사각형 부분으로 구성된 것으로 이상화시킬 수 있다

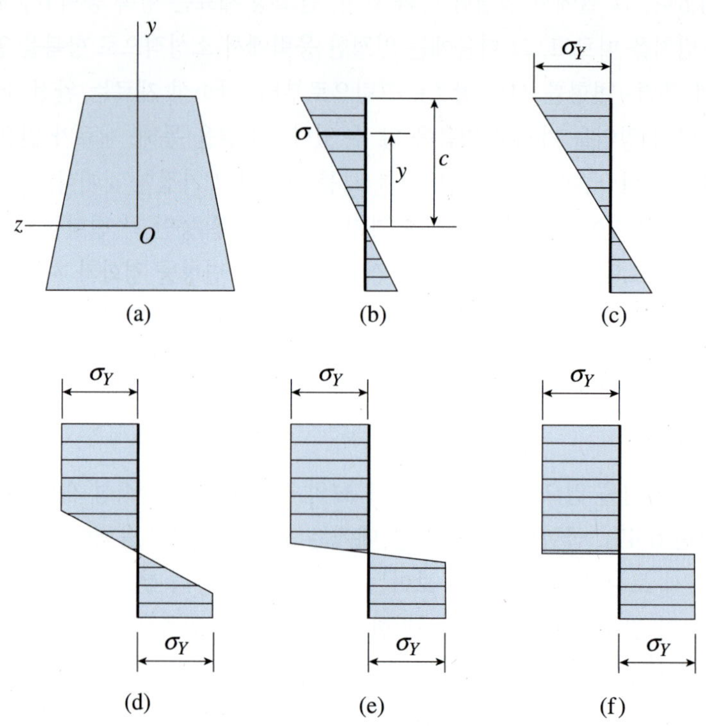

그림 6-48

탄소성 재료의 보에서의 응력 분포

(그림 6-48f). 이 이상화된 응력 분포에 대응하는 굽힘모멘트를 **소성 모멘트** M_P라고 하며, 이는 탄소성 재료의 보에 의해 유지될 수 있는 최대 모멘트를 나타낸다.

소성 모멘트 M_P를 구하기 위하여, 완전 소성 상태에 있는 단면의 **중립축**의 위치를 찾는 것으로 시작한다. 이러한 목적으로, 그림 6-49a에 보인 단면을 고려하고 z축을 중립축이라고 하자. 중립축 위에 있는 단면 내의 모든 점들은 압축응력 σ_Y를 받고(그림 6-49b), 중립축 아래에 있는 모든 점들은 인장응력 σ_Y를 받는다. 압축력의 합력 C는 σ_Y에 중립축 위의 단면적 A_1을 곱한 것과 같으며(그림 6-49a), 인장력의 합력 T는 σ_Y 에 중립축 아래의 면적 A_2를 곱한 것과 같다. 단면에 작용하는 합력은 0이기 때문에 다음과 같이 된다.

$$T = C \quad \text{또는} \quad A_1 = A_2 \qquad \textbf{(6-90a,b)}$$

단면의 전체 면적 A는 $A_1 + A_2$와 같기 때문에

$$A_1 = A_2 = \frac{A}{2} \qquad \textbf{(6-91)}$$

임을 알 수 있다. 따라서 완전 소성 상태에서 **중립축은 단면을 두 개의 같은 면적으로 나눈다**.

결과적으로, 소성 모멘트 M_P에 대한 중립축의 위치는 선형 탄성 굽힘에 대한 중립축의 위치와 다를 수도 있다. 예를 들어, 상부가 하부보다 좁은 사다리꼴 단면의 경우에는(그림 6-49a) 완전 소성 굽힘에 대한 중립축이 선형 탄성 굽힘에 대한 중립축보다 약간 아래에 있게 된다.

소성 모멘트 M_P는 단면에 작용하는 응력의 합 모멘트이기 때문에, 단면적 A에 걸쳐 적분하여 구할 수 있다(그림 6-49a):

$$M_P = -\int_A \sigma y dA = -\int_{A_1} (-\sigma_Y) y dA - \int_{A_2} \sigma_Y y dA$$
$$= \sigma_Y(\bar{y}_1 A_1) - \sigma_Y(-\bar{y}_2 A_2) = \frac{\sigma_Y A(\bar{y}_1 + \bar{y}_2)}{2} \quad \textbf{(6-92)}$$

여기서 y는 면적 요소 d_A의 좌표(위 방향이 양)이고, $\bar{y}_1$ 과 $\bar{y}_2$는 각각 중립축으로부터 면적 A_1과 A_2의 도심 c_1과 c_2 까지의 거리이다.

소성 모멘트를 구하는 더욱 쉬운 방법은 힘 C와 T의 중립축에 대한 모멘트를 계산하는 것이다(그림 6-49b):

$$M_P = C\bar{y}_1 + T\bar{y}_2 \quad \textbf{(6-93)}$$

T와 C를 $\sigma_Y A/2$로 대체하면 다음 식을 얻는다.

$$M_P = \frac{\sigma_Y A(\bar{y}_1 + \bar{y}_2)}{2} \quad \textbf{(6-94)}$$

이 식은 식 (6-92)와 동일하다.

소성 모멘트를 구하기 위한 과정은 보의 단면을 두 개의 똑같은 면적으로 나누고, 각 반쪽 부분의 도심의 위치를 찾은 다음 M_P를 계산하기 위해 식 (6-94)를 사용한다.

소성계수 및 형상계수

소성 모멘트에 대한 식은 항복 모멘트에 대한 식[식 (6-89)]과 비슷한 형태로 다음과 같이 쓸 수 있다:

$$M_P = \sigma_Y Z \quad \textbf{(6-95)}$$

여기서

$$Z = \frac{A(\bar{y}_1 + \bar{y}_2)}{2} \quad \textbf{(6-96)}$$

는 단면에 대한 **소성계수(plastic modulus)**(또는 소성단면계수)이다. 소성계수는 기하학적으로 중립축 위에 있는 단면적의 1차 모멘트(중립축에 관해 계산된)에 중립축 아래에 있는 단면적의 1차 모멘트를 더한 것으로 설명될 수 있다.

항복 모멘트에 대한 소성 모멘트의 비는 단지 단면의 형상 함수이며 **형상계수(shape**

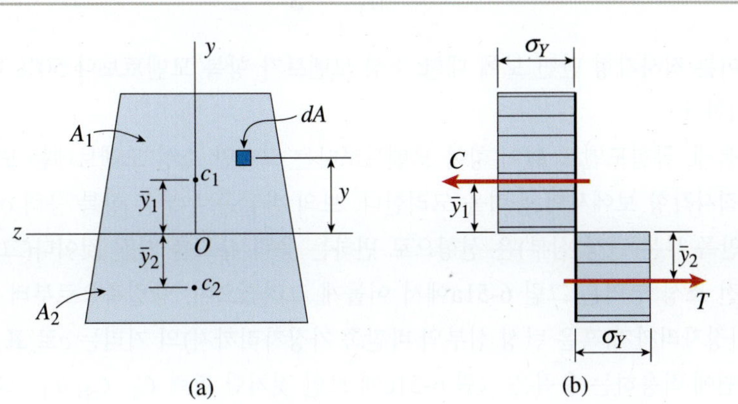

그림 6-49
중립축의 위치와 완전 소성 상태에서 소성 모멘트 M_p의 결정

factor) f라고 부른다:

$$f = \frac{M_P}{M_Y} = \frac{Z}{S} \tag{6-97}$$

이 계수는 항복이 처음으로 시작된 후의 보의 잉여 강도의 척도이다. 이 값은 재료의 대부분이 중립축 가까이 위치할 때(예를 들면, 속이 찬 원형단면을 갖는 보) 가장 높으며, 재료의 대부분이 중립축으로부터 멀리 위치할 때(예: 넓은 플렌지 단면을 갖는 보) 가장 낮다. 직사각형, 넓은 플렌지형 및 원형 형상의 단면에 대한 f값은 이 절의 나머지 부분에서 주어진다. 다른 형상은 이 장의 뒤에 있는 Problems에서 고려된다.

직사각형 단면 보

이제 재료가 탄소성일 때, 직사각형 단면 보(그림 6-50)의 특성치를 결정하기로 하자. 단면계수는 $S = bh^2/6$이고, 따라서 **항복 모멘트**[식 (6-89)]는

그림 6-50
직사각형 단면

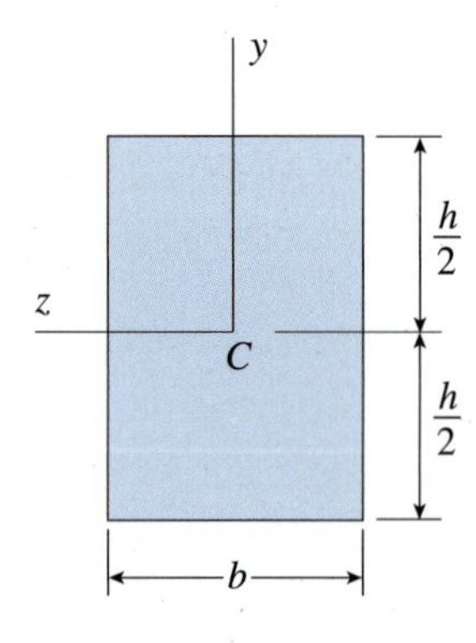

$$M_Y = \frac{\sigma_Y bh^2}{6} \tag{6-98}$$

이다. 여기서 b는 단면의 폭이고 h는 단면의 높이이다.

단면은 이중 대칭이기 때문에, 중립축은 보가 소성 영역에서 하중을 받을 때에도 도심을 지난다. 결과적으로, 중립축의 위쪽 및 아래쪽 면적의 도심까지의 거리는 다음과 같다.

$$\bar{y}_1 = \bar{y}_2 = \frac{h}{4} \tag{6-99}$$

따라서 **소성계수**[식 (6-96)]는

$$Z = \frac{A(\bar{y}_1 + \bar{y}_2)}{2} = \frac{bh}{2}\left(\frac{h}{4} + \frac{h}{4}\right) = \frac{bh^2}{4} \tag{6-100}$$

이고, **소성 모멘트**[식 (6-95)]는

$$M_P = \frac{\sigma_Y bh^2}{4} \tag{6-101}$$

이다. 마지막으로, 직사각형 단면의 **형상계수**는

$$f = \frac{M_P}{M_Y} = \frac{Z}{S} = \frac{3}{2} \tag{6-102}$$

이고, 이는 직사각형 단면 보에 대한 소성 모멘트가 항복 모멘트보다 50% 더 크다는 것을 의미한다.

다음에, 굽힘모멘트 M이 항복 모멘트보다는 크지만 소성 모멘트에는 도달하지 않았을 때 직사각형 보에서의 응력을 고려한다. 보의 바깥쪽 부분은 항복 응력 σ_Y을 받을 것이고, 안쪽 부분(탄성 심부)은 선형으로 변하는 응력 분포를 가질 것이다(그림 6-51a 및 b). 완전 소성 영역은 그림 6-51a에서 어둡게 그려졌으며, 중립축으로부터 소성 영역의 안쪽 가장자리까지(혹은 탄성 심부의 바깥쪽 가장자리까지)의 거리는 e로 표시되었다.

단면에 작용하는 응력은 그림 6-51c에 보인 것처럼 합력 C_1, C_2, T_1 그리고 T_2이다.

소성 영역에서의 힘 C_1과 T_1은 서로 같으며 항복 응력에 소성 영역의 단면적 을 곱한 것과 같다:

$$C_1 = T_1 = \sigma_Y b\left(\frac{h}{2} - e\right) \tag{6-103}$$

탄성 심부에서의 힘 C_2 와 T_2는 서로 같으며, 응력 선도의 면적에 보의 폭 b를 곱한 것과 같다.

$$C_2 = T_2 = \frac{\sigma_Y e}{2} b \tag{6-104}$$

따라서 **굽힘모멘트**(그림 6-51c 참조)는 다음과 같다.

$$\begin{aligned} M &= C_1\left(\frac{h}{2} + e\right) + C_2\left(\frac{4e}{3}\right) = \sigma_Y b\left(\frac{h}{2} - e\right)\left(\frac{h}{2} + e\right) + \frac{\sigma_Y be}{2}\left(\frac{4e}{3}\right) \\ &= \frac{\sigma_Y bh^2}{6}\left(\frac{3}{2} - \frac{2e^2}{h^2}\right) = M_Y\left(\frac{3}{2} - \frac{2e^2}{h^2}\right) \quad M_Y \le M \le M_P \end{aligned} \tag{6-105}$$

$e = h/2$일 때 $M = M_Y$이고, $e = 0$일 때 $M = 3M_Y/2$가 되며, 이는 소성 모멘트 M_P임을 유의한다.

식 (6-105)는 탄성 심부의 치수를 알 때, 굽힘모멘트를 결정하는 데 사용될 수 있다. 그러나 좀 더 보편적인 요구사항은 굽힘모멘트를 알 때 **탄성 심부의 크기**를 결정하는 것이다. 따라서 식 (6-105)를 e에 대한 굽힘모멘트의 항으로 풀 수 있다:

$$e = h\sqrt{\frac{1}{2}\left(\frac{3}{2} - \frac{M}{M_Y}\right)} \quad M_Y \le M \le M_P \tag{6-106}$$

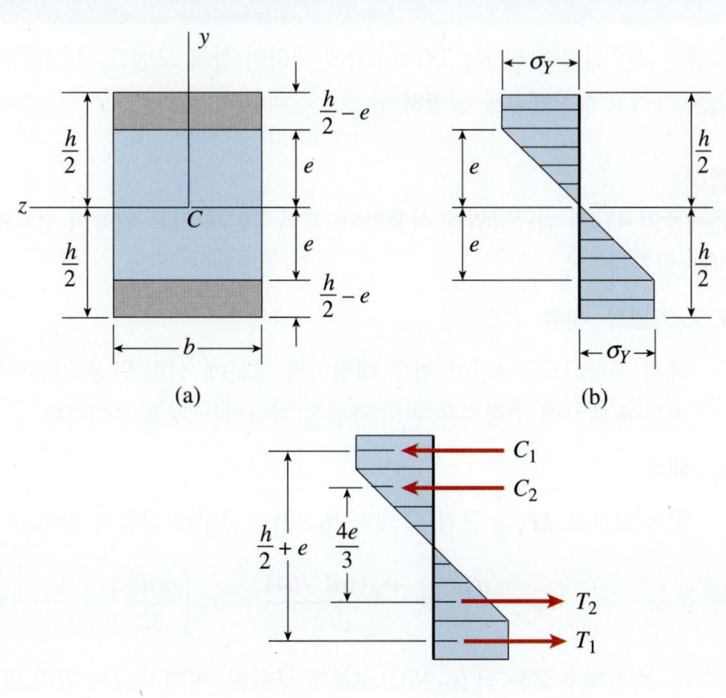

그림 6-51

탄성 심부를 갖는 직사각형 보에서의 응력 분포($M_Y \le M \le M_p$)

다시 한번 다음과 같은 제한조건을 유의한다: 식에서 $M = M_Y$일 때 $e = h/2$이고, $M = M_P = 3M_Y/2$일 때 $e = 0$이며, 이는 완전 소성 상태이다.

넓은 플렌지 형상의 보

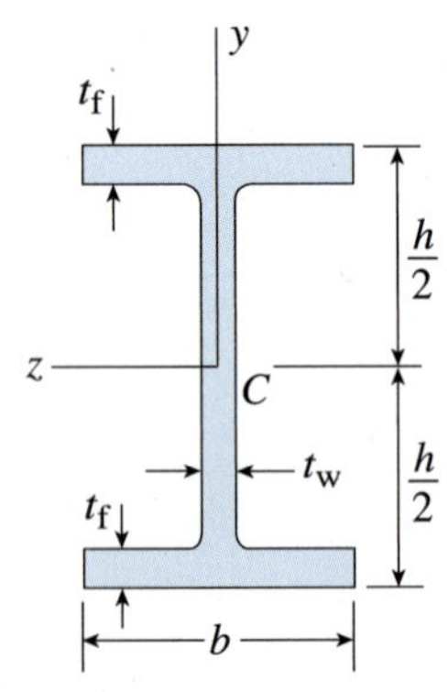

그림 6-52
넓은 플렌지형 보의 단면

이중 대칭인 넓은 플렌지형 보(그림 6-52)에 대하여, 소성계수 Z[식 (6-96)]은 하나의 플렌지의 면적에 웹의 상반부 면적을 더하여 중립축에 대한 1차 모멘트를 취한 다음, 이것에 2를 곱하여 계산한다. 그 결과는 다음과 같다.

$$Z = 2\left[(bt_f)\left(\frac{h}{2} - \frac{t_f}{2}\right) + (t_w)\left(\frac{h}{2} - t_f\right)\left(\frac{1}{2}\right)\left(\frac{h}{2} - t_f\right)\right]$$
$$= bt_f(h - t_f) + t_w\left(\frac{h}{2} - t_f\right)^2 \quad \textbf{(6-107)}$$

약간 재정리하면, Z를 좀 더 편리한 형태로 표현할 수 있다:

$$Z = \frac{1}{4}\left[bh^2 - (b - t_w)(h - 2t_f)^2\right] \quad \textbf{(6-108)}$$

식 (6-108)로부터 소성계수를 계산한 다음, 식 (6-95)로부터 소성 모멘트를 M_P를 얻을 수 있다.

상용으로 넓은 플렌지형 보의 유용한 형상에 대한 Z값이 AISC 메뉴얼(참고문헌 5-4)에 수록되어 있다. 넓은 플렌지형 보에 대한 형상계수 f는 대표적으로 단면의 비율에 따라 1.1에서 1.2의 범위 내에 있다.

탄소성 보의 다른 형상은 직사각형 보와 넓은 플렌지형 보에 대해 기술한 것과 유사한 방법으로 해석될 수 있다(다음의 예제들과 이 장 마지막의 Problems 참조).

예제 6-10

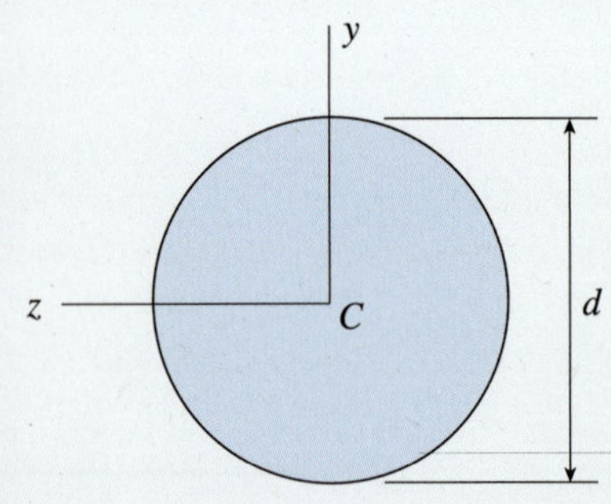

그림 6-53
예제 6-10: 원형 보의 단면(탄소성 재료)

직경이 d인 원형 단면 보(그림 6-53)에 대하여 항복 모멘트, 소성계수, 소성 모멘트 그리고 형상계수를 결정하라.

풀이

문제풀이 4단계 접근방법을 사용한다. 효율적인 풀이를 위하여 필요에 따라 단계를 합한다.

1, 2. 개념화, 분류:

예비 사항으로, 단면이 이중 대칭이기 때문에 선형 탄성 거동이나 탄소성 거동에 대하여 중립축은 원의 중심을 지난다는 것을 유의한다.

3. 해석:

항복 모멘트 M_Y는 굽힘 공식[식 (6-89)]으로부터 다음과 같이 구한다:

$$M_Y = \frac{\sigma_Y I}{c} = \frac{\sigma_Y(\pi d^4/64)}{d/2} = \sigma_Y\left(\frac{\pi d^3}{32}\right) \quad \textbf{(6-109)}$$

소성계수 Z는 식 (6-96)으로부터 구하며, 여기서 A는 원의 면적이고 $\overline{y}_1$과 $\overline{y}_2$는 원의 두 반쪽 부분의 도심 c_1과 c_2까지의 거리이다(그림 6-54). 따

그림 6-54
예제 6-10의 해

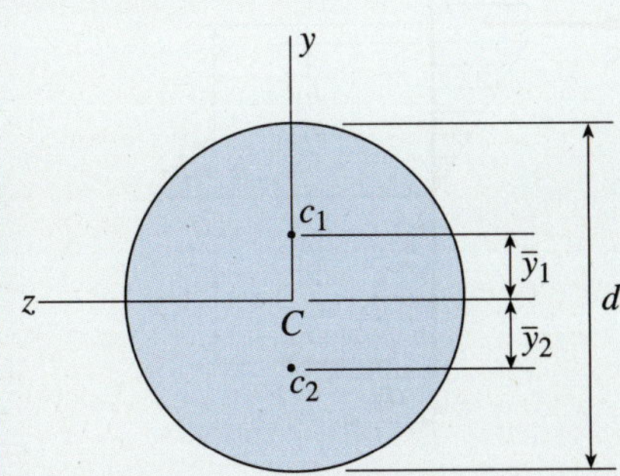

라서 부록 E의 사례 9 및 사례 10으로부터 다음 값을 얻는다.

$$A = \frac{\pi d^2}{4} \quad \bar{y}_1 = \bar{y}_2 = \frac{2d}{3\pi}$$

이제 이 값을 소성계수에 관한 식 (6-96)에 대입하면 다음과 같다.

$$Z = \frac{A(\bar{y}_1 + \bar{y}_2)}{2} = \frac{d^3}{6} \tag{6-110}$$

따라서 소성 모멘트 M_P[식 (6-95)]는

$$M_P = \sigma_Y Z = \frac{\sigma_Y d^3}{6} \tag{6-111}$$

이고, 형상계수 f [식 (6-97)]는 다음과 같다.

$$f = \frac{M_P}{M_Y} = \frac{16}{3\pi} \approx 1.70 \tag{6-112}$$

4. 최종 단계: 이 결과는 탄소성 재료로 된 원형 보에 대한 최대 굽힘모멘트는 보가 처음으로 항복을 일으킬 때의 굽힘모멘트보다 약 70% 더 크다는 것을 보여준다.

예제 6-11

그림 6-55
예제 6-11: 속 빈 상자형 보의 단면(탄소성 재료)

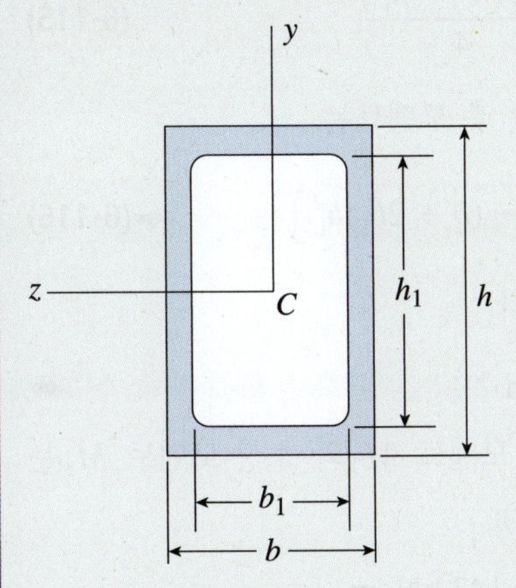

탄소성 재료(σ_Y = 220 MPa)로 된 이중 대칭의 속 빈 상자형 보(그림 6-55)가 플렌지는 항복을 일으키나 웹은 선형 탄성을 유지하는 크기의 굽힘모멘트 M을 받고 있다.

단면의 치수가 b = 150 mm, b_1 = 130 mm, h = 200 mm, 그리고 h_1 = 160 mm인 경우에 모멘트 M의 크기를 결정하라.

풀이

문제풀이 4단계 접근방법을 사용한다. 효율적인 풀이를 위하여 필요에 따라 단계를 합한다.

1, 2. 개념화, 분류: 보의 단면과 수직응력의 분포는 각각 그림 6-56a와 b에 나타나 있다. 그림으로부터, 웹에서의 응력은 중립축으로부터 거리에 따라 선형적으로 증가하며, 플렌지에서의 응력은 항복 응력 σ_Y와 같다는 것을 알 수 있다. 따라서 단면에 작용하는 굽힘모멘트 M은 두 부분으로 구성된다.

i. 탄성 심부에 대응하는 모멘트 M_1, 그리고

ii. 플렌지에서의 항복 응력 σ_Y 에 의해 발생하는 모멘트 M_2

3. 해석: 심부의 응력에 의한 굽힘모멘트는 웹에 대하여만 계산된 단면계수를 사용하여, 굽힘 공식[식 (6-89)]으로부터 구한다; 따라서

$$S_1 = \frac{(b - b_1)h_1^2}{6} \tag{6-113}$$

이고,

그림 6-56
예제 6-11의 해

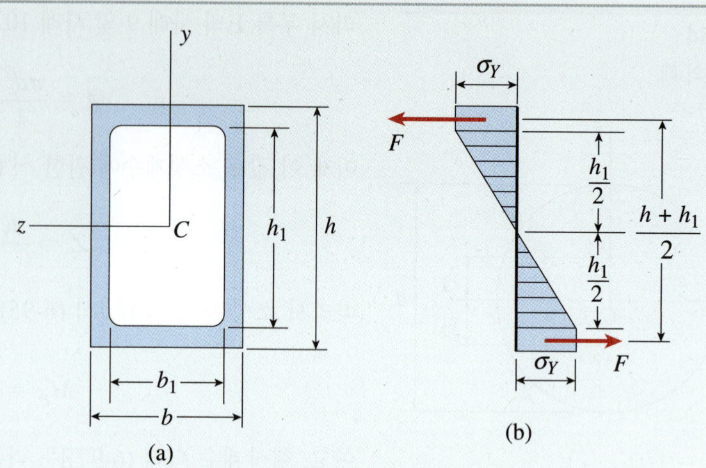

$$M_1 = \sigma_Y S_1 = \frac{\sigma_Y(b - b_1)h_1^2}{6} \quad \textbf{(6-114)}$$

이다.

플렌지에 의한 모멘트를 구하기 위하여, 각 플렌지에서의 합력 F(그림 6-56b)는 항복 응력에 플렌지의 면적을 곱한 것과 같다는 것을 유의한다:

$$F = \sigma_Y b\left(\frac{h - h_1}{2}\right) \quad \textbf{(a)}$$

만일 굽힘모멘트 M이 양이면 상부 플렌지에서의 힘은 압축이고, 하부 플렌지에서의 힘은 인장이다. 두 힘은 다음과 같은 굽힘모멘트 M_2를 일으킨다:

$$M_2 = F\left(\frac{h + h_1}{2}\right) = \frac{\sigma_Y b(h^2 - h_1^2)}{4} \quad \textbf{(6-115)}$$

따라서 약간의 재정리를 한 후에 단면에 작용하는 총 모멘트는,

$$M = M_1 + M_2 = \frac{\sigma_Y}{12}\left[3bh^2 - (b + 2b_1)h_1^2\right] \quad \textbf{(6-116)}$$

이다. 주어진 수치값을 대입하여 다음 값을 얻는다.

$$M = 138 \text{ kN} \cdot \text{m}$$

4. **최종 단계**: 참고: 이 예제에서 보에 대한 항복 모멘트 M_Y와 소성 모멘트 M_P는 다음 값을 갖는다(Problems 6.10-13에서 결정함):

$$M_Y = 122 \text{ kN} \cdot \text{m} \quad M_P = 147 \text{ kN} \cdot \text{m}$$

굽힘모멘트 M은 예상한 대로 이 두 값 사이에 있다.

이 장의 요약 및 복습

6장에서는 **합성 보**의 해석(즉, 한 가지 이상의 재료로 된 보), **경사 하중**을 받는 보, **비대칭 보**, 벽이 얇은 보에서의 **전단응력**, **전단 중심**, 그리고 **탄소성 굽힘**을 포함한 보의 굽힘에 관련된 몇 가지 특별한 주제들을 고려하였다.

이 장에서 소개된 몇 가지 주요 개념과 결과는 다음과 같다:

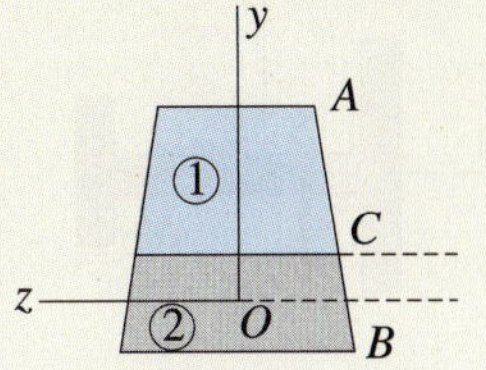

1. **합성 보**에 대한 소개에서, 두 가지 재료로 된 합성 보의 모멘트-곡률 관계와 굽힘 공식을 전개했었다:

$$\kappa = \frac{1}{\rho} = \frac{M}{E_1 I_1 + E_2 I_2}$$

$$\sigma_{x1} = -\frac{M_Y E_1}{E_1 I_1 + E_2 I_2} \quad \sigma_{x2} = -\frac{M_Y E_2}{E_1 I_1 + E_2 I_2}$$

두 재료 모두 후크의 법칙을 따르고 보의 두 부분은 단일체로 작용하기 위해 적절하게 접착되어야 한다. 이 공식은 선형탄성 거동을 기반으로 설계되지 않은 철근 콘크리트 보에는 적용되지 않는다. 그러나 환산 단면법(예제 6-4 참조)은 철근 콘크리트 보의 균열단면 해석에 사용될 수 있다.

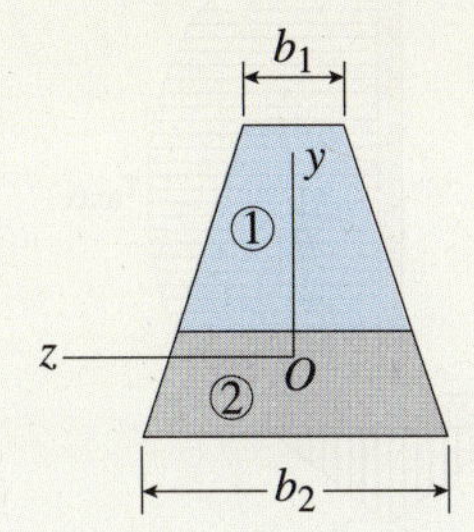

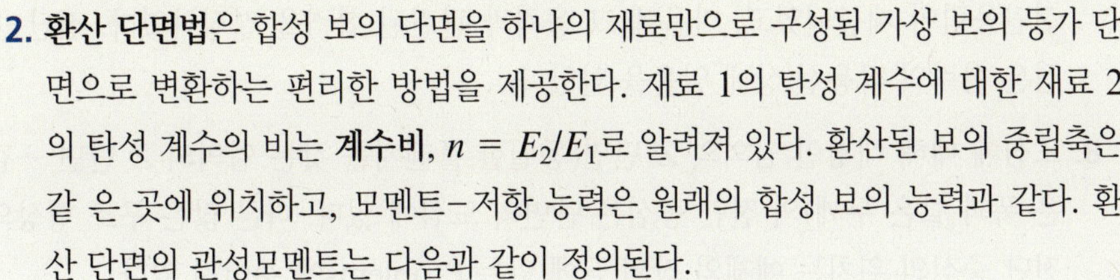

2. **환산 단면법**은 합성 보의 단면을 하나의 재료만으로 구성된 가상 보의 등가 단면으로 변환하는 편리한 방법을 제공한다. 재료 1의 탄성 계수에 대한 재료 2의 탄성 계수의 비는 **계수비**, $n = E_2/E_1$로 알려져 있다. 환산된 보의 중립축은 같 은 곳에 위치하고, 모멘트-저항 능력은 원래의 합성 보의 능력과 같다. 환산 단면의 관성모멘트는 다음과 같이 정의된다.

$$I_T = I_1 + nI_2 = I_1 + \frac{E_2}{E_1} I_2$$

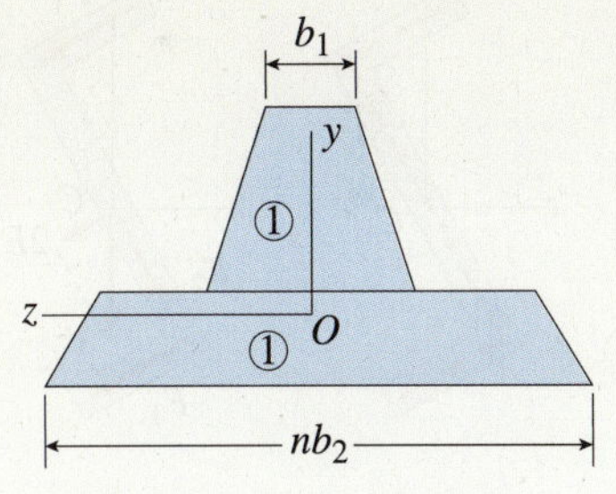

환산된 보에서 재료 1에 대한 수직응력은 간단화된 굽힘 공식을 사용하여 계산된다:

$$\sigma_{x1} = -\frac{My}{I_T}$$

반면 재료 2에 대한 수직응력은 다음과 같이 계산된다.

$$\sigma_{x2} = -\frac{My}{I_T} n$$

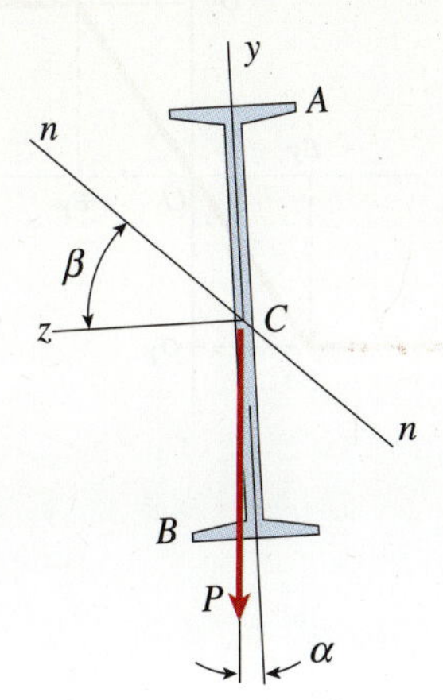

3. **경사 하중**이 횡단면에서 두 개의 대칭축을 갖는 보 단면의 중심을 통해 작용하면 종방향 축에 대한 보의 비틀림은 없다. 이 보의 경우 경사 하중을 두 개의 성분으로 분해하고 각 성분은 대칭 평면에 작용하는 것으로 하여 굽힘 응력을 계산하라. 응력은 별도로 작용하는 각 하중 성분에 대한 굽힘 공식으로부터 얻어지며, 최종 응력은 각 응력을 중첩하여 얻었다. 이 보의 응력은 하중 방향의

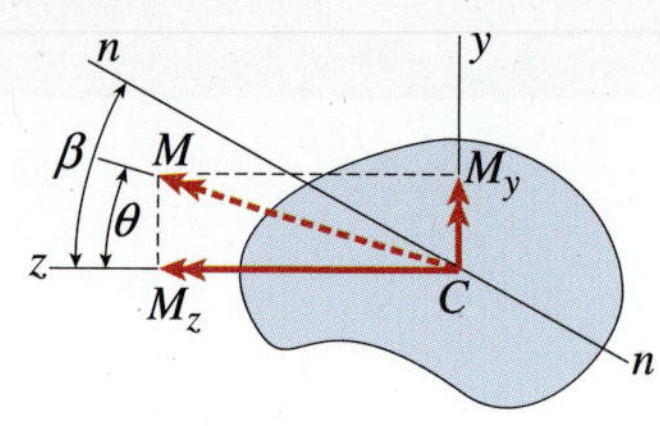

약간의 변화와 보 자체의 정렬 불균일에 매우 민감하다.

4. 단면의 적어도 한 축에 대한 대칭성의 제한이 제거되면 y와 z축이 단면의 주 도심축이고, 굽힘모멘트가 두 주 평면(xy평면 혹은 xz평면) 중 하나에 작용할 때에만 굽힘모멘트가 작용하는 평면은 중립면에 수직이고 순수 굽힘임을 알았다. 그 다음에 임의의 모멘트 M의 작용을 받는 **비대칭 보에서의 수직응력을 계산하는 과정을 수립하였다.** 다른 방법은 보 단면과 정렬된 원래 중심축을 갖는 **일반화된 굽힘 공식**을 사용하는 것이다.

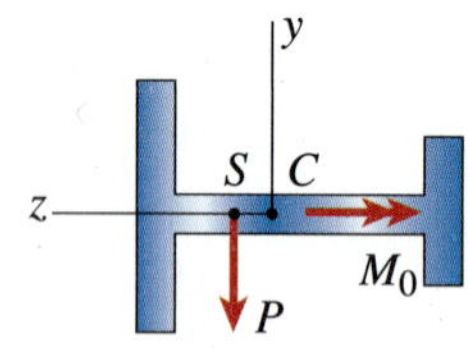

5. 보에 작용하는 가로 방향 하중은 하중이 **전단 중심**을 통해 작용할 때에만 비틀림 없는 굽힘을 발생시킬 것이다. 전단 중심(도심과 같은)은 임의의 대칭축 상에 있다; 전단 중심 S와 도심 C는 이중 대칭 단면에서는 일치한다.

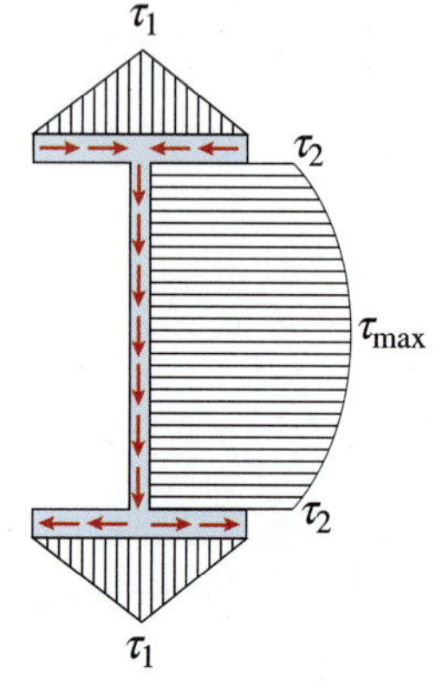

6. **벽이 얇은 개방형 단면**을 가진 보(넓은 플렌지형 보, 채널, 앵글, T형 보, 그리고 Z단면과 같은)는 구조용 목적으로 사용되지만 **비틀림에 매우 취약하다.**

7. 벽이 얇은 개방형 단면 보에서의 **전단응력**은 바깥쪽 가장자리에서 안쪽으로 흐르고, 그 다음 웹을 통해 아래쪽으로 흐르고, 마지막으로 바깥쪽 플렌지의 가장자리로 흐른다.

8. 전단 중심의 위치를 구하는 과정이 몇 개의 벽이 얇은 개방형 단면에 대해 예시되었다. 첫 번째로, 굽힘이 주축 중 하나에 대해 일어날 때 단면에 작용하는 전단응력이 계산되었고, 다음에 그 응력과 관련된 합력을 결정하였다. 전단 중심은 합력의 작용선 상에 있음을 알았다.

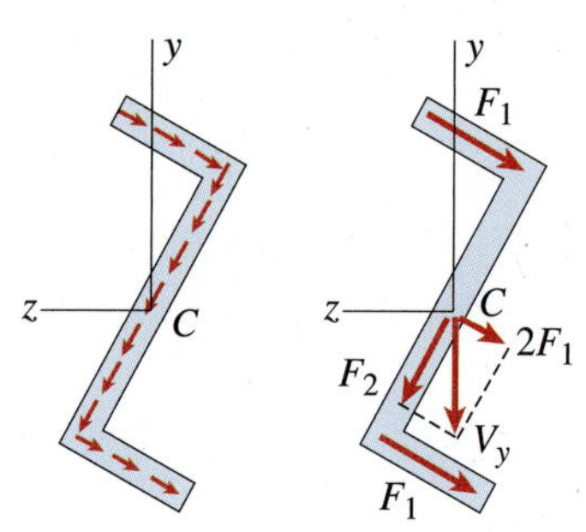

8. 도심에 대해 대칭인 임의의 Z 단면(동일한 플렌지를 갖는 임의의 Z 단면 —같은 폭과 같은 두께)의 전단 중심은 단면의 도심에 있다. 다른 많은 구조 형상의 전단 중심의 위치는 예제와 장의 끝에 있는 Problems에 주어져 있다.

9. 항복 응력 σ_Y까지는 후크의 법칙을 따르고 다음에는 일정 응력 하에서 소성적으로 항복하는 탄소성 재료를 고려하였다. 구조용 강은 분명한 항복점과 항복 동안 큰 변형률이 일어나기 때문에 탄소성 재료의 훌륭한 예이다. 첫 번째로, 굽힘 공식을 이용하여 항복 모멘트

$$M_Y = \sigma_Y \times S$$

를 구하였다. 다음에 소성 모멘트

$$M_P = \sigma_Y \times Z$$

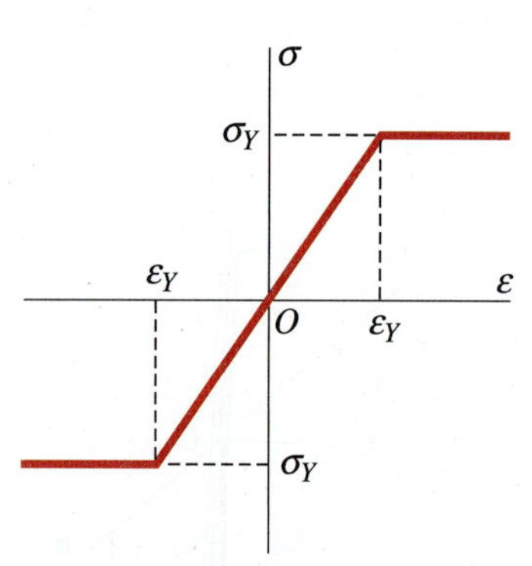

를 구하였다. 여기서 S와 Z는 각각 단면의 단면계수와 소성계수이다. M_Y는 최대 응력이 막 항복 응력에 도달했을 때의 굽힘모멘트이고, M_P는 탄소성 재료의 보에 의해 지속될 수 있는 최대 모멘트이다. 항복이 처음 시작된 후 보의 잉여 강도의 척도로써 형상계수를 정의하였다.

$$f = M_P / M_Y = Z/S$$

PROBLEMS Chapter 6

6.2 Composite Beams

To solve the problems for Section 6.2, assume that the component parts of the beams are securely bonded by adhesives or connected by fasteners. Also, be sure to use the general theory for composite beams described in Section 6.2.

Introductory Problems

6.2-1 A composite beam is constructed using a steel plate (13 mm × 150 mm) with two wood beams (75 mm × 150 mm) on either side. The wood and steel are securely fastened to act as a single beam. The beam is subjected to a positive bending moment $M_z = 6.75$ kN·m. Calculate the maximum tensile and compressive stresses in the wood and steel if $E_w = 11$ GPa and $E_s = 200$ GPa.

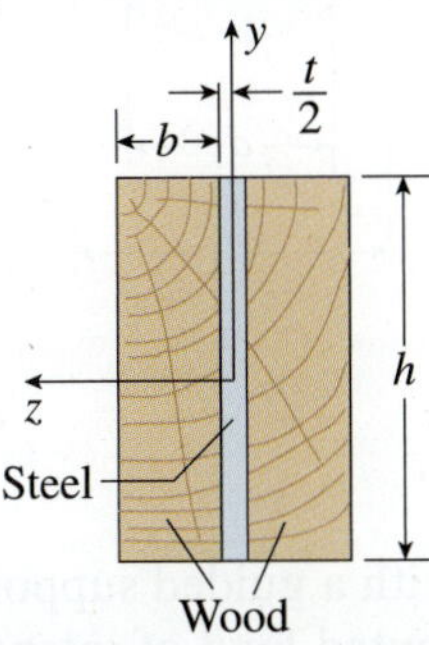

PROBLEM 6.2-1

6.2-2 A wood beam is strengthened using two steel plates as shown in Fig. a. The beam has simple supports and an overhang and is subjected to a point load and a uniform load as shown in Fig. b. Calculate the maximum tensile and compressive stresses of the beam. Assume that $E_w = 11$ GPa and $E_s = 200$ GPa.

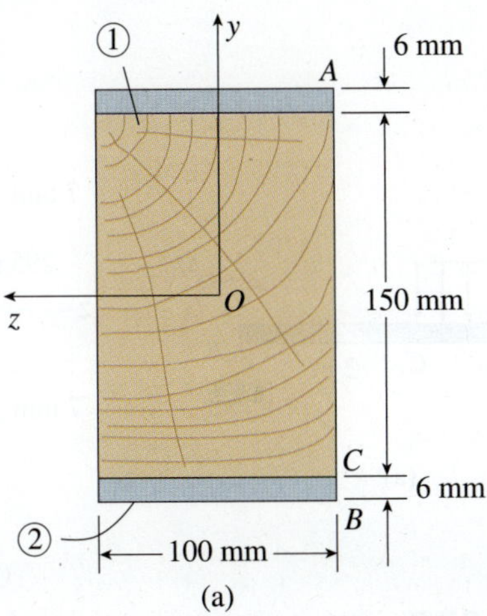

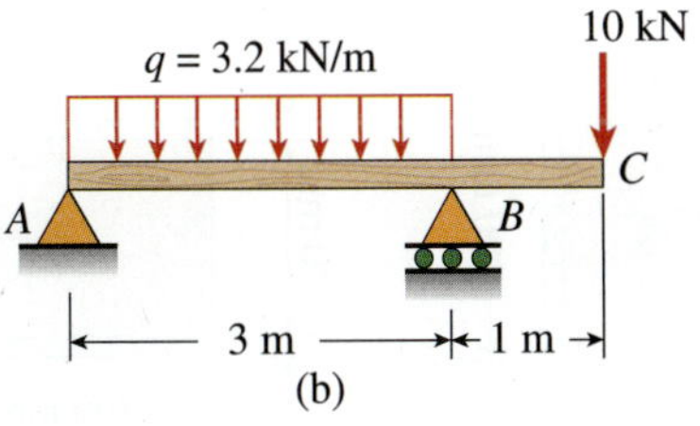

PROBLEM 6.2-2

6.2-3 A composite beam consisting of fiberglass faces and a core of particle board has the cross section shown in the figure. The width of the beam is 50 mm, the thickness of the faces is 3 mm, and the thickness of the core is 14 mm. The beam is subjected to a bending moment of 55 N·m acting about the z axis.

Find the maximum bending stresses σ_f and σ_c in the faces and the core, respectively, if their respective moduli of elasticity are 28 GPa and 10 GPa.

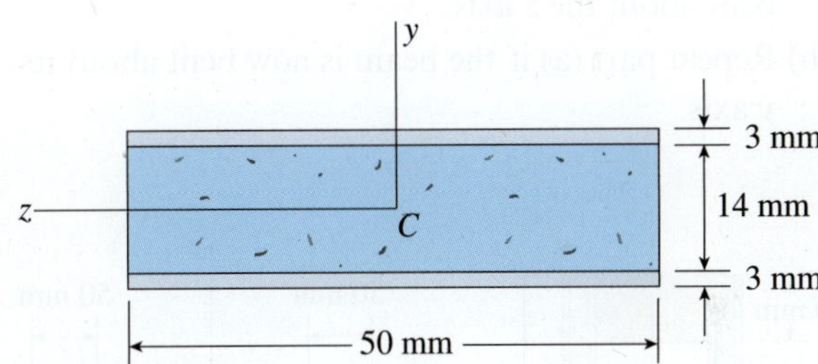

PROBLEM 6.2-3

6.2-4 A wood beam with cross-sectional dimensions 200 mm × 300 mm is reinforced on its sides by steel plates 12 mm thick (see figure). The moduli of elasticity for the steel and wood are $E_s = 190$ GPa and $E_w = 11$ GPa, respectively. Also, the corresponding allowable stresses are $\sigma_s = 110$ MPa and $\sigma_w = 7.5$ MPa.

(a) Calculate the maximum permissible bending moment M_{max} when the beam is bent about the z axis.

(b) Repeat part (a) if the beam is now bent about its y axis.

(c) Find the required thickness of the steel plates on the beam bent about the y axis so that M_{max} is the same for both beam orientations.

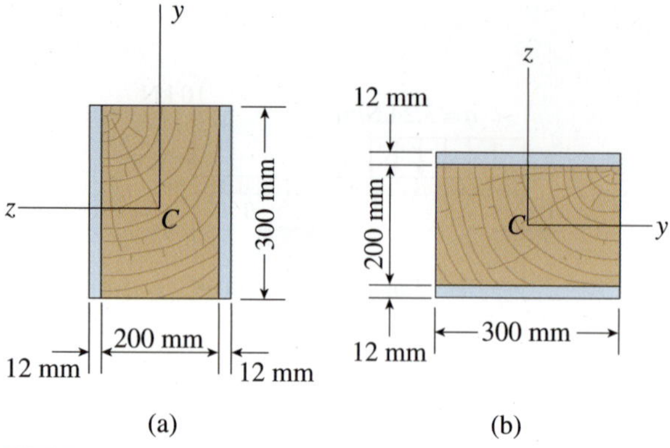

PROBLEM 6.2-4

6.2-5 A hollow box beam is constructed with webs of Douglas-fir plywood and flanges of pine, as shown in the figure in a cross-sectional view. The plywood is 24 mm thick and 300 mm wide; the flanges are 50 mm × 100 mm (actual size). The modulus of elasticity for the plywood is 11 GPa and for the pine is 8 GPa.

(a) If the allowable stresses are 14 MPa for the plywood and 12 MPa for the pine, find the allowable bending moment M_{max} when the beam is bent about the z axis.

(b) Repeat part (a) if the beam is now bent about its y axis.

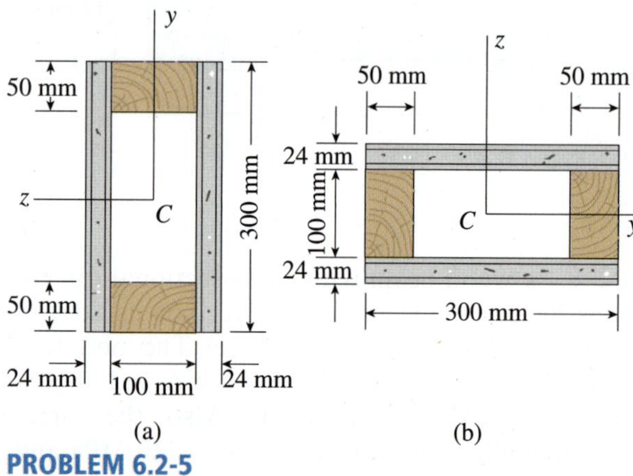

PROBLEM 6.2-5

Representative Problems

6.2-6 A round *titanium* tube of outside diameter d_2 and a *copper* core of diameter d_1 are bonded to form a composite beam, as shown in the figure.

(a) Derive formulas for the allowable bending moment M that can be carried by the beam based upon an allowable stress σ_{Ti} in the titanium and an allowable stress σ_{Cu} in the copper (Assume that the moduli of elasticity for the titanium and copper are E_{Ti} and E_{Cu}, respectively.)

(b) If $d_2 = 40$ mm, $d_1 = 36$ mm, $E_{Ti} = 120$ GPa, $E_{Cu} = 110$ GPa, $\sigma_{Ti} = 840$ MPa, and $\sigma_{Cu} = 700$ MPa, what is the maximum bending moment M?

(c) What new value of copper diameter d_1 will result in a balanced design? (i.e., a balanced design is that in which titanium and copper reach allowable stress values at the same time).

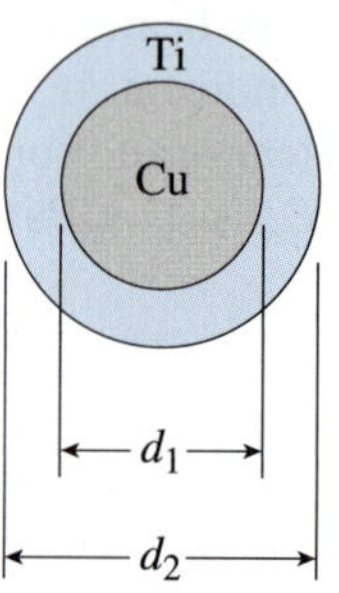

PROBLEM 6.2-6

6.2-7 A beam with a guided support and 4 m span supports a distributed load of intensity $q = 4$ kN/m over its first half (see figure part a) and a moment $M_0 = 5$ kN·m at joint B. The beam consists of a wood member (actual dimensions 97 mm × 295 mm in cross section, as shown in the figure part b) that is reinforced by 7-mm thick steel plates on top and bottom. The moduli of elasticity for the steel and wood are $E_s = 210$ GPa and $E_w = 10$ GPa, respectively.

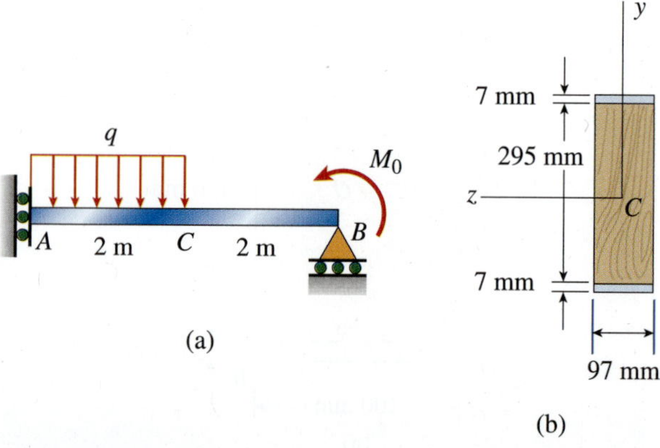

PROBLEM 6.2-7

(a) Calculate the maximum bending stresses σ_s in the steel plates and σ_w in the wood member due to the applied loads.

(b) If the allowable bending stress in the steel plates is $\sigma_{as} = 100$ MPa and that in the wood is $\sigma_{aw} = 6.5$ MPa, find q_{max}. (Assume that the moment at B, M_0, remains at 5 kN·m.)

(c) If $q = 4$ kN/m and allowable stress values in part (b) apply, what is $M_{0,max}$ at B?

6.2-8 A plastic-lined steel pipe has the cross-sectional shape shown in the figure. The steel pipe has an outer diameter $d_3 = 100$ mm and an inner diameter $d_2 = 94$ mm. The plastic liner has an inner diameter $d_1 = 82$ mm. The modulus of elasticity of the steel is 75 times the modulus of the plastic.

(a) Determine the allowable bending moment M_{allow} if the allowable stress in the steel is 35 MPa and in the plastic is 600 kPa.

(b) If pipe and liner diameters remain unchanged, what new value of allowable stress for the steel pipe will result in the steel pipe and plastic liner reaching their allowable stress values under the same maximum moment (i.e., a balanced design)? What is the new maximum moment?

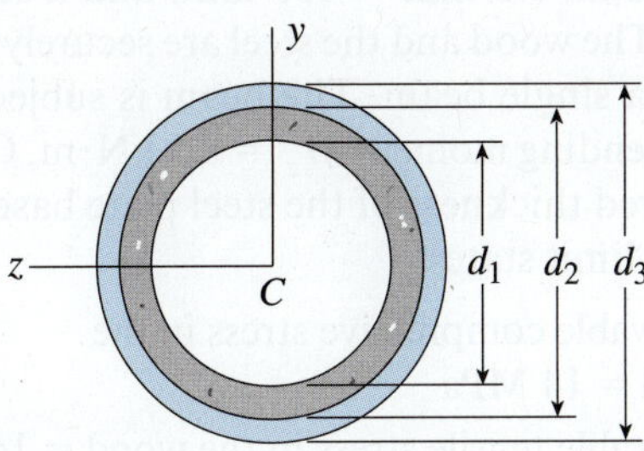

PROBLEM 6.2-8

6.2-9 The cross section of a sandwich beam consisting of aluminum alloy faces and a foam core is shown in the figure. The width b of the beam is 200 mm, the thickness t of the faces is 6 mm, and the height h_c of the core is 140 mm (total height $h = 152$ mm). The moduli of elasticity are 70 GPa for the aluminum faces and 80 MPa for the foam core. A bending moment $M = 4.5$ kN·m acts about the z axis.

Determine the maximum stresses in the faces and the core using (a) the general theory for composite beams and (b) the approximate theory for sandwich beams.

6.2-10 The cross section of a sandwich beam consisting of fiberglass faces and a lightweight plastic core is shown in the figure. The width b of the beam is 50 mm, the thickness t of the faces is 4 mm, and the height h_c of the core is 92 mm (total height $h = 100$ mm). The moduli of elasticity are 75 GPa for the fiberglass and 1.2 GPa for the plastic. A bending moment $M = 275$ N · m acts about the z axis.

Determine the maximum stresses in the faces and the core using (a) the general theory for composite beams and (b) the approximate theory for sandwich beams.

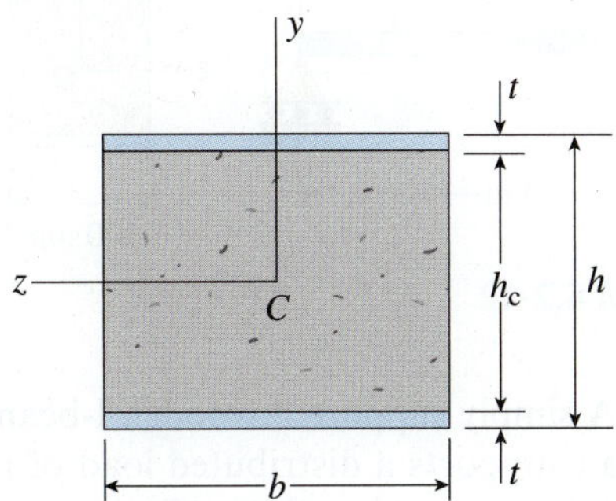

PROBLEMS 6.2-9 and 6.2-10

6.2-11 A bimetallic beam used in a temperature-control switch consists of strips of aluminum and copper bonded together as shown in the figure, which is a cross-sectional view. The width of the beam is 25 mm, and each strip has a thickness of 2 mm.

Under the action of a bending moment $M = 2$ N·m acting about the z axis, what are the maximum stresses σ_a and σ_c in the aluminum and copper, respectively? (Assume $E_{Al} = 72$ GPa and $E_{Cu} = 115$ GPa.)

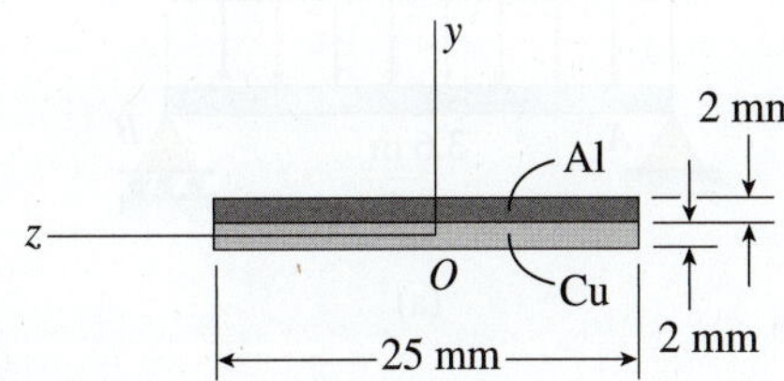

PROBLEM 6.2-11

6.2-12 A simply supported composite beam 3 m long carries a uniformly distributed load of intensity $q = 30$ kN/m (see figure). The beam is constructed of a wood member, 100 mm wide by 150 mm deep, and is reinforced on its lower side by a steel plate 8 mm thick and 100 mm wide.

(a) Find the maximum bending stresses σ_w and σ_s in the wood and steel, respectively, due to the uniform load if the moduli of elasticity are $E_w = 10$ GPa for the wood and $E_s = 210$ GPa for the steel.

(b) Find the required thickness of the steel plate so that the steel plate and wood reach their allowable stress values, $\sigma_{as} = 100$ MPa and $\sigma_{aw} = 8.5$ MPa, simultaneously under the maximum moment.

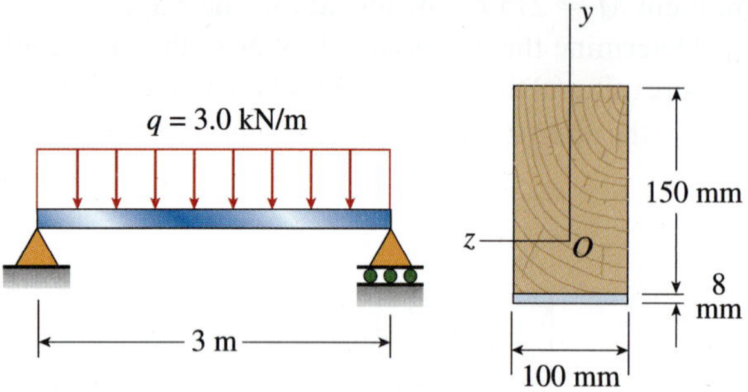

PROBLEM 6.2-12

6.2-13 A simply supported wooden I-beam with a 3.6 m span supports a distributed load of intensity $q = 1.3$ kN/m over its length (see figure part a). The beam is constructed with a web of Douglas-fir plywood and flanges of pine glued to the web, as shown in the figure part b. The plywood is 10 mm thick; the flanges are 50 mm × 50 mm (actual size). The modulus of elasticity for the plywood is 11 GPa and for the pine is 8.3 GPa.

(a) Calculate the maximum bending stresses in the pine flanges and in the plywood web.

(b) What is q_{max} if allowable stresses are 11 MPa in the flanges and 8 MPa in the web?

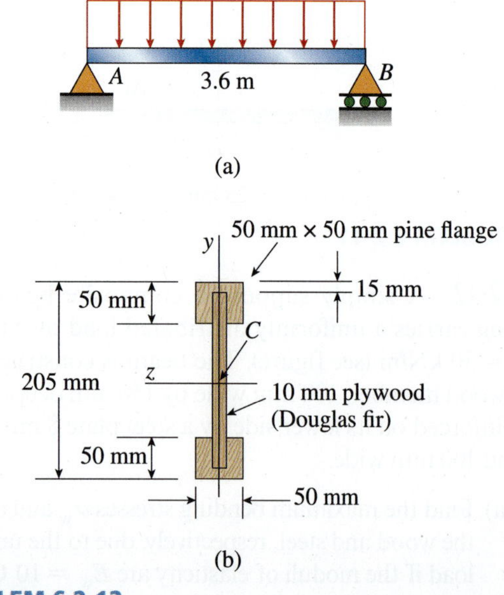

PROBLEM 6.2-13

6.2-14 A simply supported composite beam with a 3.6 m span supports a triangularly distributed load of peak intensity q_0 at mid-span (see figure part a). The beam is constructed of two wood joists, each 50 mm × 280 mm, fastened to two steel plates, one of dimensions 6 mm × 80 mm and the lower plate of dimensions 6 mm × 120 mm (see figure part b). The modulus of elasticity for the wood is 11 GPa and for the steel is 210 GPa.

If the allowable stresses are 7 MPa for the wood and 120 MPa for the steel, find the allowable peak load intensity $q_{0,max}$ when the beam is bent about the z axis. Neglect the weight of the beam.

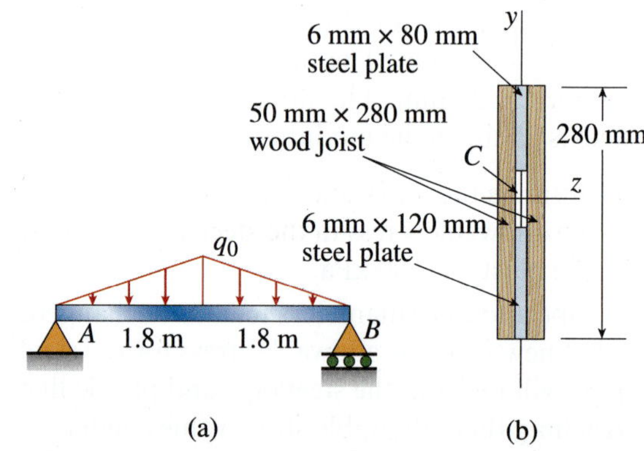

PROBLEM 6.2-14

6.2-15 A composite beam is constructed from a wood beam (75 mm × 150 mm) and a steel plate (75 mm). The wood and the steel are securely fastened to act as a single beam. The beam is subjected to a positive bending moment $M_z = 8.5$ kN·m. Calculate the required thickness of the steel plate based on the following limit states:

(a) Allowable compressive stress in the wood = 14 MPa

(b) Allowable tensile stress in the wood = 14 MPa

(c) Allowable tensile stress in the steel plate = 110 MPa

Assume that $E_w = 11$ GPa and $E_s = 200$ GPa.

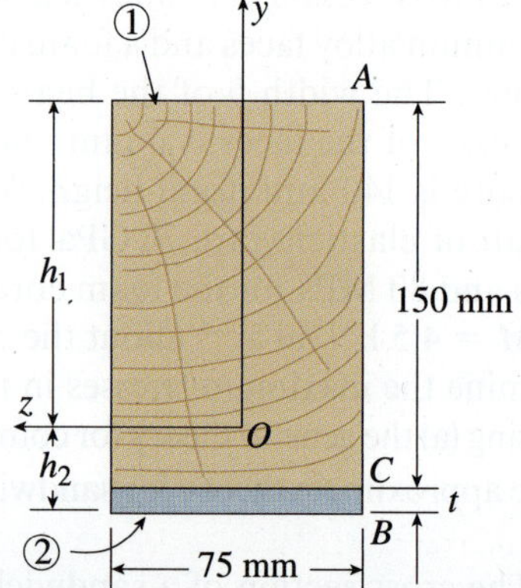

PROBLEM 6.2-15

6.2-16 A wood beam in a historic theater is reinforced with two angle sections at the outside lower corners (see figure). If the allowable stress in the wood is 12 MPa and that in the steel is 140 MPa, what is the ratio of the maximum permissible moments for the beam before and after reinforcement with the angle sections? See Appendix F Table F-5 for angle section properties. Assume that $E_w = 12$ GPa and $E_s = 210$ GPa.

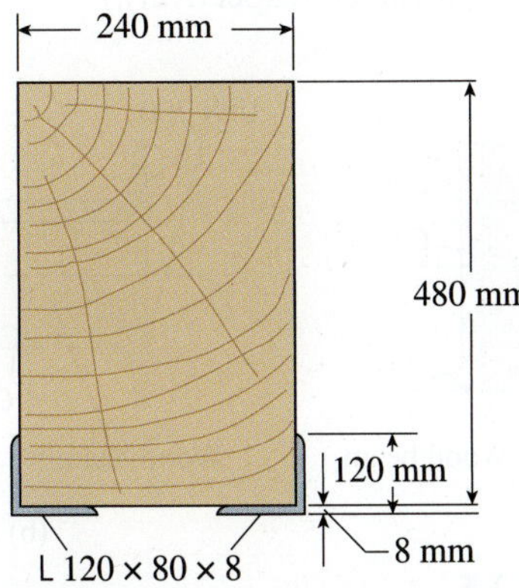

PROBLEM 6.2-16

6.2-17 Repeat Problem 6.2-1 but now assume that the steel plate is smaller (13 mm × 130 mm) and is aligned with the top of the beam as shown in the figure.

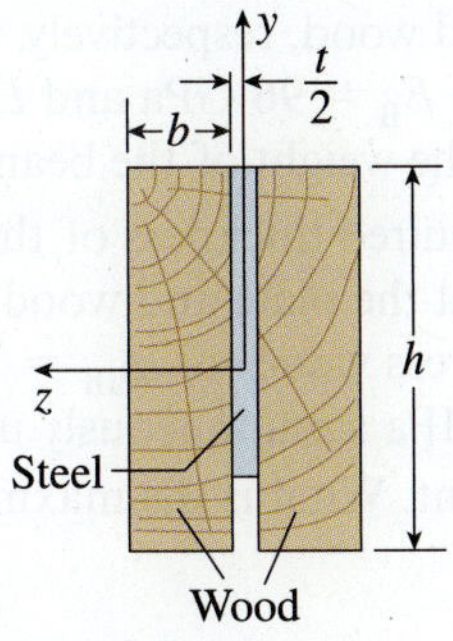

PROBLEMS 6.2-17 and 6.3-1

6.3 Transformed-Section Method

To solve the problems for Section 6.3, assume that the component parts of the beams are securely bonded by adhesives or connected by fasteners. Also, be sure to use the transformed-section method in the solutions.

Introductory Problems

6.3-1 Repeat Problem 6.2-17 but now use a transformed-section approach.

6.3-2 A sandwich beam having steel faces enclosing a plastic core is subjected to a bending moment $M = 5$ kN · m. The thickness of each steel face is $t = 3$ mm with modulus of elasticity $E_s = 200$ GPa. The height of the plastic core is $h_p = 140$ mm, and its modulus of elasticity is $E_p = 800$ MPa. The overall dimensions of the beam are $h = 146$ mm and $b = 175$ mm.

Using the transformed-section method, determine the maximum tensile and compressive stresses in the faces and the core.

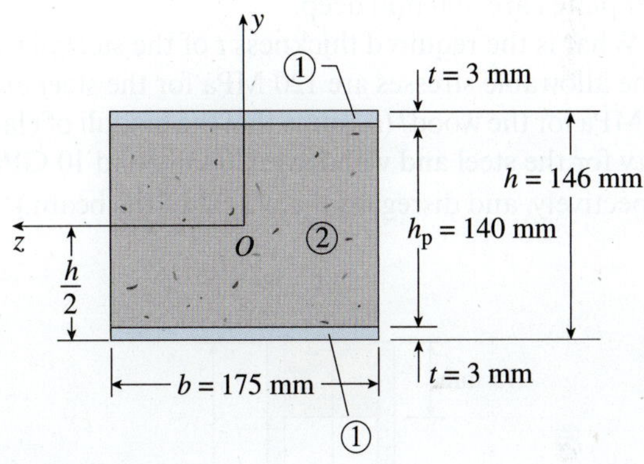

PROBLEM 6.3-2

6.3-3 A wood beam 200 mm wide and 300 mm deep (nominal dimensions) is reinforced on top and bottom by 12 mm-thick steel plates (see figure part a).

(a) Find the allowable bending moment M_{max} about the z axis if the allowable stress in the wood is 7 MPa and in the steel is 120 MPa. (Assume that the ratio of the moduli of elasticity of steel and wood is 20.)

(b) Compare the moment capacity of the beam in part a with that shown in the figure part b which has two 100 mm × 300 mm joists (nominal dimensions) attached to a 6 mm × 280 mm steel plate.

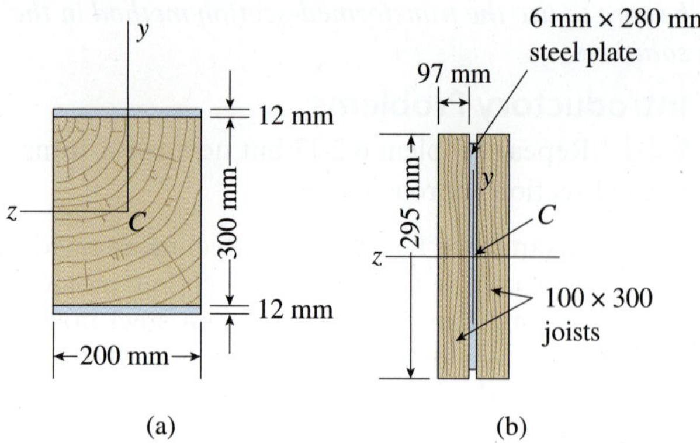

PROBLEM 6.3-3

6.3-4 A simple beam of span length 3.2 m carries a uniform load of intensity 48 kN/m. The cross section of the beam is a hollow box with wood flanges and steel side plates, as shown in the figure. The wood flanges are 75 mm × 100 mm in cross section, and the steel plates are 300 mm deep.

What is the required thickness t of the steel plates if the allowable stresses are 120 MPa for the steel and 6.5 MPa for the wood? (Assume that the moduli of elasticity for the steel and wood are 210 GPa and 10 GPa, respectively, and disregard the weight of the beam.)

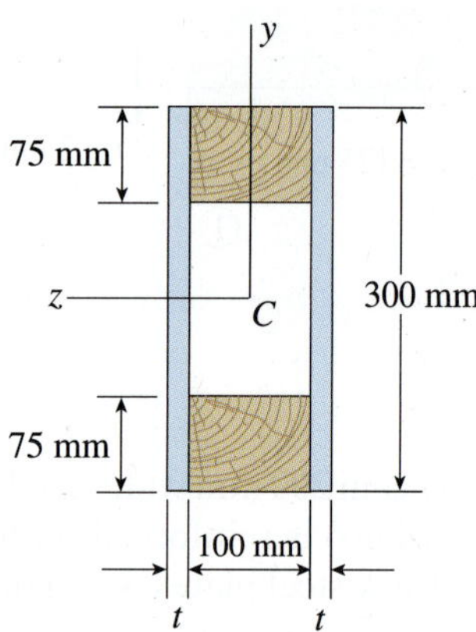

PROBLEM 6.3-4

6.3-5 A simple beam that is 5.5 m long supports a uniform load of intensity q. The beam is constructed of two UPN 200 sections on either side of a 97 mm × 195 mm (actual dimensions) wood beam (see the cross section shown in the figure part a). The modulus of elasticity of the steel (E_s = 210 GPa) is 20 times that of the wood (E_w).

(a) If the allowable stresses in the steel and wood are 110 MPa and 8.2 MPa, respectively, what is the allowable load q_{allow}? *Note:* Disregard the weight of the beam, and see Table F-3 of Appendix F for the dimensions and properties of the UPN-shape beam.

(b) If the beam is rotated 90° to bend about its y axis (see figure part b) and uniform load q = 3.6 kN/m is applied, find the maximum stresses σ_s and σ_w in the steel and wood, respectively. Include the weight of the beam. (Assume weight densities of 5.5 kN/m^3 and 77 kN/m^3 for the wood and steel, respectively.)

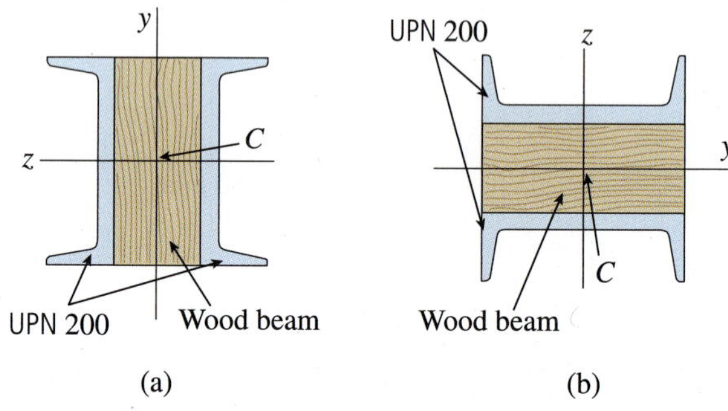

PROBLEM 6.3-5

6.3-6 The composite beam shown in the figure is simply supported and carries a total uniform load of 40 kN/m on a span length of 4.0 m. The beam is built of a southern pine wood member having cross-sectional dimensions of 150 mm × 250 mm and two brass plates of cross-sectional dimensions 30 mm × 150 mm.

(a) Determine the maximum stresses σ_B and σ_w in the brass and wood, respectively, if the moduli of elasticity are E_B = 96 GPa and E_w = 14 GPa. (Disregard the weight of the beam.)

(b) Find the required thickness of the brass plates so that the plate and wood reach their allowable stress values of σ_{aB} = 70 MPa and σ_{aw} = 8.5 MPa simultaneously under the maximum moment. What is the maximum moment?

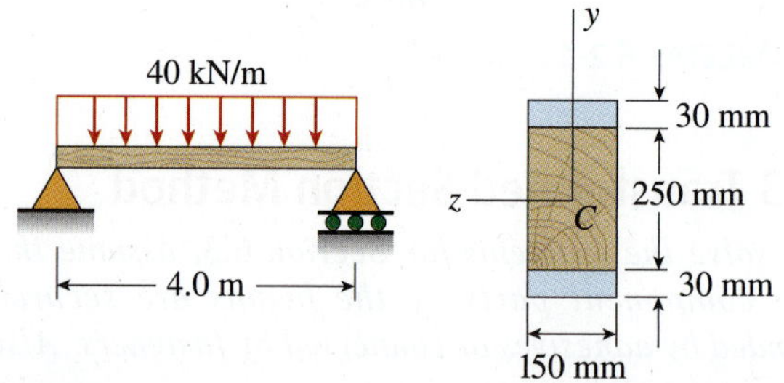

PROBLEM 6.3-6

Representative Problems

6.3-7 The cross section of a beam made of thin strips of aluminum separated by a lightweight plastic is shown in the figure. The beam has width $b = 75$ mm, the aluminum strips have thickness $t = 2.5$ mm, and the plastic segments have heights $d = 30$ mm and $3d = 90$ mm. The total height of the beam is $h = 160$ mm.

The moduli of elasticity for the aluminum and plastic are $E_{Al} = 75$ GPa and $E_p = 3$ GPa, respectively.

Determine the maximum stresses σ_{Al} and σ_p in the aluminum and plastic, respectively, due to a bending moment of 1.2 kN·m.

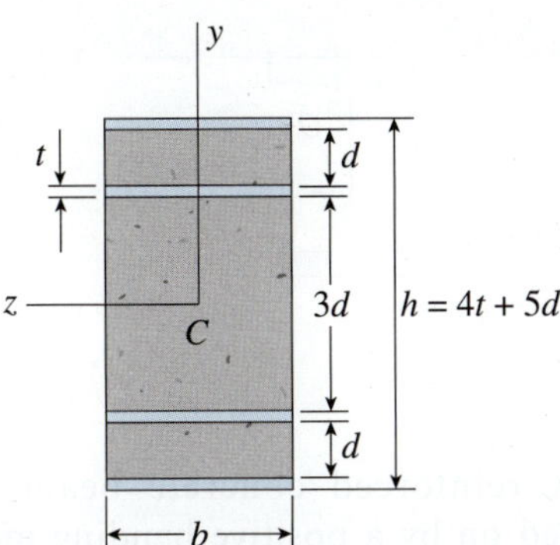

PROBLEMS 6.3-7 and 6.3-8

6.3-8 Consider the preceding problem if the beam has width $b = 75$ mm, the aluminum strips have thickness $t = 3$ mm, the plastic segments have heights $d = 40$ mm and $3d = 120$ mm, and the total height of the beam is $h = 212$ mm. Also, the moduli of elasticity are $E_{Al} = 75$ GPa and $E_p = 3$ GPa, respectively.

Determine the maximum stresses σ_{Al} and σ_p in the aluminum and plastic, respectively, due to a bending moment of 1.0 kN · m.

6.3-9 A simple beam that is 5.5 m long supports a uniform load of intensity q. The beam is constructed of two angle sections, each L 150 × 100 × 10, on either side of a 50 mm × 200 mm (actual dimensions) wood beam (see the cross section shown in the figure part a). The modulus of elasticity of the steel is 20 times that of the wood.

(a) If the allowable stresses in the steel and wood are 110 MPa and 8.3 MPa, respectively, what is the allowable load q_{allow}? *Note:* Disregard the weight of the beam, and see Table F-5 of Appendix F for the dimensions and properties of the angles.

(b) Repeat part (a) if a 25 mm × 250 mm wood flange (actual dimensions) is added (see figure part b).

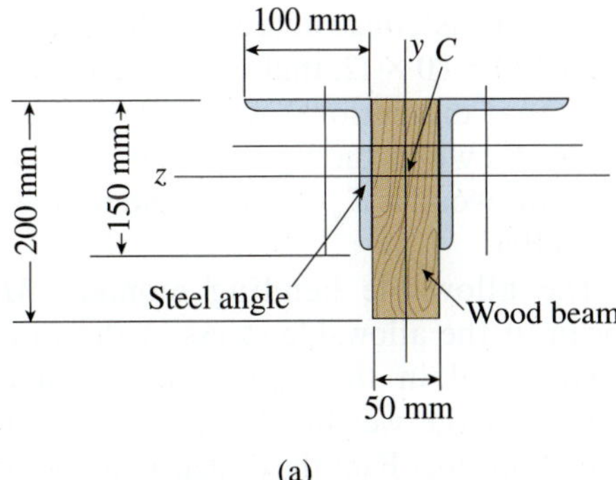

(a)

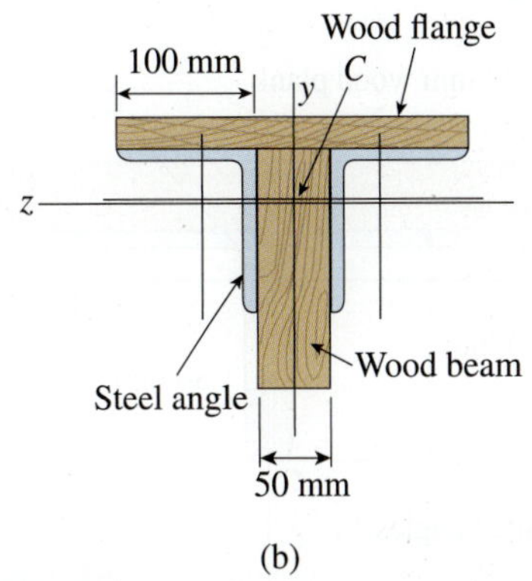

(b)

PROBLEM 6.3-9

6.3-10 The cross section of a composite beam made of aluminum and steel is shown in the figure. The moduli of elasticity are $E_{Al} = 75$ GPa and $E_s = 200$ GPa.

(a) Under the action of a bending moment that produces a maximum stress of 50 MPa in the aluminum, what is the maximum stress σ_s in the steel?

(b) If the height of the beam remains at 120 mm and allowable stresses in steel and aluminum are defined as 94 MPa and 40 MPa, respectively, what heights h_{Al} and h_s are required for aluminum and steel, respectively, so that both steel and aluminum reach their allowable stress values under the maximum moment?

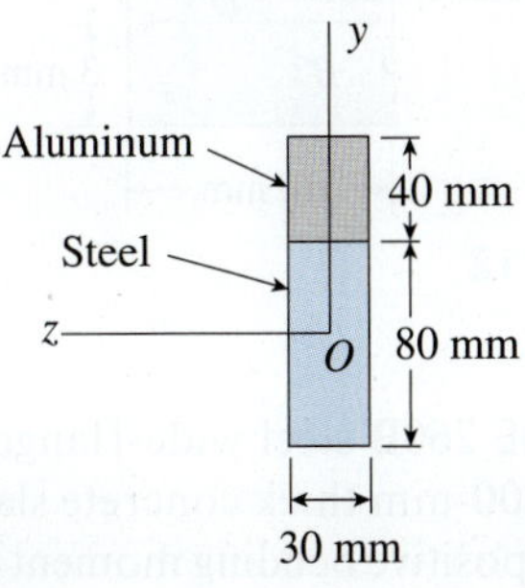

PROBLEM 6.3-10

6.3-11 A beam is constructed of two angle sections, each L 120 × 80 × 12, that reinforce a 50 mm × 200 mm (actual dimensions) wood plank (see the cross section shown in the figure). The modulus of elasticity for the wood is $E_w = 8$ GPa and for the steel is $E_s = 200$ GPa.

Find the allowable bending moment M_{allow} for the beam if the allowable stress in the wood is $\sigma_w = 10$ MPa and in the steel is $\sigma_s = 110$ MPa. *Note:* Disregard the weight of the beam, and see Table F-5 of Appendix F for the dimensions and properties of the angles.

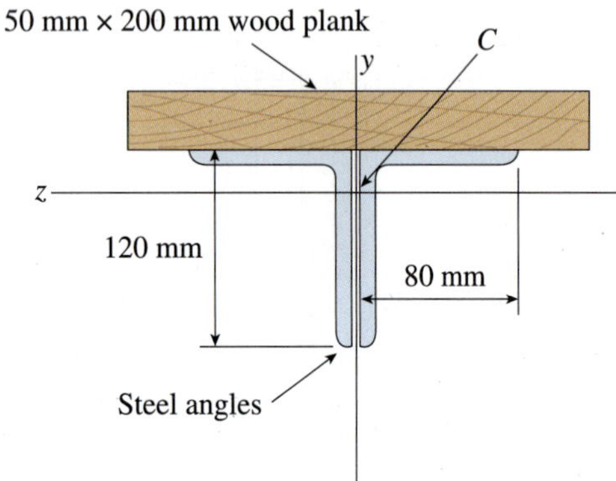

PROBLEM 6.3-11

6.3-12 The cross section of a bimetallic strip is shown in the figure. Assuming that the moduli of elasticity for metals A and B are $E_A = 168$ GPa and $E_B = 90$ GPa, respectively, determine the smaller of the two section moduli for the beam. (Recall that section modulus is equal to bending moment divided by maximum bending stress.) In which material does the maximum stress occur?

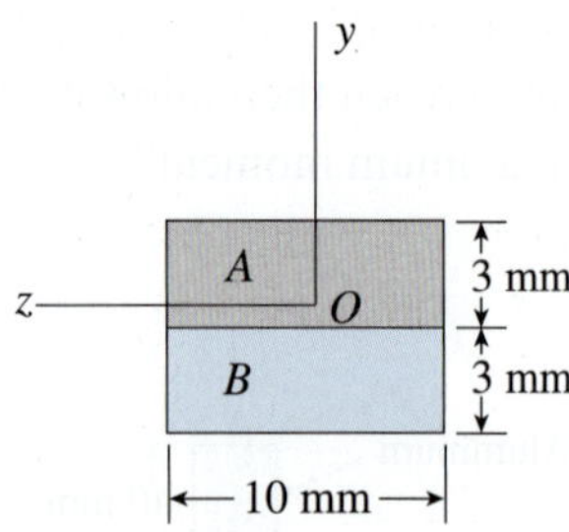

PROBLEM 6.3-12

6.3-13 An HE 260B steel wide-flange beam and a segment of a 100-mm thick concrete slab (see figure) jointly resist a positive bending moment of 130 kN·m. The beam and slab are joined by shear connectors that are welded to the steel beam. (These connectors resist the horizontal shear at the contact surface.) The moduli of elasticity of the steel and the concrete are in the ratio 12 to 1.

Determine the maximum stresses σ_s and σ_c in the steel and concrete, respectively. *Note:* See Table F-1 of Appendix F for the dimensions and properties of the steel beam.

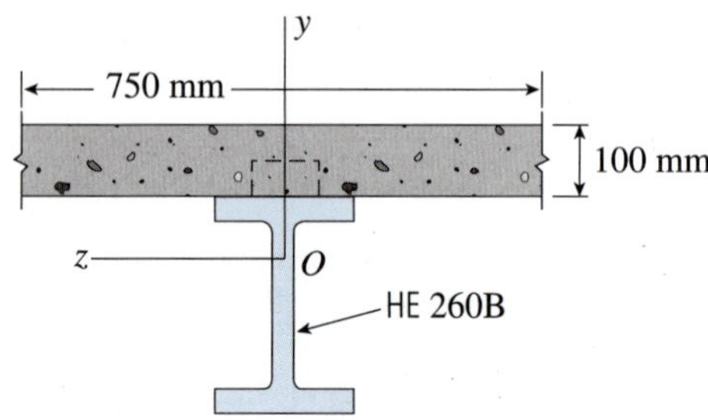

PROBLEM 6.3-13

6.3-14 A reinforced concrete beam (see figure) is acted on by a positive bending moment of $M = 160$ kN·m. Steel reinforcement consists of 4 bars of 28 mm diameter. The modulus of elasticity for the concrete is $E_c = 25$ GPa while that of the steel is $E_s = 200$ GPa.

(a) Find the maximum stresses in steel and concrete.

(b) If *allowable* stresses for concrete and steel are $\sigma_{ac} = 9.2$ MPa and $\sigma_{as} = 135$ MPa, respectively, what is the maximum permissible positive bending moment?

(c) What is the required area of steel reinforcement, A_s, if a balanced condition must be achieved? What is the allowable positive bending moment? (Recall that in a balanced design, both steel and concrete reach allowable stress values simultaneously under the design moment.)

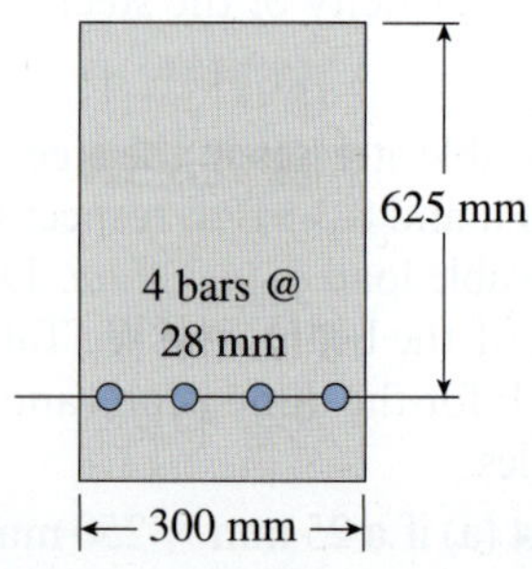

PROBLEM 6.3-14

6.3-15 A reinforced concrete T-beam (see figure) is acted on by a positive bending moment of $M = 240$ kN·m. Steel reinforcement consists of four bars of 40 mm diameter. The modulus of elasticity for the concrete is $E_c = 20$ GPa while that of the steel is $E_s = 210$ GPa. Let $b = 1200$ mm, $t_f = 100$ mm, $b_w = 380$ mm, and $d = 610$ mm.

(a) Find the maximum stresses in steel and concrete.

(b) If *allowable* stresses for concrete and steel are $\sigma_{ac} = 9.5$ MPa and $\sigma_{as} = 125$ MPa, respectively, what is the maximum permissible positive bending moment?

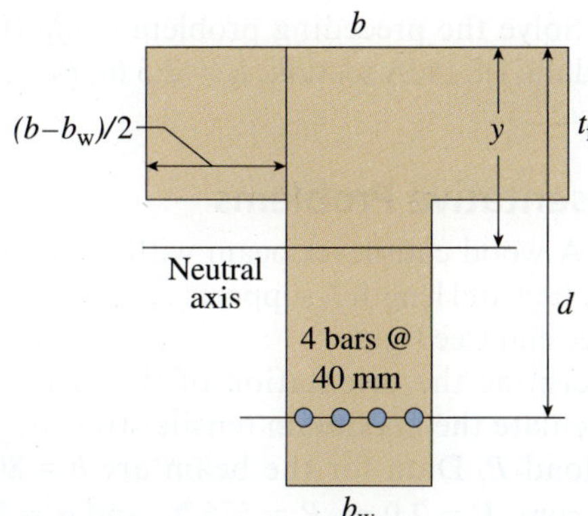

PROBLEM 6.3-15

6.3-16 A reinforced concrete slab (see figure) is reinforced with 13-mm bars spaced 160 mm apart at $d = 105$ mm from the top of the slab. The modulus of elasticity for the concrete is $E_c = 25$ GPa, while that of the steel is $E_s = 200$ GPa. Assume that *allowable* stresses for concrete and steel are $\sigma_{ac} = 9.2$ MPa and $\sigma_{as} = 135$ MPa.

(a) Find the maximum permissible positive bending moment for a 1-m wide strip of the slab.

(b) What is the required area of steel reinforcement, A_s, if a *balanced condition* must be achieved? What is the allowable positive bending moment? (Recall that in a balanced design, both steel and concrete reach allowable stress values simultaneously under the design moment.)

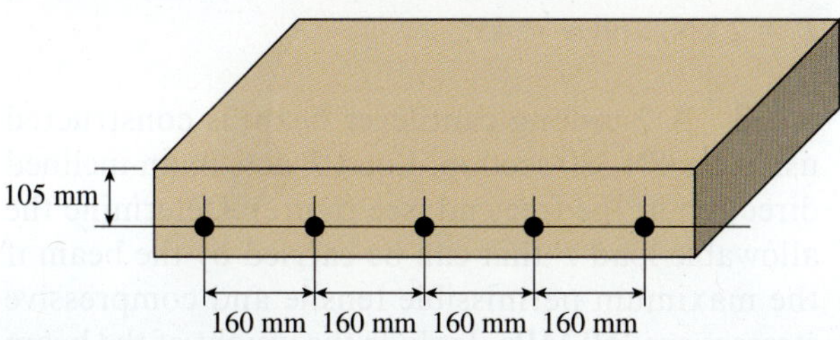

PROBLEM 6.3-16

6.3-17 A wood beam reinforced using two channels is subjected to a positive bending moment $M_z = 34$ kN·m. Calculate the largest tensile and compressive stresses in the wood and steel if $E_w = 11$ GPa and $E_s = 200$ GPa.

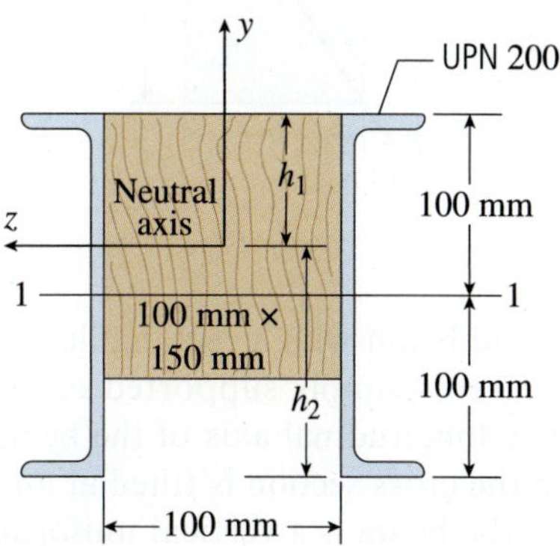

PROBLEM 6.3-17

6.3-18 A wood beam reinforced by an aluminum channel section is shown in the figure. The beam has a cross section of dimensions 150 mm × 250 mm, and the channel has a uniform thickness of 6.5 mm. If the allowable stresses in the wood and aluminum are 8 MPa and 38 MPa, respectively, and if their moduli of elasticity are in the ratio 1 to 6, what is the maximum allowable bending moment for the beam?

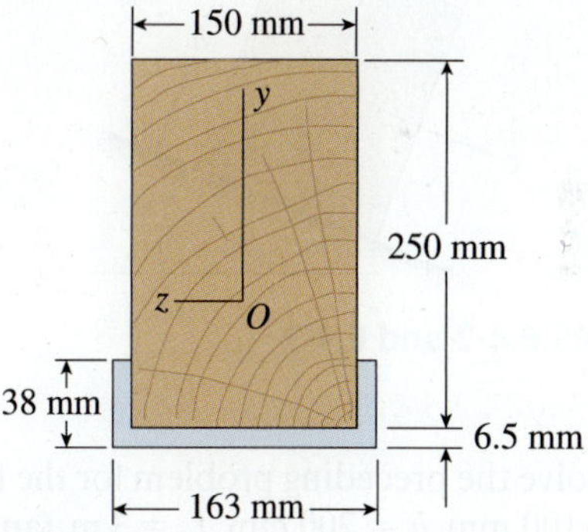

PROBLEM 6.3-18

6.4 Doubly Symmetric Beams with Inclined Loads

To solve the problems for Section 6.4, be sure to draw a sketch of the cross section showing the orientation of the neutral axis and the locations of the points where the stresses are being found.

Introductory Problems

6.4-1 A beam with a rectangular cross section supports an inclined load P having its line of action along a diagonal of the cross section (see figure). Show that the neutral axis lies along the other diagonal.

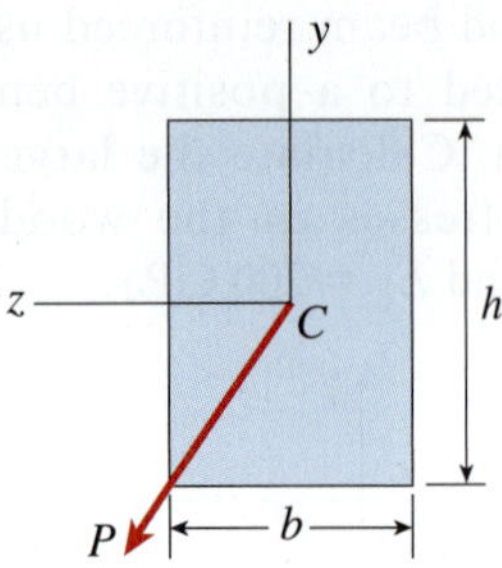

PROBLEM 6.4-1

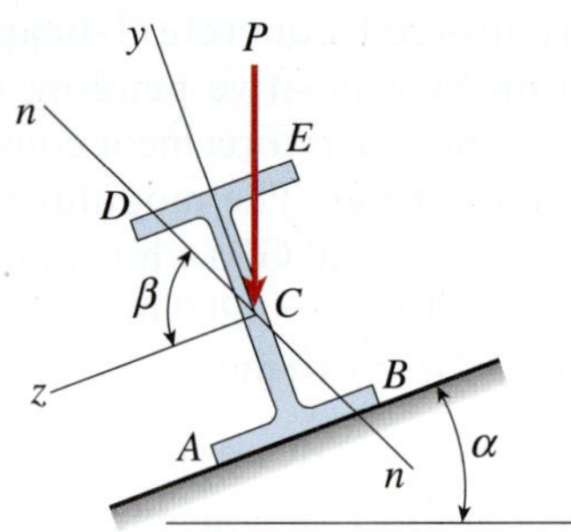

PROBLEMS 6.4-4 and 6.4-5

6.4-2 A wood beam with a rectangular cross section (see figure) is simply supported on a span of length L. The longitudinal axis of the beam is horizontal, and the cross section is tilted at an angle α. The load on the beam is a vertical uniform load of intensity q acting through the centroid C.

Determine the orientation of the neutral axis and calculate the maximum tensile stress σ_{max} if $b = 80$ mm, $h = 140$ mm, $L = 1.75$ m, $\alpha = 22.5°$, and $q = 7.5$ kN/m.

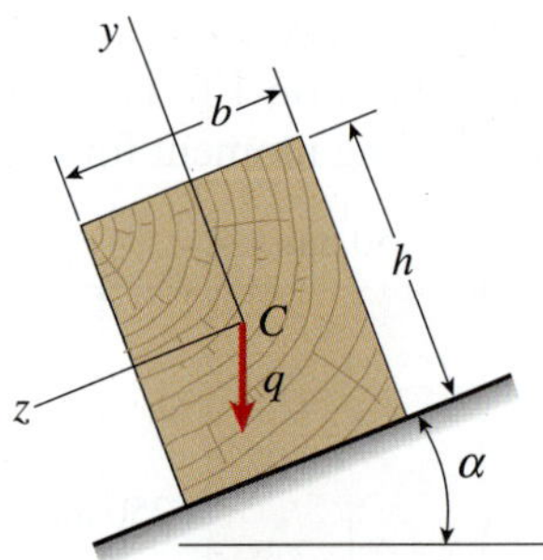

PROBLEMS 6.4-2 and 6.4-3

6.4-3 Solve the preceding problem for the following data: $b = 100$ mm, $h = 200$ mm, $L = 3$ m, $\tan\ \alpha = 1/3$, and $q = 3$ kN/m.

6.4-4 A simply supported beam of span length L carries a vertical concentrated load P acting through the centroid C at the midpoint of the span (see figure). The beam is attached to supports inclined at an angle α to the horizontal.

Determine the orientation of the neutral axis and calculate the maximum stresses at the outside corners of the cross section (points A, B, D, and E) due to the load P. Data for the beam are IPN 280 section, $L = 3.5$ m, $P = 18$ kN, and $\alpha = 26.57°$. *Note:* See Table F-2 of Appendix F for the dimensions and properties of the beam.

6.4-5 Solve the preceding problem using the following data: HE 140A section, $L = 2.5$ m, $P = 20$ kN, and $\alpha = 22.5°$.

Representative Problems

6.4-6 A wood cantilever beam with a rectangular cross section and length L supports an inclined load P at its free end (see figure).

Determine the orientation of the neutral axis and calculate the maximum tensile stress σ_{max} due to the load P. Data for the beam are $b = 80$ mm, $h = 140$ mm, $L = 2.0$ m, $P = 575$ N, and $\alpha = 30°$.

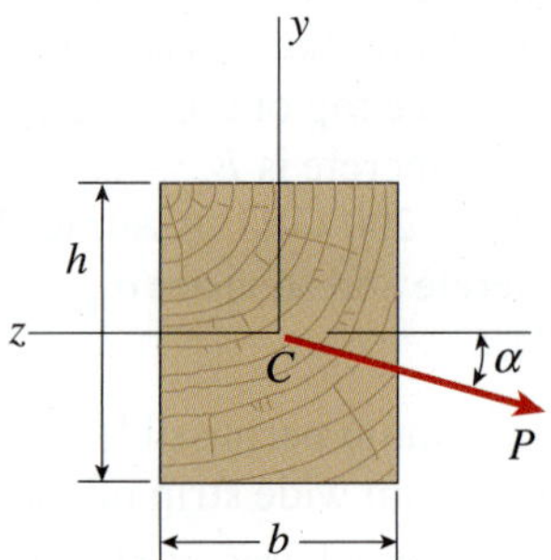

PROBLEMS 6.4-6 and 6.4-7

6.4-7 Solve the preceding problem for a cantilever beam with data as $b = 100$ mm, $h = 200$ mm, $L = 2$ m, $P = 2$ kN, and $\alpha = 45°$.

6.4-8 A 2-m-long cantilever beam is constructed using an IPN 320 section. Load P acts in an inclined direction at the free end (see figure). Determine the allowable load P that can be carried by the beam if the maximum permissible tensile and compressive stresses are 150 MPa. Include the weight of the beam in the calculations.

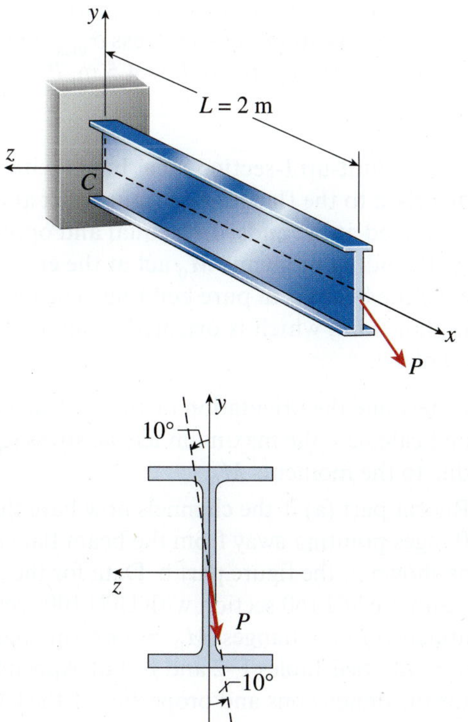

PROBLEM 6.4-8

6.4-9 A wood beam AB with a rectangular cross section (100 mm × 150 mm) serving as a roof purlin is simply supported by the top chords of two adjacent roof trusses. The beam is subjected to distributed load q acting in the vertical direction through the centroid of the purlin cross section. The top chords of the trusses have a slope $\alpha = 27°$. The purlin has length $L = 2$ m. Determine the permissible distributed load q based on the allowable compressive and tensile stress in the beam $\sigma_{all} = 14$ MPa.

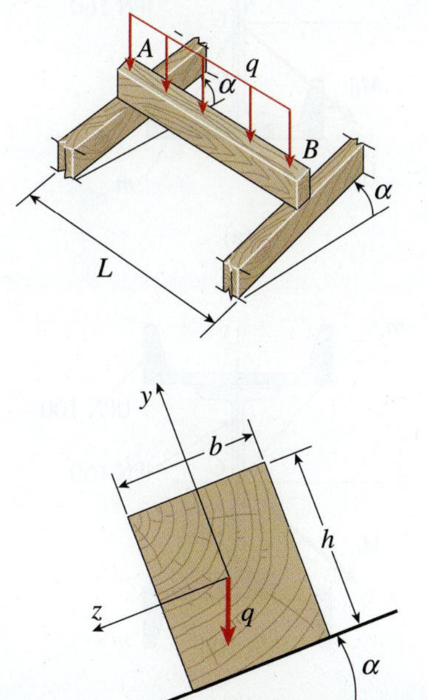

PROBLEM 6.4-9

6.4-10 A steel beam of I-section (see figure) is simply supported at the ends. Two equal and oppositely directed bending moments M_0 act at the ends of the beam, so the beam is in pure bending. The moments act in plane *mm*, which is oriented at an angle α to the *x-y* plane.

Determine the orientation of the neutral axis and calculate the maximum tensile stress σ_{max} due to the moments M_0. Data for the beam are IPN 220 section, $M_0 = 4$ kN · m, and $\alpha = 24°$. *Note:* See Table F-2 of Appendix F for the dimensions and properties of the beam.

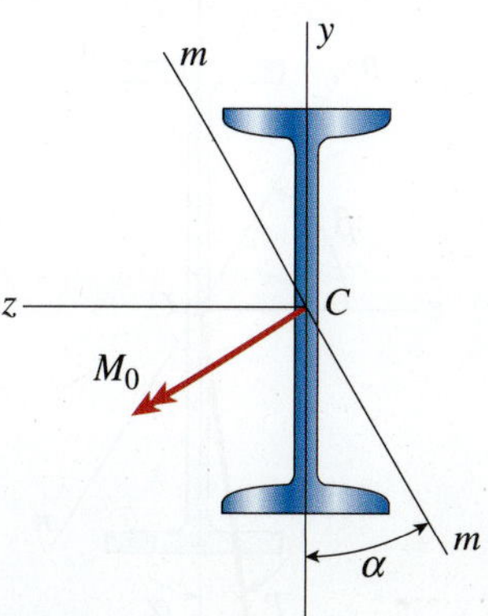

PROBLEM 6.4-10

6.4-11 A cantilever beam with a wide-flange cross section and length L supports an inclined load P at its free end (see figure).

Determine the orientation of the neutral axis and calculate the maximum tensile stress σ_{max} due to the load P.

Data for the beam are HE 650B section, $L = 2.5$ m, $P = 16.7$ kN, and $\alpha = 55°$. *Note:* See Table F-1 of Appendix F for the dimensions and properties of the beam.

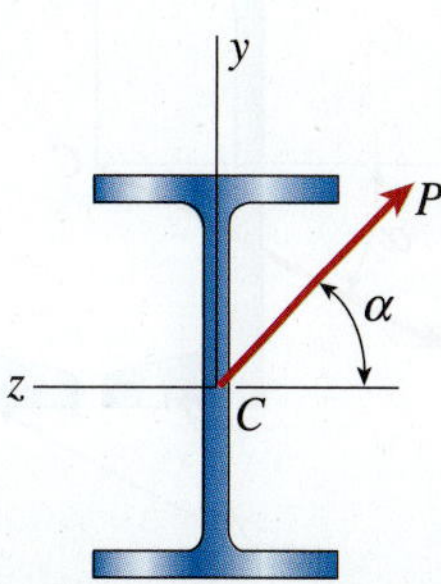

PROBLEMS 6.4-11 and 6.4-12

6.4-12 Solve the preceding problem using a HE 320B section, $L = 1.8$ m, $P = 9.5$ kN, and $\alpha = 60°$. See Table F-1 of Appendix F for the dimensions and properties of the beam.

6.4-13 A cantilever beam of IPN 300 section and length $L = 3$ m supports a slightly inclined load $P = 2.5$ kN at the free end (see figure).

(a) Plot a graph of the stress σ_A at point A as a function of the angle of inclination α.

(b) Plot a graph of the angle β, which locates the neutral axis nn, as a function of the angle α. (When plotting the graphs, let α vary from 0 to 10°.) See Table F-2 of Appendix F for the dimensions and properties of the beam.

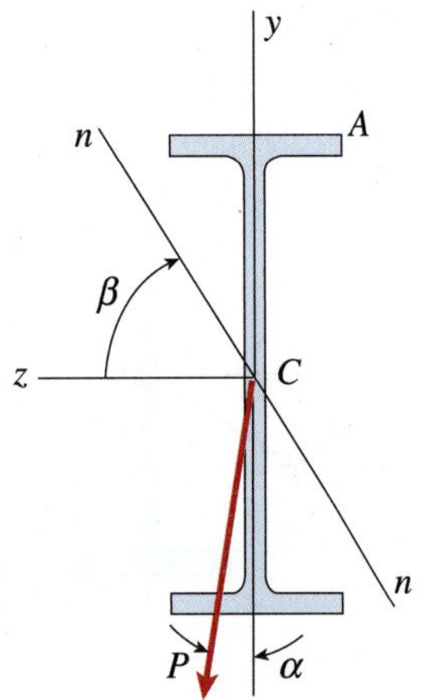

PROBLEM 6.4-13

6.4-14 A cantilever beam built up from two channel shapes, each UPN 180 and of length L, supports an inclined load P at its free end (see figure).

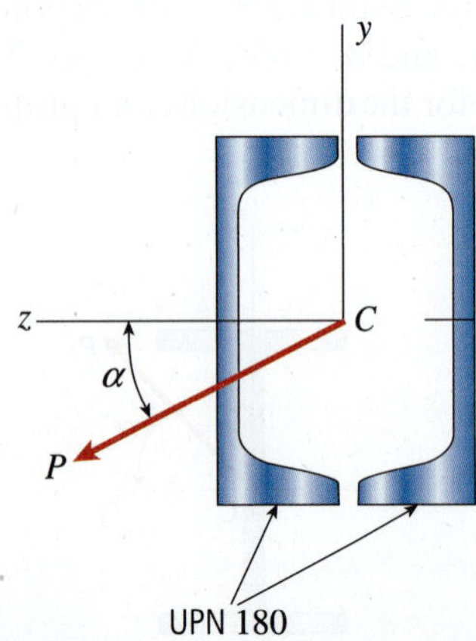

PROBLEM 6.4-14

Determine the orientation of the neutral axis and calculate the maximum tensile stress σ_{max} due to the load P. Data for the beam are $L = 4.5$ m, $P = 500$ N, and $\alpha = 30°$.

6.4-15 A built-up I-section steel beam with channels attached to the flanges (see figure part a) is simply supported at the ends. Two equal and oppositely directed bending moments M_0 act at the ends of the beam, so the beam is in pure bending. The moments act in plane mm, which is oriented at an angle α to the x-y plane.

(a) Determine the orientation of the neutral axis and calculate the maximum tensile stress σ_{max} due to the moments M_0.

(b) Repeat part (a) if the channels now have their flanges pointing away from the beam flange, as shown in the figure part b. Data for the beam are IPN 160 section with UPN 100 sections attached to the flanges, $M_0 = 5$ kN·m, and $\alpha = 40°$. See Tables F-2 and F-3 of Appendix F for the dimensions and properties of the IPN and UPN shapes.

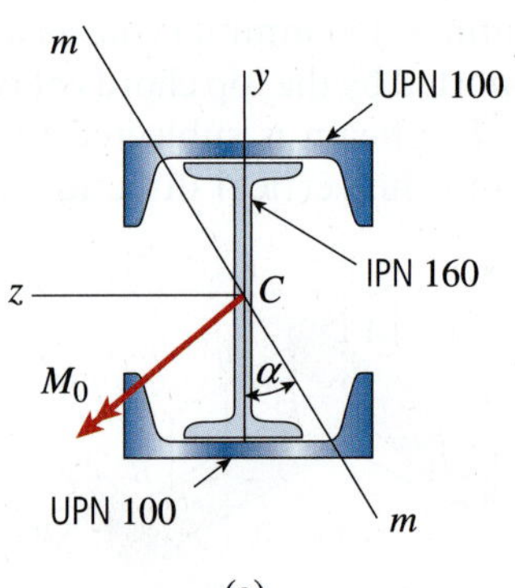

(a)

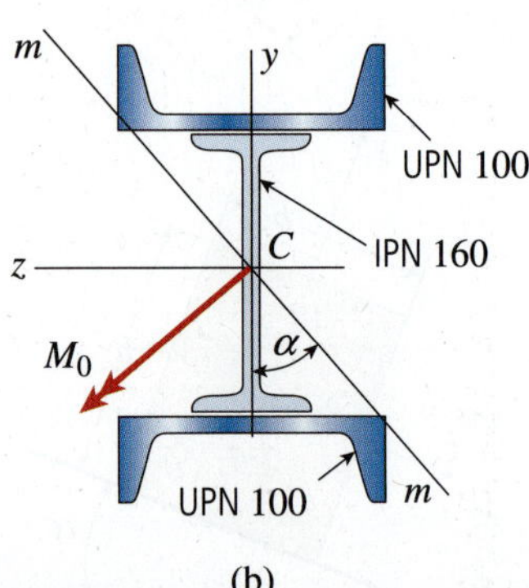

(b)

PROBLEM 6.4-15

6.4-16 Repeat Problem 6.4-14 but use the configuration of UPN 200 channel shapes and loading shown in the figure. Use $P = 250$ N.

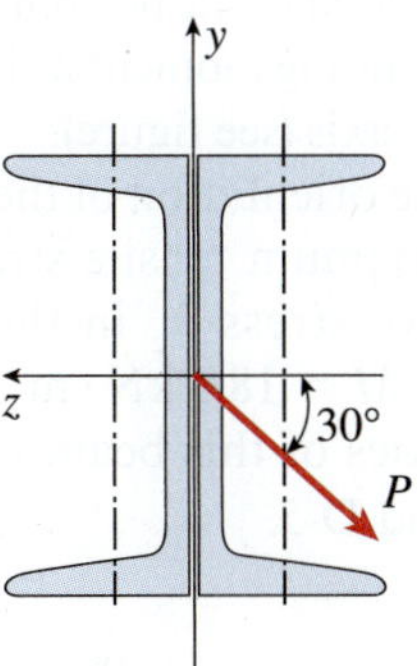

PROBLEM 6.4-16

6.5 Bending of Unsymmetric Beams

To solve the problems for Section 6.5, be sure to draw a sketch of the cross section showing the orientation of the neutral axis and the locations of the points where the stresses are being found.

6.5-1 A beam with a channel section is subjected to a bending moment M having its vector at an angle θ to the z axis (see figure).

Determine the orientation of the neutral axis and calculate the maximum tensile stress σ_t and maximum compressive stress σ_c in the beam.

Use the following data: UPN 160 section, $M = 2.5$ kN·m, $\tan\theta = 1/3$. See Table F-3 of Appendix F for the dimensions and properties of the channel section.

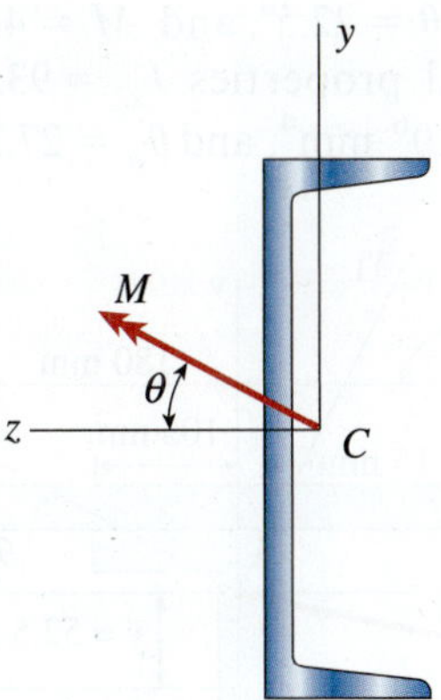

PROBLEMS 6.5-1 and 6.5-2

6.5-2 A beam with a channel section is subjected to a bending moment M having its vector at an angle θ to the z axis (see figure).

Determine the orientation of the neutral axis and calculate the maximum tensile stress σ_t and maximum compressive stress σ_c in the beam. Use a UPN 200 channel section with $M = 0.75$ kN · m and $\theta = 20°$.

6.5-3 An angle section with equal legs is subjected to a bending moment M having its vector directed along the 1–1 axis, as shown in the figure.

Determine the orientation of the neutral axis and calculate the maximum tensile stress σ_t and maximum compressive stress σ_c if the angle is an L 150 × 150 × 14 section and $M = 2.5$ kN·m. See Table F-4 of Appendix F for the dimensions and properties of the angle section.

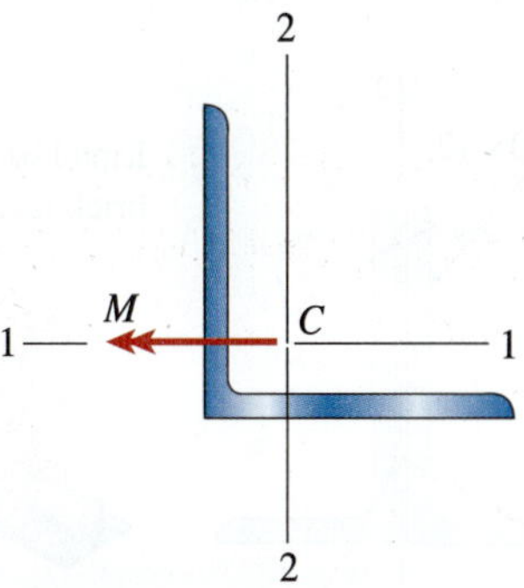

PROBLEMS 6.5-3 and 6.5-4

6.5-4 An angle section with equal legs is subjected to a bending moment M having its vector directed along the 1–1 axis, as shown in the figure.

Determine the orientation of the neutral axis and calculate the maximum tensile stress σ_t and maximum compressive stress σ_c if the section is an L 200 × 200 × 19 section and $M = 4.5$ kN · m. See Table F-4 of Appendix F for the dimensions and properties of the angle section.

6.5-5 A beam made up of two unequal leg angles is subjected to a bending moment M having its vector at an angle θ to the z axis (see figure part a).

(a) For the position shown in the figure, determine the orientation of the neutral axis and calculate the maximum tensile stress σ_t and maximum compressive stress σ_c in the beam. Assume that $\theta = 30°$ and $M = 3.5$ kN · m.

(b) The two angles are now inverted and attached back-to-back to form a lintel beam that supports two courses of brick façade (see figure part b). Find the new orientation of the neutral axis and calculate the maximum tensile stress σ_t and maximum compressive stress σ_c in the beam using $\theta = 30°$ and $M = 3.5$ kN · m.

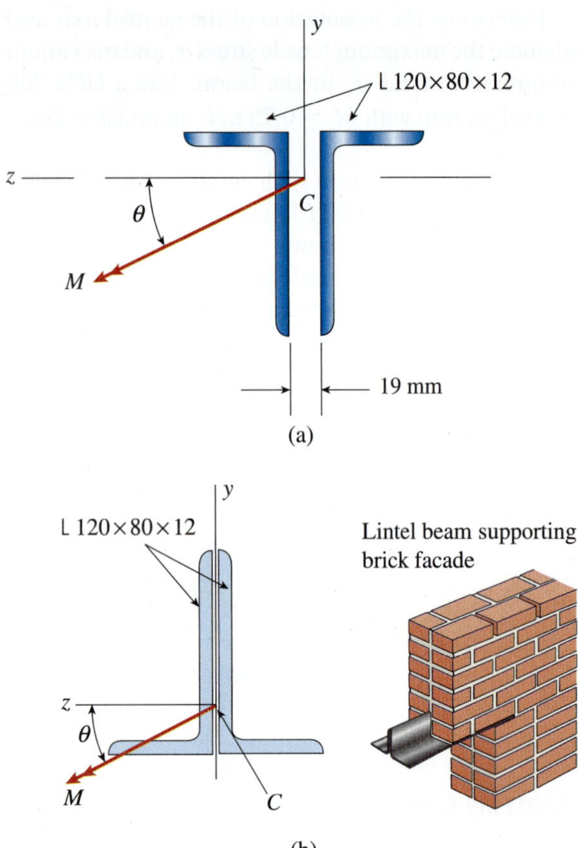

PROBLEM 6.5-5

6.5-6 The Z-section of Example D-7 is subjected to $M = 5$ kN · m, as shown.

Determine the orientation of the neutral axis and calculate the maximum tensile stress σ_t and maximum compressive stress σ_c in the beam. Use the following numerical data: height $h = 200$ mm, width $b = 90$ mm, constant thickness $t = 15$ mm, and $\theta_p = 19.2°$. Use $I_1 = 32.6 \times 10^6$ mm^4 and $I_2 = 2.4 \times 10^6$ mm^4 from Example D-7.

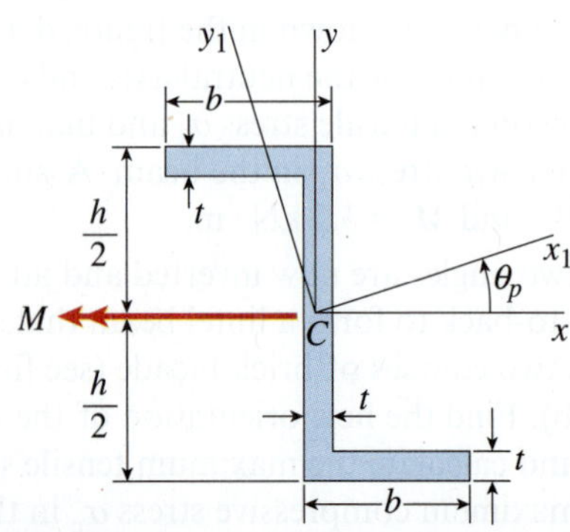

PROBLEM 6.5-6

6.5-7 The cross section of a steel beam is constructed of a HE 450A wide-flange section with a 25 cm × 1.5 cm cover plate welded to the top flange and a UPN 320 channel section welded to the bottom flange. This beam is subjected to a bending moment M having its vector at an angle θ to the z axis (see figure).

Determine the orientation of the neutral axis and calculate the maximum tensile stress σ_t and maximum compressive stress σ_c in the beam. Assume that $\theta = 30°$ and $M = 18.5$ kN · m. *Note:* The cross-sectional properties of this beam were computed in Examples D-2 and D-5.

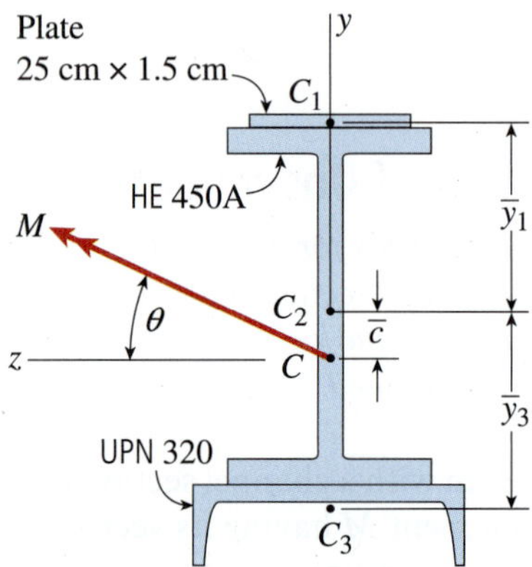

PROBLEM 6.5-7

6.5-8 The cross section of a steel beam is shown in the figure. This beam is subjected to a bending moment M having its vector at an angle θ to the z axis.

Determine the orientation of the neutral axis and calculate the maximum tensile stress σ_t and maximum compressive stress σ_c in the beam. Assume that $\theta = 22.5°$ and $M = 4.5$ kN · m. Use cross-sectional properties $I_{x_1} = 93.14 \times 10^6$ mm^4, $I_{y_1} = 152.7 \times 10^6$ mm^4, and $\theta_p = 27.3°$.

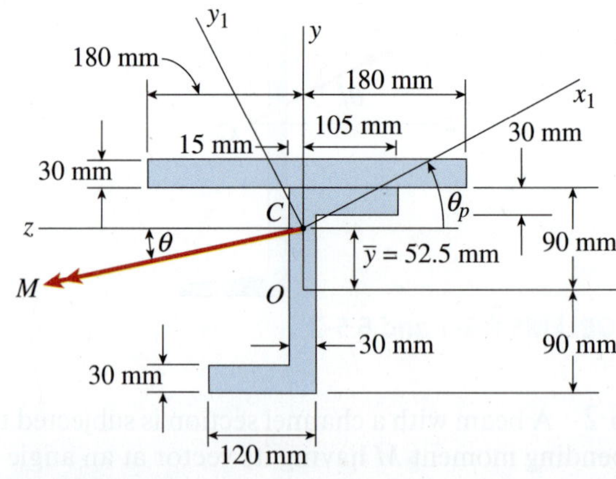

PROBLEM 6.5-8

6.5-9 A beam with a semicircular cross section of radius r is subjected to a bending moment M having its vector at an angle θ to the z axis (see figure).

Derive formulas for the maximum tensile stress σ_t and the maximum compressive stress σ_c in the beam for $\theta = 0, 45°$, and $90°$. Express the results in the form $\alpha\ M/r^3$, where α is a numerical value.

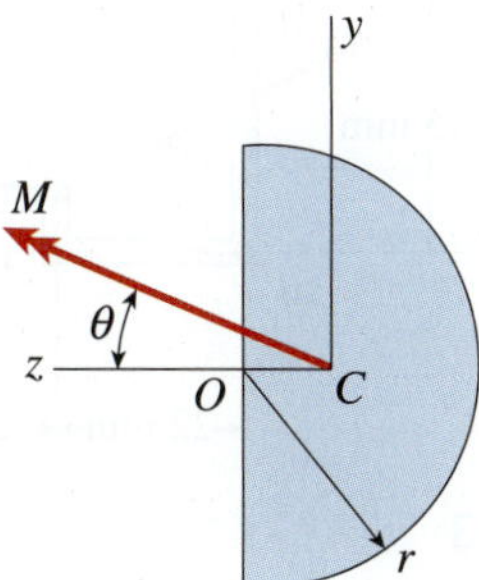

PROBLEM 6.5-9

6.5-10 A built-up beam supporting a condominium balcony is made up of a structural T for the top flange and web and two angles for the bottom flange and web, as shown. The beam is subjected to a bending moment M having its vector at an angle θ to the z axis (see figure).

Determine the orientation of the neutral axis and calculate the maximum tensile stress σ_t and maximum compressive stress σ_c in the beam. Assume that $\theta = 30°$ and $M = 10$ kN · m.

Use the numerical properties: $c_1 = 4.111$ mm, $c_2 = 4.169$ mm, $b_f = 134$ mm, $L_s = 76$ mm, $A = 4144$ mm^2, $I_y = 3.88 \times 10^6$ mm^4, and $I_z = 34.18 \times 10^6$ mm^4.

Built-up beam

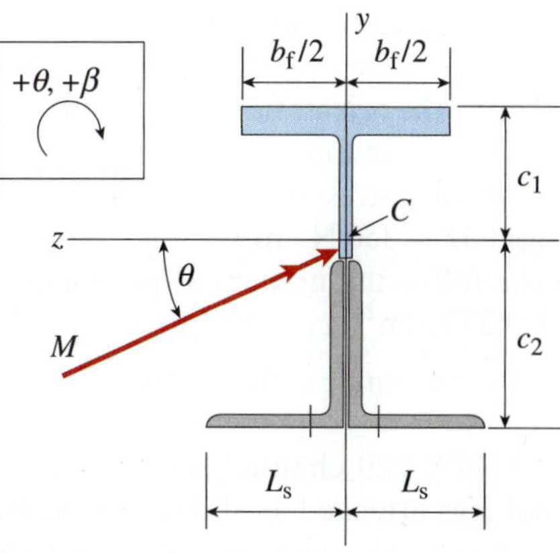

PROBLEM 6.5-10

6.5-11 A steel post ($E = 200$ GPa) having thickness $t = 3$ mm and height $L = 2$ m supports a stop sign (see figure). The stop sign post is subjected to a

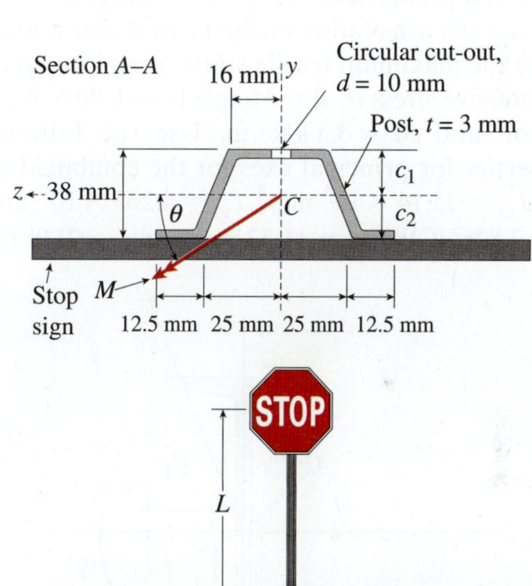

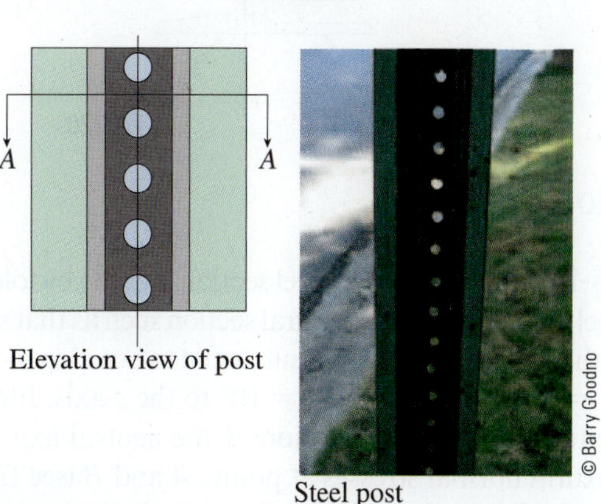

PROBLEM 6.5-11

bending moment M having its vector at an angle θ to the z axis.

Determine the orientation of the neutral axis and calculate the maximum tensile stress σ_t and maximum compressive stress σ_c in the beam. Assume that $\theta = 30°$ and $M = 350\ \text{N} \cdot \text{m}$.

Use the following numerical properties for the post: $A = 373\ \text{mm}^2$, $c_1 = 19.5\ \text{mm}$, $c_2 = 18.5\ \text{mm}$, $I_y = 1.868 \times 10^5\ \text{mm}^4$, and $I_z = 0.67 \times 10^5\ \text{mm}^4$.

6.5-12 A UPN 220 channel section has an angle with equal legs attached as shown; the angle serves as a lintel beam. The combined steel section is subjected to a bending moment M having its vector directed along the z axis, as shown in the figure. The centroid C of the combined section is located at distances x_c and y_c from the centroid (C_1) of the channel alone. Principal axes x_1 and y_1 are also shown in the figure and properties I_{x1}, I_{y1}, and θ_p are given.

Find the orientation of the neutral axis and calculate the maximum tensile stress σ_t and maximum compressive stress σ_c if the angle is an L 90 × 90 × 7 section and $M = 3.5\ \text{kN} \cdot \text{m}$. Use the following properties for principal axes for the combined section: $I_{x1} = 35.14 \times 10^6\ \text{mm}^4$, $I_{y1} = 4.265 \times 10^6\ \text{mm}^4$, $\theta_p = 7.826°$ (CW), $x_c = 11.32\ \text{mm}$, and $y_c = 21.08\ \text{mm}$.

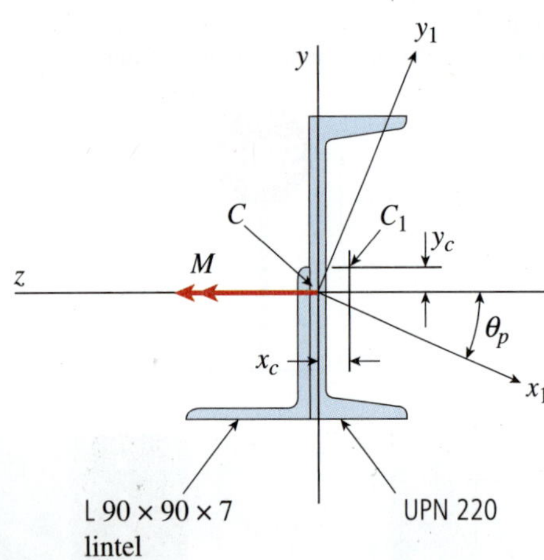

PROBLEM 6.5-12

6.5-13 A cold-formed steel section is made by folding a steel plate to form a structural section such as that shown in the figure. This beam is subjected to bending moment $M = 225\ \text{N} \cdot \text{m}$ at angle $\theta = 10°$ to the z axis. Find the centroid and the orientation of the neutral axis. Find flexural normal stresses at points A and B (see figure). Use the flexure formula based on principal axes and then confirm your solution using the general flexure formula.

Hint: the plate is thin so use centerline dimensions.

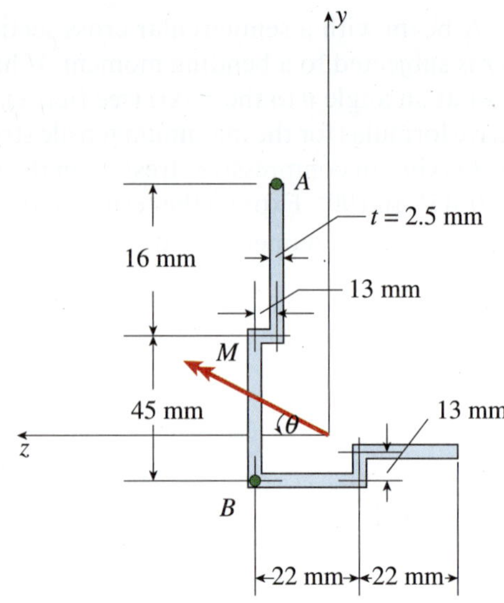

PROBLEM 6.5-13

6.8 Shear Stresses in Wide-Flange Beams

To solve the problems for Section 6.8, assume that the cross sections are thin-walled. Use centerline dimensions for all calculations and derivations, unless otherwise specified.

6.8-1 A simple beam with a HE 220B wide-flange cross section supports a uniform load of intensity $q = 45\ \text{kN/m}$ on a span of length $L = 3.8\ \text{m}$ (see figure). The dimensions of the cross section are $h = 220\ \text{mm}$, $b = 220\ \text{mm}$, $t_f = 16\ \text{mm}$, and $t_w = 9.5\ \text{mm}$.

(a) Calculate the maximum shear stress τ_{max} on cross section A–A located at distance $d = 0.75\ \text{m}$ from the end of the beam.

(b) Calculate the shear stress τ at point B on the cross section. Point B is located at a distance $a = 38\ \text{mm}$ from the edge of the lower flange.

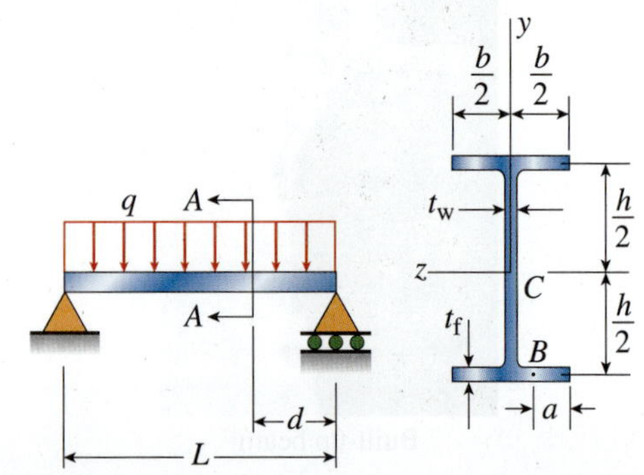

PROBLEMS 6.8-1 and 6.8-2

6.8-2 Solve the preceding problem for an IPN 360 shape with $L = 3.5$ m, $q = 60$ kN/m, $h = 360$ mm, $b = 143$ mm, $t_f = 19.5$ mm, $t_w = 13$ mm, $d = 0.5$ m, and $a = 50$ mm.

6.8-3 An IPN 240 steel beam has the cross section shown in the figure. The dimensions are b = 106 mm, h = 240 mm, t_w = 8.7 mm, and t_f = 13.1 mm. The loads on the beam produce a shear force V = 35 kN at the cross section under consideration.

(a) Use centerline dimensions to calculate the maximum shear stress τ_{max} in the web of the beam.

(b) Use the more exact analysis of Section 5.10 in Chapter 5 to calculate the maximum shear stress in the web of the beam and compare it with the stress obtained in part (a).

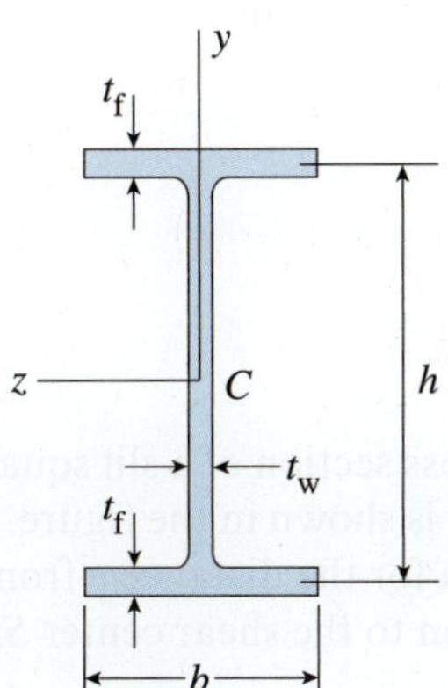

PROBLEMS 6.8-3 and 6.8-4

6.8-4 Solve the preceding problem for a HE 550B shape with b = 300 mm, h = 550 mm, t_w = 15 mm, t_f = 29 mm, and V = 115 kN.

6.9 Shear Centers of Thin-Walled Open Sections

To locate the shear centers in the problems for Section 6.9, assume that the cross sections are thin-walled and use centerline dimensions for all calculations and derivations.

6.9-1 Calculate the distance e from the centerline of the web of a UPN 380 channel section to the shear center S (see figure). *Note:* For purposes of analysis, consider the flanges to be rectangles with thickness t_f equal to the average flange thickness given in Table F-3 in Appendix F.

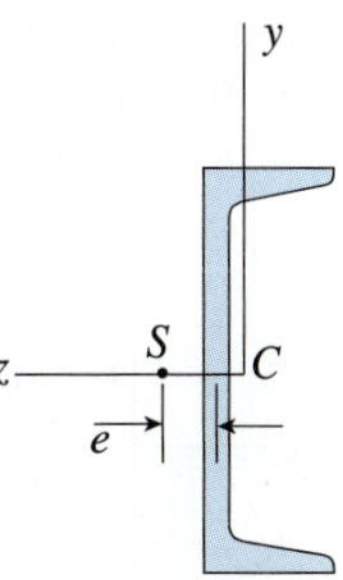

PROBLEMS 6.9-1 and 6.9-2

6.9-2 Calculate the distance e from the centerline of the web of a UPN 100 channel section to the shear center S (see figure). *Note:* For purposes of analysis, consider the flanges to be rectangles with thickness t_f equal to the average flange thickness given in Table F-3 in Appendix F.

6.9-3 The cross section of an unbalanced wide-flange beam is shown in the figure. Derive the following formula for the distance h_1 from the centerline of one flange to the shear center S:

$$h_1 = \frac{t_2 b_2^3 h}{t_1 b_1^3 + t_2 b_2^3}$$

Also, check the formula for the special cases of a T-beam ($b_2 = t_2 = 0$) and a balanced wide-flange beam ($t_2 = t_1$ and $b_2 = b_1$).

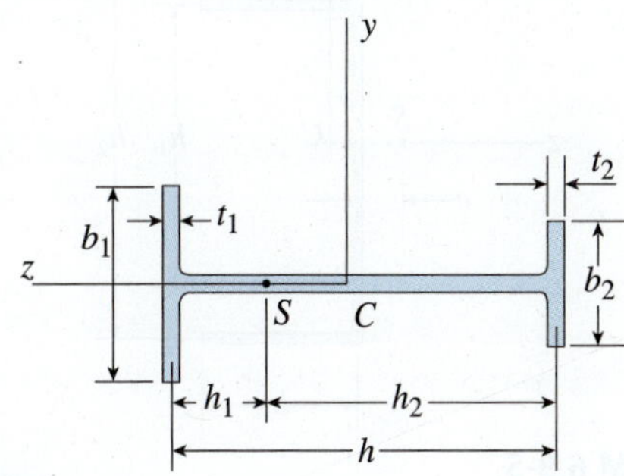

PROBLEM 6.9-3

6.9-4 The cross section of an unbalanced wide-flange beam is shown in the figure. Derive the following formula for the distance e from the centerline of the web to the shear center S:

$$e = \frac{3t_f(b_2^2 - b_1^2)}{ht_w + 6t_f(b_1 + b_2)}$$

Also, check the formula for the special cases of a channel section ($b_1 = 0$ and $b_2 = b$) and a doubly symmetric beam ($b_1 = b_2 = b/2$).

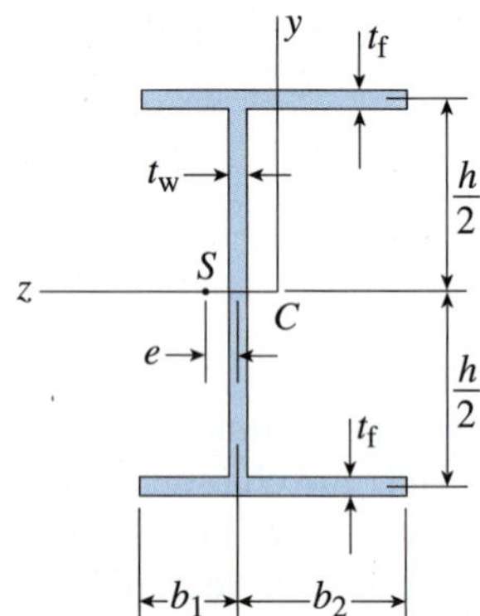

PROBLEM 6.9-4

6.9-5 The cross section of a channel beam with double flanges and constant thickness throughout the section is shown in the figure.

Derive the following formula for the distance e from the centerline of the web to the shear center S:

$$e = \frac{3b^2(h_1^2 + h_2^2)}{h_2^3 + 6b(h_1^2 + h_2^2)}$$

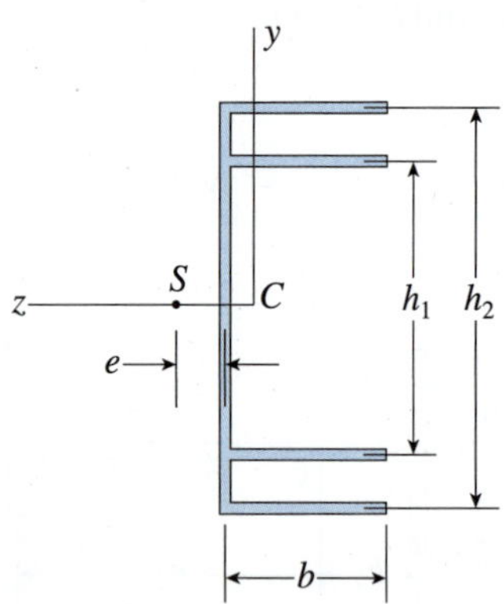

PROBLEM 6.9-5

6.9-6 The cross section of a slit circular tube of constant thickness is shown in the figure.

(a) Show that the distance e from the center of the circle to the shear center S is equal to $2r$ in the figure part a.

(b) Find an expression for e if flanges with the same thickness as that of the tube are added, as shown in the figure part b.

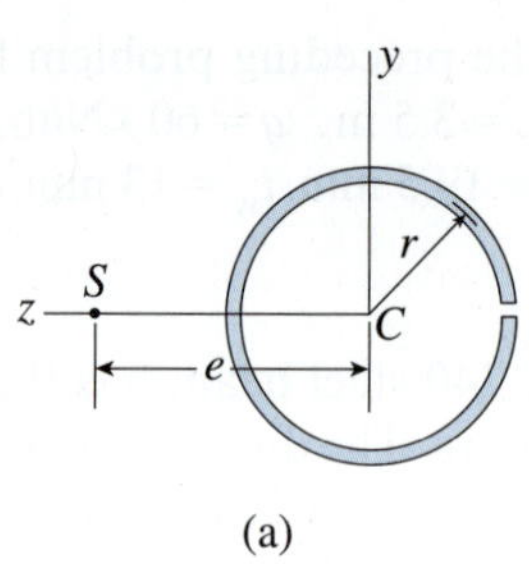

(a)

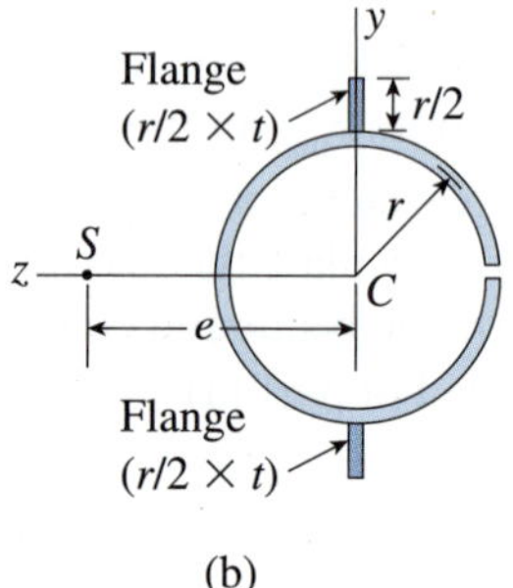

(b)

PROBLEM 6.9-6

6.9-7 The cross section of a slit square tube of constant thickness is shown in the figure. Derive the following formula for the distance e from the corner of the cross section to the shear center S:

$$e = \frac{b}{2\sqrt{2}}$$

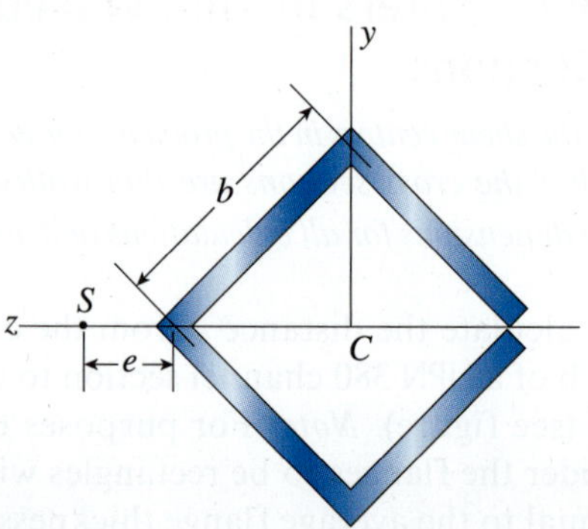

PROBLEM 6.9-7

6.9-8 The cross section of a slit rectangular tube of constant thickness is shown in the figures.

(a) Derive the following formula for the distance e from the centerline of the wall of the tube in the figure part a to the shear center S:

$$e = \frac{b(2h + 3b)}{2(h + 3b)}$$

(b) Find an expression for e if flanges with the same thickness as that of the tube are added as shown in figure part b.

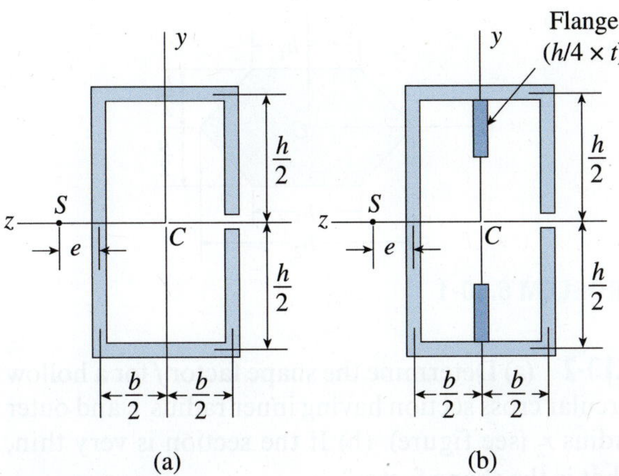

PROBLEM 6.9-8

6.9-9 A U-shaped cross section of constant thickness is shown in the figure. Derive the following formula for the distance e from the center of the semicircle to the shear center S:

$$e = \frac{2(2r^2 + b^2 + \pi br)}{4b + \pi r}$$

Also, plot a graph showing how the distance e (expressed as the nondimensional ratio e/r) varies as a function of the ratio b/r. (Let b/r range from 0 to 2.)

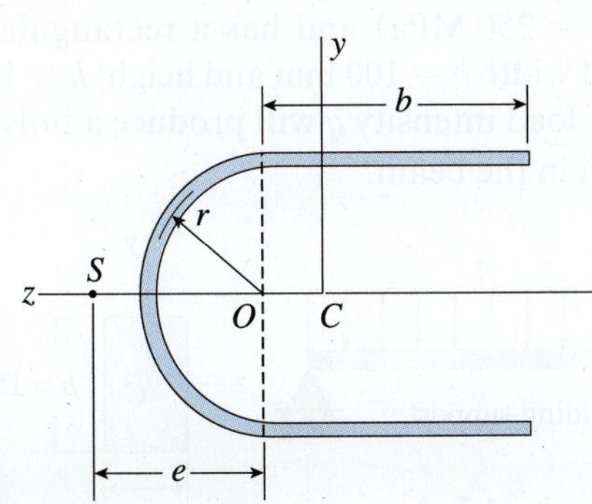

PROBLEM 6.9-9

6.9-10 Derive the following formula for the distance e from the centerline of the wall to the shear center S for the C-section of constant thickness shown in the figure:

$$e = \frac{3bh^2(b + 2a) - 8ba^3}{h^2(h + 6b + 6a) + 4a^2(2a - 3h)}$$

Also, check the formula for the special cases of a channel section ($a = 0$) and a slit rectangular tube ($a = h/2$).

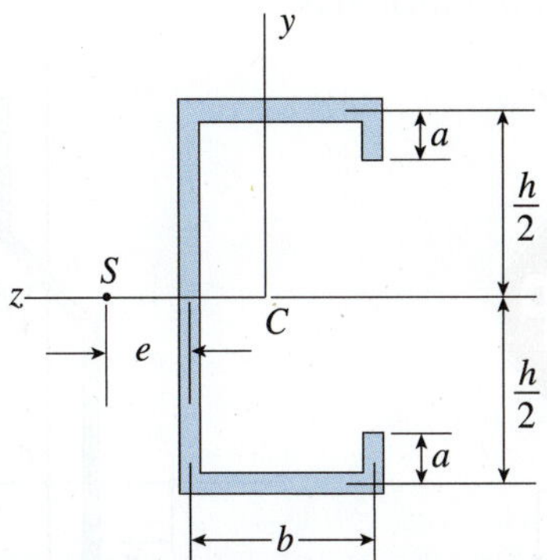

PROBLEM 6.9-10

6.9-11 Derive the following formula for the distance e from the centerline of the wall to the shear center S for the hat section of constant thickness shown in the figure:

$$e = \frac{3bh^2(b + 2a) - 8ba^3}{h^2(h + 6b + 6a) + 4a^2(2a + 3h)}$$

Also, check the formula for the special case of a channel section ($a = 0$).

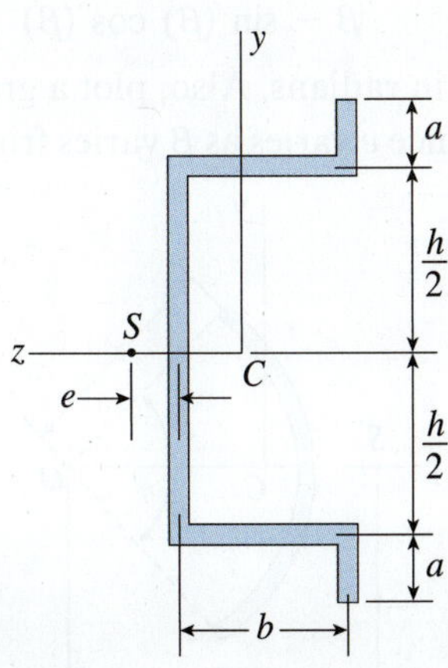

PROBLEM 6.9-11

6.9-12 The cross section of a sign post of constant thickness is shown in the figure.

Derive the formula for the distance e from the centerline of the wall of the post to the shear center S:

$$e = \frac{1}{3}t\ ba[4a^2 + 3ab\ \sin(\beta) + 3ab + 2\ \sin(\beta)b^2]\frac{\cos(\beta)}{I_z}$$

where I_z = moment of inertia about the z axis.

Also, compare this formula with that given in Problem 6.9-11 for the special case of $\beta = 0$ here and $a = h/2$ in both formulas.

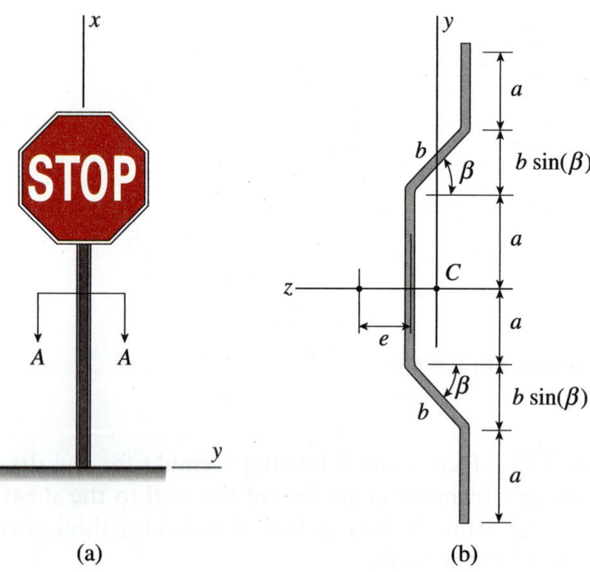

PROBLEM 6.9-12

6.9-13 A cross section in the shape of a circular arc of constant thickness is shown in the figure. Derive the following formula for the distance e from the center of the arc to the shear center S:

$$e = \frac{2r(\sin(\beta) - \beta\ \cos(\beta))}{\beta - \sin(\beta)\ \cos(\beta)}$$

in which β is in radians. Also, plot a graph showing how the distance e varies as β varies from 0 to π.

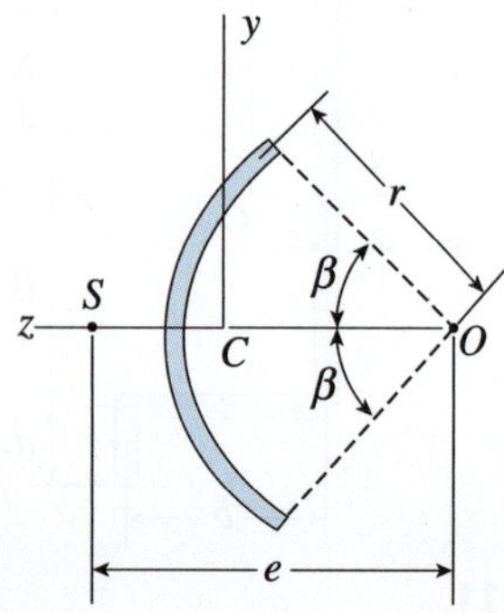

PROBLEM 6.9-13

6.10 Elastoplastic Bending

Solve the problems for Section 6.10 using the assumption that the material is elastoplastic with yield stress σ_Y.

6.10-1 Determine the shape factor f for a cross section in the shape of a double trapezoid having the dimensions shown in the figure.

Also, check your result for the special cases of a rhombus ($b_1 = 0$) and a rectangle ($b_1 = b_2$).

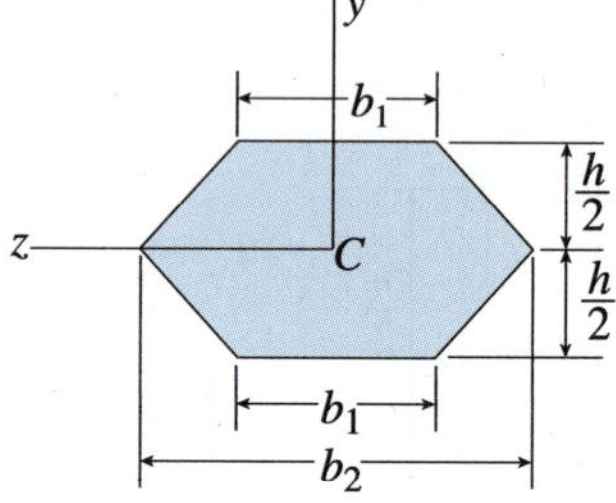

PROBLEM 6.10-1

6.10-2 (a) Determine the shape factor f for a hollow circular cross section having inner radius r_1 and outer radius r_2 (see figure). (b) If the section is very thin, what is the shape factor?

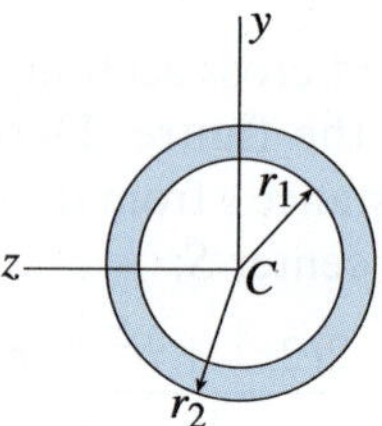

PROBLEM 6.10-2

6.10-3 A propped cantilever beam of length $L = 1.5$ m with a sliding support supports a uniform load of intensity q (see figure). The beam is made of steel ($\sigma_Y = 250$ MPa) and has a rectangular cross section of width $b = 100$ mm and height $h = 150$ mm.

What load intensity q will produce a fully plastic condition in the beam?

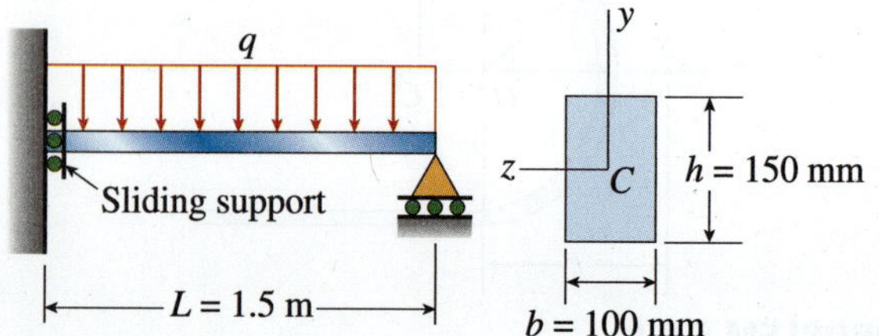

PROBLEM 6.10-3

6.10-4 A steel beam of rectangular cross section is 40 mm wide and 80 mm high (see figure). The yield stress of the steel is 210 MPa.

(a) What percent of the cross-sectional area is occupied by the elastic core if the beam is subjected to a bending moment of 12.0 kN · m acting about the z axis?

(b) What is the magnitude of the bending moment that will cause 50% of the cross section to yield?

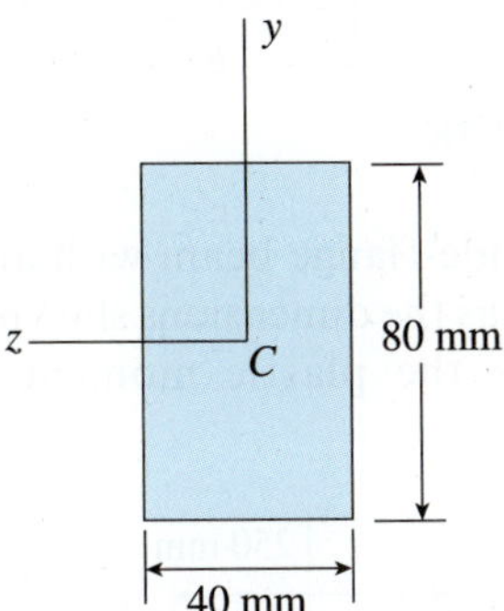

PROBLEM 6.10-4

6.10-5 Calculate the shape factor f for the wide-flange beam shown in the figure if $h = 310$ mm, $b = 300$ mm, $t_f = 15.5$ mm, and $t_w = 9$ mm.

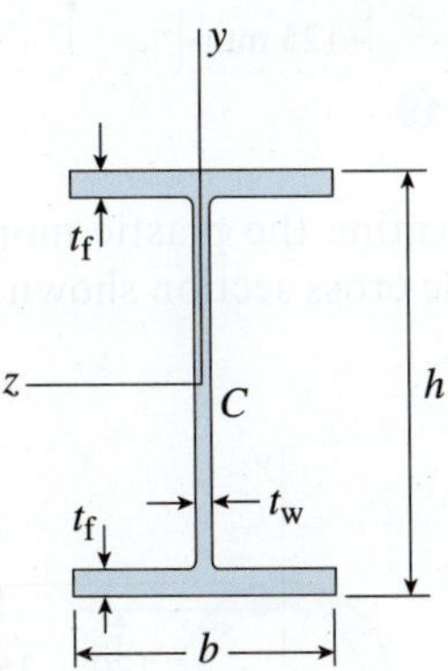

PROBLEMS 6.10-5 and 6.10-6

6.10-6 Solve the preceding problem for a wide-flange beam with $h = 404$ mm, $b = 140$ mm, $t_f = 11.2$ mm, and $t_w = 6.99$ mm.

6.10-7 Determine the plastic modulus Z and shape factor f for an IPN 180 beam. Obtain the cross-sectional dimensions and section modulus of the beam from Table F-2 in Appendix F.

6.10-8 Solve the preceding problem for a HE 260B wide-flange beam. Obtain the cross-sectional dimensions and section modulus of the beam from Table F-1 in Appendix F.

6.10-9 Determine the yield moment M_Y, plastic moment M_P, and shape factor f for an IPN 500 beam if $\sigma_Y = 250$ MPa. Obtain the cross-sectional dimensions and section modulus of the beam from Table F-2 in Appendix F.

6.10-10 Solve the preceding problem for an IPN 400 beam. Assume that $\sigma_Y = 250$ MPa. Obtain the cross-sectional dimensions and section modulus of the beam from Table F-2 in Appendix F.

6.10-11 A hollow box beam with height $h = 300$ mm, width $b = 100$ mm, and constant wall thickness $t = 15$ mm is shown in the figure. The beam is constructed of steel with yield stress $\sigma_Y = 210$ MPa.

Determine the yield moment M_Y, plastic moment M_P, and shape factor f.

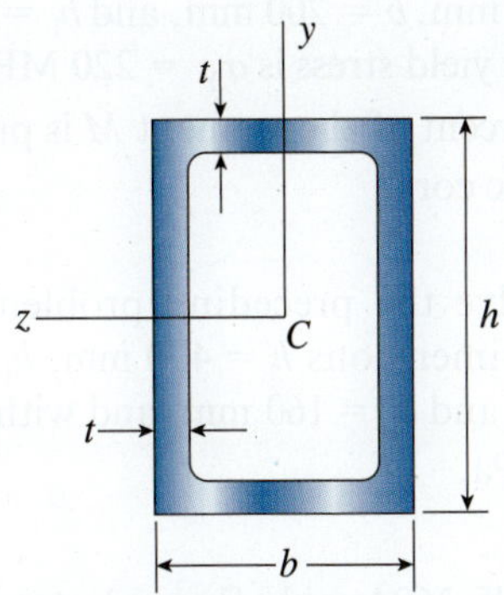

PROBLEMS 6.10-11 and 6.10-12

6.10-12 Solve the preceding problem for a box beam with dimensions $h = 0.5$ m, $b = 0.18$ m, and $t = 22$ mm. The yield stress of the steel is 210 MPa.

6.10-13 A hollow box beam with height $h = 300$ mm, inside height $h_1 = 250$ mm, width $b = 150$ mm, and inside width $b_1 = 100$ mm is shown in the figure.

Assuming that the beam is constructed of steel with yield stress $\sigma_Y = 250$ MPa, calculate the yield moment M_Y, plastic moment M_P, and shape factor f.

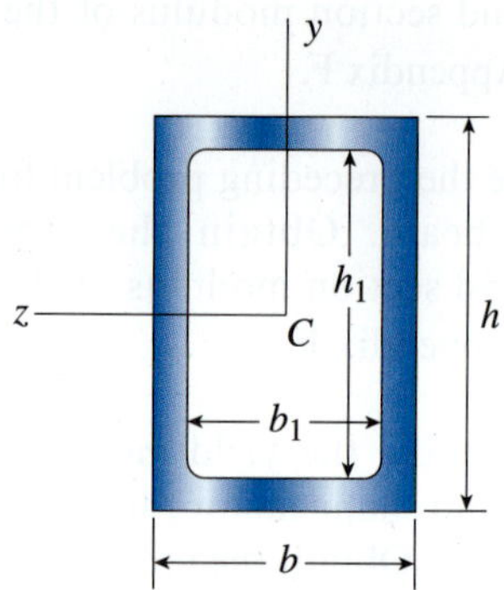

PROBLEMS 6.10-13 through 6.10-16

6.10-14 Solve the preceding problem for a box beam with dimensions $h = 200$ mm, $h_1 = 160$ mm, $b = 150$ mm, and $b_1 = 130$ mm. Assume that the beam is constructed of steel with yield stress $\sigma_Y = 220$ MPa.

6.10-15 The hollow box beam shown in the figure is subjected to a bending moment M of such magnitude that the flanges yield but the webs remain linearly elastic.

(a) Calculate the magnitude of the moment M if the dimensions of the cross section are $h = 350$ mm, $h_1 = 310$ mm, $b = 200$ mm, and $b_1 = 175$ mm. Also, the yield stress is $\sigma_Y = 220$ MPa.

(b) What percent of the moment M is produced by the elastic core?

6.10-16 Solve the preceding problem for a box beam with dimensions $h = 400$ mm, $h_1 = 360$ mm, $b = 200$ mm, and $b_1 = 160$ mm, and with yield stress $\sigma_Y = 220$ MPa.

6.10-17 A HE 260A wide-flange beam is subjected to a bending moment M of such magnitude that the flanges yield but the web remains linearly elastic.

(a) Calculate the magnitude of the moment M if the yield stress is $\sigma_Y = 250$ MPa.

(b) What percent of the moment M is produced by the elastic core?

6.10-18 A singly symmetric beam with a T-section (see figure) has cross-sectional dimensions $b = 140$ mm, $a = 190.8$ mm, $t_w = 6.99$ mm, and $t_f = 11.2$ mm.

Calculate the plastic modulus Z and the shape factor f.

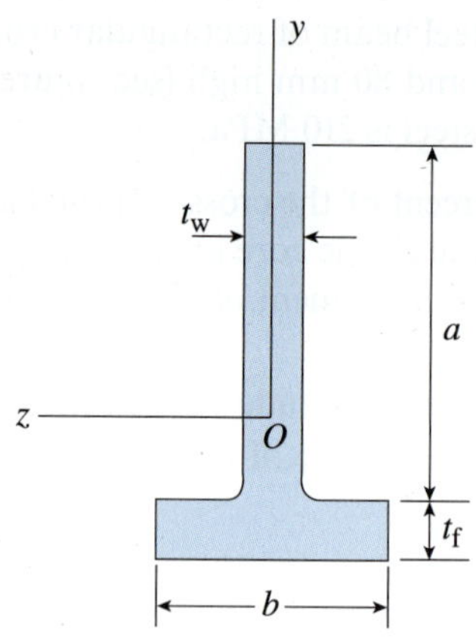

PROBLEM 6.10-18

6.10-19 A wide-flange beam with an unbalanced cross section has the dimensions shown in the figure.

Determine the plastic moment M_P if $\sigma_Y = 250$ MPa.

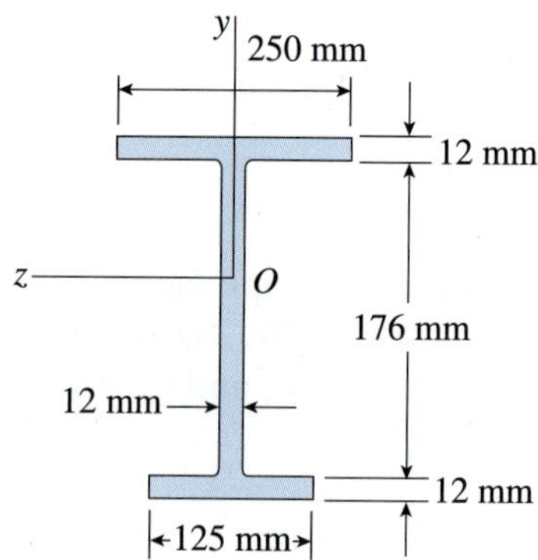

PROBLEM 6.10-19

6.10-20 Determine the plastic moment M_P for a beam having the cross section shown in the figure if $\sigma_Y = 210$ MPa.

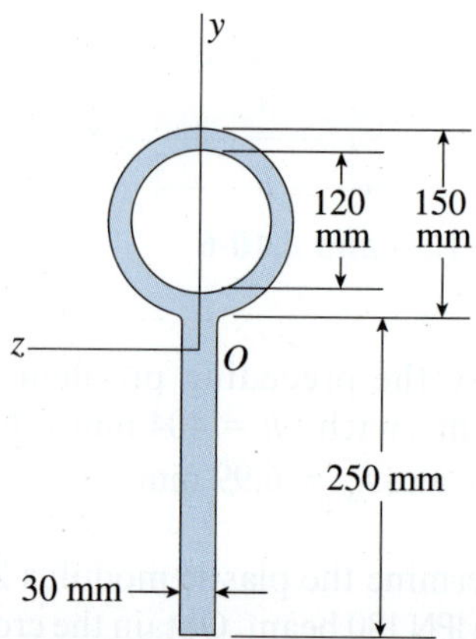

PROBLEM 6.10-20

SOME ADDITIONAL REVIEW PROBLEMS: Chapter 6

R-6.1 A composite beam is made up of a 200 mm × 300 mm core (E_c = 14 GPa) and an exterior cover sheet (300 mm × 12 mm, E_e = 100 GPa) on each side. Allowable stresses in core and exterior sheets are 9.5 MPa and 140 MPa, respectively. The ratio of the maximum permissible bending moment about the z axis to that about the y axis is most nearly:

(A) 0.5
(B) 0.7
(C) 1.2
(D) 1.5

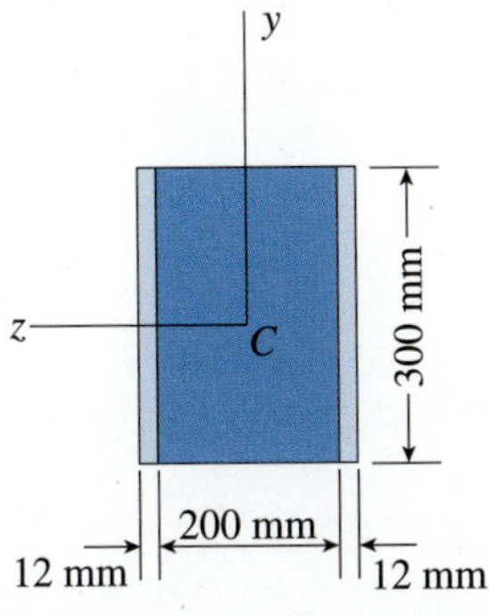

R-6.2 A composite beam is made up of a 90 mm × 160 mm wood beam (E_w = 11 GPa) and a steel bottom cover plate (90 mm × 8 mm, E_s = 190 GPa). Allowable stresses in wood and steel are 6.5 MPa and 110 MPa, respectively. The allowable bending moment about the z axis of the composite beam is most nearly:

(A) 2.9 kN·m
(B) 3.5 kN·m
(C) 4.3 kN·m
(D) 9.9 kN·m

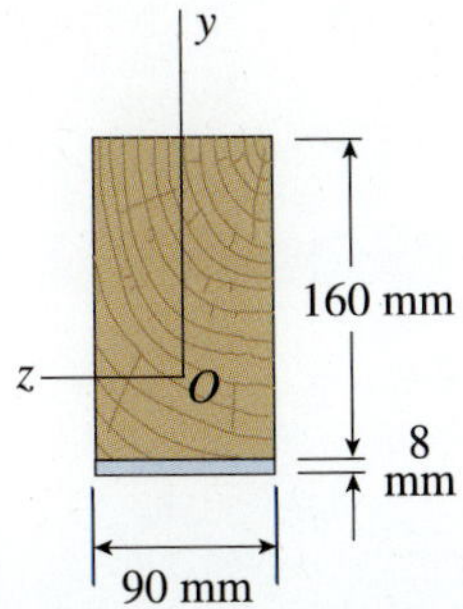

R-6.3 A steel pipe (d_3 = 104 mm, d_2 = 96 mm) has a plastic liner with inner diameter d_1 = 82 mm. The modulus of elasticity of the steel is 75 times that of the modulus of the plastic. Allowable stresses in steel and plastic are 40 MPa and 550 kPa, respectively. The allowable bending moment for the composite pipe is approximately:

(A) 1100 N·m
(B) 1230 N·m
(C) 1370 N·m
(D) 1460 N·m

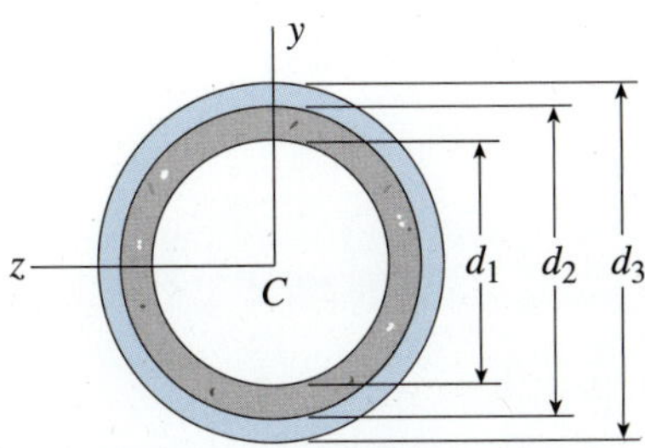

R-6.4 A bimetallic beam of aluminum (E_a = 70 GPa) and copper (E_c = 110 GPa) strips has a width of b = 25 mm; each strip has a thickness t = 1.5 mm. A bending moment of 1.75 N·m is applied about the z axis. The ratio of the maximum stress in the aluminum to that in the copper is approximately:

(A) 0.6
(B) 0.8
(C) 1.0
(D) 1.5

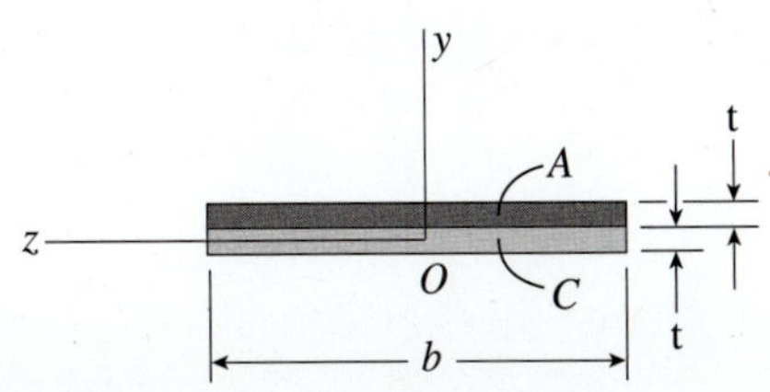

R-6.5 A composite beam of aluminum ($E_a = 72$ GPa) and steel ($E_s = 190$ GPa) has a width $b = 25$ mm and heights $h_a = 42$ mm and $h_s = 68$ mm, respectively. A bending moment is applied about the z axis resulting in a maximum stress in the aluminum of 55 MPa. The maximum stress in the steel is approximately:

(A) 86 MPa
(B) 90 MPa
(C) 94 MPa
(D) 98 MPa

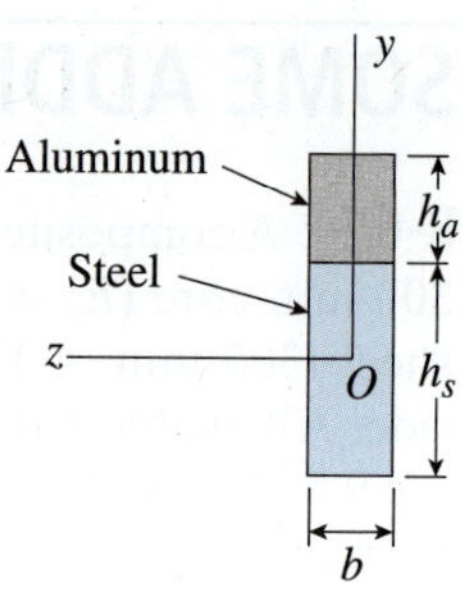

CHAPTER 7

응력과 변형률의 해석

Analysis of Stress and Strain

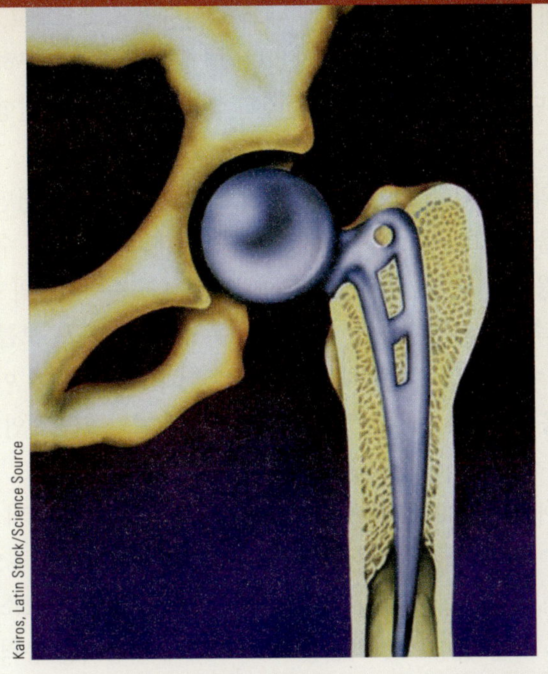
Kairos, Latin Stock/Science Source

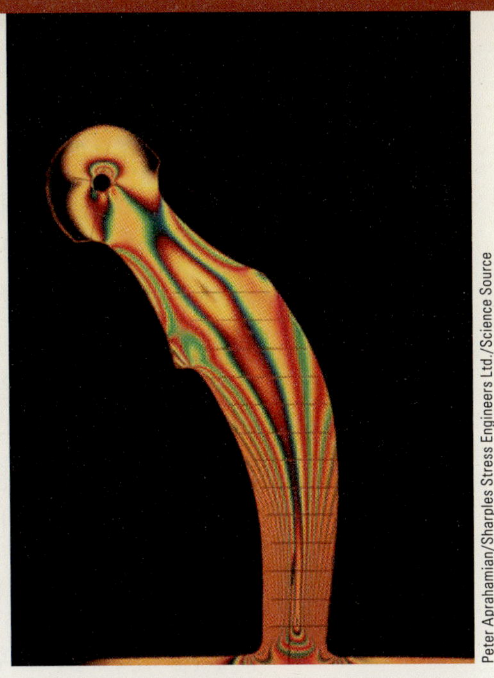
Peter Aprahamian/Sharples Stress Engineers Ltd./Science Source

광탄성법은 실험적 방법의 하나로서, 고관절내 보철삽입물의 복잡한 응력 상태를 아는 데 사용될 수 있다.

이 장의 목적

- 평면응력요소에 사용되는 물체 위의 한 점에서 응력 상태를 정의.
- 임의로 회전된 위치에서 응력요소 위 한 점의 등가응력을 나타내는 평면응력 변환식의 유도.
- 임의의 관심이 있는 한 점의 최대 또는 최소 수직응력, 즉 주응력과 최대 전단응력을 계산하기 위한 이 변환식의 활용.
- 응력을 받는 물체의 한 점에서 경사면 위에 작용하는 수직응력과 전단응력의 관계를 나타내는 모아 원(Mohr's circle)으로 알려진 도형적 방법의 변환식 표현.
- 균질(homogeneous)하고 등방성(isotropic)인 재료를 위한 수직변형률과 응력 간의 관계를 제공하는 평면응력 후크의 법칙 정의.
- 3차원에서 응력 상태의 학습과 구응력(spherical stress)과 정수압응력(hydrostatic stress)으로 알려진 3축응력의 정의.
- 스트레인 게이지를 사용하는 실험적 응력 측정 및 평가를 위한 평면변형률 변환식의 유도. 평면변형률 변환을 위한 모아 원의 활용.

이 장의 구성

7.1 서론

보, 축 그리고 봉에서의 수직 및 전단응력은 앞장에서 논의되었던 기본적인 공식으로부터 계산될 수 있다. 예를 들면 보에서의 응력은 굽힘과 전단 공식($\sigma = My/I$ 그리고 $\tau = VQ/Ib$)에 의해 주어지고, 축에서의 응력은 비틀림 공식($\tau = T\rho/I_P$)에 의해 주어진다. 그러나 이러한 공식에 의해 계산된 응력들은 부재 내의 수직단면에 작용하고, 때때로 **경사단면(inclined section)**에서는 더 큰 응력이 발생된다. 따라서 부재를 관통하는 경사단면에 작용하는 수직 및 전단응력을 구하는 방법을 논의함으로써 응력과 변형률에 대한 해석이 시작된다.

우리는 이미 단축응력과 순수전단(2.6절과 3.5절 참조) 하에서 경사진 평면에 작용하는 수직 및 전단응력의 식을 유도하였다. 단축응력의 경우, 최대 수직응력은 수직 단면에 작용하는 반면, 최대 전단응력은 축에서 45°인 평면에 발생한다. 순수전단의 경우, 최대 인장 및 압축 수직응력이 축과 45°인 평면에 발생한다. 유사한 방법으로 보를 관통하는 경사면에 작용하는 응력은 수직 단면에 작용하는 응력보다 더 클 수도 있다. 이러한 응력을 계산하기 위해서, **평면응력(plane stress)**(7.2절)으로 알려진 보다 일반적인 응력 상태 하에서 경사진 평면에 작용하는 응력들을 구할 필요가 있다.

평면응력에 대한 논의에서 **응력요소(stress element)**는 물체 내의 한 점의 응력 상태를 나타낸다. 응력요소는 이미 특별한 경우에 대해서 논의되었다(2.6절과 3.5절 참조). 이제는 그것들을 보다 공식화된 방법으로 사용된다. 먼저 응력이 알려진 요소를 고려하여 해석을 시작하고, 그 후 다른 방향으로 회전된 요소의 면에 작용하는 응력을 계산할 수 있는 **변환공식(transformation equation)**을 유도할 것이다.

응력요소를 이용할 때, 응력 상태(state of stress)를 묘사하기 위해 사용된 요소의 회전에 관계없이, 응력을 받는 물체내의 한 점에서는 단지 하나의 고유한 **응력 상태**가 존재한다는 생각을 항상 염두에 두어야 한다. 물체 내의 같은 지점에서 서로 다른 방향을 갖는 두 요소를 생각할 때, 두 요소의 면에 작용하는 응력들은 서로 다르지만, 그것들은 여전히 같은 응력 상태, 즉 고려하고 있는 점의 응력을 나타낼 것이다. 이러한 상황은, 그 성분들에 의한 힘 벡터의 표현과 유사하다. 비록 좌표축이 새로운 위치로 회전될 때 그 성분들이 달라질지라도 그 힘 자체는 동일하다.

더 나아가 응력이 벡터가 아니라는 것도 항상 염두에 두어야 한다. 이 사실은 때때로 혼돈이 되기도 하는데, 왜냐하면 공학자들이 통상 힘 벡터를 화살표로 표현하는 것처럼 응력 또한 화살표를 이용해 표현하기 때문이다. 비록 응력의 크기와 방향을 화살표로 표현하기는 하지만, 그것들은 평형사변형 법칙에 의해 조합되지 않기 때문에 벡터가 아니다. 대신 응력은 벡터보다는 훨씬 복잡한 양이며, 수학에서는 이를 **텐서(tensor)**라 부른다. 역학에서의 다른 텐서량들은 변형률과 관성모멘트가 있다.

7.2 평면응력

앞장에서 다루었던 인장과 압축을 받는 봉, 비틀림을 받는 축, 굽힘을 받는 보를 해석할 때의 응력 상태들은 **평면응력(plane stress)**이라 불리는 응력 상태의 예들이다. 평면응력을 설명하기 위해서, 그림 7-1a와 같은 응력요소를 고려한다. 이 요소는 크기가 미소하고 정육면체나 직육면체로 그려질 수 있다. 1.8절에서 이미 설명한 바와 같이 xyz축은 요소의 모서리와 평행하고 요소의 면은 수직외향으로 표시되어 있는데, 예를 들어 요소의 오른쪽 면을 양의 x면이라 하고 왼쪽면(이 관점에서는 보이지 않음)을 음의 x면이라 부른다. 같은 방법으로 윗면은 양의 y면, 정면은 양의 z면이 된다.

재료가 xy평면에서 평면응력 상태에 있을 때, 그림 7-1a에서 보여진 것처럼 요소의 x와 y면만이 응력을 받으며, 모든 응력은 x, y축과 평행하게 작용한다. 이러한 응력 상태는 매우 일반적인데, 표면에 외력이 작용하는 한 점을 제외하고는 어떠한 응력을 받는 물체의 표면에서나 이러한 응력 상태가 존재하기 때문이다. 그림 7-1a에 나타낸 것과 같은 요소가 물체의 자유표면에 위치할 때, z면은 표면의 면이고, z축은 표면에 수직이다.

그림 7-1a에 보여진 응력의 기호는 다음과 같은 의미를 가지고 있다. **수직응력(normal stress)** σ는 응력이 작용하는 면을 나타내는 첨자를 가지고 있다. 예를 들면 응력 σ_x는 요소의 x면에 작용하고, 응력 σ_y는 요소의 y면에 작용한다. 요소는 매우 미소하기 때문에, 같은 수직응력이 반대 면에도 작용한다. **수직응력의 부호규약(sign convention for normal stress)**은 잘 알고 있는 바와 같이, 즉 인장은 양이고, 압축은 음이다.

전단응력(shear stress) τ는 2개의 첨자를 가진다. 첫 번째 첨자는 응력의 작용면을 나타내고, 두 번째는 그 면에서의 응력 방향을 나타낸다. 응력 τ_{xy}는 x면에서 y방향으로 작용하고(그림 7-1a) 응력 τ_{yx}는 y면에서 x면으로 작용한다.

전단응력의 부호규약(sign convention for shear stress)은 다음과 같다. 전단응력이 요소의 양의 면에 축의 양의 방향으로 작용할 때 전단응력은 양이고, 요소의 양의 면에서 축의 음의 방향으로 작용할 때에는 음이다. 따라서 그림 7-1a에 나타낸 것과 같이 양의 xy면에 작용하는 응력 τ_{xy}와 τ_{yx}는 양의 전단응력이 된다. 유사하게, 요소의 음의 면에 축의 음의 방향으로 작용할 때 전단응력은 양이다. 따라서 요소의 음의 xy면에 나타내어진 응력 τ_{xy}와 τ_{yx}도 역시 양이다.

전단응력의 부호규약을 다음과 같이 설명하면 부호규약은 쉽게 기억하기 쉽다.

> 전단응력은 첨자가 양-양 또는 음-음으로 조합되었을 때 양이다. 그 방향이 양-음 또는 음-양으로 조합되었을 때 그 응력은 음이 된다.

전단응력에 대한 앞서의 부호규약은 요소의 평형과 일치한다. 왜냐하면 미소 요소의 반대편 면의 응력은 크기는 같고, 방향은 반대여야 함을 알기 때문이다. 따라서 부호규약에 의해, 양의 τ_{xy}는 양의 면에서 위로 작용하고(그림 7-1a) 음의 면에서는 아래로 작용한다. 같은 방법으로, 비록 그것들이 서로 반대 방향이더라도, 요소의 윗면과 밑면에 작용하는 응력 τ_{yx}는 양이다.

직교 평면상에 작용하는 두 전단응력은 크기가 같고, 그 면의 교차선을 같이 향하거나 또는 같이 멀어지는 방향을 가지고 있다. τ_{xy}와 τ_{yx}는 그림에서 나타낸 것과 같은 방향에서는 양인 것과 같이, 그것들은 이러한 관찰과 일치한다. 따라서 다음과 같이 쓸 수 있다.

$$\tau_{xy} = \tau_{yx} \tag{7-1}$$

이 관계는 요소의 평형으로부터 이미 유도되었다(1.8절 참조).

평면응력요소를 편리하게 그리기 위해서는, 보통 그림 7-1b와 같이, 2차원 요소만으로 그린다. 비록 이런 종류의 그림이 요소에 작용하는 모든 응력을 표현하는 데 충분하다 할지라도, 그림과 수직한 면이 임의의 두께를 가진 물체라는 것을 항상 염두에 두어야 한다.

그림 7-1

평면응력요소. (a) xyz축 방향 3차원 요소, (b) 동일한 방향의 2차원 요소, (c) $x_1y_1z_1$축 방향 2차원 요소

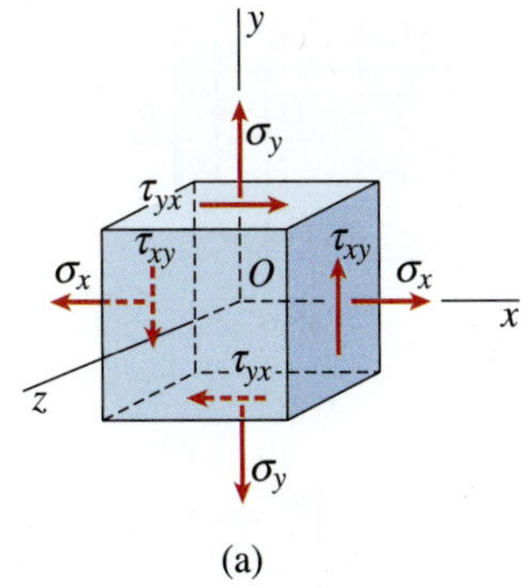

(a)

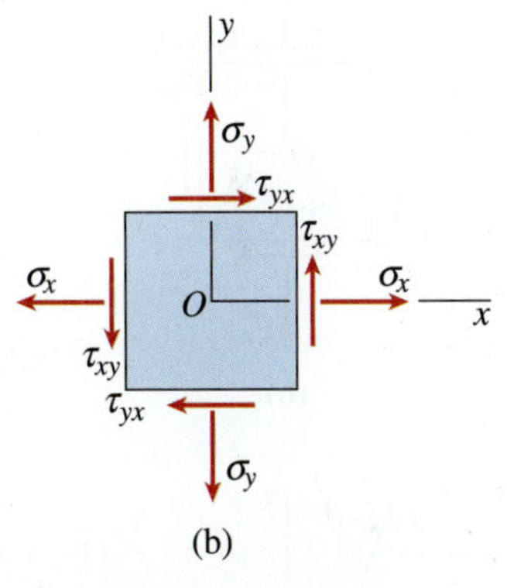

(b)

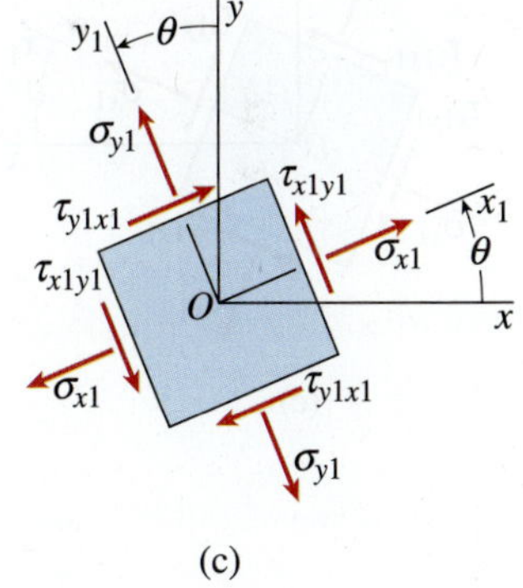

(c)

그림 7-1(반복)

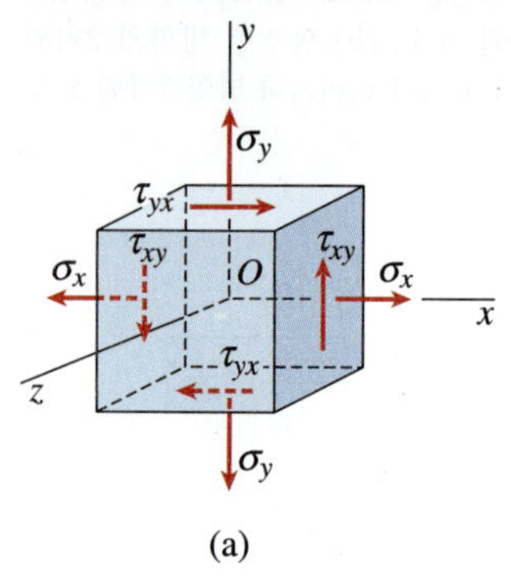

(a)

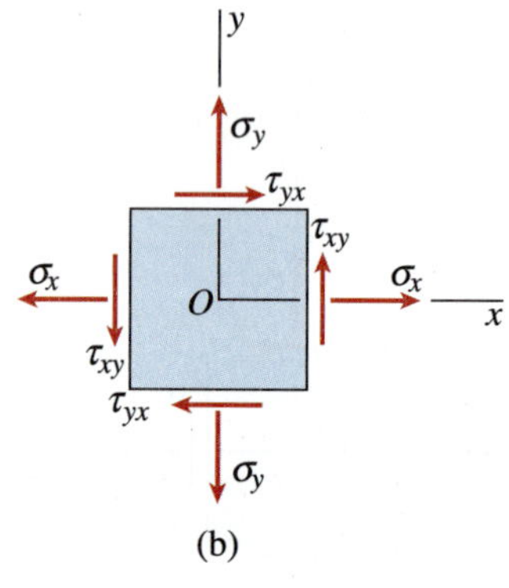

(b)

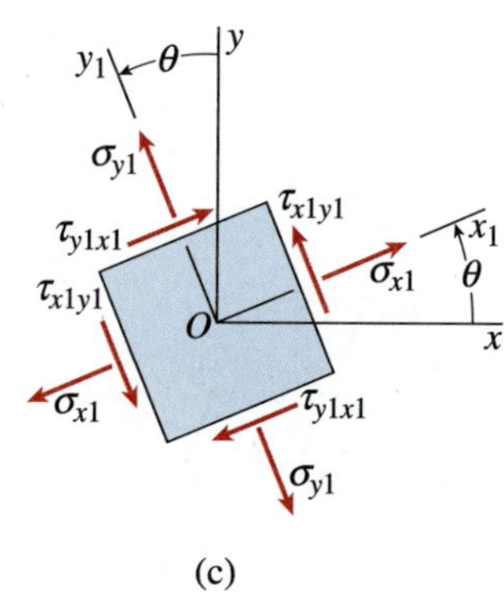

(c)

경사면에 작용하는 응력

응력 σ_x, 응력 σ_y 그리고 τ_{xy}(그림 7-1a와 b)가 알려져 있다고 가정하고, 경사면에 작용하는 응력을 고찰해 보기로 한다. 경사면에 작용하는 응력을 표현하기 위해서 새로운 응력요소(그림 7-1c)를 고려한다. 이 응력요소는 재료 내의 원래의 요소(그림 7-1b)와 같은 지점에 위치해 있다. 그러나 새로운 요소는 경사진 방향에 평행하거나 수직한 면을 가지고 있다. 이 새로운 요소에 대한 축은 x_1, y_1 그리고 z_1축으로써, z_1축은 z축과 일치하고, x_1 y_1축은 xy축에 관하여 θ의 각도만큼 반시계방향으로 회전되어져 있다.

이 새로운 요소에 작용하는 수직응력과 전단응력은 xy요소에서 작용하는 응력에 대해서 위에서 표현한 것과 같은 첨자표시와 부호규약을 사용하여 σ_{x1}, σ_{y1}, τ_{x1y1} 그리고 τ_{y1x1}이라고 표시한다. 전단응력에 대한 앞의 결론을 그대로 적용하면 다음과 같다.

$$\tau_{x1y1} = \tau_{y1x1} \tag{7-2}$$

이 식과 요소의 평형으로부터, 요소의 네 면들 중 어떤 한 면에 작용하는 전단응력을 결정할 수 있다면, 평면응력에서 요소의 모든 네 면에 작용하는 전단응력을 알 수 있다.

경사진 x_1y_1요소(그림 7-1c)에 작용하는 응력은 평형방정식을 이용함으로써, xy요소(그림 7-1b)에 작용하는 응력들의 항으로 표현될 수 있다. 이러한 목적을 위해, 그림 7-1c의 경사진 요소의 x_1면과 같은 경사면을 가진 **쐐기형 응력요소(wadge-shaped stress element)**(그림 7-2a)를 선택한다. 쐐기형 요소의 나머지 다른 두 면은 x와 y축에 평행하다.

쐐기요소에 대한 평형방정식을 기술하기 위해, 각 면에 작용하는 힘을 나타내는 자유물체도를 그릴 필요가 있다. 왼쪽 면의 면적(음의 x면)을 A_0라 하자. 그러면 그 면에 작용하는 수직 및 전단력은 $\sigma_x A_0$ 그리고 $\tau_{xy}A_0$가 된다. 밑면(음의 y면)은 A_0 tanθ이고, 경사진 면(양의 x_1면)은 A_0 sec θ가 된다. 그러므로, 이들 면에 작용하는 수직력 및 전단력은 그림 7-2b에 나타낸 것과 같은 크기와 방향을 가진다.

왼쪽 면과 밑면에 작용하는 힘은 x_1과 y_1방향에 작용하는 직교 성분으로 분해될 수 있다. 따라서 그들 각 방향으로 힘을 합함으로서 2개의 평형방정식을 얻을 수 있다. x_1 방향으로 힘을 합함으로서 얻을 수 있는 첫 번째 방정식은

$$\begin{aligned}\sigma_{x1}A_0 \sec\theta - \sigma_x A_0 \cos\theta - \tau_{xy}A_0 \sin\theta \\ - \sigma_y A_0 \tan\theta \sin\theta - \tau_{yx}A_0 \tan\theta \cos\theta = 0\end{aligned}$$

같은 방법으로 y_1방향에 대한 힘의 합은 다음과 같이 주어진다.

$$\begin{aligned}\tau_{x1y1}A_0 \sec\theta + \sigma_x A_0 \sin\theta - \tau_{xy}A_0 \cos\theta \\ - \sigma_y A_0 \tan\theta \cos\theta + \tau_{yx}A_0 \tan\theta \sin\theta = 0\end{aligned}$$

다음의 두 방정식을 얻기 위해서는 $\tau_{xy} = \tau_{yx}$의 관계를 이용하고, 단순화하여 정리한다.

$$\sigma_{x1} = \sigma_x \cos^2\theta + \sigma_y \sin^2\theta + 2\tau_{xy} \sin\theta \cos\theta \tag{7-3a}$$

$$\tau_{x1y1} = -(\sigma_x - \sigma_y)\sin\theta\cos\theta + \tau_{xy}(\cos^2\theta - \sin^2\theta) \tag{7-3b}$$

식 (7-3a) 와 (7-3b) 는 각 θ와 x 및 y면에 작용하는 응력 σ_x, σ_y 그리고 τ_{xy} 항으로 x_1

면에 작용하는 수직 및 전단응력을 나타낸다.

$\theta = 0°$인 특별한 경우, 식 (7-3a와 b)는 예상대로 $\sigma_{x_1} = \sigma_x$, $\tau_{x_1y_1} = \tau_{xy}$이다. 또한 $\theta = 90°$일 때 $\sigma_{x_1} = \sigma_y$, $\tau_{x_1y_1} = -\tau_{xy} = -\tau_{yx}$이다. 후자의 경우에서, $\theta = 90°$일 때 x_1축은 수직이 되기 때문이고, $\tau_{x_1y_1}$이 왼쪽으로 작용할 때 응력 $\tau_{x_1y_1}$은 양이 된다. 그러나 응력 τ_{yx}는 오른쪽으로 작용하기 때문에 $\tau_{x_1y_1} = -\tau_{yx}$가 된다.

평면응력의 변환공식

경사면의 응력에 관한 식 (7-3a와 b)는 다음에 소개된 삼각함수의 공식에 의해 보다 편리한 형태로 표현될 수 있다(부록 C 참조).

$$\cos^2\theta = \frac{1}{2}(1 + \cos 2\theta) \quad \sin^2\theta = \frac{1}{2}(1 - \cos 2\theta)$$

$$\sin\theta\cos\theta = \frac{1}{2}\sin 2\theta$$

이 공식들은 식 (7-3a)와 (7-3b)에 대입했을 때 다음과 같은 식들도 표현된다.

$$\sigma_{x1} = \frac{\sigma_x + \sigma_y}{2} + \frac{\sigma_x - \sigma_y}{2}\cos 2\theta + \tau_{xy}\sin 2\theta \qquad \textbf{(7-4a)}$$

$$\tau_{x1y1} = -\frac{\sigma_x - \sigma_y}{2}\sin 2\theta + \tau_{xy}\cos 2\theta \qquad \textbf{(7-4b)}$$

이 식들은 **평면응력의 변환공식(transformation equation for plane stress)**으로 알려져 있다. 왜냐하면 이 식들이 한 좌표축에서 다른 좌표축으로 응력 성분을 변환시키기 때문이다. 그러나, 고려 중에 있는 한 점에서의 고유한 응력 상태는 xy요소에 작용하는 응력 상태(그림 7-1b)로 표현되어지든, 경사진 x_1y_1요소에 작용하는 응력 상태(그림 7-1c)로 표현되어지든 항상 똑같다.

변환공식은 오로지 요소의 평형으로부터 유도되었기 때문에, 어떤 종류의 재료이건, 선형이건 비선형이건, 탄성이건 비탄성이건 간에 상관없이 적용될 수 있다.

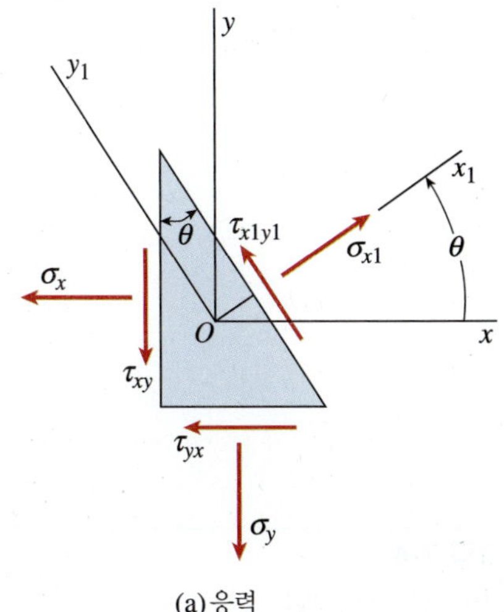

(a) 응력

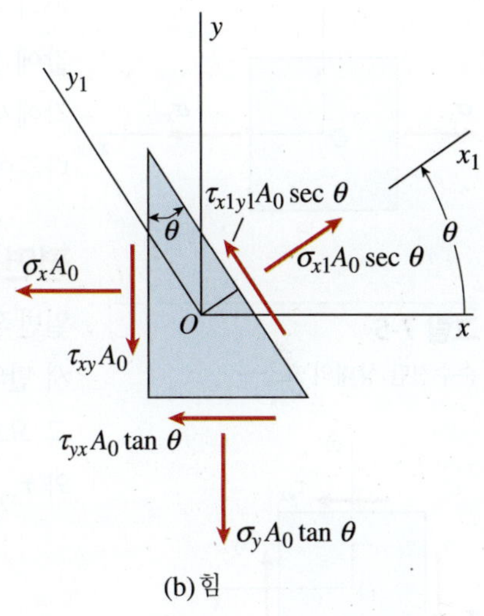

(b) 힘

그림 7-2

평면응력을 받는 쐐기형 응력요소. (a) 요소에 작용하는 응력, (b) 요소에 작용하는 힘(자유물체도)

수직응력에 관한 중요한 관찰이 변환공식으로부터 얻어질 수 있다. 우선 경사진 요소의 y_1면에 작용하는 수직응력 σ_{y1}(그림 7-1c)은 θ 대신 $\theta + 90°$를 식 (7-4a)에 대입함으로써 얻어질 수 있다. 그 결과는 σ_{y1}에 대한 다음의 식이다.

$$\sigma_{y1} = \frac{\sigma_x + \sigma_y}{2} - \frac{\sigma_x - \sigma_y}{2}\cos 2\theta - \tau_{xy}\sin 2\theta \qquad \textbf{(7-5)}$$

σ_{x1}과 σ_{y1}에 대한 표현식 (7-4a)와 (7-5)를 합함으로써, 평면응력에 관한 다음 식을 얻는다.

$$\sigma_{x1} + \sigma_{y1} = \sigma_x + \sigma_y \qquad \textbf{(7-6)}$$

이 식은 평면응력요소의 서로 수직인 면에 작용하는 수직응력의 합(응력을 받는 물체내의 주어진 한 점에서)은 일정하고 각 θ에 대해 독립적임을 나타낸다.

그림 7-3

θ에 대한 수직응력 σ_{x1}과 전단응력 τ_{x1y1} 그래프($\sigma_y = 0.2\ \sigma_x$와 $\tau_{xy} = 0.8\ \sigma_x$인 경우)

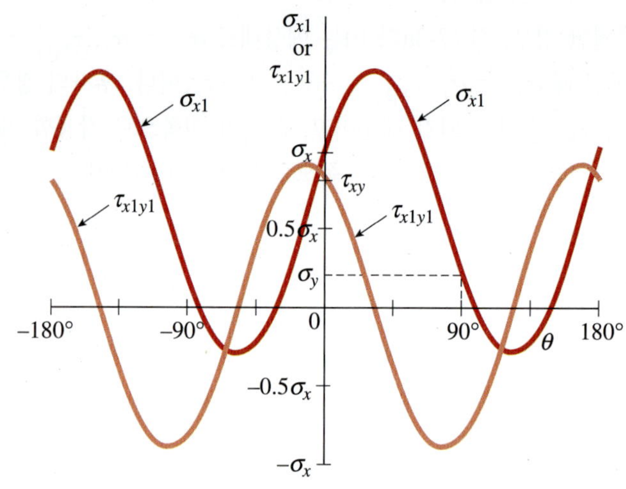

그림 7-4

단축응력 상태의 요소

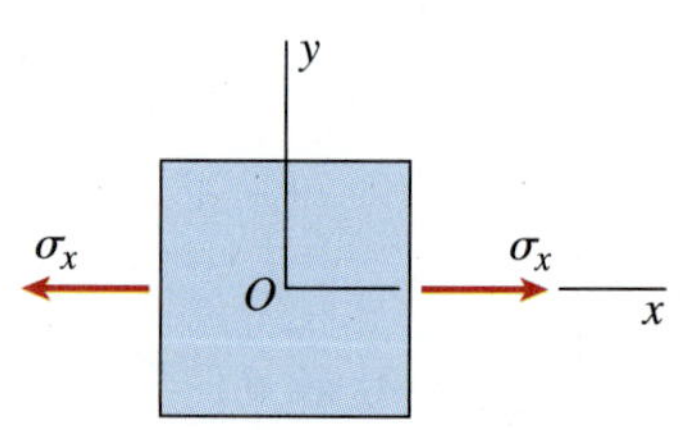

수직응력 및 전단응력이 변화하는 형태는 그림 7-3에서 보여진다. 이것은 각 θ에 대한 σ_{x1}과 τ_{x1y1}의 그래프이다[식 (7-4a) 또는 (7-4b)로부터]. 그래프는 $\sigma_y = 0.2\ \sigma_x$ 그리고 $\tau_{xy} = 0.8\ \sigma_x$인 특별한 경우에 대해 그려졌다. 그래프는 요소의 방향이 변화함에 따라 응력이 연속적으로 변화함을 보여준다. 어떠한 각에서, 수직응력은 최대 또는 최솟값에 도달한다. 또 다른 어떤 각에서는 응력이 0이 된다. 유사하게 전단응력 역시 어떤 각에서 최대, 최소 및 0의 값을 가진다. 최대 및 최솟값에 대한 자세한 논의는 7.3절에서 다루어진다.

평면응력의 특별한 경우

일반적인 경우의 평면응력은 특별한 조건하에서 간단한 응력 상태로 줄여진다. 한 예로서 만약 xy요소(그림 7-1b)에 작용하는 응력이 수직응력 σ_x를 제외하고는 모두 0이라면, 그 요소는 **단축응력(uniaxial stress)**(그림 7-4) 상태가 된다. 식 (7-4a)와 (7-4b)에서 σ_y와 τ_{xy}을 0으로 놓음으로써 얻어지는 변환공식은 다음과 같다.

$$\sigma_{x1} = \frac{\sigma_x}{2}(1 + \cos 2\theta) \quad \tau_{x1y1} = -\frac{\sigma_x}{2}(\sin 2\theta) \tag{7-7a,b}$$

이 식은 이미 경사면에 작용하는 응력에 대한 보다 일반적인 표기를 제외하면 2.6절에서 이미 유도되었던 식[식 (2-29a와 b) 참조]과 일치한다.

그림 7-5

순수전단 상태의 요소

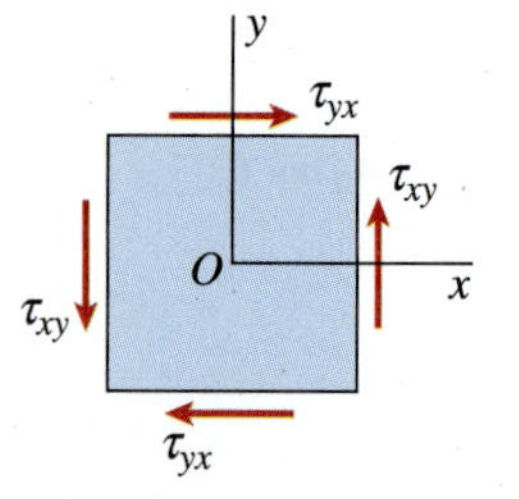

다른 특별한 경우는 **순수전단(pure shear)**(그림 7-5)이며, 이는 식 (7-4a와 b)에 $\sigma_x = 0$, $\sigma_y = 0$를 대입함으로써 얻어진다:

$$\sigma_{x1} = \tau_{xy} \sin 2\theta \quad \tau_{x1y1} = \tau_{xy} \cos 2\theta \tag{7-8a,b}$$

역시 이 식들은 이미 유도되었던 식과 일치한다[3.5절의 식 (3-29a)와 (3-29b) 참조].

그림 7-6

2축응력 상태의 요소

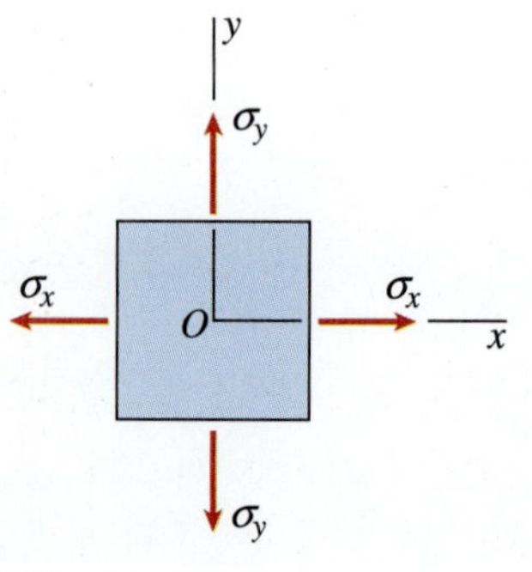

마지막으로, **2축응력(biaxial stress)**이라는 특별한 경우인데, 이는 xy요소가 전단응력의 작용 없이 x와 y방향으로 수직응력만 받고 있는 상태이다(그림 7-6). 2축응력에 대한 공식은 식 (7-4a와 b)에서 τ_{xy}항을 제거함으로써 다음과 같이 간단하게 얻어진다.

$$\sigma_{x1} = \frac{\sigma_x + \sigma_y}{2} + \frac{\sigma_x - \sigma_y}{2} \cos 2\theta \tag{7-9a}$$

$$\tau_{x1y1} = -\frac{\sigma_x - \sigma_y}{2}\sin 2\theta \qquad \textbf{(7-9b)}$$

2축응력은 두께가 얇은 압력 용기(8.2절과 8.3절 참조)를 포함한 많은 종류의 구조물에서 일어난다.

예제 7-1

그림 7-7

예제 7-1: (a) 원통형 압력 용기의 C점의 응력요소, (b) 평면응력 상태의 요소 C, (c) $\theta = 45°$ 회전한 요소

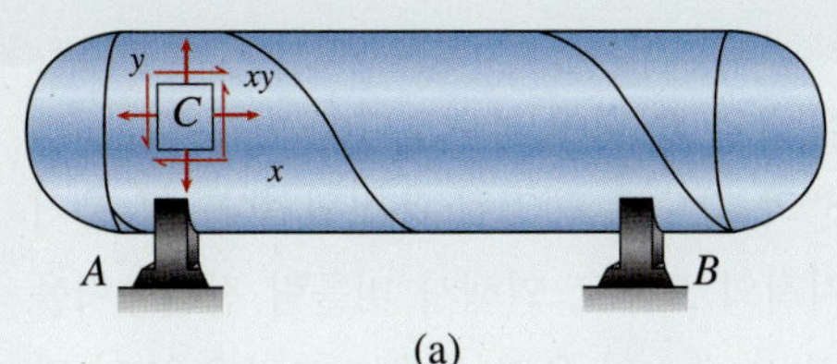

(a)

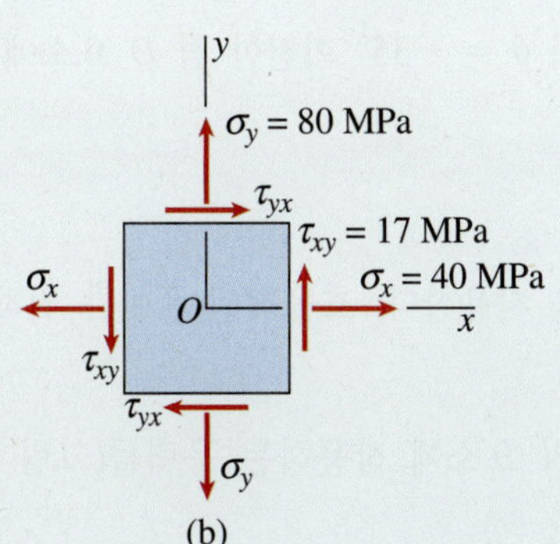

(b)

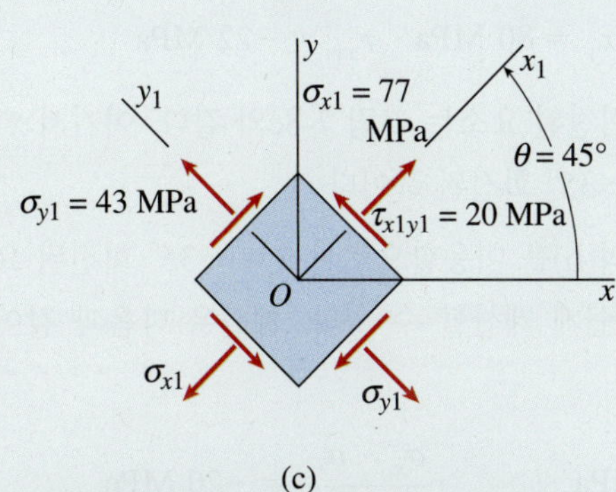

(c)

연료저장 탱크

원통형 압력 용기가 단순지점 A와 B 위에 놓여있다(그림 7-7a 참조). 이 용기는 내압의 작용에 의해서 용기의 벽면 점 C의 응력요소에서 축방향 응력 $\sigma_x = 40$ MPa과 원주방향응력 $\sigma_y = 80$ MPa를 받는다. 또한, 지진의 작용으로 지점 B가 회전됨으로써 용기가 변위차에 의한 비틀림 모멘트를 받게 되어 전단응력 $\tau_{xy} = 17$ MPa가 작용된다. 점 C의 요소에서 $\theta = 45°$ 회전한 면에 작용하는 응력들을 구하라.

풀이

문제풀이 4단계 접근방법을 사용한다. 효율적인 풀이를 위하여 필요에 따라 단계를 합한다.

1, 2. 개념화[가정, 스케치], **분류**[단순화, 분류화]:

변환공식: 경사진 요소 위에 작용하는 응력을 구하기 위하여 변환공식 식 (7-4a와 b)를 사용한다. 주어진 수치를 변환공식에 대입함으로써 다음 값이 얻어진다.

$$\frac{\sigma_x + \sigma_y}{2} = 60 \text{ MPa} \quad \frac{\sigma_x - \sigma_y}{2} = -20 \text{ MPa} \quad \tau_{xy} = 17 \text{ MPa}$$

$$\sin 2\theta = \sin 90° = 1 \quad \cos 2\theta = \cos 90° = 0$$

3. 해석[수치 계산; 적절한 식의 선정, 수학적인 해를 구함]: 이 값들을 식 (7-4a와 b)에 대입하면 다음을 얻는다.

$$\sigma_{x1} = \frac{\sigma_x + \sigma_y}{2} + \frac{\sigma_x - \sigma_y}{2}\cos 2\theta + \tau_{xy}\sin 2\theta$$

$$= 60 \text{ MPa} + (-20 \text{ MPa})(0) + (17 \text{ MPa})(1) = 77 \text{ MPa}$$

$$\tau_{x1y1} = -\frac{\sigma_x - \sigma_y}{2}\sin 2\theta + \tau_{xy}\cos 2\theta$$

$$= -(-20 \text{ MPa})(1) + (17 \text{ MPa})(0) = 20 \text{ MPa}$$

또한 응력 σ_{y1}은 식 (7-5)로부터 얻을 수 있다.

$$\sigma_{y1} = \frac{\sigma_x + \sigma_y}{2} - \frac{\sigma_x - \sigma_y}{2}\cos 2\theta - \tau_{xy}\sin 2\theta$$

$$= 60 \text{ MPa} - (-20 \text{ MPa})(0) - (17 \text{ MPa})(1) = 43 \text{ MPa}$$

4. 최종 단계[결론; 해의 검토—해가 온당한가? 단위는 바른가? 비슷한 문제와 비교하였을 때 어떤가?]:

응력요소: 이들 결과로부터 그림 7-7b에서 보인 바와 같이 $\theta = 45°$로 회전할 때 요소의 모든 면에 작용하는 응력을 쉽게 얻을 수 있다.

화살표는 응력이 작용하는 실제 방향을 보여준다. 특별히 모든 방향의 전단응력의 크기가 같다는 것에 유의하라. 또한 수직응력의 합은 일정하고 그 값은 120 MPa와 같다는 것을 잘 관찰하라[식 (7-6) 참조].

참고: 그림 7-7c의 응력들은 그림 7-7b에서 보인 것과 같이 고유의 응력 상태를 나타낸다. 그러나 그 응력들이 작용하는 요소가 다른 방향을 갖기 때문에 응력값들은 서로 다르다.

예제 7-2

그림 7-8

예제 7-2: (a) 원통형 압력 용기의 점 D의 응력요소, (b) 평면응력의 상태의 요소 D, (c) $\theta = -35°$ 회전한 요소 D

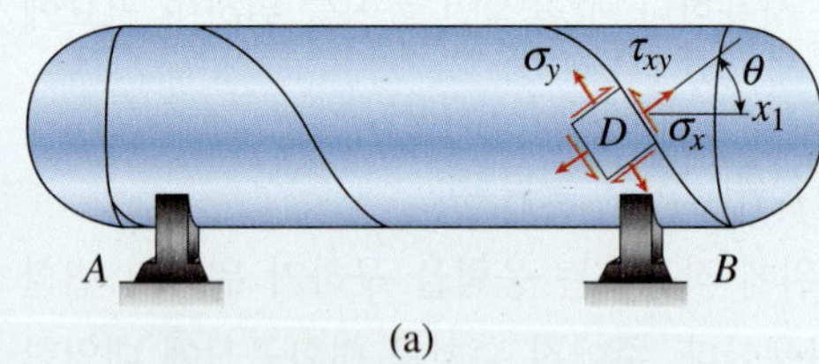

(a)

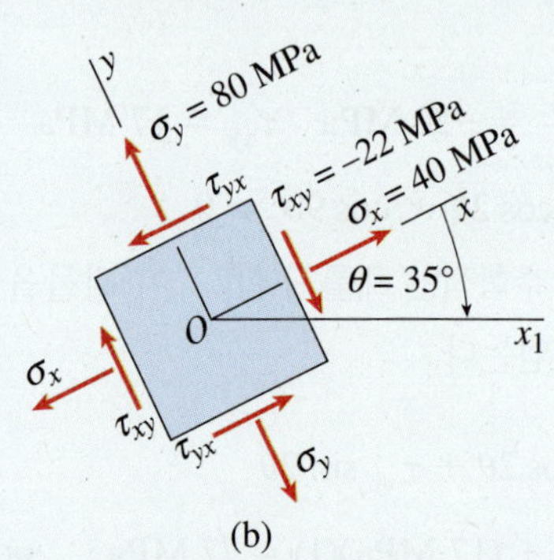

(b)

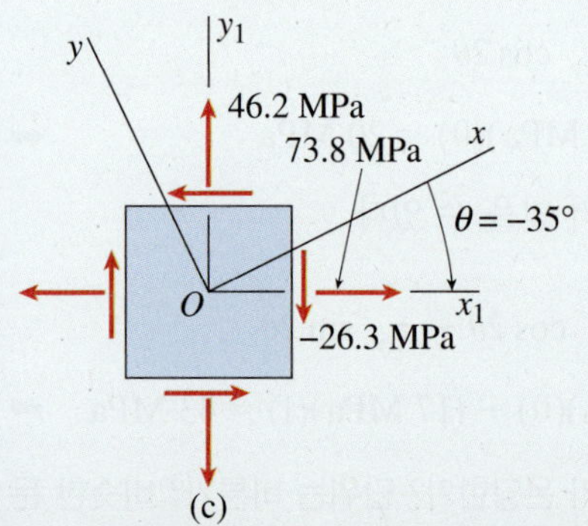

(c)

원통형 압력 용기가 단순지점 A와 B 위에 놓여있다(그림 7-8 참조). 이 용기는 길이방향 $\theta = 35°$의 각도로 헤리컬 용접되었다. 이 용기 역시 내압 하에 있으며, B 지점의 오차로 인해서 비틀림 전단응력을 받는다. 용접이음과 수직인 점 D 요소의 응력 상태는 그림 7-8b와 같다. 용기의 축방향과 같도록 $\theta = -35°$ 회전한 점 D 요소에 대한 응력 상태를 구하라.

풀이

문제풀이 4단계 접근방법을 사용한다. 효율적인 풀이를 위하여 필요에따라 단계를 합한다.

1, 2. 개념화, 분류: 원래의 요소에 작용하는 응력들(그림 7-8b)은 다음과 같은 값을 가진다.

$$\sigma_x = 40\text{ MPa} \quad \sigma_y = 80\text{ MPa} \quad \tau_{xy} = -22\text{ MPa}$$

시계방향으로 $\theta = 35°$ 회전된 요소는 그림 7-8c와 같다. 여기서 x_1 축은 x축으로부터 $\theta = -35°$ 회전된 축이다.

응력변환공식: 식 (7-4a와 b)을 이용함으로서 $\theta = -35°$ 회전된 요소의 x_1면 위의 응력을 쉽게 계산할 수 있다. 계산은 다음과 같이 진행된다.

$$\frac{\sigma_x + \sigma_y}{2} = 60\text{ MPa} \qquad \frac{\sigma_x - \sigma_y}{2} = -20\text{ MPa}$$

$$\sin 2\theta = \sin(-70°) = -0.94 \quad \cos 2\theta = \cos(-70°) = 0.342$$

3. 해석: 변환공식에 대입하면 다음 값을 얻는다.

$$\begin{aligned}\sigma_{x1} &= \frac{\sigma_x + \sigma_y}{2} + \frac{\sigma_x - \sigma_y}{2}\cos(2\theta) + \tau_{xy}\sin(2\theta)\\ &= 60\text{ MPa} + (-20\text{ MPa})(0.342) + (-22\text{ MPa})(-0.94)\\ &= 73.8\text{ MPa}\end{aligned}$$

$$\tau_{x1y1} = -\left(\frac{\sigma_x - \sigma_y}{2}\right)\sin(2\theta) + \tau_{xy}\cos(2\theta)$$

받침대 위의 연료저장 탱크

y_1면 위에 작용하는 수직응력[식 (7-5) 참조]는

$$\begin{aligned}\sigma_{y1} &= \frac{\sigma_x + \sigma_y}{2} - \frac{\sigma_x - \sigma_y}{2}\cos(2\theta) - \tau_{xy}\sin(2\theta) \\ &= 60\text{ MPa} - (-20\text{ MPa})(0.342) - (-22\text{ MPa})(-0.94) \\ &= 46.2\text{ MPa}\end{aligned}$$

4. 최종 단계: 결과를 확인하면

$$\sigma_{x1} + \sigma_{y1} = \sigma_x + \sigma_y.$$

회전된 요소 위에 작용하는 응력들은 그림 7-8c와 같다. 여기서 화살표는 응력의 실제 방향을 표시한다. 그림 7-8에서 보여주는 두 응력요소들은 모두 같은 응력 상태이다.

7.3 주응력과 최대 전단응력

평면응력에 대한 변환공식은 축이 각 θ에 따라 회전하는 동안 수직응력 σ_{x1} 및 전단응력 τ_{x1y1}이 연속적으로 변화함을 보여준다. 이러한 변화는 어떤 특정한 응력조합에 대하여 그림 7-3에 나타나 있다. 그림으로부터, 수직응력과 전단응력이 90°의 간격으로 최댓값과 최솟값을 가진다는 것을 알 수 있다. 당연히, 이들 최대 및 최솟값은 일반적으로 설계과정에서 필요하게 된다. 예를 들면, 기계나 항공기 같은 구조물의 피로파괴는 가끔 최대 응력과 관련되어있기 때문에, 설계과정의 일부로서 그 응력의 크기와 방향이 계산되어져야 한다(그림 7-9 참조).

그림 7-9

크레인 후크 모델의 주응력을 보여주는 광탄성 무늬패턴:
(a) 크레인 후크의 사진
(b) 광탄성 무늬패턴

(a)

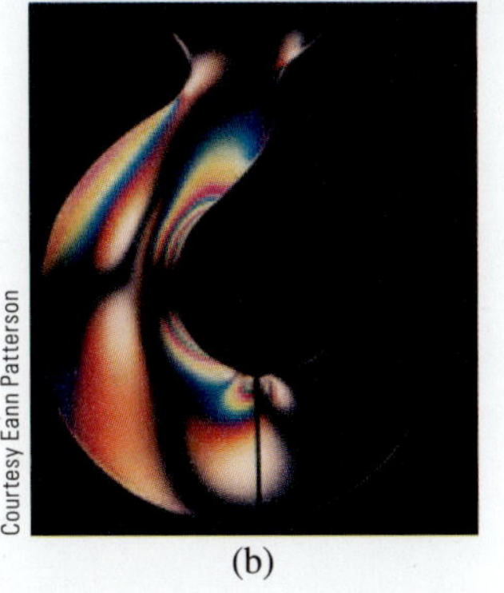
(b)

주응력

주응력(principal stresses)이라 부르는 이 최대, 최소 수직응력은 수직응력 σ_{x1}[식 (7-4a)]에 대한 변환공식으로부터 구할 수 있다. σ_{x1}이 최대 또는 최소가 되는 θ의 값을 찾기 위하여 σ_{x1}을 θ에 대해 미분하여 이것을 0으로 놓는다. 그 미분식은 다음과 같다.

$$\frac{d\sigma_{x1}}{d\theta} = -(\sigma_x - \sigma_y)\sin 2\theta + 2\tau_{xy}\cos 2\theta = 0 \qquad \textbf{(7-10)}$$

이 식으로부터

$$\tan 2\theta_p = \frac{2\tau_{xy}}{\sigma_x - \sigma_y} \qquad \textbf{(7-11)}$$

하첨자 p는 각 θ_p가 주응력이 작용하는 평면인 **주평면(principal planes)**의 방향을 정의한다는 것을 표시한다.

각 0 ~ 360°까지의 범위 내에서 식 (7-11)로부터 $2\theta_p$의 두 값을 얻을 수 있다. 이 값들은 서로 180° 차이가 있으며, 한 값은 0 ~ 180° 사이에 있고 다른 한 값은 180 ~ 360° 사이에 있다. 그러므로 각 θ_p는 서로 90°의 차이가 나는 두 값을 가지며, 하나는 0 ~ 90° 사이에 있고 다른 것은 90 ~ 180° 사이에 있다. 각 θ_p의 두 값을 **주각(principal angles)**이라 한다. 이들 각 중 하나의 각에서 수직응력 σ_{x1}이 최대 주응력이 되고, 다른 각에서는 최소 주응력이 된다. 이 두 값이 90°의 차이가 나기 때문에, 주응력이 서로 직교 평면상에서 발생함을 알 수 있다.

주응력의 값은 θ_p의 두 값을 각각 응력 변환공식[식 (7-4a)]에 대입하고 σ_{x1}에 대하여 풂으로써 쉽게 계산될 수 있다. 이러한 방법으로 주응력을 결정함으로써, 주응력의 값을 얻을 뿐만 아니라 어느 주각과 관련이 있는지 알 수 있다.

또한 주응력에 대한 일반식을 얻을 수도 있다. 그러기 위하여 식 (7-11)로부터 그려진 그림 7-10의 직각삼각형을 참조하라. 피타고라스의 정리로부터 얻어진 삼각형의 빗면은 다음과 같다.

그림 7-10
식 (7-11)의 기하학적 표현

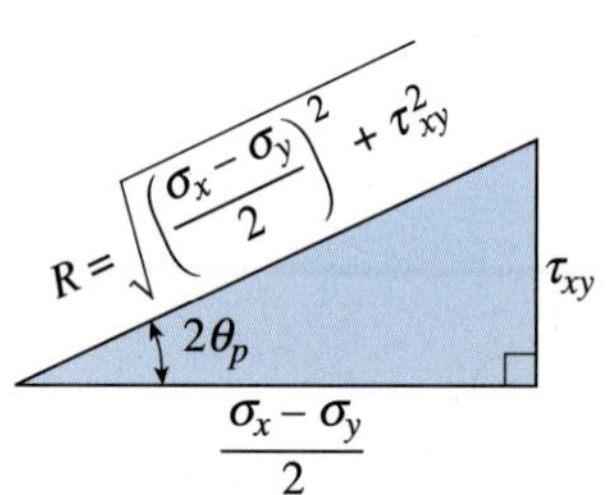

$$R = \sqrt{\left(\frac{\sigma_x - \sigma_y}{2}\right)^2 + \tau_{xy}^2} \qquad \textbf{(7-12)}$$

R의 값은 항상 양이며, 삼각형의 다른 두 변과 같이 응력의 단위를 가진다. 삼각형으로부터 얻어진 두 개의 관계식은

$$\cos 2\theta_p = \frac{\sigma_x - \sigma_y}{2R} \qquad \sin 2\theta_p = \frac{\tau_{xy}}{R} \qquad \textbf{(7-13a,b)}$$

이제 위 표현을 식 (7-4a)에 $\cos 2\theta_p$ $\sin 2\theta_p$를 대입하고, 두 주응력 중 대수적으로 더 큰 것을 얻어 그것을 σ_1로 표시하면,

$$\begin{aligned}\sigma_1 = \sigma_{x1} &= \frac{\sigma_x + \sigma_y}{2} + \frac{\sigma_x - \sigma_y}{2}\cos 2\theta_p + \tau_{xy}\sin 2\theta_p \\ &= \frac{\sigma_x + \sigma_y}{2} + \frac{\sigma_x - \sigma_y}{2}\left(\frac{\sigma_x - \sigma_y}{2R}\right) + \tau_{xy}\left(\frac{\tau_{xy}}{R}\right)\end{aligned}$$

식 (7-12)에 R을 대입하고 대수적으로 정리하면 다음과 같다.

$$\sigma_1 = \frac{\sigma_x + \sigma_y}{2} + \sqrt{\left(\frac{\sigma_x - \sigma_y}{2}\right)^2 + \tau_{xy}^2} \qquad \textbf{(7-14)}$$

응력들 중 작은 응력을 σ_2로 나타내며, 서로 수직한 면에 작용하는 수직응력의 합은 항상 일정하다는 조건으로부터 구해진다[식 (7-6) 참조]

$$\sigma_1 + \sigma_2 = \sigma_x + \sigma_y \qquad \textbf{(7-15)}$$

σ_1에 대한 표현식을 식 (7-15)에 대입하여 σ_2에 대하여 풀면,

$$\begin{aligned}\sigma_2 &= \sigma_x + \sigma_y - \sigma_1 \\ &= \frac{\sigma_x + \sigma_y}{2} - \sqrt{\left(\frac{\sigma_x - \sigma_y}{2}\right)^2 + \tau_{xy}^2}\end{aligned} \qquad \textbf{(7-16)}$$

이 식은 σ_1에 대한 표현과 같은 형태이나 다만 다른 것은 제곱근 앞에 음의 부호가 있다는 것이다.

σ_1과 σ_2에 대한 앞의 공식은 **주응력**에 대한 하나의 식으로 조합할 수 있다. 즉,

$$\sigma_{1,2} = \frac{\sigma_x + \sigma_y}{2} \pm \sqrt{\left(\frac{\sigma_x - \sigma_y}{2}\right)^2 + \tau_{xy}^2} \qquad \textbf{(7-17)}$$

양의 부호는 대수학적으로 보다 큰 주응력을, 그리고 음의 부호는 보다 작은 주응력을 의미한다.

주각

주평면을 정의하는 두 각을 각 주응력 σ_1과 σ_2에 대응하는 θ_{p1}과 θ_{p2}로 표시하자. 이 두 각은 tan $2\theta_p$에 대한 식 (7-11)로부터 결정될 수 있다. 그러나 그 식으로부터 어느 각이 θ_{p1}인지 어느 각이 θ_{p2}인지를 말할 수는 없다. 이것을 결정하는 간단한 과정은 그 값들 중의 하나를 택하여 σ_{x1}에 대한 식 (7-4a)에 대입하는 것이다. σ_{x1}의 대한 결과 값은 σ_2 또는 중 어느 것인가를 알려준다[식 (7-17)로부터 σ_1과 σ_2의 값을 알고 있다고 가정하면]. 따라서 두 개의 주각과 두 개의 주응력이 서로 관련된다.

주각과 주응력을 연관시키는 다른 방법은 θ_p를 구하기 위한 식인 식 (7-13a와 b)를 이용하는 것이다. 왜냐하면 이들 식을 **모두** 만족시키는 유일한 각이 θ_{p1}이기 때문이다. 그러므로 이 식들을 다음과 같이 쓸 수 있다.

$$\cos 2\theta_{p1} = \frac{\sigma_x - \sigma_y}{2R} \qquad \sin 2\theta_{p1} = \frac{\tau_{xy}}{R} \tag{7-18a,b}$$

이들 식을 모두 만족시키는 각은 0과 360° 사이에 오직 한 개만이 존재한다. 따라서 θ_{p1}의 값은 식 (7-18a와 b)로부터 유일하게 결정될 수 있다. σ_2에 대응하는 θ_{p2}는 θ_p에 의해 정의되는 평면에 수직인 평면을 정의한다. 그러므로 θ_{p2}는 θ_1보다 90° 더 크게 또는 작게 그 값을 취한다.

그림 7-11
단축 및 2축응력요소

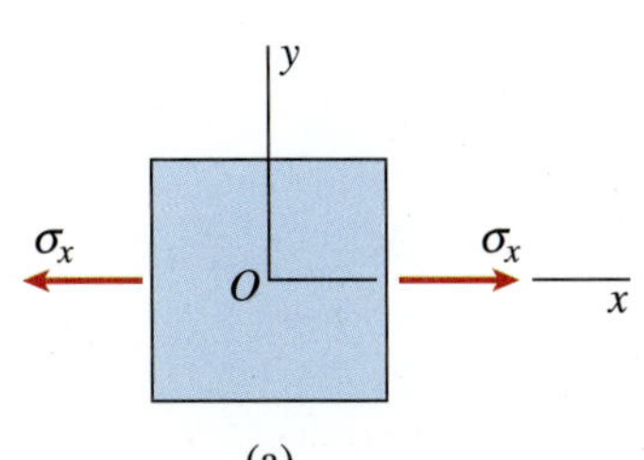

(a)

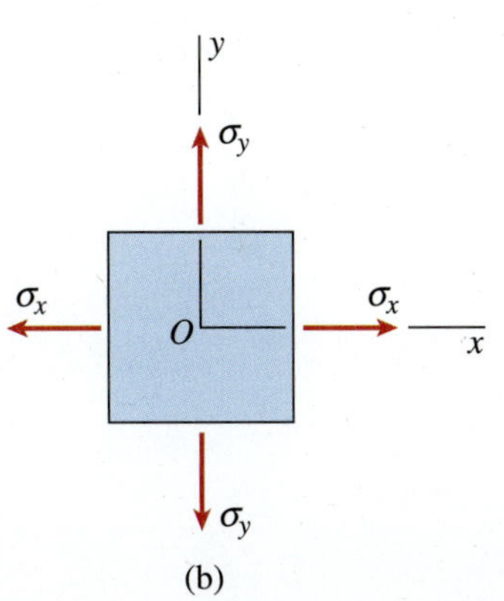

(b)

주평면에서의 전단응력

주평면에 관한 중요한 특성은 전단응력에 대한 변환공식 식 (7-4b)로부터 얻어질 수 있다. 만약 이 전단응력 τ_{x1y1}를 0으로 놓게 되면 식 (7-10)과 같다. 그러므로 만약 그 식을 각 2θ에 대해서 풀면 전과 같은 tan 2θ에 대한 식 (7-11)을 얻는다. 다시 말하면, 전단응력이 0인 평면에 대한 각은 주평면에 대한 각과 꼭 같다. 따라서 주평면에 관한 다음과 같은 중요한 관찰을 할 수 있다: **즉 전단응력은 주평면에 위에서는 0이다.**

따라서, 다음과 같은 중요한 관찰에 이르게 된다: **주평면에서 전단응력은 0이다.**

특별한 경우

단축응력 및 **2축응력**의 요소에 대한 주평면은 x와 y평면 그 자체이다(그림 7-11). 왜냐하면 tan $2\theta_p = 0$[식 (7-11) 참조]이고 θ_p의 두 값이 0와 90°이기 때문이다. 또 이 평면 위에서 전단응력은 0이라는 사실로부터 x와 y평면이 주평면이다.

순수전단의 요소(그림 7-12a)에 대하여, 주평면은 x축에 45°로 회전한 방향이 된다. 왜냐하면 tan $2\theta_p$가 무한대이고 θ_p의 두 값은 45°와 135°이기 때문이다. 만약 τ_{xy}가 양이라면 주응력은 $\sigma_1 = \tau_{xy}$이고 $\sigma_2 = -\tau_{xy}$이다(3.5절의 순수전단 참조).

그림 7-12
(a) 순수전단의 요소, (b) 주응력

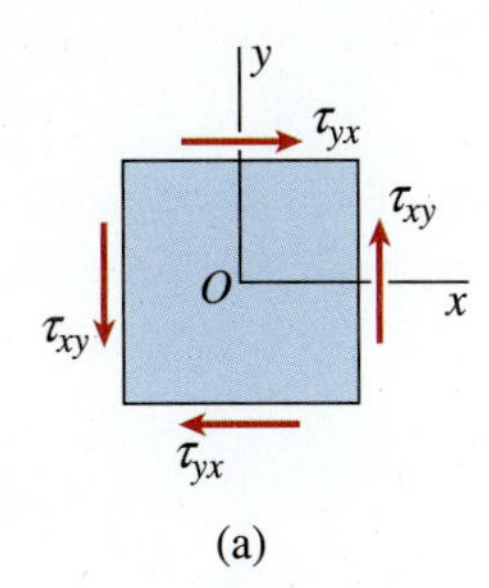

(a)

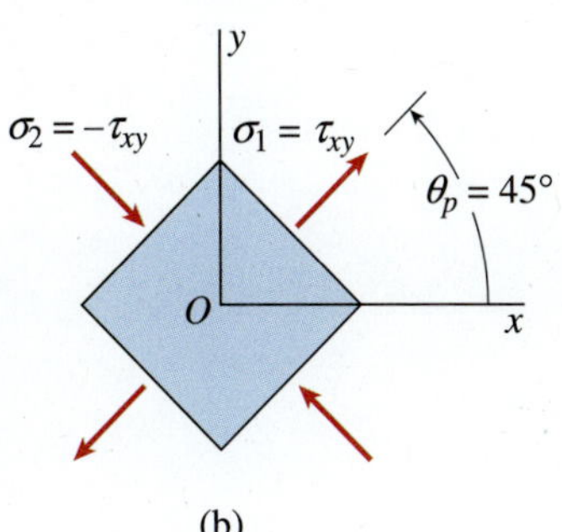

(b)

세 번째 주응력

주응력에 대한 앞의 논의에서는 xy평면 내에서 축 회전, 즉 z축에 대한 회전(그림 7-13a)만을 언급하였다. 그러므로 식 (7-17)로부터 결정된 두 주응력은 **면내 주응력(in-plane principal stresses)**이라고 불린다. 그러나 응력요소는 실제로 3차원이며, 상호 수직인 세

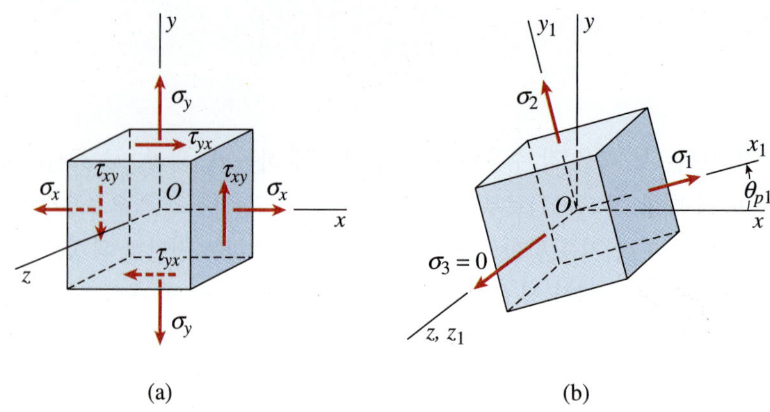

그림 7-13
평면응력의 요소 (a) 원래의 요소, (b) 3개의 주평면과 3개의 주응력 방향의 요소

평면 위에 작용하는 세 개의 주응력(두 개가 아닌)을 갖고 있다.

보다 완전한 3차원 해석을 위하여, 평면응력요소에 대한 세 주평면은 이미 설명한 바 있는 두 주평면에 그 요소의 z면을 더한 것이다. 이러한 주평면은 그림 7-13b에 나타나 있는데, 여기서 응력요소는 주응력 σ_1에 대응하는 주각 θ_{p1}을 향하고 있다. 주응력 σ_1와 σ_2는 식 (7-17)에 의해 주어지며, 세 번째 주응력(σ_3)은 0이다.

정의에 의해 σ_1은 대수적으로 σ_2보다 크지만 σ_3는 대수적으로 σ_1과 σ_2보다 클 수도 있고, σ_1과 σ_2 사이의 값일 수도 있고, 또는 작을지도 모른다. 물론 σ_3는 두 주응력 중 하나와 또는 둘 다와 같을 수도 있다. 주평면에서는 전단응력이 없다는 것을 다시 한번 유의하라.[1)]

최대 전단응력

평면응력 상태의 요소에 대하여 주응력과 그들의 방향을 구하였으므로, 이제 최대 전단응력과 그 응력들이 작용하는 평면을 구하는 과정을 고찰한다. 경사진 평면 위에 작용하는 전단응력 τ_{x1y1}은 두 번째 변환공식 (7-4b)에 의해 주어진다. θ에 관하여 τ_{x1y1}의 도함수를 취하여 이것을 0으로 놓으면

$$\frac{d\tau_{x1y1}}{d\theta} = -(\sigma_x - \sigma_y)\cos 2\theta - 2\tau_{xy}\sin 2\theta = 0 \tag{7-19}$$

따라서

$$\tan 2\theta_s = -\frac{\sigma_x - \sigma_y}{2\tau_{xy}} \tag{7-20}$$

하첨자 s는 각 θ_s가 양과 음의 최대 전단응력 평면의 방향을 정의한다는 것을 나타낸다.

식 (7-20)에서 θ_s의 한 값은 0 ~ 90° 사이에 있고, 다른 한 값은 90 ~ 180° 사이에 있다. 게다가 이들 두 값은 90° 차이를 가진다. 그러므로 최대 전단응력들은 서로 직교하는 평면 위에서 일어난다. 서로 직교하는 평면 위의 전단응력은 그 절댓값이 같으므로, 양과

1) 주응력을 구한다는 것은 행렬대수학에서의 고유치 해석으로 알려진 수학적 해석방법의 일례이다. 응력변환공식과 주응력의 개념은 프랑스 수학자인 A.L Cauchy(1789~1857)와 Barre de Saint-Venant(1797~1886) 그리고 스코틀랜드 과학자이자 공학자인 W.J.M Rankine(1820~1872)에 의해 확립되었다. 참고문헌 7-1, 7-2와 7-3 참조

음의 최대 전단응력들은 부호만이 다르다.

θ_s에 관한 식 (7-20)을 θ_p에 관한 식 (7-11)과 비교하면 다음과 같다.

$$\tan 2\theta_s = -\frac{1}{\tan 2\theta_p} = -\cot 2\theta_p \tag{7-21}$$

이 식으로부터, 각 θ_s와 각 θ_p 사이의 관계를 얻을 수 있다. 먼저 앞의 식을 다시 쓰면 다음과 같다.

$$\frac{\sin 2\theta_s}{\cos 2\theta_s} + \frac{\cos 2\theta_p}{\sin 2\theta_p} = 0$$

각 항의 분모를 곱함으로써 다음과 같은 식을 얻는다.

$$\sin 2\theta_s \sin 2\theta_p + \cos 2\theta_s \cos 2\theta_p = 0$$

이것은 다음 식과 동일하다(부록 C 참조).

$$\cos(2\theta_s - 2\theta_p) = 0$$

그러므로,

$$2\theta_s - 2\theta_p = \pm 90°$$

그리고,

$$\theta_s = \theta_p \pm 45° \tag{7-22}$$

이 식은 최대 전단응력 평면의 방향은 주평면에 45°의 위치에서 발생한다는 사실을 보여준다.

양의 최대 전단응력 $\tau_{\max}$의 편면은 각 θ_{s1}에 의해 정의되며, 다음 식이 적용된다.

$$\cos 2\theta_{s1} = \frac{\tau_{xy}}{R} \quad \sin 2\theta_{s1} = -\frac{\sigma_x - \sigma_y}{2R} \tag{7-23a,b}$$

여기서 R은 식 (7-12)에 의하여 주어진다. 또한 각 θ_{s1}은 다음과 같이 각 θ_{p1}[식 (7-18a,b) 참조]과 관계된다. 즉

$$\theta_{s1} = \theta_{p1} - 45° \tag{7-24}$$

이에 대응하는 최대 전단응력은 $2\theta_{s1}$와 $2\theta_{s1}$를 두 번째 변환공식 식 (7-4b)에 대입함으로써 얻어진다.

$$\tau_{\max} = \sqrt{\left(\frac{\sigma_x - \sigma_y}{2}\right)^2 + \tau_{xy}^2} \tag{7-25}$$

음의 최대 전단응력 $\tau_{\min}$은 크기가 같으나 부호는 반대이다.

최대 전단응력에 대한 다른 표현은 식 (7-17)에 의하여 주어진 주응력 σ_1과 σ_2로부터 얻을 수 있다. σ_1의 식에서 σ_2식을 빼고 나서 그것을 식 (7-25)와 비교하면

$$\tau_{\max} = \frac{\sigma_1 - \sigma_2}{2} \tag{7-26}$$

따라서, 최대 전단응력은 주응력 차이의 반과 같다.

최대 전단응력의 평면은 수직응력도 포함한다. 양의 최대 전단응력의 평면 위에 작용하는 **수직응력**은 각 θ_{s1}에 대한 표현 [식 (7-23a, b)]을 σ_{x1}에 대한 식 (7-4a)에 대입하여 구할 수 있다. 그 구해진 응력은 x와 y평면 위의 수직응력의 평균과 같다. 즉

$$\sigma_{\text{aver}} = \frac{\sigma_x + \sigma_y}{2} \tag{7-27}$$

이것과 똑같은 수직응력이 음의 최대 전단응력 평면 위에 작용한다.

단축응력과 **2축응력**(그림 7-11)의 특수한 경우, 최대 전단응력 평면은 x와 y축의 45° 위치에서 발생한다. **순수전단**(그림 7-12)의 경우, 최대 전단응력은 x와 y면 위에서 일어난다.

면내와 면외 전단응력

앞의 전단응력에 대한 해석은 xy평면에 작용하는 **면내 전단응력**만 취급하였다. 평면내의 최대 전단응력[식 (7-25)와 (7-26)]을 구하기 위해, 주축인 z축에 대해 xyz축을 회전시켜서 얻어진 요소가 고려된다(그림 7-13a). 그 결과 최대 전단응력이 주평면에서 45° 회전된 평면에서 발생함을 알 수 있다. 그림 7-13a의 요소에 대한 주평면은 그림 7-13b에서 나타내어졌다. 여기서 σ_1과 σ_2는 주응력이다. 따라서, 면내 최대 전단응력은 z_1축에 대하여 $x_1y_1z_1$축(그림 7-13b)을 45° 회전시켜 얻어진 요소 위에서 나타난다. 이러한 응력은 식 (7-25) 또는 (7-26)에 의해 주어진다.

또한 최대 전단응력은 다른 두 주축(그림 7-13b의 x_1, y_1축)에 대해 45° 회전시킴으로서 얻어질 수 있다. 결과적으로, **양의 최대와 음의 최대 전단응력**의 세 식이 얻어진다 [식 (7-26)과 비교]:

$$(\tau_{\max})_{x1} = \pm\frac{\sigma_2}{2} \qquad (\tau_{\max})_{y1} = \pm\frac{\sigma_1}{2}$$
$$(\tau_{\max})_{z1} = \pm\frac{\sigma_1 - \sigma_2}{2} \tag{7-28a,b,c}$$

여기서 하첨자들은 45° 회전한 주축을 가리킨다. x_1축과 y_1축에 대한 회전으로 얻어진 응력을 **면외 전단응력(out-of-plane shear stress)**이라고 한다.

σ_1과 σ_2의 대수값은 앞에서 보여진 표현식 중 어느 것이 수치적으로 가장 큰 전단응력인가를 결정한다. 만약 σ_1과 σ_2가 같은 부호를 가지면 첫 두 표현 중 하나가 수치적으로 가장 크고, 그들의 부호가 반대이면 마지막 표현식이 가장 큰 값이 된다.

그림 7-13(반복)

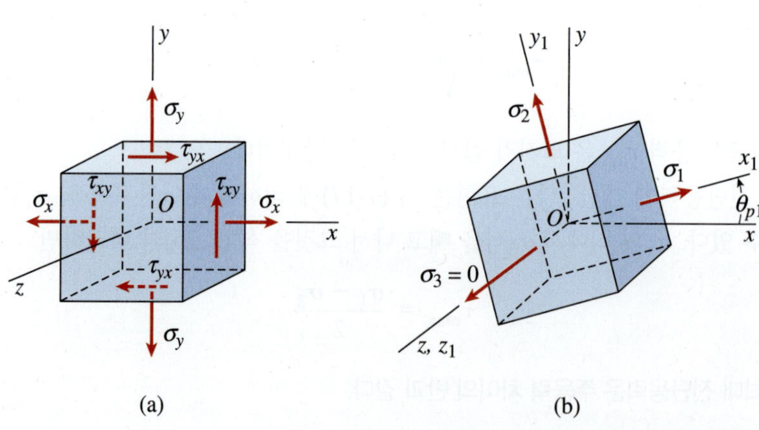

예제 7-3

스펜의 중앙에 집중하중 P를 받는 넓은 플렌지형 단면을 가진 단순 보(그림 7-14a)가 있다. 단면의 웹 위에 있는 점 C의 응력 상태가 σ_x = 86 Mpa, σ_y = −28 Mpa와 τ_{xy} = −32 Mpa이다.

(a) 주응력을 구하고 알맞게 회전한 요소 위에 이 응력들을 나타내어라.

(b) 최대 전단응력을 구하고 알맞게 회전한 요소 위에 이들을 나타내어라(면내 응력만 고려).

풀이

문제풀이 4단계 접근방법을 사용한다. 효율적인 풀이를 위하여 필요에 따라 단계를 합한다.

Part (a): 주응력

1, 2. 개념화, 분류: 응력요소 C(그림 7-14b)에 대한 수직 및 전단응력은 보의 축에 대해서 평행하다. 이 응력들은 5.5절과 5.10절에서 제시된 굽힘과 전단공식에 의해서 각각 계산되었다. 먼저, 주축의 방향을 구하고, 주 수직응력을 구하기 위하여 응력변환공식을 사용한다. 그 다음, 최대 전단응력이 작용하는 평면의 각도를 구하고, 식 (7-25)를 사용하여 그 전단응력의 값을 구한다.

3. 해석: 주평면이 위치하는 주각 θ_p는 식 (7-11)을 이용함으로써 얻을 수 있다.

$$\tan 2\theta_p = \frac{2\tau_{xy}}{\sigma_x - \sigma_y}$$

$$= \frac{2(-32\ \text{MPa})}{86\ \text{MPa} - (-28\ \text{MPa})} = -0.5614$$

각도를 구하면 다음과 같은 두 세트의 값들을 얻는다.

$$2\theta_p = 150.7° \text{ and } \theta_p = 75.3°$$
$$2\theta_p = 330.7° \text{ and } \theta_p = 165.3°$$

주응력은 $2\theta_p$의 두 값을 σ_{x1}에 대한 변환공식 (7-4a)에 대입시킴으로써 얻어진다. 임시의 계산으로 다음 양을 먼저 결정한다.

$$\frac{\sigma_x + \sigma_y}{2} = \frac{86\ \text{MPa} - 28\ \text{MPa}}{2} = 29\ \text{MPa}$$

$$\frac{\sigma_x - \sigma_y}{2} = \frac{86\ \text{MPa} + 28\ \text{MPa}}{2} = 57\ \text{MPa}$$

이제 위의 값과 $2\theta_p$의 첫 값을 식 (7-4a)에 대입하면 다음과 같다.

$$\sigma_{x1} = \frac{\sigma_x + \sigma_y}{2} + \frac{\sigma_x - \sigma_y}{2}\cos 2\theta + \tau_{xy}\sin 2\theta$$
$$= 29\ \text{MPa} + (57\ \text{MPa})(\cos 150.7°) - (32\ \text{MPa})(\sin 150.7°)$$
$$= -36.4\ \text{MPa}$$

마찬가지로 $2\theta_p$의 두 번째 값을 대입시키면 σ_{x1} = 94.4 MPa를 얻는다. 그러므로 주응력과 그것에 대응하는 주각은 다음과 같다.

$$\sigma_1 = 94.4 \text{ MPa} \text{ 그리고 } \theta_{p1} = 165.3°$$
$$\sigma_2 = -36.4 \text{ MPa} \text{ 그리고 } \theta_{p2} = 75.3°$$

4. 최종 단계: θ_{p1}과 θ_{p2}는 90°만큼 서로 차이가 나고, $\sigma_1 + \sigma_2 = \sigma_x + \sigma_y$가 됨에 유의하라.

주응력은 그림 7-14c의 적절히 회전된 요소 위에 나타내졌다. 물론 주면 위에는 전단응력이 없다.

주응력에 대한 별해: 주응력은 또한 식 (7-17)로부터 직접 계산될 수 있다.

$$\sigma_{1,2} = \frac{\sigma_x + \sigma_y}{2} \pm \sqrt{\left(\frac{\sigma_x - \sigma_y}{2}\right)^2 + \tau_{xy}^2}$$
$$= 29 \text{ MPa} \pm \sqrt{(57 \text{ MPa})^2 + (-32 \text{ MPa})^2}$$
$$\sigma_{1,2} = 29 \text{ MPa} \pm 65.4 \text{ MPa}$$

그러므로,

$$\sigma_1 = 94.4 \text{ MPa} \quad \sigma_2 = -36.4 \text{ MPa}$$

σ_1이 작용하는 평면에 대한 각 θ_{p1}은 식 (7-18a와 b)로부터 얻어진다.

$$\cos 2\theta_{p1} = \frac{\sigma_x - \sigma_y}{2R} = \frac{57 \text{ MPa}}{65.4 \text{ MPa}} = 0.872$$
$$\sin 2\theta_{p1} = \frac{\tau_{xy}}{R} = \frac{-32 \text{ MPa}}{65.4 \text{ MPa}} = -0.489$$

여기서, R은 앞에서 식 (7-12)에 의해 주어지고, 주응력 σ_1과 σ_2에 대한 앞의 계산에서 제곱근 항과 같다.

위에서 계산된 sin과 cosine값을 동시에 만족하는 0과 360° 사이에서의 유일한 각은 $2\theta_{p1} = 330.7°$이다. 그러므로 $\theta_{p1} = 165.3°$이다. 이 각은 대수적으로 더 큰 주응력 $\sigma_1 = 94.4$ MPa과 관련이 있다. 다른 각은 90°보다 만큼 더 크거나, 또는 θ, 1보다 더 작다. 그러므로 $\theta_{p2} = 75.3°$이다. 이 각은 보다 더 작은 응력 $\sigma_2 = -36.4$ MPa에 대응된다. 주응력과 주각에 대한 이 결과들은 앞의 계산과 일치한다.

Part (b): 최대 전단응력

2, 3. 분류, 해석: 면내 최대 전단응력은 식 (7-25)에 의하여 주어진다:

$$\tau_{max} = \sqrt{\left(\frac{\sigma_x - \sigma_y}{2}\right)^2 + \tau_{xy}^2}$$
$$= \sqrt{(57 \text{ MPa})^2 + (-32 \text{ MPa})^2} = 65.4 \text{ MPa}$$

양의 최대 전단응력을 갖는 평면에 대한 각 θ_{s1}은 식 (7-24)로부터 계산된다.

그림 7-14

예제 7-3: (a) 보 구조물, (b) 평면응력 C의 요소, (c) 주응력, (d) 최대 전단응력

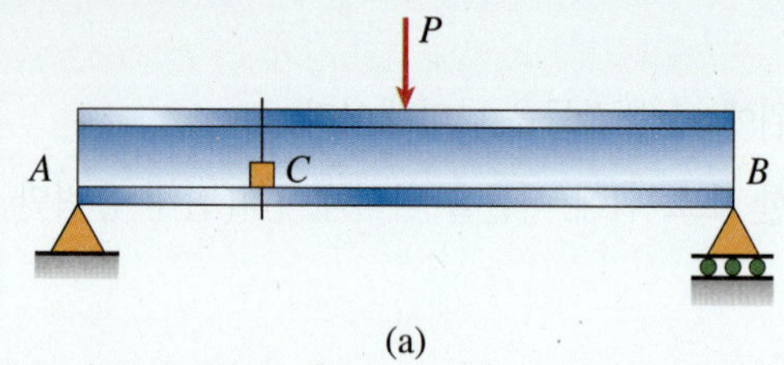

(a)

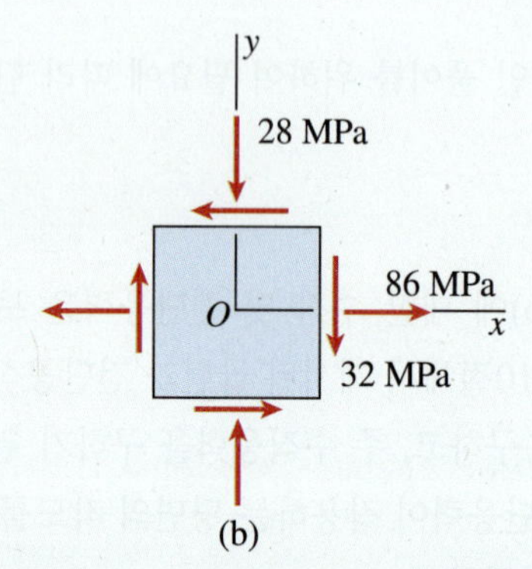

(b)

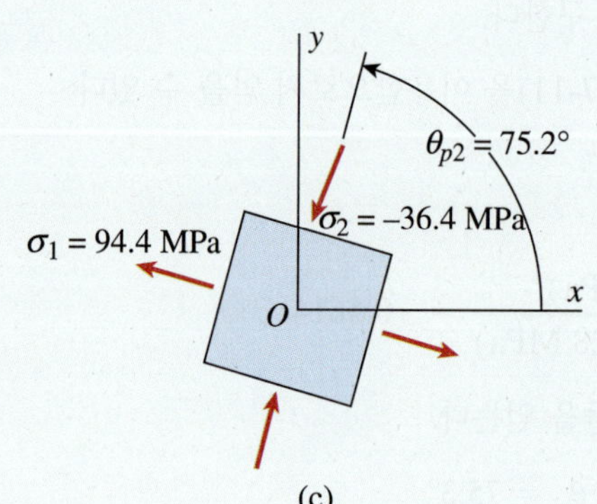

(c)

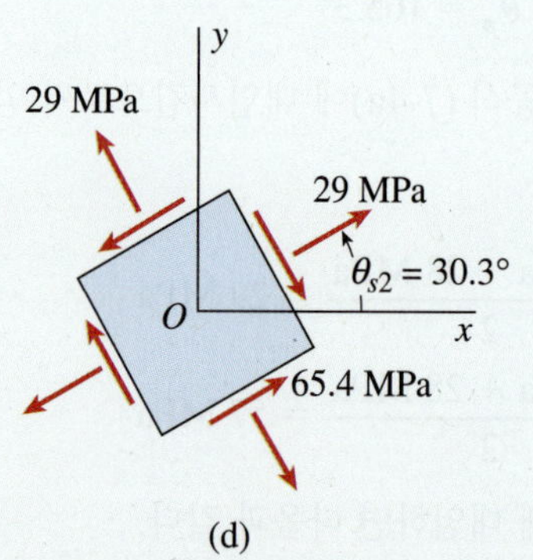

(d)

그림 7-14(반복)

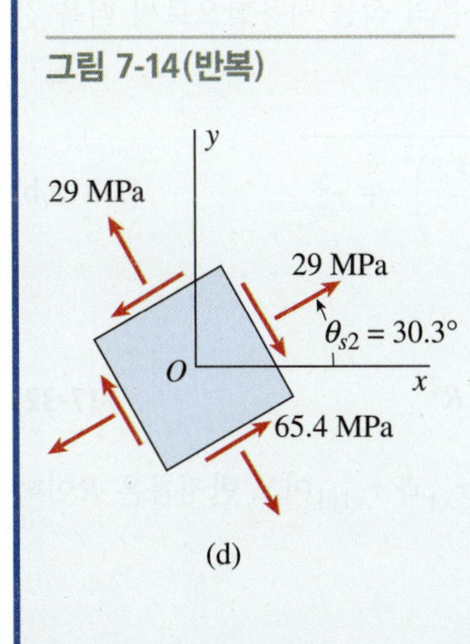

(d)

$$\theta_{s1} = \theta_{p1} - 45° = 165.3° - 45° = 120.3°$$

따라서 음의 전단응력은 $\theta_{s_2} = 120.3° - 90° = 30.3°$인 평면 위에 작용한다.

최대 전단응력의 평면 위에 작용하는 수직응력은 식 (7-27)로부터 계산된다.

$$\sigma_{\text{aver}} = \frac{\sigma_x + \sigma_y}{2} = 29 \text{ MPa}$$

4. 최종 단계: 마지막으로, 최대 전단응력과 관련된 수직응력은 그림 7-14d의 응력 요소에 나타내져 있다.

최대 전단응력을 구하는 다른 접근방법의 하나는 각 θ_s의 두 값을 결정하기 위하여 식 (7-20)를 사용한다. 그리고 나서 이에 대응하는 전단응력을 얻기 위하여 두 번째 변환공[식 (7-4b)]이 사용된다.

7.4 평면응력에 대한 모아 원

평면응력에 대한 변환공식은 **모아 원(Mohr's circle)**이라고 알려진 도식적인 형태로 나타내어질 수 있다. 이러한 도식적 표현은 매우 유용하다. 왜냐하면 응력을 받는 물체의 한 점에서 여러 경사면에 작용하는 수직 및 전단응력의 관계를 가시화시켜주기 때문이다. 이것은 또한 주응력, 최대 전단응력, 그리고 경사면에서의 응력을 계산하는 수단을 제공한다. 더 나아가 모아 원은 응력뿐만 아니라 변형률과 관성 모멘트를 포함하는 유사한 수학적 자연현상들을 표현하는 데도 유효하다.[2)]

모아 원의 방정식

모아 원의 방정식은 평면응력에 대한 변환공식 식 (7-4a와 b)로부터 유도될 수 있다. 그 두 방정식이 여기서 반복되지만, 첫 번째 식을 약간만 다시 수정하면 다음과 같다.

$$\sigma_{x1} - \frac{\sigma_x + \sigma_y}{2} = \frac{\sigma_x - \sigma_y}{2} \cos 2\theta + \tau_{xy} \sin 2\theta \tag{7-29a}$$

$$\tau_{x1y1} = -\frac{\sigma_x - \sigma_y}{2} \sin 2\theta + \tau_{xy} \cos 2\theta \tag{7-29b}$$

해석 기하학으로부터, 이 두 식이 매개변수 형태에 있어서의 원의 방정식임을 알 수 있다. 각 2θ는 매개변수이고 σ_{x1}과 τ_{x1y1}은 좌표이다. 그러나 이 단계에서 방정식의 특성을 인식해야 할 필요는 없다. 만약 매개변수들을 소거한다면, 방정식의 중요성은 명백해질 것이다.

매개변수 2θ를 소거하기 위해, 각 방정식의 양변을 제곱하고, 2개의 식을 합한다. 그 결과 식은 다음과 같다.

$$\left(\sigma_{x1} - \frac{\sigma_x + \sigma_y}{2}\right)^2 + \tau_{x1y1}^2 = \left(\frac{\sigma_x - \sigma_y}{2}\right)^2 + \tau_{xy}^2 \tag{7-30}$$

2) 모아 원은 1882년 유명한 독일의 토목공학자 Otto Christian Mohr(1835 ~ 1918)가 이 원을 개발한 후 명명됐다(참고문헌 7-4).

이 식은 7.3절[식 (7-27)과 (7-12)참조]에서 얻은 다음의 식을 사용함으로써 더욱 간단한 형태로 쓰여질 수 있다.

$$\sigma_{aver} = \frac{\sigma_x + \sigma_y}{2} \quad R = \sqrt{\left(\frac{\sigma_x - \sigma_y}{2}\right)^2 + \tau_{xy}^2} \tag{7-31a,b}$$

이제 식 (7-30)은 다음과 같이 된다.

$$(\sigma_{x1} - \sigma_{aver})^2 + \tau_{x1y1}^2 = R^2 \tag{7-32}$$

이것은 표준 대수형으로서 원의 방정식이 된다. 좌표는 σ_{x1}과 τ_{x1y1}이고 반지름은 R이며 원의 중심좌표는 $\sigma_{x1} = \sigma_{aver}$과 $\tau_{x1y1} = 0$ 이다.

모아 원의 두 가지 형태

모아 원은 식 (7-29)와 (7-32)로부터 두 가지의 다른 방법으로 그려질 수 있다. 모아 원의 첫 번째 형태는, 그림 7-15a에서 나타내어진 것과 같이 σ_{x1}을 오른쪽이 양이 되도록 하고, 전단응력 τ_{x1y1}을 아래쪽이 양이 되도록 그린다. 전단응력을 아래쪽이 양이 되도록 그리는 장점은 모아 원에서의 각 2θ가 반시계방향일 때 양이라 정한 것과 변환공식의 유도(그림 7-1과 7-2 참조)에서 정의한 2θ의 양의 방향과 일치한다는 점이다.

모아 원의 두 번째 형태에서는, 위쪽이 τ_{x1y1}의 양으로 그려지나, 여기서 각 2θ는 이제 시계방향이 양이 된다(그림 7-15b).

모아 원의 두 가지 형태 모두가 수학적으로 정확하고, 둘 중 어느 것이라도 사용될 수 있다. 그러나, 만약 각 2θ의 양의 방향이 모아 원 내에서도 요소의 그 자체의 방향과 동일하면 응력요소의 방향을 가시화하는 것은 훨씬 쉬워질 것이다. 더욱이 반시계 방향의 회전이 회전에 대한 관습인 오른손 법칙과 일치한다.

따라서, 우리는 **양의 전단응력이 아래 방향으로 그려지고 2θ의 양의 방향이 반시계방향으로 그려지는** 모아 원의 첫 번째 형태(그림 7-15a)가 여기서 사용된다.

그림 7-15

모아 원의 2가지 형태: (a) $\tau_{x_1y_1}$의 아래쪽이 양이고, 각 2θ가 반시계방향이 양인 형태, (b) $\tau_{x_1y_1}$의 위쪽이 양이고, 각 2θ의 시계방향이 양인 형태

2θ
C
O
σ_{x1}
R
σ_{aver}
τ_{x1y1}

(a)

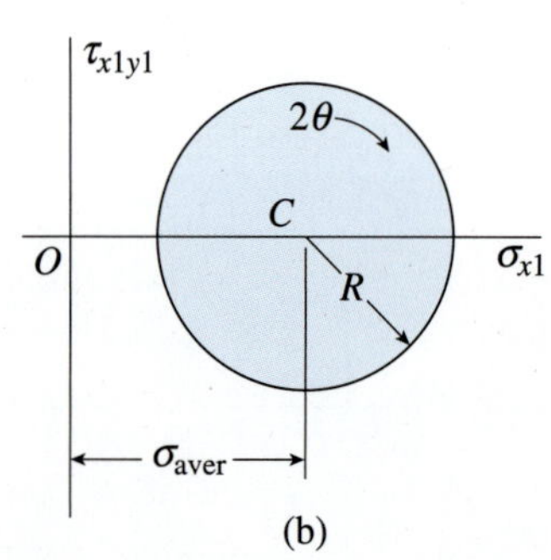

(b)

모아 원의 작도

모아 원은 알려진 응력과 알려지지 않은 응력들이 어느 것인가에 따라 다양한 방법으로 그려질 수 있다. 또한 때때로 개인적 취향에 의해 어떻게 선택할 것인가가 결정된다. 원의 기본 성질을 나타내기 위하여, 평면응력 상태에 있는 요소(그림 7-16a)의 x와 y면에 작용하는 응력 σ_x, σ_y, τ_{xy}를 알고 있다고 가정한다. 이 정보는 원을 작도하는 데 충분하다. 그리고 원을 작도하여, 경사진 요소(그림 7-16b)에 작용하는 응력 σ_{x1}, σ_{y1} 그리고 τ_{x1y1}을 결정한다. 또한 원으로부터 주응력과 최대 전단응력을 얻을 수 있다.

알려진 σ_x, σ_y 그리고 σ_{xy} 값을 가지고 **모아 원을 그리는 과정**은 다음과 같다(그림 7-16c 참조).

1. σ_{x1}을 수평축(오른쪽이 양)으로, τ_{x1y1}을 수직축(아래쪽이 양)으로 하는 하나의 좌표축을 그린다.
2. 좌표가 $\sigma_{x1} = \sigma_{aver}$ 그리고 $\tau_{x1y1} = 0$인 점에 원의 중심 C를 위치시킨다[식 (7-31a와 b) 참조].
3. $\sigma_{x1} = \sigma_x$ 그리고 $\tau_{x1y1} = \tau_{xy}$인 좌표를 정함으로써, 그림 7-16a에서 나타내어진 요

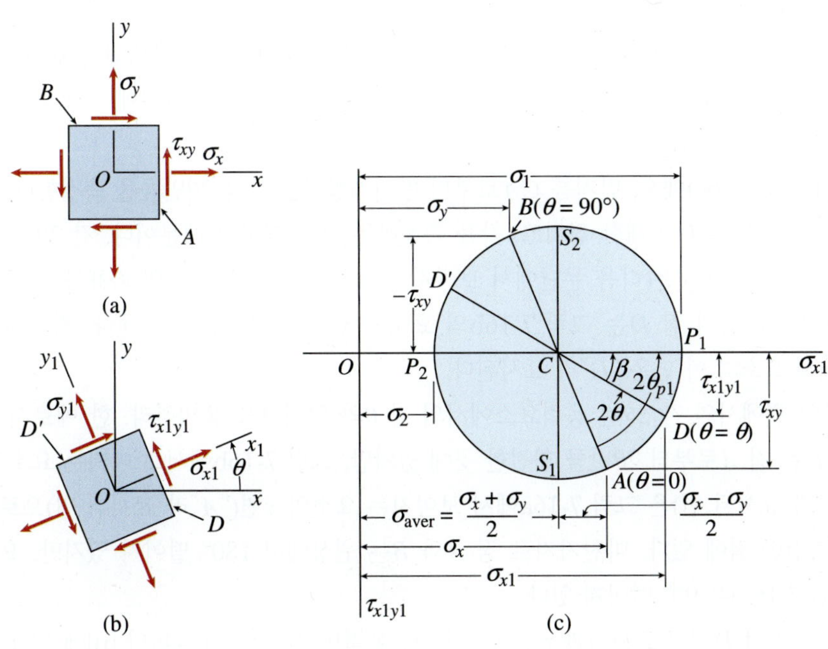

그림 7-16
평면응력에 대한 모아 원 작도

소의 x면의 응력 상태를 나타내는 점 A를 정한다. 이때 점 B는 $\theta = 0$에 해당하는 면임을 유의한다. 또한 그 요소의 면(그림 7-16a)이, 그림의 점 A와 일치하는 면임을 보여주기 위해, "A"로 표시됨에 유의한다.

4. $\sigma_{x1} = \sigma_y$ 그리고 $\tau_{x1y1} = -\tau_{xy}$인 좌표를 정함으로써, 그림 7-16a에서 나타내어진 y면의 응력 상태를 표현하는 점 B를 정한다. 점 B는 $\theta = 90°$에 해당하는 면임을 유의한다. 추가로, 요소의 y면(그림 7-16a)은, 그림에서 점 B과 일치함을 보이기 위해, "B"면으로 표시됨에 유의한다.

5. 점 A에서 점 B까지 직선을 그린다. 이 직선은 원의 지름이며 원의 중심 C를 관통한다. 서로 90°인 평면들의 응력 상태를 나타내는(그림 7-16a) 점 A와 B는 지름의 양 끝이 된다(따라서 원에서는 180° 떨어져 있다.)

6. 점 C를 중심으로 하고, 점 A와 B를 지나는 모아 원을 그린다. 이 방법으로 그려진 원은 다음 구절에서 나타내어진 것과 같이, 반지름 R[식 (7-31b)]을 가진다.

이제 모아 원이 그려졌으며, 여기서 기하학적으로 선분 CA와 CB가 원의 반지름이고 길이는 R과 같다. 점 C와 A의 가로좌표가 각각 $(\sigma_x + \sigma_y)/2$와 σ_x가 됨을 알 수 있다. 그림에서의 치수와 같이, 이 가로좌표의 차이는 $(\sigma_x - \sigma_y)/2$이다. 또한 점 A의 세로좌표는 τ_{xy}이다. 따라서 선분 CA는 한 변의 길이가 $(\sigma_x - \sigma_y)/2$ 그리고 다른 한 변의 길이가 τ_{xy}인 직삼각형의 빗변이 된다. 이 두 변의 제곱의 합에 대해 제곱근을 취하면 반지름 R을 얻는다.

$$R = \sqrt{\left(\frac{\sigma_x - \sigma_y}{2}\right)^2 + \tau_{xy}^2}$$

이것은 식 (7-31b)와 같다. 같은 절차를 통해 선분 CB의 길이 또한 원의 반지름 R과 같음을 알 수 있다.

경사진 요소의 응력

이제 x축으로부터 각 θ만큼 회전된 평면응력요소의 면에 작용하는 응력 σ_{x1}, σ_{y1} 그리고 τ_{x1y1}를 고려한다(그림 7-16b). 만약 각 θ를 알면, 이 응력들은 모아 원에 의해 결정될 수 있다. 그 절차는 다음과 같다.

원(그림 7-16c)에서, 반지름 CA로부터 반시계방향으로 각 2θ만큼을 측정한다. 왜냐하면 점 A는 $\theta = 0$에 대한 점이고, 각을 측정하는 기준 점이기 때문이다. 각 2θ는 점 D에 위치하는데, 이것은(다음 문단에서 보여지는 것처럼) σ_{x1}과 τ_{x1y1}의 좌표를 가지고 있다. 따라서 원상의 점 D는 그림 7-16b의 요소의 x_1면의 응력을 나타낸다. 결과적으로, 그림에서 요소의 이 면은 "D"라 표시된다.

모아 원에서의 각 2θ는 응력요소에서의 각 θ와 일치함을 유의하라. 한 예로서 원상의 점 D는 점 A로부터 2θ만큼 회전한 곳에 있지만, 그림 7-16b에서 보여지는 요소의 x_1면("D"라 표시된 면)은 그림 7-16a에서 보여지는 요소의 x면("A"라 표시된 면)으로부터 만큼 회전한 점에 있다. 마찬가지로 점 A와 B는 원상에서 180° 떨어져 있지만, 요소의 면(그림 7-16a)은 90° 떨어져 있다.

원상의 점 D의 좌표 σ_{x1}과 τ_{x1y1}이 실제로 응력변환공식[식 (7-4a와 b)]에 의해 주어진다는 것을 보이기 위해, 다시 원의 기하학적 관계를 이용한다. 반지름 선분 CD와 σ_{x1}축 사이의 각을 β라 하자. 그러면 그림의 기하학적 관계로부터, 점 D의 좌표에 대한 표현을 다음과 같이 얻는다.

$$\sigma_{x1} = \frac{\sigma_x + \sigma_y}{2} + R\cos\beta \quad \tau_{x1y1} = R\sin\beta \tag{7-33a,b}$$

반지름 CA와 수평축 사이의 각이 $2\theta + 2\beta$임을 유의하라. 그러면

$$\cos(2\theta + \beta) = \frac{\sigma_x - \sigma_y}{2R} \quad \sin(2\theta + \beta) = \frac{\tau_{xy}}{R}$$

cosine과 sine에 대한 표현식(부록 C 참조)을 전개하면 다음 식을 얻는다.

$$\cos 2\theta\cos\beta - \sin 2\theta\sin\beta = \frac{\sigma_x - \sigma_y}{2R} \tag{7-34a}$$

$$\sin 2\theta\cos\beta + \cos 2\theta\sin\beta = \frac{\tau_{xy}}{R} \tag{7-34b}$$

위 식들의 첫 번째 식에 cos2θ를 곱하고 두 번째 식에 sin2θ를 곱한 후 합하면

$$\cos\beta = \frac{1}{R}\left(\frac{\sigma_x - \sigma_y}{2}\cos 2\theta + \tau_{xy}\sin 2\theta\right) \tag{7-34c}$$

또한 식 (7-34a)에 sin2θ를, 식 (7-34b)에 cos2θ를 곱한 후 빼면

$$\sin\beta = \frac{1}{R}\left(\frac{\sigma_x - \sigma_y}{2}\sin 2\theta + \tau_{xy}\cos 2\theta\right) \tag{7-34d}$$

이 cos β와 sin β에 대한 표현식을 식 (7-33a와 b)에 대입하면 σ_{x1}과 σ_{x1y1}에 대한 응력변환공식을 얻는다[식 (7-4a와 b)]. 따라서, 각 2θ로 정의된 모아 원상의 점 D가 각 θ로 정의된 응력요소의 x_1면에 대한 응력 상태를 나타낸다(그림 7-16b).

지름방향으로 점 D와 반대인 점 D'는 점 D에 대한 2θ(선분 CA로부터 측정된)보다 180°가 더 큰 각이다. 따라서 원주상의 D'점은 D점으로 나타낸 면으로부터 90°인 응력 요소의 면 위에 작용하는 응력들을 나타낸다(그림 7-16b). 따라서 원상의 점 D'는 응력 요소의 y_1면("D'"라 표시된 면) 위의 응력 σ_{x1}과 $-\tau_{x1y1}$을 나타낸다.

이러한 논의로부터, 모아 원상의 점들에 의해 표현되는 응력이 어떻게 요소에 작용하는 응력과 관계되는지를 알 수 있다. 각 θ로 정의되는 경사면(그림 7-16b)의 응력은 원상에서 기준점(점 A)부터의 각도가 2θ인 점에서 찾아진다. 이런 식으로 x_1y_1축을 반시계방향으로 θ만큼 회전했을 때(그림 7-16b), x_1면과 일치하는 모아 원상의 점은, 각 2θ만큼 반시계방향으로 움직인다. 마찬가지로 축을 시계방향으로 임의의 각도만큼 회전시킨다면, 원상의 점은 그 2배의 각도로 시계방향으로 움직인다.

그림 7-16(반복)

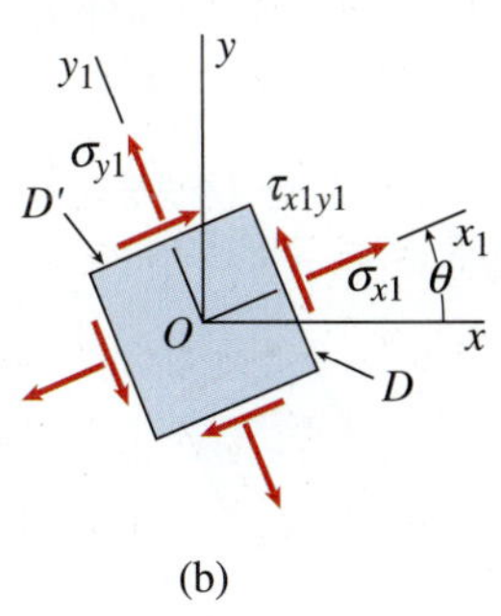

(b)

주응력

주응력을 결정하는 것은 아마도 모아 원의 가장 중요한 응용일 것이다. 모아 원 위를 움직일 때(그림 7-16c), 수직응력이 대수적으로 최대가 되고 전단응력이 0이 되는 점 P_1을 만난다는 사실을 유의하라. 따라서, 점 P_1은 **주응력(principal stress)**과 **주평면(principal plane)**을 나타낸다. 점 P_1의 가로축 σ_1은 대수적으로 보다 큰 주응력이고, 기준점 $A(\theta = 0$인)로부터 각도 $2\theta_{P1}$은 주평면의 회전방향을 나타낸다. 대수적으로 가장 작은 수직응력에 관계되는 주평면은 점 P_2에 의해 표현되는데, 이는 지름방향으로 점 P_1의 반대방향에 위치해 있다.

원의 기하학적 관계로부터, 대수적으로 큰 주응력은

$$\sigma_1 = OC + \overline{CP_1} = \frac{\sigma_x + \sigma_y}{2} + R$$

이 식에서 R에 대한 표현식[식 (7-31b)]을 대입하면 주응력에 대한 앞의 식 (7-14)와 일치한다. 같은 방법으로, 대수적으로 작은 주응력 σ_2에 대한 표현식도 나타낼 수 있다.

x축(그림 7-16a)과 대수적으로 큰 주응력 사이의 각인 주각 θ_{P1}은 모아 원상의 반지름 CA와 CP_1 사이의 각인 $2\theta_{P1}$의 반이다. 각 $2\theta_{P1}$의 cosine과 sine은 그 원으로부터 얻어질 수 있다.

$$\cos 2\theta_{p1} = \frac{\sigma_x - \sigma_y}{2R} \qquad \sin 2\theta_{p1} = \frac{\tau_{xy}}{R}$$

이 식은 식 (7-18a와 b)와 일치하고, 또한 원의 기하학은 앞서 유도된 식들과 일치함을 알 수 있다. 원상에서, 다른 주응력 점(점 P_2)에서의 각 $2\theta_{P2}$는 $2\theta_{P1}$보다 180°가 더 크다. 따라서 예상한대로 $\theta_{P2} = P_1 + 90°$가 된다.

최대 전단응력

양의 최대 전단응력과 음의 최대 전단응력의 평면을 나타내는 점 S_1과 S_2는 각각 모아 원의 맨 밑부분과 맨 윗부분(그림 7-16c)에 위치한다. 이 점들은 점 P_1과 P_2로부터 $2\theta = 90°$만큼 떨어진 곳에 위치하는데, 이것은 최대 전단응력이 발생하는 면이 주평면에서 45° 회전된 면이라는 사실을 보여준다.

최대 전단응력은 수치적으로 원의 반지름 R[식 (7-31b)의 R과 식 (7-25)의 τ_{max}를 비교]과 같다. 또한 최대 전단응력 면에서의 수직응력은 점 C의 가로좌표와도 같고, 이것

그림 7-17

전단응력에 대한 다른 부호규약: (a) 시계방향 전단응력, (b) 반시계방향 전단응력, (c) 모아 원에 대한 축(시계방향의 전단응력은 위 방향으로, 반시계방향의 전단응력은 아래 방향으로 그려진다.)

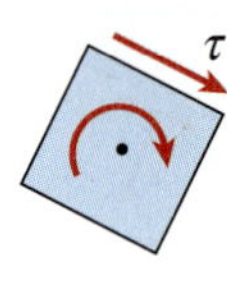

(a)

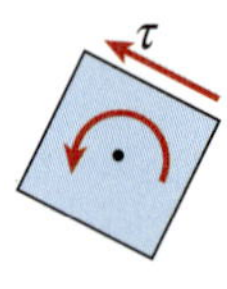

(b)

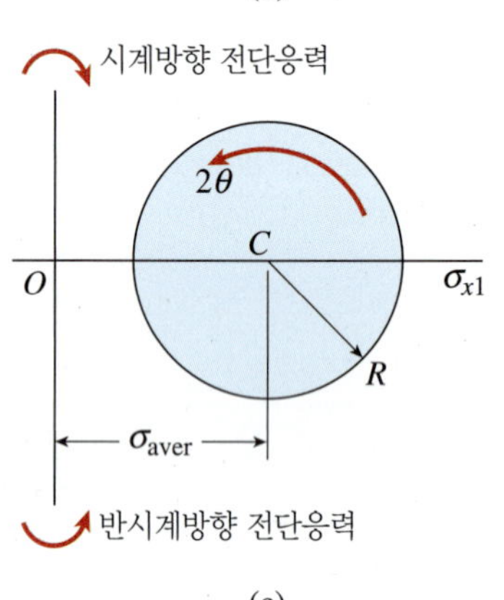

(c)

은 평균수직응력 σ_{aver}이다[식 (7-31a) 참조].

전단응력에 대한 다른 부호규약

전단응력에 대한 부호규약의 방법이 때때로 모아 원의 작도에 쓰인다. 이러한 규약에서, 재료의 요소에 작용하는 전단응력의 방향은 회전방향에 의해 표시된다(그림 7-17a와 b). 만약 전단응력 τ가 응력요소를 시계방향으로 회전시키려 한다면, 이것은 **시계방향의 전단응력**이라 하고, 만약 반시계방향으로 회전한다면 **반시계방향 전단응력**이라고 한다. 그러면, 모아 원을 작도할 때, 시계방향의 전단응력은 위 방향에 그려지고 반시계방향의 전단응력은 아래에 그려진다(그림 7-17c).

이 부호규약을 사용하면, 앞에서 설명된 원(그림 7-16c)**과 똑같은 원을 그릴 수 있**다는 것을 인식하는 것은 매우 중요하다. 그 이유는 양의 전단응력 τ_{x1y1} 역시 반시계방향 전단응력이고, 둘 다 아래쪽으로 그려지기 때문이다. 또한 음의 전단응력 τ_{x1y1}은 시계방향 전단응력이며 둘 다 위로 그려진다.

따라서, 다른 부호규약은 단순히 관점의 차이일 뿐이다. 음의 전단응력이 위 방향으로 그려지고 양의 전단응력이 아래 방향으로 그려지는 수직축을 생각하는 대신(약간 어색하지만), 시계방향 전단응력이 위 방향, 반시계방향 전단응력이 아래 방향으로 그려지는 수직축을 생각하면 된다(그림 7-17c).

모아 원에 대한 일반적인 유의사항

이 절에서 앞서 언급된 바와 같이, 모아 원으로부터 주응력과 최대 전단응력뿐만 아니라 어떤 경사평면위에서 작용하는 응력도 구할 수 있다. 그러나, 이는 단지 xy평면(z축에 대한 회전) 내에서 축의 회전만 고려한 것이다. 그러므로 **모아 원상의 모든 응력들은 평면내 응력들이다.**

편리를 위해, 그림 7-16의 원은 σ_x, σ_y와 τ_{xy}를 모두 양의 응력으로 그렸지만, 그 응력 중 하나 혹은 그 이상의 응력이 음일지라도 꼭 같은 과정을 따르면 된다. 만약 수직응력 중 하나가 음이면, 다음 예제 7-6에 예시되어 있듯이, 모아 원의 일부 또는 전부가 원점의 왼쪽에 위치할 것이다.

$\theta = 0$인 평면 위의 응력을 내는 점 A는 원주상 어느 곳에나 위치할 수 있다. 그러나 각 2θ는 점 A가 어디에 위치하든지 상관없이 반지름 CA로부터 반시계방향으로 항상 측정된다.

특별한 경우인 **단축응력**, **2축응력** 그리고 **순수전단**에서는 모아 원은 일반적인 경우보다 훨씬 단순해진다. 이 경우는 예제 7-4와 Prblems 7.4-1부터 7.4-9까지에 예시되어 있다.

x, y평면 위에 작용하는 응력을 알고 있을 때, 경사면 위에 작용하는 응력을 얻기 위해 모아 원을 사용하는 것 이외에, 모아 원을 그 반대로 사용하는 것도 또한 가능하다. 알려진 각 θ에서 회전된 요소 위에 작용하는 응력 $\sigma_{x1,\,y1}$ 및 τ_{x1y1}를 알면, 쉽게 모아 원을 그릴 수 있고, $\theta = 0$에 대한 응력 $\sigma_{x,\,y}$, 및 τ_{xy}를 결정할 수 있다. 그 절차는 알고 있는 응력으로부터 점 D와 D'의 위치를 정하고, 지름으로서 선 DD'를 사용하여 원을 그리는 것이다. 그 요소의 x면에 대응하는 점 A의 위치를 정하기 위하여는, 반지름 CD로부터 음의 방향으로 각 2θ를 측정한다. 다음으로 A로부터 직경을 작도하여 B점의 위치를 정

한다. 마지막으로, A와 B의 좌표를 결정할 수 있고 $\theta = 0$인 요소 위에 작용하는 응력을 얻게 된다.

필요에 따라 응력의 값을 축척으로 그려서 측정할 수 있도록 모아 원을 그릴 수도 있다. 그러나 여러 식들로부터 직접 구하거나 원의 삼각법과 기하학을 이용하여 수치적으로 응력을 계산하는 것이 더 좋다.

모아 원은 여러 각도 평면 위에 작용하는 응력들 간의 관계를 가시화할 수 있고 응력을 계산하기 위한 간단한 기억방법으로서 제공된다. 대부분 그래픽 기법은 공학 문제에 있어서 더 이상 사용되지 않지만 모아 원은 다른 복잡한 해석 없이 간단하고 분명한 그림을 제공해 주기 때문에 가치 있는 기법으로 남아 있다.

모아 원은 평면변형률과 평면면적의 관성 모멘트에 대한 변환공식에도 역시 적용된다. 그 이유는 이들 양은 응력과 똑같은 변환법칙을 따르기 때문이다(7.7절, 부록 D.7절 및 D.8절 참조).

예제 7-4

건설기계 부품의 유압램 표면의 한 점(그림 7-18a)에서, 재료는 그림 7-18b에서 보여주는 바와 같이 응력요소가 2축응력 $\sigma_x = 90$ MPa, $\sigma_y = 20$ MPa의 응력을 받고 있다.

모아 원을 이용하여 $\theta = 30°$ 경사진 평면에 작용하는 응력을 결정하라(면내 응력만을 고려하고, 그 결과를 회전된 요소에 나타내어라).

풀이

문제풀이 4단계 접근방법을 사용한다. 효율적인 풀이를 위하여 필요에 따라 단계를 합한다.

1, 2. 개념화, 분류:

모아 원의 작도: 그림 7-18c에 보여진 것과 같이 σ_{x1}을 오른쪽 양으로, τ_{x1y1}을 아래쪽 양인 방향으로 하여 수직 및 전단응력에 대한 축을 그린다. 응력이 평균수직응력과 같아지는 σ_{x1}축상의 한 점에 원의 중심 C를 위치시킨다[식 (7-31a)]:

$$\sigma_{\text{aver}} = \frac{\sigma_x + \sigma_y}{2} = \frac{90\text{ MPa} + 20\text{ MPa}}{2} = 55\text{ MPa}$$

요소의 x면($\theta = 0$)에 작용하는 응력을 나타내는 점 A의 좌표는 다음과 같다.

$$\sigma_{x1} = 90\text{ MPa} \quad \tau_{x1y1} = 0$$

같은 방법으로, y면($\theta = 90°$)에 작용하는 응력을 나타내는 점 B의 좌표는 다음과 같다.

$$\sigma_{x1} = 20\text{ MPa} \qquad \tau_{x1y1} = 0$$

이제 점 C를 중심으로 점 A와 B를 지나는 원을 그린다. 이때, 반지름 R은 다음과 같다[식 (7-31b) 참조].

$$R = \sqrt{\left(\frac{\sigma_x - \sigma_y}{2}\right)^2 + \tau_{xy}^2} = \sqrt{\left(\frac{90\text{ MPa} - 20\text{ MPa}}{2}\right)^2 + 0}$$
$$= 35\text{ MPa}$$

그림 7-18

예제 7-4: (a) 건설기계의 유압실린더, (b) 평면응력 상태의 유압 램, (c) 대응하는 모아 원(참고: 원상의 모든 응력들은 MPa의 단위를 가진다.)

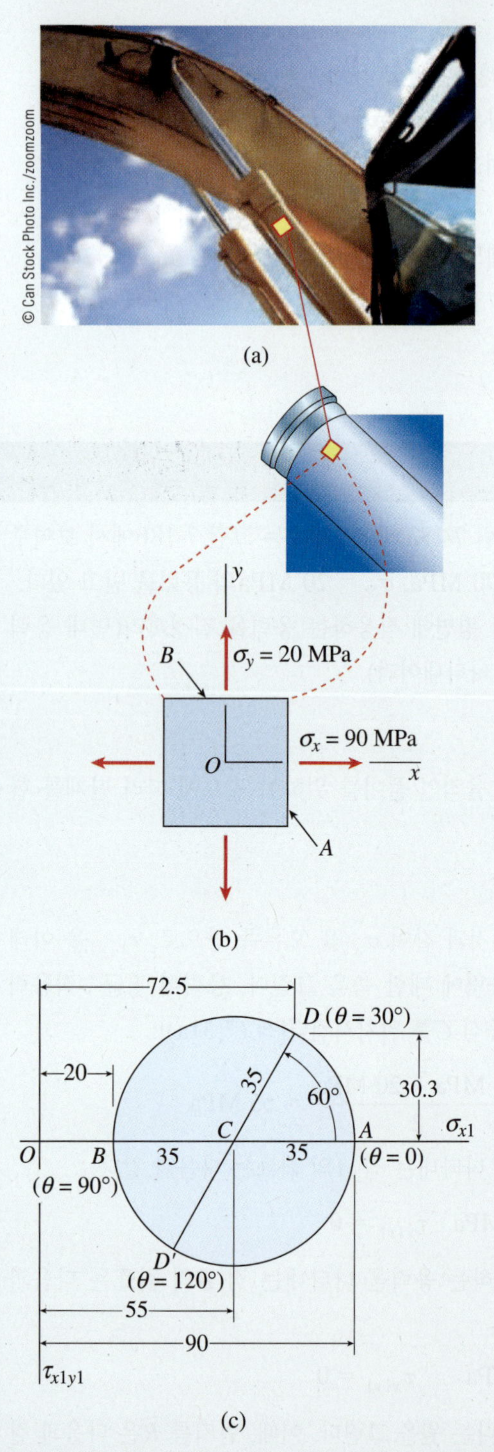

3. 해석:

$\theta = 30°$인 경사진 평면에 작용하는 응력: $\theta = 30°$ 각만큼 회전된 면에 작용하는 응력은 점 D의 좌표에 의해 주어진다. 이것은 점 A로부터 각 $2\theta = 60°$인 곳이다(그림 7-18c). 원의 조사에 의해, 점 D의 좌표는

$$(\text{점 } D)\quad \sigma_{x1} = \sigma_{\text{aver}} + R\cos 60° = 55\text{ MPa} + (35\text{ MPa})(\cos 60°) = 72.5\text{ MPa}$$

$$\tau_{x1y1} = -R\sin 60° = -(35\text{ MPa})(\sin 60°) = -30.3\text{ MPa}$$

같은 방법으로, 각 $\theta = 120°$(또는 $2\theta = 240°$)와 상응하는 점 D'에 의해 나타내어지는 응력을 찾을 수 있다.

$$(\text{점 } D)\quad \sigma_{x1} = \sigma_{\text{aver}} - R\cos 60° = 55\text{ MPa} - (35\text{ MPa})(\cos 60°) = 37.5\text{ MPa}$$

$$\tau_{x1y1} = R\sin 60° = (35\text{ MPa})(\sin 60°) = 30.3\text{ MPa}$$

4. 최종 단계: 이 결과들은 각 $\theta = 30°$로 회전된 요소의 스케치를 나타내는 그림 7-19에 나타내졌으며, 모든 응력이 그들의 실제 방향으로 나타난다. 경사진 요소의 수직응력의 합은 $\sigma_x + \sigma_y$ 또는 110 MPa과 같음을 유의하라.

그림 7-19

예제 7-4: $\theta = 30°$를 향하는 요소에 작용하는 응력들

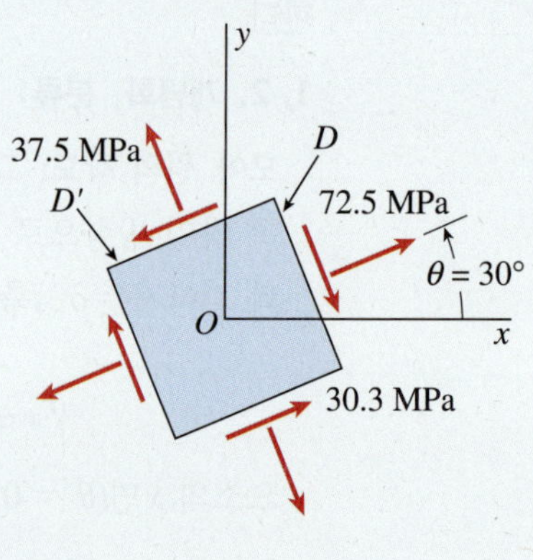

예제 7-5

그림 7-19

예제 7-5: (a) 오일드릴 펌프, (b) 평면응력요소, (c) 대응하는 모아 원(참고: 원 위의 모든 응력들은 MPa의 단위를 가진다)

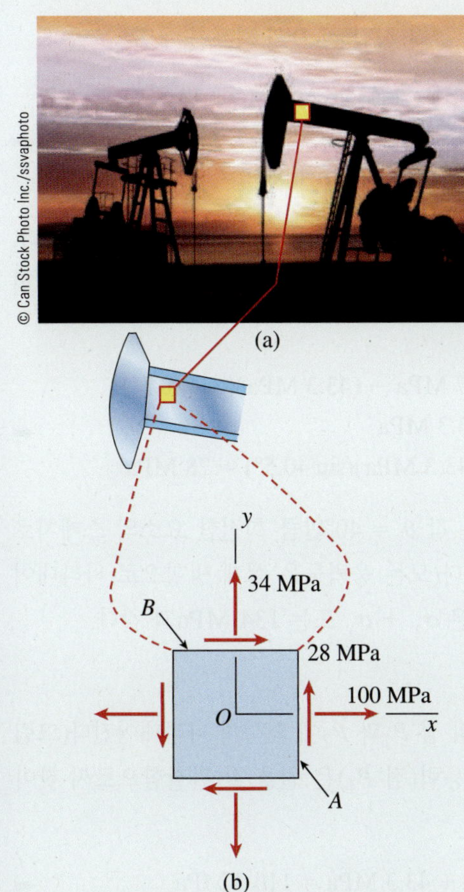

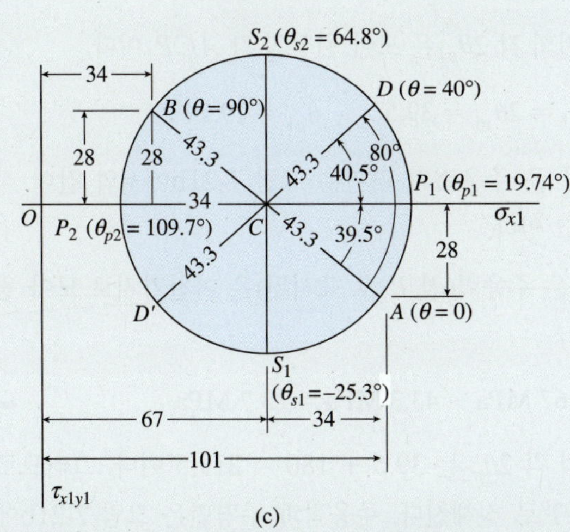

오일드릴 펌프암(그림 7-20a) 표면 위의 평면응력 상태인 한 요소가 응력 σ_x = 100 MPa, σ_y = 34MPa, τ_{xy} = 28 MPa를 받고 있다.

모아 원을 이용하여 다음을 구하여라: (a) 각 θ = 40°만큼 회전된 요소 위에 작용하는 응력, (b) 주응력, 그리고 (c) 최대 전단응력(면내 응력만을 고려하고 적당히 회전시킨 요소의 그림 위에 모든 결과를 나타내어라.)

풀이

문제풀이 4단계 접근방법을 사용한다. 효율적인 풀이를 위하여 필요에 따라 단계를 합한다.

1, 2. 개념화, 분류:

모아 원의 작도: 풀이의 첫 단계는 σ_{x1}을 오른쪽 양으로, τ_{x1y1}을 아래쪽 양(그림 7-20c)을 취하는 모아 원의 축을 작도하는 것이다. 원의 중심 C는 σ_{x1}이 평균 수직응력[식 (7-31a)]과 같은 점에서의 σ_{x1}축 위에 위치한다.

$$\sigma_{\text{aver}} = \frac{\sigma_x + \sigma_y}{2} = \frac{100\text{ MPa} + 34\text{ MPa}}{2} = 67\text{ MPa}$$

점 A는 요소의 x면(θ = 0) 위의 응력을 표시하며 다음과 같은 좌표를 갖는다.

$$\sigma_{x1} = 100\text{ MPa} \qquad \tau_{x1y1} = 28\text{ MPa}$$

마찬가지로, y면($\theta = 90'$)의 응력을 나타내는, 점 B의 좌표는 다음과 같다.

$$\sigma_{x1} = 34\text{ MPa} \qquad \tau_{x1y1} = -28\text{ MPa}$$

이제 점 C를 중심으로 하여 A와 B점을 지나는 원이 그려지며 원의 반지름은 식 (7-31b)로부터 얻어진다.

$$R = \sqrt{\left(\frac{\sigma_x - \sigma_y}{2}\right)^2 + \tau_{xy}^2}$$

$$= \sqrt{\left(\frac{101\text{ MPa} - 34\text{ MPa}}{2}\right)^2 + (28\text{ MPa})^2} = 43.3\text{ MPa}$$

Part (a): θ = 40°인 평면 위에 작용하는 응력

3. 해석:

θ = 40°인 평면 위에 작용하는 응력은 점 A로부터 각 2θ = 80° 되는 점 D의 좌표에 의하여 주어진다(그림 7-20c). 이 좌표값을 구하기 위하여 선 CD와 σ_{x1} 축 사이의 각(각 DCP_1)과 선 CA와 σ_{x1}사

그림 7-21

예제 7-5: (a) 각θ = 40′로 회전된 요소에 작용하는 응력들, (b) 주응력, (c) 최대 전단응력

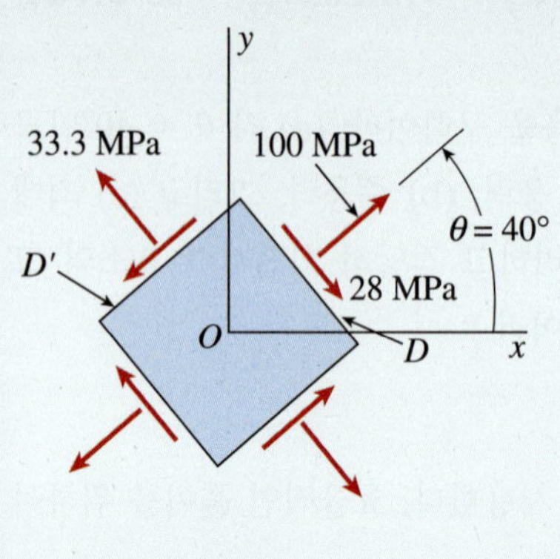

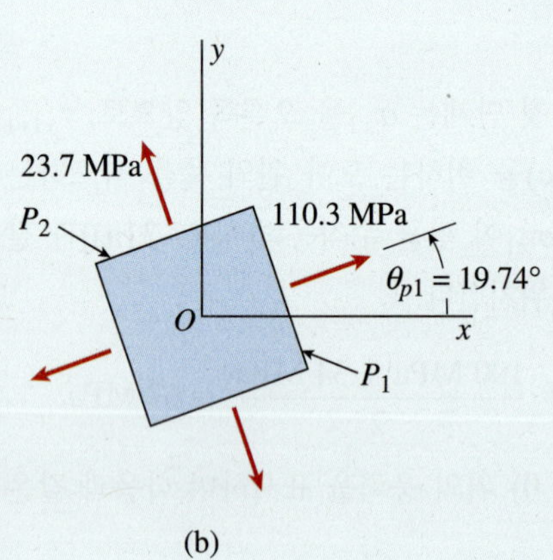

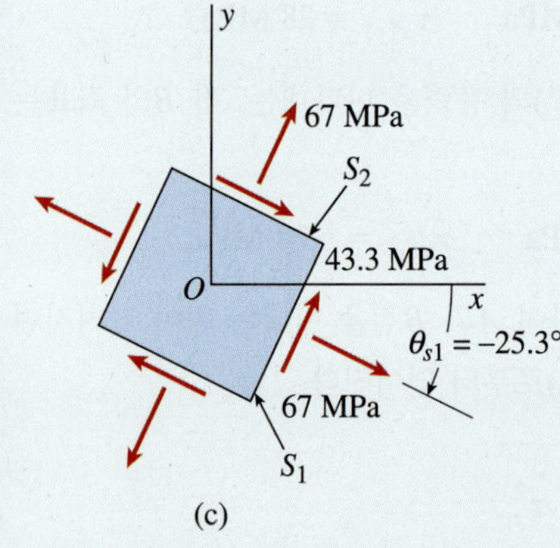

이의 각(각 ACP_1)을 알아야 한다. 이 각들은 원의 기하학적 관계로부터 다음과 같이 구해진다.

$$\tan \overline{ACP_1} = \frac{28 \text{ MPa}}{34 \text{ MPa}} = 0.824 \qquad \overline{ACP_1} = 39.5°$$

$$\overline{DCP_1} = 80° - \overline{ACP_1} = 80° - 39.5° = 40.5°$$

이 각들을 알면, 그림 7-20c로부터 직접 점 D의 좌표를 구할 수 있다.

$$(\text{점 } D) \quad \sigma_{x1} = 67 \text{ MPa} + (43.3 \text{ MPa})(\cos 40.5°) = 100 \text{ MPa}$$

$$\tau_{x1y1} = -(43.3 \text{ MPa})(\sin 40.5°) = -28.1 \text{ MPa}$$

유사한 방법으로, 점 D'에 의하여 나타내어지는 응력을 구할 수 있다. 이점 D'는 θ = 130°(혹은 2θ = 260°)만큼 회전된 평면에 대응되는 점이다.

$$(\text{점 } D') \quad \sigma_{x1} = 67 \text{ MPa} - (43.3 \text{ MPa})(\cos 40.5°) = 33.3 \text{ MPa}$$

$$\tau_{x1y1} = (43.3 \text{ MPa})(\sin 40.5°) = 28 \text{ MPa}$$

4. 최종 단계: 이러한 응력들은 각 θ = 40°만큼 회전한 요소의 스케치로 그림 7-21a에서 보여주고 있다(모든 응력들은 실제 방향으로 나타내어진다). 또한 수직응력들의 합은 $\sigma_x + \sigma_y$ 또는 134 MPa과 같다.

Part (b): 주응력

3. 해석: 주응력은 모아 원 위의 점 P_1과 P_2에 의하여 나타내어진다(그림 7-20c). 대수적으로 더 큰 주응력(점 P_1)은 원을 잘 관찰함으로써 찾아낼 수 있다.

$$\sigma_1 = 67 \text{ MPa} + 43.3 \text{ MPa} = 110.3 \text{ MPa}$$

점 A로부터 점 P_1까지의 각 $2\theta_{p1}$은 모아 원상의 각 ACP_1이다.

$$\overline{ACP_1} = 2\theta_{p1} = 39.5° \qquad \theta_{p1} = 19.74°$$

따라서 대수적으로 더 큰 주응력의 평면은 그림 7-21b에서와 같이 각 θ_{p1} = 19.74°를 향하고 있다.

대수적으로 더 작은 주응력(점 P_2로 표시된)은 마찬가지로 모아 원으로부터 구해진다.

$$\sigma_2 = 67 \text{ MPa} - 43.3 \text{ MPa} = 23.7 \text{ MPa}$$

4. 최종 단계: 모아 원에서 점 P_2의 각 $2\theta_{p2}$는 39.5 + 180 = 219.5°이다. 그러므로 두 번째 주평면은 각 θ_{p2} = 109.7°로 정해진다. 주응력과 주평면은 그림 7-21b에 나타내어졌다. 수직응력의 합이 134 MPa과 같음을 다시 유의하라.

Part (c): 최대 전단응력

3. 해석: 최대 전단응력은 모아 원에서 점 S_1와 S_2로 표시된다. 그러므로 면내 최대

전단응력(원의 반지름)은

$$\tau_{max} = 43.3 \text{ MPa}$$

이다. 점 S_1에서 점 A까지의 각 ACS_1는 $90 - 39.5 = 50.5$이므로, 점 S_1에 대한 각 $2\theta_{s1}$은

$$2\theta_{s1} = -50.5°$$

4. 최종 단계: 이 각은 시계방향으로 측정되기 때문에 음이다. 양의 최대 전단응력의 평면에 대응하는 각 θ_{s1}은 그림 7-20c와 7-21c에서 나타나는 것처럼 그 값의 절반 즉, $\theta_{s1} = -25.3°$이다. 음의 최대 전단응력은(원위의 점 S_2)양의 최대 전단응력과 똑같은 수치값을 가진다(43.3 MPa).

최대 전단응력면에 작용하는 수직응력은 원의 중심 점 C의 횡좌표 값인 σ_{aver}와 같다(67MPa). 이 응력들은 그림 7-21c에 나타나 있다. 최대 전단응력면은 주응력면에 대하여 45만큼 기울어져 있음에 유의하라.

예제 7-6

그림 7-22a에 나타내어진 바와 같이 발전기 축의 표면 위 한 점에서 응력 $\sigma_x = -50$ MPa, $\sigma_y = 10$ MPa, $\tau_{xy} = -40$ MPa를 받고 있다.

모아 원을 사용하여, 다음을 결정하라: (a) 각 $\theta = 45°$만큼 회전한 요소 위에 작용하는 응력, (b) 주응력, (c) 최대 전단응력(면내 응력만을 고려하고, 적당히 회전된 요소를 그리고 모든 결과치를 나타내어라).

풀이

문제풀이 4단계 접근방법을 사용한다. 효율적인 풀이를 위하여 필요에 따라 단계를 합한다.

1, 2. 개념화, 분류:

모아 원의 작도: 수직응력과 전단응력에 대한 축은 그림 7-22b와 같다. σ_{x1} 축은 오른쪽이 양, τ_{x1y1}축은 아래쪽이 양이다. 원의 중심 C는 σ_{x1}축 위의 σ_{x1}이 σ_{aver}와 같은 점에 위치한다[식 (7-31a)]:

$$\sigma_{aver} = \frac{\sigma_x + \sigma_y}{2} = \frac{-50 \text{ MPa} + 10 \text{ MPa}}{2} = -20 \text{ MPa}$$

요소의 x면 위에 작용하는 응력을 나타내는 점 $A(\theta = 0°)$는 다음의 좌표를 갖는다.

$$\sigma_{x1} = -50 \text{ MPa} \qquad \tau_{x1y1} = -40 \text{ MPa}$$

마찬가지로, 요소의 y면 위의 응력($\theta = 90°$)을 나타내는 점 B의 좌표는 다음과 같다.

$$\sigma_{x1} = 10 \text{ MPa} \qquad \tau_{x1y1} = 40 \text{ MPa}$$

이제 C를 중심으로 하고 점 A와 B를 지나는 원이 그려지고 반지름 R[식 (7-31b)로부터]은 다음과 같다.

그림 7-22

예제 7-6: (a) 평면응력 상태의 요소, (b) 대응하는 모아 원(참고: 원상의 모든 응력들은 MPa의 단위를 가진다)

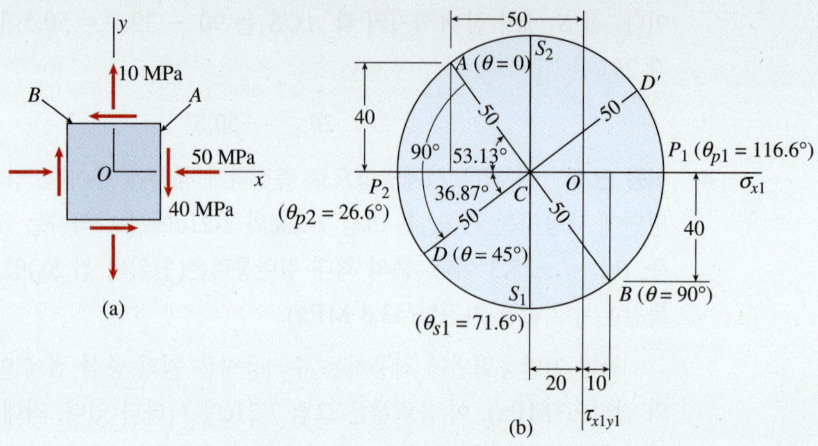

$$R = \sqrt{\left(\frac{\sigma_x - \sigma_y}{2}\right)^2 + \tau_{xy}^2}$$

$$= \sqrt{\left(\frac{-50\text{ MPa} - 10\text{ MPa}}{2}\right)^2 + (-40\text{ MPa})^2} = 50\text{ MPa}$$

Part (a): $\theta = 45°$ 경사진 요소 위의 응력

3. 해석: 각 $\theta = 45°$만큼 회전된 평면 위에 작용하는 응력은 점 A로부터 각 $2\theta = 90°$인 점 D의 좌표에 의해 주어진다. 이 좌표를 구하기 위하여 선 CD와 음의 σ_{x1}축 사이의 각(각 DCP_2)을 알아야 하며, 선 CA와 음의 σ_{x1}축 사이의 각(각 ACP_2)을 알아야 한다. 이 각들은 원의 기하학적 관계로부터 다음과 같이 구해진다.

$$\tan \overline{ACP_2} = \frac{40\text{ MPa}}{30\text{ MPa}} = \frac{4}{3} \qquad \overline{ACP_2} = 53.13°$$

$$\overline{DCP_2} = 90° - \overline{ACP_2} = 90° - 53.13° = 36.87°$$

이 각들을 알면, 그림 7-22b로부터 점 D의 좌표를 직접 얻을 수 있다.

$$\text{점 } D \quad \sigma_{x1} = -20\text{ MPa} - (50\text{ MPa})(\cos 36.87°) = -60\text{ MPa}$$
$$\tau_{x1y1} = (50\text{ MPa})(\sin 36.87°) = 30\text{ MPa}$$

비슷한 방법으로 $\theta = 135°$(혹은 $2\theta = 270°$) 경사진 평면인 점 D'에 의해 표시되는 응력들도 구할 수 있다.

$$\text{점 } D' \quad \sigma_{x1} = -20\text{ MPa} + (50\text{ MPa})(\cos 36.87°) = 20\text{ MPa}$$
$$\tau_{x1y1} = (-50\text{ MPa})(\sin 36.87°) = -30\text{ MPa}$$

4. 최종 단계: 이 응력들은 각 $\theta = 45°$만큼 회전된 요소의 스케치 위에 그림 7-23a에서와 같이 나타난다(모든 응력들은 실제 방향이다). 또한 수직응력의 합은 $\sigma_x + \sigma_y$또는 -40 MPa과 같다.

Part (a): 주응력

3. 해석: 주응력은 모아 원(그림 7-22b) 사이의 점 P_1과 P_2에 의하여 표시된다. 대

그림 7-23

예제 7-6: (a) 각 $\theta = 45°$로 회전된 요소의 응력, (b) 주응력, (c) 최대 전단응력

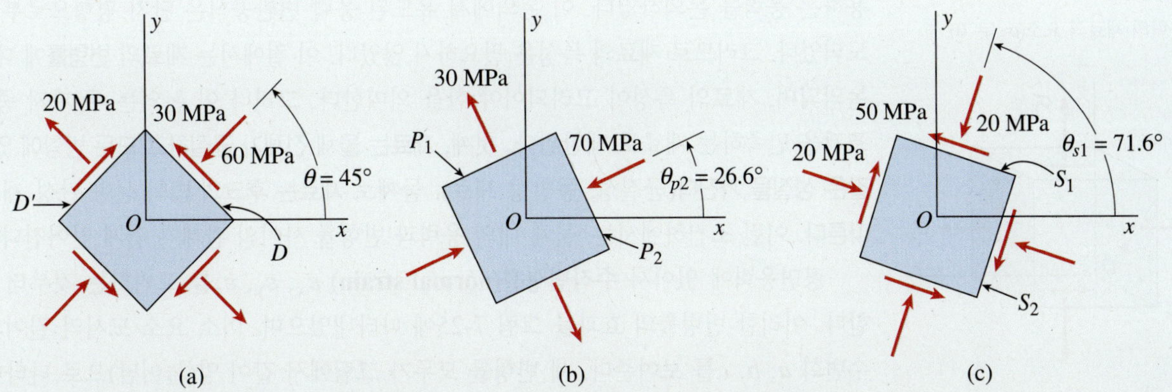

수적으로 더 큰 주응력은 (점 P_1으로 표시된) 모아 원에서 보여 주는 바와 같이 다음과 같다.

$$\sigma_1 = -20 \text{ MPa} + 50 \text{ MPa} = 30 \text{ MPa}$$

점 A로부터 점 P_1까지의 각 $2\theta_{p1}$은 모아 원상에서 반시계반향으로 측정된 각 ACP_1이다. 즉,

$$\overline{ACP_1} = 2\theta_{p1} = 53.13° + 180° = 233.13° \quad \theta_{p1} = 116.6°$$

따라서, 대수적으로 큰 주응력의 평면은 각 $\theta_{p1} = 116.6°$만큼 회전된 평면이다. 대수적으로 더 작은 주응력(점 P_2)은 같은 방법으로 얻어진다.

$$\sigma_2 = -20 \text{ MPa} - 50 \text{ MPa} = -70 \text{ MPa}$$

원주상의 P_2까지의 각 $2\theta_{p2}$는 53.13°이므로, 두 번째 주응력 평면 $\theta_{p2} = 26.6°$이다.

4. **최종 단계:** 주응력과 주평면은 그림 7-23b와 같고 그 수직응력의 합은 $\sigma_x + \sigma_y$ 또는 −40 MPa과 같음에 다시 유의하라.

Part (c): 최대 전단응력

3. **해석:** 양과 음의 최대 전단응력은 모아 원상의 점 S_1와 S_2에 의해 표시된다(그림 7-22b). 원의 반지름과 같은 그 크기는 다음과 같다.

$$\tau_{max} = 50 \text{ MPa}$$

점 A에서 점 S_1까지의 각 ACS_1은 90° + 53.13° = 143.13°이다. 그러므로 점 S_1에 대한 각 $2\theta_{s1}$은

$$2\theta_{s1} = 143.13°$$

4. **최종 단계:** 양의 최대 전단응력의 평면에 대응하는 각 θ_{s1}은 그림 7-23c에서 보는 바와 같이 모아 원상의 각도의 반인 $\theta_{s1} = 71.6°$이다. 음의 최대 전단응력(모아 원상의 점 S_2)은 양의 최대 전단응력과 똑같은 값을 갖는다(50 MPa).

최대 전단응력의 평면 위에 작용하는 수직응력은 σ_{aver}와 같고 이것은 모아 원의 중심 C의 좌표이다(−20 MPa). 이 응력들 역시 그림 7-23c에 보여지는 것과 같다. 최대 전단응력의 평면은 주응력 평면에서 45° 회전됨을 유의하라.

7.5 평면응력의 후크의 법칙

그림 7-24

평면응력의 재료의 요소($\sigma_z = 0$)

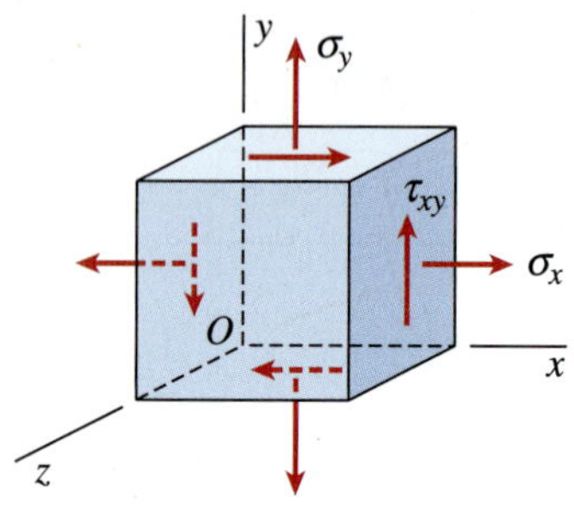

7.2, 7.3과 7.4절에서는 재료가 평면응력 상태(그림 7-24)에 있을 때, 경사평면 위에 작용하는 응력을 논의하였다. 이 논의에서 유도된 응력 변환공식은 단지 평형으로부터 유도되었다. 그러므로 재료의 특성은 필요하지 않았다. 이 절에서는 재료의 **변형률**에 대하여 논의되며, 재료의 특성이 고려되어야 함을 의미한다. 그러나 이 논의는 두 가지 중요한 조건을 만족하는 재료로 제한된다. 첫째, **재료는 물체 전체가 균질하고 모든 방향에 있어서 같은 성질을 가진다**(균질성, 등방성 재료). 둘째로 **재료는 후크의 법칙**(선형 탄성 재료)을 따른다. 이런 조건하에서는, 물체 내의 응력과 변형률 사이의 관계가 쉽게 얻어진다.

평면응력에 있어서 **수직변형률(normal strain)** ε_x, ε_y, ε_z를 고려하는 것부터 시작한다. 이러한 변형률의 효과를 그림 7-25에 나타내었으며, 미소 요소 모서리 길이의 치수변화 a, b, c를 보여준다. 세 변형률 모두가 그림에서 같이 양(늘어남)으로 나타나 있다. 변형률은 각각의 응력의 영향을 중첩함으로써 응력의 항(그림 7-24)으로 표현될 수 있다.

그림 7-25

수직변형률 ε_x, ε_y, ε_z를 받는 재료의 요소

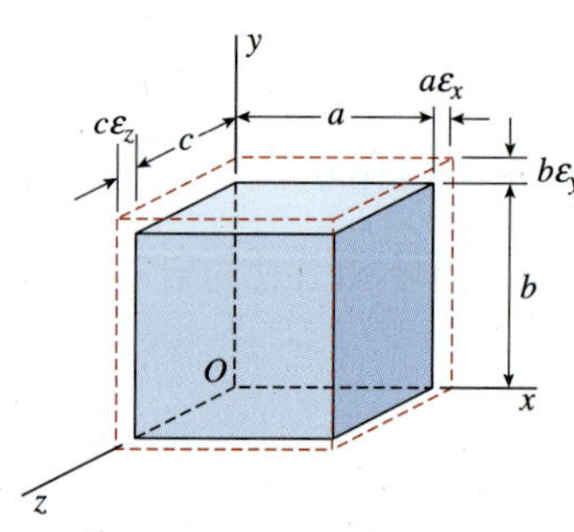

예를 들어, σ_x에 의한 x방향으로의 ε_x는 σ_x/E와 같다. 여기서 E는 탄성 계수이다. 마찬가지로 σ_y에 의한 ε_x는 $-\nu\sigma_x/E$와 같다. 여기서 ν는 뽀아송의 비이다(1.7절 참고). 물론 전단응력 τ_{xy}는 x, y 또는 z방향으로 수직변형률을 발생시키지 않는다. 그러므로 x방향에 있어서 변형률의 합은 다음과 같다.

$$\varepsilon_x = \frac{1}{E}(\sigma_x - \nu\sigma_y) \tag{7-35a}$$

같은 방법으로, y와 z방향의 변형률도 얻어진다.

$$\varepsilon_y = \frac{1}{E}(\sigma_y - \nu\sigma_x) \qquad \varepsilon_z = -\frac{\nu}{E}(\sigma_x + \sigma_y) \tag{7-35b,c}$$

이러한 식들은 응력을 알 때(평면응력 내에서) 수직 변형률을 얻는 데 사용될 수 있다.

전단응력 τ_{xy}(그림 7-24)은 z면이 마름모꼴이 되도록 요소를 찌그러지게 한다(그림 7-26). **전단변형률(shear strain)** γ_{xy}는 요소의 x와 y면 사이 각의 감소를 나타내고, 전단에서는 후크의 법칙에 따라 전단응력과는 다음과 같은 관계가 있다.

$$\gamma_{xy} = \frac{\tau_{xy}}{G} \tag{7-36}$$

그림 7-26

전단변형률 γ_{xy}

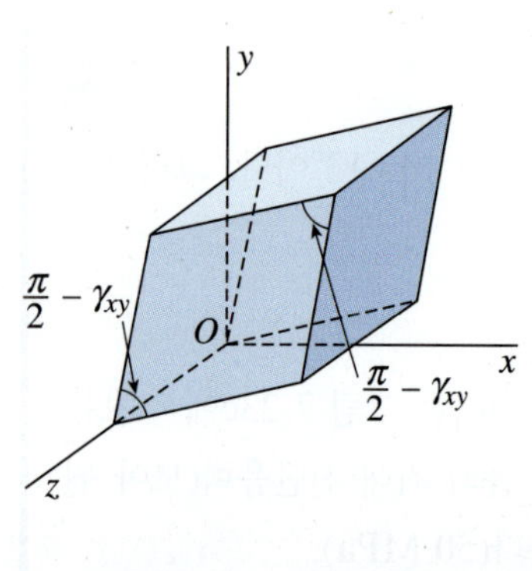

여기서 G는 전단 탄성 계수이다. 수직응력 σ_x와 σ_y는 전단변형률 γ_{xy}에 아무런 영향을 주지 않음을 유의하라. 결과적으로 식 (7-35)와 (7-36)은 모든 응력 σ_x, σ_y와 τ_{xy}가 동시에 작용할 때의 변형률(평면응력 내에서)을 나타낸다.

처음 두 식[식 (7-35a와 b)]은 응력의 항으로 ε_x와 ε_y를 나타낸다. 이 방정식들은 변형률의 항으로 응력에 대하여 동시에 풀 수 있다.

$$\sigma_x = \frac{E}{1-\nu^2}(\varepsilon_x + \nu\varepsilon_y) \qquad \sigma_y = \frac{E}{1-\nu^2}(\varepsilon_y + \nu\varepsilon_x) \tag{7-37a,b}$$

또한 전단변형률의 항으로 전단응력에 대한 다음 식을 갖는다.

$$\tau_{xy} = G\gamma_{xy} \tag{7-38}$$

식 (7-37)과 (7-38)은 변형률을 알 때에 평면응력 내에서 응력을 찾는 데 사용된다. 물론 z방향에서의 수직응력 σ_z는 0이다.

식 (7-35)에서 (7-38)은 **평면응력에 대한 후크의 법칙**으로 알려져 있다. 이들 식은 세 가지 재료상수(E, G, ν)를 포함하고 있지만 다음과 같은 관계 때문에 두 상수만이 독립적이다.

$$G = \frac{E}{2(1+\nu)} \tag{7-39}$$

이식은 이미 3.6절에서 구해졌다.

후크의 법칙의 특별한 경우

2축응력의 특별한 경우(그림 7-11b)는 $\tau_{xy} = 0$인 경우이다. 그러므로 평면응력에 대한 후크의 법칙은 다음과 같이 간략화된다.

$$\varepsilon_x = \frac{1}{E}(\sigma_x - \nu\sigma_y) \quad \varepsilon_y = \frac{1}{E}(\sigma_y - \nu\sigma_x) \qquad \text{(7-40a,b,c)}$$
$$\varepsilon_z = -\frac{\nu}{E}(\sigma_x + \sigma_y)$$

$$\sigma_x = \frac{E}{1-\nu^2}(\varepsilon_x + \nu\varepsilon_y) \quad \sigma_y = \frac{E}{1-\nu^2}(\varepsilon_y + \nu\varepsilon_x) \qquad \text{(7-41a,b)}$$

이 식들은 식 (7-35)와 (7-37)과 같다. 왜냐하면 수직응력과 전단응력의 영향이 서로 독립적이기 때문이다.

$\sigma_y = 0$(그림 7-11a)인 **단축응력**의 경우, 후크의 법칙에 대한 식은 훨씬 간단해진다.

$$\varepsilon_x = \frac{\sigma_x}{E} \quad \varepsilon_y = \varepsilon_z = -\frac{\nu\sigma_x}{E} \quad \sigma_x = E\varepsilon_x \qquad \text{(7-42a,b,c)}$$

끝으로, **순수전단**(그림 7-12a)을 고려해 보면, $\sigma_x = \sigma_y = 0$이므로

$$\varepsilon_x = \varepsilon_y = \varepsilon_z = 0 \quad \gamma_{xy} = \frac{\tau_{xy}}{G} \qquad \text{(7-43a,b)}$$

을 얻는다. 이 특별한 세 가지 경우에 있어서, 수직응력 σ_z는 0이다.

그림 7-11(반복)

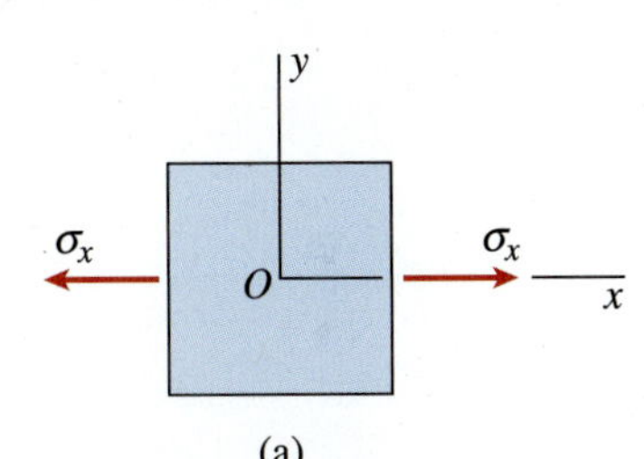

(a)

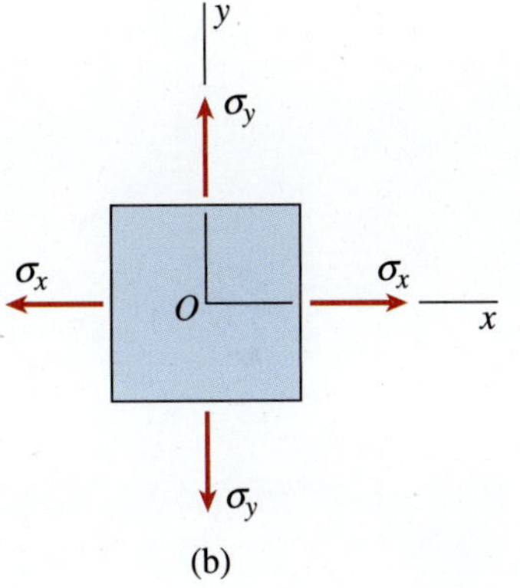

(b)

체적변화

고체의 변형이 진행되면 그 치수와 부피가 변하게 된다. 부피의 변화는 세 수직방향의 수직변형률을 알면 구할 수 있다. 이 과정이 어떻게 이루어지는지 보이기 위해 그림 7-25에 나타낸 바와 같은 재료의 미소 요소를 고려한다. 변형 전의 요소는 각각 x, y, z방향으로 길이 a, b, c를 가지는 직육면체이다. 변형률 ε_x, ε_y, ε_z는 그림에서 점선으로 나타낸 것처럼 길이의 변화를 일으킨다. 그러므로 측면 길이의 증분들은 $a\varepsilon_x$, $b\varepsilon_y$, $c\varepsilon_z$이다.

요소의 원래 체적은

$$V_0 = abc \tag{7-44a}$$

이고, 최종 체적은

$$\begin{aligned} V_1 &= (a + a\varepsilon_x)(b + b\varepsilon_y)(c + c\varepsilon_z) \\ &= abc(1 + \varepsilon_x)(1 + \varepsilon_y)(1 + \varepsilon_z) \end{aligned} \quad \textbf{(7-44b)}$$

이다. 식 (7-44a)를 참고하여 요소의 최종 체적[식 (7-44b)]을 다음과 같은 형태로 나타낼 수 있다.

$$V_1 = V_0(1 + \varepsilon_x)(1 + \varepsilon_y)(1 + \varepsilon_z) \quad \textbf{(7-45a)}$$

위 식은 우변항을 전개하여 다음 식이 얻어진다.

$$V_1 = V_0(1 + \varepsilon_x + \varepsilon_y + \varepsilon_z + \varepsilon_x\varepsilon_y + \varepsilon_x\varepsilon_z + \varepsilon_y\varepsilon_z + \varepsilon_x\varepsilon_y\varepsilon_z) \quad \textbf{(7-45b)}$$

V_1에 관한 위 식들은 큰 변형률이나 작은 변형률의 경우에 모두 유효하다.

만약 아주 **작은 변형**만을 갖는(일반적인 경우임) 구조물로 논의를 제한하면, 식 (7-45b)에서 작은 변형률의 곱으로 된 항은 무시할 수 있다. 이렇게 곱으로 된 항은 각각의 변형률 ε_x, ε_y, ε_z에 비하여 매우 작다. 따라서 최종 체적은 다음과 같이 단순화된다.

$$V_1 = V_0(1 + \varepsilon_x + \varepsilon_y + \varepsilon_z) \quad \textbf{(7-46)}$$

그리고 **체적 변화**는

$$\Delta V = V_1 - V_0 = V_0(\varepsilon_x + \varepsilon_y + \varepsilon_z) \quad \textbf{(7-47)}$$

이 식은 변형률이 미소하고 전체적으로 균일하다고 하면 어떤 재료에도 사용할 수 있다. 또한 재료는 후크의 법칙을 따라야 할 필요가 없음에 유의하라. 더욱이 이런 표현은 평면응력 상태에 국한되지 않고, 어떤 응력조건에 대해서도 유효하다(전단변형률은 체적의 변화를 일으키지 않는다는 것에 유의해야 한다).

단위체적 변화(unit volume change) 또는 **팽창률(dilatation)** e는 체적 변화량을 원래의 체적으로 나눈 것으로 정의된다. 그러므로

$$e = \frac{\Delta V}{V_0} = \varepsilon_x + \varepsilon_y + \varepsilon_z \quad \textbf{(7-48)}$$

이 식을 체적의 미분요소로 적용하여 적분함으로써, 수직변형률이 물체 전체를 통하여 같이 변화한다면, 물체의 체적 변화량을 구할 수 있다.

변형률 ε_x, ε_y, ε_z는 대수적인 양이기 때문에 체적 변화에 관한 위 식은 인장 또는 압축 변형률 두 가지 모두에 적용된다(길이가 늘어나면 양, 줄어들면 음). 이 부호규약에서 양의 ΔV와 e는 체적의 증가를 나타내고, 음의 값은 감소를 나타낸다.

그림 7-24(반복)

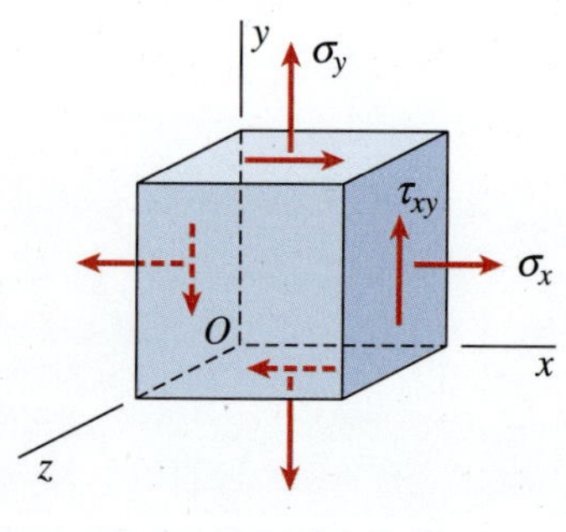

후크의 법칙을 따르고 **평면응력**만을 받는 재료로 돌아가 보자(그림 7-24). 이러한 경우의 변형률 ε_x, ε_y, ε_z는 식 (7-35a, b, c)에 의해 주어진다. 응력의 항으로 단위체적 변화에 대한 다음과 같은 표현식을 얻기 위해 식 (7-48)에 이 관계를 대입하면:

$$e = \frac{\Delta V}{V_0} = \frac{1 - 2\nu}{E}(\sigma_x + \sigma_y) \quad \textbf{(7-49)}$$

이 식은 **2축응력** 상태에도 적용됨에 유의하라.

인장을 받고 있는 균일 봉의 경우, 즉 **단축응력** 상태인 경우, 식 (7-49)는 다음과 같이 간단해진다.

$$e = \frac{\Delta V}{V_0} = \frac{\sigma_x}{E}(1 - 2\nu) \tag{7-50}$$

이 식으로부터, 일반적인 재료에 대한 뽀아송의 비의 최댓값이 0.5임을 알 수 있다. 왜냐하면 0.5보다 큰 값을 가지게 되면 재료가 인장을 받을 때 부피가 줄어드는 결과를 가져오게 되며, 이것은 일반적인 물리적 거동에 위배되기 때문이다.[3)]

평면응력에서의 변형 에너지 밀도

변형 에너지 밀도 u는 재료의 단위체적 내에 저장된 변형에너지를 말한다(2.7과 3.9절의 논의 참조). 평면응력 상태에 있는 한 요소에 대하여, 그림 7-25와 7-26에 나타난 요소들을 고려하여 변형 에너지 밀도가 구해진다. 수직 및 전단변형률은 각각 독립적으로 일어나므로, 전체 에너지를 얻기 위해서는 이 두 요소의 변형 에너지들이 합해진다.

그림 7-25(반복)

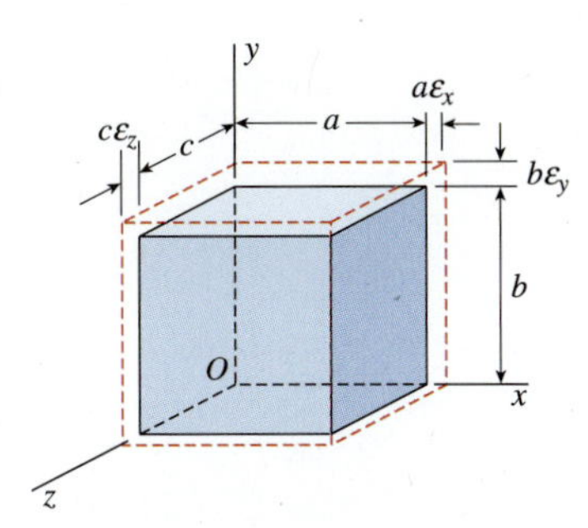

먼저, 수직변형률(그림 7-25)이 일어날 때의 변형 에너지를 구해 보자. 요소의 x면에 작용하는 응력은 σ_x이므로(그림 7-24 참조), 요소의 x면에 작용하는 힘(그림 7-25)은 $\sigma_x bc$임을 알 수 있다. 물론 하중이 구조물에 가해질 때, 이 힘은 0에서부터 최댓값까지 점차 증가한다. 동시에, 요소의 x면은 거리 $a\varepsilon_x$만큼 움직인다. 그러므로 만약 재료에 대한 후크의 법칙이 성립한다면 이 힘에 의해서 한 일은 다음과 같이 주어진다.

$$\frac{1}{2}(\sigma_x bc)(a\varepsilon_x)$$

같은 방법으로 y평면에 작용하는 힘 $\sigma_y ac$에 의해 한 일은 다음과 같다.

$$\frac{1}{2}(\sigma_y ac)(b\varepsilon_y)$$

이 두 항의 합은 요소에 저장된 변형 에너지와 같다.

$$\frac{abc}{2}(\sigma_x\varepsilon_x + \sigma_y\varepsilon_y)$$

따라서, 수직응력 및 수직변형률에 의한 변형 에너지 밀도(단위체적당 변형에너지)는 다음과 같다.

$$u_1 = \frac{1}{2}(\sigma_x\varepsilon_x + \sigma_y\varepsilon_y) \tag{7-51a}$$

전단변형률에 대한 변형 에너지 밀도(그림 7-26)는 3.9절에서 이미 평가되었다[3.9절의 식 (3-62) 참조].

$$u_2 = \frac{\tau_{xy}\gamma_{xy}}{2} \tag{7-51b}$$

그림 7-26(반복)

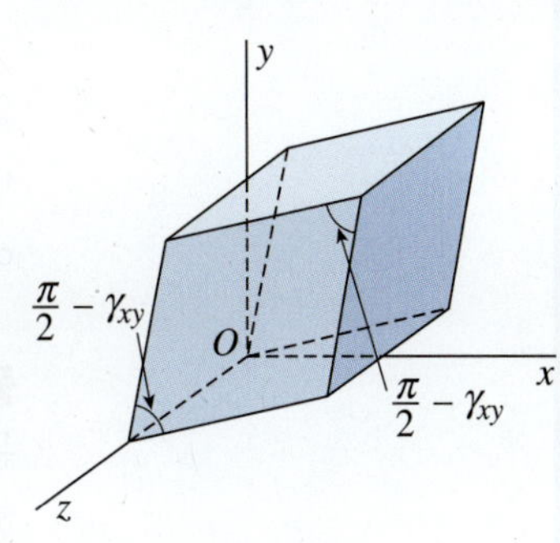

평면응력에서의 변형 에너지 밀도는 수직 및 전단변형률에 대한 변형률 에너지 밀도에 대한 식을 조합하여 얻는다:

$$u = \frac{1}{2}(\sigma_x\varepsilon_x + \sigma_y\varepsilon_y + \tau_{xy}\gamma_{xy}) \tag{7-52}$$

3) 1.7절의 음의 뽀아송의 비를 갖는 재료에 관한 논의 참조.

식 (7-35)와 (7-36)으로부터 변형률을 대입함으로써, 응력만의 항으로 된 변형에너지 밀도를 얻을 수 있다.

$$u = \frac{1}{2E}(\sigma_x^2 + \sigma_y^2 - 2\nu\sigma_x\sigma_y) + \frac{\tau_{xy}^2}{2G} \tag{7-53}$$

마찬가지 방법으로, 식 (7-37)과 (7-38)의 응력을 대입함으로써 변형률만의 항으로 된 변형 에너지 밀도를 얻을 수 있다.

$$u = \frac{E}{2(1-\nu^2)}(\varepsilon_x^2 + \varepsilon_y^2 + 2\nu\varepsilon_x\varepsilon_y) + \frac{G\gamma_{xy}^2}{2} \tag{7-54}$$

2축응력과 같은 특별한 경우의 변형 에너지 밀도를 구하기 위해서는, 식 (7-52), (7-53)과 (7-54)에서 단순히 전단 항을 없애기만 하면 된다.

단축응력의 특별한 경우는 다음과 같은 값을

$$\sigma_y = 0 \quad \tau_{xy} = 0 \quad \varepsilon_y = -\nu\varepsilon_x \quad \gamma_{xy} = 0$$

식 (7-53)과 (7-54)에 대입함으로써 얻을 수 있다. 즉,

$$u = \frac{\sigma_x^2}{2E} \qquad u = \frac{E\varepsilon_x^2}{2} \tag{7-55a,b}$$

이 식들은 2.7절의 식 (2-44a), (2-44b)와 일치한다.

또한, **순수전단**에서 대해서는

$$\sigma_x = \sigma_y = 0 \qquad \varepsilon_x = \varepsilon_y = 0$$

를 식 (7-53)과 (7-54)에 대입함으로써 다음 값을 얻는다.

$$u = \frac{\tau_{xy}^2}{2G} \qquad u = \frac{G\gamma_{xy}^2}{2} \tag{7-56a,b}$$

이 식들은 3.9절의 식 (3-63a와 b)와 일치한다.

예제 7-7

스트레인 게이지 A와 B(각각 x와 y방향)가 두께 7 mm인 직사각형 알루미늄 판에 부착되어있다. 이 판은 그림 7-27에서와 같이 균일한 수직응력 σ_x와 σ_y를 받으며, $\varepsilon_x = -0.00075$(게이지 A, 수축), $\varepsilon_y = 0.00125$(게이지 B, 신장)의 수직변형률을 나타내고 있다. 탄성 계수 $E = 73$ GPa, 뽀아송의 비 $\nu = 0.33$이다. 응력 σ_x와 σ_y 및 판의 두께 변화 Δt를 계산하고, 단위체적 변화(혹은 팽창) e, 그리고 변형 에너지 밀도 u를 계산하여라.

풀이

문제풀이 4단계 접근방법을 사용한다. 효율적인 풀이를 위하여 필요에 따라 단계를 합한다.

그림 7-27
예제 7-7: 스트레인 게이지 A와 B를 부착한 직사각형 알루미늄 판

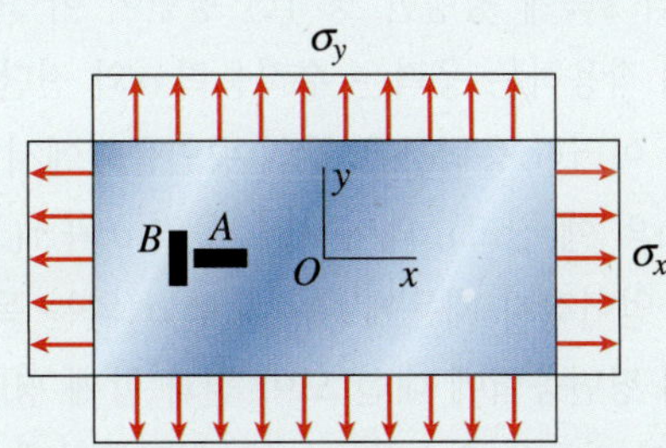

1, 2, 3. 개념화, 분류, 해석: **2축응력** 상태인 판에 대해서, x 및 y 방향의 수직응력 σ_x와 σ_y를 얻기 위해 식 (7-41a)와 (7-41b)를 사용하여 측정된 수직변형률 ε_x, ε_y를 대입하면:

$$\sigma_x = \frac{E}{1-\nu^2}(\varepsilon_x + \nu\varepsilon_y) = \frac{73\ \text{GPa}}{1-0.33^2}[-0.00075 + (0.33)(0.00125)]$$
$$= -27.6\ \text{MPa}$$

$$\sigma_y = \frac{E}{1-\nu^2}(\varepsilon_y + \nu\varepsilon_x) = \frac{73\ \text{GPa}}{1-0.33^2}[0.00125 + (0.33)(-0.00075)]$$
$$= 82.1\ \text{MPa}$$

z 방향의 수직변형률은 식 (7-40c)로부터 계산된다:

$$\varepsilon_z = \frac{-\nu}{E}(\sigma_x + \sigma_y) = \frac{-(0.33)}{73\ \text{GPa}}(-27.6\ \text{MPa} + 82.1\ \text{MPa})$$
$$= -2.464 \times 10^{-4}$$

판의 두께 변화(즉, 이 경우는 감소)는

$$\Delta t = \varepsilon_z t = [-2.464(10^{-4})](7\ \text{mm}) = -1.725 \times 10^{-3}\ \text{mm}$$

판의 팽창 또는 단위체적 변화 e는

$$e = \frac{1-2\nu}{E}(\sigma_x + \sigma_y) = 2.538 \times 10^{-4}$$

4. 최종 단계: 양의 e값은 2축응력하에서 판의 두께가 감소하는 동안 체적의 증가를 의미한다(증가량은 매우 작지만). 최종적으로 식 (7-53)을 사용하여 판의 변형 에너지 밀도를 계산한다(전단은 무시).

$$u = \frac{1}{2E}(\sigma_x^2 + \sigma_y^2 - 2\nu\sigma_x\sigma_y)$$
$$= \frac{1}{2(73\ \text{GPa})}[(-27.6\ \text{MPa})^2 + (82.1\ \text{MPa})^2 - 2(0.33)(-27.6\ \text{MPa})(82.1\ \text{MPa})]$$
$$= 61.6\ \text{kPa}$$

7.6 3축응력

서로 직교하는 3개의 방향으로 작용하는 수직응력 σ_x, σ_y 그리고 σ_z를 받는 재료의 요소는 **3축응력(triaxial stress)** 상태(그림 7-28a)에 있다고 말해진다. x, y 그리고 z면에 전

단응력이 없기 때문에 응력 $\sigma_x, \sigma_y, \sigma_z$는 재료 내에서 주응력이 된다.

만약 z축에 평행한 경사진 평면이 이 요소를 가로질러 자른다면(그림 7-28b), 경사진 면에 작용하는 응력은 수직응력 σ와 전단응력 τ뿐이고, 이 둘 다 xy면에 평행하게 작용한다. 이러한 응력들은 앞의 평면응력에서 논의했던 σ_{x1}과 τ_{x1y1}과 유사한 응력이다(그림 7-2a의 예 참고). 왜냐하면, 응력 σ와 τ(그림 7-27b)가 xy평면의 힘의 평형방정식으로부터 얻어졌기 때문에 수직응력 σ_z와는 독립적이다. 따라서, 3축응력에서 σ와 τ를 결정할 때 평면응력에 대한 모아 원과 함께 평면응력의 변환공식을 사용할 수 있다. 이러한 일반적인 결론은 요소를 x, y축에 평행하게 자른 경사면에 작용하는 수직 및 전단응력에 대해서도 성립한다.

그림 7-28
3축응력 요소

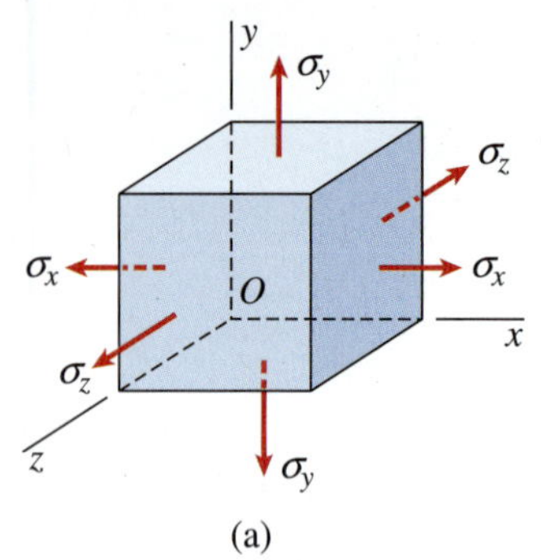

(a)

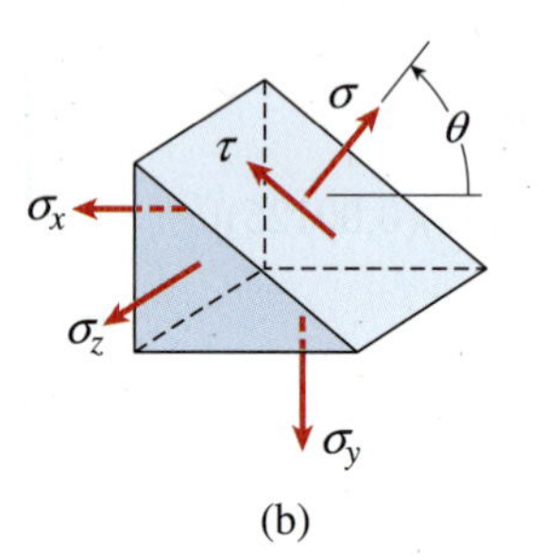

(b)

최대 전단응력

앞의 평면응력에 대한 논의로부터, 최대 전단응력이 주면으로부터 45° 회전된 면에서 일어난다. 따라서 3축응력 하의 재료(그림 7-28a)에 대해서도, 최대 전단응력은 x, y, z축에 대해 45°의 각도로 회전된 요소에서 발생한다. 예를 들면, z축에 대해 45° 회전된 요소를 고려하자. 이 요소에 작용하는 양과 음의 최대 전단응력은 다음과 같다.

$$(\tau_{\max})_z = \pm\frac{\sigma_x - \sigma_y}{2} \tag{7-57a}$$

같은 방법으로, 45°의 각도로 x와 y축에 대해 회전시키면 다음과 같은 최대 전단응력을 얻는다.

$$(\tau_{\max})_x = \pm\frac{\sigma_y - \sigma_z}{2} \quad (\tau_{\max})_y = \pm\frac{\sigma_x - \sigma_z}{2} \tag{7-57b,c}$$

절대 최대 전단응력은 식 (7-57a,b, c)에서 결정된 응력 중 수치적으로 가장 큰 것이다. 이것은 3개의 주응력 중 대수적으로 가장 큰 것과 가장 작은 것의 차이의 1/2과 같다.

그림 7-29
3축응력 요소의 모아 원

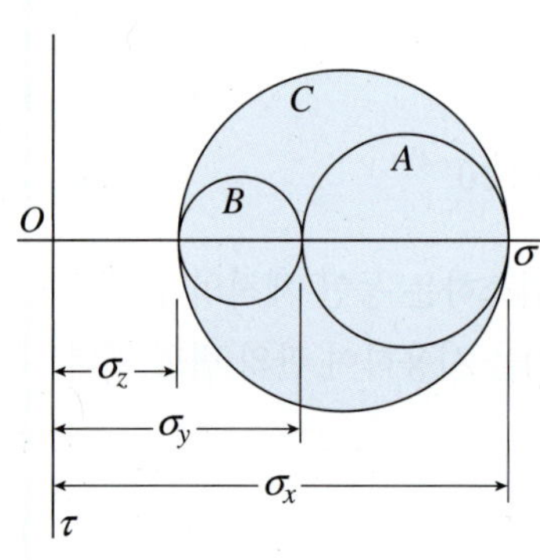

x, y, z축에 대해서 다양한 각도로 회전된 요소에 작용하는 응력은 **모아 원**을 이용해 가시화 될 수 있다. z축에 대해 회전된 요소에 대하여 이에 대응하는 원은 그림 7-29에서 A로 표시되었다. 이 원은 $\sigma_x > \sigma_y$인 경우와 σ_x와 σ_y가 모두 인장응력인 경우에 대해 그려졌음을 유의하라.

같은 방법으로, x축과 y축에 대해 회전된 요소에 대한 원 B와 C도 각각 작도할 수 있다. 각 원들의 반지름은 식 (7-57a,b, c)에서 주어진 최대 전단응력들을 나타낸다. 그리고 절대 최대 전단응력은 가장 큰 원의 반지름과 같다. 최대 전단응력의 면에 작용하는 수직응력은 원 중심의 가로 좌표에 의해 주어지는 크기를 갖는다.

3축응력에 대한 앞의 논의에서는 단지 x, y, z축에 대해 회전한 요소에 작용하는 응력만을 고려하였다. 따라서, 고려한 모든 평면은 한 축과 평행하다. 한 예로, 그림 7-28b의 경사면은 z축과 평행하고, 그에 대한 수직은 xy평면과 평행하다. 물론 **비스듬한 방향(skew direction)**으로 요소를 자를 수가 있다. 그 결과 경사진 면은 모든 3개의 좌표축에 대해 경사져 있다. 그러한 면에 작용하는 수직 및 전단응력은 보다 복잡한 3차원 해석을 통해 얻어질 수 있다. 그러나 비스듬한 면에 작용하는 수직응력은 대수적으로 최대 및 최소 주응력의 값들 사이에 존재하며, 그 면에 작용하는 전단응력은 식 (7-57a,b, c)에서 얻어진 절대 최대 전단응력보다 작다(절댓값으로).

3축응력에 대한 후크의 법칙

재료가 후크의 법칙을 만족할 때, 수직응력과 수직변형률의 관계를, 평면응력과 같은 절차를 이용함으로써 구할 수 있다(7.5절 참조). 독립적으로 작용하는 응력 σ_x, σ_y 그리고 σ_z에 의해 발생되는 변형률은 전체 변형률을 얻기 위해 중첩된다. 따라서 **3축응력에서의 변형률**에 대한 다음과 같은 식에 쉽게 도달한다.

$$\varepsilon_x = \frac{\sigma_x}{E} - \frac{\nu}{E}(\sigma_y + \sigma_z) \tag{7-58a}$$

$$\varepsilon_y = \frac{\sigma_y}{E} - \frac{\nu}{E}(\sigma_z + \sigma_x) \tag{7-58b}$$

$$\varepsilon_z = \frac{\sigma_z}{E} - \frac{\nu}{E}(\sigma_x + \sigma_y) \tag{7-58c}$$

이 식에서는 표준 부호규약이 쓰여졌다, 즉, 인장응력 σ와 신장변형률 ε이 양이다.

앞의 식은 동시에 **변형률의 항으로 응력**에 대해 풀릴 수 있다.

$$\sigma_x = \frac{E}{(1+\nu)(1-2\nu)}[(1-\nu)\varepsilon_x + \nu(\varepsilon_y + \varepsilon_z)] \tag{7-59a}$$

$$\sigma_y = \frac{E}{(1+\nu)(1-2\nu)}[(1-\nu)\varepsilon_y + \nu(\varepsilon_z + \varepsilon_x)] \tag{7-59b}$$

$$\sigma_z = \frac{E}{(1+\nu)(1-2\nu)}[(1-\nu)\varepsilon_z + \nu(\varepsilon_x + \varepsilon_y)] \tag{7-59c}$$

식 (7-58)과 식 (7-59)는 **3축응력에 대한 후크의 법칙**을 나타낸다.

2축응력의 특별한 경우(그림 7-11b)에서, 위 식들에 $\sigma_z = 0$을 대입함으로써 후크의 법칙에 관한 식이 얻어진다. 그 결과 식들은 7.5절의 식 (7-40)와 (7-41)로 간단해진다.

단위체적 변화

3축응력 상태에 있는 요소에 대한 단위체적 변화(혹은 **팽창**)는 평면응력에 대한 것과 같은 방법으로 얻어진다(7.5절 참조). 만약 요소가 변형률 ε_x, ε_y 그리고 ε_z를 받고 있다면, 단위체적 변화에 대해 식 (7-48)을 이용할 수 있다.

$$e = \varepsilon_x + \varepsilon_y + \varepsilon_z \tag{7-60}$$

이 식은 만약 변형률이 작은 값이면, 어떠한 재료에 대해서도 유효하다.

만약 후크의 법칙이 그 재료에 대해 성립한다면, 식 (7-58a,b,c)로부터 변형률 ε_x, ε_y, ε_z를 대입시키면 다음을 얻는다.

$$e = \frac{1-2\nu}{E}(\sigma_x + \sigma_y + \sigma_z) \tag{7-61}$$

식 (7-60)과 식 (7-61)은 각각 3축응력 상태에서의 단위체적 변화를 변형률과 응력의 항으로 나타낸 것이다.

변형 에너지 밀도

3축응력 상태에서 요소에 대한 변형 에너지 밀도는 평면응력에서와 같은 방법으로 얻어질 수 있다. 응력 σ_x와 σ_y만이 작용할 때(2축응력), 변형 에너지 밀도[전단 항을 없앤 식 (7-52)로부터]는 다음과 같다.

$$u = \frac{1}{2}(\sigma_x \varepsilon_x + \sigma_y \varepsilon_y)$$

요소가 3축응력 상태에 있고, 응력 σ_x, σ_y, σ_z를 받을 때, 변형 에너지 밀도의 표현식은 다음과 같다.

$$u = \frac{1}{2}(\sigma_x \varepsilon_x + \sigma_y \varepsilon_y + \sigma_z \varepsilon_z) \tag{7-62a}$$

식 (7-58a,b,c)로부터 변형률을 대입함으로써, 응력 항으로 된 변형 에너지 밀도로 된다.

$$u = \frac{1}{2E}(\sigma_x^2 + \sigma_y^2 + \sigma_z^2) - \frac{\nu}{E}(\sigma_x \sigma_y + \sigma_x \sigma_z + \sigma_y \sigma_z) \tag{7-62b}$$

같은 방법으로, 식 (7-59a, b와 c)를 이용하여, 변형률 항의 변형 에너지 밀도로 된다.

$$u = \frac{E}{2(1+\nu)(1-2\nu)}[(1-\nu)(\varepsilon_x^2 + \varepsilon_y^2 + \varepsilon_z^2) + 2\nu(\varepsilon_x \varepsilon_y + \varepsilon_x \varepsilon_z + \varepsilon_y \varepsilon_z)] \tag{7-62c}$$

이 식들을 사용하여 계산할 때, 적절한 대수적 부호를 갖는 응력과 변형률을 대입하여야 한다.

구응력

그림 7-30
구응력 요소

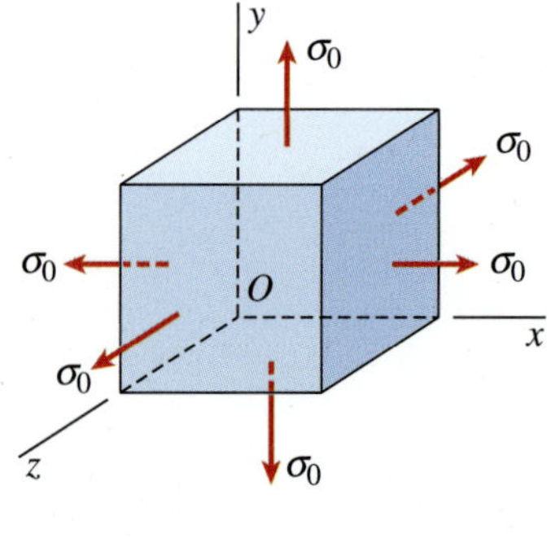

구응력(spherical stress)이라 불리는 3축응력의 특별한 경우는, 3개의 모든 수직응력이 같을 때 언제나 발생한다(그림 7-30).

$$\sigma_x = \sigma_y = \sigma_z = \sigma_0 \tag{7-63}$$

이러한 응력 상태에서, 잘려진 요소의 어떤 면에서도, 똑같은 응력 σ_0를 받으며 전단응력은 존재하지 않는다. 따라서, 재료 내의 어떠한 위치에서도 모든 방향의 수직응력은 같고 전단응력은 없다. 모든 면이 주면이고, 그림 7-29에 나타낸 3개의 모아 원은 하나의 점으로 줄어든다.

구응력에서 수직변형률 역시 주어진 재료가 균질하고 등방성이라면, 모든 방향에서 동일하다. 후크의 법칙이 적용되면, 수직변형률은

$$\varepsilon_0 = \frac{\sigma_0}{E}(1 - 2\nu) \tag{7-64}$$

식 (7-58a,b와 c)로부터 얻어진 것과 같다.

전단변형률이 없기 때문에, 입방체 형태의 요소는 그 크기는 변하지만, 그대로 입방체이다. 일반적으로, 구응력을 받는 물체는 그 상대적인 비율을 유지하지만 σ_0가 인장이냐 압축이냐에 따라 체적은 팽창하거나 감소한다.

단위체적 변화에 대한 표현은 식 (7-60)의 변형률에 관한 식을 식 (7-64)에 대입함으

로써 얻을 수 있다. 그 결과는 다음과 같다.

$$e = 3\varepsilon_0 = \frac{3\sigma_0(1 - 2\nu)}{E} \tag{7-65}$$

식 (7-65)는 **체적탄성 계수(volume modulus of elasticity)** 또는 **부피탄성 계수(bulk modulus of elasticity)**라 불리는 새로운 양인 K를 사용함으로써 훨씬 간단한 형태로 표현되어진다.

$$K = \frac{E}{3(1 - 2\nu)} \tag{7-66}$$

위 부호를 쓰면, 단위체적 변화에 대한 표현은

$$e = \frac{\sigma_0}{K} \tag{7-67}$$

로 되며, 체적탄성 계수는 다음과 같다.

$$K = \frac{\sigma_0}{e} \tag{7-68}$$

따라서, 체적탄성 계수는 체적변형률에 대한 구응력의 비로 정의되는데, 이것은 단축응력에서의 탄성 계수 E의 정의와 유사하다. e와 K에 대한 앞의 공식들은, **변형률이 작고 재료가 후크의 법칙을 따른다는** 가정에 기초한 것임을 유의하라.

K에 대한 식 (7-60)으로부터, 만약 뽀아송의 비 ν가 1/3이면, 계수 K와 E가 수치적으로 같다. 만약 $\nu = 0$이면, K는 $E/3$의 값을 가진다. 만약 $\nu = 0.5$이면, K는 무한대가 되고 이것은 체적 변화가 없는 강체와 같다(즉 재료는 비압축성이다).

구응력에 대한 앞의 공식들은 모든 방향에서 균일한 인장을 받는 요소로부터 유도되었다. 그러나, 물론 이 공식은 균일 압축응력을 받는 요소에도 적용할 수 있다. 균일 압축의 경우 응력과 변형률은 음의 부호를 갖는다. 균일 압축은 재료가 모든 방향에서 균일한 압력 p를 받을 때 발생한다. 바닷속에 잠겨있는 물체나, 지구 아래의 깊숙한 곳의 돌 등이 그 예이다. 이러한 상태의 응력은 흔히 **정수압 응력(hydrostatic stress)**이라 불린다.

균일 압축 상태는 비교적 일반적이나, 균일 인장 상태는 만들기가 어렵다. 이러한 경우(균일 인장)는 속이 차있는 금속구의 외부 표면을 갑작스럽게 균일하게 가열하면 외부층의 재료가 내부보다 높은 온도에 도달된다는 사실로부터 생각할 수 있다. 팽창하려는 외부 층의 영향으로 구의 중심부에 있는 재료는 모든 방향으로 균일 인장을 일으킨다.

7.7 평면변형률

하중을 받고 있는 구조물 내의 한 점에서의 변형률은 응력의 경우와 같이 그 축의 방향에 따라 변한다. 이 절에서는, 기준 방향에서의 변형률로부터 기울어진 방향의 변형률로 바꾸어주는 변형률의 변환공식이 설명된다. 이러한 변환공식은 실험실과 산업현장에서 변형률의 측정을 포함하는 많은 조사에 널리 쓰여진다.

변형률은 통상적으로 **스트레인 게이지**(*strain gage*)에 의해 측정된다; 예를 들면, 스트레인 게이지들을 항공기에 부착하여 비행 중인 구조물의 거동을 측정하거나, 지진에 대한 영향을 측정하기 위해 건물에 부착되기도 한다. 각각의 게이지는 어떤 특정한 방향의

그림 7-31
xy평면에서(평면변형률)의 변형률 성분 ε_x, ε_y 그리고 γ_{xy}

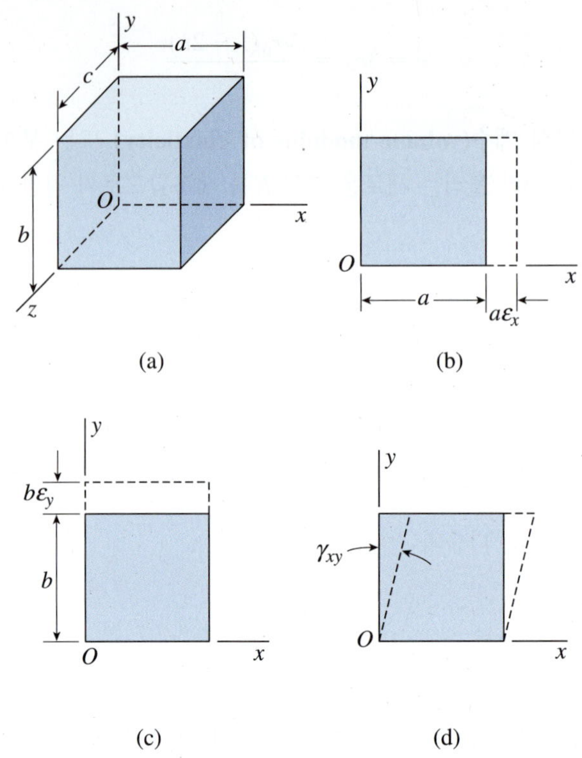

변형률만을 측정하기 때문에 변환공식을 사용하여 다른 방향의 변형률을 계산하는 것이 필요하다.

평면변형률 대 평면응력

평면변형률의 의미와 그것이 어떻게 평면응력과 연관되어 있는지를 생각하자. 재료의 작은 요소가 x, y, z방향으로 길이 a, b, c를 갖고 있다(그림 7-31a). 만약 유일하게 변형이 xy면에서만 존재하면, 3개의 변형률 성분이 존재한다: x방향의 수직변형률 ε_x(그림 7-31b), y방향의 수직변형률 ε_y(그림 7-31c), 그리고 전단변형률 γ_{xy}(그림 7-31d). 이러한 변형률(오직 이 변형률만을)을 받는 재료의 한 요소는 **평면변형률** 상태에 있다고 말해진다.

이것은 평면변형률 내의 요소가 z방향의 수직변형률 ε_z 및 xz면과 yz면의 전단변형률 γ_{xz}와 γ_{yz}가 없음을 의미한다. 따라서 평면변형률은 다음과 같은 조건으로 정의된다.

$$\varepsilon_z = 0 \quad \gamma_{xz} = 0 \quad \gamma_{yz} = 0 \qquad \textbf{(7-69a,b,c)}$$

나머지 변형률들 (ε_x, ε_y와 γ_{xy})은 0이 아닌 값을 가진다.

앞의 정의로부터, 평면변형은 재료요소의(그림 7-31a) 앞면과 뒷면이 z방향의 변위에 대해서 완전히 구속된 경우에 일어남을 나타낸다.—이런 경우는 실제 구조물에서는 보기 드문 이상적인 조건이다. 그러나, 그것이 평면변형 변환공식이 유용하지 않다는 것을 의미하지는 않는다. 오히려, 다음에 설명되는 바와 같이 평면응력에서의 변형률에 적용되기 때문에 매우 유용함을 알 수 있다.

평면변형률의 정의[식 (7-69a,b,c)]는 평면응력의 식과 유사하다. 평면응력에서 다음

그림 7-32
평면응력과 평면변형의 비교

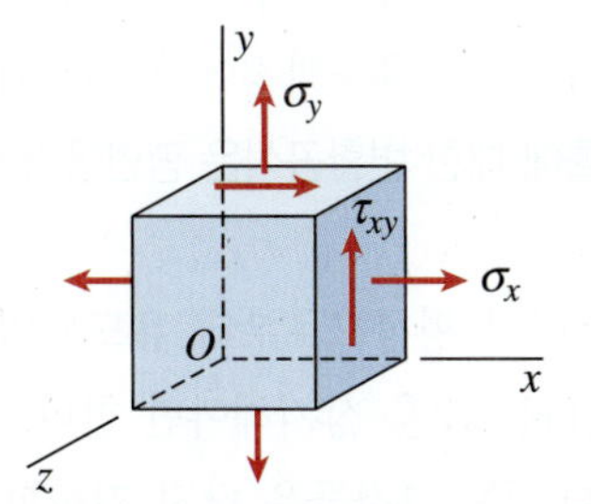

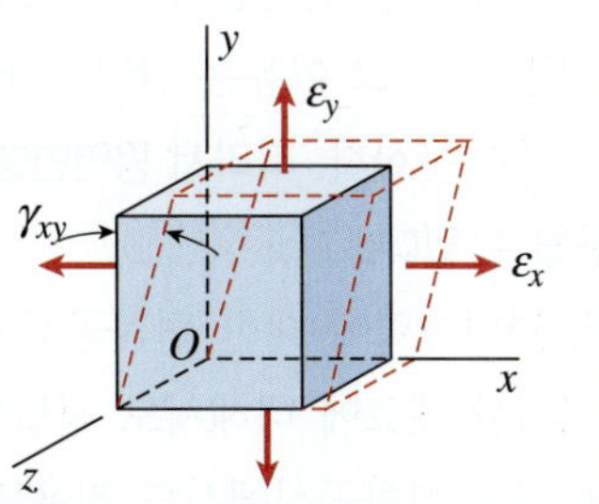

	평면응력	평면변형률
응력	$\sigma_z = 0$ $\tau_{xz} = 0$ $\tau_{yz} = 0$ σ_x, σ_y, 와 τ_{xy} 0이 아닌 값을 가질 수 있다.	$\tau_{xz} = 0$ $\tau_{yz} = 0$ σ_x, σ_y, σ_z, 와 τ_{xy}는 0이 아닌 값을 가질 수 있다.
변형률	$\gamma_{xz} = 0$ $\gamma_{yz} = 0$ ε_x, ε_y, ε_z, 와 γ_{xy}는 0이 아닌값을 가질 수 있다.	$\varepsilon_z = 0$ $\gamma_{xz} = 0$ $\gamma_{yz} = 0$ ε_x, ε_y, 와 γ_{xy}는 0이 아닌 값을 가질 수 있다.

의 응력들은 0이다.

$$\sigma_z = 0 \quad \tau_{xz} = 0 \quad \tau_{yz} = 0 \qquad \textbf{(7-70a,b,c)}$$

여기서 나머지 응력 (σ_x, σ_y, τ_{xy})는 0이 아닌 값을 가질 수 있다. 평면응력과 평면변형에서 응력과 변형률에 대한 비교가 그림 7-32에 나타내어졌다.

평면응력과 평면변형 정의의 유사성으로부터 그것들이 동시에 발생한다고 추론해서는 안 된다. 일반적으로, 평면응력의 요소는 z방향의 변형을 수반한다(그림 7-32); 따라서 평면변형 상태에 있지 않다. 역시, 평면변형 상태의 요소는 $\varepsilon_z = 0$라는 요구조건 때문에 응력 σ_z가 작용된다; 따라서, 평면응력 상태가 아니다. 따라서, 정상적인 상태에서 평면응력과 평면변형 상태는 동시에 발생하지 않는다.

예외적인 경우는 평면응력 상태의 요소가 크기는 같지만 방향이 반대인(즉, $\sigma_x = -\sigma_y$일 때) 수직응력을 받고 있으며, 후크의 법칙이 적용될 때이다. 이러한 특수한 경우, 식 (7-35c)에 의해 보여지는 것처럼, z방향의 수직변형률은 존재하지 않는다. 그러므로 이 요소는 평면응력뿐만 아니라 평면변형률 상태에도 있게 된다. 또 다른 특별한 경우는, 비록 하나의 가설에 불과하지만 재료의 뽀아송의 비가 0인 경우($\nu = 0$)이다. 그러면 모든 평면응력요소는 $\varepsilon_z = 0$[식 (7-35c)]이기 때문에 평면변형률 상태에 있게 된다.[4)]

변환공식의 적용

xy평면에서 평면응력에 대해 유도된 응력변환공식 식 (7-4a와 b)은 수직응력 σ_z가 존재할 때라도 성립한다. 이 설명은 식 (7-4a와 b)를 유도하는 데 사용되어지는 평형방정식에 응력 σ_z가 들어있지 않음에 기인한다. 따라서 평면응력에 대한 변환공식은 평면변형률상

4) 이 장의 논 의에서는 온도와 사전변형의 영향이 생략되었으며, 이들은 추가적인 변형을 발생시킴으로써 다른 결과가 나타날 수 있다.

태의 응력에 대해 사용될 수 있다.

유사한 상황이 평면병형률에 대해서도 존재한다. 비록 xy평면에서의 평면변형률의 경우에 대한 변형률 변환공식을 유도할 것이지만, 이 식은 변형률 ε_z가 존재하는 경우일지라도 성립한다. 그 이유는 간단하다. 즉 ε_z는 유도과정에서 사용되는 기하학적 관계에 영향을 미치지 못한다. **따라서 평면변형률에 대한 변환공식은 평면응력 상태의 변형률에 대해서로 사용될 수 있다.**

결국, 평면응력에 대한 변환공식이 단지 평형으로부터 유도되었으며, 선형탄성이든 아니든 어떠한 재료에 대해서도 성립한다는 것을 상기해야만 한다. 똑같은 결론이 평면변형률에 대한 변환공식에서도 적용된다. 즉, 그것들은 단지 기하학적 관계로부터 유도되었기 때문에, **재료의 특성에 대해 독립적이다.**

평면변형률에 관한 변환공식

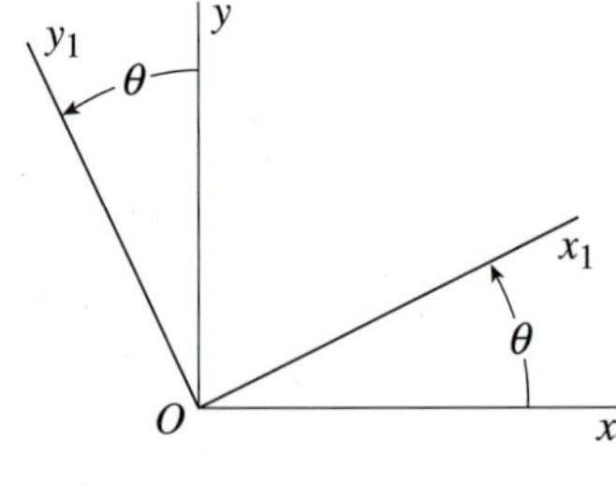

그림 7-33
xy축으로부터 각 θ만큼 회전된 축 x_1과 y_1

평면변형률에 대한 변환공식의 유도에서, 그림 7-33에 보여진 좌표축을 사용할 것이다. xy축에 관련된 수직변형률 ε_x와 ε_y 그리고 전단변형률 γ_{xy}를 알고 있다고 가정한다(그림 7-31). 해석의 목적은 x_1y_1축에 대한 수직 및 전단변형률 ε_{x1}과 γ_{x1y1}을 결정하기 위함이다. 이때 축들은 xy축으로부터 반시계방향으로 각 θ만큼 회전되었다(수직변형률 ε_{y1}에 대해 별도의 식을 유도할 필요는 없다. 왜냐하면 ε_{x1}에 대한 식에 θ 대신 $\theta + 90°$을 대입함으로써 구해질 수 있기 때문이다).

수직변형률 ε_{x1}. x_1방향의 수직변형률 ε_{x1}을 구하기 위해, 선택된 재료의 작은 한 요소를 고려한다. x_1축이 요소의 z면에 대해 대각선 방향으로, 그리고 x축, y축이 요소의 측면이 되도록 놓여 있다(그림 7-34a). 그림은 z축이 보는 사람을 향하는 2차원의 요소를 보여준다. 물론 요소는 실제로 그림 7-31a와 같이 z방향으로 크기를 갖는 3차원이다.

먼저 x방향의 수직변형률 ε_x를 고려하자(그림 7-34a). 이 변형률은 x방향으로 $\varepsilon_x dx$만큼의 신장을 발생시킨다. 여기서 dx는 요소의 대응하는 변의 길이이다. 이 신장의 결과로 요소의 대각선은 다음 양만큼의 길이로 증가한다.

$$\varepsilon_x dx \cos\theta \tag{7-71a}$$

이는 그림 7-34a에 나타낸 바와 같다.

다음은 y방향의 수직변형률 ε_y를 고려하자(그림 7-34b). 이 변형률은 y방향으로 $\varepsilon_y dy$만큼의 신장을 발생시킨다. 여기서 dy는 y축과 평행한 요소의 변의 길이이다. 신장의 결과로 요소의 대각선은 다음 양만큼의 길이로 증가한다.

$$\varepsilon_y dy \sin\theta \tag{7-71b}$$

이는 그림 7-34b에 보여진 것과 같다.

마지막으로 xy면의 전단변형률 γ_{xy}를 고려하자(그림 7-34c). 이 변형률은 요소의 비틀림을 발생시켜, 그 결과 요소의 왼쪽 아래 모서리의 각이 전단변형률과 같은 양만큼 감소한다. 결국 요소의 윗면은 $\gamma_{xy}dy$의 양만큼 오른쪽으로 움직인다(아랫면에). 이러한 변형은 대각선의 길이를 다음 양만큼 증가시키는 결과를 낳는다.

$$\gamma_{xy} dy \cos\theta \tag{7-71c}$$

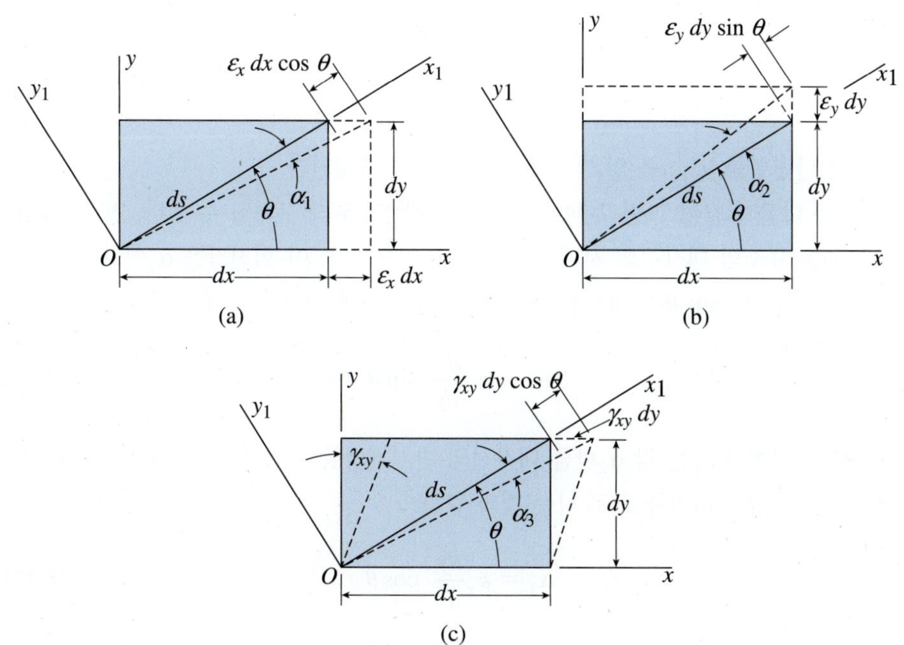

그림 7-34
평면변형률에서 (a) 수직변형률 ε_x, (b) 수직변형률 ε_y, (c) 전단변형률 γ_{xy}에 의해 발생하는 요소의 변형

이는 그림 7-34c에서 보여진 것과 같다.

대각선의 길이의 전체 증가량 Δd는 앞의 3개의 식의 합과 같다.

$$\Delta d = \varepsilon_x dx\cos\theta + \varepsilon_y dy\sin\theta + \gamma_{xy} dy\cos\theta \tag{7-72}$$

x_1방향의 수직변형률 ε_{x1}은 대각선의 최초길이 ds로 나눈 길이의 증가분과 같다.

$$\varepsilon_{x1} = \frac{\Delta d}{ds} = \varepsilon_x \frac{dx}{ds}\cos\theta + \varepsilon_y \frac{dy}{ds}\sin\theta + \gamma_{xy}\frac{dy}{ds}\cos\theta \tag{7-73}$$

두 관계 $dx/ds = \cos\theta$와 $dy/ds = \sin\theta$는, **수직변형률**에 대한 다음 식으로 나타난다.

$$\varepsilon_{x1} = \varepsilon_x\cos^2\theta + \varepsilon_y\sin^2\theta + \gamma_{xy}\sin\theta\cos\theta \tag{7-74}$$

따라서, xy축에 관한 ε_x, ε_y, γ_{xy}의 항들로 표현된 x_1방향의 수직변형률에 관한 표현을 얻었다.

앞에서 언급했듯이, y_1 방향의 수직변형률 ε_{y1}은 θ 대신 $\theta + 90°$를 이 식에 대입함으로 얻어진다.

전단변형률 γ_{x1y1}

이제 x_1y_1축에 관련된 전단변형률 γx_1y_1로 되돌아간다. 이 변형률은 처음에 x_1과 y_1축상에 있던 재료상의 선분 사이의 각의 감소와 같다. 이러한 개념을 명백히 하기 위해서, 두 축 사이에 각 θ를 가진 xy축과 x_1y_1축이 나타내어진 그림 7-35를 고려한다. 선분 Oa는 초기에 x_1축상에 놓인 재료 내의 선분을 나타낸다(즉, 그림 7-34에서 요소의 대각선을 따라 위치). 변형률 ε_x, ε_y, γ_{xy}에 의한 변형(그림 7-34)은 x_1축에서 선분 Oa를 그림 7-35에 보여지는 위치까지 반시계방향으로 α만큼 회전하도록 한다. 마찬가지로 선분 Ob는 원래 y_1축상에 있었지만, 변형의 영향으로 시계방향으

그림 7-35
x_1y_1축과 관계된 전단변형률 γ_{x1y1}

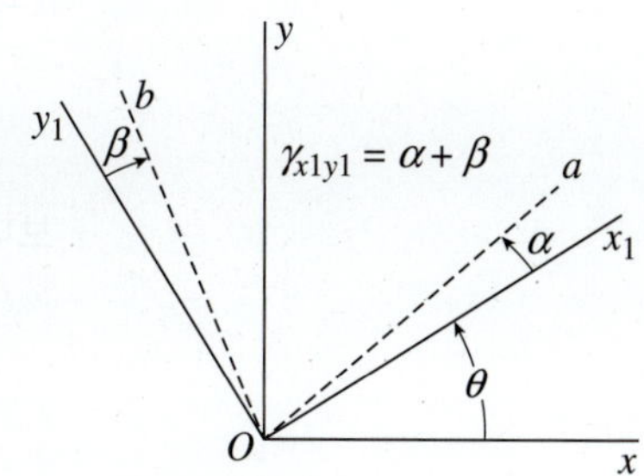

로 β만큼 회전한다. 전단변형률 γ_{x1y1}은 원래 직각이었던 2개의 선분 사이의 각도의 감소이다.

$$\gamma_{x1y1} = \alpha + \beta \tag{7-75}$$

따라서, 전단변형률 γ_{x1y1}을 알기 위해, 각 α와 β를 결정한다.

각 α는 다음과 같이 그림 7-34에 그려진 변형으로부터 구해질 수 있다. 변형률 ε_x(그림 7-34a)는 요소의 대각선의 시계방향 회전을 일으킨다. 이 회전각을 α_1이라 표시하자. 각 α_1은 거리 $\varepsilon_x dx \sin\theta$를 대각선 길이 ds로 나눈 것과 같다.

$$\alpha_1 = \varepsilon_x \frac{dx}{ds} \sin\theta \tag{7-76a}$$

마찬가지로, 변형률 ε_y는 각 α_2만큼 대각선의 반시계방향 회전을 일으킨다(그림 7-34b). 이 각은 거리 $\varepsilon_y dy \sin\theta$를 ds로 나눈 것과 같다.

$$\alpha_2 = \varepsilon_y \frac{dy}{ds} \cos\theta \tag{7-76b}$$

마지막으로, 변형률 γ_{xy}는 각 α_3(그림 7-34c)만큼의 시계방향 회전을 일으키는데 이 각은 거리 $\gamma_{xy}\, dy \cos\theta$를 ds로 나눈 것과 같다.

$$\alpha_3 = \gamma_{xy} \frac{dy}{ds} \sin\theta \tag{7-76c}$$

그러므로 대각선의 반시계방향의 전체 회전량(그림 7-34)은, 그림 7-35에 나타내어진 각 α와 같다.

$$\begin{aligned}\alpha &= -\alpha_1 + \alpha_2 - \alpha_3 \\ &= -\varepsilon_x \frac{dx}{ds} \sin\theta + \varepsilon_y \frac{dy}{ds} \cos\theta - \gamma_{xy} \frac{dy}{ds} \sin\theta\end{aligned} \tag{7-77}$$

다시, $dx/ds = \cos\theta$와 $dy/ds = \sin\theta$를 이용하면

$$\alpha = -(\varepsilon_x - \varepsilon_y) \sin\theta \cos\theta - \gamma_{xy} \sin^2\theta \tag{7-78}$$

초기에 선분 Oa와 90°인 선분 Ob의 회전(그림 7-35)은 α의 표현식에 θ 대신 $\theta + 90°$을 대입함으로써 얻을 수 있다. 결과 식은 양이면 반시계방향이다(왜냐하면 α가 양일 때 반시계방향이므로). 따라서 각 β의 음과 같다(왜냐하면 β는 시계방향일 때 양이므로).

$$\begin{aligned}\beta &= (\varepsilon_x - \varepsilon_y) \sin(\theta + 90°) \cos(\theta + 90°) + \gamma_{xy} \sin^2(\theta + 90°) \\ &= -(\varepsilon_x - \varepsilon_y) \sin\theta \cos\theta + \gamma_{xy} \cos^2\theta\end{aligned} \tag{7-79}$$

α와 β를 합하면 전단변형률 γ_{x1y1}[식 (7-66) 참조]이 주어진다.

$$\gamma_{x1y1} = -2(\varepsilon_x - \varepsilon_y) \sin\theta \cos\theta + \gamma_{xy}(\cos^2\theta - \sin^2\theta) \tag{7-80}$$

보다 유용한 형태로 식을 만들기 위해, 각 항을 2로 나누면 다음과 같다.

$$\frac{\gamma_{x1y1}}{2} = -(\varepsilon_x - \varepsilon_y) \sin\theta \cos\theta + \frac{\gamma_{xy}}{2}(\cos^2\theta - \sin^2\theta) \tag{7-81}$$

이 결과는 x-y축에 관한 변형량인 ε_x, ε_y, γ_{xy}의 항으로 x_1-y_1축에 관한 **전단변형률** γ_{x1y1}를 나타낸 식이다.

평면변형률에 대한 변환공식. 평면변형률에 관한 식[식 (7-74)와 (7-81)]은 다음의 삼각함수 관계식을 이용하여 각 2θ의 항으로 표현된다.

$$\cos^2\theta = \frac{1}{2}(1 + \cos 2\theta) \quad \sin^2\theta = \frac{1}{2}(1 - \cos 2\theta)$$

$$\sin\theta\cos\theta = \frac{1}{2}\sin 2\theta$$

따라서 평면변형률에 대한 변환공식은 다음과 같다.

$$\varepsilon_{x1} = \frac{\varepsilon_x + \varepsilon_y}{2} + \frac{\varepsilon_x - \varepsilon_y}{2}\cos 2\theta + \frac{\gamma_{xy}}{2}\sin 2\theta \tag{7-82a}$$

$$\frac{\gamma_{x1y1}}{2} = -\frac{\varepsilon_x - \varepsilon_y}{2}\sin 2\theta + \frac{\gamma_{xy}}{2}\cos 2\theta \tag{7-82b}$$

이 식들은 평면응력에 관한 식 (7-4a와 b)의 대응식이다.

두 쌍의 식을 비교할 때 ε_{x1}은 σ_{x1}과 $\gamma_{x1y1}/2$은 τ_{x1y1}과, ε_x은 σ_x와 ε_y는 σ_y와, $\gamma_{xy}/2$는 τ_{xy}와 대응함을 유의하라. 변환공식의 두 쌍의 식에 대한 대응변수들을 표 7-1에 나타내었다.

표 7-1

평면응력[식 (7-4a와 b)]과 평면변형률[식 (7-83a와 b)]에 대한 변환공식에서 대응하는 변수들

응력	변형률
σ_x	ϵ_x
σ_y	ϵ_y
τ_{xy}	$\gamma_{xy}/2$
σ_{x1}	σ_{x1}
τ_{x1y1}	$\gamma_{x1y1}/2$

평면응력과 평면변형률에 대한 변환공식 사이의 유사성은, 7.2, 7.3과 7.4절에서 다루었던 모든 고찰이 평면응력, 주응력, 최대 전단응력, 모아 원 등이 평면변형률에서도 대응관계를 이룬다는 것을 보여준다. 예로, 서로 수직방향의 수직변형률의 합은 일정하다[식 (7-6)과 비교하라].

$$\varepsilon_{x1} + \varepsilon_{y1} = \varepsilon_x + \varepsilon_y \tag{7-83}$$

이런 등가성은, ε_{x1}[식 (7-82a)]와 ε_{y1}[식 (7-82a)에서 θ 대신 $\theta + 90°$을 대입]을 대입함으로써 쉽게 증명될 수 있다.

주변형률

주변형률은 다음 식으로 계산된 주각 θ_p의 수직평면 위에 존재한다[식 (7-11)과 비교하라]:

$$\tan 2\theta_p = \frac{\gamma_{xy}}{\varepsilon_x - \varepsilon_y} \tag{7-84}$$

주변형률은 다음 식으로부터 계산될 수 있다.

$$\varepsilon_{1,2} = \frac{\varepsilon_x + \varepsilon_y}{2} \pm \sqrt{\left(\frac{\varepsilon_x - \varepsilon_y}{2}\right)^2 + \left(\frac{\gamma_{xy}}{2}\right)^2} \tag{7-85}$$

이것은 주응력에 대한 식 (7-17)과 대응한다. 2개의 주변형률(xy평면)은 주응력에 대한 7.3절에서 서술된 기법을 이용함으로써 두 주응력 방향과 관련될 수 있다. (이 기법은 예제 7-8에서 나중에 설명된다.) 마지막으로 평면변형률에서 세 번째 주변형률은 $\varepsilon_z = 0$임을 유의하라. 또한 전단변형률은 주평면에서 0이다.

최대 전단변형률

xy평면에서 최대 전단변형률은 주변형률 방향에서 45° 회전된 축에서 발생한다. 대수적 최대 전단변형률(xy평면상에서)은 다음 식으로 주어진다[식 (7-25)와 비교하라].

$$\frac{\gamma_{\max}}{2} = \sqrt{\left(\frac{\varepsilon_x - \varepsilon_y}{2}\right)^2 + \left(\frac{\gamma_{xy}}{2}\right)^2} \qquad \textbf{(7-86)}$$

대수적 최소 전단변형률은 크기는 같지만 부호가 음이다. 최대 전단변형률의 방향에서 수직변형률은 다음과 같다.

$$\varepsilon_{\text{aver}} = \frac{\varepsilon_x + \varepsilon_y}{2} \qquad \textbf{(7-87)}$$

이것은 응력에 대한 식 (7-27)과 유사하다. 최대 면외 전단변형률(maximum out-of-plane shear strain), 즉 xz면과 yz면에 대한 전단변형률은 식 (7-86)과 유사한 식으로부터 얻어질 수 있다.

주응력 방향을 향하고 있는 평면응력요소의 면(그림 7-13b 참조)에는 전단응력이 작용되지 않는다. 그러므로, 이 요소에 대한 변형률 γ_{x1y1}은 0이다. 즉, 이 요소의 수직변형률이 주변형률이기 때문이다. 따라서 응력을 받고 있는 물체 내의 한 점에서 **주응력과 주변형률은 같은 방향에서 발생한다.**

평면변형률에 대한 모아 원

평면변형률에 대한 모아 원은 그림 7-36에 묘사된 것처럼 평면응력에 대한 모아 원의 작도와 같은 방법으로 작도된다. 수직변형률 ε_{x1}은 가로좌표(오른쪽이 양)로 그려지고, 전단변형률의 반($\gamma_{x1y1}/2$)은 수직축(아래쪽이 양)에 그려진다. 원의 중심 C는 $\varepsilon_{\text{aver}}$[식 (7-87)]과 같은 가로좌표값이다.

x방향($\theta = 0$)과 관련된 변형률을 나타내는 점 A는 ε_x와 $\gamma_{xy}/2$의 좌표를 가진다. 점 A의 직경방향으로 반대인 점 B는 ε_y와 $-\gamma_{xy}$의 좌표를 가지며, $\theta = 90°$만큼 회전된 한 쌍의 축에 관한 변형률을 나타낸다.

각 θ만큼 회전된 축과 관련된 변형량은 점 D에 주어지는데 이는 반지름 CA로부터 반시계방향으로 각 2θ만큼 회전한 지점이다. 주변형량은 점 P_1과 P_2로 나타내어지고, 최대 전단 변형률은 점 S_1과 S_2로 나타내어진다. 이 모든 변형률들은 원의 기하학 또는 변환공식으로부터 결정될 수 있다.

변형률의 측정

전기저항 **스트레인 게이지(strain gage)**는 응력을 받는 물체의 표면 위의 수직변형률을 측정하는 도구이다. 이 게이지는 매우 작아서 대부분 그 길이가 3 ~ 12 mm의 범위에 있다. 게이지는 물체의 표면에 잘 부착되어져서 물체 자체의 변형률에 비례하여 그 길이가 변화한다.

각각의 게이지들은 가는 금속격자로 구성되어 있어서 게이지가 부착된 지점에서 물체가 변형되면 늘어나거나 줄어든다. 그 격자는 연속된 와이어로, 한 쪽 끝에서 다른 쪽 끝으로 앞뒤로 왕복하며 배치되어 있어서 효과적으로 그 길이가 변화된다(그림 7-37). 와이어가 늘어나거나 줄어들 때 와이어의 전기저항은 변화한다. 그리고, 저항 변화는 변형

그림 7-36
평면변형률의 모아 원

률의 측정량으로 변환된다. 게이지는 극히 민감해서 1×10^{-6} 정도의 아주 작은 변형량도 측정된다.

각 게이지는 오직 한 반향의 수직변형량만을 측정하기 때문에 주응력 방향을 보통 알 수 없다. 따라서, 서로 다른 방향의 변형량을 측정하는 3개의 게이지를 조합해서 사용하는 것이 필요하다. 3개의 측정량으로부터, 예제 7-9에서 보여진 것과 같이 임의 방향으로의 변형량이 계산될 수 있다.

특별한 형태로 배열된 3개의 게이지 조합을 **스트레인 로제트(strain rosette)**라 부른다. 로제트가 평면응력 상태인 물체의 표면에 부착되기 때문에, 여러 방향에 작용하는 변형률을 계산하기 위해서 평면변형률에 관한 변환공식을 사용할 수 있다(이 절의 앞에서 설명한 바와 같이 평면변형률에 대한 변환공식은 평면응력 하의 변형률에 대해서도 사용 가능하다.)

변형률로부터 응력의 계산

이 절에서 제시된 변형률의 식은, 이미 지적한 바와 같이 오로지 기하학적 관계로부터 유도되었다. 그러므로 이 식들은 재료가 선형이든 비선형이든, 탄성이든 비탄성이든 상관

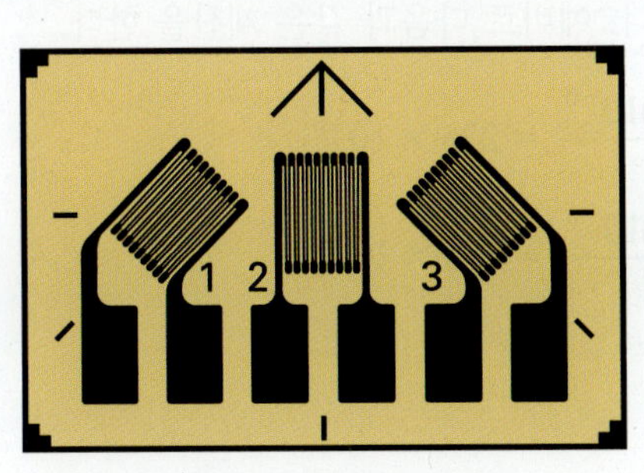

(a) 45° 3-게이지 스트레인 로제트

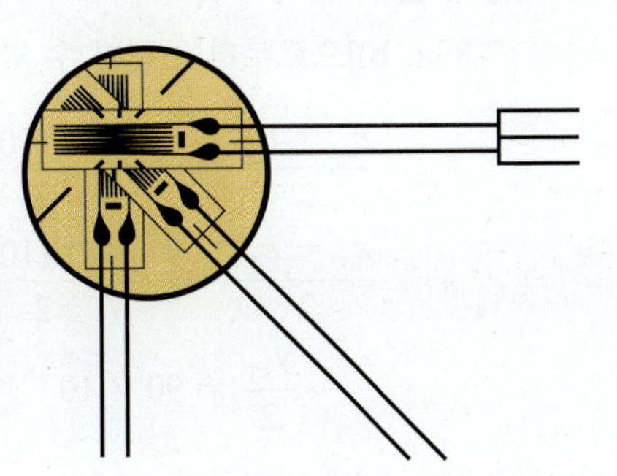
(b) 배선된 45° 3-게이지 스트레인 로젯트

그림 7-37
3개의 전기저항 스트레인 게이지로 구성된 45° 스트레인 로제트(확대된 사진)

없이 어떤 재료에 대해서도 적용 가능하다. 그러나 변형률로부터 응력을 결정하기 원한다면, 반드시 재료의 물성치가 계산에 포함되어져야 한다.

만약 재료가 후크의 법칙을 따른다면, 7.5절(평면응력) 또는 7.6절(3축응력)로부터 적당한 응력-변형률 식을 이용함으로써 응력을 알 수 있다.

첫 번째 예로서, 재료가 평면응력 상태에 있고, 스트레인 게이지로 측정되었을 값인 변형률 ε_x, ε_y, γ_{xy}를 알고 있다고 가정하자. 그러면 재료의 응력을 알기 위해서 평면응력에 대한 응력-변형률의 식을 이용할 수 있다[식 (7-37)과 (7-38)].

이제 두 번째 예를 고려한다. 어떤 재료의 요소에서 세 개의 주변형률 ε_1, ε_2, ε_3를 결정한다고 가정한다(만약 요소가 평면변형률 상태에 있다면, $\varepsilon_3 = 0$이다). 변형률을 알고 있기 때문에, 3축응력에 관한 후크의 법칙을 사용하여 주응력을 찾을 수 있다[식 (7-59a, b, c)]. 주응력이 얻어지면, 평면응력에 관한 변환공식을 사용함으로써 경사진 면의 응력들을 찾을 수 있다(7.6절의 처음 부분에서의 논의 참조).

예제 7-8

평면변형률 상태에 있는 재료의 한 요소가 다음과 같은 변형률을 받고 있다.

$$\varepsilon_x = 340 \times 10^{-6} \quad \varepsilon_y = 110 \times 10^{-6} \quad \gamma_{xy} = 180 \times 10^{-6}$$

이러한 변형률을 매우 과장되게 그림 7-38a에 나타내졌으며, 단위 치수를 갖는 요소의 변형을 나타내고 있다. 이 요소의 변들이 단위길이를 가지기 때문에 길이의 변화는 수직변형률 ε_x, ε_y와 똑같은 크기를 가진다. 전단변형률 γ_{xy}는 이 요소의 왼쪽 아래 모서리 각의 감소를 나타낸다.

다음을 값을 계산하라: (a) 각 $\theta = 30°$를 향하고 있는 요소의 변형률, (b) 주변형률, (c) 최대 전단변형률(면내 변형률만 고려하고, 모든 결과들을 그 방향의 요소 위에 스케치하라).

풀이

문제풀이 4단계 접근방법을 사용한다. 효율적인 풀이를 위하여 필요에 따라 단계를 합한다.

Part (a): $\theta = 30°$를 향하고 있는 요소

1, 2, 3. 개념화, 분류, 해석: x축에서 각 θ를 향하고 있는 요소에 대한 변형률은 변환공식[식 (7-83a, b)]으로부터 구해질 수 있다. 예비로 다음과 같은 계산을 한다.

$$\frac{\varepsilon_x + \varepsilon_y}{2} = \frac{(340 + 110)10^{-6}}{2} = 225 \times 10^{-6}$$

$$\frac{\varepsilon_x - \varepsilon_y}{2} = \frac{(340 - 110)10^{-6}}{2} = 115 \times 10^{-6}$$

$$\frac{\gamma_{xy}}{2} = 90 \times 10^{-6}$$

이제 식 (7-82a, b)에 대입하면

그림 7-38

예제 7-8: 평면변형률 상태인 재료의 요소: (a) x와 y축을 향하고 있는 요소, (b) $\theta = 30°$를 향하고 있는 요소, (c) 주변형률, (d) 최대 전단변형률(참고: 요소의 각 변은 단위길이를 가진다.)

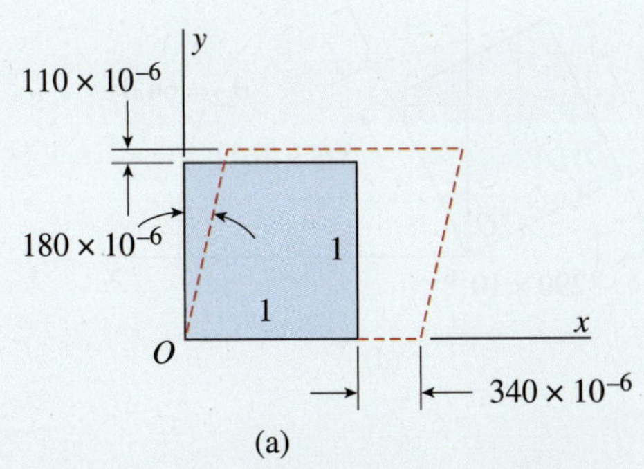

(a)

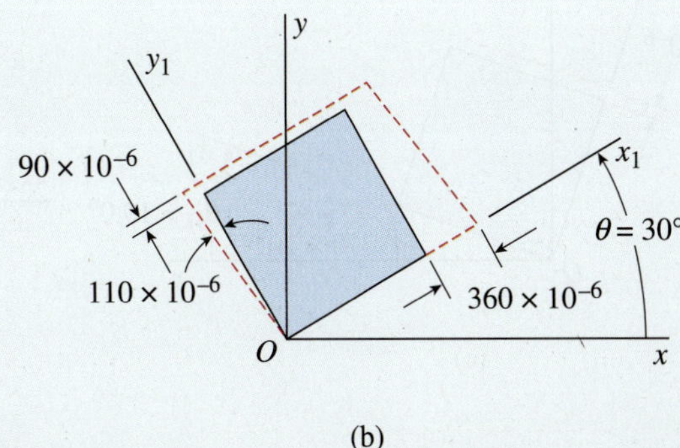

(b)

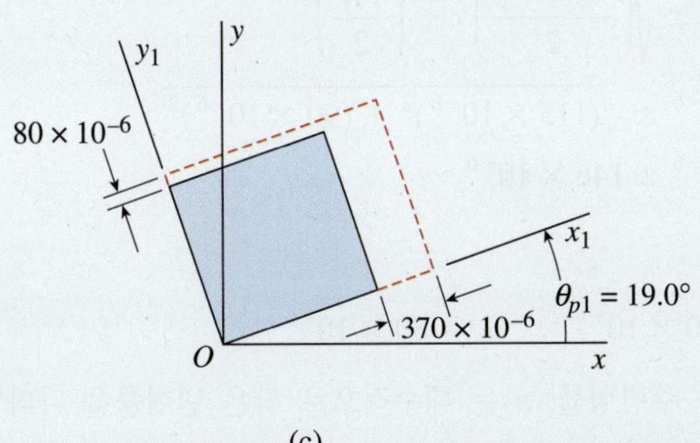

(c)

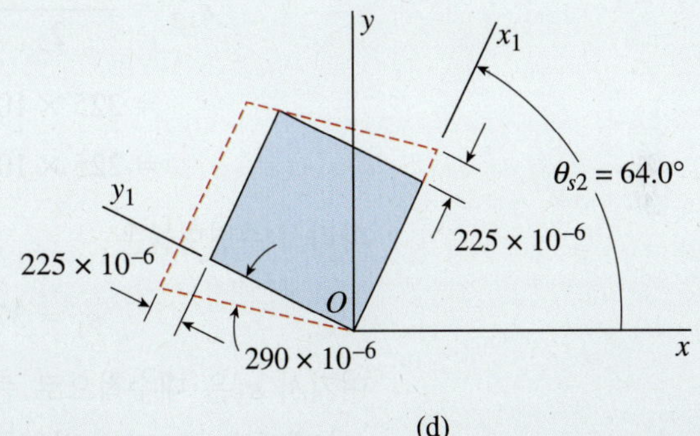

(d)

$$\begin{aligned}\varepsilon_{x1} &= \frac{\varepsilon_x + \varepsilon_y}{2} + \frac{\varepsilon_x - \varepsilon_y}{2}\cos 2\theta + \frac{\gamma_{xy}}{2}\sin 2\theta \\ &= (225 \times 10^{-6}) + (115 \times 10^{-6})(\cos 60°) + (90 \times 10^{-6})(\sin 60°) \\ &= 360 \times 10^{-6}\end{aligned}$$

$$\begin{aligned}\frac{\gamma_{x1y1}}{2} &= -\frac{\varepsilon_x - \varepsilon_y}{2}\sin 2\theta + \frac{\gamma_{xy}}{2}\cos 2\theta \\ &= -(115 \times 10^{-6})(\sin 60°) + (90 \times 10^{-6})(\cos 60°) \\ &= -55 \times 10^{-6}\end{aligned}$$

따라서 전단변형률은

$$\gamma_{x1y1} = -110 \times 10^{-6}$$

변형률 ε_{y1}은 다음과 같이 식 (7-83)으로부터 얻을 수 있다.

$$\varepsilon_{y1} = \varepsilon_x + \varepsilon_y - \varepsilon_{x1} = (340 + 110 - 360)10^{-6} = 90 \times 10^{-6}$$

4. 최종 단계: $\theta = 30°$를 향하고 있는 한 요소에 대한 변형률 ε_{x1}, ε_{y1}, γ_{x1y1}은 그림 7-38b에 나타내었다. 요소의 왼쪽 아래 모서리각 γ_{x1y1}이 음의 값이기 때문에 커졌음에 유의하라.

Part (b): 주변형률

1, 2, 3. 개념화, 분류, 해석: 주변형률은 식 (7-85)로부터 다음과 같이 결정된다.

그림 7-38c와 d(반복)

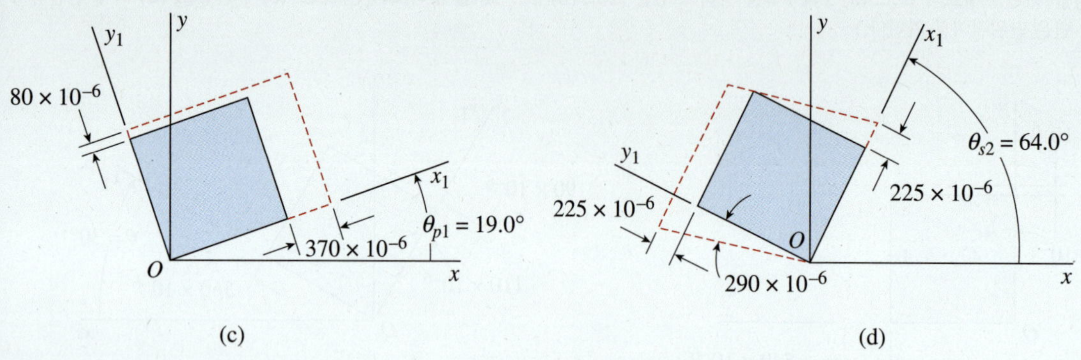

$$\varepsilon_{1,2} = \frac{\varepsilon_x + \varepsilon_y}{2} \pm \sqrt{\left(\frac{\varepsilon_x - \varepsilon_y}{2}\right)^2 + \left(\frac{\gamma_{xy}}{2}\right)^2}$$

$$= 225 \times 10^{-6} \pm \sqrt{(115 \times 10^{-6})^2 + (90 \times 10^{-6})^2}$$

$$= 225 \times 10^{-6} \pm 146 \times 10^{-6}$$

따라서 주변형률은

$$\varepsilon_1 = 370 \times 10^{-6} \qquad \varepsilon_2 = 80 \times 10^{-6}$$

여기서 ε_1은 대수적으로 큰 주변형률, ε_2는 대수적으로 작은 변형률을 나타낸다. (이 예제에서는 면내 변형률만을 고려하고 있음을 상기하라.)

주방향에 대한 각은 식 (7-84)로부터 구해질 수 있다.

$$\tan 2\theta_p = \frac{\gamma_{xy}}{\varepsilon_x - \varepsilon_y} = \frac{180}{340 - 110} = 0.7826$$

0과 360° 사이에서 $2\theta_p$의 값은 38.0°와 218.0°이다. 그러므로 주방향의 각은

$$\theta_p = 19.0° \text{ 그리고 } 109.0°$$

각각의 주변형률과 관계있는 θ_p의 값을 결정하기 위하여 $\theta_p = 19.0°$를 첫 변환 공식[식 (7-82a)]에 대입하고 변형률에 대하여 풀면 다음과 같다.

$$\varepsilon_{x1} = \frac{\varepsilon_x + \varepsilon_y}{2} + \frac{\varepsilon_x + \varepsilon_y}{2}\cos 2\theta + \frac{\gamma_{xy}}{2}\sin 2\theta$$

$$= (225 \times 10^{-6}) + (115 \times 10^{-6})(\cos 38.0°) + (90 \times 10^{-6})(\sin 38.0°)$$

$$= 370 \times 10^{-6}$$

4. **최종 단계:** 결과는 큰 주변형률 ε_1이 각 $\theta_{p1} = 19.0°$에 있음을 나타낸다. 작은 변형률 ε_2는 그 방향으로부터 90°에 작용한다($\theta_{p2} = 109.0°$) 따라서,

$$\varepsilon_1 = 370 \times 10^{-6} \text{ 그리고 } \theta_{p1} = 19.0°$$

$$\varepsilon_2 = 80 \times 10^{-6} \text{ 그리고 } \theta_{p2} = 109.0°$$

$\varepsilon_1 + \varepsilon_2 = \varepsilon_x + \varepsilon_y$임을 유의하라.

주변형률은 그림 7-38c에 묘사되었다. 물론, 주평면에는 전단변형률이 없다.

그림 7-39

예제 7-8: 평면변형률 요소의 모아 원

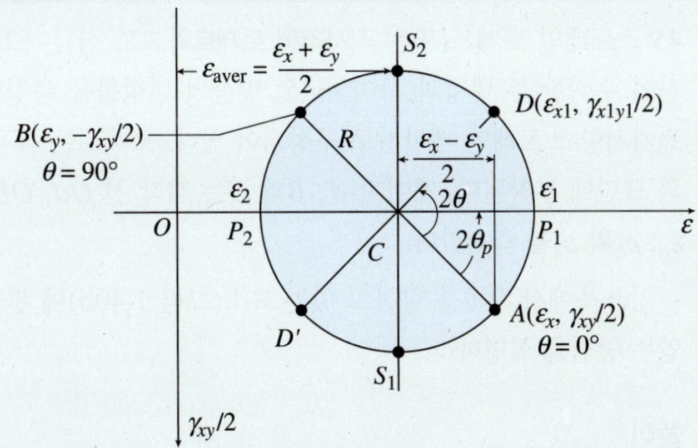

Part (c): 최대 전단변형률

1, 2, 3. 개념화, 분류, 해석: 최대 전단변형률은 식 (7-86)으로부터 계산된다.

$$\frac{\gamma_{max}}{2} = \sqrt{\left(\frac{\varepsilon_x - \varepsilon_y}{2}\right)^2 + \left(\frac{\gamma_{xy}}{2}\right)^2} = 146 \times 10^{-6} \qquad \gamma_{max} = 290 \times 10^{-6}$$

최대 전단변형률을 갖는 요소는 주방향의 45°를 향하고 있다. 따라서 $\theta_s = 19.0° + 45° = 64.0°$이고, $2\theta_s = 128.0°$이다. 이 $2\theta_s$값을 두 번째 변환공식[식 (7-82b)]에 대입함으로써, 이 방향에 대한 전단변형률의 부호를 결정할 수 있다. 그 계산은 다음과 같다.

$$\begin{aligned}\frac{\gamma_{x1y1}}{2} &= \frac{\varepsilon_x - \varepsilon_y}{2}\sin 2\theta + \frac{\gamma_{xy}}{2}\cos 2\theta \\ &= -(115 \times 10^{-6})(\sin 128.0°) + (90 \times 10^{-6})(\cos 128.0°) \\ &= -146 \times 10^{-6}\end{aligned}$$

4. 최종 단계: 이 결과는 각 $\theta_{s2} = 64.0°$를 향하는 요소가 음의 최대 전단변형률을 갖고 있음을 나타낸다.

양의 최대 전단변형률의 방향에 대한 각 θ_{s1}은 항상 θ_{p1}보다 45° 작다는 사실을 관찰함으로써 같은 결과에 도달할 수 있다. 그러므로

$$\theta_{s1} = \theta_{p1} - 45° = 19.0° - 45° = -26.0°$$
$$\theta_{s2} = \theta_{s1} + 90° = 64.0°$$

θ_{s1}과 θ_{s2}에 대응하는 전단변형률은 각각 $\gamma_{max} = 290 \times 10^{-6}$ 및 $\gamma_{min} = -290 \times 10^{-6}$이다.

최대 및 최소 전단변형률을 가진 요소 위의 수직변형률은

$$\varepsilon_{aver} = \frac{\varepsilon_x + \varepsilon_y}{2} = 225 \times 10^{-6}$$

이다. 면내 최대 전단변형률을 갖는 요소의 스케치는 그림 7-38d에 나타내어진다.

이 예제에서는 변환공식을 사용하여 변형률이 계산되었다. 그러나 이러한 모든 결과는 그림 7-39로 보여주는 바와 같이 모아 원으로부터도 쉽게 얻어질 수 있다.

예제 7-9

그림 7-40

예제 7-9: (a) 45° 스트레인 로제트, (b) xy축에서 각 θ를 향하고 있는 요소

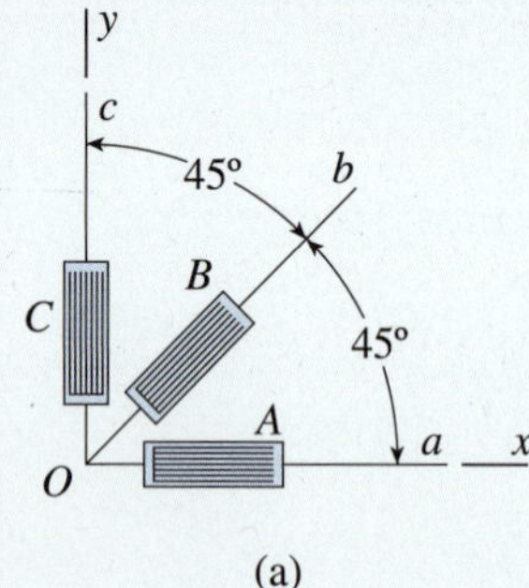

(a)

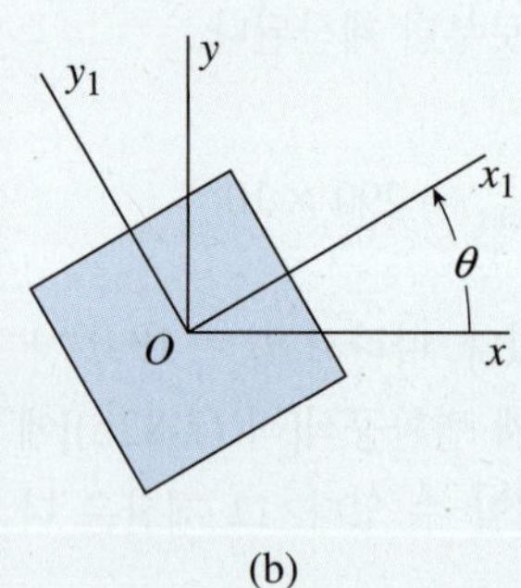

(b)

45°스트레인 로제트(또는 직사각형 로제트라고도 함)는 그림 7-40a에서 보여주는 바와 같이 수직한 두 방향과 사이의 45° 방향의 변형률을 측정할 수 있도록 배열된 세 개의 전기저항 스트레인 게이지로 구성되어 있다. 로제트는 물체가 하중을 받기 전에 구조물의 표면에 부착된다. 게이지 A, B와 C는 각각 선 Oa, Ob와 Oc의 방향의 수직변형률 ε_a, ε_b와 ε_c를 측정한다.

xy축에서 각 θ를 향하고 있는 요소(그림 7-40b)에 관한 변형률 ε_{x1}, ε_{y1}와 γ_{x1y1}를 얻는 방법을 설명하라.

풀이

4단계 문제풀이 접근방법을 사용한다. 효율적인 풀이를 위하여 필요에 따라 단계를 합한다.

1, 2. 개념화, 분류: 응력을 받는 물체의 표면에 있는 재료는 평면응력 상태에 있다. 변형률–변환공식[식 (7-82a,b)]이 평면변형률에 적용된 것과 같이 평면응력에도 적용되기 때문에 임의의 요구된 방향에서의 변형률을 결정하기 위하여 이 식을 이용할 수 있다.

3. 해석:

***x*, *y*축과 관련된 변형률**: xy축에 관련된 변형률을 구하는 것으로 시작하자. 게이지 A와 C는 x와 y축에 일치되어 있으므로 이들은 직접 변형률 ε_x와 ε_y를 나타내 준다.

$$\varepsilon_x = \varepsilon_a \qquad \varepsilon_y = \varepsilon_c \tag{7-88a,b}$$

전단변형률 γ_{xy}를 얻기 위하여, 수직변형률 ε_{x1}에 대한 변환공식[식 (7-82a)]을 사용한다.

$$\varepsilon_{x1} = \frac{\varepsilon_x + \varepsilon_y}{2} + \frac{\varepsilon_x - \varepsilon_y}{2}\cos 2\theta + \frac{\gamma_{xy}}{2}\sin 2\theta$$

각 θ =45°에 대해, $\varepsilon_{x1} = \varepsilon_b$이므로(그림 7-40a) 앞의 식은 다음과 같다.

$$\varepsilon_b = \frac{\varepsilon_a + \varepsilon_c}{2} + \frac{\varepsilon_a - \varepsilon_c}{2}(\cos 90°) + \frac{\gamma_{xy}}{2}(\sin 90°)$$

γ_{xy}에 대하여 풀면

$$\gamma_{xy} = 2\varepsilon_b - \varepsilon_a - \varepsilon_c \tag{7-90}$$

그러므로 변형률 ε_x, ε_y와 γ_{xy}는 주어진 스트레인 게이지로부터 쉽게 결정된다.

4. 최종 단계:

x_1y_1축과 연관된 변형률: 변형률 ε_x, ε_y, γ_{xy}를 알고 있을 때, 변형률 변환공식[식 (7-82a, b)] 또는 모아 원으로부터 임의의 각 θ(그림 7-40b)를 향하는 요소에 대한 변형률을 계산할 수 있다. 또한, 식 (7-85)와 (7-86)으로부터 각각 주변형률과 최대 전단변형률을 계산할 수 있다.

이 장의 요약 및 복습

7장에서, 우리는 응력을 받고 있는 물체의 한 점에 작용하는 **응력 상태**에 대하여 논의하고, 그것들을 응력요소 위에 나타내었다. 2차원에서, **평면응력**이 정의되었고, 변환공식으로 나타내졌으며, 이 값은 차이가 있지만 등가이며, 그 점의 수직 및 전단응력 상태를 나타낸다. **주 수직응력**과 **최대 전단응력**, 그리고 그 방향들이 설계에서 중요한 정보임을 알았다. 변환공식의 도형적 표현방법인 **모아 원**이 한 점의 주응력과 최대 전단응력이 일어나는 방향을 포함하여 여러 가지 응력 상태를 알 수 있는 편리한 방법임을 알았다. 그리고, 변형률이 소개되었고, **평면응력에 대한 후크의 법칙**(균질하고 등방성인 재료에 대한)이 유도 되었고, **2축응력**, 단축응력, 순수전단 상태의 응력-변형률 관계에 대해 특성화되었다. 3차원 응력 상태가 3축응력에 대한 후크의 법칙과 함께 소개되었다. **3축응력**의 특별한 예로서 **구응력**과 **정수압 응력**이 정의되었다. 끝으로, 실험적 응력해석을 위하여 **평면변형률**이 정의되었으며, **평면응력**과 비교되었다. 본 장에서의 제시된 주요 개념은 다음과 같다.

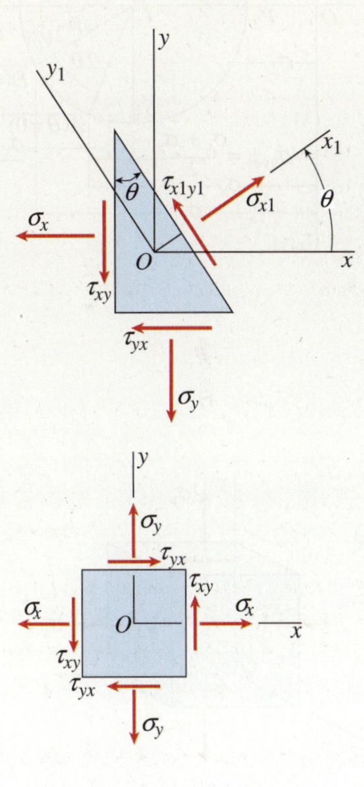

1. 보와 같은 물체에 관통하는 **경사단면에서의 응력**이 수직단면에 평행한 응력요소에 작용하는 응력보다 클 수 있다.

2. 응력은 벡터가 아닌 텐서이기 때문에 한 축에서 다른 축으로 응력성분을 변환할 때 쐐기형 요소의 평형이 이용된다. 변환공식은 어떤 재료에서나, 선형적 및 비선형적, 또는 탄성적 및 비탄성적인 경우에도 모두 적용된다. **평면응력에 대한 변환공식**은 다음과 같다.

$$\sigma_{x1} = \frac{\sigma_x + \sigma_y}{2} + \frac{\sigma_x - \sigma_y}{2}\cos 2\theta + \tau_{xy}\sin 2\theta$$

$$\tau_{x1y1} = -\frac{\sigma_x - \sigma_y}{2}\sin 2\theta + \tau_{xy}\cos 2\theta$$

$$\sigma_{y1} = \frac{\sigma_x + \sigma_y}{2} - \frac{\sigma_x - \sigma_y}{2}\cos 2\theta - \tau_{xy}\sin 2\theta$$

3. 물체의 동일한 한 점에서의 **평면응력 상태**를 나타내기 위해서, 다른 방향을 향하는 두 개의 요소를 사용하면, 두 요소의 면에 작용하는 응력의 크기는 다르지만, 그것들은 여전히 그 점에서의 고유한 응력 상태를 나타낸다.

4. 평면응력 상태인 응력요소의 네 측면에 작용하는 전단응력들은 그 면들 중 어느 하나에 작용하는 전단응력만을 알면 모두 알려진다.

5. 평면응력요소의 수직면(응력을 받는 요소의 한 점에서)에 작용하는 수직응력의 합은 일정하며, 각 θ에 독립이다.

$$\sigma_{x1} + \sigma_{y1} = \sigma_x + \sigma_y$$

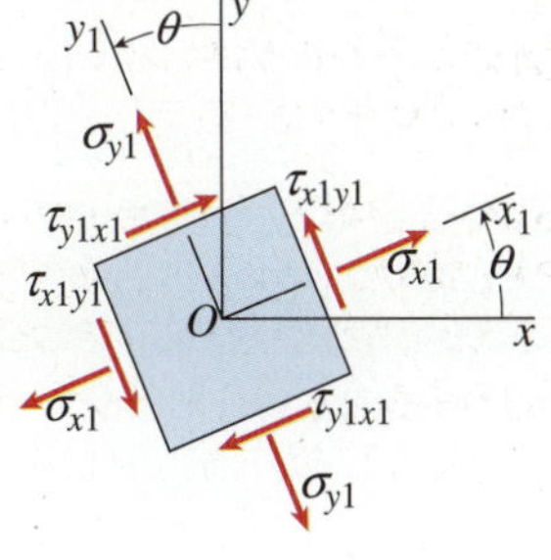

6. 최대 및 최소 수직응력(즉, **주응력** σ_1, σ_2)은 수직응력의 변환공식으로부터 얻어진다.

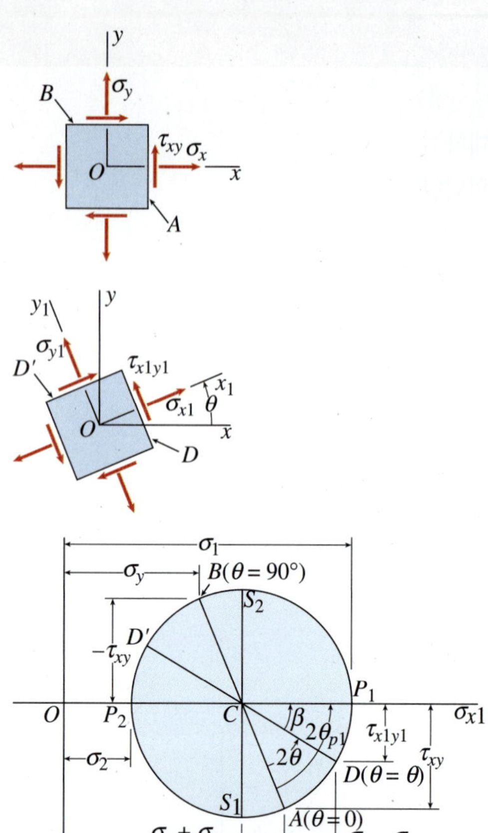

$$\sigma_{1,2} = \frac{\sigma_x + \sigma_y}{2} \pm \sqrt{\left(\frac{\sigma_x - \sigma_y}{2}\right)^2 + \tau_{xy}^2}$$

또한, 주응력이 작용되는 주평면은 θ_p를 향한다. 주평면에서 전단응력은 0이며, 최대 전단응력은 주평면에 대해 45° 방향에서 일어난다. 최대 전단응력의 크기는 두 주응력의 차이의 반이다. 최대 전단응력은 원래 요소의 수직응력과 전단응력으로부터 또는 주응력으로부터 계산된다. 즉,

$$\tau_{max} = \sqrt{\left(\frac{\sigma_x - \sigma_y}{2}\right)^2 + \tau_{xy}^2}$$

$$\tau_{max} = \frac{\sigma_1 - \sigma_2}{2}$$

7. 평면응력의 변환공식은 **모아 원**으로서 도식적으로 표현되며, 응력을 받는 물체에서 한 점의 여러 가지 경사면 위에 작용하는 수직 및 전단응력 간의 관계를 나타낸다. 또한, 모아원은 주응력과 최대 전단응력 및 그 응력들이 작용하는 방향을 아는 데 사용된다.

8. **평면응력에 대한 후크의 법칙**은 이 법칙이 적용되는 균질하고 등방성인 재료에 대해서 수직의 응력과 변형률의 관계를 제공하며 후크의 법칙을 따른다. 이 관계에는 3개의 재료상수(E, G, ν)를 포함한다. 평면응력에서 수직응력을 알면 x, y, z방향의 수직변형률은 다음과 같다.

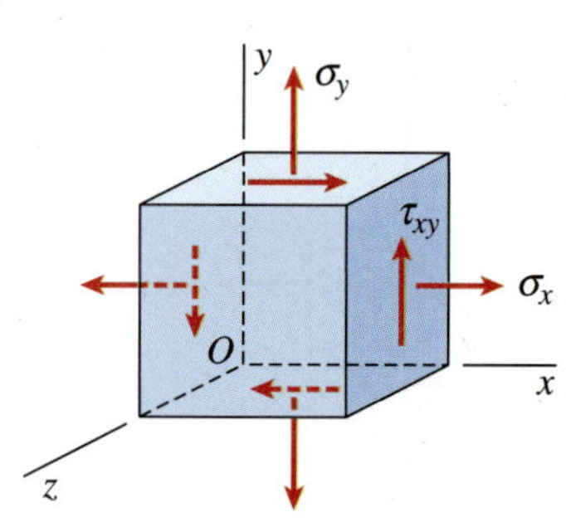

$$\varepsilon_x = \frac{1}{E}(\sigma_x - \nu\sigma_y)$$

$$\varepsilon_y = \frac{1}{E}(\sigma_y - \nu\sigma_x)$$

$$\varepsilon_z = -\frac{\nu}{E}(\sigma_x + \sigma_y)$$

이 식들의 해는 변형률의 항으로 x 및 y방향의 수직응력을 나타낸다.

$$\sigma_x = \frac{E}{1 - \nu^2}(\varepsilon_x + \nu\varepsilon_y)$$

$$\sigma_y = \frac{E}{1 - \nu^2}(\varepsilon_y + \nu\varepsilon_x)$$

9. 고체의 **단위체적 변화** e 또는 **팽창률**은 체적의 변화량을 원래의 체적으로 나눔으로써 정의되고, 직교방향인 3개의 수직변형률의 합과 같다.

$$e = \frac{\Delta V}{V_0} = \varepsilon_x + \varepsilon_y + \varepsilon_z$$

10. 평면응력에서의 재료의 **변형 에너지 밀도** 또는, 단위체적당 변형 에너지는 후크의 법칙이 적용될 때, 응력과 변형률의 곱의 1/2이다.

$$u = \frac{1}{2}(\sigma_x \varepsilon_x + \sigma_y \varepsilon_y + \sigma_z \varepsilon_z)$$

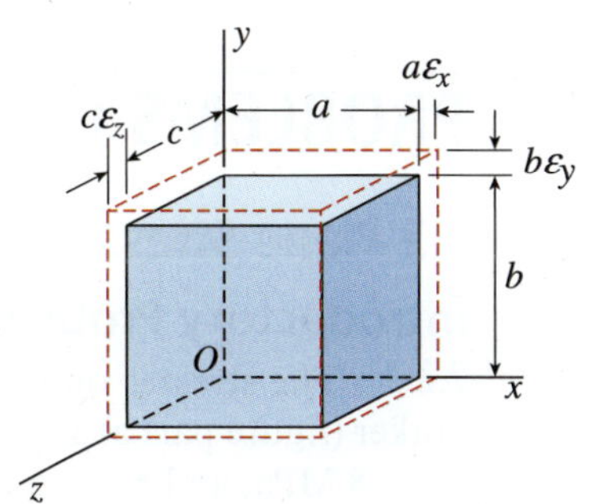

11. **3축응력** 상태는 상호 수직인 3방향의 수직응력을 받으며, 요소의 면에는 전단응력이 작용하지 않는다; 이 수직응력들이 그 재료의 주응력들이다. **구응력**으로 불리는 특수한 경우의 3축응력은 3개의 수직응력들의 크기가 같고 인장인 경에 일어난다. 3개의 수직응력들이 크기가 같고 압축이면, 이 3축응력 상태는 **정수압 응력**이라 한다.

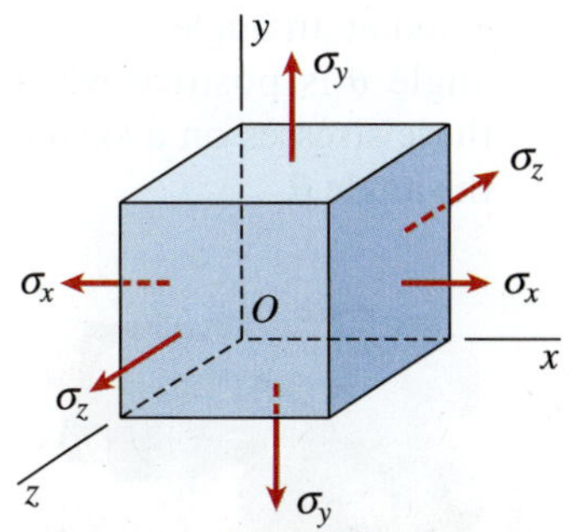

12. 스트레인 게이지를 사용한 실험적 응력측정값을 변환하기 위하여 **평면변형률 변환공식**이 유도되었다. 임의의 방향에 대한 평면변형률이 **평면변형률에 대한 모아 원**을 사용하여 도형적으로 표현될 수 있다. 평면응력과 평면변형률은 그림 7-32에 비교되었고, 정상적인 상태에서 동시에 발생하지 않는다. 평면변형률 변환공식은 기하학적으로만 유도되었기 때문에 재료의 특성과는 독립적이다. 응력을 받는 물체의 주어진 한 점에서, **주변형률과 주응력**은 동일한 방향에서 일어난다. 끝으로, 평면응력 변환공식은 평면변형률 상태의 응력 계산에 사용되며, 역시 평면변형률 변환공식이 평면응력 상태의 변형률 계산에도 사용된다. 평면변형률 변환공식은 다음과 같다.

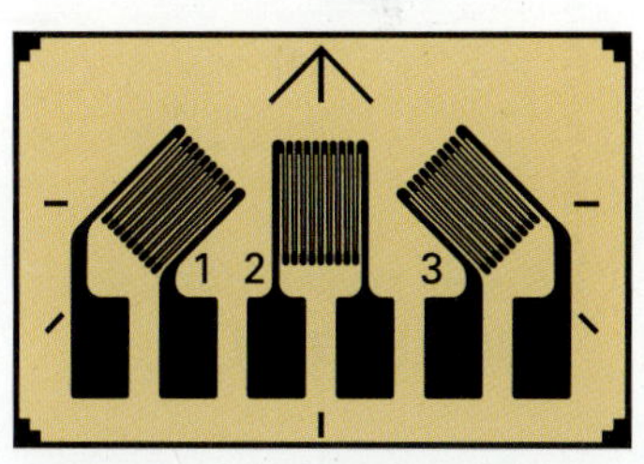

$$\varepsilon_{x1} = \frac{\varepsilon_x + \varepsilon_y}{2} + \frac{\varepsilon_x - \varepsilon_y}{2}\cos 2\theta + \frac{\gamma_{xy}}{2}\sin 2\theta$$

$$\frac{\gamma_{x1y1}}{2} = -\frac{\varepsilon_x - \varepsilon_y}{2}\sin 2\theta + \frac{\gamma_{xy}}{2}\cos 2\theta$$

PROBLEMS Chapter 7

7.2 Plane Stress

Introductory Problems

7.2-1 The stresses on the bottom surface of a fuel tanker (figure part a) are known to be $\sigma_x = 50$ MPa, $\sigma_y = 8$ MPa, and $\tau_{xy} = 6.5$ MPa (figure part b).

Determine the stresses acting on an element oriented at an angle $\theta = 52°$ from the x axis, where the angle θ is positive when counterclockwise. Show these stresses on a sketch of an element oriented at the angle θ.

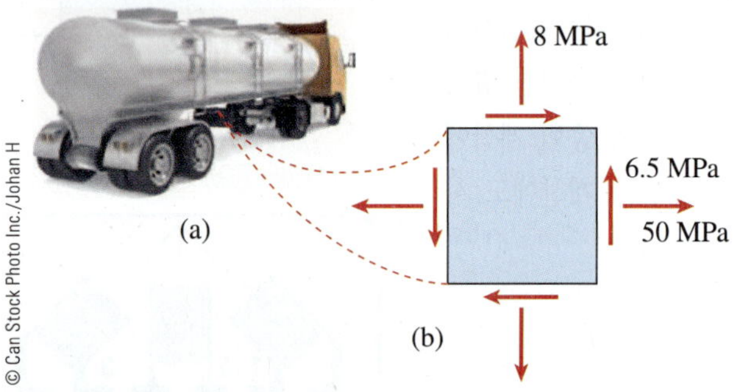

PROBLEM 7.2-1

7.2-2 Solve the preceding problem for an element in *plane stress* on the bottom surface of a fuel tanker (figure part a); stresses are $\sigma_x = 105$ MPa, $\sigma_y = 75$ MPa, and $\tau_{xy} = 25$ MPa.

Determine the stresses acting on an element oriented at an angle $\theta = 40°$ from the x axis, where the angle θ is positive when counterclockwise. Show these stresses on a sketch of an element oriented at the angle θ.

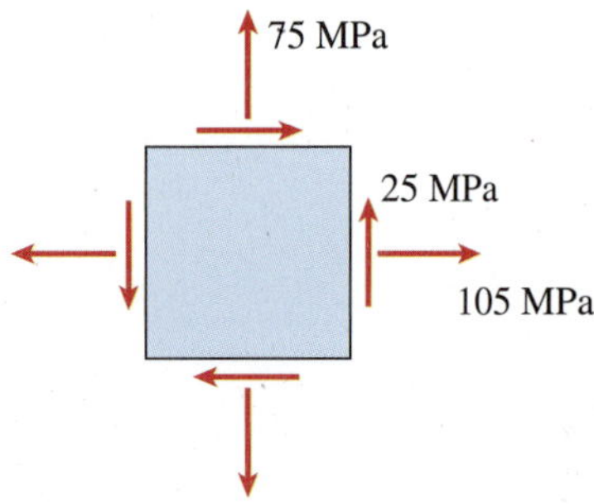

PROBLEM 7.2-2

7.2-3 The stresses on an element are $\sigma_x = 7$ MPa, $\sigma_y = 3.5$ MPa, and $\tau_{xy} = 2.4$ MPa. Find the stresses acting on an element oriented at an angle $\theta = 25°$. Show these stresses on the rotated element.

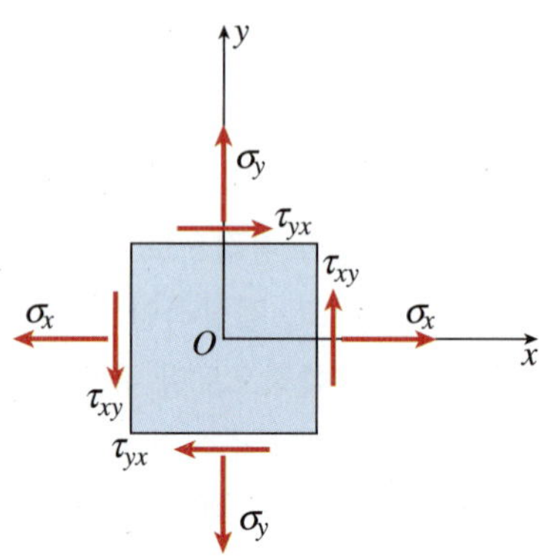

PROBLEM 7.2-3

7.2-4 The stresses on an element are known to be $\sigma_x = 120$ MPa, $\sigma_y = 100$ MPa, and $\tau_{xy} = 75$ MPa. Find the stresses on an inclined section through the element at an angle $\theta = 45°$.

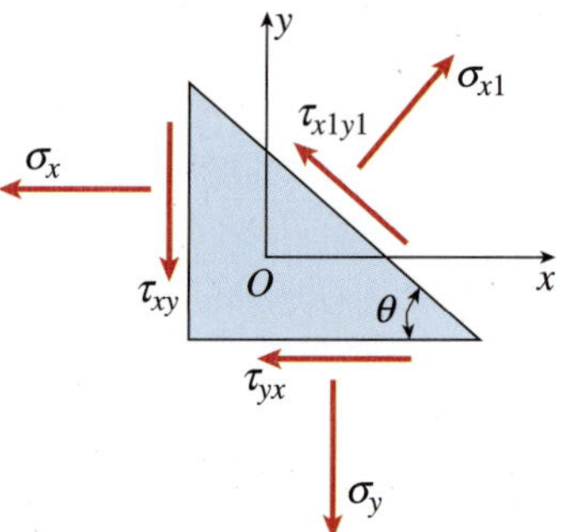

PROBLEM 7.2-4

7.2-5 The stresses acting on element A on the web of a train rail (see figure part a) are found to be 45 MPa tension in the horizontal direction and 120 MPa compression in the vertical direction (see figure part b). Also, shear stresses with a magnitude of 25 MPa act in the directions shown.

Determine the stresses acting on an element oriented at a counterclockwise angle of 32° from the horizontal. Show these stresses on a sketch of an element oriented at this angle.

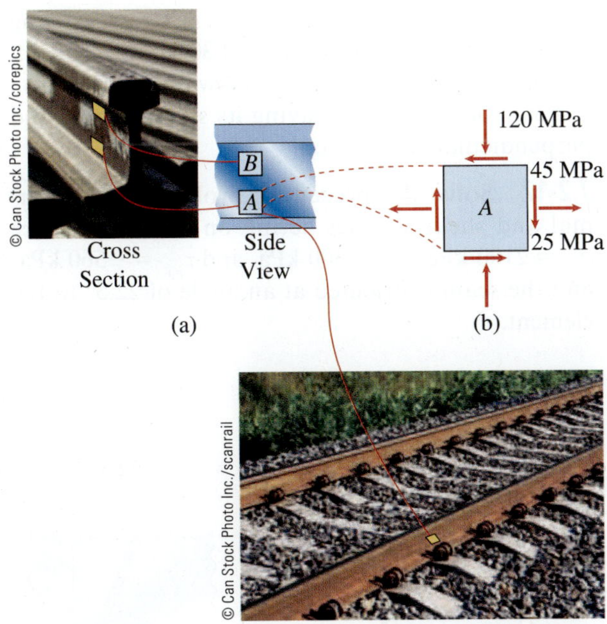

PROBLEM 7.2-5

7.2-6 Solve the preceding problem if the stresses acting on element A on the web of a train rail (see figure part a of Problem 7.2-5) are found to be 40 MPa in tension in the horizontal direction and 160 MPa in compression in the vertical direction. Also, shear stresses of magnitude 54 MPa act in the directions shown in the figure.

Determine the stresses acting on an element oriented at a counterclockwise angle of 52° from the horizontal. Show these stresses on a sketch of an element oriented at this angle.

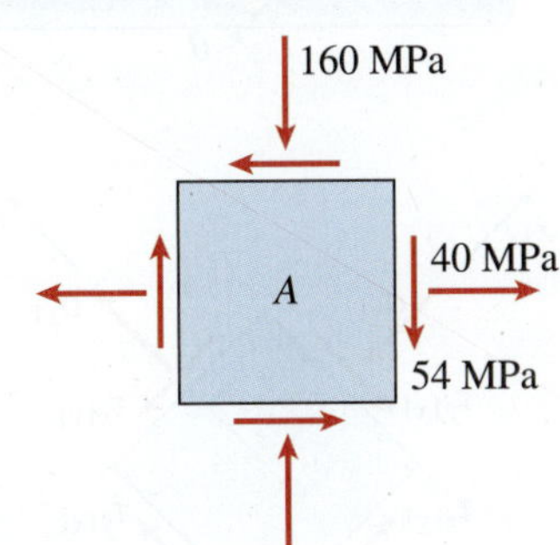

PROBLEM 7.2-6

7.2-7 The stresses acting on element B on the web of a train rail (see figure part a of Problem 7.2-5) are found to be 40 MPa in compression in the horizontal direction and 16 MPa in compression in the vertical direction (see figure). Also, shear stresses of magnitude 17 MPa act in the directions shown.

Determine the stresses acting on an element oriented at a counterclockwise angle of 48° from the horizontal. Show these stresses on a sketch of an element oriented at this angle.

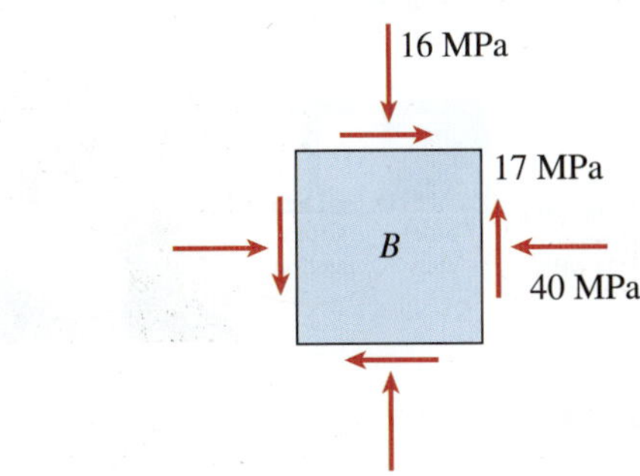

PROBLEM 7.2-7

7.2-8 An element in *plane stress* on the fuselage of an airplane (figure part a) is subjected to compressive stresses with a magnitude of 42 MPa in the horizontal direction and tensile stresses with a magnitude of 9.5 MPa in the vertical direction (see figure part b). Also, shear stresses with a magnitude of 15.5 MPa act in the directions shown.

Determine the stresses acting on an element oriented at a clockwise angle of 40° from the horizontal. Show these stresses on a sketch of an element oriented at this angle.

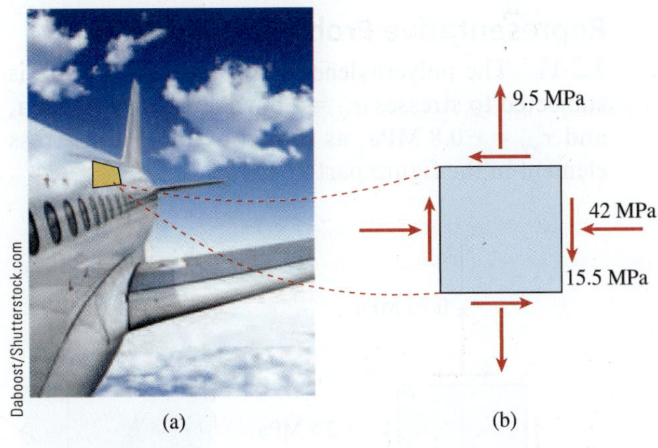

PROBLEM 7.2-8

7.2-9 The stresses acting on element B (see figure part a) on the web of a wide-flange beam are found to be 100 MPa in compression in the horizontal direction and 17 MPa in compression in the vertical direction (see figure part b). Also, shear stresses with a magnitude of 24 MPa act in the directions shown.

Determine the stresses acting on an element oriented at a counterclockwise angle of 36° from the horizontal. Show these stresses on a sketch of an element oriented at this angle.

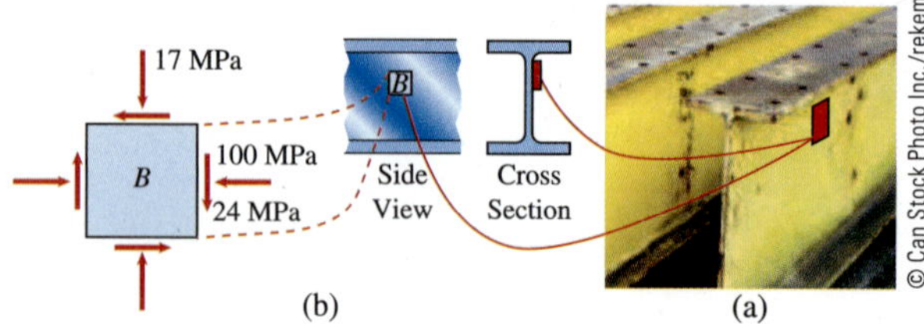

PROBLEM 7.2-9

7.2-10 Solve the preceding problem if the normal and shear stresses acting on element B are 56 MPa, 17 MPa, and 27 MPa (in the directions shown in the figure) and the angle is 40° (clockwise).

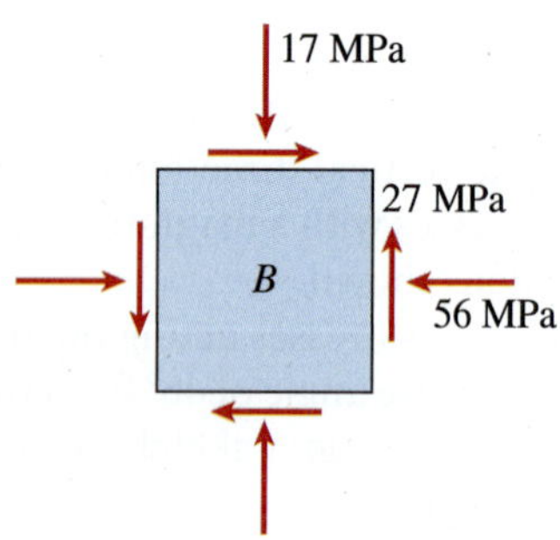

PROBLEM 7.2-10

Representative Problems

7.2-11 The polyethylene liner of a settling pond is subjected to stresses $\sigma_x = 2.5$ MPa, $\sigma_y = 0.75$ MPa, and $\tau_{xy} = -0.8$ MPa, as shown by the plane-stress element in the figure part a.

Determine the normal and shear stresses acting on a seam oriented at an angle of 30° to the element, as shown in the figure part b. Show these stresses on a sketch of an element having its sides parallel and perpendicular to the seam.

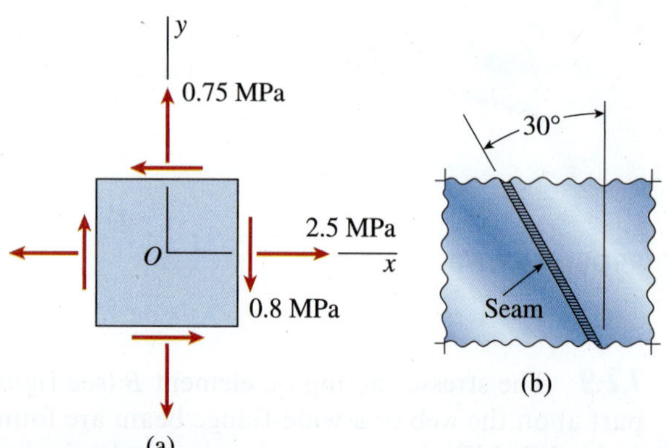

PROBLEM 7.2-11

7.2-12 Solve the preceding problem if the normal and shear stresses acting on the element are $\sigma_x = 2100$ kPa, $\sigma_y = 300$ kPa, and $\tau_{xy} = -560$ kPa, and the seam is oriented at an angle of 22.5° to the element.

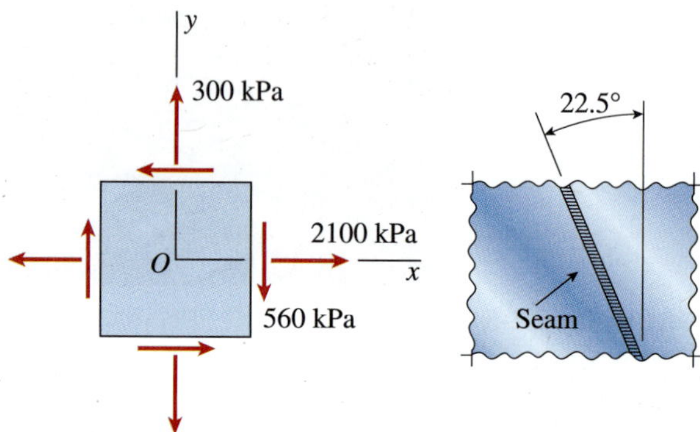

PROBLEM 7.2-12

7.2-13 Two steel rods are welded together (see figure); the seam is oriented at angle $\theta = 50°$. The stresses on the rotated element are σ_{x1}=70 MPa, $\sigma_{y1} = -83$ MPa, and $\tau_{x1y1} = -35$ MPa. Find the state of plane stress on the element if it is rotated clockwise to align the x_1 axis with the longitudinal axis of the rods.

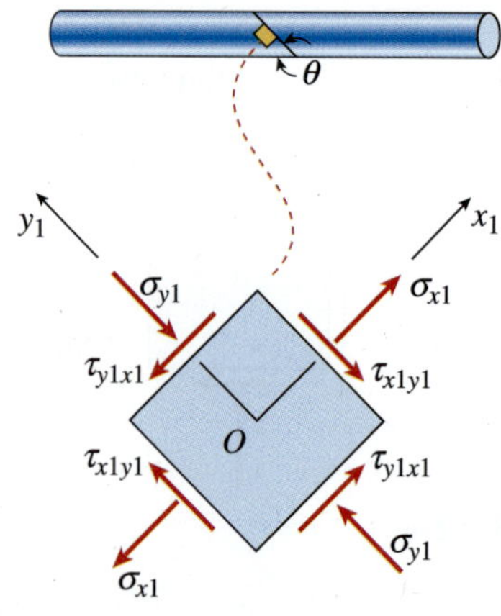

PROBLEMS 7.2-13 and 7.2-14

7.2-14 Repeat the previous problem using $\theta = 30°$ and stresses on the rotated element: $\sigma_{x1} = 70$ MPa, $\sigma_{y1} = -82$ MPa, and $\tau_{x1y1} = -35$ MPa.

7.2-15 A rectangular plate of dimensions 75 mm × 125 mm is formed by welding two triangular plates (see figure). The plate is subjected to a tensile stress of 3.5 MPa in the long direction and a compressive stress of 2.5 MPa in the short direction.

Determine the normal stress σ_w acting perpendicular to the line of the weld and the shear stress τ_w acting parallel to the weld. (Assume that the normal stress σ_w is positive when it acts in tension against the weld and the shear stress τ_w is positive when it acts counterclockwise against the weld.)

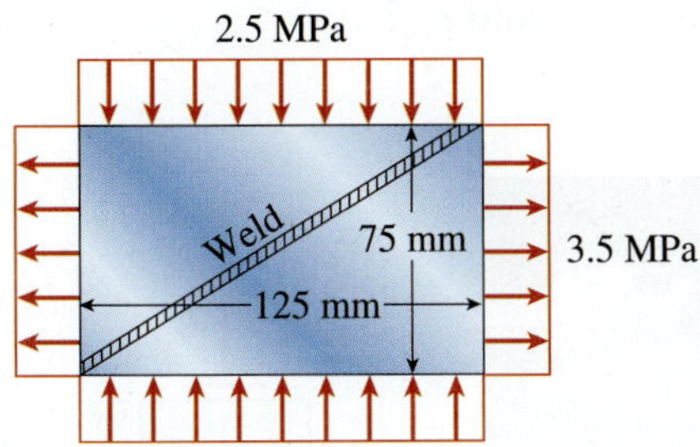

PROBLEM 7.2-15

7.2-16 Solve the preceding problem for a plate of dimensions 100 mm × 250 mm subjected to a compressive stress of 2.5 MPa in the long direction and a tensile stress of 12.0 MPa in the short direction (see figure).

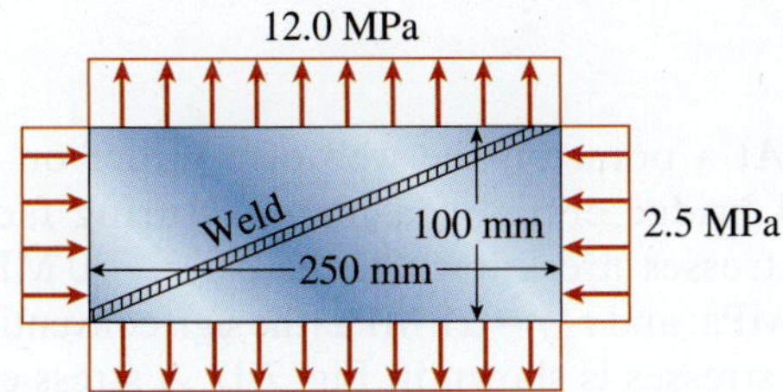

PROBLEM 7.2-16

7.2-17 A simply supported beam is subjected to point load P at mid-span. The normal stress on an element at mid-span is known to be $\sigma_x = 10$ MPa.

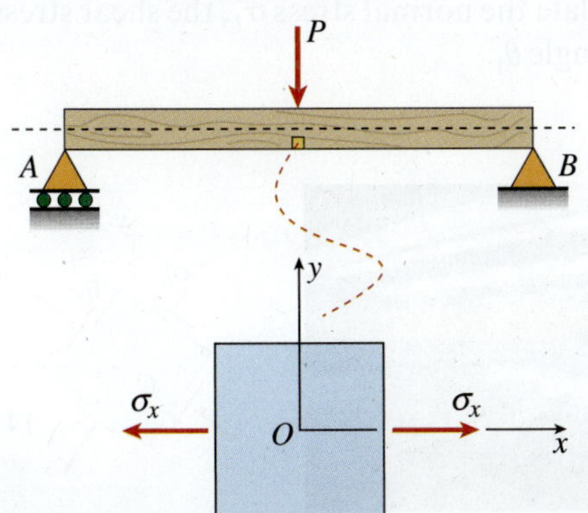

PROBLEMS 7.2-17 and 7.2-18

Determine the element stresses if it is rotated through angle $\theta = -45°$. Show these stresses on a sketch of an element oriented at that angle.

7.2-18 Repeat the previous problem using $\sigma_x = 12$ MPa and $\theta = -30°$.

7.2-19 At a point on the surface of an elliptical exercise machine, the material is in *biaxial stress* with $\sigma_x = 9.7$ MPa and $\sigma_y = -6$ MPa, as shown in the figure part a. The figure part b shows an inclined plane *aa* cut through the same point in the material but oriented at an angle θ.

Determine the value of the angle θ between zero and 90° such that no normal stress acts on plane *aa*. Sketch a stress element having plane *aa* as one of its sides and show all stresses acting on the element.

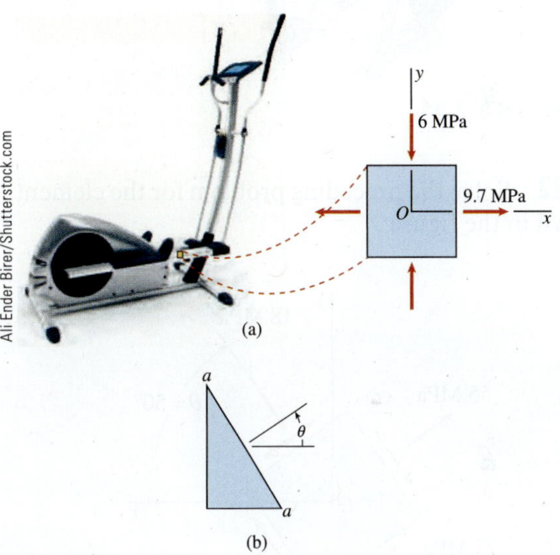

PROBLEM 7.2-19

7.2-20 Solve the preceding problem for $\sigma_x = 11$ MPa and $\sigma_y = -20$ MPa (see figure).

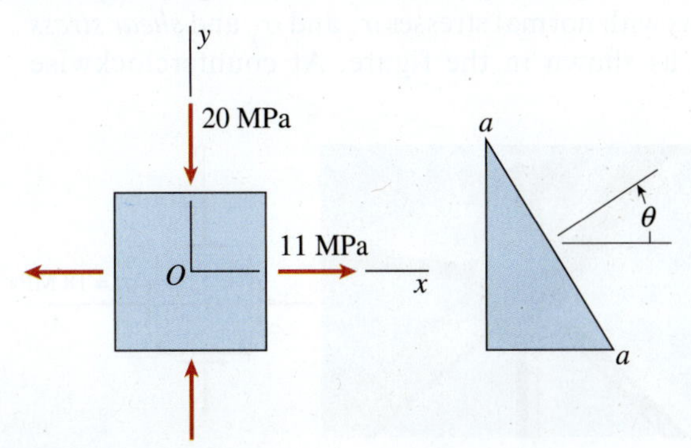

PROBLEM 7.2-20

7.2-21 An element in *plane stress* from the frame of a racing car is oriented at a known angle θ (see figure). On this inclined element, the normal and shear stresses have the magnitudes and directions shown in the figure.

Determine the normal and shear stresses acting on an element whose sides are parallel to the xy axes, that is, determine σ_x, σ_y, and τ_{xy}. Show the results on a sketch of an element oriented at $\theta = 0°$.

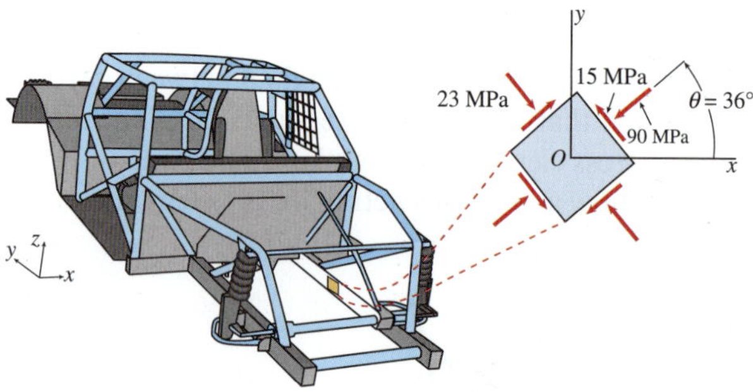

PROBLEM 7.2-21

7.2-22 Solve the preceding problem for the element shown in the figure.

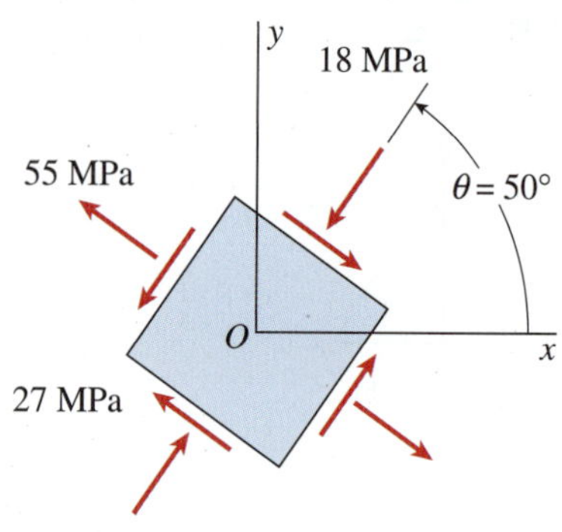

PROBLEM 7.2-22

7.2-23 A gusset plate on a truss bridge is in *plane stress* with normal stresses σ_x and σ_y and *shear stress* τ_{xy}, as shown in the figure. At counterclockwise angles $\theta = 32°$ and $\theta = 78°$ from the x axis, the normal stress is 29 MPa in tension.

If the stress σ_x equals 18 MPa in tension, what are the stresses σ_y and τ_{xy}?

7.2-24 The surface of an airplane wing is subjected to plane stress with normal stresses σ_x and σ_y and shear stress τ_{xy}, as shown in the figure. At a counterclockwise angle $\theta = 32°$ from the x axis, the normal stress is 29 MPa in tension, and at an angle $\theta = 46°$, it is 17 MPa in compression.

If the stress σ_x equals 105 MPa in tension, what are the stresses σ_y and τ_{xy}?

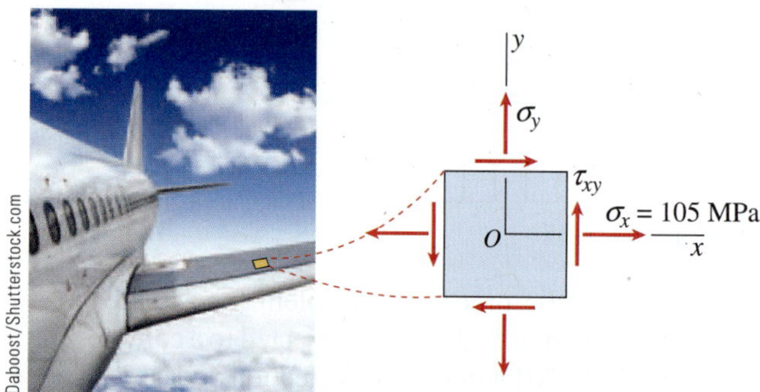

PROBLEM 7.2-24

7.2-25 At a point on the web of a girder on an overhead bridge crane in a manufacturing facility, the stresses are known to be $\sigma_x = -30$ MPa, $\sigma_y = 12$ MPa, and $\tau_{xy} = 21$ MPa (the sign convention for these stresses is shown in Fig. 7-1). A stress element located at the same point in the structure (but oriented at a counterclockwise angle θ_1 with respect to the x axis) is subjected to the stresses shown in the figure (σ_b, τ_b, and 14 MPa).

Assuming that the angle θ_1 is between zero and 90°, calculate the normal stress σ_b, the shear stress τ_b, and the angle θ_1.

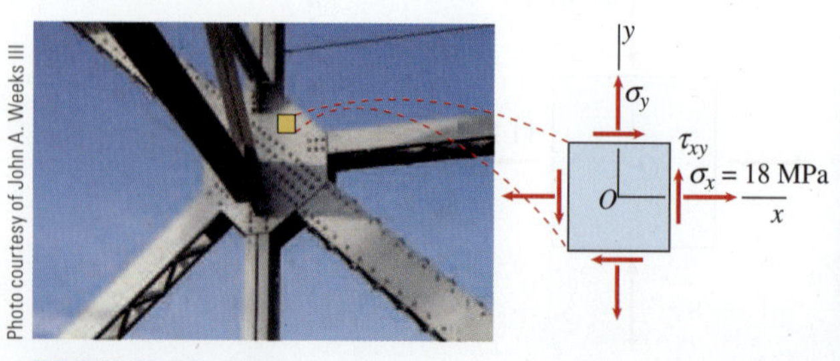

PROBLEM 7.2-23

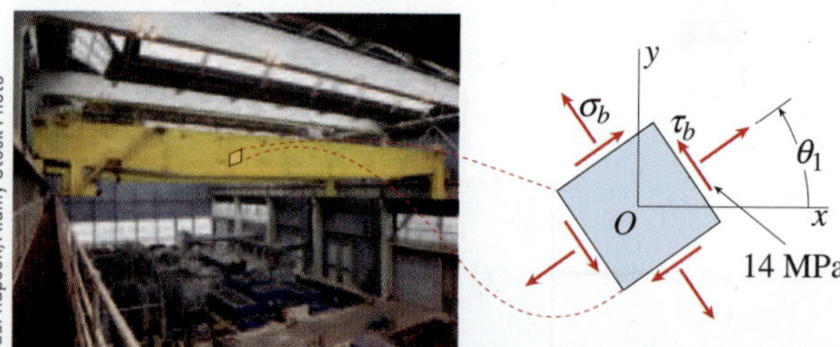

PROBLEM 7.2-25

7.2-26 A rectangular plate of dimensions 125 mm × 75 mm is subjected to tensile stress σ_x = 67 kPa and compressive stress σ_y. If it is known that the normal stress along the diagonal t–t is σ_t = −6.57 kPa, find stress σ_y on element A.

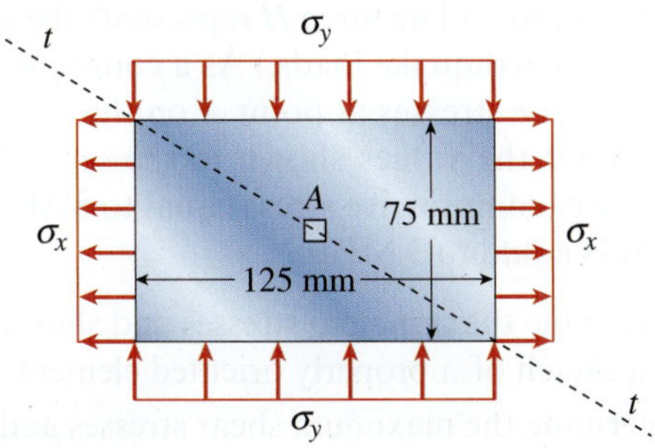

PROBLEM 7.2-26

7.2-27 A square plate with side dimension of 50 mm is subjected to compressive stress σ_x and tensile stress σ_y. The stresses on element A oriented at angle θ = 45° are σ_{x1} = 0.5 MPa, σ_{y1} = 0.5 MPa, and τ_{x1y1} = 1.9 MPa. Find the state of stress on the element if it is rotated clockwise to align the x_1 axis with the horizontal x axis.

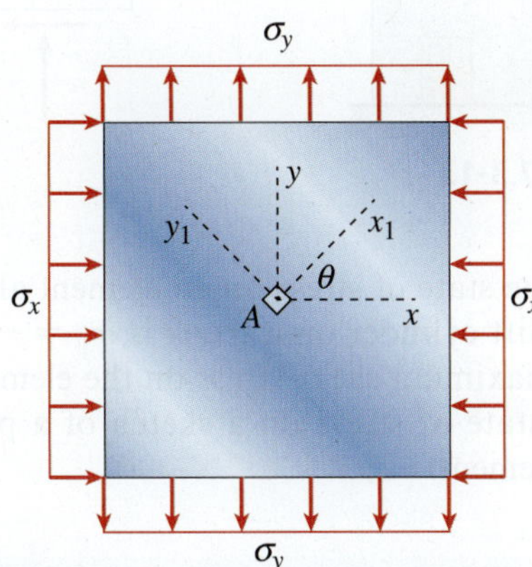

PROBLEM 7.2-27

7.3 Principal Stresses and Maximum Shear Stresses

To solve the problems for Section 7.3, consider only the in-plane stresses (the stresses in the x-y plane).

Introductory Problems

7.3-1 The stresses acting on an element are σ_x = 3 MPa, σ_y = 5 MPa, and τ_{xy} = 2.8 MPa. Determine the principal stresses and show them on a sketch of a properly oriented element.

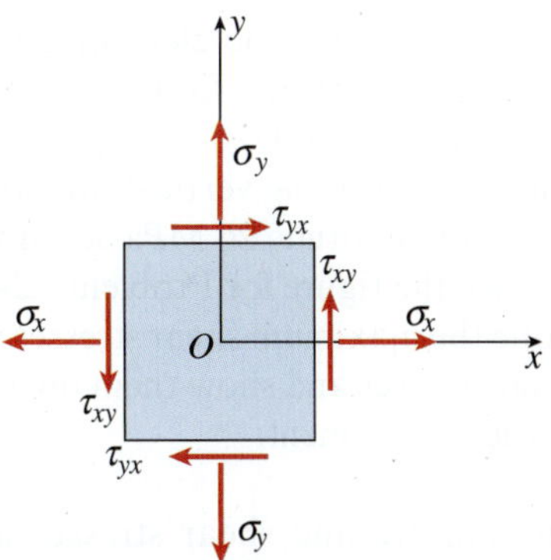

PROBLEMS 7.3-1 and 7.3-2

7.3-2 Repeat the preceding problem using σ_x = 5.5 MPa, σ_y = 4 MPa, and τ_{xy} = 3.2 MPa.

7.3-3 An element in *plane stress* is subjected to stresses σ_x = 40 MPa, σ_y = 8 MPa, and τ_{xy} = 5 MPa (see the figure for Problem 7.3-1).

Determine the principal stresses and show them on a sketch of a properly oriented element.

7.3-4 An element in *plane stress* is subjected to stresses σ_x = 105 MPa, σ_y = 75 MPa, and τ_{xy} = 25 MPa (see the figure for Problem 7.3-1).

Determine the principal stresses and show them on a sketch of a properly oriented element.

7.3-5 An element in *plane stress* is subjected to stresses σ_x = −38 MPa, σ_y = −14 MPa, and τ_{xy} = 13 MPa (see the figure for Problem 7.3-1).

Determine the principal stresses and show them on a sketch of a properly oriented element.

7.3-6 The stresses acting on element A in the web of a train rail are found to be 40 MPa tension in the horizontal direction and 160 MPa compression in the vertical direction. Also, shear stresses of magnitude 54 MPa act in the directions shown (see the figure b for Problem 7.2-5).

Determine the principal stresses and show them on a sketch of a properly oriented element.

7.3-7 The normal and shear stresses acting on element A are 45 MPa, 119 MPa, and 20 MPa (see the figure b for Problem 7.2-5).

Determine the maximum shear stresses and associated normal stresses and show them on a sketch of a properly oriented element.

7.3-8 An element in *plane stress* from the fuselage of an airplane is subjected to compressive stresses of magnitude 35 MPa in the horizontal direction and tensile stresses of magnitude 6.5 MPa in the vertical direction. Also, shear stresses of magnitude 12.5 MPa act in the directions shown (see the figure for Problem 7.2-8).

Determine the maximum shear stresses and associated normal stresses and show them on a sketch of a properly oriented element.

7.3-9 The stresses acting on element B in the web of a wide-flange beam are found to be 97 MPa compression in the horizontal direction and 18 MPa compression in the vertical direction. Also, shear stresses of magnitude 26 MPa act in the directions shown (see the figure for Problem 7.2-9).

Determine the maximum shear stresses and associated normal stresses and show them on a sketch of a properly oriented element.

7.3-10 The normal and shear stresses acting on element B are $\sigma_x = -46$ MPa, $\sigma_y = -13$ MPa, and $\tau_{xy} = 21$ MPa (see figure for Problem 7.2-10).

Determine the maximum shear stresses and associated normal stresses and show them on a sketch of a properly oriented element.

Representative Problems

7.3-11 The stresses on an element are $\sigma_x = -2$ MPa and $\sigma_y = -4$ MPa. Find the maximum shear stresses on the element and show them on a sketch of a properly oriented element.

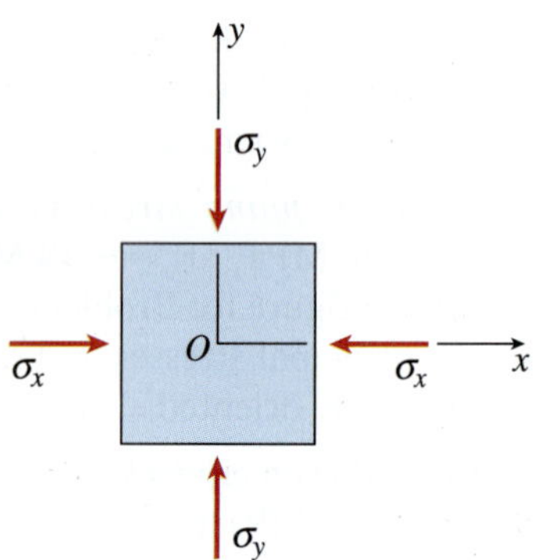

PROBLEM 7.3-11

7.3-12 A simply supported beam is subjected to two point loads as shown in the figure. The stresses on element A are $\tau_{xy} = -20$ kPa. Find the principal stresses on element A and show them on a sketch of a properly oriented element.

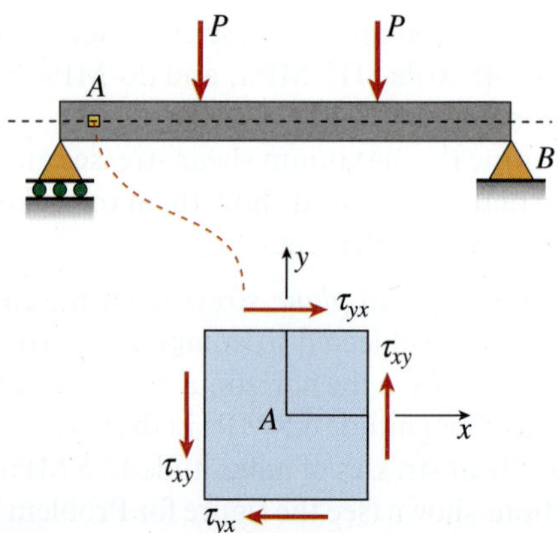

PROBLEM 7.3-12

7.3-13 A shear wall in a reinforced concrete building is subjected to a vertical uniform load of intensity q and a horizontal force H, as shown in the first part of the figure. (The force H represents the effects of wind and earthquake loads.) As a consequence of these loads, the stresses at point A on the surface of the wall have the values shown in the second part of the figure (compressive stress equal to 8 MPa and shear stress equal to 3 MPa).

(a) Determine the principal stresses and show them on a sketch of a properly oriented element.

(b) Determine the maximum shear stresses and associated normal stresses and show them on a sketch of a properly oriented element.

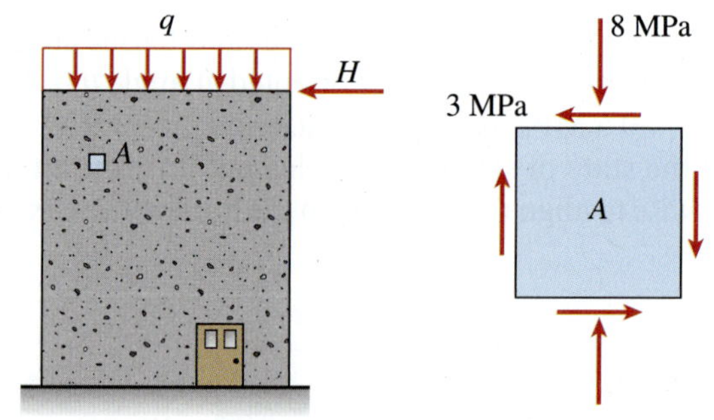

PROBLEM 7.3-13

7.3-14 The state of stress on an element along the hydraulic lift cylinder on a truck is $\sigma_y = -5$ MPa. Find the maximum shear stress on the element and show the state of stress on a sketch of a properly oriented element.

PROBLEMS 7.3-14 and 7.3-15

7.3-15 Repeat the preceding problem using $\sigma_y = -7.5$ MPa.

7.3-16 A propeller shaft subjected to combined torsion and axial thrust is designed to resist a shear stress of 57 MPa and a compressive stress of 105 MPa (see figure).

(a) Determine the principal stresses and show them on a sketch of a properly oriented element.

(b) Determine the maximum shear stresses and associated normal stresses and show them on a sketch of a properly oriented element.

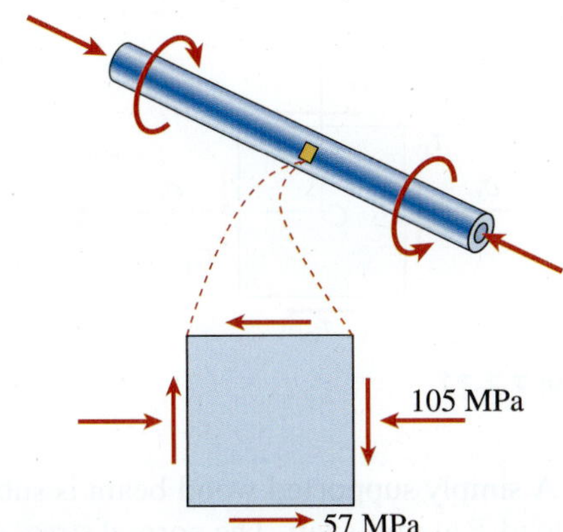

PROBLEM 7.3-16

7.3-17 The stresses at a point along a beam supporting a sign (see figure) are $\sigma_x = 15$ MPa, $\sigma_y = 8$ MPa, and $\tau_{xy} = -6$ MPa.

(a) Find the principal stresses. Show them on a sketch of a properly oriented element.

(b) Find the maximum shear stresses and associated normal stresses. Show them on a sketch of a properly oriented element.

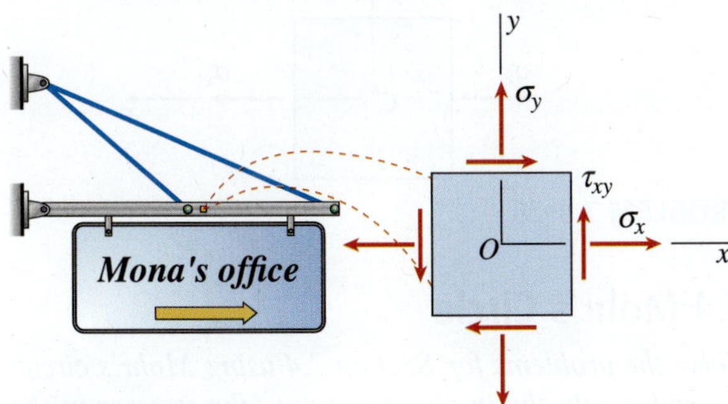

PROBLEM 7.3-17

7.3-18 through 7.3-22 An element in *plane stress* (see figure) is subjected to stresses σ_x, σ_y, and τ_{xy}.

(a) Determine the principal stresses and show them on a sketch of a properly oriented element.

(b) Determine the maximum shear stresses and associated normal stresses and show them on a sketch of a properly oriented element.

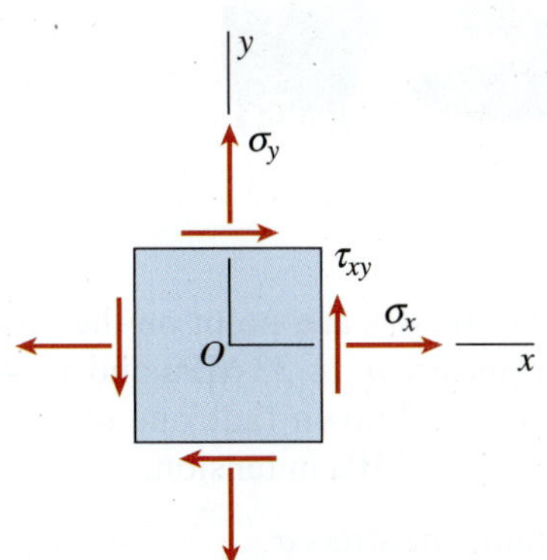

PROBLEMS 7.3-18 through 7.3-22

7.3-18 $\sigma_x = 2150$ kPa, $\sigma_y = 375$ kPa, $\tau_{xy} = -460$ kPa

7.3-19 $\sigma_x = 100$ MPa, $\sigma_y = 7.5$ MPa, $\tau_{xy} = 13$ MPa

7.3-20 $\sigma_x = 16.5$ MPa, $\sigma_y = -91$ MPa, $\tau_{xy} = -39$ MPa

7.3-21 $\sigma_x = -23$ MPa, $\sigma_y = -76$ MPa, $\tau_{xy} = 31$ MPa

7.3-22 $\sigma_x = -108$ MPa, $\sigma_y = 58$ MPa, $\tau_{xy} = -58$ MPa

7.3-23 At a point on the web of a girder on a gantry crane, the stresses acting on the x face of a stress element are $\sigma_x = 43$ MPa and $\tau_{xy} = 10$ MPa (see figure).

What is the allowable range of values for the stress σ_y if the maximum shear stress is limited to $\tau_0 = 15$ MPa?

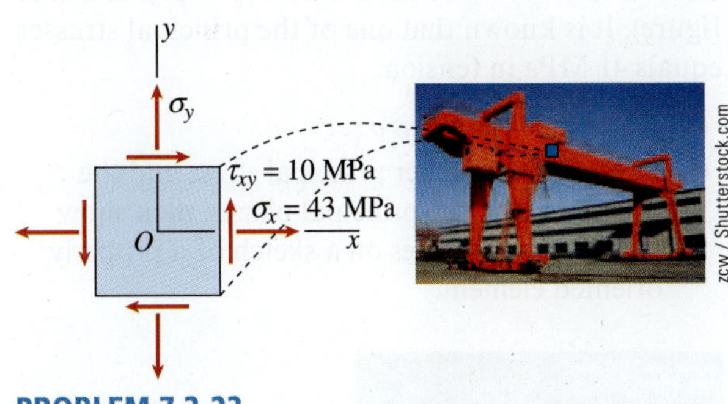

PROBLEM 7.3-23

7.3-24 The stresses acting on a stress element on the arm of a power excavator (see figure) are $\sigma_x = 52$ MPa and $\tau_{xy} = 33$ MPa (see figure).

What is the allowable range of values for the stress σ_y if the maximum shear stress is limited to $\tau_0 = 37$ MPa?

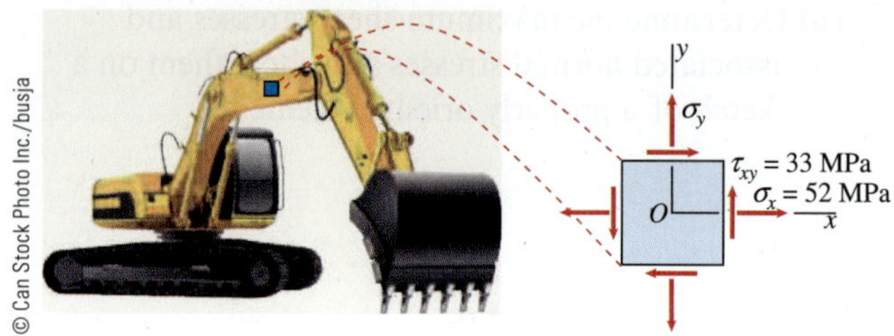

PROBLEM 7.3-24

7.3-25 The stresses at a point on the down tube of a bicycle frame are $\sigma_x = 33$ MPa and $\tau_{xy} = -13$ MPa (see figure). It is known that one of the principal stresses equals 44 MPa in tension.

(a) Determine the stress σ_y.

(b) Determine the other principal stress and the orientation of the principal planes, then show the principal stresses on a sketch of a properly oriented element.

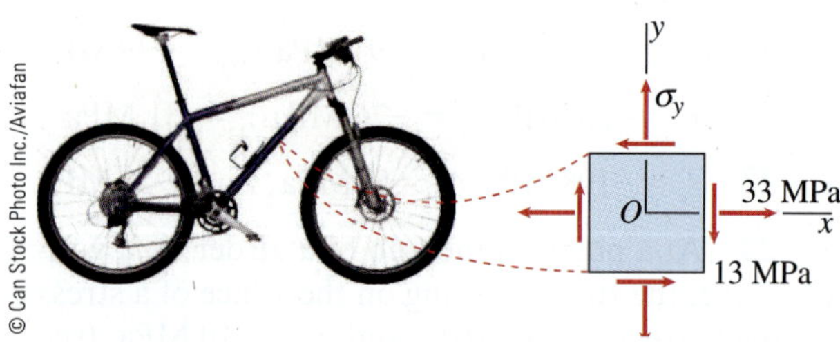

PROBLEM 7.3-25

7.3-26 An element in *plane stress* on the surface of an automobile drive shaft (see figure) is subjected to stresses of $\sigma_x = -45$ MPa and $\tau_{xy} = 39$ MPa (see figure). It is known that one of the principal stresses equals 41 MPa in tension.

(a) Determine the stress σ_y.

(b) Determine the other principal stress and the orientation of the principal planes, then show the principal stresses on a sketch of a properly oriented element.

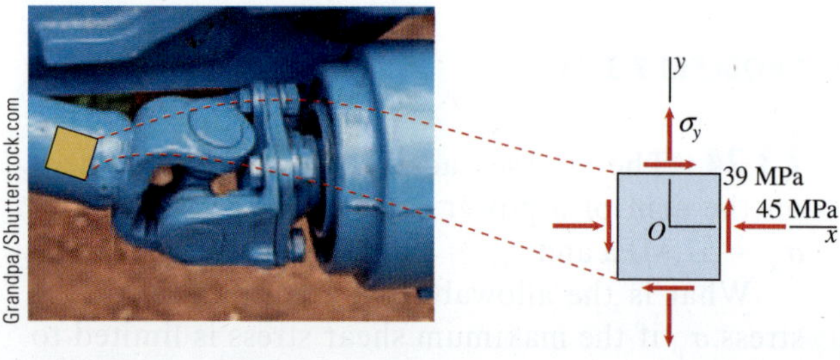

PROBLEM 7.3-26

7.3-27 A simply supported wood beam is subjected to point load P at mid-span. The stresses on element C are known to be $\sigma_x = -0.634$ MPa and $\tau_{xy} = -0.048$ MPa. Find the principal stresses on the element and show them on a sketch of a properly oriented element.

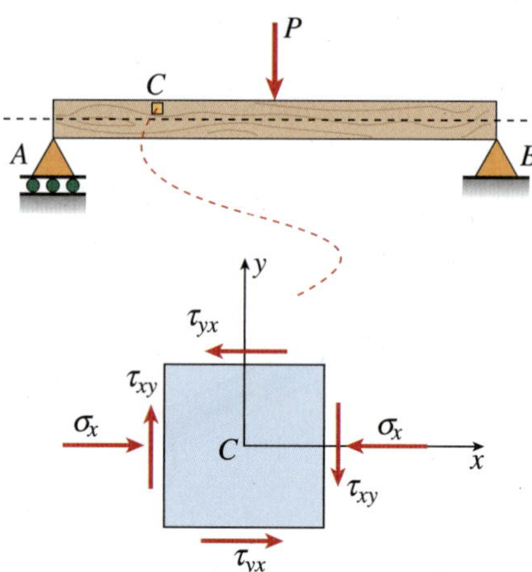

PROBLEM 7.3-27

7.3-28 A simply supported wood beam is subjected to point load P at mid-span. The normal stress on element C is known to be $\sigma_x = 12$ MPa. Find the maximum shear stress on the element and show the state of stress on a sketch of a properly oriented element.

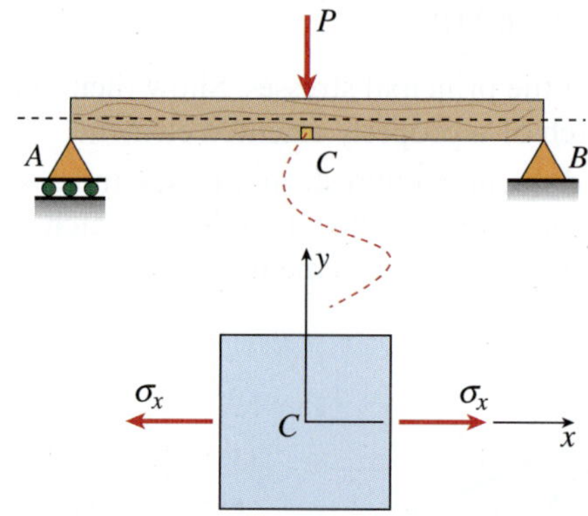

PROBLEM 7.3-28

7.4 Mohr's Circle

Solve the problems for Section 7.4 using Mohr's circle. Consider only the in-plane stresses (the stresses in the x-y plane).

Introductory Problems

7.4-1 An element in *uniaxial stress* is subjected to tensile stresses $\sigma_x = 98$ MPa, as shown in the figure. Using Mohr's circle, determine the following.

(a) The stresses acting on an element oriented at a counterclockwise angle $\theta = 29°$ from the x axis.

(b) The maximum shear stresses and associated normal stresses.

Show all results on sketches of properly oriented elements.

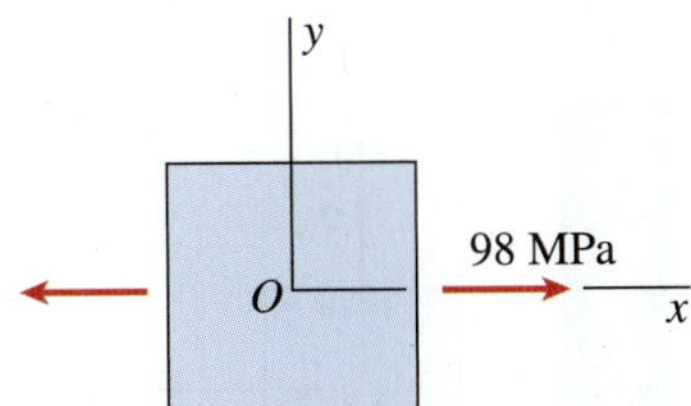

PROBLEM 7.4-1

7.4-2 An element in *uniaxial stress* is subjected to tensile stresses $\sigma_x = 57$ MPa, as shown in the figure. Using Mohr's circle, determine the following.

(a) The stresses acting on an element oriented at an angle $\theta = -33°$ from the x axis (minus means clockwise).

(b) The maximum shear stresses and associated normal stresses.

Show all results on sketches of properly oriented elements.

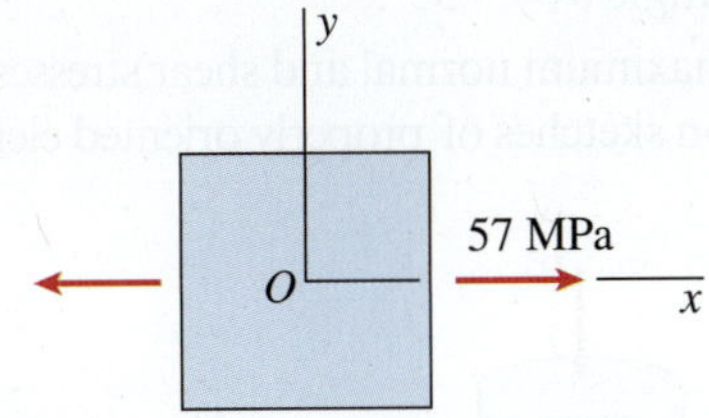

PROBLEM 7.4-2

7.4-3 An element on the gusset plate in Problem 7.2-23 in *uniaxial stress* is subjected to compressive stresses of magnitude 47 MPa, as shown in the figure. Using Mohr's circle, determine the following.

(a) The stresses acting on an element oriented at a slope of 1 on 2 (see figure).

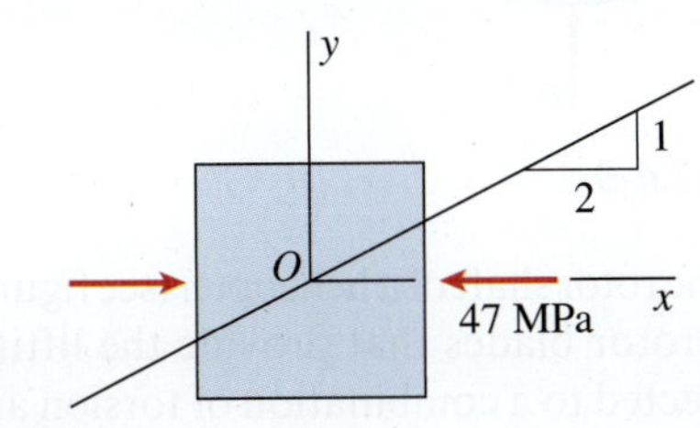

PROBLEM 7.4-3

(b) The maximum shear stresses and associated normal stresses.

Show all results on sketches of properly oriented elements.

7.4-4 An element on the top surface of the fuel tanker in Problem 7.2-1 is in *biaxial stress* and is subjected to stresses $\sigma_x = -48$ MPa and $\sigma_y = 19$ MPa, as shown in the figure. Using Mohr's circle, determine the following.

(a) The stresses acting on an element oriented at a counterclockwise angle $\theta = 25°$ from the x axis.

(b) The maximum shear stresses and associated normal stresses.

Show all results on sketches of properly oriented elements.

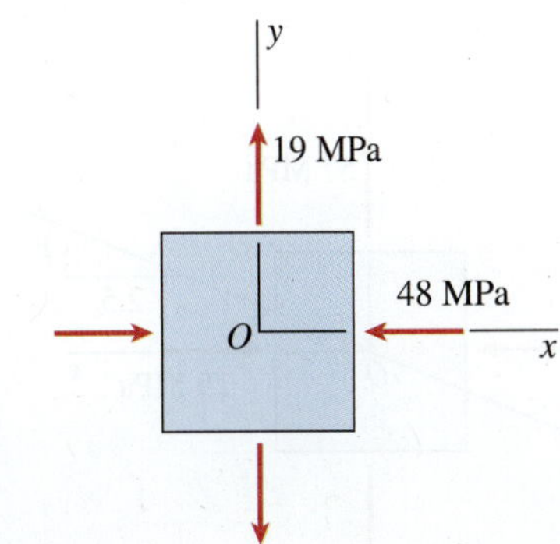

PROBLEM 7.4-4

7.4-5 An element on the top surface of the fuel tanker in Problem 7.2-1 is in *biaxial stress* and is subjected to stresses $\sigma_x = 43$ MPa and $\sigma_y = -12$ MPa, as shown in the figure. Using Mohr's circle, determine the following:

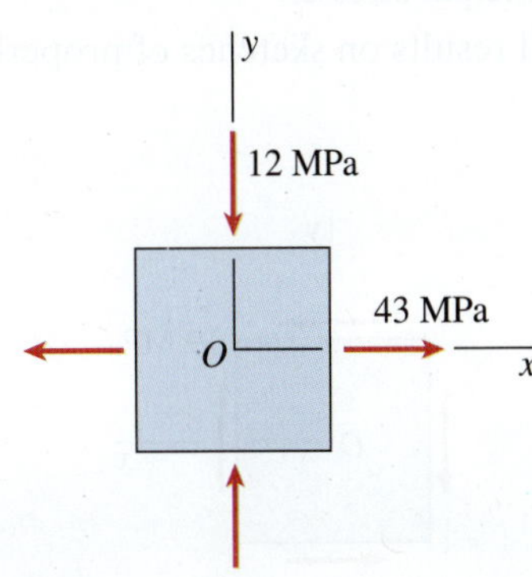

PROBLEM 7.4-5

(a) The stresses acting on an element oriented at a counterclockwise angle $\theta = 55°$ from the x axis.

(b) The maximum shear stresses and associated normal stresses.

Show all results on sketches of properly oriented elements.

7.4-6 An element in *biaxial stress* is subjected to stresses $\sigma_x = -29$ MPa and $\sigma_y = 57$ MPa, as shown in the figure. Using Mohr's circle, determine the following.

(a) The stresses acting on an element oriented at a slope of 1 on 2.5 (see figure).

(b) The maximum shear stresses and associated normal stresses.

Show all results on sketches of properly oriented elements.

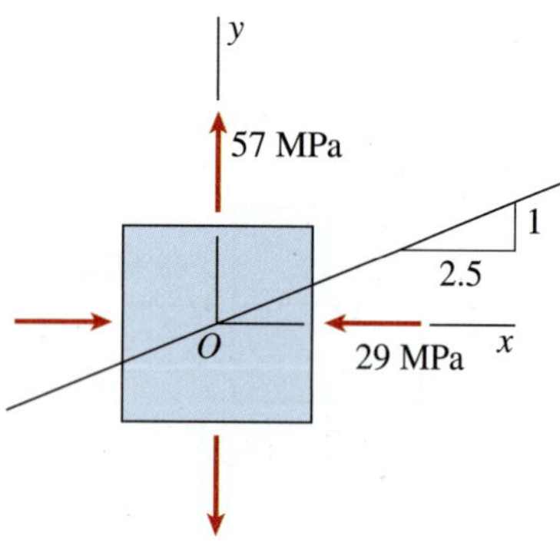

PROBLEM 7.4-6

7.4-7 An element on the surface of a drive shaft is in *pure shear* and is subjected to stresses $\tau_{xy} = 19$ MPa, as shown in the figure. Using Mohr's circle, determine the following.

(a) The stresses acting on an element oriented at a counterclockwise angle $\theta = 52°$ from the x axis.

(b) The principal stresses.

Show all results on sketches of properly oriented elements.

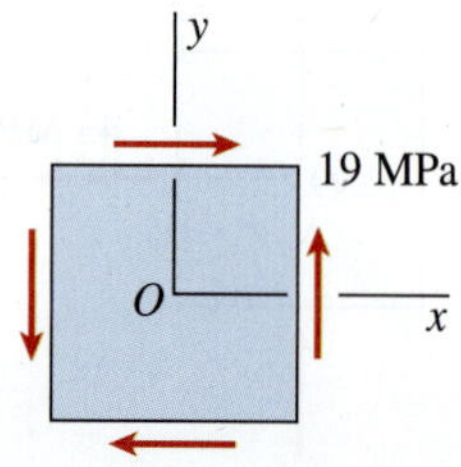

PROBLEM 7.4-7

Representative Problems

7.4-8 A specimen used in a coupon test has normal stress $\sigma_y = 15$ MPa (see figure). Using Mohr's circle, find the state of stress on the element oriented at angle $\theta = 20°$ and show the full stress state on a sketch of a properly oriented element.

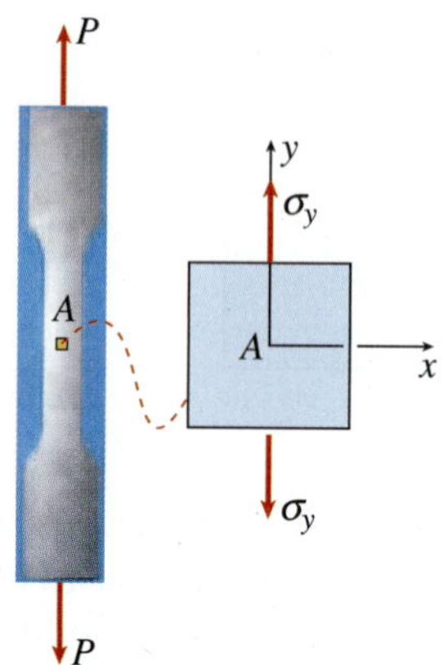

PROBLEM 7.4-8

7.4-9 A specimen used in a coupon test is shown in the figure. The stresses on element A are known to be $\sigma_y = -10$ MPa. Use Mohr's circle to:

(a) Find the stresses acting on the element oriented at an angle $\theta = -35°$.

(b) Find maximum normal and shear stresses and show them on sketches of properly oriented elements.

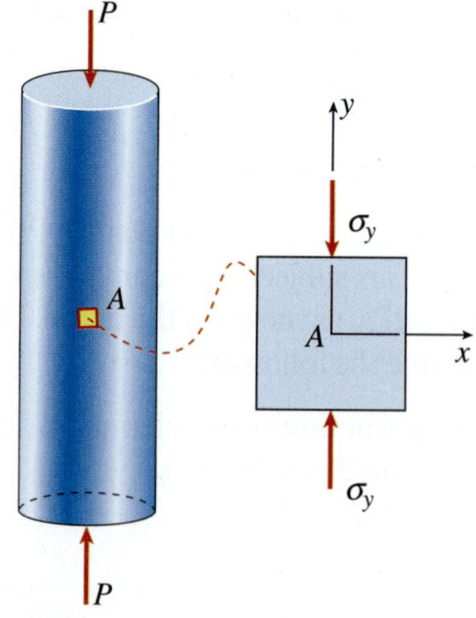

PROBLEM 7.4-9

7.4-10 The rotor shaft of a helicopter (see figure part a) drives the rotor blades that provide the lifting force and is subjected to a combination of torsion and axial loading (see figure part b).

It is known that normal stress $\sigma_y = 68$ MPa and shear stress $\tau_{xy} = -100$ MPa. Using Mohr's circle, determine the following:

(a) The stresses acting on an element oriented at a counterclockwise angle $\theta = 22.5°$ from the x axis.

(b) Find the maximum tensile stress, maximum compressive stress, and maximum shear stress in the shaft.

Show all results on sketches of properly oriented elements.

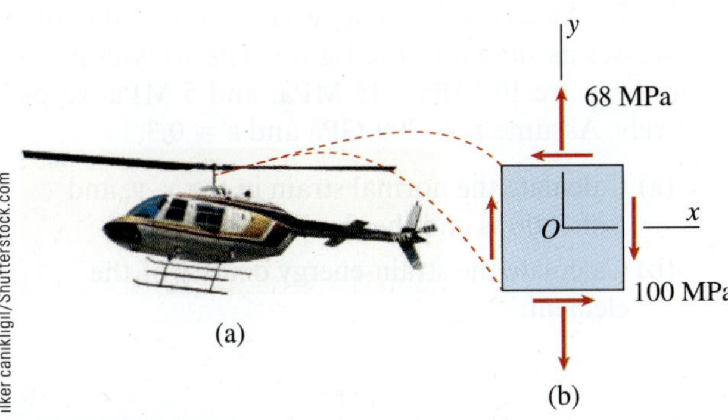

PROBLEM 7.4-10

7.4-11 An element in *pure shear* is subjected to stresses $\tau_{xy} = 26$ MPa, as shown in the figure. Using Mohr's circle, determine the following:

(a) The stresses acting on an element oriented at a slope of 3 on 4 (see figure).

(b) The principal stresses.

Show all results on sketches of properly oriented elements.

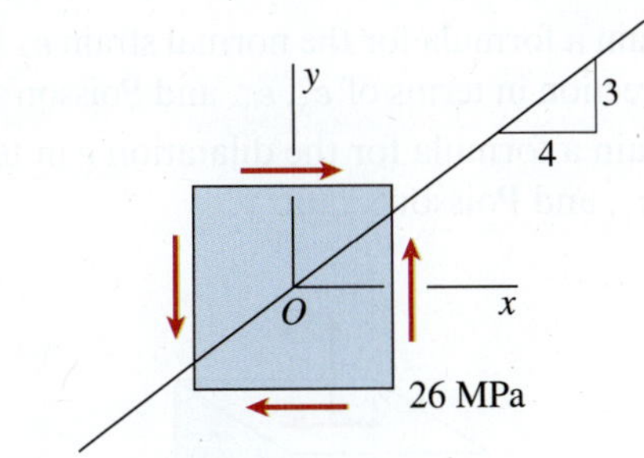

PROBLEM 7.4-11

7.4-12 through 7.4-17 An element in *plane stress* is subjected to stresses σ_x, σ_y, and τ_{xy} (see figure).

Using Mohr's circle, determine the stresses acting on an element oriented at an angle θ from the x axis. Show these stresses on a sketch of an element oriented at the angle θ. *Note:* The angle θ is positive when counterclockwise and negative when clockwise.

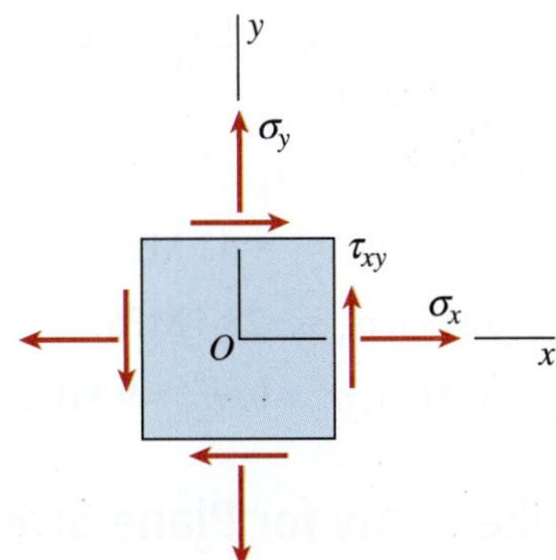

PROBLEMS 7.4-12 through 7.4-17

7.4-12 $\sigma_x = 27$ MPa, $\sigma_y = 14$ MPa, $\tau_{xy} = 6$ MPa, $\theta = 40°$

7.4-13 $\sigma_x = 24$ MPa, $\sigma_y = 84$ MPa, $\tau_{xy} = -23$ MPa, $\theta = -51°$

7.4-14 $\sigma_x = -47$ MPa, $\sigma_y = -186$ MPa, $\tau_{xy} = -29$ MPa, $\theta = -33°$

7.4-15 $\sigma_x = -12$ MPa, $\sigma_y = -5$ MPa, $\tau_{xy} = 2.5$ MPa, $\theta = 14°$

7.4-16 $\sigma_x = 33$ MPa, $\sigma_y = -9$ MPa, $\tau_{xy} = 29$ MPa, $\theta = 35°$

7.4-17 $\sigma_x = -39$ MPa, $\sigma_y = 7$ MPa, $\tau_{xy} = -15$ MPa, $\theta = 65°$

7.4-18 through 7.4-25 An element in *plane stress* is subjected to stresses σ_x, σ_y, and τ_{xy} (see figure).

Using Mohr's circle, determine (a) the principal stresses and (b) the maximum shear stresses and associated normal stresses. Show all results on sketches of properly oriented elements.

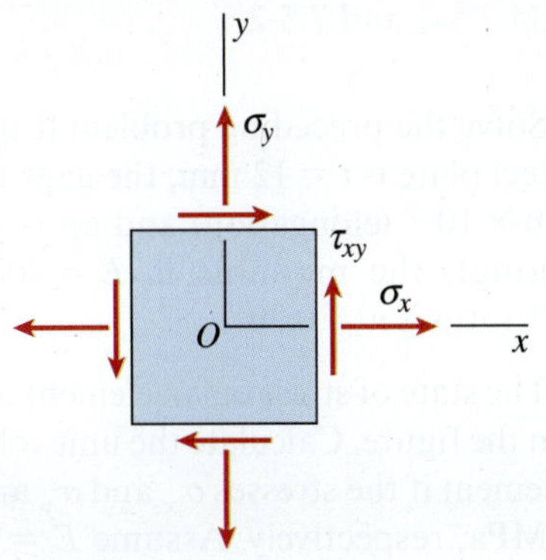

PROBLEMS 7.4-18 through 7.4-25

7.4-18 $\sigma_x = 2900\,\text{kPa}, \sigma_y = 9100\,\text{kPa}, \tau_{xy} = -3750\,\text{kPa}$

7.4-19 $\sigma_x = 5.5$ MPa, $\sigma_y = -15$ MPa, $\tau_{xy} = 20$ MPa

7.4-20 $\sigma_x = -3.3\,\text{MPa}, \sigma_y = 8.9\,\text{MPa}, \tau_{xy} = -14.1\,\text{MPa}$

7.4-21 $\sigma_x = -80$ MPa, $\sigma_y = -125$ MPa, $\tau_{xy} = -50$ MPa

7.4-22 $\sigma_x = -29.5\,\text{MPa}, \sigma_y = 29.5\,\text{MPa}, \tau_{xy} = 27\,\text{MPa}$

7.4-23 $\sigma_x = 14$ MPa, $\sigma_y = 42$ MPa, $\tau_{xy} = 19$ MPa

7.4-24 $\sigma_x = 0\,\text{MPa}, \sigma_y = -23.4\,\text{MPa}, \tau_{xy} = -9.6\,\text{MPa}$

7.4-25 $\sigma_x = 50$ MPa, $\sigma_y = 0$, $\tau_{xy} = 9$ MPa

7.5 Hooke's Law for Plane Stress

To solve the problems for Section 7.5, assume that the material is linearly elastic with modulus of elasticity E and Poisson's ratio ν.

Introductory Problems

7.5-1 A rectangular steel plate with thickness $t = 16$ mm is subjected to uniform normal stresses σ_x and σ_y, as shown in the figure. Strain gages A and B, oriented in the x and y directions, respectively, are attached to the plate. The gage readings give normal strains $\varepsilon_x = 0.00065$ (elongation) and $\varepsilon_y = 0.00040$ (elongation).

Knowing that $E = 207$ GPa and $\nu = 0.3$, determine the stresses σ_x and σ_y and the change Δt in the thickness of the plate.

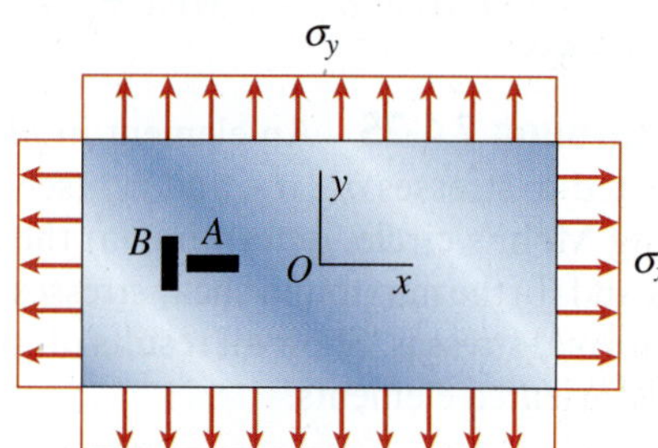

PROBLEM 7.5-1 and 7.5-2

7.5-2 Solve the preceding problem if the thickness of the steel plate is $t = 12$ mm, the gage readings are $\varepsilon_x = 530 \times 10^{-6}$ (elongation) and $\varepsilon_y = -210 \times 10^{-6}$ (shortening), the modulus is $E = 200$ GPa, and Poisson's ratio is $\nu = 0.30$.

7.5-3 The state of stress on an element of material is shown in the figure. Calculate the unit volume change of the element if the stresses σ_x and σ_y are –138 MPa and 70 MPa, respectively. Assume $E = 73$ GPa and $\nu = 0.33$.

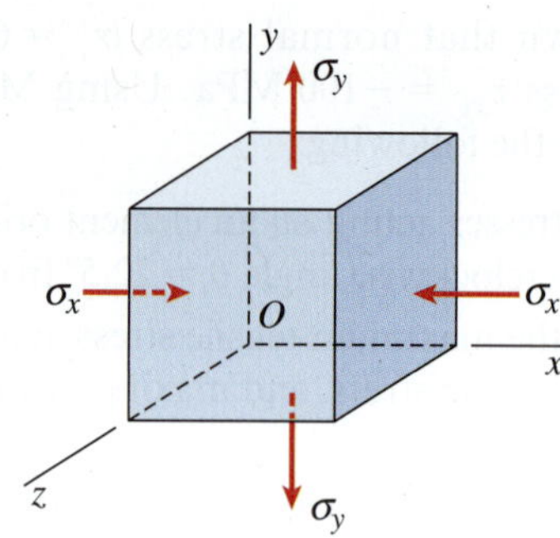

PROBLEM 7.5-3

7.5-4 An element of a material is subjected to plane stresses as shown in the figure. The stresses σ_x, σ_y, and τ_{xy} are 10 MPa, –15 MPa, and 5 MPa, respectively. Assume $E = 200$ GPa and $\nu = 0.3$.

(a) Calculate the normal strain in the x, y, and z directions and the shear strain.

(b) Calculate the strain-energy density of the element.

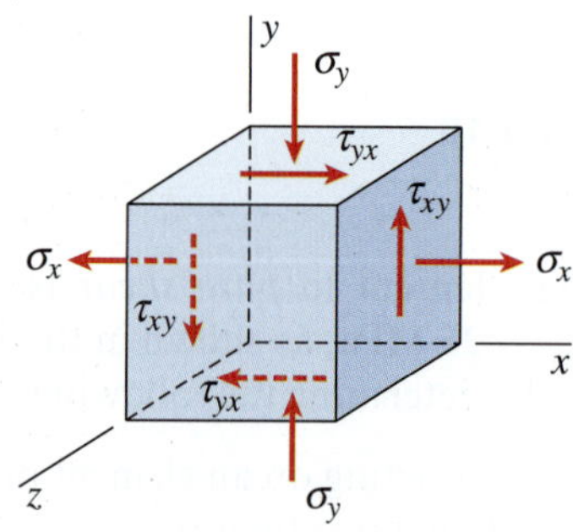

PROBLEM 7.5-4

7.5-5 Assume that the normal strains ε_x and ε_y for an element in plane stress (see figure) are measured with strain gages.

(a) Obtain a formula for the normal strain ε_z in the z direction in terms of ε_x, ε_y, and Poisson's ratio ν.

(b) Obtain a formula for the dilatation e in terms of ε_x, ε_y, and Poisson's ratio ν.

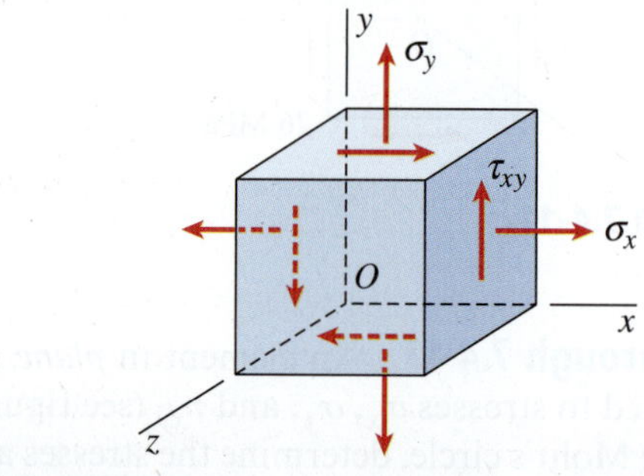

PROBLEM 7.5-5

7.5-6 A cast-iron plate in *biaxial stress* is subjected to tensile stresses $\sigma_x = 31$ MPa and $\sigma_y = 17$ MPa (see figure). The corresponding strains in the plate are $\varepsilon_x = 240 \times 10^{-6}$ and $\varepsilon_y = 85 \times 10^{-6}$.

Determine Poisson's ratio ν and the modulus of elasticity E for the material.

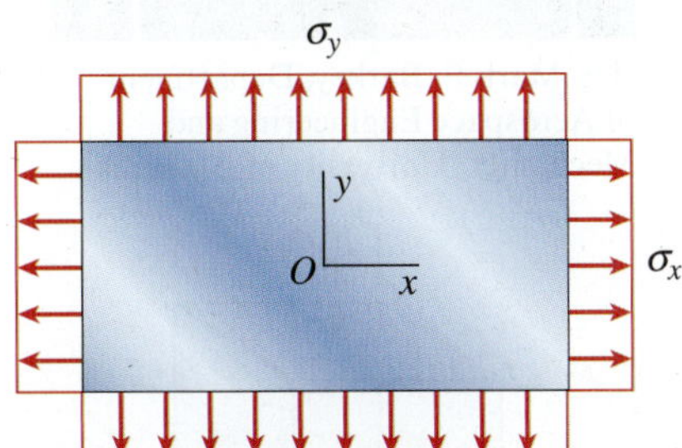

PROBLEMS 7.5-6 through 7.5-9

7.5-7 Solve the preceding problem for a steel plate with $\sigma_x = 80$ MPa (tension), $\sigma_y = -39$ MPa (compression), $\varepsilon_x = 450 \times 10^{-6}$ (elongation), and $\varepsilon_y = -310 \times 10^{-6}$ (shortening).

7.5-8 A rectangular plate in *biaxial stress* (see figure) is subjected to normal stresses $\sigma_x = 67$ MPa (tension) and $\sigma_x = -23$ MPa (compression). The plate has dimensions 400 × 550 × 20 mm and is made of steel with $E = 200$ GPa and $\nu = 0.30$.

(a) Determine the maximum in-plane shear strain γ_{max} in the plate.

(b) Determine the change Δt in the thickness of the plate.

(c) Determine the change ΔV in the volume of the plate.

7.5-9 Solve the preceding problem for an aluminum plate with $\sigma_x = 83$ MPa (tension), $\sigma_y = -21$ MPa (compression), dimensions 500 mm × 750 mm × 12.5 mm, $E = 72$ GPa, and $\nu = 0.33$.

7.5-10 A brass cube of 48 mm on each edge is compressed in two perpendicular directions by forces $P = 160$ kN (see figure).

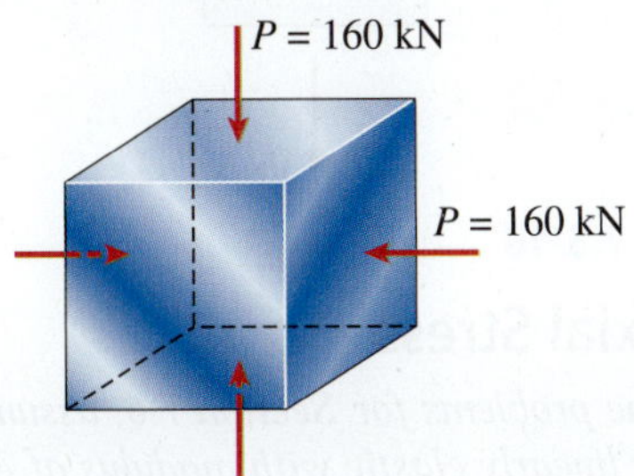

PROBLEM 7.5-10

(a) Calculate the change ΔV in the volume of the cube and the strain energy U stored in the cube, assuming $E = 100$ GPa and $\nu = 0.34$.

(b) Repeat part (a) if the cube is made of an aluminum alloy with $E = 73$ GPa and $\nu = 0.33$.

Representative Problems

7.5-11 A 100 mm cube of concrete ($E = 31$ GPa, $\nu = 0.2$) is compressed in *biaxial stress* by means of a framework that is loaded as shown in the figure.

Assuming that each load F equals 110 kN, determine the change ΔV in the volume of the cube and the strain energy U stored in the cube.

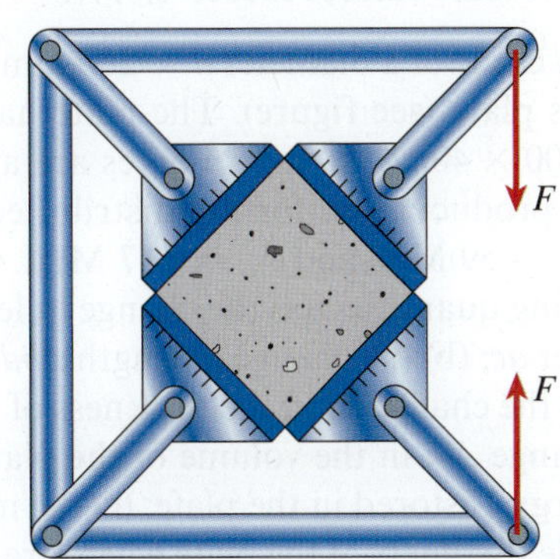

PROBLEM 7.5-11

7.5-12 A square plate of a width b and thickness t is loaded by normal forces P_x and P_y and by shear forces V, as shown in the figure. These forces produce uniformly distributed stresses acting on the side faces of the plate.

(a) Calculate the change ΔV in the volume of the plate and the strain energy U stored in the plate if the dimensions are $b = 600$ mm and $t = 40$ mm; the plate is made of magnesium with $E = 41$ GPa and $\nu = 0.35$; and the forces are $P_x = 420$ kN, $P_y = 210$ kN, and $V = 96$ kN.

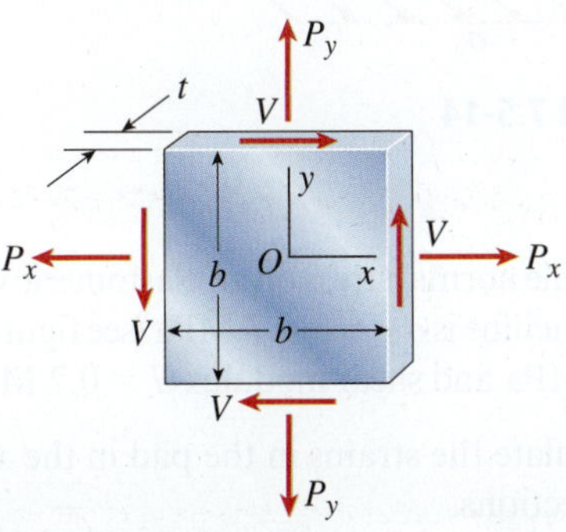

PROBLEMS 7.5-12 and 7.5-13

(b) Find the maximum permissible thickness of the plate when the strain energy U must be at least 62 J. [Assume that all other numerical values in part (a) are unchanged.]

(c) Find the minimum width b of the square plate of thickness $t = 40$ mm when the change in volume of the plate cannot exceed 0.018% of the original volume.

7.5-13 Solve the preceding problem for an aluminum plate with $b = 250$ mm, $t = 19$ mm, $E = 73$ GPa, $\nu = 0.33$, $P_x = 425$ kN, $P_y = 110$ kN, and $V = 80$ kN.

For part (b) of Problem 7.5-12, assume that the required strain energy stored is 72 J. In part (c), the change in volume cannot exceed 0.05%.

7.5-14 A circle of a diameter $d = 200$ mm is etched on a brass plate (see figure). The plate has dimensions of 400 × 400 × 20 mm. Forces are applied to the plate, producing uniformly distributed normal stresses $\sigma_x = 59$ MPa and $\sigma_y = -17$ MPa. Calculate the following quantities: (a) the change in length Δac of diameter ac; (b) the change in length Δbd of diameter bd; (c) the change Δt in the thickness of the plate; (d) the change ΔV in the volume of the plate; (e) the strain energy U stored in the plate; (f) the maximum permissible thickness of the plate when strain energy U must be at least 78.4 J; and (g) the maximum permissible value of normal stress σ_x when the change in volume of the plate cannot exceed 0.015% of the original volume. (Assume $E = 100$ GPa and $\nu = 0.34$.)

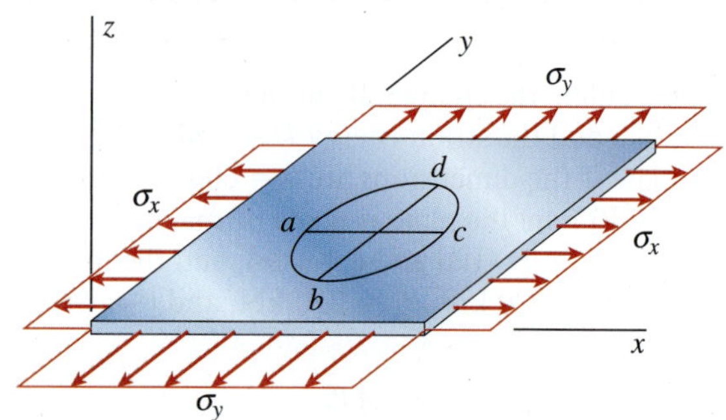

PROBLEM 7.5-14

7.5-15 The normal stress on an elastomeric rubber pad in a test machine is $\sigma_y = -0.7$ MPa (see figure). Assume $E = 2.2$ MPa and shear modulus $G = 0.7$ MPa.

(a) Calculate the strains in the pad in the x, y, and z directions.

(b) Calculate the unit volume change of the rubber.

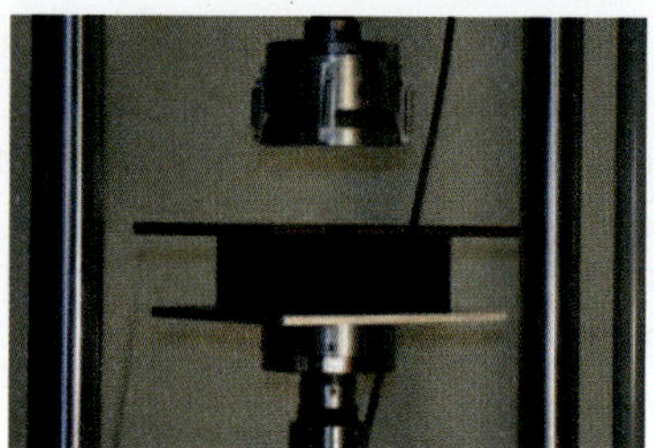

(Dr. Mark E. Barkey, Department of Aerospace Engineering and Mechanics, University of Alabama)

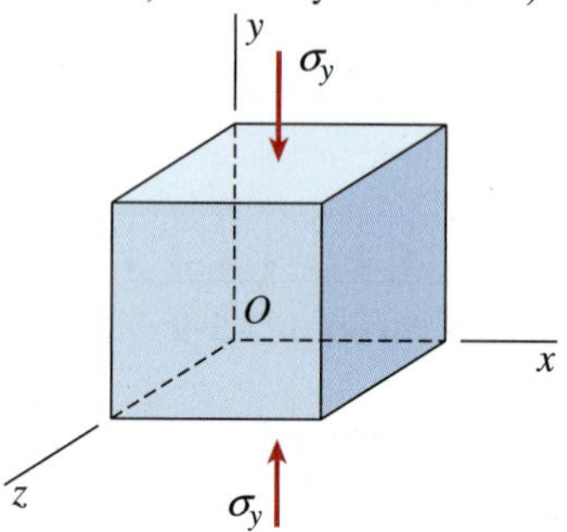

PROBLEM 7.5-15

7.5-16 A rubber sheet in biaxial stress is subjected to tensile stresses $\sigma_x = 270$ Pa and $\sigma_y = 144$ Pa. The corresponding strains in the sheet are $\varepsilon_x = 0.0002$ and $\varepsilon_y = 0.000015$. Determine Poisson's ratio and the modulus elasticity of the material.

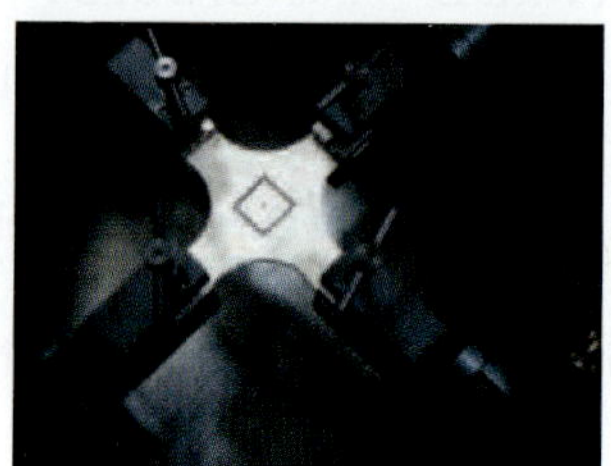

(Courtesy of TestResources, http://www.testresources.net)

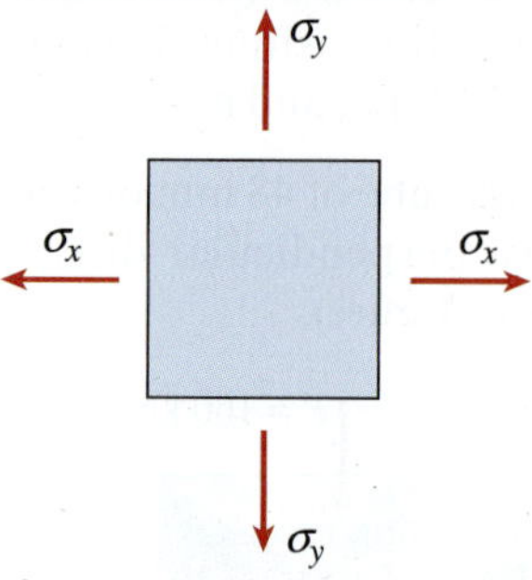

PROBLEM 7.5-16

7.6 Triaxial Stress

To solve the problems for Section 7.6, assume that the material is linearly elastic with modulus of elasticity E and Poisson's ratio ν.

Introductory Problems

7.6-1 An element of aluminum is subjected to triaxial stresses. Calculate the strains in the element in x, y, and z directions if the stresses σ_x, σ_y, and σ_z are –14 MPa, 24 MPa, and 18 MPa, respectively. Assume $E = 70$ GPa and $\nu = 0.33$. Also, find the unit volume change of the element.

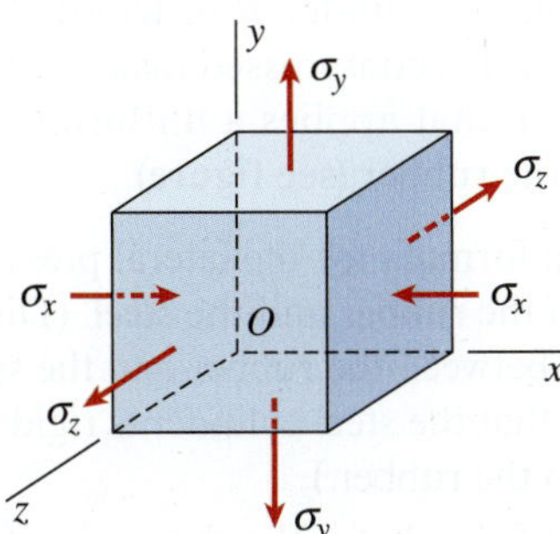

PROBLEM 7.6-1

7.6-2 An element of aluminum is subjected to triaxial stresses. Calculate the strains in the element in x, y, and z directions if the stresses σ_x, σ_y, and σ_z are –20 MPa, 28 MPa, and –18 MPa, respectively. Assume $E = 70$ GPa and $\nu = 0.33$. Also, find the strain energy density of the element.

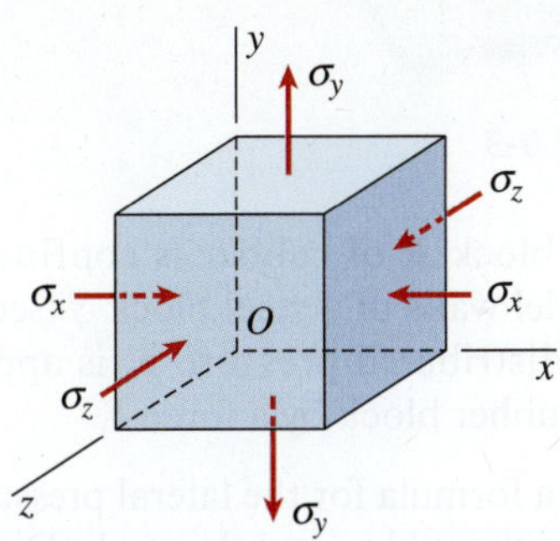

PROBLEM 7.6-2

7.6-3 An element of aluminum in the form of a rectangular parallelepiped (see figure) of dimensions $a = 140$ mm, $b = 115$ mm, and $c = 90$ mm is subjected to *triaxial stresses* $\sigma_x = 86$ MPa, $\sigma_y = -34$ MPa, and $\sigma_z = -10$ MPa acting on the x, y, and z faces, respectively.

Determine the following quantities: (a) the maximum shear stress τ_{max} in the material; (b) the changes Δa, Δb, and Δc in the dimensions of the element; (c) the change ΔV in the volume; (d) the strain energy U stored in the element; (e) the maximum value of σ_x when the change in volume must be limited to 0.021%; and (f) the required value of σ_x when the strain energy must be 102 J. (Assume $E = 72$ GPa and $\nu = 0.33$.)

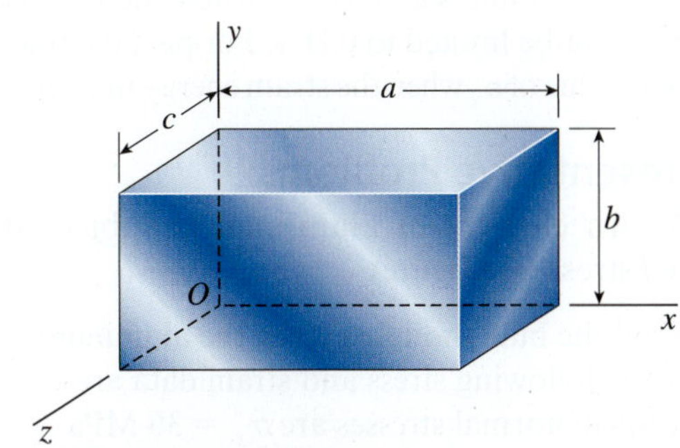

PROBLEMS 7.6-3 and 7.6-4

7.6-4 Solve the preceding problem if the element is steel ($E = 200$ GPa, $\nu = 0.30$) with dimensions $a = 300$ mm, $b = 150$ mm, and $c = 150$ mm and with the stresses $\sigma_x = -62$ MPa, $\sigma_y = -45$ MPa, and $\sigma_z = -45$ MPa.

For part (e) of Problem 7.6-3, find the maximum value of σ_x if the change in volume must be limited to -0.028%. For part (f), find the required value of σ_x if the strain energy must be 60 J.

7.6-5 A cube of cast iron with sides of length $a = 100$ mm (see figure) is tested in a laboratory under *triaxial stress*. Gages mounted on the testing machine show that the compressive strains in the material are $\varepsilon_x = -225 \times 10^{-6}$ and $\varepsilon_y = \varepsilon_z = -37.5 \times 10^{-6}$.

Determine the following quantities: (a) the normal stresses σ_x, σ_y, and σ_z acting on the x, y, and z faces of the cube; (b) the maximum shear stress τ_{max} in the material; (c) the change ΔV in the volume of the cube; (d) the strain energy U stored in the cube; (e) the maximum value of σ_x when the change in volume must be limited to 0.028%; and (f) the required value of ε_x when the strain energy must be 4.3 J. (Assume $E = 96$ GPa and $\nu = 0.25$.)

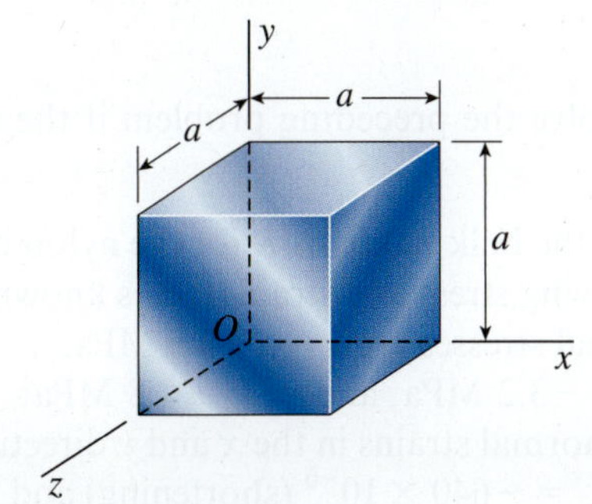

PROBLEMS 7.6-5 and 7.6-6

7.6-6 Solve the preceding problem if the cube is granite ($E = 80$ GPa, $\nu = 0.25$) with dimensions $a = 89$ mm and compressive strains $\varepsilon_x = 690 \times 10^{-6}$ and $\varepsilon_y = \varepsilon_z = 255 \times 10^{-6}$. For part (e) of Problem 7.6-5, find the maximum value of σ_x when the change in volume must be limited to 0.11%. For part (f), find the required value of ε_x when the strain energy must be 33 J.

Representative Problems

7.6-7 An element of aluminum is subjected to *triaxial* stress (see figure).

(a) Find the bulk modulus K for the aluminum if the following stress and strain data are known: normal stresses are $\sigma_x = 36$ MPa (tension), $\sigma_y = -33$ MPa (compression); and $\sigma_z = -21$ MPa (compression) and normal strains in the x and y directions are $\varepsilon_x = 713.8 \times 10^{-6}$ (elongation) and $\varepsilon_y = -502.3 \times 10^{-6}$ (shortening).

(b) If the element is replaced by one of magnesium, find the modulus of elasticity E and Poisson's ratio ν if the following data is given: bulk modulus $K = 47$ GPa; normal stresses are $\sigma_x = 31$ MPa (tension), $\sigma_y = -12$ MPa (compression), and $\sigma_z = -7.5$ MPa (compression); and normal strain in the x direction is $\varepsilon_x = 900 \times 10^{-6}$ (elongation).

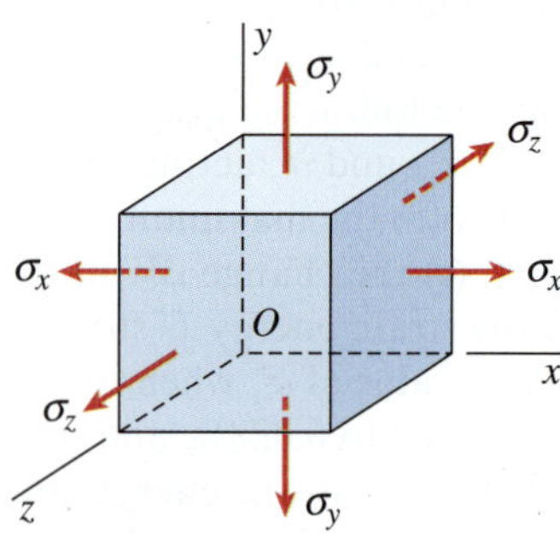

PROBLEMS 7.6-7 and 7.6-8

7.6-8 Solve the preceding problem if the material is nylon.

(a) Find the bulk modulus K for the nylon if the following stress and strain data is known: normal stresses are $\sigma_x = -3.9$ MPa, $\sigma_y = -3.2$ MPa, and $\sigma_z = -1.8$ MPa; and normal strains in the x and y directions are $\varepsilon_x = -640 \times 10^{-6}$ (shortening) and $\varepsilon_y = -310 \times 10^{-6}$ (shortening).

(b) If the element is replaced by one of polyethylene, find the modulus of elasticity E and Poisson's ratio ν if the following data is given: bulk modulus $K = 2162$ MPa; normal stresses are $\sigma_x = -3.6$ MPa (compression), $\sigma_y = -2.1$ MPa (compression), and $\sigma_z = -2.1$ MPa (compression); and normal strain in the x direction is $\varepsilon_x = -1480 \times 10^{-6}$ (shortening).

7.6-9 A rubber cylinder R of length L and cross-sectional area A is compressed inside a steel cylinder S by a force F that applies a uniformly distributed pressure to the rubber (see figure).

(a) Derive a formula for the lateral pressure p between the rubber and the steel. (Disregard friction between the rubber and the steel, and assume that the steel cylinder is rigid when compared to the rubber.)

(b) Derive a formula for the shortening δ of the rubber cylinder.

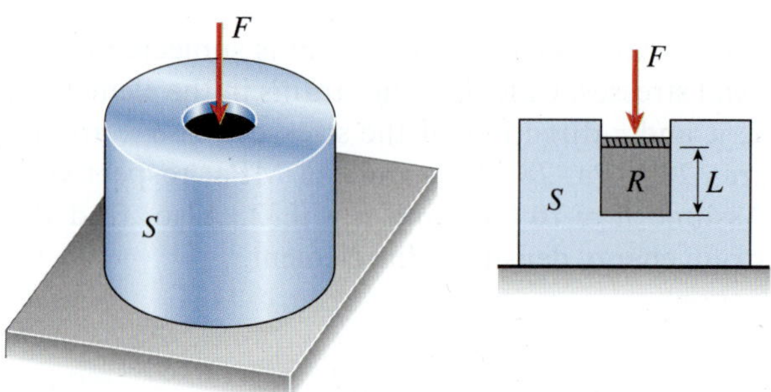

PROBLEM 7.6-9

7.6-10 A block R of rubber is confined between plane parallel walls of a steel block S (see figure). A uniformly distributed pressure p_0 is applied to the top of the rubber block by a force F.

(a) Derive a formula for the lateral pressure p between the rubber and the steel. (Disregard friction between the rubber and the steel, and

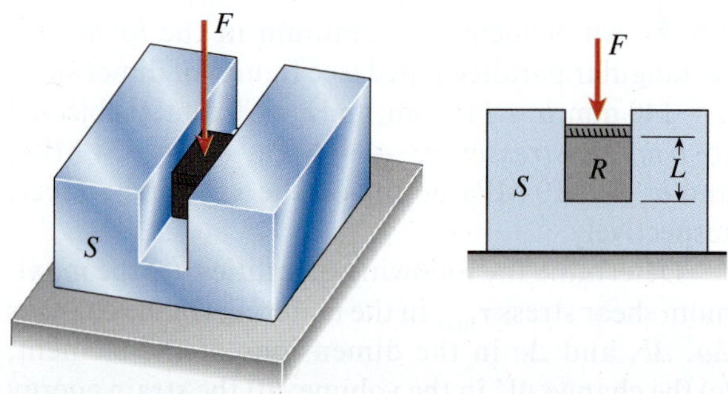

PROBLEM 7.6-10

assume that the steel block is rigid when compared to the rubber.)

(b) Derive a formula for the dilatation e of the rubber.

(c) Derive a formula for the strain-energy density u of the rubber.

7.6-11 A rubber cube R of a side $L = 75$ mm and cross-sectional area $A = 5800\ \text{mm}^2$ is compressed inside a steel cube S by a force $F = 22$ N that applies uniformly distributed pressure to the rubber. Assume $E = 2$ MPa and $\nu = 0.45$.

(a) Calculate the lateral pressure between the rubber and steel (disregard friction between the rubber and the steel, and assume that the steel block is rigid when compared to the rubber).

(b) Calculate the change in volume of the rubber.

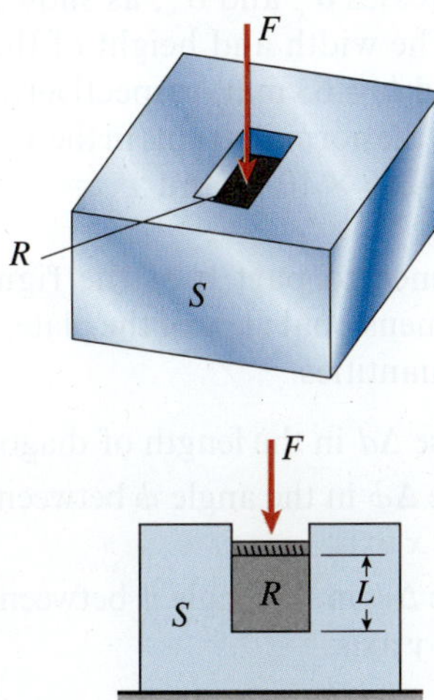

PROBLEM 7.6-11

7.6-12 A copper bar with a square cross section is inserted into a square rigid tube as shown in the figure. The length of the copper bar is 1.2 m and the area of the cross section is 300 mm². The bar is subjected to a force P that applies a uniformly distributed pressure to the copper. Calculate the force P if the longitudinal displacement of the bar is 2 mm. Assume that the modulus of elasticity of the bar is $E = 110$ GPa and Poisson's ratio is $\nu = 0.33$. Disregard friction between the copper and the rigid tube.

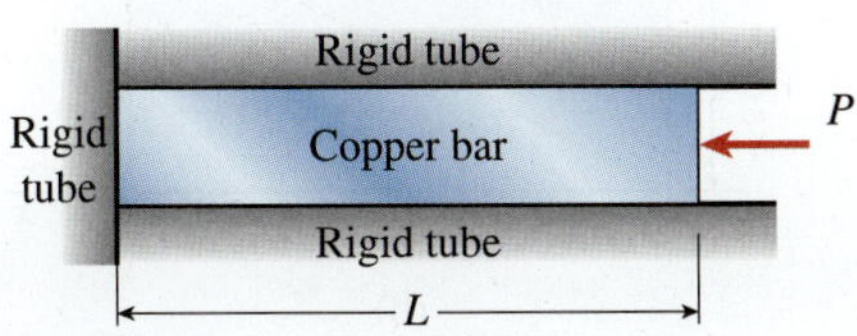

PROBLEM 7.6-12

7.6-13 A solid spherical ball of magnesium alloy ($E = 45$ GPa, $\nu = 0.35$) is lowered into the ocean to a depth of 2400 m. The diameter of the ball is 225 mm.

(a)Determine the decrease Δd in diameter, the decrease ΔV in volume, and the strain energy U of the ball.

(b) At what depth will the volume change be equal to 0.0324% of the original volume?

7.6-14 A solid steel sphere ($E = 210$ GPa, $\nu = 0.3$) is subjected to hydrostatic pressure p such that its volume is reduced by 0.4%.

(a) Calculate the pressure p.

(b) Calculate the volume modulus of elasticity K for the steel.

(c) Calculate the strain energy U stored in the sphere if its diameter is $d = 150$ mm.

7.6-15 A solid bronze sphere (volume modulus of elasticity $K = 100$ GPa) is suddenly heated around its outer surface. The tendency of the heated part of the sphere to expand produces uniform tension in all directions at the center of the sphere.

If the stress at the center is 83 MPa, what is the strain? Also, calculate the unit volume change e and the strain-energy density u at the center.

7.7 Plane Strain

To solve the problems for Section 7.7, consider only the in-plane strains (the strains in the x-y plane) unless stated otherwise. Use the transformation equations of plane strain except when Mohr's circle is specified.

Introductory Problems

7.7-1 An element of material in plain strain has the following strains: $\varepsilon_x = -0.001$ and $\varepsilon_y = 0.0015$.

(a) Determine the strains for an element oriented at an angle $\theta = 25°$.

(b) Find the principal strains of the element.

Confirm the solution using Mohr's circle for plane strain.

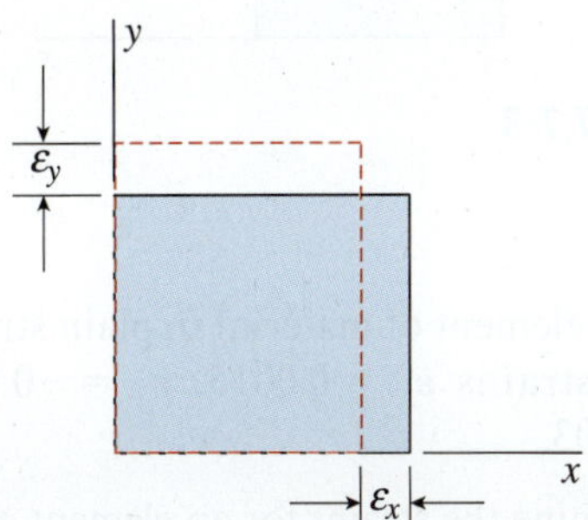

PROBLEM 7.7-1

7.7-2 An element of material in plain strain has the following strains: $\varepsilon_x = 0.002$ and $\varepsilon_y = 0.0015$.

(a) Determine the principal strains of the element.

(b) Determine the maximum shear strain of the element.

Confirm the solution using Mohr's circle for plane strain.

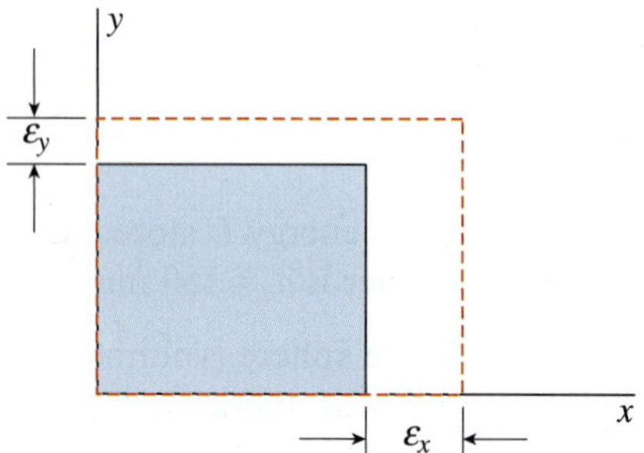

PROBLEM 7.7-2

7.7-3 An element of material in plain strain is subjected to shear strain $\gamma_{xy} = 0.0003$.

(a) Determine the strains for an element oriented at an angle $\theta = 30°$.

(b) Determine the principal strains of the element.

Confirm the solution using Mohr's circle for plane strain.

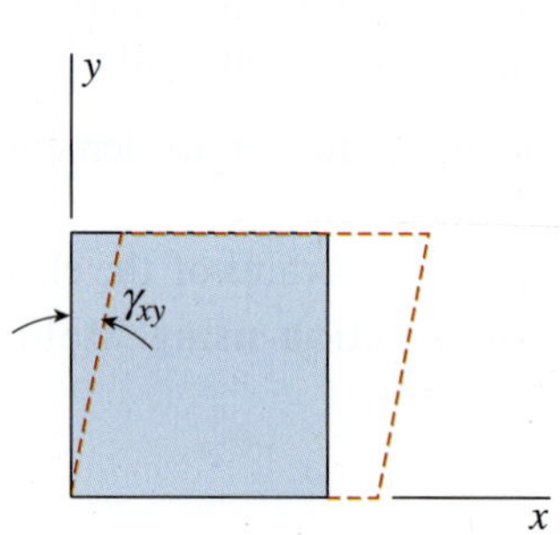

PROBLEM 7.7-3

7.7-4 An element of material in plain strain is subjected to strains $\varepsilon_x = 0.0015$, $\varepsilon_y = -0.0002$, and $\gamma_{xy} = 0.0003$.

(a) Determine the strains for an element oriented at an angle $\theta = 20°$.

(b) Determine the principal strains of the element.

Confirm the solution using Mohr's circle for plane strain.

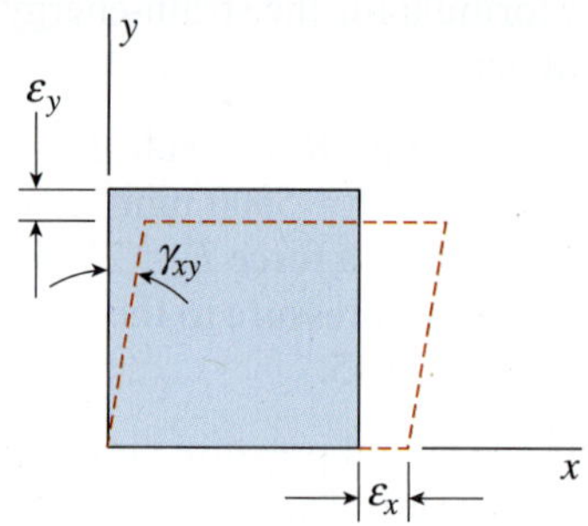

PROBLEM 7.7-4

7.7-5 A thin rectangular plate in *biaxial stress* is subjected to stresses σ_x and σ_y, as shown in part a of the figure. The width and height of the plate are $b = 190$ mm and $h = 63$ mm, respectively. Measurements show that the normal strains in the x and y directions are $\varepsilon_x = 285 \times 10^{-6}$ and $\varepsilon_y = -190 \times 10^{-6}$, respectively.

With reference to part b of the figure, which shows a two-dimensional view of the plate, determine the following quantities.

(a) The increase Δd in the length of diagonal Od.

(b) The change $\Delta\phi$ in the angle ϕ between diagonal Od and the x axis.

(c) The change $\Delta\psi$ in the angle ψ between diagonal Od and the y axis.

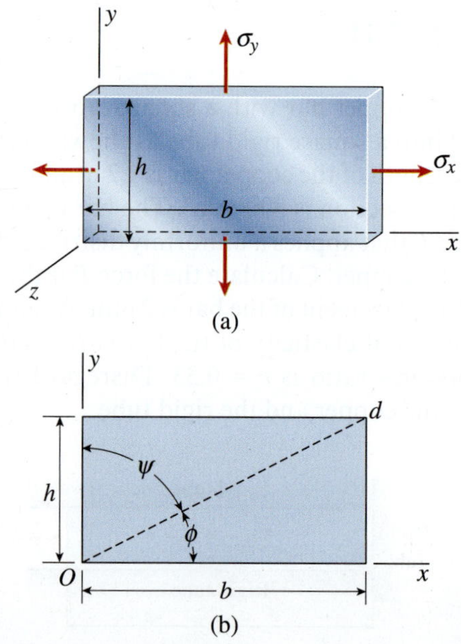

PROBLEMS 7.7-5 and 7.7-6

7.7-6 Solve the preceding problem if $b = 180$ mm and $h = 70$ mm, respectively. Measurements show that the normal strains in the x and y directions are $\varepsilon_x = 390 \times 10^{-6}$ and $\varepsilon_y = -240 \times 10^{-6}$, respectively.

7.7-7 A thin square plate in *biaxial stress* is subjected to stresses σ_x and σ_y, as shown in part a of the figure. The width of the plate is $b = 300$ mm Measurements show that the normal strains in the x and y directions are $\varepsilon_x = 427 \times 10^{-6}$ and $\varepsilon_y = 113 \times 10^{-6}$, respectively.

With reference to part b of the figure, which shows a two-dimensional view of the plate, determine the following quantities.

(a) The increase Δd in the length of diagonal Od.

(b) The change $\Delta\phi$ in the angle ϕ between diagonal Od and the x axis.

(c) The shear strain γ associated with diagonals Od and cf (that is, find the decrease in angle ced).

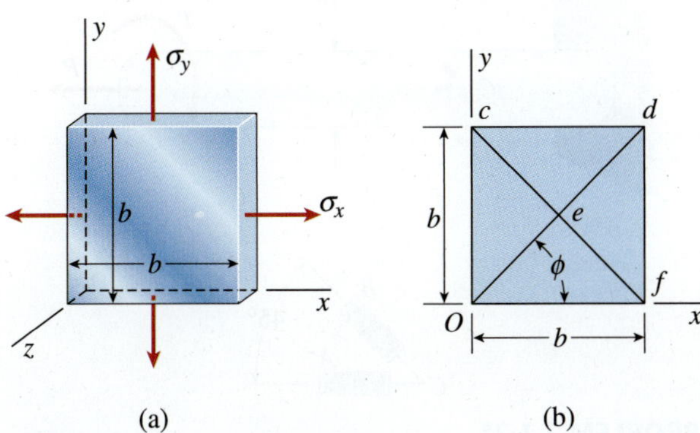

PROBLEMS 7.7-7 and 7.7-8

7.7-8 Solve the preceding problem if $b = 225$ mm, $\varepsilon_x = 845 \times 10^{-6}$, and $\varepsilon_y = 211 \times 10^{-6}$.

7.7-9 An element of material subjected to *plane strain* (see figure) has strains of $\varepsilon_x = 280 \times 10^{-6}$, $\varepsilon_y = 420 \times 10^{-6}$, and $\gamma_{xy} = 150 \times 10^{-6}$.

Calculate the strains for an element oriented at an angle $\theta = 35°$. Show these strains on a sketch of a properly oriented element.

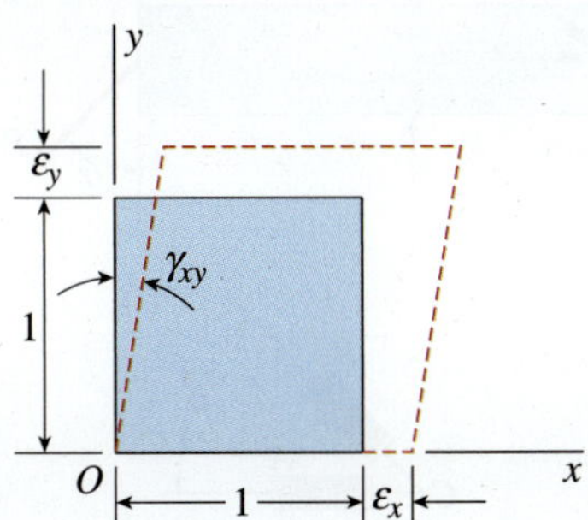

PROBLEMS 7.7-9 through 7.7-14

7.7-10 Solve the preceding problem for the following data: $\varepsilon_x = 190 \times 10^{-6}$, $\varepsilon_y = -230 \times 10^{-6}$, $\gamma_{xy} = 160 \times 10^{-6}$, and $\theta = 40°$.

7.7-11 The strains for an element of material in *plane strain* (see figure) are as follows: $\varepsilon_x = 480 \times 10^{-6}$, $\varepsilon_y = 140 \times 10^{-6}$, and $\gamma_{xy} = -350 \times 10^{-6}$.

Determine the principal strains and maximum shear strains, and show these strains on sketches of properly oriented elements.

7.7-12 Solve the preceding problem for the following strains: $\varepsilon_x = 120 \times 10^{-6}$, $\varepsilon_y = -450 \times 10^{-6}$, and $\gamma_{xy} = -360 \times 10^{-6}$.

Representative Problems

7.7-13 An element of material in *plane strain* (see figure) is subjected to strains $\varepsilon_x = 480 \times 10^{-6}$, $\varepsilon_y = 70 \times 10^{-6}$, and $\gamma_{xy} = 420 \times 10^{-6}$.

Determine the following quantities: (a) the strains for an element oriented at an angle $\theta = 75°$, (b) the principal strains, and (c) the maximum shear strains. Show the results on sketches of properly oriented elements.

7.7-14 Solve the preceding problem for the following data: $\varepsilon_x = -1120 \times 10^{-6}$, $\varepsilon_y = -430 \times 10^{-6}$, $\gamma_{xy} = 780 \times 10^{-6}$, and $\theta = 45°$.

7.7-15 A brass plate with a modulus of elasticity $E = 110$ GPa and Poisson's ratio $\nu = 0.34$ is loaded in *biaxial stress* by normal stresses σ_x and σ_y (see figure). A strain gage is bonded to the plate at an angle $\phi = 35°$.

If the stress σ_x is 74 MPa and the strain measured by the gage is $\varepsilon = 390 \times 10^{-6}$, what is the maximum in-plane shear stress $(\tau_{max})_{xy}$ and shear strain $(\gamma_{max})_{xy}$? What is the maximum shear strain $(\gamma_{max})_{xz}$ in the x-z plane? What is the maximum shear strain $(\gamma_{max})_{yz}$ in the y-z plane?

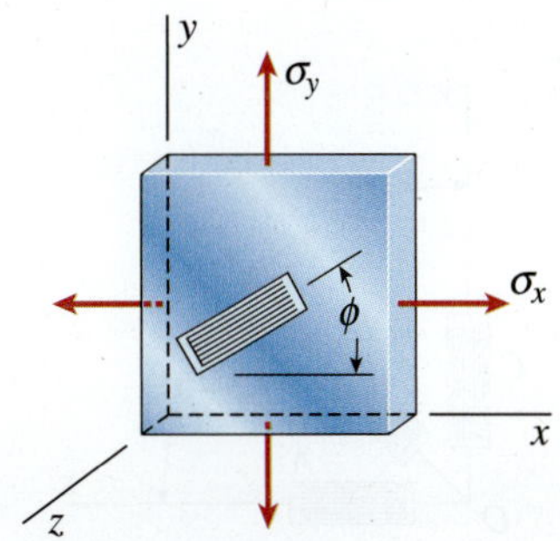

PROBLEMS 7.7-15 and 7.7-16

7.7-16 Solve the preceding problem if the plate is made of aluminum with $E = 72$ GPa and Poisson's ratio $\nu = 0.33$. The plate is loaded in *biaxial stress* with normal stress $\sigma_x = 79$ MPa, angle $\phi = 18°$, and the strain measured by the gage is $\varepsilon = 925 \times 10^{-6}$.

7.7-17 An element in *plane stress* is subjected to stresses $\sigma_x = -58$ MPa, $\sigma_y = 7.5$ MPa, and $\tau_{xy} = -12$ MPa (see figure). The material is aluminum with modulus of elasticity $E = 69$ GPa and Poisson's ratio $\nu = 0.33$.

Determine the following quantities: (a) the strains for an element oriented at an angle $\theta = 30°$, (b) the principal strains, and (c) the maximum shear strains. Show the results on sketches of properly oriented elements.

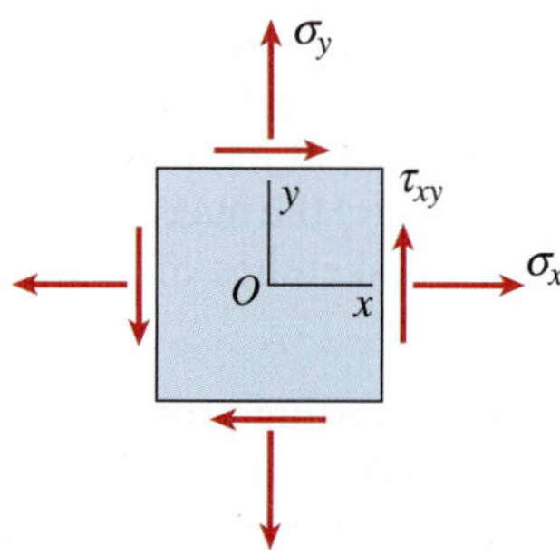

PROBLEMS 7.7-17 and 7.7-18

7.7-18 Solve the preceding problem for the following data: $\sigma_x = -150$ MPa, $\sigma_y = -210$ MPa, $\tau_{xy} = -16$ MPa, and $\theta = 50°$. The material is brass with $E = 100$ GPa and $\nu = 0.34$.

7.7-19 During a test of an airplane wing, the strain gage readings from a 45° rosette (see figure) are as follows: gage A, 520×10^{-6}; gage B, 360×10^{-6}; and gage C, -80×10^{-6}.

Determine the principal strains and maximum shear strains, and show them on sketches of properly oriented elements.

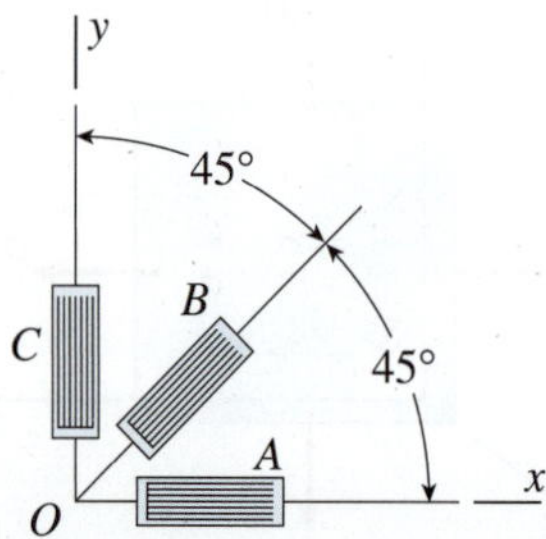

PROBLEMS 7.7-19 and 7.7-20

7.7-20 A 45° strain rosette (see figure) mounted on the surface of an automobile frame gives the following readings: gage A, 310×10^{-6}; gage B, 180×10^{-6}; and gage C, -160×10^{-6}.

Determine the principal strains and maximum shear strains, and show them on sketches of properly oriented elements.

7.7-21 A solid circular bar with a diameter of $d = 32$ mm is subjected to an axial force P and a torque T (see figure). Strain gages A and B mounted on the surface of the bar give readings $\varepsilon_A = 140 \times 10^{-6}$ and $\varepsilon_B = -60 \times 10^{-6}$. The bar is made of steel having $E = 210$ GPa and $\nu = 0.29$.

(a) Determine the axial force P and the torque T.

(b) Determine the maximum shear strain γ_{max} and the maximum shear stress τ_{max} in the bar.

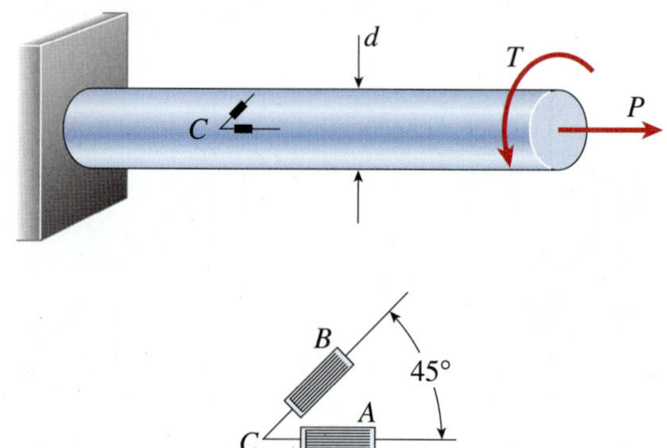

PROBLEM 7.7-21

7.7-22 A cantilever beam with a rectangular cross section (width $b = 20$ mm, height $h = 175$ mm) is loaded by a force P that acts at the mid-height of the beam and is inclined at an angle α to the vertical (see figure). Two strain gages are placed at point C, which also is at the mid-height of the beam. Gage A

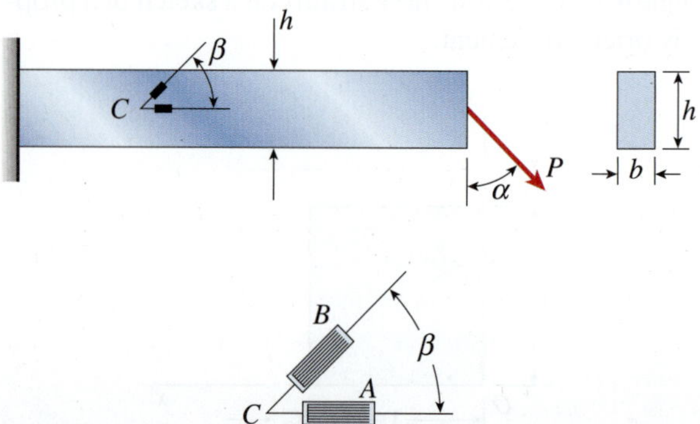

PROBLEMS 7.7-22 and 7.7-23

measures the strain in the horizontal direction, and gage B measures the strain at an angle $\beta = 60°$ to the horizontal. The measured strains are $\varepsilon_A = 145 \times 10^{-6}$ and $\varepsilon_B = -165 \times 10^{-6}$.

Determine the force P and the angle α, assuming the material is steel with $E = 200$ GPa and $\nu = 1/3$.

7.7-23 Solve the preceding problem if the cross-sectional dimensions are $b = 38$ mm and $h = 125$ mm, the gage angle is $\beta = 75°$, the measured strains are $\varepsilon_A = 209 \times 10^{-6}$ and $\varepsilon_B = -110 \times 10^{-6}$, and the material is a magnesium alloy with modulus $E = 43$ GPa and Poisson's ratio $\nu = 0.35$.

7.7-24 A 60° strain rosette, or *delta rosette*, consists of three electrical-resistance strain gages arranged as shown in the figure. Gage A measures the normal strain ε_a in the direction of the x axis. Gages B and C measure the strains ε_b and ε_c in the inclined directions shown.

Obtain the equations for the strains ε_x, ε_y, and γ_{xy} associated with the x-y axes.

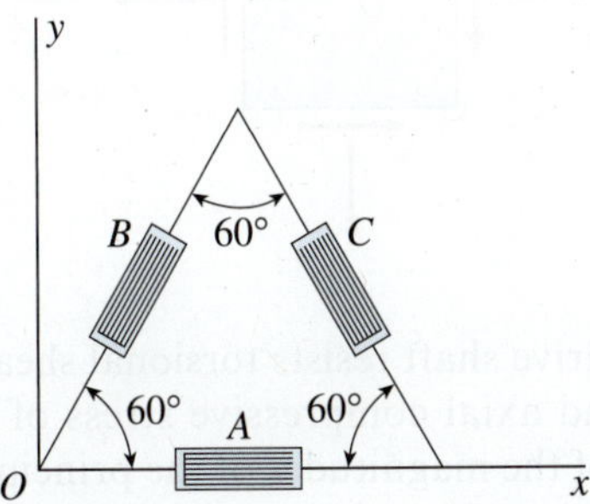

PROBLEM 7.7-24

7.7-25 On the surface of a structural component in a space vehicle, the strains are monitored by means of three strain gages arranged as shown in the figure. During a certain maneuver, the following strains were recorded: $\varepsilon_a = 1100 \times 10^{-6}$, $\varepsilon_b = 200 \times 10^{-6}$, and $\varepsilon_c = 200 \times 10^{-6}$.

Determine the principal strains and principal stresses in the material, which is a magnesium alloy for which $E = 41$ GPa and $\nu = 0.35$. Show the principal strains and principal stresses on sketches of properly oriented elements.

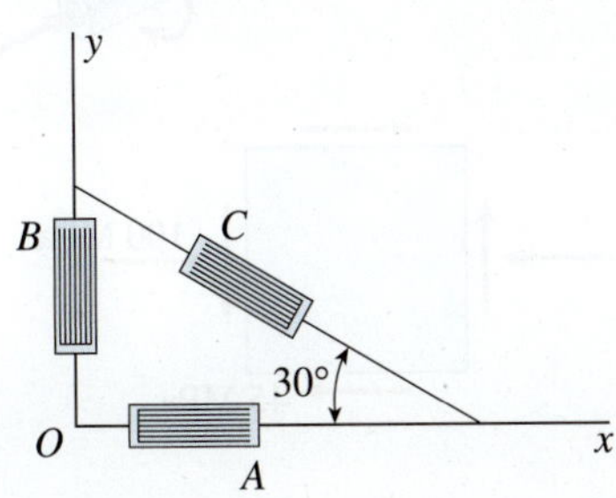

PROBLEM 7.7-25

7.2-26 The strains on the surface of an experimental device made of pure aluminum ($E = 70$ GPa, $\nu = 0.33$) and tested in a space shuttle were measured by means of strain gages. The gages were oriented as shown in the figure, and the measured strains were $\varepsilon_a = 1100 \times 10^{-6}$, $\varepsilon_b = 1496 \times 10^{-6}$, and $\varepsilon_c = -39.44 \times 10^{-6}$.

What is the stress σ_x in the x direction?

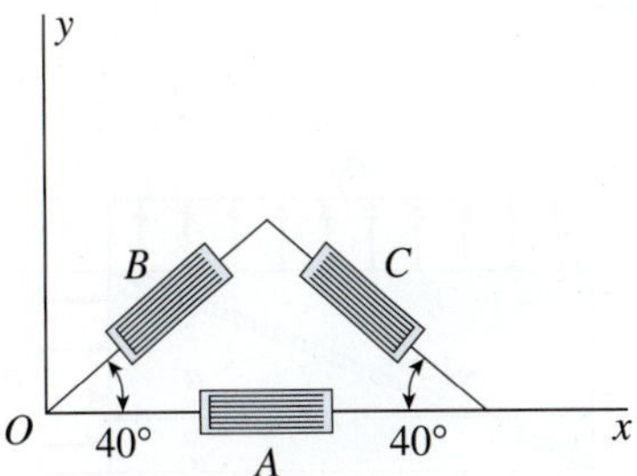

PROBLEM 7.7-26

7.7-27 Solve Problem 7.7-9 by using Mohr's circle for plane strain.

7.7-28 Solve Problem 7.7-10 by using Mohr's circle for plane strain.

7.7-29 Solve Problem 7.7-11 by using Mohr's circle for plane strain.

7.7-30 Solve Problem 7.7-12 by using Mohr's circle for plane strain.

7.7-31 Solve Problem 7.7-13 by using Mohr's circle for plane strain.

7.7-32 Solve Problem 7.7-14 by using Mohr's circle for plane strain.

SOME ADDITIONAL REVIEW PROBLEMS: Chapter 7

R-7.1 A rectangular plate ($a = 120$ mm, $b = 160$ mm) is subjected to compressive stress $\sigma_x = -4.5$ MPa and tensile stress $\sigma_y = 15$ MPa. The ratio of the normal stress acting perpendicular to the weld to the shear stress acting along the weld is approximately:

(A) 0.27
(B) 0.54
(C) 0.85
(D) 1.22

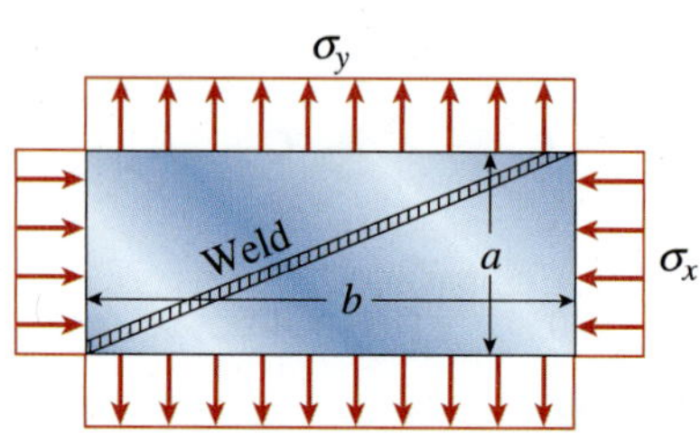

R-7.2 A rectangular plate in plane stress is subjected to normal stresses σ_x and σ_y and shear stress τ_{xy}. Stress σ_x is known to be 15 MPa, but σ_y and τ_{xy} are unknown. However, the normal stress is known to be 33 MPa at counterclockwise angles of 35° and 75° from the x axis. Based on this, the normal stress σ_y on the element in the figure is approximately:

(A) 14 MPa
(B) 21 MPa
(C) 26 MPa
(D) 43 MPa

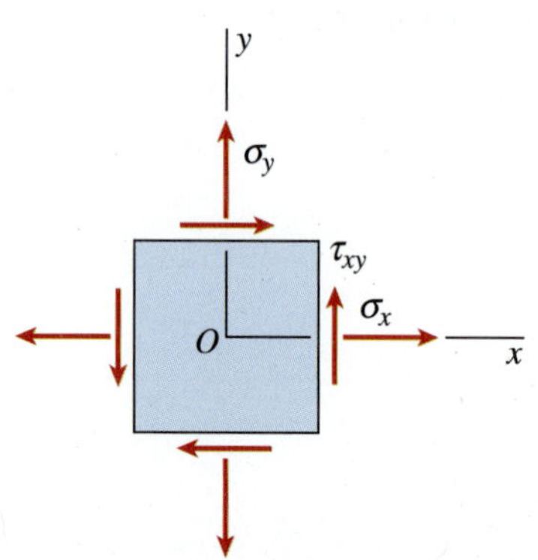

R-7.3 A rectangular plate in plane stress is subjected to normal stresses $\sigma_x = 35$ MPa, $\sigma_y = 26$ MPa, and shear stress $\tau_{xy} = 14$ MPa. The ratio of the magnitudes of the principal stresses (σ_1/σ_2) is approximately:

(A) 0.8
(B) 1.5
(C) 2.1
(D) 2.9

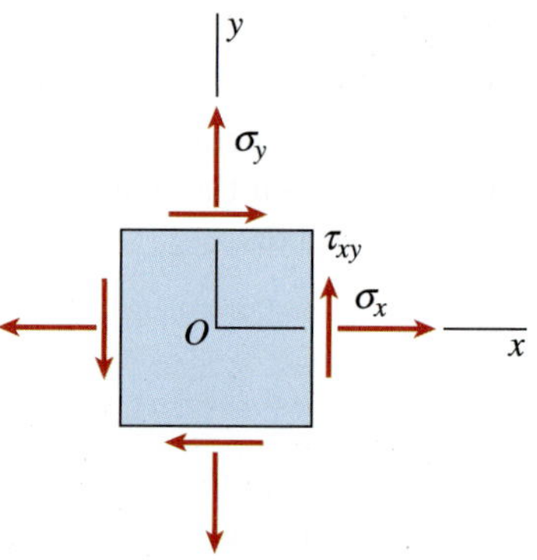

R-7.4 A drive shaft resists torsional shear stress of 45 MPa and axial compressive stress of 100 MPa. The ratio of the magnitudes of the principal stresses (σ_1/σ_2) is approximately:

(A) 0.15
(B) 0.55
(C) 1.2
(D) 1.9

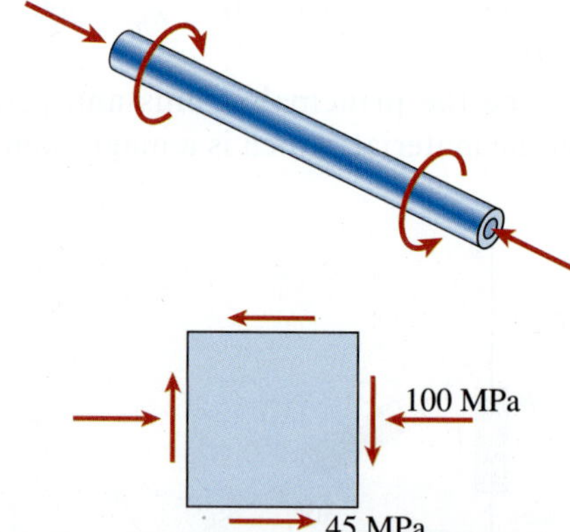

R-7.5 A drive shaft resists torsional shear stress of 45 MPa and axial compressive stress of 100 MPa. The maximum shear stress is approximately:

(A) 42 MPa
(B) 67 MPa
(C) 71 MPa
(D) 93 MPa

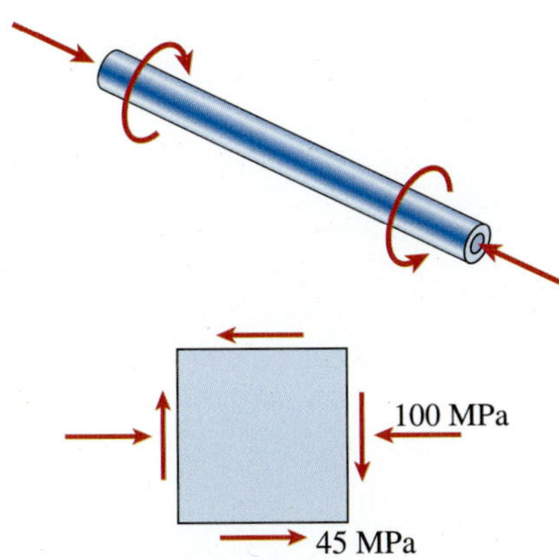

R-7.6 A drive shaft resists torsional shear stress of $\tau_{xy} = 40$ MPa and axial compressive stress $\sigma_x = -70$ MPa. One principal normal stress is known to be 38 MPa (tensile). The stress σ_y is approximately:

(A) 23 MPa
(B) 35 MPa
(C) 62 MPa
(D) 75 MPa

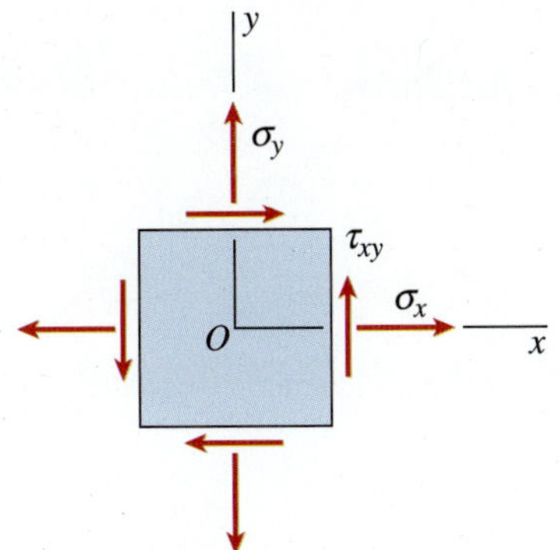

R-7.7 A cantilever beam with rectangular cross section ($b = 95$ mm, $h = 300$ mm) supports load $P = 160$ kN at its free end. The ratio of the magnitudes of the principal stresses (σ_1/σ_2) at point A (at distance $c = 0.8$ m from the free end and distance $d = 200$ mm up from the bottom) is approximately:

(A) 5
(B) 12
(C) 18
(D) 25

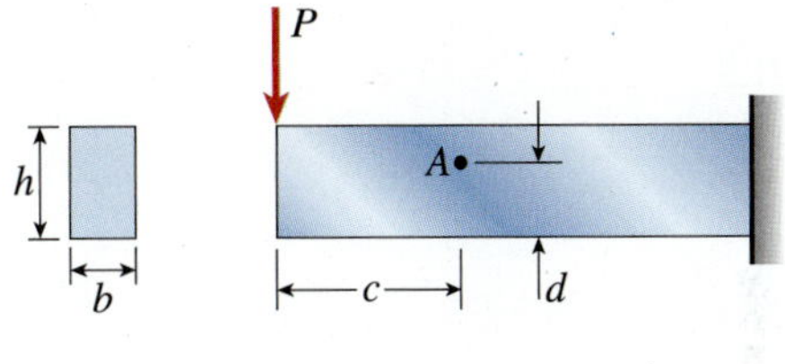

R-7.8 A simply supported beam ($L = 4.5$ m) with rectangular cross section ($b = 95$ mm, $h = 280$ mm) supports uniform load $q = 25$ kN/m. The ratio of the magnitudes of the principal stresses (σ_1/σ_2) at a point $a = 1.0$ m from the left support and distance $d = 100$ mm up from the bottom of the beam is approximately:

(A) 9
(B) 17
(C) 31
(D) 41

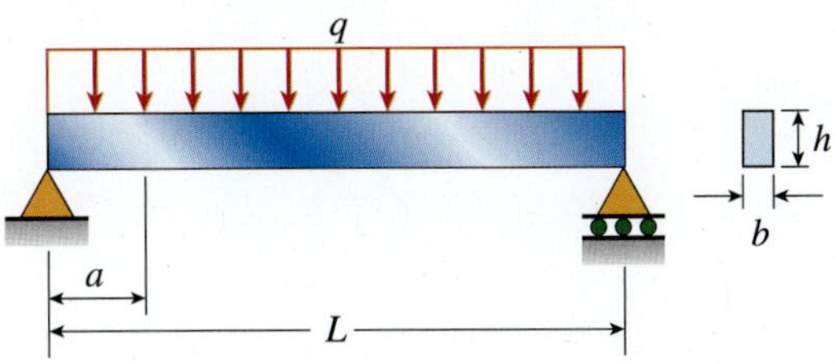

CHAPTER 8

평면응력의 적용(압력용기, 보, 조합 하중)

Applications of Plane Stress (Pressure Vessels, Beams, and Combined Loadings)

andrea crisante/Shutterstock.com

비행선과 같은 기구는 자신의 형태를 유지하고 부양력을 얻기 위하여 공기보다 가벼운 가스의 내압을 이용한다.

이 장의 목적

- 평면응력으로 알려진 응력 상태의 학습과 구형 및 원통형 압력용기와 같은 구조물에 적용
- 보에서 주응력과 최대 전단응력의 분포조사 및 보 전체에서 이 응력들의 변화를 나타내는 응력궤적 또는 응력곡선의 작도
- 축, 비틀림, 전단, 굽힘, 내압 등의 조합 하중이 작용하는 구조물의 중요 위치에서의 평면응력 상태를 정의하고 여러 관점에서 평가
- 조합 하중이 작용하는 구조물의 임계점을 해석하기 위한 상세한 접근방법의 제시

이 장의 구성

8.1 서론

이 장은 7장에서 제시된 개념을 기본으로, 평면응력과 변형률의 상태인 몇 가지의 구조물과 부품의 실제 해석 예들을 제공한다. 먼저 얇은 두께의 압력용기의 벽에 발생하는 응력과 변형률이 검토된다. 다음으로, 조합 하중이 작용하는 구조물의 설계에 필요한 최대 수직 및 전단응력을 구하기 위한 평가가 이루어진다.

8.2 구형 압력용기

aWayne Eastep/Getty Images

정유시설에서 프로판의 저장에 사용되는 얇은 두께의 구형 압력용기

압력용기(pressure vessel)란 압력을 받고 있는 액체나 기체가 저장된 밀폐 구조물이다. 흔히 접하는 것으로 탱크류, 파이프, 압력을 받는 항공기의 객실 및 우주선 등이 있다. 압력용기가 전체 크기에 비해 두께가 얇을 때, 이러한 것들은 **쉘 구조물(shell structure)**로 분류된다. 쉘 구조물의 예로는 돔형 지붕, 항공기 날개 및 잠수함 동체 등이 있다.

이 절에서는 그림 8-1에 나타낸 압축공기 탱크와 같이 얇은 벽(thin walled)을 가진 구형의 압력용기를 고려한다. **얇은 벽**이라는 용어는 정확하지는 않지만 일반적으로 압력용기의 반지름 r에 대한 벽두께 t의 비율(그림 8-2)이 10보다 클 때, 이 압력용기는 얇은 벽으로 고려한다. 이런 조건이 만족될 때, 정역학만을 사용하여도 충분히 정확성 있게 벽 내부의 응력을 결정할 수 있다.

그림 8-1
구형 압력용기

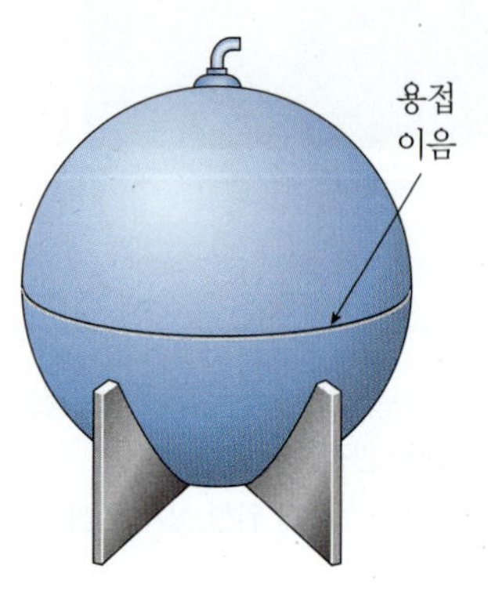

이어지는 논의에서는 내압 p(그림 8-2)가 쉘 외부에서 작용하는 압력을 초과한다고 가정한다. 그렇지 않다면 그 용기는 좌굴로 인해 안쪽으로 붕괴될 것이다.

내압에 견디는 용기로서 구는 이론적으로 가장 이상적인 형태이다. 구가 이상적으로 가장 "자연스러운" 형태임은 비눗방울을 고려해보면 쉽게 알 수 있다. 구형 용기 내의 응력을 결정하기 위해 구를 수직 지름 평면으로 자르고(그림 8-3a), 쉘의 반쪽 부분과 거기에 담긴 유체를 단순 자유물체로 분리시켜보자(그림 8-3b). 이 자유물체에 작용하는 것은 용기의 벽에 작용하는 인장응력 σ와 유체의 압력 p이다. 압력은 반구 내에 남아 있는 유체의 평면적에 대하여 수평으로 작용한다. 압력이 균일하기 때문에 총 압력 P(그림 8-3b)은 다음과 같다.

$$P = p(\pi r^2) \tag{8-1}$$

그림 8-2
안쪽 반지름 r, 벽두께 t, 내압 p인 구형 압력용기의 단면

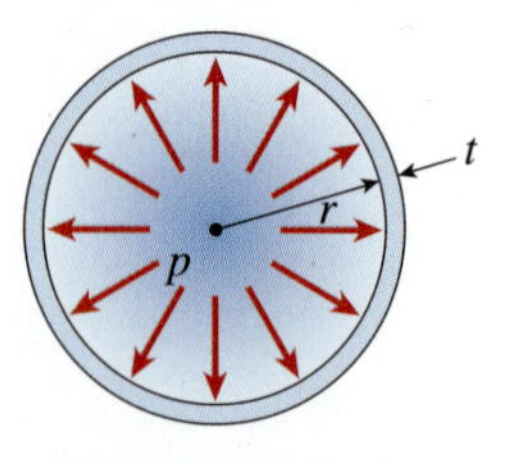

여기서, r은 구의 안쪽 반지름이다.

압력 p는 용기 내의 절대압력이 아니라 순 내압 또는 **게이지압력(gage pressure)**임을 유의하라. 게이지압력은 용기의 외부에 작용하는 압력보다 높은 내부압력이다. 만약 내압 및 외압이 동일하다면 용기의 벽에는 응력이 발생하지 않는다. 오직 외압보다 내압이 큰 경우에만 이러한 응력에 영향을 준다.

용기와 하중의 대칭성으로 인해(그림 8-3b) 인장응력 σ는 원주에 걸쳐서 균일하다. 더욱이 벽이 얇기 때문에 응력이 두께 t에 대하여 균일하게 분포한다는 가정이 정확하다. 이 가정의 정확성은 쉘이 얇으면 얇을수록 증가하고 두께가 두꺼워질수록 감소한다.

벽에 작용하는 인장응력 σ의 합력은 응력 σ에 그 작용면적을 곱한 것과 같은 수평력이다.

$$\sigma(2\pi r_m t)$$

여기서, t는 벽의 두께이고 r_m은 평균 반지름이다.

$$r_m = r + \frac{t}{2} \tag{8-2}$$

결과적으로, 수평방향의 힘의 평형(그림 8-3b)으로부터

$$\Sigma F_{\text{horiz}} = 0: \quad \sigma(2\pi r_m t) - p(\pi r^2) = 0 \tag{8-3}$$

이로부터 용기의 벽면에 작용하는 **인장응력**이 유도된다.

$$\sigma = \frac{pr^2}{2r_m t} \tag{8-4}$$

여기서의 해석은 얇은 쉘에만 유효하므로, 두 반지름의 작은 차이는 무시할 수 있기 때문에, 식 (8-4)에서의 두 반지름은 r_m 대신 r, 또는 r 대신 r_m을 쓸 수 있다. 이 근사 해석에서는 두 가지 선택 모두 만족스러우나, 그 응력들은 평균 반지름 r_m 대신 안쪽 반지름 r을 사용했을 때, 이론적으로 더욱 정확한 응력에 접근함을 알 수 있다. 그러므로 **구형 쉘의 벽면에 작용하는 인장응력**을 계산하기 위해서 다음 식이 사용된다.

$$\sigma = \frac{pr}{2t} \tag{8-5}$$

구형 쉘의 대칭성으로부터 분명하게 알 수 있듯이 구의 중심을 어떠한 방향으로 자르더라도 인장응력에 대해 동일한 식을 얻는다. 따라서 다음과 같은 결론에 도달한다. **압력을 받는 구형 용기의 벽은 모든 방향으로 동일한 인장응력 σ를 받는다.** 이러한 응력 조건은 그림 8-3c에서처럼, 서로 수직한 방향으로 작용하는 응력을 가진 미소 응력요소에 의해 표현될 수 있다.

그림 8-3c에 나타낸 응력 σ처럼, 쉘 표면의 곡면에 접선으로 작용하는 응력은 **막응력**(membrane stress)으로 알려져 있다. 이러한 명칭은 비누막처럼, 실제의 막 속에 존재하는 유일한 응력이라는 사실에서 비롯된다.

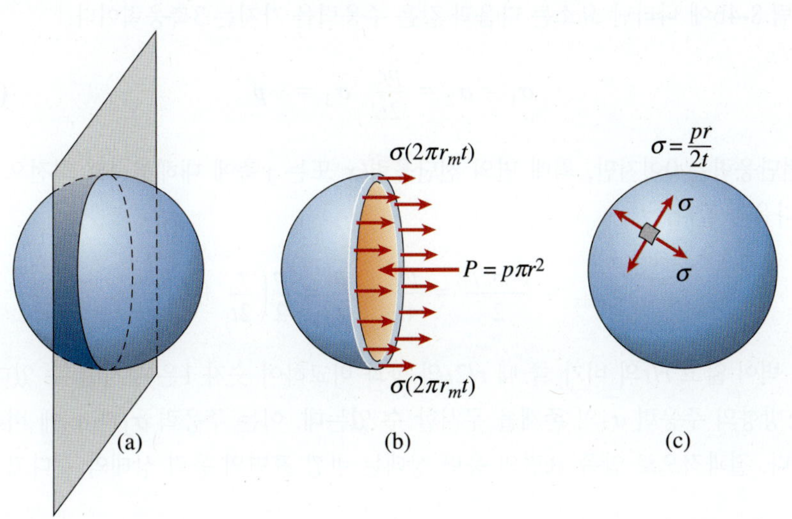

그림 8-3
구형 압력용기 벽면에 작용하는 인장응력 σ

그림 8-4

구형 압력용기에서의 응력. (a) 바깥 표면, (b) 안쪽 표면

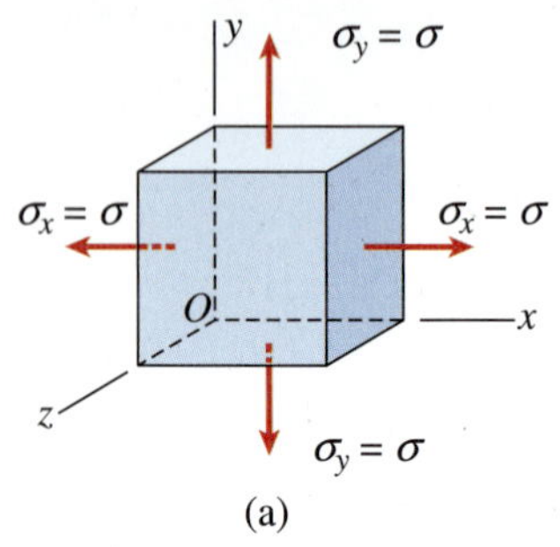

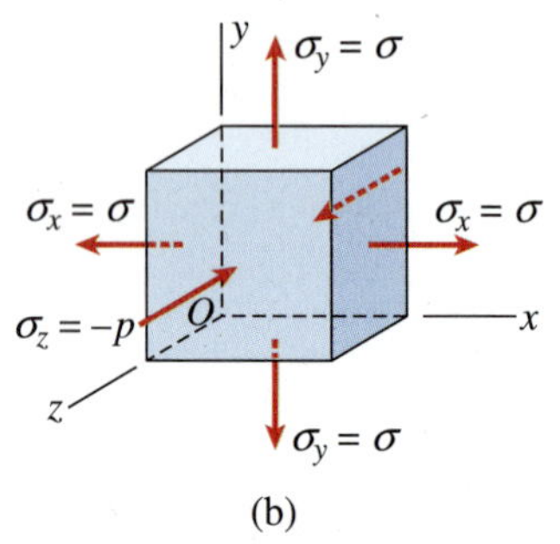

바깥 표면에서의 응력

구형 압력용기 바깥 표면에는 보통 어떠한 하중도 작용하지 않는다. 그러므로 그림 8-3c에 나타낸 요소는 *2*축응력 상태에 있다. 이 요소에 작용하는 응력의 해석을 돕기 위해, 그림 8-4a에 다시 한 번 나타낸다. 여기서 좌표축들은 요소의 면에 평행하게 향한다. x와 y축은 구의 표면에 접하고, z축은 표면에 수직이다. 또한 수직응력 σ_x와 σ_y는 막응력 σ와 같고 수직응력 σ_z는 0이다. 이 요소의 측면에는 전단응력이 없다.

만약 평면응력에 대한 변환공식[7.2절의 그림 7-1, 식 (7-4a와 b) 참조]을 이용하여 그림 8-4a의 요소를 해석하면, 예상대로

$$\sigma_{x1} = \sigma \quad \text{그리고} \quad \tau_{x1y1} = 0$$

가 된다. 다시 말해서, z축에 관해서 축을 회전시켜 얻어진 요소를 고려할 때, 수직응력은 일정하고 전단응력은 없다. **모든 평면은 주평면이고 모든 방향은 주방향이다.** 따라서 그 요소에 대한 **주응력**은

$$\sigma_1 = \sigma_2 = \frac{pr}{2t} \qquad \sigma_3 = 0 \tag{8-6a, b}$$

이다. 응력 σ_1과 σ_2는 xy평면에 놓여 있고 응력 σ_3는 z방향으로의 응력이다.

최대 전단응력(maximun shear stress)을 얻기 위해 면외의 회전, 즉 x와 y축에 대한 회전을 고려해야 한다(면내의 모든 전단응력이 0이기 때문이다). x와 y축에 대해 45° 회전시킨 요소는 $\sigma/2$와 같은 최대 전단응력과 수직응력을 가진다. 따라서

$$\tau_{\max} = \frac{\sigma}{2} = \frac{pr}{4t} \tag{8-7}$$

이 응력은 요소 내에서 가장 큰 전단응력이다.

안쪽 표면에서의 응력

구형 용기 벽의 안쪽 표면에 있는 응력요소(그림 8-4b)는 바깥 표면에서의 응력요소(그림 8-4a)처럼 동일한 막응력 σ_x와 σ_y를 가진다. 추가해서, 압력 p와 크기가 같은 압축응력 σ_z가 z방향으로 작용한다(그림 8-4b). 이 압축응력은 안쪽 표면에서의 p로부터 바깥 표면의 0까지 감소한다.

그림 8-4b에 나타난 요소는 다음과 같은 주응력을 가지는 3축응력이다.

$$\sigma_1 = \sigma_2 = \frac{pr}{2t} \qquad \sigma_3 = -p \tag{8-8a,b}$$

면내 전단응력은 0이지만, 최대 면외 전단응력(x 또는 y축에 대해서 45° 회전으로 얻어진)은 다음과 같다.

$$\tau_{\max} = \frac{\sigma + p}{2} = \frac{pr}{4t} + \frac{p}{2} = \frac{p}{2}\left(\frac{r}{2t} + 1\right) \tag{8-9}$$

용기의 벽이 얇고 r/t의 비가 클 때 $r/2t$의 항과 비교하여 숫자 1은 무시할 수 있다. 다시 말해, z방향의 주응력 σ_3의 존재를 무시할 수 있는데, 이는 주응력 σ_1과 σ_2에 비해 작기 때문이다. 결과적으로 안쪽 표면의 응력 상태는 바깥 표면의 응력 상태와 같다고 생각할

수 있다(2축응력). 이러한 근삿값은 얇은 쉘 이론의 근사 성질과 일치한다. 따라서 식 (8-5), (8-6a, b), (8-7)을 이용하여 구형 압력용기의 벽면의 응력을 얻을 수 있다.

일반적 설명

압력용기는 보통 쉘 상에 힘을 가하는 부착물과 지지대뿐만 아니라, 벽에 개구(유체로 된 내용물을 주입 또는 배출하기 위한)를 가지고 있다(그림 8-1). 이러한 형상은 여기서 주어진 기초적인 공식에 의해서는 해석이 불가능한 불균일 응력 분포, 즉 **응력집중**의 결과를 가져온다. 따라서 보다 진보된 해석 방법이 필요하다. 압력용기의 설계에 영향을 주는 또 다른 인자에는 부식, 사고에 의한 충격, 그리고 온도변화 등이 있다.

압력용기에 적용될 때, 얇은 쉘 이론의 몇 가지 제약은 다음과 같다.

1. 벽두께는 다른 치수와 비교해 반드시 작아야 한다(비 r/t는 10 이상이어야 한다).
2. 내압은 반드시 외압을 초과해야 한다(안쪽으로의 좌굴을 막기 위해).
3. 이 절에서의 해석은 단지 내압의 효과에만 근거하고 있다(외부 하중, 반력, 그리고 구조물의 무게 등은 고려하고 있지 않다).
4. 이 절에서 유도된 공식들은 응력집중점 부근을 제외하고는 용기의 모든 벽에 대해 유효하다.

다음 예제에서는 구형 쉘의 해석에서 주응력과 최대 전단응력이 어떻게 사용되는지를 보여준다.

예제 8-1

그림 8-5

예제 8-1: 구형 압력용기(부착물과 지지대는 사진에서 보여 줌)

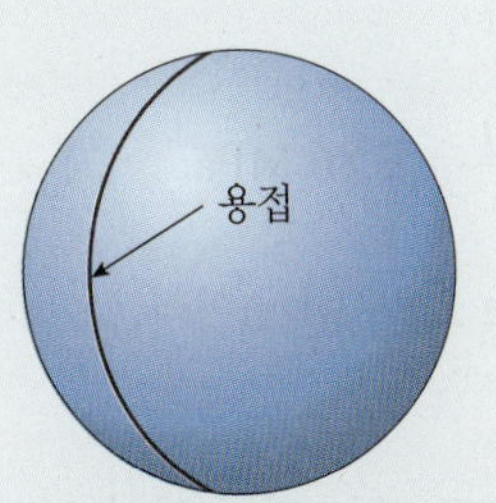

© Kevin Burke/Corbis

정유시설의 구형탱크들

내경이 5.5 m, 벽두께가 45 mm인 압축공기 탱크를 2개의 금속 반구를 용접하여 만들었다(그림 8-5).

(a) 강철의 허용 인장응력이 93 MPa라면, 탱크의 최대 허용공기압 p_a는 얼마인가?

(b) 강철의 허용 전단응력이 42 MPa라면, 탱크의 최대 허용공기압 p_b는 얼마인가?

(c) 탱크의 바깥 표면에서의 수직변형률이 0.0003을 초과하지 않으려면, 최대 허용 압력 p_c는 얼마여야 하는가?(후크의 법칙을 따르고, 강철의 탄성 계수는 210 GPa이며 뽀아송의 비는 0.28로 가정하라.)

(d) 용접선에 대한 시험결과 용접부에 미터당 7.5 MN를 초과하는 인장 하중이 걸릴 때 파단되었다. 용접부의 파단에 대한 안전계수가 2.5일 때, 최대 허용압력 p_d는 얼마인가?

(e) 앞의 4가지 값을 고려할 때 탱크의 허용압력 p_{allow}는 얼마인가?

풀이

문제풀이 4단계 접근방법을 사용한다. 효율적인 풀이를 위하여 필요에 따라 단계를 합한다.

1. 개념화[가정, 스케치]: 압축공기 탱크는 얇은 벽의 압력용기이다. 탱크 외벽 표면의 막응력을 평가한다. 벽의 인장응력은 식 (8-5)를 사용하여 평가된

다. 계산된 응력들은 평균반지름보다는 쉘의 안쪽 반지름을 사용할 때 이론적으로 정확한 값에 가까워진다.

2, 3. 분류[단순화, 분류화], **해석**[수치 계산; 적절한 식의 선정, 수학적인 해를 구함]:

Part (a): 강철의 인장응력을 기준으로 한 허용압력

탱크 벽에서의 최대 인장응력은 식 $\sigma = pr/2t$[식 (8-5) 참조]으로 구한다. 이 식을 압력에 대한 허용 응력의 항으로 푼다.

$$p_a = \frac{2t\sigma_{\text{allow}}}{r} = \frac{2(45\text{ mm})(93\text{ MPa})}{2.75\text{ m}} = 3.04\text{ MPa}$$

따라서 탱크 벽의 인장을 기준으로 한 최대 허용압력은 $p_a = 3.04$ MPa이다(이러한 종류의 계산에서는 반올림이 아닌 반내림을 해야 함을 유의하라).

Part (b): 강철의 전단응력을 기준으로 한 허용압력

탱크 벽에서 최대 전단응력은 식 (8-7)로 구한다. 이것으로부터 압력에 대한 다음 값을 얻는다.

$$p_b = \frac{4t\tau_{\text{allow}}}{r} = \frac{4(45\text{ mm})(42\text{ MPa})}{2.75\text{ m}} = 2.75\text{ MPa}$$

따라서 전단을 기준으로 한 허용압력은 p_b= 2.75 MPa이다.

Part (c): 강철의 수직변형률을 기준으로 한 허용압력

수직변형률은 2축응력에 대한 후크의 법칙으로부터 얻을 수 있다[식 (7-40a)].

$$\varepsilon_x = \frac{1}{E}(\sigma_x - \nu\sigma_y) \tag{a}$$

$\sigma_x = \sigma_y = \sigma = pr/2t$[식 (8-4a) 참조]을 대입한다.

$$\varepsilon_x = \frac{\sigma}{E}(1-\nu) = \frac{pr}{2tE}(1-\nu) \tag{8-10}$$

를 얻는다. 이 식은 압력 p_c에 대해 풀 수 있다.

$$p_c = \frac{2tE\varepsilon_{\text{allow}}}{r(1-\nu)} = \frac{2(45\text{ mm})(210\text{ GPa})(0.0003)}{2.75\text{ m}(1-0.28)} = 2.86\text{ MPa}$$

따라서 수직변형률을 기준으로 한 벽의 허용압력은 p_c = 2.86 Mpa이다.

Part (d): 용접부의 인장을 기준으로 한 허용압력

용접부에 걸리는 허용 인장 하중은 파단 하중을 안전계수로 나눈 값과 같다.

$$T_{\text{allow}} = \frac{T_{\text{failure}}}{n} = \frac{7.5\text{ MN/m}}{2.5} = 3\text{ MN/m}$$

이에 대응하는 허용 인장응력은 용접부의 단위 mm당 허용 하중을 용접의 단위 mm당 단면적으로 나눈 것과 같다.

$$\sigma_{\text{allow}} = \frac{T_{\text{allow}}(1.0\text{ m})}{(1.0\text{ m})(t)} = \frac{3\text{ MN/m}(1.0\text{ m})}{(1.0\text{ m})(45\text{ mm})} = 66.67\text{ MPa}$$

마지막으로 식 (8-5)를 이용하여 내압에 대해 풀면 다음과 같다.

$$p_d = \frac{2t\sigma_{\text{allow}}}{r} = \frac{2(45\text{ mm})(66.67\text{ MPa})}{2.75\text{ m}} = 2.18\text{ MPa}$$

이 결과는 용접부에서 인장을 기준으로 한 허용압력이다.

Part (e): 허용압력

p_a, p_b, p_c, p_d에 대한 앞의 결과를 비교하면, 용접 이음부는 인장이 지배적임을 볼 때, 탱크의 허용압력은 다음과 같다.

$$p_{\text{allow}} = 2.18 \text{ MPa}$$

4. 최종 단계[결론; 해의 검토—해가 온당한가? 단위는 바른가? 비슷한 문제와 비교하였을 때 어떠한가?]:

이 예제는 다양한 응력과 변형률이 어떻게 구형 압력용기의 설계에 사용하는지를 보여준다.

참고: 내압이 최대 허용값(2.18 MPa)일 때, 쉘의 인장응력은

$$\sigma = \frac{pr}{2t} = \frac{2.18 \text{ MPa}(2.75 \text{ m})}{2(45 \text{ mm})} = 66.6 \text{ MPa}$$

이다. 따라서 쉘의 안쪽 표면 그림 (8-4b)에서, z방향의 주응력(2.18 MPa)과 면내 주응력(66.6 MPa)의 비는 단지 0.033이다. 그러므로 z방향에서의 주응력 σ_3를 무시할 수 있고, 쉘 전체가 2축응력 상태에 있다는 앞서의 가정은 타당하다.

8.3 원통형 압력용기

원형단면을 가지는 원통형 압력용기(그림 8-6)는 산업시설(압축 공기탱크와 로켓 모터), 가정(소화기와 스프레이 캔), 그리고 교외(프로판 탱크와 곡물 저장탑) 등에서 볼 수 있다. 물 공급관이나 수문과 같은 압력 관들도 원통형 압력용기로 분류된다.

원통형 용기의 해석은 내압을 받는 **얇은 벽을 가진 원형 탱크** AB에서, 수직응력을 결정하는 것부터 시작한다(그림 8-7a). 탱크의 축과 평행하고 수직한 응력요소의 면이 탱크의 벽면에 그려져 있다. 이 요소의 측면에 작용하는 수직응력 σ_1과 σ_2는 벽 내부의 막응력이다. 용기와 하중의 대칭성 때문에 이 면에는 어떠한 전단응력도 작용하지 않는다. 따라서 응력 σ_1과 σ_2는 주응력이다.

그들의 방향에 따라 응력 σ_1은 **원주응력(circumferential stress)** 또는 **후프응력(hoop stress)**이라 하고, 응력 σ_2는 **길이방향 응력(longitudinal stress)** 또는 **축 응력(axial stress)**이라 한다. 이러한 각각의 응력들은 근사화된 자유물체도를 이용한 힘의 평형으로부터 계산할 수 있다.

그림 8-6
원형단면을 가지는 원통형 압력용기

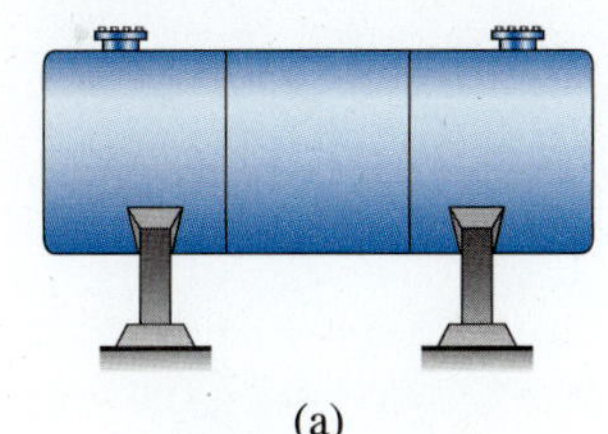
(a)

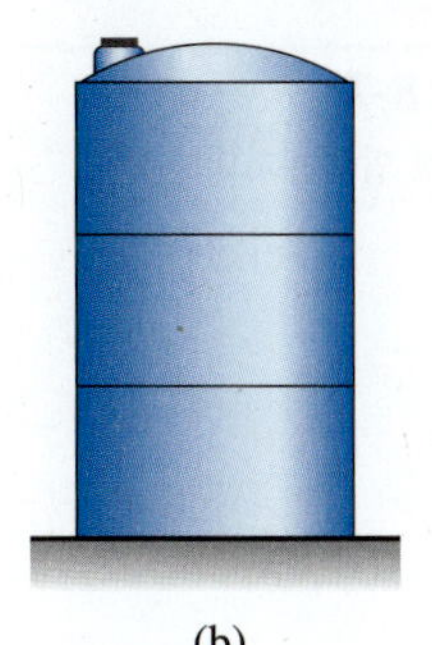
(b)

원주응력

원주응력 σ_1을 결정하기 위해, 길이방향의 축에 수직하고 거리가 b만큼 떨어지도록 두 부분(mn과 pq)을 자른다(그림 8-7a). 그 다음 세 번째로 절단은 탱크의 길이방향 축에 대해 수직한 면으로 자르며 그 결과를 그림 8-7b의 자유물체에서 보여준다. 이 자유물체는 탱크의 반원 부분뿐만 아니라 잘린 부분의 유체까지 포함한다. 길이방향의 절단면(평면 $mpqn$)에 작용하는 것은 원주응력 σ_1과 내압 p이다.

응력과 압력은 또한 자유물체의 왼쪽 면 및 오른쪽 면에도 작용한다. 그러나 이러한

석유화학 플란트의 원통형 저장용기

응력과 압력은 자유물체에 나타내지 않았는데, 이것은 여기서 사용된 평형방정식에 들어가지 않기 때문이다. 구형 용기의 해석에서와 마찬가지로 탱크와 내용물의 무게는 무시한다.

용기의 벽에 작용하는 원주응력 σ_1에 의한 힘은 $\sigma_1(2bt)$와 같다. 여기서, t는 벽의 두께이다. 또한 내압에 의한 합력 P_1은 $2pbr$과 같다. 여기서, r은 원통의 안쪽 반지름이다. 따라서 얻어지는 평형방정식은

$$\sigma_1(2bt) - 2pbr = 0$$

이 식으로부터 **압력을 받는 원통의 원주응력**에 대한 다음 식을 얻는다.

$$\sigma_1 = \frac{pr}{t} \tag{8-11}$$

이 응력은 두께가 반지름에 비해 작다면, 벽두께의 전체에 균일하게 분포한다.

길이방향 응력

길이방향 응력 σ_2는 용기의 한 부분인 왼쪽 단면 mn의 자유물체에 대한 평형방정식으로부터 얻을 수 있다(그림 8-7c). 이 역시 탱크의 부분뿐만 아니라 내용물까지 포함한다. 응력 σ_2는 길이방향으로 작용하고 합력은 $\sigma_2(2\pi rt)$와 같다. 여기서는 8.2절에서 설명한 것처럼, 평균 반지름 대신 쉘의 안쪽 반지름을 사용하고 있음을 유의하라.

내압에 의한 힘의 합력 P_2는 $p\pi r^2$과 같다. 따라서 자유물체에 대한 평형방정식은

$$\sigma_2(2\pi rt) - p\pi r^2 = 0$$

이다. 원통형 압력용기의 **길이방향 응력**에 대한 식을 얻기 위해 이 식을 σ_2에 대해서 푼다.

$$\sigma_2 = \frac{pr}{2t} \tag{8-12}$$

이 응력은 구형 용기에서의 막응력[식 (8-5)]과 같다.

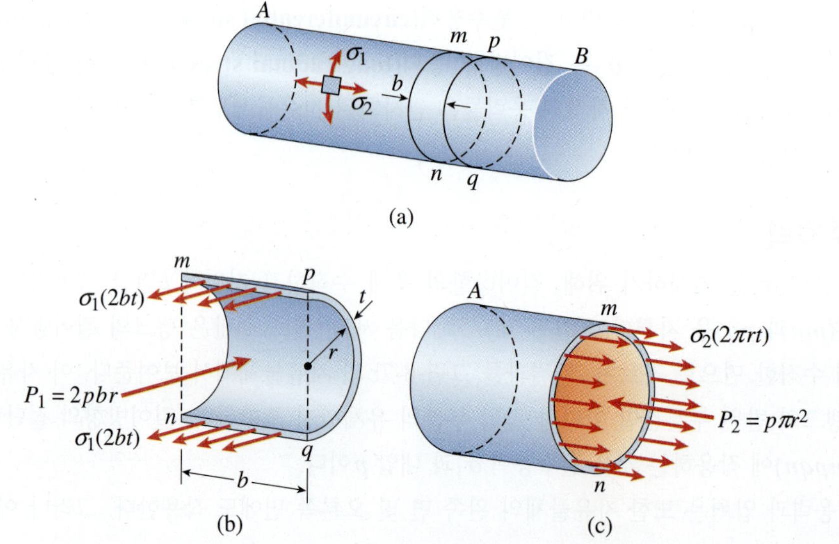

그림 8-7
원통형 압력용기의 응력

식 (8-11)과 (8-12)를 비교하면, 원통형 용기의 원주응력이 길이방향 응력의 두 배와 같다는 사실을 알 수 있다.

$$\sigma_1 = 2\sigma_2 \tag{8-13}$$

이 결과로부터, 압력 탱크의 길이방향으로의 용접이음이 원주방향의 용접이음보다 두 배나 강해야 한다는 사실을 알 수 있다.

바깥 표면에서의 응력

원통형 용기의 바깥 표면에서의 주응력 σ_1과 σ_2를 그림 8-8a의 응력요소에 나타냈다. 세 번째 주응력(z방향으로 작용하는)이 0이므로 이 요소는 2축응력 상태에 있다.

최대 면내 전단응력은, z축에 대해 45° 회전된 면에서 발생한다. 이 응력들은

$$(\tau_{max})_z = \frac{\sigma_1 - \sigma_2}{2} = \frac{\sigma_1}{4} = \frac{pr}{4t} \tag{8-14}$$

이다. 최대 면외 전단응력은 x와 y축에 대해 45° 회전에 의해 얻어진다.

$$(\tau_{max})_x = \frac{\sigma_1}{2} = \frac{pr}{2t} \qquad (\tau_{max})_y = \frac{\sigma_2}{2} = \frac{pr}{4t} \tag{8-15a, b}$$

절대 최대 전단응력(*absolute maximum shear stress*)은

$$\tau_{max} = \frac{\sigma_1}{2} = \frac{pr}{2t} \tag{8-16}$$

이 응력은 x축에 대해 45° 회전된 평면 위에서 발생한다.

그림 8-8

원통형 압력용기의 응력. (a) 바깥 표면, (b) 안쪽 표면

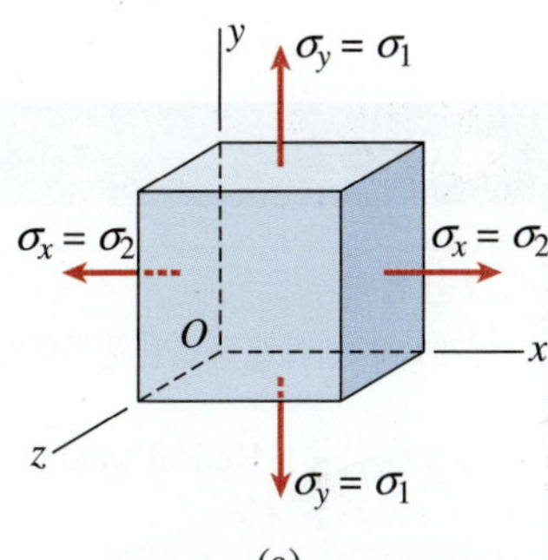

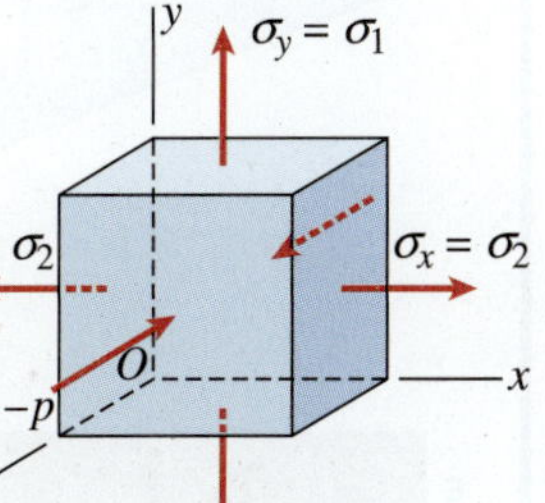

안쪽 표면에서의 응력

용기의 안쪽 표면에서의 응력 상태는 그림 8-8b에 나와 있다. 주응력은

$$\sigma_1 = \frac{pr}{t} \quad \sigma_2 = \frac{pr}{2t} \quad \sigma_3 = -p \tag{8-17a,b,c}$$

이다. x, y, z축에 대해 45° 회전에 의해 얻어지는 세 개의 최대 전단응력들은 다음과 같다.

$$(\tau_{max})_x = \frac{\sigma_1 - \sigma_3}{2} = \frac{pr}{2t} + \frac{p}{2} \tag{8-18a}$$

$$(\tau_{max})_y = \frac{\sigma_2 - \sigma_3}{2} = \frac{pr}{4t} + \frac{p}{2} \tag{8-18b}$$

$$(\tau_{max})_z = \frac{\sigma_1 - \sigma_2}{2} = \frac{pr}{4t} \tag{8-18c}$$

이들 세 개의 응력 중 첫 번째가 가장 크다. 그러나 구형 쉘의 전단응력에서 설명한 바와 같이, 쉘이 얇은 벽을 가질 때 식 (8-18a,b)의 추가적인 항 $p/2$는 무시해도 된다. 그러면 식 (8-18a,b,c)는 식 (8-15) 및 (8-14)와 같아진다.

따라서 원통형 압력용기에 관련된 모든 problems와 예제들에서는 z방향으로의 압축응력의 존재를 무시할 것이다. (이 압축응력은 안쪽 표면의 p에서 바깥 표면의 0까지 변화한다.) 이러한 근사 방법에 의해 안쪽 표면의 응력들은 바깥 표면의 응력(2축응력)들과 같아진다. 구형 압력용기의 논의에서 설명한 바와 같이, 이 이론에서 많은 다른 근사해를 고려할 때 이러한 절차는 만족스럽다.

일반적 설명

원통형 실린더에서 응력에 대한 지금까지의 공식들은, 앞의 구형용기에 대한 논의에서와 같이, 응력집중의 원인이 되는 어떤 불연속점으로부터 멀리 떨어져 있는 원통의 어떠한 부분에서도 유효하다. 중요한 불연속점은 경판을 부착하는 원통의 끝 부분에 위치하는데, 이는 구조물의 기하학적 형상이 갑자기 바뀌기 때문이다. 다른 응력집중은 개구부, 지지점 그리고 실린더에 물체나 부착물이 달려 있는 곳에서 발생한다. 이러한 점에서의 응력들은 평형방정식만으로 구할 수 없으며, 해석에 대한 보다 진보된 방법(쉘 이론이나 유한요소 해석법과 같은)이 필요하다.

얇은 벽을 가진 쉘에 대한 기초적 이론에 대한 몇 가지 한계가 8.2절에 나와 있다.

예제 8-2

그림 8-9

예제 8-2. 헬리컬 용접된 원통형 압력용기

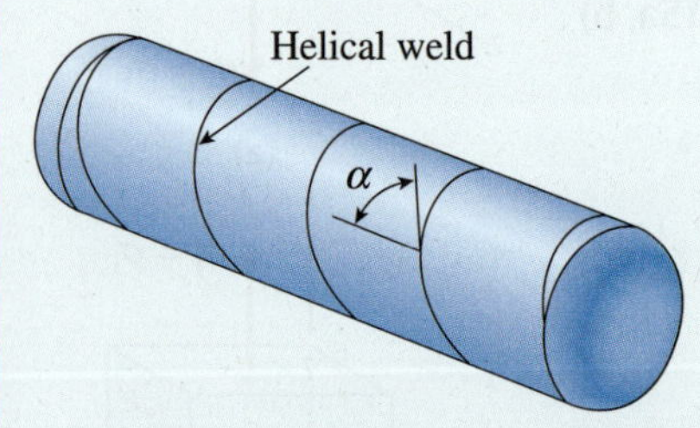

길고 좁은 강판을 맨드릴(mandrel) 주위에 감고, 평판의 모서리를 따라 용접하여 헬리컬 조인트를 만들어 원통형 압력용기를 만들었다(그림 8-9). 헬리컬 용접은 길이방향 축과 $\alpha = 55°$의 각을 이룬다. 이용기는 내경 $r = 1.8$ m, 벽두께 $t = 20$ mm이다. 재료는 탄성 계수 $E = 200$ Gpa, 뽀아송의 비 $\nu = 0.30$을 가지는 강철이다. 내압 p는 800 kPa이다.

이 용기의 원통형 부분에 대해 다음 양을 계산하여라. (a) 원주응력 σ_1과 길이방향 응력 σ_2, (b) 면내 및 면외 최대 전단응력, (c) 원주방향과 길이방향 변형률 ε_1과 ε_2, (d) 용접선에 대해 각각 수직과 평행하게 작용하는 수직응력 σ_w과 전단응력 τ_w.

Perov Stanislav/Shutterstock.com

단순지지된 원통형 압력용기

풀이

문제풀이 4단계 접근방법을 사용한다. 효율적인 풀이를 위하여 필요에 따라 단계를 합한다.

1. 개념화: 원통형 압력용기는 얇은 벽의 압력용기이다. 탱크 외벽 표면의 막응력을 평가한다. 벽의 원주응력은 식 (8-11)을, 길이방향 응력은 식 (8-12)를 사용하여 평가한다. 계산된 응력들은 평균반지름보다는 쉘의 안쪽 반지름을 사용할 때 이론적으로 정확한 값에 가까워진다.

2, 3. 분류, 해석:

Part (a): 원주응력과 길이방향 응력

원주응력과 길이방향 응력 σ_1과 σ_2이 그림 8-10a에 그려져 있으며, 이것들이 용기의 벽에 위치한 점 A의 응력요소에 작용함을 보여준다. 식 (8-11)과 (8-12)로 이 응력들의 크기를 계산한다.

$$\sigma_1 = \frac{pr}{t} = \frac{(800\ \text{kPa})(1.8\ \text{m})}{20\ \text{mm}} = 72\ \text{MPa} \quad \sigma_2 = \frac{pr}{2t} = \frac{\sigma_1}{2} = 36\ \text{MPa}$$

점 A에서의 응력요소는 그림 8-10b에 다시 보여준다. 여기서 x축은 원통의 길이방향이고, y축은 원주방향이다. 따라서, z방향으로의 응력은 없고($\sigma_3 = 0$), 요소는 2축응력 상태에 있다.

그림 8-10
예제 8-2 풀이

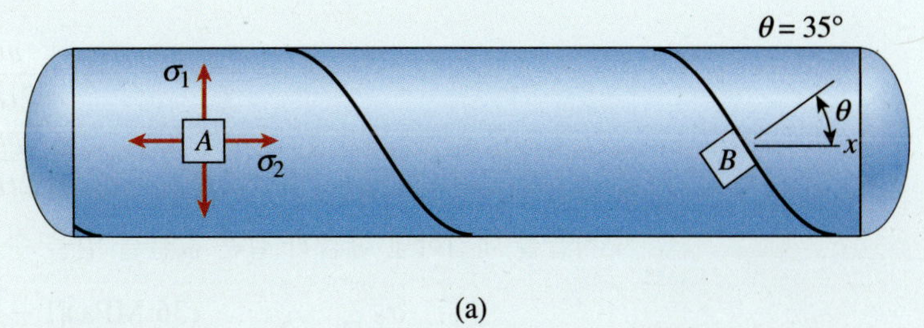

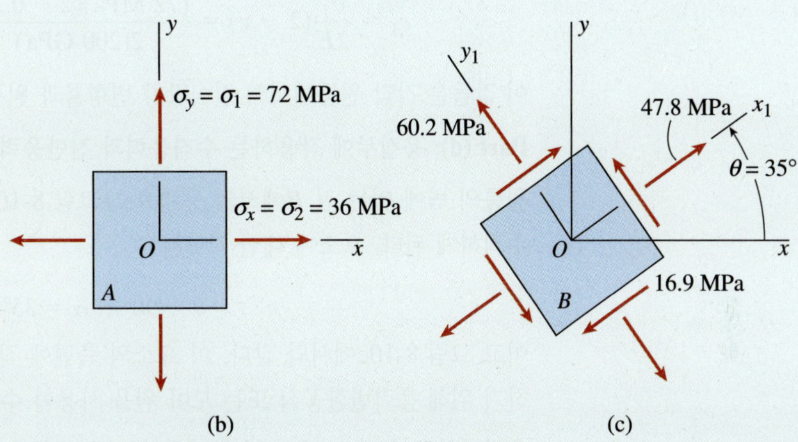

작은 면내 주응력(36 MPa)에 대한 내압(800 kPa)의 비는 0.022임을 유의하라. 그러므로 z방향으로의 응력을 무시하고, 원통의 안쪽 표면까지 포함한 모든 요소는 2축 응력 상태에 있다는 가정은 타당하다.

Part (b): 최대 전단응력

가장 큰 면내 전단응력은 식 (8-14)에서 얻어진다.

$$(\tau_{\max})_z = \frac{\sigma_1 - \sigma_2}{2} = \frac{\sigma_1}{4} = \frac{pr}{4t} = 18 \text{ MPa}$$

z방향에서의 수직응력을 무시하고 있기 때문에, 최대 면외 전단응력은 식 (8-15a)로부터 얻어진다.

$$\tau_{\max} = \frac{\sigma_1}{2} = \frac{pr}{2t} = 36 \text{ MPa}$$

이 마지막 응력은 용기의 벽 내에서의 절대 최대 전단응력이다.

Part (c): 원주응력과 길이방향 응력

최대 응력은 강철의 항복응력보다 훨씬 낮기 때문에(부록 I의 표 I-3 참조), 용기의 벽에 후크의 법칙이 적용된다고 가정한다. 그러면 2축응력에 대한 식 (7-40a)와 (7-40b)로부터 x와 y방향(그림 8-10b)에서의 변형률을 얻을 수 있다.

$$\varepsilon_x = \frac{1}{E}(\sigma_x - \nu\sigma_y) \qquad \varepsilon_y = \frac{1}{E}(\sigma_y - \nu\sigma_x) \qquad \textbf{(a,b)}$$

변형률 ε_x는 길이방향의 주변형률 ε_2과 같고, 변형률 ε_y는 원주방향의 주변형률 ε_1과 같음을 주목한다. 또한 응력 σ_x는 응력 σ_2와 같고, 응력 σ_y는 σ_1과 같다. 그러므로

앞의 두 식은 다음과 같은 형태로 쓸 수 있다.

$$\epsilon_2 = \frac{\sigma_2}{E}(1 - 2\nu) = \frac{pr}{2tE}(1 - 2\nu) \quad \textbf{(8-19a)}$$

$$\epsilon_1 = \frac{\sigma_1}{2E}(2 - \nu) = \frac{pr}{2tE}(2 - \nu) \quad \textbf{(8-19b)}$$

수치들을 대입하면 다음과 같은 값들을 얻을 수 있다.

$$\epsilon_2 = \frac{\sigma_2}{E}(1 - 2\nu) = \frac{(36 \text{ MPa})[1 - 2(0.30)]}{200 \text{ GPa}} = 72 \times 10^{-6}$$

$$\epsilon_1 = \frac{\sigma_1}{2E}(2 - \nu) = \frac{(72 \text{ MPa})(2 - 0.30)}{2(200 \text{ GPa})} = 306 \times 10^{-6}$$

이 값들은 각각 원통에서의 길이방향 변형률과 원주 변형률이다.

Part (d): 용접부에 작용하는 수직응력과 전단응력

원통의 벽에 있는 점 B에서의 응력요소(그림 8-10a)의 측면은 용접부와 평행하거나 수직하게 된다. 요소에 대한 각 θ는

$$\theta = 90° - \alpha = 35°$$

이고 그림 8-10c에서와 같다. 이 요소의 측면에 작용하는 수직응력과 전단응력을 구하기 위해 응력변환공식 또는 모아 원을 사용할 수 있다.

응력변환공식: 요소의 x_1면에 작용하는 수직응력 σ_{x1}과 전단응력 τ_{x1y1}(그림 8-10c)은 반복해서 사용되고 있는 식 (7-4a)와 (7-4b)로부터 구한다.

$$\sigma_{x1} = \frac{\sigma_x + \sigma_y}{2} + \frac{\sigma_x - \sigma_y}{2}\cos 2\theta + \tau_{xy}\sin 2\theta \quad \textbf{(8-20a)}$$

$$\tau_{x1y1} = -\frac{\sigma_x - \sigma_y}{2}\sin 2\theta + \tau_{xy}\cos 2\theta \quad \textbf{(8-20b)}$$

다음 식을 얻기 위하여, $\sigma_x = \sigma_2 = pr/2t$, $\sigma_y = \sigma_1 = pr/t$, 그리고 $\tau_{xy} = 0$을 대입한다.

$$\sigma_{x1} = \frac{pr}{4t}(3 - \cos 2\theta) \quad \tau_{x1y1} = \frac{pr}{4t}\sin 2\theta \quad \textbf{(8-21a,b)}$$

이 식들은 원통의 길이방향 축에 대하여 각 θ만큼 회전된 경사면에 작용하는 수직응력과 전단응력을 나타낸다.

$pr/4t = 18$ MPa과 $\theta = 35°$를 식 (8-21a,b)에 대입하면

$$\sigma_{x1} = 47.8 \text{ MPa} \quad \tau_{x1y1} = 16.9 \text{ MPa}$$

이 응력들은 그림 8-10c의 응력요소에 나타내져 있다.

응력요소를 완성하기 위하여, 요소의 y_1면에 작용하는 수직응력 σ_{y1}은 직교평면상의 수직응력의 합을 통해 계산할 수 있다[식 (7-6)]:

$$\sigma_1 + \sigma_2 = \sigma_{x1} + \sigma_{y1} \quad \textbf{(8-22)}$$

수치를 대입하면, 그림 8-10c에서의 다음 값들을 얻는다.

$$\sigma_{y1} = \sigma_1 + \sigma_2 - \sigma_{x1} = 72 \text{ MPa} + 36 \text{ MPa} - 47.8 \text{ MPa} = 60.2 \text{ MPa}$$

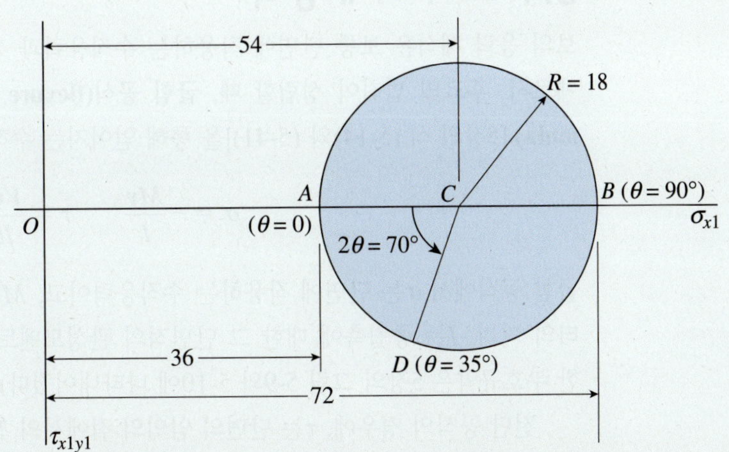

그림 8-11
그림 8-10b의 2축응력 요소에 대한 모아 원
(참고: 원에 표시된 모든 응력은 MPa의 단위임)

그림으로부터 용접부에 수직 및 평행하게 작용하는 수직응력과 전단응력은 다음과 같음을 알 수 있다.

$$\sigma_w = 47.8 \text{ MPa} \quad \tau_w = 16.9 \text{ MPa}$$

4. 최종 단계:

모아 원: 그림 8-10b의 2축응력 요소에 대한 모아 원의 작도가 그림 8-11에 나타내졌다. 점 A는 요소의 x면($\theta = 0$)상의 응력 $\sigma_2 = 36$MPa을 나타내고, 점 B는 y면($\theta = 90°$)상의 응력 $\sigma_1 = 72$ MPa을 나타낸다. 원의 중심 C는 응력 54 MPa이고, 원의 반지름은 다음과 같다.

$$R = \frac{72 \text{ MPa} - 36 \text{ MPa}}{2} = 18 \text{ MPa}$$

반시계방향의 각 $2\theta = 70°$(원의 A점에서 측정된)의 위치는 요소의 x_1면($\theta = 35°$)상의 응력들에 대응하는 점 D이다. 점 D의 좌표(원의 기하학적 관계로부터)는 다음과 같다.

$$\sigma_{x1} = 54 \text{ MPa} - R\cos 70° = 54 \text{ MPa} - (18 \text{ MPa})(\cos 70°) = 47.8 \text{ MPa}$$
$$\tau_{x1y1} = R\sin 70° = (18 \text{ MPa})(\sin 70°) = 16.9 \text{ MPa}$$

이 결과들은 예상대로 응력 변환공식으로부터 이전에 얻은 값들과 일치한다.

참고: 측면에서 보았을 때, **나선(helix)**은 사인곡선의 형태가 된다(그림 8-12). 나선의 피치는

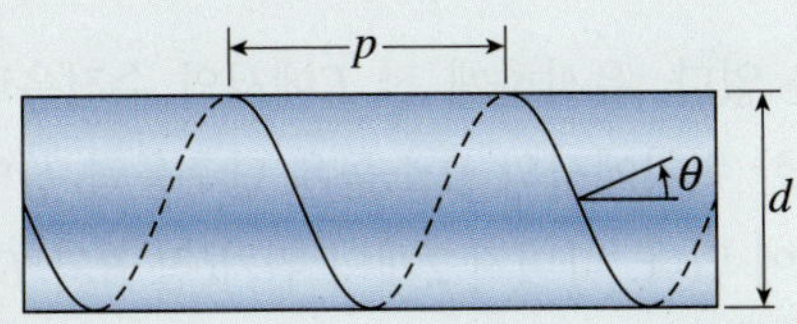

그림 8-12
나선의 측면 그림

$$p = \pi d \tan\theta \tag{8-23}$$

이고, 여기서 d는 원통의 지름, θ는 나선의 수직방향선과 길이방향선 사이의 각도이다. 원통 형상에 감겨 있는 평판의 폭은 다음과 같다.

$$w = \pi d \sin\theta \tag{8-24}$$

따라서 원통의 지름과 θ가 주어진다면, 피치와 평판의 폭을 모두 구할 수 있다. 실질상, 각 θ는 보통 20°에서 35° 사이의 범위에 있다.

8.4 보의 최대 응력

보의 응력 해석은 보통 단면에 작용하는 수직응력과 전단응력을 찾는 것으로 시작한다. 예로서, 후크의 법칙이 성립할 때, **굽힘 공식(flexure formula)**과 **전단 공식(shear formula)** [5장의 식 (5-14)와 (5-41)]을 통해 얻어지는 수직응력과 전단응력은

$$\sigma = -\frac{My}{I} \qquad \tau = \frac{VQ}{Ib} \tag{8-25a,b}$$

굽힘 공식에서 σ는 단면에 작용하는 수직응력이고, M은 굽힘모멘트, y는 중립축으로부터의 거리, I는 중립축에 대한 그 단면적의 관성모멘트이다(굽힘 공식에서 M과 y에 대한 부호규약은 5장의 그림 5-9와 5-10에 나타내어졌다).

전단 공식의 경우에, τ는 단면의 임의의 점에서의 전단응력이고 V는 전단력, Q는 응력이 발생하는 단면의 점 바깥쪽에 있는 단면적의 1차 모멘트, b는 단면의 폭이다(전단 공식은 보통 부호표시를 무시하고 쓰는데, 이는 전단응력의 방향이 하중의 방향으로부터 분명하기 때문이다).

굽힘 공식으로부터 얻은 수직응력은 중립축으로부터 가장 먼 거리에서 최댓값을 가진다. 반면 전단 공식으로부터 얻은 전단응력은 보통 중립축에서 가장 높은 값을 가진다. 수직응력은 최대 굽힘모멘트가 발생되는 단면에서 구하고, 전단응력은 최대 전단력이 작용하는 단면에서 구한다. 대부분의 경우에 최대 응력들만이 설계 목적상에 요구된다.

그러나 보 내부에서 보다 완전한 상태를 알기 위해서는 보 내부 여러 지점에서의 주응력과 최대 전단응력을 구할 필요가 있다. 먼저 직사각형 보 내에서의 응력을 고려해 보자.

직사각형 단면의 보

보 내부의 응력이 어떻게 변화하는지에 대해 더 잘 이해하기 위하여 그림 8-13a의 직사각형 단면을 가진 단순 보를 고려한다. 이 논의를 위해서, 하중의 왼쪽 단면을 선택하고, 보의 측면에 5개의 점(A, B, C, D, E)을 선택한다. 점 A와 E는 보의 맨 위와 맨 아래이고, 점 C는 보의 중간 높이에 있으며 그 사이에 점 B와 D가 존재한다.

후크의 법칙을 적용하면 이러한 각각의 점에서의 수직응력 및 전단응력은 굽힘 공식과 전단 공식으로부터 쉽게 구할 수 있다. 이런 응력들은 단면에 작용하기 때문에, 그림 8-13b에서와 같이 수직면 및 수평면을 가진 응력요소들 상에 나타낼 수 있다. 모든 요소들은 그림의 면에 수직하게 작용하는 응력이 없기 때문에 평면응력 상태에 있다는 것을 유의하자.

점 A에서의 수직응력은 압축이고 전단응력은 없다. 유사하게 점 E에서의 수직응력은 인장이고, 역시 전단응력은 없다. 따라서 이러한 위치에서의 요소들은 단축응력 상태에 있다. 중립점(점 C)에서 요소는 순수전단 상태에 있다. 나머지 2개의 위치(점 B와 D)에서, 수직응력과 전단응력이 함께 응력요소에 작용한다.

각각의 점에서 주응력 및 최대 전단응력을 구하기 위해, 평면응력의 변환공식 또는 모아 원을 사용할 수 있다. 주응력의 방향은 그림 8-13c와 같으며, 최대 전단응력의 방향은 그림 8-13d에 나타냈다(면내 응력만을 고려하고 있음을 주의하라).

이제 **주응력(principal stress)**에 대해 보다 자세히 조사해 보자. 그림 8-13c로부터,

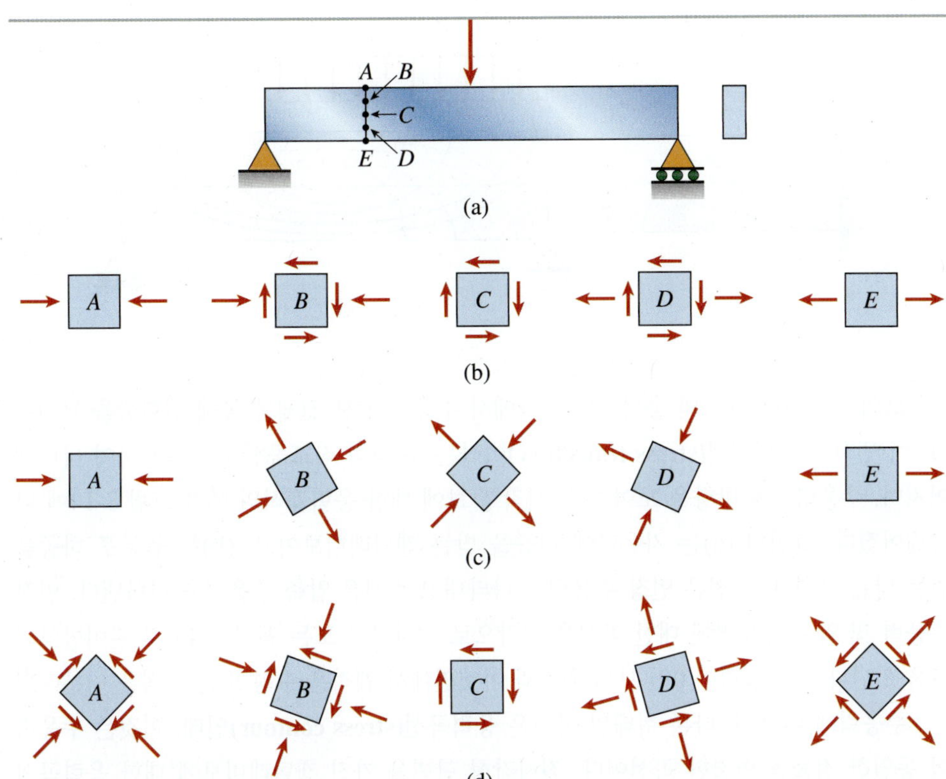

그림 8-13

직사각형 단면을 가진 보 내부의 응력. (a) 보의 측면에 점 *A*, *B*, *C*, *D*, *E*를 가지는 단순 보, (b) 점 *A*, *B*, *C*, *D*, *E*에 있는 응력요소에 작용하는 수직응력과 전단응력, (c) 주응력, (d) 최대 전단응력

보의 윗면에서 아랫면으로 내려감에 따라 주응력이 어떻게 바뀌는지를 관찰할 수 있다. 먼저 압축 주응력부터 시작하자. 점 *A*에서 압축응력은 수평방향으로 작용하고 나머지 주응력들은 0이다. 중립축을 향해 이동하면, 압축 주응력은 기울게 되고, 중립축(점 *C*)에서 그것은 수평에 대해 45° 방향에서 작용한다. 점 *D*에서 압축 주응력은 수평에 대해 더욱 경사지게 되고, 보의 아랫면에서 그 방향은 수직하게 된다(그 크기가 지금 0이라는 사실은 제외한다).

따라서 압축 주응력의 방향과 크기는 보의 윗면에서 아랫면까지 연속적으로 변한다. 만약 선택된 단면이 큰 굽힘모멘트를 받는 영역에 위치한다면, 가장 큰 압축 주응력은 보의 윗면(점 *A*)에서 발생하고, 최소 압축응력(0)은 보의 아랫면(점 *E*)에서 발생한다. 만약 단면이 작은 굽힘모멘트와 큰 전단력을 받는 곳에서 위치하면, 최대 압축 주응력은 중립축에서 발생한다.

인장 주응력에도 유사한 설명이 적용되는데, 이것 역시 점 *A*에서 점 *E*로 이동할 때 크기와 방향이 함께 변화한다. 점 *A*에서 인장응력은 0이고 점 *E*에서 최댓값을 가진다(특수한 보와 특수한 단면에 대해서 주응력의 크기가 어떻게 변하는지를 보여주는 그래프는 뒤에 나오는 예제 8-3에 나와 있다).

보의 윗면과 아랫면에서 **최대 전단응력(maximun shear stress)**(그림 8-13d)은 45° 회전면에서 발생한다(왜냐하면 요소들은 단축응력 상태에 있기 때문이다). 중립축에서 최대 전단응력은 수직면 및 수평면에서 발생한다(왜냐하면 요소는 순수전단 상태에 있기 때문이다). 모든 점에서 최대 전단응력은 주평면에서 45° 회전된 면에서 발생한다. 높은 굽힘모멘트의 영역에서는 최대 전단응력이 보의 윗면과 아랫면에서 발생하고, 낮은 굽힘모멘트와 높은 전단력 영역에서는 최대 전단응력이 중립축에서 발생한다.

그림 8-14

직사각형 단면을 가진 보 내부의 주응력궤적; (a) 캔틸레버보, (b) 단순보(실선은 인장 주응력을 나타내고 점선은 압축 주응력을 타나낸다)

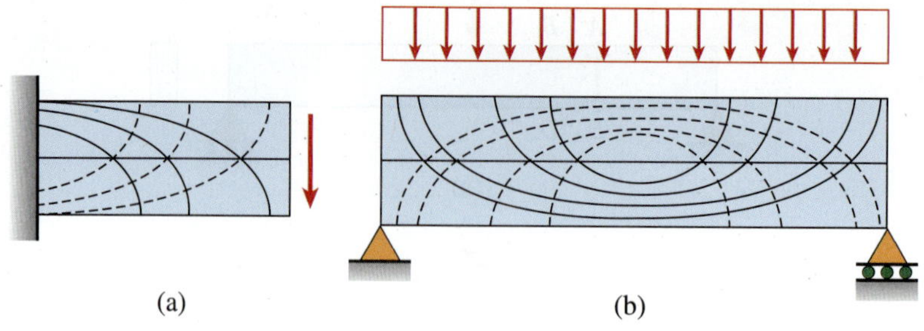

보의 여러 단면에서의 응력들의 조사에서 주응력이 보 전체를 통해 변화함을 보여준다. 이 변화는 **응력궤적(stress trajectory)**이라는 두 쌍의 직교곡선계를 사용하여 나타내어지며, 주응력들의 방향을 보여준다. 사각형 보에 대한 응력궤적의 예가 그림 8-14에 나타내어졌다. 그림의 (a)는 자유단에 하중을 받는 캔틸레버보이고, (b)는 등분포 하중을 받는 단순 보이다. 실선은 인장 주응력을 나타내고 점선은 압축 주응력을 나타낸다. 인장 주응력 및 압축 주응력에 대한 곡선은 직각으로 교차하고 모든 궤적은 45°로 길이방향의 축을 지난다. 전단응력이 0인 보의 윗면과 아랫면에서 궤적은 수평 또는 수직을 이룬다.[1)]

주응력에 대한 또 다른 형태의 곡선은 **응력곡선(stress contour)**인데, 이것은 주응력이 동일한 점들을 연결한 곡선이다. 직사각형 단면을 가진 캔틸레버보에 대한 응력곡선을 그림 8-15에 나타냈다(단지 인장 주응력에 대해서만). 최대 응력에 대한 곡선은 그림의 왼쪽 상단 부분이다. 그림에서 아래로 내려오면, 곡선에 의해 표시되는 인장응력은 점점 더 작아진다. 인장응력이 0인 곳은 보의 아랫면이다. 따라서 최대 인장응력은 굽힘모멘트가 최대인 지점(support)에서 발생한다.

응력궤적(그림 8-14)은 주응력의 방향은 알 수 있지만, 응력의 크기에 대한 정보는 알 수 없음을 유의하라. 일반적으로 주응력의 크기는 궤적을 따라 움직일 때 변화한다. 반면, 응력곡선(그림 8-15)을 따라 움직일 때는 일정하다. 그러나 곡선은 응력의 방향에 대해 어떠한 정보도 알 수 없다. 특히 주응력은 응력곡선에 대해 평행하지도 수직하지도 않다.

그림 8-15

캔틸레버보의 응력곡선(인장 주응력에 대해서만)

그림 8-14와 8-15의 응력궤적과 응력곡선은 굽힘 공식 및 전단 공식[식 (8-25a,b)]에 의한 것이다. 보의 윗면에 작용하는 등분포 하중에 의한 직접 압축응력과 마찬가지로, 지점 부근과 집중 하중 근처에서의 응력집중(그림 8-14b)은 이 그림에서 고려하지 않고 있다.

넓은 플렌지(WF)형 보

WF형 보와 같이 단면형상이 다른 보들은 앞에서 다루었던 직사각형 보와 유사한 방법으로 주응력을 해석할 수 있다. 한 예로 그림 8-16a와 같이 단순지지된 WF형 보를 고려해 보자. 직사각형 보에서처럼 윗면에서 아랫면까지 점 *A*, *B*, *C*, *D*, *E*를 표시한다(그림 8-16b). 점 *B*와 *D*는 플렌지와 만나는 웹에 있고 점 *C*는 중립축에 있다. 이러한 점들은

1) 응력궤적은 독일의 공학자 Larl Culmann(1821~1881)에 의 최초로 연구되었다(참고문헌 8-1 참조)

보의 측면에 위치하거나(그림 8-16b, c) 또는 수직대칭축을 따라 내부에 위치하는 것으로(그림 8-16d) 고려할 수 있다. 굽힘 공식과 전단 공식으로부터 구한 응력들은 양쪽 점들에서 모두 같다.

점 A, B, C, D, E에 대한 응력요소(보의 측면에서 보았을 때)는 그림 8-16의 (e) 부분에서 (i) 부분까지 표시되어 있다. 이 요소들은 직사각형 보와 똑같은 모양을 갖는다(그림 8-13b).

최대 **주응력**은 보통 굽힘 공식으로부터 얻은 응력이 최댓값을 갖는 보의 윗면과 아랫면(점 A와 점 E)에서 발생한다. 그러나 굽힘모멘트와 전단력의 상대적인 크기에 의존하기 때문에 최대 응력은 때때로 플랜지가 만나는 웹 부분(점 B와 점 D)에서 발생한다. 그 이유를 설명하면, 점 B와 점 D에서의 수직응력이 점 A와 점 E에서보다 약간 더 작다는 사실에 있고, 반면 전단응력(점 A와 점 E에서는 0이다)은 웹의 얇은 두께 때문에 점 B와 점 D에서 매우 크다(참고: 5장의 그림 5-40b는 WF형 보의 웹에서 전단응력이 어떻게 변하는지를 보여준다).

WF형 보의 단면에 직접적으로 작용하는 **최대 전단응력**은 전단 공식에서 알 수 있는 것처럼[식 (8-25b)] 항상 중립축에서 발생한다. 하지만 경사면에 작용하는 최대 전단응력은 수직응력의 작용 때문에 보의 윗면이나 아랫면(점 A와 점 E) 또는 플렌지와 만나는 웹(점 B와 점 D)에서 발생한다.

WF형 보의 최대 응력을 해석할 때, 높은 응력들은 지점 근처나 하중 작용점, 필렛, 그리고 구멍 근처에 존재함을 기억하라. 이러한 **응력집중**은 불연속에 매우 근접한 지역에 한정되고, 기초적인 보의 공식으로는 계산할 수 없다.

다음 예제에서는 직사각형 보에서 선택된 단면에서의 주응력과 최대 전단응력을 구하는 절차에 대해 설명한다. WF형 보에 대한 절차도 이와 비슷하다.

그림 8-13(반복)

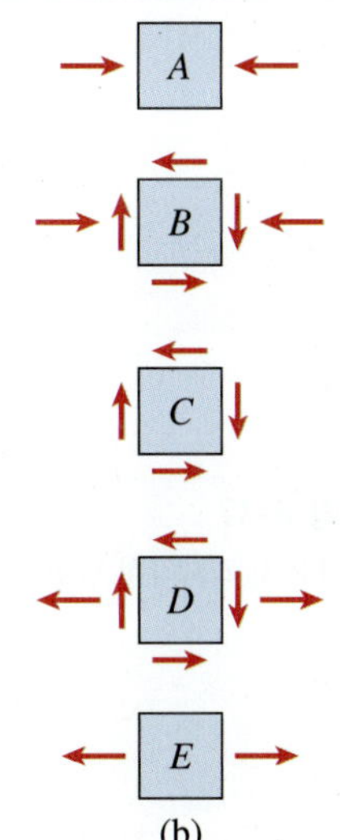

(b)

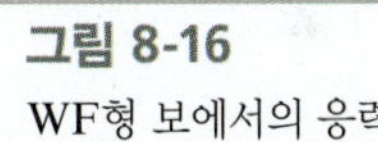
그림 8-16

WF형 보에서의 응력

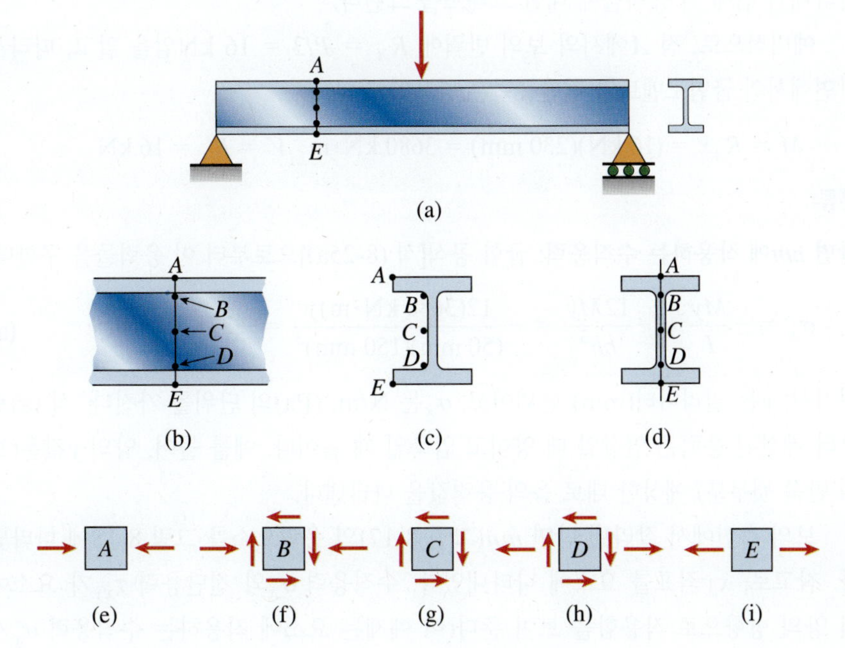

예제 8-3

지점 간 길이 $L = 1.8$ m인 단순 보 AB가, 오른쪽 지점에서 $c = 0.6$ m인 지점에 작용하는 집중 하중 $P = 48$ kN를 받고 있다(그림 8-17). 보는 강철로 만들어졌고 폭 $b = 55$ mm와 높이 $h = 150$ mm인 직사각형 단면을 가지고 있다.

보의 끝점 A에서 거리 $x = 230$ mm인 곳에 위치한 단면 mn의 주응력과 최대 전단응력을 구하라. (단, 면내 응력만을 고려한다.)

그림 8-17
예제 8-3: 직사각형 단면 보

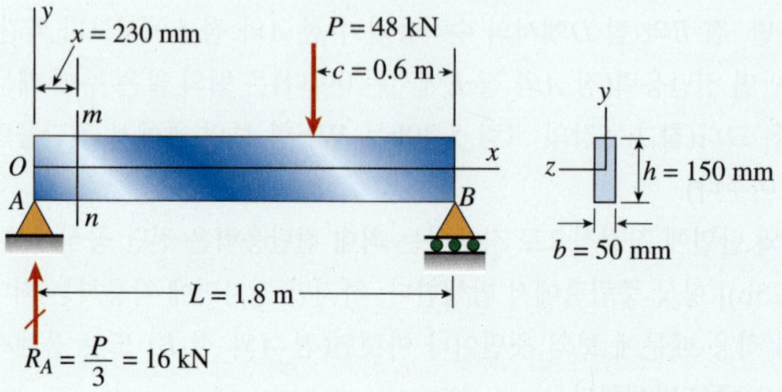

풀이

문제풀이 4단계 접근방법을 사용한다. 효율적인 풀이를 위하여 필요에 따라 단계를 합한다.

1. **개념화**: 단면 mn에 작용하는 응력을 구하기 위해 먼저 굽힘 공식과 전단 공식을 사용한다. 이 응력들을 알고 있다면, 평면응력에 대한 식들로부터 주응력과 최대 전단응력을 구할 수 있다. 마지막으로 보의 높이에 따라 응력이 어떻게 변화하는지를 나타내기 위해 이 응력들에 대한 그래프를 그린다.

   예비적으로, 점 A에서의 보의 반력에 $R_A = P/3 = 16$ kN임을 알고, 따라서 단면에서의 굽힘모멘트와 전단응력은 다음과 같다.

$$M = R_A x = (16\text{ kN})(230\text{ mm}) = 3680\text{ kN}\cdot\text{m} \quad V = R_A = 16\text{ kN}$$

2. **분류**:

   단면 *nm*에 작용하는 수직응력: 굽힘 공식[식 (8-25a)]으로부터 이 응력들을 구한다.

$$\sigma_x = -\frac{My}{I} = -\frac{12My}{bh^3} = -\frac{12(3680\text{ kN}\cdot\text{m})y}{(50\text{ mm})(150\text{ mm})^3} = -271.7\times10^3 y \qquad \text{(a)}$$

   여기서, y는 밀리미터(mm) 단위이고, σ_x는 N/m, (Pa)의 단위를 가진다. 식 (a)로부터 계산된 응력은 인장일 때 양이고 압축일 때 음이다. 예를 들어, 양의 y값은(보의 반쪽 윗부분) 예상한 대로 음의 응력값을 나타낸다.

   보의 측면에서 잘라낸 단면 mn(그림 8-17)의 응력요소를 그림 8-18에 나타냈다. 참고로, xy좌표를 요소에 나타내었다. 수직응력 σ_x와 전단응력 τ_{xy}가 요소에서 양의 방향으로 작용함을 보여 준다(이 예제는 요소에 작용하는 수직응력 σ_y가 없음을 유의하라).

단면 mn에 작용하는 전단응력: 전단응력은 전단 공식[식 (8-25b)]으로 구하는데, 여기서 직사각형 단면에 대한 1차 모멘트 Q는 다음과 같다.

$$Q = b\left(\frac{h}{2} - y\right)\left(y + \frac{h/2 - y}{2}\right) = \frac{b}{2}\left(\frac{h^2}{4} - y^2\right) \quad \textbf{(8-26)}$$

따라서 전단응력은 다음과 같다.

$$\tau = \frac{VQ}{Ib} = \frac{12V}{(bh^3)(b)}\left(\frac{b}{2}\right)\left(\frac{h^2}{4} - y^2\right) = \frac{6V}{bh^3}\left(\frac{h^2}{4} - y^2\right) \quad \textbf{(8-27)}$$

그림 8-18

그림 8-17의 보의 단면 mn에서의 평면응력 요소(예제 8-3)

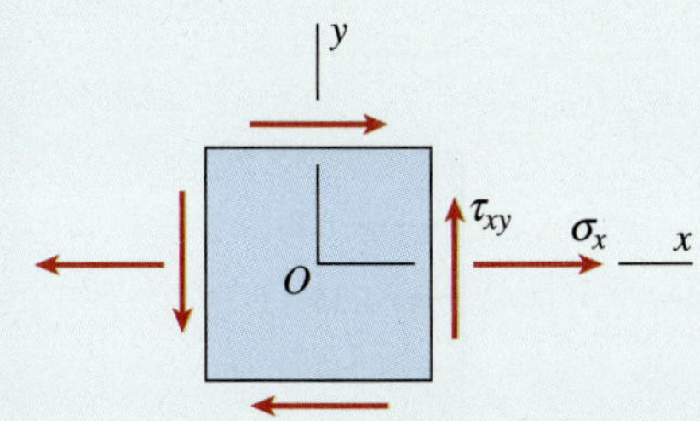

응력요소의 x면에 작용하는 전단응력 τ_{xy}(그림 8-18)는 위 방향으로 양인 반면, 실제 전단응력 τ[식 (8-27)]는 아래 방향으로 작용한다. 따라서 전단응력 τ_{xy}는 다음 식으로 주어진다.

$$\tau_{xy} = -\frac{6V}{bh^3}\left(\frac{h^2}{4} - y^2\right) \quad \textbf{(8-28)}$$

이 식에 수치들을 대입하면

$$\tau_{xy} = -\frac{6(16\text{ kN})}{(50\text{ mm})(150\text{ mm})^3}\left(\frac{(150\text{ mm})^2}{4} - y^2\right) = -569(5625 - y^2) \quad \textbf{(b)}$$

이 된다. 여기서, y(앞에서처럼)는 mm의 단위를 가지고 τ_{xy}는 N/m^2, (Pa) 단위를 가진다.

3. 해석:

응력의 계산: 단면 mn에서의 응력을 구하기 위해, 보의 측면도에서와 같이 보의 높이를 6등분으로 나누고, 대응하는 점들을 A에서 G까지로 표기한다(그림 8-19a). 이 점들의 y좌표는 표 8-1의 2열에 수록되었고, 이에 대응하는 응력 σ_x와 τ_{xy}[식 (a)와 (b)에서 계산된]는 3과 4열에 나와 있다. 이 응력들은 그림 8-19b와 8-19c에 그래프로 나타냈다. 수직응력은 보의 윗면(점 A)에서의 -19.63 Mpa의 압축응력으로부터, 보의 아랫면(점 A)에서 19.63 Mpa의 인장응력까지 선형적으로 변한다. 전단응력은 중립축(점 D)에서 최댓값을 가지며 타원형 분포를 가진다.

주응력과 최대 전단응력: 점 A에서 G까지 7개의 각각의 점에서의 주응력은 다음 식[식 (7-17)과 같음]으로부터 구할 수 있다.

$$\sigma_{1,2} = \frac{\sigma_x + \sigma_y}{2} \pm \sqrt{\left(\frac{\sigma_x - \sigma_y}{2}\right)^2 + \tau_{xy}^2} \quad \textbf{(8-29)}$$

y방향으로 수직응력이 없기 때문에(그림 8-18), 이 식은 다음과 같이 간단해진다.

$$\sigma_{1,2} = \frac{\sigma_x}{2} \pm \sqrt{\left(\frac{\sigma_x}{2}\right)^2 + \tau_{xy}^2} \quad \textbf{(8-30)}$$

또한 최대 전단응력[식 (7-25)로부터]은 다음과 같다.

$$\tau_{max} = \sqrt{\left(\frac{\sigma_x - \sigma_y}{2}\right)^2 + \tau_{xy}^2} \quad \textbf{(8-31)}$$

그림 8-19

예제 8-3: 그림 8-17의 보에서의 응력. (a) 단면 mn의 점 A, B, C, D, E, F; (b) 단면 mn에 작용하는 수직응력 σ_x, (c) 단면 mn에 작용하는 전단응력 τ_{xy}, (d) 주인장응력 σ_1, (e) 주압축응력 σ_2, (f) 최대 전단응력 t_{max}(참고: 모든 응력의 단위는 MPa)

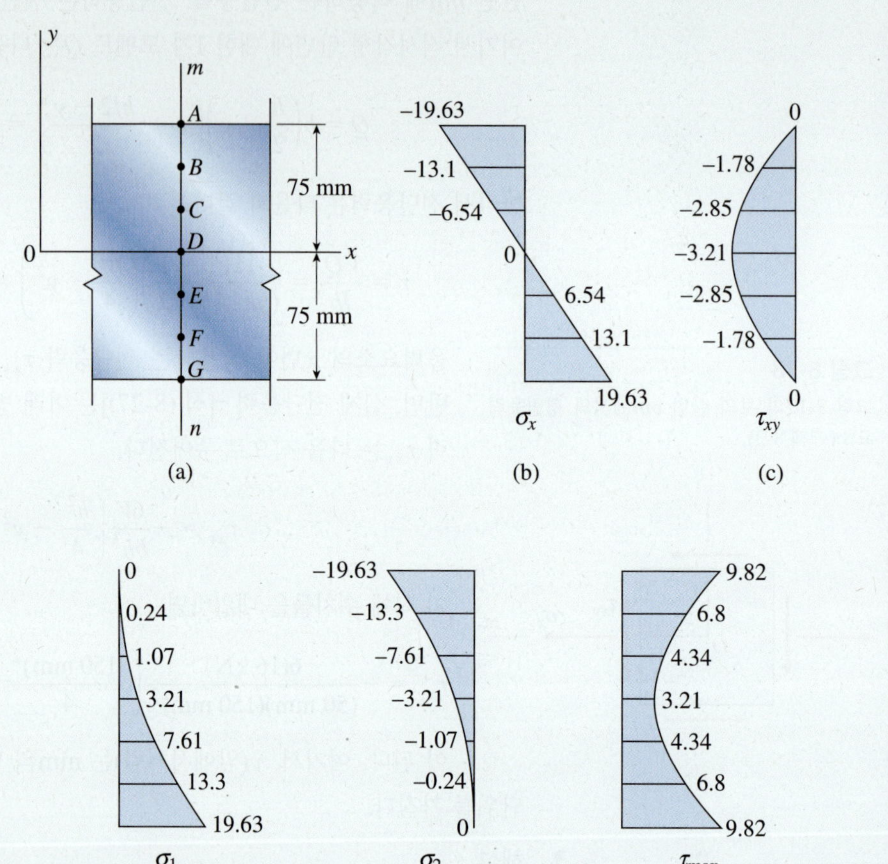

이 식은 다음과 같이 간단하게 나타낼 수 있다.

$$\tau_{max} = \sqrt{\left(\frac{\sigma_x}{2}\right)^2 + \tau_{xy}^2} \tag{8-32}$$

따라서, 주응력 σ_1과 σ_2 및 최대 전단응력 τ_{max}을 구하기 위해 σ_x와 τ_{xy}의 값(표 8-1로부터)을 식 (8-30)와 (8-32)에 대입한다. 이 값들은 표 8-1에 수록되어 있고, 그림 8-19d, e, f에 그려져 있다.

표 8-1

그림 8-17의 보 단면 mn에서의 응력

(1)	(2)	(3)	(4)	(5)	(6)	(7)
점	y (mm)	σ_x (Mpa)	σ_{xy} (Mpa)	σ_1 (Mpa)	σ_2 (Mpa)	τ_{max} (Mpa)
A	75	−19.63	0	0	−19.63	9.82
B	50	−13.1	−1.78	0.24	−13.3	6.80
C	25	−6.45	−2.85	1.07	−7.61	4.34
D	0	0	−3.21	3.21	−3.21	3.21
E	−25	6.45	−2.85	7.61	−1.07	4.34
F	−50	13.1	−1.78	13.3	−0.24	6.80
G	−75	19.63	0	19.63	0	9.82

4. 최종 단계: 인장 주응력 σ_1은 보의 윗면에서 0부터, 아랫면에서 최댓값인 19.63 Mpa까지 변한다(그림 8-19d). 응력의 방향 역시 윗면의 수직으로부터 아랫면의 수평까지 변한다. 중간 높이에서, 응력 σ_1은 45° 평면상에서 작용된다. 역인 경우를 제외하고, 마찬가지로 압축 주응력 σ_2에도 적용된다. 예를 들어, 응력은 보의 윗면에서 최대이고 보의 아랫면에서 0이다(그림 8-19e)

단면 mn에서의 최대 전단응력은 보의 윗면과 아랫면에서 45° 회전된 평면에서 발생한다. 이 응력들은 같은 점에서의 수직응력 σ_x의 절반과 같다. 수직응력 σ_x가 0인 중립축에서 최대 전단응력은 수평 평면과 수직 평면에서 발생한다.

참고 1: 보의 다른 단면들에서, 최대 수직응력과 최대 전단응력은 그림 8-19와 다를 것이다. 예를 들어, 단면 mn과 집중하중 사이의 단면(그림 8-17)에서, 수직응력 σx는 그림 8-19b에서보다 크다. 왜냐하면 굽힘모멘트가 더 크기 때문이다. 그러나 전단응력 τ_{xy}는 전단력이 보의 이 구간에서는 변하지 않기 때문에 그림 8-19c에서와 같다. 결과적으로 주응력 σ_1과 σ_2, 그리고 최대 전단응력 τ_{max}은 그림 8-19d, e, f 에서와 같이, 보의 윗면에서 아랫면까지 같은 형태로 변화하지만 그 응력의 수치들은 달라진다.

보 내부의 임의의 점에서의 최대 인장응력은 최대 굽힘모멘트가 발생하는 단면에서 보의 아랫면의 수직응력이다. 이 응력은 다음과 같다.

$$(\sigma_{tens})_{max} = 102.4 \text{ MPa}$$

최대 압축응력은 같은 수치를 가지며 같은 단면에서 보의 윗면에 발생한다.

보의 단면에 작용하는 최대 전단응력 τ_{xy}는 하중 P의 오른쪽에 발생하는데(그림 8-17), 이는 전단력이 보의 그 구간에서 더 크기 때문이다($V = R_B = 32$ kN, 그러므로 중립축에서 발생하는 τ_{xy}의 최댓값은 다음과 같다.

$$(\tau_{xy})_{max} = 6.4 \text{ MPa}$$

보의 임의의 점에서 최대 전단응력은 최대 굽힘모멘트가 발생하는 단면에서 보의 윗면 또는 아랫면의 45° 면에서 발생한다.

$$\tau_{max} = \frac{102.4 \text{ MPa}}{2} = 51.2 \text{ MPa}$$

참고 2: 일반적인 보에 대한 실제 설계에서 주응력과 최대 전단응력은 거의 계산하지 않는다. 대신에 설계에서 사용되는 인장응력과 압축응력은 최대 굽힘모멘트가 걸리는 단면에서 굽힘 공식으로부터 구하고, 설계에 사용되는 전단응력은 최대 전단력이 걸리는 단면에서 전단 공식으로부터 구한다.

8.5 조합 하중

앞 장에서는 한 가지 형태의 하중을 받는 구조물에 대해서만 설명되었다. 예로서, 1장과 2장에서는 하중을 받는 봉, 3장에서는 비틀림을 받는 축, 그리고 4 ,5, 6장에서는 굽힘을 받는 보에 대해 해석되었다. 압력용기의 해석은 이 장의 앞에서 다루어졌다. 하중의 각각

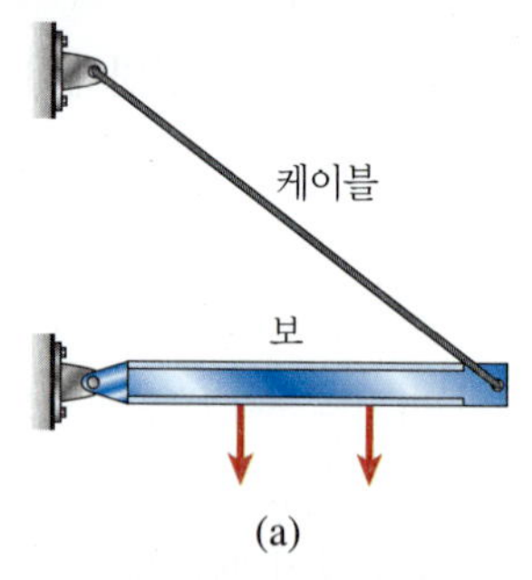

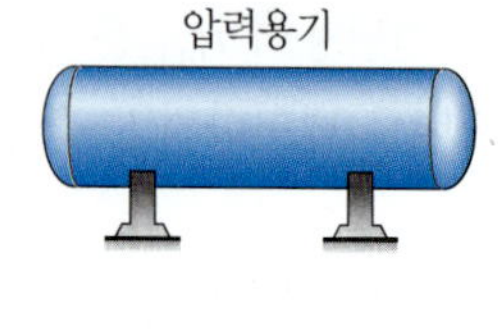

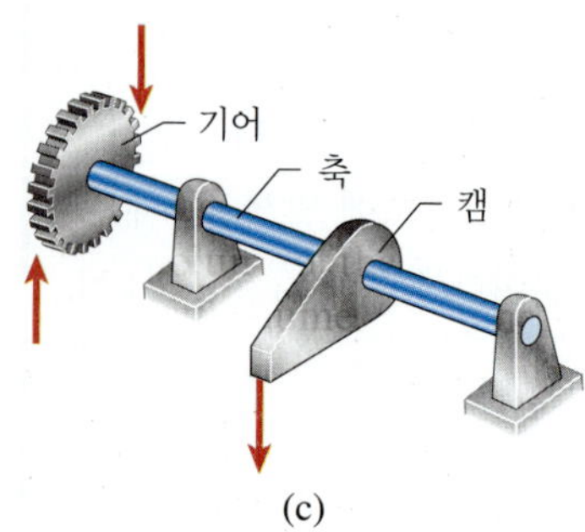

그림 8-20
조합 하중을 받는 구조물의 예: (a) 케이블로 지지된 WF형 보(굽힘과 축 하중이 조합된), (b) 보의 역할을 하는 원통형 압력용기, (c) 비틀림과 굽힘이 조합된 축

의 형태에 대해 응력, 변형률, 변형량을 구하는 방법이 구해졌다.

그러나 많은 구조물에서, 부재들은 적어도 한 종류 이상의 하중을 지지하여야 한다. 한 예로서, 보는 굽힘모멘트와 축하중의 작용을 동시에 받을 수 있고(그림 8-20a), 압력용기는 보의 역할을 할 수 있도록 지지되기도 하며(그림 8-20b), 또한 비틀림을 받는 축은 굽힘하중에 견딜 수도 있다(그림 8-20c). **조합 하중(combined loading)**으로 알려진, 그림 8-20과 같은 유사한 상황들이 기계, 자동차, 공구 장비, 그리고 많은 종류의 구조물에서 매우 다양하게 발생한다.

조합 하중을 받는 구조물 부재는 종종 각각의 하중에 의해 개별적으로 발생되는 응력과 변형률을 중첩함으로써 해석할 수 있다. 그러나 응력과 변형률 모두에 대한 중첩은 앞장에서 이미 설명한 것처럼 오직 어떤 조건하에서만 가능하다. 한 가지 필요조건은 응력과 변형률이 작용하는 하중에 대해 반드시 선형함수여야 한다는 것인데, 이는 다시 재료가 후크의 법칙을 따르고 미소 변형하에 있어야 한다는 조건을 필요로 한다.

또 다른 필요조건은 여러 가지 하중 사이에 상호작용이 없어야 한다는 것이다. 즉, 하나의 하중에 의해 발생되는 응력과 변형률은 다른 하중의 영향을 받지 않아야 한다는 것이다. 대부분의 일반적 구조물은 이러한 조건을 만족하고, 따라서 중첩의 사용은 공학에서 매우 일반적이다.

해석 방법

한 가지 형태 이상의 하중을 받는 구조물을 해석하기 위한 많은 방법들이 있지만, 그 절차들은 보통 다음과 같은 단계를 따른다.

1. 구조물 내에서 응력과 변형률을 결정해야 할 점을 선정한다. 그 점은 보통 굽힘모멘트가 최대인 단면에서와 같이, 응력이 큰 지점의 단면에서 선택한다.
2. 구조물의 각각의 하중에 대해서 선택된 점을 포함하는 단면에서의 합응력을 구한다. 가능한 합응력은 축하중, 비틀림 모멘트, 전단력이다.
3. 선택된 점에서 합응력에 의해 발생되는 수직응력과 전단응력을 계산한다. 또한 만약 구조물이 압력용기라면 내압에 의한 응력을 결정한다(응력들은 앞에서 유도한 응력공식으로부터 구한다. 즉 $\sigma = P/A$, $\tau = T\rho/I_p$, $\sigma = My/I$, $\tau = VQ/Ib$, $\sigma = pr/t$.
4. 선택된 점에서의 합응력을 구하기 위해 개별적인 응력을 합한다. 다시 말하면 그 점의 응력요소에 작용하는 응력 σ_x, σ_y, τ_{xy}를 구한다. (이 장에서는 평면응력에 대한 요소들만을 다루었음을 유의하라.)
5. 응력변환공식 또는 모아 원을 이용하여 선택된 점의 주응력과 최대 전단응력을 구한다. 필요하다면 경사면에 작용하는 응력도 구한다.
6. 평면응력에 대한 후크의 법칙을 이용하여 그 점에서의 변형률을 구한다.
7. 추가로 점을 선택하고 위 과정을 반복한다. 해석의 목적에 적합한 유용한 응력과 변형률 정보를 얻을 때까지 계속한다.

방법의 예

조합 하중을 받는 부재의 해석에 대한 절차를 설명하기 위해, 그림 8-21a와 같은 원형단면을 가지는 캔틸레버봉에서의 응력을 고려한다. 이 봉은 토크 T와 수직하중 P가 모두 자유단에 작용하고 있는 두 가지 형태의 하중을 받고 있다.

먼저 2개의 점 A와 B를 임의로 선택한다(그림 8-21a). 점 A는 봉의 윗면에 위치하고 점 B는 측면에 위치한다. 두 점 모두 같은 단면에 위치한다.

단면에 작용하는 합응력(그림 8-21b)은 토크 T와 같은 비틀림 모멘트, 하중 P에 자유단에서 단면까지의 거리 b를 곱한 것과 같은 굽힘모멘트 M, 그리고 하중 P와 같은 전단력 V이다.

A와 B에 작용하는 응력은 그림 8-21c에 나타냈다. 비틀림 모멘트 T는 비틀림 전단응력을 발생시킨다.

$$\tau_1 = \frac{Tr}{I_p} = \frac{2T}{\pi r^3} \tag{8-33}$$

여기서, r은 봉의 반지름이고, $I_p = \pi r^4/2$은 단면에 대한 극관성모멘트이다. 응력 τ_1은 그림에서와 같이 점 A에서는 수평으로 왼쪽 방향으로 작용하고 점 B는 수직으로 아래 방향으로 작용한다.

굽힘모멘트 M은 점 A에서 인장응력을 발생시킨다.

$$\sigma_A = \frac{Mr}{I} = \frac{4M}{\pi r^3} \tag{8-34}$$

여기서, $I = \pi r^4/4$는 중립축에 대한 관성모멘트이다. 그러나 굽힘모멘트는 점 B에서 응력을 발생시키지 않는데, 이는 점 B가 중립축에 위치하고 있기 때문이다.

전단력 V는 봉의 윗면(점 A)에 전단응력을 발생시키지 않는다. 그러나 점 B에서의 전단응력은[식 (5-46) 참조] 다음과 같다.

$$\tau_2 = \frac{4V}{3A} = \frac{4V}{3\pi r^2} \tag{8-35}$$

여기서, $A = \pi r^2$은 단면의 면적이다.

점 A에 작용하는 응력 σ_A와 τ_1(그림 8-21c)은 그림 8-22a의 응력요소에 작용하고 있음을 알 수 있다. 이 요소는 점 A에서 봉의 윗면으로부터 잘라낸 것이다. 요소를 수직 아래 방향으로 보았을 때의 요소의 2차원 선도가 그림 8-22b이다. 주응력과 최대 전단응력을 구하기 위해 요소를 지나는 x와 y축을 그린다. 축은 원형봉의 길이방향 x축과 평행하고(그림 8-21a), y축은 이에 수평이다. 요소는 $\sigma_x = \sigma_A$, $\sigma_y = 0$, $\tau_{xy} = -\tau_1$을 가지는 평면응력 상태에 있음을 유의하라.

점 B에서의 응력요소(이 또한 평면응력 상태에 있다)는 그림 8-23a와 같다. 요소에 작용하는 유일한 응력은 $\tau_1 + \tau_2$와 같은 전단응력이다(그림 8-21c 참조). 봉의 길이방향 축과 평행한 x축과 이에 수직인 y축을 가지는 응력요소의 2차원 선도가 그림 8-23b에 나내져 있다. 이 요소에 작용하는 응력은 $\sigma_x = \sigma_y = 0$이고 $\tau_{xy} = -(\tau_1 + \tau_2)$이다.

이제 점 A와 B에 작용하는 응력들을 구했고, 이에 상응하는 응력요소를 그렸으므로, 주응력과 최대 전단응력, 그리고 경사진 방향에서 작용하는 응력을 구하기 위해 평면응력에 대한 변환공식(7.2와 7.3절) 또는 모아 원(7.4절)을 이용할 수 있다. 점 A와 B에서의 변형률을 구하기 위하여 후크의 법칙(7.5절)을 사용할 수 있다.

점 A와 B(그림 8-21a)에서의 응력을 해석하기 위해 위에서 설명된 절차들은 봉에서의 다른 점에서도 사용할 수 있다. 특히 굽힘 공식과 전단 공식으로부터 구한 응력이 최댓값 또는 최솟값이 되는 점이 중요한데, 이 점을 **임계점(critical point)**이라 한다. 예를

그림 8-21
비틀림과 굽힘의 조합을 받는 캔틸레버보: (a) 봉에 작용하는 하중, (b) 단면에서의 합응력, (c) 점 A와 B의 응력

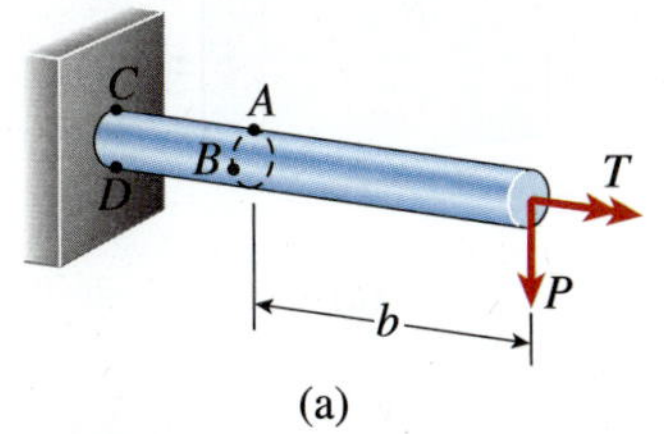

(a)

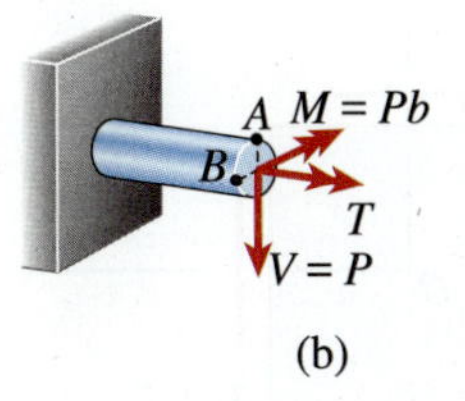

(b)

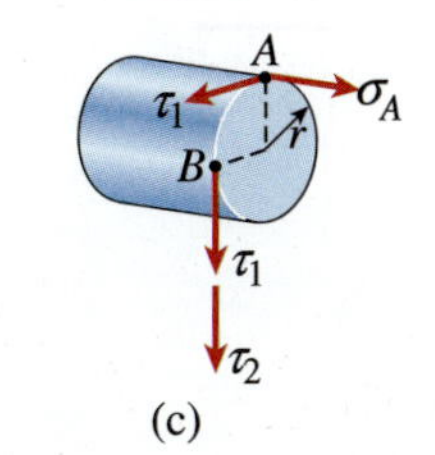

(c)

그림 8-22
점 A에서의 응력요소

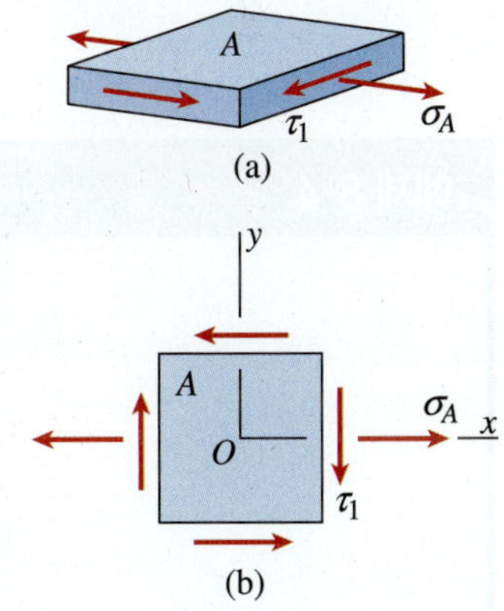

(b)

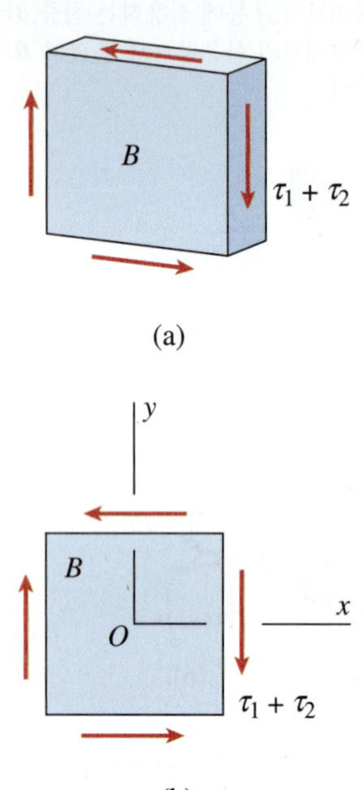

그림 8-23
점 B에서의 응력요소

들어 굽힘에 의한 수직응력은, 굽힘모멘트가 최대가 되는 단면, 즉 지점에서 최대가 된다. 따라서 고정단에서 봉의 윗면과 아랫면에 있는 점 C와 D(그림 8-21a)는 응력을 반드시 계산해야 하는 임계점이다. 또 하나의 임계점은 점 B로서, 이 점에서 전단응력이 최대가 된다. (본 예에서 전단응력은 점 B가 봉의 길이방향으로 봉을 따라 움직이더라도 전단응력은 변하지 않음을 유의하라).

마지막 단계로서, 봉에서의 절대 최대 수직응력 및 절대 최대 전단응력을 구하기 위해 임계점에서의 주응력과 최대 전단응력을 서로 비교한다.

이 예에서는 조합 하중에 의해 발생되는 응력을 구하기 위한 일반적인 절차를 설명하고 있다. 어떠한 새로운 이론도 포함되지 않고 단지 앞에서 유도된 공식과 개념을 적용했을 뿐이다. 일어날 수 있는 실제 상황들은 무한하기 때문에, 최대 응력을 계산할 수 있는 일반 공식을 유도하는 것은 의미가 없다. 대신 각 구조물은 보통 특수한 경우로 취급한다.

임계위치의 선정

해석의 목적이 구조물 내부의 어디에서든 최대 응력을 구하는 것이라면 그 임계위치는 반드시 응력의 합이 가장 큰 값을 가지는 단면을 선정해야 한다. 더욱이 그런 단면 내에서도, 수직응력 또는 전단응력이 최댓값을 갖는 점들을 선택해야 한다. 올바른 판단으로 점을 선택함으로써 구조물 내의 절대 최대 응력을 합리적으로 구할 수 있다.

그러나 때때로 최대 응력이 부재 내의 어디에서 일어날지를 미리 인식하는 것은 매우 어려운 일일 수 있다. 이때에는 많은 점들에서 응력을 조사하는 것이 필요하고, 아마 각 선택된 점에서 시행착오법을 사용해야 할 것이다. 당면한 문제에 대한 특별한 공식을 유도하거나 어려운 해석을 쉽게 하기 위해 가정을 간단히 하는 것과 같은 다른 전략들도 유용한 방법이 될 수 있다.

다음 예제들에서는 조합 하중을 받는 구조물에서의 응력을 구하는 데 사용된 방법들이 예시된다.

예제 8-4

생산용 유정펌프의 속이 빈 파이프 케이싱(그림 8-24 참조)이 외경 200 mm, 두께 18 mm이고, 가스와 오일로 인한 내압은 15 MPa이다. 폭발방지기 위의 한 점에서 파이프에 가해지는(파이프의 자중에 의한) 힘이 175 kN이고 토크는 14 kN · m이다. 파이프 케이싱의 최대 인장, 압축, 전단응력을 계산하여라.

풀이

문제풀이 4단계 접근방법을 사용한다. 효율적인 풀이를 위하여 필요에 따라 단계를 합한다.

1. **개념화**: 유정케이싱의 응력들은 축 하중 P와 토크 T, 내압 p의 복합작용에 의해 발생된다(그림 8-24b). 따라서, 어떤 깊이에 있는 축 표면 한 점의 응력들은 그림 8-24b의 케이싱 표면의 응력요소에 나타내어진 것과 같이 원주응력 σ_x, 길이방향 응력 σ_y, 전단응력 τ_{xy}로 구성된다. y축은 케이싱의 길이방향 축과 평행함에 유의한다.

그림 8-24

예제 8-4: 생산용 유정케이싱 (비틀림, 축 하중, 내압의 조합 하중)(Courtesy of EMNRD)

생산용 유정펌프

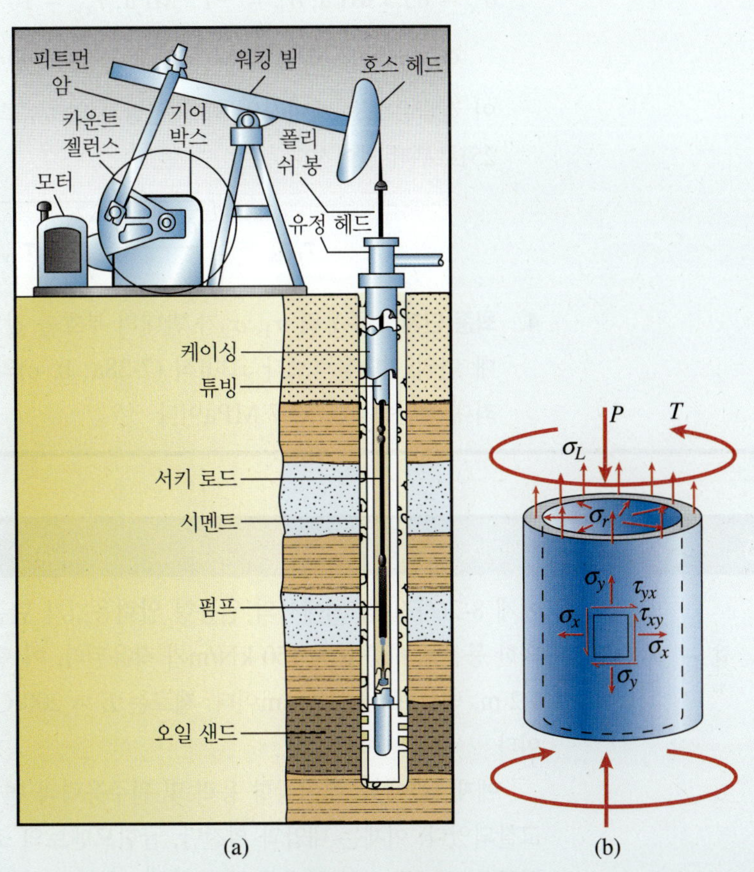

(a) (b)

2. **분류**: 원주응력 σ_x는 오일과 가스의 내압에 의해 일어나며, 식 (8-11)을 이용하여 다음과 같이 계산된다.

$$\sigma_x = \frac{pr}{t} = \frac{[15\text{ MPa} \times (100\text{ mm})]}{18\text{ mm}} = 83.3\text{ MPa}$$

축응력 σ_y는 축압축응력 P(자중에 의한)에 의해 일어나며, 케이싱의 단면적 A로 나누어 계산된다. 축인장응력 σ_L은 내압에 의해 일어난다[식 (8-12)에서의 σ_L이며, 밀폐되어 작동하지 않을 때는 0이 아니다]. 오일과 가스가 흐른다고 가정하면, σ_L은 0이 되고, σ_y는 다음과 같이 계산된다

$$\sigma_y = \frac{-P}{A} = \frac{-(175\text{ kN})}{\pi\left[r^2 - (r-t)^2\right]} = -17\text{ MPa}$$

비틀림 공식[3.3절의 식 (3-13) 참조]으로부터 전단응력 τ_{xy}를 구하면:

$$\tau_{xy} = \frac{Tr}{I_p} = \frac{(14\text{ kN}\cdot\text{m}) \times (100\text{ mm})}{8.606(10^{-5})\text{ m}^4} = 16.3\text{ MPa}$$

이 전단응력은 1.8절에서 정한 부호규약에 따라서 양이다.

3. **해석**: σ_x, σ_y, τ_{xy}를 알면, 이제 7.3절에서 설명된 방법에 의해서 주응력과 최대 전단응력을 얻을 수 있다. 주응력은 식 (7-17)로부터 얻어진다:

$$\sigma_{1,2} = \frac{\sigma_x + \sigma_y}{2} \pm \sqrt{\left(\frac{\sigma_x - \sigma_y}{2}\right)^2 + \tau_{xy}^2}$$

$\sigma_x = 83.3$ MPa, $\sigma_y = -17$ MPa, $\tau_{xy} = 16.3$ MPa을 대입하면,

$$\sigma_{1,2} = 33.2 \text{ MPa} \pm 52.7 \text{ MPa or } \sigma_1 = 85.9 \text{ MPa} \quad \sigma_2 = -19.5 \text{ MPa}$$

이 값들은 드릴케이싱의 최대 인장과 압축응력이다. 최대 면내 전단응력은 식 (7-25)로부터 얻어진다.

$$\tau_{\max} = \sqrt{\left(\frac{\sigma_x - \sigma_y}{2}\right)^2 + \tau_{xy}^2} = 52.7 \text{ MPa}$$

4. **최종 단계:** 주응력 σ_1, σ_2가 반대의 부호를 갖기 때문에, 최대 면내 전단응력은 최대 면외 전단응력보다 크다[식 (7-28a, b, c)와 설명 참조]. 따라서, 드릴케이싱의 최대 전단응력은 52.7 MPa이다.

예제 8-5

예제 8-2(사진 참조)에서의 원통형 압력용기가 단순지지되고 탱크의 자중과 내용물에 의한 등분포 하중 $q = 150$ kN/m가 작용된다. 이 탱크의 길이는 6 m, 안쪽 반지름 $r = 1.2$ m, 벽두께 $t = 19$ mm이다. 재료는 $E = 200$ GPa인 강철이고, 내압 $p = 720$ kPa이다.

예제 8-2에서, 길이방향 응력 및 원주응력과 변형률, 최대 면내 및 면외 전단응력이 고찰되었다. 이제는 내압과 횡전단, 굽힘모멘트의 조합효과에 의한 점 A와 점 B의 요소의 응력 상태를 알기 위해서 분포 하중 q의 효과를 고찰한다(전단력과 굽힘모멘트 선도는 그림 8-25c, d에 주어짐). (a) 요소 A는 용기의 왼쪽 지지점 위 직각의 바깥 표면 위에 있고, (b) 요소 B는 탱크 중앙의 밑 표면에 위치한다.

풀이

문제풀이 4단계 접근방법을 사용한다. 효율적인 풀이를 위하여 필요에 따라 단계를 합한다.

1. **개념화:** 압력용기 벽의 응력은 내압과 횡전단, 굽힘모멘트의 **조합작용**에 의해 발생된다.

Part (a): 점 A의 응력 상태

2, 3. **분류, 해석:** 점 A에서, 그림 8-26a에서 보여주는 바와 같은 응력요소를 떼어낸다. x축을 압력용기의 길이방향 축에 평행하고, y축은 원주방향이다. 요소 A에는 하중 q로 인한 전단응력이 존재한다(응력집중 효과를 무시하기 위하여, 요소 A는 지점에서 충분히 떨어진 위치에 있는 것으로 가정한다). 응력들은 다음과 같이 계산된다.

$$\sigma_x = \sigma_L = \frac{pr}{2t} = \frac{720 \text{ kPa} \times (1.2 \text{ m})}{2(19 \text{ mm})} = 22.7 \text{ MPa}$$

$$\sigma_y = \sigma_r = \frac{pr}{t} = \frac{720 \text{ kPa} \times (1.2 \text{ m})}{19 \text{ mm}} = 45.5 \text{ MPa}$$

여기서 σ_L은 길이방향 응력이고, σ_r은 내압 p로 인한 원주응력이다. 용기의 길이축은 굽힘의 중립면에 있기 때문에 굽힘모멘트로 인한 수직응력은 없다. 다음은

그림 8-25

예제 8-5: 내압 p와 횡하중 q를 받는 원통형 압력용기

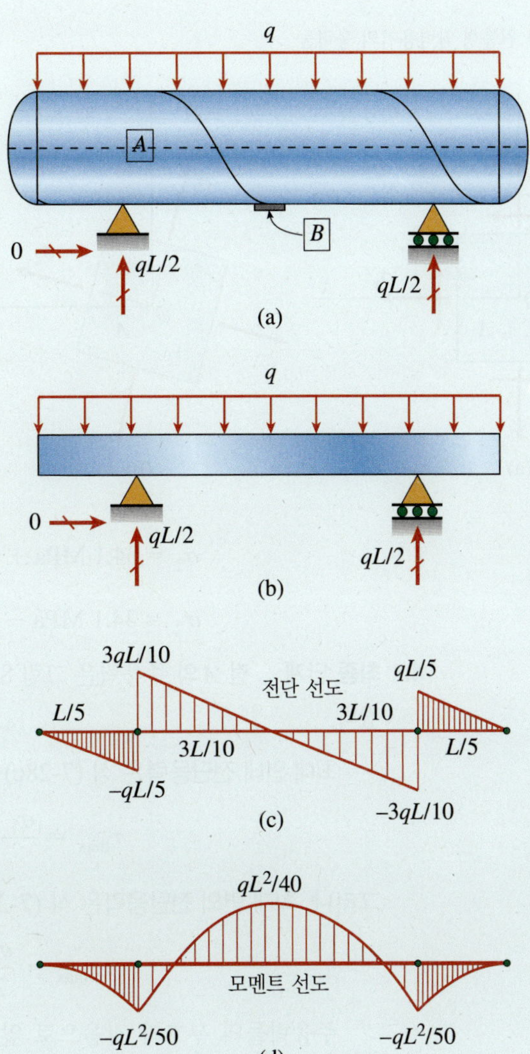

식 (5-48)을 사용하여 전단응력 τ_{xy}을 계산한다. 전단력 선도로부터 $V = 3qL/10$이므로,

$$\tau_{xy} = \frac{-4}{3}\frac{V}{A}\left(\frac{r_1^2 + r_1r_2 + r_2^2}{r_1^2 + r_2^2}\right)$$

$$\tau_{xy} = \frac{-4}{3}\frac{\left[\frac{3}{10}(150\ \text{kN/m})(6\ \text{m})\right]}{\pi[(1.219\ \text{m})^2 - (1.2\ \text{m})^2]}\left[\frac{(1.2\ \text{m})^2 + 1.2\ \text{m}(1.219\ \text{m}) + (1.219\ \text{m})^2}{(1.2\ \text{m})^2 + (1.219\ \text{m})^2}\right]$$

$$= -3.74\ \text{MPa}$$

전단응력 τ_{xy}는 1.8절의 부호규약에 따라 음(요소의 양의 x면에서 아래 방향)이다.

***A*점의 주응력과 최대 전단응력**: 주응력은 다음 식 (7-17)로부터 얻어진다. 다시 쓰면:

$$\sigma_{1,2} = \frac{\sigma_x + \sigma_y}{2} \pm \sqrt{\left(\frac{\sigma_x - \sigma_y}{2}\right)^2 + \tau_{xy}^2}$$

따라서,

그림 8-26

예제 8-5의 풀이를 위한 원통형 압력용기의 응력들

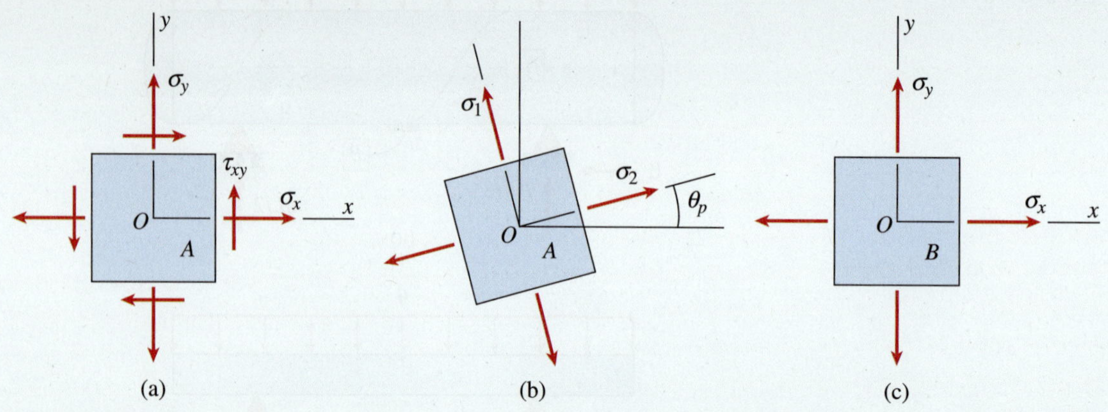

$$\sigma_1 = 34.1\text{ MPa} + 11.96\text{ MPa} = 46.1\text{ MPa}$$

$$\sigma_2 = 34.1\text{ MPa} - 11.96\text{ MPa} = 22.1\text{ MPa}$$

4. **최종 단계**: 점 A의 주응력은 그림 8-26b의 $\theta_p = 9.11°$ 회전한 요소 위에 나타내어졌다.

최대 면내 전단응력은 식 (7-28c)를 사용하여 계산된다:

$$\tau_{\max} = \frac{\sigma_1 - \sigma_2}{2} = 12\text{ MPa}$$

그러나, 최대 면외 전단응력은 식 (7-28b)에 의해 구한다.

$$\tau_{\max} = \frac{\sigma_1}{2} = 23.1\text{ MPa}$$

주응력들의 부호가 같음으로 앞서 알고 있는 바대로 하나의 면외 전단응력이 최대 전단응력이 된다[식 (7-28a, b, c)와 설명 참조].

Part (b): 점 B의 응력 상태

2, 3. 분류, 해석: 이 응력요소는 용기의 밑 표면에 위치하며(탱크의 밑에서 올려다 본 것처럼) 그림 8-26c에 나타낸 것과 같은 방향이다. x축은 압력용기의 길이방향 축과 평행하고, y축은 원주방향이다. 하중 q로 인한 전단응력은 요소 B 위에 작용하지 않으며, 그것은 요소 B가 하부의 자유표면 위에 있기 때문이나, 수직인장응력은 굽힘으로 인하여 최대이다. 이 응력은 다음과 같다.

$$\sigma_x = \sigma_L + \frac{Mr}{I_z}$$

여기서 용기의 I_z는

$$I_z = \frac{\pi}{4}\left[(r+t)^4 - r^4\right] = 0.10562\text{ m}^4$$

따라서,

$$\sigma_x = \frac{pr}{2t} + \frac{\left(\frac{qL^2}{40}\right)(r+t)}{I_z}$$

$$= \frac{720\ \text{kPa}(1.2\ \text{m})}{2(19\ \text{mm})} + \frac{\left[150\ \text{kN/m}\frac{(6\ \text{m})^2}{40}\right](1.219\ \text{m})}{0.10562\ \text{m}^4}$$

$$\sigma_x = 22.74\ \text{MPa} + 1.558\ \text{MPa} = 24.3\ \text{MPa}$$

$$\sigma_y = \sigma_r = \frac{pr}{t} = \frac{720\ \text{kPa}(1.2\ \text{m})}{19\ \text{mm}} = 45.5\ \text{MPa}$$

4. 최종 단계: 점 B에는 전단응력이 작용하지 않기 때문에 수직응력 σ_x와 σ_y는 주응력이다(즉, $\sigma_x = \sigma_2$, $\sigma_y = \sigma_1$). 최대 면내 및 면외 전단응력은 식 (7-28a, b, c)로부터 계산된다.

최대 면내 전단응력은 식 (7-28c)로부터 계산된다.

$$\tau_{\max} = \frac{\sigma_1 - \sigma_2}{2} = 10.6\ \text{MPa}$$

그러나, 최대 면외 전단응력은 식 (7-28b)로부터 계산된다.

$$\tau_{\max} = \frac{\sigma_1}{2} = 23\ \text{MPa}$$

예제 8-6

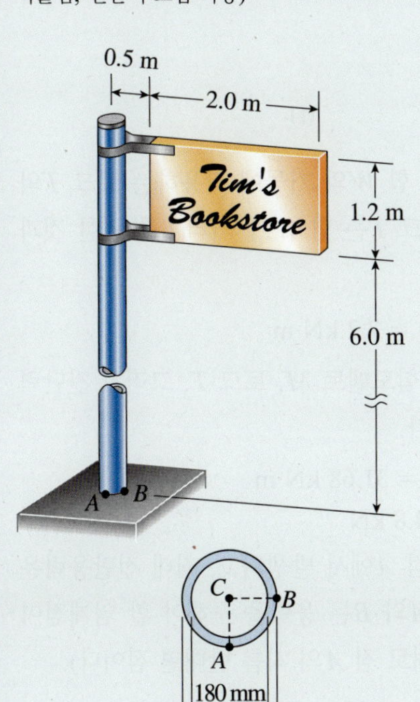

그림 8-27
예제 8-6: 표지판에 대한 풍압(기둥의 굽힘, 비틀림, 전단의 조합 하중)

크기가 2.0 m × 1.2 m인 표지판을 바깥 반지름 220 mm와 아쪽 반지름 180 mm인 속인 빈 원형 기둥이 지지하고 있다(그림 8-27). 이 표지판은 기둥의 중심선으로부터 0.5 m 떨어져 있고, 밑 모서리는 바닥으로부터 6.0 m 떨어져 있다.

(a) 풍압 2.0 kPa이 표지판에 작용함으로 인한, 기둥 밑판의 점 A와 점 B에서의 주응력과 최대 전단응력을 계산하라.

(b) 원형단면 기둥의 밑판의 응력과 이 응력으로 인한 상단의 비틀림을 높이, 벽두께, 단면적이 동일한 정사각형 단면의 기둥과 비교하라.

풀이

문제풀이 4단계 접근방법을 사용한다. 효율적인 풀이를 위하여 필요에 따라 단계를 합한다.

Part (a): 원형 기둥의 합응력

1. 개념화: 표지판에 대한 풍압은 표지판의 중앙(그림 8-28a)에 작용하는 합력 W를 만들고, 이것은 압력 p에 작용면적 A를 곱한 것과 같다.

$$W = pA = (2.0\ \text{kPa})(2.0\ \text{m} \times 1.2\ \text{m}) = 4.8\ \text{kN}$$

이 힘의 작용선은 지면으로부터 높이 $h = 6.6$ m, 기둥의 중심선으로부터 거리 $b = 1.5$ m 떨어져 있다.

그림 8-28

예제 8-6 풀이

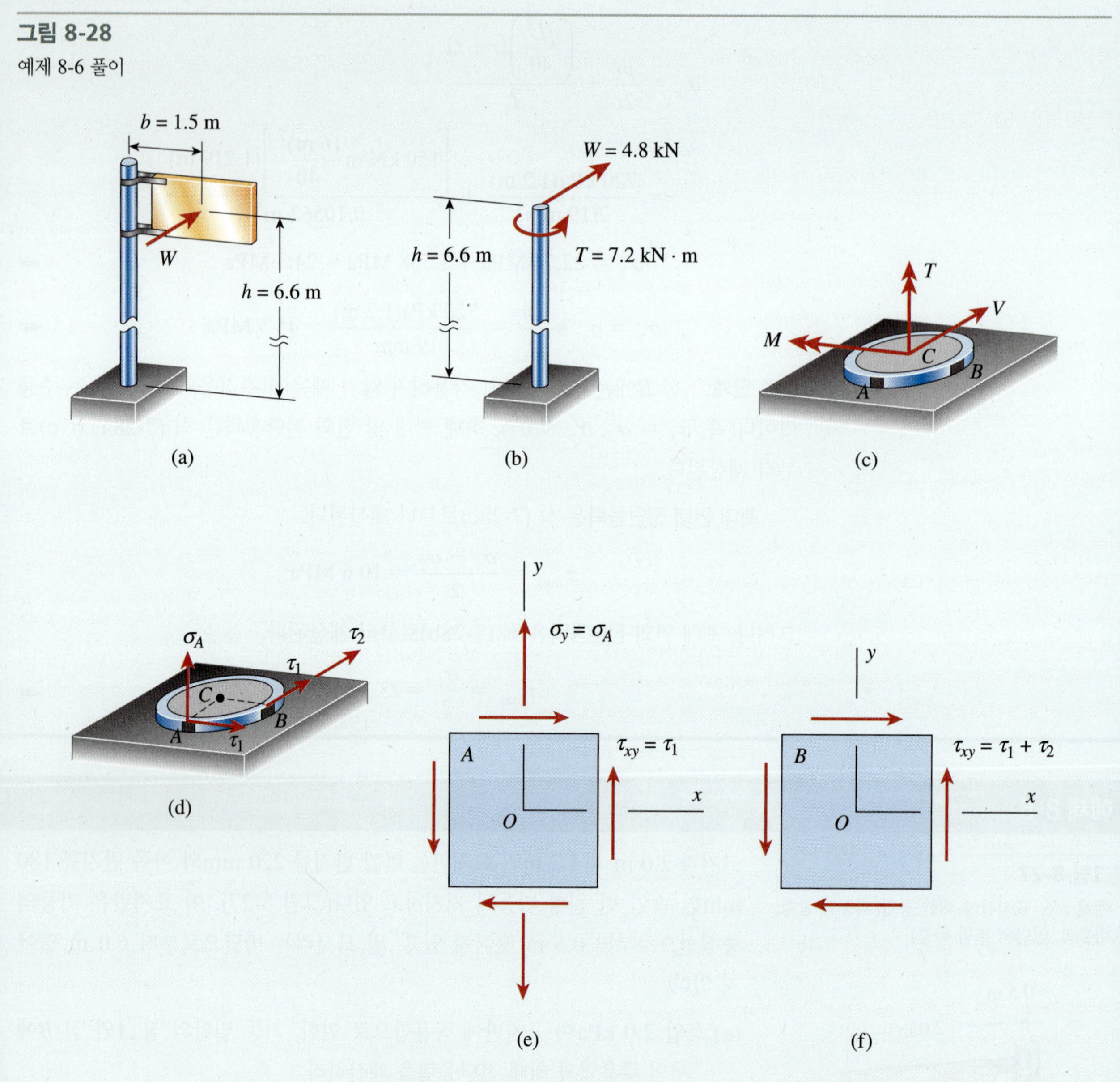

표지판에 작용하는 풍력은 측면에 생기는 힘 W와 기둥에 작용하는 토크 T와 정역학적으로 평형을 이룬다(그림 8-28b). 토크 T는 힘 W에 거리 b를 곱한 것과 같다.

$$T = Wb = (4.8\text{ kN})(1.5\text{ m}) = 7.2\text{ kN·m}$$

기둥 바닥에서의 합응력(그림 8-28c)은 굽힘모멘트 M, 토크 T, 그리고 전단력 V로 구성되어 있다. 이들의 크기는 다음과 같다.

$$M = Wh = (4.8\text{ kN})(6.6\text{ m}) = 31.68\text{ kN·m}$$

$$T = 7.2\text{ kN·m} \quad V = W = 4.8\text{ kN}$$

이런 합응력들을 검토하면, 최대 굽힘응력은 점 A에서 발생되고, 최대 전단응력은 점 B에서 발생됨을 알 수 있다. 그러므로 점 A와 B는 응력을 구해야 할 임계점이다(또 다른 임계점은 아래의 주의에서 설명한대로 점 A의 지름 반대편 점이다).

2, 3. 분류, 해석:

점 A와 B에서의 응력: 굽힘모멘트 M은 점 A에서 인장응력 σ_A를 발생시킨다(그림 8-28d). 그러나 점 B에서는 어떠한 응력도 발생시키지 않는다(이 점은 중립축에 위치해 있다). 응력 σ_A는 굽힘 공식으로부터 얻을 수 있다.

$$\sigma_A = \frac{M(d_2/2)}{I}$$

여기서, d_2는 외경(220 mm)이고 I는 단면의 관성모멘트이다. 관성모멘트는 다음과 같다.

$$I = \frac{\pi}{64}(d_2^4 - d_1^4) = \frac{\pi}{64}\left[(220\text{ mm})^4 - (180\text{ mm})^4\right] = 63.46 \times 10^{-6}\text{ m}^4$$

여기서, d_1은 내경이다. 그러므로 응력 σ_A는 다음과 같은 값을 갖는다.

$$\sigma_A = \frac{Md_2}{2I} = \frac{(31.68\text{ kN}\cdot\text{m})(220\text{ mm})}{2(63.46 \times 10^{-6}\text{ m}^4)} = 54.91\text{ MPa}$$

토크 T는 점 A와 B에서 전단응력 τ_1을 발생시킨다(그림 8-28d). 이 응력들은 비틀림 공식으로부터 구할 수 있다.

$$\tau_1 = \frac{T(d_2/2)}{I_p}$$

여기서, I_p는 극관성모멘트이다.

$$I_p = \frac{\pi}{32}(d_2^4 - d_1^4) = 2I = 126.92 \times 10^{-6}\text{ m}^4$$

따라서

$$\tau_1 = \frac{Td_2}{2I_p} = \frac{(7.2\text{ kN}\cdot\text{m})(220\text{ mm})}{2(126.92 \times 10^{-6}\text{ m}^4)} = 6.24\text{ MPa}$$

마지막으로, 전단력 V를 이용하여 점 A와 B에서 발생되는 전단응력을 계산한다. 점 A에서의 전단응력은 0이고 점 B에서의 전단응력(그림 8-28d에서 τ_2로 표시된)은 원형 튜브에 대한 전단 공식[5.9절의 식 (5-48)]으로부터 계산할 수 있다.

$$\tau_2 = \frac{4V}{3A}\left(\frac{r_2^2 + r_2 r_1 + r_1^2}{r_2^2 + r_1^2}\right) \qquad \textbf{(a)}$$

여기서, r_2와 r_1은 바깥쪽과 안쪽의 반지름이고, A는 단면의 면적이다.

$$r_2 = \frac{d_2}{2} = 110\text{ mm} \quad r_1 = \frac{d_1}{2} = 90\text{ mm}$$

$$A = \pi(r_2^2 - r_1^2) = 12{,}570\text{ mm}^2$$

수치들을 식 (a)에 대입하면 다음 값을 얻을 수 있다.

$$\tau_2 = 0.76\text{ MPa}$$

이제 점 A와 점 B에 작용하는 모든 응력들을 구했다.

응력요소: 다음 단계는 이 응력들을 응력요소에 나타내는 것이다(그림 8-28e, f). 모든 요소에 대하여, y축은 기둥의 길이방향 축과 평행하고 축은 수평이다. 점 A에서 요소에 작용하는 응력은 다음과 같다.

$$\sigma_x = 0 \quad \sigma_y = \sigma_A = 54.91 \text{ MPa} \quad \tau_{xy} = \tau_1 = 6.24 \text{ MPa}$$

점 B에서 응력은 다음과 같다.

$$\sigma_x = \sigma_y = 0 \quad \tau_{xy} = \tau_1 + \tau_2 = 6.24 \text{ MPa} + 0.76 \text{ MPa} = 7.00 \text{ MPa}$$

요소에 작용하는 수직응력은 없기 때문에 점 B는 순수전단 상태에 있다.

이제 응력요소에 작용하는 모든 응력을 구했으므로(그림 8-28e, f), 주응력과 최대 전단응력을 구하기 위해 7.3절에서 주어진 식들을 사용할 수 있다.

점 A에서의 주응력과 최대 전단응력: 주응력은 다음의 식 (7-17)로부터 구한다.

$$\sigma_{1,2} = \frac{\sigma_x + \sigma_y}{2} \pm \sqrt{\left(\frac{\sigma_x - \sigma_y}{2}\right)^2 + \tau_{xy}^2} \tag{b}$$

$\sigma_x = 0, \sigma_y = 54.91 \text{ MPa}, \tau_{xy} = 6.24 \text{ MPa}$을 대입하면

$$\sigma_{1,2} = 27.5 \text{ MPa} \pm 28.2 \text{ MPa}$$

따라서

$$\sigma_1 = 55.7 \text{ MPa} \quad \sigma_2 = -0.7 \text{ MPa}$$

면내 최대 전단응력은 식 (7-25)로부터 얻어진다.

$$\tau_{max} = \sqrt{\left(\frac{\sigma_x - \sigma_y}{2}\right)^2 + \tau_{xy}^2} \tag{c}$$

이 항은 위에서 계산하였으며 다음과 같다.

$$\tau_{max} = 28.2 \text{ MPa}$$

주응력 σ_1과 σ_2의 부호가 서로 반대이기 때문에, 면내 최대 전단응력은 면외 최대 전단응력보다 크다[식 (7-28a, b, c)와 관련 내용 참조]. 그러므로 점 A의 최대 전단응력은 28.2MPa이다.

점 B에서의 주응력과 최대 전단응력: 이 점에서의 응력들은 $\sigma_x = 0, \sigma_y = 0, \tau_{xy} = 7.0 \text{ MPa}$이다. 따라서 요소는 순수전단 상태에 있으며, 주응력은 다음과 같다.

$$\sigma_1 = 7.0 \text{ MPa} \quad \sigma_2 = -7.0 \text{ MPa}$$

면내 최대 전단응력은 다음과 같다.

$$\tau_{max} = 7.0 \text{ MPa}$$

면외최대 전단응력은 이 값의 절반이다.

4. 최종 단계: 기둥 내의 임의의 점에서 최대 응력이 필요하다면, 점 A의 지름 반대편에 위치한 임계점에서의 응력들을 구해야 한다. 왜냐하면 이 점에서 굽힘에 의한 압축응력이 최댓값을 가지기 때문이다. 이 점에서의 주응력은

$$\sigma_1 = 0.7 \text{ MPa} \quad \sigma_2 = -55.7 \text{ MPa}$$

이고 최대 전단응력은 28.2 MPa이다. 그러므로 기둥의 최대 인장응력은 55.7 MPa, 최대 압축응력은 −55.7 MPa, 그리고 최대 전단응력은 28.2 MPa이다. (이 해석에서는 풍압에 의한 영향만을 고려했음을 항상 유의하라. 구조물의 무게와 같

그림 8-29
예제 8-6의 사각형 관

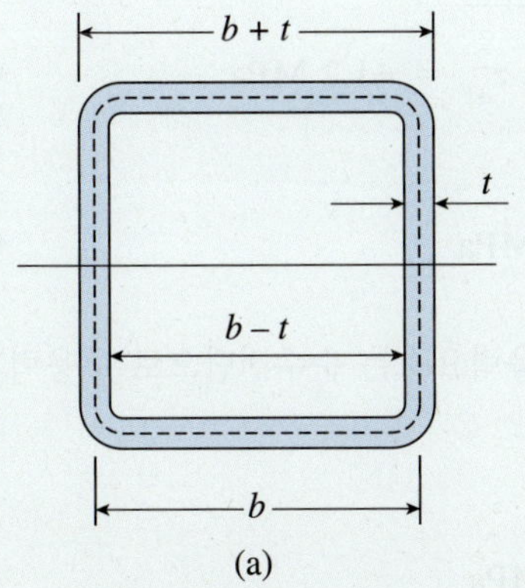

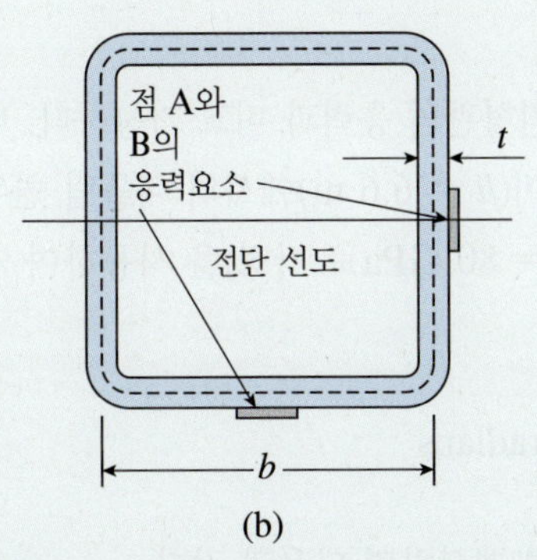

은 다른 하중들 역시 기둥의 바닥에 응력을 발생시킨다.)

Part (b): 사각형 관의 합응력

1. **개념화**: 사각형 관은 원형 봉과 동일한 높이(표지판의 중앙까지 $h = 6.6$ m), 동일한 두께($t = 20$ mm), 동일한 단면적($A = 12{,}570\ \text{mm}^2$)이다. 이제 치수 b(관의 중심선 기준, 그림 8-29 참조)는 다음과 같이 계산된다.

$$(b + t)^2 - (b - t)^2 = 12{,}570\ \text{mm}^2 \quad \text{so} \quad b = 157.125\ \text{mm}$$

이 관의 비틀림상수 J [식 (3-94) 참조]와 관의 중심선 안쪽 면적 A_m은

$$J = b^3 t = 7.758 \times 10^{-5}\ \text{m}^4 \qquad A_m = b^2 = 2.469 \times 10^4\ \text{mm}^2$$

(3.11절의 얇은 두께의 관에 대한 식들이 적용되는 것으로 가정하며, 관의 모서리에서의 응력집중 효과는 무시한다.)

수직응력과 횡전단응력을 계산하기 위하여, 식 (5-14)의 식으로부터 굽힘 공식에 사용되는 단면의 중립축에 대한 관성모멘트 I_{tube}와 식 (5-41)의 전단 공식에 적용되는 중립축에 대한 1차모멘트 Q_{tube}를 구한다. 이러한 값들은 다음과 같이 계산된다.

$$I_{\text{tube}} = \frac{1}{12}\left[(b + t)^4 - (b - t)^4\right] = 5.256 \times 10^{-5}\ \text{m}^4$$

$$Q_{\text{tube}} = (b + t)\left(\frac{b + t}{2}\right)\left(\frac{b + t}{4}\right) - (b - t)\left(\frac{b - t}{2}\right)\left(\frac{b - t}{4}\right)$$

$$= 3.723 \times 10^{-4}\ \text{m}^3$$

2, 3. 분류, 해석:

관의 점 A와 B의 응력: 점 A의 수직응력(그림 8-29b 참조)은 $M = 31.68\ \text{kN} \cdot \text{m}$를 굽힘 공식에 대입하여 계산한다.

$$\sigma_A = \frac{M(b + t)}{2I_{\text{tube}}} = 53.38\ \text{MPa}$$

점 B의 수직응력은 중립축에 위치하기 때문에 0이다. 점 A의 횡전단응력은 0이며, 점 B의 전단응력은 전단 공식으로부터 계산된다.

$$\tau_2 = \frac{VQ_{\text{tube}}}{I_{\text{tube}}(2t)} = 0.85\ \text{MPa}$$

토크 $T = 7.2\ \text{kN} \cdot \text{m}$는 점 A와 B에서 전단응력을 일으킨다. 식 (3-81)을 사용하며 전단응력 τ_1은

$$\tau_1 = \frac{T}{2tA_m} = 7.29\ \text{MPa}$$

그림 8-29b의 사각형 관 점 A와 B에서 응력 상태는 그림 8-28e, f에 나타내어진 것과 같다. 여기서,

$$\sigma_x = 0 \quad \sigma_y = \sigma_A = 53.38\ \text{MPa}$$

$$\tau_{xy} = \tau_1 + \tau_2 = 8.14\ \text{MPa}$$

점 A의 주응력과 최대 면내 전단응력: 식 (b)를 다시 사각형 관에 대해 계산하면,

$$\sigma_1 = \frac{\sigma_x + \sigma_y}{2} + \sqrt{\left(\frac{\sigma_x - \sigma_y}{2}\right)^2 + \tau_{xy}^2} = 54.6 \text{ MPa}$$

$$\sigma_2 = \frac{\sigma_x + \sigma_y}{2} - \sqrt{\left(\frac{\sigma_x - \sigma_y}{2}\right)^2 + \tau_{xy}^2} = -1.2 \text{ MPa}$$

$$\tau_{max} = \sqrt{\left(\frac{\sigma_x - \sigma_y}{2}\right)^2 + \tau_{xy}^2} = 27.9 \text{ MPa}$$

점 B의 주응력과 최대 면내 전단응력: 점 B의 응력요소는 순수전단으로 주응력과 최대 면내전단응력은

$$\sigma_1 = \tau_{xy} = 8.1 \text{ MPa}$$
$$\sigma_2 = -\tau_{xy} = -8.1 \text{ MPa}$$
$$\tau_{max} = \tau_{xy} = 8.1 \text{ MPa}$$

4. 최종 단계: 사각형 관 점 A와 B에서 응력들은 원형관의 응력과 비교 가능하다. 비교에서, 각 기둥의 표지판의 중심까지의 동일 높이(h = 6.6 m)에서의 비틀림 변위를 보면, 원형관의 비틀림회전각은 식 (3-17)(G = 80 GPa로 가정)을 사용하여 계산하면,

$$\phi_c = \frac{Th}{GI_p} = 4.68 \times 10^{-3} \text{ radians}$$

이며, 사각형 관에 대해서는 식 (3-73)을 사용하여 계산하면 다음과 같다.

$$\phi_t = \frac{Th}{GJ} = 7.656 \times 10^{-3} \text{ radians}$$

원형관의 비틀림회전각은 사각형 관보다 39% 작다(예제 3-16의 사각형 관과 원형관의 응력과 비틀림회전각 참조). 원형 관과 사각형 관의 풍력방향 굽힘변위 계산은 9장에서 보의 처짐에 대해 논의될 때까지 유보된다.

예제 8-7

정사각형 단면을 가진 튜브형 기둥이 수평 플랫폼을 지지하고 있다(그림 8-30). 기둥의 바깥길이 b = 150 mm이고, 두께 t = 13 mm이다. 플랫폼의 크기가 175 × 600 mm이고, 윗면에 작용하는 140 kPa의 분포 하중을 지지하고 있다. 분포 하중으로 인한 합력은 수직력 P_1이다.

$$P_1 = (140 \text{ kPa})(175 \text{ mm} \times 600 \text{ mm}) = 14.7 \text{ kN}$$

이 힘이 기둥의 길이방향 축에서 거리 d = 225 mm인 플랫폼의 중앙에 작용한다. 두 번째 하중 P_2 = 3.6 kN는 바닥에서 높이 h = 1.3 m인 점에서 기둥에 수평으로 작용한다.

하중 P_1과 P_2에 의해 기둥의 밑판에 있는 점 A와 B에 발생하는 주응력과 최대 전단응력을 구하라.

그림 8-30

예제 8-7: 기둥에 작용하는 하중(축 하중, 굽힘, 전단의 조합)

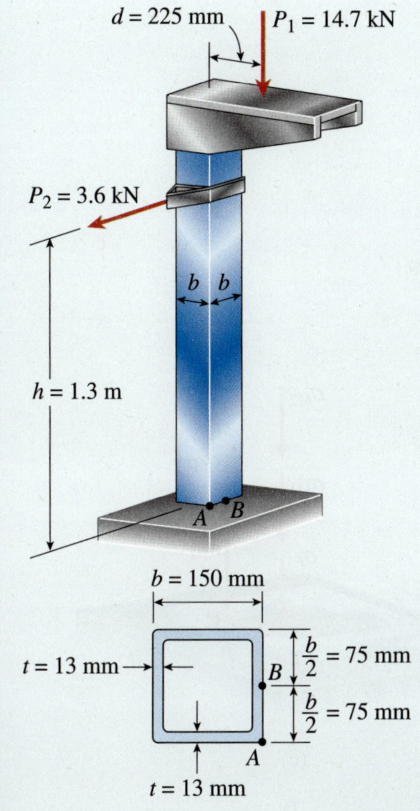

풀이

문제풀이 4단계 접근방법을 사용한다. 효율적인 풀이를 위하여 필요에 따라 단계를 합한다.

1. 개념화:

합응력: 플랫폼에 작용하는 힘 P_1(그림 8-30)은 기둥 단면의 도심에 작용하는 힘 P_1과 모멘트 $M_1 = P_1 d$에 정역학적으로 등가이다(그림 8-31a). 하중 P_2 또한 이 그림에 나타나 있다.

하중 P_1, P_2 및 모멘트 M_1로 인해 발생하는 기둥 밑판에서의 합응력을 그림 8-31b에 나타냈다. 이 합응력들은 다음과 같다.

i. 축방향 압축력 $P_1 = 14.7 \text{ kN}$

ii. 힘 P_1에 의한 굽힘모멘트 M_1

$$M_1 = P_1 d = (14.7 \text{ kN})(225 \text{ mm}) = 3307.5 \text{ N}\cdot\text{m}$$

iii. 전단력 $P_2 = 3.6 \text{ kN}$

iv. 힘 P_2에 의한 굽힘모멘트 M_2

$$M_2 = P_2 h = (3.6 \text{ kN})(1.3 \text{ m}) = 4.68 \text{ kN}\cdot\text{m}$$

이런 합응력들의 검토(그림 8-31b)로부터 M_1과 M_2 모두는 점 A에서 최대 압축응력을 발생시키고, 점 B에서 최대 전단응력을 발생시킴을 알 수 있다. 그러므로, 점 A와 B는 응력을 반드시 계산해야 하는 임계위치이다. (다른 임계위치는 이 예제 말미의 주의사항에 설명된 바와 같이 점 A의 대각선상에 있는 반대 위치이다).

2, 3. 분류, 해석:

점 A와 B에서의 응력:

i. 축방향 힘 P_1(그림 8-31b)은 기둥 전체에 걸쳐 균일하게 압축응력을 발생시킨다. 이 응력들은

$$\sigma_{P1} = \frac{P_1}{A}$$

이고 여기서 A는 기둥의 단면적이다.

$$A = b^2 - (b - 2t)^2 = 4t(b - t)$$
$$= 4(13 \text{ mm})(150 \text{ mm} - 13 \text{ mm}) = 7124 \text{ mm}^2$$

따라서 축 압축응력은 다음과 같다.

$$\sigma_{P1} = \frac{P_1}{A} = \frac{14.7 \text{ kN}}{7124 \text{ mm}^2} = 2.06 \text{ MPa}$$

그림 8-31c에서 점 A와 B에 작용하고 있는 응력 σ_{P1}을 보여준다.

ii. 점 A와 B(그림 8-31c)에서 굽힘모멘트 M_1(그림 8-31b)은 압축응력 σ_{M1}을 발생 시킨다. 이 응력들은 굽힘 공식에 의해 구해진다.

$$\sigma_{M1} = \frac{M_1(b/2)}{I} = \frac{M_1 b}{2I}$$

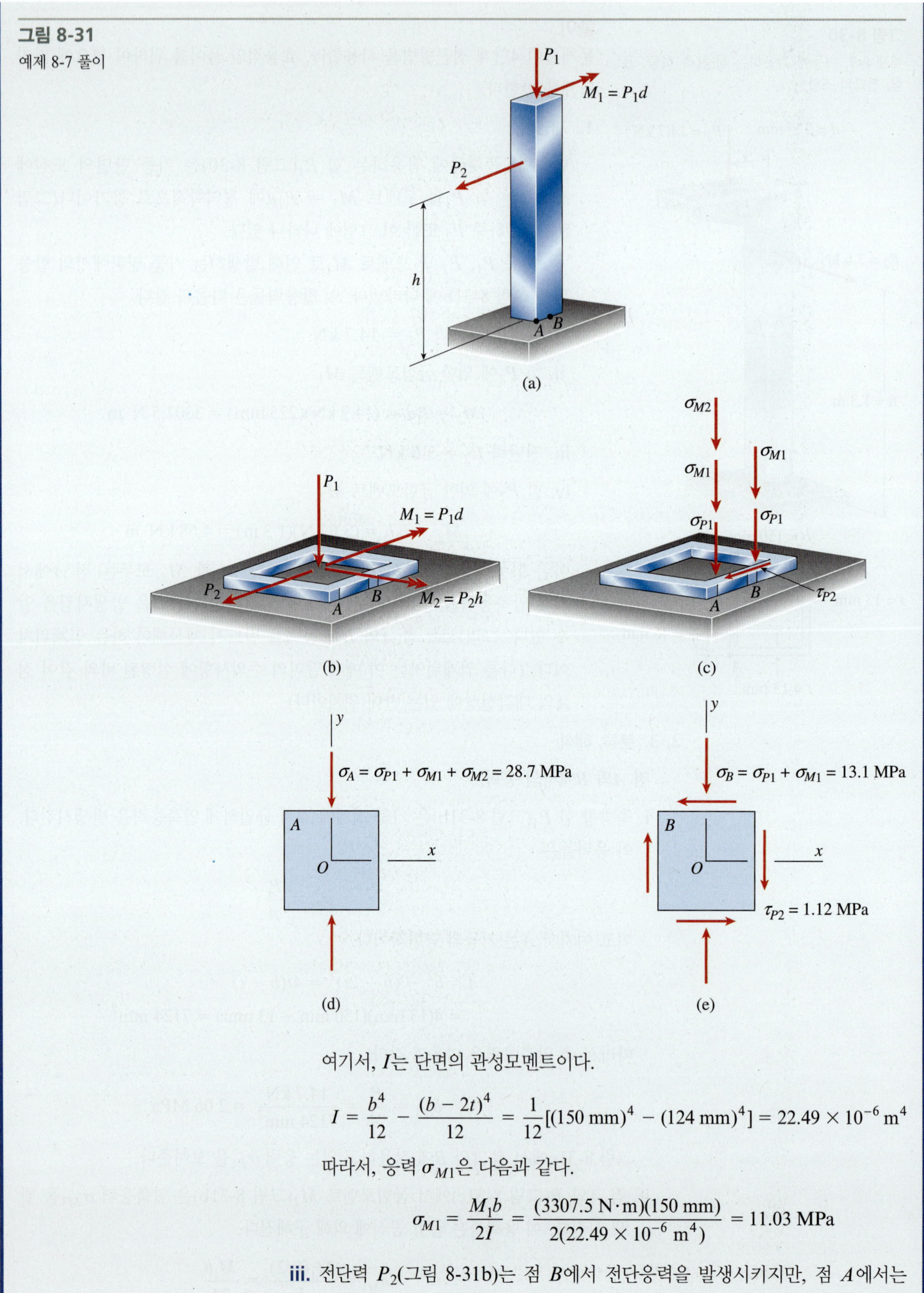

그림 8-31
예제 8-7 풀이

여기서, I는 단면의 관성모멘트이다.

$$I = \frac{b^4}{12} - \frac{(b-2t)^4}{12} = \frac{1}{12}[(150\text{ mm})^4 - (124\text{ mm})^4] = 22.49 \times 10^{-6}\text{ m}^4$$

따라서, 응력 σ_{M1}은 다음과 같다.

$$\sigma_{M1} = \frac{M_1 b}{2I} = \frac{(3307.5\text{ N}\cdot\text{m})(150\text{ mm})}{2(22.49 \times 10^{-6}\text{ m}^4)} = 11.03\text{ MPa}$$

iii. 전단력 P_2(그림 8-31b)는 점 B에서 전단응력을 발생시키지만, 점 A에서는

그림 8-31(반복)

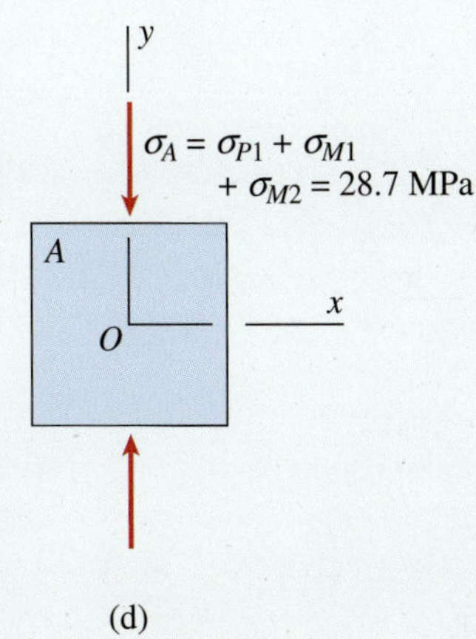

(d)

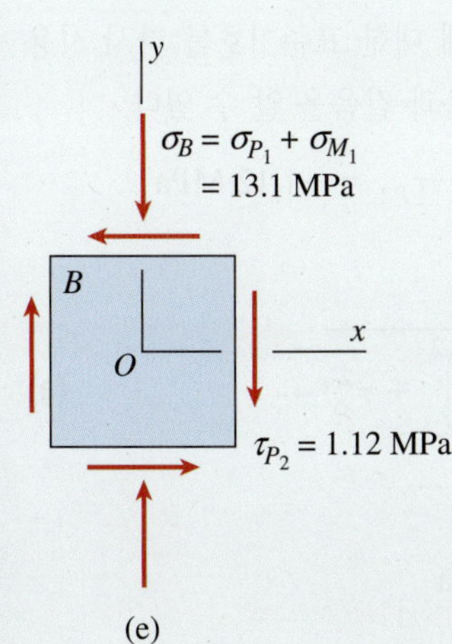

(e)

발생시키지 않는다. 플렌지를 가지는 보의 웹에서 전단응력에 관한 논의(5.10절)로부터, 전단응력의 근사값은 전단력을 웹의 면적으로 나누어 구한다는 것을 이미 알고 있다[5.10절의 식 (5-55) 참조]. 그러므로 힘 P_2에 의해 점 B에 발생하는 전단응력은 다음과 같다.

$$\tau_{P2} = \frac{P_2}{A_{\text{web}}} = \frac{P_2}{2t(b - 2t)} = \frac{3.6 \text{ kN}}{2(13 \text{ mm})(150 \text{ mm} - 26 \text{ mm})} = 1.12 \text{ MPa}$$

점 B의 전단응력 τ_{P2}는 그림 8-31c에 나타낸 방향으로 작용한다.

필요한 경우, 보다 정확한 공식인 5.10절의 식 (5-53a)로부터 전단응력 τ_{P2}를 구할 수 있다. 이 계산의 결과는 τ_{P2} = 1.13 MPa인데, 이것은 근사식으로부터 얻은 전단응력이 만족스러움을 알 수 있다.

iv. 굽힘모멘트 M_2(그림 8-31b)는 점 A에서 압축응력을 발생시킨다. 그러나 점 B에서는 응력을 발생시키지 않는다. 점 A에서의 응력은 다음과 같다.

$$\sigma_{M2} = \frac{M_2(b/2)}{I} = \frac{M_2 b}{2I} = \frac{(4.68 \text{ kN}\cdot\text{m})(150 \text{ mm})}{2(22.49 \times 10^{-6} \text{ m}^4)} = 15.61 \text{ MPa}$$

이 응력도 8-31c에 나타내어졌다.

응력요소: 다음 단계는 점 A와 B의 응력요소에 작용하는 응력들을 나타내는 것이다(그림 8-31d, e). 각 요소에서 y축은 수직(즉, 기둥의 길이방향 축에 평행), x축은 수평을 향하고 있다. 점 A에서 유일한 응력은 y방향으로의 압축응력 σ_A이다(그림 8-31d).

$$\sigma_A = \sigma_{P1} + \sigma_{M1} + \sigma_{M2}$$
$$= 2.06 \text{ MPa} + 11.03 \text{ MPa} + 15.61 \text{ MPa} = 28.7 \text{ MPa} \text{ (압축)}$$

따라서, 이 요소는 단축응력 상태이다.

점 B에서 y방향의 압축응력(그림 8-31e)은

$$\sigma_B = \sigma_{P1} + \sigma_{M1} = 2.06 \text{ MPa} + 11.03 \text{ MPa} = 13.1 \text{ MPa (압축)}$$

이고, 전단응력은 다음과 같다.

$$\tau_{P2} = 1.12 \text{ MPa}$$

전단응력은 요소의 윗면에서는 왼쪽으로, 요소의 x면에서는 아래쪽으로 작용한다.

점 A에서의 주응력과 최대 전단응력: 평면응력 요소에 대한 표준기호를 사용하면(그림 8-32), 요소 A에서의 응력(그림 8-31d)을 다음과 같이 쓸 수 있다.

$$\sigma_x = 0 \quad \sigma_y = -\sigma_A = -28.7 \text{ MPa} \quad \tau_{xy} = 0$$

요소는 단축응력 상태에 있기 때문에, 주응력은

$$\sigma_1 = 0 \quad \sigma_2 = -28.7 \text{ MPa}$$

이고, 최대 면내 전단응력[식 (7-26)]은 다음과 같다.

$$\tau_{\max} = \frac{\sigma_1 - \sigma_2}{2} = \frac{28.7 \text{ MPa}}{2} = 14.4 \text{ MPa}$$

그림 8-32
평면응력 요소의 기호

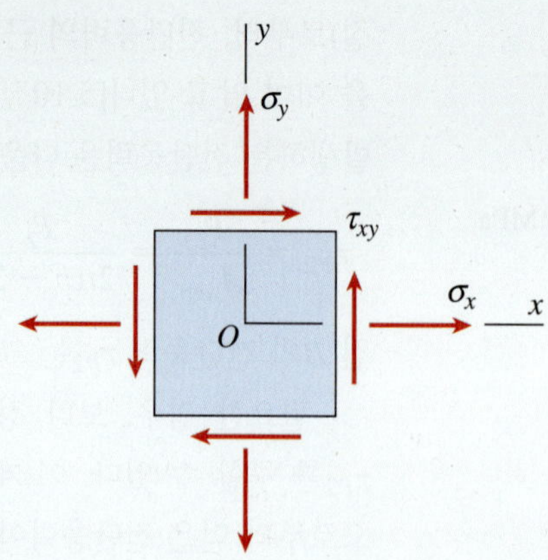

최대 면외 전단응력[식 (7-28a)]은 같은 크기를 가진다.

점 *B*에서의 주응력과 최대 전단응력: 평면응력 요소에 대한 표준기호를 다시 사용하면(그림 8-32), 점 *B*에서의 응력(그림 8-31e)이 다음과 같음을 알 수 있다.

$$\sigma_x = 0 \quad \sigma_y = -\sigma_B = -13.1 \text{ MPa} \quad \tau_{xy} = -\tau_{P2} = -1.12 \text{ MPa}$$

식 (7-17)을 사용하여 주응력을 구한다.

$$\sigma_{1,2} = \frac{\sigma_x + \sigma_y}{2} \pm \sqrt{\left(\frac{\sigma_x - \sigma_y}{2}\right)^2 + \tau_{xy}^2} \qquad \textbf{(a)}$$

σ_x, σ_y, τ_{xy}를 대입하면

$$\sigma_{1,2} = -6.55 \text{ MPa} \pm 6.65 \text{ MPa}$$

또는,

$$\sigma_1 = 0.1 \text{ MPa} \quad \sigma_2 = -13.2 \text{ MPa}$$

최대 면내 전단응력은 식 (7-25)로부터 구할 수 있다.

$$\tau_{\max} = \sqrt{\left(\frac{\sigma_x - \sigma_y}{2}\right)^2 + \tau_{xy}^2} \qquad \textbf{(b)}$$

이 항은 위에서 계산하였으며 다음과 같다.

$$\tau_{\max} = 6.65 \text{ MPa}$$

주응력 σ_1과 σ_2의 부호가 서로 다르기 때문에, 최대 면내 전단응력은 최대 면외 전단응력보다 크다[식 (7-28a, b, c)와 관련 내용 참조]. 점 *B*에서 최대 전단응력은 6.65 MPa이다.

4. **최종 단계**: 기둥 밑판의 임의의 점에서 최대 응력이 필요하다면, 점 *A*와 대각선상의 반대편에 위치한 임계위치에서의 응력을 반드시 구해야만 한다(그림 8-31c). 왜냐하면 그 점에서 각 굽힘모멘트가 최대 인장응력을 발생시키기 때문이다. 그러므로 그 점에 작용하는 인장응력은 다음과 같다.

$$\sigma_y = -\sigma_{P1} + \sigma_{M1} + \sigma_{M2} = -2.06 \text{ MPa} + 11.03 \text{ MPa} + 15.61 \text{ MPa} = 24.58 \text{ MPa}$$

그 점에서의 응력요소에 작용하는 응력(그림 8-32 참조)들은 다음과 같다.

$$\sigma_x = 0 \quad \sigma_y = 24.58 \text{ MPa} \quad \tau_{xy} = 0$$

따라서, 주응력과 최대 전단응력은

$$\sigma_1 = 24.58 \text{ MPa} \quad \sigma_2 = 0 \quad \tau_{max} = 12.3 \text{ MPa}$$

따라서 기둥 밑판에서의 최대 인장응력은 24.58 MPa, 최대 압축응력은 28.7 MPa이며. 최대 전단응력은 14.4 MPa이다(이 해석에서는 단지 하중 P_1과 P_2의 영향만을 고려했음을 항상 유의하라. 구조물의 무게와 같은 다른 하중들 또한 기둥의 밑판에서 응력을 발생시킨다).

예제 8-8

한 선착장의 집크레인이 집빔의 끝에 x방향으로 12 kN, y방향으로 22 kN, z방향으로 18 kN의 하중성분들을 지지한다(그림 8-33a). 크레인은 O점에 고정되어있다. 기초 바로 위의 점 A와 B와 같은 위치에서 수직기둥 표면 위 요소의 평면응력 상태를 구하여라(그림 8-33b 참조). 이 기둥의 바깥 반지름 r_2 = 165 mm, 벽두께 t = 20 mm이다. 크레인의 무게는 무시한다.

풀이

문제풀이 4단계 접근방법을 사용한다. 효율적인 풀이를 위하여 필요에 따라 단계를 합한다.

1. **개념화**: 지지점 O에서의 반력과 모멘트 또는 기둥기초 바로 위에서의 하중의 합력(그림 8-33b)(이 합력은 반력과 반대 부호)을 구하기 위해서 정역학을 이용한다. 각 평면응력요소의 수직 및 전단응력을 구하기 위해서는 하중의 합력을 이용한다. 기둥기초를 돌면서 각 요소를 관찰한다; 각각의 경우, 그 요소(A, B 어느 곳이나)의 각 x축은 우측방향, y축은 위쪽 방향(전체 크레인 구조물의 y축과 평행)이다.

2. **분류**: 기초의 축방향 합력 F_y부터 시작하여 각 응력요소에 작용하는 압축 수직응력 σ_y를 구한다. 다음, 각 응력요소 $+y$면 위의 횡전단응력 τ_V를 구하기 위해서, 중공 원형단면에 대한 **전단 공식**[식 (5-48)]에서 합력 F_x와 F_z를 사용한다. 비틀림으로 인한 $+y$면 위의 전단응력 τ_T를 계산하기 위해서는 **비틀림 공식**[식 (3-13)]에서 비틀림 모멘트 M_y를 사용한다. 끝으로, 각 요소의 $+y$면 위의 추가적인 수직응력 σ_y를 구하기 위해서 **굽힘 공식**[식 (5-14)]의 모멘트 M_x와 M_z를 사용한다. 그 요소들은 x와 z축과 평행하지 않고 **2축굽힘**[식 (6-19)]을 받으며, 기둥단면의 도심을 지나는 모든 축이 **주축**(*principal axis*)임에 유의한다. 또한, 각 요소의 x방향 수직응력 σ_x는 0임이 관찰된다. 모든 응력요소들은 응력집중 효과를 무시하기 위하여 지지점 O에서 충분한 거리에 있는 것으로 가정한다.

   기둥단면의 특성: 응력을 계산하기 위하여 단면적 A, 극관성모멘트 I_p, 굽힘 관성모멘트 I를 계산한다. 기둥의 내측 및 외측반지름과 두께 r_2 = 165 mm, t = 20 mm, $r_1 = r_2 - t$ = 145 mm를 사용하면,

그림 8-33

(a) 집크레인 빔 끝의 하중성분들: (b) 기초에서 기둥표면 위의 하중합력과 평면응력의 요소 A와 B

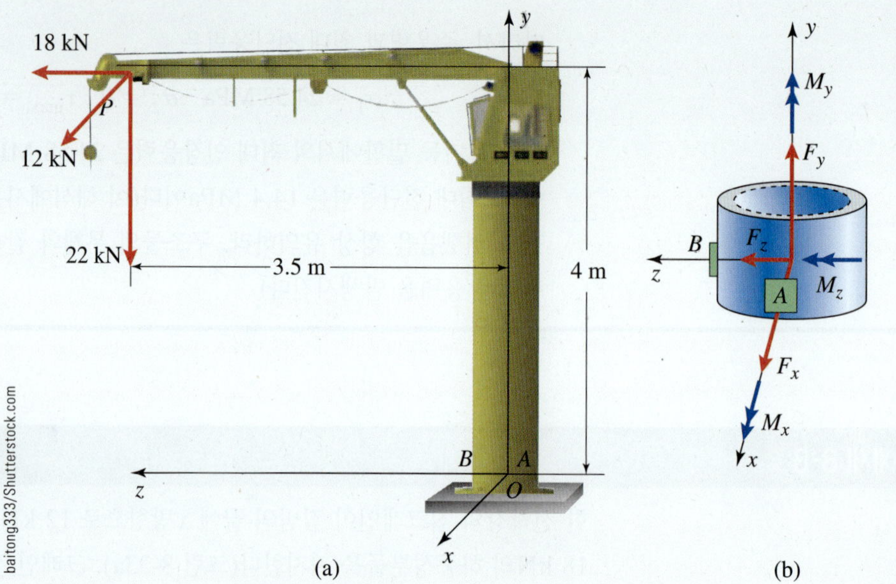

$$A = \pi(r_2^2 - r_1^2) = 1.948 \times 10^4 \text{ mm}^2$$

$$I_p = \frac{\pi}{2}(r_2^4 - r_1^4) = 4.699 \times 10^8 \text{ mm}^4 \quad \text{and} \quad I = I_p/2 = 2.350 \times 10^8 \text{ mm}^4 \tag{a}$$

추가로, 중공원형단면의 중립축에서 최대 전단응력의 계산 시 다음 항이 필요하다[식 (5-48) 참조]:

$$\alpha = \frac{r_2^2 + r_2 r_1 + r_1^2}{r_2^2 + r_1^2} = 1.496 \tag{b}$$

기둥기초에서의 합응력(힘, 모멘트): x, y, z방향 힘과 역시 x, y, z축에 대한 모멘트들을 합하면 그림 8-33b에서 보여주는 것과 같이 힘과 모멘트 합력 값은:

$$\begin{aligned} &F_x = 12 \text{ kN} \quad F_y = -22 \text{ kN} \quad F_z = 18 \text{ kN} \\ &M_x = (22 \text{ kN})(3.5 \text{ m}) + (18 \text{ kN})(4 \text{ m}) = 149 \text{ kN} \cdot \text{m} \\ &M_y = (12 \text{ kN})(3.5 \text{ m}) = 42 \text{ kN} \cdot \text{m} \\ &M_z = -(12 \text{ kN})(4 \text{ m}) = -48 \text{ kN} \cdot \text{m} \end{aligned} \tag{c}$$

이 값들의 음은 점 O의 지지점 반력이다.

3. **해석**: 점 A와 B 또는 다른 관심 점의 요소에 대한 평면응력 상태를 계산한다.

요소 A: 요소 A는 좌표(r_2, 0, 0)에 위치한다. 수직응력 σ_x는 앞서의 설명대로 요소의 x방향에서 0이다. 수직응력 σ_y는 힘 F_y로 인한 축압축응력과 M_z로 인한 굽힘 수직응력의 합이다:

$$\sigma_y = \frac{F_y}{A} + \frac{M_z r_2}{I} = -1.129 \text{ MPa} - 33.71 \text{ MPa} = -34.8 \text{ MPa}$$

$+y$면 요소의 전단응력은 힘 F_z로 인한 횡전단응력 τ_V와 비틀림 모멘트 M_y로 인한 전단응력 τ_T의 합이다:

$$\tau_V = -\frac{4}{3}\left[\frac{F_z}{A}\right]\alpha = -1.843 \text{ MPa} \quad \tau_T = \frac{M_y r_2}{I_p} = 14.75 \text{ MPa}$$

그림 8-34

(a) 요소 A의 평면응력 상태, (b) 수직 주응력, (c) 최대 전단응력, (d) 요소 A의 모아 원

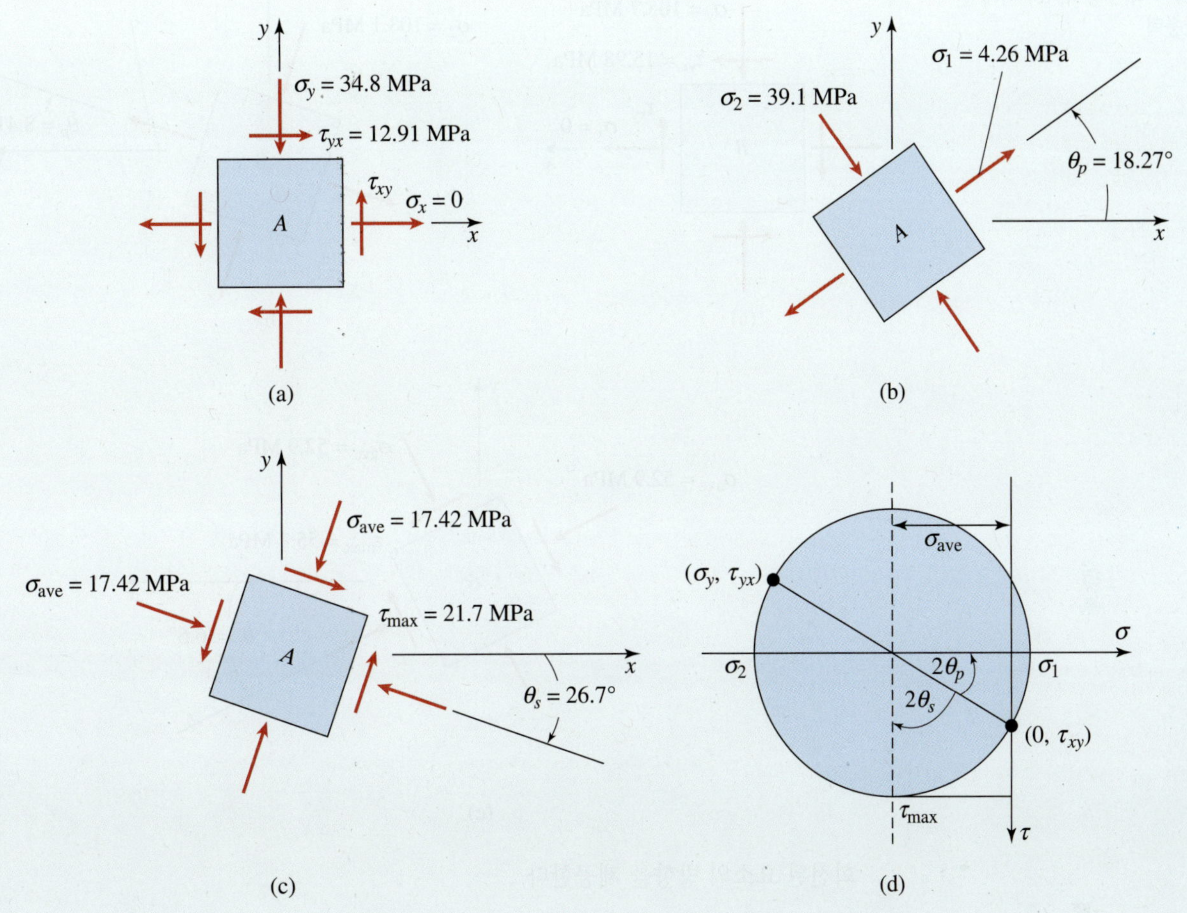

그러므로

$$\tau_A = \tau_V + \tau_T = 12.91 \text{ MPa}$$

요소 A의 평면응력 상태는 그림 8-34a에 나타내졌다. 그림 8-34b와 c의 수직 주응력과 최대 전단응력 상태를 구하기 위해서는 평면응력의 변환식[식 (7-11), (7-17), (7-25)] 또는 모아의 원(그림 8-34d 참조)을 사용한다.

요소 B: 요소 B는 좌표(0, 0, r_2)에 위치한다. 수직응력 σ_y는 힘 F_y로 인한 축압축응력과 M_z로 인한 굽힘 수직응력의 합이다:

$$\sigma_y = \frac{F_y}{A} - \frac{M_x r_2}{I} = -1.129 \text{ MPa} - 104.6 \text{ MPa} = -105.7 \text{ MPa}$$

요소 A에서와 같이, $+y$면 요소의 전단응력은 힘 F_x로 인한 횡전단응력 τ_V와 비틀림 모멘트 M_y로 인한 전단응력 τ_T의 합이다:

$$\tau_B = \tau_V + \tau_T = \frac{4}{3}\left[\frac{F_x}{A}\right]\alpha + \frac{M_y r_2}{I_p} = 1.229 \text{ MPa} + 14.75 \text{ MPa} = 15.98 \text{ MPa}$$

요소 B의 평면응력 상태가 그림 8-35a에 나타내졌다. 평면응력의 변환식(또는 모아 원)은 수직 주응력 및 최대 전단응력 상태와 그림 8-35b, c에서 각각 보여주는

그림 8-35

(a) 요소 B의 평면응력 상태, (b) 수직 주응력, (c) 최대 전단응력

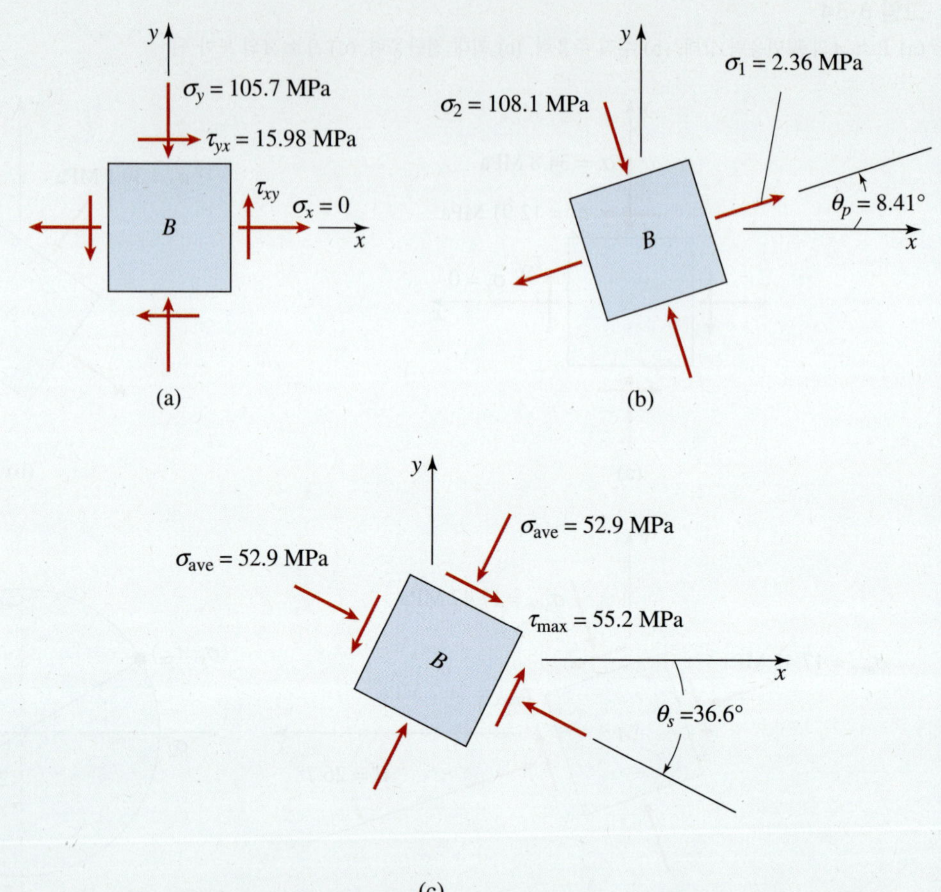

회전된 요소의 방향을 제공한다.

요소 C: $I_x = I_z$이므로 굽힘에 대한 중립축 nn은 모멘트성분 M_x와 M_z 사이각으로 정의되고, 그림 8-36에 보여주는 바와 같이, $\beta = \tan^{-1}\left[\dfrac{M_z}{M_x}\right] = 17.86°$ (5.12절의 설명과 같이, 중립축은 축과 굽힘효과를 함께 고려할 때 더 이상 단면의 도심을 지나지 않는다.) 결과적으로, 최대 압축 수직응력은 점 C에 있고, F_y로 인한 균일 축압축응력과, 모멘트 성분 M_x와 M_z의 합력으로 인한 굽힘 수직응력의 합이다. $\sigma_x = 0$으므로, 최대수직응력 σ_y는

$$\sigma_y = \frac{F_y}{A} - \frac{\left(\sqrt{M_x^2 + M_z^2}\right)r_2}{I} = \frac{-22\ \text{kN}}{A} - \frac{(156.5\ \text{kN}\cdot\text{m})r_2}{I}$$

$$= -1.129\ \text{MPa} - 109.9\ \text{MPa} = -111.1\ \text{MPa}$$

한편, 점 C의 수직응력의 굽힘의 몫은 2축굽힘[식 (6-19)]을 사용하여 계산된다.

$$(-M_x)\frac{r_2\cos(17.86°)}{I} + (M_z)\frac{r_2\sin(17.86°)}{I} = -99.6\ \text{MPa} - 10.3\ \text{MPa}$$

$$= -109.9\ \text{MPa}$$

점 C에 대한 추가의 해석에서, 횡전단력으로 인한 전단응력 τ_V이 얻어진다. 횡전단응력 τ_V를 얻기 위하여 힘 성분 F_x와 F_z를 사용하고(그림 8-36c), 균일한 비틀림 전단응력을 더한다.

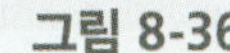

그림 8-36

(a) 점 C의 굽힘응력으로 인한 합력모멘트, (b) 요소 C의 횡전단응력으로 인한 힘 성분

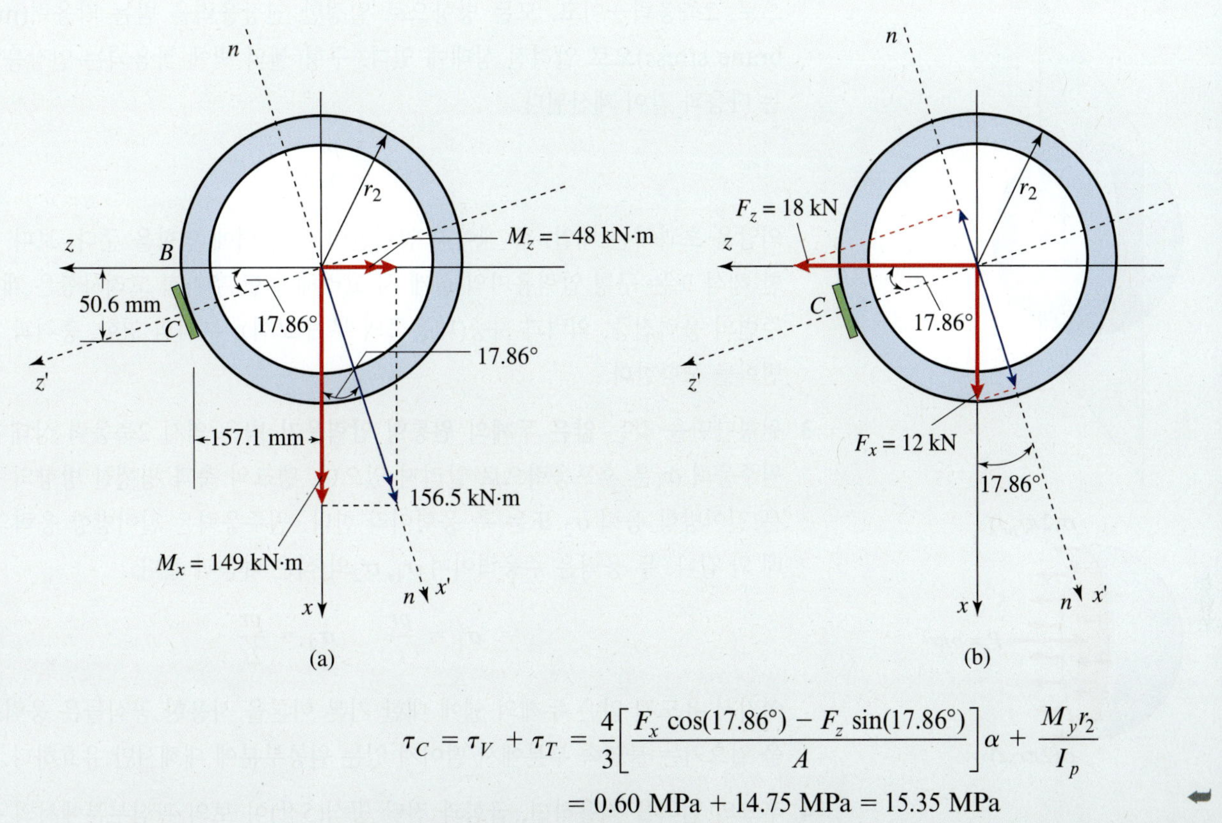

$$\tau_C = \tau_V + \tau_T = \frac{4}{3}\left[\frac{F_x \cos(17.86°) - F_z \sin(17.86°)}{A}\right]\alpha + \frac{M_y r_2}{I_p}$$

$$= 0.60 \text{ MPa} + 14.75 \text{ MPa} = 15.35 \text{ MPa}$$

끝으로, 점 A와 B에 대한 점 C의 수직 주응력 및 최대 전단응력을 얻기 위하여 평면응력의 변환식을 사용한다. 점 C의 수직 주응력 및 최대 전단응력은 $\sigma_1 = 2.08$ MPa, $\sigma_2 = -113.2$ MPa, $\tau_{max} = 57.6$ MPa이다.

4. 최종 단계: 예측대로, 이 하중하에서 점 C의 수직응력 σ_y는 기둥의 기초부에서 가장 큰 축압축응력이다. 이 해석에서 크레인의 자중을 고려하면 F_y와 M_x가 증가되어 기초부의 축압축응력이 커진다.

8장에서, 우리는 앞서 7.2절에서 7.5절까지에서 다룬 재료를 기본으로, 평면응력 상태의 몇 가지 실제 구조물의 예를 조사하였다. 압축된 기체나 액체를 담고 있는 **벽이 얇은 두께의 구형 및 원통형 압력용기**의 응력이 고찰되었다. 그리고, **보의 주응력과 최대 전단응력 분포**를 조사하고, 보 전체 길이에 걸친 응력의 변화를 나타내기 위한 **응력궤적**과 **응력곡선**이 그려졌다. 끝으로, **조합 하중** 하의 구조물이나 부품의 여러 위치에서 최대 수직응력과 전단응력이 구해졌다. 이 장에서 제시된 주요 개념과 고찰 내용은 다음과 같다.

1. **평면응력**은 압력용기의 벽, 여러 가지 형태의 보의 웹과 플렌지, 또는 축 하중, 전단 하중, 굽힘 하중 그리고 내압과 같은 여러 가지 조합된 하중을 받는 넓은 범위의 구조물과 같은 모든 보통의 구조물에서 존재하는 일반적인 응력조건이다.
2. 압력이 가해진 **얇은 두께의 벽을 가진 구형 압력용기**의 벽은 평면응력 상태—구체적

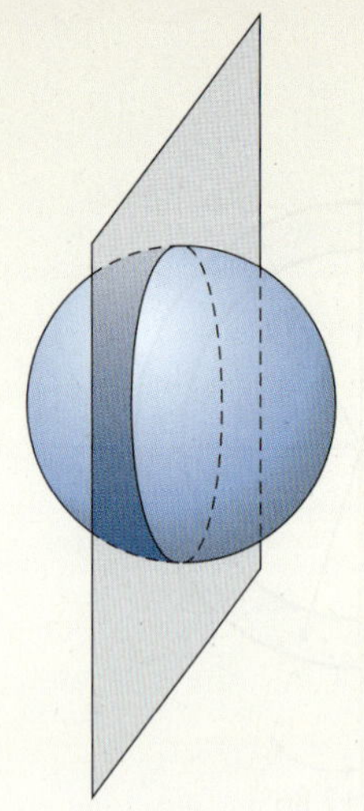

으로, 2축응력—이고, 모든 방향으로 일정한 인장응력을 받는 막응력(membrane stress)으로 알려진 상태에 있다. 구형 쉘의 벽에 작용되는 인장응력 σ는 다음과 같이 계산된다.

$$\sigma = \frac{pr}{2t}$$

외압을 초과하는 내압, 즉 게이지 압력만이 이 응력에 영향을 준다. 보다 자세한 해석 또는 구형 압력용기의 설계 시 고려해야 할 추가적 고려사항은 개구부 주변의 응력집중, 외력과 자중(내용물의 무게 포함), 부식의 영향, 충격과 온도 변화를 포함한다.

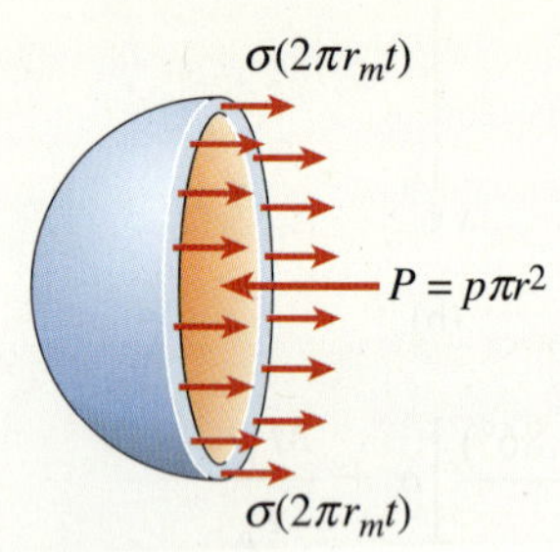

3. 원형단면을 갖는 **얇은 두께의 원통형 압력용기** 벽은 역시 2축응력 상태이다. 원주응력 σ_1은 후프응력으로 알려져 있으며, 탱크의 축과 평행한 방향의 응력은 길이방향 응력 σ_2 또는 축 응력이라 한다. 원주응력은 길이방향 응력의 두 배 와 같다. 두 응력은 주응력이며 σ_1, σ_2의 식은 다음과 같다.

$$\sigma_1 = \frac{pr}{t} \qquad \sigma_2 = \frac{pr}{2t}$$

여기서 유도된 얇은 두께의 쉘에 대한 기본 이론을 사용한 공식들은 응력집중을 일으키는 불연속 부분에서 떨어져 있는 원통부분에 대해서만 유효하다.

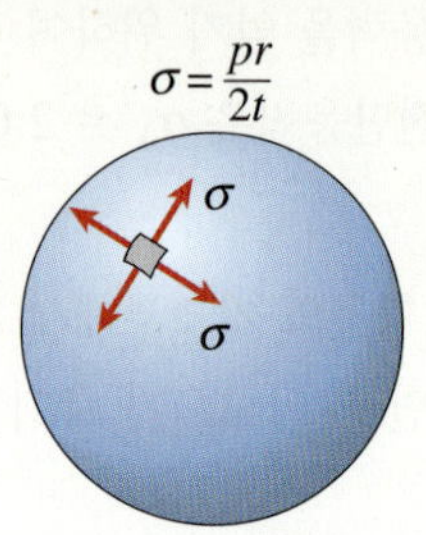

4. 후크의 법칙을 적용하면, 굽힘과 전단 공식(5장)이 보의 관심부분에서의 수직응력과 전단응력을 구하는 데 사용된다. 주어진 하중에 대하여, 보의 많은 단면에서의 응력들을 조사함으로서 보 전체의 주응력의 변화를 알 수 있으며, 주응력의 방향을 나타내는 두 개의 직교곡선(**응력궤적**이라 칭함)이 제공된다. 또한, 동일한 주응력을 연결하는 곡선은 **응력곡선**이라 한다.

5. **응력궤적**은 주응력들의 방향만을 나타내고, 응력의 크기 정보를 나타내지는 않는다. 반면, 주응력의 크기는 **응력곡선**을 따라서 일정하나, 이 곡선은 응력의 방향에 대한 정보가 없다.

6. 일반적인 보의 실제 설계에서, 주응력과 최대 전단응력은 드물게 계산된다. 반

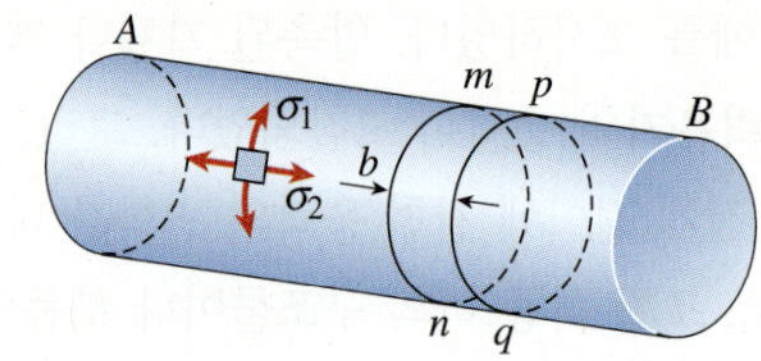

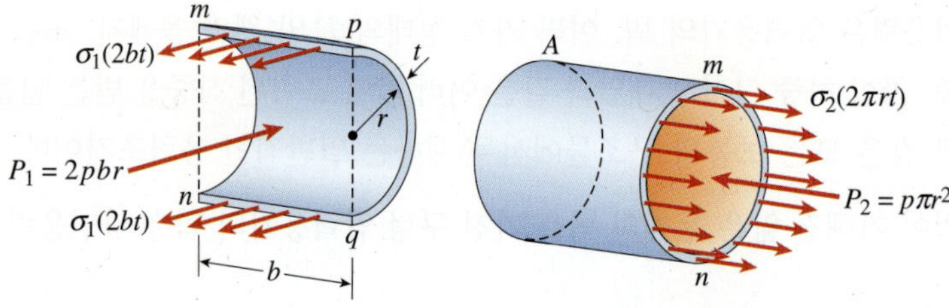

면, 설계에 사용되어야 하는 인장과 압축응력은 최대 굽힘모멘트가 작용하는 단면에서 **굽힘 공식**을 사용하여 계산되고,

$$\sigma = -\frac{My}{I}$$

설계에 사용되어야 하는 전단응력은 최대 전단력이 작용하는 단면에서 **전단 공식**을 이용하여 계산된다.

$$\tau = \frac{VQ}{Ib}$$

7. **조합 하중**을 받는 구조물의 부재는 가끔 각각의 하중이 별도로 작용 시의 응력과 변형률이 중첩에 의해서 해석되었다. 그러나, 이 응력과 변형률은 가해진 하중의 선형함수여야만 하기 때문에 재료가 후크의 법칙을 따라야 하고 변위가 작아야 하는 요구조건을 만족해야 한다. 또한, 하중들 간에 상호작용이 없어야 하는데 그것은 한 하중에 의한 응력과 변형이 다른 하중의 존재로 인해 영향을 받지 않아야 함을 의미한다.

8. 한 형태 이상의 하중을 받는 구조물 또는 부품의 임계위치의 **해석에 대한 자세한 방법**은 8.5절에 제시되었다.

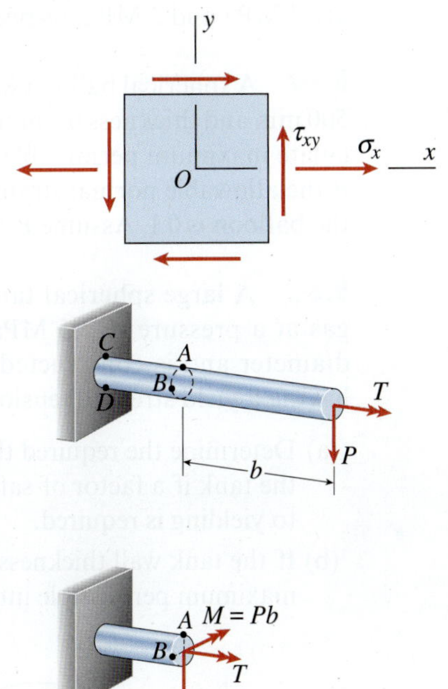

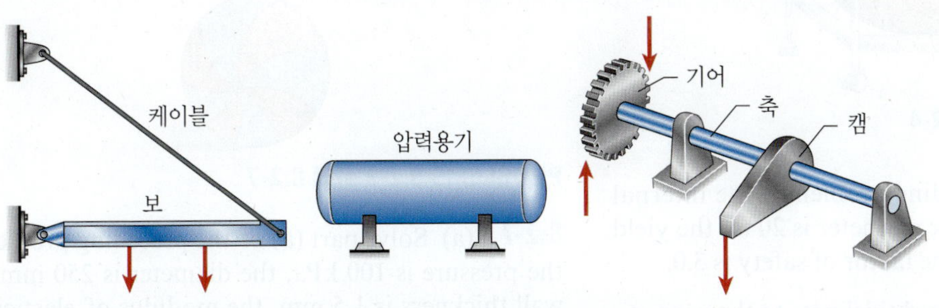

PROBLEMS Chapter 8

8.2 Spherical Pressure Vessels

To solve the problems for Section 8.2, assume that the given radius or diameter is an inside dimension and that all internal pressures are gage pressures.

Introductory Problems

8.2-1 A spherical balloon is filled with a gas. The outer diameter of the balloon is 500 mm and the thickness is 0.3 mm. Calculate the maximum permissible pressure in the balloon if the allowable tensile stress and the allowable shear stress in the balloon are 7 MPa and 2 MPa, respectively.

8.2-2 A spherical balloon with an outer diameter of 500 mm and thickness 0.3 mm is filled with a gas. Calculate maximum permissible pressure in the balloon if the allowable normal strain at the outer surface of the balloon is 0.1. Assume $E = 4$ MPa and $\nu = 0.45$.

8.2-3 A large spherical tank (see figure) contains gas at a pressure of 3.5 MPa. The tank is 20 m in diameter and is constructed of high-strength steel having a yield stress in tension of 550 MPa.

(a) Determine the required thickness of the wall of the tank if a factor of safety of 3.5 with respect to yielding is required.

(b) If the tank wall thickness is 100 mm, what is the maximum permissible internal pressure?

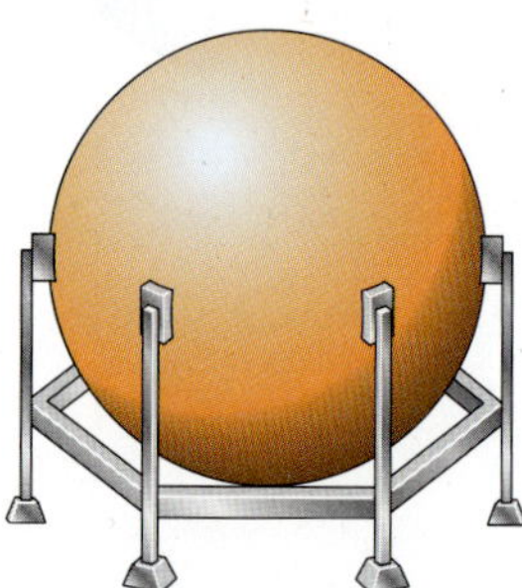

PROBLEMS 8.2-3 and 8.2-4

8.2-4 Solve the preceding problem if the internal pressure is 3.85 MPa, the diameter is 20 m, the yield stress is 590 MPa, and the factor of safety is 3.0.

(a) Determine the required thickness to the nearest millimeter.

(b) If the tank wall thickness is 85 mm, what is the maximum permissible internal pressure?

Representative Problems

8.2-5 A hemispherical window (or *viewport*) in a decompression chamber (see figure) is subjected to an internal air pressure of 575 kPa. The window is attached to the wall of the chamber by 14 bolts.

(a) Find the tensile force F in each bolt and the tensile stress σ in the viewport if the radius of the hemisphere is 350 mm, and its thickness is 32 mm.

(b) If the yield stress for each of the 14 bolts is 345 MPa, and the factor of safety is 3.0, find the required bolt diameter.

(c) If the stress in the viewport is limited to 3 MPa, find the required radius of the hemisphere.

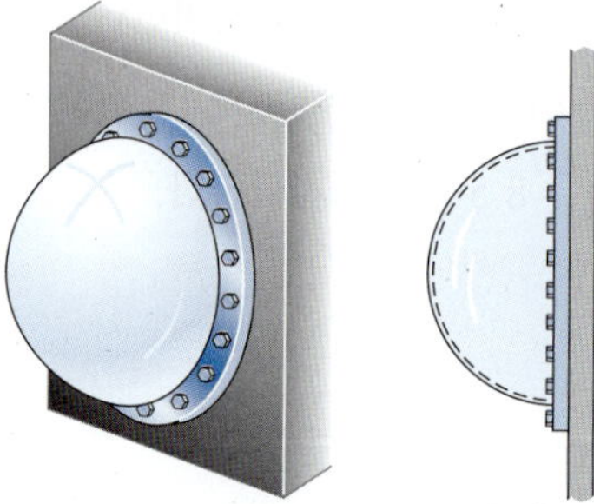

PROBLEM 8.2-5

8.2-6 A rubber ball (see figure) is inflated to a pressure of 65 kPa. At that pressure, the diameter of the ball is 240 mm and the wall thickness is 1.25 mm. The rubber has a modulus of elasticity $E = 3.7$ MPa and Poisson's ratio $\nu = 0.48$.

(a) Determine the maximum stress and strain in the ball.

(b) If the strain must be limited to 0.425, find the minimum required wall thickness of the ball.

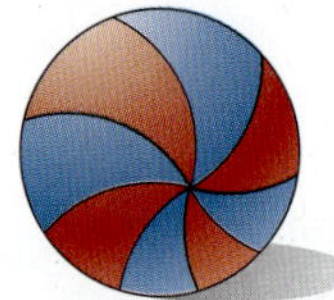

PROBLEMS 8.2-6 and 8.2-7

8.2-7 (a) Solve part (a) of the preceding problem if the pressure is 100 kPa, the diameter is 250 mm, the wall thickness is 1.5 mm, the modulus of elasticity is 3.5 MPa, and Poisson's ratio is 0.45.

(b) If the strain must be limited to 0.85, find the maximum acceptable inflation pressure.

8.2-8 A spherical steel pressure vessel (diameter 500 mm, thickness 10 mm) is coated with brittle lacquer that cracks when the strain reaches 150×10^{-6} (see figure).

(a) What internal pressure p will cause the lacquer to develop cracks? (Assume $E = 205$ GPa and $\nu = 0.30$.)

(b) If the strain is measured at 125×10^{-6}, what is the internal pressure at that point?

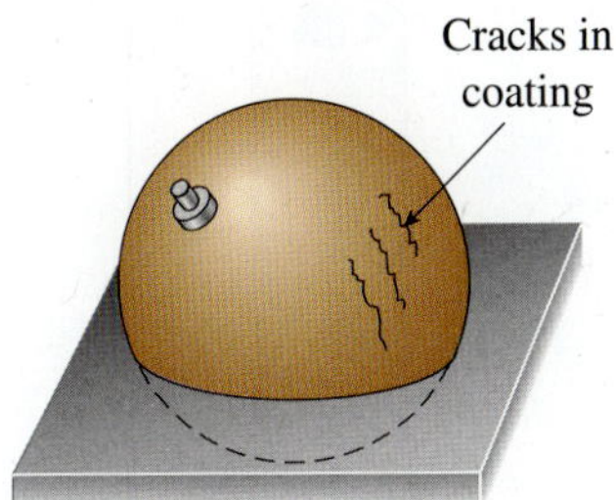

PROBLEM 8.2-8

8.2-9 A spherical tank of diameter 1.2 m and wall thickness 50 mm contains compressed air at a pressure of 17 MPa. The tank is constructed of two hemispheres joined by a welded seam (see figure).

(a) What is the tensile load f (N per mm of length of weld) carried by the weld?

(b) What is the maximum shear stress τ_{max} in the wall of the tank?

(c) What is the maximum normal strain ε in the wall? (For steel, assume $E = 210$ GPa and $\nu = 0.29$.)

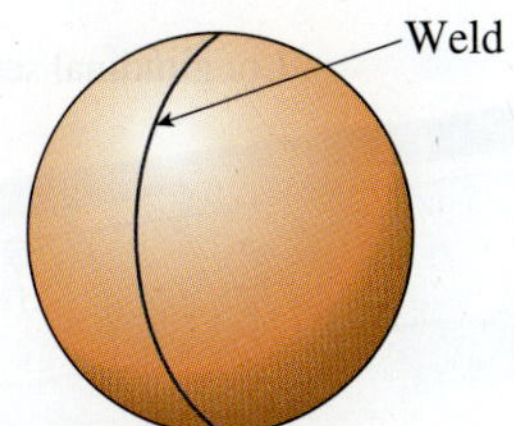

PROBLEMS 8.2-9 and 8.2-10

8.2-10 Solve the preceding problem for the following data: diameter 1.0 m, thickness 48 mm, pressure 22 MPa, modulus 210 GPa, and Poisson's ratio 0.29.

8.2-11 A spherical stainless-steel tank having a diameter of 500 mm is used to store propane gas at a pressure of 30 MPa. The properties of the steel are as follows: yield stress in tension, 950 MPa; yield stress in shear, 450 MPa; modulus of elasticity, 210 GPa; and Poisson's ratio, 0.28. The desired factor of safety with respect to yielding is 2.8. Also, the normal strain must not exceed 1250×10^{-6}.

(a) Determine the minimum permissible thickness t_{min} of the tank.

(b) If the tank thickness is 7 mm and normal strain is measured at 1000×10^{-6}, what is the internal pressure in the tank at that point?

8.2-12 Solve the preceding problem if the diameter is 480 mm, the pressure is 20 MPa, the yield stress in tension is 975 MPa, the yield stress in shear is 460 MPa, the factor of safety is 2.75, the modulus of elasticity is 210 GPa, Poisson's ratio is 0.28, and the normal strain must not exceed 1190×10^{-6}. For part (b), assume that the tank thickness is 8 mm and the measured normal strain is 990×10^{-6}.

8.2-13 A hollow, pressurized sphere having a radius $r = 150$ mm and wall thickness $t = 13$ mm is lowered into a lake (see figure). The compressed air in the tank is at a pressure of 140 kPa (gage pressure when the tank is out of the water).

At what depth D_0 will the wall of the tank be subjected to a compressive stress of 700 kPa?

PROBLEM 8.2-13

8.3 Cylindrical Pressure Vessels

To solve the problems for Section 8.3, assume that the given radius or diameter is an inside dimension and that all internal pressures are gage pressures.

Introductory Problems

8.3-1 A fire extinguisher tank is designed for an internal pressure of 5.5 MPa. The tank has an outer diameter of 115 mm and thickness of 2 mm. Calculate the longitudinal stress, the circumferential stress, and the maximum shear stresses (out-of-plane and in-plane) at the outer surface of the tank.

PROBLEMS 8.3-1 and 8.3-2

8.3-2 Repeat Problem 8.3-1 for a fire extinguisher tank with an internal pressure of 1.8 MPa, diameter of 130 mm, and thickness 1.5 mm.

8.3-3 A scuba tank (see figure) is being designed for an internal pressure of 12 MPa with a factor of safety of 2.0 with respect to yielding. The yield stress of the steel is 300 MPa in tension and 140 MPa in shear.

(a) If the diameter of the tank is 150 mm, what is the minimum required wall thickness?

(b) If the wall thickness is 6 mm, what is the maximum acceptable internal pressure?

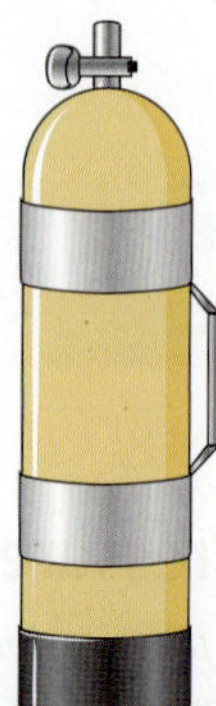

PROBLEM 8.3-3

8.3-4 A tall standpipe with an open top (see figure) has diameter $d = 2.2$ m and wall thickness $t = 20$ mm.

(a) What height h of water will produce a circumferential stress of 12 MPa in the wall of the standpipe?

(b) What is the axial stress in the wall of the tank due to the water pressure?

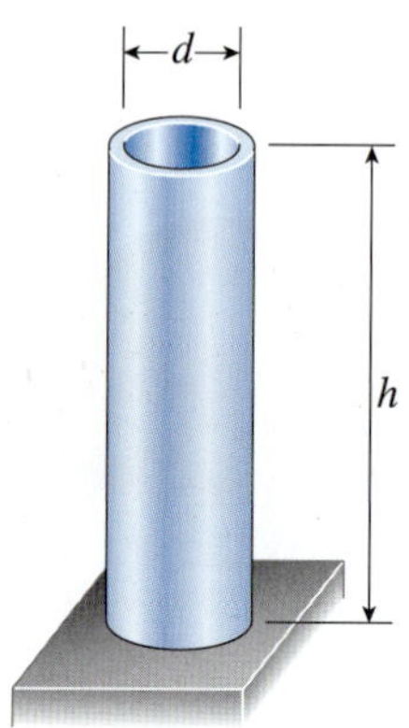

PROBLEM 8.3-4

Representative Problems

8.3-5 An inflatable structure used by a traveling circus has the shape of a half-circular cylinder with closed ends (see figure). The fabric and plastic structure is inflated by a small blower and has a radius of 12 m when fully inflated. A longitudinal seam runs the entire length of the "ridge" of the structure.

If the longitudinal seam along the ridge tears open when it is subjected to a tensile load of 100 N/mm of seam, what is the factor of safety n against tearing when the internal pressure is 3.5 kPa and the structure is fully inflated?

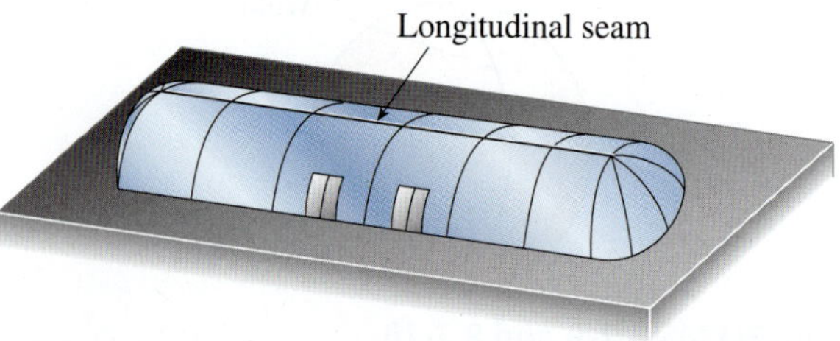

PROBLEM 8.3-5

8.3-6 A thin-walled cylindrical pressure vessel of a radius r is subjected simultaneously to internal gas pressure p and a compressive force F acting at the ends (see figure).

(a) What should be the magnitude of the force F in order to produce pure shear in the wall of the cylinder?

(b) If force $F = 190$ kN, internal pressure $p = 12$ MPa, inner diameter = 200 mm, and allowable normal and shear stresses are 110 MPa and 60 MPa, respectively, what is the required thickness of the vessel?

PROBLEM 8.3-6

8.3-7 A strain gage is installed in the longitudinal direction on the surface of an aluminum beverage can (see figure). The radius-to-thickness ratio of the can is 200. When the lid of the can is popped open, the strain changes by $\varepsilon_0 = 170 \times 10^{-6}$.

(a) What was the internal pressure p in the can? (Assume $E = 70$ GPa and $\nu = 0.33$.)

(b) What is the change in strain in the radial direction when the lid is opened?

PROBLEM 8.3-7

8.3-8 A circular cylindrical steel tank (see figure) contains a volatile fuel under pressure. A strain gage at point A records the longitudinal strain in the tank and transmits this information to a control room. The ultimate shear stress in the wall of the tank is 98 MPa, and a factor of safety of 2.8 is required.

(a) At what value of the strain should the operators take action to reduce the pressure in the tank? (Data for the steel are modulus of elasticity $E = 210$ GPa and Poisson's ratio $\nu = 0.30$.)

(b) What is the associated strain in the radial direction?

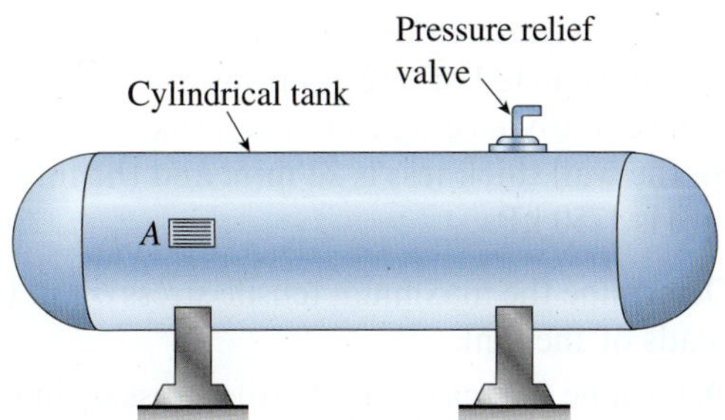

PROBLEM 8.3-8

8.3-9 A cylinder filled with oil is under pressure from a piston, as shown in the figure. The diameter d of the piston is 48 mm and the compressive force F is 16 kN. The maximum allowable shear stress τ_{allow} in the wall of the cylinder is 42 MPa.

What is the minimum permissible thickness t_{min} of the cylinder wall? (See figure.)

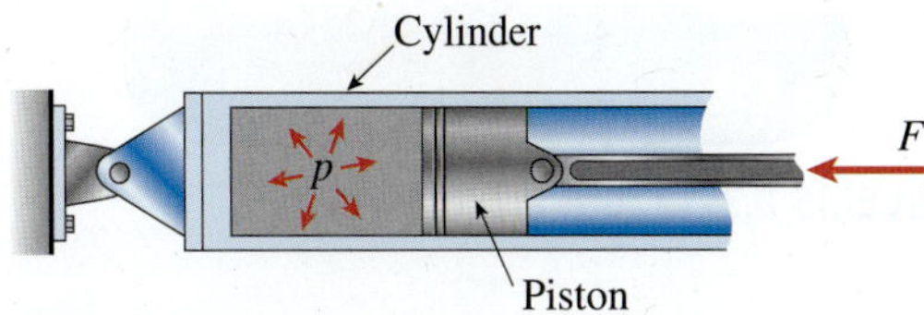

PROBLEMS 8.3-9 and 8.3-10

8.3-10 Solve the preceding problem if $d = 90$ mm, $F = 42$ kN, and $\tau_{allow} = 40$ MPa.

8.3-11 A standpipe in a water-supply system (see figure) is 3.8 m in diameter and 150 mm thick. Two horizontal pipes carry water out of the standpipe; each is 0.6 m in diameter and 25 mm thick. When the system is shut down and water fills the pipes but is not moving, the hoop stress at the bottom of the standpipe is 900 kPa.

(a) What is the height h of the water in the standpipe?

(b) If the bottoms of the pipes are at the same elevation as the bottom of the standpipe, what is the hoop stress in the pipes?

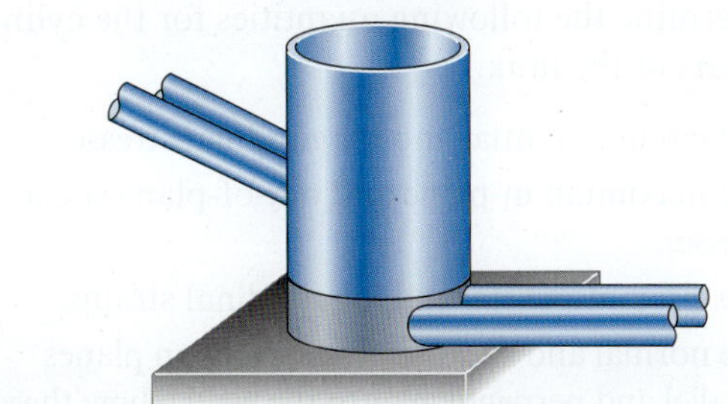

PROBLEM 8.3-11

8.3-12 A cylindrical tank with hemispherical heads is constructed of steel sections that are welded circumferentially (see figure). The tank diameter is 1.25 m, the wall thickness is 22 mm, and the internal pressure is 1750 kPa.

(a) Determine the maximum tensile stress σ_h in the heads of the tank.

(b) Determine the maximum tensile stress σ_c in the cylindrical part of the tank.

(c) Determine the tensile stress σ_w acting perpendicular to the welded joints.

(d) Determine the maximum shear stress τ_h in the heads of the tank.

(e) Determine the maximum shear stress τ_c in the cylindrical part of the tank.

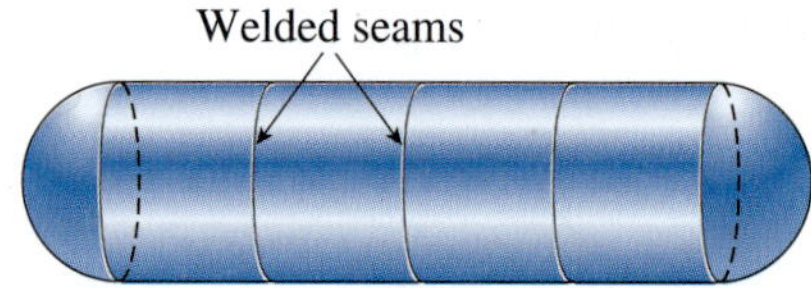

PROBLEMS 8.3-12 and 8.3-13

8.3-13 A cylindrical tank with diameter $d = 300$ mm is subjected to internal gas pressure $p = 2$ MPa. The tank is constructed of steel sections that are welded circumferentially (see figure). The heads of the tank are hemispherical. The allowable tensile and shear stresses are 60 MPa and 24 MPa, respectively. Also, the allowable tensile stress perpendicular to a weld is 40 MPa.

Determine the minimum required thickness t_{min} of (a) the cylindrical part of the tank and (b) the hemispherical heads.

8.3-14 A pressurized steel tank is constructed with a helical weld that makes an angle $\alpha = 55°$ with the longitudinal axis (see figure). The tank has radius $r = 0.6$ m, wall thickness $t = 18$ mm, and internal pressure $p = 2.8$ MPa. Also, the steel has modulus of elasticity $E = 200$ GPa and Poisson's ratio $\nu = 0.30$.

Determine the following quantities for the cylindrical part of the tank.

(a) The circumferential and longitudinal stresses.

(b) The maximum in-plane and out-of-plane shear stresses.

(c) The circumferential and longitudinal strains.

(d) The normal and shear stresses acting on planes parallel and perpendicular to the weld (show these stresses on a properly oriented stress element).

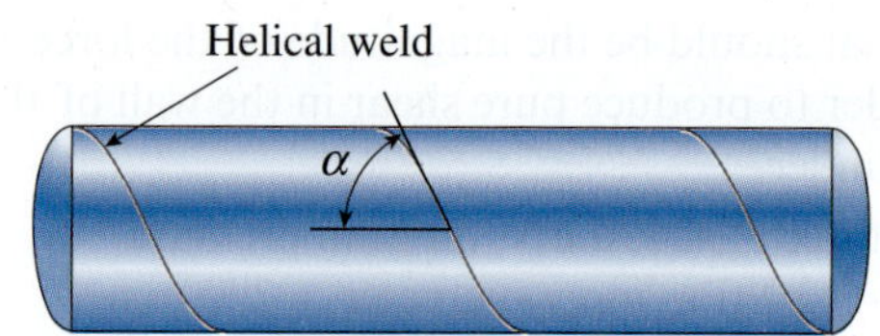

PROBLEMS 8.3-14 and 8.3-15

8.3-15 Solve the preceding problem for a welded tank with $\alpha = 75°$, $r = 450$ mm, $t = 15$ mm, $p = 1.4$ MPa, $E = 200$ GPa, and $\nu = 0.30$.

8.4 Maximum Stresses in Beams

To solve the problems for Section 8.4, consider only the in-plane stresses and disregard the weights of the beams.

Introductory Problems

8.4-1 A wood beam with a cross section 100 mm × 150 mm is simply supported at A and B. The beam has a length of 2.7 m and is subjected to point load $P = 22.25$ kN at mid-span. Calculate the state of stress at point C located 100 mm below the top of the beam and 1.35 m to the right of support A. Neglect the weight of the beam.

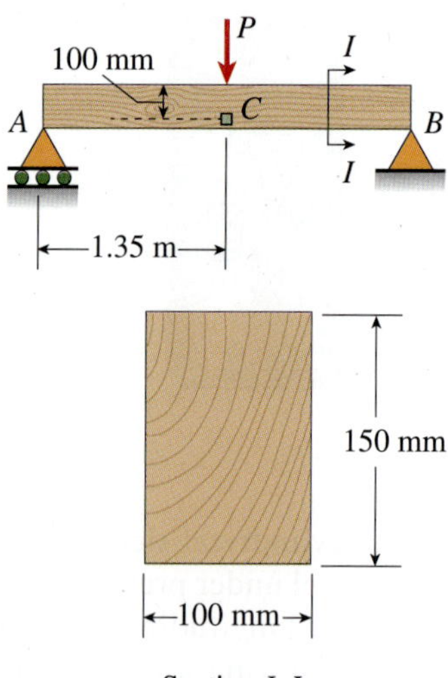

PROBLEM 8.4-1

8.4-2 Solve the preceding problem using the following data: beam cross section is 100 × 150 mm, length is 3 m, and point load is $P = 5$ kN at mid-span. Point C is located 25 mm below the top of the beam and 0.5 m to the right of support A.

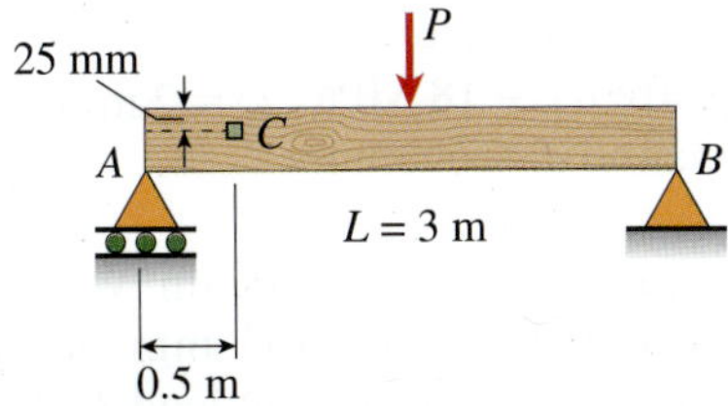

PROBLEM 8.4-2

8.4-3 A simply supported beam is subjected to two point loads, each $P = 2.25$ kN, as shown in the figure. The beam has a cross section of 150 mm × 300 mm. Find the state of plane stress at point C located 200 mm below the top of the beam and 160 mm to the right of support A. Also find the principal stresses and the maximum shear stress at C.

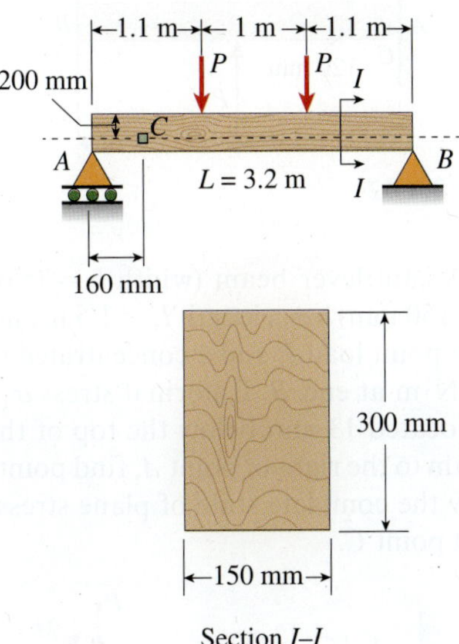

PROBLEM 8.4-3

8.4-4 A cantilever beam with a width $b = 100$ mm and depth $h = 150$ mm has a length $L = 2$ m and is subjected to a point load $P = 500$ N at B. Calculate the state of plane stress at point C located 50 mm below the top of the beam and 0.5 m to the right of point A. Also find the principal stresses and the maximum shear stress at C. Neglect the weight of the beam.

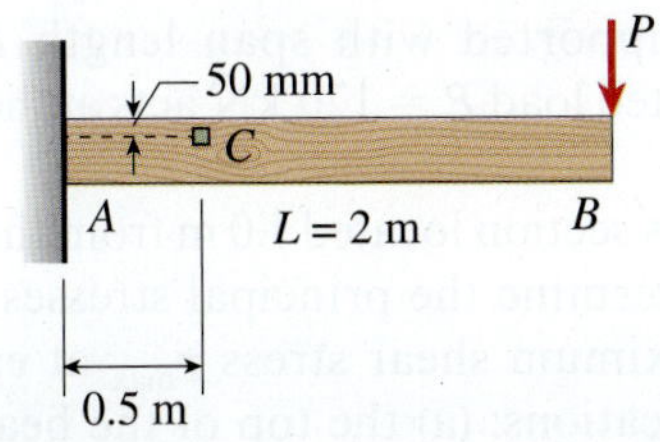

PROBLEM 8.4-4

8.4-5 A beam with a width $b = 150$ mm and depth $h = 200$ mm is simply supported at A and B. The beam has a length $L = 3$ m and is subjected to a linearly varying distributed load with peak intensity $q_0 = 22$ kN/m. Calculate the state of plane stress at point C located 75 mm below the top of the beam and 30 mm to the left of point B. Also find the principal stresses on element C. Neglect the weight of the beam.

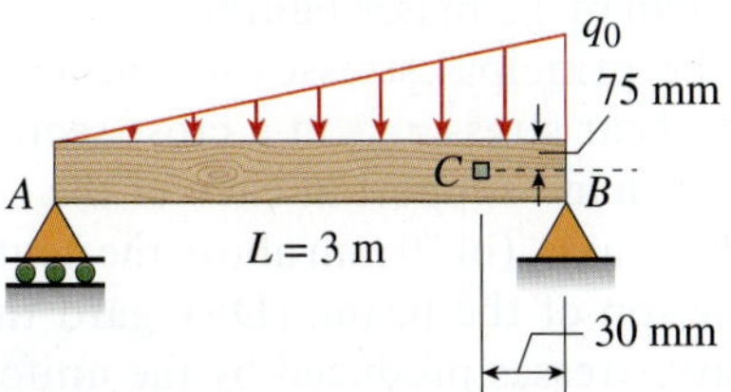

PROBLEM 8.4-5

8.4-6 Beam ABC with an overhang BC is subjected to a linearly varying distributed load on span AB with peak intensity $q_0 = 2500$ N/m and a point load $P = 1250$ N applied at C. The beam has a width $b = 100$ mm and depth $h = 200$ mm. Find the state of plane stress at point D located 150 mm below the top of the beam and 0.2 m to the left of point B. Also find the principal stresses at D. Neglect the weight of the beam.

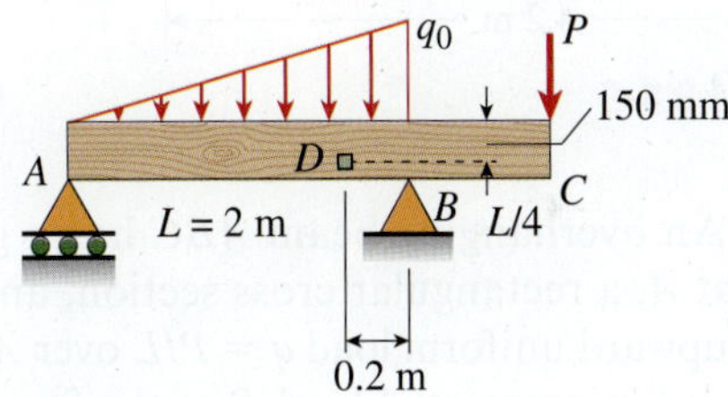

PROBLEM 8.4-6

8.4-7 A cantilever beam ($L = 2$ m) with a rectangular cross section ($b = 90$ mm, $h = 300$ mm) supports an upward load P = 160 kN at its free end.

(a) Find the state of stress (σ_x, σ_y, and τ_{xy} in MPa) on a plane-stress element at $L/2$ that is $d = 200$ mm up from the bottom of the beam. Find the principal normal stresses and maximum shear stress. Show these stresses on sketches of properly oriented elements.

(b) Repeat part (a) if an axial compressive centroidal load $N = 180$ kN is added at B.

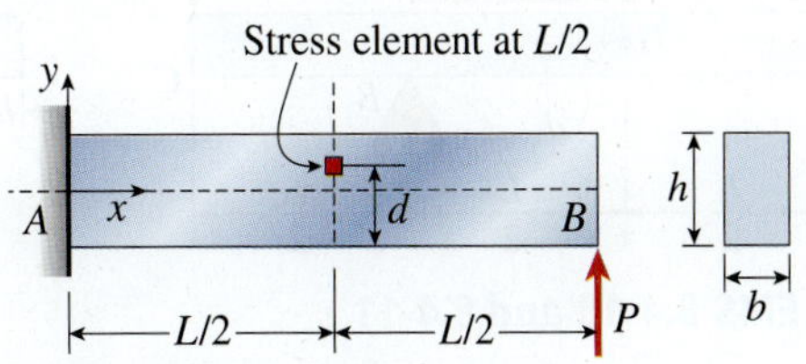

PROBLEMS 8.4-7 and 8.4-8

8.4-8 Solve the preceding problem for the following data: $P = 160$ kN, $N = 200$ kN, $L = 2$ m, $b = 95$ mm, $h = 300$ mm, and $d = 200$ mm.

Representative Problems

8.4-9 A simple beam with a rectangular cross section (width, 90 mm; height, 300 mm) carries a trapezoidally distributed load of 20 kN/m at A and 15 kN/m at B on a span of 4.2 m (see figure).

Find the principal stresses σ_1 and σ_2 and the maximum shear stress τ_{max} at a cross section 0.6 m from the left-hand support at each of the locations: (a) the neutral axis, (b) 50 mm above the neutral axis, and (c) the top of the beam. (Disregard the direct compressive stresses produced by the uniform load bearing against the top of the beam.)

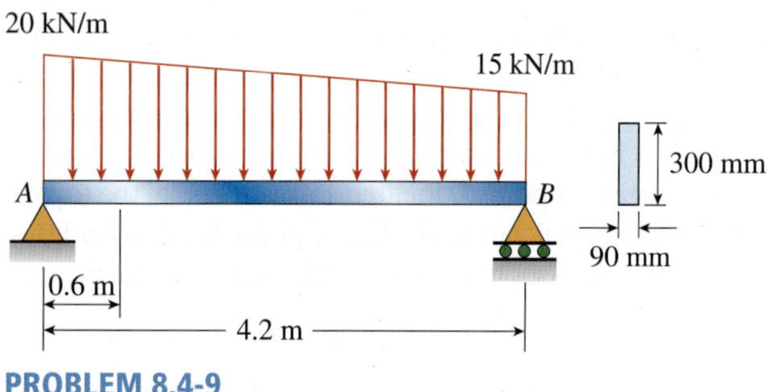

PROBLEM 8.4-9

8.4-10 An overhanging beam ABC has a guided support at A, a rectangular cross section, and supports an upward uniform load $q = P/L$ over AB and a downward concentrated load P at the free end C (see figure). The span length from A to B is L, and the length of the overhang is $L/2$. The cross section has a width of b and a height h. Point D is located midway between the supports at a distance d from the top face of the beam.

Knowing that the maximum tensile stress (principal stress) at point D is $\sigma_1 = 38$ MPa, determine the magnitude of the load P. Data for the beam are $L = 1.75$ m, $b = 50$ mm, $h = 220$ mm, and $d = 55$ mm.

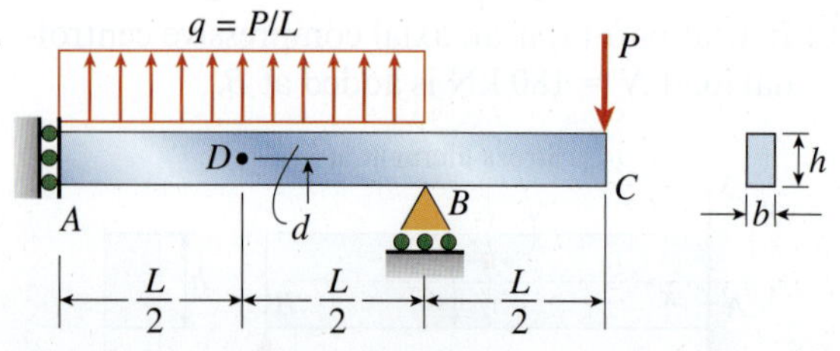

PROBLEMS 8.4-10 and 8.4-11

8.4-11 Solve the preceding problem if the stress and dimensions are $\sigma_1 = 18$ MPa, $L = 2$ m, $b = 60$ mm, $h = 250$ mm, and $d = 65$ mm.

8.4-12 A cantilever wood beam with a width $b = 100$ mm and depth $h = 150$ mm has a length $L = 2$ m and is subjected to point load P at mid-span and uniform load $q = 15$ N/m. (a) If the normal stress $\sigma_x = 0$ at point C, located 120 mm below the top of the beam at the fixed support A, calculate the point load P. Also show the complete state of plane stress on the element at point C. (b) Repeat Part a if $\sigma_x = 220$ kPa. Assume that element C is a sufficient distance from support A so that stress concentration effects are negligible.

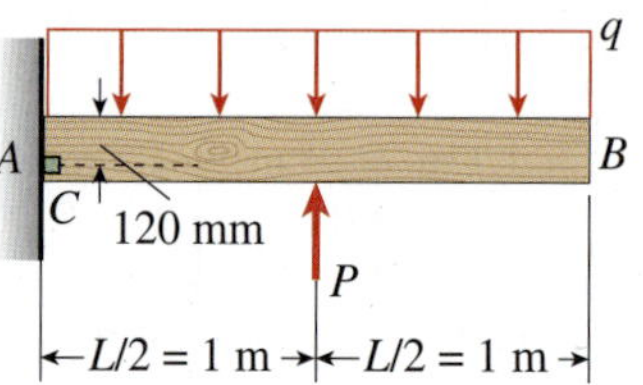

PROBLEM 8.4-12

8.4-13 A cantilever beam (width $b = 75$ mm and depth $h = 150$ mm) has a length $L = 1.5$ m and is subjected to a point load P and a concentrated moment $M = 27$ kN·m at end B. If normal stress $\sigma_x = 0$ at point C, located 13 mm below the top of the beam and 300 mm to the right of point A, find point load P. Also show the complete state of plane stress on the element at point C.

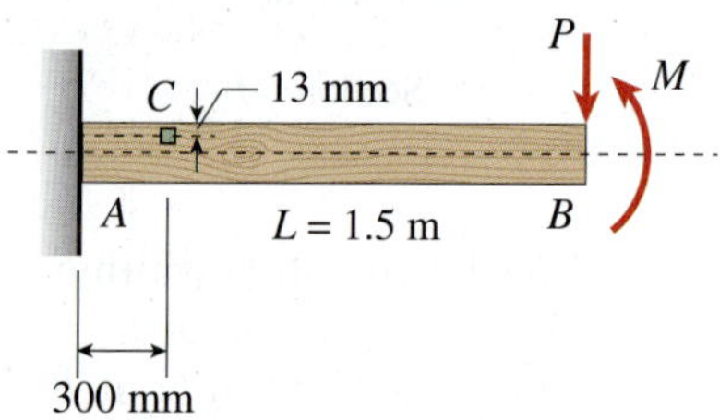

PROBLEM 8.4-13

8.4-14 A beam with a wide-flange cross section (see figure) has the following dimensions: $b = 120$ mm, $t = 10$ mm, $h = 300$ mm, and $h_1 = 260$ mm. The beam is simply supported with span length $L = 3.0$ m. A concentrated load $P = 120$ kN acts at the midpoint of the span.

At a cross section located 1.0 m from the left-hand support, determine the principal stresses σ_1 and σ_2 and the maximum shear stress τ_{max} at each of the following locations: (a) the top of the beam, (b) the top of the web, and (c) the neutral axis.

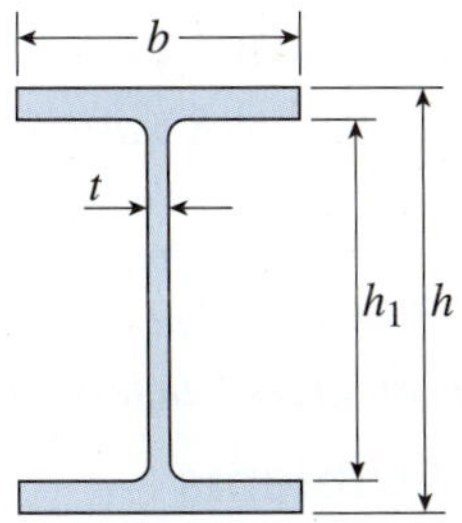

PROBLEMS 8.4-14 and 8.4-15

8.4-15 A beam with a wide-flange cross section (see figure) has the following dimensions: $b = 120$ mm, $t = 10$ mm, $h = 300$ mm, and $h_1 = 260$ mm. The beam is simply supported with span length $L = 3$ m and supports a uniform load $q = 80$ kN/m.

Calculate the principal stresses σ_1 and σ_2 and the maximum shear stress τ_{max} at a cross section located 0.6 m from the left-hand support at each of the following locations: (a) the bottom of the beam, (b) the bottom of the web, and (c) the neutral axis.

8.4-16 An IPN 240 standard beam (see Table F-2, Appendix F) is simply supported with a span length of 2.5 m (see figure). The beam supports a concentrated load of 100 kN at 0.9 m from support B.

At a cross section located 0.7 m from the left-hand support, determine the principal stresses σ_1 and σ_2 and the maximum shear stress τ_{max} at each of the following locations: (a) the top of the beam, (b) the top of the web, and (c) the neutral axis.

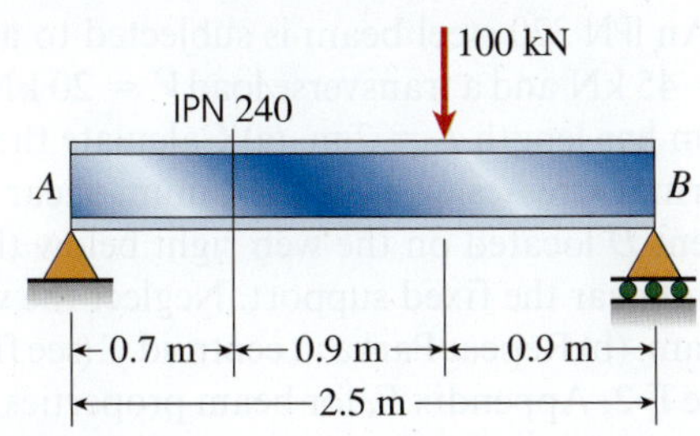

PROBLEM 8.4-16

8.4-17 An IPN 300 steel beam is fixed at A. The beam has length $L = 2$ m and is subjected to a linearly varying distributed load with peak intensity $q_0 = 12$ kN/m. Calculate the state of plane stress at point C located 75 mm below the top of the beam at mid-span. Also find the principal normal stresses and the maximum shear stress at C. Include the weight of the beam. See Table F-2, Appendix F, for beam properties.

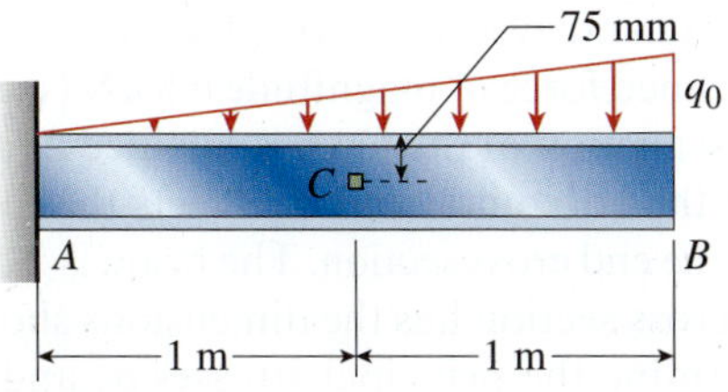

PROBLEM 8.4-17

8.4-18 An IPN 360 steel beam is fixed at A. The beam has a length of 2.5 m and is subjected to a linearly varying distributed load with maximum intensity $q_0 = 500$ N/m on segment AB and a uniformly distributed load of intensity q_0 on segment BC. Calculate the state of plane stress at point D located 220 mm below the top of the beam and 0.3 m to the left of point B. Find the principal normal stresses and the maximum shear stress at D. Include the weight of the beam. See Table F-2, Appendix F, for beam properties.

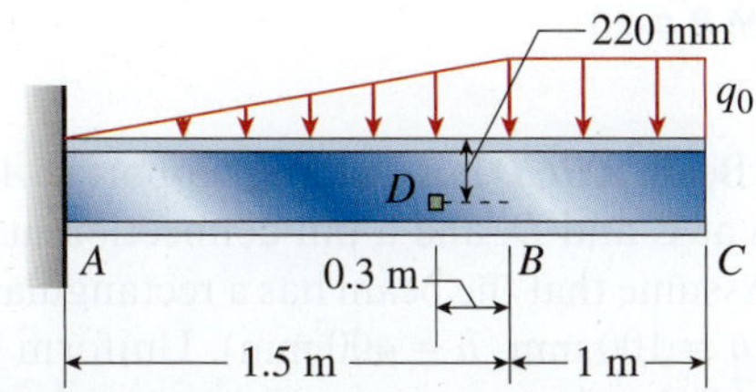

PROBLEM 8.4-18

8.4-19 An IPN 220 standard beam (see Table F-2, Appendix F) is simply supported with a span length of 3 m (see figure). The beam supports two anti-symmetrically placed concentrated loads of 20 kN each.

At a cross section located 0.5 m from the right-hand support, determine the principal stresses σ_1 and σ_2 and the maximum shear stress τ_{max} at each of the following locations: (a) the top of the beam, (b) the top of the web, and (c) the neutral axis.

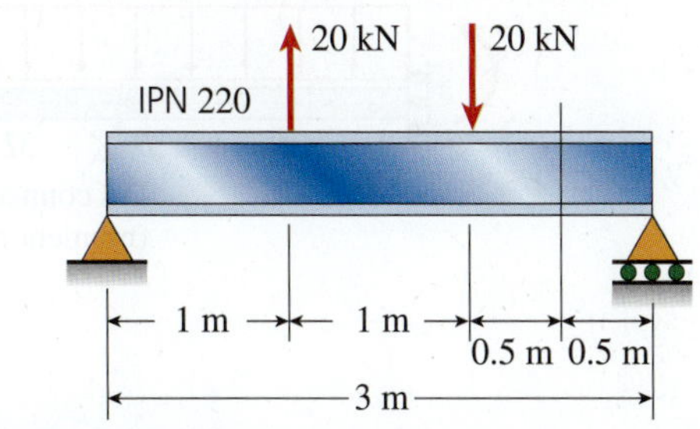

PROBLEM 8.4-19

8.4-20 A cantilever beam with a T-section is loaded by an inclined force of magnitude 6.5 kN (see figure). The line of action of the force is inclined at an angle of 60° to the horizontal and intersects the top of the beam at the end cross section. The beam is 2.5 m long and the cross section has the dimensions shown.

Determine the principal stresses σ_1 and σ_2 and the maximum shear stress τ_{max} at points A and B in the web of the beam near the support.

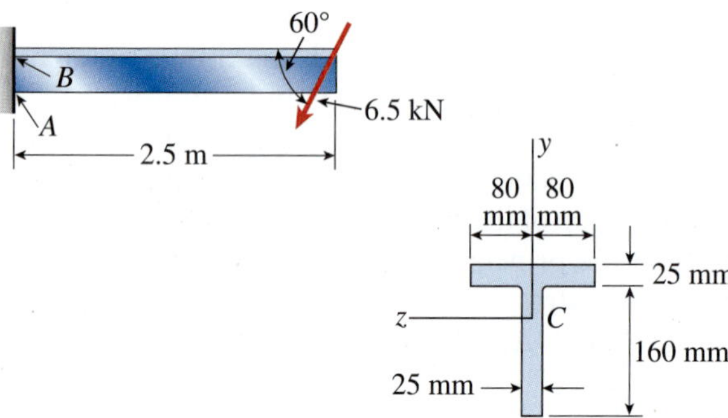

PROBLEM 8.4-20

8.4-21 Beam $ABCD$ has a sliding support at A, roller supports at C and D, and a pin connection at B (see figure). Assume that the beam has a rectangular cross section (b = 100 mm, h = 400 mm). Uniform load q acts on ABC and a concentrated moment is applied at D. Let load variable q = 25 kN/m, and assume that dimension variable L = 1.25 m. First, use statics to confirm the reaction moment at A and the reaction forces at C and D, as given in the figure. Then find the *ratio* of the magnitudes of the principal stresses (σ_1/σ_2) just left of support C at a distance d = 250 mm up from the bottom.

8.4-22 Solve the preceding problem using the numerical data: b = 90 mm, h = 280 mm, d = 210 mm, q = 14 kN/m, and L = 1.2 m.

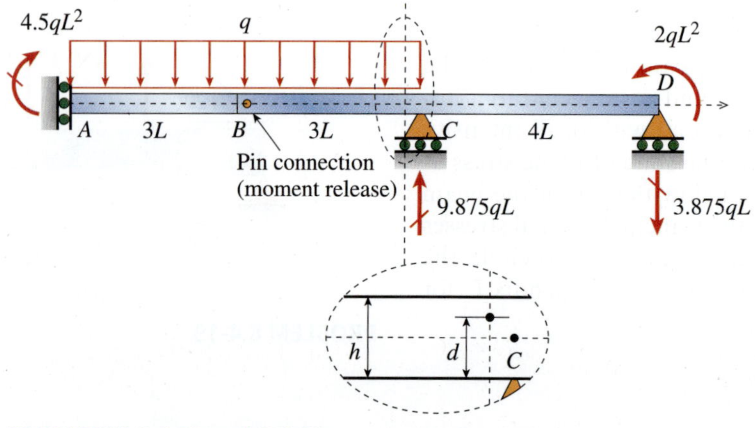

PROBLEMS 8.4-21 and 8.4-22

8.5 Combined Loadings

Solve the problems for Section 8.5 assuming that the structures behave linearly elastically and that the stresses caused by two or more loads may be superimposed to obtain the resultant stresses acting at a point. Consider both in-plane and out-of-plane shear stresses unless otherwise specified.

Introductory Problems

8.5-1 An IPN 300 steel cantilever beam is subjected to an axial load P = 45 kN and a transverse load V = 65 kN. The beam has length L = 1.8 m. (a) Calculate the principal normal stresses and the maximum shear stress for an element located at C near the fixed support. Neglect the weight of the beam. (b) Repeat Part a for point D which is 100 mm above point C (see figure). See Table F-2, Appendix F, for beam properties.

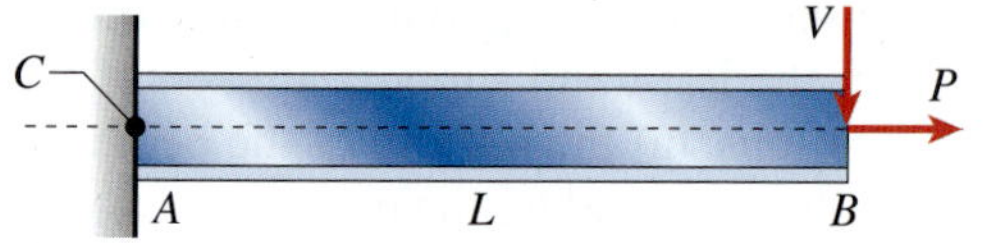

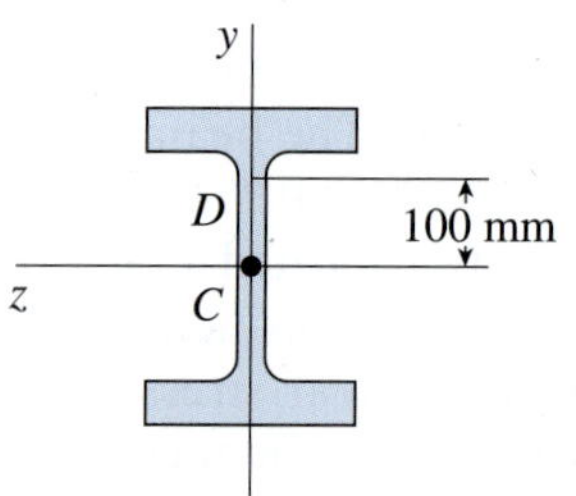

PROBLEM 8.5-1

8.5-2 An IPN 320 steel beam is subjected to a point load P = 45 kN and a transverse load V = 20 kN at B. The beam has length L = 2 m. (a) Calculate the principal normal stresses and the maximum shear stress on element D located on the web right below the top flange and near the fixed support. Neglect the weight of the beam. (b) Repeat Part a at centroid C (see figure). See Table F-2, Appendix F, for beam properties.

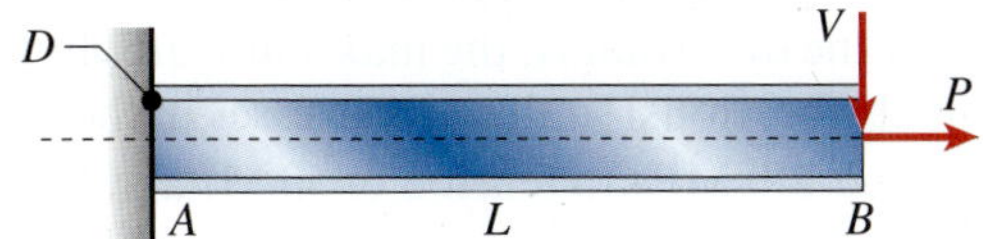

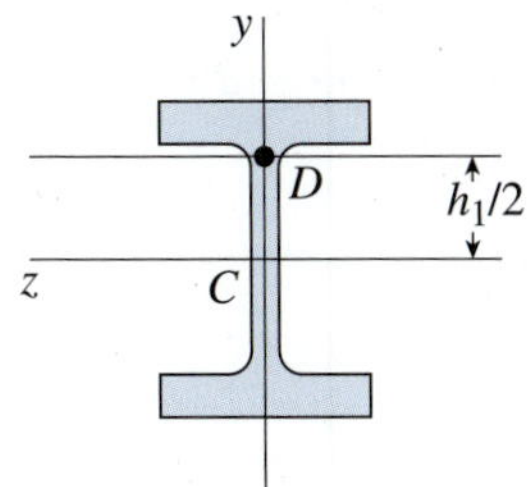

PROBLEM 8.5-2

8.5-3 A solid circular bar is fixed at point A. The bar is subjected to transverse load $V = 300$ N and torque $T = 35$ N·m at point B. The bar has a length $L = 1.5$ m and diameter $d = 75$ mm. Calculate the principal normal stresses and the maximum shear stress at element 1 located on the bottom surface of the bar at fixed end A (see figure).

Assume that element 1 is a sufficient distance from support A so that stress concentration effects are negligible.

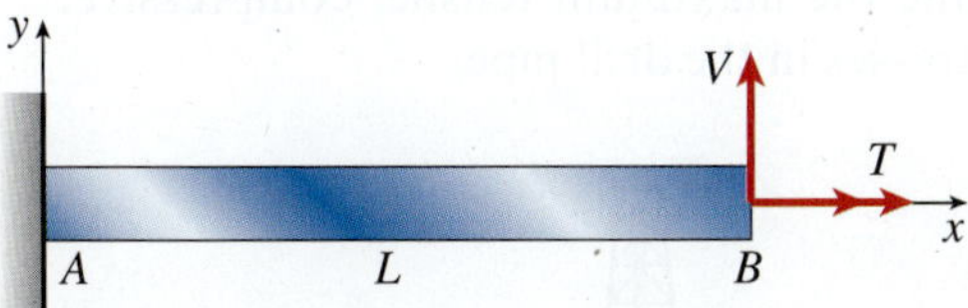

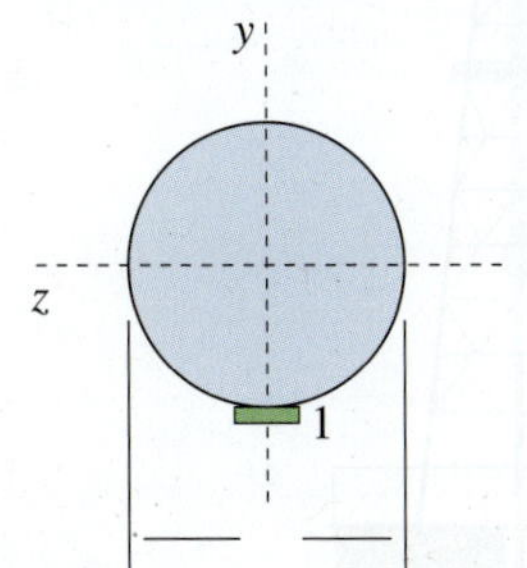

PROBLEM 8.5-3

8.5-4 Solve the preceding problem using transverse load $V = 300$ N and torque $T = 3.5$ N·m applied at point B. The bar has length $L = 1.5$ m and diameter $d = 8$ mm. Calculate the principal stresses and the maximum shear stress for element 2 located at the side of the bar at fixed end A (see figure).

Assume that element 2 is a sufficient distance from support A so that stress concentration effects are negligible.

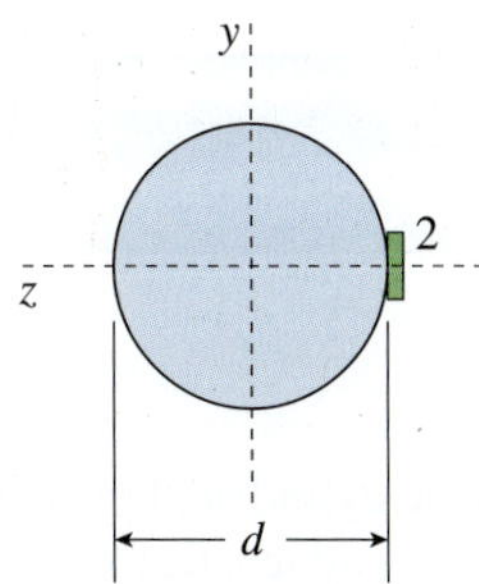

PROBLEM 8.5-4

8.5-5 A cylindrical tank having a diameter $d = 60$ mm is subjected to internal gas pressure $p = 4$ MPa and an external tensile load $T = 4.5$ kN (see figure).

Determine the minimum thickness t of the wall of the tank based upon an allowable shear stress of 20 MPa.

PROBLEM 8.5-5

8.5-6 A cylindrical tank subjected to internal pressure p is simultaneously compressed by an axial force $F = 72$ kN (see figure). The cylinder has diameter $d = 100$ mm and wall thickness $t = 4$ mm.

Calculate the maximum allowable internal pressure p_{max} based upon an allowable shear stress in the wall of the tank of 60 MPa.

PROBLEM 8.5-6

8.5-7 A cylindrical pressure vessel having a radius $r = 300$ mm and wall thickness $t = 15$ mm is subjected to internal pressure $p = 2.5$ MPa. In addition, a torque $T = 120$ kN·m acts at each end of the cylinder (see figure).

(a) Determine the maximum tensile stress σ_{max} and the maximum in-plane shear stress τ_{max} in the wall of the cylinder.

(b) If the allowable in-plane shear stress is 30 MPa, what is the maximum allowable torque T?

(c) If $T = 200$ kN·m and allowable in-plane shear and allowable normal stresses are 30 MPa and 76 MPa, respectively, what is the minimum required wall thickness?

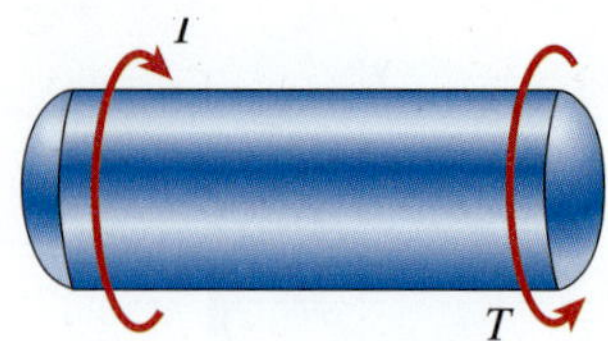

PROBLEM 8.5-7

8.5-8 A pressurized cylindrical tank with flat ends is loaded by torques T and tensile forces P (see figure). The tank has a radius of $r = 125$ mm and wall thickness $t = 6.5$ mm. The internal pressure $p = 7.25$ MPa and the torque $T = 850$ N·m.

(a) What is the maximum permissible value of the forces P if the allowable tensile stress in the wall of the cylinder is 160 MPa?

(b) If forces $P = 400$ kN, what is the maximum acceptable internal pressure in the tank?

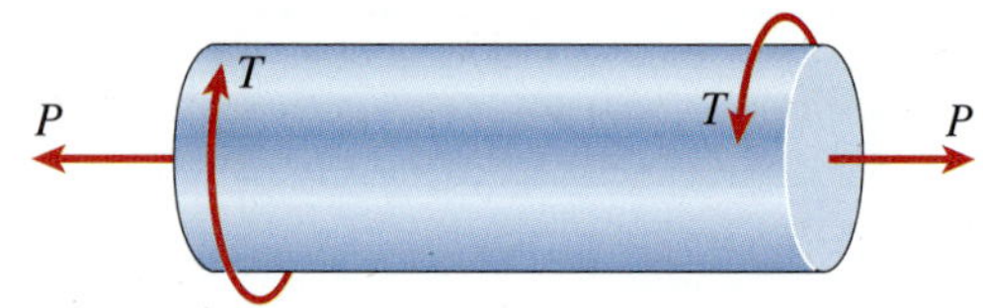

PROBLEM 8.5-8

8.5-9 A cylindrical pressure vessel with flat ends is subjected to a torque T and a bending moment M (see figure). The outer radius is 300 mm and the wall thickness is 25 mm. The loads are $T = 90$ kN·m, $M = 100$ kN·m, and the internal pressure $p = 6.25$ MPa.

Determine the maximum tensile stress σ_t, maximum compressive stress σ_c, and maximum shear stress τ_{max} in the wall of the cylinder.

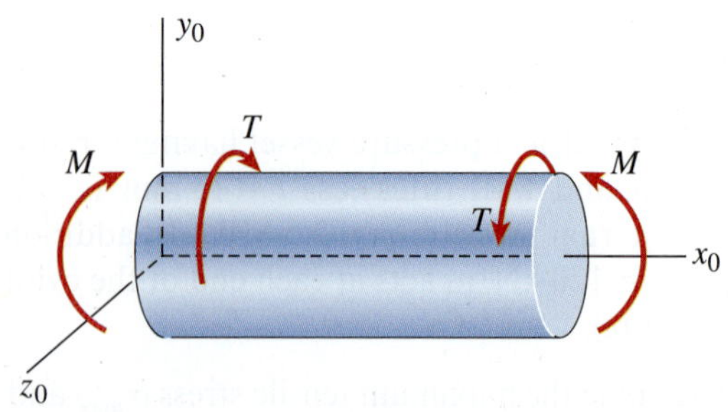

PROBLEM 8.5-9

8.5-10 The torsional pendulum shown in the figure consists of a horizontal circular disk of a mass $M = 60$ kg suspended by a vertical steel wire ($G = 80$ GPa) of a length $L = 2$ m and diameter $d = 4$ mm.

Calculate the maximum permissible angle of rotation ϕ_{max} of the disk (that is, the maximum amplitude of torsional vibrations) so that the stresses in the wire do not exceed 100 MPa in tension or 50 MPa in shear.

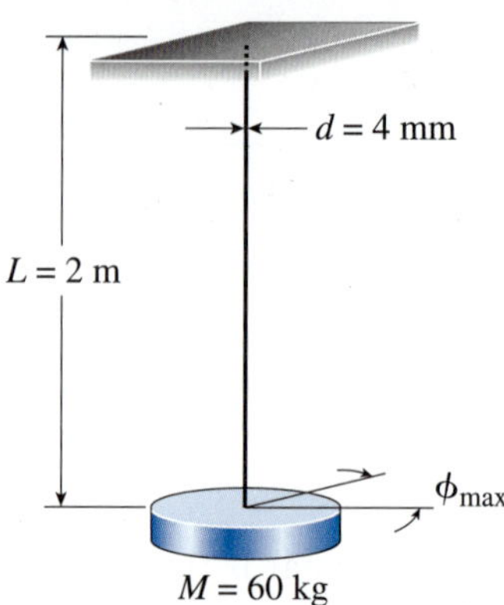

PROBLEM 8.5-10

Representative Problems

8.5-11 The hollow drill pipe for an oil well (see figure) is 150 mm in outer diameter and 15 mm in thickness. Just above the bit, the compressive force in the pipe (due to the weight of the pipe) is 265 kN and the torque (due to drilling) is 19 kN·m.

Determine the maximum tensile, compressive, and shear stresses in the drill pipe.

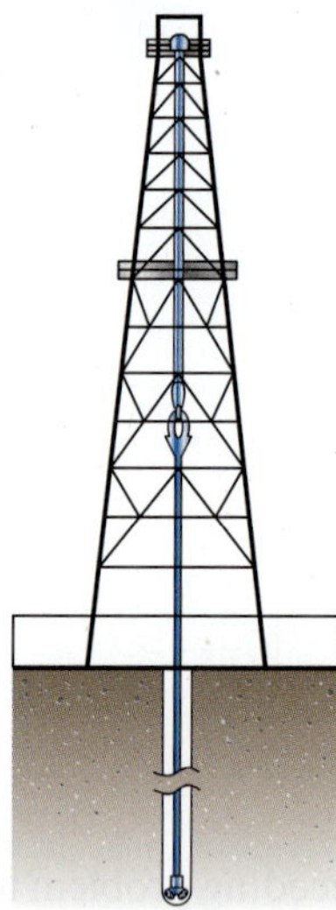

PROBLEM 8.5-11

8.5-12 A segment of a generator shaft is subjected to a torque T and an axial force P, as shown in the figure. The shaft is hollow (outer diameter $d_2 = 300$ mm and inner diameter $d_1 = 250$ mm) and delivers 1800 kW at 4.0 Hz.

If the compressive force $P = 540$ kN, what are the maximum tensile, compressive, and shear stresses in the shaft?

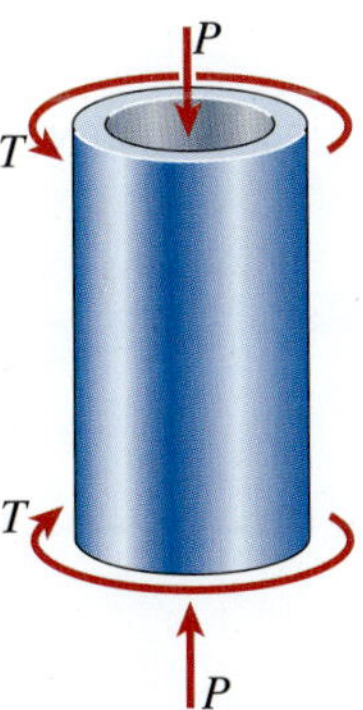

PROBLEMS 8.5-12 and 8.5-13

8.5-13 A segment of a generator shaft with a hollow circular cross section is subjected to a torque $T = 25$ kN·m (see figure). The outer and inner diameters of the shaft are 200 mm and 160 mm, respectively.

What is the maximum permissible compressive load P that can be applied to the shaft if the allowable in-plane shear stress is $\tau_{allow} = 45$ MPa?

8.5-14 A post having a hollow, circular cross section supports a $P = 3.2$ kN load acting at the end of an arm that is $b = 1.5$ m long (see figure). The height of the post is $L = 9$ m, and its section modulus is $S = 2.65 \times 10^5$ mm^3. Assume that the outer radius of the post is $r_2 = 123$ mm, and the inner radius is $r_1 = 117$ mm.

(a) Calculate the maximum tensile stress σ_{max} and maximum in-plane shear stress τ_{max} at point A on the outer surface of the post along the x axis due to the load P. Load P acts at B along line BC.

(b) If the maximum tensile stress and maximum in-plane shear stress at point A are limited to 90 MPa and 38 MPa, respectively, what is the largest permissible value of the load P?

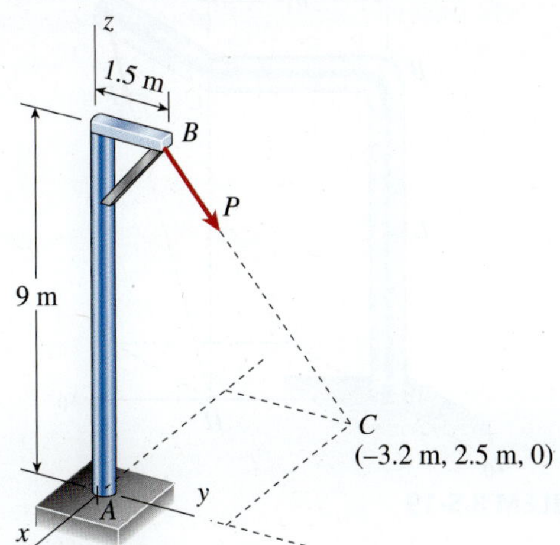

PROBLEM 8.5-14

8.5-15 A sign is supported by a pole of hollow circular cross section, as shown in the figure. The outer and inner diameters of the pole are 250 mm and 200 mm, respectively. The pole is 12 m high and weighs 18 kN. The sign has dimensions 2 m × 1 m and weighs 2.2 kN. Note that its center of gravity is 1.125 m from the axis of the pole. The wind pressure against the sign is 1.5 kPa.

(a) Determine the stresses acting on a stress element at point A, which is on the outer surface of the pole at the "front" of the pole, that is, the part of the pole nearest to the viewer.

(b) Determine the maximum tensile, compressive, and shear stresses at point A.

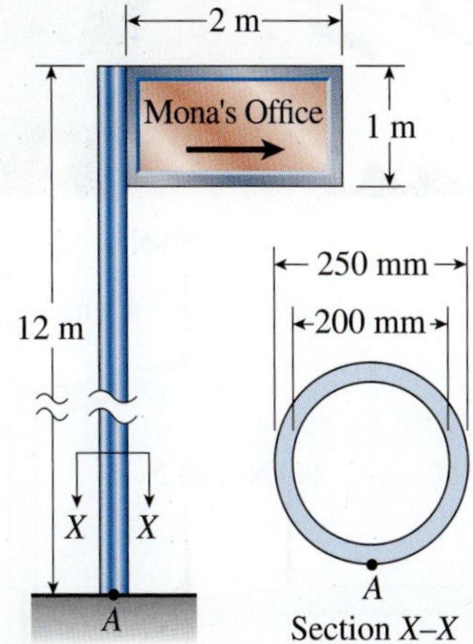

PROBLEM 8.5-15

8.5-16 A sign is supported by a pipe (see figure) having an outer diameter 110 mm and inner diameter 90 mm. The dimensions of the sign are 2.0 m × 1.0 m, and its lower edge is 3.0 m above the base. Note that the center of gravity of the sign is 1.05 m from the axis of the pipe. The wind pressure against the sign is 1.5 kPa.

Determine the maximum in-plane shear stresses due to the wind pressure on the sign at points A, B, and C, located on the outer surface at the base of the pipe.

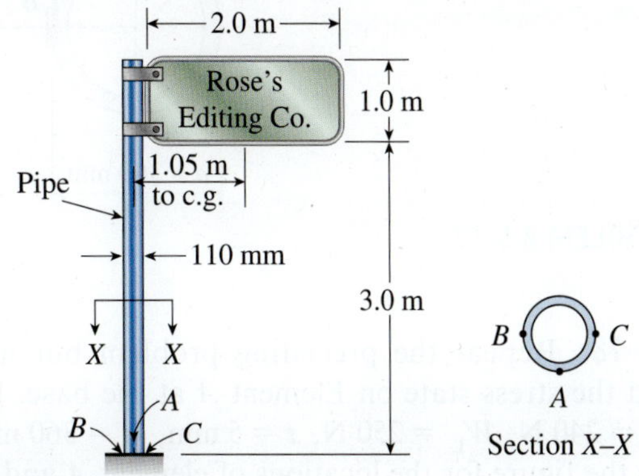

PROBLEM 8.5-16

8.5-17 A traffic light and signal pole is subjected to the weight of each traffic signal $W_S = 240$ N and the weight of the road lamp $W_L = 250$ N. The pole is fixed at the base. Find the principal normal stresses and the maximum shear stress on element B located 5.8 m above the base (see figure). Assume that the weight of the pole and lateral arms is included in the signal and lamp weights.

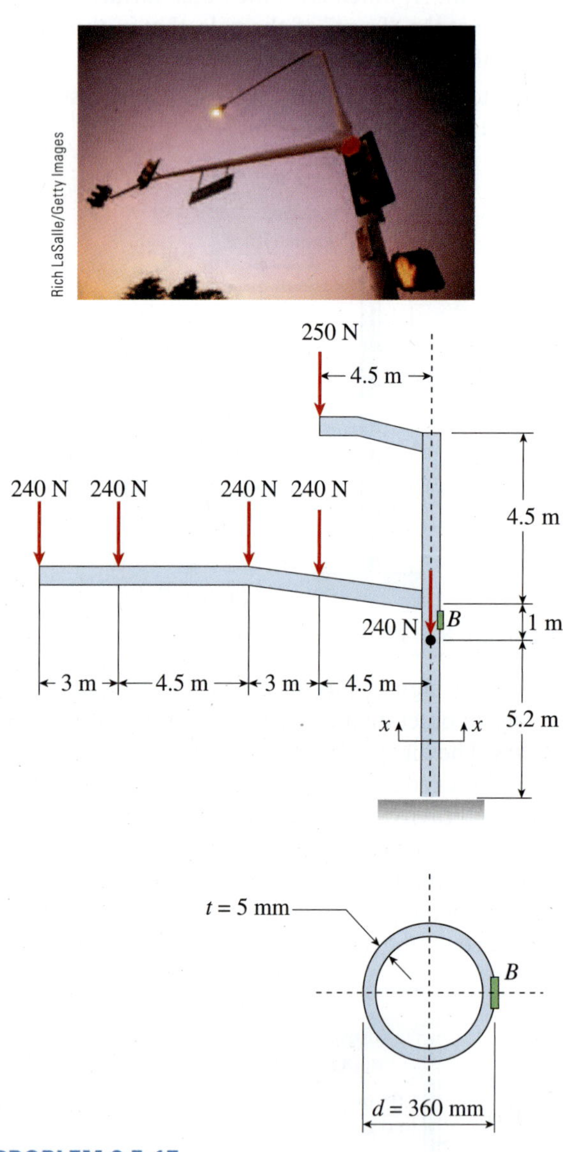

PROBLEM 8.5-17

8.5-18 Repeat the preceding problem but now find the stress state on Element A at the base. Let $W_S = 240$ N, $W_L = 250$ N, $t = 5$ mm, $d = 360$ mm. See the figure for the locations of element A and all loads.

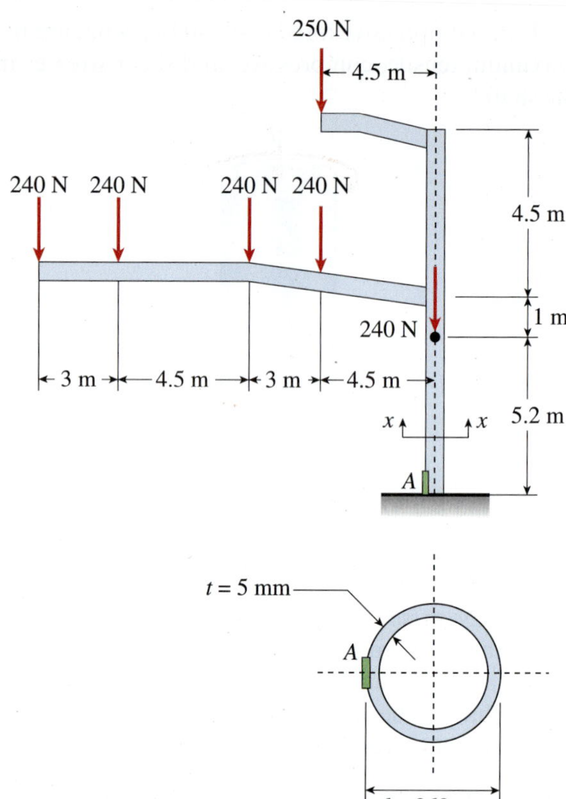

PROBLEM 8.5-18

8.5-19 A bracket $ABCD$ having a hollow circular cross section consists of a vertical arm AB ($L = 1.85$ m), a horizontal arm BC parallel to the x_0 axis, and a horizontal arm CD parallel to the z_0 axis (see figure). The arms BC and CD have lengths $b_1 = 1.1$ m and $b_2 = 0.67$ m, respectively. The outer and inner diameters of the bracket are $d_2 = 190$ mm and $d_1 = 170$ mm. An inclined load $P = 10$ kN acts at point D along line DH. Determine the maximum tensile, compressive, and shear stresses in the vertical arm.

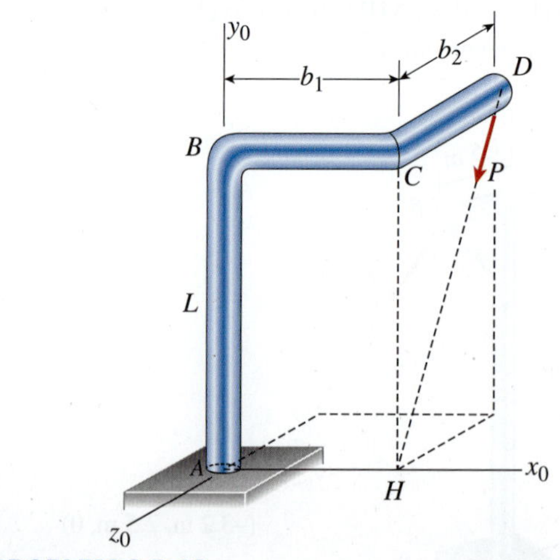

PROBLEM 8.5-19

8.5-20 A gondola on a ski lift is supported by two bent arms, as shown in the figure. Each arm is offset by the distance $b = 180$ mm from the line of action of the weight force W. The allowable stresses in the arms are 100 MPa in tension and 50 MPa in shear.

If the loaded gondola weighs 12 kN, what is the mininum diameter d of the arms?

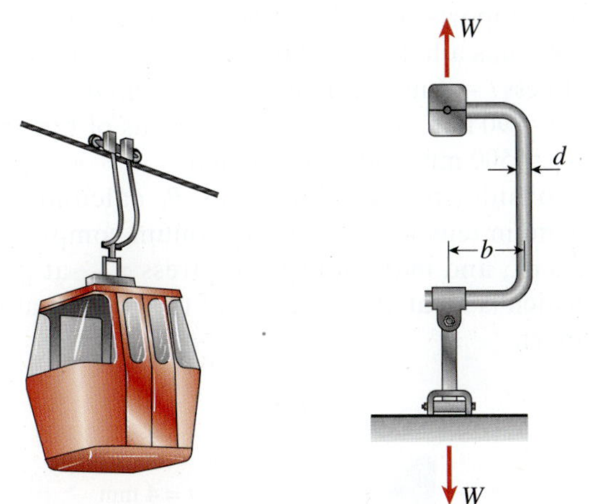

PROBLEM 8.5-20

8.5-21 Determine the maximum tensile, compressive, and shear stresses at points A and B on the bicycle pedal crank shown in the figure.

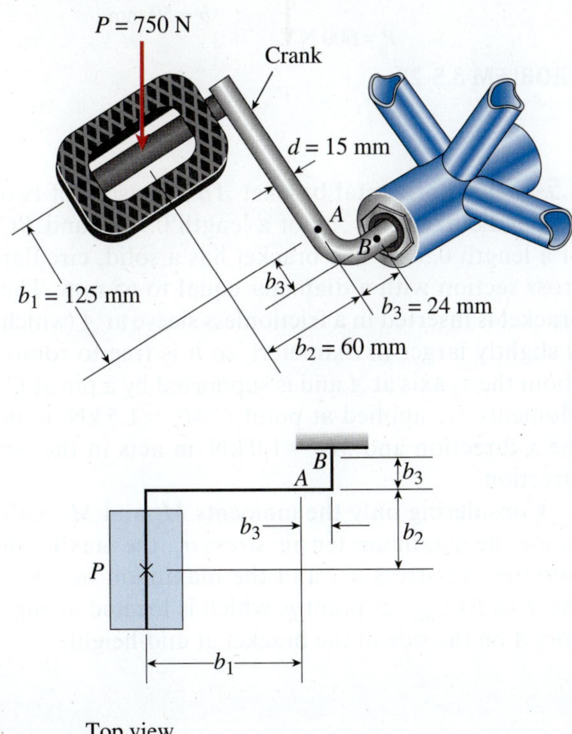

PROBLEM 8.5-21

The pedal and crank are in a horizontal plane and points A and B are located on the top of the crank. The load $P = 750$ N acts in the vertical direction and the distances (in the horizontal plane) between the line of action of the load and points A and B are $b_1 = 125$ mm, $b_2 = 60$ mm, and $b_3 = 24$ mm. Assume that the crank has a solid circular cross section with diameter $d = 15$ mm.

8.5-22 A double-decker bicycle rack made up of *square* steel tubing is fixed at A (figure a). The weight of a bicycle is represented as a point load applied at B on a plane frame model of the rack (figure b).

(a) Find the state of plane stress on an element C located on the surface at the left side of the vertical tube at the base A. *Include* the weight of the framing system. (Assume weight density $\gamma = 77$ kN/m^3.)

(b) Find the maximum *shear* stresses on an element at C and show them on a sketch of a properly oriented element.

Assume that element C is a sufficient distance from support A so that stress concentration effects are negligible.

(a)

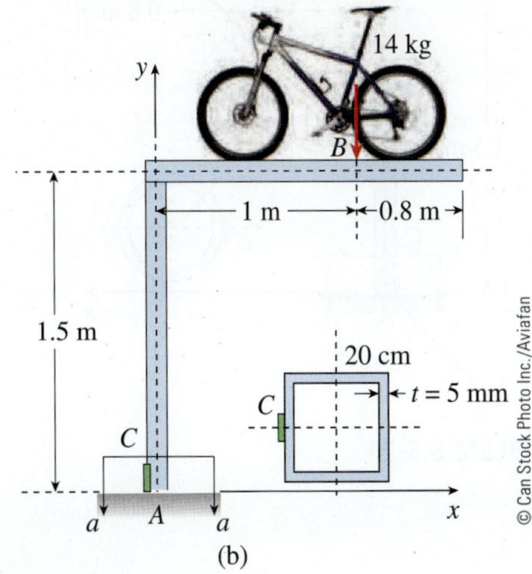

(b)

PROBLEM 8.5-22

8.5-23 A semicircular bar AB lying in a horizontal plane is supported at B (see figure part a). The bar has a centerline radius R and weight q per unit of length (total weight of the bar equals πqR). The cross section of the bar is circular with diameter d.

(a) Obtain formulas for the maximum tensile stress σ_t, maximum compressive stress σ_c, and maximum in-plane shear stress τ_{max} at the top of the bar at the support due to the weight of the bar.

(b) Repeat part (a) if the bar is a quarter-circular segment (see figure part b) but has the same total weight as the semicircular bar.

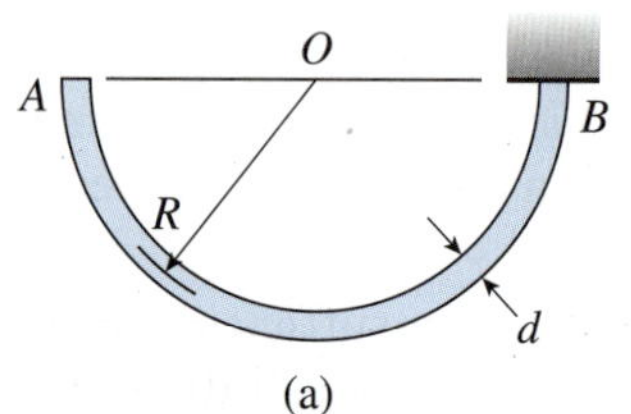

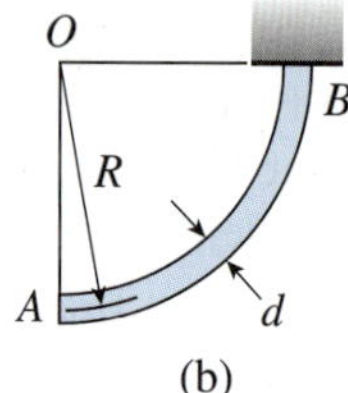

PROBLEM 8.5-23

8.5-24 Repeat Problem 8.5-22 but replace the square tube column with a *circular* tube having a wall thickness $t = 5$ mm and the same cross-sectional area (3900 mm^2) as that of the square tube in figure b in Problem 8.5-22. Also, add force $P_z = 120$ N at B.

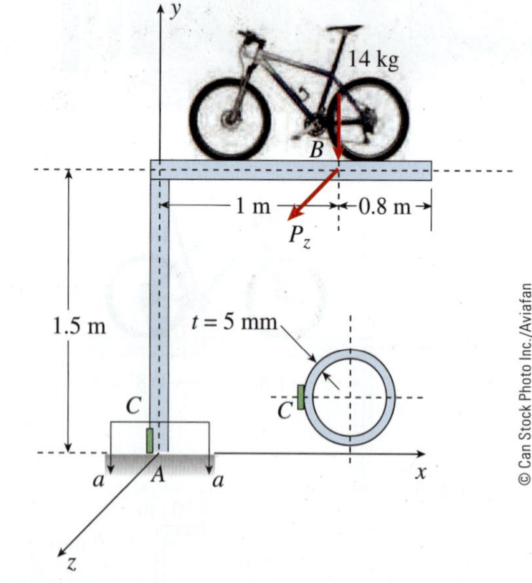

PROBLEM 8.5-24

(a) Find the state of plane stress at C.

(b) Find maximum *normal* stresses and show them on a sketch of a properly oriented element.

(c) Find maximum *shear* stresses and show them on a sketch of a properly oriented element.

8.5-25 An L-shaped bracket lying in a horizontal plane supports a load $P = 600$ N (see figure). The bracket has a hollow rectangular cross section with thickness $t = 4$ mm and outer dimensions $b = 50$ mm and $h = 90$ mm. The centerline lengths of the arms are $b_1 = 500$ mm and $b_2 = 750$ mm.

Considering only the load P, calculate the maximum tensile stress σ_t, maximum compressive stress σ_c, and maximum shear stress τ_{max} at point A, which is located on the top of the bracket at the support.

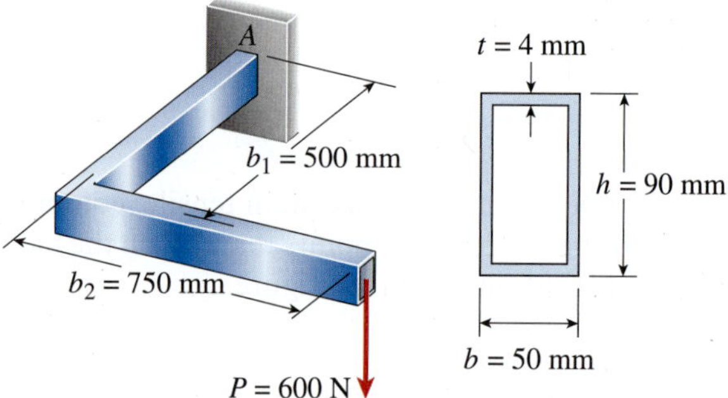

PROBLEM 8.5-25

8.5-26 A horizontal bracket ABC consists of two perpendicular arms AB of a length 0.75 m and BC of a length 0.5 m. The bracket has a solid, circular cross section with a diameter equal to 65 mm. The bracket is inserted in a frictionless sleeve at A (which is slightly larger in diameter), so it is free to rotate about the z_0 axis at A and is supported by a pin at C. Moments are applied at point C $M_1 = 1.5$ kN·m in the x direction and $M_2 = 1.0$ kN·m acts in the $-z$ direction.

Considering only the moments M_1 and M_2, calculate the maximum tensile stress σ_t, the maximum compressive stress σ_c, and the maximum in-plane shear stress τ_{max} at point p, which is located at support A on the side of the bracket at mid-height.

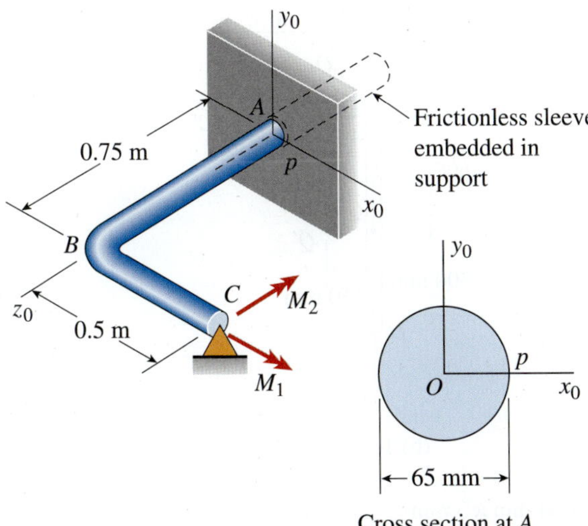

PROBLEM 8.5-26

8.5-27 An arm ABC lying in a horizontal plane and supported at A (see figure) is made of two identical solid steel bars AB and BC welded together at a right angle. Each bar is 0.6 m long.

(a) Knowing that the maximum tensile stress (principal stress) at the top of the bar at support A due solely to the weights of the bars is 7.2 MPa, determine the diameter d of the bars.

(b) If the allowable tensile stress is 10 MPa and each bar has a diameter $d = 50$ mm, what is the maximum downward load P that can be applied at C (in addition to self-weight)?

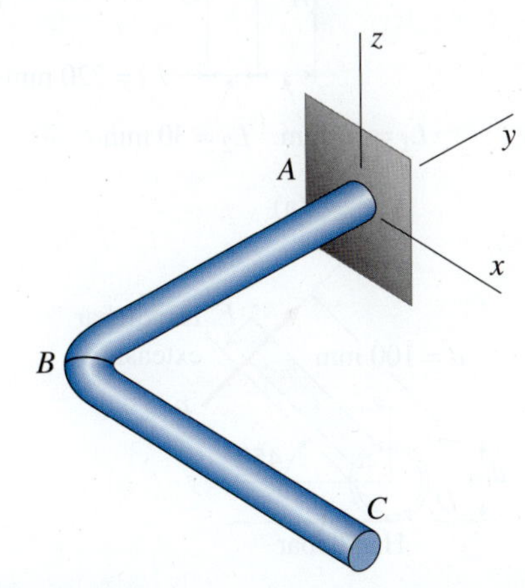

PROBLEM 8.5-27

8.5-28 A crank arm consists of a solid segment of length b_1 and diameter d, a segment of length b_2, and a segment of length b_3, as shown in the figure. Two loads P act as shown: one parallel to $-x$ and another parallel to $-y$. Each load P equals 1.2 kN. The crankshaft dimensions are $b_1 = 75$ mm, $b_2 = 125$ mm, and $b_3 = 35$ mm. The diameter of the upper shaft is $d = 22$ mm.

(a) Determine the maximum tensile, compressive, and shear stresses at point A, which is located on the surface of the shaft at the z axis.

(b) Determine the maximum tensile, compressive, and shear stresses at point B, which is located on the surface of the shaft at the y axis.

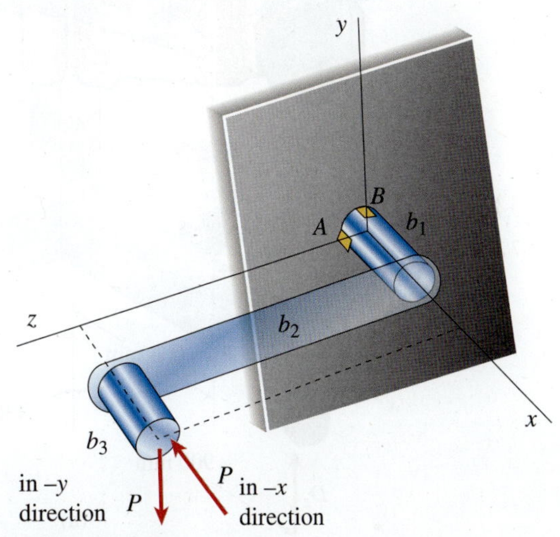

PROBLEM 8.5-28

8.5-29 A moveable steel stand supports an automobile engine weighing $W = 3.4$ kN, as shown in the figure part a. The stand is constructed of 64 mm × 64 mm × 3 mm-thick steel tubing. Once in position, the stand is restrained by pin supports at B and C. Of interest are stresses at point A at the base of the vertical post; point A has coordinates ($x = 32$ mm, $y = 0$, $z = 32$ mm). Neglect the weight of the stand.

(a) Initially, the engine weight acts in the $-z$ direction through point Q, which has coordinates (600 mm, 0, 32 mm). Find the maximum tensile, compressive, and shear stresses at point A.

(b) Repeat part (a) assuming now that, during repair, the engine is rotated about its own longitudinal axis (which is parallel to the x axis) so that W acts through Q' [with coordinates (600 mm, 150 mm, 32 mm)] and force $F_y = 900$ N is applied parallel to the y axis at distance $d = 0.75$ m.

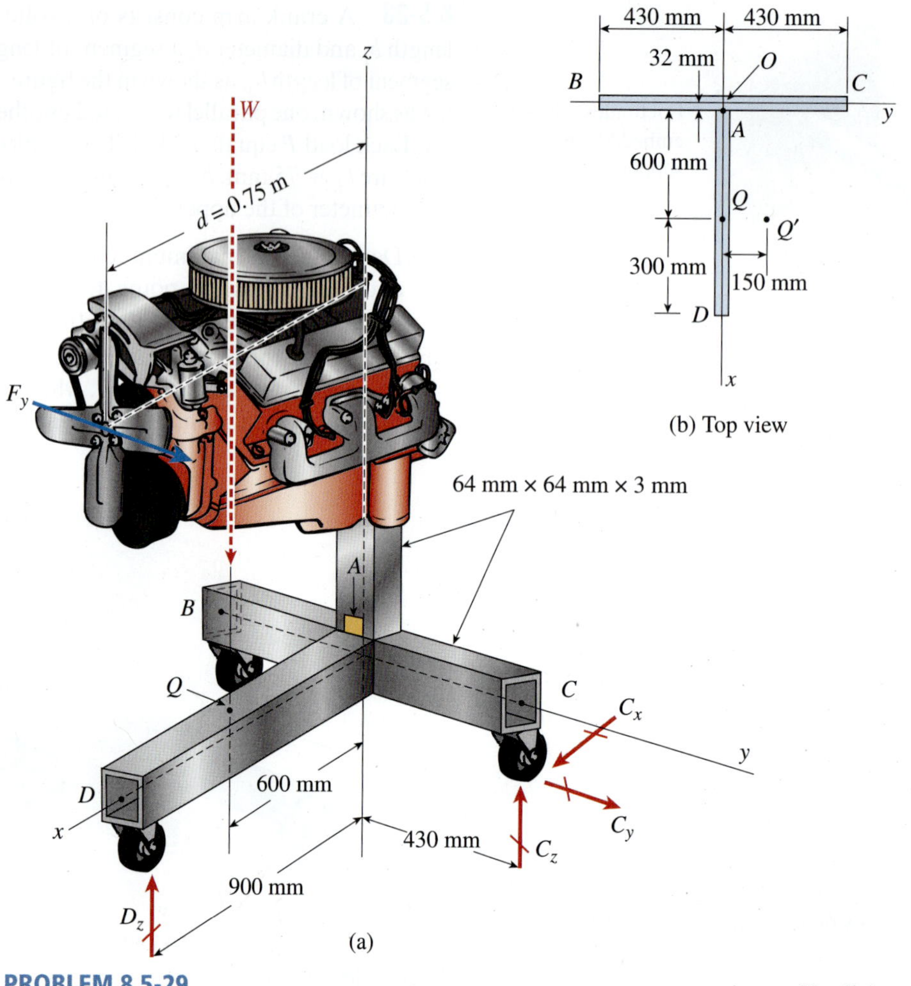

PROBLEM 8.5-29

8.5-30 A mountain bike rider going uphill applies a force $P = 65$ N to each end of the handlebars $ABCD$, made of aluminum alloy 7075-T6, by pulling on the handlebar extenders (DF on right handlebar segment). Consider the right half of the handlebar assembly only (assume the bars are fixed at the fork at A). Segments AB and CD are prismatic with lengths L_1 and L_3 and with outer diameters and thicknesses d_{01}, t_{01} and d_{03}, t_{03}, respectively, as shown. Segment BC of length L_2, however, is tapered, and outer diameter and thickness vary linearly between dimensions at B and C. Consider shear, torsion, and bending effects only for segment AD; assume DF is rigid.

Find the maximum tensile, compressive, and shear stresses adjacent to support A. Show where each maximum stress value occurs.

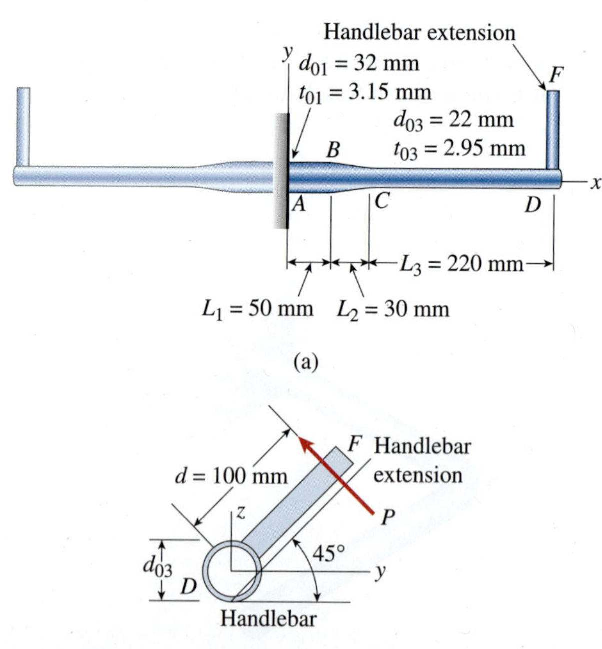

PROBLEM 8.5-30

8.5-31 Determine the maximum tensile, compressive, and shear stresses acting on the cross section of the tube at point A of the hitch bicycle rack shown in the figure.

The rack is made up of 50 mm × 50 mm steel tubing which is 3 mm thick. Assume that the weight of each of four bicycles is distributed evenly between the two support arms so that the rack can be represented as a cantilever beam ($ABCDEF$) in the xy plane. The overall weight of the rack alone is $W = 270$ N directed through C, and the weight of each bicycle is $P = 135$ N.

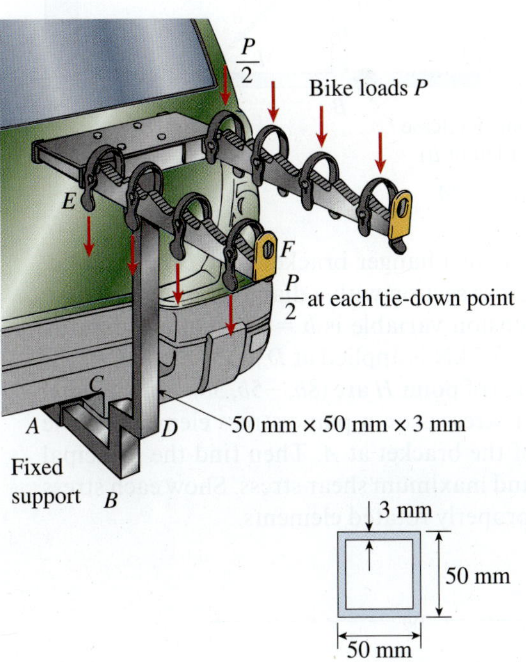

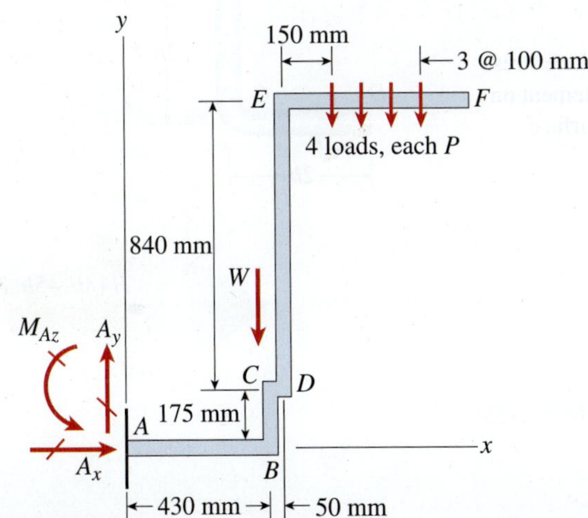

PROBLEM 8.5-31

8.5-32 Consider the mountain bike shown in the figure. To account for impact, crashes, and other loading uncertainties, a *design load* $P = 5000$ N is used to design the seat post. The length of the seat post is $L = 254$ mm.

(a) Find the required diameter of the seat post if it is to be constructed using an *aluminum alloy* with the ultimate stress $\sigma_U = 550$ MPa and a factor of safety of 2.8. Consider only axial and flexural normal stresses in your design.

(b) Repeat part (a) if a *titanium alloy* is used instead. Assume the ultimate stress $\sigma_U = 900$ MPa and a factor of safety of 2.5.

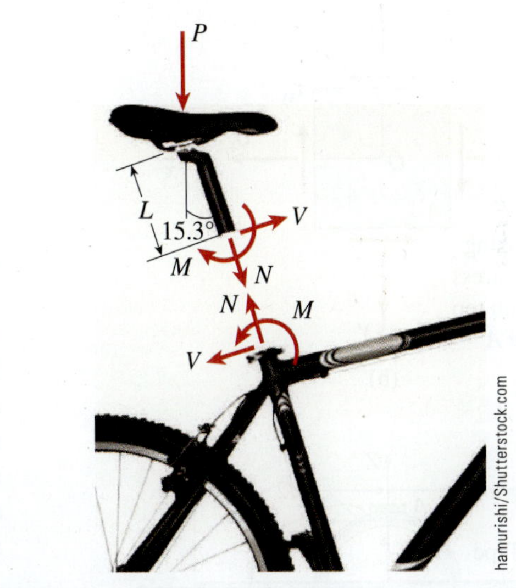

PROBLEM 8.5-32

8.5-33 A plumber's valve wrench is used to replace valves in plumbing fixtures. A simplified model of the wrench (see figure part a) consists of pipe AB (length L, outer diameter d_2, inner diameter d_1), which is fixed at A and has holes of a diameter d_b on either side of the pipe at B. A solid, cylindrical bar CBD (length a, diameter d_b) is inserted into the holes at B and *only one* force $F = 245$ N is applied in the $-Z$ direction at C to loosen the fixture valve at A (see figure part c). Let $G = 81$ GPa, $\nu = 0.30$, $L = 100$ mm, $a = 115$ mm, $d_2 = 32$ mm, $d_1 = 25$ mm, and $d_b = 6$ mm.

Find the state of plane stress on the top of the pipe near A (at coordinates $X = 0, Y = 0, Z = d_2/2$), and show all stresses on a plane stress element (see figure part b). Compute the principal stresses and maximum shear stress, and show them on properly rotated stress elements.

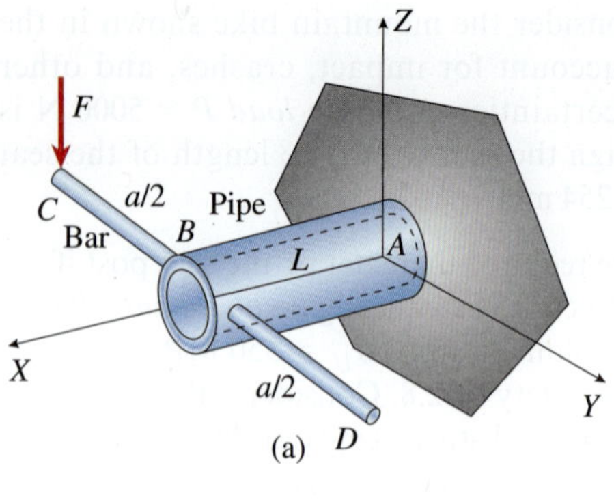

(a)

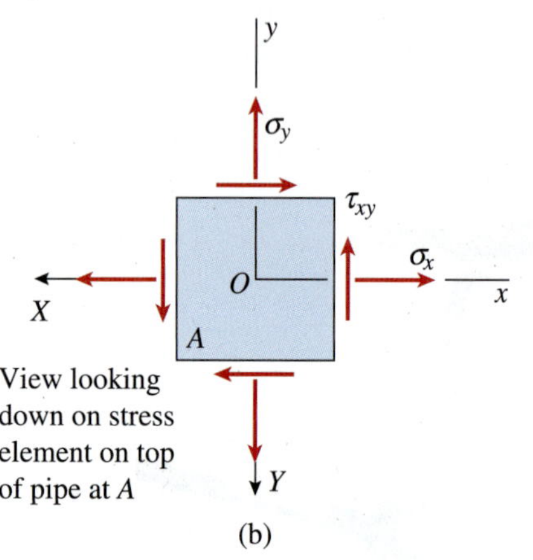

(b)

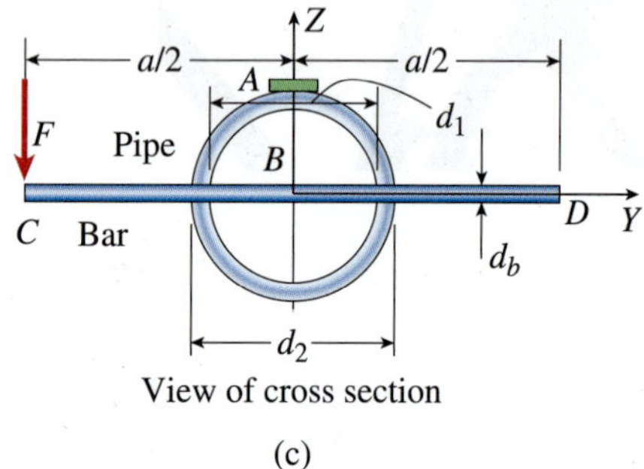

View of cross section

(c)

PROBLEM 8.5-33

8.5-34 A compound beam $ABCD$ has a cable with force P anchored at C. The cable passes over a pulley at D, and force P acts in the $-x$ direction. There is a moment release just left of B. Neglect the self-weight of the beam and cable. Cable force $P = 450$ N and dimension variable $L = 0.25$ m. The beam has a rectangular cross section ($b = 20$ mm, $h = 50$ mm).

(a) Calculate the maximum normal stresses and maximum in-plane shear stress on the bottom surface of the beam at support A.

(b) Repeat part (a) for a plane stress element located at mid-height of the beam at A.

(c) If the maximum tensile stress and maximum in-plane shear stress at point A are limited to 90 MPa and 42 MPa, respectively, what is the largest permissible value of the cable force P?

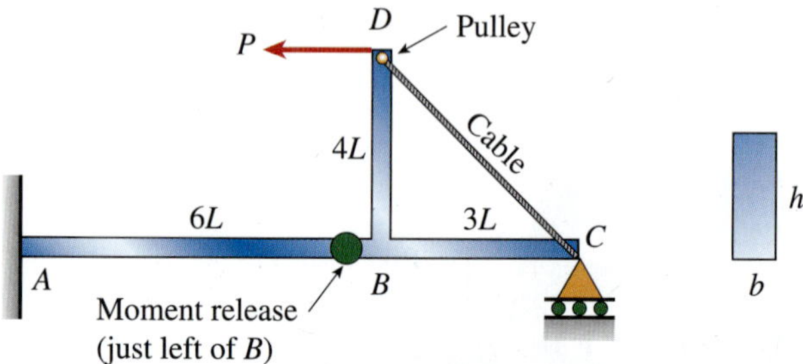

PROBLEM 8.5-34

8.5-35 A steel hanger bracket $ABCD$ has a solid, circular cross section with a diameter of $d = 50$ mm. The dimension variable is $b = 150$ mm (see figure). Load $P = 5.5$ kN is applied at D along a line DH; the coordinates of point H are $(8b, -5b, 3b)$. Find normal and shear stresses on a plane stress element on the surface of the bracket at A. Then find the principal stresses and maximum shear stress. Show each stress state on properly rotated elements.

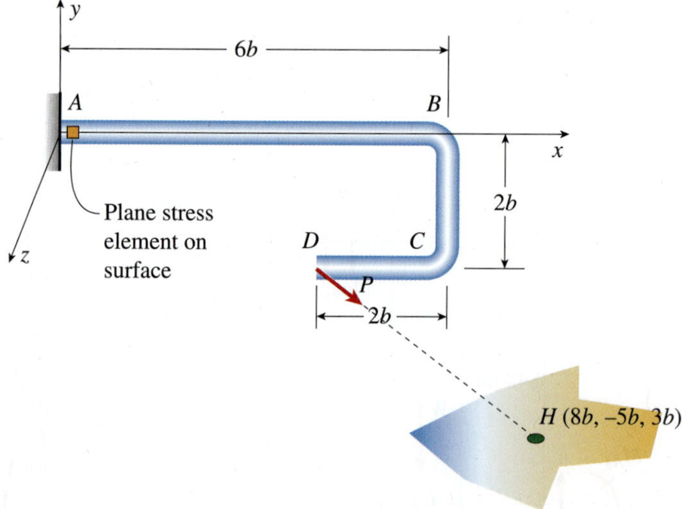

PROBLEM 8.5-35

SOME ADDITIONAL REVIEW PROBLEMS: Chapter 8

R-8.1 A thin-walled spherical tank with a diameter of 1.5 m and wall thickness of 65 mm has an internal pressure of 20 MPa. The maximum shear stress in the wall of the tank is approximately:

(A) 58 MPa
(B) 67 MPa
(C) 115 MPa
(D) 127 MPa

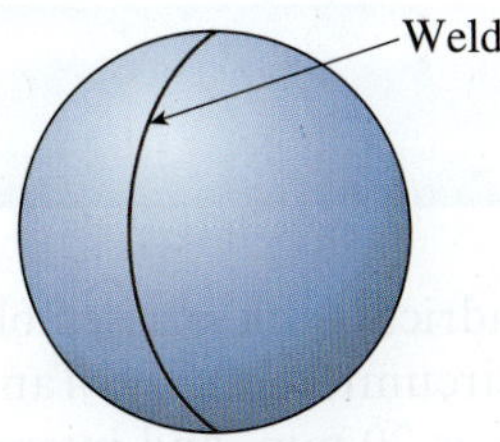

R-8.2 A thin-walled spherical tank has a diameter of 0.75 m and an internal pressure of 20 MPa. The yield stress in tension is 920 MPa, the yield stress in shear is 475 MPa, and the factor of safety is 2.5. The modulus of elasticity is 210 GPa, Poisson's ratio is 0.28, and maximum normal strain is 1220×10^{-6}. The minimum permissible thickness of the tank is approximately:

(A) 8.6 mm
(B) 9.9 mm
(C) 10.5 mm
(D) 11.1 mm

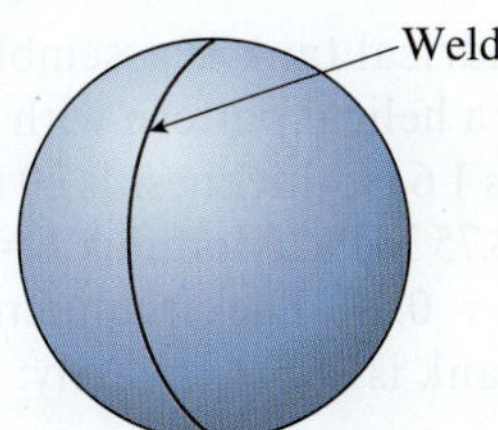

R-8.3 A thin-walled cylindrical tank with a diameter of 200 mm as shown in the above figure has an internal pressure of 11 MPa. The yield stress in tension is 250 MPa, the yield stress in shear is 140 MPa, and the factor of safety is 2.5. The minimum permissible thickness of the tank is approximately:

(A) 8.2 mm
(B) 9.1 mm
(C) 9.8 mm
(D) 11.0 mm

R-8.4 A thin-walled cylindrical tank with a diameter of 2.0 m and wall thickness of 18 mm is open at the top. The height h of water (weight density = 9.81 kN/m^3) in the tank at which the circumferential stress reaches 10 MPa in the tank wall is approximately:

(A) 14 m
(B) 18 m
(C) 20 m
(D) 24 m

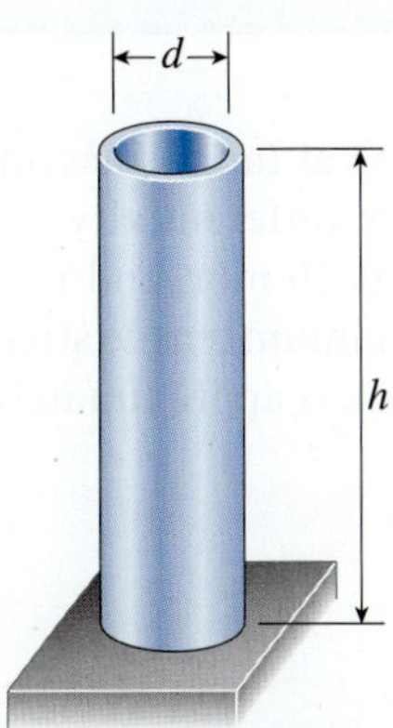

R-8.5 The pressure relief valve is opened on a thin-walled cylindrical tank, with the radius-to-wall thickness ratio of 128, thereby decreasing the longitudinal strain by 150×10^{-6}. Assume E = 73 GPa and ν = 0.33. The original internal pressure in the tank was approximately:

(A) 370 kPa
(B) 450 kPa
(C) 500 kPa
(D) 590 kPa

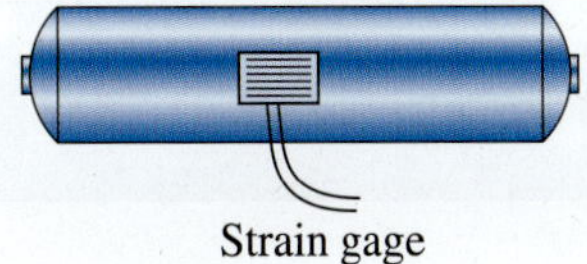

R-8.6 A cylindrical tank is assembled by welding steel sections circumferentially. Tank diameter is 1.5 m, thickness is 20 mm, and internal pressure is 2.0 MPa. The maximum stress in the heads of the tank is approximately:

(A) 38 MPa
(B) 45 MPa
(C) 50 MPa
(D) 59 MPa

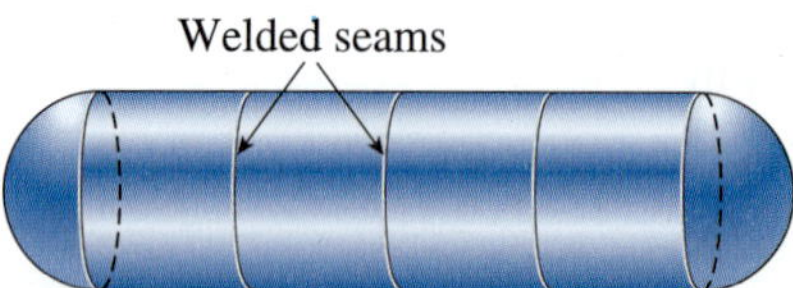

R-8.7 A cylindrical tank is assembled by welding steel sections circumferentially. Tank diameter is 1.5 m, thickness is 20 mm, and internal pressure is 2.0 MPa. The maximum tensile stress in the cylindrical part of the tank is approximately:

(A) 45 MPa
(B) 57 MPa
(C) 62 MPa
(D) 75 MPa

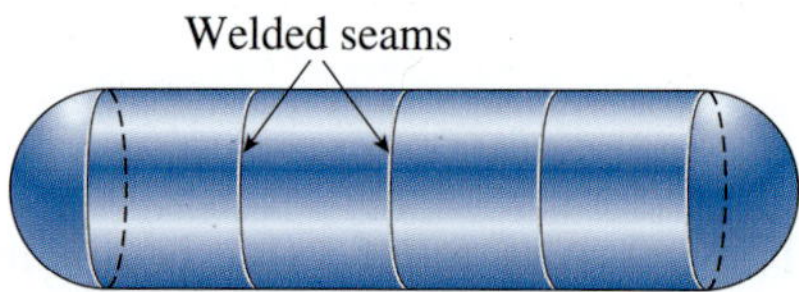

R-8.8 A cylindrical tank is assembled by welding steel sections circumferentially. Tank diameter is 1.5 m, thickness is 20 mm, and internal pressure is 2.0 MPa. The maximum tensile stress perpendicular to the welds is approximately:

(A) 22 MPa
(B) 29 MPa
(C) 33 MPa
(D) 37 MPa

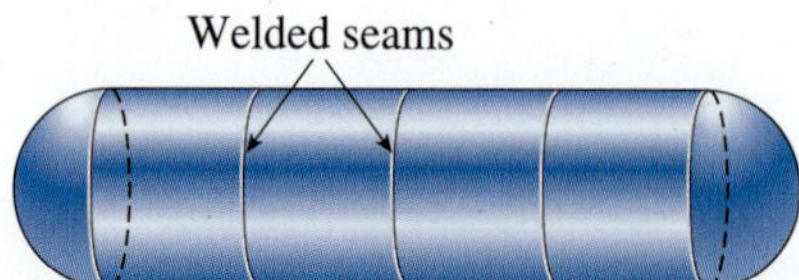

R-8.9 A cylindrical tank is assembled by welding steel sections circumferentially. Tank diameter is 1.5 m, thickness is 20 mm, and internal pressure is 2.0 MPa. The maximum shear stress in the heads is approximately:

(A) 19 MPa
(B) 23 MPa
(C) 33 MPa
(D) 35 MPa

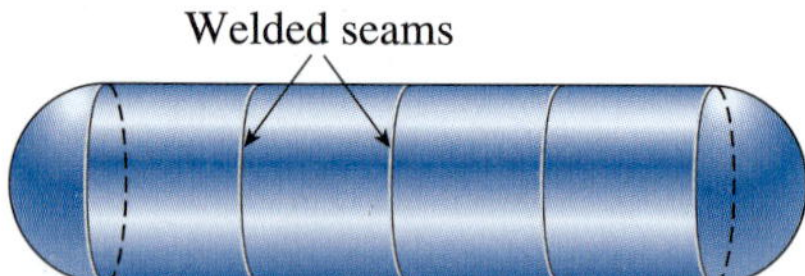

R-8.10 A cylindrical tank is assembled by welding steel sections circumferentially. Tank diameter is 1.5 m, thickness is 20 mm, and internal pressure is 2.0 MPa. The maximum shear stress in the cylindrical part of the tank is approximately:

(A) 17 MPa
(B) 26 MPa
(C) 34 MPa
(D) 38 MPa

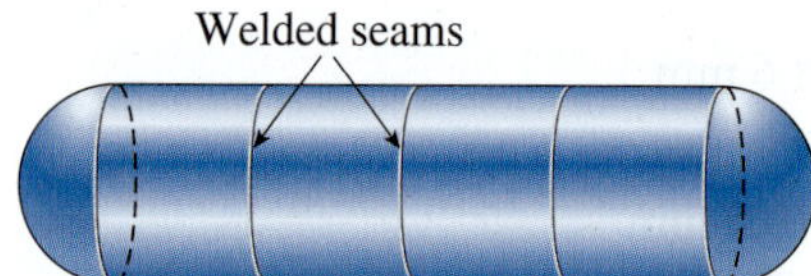

R-8.11 A cylindrical tank is assembled by welding steel sections in a helical pattern with angle $\alpha = 50°$. Tank diameter is 1.6 m, thickness is 20 mm, and internal pressure is 2.75 MPa. Modulus $E = 210$ GPa and Poisson's ratio $\nu = 0.28$. The circumferential strain in the wall of the tank is approximately:

(A) 1.9×10^{-4}
(B) 3.2×10^{-4}
(C) 3.9×10^{-4}
(D) 4.5×10^{-4}

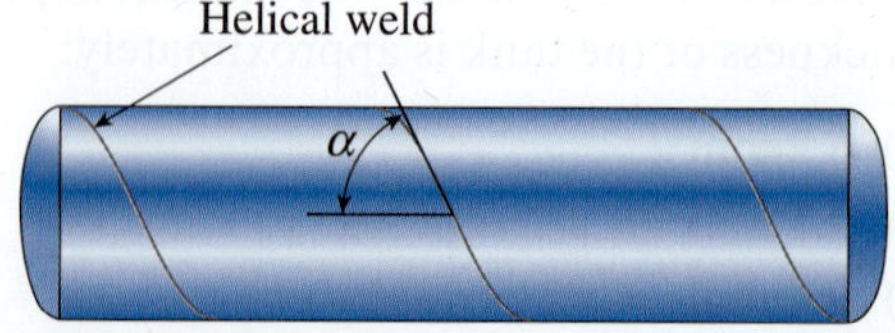

R-8.12 A cylindrical tank is assembled by welding steel sections in a helical pattern with angle $\alpha = 50°$. Tank diameter is 1.6 m, thickness is 20 mm, and internal pressure is 2.75 MPa. Modulus $E = 210$ GPa and Poisson's ratio $\nu = 0.28$. The longitudinal strain in the wall of the tank is approximately:

(A) 1.2×10^{-4}
(B) 2.4×10^{-4}
(C) 3.1×10^{-4}
(D) 4.3×10^{-4}

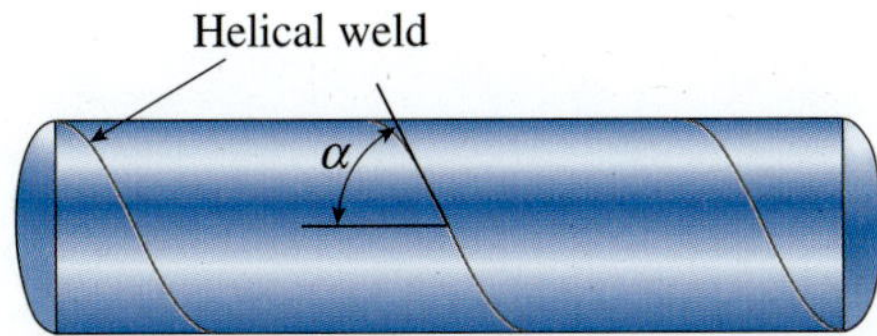

R-8.13 A cylindrical tank is assembled by welding steel sections in a helical pattern with angle $\alpha = 50°$. Tank diameter is 1.6 m, thickness is 20 mm, and internal pressure is 2.75 MPa. Modulus $E = 210$ GPa and Poisson's ratio $\nu = 0.28$. The normal stress acting perpendicular to the weld is approximately:

(A) 39 MPa
(B) 48 MPa
(C) 78 MPa
(D) 84 MPa

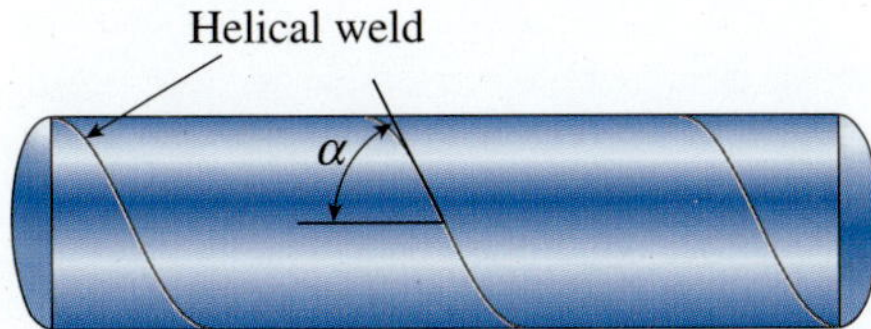

R-8.14 A segment of a drive shaft ($d_2 = 200$ mm, $d_1 = 162$ mm) is subjected to a torque $T = 30$ kN · m. The allowable shear stress in the shaft is 45 MPa. The maximum permissible compressive load P is approximately:

(A) 200 kN
(B) 286 kN
(C) 328 kN
(D) 442 kN

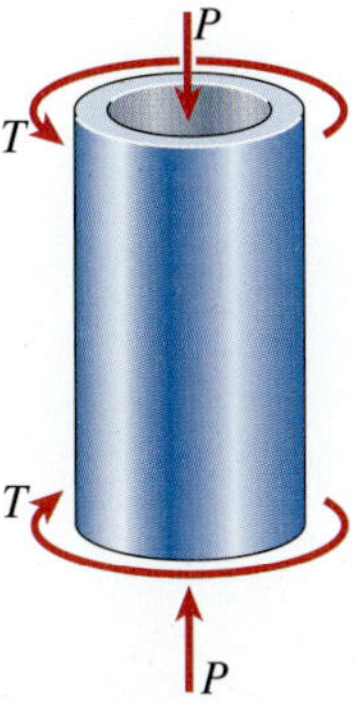

R-8.15 A thin-walled cylindrical tank, under internal pressure p, is compressed by a force $F = 75$ kN. Cylinder diameter is $d = 90$ mm and wall thickness $t = 5.5$ mm. Allowable normal stress is 110 MPa and allowable shear stress is 60 MPa. The maximum allowable internal pressure p_{max} is approximately:

(A) 5 MPa
(B) 10 MPa
(C) 13 MPa
(D) 17 MPa

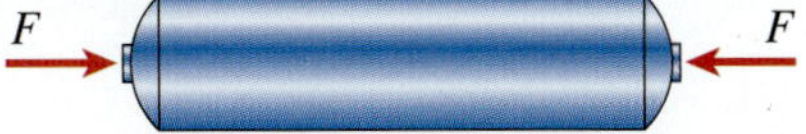

CHAPTER 9

보의 처짐

Deflections of Beams

보의 처짐은 초기 설계 시 중요한 고려사항이다. 처짐은 또한 건설 중에도 감시되어야 한다.

이 장의 목적

- 처짐 곡선 미분 방정식의 적분과 중첩법을 포함하여 보의 처짐을 계산하기 위한 여러 방법에 대해 공부한다.
- 굽힘모멘트 선도의 면적을 바탕으로 보의 처짐을 계산하는 방법을 공부한다.
- 불균일 단면 보의 처짐을 구한다.
- 카스틸리아노의 정리를 이용한 보의 처짐 계산에 일과 변형 에너지의 개념을 적용한다.
- 충격 효과와 온도 변화에 기인한 보의 처짐을 공부한다.

이 장의 구성

*심화 주제

9.1 서론

길이방향의 똑바른 축을 갖는 보가 가로 방향의 힘에 의해 하중을 받을 때 그 축은 어떤 곡선으로 변형되는데, 그 곡선을 보의 **처짐 곡선(deflection curve)**이라고 한다. 5장에서는 보의 수직변형률과 응력을 정의하기 위하여 굽은 보의 곡률을 사용했다. 하지만 보의 처짐 곡선을 구하는 해법을 제시하지는 않았다. 이 장에서는 처짐 곡선의 방정식을 정의하고, 또한 보의 축선에 있는 어느 특정한 점에서의 처짐을 구할 것이다.

보의 처짐 계산은 구조 해석과 설계에서 중요한 부분이다. 예를 들어, 부정정 구조물을 해석할 때는 처짐 계산 과정이 꼭 필요하다(10장). 또한 항공기의 진동이나 지진에 대한 건물의 반응 등을 연구할 때와 같은 동적 해석에서도 처짐은 중요하다.

보의 처짐이 허용한도 이내에 있음을 확인하기 위해 처짐을 계산하기도 한다. 예를 들면, 건물의 설계 사양은 보통 처짐에 상한치를 둔다. 건물에서 큰 처짐은 보기 흉하기도 하고(심지어 불안하기까지 하다) 천장과 벽에 균열이 생기는 원인이 되기도 한다. 기계와 항공기의 설계에서 좋지 않은 진동을 방지하기 위해 처짐을 제한하도록 사양을 만들기도 한다.

9.2 처짐 곡선의 미분 방정식

그림 9-1
외팔보의 처짐 곡선

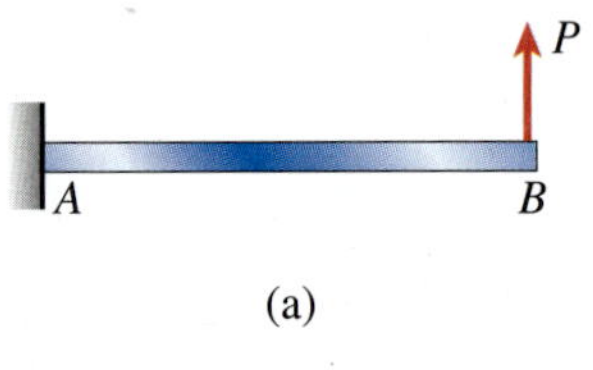

(a)

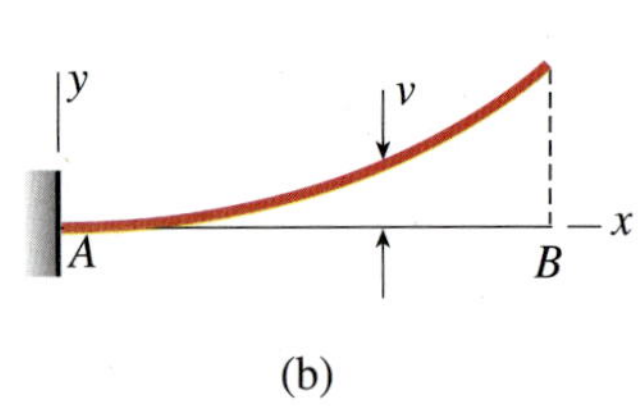

(b)

보의 처짐을 구하는 대부분의 해법이 처짐 곡선의 미분 방정식 및 이와 관련된 수식에 기초하고 있다. 따라서 보의 처짐 곡선에 관한 기본적인 방정식을 유도하는 것부터 시작한다.

자유단에서 위쪽 방향으로 작용하는 집중 하중을 받는 외팔보를 생각해보자(그림 9-1a). 이 하중을 받으면 보의 축은 그림 9-1b에서처럼 어떤 곡선으로 변형된다. 좌표계는 보의 고정단에 원점을 두고 x축이 오른쪽으로 향하고, y축이 위쪽으로 향하도록 한다. z축은 그림에서 바깥쪽으로 향하도록 한다(관찰하는 사람을 향하여).

앞의 5장에서 다루었던 보의 굽힘 이론과 같이, xy평면이 보의 대칭평면이라고 간주하고 또한 모든 하중은 이 평면(**굽힘평면**)에서 작용한다고 간주한다.

처짐(deflection) v는 보의 축 위에 있는 어떤 점에서 y방향 변위이다(그림 9-1b). y축이 위쪽으로 양이기 때문에 처짐 또한 위쪽이 양이 된다.[1)]

처짐 곡선의 방정식을 얻기 위해 처짐 v를 좌표 x의 함수로 표시해야 한다. 처짐 곡선상의 어떤 점 m_1의 처짐 v를 그림 9-2a에 보이고 있다. 점 m_1은 원점으로부터 거리 x인 점에 위치하고 있다(x축에 따라서 잰 거리). 원점으로부터 거리 $x + dx$인 점에 위치하고 있는 두 번째 점 m_2도 그림에 나타내었다. 이 두 번째 점의 처짐은 $v + dv$인데, 여기서 dv는 처짐 곡선을 따라서 m_1에서 m_2로 이동할 때 처짐의 증분이다.

보가 굽힘을 받으면 축선 상의 각 점에서 처짐뿐만 아니라 회전도 발생한다. 보의 축선 상에서의 **회전각(angle of rotation)** θ는 그림 9-2b의 확대 그림에서 점 m_1에 대해 보인 바와 같이 x축과 처짐 곡선의 접선 사이의 각도이다. 우리가 선택했던 좌표계(오른쪽으로 양의 x방향, 위쪽으로 양의 y방향)에서 회전각은 반시계방향이 양이다(회전각을 경사각 또는 기울기 각이라고도 한다).

1) 5.1절에서 언급했듯이 x, y, z방향의 변위를 표시하는 전통적인 기호는 각각 u, v, w이다. 이 표시의 장점은 **좌표**와 **변위**의 구별을 강조한다는 것이다.

점 m_2에서의 회전각은 $\theta + d\theta$인데, 여기서 $d\theta$는 점 m_1에서 m_2로 이동할 때 경사각도의 증분이다. 접선들에 대해 수직인 법선들을 그으면(그림 9-2a, b) 이들 법선 사이의 각도가 $d\theta$임을 알 수 있다. 또한 앞의 5.3절에서 논의했듯이 이 법선들이 만나는 점이 **곡률중심** O'이고(그림 9-2a), O에서 곡선까지의 거리가 **곡률 반지름** r이다. 그림 9-2a에서 볼 수 있듯이

$$\rho d\theta = ds \tag{9-1}$$

이다. 여기서 $d\theta$의 단위는 라디안(rad)이고, ds는 처짐 곡선을 따라서 점 m_1에서 m_2까지의 거리이다. 그러므로 **곡률** κ(곡률 반지름의 역수)는 다음 식으로 주어진다.

$$\kappa = \frac{1}{\rho} = \frac{d\theta}{ds} \tag{9-2}$$

곡률의 **부호규약**은 5.3절의 그림 5-6에서 보였던 바와 같이 그림 9-3에 다시 나타내었다. 보에서 양의 x방향을 따라 회전각이 증가하면 곡률이 양임을 유의하자.

처짐 곡선의 기울기는 처짐 v에 대한 함수의 1계 미분 dv/dx이다. 기하학적으로 말하자면 기울기는 처짐의 증분 dv(그림 9-2에서 점 m_1에서 m_2로 갈 때 처짐의 증분)을 x축을 따르는 증분 dx로 나눈 것이다. dv와 dx가 무한히 작기 때문에 기울기 dv/dx는 회전각 θ의 탄젠트와 같다(그림 9-2b). 그러므로

$$\frac{dv}{dx} = \tan\theta \qquad \theta = \arctan\frac{dv}{dx} \tag{9-3a,b}$$

비슷한 방법으로 다음 관계식도 얻을 수 있다.

$$\cos\theta = \frac{dx}{ds} \qquad \sin\theta = \frac{dv}{ds} \tag{9-4a,b}$$

x축과 y축의 방향이 그림 9-2a와 같다면 기울기 dv/dx는 곡선의 접선이 오른쪽으로 올라가는 기울기를 가질 때 양임을 유의하라.

식 (9-2)부터 (9-4)는 오로지 기하학적인 관찰에만 기초하고 있고, 따라서 이 식들은 어떤 재료의 보에도 적용된다. 게다가 기울기와 처짐의 크기에 대한 어떠한 제한도 없다.

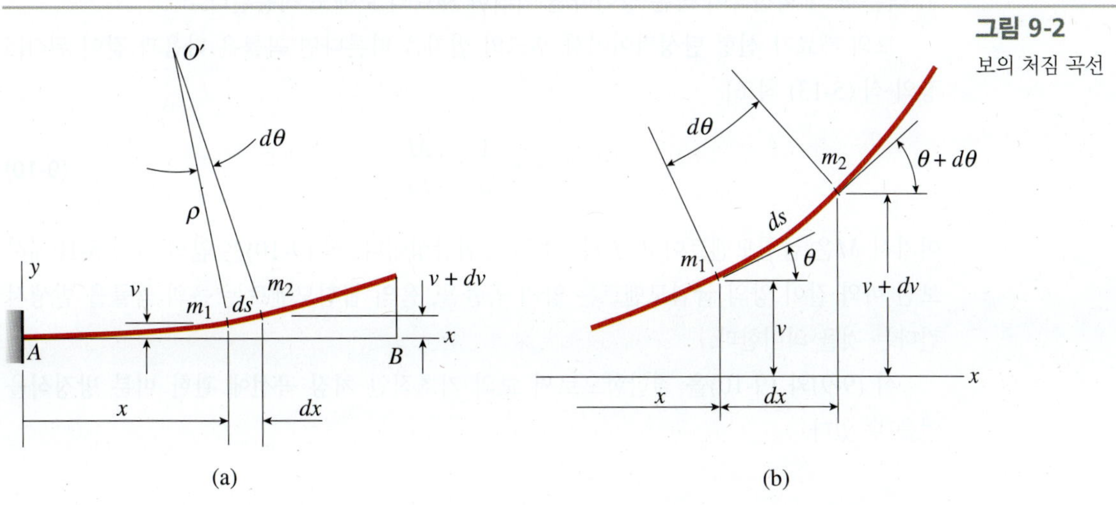

그림 9-2
보의 처짐 곡선

그림 9-3
곡률에 관한 부호규약

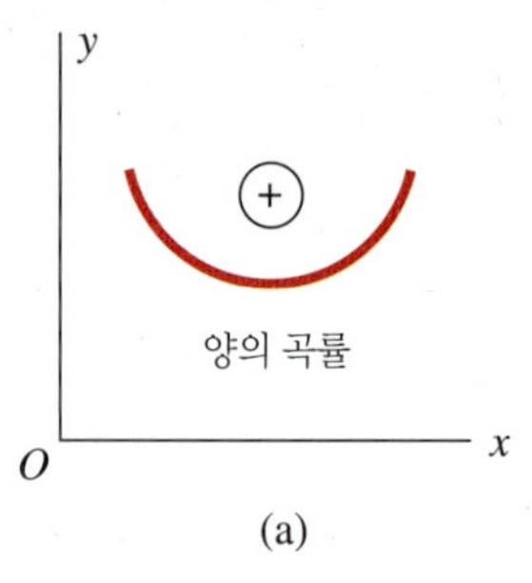

(a)

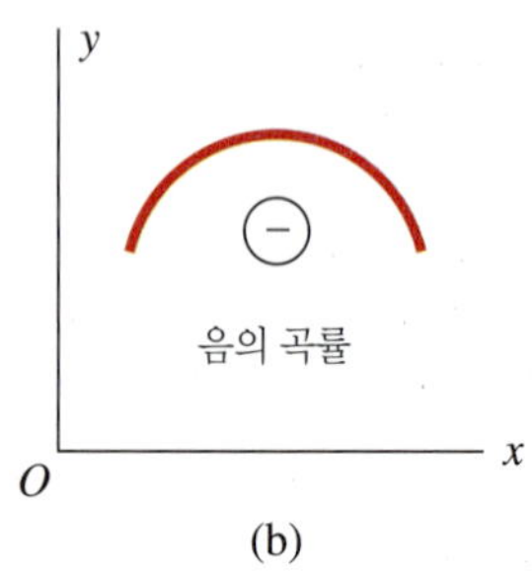

(b)

회전각이 작은 보

건물, 자동차, 항공기, 선박과 같이 일상생활에서 자주 만나는 구조물은 사용 중에 상대적으로 작은 형상의 변화만을 받는다. 그 변화는 너무 작아서 무심코 지나가는 보통 사람의 눈에는 띄지도 않는다. 따라서 대부분의 보와 기둥의 처짐 곡선은 대단히 작은 회전각만을 일으키고 처짐도 대단히 작으며 곡률도 아주 작다. 이러한 조건하에서는 보의 해석을 아주 간단하게 할 수 있는 수학적인 근사법을 도입할 수 있다.

예를 들어 그림 9-2의 처짐 곡선을 생각해보자. 회전각 θ가 대단히 작은 양이라 면(그래서 처짐 곡선이 거의 수평이라면) 처짐 곡선을 따라서 잰 거리 ds는 x축을 따라서 잰 거리의 증분 dx와 실제적으로 같다고 볼 수 있다. 이 같은 결론은 식 (9-4a)로부터 직접 얻을 수도 있다. θ가 작을 때 $\cos\theta \approx 1$이므로 식 (9-4a)는 다음과 같이 된다.

$$ds \approx dx \tag{9-5}$$

이러한 근사법을 이용하면 곡률은 다음과 같이 된다[식 (9-2) 참조].

$$\kappa = \frac{1}{\rho} = \frac{d\theta}{dx} \tag{9-6}$$

또한 θ가 작을 때는 $\tan\theta \approx \theta$이므로 식 (9-3a)를 다음과 같은 근사식으로 표현할 수 있다.

$$\theta \approx \tan\theta = \frac{dv}{dx} \tag{9-7}$$

그러므로 보의 회전각이 작다면, 보의 회전각 θ와 보의 기울기 dv/dx가 같다고 할 수 있다(보의 회전각이 라디안 단위임을 유의하자).

식 (9-7)을 x에 관해 미분하면 다음 식을 얻는다.

$$\frac{d\theta}{dx} = \frac{d^2v}{dx^2} \tag{9-8}$$

이 식을 식 (9-6)에 대입함으로써 보의 **곡률**과 처짐 사이의 관계식을 얻을 수 있다.

$$\kappa = \frac{1}{\rho} = \frac{d^2v}{dx^2} \tag{9-9}$$

이 식은 보의 회전각이 작은 양이라면 어떠한 재료의 보에도 적용된다.

보의 재료가 **선형 탄성적**이어서 후크의 법칙을 따른다면 곡률은 다음과 같이 된다[5장의 식 (5-13) 참조].

$$\kappa = \frac{1}{\rho} = \frac{M}{EI} \tag{9-10}$$

여기서 M은 굽힘모멘트이고, EI는 보의 굽힘강성이다. 식 (9-10)은 앞의 그림 5-10에서 보인 바와 같이 양의 굽힘모멘트는 양의 곡률을, 음의 굽힘모멘트는 음의 곡률을 발생시킨다는 것을 의미한다.

식 (9-9)와 (9-10)을 결합함으로써 보의 기초적인 **처짐 곡선에 관한 미분 방정식**을 얻을 수 있다.

$$\frac{d^2v}{dx^2} = \frac{M}{EI} \tag{9-11}$$

굽힘모멘트 M과 굽힘강성 EI가 x의 함수로 알려져 있으면 각각의 특수한 경우에 대해 이 방정식을 적분함으로써 처짐 v를 구할수 있다.

여기에서 앞의 방정식에 사용된 **부호규약**을 다시 한번 상기해 본다. (1) x축과 y축은 각각 오른쪽과 위쪽이 양이다. (2) 처짐 v는 위쪽이 양이다. (3) 기울기 dv/dx와 회전각 θ는 양의 x축으로부터 반시계방향일 때 양이다. (4) 곡률 κ는 보가 아래쪽으로 볼록하도록 굽을 때에 양이다. (5) 굽힘모멘트 M은 보의 윗부분에 압축을 일으킬 때에 양이다.

굽힘모멘트 M과 전단력 V 및 분포 하중의 세기 q의 관계식으로부터 또 다른 방정식을 얻을 수 있다. 4장에서 다음과 같은 M, V, q 사이의 방정식을 구한 바 있다[식 (4-1)과 (4-4) 참조].

$$\frac{dV}{dx} = -q \qquad \frac{dM}{dx} = V \tag{9-12a, b}$$

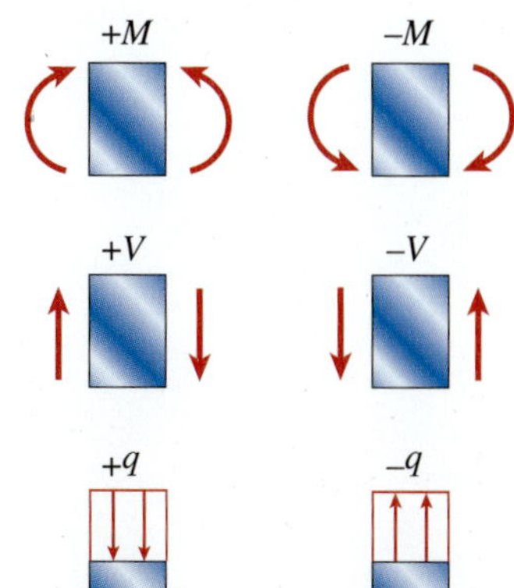

그림 9-4
굽힘모멘트 M, 전단력 V, 세기 q인 분포 하중에 대한 부호규약

이 식에 나오는 M, V, q에 대한 부호규약을 그림 9-4에 나타내었다. 식 (9-11)을 x에 관해 미분하고, 이어서 전단력과 하중에 대한 위 식을 대입함으로써 추가적인 방정식을 얻을 수 있다. 여기에서 불균일 단면 보와 균일 단면 보, 두 가지의 경우를 생각할 수 있다.

불균일 단면 보

불균일 단면 보의 경우에는 굽힘강성 EI가 일정하지 않은 변수이며, 따라서 식 (9-11)은 다음 형태로 고쳐 쓸 수 있다.

$$EI_x \frac{d^2v}{dx^2} = M \tag{9-13a}$$

여기서 I의 첨자 x는 굽힘강성이 x에 대해 변한다는 사실을 나타내기 위해 붙였다. 이 방정식의 양변을 미분하고 식 (9-12a)와 (9-12b)를 이용하면 다음 식을 얻는다.

$$\frac{d}{dx}\left(EI_x \frac{d^2v}{dx^2}\right) = \frac{dM}{dx} = V \tag{9-13b}$$

$$\frac{d^2}{dx^2}\left(EI_x \frac{d^2v}{dx^2}\right) = \frac{dV}{dx} = -q \tag{9-13c}$$

위의 세 가지 미분 방정식 중 어느 하나를 풀면(해석적으로 풀든 수치적으로 풀든) 불균일 단면 보의 처짐을 얻을 수 있다. 가장 효율적으로 해를 구할 수 있는 것으로 미분 방정식을 선택할 수 있다.

균일 단면 보

균일 단면 보의 경우(EI가 일정) 미분 방정식은 다음과 같이 된다.

$$EI\frac{d^2v}{dx^2} = M \qquad EI\frac{d^3v}{dx^3} = V \qquad EI\frac{d^4v}{dx^4} = -q \tag{9-14a,b,c}$$

이 방정식과 그밖의 식에서 간단히 쓰기 위해 미분의 표시로 **프라임(prime)**이 사용되기도 한다.

$$v' \equiv \frac{dv}{dx} \quad v'' \equiv \frac{d^2v}{dx^2} \quad v''' \equiv \frac{d^3v}{dx^3} \quad v'''' \equiv \frac{d^4v}{dx^4} \tag{9-15}$$

이 표시를 사용하면 균일 단면 보에 대한 미분 방정식은 다음과 같은 형태로 표시된다.

$$EIv'' = M \quad EIv''' = V \quad EIv'''' = -q \tag{9-16a,b,c}$$

이 식들을 각각 **굽힘모멘트 방정식(bending-moment equation)**, **전단력 방정식(shear-force equation)**, **하중 방정식(load equation)**이라고 부른다.

다음 두 절에서 보의 처짐을 구하기 위해 위의 방정식을 사용할 것이다. 일반적인 해법은 방정식을 적분하고, 그 다음 보와 관련된 경계 조건과 여타 조건들을 통해 적분 상수를 구하는 것이다.

미분 방정식[식 (9-13), (9-14), (9-16)]을 유도할 때, 재료는 후크의 법칙을 따르고 처짐 곡선의 기울기가 대단히 작다고 가정했다. 또한 전단변형은 무시할 만하다고 가정했고, 따라서 순수굽힘에 기인한 변형만을 고려했다. 이 모든 가정은 통상적으로 사용하는 대부분의 보에서 충분히 만족된다.

곡률의 정확한 표현

보의 처짐 곡선이 큰 기울기를 갖는다면 식 (9-5)와 (9-7)로 주어지는 근사식은 사용할 수 없다. 그 대신 곡률과 회전각에 관한 정확한 표현을 이용해야 한다[식 (9-2)와 (9-3b) 참조]. 이 표현들을 조합함으로써 다음 식을 얻는다.

$$\kappa = \frac{1}{\rho} = \frac{d\theta}{ds} = \frac{d(\arctan v')}{dx}\frac{dx}{ds} \tag{9-17}$$

그림 9-2로부터 다음 식을 얻는다.

$$ds^2 = dx^2 + dv^2 \quad \text{또는} \quad ds = [dx^2 + dv^2]^{1/2} \tag{9-18a, b}$$

식 (9-18b)의 양변을 dx로 나누면 다음 식이 된다.

$$\frac{ds}{dx} = \left[1 + \left(\frac{dv}{dx}\right)^2\right]^{1/2} = [1 + (v')^2]^{1/2} \quad \text{또는} \quad \frac{dx}{ds} = \frac{1}{[1 + (v')^2]^{1/2}} \tag{9-18c,d}$$

또한 아크탄젠트(arctangent) 함수의 미분은 다음과 같이 된다(부록 C 참조).

$$\frac{d}{dx}(\arctan v') = \frac{v''}{1 + (v')^2} \tag{9-18e}$$

식 (9-18d, e)를 식 (9-17)로 주어지는 곡률에 관한 방정식에 대입하면 다음과 같다.

$$\kappa = \frac{1}{\rho} = \frac{v''}{[1 + (v')^2]^{3/2}} \tag{9-19}$$

식 (9-9)와 이 식을 비교해보면, 작은 회전각이라는 가정은 $(v')^2$을 1에 비해 작다고 무

시하는 것과 같다. 식 (9-19)는 기울기가 클 때 곡률로서 사용되어야 하는 식이다.[2)]

9.3 굽힘모멘트 방정식의 적분에 의한 처짐 계산

보의 처짐 곡선에 관한 미분 방정식을 풀고 보의 처짐을 구하기 위해 사용할 첫 번째 식은 굽힘모멘트 방정식[식 (9-16a)]이다. 이 방정식은 2계이므로 두 번의 적분이 필요하다. 첫 번째 적분으로부터 기울기 $v' = dv/dx$를 얻고, 두 번째 적분으로부터 처짐 v를 얻는다.

보의 굽힘모멘트에 관한 식을 쓰는 것부터 시작해보자. 이 장에서는 우선 정정 보를 다루기 때문에 4장에서 설명한 해법에 따라 자유물체도와 평형 방정식으로부터 굽힘모멘트를 얻을 수 있다. 어떤 경우에는 예제 9-1과 9-2에 보인 바와 같이 하나의 식으로 보의 전 길이에 걸쳐 굽힘모멘트를 나타낼 수 있다. 또 어떤 경우에는 보의 축선 상에 있는 하나 또는 그 이상의 점에서 굽힘모멘트가 급격하게 변하기도 한다. 이때는 예제 9-3에 보이는 바와 같이 변화가 일어나는 점들 사이에서 보의 각 구간에 대한 굽힘모멘트 식을 따로 써야 한다.

굽힘모멘트를 나타내는 식의 수에 상관없이 미분 방정식을 푸는 일반적인 해법은 다음과 같다. 보의 각 구간에 대해 M에 관한 식을 미분 방정식에 대입하고 적분해서 기울기 v'를 얻는다. 매 적분마다 하나의 적분 상수가 생긴다. 그 다음에 각각의 기울기에 관한 식을 적분하여 거기에 상응하는 처짐 v를 구한다. 또다시 매 적분마다 새로운 상수가 도입된다. 그리하여 보의 각 구간마다 2개의 적분 상수가 있게 된다. 이 상수는 기울기와 처짐에 관련하여 알고 있는 조건들로부터 계산할 수 있다. 이 조건들은 (1) 경계 조건, (2) 연속 조건, (3) 대칭 조건과 같이 3개로 나누어 생각할 수 있다.

경계 조건(boundary condition)은 보의 지지점에서의 처짐과 기울기와 관련된다. 예를 들면 단순 지지점(핀 지지이든 롤러 지지이든)에서는 처짐이 0이고(그림 9-5), 고정 지지점에서는 처짐과 기울기가 둘 다 0이다(그림 9-6). 이러한 각 경계 조건은 적분 상수를 계산하는 데 사용할 수 있는 하나의 방정식을 제공한다.

연속 조건(continuity condition)은 그림 9-7의 보에서 점 C와 같이 적분구간이 만나는 점에서 생긴다. 이 보의 처짐 곡선은 점 C에서 물리적으로 연속이고, 따라서 점 C를 중심으로 하여 왼쪽 부분에서 구한 C점의 처짐과 오른쪽 부분에서 구한 C 점의 처짐이 같아야 한다. 같은 방법으로 양쪽 부분에서 구한 기울기값이 점 C에서 같아야 한다. 이들 각각의 연속 조건은 적분 상수를 계산하기 위한 하나의 방정식을 제공한다.

대칭 조건(symmetry condition)도 이용할 수 있다. 예를 들면 단순 보가 전 길이에 걸쳐 등분포 하중을 받는다면 처짐 곡선의 기울기는 중간점에서 0이 되어야 한다. 이 조건은 예제 9-1에서 보인 바와 같이 추가적인 방정식을 제공한다.

각각의 경계, 연속, 대칭 조건은 하나 또는 그 이상의 적분 상수를 포함하는 방정식으로 유도한다. 독립적인 조건의 개수는 항상 적분 상수의 개수와 일치하므로 우리는 항상 이 방정식들을 풀어서 상수를 구할 수 있다(경계 조건과 연속 조건만으로도 충분히 모든

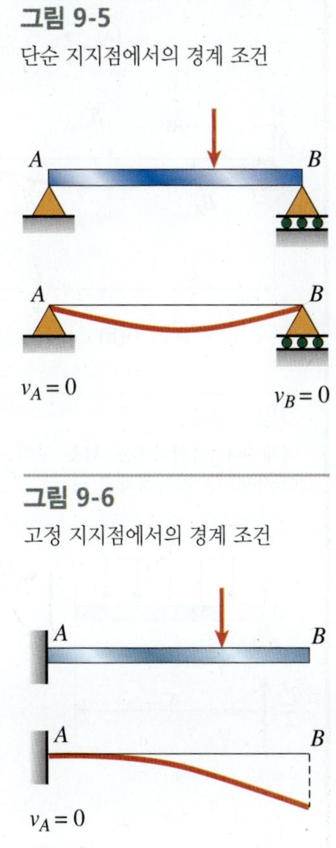

그림 9-5
단순 지지점에서의 경계 조건

그림 9-6
고정 지지점에서의 경계 조건

2) 보의 곡률이 굽힘모멘트에 비례한다는 것을 설명하는 기본적인 관계식[식 (9-10)]은 야코프 베르누이(Jacob Bernoulli)가 처음으로 밝혔으나 그는 그 비례 상수를 부정확한 값으로 잡았다. 이 관계식은 나중에 오일러(Euler)가 사용했으며, 그는 큰 처짐[식 (9-19)를 사용]과 작은 처짐[식 (9-11)을 사용], 둘 다에 대해 처짐 곡선의 미분 방정식을 풀었다. 처짐 곡선의 역사는 참고문헌 9-1을 참조하라.

그림 9-7
점 C에서의 연속 조건

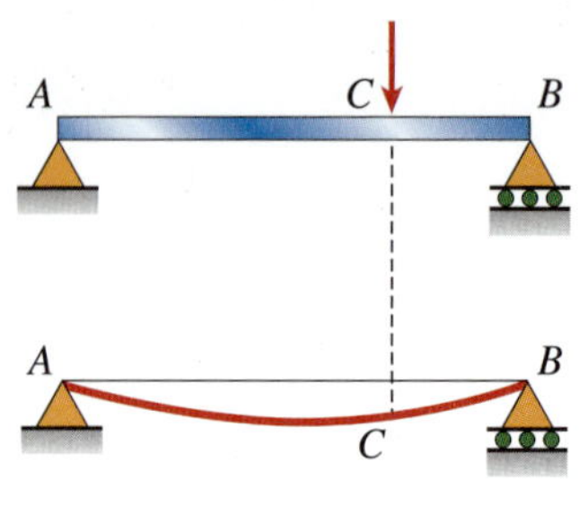

점 C에서: $(v)_{AC}=(v)_{CB}$
$(v')_{AC}=(v')_{CB}$

상수를 구할 수 있다. 어떤 대칭 조건은 추가적인 방정식을 제공하나 이 식은 여타 방정식과 독립적이지 않다. 어떤 조건을 사용할 것인가의 선택은 편리성의 문제이다).

상수가 계산되었으면 이를 기울기와 처짐에 관한 방정식에 다시 대입함으로써 처짐 곡선의 최종 방정식을 얻는다. 이제 이 방정식은 보의 축선 상에서 어떤 특정한 점의 처짐과 회전각을 구하는 데 사용할 수 있다.

처짐을 계산하는 앞의 해법을 **순차적분법(method of successive integrations)**이라고도 한다. 다음 예제들은 이 해법을 상세하게 설명한다.

주의: 처짐 곡선은 다음 예제와 그림 9-5, 9-6, 9-7에서처럼 명확하게 나타내기 위해 엄청나게 과장되어 있다. 하지만 실제적인 처짐은 대단히 작은 양임을 항상 염두에 두어야 한다.

예제 9-1

그림 9-8
예제 9-1: 등분포 하중을 받는 단순 보의 처짐

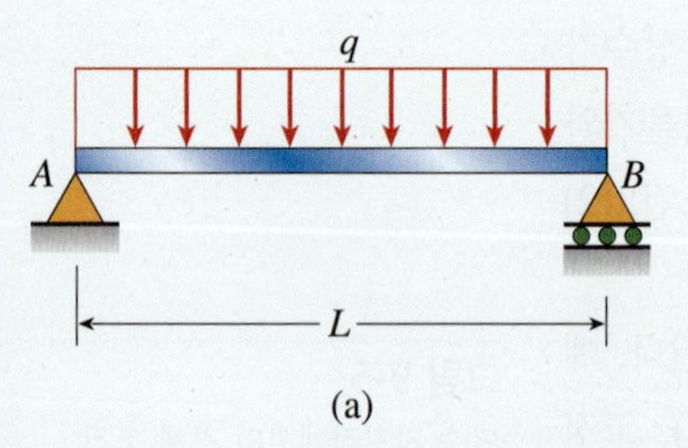

(a)

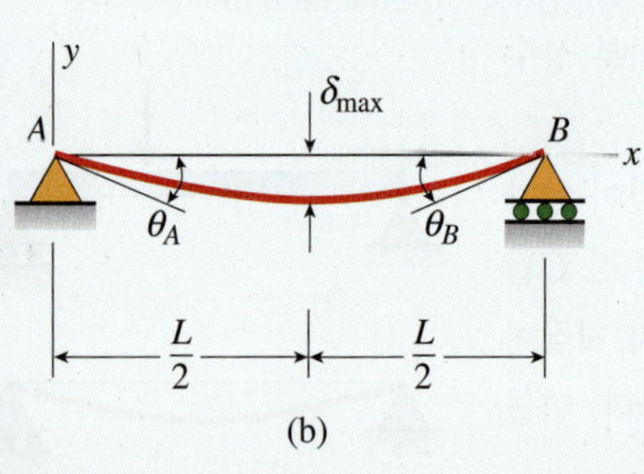

(b)

그림 9-9
예제 9-1: 굽힘모멘트 M을 구하는 데 사용되는 자유물체도

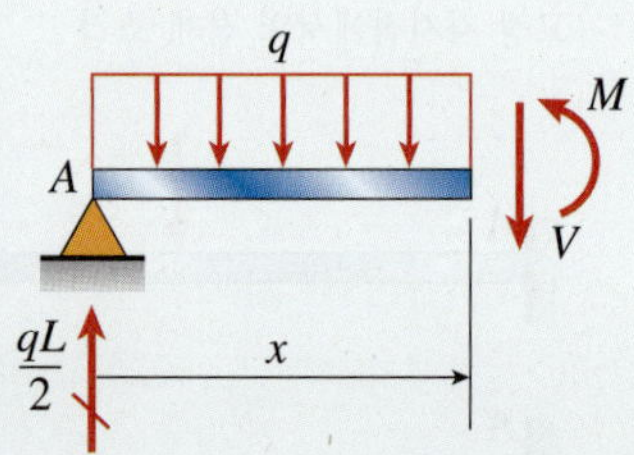

보의 전 구간에 걸쳐 세기 q인 등분포 하중을 받는 단순 보 AB에 대해 처짐 곡선의 방정식을 구하라(그림 9-8a).

또한 보 중간점에서의 최대 처짐 δ_{max}를 구하고 양쪽 지점에서의 회전각 θ_A와 θ_B를 구하라(그림 9-8b, 참고: 보의 길이는 L이고, 굽힘 강성 EI는 일정하다).

풀이

문제풀이 4단계 접근방법을 사용한다.

1. 개념화[가정, 스케치]: 정정 보이며, 반력 R_A를 구하는 것부터 시작한다. 따라서 그림 9-9의 왼쪽 자유물체도는 내부 모멘트 $M(x)$에 대한 표현을 얻기 위해 사용된다.

보의 굽힘모멘트: 왼쪽 지지점에서 거리 x인 단면의 굽힘모멘트는 그림 9-9의 자유물체도로부터 얻을 수 있다. 지지점에서의 반력은 $qL/2$이므로 굽힘모멘트에 관한 식은 다음과 같이 된다.

$$M = \frac{qL}{2}(x) - qx\left(\frac{x}{2}\right) = \frac{qLx}{2} - \frac{qx^2}{2} \quad \textbf{(9-20)}$$

2. 분류[단순화, 분류화]: 보의 처짐과 기울기를 구하기 위해서 굽힘모멘트 식[식 (9-16a)]에 내부 모멘트 $M(x)$에 대한 표현을 사용한다.

처짐 곡선의 미분 방정식: 굽힘모멘트에 대한 표현[식 (9-20)]을 미분 방정식[식 (9-16a)]에 대입하면 다음 식을 얻을 수 있다.

$$EIv'' = \frac{qLx}{2} - \frac{qx^2}{2} \quad \textbf{(9-21)}$$

3. 해석[수치 계산; 적절한 식의 선정; 수학적인 해를 구함]: 이제 보의 기울기와 처짐을 구하기 위하여 이 식을 적분한다.

보의 기울기: 미분 방정식의 양변에 dx를 곱하면 다음 방정식을 얻는다.

$$EIv''\,dx = \frac{qLx}{2}dx - \frac{qx^2}{2}dx$$

각 항을 적분함으로써 다음 식을 얻는다.

$$EI\int v''dx = \int \frac{qLx}{2}dx - \int \frac{qx^2}{2}dx$$

또는

$$EIv' = \frac{qLx^2}{4} - \frac{qx^3}{6} + C_1 \qquad \textbf{(a)}$$

여기서 C_1은 적분 상수이다.

C_1을 구하기 위해 보와 그 하중의 대칭성으로부터 전 구간의 중간점에서 처짐 곡선의 기울기가 0이라는 사실에 주목한다. 따라서 다음의 대칭 조건을 적용한다.

$$v' = 0 \quad \text{일 때} \quad x = \frac{L}{2}$$

이 조건은 다음과 같이 간결하게 표시할 수 있다.

$$v'\left(\frac{L}{2}\right) = 0$$

이 조건을 식 (a)에 적용하면 다음 식을 얻는다.

$$0 = \frac{qL}{4}\left(\frac{L}{2}\right)^2 - \frac{q}{6}\left(\frac{L}{2}\right)^3 + C_1 \quad \text{또는} \quad C_1 = -\frac{qL^3}{24}$$

보의 기울기에 관한 방정식[식 (a)]은 다음과 같이 된다.

$$EIv' = \frac{qLx^2}{4} - \frac{qx^3}{6} - \frac{qL^3}{24} \qquad \textbf{(b)}$$

또는

$$v' = -\frac{q}{24EI}(L^3 - 6Lx^2 + 4x^3) \qquad \textbf{(9-22)}$$

예상했던 대로 기울기는 보의 왼쪽 끝($x = 0$)에서 음이고(즉, 회전각이 시계방향), 오른쪽 끝($x = L$)에서 양이며(즉, 회전각이 반시계방향), 중간점($x = L/2$)에서 0이다.

보의 처짐: 처짐은 기울기에 관한 방정식을 적분함으로써 얻어진다. 식 (b)의 양변에 dx를 곱하고 적분하면 다음 식을 얻는다.

$$EIv = \frac{qLx^3}{12} - \frac{qx^3}{24} - \frac{qL^3x}{24} + C_2 \qquad \textbf{(c)}$$

왼쪽 지지점에서 보의 처짐이 0이라는 사실, 즉 $x = 0$일 때 $v = 0$ 또는

$$v(0) = 0$$

으로부터 적분 상수 C_2가 구해진다. 이 조건을 식 (c)에 적용하면 $C_2 = 0$이 되고, 따라서 처짐 곡선의 방정식은 다음과 같다.

$$EIv = \frac{qLx^3}{12} - \frac{qx^4}{24} - \frac{qL^3x}{24} \qquad \textbf{(d)}$$

또는

$$v = -\frac{qx}{24EI}(L^3 - 2Lx^2 + x^3) \qquad \text{(9-23)}$$

이 방정식을 이용하면 보의 축선 상의 어떠한 점에서도 처짐을 구할 수 있다. 보의 양쪽 끝($x = 0$과 $x = L$)에서 처짐이 0이고 그밖의 곳에서는 음이라는 사실에 주목하라(아래쪽으로의 처짐이 음이라는 사실을 상기하라).

최대 처짐: 대칭성으로부터 최대 처짐은 구간의 중간점에서 발생한다는 사실을 알고 있다(그림 9-8b). 그러므로 식 (9-23)에 x를 $L/2$로 놓으면 다음 식을 얻는다.

$$v\left(\frac{L}{2}\right) = -\frac{5qL^4}{384EI}$$

여기에서 음의 부호는 처짐이 (예상한 바와 같이) 아래쪽으로 향한다는 것을 의미한다. 이 처짐의 크기를 변수 δ_{max}로 표현하면 다음 식과 같다.

$$\delta_{max} = \left|v\left(\frac{L}{2}\right)\right| = \frac{5qL^4}{384EI} \qquad \text{(9-24)}$$

회전각: 최대 회전각은 보의 지지점에서 발생한다. 보 왼쪽 끝에서의 회전각 θ_A는 시계방향의 회전 각인데(그림 9-8b), 기울기 v'에 음의 부호를 붙인 것과 같다. 그래서 식 (9-22)에 $x = 0$을 대입함으로써 다음을 구한다.

$$\theta_A = -v'(0) = \frac{qL^3}{24EI} \qquad \text{(9-25)}$$

같은 방법으로, 보 오른쪽 끝에서의 회전각 θ_B도 구할 수 있다. θ_B는 반시계방향의 각도이므로 보의 끝에서 처짐 곡선의 기울기와 같다.

$$\theta_B = v'(L) = \frac{qL^3}{24EI} \qquad \text{(9-26)}$$

4. **최종 단계**[결론; 해의 검토—해가 온당한가? 단위는 바른가? 비슷한 문제와 비교하였을 때 어떠한가?]: 보와 하중이 중간점에 대해 대칭이므로 양끝에서의 회전각이 같다.

이 예제는 처짐 곡선에 관한 미분 방정식을 세우고 푸는 과정을 설명하고 있다. 또한 보의 축선 상에서 선택된 점에서 기울기와 처짐을 구하는 과정도 보여준다.

참고: 최대 처짐과 최대 회전각에 관한 공식이 유도되었으므로[식 (9-24), (9-25), (9-26) 참조] 수치적으로 그 값을 계산할 수가 있고, 이 이론이 요구하는 바와 같이 그 처짐과 회전각이 매우 작다는 사실을 알 수 있다.

구간 길이 $L = 2$ m인 단순지지 연강 보를 생각해보자. 단면은 폭 $b = 75$ mm, 높이 $h = 150$ mm인 직사각형이라고 하자. 등분포 하중의 세기는 $q = 100$ kN/m라 하는데 이 하중은 비교적 큰 하중이다. 왜냐하면 이 하중은 보에 178 MPa의 응력을 생기게 하기 때문이다(따라서 처짐과 기울기는 통상적으로 기대한 것보다 크다).

식 (9-24)에 주어진 수치와 $E = 210$ GPa을 대입하여 계산하면 최대 처짐이 $\delta_{max} = 4.7$ mm가 되는데 이것은 구간 길이의 1/500에 불과하다. 또한 식 (9-25)로부터 최대 회전각은 $\theta_A = 0.0075$ rad, 즉 0.43°로서 대단히 작은 각도임을 알 수 있다.

따라서 기울기와 처짐이 대단히 작다는 가정은 유효하다.

예제 9-2

그림 9-10

예제 9-2: 등분포 하중을 받는 외팔보의 처짐

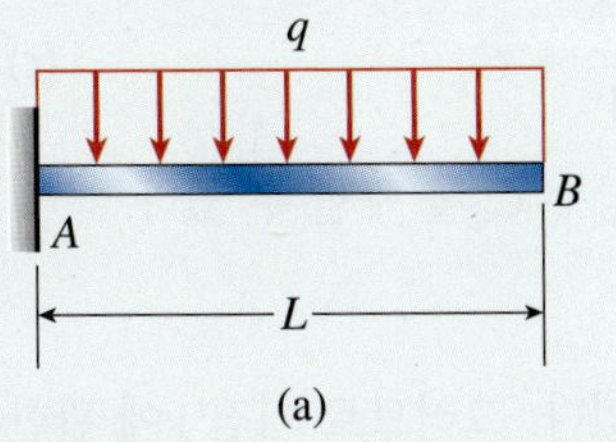

(a)

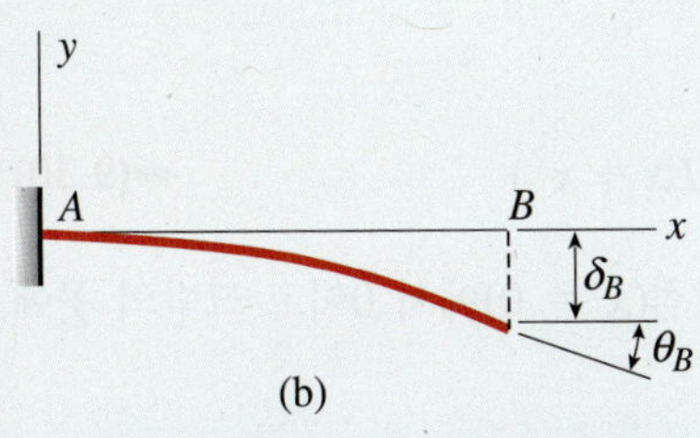

(b)

세기 q인 등분포 하중을 받는 외팔보 AB에 대한 처짐 곡선의 방정식을 구하라(그림 9-10a).

또한 자유단에서의 회전각 θ_B와 처짐 δ_B도 구하라(그림 9-10b). 참고: 보는 길이가 L이고 굽힘 강성 EI는 일정하다.

풀이

문제풀이 4단계 접근방법을 사용한다.

1. **개념화:** 정정 보이며, 반력 R_A를 구하는 것부터 시작한다. 따라서 그림 9-11의 왼쪽 자유물체도는 내부 모멘트 $M(x)$에 대한 표현을 얻기 위해 사용된다.

보의 굽힘모멘트: 고정 지지점으로부터 거리 x에서의 굽힘모멘트는 그림 9-11의 자유물체도에서 얻을 수 있다. 지지점에서의 수직 반력은 qL이고 모멘트 반력은 $qL^2/2$임을 유의하라. 따라서 굽힘모멘트의 식은 다음과 같이 된다.

그림 9-11

예제 9-2: 모멘트 M을 구하는 데 사용되는 자유물체도

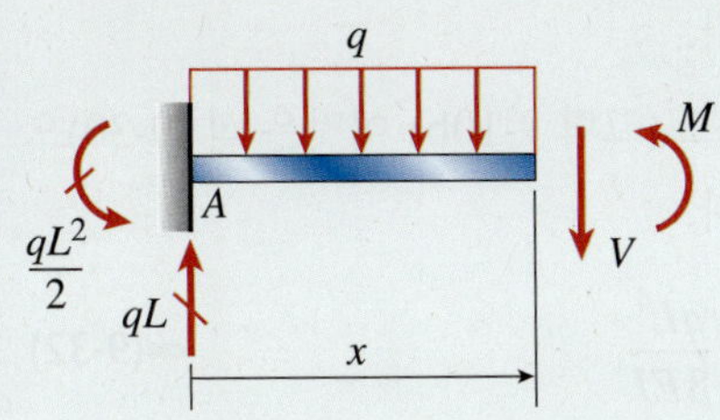

$$M = -\frac{qL^2}{2} + qLx - \frac{qx^2}{2} \tag{9-27}$$

2. **분류:** 보의 처짐과 기울기를 구하기 위해서 굽힘모멘트 식[식 (9-14a)]에 내부 모멘트 $M(x)$에 대한 표현을 사용한다.

처짐 곡선의 미분 방정식: 굽힘모멘트에 관한 위의 식을 미분 방정식[식 (9-16a)]에 대입하면 다음과 같이 된다.

$$EIv'' = -\frac{qL^2}{2} + qLx - \frac{qx^2}{2} \tag{9-28}$$

3. **해석:** 이제 보의 기울기와 처짐을 구하기 위하여 이 식을 적분한다.

보의 기울기: 식 (9-28)을 한 번 적분하면 기울기에 관한 식이 다음과 같이 얻어진다.

$$EIv' = -\frac{qL^2x}{2} + \frac{qLx^2}{2} - \frac{qx^3}{6} + C_1 \tag{a}$$

적분 상수 C_1은 지지점에서 보의 기울기가 0이라는 경계 조건으로부터 구할 수 있다. 즉, 다음 조건을 이용하여 구한다.

$$v'(0) = 0$$

이 조건을 식 (a)에 대입하면 $C_1 = 0$임을 알 수 있다. 따라서 식 (a)는 다음과 같이 된다.

$$EIv' = -\frac{qL^2x}{2} + \frac{qLx^2}{2} - \frac{qx^3}{6} \tag{b}$$

그러므로 기울기는 다음과 같다.

$$v' = -\frac{qx}{6EI}(3L^2 - 3Lx + x^2) \qquad \textbf{(9-29)}$$

예상했던 대로 이 식으로부터 구한 기울기는 지지점($x = 0$)에서 0이고 보의 전 길이에 걸쳐 음의 값이다(즉, 시계방향).

보의 처짐: 기울기에 관한 식 (b)를 적분함으로써 다음 식을 얻는다.

$$EIv = -\frac{qL^2x^2}{4} + \frac{qLx^3}{6} - \frac{qx^4}{24} + C_2 \qquad \textbf{(c)}$$

지지점에서 보의 처짐이 0이라는 경계 조건으로부터 상수 C_2를 구할 수 있다.

$$v(0) = 0$$

이 조건을 식 (c)에 대입함으로써 $C_2 = 0$임을 알 수 있다. 그러므로 처짐 v에 관한 식은 다음과 같이 된다.

$$v = -\frac{qx^2}{24EI}(6L^2 - 4Lx + x^2) \qquad \textbf{(9-30)}$$

예상했던 대로 이 식으로부터 구한 처짐은 지지점($x = 0$)에서 0이고 그밖의 곳에서는 음이다(즉, 아래쪽이다).

보 자유단에서의 회전각: 보의 끝 B에서의 시계방향 회전각 θ_B(그림 9-10b)는 그 점에서의 기울기에 음의 부호를 붙인 것과 같다. 그러므로 식 (9-29)를 사용하여

$$\theta_B = -v'(L) = \frac{qL^3}{6EI} \qquad \textbf{(9-31)}$$

를 얻는다. 이 각도가 보에서의 최대 회전각이다.

보 자유단에서의 처짐: 처짐 δ_B가 아래쪽이므로(그림 9-10b) 이것은 식 (9-30)으로부터 얻은 처짐에 음의 부호를 붙인 것과 같다.

$$\delta_B = -v(L) = \frac{qL^4}{8EI} \qquad \textbf{(9-32)}$$

이 값은 보에서의 최대 처짐이 된다.

4. **최종 단계:** 식 (9-29)부터 식 (9-32)는 부록 H에 있는 표 H-1의 사례 1에 나타나 있다.

예제 9-3

단순 보 AB가 왼쪽과 오른쪽 지지점으로부터 각각 거리 a, b인 점에 작용하는 집중 하중 P를 받고 있다(그림 9-12a).

처짐 곡선의 방정식을 구하고 지지점에서의 회전각 θ_A , θ_B, 최대 처짐 δ_{max}, 보의 중간점 C에서의 처짐 δ_C를 구하라(그림 9-12b). 참고: 보의 길이는 L이고, 굽힘 강성 EI는 일정하다.

그림 9-12

예제 9-3: 집중 하중을 받는 단순 보의 처짐

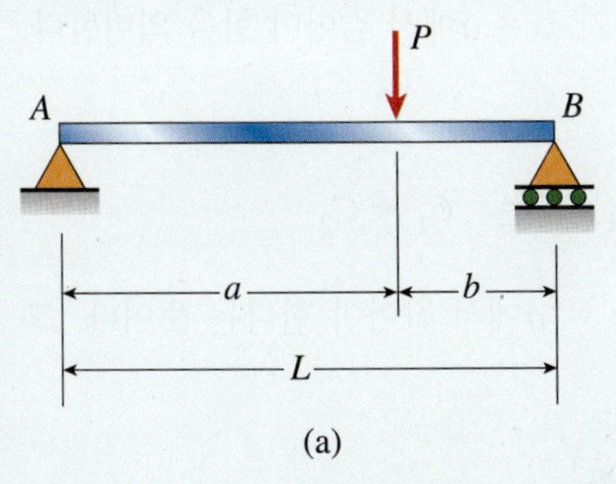

(a)

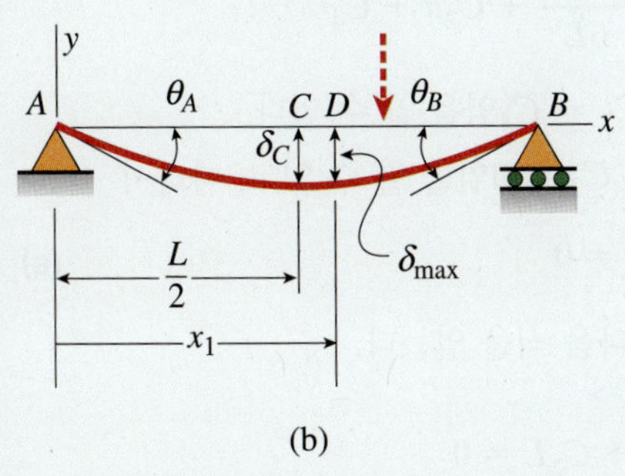

(b)

그림 9-13

예제 9-3: 굽힘모멘트를 구하는 데 사용되는 자유물체도

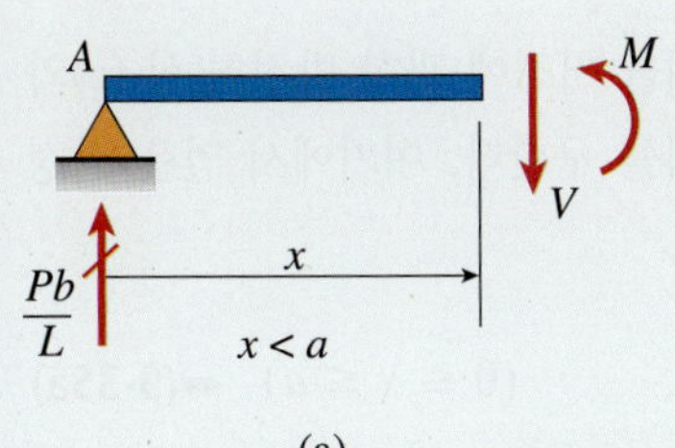

(a)

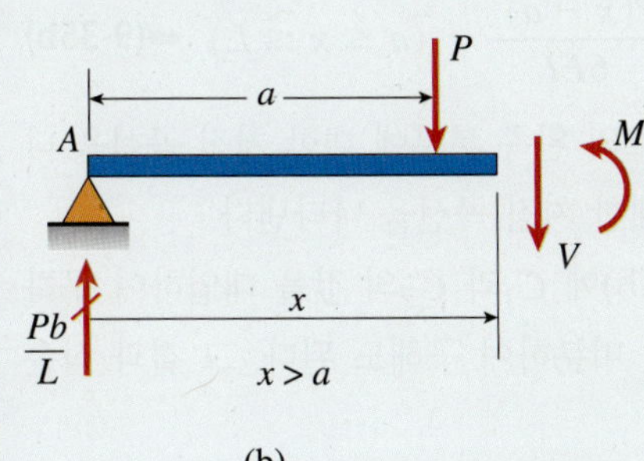

(b)

풀이

문제풀이 4단계 접근방법을 사용한다.

1. 개념화: 내부 전단력 $V(x)$와 모멘트 $M(x)$는 하중 P가 가해진 점에서 불연속이다. 보의 전체 길이에 대하여 모멘트를 표현하기 위해서 두 개의 자유물체도가 필요하다(그림 9-13a, b 참조).

보의 굽힘모멘트: 이 예제에서 굽힘모멘트는 보의 각 부분에 하나씩 두 개의 방정식으로 표현된다. 그림 9-13의 자유물체도를 사용하여 다음 방정식을 얻을 수 있다.

$$M = \frac{Pbx}{L} \qquad (0 \le x \le a) \qquad \textbf{(9-33a)}$$

$$M = \frac{Pbx}{L} - P(x-a) \qquad (a \le x \le L) \qquad \textbf{(9-33b)}$$

2. 분류:

처짐 곡선의 미분 방정식: 보의 두 부분에 대한 미분 방정식은 굽힘모멘트에 관한 표현[식 (9-33a, b)]을 식 (9-16a)에 대입함으로써 얻어진다. 그 결과는 다음과 같다.

$$EIv'' = \frac{Pbx}{L} \qquad (0 \le x \le a) \qquad \textbf{(9-34a)}$$

$$EIv'' = \frac{Pbx}{L} - P(x-a) \qquad (a \le x \le L) \qquad \textbf{(9-34b)}$$

3. 해석:

보의 기울기와 처짐: 두 개의 미분 방정식을 한 번 적분함으로써 기울기에 관한 다음 식들을 구한다.

$$EIv' = \frac{Pbx^2}{2L} + C_1 \qquad (0 \le x \le a) \qquad \textbf{(a)}$$

$$EIv' = \frac{Pbx^2}{2L} - \frac{P(x-a)^2}{2} + C_2 \qquad (a \le x \le L) \qquad \textbf{(b)}$$

여기서 C_1과 C_2는 적분 상수이다. 이 방정식을 한 번 더 적분함으로써 처짐을 구한다.

$$EIv = \frac{Pbx^3}{6L} + C_1x + C_3 \qquad (0 \le x \le a) \qquad \textbf{(c)}$$

$$EIv = \frac{Pbx^3}{6L} - \frac{P(x-a)^3}{6} + C_2x + C_4 \qquad (a \le x \le L) \qquad \textbf{(d)}$$

이 식들에는 또 두 개의 적분 상수가 새로 도입되었으며, 총 네 개의 적분상수를 구해야 한다.

적분 상수: 네 개의 적분 상수는 다음과 같은 네 개의 조건으로부터 구할 수 있다.

i. $x = a$에서 보 양쪽 부분의 기울기 v'가 같다.

ii. $x = a$에서 보 양쪽 부분의 처짐 v가 같다.

iii. $x = 0$에서 처짐 v가 0이다.

iv. $x = L$에서 처짐 v가 0이다.

처음 두 개의 조건은 보의 축선이 연속 곡선이라는 사실에 기초한 연속 조건이다. 조건 (iii)과 (iv)는 지지점에서 만족되어야 하는 경계 조건이다.

조건 (i)은 식 (a)와 (b)로부터 구한 기울기가 $x = a$에서 같아야 함을 의미한다. 그러므로

$$\frac{Pba^2}{2L} + C_1 = \frac{Pba^2}{2L} + C_2 \quad \text{또는} \quad C_1 = C_2$$

조건 (ii)는 식 (c)와 (d)로부터 구한 처짐이 $x = a$에서 같아야 한다는 뜻이다. 그러므로

$$\frac{Pba^3}{6L} + C_1 a + C_3 = \frac{Pba^3}{6L} + C_2 a + C_4$$

$C_1 = C_2$인 점을 고려하면 이 식으로부터 $C_3 = C_4$임을 알 수 있다.

다음으로 조건 (iii)을 식 (c)에 적용하면 $C_3 = 0$임을 알 수 있고, 따라서

$$C_3 = C_4 = 0 \tag{e}$$

마지막으로, 조건 (iv)를 식 (d)에 적용하면 다음 식을 얻는다.

$$\frac{PbL^2}{6} - \frac{Pb^3}{6} + C_2 L = 0$$

그러므로

$$C_1 = C_2 = -\frac{Pb(L^2 - b^2)}{6L} \tag{f}$$

처짐 곡선의 방정식: 이제 적분 상수[식 (e)와 (f)]를 처짐에 관한 방정식[식 (c)와 (d)]에 대입하고, 보의 두 부분에 관한 처짐 방정식을 구한다. 여기에서 얻은 방정식을 약간 변형하여 나타내면 다음과 같다.

$$v = -\frac{Pbx}{6LEI}(L^2 - b^2 - x^2) \qquad (0 \le x \le a) \tag{9-35a}$$

$$v = -\frac{Pbx}{6LEI}(L^2 - b^2 - x^2) - \frac{P(x-a)^3}{6EI} \qquad (a \le x \le L) \tag{9-35b}$$

이 식의 첫 번째는 하중 P를 중심으로 하여 보의 왼쪽 부분에 대한 처짐 곡선을 나타내고, 두 번째 식은 하중의 오른쪽 부분에 대한 처짐 곡선을 나타낸다.

보의 두 부분에 대한 기울기는 식 (a)와 (b)에 C_1과 C_2의 값을 대입하여 구하거나 또는 처짐 방정식[식 (9-35a,b)]을 한 번 미분하여 구해도 된다. 그 결과 식은 다음과 같다.

$$v' = -\frac{Pb}{6LEI}(L^2 - b^2 - 3x^2) \qquad (0 \le x \le a) \tag{9-36a}$$

$$v' = -\frac{Pb}{6LEI}(L^2 - b^2 - 3x^2) - \frac{P(x-a)^2}{2EI} \qquad (a \le x \le L) \tag{9-36b}$$

식 (9-35)와 (9-36)으로부터 보의 축선 상에 있는 모든 점에서 처짐과 기울기를 계산할 수 있다.

지지점에서의 회전각: 보 양단에서의 회전각 θ_A와 θ_B를 구하기 위해서는(그림

9-12b) 식 (9-36a)에 $x = 0$을, 식 (9-36b)에 $x = L$을 대입하면 된다.

$$\theta_A = -v'(0) = \frac{Pb(L^2 - b^2)}{6LEI} = \frac{Pab(L + b)}{6LEI} \quad \text{(9-37a)}$$

$$\theta_B = v'(L) = \frac{Pb(2L^2 - 3bL + b^2)}{6LEI} = \frac{Pab(L + a)}{6LEI} \quad \text{(9-37b)}$$

그림 9-12b (반복)

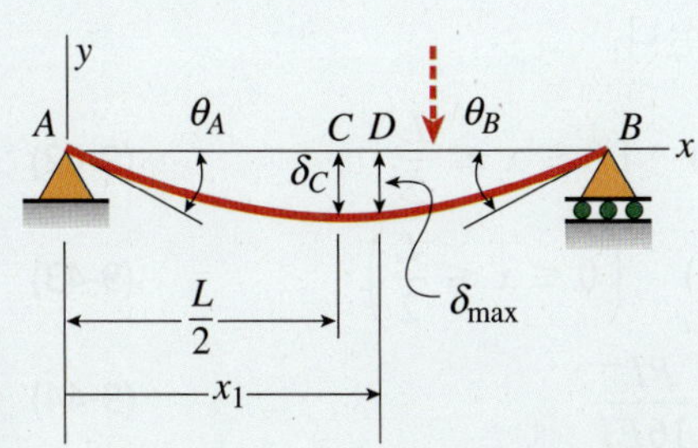

그림 9-12b에 보인 바와 같이 각도 θ_A는 시계방향이고, 각도 θ_B는 반시계방향임에 주의하라.

회전각은 하중 위치의 함수이고, 하중이 보의 중간점 근처에 위치할 때 최댓값에 도달한다. 회전각 θ_A의 경우 최댓값은

$$(\theta_A)_{max} = \frac{PL^2\sqrt{3}}{27EI} \quad \text{(9-38)}$$

이고, $b = L/\sqrt{3} = 0.577L$(또는 $a = 0.423L$)인 점에서 발생한다. 이러한 b의 값은 [식 (9-37a)의 θ_A를 나타내는 두 개의 표현 중에서 첫 번째 표현을 이용하여] θ_A를 b에 관해 미분하고 그것을 0으로 놓음으로써 구해진다.

보의 최대 처짐: 최대 처짐 δ_{max}는 처짐 곡선의 접선이 수평인 점 D에서 발생한다(그림 9-12b). 만약 하중이 보의 중간점 오른쪽에 있다면, 즉 $a > b$이면 점 D는 하중의 왼쪽 부분에 위치한다. 식 (9-36a)로부터 기울기 v'를 0으로 놓고 거리 x에 대해 풀면 이 점의 위치를 구할 수 있는데, 이것을 x_1이라고 하자. 이렇게 하여 다음의 x_1에 관한 공식을 얻는다.

$$x_1 = \sqrt{\frac{L^2 - b^2}{3}} \quad (a \geq b) \quad \text{(9-39)}$$

이 식에서 하중 P가 보의 중간점($b = L/2$)으로부터 오른쪽 끝($b = 0$)까지 움직이면, 거리 x_1은 $L/2$로부터 $L/\sqrt{3} = 0.577L$까지 변한다는 사실에 유의하라. 따라서 최대 처짐은 보의 중간점에 매우 가까운 점에서 발생하고, 이 점은 언제나 보의 중간점과 하중의 사이에 위치한다.

최대 처짐 δ_{max}는 x_1[식 (9-39)]을 처짐 방정식[식 (9-35a)]에 대입하고 음의 부호를 붙임으로써 구한다.

$$\delta_{max} = -(v)_{x=x1} = \frac{Pb(L^2 - b^2)^{3/2}}{9\sqrt{3}\,LEI} \quad (a \geq b) \quad \text{(9-40)}$$

최대 처짐은 아래 방향(그림 9-12b)이고 처짐 v는 위쪽이 양이기 때문에 음의 부호가 필요하다.

보의 최대 처짐은 하중 P의 위치, 즉 거리 b에 따라 다르다. 최대 처짐의 최댓값("최대－최대" 처짐)은 $b = L/2$일 때, 즉 하중이 보의 중간점에서 작용할 때 발생한다. 이 최대 처짐은 $PL^3/48EI$와 같다.

보 중간점에서의 처짐: 하중이 중간점의 오른쪽에서 작용할 때(그림 9-12b), 중간점 C의 처짐 δ_C는 식 (9-35a)에서 $x = L/2$를 대입함으로써 다음과 같이 구해진다.

$$\delta_C = -v\left(\frac{L}{2}\right) = \frac{Pb(3L^2 - 4b^2)}{48EI} \quad (a \geq b) \quad \text{(9-41)}$$

4. 최종 단계: 최대 처짐은 언제나 보의 중간점 근처에서 발생하기 때문에 식 (9-41)은 최대 처짐에 매우 가까운 근삿값이다. 최악의 경우에도(b가 0에 수렴할 때) 최대 처짐과 중간점 처짐과의 차이는 Problem 9.3-9에 보인 바와 같이 최대 처짐의 3% 이내이다.

특수한 경우 (보의 중간점에서 작용하는 하중): 하중 P가 보의 중간점에서 작용할 때($a = b = L/2$), 중요한 특수 경우가 생긴다. 그래서 식 (9-36a), (9-35a), (9-37), (9-40)으로부터 다음 결과 식을 각각 얻는다.

$$v' = -\frac{P}{16EI}(L^2 - 4x^2) \qquad \left(0 \le x \le \frac{L}{2}\right) \tag{9-42}$$

$$v = -\frac{Px}{48EI}(3L^2 - 4x^2) \qquad \left(0 \le x \le \frac{L}{2}\right) \tag{9-43}$$

$$\theta_A = \theta_B = \frac{PL^2}{16EI} \tag{9-44}$$

$$\delta_{max} = \delta_C = \frac{PL^3}{48EI} \tag{9-45}$$

보의 중간점을 기준으로 하여 처짐 곡선이 대칭이므로 v'와 v에 관한 식들은 식 (9-42)와 (9-43)에 보의 왼쪽 절반에 대해서만 주어져 있다. 필요하다면 오른쪽 부분에 관한 식은 식 (9-36b)와 (9-35b)에 $a = b = L/2$를 대입함으로써 구할 수 있다.

9.4 전단력과 하중 방정식의 적분에 의한 처짐 계산

전단력 V와 하중 q의 항으로 표시된 처짐 곡선의 방정식[각각 식 (9-16b와 c)]을 적분하면 기울기와 처짐을 구할 수 있다. 일반적으로 하중은 알고 있는 양인 데 비해, 굽힘모멘트는 자유물체도와 평형방정식으로부터 구해지므로 많은 공학자가 하중 방정식에서 시작하는 방식을 선호한다. 이와 같은 이유로 처짐을 구하는 대부분의 컴퓨터 프로그램은 하중 방정식에서부터 풀이를 시작하고, 그 이후에 전단력과 굽힘모멘트, 기울기 및 처짐을 구하기 위한 수치 적분을 수행한다.

하중 방정식 또는 전단력 방정식을 푸는 과정은 더 많은 적분이 필요하다는 점을 제외하면 굽힘모멘트 방정식을 푸는 과정과 비슷하다. 예를 들어 하중 방정식을 이용하면 처짐을 구하기 위해 4번의 적분이 필요하다. 따라서 적분해야 하는 각각의 하중 방정식에 대해 4개의 적분 상수가 도입된다. 앞에서와 같이 이 상수는 경계, 연속, 대칭 조건으로부터 구해진다. 하지만 이 조건들은 기울기와 처짐에 있는 조건은 물론이고 전단력과 굽힘모멘트에 있는 조건도 포함한다.

전단력에 있는 조건은 처짐의 3계 미분에 있는 조건과 마찬가지이다($EIv''' = V$이므로). 비슷한 방법으로 굽힘모멘트에 있는 조건은 처짐의 2계 미분에 있는 조건과 마찬가지이다($EIv'' = M$이므로). 전단력과 굽힘모멘트에 있는 조건과 기울기와 처짐에 있는 조건을 합하면 적분 상수를 구하는 데 충분한 독립적인 조건을 항상 찾을 수 있다.

다음 예제들은 이 해석 기술을 자세하게 설명해준다. 첫 번째 예제는 하중 방정식부터 시작하고 두 번째 예제는 전단력 방정식부터 시작한다.

예제 9-4

지붕 구조물의 외팔보 부분 (Courtesy of the National Information Service for Earthquake Engineering EERC, University of California, Berkeley)

최대 세기 q_0인 삼각형 모양의 분포 하중을 받는 외팔보 AB에 대한 처짐 곡선의 방정식을 구하라(그림 9-14a).

또한 자유단에서의 처짐 δ_B와 회전각 θ_B를 구하라(그림 9-14b). 처짐 곡선에 관한 4계 미분 방정식(하중 방정식)을 이용하라. **참고:** 보의 길이는 L이고 굽힘 강성 EI는 일정하다.

그림 9-14

예제 9-4: 삼각형 모양의 분포 하중을 받는 외팔보의 처짐

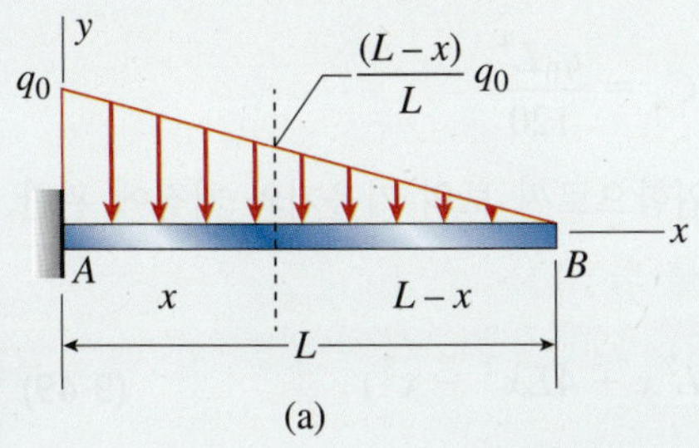

(a)

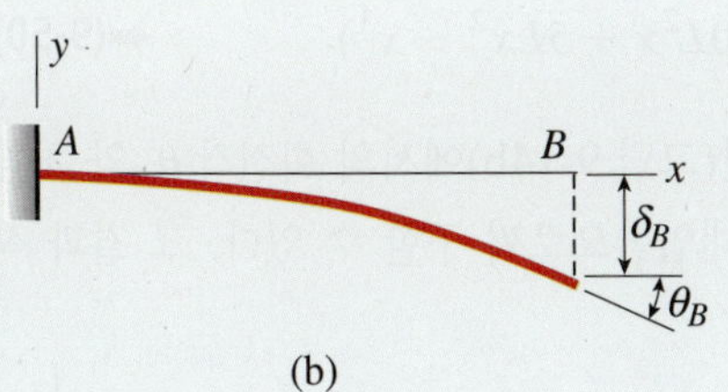

(b)

풀이

문제풀이 4단계 접근방법을 사용한다.

1. 개념화: 외팔보는 정정이다. 보의 처짐 곡선을 구하기 위해 하중 방정식을 이용한다. 그림 9-14a와 같이 하중 세기 $q(x)$에 대한 표현을 얻을 수 있다.

처짐 곡선의 미분 방정식: 분포 하중의 세기는 다음 식으로 주어진다(그림 9-14a 참조).

$$q(x) = \frac{q_0(L-x)}{L} \tag{9-46}$$

2. 분류: 따라서 4계 미분 방정식[식 (9-16c)]은 다음과 같이 된다.

$$EIv'''' = -q(x) = -\frac{q_0(L-x)}{L} \tag{a}$$

3. 해석:

보의 전단력: 식 (a)를 한 번 적분함으로써 다음 식을 얻는다.

$$EIv''' = \frac{q_0}{2L}(L-x)^2 + C_1 \tag{b}$$

이 식의 우변은 전단력 V를 나타낸다[식 (9-16b) 참조]. $x = L$에서 전단력이 0이기 때문에 경계 조건은 다음과 같다.

$$v'''(L) = 0$$

식 (b)에 이 조건을 적용하면 $C_1 = 0$임을 알 수 있다. 그러므로 식 (b)는 다음과 같이 단순화되고

$$EIv''' = \frac{q_0}{2L}(L-x)^2 \tag{c}$$

보의 전단력은 다음 식과 같이 된다.

$$V = EIv''' = \frac{q_0}{2L}(L-x)^2 \tag{9-47}$$

보의 굽힘모멘트: 두 번째 적분을 통해 식 (c)로부터 다음 식을 얻는다.

$$EIv'' = -\frac{q_0}{6L}(L-x)^3 + C_2 \tag{d}$$

이 식은 굽힘모멘트 M과 같다[식 (9-16a) 참조]. 보의 자유단에서 굽힘모멘트가 0이므로 경계 조건은 다음과 같다.

$$v''(L) = 0$$

식 (d)에 이 조건을 적용하면 $C_2 = 0$임을 알 수 있고, 따라서 굽힘모멘트는 다음과 같이 된다.

$$M = EIv'' = -\frac{q_0}{6L}(L-x)^3 \tag{9-48}$$

보의 기울기와 처짐: 세 번째와 네 번째 적분을 통해 다음 식들을 얻는다.

$$EIv' = \frac{q_0}{24L}(L-x)^4 + C_3 \tag{e}$$

$$EIv = -\frac{q_0}{120L}(L-x)^5 + C_3x + C_4 \tag{f}$$

기울기와 처짐이 모두 0인 고정 지지점에서의 경계 조건은 다음과 같다.

$$v'(0) = 0 \qquad v(0) = 0$$

이 조건을 식 (e)와 (f)에 각각 적용함으로써 적분 상수를 구할 수 있다.

$$C_3 = -\frac{q_0L^3}{24} \qquad C_4 = \frac{q_0L^4}{120}$$

이 상수들에 대한 식들을 식 (e)와 (f)에 대입함으로써 보의 기울기와 처짐에 관한 다음 식을 얻는다.

$$v' = -\frac{q_0x}{24LEI}(4L^3 - 6L^2x + 4Lx^2 - x^3) \tag{9-49}$$

$$v = -\frac{q_0x^2}{120LEI}(10L^3 - 10L^2x + 5Lx^2 - x^3) \tag{9-50}$$

보 자유단에서의 회전각과 처짐: 보 자유단(그림 9-14b)에서의 회전각 θ_B와 처짐 δ_B는 $x = L$을 식 (9-49)과 (9-50)에 각각 대입함으로써 구할 수 있다. 그 결과 식들은 다음과 같다.

$$\theta_B = -v'(L) = \frac{q_0L^3}{24EI} \qquad \delta_B = -v(L) = \frac{q_0L^4}{30EI} \tag{9-51a,b}$$

4. **최종 단계:** 처짐 곡선에 관한 4계 미분 방정식을 풀어서 우리가 필요한 보의 기울기와 처짐을 구했다. 이는 선형변화 분포 하중 문제에 대한 효율적인 접근 방법이다.

예제 9-5

돌출부 BC가 있는 단순 보 AB가 돌출부 끝에서 집중 하중 P를 받는다(그림 9-15a). 보의 지간 거리는 L이고 돌출부의 길이는 $L/2$이다.

처짐 곡선의 방정식과 돌출부 끝에서의 처짐 δ_C를 구하라(그림 9-15b). 처짐 곡선에 관한 3계 미분 방정식(전단력 방정식)을 이용하라. 참고: 보의 굽힘 강성 EI는 일정하다.

풀이

문제풀이 4단계 접근방법을 사용한다.

그림 9-15

예제 9-5: 돌출부가 있는 보의 처짐

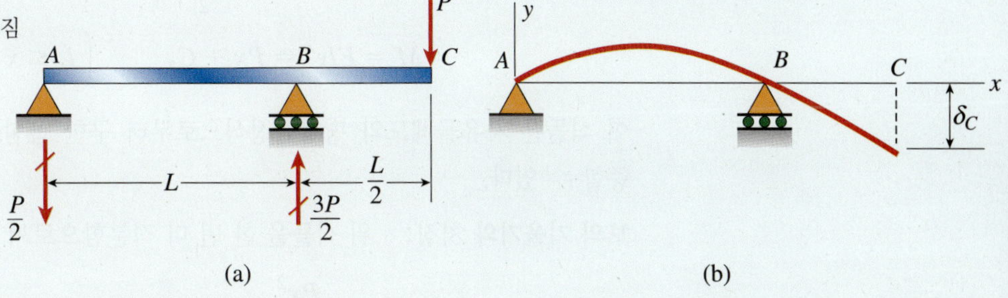

1. 개념화:

처짐 곡선의 미분 방정식: 반력이 지지점 A와 B에서 작용하기 때문에 보의 AB 부분과 BC 부분에 대한 미분 방정식을 분리해서 써야 한다. 따라서 보의 각 부분에 대한 전단력을 구하는 것부터 시작한다.

지지점 A에서 아래 방향의 반력은 $P/2$와 같고 지지점 B에서 위 방향의 반력은 $3P/2$와 같다(그림 9-15a 참조). AB와 BC 부분에서의 전단력은 다음과 같음을 알 수 있다.

$$V = -\frac{P}{2} \qquad (0 < x < L) \tag{9-52a}$$

$$V = P \qquad \left(L < x < \frac{3L}{2}\right) \tag{9-52b}$$

여기서 x는 보의 왼쪽 끝 A에서부터 잰 거리이다(그림 9-15b).

2. 분류: 보에 대한 3계 미분 방정식은 이제 다음과 같이 된다[식 (9-16b) 참조].

$$EIv''' = -\frac{P}{2} \qquad (0 < x < L) \tag{a}$$

$$EIv''' = P \qquad \left(L < x < \frac{3L}{2}\right) \tag{b}$$

3. 해석:

보의 굽힘모멘트: 위의 두 방정식을 적분함으로써 굽힘모멘트 방정식을 구한다.

$$M = EIv'' = -\frac{Px}{2} \qquad (0 \le x \le L) \tag{c}$$

$$M = EIv'' = -\frac{P(3L - 2x)}{2} \qquad \left(L \le x \le \frac{3L}{2}\right) \tag{d}$$

건설현장으로 운송 중인 돌출부가 있는 교량 대들보 (© Tom Brakefield/Getty Images)

점 A와 C에서는 굽힘모멘트가 0이고, 따라서 다음과 같은 경계 조건을 보에 적용한다.

$$v''(0) = 0 \qquad v''\left(\frac{3L}{2}\right) = 0$$

이 조건을 식 (c)와 (d)에 적용하여 다음 식을 얻는다.

$$C_1 = 0 \qquad C_2 = -\frac{3PL}{2}$$

그러므로 굽힘모멘트는 다음과 같이 된다.

$$M = EIv'' = -\frac{Px}{2} + C_1 \quad (0 \le x \le L) \tag{9-53a}$$

$$M = EIv'' = Px + C_2 \quad \left(L \le x \le \frac{3L}{2}\right) \tag{9-53b}$$

이 식들은 자유물체도와 평형방정식으로부터 구한 굽힘모멘트와 비교함으로써 검증할 수 있다.

보의 기울기와 처짐: 위 식들을 한 번 더 적분함으로써 기울기를 얻는다.

$$EIv' = -\frac{Px^2}{4} + C_3 \qquad (0 \le x \le L)$$

$$EIv' = -\frac{Px(3L - x)}{2} + C_4 \quad \left(L \le x \le \frac{3L}{2}\right)$$

기울기에 관한 유일한 조건은 지지점 B에서의 연속 조건이다. 이 조건에 따르면 보의 AB 부분에서 구한 점 B의 기울기는 보의 BC 부분에서 구한 같은 점의 기울기와 같다. 그러므로 $x = L$을 기울기에 관한 위의 두 식에 대입하여 다음 식을 얻는다.

$$-\frac{PL^2}{4} + C_3 = -PL^2 + C_4$$

C_3의 항으로 C_4를 나타낼 수 있기 때문에 이 식은 하나의 적분 상수를 소거한다.

$$C_4 = C_3 + \frac{3PL^2}{4} \tag{e}$$

세 번째이자 마지막 적분을 통해 다음 식을 얻는다.

$$EIv = -\frac{Px^3}{12} + C_3x + C_5 \qquad (0 \le x \le L) \tag{f}$$

$$EIv = -\frac{Px^2(9L - 2x)}{12} + C_4x + C_6 \quad \left(L \le x \le \frac{3L}{2}\right) \tag{g}$$

보의 AB 부분에서(그림 9-15a) 처짐에 관한 두 개의 경계 조건이 주어지는데, 즉 점 A와 B에서 처짐이 0이라는 것이다.

$$v(0) = 0 \quad 그리고 \quad v(L) = 0$$

이 조건을 식 (f)에 대입함으로써 다음의 적분 상수를 구한다.

$$C_5 = 0 \qquad C_3 = \frac{PL^2}{12} \tag{h, i}$$

C_3에 관한 위의 식을 식 (e)에 대입함으로써 다음을 얻는다.

$$C_4 = \frac{5PL^2}{6} \tag{j}$$

보의 BC 부분에서, 점 B에서의 처짐이 0이다. 그러므로 경계 조건은 다음과 같다.

$$v(L) = 0$$

식 (g)에 이 조건을 적용하고, C_4에 대한 식 (j)를 대입하면 다음 식을 얻는다.

$$C_6 = -\frac{PL^3}{4} \tag{k}$$

이제 모든 적분 상수를 구했다.

처짐 방정식은 적분 상수[식 (h), (i), (j), (k)]를 식 (f)와 (g)에 대입함으로써 얻는다. 그 결과 식들은 다음과 같다.

$$v = \frac{Px}{12EI}(L^2 - x^2) \qquad (0 \le x \le L) \qquad \text{(9-54a)}$$

$$v = -\frac{P}{12EI}(3L^3 - 10L^2x + 9Lx^2 - 2x^3) \qquad \left(L \le x \le \frac{3L}{2}\right) \qquad \text{(9-54b)}$$

보의 AB 부분에서는 처짐[식 (9-54a)]이 전 구간에 걸쳐 양(위 방향)이고 돌출부 BC에서는 처짐[식 (9-54b)]이 음(아래 방향)임을 주목하라.

돌출부 끝에서의 처짐 : 식 (9-54b)에 $x = 3L/2$를 대입함으로써 돌출부 끝에서의 처짐 δ_C를 구할 수 있다(그림 9-15b).

$$\delta_C = -v\left(\frac{3L}{2}\right) = \frac{PL^3}{8EI} \qquad \text{(9-55)}$$

4. 최종 단계: 이와 같이 처짐 곡선에 관한 3계 미분 방정식을 풀어 돌출 보의 필요한 처짐[식 (9-54)와 (9-55)]을 구할 수 있었다. 처짐 곡선은 그림 9-15b와 같다.

그림 9-15(반복)

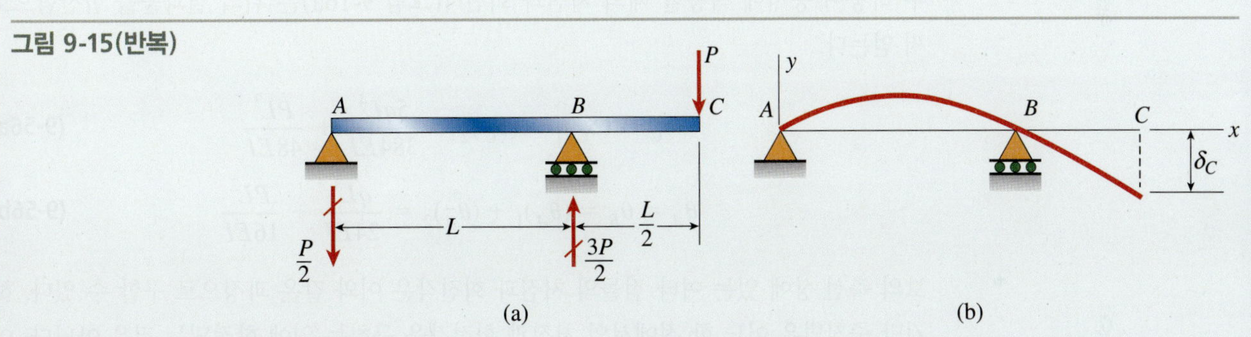

(a) (b)

9.5 중첩법

중첩법(method of superposition)은 보의 처짐과 회전각을 구하는 데 자주 사용되는 실질적인 기법이다. 그 근본적인 개념은 상당히 단순하고 다음과 같이 기술할 수 있다.

적당한 조건하에서 동시에 작용하는 몇 개의 하중에 의해 생기는 보의 처짐은 각 하중이 따로따로 작용할 때 생기는 처짐들을 중첩함으로써 구할 수 있다.

예를 들면, 보의 축선 상의 어떤 특정한 점에서 하중 q_1에 의해 생기는 처짐을 v_1이라 하고 같은 점에서 다른 하중 q_2에 의해 생기는 처짐을 v_2라 하면, 하중 q_1과 q_2가 동시에 작용할 때 그 점의 처짐은 $v_1 + v_2$이다(하중 q_1과 q_2는 독립적인 하중이고, 각각은 보의 축선 상의 모든 곳에 작용한다).

처짐을 중첩할 수 있는 당위성은 처짐 곡선에 관한 미분 방정식[식 (9-16a, b, c)]의 성질에 있다. 처짐 v와 그 미분을 포함하는 모든 항이 1차식으로만 되어 있기 때문에 이 방정식은 선형 미분 방정식이다. 그러므로 몇 가지 하중 조건에 대한 이 방정식의 해는 대수적으로 더할 수 있다. 즉, 중첩될 수 있다(중첩이 유효 하기 위한 조건은 나중에 "중첩의 원리"라는 소절에서 설명할 것이다).

그림 9-16

두 가지 하중을 받는 단순 보

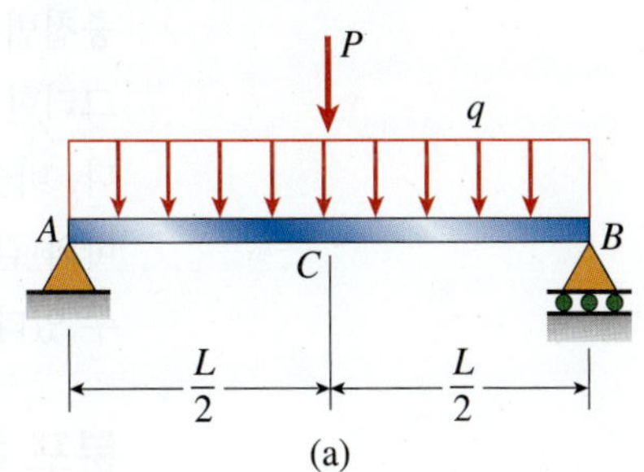

(a)

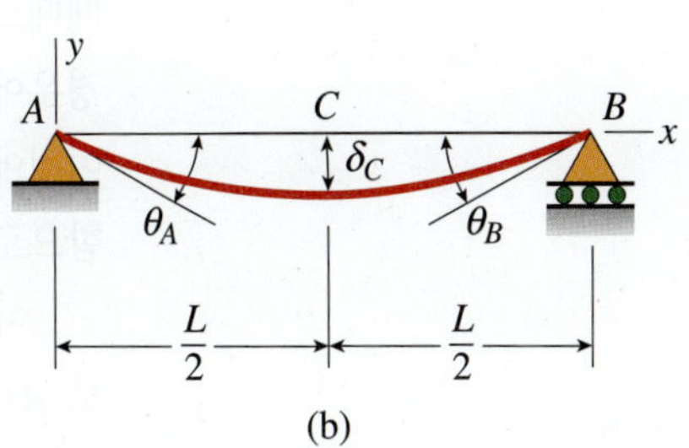

(b)

중첩법을 **설명**하기 위해 그림 9-16a의 단순 보 ACB를 생각해보자. 이 보는 두 가지 하중, (1) 전 구간에 걸쳐 작용하는 세기 q인 등분포 하중과 (2) 보의 중간점에 작용하는 집중 하중 P를 지탱하고 있다. 보 중간점에서의 처짐 δ_C와 양단에서의 회전각 θ_A와 θ_B를 구하려 한다고 하자(그림 9-16b). 중첩법을 사용하여 따로따로 작용하는 각 하중의 영향을 먼저 구하고 그 결과들을 조합하면 된다.

등분포 하중만 작용할 경우 보 중간점에서의 처짐과 양단에서의 회전각은 예제 9-1의 공식들로부터 구할 수 있다[식 (9-24), (9-25), (9-26) 참조].

$$(\delta_C)_1 = \frac{5qL^4}{384EI} \qquad (\theta_A)_1 = (\theta_B)_1 = \frac{qL^3}{24EI}$$

여기서 EI는 보의 굽힘 강성이고, L은 보의 길이이다.

하중 P만 작용할 때 상응하는 값들은 예제 9-3의 공식들로부터 얻을 수 있다[식 (9-44)와 (9-45) 참조].

$$(\delta_C)_2 = \frac{PL^3}{48EI} \qquad (\theta_A)_2 = (\theta_B)_2 = \frac{PL^2}{16EI}$$

두 하중이 동시에 작용할 때의 처짐과 회전각(그림 9-16a)은 위의 결과들을 합산함으로써 얻는다.

$$\delta_C = (\delta_C)_1 + (\delta_C)_2 = \frac{5qL^4}{384EI} + \frac{PL^3}{48EI} \tag{9-56a}$$

$$\theta_A = \theta_B = (\theta_A)_1 + (\theta_A)_2 = \frac{qL^3}{24EI} + \frac{PL^2}{16EI} \tag{9-56b}$$

보의 축선 상에 있는 여타 점들의 처짐과 회전각은 이와 같은 과정으로 구할 수 있다. 하지만 중첩법은 어느 한 점에서의 처짐과 회전각을 구하는 일에 한정되는 것은 아니다. 이 방법은 하나 이상의 하중을 받는 보의 기울기와 처짐에 관한 일반적인 방정식을 얻는 데에도 사용할 수 있다.

보의 처짐에 관한 표

중첩법은 보의 처짐과 기울기에 관한 공식이 준비되어 있을 때만 유용하게 쓸 수 있다. 그러한 공식에 손쉽게 접근하기 위해 외팔보와 단순 보에 대한 표가 부록 H에 주어져 있다. 비슷한 표를 공학 편람에서도 볼 수 있다. 이 절의 마지막에서 예제를 들어 설명하는 바와 같이 이 표와 중첩법을 사용하면 여러 가지 하중 조건에 대해 처짐과 회전각을 구할 수 있다.

분포 하중

때때로 보의 처짐 표에 수록되어 있지 않은 분포 하중을 받는 보를 접하게 된다. 이러한 경우에도 중첩법은 유용하다. 분포 하중의 한 미소 조각을 집중 하중인 것처럼 취급하여 이것에 의한 회전각과 처짐을 계산하고 분포 하중이 작용하는 보의 전 구간에 걸쳐 적분함으로써 필요한 회전각과 처짐을 구한다.

이 적분 과정을 설명하기 위해 왼쪽 절반에만 삼각형 모양의 분포 하중을 받는 단순 보 ACB를 생각해보자(그림 9-17a). 보의 중간점 C에서의 처짐 δ_C와 왼쪽 지지점의 회전각 θ_A를 구하고자 한다(그림 9-17c).

분포 하중의 미소 요소 $q dx$를 집중 하중으로 보는 것으로부터 시작한다(그림 9-17b). 보의 중간점 왼쪽에만 하중이 작용함을 유의하라. 이 집중 하중에 의한 중 간점의 처짐은 부록 H에 있는 표 H-2의 사례 5로부터 구할 수 있다. 표에 주어진 중간점 처짐 공식은($a \leq b$인 경우) 다음과 같다.

$$\frac{Pa}{48EI}(3L^2 - 4a^2)$$

예제에서는(그림 9-17b) P 대신에 $q dx$를, 그리고 a 대신에 x를 대입하면 된다.

$$\frac{(q dx)(x)}{48EI}(3L^2 - 4x^2) \tag{9-57}$$

이 식은 하중의 미소 요소 $q dx$에 의한 C점의 처짐을 나타낸다.

다음으로 하중의 세기는 다음과 같음을 주목한다(그림 9-17a, b).

$$q = \frac{2q_0 x}{L} \tag{9-58}$$

여기서 q_0는 하중의 최대 세기이다. q 대신에 이 식을 대입함으로써 처짐에 관한 공식[식 (9-57)]은 다음과 같이 된다.

$$\frac{q_0 x^2}{24LEI}(3L^2 - 4x^2)dx$$

이제 삼각형 모양의 전체 하중에 의한 보 중간점의 처짐 δ_C를 구하기 위해 하중의 전 구간에 걸쳐 적분한다.

$$\begin{aligned}\delta_C &= \int_0^{L/2} \frac{q_0 x^2}{24LEI}(3L^2 - 4x^2)dx \\ &= \frac{q_0}{24LEI}\int_0^{L/2}(3L^2 - 4x^2)x^2 dx = \frac{q_0 L^4}{240EI}\end{aligned} \tag{9-59}$$

비슷한 과정에 의해 보의 왼쪽 끝에서 회전각 θ_A를 계산할 수 있다(그림 9-17c). 집중 하중 P에 의해 생기는 이 각도의 식은 다음과 같다(표 H-2의 사례 5 참조).

$$\frac{Pab(L + b)}{6LEI}$$

P를 $2q_0 x dx/L$로, a를 x로, b를 $L - x$로 대치하면 다음 식을 얻는다.

$$\frac{2q_0 x^2(L - x)(L + L - x)}{6L^2 EI}dx \quad \text{또는} \quad \frac{q_0}{3L^2 EI}(L - x)(2L - x)x^2 dx$$

마지막으로 하중의 전 구간에 걸쳐 적분한다.

$$\theta_A = \int_0^{L/2} \frac{q_0}{3L^2 EI}(L - x)(2L - x)x^2 dx = \frac{41 q_0 L^3}{2880EI} \tag{9-60}$$

이것이 삼각형 모양의 분포 하중에 의해 생기는 회전각이다.

위의 내용은 어떠한 종류의 분포 하중이 주어진 경우에라도 처짐과 회전각을 구하기 위해 중첩과 적분을 어떻게 활용하는지를 보여준다. 만약에 적분이 해석적인 방법으로

그림 9-17

삼각형 모양의 분포 하중을 받는 단순 보

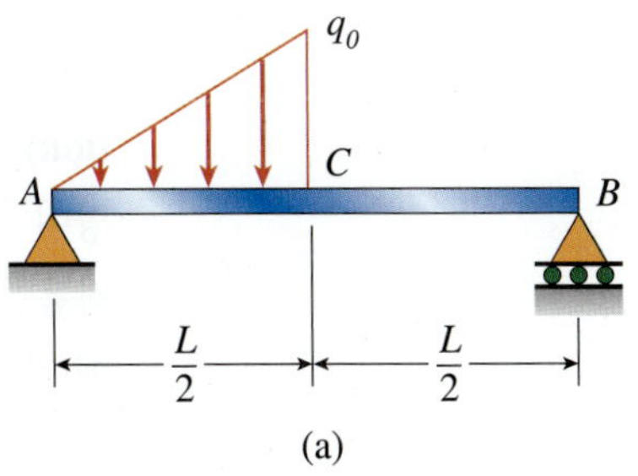

(a)

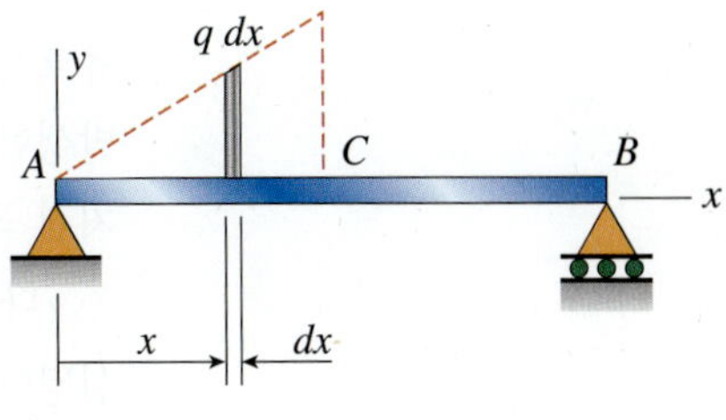

(b)

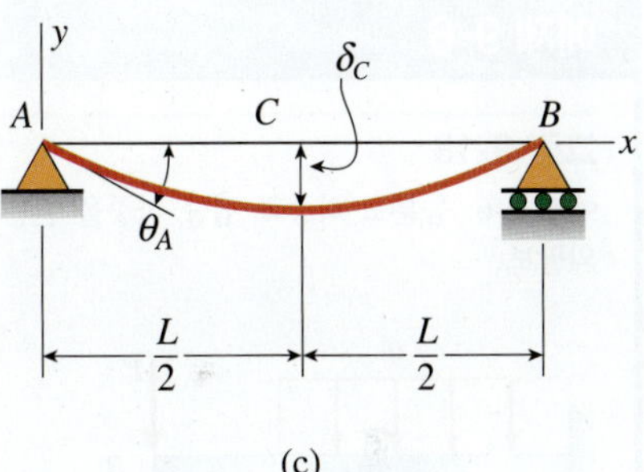

(c)

쉽게 수행되지 않는다면 수치 적분을 사용할 수 있다.

중첩의 원리

보의 처짐을 구하는 데 사용되는 중첩법은 역학에서 **중첩의 원리(principle of superposition)**라고 알려져 있는 좀 더 일반적인 개념의 한 예에 지나지 않는다. 이 원리는 계산할 양이 작용하중의 선형 함수일 때는 언제나 유효하다. 그런 경우에는 각 하중이 따로따로 작용할 때에 필요한 양들을 계산하고, 그러고 나서 이 양들을 중첩시켜 모든 하중이 동시에 작용할 때의 필요한 양을 얻는다. 보통의 구조물에서 이 원리는 처짐 외의 응력, 변형률, 굽힘모멘트 등 많은 양에 대해 통상 유효하다.

보의 처짐(beam deflection)이라는 특수한 경우에 중첩의 원리는 다음 조건하에서 유효하다. (1) 재료가 후크의 법칙을 따를 때, (2) 처짐과 회전각이 작을 때, (3) 처짐이 발생함으로 인해 작용하는 하중이 영향받지 않을 때. 이 요구 조건들이 충족될 때 보의 처짐 곡선에 관한 미분 방정식이 선형이 된다.

다음 예제들은 중첩의 원리를 사용하여 보의 처짐과 회전각을 계산하는 과정을 부연 설명한다.

예제 9-6

그림 9-18

예제 9-6: 등분포 하중과 집중 하중을 받는 외팔보

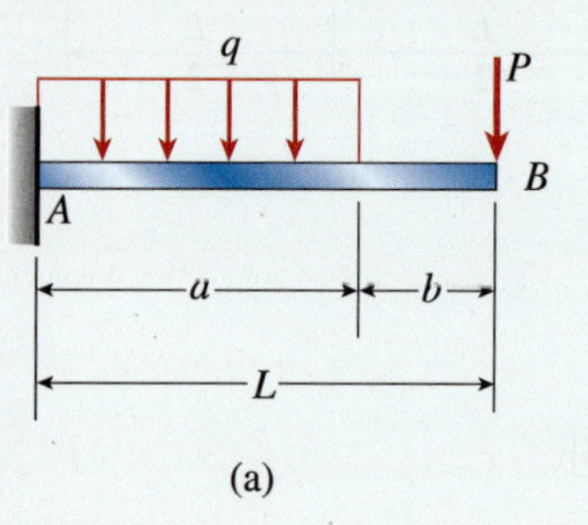

(a)

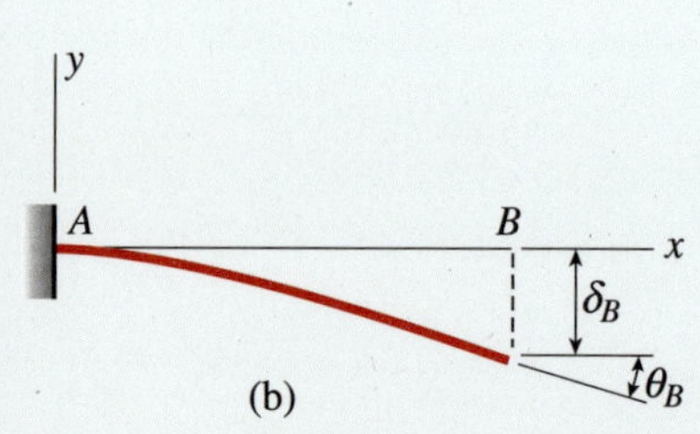

(b)

외팔보 AB는 길이의 일부에 작용하는 세기 q의 등분포 하중과 자유단에 작용하는 집중 하중 P를 받고 있다(그림 9-18a).

보의 끝 B에서의 처짐 δ_B와 회전각 θ_B를 구하라(그림 9-18b). 참고: 보의 길이는 L이고, 굽힘 강성 EI는 일정하다.

풀이

문제풀이 4단계 접근방법을 사용한다.

1. **개념화:** 각 하중이 따로따로 작용할 때의 효과를 조합함으로써 보의 끝 B의 처짐과 회전각을 구할 수 있다.

2. **분류:** 만약 등분포 하중만 작용한다면, 처짐과 회전각은 다음과 같다(부록 H에 있는 표 H-1의 사례 2로부터 구함).

$$(\delta_B)_1 = \frac{qa^3}{24EI}(4L - a) \qquad (\theta_B)_1 = \frac{qa^3}{6EI}$$

만약 집중 하중 P만 작용한다면, 처짐과 회전각은 다음과 같다(표 H-1의 사례 4로부터 구함).

$$(\delta_B)_2 = \frac{PL^3}{3EI} \qquad (\theta_B)_2 = \frac{PL^2}{2EI}$$

3. **해석:** 그러므로 조합 하중에 의한 처짐과 회전각은 다음과 같다(그림 9-18a).

$$\delta_B = (\delta_B)_1 + (\delta_B)_2 = \frac{qa^3}{24EI}(4L - a) + \frac{PL^3}{3EI} \qquad (9\text{-}61)$$

$$\theta_B = (\theta_B)_1 + (\theta_B)_2 = \frac{qa^3}{6EI} + \frac{PL^2}{2EI} \qquad (9\text{-}62)$$

4. **최종 단계:** 이렇게 하여 표에 주어진 공식과 중첩법을 사용하여 필요한 양들을 구했다. 그림 9-18b와 같은 처짐 곡선을 얻기 위하여 두 개의 분리된 영역($0 \leq x \leq a$, $a \leq x \leq L$)에 대해 적분해야 한다는 점을 유의하라.

예제 9-7

보의 오른쪽 절반에만 작용하는 세기 q의 등분포 하중을 받고 있는 외팔보 AB가 그림 9-19a에 나타나 있다.

자유단에서의 처짐 δ_B와 회전각 θ_B를 구하는 공식을 만들어라(그림 9-19c).

참고: 보는 길이가 L이고, 굽힘 강성 EI는 일정하다.

그림 9-19

예제 9-7: 보의 오른쪽 절반에만 작용하는 등분포 하중을 받는 외팔보

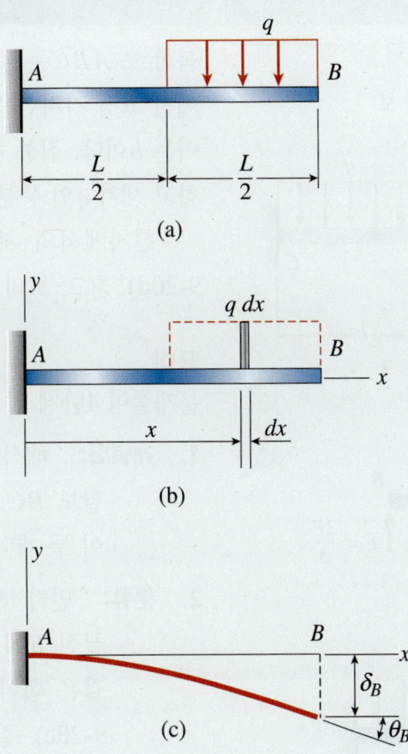

풀이

문제풀이 4단계 접근방법을 사용한다.

1. **개념화:** 이 예제에서는 등분포 하중의 미소 요소를 집중 하중으로 취급하고 그 다음에 적분을 함으로써 처짐과 회전각을 구할 것이다(그림 9-19b 참조).

2. **분류:** 등분포 하중의 미소 요소는 그 크기가 qdx이고 지지점으로부터 거리 x에 위치하고 있다. 자유단에서 이 하중에 의한 미소 처짐 $d\delta_B$와 미소 회전각 $d\theta_B$는 부록 H의 표 H-1에서 사례 5의 공식으로부터 P를 qdx로, 그리고 a를 x로 대치함으로써 구할 수 있다. 그러므로

$$d\delta_B = \frac{(qdx)(x^2)(3L - x)}{6EI} \qquad d\theta_B = \frac{(qdx)(x^2)}{2EI}$$

3. 해석: 하중이 가해진 구간에 걸쳐 적분함으로써 다음 식을 얻는다.

$$\delta_B = \int d\delta_B = \frac{q}{6EI}\int_{L/2}^{L} x^2(3L - x)dx = \frac{41qL^4}{384EI} \tag{9-63}$$

$$\theta_B = \int d\theta_B = \frac{q}{2EI}\int_{L/2}^{L} x^2 dx = \frac{7qL^3}{48EI} \tag{9-64}$$

4. 최종 단계: 표 H-1의 사례 3에 있는 공식을 사용하여 $a = b = L/2$를 대입함으로써 동일한 결과를 얻을 수 있다. 또한, 표 H-1의 사례 1에서 사례 2를 빼내는 것으로도 동일한 결과를 얻을 수 있음을 유의하라.

예제 9-8

그림 9-20

예제 9-8: 힌지를 갖는 복합 보

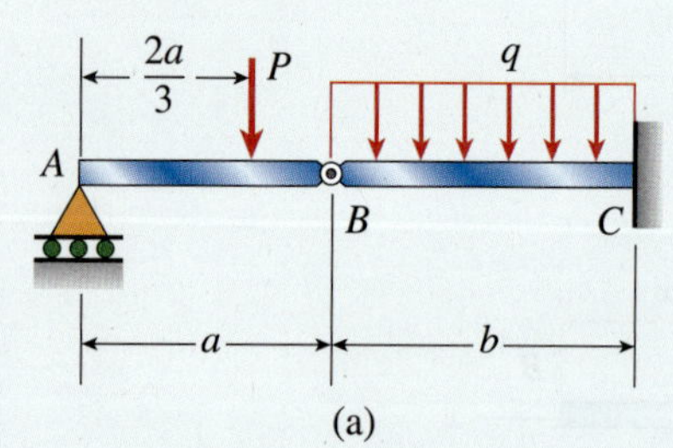

(a)

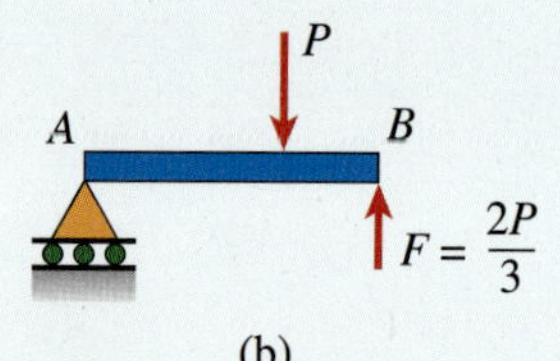

(b)

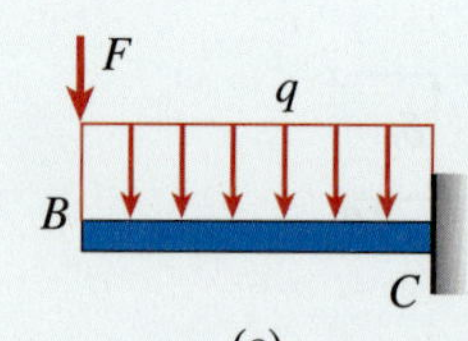

(c)

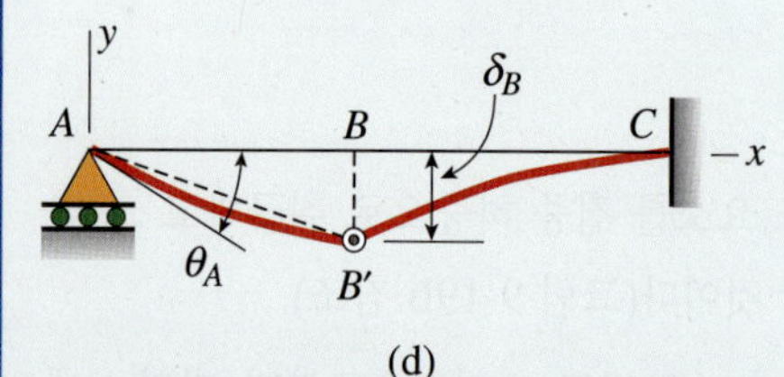

(d)

복합 보 ABC는 A에서 롤러지지점, B에서 내부 힌지(즉, 모멘트 이완), C에서 고정 지지점을 갖고 있다(그림 9-20a). AB의 길이는 a이고 BC의 길이는 b이다. 집중 하중 P가 지지점 A로부터 거리 $2a/3$ 되는 점에서 작용하고 세기 q인 등분포 하중이 점 B와 C 사이에 작용한다.

힌지에서의 처짐 δ_B와 지지점 A에서의 회전각 θ_A를 구하라(그림 9-20d). 참고: 보의 굽힘강성 EI는 일정하다.

풀이

문제풀이 4단계 접근방법을 사용한다.

1. 개념화: 해석을 위해 복합 보가 길이 a인 단순 보 AB와 길이 b인 외팔보 BC, 이와 같이 두 개의 개별 보로 이루어졌다고 생각하자. 이 두 개의 보가 B에서 핀으로 연결되어 있다.

2. 분류: 만약 보 AB를 나머지 구조물로부터 분리해낸다면(그림 9-20b), 끝점 B에 $2P/3$과 같은 수직력 F가 있음을 알 수 있다. 이와 똑같은 힘이 외팔보의 끝점 B에서 아래 방향으로 작용한다(그림 9-20c). 결과적으로 외팔보 BC는 등분포 하중과 집중 하중이라는 두 개의 하중을 받는다.

3. 해석: 이 외팔보의 자유단에서 처짐은(힌지의 처짐 δ_B와 같음) 부록 H에 있는 표 H-1의 사례 1과 4로부터 쉽게 구할 수 있다.

$$\delta_B = \frac{qb^4}{8EI} + \frac{Fb^3}{3EI}$$

또는 $F = 2P/3$이므로

$$\delta_B = \frac{qb^4}{8EI} + \frac{2Pb^3}{9EI} \tag{9-65}$$

지지점 A에서의 회전각 θ_A(그림 9-20d)는 힌지의 아래 방향 변위에 의해 생기는 각 BAB'과 단순 보로서 보 AB(혹은 보 AB')의 굽힘에 의해 생기는 추가적인 회전각, 이와 같이 두 부분으로 이루어져 있다. 각 BAB'는 다음과 같다.

$$(\theta_A)_1 = \frac{\delta_B}{a} = \frac{qb^4}{8aEI} + \frac{2Pb^3}{9aEI}$$

집중 하중을 받는 단순 보 끝에서의 회전각은 표 H-2의 사례 5로부터 구할 수 있다. 사례 5에 주어진 공식은 다음과 같다.

$$\frac{Pab(L+b)}{6LEI}$$

여기서 L은 단순 보의 길이이고, a는 왼쪽 지점으로부터 하중까지의 거리이며, b는 오른쪽 지점으로부 터 하중까지의 거리이다. 그러므로 이 예제에서 주어진 기호를 사용하면(그림 9-20a), 회전각은 다음과 같다.

$$(\theta_A)_2 = \frac{P\left(\frac{2a}{3}\right)\left(\frac{a}{3}\right)\left(a + \frac{a}{3}\right)}{6aEI} = \frac{4Pa^2}{81EI}$$

이 두 각도를 조합함으로써 지지점 A에서의 전체 회전각을 구한다.

$$\theta_A = (\theta_A)_1 + (\theta_A)_2 = \frac{qb^4}{8aEI} + \frac{2Pb^3}{9aEI} + \frac{4Pa^2}{81EI} \qquad \text{(9-66)}$$

4. **최종 단계:** 이 예제는 언뜻 보기에 복잡하게 생긴 문제를 비교적 단순한 모양으로 다루는 데 중첩법이 어떻게 쓰이는지를 잘 보여준다.

예제 9-9

지간 거리 L인 단순 보 AB에 길이가 a인 돌출부 BC가 있다(그림 9-21a). 이 보는 전 길이에 걸쳐 세기 q인 등분포 하중을 받는다.

돌출부 끝에서의 처짐 δ_C를 구하는 공식을 만들어라(그림 9-21c). **참고:** 보의 굽힘 강성 EI는 일정하다.

자중에 의해 등분포 하중을 받는 돌출부가 있는 보(Courtesy of the National Information Service for Earthquake Engineering EERC, University of California, Berkeley.)

풀이

문제풀이 4단계 접근방법을 사용한다.

1. **개념화:** 돌출부 BC(그림 9-21a)를 두 가지 작용을 받는 외팔보라고 생각함으로써 점 C의 처짐을 구할 수 있다. 그 첫 번째 작용은 외팔보의 지지점이 각도 θ_B만큼 회전하는 것인데, 이 각도는 보 ABC의 지점 B에서 회전각이다(그림 9-21c, 시계방향 각도 θ_B가 양이라고 가정한다). 이 회전각은 돌출부 BC의 강체 회전을 일으키고, 결과적으로 점 C의 아래 방향 변위 δ_1이 생기게 된다.

   두 번째 작용은 등분포 하중을 받는 외팔보로서 BC의 굽힘이다. 이 굽힘은 아래 방향의 변위 δ_2를 추가로 생기게 한다(그림 9-21c). 이 두 개의 변위를 중첩함으로써 점 C의 전체 변위 δ_C를 구한다.

그림 9-21

예제 9-9: 돌출부가 있는 단순 보

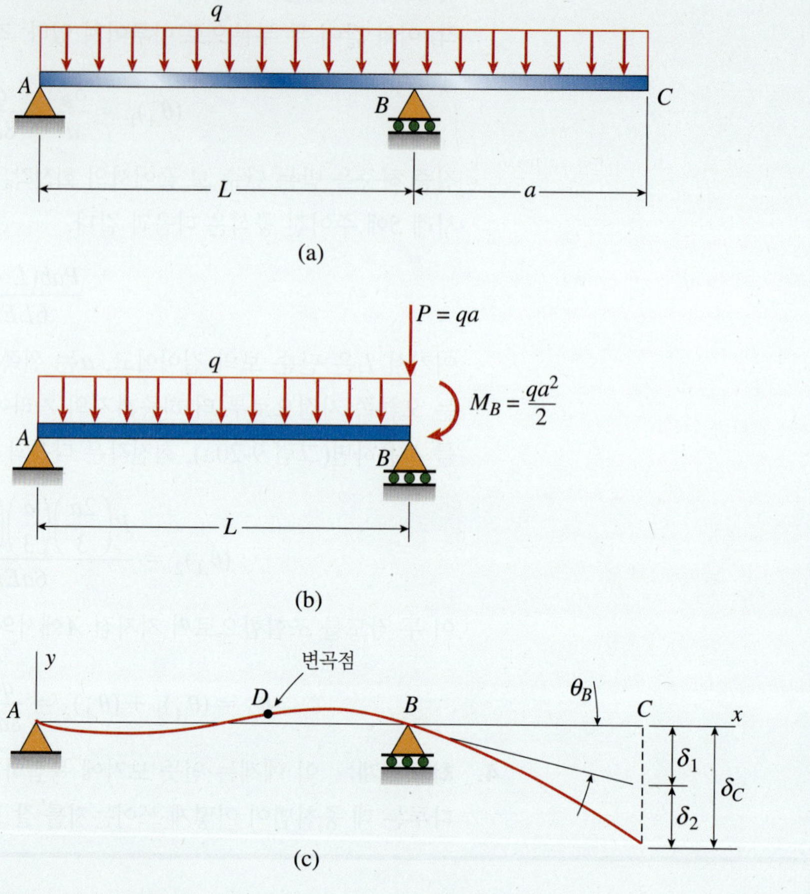

2. 분류:

처짐 δ_1: 점 B의 회전각 θ_B로 인한 처짐 δ_1을 구하는 것부터 시작해보자. 이 회전각을 구하기 위해 보의 AB 부분은 세기 q인 등분포 하중, 모멘트 M_B ($qa^2/2$와 같음), 수직하중 P (qa와 같음)의 하중을 동시에 받는 단순 보(그림 9-21b)와 동일한 조건에 있음을 유의한다. 하중 q와 모멘트 M_B만이 이 단순 보의 끝점 B에서 회전각을 생기게 한다. 이 각도는 부록 H에 있는 표 H-2의 사례 1과 7로부터 구할 수 있다. 이렇게 구한 각도 θ_B는 다음과 같다.

$$\theta_B = -\frac{qL^3}{24EI} + \frac{M_B L}{3EI} = -\frac{qL^3}{24EI} + \frac{qa^2 L}{6EI} = \frac{qL(4a^2 - L^2)}{24EI} \quad \text{(9-67)}$$

이 식에서 그림 9-21c에 보인 바와 같이 시계방향의 각도가 양이다.

점 C의 아래 방향 변위 δ_1은 오로지 회전각 θ_B에 의한 것인데, 돌출부의 길이와 각도의 곱과 같다(그림 9-21c).

$$\delta_1 = a\theta_B = \frac{qaL(4a^2 - L^2)}{24EI} \quad \text{(a)}$$

처짐 δ_2: 돌출부 BC의 굽힘은 점 C에서 아래 방향의 변위 δ_2를 추가로 발생시킨다. 이 변위는 세기 q인 등분포 하중을 받는 길이가 a인 외팔보의 처짐과 같다(표 H-1의 사례 1 참조).

$$\delta_2 = \frac{qa^4}{8EI} \quad \text{(b)}$$

3. 해석:

처짐 δ_C: 점 C의 아래 방향 전 처짐은 δ_1과 δ_2의 대수적인 합이다.

$$\delta_C = \delta_1 + \delta_2 = \frac{qaL(4a^2 - L^2)}{24EI} + \frac{qa^4}{8EI} = \frac{qa}{24EI}[L(4a^2 - L^2) + 3a^3]$$

또는

$$\delta_C = \frac{qa}{24EI}(a + L)(3a^2 + aL - L^2) \quad \text{(9-68)}$$

4. 최종 단계: 위의 식에서 처짐 δ_C는 길이 L과 a의 상대적인 크기에 따라서 위쪽이 될 수도 있고 아래쪽이 될 수도 있다는 사실을 알 수 있다. 만약에 a가 비교적 크다면, 이 식의 마지막 항(괄호 안에 3개의 항으로 된 것)이 양이고 처짐 δ_C는 아래 방향이다. 만약 a가 비교적 작다면, 마지막 항은 음이 되고 처짐은 위 방향이다. 마지막 항이 0일 때 처짐은 0이다.

$$3a^2 + aL - L^2 = 0$$

또는

$$a = \frac{L(\sqrt{13} - 1)}{6} = 0.4343L \quad \text{(c)}$$

이 결과로부터 a가 $0.4343L$을 초과하면 점 C의 처짐은 아래쪽 방향이고, a가 $0.4343L$ 미만이면 그 처짐은 위쪽 방향임을 유의하라.

처짐 곡선: 이 예제의 보에 대한 처짐 곡선의 모양을, a가 충분히 커서($a > 0.4343L$) C에서 아래 방향의 처짐이 생기는 경우와 충분히 작아서($a < L$) A에서의 반력이 확실히 위쪽이 되는 경우에 대해 그림 9-21c에 나타내었다. 이 조건에서 지지점 A와 어떤 점 D 사이에서는 보의 굽힘모멘트가 양이다. 이 구간 AD에서의 처짐 곡선은 아래로 볼록하다(양의 곡률). D에서 C까지는 굽힘모멘트가 음이고, 따라서 처짐 곡선은 위로 볼록하다(음의 곡률).

변곡점: 점 D에서 굽힘모멘트가 0이기 때문에 처짐 곡선의 곡률은 0이다. 곡률과 굽힘모멘트가 부호를 바꾸는 D와 같은 점을 **변곡점[point of inflection;** 또는 반곡점(*point of contraflexure*)**]**이라고 한다. 변곡점에서는 굽힘모멘트 M과 처짐 곡선의 2계 미분 d^2v/dx^2은 언제나 0이다.

하지만 M과 d^2v/dx^2이 0인 점이 반드시 변곡점이 되는 것은 아닌데, 이 값들이 그 점에서 부호를 바꾸지 않고 0이 될 수도 있기 때문이다. 예를 들면 그들이 0이면서 최대점 또는 최소점이 될 수도 있다.

9.6 모멘트-면적법

이 절에서는 보의 처짐과 회전각을 구하는 또 다른 방법을 설명한다. 이 방법은 굽힘모멘

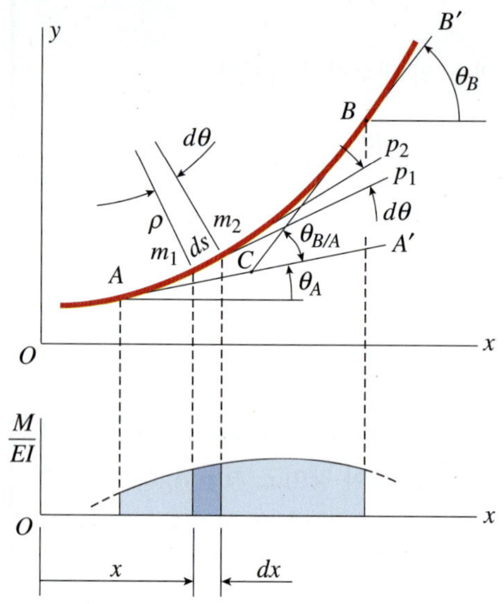

그림 9-22
모멘트-면적 제1정리의 유도

트 선도의 면적과 관계되는 두 가지 정리에 기초하고 있기 때문에 **모멘트-면적법(moment-area method)**이라고 부른다.

이 두 가지 정리를 얻는 데 사용한 가정은 처짐 곡선의 미분 방정식을 유도할 때 사용했던 가정과 똑같다. 그러므로 모멘트-면적법은 기울기가 작은 선형 탄성 보에만 유효하다.

모멘트-면적 제1정리

제1정리를 유도하기 위해 곡률이 양인 구간에 있는 보의 처짐 곡선에서 일부분 AB를 생각해보자(그림 9-22). 물론 그림에 나타난 처짐과 기울기는 이해를 돕기 위해 매우 확대되었다. 점 A에서 처짐 곡선의 접선 AA'는 x축과 θ_A의 각도를 이루고, 점 B에서 접선 BB'는 x축과 θ_B의 각도를 이룬다. 이 두 접선은 점 C에서 만난다.

두 접선 사이의 각도를 $\theta_{B/A}$라 하면, 이것은 θ_B와 θ_A의 차이와 같다.

$$\theta_{B/A} = \theta_B - \theta_A \tag{9-69}$$

그러므로 각도 $\theta_{B/A}$는 A점의 접선을 기준으로 하여 잰 B점의 접선 각도라고 할 수 있다. 각도 θ_A와 θ_B는 각각 점 A와 B에서 보 축선의 회전각인데, 각 점에서의 기울기와도 같다는 사실에 주목하라. 왜냐하면 실제 문제에서 기울기와 각도는 매우 작은 양이기 때문이다.

다음으로, 보의 처짐 곡선 상에 있는 두 점 m_1과 m_2를 생각해보자(그림 9-22). 이 점들은 아주 짧은 거리 ds만큼 떨어져 있다. 각 점에서 처짐 곡선에 대한 접선들이 그림에서 직선 m_1p_1과 m_2p_2로 나타나 있다. 이 접선들에 대한 법선들은 처짐 곡선의 곡률중심에서 만난다(이 그림에는 나타나 있지 않음).

법선 사이의 각도 $d\theta$는(그림 9-22) 다음 식으로 주어진다.

$$d\theta = \frac{ds}{\rho} \tag{9-70a}$$

여기서 ρ는 곡률 반지름이고, $d\theta$는 라디안으로 잰 각도이다[식 (9-2) 참조]. 법선들과 접선들(m_1p_1과 m_2p_2)은 수직이기 때문에 접선들 사이의 각도 또한 $d\theta$와 같다는 사실을 알 수 있다.

회전각이 작은 보에서는 9.2절에서 설명했듯이 ds를 dx로 대치할 수 있다. 따라서

$$d\theta = \frac{dx}{\rho} \tag{9-70b}$$

또한 식 (9-10)으로부터 다음 식을 알고 있다.

$$\frac{1}{\rho} = \frac{M}{EI} \tag{9-71}$$

그러므로

$$d\theta = \frac{Mdx}{EI} \tag{9-72}$$

여기서 M은 굽힘모멘트이고, EI는 보의 굽힘 강성이다.

Mdx/EI의 값은 간단한 기하학적 의미가 있다. 이를 알아보기 위해 보의 바로 아래에 M/EI 선도를 그려놓은 그림 9-22를 참조하라. x축 선상의 어떠한 점에서도 이 선도의 높이는 그 점에서의 굽힘모멘트 M을 그 점에서의 굽힘 강성 EI로 나눈 값과 같다. 그래서 EI가 일정하다면 M/EI 선도는 굽힘모멘트 선도와 모양이 같다. Mdx/EI 항은 M/EI 선도 안에서 폭이 dx인 음영부분의 면적이다(그림 9-22에 서 처짐 곡선의 곡률이 양이므로 굽힘모멘트 M과 M/EI 선도의 면적도 양임을 유의하라).

이제 처짐 곡선상의 점 A와 B 사이에서 식 (9-72)로 주어진 $d\theta$를 적분한다.

$$\int_A^B d\theta = \int_A^B \frac{Mdx}{EI} \tag{9-73}$$

이를 계산하면 좌변의 적분은 $\theta_B - \theta_A$가 되는데, 이것은 식 (9-69)로 주어진 B와 A에서의 접선들 사이의 각도 $\theta_{B/A}$와 같다.

식 (9-73)에서 우변의 적분은 A와 B 사이에서 M/EI 선도의 면적과 같다(M/EI 선도의 면적은 대수적인 값으로, 굽힘모멘트가 양이냐 음이냐에 따라서 이 값도 양이나 음이 될 수 있다는 사실에 주목하라).

이제 식 (9-73)을 다음과 같이 쓸 수 있다.

$$\begin{aligned}\theta_{B/A} &= \int_A^B \frac{Mdx}{EI} \\ &= M/EI \text{ 선도에서 } A\text{와 } B \text{ 사이의 면적}\end{aligned} \tag{9-74}$$

이 방정식은 다음과 같은 정리로 요약할 수 있다.

모멘트-면적 제1정리: 두 점 A와 B에서 처짐 곡선의 접선들이 이루는 각도 $\theta_{B/A}$는 M/EI 선도에서 이 두 점 사이의 면적과 같다.

위의 정리를 유도하는 데 사용된 부호규약은 다음과 같다.

1. 각도 θ_A와 θ_B는 반시계방향이 양이다.
2. 접선들 사이의 각도 $\theta_{B/A}$는 각도 θ_B가 각도 θ_A 보다 대수적으로 클 때 양이다. 또한 점 B는 점 A보다 오른쪽에 위치해야 한다는 사실에 주목하라. 즉, B점은 보의 축선인 x방향을 더 많이 따라가야 나오게 된다.
3. 굽힘모멘트 M은 우리가 보통 사용하는 부호규약을 따른다. 즉, 보의 윗부분에 압축이 생길 때 M이 양이다.
4. M/EI 선도의 면적은 굽힘모멘트가 양이냐 음이냐에 따라 양 또는 음의 부호가 붙는다. 만약 굽힘모멘트 선도의 일부가 양이고 일부는 음이라면, 이에 상응하는 M/EI 선도 부분도 부호가 동일하다.

θ_A, θ_B, $\theta_{B/A}$에 대한 위의 부호규약은 실제로는 가끔 무시되기도 하는데, 이는 보와 그 하중에 대한 검토로부터 회전각의 방향을 명백하게 알 수 있기 때문이다. 이런 경우에는 모멘트-면적 제1정리를 적용할 때 부호를 무시하고 절댓값만을 사용하여 계산을 단순화할 수 있다.

모멘트-면적 제2정리

이제 회전각보다는 주로 처짐과 관련이 있는 제2정리에 대해 논의한다. 점 A와 B 사이의 처짐 곡선을 다시 한번 생각해보자(그림 9-23). 점 A에서 접선을 긋고 그것이 점 B를 지나는 수직선과 만나는 점을 B_1이라고 하자. 점 B와 B_1 사이의 수직거리가 그림에 $t_{B/A}$라고 표시되어 있다. 이 거리를 A의 접선에 대한 B의 **접선편차(tangetial deviation)**라고 한다. 좀 더 정확히 말하자면, 거리 $t_{B/A}$는 처짐 곡선상에서 점 A의 접선으로부터 점 B의 수직편차(vertical deviation)이다. 점 B가 A의 접선보다 위에 있으면 접선편차는 양이다.

접선편차를 구하기 위해, 처짐 곡선상에서 짧은 거리만큼 떨어진 두 점 m_1과 m_2를 다시 선택하여 생각해보자(그림 9-23). 이 두 점의 접선들 사이의 각도는 $d\theta$이고, 직선 BB_1에서 이 두 접선 사이의 거리는 dt이다. 접선들과 x축 사이의 각도는 실제로 대단히 작기 때문에, 수직거리 dt는 $x_1 d\theta$와 같음을 알 수 있는데, 여기서 x_1은 점 B를 지나는 수직선에서 미소 요소 m_1m_2까지의 수평거리이다. $d\theta = Mdx/EI$[식 (9-72)]이므로, 거리 dt는 다음과 같다.

$$dt = x_1 d\theta = x_1 \frac{Mdx}{EI} \tag{9-75}$$

거리 dt는 미소 요소 m_1m_2가 굽음으로써 접선편차 $t_{B/A}$가 증가하는 양을 나타낸다. 위 식의 우변 x_1Mdx/EI를 기하학적으로 해석하자면, M/EI 선도에서 폭이 dx인 음영 부분의 면적 1차 모멘트라고 할 수 있다. 이 1차 모멘트는 점 B를 지나는 수직선에 관한 면적 1차 모멘트이다.

식 (9-75)를 점 A에서 B까지 적분하면, 다음 식을 얻는다.

$$\int_A^B dt = \int_A^B x_1 \frac{Mdx}{EI} \tag{9-76}$$

좌변의 적분은 $t_{B/A}$이다. 즉, 점 A의 접선으로부터 점 B의 편차와 같다. 우변의 적분은 M/EI 선도에서 A와 B 사이 면적의 점 B를 지나는 수직선에 관한 1차 모멘트를 나타낸

그림 9-23
모멘트-면적 제2정리의 유도

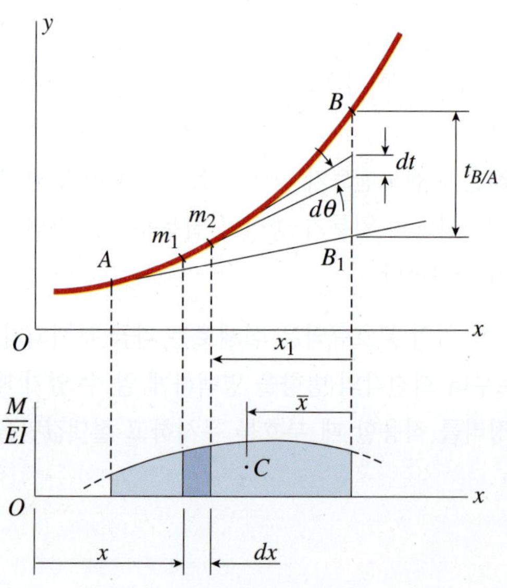

다. 그러므로 식 (9-76)을 다음과 같이 쓸 수 있다.

$$t_{B/A} = \int_A^B x_1 \frac{Mdx}{EI} \tag{9-77}$$

$= M/EI$ 선도에서 점 A와 B 사이 면적의 B를 지나는 연직선에 관한 1차 모멘트

이 식이 제2정리를 나타낸다.

모멘트-면적 제2정리: 점 A의 접선으로부터 점 B의 접선편차 $t_{B/A}$는 M/EI 선도에서 A와 B 사이 면적의 B를 지나는 수직선에 관한 1차 모멘트와 같다.

만약 굽힘모멘트가 양이면, 점 B가 점 A의 오른쪽에 있다는 가정하에 M/EI 선도의 면적 1차 모멘트 또한 양이다. 이 조건하에서는 접선편차 $t_{B/A}$는 양이고 (그림 9-23에 보이는 바와 같이) 점 B는 점 A의 접선 위쪽에 있다. 만약 x방향으로 A에서 B로 움직일 때 M/EI 선도의 면적이 음이면, 면적 1차 모멘트 또한 음이고 접선편차가 음이며, 이것은 점 B가 A의 접선 아래쪽에 있음을 의미한다.

M/EI 선도의 면적 1차 모멘트는 선도의 면적과 B를 지나는 수직선으로부터 면적의 도심 C까지의 거리를 곱함으로써 얻어진다(그림 9-23). 이 과정이 적분하는 것보다 보통 더 편리한데, M/EI 선도는 보통 직사각형, 삼각형, 포물선 모양과 같이 기하학적으로 익숙한 형태로 구성되어 있기 때문이다. 그런 형태에 대한 면적과 도심거리가 부록 E에 표로 정리되어 있다.

해석 방법으로서 모멘트-면적은 비교적 단순한 종류의 보에만 적합하다. 그러므로 보가 위쪽으로 처질지 아래쪽으로 처질지, 그리고 회전각이 시계방향인지 반시계방향인지는 보통 명백하다. 따라서 앞의 접선편차에서 설명했던 형식적인(다소 어색하기도 한) 부호규약을 따라야 할 일은 거의 없다. 모멘트-면적법을 적용할 때, 방향은 문제를 보고 직접적으로 알 수 있으므로 절댓값만을 사용하여 계산할 수 있다.

예제 9-10

자유단에 집중 하중 P를 받고 있는 외팔보 AB의 자유단 B에서 회전각 θ_B와 처짐 δ_B를 구하라(그림 9-24). **참고:** 보의 길이는 L이고, 굽힘 강성 EI는 일정하다.

풀이

문제풀이 4단계 접근방법을 사용한다.

1. **개념화:** 보와 그 하중을 살펴보면, 회전각 θ_B는 시계방향이고 처짐 δ_B는 아래쪽이다(그림 9-24). 그러므로 모멘트-면적을 적용할 때 절댓값을 사용할 수 있다.

2. **분류:**

M/EI 선도: 굽힘모멘트 선도는 지지점에서의 모멘트가 $-PL$인 삼각형 모양이다. 굽힘 강성 EI가 상수이므로 M/EI 선도는 그림 9-24의 맨 마지막 부분에서처럼 굽힘모멘트 선도와 모양이 동일하다.

그림 9-24

예제 9-10: 집중 하중을 받는 외팔보

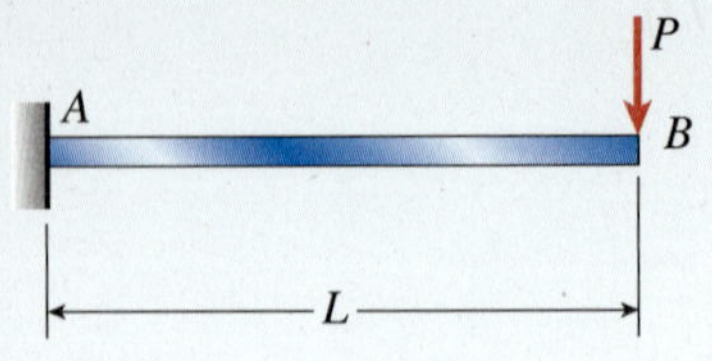

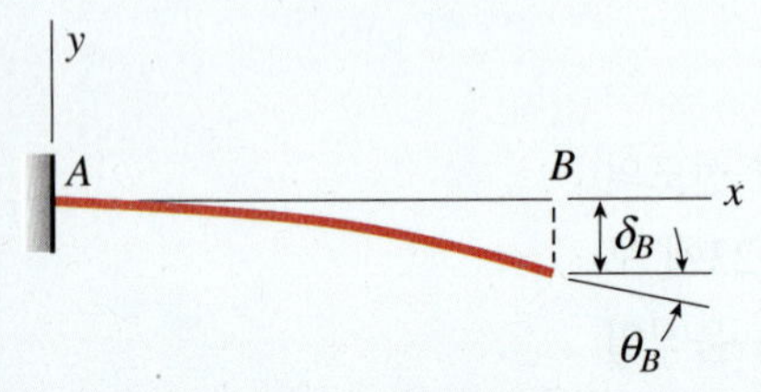

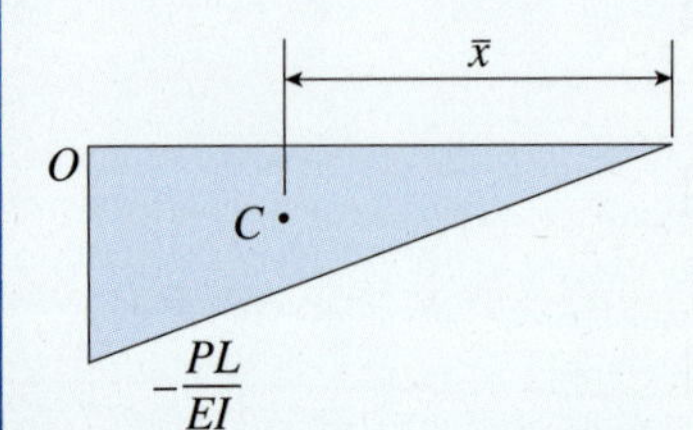

3. **해석:**

회전각: 모멘트 - 면적 제1정리로부터 점 B와 A의 접선들 사이의 각도 $\theta_{B/A}$는 M/EI 선도에서 이 두 점 사이의 면적과 같다. 이 면적을 A_1이라고 하면 다음과 같이 된다.

$$A_1 = \frac{1}{2}(L)\left(\frac{PL}{EI}\right) = \frac{PL^2}{2EI}$$

이 값은 면적의 절댓값이다.

점 A와 B 사이에서 상대적인 회전각은(제1정리로부터) 다음과 같다.

$$\theta_{B/A} = \theta_B - \theta_A = A_1 = \frac{PL^2}{2EI}$$

지지점 A에서 처짐 곡선의 접선은 수평이므로($\theta_A = 0$), 다음 식을 얻는다.

$$\theta_B = \frac{PL^2}{2EI} \qquad \text{(9-78)}$$

이 결과는 부록 H의 표 H-1에서 사례 4에 주어진 θ_B에 대한 공식과 일치한다.

처짐: 자유단에서의 처짐 δ_B는 모멘트 - 면적 제2정리로부터 구할 수 있다. 이 예제에서는 A의 접선으로부터 점 B의 접선편차 $t_{B/A}$가 처짐 δ_B와 같다(그림 9-24 참조). M/EI 선도에서 점 B를 지나는 수직선에 관한 면적 1차 모멘트는 다음과 같다.

$$Q_1 = A_1\bar{x} = \left(\frac{PL^2}{2EI}\right)\left(\frac{2L}{3}\right) = \frac{PL^3}{3EI}$$

이번에도 부호는 무시하고 절댓값만을 사용했음을 유의하라.

모멘트 - 면적 제2정리로부터 처짐 δ_B는 면적 1차 모멘트 Q_1과 같음을 알 수 있다. 그러므로

$$\delta_B = \frac{PL^3}{3EI} \qquad \text{(9-79)}$$

4. **최종 단계:** 이 결과는 표 H-1의 사례 4에 나타난 바와 같다.

예제 9-11

보의 오른쪽 절반에서만 세기 q인 등분포 하중이 작용하는 외팔보 ACB의 자유단 B에서 회전각 θ_B와 처짐 δ_B를 구하라(그림 9-25). 참고: 보의 길이는 L이고, 굽힘 강성 EI는 일정하다.

풀이

문제풀이 4단계 접근방법을 사용한다.

1. **개념화:** 보의 끝점 B에서 처짐과 회전각의 방향은 그림 9-25b와 같다. 이 방향을

그림 9-25

예제 9-11: 보의 오른쪽 절반에만 등분포 하중을 받는 외팔보

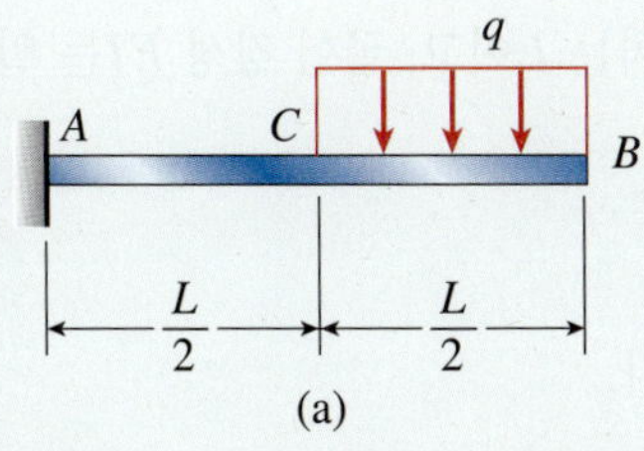

(a)

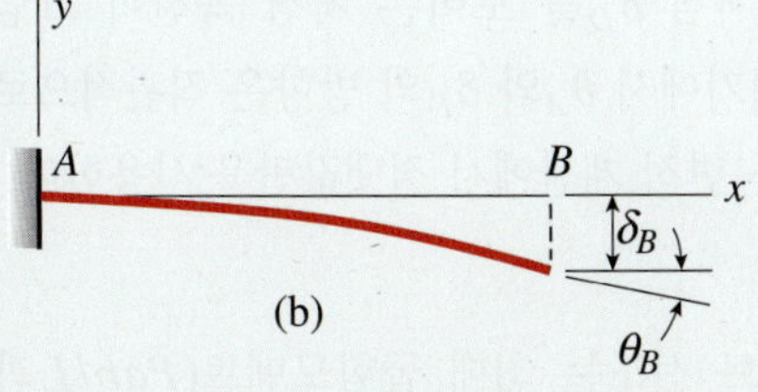

(b)

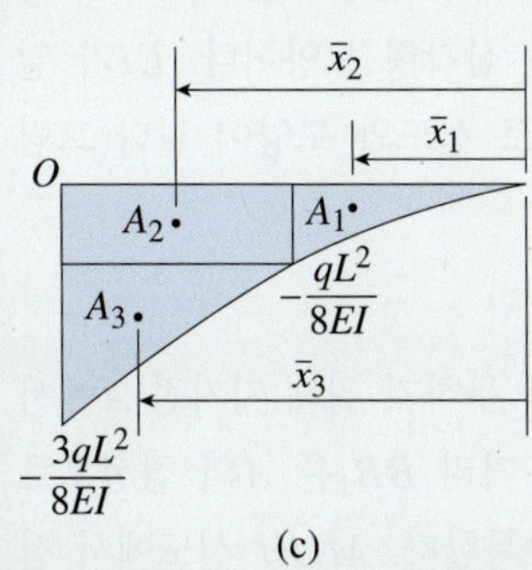

(c)

미리 알기 때문에 모멘트-면적법에서 절댓값만을 가지고 계산한다.

2. 분류:

M/EI 선도: 굽힘모멘트 선도는 등분포 하중이 작용하는 구간에서의 포물선 형태와 보의 왼쪽 절반 에서의 직선으로 구성되어 있다. EI가 일정하므로 M/EI 선도는 모양이 동일하다(그림 9-25c 참조). 점 A와 C에서 M/EI 값은 각각 $-3qL^2/8EI$와 $-qL^2/8EI$이다.

3. 해석:

회전각: M/EI 선도의 면적을 계산하고자 할 때 선도를 면적 A_1의 포물선형 아치, 면적 A_2의 직사각형, 면적 A_3의 삼각형, 이와 같이 세 부분으로 나누면 편리하다. 이 면적은 다음과 같다.

$$A_1 = \frac{1}{3}\left(\frac{L}{2}\right)\left(\frac{qL^2}{8EI}\right) = \frac{qL^3}{48EI} \quad A_2 = \frac{L}{2}\left(\frac{qL^2}{8EI}\right) = \frac{qL^3}{16EI}$$

$$A_3 = \frac{1}{2}\left(\frac{L}{2}\right)\left(\frac{3qL^2}{8EI} - \frac{qL^2}{8EI}\right) = \frac{qL^3}{16EI}$$

모멘트-면적 제1정리에 따르면, 점 A와 B의 접선들이 이루는 각도는 M/EI 선도에서 이 두 점 사이의 면적과 같다. A에서 회전각은 0이므로 회전각 θ_B는 그 선도의 면적과 같다고 할 수 있다. 따라서

$$\theta_B = A_1 + A_2 + A_3 = \frac{7qL^3}{48EI} \qquad \text{(9-80)}$$

처짐: 처짐 δ_B는 점 A의 접선에 대한 점 B의 접선편차이다(그림 9-25b). 그러므로 모멘트-면적 제2정리로부터 δ_B는 점 B를 지나는 수직선에 관한 M/EI 선도의 1차 모멘트와 같다.

$$\delta_B = A_1\bar{x}_1 + A_2\bar{x}_2 + A_3\bar{x}_3 \qquad \text{(a)}$$

여기서 $\bar{x}_1$, $\bar{x}_2$, $\bar{x}_3$는 각각 점 B를 지나는 수직선으로부터 각 면적의 도심까지의 거리이다. 이 거리는 다음과 같다.

$$\bar{x}_1 = \frac{3}{4}\left(\frac{L}{2}\right) = \frac{3L}{8} \quad \bar{x}_2 = \frac{L}{2} + \frac{L}{4} = \frac{3L}{4} \quad \bar{x}_3 = \frac{L}{2} + \frac{2}{3}\left(\frac{L}{2}\right) = \frac{5L}{6}$$

이들을 식 (a)에 대입하여 다음을 구한다.

$$\delta_B = \frac{qL^3}{48EI}\left(\frac{3L}{8}\right) + \frac{qL^3}{16EI}\left(\frac{3L}{4}\right) + \frac{qL^3}{16EI}\left(\frac{5L}{6}\right) = \frac{41qL^4}{384EI} \qquad \text{(9-81)}$$

4. 최종 단계: 이 예제는 복잡한 M/EI 선도에서 특성이 잘 알려진 몇 개의 부분으로 면적을 나누어서 면적과 1차 모멘트를 구하는 방법을 일러준다. 이 해석의 결과[식 (9-80)과 (9-81)]는 부록 H에서 표 H-1의 사례 3에 주어진 공식에 $a = b = L/2$를 대입하여 확인할 수 있다.

예제 9-12

그림 9-26

예제 9-12: 하나의 집중 하중을 받는 단순 보

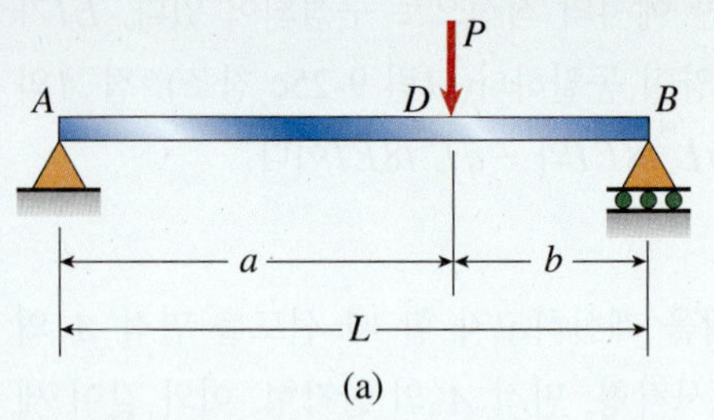

(a)

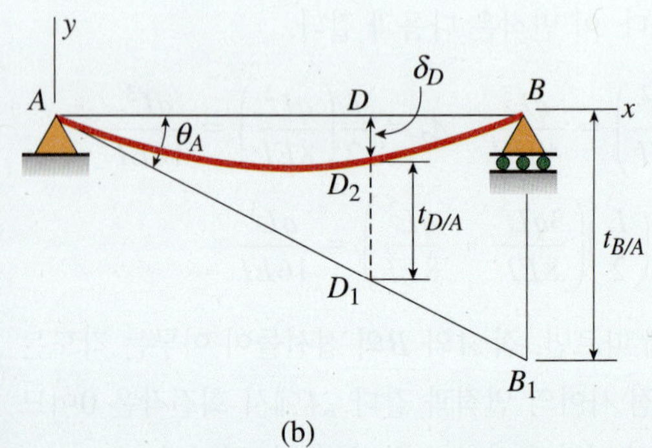

(b)

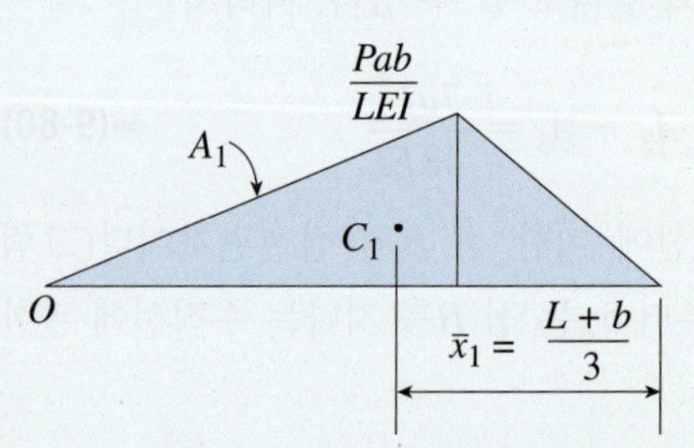

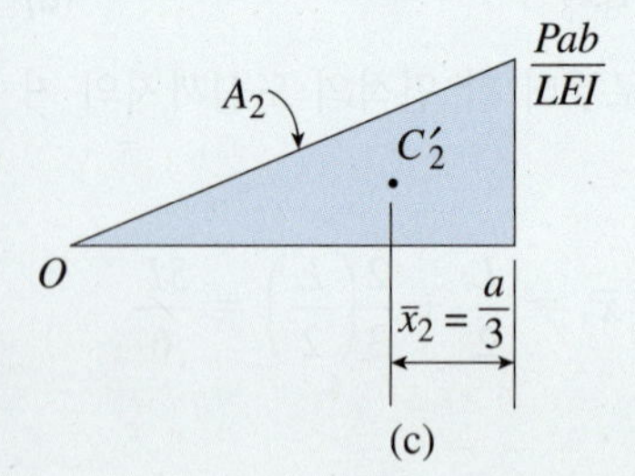

(c)

단순 보 ADB가 그림 9-26에 나타낸 위치에서 작용하는 집중 하중 P를 받고 있다. 지지점 A에서의 회전각 θ_A와 하중 P의 작용점에서 처짐 δ_D를 구하라(참고: 보의 길이는 L이고, 굽힘 강성 EI는 일정하다).

풀이

문제풀이 4단계 접근방법을 사용한다.

1. 개념화: 회전각 θ_A와 처짐 δ_D를 보이는 처짐 곡선이 그림 9-26b에 그려져 있다. 여기에서 θ_A와 δ_D의 방향은 직관적으로 결정되기 때문에 모멘트 – 면적 계산에서 절댓값만을 사용한다.

2. 분류:

M/EI 선도: 굽힘모멘트 선도는 최대 굽힘모멘트(Pab/L과 같음)가 하중 작용점에서 발생하는 삼각형 모양이다. EI가 일정하므로 M/EI 선도는 굽힘모멘트 선도와 모양이 같다(그림 9-26c 참조).

3. 해석:

지지점 A에서의 회전각: 이 각도를 구하기 위해 지지점 A에서 접선 AB_1을 긋는다. 그리고 나서 거리 BB_1은 A의 접선으로부터 점 B의 접선편차 $t_{B/A}$임을 주목한다. M/EI 선도에서 점 B를 지나는 수직선에 관한 면적 1차 모멘트를 계산하고 모멘트 – 면적 제2정리를 적용함으로써 이 거리를 구한다.

전체 M/EI 선도의 면적은 다음과 같다.

$$A_1 = \frac{1}{2}(L)\left(\frac{Pab}{LEI}\right) = \frac{Pab}{2EI}$$

이 면적의 도심 C_1은 점 B를 지나는 수직선으로부터 거리 $\bar{x}_1$에 있다(그림 9-26c 참조). 이 거리는 부록 E의 사례 3으로부터 구하는데, 다음과 같다.

$$\bar{x}_1 = \frac{L+b}{3}$$

그러므로 접선편차는

$$t_{B/A} = A_1\bar{x}_1 = \frac{Pab}{2EI}\left(\frac{L+b}{3}\right) = \frac{Pab}{6EI}(L+b)$$

이고, 각도 θ_A는 접선편차를 보의 길이로 나눈 값과 같다.

$$\theta_A = \frac{t_{B/A}}{L} = \frac{Pab}{6LEI}(L+b) \qquad \text{(9-82)}$$

이와 같이 지지점 A에서의 회전각을 구했다.

하중 작용점의 처짐: 그림 9-26b에 보인 바와 같이, 하중 P의 작용점에서 처짐

δ_D는 거리 DD_1에서 거리 D_2D_1을 뺀 값과 같다. 거리 DD_1은 회전각 θ_A와 거리 a의 곱과 같다. 따라서

$$DD_1 = a\theta_A = \frac{Pa^2b}{6LEI}(L + b) \tag{a}$$

거리 D_2D_1은 점 D에서의 접선편차 $t_{D/A}$이다. 즉, A의 접선으로부터 점 D의 편차이다. 모멘트–면적 제2정리로부터 이 거리는 M/EI 선도에서 점 A와 D 사이의 면적에 대해 D를 지나는 수직선에 관한 면적 1차 모멘트를 취함으로써 구할 수 있다(그림 9-26c 참조). M/EI 선도에서 이 부분의 면적은

$$A_2 = \frac{1}{2}(a)\left(\frac{Pab}{LEI}\right) = \frac{Pa^2b}{2LEI}$$

이고, 점 D를 지나는 수직선으로부터 도심까지의 거리는 다음과 같다.

$$\bar{x}_2 = \frac{a}{3}$$

따라서 점 D를 지나는 수직선에 관한 이 면적의 1차 모멘트는

$$t_{D/A} = A_2\bar{x}_2 = \left(\frac{Pa^2b}{2LEI}\right)\left(\frac{a}{3}\right) = \frac{Pa^3b}{6LEI} \tag{b}$$

이고, 점 D에서의 처짐은

$$\delta_D = DD_1 - D_2D_1 = DD_1 - t_{D/A}$$

이다. 식 (a)와 (b)를 여기에 대입하면 다음 식을 얻는다.

$$\delta_D = \frac{Pa^2b}{6LEI}(L + b) - \frac{Pa^3b}{6LEI} = \frac{Pa^2b^2}{3LEI} \tag{9-83}$$

4. 최종 단계: 식 (9-82)와 (9-83)에 해당하는 θ_A와 δ_D에 관한 공식은 부록 H에서 표 H-2의 사례 5에 주어진 공식을 사용하여 확인할 수 있다.

9.7 불균일 단면 보

앞 절에서 균일 단면 보의 처짐을 구할 때 사용했던 방법은 관성모멘트가 변화하는 보의 처짐을 구하는 데도 사용할 수 있다. 불균일 단면 보의 두 가지 예가 그림 9-27에 나타나 있다. 첫 번째 보는 두 개의 관성 모멘트를 가진 보이고, 두 번째 보는 관성 모멘트가 연속적으로 변하는 테이퍼 보이다. 두 가지 경우 다 굽힘모멘트가 가장 큰 구간에서 관성모멘트를 키워서 재료를 절약하려는 목적으로 만든 것이다.

Malcolm Fife/Getty Images

웹에 도려낸 구멍들이 있는 불균일 단면 보

불균일 단면 보를 해석하는 데 새로운 개념이 도입되는 것은 아니지만, 불균일 단면 보의 해석은 관성 모멘트가 일정한 균일 단면 보의 해석에 비해 더 복잡하다. 이때 사용할 수 있는 몇 가지 해법을 다음의 예제(예제 9-13과 9-14)에서 설명한다.

첫 번째 예제에서는(두 개의 관성모멘트를 갖는 단순 보), 처짐 곡선의 미

그림 9-27
관성모멘트가 변화하는 보(그림 5-25 참조)

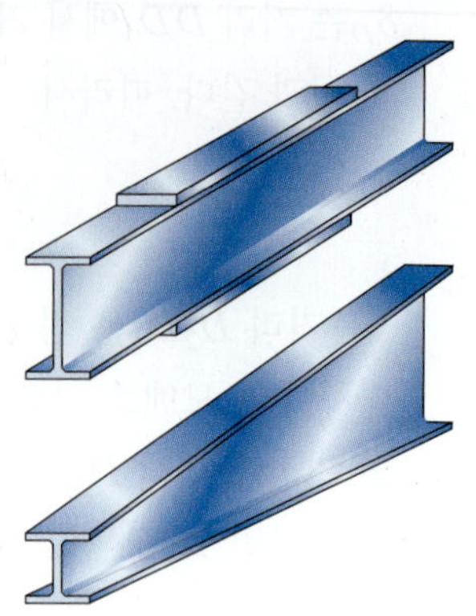

분 방정식을 풀어서 처짐을 구한다. 두 번째 예제에서는(두 개의 관성모멘트를 갖는 외팔보), 중첩법을 사용한다.

이러한 두 예제와 이 절의 Problems에서는 비교적 단순하고 이상적인 보를 다룬다. 좀 더 복잡한 보(테이퍼 보 등)를 다룰 때는 통상적으로 수치 해석법이 요구된다(보의 처짐을 수치적으로 계산하는 컴퓨터 프로그램은 쉽게 구할 수 있다).

예제 9-13

그림 9-28
예제 9-13: 두 개의 관성모멘트를 갖는 단순 보

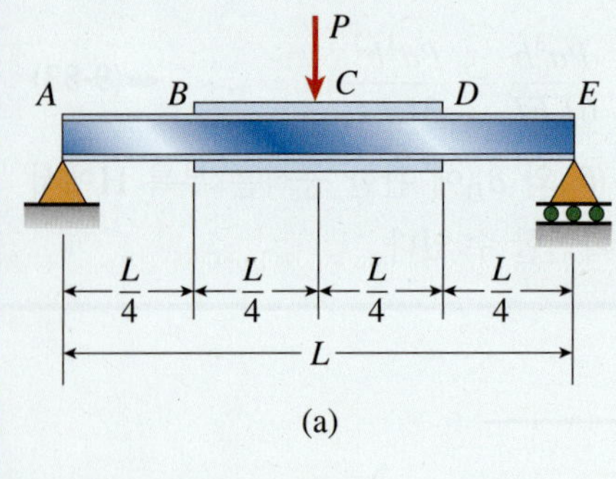

(a)

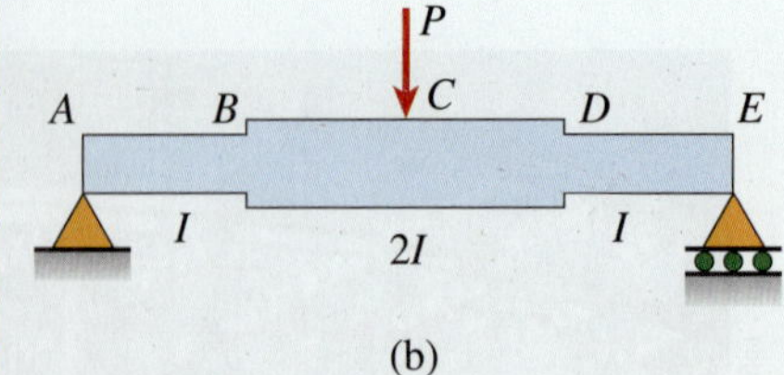

(b)

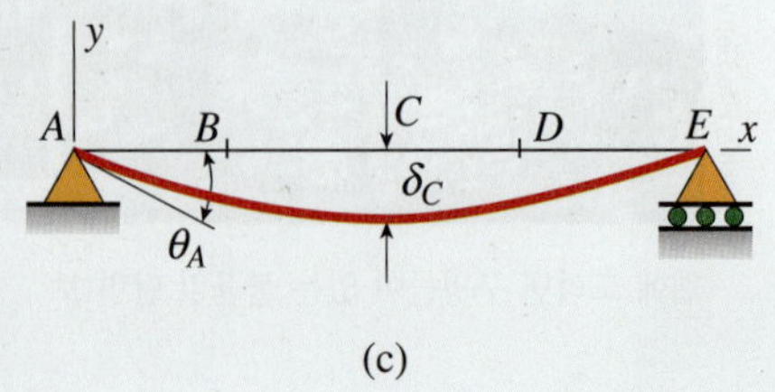

(c)

단순 보 $ABCDE$는 보의 가운데 절반에 걸쳐서 덮개판을 용접하여 붙인 넓은 플렌지형 보로 이루어져 있다(그림 9-28a). 덮개판으로 인해 관성 모멘트는 두 배가 되었다(그림 9-28b). 집중 하중 P가 보의 중간점 C에 작용한다.

처짐 곡선의 방정식을 구하고, 왼쪽 지지점에서의 회전각 θ_A와 중간점의 처짐 δ_C를 구하라(그림 9-28c).

풀이

문제풀이 4단계 접근방법을 사용한다. 효율적인 풀이를 위하여 필요에 따라 단계를 합한다.

1, 2. 개념화, 분류:

처짐 곡선의 미분 방정식: 이 예제에서는 굽힘모멘트 방정식, 즉 처짐 곡선에 관한 2계 미분 방정식[식 (9-16a)]을 적분하여 보의 기울기와 처짐을 구한다. 각 지지점에서의 반력은 $P/2$이므로 보의 왼쪽 절반에 걸쳐서 굽힘모멘트는 다음과 같다.

$$M = \frac{Px}{2} \qquad \left(0 \le x \le \frac{L}{2}\right) \tag{a}$$

그러므로 보의 왼쪽 절반에 대한 미분 방정식은 다음과 같다.

$$EIv'' = \frac{Px}{2} \qquad \left(0 \le x \le \frac{L}{4}\right) \tag{b}$$

$$E(2I)v'' = \frac{Px}{2} \qquad \left(\frac{L}{4} \le x \le \frac{L}{2}\right) \tag{c}$$

각 방정식을 두 번 적분하여 각 구간에 대한 기울기와 처짐의 식을 얻는다. 이 적분으로 인해 다음 4개의 조건으로부터 구할 수 있는 4개의 적분 상수가 생긴다.

- **경계 조건:** 지지점 A에서($x = 0$) 처짐은 0이다($v = 0$).
- **대칭 조건:** 점 C에서($x = L/2$) 기울기는 0이다($v' = 0$).
- **연속 조건:** 점 B에서($x = L/4$) 보의 AB 부분에서 구한 기울기는 보의 BC 부분에서 구한 기울기와 같다.
- **연속 조건:** 점 B에서($x = L/4$) 보의 AB 부분에서 구한 처짐은 보의 BC 부분에서 구한 처짐과 같다.

3. 해석:

보의 기울기: 식 (b)와 (c)의 미분 방정식을 각각 적분함으로써 보의 왼쪽 절반의 기울기에 대한 다음 식을 구한다.

$$v' = \frac{Px^2}{4EI} + C_1 \qquad \left(0 \le x \le \frac{L}{4}\right) \tag{d}$$

$$v' = \frac{Px^2}{8EI} + C_2 \qquad \left(\frac{L}{4} \le x \le \frac{L}{2}\right) \tag{e}$$

식 (e)에 **대칭 조건**을 적용하면 상수 C_2가 구해진다.

$$C_2 = -\frac{PL^2}{32EI}$$

그러므로 점 B와 C 사이에서 보의 기울기는[식 (e)로부터] 다음과 같다.

$$v' = -\frac{P}{32EI}(L^2 - 4x^2) \qquad \left(\frac{L}{4} \le x \le \frac{L}{2}\right) \tag{9-84}$$

이 식으로부터 관성모멘트가 I에서 $2I$로 변하는 점 B에서 처짐 곡선의 기울기를 구할 수 있다.

$$v'\left(\frac{L}{4}\right) = -\frac{3PL^2}{128EI} \tag{f}$$

점 B에서 처짐 곡선이 연속이므로 **연속 조건**을 사용할 수가 있고 식 (d)로부터 구한 점 B의 기울기를 식 (f)로 주어진 같은 점의 기울기와 등치시킬 수 있다. 이렇게 하여 적분 상수 C_1을 구한다.

$$\frac{P}{4EI}\left(\frac{L}{4}\right)^2 + C_1 = -\frac{3PL^2}{128EI} \quad \text{또는} \quad C_1 = -\frac{5PL^2}{128EI}$$

그러므로 점 A와 B 사이의 기울기는 다음과 같다[식 (d) 참조].

$$v' = -\frac{P}{128EI}(5L^2 - 32x^2) \qquad \left(0 \le x \le \frac{L}{4}\right) \tag{9-85}$$

지지점 A에서 $x = 0$이고, 회전각(그림 9-28c)은 다음과 같다.

$$\theta_A = -v'(0) = \frac{5PL^2}{128EI} \tag{9-86}$$

보의 처짐: 기울기에 관한 식[식 (9-85)와 (9-84)]을 적분함으로써 다음을 얻는다.

$$v = -\frac{P}{128EI}\left(5L^2x - \frac{32x^3}{3}\right) + C_3 \qquad \left(0 \le x \le \frac{L}{4}\right) \tag{g}$$

$$v = -\frac{P}{32EI}\left(L^2x - \frac{4x^3}{3}\right) + C_4 \qquad \left(\frac{L}{4} \le x \le \frac{L}{2}\right) \tag{h}$$

지지점에서의 **경계 조건**을 식 (g)에 적용하면, $C_3 = 0$을 얻는다. 그러므로 점 A와 B 사이의 처짐은[식 (g)로부터] 다음과 같다.

$$v = -\frac{Px}{384EI}(15L^2 - 32x^2) \qquad \left(0 \le x \le \frac{L}{4}\right) \tag{9-87}$$

이 식으로부터 점 B의 처짐을 구할 수 있다.

$$v\left(\frac{L}{4}\right) = -\frac{13PL^3}{1536EI} \tag{i}$$

점 B에서 처짐 곡선이 연속이기 때문에 **연속 조건**을 사용할 수 있고, 식 (h)로부터 구한 점 B의 처짐을 식 (i)로 주어진 처짐과 같게 놓을 수 있다.

$$-\frac{P}{32EI}\left[L^2\left(\frac{L}{4}\right) - \frac{4}{3}\left(\frac{L}{4}\right)^3\right] + C_4 = -\frac{13PL^3}{1536EI}$$

이것으로부터

$$C_4 = -\frac{PL^3}{768EI}$$

그러므로 점 B와 C 사이의 처짐은[식 (h)로부터] 다음과 같다.

$$v = -\frac{P}{768EI}(L^3 + 24L^2x - 32x^3) \qquad \left(\frac{L}{4} \le x \le \frac{L}{2}\right) \tag{9-88}$$

이렇게 하여 보의 왼쪽 절반에 대한 처짐 곡선의 방정식을 구했다(보의 오른쪽 절반에 대한 처짐은 대칭성을 이용하여 구할 수 있다).

마지막으로, 식 (9-88)에 $x = L/2$를 대입함으로써 중간점 C의 처짐을 구한다.

$$\delta_C = -v\left(\frac{L}{2}\right) = \frac{3PL^3}{256EI} \tag{9-89}$$

4. 최종 단계: 이제 요구된 값을 모두 구했으며, 불균일 단면 보의 해석이 완료되었다.

참고: 처짐을 구하기 위해 미분 방정식을 사용하는 것은 이 예제에서처럼 풀어야 할 방정식의 수가 한두 개로 제한될 때만, 그리고 적분이 쉽게 이루어질 때만 실제로 이용 가능하다. 테이퍼 보(그림 9-27)의 경우에는 관성모멘트가 x의 연속 함수이기 때문에 미분 방정식을 해석적으로 풀기가 매우 어렵다. 그런 경우에 미분 방정식은 상수 계수를 갖는 것이 아니라 변수 계수를 가지며, 수치해석법이 필요하다.

이 예제에서와 같이 보 단면의 치수가 갑작스럽게 변할 때, 그 변화가 일어나는 점에서 응력집중이 일어난다. 하지만 그 응력집중은 보의 작은 부분에만 영향을 주기 때문에 처짐에는 현저한 영향을 미치지 않는다.

예제 9-14

그림 9-29

예제 9-14: 두 개의 관성 모멘트를 갖는 외팔보

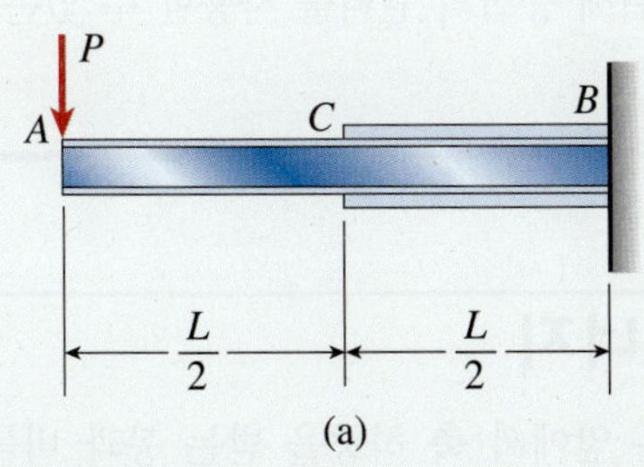

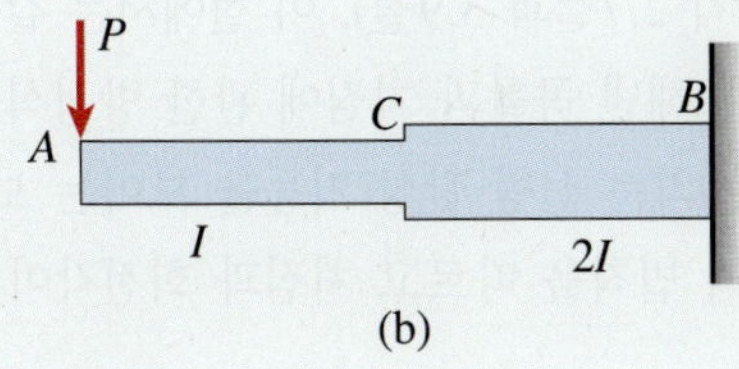

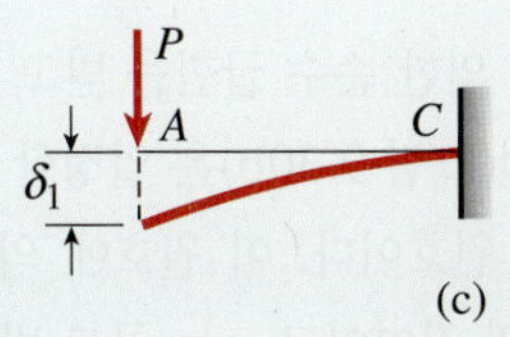

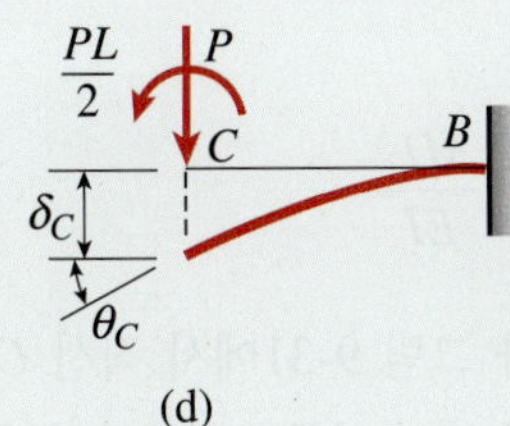

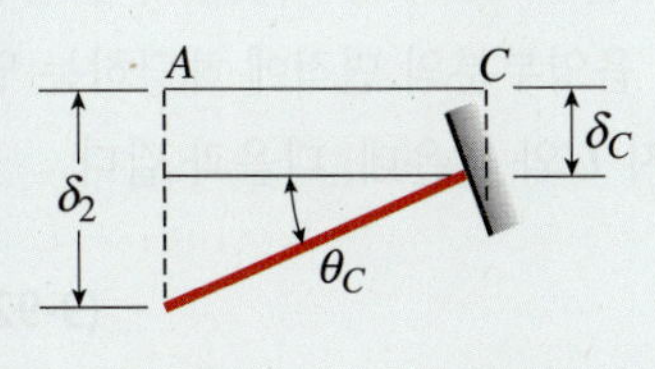

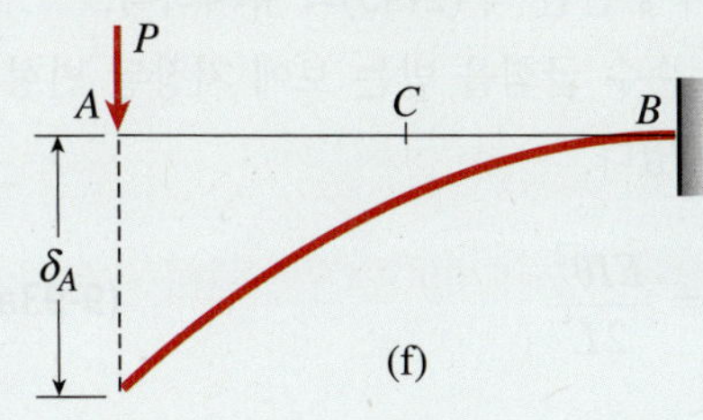

길이가 L이고 두 개의 관성 모멘트 I와 $2I$를 갖는 외팔보 ACB가 그 자유단 A에 집중 하중 P를 받고 있다(그림 9-29a, b).

자유단에서의 처짐 δ_A를 구하라.

풀이

문제풀이 4단계 접근방법을 사용한다.

1. 개념화: 이 예제에서는 보 자유단에서의 처짐 δ_A를 구하기 위해 중첩법을 사용할 것이다. 우선, 처짐이 두 부분으로 이루어져 있다는 사실을 알아차리는 것부터 시작한다. 즉, AC 부분의 굽힘으로 인한 처짐과 CB 부분의 굽힘으로 인한 처짐이다. 그 처짐을 각각 따로따로 구한 다음 중첩시켜 전체 처짐을 구한다.

2. 분류:

보의 AC 부분의 굽힘으로 인한 처짐: 보가 점 C에서 단단하게 고정되어 있어 그 점에서 처짐도 없고 회전각도 없다고 상상해보자(그림 9-29c). 이제 이 보의 점 A에서 처짐 δ_1을 계산한다. 보의 길이는 $L/2$이고 관성 모멘트는 I이므로, 처짐은(부록 H에서 표 H-1의 사례 4 참조) 다음과 같다.

$$\delta_1 = \frac{P(L/2)^3}{3EI} = \frac{PL^3}{24EI} \tag{a}$$

보의 CB 부분의 굽힘으로 인한 처짐: 보의 CB 부분도 외팔보(그림 9-29d)와 같이 처지면서 점 A의 처짐을 증가시킨다. 이 외팔보의 끝은 집중 하중 P와 모멘트 $PL/2$를 받는다. 그러므로 자유단에서 처짐 δ_C와 회전각 θ_C(그림 9-29d)는 다음과 같다(표 H-1의 사례 4와 6 참조).

$$\delta_C = \frac{P(L/2)^3}{3(2EI)} + \frac{(PL/2)(L/2)^2}{2(2EI)} = \frac{5PL^3}{96EI}$$

$$\theta_C = \frac{P(L/2)^2}{2(2EI)} + \frac{(PL/2)(L/2)}{2EI} = \frac{3PL^2}{16EI}$$

이 처짐과 회전각은 끝점 A의 처짐에 처짐 δ_2를 추가한다(그림 9-29e). 이제 또다시 AC 부분을 외팔보로 보는데, 이번에는 지지점(점 C에 있는)이 δ_C만큼 아래로 이동했고 각도 θ_C만큼 반시계방향으로 돌았다(그림 9-29e). 이 강체 변위들로 인해 끝점 A에 다음과 같은 아래 방향의 변위가 생기게 된다.

$$\delta_2 = \delta_C + \theta_C\left(\frac{L}{2}\right) = \frac{5PL^3}{96EI} + \frac{3PL^2}{16EI}\left(\frac{L}{2}\right) = \frac{7PL^3}{48EI} \tag{b}$$

(b)

3. 해석:

전체 처짐: 주어진 외팔보의 자유단 A에서 전체 처짐 δ_A는(그림 9-29f) 처짐 δ_1

과 δ_2의 합과 같다.

$$\delta_A = \delta_1 + \delta_2 = \frac{PL^3}{24EI} + \frac{7PL^3}{48EI} = \frac{3PL^3}{16EI} \qquad \text{(9-90)}$$

4. 최종 단계: 이 예제는 보의 처짐을 구하기 위해 중첩의 원리를 사용할 수 있는 많은 방법 중의 하나를 설명한다.

그림 9-30
우력 모멘트 M에 의한 순수 굽힘을 받는 보

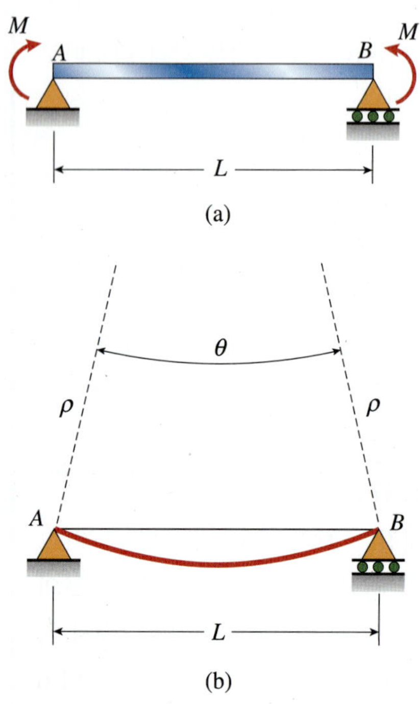

그림 9-31
굽힘모멘트 M과 각도 θ 사이의 선형 관계를 나타내는 선도

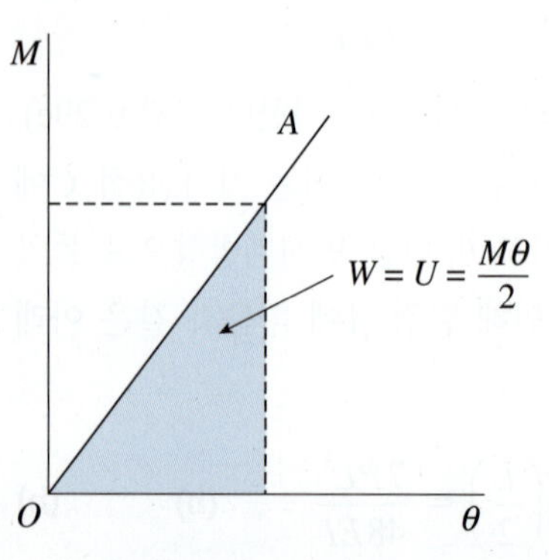

9.8 굽힘에 의한 변형 에너지

변형 에너지와 관련된 일반적인 개념은 앞에서 축 하중을 받는 봉과 비틀림을 받는 축을 논의하면서 모두 설명했다(각각 2.7절과 3.9절). 이 절에서는 같은 개념을 보에 적용한다. 이 장의 앞에서 유도해낸 곡률과 처짐에 관한 방정식을 사용할 것이므로 변형 에너지에 관한 이 논의는 선형 탄성 거동을 보이는 보에만 적용한다. 이 요구 조건은 재료가 후크의 법칙을 따르고 처짐과 회전각이 작아야 한다는 것을 의미한다.

각각의 크기가 M인 두 개의 우력 모멘트 작용에 의한 순수 굽힘을 받고 있는 단순 보 AB를 생각해보자(그림 9-30a). 처짐 곡선(그림 9-30b)은 일정한 곡률 $\kappa = M/EI$[식 (9-10) 참조]를 갖는 거의 평평한 원호이다. 이 원호에 의해 만들어진 중심 각 θ는 L/ρ와 같은데, 여기서 L은 보의 길이이고, ρ는 곡률 반지름이다. 그러므로

$$\theta = \frac{L}{\rho} = \kappa L = \frac{ML}{EI} \qquad \text{(9-91)}$$

모멘트 M과 각도 θ 사이의 선형 관계가 그림 9-31에서 직선 OA에 의해 도식적으로 나타나 있다. 양쪽 우력 모멘트들의 크기를 0에서부터 최댓값까지 점진적으로 증가시켜 가면, 그들은 직선 OA의 아래 음영부분의 면적에 해당하는 일 W를 수행한다. 이 일은 보에 저장된 변형 에너지 U와 같은데, 다음과 같다.

$$W = U = \frac{M\theta}{2} \qquad \text{(9-92)}$$

이 식은 축 하중을 받는 봉의 변형 에너지에 관한 식 (2-35)와 유사하다.

식 (9-91)과 (9-92)를 조합함으로써 순수 굽힘을 받는 보에 저장된 변형 에너지에 관한 식을 다음과 같이 표현할 수 있다.

$$U = \frac{M^2L}{2EI} \qquad U = \frac{EI\theta^2}{2L} \qquad \text{(9-93a,b)}$$

첫 번째 식은 작용한 모멘트 M의 항으로 변형 에너지를 표시한 것이고, 두 번째 식은 각도 θ의 항으로 변형 에너지를 표시한 것이다. 이 식은 축 하중을 받는 봉의 변형 에너지에 관한 식과 비슷한 형태를 하고 있다[식 (2-37a,b)].

만약 보의 굽힘모멘트가 그 길이에 걸쳐 일정하지 않고 변한다면(불균일 굽힘), 식 (9-93a,b)를 보의 미소 요소에 적용하고(그림 9-32) 그 다음에 보의 전

길이에 걸쳐 적분함으로써 변형 에너지를 구할 수 있다. 미소 요소의 길이는 dx이고 양쪽 옆면 사이의 각도 $d\theta$는 식 (9-6)과 (9-9)로부터 다음과 같이 된다.

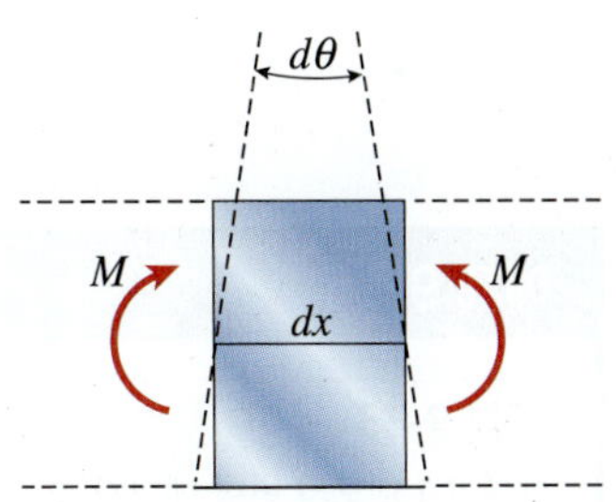

그림 9-32

굽힘모멘트 M을 받고 있는 보의 미소 요소

$$d\theta = \kappa dx = \frac{d^2 v}{dx^2} dx \quad \textbf{(9-94a)}$$

그러므로 미소 요소의 변형 에너지 dU는 다음 식들과 같이 된다[식 (9-93a,b) 참조].

$$dU = \frac{M^2 dx}{2EI} \quad dU = \frac{EI(d\theta)^2}{2dx} = \frac{EI}{2dx}\left(\frac{d^2 v}{dx^2} dx\right)^2 = \frac{EI}{2}\left(\frac{d^2 v}{dx^2}\right)^2 dx \quad \textbf{(9-94b,c)}$$

위의 식을 보의 길이 전체에 걸쳐 적분함으로써 보에 저장된 변형 에너지를 다음과 같은 형태로 나타낼 수 있다.

$$U = \int \frac{M^2 dx}{2EI} \quad U = \int \frac{EI}{2}\left(\frac{d^2 v}{dx^2}\right)^2 dx \quad \textbf{(9-95a,b)}$$

M은 보의 굽힘모멘트이고 x의 함수로서 변한다는 점을 유의하라. 굽힘모멘트가 알려져 있을 때는 첫 번째 식을 사용하고, 처짐 곡선에 관한 방정식이 알려져 있을 때는 두 번째 식을 사용한다(예제 9-15와 9-16은 이 식들의 사용을 설명한다).

식 (9-95a,b)를 유도하는 과정에서 굽힘모멘트의 효과만을 다루었다. 만약 전단력도 있다면, 보에는 추가적인 변형 에너지가 저장될 것이다. 하지만 보의 길이가 깊이보다 엄청 큰 경우(즉, $L/d > 8$) 전단에 의한 변형 에너지는 비교적 작다(굽힘에 의한 변형 에너지에 비해). 그러므로 대부분의 보에서 전단에 의한 변형 에너지는 무시해도 안전하다.

하나의 하중에 의한 처짐

만약 보가 하나의 하중만을 받는다면, 집중 하중 P든지 또는 우력 모멘트 M_0든지, 각각 거기에 상응하는 처짐 δ나 또는 회전각 θ는 보의 변형 에너지로부터 구할 수 있다.

집중 하중을 받는 보의 경우, 이에 **상응하는 처짐** δ는 그 하중이 작용하는 점에서 보의 처짐을 말한다. 그 처짐은 하중의 작용선에 따라서 측정한 거리이고 하중 방향을 양으로 한다.

우력 모멘트를 하중으로 받는 보의 경우, 이에 **상응하는 회전각** θ는 그 우력 모멘트가 작용하는 점에서 보의 회전각이다.

보의 변형 에너지는 하중이 한 일과 같다. 여기에서 δ와 θ가 각각 P와 M_0에 상응한다. 따라서 다음 식을 얻을 수 있다.

$$U = W = \frac{P\delta}{2} \quad U = W = \frac{M_0 \theta}{2} \quad \textbf{(9-96a,b)}$$

첫 번째 식은 보가 **오로지** 힘 P만을 받을 때 적용하는 것이고, 두 번째 식은 보가 **오로지** 우력 모멘트 M_0만을 받을 때 적용하는 것이다. 식 (9-96a,b)로부터 다음 식을 얻는다.

$$\delta = \frac{2U}{P} \quad \theta = \frac{2U}{M_0} \quad \textbf{(9-97a,b)}$$

2.7절에서 설명했듯이 처짐과 회전각을 구하는 이 방법은 그 적용이 극히 제한적인데, 왜냐하면 오로지 하나의 처짐(또는 하나의 회전각)만을 구할 수 있기 때문이다. 게다가 구할 수 있는 유일한 처짐(또는 회전각)은 그 하중(또는 우력)에 상응하는 것뿐이다. 그럼에도 불구하고 이 방법은 경우에 따라 유용하게 쓰이는데, 이를 예제 9-16에서 설명한다.

예제 9-15

그림 9-33

예제 9-15: 보의 변형 에너지

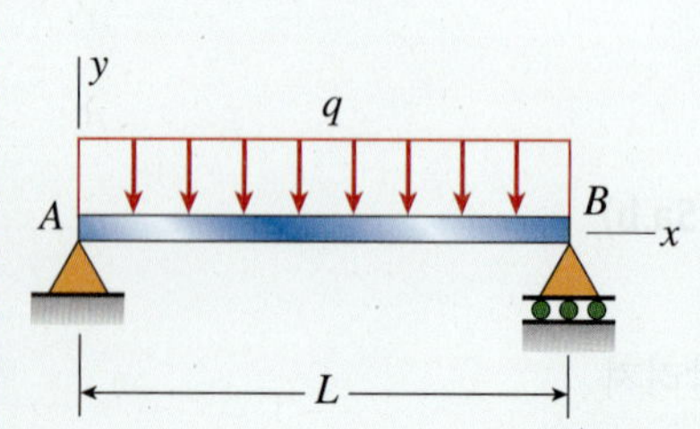

길이 L인 단순 보 AB가 세기 q인 등분포 하중을 받고 있다(그림 9-33). (a) 보의 굽힘모멘트로부터 보의 변형 에너지를 계산하라. (b) 처짐 곡선의 방정식으로부터 보의 변형 에너지를 계산하라(참고: 보의 굽힘 강성 EI는 일정하다).

풀이

문제풀이 4단계 접근방법을 사용한다. 효율적인 풀이를 위하여 필요에 따라 단계를 합한다.

Part (a): 굽힘모멘트로부터 계산한 변형 에너지

1, 2. 개념화, 분류: 지지점 A에서 보의 반력은 $qL/2$이고, 따라서 보의 굽힘모멘트에 관한 식은 다음과 같다.

$$M = \frac{qLx}{2} - \frac{qx^2}{2} = \frac{q}{2}(Lx - x^2) \qquad \text{(a)}$$

3. 해석: 보의 변형 에너지는[식 (9-95a)로부터] 다음과 같다.

$$U = \int_0^L \frac{M^2 dx}{2EI} = \frac{1}{2EI}\int_0^L \left[\frac{q}{2}(Lx - x^2)\right]^2 dx = \frac{q^2}{8EI}\int_0^L (L^2x^2 - 2Lx^2 + x^4)dx \qquad \text{(b)}$$

이로부터 다음을 얻는다.

$$U = \frac{q^2L^5}{240EI} \qquad \text{(9-98)}$$

하중 q가 제곱이 되어 나타나는데 이것은 변형 에너지가 항상 양이라는 사실과 일치한다는 점을 유의하라. 또한, 식 (9-98)은 보가 선형 탄성 거동을 보이더라도 변형 에너지는 하중의 선형 함수가 아니라는 것을 보여준다.

Part (b): 처짐 곡선으로부터 계산한 변형 에너지

1, 2. 개념화, 분류: 등분포 하중을 받는 단순 보의 처짐 곡선에 대한 방정식은 부록 H에 있는 표 H-2의 사례 1에 다음과 같이 주어져 있다.

$$v = -\frac{qx}{24EI}(L^3 - 2Lx^2 + x^3) \qquad \text{(c)}$$

3. 해석: 이 식을 두 번 미분함으로써 다음 식을 얻는다.

$$\frac{dv}{dx} = -\frac{q}{24EI}(L^3 - 6Lx^2 + 4x^3) \qquad \frac{d^2v}{dx^2} = \frac{q}{2EI}(Lx - x^2)$$

뒤의 식을 변형 에너지에 관한 식[식 (9-95b)]에 대입하면 다음 식을 얻는다.

$$U = \int_0^L \frac{EI}{2}\left(\frac{d^2v}{dx^2}\right)^2 dx = \frac{EI}{2}\int_0^L \left[\frac{q}{2EI}(Lx - x^2)\right]^2 dx \qquad \text{(d)}$$

$$= \frac{q^2}{8EI}\int_0^L (L^2x^2 - 2Lx^3 + x^4)dx$$

4. 최종 단계: 이 식에 있는 최종 적분은 식 (b)에 있는 최종 적분과 같으므로 앞의 결과[식 (9-98)]와 동일한 결과를 얻을 수 있다.

예제 9-16

그림 9-34

예제 9-16: 보의 변형 에너지

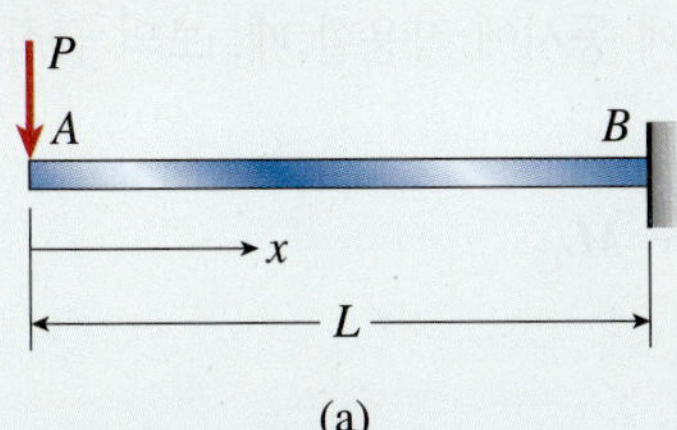

(a)

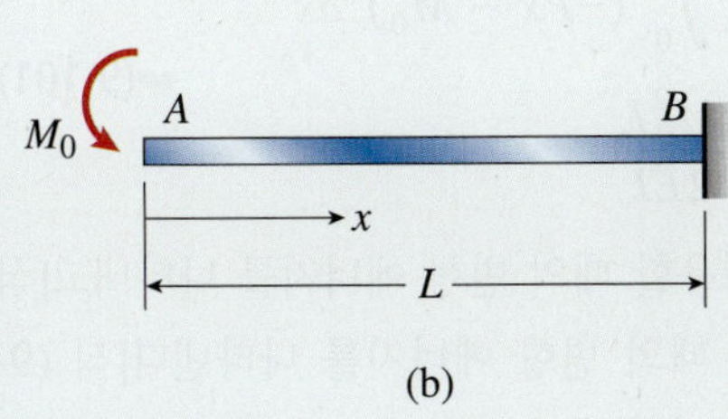

(b)

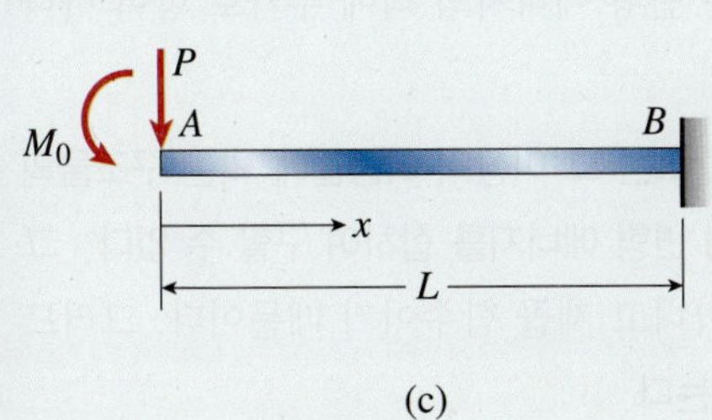

(c)

외팔보 AB(그림 9-34)가 세 가지 하중 조건에 처해 있다. (a) 자유단에 집중 하중 P, (b) 자유단에 우력 모멘트 M_0, (c) 상기 두 하중이 동시에 작용한다.

위의 각 하중 조건에 대해 보의 변형 에너지를 구하라. 또한 하중 P가 혼자서 작용할 때(그림 9-34a) 보의 끝점 A에서의 수직 처짐 δ_A를 구하고, 우력 모멘트 M_0가 혼자서 작용할 때(그림 9-34b) 보의 끝점 A에서의 회전각 θ_A를 구하라(참고: 보의 굽힘 강성 EI는 일정하다).

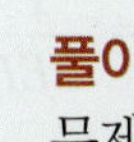

풀이

문제풀이 4단계 접근방법을 사용한다. 효율적인 풀이를 위하여 필요에 따라 단계를 합한다.

Part (a): 집중 하중 P를 받는 보

1, 2. 개념화, 분류: 자유단으로부터 거리 x에서 보(그림 9-34a)의 굽힘모멘트는 $M = -Px$이다. M에 관한 이 식을 식 (9-95a)에 대입하면, 보의 변형 에너지에 관한 다음 식을 얻는다.

$$U = \int_0^L \frac{M^2 dx}{2EI} = \int_0^L \frac{(-Px)^2 dx}{2EI} = \frac{P^2L^3}{6EI} \qquad \text{(9-99)}$$

3. 해석: 하중 P에 의한 수직 처짐 δ_A를 구하기 위해 하중이 한 일과 변형 에너지를 같다고 놓는다.

$$W = U \text{ 또는 } \frac{P\delta_A}{2} = \frac{P^2L^3}{6EI}$$

이것으로부터

$$\delta_A = \frac{PL^3}{3EI}$$

처짐 δ_A는 이 해법으로 구한 유일한 처짐인데, 왜냐하면 그것이 하중 P에 상응하는 유일한 처짐이기 때문이다.

Part (b): 우력 모멘트 M_0를 받는 보

1, 2. 개념화, 분류: 이 경우에는 굽힘모멘트(그림 9-34b)가 일정하고 $-M_0$와 같다.

그러므로 변형 에너지는[식 (9-95a)로부터] 다음과 같이 된다.

$$U = \int_0^L \frac{M^2 dx}{2EI} = \int_0^L \frac{(-M_0)^2 dx}{2EI} = \frac{M_0^2 L}{2EI} \quad \text{(9-100)}$$

3. 해석: 우력 모멘트 M_0가 보에 작용하는 동안 한 일 W는 $M_0\theta_A/2$인데, 여기서 θ_A는 끝점 A의 회전각이다. 그러므로

$$W = U \text{ 또는 } \frac{M_0\theta_A}{2} = \frac{M_0^2 L}{2EI}$$

그리고

$$\theta_A = \frac{M_0 L}{EI}$$

회전각은 우력 모멘트와 방향이 같다(이 예제에서는 반시계방향).

Part (c): 두 하중을 동시에 받는 보

1, 2. 개념화, 분류: 두 하중이 보(그림 9-34c)에 동시에 작용할 때, 보의 굽힘모멘트는 다음과 같다.

$$M = -Px - M_0$$

3. 해석: 그러므로 변형 에너지는 다음과 같다.

$$U = \int_0^L \frac{M^2 dx}{2EI} = \frac{1}{2EI} \int_0^L (-Px - M_0)^2 dx$$
$$= \frac{P^2 L^3}{6EI} + \frac{PM_0 L^2}{2EI} + \frac{M_0^2 L}{2EI} \quad \text{(9-101)}$$

이 결과의 첫 번째 항은 하중 P가 혼자서 작용할 때의 변형 에너지를 나타내고[식 (9-99)], 마지막 항은 M_0가 혼자서 작용할 때의 변형 에너지를 나타낸다[식 (9-100)]. 하지만 두 하중이 동시에 작용할 때는 변형 에너지의 식에 추가로 항이 하나 더 나타난다.

4. 최종 단계: 그러므로 동시에 작용하는 두 개 또는 그 이상의 하중들에 의한 구조물의 변형 에너지는 각 하중이 따로따로 작용할 때의 변형 에너지를 합하여 구할 수 없다. 그 이유는 변형 에너지가 하중의 선형 함수가 아니고 제곱 함수이기 때문이다. 그러므로 중첩의 원리가 변형 에너지에는 적용되지 않는다.

두 개 또는 그 이상의 하중을 받는 보의 처짐을 계산할 때 하중들이 한 일과 변형 에너지를 등치시켜서는 처짐을 올바로 구할 수 없다는 사실을 알 수 있다. 예를 들어, 그림 9-34c의 보에서 일과 에너지를 등치시키면 다음 식을 얻는다.

$$W = U \text{ 또는 } \frac{P\delta_{A2}}{2} + \frac{M_0\theta_{A2}}{2} = \frac{P^2 L^3}{6EI} + \frac{PM_0 L^2}{2EI} + \frac{M_0^2 L}{2EI} \quad \text{(a)}$$

여기서 δ_{A2}와 θ_{A2}는 두 하중이 동시에 작용할 때(그림 9-34c) 보의 끝점 A에서의 처짐과 회전각을 나타낸다. 비록 두 하중이 한 일이 변형 에너지와 같고 식 (a)가 정확하다고 하더라도, 단 하나의 방정식에 두 개의 미지수가 있기 때문에 δ_{A2}나 θ_{A2}에 대한 해를 구할 수 없다.

*9.9 카스틸리아노의 정리

카스틸리아노의 정리(Castigliano's theorem)는 구조물의 변형 에너지로부터 구조물의 처짐을 구하는 수단을 제공한다. 이를 이해하기 위해 자유단에 집중 하중 P를 받는 외팔보를 생각해보자(그림 9-35a). 이 보의 변형 에너지는 예제 9-16의 식 (9-99)로부터 구할 수 있다.

$$U = \frac{P^2L^3}{6EI} \tag{9-102a}$$

이 식을 하중 P에 관해 미분하면 다음과 같다.

$$\frac{dU}{dP} = \frac{d}{dP}\left(\frac{P^2L^3}{6EI}\right) = \frac{PL^3}{3EI} \tag{9-102b}$$

그림 9-35

단 하나의 하중 P만 받는보

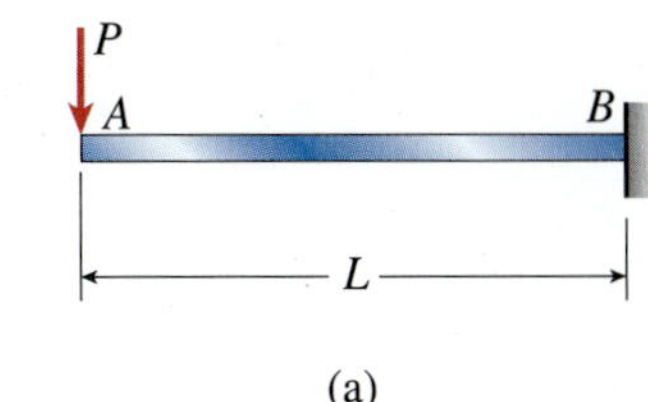

(a)

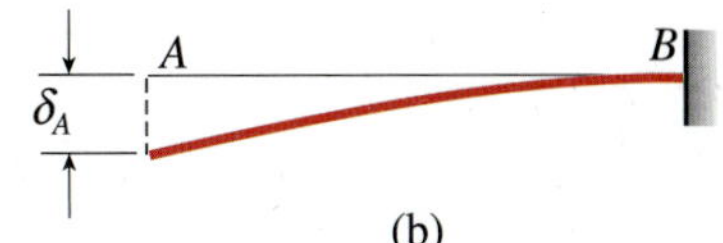

(b)

이 결과는 이 보의 자유단 A에서의 처짐 δ_A이다(그림 9-35b 참조). 처짐 δ_A는 하중 P에 상응하는 처짐임을 유의하라. (집중 하중에 상응하는 처짐은 집중 하중이 작용하는 점의 처짐이라는 것을 상기하라. 또한 처짐은 하중 방향이라는 사실도 상기하라.) 따라서 식 (9-102b)는 **변형 에너지를 하중에 관해 미분하면 그 하중에 상응하는 처짐과 같다**는 것을 의미한다. 카스틸리아노의 정리는 이러한 사실을 일반화한 것이고, 여기서 좀 더 일반적인 경우에 대해 이 정리를 유도할 것이다.

카스틸리아노의 정리 유도

여러 개의 하중, 예를 들면 n개의 하중 $P_1, P_2, \ldots, P_i, \ldots, P_n$ 을 받는 보를 생각해보자(그림 9-36a). 그림 9-36b에 나타낸 바와 같이 각 하중에 상응하는 보의 변위를 각각 $\delta_1, \delta_2, \ldots, \delta_i, \ldots, \delta_n$이라고 한다. 처짐과 변형 에너지에 관해 앞서 논의한 바와 같이, 중첩의 원리를 보와 그 하중에 적용할 수 있다고 가정한다.

이제 이 보의 변형 에너지를 구해보자. 하중들이 보에 작용할 때 하중의 크기는 0에서부터 최댓값까지 점차적으로 증가한다. 그와 동시에 각 하중은 그에 상응하는 변위만큼 이동하고 일을 하게 된다. 하중들이 한 전체 일 W는 보에 저장된 변형 에너지 U와 같다.

$$W = U \tag{9-103}$$

W는(U도 마찬가지이고) 보에 작용하는 하중들 $P_1, P_2, \ldots, P_n$의 함수임을 잊지 말자.

그림 9-36

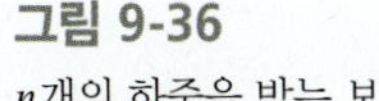
n개의 하중을 받는 보

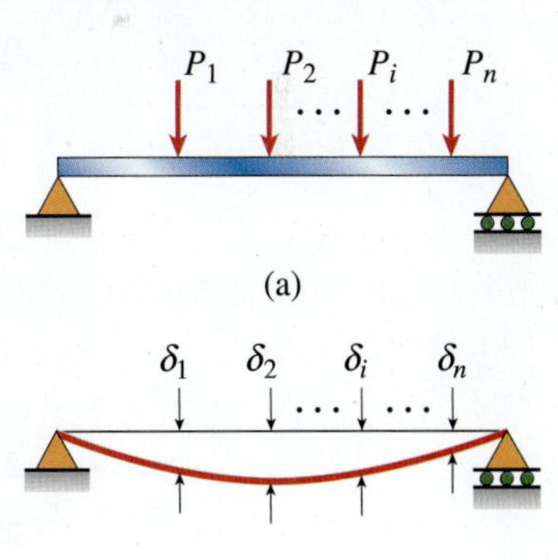

(a)

(b)

다음으로 다른 하중들은 일정하게 그대로 있고 하중들 중의 어느 하나, 예를 들면 i번째 하중이 dP_i만큼 아주 조금 증가했다고 가정해보자. 이 하중의 증가는 보의 변형 에너지를 아주 작은 양 dU만큼 증가시킨다. 이 변형 에너지의 증가는 P_i에 관한 U의 변화율 곱하기 P_i의 증분이라고 할 수 있다. 따라서 변형 에너지의 증분은 다음과 같다.

$$dU = \frac{\partial U}{\partial P_i}dP_i \tag{9-104}$$

여기서 $\partial U/\partial P_i$는 P_i에 관한 U의 변화율이다(U는 모든 하중의 함수이므로 어떤 하나의 하중에 관한 미분은 편미분이 된다). 최종적인 보의 변형 에너지는 다음과 같다.

$$U + dU = U + \frac{\partial U}{\partial P_i} dP_i \tag{9-105}$$

여기서 U는 식 (9-103)에서 언급한 변형 에너지이다.

이 보에 대해 중첩의 원리가 성립하기 때문에 전체 변형 에너지는 하중이 작용하는 순서에는 관계가 없다. 즉, 보의 최종 변위(그리고 이 변위에 도달하는 데까지 하중이 한 일)는 하중이 작용하는 순서에 관계없이 모두 같다. 식 (9-105)로 주어진 변형 에너지에 도달하는데, n개의 하중 $P_1, P_2, \ldots, P_n$을 먼저 작용시키고, 그 다음에 하중 dP_i를 작용시켰다. 그러나 하중의 작용 순서를 바꿀 수 있으므로 하중 dP_i를 먼저 작용시키고 그 다음에 하중 $P_1, P_2, \ldots, P_n$을 작용시킬 수도 있다. 최종적인 변형 에너지 양은 두 가지 경우가 같다.

하중 dP_i가 처음에 먼저 작용할 때, 그것은 하중 dP_i와 그에 상응하는 변위 $d\delta_i$의 곱에 1/2을 곱한 값과 같은 변형 에너지를 발생시킨다. 따라서 하중 dP_i에 의한 변형 에너지의 양은 다음과 같다.

$$\frac{dP_i d\delta_i}{2} \tag{9-106a}$$

하중 $P_1, P_2, \ldots, P_n$이 작용하면 앞에서와 같은 변위($\delta_1, \delta_2, \ldots, \delta_n$)가 발생하고, 앞에서와 같은 양의 일을 하게 된다[식 (9-103)]. 하지만 이 하중들이 작용하는 동안에 힘 dP_i는 자동적으로 변위 δ_i만큼 이동한다. 그러는 동안에 힘과 이동거리의 곱에 상당하는 추가적인 일을 하게 된다(그 일은 계수 1/2을 가지고 있지 않은데, 그 이유는 힘 dP_i는 이 변위가 일어나는 동안에 처음부터 끝까지 변하지 않고 일정하기 때문이다). 따라서 추가적인 일은 추가적인 변형 에너지와 같은데, 다음과 같이 된다.

$$dP_i \delta_i \tag{9-106b}$$

그러므로 이 두 번째 하중 작용 순서에 대한 최종 변형 에너지는 다음과 같다.

$$\frac{dP_i d\delta_i}{2} + U + dP_i \delta_i \tag{9-106c}$$

최종 변형 에너지에 관한 이 식을 첫 번째 하중 작용 순서에 대해 구한 앞의 식[식 (9-105)]과 같게 놓음으로써 다음 식을 얻는다.

$$\frac{dP_i d\delta_i}{2} + U + dP_i \delta_i = U + \frac{\delta U}{\delta P_i} dP_i \tag{9-106d}$$

첫 번째 항은 두 미분의 곱을 포함하고 있어 다른 항들에 비해 무한히 작기 때문에 무시할 수 있다. 따라서 다음의 관계식을 얻는다.

$$\delta_i = \frac{\partial U}{\partial P_i} \tag{9-107}$$

이 식이 **카스틸리아노의 정리**로 알려져 있다.[3)]

여기서는 실례로서 보를 사용하여 카스틸리아노의 정리를 유도했지만 다른 어떠한 형태의 구조물(예: 트러스)과 다른 어떠한 종류의 하중(예: 우력 모멘트 형식의 하중)에 대해서도 마찬가지로 유도할 수 있다. 중요한 것은 구조물이 선형 탄성적이고 중첩의 원리를 적용할 수 있어야 한다는 점이다. 또한 변형 에너지가 하중들의 함수로 표현되어야 하는데(변위들의 함수로 표현되면 안 됨) 이것은 이 정리 자체가 함축하고 있는 조건으로서, 편미분이 하중에 관해 이루어졌기 때문이다. 이러한 제약을 염두에 두고서 카스틸리아노의 정리를 다음과 같이 좀 더 일반화시켜서 표현할 수 있다.

> 구조물의 변형 에너지를 어떤 하중에 관해 편미분한 것은 그 하중에 상응하는 변위와 같다.

선형 탄성 거동을 보인 구조물의 변형 에너지는 하중의 2차식이고[예: 식 (9-102a) 참조], 따라서 편미분과 변위[식 (9-107)]는 (예상했던 대로) 하중의 **선형** 함수이다.

하중과 상응하는 변위라는 말을 카스틸리아노의 정리와 관련해 사용할 경우, 일반화된 의미로 사용된다고 이해해야 한다. 하중 P_i와 상응하는 변위 δ_i라는 것은 힘과 이에 상응하는 이동이거나 또는 우력 모멘트와 이에 상응하는 회전각이거나, 또는 서로 상응하는 양의 또 다른 짝일 수도 있다.

카스틸리아노 정리의 적용

카스틸리아노의 정리를 적용하는 하나의 예로 자유단에서 작용하는 집중 하중 P와 우력 모멘트 M_0를 받는 외팔보 AB를 생각해보자(그림 9-37a). 보의 자유단에서 수직 처짐 δ_A와 회전각 θ_A를 구하고자 한다(그림 9-37b). δ_A는 하중 P에 상응하는 처짐이고, θ_A는 모멘트 M_0에 상응하는 회전각임을 유의하라.

그림 9-37

카스틸리아노 정리의 보에 대한 적용

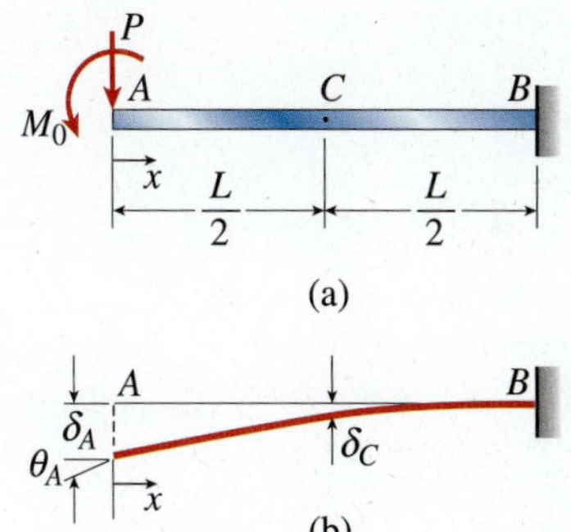

해석의 첫 번째 단계는 보의 변형 에너지를 구하는 것이다. 이를 위해 굽힘모멘트에 관한 식을 다음과 같이 구한다.

$$M = -Px - M_0 \tag{9-108}$$

여기서 x는 자유단으로부터의 거리이다(그림 9-37a). 변형 에너지는 M에 관한 이 식을 식 (9-95a)에 대입함으로써 구한다.

$$\begin{aligned} U &= \int_0^L \frac{M^2 dx}{2EI} = \frac{1}{2EI}\int_0^L (-Px - M_0)^2 dx \\ &= \frac{P^2L^3}{6EI} + \frac{PM_0L^2}{2EI} + \frac{M_0^2 L}{2EI} \end{aligned} \tag{9-109}$$

여기서 L은 보의 길이이고, EI는 보의 굽힘 강성이다. 변형 에너지는 하중 P와 M_0 의 2차함수임에 주의하라.

보의 끝에서 수직 처짐 δ_A를 구하기 위해, 카스틸리아노의 정리[식 (9-107)]를 사용

3) 카스틸리아노의 정리는 구조물 해석에서 가장 유명한 정리 중의 하나인데, 이탈리아의 공학자 카스틸리아노(Carlos Alberto Pio Castigliano, 1847~1884)가 발견했다(참고문헌 9-2). 여기에 소개된 정 리[식 (9-107)]는 실제로는 카스틸리아노가 제시한 두 개의 정리 중 두 번째 것이고 **카스틸리아노의 제2 정리**라고 부르는 것이 타당하다. 제1정리는 변형 에너지를 **변위**에 관해 편미분함으로써 구조물의 하중을 구한다는 의미에서 제2정리의 반대이다.

하여 변형 에너지를 P에 관해 편미분하면 다음과 같다.

$$\delta_A = \frac{\partial U}{\partial P} = \frac{PL^3}{3EI} + \frac{M_0 L^2}{2EI} \tag{9-110}$$

처짐에 관한 이 식은 부록 H에 있는 표 H-1의 사례 4와 6에 주어진 공식과 비교하여 검증할 수 있다.

같은 방법으로 변형 에너지를 M_0에 관해 편미분함으로써 보 끝에서의 회전각 θ_A를 구할 수 있다.

$$\theta_A = \frac{\partial U}{\partial M_0} = \frac{PL^2}{2EI} + \frac{M_0 L}{EI} \tag{9-111}$$

이 식도 표 H-1의 사례 4와 6에 주어진 공식과 비교하여 검증할 수 있다.

가상 하중의 사용

카스틸리아노의 정리로부터 구한 유일한 변위는 구조물에 작용하는 하중에 상응하는 것뿐이다. 구조물에서 하중이 작용하지 않은 점의 변위를 계산하기 위해서는 **필요한 변위에 상응하는** 가상 하중을 구조물에 작용시킨다. 그 다음 변형 에너지를 계산하고 그 가상 하중에 관해 편미분함으로써 변위를 구할 수 있다. 이때의 결과는 실제 하중과 가상 하중이 동시에 작용할 때 생기는 변위가 된다. 여기서 가상 하중을 0이라고 놓으면 실제 하중만 작용할 때 생기는 변위를 구할 수 있다.

이 개념을 상세히 설명하기 위해, 그림 9-38a에 나타낸 외팔보의 중간점 C에서 수직 처짐 δ_C를 구해보자. 처짐 δ_C는 아래쪽이므로(그림 9-38b), 그 처짐에 상응하는 하중은 같은 점에서 작용하는 아래 방향의 수직력이다. 그러므로 점 C에서 아래 방향으로 작용하는 가상 하중 Q를 추가한다(그림 9-39a). 그러면 카스틸리아노의 정리를 사용하여 이 보의 중간점에서 처짐 $(\delta_C)_0$를 구할 수 있다(그림 9-39b). 이 처짐으로부터 Q를 0으로 놓음으로써 그림 9-38의 보에서 처짐 δ_C를 구할 수 있다.

그림 9-39a의 보에서 굽힘모멘트를 구하는 것부터 시작해보자.

$$M = -Px - M_0 \qquad \left(0 \le x \le \frac{L}{2}\right) \tag{9-112a}$$

그림 9-38

하중 P와 M_0를 받고 있는 보

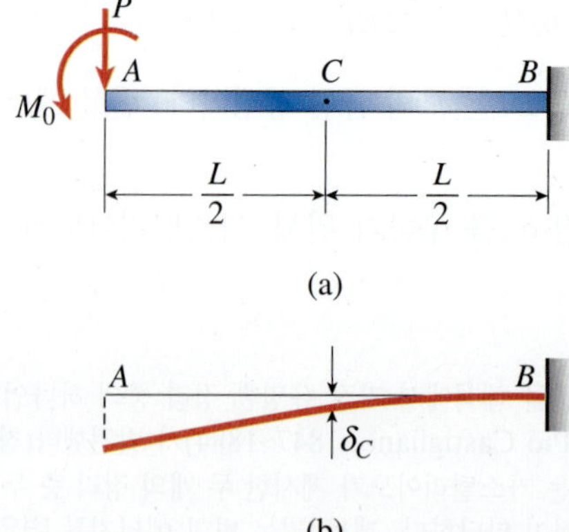

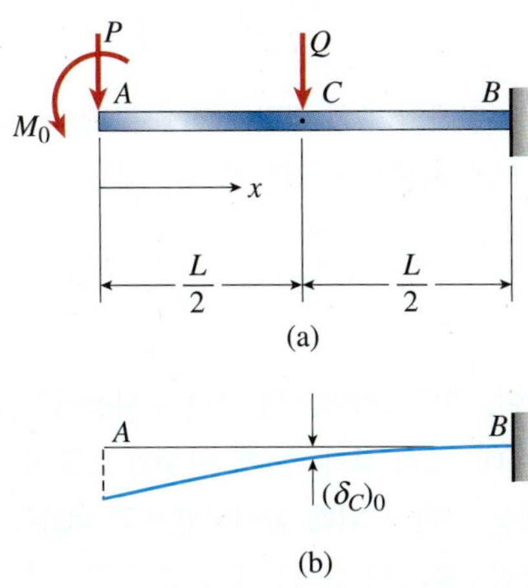

그림 9-39
가상 하중 Q를 받는 보

$$M = -Px - M_0 - Q\left(x - \frac{L}{2}\right) \quad \left(\frac{L}{2} \leq x \leq L\right) \tag{9-112b}$$

다음으로 보의 각각의 반쪽에 식 (9-95a)를 적용하여 보의 변형 에너지를 구한다. 보의 왼쪽 절반에 대해(점 A에서부터 점 C까지) 변형 에너지는 다음과 같다.

$$\begin{aligned} U_{AC} &= \int_0^{L/2} \frac{M^2 dx}{2EI} = \frac{1}{2EI} \int_0^{L/2} (-Px - M_0)^2 dx \\ &= \frac{P^2L^3}{48EI} + \frac{PM_0L^2}{8EI} + \frac{M_0^2 L}{4EI} \end{aligned} \tag{9-113a}$$

오른쪽 절반에 대한 변형 에너지는 다음과 같다.

$$\begin{aligned} U_{CB} &= \int_{L/2}^{L} \frac{M^2 dx}{2EI} = \frac{1}{2EI} \int_{L/2}^{L} \left[-Px - M_0 - Q\left(x - \frac{L}{2}\right)\right]^2 dx \\ &= \frac{7P^2L^3}{48EI} + \frac{3PM_0L^2}{8EI} + \frac{5PQL^3}{48EI} + \frac{M_0^2 L}{4EI} + \frac{M_0QL^2}{8EI} + \frac{Q^2L^3}{48EI} \end{aligned} \tag{9-113b}$$

이를 적분하려면 매우 긴 풀이 과정이 요구된다. 보의 두 부분에 대한 변형 에너지를 더함으로써 보의 전 구간에 걸친 변형 에너지를 구한다(그림 9-39a).

$$\begin{aligned} U &= U_{AC} + U_{CB} \\ &= \frac{P^2L^3}{6EI} + \frac{PM_0L^2}{2EI} + \frac{5PQL^3}{48EI} + \frac{M_0^2 L}{2EI} + \frac{M_0QL^2}{8EI} + \frac{Q^2L^3}{48EI} \end{aligned} \tag{9-114}$$

그림 9-39a에 나타낸 보의 중간점에서 처짐은 이제 카스틸리아노의 정리를 써서 구할 수 있다.

$$(\delta_C)_0 = \frac{\partial U}{\partial Q} = \frac{5PL^3}{48EI} + \frac{M_0L^2}{8EI} + \frac{QL^3}{24EI} \tag{9-115}$$

이 식은 보에 작용하는 3개의 모든 하중에 의해 생기는 점 C의 처짐을 나타낸다. 하중 P와 M_0만에 의해 생기는 처짐을 구하기 위해 위의 식에서 하중 Q를 0으로 놓는다. 그 결과는 두 개의 하중을 가진 보에서 중간점 C의 처짐과 같다(그림 9-38a).

$$\delta_C = \frac{5PL^3}{48EI} + \frac{M_0L^2}{8EI} \tag{9-116}$$

이와 같이 가상 하중이 없는 원래의 보에 대한 처짐을 구했다.

이 방법은 가상 또는 모조 하중을 도입하기 때문에 **모조 하중법**(*dummy-load method*)이라고도 부른다.

적분 기호 안의 미분

앞의 예에서 보는 바와 같이, 카스틸리아노의 정리를 사용하여 보의 처짐을 구하려면 지루한 적분을 수행해야 하는데, 특히 보에 두 개 이상의 하중이 작용할 때는 더욱 그러하다. 그 이유는 변형 에너지를 구하기 위해 굽힘모멘트의 **제곱**을 적분해야 하기 때문이다[식 (9-95a)]. 예를 들어 굽힘모멘트의 식에 3개의 항이 있으면, 그 제곱은 6개의 항을 갖게 될 것이고 각 항이 모두 적분되어야 한다.

그 적분들을 모두 수행하여 변형 에너지가 구해지면, 그 변형 에너지를 미분하여 처짐을 구한다. 하지만 적분하기 **전**에 미분을 먼저 함으로써 변형 에너지를 구하는 단계를 생략할 수 있다. 이 과정은 적분을 없애는 것은 아니지만 적분이 훨씬 더 간단해진다.

이 방법을 유도하기 위해 변형 에너지에 관한 식[식 (9-95a)]을 가지고 시작하는데 여기에 카스틸리아노의 정리[식 (9-107)]를 적용한다.

$$\delta_i = \frac{\partial U}{\partial P_i} = \frac{\partial}{\partial P_i}\int \frac{M^2 dx}{2EI} \tag{9-117}$$

적분 규칙에 따라 적분 기호 안에서 미분함으로써 적분을 미분할 수 있다.

$$\delta_i = \frac{\partial}{\partial P_i}\int \frac{M^2 dx}{2EI} = \int\left(\frac{M}{EI}\right)\left(\frac{\partial M}{\partial P_i}\right)dx \tag{9-118}$$

이 식을 **수정된 카스틸리아노의 정리**라고 한다.

이 수정된 정리를 사용할 때는 굽힘모멘트와 그 미분과의 곱을 적분하게 된다. 이와는 대조적으로 보통의 카스틸리아노 정리를 사용할 때는[식 (9-117) 참조], 굽힘모멘트의 제곱을 적분할 필요가 있었다. 일반적으로 굽힘모멘트의 미분은 굽힘모멘트보다 더 짧게 표현되므로, 이러한 새로운 방법이 훨씬 더 간단하다. 이를 보이기 위해 수정된 정리[식 (9-118)]를 사용하여 앞의 예를 풀어보자.

그림 9-37의 보를 가지고 시작하여, 자유단에서의 처짐과 회전각을 다시 구해보자. 굽힘모멘트[식 (9-108) 참조]와 그 미분은 다음과 같다.

$$M = -Px - M_0$$

$$\frac{\partial M}{\partial P} = -x \qquad \frac{\partial M}{\partial M_0} = -1$$

식 (9-118)로부터 처짐 δ_A와 회전각 θ_A를 얻는다.

$$\delta_A = \frac{1}{EI}\int_0^L (-Px - M_0)(-x)dx = \frac{PL^3}{3EI} + \frac{M_0L^2}{2EI} \tag{9-119a}$$

$$\theta_A = \frac{1}{EI}\int_0^L (-Px - M_0)(-1)dx = \frac{PL^2}{2EI} + \frac{M_0L}{EI} \tag{9-119b}$$

이 식들은 앞의 식 (9-110)과 (9-111)에서 구한 결과와 잘 일치한다. 하지만 굽힘모멘트 제곱의 적분[식 (9-109) 참조]을 피했기 때문에 이전보다 계산 과정이 간단하다.

적분 기호 안에서 미분할 때의 장점은 그림 9-38의 예에서와 같이 구조물에 작용하는 하중이 2개 이상 있을 때 한층 더 돋보인다. 이 예에서는 보의 중간점 C에서 하중 P와 M_0에 의한 처짐 δ_C를 계산했다. 이를 위해 중간점에 가상 하중 Q를 추가하고(그림 9-39), 총 3개의 하중(P, M_0, Q)이 작용할 때 보 중간점에서의 처짐 $(\delta_C)_0$를 구했다. 최종적으로 Q를 0으로 놓아서 P와 M_0만 작용할 때 보 중간점의 처짐 δ_C를 구했다. 이러한 해법은 적분이 매우 길기 때문에 많은 시간이 소요된다. 하지만 수정된 정리를 사용하여 먼저 미분을 하면 훨씬 계산이 간단해진다.

3개의 하중이 작용할 경우(그림 9-39), 굽힘모멘트와 그 미분은 다음과 같다[식 (9-112)와 (9-113) 참조].

$$M = -Px - M_0 \qquad \frac{\partial M}{\partial Q} = 0 \qquad \left(0 \le x \le \frac{L}{2}\right)$$

$$M = -Px - M_0 - Q\left(x - \frac{L}{2}\right) \qquad \frac{\partial M}{\partial Q} = -\left(x - \frac{L}{2}\right) \qquad \left(\frac{L}{2} \le x \le L\right)$$

그러므로 식 (9-118)로부터 처짐 $(\delta_C)_0$는 다음과 같다.

$$(\delta_C)_0 = \frac{1}{EI}\int_0^{L/2} (-Px - M_0)(0)dx + \frac{1}{EI}\int_{L/2}^{L} \left[-Px - M_0 - Q\left(x - \frac{L}{2}\right)\right]\left[-\left(x - \frac{L}{2}\right)\right]dx$$

Q는 가상 하중이고 이미 편미분을 수행했으므로 적분 전에 Q를 0으로 놓을 수 있으며 2개의 하중 P와 M_0에 의한 처짐 δ_C를 다음과 같이 구할 수 있다.

$$\delta_C = \frac{1}{EI}\int_{L/2}^{L} [-Px - M_0]\left[-\left(x - \frac{L}{2}\right)\right]dx = \frac{5PL^3}{48EI} + \frac{M_0L^2}{8EI}$$

이것은 앞의 식 (9-116)에서의 결과와 잘 일치한다. 여기서도 적분 기호 안에서 미분하고 수정된 정리를 사용함으로써 적분이 대폭 간소화되었다.

식 (9-118)에서 적분 기호 안에 나타나는 편미분은 간단한 물리적인 의미가 있다. 이것은 하중 P_i에 관한 굽힘모멘트 M의 변화율을 나타내는데, 즉 하중 P_i가 단위 값만큼 변할 때 생기는 굽힘모멘트 M의 변화량과 같다. 이 관점으로 인해 **단위 하중법**(*unit-load method*)이라는 처짐 계산법이 나오게 되었다. 또한 카스틸리아노의 정리로 인해 **유연도법**(*flexibility method*)이라는 구조해석의 한 방법이 나오게 되었다. 단위 하중법이나 유연도법은 둘 다 구조해석에서 널리 사용되고 있는데, 그 주제를 다룬 교재에 자세히 설명되어 있다.

다음 예제들은 보의 처짐을 구하는 데 카스틸리아노의 정리가 어떻게 사용되는지를 자세히 보여준다. 하지만 이 정리의 사용은 보의 처짐을 구하는 데만 국한되는 것이 아니고 중첩의 원리가 성립하는 어떠한 선형 탄성 구조물에도 적용할 수 있다는 사실을 유념해야 한다.

예제 9-17

단순 보 AB가 세기 q = 20 kN/m의 등분포 하중과 집중 하중 P = 25 kN을 받고 있다(그림 9-40). 하중 P는 보의 중간점 C에서 작용한다. 보의 길이는 L = 2.5 m이고, 탄성 계수는 E = 210 GPa이며, 관성 모멘트는 I = 3120 cm^4이다.

다음 방법들로 보의 중간점에서 아래 방향의 처짐 δ_C를 구하라. (a) 보의 변형 에너지를 구하고 카스틸리아노의 정리를 사용하라. (b) 수정된 카스틸리아노의 정리를 사용하라(적분 기호 안에서 미분함).

그림 9-40
예제 9-17: 두 개의 하중을 받는 단순 보

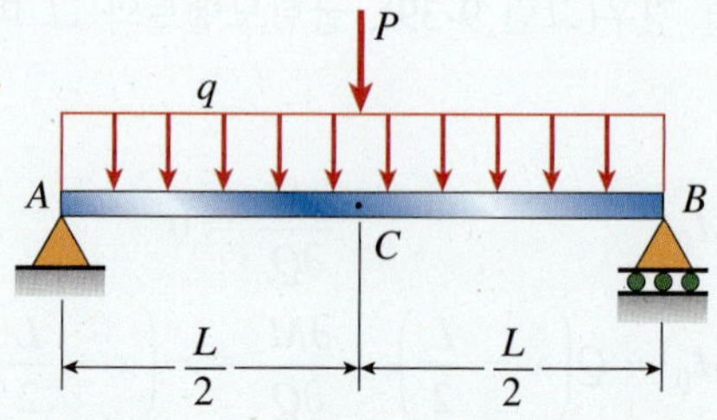

풀이

문제풀이 4단계 접근방법을 사용한다. 효율적인 풀이를 위하여 필요에 따라 단계를 합한다.

Part (a): 변형 에너지와 카스틸리아노의 정리

1, 2. 개념화, 분류: 보와 그 하중은 중간점에 대해 대칭이므로 보 전체의 변형 에너지는 보의 왼쪽 절반에 대한 변형 에너지의 2배와 같다. 그러므로 보의 왼쪽 절반만 계산하면 된다.

왼쪽 지지점 A의 반력은(그림 9-40과 9-41)

$$R_A = \frac{P}{2} + \frac{qL}{2}$$

이고, 따라서 굽힘모멘트 M은

$$M = R_A x - \frac{qx^2}{2} = \frac{Px}{2} + \frac{qLx}{2} - \frac{qx^2}{2} \tag{a}$$

여기서 x는 지지점 A에서 잰 거리이다.

보 전체의 변형 에너지는[식 (9-95a)로부터]

$$U = \int \frac{M^2 dx}{2EI} = 2\int_0^{L/2} \frac{1}{2EI}\left(\frac{Px}{2} + \frac{qLx}{2} - \frac{qx^2}{2}\right)^2 dx$$

그림 9-41
예제 9-17: 보의 왼쪽 절반에서 굽힘모멘트 M을 구하기 위한 자유물체도

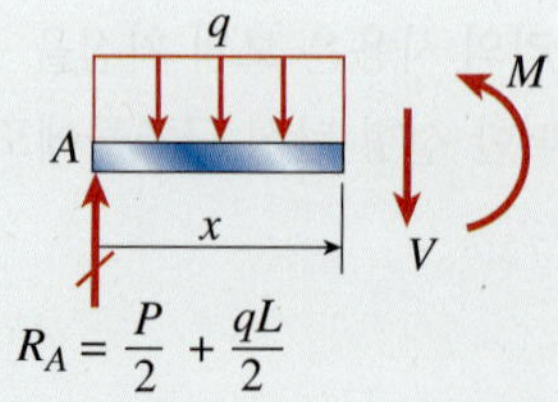

이고, 괄호 안에 있는 항을 제곱한 다음에 긴 적분을 수행하면 다음을 얻는다.

$$U = \frac{P^2L^3}{96EI} + \frac{5PqL^4}{384EI} + \frac{q^2L^5}{240EI}$$

3. 해석: 중간점 C에서의 처짐은(그림 9-40) 하중 P에 상응하므로 카스틸리아노의 정리[식 (9-107)]를 사용하여 처짐을 구할 수 있다.

$$\delta_C = \frac{\partial U}{\partial P} = \frac{\partial}{\partial P}\left(\frac{P^2L^3}{96EI} + \frac{5PqL^4}{384EI} + \frac{q^2L^5}{240EI}\right) = \frac{PL^3}{48EI} + \frac{5qL^4}{384EI} \quad \text{(b)}$$

Part (b): 수정된 카스틸리아노의 정리

1, 2. 개념화, 분류: 수정된 카스틸리아노의 정리[식 (9-118)]를 사용하여 변형 에너지를 구하기 위한 지루한 적분을 피한다. 보의 왼쪽 절반에 대한 굽힘모멘트는 이미 구했고[식 (a) 참조], 하중 P에 관한 편미분은 다음과 같다.

$$\frac{\partial M}{\partial P} = \frac{x}{2}$$

3. 해석: 그러므로 수정된 카스틸리아노의 정리는 다음과 같이 된다.

$$\begin{aligned}\delta_C &= \int\left(\frac{M}{EI}\right)\left(\frac{\partial M}{\partial P}\right)dx \\ &= 2\int_0^{L/2}\frac{1}{EI}\left(\frac{Px}{2}+\frac{qLx}{2}-\frac{qx^2}{2}\right)\left(\frac{x}{2}\right)dx = \frac{PL^3}{48EI} + \frac{5qL^4}{384EI}\end{aligned} \quad \text{(c)}$$

이것은 앞의 결과[식 (b)]와 일치하지만 훨씬 더 간단한 적분을 수행했다.

수치 해: 이제 점 C에서 처짐에 관한 식을 구했으므로, 다음과 같이 수치값을 대입한다.

$$\begin{aligned}\delta_C &= \frac{PL^3}{48EI} + \frac{5qL^4}{383EI} \\ &= \frac{(25\text{ kN})(2.5\text{ m})^3}{48(210\text{ GPa})(31.2\times10^{-6}\text{ m}^4)} + \frac{5(20\text{ kN/m})(2.5\text{ m})^4}{383(210\text{ GPa})(31.2\times10^{-6}\text{ m}^4)} \\ &= 1.24\text{ mm} + 1.55\text{ mm} = 2.79\text{ mm}\end{aligned}$$

4. 최종 단계: 편미분이 얻어지기 전까지는 수치값을 대입해서는 안 된다. 수치값을 미리 대입하면, 굽힘모멘트 식이나 변형 에너지의 식에서 미분을 할 수가 없다.

예제 9-18

돌출부가 있는 단순 보가 구간 AB에서 세기 q인 등분포 하중을 받고 돌출부의 끝 C에서 집중 하중 P를 받는다(그림 9-42).

점 C에서 (a) 처짐 δ_C와 (b) 회전각 θ_C를 구하라. 수정된 카스틸리아노의 정리를 사용하라.

풀이

문제풀이 4단계 접근방법을 사용한다. 효율적인 풀이를 위하여 필요에 따라 단계를 합

그림 9-42

예제 9-18: 돌출부가 있는 보

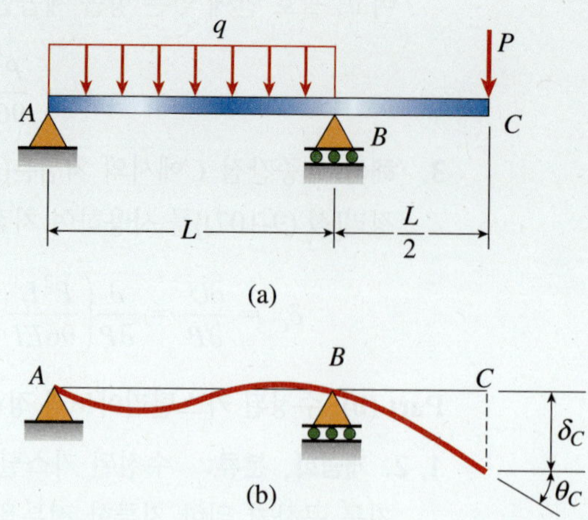

한다.

Part (a): 돌출부 끝에서의 처짐 δ_C

1, 2. 개념화, 분류: 하중 P가 이 처짐에 상응하므로(그림 9-42b) 가상 하중이 필요 없다. 그 대신 보의 전 길이에 걸쳐 굽힘모멘트를 바로 구하기 시작한다. 지지점 A에서의 반력은 그림 9-43에 보인 바와 같이

$$R_A = \frac{qL}{2} - \frac{P}{2}$$

이다. 그러므로 구간 AB에서 굽힘모멘트는 다음과 같다.

$$M_{AB} = R_A x_1 - \frac{qx_1^2}{2} = \frac{qLx_1}{2} - \frac{Px_1}{2} - \frac{qx_1^2}{2} \quad (0 \le x_1 \le L)$$

여기서 x_1은 지지점 A로부터 잰 거리이다(그림 9-43). 돌출부의 굽힘모멘트는 다음과 같다.

$$M_{BC} = -Px_2 \quad \left(0 \le x_2 \le \frac{L}{2}\right)$$

여기서 x_2는 점 C로부터 잰 거리이다(그림 9-43).

다음에 하중 P에 관한 편미분을 구한다.

그림 9-43

지지점 A에서의 반력 및 예제 9-18의 보에 대한 좌표 x_1과 x_2

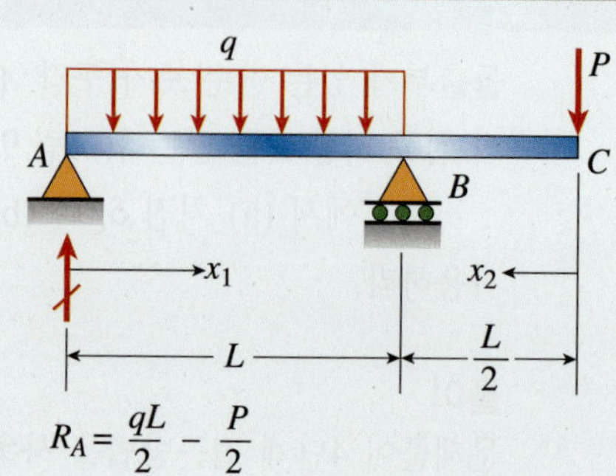

$$\frac{\partial M_{AB}}{\partial P} = -\frac{x_1}{2} \quad (0 \le x_1 \le L)$$

$$\frac{\partial M_{BC}}{\partial P} = -x_2 \quad \left(0 \le x_2 \le \frac{L}{2}\right)$$

3. 해석: 이제 점 C의 처짐을 구하기 위해 수정된 카스틸리아노의 정리[식 (9-118)]를 사용한다.

$$\delta_C = \int \left(\frac{M}{EI}\right)\left(\frac{\partial M}{\partial P}\right)dx$$

$$= \frac{1}{EI}\int_0^L M_{AB}\left(\frac{\partial M_{AB}}{\partial P}\right)dx + \frac{1}{EI}\int_0^{L/2} M_{BC}\left(\frac{\partial M_{BC}}{\partial P}\right)dx$$

굽힘모멘트와 편미분에 관한 식을 대입함으로써 다음을 얻는다.

$$\delta_C = \frac{1}{EI}\int_0^L \left(\frac{qLx_1}{2} - \frac{Px_1}{2} - \frac{qx_1^2}{2}\right)\left(-\frac{x_1}{2}\right)dx_1 + \frac{1}{EI}\int_0^{L/2}(-Px_2)(-x_2)dx_2$$

적분을 수행하고 항들을 조합함으로써 처짐을 얻는다.

$$\delta_C = \frac{PL^3}{8EI} - \frac{qL^4}{48EI} \qquad \text{(9-120)}$$

4. 최종 단계: 하중 P가 아래 방향으로 작용하기 때문에 처짐 δ_C도 아래 방향이 양이다. 다시 말해, 위의 식이 양의 결과를 내면 처짐은 아래 방향이다. 만약 위의 결과가 음이면 처짐은 위쪽이다.

식 (9-120)의 두 항을 비교해보면, 돌출부의 끝에서 처짐은 $P > qL/6$일 때는 아래 방향이고 $P < qL/6$일 때는 위쪽이다.

Part (b): 돌출부 끝에서의 회전각 θ_C

1, 2. 개념화, 분류: 이 회전각(그림 9-42b)에 상응하는 하중이 이 보(그림 9-42a)에는 없기 때문에 가상 하중을 도입한다. 그러므로 점 C에 우력 모멘트 M_C를 놓는다(그림 9-44). 우력 모멘트 M_C는 보에서 회전각을 구하려고 하는 바로 그 점에서 작용한다는 사실을 주목하라. 게다가 그 방향은 회전각과 같은 시계방향이다(그림 9-42).

이제 C에서의 처짐을 구할 때와 같은 단계를 수행해 나간다. 우선 지지점 A에서의 반력은 다음과 같다(그림 9-44).

$$R_A = \frac{qL}{2} - \frac{P}{2} - \frac{M_C}{L}$$

그림 9-44

예제 9-18의 보에 작용하는 가상 모멘트 M_C

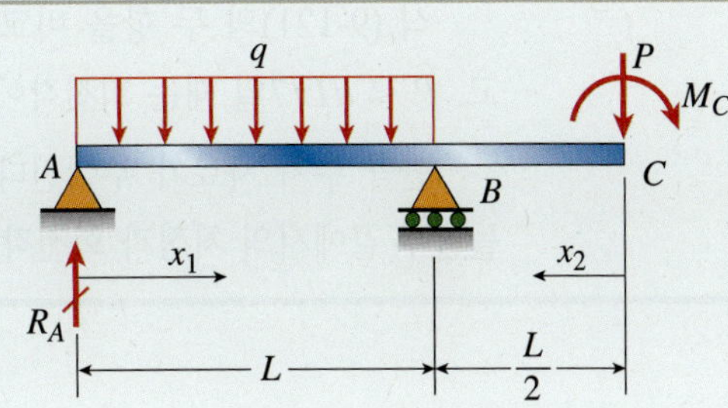

따라서 구간 AB에서의 굽힘모멘트는 다음과 같이 된다.

$$M_{AB} = R_A x_1 - \frac{qx_1^2}{2} = \frac{qLx_1}{2} - \frac{Px_1}{2} - \frac{M_C x_1}{L} - \frac{qx_1^2}{2} \quad (0 \le x_1 \le L)$$

또한 돌출부에서의 굽힘모멘트는 다음과 같다.

$$M_{BC} = -Px_2 - M_C \quad \left(0 \le x_2 \le \frac{L}{2}\right)$$

회전각에 상응하는 하중인 모멘트 M_C에 관해 편미분을 수행한다. 그러면

$$\frac{\partial M_{AB}}{\partial M_C} = -\frac{x_1}{L} \quad (0 \le x_1 \le L)$$

$$\frac{\partial M_{BC}}{\partial M_C} = -1 \quad \left(0 \le x_2 \le \frac{L}{2}\right)$$

3. 해석: 이제 수정된 카스틸리아노의 정리[식 (9-118)]를 사용하여 점 C에서의 회전각을 구한다.

$$\theta_C = \int \left(\frac{M}{EI}\right)\left(\frac{\partial M}{\partial M_C}\right) dx$$

$$= \frac{1}{EI}\int_0^L M_{AB}\left(\frac{\partial M_{AB}}{\partial M_C}\right) dx + \frac{1}{EI}\int_0^{L/2} M_{BC}\left(\frac{\partial M_{BC}}{\partial M_C}\right) dx$$

여기에 굽힘모멘트와 편미분에 관한 식들을 대입함으로써 다음 식을 얻는다.

$$\theta_C = \frac{1}{EI}\int \left(\frac{qLx_1}{2} - \frac{Px_1}{2} - \frac{M_C x_1}{L} - \frac{qx_1^2}{2}\right)\left(-\frac{x_1}{L}\right) dx_1$$

$$+ \frac{1}{EI}\int_0^{L/2} (-Px_2 - M_C)(-1) dx_2$$

M_C는 가상 하중이며 이미 편미분을 수행했으므로, 이 계산의 단계에서 M_C를 0으로 놓을 수가 있다. 따라서 적분을 단순화할 수 있다.

$$\theta_C = \frac{1}{EI}\int_0^L \left(\frac{qLx_1}{2} - \frac{Px_1}{2} - \frac{qx_1^2}{2}\right)\left(-\frac{x_1}{L}\right) dx_1 + \frac{1}{EI}\int_0^{L/2} (-Px_2)(-1) dx_2$$

위의 적분을 수행하고 항들을 조합하면, C에서의 회전각은 다음과 같다.

$$\theta_C = \frac{7PL^2}{24EI} - \frac{qL^3}{24EI} \qquad \text{(9-121)}$$

4. 최종 단계: 이 식의 계산 결과가 양이면 회전각은 시계방향이고, 음이면 회전각은 반시계방향이다.

식 (9-121)의 두 항을 비교함으로써, $P > qL/7$일 때는 회전각이 시계방향이고, $P < qL/7$일 때는 회전각이 반시계방향이 된다는 사실에 유의하라.

만약 수치 자료가 주어진다면, 그 수치값을 식 (9-120)과 (9-121)에 대입하여 돌출부 끝에서의 처짐과 회전각을 계산할 수 있다.

*9.10 충격으로 인한 처짐

이 절에서는 보 위에 떨어지는 물체의 충격에 대해 논의한다(그림 9-45a). 떨어지는 질량이 잃어버린 위치 에너지를 보가 획득하는 변형 에너지와 같다고 놓음으로써 보의 동적 처짐을 구한다. 이 근사 방법은 2.8절에서 축 하중을 받는 봉에 부딪치는 질량에 대해 상세히 설명한 바 있다. 따라서 앞으로 진도를 나가기 전에 2.8절을 충분히 이해해야 한다.

2.8절에서 설명한 대부분의 가정이 축 하중을 받는 봉에서와 같이 보에도 적용된다. 이 가정 중 일부는 다음과 같다. (1) 떨어지는 물체는 보에 달라붙어서 보와 함께 움직인다. (2) 에너지 손실은 없다. (3) 보는 선형 탄성 거동을 보인다. (4) 동적 하중을 받는 보의 처짐 모양은 정적 하중을 받는 경우와 같다. (5) 보의 위치 변화로 인한 위치 에너지는 비교적 작아서 무시할 수 있다. 만약 떨어지는 물체의 질량이 보의 질량에 비해 대단히 크다면 일반적으로 이 가정들은 타당하다. 그렇지 않으면 이 근사적인 해법은 유효하지 않으며 더 고차적인 해법이 요구된다.

한 예로서 그림 9-45의 단순 보 AB를 생각해보자. 질량이 M이고 무게가 W인 물체가 떨어져서 보의 중간점에 부딪친다고 하자. 위에서 언급한 이상화에 근거하여, 그 물체가 떨어지면서 잃어버린 모든 위치 에너지는 보에 저장된 탄성 변형 에너지로 변환되었다고 가정한다. 보로부터 물체의 초기 높이를 h라 하고(그림 9-45a) 보의 최대 동적 처짐을 δ_{max}라고 할 때(그림 9-45b), 물체가 떨어지는 거리는 $h + \delta_{max}$이므로 잃어버린 위치 에너지는 다음과 같다.

$$\text{위치 에너지} = W(h + \delta_{max}) \tag{9-122}$$

보가 획득한 변형 에너지는 식 (9-95b)를 사용하여 처짐 곡선으로부터 구할 수 있다. 그 식을 여기에 반복하면 다음과 같다.

$$U = \int \frac{EI}{2}\left(\frac{d^2v}{dx^2}\right)^2 dx \tag{9-123}$$

중간점에서 작용하는 집중 하중을 받는 단순 보의 처짐 곡선은(부록 H, 표 H-2의 사례 4 참조)

$$v = -\frac{Px}{48EI}(3L^2 - 4x^2) \quad \left(0 \le x \le \frac{L}{2}\right) \tag{9-124}$$

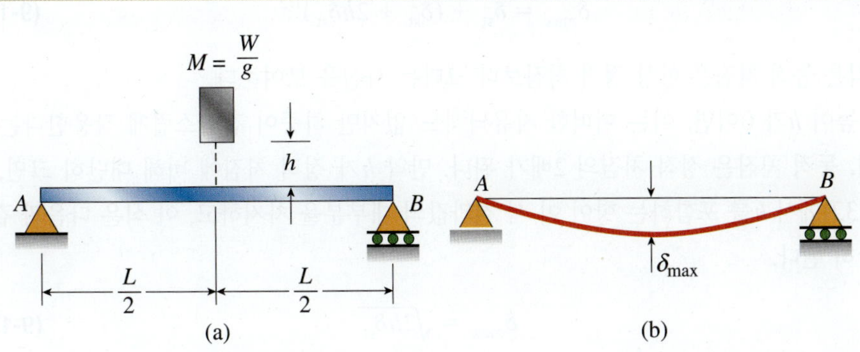

그림 9-45
떨어지는 물체에 부딪치는 보의 처짐

이고, 보의 최대 처짐은

$$\delta_{\max} = \frac{PL^3}{48EI} \tag{9-125}$$

이다. 식 (9-124)와 (9-125)에서 하중 P를 소거하면 최대 처짐의 항으로 처짐 곡선의 방정식을 나타낼 수 있다.

$$v = -\frac{\delta_{\max} x}{L^3}(3L^2 - 4x^2) \qquad \left(0 \le x \le \frac{L}{2}\right) \tag{9-126}$$

이것을 두 번 미분함으로써 다음을 얻을 수 있다.

$$\frac{d^2 v}{dx^2} = \frac{24\delta_{\max} x}{L^3} \tag{9-127}$$

마지막으로, 이 2계 미분을 식 (9-123)에 대입하여 최대 처짐의 항으로 나타낸 보의 변형 에너지에 관한 식을 다음과 같이 얻는다.

$$U = 2\int_0^{L/2} \frac{EI}{2}\left(\frac{d^2 v}{dx^2}\right)^2 dx = EI\int_0^{L/2}\left(\frac{24\delta_{\max} x}{L^3}\right)^2 dx = \frac{24EI\delta_{\max}^2}{L^3} \tag{9-128}$$

식 (9-122)로 나타낸 떨어지는 물체가 잃어버린 위치 에너지를 식 (9-128)로 나타낸 보가 획득한 변형 에너지와 같게 놓음으로써 다음을 얻는다.

$$W(h + \delta_{\max}) = \frac{24EI\delta^2_{\max}}{L^3} \tag{9-129}$$

이 식은 $\delta_{\max}$에 대해 2차식이므로 풀 수가 있고 양의 근을 구하면 다음과 같다.

$$\delta_{\max} = \frac{WL^3}{48EI} + \left[\left(\frac{WL^3}{48EI}\right)^2 + 2h\left(\frac{WL^3}{48EI}\right)\right]^{1/2} \tag{9-130}$$

떨어지는 물체의 무게가 증가하거나 혹은 떨어지는 높이가 증가하면 최대 동적 처짐은 증가하고, 보의 강성 EI/L^3이 증가하면 최대 동적 처짐은 감소한다는 사실을 유의하라.

위 식을 간단히 하기 위해 무게 W에 의한 보의 **정적 처짐**을 δ_{st}라고 하자.

$$\delta_{st} = \frac{WL^3}{48EI} \tag{9-131}$$

이때 최대 동적 처짐에 관한 식 (9-130)은 다음과 같이 된다.

$$\delta_{\max} = \delta_{st} + (\delta_{st}^2 + 2h\delta_{st})^{1/2} \tag{9-132}$$

이 식은 동적 처짐은 항상 정적 처짐보다 크다는 사실을 보여준다.

높이 h가 0이면, 이는 어떠한 자유낙하도 없지만 하중이 갑작스럽게 작용한다는 뜻인데, 동적 처짐은 정적 처짐의 2배가 된다. 만약 h가 정적 처짐에 비해 대단히 크면, 식 (9-132)에서 h를 포함하는 항이 이 식 결과값의 대부분을 차지하고, 이 식은 다음과 같이 간단히 된다.

$$\delta_{\max} = \sqrt{2h\delta_{st}} \tag{9-133}$$

이 관점들은 앞의 2.8절에서 봉에 인장 또는 압축을 주는 충격에 관해 다루었던 것들과 비슷하다.

식 (9-132)로부터 계산한 처짐 δ_{max}는 일반적으로 상한치를 나타내는데, 이는 충돌하면서 에너지의 손실이 없다고 가정했기 때문이다. 접촉면의 국소 변형, 떨어지는 물체가 위로 튀어 오르려는 경향, 보 질량의 관성 효과를 비롯한 몇몇 요인이 처짐을 감소시키려는 경향이 있다. 이와 같이 충격 현상은 복잡하기 때문에 더욱 정확한 해석이 필요하다면 이 주제를 다룬 책이나 학술지를 참고해야 한다.

*9.11 온도 효과

이 장의 앞 절에서는 전부 횡하중에 의한 보의 처짐을 다루었다. 이 절에서는 **불균일 온도 변화(nonuniform temperature change)**에 기인하는 처짐을 다룰 것이다. 우선 균일한 온도 변화의 효과에 대해서는 2.5절에서 이미 설명했는데, 그때 균일한 온도 증가는 구속이 없는 봉 또는 보의 길이를 다음 식으로 계산한 양만큼 증가시킨다는 것을 보인 바 있다.

$$\delta_T = \alpha(\Delta T)L \tag{9-134}$$

이 식에서 α는 열팽창계수(coefficient of thermal expansion)이고, ΔT는 온도의 균일 증가이며, L은 봉의 길이이다[2장의 그림 (2-38)과 식 (2-18) 참조].

이 장에서 다루고 있는 모든 정정 보의 경우와 같이 길이방향의 팽창이 자유롭게 일어날 수 있도록 보가 지지되어 있다면, 균일한 온도 변화는 보에 아무런 응력도 발생시키지 않는다. 또한 이러한 보는 굽으려는 경향이 없으므로 가로 방향의 처짐이 전혀 일어나지 않는다.

만약 보의 높이 방향에 걸쳐 온도가 일정하지 않다면 보의 거동은 상당히 달라진다. 예를 들어 처음에는 똑바르고 균일한 온도 T_0였는데, 그림 9-46a에 보인 바와 같이 이 보가 윗면은 T_1으로 온도가 변했고 아랫면은 T_2로 변했다고 가정해보자. 보의 윗면과 아랫면 사이에서 온도가 선형적으로 변한다고 가정하면, 보의 **평균 온도**는

$$T_{\text{aver}} = \frac{T_1 + T_2}{2} \tag{9-135}$$

이고, 중간 높이의 온도이다. 이 평균 온도와 처음 온도 T_0의 차이는 식 (9-134)로 주어지는 보의 길이 변화를 가져오고 다음과 같이 된다.

$$\delta_T = \alpha(T_{\text{aver}} - T_0)L = \alpha\left(\frac{T_1 + T_2}{2} - T_0\right)L \tag{9-136}$$

추가로 보의 아랫면과 윗면의 온도차 $T_2 - T_1$으로 인해 보의 축선에 **곡률**이 생기면서 가로 방향 처짐이 수반된다(그림 9-46b).

온도차에 의한 처짐을 살펴보기 위해, 보에서 잘라낸 미소 요소 dx를 생각해 보자(그림 9-46a, c). 아랫면과 윗면에서 이 미소 요소의 길이 변화는 각각 $\alpha(T_2 - T_0)dx$와 $\alpha(T_1 - T_0)dx$이다. 만약 T_2가 T_1보다 크다면, 그림 9-46c에 보인 바와 같이 미소 요소의 양 측면은 서로에 관해 각도 $d\theta$만큼 회전한다. 각도 $d\theta$는 그림의 기하학적인 추론으로부터 얻은 다음의 식과 같이 치수 변화와 관련되어 있다.

그림 9-46
보에서의 온도 효과

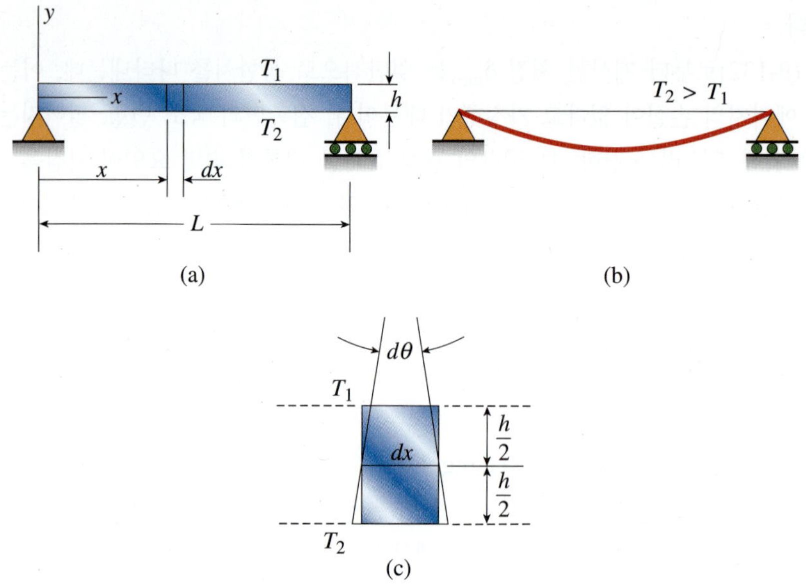

$$hd\theta = \alpha(T_2 - T_0)dx - \alpha(T_1 - T_0)dx$$

이로부터 다음 식을 얻는다.

$$\frac{d\theta}{dx} = \frac{\alpha(T_2 - T_1)}{h} \tag{9-137}$$

여기서 h는 보의 높이이다.

$d\theta/dx$ 값은 보에 대한 처짐 곡선의 곡률을 나타낸다[식 (9-6) 참조]. 곡률은 d^2v/dx^2 [식 (9-9)]과 같으므로, 다음과 같이 **처짐 곡선의 미분 방정식**을 쓸 수 있다.

$$\frac{d^2v}{dx^2} = \frac{\alpha(T_2 - T_1)}{h} \tag{9-138}$$

T_2 가 T_1보다 클 때 곡률은 양이고 보는 그림 9-46b에 보인 바와 같이 아래로 볼록하도록 굽는다는 점에 주목하라. 식 (9-138)에서 $\alpha(T_2 - T_1)/h$의 값은 기본적인 미분 방정식[식 (9-11)]에 나오는 M/EI의 값에 해당한다.

앞서 굽힘모멘트가 작용할 때에 설명했던 대로(9.3절 참조) 그와 똑같은 적분 요령을 써서 식 (9-138)을 풀 수 있다. 미분 방정식을 적분하여 dv/dx와 v를 얻을 수 있고, 경계조건이나 그 밖의 조건을 사용하여 적분 상수를 계산할 수 있다. 이러한 방법으로 이 장 끝에 주어진 Problems 9.11-1부터 9.11-5에서 알 수 있듯이 보의 기울기와 처짐에 관한 식을 얻을 수 있다.

만약 보가 자유롭게 길이를 변화시키고 처질 수도 있다면, 이 절에서 다루었던 온도 변화와 관련된 응력은 발생하지 않을 것이다. 하지만 보가 길이방향의 팽창이나 가로 방향 처짐이 일어나지 못하도록 구속되어 있다면, 또는 온도가 보의 아랫면과 윗면 사이에서 선형적으로 변화하지 않는다면, 내부의 열응력이 생기게 된다. 이런 응력을 구하려면 더욱 고급의 해석 방법이 필요하다. 온도 효과를 고려한 부정정 보에 대해서는 10.5절에서 다룬다.

예제 9-19

높이 h의 돌출 보 ABC는 A점에서 핀지지, B점에서 롤러지지되어 있다. 보의 위쪽은 T_1, 보의 아래쪽은 T_2의 온도로 가열되어 있다(그림 9-47 참조). 처짐 곡선의 방정식을 구하고 끝점 C에서의 처짐 δ_C를 구하라.

그림 9-47

예제 9-19: 돌출부와 온도 변화가 있는 단순 보

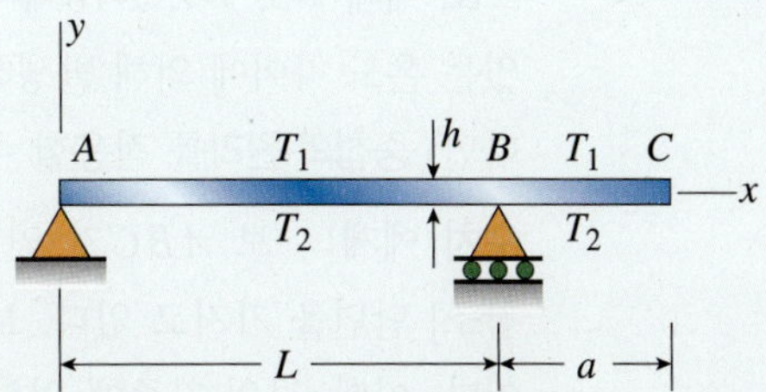

풀이

문제풀이 4단계 접근방법을 사용한다. 효율적인 풀이를 위하여 필요에 따라 단계를 합한다.

1, 2. 개념화, 분류: 돌출부가 있는 단순 보에 대해서, 예제 9-5에서는 점 C에 작용하는 집중 하중에 의한 변위, 예제 9-9에서 등분포 하중 q에 의한 변위, 예제 9-18에서는 구간 AB에 작용하는 등분포 하중 q와 점 C에 작용하는 하중 P에 의한 변위를 각각 계산하였다. 이제 다음과 같이 식 (9-138)을 이용하여 보의 처짐 $v(x)$에 나타나는 온도 차이 $(T_2 - T_1)$의 영향을 고려하자.

$$\frac{d^2v}{dx^2} = \frac{\alpha(T_2 - T_1)}{h} \quad \textbf{(9-138, 반복)}$$

3. 해석: 위의 식을 적분하면 다음과 같이 두 개의 적분 상수 C_1과 C_2가 나타나는데, 이들은 두 개의 독립적인 경계 조건을 이용하여 결정되어야 한다.

$$\frac{d}{dx}v(x) = \frac{\alpha}{h}(T_2 - T_1)x + C_1 \quad \textbf{(a)}$$

$$v(x) = \frac{\alpha}{h}(T_2 - T_1)\frac{x^2}{2} + C_1x + C_2 \quad \textbf{(b)}$$

이때의 경계조건은 $v(0) = 0$과 $v(L) = 0$이다. 여기에서 $v(0) = 0$으로부터 다음을 얻을 수 있다.

$$C_2 = 0$$

또한 $v(L) = 0$으로부터 다음을 얻을 수 있다. **(c)**

$$C_1 = \frac{1}{L}\left[\frac{-\alpha L^2}{2h}(T_2 - T_1)\right] = -\left[\frac{L\alpha(T_2 - T_1)}{2h}\right] \quad \textbf{(d)}$$

C_1과 C_2를 식 (b)에 대입하면, 온도 차이 $(T_2 - T_1)$에 의한 보의 탄성 곡선 방정식을 다음과 같이 얻을 수 있다.

$$v(x) = \frac{\alpha x(T_2 - T_1)(x - L)}{2h} \tag{e}$$

식 (e)에서 $x = L + a$이면 점 C에서의 보의 처짐을 다음과 같이 표현할 수 있다.

$$\delta_C = v(L + a) = \frac{\alpha(L + a)(T_2 - T_1)(L + a - L)}{2h} = \frac{\alpha(T_2 - T_1)a(L + a)}{2h} \tag{f}$$

4. 최종 단계: 앞의 예제들과 여기에서는 보의 선형 탄성 거동을 가정하고 있다. 그러므로 예제 9-5, 9-9, 9-18에서 고려한 모든 하중의 동시 작용과 이 예제에서 다루고 있는 온도 차이에 의해 발생하는 점 C에서의 전체 처짐을 계산하기 위하여 (필요하다면) 중첩의 원리를 적용할 수 있다.

수치 예제: 보 ABC가 연강으로 만들어졌으며, 넓은 플렌지 HE 700B[표 F-1 참조] 단면을 가지고 있다. 보의 길이는 $L = 9$ m이고 돌출부의 길이는 $a = L/2$이다. 이때, 보의 자중에 의한 점 C에서의 처짐(예제 9-9 참조, $q = 2.36$ kN/m라 하자)과 온도 차이 $(T_2 - T_1) = 3°C$에 의한 처짐을 비교해 본다. 표 I-4로부터 구조용 강의 열팽창계수는 $\alpha = 12 \times 10^{-6}$ /°C이다. 연강의 탄성 계수는 210 GPa이다.

식 (9-68)로부터 자중에 의한 점 C에서의 처짐은 다음과 같다.

$$\begin{aligned} \delta_{Cq} &= \frac{qa}{24EI_z}(a + L)(3a^2 + aL - L^2) \\ &= \frac{(2.36 \text{ kN/m})(4.5 \text{ m})}{24(210 \text{ GPa})(256900 \text{ cm}^4)}(4.5 \text{ m} + 9 \text{ m}) \\ &\quad \times [3(4.5 \text{ m})^2 + 4.5 \text{ m}(9 \text{ m}) - (9 \text{ m})^2] \\ &= 0.224 \text{ mm} \end{aligned} \tag{g}$$

여기에서 $a = 4.5$ m이고 $L = 9.0$ m이다.

불과 3°C의 온도 차이에 의한 점 C에서의 처짐은 식 (f)로부터 다음과 같이 얻어진다.

$$\begin{aligned} \delta_{CT} &= \frac{\alpha(T_2 - T_1)a(L + a)}{2h} \\ &= \frac{(12 \times 10^{-6})(3)(4.5 \text{ m})(9 \text{ m} + 4.5 \text{ m})}{2(700 \text{ mm})} = 1.562 \text{ mm} \end{aligned} \tag{h}$$

작은 온도 차이로 인한 점 C에서의 처짐은 보의 자중으로 인한 처짐의 7배이다.

이 장의 요약 및 복습

9장에서는 충격과 온도 효과를 포함하여 넓은 범위의 여러 가지 하중을 받는 다양한 형태의 보가 각기 다른 지지점 조건을 가질 때, 선형 탄성적인 작은 변위의 거동을 논의했다. 처짐 곡선에 관한 2계, 3계, 4계 미분 방정식의 적분에 기초한 방법을 설명했다. 보 전체의 처짐 모양을 나타내는 방정식을 유도했으며, 보에 있는 특정한 점의 이동 및 회전 변위를 계산하기도 했다. 또한 단순한 표준 해를 조합하여 복잡한 보와 하중 조건을 다루기 위해서 중첩의 원리를 사용했다. 보의 변위를 계산하기 위하여 굽힘모멘트 선도의 면적에 기초한 방법과 에너지에 기초한 방법도 알아보았다. 이 장에서 살펴본 중요한 개념은 다음과 같다.

1. 선형 곡률에 관한 식($\kappa = d^2v/dx^2$)과 굽힘모멘트와 곡률 관계식($\kappa = M/EI$)을 조합하면 보의 **처짐 곡선에 대한 상미분 방정식**을 얻을 수 있는데, 이 식은 선형 탄성 거동을 하는 보에만 유효하다.

$$EI\frac{d^2v}{dx^2} = M$$

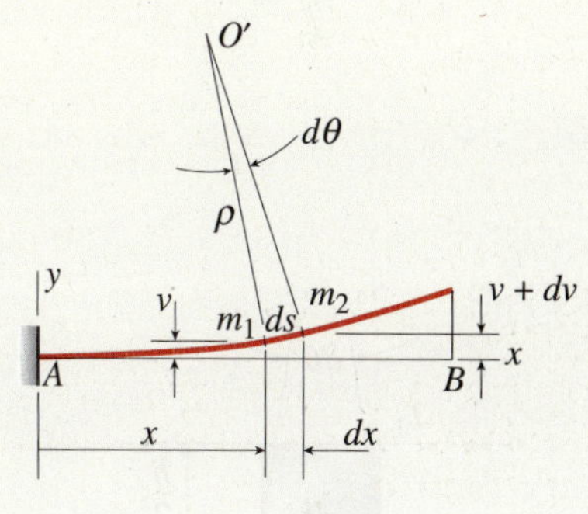

2. 처짐 곡선의 미분 방정식을 한 번 미분하면 전단력 V와 굽힘모멘트의 1계 미분 dM/dx와 관련된 3계 미분 방정식을 얻을 수 있고, 두 번 미분하면 세기 q인 분포 하중과 전단력의 1계 미분 dV/dx와 관련된 4계 미분 방정식을 얻을 수 있다.

$$EI\frac{d^3v}{dx^3} = V$$

$$EI\frac{d^4v}{dx^4} = -q$$

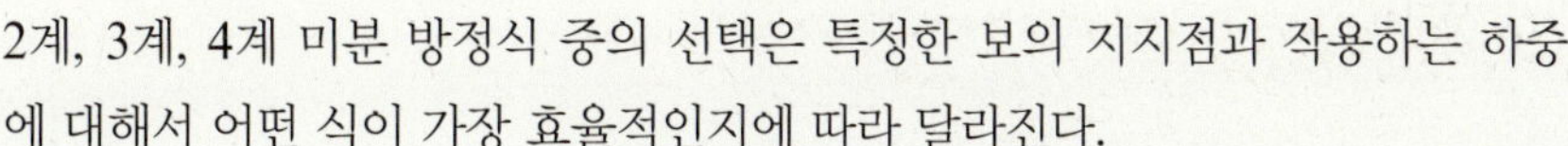

2계, 3계, 4계 미분 방정식 중의 선택은 특정한 보의 지지점과 작용하는 하중에 대해서 어떤 식이 가장 효율적인지에 따라 달라진다.

3. 하중 세기(q), 전단력(V), 굽힘모멘트(M), 굽힘강성(EI)이 변할 때마다 보의 각 구간에 대해 M, V, q에 관한 식을 표현한다. 그런 다음에 **경계, 연속, 대칭 조건**을 적절하게 적용하여 미지의 적분 상수를 결정한다. 보의 처짐 방정식 $v(x)$에 x의 어떤 특정한 값을 대입함으로써 그 점에서의 이동 변위를 구하고, 그 점에서의 dv/dx를 계산함으로써 처짐 방정식의 기울기를 얻는다.

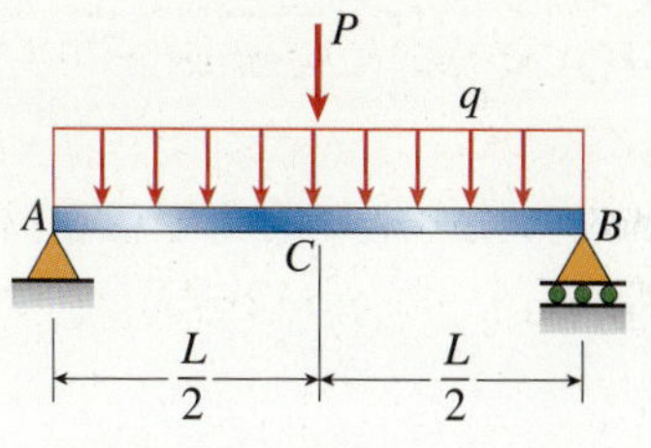

4. 좀 더 복잡한 보와 하중에 대해 변위와 회전을 구하기 위해 **중첩법**을 사용할 수 있다. 중첩법은 작은 변위가 발생하고 선형 탄성 거동을 보이는 보에만 적용할 수 있다.

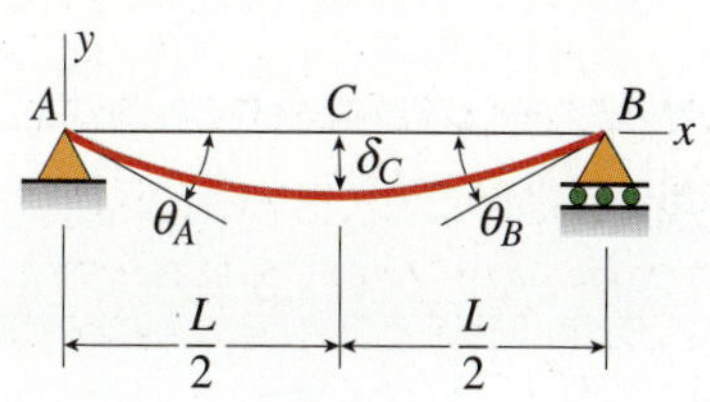

5. **모멘트-면적법**은 보의 변위를 구하는 또 다른 해법으로, 굽힘모멘트 선도의 면적과 관련된 두 개의 정리에 기초한다.

6. 굽힘의 변형 에너지(U)와 집중 하중 또는 모멘트가 한 일(W)을 같게 놓고, 특정한 하중(P, M)에 대한 편미분을 취하여 보의 처짐과 회전각을 계산할 수 있

는데, 이 방법을 **카스틸리아노의 정리**라고 한다.

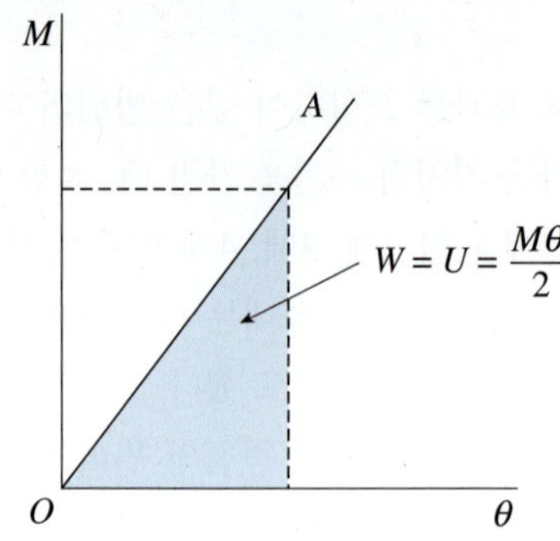

7. 떨어지는 질량의 위치 에너지와 보가 획득한 변형 에너지를 같게 놓음으로써 **충격으로 인한 처짐**을 근사적으로 구할 수 있다.

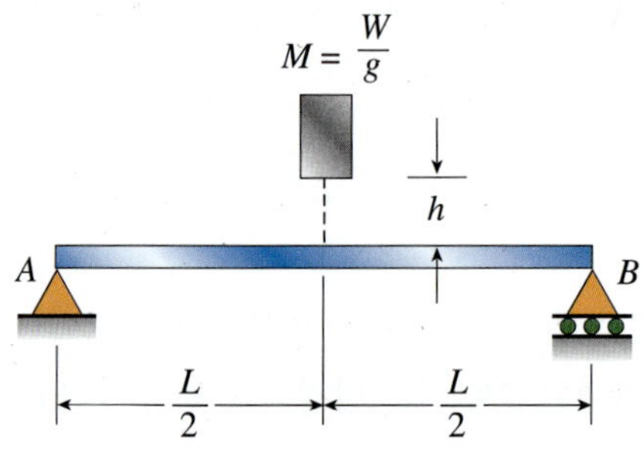

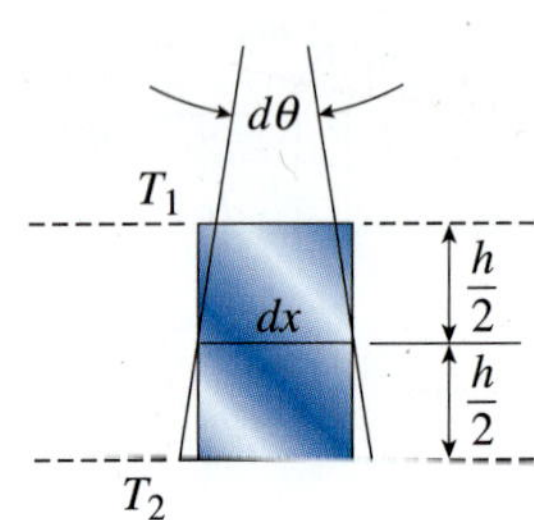

8. 마지막으로, 보의 높이에 걸쳐 **온도 차이** $T_2 - T_1$가 존재하면, 보의 축선에서 곡률이 생긴다.

$$\kappa = d\theta / dx = d^2 v / dx^2 = \alpha(T_2 - T_1) / h$$

순차적분법을 사용하여 처짐 곡선의 방정식을 얻기 위해서 이 식을 적분할 수 있다.

PROBLEMS Chapter 9

9.2 Differential Equations of the Deflection Curve

The beams described in the problems for Section 9.2 have constant flexural rigidity EI.

Introductory Problems

9.2-1 The equation of the deflection curve for a cantilever beam is

$$v(x) = \frac{M_0 x^2}{2EI}$$

(a) Describe the loading acting on the beam.
(b) Draw the moment diagram for the beam.

9.2-2 The equation of the deflection curve for a simply supported beam is

$$v(x) = \frac{q_0}{24EI}(2Lx^3 - x^4 - L^3 x)$$

(a) Derive the slope equation of the beam.
(b) Derive the bending-moment equation of the beam.
(c) Derive the shear-force equation of the beam.
(d) Describe the loading acting on the beam.

9.2-3 The deflection curve for a simple beam AB (see figure) is given by

$$v = -\frac{q_0 x}{360LEI}(7L^4 - 10L^2x^2 + 3x^4)$$

Describe the load acting on the beam.

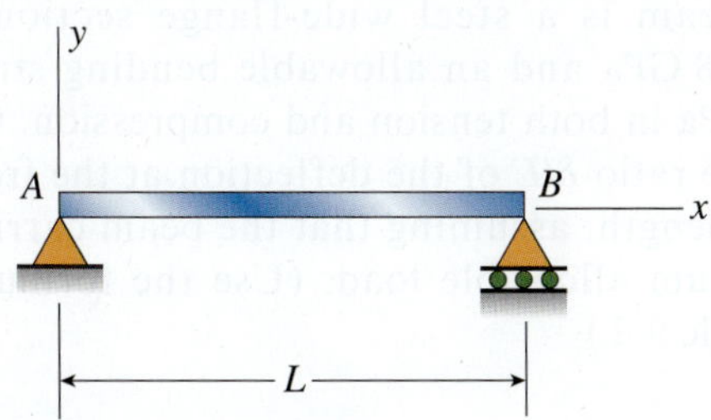

PROBLEMS 9.2-3 and 9.2-4

9.2-4 The deflection curve for a simple beam AB (see figure) is given by

$$v = -\frac{q_0 L^4}{\pi^4 EI}\sin\frac{\pi x}{L}$$

(a) Describe the load acting on the beam.
(b) Determine the reactions R_A and R_B at the supports.
(c) Determine the maximum bending moment M_{max}.

Representative Problems

9.2-5 The deflection curve for a cantilever beam AB (see figure) is given by

$$v = -\frac{q_0 x^2}{120LEI}(10L^3 - 10L^2x + 5Lx^2 - x^3)$$

Describe the load acting on the beam.

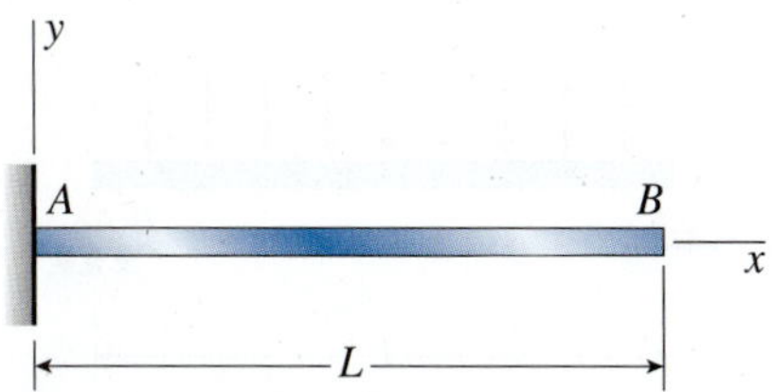

PROBLEMS 9.2-5 and 9.2-6

9.2-6 The deflection curve for a cantilever beam AB (see figure) is given by

$$v = -\frac{q_0 x^2}{360L^2 EI}(45L^4 - 40L^3x + 15L^2x^2 - x^4)$$

(a) Describe the load acting on the beam.
(b) Determine the reactions R_A and M_A at the support.

9.3 Deflections by Integration of the Bending-Moment Equation

Solve problems in this section using available deflection formulas. *All beams have constant flexural rigidity EI.*

Introductory Problems

9.3-1 A simply supported beam is loaded with a point load, as shown in the figure. The beam is a steel shape (IPN 300) in strong axis bending. Calculate

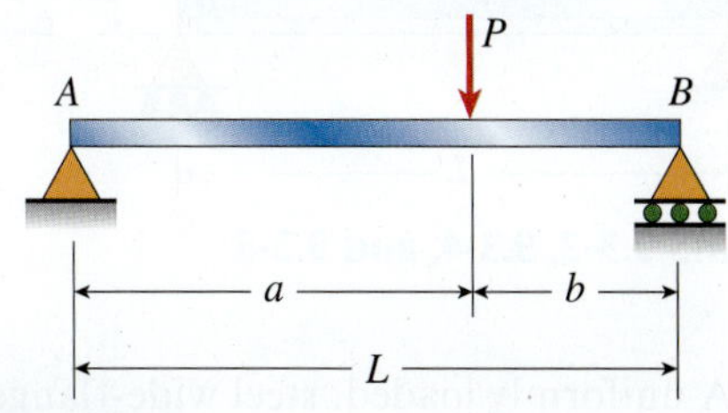

PROBLEM 9.3-1

the maximum deflection of the beam and the rotation at joint A if $L = 3$ m, $a = 2.1$ m, $b = 0.9$ m, and $P = 45$ kN. Neglect the weight of the beam.

9.3-2 A 1-meter-long, simply supported copper beam ($E = 117$ GPa) carries uniformly distributed load q. The maximum deflection is measured as 1.5 mm.

(a) Calculate the magnitude of the distributed load q if the beam has a rectangular cross section (width $b = 20$ mm, height $h = 40$ mm).

(b) If instead the beam has circular cross section and $q = 500$ N/m, calculate the radius r of the cross section.

Neglect the weight of the beam.

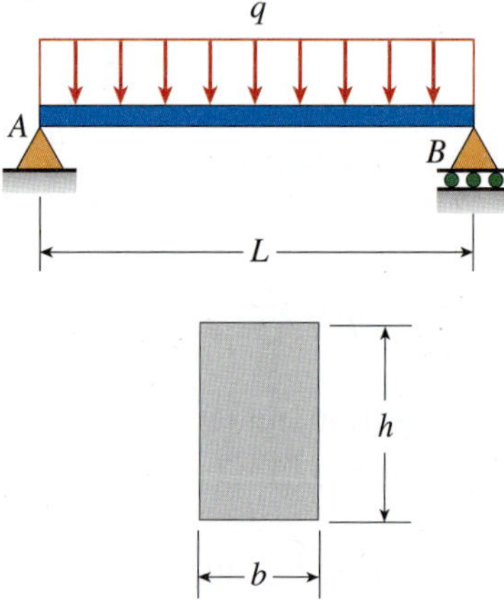

PROBLEM 9.3-2

9.3-3 A wide-flange beam (HE 220B) supports a uniform load on a simple span of length $L - 4.25$ m (see figure).

Calculate the maximum deflection δ_{max} at the midpoint and the angles of rotation θ at the supports if $q = 26$ kN/m and $E = 210$ GPa. (Use the formulas of Example 9-1.)

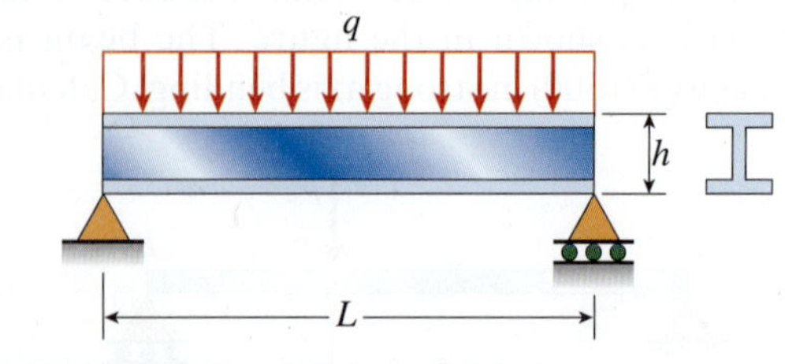

PROBLEMS 9.3-3, 9.3-4, and 9.3-5

9.3-4 A uniformly loaded, steel wide-flange beam with simple supports (see figure) has a downward deflection of 10 mm at the midpoint and angles of rotation equal to 0.01 radians at the ends.

Calculate the height h of the beam if the maximum bending stress is 90 MPa and the modulus of elasticity is 200 GPa. (Use the formulas of Example 9-1.)

9.3-5 What is the span length L of a uniformly loaded, simple beam of wide-flange cross section (see figure) if the maximum bending stress is 84 MPa, the maximum deflection is 2.5 mm, the height of the beam is 300 mm, and the modulus of elasticity is 210 GPa? (Use the formulas of Example 9-1.)

9.3-6 Calculate the maximum deflection δ_{max} of a uniformly loaded simple beam if the span length $L = 2.0$ m, the intensity of the uniform load $q = 2.0$ kN/m, and the maximum bending stress $\sigma = 60$ MPa.

The cross section of the beam is square, and the material is aluminum having modulus of elasticity $E = 70$ GPa. (Use the formulas of Example 9-1.)

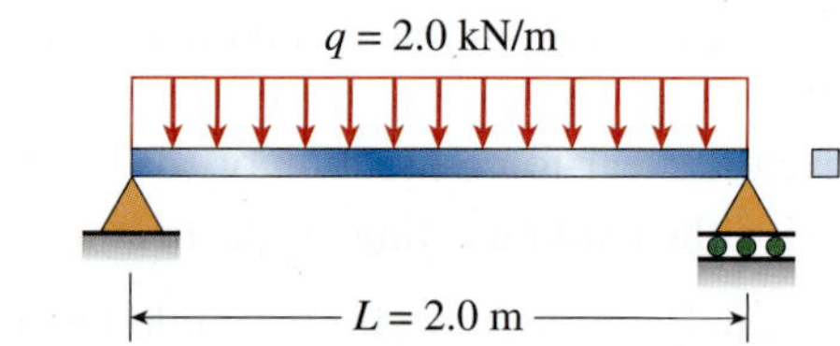

PROBLEM 9.3-6

Representative Problems

9.3-7 A cantilever beam with a uniform load (see figure) has a height h equal to 1/8 of the length L. The beam is a steel wide-flange section with $E = 208$ GPa and an allowable bending stress of 130 MPa in both tension and compression. Calculate the ratio δ/L of the deflection at the free end to the length, assuming that the beam carries the maximum allowable load. (Use the formulas of Example 9-2.)

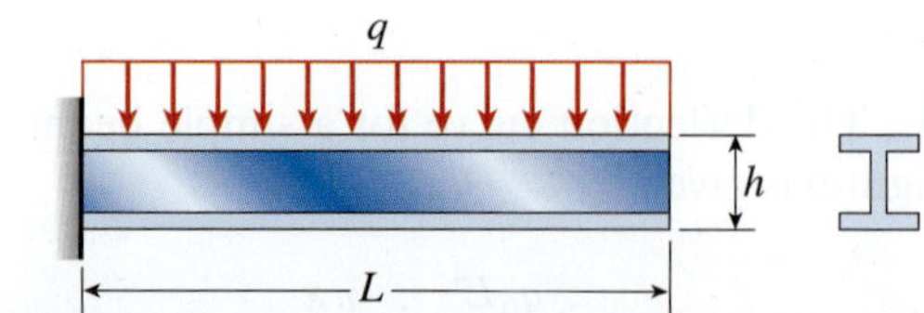

PROBLEM 9.3-7

9.3-8 A gold-alloy microbeam attached to a silicon wafer behaves like a cantilever beam subjected to a uniform load (see figure). The beam has a length $L = 27.5\ \mu\text{m}$ and rectangular cross section of a width $b = 4.0\ \mu\text{m}$ and thickness $t = 0.88\ \mu\text{m}$. The total load on the beam is $17.2\ \mu\text{N}$. If the deflection at the end of the beam is $2.46\ \mu\text{m}$, what is the modulus of elasticity E_g of the gold alloy? (Use the formulas of Example 9-2.)

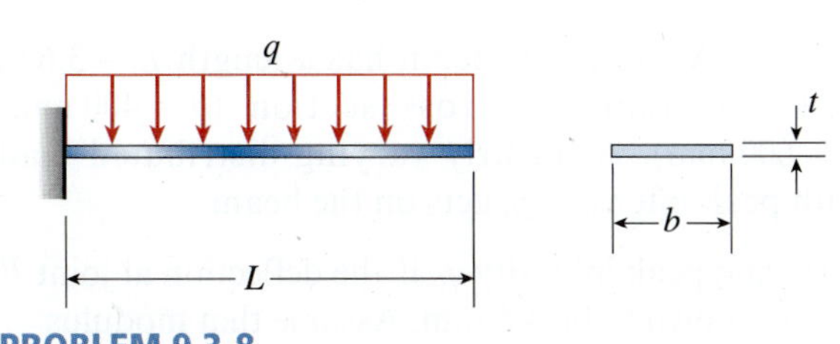

PROBLEM 9.3-8

9.3-9 Obtain a formula for the ratio δ_C / δ_{max} of the deflection at the midpoint to the maximum deflection for a simple beam supporting a concentrated load P (see figure).

From the formula, plot a graph of δ_C / δ_{max} versus the ratio a/L that defines the position of the load ($0.5 < a/L < 1$). What conclusion do you draw from the graph? (Use the formulas of Example 9-3.)

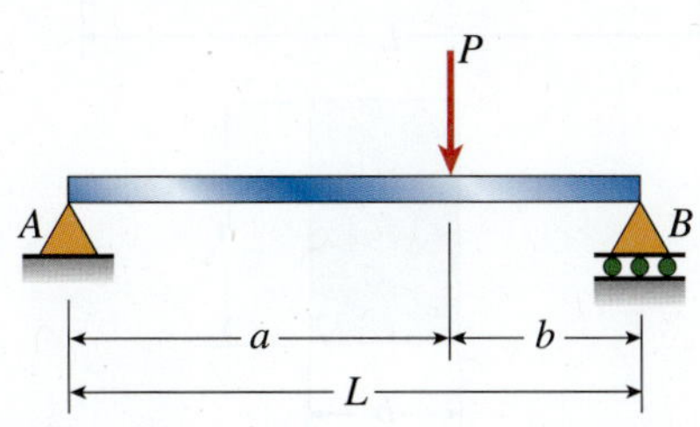

PROBLEM 9.3-9

9.3-10 A cantilever beam model is often used to represent micro-electrical-mechanical systems (MEMS) (see figure). The cantilever beam is made of polysilicon ($E = 150$ GPa) and is subjected to an electrostatic moment M applied at the end of the cantilever beam. If dimensions are $b = 2\ \mu\text{m}$, $h = 4\ \mu\text{m}$, and $L = 320\ \mu\text{m}$, find expressions for the tip deflection and rotation of the cantilever beam in terms of moment M.

A B M L h b L b h Cantilever beam Electrode Dielectric substrate Polysilicon anchor z y x

Based on Gary O'Brien, David J. Monk and Liwei Lin, "MEMS cantilever beam electrostatic pull-in model," Proc. SPIE 4593, Design, Characterization, and Packaging for MEMS and

PROBLEM 9.3-10

9.3-11 Beams AB and CDE are connected using rigid link DB with hinges (or moment releases) at ends D and B (see figure a). Beam AB is fixed at joint A and beam CDE is pin-supported at joint E. Load $P = 665$ N is applied at C.

(a) Calculate the deflections of joints B and joint C. Assume $L = 2.7$ m and $EI = 342\ \text{kN}\cdot\text{m}^2$.

(b) Repeat part (a) if rigid link DB is replaced by a linear spring with $k = 3500$ kN/m (see figure b).

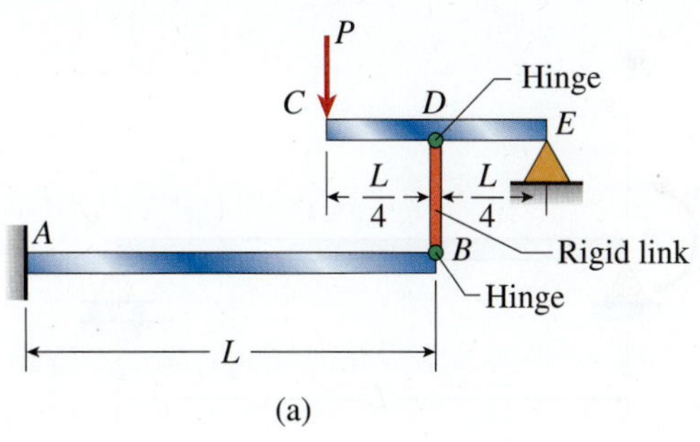

(a)

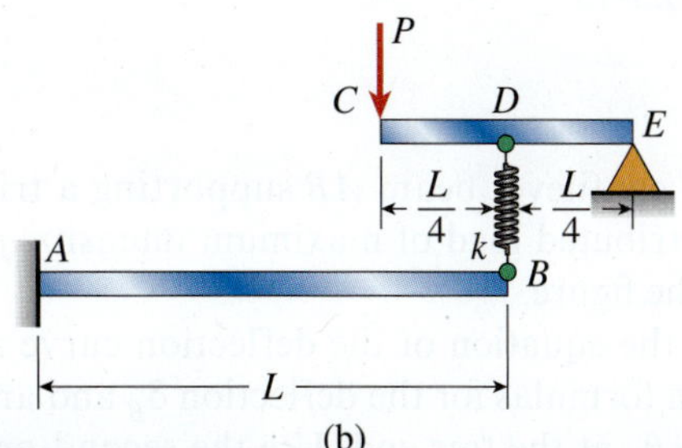

(b)

PROBLEM 9.3-11

Solve the problems in this section by integrating the second-order differential equation of the deflection curve (the bending-moment equation). The origin of coordinates is at the left-hand end of each beam, and all beams have constant flexural rigidity EI.

Introductory Problems

9.3-12 Derive the equation of the deflection curve for a cantilever beam AB supporting a load P at the free end (see figure). Also, determine the deflection δ_B and angle of rotation θ_B at the free end. Use the second-order differential equation of the deflection curve.

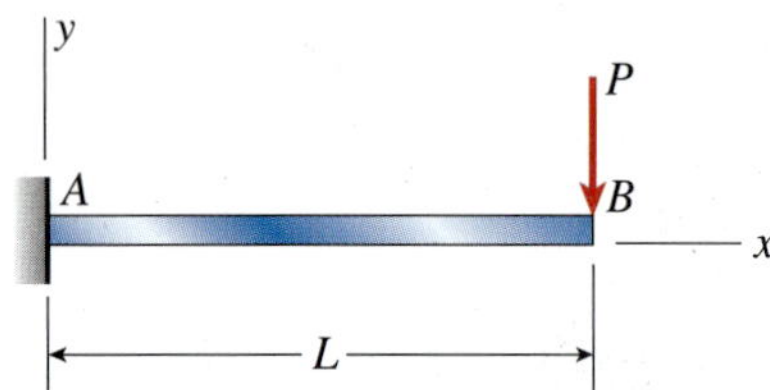

PROBLEM 9.3-12

9.3-13 Derive the equation of the deflection curve for a simple beam AB loaded by a couple M_0 at the left-hand support (see figure). Also, determine the maximum deflection δ_{max}. Use the second-order differential equation of the deflection curve.

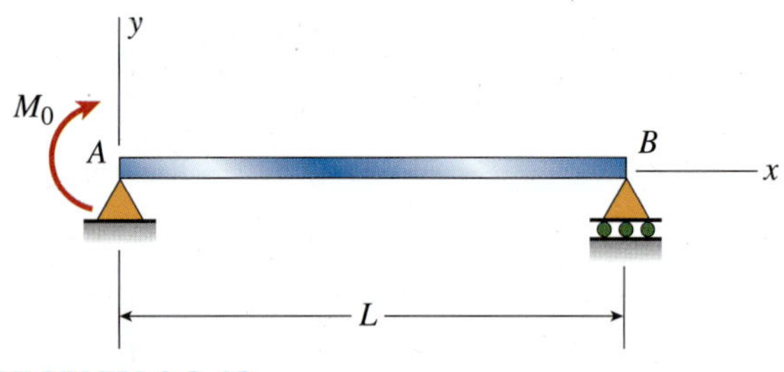

PROBLEM 9.3-13

9.3-14 A cantilever beam AB supporting a triangularly distributed load of maximum intensity q_0 is shown in the figure.

Derive the equation of the deflection curve and then obtain formulas for the deflection δ_B and angle of rotation θ_B at the free end. Use the second-order differential equation of the deflection curve.

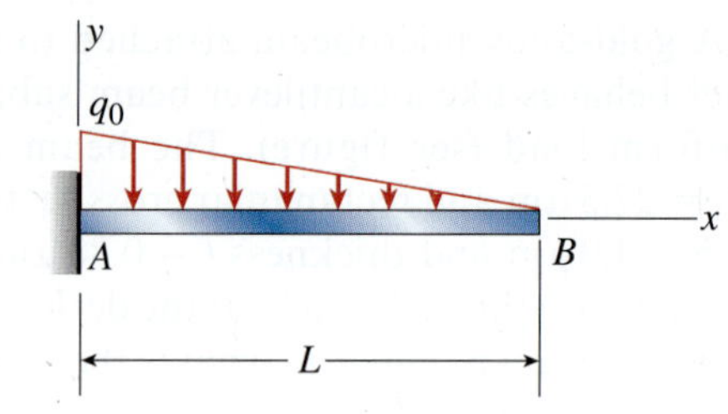

PROBLEM 9.3-14

9.3-15 A cantilever beam has a length $L = 3.6$ m and a rectangular cross section ($b = 400$ mm, $h = 600$ mm). A linearly varying distributed load with peak intensity q_0 acts on the beam.

(a) Find peak intensity q_0 if the deflection at joint B is known to be 4.5 mm. Assume that modulus $E = 205$ GPa.

(b) Find the location and magnitude of the maxi-

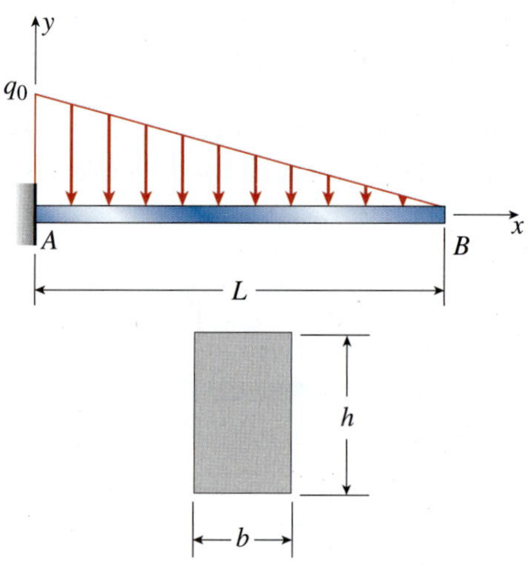

PROBLEM 9.3-15

9.3-16 A simple beam with an overhang is subjected to a point load $P = 6$ kN. If the maximum allowable deflection at point C is 0.5 mm, select the lightest IPN section from Table F-2 that can be used for the beam. Assume that $L = 3$ m and ignore the distributed weight of the beam.

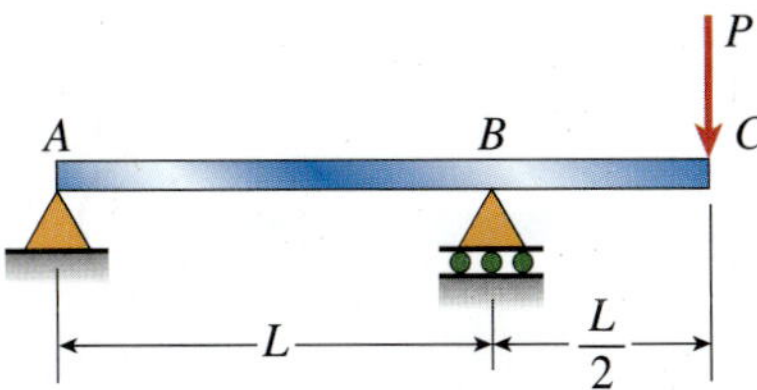

PROBLEM 9.3-16

Representative Problems

9.3-17 A cantilever beam AB is acted upon by a uniformly distributed moment (bending moment, not torque) of intensity m per unit distance along the axis of the beam (see figure).

Derive the equation of the deflection curve and then obtain formulas for the deflection δ_B and angle of rotation θ_B at the free end. Use the second-order differential equation of the deflection curve.

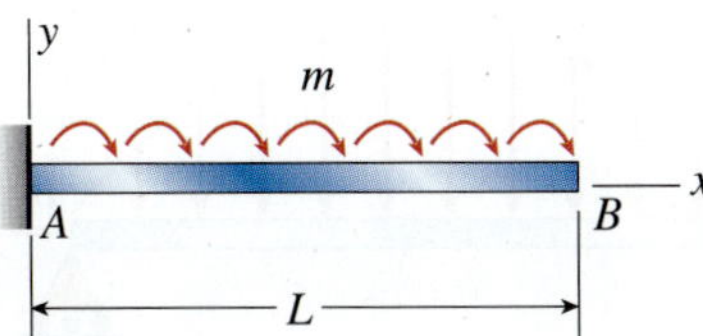

PROBLEM 9.3-17

9.3-18 The beam shown in the figure has a sliding support at A and a spring support at B. The sliding support permits vertical movement but no rotation. Derive the equation of the deflection curve and determine the deflection δ_B at end B due to the uniform load of intensity q. Use the second-order differential equation of the deflection curve.

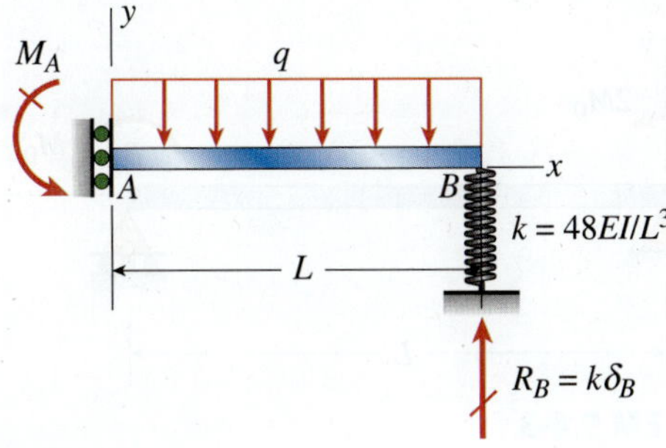

PROBLEM 9.3-18

9.3-19 Derive the equations of the deflection curve for a simple beam AB loaded by a couple M_0 acting at distance a

Also, determine the deflection δ_0 at the point where the load is applied. Use the second-order differential equation of the deflection curve.

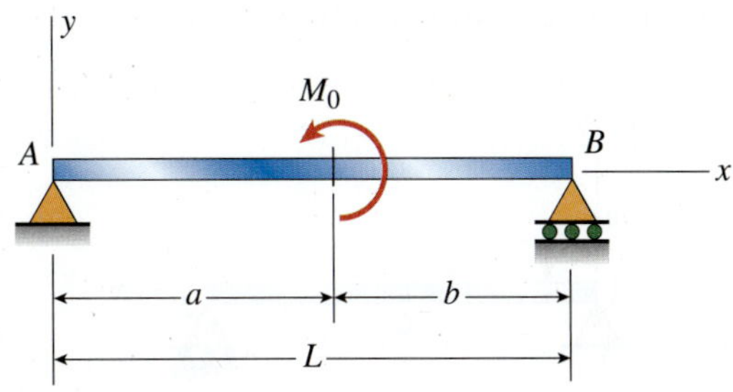

PROBLEM 9.3-19

9.3-20 Derive the equations of the deflection curve for a cantilever beam AB carrying a uniform load of intensity q over part of the span (see figure). Also, determine the deflection δ_B at the end of the beam. Use the second-order differential equation of the deflection curve.

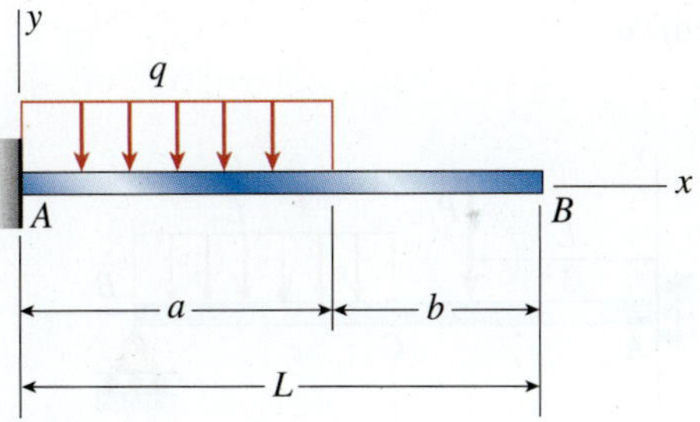

PROBLEM 9.3-20

9.3-21 Derive the equations of the deflection curve for a cantilever beam AB supporting a distributed load of peak intensity q_0 acting over one-half of the length (see figure). Also, obtain formulas for the deflections δ_B and δ_C at points B and C, respectively. Use the second-order differential equation of the deflection curve.

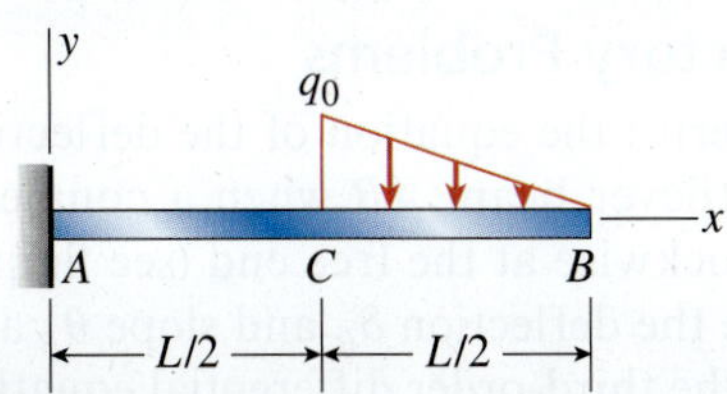

PROBLEM 9.3-21

9.3-22 Derive the equations of the deflection curve for a simple beam AB with a distributed load of peak intensity q_0 acting over the left-hand half of the span (see figure). Also, determine the deflection δ_C at the midpoint of the beam. Use the second-order differential equation of the deflection curve.

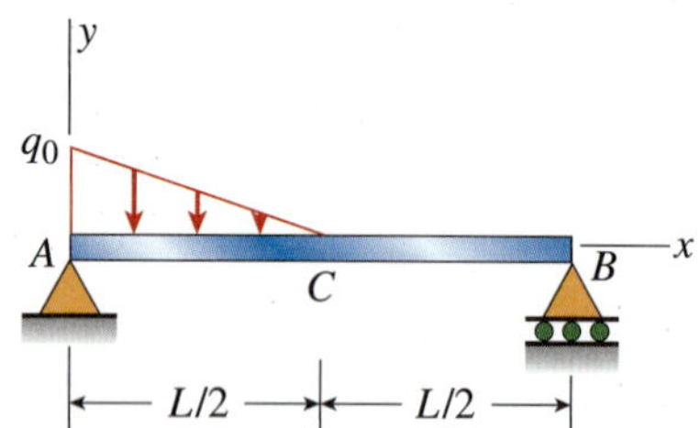

PROBLEM 9.3-22

9.3-23 The beam shown in the figure has a sliding support at A and a roller support at B. The sliding support permits vertical movement but no rotation. Derive the equation of the deflection curve and determine the deflection δ_A at end A and also δ_C at point C due to the uniform load of intensity $q = P/L$ applied over segment CB and load P at $x = L/3$. Use the second-order differential equation of the deflection curve.

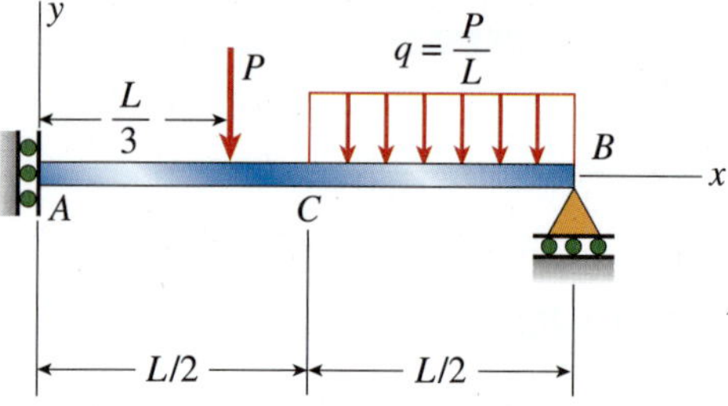

PROBLEM 9.3-23

9.4 Deflections by Integration of the Shear-Force and Load Equations

The beams described in the problems for Section 9.4 have constant flexural rigidity EI. Also, the origin of coordinates is at the left-hand end of each beam.

Introductory Problems

9.4-1 Derive the equation of the deflection curve for a cantilever beam AB when a couple M_0 acts counterclockwise at the free end (see figure). Also, determine the deflection δ_B and slope θ_B at the free end. Use the third-order differential equation of the deflection curve (the shear-force equation).

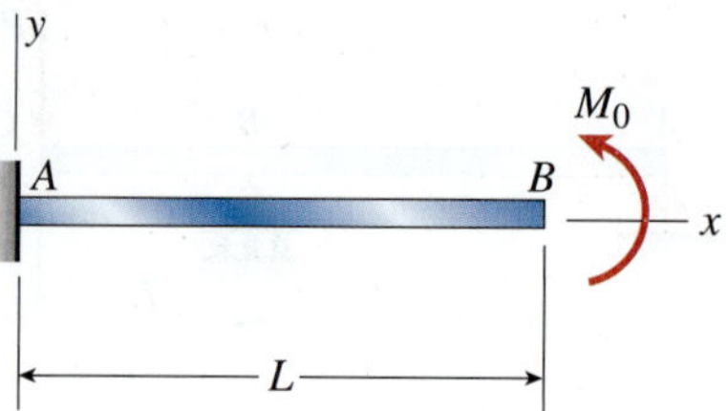

PROBLEM 9.4-1

9.4-2 A simple beam AB is subjected to a distributed load of intensity $q(x) = q_0 \sin \pi x / L$, where q_0 is the maximum intensity of the load (see figure).

Derive the equation of the deflection curve, and then determine the deflection δ_{max} at the midpoint of the beam. Use the fourth-order differential equation of the deflection curve (the load equation).

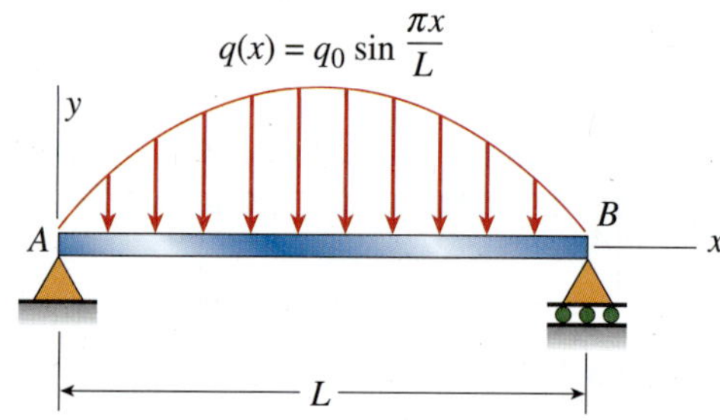

PROBLEM 9.4-2

9.4-3 The simple beam AB shown in the figure has moments $2M_0$ and M_0 acting at the ends.

Derive the equation of the deflection curve, and then determine the maximum deflection δ_{max}. Use the third-order differential equation of the deflection curve (the shear-force equation).

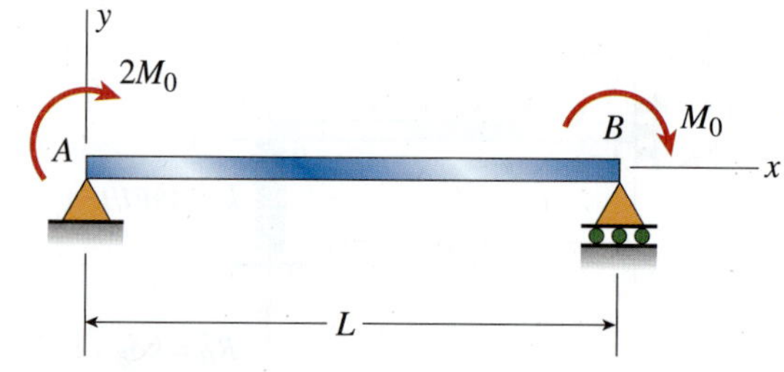

PROBLEM 9.4-3

Representative Problems

9.4-4 A beam with a uniform load has a sliding support at one end and spring support at the other. The spring has a stiffness $k = 48EI/L^3$

equation of the deflection curve by starting with the third-order differential equation (the shear-force equation). Also, determine the angle of rotation θ_B at support B.

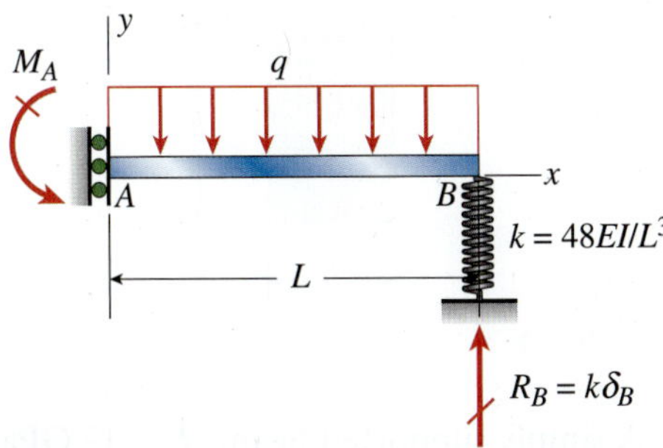

PROBLEM 9.4-4

9.4-5 The distributed load acting on a cantilever beam AB has an intensity $q(x)$ given by the expression $q_0 \cos \pi x / 2L$, where q_0 is the maximum intensity of the load (see figure).

Derive the equation of the deflection curve, and then determine the deflection δ_B at the free end. Use the fourth-order differential equation of the deflection curve (the load equation).

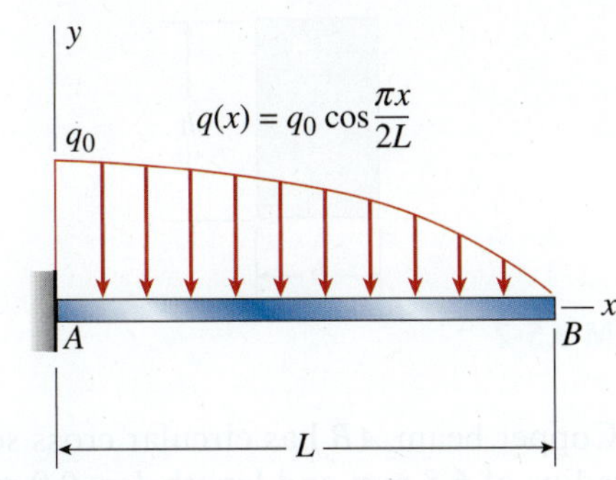

PROBLEM 9.4-5

9.4-6 A cantilever beam AB is subjected to a parabolically varying load of intensity $q(x) = q_0(L^2 - x^2)/L^2$, where q_0 is the maximum intensity of the load (see figure).

Derive the equation of the deflection curve, and then determine the deflection δ_B and angle of rotation θ_B at the free end. Use the fourth-order differential equation of the deflection curve (the load equation).

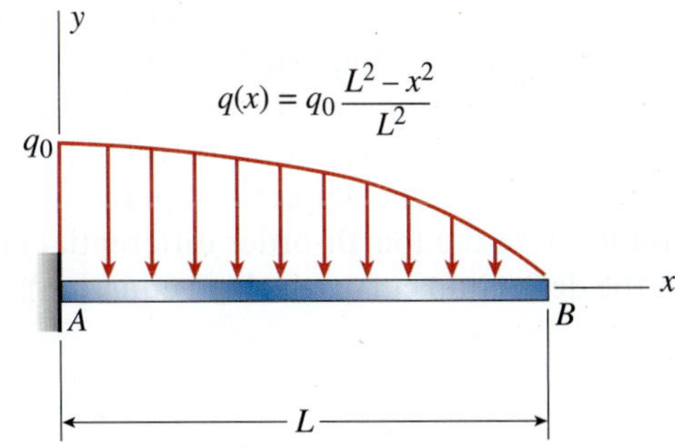

PROBLEM 9.4-6

9.4-7 A beam on simple supports is subjected to a parabolically distributed load of intensity $q(x) = 4q_0x(L - x)/L^2$, where q_0 is the maximum intensity of the load (see figure).

Derive the equation of the deflection curve, and then determine the maximum deflection δ_{max}. Use the fourth-order differential equation of the deflection curve (the load equation).

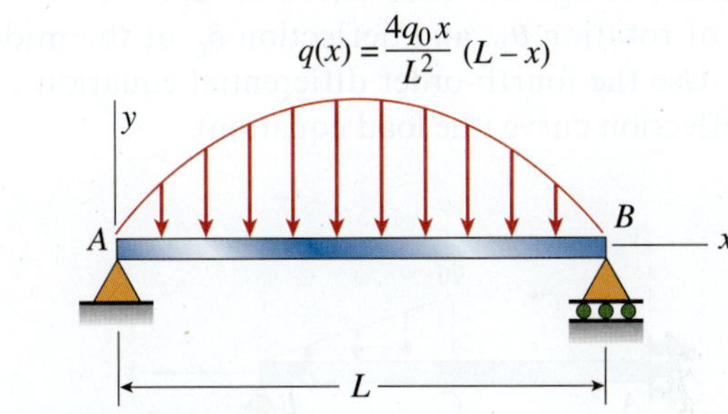

PROBLEM 9.4-7

9.4-8 Derive the equation of the deflection curve for beam AB with sliding support at A and roller at B, carrying a triangularly distributed load of maximum intensity q_0 (see figure). Also, determine the maximum deflection δ_{max} of the beam. Use the fourth-order differential equation of the deflection curve (the load equation).

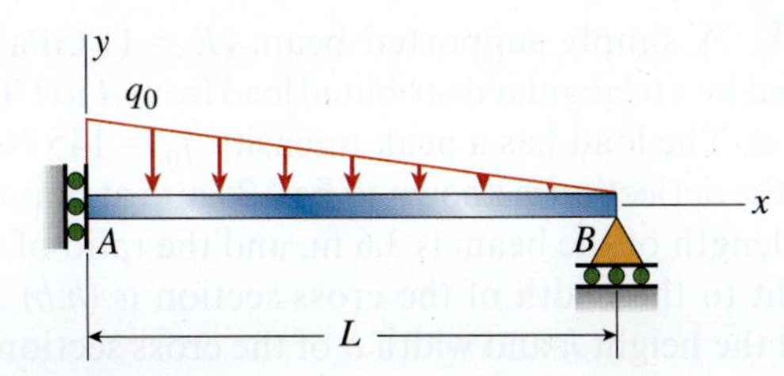

PROBLEM 9.4-8

9.4-9 Derive the equations of the deflection curve for beam ABC with sliding support at A and roller support at B, supporting a uniform load of intensity q acting on the overhang portion of the beam (see figure). Also, determine deflection δ_C and angle of rotation θ_C. Use the fourth-order differential equation of the deflection curve (the load equation).

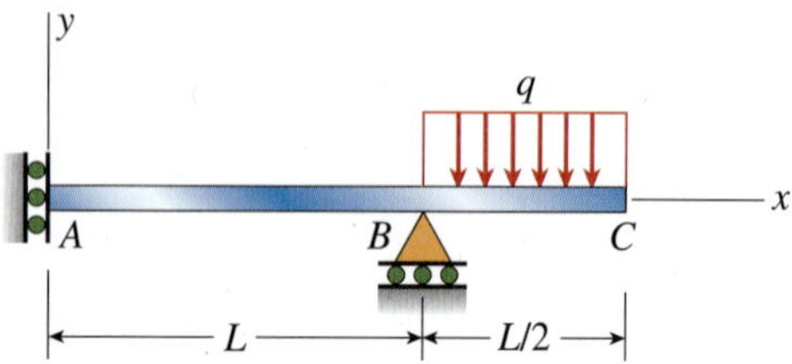

PROBLEM 9.4-9

9.4-10 Derive the equations of the deflection curve for beam AB with sliding support at A and roller support at B, supporting a distributed load of maximum intensity q_0 acting on the right-hand half of the beam (see figure). Also, determine deflection δ_A, angle of rotation θ_B, and deflection δ_C at the midpoint. Use the fourth-order differential equation of the deflection curve (the load equation).

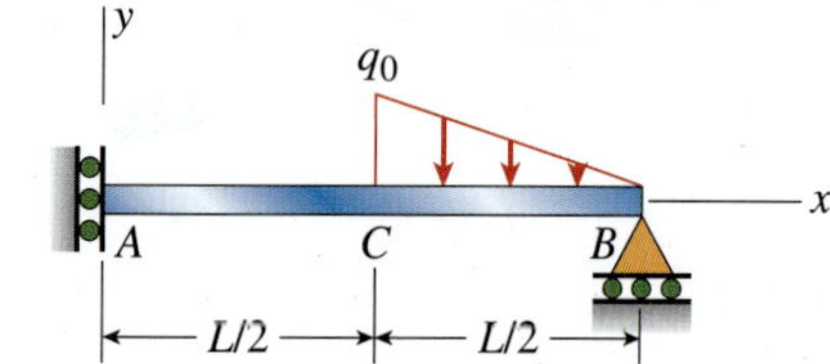

PROBLEM 9.4-10

9.5 Method of Superposition

Solve the problems for Section 9.5 by the method of superposition. All beams have constant flexural rigidity EI.

Introductory Problems

9.5-1 A simply supported beam (E = 11 GPa) is loaded by a triangular distributed load from A to C (see figure). The load has a peak intensity q_0 = 145 N/m, and the deflection is known to be 0.25 mm at point C. The length of the beam is 3.6 m, and the ratio of the height to the width of the cross section is (h:b) 2:1. Find the height h and width b of the cross section of the beam.

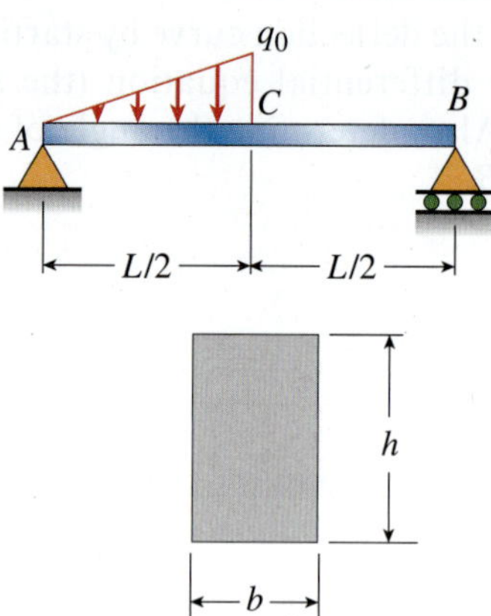

PROBLEM 9.5-1

9.5-2 A simply supported beam (E = 12 GPa) carries a uniformly distributed load q = 125 N/m, and a point load P = 200 N at mid-span. The beam has a rectangular cross section (b = 75 mm, h = 200 mm) and a length of 3.6 m. Calculate the maximum deflection of the beam.

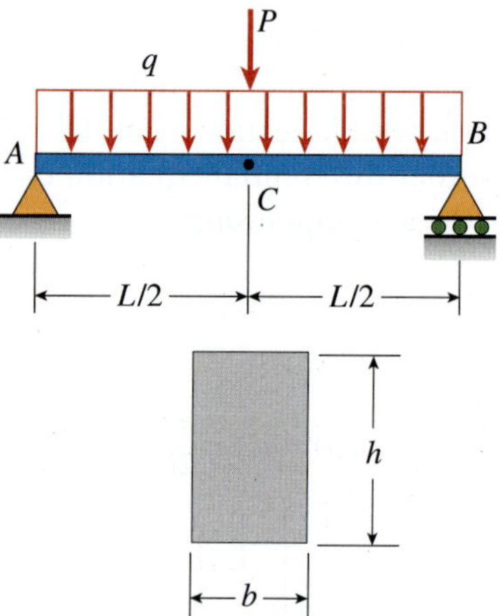

PROBLEM 9.5-2

9.5-3 Copper beam AB has circular cross section with a radius of 6.5 mm and length L = 0.9 m. The beam is subjected to a uniformly distributed load w = 50 N/m. Calculate the required load P at joint B so that the total deflection at joint B is zero. Assume that E = 110 GPa.

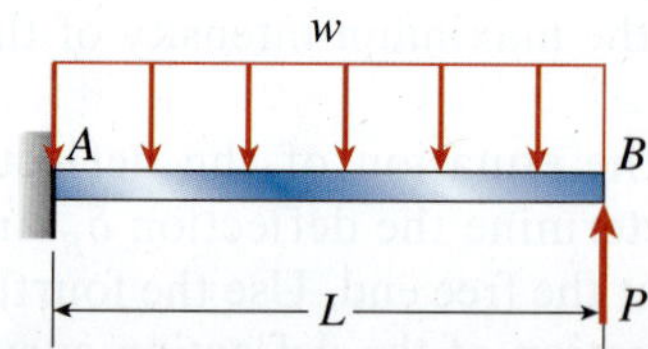

PROBLEM 9.5-3

9.5-4 Beam ABC is loaded by a uniform load q and point load P at joint C. Using the method of superposition, calculate the deflection at joint C. Assume that $L = 4$ m, $a = 2$ m, $q = 15$ kN/m, $P = 7.5$ kN, $E = 200$ GPa, and $I = 70.8 \times 10^6$ mm^4.

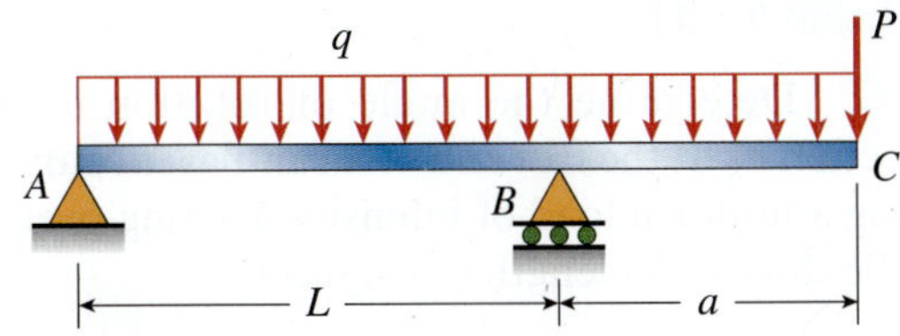

PROBLEM 9.5-4

9.5-5 A cantilever beam of a length $L = 750$ mm has a rectangular cross section ($b = 100$ mm, $h = 200$ mm) and modulus $E = 70$ GPa. The beam is subjected to a linearly varying distributed load with a peak intensity $q_0 = 13$ kN/m. Use the method of superposition and Cases 1 and 9 in Table H-1 to calculate the deflection and rotation at B.

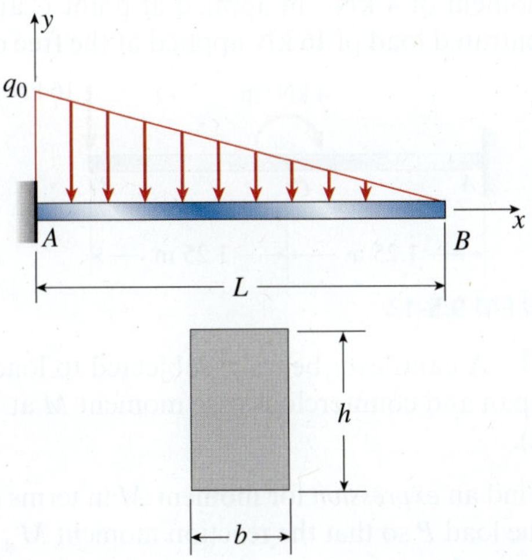

PROBLEM 9.5-5

9.5-6 A cantilever beam carries a trapezoidal distributed load (see figure). Let $w_B = 2.5$ kN/m, $w_A = 5.0$ kN/m, and $L = 2.5$ m. The beam has a modulus $E = 45$ GPa and a rectangular cross section with width $b = 200$ mm and depth $h = 300$ mm. Use the method of superposition and Cases 1 and 8 in Table H-1 to calculate the deflection and rotation at B.

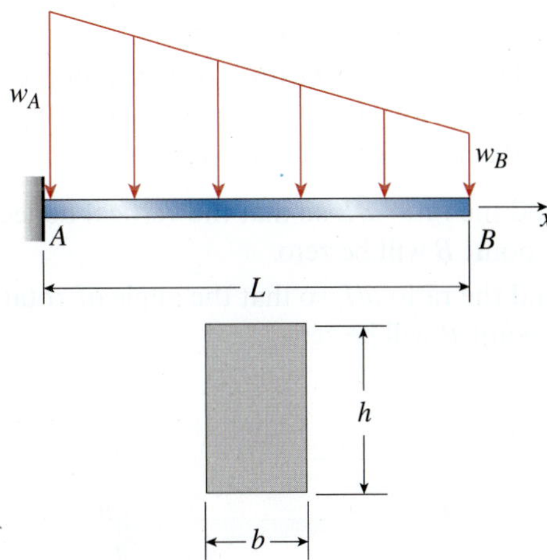

PROBLEM 9.5-6

9.5-7 A cantilever beam AB carries three equally spaced concentrated loads, as shown in the figure. Obtain formulas for the angle of rotation θ_B and deflection δ_B at the free end of the beam.

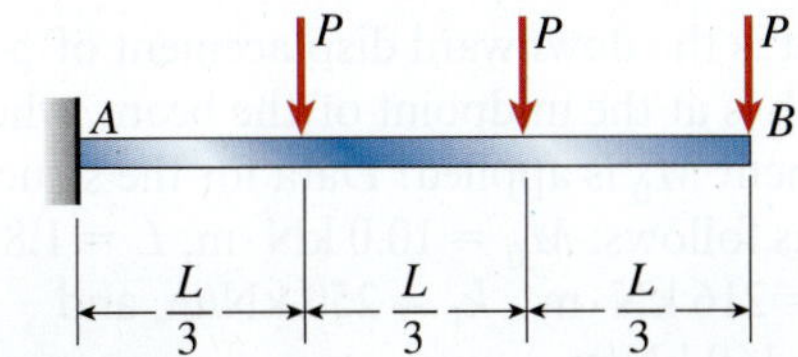

PROBLEM 9.5-7

9.5-8 A simple beam AB supports five equally spaced loads P (see figure).

(a) Determine the deflection δ_1 at the midpoint of the beam.

(b) If the same total load ($5P$) is distributed as a uniform load on the beam, what is the deflection δ_2 at the midpoint?

(c) Calculate the ratio of δ_1 to δ_2.

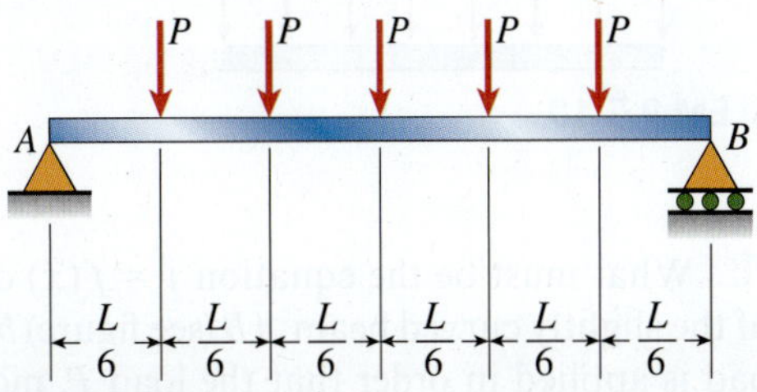

PROBLEM 9.5-8

Representative Problems

9.5-9 The cantilever beam AB shown in the figure has an extension BCD attached to its free end. A force P acts at the end of the extension.

(a) Find the ratio a/L so that the vertical deflection of point B will be zero.

(b) Find the ratio a/L so that the angle of rotation at point B will be zero.

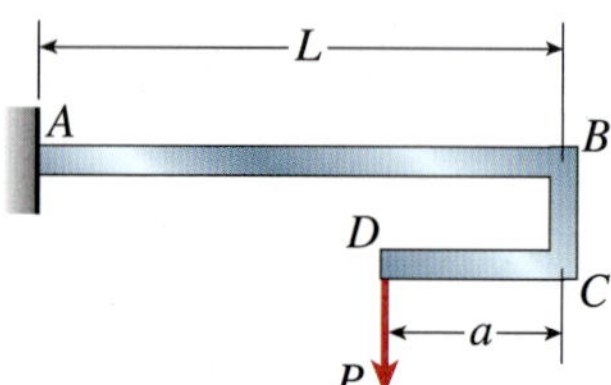

PROBLEM 9.5-9

9.5-10 Beam ACB hangs from two springs, as shown in the figure. The springs have stiffnesses k_1 and k_2 and the beam has flexural rigidity EI.

(a) What is the downward displacement of point C, which is at the midpoint of the beam, when the moment M_0 is applied? Data for the structure are as follows: $M_0 = 10.0 \text{ kN}\cdot\text{m}$, $L = 1.8$ m, $EI = 216 \text{ kN}\cdot\text{m}^2$, $k_1 = 250$ kN/m, and $k_2 = 160$ kN/m.

(b) Repeat part (a), but remove M_0 and apply a uniform load $q = 3.5$ kN/m to the entire beam.

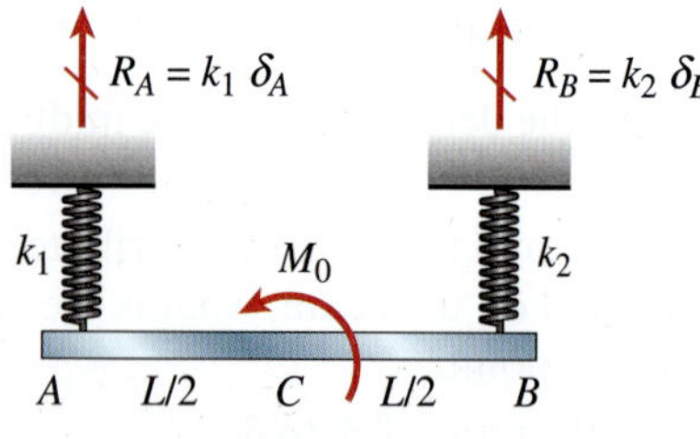

q = 3.5 kN/m (for part (b) only)

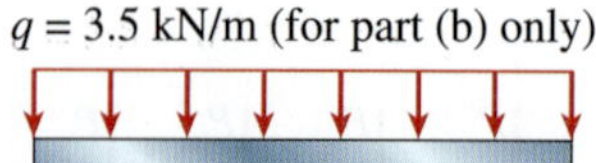

PROBLEM 9.5-10

9.5-11 What must be the equation $y = f(x)$ of the axis of the slightly curved beam AB (see figure) *before* the load is applied in order that the load P, moving along the bar, always stays at the same level?

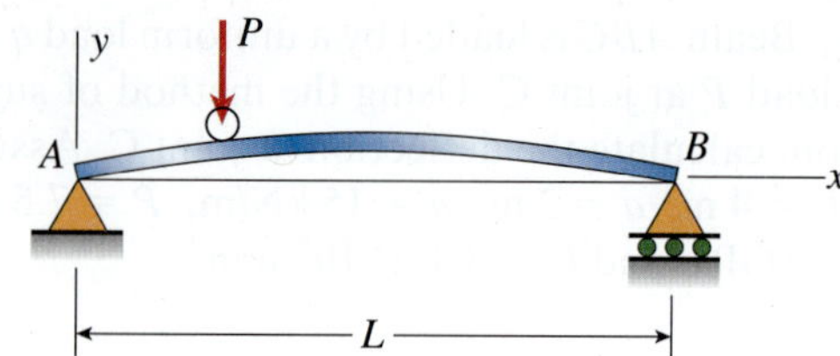

PROBLEM 9.5-11

9.5-12 Determine the angle of rotation θ_B and deflection δ_B at the free end of a cantilever beam AB having a uniform load of intensity q acting over the middle third of its length (see figure).

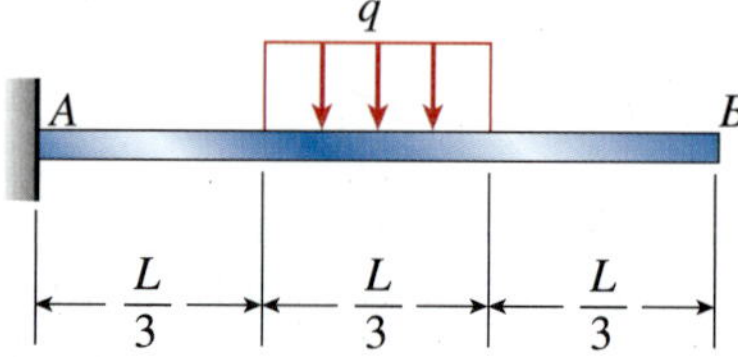

PROBLEM 9.5-12

9.5-13 The cantilever beam ACB shown in the figure has flexural rigidity $EI = 6.1 \times 10^6 \text{ N}\cdot\text{m}^2$. Calculate the downward deflections δ_C and δ_B at points C and B, respectively, due to the simultaneous action of the moment of 4 kN · m applied at point C and the concentrated load of 16 kN applied at the free end B.

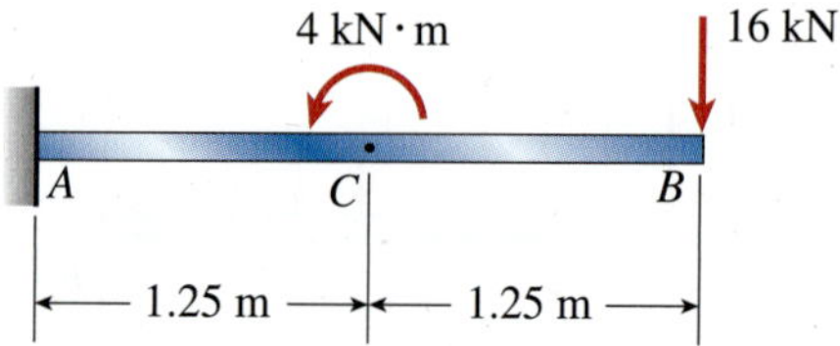

PROBLEM 9.5-13

9.5-14 A cantilever beam is subjected to load P at mid-span and counterclockwise moment M at B (see figure).

(a) Find an *expression* for moment M in terms of the load P so that the reaction moment M_A at A is equal to zero.

(b) Find an *expression* for moment M in terms of the load P so that the deflection is $\delta_B = 0$; *also*, what is rotation θ_B?

(c) Find an *expression* for moment M in terms of the load P so that the rotation $\theta_B = 0$; *also*, what is deflection δ_B?

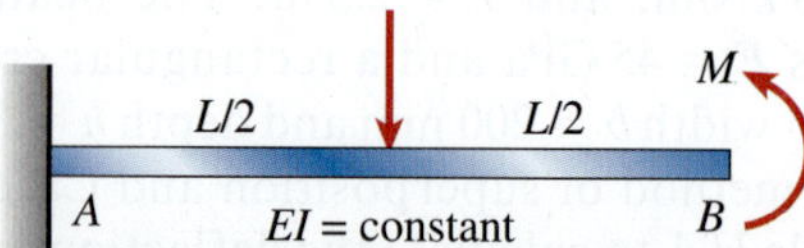

PROBLEM 9.5-14

9.5-15 Use the method of superposition to find the angles of rotation θ_A and θ_B at the supports, and the maximum deflection δ_{max} for a simply supported beam subjected to *symmetric* loads P at distance a from each support. Assume that EI is constant, total beam length is L and a = L/3. *Hint:* Use the formulas of Example 9-3.

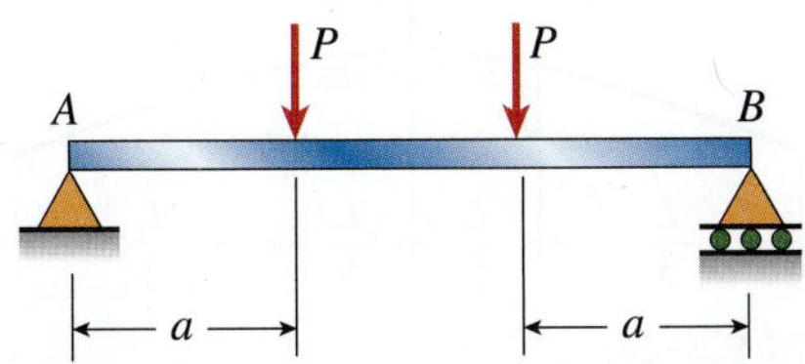

PROBLEM 9.5-15

9.5-16 Repeat Problem 9.5-15 for the *anti-symmetric* loading shown in the figure.

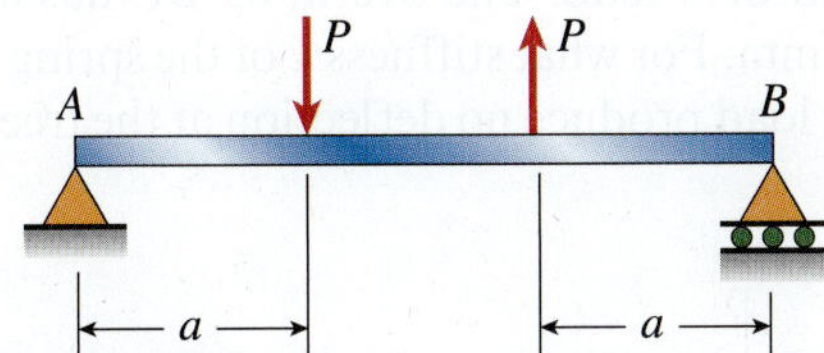

PROBLEM 9.5-16

9.5-17 A cantilever beam is subjected to a quadratic distributed load $q(x)$ over the length of the beam (see figure). Find an *expression* for moment M in terms of the peak distributed load intensity q_0 so that the deflection is $\delta_B = 0$.

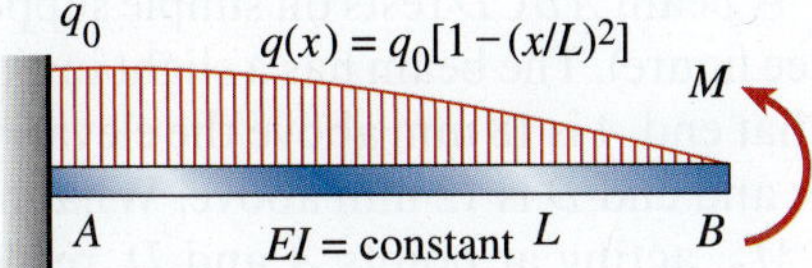

PROBLEM 9.5-17

9.5-18 A beam $ABCD$ consisting of a simple span BD and an overhang AB is loaded by a force P acting at the end of the bracket CEF (see figure).

(a) Determine the deflection δ_A at the end of the overhang.

(b) Under what conditions is this deflection upward? Under what conditions is it downward?

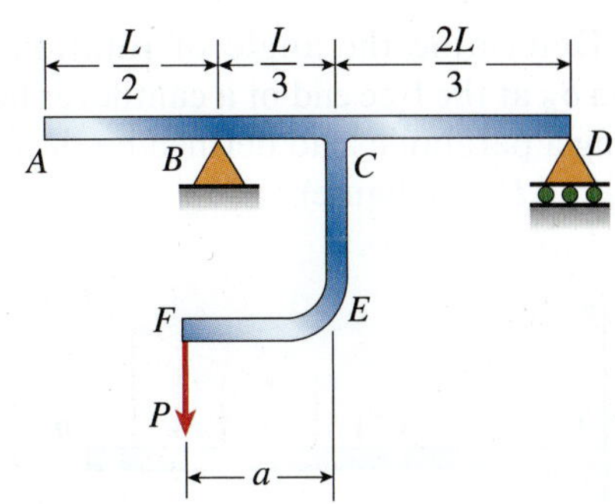

PROBLEM 9.5-18

9.5-19 A horizontal load P acts at end C of the bracket ABC shown in the figure.

(a) Determine the deflection δ_C of point C.

(b) Determine the maximum upward deflection δ_{max} of member AB.

Note: Assume that the flexural rigidity EI is constant throughout the frame. Also, disregard the effects of axial deformations and consider only the effects of bending due to the load P.

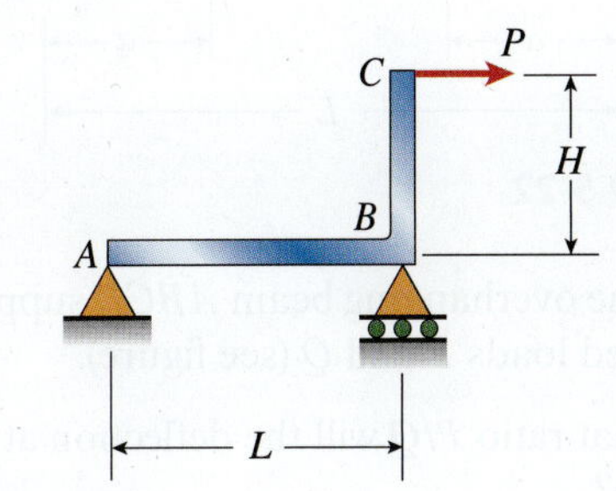

PROBLEM 9.5-19

9.5-20 A beam ABC having flexural rigidity $EI = 75\ \text{kN}\cdot\text{m}^2$ is loaded by a force $P = 800$ N at end C and tied down at end A by a wire having axial rigidity $EA = 900$ kN (see figure).

What is the deflection at point C when the load P is applied?

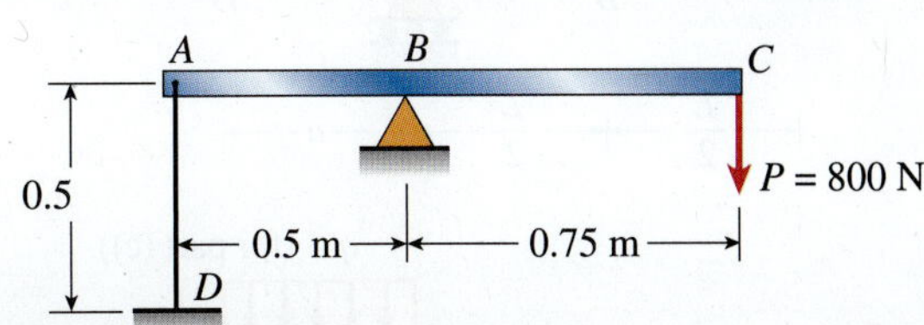

PROBLEM 9.5-20

9.5-21 Determine the angle of rotation θ_B and deflection δ_B at the free end of a cantilever beam AB supporting a parabolic load defined by the equation $q(x) = q_0 x^2 / L^2$ (see figure).

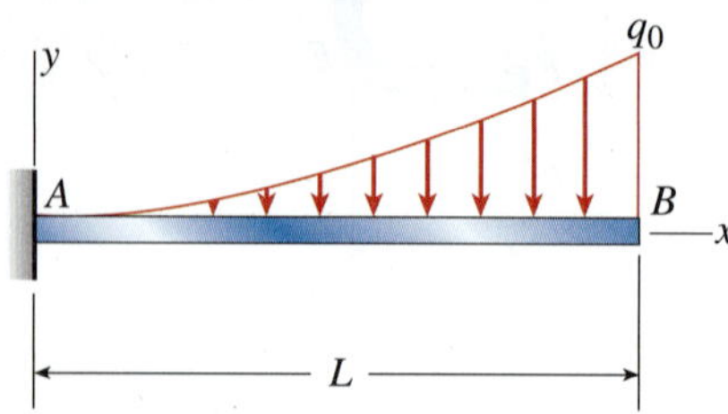

PROBLEM 9.5-21

9.5-22 A simple beam AB supports a uniform load of intensity q acting over the middle region of the span (see figure).

Determine the angle of rotation θ_A at the left-hand support and the deflection δ_{max} at the midpoint.

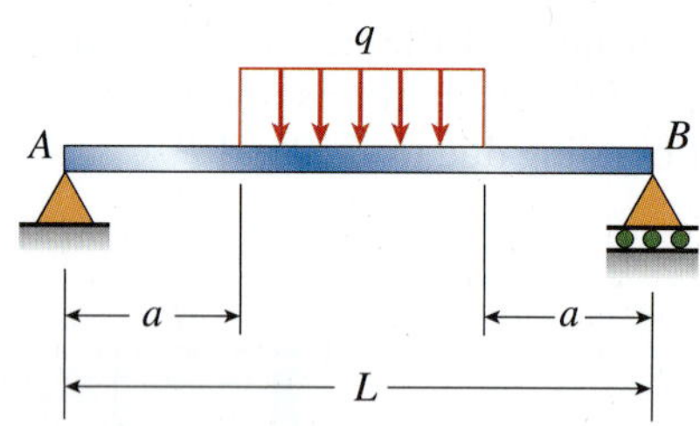

PROBLEM 9.5-22

9.5-23 The overhanging beam $ABCD$ supports two concentrated loads P and Q (see figure).

(a) For what ratio P/Q will the deflection at point B be zero?

(b) For what ratio will the deflection at point D be zero?

(c) If Q is replaced by a uniform load with intensity q (on the overhang), repeat parts (a) and (b), but find ratio $P/(qa)$.

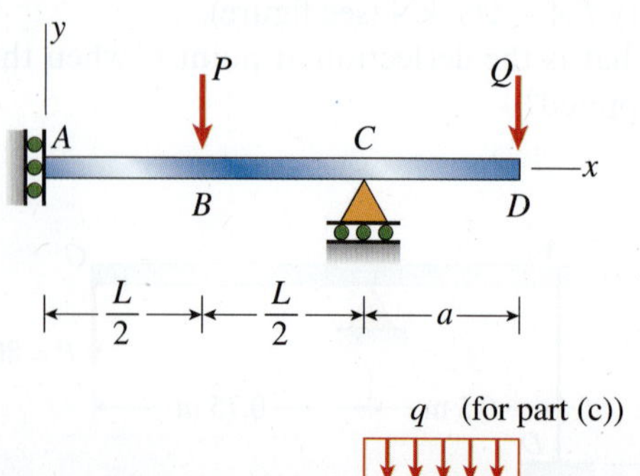

PROBLEM 9.5-23

9.5-24 A thin metal strip of total weight W and length L is placed across the top of a flat table of width $L/3$ as shown in the figure.

What is the clearance δ between the strip and the middle of the table? (The strip of metal has flexural rigidity EI.)

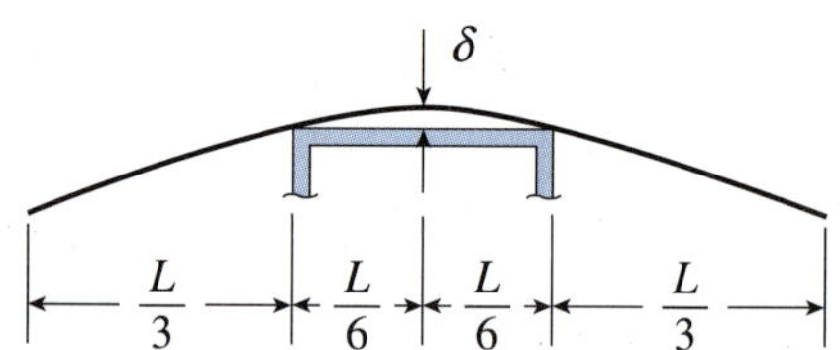

PROBLEM 9.5-24

9.5-25 An overhanging beam ABC with flexural rigidity $EI = 45\ \text{N}\cdot\text{m}^2$ is supported by a sliding support at A and by a spring of stiffness k at point B (see figure). Span AB has a length $L = 0.75$ m and carries a uniform load. The overhang BC has a length $b = 375$ mm. For what stiffness k of the spring will the uniform load produce no deflection at the free end C?

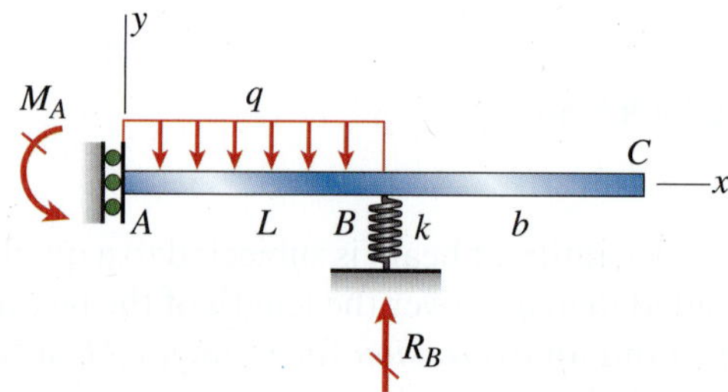

PROBLEM 9.5-25

9.5-26 A beam $ABCD$ rests on simple supports at B and C (see figure). The beam has a slight initial curvature so that end A is 18 mm above the elevation of the supports and end D is 12 mm above. What moments M_1 and M_2, acting at points A and D, respectively, will move points A and D downward to the level of the supports? (The flexural rigidity EI of the beam is $2.5 \times 10^6\ \text{N}\cdot\text{m}^2$ and $L = 2.5$m).

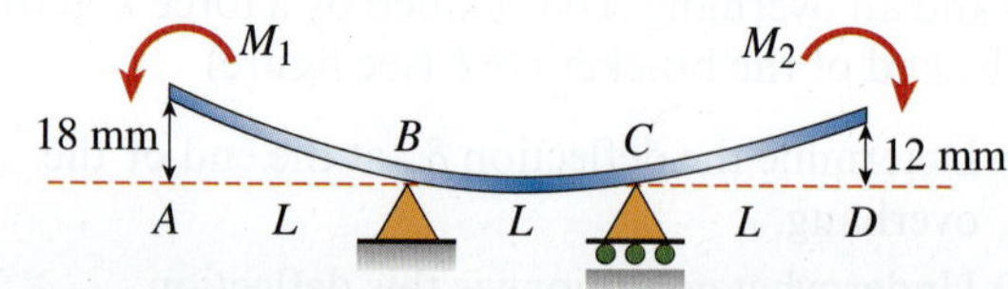

PROBLEM 9.5-26

9.5-27 The compound beam ABC shown in the figure has a sliding support at A and a fixed support at C. The beam consists of two members joined by a pin connection (i.e., moment release) at B. Find the deflection δ under the load P.

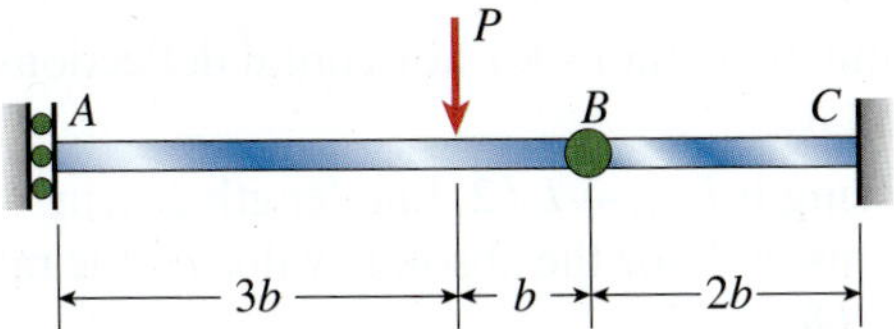

PROBLEM 9.5-27

9.5-28 A compound beam $ABCDE$ (see figure) consists of two parts (ABC and CDE) connected by a hinge (i.e., moment release) at C. The elastic support at B has stiffness $k = EI/b^3$. Determine the deflection δ_E at the free end E due to the load P acting at that point.

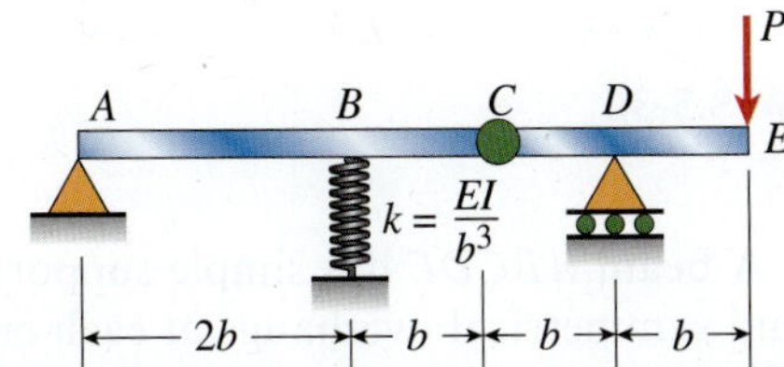

PROBLEM 9.5-28

9.5-29 A steel beam ABC is simply supported at A and held by a high-strength steel wire at B (see figure). A load $P = 1$ kN acts at the free end C. The wire has axial rigidity $EA = 1335$ N, and the beam has flexural rigidity $EI = 86$ kN·m^2.

What is the deflection δ_C of point C due to the load P?

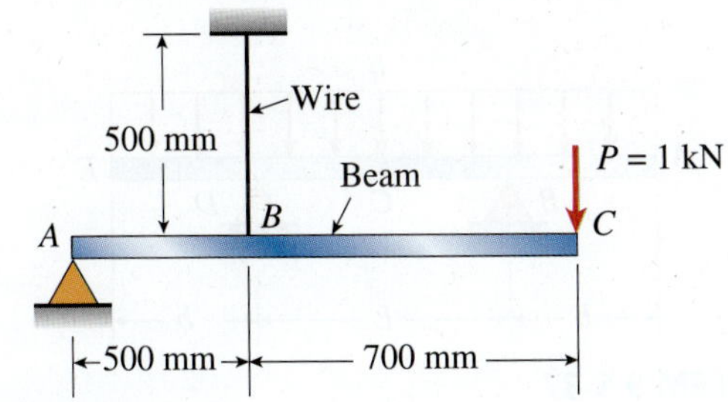

PROBLEM 9.5-29

9.5-30 Calculate the deflection at point C of a beam subjected to uniformly distributed load $w = 275$ N/m on span AB and point load $P = 10$ kN at C. Assume that $L = 5$ m and $EI = 1.50 \times 10^7$ N·m^2.

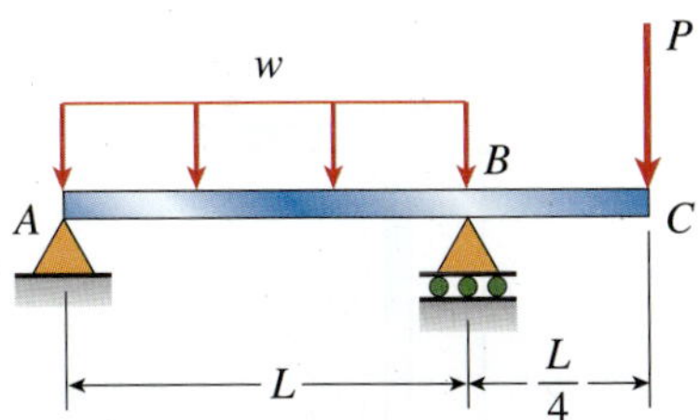

PROBLEM 9.5-30

9.5-31 Compound beam ABC is loaded by point load $P = 6.5$ kN at distance $2a/3$ from point A and a triangularly distributed load on segment BC with peak intensity $q_0 = 7.5$ kN/m. If length $a = 1.5$ m and length $b = 3$ m, find the deflection at B and rotation at A. Assume that $E = 200$ GPa and $I = 2140 \times 10^4$ mm^4.

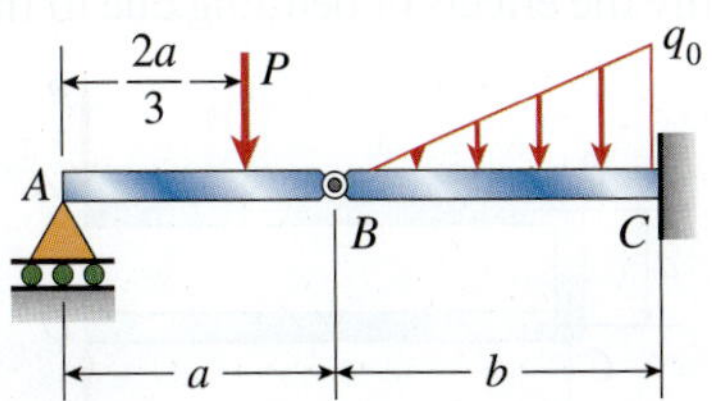

PROBLEM 9.5-31

9.5-32 The compound beam shown in the figure consists of a cantilever beam AB (length L) that is pin-connected to a simple beam BD (length $2L$). After the beam is constructed, a clearance c exists between the beam and a support at C, midway between points B and D. Subsequently, a uniform load is placed along the entire length of the beam.

What intensity q of the load is needed to close the gap at C and bring the beam into contact with the support?

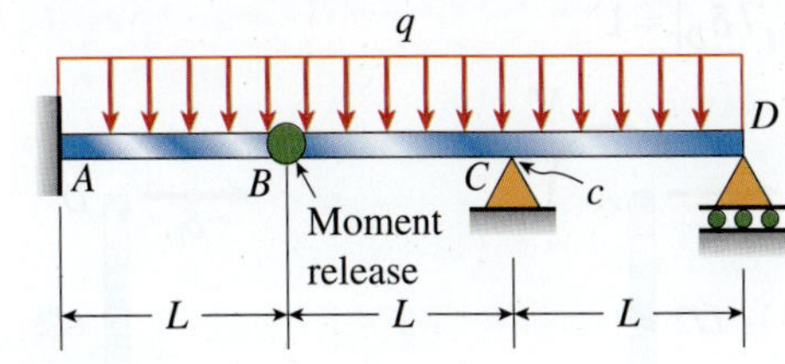

PROBLEM 9.5-32

9.5-33 Find the horizontal deflection δ_h and vertical deflection δ_v at the free end C of the frame ABC shown in the figure. (The flexural rigidity EI is con-

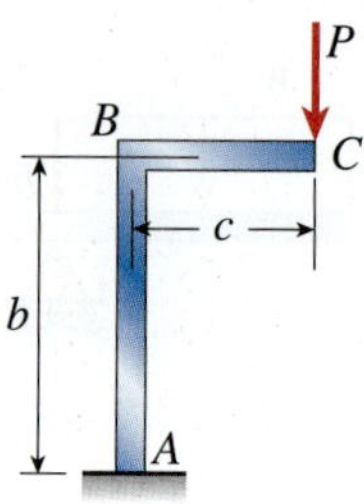

PROBLEM 9.5-33

Note: Disregard the effects of axial deformations and consider only the effects of bending due to the load P.

9.5-34 The frame $ABCD$ shown in the figure is squeezed by two collinear forces P acting at points A and D. What is the decrease δ in the distance between points A and D when the loads P are applied? (The flexural rigidity EI is constant throughout the frame.)

Note: Disregard the effects of axial deformations and consider only the effects of bending due to the loads P.

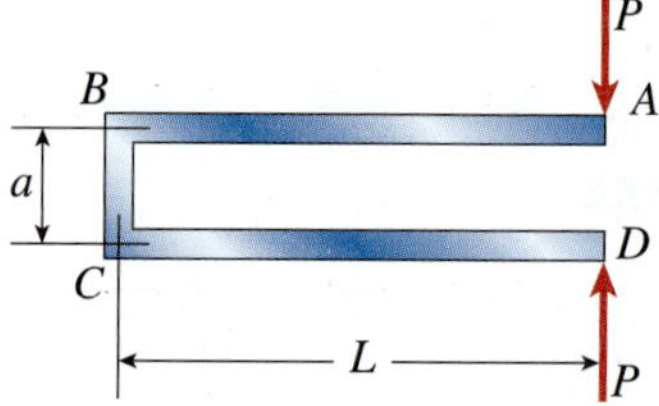

PROBLEM 9.5-34

9.5-35 A framework $ABCD$ is acted on by counterclockwise moment M at A (see figure). Assume that EI is constant.

(a) Find expressions for reactions at supports B and C.

(b) Find expressions for angles of rotation at A, B, C, and D.

(c) Find expressions for horizontal deflections δ_A and δ_D.

(d) If length $L_{AB} = L/2$, find length L_{CD} in terms of L for the absolute value of the ratio $|\delta_A/\delta_D| = 1$.

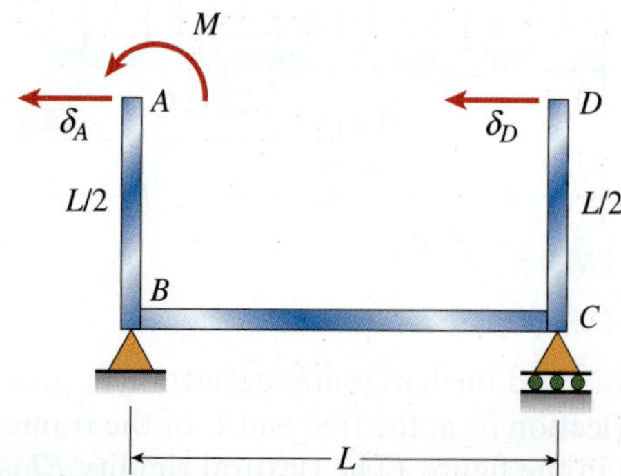

PROBLEM 9.5-35

9.5-36 A framework $ABCD$ is acted on by force P at $2L/3$ from B (see figure). Assume that EI is constant.

(a) Find expressions for reactions at supports B and C.

(b) Find expressions for angles of rotation at A, B, C, and D.

(c) Find expressions for horizontal deflections δ_A and δ_D.

(d) If length $L_{AB} = L/2$, find length L_{CD} in terms of L for the absolute value of the ratio $|\delta_A/\delta_D| = 1$.

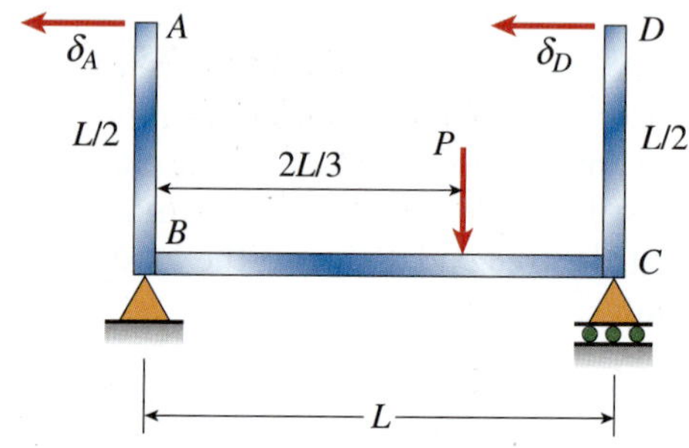

PROBLEM 9.5-36

9.5-37 A beam $ABCDE$ has simple supports at B and D and symmetrical overhangs at each end (see figure). The center span has length L and each overhang has length b. A uniform load of intensity q acts on the beam.

(a) Determine the ratio b/L so that the deflection δ_C at the midpoint of the beam is equal to the deflections δ_A and δ_E at the ends.

(b) For this value of b/L, what is the deflection δ_C at the midpoint?

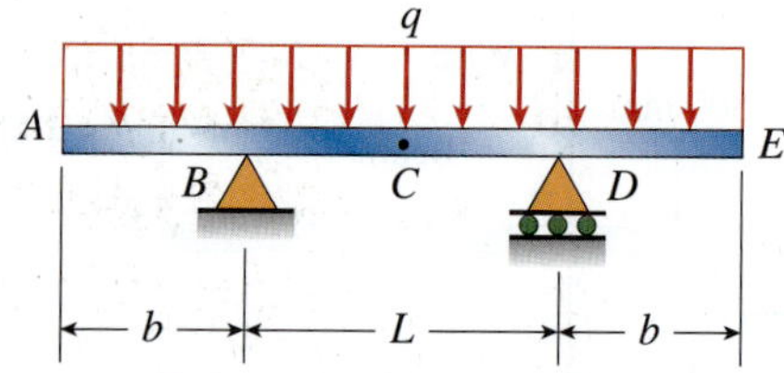

PROBLEM 9.5-37

9.5-38 A frame ABC is loaded at point C by a force P acting at an angle α to the horizontal (see figure). Both members of the frame have the same length and the same flexural rigidity.

Determine the angle α so that the deflection of point C is in the same direction as the load. (Disregard the effects of axial deformations and consider only the effects of bending due to the load P.)

Note: A direction of loading such that the resulting deflection is in the same direction as the load is called a *principal direction*. For a given load on a planar structure, there are two principal directions that are perpendicular to each other.

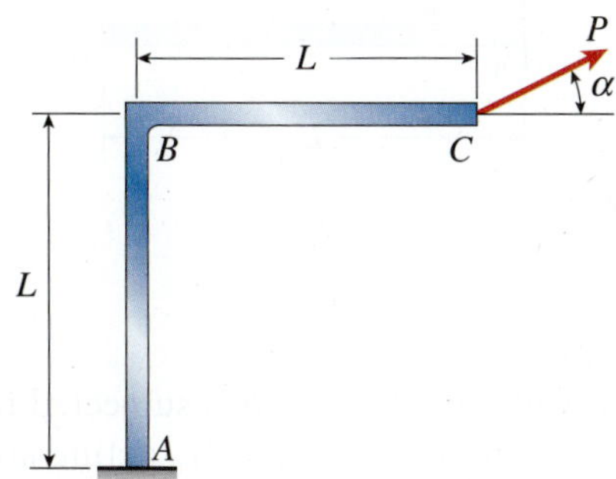

PROBLEM 9.5-38

9.5-39 The wing of a large commercial jet is represented by a simplified prismatic cantilever beam model with uniform load w and concentrated loads P at the two engine locations (see figure). Find expressions for the tip deflection and rotation at D in terms of w, P, L, and EI.

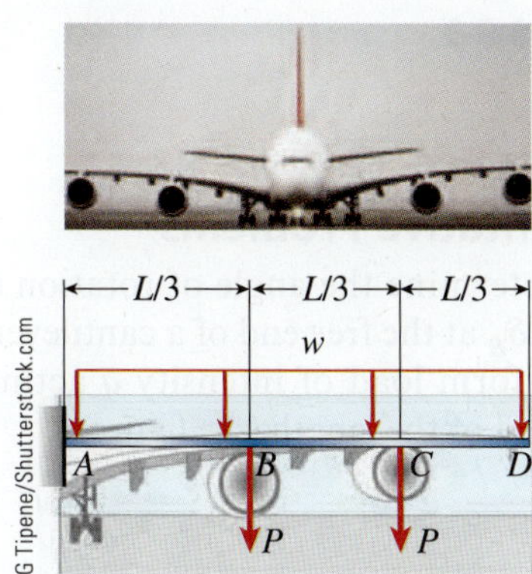

PROBLEM 9.5-39

9.5-40 The wing of a small plane is represented by a simplified prismatic cantilever beam model acted on by the distributed loads shown in the figure. Assume constant $EI = 1200\ \text{kN} \cdot \text{m}^2$. Find the tip deflection and rotation at B.

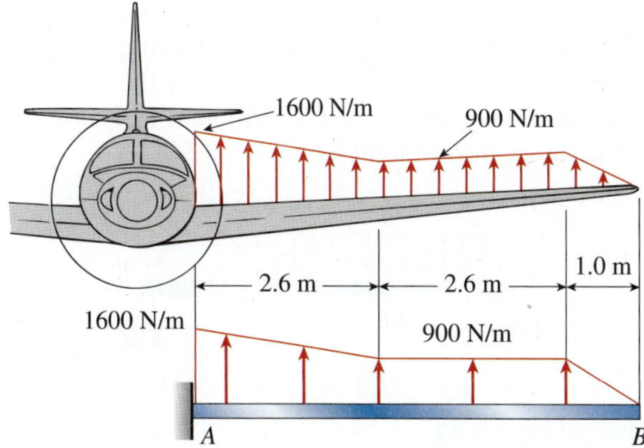

PROBLEM 9.5-40

9.5-41 Find an expression for required moment M_A (in terms of q and L) that will result in rotation $\theta_B = 0$ due to M_A and q loadings applied at the same time. Also, what is the resulting net rotation at support A?

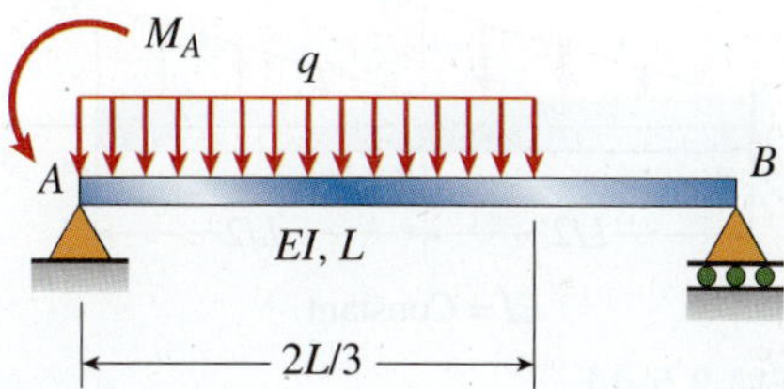

PROBLEM 9.5-41

9.5-42 Find an expression for required moment M_A (in terms of q and L) that will result in rotation $\theta_B = 0$ due to M_A and q loadings applied at the same time. Also, what is the resulting net rotation at support A?

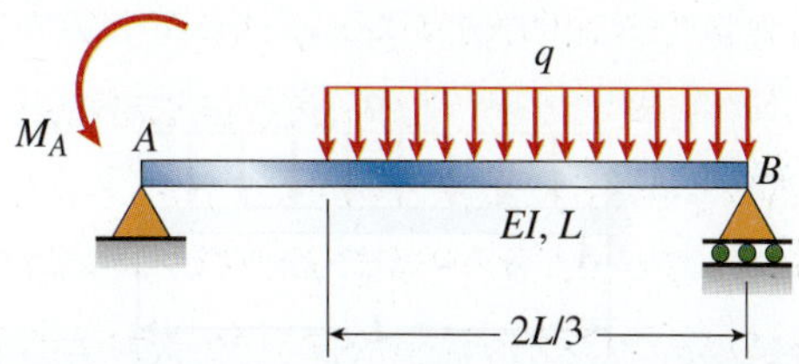

PROBLEM 9.5-42

9.5-43 Find required distance d (in terms of L) so that rotation $\theta_B = 0$ is due to M and q loadings applied at the same time. Also, what is the resulting net rotation θ_A at support A? Moment M is applied at distance d from joint B.

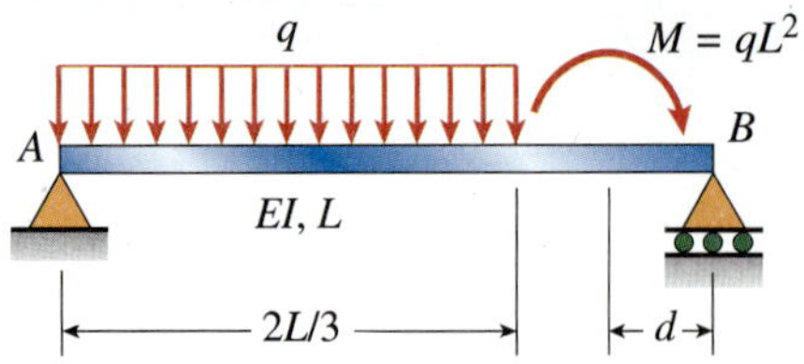

PROBLEM 9.5-43

9.5-44 A cantilever beam has two triangular loads as shown in the figure.

(a) Find an expression for beam deflection δ_C using superposition.

(b) Find the required magnitude of load intensity q_2 in terms of q_1 so that the deflection at C is zero.

(c) Find an expression for the deflection at C if both load intensities, q_1 and q_2, are equal to q_0.

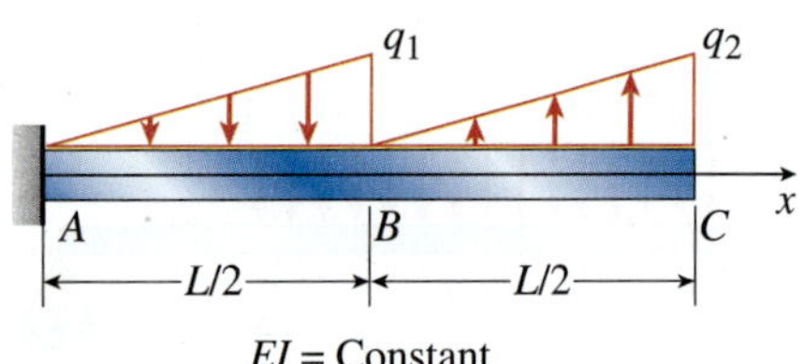

PROBLEM 9.5-44

9.6 Moment-Area Method

Solve the problems for Section 9.6 by the moment-area method. All beams have constant flexural rigidity EI.

Introductory Problems

9.6-1 A cantilever beam AB is subjected to a uniform load of intensity q acting throughout its length (see figure). Determine the angle of rotation θ_B and the deflection δ_B at the free end.

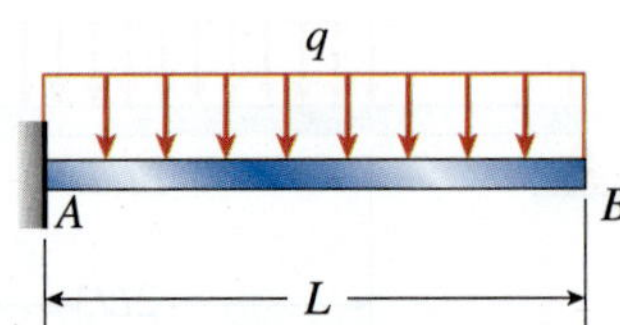

PROBLEM 9.6-1

9.6-2 The load on a cantilever beam AB has a triangular distribution with maximum intensity q_0 (see figure). Determine the angle of rotation θ_B and the deflection δ_B at the free end.

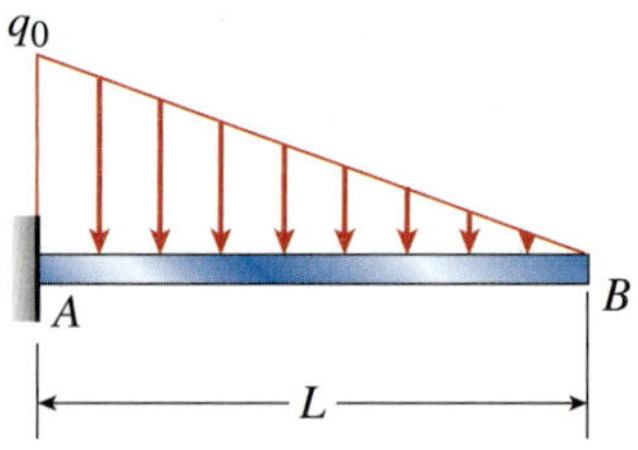

PROBLEM 9.6-2

9.6-3 A cantilever beam AB is subjected to a concentrated load P and a couple M_0 acting at the free end (see figure).

Obtain formulas for the angle of rotation θ_B and the deflection δ_B at end B.

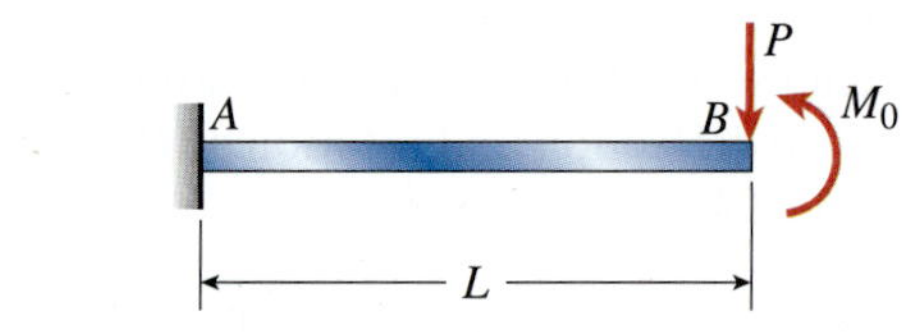

PROBLEM 9.6-3

Representative Problems

9.6-4 Determine the angle of rotation θ_B and the deflection δ_B at the free end of a cantilever beam AB with a uniform load of intensity q acting over the middle third of the length (see figure).

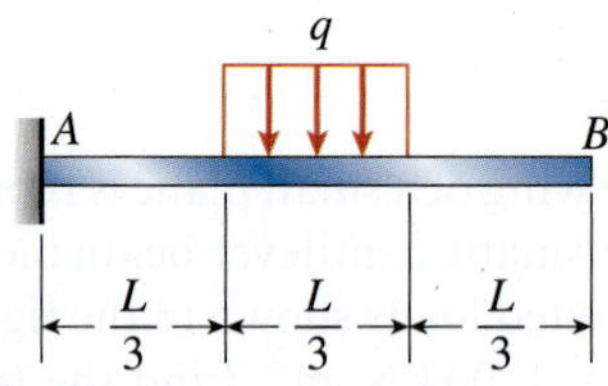

PROBLEM 9.6-4

9.6-5 Calculate the deflections δ_B and δ_C at points B and C, respectively, of the cantilever beam ACB shown in the figure. Assume $M_0 = 4$ kN·m, $P = 16$ kN, $L = 2.4$ m, and $EI = 6.0$ MN·m^2.

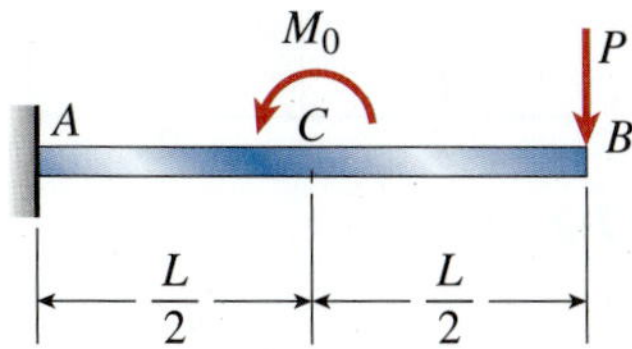

PROBLEM 9.6-5

9.6-6 A cantilever beam ACB supports two concentrated loads P_1 and P_2, as shown in the figure.

Calculate the deflections δ_B and δ_C at points B and C, respectively. Assume $P_1 = 10$ kN, $P_2 = 5$ kN, $L = 2.6$ m, $E = 200$ GPa, and $I = 20.1 \times 10^6$ mm^4.

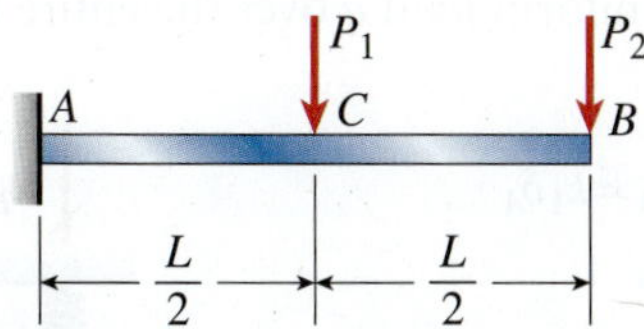

PROBLEM 9.6-6

9.6-7 Obtain formulas for the angle of rotation θ_A at support A and the deflection δ_{max} at the midpoint for a simple beam AB with a uniform load of intensity q (see figure).

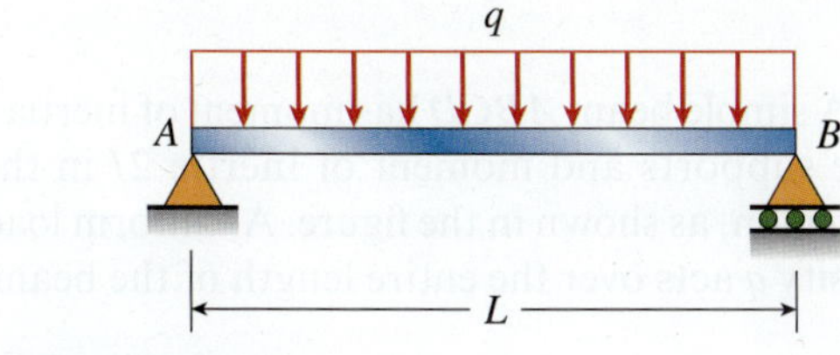

PROBLEM 9.6-7

9.6-8 A simple beam AB supports two concentrated loads P at the positions shown in the figure. A support C at the midpoint of the beam is positioned at distance d below the beam before the loads are applied.

Assuming that $d = 10$ mm, $L = 6$ m, $E = 200$ GPa, and $I = 198 \times 10^6$ mm^4, calculate the magnitude of the loads P so that the beam just touches the support at C.

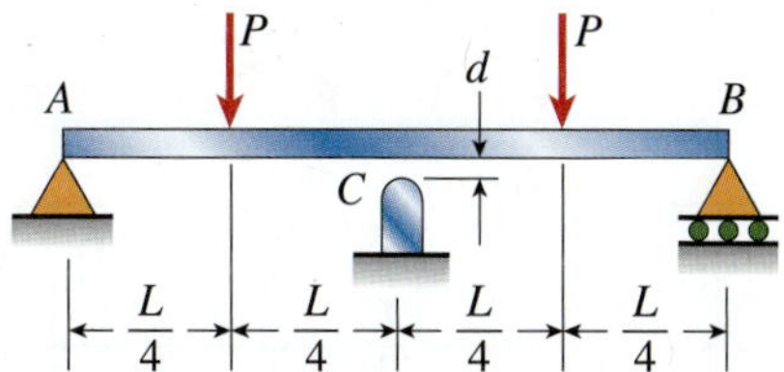

PROBLEM 9.6-8

9.6-9 A simple beam AB is subjected to a load in the form of a couple M_0 acting at end B (see figure). Determine the angles of rotation θ_A and θ_B at the supports and the deflection δ at the midpoint.

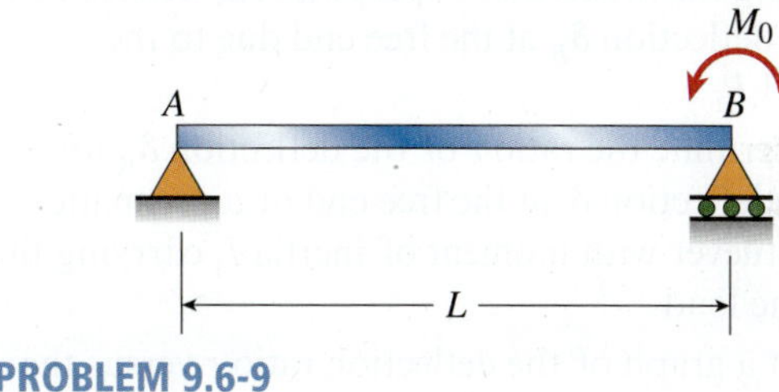

PROBLEM 9.6-9

9.6-10 The simple beam AB shown in the figure supports two equal concentrated loads P: one acting downward and the other upward.

Determine the angle of rotation θ_A at the left-hand end, the deflection δ_1 under the downward load, and the deflection δ_2 at the midpoint of the beam.

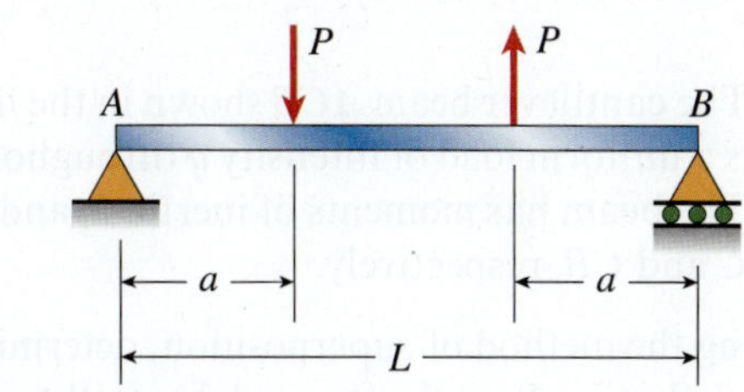

PROBLEM 9.6-10

9.6-11 A simple beam AB is subjected to couples M_0 and $2M_0$ acting as shown in the figure. Determine the angles of rotation θ_A and θ_B at the ends of the beam and the deflection δ at point D where the load M_0 is applied.

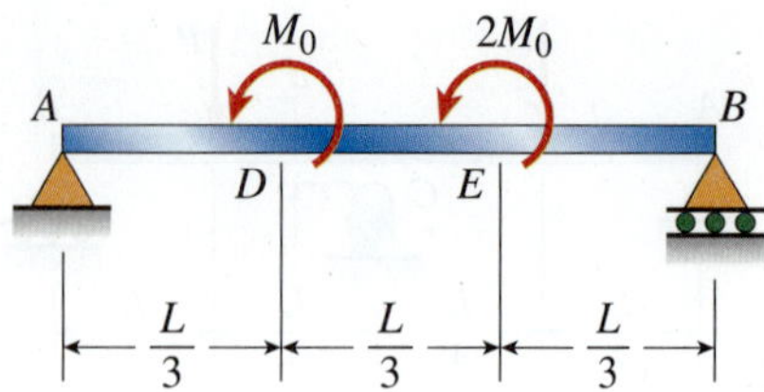

PROBLEM 9.6-11

9.7 Nonprismatic Beams

Introductory Problems

9.7-1 The cantilever beam ACB shown in the figure has moments of inertia I_2 and I_1 in parts AC and CB, respectively.

(a) Using the method of superposition, determine the deflection δ_B at the free end due to the load P.

(b) Determine the ratio r of the deflection δ_B to the deflection δ_1 at the free end of a prismatic cantilever with moment of inertia I_1 carrying the same load.

(c) Plot a graph of the deflection ratio r versus the ratio I_2/I_1 of the moments of inertia. (Let I_2/I_1 vary from 1 to 5.)

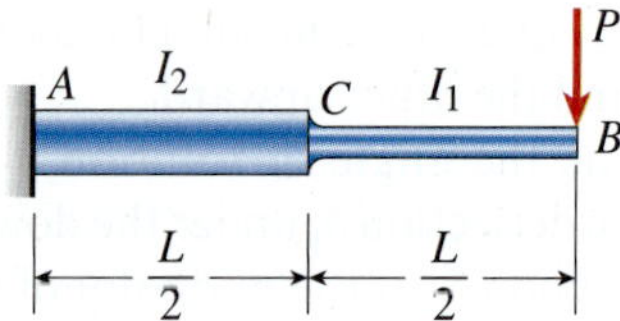

PROBLEM 9.7-1

9.7-2 The cantilever beam ACB shown in the figure supports a uniform load of intensity q throughout its length. The beam has moments of inertia I_2 and I_1 in parts AC and CB, respectively.

(a) Using the method of superposition, determine the deflection δ_B at the free end due to the uniform load.

(b) Determine the ratio r of the deflection δ_B to the deflection δ_1 at the free end of a prismatic cantilever with moment of inertia I_1 carrying the same load.

(c) Plot a graph of the deflection ratio r versus the ratio I_2/I_1 of the moments of inertia. (Let I_2/I_1 vary from 1 to 5.)

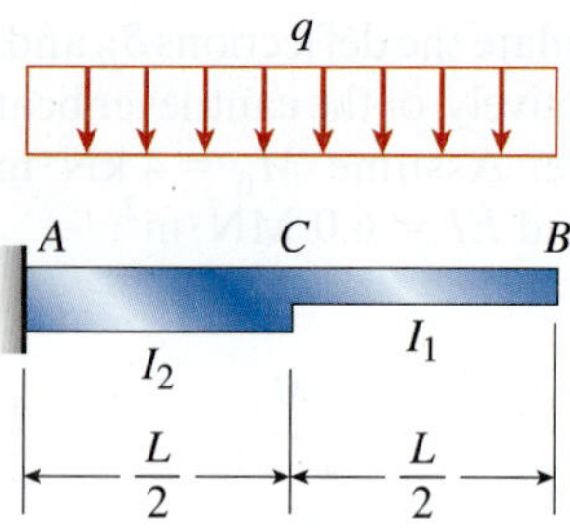

PROBLEM 9.7-2

9.7-3 Beam ACB hangs from two springs, as shown in the figure. The springs have stiffnesses k_1 and k_2, and the beam has flexural rigidity EI.

(a) What is the downward displacement of point C, which is at the midpoint of the beam, when the moment M_0 is applied? Data for the structure are $M_0 = 3.0$ kN · m, $L = 2.5$ m, $EI = 200$ kN·m^2, $k_1 = 140$ kN/m, and $k_2 = 110$ kN/m.

(b) Repeat part (a), but remove M_0 and instead apply uniform load q over the entire beam.

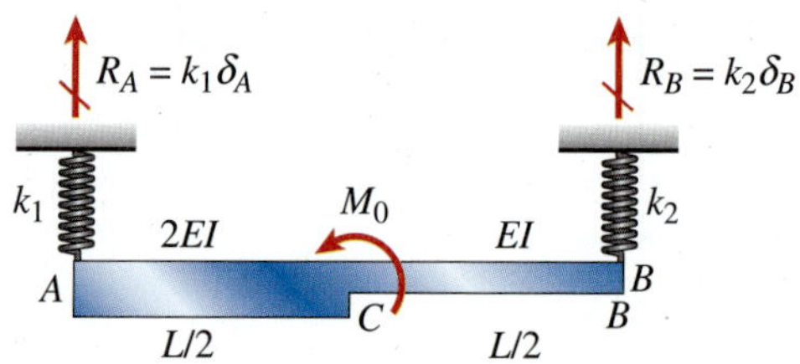

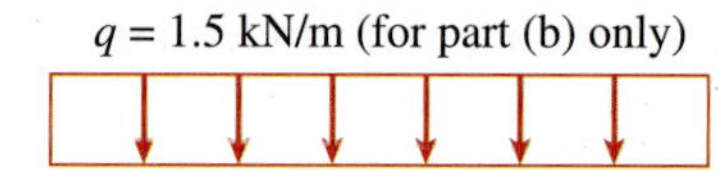

PROBLEM 9.7-3

9.7-4 A simple beam $ABCD$ has moment of inertia I near the supports and moment of inertia $2I$ in the middle region, as shown in the figure. A uniform load of intensity q acts over the entire length of the beam.

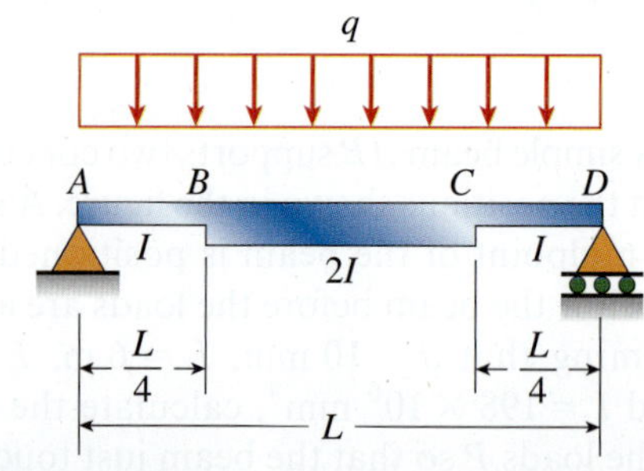

PROBLEM 9.7-4

Determine the equations of the deflection curve for the left-hand half of the beam. Also, find the angle of rotation θ_A at the left-hand support and the deflection δ_{max} at the midpoint.

9.7-5 A beam ABC has a rigid segment from A to B and a flexible segment with moment of inertia I from B to C (see figure). A concentrated load P acts at point B.

Determine the angle of rotation θ_A of the rigid segment, the deflection δ_B at point B, and the maximum deflection δ_{max}.

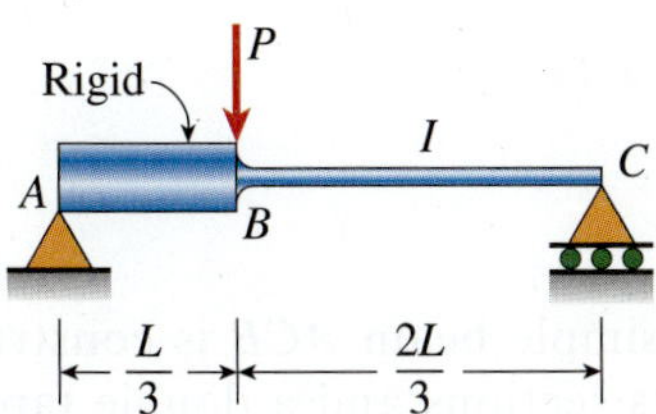

PROBLEM 9.7-5

9.7-6 A simple beam ABC has a moment of inertia $1.5I$ from A to B and I from B to C (see figure). A concentrated load P acts at point B.

Obtain the equations of the deflection curves for both parts of the beam. From the equations, determine the angles of rotation θ_A and θ_C at the supports and the deflection δ_B at point B.

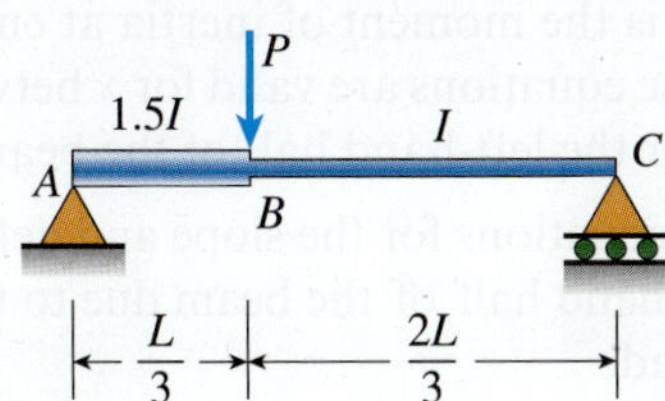

PROBLEM 9.7-6

Representative Problems

9.7-7 The tapered cantilever beam AB shown in the figure has a thin-walled, hollow circular cross sections of constant thickness t. The diameters at the ends A and B are d_A and $d_B = 2d_A$, respectively. Thus, the diameter d and moment of inertia I at distance x from the free end are, respectively,

$$d = \frac{d_A}{L}(L + x)$$

$$I = \frac{\pi t d^3}{8} = \frac{\pi t d_A^3}{8L^3}(L + x)^3 = \frac{I_A}{L^3}(L + x)^3$$

in which I_A is the moment of inertia at end A of the beam.

Determine the equation of the deflection curve and the deflection δ_A at the free end of the beam due to the load P.

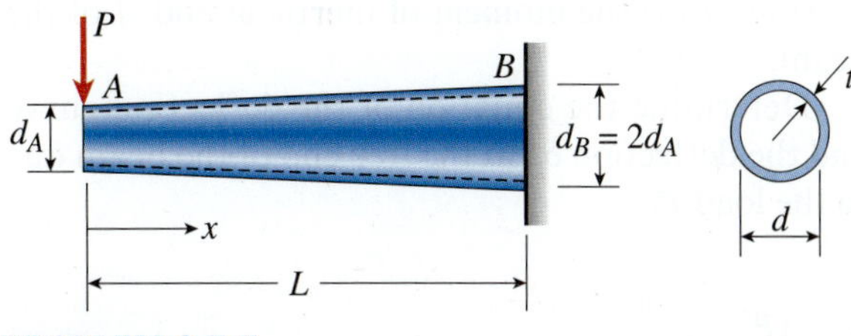

PROBLEM 9.7-7

9.7-8 The tapered cantilever beam AB shown in the figure has a solid circular cross section. The diameters at the ends A and B are d_A and $d_B = 2d_A$, respectively. Thus, the diameter d and moment of inertia I at distance x from the free end are, respectively,

$$d = \frac{d_A}{L}(L + x)$$

$$I = \frac{\pi d^4}{64} = \frac{\pi d_A^4}{64L^4}(L + x)^4 = \frac{I_A}{L^4}(L + x)^4$$

in which I_A is the moment of inertia at end A of the beam.

Determine the equation of the deflection curve and the deflection δ_A at the free end of the beam due to the load P.

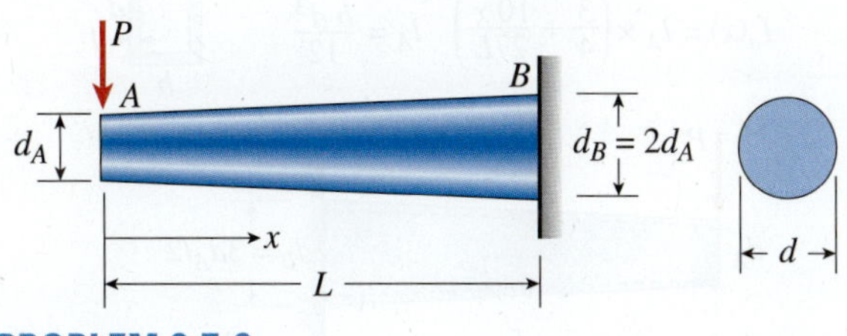

PROBLEM 9.7-8

9.7-9 A tapered cantilever beam AB supports a concentrated load P at the free end (see figure). The cross sections of the beam are rectangular with constant width b, depth d_A at support A, and depth $d_B = 3d_A/2$

at the support. Thus, the depth d and moment of inertia I at distance x from the free end are, respectively,

$$d = \frac{d_A}{2L}(2L + x)$$

$$I = \frac{bd^3}{12} = \frac{bd_A^3}{96L^3}(2L + x)^3 = \frac{I_A}{8L^3}(2L + x)^3$$

in which I_A is the moment of inertia at end A of the beam.

Determine the equation of the deflection curve and the deflection δ_A at the free end of the beam due to the load P.

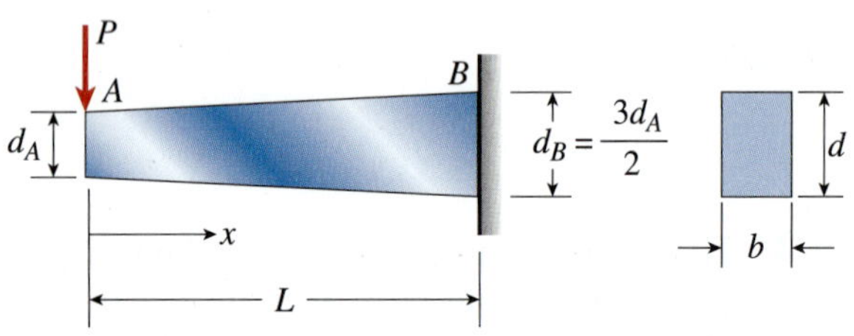

PROBLEM 9.7-9

9.7-10 A tapered cantilever beam AB supports a concentrated load P at the free end (see figure). The cross sections of the beam are rectangular tubes with constant width b, *outer tube* depth d_A at A, and *outer tube* depth $d_B = 3d_A/2$ at support B. The tube thickness is constant, as $t = d_A/20$. I_A is the moment of inertia of the *outer tube* at end A of the beam.

If the moment of inertia of the tube is approximated as $I_a(x)$ as defined, find the *equation* of the deflection curve and the deflection δ_A at the free end of the beam due to the load P.

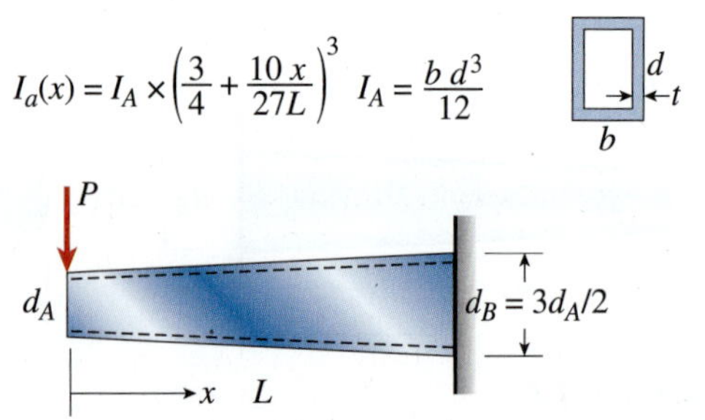

PROBLEM 9.7-10

9.7-11 Repeat Problem 9.7-10, but now use the tapered propped cantilever tube AB with sliding support at B (see figure) that supports a concentrated load P at the sliding end.

Find the equation of the deflection curve and the deflection δ_B at the sliding end of the beam due to the load P.

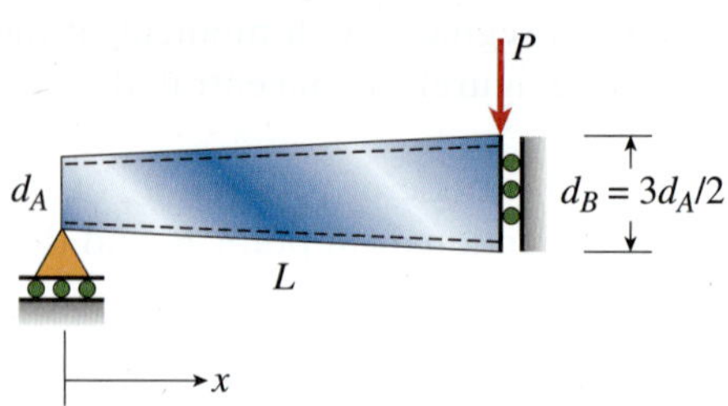

PROBLEM 9.7-11

9.7-12 A simple beam ACB is constructed with square cross sections and a double taper (see figure). The depth of the beam at the supports is d_A and at the midpoint is $d_C = 2d_A$. Each half of the beam has length L. Thus, the depth d and moment of inertia I at distance x from the left-hand end are, respectively,

$$d = \frac{d_A}{L}(L + x)$$

$$I = \frac{d^4}{12} = \frac{d_A^4}{12L^4}(L + x)^4 = \frac{I_A}{L^4}(L + x)^4$$

in which I_A is the moment of inertia at end A of the beam. (These equations are valid for x between 0 and L, that is, for the left-hand half of the beam.)

(a) Obtain equations for the slope and deflection of the left-hand half of the beam due to the uniform load.

(b) From the equations in part (a), obtain formulas for the angle of rotation θ_A at support A and the deflection δ_C at the midpoint.

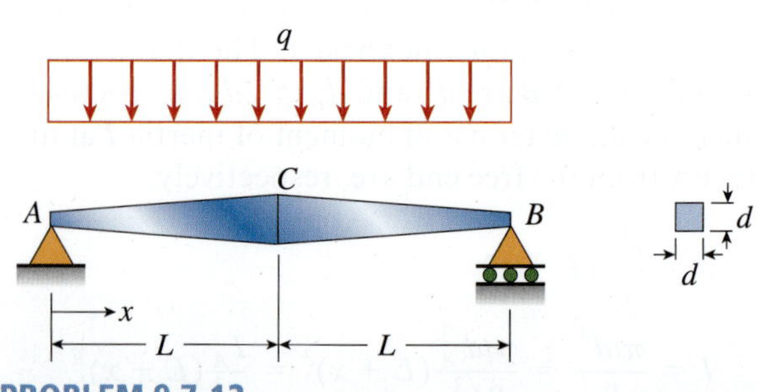

PROBLEM 9.7-12

9.8 Strain Energy of Bending

The beams described in the problems for Section 9.8 have constant flexural rigidity EI.

Introductory Problems

9.8-1 A uniformly loaded simple beam AB (see figure) of a span length L and a rectangular cross section (b = width, h = height) has a maximum bending stress σ_{max} due to the uniform load q.

Determine the strain energy U stored in the beam.

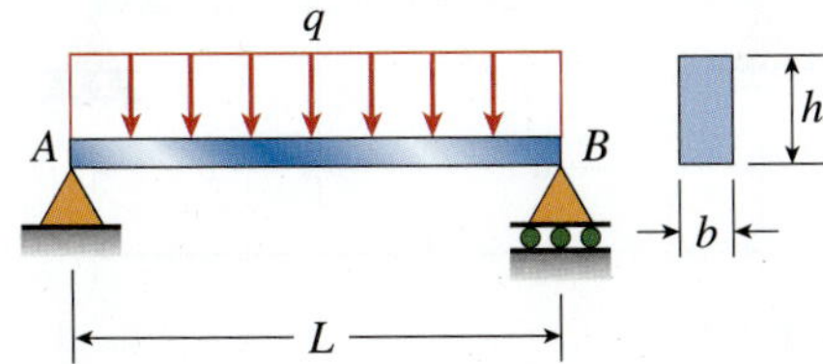

PROBLEM 9.8-1

9.8-2 A simple beam AB of length L supports a concentrated load P at the midpoint (see figure).

(a) Evaluate the strain energy of the beam from the bending moment in the beam.

(b) Evaluate the strain energy of the beam from the equation of the deflection curve.

(c) From the strain energy, determine the deflection δ under the load P.

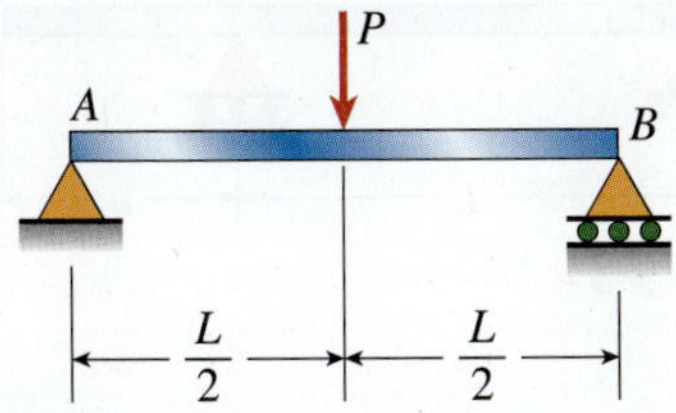

PROBLEM 9.8-2

9.8-3 A propped cantilever beam AB of length L and with a sliding support at A supports a uniform load of intensity q (see figure).

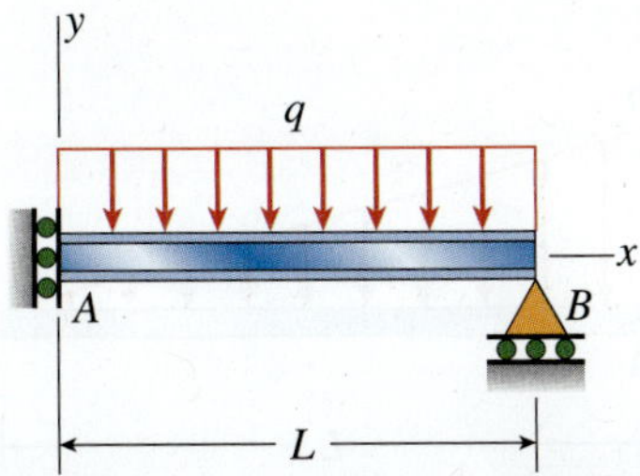

PROBLEM 9.8-3

(a) Evaluate the strain energy of the beam from the bending moment in the beam.

(b) Evaluate the strain energy of the beam from the equation of the deflection curve.

9.8-4 A simple beam AB of length L is subjected to loads that produce a symmetric deflection curve with maximum deflection δ at the midpoint of the span (see figure).

How much strain energy U is stored in the beam if the deflection curve is (a) a parabola and (b) a half wave of a sine curve?

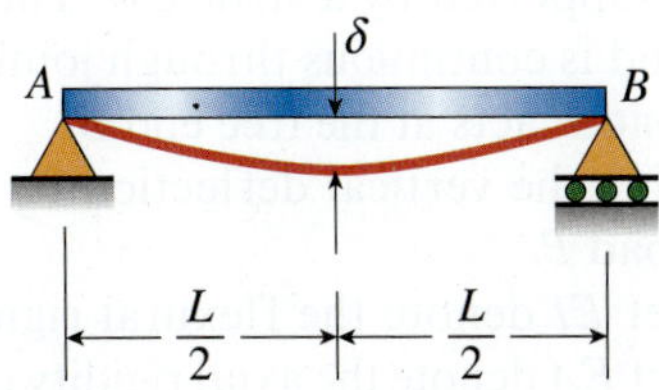

PROBLEM 9.8-4

Representative Problems

9.8-5 A beam ABC with simple supports at A and B and an overhang BC supports a concentrated load P at the free end C (see figure).

(a) Determine the strain energy U stored in the beam due to the load P.

(b) From the strain energy, find the deflection δ_C under the load P.

(c) Calculate the numerical values of U and δ_C if the length L is 2.0 m, the overhang length a is 1 m, the beam is an IPN 200 steel wide-flange section, and the load P produces a maximum stress of 105 MPa in the beam. (Use E = 210 GPa.)

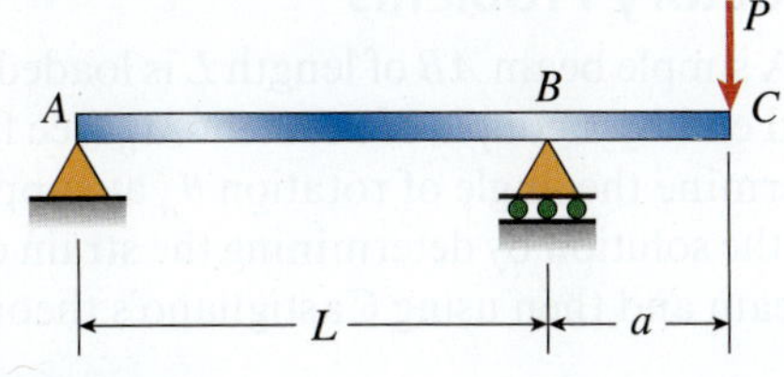

PROBLEM 9.8-5

9.8-6 A simple beam ACB supporting a uniform load q over the first half of the beam and a couple of moment M_0 at end B is shown in the figure.

Determine the strain energy U stored in the beam due to the load q and the couple M_0 acting

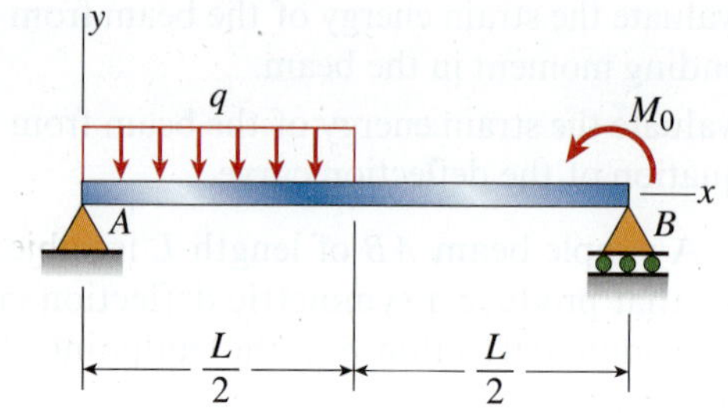

PROBLEM 9.8-6

9.8-7 The frame shown in the figure consists of a beam ACB supported by a strut CD. The beam has length $2L$ and is continuous through joint C. A concentrated load P acts at the free end B.

Determine the vertical deflection δ_B at point B due to the load P.

Note: Let EI denote the flexural rigidity of the beam, and let EA denote the axial rigidity of the strut. Disregard axial and shearing effects in the beam, and disregard any bending effects in the strut.

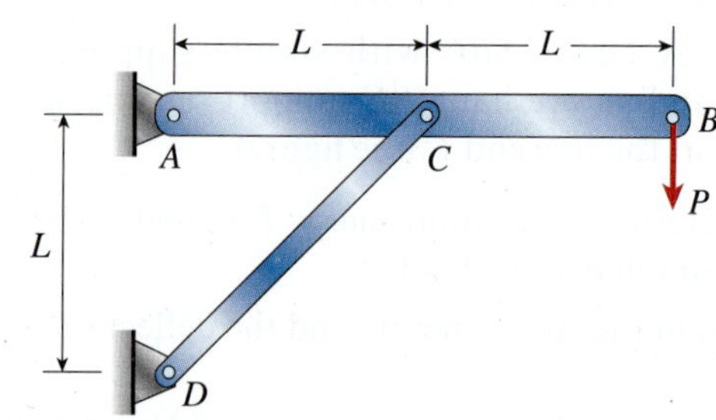

PROBLEM 9.8-7

9.9 Castigliano's Theorem

The beams described in the problems for Section 9.9 have constant flexural rigidity EI.

Introductory Problems

9.9-1 A simple beam AB of length L is loaded at the left-hand end by a couple of moment M_0 (see figure).

Determine the angle of rotation θ_A at support A. (Obtain the solution by determining the strain energy of the beam and then using Castigliano's theorem.)

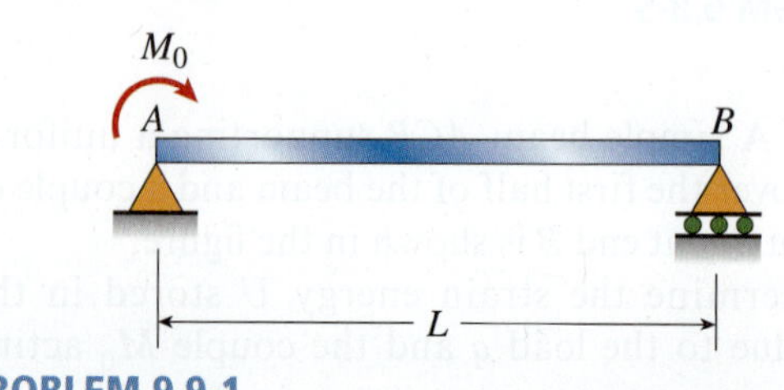

PROBLEM 9.9-1

9.9-2 The simple beam shown in the figure supports a concentrated load P acting at distance a from the left-hand support and distance b from the right-hand support.

Determine the deflection δ_D at point D where the load is applied. (Obtain the solution by determining the strain energy of the beam and then using Castigliano's theorem.)

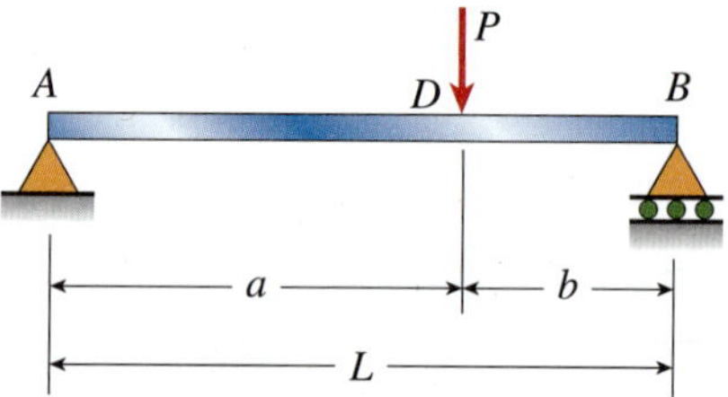

PROBLEM 9.9-2

9.9-3 An overhanging beam ABC supports a concentrated load P at the end of the overhang (see figure). Span AB has length L, and the overhang has length a.

Determine the deflection δ_C at the end of the overhang. (Obtain the solution by determining the strain energy of the beam and then using Castigliano's theorem.)

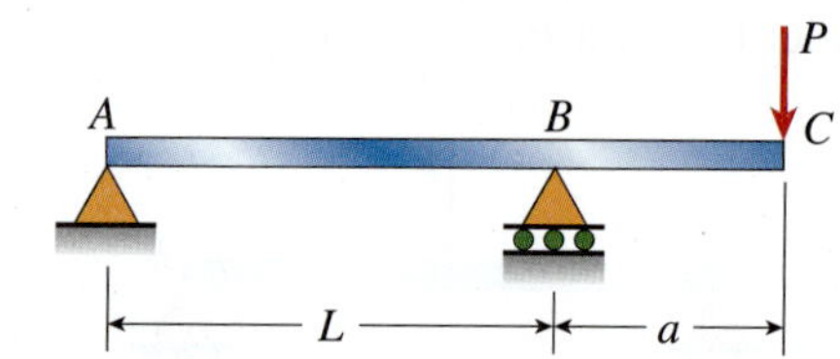

PROBLEM 9.9-3

9.9-4 The cantilever beam shown in the figure supports a triangularly distributed load of maximum intensity q_0.

Determine the deflection δ_B at the free end B. (Obtain the solution by determining the strain energy of the beam and then using Castigliano's theorem.)

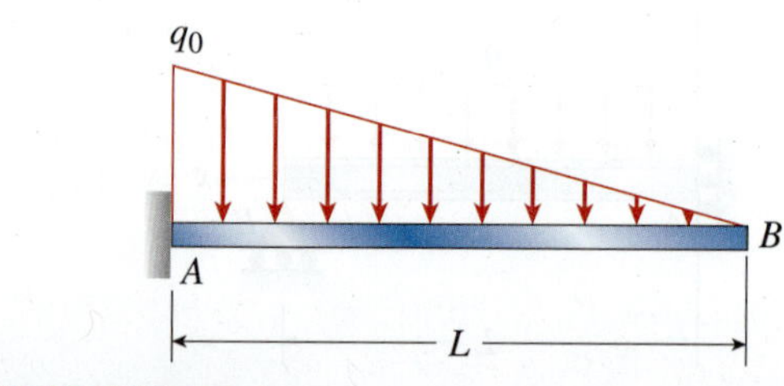

PROBLEM 9.9-4

9.9-5 A simple beam ACB supports a uniform load of intensity q on the left-hand half of the span (see figure).

Determine the angle of rotation θ_B at support B. (Obtain the solution by using the modified form of Castigliano's theorem.)

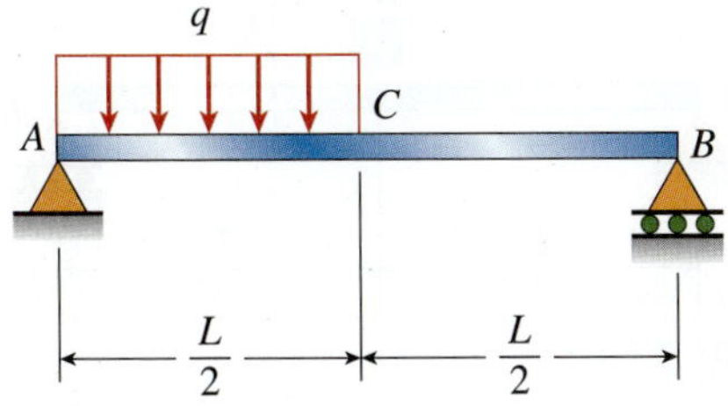

PROBLEM 9.9-5

Representative Problems

9.9-6 A cantilever beam ACB supports two concentrated loads P_1 and P_2, as shown in the figure. Determine the deflections δ_C and δ_B at points C and B, respectively. (Obtain the solution by using the modified form of Castigliano's theorem.)

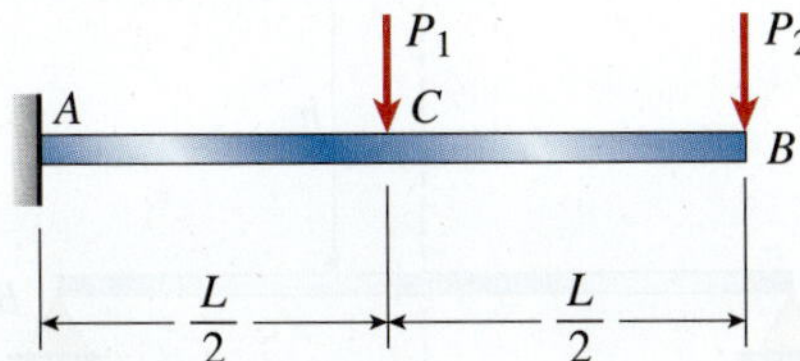

PROBLEM 9.9-6

9.9-7 The cantilever beam ACB shown in the figure is subjected to a uniform load of intensity q acting between points A and C.

Determine the angle of rotation θ_A at the free end A. (Obtain the solution by using the modified form of Castigliano's theorem.)

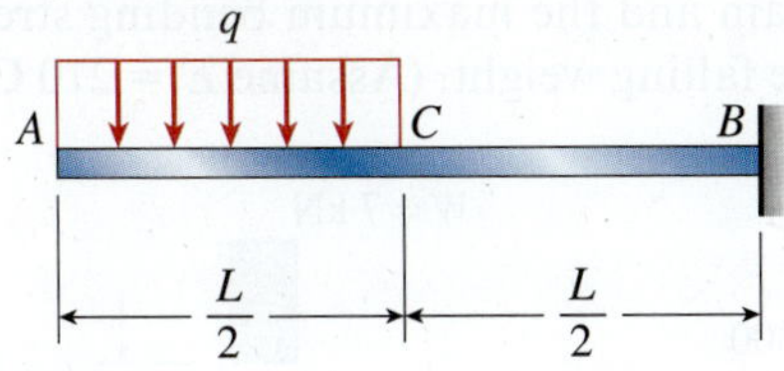

PROBLEM 9.9-7

9.9-8 The frame ABC supports a concentrated load P at point C (see figure). Members AB and BC have lengths h and b, respectively.

Determine the vertical deflection δ_C and angle of rotation θ_C at end C of the frame. (Obtain the solution by using the modified form of Castigliano's theorem.)

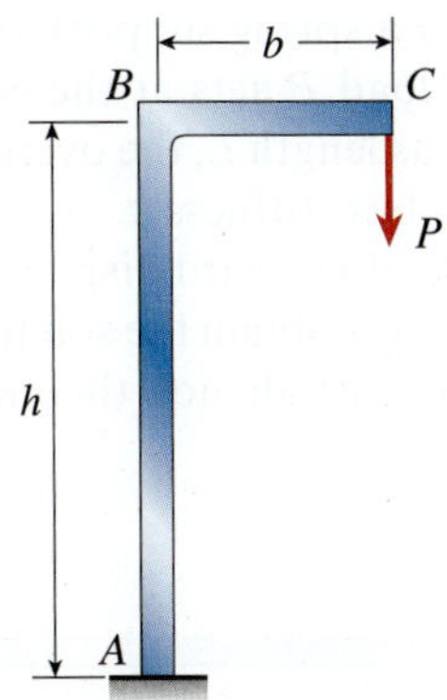

PROBLEM 9.9-8

9.9-9 A simple beam $ABCDE$ supports a uniform load of intensity q (see figure). The moment of inertia in the central part of the beam (BCD) is twice the moment of inertia in the end parts (AB and DE).

Find the deflection δ_C at the midpoint C of the beam. (Obtain the solution by using the modified form of Castigliano's theorem.)

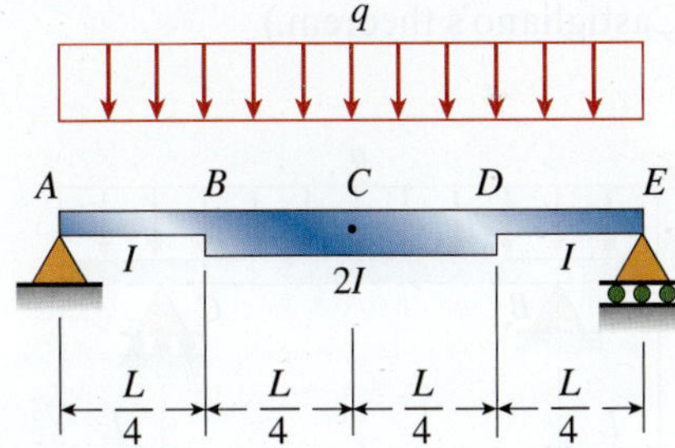

PROBLEM 9.9-9

9.9-10 An overhanging beam ABC is subjected to a couple M_A at the free end (see figure). The lengths of the overhang and the main span are a and L, respectively.

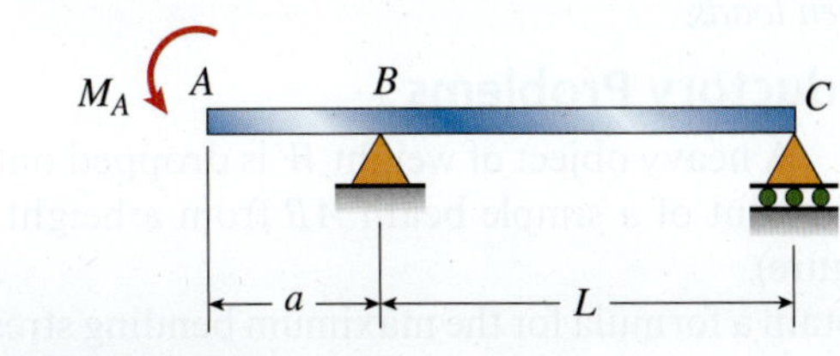

PROBLEM 9.9-10

Determine the angle of rotation θ_A and deflection δ_A at end A. (Obtain the solution by using the modified form of Castigliano's theorem.)

9.9-11 An overhanging beam ABC rests on a simple support at A and a spring support at B (see figure). A concentrated load P acts at the end of the overhang. Span AB has length L, the overhang has length a, and the spring has stiffness k.

Determine the downward displacement δ_C of the end of the overhang. (Obtain the solution by using the modified form of Castigliano's theorem.)

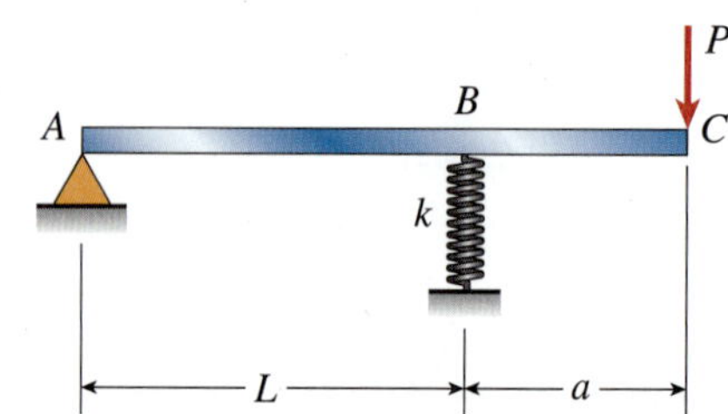

PROBLEM 9.9-11

9.9-12 A symmetric beam $ABCD$ with overhangs at both ends supports a uniform load of intensity q (see figure).

Determine the deflection δ_D at the end of the overhang. (Obtain the solution by using the modified form of Castigliano's theorem.)

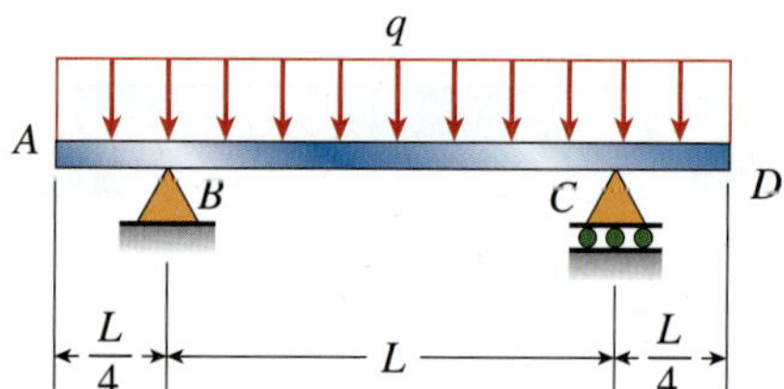

PROBLEM 9.9-12

9.10 Deflections Produced by Impact

The beams described in the problems for Section 9.10 have constant flexural rigidity EI. Disregard the weights of the beams themselves and consider only the effects of the given loads.

Introductory Problems

9.10-1 A heavy object of weight W is dropped onto the midpoint of a simple beam AB from a height h (see figure).

Obtain a formula for the maximum bending stress σ_{max} due to the falling weight in terms of h, σ_{st}, and δ_{st}, where σ_{st} is the maximum bending stress and δ_{st} is the deflection at the midpoint when the weight W acts on the beam as a statically applied load.

Plot a graph of the ratio σ_{max}/σ_{st} (that is, the ratio of the dynamic stress to the static stress) versus the ratio h/δ_{st}. (Let h/δ_{st} vary from 0 to 10.)

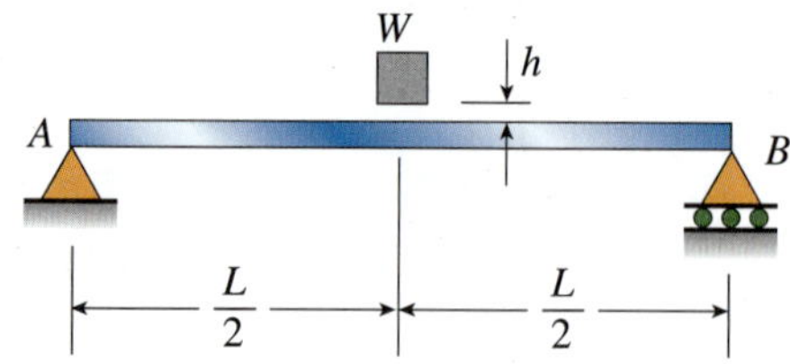

PROBLEM 9.10-1

9.10-2 An object of weight W is dropped onto the midpoint of a simple beam AB from a height h (see figure). The beam has a rectangular cross section of area A.

Assuming that h is very large compared to the deflection of the beam when the weight W is applied statically, obtain a formula for the maximum bending stress σ_{max} in the beam due to the falling weight.

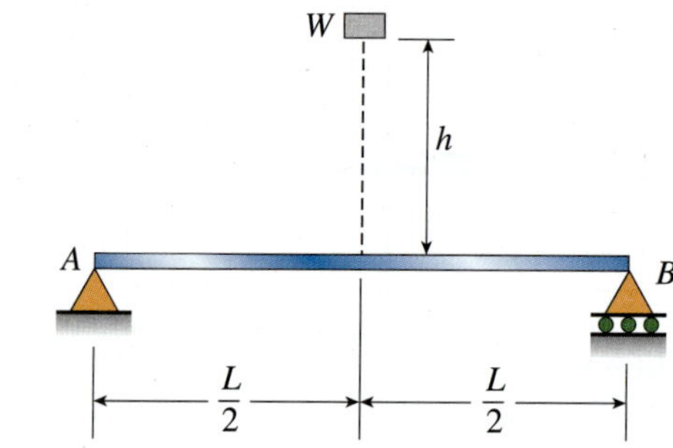

PROBLEM 9.10-2

9.10-3 A cantilever beam AB of length $L = 2$ m is constructed of an IPN 300 wide-flange section (see figure). A weight $W = 7$ kN falls through a height $h = 6$ mm onto the end of the beam.

Calculate the maximum deflection δ_{max} of the end of the beam and the maximum bending stress σ_{max} due to the falling weight. (Assume $E = 210$ GPa.)

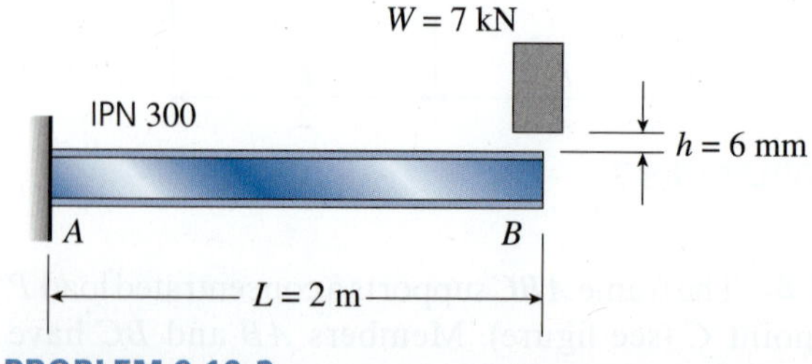

PROBLEM 9.10-3

Representative Problems

9.10-4 A weight $W = 20$ kN falls through a height $h = 1.0$ mm onto the midpoint of a simple beam of length $L = 3$ m (see figure). The beam is made of wood with square cross section (dimension d on each side) and $E = 12$ GPa.

If the allowable bending stress in the wood is $\sigma_{allow} = 10$ MPa, what is the minimum required dimension d?

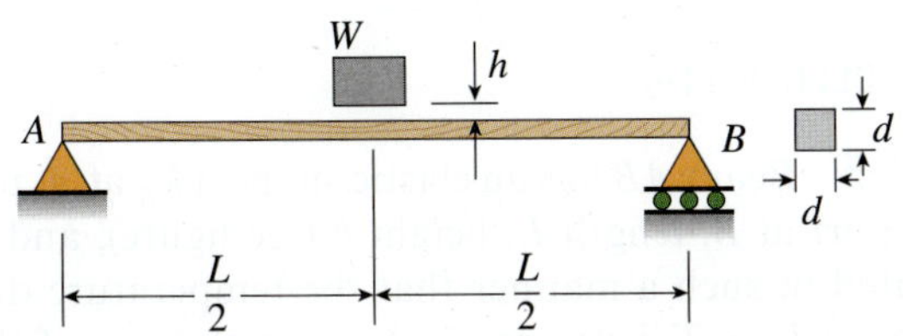

PROBLEM 9.10-4

9.10-5 A weight $W = 18$ kN falls through a height $h = 15$ mm onto the midpoint of a simple beam of length $L = 3$ m (see figure).

Assuming that the allowable bending stress in the beam is $\sigma_{allow} = 125$ MPa and $E = 210$ GPa, select the lightest wide-flange beam listed in Table F-1 in Appendix F that will be satisfactory.

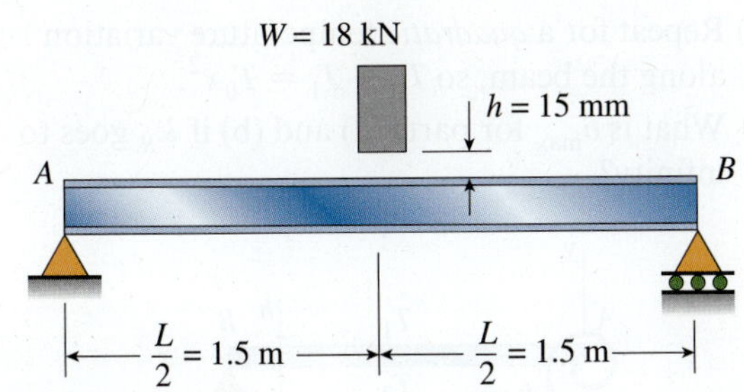

PROBLEM 9.10-5

9.10-6 An overhanging beam ABC with a rectangular cross section has the dimensions shown in the figure. A weight $W = 750$ N drops onto end C of the beam.

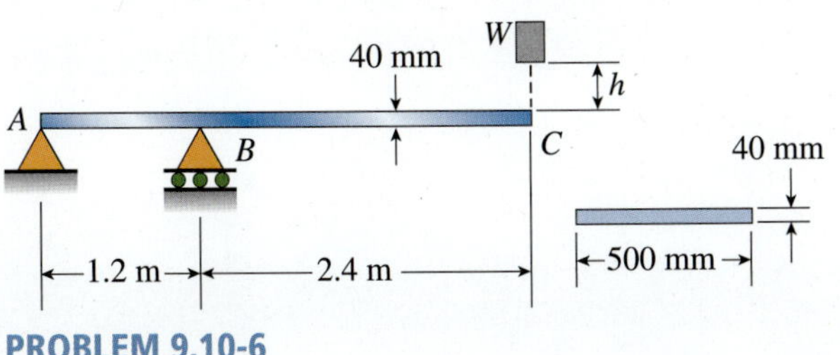

PROBLEM 9.10-6

If the allowable normal stress in bending is 45 MPa, what is the maximum height h from which the weight may be dropped? (Assume $E = 12$ GPa.)

9.10-7 A heavy flywheel rotates at an angular speed ω (radians per second) around an axle (see figure). The axle is rigidly attached to the end of a simply supported beam of flexural rigidity EI and length L (see figure). The flywheel has mass moment of inertia I_m about its axis of rotation.

If the flywheel suddenly freezes to the axle, what will be the reaction R at support A of the beam?

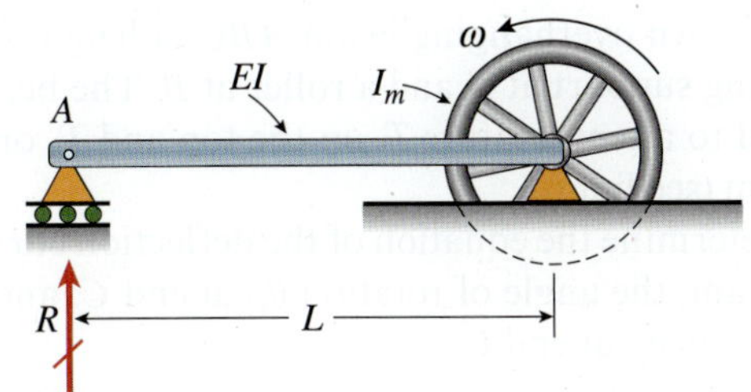

PROBLEM 9.10-7

9.11 Temperature Effects

The beams described in the problems for Section 9.11 have constant flexural rigidity EI. In every problem, the temperature varies linearly between the top and bottom of the beam.

Introductory Problems

9.11-1 A simple beam AB of length L and height h undergoes a temperature change such that the bottom of the beam is at temperature T_2 and the top of the beam is at temperature T_1 (see figure).

Determine the equation of the deflection curve of the beam, the angle of rotation θ_A at the left-hand support, and the deflection δ_{max} at the midpoint.

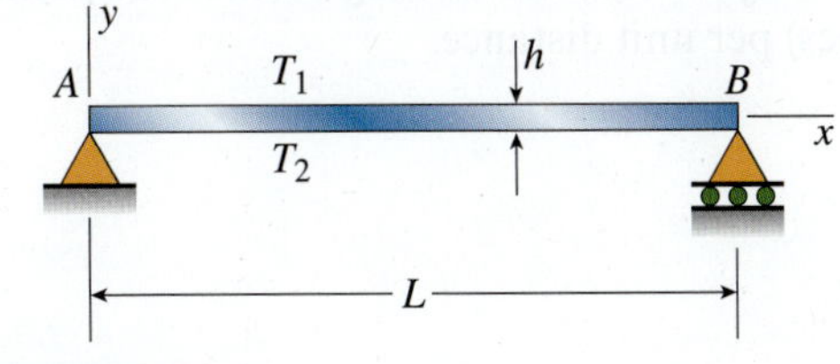

PROBLEM 9.11-1

9.11-2 A cantilever beam AB of length L and height h (see figure) is subjected to a temperature change such that the temperature at the top is T_1 and at the bottom is T_2

Determine the equation of the deflection curve of the beam, the angle of rotation θ_B at end B, and the deflection δ_B at end B.

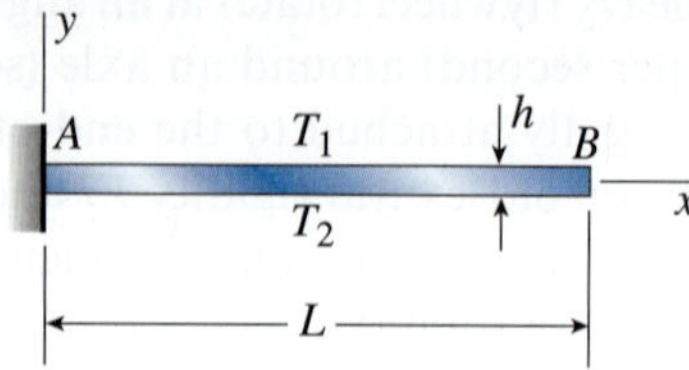

PROBLEM 9.11-2

Representative Problems

9.11-3 An overhanging beam ABC of height h has a sliding support at A and a roller at B. The beam is heated to a temperature T_1 on the top and T_2 on the bottom (see figure).

Determine the equation of the deflection curve of the beam, the angle of rotation θ_C at end C, and the deflection δ_C at end C

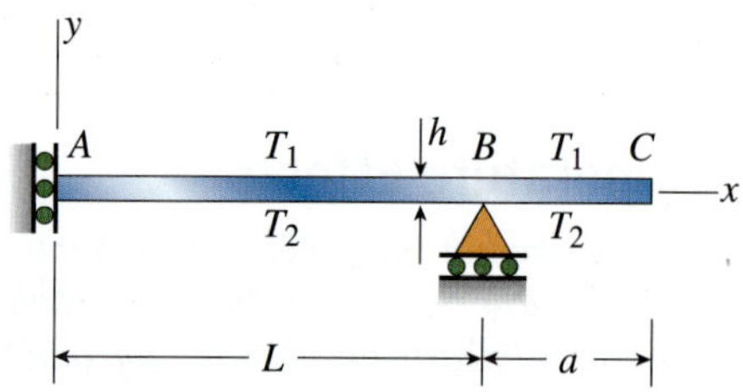

PROBLEM 9.11-3

9.11-4 A simple beam AB of length L and height h (see figure) is heated in such a manner that the temperature difference $T_2 - T_1$ between the bottom and top of the beam is proportional to the distance from support A; that is, assume the temperature difference varies *linearly* along the beam:

$$T_2 - T_1 = T_0 x$$

in which T_0 is a constant having units of temperature (degrees) per unit distance.

(a) Determine the maximum deflection δ_{max} of the beam.

(b) Repeat for a *quadratic* temperature variation along the beam, so $T_2 - T_1 = T_0 x^2$.

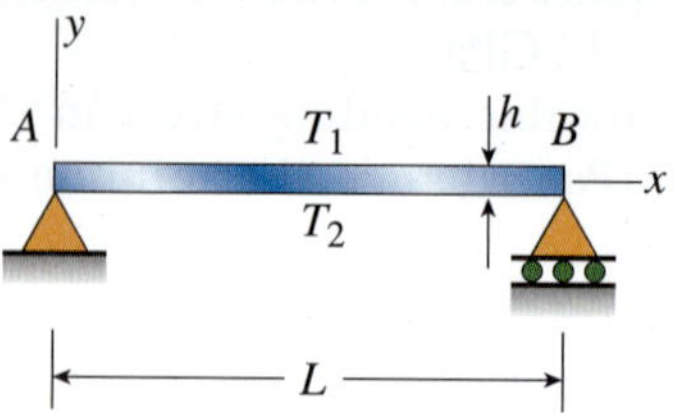

PROBLEM 9.11-4

9.11-5 Beam AB has an elastic support k_R at A, pin support at B, length L, height h (see figure), and is heated in such a manner that the temperature difference $T_2 - T_1$ between the bottom and top of the beam is proportional to the distance from support A. Assume the temperature difference varies *linearly* along the beam:

$$T_2 - T_1 = T_0 x$$

in which T_0 is a constant having units of temperature (degrees) per unit distance. Assume the spring at A is unaffected by the temperature change.

(a) Determine the maximum deflection δ_{max} of the beam.

(b) Repeat for a *quadratic* temperature variation along the beam, so $T_2 - T_1 = T_0 x^2$.

(c) What is δ_{max} for parts (a) and (b) if k_R goes to infinity?

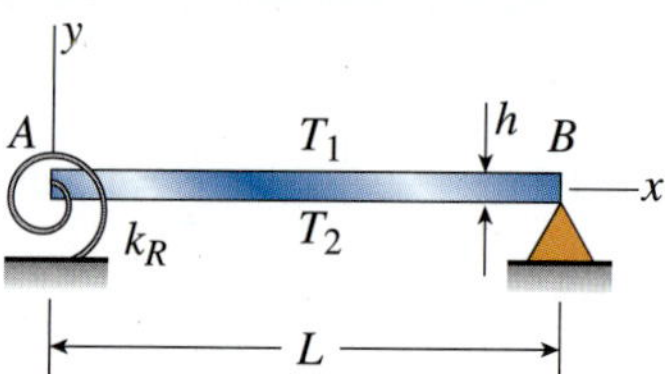

PROBLEM 9.11-5

SOME ADDITIONAL REVIEW PROBLEMS: Chapter 9

R-9.1 An aluminum beam (E = 72 GPa) with a square cross section and span length L = 2.5 m is subjected to uniform load q = 1.5 kN/m. The allowable bending stress is 60 MPa. The maximum deflection of the beam is approximately:

(A) 10 mm
(B) 16 mm
(C) 22 mm
(D) 26 mm

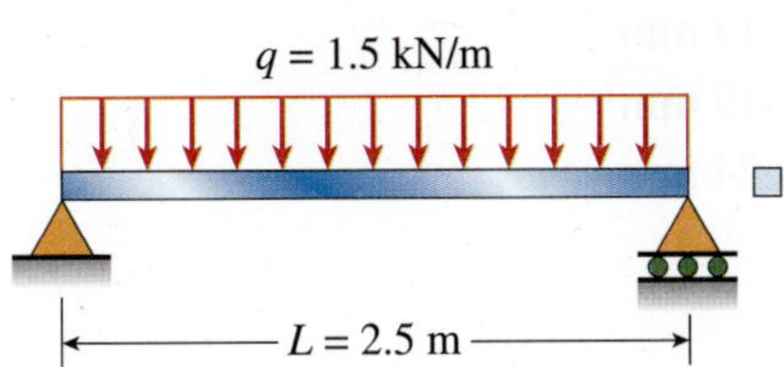

R-9.2 An aluminum cantilever beam (E = 72 GPa) with a square cross section and span length L = 2.5 m is subjected to uniform load q = 1.5 kN/m. The allowable bending stress is 55 MPa. The maximum deflection of the beam is approximately:

(A) 10 mm
(B) 20 mm
(C) 30 mm
(D) 40 mm

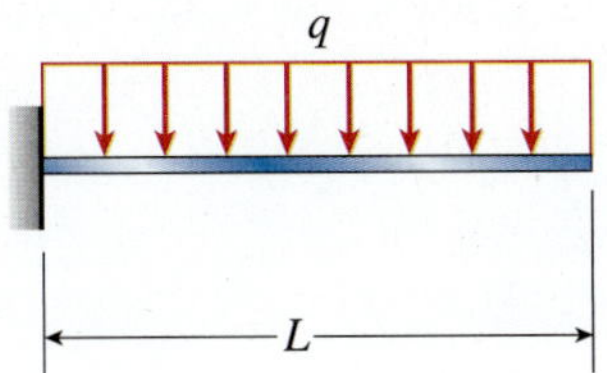

R-9.3 A steel beam (E = 210 GPa) with $I = 119 \times 10^6$ mm^4 and span length L = 3.5 m is subjected to uniform load q = 9.5 kN/m. The maximum deflection of the beam is approximately:

(A) 10 mm
(B) 13 mm
(C) 17 mm
(D) 19 mm

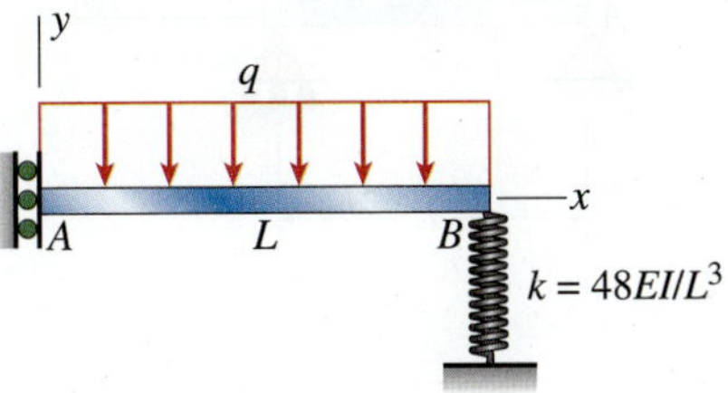

R-9.4 A steel bracket ABC ($EI = 4.2 \times 10^6$ N · m^2) with span length L = 4.5 m and height H = 2 m is subjected to load P = 15 kN at C. The maximum rotation of joint B is approximately:

(A) 0.18°
(B) 0.38°
(C) 0.68°
(D) 0.98

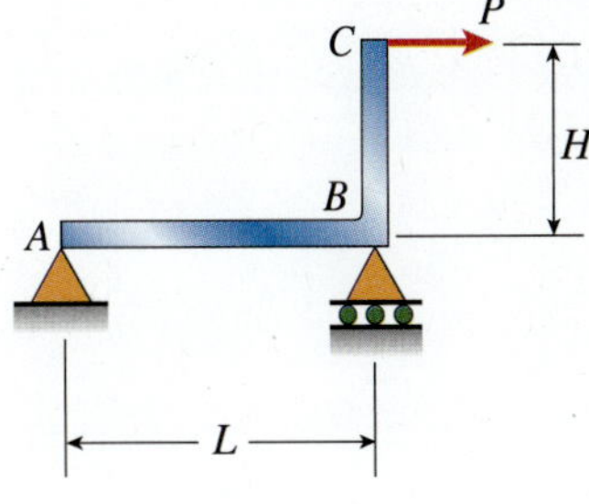

R-9.5 A steel bracket *ABC* ($EI = 4.2 \times 10^6\ \text{N} \cdot \text{m}^2$) with span length $L = 4.5$ m and height $H = 2$ m is subjected to load $P = 15$ kN at *C*. The maximum horizontal displacement of joint *C* is approximately:

(A) 22 mm

(B) 31 mm
(C) 38 mm
(D) 40 mm

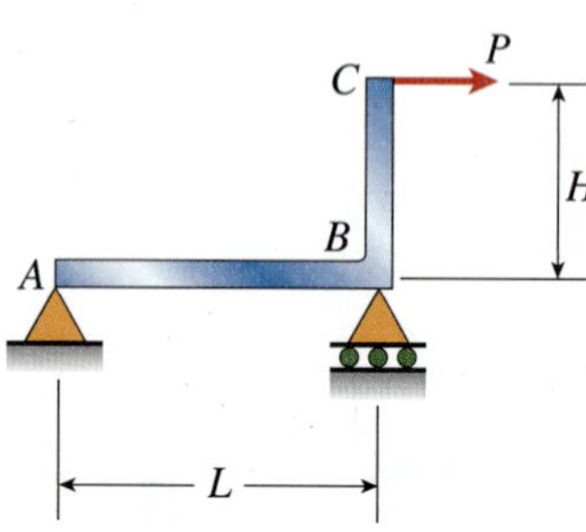

R-9.6 A nonprismatic cantilever beam of one material is subjected to load *P* at its free end. Moment of inertia $I_2 = 2I_1$. The ratio *r* of the deflection δ_B to the deflection δ_1 at the free end of a prismatic cantilever with moment of inertia I_1 carrying the same load is approximately:

(A) 0.25
(B) 0.40
(C) 0.56
(D) 0.78

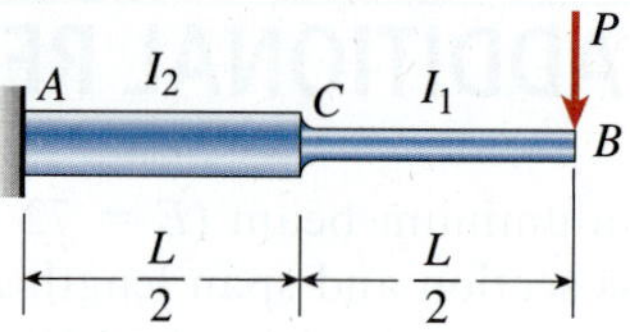

R-9.7 A steel bracket *ABCD* ($EI = 4.2 \times 10^6\ \text{N} \cdot \text{m}^2$), with span length $L = 4.5$ m and dimension $a = 2$ m, is subjected to load $P = 15$ kN at *D*. The maximum deflection at *B* is approximately:

(A) 10 mm
(B) 14 mm
(C) 19 mm
(D) 24 mm

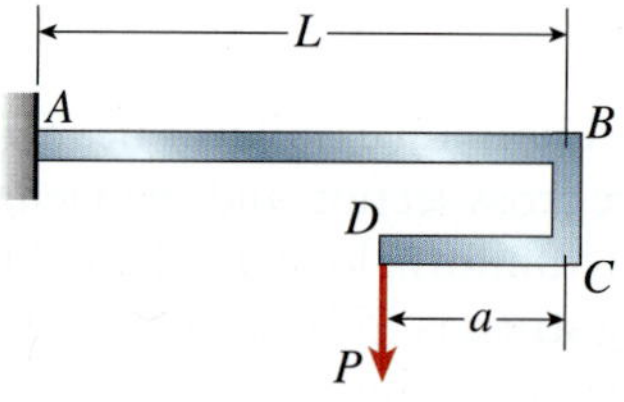

CHAPTER 10

부정정 보

Statically Indeterminate Beams

©Kristiina Paul

쇼핑몰 아트리움의 지붕 구조물과 같이 크고 복잡한 구조물은 대개 부정정이며, 부재가 받는 힘과 절점의 변위를 구하기 위해서는 컴퓨터가 필요하다.

이 장의 목적

- 여러 형태의 부정정 보의 거동을 살펴본다.
- 부정정 보의 부정정 차수를 결정한다.
- 탄성 곡선 방정식의 적분에 기초한 풀이 방법을 유도한다.
- 부정정 보의 과잉구속된 힘과 모멘트를 처리하기 위한 중첩법(하중법 또는 유연도법)을 공부한다.
- 부정정 보에서만 반력을 유발하는 온도 변화 차이와 길이방향 변위에 대해 살펴본다.

이 장의 구성

*심화 주제

10.1 서론

이 장에서는 반력의 수가 독립적인 평형방정식의 수를 초과하는 보에 대한 해석을 다룬다. 이러한 보의 반력은 정역학만으로는 구할 수 없으므로 **부정정**이라고 부른다.

부정정 보의 해석은 정정 보의 해석과 상당히 다르다. 보가 정정일 때는 자유물체도와 평형방정식으로부터 모든 반력, 전단력, 굽힘모멘트를 구할 수 있다. 그런 다음에 전단력과 굽힘모멘트를 알고 있으므로 응력과 처짐을 구할 수 있다.

하지만 보가 부정정일 때는 평형방정식만으로는 충분하지 않고 추가적인 방정식이 더 필요하다. 부정정 보를 해석하는 가장 기본적인 방법은 10.3절에서 설명하는 바와 같이 처짐 곡선의 미분 방정식을 푸는 것이다. 이는 부정정 보의 해석을 시작하는 좋은 방법이지만, 가장 단순한 형태의 부정정 보에만 실제적으로 적용할 수 있다.

그러므로 넓은 범위의 여러 가지 구조물에 적용할 수 있는 방법인 중첩법을 중점적으로 다룰 것이다(10.4절). 중첩법에서는 적합 방정식과 힘-변위 방정식으로 평형방정식을 보충한다(인장과 압축을 받는 부정정 봉을 해석했던 2.4절에서 이와 같은 방법을 설명한 바 있다).

이 장의 마지막 부분에서는 부정정 보에 관련된 두 가지 특수한 주제로, 온도 변화를 받는 보(10.5절)와 보의 끝에서 길이방향의 변위가 있는 보(10.6절)를 다룬다. 이 장 전체에 걸쳐, 보는 **선형 탄성 재료**로 만들어져 있다고 가정한다.

이 장에서는 부정정 보만을 다루지만 기본적인 개념은 훨씬 넓은 범위에 적용할 수 있다. 자동차 프레임, 건물, 항공기 등과 같은 대부분의 구조물이 부정정이다. 하지만 이러한 구조물은 보에 비해 훨씬 더 복잡하고 매우 정교한 해석 기술을 사용하여 설계해야 한다. 이 기술들 대부분이 이 장에서 설명하는 개념을 바탕으로 하므로, 이 장의 내용은 모든 종류의 부정정 구조물 해석에 대한 서론으로 간주할 수 있다.

10.2 부정정 보의 형태

부정정 보는 통상 지지점의 배치에 따라 분류된다. 예를 들면, 한쪽 끝이 고정되어 있고 다른 쪽 끝은 단순지지되어 있는 보(그림 10-1a)를 **받침 외팔보(propped cantilever beam)**라고 한다. 그림에 보이는 보의 반력은 지지점 *A*에서의 수평방향 힘과 수직방향 힘, 지지점 *A*에서의 모멘트, 지지점 *B*에서의 수직방향 힘으로 구성되어 있다. 이 보에 대해 독립적인 평형방정식은 3개뿐이므로 평형방정식만으로 4개의 반력을 구하는 것은 불가능하다. 평형방정식의 수를 초과하는 반력의 수를 **부정정 차수(degree of static indeterminacy)**라고 한다. 그러므로 받침 외팔보는 1차 부정정이다.

초과되는 반력을 **정적 과잉구속(static redundants)**이라고 하는데, 각각의 특정한 경우에 따라 선택되어야 한다. 예를 들면, 그림 10-1a에 나타낸 받침 외팔보의 반력 R_B 를 과잉구속 반력으로 선택할 수 있다. 이 반력은 평형을 유지하는 데 필요한 반력의 과잉이므로, *B*의 지지점을 제거함으로써 구조물로부터 없앨 수 있다. 지지점 *B*가 제거되면 외팔보가 된다(그림 10-1b). 과잉구속이 없어질 때 남는 구조물을 **이완 구조물(released structure)** 또는 **기본 구조물(primary structure)**이라고 한다. 이완 구조물은 안정되어야 하고(따라서 하중을 받을 수 있어야 함), 정정이어야 한다(따라서 모든 힘의 값이 평형방정식만으로 결정됨).

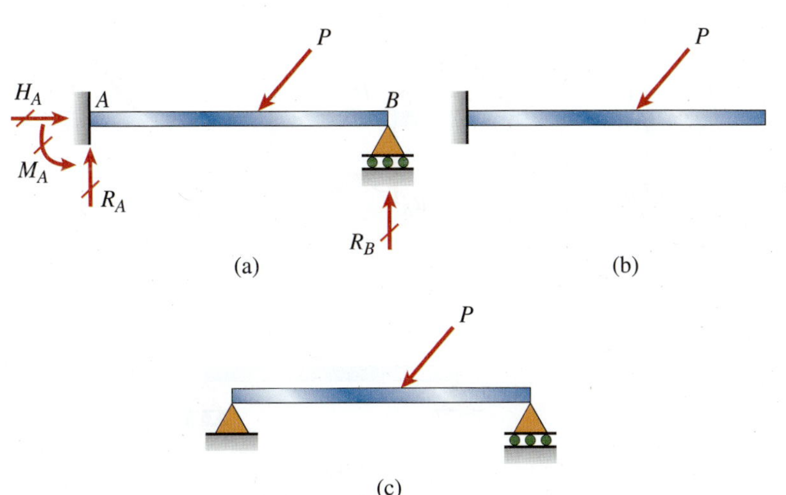

그림 10-1

받침 외팔보: (a) 보의 하중과 반력, (b) 끝점 B에서의 반력을 과잉구속으로 선택할 때의 이완 구조물, (c) 끝점 A에서의 모멘트 반력을 과잉구속으로 선택할 때의 이완 구조물

그림 10-1a의 받침 외팔보를 해석하는 또 다른 방법은 반력 모멘트 M_A를 과잉구속으로 선택하는 것이다. 그 다음 지지점 A에 있는 모멘트 구속이 제거되면 이완 구조물은 한쪽 끝은 핀지지, 다른 쪽 끝은 롤러지지된 단순 보이다(그림 10-1c).

이 보에 작용하는 모든 하중이 모두 다 수직방향이면(그림 10-2) 특수한 경우가 생긴다. 이때는 지지점 A에서 수평 반력은 사라지고 3개의 반력만 남는다. 하지만 오로지 2개의 독립적인 평형방정식만을 사용할 수 있기 때문에 보는 여전히 1차 부정정이다. 만약 반력 R_B가 과잉구속으로 선택된다면 이완 구조물은 외팔보이고, 모멘트 M_A가 과잉구속으로 선택된다면 이완 구조물은 단순 보이다.

부정정 보의 또 다른 형태인 **양단고정 보(fixed-end beam)**가 그림 10-3a에 나 타나 있다. 이 보는 양단에 고정지지점을 갖고 있으며, 결과적으로 총 6개의 미지 반력(각 지지점에서 2개의 힘과 1개의 모멘트)을 갖고 있다. 평형방정식은 오로지 3개뿐이므로 이 보는 3차 부정정 보이다[이런 형태의 보를 물린 보(*clamped beam*) 또는 박힌 보(*built-in beam*)라고도 한다].

만약 보의 끝점 B에 있는 3개의 반력을 과잉구속으로 선택하여 그 구속들을 제거한다면, 이완 구조물은 외팔보가 된다(그림 10-3b). 만약 2개의 고정단 모멘트와 1개의 수평 반력을 이완시킨다면, 이완 구조물은 단순 보이다(그림 10-3c).

수직하중만 작용하는 특수한 경우를 다시 생각해 보면(그림 10-4), 양단고정 보는 오로지 4개의 0이 아닌 반력(각 지지점에서 1개의 힘과 1개의 모멘트)을 갖는다. 사용할 수 있는 평형방정식의 수는 2개이고 따라서 이 보는 2차의 부정정 보가 된다. 끝점 B에 있는 2개의 반력을 과잉구속으로 선택한다면 이완 구조물은 외팔보가 되고, 2개의 반력 모멘트를 과잉구속으로 선택한다면 이완 구조물은 단순 보가 된다.

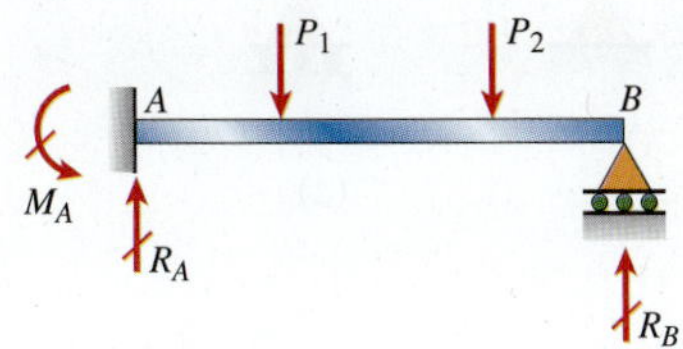

그림 10-2

수직방향 하중만을 받는 받침 외팔보

그림 10-3

양단고정 보: (a) 하중과 반력을 가진 보, (b) 끝점 B에 있는 3개의 반력을 과잉구속으로 선택할 때의 이완 구조물, (c) 2개의 모멘트 반력과 끝점 B에 있는 수평반력을 과잉구속으로 선택할 때의 이완 구조물

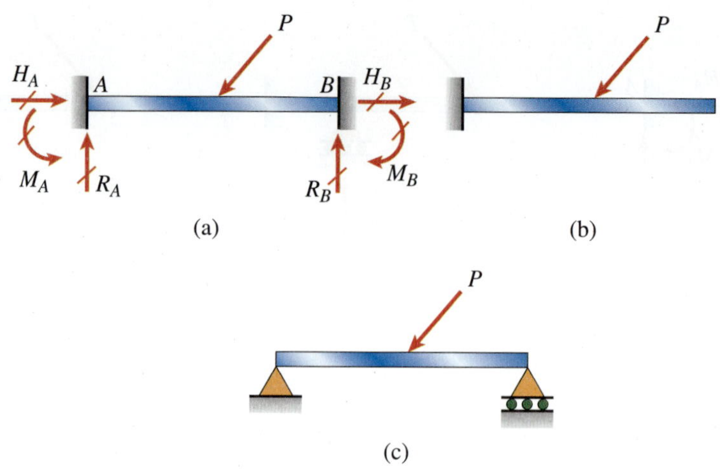

그림 10-4

수직하중만 받는 양단고정 보

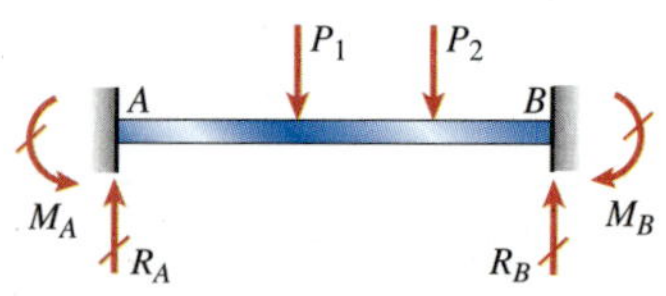

연속 보를 사용하여 긴 구간의 다리들이 건설된다

그림 10-5a에 나타낸 보는 **연속 보(continuous beam)**에 대한 하나의 예인데, 보에 하나 이상의 구간이 있고 내부 지지점 위에서 연속이기 때문에 그렇게 부른다. 이 특수한 보는 반력이 4개이고 평형방정식은 단지 3개뿐이므로 1차 부정정 보이다.

만약 내부 지지점의 반력 R_B를 과잉구속으로 선택하여 그 지지점을 보에서 제거한다면, 정정 보인 단순 보의 형태로 이완 구조물이 남는다(그림 10-5b). 만약 반력 R_C를 과잉구속으로 선택한다면, 이완 구조물은 돌출부가 있는 단순 보가 된다(그림 10-5c).

다음 절들에서는 부정정 보를 해석하는 두 가지 방법을 논의한다. 각 경우의 목적은 과잉구속의 반력들을 구하는 것이다. 그것들을 구하고 나면, (전단력과 굽힘모멘트를 포함한) 나머지의 모든 반력은 평형방정식을 통해 구할 수 있다. 사실상 구조물은 정정이 된다. 그러므로 해석의 마지막 단계로 앞 장들에서 설명한 방법으로 응력과 처짐을 구할 수 있다.

그림 10-5

연속 보의 예: (a) 하중과 반력을 가진 보, (b) 지지점 B의 반력을 과잉구속으로 선택할 때의 이완 구조물, (c) 지지점 C의 반력을 과잉구속으로 선택할 때의 이완 구조물

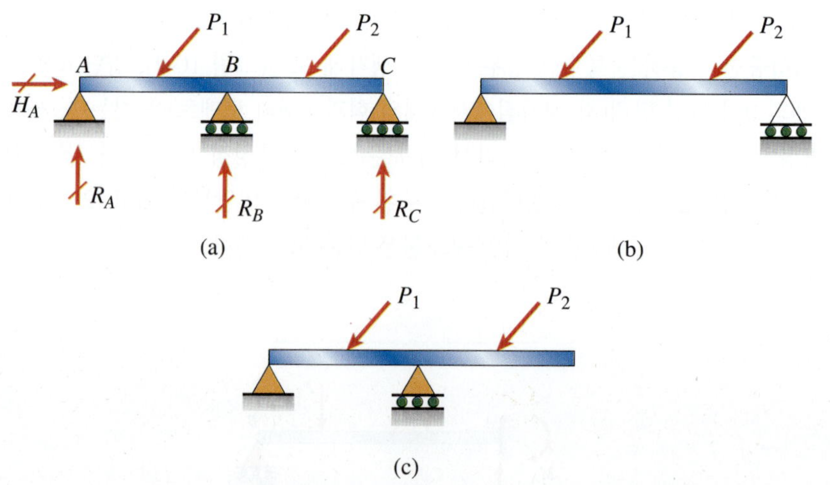

10.3 처짐 곡선의 미분 방정식에 의한 해석

처짐 곡선에 관한 다음 3개의 미분 방정식 중 어느 하나를 풀어서 부정정 보를 해석한다. (1) 굽힘모멘트 항으로 된 2계 미분 방정식[식 (9-13a), 또는 균일 단면 보의 경우 식 (9-16a)], (2) 전단력 항으로 된 3계 미분 방정식[식 (9-13b) 또는 식 (9-16b)], (3) 분포 하중의 항으로 된 4계 미분 방정식[식 (9-13c) 또는 식 (9-16c)].

해석 절차는 근본적으로 정정 보의 해석 절차와 같아서(9.2절, 9.3절, 9.4절 참조) 미분 방정식을 세우고 이를 적분하여 일반해를 구한 후, 경계 조건이나 기타 조건을 적용하여 미지수를 구하는 단계들로 이루어져 있다. 미지수는 적분 상수뿐만 아니라 과잉구속의 반력으로 이루어져 있다.

보와 그 하중이 비교적 단순하고 복잡하지 않을 때만 보의 미분 방정식을 풀어서 해를 기호의 항으로 나타낼 수 있다. 이 결과로 얻은 해는 일반적인 목적의 공식 형태이다. 하지만 좀 더 복잡한 경우에는 그 목적에 맞게 개발된 컴퓨터 프로그램을 사용하여 미분 방정식을 수치적으로 풀어야 한다. 이러한 경우에 얻은 결과는 어떤 특정한 수치가 주어진 문제에만 해당되는 것이다.

다음 예제들에서는 미분 방정식을 기호의 항으로 풀어서 부정정 보를 해석하는 방법을 자세히 설명한다.

예제 10-1

그림 10-6

예제 10-1: 등분포 하중을 받는 받침 외팔보

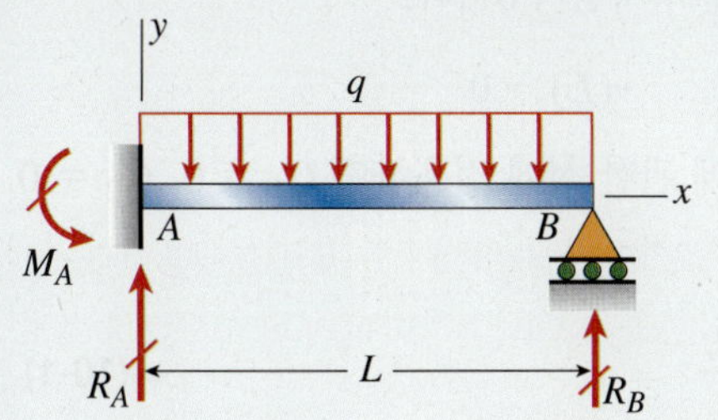

길이가 L인 받침 외팔보 AB가 전 길이에 걸쳐 세기 q인 등분포 하중을 받는다(그림 10-6). 처짐 곡선에 관한 2계 미분 방정식(굽힘모멘트 방정식)을 풀어서 이 보를 해석하라. 보의 반력, 전단력, 굽힘모멘트, 기울기, 처짐을 구하라.

풀이

문제풀이 4단계 접근방법을 사용한다.

1. **개념화**[가정, 스케치]: 이 보의 하중은 수직방향으로 작용하기 때문에(그림 10-6), 고정 지지점에서 수평방향의 반력은 없다. 그러므로 보는 3개의 미지 반력을 갖게 된다(M_A, R_A, R_B). 이 반력들을 구하는 데 오로지 2개의 평형방정식만 이용할 수 있으므로 이 보는 1차 부정정이다.

2. **분류**[단순화, 분류화]: 굽힘모멘트 방정식을 풀어서 이 보를 해석할 것이므로 굽힘모멘트에 관한 일반적인 식을 먼저 구해야 한다. 이 식은 하중과 선택된 과잉구속의 항으로 표시될 것이다.

과잉구속의 반력: 단순지지점에 있는 반력 R_B를 과잉구속으로 선택한다. 그러면 보 전체의 평형을 고려하여 다른 2개의 반력을 R_B의 항으로 표시할 수 있다.

$$R_A = qL - R_B \qquad M_A = \frac{qL^2}{2} - R_B L \tag{a, b}$$

굽힘모멘트: 고정지지점으로부터 거리 x에서 굽힘모멘트 M은 다음과 같이 반력들의 항으로 표시할 수 있다.

$$M = R_A x - M_A - \frac{qx^2}{2} \quad \text{(c)}$$

이 식은 보의 일부에 대한 자유물체도를 그리고 평형방정식을 풀이해서 얻을 수 있다. 식 (c)에 식 (a)와 (b)를 대입하면 굽힘모멘트를 하중과 과잉구속의 반력 항으로 표시할 수 있다.

$$M = qLx - R_B x - \frac{qL^2}{2} + R_B L - \frac{qx^2}{2} \quad \text{(d)}$$

3. 해석[수치 계산; 적절한 식의 선정, 수학적 해를 구함]:

미분 방정식: 처짐 곡선에 관한 2계 미분 방정식[식 (9-16a)]은 이제 다음과 같이 된다.

$$EIv'' = M = qLx - R_B x - \frac{qL^2}{2} + R_B L - \frac{qx^2}{2} \quad \text{(e)}$$

이 식을 순차적으로 두 번 적분하면 보의 기울기와 처짐에 관한 다음 식들이 얻어진다.

$$EIv' = \frac{qLx^2}{2} - \frac{R_B x^2}{2} - \frac{qL^2 x}{2} + R_B Lx - \frac{qx^3}{6} + C_1 \quad \text{(f)}$$

$$EIv = \frac{qLx^3}{6} - \frac{R_B x^3}{6} - \frac{qL^2 x^2}{4} + \frac{R_B Lx^2}{2} - \frac{qx^4}{24} + C_1 x + C_2 \quad \text{(g)}$$

이 식들은 3개의 미지수(C_1, C_2, R_B)를 갖고 있다.

경계 조건: 그림 10-6을 살펴보면, 보의 처짐과 기울기에 관련된 3개의 경계 조건이 명백하게 보인다. 이러한 조건은 다음과 같다. (1) 고정지지점에서 처짐이 0이다. (2) 고정지지점에서 기울기가 0이다. (3) 단순지지점에서 처짐이 0이다.

$$v(0) = 0 \qquad v'(0) = 0 \qquad v(L) = 0$$

이 조건을 식 (f)와 (g)로 주어진 기울기와 처짐에 관한 식에 적용하면 $C_1 = 0$, $C_2 = 0$이 되기 때문에

$$R_B = \frac{3qL}{8} \quad \text{(10-1)}$$

임을 알 수 있다. 따라서 과잉구속의 반력 R_B를 이제 알게 되었다.

반력: 과잉구속의 반력을 가지고 식 (a)와 (b)로부터 나머지 반력을 구할 수 있다. 그 결과는 다음과 같다.

$$R_A = \frac{5qL}{8} \qquad M_A = \frac{qL^2}{8} \quad \text{(10-2a, b)}$$

이 반력들을 알았으므로 보의 전단력과 굽힘모멘트를 구할 수가 있다.

전단력과 굽힘모멘트: 이 값들은 자유물체도와 평형방정식을 이용하는 통상적인 방법으로 구할 수 있다. 그 결과는 다음과 같다.

$$V = R_A - qx = \frac{5qL}{8} - qx \quad \text{(10-3)}$$

그림 10-7
그림 10-6의 받침 외팔보에 대한 전단력과 굽힘모멘트 선도

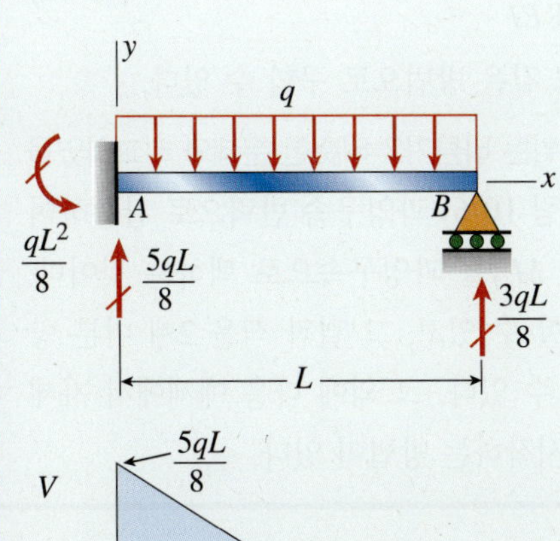

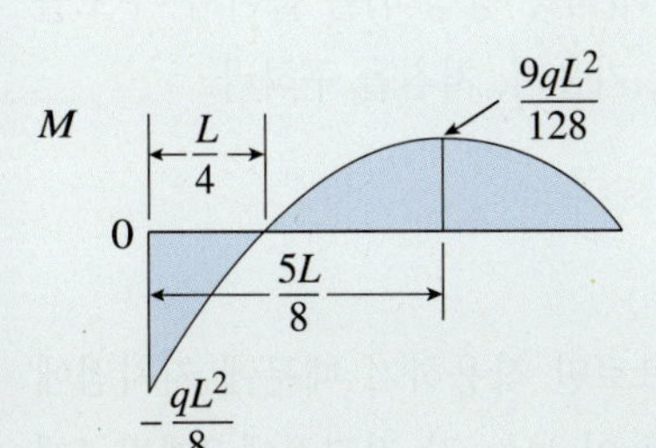

$$M = R_A x - M_A - \frac{qx^2}{2} = \frac{5qLx}{8} - \frac{qL^2}{8} - \frac{qx^2}{2} \qquad \text{(10-4)}$$

보에 대한 전단력과 굽힘모멘트 선도는 이 식들을 이용하여 그릴 수 있다(그림 10-7 참조).

이 선도로부터 최대 전단력은 고정지지점에서 발생하고 다음과 같이 나타남을 주목하라.

$$V_{\text{max}} = \frac{5qL}{8} \qquad \text{(10-5)}$$

또한 양과 음의 최대 굽힘모멘트는 다음과 같다.

$$M_{\text{pos}} = \frac{9qL^2}{128} \qquad M_{\text{neg}} = -\frac{qL^2}{8} \qquad \text{(10-6a, b)}$$

마지막으로 고정지지점으로부터 $x = L/4$의 거리에서 굽힘모멘트가 0이라는 사실을 주목하라.

보의 기울기와 처짐: 기울기와 처짐에 관한 식 (f)와 (g)로 되돌아가서, 과잉구속 R_B의 식[식 (10-1)]과 함께 적분 상수의 값($C_1 = 0$과 $C_2 = 0$)을 대입하여 다음을 얻는다.

$$v' = \frac{qx}{48EI}(-6L^2 + 15Lx - 8x^2) \qquad \text{(10-7)}$$

$$v = -\frac{qx^2}{48EI}(3L^2 - 5Lx + 2x^2) \qquad \text{(10-8)}$$

식 (10-8)로부터 얻은 보의 처짐 모양을 그림 10-8에 나타내었다.

보의 최대 처짐을 구하기 위해 기울기[식 (10-7)]를 0으로 놓고 이 최대 처짐이 일어나는 점까지의 거리 x_1에 대해 풀면 다음과 같다.

$$v' = 0 \quad \text{또는} \quad -6L^2 + 15Lx - 8x^2 = 0$$

이로부터 x_1을 다음과 같이 얻을 수 있다.

$$x_1 = \frac{15 - \sqrt{33}}{16}L = 0.5785L \qquad \text{(10-9)}$$

그림 10-8
그림 10-6의 받침 외팔보에 대한 처짐 곡선

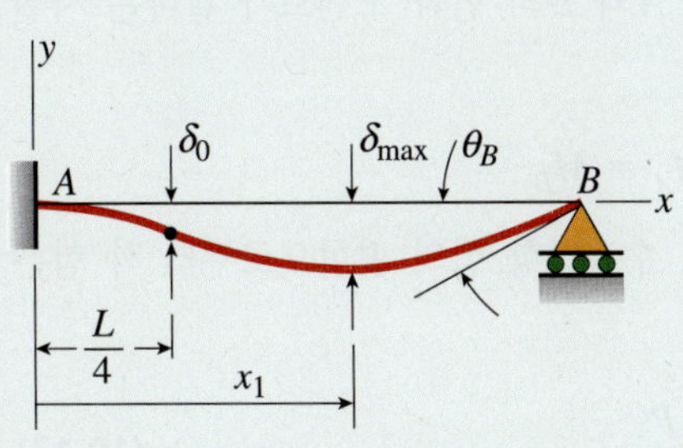

x에 관한 이 값을 처짐에 관한 식[식 (10-8)]에 대입하고 부호를 바꾸면 최대 처짐을 얻을 수 있다.

$$\delta_{\text{max}} = -v(x_1) = \frac{qL^4}{65{,}536\,EI}(39 + 55\sqrt{33})$$
$$= \frac{qL^4}{184.6\,EI} = 0.005416\frac{qL^4}{EI} \qquad \text{(10-10)}$$

변곡점은 굽힘모멘트가 0인 곳, 즉 $x = L/4$인 곳에 위치한다. 보에서 이 점의 처짐 δ_0는[식 (10-8)로부터] 다음과 같다.

$$\delta_0 = -v(L/4) = \frac{5qL^4}{2048\,EI} = 0.002441\frac{qL^4}{EI} \qquad \text{(10-11)}$$

$x < L/4$일 때는 곡률과 굽힘모멘트 둘 다 음이고, $x > L/4$일 때는 곡률과 굽힘모멘트가 양임을 주목하라.

보의 단순 지지점이 있는 끝에서의 회전각 θ_B를 구하기 위해 식 (10-7)을 사용하면 다음과 같이 된다.

$$\theta_B = v'(L) = \frac{qL^3}{48EI} \tag{10-12}$$

보 축선 상의 다른 점에 대한 기울기와 처짐도 같은 방법으로 구할 수 있다.

4. **최종 단계**[결론; 해의 검토—해가 온당한가? 단위는 바른가? 비슷한 문제와 비교하였을 때 어떠한가?]: 이 예제에서는 반력 R_B를(그림 10-6) 과잉구속 반력으로 간주하여 보를 해석했다. 또 다른 방법은 반력 모멘트 M_A를 과잉구속으로 택하는 것이다. 그러면 굽힘모멘트 M을 M_A의 항으로 표시할 수 있고, 그 결과 식을 2계 미분 방정식에 대입하여 앞에서와 같은 요령으로 풀 수 있다. 그 외에 다음 예제에서 자세히 설명하는 바와 같이 4계 미분 방정식으로 시작하는 방법이 있다.

예제 10-2

그림 10-9

예제 10-2: 중간점에 집중 하중을 받는 양단고정 보

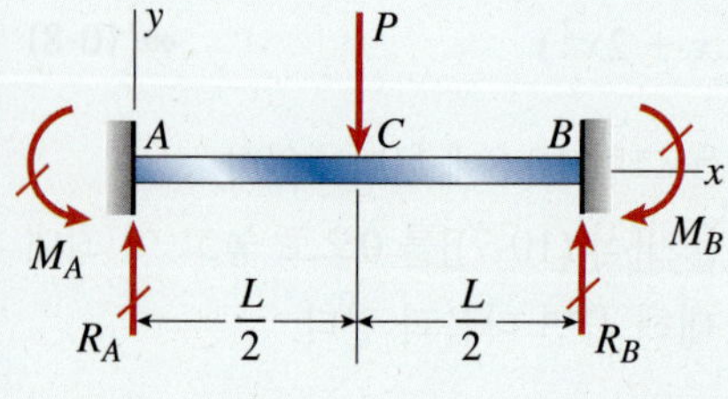

그림 10-9의 양단고정 보 ACB가 보의 중간점에 하나의 집중 하중 P를 받고 있다. 처짐 곡선에 관한 4계 미분 방정식(하중 방정식)을 풀어서 이 보를 해석하라. 보의 반력, 전단력, 굽힘모멘트, 기울기, 처짐을 구하라.

풀이

문제풀이 4단계 접근방법을 사용한다.

1. **개념화:** 이 보의 하중이 수직방향으로만 작용하기 때문에 지지점에서 수평방향의 반력이 없다. 그러므로 이 보는 각 지지점에 2개씩 4개의 미지 반력을 갖고 있다. 이용할 수 있는 평형방정식은 오로지 2개뿐이므로 이 보는 2차 부정정이다.

2. **분류:** 보와 하중의 대칭성으로부터 지지점 A와 B의 힘과 모멘트가 같다는 사실을 이용하여 해석을 단순화할 수 있다. 즉,

$$R_A = R_B \text{ 그리고 } M_A = M_B$$

양쪽 지지점에서의 수직 반력들이 같으므로, 수직방향 힘의 평형으로부터 각 힘은 $P/2$와 같다.

$$R_A = R_B = \frac{P}{2} \tag{10-13}$$

그 결과, 남아 있는 미지값은 모멘트 반력 M_A와 M_B이다. 편의상 모멘트 M_A를 과잉구속 값으로 선택한다.

3. **해석:**

미분 방정식: 점 A와 C 사이에는 보에 작용하는 하중이 없기 때문에, 보의 왼쪽 절반에 대한 4계 미분 방정식[식 (9-16c)]은 다음과 같다.

$$EIv'''' = -q = 0 \quad (0 < x < L/2) \tag{a}$$

이 식의 순차적분은 보의 왼쪽 절반에서 유효한 다음 식들로 귀결된다.

$$EIv''' = C_1 \quad \text{(b)}$$

$$EIv'' = C_1x + C_2 \quad \text{(c)}$$

$$EIv' = \frac{C_1x^2}{2} + C_2x + C_3 \quad \text{(d)}$$

$$EIv = \frac{C_1x^3}{6} + \frac{C_2x^2}{2} + C_3x + C_4 \quad \text{(e)}$$

이 식에는 4개의 미지 적분 상수가 있다. 이제 미지수는 5개(C_1, C_2, C_3, C_4, M_A)이므로 5개의 경계 조건이 필요하다.

경계 조건: 보의 왼쪽 절반에 적용할 수 있는 경계 조건은 다음과 같다.

i. 보 왼쪽 부분의 전단력은 R_A 또는 $P/2$와 같다. 그러므로 식 (9-16b)로부터 다음 식을 얻는다.

$$EIv''' = V = \frac{P}{2}$$

이 식과 식 (b)를 조합함으로써 $C_1 = P/2$를 얻는다.

ii. 왼쪽 지지점에서의 굽힘모멘트는 $-M_A$이다. 그러므로 식 (9-16a)로부터 다음을 얻는다.

$$x = 0\text{에서} \quad EIv'' = M = -M_A$$

이 식과 식 (c)를 조합하면 $C_2 = -M_A$를 얻는다.

iii. 왼쪽 지지점($x = 0$)에서 보의 기울기는 0이다. 그러므로 식 (d)로부터 $C_3 = 0$을 구한다.

iv. 중간점($x = L/2$)에서의 보의 기울기도 (대칭 조건으로부터) 0이다. 그러므로 식 (d)로부터 다음을 얻는다.

$$M_A = M_B = \frac{PL}{8} \quad \text{(10-14)}$$

이와 같이 보의 끝에서 반력 모멘트를 구했다.

v. 왼쪽 지지점($x = 0$)에서 보의 처짐은 0이다. 그러므로 식 (e)로부터 $C_4 = 0$을 얻는다. 요약하면 4개의 적분 상수는 다음과 같다.

$$C_1 = \frac{P}{2} \quad C_2 = -M_A = -\frac{PL}{8} \quad C_3 = 0 \quad C_4 = 0 \quad \text{(f, g, h, i)}$$

그림 10-10

그림 10-9의 양단고정 보에 대한 전단력 선도와 굽힘모멘트 선도

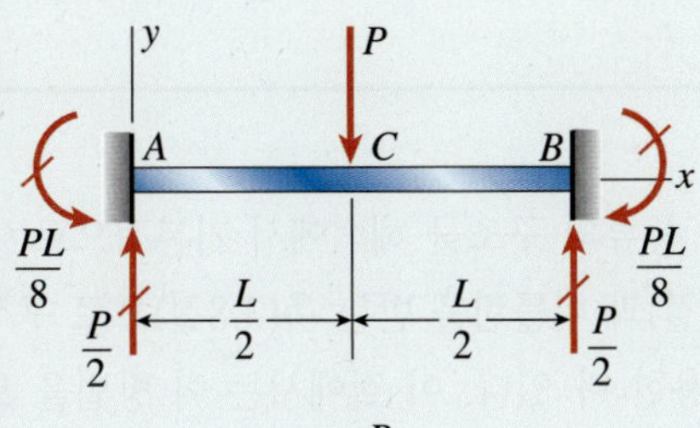

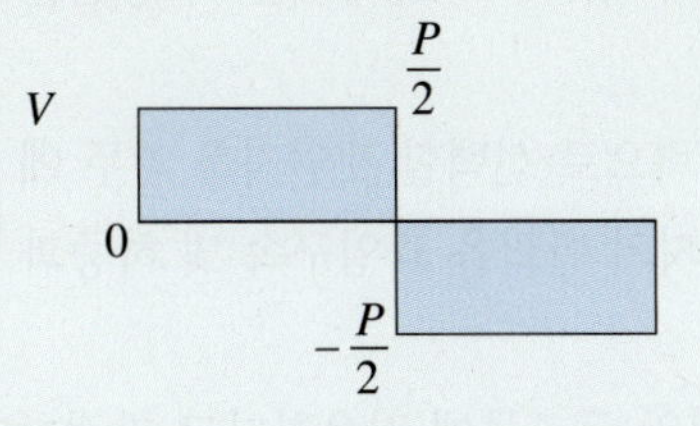

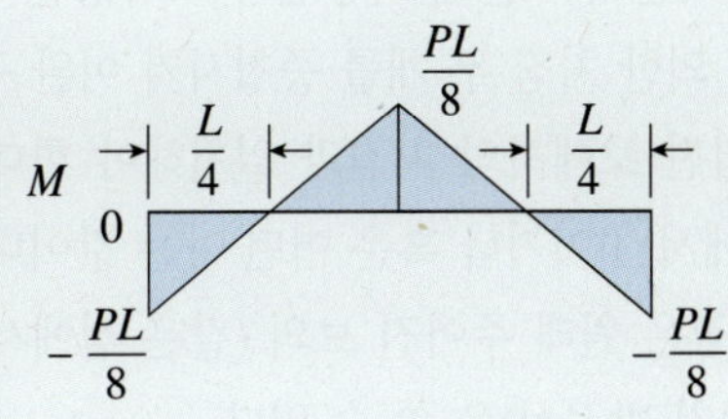

전단력과 굽힘모멘트: 전단력과 굽힘모멘트는 적절한 적분 상수들을 식 (b)와 (c)에 대입함으로써 얻을 수 있다. 그 결과는 다음과 같다.

$$EIv''' = V = \frac{P}{2} \quad (0 < x < L/2) \quad \text{(10-15)}$$

$$EIv'' = M = \frac{Px}{2} - \frac{PL}{8} \quad (0 \le x \le L/2) \quad \text{(10-16)}$$

보의 반력을 알고 있기 때문에 자유물체도와 평형방정식으로부터 이 식들을 바로 구할 수도 있다.

전단력 선도와 굽힘모멘트 선도가 그림 10-10에 주어져 있다.

기울기와 처짐: 보의 왼쪽 절반에 대한 기울기와 처짐은 식 (d)와 (e)에

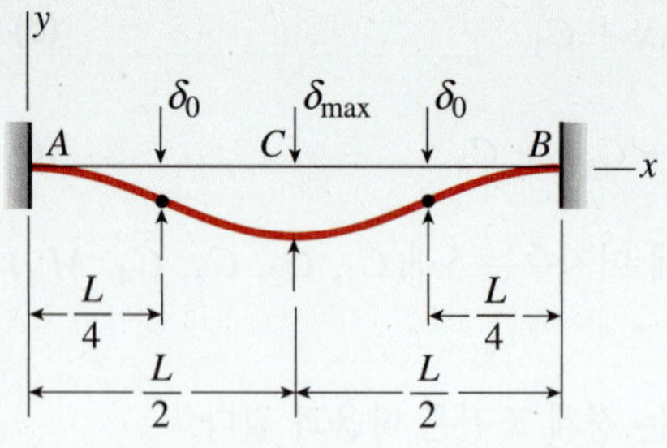

그림 10-11
그림 10-9의 양단고정 보에 대한 처짐 곡선

적분 상수의 식을 대입함으로써 구할 수 있다. 그 결과는 다음과 같다.

$$v' = -\frac{Px}{8EI}(L - 2x) \qquad (0 \le x \le L/2) \tag{10-17}$$

$$v = -\frac{Px^2}{48EI}(3L - 4x) \quad (0 \le x \le L/2) \tag{10-18}$$

보의 처짐 곡선은 그림 10-11에 나타나 있다.

최대 처짐 δ_{max}를 구하기 위해 식 (10-18)의 x를 $L/2$로 놓고 부호를 바꾸면 다음 식이 구해진다.

$$\delta_{max} = -v(L/2) = \frac{PL^3}{192EI} \tag{10-19}$$

보의 왼쪽 절반에서 변곡점은 굽힘모멘트 M이 0인 점, 즉 $x = L/4$[식 (10-16) 참조]인 점에서 발생한다. 이 점에서의 처짐 δ_0는[식 (10-18)로부터] 다음과 같다.

$$\delta_0 = -v(L/4) = \frac{PL^3}{384EI} \tag{10-20}$$

이 값은 수치적으로 최대 처짐의 1/2과 같다. 두 번째 변곡점은 보의 오른쪽 절반에서 생기는데, 끝점 B로부터 거리가 $L/4$ 되는 위치에서 발생한다.

4. 최종 단계: 이 예제에서 경계 조건과 여타 조건의 수는 적분 상수뿐만 아니라 과잉구속의 반력까지 계산하는 데도 항상 충분하다는 것을 확인했다.

참고: 경우에 따라서는 정정 보에 대해 9장의 예제 9-3과 9-5에서 자세히 설명했던 바와 같이 보의 두 구간 이상에서 미분 방정식을 세우고 구간 사이의 연속 조건을 사용하여 풀어야 할 때도 있다. 그러한 해석은 충족되어야 할 많은 수의 조건 때문에 길고 지루해지기 쉽다. 하지만 하나 또는 두 개의 특정한 점에서만 처짐과 회전각이 필요하다면, 다음 절에서 보이는 바와 같이 중첩법이 유용할 것이다.

10.4 중첩법

중첩법은 부정정 봉, 트러스, 보, 프레임 등 많은 종류의 구조물 해석에서 기본적으로 아주 중요하다. 이미 인장 또는 압축을 받는 봉(2.4절)과 비틀림을 받는 축(3.8절)으로 구성된 부정정 구조물을 해석하기 위해 중첩법을 사용한 바 있다. 이 절에서는 이 방법을 보에 적용한다.

부정정 차수에 주목하고 어떤 것을 과잉구속의 반력으로 선택할 것인지를 염두 에 두고 해석을 시작한다. 과잉구속이 정해졌으면, 다른 미지의 반력을 과잉구속 및 하중과 관련시키는 **평형방정식**을 표시할 수 있다.

다음에 원래의 하중과 과잉구속의 반력이 모두 이완 구조물에 작용한다고 가정한다. 그러고 나서 하중에 의한 처짐과 과잉구속의 반력에 의한 처짐 두 개를 중첩시켜 이완 구조물의 처짐을 구한다. 이들 처짐의 합은 원래 주어진 보에서의 처짐과 일치해야 한다. 그런데 원래 주어진 보의 처짐은 (구속이 제거된 점에서) 0이거나 혹은 어떤 아는 값이다. 그러므로 이완 구조물의 (구속이 제거된 점에서) 처짐은 원래 주어진 보의 (같은 점에서) 처짐과 같다는 사실을 나타내는 **적합 방정식**(또는 중첩 방정식)을 쓸 수 있다.

이완 구조물은 정정이므로 9장에서 설명했던 방법으로 처짐을 구할 수 있다. 이완 구조물에서 하중과 처짐 사이의 관계를 **힘-변위 관계식**이라고 부른다. 이 관계식을 적합 방정식에 대입하면 과잉구속의 반력이 미지의 값이 되는 방정식을 얻는다. 그러므로 이 방정식을 풀어서 과잉구속의 반력을 구할 수 있다. 그 다음, 구해진 과잉구속의 반력을 가지고 평형방정식으로부터 다른 모든 반력을 구할 수 있다. 게다가 평형방정식으로부터 전단력과 굽힘모멘트도 구할 수 있다.

특수한 경우, 즉 등분포 하중을 받는 받침 외팔보(그림 10-12a)를 생각해보면 위의 절차는 더 명확해진다. 여기서는 이 보에 대한 두 번의 해석을 다루는데, 첫 번째는 반력 R_B를 과잉구속의 반력으로 선택하여 해석하고 두 번째는 반력 모멘트 M_A를 과잉구속으로 선택하여 해석한다(10.3절의 예제 10-1에서 이와 똑같은 보를 처짐 곡선의 미분 방정식을 풀어서 해석한 바 있다).

R_B를 과잉구속으로 보고 해석하기

첫 번째 경우에는 단순 지지점의 반력 R_B(그림 10-12a)를 과잉구속으로 선택한다. 그러면 다른 미지의 반력을 과잉구속의 항으로 표시하는 **평형방정식**은 다음과 같다.

$$R_A = qL - R_B \quad M_A = \frac{qL^2}{2} - R_B L \tag{10-21a, b}$$

이 식은 전체 보를 하나의 자유물체로 생각하고 평형방정식을 적용하여 구한 것이다(그림 10-12a).

다음 단계는 과잉구속에 해당하는 구속을 제거하는 것이다(이 경우에는 끝단 B의 지지점을 제거한다). 남아 있는 **이완 구조물**은 외팔보이다(그림 10-12b). 등분포 하중 q와 과잉구속의 힘 R_B가 이완 구조물의 하중으로 작용한다(그림 10-12c,d).

이완 구조물에 등분포 하중 하나만 작용할 때 끝점 B의 처짐을 $(\delta_B)_1$이라 하고, 이완 구조물에 과잉구속의 반력 하나만 작용할 때 같은 점의 처짐을 $(\delta_B)_2$라고 한다. 이 두 개의 처짐을 중첩하여 원래의 구조물에서 점 B의 처짐 δ_B를 얻는다. 원래의 보에서 그 점의 처짐은 0이므로 다음과 같은 **적합 방정식**을 얻는다.

$$\delta_B = (\delta_B)_1 - (\delta_B)_2 = 0 \tag{10-22}$$

$(\delta_B)_1$은 아래쪽이 양이고 $(\delta_B)_2$는 위쪽이 양이기 때문에, 이 식에서 음의 부호가 나타난다.

분포 하중 q의 항으로 나타낸 처짐 $(\delta_B)_1$과 과잉구속의 반력 R_B의 항으로 나타낸 처짐 $(\delta_B)_2$ 를 각각 얻을 수 있는 **힘-변위 관계식**은 부록 H에 있는 표 H-1(사례 1과 4 참조)를 이용하여 구할 수 있다. 표에 주어진 공식을 이용하여 다음을 얻는다.

$$(\delta_B)_1 = \frac{qL^4}{8EI} \quad (\delta_B)_2 = \frac{R_B L^3}{3EI} \tag{10-23a,b}$$

위의 힘-변위 관계식을 적합 방정식에 대입하면 다음과 같이 된다.

$$\delta_B = \frac{qL^4}{8EI} - \frac{R_B L^3}{3EI} = 0 \tag{10-23c}$$

그림 10-12

반력 R_B를 과잉구속으로 선택하는 중첩법에 의한 받침 외팔보의 해석

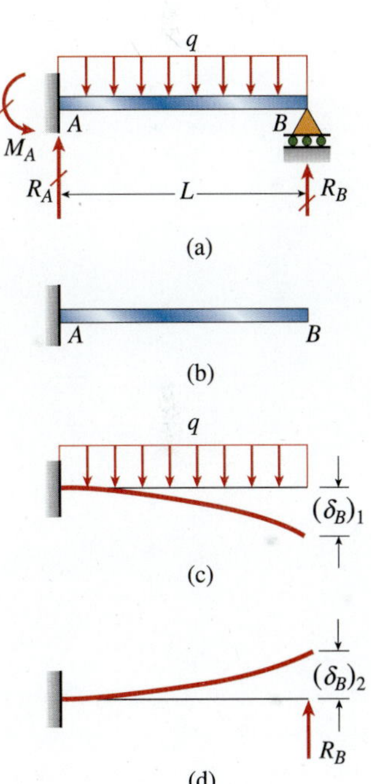

이 식으로부터 **과잉구속의 반력**을 계산할 수 있다.

$$R_B = \frac{3qL}{8} \tag{10-24}$$

이 식은 원래의 보에 작용하는 하중의 항으로 과잉구속의 반력을 나타내고 있음을 유의하라.

나머지 반력(R_A와 M_A)은 평형방정식[식 (10-21a,b)]으로부터 구할 수 있고, 그 결과는 다음과 같다.

$$R_A = \frac{5qL}{8} \quad M_A = \frac{qL^2}{8} \tag{10-25a,b}$$

반력을 모두 구했으므로 이제 보 전체에 걸쳐 전단력과 굽힘모멘트를 구할 수 있고 각각의 선도를 그릴 수 있다(선도는 그림 10-7을 참조하라).

또한 중첩의 원리를 사용하여 원래 보의 **처짐과 기울기**를 구할 수도 있다. 그 과정은 그림 10-12c와 *d*에 보이는 하중들이 작용하는 이완 구조물의 처짐들을 중첩시키는 것으로 구성되어 있다. 예를 들면, 이 두 하중에 대한 처짐 곡선의 방정식은 부록 H에서 표 H-1의 사례 1과 4로부터 각각 얻을 수 있다.

$$v_1 = -\frac{qx^2}{24EI}(6L^2 - 4Lx + x^2)$$
$$v_2 = \frac{R_B x^2}{6EI}(3L - x)$$

식 (10-24)로부터 R_B를 대입하고, 그 다음 처짐 v_1과 v_2를 더하여 원래의 부정정 보(그림 10-12a)에 대한 처짐 곡선의 방정식을 다음과 같이 얻는다.

$$v = v_1 + v_2 = -\frac{qx^2}{48EI}(3L^2 - 5Lx + 2x^2)$$

이 식은 예제 10-1의 식 (10-8)과 일치한다. 그밖의 처짐도 이와 비슷한 방법으로 구할 수 있다.

M_A를 과잉구속으로 보고 해석하기

이제 반력 모멘트 M_A를 과잉구속으로 선택하여 동일한 받침 외팔보를 해석한다(그림 10-13). 이 경우에 이완 구조물은 단순 보이다(그림 10-13b). 원래의 보에서 반력 R_A와 R_B에 대한 평형방정식은 다음과 같다.

$$R_A = \frac{qL}{2} + \frac{M_A}{L} \quad R_B = \frac{qL}{2} - \frac{M_A}{L} \tag{10-26a,b}$$

적합 방정식은 원래 보에서 고정단의 회전각 θ_A가 0이라는 사실을 나타낸다. 이 각도는 이완 구조물(그림 10-13c,d)에서 회전각 $(\theta_A)_1$과 $(\theta_A)_2$의 중첩으로 얻을 수 있으므로 **적합 방정식**은 다음과 같이 된다.

$$\theta_A = (\theta_A)_1 - (\theta_A)_2 = 0 \tag{10-27a}$$

이 식에서 각도 $(\theta_A)_1$은 시계방향이 양이라고 가정한 것이고, 각도 $(\theta_A)_2$는 반시계방향이

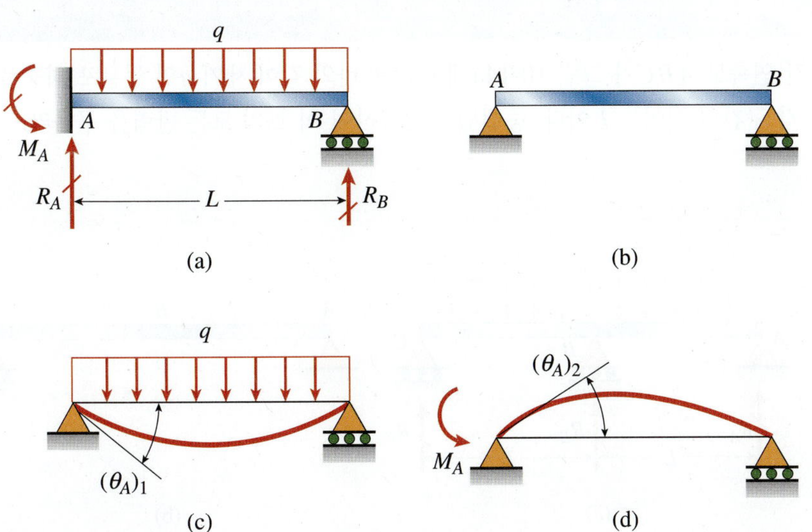

그림 10-13
반력 모멘트 M_A를 과잉구속으로 선택하는 중첩법에 의한 받침 외팔보의 해석

양이라고 가정한 것이다.

이완 구조물에서 회전각은 부록 H의 표 H-2에 주어진 공식으로부터 구할 수 있다(사례 1과 7 참조). 따라서 힘–변위 관계식은 다음과 같다.

$$(\theta_A)_1 = \frac{qL^3}{24EI} \quad (\theta_A)_2 = \frac{M_A L}{3EI}$$

이를 적합 방정식[식 (10-27a)]에 대입하여 다음을 얻는다.

$$\theta_A = \frac{qL^3}{24EI} - \frac{M_A L}{3EI} = 0 \qquad \textbf{(10-27b)}$$

이 식을 과잉구속에 대해 풀면 $M_A = qL^2/8$을 얻을 수 있는데 이것은 앞의 결과[식 (10-25b)]와 잘 일치한다. 또한 평형방정식[식 (10-26a,b)]으로 반력 R_A와 R_B를 구하면, 이전과 같은 결과를 확인할 수 있다[각각 식 (10-25a)와 (10-24) 참조].

이제 반력을 모두 구했으므로 전단력과 굽힘모멘트, 기울기와 처짐을 앞에서 설명했던 바와 같이 구할 수 있다.

일반적인 유의사항

이 절에서 설명했던 중첩법을 **유연도법**(*flexibility method*) 또는 **하중법**(*force method*)이라고 부른다. 뒤의 명칭은 하중의 값(힘과 모멘트)을 과잉구속으로 사용하는 데에서 유래되었고, 앞의 명칭은 적합 방정식에 있는 미지값의 계수[식 (10-27a)에 있는 $L^3/3EI$와 식 (10-27b)에 있는 $L/3EI$와 같은 항]들이 유연도(flexibility, 즉 단위 하중에 의해 생기는 처짐 또는 회전각)이기 때문에 사용된다.

중첩법은 처짐의 중첩을 포함하고 있기 때문에 오로지 선형 탄성 구조물에만 적용할 수 있다(이와 동일한 한계가 이 장에서 논의했던 모든 주제에도 적용됨을 상기하라).

다음 예제와 이 장 마지막에 주어진 Problems에서는 주로 반력을 구하는 것만 다루는데, 이것이 해를 구하는 가장 중요한 단계이기 때문이다.

예제 10-3

두 구간 연속보 ABC가 그림 10-14a에 나타낸 바와 같이 세기 q인 등분포 하중을 받고 있다. 각 구간의 길이는 L이다. 중첩법을 사용하여 이 보의 모든 반력을 구하라.

그림 10-14

예제 10-3: 등분포 하중을 받는 두 구간 연속 보

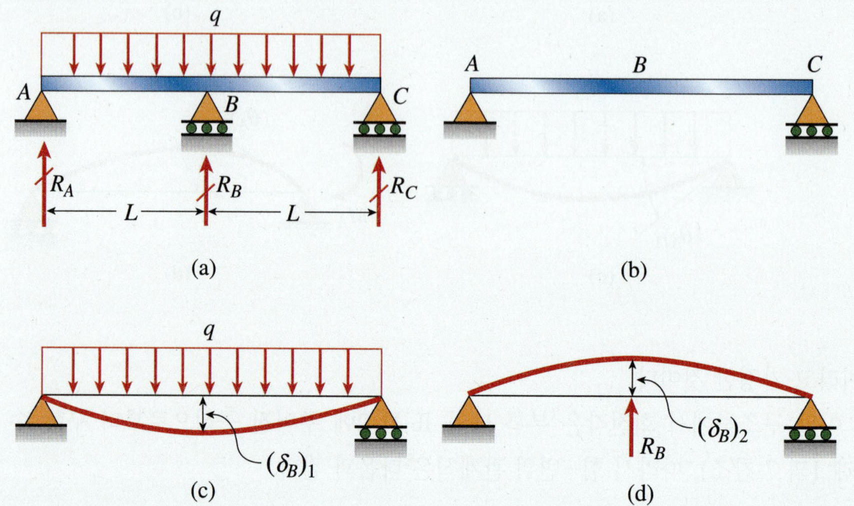

풀이

문제풀이 4단계 접근방법을 사용한다.

1. **개념화:** 이 보는 3개의 미지 반력(R_A, R_B, R_C)을 갖고 있다. 전체적으로 이 보에 적용되는 평형방정식은 2개이므로 이 보는 1차 부정정이다. 편의상 가운데 있는 지 지점의 반력 R_B를 과잉구속으로 선택하자.

2. **분류:**

평형방정식: 반력 R_A와 R_C를 2개의 평형방정식에 의해 과잉구속의 반력 R_B의 항으로 나타낼 수 있다. 첫 번째 방정식은 점 B에 관한 모멘트의 평형에 관한 것인데, R_A와 R_C가 같음을 보여준다. 두 번째 방정식은 수직방향의 평형에 관한 것으로, 그 결과는 다음과 같다.

$$R_A = R_C = qL - \frac{R_B}{2} \qquad \text{(a)}$$

적합 방정식: 반력 R_B를 과잉구속으로 선택했기 때문에 이완 구조물은 지지점 A와 C를 갖는 단순 보이다(그림 10-14b). 이완 구조물에서 등분포 하중 q에 의한 점 B의 처짐과 과잉구속의 반력 R_B에 의한 점 B의 처짐이 그림 10-14c와 d에 각각 나타나 있다. 이 처짐들을 각각 $(\delta_B)_1$과 $(\delta_B)_2$로 표기했다. 이 처짐들의 중첩이 원래의 보에서 점 B의 처짐 δ_B가 되어야 하는데, 이 값은 0이기 때문에 적합 방정식은 다음과 같다.

$$\delta_B = (\delta_B)_1 - (\delta_B)_2 = 0 \qquad \text{(b)}$$

여기서 처짐 $(\delta_B)_1$은 아래쪽이 양이고, 처짐 $(\delta_B)_2$는 위쪽이 양이다.

힘-변위 관계식: 이완 구조물에 작용하는 등분포 하중(그림 10-14c)에 기인한 처짐 $(\delta_B)_1$은 표 H-2의 사례 1로부터 다음과 같이 구한다.

$$(\delta_B)_1 = \frac{5q(2L)^4}{384EI} = \frac{5qL^4}{24EI}$$

여기서 $2L$은 이완 구조물의 길이이다. 과잉구속의 반력에 의해(그림 10-14d) 생기는 처짐 $(\delta_B)_2$는 표 H-2의 사례 4로부터 다음과 같다.

$$(\delta_B)_2 = \frac{R_B(2L)^3}{48EI} = \frac{R_BL^3}{6EI}$$

3. 해석:

반력: 점 B에서 수직 처짐에 관련된 적합 방정식[식 (b)]은 이제 다음과 같이 된다.

$$\delta_B = \frac{5qL^4}{24EI} - \frac{R_BL^3}{6EI} = 0 \qquad \textbf{(c)}$$

이 식으로부터 가운데 지지점의 반력을 구한다.

$$R_B = \frac{5qL}{4} \qquad \textbf{(10-28)}$$

그밖의 반력은 식 (a)로부터 구한다.

$$R_A = R_C = \frac{3qL}{8} \qquad \textbf{(10-29)}$$

반력을 모두 구했으므로 전단력, 굽힘모멘트, 응력, 처짐은 특별한 어려움 없이 구할 수 있다.

4. 최종 단계: 이 예제의 목적은 중첩법을 상세히 설명하는 데 있고, 따라서 해석의 모든 단계를 설명했다. 하지만 이 특수한 보(그림 10-14a)는 보와 하중의 대칭성 때문에 간단한 검토를 통해 해석할 수도 있다.

대칭성으로부터 가운데 지지점에서 보의 기울기는 0임을 알 수 있고, 따라서 보의 각 절반은 등분포 하중을 받는 받침 외팔보와 똑같은 조건을 갖는다(예: 그림 10-6 참조). 결과적으로 등분포 하중을 받는 받침 외팔보에 대한 앞의 모든 해석 결과[식 (10-1)부터 (10-12)까지]를 그림 10-14a의 연속 보에 그대로 적용할 수 있다.

예제 10-4

양단고정 보 AB(그림 10-15a)가 한 점 D에서 작용하는 하중 P를 받고 있다. 중첩법을 사용하여 보의 양단에서 반력과 반력 모멘트를 구하라. 또한 하중이 작용하는 점 D에서의 처짐을 구하라.

풀이

문제풀이 4단계 접근방법을 사용한다.

1. 개념화: 이 보는 4개의 미지 반력(각 지지점에서 하나의 힘과 하나의 모멘트)을 갖고 있으나 오직 2개의 독립적인 평형방정식만을 사용할 수 있다. 그러므로 이 보

그림 10-15

예제 10-4: 집중 하중을 받는 양단고정 보

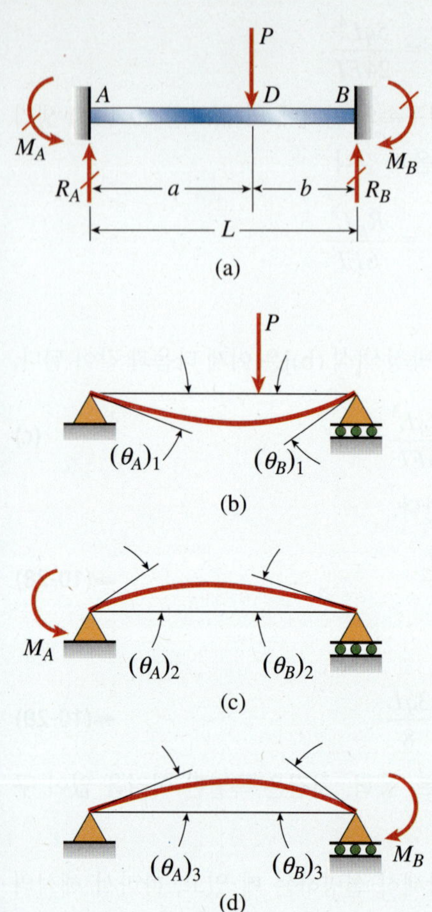

는 2차 부정정이다. 이 예제에서는 반력 모멘트 M_A와 M_B를 과잉구속으로 선택한다.

2. 분류:

평형방정식: 2개의 평형방정식의 도움으로 2개의 미지 반력(R_A와 R_B)은 과잉구속(M_A와 M_B)의 항으로 표시될 수 있다. 첫 번째 방정식은 점 B에 관한 모멘트의 합이 0이라는 것이고, 두 번째 방정식은 점 A에 관한 모멘트의 합이 0이라는 것이다. 결과 식은 다음과 같다.

$$R_A = \frac{Pb}{L} + \frac{M_A}{L} - \frac{M_B}{L} \quad R_B = \frac{Pa}{L} - \frac{M_A}{L} + \frac{M_B}{L} \qquad \textbf{(a, b)}$$

적합 방정식: 보의 양단에서 회전 구속을 제거하여 과잉구속이 이완되면 이완 구조물로 남는 것은 단순 보가 된다(그림 10-15b,c,d). 그림 10-15b에 나타낸 바와 같이 이완 구조물의 양단에서 집중 하중 P에 의한 회전각을 각각 $(\theta_A)_1$과 $(\theta_B)_1$으로 표시한다. 같은 방법으로 이완 구조물의 양단에서 과잉구속 M_A에 의한 회전각을 각각 $(\theta_A)_2$와 $(\theta_B)_2$로 표시하고 과잉구속 M_B에 의한 회전각을 각각 $(\theta_A)_3$와 $(\theta_B)_3$로 표시한다.

원래의 보에서 양쪽 지지점의 회전각은 0이므로 2개의 적합 방정식은 다음과 같다.

$$\theta_A = (\theta_A)_1 - (\theta_A)_2 - (\theta_A)_3 = 0 \qquad \textbf{(c)}$$
$$\theta_B = (\theta_B)_1 - (\theta_B)_2 - (\theta_B)_3 = 0 \qquad \textbf{(d)}$$

여기서 여러 항의 부호는 그림을 잘 관찰하여 결정된 것이다.

힘-변위 관계식: 보의 양단에서 하중 P에 의한 회전각(그림 10-15b)은 표 H-2의 사례 5로부터 구한다.

$$(\theta_A)_1 = \frac{Pab(L+b)}{6LEI} \quad (\theta_B)_1 = \frac{Pab(L+a)}{6LEI}$$

여기서 a와 b는 지지점으로부터 하중이 작용하는 점 D까지의 거리이다.

또한 과잉구속 모멘트 M_A에 의한 양단의 회전각은 다음과 같다(표 H-2의 사례 7 참조).

$$(\theta_A)_2 = \frac{M_A L}{3EI} \quad (\theta_B)_2 = \frac{M_A L}{6EI}$$

같은 방법으로 모멘트 M_B에 의한 회전각은 다음과 같다.

$$(\theta_A)_3 = \frac{M_B L}{6EI} \quad (\theta_B)_3 = \frac{M_B L}{3EI}$$

3. 해석:

반력: 각도에 관한 앞의 식들을 적합 방정식[식 (c)와 (d)]에 대입하면 M_A와 M_B를 미지수로 포함하는 2개의 연립 방정식을 얻게 된다.

$$\frac{M_A L}{3EI} + \frac{M_B L}{6EI} = \frac{Pab(L+b)}{6LEI} \qquad \textbf{(e)}$$

$$\frac{M_A L}{6EI} + \frac{M_B L}{3EI} = \frac{Pab(L+a)}{6LEI} \tag{f}$$

이 방정식을 과잉구속에 대해 풀면 다음을 얻는다.

$$M_A = \frac{Pab^2}{L^2} \quad M_B = \frac{Pa^2b}{L^2} \tag{10-30a,b}$$

M_A와 M_B에 관한 이 식을 평형방정식[식 (a)와 (b)]에 대입하면 수직 반력을 얻는다.

$$R_A = \frac{Pb^2}{L^3}(L+2a) \qquad R_B = \frac{Pa^2}{L^3}(L+2b) \tag{10-31a,b}$$

이렇게 하여 양단고정 보의 모든 반력을 구했다.

양단고정 보에서 지지점의 반력은 통상 **고정단 모멘트(fixed-end moment)**와 **고정단 힘(fixed-end force)**이라고 일컬어진다. 이 용어는 구조물 해석 시 널리 사용되며 공학 편람에 그 공식들이 표로 수록되어 있다.

점 *D*에서의 처짐: 원래의 양단고정 보(그림 10-15a)에서 점 D의 처짐을 구하기 위해 또다시 중첩의 원리를 사용한다. 점 D의 처짐은 다음 세 가지 처짐의 합과 같다. (1) 이완 구조물에서 하중 P에 의해 생기는 점 D의 아래 방향 처짐 $(\delta_D)_1$(그림 10-15b), (2) 이완 구조물에서 과잉구속 M_A에 의해 생기는 같은 점의 위 방향 처짐 $(\delta_D)_2$(그림 10-15c), (3) 이완 구조물에서 과잉구속 M_B에 의해 생기는 같은 점의 위 방향 처짐 $(\delta_D)_3$(그림 10-15d). 이 처짐의 중첩은 다음 식으로 표시된다.

$$\delta_D = (\delta_D)_1 - (\delta_D)_2 - (\delta_D)_3 \tag{g}$$

여기서 δ_D는 원래의 보에서 아래 방향의 처짐이다.

식 (g)에 나타난 처짐들은 부록 H의 표 H-2에 주어진 공식(사례 5와 7 참조)으로부터 적당한 대입과 대수적인 단순화를 거쳐 구할 수 있다. 그 결과는 다음과 같다.

$$(\delta_D)_1 = \frac{Pa^2b^2}{3LEI} \quad (\delta_D)_2 = \frac{M_A ab}{6LEI}(L+b) \quad (\delta_D)_3 = \frac{M_B ab}{6LEI}(L+a)$$

식 (10-30a, b)로 주어진 M_A와 M_B의 식을 위의 마지막 두 식에 대입하면 다음을 얻는다.

$$(\delta_D)_2 = \frac{Pa^2b^3}{6L^3EI}(L+b) \quad (\delta_D)_3 = \frac{Pa^3b^2}{6L^3EI}(L+a)$$

그러므로 원래의 보에서 점 D의 처짐은 $(\delta_D)_1$, $(\delta_D)_2$, $(\delta_D)_3$를 식 (g)에 대입하고 간단히 정리하여 다음과 같이 구한다.

$$\delta_D = \frac{Pa^3b^3}{3L^3EI} \tag{10-32}$$

4. 최종 단계: 처짐 δ_D를 구하기 위해 이 예제에서 설명하는 방법은 어느 특정한 점의 처짐을 구할 때뿐만 아니라, 처짐 곡선의 방정식을 구할 때에도 사용할 수 있다.

보의 중간점에서 작용하는 집중 하중: 하중 P가 보의 중간점 C에서 작용할 때(그림 10-16) 보의 반력은 다음과 같다[식 (10-30)과 (10-31)에 $a = b = L/2$를 대입].

그림 10-16

중간점에 집중 하중이 작용하는 양단고정 보

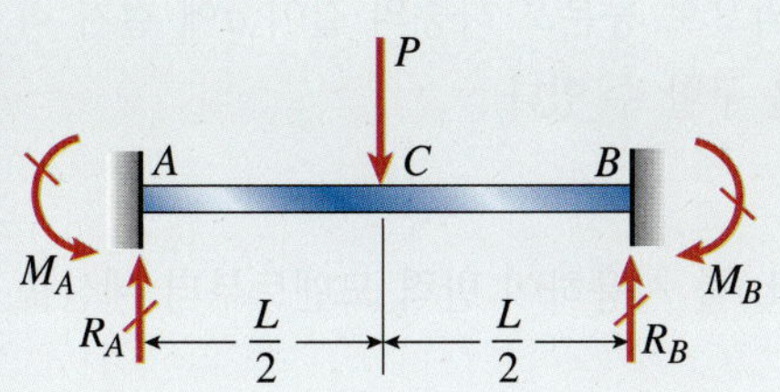

$$M_A = M_B = \frac{PL}{8} \quad R_A = R_B = \frac{P}{2} \tag{10-33a,b}$$

또한 중간점의 처짐은[식 (10-32)로부터] 다음과 같다.

$$\delta_C = \frac{PL^3}{192EI} \tag{10-34}$$

이 처짐은 같은 하중을 받는 단순 보의 중간점 처짐의 1/4과 같은데, 이는 보의 양단을 조이는 강성 증가 효과를 보여주는 것이다.

양단에서의 반력과 중간점에서의 처짐에 관한 앞의 결과[식 (10-32)와 (10-33)]는 예제 10-2에서 처짐 곡선의 미분 방정식을 풀어서 구했던 값과 잘 일치한다[식 (10-13), (10-14), (10-19) 참조].

예제 10-5

양단고정 보 AB는 구간의 일부에서만 작용하는 세기 q인 등분포 하중을 받는다(그림 10-17a).

이 보의 반력(즉, 고정단 모멘트와 고정단 힘)을 구하라.

그림 10-17

예제 10-5: (a) 구간의 일부에 등분포 하중을 받는 양단고정 보, (b) 등분포 하중의 미소 요소 qdx에 의해 생기는 반력

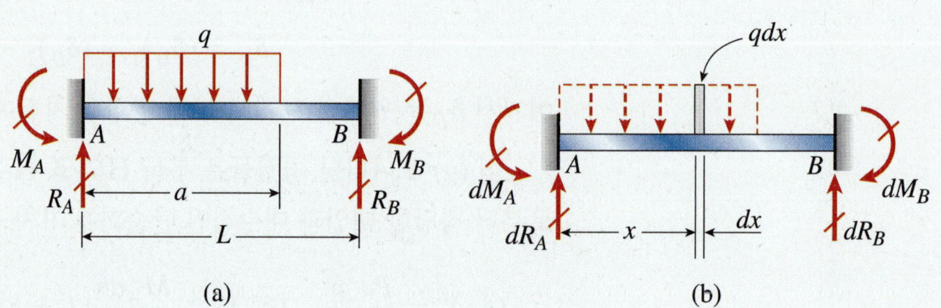

풀이

문제풀이 4단계 접근방법을 사용한다.

1. **개념화:** 예제 10-4에서 얻었던 결과와 함께 중첩의 원리를 사용함으로써 이 보의 반력을 구할 수 있다. 앞의 예제에서는 왼쪽 끝으로부터의 거리 a에서 작용하는 집중 하중 P를 받는 양단고정 보의 반력을 구했다[그림 10-15a와 식 (10-30) 및 (10-31) 참조].

   그 결과를 그림 10-17a의 등분포 하중에 적용하기 위해, 분포 하중의 미소 요소를 왼쪽 지점으로부터 거리 x에서 작용하는 크기 qdx의 집중 하중으로 취급한다(그림 10-17b). 그런 다음에 예제 10-4에서 유도한 공식을 사용하여 이 미소 요소의 하중에 의한 반력을 구할 수 있다. 마지막으로 등분포 하중의 길이 a에 걸쳐 적분함으로써 전체 등분포 하중에 의한 반력을 구할 수 있다.

2. **분류:**

   고정단 모멘트: 예제 10-4의 식 (10-30a,b)를 사용하여 반력 모멘트부터 계산을

시작한다. 등분포 하중의 미소 요소 qdx에 의한 모멘트를 얻기 위해(그림 10-17b를 그림 10-15a와 비교하여) P를 qdx로, a를 x로, b를 $L - x$로 대치한다. 그 결과 하중의 미소 요소에 의한 고정단 모멘트는 다음과 같다(그림 10-17b).

$$dM_A = \frac{qx(L-x)^2\,dx}{L^2} \qquad dM_B = \frac{qx^2(L-x)dx}{L^2}$$

3. **해석:** 위의 식을 보에서 하중이 작용하는 부분에 대해 적분하면 전체 등분포 하중에 의한 고정단 모멘트를 얻을 수 있다.

$$M_A = \int dM_A = \frac{q}{L^2}\int_0^a x(L-x)^2 dx = \frac{qa^2}{12L^2}(6L - 8aL + 3a^2) \qquad \text{(10-35a)}$$

$$M_B = \int dM_B = \frac{q}{L^2}\int_0^a x^2(L-x)dx = \frac{qa^3}{12L^2}(4L - 3a) \qquad \text{(10-35b)}$$

고정단 힘: 고정단 모멘트를 구할 때와 비슷한 방법으로 해석을 진행하는데, 이번에는 식 (10-31a, b)를 사용하여 하중의 미소 요소 qdx에 의한 고정단 힘을 다음 식으로 표현한다.

$$dR_A = \frac{q(L-x)^2(L+2x)dx}{L^3} \qquad dR_B = \frac{qx^2(3L-2x)dx}{L^3}$$

이 식을 적분하면 다음과 같다.

$$R_A = \int dR_A = \frac{q}{L^3}\int_0^a (L-x)^2(L+2x)dx = \frac{qa}{2L^3}(2L^3 - 2La^2 + a^3) \qquad \text{(10-36a)}$$

$$R_B = \int dR_B = \frac{q}{L^3}\int_0^a x^2(3L-2x)dx = \frac{qa^3}{2L^3}(2L - a) \qquad \text{(10-36b)}$$

이렇게 하여 모든 반력(고정단 모멘트와 고정단 힘)을 구했다.

그림 10-18

등분포 하중을 받는 양단고정 보

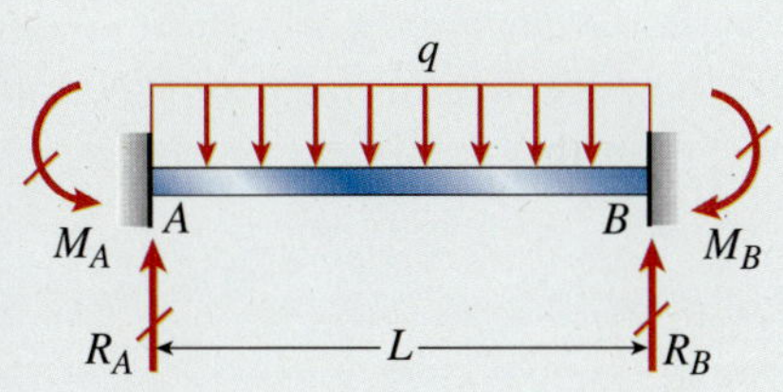

4. **최종 단계:**

보의 전 길이에 걸쳐 작용하는 등분포 하중: 하중이 전 구간에 걸쳐 작용할 때는(그림 10-18) 앞의 식에 $a = L$을 대입함으로써 반력을 구할 수 있고, 다음과 같이 된다.

$$M_A = M_B = \frac{qL^2}{12} \quad R_A = R_B = \frac{qL}{2} \qquad \text{(10-37a,b)}$$

등분포 하중을 받고 있는 보의 중간점에서의 처짐 또한 흥미로운 대상이다. 이 처짐을 구하는 가장 단순한 해법은 중첩법을 이용하는 것이다. 그 첫 번째 단계는 지지점의 모멘트 구속을 제거하여 단순 보 형태로 이완 구조물을 얻는 것이다. 단순 보의 중간점에서 등분포 하중에 의한 아래 방향 처짐은(표 H-2의 사례 1로부터)

$$(\delta_C)_1 = \frac{5qL^4}{384EI} \qquad \text{(a)}$$

이고, 양단의 모멘트에 의해 생기는 중간점의 위 방향 처짐은(표 H-2의 사례 10으로부터)

$$(\delta_C)_2 = \frac{M_A L^2}{8EI} = \frac{(qL^2/12)L^2}{8EI} = \frac{qL^4}{96EI} \qquad \text{(b)}$$

이다. 따라서 원래의 양단고정 보(그림 10-18)에서 중간점의 최종적인 아래 방향 처짐은 다음과 같다.

$$\delta_C = (\delta_C)_1 - (\delta_C)_2$$

식 (a)와 (b)의 처짐을 여기에 대입함으로써 다음을 얻는다.

$$\delta_C = \frac{qL^4}{384EI} \quad \textbf{(10-38)}$$

이 처짐은 등분포 하중을 받는 단순 보에서 중간점 처짐[식 (a)]의 1/5인데, 이것은 보의 양단에서 회전각이 발생하지 못하도록 고정하는 효과를 다시 한번 보여준다.

예제 10-6

보 ABC(그림 10-19a)는 점 A와 B에서 단순지지점에 놓여 있고 점 C에서 케이블로 지지되어 있다. 보의 전체 길이는 $2L$이고 세기 q인 등분포 하중을 받고 있다. 등분포 하중이 작용하기 전에는 케이블에 장력이 걸리지 않으며 조금의 느슨함도 없다.

등분포 하중이 작용하면, 보는 점 C에서 아래 방향으로 처지고 케이블에는 인장력 T가 발생한다. 이 힘의 크기를 구하라.

그림 10-19

예제 10-6: 케이블에 의해 한 끝이 지지된 보 ABC

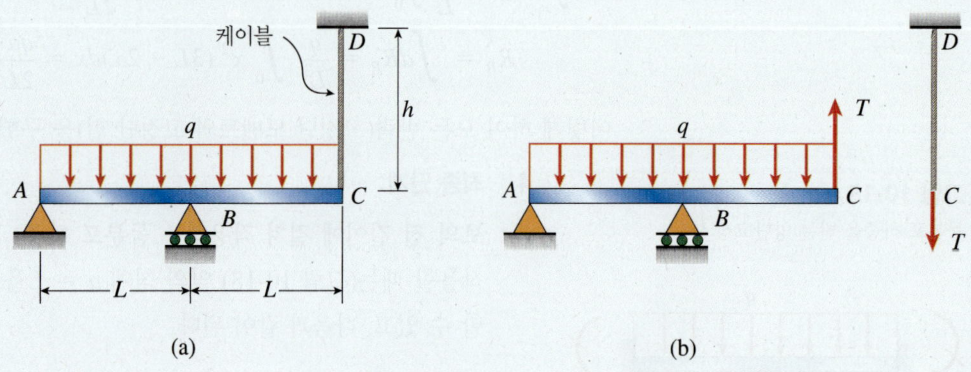

풀이

문제풀이 4단계 접근방법을 사용한다.

1. 개념화:

과잉구속의 힘: 보와 케이블로 구성되어 있는 구조물 $ABCD$는 3개의 수직 반력을 갖고 있다(점 A, B, D). 하지만 전체 구조물의 자유물체도로부터 오로지 2개의 평형방정식만 사용할 수 있다. 그러므로 이 구조물은 1차 부정정이고 해석을 위해 하나의 과잉구속을 선택해야 한다.

케이블의 인장력 T가 과잉구속의 선택으로 적당하다. 점 C에서의 연결을 제거함으로써 이 힘을 이완시킬 수 있고, 이 점을 기준으로 구조물을 두 부분으로 나눌 수 있다(그림 10-19b). 이완 구조물은 분리된 요소로서 보 ABC와 케이블 CD로 구성되어 있는데 보에는 위로, 그리고 케이블에는 아래로 작용하는 과잉구속의 힘 T를 갖고 있다.

2. **분류:**

적합 방정식: 보 ABC(그림 10-19b)에서 점 C의 처짐은 등분포 하중에 의한 아래 방향의 처짐 $(\delta_C)_1$과 힘 T에 의한 위 방향의 처짐 $(\delta_C)_2$, 두 부분으로 이루어져 있다. 그와 동시에 인장력을 받고 있는 케이블 CD의 아래 끝점 C는 $(\delta_C)_3$만큼 아래 방향으로 이동하는데, 이것은 힘 T에 의한 케이블의 신장량과 같다. 그러므로 보의 끝점 C에서 아래 방향의 처짐이 케이블의 신장량과 같음을 나타내는 적합 방정식은 다음과 같다.

$$(\delta_C)_1 - (\delta_C)_2 = (\delta_C)_3 \tag{a}$$

이와 같은 식을 얻었으므로 이제 이 3개의 변위를 구하는 작업에 들어간다.

3. **해석:**

힘-변위 관계식: 돌출부의 끝(보 ABC에서 점 C)에서 등분포 하중에 의한 처짐 $(\delta_C)_1$은 9.5절의 예제 9-9(그림 9-21 참조)에 주어진 결과로부터 구할 수 있다. 그 예제의 식 (9-68)을 사용하는 데 $a = L$을 대입하여 다음을 얻는다.

$$(\delta_C)_1 = \frac{qL^4}{4E_bI_b} \tag{b}$$

여기서 E_bI_b는 보의 굽힘 강성이다.

점 C에서 힘 T에 의한 보의 처짐은 Problems 9.8-5나 9.9-3의 답으로부터 구할 수 있다. 그 답들은 돌출부의 길이가 a일 때 돌출부 끝점의 처짐 $(\delta_C)_2$를 제시하고 있다.

$$(\delta_C)_2 = \frac{Ta^2(L+a)}{3E_bI_b}$$

이제 $a = L$을 대입하여 우리가 원하는 처짐을 구한다.

$$(\delta_C)_2 = \frac{2TL^3}{3E_bI_b} \tag{c}$$

마지막으로 케이블의 신장량은 다음과 같다.

$$(\delta_C)_3 = \frac{Th}{E_cA_c} \tag{d}$$

여기서 h는 케이블의 길이이고, E_cA_c는 축 방향 강성이다.

케이블의 힘: 위의 3개의 변위[식 (b), (c), (d)]를 적합 방정식[식 (a)]에 대입함으로써 다음 식을 얻는다.

$$\frac{qL^4}{4E_bI_b} - \frac{2TL^3}{3E_bI_b} = \frac{Th}{E_cA_c}$$

이 식을 힘 T에 관하여 풀면 다음과 같다.

$$T = \frac{3qL^4E_cA_c}{8L^3E_cA_c + 12hE_bI_b} \tag{10-39}$$

4. **최종 단계:** 힘 T를 알았으므로 자유물체도와 평형방정식을 통해 모든 반력, 전단력, 굽힘모멘트를 구할 수 있다.

이 예제는 (외부의 반력 대신에) 내력 값이 과잉구속으로 어떻게 사용될 수 있는지를 자세히 설명해 준다.

그림 10-19(계속)

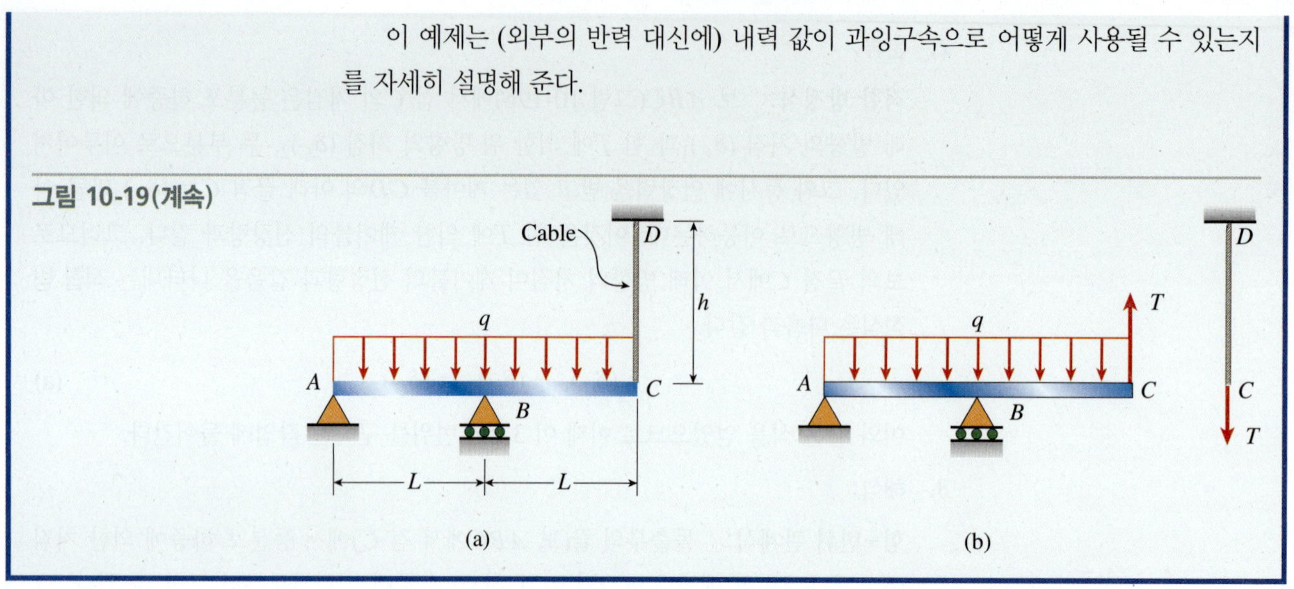

*10.5 온도 효과

앞의 2.5절과 9.11절에서 논의한 바와 같이, 온도 변화는 봉의 길이 변화와 보의 가로 방향 처짐이 생기게 할 수 있다. 만약 이 길이 변화와 가로 방향 처짐이 구속된다면 재료에는 열응력이 생길 것이다. 2.5절에서는 부정정 봉에 발생하는 이러한 응력을 어떻게 구하는지 알아보았다. 이제 부정정 보에서 온도 변화의 효과를 다루고자 한다.

그림 10-20
온도 차이가 있는 받침 외팔보

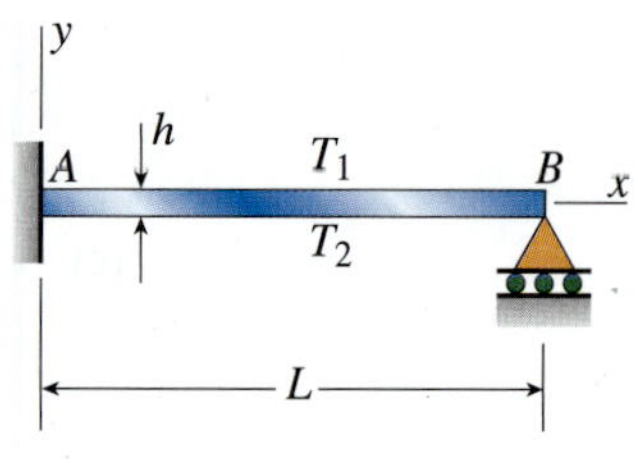

부정정 보에서 온도 변화로 인해 생기는 응력과 처짐은 하중의 효과에 대해 이미 설명했던 방법과 비슷하게 해석할 수 있다. 이 논의를 시작하기 위해 그림 10-20의 받침 외팔보 AB를 생각해보자. 보는 원래 균일 온도 T_0였는데, 나중에 윗면에서는 온도가 T_1으로 상승했고, 아랫면에서는 온도가 T_2로 상승했다고 가정한다. 보의 윗면과 아랫면 사이의 높이 h에 걸쳐 온도의 변화는 선형적이라고 가정한다.

온도가 선형적으로 변하기 때문에 보의 **평균** 온도는

$$T_{\text{aver}} = \frac{T_1 + T_2}{2} \tag{10-40}$$

이고, 보의 중간 높이의 온도에 해당한다. 이 평균 온도와 초기 온도 T_0의 차이가 보의 길이 변화를 초래하는 주요 인자이다. 만약 보가 길이방향으로 자유롭게 팽창한다면, 보의 길이는 식 (9-134)에 의해 주어진 값 δ_T 만큼 증가할 것이고 이것을 여기서 다시 반복하면 다음과 같다.

$$\delta_T = \alpha(T_{\text{aver}} - T_0)L = \alpha\left(\frac{T_1 + T_2}{2} - T_0\right)L \tag{10-41}$$

이 식에서 α는 재료의 열팽창 계수이고, L은 보의 길이이다. 만약 길이방향의 팽창이 자유롭게 일어난다면, 온도 변화에 의해 아무런 축 방향 응력도 생기지 않는다. 하지만 길이방향의 팽창이 구속된다면, 2.5절에서 설명한 바와 같이 축 방향 응력이 발생한다.

이제 온도 차이 $T_2 - T_1$의 효과를 생각해보자. 이 차이로 인해 보의 **곡률**이 생기기는 하지만 길이의 변화는 발생하지 않는다. 온도 변화에 의한 곡률은 9.11절에서 설명했

는데, 처짐 곡선에 관한 미분 방정식이 다음과 같이 유도되었다[식 (9-137) 참조].

$$\frac{d^2v}{dx^2} = \frac{\alpha(T_2 - T_1)}{h} \quad \textbf{(10-42)}$$

이 식은 지지점에 의해 구속받지 않은 보에 적용하는 것이며, 처짐이나 회전각은 자유롭게 일어난다. T_2가 T_1보다 클 때 곡률은 양이고 보는 아래로 볼록하게 굽으려고 한다는 점을 주목하라. 9.11절에서 논의했듯이 온도 차이로 인한 단순 보와 외팔보의 처짐과 회전각은 식 (10-42)를 이용하여 구할 수 있다. 이제 중첩법으로 부정정 보를 해석할 때 이러한 결과를 이용할 수 있다.

중첩법

중첩의 사용을 상세하게 설명하기 위해 그림 10-21a의 양단고정 보에서 온도 차이에 기인한 반력을 구해보자. 통상적인 절차대로 과잉구속의 반력을 선택하는 것으로부터 해석을 시작한다. 다른 선택이 좀 더 효율적인 계산이 되겠지만, 일반적인 해법을 설명하기 위해 반력 R_B와 반력 모멘트 M_B를 과잉구속으로 선택한다.

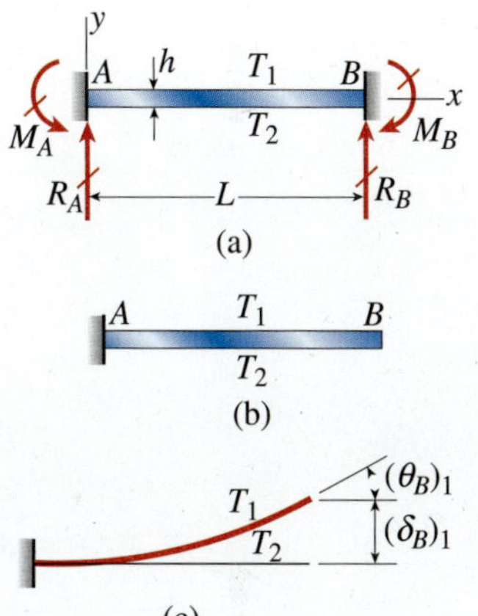

그림 10-21
(a) 온도 차이가 있는 양단고정 보, (b) 이완 구조물, (c) 이완 구조물에 대한 처짐 곡선

선택된 과잉구속에 해당하는 지지점을 제거하면 그림 10-21b와 같은 이완 구조물(외팔보)을 얻는다. 이 외팔보의 끝점 B에서 (온도 차이에 의한) 처짐과 회전각은 다음과 같다(그림 10-21c 참조).

$$(\delta_B)_1 = \frac{\alpha(T_2 - T_1)L^2}{2h} \qquad (\theta_B)_1 = \frac{\alpha(T_2 - T_1)L}{h}$$

이 식들은 앞 장의 Problem 9.11-2의 풀이로부터 얻은 것들이다. T_2가 T_1보다 크면 처짐 $(\delta_B)_1$은 위쪽 방향이고 회전각 $(\theta_B)_1$은 반시계방향임을 주목하라.

다음으로 이완 구조물(그림 10-21b)에서 과잉구속 R_B와 M_B에 의한 처짐과 회전각을 구한다. 이 값들은 표 H-1의 사례 4와 6으로부터 각각 구한다.

$$(\delta_B)_2 = \frac{R_BL^3}{3EI} \qquad (\theta_B)_2 = \frac{R_BL^2}{2EI}$$

$$(\delta_B)_3 = -\frac{M_BL^2}{2EI} \qquad (\theta_B)_3 = -\frac{M_BL}{EI}$$

이 식에서 위쪽 방향의 처짐과 반시계방향의 회전각이 (그림 10-21c에서와 같이) 양이다.

이제 지지점 B에서의 처짐과 회전각에 대한 적합 방정식을 다음과 같이 쓸 수 있다.

$$\delta_B = (\delta_B)_1 + (\delta_B)_2 + (\delta_B)_3 = 0 \quad \textbf{(10-43a)}$$

$$\theta_B = (\theta_B)_1 + (\theta_B)_2 + (\theta_B)_3 = 0 \quad \textbf{(10-43b)}$$

또는 각 항에 적절한 값을 대입하면 다음과 같다.

$$\frac{\alpha(T_2 - T_1)L^2}{2h} + \frac{R_BL^3}{3EI} - \frac{M_BL^2}{2EI} = 0 \quad \textbf{(10-43c)}$$

$$\frac{\alpha(T_2 - T_1)L}{h} + \frac{R_BL^2}{2EI} - \frac{M_BL}{EI} = 0 \quad \textbf{(10-43d)}$$

2개의 과잉구속에 대해 이 연립 방정식을 풀면 다음과 같다.

$$R_B = 0 \quad M_B = \frac{\alpha EI(T_2 - T_1)}{h}$$

R_B가 0이라는 사실은 양단고정 보의 대칭성으로부터 처음부터 예견되었던 것이다. 이 사실을 처음부터 사용했다면, 하나의 적합 방정식만 풀면 되므로 위의 풀이는 더욱 간단해졌을 것이다.

대칭성으로부터 (또는 평형방정식으로부터) 반력 R_B는 반력 R_A와 같고 모멘트 M_A는 모멘트 M_B와 같다. 따라서 그림 10-21a에 보이는 양단고정 보의 반력은 다음과 같다.

$$R_A = R_B = 0 \quad M_A = M_B = \frac{\alpha EI(T_2 - T_1)}{h} \qquad \textbf{(10-44a,b)}$$

이 결과로부터 보에 온도 차이가 있으면 보는 일정한 굽힘모멘트를 받는다는 사실을 알 수 있다.

처짐 곡선의 미분 방정식

처짐 곡선의 미분 방정식을 풀어서 그림 10-21a의 양단고정 보를 해석할 수도 있다. 보가 굽힘모멘트 M과 온도 차이 $T_2 - T_1$의 작용을 받으면, 미분 방정식은 다음과 같이 된다[식 (9-11)과 (10-42) 참조].

$$\frac{d^2v}{dx^2} = \frac{M}{EI} + \frac{\alpha(T_2 - T_1)}{h} \qquad \textbf{(10-45a)}$$

또는

$$EIv'' = M + \frac{\alpha EI(T_2 - T_1)}{h} \qquad \textbf{(10-45b)}$$

그림 10-21a의 양단고정 보에 대해 보의 굽힘모멘트에 관한 식은 다음과 같다.

$$M = R_A x - M_A \qquad \textbf{(10-46)}$$

여기서 x는 지지점 A로부터 측정한 거리이다. 이를 미분 방정식에 대입하고 적분하면 보의 기울기에 관한 다음의 식을 얻는다.

$$EIv' = \frac{R_A x^2}{2} - M_A x + \frac{\alpha EI(T_2 - T_1)x}{h} + C_1 \qquad \textbf{(10-47)}$$

기울기에 관한 2개의 경계 조건($x = 0$일 때와 $x = L$일 때 $v' = 0$)으로부터 $C_1 = 0$과 다음을 얻는다.

$$\frac{R_A L}{2} - M_A = -\frac{\alpha EI(T_2 - T_1)}{h} \qquad \textbf{(10-48)}$$

한 번 더 적분하여 보의 처짐을 구한다.

$$EIv = \frac{R_A x^3}{6} - \frac{M_A x^2}{2} + \frac{\alpha EI(T_2 - T_1)x^2}{2h} + C_2 \qquad \textbf{(10-49)}$$

처짐에 관한 경계 조건($x = 0$일 때와 $x = L$일 때 $v = 0$)으로부터 $C_2 = 0$과 다음을 얻는다.

$$\frac{R_A L}{3} - M_A = -\frac{\alpha EI(T_2 - T_1)}{h} \qquad \textbf{(10-50)}$$

식 (10-48)과 (10-50)을 연립하여 풀면 다음을 구할 수 있다.

$$R_A = 0 \quad M_A = \frac{\alpha EI(T_2 - T_1)}{h}$$

보의 평형으로부터 $R_B = 0$과 $M_B = M_A$라는 사실을 알 수 있다. 따라서 이 결과는 중첩법으로 풀었던 결과와 일치한다[식 (10-44a, b) 참조].

적분법에 의한 일반적인 해법을 설명하기 위해 대칭성이라는 이점을 취하지 않고 앞의 풀이를 수행했다는 점에 유의하라.

보의 반력을 구했으므로 전단력, 굽힘모멘트, 기울기와 처짐을 구할 수 있다. 그 결과는 놀라울 만큼 간단하다.

예제 10-7

그림 10-22
예제 10-7: 온도 차이가 있는 두 구간 보

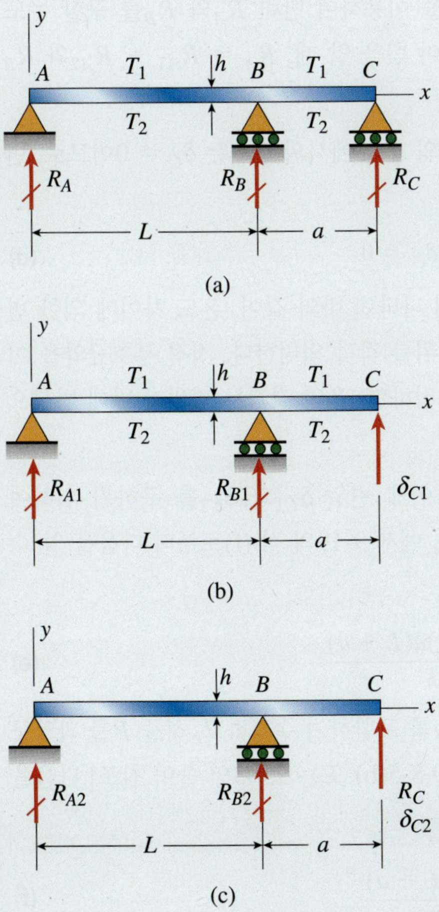

(a)

(b)

(c)

그림 10-22에 나타낸 바와 같이 두 구간으로 이루어진 보 ABC는 점 A에서 핀지지되어 있고 점 B에서 롤러지지되어 있다. 점 C에서는 롤러지지되어 있거나 탄성 스프링(스프링 상수 k)으로 지지되어 있다. 이 보의 높이는 h이며, 보의 위쪽 온도는 T_1, 아래쪽 온도는 T_2로 온도 차이가 있다(그림 10-22a와 b 참조). 여기에서 탄성 스프링은 온도 변화에 의한 영향을 받지 않는다고 가정한다.

(a) 지지점 C가 롤러지지로 되어 있는 경우, **중첩법**을 이용하여 모든 지지점에서의 반력을 구하라.

(b) 지지점 C가 **탄성 스프링으로 지지**되어 있는 경우, 모든 지지점에서의 반력을 구하라. 또한 점 C에서의 변위를 계산하라.

풀이

문제풀이 4단계 접근방법을 사용한다.

Part (a): 점 C에서 롤러지지

1. 개념화:

점 C에서 롤러지지: 이 보(그림 10-22a)는 1차 부정정이다(예제 10-3의 풀이 참조). 반력 R_C를 과잉구속으로 선택한다면, 예제 9-5(점 C에 집중 하중이 가해진 경우)와 9-19(온도 차이가 있는 경우)의 결과를 (지지점 C를 제거하여) 이완 구조물로 활용할 수 있다. 여기에서 답을 구하기 위하여 **하중법** 또는 **유연도법**으로 알려진 중첩법을 이용한다.

2. 분류:

중첩법: 중첩의 과정은 그림 10-22b와 그림 10-22c에 나타나 있

는데, 과잉구속 R_C를 제거함으로써 이완 (또는 정정) 구조물을 얻었다. 먼저 "실제 하중"[여기에서 온도차이 $(T_2 - T_1)$]을 작용시키고, 다음으로 두 번째 이완 구조물에 하중으로서 과잉구속 R_C를 작용시킨다.

3. 해석:

평형방정식: 그림 10-22a에 나타낸 y방향의 힘을 (양의 y방향으로 작용하는 힘을 양으로 하는 정적 부호규약을 사용하여) 더하면, 다음과 같다.

$$R_A + R_B = -R_C \tag{a}$$

점 B에서의 모멘트를 (반시계방향을 양으로 하는 정적 부호규약을 사용하여) 더하면, 다음과 같다.

$$-R_A L + R_C a = 0$$

그러므로 다음을 얻을 수 있다.

$$R_A = \left(\frac{a}{L}\right) R_C \tag{b}$$

이 식을 다시 식 (a)에 대입하면 다음을 얻을 수 있다.

$$R_B = -R_C - \left(\frac{a}{L}\right) R_C = -R_C\left(1 + \frac{a}{L}\right) \tag{c}$$

(그림 10-22b와 c에 나타낸 반력의 중첩을 이용하여 반력 R_A와 R_B를 구할 수도 있음을 유의하라. R_{A1}와 R_{B1}가 0이 되어야 함을 알 때, $R_A = R_{A1} + R_{A2}$와 $R_B = R_{B1} + R_{B2}$.)

적합 방정식: 실제 구조물(그림 10-22a)의 점 C에서의 변위는 $\delta_C = 0$이므로, 변위의 적합 방정식은 다음과 같다.

$$\delta_{C1} + \delta_{C2} = \delta_C = 0 \tag{d}$$

여기에서 δ_{C1}과 δ_{C2}는 그림 10-22b와 c에 나타낸 바와 같이, 온도 차이에 의한 변위와 과잉구속의 힘 R_C의 작용에 의한 변위를 각각 의미한다. 정적 부호규약을 이용하여 δ_{C1}과 δ_{C2}를 양(위쪽 방향)으로 가정하면, 음의 결과는 변위가 반대 방향으로 되어야 함을 의미한다.

힘-변위 관계식과 온도-변위 관계식: 이제 변위 δ_{C1}과 δ_{C2}를 구하기 위하여 예제 9-5와 9-19의 결과를 이용한다. 먼저, 예제 9-19의 식 (f)로부터 다음을 알 수 있다.

$$\delta_{C1} = \frac{\alpha(T_2 - T_1)a(L + a)}{2h} \tag{e}$$

식 (9-55)로부터[부재 BC의 길이를 변수 a를 포함하여 수정하고, 하중 P를 과잉구속의 힘 R_C로 대체함으로써—Problems 9.8-5(b) 또는 9.9-3의 풀이 참조] 다음을 얻는다.

$$\delta_{C2} = \frac{R_C a^2 (L + a)}{3EI} \tag{f}$$

반력: 식 (e)와 (f)를 식 (d)에 대입하면, 다음과 같이 반력 R_C를 구할 수 있다.

$$\frac{\alpha(T_2 - T_1)}{2h}(a)(L + a) + \frac{R_C a^2(L + a)}{3EI} = 0$$

따라서

$$R_C = \frac{-3EI\alpha(T_2 - T_1)}{2ah} \qquad \textbf{(g)}$$

여기에서 [양의 온도 차이 $(T_2 - T_1)$에 대하여] 음의 결과는 반력 R_C가 아래쪽을 향하고 있다는 것을 나타낸다. 이러한 반력 R_C에 대한 결과를 식 (b)와 (c)에 대입하면 반력 R_A와 R_B를 구할 수 있다.

$$R_A = \left(\frac{a}{L}\right)R_C = \left(\frac{a}{L}\right)\left[\frac{-3EI\alpha(T_2 - T_1)}{2ah}\right] = \frac{-3EI\alpha(T_2 - T_1)}{2Lh} \qquad \textbf{(h)}$$

$$R_B = -R_C\left(1 + \frac{a}{L}\right) = \frac{3EI\alpha(T_2 - T_1)}{2ah}\left(1 + \frac{a}{L}\right)$$
$$= \frac{3EI\alpha(T_2 - T_1)(L + a)}{2Lah} \qquad \textbf{(i)}$$

여기에서 R_A는 아래쪽으로 작용하고 R_B는 위쪽으로 작용한다.

4. 최종 단계:

수치 예제: 예제 9-19에서 보 ABC가 길이 $L = 9.0$ m, 돌출부의 길이 $a = L/2$인 연강의 넓은 플렌지 HE 700B(표 F-1 참조)라고 가정하여 온도 차이$(T_2 - T_1)$ = 3ºC에 의해 발생하는 점 C에서의 위쪽 방향 변위를 계산할 수 있었다[예제 9-19의 식 (h) 참조]. 표 I-4로부터 구조용 강의 열팽창 계수는 $\alpha = 12 \times 10^{-6}$/°C이다. 연강의 탄성 계수는 210 GPa이다. 이제 식 (g), (h), (i)를 이용하여 반력 R_A, R_C에 대한 수치값을 구할 수 있다.

$$R_A = \frac{-3EI\alpha(T_2 - T_1)}{2Lh} = \frac{-3(210\text{ GPa})(256900\text{ cm}^4)(12 \times 10^{-6})(3)}{2(9\text{ m})(700\text{ mm})}$$
$$= -4.62\text{ kN (아래쪽 방향)}$$

$$R_B = \frac{3EI\alpha(T_2 - T_1)(L + a)}{2Lah}$$
$$= \frac{3(210\text{ GPa})(256900\text{ cm}^4)(12 \times 10^{-6})(3)(9\text{ m} + 4.5\text{ m})}{2(9\text{ m})(4.5\text{ m})(700\text{ mm})}$$
$$= 13.87\text{ kN (위쪽 방향)}$$

$$R_C = \frac{-3EL\alpha(T_2 - T_1)}{2ah} = \frac{-3(210\text{ GPa})(256900\text{ cm}^4)(12 \times 10^{-6})(3)}{2(4.5\text{ m})\ 700\text{ mm}}$$
$$= -9.25\text{ kN (아래쪽 방향)}$$

평형을 이루기 위해 요구되는 것과 같이 반력의 총합은 0이 된다는 것을 유의하라.

Part (b): 점 C에서 탄성 스프링 지지

1. 개념화:

점 C에서 스프링 지지: 다시 한번 반력 R_C를 과잉구속으로 선택한다. 그러나 여기에서 R_C는 탄성 스프링 지지점의 아랫부분에 작용한다. 과잉구속의 반력 R_C가 두 번째 이완 구조물에 작용할 때 먼저 스프링이 압축될 것이고, 다음으로 보의 점 C에 작용하여 위쪽 방향의 처짐을 유발할 것이다.

그림 10-23

예제 10-7: 온도 차이와 탄성 지지점이 있는 두 구간 보

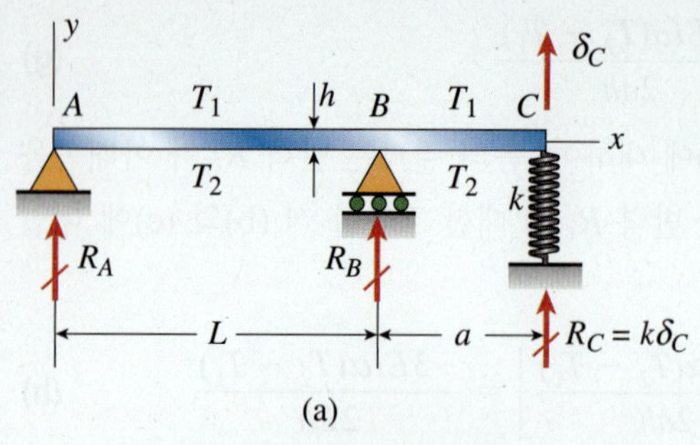

(a)

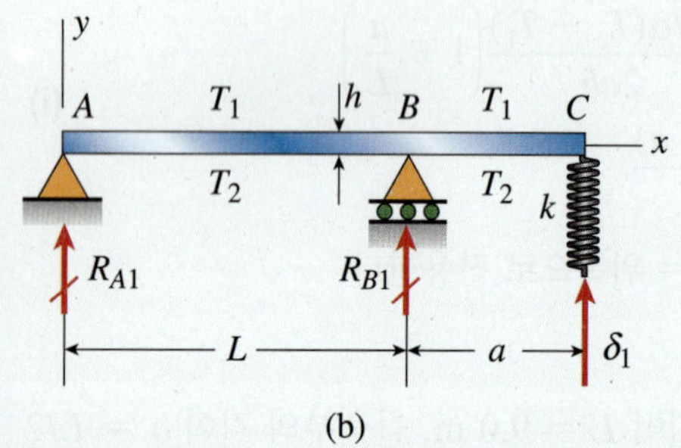

(b)

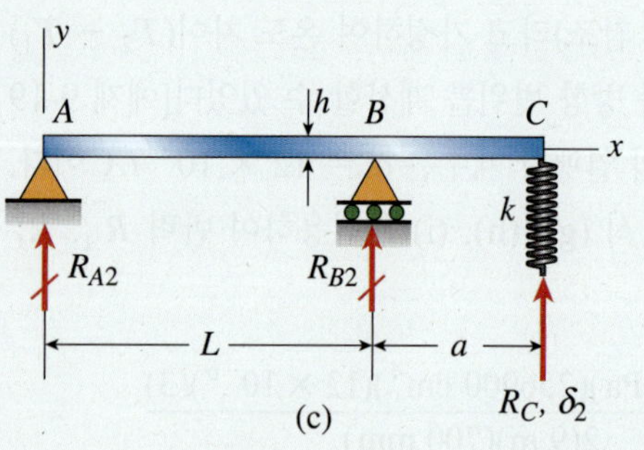

(c)

2. 분류:

중첩법: 중첩에 의한 풀이법(즉, 하중법 또는 유연도법)은 이전과 동일한 절차를 따르며, 이는 그림 10-23에 나타나 있다.

3. 해석:

평형방정식: 점 C에서의 스프링 지지가 추가되었지만, 식 (a), (b), (c)로 주어진 정적 평형에 대한 표현은 바뀌지 않는다.

적합 방정식: 이제 (점 C에서 보와 붙어 있는 스프링의 윗부분이 아니라) 스프링의 아랫부분에 대해서 적합 방정식을 세울 수 있다. 그림 10-23으로부터 변위의 적합성은 다음과 같음을 알 수 있다.

$$\delta_1 + \delta_2 = \delta = 0 \tag{j}$$

힘-변위 관계식과 온도-변위 관계식: 스프링이 온도 변화에 의한 영향을 받지 않는다고 가정하면, 스프링의 위쪽 부분과 아랫부분은 그림 10-23b과 같이 함께 움직인다. 즉, 식 (e)가 여전히 성립하며 $\delta_1 = \delta_{C1}$이 된다는 것을 의미한다. 그러나 δ_2에 대한 표현식에는 다음과 같이 스프링의 압축이 포함되어야 한다.

$$\delta_2 = \frac{R_C}{k} + \delta_{C2} = \frac{R_C}{k} + \frac{R_C a^2(L+a)}{3EI} \tag{k}$$

여기에서 δ_{C2}는 식 (f)로부터 주어진다.

반력: 이제 식 (e)와 식 (k)를 적합 방정식에 해당하는 식 (j)에 대입하면 다음과 같이 과잉구속 R_C에 대해 풀 수 있다.

$$\frac{\alpha(T_2 - T_1)}{2h}(a)(L+a) + \frac{R_C a^2(L+a)}{3EI} + \frac{R_C}{k} = 0$$

따라서

$$R_C = \frac{-a\alpha(T_2 - T_1)(L+a)}{2h\left[\dfrac{1}{k} + \dfrac{a^2(L+a)}{3EI}\right]} \tag{l}$$

정적 평형식[식 (b), (c)]으로부터 A와 B에서의 반력을 다음과 같이 구할 수 있다.

$$R_A = \left(\frac{a}{L}\right)R_C = \frac{-a\alpha(T_2 - T_1)a(L+a)}{2Lh\left[\dfrac{1}{k} + \dfrac{a^2(L+a)}{3EI}\right]} \tag{m}$$

$$R_B = -R_C\left(1 + \frac{a}{L}\right) = \frac{a\alpha(T_2 - T_1)(L+a)^2}{2Lh\left[\dfrac{1}{k} + \dfrac{a^2(L+a)}{3EI}\right]} \tag{n}$$

4. 최종 단계: 위에서와 마찬가지로 [양의 $(T_2 - T_1)$에 대하여] R_A, R_C에 대한 음의 부호는 반력이 아래쪽으로 작용하는 것을 나타낸다. 반면에 R_B는 위쪽으로 작용한다. 마지막으로, 스프링 상수 k가 무한대인 경우에 지지점 C는 결국 그림

10-22의 롤러지지와 같아지는 것을 알 수 있다. 이때 식 (l), (m), (n)은 식 (g), (h), (i)와 같이 간단하게 표현된다.

*10.6 보 끝에서의 길이방향 변위

보가 횡하중에 의해 굽을 때 보의 양 끝은 서로 더 가까워지는 쪽으로 움직인다. 이 길이방향의 변위들은 실제적으로 무시되는데, 대개는 보의 거동에 의미 있는 영향을 주지 않기 때문이다. 이 절에서는 이러한 변위를 계산하는 방법을 논의하고, 그 변위가 중요한지 또는 그렇지 않은지 판단한다.

한쪽 끝은 핀으로 지지되어 있고 다른 쪽 끝은 길이방향으로 자유롭게 변위할 수 있는 단순 보 AB를 생각해보자(그림 10-24a). 이 보가 횡하중에 의해 굽으면 처짐 곡선은 그림 10-24b와 같은 모양을 하게 된다. 보의 끝점 B에서는 가로 방향 처짐뿐만 아니라 길이방향 변위를 수반한다. 끝점 B는 점 B에서 B'로 작은 거리 λ만큼 수평으로 움직이는데, 이 거리를 보의 **곡률수축(curvature shortening)**이라 한다.

이 명칭이 시사하는 바와 같이, 곡률수축은 보의 축선이 굽어서 생기는 것이며, 인장 또는 압축력으로 인한 축 방향 변형률 때문에 생기는 것은 아니다. 그림 10-24b와 같이, 곡률수축은 직선 보의 초기 길이 L과 굽은 보의 현 AB'의 길이 사이의 차이이다. 물론 이 그림에서는 가로 방향 처짐과 곡률수축 둘 다 매우 크게 확대되었다.

곡률수축

곡률수축을 구하기 위해서 보의 굽은 축선을 따라 측정한 미소 길이 요소 ds를 고려하는 것부터 시작한다(그림 10-24b). 이 미소 요소를 수평축에 투영하면 그 길이는 dx이다. 미소 요소의 길이와 수평투영 길이 사이의 관계는 피타고라스 정리를 사용하여 얻을 수 있다.

$$(ds)^2 = (dx)^2 + (dv)^2$$

여기서 dv는 거리 dx만큼 이동할 때 보의 처짐 v의 증분이다. 따라서

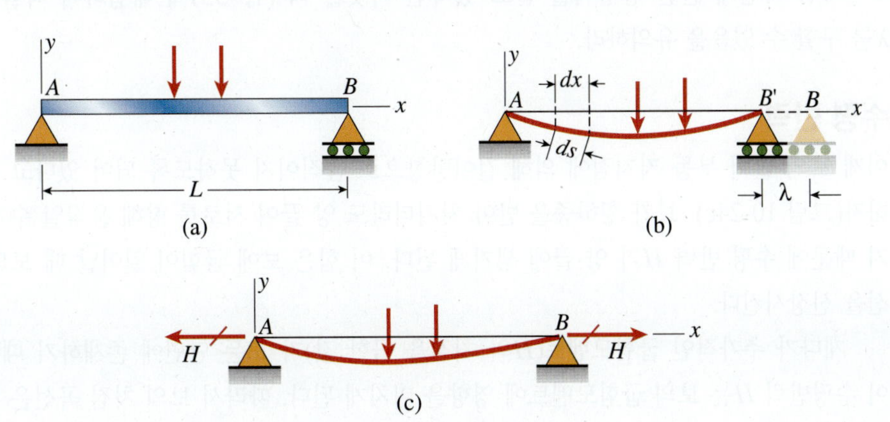

그림 10-24
(a) 횡하중을 받는 단순 보, (b) 보 끝에서의 수평변위 λ, (c) 부동 지지점을 가진 보에서의 수평 반력 H

$$ds = \sqrt{(dx)^2 + (dv)^2} = dx\sqrt{1 + \left(\frac{dv}{dx}\right)^2} \tag{10-51a}$$

미소 요소의 길이와 수평축 투영 길이 사이의 차이는 다음과 같다.

$$ds - dx = dx\sqrt{1 + \left(\frac{dv}{dx}\right)^2} - dx = dx\left[\sqrt{1 + \left(\frac{dv}{dx}\right)^2} - 1\right] \tag{10-51b}$$

이제 다음의 이항 급수를 도입한다(부록 C 참조).

$$\sqrt{1+t} = 1 + \frac{t}{2} - \frac{t^2}{8} + \frac{t^3}{16} - \cdots \tag{10-52}$$

이 식은 t가 수치적으로 1보다 작을 때 수렴한다. 만약 t가 1에 비해 매우 작다면 t^2, t^3 등의 고차항은 처음 두 항에 비해 무시할 수 있다. 따라서 다음 식을 얻을 수 있다.

$$\sqrt{1+t} \approx 1 + \frac{t}{2} \tag{10-53}$$

식 (10-51b)에 있는 $(dv/dx)^2$의 항은 보통 1에 비해 매우 작다. 그러므로 식 (10-53)을 사용할 수 있고 여기에 $t = (dv/dx)^2$을 대입하여 식 (10-51b)를 다시 쓰면 다음과 같다.

$$ds - dx = dx\left[1 + \frac{1}{2}\left(\frac{dv}{dx}\right)^2 - 1\right] = \frac{1}{2}\left(\frac{dv}{dx}\right)^2 dx \tag{10-54}$$

이 식의 양변을 보의 전 길이에 걸쳐 적분하면, 보의 길이와 현 AB'의 길이 사이의 차이 (그림 10-24b)에 관한 식을 얻는다.

$$L - \overline{AB'} = \int_0^L \frac{1}{2}\left(\frac{dv}{dx}\right)^2 dx$$

따라서 곡률수축은 다음과 같다.

$$\lambda = \frac{1}{2}\int_0^L \left(\frac{dv}{dx}\right)^2 dx \tag{10-55}$$

이 식은 처짐과 기울기가 작을 때만 유효하다.

처짐 곡선에 관한 방정식을 알고 있다면 이것을 식 (10-55)에 대입하여 곡률수축 λ를 구할 수 있음을 유의하라.

수평 반력

이제 보의 끝이 부동 지지점에 의해 길이방향으로 움직이지 못하도록 되어 있다고 가정하자(그림 10-24c). 보가 횡하중을 받아 처지더라도 양 끝이 서로를 향해 움직일 수가 없기 때문에 수평 반력 H가 양 끝에 생기게 된다. 이 힘은 보에 굽힘이 일어날 때 보의 축선을 신장시킨다.

게다가 추가적인 굽힘모멘트(H와 처짐을 곱한 값)가 모든 단면에 존재하기 때문에 이 수평반력 H는 보의 굽힘모멘트에 영향을 미치게 된다. 따라서 보의 처짐 곡선은 횡하중뿐만 아니라 이 반력 H에도 영향을 받는다. 결국 그 반력은 식 (10-55)에 보인 바와 같이 처짐 곡선의 형상에 의존하게 된다.

이 복잡한 문제를 정확하게 해석하려는 시도보다는 수평 반력의 중요성을 확인하기 위해 수평 반력 H에 대한 근사적인 식을 구해보자. 이를 위해 처짐 곡선에 관한 합리적인 근사식을 사용한다. 양단이 핀으로 연결된 보가 아래 방향의 하중을 받는 경우(그림 10-24c), 처짐 곡선의 좋은 근사식은 다음과 같은 포물선이다.

$$v = -\frac{4\delta x(L - x)}{L^2} \tag{10-56}$$

여기서 δ는 보의 중간점에서 아래 방향의 처짐이다. [식 (10-56)은 부록 H에서 표 H-2의 사례 10, **단순지지 보의 순수 굽힘**에 대한 식을 이용해서도 얻을 수 있음을 유의하라.] 이렇게 가정된 처짐 모양에 상응하는 곡률수축 λ는 식 (10-55)에 처짐 v에 관한 위의 식을 대입하고 적분하여 구할 수 있는데, 그 결과는 다음과 같다.

$$\lambda = \frac{8\delta^2}{3L} \tag{10-57}$$

보를 이 값만큼 늘어나게 하는 데 필요한 수평력 H는 다음과 같다[식 (2-1a)와 (2-4a) 참조].

$$H = \frac{EA\lambda}{L} = \frac{8EA\delta^2}{3L^2} \tag{10-58}$$

여기서 EA는 보의 축 방향 강성계수이다. 이에 상응하는 보의 축 방향 인장응력은 다음과 같다.

$$\sigma_t = \frac{H}{A} = \frac{8E\delta^2}{3L^2} \tag{10-59}$$

이 식은 단순 보의 부동 지지점에 의해 생기는 인장응력을 상당히 정확하게 추정한다.

일반적인 유의사항

이제 곡률수축의 중요성을 평가하기 위해 수치값을 대입해보자. 보의 중간점 처짐 δ는 통상적으로 보의 길이에 비해 매우 작은데, 예를 들면 비율 δ/L이 1/500이거나 이보다 더 작을 것이다. 이 값을 사용하고 재료는 연강(E = 200 GPa)이라고 가정하면, 식 (10-59)로부터 인장응력은 불과 2.1 MPa임을 알 수 있다. 연강의 허용 인장응력은 전형적으로 100 MPa이거나 그 이상이므로, 수평방향의 힘 H에 의한 축 방향 응력은 보에서 보통의 사용 응력과 비교해볼 때 무시해도 좋다는 사실이 명백해진다.

게다가 식 (10-55)를 유도할 때 보의 양단이 수평변위가 일어나지 않도록 단단하게 잡혀 있다고 가정했는데, 이것은 물리적으로 가능한 일이 아니다. 실제로는 작은 수평변위가 항상 발생하고, 따라서 식 (10-59)로 계산한 축 방향 응력보다 실제 응력은 감소한다.[1)]

앞의 논의에 근거하면, (실제 구조에 관계없이) 길이방향의 구속 효과를 무시하고 보의 한쪽 끝이 롤러지지점 위에 있다고 가정하는 통상적인 해법은 타당하다. 길이방향 구

1) 부동 지지점을 가진 보에 대한 좀 더 완벽한 해석은 참고문헌 10-1을 참조하라.

속의 강성 증가 효과는 보가 매우 길고 가늘며 큰 하중을 지지하고 있을 때만 의미가 있다. 이러한 거동을 때때로 “줄 작용(string action)”이라고 부르는데, 왜냐하면 하중을 지지하는 케이블이나 줄의 작용과 유사하기 때문이다.

이 장의 요약 및 복습

10장에서는 집중 하중 및 자중과 같은 분포 하중을 받는 부정정 보의 거동에 대해 논의했고, 온도 효과와 곡률수축에 의한 길이방향의 변위도 고려했다. 여기에서 두 가지 해법을 제시했는데, (1) 탄성 곡선 방정식의 **적분**과 (2) **중첩**에 기초한 더욱 일반적인 해법이 그것이다. 중첩법에서는 추가적인 방정식을 얻기 위한 **적합** 방정식과 **힘-변위 관계식**을 정역학에서 구한 **평형**방정식과 함께 사용했다. 문제 풀이에 필요한 추가적인 방정식의 수는 구조물의 **부정정 차수**에 따라 달라진다. 중첩법의 적용 범위는 선형 탄성 재료로 만들어진 구조물로 제한된다. 이 장에서 살펴본 중요한 개념은 다음과 같다.

1. 받침 외팔보, 양단고정 보, 연속 보와 같은 다양한 형태의 부정정 보 구조물에 대해 논의했다. 각 형태에 대한 **부정정 차수**를 결정했고, 각각의 경우에서 충분한 수의 **과잉구속** 반력들을 제거함으로써 **이완** 구조물을 정의했다.

2. 이완 구조물은 정정이어야 하고 작용하는 하중에 대해 **안정**해야 한다. 이완 구조물을 만들기 위해서 축방향 힘, 전단력, 그리고 모멘트에 대한 **내부 이완점**을 삽입할 수도 있다.

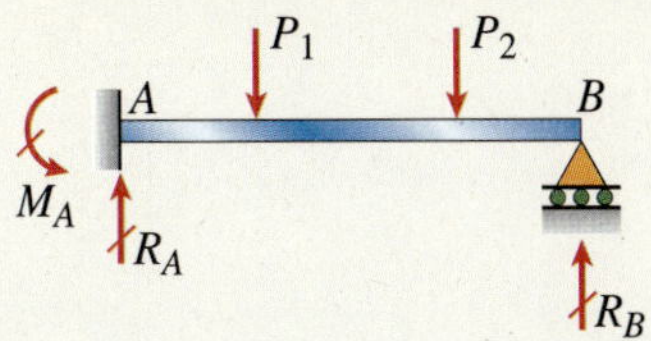

3. 단순 부정정 보 구조물에 대하여 **탄성 곡선의 미분 방정식**은 각각 모멘트, 전단력, 분포 하중의 항으로 2계, 3계, 4계 미분 방정식으로 나타낼 수 있다. 경계 조건과 기타 조건을 적용함으로써 적분 상수와 과잉구속 반력을 구할 수 있다.

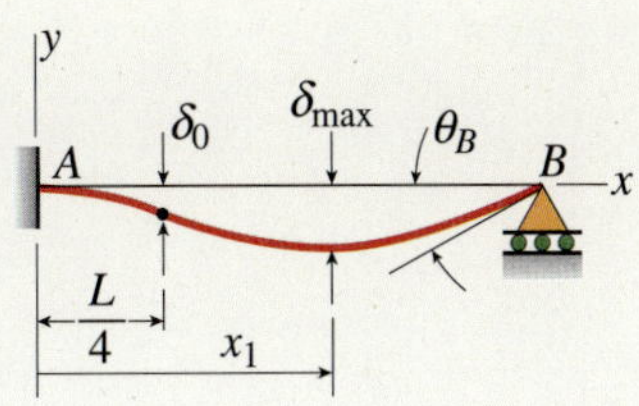

4. 좀 더 복잡한 보와 다른 형태의 구조물에 사용할 수 있는 더욱 일반적인 해법은 **중첩법**이다(**하중**법 혹은 **유연도**법이라고도 함). 여기서는 변위의 **적합성**을 나타내고 보에 대하여 적절한 **힘-변위 관계식**을 이용하는 추가적인 방정식이 **평형**방정식을 보완하기 위하여 사용된다.

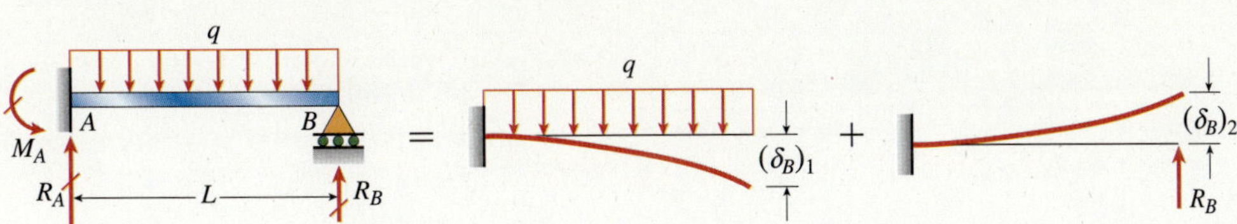

5. 대부분의 경우에 과잉구속 반력의 선택에 따라 동일한 해를 구할 수 있는 다양한 방법이 있다.

6. **온도 변화**의 차이와 **길이방향**의 변위는 부정정 보에서만 반력을 유발한다. 만약 보가 정정이면, 절점 변위는 생기지만 이 효과에 의해 내부의 힘은 생기지 않는다.

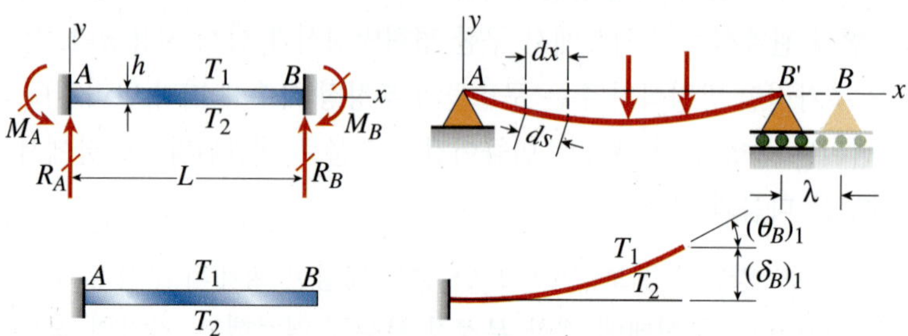

PROBLEMS Chapter 10

10.3 Differential Equations of the Deflection Curve

Solve the problems for Section 10.3 by integrating the differential equations of the deflection curve. All beams have constant flexural rigidity EI. When drawing shear-force and bending-moment diagrams, label all critical ordinates, including maximum and minimum values.

Introductory Problems

10.3-1 A propped cantilever steel beam is constructed from an IPN 300 section. The beam is loaded by its self-weight with intensity q. The length of the beam is 3.5 m. Let $E = 205$ GPa.

(a) Calculate the reactions at joints A and B.

(b) Find the location of zero moment within span AB.

(c) Calculate the maximum deflection of the beam and the rotation at joint B.

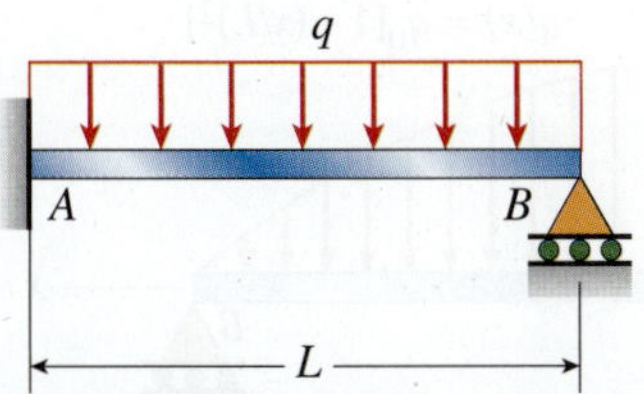

PROBLEM 10.3-1

10.3-2 A fixed-end beam is subjected to a point load at mid-span. The beam has a rectangular cross section (assume that the h/b ratio is 2) and is made of wood ($E = 11$GPa).

(a) Find height h of the cross section if the maximum displacement of the beam is 2 mm.

(b) Calculate the displacement of the beam at the inflection points.

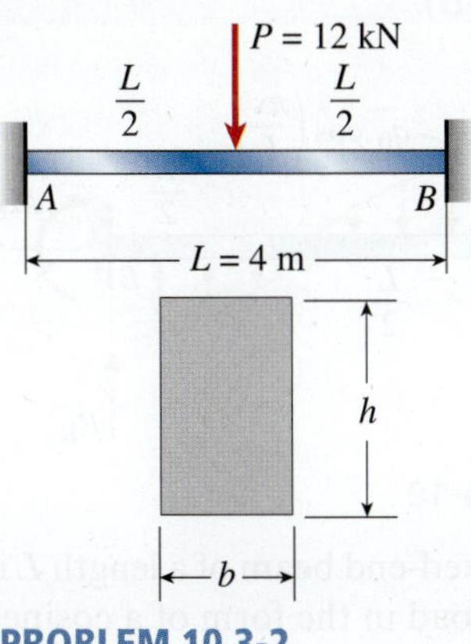

PROBLEM 10.3-2

10.3-3 A propped cantilever beam AB of a length L is loaded by a counterclockwise moment M_0 acting at support B (see figure).

Beginning with the second-order differential equation of the deflection curve (the bending-moment equation), obtain the reactions, shear forces, bending moments, slopes, and deflections of the beam. Construct the shear-force and bending-moment diagrams, labeling all critical ordinates.

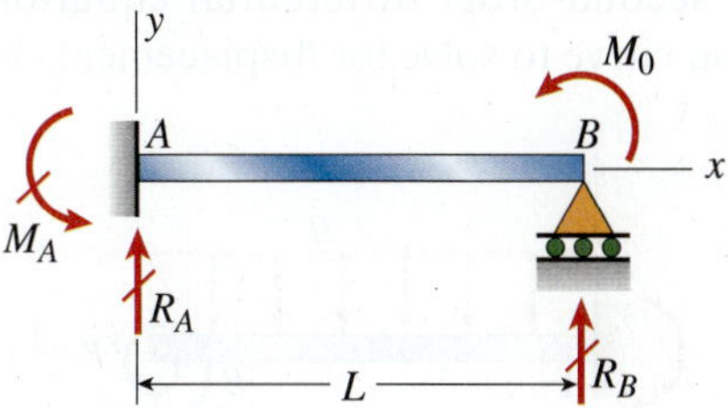

PROBLEM 10.3-3

10.3-4 A fixed-end beam AB of a length L supports a uniform load of intensity q (see figure).

Beginning with the second-order differential equation of the deflection curve (the bending-moment equation), obtain the reactions, shear forces, bending moments, slopes, and deflections of the beam. Construct the shear-force and bending-moment diagrams, labeling all critical ordinates.

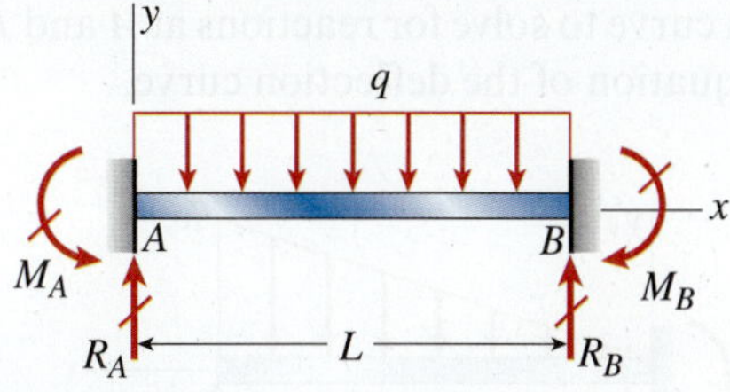

PROBLEM 10.3-4

Representative Problems

10.3-5 A cantilever beam AB of a length L has a fixed support at A and a roller support at B (see figure). The support at B is moved downward through a distance δ_B

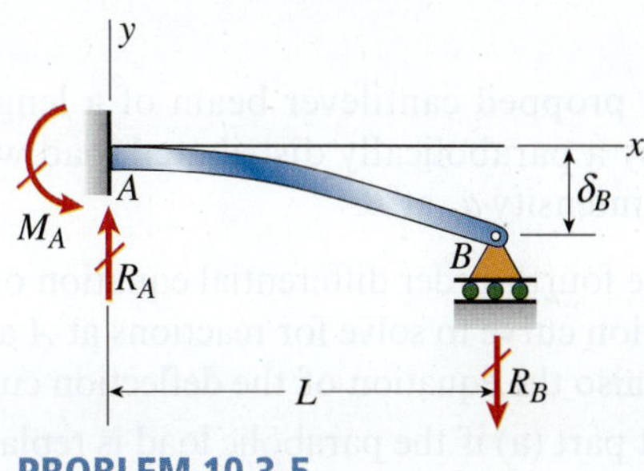

PROBLEM 10.3-5

Using the fourth-order differential equation of the deflection curve (the load equation), determine the reactions of the beam and the equation of the deflection curve. *Note:* Express all results in terms of the imposed displacement δ_B.

10.3-6 A cantilever beam of a length L and loaded by a uniform load of intensity q has a fixed support at A and spring support at B with rotational stiffness k_R. A rotation θ_B at B results in a reaction moment $M_B = k_R \times \theta_B$.

Find rotation θ_B and displacement δ_B at end B. Use the second-order differential equation of the deflection curve to solve for displacements at end B.

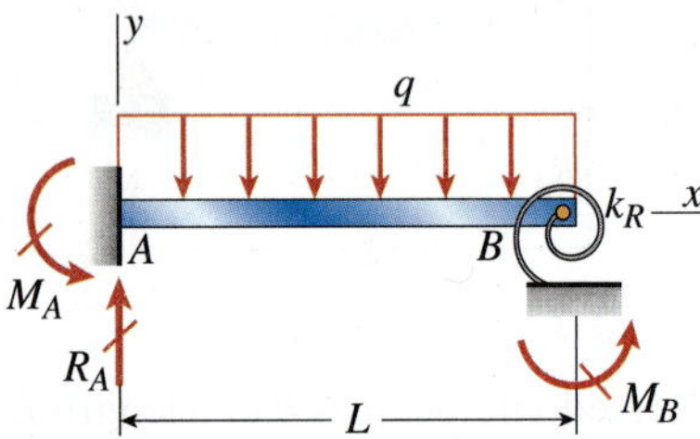

PROBLEM 10.3-6

10.3-7 A cantilever beam has a length L and is loaded by a triangularly distributed load of maximum intensity q_0 at B.

Use the fourth-order differential equation of the deflection curve to solve for reactions at A and B and also the equation of the deflection curve.

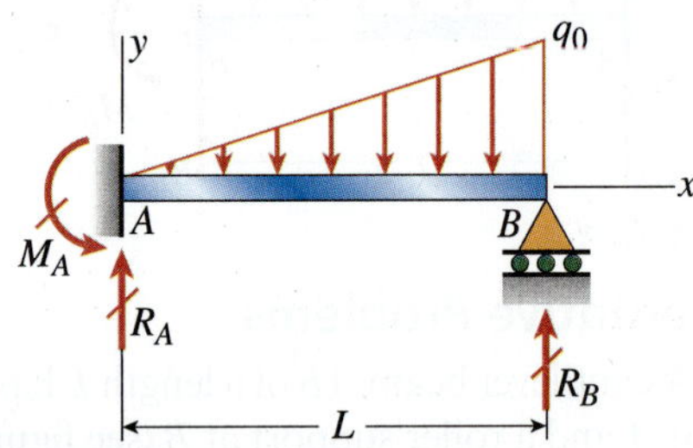

PROBLEM 10.3-7

10.3-8 A propped cantilever beam of a length L is loaded by a parabolically distributed load with a maximum intensity q_0 at B.

(a) Use the fourth-order differential equation of the deflection curve to solve for reactions at A and B and also the equation of the deflection curve.

(b) Repeat part (a) if the parabolic load is replaced by $q_0 \sin(\pi x / 2L)$.

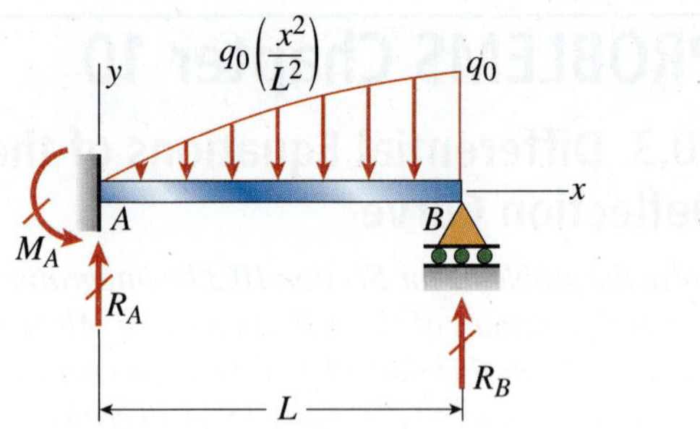

PROBLEM 10.3-8

10.3-9 A propped cantilever beam of a length L is loaded by a parabolically distributed load with a maximum intensity q_0 at A.

(a) Use the fourth-order differential equation of the deflection curve to solve for reactions at A and B and also the equation of the deflection curve.

(b) Repeat part (a) if the parabolic load is replaced by $q_0 \cos(\pi x / 2L)$.

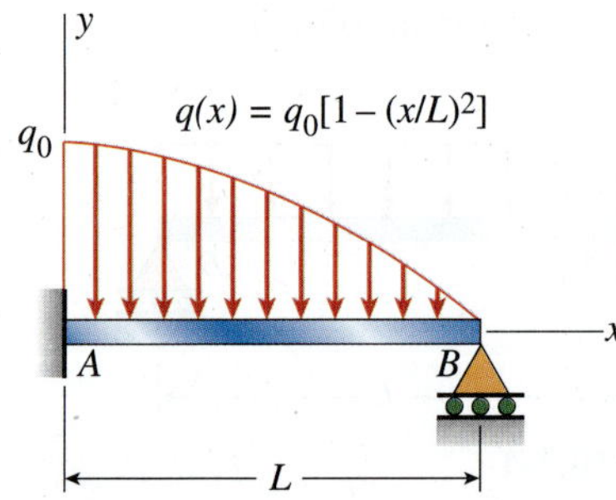

PROBLEM 10.3-9

10.3-10 A fixed-end beam of a length L is loaded by a distributed load in the form of a cosine curve with a maximum intensity q_0 at A.

(a) Use the fourth-order differential equation of the deflection curve to solve for reactions at A and B and also the equation of the deflection curve.

(b) Repeat part (a) using the distributed load $q_0 \sin(\pi x / L)$.

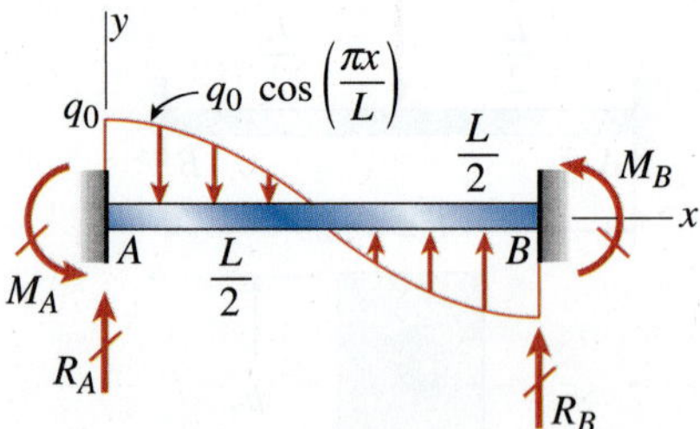

PROBLEM 10.3-10

10.3-11 A fixed-end beam of a length L is loaded by a distributed load in the form of a cosine curve with a maximum intensity q_0 at A

(a) Use the fourth-order differential equation of the deflection curve to solve for reactions at A and B and also the equation of the deflection curve.

(b) Repeat part (a) if the distributed load is now $q_0(1 - x^2/L^2)$.

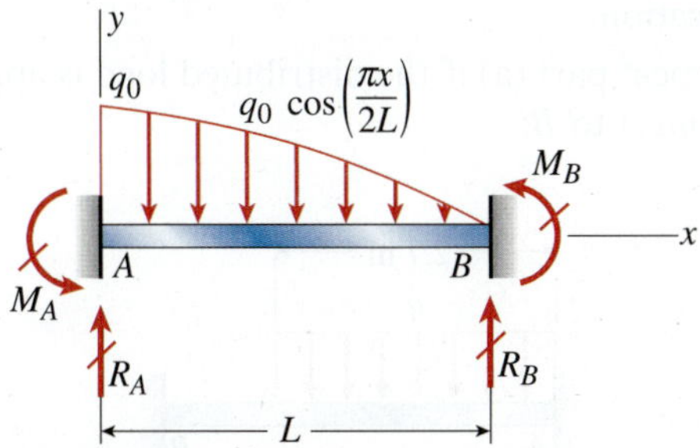

PROBLEM 10.3-11

10.3-12 A fixed-end beam of a length L is loaded by triangularly distributed load of a maximum intensity q_0 at B.

Use the fourth-order differential equation of the deflection curve to solve for reactions at A and B and also the equation of the deflection curve.

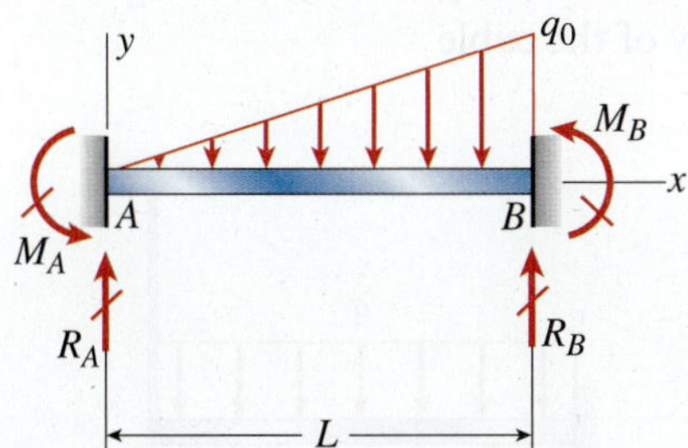

PROBLEM 10.3-12

10.3-13 A counterclockwise moment M_0 acts at the midpoint of a fixed-end beam ACB of length L (see figure).

Beginning with the second-order differential equation of the deflection curve (the bending-moment equation), determine all reactions of the beam and obtain the equation of the deflection curve for the left-hand half of the beam.

Then construct the shear-force and bending-moment diagrams for the entire beam, labeling all critical ordinates. Also, draw the deflection curve for the entire beam.

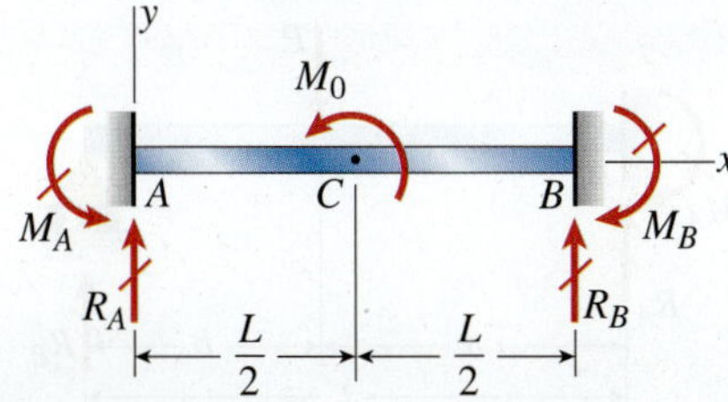

PROBLEM 10.3-13

10.3-14 A propped cantilever beam of a length L is loaded by a concentrated moment M_0 at midpoint C. Use the second-order differential equation of the deflection curve to solve for reactions at A and B. Draw shear-force and bending-moment diagrams for the entire beam. Also find the equations of the deflection curves for both halves of the beam, and draw the deflection curve for the entire beam.

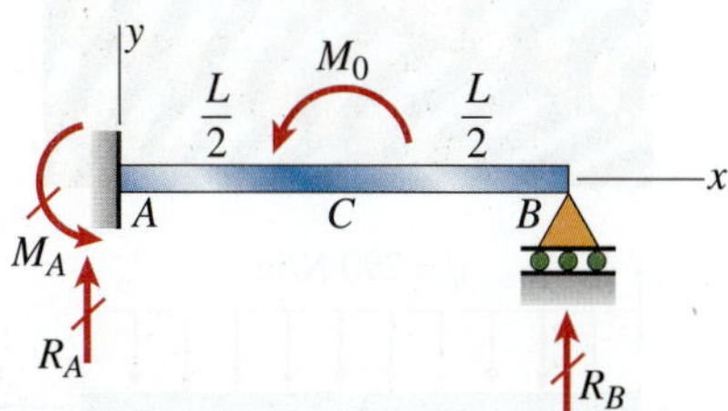

PROBLEM 10.3-14

10.3-15 A propped cantilever beam is subjected to uniform load q. The beam has flexural rigidity $EI = 2973 \text{ kN}\cdot\text{m}^2$ and the length of the beam is 4 m. Find the intensity q of the distributed load if the maximum displacement of the beam is $\delta_{max} = 4$ mm.

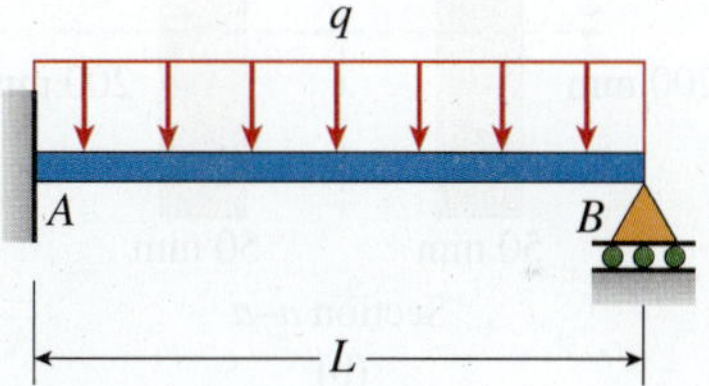

PROBLEMS 10.3-15 and 10.3-16

10.3-16 Repeat Problem 10.3-15 using $L = 3.5$ m, $\delta_{max} = 3$ mm, and $EI = 800 \text{ kN}\cdot\text{m}^2$.

10.4 Method of Superposition

Solve the problems for Section 10.4 by the method of superposition. All beams have constant flexural rigidity EI unless otherwise stated. When drawing shear-force and bending-moment diagrams, label all critical ordinates, including maximum and minimum values.

Introductory Problems

10.4-1 A two-span, continuous wood girder ($E = 12$ GPa) supports a roof patio structure (figure part a). A uniform load of intensity q acts on the girder, and each span is of length 2.4 m. The girder is made up using two 50 mm × 200 mm wood members (see figure part b). Ignore the weight of the beam. Use the nominal dimensions of the beam in your calculations.

(a) Find the reactions at A, B, and C.
(b) Use the method of superposition to calculate the displacement of the beam at the mid-span of segment AB. *Hint*: See Figs. 10-14c and 10-14d in Example 10-3.

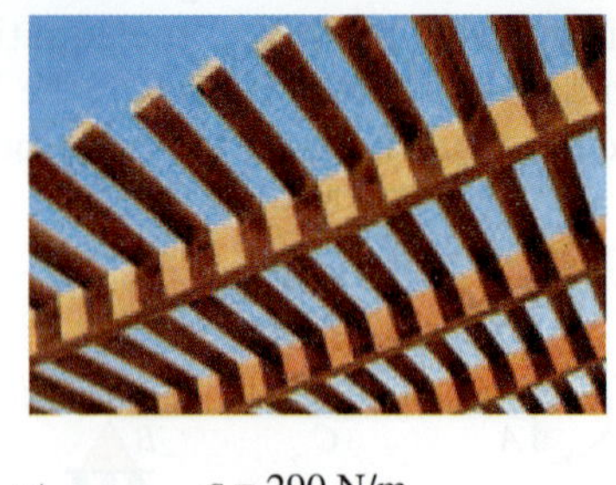

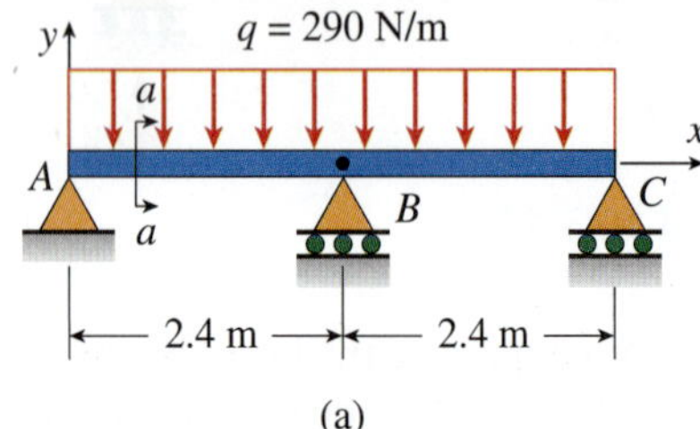

(a)

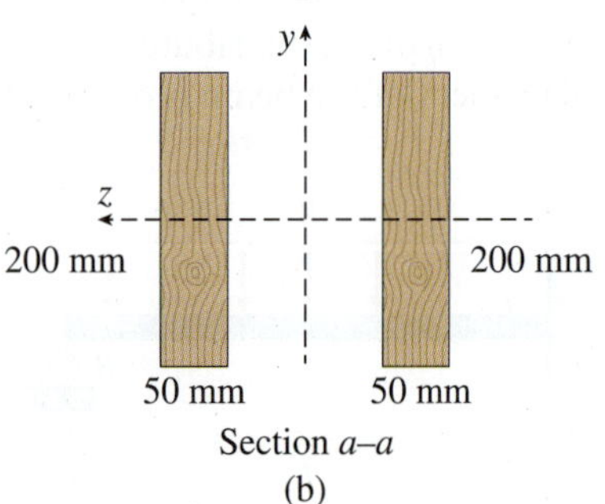

Section a–a

(b)

PROBLEM 10.4-1

10.4-2 A fixed-end beam AB carries point load P acting at point C. The beam has a rectangular cross section ($b = 75$ mm, $h = 150$ mm). Calculate the reactions of the beam and the displacement at point C. Assume that $E = 190$ GPa.

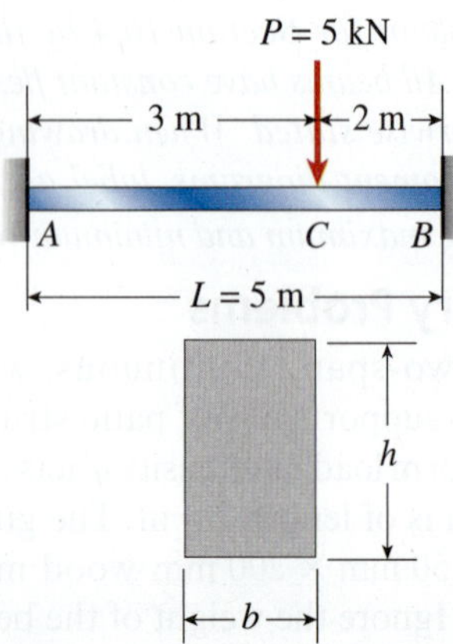

PROBLEM 10.4-2

10.4-3 A fixed-end beam AB supports a uniform load of intensity $q = 1$ kN/m acting over part of the span. Assume that $EI = 125$ kN·m^2.

(a) Calculate the reactions at A and B.
(b) Find the maximum displacement and its location.
(c) Repeat part (a) if the distributed load is applied from A to B.

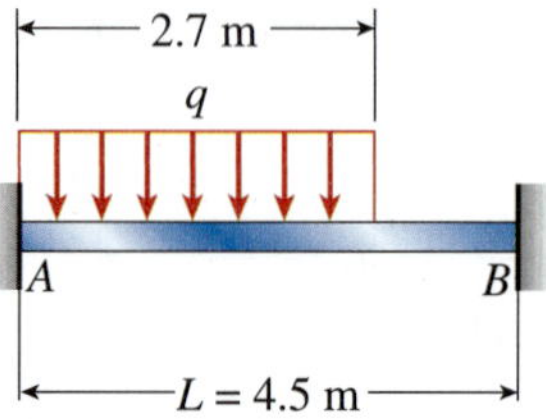

PROBLEM 10.4-3

10.4-4 A cantilever beam is supported at B by cable BC. The beam carries a uniform load $q = 200$ N/m. If the length of the beam is $L = 3$ m, find the force in the cable and the reactions at A. Ignore the axial flexibility of the cable.

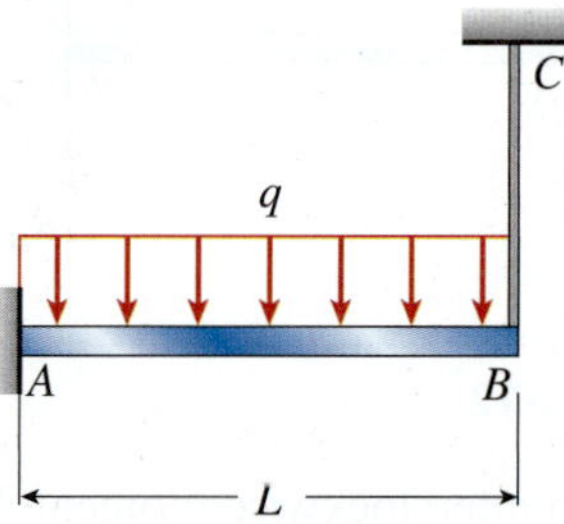

PROBLEM 10.4-4

10.4-5 A propped cantilever beam AB of a length L carries a concentrated load P acting at the position shown in the figure.

Determine the reactions R_A, R_B, and M_A for this beam. Also, draw the shear-force and bending-moment diagrams, labeling all critical ordinates.

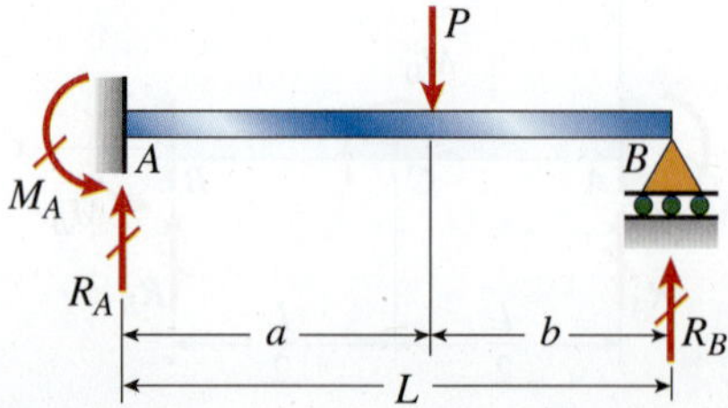

PROBLEM 10.4-5

Representative Problems

10.4-6 A beam with a sliding support at B is loaded by a uniformly distributed load with intensity q. Use the method of superposition to solve for all reactions. Also draw shear-force and bending-moment diagrams, labeling all critical ordinates.

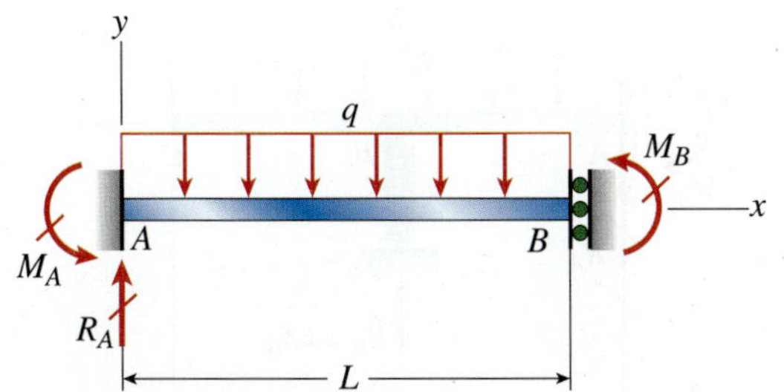

PROBLEM 10.4-6

10.4-7 A propped cantilever beam of a length $2L$ with a support at B is loaded by a uniformly distributed load with intensity q. Use the method of superposition to solve for all reactions. Also draw shear-force and bending-moment diagrams, labeling all critical ordinates.

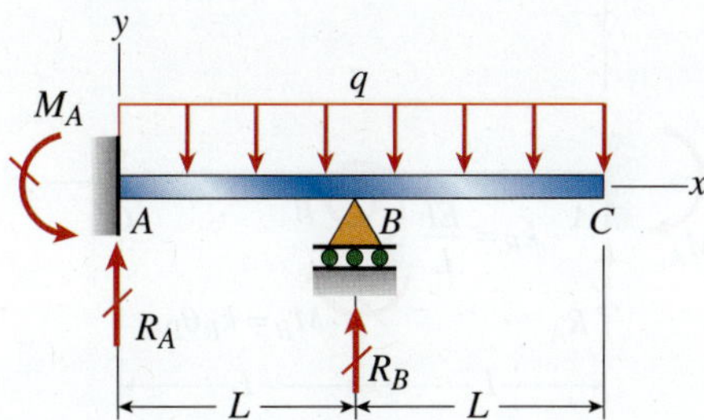

PROBLEM 10.4-7

10.4-8 The continuous frame ABC has a pin support at A, roller supports at B and C, and a rigid corner connection at B (see figure). Members AB and BC each have flexural rigidity EI. A moment M_0 acts counterclockwise at B. *Note:* Disregard axial deformations in member AB and consider only the effects of bending.

(a) Find all reactions of the frame.

(b) Find joint rotations θ at A, B, and C.

(c) Find the required new length of member BC in terms of L, so that θ_B in part (b) is doubled in size.

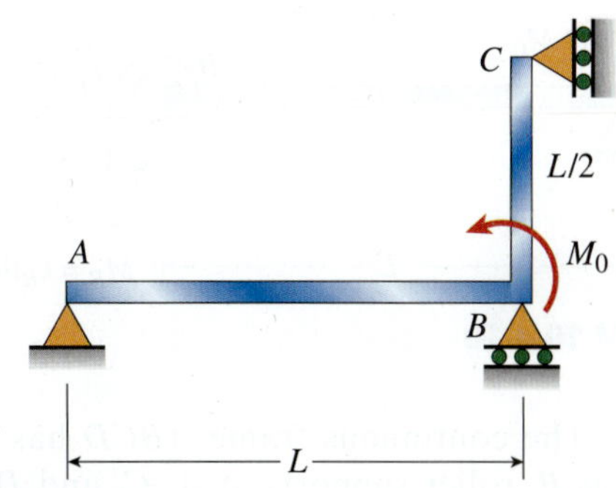

PROBLEM 10.4-8

10.4-9 The continuous frame ABC has a pin support at A, roller supports at B and C, and a rigid corner connection at B (see figure). Members AB and BC each have flexural rigidity EI. A moment M_0 acts counterclockwise at A. *Note:* Disregard axial deformations in member AB and consider only the effects of bending.

(a) Find all reactions of the frame.

(b) Find joint rotations θ at A, B, and C.

(c) Find the required new length of member AB in terms of L, so that θ_A in part (b) is doubled in size.

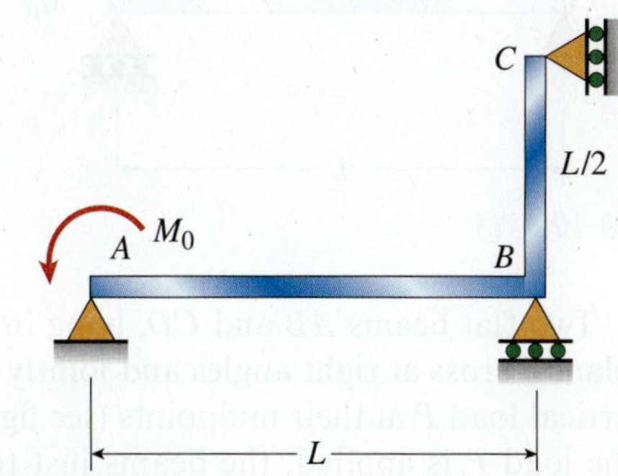

PROBLEM 10.4-9

10.4-10 Beam AB has a pin support at A and a roller support at B. Joint B is also restrained by a linearly elastic rotational spring with stiffness k_R, which provides a resisting moment M_B due to rotation at B. Member AB has flexural rigidity EI. A moment M_0 acts counterclockwise at B.

(a) Use the method of superposition to solve for all reactions.

(b) Find an expression for joint rotation θ_A in terms of spring stiffness k_R. What is θ_A when $k_R \to 0$? What is θ_A when $k_R \to \infty$? What is θ_A when $k_R = 6EI/L$?

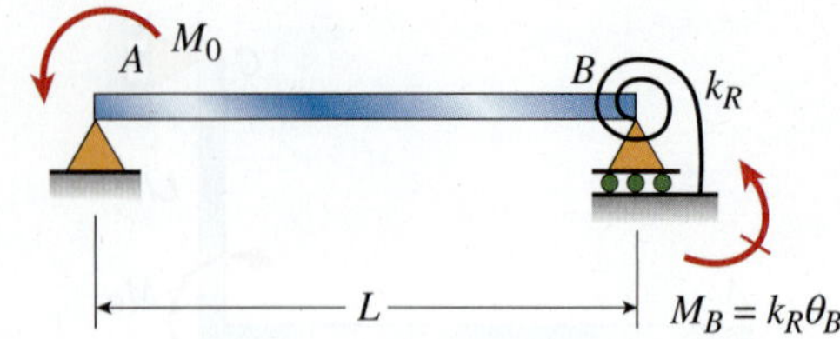

PROBLEM 10.4-10

10.4-11 The continuous frame $ABCD$ has a pin support at B; roller supports at A, C, and D; and rigid corner connections at B and C (see figure). Members AB, BC, and CD each have flexural rigidity EI. Moment M_0 acts counterclockwise at B and clockwise at C. *Note:* Disregard axial deformations in member AB and consider only the effects of bending.

(a) Find all reactions of the frame.

(b) Find joint rotations θ at A, B, C, and D.

(c) Repeat parts (a) and (b) if both moments M_0 are counterclockwise.

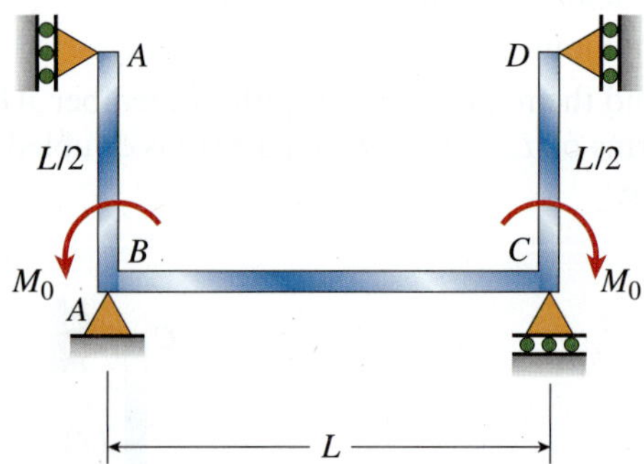

PROBLEM 10.4-11

10.4-12 Two flat beams AB and CD, lying in horizontal planes, cross at right angles and jointly support a vertical load P at their midpoints (see figure). Before the load P is applied, the beams just touch each other. Both beams are made of the same material and have the same widths. Also, the ends of both beams are simply supported. The lengths of beams AB and CD are L_{AB} and L_{CD}, respectively.

What should be the ratio t_{AB}/t_{CD} of the thicknesses of the beams if all four reactions are to be the same?

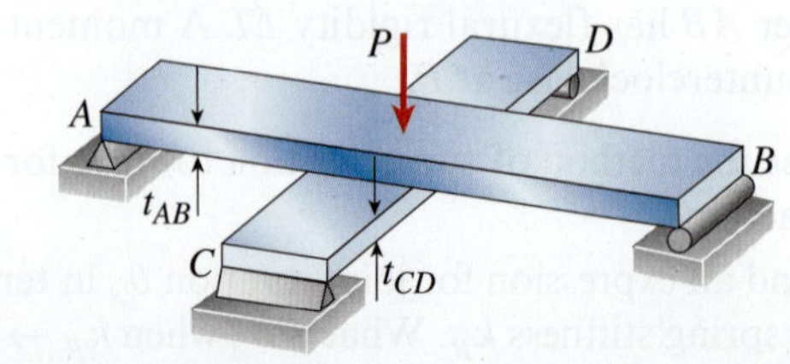

PROBLEM 10.4-12

10.4-13 A propped cantilever beam of a length $2L$ is loaded by a uniformly distributed load with intensity q. The beam is supported at B by a linearly elastic spring with stiffness k. Use the method of superposition to solve for all reactions. Also draw shear-force and bending-moment diagrams, labeling all critical ordinates. Let $k = 6EI/L^3$.

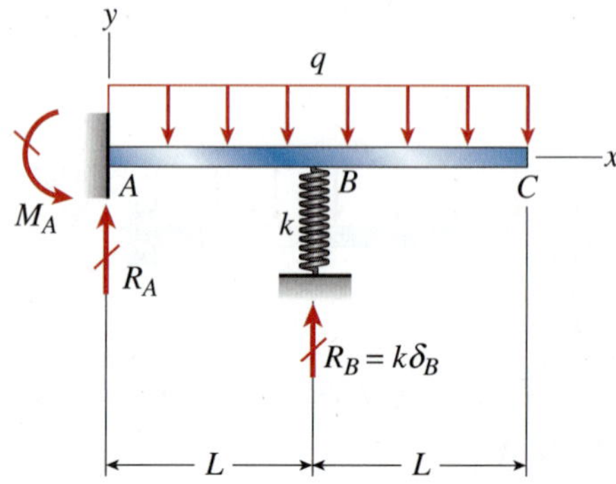

PROBLEM 10.4-13

10.4-14 A propped cantilever beam of a length $2L$ is loaded by a uniformly distributed load with intensity q. The beam is supported at B by a linearly elastic rotational spring with stiffness k_R, which provides a resisting moment M_B due to rotation θ_B. Use the method of superposition to solve for all reactions. Also draw shear-force and bending-moment diagrams, labeling all critical ordinates. Let $k_R = EI/L$.

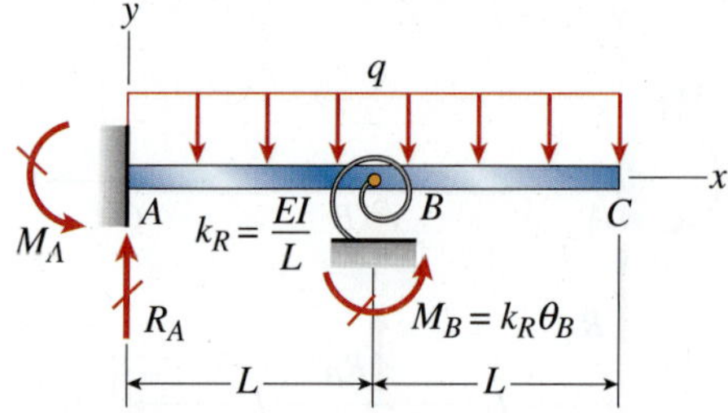

PROBLEM 10.4-14

10.4-15 Determine the fixed-end moments (M_A and M_B) and fixed-end forces (R_A and R_B) for a beam of length L supporting a triangular load of maximum intensity q_0 (see figure). Then draw the shear-force and bending-moment diagrams, labeling all critical ordinates.

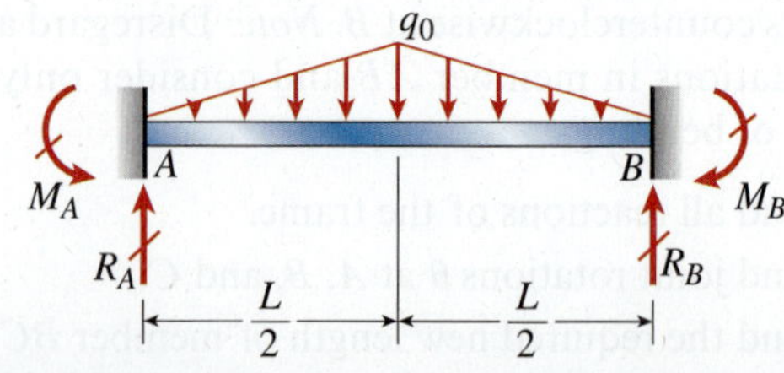

PROBLEM 10.4-15

10.4-16 A continuous beam ABC with two unequal spans, one of length L and one of length $2L$, supports a uniform load of intensity q (see figure).

Determine the reactions R_A, R_B, and R_C for this beam. Also, draw the shear-force and bending-moment diagrams, labeling all critical ordinates.

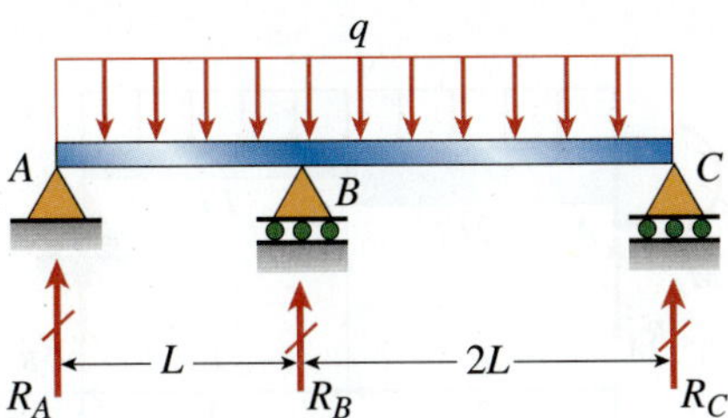

PROBLEM 10.4-16

10.4-17 Beam ABC is fixed at support A and rests (at point B) upon the midpoint of beam DE (see part a of the figure). Thus, beam ABC may be represented as a propped cantilever beam with an overhang BC and a linearly elastic support of stiffness k at point B (see part b of the figure).

The distance from A to B is $L = 3$ m, the distance from B to C is $L/2 = 1.5$ m, and the length of beam DE is $L = 3$ m. Both beams have the same flexural rigidity EI. A concentrated load $P = 8$ kN acts at the free end of beam ABC.

Determine the reactions R_A, R_B, and M_A for beam ABC. Also, draw the shear-force and bending-moment diagrams for beam ABC, labeling all critical ordinates.

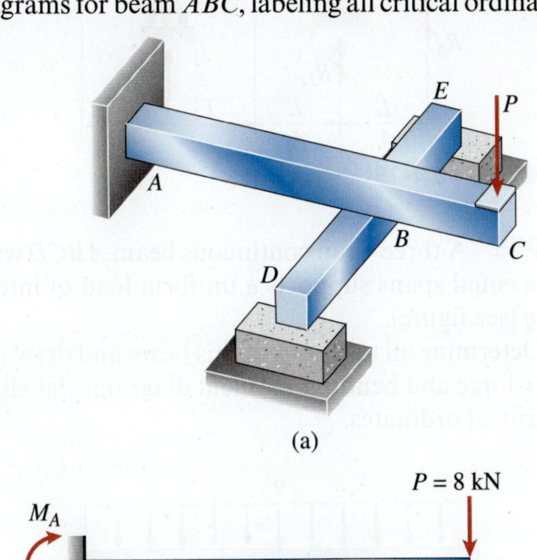

PROBLEM 10.4-17

10.4-18 A propped cantilever beam has flexural rigidity $EI = 4.5\,\text{MN}\cdot\text{m}^2$. When the loads shown are applied to the beam, it settles at joint B by 5 mm. Find the reaction at joint B.

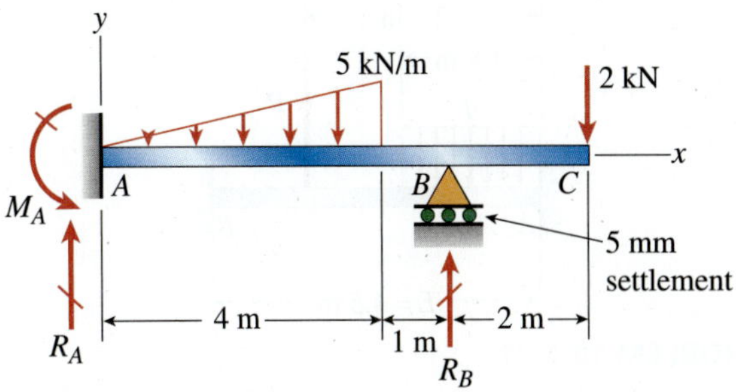

PROBLEM 10.4-18

10.4-19 A triangularly distributed load with a maximum intensity of $q_0 = 145$ N/m acts on propped cantilever beam AB. If the length L of the beam is 3 m, find the reactions at A and B.

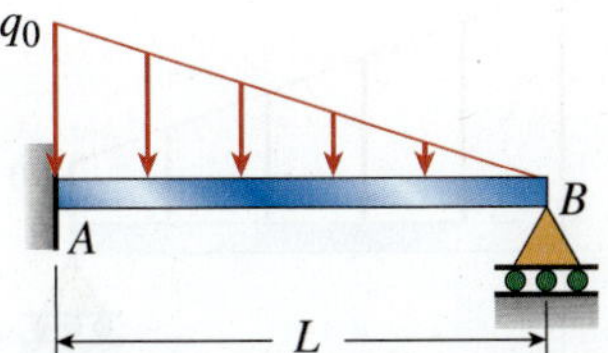

PROBLEM 10.4-19

10.4-20 A fixed-end beam is loaded by a uniform load $q = 15$ kN/m and a point load $P = 30$ kN at mid-span. The beam has a length of 4 m and modulus of elasticity of 205 GPa.

(a) Find reactions at A and B.

(b) Calculate the height of the beam if the displacement at mid-span is known to be 3 mm. Assume that the beam has rectangular cross section with $h/b = 2$.

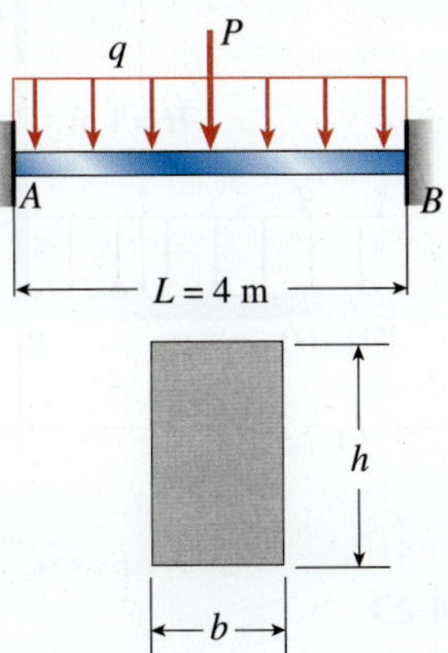

PROBLEM 10.4-20

10.4-21 Uniform load $q = 145$ N/m acts over part of the span of fixed-end beam AB (see figure). Upward load $P = 1100$ N is applied 2.7 m to the right of joint A. Find the reactions at A and B.

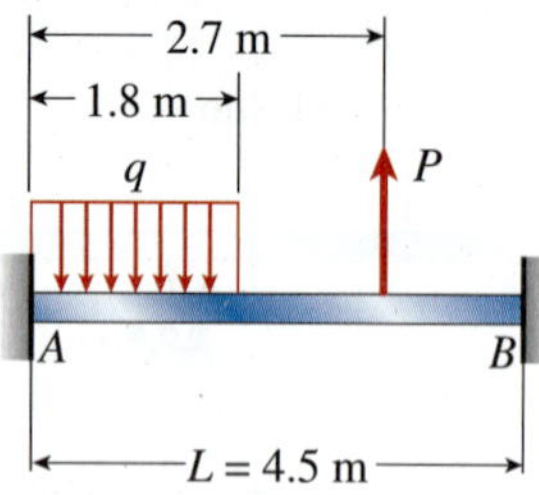

PROBLEM 10.4-21

10.4-22 A propped cantilever beam with a length $L = 4$ m is subjected to a trapezoidal load with intensities $q_0 = 10$ kN/m and $q_1 = 15$ kN/m. Find the reactions at A and B. *Hint:* The loading is the sum of uniform and triangular loads.

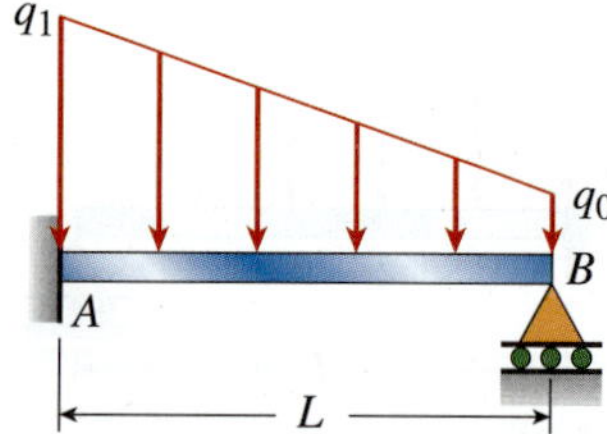

PROBLEM 10.4-22

10.4-23 A cantilever beam is supported by a tie rod at B as shown. Both the tie rod and the beam are steel with $E = 210$ GPa. The tie rod is just taut before the distributed load $q = 3$ kN/m is applied.

(a) Find the tension force in the tie rod.

(b) Draw shear-force and bending-moment diagrams for the beam, labeling all critical ordinates.

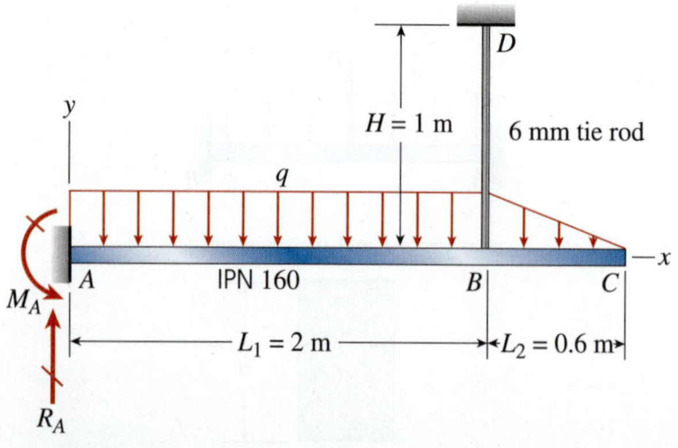

PROBLEM 10.4-23

10.4-24 The figure shows a nonprismatic, propped cantilever beam AB with flexural rigidity $2EI$ from A to C and EI from C to B.

Determine all reactions of the beam due to the uniform load of intensity q. *Hint:* Use the results of Problems 9.7-1 and 9.7-2.

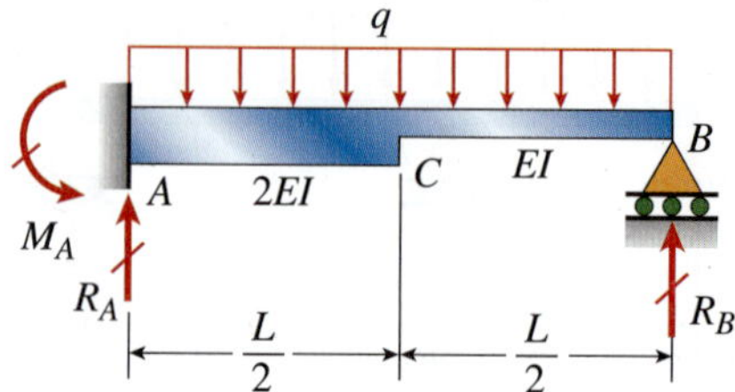

PROBLEM 10.4-24

10.4-25 A beam ABC is fixed at end A and supported by beam DE at point B (see figure). Both beams have the same cross section and are made of the same material.

(a) Determine all reactions due to the load P.

(b) What is the numerically largest bending moment in either beam?

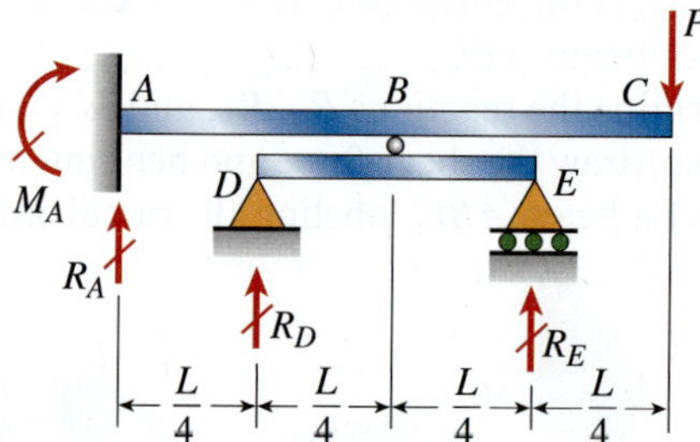

PROBLEM 10.4-25

10.4-26 A three-span continuous beam $ABCD$ with three equal spans supports a uniform load of intensity q (see figure).

Determine all reactions of this beam and draw the shear-force and bending-moment diagrams, labeling all critical ordinates.

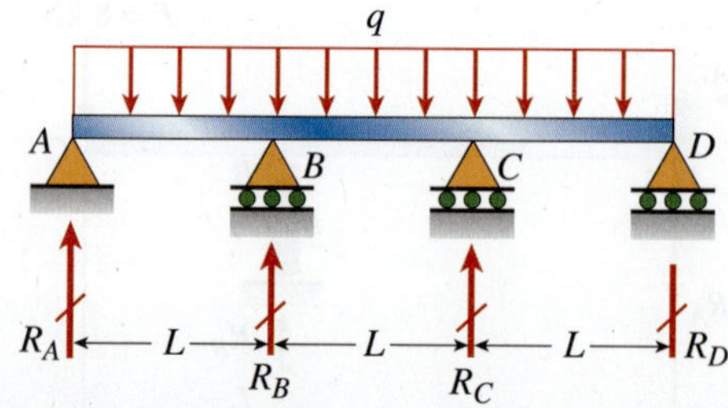

PROBLEM 10.4-26

10.4-27 A beam rests on supports at A and B and is loaded by a distributed load with intensity q as shown. A small gap Δ exists between the unloaded beam and the support at C. Assume that span length $L = 1$ m and flexural rigidity of the beam $EI = 1.2 \times 10^6$ N·m^2. Plot a graph of the bending moment at B as a function of the load intensity q.

Hint: See Example 9-9 for guidance on computing the deflection at C.

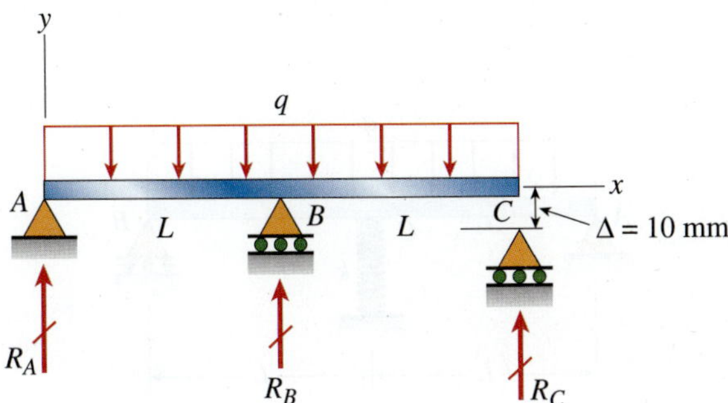

PROBLEM 10.4-27

10.4-28 A propped cantilever beam is subjected to two triangularly distributed loads, each with a peak load intensity equal to q_0 (see figure). Find the expressions for reactions at A and C using superposition. Plot shear and moment diagrams.

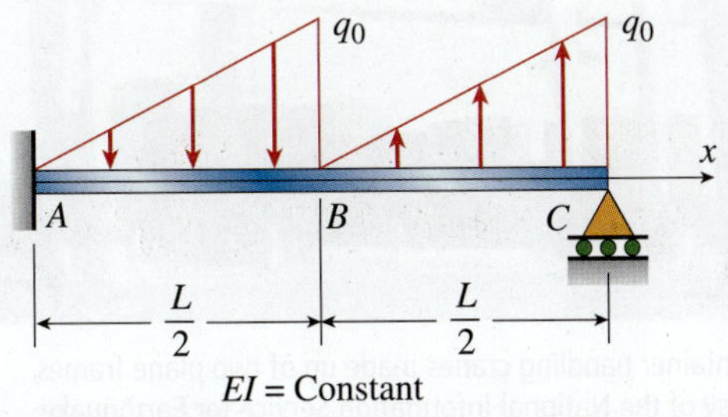

PROBLEM 10.4-28

10.4-29 A propped cantilever beam is loaded by a triangular distributed load from A to C (see figure). The load has a peak intensity $q_0 = 145$ N/m. The length of the beam is 3.6 m. Find support reactions at A and B.

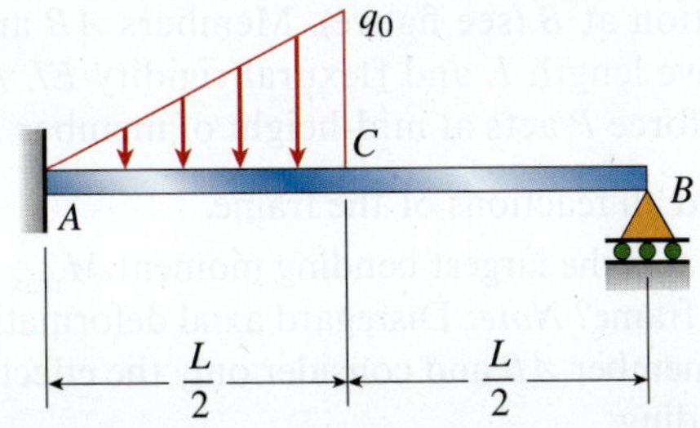

PROBLEM 10.4-29

10.4-30 A fixed-end beam AB of a length L is subjected to a moment M_0 acting at the position shown in the figure.

(a) Determine all reactions for this beam.

(b) Draw shear-force and bending-moment diagrams for the special case in which $a = b = L/2$.

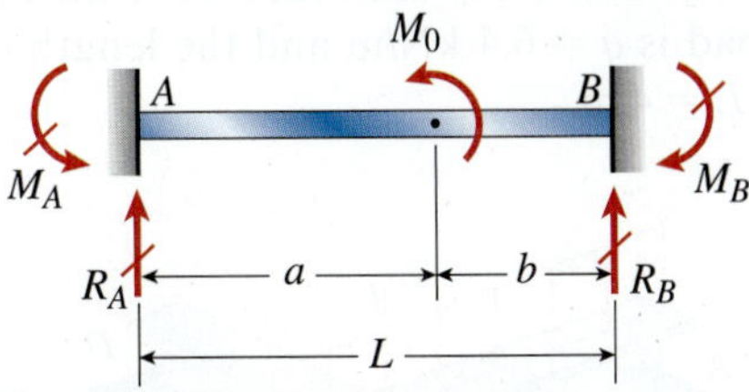

PROBLEM 10.4-30

10.4-31 A temporary wood flume serving as a channel for irrigation water is shown in the figure. The vertical boards forming the sides of the flume are sunk in the ground, which provides a fixed support. The top of the flume is held by tie rods that are tightened so that there is no deflection of the boards at that point. Thus, the vertical boards may be modeled as a beam AB, supported and loaded as shown in the last part of the figure.

Assuming that the thickness t of the boards is 40 mm, the depth d of the water is 1 m, and the height h to the tie rods is 1.3 m, what is the maximum bending stress σ in the boards? *Hint:* The numerically largest bending moment occurs at the fixed support.

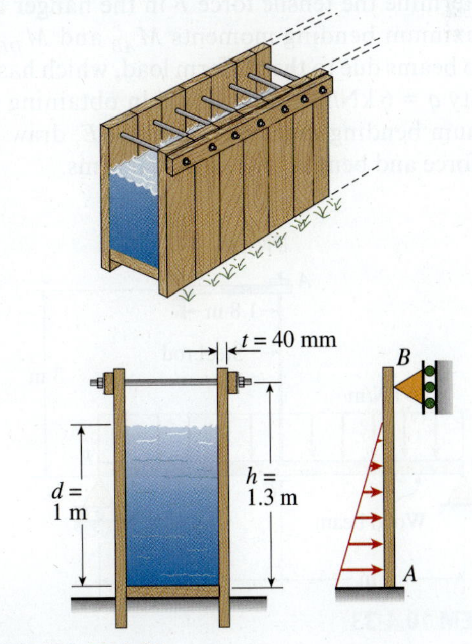

PROBLEM 10.4-31

10.4-32 Two identical, simply supported beams AB and CD are placed so that they cross each other at their midpoints (see figure). Before the uniform load is applied, the beams just touch each other at the crossing point.

Determine the maximum bending moments $(M_{AB})_{max}$ and $(M_{CD})_{max}$ in beams AB and CD, respectively, due to the uniform load if the intensity of the load is $q = 6.4$ kN/m and the length of each beam is $L = 4$ m.

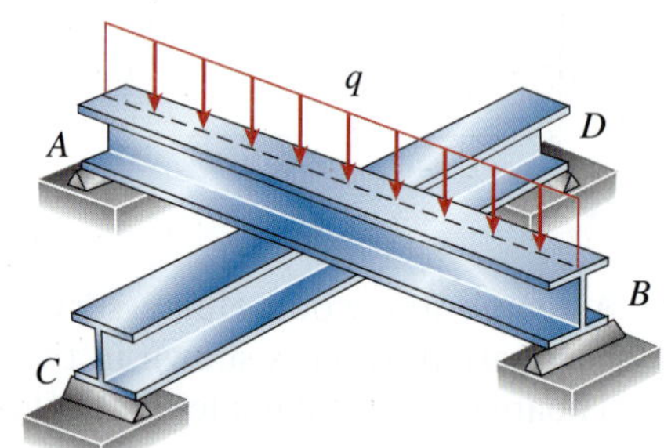

PROBLEM 10.4-32

10.4-33 The cantilever beam AB shown in the figure is an IPN 180 steel I-beam with $E = 200$ GPa. The simple beam DE is a wood beam 100 mm × 300 mm (nominal dimensions) in cross section with $E = 10$ GPa. A steel rod AC of diameter 6 mm, length 3 m, and $E = 200$ GPa serves as a hanger joining the two beams. The hanger fits snugly between the beams before the uniform load is applied to beam DE.

Determine the tensile force F in the hanger and the maximum bending moments M_{AB} and M_{DE} in the two beams due to the uniform load, which has an intensity $q = 6$ kN/m. *Hint:* To aid in obtaining the maximum bending moment in beam DE, draw the shear-force and bending-moment diagrams.

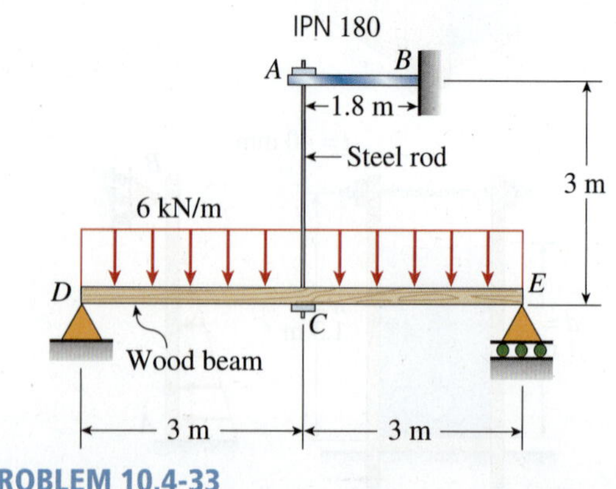

PROBLEM 10.4-33

10.4-34 The beam AB shown in the figure is simply supported at A and B and supported on a spring of stiffness k at its midpoint C. The beam has flexural rigidity EI and length $2L$.

What should be the stiffness k of the spring in order that the maximum bending moment in the beam (due to the uniform load) will have the smallest possible value?

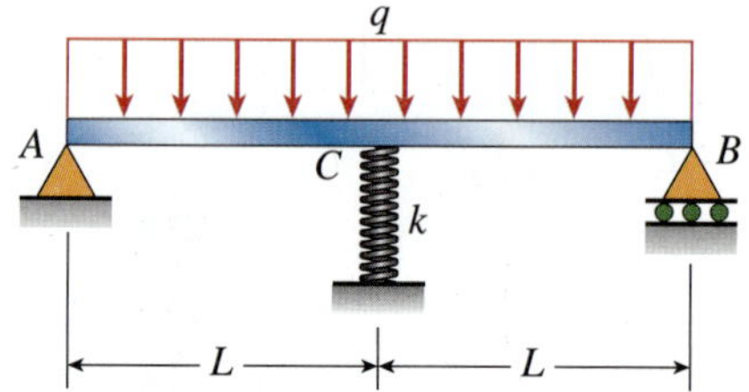

PROBLEM 10.4-34

Ship container handling cranes made up of two plane frames (Courtesy of the National Information Service for Earthquake Engineering EERC, University of California Berkeley)

10.4-35 The continuous frame ABC has a fixed support at A, a roller support at C, and a rigid corner connection at B (see figure). Members AB and BC each have length L and flexural rigidity EI. A horizontal force P acts at mid-height of member AB.

(a) Find all reactions of the frame.

(b) What is the largest bending moment M_{max} in the frame? *Note:* Disregard axial deformations in member AB and consider only the effects of bending.

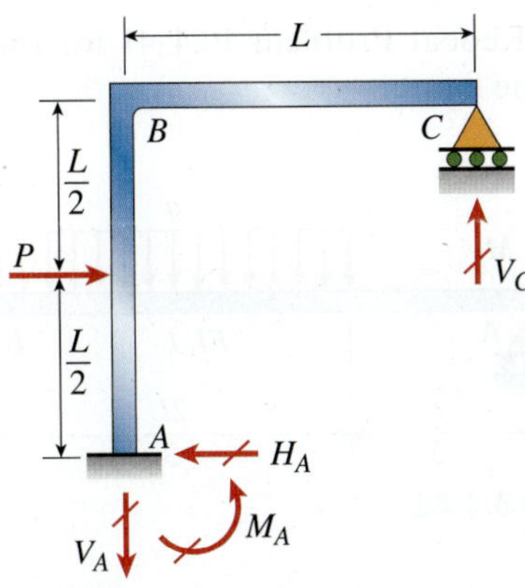

PROBLEM 10.4-35

10.4-36 The continuous frame ABC has a pinned support at A, a sliding support at C, and a rigid corner connection at B (see figure). Members AB and BC each have length L and flexural rigidity EI. A horizontal force P acts at mid-height of member AB.

(a) Find all reactions of the frame.

(b) What is the largest bending moment M_{max} in the frame? *Note:* Disregard axial deformations in members AB and BC and consider only the effects of bending.

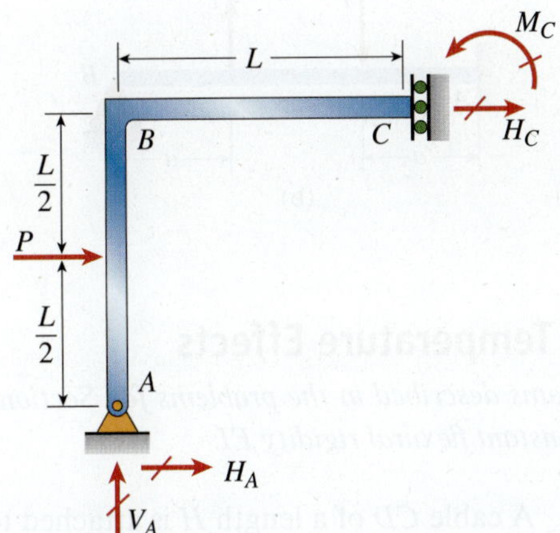

PROBLEM 10.4-36

10.4-37 A wide-flange beam ABC rests on three identical spring supports at points A, B, and C (see figure). The flexural rigidity of the beam is $EI = 20 \times 10^6\,\text{N}\cdot\text{m}^2$, and each spring has stiffness $k = 10$ MN/m. The length of the beam is $L = 5$ m.

If the load P is 25 kN, what are the reactions R_A, R_B, and R_C? Also, draw the shear-force and bending-moment diagrams for the beam, labeling all critical ordinates.

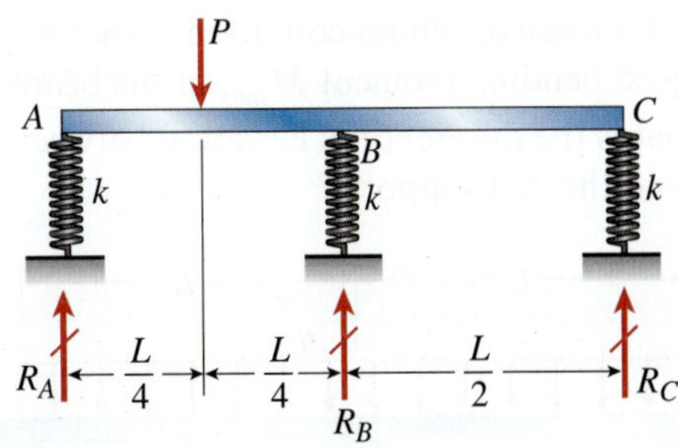

PROBLEM 10.4-37

10.4-38 A fixed-end beam AB of a length L is subjected to a uniform load of intensity q acting over the middle region of the beam (see figure).

(a) Obtain a formula for the fixed-end moments M_A and M_B in terms of the load q, the length L, and the length b of the loaded part of the beam.

(b) Plot a graph of the fixed-end moment M_A versus the length b of the loaded part of the beam. For convenience, plot the graph in the following nondimensional form:

$$\frac{M_A}{qL^2/12} \quad \text{versus} \quad \frac{b}{L}$$

with the ratio b/L varying between its extreme values of 0 and 1.

(c) For the special case in which $a = b = L/3$, draw the shear-force and bending-moment diagrams for the beam, labeling all critical ordinates.

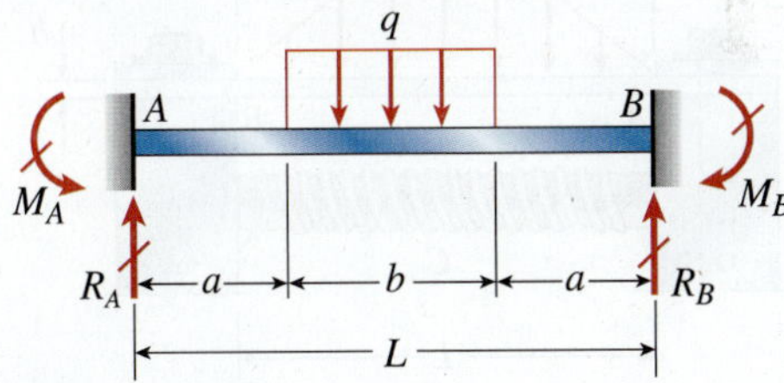

PROBLEM 10.4-38

10.4-39 A beam supporting a uniform load of intensity q throughout its length rests on pistons at points A, C, and B (see figure). The cylinders are filled with oil and are connected by a tube so that the oil pressure on each piston is the same. The pistons at A and B have diameter d_1, and the piston at C has diameter d_2.

(a) Determine the ratio of d_2 to d_1 so that the largest bending moment in the beam is as small as

(b) Under these optimum conditions, what is the largest bending moment M_{max} in the beam?

(c) What is the difference in elevation between point C and the end supports?

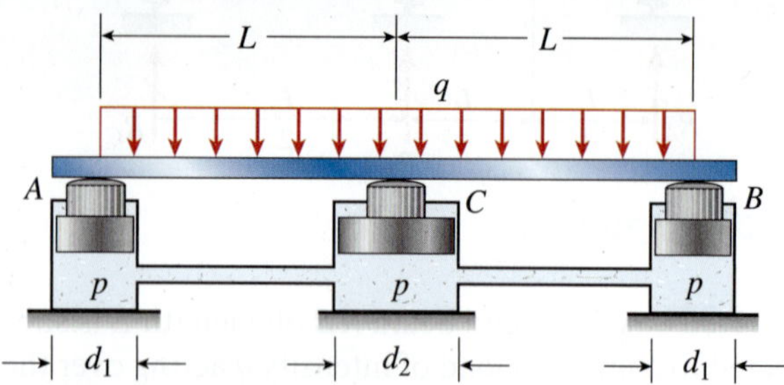

PROBLEM 10.4-39

10.4-40 A thin steel beam AB used in conjunction with an electromagnet in a high-energy physics experiment is securely bolted to rigid supports (see figure). A magnetic field produced by coils C results in a force acting on the beam. The force is trapezoidally distributed with maximum intensity q_0 = 18 kN/m. The length of the beam between supports is L = 200 mm, and the dimension c of the trapezoidal load is 50 mm. The beam has a rectangular cross section with width b = 60 and height h = 20 mm.

Determine the maximum bending stress σ_{max} and the maximum deflection δ_{max} for the beam. (Disregard any effects of axial deformations and consider only the effects of bending. Use E = 200 GPa.)

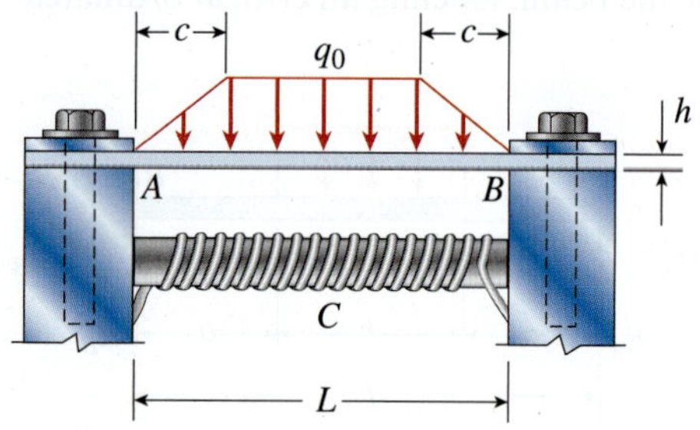

PROBLEM 10.4-40

10.4-41 Find an expression for required moment M_A (in terms of q and L) that will result in rotation $\theta_A = 0$ due to M_A and q loadings applied at the same time.

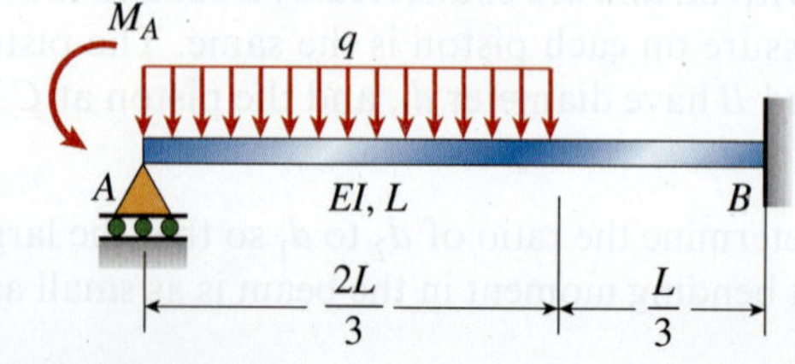

PROBLEM 10.4-41

10.4-42 Repeat Problem 10.4-41 for the loading shown in the figure.

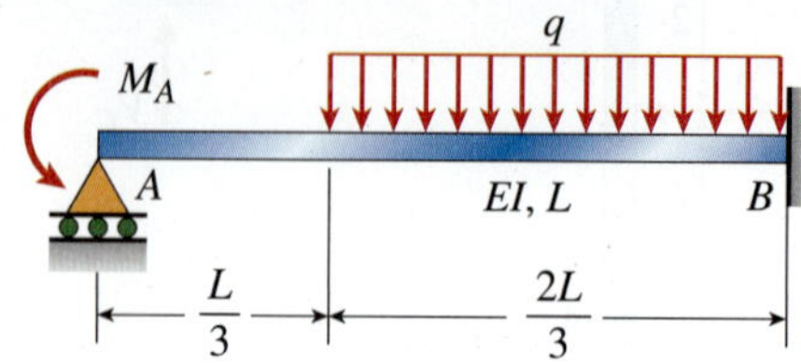

PROBLEM 10.4-42

10.4-43 A propped cantilever beam is loaded by two different load patterns (see figures a and b). Assume that EI is constant and the total beam length is L. Find expressions for reactions at A and B for each beam. Plot shear and moment diagrams. Assume that $a = L/3$.

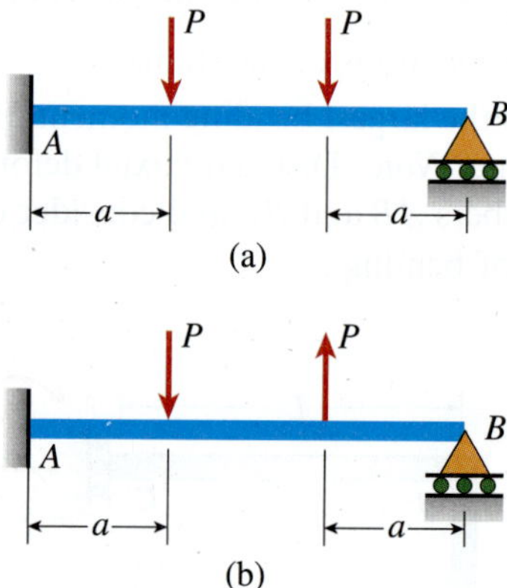

10.5 Temperature Effects

The beams described in the problems for Section 10.5 have constant flexural rigidity EI.

10.5-1 A cable CD of a length H is attached to the third point of a simple beam AB of a length L (see figure). The moment of inertia of the beam is I, and the effective cross-sectional area of the cable is A. The cable is initially taut but without any initial tension.

(a) Obtain a formula for the tensile force S in the cable when the temperature drops uniformly by ΔT degrees, assuming that the beam and cable are made of the same material (modulus of elasticity E and coefficient of thermal expansion α). Use the method of superposition in the solution.

(b) Repeat part (a), assuming a wood beam and steel cable.

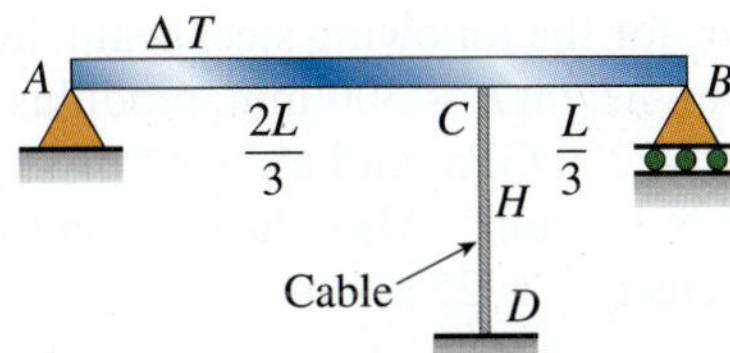

PROBLEM 10.5-1

10.5-2 A propped cantilever beam, fixed at the left-hand end A and simply supported at the right-hand end B, is subjected to a temperature differential with temperature T_1 on its upper surface and T_2 on its lower surface (see figure).

(a) Find all reactions for this beam. Use the method of superposition in the solution. Assume the spring support is unaffected by temperature.

(b) What are the reactions when $k \to \infty$?

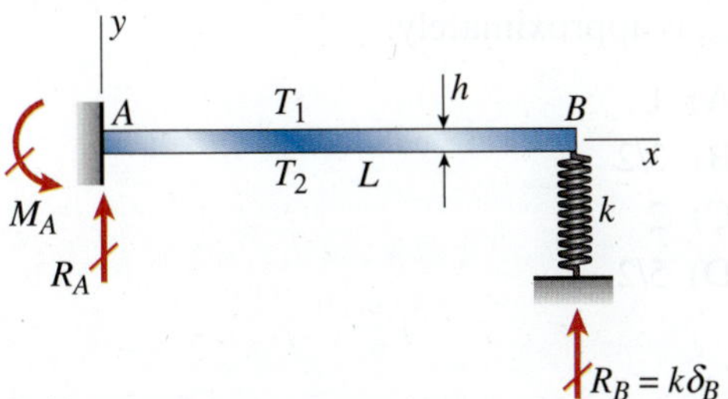

PROBLEMS 10.5-2 and 10.5-3

10.5-3 Solve the preceding problem by integrating the differential equation of the deflection curve.

10.5-4 A two-span beam with spans of lengths L and $L/3$ is subjected to a temperature differential with temperature T_1 on its upper surface and T_2 on its lower surface (see figure).

(a) Determine all reactions for this beam. Use the method of superposition in the solution. Assume the spring support is unaffected by temperature.

(b) What are the reactions when $k \to \infty$?

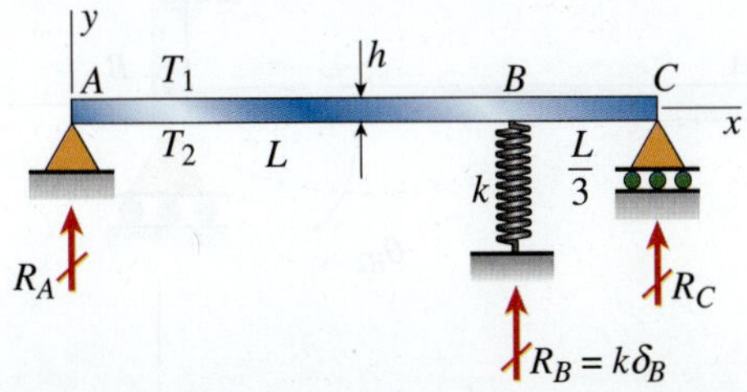

PROBLEMS 10.5-4 and 10.5-5

10.5-5 Solve the preceding problem by integrating the differential equation of the deflection curve.

10.6 Longitudinal Displacements at the Ends of Beams

10.6-1 Assume that the deflected shape of a beam AB with *immovable* pinned supports (see figure) is given by the equation $v = -\delta \sin \pi x/L$, where δ is the deflection at the midpoint of the beam and L is the length. Also, assume that the beam has constant axial rigidity EA.

(a) Obtain formulas for the longitudinal force H at the ends of the beam and the corresponding axial tensile stress σ_t.

(b) For an aluminum-alloy beam with $E = 70$ GPa, calculate the tensile stress σ_t when the ratio of the deflection δ to the length L equals 1/200, 1/400, and 1/600.

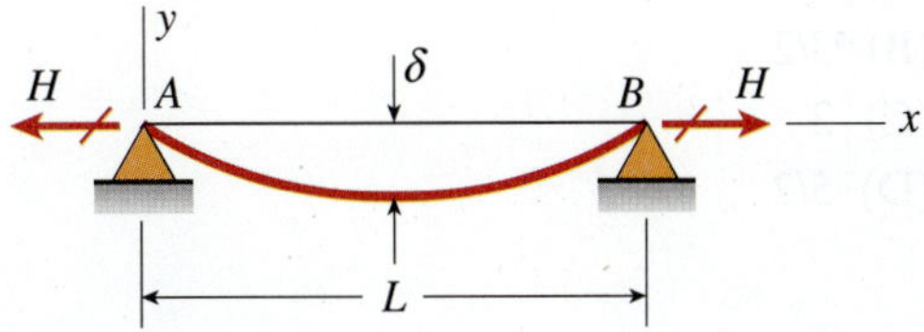

PROBLEM 10.6-1

10.6-2 (a) A simple beam AB with length L and height h supports a uniform load of intensity q (see the figure part a). Obtain a formula for the curvature shortening λ of this beam. Also, obtain a formula for the maximum bending stress σ_b in the beam due to the load q

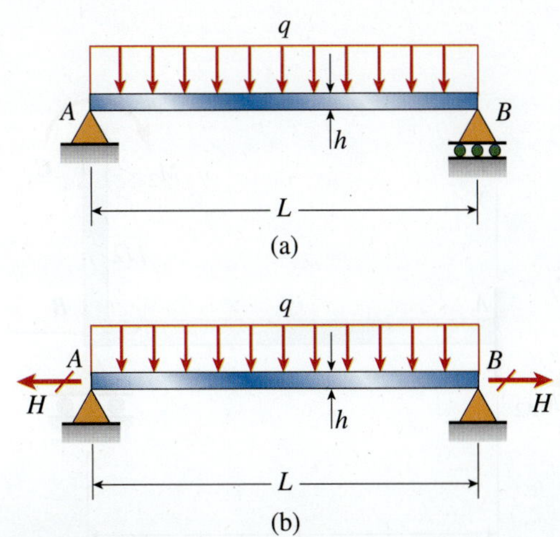

PROBLEM 10.6-2

(b) Now assume that the ends of the beam are pinned so that curvature shortening is prevented and a horizontal force H develops at the supports (see the figure part b). Obtain a formula for the corresponding axial tensile stress σ_t.

(c) Using the formulas obtained in parts (a) and (b), calculate the curvature shortening λ, the maximum bending stress σ_b, and the tensile stress σ_t for the following steel beam: length $L = 3$ m, height $h = 300$ mm, modulus of elasticity $E = 200$ GPa, and moment of inertia $I = 36 \times 10^6$ mm^4. Also, the load on the beam has intensity $q = 25$ kN/m.

Compare the tensile stress σ_t produced by the axial forces with the maximum bending stress σ_b produced by the uniform load.

SOME ADDITIONAL REVIEW PROBLEMS: Chapter 10

R-10.1 Propped cantilever beam AB has moment M_1 applied at joint B. Framework ABC has moment M_2 applied at C. Both structures have constant flexural rigidity EI. If the ratio of the *applied moments* $M_1/M_2 = 3/2$, the ratio of the *reactive moments* M_{A1}/M_{A2} at clamped support A is approximately:

(A) 1
(B) 3/2
(C) 2
(D) 5/2

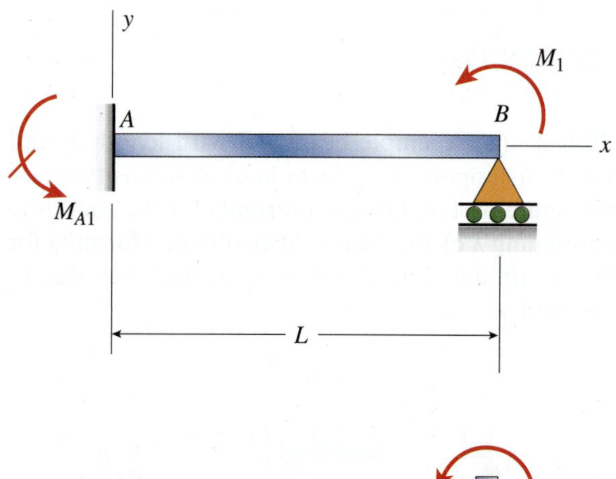

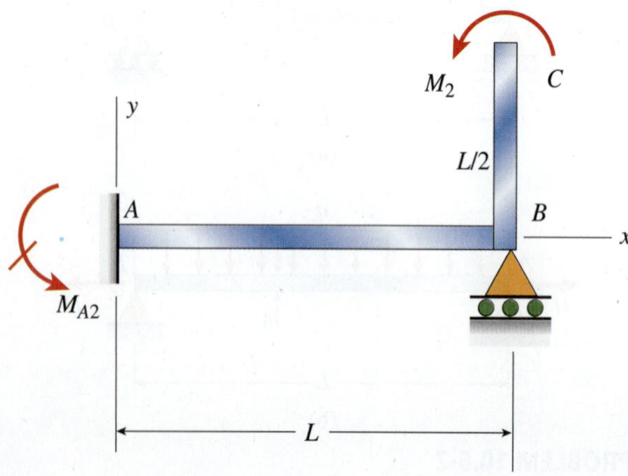

R-10.2 Propped cantilever beam AB has moment M_1 applied at joint B. Framework ABC has moment M_2 applied at C. Both structures have constant flexural rigidity EI. If the ratio of the *applied moments* $M_1/M_2 = 3/2$, the ratio of the *joint rotations at B*, θ_{B1}/θ_{B2}, is approximately:

(A) 1
(B) 3/2
(C) 2
(D) 5/2

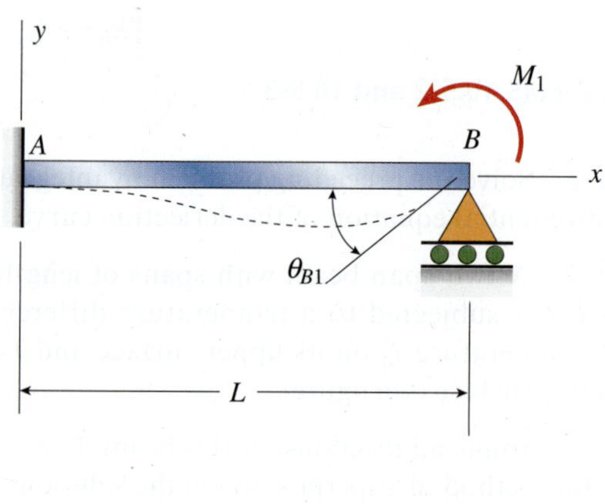

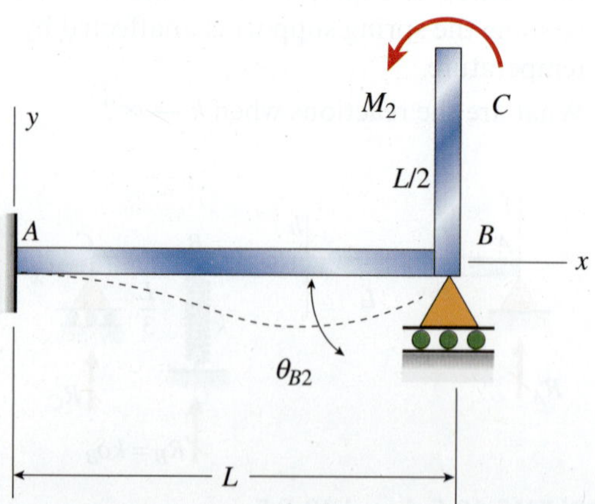

R-10.3 Structure 1 with member BC of length $L/2$ has force P_1 applied at joint C. Structure 2 with member BC of length L has force P_2 applied at C. Both structures have constant flexural rigidity EI. If the ratio of the *applied forces* $P_1/P_2 = 5/2$, the ratio of the *joint B rotations* θ_{B1}/θ_{B2} is approximately:

(A) 1
(B) 5/4
(C) 3/2
(D) 2

R-10.4 Structure 1 with member BC of length $L/2$ has force P_1 applied at joint C. Structure 2 with member BC of length L has force P_2 applied at C. Both structures have constant flexural rigidity EI. The *required* ratio of the *applied forces* P_1/P_2 so that *joint B rotations* θ_{B1} and θ_{B2} are *equal* is approximately:

(A) 1
(B) 5/4
(C) 3/2
(D) 2

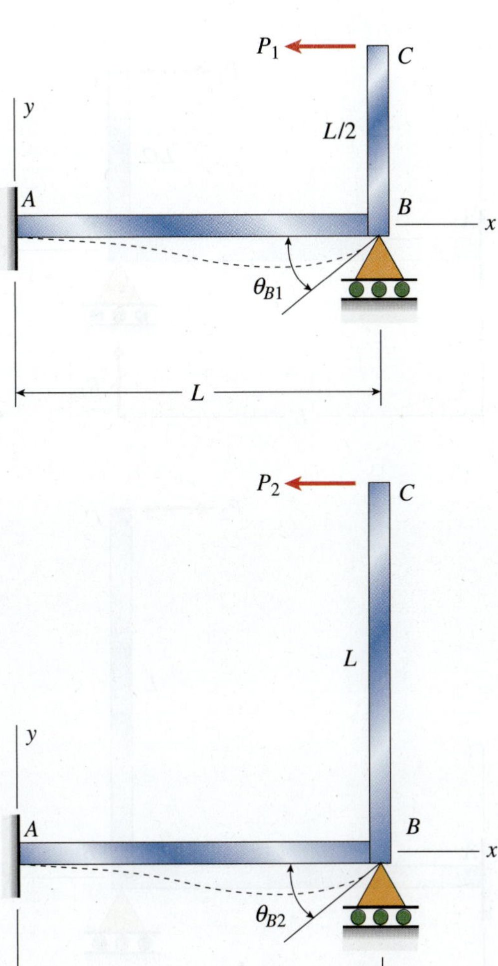

R-10.5 Structure 1 with member BC of length $L/2$ has force P_1 applied at joint C. Structure 2 with member BC of length L has force P_2 applied at C. Both structures have constant flexural rigidity EI. If the ratio of the *applied forces* $P_1/P_2 = 5/2$, the ratio of the *joint B reactions* R_{B1}/R_{B2} is approximately:

(A) 1
(B) 5/4
(C) 3/2
(D) 2

R-10.6 Structure 1 with member BC of length $L/2$ has force P_1 applied at joint C. Structure 2 with member BC of length L has force P_2 applied at C. Both structures have constant flexural rigidity EI. The *required* ratio of the *applied forces* P_1/P_2 so that *joint B reactions* R_{B1} and R_{B2} are *equal* is approximately:

(A) 1
(B) 5/4
(C) 3/2
(D) 2

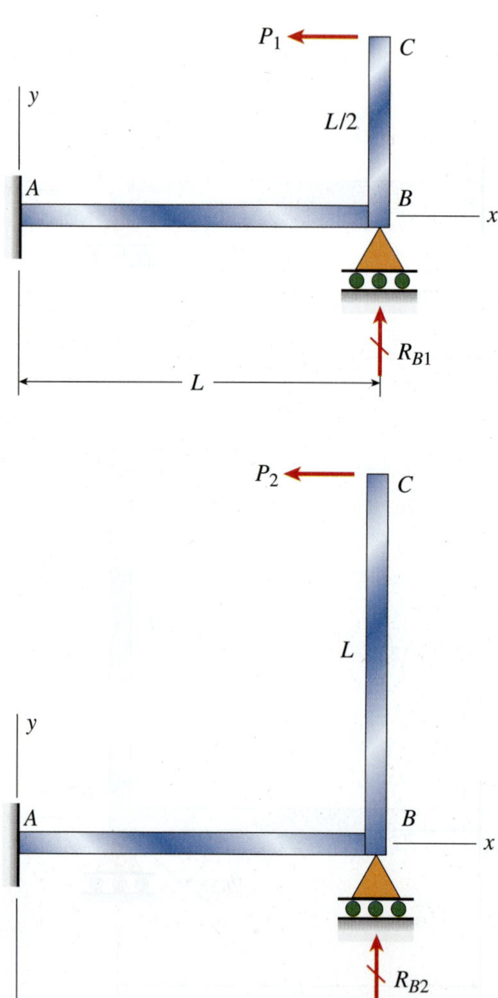

R-10.7 Structure 1 with member BC of length $L/2$ has force P_1 applied at joint C. Structure 2 with member BC of length L has force P_2 applied at C. Both structures have constant flexural rigidity EI. If the ratio of the *applied forces* $P_1/P_2 = 5/2$, the ratio of the *joint C lateral deflections* δ_{C1}/δ_{C2} is approximately:

(A) 1/2
(B) 4/5
(C) 3/2
(D) 2

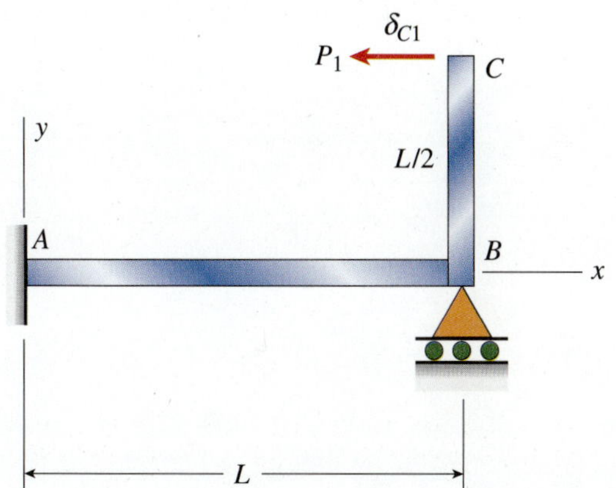

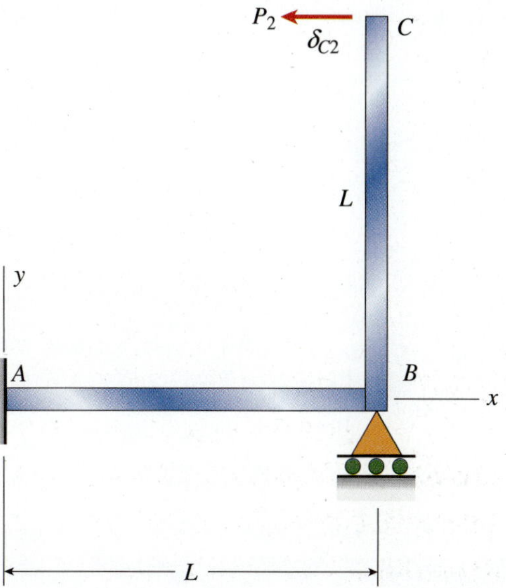

CHAPTER 11

기둥

Columns

Scarlet Knight. This file is licensed under Creative Commons Attribution 3.0 Unported License, https://creativecommons.org/licenses/by/3.0/

기둥이나 그 밖의 가느다란 압축부재와 같이 구조물 내에서 임계 하중을 지탱하는 요소들은 좌굴파괴가 일어나기 쉽다.

이 장의 목적

- 가느다란 기둥들의 탄성 좌굴의 기본개념을 학습한다.
- 여러 가지 지지 조건들에 따른 가느다란 기둥들의 오일러 좌굴 하중의 공식을 유도한다.
- 여러 가지 지지 조건들을 가진 기둥들의 좌굴 모드형상을 학습하고 유효 길이를 계산한다.
- 편심 축 하중을 받는 기둥에서 최대 압축응력을 구하기 위한 시컨트 공식을 학습한다.
- 재료가 비례 한도를 초과하는 응력을 받게 되는 비탄성 좌굴에 대해 적용 가능한 3가지 이론을 알아본다.

이 장의 구성

그림 11-1

압축 축 하중 P에 의해 발생되는 가느다란 기둥의 좌굴

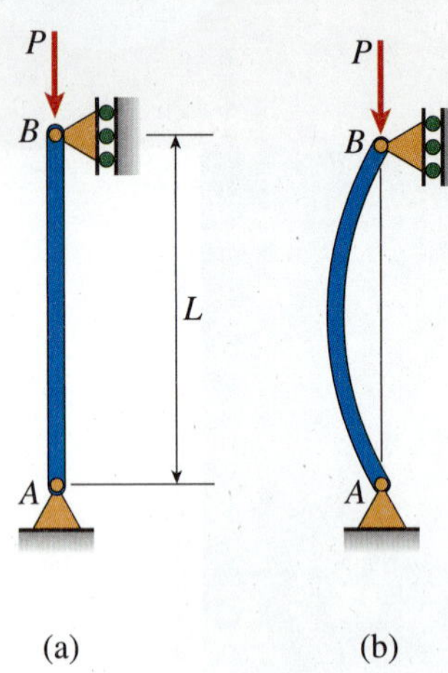

11.1 서론

하중을 지탱하는 구조물은 구조물의 유형, 지지 조건, 하중의 종류, 사용된 재료에 따라 여러 가지 형태로 파괴될 수 있다. 예를 들면 차량의 축이 하중의 반복된 순환으로부터 갑자기 파괴되거나, 보가 과대하게 처져 해당 구조물이 본래의 기능을 수행할 수 없게 된다. 이러한 종류의 파괴는 최대 응력이나 최대 처짐이 허용범위 이내에 들도록 구조물을 설계함으로써 미리 방지할 수 있다. 그러므로 **강도**와 **강성도**는 이전의 여러 장에서 설명했듯이 설계에 있어 중요한 요소가 된다.

다른 종류의 파괴는 **좌굴(buckling)**인데, 좌굴은 이 장의 주요 주제이다. 여기서 관심은 축 방향 압축 하중을 받는 길고 가느다란 구조부재인 **기둥(column)**의 좌굴이다(그림 11-1a). 만약 압축부재가 비교적 가늘면, 재료의 직접적인 압축에 의해 파괴되지는 않고 옆으로 처져 굽힘에 의해 파괴된다(그림 11-1b). 이러한 좌굴 거동은 플라스틱 자와 같은 가느다란 물체를 눌러봄으로써 관찰할 수 있다. 가로방향으로 굽힘이 발생하면, 해당 기둥은 이미 **좌굴이 일어난 상태**이다. 축 하중이 증가되면, 가로방향의 처짐도 증가하고, 마침내 기둥은 완전히 내려 앉는다.

좌굴의 현상은 기둥에만 국한된 것은 아니다. 좌굴은 여러 종류의 구조물에서 발생할 수 있고 다양한 형태를 띤다. 만약 빈 알루미늄 캔의 위를 밟으면, 얇은 원통 형의 벽은 몸무게를 감당하지 못하고 좌굴되어 납작해진다. 이러한 파괴는 압축응력에 의해 찌그러져 주름진 얇은 철판의 좌굴에 의해 붕괴된 다리의 사례에서도 발견된다. 좌굴은 구조물의 파괴를 초래하는 주요한 요인 중의 하나이므로 좌굴의 가능성은 설계할 때 항상 고려해야 한다.

11.2 좌굴과 안정성

좌굴과 안정성의 개념을 설명하기 위하여 그림 11-2a의 **이상적인 구조물(idealized structure)**, 즉 **좌굴 모델(buckling model)**을 고려해보자. 이 가상의 구조물은 각 길이가 $L/2$인 두 개의 강봉, AB와 BC로 구성된다. 이들은 B에서 핀 연결로 접합되어 있으며, 강성도가 β_R인 회전스프링에 의해 수직위치로 지지된다.[1)]

이러한 이상적인 구조물은 그림 11-1a의 기둥과 유사하다. 왜냐하면, 두 개의 구조물은 양단에서 단순지지되어 있으며, 축 하중 P에 의해 압축되어 있기 때문이다. 그렇지만 이상적인 구조물의 탄성은 회전스프링 내에 “응집되어” 있는 반면에, 실제 기둥은 그 길이 전체에 걸쳐 휘어진다(그림 11-1b).

이상적인 구조물 내에서 두 개의 봉은 완벽히 일직선을 이루고 축 하중 P는 수직축에 따른 작용선을 갖는다(그림 11-2a). 결과적으로 스프링은 초기에 응력을 받지 않으며 봉은 직접적인 압축 상태이다.

이제 구조물이 점 B를 수평으로 작은 거리를 움직이게 하는 어떤 외력에 의해 흔들

1) 회전스프링에 대한 일반적인 관계는 $M = \beta R\theta$인데, 여기서 M은 스프링에 작용되는 모멘트이고, βR은 스프링의 회전 강성도이며, θ는 스프링이 회전하는 각도이다. 그러므로 회전 강성도는 N · m/rad와 같이 모멘트를 회전각으로 나누는 단위를 가진다. 이동스프링에 대한 비슷한 관계식은 $F = \beta\delta$인데, 여기서 F는 스프링에 작용하는 힘이고, β는 스프링의 이동 강성도(즉, 스프링 상수)이며, δ는 스프링 길이의 변화량이다. 그러므로 이동 강성도는 N/m와 같이 힘을 길이로 나눈 단위를 갖는다.

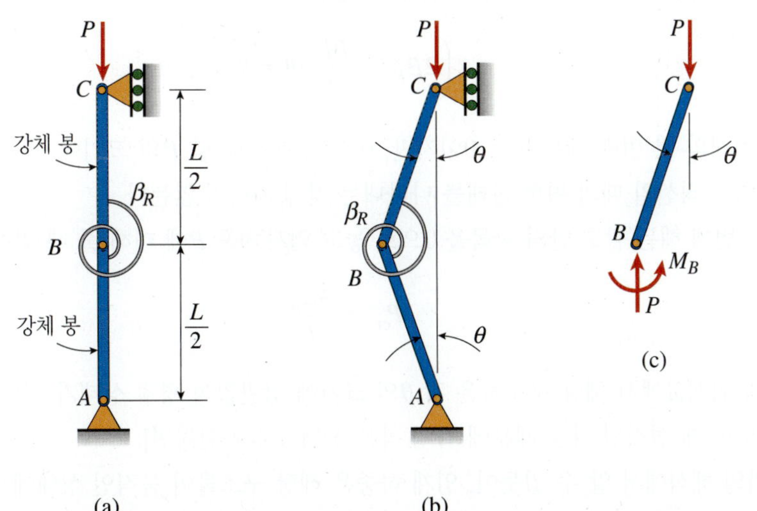

그림 11-2
두 개의 강체 봉과 회전스프링으로 구성된 이상화된 구조물의 좌굴

린다고 가정하자(그림 11-2b). 강봉은 미소 각 θ만큼 회전되고, 모멘트가 스프링 내에 발생된다. 이 모멘트의 방향은 해당 구조물을 본래의 직선 위치로 되돌리려는 방향이며, 따라서 이 모멘트는 **복원 모멘트(restoring moment)**라고 한다. 그렇지만 동시에 축압축력은 수평변위를 증가시키려는 성향이 있다. 따라서 두 개의 힘은 서로 반대의 효과를 주는데, 복원 모멘트는 변위를 감소시키려 하고 축력은 증가시키려는 경향이 있다.

이제 가한 힘을 제거할 때 무슨 일이 일어나는지 살펴보자. 만약 압축력 P가 비교적 작으면 복원 모멘트의 작용이 축력의 작용보다 지배적이게 되어 해당 구조물은 초기의 직선 위치로 복귀된다. 이 상태에서 구조물은 **안정(stable)**하다라고 말한다. 그렇지만 축력 P가 크면 해당 구조물이 파괴될 때까지 점 B의 수평변위가 증가하고 봉들은 점점 큰 각으로 회전한다. 이 상태에서 구조물은 **불안정(unstable)**하다고 하며, 횡좌굴에 의해 파괴된다.

임계 하중

안정과 불안정 상태의 변이는 **임계 하중(critical load,** P_{cr} 기호로 표기됨)으로 알려진 축력의 특별한 값에서 일어난다. 현재의 좌굴 모델에서의 임계 하중은 움직인 위치에서의 구조물을 고려하고(그림 11-2b) 그 평형을 관찰함으로써 구해질 수 있다.

첫째, 전체 구조물을 자유물체로 간주하여 지지점 A에 대해 모멘트들을 합해 보자. 이 단계는 지지점 C에는 아무런 수평 반력이 없다는 결론을 준다. 둘째, 봉 BC를 자유물체(그림 11-2c)로 간주하고 축력 P와 스프링 내의 모멘트 M_B를 받고 있음을 고려하자. 모멘트 M_B는 회전 강성도 β_R과 스프링의 회전각 2_θ를 곱한 값과 같다. 즉,

$$M_B = 2\beta_R\theta \qquad \textbf{(11-1a)}$$

각 θ는 작은 양이므로 점 B의 수평변위는 $\theta L/2$이다. 그러므로 봉 BC의 점 B에 대한 모멘트를 합한 평형방정식(그림 11-2c)은 다음과 같다:

$$M_B - P\left(\frac{\theta L}{2}\right) = 0 \qquad \textbf{(11-1b)}$$

이를 식 (11-1a)에 대입하면 다음 식을 얻는다.

$$\left(2\beta_R - \frac{PL}{2}\right)\theta = 0 \tag{11-2}$$

이 방정식의 첫 번째 해는 $\theta = 0$이지만, 이는 무용해로 힘 P의 크기에 상관없이 구조물이 완벽히 직선일 때의 평형 상태를 나타내는 것에 지나지 않는다.

두 번째 해는 괄호 안의 항목을 0으로 놓고 **임계 하중** P에 대해 풀 때 얻어진다:

$$P_{cr} = \frac{4\beta_R}{L} \tag{11-3}$$

하중의 임계값에서 해당 구조물은 각 θ의 크기에 상관없이 평형 상태가 된다[식 (11-1b)를 유도할 때 설정된 가정 때문에 각이 작은 상태를 유지한다면].

위의 해석에서 알 수 있듯이, 임계 하중은 해당 구조물이 움직인 상태에서 평형을 유지할 수 있는 유일한 하중이다. 이 크기의 하중에서 스프링 내 모멘트의 복원 효과는 축하중의 좌굴 효과와 정확히 일치한다. 그러므로 임계 하중은 안정과 불안정 상태의 경계를 나타낸다.

만약 축 하중이 P_{cr}보다 작으면, 스프링 내의 모멘트의 복원 효과가 지배적이게 되고 해당 구조물은 조그마한 움직임 이후에 수직 위치로 복귀한다; 만약 축 하중이 P_{cr}보다 크면, 축 하중이 지배적으로 되어 구조물은 좌굴된다.

$P < P_{cr}$이면, 해당 구조물은 **안정**하다.
$P > P_{cr}$이면, 해당 구조물은 **불안정**하다.

식 (11-3)은, **강성도를 증가시키든지 길이를 감소시키면** 구조물의 안정성이 커진다는 사실을 보여준다. 이 장 뒷부분에서 여러 형태의 기둥에 대한 좌굴 하중을 구할 때 이와 동일한 해석 과정이 적용된다.

요약

요약하면, 축 하중 P가 0으로부터 큰 값까지 증가함에 따라 이상적인 구조물(그림 11-2a)은 다음과 같이 거동한다.

축 하중이 임계 하중보다 작으면($0 < P < P_{cr}$), 해당 구조물이 완벽히 직선일 때 평형 상태이다. 평형이 **안정**을 뜻하므로 구조물은 움직임 이후에 초기 상태로 복귀한다. 그러므로 해당 구조물은 완벽히 직선($\theta = 0$)일 때만 평형 상태이다.

축 하중이 임계 하중보다 크면($P > P_{cr}$), 해당 구조물은 $\theta = 0$일 때 여전히 평형(직접적인 압축 상태에 있고 스프링에는 아무런 모멘트가 없으므로)이지만, 그 평형은 **불안정**이며 유지될 수 없다. 조그마한 움직임이라도 있으면 구조물은 좌굴된다.

임계 하중($P = P_{cr}$)이 되면, 점 B가 미소량만큼 수평으로 이동되더라도 평형 상태이다. 즉, $\theta = 0$을 포함한 **임의의** 미소 각 θ에 대해서는 평형 상태이다. 그렇지만, 구조물은 안정도 불안정도 아닌 안정성과 불안정성의 경계에 위치한다. 이 상태를 **중립 평형(neutral equilibrium)**이라 한다.

이상적인 구조물의 세 가지 평형 상태는 축 하중 P와 회전각 θ의 그래프에 나타난다(그림 11-3). 두 개의 굵은 선(수직선 한 개와 수평선 한 개)은 평형 상태를 나타낸다. 평형 그림이 나뉘는 점 B를 **분기점(bifurcation point)**이라 한다.

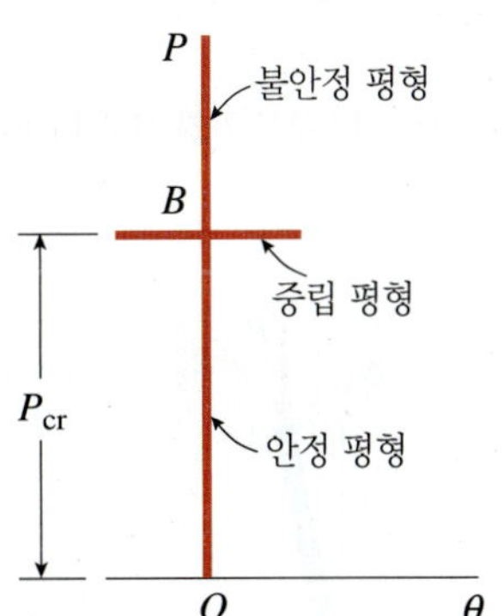

그림 11-3
이상적인 구조물의 좌굴에 대한 평형 개념도

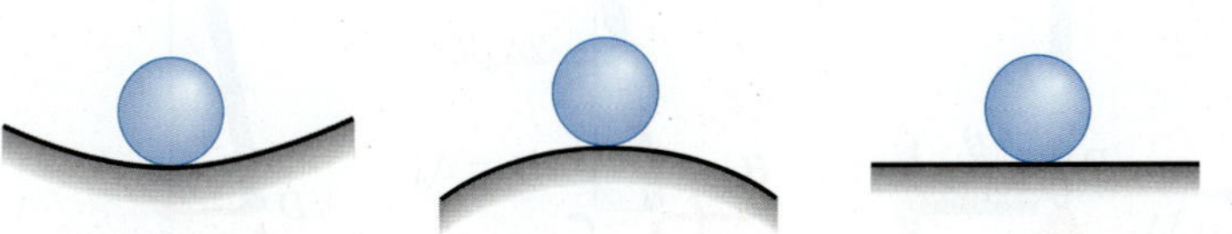

그림 11-4
안정, 불안정, 그리고 중립 평형 상태의 볼

중립 평형의 수평선은 각 θ가 시계방향 또는 반시계방향이 될 수 있기 때문에 좌측 또는 우측으로 확장된다. 그렇지만 θ가 미소각이라는 가정 때문에 이 선은 짧은 거리만 확장된다. (이 가정은 구조물이 처음으로 수직 위치로부터 벗어날 때 θ가 정말로 작기 때문에 꽤 유효하다. 만약 좌굴이 계속되고 θ가 커지면, "중립 평형"으로 이름 붙여진 선은 그림 11-12에서처럼 위쪽으로 굽어진다).

그림 11-3에 표현된 세 개의 평형 상태는 부드러운 곡면 위에 놓인 공의 평형과 유사하다(그림 11-4). 만약 곡면이 접시의 안쪽처럼 위로 오목하면 평형은 안정이며 움직인 공은 낮은 위치로 항상 되돌아간다. 만약 곡면이 돔처럼 위로 볼록하면, 공은 해당 면의 위에서 이론적으로는 평형 상태에 있을 수 있지만, 평형은 불안정하여 실제로는 볼이 굴러 떨어진다. 만약 곡면이 완전히 평면이면 볼은 중립 평형이고 놓인 그 자리에 있을 것이다.

다음 절에서 이상적인 탄성기둥은 그림 11-2에 보여준 좌굴 모델의 거동과 비슷하다는 것을 알 수 있다. 더욱이, 이 모델은 많은 종류의 구조 시스템과 기계 시스템에도 적합하다.

예제 11-1

그림 11-5는 두 개의 이상적인 기둥을 보여준다. 두 개 기둥은 모두 초기에 직선이고 수직이며, A에서 하중 P가 작용된다.

(a) 첫 번째 기둥(기둥 1, 그림 11-5a)은 B에서 롤러지지를 갖고 회전 강성도 $\beta_R = \beta L^2$인 CD에 연결된 강체 봉 ABC로 구성된다.

(b) 두 번째 기둥(기둥 2, 그림 11-5b)은 B에서 롤러지지를 갖고 D에서 스프링 지지를 갖는 하나의 강체 봉 $ABCD$이다.

그림 11-5

예제 11-1: 두 개의 이상적인 구조물은 강체 봉으로 구성된다: (a) C에서 회전 탄성 연결부를 가진 기둥 1, (b) D에서 이동 탄성 지지로 지지된 기둥 2, (c) 기둥 1의 ABC 보의 자유물체도, (d) 기둥 2의 자유물체도

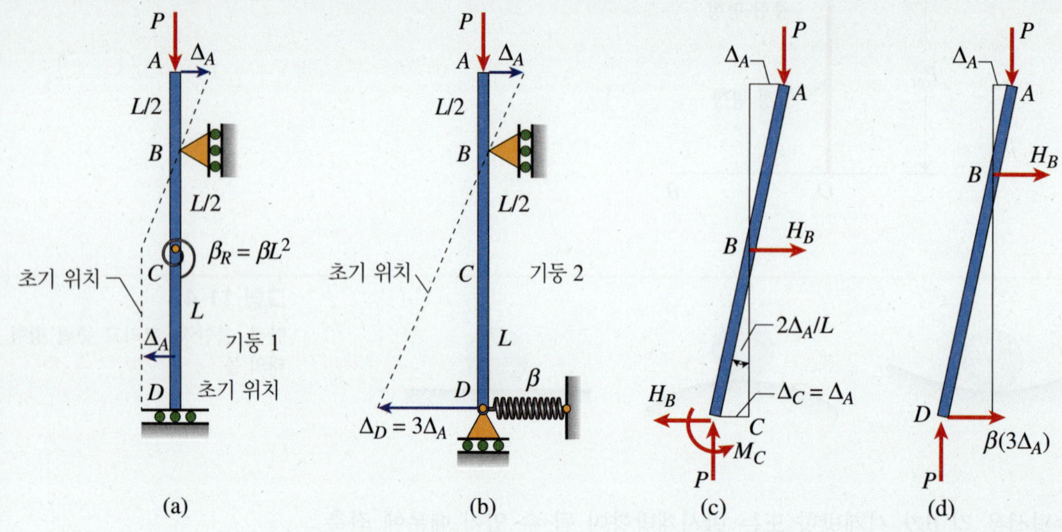

기둥 1은 회전되지 않는 이동지점을 가지는 반면, 기둥 2는 D에서 강성 β인 이동스프링을 가진 롤러지지를 가진다. 각 기둥에 대한 임계 하중 P_{cr}을 구하라.

풀이

문제풀이 4단계 접근방법을 사용한다. 효율적인 풀이를 위하여 필요에 따라 단계를 합한다.

Part (a): 구조물 1

1. **개념화**[가정, 스케치]: A에서 작은 수평변위 Δ_A를 일으키는 외부 하중 P에 의해 유발된 움직인 위치에서 기둥 1의 평형을 고려해보자(그림 11-5a). 기둥 전체의 수평력의 평형으로부터 B 위치의 수평 반력 $H_B = 0$이다. 봉 ABC의 자유물체도를 완성한다(그림 11-5c). 여기서 $\Delta_C = \Delta_A$이고 봉 ABC 회전은 $\Delta_A/(L/2) = 2\Delta_A/L$이다.

2. **분류**[단순화, 분류화]: 봉 ABC의 회전은 그 회전크기가 작기 때문에 $2\Delta_A/L$로 표현된다. 그러므로 C에서 탄성연결 저항모멘트는 스프링의 회전 강성도 β_R과 회전크기를 곱하여 $M_c = (\beta_R)(2\Delta_A/L)$가 된다.

3. **해석**[수치 계산; 적절한 식의 선정, 수학적 해를 구함]: 그림 11-5c의 C에 대해 모멘트에 관한 평형방정식을 세워 P에 대해 풀면, 다음과 같이 기둥 1의 임계 하중 P_{cr1}을 구할 수 있다:

$$P_{cr1} = \frac{M_C}{2\Delta_A} = \frac{\beta_R\left(\dfrac{2\Delta_A}{L}\right)}{2\Delta_A} = \frac{\beta_R}{L} = \beta L \qquad \text{(a)}$$

4. 최종 단계[결론; 해의 검토—해가 온당한가? 단위는 바른가? 비슷한 문제와 비교하였을 때 어떠한가?]: 기둥 1의 좌굴 모드형상은 그림 11-5a에서 보인 변형된 형태이다.

Part (b): 기둥 2

1, 2. 개념화[가정, 스케치]: 그림 11-5b의 수평변위 Δ_A에 의해 변형된 위치에서 기둥 2의 평형을 분석한다. 기둥 전체의 자유물체도(그림 11-5d)에서 수평하중에 대한 평형을 고려하면,

$$H_B = -(\beta)(3\Delta_A) \qquad \text{(b)}$$

3. 해석: 그림 11-5d의 D에서 모멘트 평형을 고려하면, 임계 하중 P_{cr2}를 구할 수 있다:

$$P_{cr2} = \frac{-H_B\left(\frac{3L}{2}\right)}{4\Delta_A} = \frac{9}{8}\beta L \qquad \text{(c)}$$

4. 최종 단계: 기둥 2의 좌굴 모드형상은 그림 11-5b에서 보인 변형된 형태이다.

결합모델과 분석

1. 개념화: 이제 그림 11-5e에서 보는 바와 같이 기둥 1과 2의 특성을 하나의 기둥으로 결합한 보다 복잡한 구조모델을 고려해보자. 이 이상화 구조물은 C와 D에서 각각 회전 강성도 β_{R1}과 β_{R2}를 갖는 탄성 회전스프링들을 갖는다. 롤러지지는 B에 유지되며, D의 이동 지지는 강성도 β인 탄성 이동스프링으로 제약된다. 작은 수평변위 Δ_C와 Δ_D가 기둥의 가능한 변형을 결정짓는 자유도로 고려된다. (선택적으로 θ_B와 θ_D가 변형된 구조물의 임의의 위치를 묘사하기 위하여 자유도로 선택될 수도 있다.) 그러므로 이 결합모델은 2개의 자유도를 갖고, 따라서 2개의 좌굴 모드형상들과 연관된 좌굴 모드를 초래한 2개의 임계 하중들을 가진다. 대조로 기둥 1과 2는 1개의 자유도를 가진 구조물들로 그림 11-5a와 b에서 묘사한 바와 같이 각 구조물의 좌굴 형상을 정의하기 위해 오직 Δ_A만 필요하다.

2. 분류: 만약 결합구조물에서 회전스프링 β_{R2}가 무한정 강하고 이동스프링 강성도 $\beta = 0$이면(단 β_{R1}은 유한), 2개의 자유도(2 DOF)인 이 결합모델은 그림 11-5a의 단자유도(SDOF)가 된다. 비슷하게 그림 11-5e에서 회전스프링 β_{R1}이 무한정 강하고 $\beta_{R2} = 0$이면(단, 이동스프링 강성도 β는 유한), 이 결합모델은 그림 11-5b의 모델이 된다. 그러므로 기둥 1과 2에 대한 임계 하중[식 (a)와 (c)]은 그림 11-5e의 일반적 결합모델의 특수한 경우로 볼 수 있다.

3. 해석: 이제 그림 11-5e에서 보인 2DOF 모델의 일반적인 해를 찾아보고, 기둥 1과 2의 임계 하중이 이러한 일반적인 해로부터 구해질 수 있음을 증명해보자.

첫째로 그림 11-5f의 변형된 상태에서의 전체 2DOF 모델의 평형을 생각하자. 수평방향에 대한 평형을 고려하면, $H_B = \beta\Delta_D$이다. 그림 11-5f 내의 회전각 θ_B와 θ_D는 변위 Δ_C와 Δ_D로 다음과 같이 표현된다.

$$\theta_D = \frac{\Delta_D - \Delta_C}{L} \qquad \theta_B = \frac{2}{L}\Delta_C \qquad \text{(d)}$$

그림 11-5(계속)

(e) 기둥 1과 2의 결합모델, (f) 결합모델의 자유물체도, (g) 결합모델에서의 봉 ABC의 자유물체도

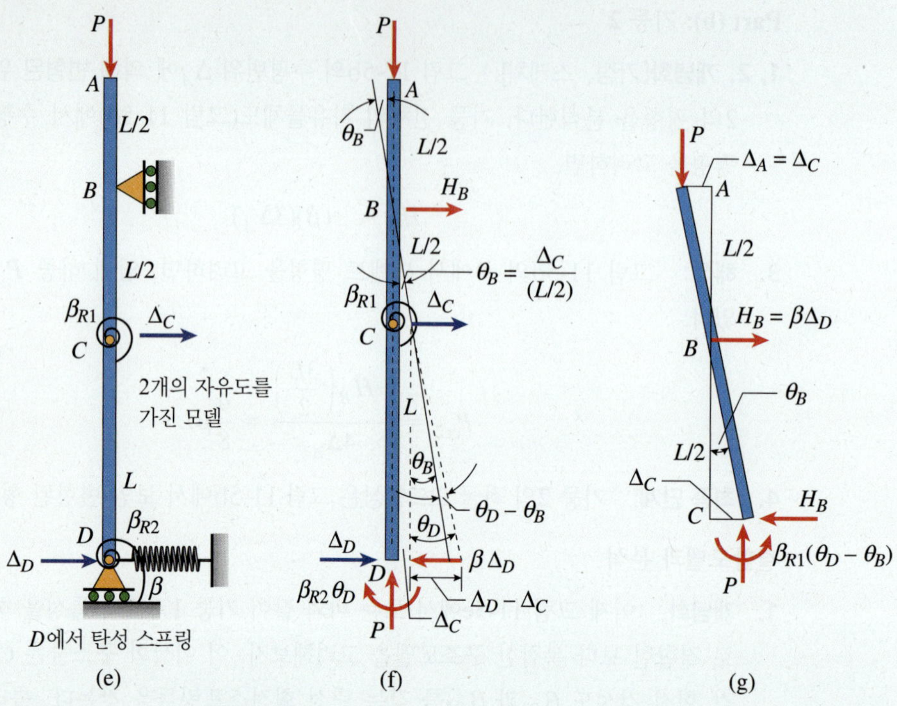

자유물체도 ABC에 대해 B에서 모멘트 평형을 고려하면 다음 식이 된다(그림 11-5g). 이때 C에서의 모멘트는 회전스프링 강성도 β_{R1}과 상대적인 회전각 $(\theta_D - \theta_B)$를 곱한 값이 된다.

$$2P\Delta_C - \beta\Delta_D \frac{L}{2} + \beta_{R1}(\theta_D - \theta_B) = 0$$

식 (d)로부터 θ_D와 θ_B를 대입하면, 미지수인 변위 Δ_C와 Δ_D로 방정식이 표현된다:

$$\left(2P - \frac{3\beta_{R1}}{L}\right)\Delta_C + \left(\frac{\beta_{R1}}{L} - \frac{L\beta}{2}\right)\Delta_D = 0 \qquad \text{(e)}$$

두 번째 방정식은 봉 CD만의 자유물체도로부터 변형된 구조물의 평형방정식을 고려하면 얻을 수 있다. 봉 CD에 대해 C에서의 모멘트 평형을 고려하면 다음 방정식을 얻게 된다.

$$P(\Delta_D - \Delta_C) - \beta_{R1}(\theta_D - \theta_B) - \beta_{R2}\theta_D - \beta\Delta_D L = 0$$

위 식에 θ_D와 θ_B를 대입하면, 다음 식을 얻을 수 있다.

$$\left(\frac{3\beta_{R1}}{L} - P + \frac{\beta_{R2}}{L}\right)\Delta_C + \left(P - \frac{\beta_{R1}}{L} - \frac{\beta_{R2}}{L} - L\beta\right)\Delta_D = 0 \qquad \text{(f)}$$

이제 2개의 대수방정식[식 (e)와 (f)]과 2개의 미지수(Δ_C와 Δ_D)가 있게 된다. 식 (e)와 (f)를 행렬형태로 표현하면 아래와 같게 된다.

$$\begin{pmatrix} 2P - \dfrac{3\beta_{R1}}{L} & \dfrac{\beta_{R1}}{L} - \dfrac{L\beta}{2} \\ \dfrac{3\beta_{R1}}{L} - P + \dfrac{\beta_{R2}}{L} & P - \dfrac{\beta_{R1}}{L} - \dfrac{\beta_{R2}}{L} - L\beta \end{pmatrix} \begin{pmatrix} \Delta_C \\ \Delta_D \end{pmatrix} = \begin{pmatrix} 0 \\ 0 \end{pmatrix} \tag{g}$$

이러한 제차방정식은 식 (g)의 계수행렬의 행렬식이 0이 될 때만 무용해가 아닌 해를 가질 수 있다. 만약 두 개의 탄성 연결부가 같은 회전 강성도 $\beta_{R1} = \beta_{R2} = \beta L^2$ 이면, 식 (g)는 아래와 같다.

$$\begin{pmatrix} 2P - 3L\beta & \dfrac{L\beta}{2} \\ 4L\beta - P & P - 3L\beta \end{pmatrix} \begin{pmatrix} \Delta_C \\ \Delta_D \end{pmatrix} = \begin{pmatrix} 0 \\ 0 \end{pmatrix} \tag{h}$$

그러므로 식 (h)의 계수행렬의 행렬식(특성방정식으로도 알려짐)은

$$P^2 - \left(\frac{17}{4}\beta L\right)P + \frac{7}{2}(\beta L)^2 = 0 \tag{i}$$

2차 근의 공식으로 식 (i)를 풀면, 임계 하중에 대한 2개 값을 구할 수 있다:

$$P_{cr1} = \beta L\left(\frac{17 - \sqrt{65}}{8}\right) = 1.117\beta L$$

$$P_{cr2} = \beta L\left(\frac{17 + \sqrt{65}}{8}\right) = 3.13\beta L$$

그림 11-5(계속)

(h) 결합모델에 대한 좌굴 모드현상

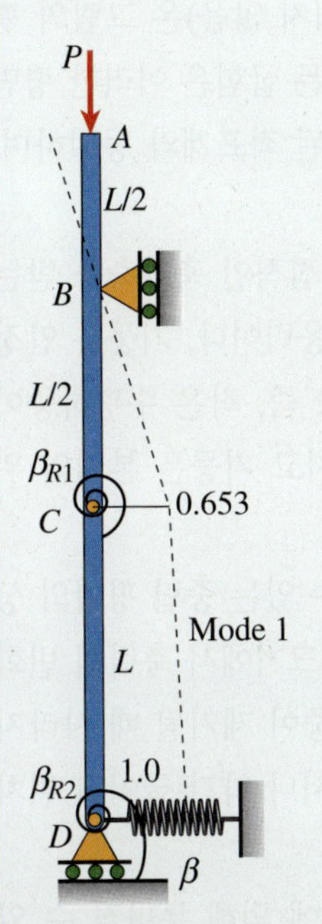

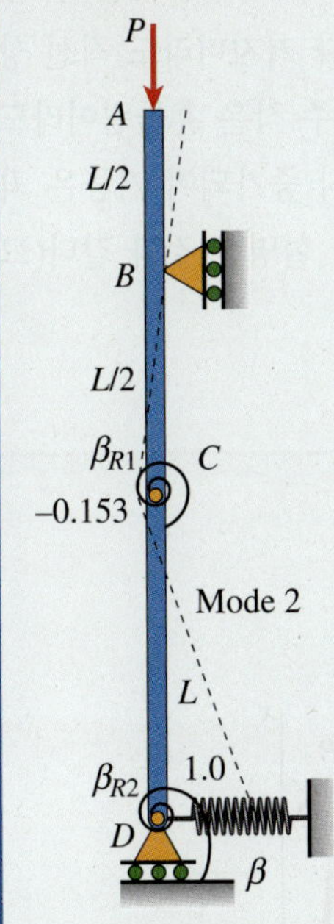

4. 최종 단계:

이 값들은 탄성 연결부 회전 강성도가 $\beta_{R1} = \beta_{R2} = \beta L^2$일 때, 결합된 2DOF 시스템의 고유치들이다. 일반적으로 임계 하중의 작은 값이 관심의 대상인데, 이는 구조물이 작은 값일 때 우선적으로 좌굴되기 때문이다. P_{cr1}과 P_{cr2}를 식 (e)와 (f)에 대입하면 각 임계 하중에 대응하는 좌굴 모드형상(고유벡터)을 구할 수 있다.이러한 고유벡터는 아래와 같으며, 그림 11-5h는 그 형상을 보여준다:

$$\Phi_1 = \begin{pmatrix} 0.653 \\ 1 \end{pmatrix} \quad \Phi_2 = \begin{pmatrix} -0.153 \\ 1 \end{pmatrix}$$

통합모델의 구조물 1과 2로의 적용

회전스프링 강성도 β_{R1}이 유한하고 회전스프링 강성도 β_{R2}가 무한히 크고 이동스프링 강성도 β가 0에 가까우면, 결합모델(그림 11-5e)은 기둥 1로 간주되고 식 (g)로부터 얻어진 임계 하중은 식 (a)와 같게 된다. [선택적으로, 식 (e)에서 Δ_C와 Δ_D를 같게 하고 $b = 0$로 두면, 식 (a)의 P_{cr1}을 확인할 수 있다.] 반대로 회전스프링 강성도 β_{R1}이 무한하고 회전스프링 강성도 β_{R2}가 0이 되고 이동스프링 강성도 β가 유한하면, 식 (g)의 해는 식 (c)에서 보인 기둥 2의 임계 하중을 주게된다.

11.3 핀지지된 기둥

핀지지된 가느다란 기둥을 해석함으로써 기둥의 안정 거동을 살펴본다(그림 11-6a). 기둥은 끝단 단면의 도심에 작용되는 수직하중 P를 받고 있다. 기둥 자체는 완벽히 직선이며 후크의 법칙을 따르는 선형탄성 재료로 만들어져 있다. 기둥이 아무런 결함이 없다고 가정되기 때문에 **이상적인 기둥(ideal column)**이라고 한다.

해석하기 위해 지지점 A를 원점으로 하고 기둥의 길이방향을 x축으로 하는 좌표계를 설정한다. y축은 그림의 좌측으로 향하고, z축(그림에서는 보이지 않음)은 그림의 평면으로부터 튀어나오는 방향이다. xy평면은 기둥의 대칭면이며 모든 굽힘은 이러한 평면 내에 있다고 가정한다(그림 11-6b). 좌표계는 이전에 보에서 사용된 좌표계와 동일하며, 이는 기둥을 시계방향으로 90° 회전하면 얻을 수 있다.

축 하중 P의 값이 작으면, 기둥은 완벽히 직선을 유지하고 직접적인 축압축을 받는다. 유일한 응력은 방정식 $\sigma = P/A$로부터 얻어지는 균일한 압축응력이다. 기둥은 **안정 평형(stable equilibrium)**이며, 움직임 뒤에 직선 위치로 복귀한다. 즉, 작은 수평하중이 작용되고 기둥이 휘면, 수평하중이 제거될 경우 수평변형이 사라지고 기둥은 본래의 위치로 복귀한다.

축 하중 P가 점차 커짐에 따라 기둥이 굽어진 형상을 유지할 수 있는 **중립 평형**의 상태에 도달하게 된다. 이때의 하중값은 **임계 하중** P_{cr}이다. 이 하중 크기에서 축력의 변화 없이 작은 수평변위를 지탱할 수 있다. 즉, 작은 수평하중은 그 하중이 제거될 때 사라지지 않는 굽어진 형상을 만든다. 그러므로 임계 하중은 직선 위치에서나 약간 굽어진 위치에서 평형 상태로 기둥을 유지시킬 수 있다.

하중이 더 커지면, 기둥은 **불안정**해져서 좌굴, 즉 과도한 굽힘에 의해 무너질 수 있다. 현재 논의하고 있는 이상적인 경우에는 축력 P가 임계 하중보다 커지더라도 직선 상태에서 평형이 될 수 있다. 그렇지만 평형이 불안정하기 때문에 아주 작은 흔들림이라도 기둥이 옆으로 처질 것이다. 일단 그런 일이 발생하면, 처짐은 즉시 증가되어 기둥은 좌굴에 의해 무너진다. 거동은 이상적인 좌굴 모델에 대해 앞 절에서 설명한 것과 같다(그림 11-2).

그림 11-6

핀지지된 기둥: (a) 이상적인 기둥, (b) 좌굴 형상, (c) 단면에 작용하는 축력 P와 굽힘모멘트 M

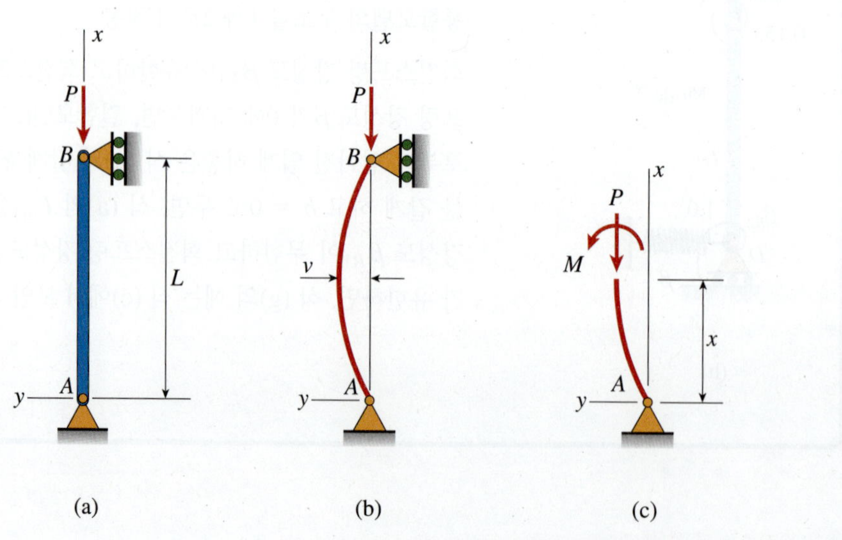

축 하중 P에 의해 압축을 받는 이상적인 기둥의 거동(그림 11-6a, b)은 아래와 같이 요약된다.

$P < P_{cr}$이면, 기둥은 직선 위치에서 안정 평형이다.

$P = P_{cr}$이면, 기둥은 직선 위치에서나 조금 굽어진 위치에서 중립 평형이다.

$P > P_{cr}$이면, 기둥은 직선 위치에서 불안정 평형이며, 조금의 움직임에서도 좌굴된다.

물론, 실제 기둥은 결함이 항상 존재하기 때문에 이상적인 방식으로 거동하지 않는다. 예를 들어 기둥은 완벽히 직선이지 않으며, 하중은 도심에 정확하게 위치하지 않는다. 그럼에도 불구하고 이상적인 기둥이 실제 기둥의 거동을 살펴볼 수 있는 통찰력을 제공하기 때문에 이러한 기둥을 먼저 설명한다.

기둥 좌굴의 미분 방정식

이상적인 핀지지 기둥의 임계 하중과 이에 해당하는 처짐형상을 구하기 위해(그림 11-6a), 보에 대한 처짐 곡선의 미분 방정식[9.2절의 식 (9-16a, b, c)] 중 하나를 사용한다. 이 식들은 기둥이 보처럼 굽어질 수 있기 때문에 좌굴된 기둥에 적용할 수 있다(그림 11-6b).

비록 4계 미분 방정식(하중 방정식)과 3계 미분 방정식(전단력 방정식)이 기둥을 해석하는 데 알맞지만, 여기서는 일반해가 항상 가장 단순해지는 2계 미분 방정식(굽힘모멘트 방정식)을 사용한다. **굽힘모멘트 방정식**[식 (9-16a)]은 다음과 같다.

$$EIv'' = M \tag{11-4}$$

여기서, M은 임의 단면에서 굽힘모멘트이고, v는 y 방향으로의 수평 처짐, 그리고 EI는 xy평면 내에서의 굽힘에 대한 굽힘 강성이다.

좌굴된 기둥의 끝단 A로부터 거리 x만큼 떨어진 위치에서의 굽힘모멘트 M은 그림 11-6c에서 양의 방향으로 작용한다. 굽힘모멘트의 부호는 이전 장에서 보인 것과 같다. 즉, 양의 굽힘모멘트는 양의 곡률을 생성한다(그림 9-3, 9-4 참조).

단면에서 작용하는 축 하중 P는 그림 11-6c에 보인 바와 같다. 지지점에 작용하는 수평력이 없기 때문에 기둥에서 전단력은 없다. 그러므로 점 A에 대한 모멘트의 평형으로부터 다음 식이 얻어진다.

$$M + Pv = 0 \quad \text{또는} \quad M = -Pv \tag{11-5}$$

여기서, v는 단면의 처짐이다.

굽힘모멘트에 대해 동일한 이 방정식은 기둥이 좌측이 아닌 우측으로 좌굴한다고 가정할 때 얻어진다(그림 11-7a). 기둥이 우측으로 좌굴할 때 처짐 그 자체는 $-v$이지만, 점 A에 대한 축력의 모멘트도 부호가 달라진다. 그러므로 점 A에 대한 모멘트의 평형방정식(그림 11-7b)은 다음과 같다.

$$M - P(-v) = 0$$

그러므로 이 방정식은 앞의 굽힘모멘트 M에 대한 동일한 표현식을 주게 된다.

처짐 곡선의 미분 방정식(식 11-4)은 이제 다음과 같게 된다.

$$EIv'' + Pv = 0 \tag{11-6}$$

그림 11-7

핀지지된 기둥(좌굴의 다른 방향)

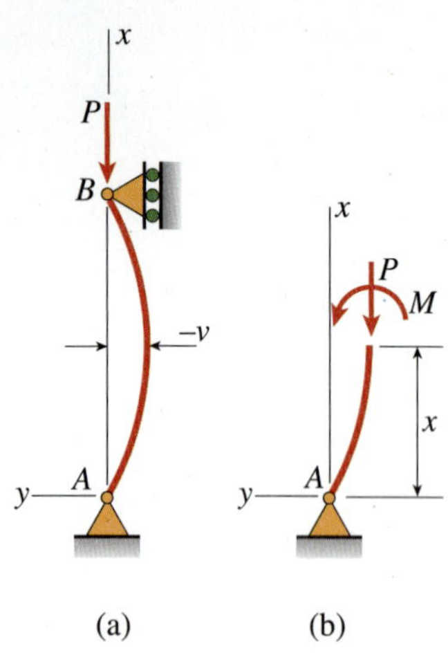

이 방정식(상수계수를 가진 동차 선형 2계 미분 방정식)을 풀면, 좌굴된 기둥의 임계 하중의 크기와 처짐 형상을 구할 수 있다.

9장과 10장에서 보 처짐을 구할 때 풀었던 것과 동일한 기본적인 미분 방정식을 풀어서 기둥의 좌굴을 해석한다. 그렇지만 두 종류의 해석에는 기본적인 차이가 있다. 보 처짐의 경우에는 식 (11-4)에서 나타나는 굽힘모멘트 M은 하중만의 함수이며, 보의 처짐에는 종속적이지 않다. 좌굴의 경우 굽힘모멘트는 처짐 자체의 함수이다[식 (11-5)].

그러므로 굽힘 해석의 새로운 형태를 접하게 된다. 이전 내용에서는 구조물의 처짐형상은 고려되지 않았고, 평형방정식은 **변형되지 않은** 구조물의 기하를 근간으로 했다. 그렇지만 이제 **변형된** 구조물의 기하가 평형방정식을 기술하는 데 고려된다.

미분 방정식의 해

미분 방정식[식 (11-6)]의 해를 간편하게 기술하기 위하여, 다음 기호를 도입한다.

$$k^2 = \frac{P}{EI} \quad \text{또는} \quad k = \sqrt{\frac{P}{EI}} \qquad \textbf{(11-7a, b)}$$

여기서, k는 항상 양의 값을 취한다. k는 길이의 역수 단위를 가지며, 그러므로 kx와 kL 같은 양은 무차원이 된다.

이 기호를 사용하면, 식 (11-6)은 다음 형태로 다시 쓸 수 있다.

$$v'' + k^2 v = 0 \qquad \textbf{(11-8)}$$

수학에서 이 방정식의 **일반해(general solution)**는 다음과 같다.

$$v = C_1 \sin kx + C_2 \cos kx \qquad \textbf{(11-9)}$$

여기서, C_1와 C_2은 적분 상수이다(이는 기둥의 경계조건, 즉 단부조건으로부터 구해진다). 해에서 임의 개수의 상수(여기서는 2개)는 미분 방정식의 차수와 일치한다. 그리고 v에 대한 표현식[식 (11-9)]을 미분 방정식[식 (11-8)]에 대입하면 양변이 같게 되어 해가 검증된다.

해[식 (11-9)]에서 나타난 **적분 상수**를 구하기 위해 기둥 양단에서의 경계조건 을 사용한다; 즉, $x = 0$와 $x = L$일 때 처짐은 0이다(그림 11-6b 참조):

$$v(0) = 0 \quad \text{그리고} \quad v(L) = 0 \qquad \textbf{(11-10a, b)}$$

첫 번째 조건으로부터 $C_2 = 0$이 되고, 그러므로

$$v = C_1 \sin kx \qquad \textbf{(11-10c)}$$

두 번째 조건으로부터

$$C_1 \sin kL = 0 \qquad \textbf{(11-10d)}$$

이 방정식으로부터 $C_1 = 0$ 또는 $\sin kL = 0$임을 알 수 있다. 두 가지 가능성을 고려해 보자.

경우 1. 만약 상수 C_1이 0이면, 처짐 v는 역시 0이고[식 (11-10c) 참조]; 그러므로 기둥은 직선으로 남는다. 그뿐 아니라 C_1이 0이 되면, 식 (11-10d)는 어떤 값의 kL에 대해서도 만족된다. 결과적으로 축 하중 P는 어떤 값이라도 될 수 있다[식 (11-7b) 참조]. 이

러한 미분 방정식의 해(수학에서는 **무용해**로 불림)는 하중-처짐 선도(그림 11-8)의 수직축으로 표현된다. 이는 압축 하중 P의 작용하에 직선 위치(처짐이 없음)에서 평형 상태(안정 또는 불안정)에 있는 이상적인 기둥의 거동을 보여준다.

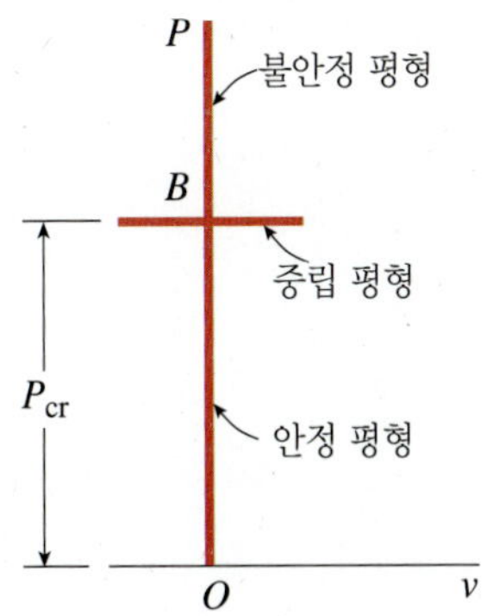

그림 11-8
이상적인 선형탄성 기둥의 하중-처짐 선도

경우 2. 식 (11-10d)를 만족시키는 두 번째 가능성은 **좌굴 방정식**으로 알려진다음 방정식에 의해 주어진다:

$$\sin kL = 0 \tag{11-11}$$

이 방정식은 $kL = 0, \pi, 2\pi, \ldots$일 때 만족된다. 그렇지만 $kL = 0$는 $P = 0$임을 의미하기 때문에 이 해는 쓸모가 없다. 그러므로 여기서 고려해야 할 해는,

$$kL = n\pi \qquad n = 1, 2, 3, \ldots \tag{11-12}$$

즉 [식 (11-7a) 참조]:

$$P = \frac{n^2\pi^2 EI}{L^2} \qquad n = 1, 2, 3, \ldots \tag{11-13}$$

이 식은 좌굴 방정식을 만족하고 미분 방정식의 해(무용해 제외)를 제공하는 P의 값들을 준다.

처짐 곡선의 방정식[식 (11-10c)와 (11-12)로부터]은 다음과 같다.

$$v = C_1 \sin kx = C_1 \sin \frac{n\pi x}{L} \qquad n = 1,2,3, \ldots \tag{11-14}$$

P가 식 (11-13)에 의해 주어진 값들 중의 하나를 가질 때만 해당 기둥이 하나의 굽힘 형상[식 (11-14)에 의해 주어진]을 갖는 것이 이론적으로 가능하다. 그 밖의 모든 P값에 대해서는 기둥이 직선을 유지하는 경우에만 평형이다. 그러므로 식 (11-13)에 의해 주어진 P값은 이 기둥의 **임계 하중**이다.

임계 하중

양단이 핀으로 지지된 기둥(그림 11-9a)에 대한 최소 임계 하중은 $n = 1$일 때 얻어진다:

$$P_{cr} = \frac{\pi^2 EI}{L^2} \tag{11-15}$$

그림 11-9b에서 보는 바와 같이 해당하는 좌굴형상(때로는 **모드형상**이라 함—예제 11-1 참조)은

$$v = C_1 \sin \frac{\pi x}{L} \tag{11-16}$$

이다. 상수 $C1$은 기둥 중간점에서의 처짐을 나타내며, 양수 또는 음수의 작은 값이 될 수 있다. 그러므로 P_{cr}에 대응하는 하중-처짐 선도의 부분은 수평 직선이다(그림 11-8). 그러므로 비록 방정식이 유효하기 위해 작은 값이 되어야 하지만, 임계 하중에서의 처짐은 정의되지 않는다. 분기점 B 이상에서 평형은 불안정하고, 점 B 이하에 서는 안정하다.

핀지지 기둥의 첫 번째 모드에서의 좌굴은 기둥좌굴의 **기본형태(fundamental case)**라 불린다.

이 절에서 설명한 좌굴의 형태를 **오일러 좌굴(Euler buckling)**이라 하며, 이상적인

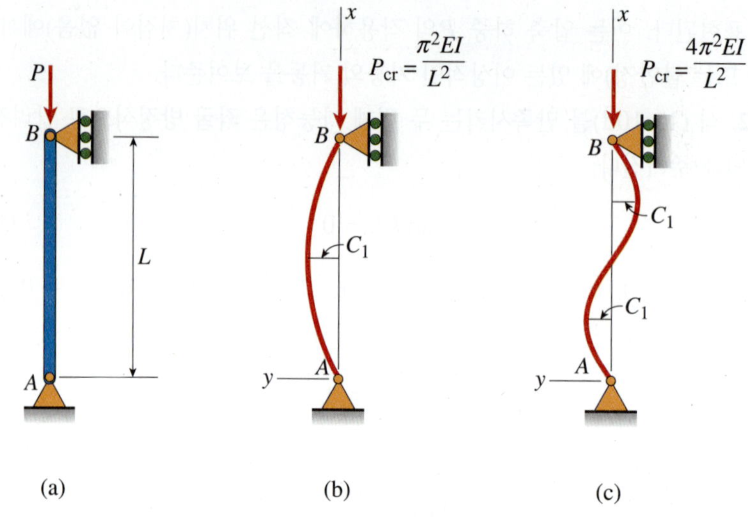

그림 11-9
핀지지된 이상적인 기둥의 좌굴형상:
(a) 초기의 직선 기둥,
(b) $n = 1$일 때의 좌굴형상,
(c) $n = 2$일 때의 좌굴형상

탄성 기둥에 대한 임계 하중은 종종 **오일러 하중(Euler load)**이라 불린다. 일반적으로 역사상 가장 위대한 수학자로 알려진 유명한 수학자 레온하르트 오일러(Leonhard Euler, 1707~1783)는 가느다란 기둥의 좌굴을 관찰하고 그 좌굴 하중을 구한 첫 번째 사람이었다(오일러는 1744년에 연구 결과를 발표했다); 참고문헌 11-1 참조.

식 (11-13)과 (11-14)에서 n의 고차값들을 취하면 임계 하중과 이에 해당하는 좌굴모드를 무한정하게 얻을 수 있다. $n = 2$에 대한 모드형상은 그림 11-9c에서 보인 바와 같이 두 개의 반파장을 갖는다. 임계 하중의 크기는 n의 제곱에 비례하며, 좌굴 형상에서의 반파장의 수는 n과 같다.

고차 모드의 좌굴형상은 축 하중 P가 최소 임계 하중에 도달할 때 기둥이 좌굴하기 때문에 실제적인 관심 대상이 아니다. 첫 번째 이상의 고차 좌굴모드를 얻는 유일한 방법은 그림 11-9에서 나타낸 기둥의 중간점과 같이 중간 위치에 기둥의 수평 지지점을 제공하는 것이다(이 절 끝의 예제 11-2 참소).

일반적인 유의사항

식 (11-15)로부터 기둥의 좌굴 하중은 굽힘 강성 EI에 비례하고 길이의 제곱에 반비례한다. 특별한 관심을 둘 것은 비례 한도 또는 항복 응력과 같은 양으로 표현되는 재료 자체의 강도가 임계 하중의 식에 나타나지 않는다는 점이다. 그러므로 강도성질을 증가시 켜도 가느다란 기둥의 좌굴 하중을 올리지 못한다. 임계 하중은 굽힘 강성을 증가시키고, 길이를 짧게 하고, 추가적인 수평지지를 제공함으로써 커질 수 있다.

굽힘 강성은 좀 더 "단단한" 재료(즉, 탄성 계수 E가 좀 더 큰 재료)를 사용하거나 보가 관성모멘트를 증가시키면 좀 더 단단해지는 것과 같이 단면의 관성모멘트 I를 증가시키도록 해당 재료를 분산시킴으로써 증가된다. 관성모멘트는 재료를 단면의 도심으로부터 멀리 분산시킴으로써 커진다. 그러므로 일반적으로 속이 빈 관형 부재가 똑같은 단면적을 가진 속이 찬 단면보다 기둥으로 사용하기에 경제적이다.

관 부재의 벽 두께를 감소시키고 그 단면치수를 증가(단면적을 상수로 유지하면서)시켜도 관성모멘트가 증가되기 때문에 임계 하중이 증가한다. 그렇지만 이 과정은 결국 벽 자체가 불안정해지기 때문에 실제적으로 한계가 있다. 이러한 벽 자체의 불안정이 발생하면, 국부적인 좌굴이 작은 골 형태로 발생하거나 기둥의 벽 내에 주름이 생긴다. 그러므로 이 장에서 논의하는 기둥의 **전반적인 좌굴**과 그 부분들의 **국부 좌굴**을 구별해야 한다. 후자는 좀 더 자세한 관찰이 필요하며, 이 책의 범주를 넘는다.

앞의 해석에서(그림 11-9 참조), xy평면은 기둥의 대칭면이며 좌굴은 이러한 평면 내에서 발생한다고 가정했다. 후자의 가정은 해당 기둥이 그림의 평면에 수직되는 횡지지를 가져 기둥이 xy평면 내에서 좌굴이 발생하도록 구속되는 경우에는 만족이 된다. 만약 기둥이 끝단에서만 지지가 되고 임의의 방향으로 좌굴될 수 있다면, 굽힘은 관성모멘트가 좀 더 작은 도심의 주축에 대해서 발생된다.

예를 들어 그림 11-10에서 보인 사각형 단면과 넓은 플렌지형 단면을 생각해보자. 각 경우에 관성모멘트 I_1은 관성모멘트 I_2보다 크다; 그러므로 기둥은 1-1평면 내에서 좌굴되고, 작은 관성모멘트 I_2가 임계 하중 공식에 사용되어야 한다. 만약 단면이 사각형이거나 원형이면, 모든 도심축이 동일한 관성모멘트를 가지므로 좌굴은 어느 평면에서라도 발생될 수 있다.

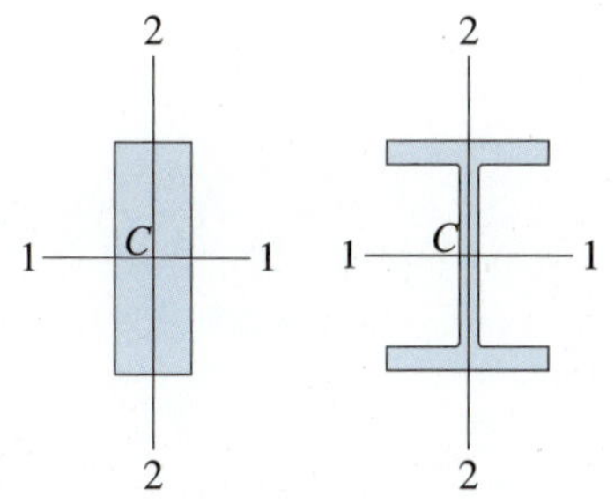

그림 11-10
$I_1 > I_2$인 주 도심축을 보여주는 기둥의 단면

임계 응력

기둥에 대한 임계 하중을 구하고 나면, 해당 하중을 단면적으로 나눔으로써 해당하는 **임계 응력**을 계산할 수 있다. 기본 형태의 좌굴(그림 11-9b)의 경우 임계 응력은 다음과 같다.

$$\sigma_{cr} = \frac{P_{cr}}{A} = \frac{\pi^2 EI}{AL^2} \qquad \textbf{(11-17)}$$

여기서 I는 좌굴이 발생되는 주축에 대한 관성모멘트이다. 이 방정식은 다음 기호 를 도입함으로써 좀 더 유용한 형태로 쓸 수 있다.

$$r = \sqrt{\frac{I}{A}} \qquad \textbf{(11-18)}$$

여기서 r은 굽힘평면 내 단면의 **회전반지름(radius of gyration)**이다.[2)]

$$\sigma_{cr} = \frac{\pi^2 E}{(L/r)^2} \qquad \textbf{(11-19)}$$

여기서 L/r은 **세장비(slenderness ratio)**라 불리는 무차원 비율이다:

$$\text{세장비} = \frac{L}{r} \qquad \textbf{(11-20)}$$

세장비는 기둥의 치수에만 의존된다. 길고 가느다란 기둥은 세장비가 높으며, 따라서 임계 응력이 낮다. 짧고 뭉툭한 기둥은 세장비가 낮으며 높은 응력에서 좌굴된다. 실제 기둥의 전형적인 세장비 값은 30~150 사이이다.

임계 응력은 하중이 임계값에 도달할 때 단면 위에 발생한 평균적인 압축 응력이다. 이 응력을 세장비의 함수로서 그래프를 그리면 **오일러 곡선(Euler's curve**, 그림 11-11)이 얻어진다. 그림에 나타난 곡선은 E = 200 GPa인 구조강에 대해 그려졌다. 곡선은 해당 방정식이 후크의 법칙을 사용하여 유도되었기

그림 11-11
E = 200 GPa이고 σ_{pl} = 250 MPa인 구조강의 오일러 곡선 그래프[식 (11-19)로부터]

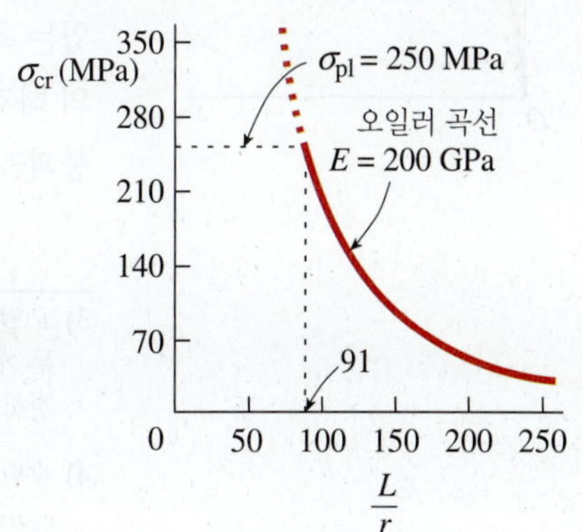

2) 회전반지름은 부록 D, D.3절에서 설명한다.

때문에 임계 응력이 구조강의 비례 한도보다 작을 때만 유효하다. 그러므로 구조강의 비례 한도(250 MPa)에서 수평선이 추가되었으며 오일러 곡선은 그 응력수준에서 끝나게 된다.[3)]

큰 처짐, 결함, 비탄성 거동의 영향

임계 하중은 하중이 정확하게 작용되고, 시공이 완벽하며, 재료가 후크의 법칙을 따르는 이상적인 기둥에 대해 유도되었다. 결과적으로 좌굴에서 작은 크기의 변형이 정의될 수 없음을 알았다.[4)] 그러므로 $P = P_{cr}$일 때 그림 11-12의 하중-처짐 선도에서 A라는 수평선에 의해 표현되는 조건인, 임의의 작은 변형을 가질 수 있다. (이 그림에서 해당 선도의 우측 반만 보이지만, 양측은 수직축에 대칭이다.)

이상적인 기둥의 이론은 곡률에 대해 2계 미분 v''를 사용했기 때문에 작은 처짐에 한정된다. 곡률에 대한 정확한 표현식[9.2절의 식 (9-19)]에 기초하여 좀 더 정확한 해석을 하면, 좌굴 시 처짐의 크기는 불확정성이 없다는 사실을 알 수 있다. 반면에 이상적인 선형탄성 기둥의 하중-처짐 선도는 그림 11-12의 곡선 B에 따라 위로 향한다. 그러므로 선형탄성 기둥이 좌굴하기 시작한 후에 하중을 증가시켜야 처짐에 대한 증가를 유발할 수 있다.

이제 기둥이 완벽히 시공되지 않았다고 가정하자; 예를 들면, 기둥이 초기의 작은 곡률로 결함을 가져 하중이 가해지지 않을 때 완벽히 직선이 아닐 수 있다. 이러한 결함은 그림 11-12의 곡선 C처럼 하중이 작용하자마자 처짐을 일으킨다. 작은 처짐에서 곡선 C는 직선 A에 점근선으로 접근한다. 하지만 처짐이 커짐에 따라 이것은 곡선 B에 접근한다. 결함이 클수록 곡선 C는 수직선에서 더 멀어지게 우측으로 움직인다. 반대로 기둥이 상당한 정밀도로 시공된다면, 곡선 C는 수직축과 수평선 A에 접근하게 된다. 선 A, B, C를 비교하면 큰 처짐은 대부분의 응용에서는 허용될 수 없기 때문에 실제로는 임계 하중이 탄성 기둥의 최대 하중지지 능력을 나타낸다고 본다.

마지막으로, 응력이 비례 한도를 넘어 재료가 더 이상 후크의 법칙을 따르지 않을 때 무슨 일이 일어나는지 살펴보자. 물론 하중-처짐 선도는 비례 한도에 도달하게 되는 하중 수준까지는 변하지 않는다. 그러므로 비탄성 거동의 곡선(곡선 D)은 탄성 곡선으로부터 벗어나 상승을 계속하다가 최대점에 도달한 후에 아래로 감소한다.

그림 11-12의 정확한 형상은 재료의 성질과 기둥의 치수에 달려 있지만, 거동의 일반적인 특성은 그림에 보인 곡선에 나타나 있다.

극단적으로 가느다란 기둥만이 임계 하중까지 탄성으로 남게 된다. 짧은 기둥은 비탄성으로 거동하며 D와 같은 곡선 형태를 보인다. 그러므로 비탄성 기둥에 의해 지지될 수 있는 최대 하중은 동일한 기둥의 오일러 하중보다 매우 작을 수도 있다. 게다가, 곡선 D의 하강부는 커져가는 변형을 지탱하기 위하여 작아지는 하중을 취하기 때문에 갑작스런 붕괴를 나타낸다. 대조적으로, 탄성 기둥의 곡선은 처짐이 증가함에 따라 위쪽을 향하므

그림 11-12

기둥의 하중-처짐 선도.
선 A: 처짐이 작을 때의 이상적인 탄성 기둥,
곡선 B: 처짐이 클 때의 이상적인 탄성 기둥,
곡선 C: 결함이 있는 탄성 기둥,
곡선 D: 결함이 있는 비탄성 기둥

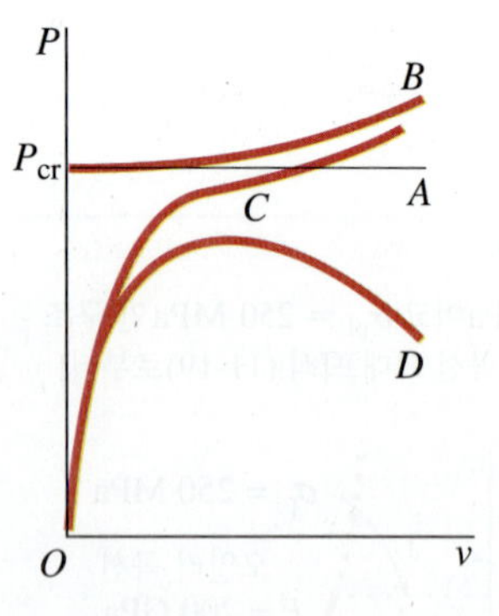

3) 오일러 곡선은 보편적인 기하형상이 아니다. 이 곡선은 때로 쌍곡선으로 잘못 불리는 데, 쌍곡선은 두 개의 변수가 있는 2차 다항식 방정식을 갖는다. 반면에 오일러 곡선은 두 개의 변수가 있는 3차 방정식의 그림이다.

4) 수학적인 용어로는 선형 고유치 문제를 푼 것에 해당한다 (예제 11-1 참조). 임계 하중은 고유치(*eigenvalue*)이며, 좌굴 모드형상은 고유함수(*eigenfunction*)에 해당한다.

로 처짐을 증가시키려면 좀 더 큰 하중을 필요로 하기 때문에 매우 안정적이다(비탄성 좌굴은 11.7절과 11.8절에서 좀 더 자세하게 설명한다).

기둥의 최적 형상

압축부재는 보통 그 길이에 걸쳐 단면이 동일하므로 균일 단면 기둥만 이 장에서 분석한다. 그렇지만 균일 단면은 최소 무게가 요구되는 경우에는 최적 형상이 아니다. 한정된 재료로 구성된 기둥의 임계 하중은 굽힘모멘트가 커지는 부분에 큰 단면을 갖도록 형상을 변화시킴으로써 증가될 수 있다. 예를 들면, 핀지지된 속이 찬 원형단면 기둥을 생각해보자. 그림 11-13a와 같은 형상의 기둥은 같은 재료량으로 만들어진 균일 단면 기둥보다 임계 하중이 클 것이다. 이러한 최적 형상을 구하는 수단으로 균일 단면 기둥은 때로 그 길이의 일부를 보강한다(그림 11-13b).

이제 임의의 방향으로 좌굴할 수 있는 핀지지된 기둥을 생각해보자(그림 11-14a). 물론 원형, 정사각형, 삼각형, 직사각형, 육각형 등의 속이 찬 단면을 가진 기둥을 가정한다(그림 11-14b). 그러면 흥미로운 문제가 발생한다: 주어진 단면적에 대해 어느 형상이 가장 효율적인 기둥을 만들까? 즉 어느 단면이 가장 큰 임계 하중을 가질 수 있을까? 물론 임계 하중은 해당 단면의 가장 작은 관성모멘트를 사용하여 오일러 공식 $P_{cr} = \pi^2 EI/L^2$ 으로 계산된다고 가정한다.

이 질문의 보편적인 답변은 “원형”이지만, 정삼각형의 단면은 같은 면적의 원형단면에 비해 임계 하중이 21% 더 크다(Problems 11.3-17 참조). 정삼각형의 임계 하중은 그 밖의 모양에 대해 얻어진 임계 하중보다 역시 크다; 그러므로 정삼각형이 최적의 단면형상이다(이론적인 논점만 기초로 할 때). 변단면을 갖는 기둥을 비롯한 최적의 기둥형상에 대한 수학적 해석은 참고문헌 11-4를 참조하라.

그림 11-13
불균일 단면 기둥

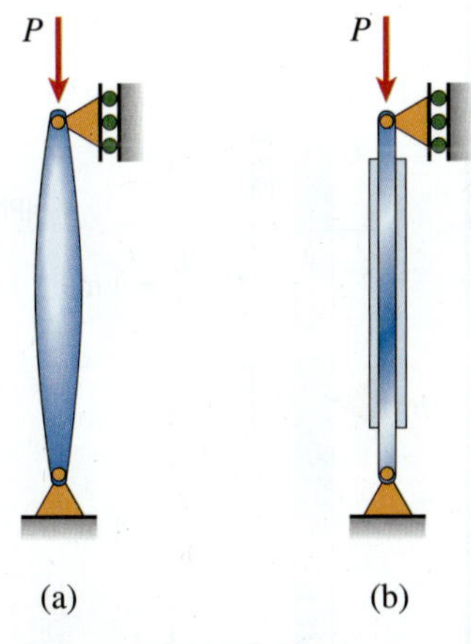

그림 11-14
어느 단면형상이 균일 단면 기둥을 위해 최적일까?

예제 11-2

길고 가느다란 기둥 ABC는 끝단에서 핀지지되었고 축 하중 P로 압축을 받는다(그림 11-15). 횡지지가 그림의 평면 내 중간점 B에서 제공된다. 그렇지만 그림의 평면에 수직방향의 횡지지는 양 끝단에서만 제공된다.

기둥은 탄성 계수 $E = 200$ GPa이고 비례 한도 $\sigma_{pl} = 300$ MPa인 넓은 플렌지형 단면 220강으로 시공된다. 기둥의 전체 길이는 $L = 8$ m이다.

기둥의 오일러 좌굴에 대해 안전율 $n = 2.5$를 사용하여 중간 높이에 횡지지를 갖는 가느다란 철골 기둥의 허용 하중 P_{allow}를 구하라.

풀이

문제풀이 4단계 접근방법을 사용한다.

그림 11-15

예제 11-2: 가느다란 기둥의 오일러 좌굴

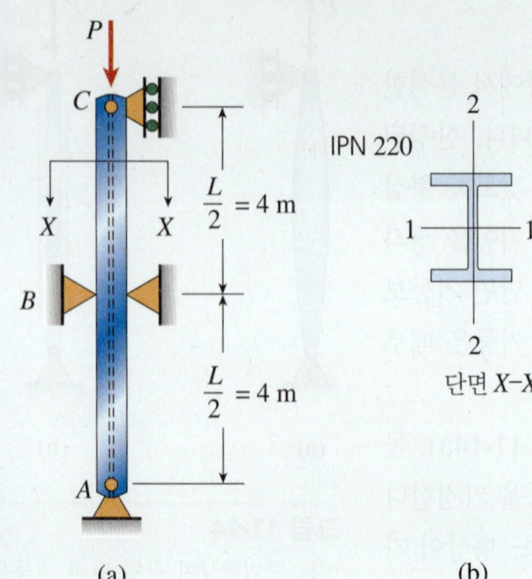

1. 개념화:

지지되는 형태 때문에 이 기둥은 2개의 주 굽힘평면 중의 하나로 좌굴된다. 하나의 가능성으로 그림의 평면으로 좌굴될 수 있는데, 이 경우에는 횡지지 간의 거리는 $L/2 = 4$ m이고 굽힘은 축 2-2에 대해 발 생한다(좌굴 모드형상에 대해서는 그림 11-9c 참조).

두 번째의 가능성으로는 축 1-1에 대한 굽힘으로 그림의 평면에 수직방향으로 좌굴하는 것이다. 이 방향으로의 유일한 횡지지는 끝단이기 때문에 횡지지 간의 거리는 $L = 8$ m이다(좌굴 모드형상에 대해서는 그림 11-9b 참조).

기둥의 성질: 표 F-2로부터 IPN 220 기둥의 관성모멘트와 단면적을 구하면 다음과 같다:

$$I_1 = 3{,}060 \text{ cm}^4 \qquad I_2 = 162 \text{ cm}^4 \qquad A = 39.5 \text{ cm}^2$$

2. 분류:

임계 하중: 기둥이 그림의 평면에서 좌굴하면, 임계 하중은 아래와 같다.

$$P_{cr} = \frac{\pi^2 EI_2}{(L/2)^2} = \frac{4\pi^2 EI_2}{L^2}$$

3. 해석:

숫자값들을 대입하면 임계 하중은 다음과 같이 계산된다.

$$P_{cr} = \frac{4\pi^2 EI_2}{L^2} = \frac{4\pi^2(200 \text{ GPa})(162 \text{ cm}^4)}{(8 \text{ m})^2} = 200 \text{ kN}$$

만약 그림의 평면에 수직인 방향으로 좌굴하면, 임계 하중은 다음과 같다.

$$P_{cr} = \frac{\pi^2 EI_1}{L^2} = \frac{\pi^2(200 \text{ GPa})(3{,}060 \text{ cm}^4)}{(8 \text{ m})^2} = 943.8 \text{ kN}$$

그러므로 이 기둥의 임계 하중(2개의 값 중에서 작은 값)은

$$P_{cr} = 200 \text{ kN}$$

이 되고, 좌굴은 그림의 평면에서 일어난다.

임계 응력: 임계 하중에 대한 계산은 재료가 후크의 법칙을 따를 때만 유효하므로, 임계 응력이 재료의 비례 한도를 초과하지 않는지를 검토할 필요가 있다. 임계 하중이 큰 경우에는 다음과 같은 임계 응력을 얻는다.

$$\sigma_{cr} = \frac{P_{cr}}{A} = \frac{943.8 \text{ kN}}{39.5 \text{ cm}^2} = 238.9 \text{ MPa}$$

이 응력은 비례 한도($\sigma_{pl} = 300$ MPa)보다 작으므로 두 개의 임계 하중 계산은 만족된다.

중간 높이에 횡지지를 갖는 가느다란 철골 기둥

4. 최종 단계:

허용 하중: 오일러 좌굴에 기초한 기둥의 허용 축 하중은

$$P_{\text{allow}} = \frac{P_{\text{cr}}}{n} = \frac{200 \text{ kN}}{2.5} = 79.9 \text{ kN}$$

이며, 여기서 $n = 2.5$은 요구된 안전율이다.

11.4 다른 지지 조건들을 갖는 기둥

핀지지된 기둥의 좌굴(앞 절에서 설명됨)은 보통 좌굴의 가장 기본적인 경우로 간주된다. 그렇지만 실무에서 엔지니어는 고정단, 자유단, 탄성지지 등 많은 지지 조건을 만난다. 여러 종류의 지지 조건을 가진 기둥의 좌굴 하중은 핀지지 기둥을 해석할 때 사용했던 것과 동일한 과정에 따라 처짐 곡선의 미분 방정식으로부터 구할 수 있다.

시공 중에 아래가 기초로 지지되고 위가 자유인 가느다란 콘크리트 기둥

과정은 다음과 같다. 첫째, 좌굴 상태로 가정된 기둥으로 기둥 내 굽힘모멘트에 대한 표현식을 얻는다. 둘째, 굽힘모멘트 방정식($EIv'' = M$)을 사용하여 처짐 곡선의 미분 방정식을 세운다. 셋째, 방정식을 풀어 2개의 적분 상수와 그 밖의 미지 값을 갖는 일반해를 얻는다. 넷째, 처짐 v와 처짐각 v'에 관련한 경계 조건을 적용하여 연립 방정식을 얻는다. 마지막으로, 이러한 방정식을 풀어 좌굴된 기둥의 임계 하중과 처짐형상을 얻는다.

다음은 세 가지 형태의 기둥을 논의하며 이러한 수학적 풀이 과정을 설명한다.

바닥고정 상단자유인 기둥

살펴볼 첫 번째 경우는 기초가 고정되고 상단이 자유이며 축 하중 P를 받는 이상적인 기둥이다(그림 11-16a).[5] 좌굴된 기둥의 처짐형상은 그림 11-16b과 같다. 이 그림으로부터 바닥에서 거리 x만큼 떨어진 위치에서의 굽힘모멘트는 다음과 같다.

$$M = P(\delta - v) \tag{11-21}$$

여기서 δ는 기둥 자유단에서의 처짐이다. 그러면 처짐 곡선의 미분 방정식은 다음과 같다.

$$EIv'' = M = P(\delta - v) \tag{11-22}$$

여기서, I는 xy평면에서의 좌굴에 대한 관성모멘트이다.

$k^2 = P/EI$[식 (11-7a)]을 사용하면, 식 (11-22)는 다음과 같이 정리된다.

$$v'' + k^2 v = k^2 \delta \tag{11-23}$$

이는 상수계수를 가진 2계 선형 미분 방정식이다. 그렇지만 이 방정식은 우변에 0이 아닌 항이 있기 때문에 핀지지 기둥의 미분 방정식[식 (11-8) 참조]보다 더 복잡하다.

식 (11-23)의 일반해는 두 부분으로 구성된다. (1) 우변을 0으로 대체하여 얻어진 동

5) 이 기둥은 1744년에 오일러가 처음으로 분석한 기둥이므로 특별히 흥미롭다.

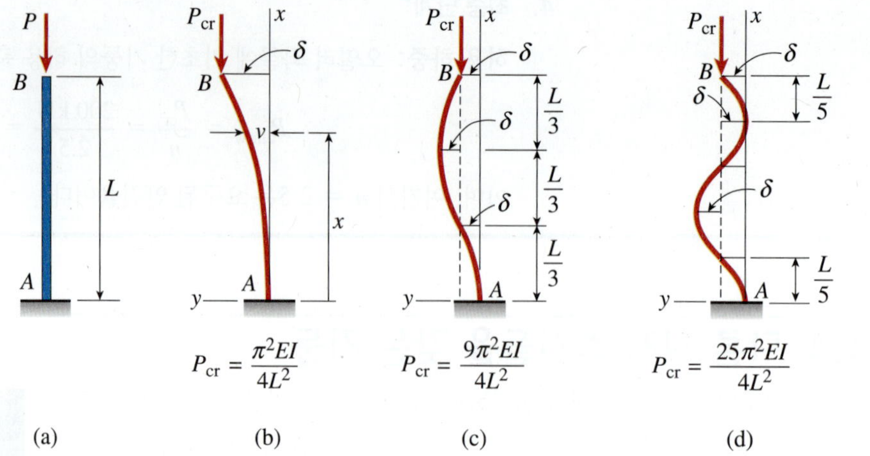

그림 11-16
바닥고정, 상단자유인 이상적인 기둥:
(a) 초기에 직선인 기둥,
(b) $n = 1$일 때의 좌굴형상,
(c) $n = 3$일 때의 좌굴형상,
(d) $n = 5$일 때의 좌굴형상

차방정식의 해인 **동차해**, 그리고 (2) 우변의 항을 생성하는 식 (11-23)의 해인 **특수해**로 구성된다.

동차해(일명 **보조해**)는 식 (11-8)의 해와 동일하다; 그러므로

$$v_H = C_1 \sin kx + C_2 \cos kx \qquad \textbf{(11-24a)}$$

여기서, C_1와 C_2은 적분 상수이다. v_H를 식 (11-23)의 미분 방정식의 좌변에 대입하면, 좌변 0이 된다.

미분 방정식의 특수해는 다음과 같다.

$$v_P = \delta \qquad \textbf{(11-24b)}$$

v_P를 미분 방정식의 좌변에 대입하면, 우변값, 즉, $k^2\delta$를 생성한다. 결과적으로 방정식의 **일반해**는 v_H와 v_P의 합으로 다음과 같게 된다.

$$v = C_1 \sin kx + C_2 \cos kx + \delta \qquad \textbf{(11-25)}$$

이 방정식에는 3개의 미지수(C_1, C_2, δ)가 있으므로; 해를 완성하려면 3개의 **경계조건**이 필요하다.

기둥의 바닥에서 처짐과 처짐각은 각각 0이다. 그러므로 이 경우에 대한 경계조건은 아래와 같다.

$$v(0) = 0 \qquad v'(0) = 0$$

첫 번째 조건을 식 (11-25)에 대입하면,

$$C_2 = -\delta \qquad \textbf{(11-26)}$$

이 된다. 두 번째 조건을 적용하기 위하여, 먼저 식 (11-25)를 미분하여 기울기를 얻는다:

$$v' = C_1 k \cos kx - C_2 k \sin kx \qquad \textbf{(11-27)}$$

이 방정식에 두 번째 조건을 적용하면, $C_1 = 0$임을 알 수 있다.

이제, C_1와 C_2에 대한 표현식을 식 (11-25)의 일반해에 대입하여 좌굴 기둥에 대한 **처짐 곡선 방정식**을 얻으면 다음과 같다.

$$v = \delta(1 - \cos kx) \tag{11-28}$$

이 방정식은 오직 처짐 곡선에 대한 **형상**만을 주며, 진폭 δ는 정의되지 않은 채 남게 된다. 그러므로 기둥이 좌굴할 때 식 (11-28)에 의해 주어진 처짐은 크기가 작아야 한다는 (왜냐하면 미분 방정식은 작은 처짐에 기초하기 때문에) 사실 이외에는 임의의 크기를 갖게 된다.

세 번째 경계조건은 처짐 v가 δ가 되는 기둥의 상단에 적용된다:

$$v(L) = \delta$$

식 (11-28)과 함께 이 조건을 사용하면 다음 식을 얻는다.

$$\delta \cos kL = 0 \tag{11-29}$$

이 방정식으로부터 $\delta = 0$이거나 $\cos kL = 0$라는 것을 알 수 있다. 만약 $\delta = 0$이면, 봉의 처짐이 없어[식 (11-28) 참조] 기둥이 수직으로 남고 좌굴이 발생하지 않는 **무용해**가 된다. 이 경우 식 (11-29)는 임의의 kL 값, 즉, 어떠한 하중 P에 대해서도 만족된다. 이 결론은 그림 11-8의 하중-처짐 선도 내의 수직선으로 표현된다.

식 (11-29)를 풀기 위한 다른 가능성은

$$\cos kL = 0 \tag{11-30}$$

이며, 이는 **좌굴 방정식**이다. 이 경우에 식 (11-29)는 처짐 δ의 값에 상관없이 만족된다. 즉, 이미 언급한 바와 같이 δ는 크기가 작은 한 어떠한 값이라도 될 수 있다.

방정식 $\cos kL = 0$은 kL이 다음과 같을 때 만족된다.

$$kL = \frac{n\pi}{2} \qquad n = 1, 3, 5, \ldots \tag{11-31}$$

$k_2 = P/EI$이라는 표현식을 사용하면, **임계 하중**에 대한 다음 식을 얻게 된다:

$$P_{cr} = \frac{n^2\pi^2 EI}{4L^2} \qquad n = 1, 3, 5, \ldots \tag{11-32}$$

역시, **좌굴 모드형상**은 식 (11-28)로부터 얻어진다:

$$v = \delta\left(1 - \cos\frac{n\pi x}{2L}\right) \qquad n = 1, 3, 5, \ldots \tag{11-33}$$

가장 작은 임계 하중은 $n = 1$을 식 (11-32)에 대입함으로써 얻어진다:

$$P_{cr} = \frac{\pi^2 EI}{4L^2} \tag{11-34}$$

해당하는 좌굴형상[식 (11-33)로부터]은

$$v = \delta\left(1 - \cos\frac{\pi x}{2L}\right) \tag{11-35}$$

로, 그림 11-16b에 나타나 있다.

고차의 n값을 취하면 식 (11-32)로부터 무한 개의 임계 하중들을 구할 수 있다. 이에 해당하는 좌굴 모드형상은 추가적인 파형을 갖게 된다. 예를 들어 $n = 3$이면 좌굴 기둥

그림 11-17

바닥고정 상단자유인 기둥의 유효 길이 L_e를 보여주는 처짐 곡선

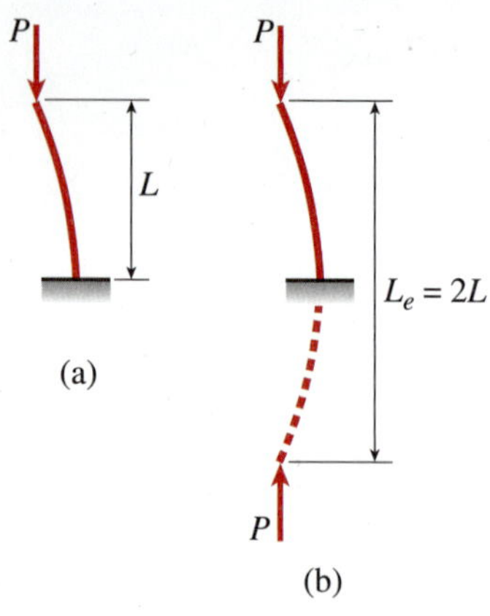

의 형상은 그림 11-16c와 같고, P_{cr}은 $n = 1$일 때에 비해 9배나 크다. 비슷하게 $n = 5$일 때의 좌굴형상은 훨씬 많은 파형을 가지며(그림 11-16d), 임계 하중은 25배나 크다.

기둥의 유효 길이

여러 지지 조건을 갖는 기둥의 임계 하중은 **유효 길이(effective length)**의 개념을 통해 핀지지 기둥의 임계 하중에 관련될 수 있다. 이 개념을 설명하기 위하여 바닥고정 상단자유인 기둥의 처짐 곡선을 고려해보자(그림 11-17a). 이 기둥은 완전한 사인 파형의 1/4인 곡선에서 좌굴한다. 만약 처짐 곡선을 확장하면(그림 11-17b), 핀지지 기둥의 처짐 곡선인 완전한 사인 파형의 1/2이 된다.

임의의 기둥에 대한 유효 길이 L_e는 상응하는 핀지지 기둥의 길이이다. 즉, 유효 길이는 본래 기둥의 처짐 곡선의 모두 또는 일부와 완전히 일치하는 처짐 곡선을 갖는 핀지지 기둥의 길이이다.

이 개념을 표현하는 다른 방식은 기둥의 유효 길이는 처짐 곡선이 필요시 변곡점에 도달할 때까지 연장된다는 가정하에 그 처짐 곡선에서의 변곡점(즉, 0 모멘트의 위치) 사이의 거리라는 것이다. 그러므로 고정단-자유 기둥(그림 11-17)의 유효 길이는 다음과 같다.

$$L_e = 2L \tag{11-36}$$

그림 11-18

회전되지 않도록 양단이 고정된 기둥의 좌굴

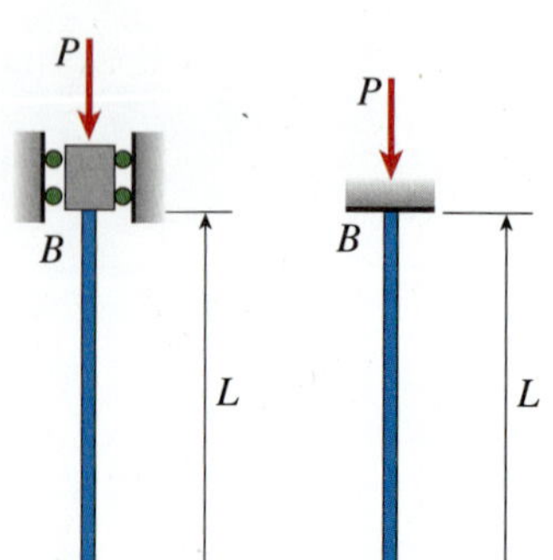
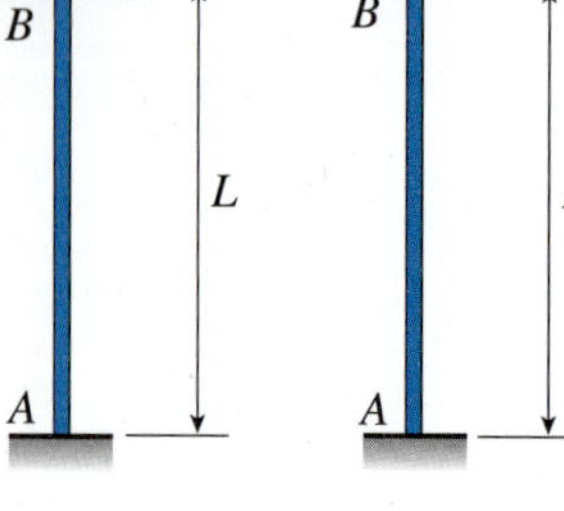

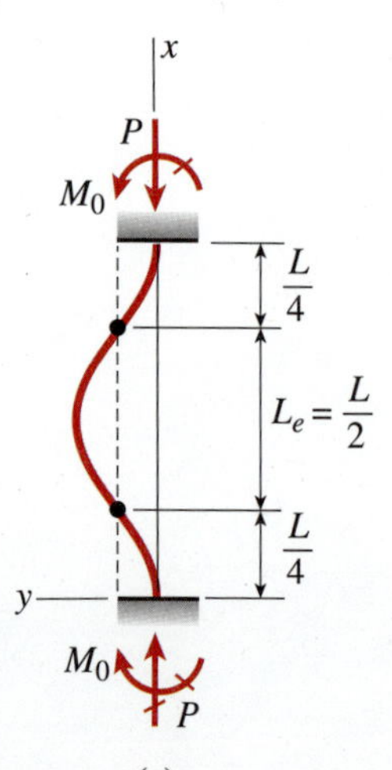

유효 길이는 상응하는 핀지지 기둥의 길이이기 때문에, 임계 하중에 대한 일반적인 공식은 다음과 같다.

$$P_{cr} = \frac{\pi^2 EI}{L_e^2} \tag{11-37}$$

만약 기둥의 유효 길이를 알면(아무리 복잡한 지지 조건이더라도 상관없이), 이 식에 대입하여 임계 하중을 구할 수 있다. 예를 들면, 고정단-자유 기둥인 경우에는 $L_e = 2L$로 대치하여 식 (11-34)를 얻을 수 있다.

유효 길이는 가끔 **유효 길이계수** K로 표현된다.

$$L_e = KL \tag{11-38}$$

여기서, L은 기둥의 실제 길이이다. 그러므로 임계 하중은 다음과 같다.

$$P_{cr} = \frac{\pi^2 EI}{(KL)^2} \tag{11-39}$$

계수 K는 바닥고정 상단자유이면 2가 되고, 핀지지 기둥이면 1이다. 유효 길이 계수는 뒤의 11.9절 설명에서와 같이 기둥의 설계공식에 자주 포함된다.

회전에 대해 양단고정된 기둥

다음은 양단이 회전되지 않도록 고정된 기둥을 생각하자(그림 11-18a). 이 그림에서 기둥의 바닥에 고정지지를 나타내는 표준기호를 사용한다. 그렇지만 기둥이 축 하중에 의해 짧아질 수 있기 때문에 기둥의 윗부분에 새로운 기호를 도입한다. 이 새로운 기호는 회전과 수평변위가 방지되지만 수직이동이 발생되는 강체 블록을 보여준다. [그림을 그릴 때는 편의상 이 정확한 기호는 기둥이 짧아질 수 있다는 전제하에 고정지지에 대한 표

준 기호로 대체된다(그림 11-18b 참조).]

첫 번째 모드에서의 기둥의 좌굴형상은 그림 11-18c에 나타나 있다. 처짐 곡선은 대칭적이고(중간점에서 기울기가 0임), 양단에서 기울기가 0이다. 양단의 회전이 방지되었기 때문에 반력 모멘트 M_0는 지점에서 발생한다. 그림을 보면 바닥에 반력뿐만 아니라 이 모멘트들이 나타나 있다.

이전의 미분 방정식의 풀이에서 처짐 곡선의 방정식은 사인과 코사인 함수를 포함하고 있다. 물론 곡선은 중심점에 대해 대칭적이다. 그러므로 곡선은 양단으로부터 $L/4$ 거리에서 변곡점을 가져야 함을 알 수 있다. 처짐 곡선의 중간부는 핀지지 기둥의 처짐 곡선과 같은 형상을 갖는다. 그러므로 양단이 고정된 기둥의 유효 길이는 변곡점 사이의 거리와 같다.

$$L_e = \frac{L}{2} \tag{11-40}$$

이를 식 (11-37)에 대입하면, 임계 하중은 다음과 같다:

$$P_{\text{cr}} = \frac{4\pi^2 EI}{L^2} \tag{11-41}$$

이 공식에 따르면, 양단이 고정된 기둥의 임계 하중은 핀지지된 기둥의 임계 하중의 4배이다. 이 결과는 처짐 곡선의 미분 방정식을 풀어봄으로써 증빙할 수 있다(Problems 11.4-11).

바닥고정 상단 핀지지 기둥

바닥이 고정되고 상단이 핀지지된 기둥의 임계 하중과 좌굴 모드형상(그림 11-19a)은 처짐 곡선의 미분 방정식을 풀어서 구할 수 있다. 기둥이 좌굴되면(그림 11-19b), 바닥 위치에서는 회전이 없기 때문에 반력 모멘트 M_0가 생긴다. 그러므로 전체 기둥의 평형으로부터 각 단부에 다음 식을 만족시키는 수평 반력이 존재해야 한다.

$$M_0 = RL \tag{11-42}$$

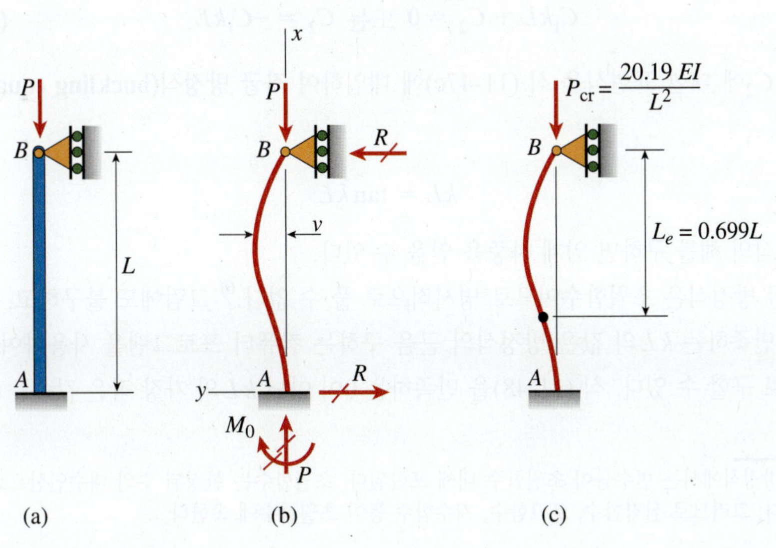

그림 11-19
바닥고정 상단 핀지지인 기둥

좌굴된 기둥에서 바닥으로부터 거리 x만큼 떨어진 위치에서의 굽힘모멘트는 다음과 같다.

$$M = M_0 - Pv - Rx = -Pv + R(L - x) \qquad \textbf{(11-43)}$$

그러므로 **미분 방정식**은

$$EIv'' = M = -Pv + R(L - x) \qquad \textbf{(11-44)}$$

이다. 다시 $k^2 = P/EI$를 대입하고 정리하면 다음 식이 얻어진다.

$$v'' + k^2 v = \frac{R}{EI}(L - x) \qquad \textbf{(11-45)}$$

이 방정식의 **일반해**는 다음과 같다.

$$v = C_1 \sin kx + C_2 \cos kx + \frac{R}{P}(L - x) \qquad \textbf{(11-46)}$$

여기서 우변의 처음 두 항은 동차해에 해당되고 마지막 항은 특수해이다. 이 해는 미분 방정식(식 11-44)에 대입하면 결정될 수 있다.

이 방정식은 3개의 미지수(C_1, C_2, R)를 포함하므로, 다음과 같은 3개의 **경계조건**이 필요하다:

$$v(0) = 0 \qquad v'(0) = 0 \qquad v(L) = 0$$

이러한 조건을 [식 (11-46)]에 대입하면 다음을 얻는다.

$$C_2 + \frac{RL}{P} = 0 \qquad C_1 k - \frac{R}{P} = 0$$
$$C_1 \tan kL + C_2 = 0 \qquad \textbf{(11-47a, b, c)}$$

이 3개의 방정식은 $C_1 = C_2 = R = 0$일 때 만족되는데, 이 경우는 무용해로 처짐이 0이다.

좌굴에 대한 해를 얻기 위해 좀 더 일반적인 방식으로 식 (11-47a, b, c)를 풀어야 한다. 해를 구하는 한 가지 방법은 처음 두 개의 방정식에서 다음과 같이 R을 소거하는 것이다.

$$C_1 kL + C_2 = 0 \text{ 또는 } C_2 = -C_1 kL \qquad \textbf{(11-47d)}$$

이러한 C_2에 대한 표현식을 식 (11-47c)에 대입하여 **좌굴 방정식(buckling equation)**을 얻는다:

$$kL = \tan kL \qquad \textbf{(11-48)}$$

이 방정식의 해를 구하면 임계 하중을 얻을 수 있다.

좌굴 방정식은 초월함수이므로 명시적으로 풀 수 없다.[6] 그럼에도 불구하고, 해당 방정식을 만족하는 kL의 값은 방정식의 근을 구하는 컴퓨터 프로그램을 사용하여 수치해석적으로 구할 수 있다. 식 (11-48)을 만족하는 0이 아닌 kL의 가장 작은 값은,

6) 초월 방정식에서는 변수들이 초월함수 내에 포함된다. 초월함수는 한정된 수의 대수연산으로 표현될 수 없다; 그러므로 삼각함수, 로그함수, 지수함수 등이 초월함수에 속한다

$$kL = 4.4934 \tag{11-49}$$

이며, 이에 해당하는 **임계 하중**은 다음과 같다.

$$P_{cr} = \frac{20.19EI}{L^2} = \frac{2.046\pi^2 EI}{L^2} \tag{11-50}$$

예상된 바와 같이, 이 값은 핀지지 기둥의 임계 하중보다 크고 양단고정 기둥의 임계 하중보다 작다[식 (11-15)와 (11-41) 참조].

이 기둥의 **유효 길이**는 식 (11-50)과 (11-37)을 비교함으로써 얻어진다.

$$L_e = 0.699\,L \approx 0.7\,L \tag{11-51}$$

이 길이는 기둥의 핀지지단으로부터 좌굴형상의 변곡점까지의 거리이다(그림 11-19c).

좌굴 모드형상은 $C_2 = -C_1kL$[식 (11-47d)]과 $R/P = C_1k$[식 (11-47b)]를 일반해 식 (11-46)에 대입하면 다음과 같이 얻어진다.

$$v = C_1[\sin kx - kL\cos kx + k(L - x)] \tag{11-52}$$

여기서 $k = 4.4934/L$이다. 대괄호 안의 항목은 좌굴된 기둥의 처짐에 대한 모드형 상을 나타낸다. 그렇지만 처짐 곡선의 폭은 C_1이 임의의 값(처짐이 작아야 한다는 일반적인 제한 내에서)을 가질 수 있기 때문에 결정되지 않는다.

제한

변형이 작아야 한다는 요구조건 외에도, 이 절에서 사용된 오일러 좌굴이론은 하중이 작용하기 전에 기둥이 완전히 직선이고, 기둥과 지지점에 아무런 결함이 없으며, 기둥이 후크의 법칙을 따르는 선형탄성재료로 만들어진 경우에만 유효하다. 이러한 제한은 11.3절에서 이미 설명한 바 있다.

결과 요약

분석한 4개의 기둥에 대한 최저 임계 하중과 유효 길이를 요약하면 그림 11-20과 같다.

그림 11-20
이상적인 기둥의 임계 하중, 유효 길이, 유효 길이 계수

(a) 핀지지된 기둥	(b) 바닥고정 상단 자유인 기둥	(c) 회전에 대해 양단고정된 기둥	(d) 바닥고정 상단 핀지지된 기둥
$P_{cr} = \frac{\pi^2 EI}{L^2}$	$P_{cr} = \frac{\pi^2 EI}{4L^2}$	$P_{cr} = \frac{4\pi^2 EI}{L^2}$	$P_{cr} = \frac{2.046\,\pi^2 EI}{L^2}$
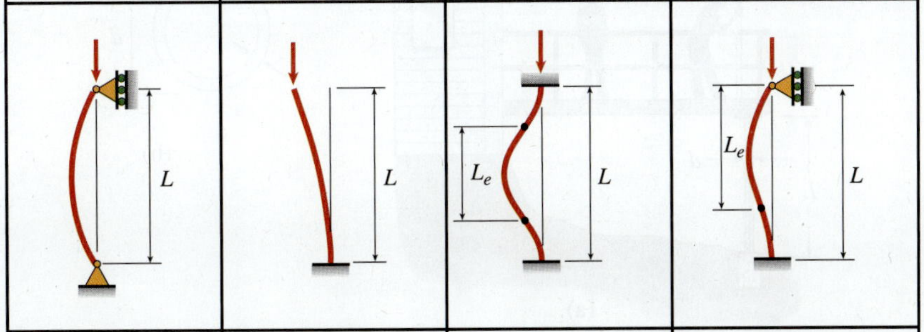 L	L	L_e, L	L_e, L
$L_e = L$	$L_e = 2L$	$L_e = 0.5L$	$L_e = 0.699L$
$K = 1$	$K = 2$	$K = 0.5$	$K = 0.699$

예제 11-3

야생동물원 내의 전망대(그림 11-21a)는 길이가 $L = 3.25$ m이고 바깥지름 $d = 100$ mm인 알루미늄관 기둥열로 지지되고 있다. 기둥의 아랫부분은 콘크리트 기초에 정착되어 있고, 기둥의 윗부분은 바닥판에 의해 지지된다. 기둥들은 압축 하중 $P = 100$ kN을 지지하도록 설계될 예정이다.

오일러 좌굴에 대해 안전율 $n = 3$일 때 요구되는 기둥의 최소두께 t(그림 11-21b)를 결정하라.(알루미늄에 대해서는 탄성 계수로 72 GPa을 사용하고 비례 한도로 480 MPa을 사용한다.)

풀이

문제풀이 4단계 접근방법을 사용한다. 효율적인 풀이를 위하여 필요에 따라 단계를 합한다.

1, 2 개념화, 분류:

임계 하중: 기둥들이 시공되는 방식대로 각 기둥은 고정-핀 기둥으로 모델링한다(그림 11-20d 참조). 그러므로 임계 하중은 다음과 같다.

$$P_{cr} = \frac{2.046\pi^2 EI}{L^2} \quad \text{(a)}$$

여기서, I는 관단면의 관성모멘트이다.

$$I = \frac{\pi}{64}[d^4 - (d - 2t)^4] \quad \text{(b)}$$

$d = 100$ mm(또는 0.1 m)를 대입하면,

$$I = \frac{\pi}{64}[(0.1 \text{ m})^4 - (0.1 \text{ m} - 2t)^4] \quad \text{(c)}$$

여기서, t는 미터단위로 표현된다.

그림 11-21

예제 11-3: 알루미늄 관의 기둥

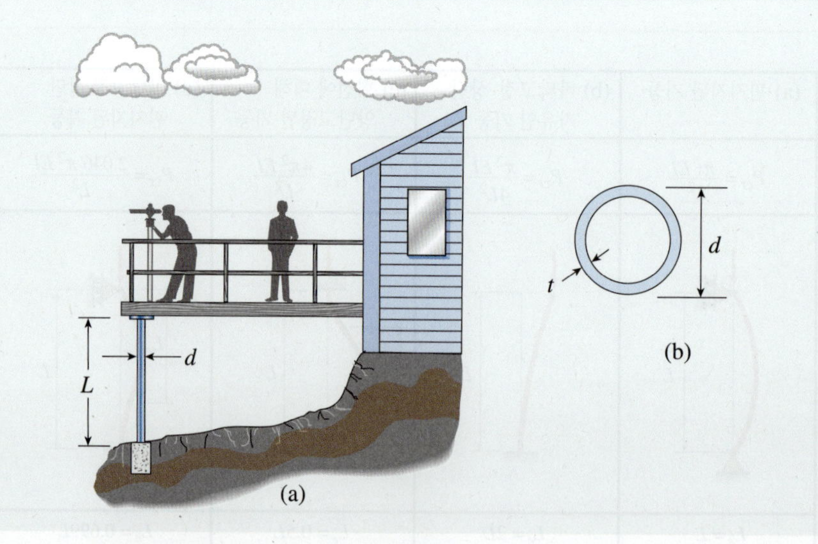

3. 해석:

요구되는 기둥의 두께: 기둥당 하중이 100 kN이고 안전율이 3이므로, 각 기둥은 다음의 임계 하중에 대해 설계되어야 한다:

$$P_{cr} = nP = 3(100\text{ kN}) = 300\text{ kN}$$

이 값을 식 (a)에 대입하고, I를 식 (c)의 표현식으로 바꾸면,

$$300\text{ kN} = \frac{2.046\,\pi^2(72\text{ GPa})}{(3.25\text{ m})^2}\left[\frac{\pi}{64}[(0.1\text{ m})^4 - (0.1\text{ m} - 2t)^4]\right]$$

이 된다. 이 방정식의 모든 항목은 뉴턴과 미터단위로 표현된다.

그러므로 주어진 조건을 만족시키기 위해 요구되는 기둥의 최소두께는 다음과 같게 된다.

$$t_{min} = 6.83\text{ mm}$$

4. 최종 단계:

보충 계산: 기둥의 지름과 두께를 알면, 그 관성모멘트, 단면적, 그리고 회전반지름을 계산할 수 있다. 최소두께인 6.83 mm를 사용하면,

$$I = \frac{\pi}{64}[d^4 - (d - 2t)^4] = 2.18 \times 10^6\text{ mm}^4$$

$$A = \frac{\pi}{4}[d^2 - (d - 2t)^2] = 1{,}999\text{ mm}^2 \qquad r = \sqrt{\frac{I}{A}} = 33.0\text{ mm}$$

이다. 기둥의 세장비 L/r은 약 98인데, 이는 가느다란 기둥에 대한 일상적인 범주 내에 있으며, 지름 대 두께비 d/t는 약 15로 기둥벽의 국부좌굴을 방지하기에 충분하다.

기둥 내의 임계 응력은 식 (a)의 임계 하중의 공식이 유효하려면 알루미늄의 비례 한도보다 작아야 한다. 임계 응력은,

$$\sigma_{cr} = \frac{P_{cr}}{A} = \frac{300\text{ kN}}{1{,}999\text{ mm}^2} = 150\text{ MPa}$$

이고, 이 값은 비례 한도(480 MPa)보다 작다. 그러므로 오일러 좌굴이론을 사용한 임계 하중의 계산은 만족된다.

11.5 편심 축 하중을 받는 기둥

11.3절과 11.4절에서 축 하중이 단면의 도심에 작용하는 이상적인 기둥을 분석하였다. 이러한 조건하에서 기둥은 임계 하중이 도달할 때까지 직선 상태를 유지하며 그 이후에는 굽힘이 발생할 수 있다.

이제 기둥의 축으로부터 측정된 작은 편심 e 위치에 작용하는 하중 P에 의해 압축되는 기둥을 생각해보자(그림 11-22a). 각 편심 축 하중은 중심 하중 P와 모멘트 $M_0 = P_e$와 등가이다(그림 11-22b). 이 모멘트는 하중이 처음으로 작용하는 순간부터 존재하므로; 기둥은 하중이 작용되는 순간 굽힘이 발생한다. 이 굽힘은 하중이 증가됨에 따라 점

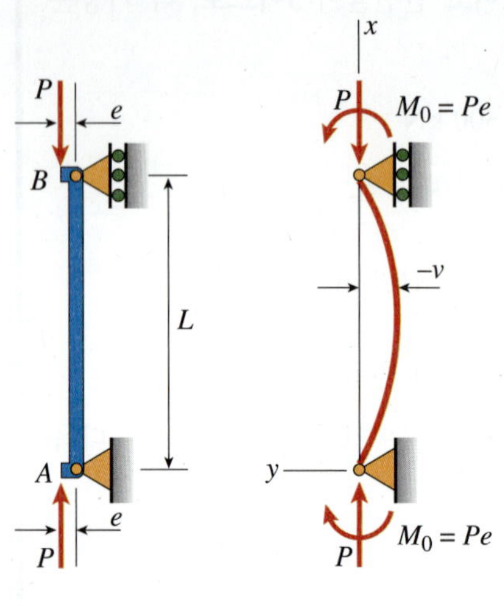

그림 11-22
편심 축 하중을 받는 기둥

진적으로 커진다.

그림 11-22에서 보인 핀지지 기둥을 해석하기 위해 이전 절에서처럼 똑같은 가정을 설정한다; 즉, 기둥은 초기에 완벽히 직선이고, 재료는 선형탄성이며, xy 평면은 대칭평면이다. 하단으로부터 x만큼 떨어진 위치(그림 11-22b)에서의 기둥 내의 굽힘모멘트는 다음과 같다.

$$M = M_0 + P(-v) = Pe - Pv \tag{11-53}$$

여기서, v는 기둥의 처짐이다(y축의 양의 방향일 때 양이 된다). 하중의 편심이 양이 될 때, 기둥의 처짐은 음이 된다.

처짐 곡선의 **미분 방정식**은 다음과 같다.

$$EIv'' = M = Pe - Pv \tag{11-54}$$

즉,

$$v'' + k^2 v = k^2 e \tag{11-55}$$

이전처럼 $k^2 = P/EI$이다. 이 방정식의 일반해는 다음과 같다.

$$v = C_1 \sin kx + C_2 \cos kx + e \tag{11-56}$$

여기서, C_1과 C_2는 동차해의 적분 상수이고, e는 특수해이다. 이 해를 미분 방정식에 대입하면 답을 찾을 수 있다.

상수 C_1과 C_2를 구하기 위한 **경계조건**은 기둥 양단에서의 처짐으로부터 얻어진다(그림 11-22b).

$$v(0) = 0 \qquad v(L) = 0$$

이러한 조건들로부터 다음 값을 얻게 된다.

$$C_2 = -e \qquad C_1 = -\frac{e(1 - \cos kL)}{\sin kL} = -e \tan\frac{kL}{2}$$

그러므로 **처짐 곡선의 방정식**은 다음과 같다.

$$v = -e\left(\tan\frac{kL}{2}\sin kx + \cos kx - 1\right) \tag{11-57}$$

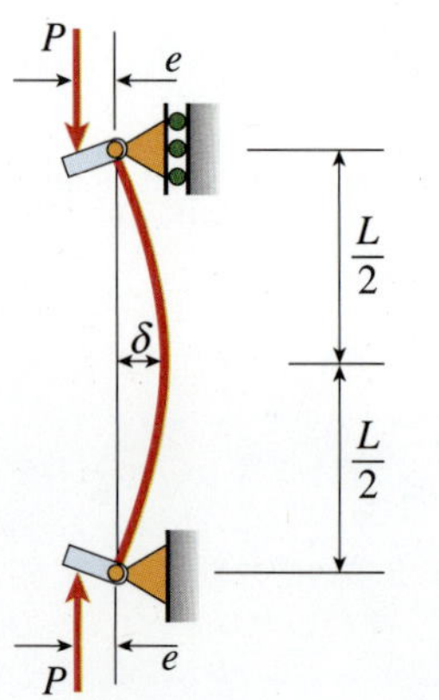

그림 11-23
편심 축 하중을 받는 기둥의 최대 처짐 δ

하중 P와 편심 e를 알고 있는 기둥에 대해 x축상의 임의의 위치에서 처짐을 계산하기 위해 이 방정식이 사용된다.

편심 하중을 받는 기둥의 거동은 식 (11-57)을 식 (11-16), (11-33), (11-52)와 비교해봄으로써 도심에 재하된 기둥의 거동과 많은 차이가 있음을 알 수 있다. 식 (11-57)은 보 위의 하중이 일정한 크기의 처짐을 만들 듯이 편심 하중 P가 일정한 값의 처짐을 갖는다는 것을 보여준다. 대조적으로 도심재하 기둥의 미분 방정식은($P = P_{cr}$일 때) 크기가 결정되지 않은 좌굴 모드형상을 준다.

그림 11-22에서 보인 기둥은 핀지지이기 때문에 그 임계 하중(도심에 재하될 때)은 다음과 같다.

$$P_{cr} = \frac{\pi^2 EI}{L^2} \tag{11-58}$$

이 공식은 이후에 나오는 방정식에서 참조값을 계산하기 위해 사용된다.

최대 처짐

편심 하중에 의해 유발된 최대 처짐 δ는 기둥의 중간점에서 발생되며(그림 11-23), 식 (11-57)의 x에 $L/2$을 대입하면 얻어진다:

$$\delta = -v\left(\frac{L}{2}\right) = e\left(\tan\frac{kL}{2}\sin\frac{kL}{2} + \cos\frac{kL}{2} - 1\right)$$

단순화하면 다음과 같다.

$$\delta = e\left(\sec\frac{kL}{2} - 1\right) \tag{11-59}$$

이 방정식은 k를 등가인 임계 하중 항[식 (11-58) 참조]으로 대치하면 약간 다른 형태로 기술할 수 있다:

$$k = \sqrt{\frac{P}{EI}} = \sqrt{\frac{P\pi^2}{P_{cr}L^2}} = \frac{\pi}{L}\sqrt{\frac{P}{P_{cr}}} \tag{11-60}$$

그러므로 무차원 항목 kL은 다음과 같다.

$$kL = \pi\sqrt{\frac{P}{P_{cr}}} \tag{11-61}$$

그리고 **최대 처짐**에 대한 식 (11-59)는 다음과 같다.

$$\delta = e\left[\sec\left(\frac{\pi}{2}\sqrt{\frac{P}{P_{cr}}}\right) - 1\right] \tag{11-62}$$

특별한 경우로서 (1) 편심 e가 0이고 P가 P_{cr}과 같지 않을 때 처짐 δ는 0이고, (2) 축력 P가 0일 때 처짐이 0이며, (3) P가 P_{cr}에 접근함에 따라 처짐은 무한정으로 커진다. 이러한 특성은 그림 11-24의 **하중-처짐 선도(load-deflection diagram)**에 나타나 있다.

하중-처짐 선도를 그리기 위해 특정한 편심 e_1을 선택하여 여러 가지 하중 P에 대해 δ를 계산한다. 그 결과 곡선은 그림 11-24에서 $e = e_1$선이다. 처짐 δ는 P가 증가함에 따라 증가하며, 그 관계는 비선형임을 알 수 있다. 그러므로 기둥의 재료가 선형탄성이더라도 하나 이상의 하중에 의한 처짐을 계산할 때는 중첩의 원리를 사용할 수 없음을 곧 알 수 있다. 예로서, 축 하중 $2P$에 의한 처짐은 축 하중 P에 의해 초래된 처짐의 2배와 같지 않다.

$e = e_2$라 이름 붙여진 추가적인 곡선은 비슷한 방식으로 그려진다. 처짐 δ는 편심 e에 선형이므로[식 (11-62)], $e = e_2$에 대한 곡선은 $e = e_1$에 대한 곡선과 같은 형상이지만 수평좌표값이 e_2/e_1비로 더 크다.

하중 P가 임계 하중에 다가감에 따라 처짐 δ는 무한히 증가하며 $P = P_{cr}$에 해당하는 수평선은 그 곡선들의 점근선이 된다. 극한적으로 e가 0으로 접근하면 선도의 곡선들은 2개의 직선: 즉 수직선과 수평선(그림 11-8과 비교하여)에 다가간다. 그러므로 예상된 바와 같이 도심에 작용된 하중을 받는 기둥($e = 0$)은 편심을 받는 기둥($e > 0$)의 극한인 경우이다.

그림 11-24

편심 축 하중을 받는 기둥의 하중-처짐 선도[그림 11-23과 식 (11-62) 참조]

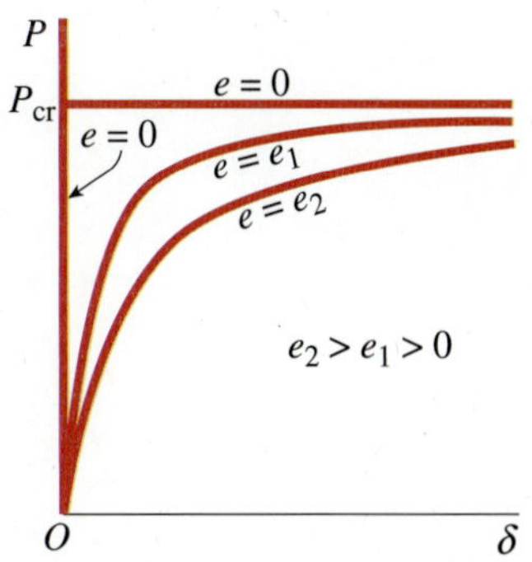

그림 11-24에 그려진 곡선들이 수학적으로 맞지만 미분 방정식은 작은 변형에서만 유효하다. 그러므로 처짐이 커지면, 곡선은 물리적으로 유효하지 않으며 큰처 짐의 존재와 (만약 재료의 비례 한도를 초과하면) 비탄성 굽힘 효과가 고려되도록 수 정되어야 한다(그림 11-12 참조).

처짐이 작고 후크의 법칙을 따르더라도 하중과 처짐 사이가 비선형 관계인 이유는 축 하중 P가 기둥의 양단에서 도심에 작용하는 하중 P와 모멘트 Pe을 합한 것과 등가라는 사실을 다시 생각해보면 이해가 될 것이다(그림 11-22b). 모멘트 Pe만 작용한다면 보에 대한 것처럼 기둥의 굽힘 처짐을 만들 것이다. 보에서는 처짐의 존재가 하중의 작용에 변화를 주지 못하며 굽힘모멘트는 처짐이 있든 없든 동일하다. 그렇지만 부재에 축 하중이 가해지면 처짐이 생기며 굽힘모멘트가 증가된다(증가량은 축 하중과 처짐의 곱과 같다). 굽힘모멘트가 증가되면 처짐이 더 커지고, 따라서 모멘트가 더 커지는 현상이 반복된다. 그러므로 기둥 내의 굽힘모멘트는 처짐에 종속적이고, 반대로 처짐은 굽힘모멘트에 종속적이다. 이런 형태의 거동은 축력과 처짐 사이의 비선형 관계를 낳는다.

일반적으로 굽힘 하중과 압축 축 하중을 동시에 받는 직선 구조부재는 **보-기둥 (beam-column)**이라 불린다. 편심 하중을 받는 기둥(그림 11-22)의 경우에는 굽힘 하중이 모멘트 $M_0 = Pe$이고 축 하중이 힘 P이다.

최대 굽힘모멘트

편심 하중을 받는 기둥 내의 최대 굽힘모멘트는 처짐이 최대가 되는 중간점에서 발생한다(그림 11-23):

$$M_{max} = P(e + \delta) \tag{11-63}$$

식 (11-59)과 (11-62)로부터 δ를 제거하면 다음 식이 구해진다.

$$M_{max} = Pe\sec\frac{kL}{2} = Pe\sec\left(\frac{\pi}{2}\sqrt{\frac{P}{P_{cr}}}\right) \tag{11-64}$$

M_{max}가 축 하중 P의 함수로 변화하는 모양은 그림 11-25에서 보는 바와 같다.

P가 작을 때 최대 모멘트는 Pe와 같은데, 이는 처짐의 효과가 무시될 정도이다. P가 커지면 굽힘모멘트는 비선형적으로 커지며, P가 임계 하중에 가까워지면 이론적으로 무한정 커지게 된다. 그렇지만 앞에서 언급한 바와 같이 방정식들은 처짐이 작을 때만 유효하므로 축 하중이 임계 하중에 가까워지면 사용할 수 없다. 그럼에도 불구하고 앞의 방정식과 그에 따른 그래프는 보-기둥의 일반적인 거동을 잘 나타내고 있다.

그림 11-25

편심 축 하중을 받는 기둥 내의 최대 굽힘모멘트[그림 11-23과 식 (11-64) 참조]

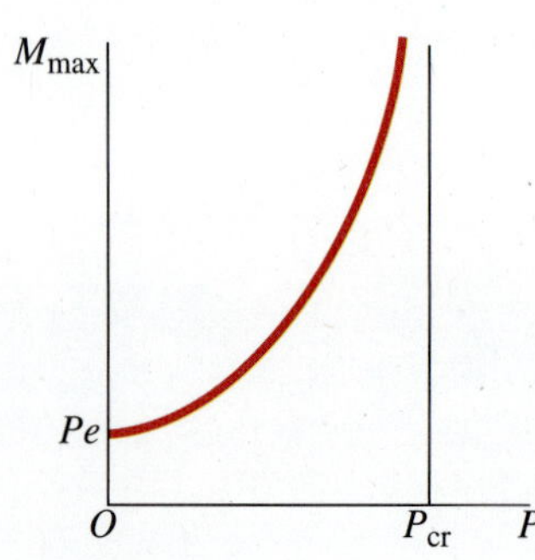

그 밖의 지지 조건

이 절에서 주어진 방정식은 그림 11-22과 11-23에서 보는 바와 같이 핀지지 기둥에 대해 유도되었다. 만약 기둥이 바닥에서 고정되고 상단에서 자유이면(그림 11-20b), 실제 길이 L을 등가 길이 $2L$로 치환함으로써 식 (11-59)와 (11-64)를 사용할 수 있다(Problems 11.5-11 참조). 그렇지만 이 방정식은 바닥고정 상단 핀지지인 기둥에는 적용되지 못한다(그림 11-20d). $0.699L$인 등가 길이를 사용하면 잘못된 결과가 나오므로: 대신에 미분 방정식으로 되돌아가 새로운 방정식을 유도해야 한다.

회전되지 않도록 양단이 고정된 기둥의 경우(그림 11-20c)에는, 기둥 끝단에서 작용되는 편심 축 하중의 개념은 아무런 의미가 없다. 기둥 끝단에서 작용되는 어떠한 모멘트라도 지지점에 의해 곧바로 지탱되므로 기둥 자체에는 아무런 굽힘도 일으키지 못한다.

예제 11-4

그림 11-26

예제 11-4: 편심 축 하중을 받는 황동 봉

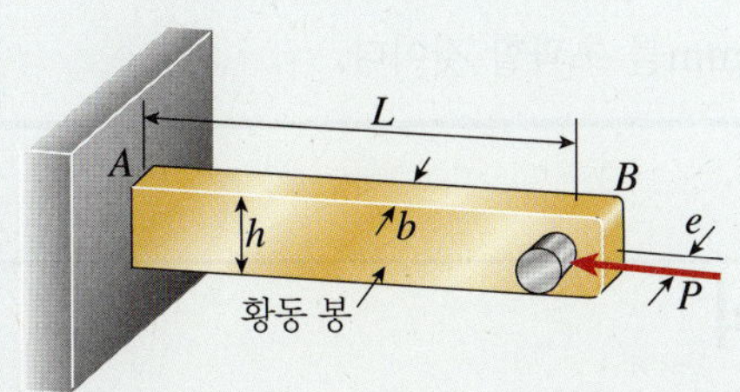

커다란 기계의 측면으로부터 튀어나온 황동 봉 AB는 끝단 B에서 편심 $e = 11$ mm을 가진 힘 $P = 7$ kN을 받고 있다(그림 11-26). 이 봉의 단면은 높이 $h = 30$ mm, 폭 $b = 15$ mm이다.

끝단에서 처짐이 3 mm로 제한될 때 허용되는 봉의 최대길이는 얼마인가? (황동에 대해 $E = 110$ GPa를 사용한다.)

풀이

문제풀이 4단계 접근방법을 사용한다.

1. 개념화:

임계 하중: 이 봉은 끝단 A에서 고정이고 끝단 B에서 자유인 가느다란 기둥으로 모델링된다. 그러므로 임계 하중(그림 11-20b 참조)은 다음과 같다.

$$P_{cr} = \frac{\pi^2 EI}{4L^2} \tag{a}$$

굽힘이 발생하는 축에 대한 관성모멘트는

$$I = \frac{hb^3}{12} = \frac{(30\text{ mm})(15\text{ mm})^3}{12} = 8.44 \times 10^3\text{ mm}^4$$

이므로, 임계 하중의 표현식은 다음과 같게 된다.

$$P_{cr} = \frac{\pi^2(110\text{ GPa})(8.44 \times 10^3\text{ mm}^4)}{4L^2} = \frac{2.29\text{ kN}\cdot\text{m}^2}{L^2} \tag{b}$$

여기서 P_{cr}의 단위는 kN이며, L의 단위는 m이다.

2. 분류:

처짐: 봉 끝단에서의 처짐은 핀지지 기둥뿐만 아니라 고정-자유 기둥에 적용되는 식 (11-62)에 의해 주어진다:

$$\delta = e\left[\sec\left(\frac{\pi}{2}\sqrt{\frac{P}{P_{cr}}}\right) - 1\right] \tag{c}$$

이 방정식에서 P_{cr}은 식 (a)에 의해 구해진다.

3. 해석:

길이: 봉의 최대 허용길이를 구하기 위하여, δ에 그 한계값인 3 mm를 대입한다. 그리고 $e = 11$ mm와 $P = 7$ kN, 식 (b)로부터 얻어진 P_{cr}를 대입한다. 그러므로

$$3\text{ mm} = (11\text{ mm})\left[\sec\left(\frac{\pi}{2}\sqrt{\frac{7\text{ kN}}{2.29/L^2}}\right) - 1\right]$$

이 방정식에서 미지수는 오직 길이 L이다. L에 대해 풀기 위하여 방정식에 여러 가지 연산을 수행하여 정리하면, 그 결과는 다음과 같다.

$$0.2727 = \sec(2.746L) - 1$$

라디안을 사용하고 이 방정식을 풀면, $L = 0.243$ m이다. 그러므로 최대로 허용되는 봉의 길이는 다음과 같다.

$$L_{max} = 0.243 \text{ m}$$

4. 최종 단계:

만약 더 긴 봉이 사용되면 처짐은 허용치 3 mm를 초과할 것이다.

11.6 기둥에 대한 시컨트 공식

앞 절에서 편심 하중을 받는 핀지지 기둥의 최대 처짐과 최대 굽힘모멘트를 구했다. 이 절에서는 기둥 내의 최대 응력을 알아보고 이를 계산하기 위한 특별한 공식을 찾아본다.

편심 축 하중을 받는 기둥 내의 최대 응력은 처짐과 굽힘모멘트가 최대가 되는 단면, 즉 중간점에서 발생한다(그림 11-27a). 이 단면에는 압축력 P와 굽힘모멘트 M_{max}가 작용한다(그림 11-27b). 단면적을 A라고 할 때 힘 P에 의한 응력은 P/A이고, M_{max}에 의한 응력은 굽힘 공식으로 구한다.

그러므로 기둥의 오목한 측에 발생하는 최대 압축응력은 다음과 같다.

$$\sigma_{max} = \frac{P}{A} + \frac{M_{max}c}{I} \quad \textbf{(11-65)}$$

여기서, I는 굽힘평면 내의 관성모멘트이고, c는 기둥의 오목한 측에서 도심축으로부터 끝단까지의 거리이다. 이 방정식에서는 압축응력이 기둥에서 중요한 응력이기 때문에 양(+)으로 표시한다.

굽힘모멘트 M_{max}는 식 (11-64)으로부터 구해지는데, 여기서 다시 기술하면 다음과 같다.

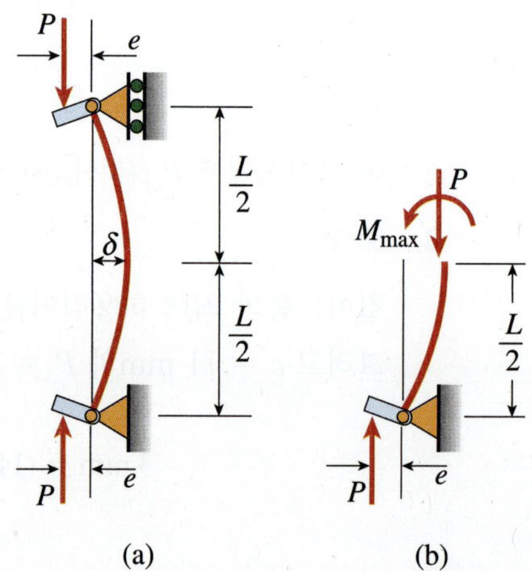

그림 11-27
편심 축 하중을 받는 기둥

$$M_{\max} = Pe\sec\left(\frac{\pi}{2}\sqrt{\frac{P}{P_{\text{cr}}}}\right)$$

핀지지 기둥에 대해서는 $P_{\text{cr}} = \pi^2 EI/L$이고, 굽힘평면에서의 회전반지름이 r이라 할 때 $I = Ar^2$이므로, 위의 방정식은 다음과 같이 쓸 수 있다.

$$M_{\max} = Pe\sec\left(\frac{L}{2r}\sqrt{\frac{P}{EA}}\right) \tag{11-66}$$

이를 식 (11-65)에 대입하면, **최대 압축응력**에 대한 다음의 공식을 얻을 수 있다:

$$\sigma_{\max} = \frac{P}{A} + \frac{Pec}{I}\sec\left(\frac{L}{2r}\sqrt{\frac{P}{EA}}\right)$$

즉,

$$\sigma_{\max} = \frac{P}{A}\left[1 + \frac{ec}{r^2}\sec\left(\frac{L}{2r}\sqrt{\frac{P}{EA}}\right)\right] \tag{11-67}$$

식 (11-67)은 일반적으로 편심 축 하중을 받는 핀지지 기둥의 **시컨트 공식(secant formula)**이라 알려져 있다.

시컨트 공식은 평균 압축응력 P/A, 탄성 계수 E, 2개의 무차원비[세장비 L/r; 식 (11-20)]과 아래의 **편심률(eccentricity ratio)**로 이루어진 함수로 기둥 내의 최대 압축응력을 제공한다.

$$\text{편심률} = \frac{ec}{r^2} \tag{11-68}$$

이름이 의미하듯이, 편심률은 하중의 편심을 단면의 치수에 비교하여 얻어지는 양이다. 그 수치적인 값은 하중의 위치에 종속적이지만, 일반적인 값은 0~3 사이에 있으며 대부분의 값은 1보다 작다.

기둥을 분석할 때 축 하중 P와 그 편심 e가 알려지면 최대 압축응력을 계산하기 위하여 시컨트 공식을 사용할 수 있다. 그러고 나서 기둥이 하중을 지탱할 수 있는지 알아보기 위해 해당 최대 응력을 허용 응력과 비교한다.

또한 반대의 방식으로도 시컨트 공식을 사용할 수 있다. 즉, 허용 응력을 알면 하중 P의 해당값을 계산할 수 있다. 그렇지만 시컨트 공식이 초월함수이기 때문에 하중 P에 대한 공식을 유도하는 것은 현실적이지 않다. 대신 각 경우에 맞게 식 (11-67)를 수치적으로 풀 수 있다.

시컨트 공식의 그래프는 그림 11-28에 나타나 있다. 수평축은 세장비 L/r이고, 수직축은 평균 압축응력 P/A이다. 그래프는 탄성 계수 E = 200 GPa이고 최대 응력 $\sigma_{\max}$ = 250 MPa인 철골 기둥에 대해 그려져 있다. 곡선들은 편심률 ec/r^2의 여러 가지 값에 대해 그려져 있다. 시컨트 공식은 후크의 법칙에 따라 유도되었기 때문에 이러한 곡선들은 최대 응력이 재료의 비례 한도보다 작을 때만 유효하다.

특별한 경우는 하중의 편심이 없어질(e = 0) 때 발생하는데, 이 경우는 도심에 하중이 작용하는 이상적인 기둥이다. 이러한 조건하에서 최대 하중은 임계 하중($P_{\text{cr}} = \pi^2 EI/L^2$)이고, 최대 응력은 임계 응력[식 (11-17)과 (11-19) 참조]이다:

$$\sigma_{cr} = \frac{P_{cr}}{A} = \frac{\pi^2 EI}{AL^2} = \frac{\pi^2 E}{(L/r)^2} \tag{11-69}$$

이 방정식은 세장비 L/r로 응력 P/A를 계산하므로, 시퀀스 공식(그림 11-28)의 그래프상에 **오일러 곡선**으로 그릴 수 있다.

이제 재료의 비례 한도가 주어진 최대 응력 250 MPa과 같다고 가정하자. 그러면 250 MPa의 값에서 수평선을 긋고 오일러 곡선을 해당 응력에서 끝낸다. 이 수평선과 오일러 곡선은 편심 e가 0으로 접근할 때 시컨트 공식에 따르는 곡선들의 한계를 표현한다.

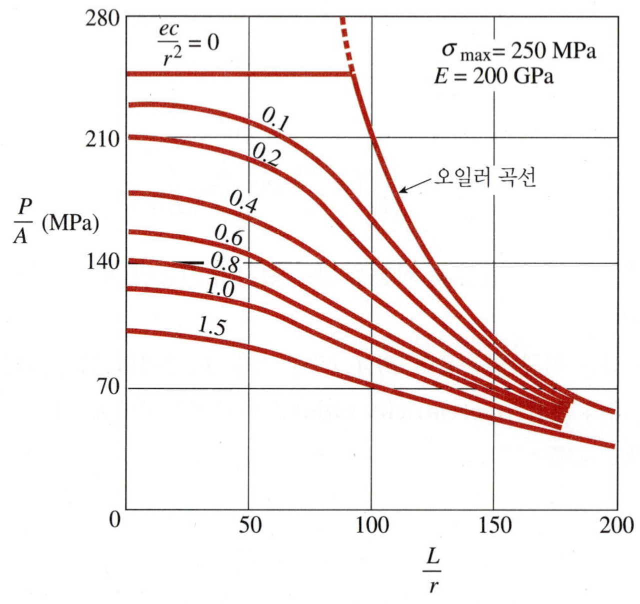

그림 11-28
σ_{max} = 250 MPa이고 E = 200 GPa인 경우 시컨트 공식[식 (11-67)]의 그래프

시컨트 곡선의 검토

시컨트 공식의 그래프는 기둥의 하중지지 능력이 세장비 L/r이 증가함에 따라 크게 감소하며, 특히 세장비 L/r의 중간 부분에서는 더욱 그렇다. 그러므로 길고 가느다란 기둥은 짧고 뭉툭한 기둥보다 덜 안정적이다. 그래프 역시 하중지지 능력은 편심 e가 증가됨에 따라 감소함을 보여준다; 더욱이 이 효과는 긴 기둥보다 짧은 기둥의 경우 상대적으로 크다.

시컨트 공식은 핀지지 기둥에 대해 유도되었지만, 바닥고정 상단자유인 기둥에 대해서도 사용할 수 있다. 시컨트 공식 내의 길이 L을 등가 길이 $2L$로 대체하면 된다. 그렇지만 시컨트 공식은 식 (11-64)에 기초하기 때문에 논의된 그 밖의 지지 조건에 대해서는 유효하지 않다.

이제 중심축의 초기 곡률, 불안정한 지지 조건, 재료의 불균질성 같은 결함 때문에 이상적인 기둥과 달라질 수밖에 없는 실제 기둥을 생각해보자. 더욱이 하중이 중심에 가해지도록 되어 있더라도 그 작용방향이나 위치에 피할 수 없는 오차가 있을 수밖에 없다. 이러한 결함의 범위는 기둥마다 달라지므로, 실제 기둥으로 수행한 연구실 실험의 결과는 상당한 편차를 보인다.

모든 결함은 직접 압축 외에 굽힘을 만들어내는 효과를 준다. 그러므로 결함이 있는 도심재하 기둥의 거동은 이상적인 편심 하중 기둥의 거동과 비슷하다고 가정하는 것이 타당하다. 이러한 경우에 여러 가지 결함의 복합적인 효과를 고려하기 위 해 시퀀트 공식을 사용하여 편심률 ec/r^2의 근삿값을 선택할 수 있다. 예를 들면, 강 구조 설계에서 핀지지 기둥에 대한 편심률로 보편적으로 사용되는 값은 $ec/r^2 = 0.25$이다. 도심재하 기둥에 이렇게 시퀀트 공식을 사용하면, 단순히 안전율을 증가시키는 것으로 간주하기보다는 결함의 영향을 고려해볼 수 있는 타당한 방법을 제공한다. (시퀀트 공식과 결함의 효과에 대한 더 자세한 내용은 좌굴과 안정성을 다룬 교재와 참고문헌 11-5를 참조하길 바란다.)

도심재하 기둥을 시퀀트 공식으로 해석하는 과정은 상황에 따라 달라진다. 예를 들면, 허용하중을 결정하는 것이 목적이라면 그 과정은 다음과 같다. 먼저 실험 결과, 규준값, 또는 실무경험에 기초하여 편심률 ec/r^2값을 가정한다. 이 값을 실제 기둥의 L/r, A, E값과 함께 시퀀트 공식에 대입한다. 그리고 재료의 항복응력 σ_Y 또는 비례 한도 σ_{pl} 등으로 σ_{max}값을 부여한다. 그런 다음 최대 응력 σ_{max} 상태가 될 때의 하중 P_{max}를 시퀀트 공식으로 구한다. (이 하중은 해당 기둥의 임계 하중 P_{cr}보다 항상 작다.) 그러므로 기둥의 허용하중은 하중 P_{max}를 안전률 n으로 나눈 값이 된다.

다음의 예는 하중이 알려졌을 때 기둥 내의 최대 응력을 결정하기 위해 시퀀트 공식을 어떻게 사용하는지와 최대 응력이 주어졌을 때의 하중을 어떻게 구하는지를 설명한다.

예제 11-5

320A 넓은 플렌지형 강재 기둥(그림 11-29a)이 양단에서 핀지지되어 있고, 그 길이가 7.5 m이다. 이 기둥은 도심재하 하중 $P_1 = 1{,}800$ kN과 편심 하중 $P_2 = 200$ kN을 지지한다(그림 11-29b). 굽힘은 단면의 1-1축에 대해 발생하며, 편심 하중은 도심 C로부터 2-2축상에 400 mm 떨어진 곳에 작용한다.

(a) 시퀀트 공식을 사용하고 $E = 210$ GPa일 때, 기둥 내에 발생하는 최대 압축응력을 계산하라.

(b) 철골 재료의 항복 응력이 $\sigma_Y = 300$ MPa일 때, 항복에 대한 안전율을 구하라.

풀이

문제풀이 4단계 접근방법을 사용한다.

Part (a): 최대 압축응력

1. **개념화:** 그림 11-29b와 같이 작용하는 두 개의 힘, P_1과 P_2는 편심 $e = 40$ mm 위치에 작용하는 하나의 힘, $P = 2{,}000$ kN과 등가이다(그림 11-29c). 이제 기둥은 편심 e를 갖는 하나의 힘 P에 의해 재하되므로 최대 응력을 구하기 위해 시퀀트 공식을 사용할 수 있다.

   320A 넓은 플렌지형 단면의 성질은 부록 F의 표 F-1로부터 구할 수 있다:

$$A = 124.4 \text{ cm}^2 \qquad r = 13.58 \text{ cm} \qquad c = \frac{310 \text{ mm}}{2} = 155 \text{ mm}$$

그림 11-29

예제 11-5: 편심 축 하중을 받는 기둥

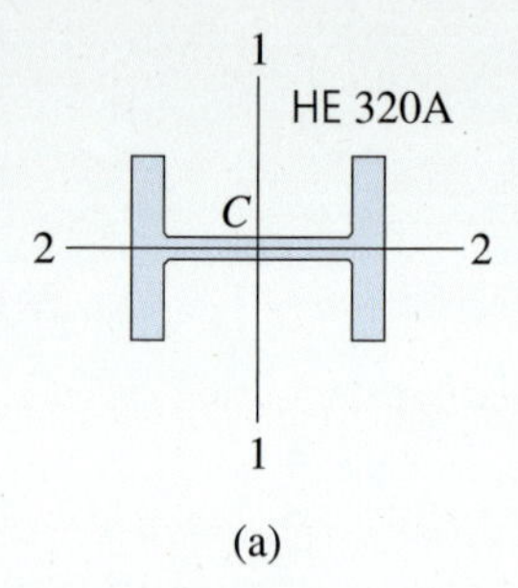

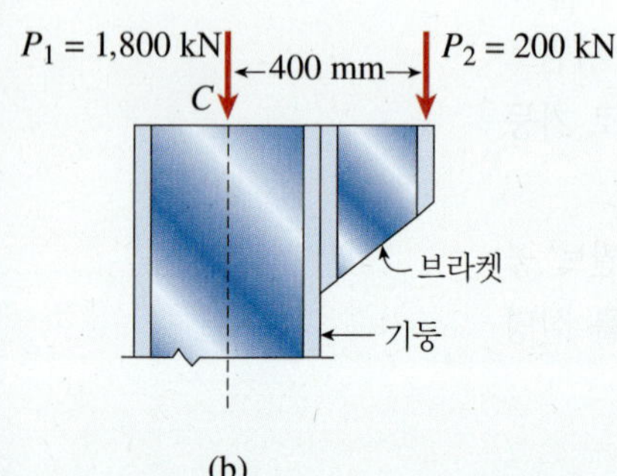

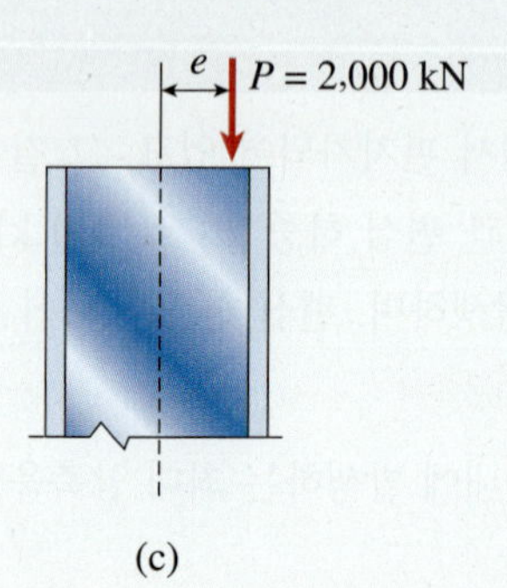

2. 분류:

식 (11-67)의 시컨트 공식에서 필요한 항은 다음과 같이 계산된다.

$$\frac{P}{A} = \frac{2{,}000 \text{ kN}}{124.4 \text{ cm}^2} = 160.77 \text{ MPa}$$

$$\frac{ec}{r^2} = \frac{(40 \text{ mm})(155 \text{ mm})}{(13.58 \text{ cm})^2} = 0.336$$

$$\frac{L}{r} = \frac{(7.5 \text{ m})}{13.58 \text{ cm}} = 55.23$$

$$\frac{P}{EA} = \frac{2{,}000 \text{ kN}}{(210 \text{ GPa})(124.4 \text{ cm}^2)} = 765.6 \times 10^{-6}$$

3. 해석:

이 값들을 시컨트 공식에 대입하면 다음의 값을 얻게 된다.

$$\sigma_{\max} = \frac{P}{A}\left[1 + \frac{ec}{r^2}\sec\left(\frac{L}{2r}\sqrt{\frac{P}{EA}}\right)\right]$$

$$= (160.77 \text{ MPa})(1 + 0.466) = 235.6 \text{ MPa}$$

4. 최종 단계: 이 압축응력은 기둥의 중간 높이에서 안쪽 면(그림 11-29b의 오른쪽)에서 발생한다.

Part (b): 항복 상태에서의 안전율

1. 개념화:

안전율을 구하려면 최대 응력이 항복 응력 $\sigma_Y = 300$ MPa과 같아질 때의 편심 e 위치에 작용하는 하중 P의 값을 구해야 한다. 이 하중값은 재료의 초기항복을 유발하므로, 여기서는 P_Y로 표시하자.

2. 분류:

P_Y는 하중 $P(= 2{,}000$ kN$)$에 응력비 $\sigma_Y/\sigma_{\max}$를 곱해서 구할 수 없음을 유의하여야 한다. 그 이유는 하중과 응력 사이에 비선형인 관계가 있기 때문이다. 대신에 시컨트 공식에 $\sigma_{\max} = \sigma_Y = 300$ MPa을 대입하고, 해당하는 하중 P를 구하면, 이 값이 P_Y가 된다. 즉, 다음 공식을 만족하는 P_Y값을 구해야 한다.

$$\sigma_Y = \frac{P_Y}{A}\left[1 + \frac{ec}{r^2}\sec\left(\frac{L}{2r}\sqrt{\frac{P_Y}{EA}}\right)\right] \tag{11-70}$$

3. 해석: 위 식에 수치값을 대입하면 다음과 같다.

$$300 \text{ MPa} = \frac{P_Y}{124.4 \text{ cm}^2}\left[1 + 0.336 \sec\left(\frac{55.23}{2}\sqrt{\frac{P_Y}{(210 \text{ GPa})(124.4 \text{ cm}^2)}}\right)\right]$$

즉,

$$3{,}732 \text{ kN} = P_Y[1 + 0.336 \sec(5.403 \times 10^{-4}\sqrt{P_Y})]$$

여기서 P_Y의 단위는 kN이다. 이 값을 수치해석으로 구하면 다음과 같다.

$$P_Y = 2{,}473 \text{ kN}$$

이 하중은 최대 굽힘모멘트를 받는 단면에서 재료의 항복(압축 상태)을 유발한다.

실제 하중은 $P = 2{,}000$ kN이므로, 항복에 대한 안전율은 다음과 같다.

$$n = \frac{P_Y}{P} = \frac{2473 \text{ kN}}{2{,}000 \text{ kN}} = 1.236$$

4. 최종 단계: 이 예제는 시컨트 공식이 사용될 수 있는 많은 경우에서 두 가지 사례를 보여준다. 다른 형태의 해석은 이 장 끝에 있는 Problems에서 제시된다.

11.7 탄성 및 비탄성 기둥의 거동

앞 절에서는 재료가 비례 한도보다 작은 응력을 받을 때 기둥의 거동을 다루었다. 도심에 작용된 하중을 받는 이상적인 기둥(오일러 좌굴)으로 시작하여 좌굴 하중 P_{cr}의 개념을 설명했다. 그리고 편심 축 하중을 받는 기둥을 고려하여 시컨트 공식을 유도하였다. 이러한 해석 결과를 평균 압축응력 P/A와 세장비 L/r의 선도 위에 묘사했다(그림 11-28 참조). 이상적인 기둥의 거동은 그림 11-28에 오일러 곡선으로 표현되어 있으며, 편심 하중을 받는 기둥의 거동은 여러 가지의 편심율 ec/r_2값을 갖는 곡선군들로 표현된다.

이제부터는 **비탄성 좌굴(inelastic buckling)**, 즉 비례 한도를 넘는 기둥의 좌굴을 포함하도록 개념을 확장해본다. 이전과 같은 그림, 즉 평균 압축응력 P/A와 세장비 L/r의 선도 위에 거동을 표현할 것이다(그림 11-30 참조). 이 그림에서 오일러 곡선은 ECD 곡선으로 나타난다. 이 곡선은 해당 응력이 재료의 비례 한도 σ_{pl} 아래 인 CD 부분만 유효하다. 그러므로 비례 한도를 넘는 오일러 곡선 부분은 점선으로 표현되어 있다.

오일러 곡선이 유효한 범위를 넘게 되는 세장비의 값은 식 (11-69)의 임계 응력을 비례 한도 σ_{pl}와 같게 한 후에 해당되는 세장비를 구함으로써 얻어진다. 그러므로 $(L/r)_c$ 가 **임계세장비(critical slenderness ratio)**를 의미한다고 두면(그림 11-30), 다음 식을 얻을 수 있다.

$$\left(\frac{L}{r}\right)_c = \sqrt{\frac{\pi^2 E}{\sigma_{pl}}} \tag{11-71}$$

예로서, $\sigma_{pl} = 250$ MPa이고 $E = 210$ GPa인 구조 강재를 고려해보자. 그러면 임계세장비 $(L/r)_c$는 90.7이 된다. 이 값을 넘으면, 이상적인 기둥은 탄성적으로 좌굴하며 오일러 하중은 유효하다. 이 값 이하에서는 기둥 내의 응력은 비례 한도를 넘게 되고 기둥은 비탄성으로 좌굴한다.

만약 재하에서의 편심과 시공에서의 오류의 효과를 감안하고 재료성질이 아직도 후크의 법칙을 따른다고 하면, 그림 11-30에서 "시컨트 공식"이라고 이름 붙여진 형태의 곡선을 얻는다. 이 곡선은 최대 응력 σ_{max}이 비례 한도 σ_{pl}인 경우에 대해 그려져 있다.

시컨트 곡선을 오일러 곡선과 비교해보면 주요한 차이점이 있다. 오일러 곡선의 경우에는 응력 P/A가 작용된 하중 P에 비례할 뿐만 아니라 좌굴이 발생할 때 기둥 내의 실제 최대 응력이다. 결과적으로 오일러 곡선을 따라 C에서 D로 움직여이면, 최대 응력 P/A(임계 응력과 같은 크기)와 축 하중 P는 모두 감소한다. 그렇지만 시컨트 공식의 곡선

그림 11-30

평균 압축응력 P/A과 세장비 L/r의 선도

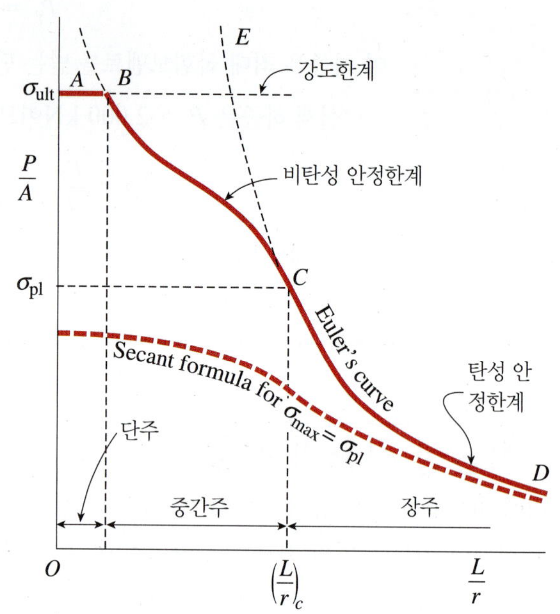

인 경우 곡선을 따라 좌에서 우로 움직이면 **평균** 응력 P/A은 감소하지만 최대 응력(비례 한도와 같은 크기)은 일정하게 유지된다.

오일러 곡선을 통해 알 수 있듯이, 세장비가 큰 **장주(long column)**는 평균 압축응력 P/A가 작을 때 좌굴한다. 이 상황은 좌굴이 전체적인 기둥의 불안정으로부터 발생하고 재료 그 자체의 파괴로부터 생기는 것이 아니기 때문에 고강도 재료를 사용하더라도 개선할 수 없다. 해당 응력을 증가시키려면 세장비 L/r를 줄이거나 탄성 계수 E가 좀 더 큰 재료를 사용해야 한다.

압축부재가 매우 **짧은** 경우에는 재료가 항복하여 부서져서 파괴되고, 좌굴이나 안정성 문제는 발생하지 않는다. 이러한 경우에는 재료에 대한 파괴응력으로 극한 압축응력 σ_{ult} 을 정의한다. 이 응력은 기둥에 대한 **강도한계(strength limit)**가 되며 그림 11-30에서 수평선 AB로 표현되어 있다. 이 강도한계는 압축 상태에서의 극한 응력을 나타내므로 비례 한도보다 훨씬 크다.

단주와 장주의 중간 영역에는 탄성 안정을 지배하기에는 너무 작고 강도만 고려하기에는 너무 **큰 세장비**의 범위가 존재한다. 이러한 중간주는 비탄성 좌굴에 의해 파괴된다. 이는 좌굴이 발생할 때의 최대 응력이 비례 한도를 넘는다는 뜻이다. 비례 한도가 초과되기 때문에 재료의 응력-변형률 곡선의 기울기는 탄성 계수보다 작고; 그러므로 비탄성 좌굴에 대한 임계 하중은 오일러 하중보다 항상 작다(11.8절 참조).

단주, 중간주, 장주를 구분짓는 경계선은 명확하지 않다. 그럼에도 불구하고 각 영역에서 기둥의 최대 하중지지 능력은 완전히 다른 형태의 거동에 기초하므로 이러한 구분을 하는 편이 유용하다. 특정 기둥의 최대 하중지지 능력(그 길이의 함수로서)은 그림 11-30에서 곡선 $ABCD$로 표현된다; 만약 그 길이가 매우 짧다면(AB 영역), 기둥은 직접적인 압축으로 파괴된다. 만약 기둥이 길어지면(BC 영역), 기둥은 비탄성 좌굴에 의해 파괴된다; 그리고 기둥이 더욱 길어지면(CD 영역) 탄성 좌굴(즉, 오일러 좌굴)에 의해 파괴된다. 곡선 $ABCD$는 세장비 내의 길이 L이 유효 길이 L_e로 대치되면 여러 가지 지지 조건에 따른 기둥에 적용된다.

기둥에 대한 **하중 시험**의 결과는 곡선 $ABCD$와 일치한다. 시험 결과가 그림상에 그려지면, 그 곡선들은 일반적으로 곡선 $ABCD$의 바로 아랫부분에 위치하게 된다. 시험 결과는 상당히 분산되는데, 그 이유는 기둥의 거동은 시공의 정밀도, 하중의 배열, 세부 지지 조건 등에 민감하기 때문이다. 이러한 변수를 감안하기 위하여 최대 응력(곡선 $ABCD$로부터)을 가끔 약 2의 값을 갖는 적절한 **안전계수**를 나눔으로써 기둥에 대한 허용 응력을 구한다. 결함은 길이가 길어짐에 따라 증가되기 때문에 변동적인 안전율(L/r이 증가되면 커지는)이 때로 사용된다. 11.9절은 허용 응력에 대한 전형적인 공식을 제공한다.

11.8 비탄성 좌굴

탄성 좌굴에 대한 임계 하중은 앞에서 설명한 바와 같이 비교적 긴 기둥에 대해서만 유효하다(그림 11-30의 곡선 CD 참조). 만약 기둥이 중간 정도의 길이이면, 기둥 내의 응력은 좌굴이 시작하기 전에 비례 한도에 도달한다(그림 11-30의 곡선 BC). 이 중간 영역의 임계 하중을 계산하기 위하여 **비탄성 좌굴**이론이 필요하다. 세 가지의 비탄성 좌굴(inelastic buckling) 이론: 즉, 접선탄성 계수 이론, 감소탄성 계수 이론, 그리고 셴리(Shanley) 이론을 이 절에서 설명한다.

접선탄성 계수 이론

다시 축력 P를 받는 이상적인 양단 핀지지 기둥을 고려해보자(그림 11-31a). 기둥은 임계세장비[식 (11-71)]보다 작은 세장비 L/r을 가지고; 그래서 축응력 P/A은 임계 하중에 이르기 전에 비례 한도에 도달한다.

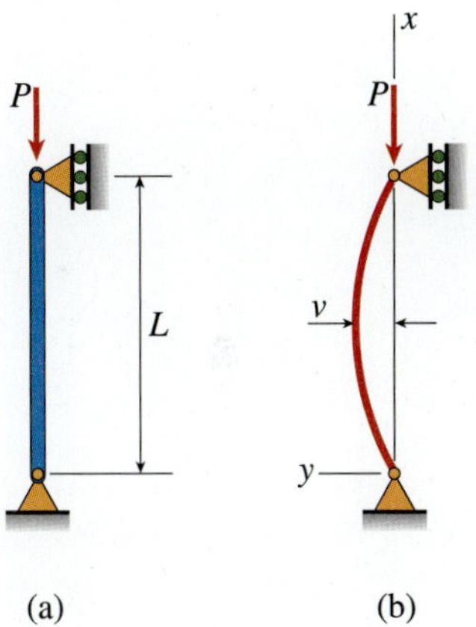

그림 11-31
비탄성으로 좌굴하는 중간 길이의 이상적인 기둥

기둥의 재료에 대한 압축 **응력-변형률 선도**는 그림 11-32에 나타나 있다. 재료의 비례 한도는 σ_{pl}로 표시되며, 기둥 내의 실제 응력 σ_A (P/A와 같음)는 점 A(비례 한도보다 큼)로 표시된다. 만약 하중이 증가되면 응력도 조금 증가하고, 응력의 증가와 해당되는 변형률의 증가 사이의 관계는 점 A에서 응력-변형률 선도의 기울기로 주어진다. 이 기울기는 점 A에서의 접선의 기울기와 같으며 **접선탄성 계수(tangent modulus)** E_t로 표기된다. 즉,

$$E_t = \frac{d\sigma}{d\varepsilon} \tag{11-72}$$

접선탄성 계수는 응력이 비례 한도를 넘으면 감소됨에 유의해야 한다. 응력이 비례 한도 이하일 때는 접선탄성 계수는 보통의 탄성 계수 E와 동일하다.

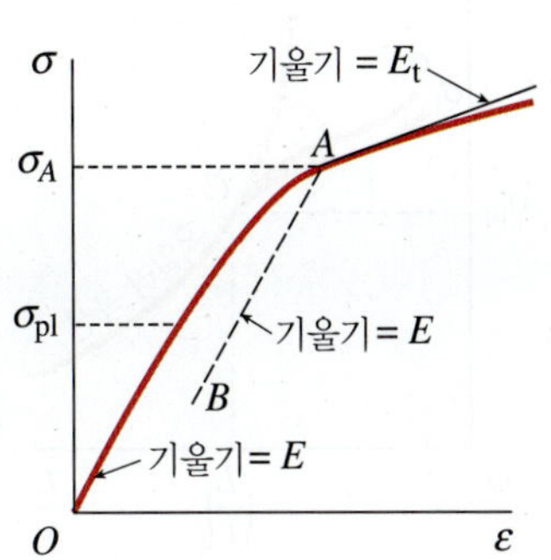

그림 11-32
그림 11-31에서 보인 기둥의 재료에 대한 압축응력-변형률 선도

비탄성 좌굴의 **접선탄성 계수 이론(tangent-modulus theory)**에 따르면, 그림 11-31a의 기둥은 비탄성 임계 하중이 도달할 때까지는 직선이 유지된다. 이 임계 하중에서 기둥은 작은 가로방향 처짐을 겪는다(그림 11-31b). 그 결과로 생기는 굽힘 응력은 압축 축응력 σ_A에 더해진다. 기둥은 곧바른 형태에서 굽어지기 시작하므로 초기의 굽힘 응력은 응력의 증가가 미미하다. 그러므로 굽힘 응력과 그 결과로 생기는 변형률은 접선탄성 계수에 의해 주어진다. 변형률은 기둥의 단면을 걸쳐 직선으로 변하기 때문에 초기의 굽힘 응력도 역시 직선으로 변한다; 따라서 곡률에 대한 표현식은 E를 E_t로 대치시키는 것을 제외하고는 선형탄성 굽힘에 대한 공식과 동일하다.

$$\kappa = \frac{1}{\rho} = \frac{d^2v}{dx^2} = \frac{M}{E_t I} \tag{11-73}$$

[식 (9-9), (9-11)과 비교하라]

굽힘모멘트는 $M = -Pv$이므로(그림 11-31b 참조), 처짐 곡선에 대한 미분 방정식은

$$E_t I v'' + Pv = 0 \tag{11-74}$$

이 방정식은 E 대신에 E_t가 나타나는 점을 제외하고는 탄성 좌굴 공식[식 (11-6)]과 그 형태가 동일하다. 그러므로 이전과 똑같은 방식으로 방정식을 풀어 **접선탄성 계수 하중(tangent-modulus load)**에 대한 다음의 공식을 얻을 수 있다:

$$P_t = \frac{\pi^2 E_t I}{L^2} \tag{11-75}$$

이 하중은 접선탄성 계수 이론에 따른 기둥에 대한 임계 하중을 나타낸다. 해당하는 임계 응력은 다음과 같다.

$$\sigma_t = \frac{P_t}{A} = \frac{\pi^2 E_t}{(L/r)^2} \tag{11-76}$$

이는 오일러 임계 응력에 대한 식 (11-69)와 그 형태가 비슷하다.

접선탄성 계수 E_t는 압축응력 $\sigma = P/A$에 따라 변하기 때문에(그림 11-32), 접선탄성 계수 하중은 반복과정에 의해 구해져야 한다. 먼저 P_t의 값을 추정함으로써 시작된다. 이 추정된 값을 P_1이라 하면, 이 값은 압축응력이 비례 한도에 도달하는 순간의 축 하중 $\sigma_{pl}A$보다 조금 커야 한다. P_1을 알고 나면, 해당하는 축응력 $\sigma_1 = P_1/A$을 계산하고 응력-변형률 선도로부터 접선탄성 계수 E_t를 결정한다. 그런 다음 식 (11-75)로 P_t의 두 번째 추정값을 얻는다. 이 값을 P_2라 하자. 만약 P_2가 P_1에 아주 가까우면, P_2 를 접선탄성 계수 하중으로 선정할 수 있다. 그렇지 않으면 이전 단계에서 시도된 값에 근접하는 하중을 찾을 때까지 추가적인 반복과정이 요구된다. 최종적으로 얻은 값은 접선탄성 계수 하중이 된다.

양단이 핀지지된 전형적인 금속 기둥의 임계 응력이 세장비 L/r에 따라 어떻게 변하는지는 그림 11-33에 나타나 있다. 이 곡선은 비례 한도보다 크고 오일러 곡선보다 작음을 알 수 있다.

이 접선탄성 계수 공식은 실제 길이 L 대신에 유효 길이 L_e를 사용함으로써 여러 가지의 지지 조건을 가진 기둥에 대해서도 사용할 수 있다.

그림 11-33
임계 응력과 세장비의 선도

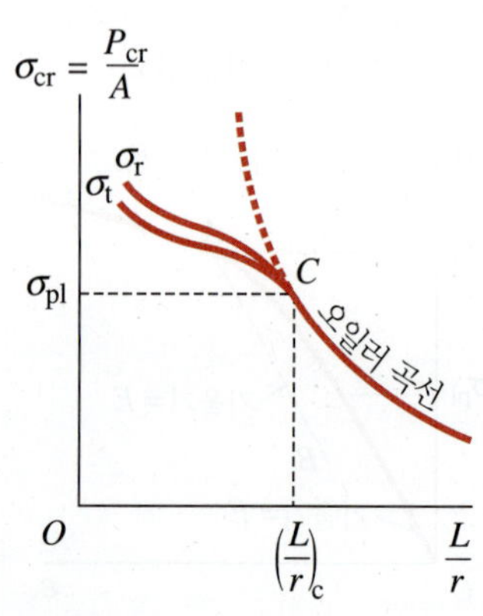

감소탄성 계수 이론

접선탄성 계수 이론은 사용하기가 간단하고 쉽다는 장점이 있는 반면, 기둥의 전체적인 거동을 고려하지 못한다는 단점이 있다. 이러한 단점을 설명하기 위해 그림 11-31a의 기둥을 다시 생각해보자. 이 기둥이 처음 곧바른 위치에서 벗어날 때(그림 11-31b), 굽힘 응력이 기존의 압축응력 P/A에 더해진다. 이 추가적인 응력은 기둥이 휘는 쪽으로 압축이고 반대편은 인장이 된다. 그러므로 기둥의 압축응력은 휘는 쪽으로는 커지고, 반대편은 작아지게 된다.

이제 축 응력 P/A가 응력-변형률 곡선에서 점 A로 표현된다고 하자(그림 11-32). 기둥의 휘는 쪽(압축응력이 증가되는 쪽)에서 재료는 접선탄성 계수 E_t에 따른다. 하지만 반대쪽(압축응력이 감소되는 쪽)에서는 응력-변형률 선도에서 제하선 AB를 따른다. 이 선은 선도의 초기 선형 부분과 나란하므로 그 기울기는 탄성 계수 E와 같다. 그러므로 굽힘이 시작되면 기둥은 2개의 다른 재료: 즉, 휘는 쪽은 탄성 계수 E_t를 가진 재료, 반대쪽은 탄성 계수 E를 가진 재료로 만들어진 것처럼 거동하게 된다.

이러한 기둥의 굽힘 해석은 2개의 재료로 된 보에 대한 굽힘 이론을 사용하여 이루어진다(6.2절과 6.3절). 이러한 해석의 결과는 마치 재료가 E_t와 E 사이의 탄성 계수를 가진 것처럼 기둥이 휘어진다는 것을 보여준다. 이러한 "유효 탄성 계수"는 **감소탄성 계수 (reduced modulus)** E_r라고 알려져 있으며, 그 값은 응력의 크기(E_t가 응력의 크기에 따라 달라지므로)뿐만 아니라 기둥 단면의 형상에 따라 달라진다. 사각형 단면을 가진 기둥의 경우, 감소탄성 계수에 대한 방정식은 다음과 같다.

$$E_r = \frac{4EE_t}{(\sqrt{E} + \sqrt{E_t})^2} \tag{11-77}$$

웨브 면적을 무시할 수 있는 넓은 플렌지형(WF형) 보의 경우, 강축을 회전축으로 하는 굽힘에 대한 감소탄성 계수는 다음과 같다.

$$E_r = \frac{2EE_t}{E + E_t} \tag{11-78}$$

감소탄성 계수 E_r은 **중첩탄성 계수**(*double modulus*)라고도 한다.

감소탄성 계수는 기둥이 직선 상태에서 처음으로 벗어날 때 기둥의 굽힘을 지배하는 유효한 탄성 계수를 나타내기 때문에 비탄성 좌굴의 감소탄성 계수 이론을 정식화할 수 있다. 접선탄성 계수 이론의 경우와 똑같은 방식으로 진행하면, 곡률에 대한 방정식으로 시작하고 처짐 곡선의 미분 방정식을 기술할 수 있다. 이러한 방정식들은 E_t 대신에 E_r이 나타나는 것을 제외하고는 식 (11-73), (11-74)와 동일하다. 그러므로 **감소탄성 계수 하중(reduced-modulus load)**에 대한 다음의 방정식을 유도할 수 있다.

$$P_r = \frac{\pi^2 E_r I}{L^2} \tag{11-79}$$

이에 대응하는 임계 응력 방정식은 다음과 같다.

$$\sigma_r = \frac{\pi^2 E_r}{(L/r)^2} \tag{11-80}$$

감소탄성 계수 하중 P_r을 구하기 위해서는 E_r이 E_t에 종속적으로 반복하는 과정을 거쳐야 한다. 감소탄성 계수 이론에 따른 임계 응력은 그림 11-33에 나타나 있다. E_r이 E_t보다 항상 크기 때문에 σ_r에 대한 곡선은 σ_t에 대한 곡선의 위에 위치한다.

감소탄성 계수 이론은 E_r이 응력-변형률 곡선뿐만 아니라 단면의 모양에 따라 달라지기 때문에 실무에서 사용하기에는 어려우므로, 특정한 각 기둥마다 개별적으로 평가되어야 한다. 게다가 이 이론은 개념적으로 결점을 갖고 있다. 감소탄성 계수 E_r을 적용하려면 기둥이 휘어지는 반대쪽의 재료는 응력이 감소되어야 한다. 그렇지만 응력의 감소

그림 11-34
탄성 및 비탄성 좌굴에 대한 하중-처짐 선도

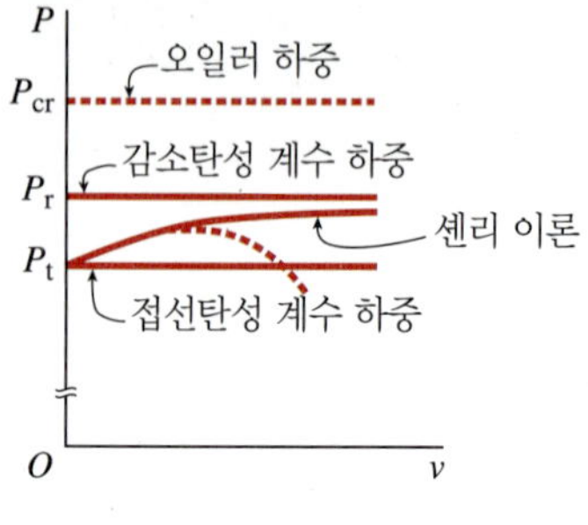

는 굽힘이 실제로 발생하기 전까지는 생기지 않는다. 그러므로 이상적인 기둥에 작용된 축 하중 P는 감소탄성 계수 하중 P_r에 실제로 도달할 수 없다. 그 하중에 도달하려면 굽힘이 이미 존재해야 함이 요구되므로, 이는 논리적으로 맞지 않다.

셴리 이론

앞의 설명으로부터 접선탄성 계수 이론이나 감소탄성 계수 이론은 비탄성 좌굴 현상을 설명하는 데 있어 전적으로 논리적이진 않다는 사실을 알 수 있다. 그럼에도 불구하고, 좀 더 완전하고 논리적으로 일관성이 있는 이론을 개발하기 위해서는 두 이론을 이해해야 한다. 이러한 이론이 1946년에 셴리(F. R. Shanley)에 의해 개발되었고(다음의 역사적 기록 참조), 오늘날 **비탄성 좌굴의 셴리 이론**이라고 불린다.

셴리 이론은 오일러 좌굴과 유사한 형태로 기둥이 비탄성적으로 좌굴된다는 것이 불가능하다는 사실을 지적함으로써 접선탄성 계수 이론과 감소탄성 계수 이론이 가진 맹점을 해소한다. 오일러 좌굴에서는 기둥이 하중-처짐 선도(그림 11-34)상에 수평선으로 표현된 중립 상태일 때 임계 하중에 도달한다. 이미 설명했듯이 접선탄성 계수 하중 P_t 또는 감소탄성 계수 하중 P_r 모두 이러한 형태의 거동을 표현할 수 없다. 두 경우에는 이러한 하중을 중립 평형의 조건과 연계시키고자 하면 논리적으로 맞지 않는 상황이 된다.

하중의 변화 없이 처짐 모양이 갑자기 가능하게 되는 중립 평형 대신에 계속 증가하는 축 하중을 갖는 기둥을 고려해보자. 그 하중이 접선탄성 계수에 도달하면(이 크기는 감소탄성 계수 하중보다는 작다), 굽힘은 하중이 계속 증가하는 경우에만 시작될 수 있다. 이러한 상황에서는 굽힘은 하중의 증가와 동시에 발생하며 기둥이 휘는 반대쪽은 변형률의 감소를 가져온다. 그러므로 단면 전체에 걸쳐 재료의 유효 탄성 계수는 E_t보다 커지고, 따라서 하중 증가가 가능해진다. 그렇지만 E_r은 기둥이 휘는 반대쪽에서 변형률이 완전히 반전되는 것을 바탕으로 하기 때문에 유효 탄성 계수는 E_r만큼 크지는 않다. 즉, 기둥이 축력의 변화 없이 휜다면 E_r은 존재하는 변형률 반전의 양을 바탕으로 하고, 반면에 증가하는 축력이 있다는 것은 변형률에서의 감소가 그리 크지 않다는 뜻이다.

그러므로 하중-처짐 관계가 정의되지 않는 중립 평형 대신에 이제 하중의 각 값과 대응하는 처짐 사이의 명확한 관계를 갖게 되었다. 이 거동은 그림 11-34에서 “셴리 이론”이라 명명된 곡선으로 나타난다. 여기서 좌굴은 접선탄성 계수 하중에서 시작하고; 그러고 나서 그 하중은 증가되지만 처짐이 무한대의 크기(이론적으로)가 될 때까지는 감소탄성 계수에 도달하지 않는다. 그렇지만 처짐이 증가함에 따라 그 밖의 영향이 중요해지며, 실제 곡선은 점선으로 나타나 있듯이 종국에는 아래로 향하게 된다.

비탄성 좌굴의 셴리 개념은 수많은 연구자와 실험들로 검증되어왔다. 그렇지만 실제 기둥들에 의해 지지된 최대 하중(그림 11-34에서 아래로 향하는 점선 참조)은 접선탄성 계수 하중 P_t보다 조금 위에 있을 뿐이다. 그뿐 아니라 접선탄성 계수 하중은 매우 간단히 계산할 수 있다. 그러므로 여러 가지 실무 목적상 기둥의 비탄성 좌굴에 대한 임계 하중으로 **접선탄성 계수 하중**을 채택하는 것이 합리적이다.

탄성 및 비탄성 좌굴에 대한 이전의 논의는 이상적인 조건을 바탕으로 한다. 물론 기둥의 거동을 이해하는 데 있어 이론적인 개념은 중요하지만, 실제로 기둥을 설계할 때는 이론에서 고려하지 않은 추가적인 요인들도 생각해야 한다. 예를 들면, 철골 기둥은 항상 롤링 단계에서 발생한 잔류응력을 갖는다. 이러한 응력은 단면의 각 부분에 따라 변화가

심하며: 그러므로 항복을 유발하는 응력 수준이 단면에 걸쳐 달라진다. 이러한 이유로 많은 경험적인 설계 공식이 기둥 설계에 사용되도록 개발되었다. 널리 사용되는 공식들은 다음 절에서 제공된다.

역사적 기록 오일러가 좌굴 하중을 처음으로 계산한 시기(1744년)와 섄리가 좌굴 이론을 마지막으로 개발한 시기(1946년) 사이에 200년이 경과되었다. 역학 분야에서 여러 유명한 연구자가 이 발전에 기여했고, 그 업적을 여기서 서술한다.

오일러의 선험적인 연구(참고문헌 11-1) 이후, 프랑스 공학자 라마르(A. H. E. Lamarle)가 오일러 공식은 세장비가 어떤 한계를 넘는 범위에서만 사용되어야 하며 실험 자료는 세장비가 작은 기둥에 의존한다는 지적(참고문헌 11-6)을 한 1845년까지는 진척이 거의 없었다. 그리고 1889년 다른 프랑스 공학자 콘시데르(A. G. Considère)가 처음으로 기둥에 관한 전반적인 실험 결과를 발표하였다(참고문헌 11-7). 그는 기둥이 휘는 쪽의 응력은 E_t로 증가되고 그 반대쪽은 E로 증가된다는 것을 지적하였다. 즉, 왜 오일러 공식을 비탄성 좌굴에 적용할 수 없는지를 보였으며, 유효 탄성 계수는 E와 E_t 사이에 있음을 설명하였다. 비록 유효 탄성 계수를 구하려는 시도를 하지 않았지만, 감소탄성 계수 이론을 시작하는 계기를 마련하였다.

같은 해에 독일 공학자인 엥게스(F. Engesser)는 접선탄성 계수 이론(참고문헌 11-8)을 독자적으로 제안하였다. 그는 접선탄성 계수를 기호 T ($d\sigma/d\varepsilon$와 같음)로 표기했고 임계 하중을 위한 오일러 공식에서 E를 T로 대체해야 한다고 제안하였다. 이후에 1895년 3월 엥게스는 콘시데르의 업적을 모르는 상태에서 접선탄성 계수 이론을 다시 제시하였다(참고문헌 11-9). 오늘날 접선탄성 계수 이론은 **엥게스 이론**이라고 한다.

3개월 이후에 세인트 피터즈버그(St. Petersburg) 대학 교수인 폴란드 태생 자진스키(F. S. Jasinsky)는 엥게스의 접선탄성 계수 이론이 틀렸음을 지적하고, 콘시데르의 업적에 관심을 기울여 감소탄성 계수 이론을 제시했다(참고문헌 11-10). 이에 대응하여 한 달 후 엥게스는 접선탄성 계수 접근 방법의 오류를 인정하고 임의의 단면에 대한 감소탄성 계수를 계산하는 방법을 보였다(참고문헌 11-11). 그래서 감소탄성 계수 이론은 또한 **콘시데르-엥게스 이론**이라고도 한다.

이전의 연구와 무관하게, 1908년과 1910년 유명한 과학자인 시어도어 폰 카르만(Theodore von Kármán)은 감소탄성 계수 이론을 발표했다(참고문헌 11-12, 11-13, 11-14). 참고문헌 11-13에서 그는 사각형 단면과 이상적인 넓은 플렌지형 단면(즉, 웨브가 없는 넓은 플렌지형 단면)을 대상으로 E_r에 대한 공식을 유도하였다. 그는 이 이론을 좌굴 하중의 편심 효과를 포함하도록 확장하였으며, 최대 하중은 편심이 증가됨에 따라 급격히 감소하는 것을 보였다.

감소탄성 계수 이론은 미국인 항공공학 교수 섄리가 접선탄성 계수와 감소탄성 계수 이론들의 논리적인 역설을 지적한 1946년까지는 비탄성 좌굴의 공인된 이론이었다. 뛰어난 한 페이지짜리 논문(참고문헌 11-15)에서 섄리는 일반적으로 공인된 이론들에서 무엇이 잘못되었는지를 설명하였을 뿐만 아니라 그러한 역설을 해결한 자신의 이론을 제안하였다. 5개월 후에 두 번째 논문에서는 자신의 이전 이론을 뒷받침하는 추가적인 분석을 제시하였고 기둥에 관한 실험을 바탕으로 결과를 제시했다(참고문헌 11-16). 그 이후로 많은 연구자가 섄리의 개념을 확인하고 확장하였다.

기둥 좌굴 문제에 관한 좀 더 자세한 논의는 호프(Hoff)의 논문(참고문헌 11-17과 11-18)을 참조하고, 역사적인 측면에 대해서는 존스턴(Johnston)의 논문(참고문헌 11-19)을 참조하면 된다.

이 장의 요약 및 복습

11장에서는 기둥으로 알려진 축 하중을 받는 부재의 탄성과 비탄성 거동을 알아보 았다. 먼저, 강봉과 탄성스프링으로 구성된 단순한 기둥 모델을 통해 이러한 가느다란 압축부재의 **좌굴과 안정**의 개념을 설명했다. 그러고 나서 도심에 압축 하중을 받는 양단 핀지지의 탄성 기둥을 고려하여 처짐 곡선의 미분 방정식을 풀어 **좌굴 하중**(P_{cr})와 **좌굴 모드형상**을 구했다; 이때는 선형탄성 거동을 가정했다. 3개의 추가적인 지지 조건을 고려하여 각 경우의 좌굴 하중을 **기둥의 유효 길이**로 표현했다. **편심 축 하중**을 받는 양단 핀지지 기둥의 거동을 파악하여 이러한 기둥의 최대 응력을 정의하는 **시컨트 공식**을 유도했다.

이 장에서 살펴본 중요한 개념은 다음과 같다.

1. 가는 기둥의 좌굴 불안정성은(강도 및 강성도와 함께) 설계 시 고려해야 할 중요한 파괴 형태이다.

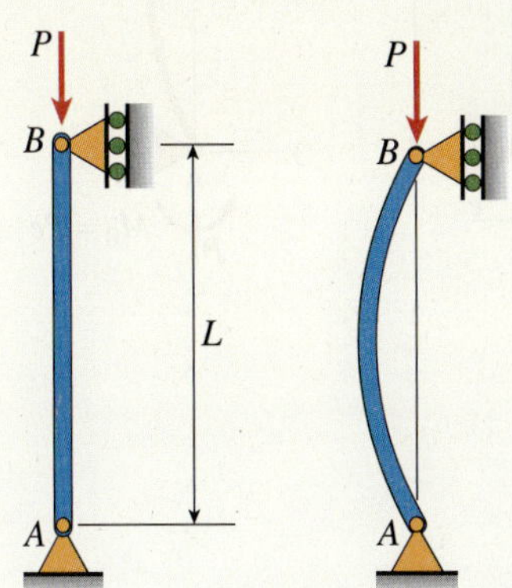

2. 양단이 핀지지되고, 길이가 L이고, 단면의 도심에서 압축 하중을 받으며, 선형탄성 거동을 하는 가느다란 기둥은 기본 모드에서 다음의 **오일러 좌굴 하중**에서 좌굴된다.

$$P_{cr} = \pi^2 EI / L^2$$

그러므로 좌굴 하중은 굽힘 강성(EI)과 길이(L)에 종속적이지만, 재료의 강도와는 무관하다.

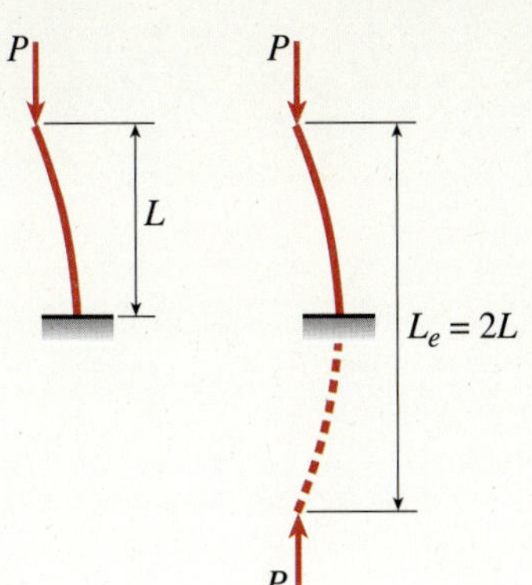

3. 지지 조건을 변경하면, 즉 추가적인 횡지지를 제공하면 좌굴 하중이 변경된 다. 그렇지만 **각 지지 조건**에 대한 P_{cr}은 위 공식에 실제 기둥 길이(L)을 **유효 길이**(L_e)로 대치함으로써 얻을 수 있다. 세 가지 추가적인 지지 조건은 아래 표에 나타나 있다. 유효 길이 L_e는 유효 길이 계수 K를 사용하여 다음과 같이 표현된다.

$$L_e = KL$$

(a) Pinned-pinned column	(b) Fixed-free column	(c) Fixed-fixed column	(d) Fixed-pinned column
$P_{cr} = \frac{\pi^2 EI}{L^2}$	$P_{cr} = \frac{\pi^2 EI}{4L^2}$	$P_{cr} = \frac{4\pi^2 EI}{L^2}$	$P_{cr} = \frac{2.046\ \pi^2 EI}{L^2}$
L	L	L_e L	L_e L
$L_e = L$	$L_e = 2L$	$L_e = 0.5L$	$L_e = 0.699L$
$K = 1$	$K = 2$	$K = 0.5$	$K = 0.699$

여기서, K는 양단 핀지지인 경우에는 $K = 1$이고 바닥고정 상단자유인 경우에는 $K = 2$이다. 그러면 좌굴 하중 P_{cr}은 다음과 같이 표현된다.

$$P_{cr} = \frac{\pi^2 EI}{(KL)^2}$$

유효 길이 계수 K는 종종 기둥 설계 공식에 사용된다.

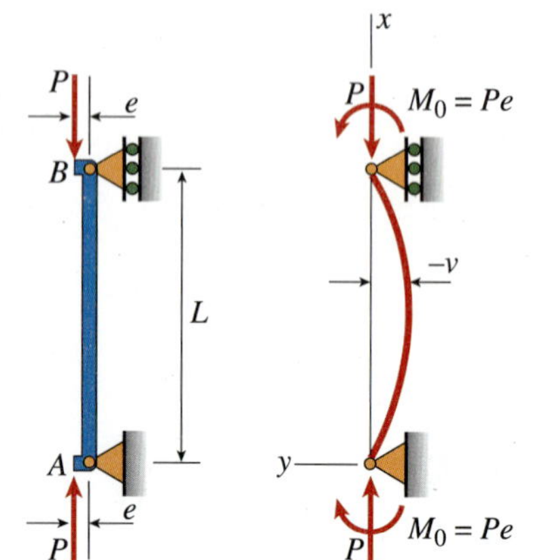

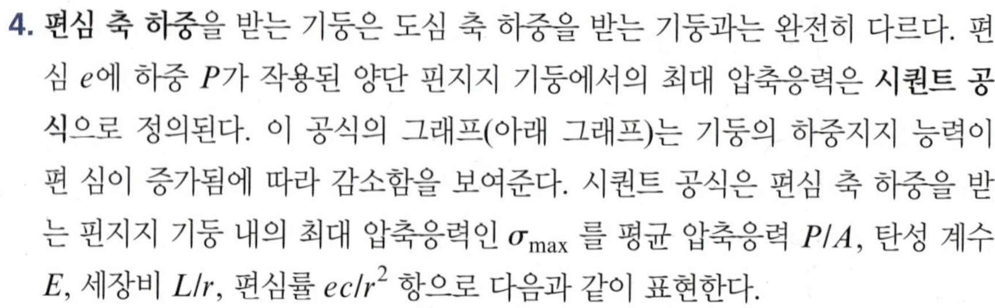

4. **편심 축 하중**을 받는 기둥은 도심 축 하중을 받는 기둥과는 완전히 다르다. 편심 e에 하중 P가 작용된 양단 핀지지 기둥에서의 최대 압축응력은 **시컨트 공식**으로 정의된다. 이 공식의 그래프(아래 그래프)는 기둥의 하중지지 능력이 편 심이 증가됨에 따라 감소함을 보여준다. 시컨트 공식은 편심 축 하중을 받는 핀지지 기둥 내의 최대 압축응력인 σ_{max} 를 평균 압축응력 P/A, 탄성 계수 E, 세장비 L/r, 편심률 ec/r^2 항으로 다음과 같이 표현한다.

$$\sigma_{max} = \frac{P}{A}\left[1 + \frac{ec}{r^2}\sec\left(\frac{L}{2r}\sqrt{\frac{P}{EA}}\right)\right]$$

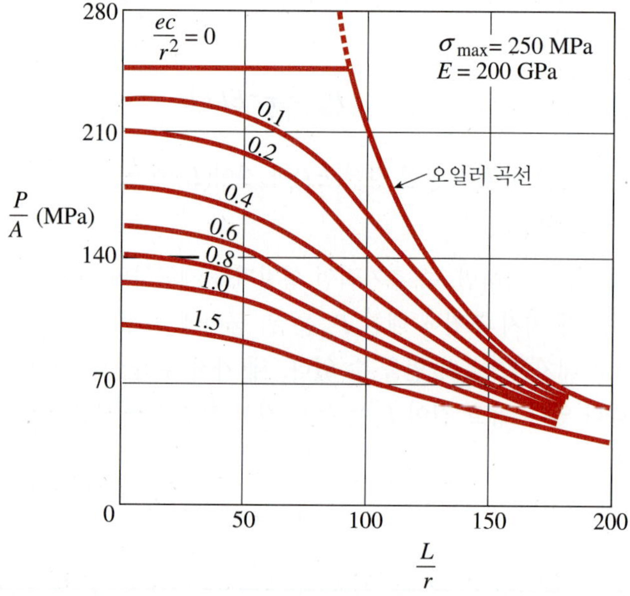

5. **장주**(즉, 세장비 L/r이 큼)는 압축응력이 아주 작을 때 좌굴된다; **단주**(즉, L/r이 작음)는 재료의 항복과 부서짐에 의해 파괴된다; **중간주**(장주와 단주 사이에 있는 세장비 L/r을 가짐)는 비탄성 좌굴에 의해 파괴된다. 비탄성 좌굴에 의한 임계 좌굴 하중은 항상 오일러 좌굴 하중보다 작다. 단주, 중간주, 장주의 구분은 정확하게 정의되지 않는다.

6. 중간주의 **비탄성 거동에 대한 세 가지 이론**은 **접선탄성 계수 이론**, **감소탄성 계수 이론**, **섄리 이론**이다. 그렇지만 이러한 이론적인 공식들은 철골 기둥 내의 **잔류 응력**이나 다른 요인들을 고려하지 못하기 때문에, 실제로 기둥을 설계할 때는 경험적인 공식들이 사용된다.

PROBLEMS Chapter 11

11.2 Buckling and Stability

Introductory Problems

11.2-1 A rigid bar of length L is supported by a linear elastic rotational spring with rotational stiffness β_R at A.

Determine the critical load P_{cr} for the structure.

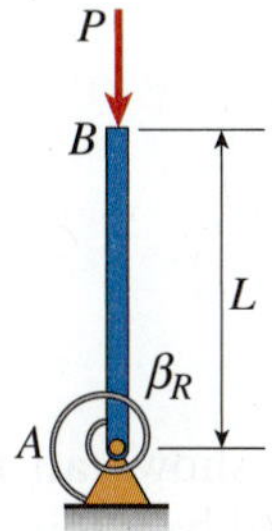

PROBLEM 11.2-1

11.2-2 The figure shows an idealized structure consisting of a rigid bar with pinned connections and linearly elastic springs. Rotational stiffness is denoted β_R, and translational stiffness is denoted β.

(a) Determine the critical load P_{cr} for the structure from the figure part a.

(b) Find P_{cr} if another rotational spring is added at B from the figure part b.

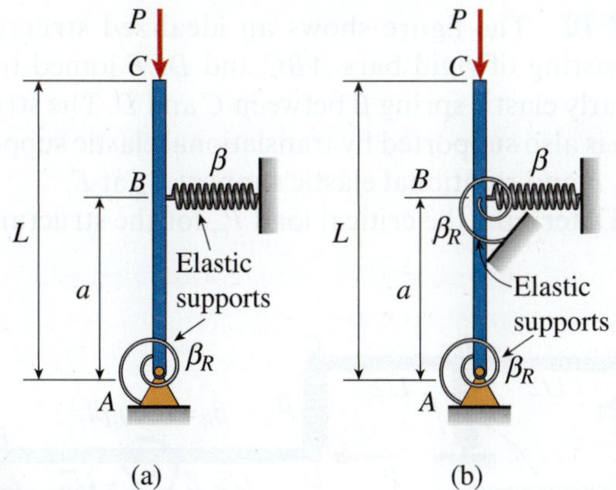

PROBLEM 11.2-2

11.2-3 Two rigid bars are connected with a rotational spring, as shown in the figure. Assume that the elastic rotational spring constant is $\beta_R = 8.5$ kN·m/rad. Calculate the critical load P_{cr} of the system. Assume that $L = 1.8$ m.

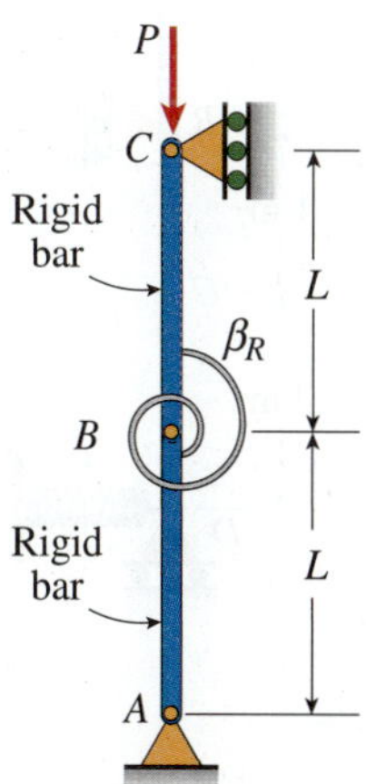

PROBLEMS 11.2-3 and 11.2-4

11.2-4 Repeat Problem 11.2-3 assuming that $\beta_R = 10$ kN·m/rad and $L = 2$ m.

11.2-5 The figure shows an idealized structure consisting of two **rigid bars** with pinned connections and linearly elastic rotational springs. Rotational stiffness is denoted β_R.

Determine the critical load P_{cr} for the structure.

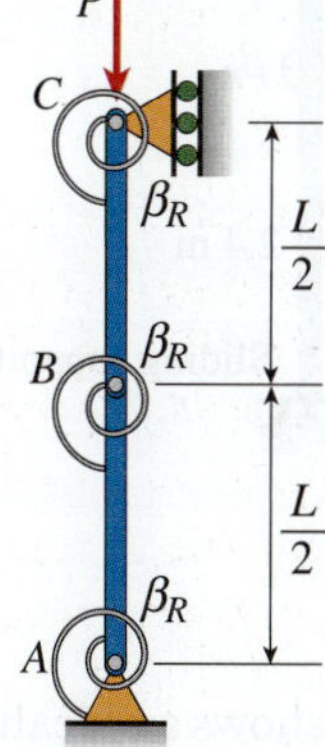

PROBLEM 11.2-5

Representative Problems

11.2-6 An idealized column consists of rigid bar $ABCD$ with a roller support at B and a roller and spring support at D. The spring constant at D is $\beta = 750$ N/m. Find the critical load P_{cr} of the column.

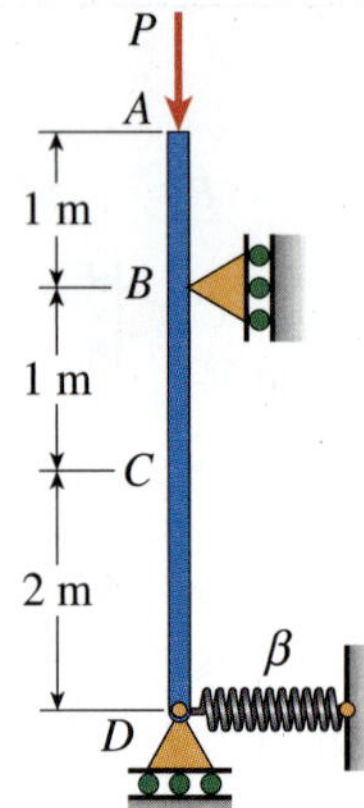

PROBLEM 11.2-6

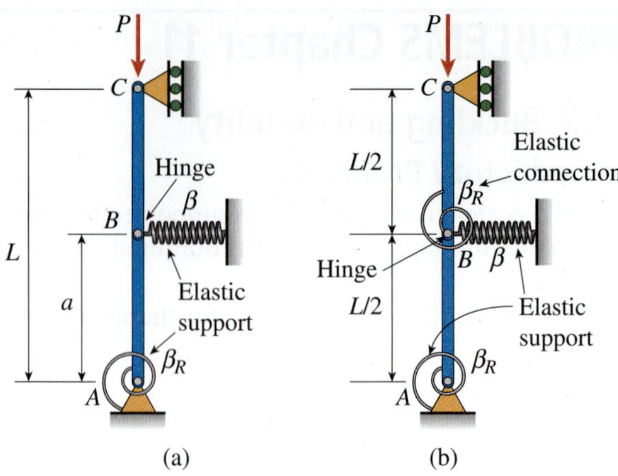

PROBLEM 11.2-8

11.2-7 An idealized column is made up of rigid segments ABC and CD that are joined by an elastic connection at C with rotational stiffness $\beta_R = 11$ kN·m/rad. The column has a roller support at B and a sliding support at D. Calculate the critical load P_{cr} of the column.

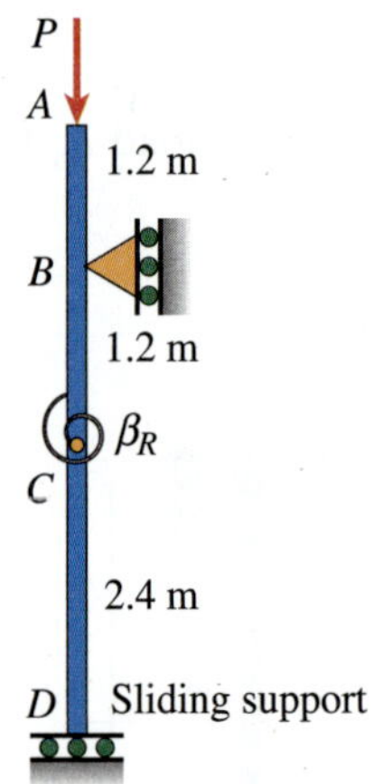

PROBLEM 11.2-7

11.2-8 The figure shows an idealized structure consisting of bars AB and BC that are connected using a hinge at B and linearly elastic springs at A and B. Rotational stiffness is denoted β_R and translational stiffness is denoted β.

(a) Determine the critical load P_{cr} for the structure from the figure part a.
(b) Find P_{cr} if an elastic connection is now used to connect bar segments AB and BC from the figure part b.

11.2-9 The figure shows an idealized structure consisting of two rigid bars joined by an elastic connection with rotational stiffness β_R. Determine the critical load P_{cr} for the structure.

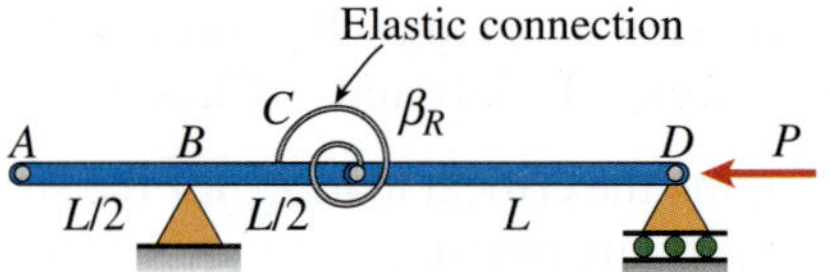

PROBLEM 11.2-9

11.2-10 The figure shows an idealized structure consisting of rigid bars ABC and DEF joined by a linearly elastic spring β between C and D. The structure is also supported by translational elastic support β at B and rotational elastic support β_R at E.

Determine the critical load P_{cr} for the structure.

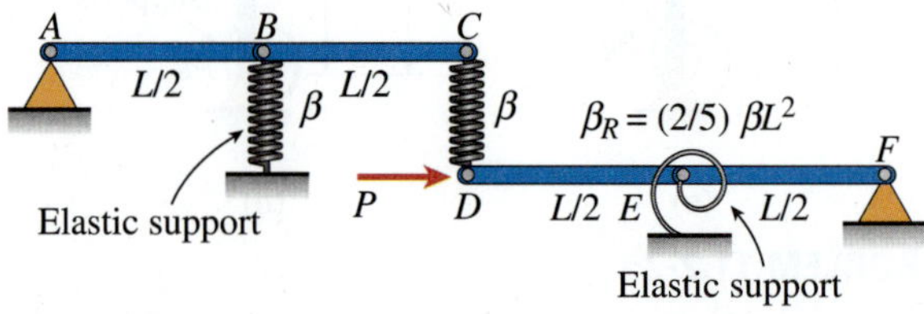

PROBLEM 11.2-10

11.2-11 The figure shows an idealized structure consisting of an L-shaped rigid bar structure supported by linearly elastic springs at A and C. Rotational stiffness is denoted β_R and translational stiffness is denoted β.

Determine the critical load P_{cr} for the structure.

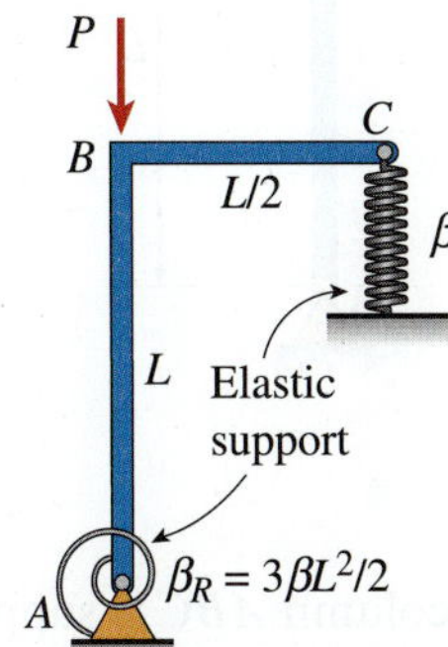

PROBLEM 11.2-11

11.2-12 Rigid column $ABCD$ has an elastic support at B with translational stiffness β. Find an expression for the critical load P_{cr} of the column.

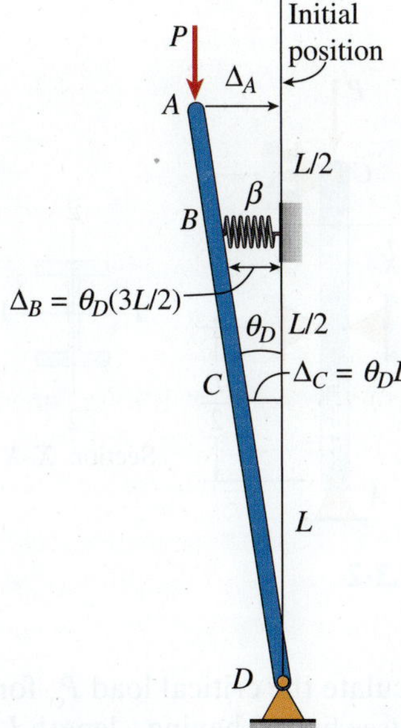

PROBLEM 11.2-12

11.2-13 An idealized column is made up of rigid bars ABC and CD that are joined by a rotational elastic connection at C with stiffness β_R. The column has a roller support at B and a pin support at D. Find an expression for the critical load P_{cr} of the column.

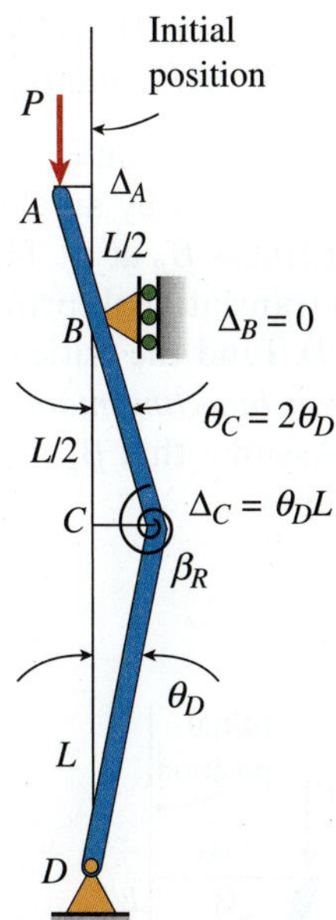

PROBLEM 11.2-13

11.2-14 An idealized column is composed of rigid bars ABC and CD joined by an elastic connection with rotational stiffness β_{R1} at C. There is a roller support at B and an elastic support at D with translational spring stiffness β and rotational stiffness β_{R2}. Find the critical buckling loads for *each of the two buckling modes* of the column. Assume that $L = 3$ m, $\beta = 9$ kN/m, and $\beta_{R1} = \beta_{R2} = \beta L^2$. Sketch the buckled mode shapes.

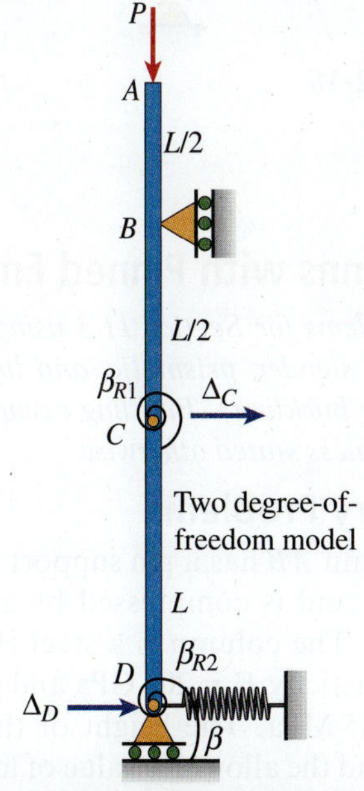

PROBLEM 11.2-14 and 11.2-15

11.2-15 Repeat Problem 11.2-14 using $L = 3.6$ m, $\beta = 45$ kN/m, $\beta_{R1} = 1.5\beta L^2$, and $\beta_{R2} = 2\,\beta_{R1}$.

11.2-16 An idealized column is composed of rigid bars ABC and CD joined by an elastic connection with rotational stiffness β_R at C. There is an elastic support at B with translational spring stiffness β and a pin support at D. Find the critical buckling loads for *each of the two buckling modes* of the column in terms of βL. Assume that $\beta_R = \beta L^2$. Sketch the buckled mode shapes.

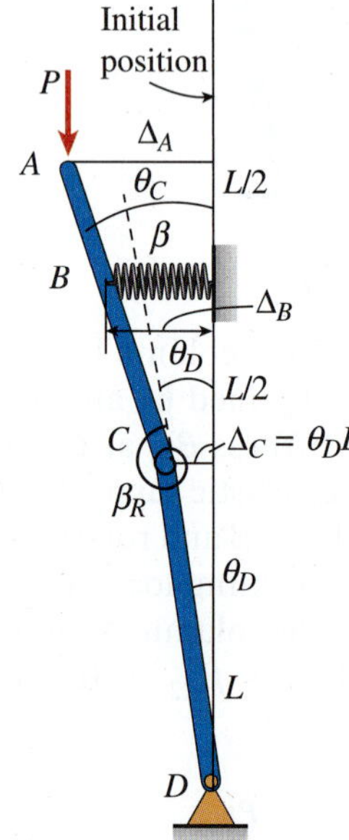

PROBLEM 11.2-16

11.3 Columns with Pinned Ends

Solve the problems for Section 11.3 using the assumptions of ideal, slender, prismatic, and linearly elastic columns (Euler buckling). Buckling occurs in the plane of the figure unless stated otherwise.

Introductory Problems

11.3-1 Column AB has a pin support at A, a roller support at B, and is compressed by an axial load P (see figure). The column is a steel HE 160B with modulus of elasticity $E = 200$ GPa and proportional limit $\sigma_{pl} = 345$ MPa. The height of the column is $L = 3.6$ m. Find the allowable value of load P assuming a factor of safety $n = 2.5$.

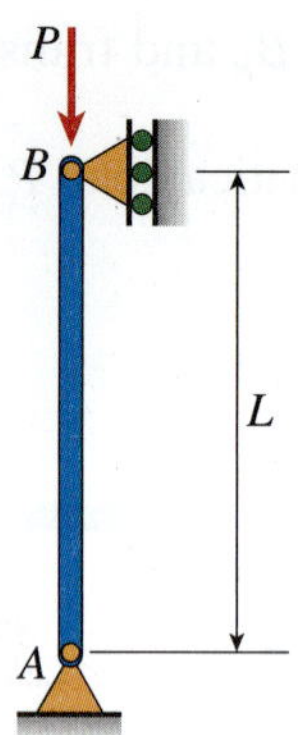

PROBLEM 11.3-1

11.3-2 Slender column ABC is supported at A and C and is subjected to axial load P. Lateral support is provided at mid-height B but only in the plane of the figure; lateral support perpendicular to the plane of the figure is provided only at ends A and C. The column is a steel HE shape with modulus of elasticity $E = 200$ GPa and proportional limit $\sigma_{pl} = 400$ MPa. The total length of the column $L = 9$ m. If the allowable load is 150 kN and the factor of safety is 2.5, determine the lightest HE section that can be used for the column. (See Table F-1, Appendix F).

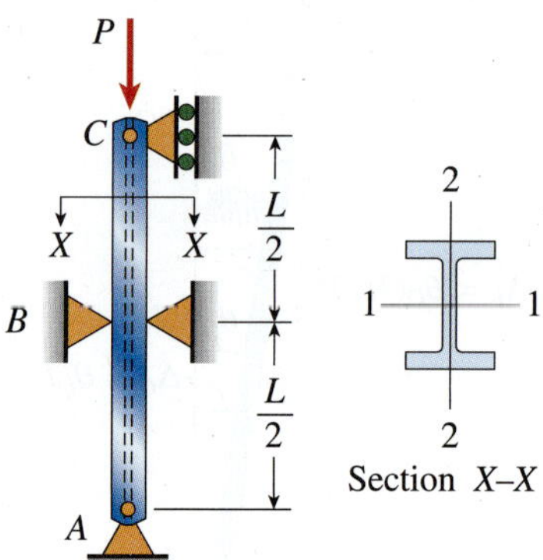

PROBLEM 11.3-2

11.3-3 Calculate the critical load P_{cr} for a HE 140B steel column (see figure) having a length $L = 8$ m and $E = 200$ GPa under the following conditions:

(a) The column buckles by bending about its strong axis (axis 1–1).

(b) The column buckles by bending about its weak axis (axis 2–2).

In both cases, assume that the column has pinned ends.

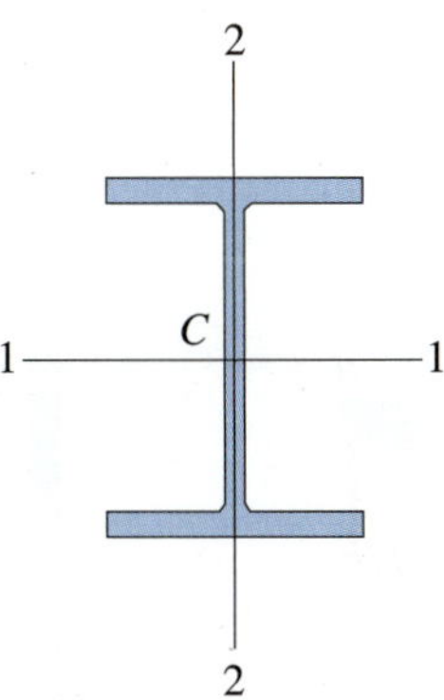

PROBLEMS 11.3-3 through 11.3-5

11.3-4 Solve the preceding problem for an IPN 140 steel column having a length $L = 8$ m. Let $E = 200$ GPa.

11.3-5 Solve Problem 11.3-3 for a HE 140A steel column having a length $L = 8$ m.

Representative Problems

11.3-6 A horizontal beam AB is pin-supported at end A and carries a clockwise moment M at joint B, as shown in the figure. The beam is also supported at C by a pinned-end column of length L; the column is restrained laterally at $0.6L$ from the base at D. Assume the column can only buckle in the plane of the frame. The column is a solid steel bar ($E = 200$ GPa) of square cross section having length $L = 2.4$ m and side dimensions $b = 70$ mm. Let dimensions $d = L/2$. Based upon the critical load of the column, determine the allowable moment M if the factor of safety with respect to buckling is $n = 2.0$.

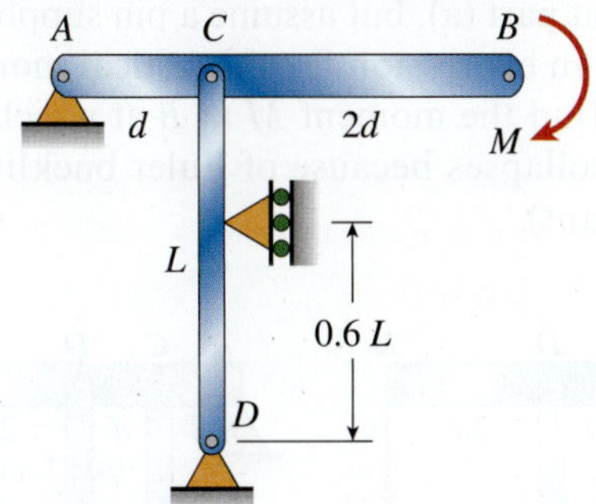

PROBLEM 11.3-6

11.3-7 A column ABC is supported at ends A and C and compressed by an axial load P (figure a). Lateral support is provided at point B but only in the plane of the figure; lateral support perpendicular to the plane of the figure is provided only at A and C. The column is constructed of two channel sections (UPN 140) back to back (see figure b). The modulus of elasticity of the column is $E = 200$ GPa and the proportional limit is 345 MPa. The height of the column is $L = 4.5$ m. Find the allowable value of load P using a factor of safety of 2.5.

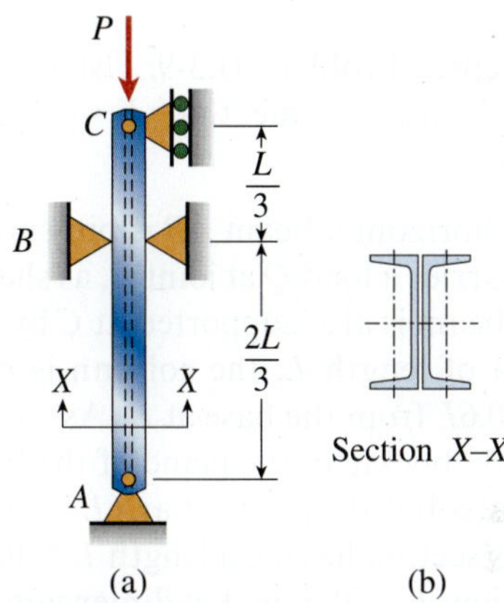

PROBLEM 11.3-7

11.3-8 Find the controlling buckling load (kN) for the steel column shown in the figure. The column is pinned at top and bottom and is made up of two UPN 120 shapes that act together. Assume that $E = 205$ GPa and $L = 6$ m.

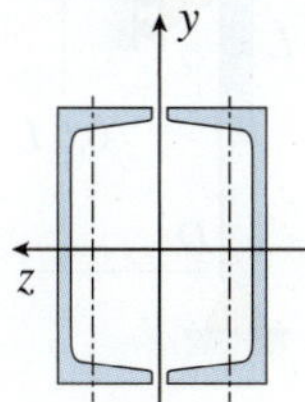

PROBLEM 11.3-8

11.3-9 A column, pinned at top and bottom, is made up of two UPN 160 steel shapes (see figure) that act together.

(a) Find the buckling load (kN) if the gap is zero.

(b) Find required separation distance d (mm) so that the buckling load is the same in y and z directions.

Assume that $E = 205$ GPa and $L = 5.5$ m. Note that distance d is measured between the centroids of the two UPN shapes.

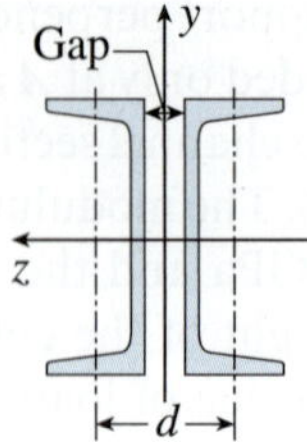

PROBLEM 11.3-9 and 11.3-10

11.3-10 Repeat Problem 11.3-9. Use two UPN 120 steel shapes and assume that $E = 205$ GPa and $L = 6$ m.

11.3-11 A horizontal beam AB is pin-supported at end A and carries a load Q at joint B, as shown in the figure. The beam is also supported at C by a pinned-end column of length L; the column is restrained laterally at $0.6L$ from the base at D. Assume the column can only buckle in the plane of the frame. The column is a solid aluminum bar ($E = 70$ GPa) of square cross section having a length $L = 0.75$ m and side dimensions $b = 38$ mm. Let dimension $d = L/2$. Based upon the critical load of the column, determine the allowable force Q if the factor of safety with respect to buckling is $n = 1.8$.

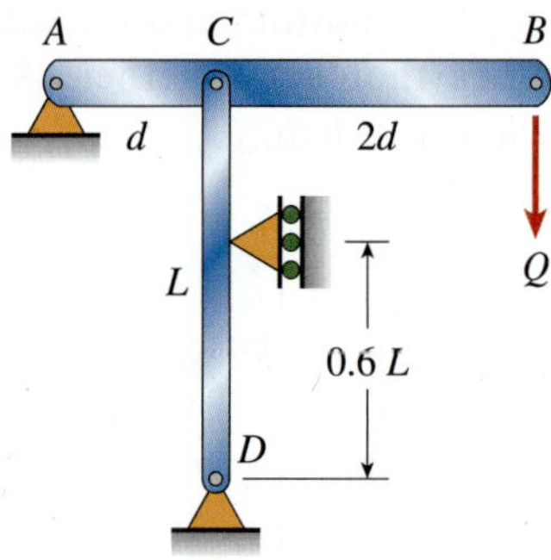

PROBLEM 11.3-11

11.3-12 A horizontal beam AB is supported at end A and carries a load Q at joint B, as shown in the figure part a. The beam is also supported at C by a pinned-end column of length L. The column has flexural rigidity EI.

(a) For the case of a sliding support at A (figure part a), what is the critical load Q_{cr}? (In other words, at what load Q_{cr} does the system collapse because of Euler buckling of the column DC?)

(b) Repeat part (a) if the sliding support at A is replaced by column AF with a length $3L/2$ and flexural rigidity EI (see figure part b).

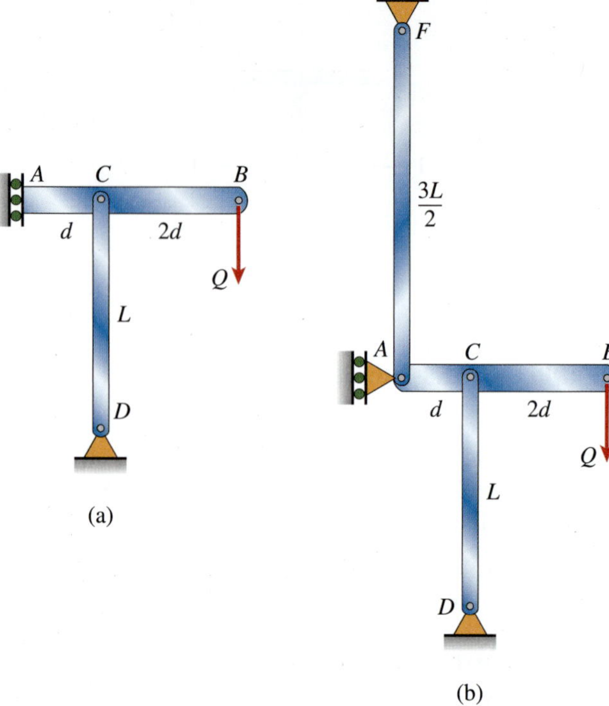

PROBLEM 11.3-12

11.3-13 A horizontal beam AB has a sliding support at end A and carries a load Q at end B, as shown in the figure part a. The beam is supported at C and D by two identical pinned-end columns of length L. Each column has flexural rigidity EI.

(a) Find an expression for the critical load Q_{cr}. (In other words, at what load Q_{cr} does the system collapse because of Euler buckling of the columns?)

(b) Repeat part (a), but assume a pin support at A. Find an expression for the critical moment M_{cr} (i.e., find the moment M at B at which the system collapses because of Euler buckling of the columns).

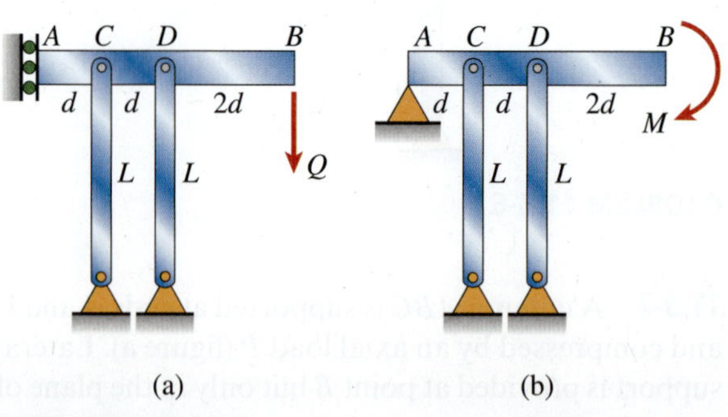

PROBLEM 11.3-13

11.3-14 A slender bar AB with pinned ends and length L is held between immovable supports (see figure).

What increase ΔT in the temperature of the bar will produce buckling at the Euler load?

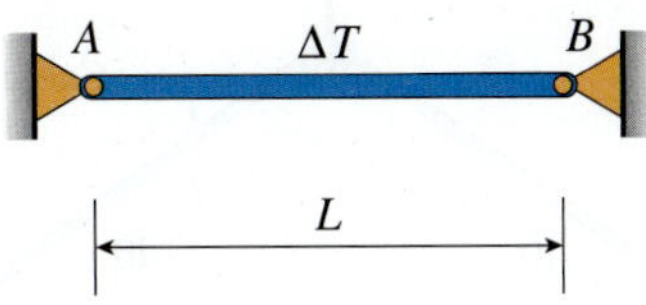

PROBLEM 11.3-14

11.3-15 A rectangular column with cross-sectional dimensions b and h is pin-supported at ends A and C (see figure). At mid-height, the column is restrained in the plane of the figure but is free to deflect perpendicularly to the plane of the figure.

Determine the ratio h/b such that the critical load is the same for buckling in the two principal planes of the column.

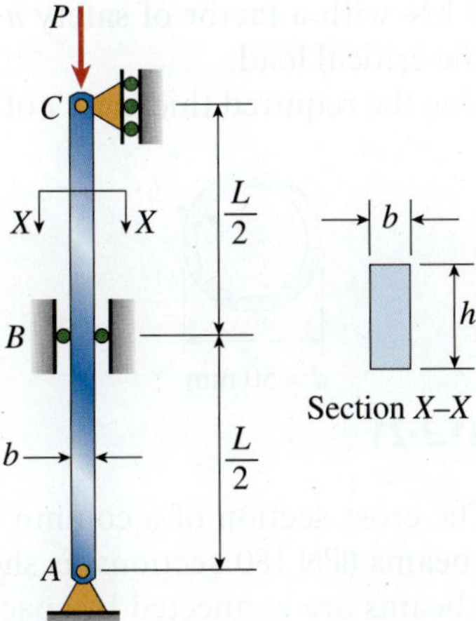

PROBLEM 11.3-15

11.3.16 Three identical, solid circular rods, each of radius r and length L, are placed together to form a compression member (see the cross section shown in the figure).

Assuming pinned-end conditions, determine the critical load P_{cr}.

(a) The rods act independently as individual columns.

(b) The rods are bonded by epoxy throughout their lengths so that they function as a single member.

What is the effect on the critical load when the rods act as a single member?

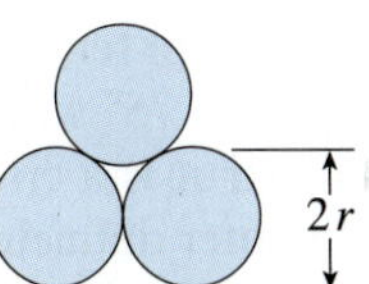

PROBLEM 11.3-16

11.3-17 Three pinned-end columns of the same material have the same length and the same cross-sectional area (see figure). The columns are free to buckle in any direction. The columns have cross sections as: (a) a circle, (b) a square, and (c) an equilateral triangle.

Determine the ratios $P_a : P_b : P_c$ of the critical loads for these columns.

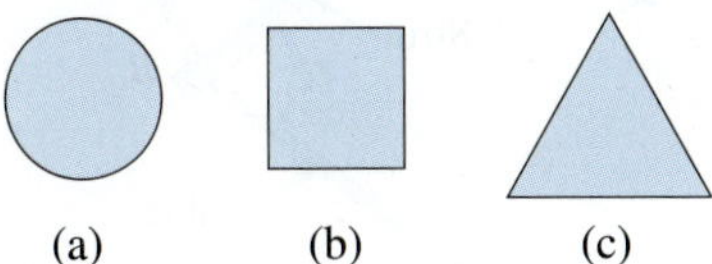

PROBLEM 11.3-17

11.3-18 A long slender column ABC is pinned at ends A and C and compressed by an axial force P (see figure). At the midpoint B, lateral support is provided to prevent deflection in the plane of the figure. The column is a steel wide-flange section (HE 260A) with $E = 200$ GPa. The distance between lateral supports is $L = 5.5$ m.

Calculate the allowable load P using a factor of safety $n = 2.4$, taking into account the possibility of Euler buckling about either principal centroidal axis (i.e., axis 1–1 or axis 2–2).

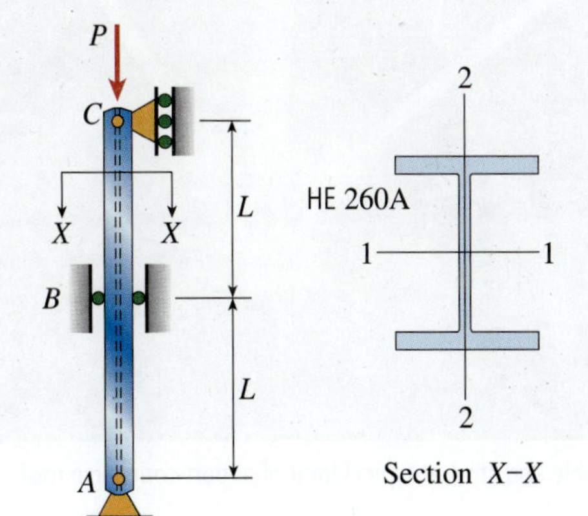

PROBLEM 11.3-18

11.3-19 The roof over a concourse at an airport is supported by the use of pretensioned cables. At a typical joint in the roof structure, a strut AB is compressed by the action of tensile forces F in a cable that makes an angle $\alpha = 75°$ with the strut (see figure and photo). The strut is a circular tube of steel ($E = 200$ GPa) with outer diameter $d_2 = 60$ mm and inner diameter $d_1 = 50$ mm. The strut is 1.75 m long and is assumed to be pin-connected at both ends.

Using a factor of safety $n = 2.5$ with respect to the critical load, determine the allowable force F in the cable.

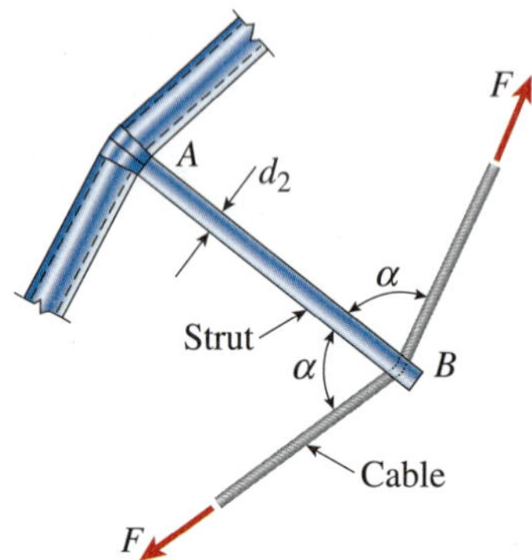

PROBLEM 11.3-19

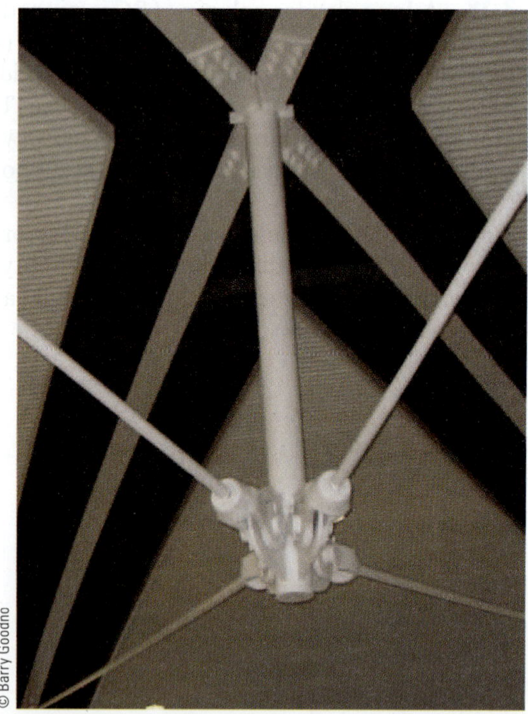

Cable and strut at typical joint of airport concourse roof

11.3-20 The hoisting arrangement for lifting a large pipe is shown in the figure. The spreader is a steel tubular section with outer diameter 70 mm and inner diameter 57 mm. Its length is 2.6 m, and its modulus of elasticity is 200 GPa.

Based upon a factor of safety of 2.25 with respect to Euler buckling of the spreader, what is the maximum weight of pipe that can be lifted? (Assume pinned conditions at the ends of the spreader.)

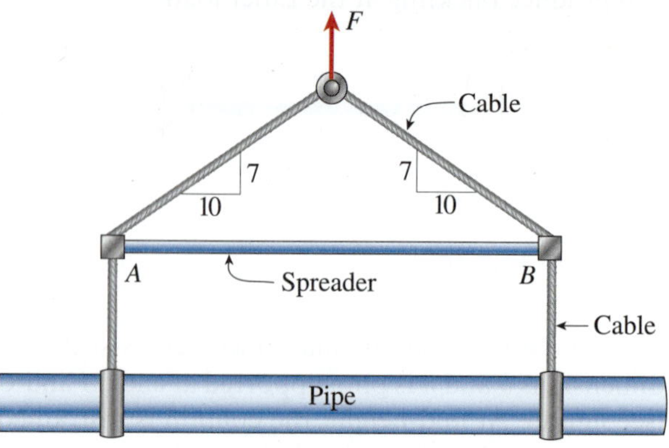

PROBLEM 11.3-20

11.3-21 A pinned-end strut of aluminum ($E = 70$ GPa) with a length $L = 1.8$ m is constructed of circular tubing with an outside diameter $d = 50$ mm (see figure). The strut must resist an axial load $P = 18$ kN with a factor of safety $n = 2.0$ with respect to the critical load.

Determine the required thickness t of the tube.

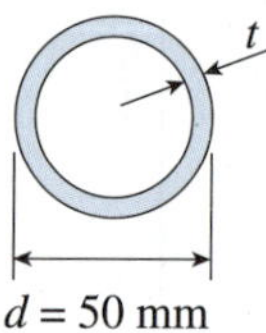

PROBLEM 11.3-21

11.3-22 The cross section of a column built up of two steel I-beams (IPN 180 sections) is shown in the figure. The beams are connected by spacer bars, or *lacing*, to ensure that they act together as a single column. (The lacing is represented by dashed lines in the figure.)

The column is assumed to have pinned ends and may buckle in any direction. Assuming $E = 200$ GPa and $L = 8.5$ m, calculate the critical load P_{cr} for the column.

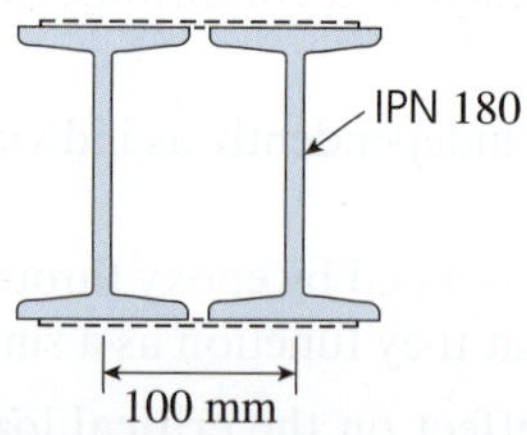

PROBLEM 11.3-22

11.3-23 The truss ABC shown in the figure supports a vertical load W at joint B. Each member is a slender circular steel pipe ($E = 200$ GPa) with an outside diameter of 100 mm and wall thickness 6 mm. The distance between supports is 7 m. Joint B is restrained against displacement perpendicular to the plane of the truss.

Determine the critical value W_{cr} of the load.

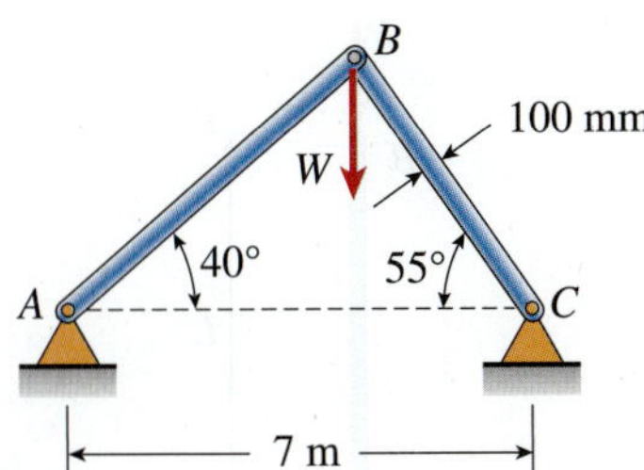

PROBLEM 11.3-23

11.3-24 A truss ABC supports a load W at joint B, as shown in the figure. The length L_1 of member AB is fixed, but the length of strut BC varies as the angle θ is changed. Strut BC has a solid circular cross section. Joint B is restrained against displacement perpendicular to the plane of the truss.

Assuming that collapse occurs by Euler buckling of the strut, determine the angle θ for minimum weight of the strut.

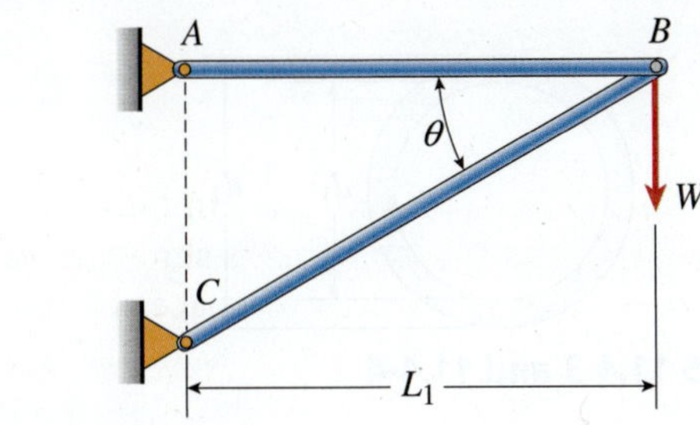

PROBLEM 11.3-24

11.3-25 An IPN 160 steel cantilever beam AB is supported by a steel tie rod at B as shown. The tie rod is just taut when a roller support is added at C at a distance s to the left of B, then the distributed load q is applied to beam segment AC. Assume $E = 200$ GPa and neglect the self-weight of the beam and tie rod. See Table F-2 in Appendix F for the properties of the IPN beam.

(a) What value of uniform load q will, if exceeded, result in buckling of the tie rod if $L_1 = 2$ m, $s = 0.6$ m, $H = 1$ m, and $d = 6$ mm?

(b) What minimum beam moment of inertia I_b is required to prevent buckling of the tie rod if $q = 2$ kN/m, $L_1 = 2$ m, $H = 1$ m, $d = 6$ mm, and $s = 0.6$ m?

(c) For what distance s will the tie rod be just on the verge of buckling if $q = 2$ kN/m, $L_1 = 2$ m, $H = 1$ m, and $d = 6$ mm?

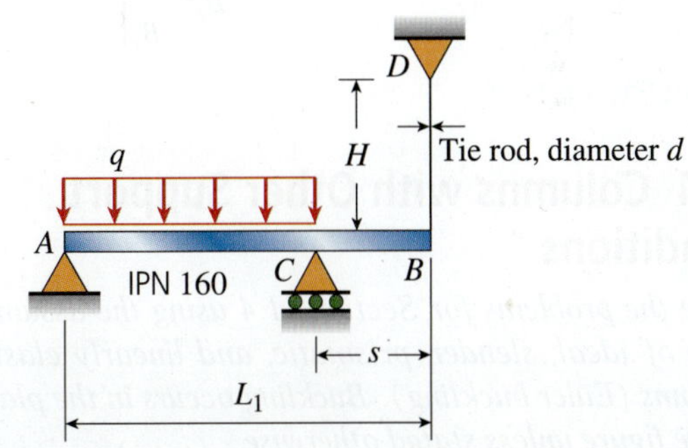

PROBLEM 11.3-25

11.3-26 The plane truss shown in the figure supports vertical loads F at joint D, $2F$ at joint C, and $3F$ at joint B. Each member is a slender circular pipe ($E = 70$ GPa) with an outside diameter of 60 mm and wall thickness of 5 mm. Joint B is restrained against displacement perpendicular to the plane of the truss. Determine the critical value of load variable F (kN) at which member BF fails by Euler buckling.

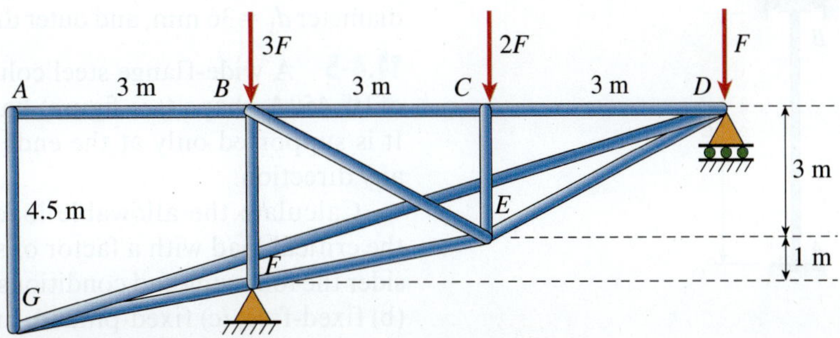

PROBLEM 11.3-26

11.3-27 A space truss is restrained at joints O, A, B, and C, as shown in the figure. Load P is applied at joint A and load $2P$ acts downward at joint C. Each member is a slender, circular pipe ($E = 73$ GPa) with an outside diameter of 90 mm and wall thickness of 6.5 mm. Length variable $L = 3.5$ m. Determine the critical value of load variable P (kN) at which member OB fails by Euler buckling.

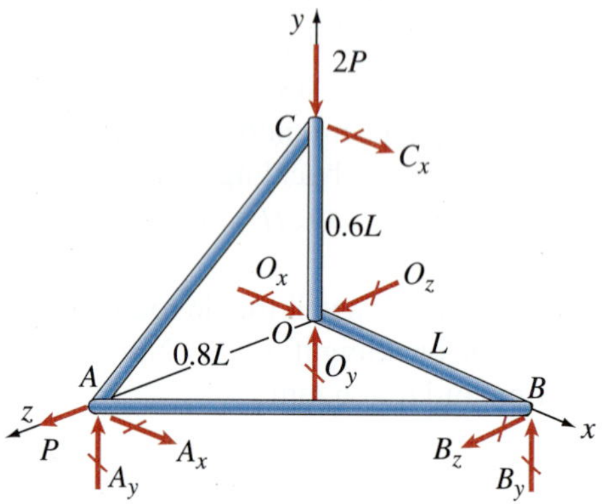

PROBLEM 11.3-27

11.4 Columns with Other Support Conditions

Solve the problems for Section 11.4 using the assumptions of ideal, slender, prismatic, and linearly elastic columns (Euler buckling). Buckling occurs in the plane of the figure unless stated otherwise.

Introductory Problems

11.4-1 A fixed-end column with circular cross section is acted on by compressive axial load P. The 5.5 m-long-column has an outer diameter of 130 mm, a thickness of 13 mm, and is made of aluminum with a modulus of elasticity of 70 GPa. Find the buckling load of the column.

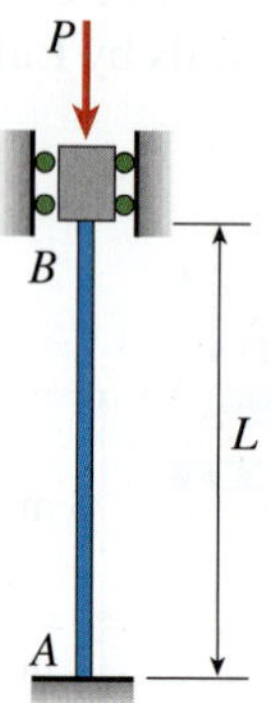

PROBLEM 11.4-1

11.4-2 A cantilever aluminum column has a square tube cross section with an outer dimension of 150 mm. The column has a length $L = 4$ m and is designed to support an axial load of 45 kN. Find the minimum required thickness of the section if the factor of safety $n = 2.5$ with respect to buckling. Assume that the modulus of elasticity is 72 GPa and the proportional limit is 480 MPa.

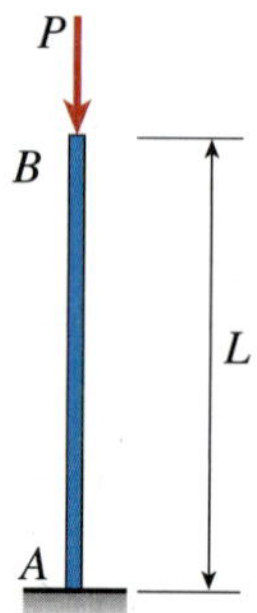

PROBLEM 11.4-2

11.4-3 An aluminum pipe column ($E = 70$ GPa) with a length $L = 3$ m has inside and outside diameters $d_1 = 130$ mm and $d_2 = 150$ mm, respectively (see figure). The column is supported only at the ends and may buckle in any direction.

Calculate the critical load P_{cr} for the following end conditions: (a) pinned-pinned, (b) fixed-free, (c) fixed-pinned, and (d) fixed-fixed.

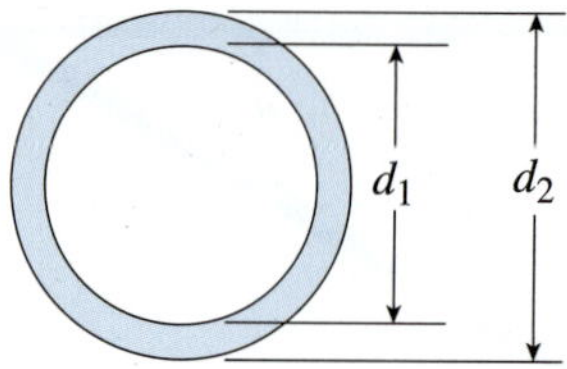

PROBLEMS 11.4-3 and 11.4-4

11.4-4 Solve the preceding problem for a steel pipe column ($E = 210$ GPa) with length $L = 1.2$ m, inner diameter $d_1 = 36$ mm, and outer diameter $d_2 = 40$ mm.

11.4-5 A wide-flange steel column ($E = 200$ GPa) of HE 450A shape (see figure) has a length $L = 9$ m. It is supported only at the ends and may buckle in any direction.

Calculate the allowable load P_{allow} based upon the critical load with a factor of safety $n = 2.5$. Consider the following end conditions: (a) pinned-pinned, (b) fixed-free, (c) fixed-pinned, and (d) fixed-fixed.

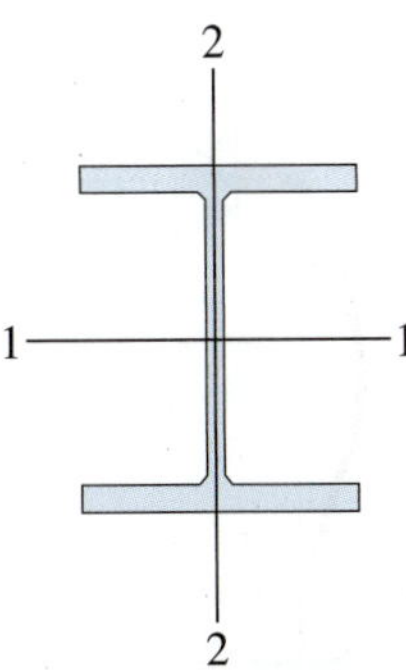

PROBLEMS 11.4-5 and 11.4-6

11.4-6 Solve the preceding problem for a HE 100A shape with length $L = 7.5$ m and $E = 200$ GPa.

Representative Problems

11.4-7 The upper end of an IPN 200 steel column ($E = 200$ GPa) is supported laterally between two pipes (see figure). The pipes are not attached to the column, and friction between the pipes and the column is unreliable. The base of the column provides a fixed support, and the column is 4 m long.

Determine the critical load for the column, considering Euler buckling in the plane of the web and also perpendicular to the plane of the web.

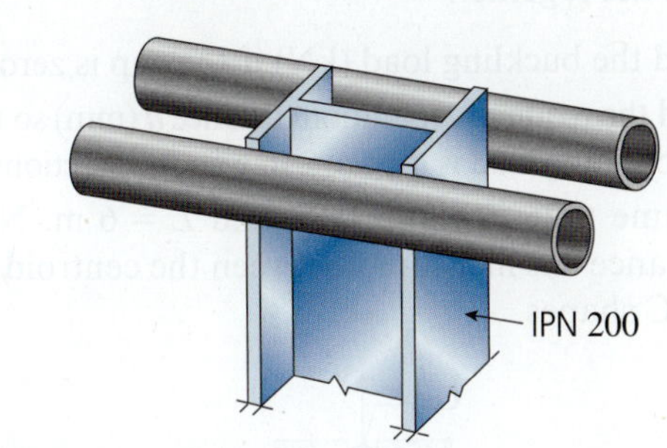

PROBLEM 11.4-7

11.4-8 A vertical post AB is embedded in a concrete foundation and held at the top by two cables (see figure). The post is a hollow steel tube with modulus of elasticity 200 GPa, outer diameter of 40 mm, and thickness of 5 mm. The cables are tightened equally by turnbuckles.

If a factor of safety of 3.0 against Euler buckling in the plane of the figure is desired, what is the maximum allowable tensile force T_{allow} in the cables?

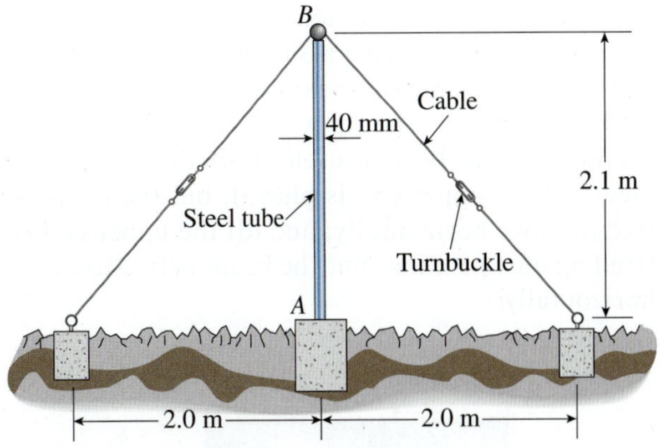

PROBLEM 11.4-8

11.4-9 The horizontal beam ABC shown in the figure is supported by columns BD and CE. The beam is prevented from moving horizontally by the pin support at end A. Each column is pinned at its upper end to the beam, but at the lower ends, support D is a sliding support and support E is pinned. Both columns are solid steel bars ($E = 200$ GPa) of square cross section with width equal to 16 mm. A load Q acts at distance a from column BD.

(a) If the distance $a = 0.5$ m, what is the critical value Q_{cr} of the load?

(b) If the distance a can be varied between 0 and 1.0 m, what is the maximum possible value of Q_{cr}? What is the corresponding value of the distance a?

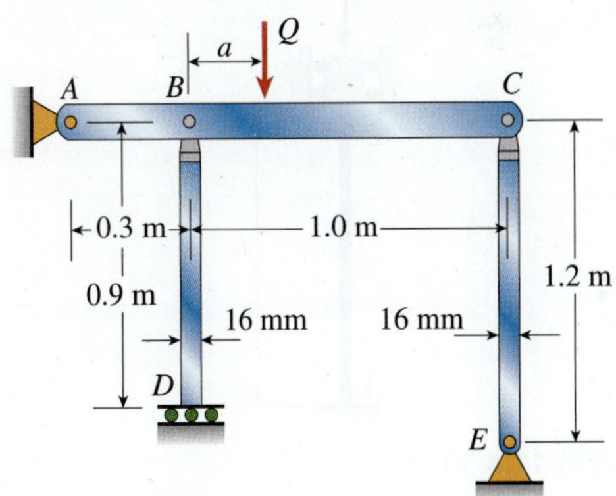

PROBLEM 11.4-9

11.4-10 The roof beams of a warehouse are supported by pipe columns (see figure) having an outer diameter $d_2 = 100$ mm and inner diameter $d_1 = 90$ mm. The columns have a length $L = 4.0$ m, modulus $E = 210$ GPa, and fixed supports at the base.

Calculate the critical load P_{cr} of one of the columns using the following assumptions: (a) the upper end is pinned and the beam prevents horizontal displacement; (b) the upper end is fixed against rotation and the beam prevents horizontal displacement; (c) the upper end is pinned, but the beam is free to move horizontally; and (d) the upper end is fixed against rotation, but the beam is free to move horizontally.

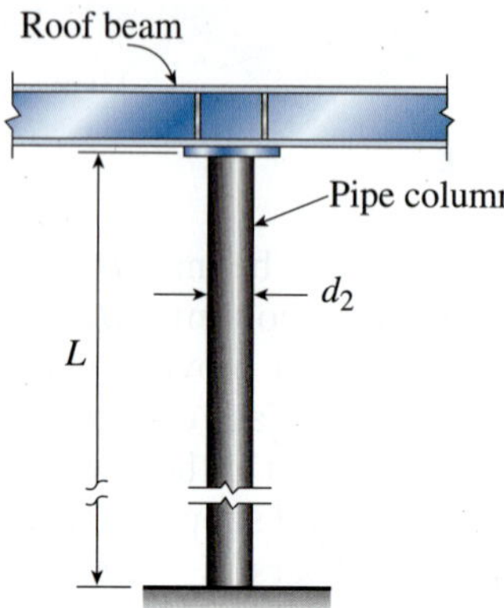

PROBLEM 11.4-10

11.4-11 Determine the critical load P_{cr} and the equation of the buckled shape for an ideal column with ends fixed against rotation (see figure) by solving the differential equation of the deflection curve. (See also Fig. 11-18.)

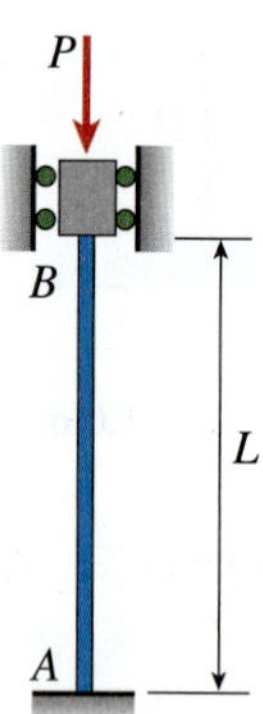

PROBLEM 11.4-11

11.4-12 A fixed-pinned column is a HE 100A steel shape and is designed to carry an axial load of 125 kN. Determine the maximum permissible height L of the column if a factor of safety $n = 2.5$ is required with respect to the buckling of the column. Use $E = 205$ GPa and assume that the proportional limit is 340 MPa. The column may buckle about either axis of the cross section.

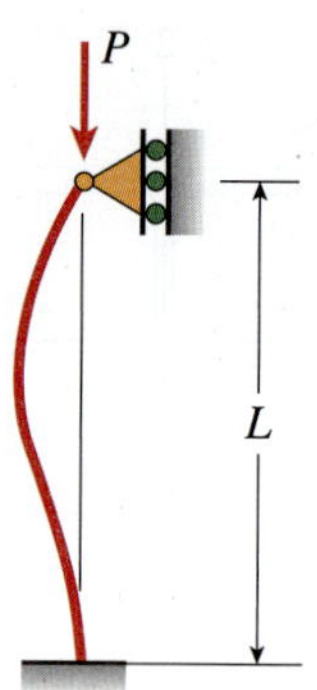

PROBLEM 11.4-12

11.4-13 Find the controlling buckling load (kN) for the steel column shown in the figure. The column is fixed at the base and free at the top and is made up of two UPN 140 shapes that act together. Assume that $E = 205$ GPa and $L = 4.25$ m.

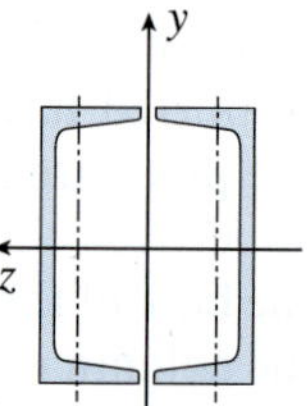

PROBLEM 11.4-13

11.4-14 A column, fixed at the base and free at the top, is made up of two UPN 100 steel shapes (see figure) that act together.

(a) Find the buckling load (kN) if the gap is zero.

(b) Find the required separation distance d (mm) so that the buckling load is the same in y and z directions.

Assume that $E = 205$ GPa and $L = 6$ m. Note that distance d is measured between the centroids of the two C shapes.

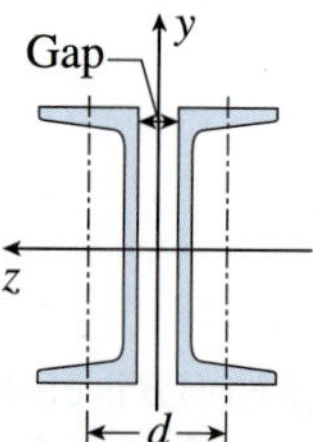

PROBLEM 11.4-14

11.4-15 A rigid L-shaped frame is supported by a steel pipe column AB (see figure) and is subjected to a horizontal load $F = 625$ kN. If the pipe has an outside diameter $d = 100$ mm and a factor of safety of 2.5 is required with respect to Euler buckling, what is the minimum acceptable thickness t of the pipe? Assume that $E = 205$ GPa for AB.

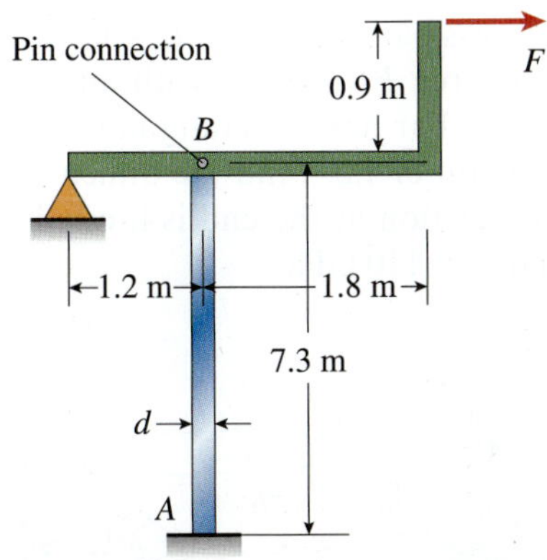

PROBLEM 11.4-15

11.4-16 An aluminum tube AB with a circular cross section has a sliding support at the base and is pinned at the top to a horizontal beam supporting a load $Q = 200$ kN (see figure).

Determine the required thickness t of the tube if its outside diameter d is 200 mm and the desired factor of safety with respect to Euler buckling is $n = 3.0$. (Assume $E = 72$ GPa.)

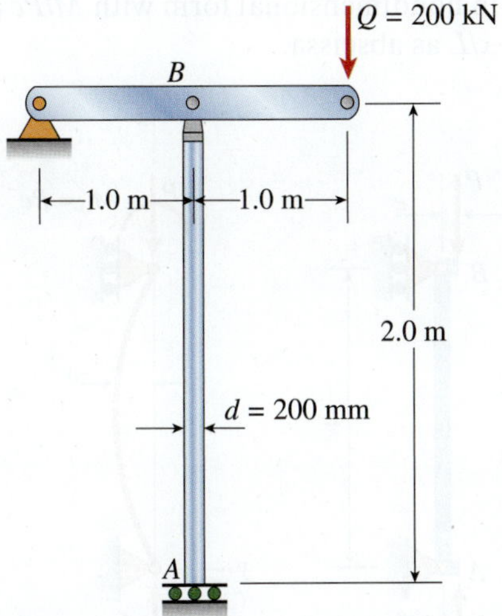

PROBLEM 11.4-16

11.4-17 The frame ABC consists of two members AB and BC that are rigidly connected at joint B, as shown in part a of the figure. The frame has pin supports at A and C. A concentrated load P acts at joint B, thereby placing member AB in direct compression.

To assist in determining the buckling load for member AB, represent it as a pinned-end column, as shown in part b of the figure. At the top of the column, a rotational spring of stiffness β_R represents the restraining action of the horizontal beam BC on the column (note that the horizontal beam provides resistance to rotation of joint B when the column buckles). Also, consider only bending effects in the analysis (i.e., disregard the effects of axial deformations).

(a) By solving the differential equation of the deflection curve, derive the buckling equation for this column:

$$\frac{\beta_R L}{EI}(kL \cot kL - 1) - k^2L^2 = 0$$

in which L is the length of the column and EI is its flexural rigidity.

(b) For the particular case when member BC is identical to member AB, the rotational stiffness β_R equals $3EI/L$ (see Case 7, Table H-2, Appendix H). For this special case, determine the critical load P_{cr}.

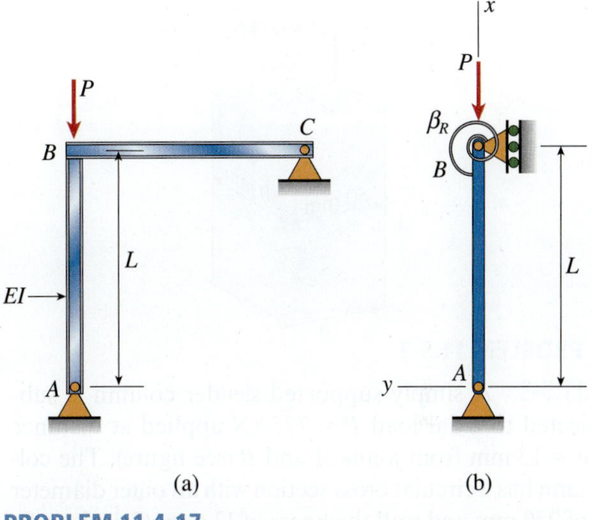

PROBLEM 11.4-17

11.5 Columns with Eccentric Axial Loads

To solve the problems for Section 11.5, assume that bending occurs in the principal plane containing the eccentric axial load.

Introductory Problems

11.5-1 An aluminum bar having a rectangular cross section (50 mm × 25 mm) and length $L = 1.0$ m is compressed by axial loads that have a resultant $P = 12.5$ kN acting at the midpoint of the long side of the cross section (see figure).

Assuming that the modulus of elasticity E is equal to 70 GPa and that the ends of the bar are pinned, calculate the maximum deflection δ and the maximum bending moment M_{max}.

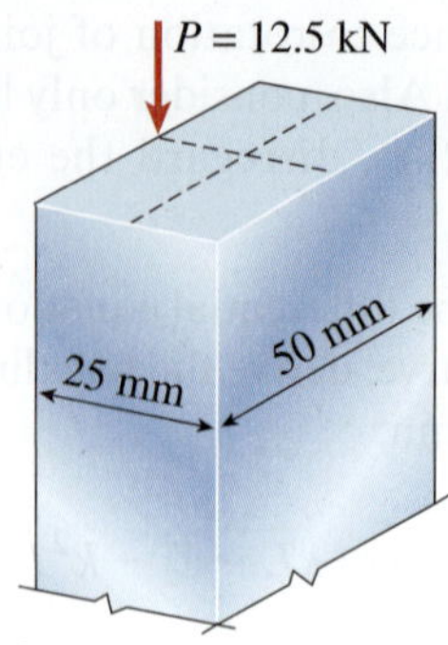

PROBLEM 11.5-1

11.5-2 A steel bar having a square cross section (50 mm × 50 mm) and length $L = 2.0$ m is compressed by axial loads that have a resultant $P = 60$ kN acting at the midpoint of one side of the cross section (see figure).

Assuming that the modulus of elasticity E is equal to 210 GPa and that the ends of the bar are pinned, calculate the maximum deflection δ and the maximum bending moment M_{max}.

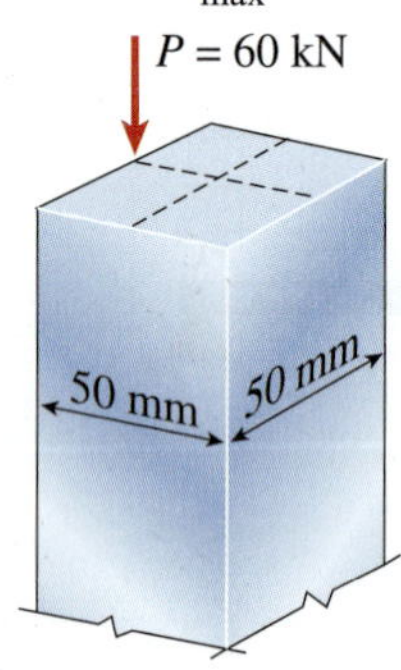

PROBLEM 11.5-2

11.5-3 A simply supported slender column is subjected to axial load $P = 775$ kN applied at distance $e = 13$ mm from joints A and B (see figure). The column has a circular cross section with an outer diameter of 250 mm and wall thickness of 13 mm. Calculate the height of the column if the maximum deflection caused by the axial loads is 2.5 mm. Assume that $E = 200$ GPa.

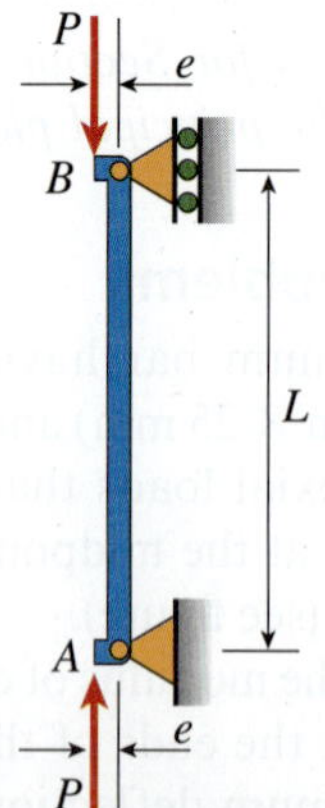

PROBLEM 11.5-3

11.5-4 A brass bar of a length $L = 0.4$ m is loaded at end B by force $P = 10$ kN with an eccentricity $e = 6$ mm. The bar has a rectangular cross section with an h/b ratio of 1.5. Find the dimensions of the bar if the deflection at the end is limited to 4 mm. Assume that $E = 110$ GPa.

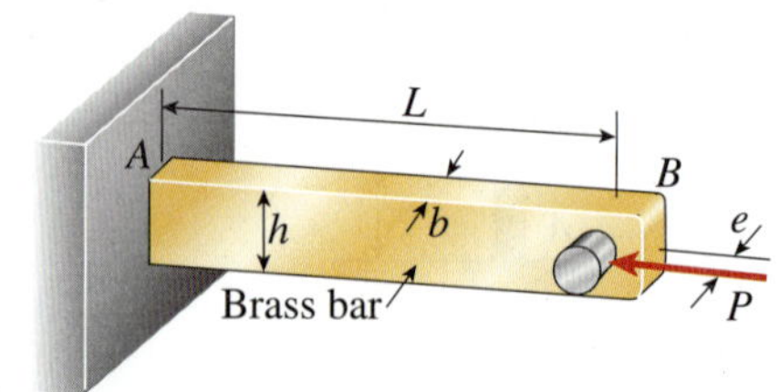

PROBLEM 11.5-4

Representative Problems

11.5-5 Determine the bending moment M in the pinned-end column with eccentric axial loads shown in the figure. Then plot the bending-moment diagram for an axial load $P = 0.3P_{cr}$.

Note: Express the moment as a function of the distance x from the end of the column, and plot the diagram in nondimensional form with M/Pe as ordinate and x/L as abscissa.

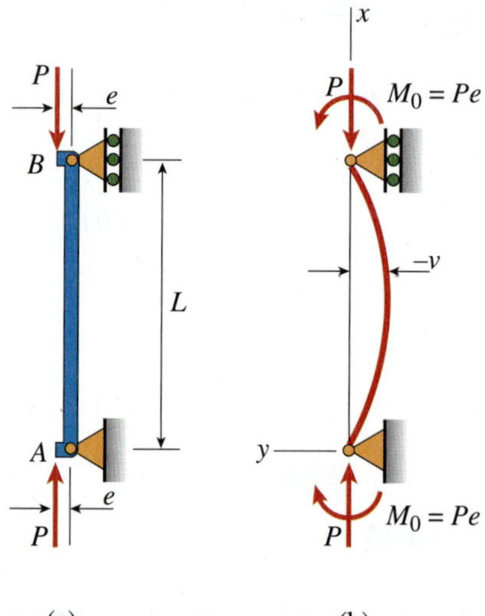

PROBLEMS 11.5-5 through 11.5-7

11.5-6 Plot the load-deflection diagram for a pinned-end column with eccentric axial loads (see figure) if the eccentricity e of the load is 5 mm and the column has a length $L = 3.6$ m, moment of inertia $I = 9.0 \times 10^6$ mm^4, and modulus of elasticity $E = 210$ GPa.

Note: Plot the axial load as ordinate and the deflection at the midpoint as abscissa.

11.5-7 Solve the preceding problem for a column with $e = 5$ mm, $L = 4$ m, $I = 935$ cm^4, and $E = 70$ GPa.

11.5-8 An IPN 200 steel beam is compressed by axial loads that have a resultant P acting at the point shown in the figure. The member has modulus of elasticity $E = 200$ GPa and pinned conditions at the ends. Lateral supports prevent any bending about the weak axis of the cross section.

If the length of the member is 6.2 m and the deflection is limited to 6.5 mm, what is the maximum allowable load P_{allow}?

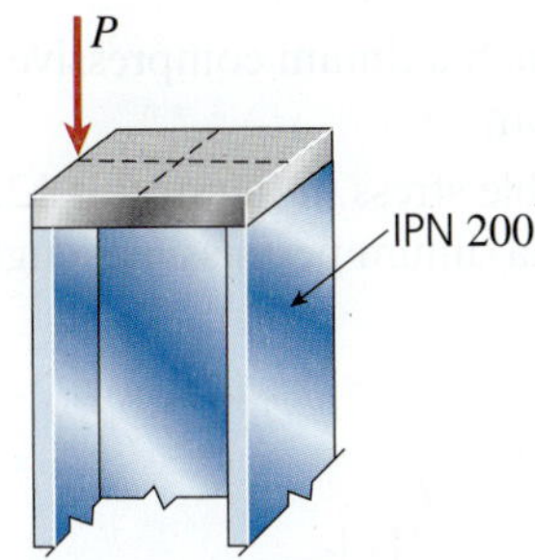

PROBLEM 11.5-8

11.5-9 An IPN 340 steel beam is compressed by axial loads that have a resultant $P = 90$ kN acting at the point shown in the figure. The material is steel with modulus of elasticity $E = 200$ GPa. Assuming pinned-end conditions, determine the maximum permissible length L_{max} if the deflection is not to exceed 1/400th of the length.

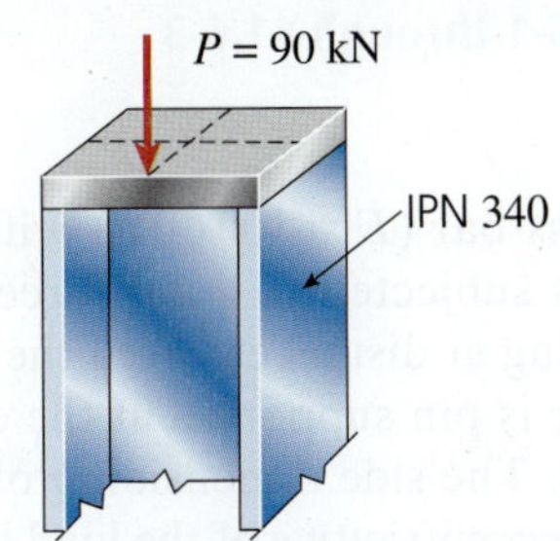

PROBLEMS 11.5-9 and 11.5-10

11.5-10 Solve the preceding problem (HE 160B) if the resultant force P equals 110 kN and $E = 200$ GPa.

11.5-11 The column shown in the figure is fixed at the base and free at the upper end. A compressive load P acts at the top of the column with an eccentricity e from the axis of the column.

Beginning with the differential equation of the deflection curve, derive formulas for the maximum deflection δ of the column and the maximum bending moment M_{max} in the column.

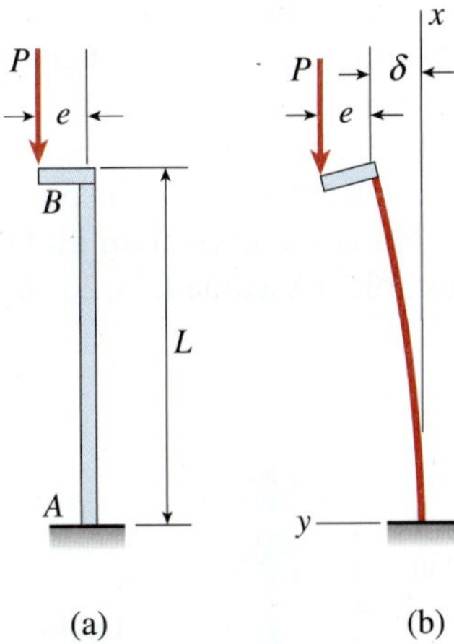

PROBLEM 11.5-11

11.5-12 An aluminum box column with a square cross section is fixed at the base and free at the top (see figure). The outside dimension b of each side is 100 mm and the thickness t of the wall is 8 mm. The resultant of the compressive loads acting on the top of the column is a force $P = 50$ kN acting at the outer edge of the column at the midpoint of one side.

What is the longest permissible length L_{max} of the column if the deflection at the top is not to exceed 30 mm? (Assume $E = 73$ GPa.)

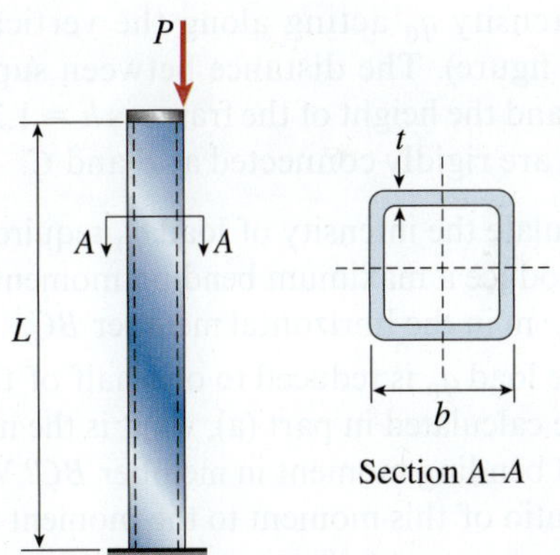

PROBLEMS 11.5-12 and 11.5-13

11.5-13 Solve the preceding problem for a cast iron column with $b = 150$ mm, $t = 12$ mm, $P = 110$ kN, and $E = 90$ GPa. The deflection at the top is limited to 50 mm.

11.5-14 A steel post AB with a hollow circular cross section is fixed at the base and free at the top (see figure). The inner and outer diameters are $d_1 = 96$ mm and $d_2 = 110$ mm, respectively, and the length is $L = 4.0$ m.

A cable CBD passes through a fitting that is welded to the side of the post. The distance between the plane of the cable (plane *CBD*) and the axis of the post is $e = 100$ mm, and the angles between the cable and the ground are $\alpha = 53.13°$. The cable is pretensioned by tightening the turnbuckles.

If the deflection at the top of the post is limited to $\delta = 20$ mm, what is the maximum allowable tensile force T in the cable? (Assume $E = 205$ GPa.)

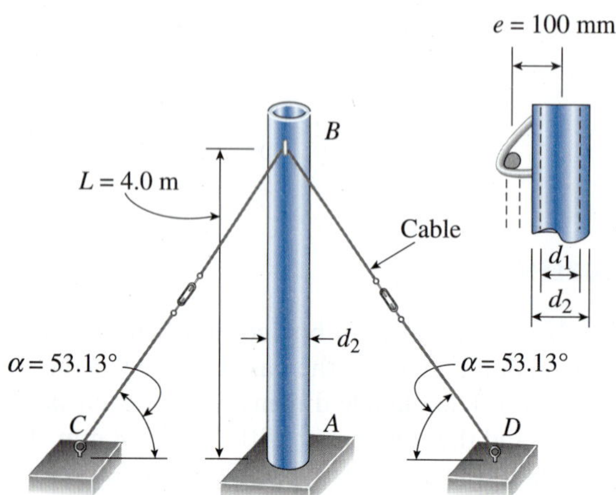

PROBLEM 11.5-14

11.5-15 A frame *ABCD* is constructed of steel wide-flange members (HE 140A; $E = 200$ GPa) and subjected to triangularly distributed loads of maximum intensity q_0 acting along the vertical members (see figure). The distance between supports is $L = 6$ m and the height of the frame is $h = 1.2$ m. The members are rigidly connected at *B* and *C*.

(a) Calculate the intensity of load q_0 required to produce a maximum bending moment of 9 kN·m in the horizontal member *BC*.

(b) If the load q_0 is reduced to one-half of the value calculated in part (a), what is the maximum bending moment in member *BC*? What is the ratio of this moment to the moment of 9 kN·m in part (a)?

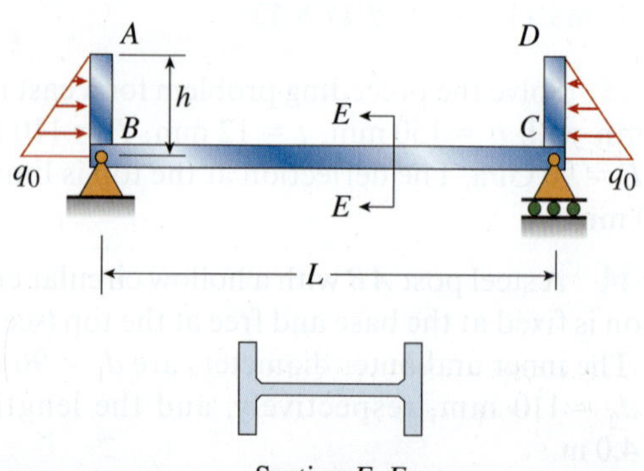

PROBLEM 11.5-15

11.6 The Secant Formula for Columns

To solve the problems for Section 11.6, assume that bending occurs in the principal plane containing the eccentric axial load.

Introductory Problems

11.6-1 A steel bar has a square cross section of width $b = 50$ mm (see figure). The bar has pinned supports at the ends and is 1 m long. The axial forces acting at the end of the bar have a resultant $P = 80$ kN located at distance $e = 20$ mm from the center of the cross section. Also, the modulus of elasticity of the steel is 200 GPa.

(a) Determine the maximum compressive stress σ_{max} in the bar.

(b) If the allowable stress in the steel is 125 MPa, what is the maximum permissible length L_{max} of the bar?

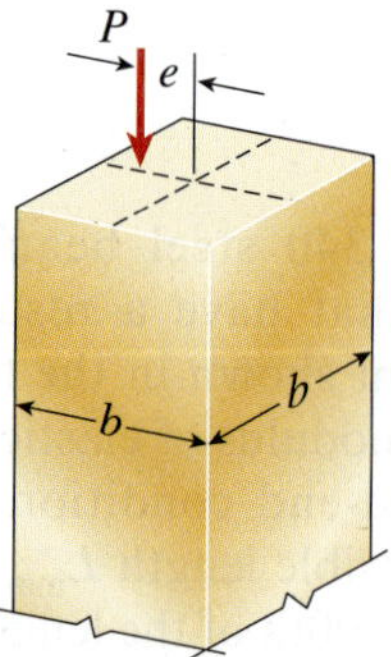

PROBLEMS 11.6-1 through 11.6-3

11.6-2 A brass bar ($E = 100$ GPa) with a square cross section is subjected to axial forces having a resultant P acting at distance e from the center (see figure). The bar is pin supported at the ends and is 0.6 m in length. The side dimension b of the bar is 30 mm and the eccentricity e of the load is 10 mm.

If the allowable stress in the brass is 150 MPa, what is the allowable axial force P_{allow}?

11.6-3 A square aluminum bar with pinned ends carries a load $P = 120$ kN acting at distance $e = 50$ mm from the center (see figure). The bar has a length $L = 1.5$ m and modulus of elasticity $E = 70$ GPa.

If the stress in the bar is not to exceed 42 MPa, what is the minimum permissible width b_{min} of the bar?

11.6-4 A pinned-end column of a length $L = 2.1$ m is constructed of steel pipe ($E = 210$ GPa) having an inside diameter $d_1 = 60$ mm and outside diameter

$d_2 = 68$ mm (see figure). A compressive load $P = 10$ kN acts with eccentricity $e = 30$ mm.

(a) What is the maximum compressive stress σ_{max} in the column?

(b) If the allowable stress in the steel is 50 MPa, what is the maximum permissible length L_{max} of the column?

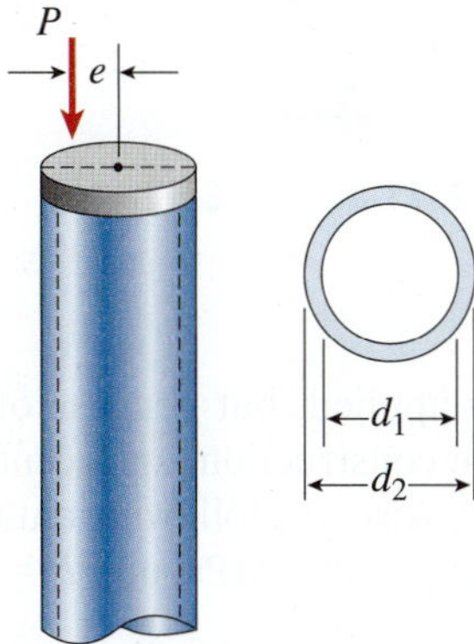

PROBLEMS 11.6-4 through 11.6-6

11.6-5 A pinned-end strut of a length $L = 1.6$ m is constructed of steel pipe ($E = 200$ GPa) having an inside diameter $d_1 = 50$ mm and outside diameter $d_2 = 56$ mm (see figure). A compressive load $P = 10$ kN is applied with eccentricity $e = 25$ mm.

(a) What is the maximum compressive stress σ_{max} in the strut?

(b) What is the allowable load P_{allow} if a factor of safety $n = 2$ with respect to yielding is required? (Assume that the yield stress σ_Y of the steel is 300 MPa.)

11.6-6 A circular aluminum tube with pinned ends supports a load $P = 18$ kN acting at a distance $e = 50$ mm from the center (see figure). The length of the tube is 3.5 m, and its modulus of elasticity is 73 GPa.

If the maximum permissible stress in the tube is 20 MPa, what is the required outer diameter d_2 if the ratio of diameters is to be $d_1 / d_2 = 0.9$?

Representative Problems

11.6-7 A steel HE 240A column is pin-supported at the ends. The column carries an axial load $P = 665$ kN with eccentricity $e = 75$ mm (see figure). Find the length of the column if the maximum stress is restricted to the proportional limit $\sigma_{pl} = 345$ MPa and a factor of safety of 2.0 is assumed. Use modulus of elasticity $E = 200$ GPa.

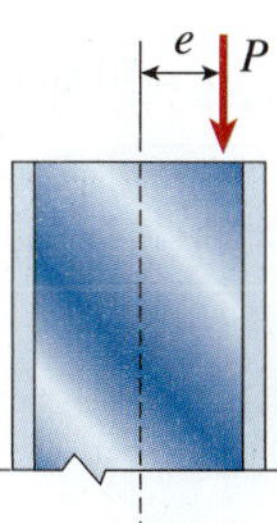

PROBLEM 11.6-7

11.6-8 A steel HE 260A column is pin-supported at the ends and has a length $L = 4$ m. The column supports two eccentrically applied loads $P_1 = 750$ kN and $P_2 = 500$ kN (see figure). Bending occurs about axis 1–1 of the cross section, and the eccentric loads are applied on axis 2–2 at distances of 200 mm from centroid C. Calculate the maximum compressive stress in the column. Assume that modulus elasticity $E = 200$ GPa.

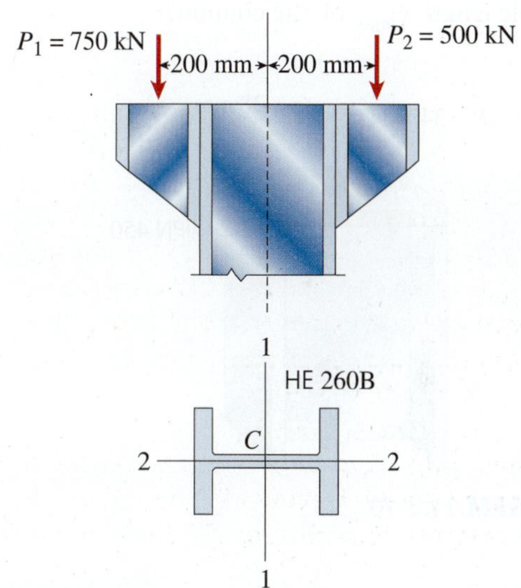

PROBLEM 11.6-8

11.6-9 A steel column ($E = 200$ GPa) with pinned ends is constructed of a HE 260B wide-flange shape (see figure). The column is 7 m long. The resultant of the axial loads acting on the column is a force P acting with an eccentricity $e = 50$ mm.

(a) If $P = 500$ kN, determine the maximum compressive stress σ_{max} in the column.

(b) Determine the allowable load P_{allow} if the yield stress is $\sigma_Y = 300$ MPa and the factor of safety with respect to yielding of the material is $n = 2.5$.

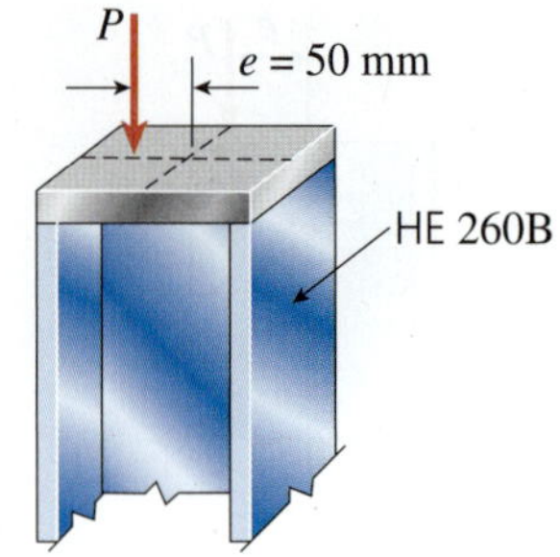

PROBLEM 11.6-9

11.6-10 An IPN 450 steel column is compressed by a force $P = 340$ kN acting with an eccentricity $e = 38$ mm, as shown in the figure. The column has pinned ends and a length L. Also, the steel has a modulus of elasticity $E = 200$ GPa and yield stress $\sigma_Y = 250$ MPa.

(a) If the length $L = 3$ m, what is the maximum compressive stress σ_{max} in the column?

(b) If a factor of safety $n = 2.0$ is required with respect to yielding, what is the longest permissible length L_{max} of the column?

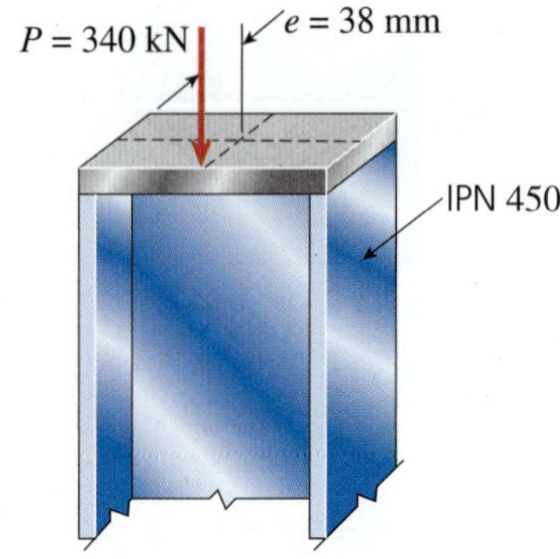

PROBLEM 11.6-10

11.6-11 A steel column ($E = 200$ GPa) that is fixed at the base and free at the top is constructed of a HE 180B wide-flange member (see figure). The column is 3 m long. The force P acting at the top of the column has an eccentricity $e = 32$ mm.

(a) If $P = 180$ kN, what is the maximum compressive stress in the column?

(b) If the yield stress is 240 MPa and the required factor of safety with respect to yielding is 2.1, what is the allowable load P_{allow}?

11.6-12 A HE 240A wide-flange steel column with length $L = 3.8$ m is fixed at the base and free at the top (see figure). The load P acting on the column is intended

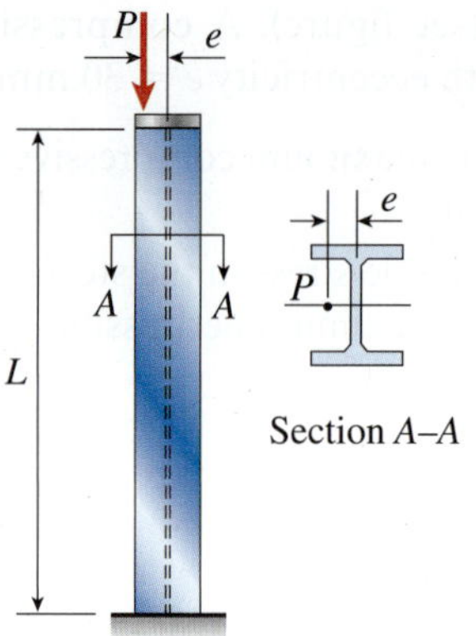

PROBLEMS 11.6-11 and 11.6-12

to be centrally applied, but because of unavoidable discrepancies in construction, an eccentricity ratio of 0.25 is specified. Also, the following data are supplied: $E = 200$ GPa, $\sigma_Y = 290$ MPa, and $P = 310$ kN.

(a) What is the maximum compressive stress σ_{max} in the column?

(b) What is the factor of safety n with respect to yielding of the steel?

11.6-13 A pinned-end column with a length $L = 6$ m is constructed from a HE 320B wide-flange shape (see figure). The column is subjected to a centrally applied load $P_1 = 800$ kN and an eccentrically applied load $P_2 = 350$ kN. The load P_2 acts at a distance $s = 125$ mm from the centroid of the cross section. The properties of the steel are $E = 200$ GPa and $\sigma_Y = 290$ MPa.

(a) Calculate the maximum compressive stress in the column.

(b) Determine the factor of safety with respect to yielding.

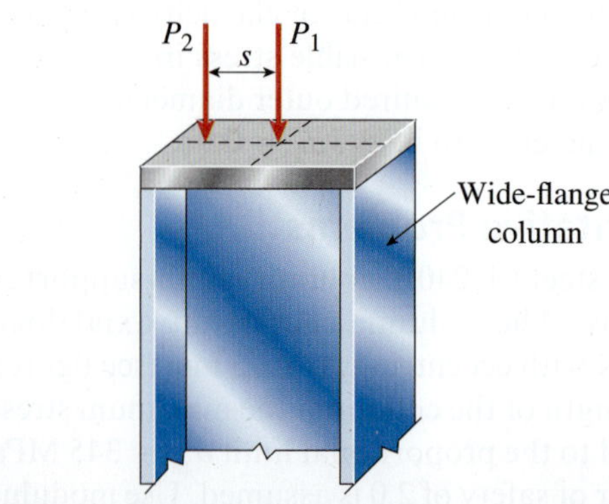

PROBLEMS 11.6-13 and 11.6-14

11.6-14 The wide-flange, pinned-end column shown in the figure carries two loads: a force $P_1 = 450$ kN acting at the centroid and a force $P_2 = 270$ kN acting at a distance $s = 100$ mm from the centroid. The column is a HE 240B shape with $L = 4.2$ m, $E = 200$ GPa, and $\sigma_Y = 290$ MPa.

(a) What is the maximum compressive stress in the column?

(b) If the load P_1 remains at 450 kN, what is the largest permissible value of the load P_2 in order to maintain a factor of safety of 2.0 with respect to yielding?

11.6-15 A HE 320 A wide-flange column of a length $L = 4.5$ m is fixed at the base and free at the top (see figure). The column supports a centrally applied load $P_1 = 530$ kN and a load $P_2 = 180$ kN supported on a bracket. The distance from the centroid of the column to the load P_2 is $s = 300$ mm. Also, the modulus of elasticity is $E = 200$ GPa, and the yield stress is $\sigma_Y = 250$ MPa.

(a) Calculate the maximum compressive stress in the column.

(b) Determine the factor of safety with respect to yielding.

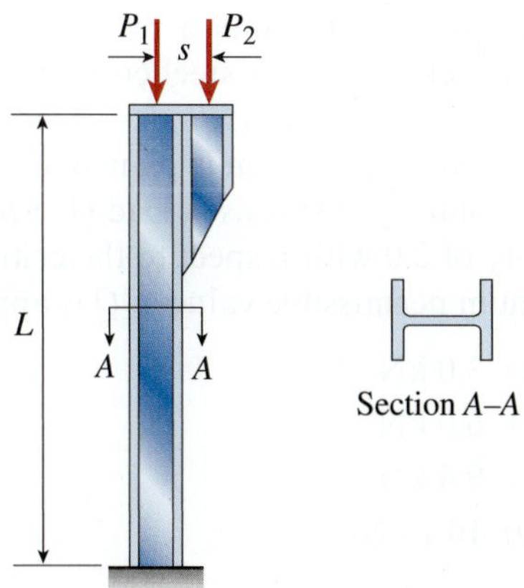

PROBLEMS 11.6-15 and 11.6-16

11.6-16 A wide-flange column with a bracket is fixed at the base and free at the top (see figure). The column supports a load $P_1 = 340$ kN acting at the centroid and a load $P_2 = 110$ kN acting on the bracket at a distance $s = 250$ mm from the load P_1. The column is a HE 240A shape with $L = 5$ m, $E = 200$ GPa, and $\sigma_Y = 290$ MPa.

(a) What is the maximum compressive stress in the column?

(b) If the load P_1 remains at 340 kN, what is the largest permissible value of the load P_2 in order to maintain a factor of safety of 1.8 with respect to yielding?

SOME ADDITIONAL REVIEW PROBLEMS: Chapter 11

R-11.1 Beam *ACB* has a sliding support at *A* and is supported at *C* by a pinned-end steel column with square cross section ($E = 200$ GPa, $b = 40$ mm) and height $L = 3.75$ m. The column must resist a load Q at *B* with a factor of safety of 2.0 with respect to the critical load. The maximum permissible value of Q is approximately:

(A) 10.5 kN
(B) 11.8 kN
(C) 13.2 kN
(D) 15.0 kN

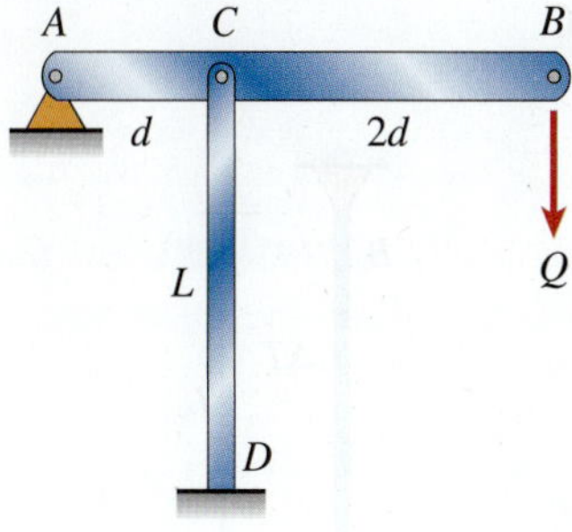

R-11.2 Beam ACB has a pin support at A and is supported at C by a steel column with a square cross section (E = 190 GPa, b = 42 mm) and height L = 5.25 m. The column is pinned at C and fixed at D. The column must resist a load Q at B with a factor of safety of 2.0 with respect to the critical load. The maximum permissible value of Q is approximately:

(A) 3.0 kN
(B) 6.0 kN
(C) 9.4 kN
(D) 10.1 kN

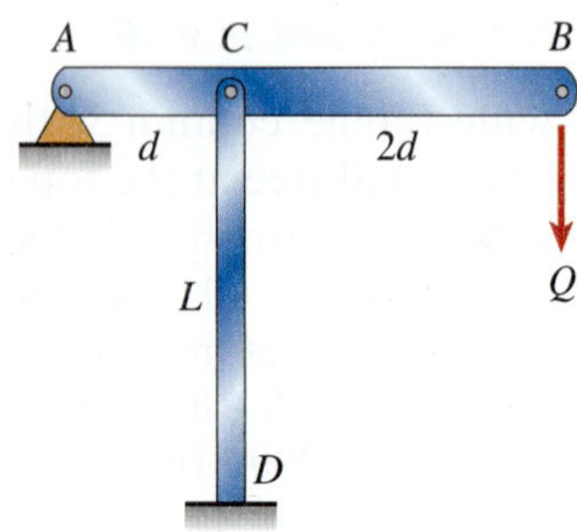

R-11.3 A steel pipe column (E = 190 GPa, $\alpha = 14 \times 10^{-6}$/°C, d_2 = 82 mm, and d_1 = 70 mm) of length L = 4.25 m is subjected to a temperature increase ΔT. The column is pinned at the top and fixed at the bottom. The temperature increase at which the column will buckle is approximately:

(A) 36°C
(B) 42°C
(C) 54°C
(D) 58°C

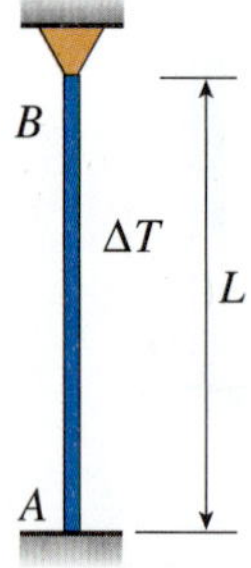

R-11.4 A steel pipe (E = 190 GPa, $\alpha = 14 \times 10^{-6}$/°C, d_2 = 82 mm, and d_1 = 70 mm) of length L = 4.25 m hangs from a rigid surface and is subjected to a temperature increase ΔT = 50 °C. The column is fixed at the top and has a small gap at the bottom. To avoid buckling, the minimum clearance at the bottom should be approximately:

(A) 2.55 mm
(B) 3.24 mm
(C) 4.17 mm
(D) 5.23 mm

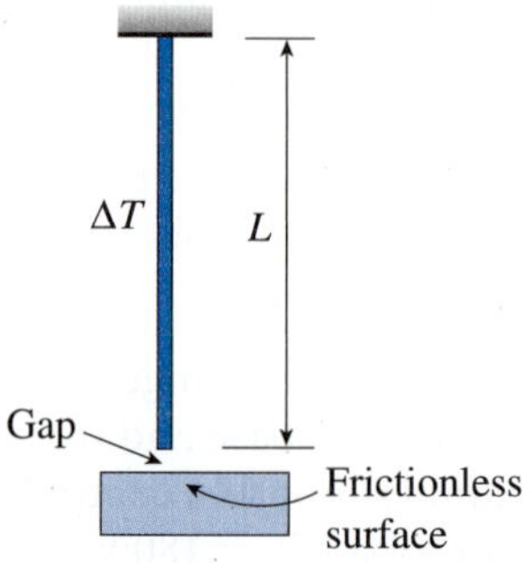

R-11.5 A pinned-end copper strut (E = 110 GPa) with length L = 1.6 m is constructed of circular tubing with outside diameter d = 38 mm. The strut must resist an axial load P = 14 kN with a factor of safety of 2.0 with respect to the critical load. The required thickness t of the tube is approximately:

(A) 2.75 mm
(B) 3.15 mm
(C) 3.89 mm
(D) 4.33 mm

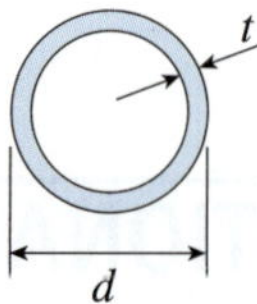

R-11.6 A plane truss composed of two steel pipes (E = 210 GPa, d = 100 mm and wall thickness = 6.5 mm is subjected to vertical load W at joint B. Joints A and C are L = 7 m apart. The critical value of load W for buckling in the plane of the truss is nearly:

(A) 138 kN
(B) 146 kN
(C) 153 kN
(D) 164 kN

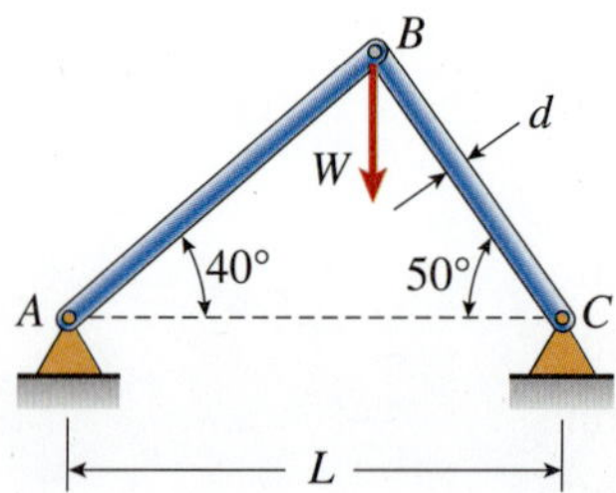

R-11.7 A beam is pin connected to the tops of two identical pipe columns, each of height h, in a frame. The frame is restrained against sidesway at the top of column 1. Only buckling of columns 1 and 2 in the plane of the frame is of interest here. The ratio (a/L) defining the placement of load Q_{cr}, which causes both columns to buckle simultaneously, is approximately:

(A) 0.25
(B) 0.33
(C) 0.67
(D) 0.75

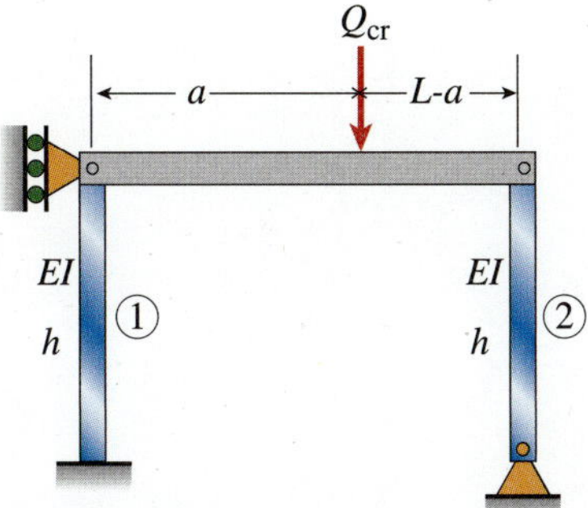

R-11.8 A steel pipe column (E = 210 GPa) with length L = 4.25 m is constructed of circular tubing with outside diameter d_1 = 90 mm and inner diameter d_2 = 64 mm. The pipe column is fixed at the base and pinned at the top and may buckle in any direction. The Euler buckling load of the column is most nearly:

(A) 303 kN
(B) 560 kN
(C) 690 kN
(D) 720 kN

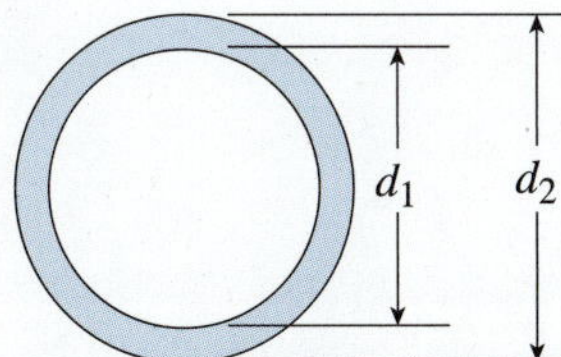

R-11.9 An aluminum tube (E = 72 GPa) AB of circular cross section has a pinned support at the base and is pin-connected at the top to a horizontal beam supporting a load Q = 600 kN. The outside diameter of the tube is 200 mm and the desired factor of safety with respect to Euler buckling is 3.0. The required thickness t of the tube is most nearly:

(A) 8 mm
(B) 10 mm
(C) 12 mm
(D) 14 mm

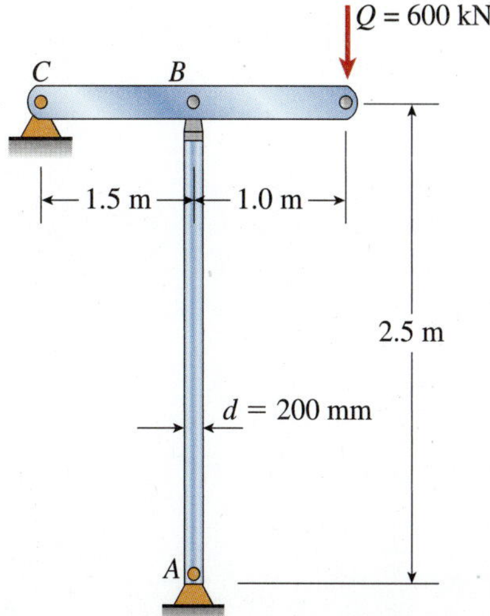

R-11.10 Two pipe columns are required to have the same Euler buckling load P_{cr}. Column 1 has flexural rigidity EI and height L_1; column 2 has flexural rigidity $(4/3)EI$ and height L_2. The ratio L_2/L_1 at which both columns will buckle under the same load is approximately:

(A) 0.55
(B) 0.72
(C) 0.81
(D) 1.10

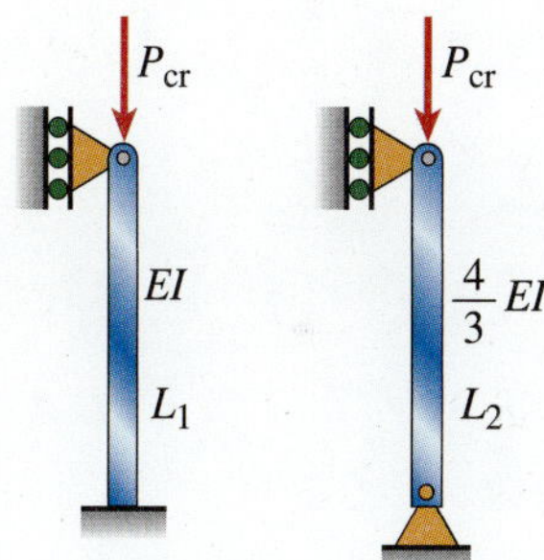

R-11.11 Two pipe columns are required to have the same Euler buckling load P_{cr}. Column 1 has flexural rigidity EI_1 and height L; column 2 has flexural rigidity $(2/3)EI_2$ and height L. The ratio I_2/I_1 at which both columns will buckle under the same load is approximately:

(A) 0.8
(B) 1.0
(C) 2.2
(D) 3.1

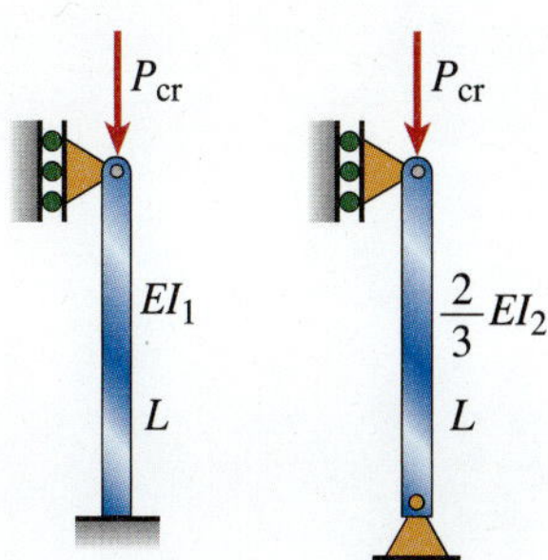

References and Historical Notes

1-1 Timoshenko, S. P., *History of Strength of Materials*, Dover Publications, Inc., New York, 1983 (originally published by McGraw-Hill Book Co., Inc., New York, 1953).

S. P. Timoshenko (1878–1972)

Courtesy of Stanford University Archives

Note: Stephen P. Timoshenko (1878–1972) was a famous scientist, engineer, and teacher. Born in Russia, he came to the United States in 1922. He was a researcher with the Westinghouse Research Laboratory, a professor at the University of Michigan, and later a professor at Stanford University, where he retired in 1944.

Timoshenko made many original contributions, both theoretical and experimental, to the field of applied mechanics, and he wrote twelve pioneering textbooks that revolutionized the teaching of mechanics in the United States. These books, which were published in as many as five editions and translated into as many as 35 languages, covered the subjects of statics, dynamics, mechanics of materials, vibrations, structural theory, stability, elasticity, plates, and shells.

1-2 Todhunter, I., and Pearson, K., *A History of the Theory of Elasticity and of the Strength of Materials*, Vols. I and II, Dover Publications, Inc., New York, 1960 (originally published by the Cambridge University Press in 1886 and 1893). *Note*: Isaac Todhunter (1820–1884) and Karl Pearson (1857–1936) were English mathematicians and educators. Pearson was especially noteworthy for his original contributions to statistics.

1-3 Love, A. E. H., *A Treatise on the Mathematical Theory of Elasticity*, 4th Ed., Dover Publications, Inc., New York, 1944 (originally published by the Cambridge University Press in 1927); see "Historical Introduction," pp. 1–31.

Note: Augustus Edward Hough Love (1863–1940) was an outstanding English elastician who taught at Oxford University. His many important investigations included the analysis of seismic surface waves, now called *Love waves* by geophysicists.

1-4 Jacob Bernoulli (1654–1705), also known by the names James, Jacques, and Jakob, was a member of the famous family of mathematicians and scientists of Basel, Switzerland (see Ref. 9-1). He did important work in connection with elastic curves of beams. Bernoulli also developed polar coordinates and became famous for his work in theory of probability, analytic geometry, and other fields.

Jean Victor Poncelet (1788–1867) was a Frenchman who fought in Napoleon's campaign against Russia and was given up for dead on the battlefield. He survived, was taken prisoner, and later returned to France to continue his work in mathematics. His major contributions to mathematics are in geometry; in mechanics he is best known for his work on properties of materials and dynamics. (For the work of Bernoulli and Poncelet in connection with stress-strain diagrams, see Ref. 1-1, p. 88, and Ref. 1-2, Vol. I, pp. 10, 533, and 873.)

1-5 James and James, *Mathematics Dictionary*, Van Nostrand Reinhold, New York (latest edition).

1-6 Robert Hooke (1635–1703) was an English scientist who performed experiments with elastic bodies and developed improvements in timepieces. He also formulated the laws of gravitation independently of Newton, of whom he was a contemporary. Upon the founding of the Royal Society of London in 1662, Hooke was appointed its first curator. (For the origins of Hooke's law, see Ref. 1-1, pp. 17–20, and Ref. 1-2, Vol. I, p. 5.)

1-7 Thomas Young (1773–1829) was an outstanding English scientist who did pioneering work in optics, sound, impact, and other subjects. (For information about his work with materials, see Ref. 1-1, pp. 90–98, and Ref. 1-2, Vol. I, pp. 80–86.)

Thomas Young (1773–1829)

Photos.com/Thinkstock

1-8 Siméon Denis Poisson (1781–1840) was a great French mathematician. He made many contributions to both mathematics and mechanics, and his name is preserved in numerous ways besides Poisson's ratio. For instance, there is Poisson's equation in partial differential equations and the Poisson distribution in theory of probability. (For information about Poisson's theories of material behavior, see Ref. 1-1, pp. 111–114; Ref. 1-2, Vol. I, pp. 208–318; and Ref. 1-3, p. 13.)

S. D. Poisson (1781–1840)

Bettmann/Contributor/Getty Images

2-1 Timoshenko, S. P., and Goodier, J. N., *Theory of Elasticity*, 3rd Ed., McGraw-Hill Book Co., Inc., New York, 1970 (see p. 110). *Note:* James Norman Goodier (1905–1969) was well known for his research contributions to theory of elasticity, stability, wave propagation in solids, and other branches of applied mechanics. Born in England, he studied at Cambridge University and later at the University of Michigan. He was a professor at Cornell University and subsequently at Stanford University, where he headed the program in applied mechanics.

2-2 Leonhard Euler (1707–1783) was a famous Swiss mathematician, perhaps the greatest mathematician of all time. Ref. 11-1 gives information about his life and works. (For his work on statically indeterminate structures, see Ref. 1-1, p. 36, and Ref. 2-3, p. 650.)

2-3 Oravas, G. A., and McLean, L., "Historical development of energetical principles in elastomechanics," *Applied Mechanics Reviews*, Part I, Vol. 19, No. 8, August 1966, pp. 647–658, and Part II, Vol. 19, No. 11, November 1966, pp. 919–933.

2-4 Louis Marie Henri Navier (1785–1836), a famous French mathematician and engineer, was one of the founders of the mathematical theory of elasticity. He contributed to beam, plate, and shell theory, to theory of vibrations, and to the theory of viscous fluids. (See Ref. 1-1, p. 75; Ref. 1-2, Vol. I, p. 146; and Ref. 2-3, p. 652, for his analysis of statically indeterminate structures.)

2-5 Piobert, G., Morin, A.-J., and Didion, I., "Commission des Principes du Tir," *Mémorial de l'Artillerie*, Vol. 5, 1842, pp. 501–552.

Note: This paper describes experiments made by firing artillery projectiles against iron plating. On page 505 appears the description of the markings that are the slip bands. The description is quite brief, and there is no indication that the authors attributed the markings to inherent material characteristics. Guillaume Piobert (1793–1871) was a French general and mathematician who made many studies of ballistics; when this paper was written, he was a captain in the artillery.

2-6 Lüders, W., "Ueber die Äusserung der elasticität an stahlartigen Eisenstäben und Stahlstäben, und über eine beim Biegen solcher Stäbe beobachtete Molecularbewegung," *Dingler's Polytechnisches Journal*, Vol. 155, 1860, pp. 18–22.

Note: This paper clearly describes and illustrates the bands that appear on the surface of a polished steel specimen during yielding. Of course, these bands are only the surface manifestation of three-dimensional zones of deformation; hence, the zones should probably be characterized as "wedges" rather than bands.

2-7 Benoit Paul Emile Clapeyron (1799–1864) was a famous French structural engineer and bridge designer; he taught engineering at the École des Ponts et Chaussées in Paris. It appears that Clapeyron's theorem, which states that the work of the external loads acting on a linearly elastic body is equal to the strain energy, was first published in 1833. (See Ref. 1-1, pp. 118 and 288; Ref. 1-2, Vol. I, p. 578; and Ref. 1-2, Vol. II, p. 418.)

2-8 Poncelet investigated longitudinal vibrations of a bar due to impact loads (see Ref. 1-1, p. 88). See Ref. 1-4 for additional information about his life and works.

2-9 Budynas, R., and Young, W. C., *Roark's Formulas for Stress and Strain*, McGraw-Hill Book Co., Inc., New York, 2002.

2-10 Barré de Saint-Venant (1797–1886) is generally recognized as the most outstanding elastician of all time. Born near Paris, he studied briefly at the École Polytechnique and later graduated from the École des Ponts et Chaussées. His later professional career suffered greatly from his refusal, as a matter of conscience and politics, to join his schoolmates in preparing for the defense of Paris in March 1814, just prior to Napoleon's abdication. As a consequence, his achievements received greater recognition in other countries than they did in France.

Some of his most famous contributions are the formulation of the fundamental equations of elasticity and the development of the exact theories of bending and torsion. He also developed theories for plastic deformations and vibrations. His full name was Adéhmar Jean Claude Barré, Count de Saint-Venant. (See Ref. 1-1, pp. 229–242; Ref. 1-2, Vol. I, pp. 833–872, Vol. II, Part I, pp. 1–286, Vol. II, Part II, pp. 1–51; and Ref. 2-1, pp. 39–40.)

2-11 Zaslavsky, A., "A note on Saint-Venant's principle," *Israel Journal of Technology*, Vol. 20, 1982, pp. 143–144.

2-12 Ramberg, W. A., and Osgood, W. R., "Description of stress-strain curves by three parameters," *National Advisory Committee for Aeronautics*, Technical Note No. 902, July 1943.

3-1 The relationship between torque and angle of twist in a circular bar was correctly established in 1784 by Charles Augustin de Coulomb (1736–1806), a famous French scientist (see Ref. 1-1, pp. 51–53, 82, and 92, and Ref. 1-2, Vol. I, p. 69). Coulomb made contributions in electricity and magnetism, viscosity of fluids, friction, beam bending, retaining walls and arches, torsion and torsional vibrations, and other subjects (see Ref. 1-1, pp. 47–54).

Thomas Young (Ref. 1-7) observed that the applied torque is balanced by the shear stresses on the cross section and that the shear stresses are proportional to the distance from the axis. The French engineer Alphonse J. C. B. Duleau (1789–1832) performed tests on bars in torsion and also developed a theory for circular bars (see Ref. 1-1, p. 82).

C. A. de Coulomb (1736–1806)

Bettmann/Contributor/Getty Images

3-2 Bredt, R., "Kritische Bemerkungen zur Drehungselastizität," *Zeitschrift des Vereines Deutscher Ingenieure*, Vol. 40, 1896, pp. 785–790, and 813–817.

Note: Rudolph Bredt (1842–1900) was a German engineer who studied in Karlsruhe and Zürich. Then he worked for a while in Crewe, England, at a train factory, where he learned about the design and construction of cranes. This experience formed the basis for his later work as a crane manufacturer in Germany. His theory of torsion was developed in connection with the design of box-girder cranes.

5-1 A proof of the theorem that cross sections of a beam in pure bending remain plane can be found in the paper by Fazekas, G. A., "A note on the bending of Euler beams," *Journal of Engineering Education*, Vol. 57, No. 5, January 1967. The validity of the theorem has long been recognized, and it was used by early investigators such as Jacob Bernoulli (Ref. 1-4) and L. M. H. Navier (Ref. 2-4). For a discussion of the work done by Bernoulli and Navier in connection with bending of beams, see Ref. 1-1, pp. 25–27 and 70–75.

5-2 Galilei, Galileo, *Dialogues Concerning Two New Sciences*, translated from the Italian and Latin into English by Henry Crew and Alfonso De Salvio, The Macmillan Company, New York, 1933 (translation first published in 1914).

Note: This book was published in 1638 by Louis Elzevir in Leida, now Leiden, Netherlands. *Two New Sciences* represents the culmination of Galileo's work on dynamics and mechanics of materials. It can truly be said that these two subjects began with Galileo and the publication of this famous book.

Galileo Galilei was born in Pisa in 1564. He made many famous experiments and discoveries, including those on falling bodies and pendulums that initiated the science of dynamics. Galileo was an eloquent lecturer and attracted students from many countries. He pioneered in astronomy and developed a telescope with which he made many astronomical discoveries, including the mountainous character of the moon, Jupiter's satellites, the phases of Venus, and sunspots. Because his scientific views of the solar system were contrary to theology, he was condemned by the church in Rome and spent the last years of his life in seclusion in Florence; during this period he wrote *Two New Sciences*. Galileo died in 1642 and was buried in Florence.

Galileo Galilei (1564–1642)

5-3 The history of beam theory is described in Ref. 1-1, pp. 11–47 and 135–141, and in Ref. 1-2. Edme Mariotte (1620–1684) was a French physicist who made developments in dynamics, hydrostatics, optics, and mechanics. He made tests on beams and developed a theory for calculating load-carrying capacity; his theory was an improvement on Galileo's work, but still not correct. Jacob Bernoulli (1654–1705), who is described in Ref. 1-4, first determined that the curvature is proportional to the bending moment. However, his constant of proportionality was incorrect.

Leonhard Euler (1707–1783) obtained the differential equation of the deflection curve of a beam and used it to solve many problems of both large and small deflections (Euler's life and work are described in Ref. 11-1). The first person to obtain the distribution of stresses in a beam and correctly relate the stresses to the bending moment probably was Antoine Parent (1666–1716), a French physicist and mathematician. Later, a rigorous investigation of strains and stresses in beams was made by Saint-Venant (1797–1886); see Ref. 2-10. Important contributions were also made by Coulomb (Ref. 3-1) and Navier (Ref. 2-4).

5-4 (*1*) EN 1993 Eurocode 3, *Design of steel structures* (see http://eurocodes.jrc.ec.europa.eu/showpage.php?id=332); (*2*) National Structural Steelwork Specification, 5th ed., The British Constructional Steelwork Association Limited, 4 Whitehall Court, Westminster, London SW1A 2ES (www.steelconstruction.org); (*3*) Steel Construction Manual, Fourteenth Edition, American Institute of Steel Construction, 130 East Randolph Street Suite 2000, Chicago, IL 60601-6219. (For other publications and additional information, go to their website: www.aisc.org.) (*4*) For available steel structural shapes in Europe and elsewhere: http://sections.arcelormittal.com/products-services/products-ranges.html

5-5 (*1*) EN 1999 Eurocode 9, *Design of aluminum structures* (see http://eurocodes.jrc.ec.europa.eu/showpage.php?id=332); (*2*) The Aluminum Association, 1400 Crystal Drive, Suite 430, Arlington, VA 22202. (For other publications and additional information, go to their website: www.aluminum.org.) (*3*) For available aluminum structural shapes in Europe: see http://blecha.at/en/engl.htm

5-6 (*1*) EN 1995 Eurocode 5, *Design of timber structures* (see http://eurocodes.jrc.ec.europa.eu/showpage.php?id=332); also see http://www.eurocodes.co.uk/; (*2*) The Timber Research and Development Association (TRADA): http://www.trada.co.uk/; (*3*) *National Design Specification for Wood Construction* (*ASD/LRFD*), published by the American Wood Council, a division of the American Forest and Paper Association, 1101 K Street, NW, Suite 700, Washington, DC 20005. (For other publications and additional information, go to their websites: www.awc.org and www.afandpa.org.) (*4*) See Appendix G for selected shapes available in Europe.

5-7 D. J. Jourawski (1821–1891) was a Russian bridge and railway engineer who developed the now widely used approximate theory for shear stresses in beams (see Ref. 1-1, pp. 141–144, and Ref. 1-2, Vol. II, Part I, pp. 641–642). In 1844, only two years after graduating from the Institute of Engineers of Ways of Communication in St. Petersburg, he was assigned the task of designing and constructing a major bridge on the first railway line from Moscow to St. Petersburg. He noticed that some of the large timber beams split longitudinally in the centers of the cross sections, where he knew the bending stresses were zero. Jourawski drew free-body diagrams and quickly discovered the existence of horizontal shear stresses in the beams. He derived the shear formula and applied his theory to various shapes of beams. Jourawski's paper on shear in beams is cited in Ref. 5-8. His name is sometimes transliterated as Dimitrii Ivanovich Zhuravskii.

5-8 Jourawski, D. J., "Sur la résistance d'un corps prismatique . . .," *Annales des Ponts et Chaussés*, Mémoires et Documents, 3rd Series, Vol. 12, Part 2, 1856, pp. 328–351.

5-9 Zaslavsky, A., "On the limitations of the shearing stress formula," *International Journal of Mechanical Engineering Education*, Vol. 8, No. 1, 1980, pp. 13–19. (See also Ref. 2-1, pp. 358–359.)

5-10 Maki, A. C., and Kuenzi, E. W., "Deflection and stresses of tapered wood beams," Research Paper FPL 34, U. S. Forest Service, Forest Products Laboratory, Madison, Wisconsin, September 1965, 54 pages.

6-1 Timoshenko, S. P., "Use of stress functions to study flexure and torsion of prismatic bars," (in Russian), St. Petersburg, 1913 (reprinted in Vol. 82 of the *Memoirs of the Institute of Ways of Communication*, pp. 1–21).

Note: In this paper, the point in the cross section of a beam through which a concentrated force should act in order to eliminate rotation was found. Thus, this work contains the first determination of a shear center. The particular beam under investigation had a solid semicircular cross section (see Ref. 2-1, pp. 371–373).

7-1 Augustin Louis Cauchy (1789–1857) was one of the greatest mathematicians. Born in Paris, he entered the École Polytechnique at the age of 16, where he studied under Lagrange, Laplace, Fourier, and Poisson. He was quickly recognized for his mathematical prowess, and at age 27 he became a professor at the École and a member of the Academy of Sciences. His major works in pure mathematics were in group theory, number theory, series, integration, differential equations, and analytical functions.

In applied mathematics, Cauchy introduced the modern day concept of stress, developed the equations of theory of elasticity, and introduced the notion of principal stresses and principal strains (see Ref. 1-1, pp. 107–111). An entire chapter is devoted to his work on theory of elasticity in Ref. 1-2 (see Vol. I, pp. 319–376).

7-2 See Ref. 1-1, pp. 229–242. *Note*: Saint-Venant was a pioneer in many aspects of theory of elasticity, and Todhunter and Pearson dedicated their book, *A History of the Theory of Elasticity* (Ref. 1-2), to him. For further information about Saint-Venant, see Ref. 2-10.

7-3 William John Macquorn Rankine (1820–1872) was born in Edinburgh, Scotland, and taught engineering at Glasgow University. He derived the stress transformation equations in 1852 and made many other contributions to theory of elasticity and applied mechanics (see Ref. 1-1, pp. 197–202, and Ref. 1-2, Vol. II, Part I, pp. 86 and 287–322). His engineering subjects included arches, retaining walls, and structural theory.

Rankine also achieved scientific fame for his work with fluids, light, sound, and behavior of crystals, and he is especially well known for his contributions to molecular physics and thermodynamics. His name is preserved by the Rankine cycle in thermodynamics and the Rankine absolute temperature scale.

7-4 The famous German civil engineer Otto Christian Mohr (1835–1918) was both a theoretician and a practical designer. He was a professor at the Stuttgart Polytechnikum and later at the Dresden Polytechnikum. He developed the circle of stress in 1882 (Ref. 7-5 and Ref. 1-1, pp. 283–288).

Mohr made numerous contributions to the theory of structures, including the Williot-Mohr diagram for truss displacements, the moment-area method for beam deflections, and the Maxwell-Mohr method for analyzing statically indeterminate structures. (*Note:* Joseph Victor Williot, 1843–1907, was a French engineer, and James Clerk Maxwell, 1831–1879, was a famous British scientist.)

7-5 Mohr, O., "Über die Darstellung des Spannungszustandes und des Deformationszustandes eines Körperelementes," Zivilingenieur, 1882, p. 113.

8-1 Karl Culmann (1821–1881) was a famous German bridge and railway engineer. In 1849–1850 he spent two years traveling in England and the United States to study bridges, which he later wrote about in Germany. He designed numerous bridge structures in Europe, and in 1855 he became professor of structures at the newly organized Zürich Polytechnicum. Culmann made many developments in graphical methods and wrote the first book on graphic statics, published in Zürich in 1866. Stress trajectories are one of the original topics presented in this book (see Ref. 1-1, pp. 190–197).

9-1 The work of Jacob Bernoulli, Euler, and many others with respect to elastic curves is described in Ref. 1-1, pp. 27 and 30–36, and Ref. 1-2. Another member of the Bernoulli family, Daniel Bernoulli (1700–1782), proposed to Euler that he obtain the differential equation of the deflection curve by minimizing the strain energy, which Euler did. Daniel Bernoulli, a nephew of Jacob Bernoulli, is renowned for his work in hydrodynamics, kinetic theory of gases, beam vibrations, and other subjects. His father, John Bernoulli (1667–1748), a younger brother of Jacob, was an equally famous mathematician and scientist who first formulated the principle of virtual displacements, and solved the problem of the brachystochrone.

Jacob Bernoulli (1654–1705)

Universal History Archive/Contributor/Getty Images

John Bernoulli established the rule for obtaining the limiting value of a fraction when both the numerator and denominator tend to zero. He communicated this last rule to G. F. A. de l'Hôpital (1661–1704), a French nobleman who wrote the first book on calculus (1696) and included this theorem, which consequently became known as *L'Hôpital's rule*.

Daniel's nephew, Jacob Bernoulli (1759–1789), also known as James or Jacques, was a pioneer in the theory of plate bending and plate vibrations.

Much interesting information about the many prominent members of the Bernoulli family, as well as other pioneers in mechanics and mathematics, can be found in books on the history of mathematics.

9-2 Castigliano, A., *Théorie de l'équilibre des systèmes élastiques et ses applications*, A. F. Negro, Turin, 1879, 480 pages.

Note: In this book, Castigliano presented in very complete form many fundamental concepts and principles of structural analysis. Although Castigliano was Italian, he wrote this book in French in order to gain a wider audience for his work. It was translated into both German and English (Refs. 9-3 and 9-4). The English translation was republished in 1966 by Dover Publications and is especially valuable because of the introductory material by Gunhard A. Oravas (Refs. 9-5 and 9-6).

Castigliano's first and second theorems appear on pp. 15–16 of the 1966 edition of his book. He identified them as Part 1 and Part 2 of the "Theorem of the Differential Coefficients of the Internal Work." In mathematical form, they appear in his book as

$$F_p = \frac{dW_i}{dr_p} \quad \text{and} \quad r_p = \frac{dW_i}{dF_p}$$

where W_i is the internal work (or strain energy), F_p represents any one of the external forces, and r_p is the displacement of the point of application of F_p.

Castigliano did not claim complete originality for the first theorem, although he stated in the Preface to his book that his presentation and proof were more general than anything published previously. The second theorem was original with him and was part of his thesis for the civil engineering degree at the Polytechnic Institute of Turin in 1873.

Carlo Alberto Pio Castigliano was born of a poor family in Asti in 1847 and died of pneumonia in 1884, while at the height of his productivity. The story of his life is told by Oravas in the introduction to the 1966 edition, and a bibliography of Castigliano's works and a list of his honors and awards are also given there. His contributions are also documented in Refs. 2-3 and 1-1. He used the name Alberto Castigliano when signing his writings.

9-3 Hauff, E., *Theorie des Gleichgewichtes elastischer Systeme und deren Anwendung*, Carl Gerold's Sohn, Vienna, 1886. (A translation of Castigliano's book, Ref. 9-2.)

9-4 Andrews, E. S., *Elastic Stresses in Structures*, Scott, Greenwood and Son, London, 1919. (A translation of Castigliano's book, Ref. 9-2.)

9-5 Castigliano, C. A. P., *The Theory of Equilibrium of Elastic Systems and Its Applications*, translated by E. S. Andrews, with a new introduction and biographical portrait by G. A. Oravas, Dover Publications, Inc., New York, 1966. (A republication of Ref. 9-4 but with the addition of historical material by Oravas.)

9-6 Oravas, G. A., "Historical Review of Extremum Principles in Elastomechanics," an introductory section (pp. xx–xlvi) of the book, *The Theory of Equilibrium of Elastic Systems and Its Applications*, by C. A. P. Castigliano, translated by E. S. Andrews, Dover Publications, Inc., New York, 1966 (Ref. 9-5).

9-7 Macaulay, W. H., "Note on the deflection of beams," *The Messenger of Mathematics*, vol. XLVIII, May 1918–April 1919, Cambridge, 1919, pp. 129–130.

Note: William Herrick Macaulay, 1853–1936, was an English mathematician and Fellow of King's College, Cambridge. In this paper he defined "by $\{f(x)\}_a$ a function of x which is zero when x is less than a and equal to $f(x)$ when x is equal to or greater than a." Then he showed how to use this function when finding beam deflections. Unfortunately, he did not give any references to the earlier work of Clebsch and Föppl; see Refs. 9-8 through 9-10.

9-8 Clebsch, A., *Theorie der Elasticität fester Körper*, B. G. Teubner, Leipzig, 1862, 424 pages. (Translated into French and annotated by Saint-Venant, *Théorie de l'Élasticité des Corps Solides*, Paris, 1883. Saint-Venant's notes increased Clebsch's book threefold in size.)

Note: The method of finding beam deflections by integrating across points of discontinuity was presented first in this book; see Ref. 1-1, pp. 258–259 and Ref. 9-10. Rudolf Friedrich Alfred Clebsch, 1933–1872, was a German mathematician and scientist. He was a professor of engineering at the Karlsruhe Polytechnicum and later a professor of mathematics at Göttingen University.

9-9 Föppl, A., *Vorlesungen über technische Mechanik*, Vol. III: Festigkeitslehre, B. G. Teubner, Leipzig, 1897.

Note: In this book, Föppl extended Clebsch's method for finding beam deflections. August Föppl, 1854–1924, was a German mathematician and engineer. He was a professor at the University of Leipzig and later at the Polytechnic Institute of Munich.

9-10 Pilkey, W. D., "Clebsch's method for beam deflections," *Journal of Engineering Education*, vol. 54, no. 5, January 1964, pp. 170–174. This paper describes Clebsch's method and gives a very complete historical account, with many references.

10-1 Zaslavsky, A., "Beams on immovable supports," *Publications of the International Association for Bridge and Structural Engineering*, Vol. 25, 1965, pp. 353–362.

11-1 Euler, L., "Methodus inveniendi lineas curvas maximi minimive proprietate gaudentes . . .," Appendix I, "De curvis elasticis," Bousquet, Lausanne and Geneva, 1744. (English translation: Oldfather, W. A., Ellis, C. A., and Brown, D. M., *Isis*, Vol. 20, 1933, pp. 72–160. Also, republished in *Leonhardi Euleri Opera Omnia*, series 1, Vol. 24, 1952.)

Note: Leonhard Euler (1707–1783) made many remarkable contributions to mathematics and mechanics, and he is considered by most mathematicians to be the most productive mathematician of all time. His name, pronounced "oiler," appears repeatedly in present-day textbooks; for instance, in mechanics there are Euler's equations of motion of a rigid body, Euler's angles, Euler's equations of fluid flow, the Euler load in column buckling, and much more; and in mathematics there is the famous Euler constant, as well as Euler's numbers, the Euler identity ($e^{i\theta} = \cos\theta + i\sin\theta$), Euler's formula ($e^{i\pi} + 1 = 0$), Euler's differential equation, Euler's equation of a variational problem, Euler's quadrature formula, the Euler summation formula, Euler's theorem on homogeneous functions, Euler's integrals, and even Euler squares (square arrays of numbers possessing special properties).

Leonhard Euler (1707–1783)

In applied mechanics, Euler was the first to derive the formula for the critical buckling load of an ideal, slender column and the first to solve the problem of the elastica. This work was published in 1744, as cited previously. He dealt with a column that is fixed at the base and free at the top. Later, he extended his work on columns (Ref. 11-2). Euler's numerous books include treatises on celestial mechanics, dynamics, and hydromechanics, and his papers include subjects such as vibrations of beams and plates and statically indeterminate structures.

In the field of mathematics, Euler made outstanding contributions to trigonometry, algebra, number theory, differential and integral calculus, infinite series, analytic geometry, differential equations, calculus of variations, and many other subjects. He was the first to conceive of trigonometric values as the ratios of numbers and the first to present the famous equation $e^{i\theta} = \cos\theta + i\sin\theta$. Within his books on mathematics, all of which were classical references for many generations, are found the first development of the calculus of variations as well as such intriguing items as the proof of Fermat's "last theorem" for $n = 3$ and $n = 4$. Euler also solved the famous problem of the seven bridges of Königsberg, which is a problem of topology, another field he pioneered.

Euler was born near Basel, Switzerland, and attended the University of Basel, where he studied under John Bernoulli (1667–1748). From 1727 to 1741 he lived and worked in St. Petersburg, where he established a great reputation as a mathematician. In 1741 he moved to Berlin upon the invitation of Frederick the Great, King of Prussia. He continued his mathematical research in Berlin until the year 1766, when he returned to St. Petersburg at the request of Catherine II, Empress of Russia.

Euler continued to be prolific until his death in St. Petersburg at the age of 76; during this final period of his life he wrote more than 400 papers. In his entire lifetime, the number of books and papers written by Euler totaled 886; he left many manuscripts at his death and they continued to be published by the Russian Academy of Sciences in St. Petersburg for 47 years afterward. All this in spite of the fact that one of his eyes went blind in 1735 and the other in 1766. The story of Euler's life is told in Ref. 1-1, pp. 28–30, and some of his contributions to mechanics are described in Ref. 1-1, pp. 30–36 (see also Refs. 1-2, 1-3, 2-2, and 5-3).

11-2 Euler, L., "Sur la force des colonnes," *Histoire de L'Académie Royale des Sciences et Belles Lettres*, 1757, published in *Memoires* of the Academie, Vol. 13, Berlin, 1759, pp. 252–282. (See Ref. 11-3 for a translation and discussion of this paper.)

11-3 Van den Broek, J. A., "Euler's classic paper 'On the strength of columns,'" *American Journal of Physics*, Vol. 15, No. 4, July–August 1947, pp. 309–318.

11-4 Keller, J. B., "The shape of the strongest column," *Archive for Rational Mechanics and Analysis*, Vol. 5, No. 4, 1960, pp. 275–285.

11-5 Young, D. H., "Rational design of steel columns," *Transactions of the American Society of Civil Engineers*, Vol. 101, 1936, pp. 422–451. *Note:* Donovan Harold Young (1904–1980) was a well-known engineering educator. He was a professor at the University of Michigan and later at Stanford University. His five textbooks in the field of applied mechanics, written with S. P. Timoshenko, were translated into many languages and used throughout the world.

11-6 Lamarle, A. H. E., "Mémoire sur la flexion du bois," *Annales des Travaux Publiques de Belgique*, Part 1, Vol. 3, 1845, pp. 1–64, and Part 2, Vol. 4, 1846, pp. 1–36. *Note:* Anatole Henri Ernest Lamarle (1806–1875) was an engineer and professor. He was born in Calais, studied in Paris, and became a professor at the University of Ghent, Belgium. For his work on columns, see Ref. 1-1, p. 208.

11-7 Considère, A., "Résistance des pièces comprimées," *Congrès International des Procédés de Construction*, Paris, September 9–14, 1889, proceedings published by Librairie Polytechnique, Paris, Vol. 3, 1891, p. 371. *Note:* Armand Gabriel Considère (1841–1914) was a French engineer.

11-8 Engesser, F., "Ueber die Knickfestigkeit gerader Stäbe," *Zeitschrift für Architektur und Ingenieurwesen*, Vol. 35, No. 4, 1889, pp. 455–462. *Note:* Friedrich Engesser (1848–1931) was a German railway and bridge engineer. Later, he became a professor at the Karlsruhe Polytechnical Institute, where he made important advances in the theory of structures, especially in buckling and energy methods. For his work on columns, see Ref. 1-1, pp. 292 and 297–299.

11-9 Engesser, F., "Knickfragen," *Schweizerische Bauzeitung*, Vol. 25, No. 13, March 30, 1895, pp. 88–90.

11-10 Jasinski, F., "Noch ein Wort zu den 'Knickfragen,'" *Schweizerische Bauzeitung*, Vol. 25, No. 25, June 22, 1895, pp. 172–175. *Note:* Félix S. Jasinski (1856–1899) was born in Warsaw and studied in Russia. He became a professor at the Institute of Engineers of Ways of Communication in St. Petersburg.

11-11 Engesser, F., "Ueber Knickfragen," *Schweizerische Bauzeitung*, Vol. 26, No. 4, July 27, 1895, pp. 24–26.

11-12 von Kármán, T., "Die Knickfestigkeit gerader Stäbe," *Physikalische Zeitschrift*, Vol. 9, No. 4, 1908, pp. 136–140 (this paper also appears in Vol. I of Ref. 11–14).

Note: Theodore von Kármán (1881–1963) was born in Hungary and later worked at the University of Göttingen in the field of aerodynamics. After coming to the United States in 1929, he founded the Jet Propulsion Laboratory and pioneered in aircraft and rocket problems. His research also included inelastic buckling of columns and stability of shells.

11-13 von Kármán, T., "Untersuchungen über Knickfestigkeit," *Mitteilungen über Forschungsarbeiten auf dem Gebiete des Ingenieurwesens, Verein Deutscher Ingenieure*, Berlin, Heft 81, 1910 (this paper also appears in Ref. 11-14).

11-14 *Collected Works of Theodore von Kármán*, Vols. I–IV, Butterworths Scientific Publications, London, 1956.

11-15 Shanley, F. R., "The column paradox," *Journal of the Aeronautical Sciences*, Vol. 13, No. 12, December 1946, p. 678. *Note:* Francis Reynolds Shanley (1904–1968) was a professor of aeronautical engineering at the University of California, Los Angeles.

11-16 Shanley, F. R., "Inelastic column theory," *ibid.*, Vol. 14, No. 5, May 1947, pp. 261–267.

11-17 Hoff, N. J., "Buckling and stability," The Forty-First Wilbur Wright Memorial Lecture, *Journal of the Royal Aeronautical Society*, Vol. 58, January 1954, pp. 3–52.

11-18 Hoff, N. J., "The idealized column," *Ingenieur-Archiv*, Vol. 28, 1959 (Festschrift Richard Grammel), pp. 89–98.

11-19 Johnston, B. G., "Column buckling theory: Historical highlights," *Journal of Structural Engineering*, Structural Division, American Society of Civil Engineers, Vol. 109, No. 9, September 1983, pp. 2086–2096.

APPENDIX A

Systems of Units

A.1 Systems of Units

Measurement systems have been a necessity since people first began to build and barter, and every ancient culture developed some sort of measurement system to serve its needs. Standardization of units took place gradually over the centuries, often through royal edicts. Development of the **British Imperial System** from earlier measurement standards began in the 13th century and was well established by the 18th century. The British system spread to many parts of the world, including the United States, through commerce and colonization. In the United States, the system gradually evolved into the **U.S. Customary System (USCS)** that is in common use today.

The concept of the **metric system** originated in France about 300 years ago and was formalized in the 1790s (at the time of the French Revolution). France mandated the use of the metric system in 1840, and since then, many other countries have done the same. In 1866, the United States Congress legalized the metric system without making it compulsory.

A new system of units was created when the metric system underwent a major revision in the 1950s. Officially adopted in 1960 and named the **International System of Units** (Système International d'Unités), this newer system is commonly referred to as **SI**. Although some SI units are the same as in the old metric system, SI has many new features and simplifications. Thus, SI is an improved metric system.

Length, time, mass, and force are the basic concepts of mechanics for which units of measurement are needed. However, only three of these quantities are independent, since all four of them are related by Newton's second law of motion:

$$F = ma \tag{A-1}$$

in which F is the force acting on a particle, m is the mass of the particle, and a is its acceleration. Since acceleration has units of length divided by time squared, all four quantities are involved in the second law.

The International System of Units, like the metric system, is based upon length, time, and mass as fundamental quantities. In these systems, force is derived from Newton's second law. Therefore, the unit of force is expressed in terms of the basic units of length, time, and mass, as shown in the next section.

SI is classified as an **absolute system of units** because measurements of the three fundamental quantities are independent of the locations at which the measurements are made; that is, the measurements do not depend upon the effects of gravity. Therefore, the SI units for length, time, and mass may be used anywhere on earth, in space, on the moon, or even on another planet. This is one of the reasons why the metric system has always been preferred for scientific work.

The British Imperial System and the U.S. Customary System are based upon length, time, and force as the fundamental quantities with mass being derived from the second law. Therefore, in these systems, the unit of mass is expressed in terms of the units of length, time, and force. The unit of force is defined as the force required to give a certain standard mass an acceleration equal to the acceleration of gravity, which means that the unit of force varies with location and altitude. For this reason, these systems are called **gravitational systems of units**. Such systems were the first to evolve, probably because weight is such a readily discernible property and because variations in gravitational attraction were not noticeable. It is clear, however, that in the modern technological world an absolute system is preferable.

A.2 SI Units

The International System of Units has seven **base units** from which all other units are derived. The base units of importance in mechanics are the meter (m) for length, second (s) for time, and kilogram (kg) for mass. Other SI base units pertain to temperature, electric current, amount of substance, and luminous intensity.

The **meter** was originally defined as one ten-millionth of the distance from the North Pole to the equator. Later, this distance was converted to a physical standard, and for many years, the standard for the meter was the distance between two marks on a platinum-iridium bar stored at the headquarters of the International Bureau of Weights and Measures (Bureau International des Poids et Mesures) in Sèvres, which is a suburb of Paris, France.

Because of the inaccuracies inherent in the use of a physical bar as a standard, the definition of the meter was changed in 1983 to the length of the path traveled by light in a vacuum during a time interval of 1/299792458 of a second.[1] The advantages of this "natural" standard are that it is not subject to physical damage and is reproducible at laboratories anywhere in the world.

The **second** was originally defined as 1/86400 of a mean solar day (24 hours equals 86,400 seconds). However, since 1967, a highly accurate atomic clock has set the standard, and a second is now defined to be the duration of 9,192,631,770 periods of the radiation corresponding to the transition between the two hyperfine levels of the ground state of the cesium-133 atom. (Most engineers would probably prefer the original definition over the new one, which hasn't noticeably changed the second but is necessary because the earth's rotation rate is gradually slowing down.)

Of the seven base units in SI, the **kilogram** is the only one that is still defined by a physical object. Since the mass of an object only can be determined by comparing it experimentally with the mass of some other object, a physical standard is needed. For this purpose, a one-kilogram cylinder of platinum-iridium, called the International Prototype Kilogram (IPK), is kept by the International Bureau of Weights and Measures at Sèvres. (At the present time, attempts are

[1]Taking the reciprocal of this number gives the speed of light in a vacuum (299,792,458 meters per second).

being made to define the kilogram in terms of a fundamental constant, such as the Avogadro number, thus removing the need for a physical object.)

Other units used in mechanics, called **derived units**, are expressed in terms of the base units of meter, second, and kilogram. For instance, the unit of **force** is the **newton**, which is defined as the force required to impart an acceleration of one meter per second squared to a mass of one kilogram.[2] Use Newton's second law ($F = ma$) to derive the unit of force in terms of base units:

$$1 \text{ newton} = (1 \text{ kilogram})(1 \text{ meter per second squared})$$

Thus, the newton (N) is given in terms of base units by the formula

$$1\text{ N} = 1\text{ kg}\cdot\text{m/s}^2 \qquad \textbf{(A-2)}$$

To provide a point of reference, note that a small apple weighs approximately one newton.

The unit of **work** and **energy** is the **joule**, which is defined as the work done when the point of application of a force of one newton is displaced a distance of one meter in the direction of the force.[3] Therefore,

$$1 \text{ joule} = (1 \text{ newton})(1 \text{ meter}) = 1 \text{ newton meter}$$

or

$$1\text{ J} = 1\text{ N}\cdot\text{m} \qquad \textbf{(A-3)}$$

When you raise this book from desktop to eye level, you do about one joule of work, and when you walk up one flight of stairs, you do about 200 joules of work.

The names, symbols, and formulas for SI units of importance in mechanics are listed in Table A-1. Some of the derived units have special names, such as newton, joule, hertz, watt, and pascal. These units are named for notable persons in science and engineering and have symbols (N, J, Hz, W, and Pa) that are capitalized, although the unit names themselves are written in lowercase letters. Other derived units have no special names (for example, the units of acceleration, area, and density) and must be expressed in terms of base units and other derived units.

The relationships between various SI units and some commonly used metric units are given in Table A-2. Metric units such as dyne, erg, gal, and micron are no longer recommended for engineering or scientific use.

The **weight** of an object is the **force of gravity** acting on that object; therefore, weight is measured in newtons. Since the force of gravity depends upon altitude and position on the earth, weight is not an invariant property of a body. Furthermore, the weight of a body as measured by a spring scale is affected not only by the gravitational pull of the earth but also by the centrifugal effects associated with the rotation of the earth.

As a consequence, two kinds of weight, **absolute weight** and **apparent weight** must be recognized. The former is based upon the force of gravity alone, and the latter includes the effects of rotation. Thus, apparent weight is always less than absolute weight (except at the poles). Apparent weight, which is the weight of an object as measured with a spring scale, is the weight customarily used in business and everyday life; absolute weight is used in astroengineering and certain kinds of scientific work. In this book, the term "weight" will always mean "apparent weight."

---

[2]Sir Isaac Newton (1642–1727) was an English mathematician, physicist, and astronomer. He invented calculus and discovered the laws of motion and gravitation.

[3]James Prescott Joule (1818–1889) was an English physicist who developed a method for determining the mechanical equivalent of heat. His last name is pronounced "jool."

Table A-1

Principal units used in mechanics

Quantity	International System (SI)		
	Unit	Symbol	Formula
Acceleration (angular)	radian per second squared		rad/s^2
Acceleration (linear)	meter per second squared		m/s^2
Area	square meter		m^2
Density (mass) (Specific mass)	kilogram per cubic meter		kg/m^3
Density (weight) (Specific weight)	newton per cubic meter		N/m^3
Energy; work	joule	J	$N \cdot m$
Force	newton	N	$kg \cdot m/s^2$
Force per unit length (Intensity of force)	newton per meter		N/m
Frequency	hertz	Hz	s^{-1}
Length	meter	m	(base unit)
Mass	kilogram	kg	(base unit)
Moment of a force; torque	newton meter		$N \cdot m$
Moment of inertia (area)	meter to fourth power		m^4
Moment of inertia (mass)	kilogram meter squared		$kg \cdot m^2$
Power	watt	W	J/s ($N \cdot m/s$)
Pressure	pascal	Pa	N/m^2
Section modulus	meter to third power		m^3
Stress	pascal	Pa	N/m^2
Time	second	s	(base unit)
Velocity (angular)	radian per second		rad/s
Velocity (linear)	meter per second		m/s
Volume (liquids)	liter	L	$10^{-3} m^3$
Volume (solids)	cubic meter		m^3

Notes: 1 joule (J) = 1 newton meter ($N \cdot m$) = 1 watt second ($W \cdot s$)
1 hertz (Hz) = 1 cycle per second (cps) or 1 revolution per second (rev/s)
1 watt (W) = 1 joule per second(J/s) = 1 newton meter per second ($N \cdot m/s$)
1 pascal (Pa) = 1 newton per meter squared (N/m^2)
1 liter (L) = 0.001 cubic meter (m^3) = 1000 cubic centimeters (cm^3)

The **acceleration of gravity**, denoted by the letter g, is directly proportional to the force of gravity; therefore, it depends upon position. In contrast, **mass** is a measure of the amount of material in a body and does not change with location.

The fundamental relationship between weight, mass, and acceleration of gravity can be obtained from Newton's second law ($F = ma$), which in this case becomes

$$W = mg \quad \textbf{(A-4)}$$

Table A-2 SI and Metric Units

Additional units in common use

1 gal = 1 centimeter per second squared (cm/s^2) for example, g ≈ 981 gals	1 centimeter (cm) = 10^{-2} meters (m)
1 are (a) = 100 square meters (m^2)	1 cubic centimeter (cm^3) = 1 milliliter (mL)
1 hectare (ha) = 10,000 square meters (m^2)	1 micron = 1 micrometer (μm) = 10^{-6} meters (m)
1 erg = 10^{-7} joules (J)	1 gram (g) = 10^{-3} kilograms (kg)
1 kilowatt-hour (kWh) = 3.6 megajoules (MJ)	1 metric ton (t) = 1 megagram (Mg) = 1000 kilograms (kg)
1 dyne = 10^{-5} newtons (N)	1 watt (W) = 10^7 ergs per second (erg/s)
1 kilogram-force (kgf) = 1 kilopond (kp) = 9.80665 newtons (N)	1 dyne per square centimeter (dyne/cm^2) = 10^{-1} pascals (Pa)
	1 bar = 10^5 pascals (Pa)
	1 stere = 1 cubic meter (m^3)

In this equation, W is the weight in newtons (N), m is the mass in kilograms (kg), and g is the acceleration of gravity in meters per second squared (m/s^2). Equation (A-4) shows that *a body having a mass of one kilogram has a weight in newtons numerically equal to g*. The values of the weight W and the acceleration g depend upon many factors, including latitude and elevation. However, for scientific calculations, a standard international value of g has been established as

$$g = 9.806650 \text{ m/s}^2 \tag{A-5}$$

This value is intended for use under standard conditions of elevation and latitude (sea level at a latitude of approximately 45°). The recommended value of g for ordinary engineering purposes on or near the surface of the earth is

$$g = 9.81 \text{ m/s}^2 \tag{A-6}$$

Thus, a body having a mass of one kilogram has a weight of 9.81 newtons.

Atmospheric pressure varies considerably with weather conditions, location, altitude, and other factors. Consequently, a standard international value for the pressure at the earth's surface has been defined as

$$1 \text{ standard atmosphere} = 101.325 \text{ kilopascals} \tag{A-7}$$

The following simplified value is recommended for ordinary engineering work:

$$1 \text{ standard atmosphere} = 101 \text{ kPa} \tag{A-8}$$

Of course, the values given in Eqs. (A-7) and (A-8) are intended for use in calculations and do not represent the actual ambient pressure at any given location.

A basic concept in mechanics is **moment** or **torque**, especially the moment of a force and the moment of a couple. Moment is expressed in units of force times length, or newton meters (N·m). Other important concepts in mechanics are **work** and **energy**, both of which are expressed in joules, which is a derived unit that happens to have the same units (newton meters) as the units of moment. However, moment is a distinctly different quantity from work or energy, and the joule should *never* be used for moment or torque.

Frequency is measured in units of **hertz** (Hz), which is a derived unit equal to the reciprocal of seconds (1/s or s^{-1}). The hertz is defined as the frequency of a periodic phenomenon for which the period is one second; thus, it is equivalent to one cycle per second (cps) or one revolution per second (rev/s). It is customarily used for mechanical vibrations, sound waves, and electromagnetic waves, and occasionally it is used for rotational frequency instead of the traditional units of revolution per minute (rpm) and revolution per second (rev/s).[4]

Two other derived units that have special names in SI are the **watt** (W) and the **pascal** (Pa). The watt is the unit of power, which is work per unit of time, and one watt is equal to one joule per second (J/s) or one newton meter per second ($\text{N} \cdot \text{m/s}$). The pascal is the unit of pressure and stress, or force per unit area, and is equal to one newton per square meter (N/m^2).[5]

The **liter** is not an accepted SI unit, yet it is so commonly used that it cannot be discarded easily. Therefore, SI permits its use under limited conditions for volumetric capacity, dry measure, and liquid measure. Both uppercase L and lowercase l are permitted as symbols for the liter in SI, but in the United States only L is permitted (to avoid confusion with the numeral 1). The only prefixes permitted with the liter are milli and micro.

Loads on structures, whether due to gravity or other actions, are usually expressed in force units, such as newtons, newtons per meter, or pascals (newtons per square meter). Examples of such loads are a concentrated load of 25 kN acting on an axle, a uniformly distributed load of intensity 800 N/m acting on a small beam, and air pressure of intensity 2.1 kPa acting on an airplane wing.

However, there is one circumstance in SI in which it is permissible to express a load in mass units. If the load acting on a structure is produced by gravity acting on a mass, then that load may be expressed in mass units (kilograms, kilograms per meter, or kilograms per square meter). The usual procedure in such cases is to convert the load to force units by multiplying by the acceleration of gravity ($g = 9.81 \text{ m/s}^2$).

SI Prefixes

Multiples and submultiples of SI units (both base units and derived units) are created by attaching prefixes to the units (see Table A-3 for a list of prefixes). The use of a prefix avoids unusually large or small numbers. The general rule is that prefixes should be used to keep numbers in the range 0.1 to 1000.

All of the recommended prefixes change the size of the quantity by a multiple or submultiple of three. Similarly, when powers of 10 are used as multipliers, the exponents of 10 should be multiples of three (for example, 40×10^3 N is satisfactory but 400×10^2 N is not). Also, the exponent on a unit with a prefix refers to the entire unit; for instance, the symbol mm^2 means $(\text{mm})^2$ and not $\text{m}(\text{m})^2$.

Styles for Writing SI Units

Rules for writing SI units have been established by international agreement, and some of the most pertinent ones are described here. Examples of the rules are shown in parentheses.

1. Units are always written as symbols (kg) in equations and numerical calculations. In text, units are written as words (kilograms) unless numerical values are being reported, in which case either words or symbols may be used (12 kg or 12 kilograms).

[4]Heinrich Rudolf Hertz (1857–1894) was a German physicist who discovered electromagnetic waves and showed that light waves and electromagnetic waves are identical.
[5]James Watt (1736–1819) was a Scottish inventor and engineer who developed a practical steam engine and discovered the composition of water. Watt also originated the term “horsepower.” Blaise Pascal (1623–1662) was a French mathematician and philosopher. He founded probability theory, constructed the first calculating machine, and proved experimentally that atmospheric pressure varies with altitude.

Table A-3

SI prefixes

Prefix	Symbol	Multiplication Factor		
tera	T	10^{12}	=	1 000 000 000 000
giga	G	10^{9}	=	1 000 000 000
mega	M	10^{6}	=	1 000 000
kilo	k	10^{3}	=	1 000
hecto	h	10^{2}	=	100
deka	da	10^{1}	=	10
deci	d	10^{-1}	=	0.1
centi	c	10^{-2}	=	0.01
milli	m	10^{-3}	=	0.001
micro	μ	10^{-6}	=	0.000 001
nano	n	10^{-9}	=	0.000 000 001
pico	p	10^{-12}	=	0.000 000 000 001

Note: The use of the prefixes hecto, deka, deci, and centi is not recommended in SI.

2. Multiplication is shown in a compound unit by a raised dot (kN·m). When the unit is written in words, no dot is required (kilonewton meter).
3. Division is shown in a compound unit by a slash (or *solidus*) or by multiplication using a negative exponent (m/s or $\text{m}\cdot\text{s}^{-1}$). When the unit is written in words, the slash is always replaced by "per" (meter per second).
4. A space is always used between a number and its units (200 Pa or 200 pascals) with the exception of the degree symbol (either angle or temperature), where no space is used between the number and the symbol (45°, 20°C).
5. Units and their prefixes are always printed in roman type (that is, upright or vertical type) and never in italic type (slanted type), even when the surrounding text is in italic type.
6. When written as words, units are not capitalized (newton) except at the beginning of a sentence or in capitalized material such as a title. When written as a symbol, units are capitalized when they are derived from the name of a person (N). An exception is the symbol for liter, which may be either L or l, but the use of uppercase L is preferred to avoid confusion with the numeral 1. Also, some prefixes are written with capital letters when used in symbols (MPa) but not when used in words (megapascal).
7. When written as words, units are singular or plural as appropriate to the context (1 kilometer, 20 kilometers, 6 seconds). When written as symbols, units are always singular (1 km, 20 km, 6 s). The plural of hertz is hertz; the plurals of other units are formed in the customary manner (newtons, watts).
8. Prefixes are not used in the denominator of a compound unit. An exception is the kilogram (kg),which is a base unit and therefore the letter "k" is not considered as a prefix. For example, write kN/m but not N/mm, and write J/kg but not mJ/g.

Pronunciation of SI Prefixes and Units

A guide to the pronunciation of a few SI names that are sometimes mispronounced is given in Table A-4. For instance, kilometer is pronounced *kill-oh-meter*, not *kil-om-eter*. The only prefix that generates arguments is giga—the official pronunciation is *jig-uh*, but many people say *gig-uh*.

Table A-4

Pronunciation of SI prefixes and units

Prefix	Pronunciation
tera	same as *terra*, as in *terra firma*
giga	pronounced *jig-uh*; with *a* pronounced as in *about* (Alternate pronunciation: *gig-uh*)
mega	same as *mega* in *megaphone*
kilo	pronounced *kill-oh*; rhymes with *pillow*
milli	pronounced *mill-eh*, as in *military*
micro	same as *micro* in *microphone*
nano	pronounced *nan-oh*; rhymes with *man-oh*
pico	pronounced *pea-ko*
	Note: The first syllable of every prefix is accented.
Unit	**Pronunciation**
joule	pronounced *jool*; rhymes with *cool* and *pool*
kilogram	pronounced *kill-oh-gram*
kilometer	pronounced *kill-oh-meter*
pascal	pronounced *pas-kal*, with the accent on *kal*

A.3 Temperature Units

Temperature is measured in SI by a unit called the kelvin (K), and the corresponding scale is the **Kelvin temperature scale**. The Kelvin scale is an absolute scale, which means that its origin (zero kelvins, or 0 K) is at absolute zero temperature, a theoretical temperature characterized by the complete absence of heat. On the Kelvin scale, water freezes at approximately 273 K and boils at approximately 373 K.

For nonscientific purposes, the **Celsius temperature scale** is normally used. The corresponding unit of temperature is the degree Celsius (°C), which is equal to one kelvin. On this scale, water freezes at approximately zero degrees (0°C) and boils at approximately 100 degrees (100°C) under certain standard conditions. The Celsius scale is also known as the ***Centigrade temperature scale***.

The relationship between Kelvin temperature and Celsius temperature is given by

$$\text{Temperature in degrees Celsius} = \text{temperature in kelvins} - 273.15$$

or

$$T(^\circ\text{C}) = T(\text{K}) - 273.15 \qquad \textbf{(A-9)}$$

where T denotes the temperature. When working with *changes* in temperature, or *temperature intervals*, as is usually the case in mechanics, either unit can be used because the intervals are the same.[6]

[6]Lord Kelvin (1824–1907), William Thomson, was a British physicist who made many scientific discoveries, developed theories of heat, and proposed the absolute scale of temperature. Anders Celsius (1701–1744) was a Swedish scientist and astronomer. In 1742, he developed the temperature scale in which 0 and 100 correspond, respectively, to the freezing and boiling points of water.

APPENDIX B

Problem Solving

B.1 Types of Problems

Some of the homework problems in this book require symbolic solutions and others require numerical solutions. In the case of **symbolic problems** (also called *analytical*, *algebraic*, or *literal problems*), the data are supplied in the form of symbols for the various quantities, such as P for load, L for length, and E for modulus of elasticity. Such problems are solved in terms of algebraic variables, and the results are expressed as formulas or mathematical expressions. Symbolic problems usually do not involve numerical calculations, except when numerical data are substituted into the final symbolic result in order to obtain a numerical value. However, this final substitution of numerical data should not obscure the fact that the problem was solved in symbolic terms.

In contrast, **numerical problems** are those in which the data are given in the form of numbers (with appropriate units); for example, a load might be given as 12 kN, a length as 3 m, and a dimension as 150 mm. The solution of a numerical problem is carried out by performing calculations from the beginning, and the results, both intermediate and final, are in the form of numbers.

An advantage of a numerical problem is that the magnitudes of all quantities are evident at every stage of the solution, thereby providing an opportunity to observe whether the calculations are producing reasonable results. Also, a numerical solution makes it possible to keep the magnitudes of quantities within prescribed limits. For instance, suppose the stress at a particular point in a beam must not exceed a certain allowable value. If this stress is calculated as an intermediate step in the numerical solution, you can verify immediately whether or not it exceeds the limit.

Symbolic problems have several advantages too. Because the results are algebraic formulas or expressions, you can see immediately how the variables affect the answers. For instance, if a load appears to the first power in the numerator of the final result, you know that doubling the load will double the result. Equally important is the fact that a symbolic solution shows what variables do *not* affect the result. For instance, a certain quantity may cancel out of the solution, a fact that might not even be noticed in a numerical solution. Furthermore, a symbolic solution makes it convenient to check the dimensional homogeneity of all terms in the solution. And most important, a symbolic solution provides a general formula that is applicable to many different problems, each with a different set of numerical data. In contrast, a numerical solution is good for only one set of circumstances, and a completely new solution is required if the data are changed. Of course, symbolic solutions are not feasible when the formulas become too complex to manipulate; when that happens, a numerical solution is required.

In more advanced work in mechanics, problem solving requires the use of **numerical methods**. This term refers to a wide variety of computational methods, including standard mathematical procedures (such as numerical integration and numerical solution of differential equations) and advanced methods of analysis (such as the finite element method). Computer programs for these methods are readily available. More specialized computer programs are also available for performing routine tasks, such as finding deflections of beams and finding principal stresses. However, when studying mechanics of materials, concentrate on the concepts rather than on the use of particular computer programs.

B.2 Steps in Solving Problems

The procedures used in solving problems in this text vary according to the type of problem. One method to consider is the four-step **problem-solving approach** (PSA)* presented in Chapter 1 and illustrated in example problems throughout the text. This approach is explained here using part of Example 1-1 from Chapter 1 to highlight key steps.

Example B-1

FIGURE B-1

(a) Plane truss model of section of side panel in (b) model airplane

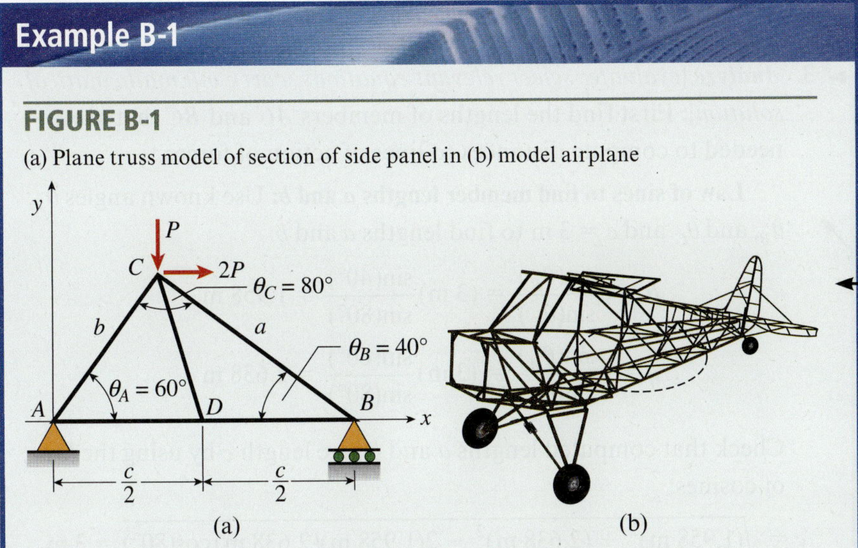

In many cases, the problem involves the analysis of a model of a real physical structure, such as this truss structure representing the fuselage of a model air plane (Fig. B-1b). Begin by sketching the portion of the structure of interest showing relevant supports, dimensions and loadings. This ***Conceptualization*** step in the analysis often leads to a free-body diagram in mechanics problems.

The plane truss shown in Figure B-1 has four joints and five members. Find support reactions at A and B and then use the *methods of joints and sections* to find all member forces. Let $P = 150$ kN and $c = 3$ m.

Solution:

Use the following four-step problem-solving approach.

1. ***Conceptualize*** [*hypothesize, sketch*]: First sketch a free-body diagram of the entire truss model (Figure B-2). Only known applied forces at C and unknown reaction forces at A and B are shown and then are used in an equilibrium analysis to find the reactions.

*The four step Problem-Solving Approach presented here is patterned after that presented by R. Serway and J. Jewett in *Principles of Physics, 5e,* Cengage Learning, 2013.

The next step is to simplify the problem, identify all unknowns, and make necessary assumptions to create a suitable model for analysis. This is the ***Categorize*** step.

Use appropriate mathematical and computational techniques to solve the equations and obtain results, either in the form of mathematical formulas or numerical values. In this example, the equilibrium of the truss is of interest so all member lengths and orientations, coordinates of joints, and so on are needed to solve the problem. One or more methods of analysis are selected and a mathematical solution is carried out in numerical or symbolic form. This is the ***Analysis*** step.

List the major steps in your analysis procedure so that it is easy to review or check at a later time.

2. ***Categorize*** [*simplify, classify*]: Overall equilibrium requires that the force components in x and y directions and the moment about the z axis must sum to zero; this leads to reaction force components A_x, A_y, and B_y. The truss is statically determinate (*unknowns:* $m + r = 5 + 3 = 8$, knowns: $2j = 8$), so all member forces can be obtained using the *method of joints.* If only a few selected member forces are of interest, the *method of sections* can be used. Use a *statics sign convention* when computing external reactions and a *deformation sign convention* when solving for member forces.

FIGURE B-2

Free-body diagram of truss model

3. ***Analyze*** [*evaluate: select relevant equations, carry out mathematical solution*]: First find the lengths of members AC and BC that are needed to compute distances to lines of action of forces.

Law of sines to find member lengths a and b: Use known angles θ_A, θ_B, and θ_C and $c = 3$ m to find lengths a and b:

$$b = c\frac{\sin(\theta_B)}{\sin(\theta_C)} = (3\text{ m})\frac{\sin(40°)}{\sin(80°)} = 1.958\text{ m},$$

$$a = c\frac{\sin(\theta_A)}{\sin(\theta_C)} = (3\text{ m})\frac{\sin(60°)}{\sin(80°)} = 2.638\text{ m}$$

Check that computed lengths a and b give length c by using the law of cosines:

$$c = \sqrt{(1.958\text{ m})^2 + (2.638\text{ m})^2 - 2(1.958\text{ m})(2.638\text{ m})\cos(80°)} = 3\text{ m}$$

Support reactions: Using the truss model free-body diagram in Figure B-2, sum forces in x and y directions and moments about joint 4:

$$\Sigma M_A = 0 \quad B_y = \frac{1}{c}[P(b\cos(\theta_A)) + 2P(b\sin(\theta_A)] = 218.5\text{ kN}$$

$$\Sigma F_x = 0 \quad A_x = -2P = -300\text{ kN}$$

$$\Sigma F_y = 0 \quad A_y = P - B_y = -68.5\text{ kN}$$

The support reactions are computed using a *statics sign convention* (forces in the +x direction are positive). However, it is common to use a *deformation sign convention* (tension is positive) for member force calculations.

FIGURE B-3

Free-body diagram of pin at each truss joint

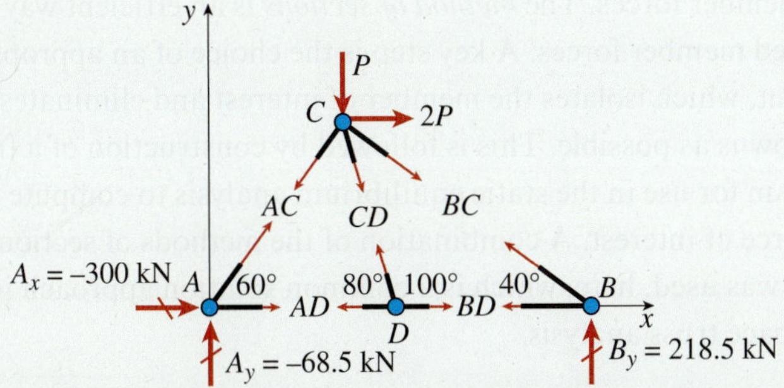

Additional sketches, such as this free body diagram of each joint in the truss (Fig. B-3), are often needed as the analysis proceeds.

Member forces using method of joints: Begin by drawing free-body diagrams of the pin at each joint (Figure B-3). Use a *deformation sign convention* in which each member is assumed to be in tension (so the member force arrows act away from the two joints to which each member is connected). The forces are concurrent at each joint, so use force equilibrium at each location to find the unknown member forces.

First sum forces in the y direction at joint A to find member force AC, and then sum forces in the x direction to get member force AD:

$$\Sigma F_y = 0 \quad AC = \frac{-1}{\sin(60°)} A_y = 79.1 \text{ kN}$$

$$\Sigma F_x = 0 \quad AD = -A_x - AC\cos(60°) = 260.4 \text{ kN}$$

Summing forces at joint B gives member forces BC and BD as

$$\Sigma F_y = 0 \quad BC = \frac{-1}{\sin(40°)} B_y = -340 \text{ kN}$$

$$\Sigma F_x = 0 \quad BD = -BC\cos(40°) = 260.4 \text{ kN}$$

The minus sign means that member BC is in compression, not in tension as assumed. Finally, observe that CD is a zero-force member because forces in the y direction must sum to zero at joint D.

Selected member forces using method of sections: An alternative approach is to make a section cut all the way through the structure to expose member forces of interest, such as AD, CD, and BC in Figure 1-9. Summing moments about joint B confirms that the force in member CD is zero.

In the full Example 1-1 solution in Chapter 1, a second analysis for member forces, the Method of Sections, is described but is not repeated here.

4. ***Finalize*** [*conclude; examine answer—Does it make sense? Are units correct? How does it compare to similar problem solutions?*]: There are $2j = 8$ equilibrium equations for the simple plane truss considered, and using the *method of joints*, these are obtained by applying

In the ***Finalize*** step, the solution is reviewed to make sure that it is presented in a clear fashion so that it can be easily reviewed and checked by others. Are the expressions and numerical values obtained reasonable? Do they agree with your initial expectations? The results must be checked in as many ways as possible because errors can be disastrous and expensive so engineers should never rely on a single solution. The results are interpreted in terms of the physical behavior of the mechanical or structural system to give meaning to the results and draw conclusions about the behavior of the system. Is further analysis required perhaps using other loadings or support conditions?

$\Sigma F_x = 0$ and $\Sigma F_y = 0$ at each joint in succession. A computer solution of these simultaneous equations leads to the three reaction forces and five member forces. The *method of sections* is an efficient way to find selected member forces. A key step is the choice of an appropriate section cut, which isolates the member of interest and eliminates as many unknowns as possible. This is followed by construction of a free-body diagram for use in the static equilibrium analysis to compute the member force of interest. A combination of the methods of sections and joints was used, here, which is a common solution approach in plane and space truss analysis.

B.3 Dimensional Homogeneity

The basic concepts in mechanics are length, time, mass, and force. Each of these physical quantities has a **dimension**, that is, a generalized unit of measurement. For example, consider the concept of length. There are many units of length, such as the meter, kilometer, and micrometer, yet all of these units have something in common—each one represents a distinct length and not some other quantity such as volume or force. Therefore, you can refer to the *dimension of length* without being specific as to the particular unit of measurement. Similar comments can be made for the dimensions of time, mass, and force. These four dimensions are customarily denoted by the symbols L, T, M, and F, respectively.

Every equation, whether in numerical form or symbolic form, must be **dimensionally homogeneous**, that is, the dimensions of all terms in the equation must be the same. To check the dimensional correctness of an equation, disregard numerical magnitudes and write only the dimensions of each quantity in the equation. The resulting equation must have identical dimensions in all terms.

As an example, consider the following equation for the deflection δ at the midpoint of a simple beam with a uniformly distributed load:

$$\delta = \frac{5qL^4}{384EI}$$

The corresponding dimensional equation is obtained by replacing each quantity by its dimensions; thus, the deflection δ is replaced by the dimension L, the intensity of uniform load q is replaced by F/L (force per unit of length), the length L of the beam is replaced by the dimension L, the modulus of elasticity E is replaced by $\mathrm{F/L^2}$ (force per unit of area), and the moment of inertia I is replaced by $\mathrm{L^4}$. Therefore, the dimensional equation is

$$\mathrm{L} = \frac{\mathrm{(F/L)L^4}}{\mathrm{(F/L^2)L^4}}$$

When simplified, this equation reduces to the dimensional equation L = L, as expected.

Dimensional equations can be written either in generalized terms using the LTMF notation or in terms of the actual units being used in the problem. For instance, when making calculations for the preceding beam deflection using USCS units, write the dimensional equation as

$$\text{mm} = \frac{(\text{N/mm})\text{mm}^4}{(\text{N/mm}^2)\text{mm}^4}$$

which reduces to mm = mm and is dimensionally correct. Frequent checks for dimensional homogeneity (or *consistency of units*) help to eliminate errors when performing derivations and calculations.

B.4 Significant Digits

Engineering calculations are performed by calculators and computers that operate with great precision. For instance, some computers routinely perform calculations with more than 25 digits in every numerical value, and output values with 10 or more digits are available in even the most inexpensive hand-held calculators. Under these conditions, it is important to realize that the accuracy of the results obtained from an engineering analysis is determined not only by the calculations but also by factors such as the accuracy of the given data, the approximations inherent in the analytical models, and the validity of the assumptions used in the theories. In many engineering situations, these considerations mean that the results are valid to only two or three significant digits.

As an example, suppose that a computation yields the result $R = 6287.46$ N for the reaction of a statically indeterminate beam. To state the result in this manner is misleading, because it implies that the reaction is known to the nearest 1/100 of a newton even though its magnitude is over 6000 newtons. Thus, it implies an accuracy of approximately 1/600,000 and a precision of 0.01 N, neither of which is justified. Instead, the accuracy of the calculated reaction depends upon matters such as the following: (1) how accurately the loads, dimensions, and other data used in the analysis are known and (2) the approximations inherent in the theories of beam behavior. Most likely, the reaction R in this example would be known only to the nearest 10 newtons, or perhaps only to the nearest 100 newtons. Consequently, the result of the computation should be stated as either $R = 6290$ N or $R = 6300$ N.

To make clear the accuracy of a given numerical value, it is common practice to use **significant digits**. A significant digit is a digit from 1 to 9 or any zero not used to show the position of the decimal point; for instance, the numbers 417, 8.29, 7.30, and 0.00254 each have three significant digits. However, the number of significant digits in a number such as 29,000 is not apparent. It may have two significant digits, with the three zeros serving only to locate the decimal point, or it may have three, four, or five significant digits if one or more of the zeros is valid. By using powers of ten, the accuracy of a number such as 29,000 can be made clearer. When written as 29×10^3 or 0.029×10^6, the number is understood to have two significant digits; when written as 29.0×10^3 or 0.0290×10^6, it has three significant digits.

When a number is obtained by calculation, its accuracy depends upon the accuracy of the numbers used in performing the calculations. A rule of thumb that serves for *multiplication* and *division* is the following: The number of significant digits in the calculated result is the same as the least number of significant digits in any of the numbers used in the calculation. As an illustration, consider the product of 2339.3 and 35.4. The calculated result is 82,811.220 when recorded to eight digits. However, stating the result in this manner is misleading because it implies much greater accuracy than is warranted by either of the original numbers. Inasmuch as the number 35.4 has only three significant digits, the proper way to write the result is 82.8×10^3.

For calculations involving *addition* or *subtraction* of a column of numbers, the last significant digit in the result is found in the last column of digits that has significant digits in all of the numbers being added or subtracted. To make this notion clearer, consider the following three examples:

	459.637	838.49	856,400
	+7.2	−7	−847,900
Result from calculator:	466.837	831.49	8,500
Write the result as:	466.8	831	8,500

In the first example, the number 459.637 has six significant digits and the number 7.2 has two. When added, the result has four significant digits because all digits in the result to the right of the column containing the 2 are meaningless. In the second example, the number 7 is accurate to one significant digit (that is, it is not an exact number). Therefore, the final result is accurate only as far as the column containing the 7, which means it has three significant digits and is recorded as 831. In the third example, the numbers 856,400 and 847,900 are assumed to be accurate to four significant digits, but the result of the subtraction is accurate to only two significant digits since none of the zeros is significant. In general, subtraction results in reduced accuracy.

These three examples show that numbers obtained by calculation may contain superfluous digits having no physical meaning. Therefore, when reporting such numbers as final results, you should give only those digits that are significant.

In mechanics of materials, the data for problems are usually accurate to about 1%, or perhaps 0.1% in some cases; therefore, the final results should be reported to a comparable accuracy. When greater accuracy is warranted, it will be obvious from the statement of the problem.

Although the use of significant digits provides a handy way to deal with the matter of **numerical accuracy**, it should be recognized that significant digits are not valid indicators of accuracy. To illustrate this fact, consider the numbers 999 and 101. Three significant digits in the number 999 correspond to an accuracy of 1/999, or 0.1%, whereas the same number of significant digits in the number 101 corresponds to an accuracy of only 1/101, or 1.0%. This disparity in accuracy can be reduced by always using one additional significant digit for numbers beginning with the digit 1. Thus, four significant digits in the number 101.1 gives about the same accuracy as three significant digits in the number 999.

In this book, the rule used is that *final* numerical results beginning with the digits 2 through 9 should be recorded to three significant digits and those beginning with the digit 1 should be recorded to four significant digits. However, to preserve numerical accuracy and avoid round-off errors during the calculation process, the results of *intermediate* calculations usually will be recorded with additional digits.

Many of the numbers entering into our calculations are exact, for example, the number π, fractions such as 1/2, and integers such as the number 48 in the formula $PL^3/48EI$ for a beam deflection. Exact numbers are significant to an infinite number of digits and therefore have no role in determining the accuracy of a calculated result.

B.5 Rounding of Numbers

The process of discarding the insignificant digits and keeping only the significant ones is called *rounding*. To illustrate the process, assume that a number is to be rounded to three significant digits. Then the following rules apply:

a. If the fourth digit is less than 5, the first three digits are left unchanged and all succeeding digits are dropped or replaced by zeros. For example, 37.44 rounds to 37.4 and 673,289 rounds to 673,000.

b. If the fourth digit is greater than 5, or if the fourth digit is 5 and is followed by at least one digit other than zero, then the third digit is increased by 1 and all following digits are dropped or replaced by zeros. For example, 26.37 rounds to 26.4 and 3.245002 rounds to 3.25.

c. Finally, if the fourth digit is 5 and all following digits (if any) are zeros, then the third digit is unchanged if it is an even number and increased by 1 if it is an odd number, and the 5 is replaced by a zero. (Trailing and leading zeros are retained only if they are needed to locate the decimal point.) This process is usually described as "rounding to the even digit." Since the occurrence of even and odd digits is more or less random, the use of this rule means that numbers are rounded upward about as often as downward, thereby reducing the chances of accumulating round-off errors.

The rules described in the preceding paragraphs for rounding to three significant digits apply in the same general manner when rounding to any other number of significant digits.

APPENDIX

Mathematical Formulas

Mathematical Constants

$\pi = 3.14159\ldots \qquad e = 2.71828\ldots \qquad 2\pi \text{ radians} = 360 \text{ degrees}$

$$1 \text{ radian} = \frac{180}{\pi} \text{ degrees} = 57.2958°$$

$$1 \text{ degree} = \frac{\pi}{180} \text{ radians} = 0.0174533 \text{ rad}$$

Conversions: Multiply degrees by $\frac{\pi}{180}$ to obtain radians

Multiply radians by $\frac{180}{\pi}$ to obtain degrees

Exponents

$$A^n A^m = A^{n+m} \qquad \frac{A^m}{A^n} = A^{m-n} \qquad (A^m)^n = A^{mn} \qquad A^{-m} = \frac{1}{A^m}$$

$$(AB)^n = A^n B^n \qquad \left(\frac{A}{B}\right)^n = \frac{A^n}{B^n} \qquad A^{m/n} = \sqrt[n]{A^m} \qquad A^0 = 1 (A \neq 0)$$

Logarithms

log ≡ common logarithm (logarithm to the base 10)

$10^x = y \qquad \log y = x$

ln ≡ natural logarithm (logarithm to the base e) $\qquad e^x = y \qquad \ln y = x$

$$e^{\ln A} = A \qquad 10^{\log A} = A \qquad \ln e^A = A \qquad \log 10^A = A$$

$$\log AB = \log A + \log B \qquad \log\frac{A}{B} = \log A - \log B \qquad \log\frac{1}{A} = -\log A$$

$$\log A^n = n \log A \qquad \log 1 = \ln 1 = 0 \qquad \log 10 = 1 \qquad \ln e = 1$$

$\ln A = (\ln 10)(\log A) = 2.30259 \log A$

$\log A = (\log e)(\ln A) = 0.434294 \ln A$

Trigonometric Functions

$$\tan x = \frac{\sin x}{\cos x} \qquad \cot x = \frac{\cos x}{\sin x} \qquad \sec x = \frac{1}{\cos x} \qquad \csc x = \frac{1}{\sin x}$$

$$\sin^2 x + \cos^2 x = 1 \qquad \tan^2 x + 1 = \sec^2 x \qquad \cot^2 x + 1 = \csc^2 x$$

$$\sin(-x) = -\sin x \qquad \cos(-x) = \cos x \qquad \tan(-x) = -\tan x$$

$$\sin(x \pm y) = \sin x \cos y \pm \cos x \sin y$$

$$\cos(x \pm y) = \cos x \cos y \mp \sin x \sin y$$

$$\sin 2x = 2 \sin x \cos x \qquad \cos 2x = \cos^2 x - \sin^2 x$$

$$\tan 2x = \frac{2 \tan x}{1 - \tan^2 x}$$

$$\tan x = \frac{1 - \cos 2x}{\sin 2x} = \frac{\sin 2x}{1 + \cos 2x}$$

$$\sin^2 x = \frac{1}{2}(1 - \cos 2x) \qquad \cos^2 x = \frac{1}{2}(1 + \cos 2x)$$

For any triangle with sides a, b, c and opposite angles A, B, C:

Law of sines $\quad \dfrac{a}{\sin A} = \dfrac{b}{\sin B} = \dfrac{c}{\sin C}$

Law of cosines $\quad c^2 = a^2 + b^2 - 2ab \cos C$

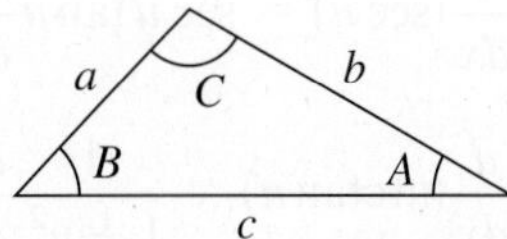

Quadratic Equation and Quadratic Formula

$$ax^2 + bx + c = 0 \qquad x = \frac{-b \pm \sqrt{b^2 - 4ac}}{2a}$$

Infinite Series

$$\frac{1}{1+x} = 1 - x + x^2 - x^3 + \cdots \qquad (-1 < x < 1)$$

$$\sqrt{1+x} = 1 + \frac{x}{2} - \frac{x^2}{8} + \frac{x^3}{16} - \cdots \qquad (-1 < x < 1)$$

$$\frac{1}{\sqrt{1+x}} = 1 - \frac{x}{2} + \frac{3x^2}{8} - \frac{5x^3}{16} + \cdots \qquad (-1 < x < 1)$$

$$e^x = 1 + x + \frac{x^2}{2!} + \frac{x^3}{3!} + \cdots \qquad (-\infty < x < \infty)$$

$$\sin x = x - \frac{x^3}{3!} + \frac{x^5}{5!} - \frac{x^7}{7!} + \cdots \qquad (-\infty < x < \infty)$$

$$\cos x = 1 - \frac{x^2}{2!} + \frac{x^4}{4!} - \frac{x^6}{6!} + \cdots \qquad (-\infty < x < \infty)$$

Note: If x is very small compared to 1, only the first few terms in the series are needed.

Derivatives

$$\frac{d}{dx}(ax) = a \qquad \frac{d}{dx}(x^n) = nx^{n-1} \qquad \frac{d}{dx}(au) = a\frac{du}{dx}$$

$$\frac{d}{dx}(uv) = u\frac{dv}{dx} + v\frac{du}{dx} \qquad \frac{d}{dx}\left(\frac{u}{v}\right) = \frac{v(du/dx) - u(dv/dx)}{v^2}$$

$$\frac{d}{dx}(u^n) = nu^{n-1}\frac{du}{dx} \qquad \frac{dy}{dx} = \frac{dy}{du}\frac{du}{dx} \qquad \frac{du}{dx} = \frac{1}{dx/du}$$

$$\frac{d}{dx}(\sin u) = \cos u\frac{du}{dx} \qquad \frac{d}{dx}(\cos u) = -\sin u\frac{du}{dx}$$

$$\frac{d}{dx}(\tan u) = \sec^2 u\frac{du}{dx} \qquad \frac{d}{dx}(\cot u) = -\csc^2 u\frac{du}{dx}$$

$$\frac{d}{dx}(\sec u) = \sec u \tan u\frac{du}{dx} \qquad \frac{d}{dx}(\csc u) = -\csc u \cot u\frac{du}{dx}$$

$$\frac{d}{dx}(\arctan u) = \frac{1}{1+u^2}\frac{du}{dx} \qquad \frac{d}{dx}(\log u) = \frac{\log e}{u}\frac{du}{dx} \qquad \frac{d}{dx}(\ln u) = \frac{1}{u}\frac{du}{dx}$$

$$\frac{d}{dx}(a^u) = a^u \ln a\frac{du}{dx} \qquad \frac{d}{dx}(e^u) = e^u\frac{du}{dx}$$

Indefinite Integrals

Note: A constant must be added to the result of every integration

$$\int a\,dx = ax \qquad \int u\,dv = uv - \int v\,du \quad \text{(integration by parts)}$$

$$\int x^n dx = \frac{x^{n+1}}{n+1} \quad (n \neq -1) \qquad \int \frac{dx}{x} = \ln|x| \quad (x \neq 0)$$

$$\int \frac{dx}{x^n} = \frac{x^{1-n}}{1-n} \quad (n \neq 1) \qquad \int (a+bx)^n dx = \frac{(a+bx)^{n+1}}{b(n+1)} \quad (n \neq -1)$$

$$\int \frac{dx}{a+bx} = \frac{1}{b}\ln(a+bx) \qquad \int \frac{dx}{(a+bx)^2} = \frac{1}{b(a+bx)}$$

$$\int \frac{dx}{(a+bx)^n} = -\frac{1}{(n-1)(b)(a+bx)^{n-1}} \quad (n \neq 1)$$

$$\int \frac{dx}{a^2 + b^2x^2} = \frac{1}{ab}\tan^{-1}\frac{bx}{a} \qquad (x \text{ in radians}) \quad (a > 0,\ b > 0)$$

$$\int \frac{dx}{a^2 - b^2x^2} = \frac{1}{2ab}\ln\left(\frac{a + bx}{a - bx}\right) \qquad (x \text{ in radians}) \quad (a > 0,\ b > 0)$$

$$\int \frac{xdx}{a + bx} = \frac{1}{b^2}[bx - a\ln(a + bx)]$$

$$\int \frac{xdx}{(a + bx)^2} = \frac{1}{b^2}\left[\frac{a}{a + bx} + \ln(a + bx)\right]$$

$$\int \frac{xdx}{(a + bx)^3} = -\frac{a + 2bx}{2b^2(a + bx)^2} \qquad \int \frac{xdx}{(a + bx)^4} = -\frac{a + 3bx}{6b^2(a + bx)^3}$$

$$\int \frac{x^2dx}{a + bx} = \frac{1}{2b^3}[(a + bx)(-3a + bx) + 2a^2\ln(a + bx)]$$

$$\int \frac{x^2dx}{(a + bx)^2} = \frac{1}{b^3}\left[\frac{bx(2a + bx)}{a + bx} - 2a\ln(a + bx)\right]$$

$$\int \frac{x^2dx}{(a + bx)^3} = \frac{1}{b^3}\left[\frac{a(3a + 4bx)}{2(a + bx)^2} + \ln(a + bx)\right]$$

$$\int \frac{x^2dx}{(a + bx)^4} = -\frac{a^2 + 3abx + 3b^2x^2}{3b^3(a + bx)^3}$$

$$\int \sin ax\, dx = -\frac{\cos ax}{a} \qquad \int \cos ax\, dx = \frac{\sin ax}{a}$$

$$\int \tan ax\, dx = \frac{1}{a}\ln(\sec ax) \qquad \int \cot ax\, dx = \frac{1}{a}\ln(\sin ax)$$

$$\int \sec ax\, dx = \frac{1}{a}\ln(\sec ax + \tan ax)$$

$$\int \csc ax\, dx = \frac{1}{a}\ln(\csc ax - \cot ax)$$

$$\int \sin^2 ax\, dx = \frac{x}{2} - \frac{\sin 2ax}{4a}$$

$$\int \cos^2 ax\, dx = \frac{x}{2} + \frac{\sin 2ax}{4a} \qquad (x \text{ in radians})$$

$$\int x\sin ax\, dx = \frac{\sin ax}{a^2} - \frac{x\cos ax}{a} \qquad (x \text{ in radians})$$

$$\int x\cos ax\, dx = \frac{\cos ax}{a^2} + \frac{x\sin ax}{a} \qquad (x \text{ in radians})$$

$$\int e^{ax}dx = \frac{e^{ax}}{a} \qquad \int xe^{ax}dx = \frac{e^{ax}}{a^2}(ax - 1)$$

$$\int \ln ax\, dx = x(\ln ax - 1)$$

$$\int \frac{dx}{1 + \sin ax} = -\frac{1}{a}\tan\left(\frac{\pi}{4} - \frac{ax}{2}\right)$$

$$\int \sqrt{a + bx}\, dx = \frac{2}{3b}(a + bx)^{3/2}$$

$$\int \sqrt{a^2 + b^2x^2}\, dx = \frac{x}{2}\sqrt{a^2 + b^2x^2} + \frac{a^2}{2b}\ln\left(\frac{bx}{a} + \sqrt{1 + \frac{b^2x^2}{a^2}}\right)$$

$$\int \frac{dx}{\sqrt{a^2 + b^2x^2}} = \frac{1}{b}\ln\left(\frac{bx}{a} + \sqrt{1 + \frac{b^2x^2}{a^2}}\right)$$

$$\int \sqrt{a^2 - b^2x^2}\, dx = \frac{x}{2}\sqrt{a^2 - b^2x^2} + \frac{a^2}{2b}\sin^{-1}\frac{bx}{a}$$

Definite Integrals

$$\int_a^b f(x)dx = -\int_b^a f(x)dx \qquad \int_a^b f(x)dx = \int_a^c f(x)dx + \int_a^b f(x)dx$$

APPENDIX D

Review of Centroids and Moments of Inertia

Only plane areas are considered. A table of centroids and moments of inertia for a variety of common geometric shapes is given in Appendix E for convenient reference.

Outline

D.1 Centroids of Plane Areas

This appendix is a review of the definitions and formulas pertaining to centroids and moments of inertia of plane areas. The position of the centroid of a plane area is an important geometric property. To obtain formulas for locating centroids, refer to Fig. D-1, which shows a plane area of irregular shape with its centroid at point C. The xy coordinate system is oriented arbitrarily with its origin at any point O. The **area** of the geometric figure is defined by the following integral:

$$A = \int dA \qquad \textbf{(D-1)}$$

in which dA is a differential element of area having coordinates x and y (Fig. D-1) and A is the total area of the figure.

The **first moments** of the area with respect to the x and y axes are defined, respectively, as

$$Q_x = \int y dA \qquad Q_y = \int x dA \qquad \textbf{(D-2a,b)}$$

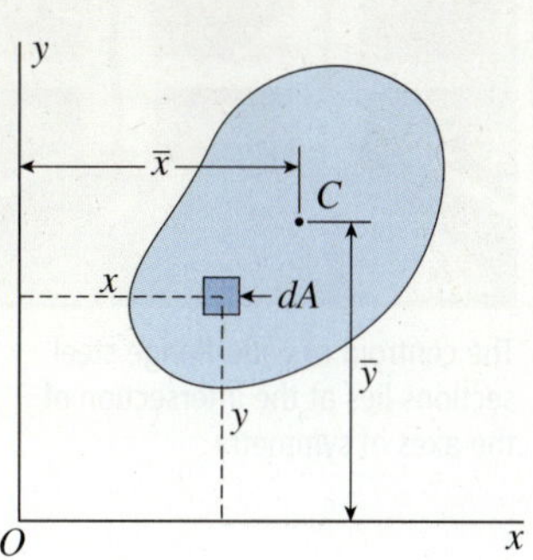

FIGURE D-1

Plane area of arbitrary shape with centroid C

FIGURE D-2

Area with one axis of symmetry

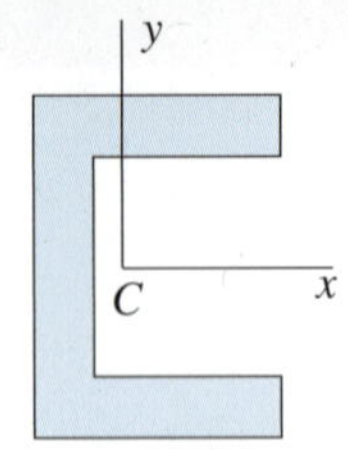

FIGURE D-3

Area with two axes of symmetry

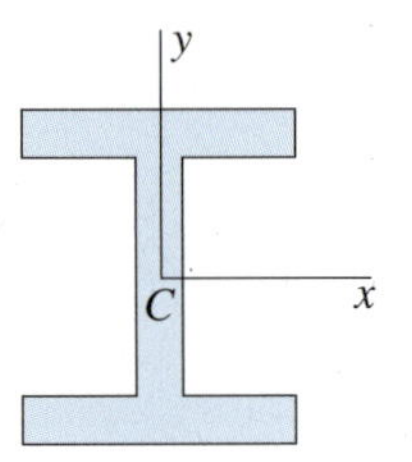

FIGURE D-4

Area that is symmetric about a point

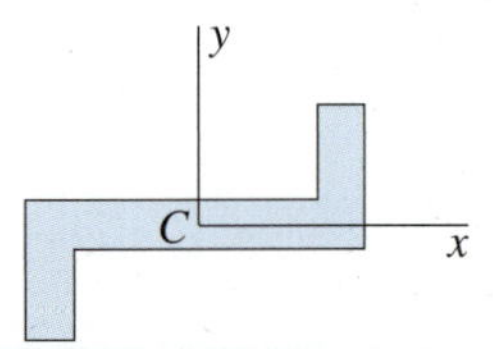

(Photo courtesy of Louis Geschwinder)

The centroid of wide-flange steel sections lies at the intersection of the axes of symmetry

Thus, the first moments represent the sums of the products of the differential areas and their coordinates. First moments may be positive or negative, depending upon the position of the xy axes. Also, first moments have units of length raised to the third power; for instance, mm^3.

The coordinates $\bar{x}$ and $\bar{y}$ of the **centroid** C (Fig. D-1) are equal to the first moments divided by the area:

$$\bar{x} = \frac{Q_y}{A} = \frac{\int x dA}{\int dA} \qquad \bar{y} = \frac{Q_x}{A} = \frac{\int y dA}{\int dA} \qquad \textbf{(D-3a,b)}$$

If the boundaries of the area are defined by simple mathematical expressions, evaluate the integrals appearing in Eqs. (D-3a) and (D-3b) in closed form and thereby obtain formulas for $\bar{x}$ and $\bar{y}$. The formulas listed in Appendix E were obtained in this manner. In general, the coordinates $\bar{x}$ and $\bar{y}$ may be positive or negative, depending upon the position of the centroid with respect to the reference axes.

If an area is **symmetric about an axis**, the centroid must lie on that axis because the first moment about an axis of symmetry equals zero. For example, the centroid of the singly symmetric area shown in Fig. D-2 must lie on the x axis, which is the axis of symmetry. Therefore, only one coordinate must be calculated in order to locate the centroid C.

If an area has **two axes of symmetry**, as illustrated in Fig. D-3, the position of the centroid can be determined by inspection because it lies at the intersection of the axes of symmetry.

An area of the type shown in Fig. D-4 is **symmetric about a point**. It has no axes of symmetry, but there is a point (called the **center of symmetry**) such that every line drawn through that point contacts the area in a symmetrical manner. The centroid of such an area coincides with the center of symmetry, so the centroid can be located by inspection.

If an area has **irregular boundaries** not defined by simple mathematical expressions, locate the centroid by numerically evaluating the integrals in Eqs. (D-3a and b). The simplest procedure is to divide the geometric figure into small finite elements and replace the integrations with summations. Denote the area of the ith element by ΔA_i; then the expressions for the summations are

$$A = \sum_{i=1}^{n} \Delta A_i \quad Q_x = \sum_{i=1}^{n} \bar{y}_i \Delta A_i \quad Q_y = \sum_{i=1}^{n} \bar{x}_i \Delta A_i \qquad \textbf{(D-4a,b,c)}$$

in which n is the total number of elements, $\bar{y}_i$ is the y coordinate of the centroid of the ith element, and $\bar{x}_i$ is the x coordinate of the centroid of the ith element. Replacing the integrals in Eqs. (D-3a and b) by the corresponding summations leads to the following formulas for the coordinates of the centroid:

$$\bar{x} = \frac{Q_y}{A} = \frac{\sum_{i=1}^{n} \bar{x}_i \Delta A_i}{\sum_{i=1}^{n} \Delta A_i} \qquad \bar{y} = \frac{Q_x}{A} = \frac{\sum_{i=1}^{n} \bar{y}_i \Delta A_i}{\sum_{i=1}^{n} \Delta A_i} \qquad \textbf{(D-5a,b)}$$

The accuracy of the calculations for $\bar{x}$ and $\bar{y}$ depends upon how closely the selected elements fit the actual area. If they fit exactly, the results are exact. Many computer programs for locating centroids use a numerical scheme similar to the one expressed by Eqs. (D-5a and b).

Example D-1

FIGURE D-5

Example D-1: Centroid of a parabolic semisegment

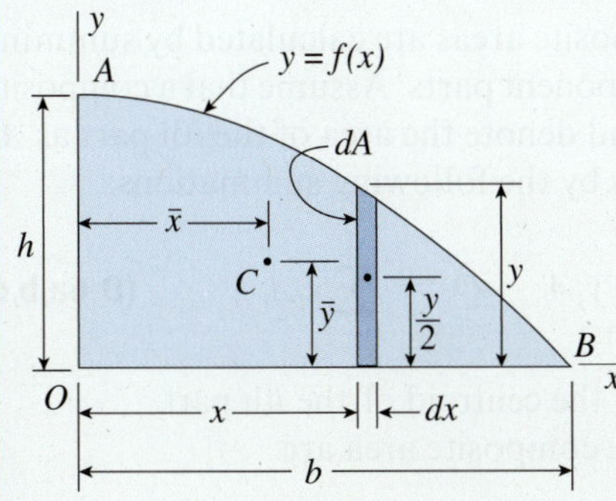

A parabolic semisegment OAB is bounded by the x axis, the y axis, and a parabolic curve having its vertex at A (Fig. D-5). The equation of the curve is

$$y = f(x) = h\left(1 - \frac{x^2}{b^2}\right) \quad \text{(a)}$$

in which b is the base and h is the height of the semisegment.

Locate the centroid C of the semisegment.

Solution:

To determine the coordinates $\bar{x}$ and $\bar{y}$ of the centroid C (Fig. D-5), use Eqs. (D-3a and b). Begin by selecting an element of area dA in the form of a thin vertical strip of width dx and height y. The area of this differential element is

$$dA = ydx = h\left(1 - \frac{x^2}{b^2}\right)dx \quad \text{(b)}$$

Therefore, the area of the parabolic semisegment is

$$A = \int dA = \int_0^b h\left(1 - \frac{x^2}{b^2}\right)dx = \frac{2bh}{3} \quad \text{(c)}$$

Note that this area is two-thirds of the area of the surrounding rectangle.

The first moment of an element of area dA with respect to an axis is obtained by multiplying the area of the element by the distance from its centroid to the axis. Since the x and y coordinates of the centroid of the element shown in Fig. D-5 are x and $y/2$, respectively, the first moments of the element with respect to the x and y axes are

$$Q_x = \int \frac{y}{2} dA = \int_0^b \frac{h^2}{2}\left(1 - \frac{x^2}{b^2}\right)^2 dx = \frac{4bh^2}{15} \quad \text{(d)}$$

$$Q_y = \int xdA = \int_0^b hx\left(1 - \frac{x^2}{b^2}\right)dx = \frac{b^2h}{4} \quad \text{(e)}$$

in which dA has been substituted from Eq. (b).

Now determine the coordinates of the centroid C:

$$\bar{x} = \frac{Q_y}{A} = \frac{3b}{8} \qquad \bar{y} = \frac{Q_x}{A} = \frac{2h}{5} \quad \text{(f,g)}$$

These results agree with the formulas listed in Appendix E, Case 17.

Notes: The centroid C of the parabolic semisegment also may be located by taking the element of area dA as a horizontal strip of height dy and width:

$$x = b\sqrt{1 - \frac{y}{h}} \quad \text{(h)}$$

This expression is obtained by solving Eq. (a) for x in terms of y.

FIGURE D-6

Centroid of a composite area consisting of two parts

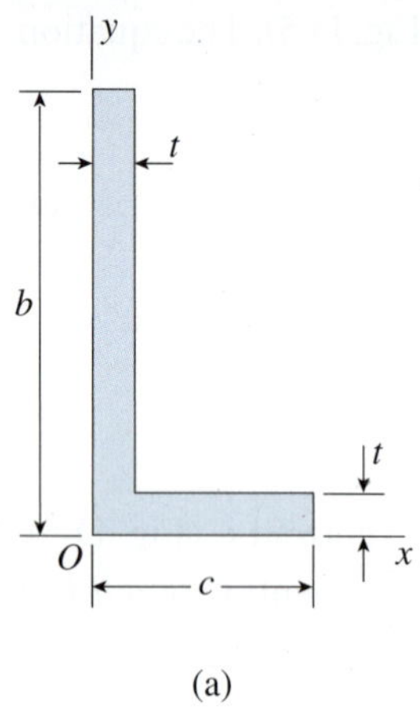

(a)

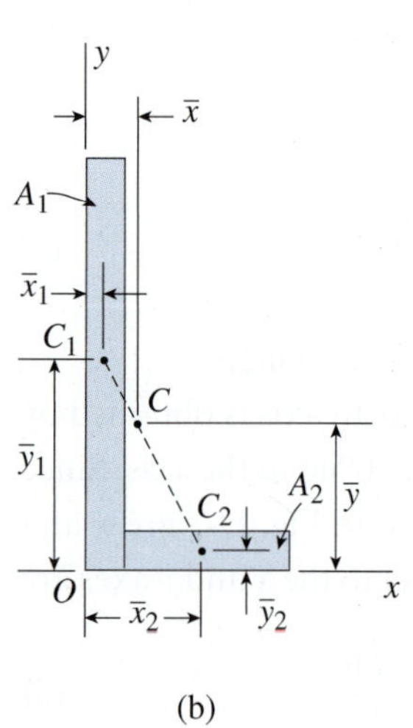

(b)

D.2 Centroids of Composite Areas

In engineering work it is often of interest to locate the centroids of areas composed of several parts, each part having a familiar geometric shape, such as a rectangle or a circle. Examples of such **composite areas** are the cross sections of beams and columns, which usually consist of rectangular elements (for instance, see Figs. D-2, D-3, and D-4).

The **areas and first moments** of composite areas are calculated by summing the corresponding properties of the component parts. Assume that a composite area is divided into a total of n parts, and denote the area of the ith part as A_i. Then obtain the area and first moments by the following summations:

$$A = \sum_{i=1}^{n} A_i \qquad Q_x = \sum_{i=1}^{n} \bar{y}_i A_i \qquad Q_y = \sum_{i=1}^{n} \bar{x}_i A_i \tag{D-6a,b,c}$$

in which $\bar{x}_i$ and $\bar{y}_i$ are the coordinates of the centroid of the ith part.

The **coordinates of the centroid** of the composite area are

$$\bar{x} = \frac{Q_y}{A} = \frac{\sum_{i=1}^{n} \bar{x}_i A_i}{\sum_{i=1}^{n} A_i} \qquad \bar{y} = \frac{Q_x}{A} = \frac{\sum_{i=1}^{n} \bar{y}_i A_i}{\sum_{i=1}^{n} A_i} \tag{D-7a,b}$$

Since the composite area is represented exactly by the n parts, the preceding equations give exact results for the coordinates of the centroid.

To illustrate the use of Eqs. (D-7a and b), consider the L-shaped area (or angle section) shown in Fig. D-6a. This area has side dimensions b and c and thickness t. The area can be divided into two rectangles of areas A_1 and A_2 with centroids C_1 and C_2, respectively (Fig. D-6b). The areas and centroidal coordinates of these two parts are

$$A_1 = +bt \qquad \bar{x}_1 = \frac{t}{2} \qquad \bar{y}_1 = \frac{b}{2}$$

$$A_2 = (c - t)t \qquad \bar{x}_2 = \frac{c + t}{2} \qquad \bar{y}_2 = \frac{t}{2}$$

Therefore, the area and first moments of the composite area [from Eqs. (D-6a, b, and c)] are

$$A = A_1 + A_2 = t(b + c - t)$$

$$Q_x = \bar{y}_1 A_1 + \bar{y}_2 A_2 = \frac{t}{2}(b^2 + ct - t^2)$$

$$Q_y = \bar{x}_1 A_1 + \bar{x}_2 A_2 = \frac{t}{2}(bt + c^2 - t^2)$$

Finally, obtain the coordinates $\bar{x}$ and $\bar{y}$ of the centroid C of the composite area (Fig. D-6b) from Eqs. (D-7a and b):

$$\bar{x} = \frac{Q_y}{A} = \frac{bt + c^2 - t^2}{2(b + c - t)} \qquad \bar{y} = \frac{Q_x}{A} = \frac{b^2 + ct - t^2}{2(b + c - t)} \tag{D-8a,b}$$

A similar procedure can be used for more complex areas, as illustrated in Example D-2.

Note 1: When a composite area is divided into only two parts, the centroid C of the entire area lies on the line joining the centroids C_1 and C_2 of the two parts (as shown in Fig. D-6b for the L-shaped area).

Note 2: When using the formulas for composite areas [see Eqs. (D-6) and (D-7)], treat the *absence* of an area using subtraction. This procedure is useful when there are cutouts or holes in the figure.

For instance, consider the area shown in Fig. D-7a. Analyze this figure as a composite area by subtracting the properties of the inner rectangle *efgh* from the corresponding properties of the outer rectangle *abcd*. (From another viewpoint, think of the outer rectangle as a "positive area" and the inner rectangle as a "negative area.")

Similarly, if an area has a hole (Fig. D-7b), subtract the properties of the area of the hole from those of the outer rectangle.

FIGURE D-7

Composite areas with a cutout and a hole

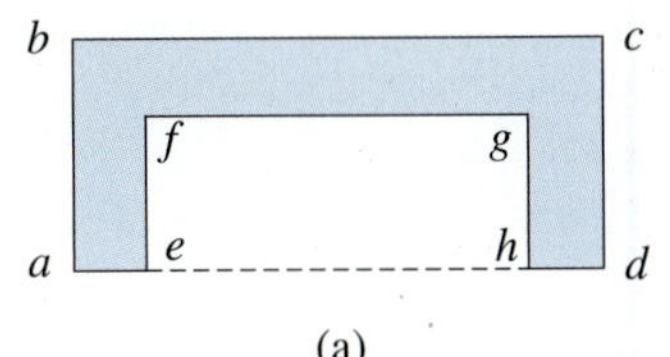

(a)

(b)

Example D-2

FIGURE D-8

Example D-2: Centroid of a composite area

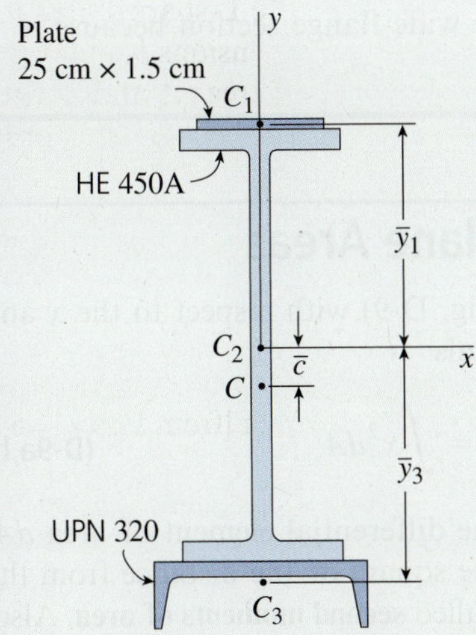

The cross section of a steel beam is constructed of a HE 450A wide-flange section with a 25 cm × 1.5 cm cover plate welded to the top flange and a UPN 320 channel section welded to the bottom flange (Fig. D-8).

Locate the centroid C of the cross-sectional area.

Solution:

Denote the areas of the cover plate, the wide-flange section, and the channel section as areas A_1, A_2, and A_3, respectively. The centroids of these three areas are labeled C_1, C_2, and C_3, respectively, in Fig. D-8. Note that the composite area has an axis of symmetry, so all centroids lie on that axis. The three partial areas are

$$A_1 = (25\,\text{cm})(1.5\,\text{cm}) = 37.5\,\text{cm}^2 \qquad A_2 = 178\,\text{cm}^2 \qquad A_3 = 75.8\,\text{cm}^2$$

in which the areas A_2 and A_3 are obtained from Tables F-1 and F-3 of Appendix F.

Place the origin of the x and y axes at the centroid C_2 of the wide-flange section. Then the distances from the x axis to the centroids of the three areas are as follows:

$$\bar{y}_1 = \frac{440\,\text{mm}}{2} + \frac{15\,\text{mm}}{2} = 227.5\,\text{mm}$$

$$\bar{y}_2 = 0 \quad \bar{y}_3 = \frac{440\,\text{mm}}{2} + 26\,\text{mm} = 246\,\text{mm}$$

in which the pertinent dimensions of the wide-flange and channel sections are obtained from Tables F-1 and F-3.

The area A and first moment Q_x of the entire cross section are obtained from Eqs. (D-6a and b) as

$$A = \sum_{i=1}^{n} A_i = A_1 + A_2 + A_3$$
$$= 37.5\,\text{cm}^2 + 178\,\text{cm}^2 + 75.8\,\text{cm}^2 = 291.3\,\text{cm}^2$$

$$Q_x = \sum_{i=1}^{n} \bar{y}_i A_i = \bar{y}_1 A_1 + \bar{y}_2 A_2 + \bar{y}_3 A_3$$
$$= (22.75\,\text{cm})(37.5\,\text{cm}^2) + 0 - (24.6\,\text{cm})(75.8\,\text{cm}^2) = -1012\,\text{cm}^3$$

Now find the coordinate $\bar{y}$ to the centroid C of the composite area from Eq. (D-7b):

$$\bar{y} = \frac{Q_x}{A} = \frac{-1012\,\text{cm}^3}{291.3\,\text{cm}^2} = -34.726\,\text{mm}$$

Since $\bar{y}$ is positive in the positive direction of the y axis, the minus sign means that the centroid C of the composite area is located below the x axis, as shown in Fig. D-8. Thus, the distance $\bar{c}$ between the x axis and the centroid C is

$$\bar{c} = 34.73\,\text{mm}$$

Note that the position of the reference axis (the x axis) is arbitrary; however, in this example it was placed through the centroid of the wide-flange section because it slightly simplifies the calculations.

FIGURE D-9

Plane area of arbitrary shape

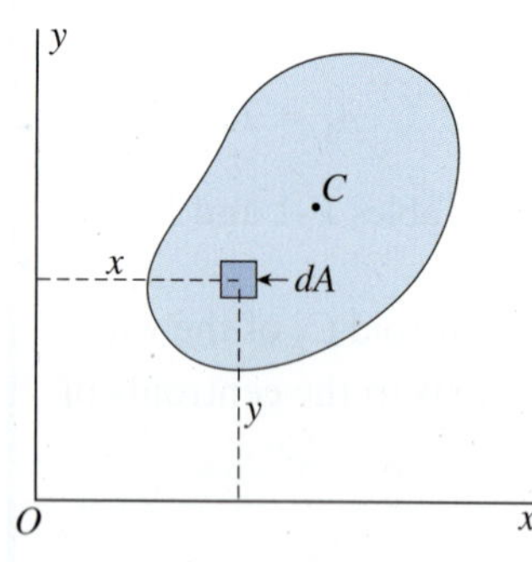

D.3 Moments of Inertia of Plane Areas

The **moments of inertia** of a plane area (Fig. D-9) with respect to the x and y axes, respectively, are defined by the integrals

$$I_x = \int y^2 dA \qquad I_y = \int x^2 dA \qquad \textbf{(D-9a,b)}$$

in which x and y are the coordinates of the differential element of area dA. Because the element dA is multiplied by the square of the distance from the reference axis, moments of inertia are also called **second moments of area**. Also, note that moments of inertia of areas (unlike first moments) are always positive quantities.

To illustrate how moments of inertia are obtained by integration, consider a rectangle having width b and height h (Fig. D-10). The x and y axes have their origin at the centroid C. For convenience, use a differential element of area dA in the form of a thin horizontal strip of width b and height dy (therefore, $dA = bdy$). Since all parts of the elemental strip are the same distance from the x axis, express the moment of inertia I_x with respect to the x axis as

$$I_x = \int y^2 dA = \int_{-h/2}^{h/2} y^2 b dy = \frac{bh^3}{12} \qquad \textbf{(D-10)}$$

In a similar manner, use an element of area in the form of a vertical strip with area $dA = h\,dx$ and obtain the moment of inertia with respect to the y axis:

$$I_y = \int x^2 dA = \int_{-b/2}^{b/2} x^2 h dx = \frac{hb^3}{12} \qquad \text{(D-11)}$$

If a different set of axes is selected, the moments of inertia will have different values. For instance, consider axis B–B at the base of the rectangle (Fig. D-10). If this axis is selected as the reference, define y as the coordinate distance from that axis to the element of area dA. Then the calculations for the moment of inertia become

$$I_{BB} = \int y^2 dA = \int_0^h y^2 b dy = \frac{bh^3}{3} \qquad \text{(D-12)}$$

Note that the moment of inertia with respect to axis B–B is larger than the moment of inertia with respect to the centroidal x axis. In general, the moment of inertia increases as the reference axis is moved parallel to itself farther from the centroid.

The moment of inertia of a **composite area** with respect to any particular axis is the sum of the moments of inertia of its parts with respect to that same axis. An example is the hollow box section shown in Fig. D-11a, where the x and y axes are axes of symmetry through the centroid C. The moment of inertia I_x with respect to the x axis is equal to the algebraic sum of the moments of inertia of the outer and inner rectangles. (As explained earlier, think of the inner rectangle as a "negative area" and the outer rectangle as a "positive area.") Therefore,

$$I_x = \frac{bh^3}{12} - \frac{b_1 h_1^3}{12} \qquad \text{(D-13)}$$

This same formula applies to the channel section shown in Fig. D-11b, where the cutout is considered a "negative area."

For the hollow box section, use a similar technique to obtain the moment of inertia I_y with respect to the vertical axis. However, in the case of the channel section, the determination of the moment of inertia I_y requires the use of the parallel-axis theorem, which is described in the next section (Section D.4).

Formulas for moments of inertia are listed in Appendix E. For shapes not shown, the moments of inertia usually can be obtained by using the listed formulas in conjunction with the parallel-axis theorem. If an area is of such irregular shape that its moments of inertia cannot be obtained in this manner, then numerical methods can be used. The procedure is to divide the area into small elements of area ΔA_i, multiply each such area by the square of its distance from the reference axis, and then sum the products.

Radius of Gyration

A distance known as the **radius of gyration** is defined as the square root of the moment of inertia of the area divided by the area itself; thus,

$$r_x = \sqrt{\frac{I_x}{A}} \qquad r_y = \sqrt{\frac{I_y}{A}} \qquad \text{(D-14a,b)}$$

in which r_x and r_y denote the radii of gyration with respect to the x and y axes, respectively. Since a moment of inertia has units of length to the fourth power and area has units of length to the second power, radius of gyration has units of length.

FIGURE D-10

Moments of inertia of a rectangle

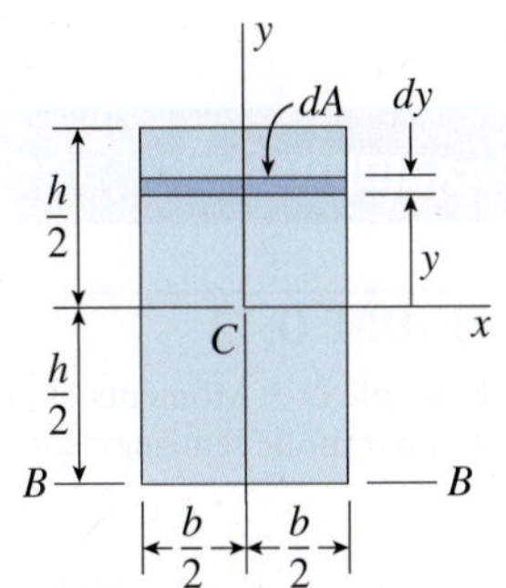

FIGURE D-11

Composite areas

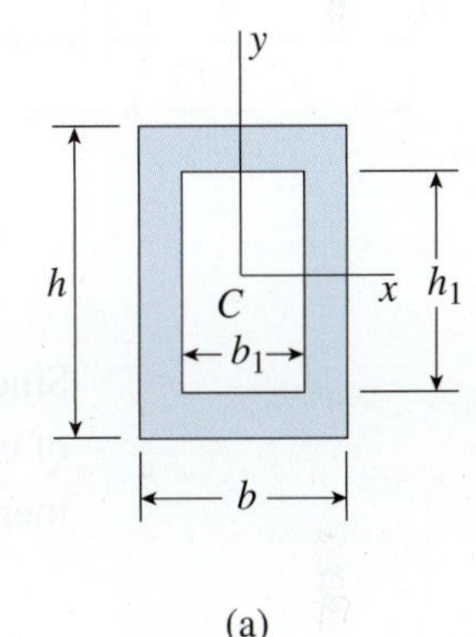

(a)

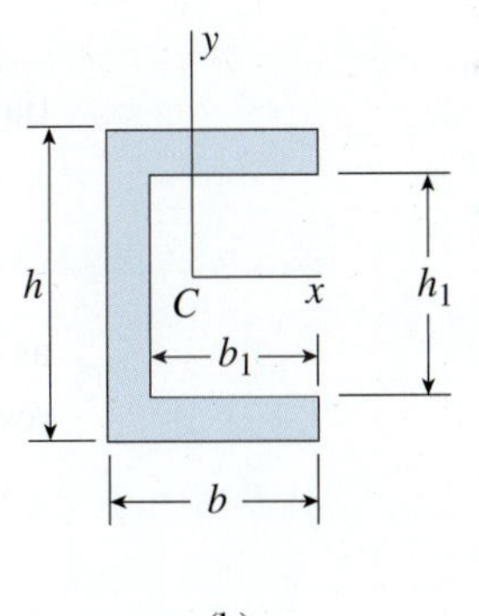

(b)

Although the radius of gyration of an area does not have an obvious physical meaning, consider it to be the distance (from the reference axis) at which the entire area could be concentrated and still have the same moment of inertia as the original area.

Example D-3

FIGURE D-12

Example D-3: Moments of inertia of a parabolic semisegment

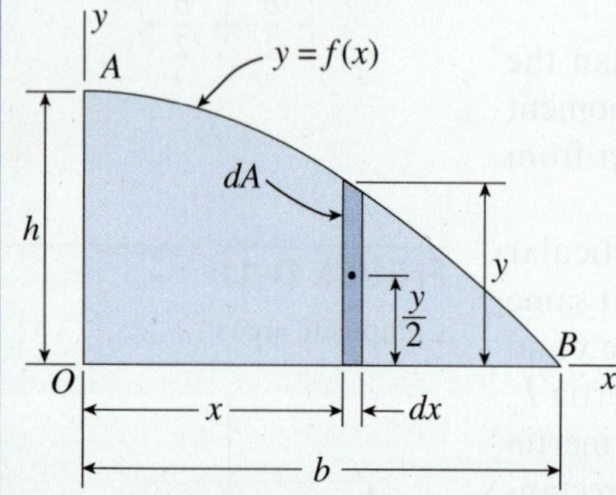

Determine the moments of inertia I_x and I_y for the parabolic semisegment OAB shown in Fig. D-12. The equation of the parabolic boundary is

$$y = f(x) = h\left(1 - \frac{x^2}{b^2}\right) \qquad \textbf{(a)}$$

(This same area was considered previously in Example D-1.)

Solution:

To determine the moments of inertia by integration, use Eqs. (D-9a and b). The differential element dA is selected as a vertical strip of width dx and height y, as shown in Fig. D-12. The area of this element is

$$dA = ydx = h\left(1 - \frac{x^2}{b^2}\right)dx \qquad \textbf{(b)}$$

Since every point in this element is at the same distance from the y axis, the moment of inertia of the element with respect to the y axis is $x^2 dA$. Therefore, the moment of inertia of the entire area with respect to the y axis is obtained as

$$I_y = \int x^2 dA = \int_0^b x^2 h\left(1 - \frac{x^2}{b^2}\right)dx = \frac{2hb^3}{15} \qquad \textbf{(c)}$$

To obtain the moment of inertia with respect to the x axis, note that the differential element of area dA has a moment of inertia dI_x with respect to the x axis equal to

$$dI_x = \frac{1}{3}(dx)y^3 = \frac{y^3}{3}dx$$

as obtained from Eq. (D-12). Hence, the moment of inertia of the entire area with respect to the x axis is

$$I_x = \int_0^b \frac{y^3}{3}dx = \int_0^b \frac{h^3}{3}\left(1 - \frac{x^2}{b^2}\right)^3 dx = \frac{16bh^3}{105} \qquad \textbf{(d)}$$

These same results for I_x and I_y can be obtained by using an element in the form of a horizontal strip of area $dA = xdy$ or by using a rectangular element of area $dA = dxdy$ and performing a double integration. Also, note that the preceding formulas for I_x and I_y agree with those given in Case 17 of Appendix E.

D.4 Parallel-Axis Theorem for Moments of Inertia

The **parallel-axis theorem** gives the relationship between the moment of inertia with respect to a centroidal axis and the moment of inertia with respect to any parallel axis.

To derive the theorem, consider an area of arbitrary shape with centroid C (Fig. D-13). Also consider two sets of coordinate axes: (1) the $x_c y_c$ axes with origin at the centroid and (2) a set of parallel xy axes with origin at any point O. The distances between the two sets of parallel axes are denoted d_1 and d_2. Also, identify an element of area dA having coordinates x and y with respect to the centroidal axes.

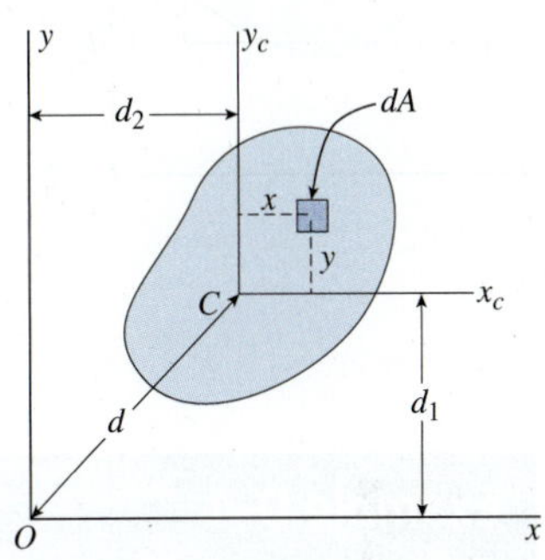

FIGURE D-13

Derivation of parallel-axis theorem

From the definition of the moment of inertia, write the following equation for the moment of inertia I_x with respect to the x axis:

$$I_x = \int (y + d_1)^2 dA = \int y^2 dA + 2d_1 \int y\,dA + d_1^2 \int dA \qquad \text{(D-15)}$$

The first integral on the right-hand side is the moment of inertia I_{xc} with respect to the x_c axis. The second integral is the first moment of the area with respect to the x_c axis (this integral equals zero because the x_c axis passes through the centroid). The third integral is the area A itself. Therefore, the preceding equation reduces to

$$I_x = I_{xc} + Ad_1^2 \qquad \text{(D-16a)}$$

Proceeding in the same manner for the moment of inertia with respect to the y axis gives

$$I_y = I_{yc} + Ad_2^2 \qquad \text{(D-16b)}$$

Equations (D-16a and b) represent the **parallel-axis theorem for moments of inertia**:

The moment of inertia of an area with respect to any axis in its plane is equal to the moment of inertia with respect to a parallel centroidal axis plus the product of the area and the square of the distance between the two axes.

To illustrate the use of the theorem, consider again the rectangle shown in Fig. D-10. Knowing that the moment of inertia about the x axis, which is through the centroid, is equal to $bh^3/12$ [see Eq. (D-10) of Section D.3]), determine the moment of inertia I_{BB} about the base of the rectangle by using the parallel-axis theorem:

$$I_{BB} = I_x + Ad^2 = \frac{bh^3}{12} + bh\left(\frac{h}{2}\right)^2 = \frac{bh^3}{3}$$

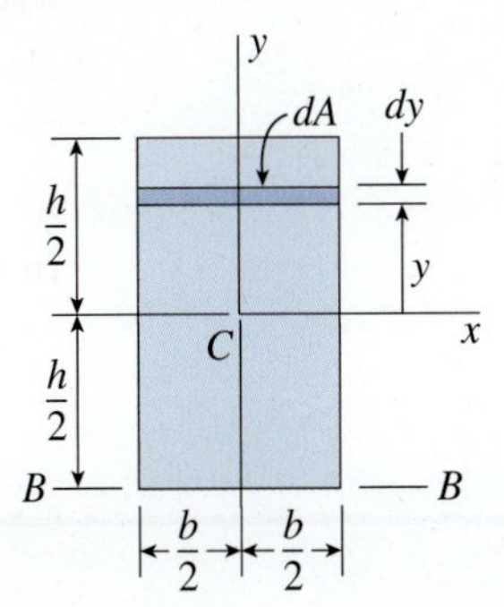

FIGURE D-10 (REPEATED)

Moments of inertia of a rectangle

This result agrees with the moment of inertia obtained previously by integration [see Eq. (D-12) of Section D.3].

From the parallel-axis theorem, note that the moment of inertia increases as the axis is moved parallel to itself farther from the centroid. Therefore, the moment of inertia about a centroidal axis is the least moment of inertia of an area (for a given direction of the axis).

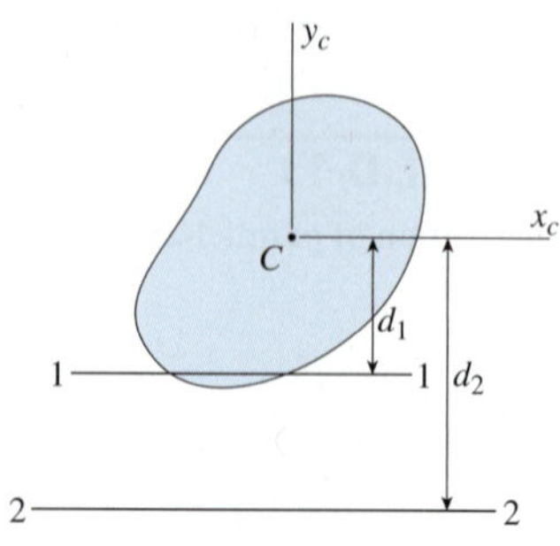

FIGURE D-14

Plane area with two parallel noncentroidal axes (axes 1–1 and 2–2)

When using the parallel-axis theorem, it is essential to remember that one of the two parallel axes *must* be a centroidal axis. If it is necessary to find the moment of inertia I_2 about a noncentroidal axis 2–2 (Fig. D-14) when the moment of inertia I_1 about another noncentroidal (and parallel) axis 1–1 is known, apply the parallel-axis theorem twice. First, find the centroidal moment of inertia I_{xc} from the known moment of inertia I_1:

$$I_{xc} = I_1 - Ad_1^2 \tag{D-17}$$

Then find the moment of inertia I_2 from the centroidal moment of inertia:

$$I_2 = I_{xc} + Ad_2^2 = I_1 + A(d_2^2 - d_1^2) \tag{D-18}$$

This equation shows again that the moment of inertia increases with increasing distance from the centroid of the area.

Example D-4

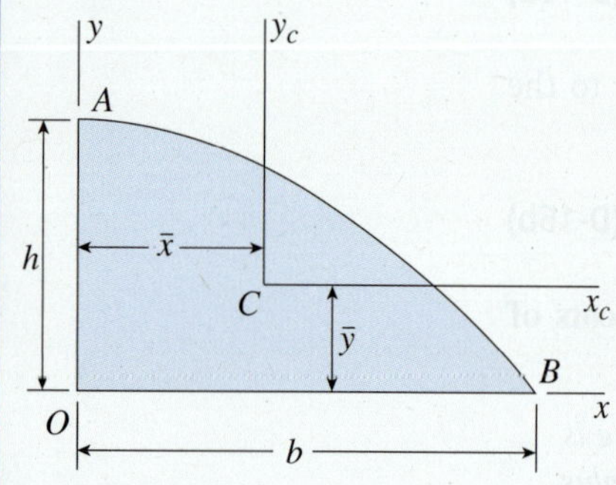

FIGURE D-15

Example D-4: Parallel-axis theorem

The parabolic semisegment *OAB* shown in Fig. D-15 has base *b* and height *h*. Using the parallel-axis theorem, determine the moments of inertia I_{xc} and I_{yc} with respect to the centroidal axes x_c and y_c.

Solution:

Use the parallel-axis theorem (rather than integration) to find the centroidal moments of inertia because the area *A*, the centroidal coordinates $\bar{x}$ and $\bar{y}$, and the moments of inertia I_x and I_y with respect to the *x* and *y* axes are already known. These quantities were obtained earlier in Examples D-1 and D-3 (they also are listed in Case 17 of Appendix E) and are repeated here:

$$A = \frac{2bh}{3} \quad \bar{x} = \frac{3b}{8} \quad \bar{y} = \frac{2h}{5} \quad I_x = \frac{16bh^3}{105} \quad I_y = \frac{2hb^3}{15}$$

To obtain the moment of inertia with respect to the x_c axis, use Eq. (D-17) and write the parallel-axis theorem as

$$I_{xc} = I_x - A\bar{y}^2 = \frac{16bh^3}{105} - \frac{2bh}{3}\left(\frac{2h}{5}\right)^2 = \frac{8bh^3}{175} \tag{D-19a}$$

In a similar manner, obtain the moment of inertia with respect to the y_c axis:

$$I_{yc} = I_y - A\bar{x}^2 = \frac{2hb^3}{15} - \frac{2bh}{3}\left(\frac{3b}{8}\right)^2 = \frac{19hb^3}{480} \tag{D-19b}$$

Example D-5

FIGURE D-16

Example D-5: Moment of inertia of a composite area

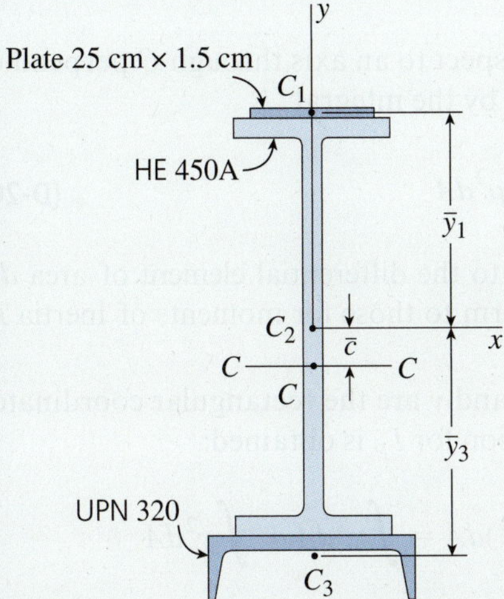

Determine the moment of inertia I_c with respect to the horizontal axis C–C through the centroid C of the beam cross section shown in Fig. D-16. (The position of the centroid C was determined previously in Example D-2 of Section D.2.)

Note: From beam theory (Chapter 5), axis C–C is the neutral axis for bending of this beam; therefore, the moment of inertia I_c must be determined in order to calculate the stresses and deflections of this beam.

Solution:

Find the moment of inertia I_c with respect to axis C–C by applying the parallel-axis theorem to each individual part of the composite area. The area divides naturally into three parts: (1) the cover plate, (2) the wide-flange section, and (3) the channel section. The following areas and centroidal distances were obtained previously in Example D-2:

$$A_1 = 37.5\,\text{cm}^2 \quad A_2 = 178\,\text{cm}^2 \quad A_3 = 75.8\,\text{cm}^2$$

$$\bar{y}_1 = 227.5\,\text{mm} \quad \bar{y}_2 = 0 \quad \bar{y}_3 = 246\,\text{mm} \quad \bar{c} = 34.73\,\text{mm}$$

The moments of inertia of the three parts with respect to horizontal axes through their own centroids C_1, C_2, and C_3 are

$$I_1 = \frac{bh^3}{12} = \frac{1}{12}(25\,\text{cm})(1.5\,\text{cm})^3 = 7.031\,\text{cm}^4$$

$$I_2 = 63720\,\text{cm}^4 \quad I_3 = 597\,\text{cm}^4$$

The moments of inertia I_2 and I_3 are obtained from Tables F-1 and F-3, respectively, of Appendix F.

Now use the parallel-axis theorem to calculate the moments of inertia about axis C–C for each of the three parts of the composite area:

$$(I_c)_1 = I_1 + A_1(\bar{y}_1 + \bar{c})^2 = 7.031\,\text{cm}^4 + (37.5\,\text{cm}^2)(26.22\,\text{cm})^2 = 25790\,\text{cm}^4$$

$$(I_c)_2 = I_2 + A_2\bar{c}^2 = 63720\,\text{cm}^4 + (178\,\text{cm}^2)(34.73\,\text{cm})^2 = 65870\,\text{cm}^4$$

$$(I_c)_3 = I_3 + A_3(\bar{y}_3 - \bar{c})^2 = 597\,\text{cm}^4 + (75.8\,\text{cm}^2)(21.13\,\text{cm})^2 = 34430\,\text{cm}^4$$

The sum of these individual moments of inertia gives the moment of inertia of the entire cross-sectional area about its centroidal axis C–C:

$$I_c = (I_c)_1 + (I_c)_2 + (I_c)_3 = 1.261 \times 10^5\,\text{cm}^4$$

This example shows how to calculate moments of inertia of composite areas by using the parallel-axis theorem.

FIGURE D-17

Plane area of arbitrary shape

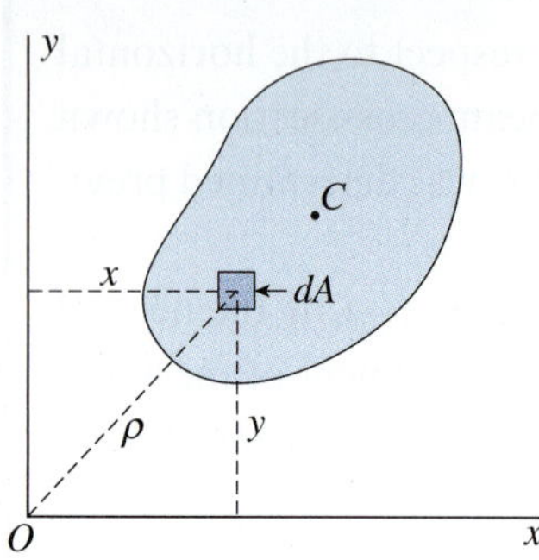

D.5 Polar Moments of Inertia

The moments of inertia discussed in the preceding sections are defined with respect to axes lying in the plane of the area itself, such as the x and y axes in Fig. D-17. Now consider an axis *perpendicular* to the plane of the area and intersecting the plane at the origin O. The moment of inertia with respect to this perpendicular axis is called the **polar moment of inertia** and is denoted by the symbol I_P.

The polar moment of inertia with respect to an axis through O perpendicular to the plane of the figure is defined by the integral

$$I_P = \int \rho^2 dA \tag{D-20}$$

in which ρ is the distance from point O to the differential element of area dA (Fig. D-17). This integral is similar in form to those for moments of inertia I_x and I_y [see Eqs. (D-9a and b)].

Inasmuch as $\rho^2 = x^2 + y^2$, where x and y are the rectangular coordinates of the element dA, the following expression for I_P is obtained:

$$I_P = \int \rho^2 \, dA = \int (x^2 + y^2) dA = \int x^2 dA + \int y^2 dA$$

This leads to the following important relationship:

$$I_P = I_x + I_y \tag{D-21}$$

This equation shows that the polar moment of inertia with respect to an axis perpendicular to the plane of the figure at any point O is equal to the sum of the moments of inertia with respect to *any* two perpendicular axes x and y passing through that same point and lying in the plane of the figure.

For convenience, I_P is usually referred to simply as the polar moment of inertia with respect to point O, without mentioning that the axis is perpendicular to the plane of the figure. Also, to distinguish them from **polar** moments of inertia, I_x and I_y can be referred to as **rectangular** moments of inertia.

Polar moments of inertia with respect to various points in the plane of an area are related by the **parallel-axis theorem for polar moments of inertia.** This theorem can be derived by referring again to Fig. D-13. Denote the polar moments of inertia with respect to the origin O and the centroid C by $(I_P)_O$ and $(I_P)_C$, respectively. Then, using Eq. (D-21), write

FIGURE D-13 (REPEATED)

Derivation of parallel-axis theorem

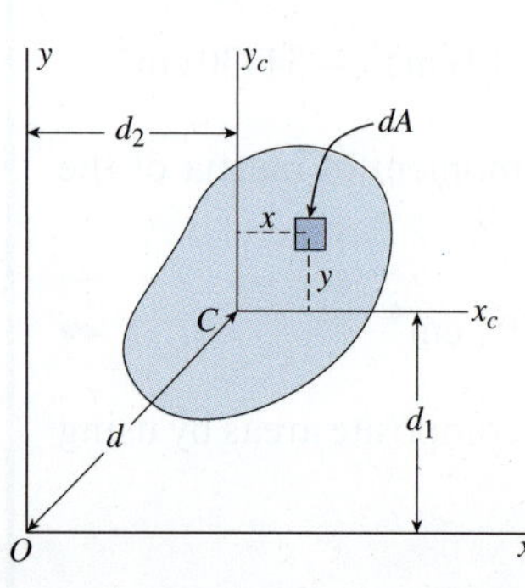

$$(I_P)_O = I_x + I_y \qquad (I_P)_C = I_{xc} + I_{yc} \tag{D-22}$$

Now refer to the parallel-axis theorems derived in Section D.4 for rectangular moments of inertia [see Eqs.(D-16a and b)]. Adding those two equations gives

$$I_x + I_y = I_{xc} + I_{yc} + A(d_1^2 + d_2^2)$$

Substitute from Eqs. (D-22), noting that $d^2 = d_1^2 + d_2^2$ (Fig. D-13) to obtain

$$(I_P)_O = (I_P)_C + Ad^2 \tag{D-23}$$

This equation represents the **parallel-axis theorem** for polar moments of inertia:

The polar moment of inertia of an area with respect to any point O in its plane is equal to the polar moment of inertia with respect to the centroid C plus the product of the area and the square of the distance between points O and C.

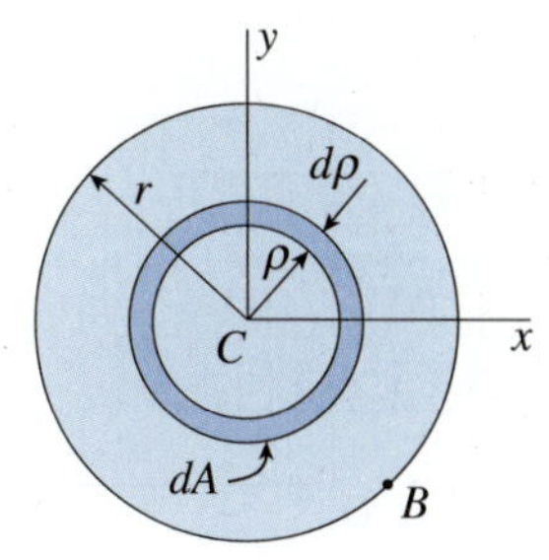

FIGURE D-18

Polar moment of inertia of a circle

To illustrate the determination of polar moments of inertia and the use of the parallel-axis theorem, consider a circle of radius r (Fig. D-18). Take a differential element of area dA in the form of a thin ring of radius ρ and thickness $d\rho$ (thus, $dA = 2\pi\rho\, d\rho$). Since every point in the element is at the same distance ρ from the center of the circle, the polar moment of inertia of the entire circle with respect to the center is

$$(I_P)_C = \int \rho^2 dA = \int_0^r 2\pi\rho^3 d\rho = \frac{\pi r^4}{2} \qquad \text{(D-24)}$$

This result is listed in Case 9 of Appendix E.

The polar moment of inertia of the circle with respect to any point B on its circumference (Fig. D-18) can be obtained from the parallel-axis theorem:

$$(I_P)_B = (I_P)_C + Ad^2 = \frac{\pi r^4}{2} + \pi r^2(r^2) = \frac{3\pi r^4}{2} \qquad \text{(D-25)}$$

As an incidental matter, note that the polar moment of inertia has its smallest value when the reference point is the centroid of the area.

A circle is a special case in which the polar moment of inertia can be determined by integration. However, most of the shapes encountered in engineering work do not lend themselves to this technique. Instead, polar moments of inertia are usually obtained by summing the rectangular moments of inertia for two perpendicular axes [Eq. (D-21)].

D.6 Products of Inertia

Referring to the area shown in Fig. D-19, define the **product of inertia** with respect to the x and y axes as

$$I_{xy} = \int xy\, dA \qquad \text{(D-26)}$$

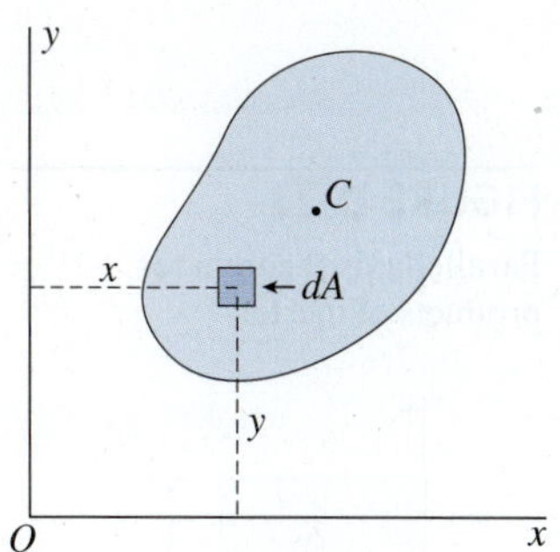

FIGURE D-19

Plane area of arbitrary shape

From this definition, note that each differential element of area dA is multiplied by the product of its coordinates. As a consequence, products of inertia may be positive, negative, or zero, depending upon the position of the xy axes with respect to the area.

If the area lies entirely in the first quadrant of the axes (as in Fig. D-19), the product of inertia is positive because every element dA has positive coordinates x and y. If the area lies entirely in the second quadrant, the product of inertia is negative because every element has a positive y coordinate and a negative x coordinate. Similarly, areas entirely within the third and fourth quadrants have positive and negative products of inertia, respectively. When the area is located in more than one quadrant, the sign of the product of inertia depends upon the distribution of the area within the quadrants.

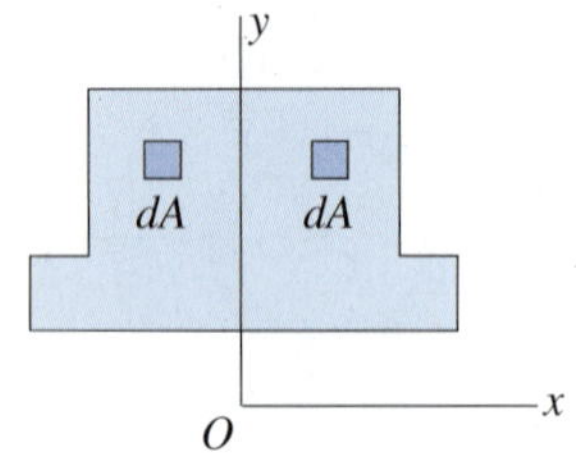

FIGURE D-20
The product of inertia equals zero when one axis is an axis of symmetry

A special case arises when one of the axes is an **axis of symmetry** of the area. For instance, consider the area shown in Fig. D-20, which is symmetric about the y axis. For every element dA having coordinates x and y, there exists an equal and symmetrically located element dA having the same y coordinate but an x coordinate of opposite sign. Therefore, the products $xydA$ cancel each other, and the integral in Eq. (D-26) vanishes. Thus, *the product of inertia of an area is zero with respect to any pair of axes in which at least one axis is an axis of symmetry of the area.*

As examples of the preceding rule, the product of inertia I_{xy} equals zero for the areas shown in Figs. D-10, D-11, D-16, and D-18. In contrast, the product of inertia I_{xy} has a positive nonzero value for the area shown in Fig. D-15. (These observations are valid for products of inertia with respect to the particular xy axes shown in the figures. If the axes are shifted to another position, the product of inertia may change.)

Products of inertia of an area with respect to parallel sets of axes are related by a **parallel-axis theorem** that is analogous to the corresponding theorems for rectangular moments of inertia and polar moments of inertia. To obtain this theorem, consider the area shown in Fig. D-21, which has centroid C and centroidal $x_c y_c$ axes. The product of inertia I_{xy} with respect to any other set of axes, parallel to the $x_c y_c$ axes, is

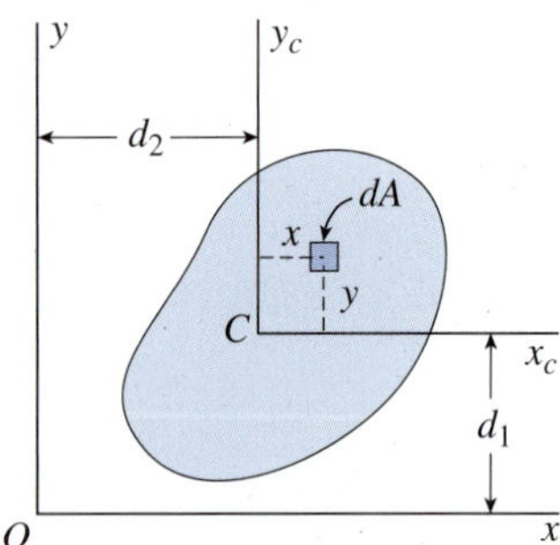

FIGURE D-21
Plane area of arbitrary shape

$$I_{xy} = \int (x + d_2)(y + d_1)dA$$
$$= \int xydA + d_1 \int xdA + d_2 \int ydA + d_1 d_2 \int dA$$

in which d_1 and d_2 are the coordinates of the centroid C with respect to the xy axes (thus, d_1 and d_2 may have positive or negative values).

The first integral in the last expression is the product of inertia $I_{xc\,yc}$ with respect to the centroidal axes; the second and third integrals equal zero because they are the first moments of the area with respect to the centroidal axes; and the last integral is the area A. Therefore, the preceding equation reduces to

$$I_{xy} = I_{xcyc} + Ad_1 d_2 \tag{D-27}$$

This equation represents the **parallel-axis theorem for products of inertia**:

> *The product of inertia of an area with respect to any pair of axes in its plane is equal to the product of inertia with respect to parallel centroidal axes plus the product of the area and the coordinates of the centroid with respect to the pair of axes.*

To demonstrate the use of this parallel-axis theorem, determine the product of inertia of a rectangle with respect to x-y axes having their origin at point O at the lower left-hand corner of the rectangle (Fig. D-22). The product of inertia with respect to the centroidal $x_c y_c$ axes is zero because of symmetry. Also, the coordinates of the centroid with respect to the x-y axes are

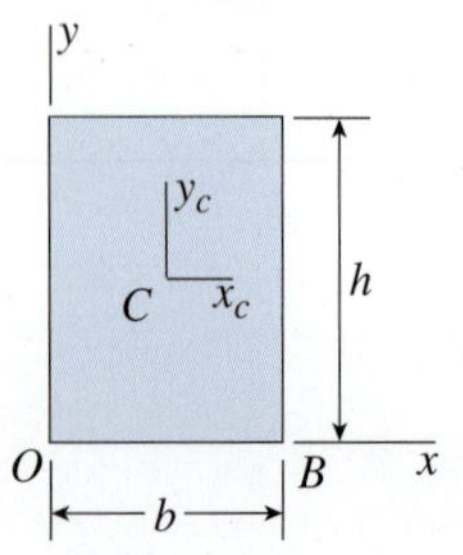

FIGURE D-22
Parallel-axis theorem for products of inertia

$$d_1 = \frac{h}{2} \qquad d_2 = \frac{b}{2}$$

Substitute into Eq. (D-27) to obtain

$$I_{xy} = I_{xcyc} + Ad_1 d_2 = 0 + bh\left(\frac{h}{2}\right)\left(\frac{b}{2}\right) = \frac{b^2 h^2}{4} \tag{D-28}$$

This product of inertia is positive because the entire area lies in the first quadrant. If the x-y axes are translated horizontally so that the origin moves to point B at the lower right-hand corner of the rectangle (Fig. D-22), the entire area lies in the second quadrant and the product of inertia becomes $-b^2h^2/4$.

The following example also illustrates the use of the parallel-axis theorem for products of inertia.

Example D-6

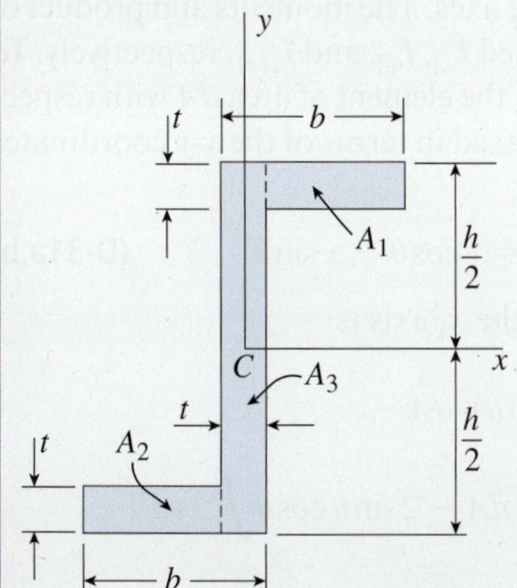

FIGURE D-23

Example D-6: Product of inertia of a Z-section

Determine the product of inertia I_{xy} of the Z-section shown in Fig. D-23. The section has width b, height h, and constant thickness t.

Solution:

To obtain the product of inertia with respect to the x-y axes through the centroid, divide the area into three parts and use the parallel-axis theorem. The parts are (1) a rectangle of width $b - t$ and thickness t in the upper flange, (2) a similar rectangle in the lower flange, and (3) a web rectangle with height h and thickness t.

The product of inertia of the web rectangle with respect to the x-y axes is zero (from symmetry). The product of inertia $(I_{xy})_1$ of the upper flange rectangle (with respect to the x-y axes) is determined by using the parallel-axis theorem:

$$(I_{xy})_1 = I_{xcyc} + Ad_1d_2 \tag{a}$$

in which I_{xcyc} is the product of inertia of the rectangle with respect to its own centroid, A is the area of the rectangle, d_1 is the y coordinate of the centroid of the rectangle, and d_2 is the x coordinate of the centroid of the rectangle. Thus,

$$I_{xcyc} = 0 \qquad A = (b - t)(t) \qquad d_1 = \frac{h}{2} - \frac{t}{2} \qquad d_2 = \frac{b}{2}$$

Substitute into Eq. (a) to obtain the product of inertia of the rectangle in the upper flange:

$$(I_{xy})_1 = I_{xcyc} + Ad_1d_2 = 0 + (b - t)(t)\left(\frac{h}{2} - \frac{t}{2}\right)\left(\frac{b}{2}\right) = \frac{bt}{4}(h - t)(b - t)$$

The product of inertia of the rectangle in the lower flange is the same. Therefore, the product of inertia of the entire Z-section is twice $(I_{xy})_1$, or

$$I_{xy} = \frac{bt}{2}(h - t)(b - t) \tag{D-29}$$

Note that this product of inertia is positive because the flanges lie in the first and third quadrants.

FIGURE D-24

Rotation of axes

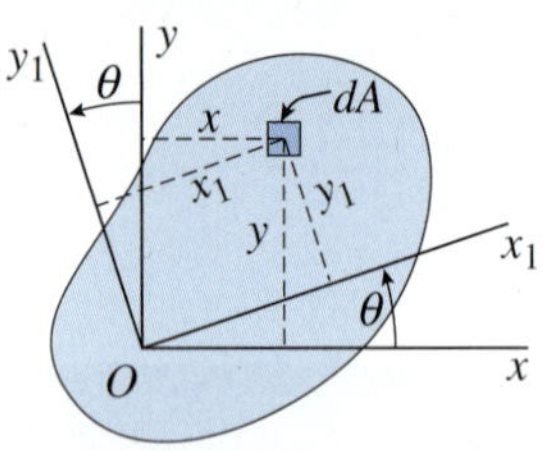

D.7 Rotation of Axes

The moments of inertia of a plane area depend upon the position of the origin and the orientation of the reference axes. For a given origin, the moments and product of inertia vary as the axes are rotated about that origin. The manner in which they vary, and the magnitudes of the maximum and minimum values, are discussed in this and the following section.

Consider the plane area shown in Fig. D-24, and assume that the x-y axes are a pair of arbitrarily located reference axes. The moments and products of inertia with respect to those axes are

$$I_x = \int y^2 dA \quad I_y = \int x^2 dA \quad I_{xy} = \int xy\,dA \qquad \text{(D-30a,b,c)}$$

in which x and y are the coordinates of a differential element of area dA.

The x_1-y_1 axes have the same origin as the x-y axes but are rotated through a counterclockwise angle θ with respect to those axes. The moments and product of inertia with respect to the x_1-y_1 axes are denoted I_{x1}, I_{y1}, and I_{x1y1}, respectively. To obtain these quantities, use the coordinates of the element of area dA with respect to the x_1-y_1 axes. These coordinates are expressed in terms of the x-y coordinates and the angle θ by geometry, as

$$x_1 = x\cos\theta + y\sin\theta \qquad y_1 = y\cos\theta - x\sin\theta \qquad \text{(D-31a,b)}$$

Then the moment of inertia with respect to the x_1 axis is

$$\begin{aligned} I_{x1} &= \int y_1^2 dA = \int (y\cos\theta - x\sin\theta)^2 dA \\ &= \cos^2\theta \int y^2 dA + \sin^2\theta \int x^2 dA - 2\sin\theta\cos\theta \int xy dA \end{aligned}$$

or, by using Eqs. (D-30a, b, and c),

$$I_{x1} = I_x\cos^2\theta + I_y\sin^2\theta - 2I_{xy}\sin\theta\cos\theta \qquad \text{(D-32)}$$

Now introduce the following trigonometric identities (see Appendix C):

$$\cos^2\theta = \frac{1}{2}(1 + \cos 2\theta) \quad \sin^2\theta = \frac{1}{2}(1 - \cos 2\theta)$$
$$2\sin\theta\cos\theta = \sin 2\theta$$

Then Eq. (D-32) becomes

$$I_{x1} = \frac{I_x + I_y}{2} + \frac{I_x - I_y}{2}\cos 2\theta - I_{xy}\sin 2\theta \qquad \text{(D-33)}$$

In a similar manner, obtain the product of inertia with respect to the x_1-y_1 axes:

$$\begin{aligned} I_{x1y1} &= \int x_1 y_1 dA = \int (x\cos\theta + y\sin\theta)(y\cos\theta - x\sin\theta)dA \\ &= (I_x - I_y)\sin\theta\cos\theta + I_{xy}(\cos^2\theta - \sin^2\theta) \end{aligned} \qquad \text{(D-34)}$$

Again use the trigonometric identities to obtain

$$I_{x1y1} = \frac{I_x - I_y}{2}\sin 2\theta + I_{xy}\cos 2\theta \qquad \text{(D-35)}$$

Equations (D-33) and (D-35) give the moment of inertia I_{x1} and the product of inertia I_{x1y1} with respect to the rotated axes in terms of the moments and product of inertia for the original axes. These equations are called the **transformation equations for moments and products of inertia**.

Note that these transformation equations have the same form as the transformation equations for plane stress [Eqs. (7-4a and b) of Section 7.2]. Upon comparing the two sets of equations, note that I_{x1} corresponds to σ_{x1}, I_{x1y1} corresponds to $-\tau_{x1y1}$, I_x corresponds to σ_x, I_y corresponds to σ_y, and I_{xy} corresponds to $-\tau_{xy}$. Therefore, moments and products of inertia can be analyzed using **Mohr's circle** (see Section 7.4).

The moment of inertia I_{y1} may be obtained by the same procedure used for finding I_{x1} and I_{x1y1}. However, a simpler procedure is to replace θ with $\theta + 90°$ in Eq. (D-33). The result is

$$I_{y1} = \frac{I_x + I_y}{2} - \frac{I_x - I_y}{2}\cos 2\theta + I_{xy}\sin 2\theta \qquad \textbf{(D-36)}$$

This equation shows how the moment of inertia I_{y1} varies as the axes are rotated about the origin.

A useful equation related to moments of inertia is obtained by taking the sum of I_{x1} and I_{y1} [Eqs. (D-33) and (D-36)]. The result is

$$I_{x1} + I_{y1} = I_x + I_y \qquad \textbf{(D-37)}$$

This equation shows that the sum of the moments of inertia with respect to a pair of axes remains constant as the axes are rotated about the origin. This sum is the polar moment of inertia of the area with respect to the origin. Note that Eq. (D-37) is analogous to Eq. (7-6) for stresses and Eq. (7-84) for strains.

D.8 Principal Axes and Principal Moments of Inertia

The transformation equations for moments and products of inertia [Eqs. (D-33), (D-35), and (D-36)] show how the moments and products of inertia vary as the angle of rotation θ varies. Of special interest are the maximum and minimum values of the moment of inertia. These values are known as the **principal moments of inertia**, and the corresponding axes are known as **principal axes**.

Principal Axes

To find the values of the angle θ that make the moment of inertia I_{x1} a maximum or a minimum, take the derivative with respect to θ of the expression on the right-hand side of Eq. (D-33) and set it equal to zero:

$$(I_x - I_y)\sin 2\theta + 2I_{xy}\cos 2\theta = 0 \qquad \textbf{(D-38)}$$

Solving for θ from this equation gives

$$\tan 2\theta_p = -\frac{2I_{xy}}{I_x - I_y} \qquad \textbf{(D-39)}$$

in which θ_p denotes the angle defining a principal axis. This same result is obtained by taking the derivative of I_{y1} (Eq. D-36).

Equation (D-39) yields two values of the angle $2\theta_p$ in the range from 0 to 360°; these values differ by 180°. The corresponding values of θ_p differ by 90° and define the two perpendicular principal axes. One of these axes corresponds to the maximum moment of inertia, and the other corresponds to the minimum moment of inertia.

Now examine the variation in the product of inertia I_{x1y1} as θ changes [see Eq. (D-35)]. If $\theta = 0$, the result is $I_{x1y1} = I_{xy}$, as expected. If $\theta = 90°$, the result is $I_{x1y1} = -I_{xy}$. Thus, during a 90° rotation, the product of inertia changes sign, which means that for an intermediate orientation of the axes the product of inertia must equal zero. To determine this orientation, set I_{x1y1} [Eq. (D-35)] equal to zero:

$$(I_x - I_y)\sin 2\theta + 2I_{xy}\cos 2\theta = 0$$

This equation is the same as Eq. (D-38), which defines the angle θ_p to the principal axes. This means that *the product of inertia is zero for the principal axes.*

The discussion in Section D.6 shows that the product of inertia of an area with respect to a pair of axes equals zero if at least one of the axes is an axis of symmetry. It follows that if an area has an axis of symmetry, that axis and any axis perpendicular to it constitute a set of principal axes.

The preceding observations may be summarized as follows: (1) principal axes through an origin O are a pair of orthogonal axes for which the moments of inertia are a maximum and a minimum; (2) the orientation of the principal axes is given by the angle θ_p obtained from Eq. (D-39); (3) the product of inertia is zero for principal axes; and (4) an axis of symmetry is always a principal axis.

Principal Points

Now consider a pair of principal axes with origin at a given point O. If there exists a *different* pair of principal axes through that same point, then *every* pair of axes through that point is a set of principal axes. Furthermore, the moment of inertia must be constant as the angle θ is varied.

The preceding conclusions follow from the nature of the transformation equation for I_{x1} [Eq. (D-33)]. Because this equation contains trigonometric functions of the angle 2θ, there is one maximum value and one minimum value of I_{x1} as 2θ varies through a range of 360° (or as θ varies through a range of 180°). If a second maximum exists, then the only possibility is that I_{x1} remains constant, which means that every pair of axes is a set of principal axes and all moments of inertia are the same.

A point located so that every axis through the point is a principal axis, hence the moments of inertia are the same for all axes through the point, is called a **principal point**.

FIGURE D-25

Rectangle for which every axis (in the plane of the area) through point O is a principal axis

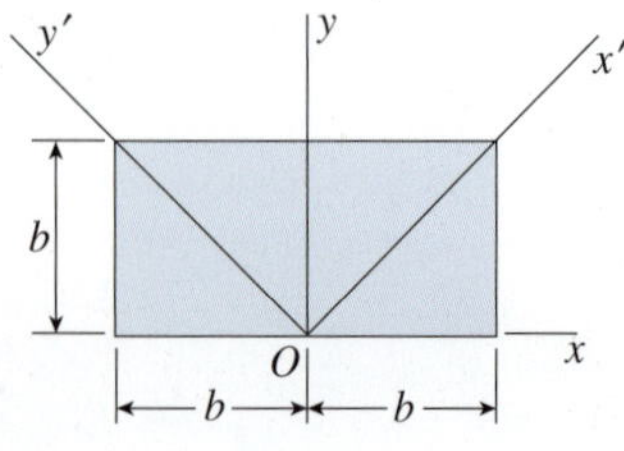

An illustration of this situation is the rectangle of width $2b$ and height b shown in Fig. D-25. The x-y axes, with origin at point O, are principal axes of the rectangle because the y axis is an axis of symmetry. The x'-y' axes, with the same origin, are also principal axes because the product of inertia $I_{x'y'}$ equals zero (because the triangles are symmetrically located with respect to the x' and y' axes). It follows that every pair of axes through O is a set of principal axes and every moment of inertia is the same (and equal to $2b^4/3$). Therefore, point O is a principal point for the rectangle. (A second principal point is located where the y axis intersects the upper side of the rectangle.)

A useful corollary of the concepts described in the preceding four paragraphs applies to axes through the centroid of an area. Consider an area having *two different pairs* of centroidal axes such that at least one axis in each pair is an axis of symmetry. In other words, there exist two different axes of symmetry that are not perpendicular to each other. Then it follows that the centroid is a principal point.

Two examples—a square and an equilateral triangle—are shown in Fig. D-26. In each case, the *x-y* axes are principal centroidal axes because their origin is at the centroid *C*, and at least one of the two axes is an axis of symmetry. In addition, a second pair of centroidal axes (the *x′-y′* axes) has at least one axis of symmetry. It follows that both the *x-y* and *x′-y′* axes are principal axes. Therefore, every axis through the centroid *C* is a principal axis, and every such axis has the same moment of inertia.

If an area has *three different axes of symmetry*, even if two of them are perpendicular, the conditions described in the preceding paragraph are automatically fulfilled. Therefore, if an area has three or more axes of symmetry, the centroid is a principal point, and every axis through the centroid is a principal axis and has the same moment of inertia. These conditions are fulfilled for a circle, for all regular polygons (equilateral triangle, square, regular pentagon, regular hexagon, and so on), and for many other symmetric shapes.

In general, every plane area has two principal points. These points lie equidistant from the centroid on the principal centroidal axis having the larger principal moment of inertia. A special case occurs when the two principal centroidal moments of inertia are equal; then the two principal points merge at the centroid, which becomes the sole principal point.

FIGURE D-26

Examples of areas for which every centroidal axis is a principal axis and the centroid *C* is a principal point

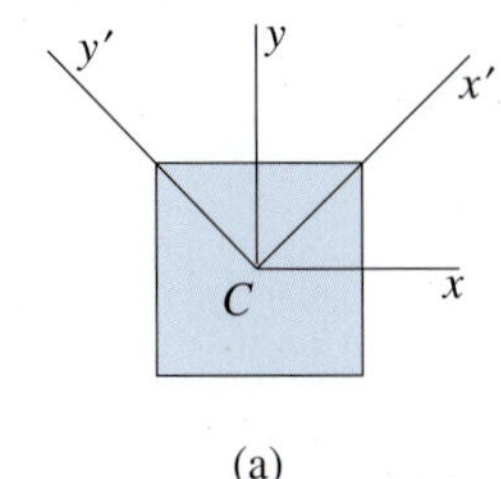

(a)

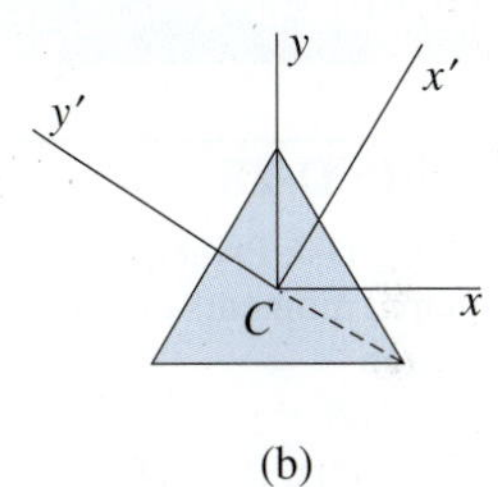

(b)

Principal Moments of Inertia

Now determine the principal moments of inertia, assuming that I_x, I_y, and I_{xy} are known. One method is to determine the two values of θ_p (differing by 90°) from Eq. (D-39) and then substitute these values into Eq. (D-33) for I_{x_1}. The resulting two values are the principal moments of inertia, denoted by I_1 and I_2. The advantage of this method is that it is now known which of the two principal angles θ_p corresponds to each principal moment of inertia.

It is also possible to obtain general formulas for the principal moments of inertia. Note from Eq. (D-39) and Fig. D-27 [which is a geometric representation of Eq. (D-39)] that

$$\cos 2\theta_p = \frac{I_x - I_y}{2R} \qquad \sin 2\theta_p = \frac{-I_{xy}}{R} \tag{D-40a,b}$$

in which

$$R = \sqrt{\left(\frac{I_x - I_y}{2}\right)^2 + I_{xy}^2} \tag{D-41}$$

is the hypotenuse of the triangle. When evaluating *R*, always take the positive square root.

Now substitute the expressions for $\cos 2\theta_p$ and $\sin 2\theta_p$ [from Eqs. (D-40a and b)] into Eq. (D-33) for I_{x1} and obtain the algebraically larger of the two principal moments of inertia, denoted by the symbol I_1:

$$I_1 = \frac{I_x + I_y}{2} + \sqrt{\left(\frac{I_x - I_y}{2}\right)^2 + I_{xy}^2} \tag{D-42a}$$

FIGURE D-27

Geometric representation of Eq. (D-39)

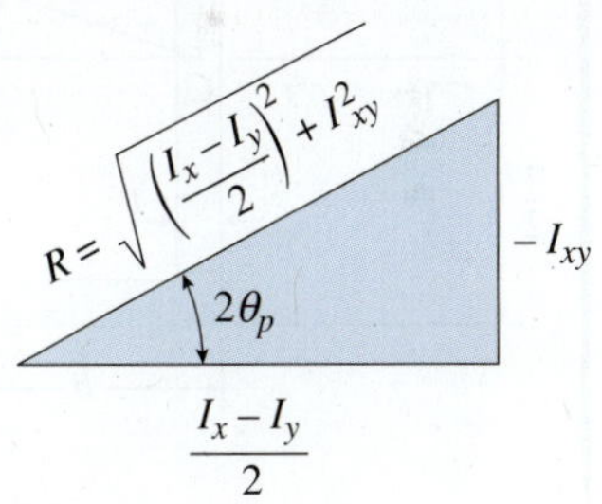

The smaller principal moment of inertia, denoted as I_2, may be obtained from the equation

$$I_1 + I_2 = I_x + I_y$$

[see Eq. (D-37)]. Substituting the expression for I_1 into this equation and solving for I_2 gives

$$I_2 = \frac{I_x + I_y}{2} - \sqrt{\left(\frac{I_x - I_y}{2}\right)^2 + I_{xy}^2} \qquad \text{(D-42b)}$$

Equations (D-42a and b) provide a convenient way to calculate the principal moments of inertia.

The following example illustrates the method for locating the principal axes and determining the principal moments of inertia.

Example D-7

FIGURE D-28

Example D-7: Principal axes and principal moments of inertia for a Z-section

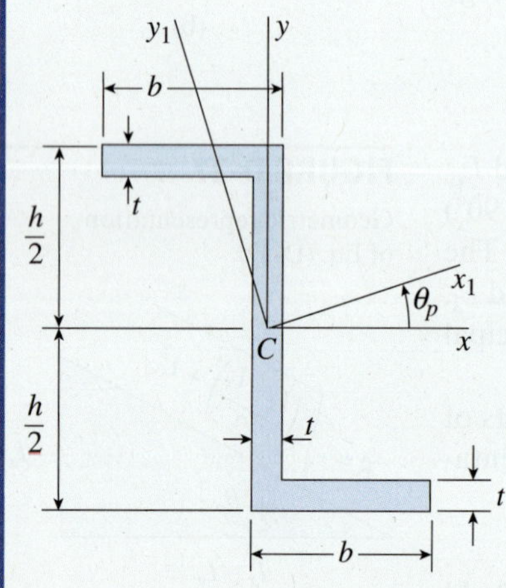

Determine the orientations of the principal centroidal axes and the magnitudes of the principal centroidal moments of inertia for the cross-sectional area of the Z-section shown in Fig. D-28. Use the following numerical data: height $h = 200$ mm, width $b = 90$ mm, and constant thickness $t = 15$ mm.

Solution:

Use the x-y axes (Fig. D-28) as the reference axes through the centroid C. The moments and product of inertia with respect to these axes can be obtained by dividing the area into three rectangles and using the parallel-axis theorems. The results of such calculations are

$$I_x = 29.29 \times 10^6 \text{ mm}^4 \qquad I_y = 5.667 \times 10^6 \text{ mm}^4$$

$$I_{xy} = -9.366 \times 10^6 \text{ mm}^4$$

Substitute these values into the equation for the angle θ_p [Eq. (D-39)] to get

$$\tan 2\theta_p = -\frac{2I_{xy}}{I_x - I_y} = 0.7930 \qquad 2\theta_p = 38.4° \text{ and } 218.4°$$

Thus, the two values of θ_p are

$$\theta_p = 19.2° \text{ and } 109.2°$$

Use these values of θ_p in the transformation equation for I_{x1} [Eq. (D-33)] to find $I_{x1} = 32.6 \times 10^6 \text{ mm}^4$ and $2.4 \times 10^6 \text{ mm}^4$, respectively. These same values are obtained by substituting into Eqs. (D-42a and b). Thus, the principal moments of inertia and the angles to the corresponding principal axes are

$$I_1 = 32.6 \times 10^6 \text{ mm}^4 \qquad \theta_{p1} = 19.2°$$

$$I_2 = 2.4 \times 10^6 \text{ mm}^4 \qquad \theta_{p2} = 109.2°$$

The principal axes are shown in Fig. D-28 as the x_1y_1 axes.

REVIEW PROBLEMS—Appendix D

D.1 Centroids of Plane Areas

Solve the problems for Section D.1 by integration.

D.1-1 Determine the distances $\bar{x}$ and $\bar{y}$ to the centroid C of a right triangle having base b and altitude h (see Case 6, Appendix E).

D.1-2 Determine the distance $\bar{y}$ to the centroid C of a trapezoid having bases a and b and altitude h (see Case 8, Appendix E).

D.1-3 Determine the distance $\bar{y}$ to the centroid C of a semicircle of radius r (see Case 10, Appendix E).

D.1-4 Determine the distances $\bar{x}$ and $\bar{y}$ to the centroid C of a parabolic spandrel of base b and height h (see Case 18, Appendix E).

D.1-5 Determine the distances $\bar{x}$ and $\bar{y}$ to the centroid C of a semisegment of nth degree having base b and height h (see Case 19, Appendix E).

D.2 Centroids of Composite Areas

Solve the problems for Section D.2 by using the formulas for composite areas.

D.2-1 Determine the distance $\bar{y}$ to the centroid C of a trapezoid having bases a and b and altitude h (see Case 8, Appendix E) by dividing the trapezoid into two triangles.

D.2-2 One quarter of a square of side a is removed (see figure). What are the coordinates $\bar{x}$ and $\bar{y}$ of the centroid C of the remaining area?

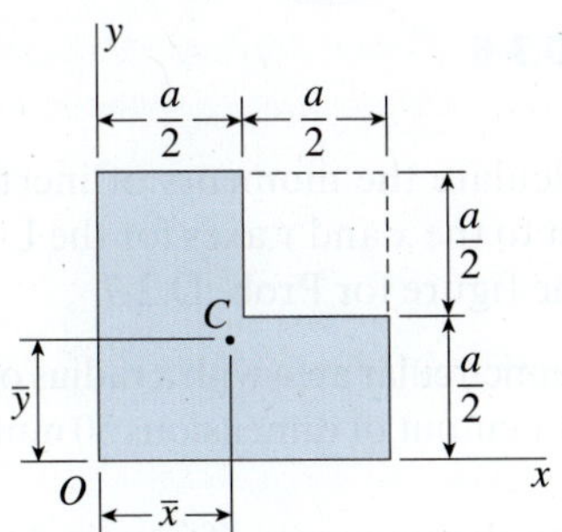

PROBLEMS D.2-2 and D.4-2

D.2-3 Calculate the distance $\bar{y}$ to the centroid C of the channel section shown in the figure if $a = 150$ mm, $b = 25$ mm, and $c = 50$ mm.

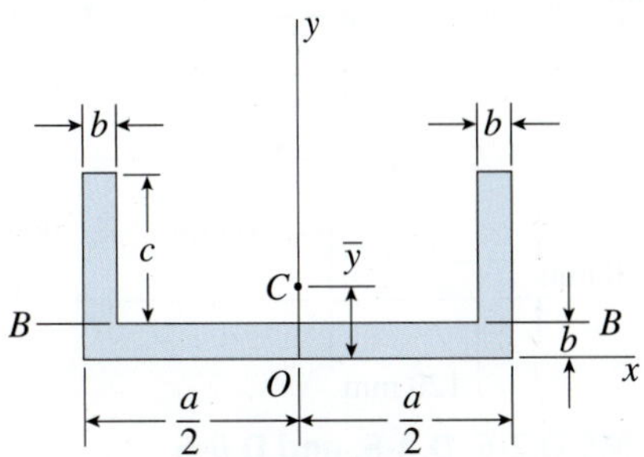

PROBLEMS D.2-3, D.2-4, and D.4-3

D.2-4 What must be the relationship among the dimensions a, b, and c of the channel section shown in the figure in order that the centroid C will lie on line B–B?

D.2-5 The cross section of a beam constructed of a HE 600B wide-flange section with an 200 mm × 20 mm cover plate welded to the top flange is shown in the figure.

Determine the distance $\bar{y}$ from the base of the beam to the centroid C of the cross-sectional area.

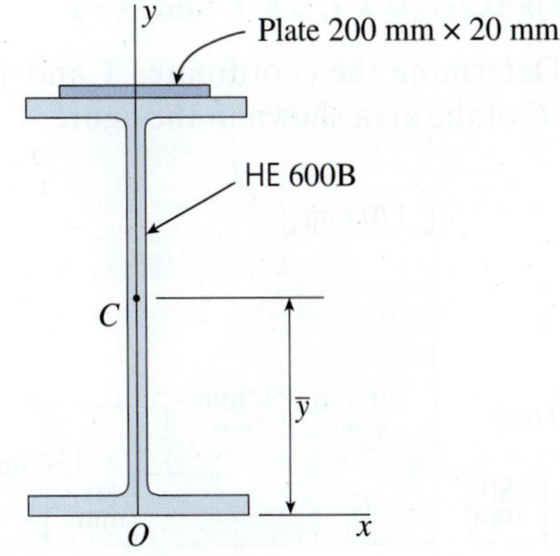

PROBLEMS D.2-5 and D.4-5

D.2-6 Determine the distance $\bar{y}$ to the centroid C of the composite area shown in the figure.

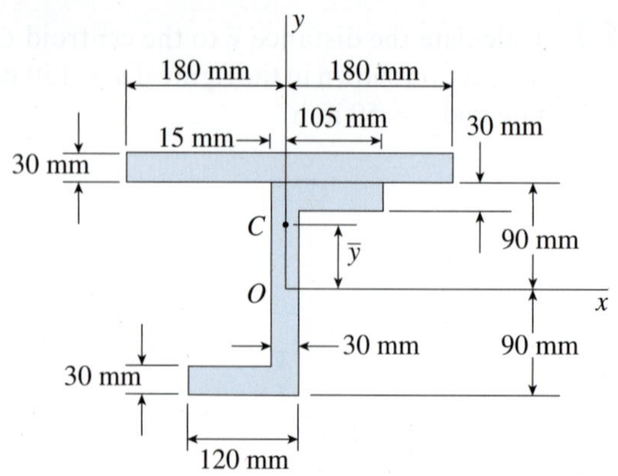

PROBLEMS D.2-6, D.4-6, and D.6-6

D.2-7 Determine the coordinates $\bar{x}$ and $\bar{y}$ of the centroid C of the L-shaped area shown in the figure.

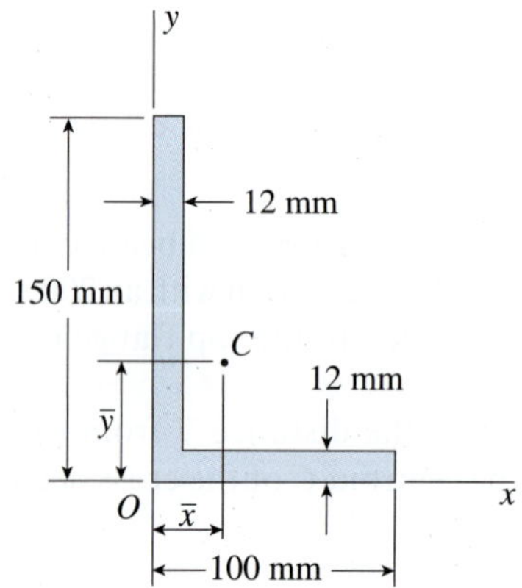

PROBLEMS D.2-7, D.3-7, D.4-7, and D.6-7

D.2-8 Determine the coordinates $\bar{x}$ and $\bar{y}$ of the centroid C of the area shown in the figure.

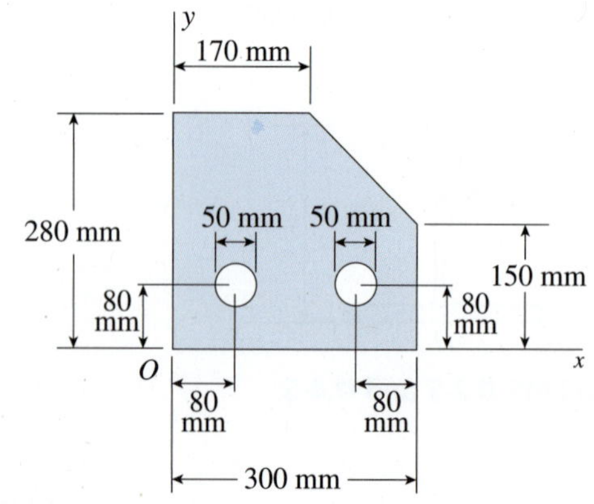

PROBLEM D.2-8

D.3 Moments of Inertia of Plane Areas

Solve problems D.3-1 through D.3-4 by integration.

D.3-1 Determine the moment of inertia I_x of a triangle of base b and altitude h with respect to its base (see Case 4, Appendix E).

D.3-2 Determine the moment of inertia I_{BB} of a trapezoid having bases a and b and altitude h with respect to its base (see Case 8, Appendix E).

D.3-3 Determine the moment of inertia I_x of a parabolic spandrel of base b and height h with respect to its base (see Case 18, Appendix E).

D.3-4 Determine the moment of inertia I_x of a circle of radius r with respect to a diameter (see Case 9, Appendix E).

Solve problems D.3-5 through D.3-9 by considering the area to be a composite area.

D.3-5 Determine the moment of inertia I_{BB} of a rectangle having sides of lengths b and h with respect to a diagonal of the rectangle (see Case 2, Appendix E).

D.3-6 Calculate the moment of inertia I_x for the composite circular area shown in the figure. The origin of the axes is at the center of the concentric circles, and the three diameters are 20, 40, and 60 mm.

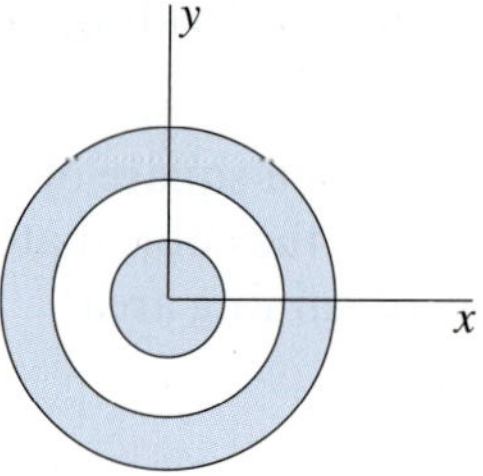

PROBLEM D.3-6

D.3-7 Calculate the moments of inertia I_x and I_y with respect to the x and y axes for the L-shaped area shown in the figure for Prob. D.2-7.

D.3-8 A semicircular area with a radius of 150 mm has a rectangular cutout of dimensions 50 mm × 100 mm (see figure).

Calculate the moments of inertia I_x and I_y with respect to the x and y axes. Also, calculate the corresponding radii of gyration r_x and r_y.

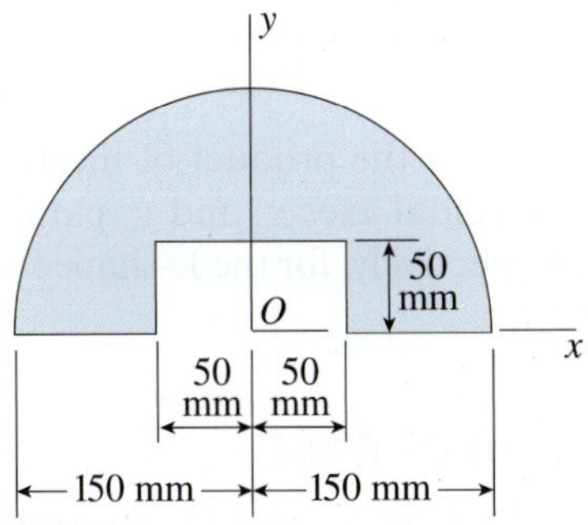

PROBLEM D.3-8

D.3-9 Calculate the moments of inertia I_1 and I_2 of a HE 450A wide-flange section using the cross-sectional dimensions given in Table F-1, Appendix F. (Disregard the cross-sectional areas of the fillets.) Also, calculate the corresponding radii of gyration r_1 and r_2, respectively.

D.4 Parallel-Axis Theorem for Moments of Inertia

D.4-1 Calculate the moment of inertia I_b of a HE 320B wide-flange section with respect to its base. (Use data from Table F-1, Appendix F.)

D.4-2 Determine the moment of inertia I_c with respect to an axis through the centroid C and parallel to the x axis for the geometric figure described in Prob. D.2-2.

D.4-3 For the channel section described in Prob. D.2-3, calculate the moment of inertia I_{xc} with respect to an axis through the centroid C and parallel to the x axis.

D.4-4 The moment of inertia with respect to axis 1–1 of the scalene triangle shown in the figure is 90×10^3 mm^4. Calculate its moment of inertia I_2 with respect to axis 2–2.

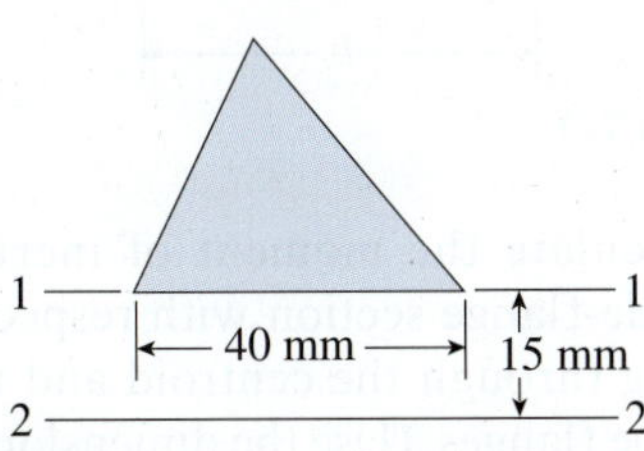

PROBLEM D.4-4

D.4-5 For the beam cross section described in Prob. D.2-5, calculate the centroidal moments of inertia I_{xc} and I_{yc} with respect to axes through the centroid C such that the x_c axis is parallel to the x axis and the y_c axis coincides with the y axis.

D.4-6 Calculate the moment of inertia I_{xc} with respect to an axis through the centroid C and parallel to the x axis for the composite area shown in the figure for Prob. D.2-6.

D.4-7 Calculate the centroidal moments of inertia I_{xc} and I_{yc} with respect to axes through the centroid C and parallel to the x and y axes, respectively, for the L-shaped area shown in the figure for Prob. D.2-7.

D.4-8 The wide-flange beam section shown in the figure has a total height of 250 mm and a constant thickness of 15 mm.

Determine the flange width b if it is required that the centroidal moments of inertia I_x and I_y be in the ratio 3 to 1, respectively.

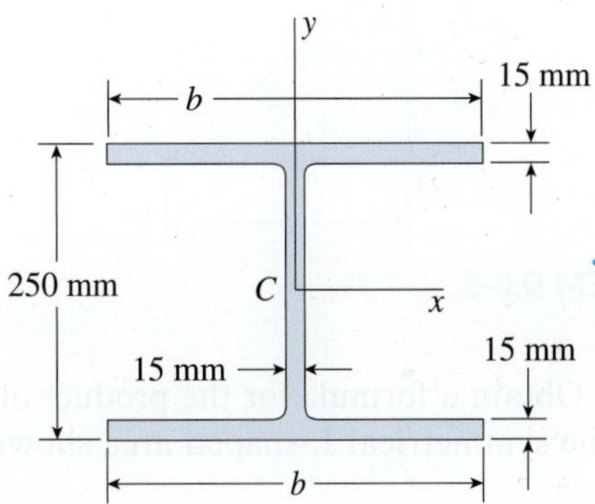

PROBLEM D.4-8

D.5 Polar Moments of Inertia

D.5-1 Determine the polar moment of inertia I_P of an isosceles triangle of base b and altitude h with respect to its apex (see Case 5, Appendix E).

D.5-2 Determine the polar moment of inertia $(I_P)_C$ with respect to the centroid C for a circular sector (see Case 13, Appendix E).

D.5-3 Determine the polar moment of inertia I_P for a HE 220B wide-flange section with respect to one of its outermost corners.

D.5-4 Obtain a formula for the polar moment of inertia I_P with respect to the midpoint of the hypotenuse for a right triangle of base b and height h (see Case 6, Appendix E).

D.5-5 Determine the polar moment of inertia $(I_p)_C$ with respect to the centroid C for a quarter-circular spandrel (see Case 12, Appendix E).

D.6 Products of Inertia

D.6-1 Using integration, determine the product of inertia I_{xy} for the parabolic semisegment shown in Fig. D-5 (see also Case 17 in Appendix E).

D.6-2 Using integration, determine the product of inertia I_{xy} for the quarter-circular spandrel shown in Case 12, Appendix E.

D.6-3 Find the relationship between the radius r and the distance b for the composite area shown in the figure in order that the product of inertia I_{xy} will be zero.

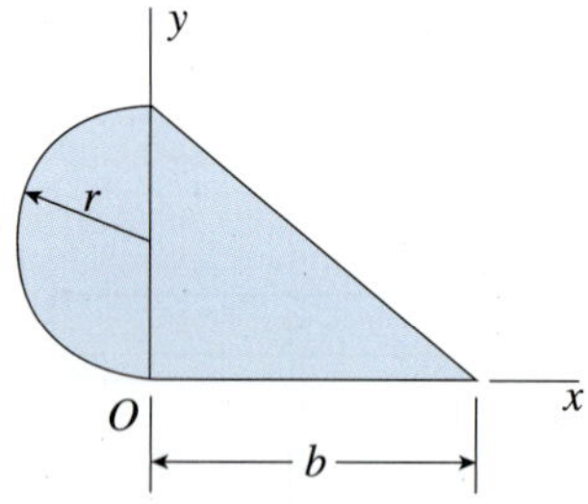

PROBLEM D.6-3

D.6-4 Obtain a formula for the product of inertia I_{xy} of the symmetrical L-shaped area shown in the figure.

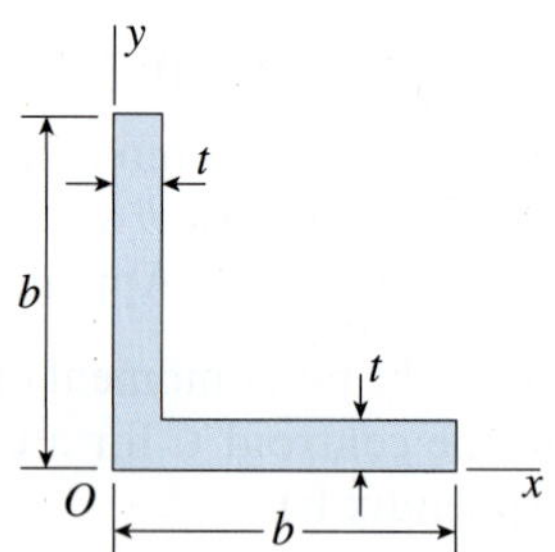

PROBLEM D.6-4

D.6-5 Calculate the product of inertia I_{12} with respect to the centroidal axes 1–1 and 2–2 for an L150 × 150 × 15 mm angle section (see Table F-4, Appendix F). (Disregard the cross-sectional areas of the fillet and rounded corners.)

D.6-6 Calculate the product of inertia I_{xy} for the composite area shown in Prob. D.2-6.

D.6-7 Determine the product of inertia $I_{x_c y_c}$ with respect to centroidal axes x_c and y_c parallel to the x and y axes, respectively, for the L-shaped area shown in Prob. D.2-7.

D.7 Rotation of Axes

Solve the problems for Section D.7 by using the transformation equations for moments and products of inertia.

D.7-1 Determine the moments of inertia I_{x1} and I_{y1} and the product of inertia I_{x1y1} for a square with sides b, as shown in the figure. (Note that the x_1y_1 axes are centroidal axes rotated through an angle θ with respect to the x-y axes.)

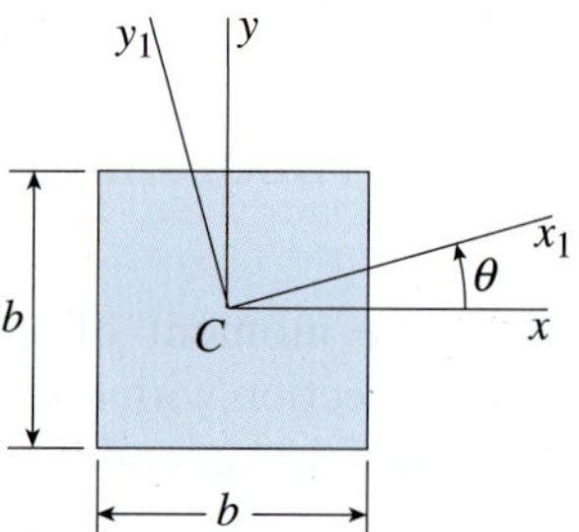

PROBLEM D.7-1

D.7-2 Determine the moments and product of inertia with respect to the x_1y_1 axes for the rectangle shown in the figure. (Note that the x_1 axis is a diagonal of the rectangle.)

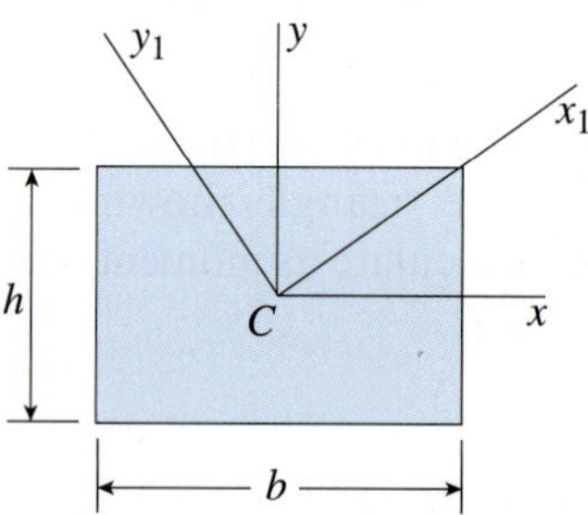

PROBLEM D.7-2

D.7-3 Calculate the moment of inertia I_d for a HE 320A wide-flange section with respect to a diagonal passing through the centroid and two outside corners of the flanges. (Use the dimensions and properties given in Table F-1.)

D.7-4 Calculate the moments of inertia I_{x1} and I_{y1} and the product of inertia I_{x1y1} with respect to the x_1y_1 axes for the L-shaped area shown in the figure if $a = 150$ mm, $b = 100$ mm, $t = 15$ mm, and $\theta = 30°$.

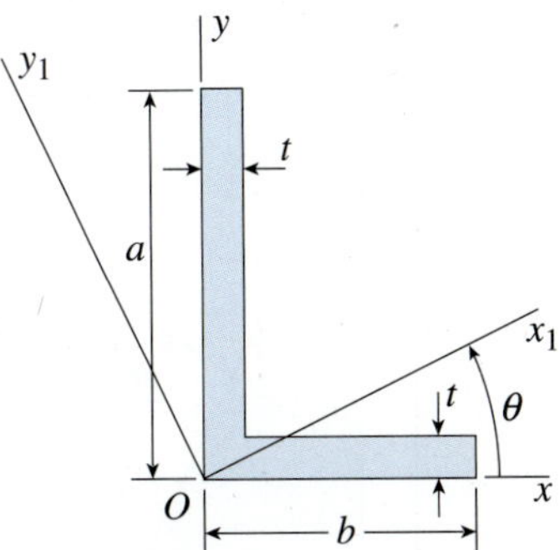

PROBLEMS D.7-4 and D.8-4

D.7-5 Calculate the moments of inertia I_{x1} and I_{y1} and the product of inertia I_{x1y1} with respect to the x_1y_1 axes for the Z-section shown in the figure if $b = 75$ mm, $h = 100$ mm, $t = 12$ mm, and $\theta = 60°$.

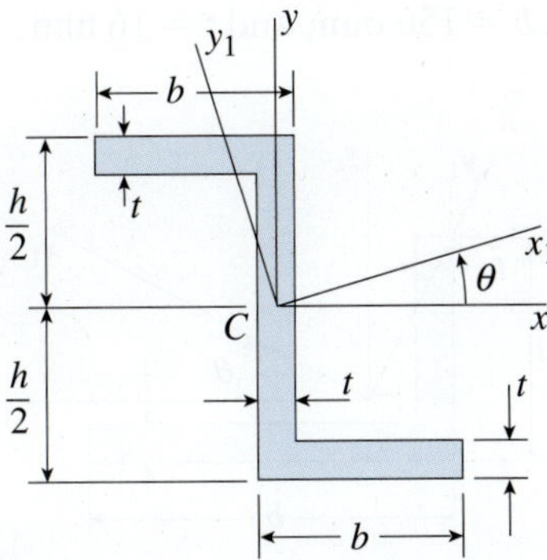

PROBLEMS D.7-5, D.7-6, D.8-5, and D.8-6

D.7-6 Solve the preceding problem if $b = 80$ mm, $h = 120$ mm, $t = 12$ mm, and $\theta = 30°$.

D.8 Principal Axes and Principal Moments of Inertia

D.8-1 An ellipse with major axis of length $2a$ and minor axis of length $2b$ is shown in the figure.

(a) Determine the distance c from the centroid C of the ellipse to the principal points P on the minor axis (y axis).

(b) For what ratio a/b do the principal points lie on the circumference of the ellipse?

(c) For what ratios do they lie inside the ellipse?

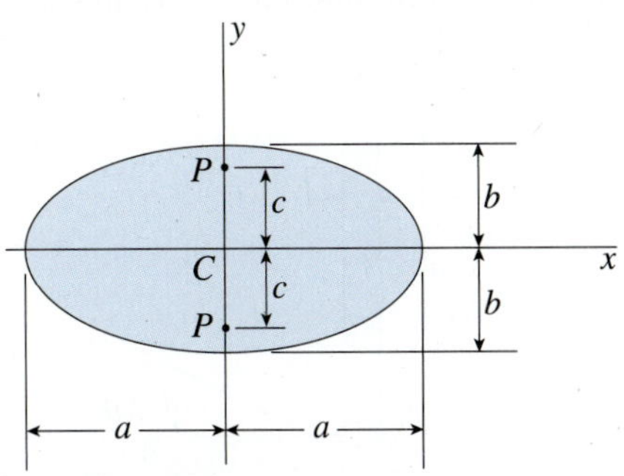

PROBLEM D.8-1

D.8-2 Demonstrate that the two points P_1 and P_2, located as shown in the figure, are the principal points of the isosceles right triangle.

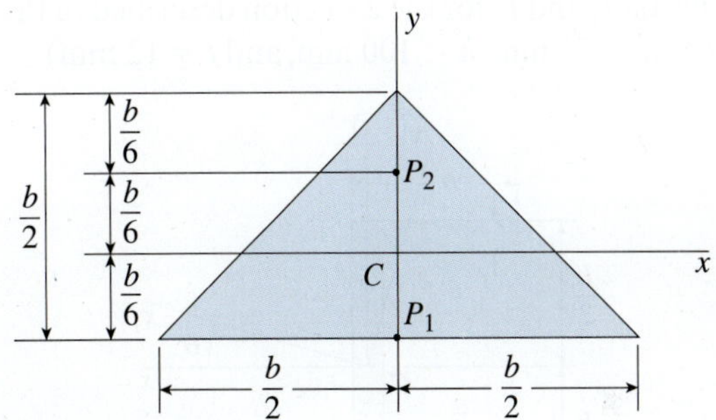

PROBLEM D.8-2

D.8-3 Determine the angles θ_{p1} and θ_{p2} defining the orientations of the principal axes through the origin O for the right triangle shown in the figure if $b = 150$ mm and $h = 200$ mm. Also, calculate the corresponding principal moments of inertia I_1 and I_2.

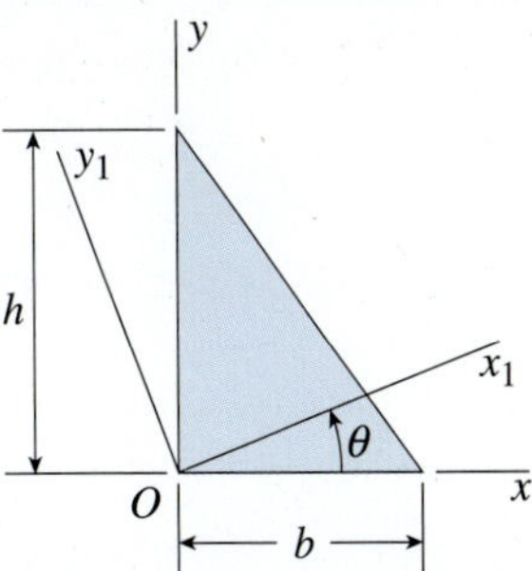

PROBLEM D.8-3

D.8-4 Determine the angles θ_{p1} and θ_{p2} defining the orientations of the principal axes through the origin O and the corresponding principal moments of inertia I_1 and I_2 for the L-shaped area described in Prob. D.7-4 ($a = 150$ mm, $b = 100$ mm, and $t = 15$ mm).

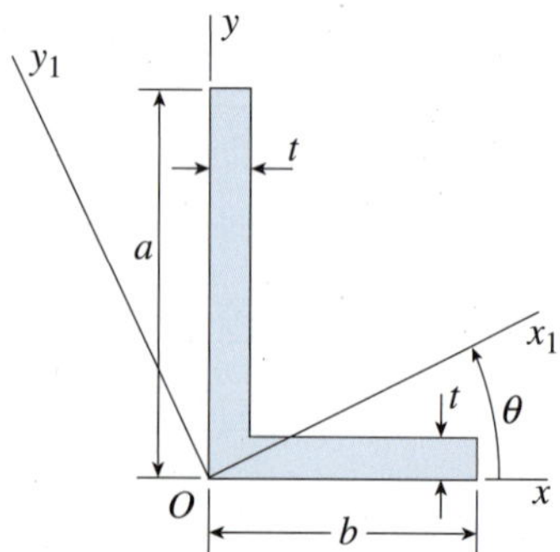

PROBLEMS D.7-4 and D.8-4

D.8-5 Determine the angles θ_{p1} and θ_{p2} defining the orientations of the principal axes through the centroid C and the corresponding principal centroidal moments of inertia I_1 and I_2 for the Z-section described in Prob. D.7-5 ($b = 75$ mm, $h = 100$ mm, and $t = 12$ mm).

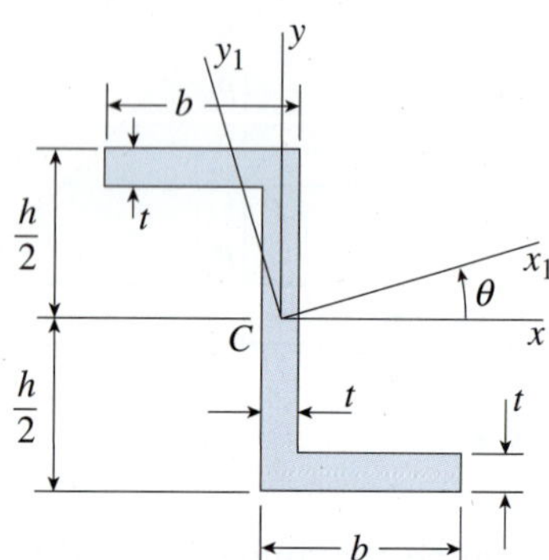

PROBLEMS D.7-5, D.7-6, D.8-5, and D.8-6

D.8-6 Solve the preceding problem for the Z-section described in Prob. D.7-6 ($b = 80$ mm, $h = 120$ mm, and $t = 12$ mm).

D.8-7 Determine the angles θ_{p1} and θ_{p2} defining the orientations of the principal axes through the centroid C for the right triangle shown in the figure if $h = 2b$. Also, determine the corresponding principal centroidal moments of inertia I_1 and I_2.

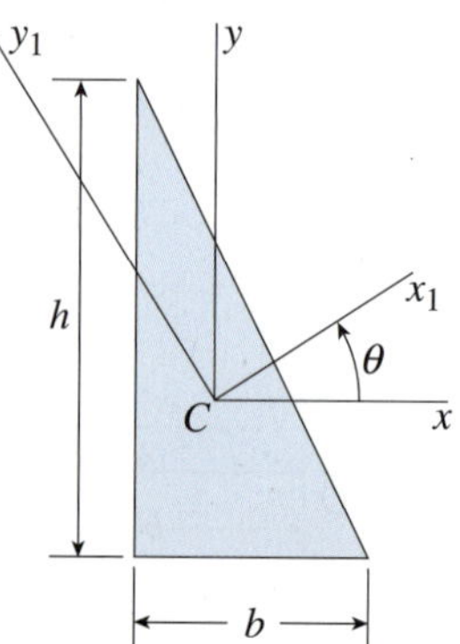

PROBLEM D.8-7

D.8-8 Determine the angles θ_{p1} and θ_{p2} defining the orientations of the principal centroidal axes and the corresponding principal moments of inertia I_1 and I_2 for the L-shaped area shown in the figure if $a = 80$ mm, $b = 150$ mm, and $t = 16$ mm.

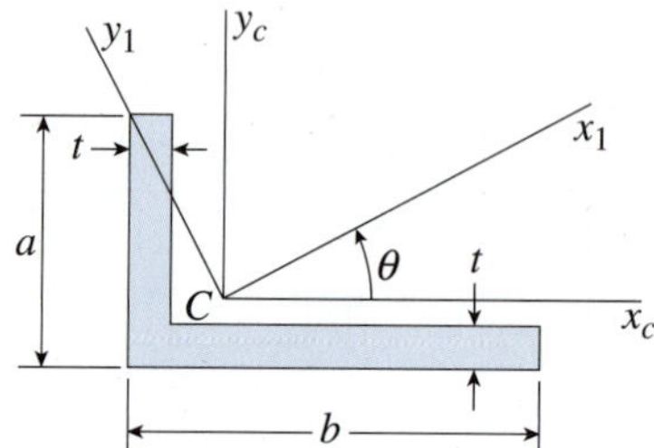

PROBLEMS D.8-8 and D.8-9

D.8-9 Solve the preceding problem if $a = 75$ mm, $b = 150$ mm, and $t = 12$ mm.

APPENDIX E

Properties of Plane Areas

Notation:

A = area
$\bar{x}, \bar{y}$ = distances to centroid C
I_x, I_y = moments of inertia with respect to the x and y axes, respectively
I_{xy} = product of inertia with respect to the x and y axes
$I_P = I_x + I_y$ = polar moment of inertia with respect to the origin of the x and y axes
I_{BB} = moment of inertia with respect to axis B–B

1

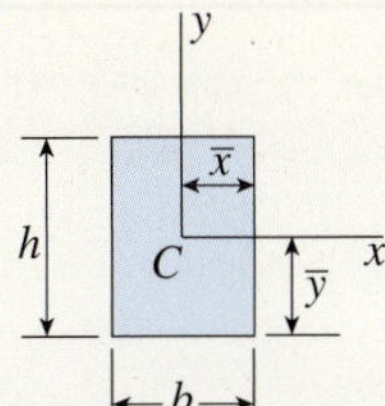

Rectangle (Origin of axes at centroid)

$$A = bh \quad \bar{x} = \frac{b}{2} \quad \bar{y} = \frac{h}{2}$$

$$I_x = \frac{bh^3}{12} \quad I_y = \frac{hb^3}{12} \quad I_{xy} = 0 \quad I_P = \frac{bh}{12}(h^2 + b^2)$$

2

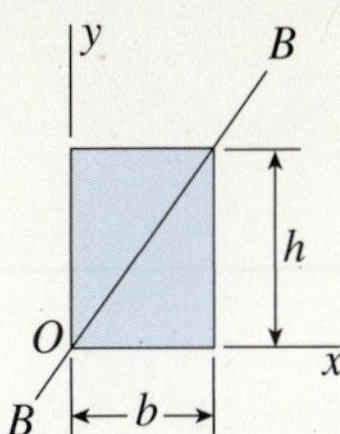

Rectangle (Origin of axes at corner)

$$I_x = \frac{bh^3}{3} \quad I_y = \frac{hb^3}{3} \quad I_{xy} = \frac{b^2h^2}{4} \quad I_P = \frac{bh}{3}(h^2 + b^2)$$

$$I_{BB} = \frac{b^3h^3}{6(b^2 + h^2)}$$

(see Problem D.3-5)

3

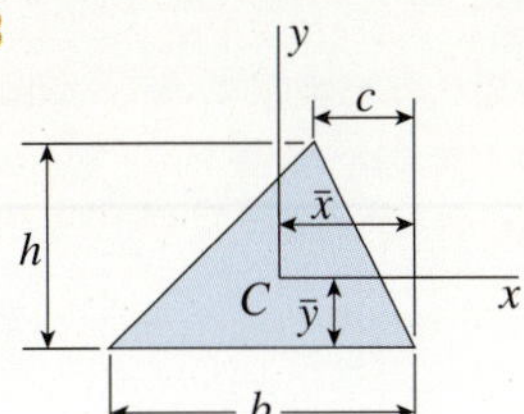

Triangle (Origin of axes at centroid)

$$A = \frac{bh}{2} \quad \bar{x} = \frac{b + c}{3} \quad \bar{y} = \frac{h}{3}$$

$$I_x = \frac{bh^3}{36} \quad I_y = \frac{bh}{36}(b^2 - bc + c^2)$$

$$I_{xy} = \frac{bh^2}{72}(b - 2c) \quad I_P = \frac{bh}{36}(h^2 + b^2 - bc + c^2)$$

4

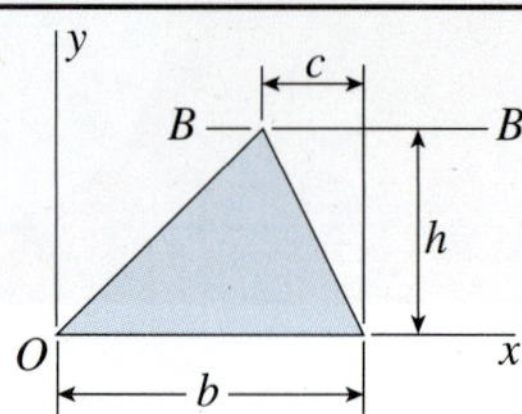

Triangle (Origin of axes at vertex)

$$I_x = \frac{bh^3}{12} \quad I_y = \frac{bh}{12}(3b^2 - 3bc + c^2)$$

$$I_{xy} = \frac{bh^2}{24}(3b - 2c) \quad I_{BB} = \frac{bh^3}{4}$$

(see Problem D.3-1)

5

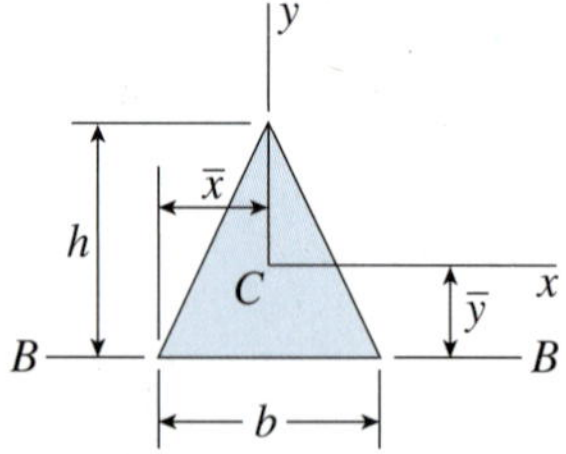

Isosceles triangle (Origin of axes at centroid)

$$A = \frac{bh}{2} \quad \bar{x} = \frac{b}{2} \quad \bar{y} = \frac{h}{3}$$

$$I_x = \frac{bh^3}{36} \quad I_y = \frac{hb^3}{48} \quad I_{xy} = 0$$

$$I_P = \frac{bh}{144}(4h^2 + 3b^2) \quad I_{BB} = \frac{bh^3}{12}$$

(*Note:* For an equilateral triangle, $h = \sqrt{3}\,b/2$.)
(see Problem D.5-1)

6

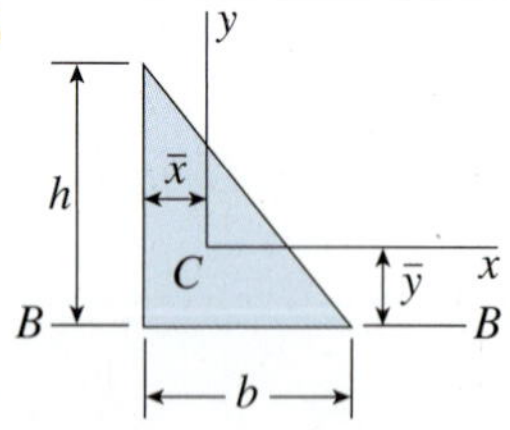

Right triangle (Origin of axes at centroid)

$$A = \frac{bh}{2} \quad \bar{x} = \frac{b}{3} \quad \bar{y} = \frac{h}{3}$$

$$I_x = \frac{bh^3}{36} \quad I_y = \frac{hb^3}{36} \quad I_{xy} = -\frac{b^2h^2}{72}$$

$$I_P = \frac{bh}{36}(h^2 + b^2) \quad I_{BB} = \frac{bh^3}{12}$$

(see Problems D.1-1, D.5-4)

7

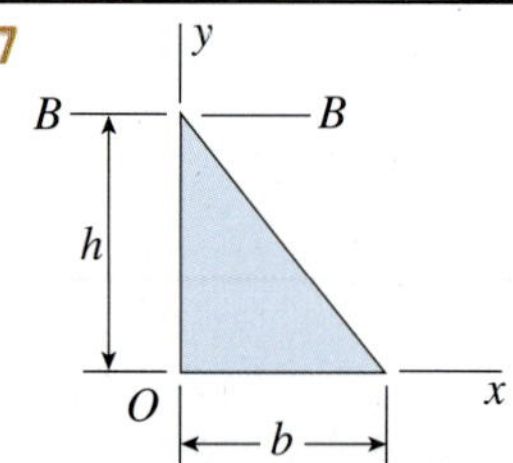

Right triangle (Origin of axes at vertex)

$$I_x = \frac{bh^3}{12} \quad I_y = \frac{hb^3}{12} \quad I_{xy} = \frac{b^2h^2}{24}$$

$$I_P = \frac{bh}{12}(h^2 + b^2) \quad I_{BB} = \frac{bh^3}{4}$$

8

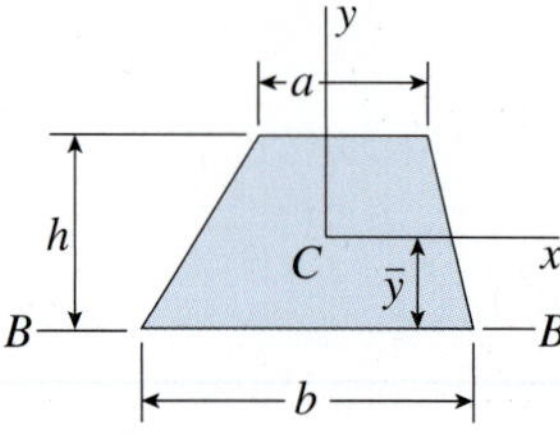

Trapezoid (Origin of axes at centroid)

$$A = \frac{h(a + b)}{2} \quad \bar{y} = \frac{h(2a + b)}{3(a + b)}$$

$$I_x = \frac{h^3(a^2 + 4ab + b^2)}{36(a + b)} \quad I_{BB} = \frac{h^3(3a + b)}{12}$$

(see Problems D.1-2, D.3-2)

9

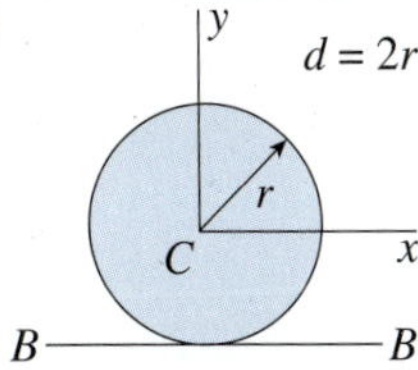

Circle (Origin of axes at center)

$$A = \pi r^2 = \frac{\pi d^2}{4} \quad I_x = I_y = \frac{\pi r^4}{4} = \frac{\pi d^4}{64}$$

$$I_{xy} = 0 \quad I_P = \frac{\pi r^4}{2} = \frac{\pi d^4}{32} \quad I_{BB} = \frac{5\pi r^4}{4} = \frac{5\pi d^4}{64}$$

(see Problem D.3-4)

10

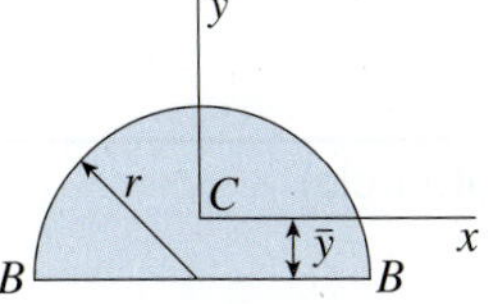

Semicircle (Origin of axes at centroid)

$$A = \frac{\pi r^2}{2} \quad \bar{y} = \frac{4r}{3\pi}$$

$$I_x = \frac{(9\pi^2 - 64)r^4}{72\pi} \approx 0.1098r^4 \quad I_y = \frac{\pi r^4}{8} \quad I_{xy} = 0 \quad I_{BB} = \frac{\pi r^4}{8}$$

(see Problem D.1-3)

11

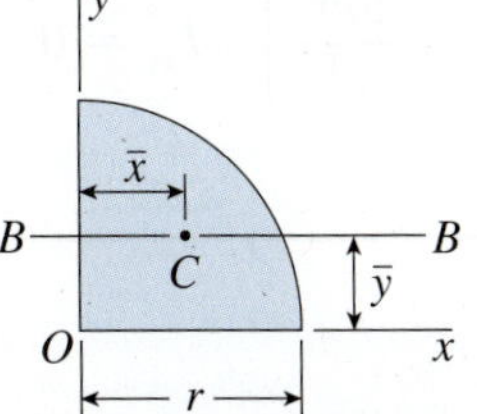

Quarter circle (Origin of axes at center of circle)

$$A = \frac{\pi r^2}{4} \quad \bar{x} = \bar{y} = \frac{4r}{3\pi}$$

$$I_x = I_y = \frac{\pi r^4}{16} \quad I_{xy} = \frac{r^4}{8} \quad I_{BB} = \frac{(9\pi^2 - 64)r^4}{144\pi} \approx 0.05488r^4$$

12

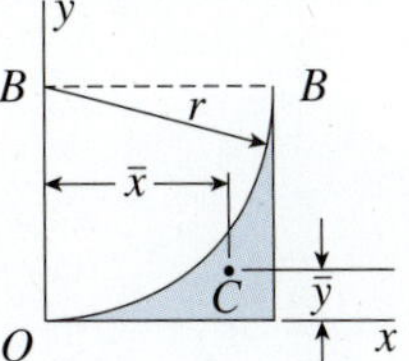

Quarter-circular spandrel (Origin of axes at point of tangency)

$$A = \left(1 - \frac{\pi}{4}\right)r^2 \quad \bar{x} = \frac{2r}{3(4 - \pi)} \approx 0.7766r \quad \bar{y} = \frac{(10 - 3\pi)r}{3(4 - \pi)} \approx 0.2234r$$

$$I_x = \left(1 - \frac{5\pi}{16}\right)r^4 \approx 0.01825r^4 \quad I_y = I_{BB} = \left(\frac{1}{3} - \frac{\pi}{16}\right)r^4 \approx 0.1370r^4$$

(see Problems D.5-5, D.6-2)

13

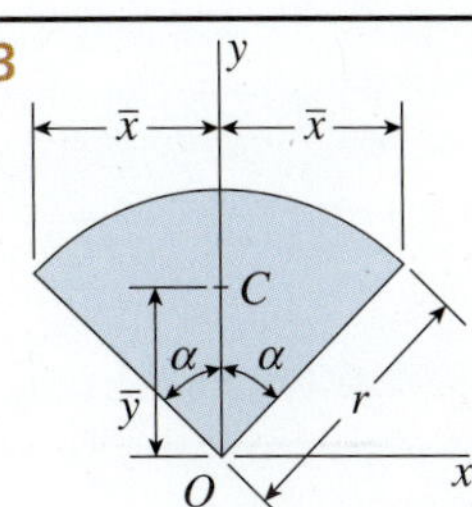

Circular sector (Origin of axes at center of circle)

α = angle in radians $\quad (\alpha \leq \pi/2)$

$$A = \alpha r^2 \quad \bar{x} = r\sin\alpha \quad \bar{y} = \frac{2r\sin\alpha}{3\alpha}$$

$$I_x = \frac{r^4}{4}(\alpha + \sin\alpha\cos\alpha) \quad I_y = \frac{r^4}{4}(\alpha - \sin\alpha\cos\alpha) \quad I_{xy} = 0 \quad I_P = \frac{\alpha r^4}{2}$$

(see Problem D.5-2)

14

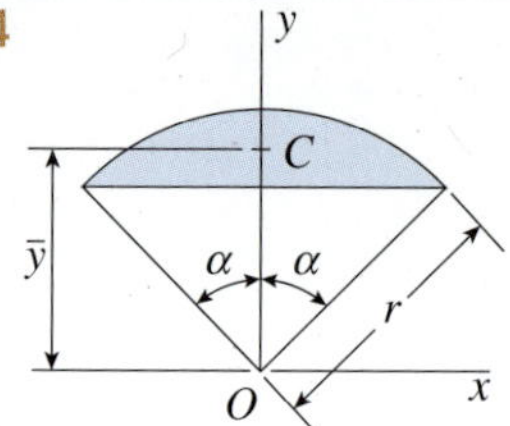

Circular segment (Origin of axes at center of circle)

α = angle in radians $(\alpha \leq \pi/2)$

$$A = r^2(\alpha - \sin\alpha\cos\alpha) \quad \bar{y} = \frac{2r}{3}\left(\frac{\sin^3\alpha}{\alpha - \sin\alpha\cos\alpha}\right)$$

$$I_x = \frac{r^4}{4}(\alpha - \sin\alpha\cos\alpha + 2\sin^3\alpha\cos\alpha) \quad I_{xy} = 0$$

$$I_y = \frac{r^4}{12}(3\alpha - 3\sin\alpha\cos\alpha - 2\sin^3\alpha\cos\alpha)$$

15

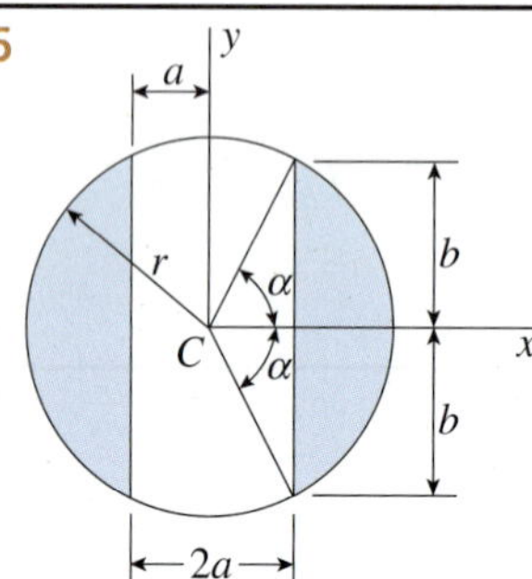

Circle with core removed (Origin of axes at center of circle)

α = angle in radians $(\alpha \leq \pi/2)$

$$\alpha = \arccos\frac{a}{r} \quad b = \sqrt{r^2 - a^2} \quad A = 2r^2\left(\alpha - \frac{ab}{r^2}\right)$$

$$I_x = \frac{r^4}{6}\left(3\alpha - \frac{3ab}{r^2} - \frac{2ab^3}{r^4}\right) \quad I_y = \frac{r^4}{2}\left(\alpha - \frac{ab}{r^2} + \frac{2ab^3}{r^4}\right) \quad I_{xy} = 0$$

16

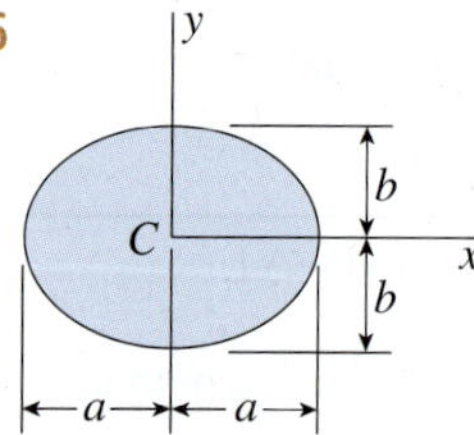

Ellipse (Origin of axes at centroid)

$$A = \pi ab \quad I_x = \frac{\pi ab^3}{4} \quad I_y = \frac{\pi ba^3}{4}$$

$$I_{xy} = 0 \quad I_P = \frac{\pi ab}{4}(b^2 + a^2)$$

$$\text{Circumference} \approx \pi[1.5(a + b) - \sqrt{ab}] \quad (a/3 \leq b \leq a)$$

$$\approx 4.17b^2/a + 4a \quad (0 \leq b \leq a/3)$$

17

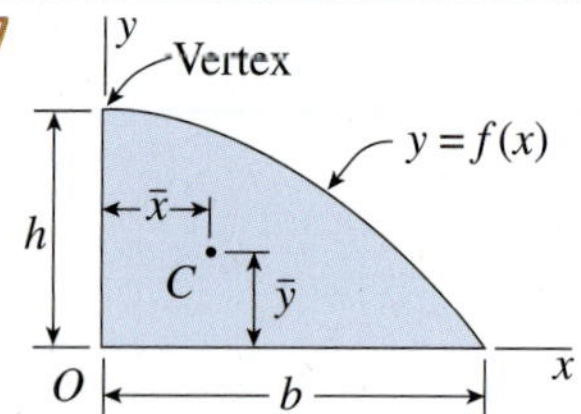

Parabolic semisegment (Origin of axes at corner)

$$y = f(x) = h\left(1 - \frac{x^2}{b^2}\right)$$

$$A = \frac{2bh}{3} \quad \bar{x} = \frac{3b}{8} \quad \bar{y} = \frac{2h}{5}$$

$$I_x = \frac{16bh^3}{105} \quad I_y = \frac{2hb^3}{15} \quad I_{xy} = \frac{b^2h^2}{12}$$

(see Problem D.6-1)

18 **Parabolic spandrel** (Origin of axes at vertex)

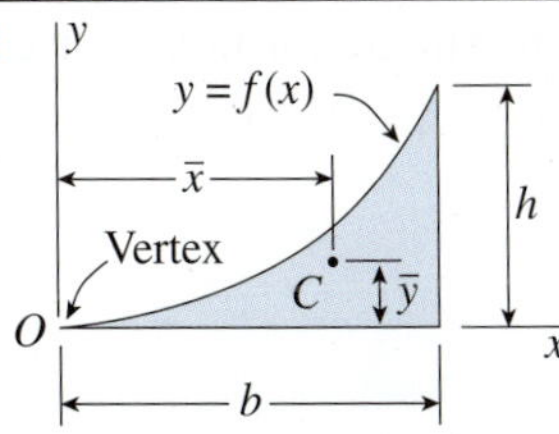

$$y = f(x) = \frac{hx^2}{b^2}$$

$$A = \frac{bh}{3} \quad \bar{x} = \frac{3b}{4} \quad \bar{y} = \frac{3h}{10}$$

$$I_x = \frac{bh^3}{21} \quad I_y = \frac{hb^3}{5} \quad I_{xy} = \frac{b^2h^2}{12}$$

(see Problems D.1-4, D.3-3)

19 **Semisegment of *n*th degree** (Origin of axes at corner)

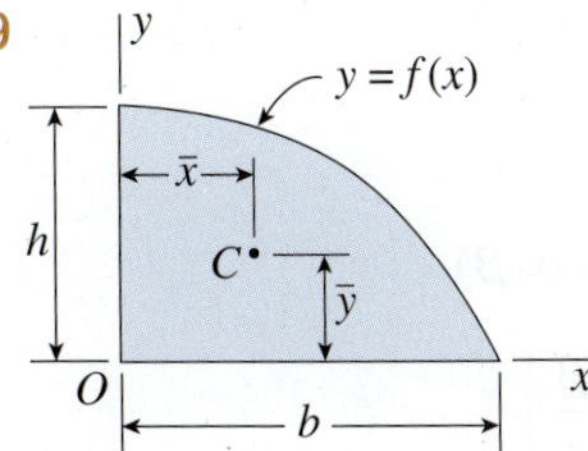

$$y = f(x) = h\left(1 - \frac{x^n}{b^n}\right) \quad (n > 0)$$

$$A = bh\left(\frac{n}{n+1}\right) \quad \bar{x} = \frac{b(n+1)}{2(n+2)} \quad \bar{y} = \frac{hn}{2n+1}$$

$$I_x = \frac{2bh^3n^3}{(n+1)(2n+1)(3n+1)} \quad I_y = \frac{hb^3n}{3(n+3)} \quad I_{xy} = \frac{b^2h^2n^2}{4(n+1)(n+2)}$$

(see Problem D.1-5)

20 **Spandrel of *n*th degree** (Origin of axes at point of tangency)

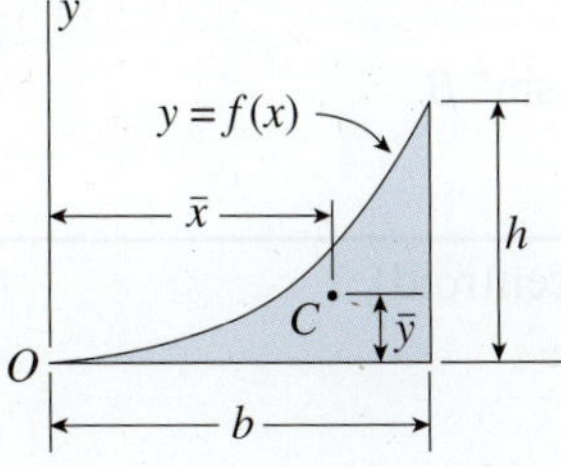

$$y = f(x) = \frac{hx^n}{b^n} \quad (n > 0)$$

$$A = \frac{bh}{n+1} \quad \bar{x} = \frac{b(n+1)}{n+2} \quad \bar{y} = \frac{h(n+1)}{2(2n+1)}$$

$$I_x = \frac{bh^3}{3(3n+1)} \quad I_y = \frac{hb^3}{n+3} \quad I_{xy} = \frac{b^2h^2}{4(n+1)}$$

21 **Sine wave** (Origin of axes at centroid)

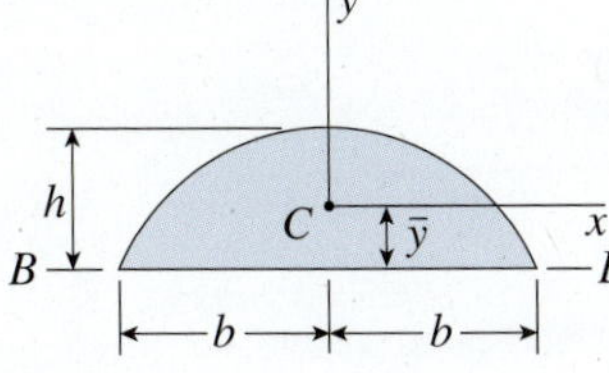

$$A = \frac{4bh}{\pi} \quad \bar{y} = \frac{\pi h}{8}$$

$$I_x = \left(\frac{8}{9\pi} - \frac{\pi}{16}\right)bh^3 \approx 0.08659bh^3 \quad I_y = \left(\frac{4}{\pi} - \frac{32}{\pi^3}\right)hb^3 \approx 0.2412hb^3$$

$$I_{xy} = 0 \quad I_{BB} = \frac{8bh^3}{9\pi}$$

22

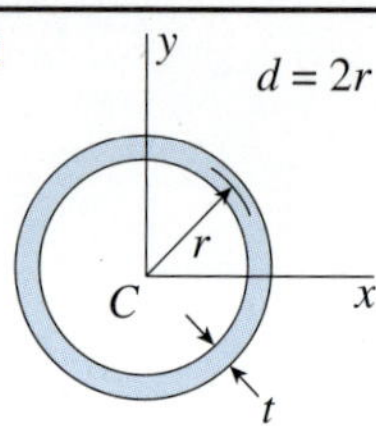

Thin circular ring (Origin of axes at center) Approximate formulas for case when t is small

$$A = 2\pi rt = \pi dt \quad I_x = I_y = \pi r^3 t = \frac{\pi d^3 t}{8}$$

$$I_{xy} = 0 \quad I_P = 2\pi r^3 t = \frac{\pi d^3 t}{4}$$

23

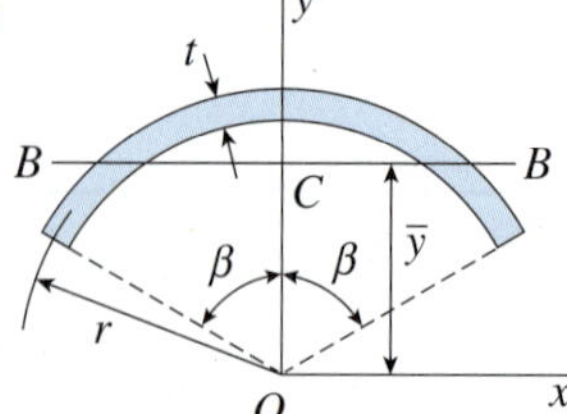

Thin circular arc (Origin of axes at center of circle) Approximate formulas for case when t is small

β = angle in radians (*Note*: For a semicircular arc, $\beta = \pi/2$.)

$$A = 2\beta rt \quad \bar{y} = \frac{r \sin\beta}{\beta}$$

$$I_x = r^3 t(\beta + \sin\beta\cos\beta) \quad I_y = r^3 t(\beta - \sin\beta\cos\beta)$$

$$I_{xy} = 0 \quad I_{BB} = r^3 t\left(\frac{2\beta + \sin 2\beta}{2} - \frac{1 - \cos 2\beta}{\beta}\right)$$

24

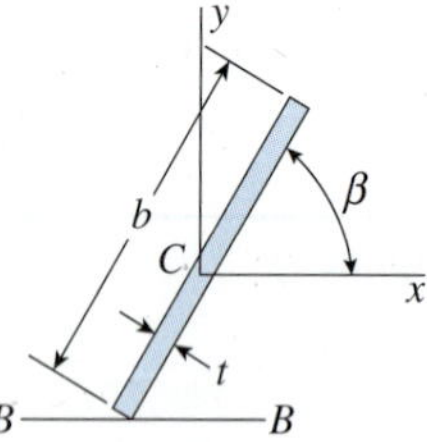

Thin rectangle (Origin of axes at centroid) Approximate formulas for case when t is small

$$A = bt$$

$$I_x = \frac{tb^3}{12}\sin^2\beta \quad I_y = \frac{tb^3}{12}\cos^2\beta \quad I_{BB} = \frac{tb^3}{3}\sin^2\beta$$

25

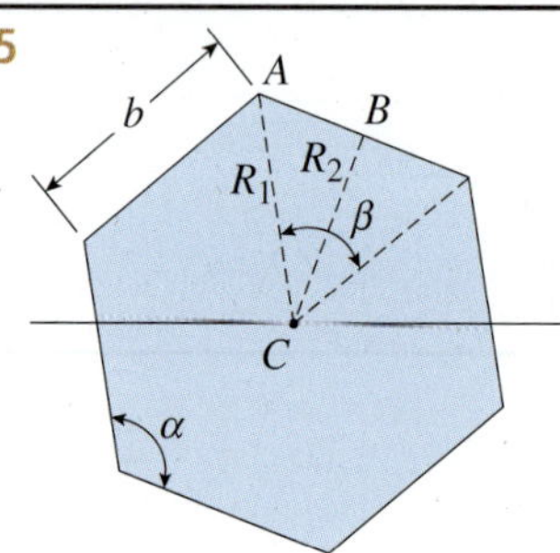

Regular polygon with n sides (Origin of axes at centroid)

C = centroid (at center of polygon)

n = number of sides ($n \geq 3$) $\quad b$ = length of a side

β = central angle for a side $\quad \alpha$ = interior angle (or vertex angle)

$$\beta = \frac{360°}{n} \quad \alpha = \left(\frac{n-2}{n}\right)180° \quad \alpha + \beta = 180°$$

R_1 = radius of circumscribed circle (line CA)

R_2 = radius of inscribed circle (line CB)

$$R_1 = \frac{b}{2}\csc\frac{\beta}{2} \quad R_2 = \frac{b}{2}\cot\frac{\beta}{2} \quad A = \frac{nb^2}{4}\cot\frac{\beta}{2}$$

I_c = moment of inertia about any axis through C (the centroid C is a principal point and every axis through C is a principal axis)

$$I_c = \frac{nb^4}{192}\left(\cot\frac{\beta}{2}\right)\left(3\cot^2\frac{\beta}{2} + 1\right) \quad I_P = 2I_c$$

APPENDIX F

Properties of Structural-Steel Shapes

In the following tables, the properties of a few structural-steel shapes are presented as an aid to the reader in solving problems in the text. These tables were compiled from the extensive tables of properties for steel shapes commonly used in Europe (Ref. 5-4).

Notation:

I = moment of inertia

S = section modulus

$r = \sqrt{I/A}$ = radius of gyration

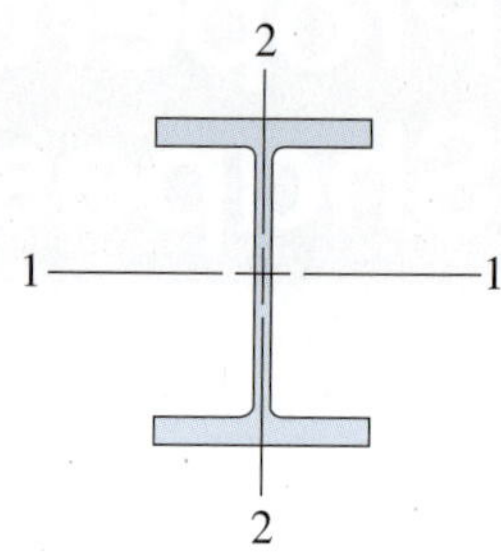

Table F-1

Properties of European Wide-Flange Beams

Designation	Mass per meter	Area of section	Depth of section	Width of section	Thickness		Strong axis 1-1			Weak axis 2-2		
	G	A	h	b	t_w	t_f	I_1	S_1	r_1	I_2	S_2	r_2
	kg/m	cm^2	mm	mm	mm	mm	cm^4	cm^3	cm	cm^4	cm^3	cm
HE 1000 B	314	400	1000	300	19	36	644700	12890	40.15	16280	1085	6.38
HE 900 B	291	371.3	900	300	18.5	35	494100	10980	36.48	15820	1054	6.53
HE 700 B	241	306.4	700	300	17	32	256900	7340	28.96	14440	962.7	6.87
HE 650 B	225	286.3	650	300	16	31	210600	6480	27.12	13980	932.3	6.99
HE 600 B	212	270	600	300	15.5	30	171000	5701	25.17	13530	902	7.08
HE 550 B	199	254.1	550	300	15	29	136700	4971	23.2	13080	871.8	7.17
HE 600 A	178	226.5	590	300	13	25	141200	4787	24.97	11270	751.4	7.05
HE 450 B	171	218	450	300	14	26	79890	3551	19.14	11720	781.4	7.33
HE 550 A	166	211.8	540	300	12.5	24	111900	4146	22.99	10820	721.3	7.15
HE 360 B	142	180.6	360	300	12.5	22.5	43190	2400	15.46	10140	676.1	7.49
HE 450 A	140	178	440	300	11.5	21	63720	2896	18.92	9465	631	7.29
HE 340 B	134	170.9	340	300	12	21.5	36660	2156	14.65	9690	646	7.53
HE 320 B	127	161.3	320	300	11.5	20.5	30820	1926	13.82	9239	615.9	7.57
HE 360 A	112	142.8	350	300	10	17.5	33090	1891	15.22	7887	525.8	7.43
HE 340 A	105	133.5	330	300	9.5	16.5	27690	1678	14.4	7436	495.7	7.46
HE 320 A	97.6	124.4	310	300	9	15.5	22930	1479	13.58	6985	465.7	7.49
HE 260 B	93	118.4	260	260	10	17.5	14920	1148	11.22	5135	395	6.58
HE 240 B	83.2	106	240	240	10	17	11260	938.3	10.31	3923	326.9	6.08
HE 280 A	76.4	97.26	270	280	8	13	13670	1013	11.86	4763	340.2	7
HE 220 B	71.5	91.04	220	220	9.5	16	8091	735.5	9.43	2843	258.5	5.59
HE 260 A	68.2	86.82	250	260	7.5	12.5	10450	836.4	10.97	3668	282.1	6.5
HE 240 A	60.3	76.84	230	240	7.5	12	7763	675.1	10.05	2769	230.7	6
HE 180 B	51.2	65.25	180	180	8.5	14	3831	425.7	7.66	1363	151.4	4.57
HE 160 B	42.6	54.25	160	160	8	13	2492	311.5	6.78	889.2	111.2	4.05
HE 140 B	33.7	42.96	140	140	7	12	1509	215.6	5.93	549.7	78.52	3.58
HE 120 B	26.7	34.01	120	120	6.5	11	864.4	144.1	5.04	317.5	52.92	3.06
HE 140 A	24.7	31.42	133	140	5.5	8.5	1033	155.4	5.73	389.3	55.62	3.52
HE 100 B	20.4	26.04	100	100	6	10	449.5	89.91	4.16	167.3	33.45	2.53
HE 100 A	16.7	21.24	96	100	5	8	349.2	72.76	4.06	133.8	26.76	2.51

Note: Axes 1-1 and 2-2 are principal centroidal axes.

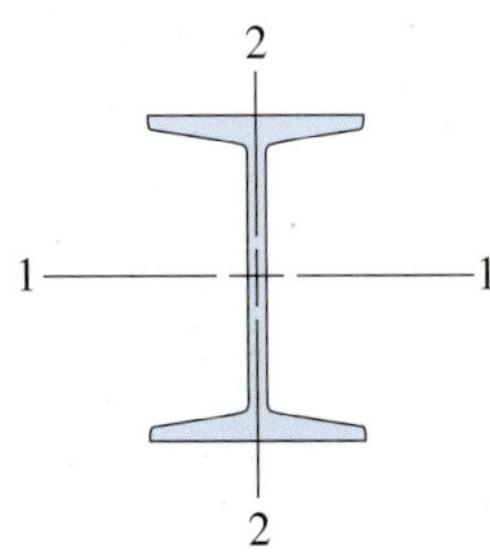

Table F-2

Properties of European Standard Beams

Designation	Mass per meter	Area of section	Depth of section	Width of section	Thickness		Strong axis 1-1			Weak axis 2-2		
	G	A	h	b	t_w	t_f	I_1	S_1	r_1	I_2	S_2	r_2
	kg/m	cm^2	mm	mm	mm	mm	cm^4	cm^3	cm	cm^4	cm^3	cm
IPN 550	166	212	550	200	19	30	99180	3610	21.6	3490	349	4.02
IPN 500	141	179	500	185	18	27	68740	2750	19.6	2480	268	3.72
IPN 450	115	147	450	170	16.2	24.3	45850	2040	17.7	1730	203	3.43
IPN 400	92.4	118	400	155	14.4	21.6	29210	1460	15.7	1160	149	3.13
IPN 380	84	107	380	149	13.7	20.5	24010	1260	15	975	131	3.02
IPN 360	76.1	97	360	143	13	19.5	19610	1090	14.2	818	114	2.9
IPN 340	68	86.7	340	137	12.2	18.3	15700	923	13.5	674	98.4	2.8
IPN 320	61	77.7	320	131	11.5	17.3	12510	782	12.7	555	84.7	2.67
IPN 300	54.2	69	300	125	10.8	16.2	9800	653	11.9	451	72.2	2.56
IPN 280	47.9	61	280	119	10.1	15.2	7590	542	11.1	364	61.2	2.45
IPN 260	41.9	53.3	260	113	9.4	14.1	5740	442	10.4	288	51	2.32
IPN 240	36.2	46.1	240	106	8.7	13.1	4250	354	9.59	221	41.7	2.2
IPN 220	31.1	39.5	220	98	8.1	12.2	3060	278	8.8	162	33.1	2.02
IPN 200	26.2	33.4	200	90	7.5	11.3	2140	214	8	117	26	1.87
IPN 180	21.9	27.9	180	82	6.9	10.4	1450	161	7.2	81.3	19.8	1.71
IPN 160	17.9	22.8	160	74	6.3	9.5	935	117	6.4	54.7	14.8	1.55
IPN 140	14.3	18.3	140	66	5.7	8.6	573	81.9	5.61	35.2	10.7	1.4
IPN 120	11.1	14.2	120	58	5.1	7.7	328	54.7	4.81	21.5	7.41	1.23
IPN 100	8.34	10.6	100	50	4.5	6.8	171	34.2	4.01	12.2	4.88	1.07
IPN 80	5.94	7.58	80	42	3.9	5.9	77.8	19.5	3.2	6.29	3	0.91

Note: Axes 1-1 and 2-2 are principal centroidal axes.

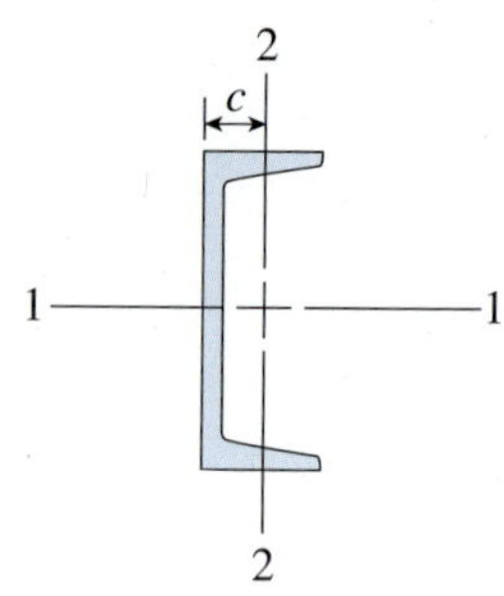

Table F-3

Properties of European Standard Channels

Designation	Mass per meter	Area of section	Depth of section	Width of section	Thickness		Strong axis 1-1			Weak axis 2-2			
	G	A	h	b	t_w	t_f	I_1	S_1	r_1	I_2	S_2	r_2	c
	kg/m	cm^2	mm	mm	mm	mm	cm^4	cm^3	cm	cm^4	cm^3	cm	cm
UPN 400	71.8	91.5	400	110	14	18	20350	1020	14.9	846	102	3.04	2.65
UPN 380	63.1	80.4	380	102	13.5	16	15760	829	14	615	78.7	2.77	2.38
UPN 350	60.6	77.3	350	100	14	16	12840	734	12.9	570	75	2.72	2.4
UPN 320	59.5	75.8	320	100	14	17.5	10870	679	12.1	597	80.6	2.81	2.6
UPN 300	46.2	58.8	300	100	10	16	8030	535	11.7	495	67.8	2.9	2.7
UPN 280	41.8	53.3	280	95	10	15	6280	448	10.9	399	57.2	2.74	2.53
UPN 260	37.9	48.3	260	90	10	14	4820	371	9.99	317	47.7	2.56	2.36
UPN 240	33.2	42.3	240	85	9.5	13	3600	300	9.22	248	39.6	2.42	2.23
UPN 220	29.4	37.4	220	80	9	12.5	2690	245	8.48	197	33.6	2.3	2.14
UPN 200	25.3	32.2	200	75	8.5	11.5	1910	191	7.7	148	27	2.14	2.01
UPN 180	22	28	180	70	8	11	1350	150	6.95	114	22.4	2.02	1.92
UPN 160	18.8	24	160	65	7.5	10.5	925	116	6.21	85.3	18.3	1.89	1.84
UPN 140	16	20.4	140	60	7	10	605	86.4	5.45	62.7	14.8	1.75	1.75
UPN 120	13.4	17	120	55	7	9	364	60.7	4.62	43.2	11.1	1.59	1.6
UPN 100	10.6	13.5	100	50	6	8.5	206	41.2	3.91	29.3	8.49	1.47	1.55
UPN 80	8.64	11	80	45	6	8	106	26.5	3.1	19.4	6.36	1.33	1.45

Notes:
1. Axes 1-1 and 2-2 are principal centroidal axes.
2. The distance c is measured from the centroid to the back of the web.
3. For axis 2-2, the tabulated value of S is the smaller of the two section moduli for this axis.

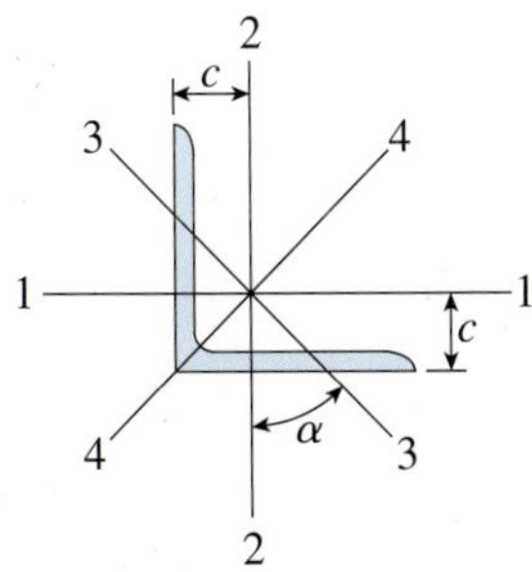

Table F-4

Properties of Angle Sections with Equal Legs (L Shapes)—USCS Units (Abridged List)

Designation	Thickness	Mass per meter	Area of section	Axis 1-1 and Axis 2-2				Axis 3-3	
		G	A	I	S	r	c	I_{min}	r_{min}
	mm	kg/m	cm^2	cm^4	cm^3	cm	cm	cm^4	cm
L 200 × 200 × 26	26	76.6	97.59	3560	252.7	6.04	5.91	1476	3.89
L 200 × 200 × 22	22	65.6	83.51	3094	217.3	6.09	5.76	1273	3.9
L 200 × 200 × 19	19	57.1	72.74	2726	189.9	6.12	5.64	1117	3.92
L 180 × 180 × 20	20	53.7	68.35	2043	159.4	5.47	5.18	841.3	3.51
L 180 × 180 × 19	19	51.1	65.14	1955	152.1	5.48	5.14	803.8	3.51
L 200 × 200 × 16	16	48.5	61.79	2341	161.7	6.16	5.52	957.1	3.94
L 180 × 180 × 17	17	46	58.66	1775	137.2	5.5	5.06	727.8	3.52
L 180 × 180 × 15	15	40.9	52.1	1589	122	5.52	4.98	650.5	3.53
L 160 × 160 × 17	17	40.7	51.82	1225	107.2	4.86	4.57	504.1	3.12
L 160 × 160 × 15	15	36.2	46.06	1099	95.47	4.88	4.49	450.8	3.13
L 180 × 180 × 13	13	35.7	45.46	1396	106.5	5.54	4.9	571.6	3.55
L 150 × 150 × 15	15	33.8	43.02	898.1	83.52	4.57	4.25	368.9	2.93
L 150 × 150 × 14	14	31.6	40.31	845.4	78.33	4.58	4.21	346.8	2.93
L 150 × 150 × 12	12	27.3	34.83	736.9	67.75	4.6	4.12	302	2.94
L 120 × 120 × 15	15	26.6	33.93	444.9	52.43	3.62	3.51	184.1	2.33
L 120 × 120 × 13	13	23.3	29.69	394	46.01	3.64	3.44	162.2	2.34
L 150 × 150 × 10	10	23	29.27	624	56.91	4.62	4.03	256	2.96
L 140 × 140 × 10	10	21.4	27.24	504.4	49.43	4.3	3.79	206.8	2.76
L 120 × 120 × 11	11	19.9	25.37	340.6	39.41	3.66	3.36	139.7	2.35
L 100 × 100 × 12	12	17.8	22.71	206.7	29.12	3.02	2.9	85.42	1.94
L 110 × 110 × 10	10	16.6	21.18	238	29.99	3.35	3.06	97.72	2.15
L 100 × 100 × 10	10	15	19.15	176.7	24.62	3.04	2.82	72.64	1.95
L 90 × 90 × 9	9	12.2	15.52	115.8	17.93	2.73	2.54	47.63	1.75
L 90 × 90 × 8	8	10.9	13.89	104.4	16.05	2.74	2.5	42.87	1.76
L 90 × 90 × 7	7	9.6	12.24	92.5	14.13	2.75	2.45	38.02	1.76

Notes:

1. Axes 1–1 and 2–2 are centroidal axes parallel to the legs.
2. The distance c is measured from the centroid to the back of the legs.
3. For axes 1–1 and 2–2, the tabulated value of S is the smaller of the two section moduli for those axes.
4. Axes 3–3 and 4–4 are principal centroidal axes.
5. The moment of inertia for axis 3–3, which is the smaller of the two principal moments of inertia, can be found from the equation $I_{33} = Ar_{min}^2$.
6. The moment of inertia for axis 4–4, which is the larger of the two principal moments of inertia, can be found from the equation $I_{44} + I_{33} = I_{11} + I_{22}$.

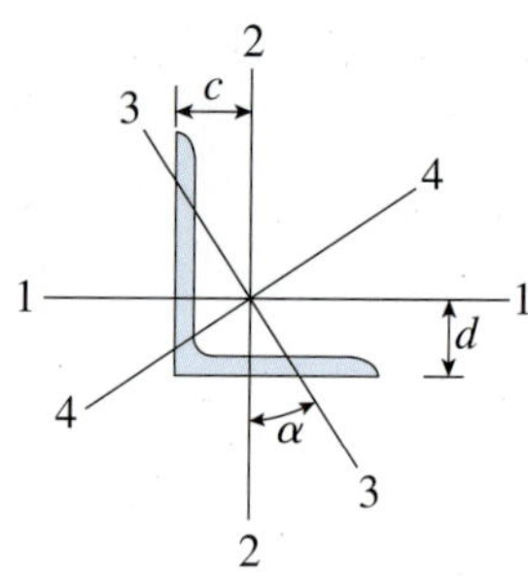

Table F-5

Properties of Angle Sections with Unequal Legs (L Shapes)—USCS Units (Abridged List)

Designation	Thickness	Mass per meter	Area of section	Axis 1-1				Axis 2-2				Axis 3-3		Angle α
		G	A	I	S	r	d	I	S	r	c	I_{min}	r_{min}	tan α
	mm	kg/m	cm2	cm4	cm3	cm	cm	cm4	cm3	cm	cm	cm4	cm	
L 200 × 100 × 14	14	31.6	40.28	1654	128.4	6.41	7.12	282.2	36.08	2.65	2.18	181.7	2.12	0.261
L 150 × 100 × 14	14	26.1	33.22	743.5	74.12	4.73	4.97	264.2	35.21	2.82	2.5	153	2.15	0.434
L 200 × 100 × 12	12	25.1	34.8	1440	111	6.43	7.03	247.2	31.28	2.67	2.1	158.5	2.13	0.263
L 200 × 100 × 10	10	23	29.24	1219	93.24	6.46	6.93	210.3	26.33	2.68	2.01	134.5	2.14	0.265
L 150 × 100 × 12	12	22.6	28.74	649.6	64.23	4.75	4.89	231.9	30.58	2.84	2.42	133.5	2.16	0.436
L 160 × 80 × 12	12	21.6	27.54	719.5	69.98	5.11	5.72	122	19.59	2.1	1.77	78.77	1.69	0.260
L 150 × 90 × 11	11	19.9	25.34	580.7	58.3	4.79	5.04	158.7	22.91	2.5	2.08	95.71	1.94	0.360
L 150 × 100 × 10	10	19	24.18	551.7	54.08	4.78	4.8	197.8	25.8	2.86	2.34	113.5	2.17	0.439
L 150 × 90 × 10	10	18.2	23.15	533.1	53.29	4.8	5	146.1	20.98	2.51	2.04	87.93	1.95	0.361
L 160 × 80 × 10	10	18.2	23.18	611.3	58.94	5.14	5.63	104.4	16.55	2.12	1.69	67.01	1.7	0.262
L 120 × 80 × 12	12	17.8	22.69	322.8	40.37	3.77	4	114.3	19.14	2.24	2.03	66.46	1.71	0.432
L 120 × 80 × 10	10	15	19.13	275.5	34.1	3.8	3.92	98.11	16.21	2.26	1.95	56.6	1.72	0.435
L 130 × 65 × 10	10	14.6	18.63	320.5	38.39	4.15	4.65	54.2	10.73	1.71	1.45	35.02	1.37	0.259
L 120 × 80 × 8	8	12.2	15.49	225.7	27.63	3.82	3.83	80.76	13.17	2.28	1.87	46.39	1.73	0.438
L 130 × 65 × 8	8	11.8	15.09	262.5	31.1	4.17	4.56	44.77	8.72	1.72	1.37	28.72	1.38	0.262

Notes:
1. Axes 1–1 and 2–2 are centroidal axes parallel to the legs.
2. The distances *c* and *d* are measured from the centroid to the backs of the legs.
3. For axes 1–1 and 2–2, the tabulated value of *S* is the smaller of the two section moduli for those axes.
4. Axes 3–3 and 4–4 are principal centroidal axes.
5. The moment of inertia for axis 3–3, which is the smaller of the two principal moments of inertia, can be found from the equation $I_{33} = Ar_{min}^2$.
6. The moment of inertia for axis 4–4, which is the larger of the two principal moments of inertia, can be found from the equation $I_{44} + I_{33} = I_{11} + I_{22}$.

APPENDIX G

Properties of Structural Timber

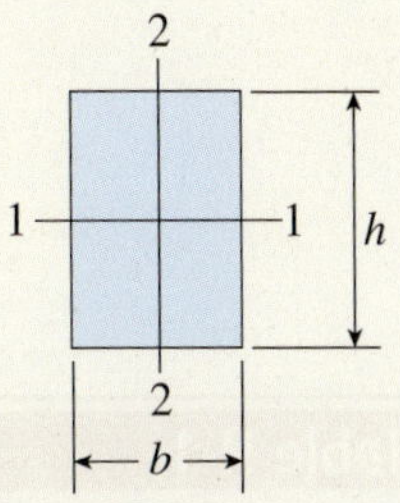

Properties of Sawn Solid Timber Sizes (for the most readily available stress graded European sizes, dry)

Nominal dimensions $b \times h$	Net dimensions $b \times h$	Area $A = bh$	Axis 1–1: Moment of inertia $I_1 = \frac{bh^3}{12}$	Axis 1–1: Section modulus $S_1 = \frac{bh^2}{6}$	Axis 2–2: Moment of inertia $I_2 = \frac{hb^3}{12}$	Axis 2–2: Section modulus $S_2 = \frac{hb^2}{6}$	Weight per linear meter (based on 560 kg/m^3)
mm	mm	10^3mm^2	10^6mm^4	10^6mm^3	10^6mm^4	10^6mm^3	N
38 × 75	35 × 72	2.52	1.09	0.0302	0.257	0.0147	13.83
38 × 100	35 × 97	3.4	2.66	0.0549	0.347	0.0198	18.64
38 × 125	35 × 122	4.27	5.3	0.0868	0.436	0.0249	23.45
50 × 75	47 × 72	3.38	1.46	0.0406	0.623	0.0265	18.64
50 × 100	47 × 97	4.56	3.57	0.0737	0.839	0.0357	25.02
50 × 125	47 × 122	5.73	7.11	0.117	1.06	0.0449	31.49
50 × 150	47 × 147	6.91	12.4	0.169	1.27	0.0541	37.96
50 × 200	47 × 195	9.17	29	0.298	1.69	0.0718	50.33
50 × 250	47 × 245	11.5	57.6	0.47	2.12	0.0902	63.27
75 × 100	72 × 97	6.98	5.48	0.113	3.02	0.0838	38.36
75 × 150	72 × 147	10.6	19.1	0.259	4.57	0.127	58.17
75 × 200	72 × 147	14	44.5	0.456	6.07	0.168	77.11
75 × 250	75 × 245	17.6	88.2	0.72	7.62	0.212	96.92
100 × 100	97 × 97	9.41	7.38	0.152	7.38	0.152	51.7
100 × 150	97 × 147	14.3	25.7	0.349	11.2	0.231	78.38
100 × 200	97 × 195	18.9	59.9	0.615	14.8	0.306	103.89
100 × 250	97 × 295	23.8	119	0.97	18.6	0.384	130.57
100 × 300	97 × 295	28.6	208	1.41	22.4	0.463	157.16
150 × 150	147 × 195	21.6	38.9	0.529	38.9	0.529	118.7
150 × 200	147 × 195	28.7	90.8	0.932	51.6	0.702	157.45
150 × 300	147 × 295	43.4	314	2.13	78.1	1.06	238.19
200 × 200	195 × 195	38	120	1.24	120	1.24	208.85
200 × 300	195 × 295	57.5	417	2.83	182	1.87	315.98
300 × 300	295 × 295	87	631	4.28	631	4.28	478.04

Note: Axes 1–1 and 2–2 are principal centroidal axes.

APPENDIX H

Deflections and Slopes of Beams

Table H-1

Deflections and Slopes of Cantilever Beams

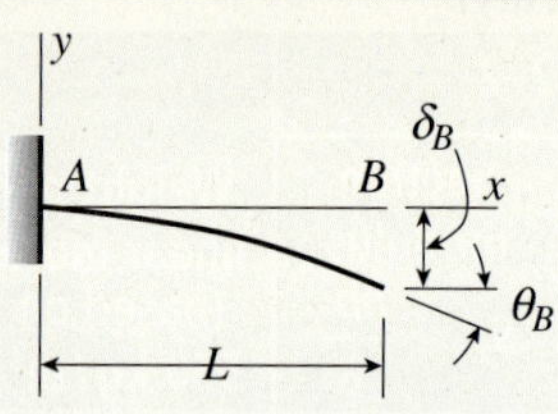

Notation:

v = deflection in the y direction (positive upward)

$v' = dv/dx$ = slope of the deflection curve

$\delta_B = -v(L)$ = deflection at end B of the beam (positive downward)

$\theta_B = -v'(L)$ = angle of rotation at end B of the beam (positive clockwise)

EI = constant

1

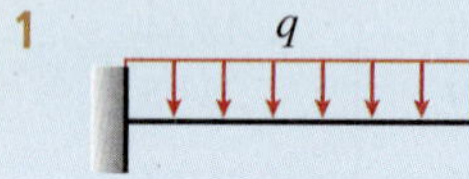

$$v = -\frac{qx^2}{24EI}(6L^2 - 4Lx + x^2) \qquad v' = -\frac{qx}{6EI}(3L^2 - 3Lx + x^2)$$

$$\delta_B = \frac{qL^4}{8EI} \qquad \theta_B = \frac{qL^3}{6EI}$$

2

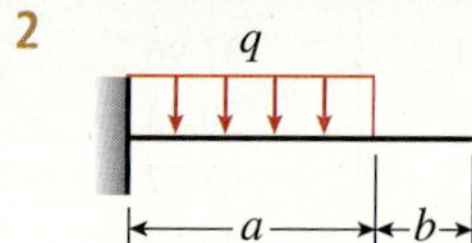

$$v = -\frac{qx^2}{24EI}(6a^2 - 4ax + x^2) \qquad (0 \le x \le a)$$

$$v' = -\frac{qx}{6EI}(3a^2 - 3ax + x^2) \qquad (0 \le x \le a)$$

$$v = -\frac{qa^3}{24EI}(4x - a) \qquad v' = -\frac{qa^3}{6EI} \qquad (a \le x \le L)$$

$$\text{At } x = a: v = -\frac{qa^4}{8EI} \qquad v' = -\frac{qa^3}{6EI}$$

$$\delta_B = \frac{qa^3}{24EI}(4L - a) \qquad \theta_B = \frac{qa^3}{6EI}$$

Table H-1 (Continued)

3	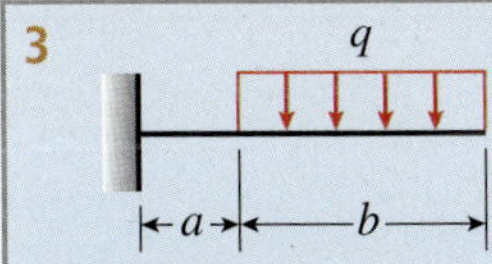 	$v = -\frac{qbx^2}{12EI}(3L + 3a - 2x) \qquad (0 \le x \le a)$ $v' = -\frac{qbx}{2EI}(L + a - x) \qquad (0 \le x \le a)$ $v = -\frac{q}{24EI}(x^4 - 4Lx^3 + 6L^2x^2 - 4a^3x + a^4) \qquad (a \le x \le L)$ $v' = -\frac{q}{6EI}(x^3 - 3Lx^2 + 3L^2x - a^3) \qquad (a \le x \le L)$ At $x = a$: $v = -\frac{qa^2b}{12EI}(3L + a) \qquad v' = -\frac{qabL}{2EI}$ $\delta_B = \frac{q}{24EI}(3L^4 - 4a^3L + a^4) \qquad \theta_B = \frac{q}{6EI}(L^3 - a^3)$
4	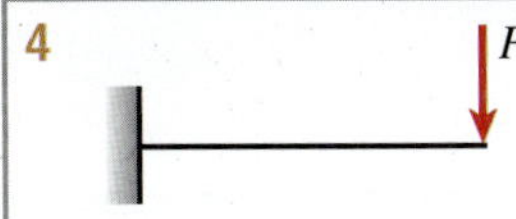 	$v = -\frac{Px^2}{6EI}(3L - x) \qquad v' = -\frac{Px}{2EI}(2L - x)$ $\delta_B = \frac{PL^3}{3EI} \qquad \theta_B = \frac{PL^2}{2EI}$
5	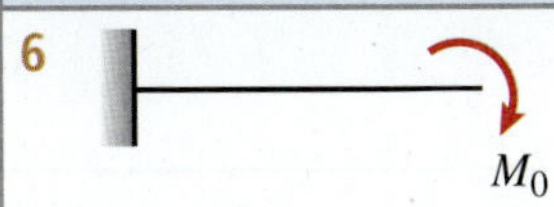 	$v = -\frac{Px^2}{6EI}(3a - x) \qquad v' = -\frac{Px}{2EI}(2a - x) \qquad (0 \le x \le a)$ $v = -\frac{Pa^2}{6EI}(3x - a) \qquad v' = -\frac{Pa^2}{2EI} \qquad (a \le x \le L)$ At $x = a$: $v = -\frac{Pa^3}{3EI} \qquad v' = -\frac{Pa^2}{2EI}$ $\delta_B = \frac{Pa^2}{6EI}(3L - a) \qquad \theta_B = \frac{Pa^2}{2EI}$
6	M_0	$v = -\frac{M_0x^2}{2EI} \qquad v' = -\frac{M_0x}{EI}$ $\delta_B = \frac{M_0L^2}{2EI} \qquad \theta_B = \frac{M_0L}{EI}$

(*Continued*)

Table H-1 (Continued)

7

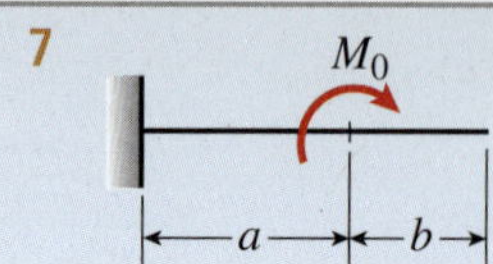

$$v = -\frac{M_0 x^2}{2EI} \qquad v' = -\frac{M_0 x}{EI} \qquad (0 \le x \le a)$$

$$v = -\frac{M_0 a}{2EI}(2x - a) \qquad v' = -\frac{M_0 a}{EI} \qquad (a \le x \le L)$$

$$\text{At } x = a\text{:} \quad v = -\frac{M_0 a^2}{2EI} \qquad v' = -\frac{M_0 a}{EI}$$

$$\delta_B = \frac{M_0 a}{2EI}(2L - a) \qquad \theta_B = \frac{M_0 a}{EI}$$

8

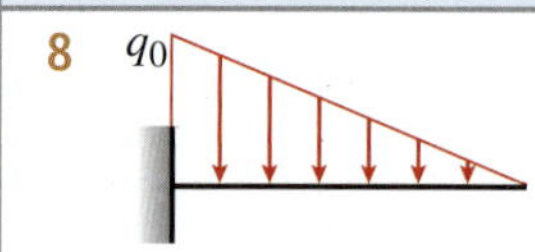

$$v = -\frac{q_0 x^2}{120LEI}(10L^3 - 10L^2 x + 5Lx^2 - x^3)$$

$$v' = -\frac{q_0 x}{24LEI}(4L^3 - 6L^2 x + 4Lx^2 - x^3)$$

$$\delta_B = \frac{q_0 L^4}{30EI} \qquad \theta_B = \frac{q_0 L^3}{24EI}$$

9

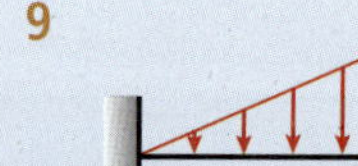

$$v = -\frac{q_0 x^2}{120LEI}(20L^3 - 10L^2 x + x^3)$$

$$v' = -\frac{q_0 x}{24LEI}(8L^3 - 6L^2 x + x^3)$$

$$\delta_B = \frac{11 q_0 L^4}{120EI} \qquad \theta_B = \frac{q_0 L^3}{8EI}$$

10

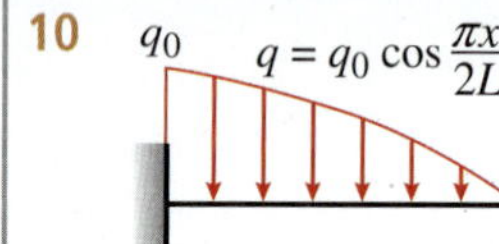

$$v = -\frac{q_0 L}{3\pi^4 EI}\left(48L^3 \cos\frac{\pi x}{2L} - 48L^3 + 3\pi^3 Lx^2 - \pi^3 x^3\right)$$

$$v' = -\frac{q_0 L}{\pi^3 EI}\left(2\pi^2 Lx - \pi^2 x^2 - 8L^2 \sin\frac{\pi x}{2L}\right)$$

$$\delta_B = \frac{2q_0 L^4}{3\pi^4 EI}(\pi^3 - 24) \qquad \theta_B = \frac{q_0 L^3}{\pi^3 EI}(\pi^2 - 8)$$

Table H-2

Deflections and Slopes of Simple Beams

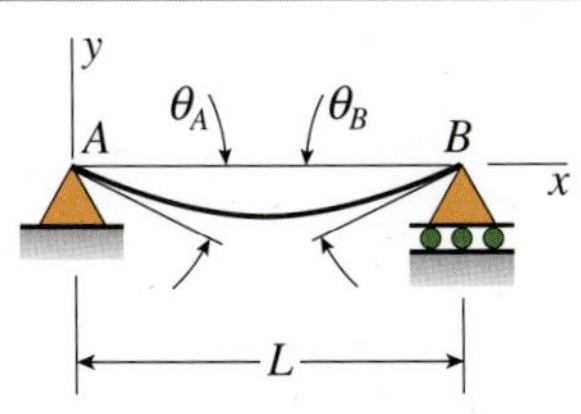

Notation:

v = deflection in the y direction (positive upward)

$v' = dv/dx$ = slope of the deflection curve

$\delta_C = -v(L/2)$ = deflection at midpoint C of the beam (positive downward)

x_1 = distance from support A to point of maximum deflection

$\delta_{max} = -v_{max}$ = maximum deflection (positive downward)

$\theta_A = -v'(0)$ = angle of rotation at left-hand end of the beam (positive clockwise)

$\theta_B = v'(L)$ = angle of rotation at right-hand end of the beam (positive counterclockwise)

EI = constant

1

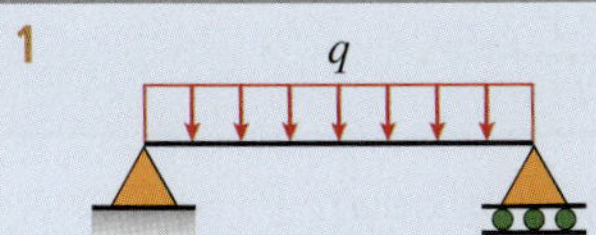

$$v = -\frac{qx}{24EI}(L^3 - 2Lx^2 + x^3)$$

$$v' = -\frac{q}{24EI}(L^3 - 6Lx^2 + 4x^3)$$

$$\delta_C = \delta_{max} = \frac{5qL^4}{384EI} \qquad \theta_A = \theta_B = \frac{qL^3}{24EI}$$

2

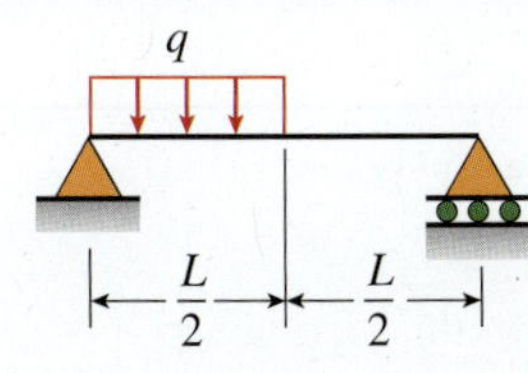

$$v = -\frac{qx}{384EI}(9L^3 - 24Lx^2 + 16x^3) \qquad \left(0 \le x \le \frac{L}{2}\right)$$

$$v' = -\frac{q}{384EI}(9L^3 - 72Lx^2 + 64x^3) \qquad \left(0 \le x \le \frac{L}{2}\right)$$

$$v = -\frac{qL}{384EI}(8x^3 - 24Lx^2 + 17L^2x - L^3) \qquad \left(\frac{L}{2} \le x \le L\right)$$

$$v' = -\frac{qL}{384EI}(24x^2 - 48Lx + 17L^2) \qquad \left(\frac{L}{2} \le x \le L\right)$$

$$\delta_C = \frac{5qL^4}{768EI} \qquad \theta_A = \frac{3qL^3}{128EI} \qquad \theta_B = \frac{7qL^3}{384EI}$$

3

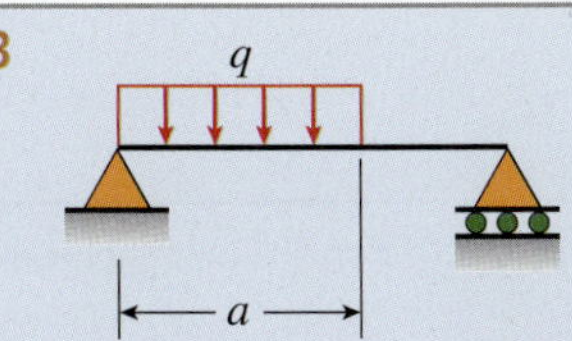

$$v = -\frac{qx}{24LEI}(a^4 - 4a^3L + 4a^2L^2 + 2a^2x^2 - 4aLx^2 + Lx^3) \qquad (0 \le x \le a)$$

$$v' = -\frac{q}{24LEI}(a^4 - 4a^3L + 4a^2L^2 + 6a^2x^2 - 12aLx^2 - 4Lx^3) \qquad (0 \le x \le a)$$

$$v = -\frac{qa^2}{24LEI}(-a^2L + 4L^2x + a^2x - 6Lx^2 + 2x^3) \qquad (a \le x \le L)$$

$$v' = -\frac{qa^2}{24LEI}(4L^2 + a^2 - 12Lx + 6x^2) \qquad (a \le x \le L)$$

$$\theta_A = \frac{qa^2}{24LEI}(2L - a)^2 \qquad \theta_B = \frac{qa^2}{24LEI}(2L^2 - a^2)$$

(Continued)

Table H-2 (Continued)

4

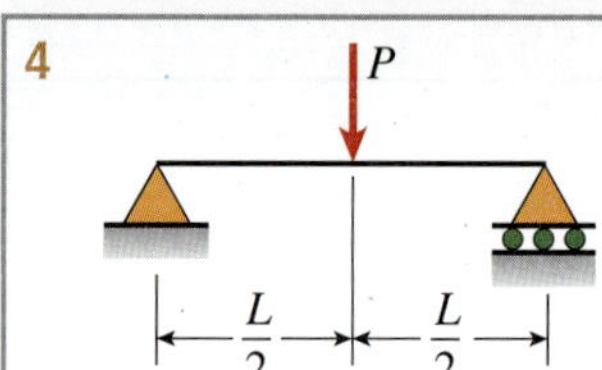

$$v = -\frac{Px}{48EI}(3L^2 - 4x^2) \quad v' = -\frac{P}{16EI}(L^2 - 4x^2) \quad \left(0 \le x \le \frac{L}{2}\right)$$

$$\delta_C = \delta_{max} = \frac{PL^3}{48EI} \quad \theta_A = \theta_B = \frac{PL^2}{16EI}$$

5

$$v = -\frac{Pbx}{6LEI}(L^2 - b^2 - x^2) \quad v' = -\frac{Pb}{6LEI}(L^2 - b^2 - 3x^2) \quad (0 \le x \le a)$$

$$\theta_A = \frac{Pab(L + b)}{6LEI} \quad \theta_B = \frac{Pab(L + a)}{6LEI}$$

$$\text{If } a \ge b, \quad \delta_C = \frac{Pb(3L^2 - 4b^2)}{48EI} \qquad \text{If } a \le b, \quad \delta_C = \frac{Pa(3L^2 - 4a^2)}{48EI}$$

$$\text{If } a \ge b, \quad x_1 = \sqrt{\frac{L^2 - b^2}{3}} \quad \text{and} \quad \delta_{max} = \frac{Pb(L^2 - b^2)^{3/2}}{9\sqrt{3}LEI}$$

6

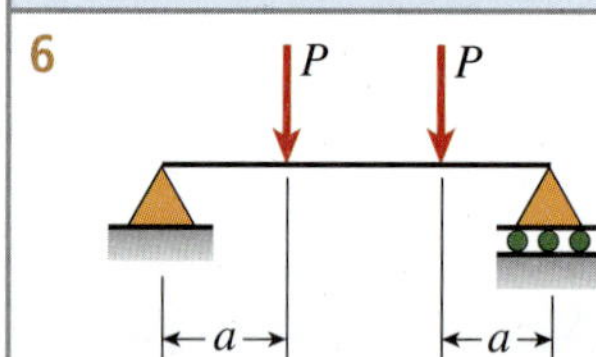

$$v = -\frac{Px}{6EI}(3aL - 3a^2 - x^2) \quad v' = -\frac{P}{2EI}(aL - a^2 - x^2) \quad (0 \le x \le a)$$

$$v = -\frac{Pa}{6EI}(3Lx - 3x^2 - a^2) \quad v' = -\frac{Pa}{2EI}(L - 2x) \quad (a \le x \le L - a)$$

$$\delta_C = \delta_{max} = \frac{Pa}{24EI}(3L^2 - 4a^2) \quad \theta_A = \theta_B = \frac{Pa(L - a)}{2EI}$$

7

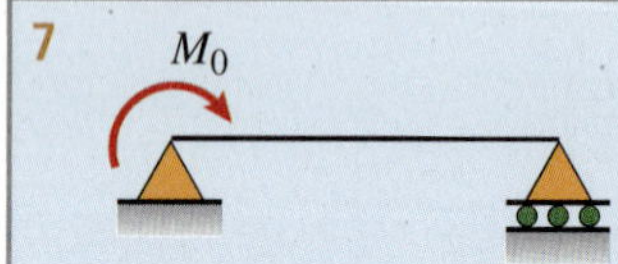

$$v = -\frac{M_0 x}{6LEI}(2L^2 - 3Lx + x^2) \quad v' = -\frac{M_0}{6LEI}(2L^2 - 6Lx + 3x^2)$$

$$\delta_C = \frac{M_0 L^2}{16EI} \quad \theta_A = \frac{M_0 L}{3EI} \quad \theta_B = \frac{M_0 L}{6EI}$$

$$x_1 = L\left(1 - \frac{\sqrt{3}}{3}\right) \quad \text{and} \quad \delta_{max} = \frac{M_0 L^2}{9\sqrt{3}EI}$$

8

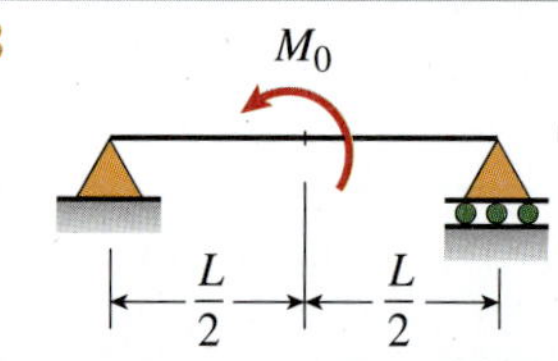

$$v = -\frac{M_0 x}{24LEI}(L^2 - 4x^2) \quad v' = -\frac{M_0}{24LEI}(L^2 - 12x^2) \quad \left(0 \le x \le \frac{L}{2}\right)$$

$$\delta_C = 0 \quad \theta_A = \frac{M_0 L}{24EI} \quad \theta_B = -\frac{M_0 L}{24EI}$$

9

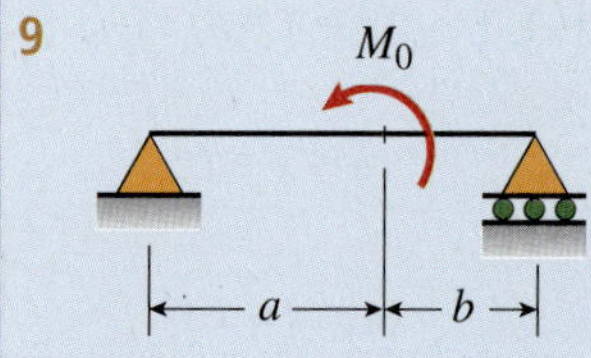

$$v = -\frac{M_0 x}{6LEI}(6aL - 3a^2 - 2L^2 - x^2) \quad (0 \le x \le a)$$

$$v' = -\frac{M_0}{6LEI}(6aL - 3a^2 - 2L^2 - 3x^2) \quad (0 \le x \le a)$$

$$\text{At } x = a: \quad v = -\frac{M_0 ab}{3LEI}(2a - L) \quad v' = -\frac{M_0}{3LEI}(3aL - 3a^2 - L^2)$$

$$\theta_A = \frac{M_0}{6LEI}(6aL - 3a^2 - 2L^2) \quad \theta_B = \frac{M_0}{6LEI}(3a^2 - L^2)$$

Table H-2 (Continued)

10	M_0 M_0	$v = -\dfrac{M_0 x}{2EI}(L - x) \quad v' = -\dfrac{M_0}{2EI}(L - 2x)$ $\delta_C = \delta_{\max} = \dfrac{M_0 L^2}{8EI} \quad \theta_A = \theta_B = \dfrac{M_0 L}{2EI}$
11	q_0	$v = -\dfrac{q_0 x}{360LEI}(7L^4 - 10L^2x^2 + 3x^4)$ $v' = -\dfrac{q_0}{360LEI}(7L^4 - 30L^2x^2 + 15x^4)$ $\delta_C = \dfrac{5q_0 L^4}{768EI} \quad \theta_A = \dfrac{7q_0 L^3}{360EI} \quad \theta_B = \dfrac{q_0 L^3}{45EI}$ $x_1 = 0.5193L \quad \delta_{\max} = 0.00652\dfrac{q_0 L^4}{EI}$
12	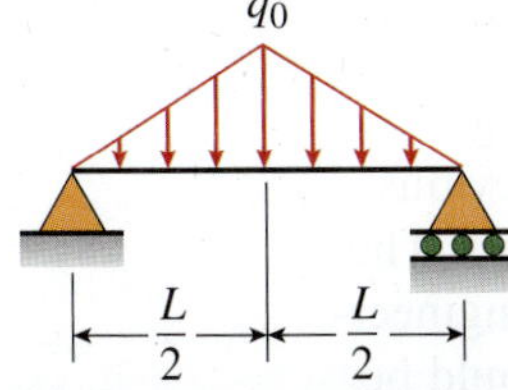	$v = -\dfrac{q_0 x}{960LEI}(5L^2 - 4x^2)^2 \quad \left(0 \le x \le \dfrac{L}{2}\right)$ $v' = -\dfrac{q_0}{192LEI}(5L^2 - 4x^2)(L^2 - 4x^2) \quad \left(0 \le x \le \dfrac{L}{2}\right)$ $\delta_C = \delta_{\max} = \dfrac{q_0 L^4}{120EI} \quad \theta_A = \theta_B = \dfrac{5q_0 L^3}{192EI}$
13	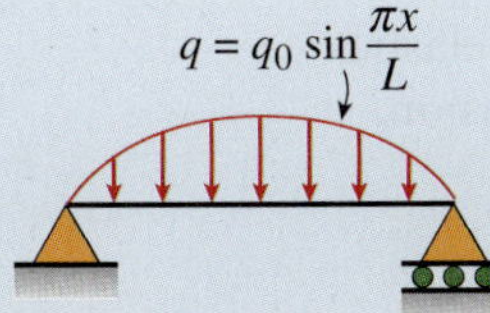	$v = -\dfrac{q_0 L^4}{\pi^4 EI}\sin\dfrac{\pi x}{L} \quad v' = -\dfrac{q_0 L^3}{\pi^3 EI}\cos\dfrac{\pi x}{L}$ $\delta_C = \delta_{\max} = \dfrac{q_0 L^4}{\pi^4 EI} \quad \theta_A = \theta_B = \dfrac{q_0 L^3}{\pi^3 EI}$

APPENDIX I

Properties of Materials

Notes:

1. Properties of materials vary greatly depending upon manufacturing processes, chemical composition, internal defects, temperature, previous loading history, age, dimensions of test specimens, and other factors. The tabulated values are typical but should never be used for specific engineering or design purposes. Manufacturers and materials suppliers should be consulted for information about a particular product.
2. Except when compression or bending is indicated, the modulus of elasticity E, yield stress σ_Y, and ultimate stress σ_U are for materials in tension.

Table I-1

Weights and Mass Densities

Material	Weight Density γ	Mass Density ρ
	kN/m³	kg/m³
Aluminum alloys	26–28	2600–2800
2014-T6, 7075-T6	28	2800
6061-T6	26	2700
Brass	82–85	8400–8600
Bronze	80–86	8200–8800
Cast iron	68–72	7000–7400
Concrete		
Plain	23	2300
Reinforced	24	2400
Lightweight	11–18	1100–1800
Copper	87	8900
Glass	24–28	2400–2800
Magnesium alloys	17–18	1760–1830
Monel (67% Ni, 30% Cu)	87	8800
Nickel	87	8800
Plastics		
Nylon	8.6–11	880–1100
Polyethylene	9.4–14	960–1400
Rock		
Granite, marble, quartz	26–28	2600–2900
Limestone, sandstone	20–28	2000–2900
Rubber	9–13	960–1300
Sand, soil, gravel	12–21	1200–2200
Steel	77.0	7850
Titanium	44	4500
Tungsten	190	1900
Water, fresh	9.81	1000
sea	10.0	1020
Wood (air dry)		
Douglas fir	4.7–5.5	480–560
Oak	6.3–7.1	640–720
Southern pine	5.5–6.3	560–640

Table I-2

Moduli of Elasticity and Poisson's Ratios

Material	Modulus of Elasticity E	Shear Modulus of Elasticity G	Poisson's Ratio ν
	GPa	GPa	
Aluminum alloys	70–79	26–30	0.33
2014-T6	73	28	0.33
6061-T6	70	26	0.33
7075-T6	72	27	0.33
Brass	96–110	36–41	0.34
Bronze	96–120	36–44	0.34
Cast iron	83–170	32–69	0.2–0.3
Concrete (compression)	17–31		0.1–0.2
Copper and copper alloys	110–120	40–47	0.33–0.36
Glass	48–83	19–35	0.17–0.27
Magnesium alloys	41–45	15–17	0.35
Monel (67% Ni, 30% Cu)	170	66	0.32
Nickel	210	80	0.31
Plastics			
Nylon	2.1–3.4		0.4
Polyethylene	0.7–1.4		0.4
Rock (compression)			
Granite, marble, quartz	40–100		0.2–0.3
Limestone, sandstone	20–70		0.2–0.3
Rubber	0.0007–0.004	0.0002–0.001	0.45–0.50
Steel	190–210	75–80	0.27–0.30
Titanium alloys	100–120	39–44	0.33
Tungsten	340–380	140–160	0.2
Wood (bending)			
Douglas fir	11–13		
Oak	11–12		
Southern pine	11–14		

Table I-3

Mechanical Properties

Material	Yield Stress σ_Y	Ultimate Stress σ_U	Percent Elongation (25 mm gage length)
	MPa	MPa	
Aluminum alloys	35–500	100–550	1–45
2014-T6	410	480	13
6061-T6	270	310	17
7075-T6	480	550	11
Brass	70–550	200–620	4–60
Bronze	82–690	200–830	5–60
Cast iron (tension)	120–290	69–480	0–1
Cast iron (compression)		340–1400	
Concrete (compression)		10–70	
Copper and copper alloys	55–760	230–830	4–50
Glass		30–1000	0
Plate glass		70	
Glass fibers		7000–20,000	
Magnesium alloys	80–280	140–340	2–20
Monel (67% Ni, 30% Cu)	170–1100	450–1200	2–50
Nickel	100–620	310–760	2–50
Plastics			
Nylon		40–80	20–100
Polyethylene		7–28	15–300
Rock (compression)			
Granite, marble, quartz		50–280	
Limestone, sandstone		20–200	
Rubber	1–7	7–20	100–800
Steel			
High-strength	340–1000	550–1200	5–25
Machine	340–700	550–860	5–25
Spring	400–1600	700–1900	3–15
Stainless	280–700	400–1000	5–40
Tool	520	900	8
Steel, structural	200–700	340–830	10–40
ASTM-A36	250	400	30
ASTM-A572	340	500	20
ASTM-A514	700	830	15

(Continued)

Table I-3 (Continued)

Mechanical Properties

Material	Yield Stress σ_Y	Ultimate Stress σ_U	Percent Elongation (25 mm gage length)
	MPa	MPa	
Steel wire	280–1000	550–1400	5–40
Titanium alloys	760–1000	900–1200	10
Tungsten		1400–4000	0–4
Wood (bending)			
Douglas fir	30–50	50–80	
Oak	40–60	50–100	
Southern pine	40–60	50–100	
Wood (compression parallel to grain)			
Douglas fir	30–50	40–70	
Oak	30–40	30–50	
Southern pine	30–50	40–70	

Table I-4

Coefficients of Thermal Expansion

Material	Coefficient of Thermal Expansion α
	10^{-6}/°C
Aluminum alloys	23
Brass	19.1–21.2
Bronze	18–21
Cast iron	9.9–12
Concrete	7–14
Copper and copper alloys	16.6–17.6
Glass	5–11
Magnesium alloys	26.1–28.8
Monel (67% Ni, 30% Cu)	14
Nickel	13

Material	Coefficient of Thermal Expansion α
	10^{-6}/°C
Plastics	
Nylon	70–140
Polyethylene	140–290
Rock	5–9
Rubber	130–200
Steel	10–18
High-strength	14
Stainless	17
Structural	12
Titanium alloys	8.1–11
Tungsten	4.3

Answers to Problems

CHAPTER 1

1.3-1 $A_y = 130.4\text{ N}, B_x = 135\text{ N}, B_y = 421.5\text{ N}, N = 0, V = 37.5\text{ N}, M = -198.7\text{ N}\cdot\text{m}$

1.3-2 $A_y = 198.3\text{ N}, B_x = -120\text{ N}, B_y = -38.3\text{ N}, N = 0, V = -41.7\text{ N}, M = 510\text{ N}\cdot\text{m}$

1.3-3 (a) $A_y = 22.7\text{ N}, B_y = -22.7\text{ N}, C_x = 220\text{ N}, C_y = 0$; (b) $N = 220\text{ N}, V = 22.7\text{ N}, M = 102\text{ N}\cdot\text{m}$

1.3-4 (a) $M_A = 0, C_y = 236\text{ N}, D_y = -75.6\text{ N}$; (b) $N = 0, V = -70\text{ N}, M = -36.7\text{ N}\cdot\text{m}$; (c) $M_A = 0, C_y = 236\text{ N}, D_y = -75.6\text{ N}; N = 0, V = -70\text{ N}, M = -36.7\text{ N}\cdot\text{m}$

1.3-5 (a) $A_x = 57.7\text{ N}, A_y = -66.7\text{ N}, C_y = 464.3\text{ N}, D_x = 50.3\text{ N}, D_y = -87.2\text{ N}$; (b) $\text{Resultant}_B = 88.2\text{ N}$; (c) $A_x = 191.7\text{ N}, A_y = 165.5\text{ N}, M_A = 696.5\text{ N}\cdot\text{m}, D_x = -83.7\text{ N}, D_y = 145\text{ N}, \text{Resultant}_B = 253\text{ N}$

1.3-6 (a) $R_{3x} = 40\text{ N}, R_{3y} = -25\text{ N}, R_{5x} = 20\text{ N}$; (b) $F_{11} = 0, F_{13} = 28.3\text{ N}$

1.3-7 (a) $A_x = 0, A_y = 4.5\text{ kN}, E_y = 22.5\text{ kN}$; (b) $F_{FE} = 8.13\text{ kN}$

1.3-8 (a) $F_x = 0, F_y = 12.0\text{ kN}, D_y = 6.0\text{ kN}$; (b) $F_{FE} = 0$

1.3-9 $A_x = 0, A_y = -86.1\text{ kN}, B_y = 86.1\text{ kN}, AC = 99.4\text{ kN}, AD = -49.7\text{ kN}, BC = -134\text{ kN}, BD = 102.6\text{ kN}, DC = -94.2\text{ kN}$

1.3-10 $A_x = 0, A_y = 8.67\text{ kN}, B_y = 71.3\text{ kN}, AD = -10.01\text{ kN}, AB = 5.01\text{ kN}, DB = 141.3\text{ kN}, DC = 42.2\text{ kN}, CB = -181.3\text{ kN}$

1.3-11 $A_x = 0, A_y = -86.1\text{ kN}, B_y = 86.1\text{ kN}, AC = 99.4\text{ kN}, BD = 102.6\text{ kN}$

1.3-12 $A_x = 0, A_y = 8.67\text{ kN}, B_y = 71.3\text{ kN}, AB = 5.01\text{ kN}, DC = 42.2\text{ kN}$

1.3-13 (a) $B_x = -0.8\,P, B_z = 2.0\,P, O_z = -1.25\,P$; (b) $F_{AC} = 0.960\,P$

1.3-14 (a) $A_x = -1.25\,P, B_y = 0, B_z = -P$; (b) $F_{AB} = 1.601\,P$

1.3-15 (a) $A_y = 4.67P, A_z = -4.0P$; (b) $F_{AB} = -8.33\,P$

1.3-16 (a) $A_z = 0, B_x = -3.75\text{ kN}$; (b) $F_{AB} = 6.73\text{ kN}$

1.3-17 (a) $T_A = 1270\text{ N}\cdot\text{m}$; (b) $T(L_1/2) = -1270\text{ N}\cdot\text{m}, T(L_1 + L_2/2) = 1130\text{ N}\cdot\text{m}$

1.3-18 (a) $T_A = -1225\text{ N}\cdot\text{m}$; (b) $T(L_1/2) = 62.5\text{ N}\cdot\text{m}, T(L_1 + L_2/2) = -T_2 = -1100\text{ N}\cdot\text{m}$

1.3-19 (a) $A_x = -2405\text{ N}, A_y = -247\text{ N}, M_A = 5932\text{ N}\cdot\text{m}, C_y = 247\text{ N}$; (b) $N = 247\text{ N}, V = 2229\text{ N}, M = -3586\text{ N}\cdot\text{m}$

1.3-20 (a) $A_x = 280\text{ N}, A_y = 8.89\text{ N}, M_A = -1120\text{ N}\cdot\text{m}, D_y = 151.1\text{ N}$; (b) $\text{Resultant}_B = 280\text{ N}$

1.3-21 $A_y = -173.1\text{ N}, D_x = -236.9\text{ N}, D_y = 724.9\text{ N}, N = 0, V = -266.1\text{ N}, M = -33.6\text{ N}\cdot\text{m}$

1.3-22 $A_x = -80\text{ N}, A_y = 11.67\text{ N}, D_y = 308\text{ N}, N = -308\text{ N}, V = -80\text{ N}, M = -53.3\text{ N}\cdot\text{m}$

1.3-23 (a) $A_x = 285\text{ N}, A_y = 1330\text{ N}, C_x = -285\text{ N}, C_y = 570\text{ N}$; (b) $N = -222\text{ N}, V = -190\text{ N}, M = 95\text{ N}\cdot\text{m}$

1.3-24 (a) $A_x = 10.98\text{ kN}, A_y = 29.0\text{ kN}, E_x = -8.05\text{ kN}, E_y = -22\text{ kN}$; (b) $\text{Resultant}_C = 23.4\text{ kN}$

1.3-25 (a) $A_y = -5625$ N, $E_x = 0$, $E_y = 7875$ N; (b) $N = 7875$ N, $V = 2250$ N, $M = 776$ N·m

1.3-26 (a) $A_x = 320$ N, $A_y = -240$ N, $C_y = 192$ N, $E_y = -192$ N; (b) $N = -312$ N, $V = -57.9$ N, $M = 289$ N·m; (c) $\text{Resultant}_C = 400$ N

1.3-27 (a) $A_x = -125$ N, $A_y = 217$ N, $B_x = -281$ N; (b) $T = 310$ N

1.3-28 (a) $A_x = -10$ kN, $A_y = -2.17$ kN, $C_y = 9.83$ kN, $E_y = 1.333$ kN; (b) $\text{Resultant}_D = 12.68$ kN

1.3-29 (a) $O_x = -213$ N, $O_y = 180$ N, $O_z = 56.9$ N, $M_{Ox} = 37.1$ N·m, $M_{Oy} = 75.9$ N·m, $M_{Oz} = -37.8$ N·m; (b) $N = -180$ N, $V = 220$ N, $T = -75.9$ N·m, $M = 53$ N·m

1.3-30 (a) $A_y = -120$ N, $A_z = -60$ N, $M_{Ax} = -70$ N·m, $M_{Ay} = -142.5$ N·m, $M_{Az} = -180$ N·m, $D_x = -60$ N, $D_y = 120$ N, $D_z = 30$ N; (b) $N = 120$ N, $V = 41.3$ N, $T = 142.5$ N·m, $M = 180.7$ N·m

1.3-31 (a) $A_x = 26$ N, $A_y = 208$ N, $A_z = -10.39$ N, $M_{Az} = 21.9$ N·m; (b) $T_{DC} = 17.13$ N, $T_{EC} = 30.6$ N

1.3-32 $C_x = 120$ N, $C_y = -160$ N, $C_z = 506$ N, $D_z = 466$ N, $H_y = 320$ N, $H_z = 499$ N

1.3-33 (a) $A_y = 253$ N, $B_x = 195.8$ N (to the left), $B_y = 504$ N, $C_x = 129.2$ N, $C_y = 26.2$ N

1.3-34 (a) $H_B = -104.6$ N, $V_B = 516$ N, $V_F = 336$ N; (b) $N = -646$ N, $V = 176.8$ N, $M = 44.9$ kN·m

1.4-1 (a) $\sigma_{AB} = 9.95$ MPa; (b) $P_2 = 6$ kN; (c) $t_{BC} = 12.62$ mm

1.4-2 (a) $\sigma_1 = 23.2$ MPa, $\sigma_2 = 10.61$ MPa; (b) $\varepsilon_1 = 6.8 \times 10^{-3}$, $\varepsilon_2 = 3.13 \times 10^{-3}$

1.4-3 $\sigma_{max} = 3.9$ MPa

1.4-4 (a) $\sigma = 130.2$ MPa; (b) $\varepsilon = 4.652 \times 10^{-4}$

1.4-5 (a) $R_B = 400$ N (cantilever), 848 N (V-brakes); $\sigma_C = 1.0$ MPa (cantilever), 2.12 MPa (V-brakes); (b) $\sigma_{cable} = 185.7$ MPa (both)

1.4-6 (a) $\varepsilon_s = 3.101 \times 10^{-4}$; (b) $\delta = 0.1526$ mm; (c) $P_{max} = 89.5$ kN

1.4-7 (a) $\sigma_C = 16.28$ MPa; (b) $x_C = 489$ mm, $y_C = 489$ mm

1.4-8 (a) $\sigma_t = 132.7$ MPa; (b) $\alpha_{max} = 34.4°$

1.4-9 (a) $\sigma_1 = 245$ MPa, $\sigma_2 = 206$ MPa; (b) $d_{1\,new} = 0.818$ mm; (c) $\sigma_1 = 120.5$ MPa, $\sigma_2 = 119.2$ MPa, $\sigma_3 = 141.6$ MPa

1.4-10 $\sigma_C = 5.21$ MPa

1.4-11 (a) $T = 1.298$ kN, $\sigma = 118$ MPa; (b) $\varepsilon_{cable} = 8.4 \times 10^{-4}$

1.4-12 (a) $T = 819$ N, $\sigma = 74.5$ MPa; (b) $\varepsilon_{cable} = 4.923 \times 10^{-4}$

1.4-13 (a) $T = \begin{pmatrix} 25951 \\ 20662 \\ 31616 \end{pmatrix}$ N;

(b) $\sigma = \begin{pmatrix} 337 \\ 268 \\ 411 \end{pmatrix}$ MPa;

(c) $T = \begin{pmatrix} 18890 \\ 28532 \\ 14755 \\ 18890 \end{pmatrix}$ N, $\sigma = \begin{pmatrix} 245 \\ 371 \\ 192 \\ 245 \end{pmatrix}$ MPa

1.4-14 (a) $\sigma_x = \gamma\omega^2(L^2 - x^2)/2g$; (b) $\sigma_{max} = \gamma\omega^2 L^2/2g$

1.4-15 (a) $T_{AB} = 6757$ N, $T_{BC} = 6358$ N, $T_{CD} = 6859$ N; (b) $\sigma_{AB} = 87.8$ MPa, $\sigma_{BC} = 82.6$ MPa, $\sigma_{CD} = 89.1$ MPa

1.4-16 (a) $T_{AQ} = T_{BQ} = 50.5$ kN; (b) $\sigma = 166$ MPa

1.4-17 (a) $T_A = 5.56$ kN, $T_B = 4.53$ kN; (b) $\sigma_A = 18.54$ MPa, $\sigma_B = 15.09$ MPa

1.5-1 (a) $L_{max} = 3377$ m; (b) $L_{max} = 3881$ m

1.5-2 (a) $L_{max} = 7143$ m; (b) $L_{max} = 8209$ m

1.5-3 % elongation = 9.0, 26.4, 38.3; % reduction = 8.8, 37.6, 74.5; Brittle, ductile, ductile

1.5-4 11.9×10^3 m; 12.7×10^3 m; 6.1×10^3 m; 6.5×10^3 m; 23.9×10^3 m

1.5-5 $\sigma = 345$ MPa

1.5-6 $\sigma_{pl} \approx 47\,\text{MPa}$, Slope $\approx 2.4\,\text{GPa}$, $\sigma_Y \approx 53\,\text{MPa}$; Brittle

1.5-7 $\sigma_{pl} \approx 486$ MPa, Slope ≈ 224 GPa, $\sigma_Y \approx 520$ MPa, $\sigma_U \approx 852$ MPa; Elongation = 6%, Reduction = 32%

1.6-1 (a) 2.375 mm longer (b) $\sigma = 278.5$ MPa, no permanent set

1.6-2 4.0 mm longer

1.6-3 5.5 mm longer

1.6-4 (a) $\delta_{pset} = 4.28$ mm; (b) $\sigma_B = 65.6$ MPa

1.6-5 (a) $\delta_{pset} = 48.6$ mm; (b) $\sigma_B = 220$ MPa

1.6-6 (a) $\delta = 11.23$ mm; (b) no permanent set

1.6-7 (b) 32 mm; (c) 30 mm; (d) 328 MPa

1.7-1 $P_{max} = 654$ kN

1.7-2 $P = 27.4$ kN (tension)

1.7-3 $P = -38.5$ kN

1.7-4 (a) $L_p = 405.25$ mm; (b) $\frac{V_i}{V_f} = 1.003$

1.7-5 $P = 612.5$ kN, $gap = 5.03$ mm

1.7-6 (a) $P = 74.1$ kN; (b) $\delta = \varepsilon L = 0.469$ mm shortening; $\frac{A_f - A}{A} = +0.052\%$, $\Delta V_1 = V_{1f} - \text{Vol}_1 = -207\ \text{mm}^3$; (c) $d_3 = 65.4$ mm

1.7-7 $\Delta d = -4.17 \times 10^{-3}$ mm, $P = 10.45$ kN

1.7-8 (a) $E = 104$ GPa; (b) $v = 0.34$

1.7-9 (a) $\Delta d_{BCinner} = 0.022$ mm; (b) $v_{brass} = 0.34$; (c) $\Delta t_{AB} = 6.90 \times 10^{-3}$ mm, $\Delta d_{ABinner} = 4.02 \times 10^{-3}$ mm

1.7-10 (a) $\Delta L_1 = 12.66$ mm; $\Delta L_2 = 5.06$ mm; $\Delta L_3 = 3.8$ mm; (b) $\Delta\text{Vol}_1 = 21{,}548\ \text{mm}^3$; $\Delta\text{Vol}_2 = 21{,}601\ \text{mm}^3$; $\Delta\text{Vol}_3 = 21{,}610\ \text{mm}^3$

1.8-1 $\sigma_b = 46.9$ MPa, $\tau_{ave} = 70.9$ MPa

1.8-2 $\sigma_b = 139.86$ MPa; $P_{ult} = 144.45$ kN

1.8-3 (a) $\tau = 89.1$ MPa; (b) $\sigma_{bf} = 140$ MPa, $\sigma_{bg} = 184.2$ MPa

1.8-4 (a) $B_x = -252.8$ N, $A_x = -B_x$, $A_y = 1150.1$ N; (b) $A_{resultant} = 1178$ N; (c) $\tau = 5.86$ MPa, $\sigma_{rail} = 18.4$ MPa

1.8-5 (a) $\tau_{max} = 22.9$ MPa; (b) $\sigma_{b\max} = 6.75$ MPa

1.8-6 $T_1 = 13.176$ kN, $T_2 = 10.772$ kN, $\tau_{1ave} = 25.888$ MPa, $\tau_{2ave} = 21.166$ MPa, $\sigma_{b1} = 9.15$ MPa, $\sigma_{b2} = 7.48$ MPa

1.8-7 (a) Resultant = 4882 N; (b) $\sigma_b = 33.3$ MPa; (c) $\tau_{nut} = 21.6$ MPa, $\tau_{pl} = 4.28$ MPa

1.8-8 $G = 2.5$ MPa

1.8-9 (a) $\gamma_{aver} = 0.004$; (b) $V = 384$ kN

1.8-10 $\tau_{pl} = 348$ MPa, $\sigma_u = 154.7$ MPa, $\sigma_l = 348$ MPa

1.8-11 $d = 0.213$ mm, $\gamma = 0.0164$

1.8-12 $\tau_{ave} = 0.299$ MPa

1.8-13 (a) $\sigma_b = 482$ MPa, $\sigma_{brg} = 265$ MPa, $\tau_f = 45.7$ MPa; (b) $\sigma_b = 419$ MPa, $\sigma_{brg} = 231$ MPa, $\tau_f = 39.7$ MPa

1.8-14 (a) $\gamma_{aver} = 0.50$; (b) $\delta = 4.92$ mm

1.8-15 (a) $A_x = 0$, $A_y = 765$ N, $M_A = 520$ N·m; (b) $B_x = 1.349$ kN, $B_y = 0.72$ kN, $B_{res} = 1.53$ kN, $C_x = -B_x$; (c) $\tau_B = 27.1$ MPa, $\tau_C = 13.4$ MPa; (d) $\sigma_{bB} = 42.5$ MPa, $\sigma_{bC} = 28.1$ MPa

1.8-16 $\tau_{aver} = 42.9$ MPa

1.8-17 (a) $\tau = \frac{P}{2\pi rh}$; (b) $\delta = \frac{P}{2\pi hG} \ln \frac{b}{d}$

1.8-18 (a) $\tau_1 = 2.95$ MPa, $\tau_4 = 0$; (b) $\sigma_{b1} = 1.985$ MPa, $\sigma_{b4} = 0$; (c) $\sigma_{b4} = 41$ MPa; (d) $\tau = 10.62$ MPa; (e) $\sigma_3 = 75.1$ MPa

1.8-19 (a) $O_x = 55.7$ N, $O_y = 5.69$ N, $O_{res} = 56.0$ N; (b) $\tau_O = 3.96$ MPa, $\sigma_{bO} = 6.22$ MPa; (c) $\tau = 2.83$ MPa

1.8-20 (a) $F_x = 153.9$ N, $\sigma = 3.06$ MPa; (b) $\tau_{ave} = 1.96$ MPa; (c) $\sigma_b = 1.924$ MPa

1.8-21 (a) $P = 1736$ N; (b) $C_x = 1647$ N, $C_y = -1041$ N, $C_{res} = 1948$ N; (c) $\tau = 137.8$ MPa, $\sigma_{bC} = 36.1$ MPa

1.8-22 (a) $R_x = -145.4$ kN, $R_y = -229$ kN, $R_z = -51.5$ kN, $M_x = -23.2$ N·m, $M_y = 0$, $M_z = 65.4$ kN·m; (b) $\tau_{ave} = 42.6$ MPa

1.8-23 (a) $R_O = \begin{Bmatrix} 0 \\ 937.5 \\ -321.7 \end{Bmatrix}$ N, $M_O = \begin{Bmatrix} 116.7 \\ -134.6 \\ -438.4 \end{Bmatrix}$ N·m;
(b) $\tau = 10$ MPa

1.8-24 For a bicycle with $L/R = 1.8$: (a) $T = 1440$ N; (b) $\tau_{aver} = 147$ MPa

1.9-1 $P_{allow} = 2.53$ kN

1.9-2 $T_{max} = 33.4\ \text{kN}\cdot\text{m}$

1.9-3 $P_{allow} = 2.67$ kN

1.9-4 (a) $P_{allow} = 8.74$ kN; (b) $P_{allow} = 8.69$ kN; (c) $P_{allow} = 21.2$ kN, $P_{allow} = 8.69$ kN (shear controls)

1.9-5 $P = 1.126$ MN

1.9-6 $d = 56.8$ mm

1.9-7 air: $n = 247$, water: $n = 284$

1.9-8 (a) $F = 1.171$ kN; (b) Shear: $F_a = 2.86$ kN

1.9-9 $W_{max} = 21.6$ kN

1.9-10 (a) $F_A = \sqrt{2}T$, $F_B = 2T$, $F_C = T$; (b) Shear at A: $W_{max} = 66.5$ kN

1.9-11 $P_a = 49.1$ kN

1.9-12 $C_{ult} = 5739$ N: $P_{max} = 445$ N

1.9-13 $W_{max} = 1.382$ kN

1.9-14 Shear in rivets in CG & CD controls: $P_{allow} = 45.8$ kN

1.9-15 (a) $P_a = \sigma_a(0.587d^2)$; (b) $P_a = 98.7$ kN

1.9-16 $P_{allow} = 96.5$ kN

1.9-17 $p_{max} = 557$ Pa

1.9-18 (a) $P_{allow} = \sigma_c(\pi d^2/4)\sqrt{1-(R/L)^2}$; (b) $P_{allow} = 9.77$ kN

1.10-1 (a) $d_{min} = 99.5$ mm; (b) $d_{min} = 106.2$ mm

1.10-2 (a) $d_{min} = 164.6$ mm; (b) $d_{min} = 170.9$ mm

1.10-3 (a) $d_{min} = 17.84$ mm; (b) $d_{min} = 18.22$ mm

1.10-4 $d_{min} = 63.3$ mm

1.10-5 $d_{pin} = 26$ mm

1.10-6 $A_{cable} = 75\ \text{mm}^2$, $d_O = 7.71$ mm, $d_B = d_D = 8.64$ mm

1.10-7 (a) $A_{cable} = 42.9\ \text{mm}^2$; (b) $d_O = 10.3$ mm, $d_A = d_B = 8.9$ mm, $d_D = 12.6$ mm

1.10-8 (b) $A_{min} = 435\ \text{mm}^2$

1.10-9 $d_{min} = 9.50$ mm

1.10-10 $d_{min} = 5.96$ mm

1.10-11 $n = 11.8$, or 12 bolts

1.10-12 $(d_2)_{min} = 131$ mm

1.10-13 $A_c = 1043\ \text{mm}^2$

1.10-14 (a) $t_{min} = 18.8$ mm, use $t = 20$ mm; (b) $D_{min} = 297$ mm

1.10-15 (a) $\sigma_{DF} = 65.2\ \text{MPa} < \sigma_{allow}$, $\sigma_{bF} = 2.72\ \text{MPa} < \sigma_{ba}$; (b) new $\sigma_{BC} = 158.9$ MPa, so increase rod BC to 6 mm diameter; required diameter of washer at B to 34 mm

1.10-16 (a) $d_m = 24.7$ mm; (b) $P_{max} = 49.4$ kN

1.10-17 (a) $P_{max} = 11.56$ kN; (b) $d_A = d_B = 12.1$ mm, $d_D = 16.9$ mm

1.10-18 $d_A = d_B = 8.32$ mm, $d_D = 11.60$ mm

1.10-19 $\theta = \arccos 1/\sqrt{3} = 54.7°$

R-1.1 C

R-1.2 C

R-1.3 D

R-1.4 A

R-1.5 B

R-1.6 A

R-1.7 A

R-1.8 D

R-1.9 A

R-1.10 C

R-1.11 D

R-1.12 D

R-1.13 D

R-1.14 A

R-1.15 B

R-1.16 C

CHAPTER 2

2.2-1 $\delta_A = 21.43$ mm

2.2-2 $\delta_{rod} = 0.1471$ mm $\delta_B = 0.1912$ mm

2.2-3 (a) $\delta = \frac{6W}{5k}$; (b) $\delta = \frac{4W}{5k}$

2.2-4 (a) $\delta = 12.5$ mm; (b) $n = 5.8$

2.2-5 (a) $\frac{\delta_a}{\delta_s} = \frac{E_s}{E_a} = 2.711$; (b) $\frac{d_a}{d_s} = \sqrt{\frac{E_s}{E_a}} = 1.646$; (c) $\frac{L_a}{L_s} = 1.5\frac{E_a}{E_s} = 0.553$; (d) $E_1 = \frac{E_s}{1.7} = 121$ GPa (cast iron or copper alloy) (see App. I)

2.2-6 $h = 13.4$ mm

2.2-7 $\Delta_{DC} = 7.05 \times 10^{-2}$ mm, $\delta_B = 0.264$ mm

2.2-8 $\Delta_A = 0.542$ mm

2.2-9 $h = L - \pi \rho_{max} d^2/4k$

2.2-10 (a) $x = 102.6$ mm; (b) $x = 205$ mm; (c) $P_{max} = 12.51$ N; (d) $\theta_{init} = 1.325°$; (e) $P = 20.4$ N

2.2-11 $W = 11.76$ N

2.2-12 $n = 8.9$

2.2-13 (a) $\delta_4 = \frac{26P}{3k}$; (b) $\delta_4 = \frac{104P}{45k}$, ratio $= \frac{15}{4} = 3.75$

2.2-14 (a) $\delta_B = 1.827$ mm; (b) $P_{max} = 390$ kN; (c) $\delta_{Bx} = 6.71$ mm, $P_{max} = 106.1$ kN

2.2-15 $P_{max} = 186$ N

2.2-16 (a) $x = 134.7$ mm; (b) $k_1 = 0.204$ N/mm; (c) $b = 74.1$ mm; (d) $k_3 = 0.638$ N/mm

2.2-17 (a) $t_{c,min} = 0.580$ mm; (b) $\delta_r = 0.912$ mm; (c) $h_{min} = 1.412$ mm

2.2-18 $\delta_A = 0.200$ mm, $\delta_D = 0.880$ mm

2.2-19 (a) $\delta_D = \frac{P}{16}(28f_2 - 9f_1)$; (b) $\frac{L_1}{L_2} = \frac{27}{16}$; (c) $\frac{d_1}{d_2} = 1.225$; (d) $x = \frac{365L}{236}$

2.2-20 (a) $\theta = 35.1°$, $\delta = 44.6$ mm, $R_A = 25$ N, $R_C = 25$ N; (b) $\theta = 43.3°$, $\delta = 8.19$ mm, $R_A = 31.5$ N, $R_C = 18.5$ N, $M_A = 1.882$ N · m

2.2-21 (a) $\theta = 52.7°$, $\delta = 19.54$ mm, $R_A = 50$ N, $R_C = 50$ N; (b) $\theta = 54.4°$, $\delta = 4.89$ mm, $R_A = 60$ N, $R_C = 40$ N, $M_A = 3.5$ N·m

2.3-1 (a) $\delta = 0.838$ mm; (b) $d_B = 29.4$ mm

2.3-2 (a) $\delta = 0.675$ mm; (b) $P_{max} = 267$ kN

2.3-3 (a) $\delta = 0.296$ mm (elongation); (b) So new value of P_3 is 7530 N, an increase of 1750 N; (c) $A_{AB} = 491$ mm^2

2.3-4 $\delta_B = 2.29 \times 10^{-4}$ mm, $\delta_D = 4.67 \times 10^{-4}$ mm, $\delta_E = 6.85 \times 10^{-4}$ mm

2.3-5 $\delta_B = -3.18 \times 10^{-4}$ mm, $\delta_C = -5.31 \times 10^{-4}$ mm, $\delta_D = -1.38 \times 10^{-3}$ mm

2.3-6 $\delta_B = 4.22 \times 10^{-4}$ mm, $\delta_D = 7.84 \times 10^{-4}$ mm, $\delta_E = 10.51 \times 10^{-4}$ mm

2.3-7 $\delta_B = 1.85 \times 10^{-5}$ mm, $\delta_C = 4.68 \times 10^{-5}$ mm, $\delta_D = -6.1 \times 10^{-4}$ mm

2.3-8 (a) $\delta = \frac{7PL}{6Ebt}$; (b) $\delta = 0.5$ mm; (c) $L_{slot} = 244$ mm

2.3-9 (a) $\delta = \frac{7PL}{6Ebt}$; (b) $\delta = 0.53$ mm; (c) $L_{slot} = 299$ mm

2.3-10 (a) $\delta_{AC} = 3.72$ mm; (b) $P_0 = 44.2$ kN

2.3-11 (a) $\delta_a = 3.1$ mm; (b) $\delta_b = 2.41$ mm; (c) $\frac{\delta_c}{\delta_a} = 1.0$, $\frac{\delta_c}{\delta_b} = 1.284$

2.3-12 (a) $d_{max} = 23.9$ mm; (b) $b = 4.16$ mm; (c) $x = 183.3$ mm

2.3-13 (a) $\delta = \frac{PL}{2EA}$; (b) $\sigma(y) = \frac{P}{A}\left(\frac{y}{L}\right)$; (c) $\delta = \frac{PL}{EA}\left(\frac{2}{3}\right)$, $\sigma(y) = \frac{P}{A}\left[\frac{y}{L}\left(2 - \frac{y}{L}\right)\right]$

2.3-14 (a) $\delta_{2\text{-}4} = 0.024$ mm; (b) $P_{max} = 8.15$ kN; (c) $L_2 = 9.16$ mm

2.3-15 (a) $R_1 = -3P/2$; (b) $N_1 = 3P/2$ (tension), $N_2 = P/2$ (tension); (c) $x = L/3$; (d) $\delta_2 = 2PL/3EA$; (e) $\beta = 1/11$

2.3-16 (a) $\delta_C = W(L^2 - h^2)/2EAL$; (b) $\delta_B = WL/2EA$; (c) $\beta = 3$; (d) $\delta = \dfrac{WL}{2EA} = 359$ mm (in sea water); $\delta = \dfrac{WL}{2EA} = 412$ mm (in air)

2.3-17 (b) $\delta = 0.304$ mm

2.3-18 $\delta_B = 0.937$ mm, $\delta_C = 2.95$ mm

2.3-19 $\delta_B = 2.12$ mm, $\delta_C = 6.35$ mm

2.3-20 $P_1 = 415$ kN to left, $\delta_B = -1.389$ mm

2.3-21 $L = 2.83$ m

2.3-22 $\delta = 4.14$ mm

2.3-23 $\delta = 2WL/\pi d^2 E$

2.3-24 $\delta = 2PH/3Eb^2$

2.3-25 (b) $\delta = 3.55$ m

2.3-26 (a) $\delta = 2.18$ mm; (b) $\delta = 6.74$ mm

2.3-27 $\delta_C = 0.653$ mm downward

2.3-28 $\delta_B = -4\dfrac{PL}{EA}, \delta_F = -\dfrac{11}{3}\dfrac{PL}{EA}$

2.3-29 $\delta_B = -\dfrac{3}{4}\dfrac{PL}{EA}, \delta_D = -\dfrac{5}{4}\dfrac{PL}{EA}$

2.3-30 $\delta_B = \delta_D = -\dfrac{1}{2}\dfrac{PL}{EA}$

2.4-1 (a) $P = 9.24$ kN; (b) $P_{allow} = 7.07$ kN

2.4-2 (a) $P = 104$ kN; (b) $P_{max} = 116$ kN

2.4-3 $A_y = -6.67$ kN, $B_y = -3.33$ kN (both downward), $\delta_C = 6.54 \times 10^{-3}$ mm (upward)

2.4-4 $A = 70.3\text{ mm}^2$

2.4-5 $P_{allow} = 3090$ kN

2.4-6 (a) $P_B/P = 3/11$; (b) $\sigma_B/\sigma_A = 1/2$; (c) Ratio = 1

2.4-7 (a) If $x \le L/2$, $R_A = (-3PL)/(2(x + 3L))$, $R_B = -P(2x + 3L)/(2(x + 3L))$. If $x \ge L/2$, $R_A = (-P(x + L))/(x + 3L)$, $R_B = (-2PL)/(x + 3L)$; (b) If $x \le L/2$, $\delta = PL(2x + 3L)/[(x + 3L)E\pi d^2]$. If $x \ge L/2$, $\delta = 8PL(x + L)/[3(x + 3L)E\pi d^2]$; (c) $x = 3L/10$ or $x = 2L/3$; (d) $R_B = \rho g \pi d^2 L/8$, $R_A = 3\rho g \pi d^2 L/32$

2.4-8 $R_A = -80$ kN, $R_C = -120$ kN, $\delta_B = 0.466$ mm

2.4-9 $R_A = -69.52$ kN, $R_C = -20.48$ kN, $\delta_B = 0.474$ mm

2.4-10 (a) $\delta = 1.91$ mm; (b) $\delta = 1.36$ mm; (c) $\delta = 2.74$ mm

2.4-11 (a) 41.2%; (b) $\sigma_M = 238$ MPa, $\sigma_O = 383$ MPa

2.4-12 (a) $R_A = 10.5$ kN (to the left), $R_D = 2.0$ kN (to the right); (b) $F_{BC} = 15.0$ kN (compression)

2.4-13 (a) $R_A = 2P/3$, $R_E = -5P/3$; (b) $\delta_B = -\dfrac{LP}{6EA}, \delta_C = \dfrac{LP}{6EA}, \delta_D = \dfrac{5LP}{6EA}$; (c) $\delta_{max} = \dfrac{5LP}{6EA}$ (to the right), $\delta_A = \delta_E = 0$; (d) $P_{max} = 53$ kN

2.4-14 (a) $P = 13.73$ kN, $R_1 = 9.07$ kN, $R_2 = 4.66$ kN, $\sigma_2 = 7$ MPa; (b) $\delta_{cap} = 190.9$ mm, Axial Force Diagram: $N(x) = -R_2$ if $x \le L_2$, $N(x) = R_1$ if $x > L_2$; Axial Displacement Diagram:

$$\delta(x) = \left[\frac{-R_2}{EA_2}(x)\right] \text{if } x \le L_2,$$

$$\delta(x) = \left[\frac{-R_2 L_2}{EA_2} + \frac{R_1}{EA_1}(x - L_2)\right] \text{if } x > L_2;$$

(c) $q = 1.552$ kN/m

2.4-15 (b) $\sigma_a = 10.6$ MPa (compression), $\sigma_s = 60.6$ MPa (tension)

2.4-16 (a) $P_{allow} = 1504$ N; (b) $P_{allow} = 820$ N; (c) $P_{allow} = 703$ N

2.4-17 (a) $P_1 = PE_1/(E_1 + E_2)$;
(b) $e = b(E_2 - E_1)/[2(E_2 + E_1)]$;
(c) $\sigma_1/\sigma_2 = E_1/E_2$

2.4-18 (a) $A_x = -41.2\,\text{kN}$, $A_y = -71.4\,\text{kN}$,
$B_x = -329\,\text{kN}$, $B_y = 256\,\text{kN}$;
(b) $P_{max} = 233\,\text{kN}$

2.4-19 $d_2 = 9.28$ mm, $L_2 = 1.10$ m

2.4-20 $P_{max} = 1800$ N

2.4-21 (a) $\sigma_C = 50.0$ MPa, $\sigma_D = 60.0$ MPa;
(b) $\delta_B = 0.320$ mm

2.4-22 $M_A = \dfrac{2}{3}PL$, $A_x = 0$, $D_x = 0$, $D_y = \dfrac{2}{3}P$,
$R_F = \dfrac{4}{3}P$

2.4-23 $\sigma_s = 58.9$ MPa, $\sigma_b = 28.0$ MPa,
$\sigma_c = 33.6$ MPa

2.4-24 $A_x = 0$, $A_y = -6P$, $D_x = 0$, $D_y = \dfrac{18}{5}P$,
$R_F = \dfrac{27}{5}P$

2.5-1 $\sigma = 100.8$ MPa

2.5-2 $T = 40.3°\text{C}$

2.5-3 $\Delta T = 90°\text{C}$

2.5-4 (a) $\Delta T = 24°\text{C}$, $\sigma_{rod} = 57.6$ MPa;
(b) Clevis: $\sigma_{bc} = 42.4$ MPa, Washer:
$\sigma_{bw} = 74.1$ MPa; (c) $d_b = 10.68$ mm

2.5-5 (a) $\sigma_c = E\alpha(\Delta T_B)/4$;
(b) $\sigma_c = E\alpha(\Delta T_B)/[4(EA/kL + 1)]$

2.5-6 $\sigma_T = -0.74$ MPa, $\delta_B = 1.609$ mm

2.5-7 $\sigma_T = -24$ MPa

2.5-8 (a) $N = 51.8$ kN, max. $\sigma_c = 26.4$ MPa,
$\delta_C = -0.314$ mm;
(b) $N = 31.2$ kN, max. $\sigma_c = 15.91$ MPa,
$\delta_C = -0.546$ mm

2.5-9 $R_A = -R_C = 5.2$ kN, $\delta_B = 5.32 \times 10^{-3}$ mm
to right

2.5-10 $R_A = -R_C = 117.4$ kN, $\delta_B = 0$

2.5-11 $\delta = 5$ mm

2.5-12 ends $\sigma_T = -22.7$ MPa,
middle $\sigma_T = -27.0$ MPa

2.5-13 $\tau = 67.7$ MPa

2.5-14 $\Delta T = 34°\text{C}$

2.5-15 (a) $T_A = 1760$ N, $T_B = 880$ N;
(b) $T_A = 2008$ N, $T_B = 383$ N;
(c) $\Delta T = 177°\text{C}$

2.5-16 $P_{allow} = 39.5$ kN

2.5-17 (a) $\sigma = -6.62$ MPa; (b) $F_k = 12.99$ kN (C);
(c) $\sigma = -17.33$ MPa

2.5-18 (a) $\sigma = 98$ MPa; (b) T = 35°C

2.5-19 $F_{tube} = -1036$ kN, $F_{each-cable} = 517.9$ kN,
$\delta_{tube} = -2.45$ mm

2.5-20 $s = PL/6EA$

2.5-21 (a) $P_1 = 1027$ kN, $R_A = -249$ kN,
$R_B = 249$ kN; (b) $P_2 = 656$ kN,
$R_A = -249$ kN, $R_B = 249$ kN; (c) For P_1,
$\tau_{max} = 93.8$ MPa, for P_2, $\tau_{max} = 133.3$ MPa;
(d) $\Delta T = 35°\text{C}$, $R_A = 0$, $R_B = 0$;
(e) $R_A = -249$ kN, $R_B = 249$ kN

2.5-22 (a) $R_A = [-s + \alpha\Delta T(L_1 + L_2)]/[(L_1/EA_1)$
$+ (L_2/EA_2) + (L/k_3)]$, $R_D = -R_A$;
(b) $\delta_B = \alpha\Delta T(L_1) - R_A(L_1/EA_1)$,
$\delta_C = \alpha\Delta T(L_1 + L_2) - R_A[(L_1/EA_1)$
$+ (L_2/EA_2)]$

2.5-23 $T_B = 2541$ N, $T_C = 4623$ N

2.5-24 $P_{allow} = 1.8$ MN

2.5-25 (a) $\sigma_p = -1.231$ MPa, $\sigma_r = 17.53$ MPa;
(b) $\sigma_b = 11.63$ MPa, $\tau_c = 1.328$ MPa

2.5-26 $\sigma_p = 25.0$ MPa

2.5-27 $\sigma_p = 15.0$ MPa

2.5-28 (a) $P_B = 25.4$ kN, $P_s = -P_B$;
(b) $s_{reqd} = 25.7$ mm; (c) $\delta_{final} = 0.35$ mm

2.5-29 (a) $F_k = -727$ N; (b) $F_t = 727$ N;
(c) $L_f = 305.2$ mm; (d) $\Delta T = 76.9°\text{C}$

2.5-30 $\sigma_a = 500$ MPa (tension), $\sigma_c = 10$ MPa
(compression)

2.5-31 (a) $F_k = 727$ N; (b) $F_t = -727$ N;
(c) $L_f = 304.8$ mm; (d) $\Delta T = -76.8°\text{C}$

2.6-1 $P_{max} = 312$ kN

2.6-2 $d_{min} = 6.81 \text{ mm}$

2.6-3 $P_{max} = 104 \text{ kN}$

2.6-4 (a) $\Delta T_{max} = -46°C$; (b) $\Delta T = +9.93°C$

2.6-5 (a) $\tau_{max} = 84.7 \text{ MPa}$; (b) $\Delta T_{max} = -17.38°C$; (c) $\Delta T = +42.7°C$

2.6-6 (a) $\sigma_x = 84 \text{ MPa}$; (b) $\tau_{max} = 42 \text{ MPa}$; (c) On rotated x face: $\sigma_{x1} = 42 \text{ MPa}$, $\tau_{x1y1} = 42 \text{ MPa}$; On rotated y face: $\sigma_{y1} = 42 \text{ MPa}$; (d) On rotated x face: $\sigma_{x1} = 71.7 \text{ MPa}$, $\tau_{x1y1} = -29.7 \text{ MPa}$; On rotated y face: $\sigma_{y1} = 12.3 \text{ MPa}$

2.6-7 (a) $\sigma_{max} = 16.8 \text{ MPa}$; (b) $\tau_{max} = 8.4 \text{ MPa}$

2.6-8 (a) Element A: $\sigma_x = 105 \text{ MPa}$ (compression), Element B: $\tau_{max} = 52.5 \text{ MPa}$; (b) $\theta = 33.1°$

2.6-9 $\sigma_\theta = -5.81 \text{ MPa}$, $\sigma_{\theta+\pi/2} = -2.85 \text{ MPa}$, $\tau_\theta = 4.07 \text{ MPa}$

2.6-10 $\sigma_\theta = -30 \text{ MPa}$, $\sigma_{\theta+\pi/2} = -30 \text{ MPa}$, $\tau_\theta = 30 \text{ MPa}$

2.6-11 (a) $\tau_{max\,AC} = \dfrac{\sigma_{AC}}{2} = 13.1 \text{ MPa}$, $\tau_{max\,AB} = \dfrac{\sigma_{AB}}{2} = 52.3 \text{ MPa}$, $\tau_{max\,BC} = \dfrac{\sigma_{BC}}{2} = -66.3 \text{ MPa}$; (b) $P_{max} = 159.3 \text{ kN}$

2.6-12 (a) (1) $\sigma_x = -945 \text{ kPa}$; (2) $\sigma_\theta = -807 \text{ kPa}$, $\tau_\theta = 334 \text{ kPa}$; (3) $\sigma_\theta = -472 \text{ kPa}$, $\tau_\theta = 472 \text{ kPa}$, $\sigma_{max} = -945 \text{ kPa}$, $\tau_{max} = -472 \text{ kPa}$; (b) $\sigma_{max} = -378 \text{ kPa}$, $\tau_{max} = -189 \text{ kPa}$

2.6-13 (a) $\tau_{pq} = 4.85 \text{ MPa}$; (b) $\sigma_{pq} = -8.7 \text{ MPa}$, $\sigma(pq + \pi/2) = -2.7 \text{ MPa}$; (c) $P_{max} = 127.7 \text{ kN}$

2.6-14 (a) $\Delta T_{max} = 31.3°C$; (b) $\sigma_{pq} = -21.0 \text{ MPa}$ (compression), $\tau_{pq} = 30 \text{ MPa}$ (CCW); (c) $\beta = 0.62$

2.6-15 $N_{AC} = 34.6 \text{ kN}$; $d_{min} = 32.4 \text{ mm}$

2.6-16 (a) $\sigma_\theta = 0.57 \text{ MPa}$, $\tau_\theta = -1.58 \text{ MPa}$; (b) $\alpha = 33.3°$; (c) $\alpha = 26.6°$

2.6-17 (a) $\theta = 30°$, $\tau_0 = -34.6 \text{ MPa}$; (b) $\sigma_{max} = 80 \text{ MPa}$, $\tau_{max} = 40 \text{ MPa}$

2.6-18 $\sigma_{\theta 1} = 54.9 \text{ MPa}$, $\sigma_{\theta 2} = 18.3 \text{ MPa}$, $\tau_\theta = -31.7 \text{ MPa}$

2.6-19 $\sigma_{max} = 64.4 \text{ MPa}$, $\tau_{max} = 34.7 \text{ MPa}$

2.6-20 (a) $\theta = 30.96°$; (b) $P_{max} = 1.53 \text{ kN}$

2.6-21 (a) $\tau_\theta = 2.15 \text{ MPa}$, $\theta = 22°$; (b) $\sigma_{x1} = -5.3 \text{ MPa}$, $\sigma_{y1} = -0.869 \text{ MPa}$; (c) $k_{max} = 3962 \text{ kN/m}$; (d) $L_{max} = 0.755 \text{ m}$; (e) $\Delta T_{max} = 53.7°C$

2.6-22 $P_{max} = 5.63 \text{ kN}$

2.7-1 (a) $U = 23P^2L/12EA$; (b) $U = 14.02 \text{ N·m}$

2.7-2 (a) $U = 5P^2L/4\pi Ed^2$; (b) $U = 1.036 \text{ J}$

2.7-3 $U = 788 \text{ J}$

2.7-4 (c) $U = P^2L/2EA + PQL/2EA + Q^2L/4EA$

2.7-5 Aluminum: 826 kPa, 31 m

2.7-6 (a) $U = P^2L/EA$; (b) $\delta_B = 2PL/EA$

2.7-7 (a) $U_1 = 0.00422 \text{ J}$; (b) $U_2 = 0.305 \text{ J}$; (c) $U_3 = 0.264 \text{ J}$

2.7-8 (a) $U = 5k\delta^2$; (b) $\delta = W/10k$; (c) $F_1 = 3W/10$, $F_2 = 3W/20$, $F_3 = W/10$

2.7-9 (a) $U = \dfrac{P^2L}{2Et(b_2 - b_1)} \ln \dfrac{b_2}{b_1}$; (b) $\delta = \dfrac{PL}{Et(b_2 - b_1)} \ln \dfrac{b_2}{b_1}$

2.7-10 (a) $P_1 = 270 \text{ kN}$; (b) $\delta = 1.321 \text{ mm}$; (c) $U = 243 \text{ J}$

2.7-11 (a) $x = 2s$, $P = 2(k_1 + k_2)s$; (b) $U_1 = (2k_1 + k_2)s^2$

2.7-12 (a) $U = 6.55 \text{ J}$; (b) $\delta_C = 168.8 \text{ mm}$

2.8-1 (a) $\delta_{max} = 0.869 \text{ mm}$; (b) $\sigma_{max} = 152.1 \text{ MPa}$; (c) Impact factor = 117

2.8-2 (a) $\delta_{max} = 6.33 \text{ mm}$; (b) $\sigma_{max} = 359 \text{ MPa}$; (c) Impact factor = 160

2.8-3 (a) $\delta_{max} = 0.762 \text{ mm}$; (b) $\sigma_{max} = 177.7 \text{ MPa}$; (c) Impact factor = 133

2.8-4 (a) $\delta_{max} = 215 \text{ mm}$; (b) Impact factor = 3.9

2.8-5 (a) $\delta_{max} = 270 \text{ mm}$; (b) Impact factor = 4.2

2.8-6 $v = 13.1 \text{ m/s}$

2.8-7 $h_{max} = 0.27 \text{ m}$

2.8-8 $L_{min} = 9.25 \text{ m}$

2.8-9 $L_{min} = 4.59 \text{ m}$

2.8-10 $v_{max} = 5.40 \text{ m/s}$

2.8-11 $\delta_{max} = 200 \text{ mm}$

2.8-12 $L = 25.5 \text{ m}$

2.8-13 (a) Impact factor $= 1 + (1 + 2EA/W)^{1/2}$; (b) 10

2.8-14 $\sigma_{max} = 33.3 \text{ MPa}$

2.10-1 (a) $\sigma_{max} \approx 45$ and 50 MPa; (b) $\sigma_{max} \approx 76$ and 61 MPa

2.10-2 (a) $\sigma_{max} \approx 26$ MPa and 29 MPa; (b) $\sigma_{max} \approx 25$ MPa and 22 MPa

2.10-3 $P_{max} = \sigma_t bt/3$

2.10-4 $\sigma_{max} \approx 46 \text{ MPa}$

2.10-5 $\sigma_{max} \approx 41.9 \text{ MPa}$

2.10-6 (a) No, it makes it weaker: $P_1 = 25.1 \text{ kN}$, $P_2 \approx 14.4 \text{ kN}$; (b) $d_0 \approx 15.1 \text{ mm}$

2.10-7 $d_{max} \approx 13 \text{ mm}$

2.11-2 (a) $\delta_C = 1.67 \text{ mm}$; (b) $\delta_C = 5.13 \text{ mm}$; (c) $\delta_C = 11.88 \text{ mm}$

2.11-3 (b) $P = 79.9 \text{ kN}$

2.11-4 For $P = 30 \text{ kN}$: $\delta = 6.2 \text{ mm}$; for $P = 40 \text{ kN}$: $\delta = 12.0 \text{ mm}$

2.11-5 For $P = 106 \text{ kN}$: $\delta = 4.5 \text{ mm}$; for $P = 180 \text{ kN}$: $\delta = 17.5 \text{ mm}$

2.11-6 For $P = 3.2 \text{ kN}$: $\delta_B = 4.85 \text{ mm}$; for $P = 4.8 \text{ kN}$: $\delta_B = 17.3 \text{ mm}$

2.12-1 $P_Y = P_P = 2\sigma_Y A \sin\theta$

2.12-2 $P_P = 201 \text{ kN}$

2.12-3 (a) $P_P = 5\sigma_Y A$

2.12-4 $P_P = 2\sigma_Y A(1 + \sin\alpha)$

2.12-5 $P_P = 220 \text{ kN}$

2.12-6 $P_P = 82.5 \text{ kN}$

2.12-7 (a) $P_P = 102 \text{ kN}$; (b) no change

2.12-8 (a) $P_Y = \sigma_Y A, \delta_Y = 3\sigma_Y L/2E$; (b) $P_P = 4\sigma_Y A/3, \delta_P = 3\sigma_Y L/E$

2.12-9 (a) $P_Y = \sigma_Y A, \delta_Y = \sigma_Y L/E$; (b) $P_P = 5\sigma_Y A/4, \delta_P = 2\sigma_Y L/E$

2.12-10 (a) $W_Y = 28.8 \text{ kN}, \delta_Y = 125 \text{ mm}$; (b) $W_P = 48 \text{ kN}, \delta_P = 225 \text{ mm}$

2.12-11 (a) $P_Y = 300 \text{ kN}, \delta_Y = 0.475 \text{ mm}$; (b) $P_P = 456 \text{ kN}, \delta_P = 0.75 \text{ mm}$

R-2.1 D

R-2.2 B

R-2.3 A

R-2.4 A

R-2.5 D

R-2.6 A

R-2.7 B

R-2.8 C

R-2.9 A

R-2.10 D

R-2.11 D

R-2.12 C

R-2.13 A

R-2.14 C

R-2.15 D

R-2.16 C

CHAPTER 3

3.2-1 $\gamma_{min} = 4.2 \times 10^{-3}$ rad., $\gamma_{med} = 4.6 \times 10^{-3}$ rad.

3.2-2 (a) $L_{min} = 162.9 \text{ mm}$; (b) $d_{max} = 68.8 \text{ mm}$

3.2-3 (a) $d_{max} = 10.54 \text{ mm}$; (b) $L_{min} = 545 \text{ mm}$

3.2-4 (a) $\gamma_1 = 393 \times 10^{-6}$ rad; (b) $r_{2,\,max} = 50.9 \text{ mm}$

3.2-5 (a) $\gamma_1 = 1.967 \times 10^{-4}$ rad; (b) $r_{2,\,max} = 65.1 \text{ mm}$

3.2-6 (a) $\gamma_1 = 267 \times 10^{-6}$ rad; (b) $r_{2,\,min} = 183.3 \text{ mm}$

3.3-1 $\phi = 4.85 \times 10^{-3}$ rad, $\tau_{max} = 8.2 \text{ MPa}$, $\tau_A = 6.5 \text{ MPa}$

3.3-2 $d_{min} = 35.7$ mm

3.3-3 $\phi = 5.59 \times 10^{-3}$ rad, $\tau_{max} = 9.4$ MPa, $\tau_A = 7.5$ MPa

3.3-4 $d_{min} = 64.7$ mm

3.3-5 (a) $\tau_{max} = 60.4$ MPa; (b) $d_{min} = 15.87$ mm

3.3-6 (a) $\tau_{max} = 23.8$ MPa; (b) $T_{max} = 0.402$ N·m; (c) $\theta = 9.12°$/m

3.3-7 (a) $\tau_{max} = 133$ MPa; (b) $\phi = 3.65°$

3.3-8 (a) $k_T = 2059$ N·m; (b) $\tau_{max} = 27.9$ MPa, $\gamma_{max} = 997 \times 10^{-6}$ radians; (c) $\frac{k_{T\text{hollow}}}{k_{T\text{solid}}} = 0.938$, $\frac{\tau_{\max H}}{\tau_{\max S}} = 1.067$; (d) $d_2 = 32.5$ mm

3.3-9 (a) $L_{min} = 838$ mm; (b) $L_{min} = 982$ mm

3.3-10 $T_{max} = 6.03$ N·m, $\phi = 2.20°$

3.3-11 (a) $\tau_{max} = 46$ MPa; $\gamma_{max} = 2.094 \times 10^{-3}$, $G = 22$ GPa; (b) $T_{max} = 548$ N·m

3.3-12 (a) $T_{max} = 9164$ N·m; (b) $T_{max} = 7765$ N·m;

3.3-13 $\tau_{max} = 54.0$ MPa

3.3-14 (a) $d_{min} = 63.3$ mm; (b) $d_{min} = 66$ mm (4.2% increase in diameter)

3.3-15 (a) $\tau_2 = 25.7$ MPa; (b) $\tau_1 = 18.4$ MPa; (c) $\theta = 0.21°$/m

3.3-16 (a) $\tau_2 = 30.1$ MPa; (b) $\tau_1 = 20.1$ MPa; (c) $\theta = 0.306°$/m

3.3-17 (a) $d_{min} = 100$ mm; (b) $k_T = 648 \frac{\text{kN} \cdot \text{m}}{\text{rad}}$; (c) $d_{min} = 88.9$ mm

3.3-18 (a) $d_{min} = 64.4$ mm; (b) $k_T = 134.9$ kN·m/rad; (c) $d_{min} = 50$ mm

3.3-19 (a) $T_{1,max} = 424$ N·m; (b) $T_{1,max} = 398$ N·m; (c) Torque: 6.25%, Weight: 25%

3.3-20 (a) $\phi = 5.19°$; (b) $d = 88.4$ mm; (c) Ratio = 0.524

3.3-21 (a) $r_2 = 35.2$ mm; (b) $P_{max} = 6486$ N

3.4-1 (a) $\tau_{max} = \tau_{BC} = 50.3$ MPa, $\phi_C = 0.138°$; (b) $d_{BC} = 50.1$ mm, $\phi_C = -0.161°$

3.4-2 (a) $\tau_{bar} = 79.6$ MPa, $\tau_{tube} = 32.3$ MPa; (b) $\phi_A = 9.43°$

3.4-3 (a) $\tau_{max} = \tau_{BC} = 66$ MPa, $\phi_D = 2.44°$; (b) $d_{AB} = 76.5$ mm, $d_{BC} = 60$ mm, $d_{CD} = 39.5$ mm, $\phi_D = 2.6°$

3.4-4 $T_{allow} = 439$ N·m

3.4-5 $d_1 = 20.7$ mm

3.4-6 (a) $d = 77.5$ mm; (b) $d = 71.5$ mm

3.4-7 $d_{min} = 32.5$ mm, $\phi_{BD} = -0.459°$

3.4-8 $\tau_{\max AB} = -367$ MPa, $\tau_{\max BC} = -466$ MPa, $\phi_{max} = -5.63°$

3.4-9 (a) $d = 44.4$ mm; (b) $d = 51.5$ mm

3.4-10 $d_B/d_A = 1.45$

3.4-11 Minimum $d_A = 63.7$ mm

3.4-12 Minimum $d_B = 48.6$ mm

3.4-13 (a) $R_1 = -3T/2$; (b) $T_1 = 1.5T$, $T_2 = 0.5T$; (c) $x = 7L/17$; (d) $\phi_2 = (12/17)(TL/GI_p)$

3.4-14 $\phi = 3TL/2\pi Gtd_A^3$

3.4-15 (a) $\phi = 2.48°$; (b) $\phi = 1.962°$

3.4-16 (a) $R_1 = \frac{-T}{2}$; (b) $\phi_3 = \frac{19}{8} \frac{TL}{\pi Gtd^3}$

3.4-17 $\phi_D = \frac{4Fd}{\pi G}\left\{\frac{L_1}{t_{01}{d_{01}}^3} + \int_0^{L_2} \frac{L_2^4}{(d_{01}L_2 - d_{01}x + d_{03}x)^3(t_{01}L_2 - t_{01}x + t_{03}x)} dx + \frac{L_3}{t_{03}{d_{03}}^3}\right\}$, $\phi_D = 0.133°$

3.4-18 (a) $\tau_{max} = 16tL/\pi d^3$; (b) $\phi = 16tL^2/\pi Gd^4$

3.4-19 (a) $\tau_{max} = 8t_A L/\pi d^3$; (b) $\phi = 16t_A L^2/3\pi Gd^4$

3.4-20 (a) $L_{max} = 4.42$ m; (b) $\phi = 170°$

3.4-21 (a) $R_A = \frac{T_0}{6}$; (b) $T_{AB}(x) = \left(\frac{T_0}{6} - \frac{x^2}{L^2}T_0\right)$, $0 \le x \le \frac{L}{2}$, $T_{BC}(x) = -\left[\left(\frac{x-L}{L}\right)^2 \frac{T_0}{3}\right]$, $\frac{L}{2} \le x \le L$; (c) $\phi_c = \frac{T_0 L}{144GI_p}$; (d) $\tau_{max} = \frac{8}{3\pi}\frac{T_0}{{d_{AB}}^3}$

3.4-22 (a) $T_{max} = 875\ \text{N}\cdot\text{m}$; (b) $\tau_{max} = 25.3\ \text{MPa}$

3.5-1 $\tau_{max} = 41.05\ \text{MPa}$, $\gamma_{max} = 1.0 \times 10^{-3}\ \text{rad}$, $\sigma_{max} = 41.05\ \text{MPa}$, $\sigma_{min} = -41.05\ \text{MPa}$, $\varepsilon_{max} = 5 \times 10^{-4}$

3.5-2 $T_{max} = 2.71\ \text{kN}\cdot\text{m}$

3.5-3 (a) $\sigma_{max} = 48\ \text{MPa}$; (b) $T = 8836\ \text{N}\cdot\text{m}$

3.5-4 (a) $\varepsilon_{max} = 320 \times 10^{-6}$; (b) $\sigma_{max} = 51.2\ \text{MPa}$; (c) $T = 20.0\ \text{kN}\cdot\text{m}$

3.5-5 (a) $d_1 = 60.0\ \text{mm}$; (b) $\phi = 2.30°$; (c) $\gamma_{max} = 1670 \times 10^{-6}\ \text{rad}$

3.5-6 $G = 30.0\ \text{GPa}$

3.5-7 $T = 234\ \text{N}\cdot\text{m}$

3.5-8 (a) $d_{min} = 37.7\ \text{mm}$; (b) $T_{max} = 431\ \text{N}\cdot\text{m}$

3.5-9 (a) $d_1 = 14.39\ \text{mm}$; (b) $d_{1max} = 16.25\ \text{mm}$

3.5-10 (a) $d_2 = 79.3\ \text{mm}$; (b) $d_2 = 80.5\ \text{mm}$

3.5-11 (a) $\tau_{max} = 36.7\ \text{MPa}$; (b) $\gamma_{max} = 453 \times 10^{-6}\ \text{rad}$

3.5-12 (a) $\tau_{max} = 23.9\ \text{MPa}$; (b) $\gamma_{max} = 884 \times 10^{-6}\ \text{rad}$

3.5-13 (a) $T_{1allow} = 1.928\ \text{kN}\cdot\text{m}$, $T_{2allow} = 1.536\ \text{kN}\cdot\text{m}$; (b) $L_{mid} = 597\ \text{mm}$; (c) $d_{3new} = 65.9\ \text{mm}$; (d) $T_{max1} = 1.881\ \text{kN}\cdot\text{m}$, $T_{max2} = 1.498\ \text{kN}\cdot\text{m}$, $\phi_{max1} = 1.492°$, $\phi_{max2} = 1.29°$

3.7-1 (a) $\tau_{max} = 36.5\ \text{MPa}$; (b) $d_{min} = 81.9\ \text{mm}$

3.7-2 (a) $\tau_{max} = 50.0\ \text{MPa}$; (b) $d_{min} = 32.3\ \text{mm}$

3.7-3 $n = 820\ \text{rpm}$

3.7-4 $\tau_{max} = 63.3\ \text{MPa}$, $\phi_{AC} = 0.0535\ \text{rad}$

3.7-5 (a) $H = 20.2\ \text{MW}$; (b) Shear stress is halved.

3.7-6 (a) $\tau_{max} = 16.8\ \text{MPa}$; (b) $P_{max} = 267\ \text{kW}$

3.7-7 $d_{min} = 90.3\ \text{mm}$

3.7-8 $d_{min} = 110\ \text{mm}$

3.7-9 Minimum $d_1 = 1.221d$

3.7-10 $P_{max} = 91.0\ \text{kW}$

3.7-11 $d = 69.1\ \text{mm}$

3.7-12 $d = 53.4\ \text{mm}$

3.8-1 (a) $\phi_{max} = 3T_0L/5GI_P$; (b) $\phi_{max} = \dfrac{9LT_0}{25GI_p}$

3.8-2 (a) $x = L/4$; (b) $\phi_{max} = T_0L/8GI_P$

3.8-3 $\phi_{max} = 2b\tau_{allow}/Gd$

3.8-4 $P_{allow} = 2710\ \text{N}$

3.8-5 (a) $T_{0,max} = 150\ \text{N}\cdot\text{m}$; (b) $T_{0,max} = 140\ \text{N}\cdot\text{m}$

3.8-6 (a) $T_{0,max} = 150\ \text{N}\cdot\text{m}$; (b) $T_{0,max} = 140\ \text{N}\cdot\text{m}$

3.8-7 (a) $a/L = d_A/(d_A + d_B)$; (b) $a/L = d_A^4/(d_A^4 + d_B^4)$

3.8-8 $T_A = T_B = 225\ \text{N}\cdot\text{m}$, $\phi_{L/2} = -4.34°$

3.8-9 $T_A = -265.4\ \text{kN}\cdot\text{m}$, $T_C = 85.4\ \text{kN}\cdot\text{m}$, $\tau_{AB\,max} = 92.3\ \text{MPa}$, $\tau_{BC\,max} = -77.1\ \text{MPa}$

3.8-10 (a) $T_A = \dfrac{Lt_0}{6}$, $T_B = \dfrac{Lt_0}{3}$; (b) $\phi_{max} = \phi\left(\dfrac{L}{\sqrt{3}}\right) = -\dfrac{\sqrt{3}L^2t_0}{27GI_P}$

3.8-11 (a) $x = 767\ \text{mm}$; (b) $\phi_{max} = -1.031°$ (at $x = 767\ \text{mm}$)

3.8-12 (a) $\tau_1 = 32.7\ \text{MPa}$, $\tau_2 = 49.0\ \text{MPa}$; (b) $\phi = 1.030°$; (c) $k_T = 22.3\ \text{kN}\cdot\text{m/rad}$

3.8-13 (a) $\tau_1 = 25.4\ \text{MPa}$, $\tau_2 = 38.1\ \text{MPa}$; (b) $\phi = 0.48°$; (c) $k_T = 238\ \text{kN}\cdot\text{m/rad}$

3.8-14 (a) $T_{max} = 1.521\ \text{kN}\cdot\text{m}$; (b) $d_2 = 56.9\ \text{mm}$

3.8-15 (a) $T_{max} = 1.521\ \text{kN}\cdot\text{m}$; (b) $d_2 = 56.9\ \text{mm}$

3.8-16 (a) $T_{1,allow} = 7.14\ \text{kN}\cdot\text{m}$; (b) $T_{2,allow} = 6.35\ \text{kN}\cdot\text{m}$; (c) $T_{3,allow} = 7.41\ \text{kN}\cdot\text{m}$; (d) $T_{max} = 6.35\ \text{kN}\cdot\text{m}$

3.8-17 (a) $T_A = 1720\ \text{N}\cdot\text{m}$, $T_B = 2780\ \text{N}\cdot\text{m}$; (b) $T_A = 983\ \text{N}\cdot\text{m}$, $T_B = 3517\ \text{N}\cdot\text{m}$

3.8-18 (a) $R_1 = -0.77T$, $R_2 = -0.23T$; (b) $T_{max} = 2.79\ \text{kN}\cdot\text{m}$; (c) $\phi_{max} = 7.51°$; (d) $T_{max} = 2.48\ \text{kN}\cdot\text{m}$ (shear in flange plate bolts controls); (e) $R_2 = \dfrac{\beta}{f_{T1} + f_{T2}}$, $R_1 = -R_2$, with $f_{T1} = \dfrac{L_1}{G_1I_{p1}}$, $f_{T2} = \dfrac{L_2}{G_2I_{p2}}$; (f) $\beta_{max} = 29.1°$

3.9-1 (a) $U = 41.9\ \text{J}$; (b) $\phi = 1.29°$

3.9-2 (a) $U = 5.36\ \text{J}$; (b) $\phi = 1.53°$

3.9-3 $U = 15.2\ \text{J}$

3.9-4 $U = 1.84\,\text{J}$

3.9-5 $U = 81\text{ kN}\cdot\text{m}$

3.9-6 (c) $U_3 = T^2L/2GI_P + TtL^2/2GI_P + t^2L^3/6GI_P$

3.9-7 $U = 19T_0^2L/32GI_P$

3.9-8 $\phi = T_0L_AL_B/[G(L_BI_{PA} + L_AI_{PB})]$

3.9-9 $U = t_0^2L^3/40GI_P$

3.9-10 (a) $U = \dfrac{T^2L(d_A + d_B)}{\pi Gtd_A^2d_B^2}$; (b) $\phi = \dfrac{2TL(d_A + d_B)}{\pi Gtd_A^2d_B^2}$

3.9-11 $U = \dfrac{\beta^2GI_{PA}I_{PB}}{2L(I_{PA} + I_{PB})}$

3.9-12 $\phi = \dfrac{2n}{15d^2}\sqrt{\dfrac{2\pi I_mL}{G}}$; $\tau_{\max} = \dfrac{n}{15d}\sqrt{\dfrac{2\pi GJ_m}{L}}$

3.11-1 (a) $\tau_{\text{approx}} = 42.7$ MPa; (b) $\tau_{\text{exact}} = 47$ MPa

3.11-2 $t_{\min} = \pi d/64$

3.11-3 (a) $\tau = 15.0$ MPa; (b) $\phi = 0.578°$

3.11-4 (a) $\tau = 9.17$ MPa; (b) $\phi = 0.140°$

3.11-5 $\tau_{\max} = 21.54$ MPa, $\phi = 2.96 \times 10^{-3}$ rad

3.11-6 $U_1/U_2 = 2$

3.11-7 $\tau = 46.7$ MPa, $\theta = 0.543°/\text{m}$

3.11-8 $\tau = 35.0$ MPa, $\phi = 0.570°$

3.11-9 $\tau = T\sqrt{3}/9b^2t$, $\theta = 2T/9Gb^3t$

3.11-10 (a) $\phi_1/\phi_2 = 1 + 1/4\beta^2$

3.11-11 $t_{\min} = 4.57$ mm

3.11-12 (a) $t = 6.66$ mm; (b) $t = 7.02$ mm

3.11-13 $\tau = 2T(1 + \beta)^2/tL_m^2\beta$

3.12-1 $T_{\max} \approx 1770\text{ N}\cdot\text{m}$

3.12-2 $R_{\min} \approx 4.0$ mm

3.12-3 For $D_1 = 18$ mm; $\tau_{\max} \approx 121.5$ MPa

3.12-4 $D_2 \approx 115$ mm; lower limit

3.12-5 $D_1 \approx 33.5$ mm

R-3.1 D

R-3.2 A

R-3.3 C

R-3.4 A

R-3.5 D

R-3.6 D

R-3.7 B

R-3.8 B

R-3.9 C

R-3.10 B

R-3.11 D

R-3.12 B

R-3.13 B

R-3.14 D

R-3.15 B

CHAPTER 4

4.3-1 $V = 1.46$ kN, $M = 3.72\text{ kN}\cdot\text{m}$

4.3-2 $V = -0.938$ kN, $M = 5.06\text{ kN}\cdot\text{m}$

4.3-3 (a) $V_{\text{mid}} = 0$, $M_{\text{mid}} = 0$; (b) $V_{\text{mid}} = 0$, $M_{\text{mid}} = 0$

4.3-4 $V = 3$ kN, $M = -6\text{ kN}\cdot\text{m}$

4.3-5 (a) $V = -786$ N, $M = 21.8\text{ kN}\cdot\text{m}$; (b) $q = 5.37$ kN/m (upward)

4.3-6 (a) $V = -1.0$ kN, $M = -7\text{ kN}\cdot\text{m}$; (b) $P_2 = 4$ kN; (c) $P_1 = -8$ kN (acts to right)

4.3-7 (a) $b/L = 1/2$; (b) $b/L = 1$

4.3-8 $M = 108\text{ N}\cdot\text{m}$

4.3-9 $N = P\sin\theta$, $V = P\cos\theta$, $M = Pr\sin\theta$

4.3-10 $V = -3172$ N, $M = 5553\text{ N}\cdot\text{m}$

4.3-11 (a) $P = 37.5$ kN; (b) $P = 4.17$ kN

4.3-12 $V = -4.17$ kN, $M = 75\text{ kN}\cdot\text{m}$

4.3-13 (a) $V_B = 24$ kN, $M_B = 12\text{ kN}\cdot\text{m}$; (b) $V_m = 0$, $M_m = 30\text{ kN}\cdot\text{m}$

4.3-14 (a) $V_C = -15.5\,\text{kN},\ M_C = -44.8\,\text{kN}\cdot\text{m}$ (b) $M_A = -81\,\text{kN}\cdot\text{m},\ V_C = -25\,\text{kN},$ $M_C = -30.5\,\text{kN}\cdot\text{m}$

4.3-15 $V_{\text{mid}} = \dfrac{2}{45}q_0L,\ M_{\text{mid}} = \dfrac{13}{180}q_0L^2$

4.3-16 (a) $V_{23} = \dfrac{-5}{36}q_0L,\ M_{23} = \dfrac{23}{324}q_0L^2$ (b) $V_{\text{mid}} = \dfrac{5}{144}q_0L,\ M_{\text{mid}} = \dfrac{23}{288}q_0L^2$

4.3-17 (a) $V_{23} = \dfrac{-1}{36}q_0L,\ M_{23} = \dfrac{-5}{324}q_0L^2$ (b) $V_{23} = \dfrac{-5}{72}q_0L,\ M_{23} = \dfrac{35}{648}q_0L^2$

4.3-18 $V\left(\dfrac{L}{2}\right) = \dfrac{\sqrt{2}-4}{6}q_0L,\ M\left(\dfrac{L}{2}\right) = \dfrac{\sqrt{2}+2}{30}q_0L^2$

4.3-19 $V\left(\dfrac{2L}{3}\right) = \dfrac{-19}{81}q_0L,\ M\left(\dfrac{2L}{3}\right) = \dfrac{43}{972}q_0L^2$

4.3-20 $V_{\text{mid}} = \dfrac{-q_0L}{6},\ M_{\text{mid}} = 0$

4.3-21 $V_{\text{mid}} = \dfrac{P}{2}(\sqrt{2}-1),\ M_{\text{mid}} = \dfrac{-PL}{4}$

4.3-22 (a) $V_{\text{mid}} = \dfrac{41}{216}q_0L,\ M_{\text{mid}} = \dfrac{59}{432}q_0L^2$ (b) $V_{\text{mid}} = \dfrac{-4}{27}q_0L,\ M_{\text{mid}} = \dfrac{2}{27}q_0L^2$

4.3-23 $V\left(\dfrac{L}{3}\right) = \dfrac{-P}{\sqrt{5}},\ M\left(\dfrac{L}{3}\right) = \dfrac{2\sqrt{5}}{15}PL$

4.3-24 $V\left(\dfrac{L}{3}\right) = \dfrac{11P}{36},\ M\left(\dfrac{L}{3}\right) = \dfrac{-43}{81}PL$

4.3-25 $N = \dfrac{-P}{2},\ V = 0,\ M = 0$

4.3-26 (a) $N = 21.6\,\text{kN}$ (compression), $V = 7.2\,\text{kN}$, $M = 50.4\,\text{kN}\cdot\text{m}$; (b) $N = 21.6\,\text{kN}$ (compression), $V = -5.4\,\text{kN}$, $M = 0$ (at moment release)

4.3-27 $V_{\max} = 91wL^2\alpha/30g,\ M_{\max} = 229wL^3\alpha/75g$

4.5-1 (a) $V_{\max} = P,\ M_{\max} = Pa$; (b) $A_y = -B_y = P\left(2\dfrac{a}{L} - 1\right)$

4.5-2 (a) $V_{\max} = \dfrac{M_0}{L},\ M_{\max} = M_0\dfrac{a}{L}$; (b) $V_{\max} = 2\dfrac{M_0}{L},\ M_{\max} = 2M_0\dfrac{a}{L}$

4.5-3 $V_{\max} = qL/2,\ M_{\max} = -3qL^2/8$

4.5-4 $V_{\max} = P,\ M_{\max} = PL/4$

4.5-5 (a) $q_1 = 3q$; (b) $q_0 = 4.5q$

4.5-6 $V_{\max} = -2P/3,\ M_{\max} = PL/9$

4.5-7 $V_{\max} = 2M_1/L,\ M_{\max} = 7M_1/3$

4.5-8 (a) $V_{\max} = \dfrac{P}{2}$ (on AB), $M_{\max} = R_C\left(\dfrac{3L}{4}\right) = \dfrac{3LP}{8}$ (just right of B); (b) $N_{\max} = P$ (tension on AB), $V_{\max} = \dfrac{P}{5}$, $M_{\max} = \dfrac{-P}{5}\left(\dfrac{3L}{4}\right) = -\dfrac{3LP}{20}$ (just right of B)

4.5-9 $N_{\max} = P,\ V_{\max} = P,\ M_{\max} = -\dfrac{2}{3}PL$

4.5-10 (a) $V_{\max} = P,\ M_{\max} = -Pa$; (b) $M = 3Pa$ (CCW); $V_{\max} = 2P,\ M_{\max} = 2Pa$

4.5-11 (a) $V_{\max} = \dfrac{1}{2}qL,\ M_{\max} = \dfrac{5}{72}qL^2$; (b) $V_{\max} = \dfrac{7}{20}qL,\ M_{\max} = \dfrac{5}{54}qL^2$

4.5-12 (a) $V_{\max} = -q_0L/2,\ M_{\max} = -q_0L^2/6$; (b) $V_{\max} = -\dfrac{2Lq_0}{3},\ M_{\max} = -\dfrac{4L^2q_0}{15}$ (at B)

4.5-13 $V_{\max} = -758.3\,\text{N},\ M_{\max} = 470.7\,\text{N}\cdot\text{m}$

4.5-14 (a) $V_{\max} = 1200\,\text{N},\ M_{\max} = 960\,\text{N}\cdot\text{m}$; (b) $V_{\max} = 675\,\text{N},\ M_{\max} = 640\,\text{N}\cdot\text{m}$

4.5-15 $V_{\max} = 4\,\text{kN},\ M_{\max} = -13\,\text{kN}\cdot\text{m}$

4.5-16 $V_{\max} = 4.5\,\text{kN},\ M_{\max} = -12.67\,\text{kN}\cdot\text{m}$

4.5-17 $V_{\max} = -8549\,\text{N},\ M_{\max} = -3240\,\text{N}\cdot\text{m}$

4.5-18 $V_{\max} = 13.15\,\text{kN},\ M_{\max} = 11.21\,\text{kN}\cdot\text{m}$

4.5-19 (a) $V_{\max} = \dfrac{4}{5}P,\ M_{\max} = -\dfrac{17}{20}PL$ (b) $V_{\max} = -\dfrac{7}{5}P,\ M_{\max} = \dfrac{1}{2}PL$

4.5-20 (a) $N_{\max} = \dfrac{-3}{5}P,\ V_{\max} = \dfrac{-12}{5}P,$ $M_{\max} = PL$; (b) $N_{\max} = \dfrac{-3}{5}P,\ V_{\max} = \dfrac{-4}{5}P,$ $M_{\max} = \dfrac{-4}{5}PL$; (c) $N_{\max} = \dfrac{-3}{5}P,$ $V_{\max} = \dfrac{4}{5}P,\ M_{\max} = \dfrac{-6}{5}PL$

4.5-21 $V_{max} = 8.0\text{ kN}, M_{max} = -8.0\text{ kN}\cdot\text{m}$

4.5-22 $V_{max} = -6.4\text{ kN}, M_{max} = -11.5\text{ kN}\cdot\text{m}$

4.5-23 Two cases have the same maximum moment: (PL).

4.5-24 $V_{max} = 31.5\text{ kN}, M_{max} = -73.5\text{ kN}\cdot\text{m}$, $M_{mid} = -72.6\text{ kN}\cdot\text{m}$

4.5-25 (a) $V_{max} = 6.4\text{ kN}, M_{max} = 11.5\text{ kN}\cdot\text{m}$; (b) $V_{max} = 6.4\text{ kN}, M_{max} = -11.5\text{ kN}\cdot\text{m}$

4.5-26 $M_{Az} = -PL$ (clockwise), $A_x = 0, A_y = 0$, $C_y = \frac{1}{12}P$ (upward), $D_y = \frac{1}{6}P$ (upward), $V_{max} = P/12, M_{max} = PL$

4.5-27 (a) $V_{max} = -2.88\text{ kN}, M_{max} = 2.28\text{ kN}\cdot\text{m}$; (b) $a = 1.72\text{ m}, V_{max} = -2.54\text{ kN}$, $M_{max} = 2.5\text{ kN}\cdot\text{m}$; (c) $a = 1.41\text{ m}$, $M_{max} = 2.53\text{ kN}\cdot\text{m}$

4.5-28 (a) $V_{max} = -2.4\text{ kN}, M_{max} = 1.266\text{ kN}\cdot\text{m}$ (b) $M_0 = 0.523\text{ kN}\cdot\text{m}$ clockwise

4.5-29 (a) $a = 0.586L, V_{max} = 0.293qL$, $M_{max} = 0.0214qL^2$; (b) $a = 0.404L, V_{max} = 0.161qL$, $M_{max} = 0.00882qL^2$

4.5-30 $V_{max} = -2.25\text{ kN}, M_{max} = 3.5\text{ kN}\cdot\text{m}$

4.5-31 (a) $V_{max} = -\frac{1}{2}q_0L, M_{max} = \frac{1}{3}q_0L^2$

(b) $V_{max} = -\frac{2}{3}q_0L, M_{max} = \frac{2}{5}q_0L^2$

4.5-32 $A_y = 6.25\text{ kN}, B_y = 8.75\text{ kN}$, $M_{max} = 8.75\text{ kN}\cdot\text{m}$ at $x = 3\text{ m}$

4.5-33 $A_y = 2.67$ kN at $x = 1.2$ m, $B_y = 1.774$ kN at $x = 6.0$ m, $M_{max} = 1.9\text{ kN}\cdot\text{m}$ at $x = 3.9$ m

4.5-34 $V_{max} = -w_0L/3, M_{max} = -w_0L^2/12$

4.5-35 $M_A = -\frac{w_0}{30}L^2$ (clockwise), $A_x = -3w_0L/10$ (leftward), $A_y = -3w_0L/20$ (downward), $C_y = w_0L/12$ (upward), $D_y = w_0L/6$ (upward), $V_{max} = w_0L/4, M_{max} = -w_0L^2/24$ at B

4.5-36 (a) $x = 0$ and $V_{max} = 56.8\text{ kN}$; (b) $x_m = 7.1\text{ m}$ and $M_{max} = 202\text{ kN}\cdot\text{m}$

4.5-37 (a) $A_x = 233$ N (right), $A_y = 936$ N (upward), $B_x = -233$ N (left), $N_{max} = -959\text{ N}, V_{max} = -219\text{ N}$, $M_{max} = 373\text{ N}\cdot\text{m}$; (b) $A_x = 0, A_y = 298\text{ N}, B_x = 0$, $B_y = 638\text{ N}, N_{max} = 600\text{ N}$, $V_{max} = -219\text{ N}, M_{max} = 373\text{ N}\cdot\text{m}$

4.5-38 (a) $N_{max} = \frac{1}{2}q_0L, V_{max} = \frac{19}{18}q_0L$,

$M_{max} = q_0L^2$; (b) $N_{max} = \frac{-1}{2}q_0L$,

$V_{max} = \frac{1}{2}q_0L, M_{max} = q_0L^2$

4.5-39 (a) $N_{AB} = 0, V_{AB} = 0, M_{AB\,max} = \frac{1}{6}q_0L^2$

$N_{BC} = 0, V_{BC\,max} = \frac{-1}{2}q_0L$,

$M_{BC\,max} = \frac{1}{6}q_0L^2$;

(b) $N_{AB} = 0, V_{AB\,max} = \frac{4}{3}q_0L$,

$M_{AB\,max} = \frac{-9}{10}q_0L^2$,

$N_{BC} = 0, V_{BC\,max} = \frac{-1}{2}q_0L$,

$M_{BC\,max} = \frac{1}{6}q_0L^2$

4.5-40 $M_A = 0, A_x = 0, A_y = -18.41\text{ kN}$, (downward), $M_D = 0, D_x = -63.0\text{ kN}$, (leftward), $D_y = 62.1\text{ kN}$ (upward), $N_{max} = -62.1\text{ kN}, V_{max} = 63.0\text{ kN}$, $M_{max} = 756\text{ kN}\cdot\text{m}$

R-4.1 D

R-4.2 C

R-4.3 D

R-4.4 A

R-4.5 A

R-4.6 C

R-4.7 B

CHAPTER 5

5.4-1 (a) $\varepsilon_{max} = 8.88 \times 10^{-4}$; (b) $R_{min} = 243$ mm; (c) $d_{max} = 5.93$ mm

5.4-2 (a) $L_{min} = 5.24$ m; (b) $d_{max} = 4.38$ mm

5.4-3 (a) $\varepsilon_{max} = 5.89 \times 10^{-3}$; (b) $d_{max} = 124.3$ mm; (c) $L_{min} = 15.45$ m

5.4-4 (a) $\rho = 85$ m, $\kappa = 0.0118\frac{1}{\text{m}}$, $\delta = 23.5$ mm; (b) $h_{max} = 136$ mm; (c) $\delta = 75.3$ mm

5.4-5 (a) $\varepsilon = 8.4 \times 10^{-4}$; (b) $t_{max} = 6.7$ mm; (c) $\delta = 18.27$ mm; (d) $L_{max} = 936$ mm

5.4-6 (a) $\varepsilon = 4.57 \times 10^{-4}$; (b) $L_{max} = 2$ m

5.4-7 $\delta = 11.0$ mm, $\varepsilon_x = 8.6 \times 10^{-4}$

5.4-8 $\rho = 600$ m, $\kappa = 1.667 \times 10^{-3}\frac{1}{\text{m}}$, $\delta_B = 7.5$ mm

5.5-1 (a) $\sigma_{max} = 361$ MPa; (b) 33.3%; (c) $L_{new} = 3.07$ m

5.5-2 (a) $\sigma_{max} = 250$ MPa; (b) −19.98%; (c) +25%

5.5-3 (a) $\sigma_{max} = 186.2$ MPa; (b) +10%; (c) +55.8%

5.5-4 (a) $\sigma_{max} = 8.63$ MPa; (b) $\sigma_{max} = 6.49$ MPa

5.5-5 $\sigma_{max} = -2.4$ MPa

5.5-6 $q_{0,max} = 351\frac{\text{kN}}{\text{m}}$

5.5-7 $\sigma_{max} = 122.3$ MPa

5.5-8 $\sigma_{max} = 203$ MPa

5.5-9 $\sigma_{max} = 19.1$ MPa

5.5-10 $\sigma_{max} = 101$ MPa

5.5-11 $\sigma_{max} = 70.6$ MPa

5.5-12 $\sigma_{max} = 7.0$ MPa

5.5-13 (a) $\sigma_{max} = 5264$ kPa; (b) $s = 0.58579\,L$, $\sigma_{min} = 1884$ kPa; (c) $s = 0$ or L, $\sigma_{max} = 10.98$ MPa

5.5-14 $\sigma_{max} = 2.10$ MPa

5.5-15 (a) $\sigma_t = 30.93\,M/d^3$; (b) $\sigma_t = 360\,M/(73bh^2)$; (c) $\sigma_t = 85.24\,M/d^3$

5.5-16 $\sigma_{max} = 10.965\,M/d^3$

5.5-17 (a) $\sigma_{max} = 147.4$ MPa; (b) $L = 6.1$ m; (c) $d = 2.54$ m

5.5-18 (a) $\sigma_t = 35.4$ MPa, $\sigma_c = 61$ MPa; (b) $d_{max} = \frac{L}{2}$, $\sigma_t = 37.1$ MPa, $\sigma_c = 64.1$ MPa

5.5-19 (a) $\sigma_t = 105.8$ MPa, $\sigma_c = 28.8$ MPa; (b) $P_{max} = 893$ N; (c) 1.34 m

5.5-20 (a) $\sigma_c = 1.456$ MPa, $\sigma_t = 1.514$ MPa; (b) $\sigma_c = 1.666$ MPa (+14%), $\sigma_t = 1.381$ MPa (−9%); (c) $\sigma_c = 0.728$ MPa (−50%), $\sigma_t = 0.757$ MPa (−50%)

5.5-21 $P_{max} = 2.5$ kN

5.5-22 $\sigma_{max} = 3pL^2a_0/t$

5.5-23 (a) $\sigma_t = 101.3$ MPa, $\sigma_c = 180$ MPa; (b) $a = 4.24$ m

5.5-24 (a) $\sigma = 25.1$ MPa, 17.8 MPa, −23.5 MPa

5.5-25 (a) $\sigma_t = 132.8$ MPa, $\sigma_c = 99.6$ MPa; (b) $h = 82.8$ mm; (c) $q = 1.867$ kN/m, $P = 3.9$ kN

5.5-26 (a) $c_1 = 91.7$ mm, $c_2 = 108.3$ mm, $I_z = 7.969 \times 10^7$ mm^4; (b) $\sigma_t = 4659$ kPa (top of beam at C), $\sigma_c = 5506$ kPa (bottom of beam at C)

5.5-27 $d = 1.0$ m, $\sigma_{max} = 1.55$ MPa, $d = 2$ m, $\sigma_{max} = 7.52$ MPa

5.5-28 (a) $\sigma_t = 0.335$ MPa, $\sigma_c = 0.288$ MPa (b) $P_{max} = 21.9$ kN

5.5-29 (a) $F_{res} = 441$ N; (b) $\sigma_{max} = 257$ MPa (compression at base); (c) $\sigma_{max} = 231$ MPa (tension at base)

5.5-30 $P_{max} = 675\,N$

5.6-1 100 × 300

5.6-2 IPN 240

5.6-3 $d_{min} = 100$ mm

5.6-4 (a) $d_{min} = 12.62$ mm; (b) $P_{max} = 39.8$ N

5.6-5 (a) UPN 260; (b) IPN 180; (c) HE 240A

5.6-6 (a) HE 180B; (b) HE 260B

5.6-7 (a) IPN 280; (b) $P_{max} = 17.24$ kN

5.6-8 (a) $b_{min} = 161.6$ mm; (b) $b_{min} = 141.2$ mm, $\text{area}_{(b)}/\text{area}_{(a)} = 1.145$

5.6-9 (a) 50×250; (b) $w_{max} = 8.36$ kN/m^2

5.6-10 (a) $s_{max} = 429$ mm; (b) $h_{min} = 214$ mm

5.6-11 (a) $q_{0,allow} = 13.17$ kN/m; (b) $q_{0,allow} = 6.9$ kN/m

5.6-12 $h_{min} = 30.6$ mm

5.6-13 (a) $S_{reqd} = 249$ cm^3; (b) IPN 220

5.6-14 (a) $d_{min} = 37.6$ mm; (b) $d_{min} = 42.4$ mm, $\text{area}_{(b)}/\text{area}_{(a)} = 0.557$

5.6-15 (a) 100×250; (b) $q_{max} = 332$ N/m

5.6-16 $b = 152$ mm, $h = 202$ mm

5.6-17 $b = 259$ mm

5.6-18 $t = 13.61$ mm

5.6-19 $W_1 : W_2 : W_3 : W_4 = 1 : 1.260 : 1.408 : 0.794$

5.6-20 (a) $q_{max} = 6.61$ kN/m; (b) $q_{max} = 9.37$ kN/m

5.6-21 6.03%

5.6-22 (a) $b_{min} = 11.91$ mm; (b) $b_{min} = 11.92$ mm

5.6-23 (a) $s_{max} = 1.732$ m; (b) $d = 292$ mm

5.6-24 IPN 360

5.6-25 (a) $\beta = 1/9$; (b) 5.35%

5.6-26 Increase when $d/h > 0.6861$; decrease when $d/h < 0.6861$

5.7-1 (a) $x = L/4$, $\sigma_{max} = 4PL/9h_A^3$, $\sigma_{max}/\sigma_B = 2$; (b) $x = 0.209\,L$, $\sigma_{max} = 0.394\,PL/h_A^3$, $\sigma_{max}/\sigma_B = 3.54$

5.7-2 (a) $x = 4$ m, $\sigma_{max} = 37.7$ MPa, $\sigma_{max}/\sigma_B = 9/8$; (b) $x = 2$ m, $\sigma_{max} = 25.2$ MPa, $\sigma_{max}/\sigma_m = 4/3$

5.7-3 (a) $x = 182$ mm, $\sigma_{max} = 8.94$ MPa, $\sigma_{max}/\sigma_B = 1.047$; (b) $x = 109$ mm, $\sigma_{max} = 8.85$ MPa, $\sigma_{max}/\sigma_m = 1.220$

5.7-4 (a) $\sigma_A = 210$ MPa; (b) $\sigma_B = 221$ MPa; (c) $x = 0.625$ m; (d) $\sigma_{max} = 231$ MPa; (e) $\sigma_{max} = 214$ MPa

5.7-5 (a) $1 \le d_B/d_A \le 1.5$; (b) $\sigma_{max} = \sigma_B = 32PL/\pi d_B^3$

5.7-6 $h_x = h_B x/L$

5.7-7 $b_y = 2b_B x/L$

5.7-8 $h_x = h_B\sqrt{x/L}$

5.8-2 (a) $\tau_{max} = 731$ kPa, $\sigma_{max} = 4.75$ MPa; (b) $\tau_{max} = 1462$ kPa, $\sigma_{max} = 19.01$ MPa

5.8-3 $\sigma_x = -1.5$ MPa, $\tau_{xy} = -0.136$ MPa

5.8-4 $q_{max} = 24\dfrac{\text{kN}}{m}$

5.8-5 (a) $M_{max} = 41.7$ kN·m; (b) $M_{max} = 3.24$ kN·m

5.8-6 $\tau_{max} = 500$ kPa

5.8-7 $\tau_{max} = 22.5$ MPa

5.8-8 (a) $L_0 = h(\sigma_{allow}/\tau_{allow})$; (b) $L_0 = (h/2)(\sigma_{allow}/\tau_{allow})$

5.8-9 (a) $P_{max} = 8.2$ kN; (b) $P_{max} = 8.77$ kN

5.8-10 (a) $M_{max} = 72.2$ N·m; (b) $M_{max} = 36.0$ N·m

5.8-11 (a) 150 mm × 300 mm beam; (b) 200 mm × 300 mm beam

5.8-12 (a) $P = 38.0$ kN; (b) $P = 35.6$ kN

5.8-13 (a) $w_1 = 9.46$ kN/m^2; (b) $w_2 = 19.88$ kN/m^2; (c) $w_{allow} = 9.46$ kN/m^2

5.8-14 (a) $b = 89.3$ mm; (b) $b = 87.8$ mm

5.9-1 $d_{min} = 158$ mm

5.9-2 (a) $W = 28.6$ kN; (b) $W = 38.7$ kN

5.9-3 $\tau_{max} = 7.6$ MPa

5.9-4 $d_0 = 47.6$ mm

5.9-5 (a) $d = 328$ mm; (b) $d = 76.4$ mm

5.9-6 (a) $q_{0,max} = 55.7$ kN/m; (b) $L_{max} = 2.51$ m

5.10-1 (a) $\tau_{max} = 41.9$ MPa; (b) $\tau_{min} = 31.2$ MPa; (c) $\tau_{aver} = 40.1$ MPa; (d) $V_{web} = 124.3$ kN

5.10-2 (a) $\tau_{max} = 28.43$ MPa; (b) $\tau_{min} = 21.86$ MPa; (c) $\tau_{aver} = 27.41$ MPa; (d) $V_{web} = 119.7$ kN

5.10-3 (a) $\tau_{max} = 38.56$ MPa; (b) $\tau_{min} = 34.51$ MPa; (c) $\tau_{aver} = 41.98$ MPa; (d) $V_{web} = 39.9$ kN

5.10-4 (a) $\tau_{max} = 32.28$ MPa; (b) $\tau_{min} = 21.45$ MPa; (c) $\tau_{aver} = 29.24$ MPa; (d) $V_{web} = 196.1$ kN

5.10-5 (a) $\tau_{max} = 19.01$ MPa; (b) $\tau_{min} = 16.21$ MPa; (c) $\tau_{aver} = 19.66$ MPa; (d) $V_{web} = 82.73$ kN

5.10-6 (a) $\tau_{max} = 28.40$ MPa; (b) $\tau_{min} = 19.35$ MPa; (c) $\tau_{aver} = 25.97$ MPa; (d) $V_{web} = 58.63$ kN

5.10-7 $q_{max} = 131.5$ kN/m

5.10-8 (a) $q_{max} = 184.7$ kN/m; (b) $q_{max} = 247$ kN/m

5.10-9 IPN 220

5.10-10 $V = 273$ kN

5.10-11 $\tau_{max} = 10.17$ MPa, $\tau_{min} = 7.38$ MPa

5.10-12 $\tau_{max} = 19.7$ MPa

5.10-13 $\tau_{max} = 13.87$ MPa

5.11-1 $V_{max} = 3067$ N

5.11-2 $V_{max} = 1.924$ MN

5.11-3 $F = 323$ kN/m

5.11-4 $V_{max} = 10.7$ kN

5.11-5 (a) $s_{max} = 67.0$ mm; (b) $s_{max} = 53.8$ mm

5.11-6 (a) $s_A = 78.3$ mm; (b) $s_B = 97.9$ mm

5.11-7 (a) $s_{max} = 67.4$ mm; (b) $s_{max} = 44.9$ mm

5.11-8 $s_{max} = 92.3$ mm

5.11-9 $V_{max} = 103.0$ kN

5.11-10 $s_{max} = 61.5$ mm

5.11-11 (a) Case (2); (b) Case (3); (c) Case (1); (d) Case (1)

5.11-12 $s_{max} = 165.2$ mm

5.12-1 $\sigma_A = 92.6$ MPa, $\sigma_B = -171.5$ MPa

5.12-2 $d = 89.4$ mm

5.12-3 $\sigma_t = 94.6$ MPa, $\sigma_c = -96.7$ MPa

5.12-4 $\sigma_t = 5770$ kPa, $\sigma_c = -6668$ kPa

5.12-5 $t_{min} = 12.38$ mm

5.12-6 $\sigma_t = -11.83$ MPa, $\sigma_c = -12.33$ MPa, $t_{min} = 12.38$ mm

5.12-7 $\sigma_t = 2.42$ MPa, $\sigma_c = -2.50$ MPa

5.12-8 $T_{max} = 108.6$ kN

5.12-9 $\alpha = \arctan[(d_2^2 + d_1^2)/(4hd_2)]$

5.12-10 (a) $d_{min} = 8.46$ cm; (b) $d_{min} = 8.91$ cm

5.12-11 $H_{max} = 9.77$ m

5.12-12 $W = 33.3$ kN

5.12-13 (a) $\sigma_t = 826$ kPa, $\sigma_c = -918$ kPa; (b) $d_{max} = 0.750$ m

5.12-14 (a) $b = \pi - d/6$; (b) $b = \pi - d/3$; (c) Rectangular post

5.12-15 (a) $\sigma_t = 36.7$ MPa, $\sigma_c = -30.9$ MPa; (b) Both stresses increase in magnitude.

5.12-16 (a) $\sigma_t = 8P/b^2$, $\sigma_c = -4P/b^2$ (b) $\sigma_t = 9.11P/b^2$, $\sigma_c = 6.36P/b^2$

5.12-17 (a) $\sigma_t = 723$ MPa, $\sigma_c = -36.2$ MPa; (b) $y_0 = -100.1$ mm; (c) $\sigma_t = 3.77$ MPa, $\sigma_c = -19.04$ MPa, $y_0 = -139.2$ mm

5.12-18 (a) $\sigma_t = 3.27$ MPa, $\sigma_c = -24.2$ MPa; (b) $y_0 = -76.2$ mm; (c) $\sigma_t = 1.587$ MPa, $\sigma_c = -20.3$ MPa, $y_0 = -100.8$ mm

5.12-19 (a) $\sigma_t = 112.1$ MPa; (b) $\sigma_t = 21.4$ MPa

5.12-20 (a) $y_0 = -31.2$ mm; (b) $P = 115.3$ kN; (c) $y_0 = 891$ mm, $P = 296$ kN

5.13-1 (a) $d = 6, 12, 18, 24$ mm, $\sigma_{max} = 94.1, 96.4, 103.1, 143.5$ MPa; (b) $R = 1.25, 2.5, 3.75, 5.0$ mm, $\sigma_{max} \approx 500, 433, 367, 333$ MPa

5.13-2 (a) $d = 16$ mm, $\sigma_{max} = 81$ MPa (b) $R = 4$ mm, $\sigma_{max} \approx 200$ MPa

5.13-3 $b_{min} \approx 6.39$ mm

5.13-4 $b_{min} \approx 0.33$ mm

5.13-5 (a) $R_{min} \approx 0.33$ mm; (b) $d_{max} = 104.1$ mm

R-5.1 A

R-5.2 C

R-5.3 A

R-5.4 D

R-5.5 A

R-5.6 B

R-5.7 B

R-5.8 C

R-5.9 C

R-5.10 A

R-5.11 B

R-5.12 B

CHAPTER 6

6.2-1 $\sigma_w = 5$ MPa, $\sigma_s = 85$ MPa

6.2-2 $\sigma_w = 4.66$ MPa, $\sigma_s = 91.5$ MPa

6.2-3 $\sigma_{face} = \pm 21.17$ MPa, $\sigma_{core} = \pm 5.29$ MPa

6.2-4 (a) $M_{max} = 58.7$ kN·m; (b) $M_{max} = 90.9$ kN·m; (c) $t = 7.08$ mm

6.2-5 (a) $M_{max} = 20.8$ kN·m; (b) $M_{max} = 11.7$ kN·m

6.2-6 (a) $M_{allowTi} = \dfrac{\sigma_{Ti}(E_{Ti}I_{Ti} + E_{Cu}I_{Cu})}{E_{Ti}\left(\dfrac{d_2}{2}\right)}$,

$M_{allowCu} = \sigma_{Cu}\dfrac{(E_{Ti}I_{Ti} + E_{Cu}I_{Cu})}{E_{Cu}\left(\dfrac{d_1}{2}\right)}$;

(b) $M_{max\,Ti} = 4989$ N·m; (c) $d_1 = 36.4$ mm

6.2-7 (a) $\sigma_w = 4.99$ MPa, $\sigma_s = 109.7$ MPa; (b) $q_{max} = 3.57$ kN/m; (c) $M_{0,max} = 2.44$ kN·m

6.2-8 (a) $M_{allow} = 768$ N·m; (b) $\sigma_{sa} = 47.9$ MPa, $M_{max} = 1051$ N·m

6.2-9 (a) $\sigma_{face} = 26.2$ MPa, $\sigma_{core} = 0$; (b) $\sigma_{face} = 26.7$ MPa, $\sigma_{core} = 0$

6.2-10 (a) $\sigma_{face} = 14.1$ MPa, $\sigma_{core} = 0.214$ MPa; (b) $\sigma_{face} = 14.9$ MPa, $\sigma_{core} = 0$

6.2-11 $\sigma_a = 3753$ kPa, $\sigma_c = 4296$ kPa

6.2-12 (a) $\sigma_w = 5.1$ MPa (compression), $\sigma_s = 37.6$ MPa (tension); (b) $t_s = 3.09$ mm

6.2-13 (a) $\sigma_{plywood} = 7.29$ MPa, $\sigma_{pine} = 6.45$ MPa (b) $q_{max} = 1.43$ kN/m

6.2-14 $Q_{0,max} = 15.53$ kN/m

6.2-15 $t_s = 22.7$ mm

6.2-16 ratio = 0.723

6.2-17 top of beam: $\sigma_w = -5.4$ MPa, $\sigma_s = -97.9$ MPa
bottom of beam: $\sigma_w = 6.3$ MPa
bottom of steel: $\sigma_s = 86$ MPa

6.3-1 same as 6.2-17

6.3-2 top of core: $\sigma_p = -0.253$ MPa
top of beam: $\sigma_s = -66$ MPa

6.3-3 (a) $M_{max} = 103$ kN·m; (b) $M_{max} = 27.2$ kN·m

6.3-4 $t_{min} = 15.0$ mm

6.3-5 (a) $q_{allow} = 11.98$ kN/m; (b) $\sigma_{wood} = 1.10$ MPa, $\sigma_{steel} = 55.8$ MPa

6.3-6 (a) $\sigma_B = 60.3$ MPa, $\sigma_w = 7.09$ MPa; (b) $t_B = 25.1$ mm, $M_{max} = 80$ kN·m

6.3-7 $\sigma_a = 23.0$ MPa, $\sigma_p = 0.891$ MPa

6.3-8 $\sigma_a = 12.14$ MPa, $\sigma_p = 0.47$ MPa

6.3-9 (a) $q_{allow} = 4.16$ kN/m; (b) $q_{allow} = 4.39$ kN/m

6.3-10 (a) $\sigma_s = 93.5$ MPa; (b) $h_s = 5.08$ mm, $h_a = 114.92$ mm

6.3-11 $M_{max} = 10.4$ kN·m

6.3-12 $S_A = 50.6$ mm^3, Metal A

6.3-13 $\sigma_s = 77.8$ MPa (tension), $\sigma_c = 6.86$ MPa (compression).

6.3-14 (a) $\sigma_c = 8.51$ MPa, $\sigma_s = 118.3$ MPa; (b) $M_{max} = M_c = 172.9$ kN·m; (c) $A_s = 2254$ mm^2, $M_{allow} = 167.8$ kN·m

6.3-15 (a) $\sigma_c = 4.24$ MPa, $\sigma_s = 85.9$ MPa; (b) $M_{allow} = M_s = 349$ kN·m

6.3-16 (a) $M_{max} = M_s = 10.59$ kN·m; (b) $A_s = 1262$ mm^2, $M_{allow} = 15.79$ kN·m

6.3-17 top of beam: $\sigma_w = -4.5$ MPa,
$\sigma_s = -82.2$ MPa,
bottom of wood: $\sigma_w = 2.5$ MPa,
bottom of steel: $\sigma_s = 87$ MPa

6.3-18 $M_{allow} = M_w = 16.39$ kN·m

6.4-1 $\tan\beta = h/b$, so NA lies along other diagonal

6.4-2 $\beta = 51.8°$, $\sigma_{max} = 17.5$ MPa

6.4-3 $\beta = 53.1°$, $\sigma_{max} = 440$ MPa

6.4-4 $\beta = 84.5°, \sigma_A = -\sigma_E = 141$ MPa, $\sigma_B = -\sigma_D = -89$ MPa

6.4-5 $\beta = 47.7°, \sigma_A = -\sigma_E = 160$ MPa, $\sigma_B = -\sigma_D = -12$ MPa

6.4-6 $\beta = -79.3°, \sigma_{max} = 8.87$ MPa

6.4-7 $\beta = -75.9°, \sigma_{max} = 12.7$ MPa

6.4-8 $P_{max} = 22.4$ kN

6.4-9 $q_{max} = 6.7$ kN/m

6.4-10 $\beta = -83.2°, \sigma_{max} = 62.3$ MPa

6.4-11 $\beta = 84.6°, \sigma_{max} = 31.0$ MPa

6.4-12 $\beta = 62.6°, \sigma_{max} = 21.6$ MPa

6.4-13 (a) $\sigma_A = 103.94 \sin\alpha + 11.48 \cos\alpha$ (MPa); (b) $\tan\beta = 21.729 \tan\alpha$

6.4-14 $\beta = 70.3°, \sigma_{max} = 11.9$ MPa

6.4-15 (a) $\beta = -76.6°, \sigma_{max} = 48.5$ MPa; (b) $\beta = -80.9°, \sigma_{max} = 48.8$ MPa

6.4-16 $\sigma_{max} = 14.6$ MPa

6.5-1 $\beta = 74.5°, \sigma_t = 37.6$ MPa, $\sigma_c = -63.7$ MPa

6.5-2 $\beta = 78.0°, \sigma_t = 7.2$ MPa, $\sigma_c = -13.2$ MPa

6.5-3 $\beta = 75.6°, \sigma_t = 30.4$ MPa, $\sigma_c = -37.7$ MPa

6.5-4 $\beta = 75.5°, \sigma_t = 22.7$ MPa, $\sigma_c = -27.9$ MPa

6.5-5 (a) $\beta = -30.6°, \sigma_t = 36.9$ MPa, $\sigma_c = -43.6$ MPa; (b) $\beta = -41.9°$, $\sigma_t = 52.5$ MPa, $\sigma_c = -42.6$ MPa

6.5-6 $\beta = 78.1°, \sigma_t = 40.7$ MPa, $\sigma_c = -40.7$ MPa

6.5-7 $\beta = 73.0°, \sigma_t = 10.3$ MPa, $\sigma_c = -9.5$ MPa

6.5-8 $\beta = 2.93°, \sigma_t = 6.56$ MPa, $\sigma_c = -6.54$ MPa

6.5-9 For $\theta = 0$: $\sigma_t = -\sigma_c = 2.546M/r^3$; for $\theta = 45°$: $\sigma_t = 4.535M/r^3, \sigma_c = -3.955M/r^3$; for $\theta = 90°$: $\sigma_t = 3.867M/r^3, \sigma_c = -5.244M/r^3$

6.5-10 $\beta = -78.9°, \sigma_t = 131.1$ MPa, $\sigma_t = -148.5$ MPa

6.5-11 $\beta = -11.7°, \sigma_t = 118.8$ MPa, $\sigma_c = -103.2$ MPa

6.5-12 $\beta = -48.6°, \sigma_t = 16.85$ MPa, $\sigma_c = -15.79$ MPa

6.5-13 $\sigma_A = -87.7$ MPa, $\sigma_B = 65.1$ MPa

6.8-1 (a) $\tau_{max} = 29.9$ MPa; (b) $\tau_B = 2.7$ MPa

6.8-2 (a) $\tau_{max} = 21.0$ MPa; (b) $\tau_B = 3.4$ MPa

6.8-3 (a) $\tau_{max} = 21.7$ MPa; (b) $\tau_{max} = 21.1$ MPa

6.8-4 (a) $\tau_{max} = 16.6$ MPa; (b) $\tau_{max} = 16.3$ MPa

6.9-1 $e = 31.0$ mm

6.9-2 $e = 19.12$ mm

6.9-6 (b) $e = \dfrac{63\pi r}{24\pi + 38} = 1.745r$

6.9-8 (a) $e = \dfrac{b}{2}\left(\dfrac{2h + 3b}{h + 3b}\right)$; (b) $e = \dfrac{b}{2}\left(\dfrac{43h + 48b}{23h + 48b}\right)$

6.10-1 $f = 2(2b_1 + b_2)/(3b_1 + b_2)$

6.10-2 (a) $f = 16r_2(r_2^3 - r_1^3)/3\pi(r_2^4 - r_1^4)$; (b) $f = 4/\pi$

6.10-3 $q = 125$ kN/m

6.10-4 (a) 56.7%; (b) $M = 12.3$ kN·m

6.10-5 $f = 1.10$

6.10-6 $f = 1.15$

6.10-7 $Z = 188.4$ cm^3, $f = 1.17$

6.10-8 $Z = 1230$ cm^3, $f = 1.07$

6.10-9 $M_Y = 688$ kN·m, $M_P = 814$ kN·m, $f = 1.18$

6.10-10 $M_Y = 365$ kN·m, $M_P = 431$ kN·m, $f = 1.18$

6.10-11 $M_Y = 154.3$ kN·m, $M_P = 205$ kN·m, $f = 1.33$

6.10-12 $M_Y = 672$ kN·m, $M_P = 878$ kN·m, $f = 1.31$

6.10-13 $M_Y = 345$ kN·m, $M_P = 453$ kN·m, $f = 1.31$

6.10-14 $M_Y = 122$ kN·m, $M_P = 147$ kN·m, $f = 1.20$

6.10-15 (a) $M = 378$ kN·m; (b) 23.3%

6.10-16 (a) $M = 524$ kN·m; (b) 36%

6.10-17 (a) $M = 209$ kN·m; (b) 7.6%

6.10-18 $Z = 136 \times 10^3$ mm^3, $f = 1.79$

6.10-19 $M_P = 117.3$ kN·m

6.10-20 $M_P = 295$ kN·m

R-6.1 B

R-6.2 C

R-6.3 B

R-6.4 B

R-6.5 D

CHAPTER 7

7.2-1 For $\theta = 52°$: $\sigma_{x1} = 30.2$ MPa, $\sigma_{y1} = 27.8$ MPa, $\tau_{x1y1} = -21.9$ MPa

7.2-2 For $\theta = 40°$: $\sigma_{x1} = 117.2$ MPa, $\sigma_{y1} = 62.8$ MPa, $\tau_{x1y1} = -10.43$ MPa

7.2-3 $\sigma_{x1} = 8.2$ MPa, $\sigma_{y1} = 2.3$ MPa, $\tau_{x1y1} = 0.2$ MPa

7.2-4 $\sigma_{x1} = 185$ MPa, $\sigma_{y1} = 35$ MPa, $\tau_{x1y1} = -10$ MPa

7.2-5 For $\theta = 32°$: $\sigma_{x1} = -23.8$ MPa, $\sigma_{y1} = -51.2$ MPa, $\tau_{x1y1} = -85.1$ MPa

7.2-6 For $\theta = 52°$: $\sigma_{x1} = -136.6$ MPa, $\sigma_{y1} = 16.6$ MPa, $\tau_{x1y1} = -84$ MPa

7.2-7 For $\theta = 48°$: $\sigma_{x1} = -9.84$ MPa, $\sigma_{y1} = -46.2$ MPa, $\tau_{x1y1} = 10.16$ MPa

7.2-8 For $\theta = -40°$: $\sigma_{x1} = -5.5$ MPa, $\sigma_{y1} = -27$ MPa, $\tau_{x1y1} = -28.1$ MPa

7.2-9 For $\theta = 36°$: $\sigma_{x1} = -94.1$ MPa, $\sigma_{y1} = -22.9$ MPa, $\tau_{x1y1} = 32.1$ MPa

7.2-10 For $\theta = -40°$: $\sigma_{x1} = -66.5$ MPa, $\sigma_{y1} = -6.52$ MPa, $\tau_{x1y1} = -14.52$ MPa

7.2-11 Normal stress on seam, 1370 kPa tension. Shear stress, 1158 kPa (clockwise)

7.2-12 Normal stress on seam, 1440 kPa tension. Shear stress, 1030 kPa (clockwise)

7.2-13 $\sigma_{x1} = 41.25$ MPa, $\sigma_{y1} = -54.25$ MPa, $\tau_{x1y1} = 69.26$ MPa

7.2-14 $\sigma_{x1} = -14.44$ MPa, $\sigma_{y1} = 1.44$ MPa, $\tau_{x1y1} = 83.75$ MPa

7.2-15 $\sigma_w = -912$ kPa, $\tau_w = 2647$ kPa

7.2-16 $\sigma_w = 10.0$ MPa, $\tau_w = -5.0$ MPa

7.2-17 $\sigma_{x1} = 5$ MPa, $\sigma_{y1} = 5$ MPa, $\tau_{x1y1} = 5$ MPa

7.2-18 $\sigma_{x1} = 9$ MPa, $\sigma_{y1} = 3$ MPa, $\tau_{x1y1} = 5.2$ MPa

7.2-19 $\theta = 51.8°$, $\sigma_{y1} = 3.7$ MPa, $\tau_{x1y1} = -7.63$ MPa

7.2-20 $\theta = 36.6°$, $\sigma_{y1} = -9$ MPa, $\tau_{x1y1} = -14.83$ MPa

7.2-21 For $\theta = -36°$: $\sigma_{x1} = -81.1$ MPa, $\sigma_{y1} = -31.9$ MPa, $\tau_{x1y1} = -27.2$ MPa

7.2-22 For $\theta = -50°$: $\sigma_{x1} = +51.4$ MPa, $\sigma_{y1} = -14.4$ MPa, $\tau_{x1y1} = -31.3$ MPa

7.2-23 $\sigma_y = 25.3$ MPa, $\tau_{xy} = 10$ MPa

7.2-24 $\sigma_y = -77.7$ MPa, $\tau_{xy} = -27.5$ MPa

7.2-25 $\sigma_b = -32.0$ MPa, $\tau_b = 18.79$ MPa, $\theta_1 = 47.9°$

7.2-26 $\sigma_y = -117.2$ kPa

7.2-27 $\sigma_{x1} = -1.4$ MPa, $\sigma_{y1} = 2.4$ MPa, $\tau_{x1y1} = 0$

7.3-1 $\sigma_1 = 7$ MPa, $\sigma_2 = 1$ MPa, $\tau_{max} = 3$ MPa

7.3-2 $\sigma_1 = 8.04$ MPa, $\sigma_2 = 1.463$ MPa, $\tau_{max} = 3.29$ MPa

7.3-3 $\sigma_1 = 40.8$ MPa, $\sigma_2 = 7.24$ MPa, $\theta_{p1} = 8.68°$

7.3-4 $\sigma_1 = 119.2$ MPa, $\sigma_2 = 60.8$ MPa, $\theta_{p1} = 29.52°$

7.3-5 $\sigma_1 = -43.7$ MPa, $\sigma_2 = -8.31$ MPa, $\theta_{p1} = -23.6°$

7.3-6 $\sigma_1 = 53.6$ MPa, $\theta_{p1} = -14.2°$

7.3-7 $\sigma_1 = 39.9$ MPa, $\sigma_2 = 124.1$ MPa, $\tau_{max} = -42.1$ MPa, $\theta_{p1} = -14.2°$

7.3-8 $\tau_{max} = 24.2$ MPa, $\sigma_{x1} = -14.25$ MPa, $\sigma_{y1} = -14.25$ MPa, $\theta_{s1} = 60.53°$

7.3-9 $\tau_{max} = 47.3$ MPa, $\theta_{s1} = 61.7°$

7.3-10 $\tau_{max} = 26.7$ MPa, $\theta_{s1} = 19.08°$

7.3-11 $(\tau_{max})_{z1} = 1$ MPa, $(\tau_{max})_{x1} = -2$ MPa, $(\tau_{max})_{y1} = -1$ MPa

7.3-12 $\sigma_1 = 20$ kPa, $\sigma_2 = -20$ kPa, $\tau_{max} = 20$ kPa

7.3-13 (a) $\sigma_1 = 1$ MPa, $\theta_{p1} = -18.43°$; (b) $\tau_{max} = 5$ MPa, $\theta_{s1} = -63.4°$

7.3-14 $\sigma_1 = 0$, $\sigma_2 = -5$ MPa, $\tau_{max} = 2.5$ MPa

7.3-15 $\sigma_1 = 0$, $\sigma_2 = -7.5$ MPa, $\tau_{max} = 3.75$ MPa

7.3-16 (a) $\sigma_1 = 25$ MPa, $\sigma_2 = -130$ MPa; (b) $\tau_{max} = 77.5$ MPa, $\sigma_{ave} = -52.5$ MPa

7.3-17 (a) $\sigma_1 = 18.45$ MPa, $\sigma_2 = 4.55$ MPa; (b) $\tau_{max} = 6.95$ MPa, $\sigma_{ave} = 11.5$ MPa

7.3-18 (a) $\sigma_1 = 2262$ kPa, $\theta_{p1} = -13.70°$ (b) $\tau_{max} = 1000$ kPa, $\theta_{s1} = -58.7°$

7.3-19 (a) $\sigma_1 = 101.8$ MPa, $\theta_{p1} = 7.85°$ (b) $\tau_{max} = 48$ MPa, $\theta_{s1} = -37.2°$

7.3-20 (a) $\sigma_1 = 29.2$ MPa, $\theta_{p1} = -17.98°$ (b) $\tau_{max} = 66.4$ MPa, $\theta_{s1} = -63.0°$

7.3-21 (a) $\sigma_1 = -8.72$ MPa, $\theta_{p1} = 24.7°$ (b) $\tau_{max} = 40.8$ MPa, $\theta_{s1} = -20.3°$

7.3-22 (a) $\sigma_1 = 76.3$ MPa, $\theta_{p1} = 107.5°$ (b) $\tau_{max} = 101.3$ MPa, $\theta_{s1} = -62.5°$

7.3-23 20.6 MPa $\le \sigma_y \le$ 65.4 MPa

7.3-24 18.5 MPa $\le \sigma_y \le$ 85.5 MPa

7.3-25 (a) $\sigma_y = 28.6$ MPa; (b) $\theta_{p1} = -40.24°$, $\sigma_1 = 44$ MPa, $\theta_{p2} = 49.76°$, $\sigma_2 = 17.64$ MPa

7.3-26 (a) $\sigma_y = 23.3$ MPa; (b) $\theta_{p1} = 65.6°$, $\sigma_1 = 41$ MPa, $\theta_{p2} = -24.4°$, $\sigma_2 = -62.7$ MPa

7.3-27 $\sigma_1 = 3.6$ kPa, $\sigma_2 = -638$ kPa, $\tau_{max} = 321$ kPa

7.3-28 $\sigma_1 = 12$ MPa, $\sigma_2 = 0$, $\tau_{max} = 6$ MPa

7.4-1 (a) $\sigma_{x1} = 75$ MPa, $\sigma_{y1} = 23$ MPa, $\tau_{x1y1} = -41.6$ MPa; (b) $\tau_{max} = 49$ MPa, $\sigma_{ave} = 49$ MPa

7.4-2 (a) $\sigma_{x1} = 40.1$ MPa, $\sigma_{y1} = 16.91$ MPa, $\tau_{x1y1} = 26$ MPa; (b) $\tau_{max} = 28.5$ MPa, $\sigma_{ave} = 28.5$ MPa

7.4-3 (a) $\sigma_{x1} = -37.6$ MPa, $\sigma_{y1} = -9.4$ MPa, $\tau_{x1y1} = 18.8$ MPa; (b) $\tau_{max} = -23.5$ MPa, $\sigma_{aver} = -23.5$ MPa

7.4-4 For $\theta = 25°$: (a) $\sigma_{x1} = -36.0$ MPa, $\tau_{x1y1} = 25.7$ MPa; (b) $\tau_{max} = 33.5$ MPa, $\theta_{s1} = 45.0°$

7.4-5 For $\theta = 55°$: (a) $\sigma_{x1} = 6.09$ MPa, $\tau_{x1y1} = -25.8$ MPa; (b) $\tau_{max} = 27.5$ MPa, $\theta_{s1} = -45.0°$, $\sigma_{aver} = 15.50$ MPa

7.4-6 For $\theta = 21.80°$: (a) $\sigma_{x1} = -17.1$ MPa, $\tau_{x1y1} = 29.7$ MPa; (b) $\tau_{max} = 43.0$ MPa, $\theta_{x1} = 45.0°$

7.4-7 For $\theta = 52°$: (a) $\sigma_{x1} = 18.44$ MPa, $\tau_{x1y1} = -4.60$ MPa; (b) $\sigma_1 = 19.00$ MPa, $\theta_{p1} = 45.0°$

7.4-8 $\sigma_{x1} = 1.75$ MPa, $\sigma_{y1} = 13.25$ MPa, $\tau_{x1y1} = 4.82$ MPa

7.4-9 (a) $\sigma_{x1} = -3.3$ MPa, $\sigma_{y1} = -6.7$ MPa, $\tau_{x1y1} = 4.7$ MPa; (b) $\sigma_1 = 0$, $\sigma_2 = -10$ MPa, $\tau_{max} = 5$ MPa

7.4-10 (a) $\sigma_{x1} = -60.8$ MPa, $\sigma_{y1} = 128.8$ MPa, $\tau_{x1y1} = -46.7$ MPa; (b) $\sigma_1 = 139.6$ MPa, $\sigma_2 = -71.6$ MPa, $\tau_{max} = 105.6$ MPa

7.4-11 For $\theta = 36.87°$: (a) $\sigma_{x1} = 25.0$ MPa, $\tau_{x1y1} = 7.28$ MPa; (b) $\sigma_1 = 26.00$ MPa, $\theta_{p1} = 45.0°$

7.4-12 For $\theta = 40°$: $\sigma_{x1} = 27.5$ MPa, $\tau_{x1y1} = -5.36$ MPa

7.4-13 For $\theta = -51°$: $\sigma_{x1} = 82.7$ MPa, $\tau_{x1y1} = -24.6$ MPa

7.4-14 For $\theta = -33°$: $\sigma_{x1} = -61.7$ MPa, $\tau_{x1y1} = -51.7$ MPa, $\sigma_{y1} = -171.3$ MPa

7.4-15 For $\theta = 14°$: $\sigma_{x1} = -10.42$ MPa, $\tau_{x1y1} = 3.85$ MPa, $\sigma_{y1} = -6.58$ MPa

7.4-16 For $\theta = 35°$: $\sigma_{x1} = 46.4$ MPa, $\tau_{x1y1} = -9.81$ MPa

7.4-17 For $\theta = 65°$: $\sigma_{x1} = -12.71$ MPa, $\tau_{x1y1} = 27.3$ MPa

7.4-18 (a) $\sigma_1 = 10{,}865$ kPa, $\theta_{p1} = 115.2°$; (b) $\tau_{max} = 4865$ kPa, $\theta_{s1} = 70.2°$

7.4-19 (a) $\sigma_1 = 17.72$ MPa, $\theta_{p1} = 31.4°$; (b) $\tau_{max} = 22.47$ MPa, $\theta_{s1} = -13.57°$

7.4-20 (a) $\sigma_1 = 18.2$ MPa, $\theta_{p1} = 123.3°$; (b) $\tau_{max} = 15.4$ MPa, $\theta_{s1} = 78.3°$

7.4-21 (a) $\sigma_1 = -47.67$ MPa, $\theta_{p1} = -32.9°$; (b) $\tau_{max} = 54.8$ MPa, $\theta_{s1} = -77.9°$

7.4-22 (a) $\sigma_1 = 40.0$ MPa, $\theta_{p1} = 68.8°$; (b) $\tau_{max} = 40.0$ MPa, $\theta_{s1} = 23.8°$

7.4-23 (a) $\sigma_1 = 4.4$ MPa, $\theta_{p1} = -26.8°$; (b) $\tau_{max} = 23.6$ MPa, $\theta_{s1} = -71.8°$

7.4-24 (a) $\sigma_1 = 3.43$ MPa, $\theta_{p1} = -19.68°$; (b) $\tau_{max} = 15.13$ MPa, $\theta_{s1} = -64.7°$

7.4-25 (a) $\sigma_1 = 51.6$ MPa, $\theta_{p1} = 9.9°$; (b) $\tau_{max} = 26.6$ MPa, $\theta_{s1} = -35.1°$

7.5-1 $\sigma_x = 175.2$ MPa, $\sigma_y = 135.3$ MPa, $\Delta t = -7.2 \times 10^{-3}$ mm

7.5-2 $\sigma_x = 102.6$ MPa, $\sigma_y = -11.21$ MPa, $\Delta t = -1.646 \times 10^{-3}$ mm

7.5-3 $e = -3.17 \times 10^{-4}$

7.5-4 (a) $\varepsilon_x = 7.25 \times 10^{-5}$, $\varepsilon_y = -9 \times 10^{-5}$, $\varepsilon_z = 7.5 \times 10^{-6}$, $\gamma_{xy} = 6.5 \times 10^{-5}$; (b) $u = 1.2$ kPa

7.5-5 (a) $\varepsilon_z = -\nu(\varepsilon_x + \varepsilon_y)/(1 - \nu)$; (b) $e = (1 - 2\nu)(\varepsilon_x + \varepsilon_y)/(1 - \nu)$

7.5-6 $\nu = 0.24$, $E = 112.1$ GPa

7.5-7 $\nu = 0.3$, $E = 204.1$ GPa

7.5-8 (a) $\gamma_{max} = 5.85 \times 10^{-4}$; (b) $\Delta t = -1.32 \times 10^{-3}$ mm; (c) $\Delta V = 387$ mm^3

7.5-9 (a) $\gamma_{max} = 1.921 \times 10^{-3}$; (b) $\Delta t = -3.55 \times 10^{-3}$ mm (decrease); (c) $\Delta V = 1372$ mm^3 (increase)

7.5-10 (a) $\Delta V_b = -49.2$ mm^3, $U_b = 3.52$ J; (b) $\Delta V_a = -71.5$ mm^3, $U_a = 4.82$ J

7.5-11 $\Delta V = -602$ mm^3, $U = 6.2452$ J

7.5-12 (a) $\Delta V = 2766$ mm^3, $U = 56$ J; (b) $t_{max} = 36.1$ mm; (c) $b_{min} = 640$ mm

7.5-13 (a) $\Delta V = 623$ mm^3, $U = 64.5$ J; (b) $t_{max} = 17.02$ mm; (c) $b_{min} = 262$ mm

7.5-14 (a) $\Delta ac = \varepsilon_x d = 0.1296$ mm (increase); (b) $\Delta bc = \varepsilon_y d = -0.074$ mm (decrease); (c) $\Delta t = \varepsilon_z t = -2.86 \times 10^{-3}$ mm (decrease); (d) $\Delta V = eV_0 = 430$ mm^3; (e) $U = uV_0 = 71.2$ N·m; (f) $t_{max} = 22.0$ mm; (g) $\sigma_{x\,max} = 63.9$ MPa

7.5-15 (a) $\varepsilon_x = 0.182$, $\varepsilon_y = -0.318$, $\varepsilon_z = 0.182$; (b) $e = 0.045$

7.5-16 $\nu = 0.477$, $E = 1.006$ MPa

7.6-1 $\varepsilon_x = -3.98 \times 10^{-4}$, $\varepsilon_y = 3.24 \times 10^{-4}$, $\varepsilon_z = 2.1 \times 10^{-4}$, $e = 1.36 \times 10^{-4}$

7.6-2 $\varepsilon_x = -3.33 \times 10^{-4}$, $\varepsilon_y = 5.79 \times 10^{-4}$, $\varepsilon_z = -2.95 \times 10^{-4}$, $u = 14.09$ kPa

7.6-3 (a) $\tau_{max} = 60$ MPa; (b) $\Delta a = 0.1955$ mm, $\Delta b = -0.0944$ mm, $\Delta c = -0.034$ mm; (c) $\Delta V = 287$ mm^3; (d) $U = 109.9$ J; (e) $\sigma_{x\,max} = 88.5$ MPa; (f) $\sigma_{x\,max} = 82$ MPa

7.6-4 (a) $\tau_{max} = \dfrac{\sigma_1 - \sigma_3}{2} = 8.5$ MPa; (b) $\Delta a = a\varepsilon_x = -0.0525$ mm, $\Delta b = \varepsilon_y b = -9.67 \times 10^{-3}$ mm, $\Delta c = \varepsilon_z c = -9.67 \times 10^{-3}$ mm; (c) $\Delta V = eV_0 = -2.052 \times 10^3$ mm^3; (d) $U = uV_0 = 56.2$ N·m; (e) $\sigma_{xmax} = -50$ MPa; (f) $\sigma_{xmax} = -65.1$ MPa

7.6-5 (a) $\sigma_x = -28.8$ MPa, $\sigma_y = -14.4$ MPa, $\sigma_z = -14.4$ MPa; (b) $\tau_{max} = 7.2$ MPa; (c) $\Delta V = -300$ mm^3; (d) $U = 3.78$ J; (e) $\sigma_{x\,max} = -26.5$ MPa; (f) $\varepsilon_{x\,max} = -242(10^{-6})$

7.6-6 (a) $\sigma_x = -82.6$ MPa, $\sigma_y = -54.7$ MPa, $\sigma_z = -54.7$ MPa; (b) $\tau_{max} = \dfrac{\sigma_1 - \sigma_3}{2} = 13.92$ MPa; (c) $\Delta V = eV_0 = -846$ mm^3; (d) $U = uV_0 = 29.9$ N·m; (e) $\sigma_{x\,max} = -73$ MPa; (f) $\varepsilon_{x\,max} = -741(10^{-6})$

7.6-7 (a) $K_{Al} = 74.1$ GPa; (b) $E = 42$ GPa, $\nu = 0.35$

7.6-8 (a) $K = 4.95$ GPa; (b) $E = 1.297$ GPa, $\nu = 0.40$

7.6-9 (a) $p = \nu F/[A(1 - \nu)]$; (b) $\delta = FL(1 + \nu)(1 - 2\nu)/EA(1 - \nu)]$

7.6-10 (a) $p = \nu p_0$; (b) $e = -p_0(1 + \nu)(1 - 2\nu)/E$; (c) $u = p_0^2(1 - \nu^2)/2E$

7.6-11 (a) $p = -3.1$ kPa; (b) $\Delta V = -0.2175$ cm^3

7.6-12 $P = -81.5$ kN

7.6-13 (a) $\Delta d = 0.036$ mm, $\Delta V = 2863$ mm^3, $U = 34.4$ J; (b) $h = 1620$ m

7.6-14 (a) $p = 700$ MPa; (b) $K = 175$ GPa; (c) $U = 2470$ J

7.6-15 $\varepsilon_0 = 2.77 \times 10^{-4}$, $e = 8.3 \times 10^{-4}$, $u = 0.0344$ MPa

7.7-1 (a) $\varepsilon_{x1} = -5.53 \times 10^{-4}$, $\varepsilon_{y1} = 1.053 \times 10^{-3}$, $\gamma_{x1y1} = 1.915 \times 10^{-3}$; (b) $\varepsilon_1 = 1.5 \times 10^{-3}$ $\varepsilon_2 = -1.0 \times 10^{-3}$, $\gamma_{max} = 2.5 \times 10^{-3}$

7.7-2 (a) $\varepsilon_1 = 2.0 \times 10^{-3}$, $\varepsilon_2 = 1.5 \times 10^{-3}$; (b) $\gamma_{max} = 5.0 \times 10^{-4}$

7.7-3 (a) $\varepsilon_{x1} = 1.299 \times 10^{-4}$, $\varepsilon_{y1} = -1.299 \times 10^{-4}$, $\gamma_{x1y1} = 1.5 \times 10^{-4}$; (b) $\varepsilon_1 = 1.5 \times 10^{-4}$, $\varepsilon_2 = -1.5 \times 10^{-4}$, $\gamma_{max} = 3 \times 10^{-4}$

7.7-4 (a) $\varepsilon_{x1} = 1.398 \times 10^{-3}$, $\varepsilon_{y1} = -9.76 \times 10^{-5}$, $\gamma_{x1y1} = -8.63 \times 10^{-4}$; (b) $\varepsilon_1 = 1.513 \times 10^{-3}$, $\varepsilon_2 = -2.13 \times 10^{-4}$, $\gamma_{max} = 1.726 \times 10^{-3}$

7.7-5 (a) $\Delta d = 0.0476$ mm; (b) $\Delta\phi = -\alpha = 1.419 \times 10^{-4}$ (decrease, radians); (c) $\Delta\psi = -\alpha = 1.419 \times 10^{-4}$ (increase, radians)

7.7-6 (a) $\Delta d = \varepsilon_{x1} L_d = 0.062$ mm; (b) $\Delta\phi = -\alpha = 1.89 \times 10^{-4}$ (decrease, radians); (c) $\Delta\psi = -\alpha = 1.89 \times 10^{-4}$ (increase, radians)

7.7-7 (a) $\Delta d = 0.1146$ mm (increase); (b) $\Delta\phi = 150 \times 10^{-6}$ rad (decrease); (c) $\gamma = -314 \times 10^{-6}$ rad (angle *ced* increases)

7.7-8 (a) $\Delta d = 0.168$ mm (increase); (b) $\Delta\phi = 317 \times 10^{-6}$ rad (decrease); (c) $\gamma = -634 \times 10^{-6}$ rad (angle *ced* increases)

7.7-9 $\varepsilon_{x1} = 3.97 \times 10^{-4}$, $\varepsilon_{y1} = 3.03 \times 10^{-4}$, $\gamma_{x1y1} = 1.829 \times 10^{-4}$

7.7-10 $\varepsilon_{x1} = 9.53 \times 10^{-5}$, $\varepsilon_{y1} = -1.353 \times 10^{-4}$, $\gamma_{x1y1} = -3.86 \times 10^{-4}$

7.7-11 $\varepsilon_1 = 554 \times 10^{-6}$, $\theta_{p1} = -22.9°$, $\gamma_{max} = 488 \times 10^{-6}$

7.7-12 $\varepsilon_1 = 172 \times 10^{-6}$, $\theta_{p1} = 163.9°$, $\gamma_{max} = 674 \times 10^{-6}$

7.7-13 For $\theta = 75°$: (a) $\varepsilon_{x1} = 202 \times 10^{-6}$, $\gamma_{x1y1} = -569 \times 10^{-6}$; (b) $\varepsilon_1 = 568 \times 10^{-6}$, $\theta_{p1} = 22.8°$; (c) $\gamma_{max} = 587 \times 10^{-6}$

7.7-14 For $\theta = 45°$: (a) $\varepsilon_{x1} = -385 \times 10^{-6}$, $\gamma_{x1y1} = 690 \times 10^{-6}$; (b) $\varepsilon_1 = -254 \times 10^{-6}$, $\theta_{p1} = 65.7°$; (c) $\gamma_{max} = 1041 \times 10^{-6}$

7.7-15 $\tau_{max\,xy} = 29.5$ MPa, $\gamma_{xy\,max} = 7.19 \times 10^{-4}$, $\gamma_{xz\,max} = 9.01 \times 10^{-4}$, $\gamma_{yz\,max} = 1.827 \times 10^{-4}$

7.7-16 $\tau_{max\,xy} = \dfrac{\sigma_x - \sigma_y}{2} = 33.7$ MPa,

$$\gamma_{xy\,max} = 2\sqrt{\left(\frac{\varepsilon_x - \varepsilon_y}{2}\right)^2 + \left(\frac{\gamma_{xy}}{2}\right)^2} = 1.244 \times 10^{-3},$$

$$\gamma_{xz\,max} = 2\sqrt{\left(\frac{\varepsilon_x - \varepsilon_z}{2}\right)^2 + \gamma_{xz}^2} = 1.459 \times 10^{-3},$$

$$\gamma_{yz\,max} = 2\sqrt{\left(\frac{\varepsilon_y - \varepsilon_z}{2}\right)^2 + \gamma_{yz}^2} = 2.15 \times 10^{-4}$$

7.7-17 For $\theta = 30°$: (a) $\varepsilon_{x1} = -7.61 \times 10^{-4}$, $\gamma_{x1y1} = 8.62 \times 10^{-4}$; (b) $\varepsilon_1 = 4.27 \times 10^{-4}$, $\theta_{p1} = 100.1°$; (c) $\gamma_{max} = 1.345 \times 10^{-3}$

7.7-18 For $\theta = 50°$: (a) $\varepsilon_{x1} = -1469 \times 10^{-6}$, $\gamma_{x1y1} = -717 \times 10^{-6}$; (b) $\varepsilon_1 = -732 \times 10^{-6}$, $\theta_{p1} = 166.0°$; (c) $\gamma_{max} = 911 \times 10^{-6}$

7.7-19 $\varepsilon_1 = 551 \times 10^{-6}$, $\theta_{p1} = 12.5°$, $\gamma_{max} = 662 \times 10^{-6}$

7.7-20 $\varepsilon_1 = 332 \times 10^{-6}$, $\theta_{p1} = 12.0°$, $\gamma_{max} = 515 \times 10^{-6}$

7.7-21 (a) $P = 23.6$ kN, $T = -114.9$ N·m; (b) $\gamma_{max} = 2.84 \times 10^{-4}$, $\tau_{max} = 23.1$ MPa

7.7-22 $P = 121.4$ kN, $\alpha = 56.7°$

7.7-23 $P = 44.1$ kN, $\alpha = 75.2°$

7.7-24 $\varepsilon_x = \varepsilon_a$, $\varepsilon_y = (2\varepsilon_b + 2\varepsilon_c - \varepsilon_a)/3$, $\gamma_{xy} = 2(\varepsilon_b - \varepsilon_c)/\sqrt{3}$

7.7-25 For $\theta_{p1} = 30°$: $\varepsilon_1 = 1550 \times 10^{-6}$, $\varepsilon_2 = -250 \times 10^{-6}$, $\sigma_1 = 68.3$ MPa, $\sigma_2 = 13.67$ MPa

7.7-26 $\sigma_x = 91.6$ MPa

7.7-27 $\varepsilon_{x1} = 3.97 \times 10^{-4}, \varepsilon_{y1} = 3.03 \times 10^{-4}$, $\gamma_{x1y1} = 1.829 \times 10^{-4}$

7.7-28 $\varepsilon_{x1} = 9.53 \times 10^{-5}, \varepsilon_{y1} = -1.353 \times 10^{-4}$, $\gamma_{x1y1} = -3.86 \times 10^{-4}$

7.7-29 $\varepsilon_1 = 554 \times 10^{-6}, \theta_{p1} = 157.1°$, $\gamma_{max} = 488 \times 10^{-6}$

7.7-30 $\varepsilon_1 = 172 \times 10^{-6}, \theta_{p1} = 163.9°$, $\gamma_{max} = 674 \times 10^{-6}$

7.7-31 For $\theta = 75°$: (a) $\varepsilon_{x1} = 202 \times 10^{-6}$, $\gamma_{x1y1} = -569 \times 10^{-6}$; (b) $\varepsilon_1 = 568 \times 10^{-6}$, $\theta_{p1} = 22.8°$; (c) $\gamma_{max} = 587 \times 10^{-6}$

7.7-32 For $\theta = 45°$: (a) $\varepsilon_{x1} = -385 \times 10^{-6}$, $\gamma_{x1y1} = 690 \times 10^{-6}$; (b) $\varepsilon_1 = -254 \times 10^{-6}$, $\theta_{p1} = 65.7°$; (c) $\gamma_{max} = 1041 \times 10^{-6}$

R-7.1 C

R-7.2 C

R-7.3 D

R-7.4 A

R-7.5 B

R-7.6 A

R-7.7 C

R-7.8 D

CHAPTER 8

8.2-1 $p_\sigma = 16.82$ kPa, $p_\tau = 9.6$ kPa

8.2-2 $p_a = 1.748$ kPa

8.2-3 (a) Use $t = 112$ mm; (b) $p_{max} = 3.14$ MPa

8.2-4 (a) Use $t = 98$ mm; (b) $p_{max} = 3.34$ MPa

8.2-5 (a) $F = 15.81$ kN, $\sigma = 3.14$ MPa; (b) $d_b = 13.23$ mm; (c) $r = 334$ mm

8.2-6 (a) $\sigma_{max} = 3.12$ MPa, $\varepsilon_{max} = 0.438$; (b) $t_{reqd} = 1.29$ mm

8.2-7 (a) $\sigma_{max} = 4.17$ MPa, $\varepsilon_{max} = 0.655$; (b) $p_{max} = 129.8$ kPa

8.2-8 (a) $p_{max} = 3.51$ MPa; (b) $p_{max} = 2.93$ MPa

8.2-9 (a) $f = 5100$ kN/m; (b) $\tau_{max} = 51$ MPa; (c) $\varepsilon_{max} = 344 \times 10^{-6}$

8.2-10 (a) $f = 5.5$ MN/m; (b) $\tau_{max} = 57.3$ MPa; (c) $\varepsilon_{max} = 3.87 \times 10^{-4}$

8.2-11 (a) $t_{min} = 11.67$ mm; (b) $p = 16.33$ MPa

8.2-12 (a) $t_{min} = 7.17$ mm; (b) $p = 19.25$ MPa

8.2-13 $D_0 = 26.6$ m

8.3-1 $\sigma_1 = 152.6$ MPa, $\sigma_2 = 76.3$ MPa, $\tau_{max\,In} = 38.2$ MPa, $\tau_{max\,Out} = 76.3$ MPa

8.3-2 $\sigma_1 = 76.2$ MPa, $\sigma_2 = 38.1$ MPa, $\tau_{max\,In} = 19.05$ MPa, $\tau_{max\,Out} = 38.1$ MPa

8.3-3 (a) $t_{min} = 6.43$ mm; (b) $p_{max} = 11.2$ MPa

8.3-4 (a) $h = 22.2$ m; (b) zero

8.3-5 $n = 2.38$

8.3-6 (a) $F = 3\pi pr^2$; (b) $t_{reqd} = 10.91$ mm

8.3-7 (a) $p = 350$ kPa; (b) $\varepsilon_r = 8.35 \times 10^{-4}$

8.3-8 (a) $\varepsilon_{max} = 6.67 \times 10^{-5}$; (b) $\varepsilon_r = 2.83 \times 10^{-4}$

8.3-9 $t_{min} = 2.53$ mm

8.3-10 $t_{min} = 3.71$ mm

8.3-11 (a) $h = 7.24$ m; (b) $\sigma_1 = 817$ kPa

8.3-12 (a) $\sigma_h = 24.9$ MPa; (b) $\sigma_c = 49.7$ MPa; (c) $\sigma_w = 24.9$ MPa; (d) $\tau_h = 12.43$ MPa; (e) $\tau_c = 24.9$ MPa

8.3-13 (a) $t_{min} = 6.25$ mm; (b) $t_{min} = 3.12$ mm

8.3-14 (a) $\sigma_1 = 93.3$ MPa, $\sigma_2 = 46.7$ MPa; (b) $\tau_1 = 23.2$ MPa, $\tau_2 = 46.7$ MPa; (c) $\varepsilon_1 = 3.97 \times 10^{-4}, \varepsilon_2 = 9.33 \times 10^{-5}$; (d) $\theta = 35°, \sigma_{x_1} = 62.0$ MPa, $\sigma_{y1} = 78.0$ MPa, $\tau_{x1y1} = 21.9$ MPa;

8.3-15 (a) $\sigma_1 = 42$ MPa, $\sigma_2 = 21$ MPa; (b) $\tau_1 = 10.5$ MPa, $\tau_2 = 21$ MPa; (c) $\varepsilon_1 = 178.5 \times 10^{-6}, \varepsilon_2 = 42 \times 10^{-6}$; (d) $\theta = 15°, \sigma_{x1} = 22.4$ MPa, $\sigma_{y1} = 40.6$ MPa, $\tau_{x1y1} = 5.25$ MPa

8.4-1 $\sigma_x = 13.35$ MPa, $\sigma_y = 0, \tau_{xy} = -0.989$ MPa

8.4-2 $\sigma_x = -2.22$ MPa, $\sigma_y = 0$, $\tau_{xy} = -0.139$ MPa

8.4-3 $\sigma_x = 53.3$ kPa, $\sigma_y = 0$, $\tau_{xy} = -66.7$ kPa, $\sigma_1 = 98.5$ kPa, $\sigma_2 = -45.1$ kPa, $\tau_{max} = 71.8$ kPa

8.4-4 $\sigma_x = 667$ kPa, $\sigma_y = 0$, $\tau_{xy} = -44.4$ kPa, $\sigma_1 = 670$ kPa, $\sigma_2 = -2.95$ kPa, $\tau_{max} = 336$ kPa

8.4-5 $\sigma_x = -162.5$ kPa, $\sigma_y = 0$, $\tau_{xy} = 1$ MPa, $\sigma_1 = 923$ kPa, $\sigma_2 = -1085$ kPa, $\tau_{max} = 1004$ kPa

8.4-6 $\sigma_x = -208$ kPa, $\sigma_y = 0$, $\tau_{xy} = 84.6$ kPa, $\sigma_1 = 30.1$ kPa, $\sigma_2 = -238$ kPa, $\tau_{max} = 134.1$ kPa

8.4-7 (a) $\sigma_x = -39.5$ MPa, $\sigma_y = 0$, $\tau_{xy} = 7.9$ MPa, $\sigma_1 = 1.522$ MPa, $\sigma_2 = -41$ MPa, $\tau_{max} = 21.3$ MPa; (b) $\sigma_x = -46.2$ MPa, $\sigma_y = 0$, $\tau_{xy} = 7.9$ MPa, $\sigma_1 = 1.315$ MPa, $\sigma_2 = -47.5$ MPa, $\tau_{max} = 24.4$ MPa

8.4-8 (a) $\sigma_x = -37.4$ MPa, $\sigma_y = 0$, $\tau_{xy} = 7.49$ MPa, $\sigma_1 = 1.442$ MPa, $\sigma_2 = -38.9$ MPa, $\tau_{max} = 20.2$ MPa; (b) $\sigma_x = -44.4$ MPa, $\sigma_y = 0$, $\tau_{xy} = 7.49$ MPa, $\sigma_1 = 1.227$ MPa, $\sigma_2 = -45.7$ MPa, $\tau_{max} = 23.4$ MPa

8.4-9 (a) $\sigma_1 = 1484$ kPa, $\sigma_2 = -1484$ kPa, $\tau_{max} = 1484$ kPa; (b) $\sigma_1 = 337$ kPa, $\sigma_2 = -5163$ kPa, $\tau_{max} = 2750$ kPa; (c) $\sigma_1 = 0$, $\sigma_2 = -14.48$ MPa, $\tau_{max} = 7238$ kPa

8.4-10 $P = 20$ kN

8.4-11 $P = 13.38$ kN

8.4-12 (a) $P = 30$ N, $\sigma_x = \sigma_y = \tau_{xy} = 0$; (b) $P = 167.5$ N, $\sigma_x = 220$ kPa, $\sigma_y = 0$, $\tau_{xy} = 8.8$ kPa

8.4-13 $P = 22.5$ kN, $\sigma_x = \sigma_y = 0$, $\tau_{xy} = -950$ kPa

8.4-14 (b) $\sigma_1 = 4.5$ MPa, $\sigma_2 = -76.1$ MPa, $\tau_{max} = 40.3$ MPa

8.4-15 (b) $\sigma_1 = 75.3$ MPa, $\sigma_2 = -6.5$ MPa, $\tau_{max} = 40.9$ MPa

8.4-16 (b) $\sigma_1 = 3.52$ MPa, $\sigma_2 = -66.9$ MPa, $\tau_{max} = 35.2$ MPa

8.4-17 $\sigma_x = 4.03$ MPa, $\sigma_y = 0$, $\tau_{xy} = -3.19$ MPa, $\sigma_1 = 5.78$ MPa, $\sigma_2 = -1.754$ MPa, $\tau_{max} = 3.77$ MPa

8.4-18 $\sigma_x = -215$ kPa, $\sigma_y = 0$, $\tau_{xy} = -398$ kPa, $\sigma_1 = 305$ kPa, $\sigma_2 = -519$ kPa, $\tau_{max} = 412$ kPa

8.4-19 (b) $\sigma_1 = 0.961$ MPa, $\sigma_2 = -11.62$ MPa, $\tau_{max} = 6.29$ MPa

8.4-20 (b) $\sigma_1 = 17.86$ MPa, $\sigma_2 = -0.145$ MPa, $\tau_{max} = 9.0$ MPa

8.4-21 $\dfrac{\sigma_1}{\sigma_2} = -58$

8.4-22 $\dfrac{\sigma_1}{\sigma_2} = -663$

8.5-1 (a) $\sigma_1 = 27.1$ MPa, $\sigma_2 = -20.6$ MPa, $\tau_{max} = 23.8$ MPa; (b) $\sigma_1 = 129.1$ MPa, $\sigma_2 = -3.18$ MPa, $\tau_{max} = 66.1$ MPa

8.5-2 (a) $\sigma_1 = 51.9$ MPa, $\sigma_2 = -0.438$ MPa, $\tau_{max} = 26.2$ MPa; (b) $\sigma_1 = 9.9$ MPa, $\sigma_2 = -4.1$ MPa, $\tau_{max} = 7.0$ MPa

8.5-3 $\sigma_1 = 10.9$ MPa, $\sigma_2 = -16.41$ kPa, $\tau_{max} = 5.5$ MPa

8.5-4 $\sigma_1 = 42.8$ MPa, $\sigma_2 = -42.8$ MPa, $\tau_{max} = 42.8$ MPa

8.5-5 $t_{min} = 3$ mm

8.5-6 $p_{max} = 9.60$ MPa

8.5-7 (a) $\sigma_{max} = \sigma_1 = 57.2$ MPa, $\tau_{max} = 19.72$ MPa; (b) $T_{max} = 215$ kN·m; (c) $t_{min} = 14.11$ mm

8.5-8 (a) $P_{max} = 461$ kN; (b) $p_{max} = 8.32$ MPa

8.5-9 $\sigma_t = 74.2$ MPa: No compressive stresses. $\tau_{max} = 37.1$ MPa

8.5-10 $\phi_{max} = 0.552$ rad $= 31.6°$

8.5-11 $\sigma_t = 32.0$ MPa, $\sigma_c = -73.7$ MPa, $\tau_{max} = 52.8$ MPa

8.5-12 $\sigma_t = 16.93$ MPa, $\sigma_c = -41.4$ MPa, $\tau_{max} = 28.9$ MPa

8.5-13 $P = 815\,\text{kN}$

8.5-14 (a) $\sigma_{max} = \sigma_1 = 35.8\,\text{MPa}$, $\tau_{max} = 18.05\,\text{MPa}$; (b) $P_{max} = 6.73\,\text{kN}$

8.5-15 (a) $\sigma_x = 0, \sigma_y = 37\,\text{MPa}, \tau_{xy} = 1.863\,\text{MPa}$; (b) $\sigma_1 = 37\,\text{MPa}, \sigma_2 = -0.094\,\text{MPa}$, $\tau_{max} = 18.57\,\text{MPa}$

8.5-16 $\tau_A = 76.0\,\text{MPa}, \tau_B = 19.94\,\text{MPa}$, $\tau_C = 23.7\,\text{MPa}$

8.5-17 $\sigma_1 = 21.3\,\text{MPa}, \sigma_2 = 0, \tau_{max} = 10.6\,\text{MPa}$

8.5-18 $\sigma_1 = 0, \sigma_2 = -21.7\,\text{MPa}, \tau_{max} = 10.87\,\text{MPa}$

8.5-19 $\sigma_1 = 6.96\,\text{MPa}$ (max. tensile stress at base of pole), $\sigma_2 = -46.2\,\text{MPa}$ (max. compressive stress at base of pole), $\tau_{max} = 24\,\text{MPa}$ (max. shear stress at base of pole)

8.5-20 $d_{min} = 48.4\,\text{mm}$

8.5-21 $\sigma_t = 298\,\text{MPa}$ at A, $\sigma_c = -15.45\,\text{MPa}$ at A, $\tau_{max} = 156.9\,\text{MPa}$ at A

8.5-22 (a) $\sigma_x = 0, \sigma_y = 2.23\,\text{MPa}, \tau_{xy} = 0$; (b) $\tau_{max} = 1.116\,\text{MPa}$

8.5-23 (a) $\sigma_t = 29.15\dfrac{qR^2}{d^3}, \sigma_c = -8.78\dfrac{qR^2}{d^3}$, $\tau_{max} = 18.97\dfrac{qR^2}{d^3}$; (b) $\sigma_t = 14.04\dfrac{qR^2}{d^3}$, $\sigma_c = -2.41\dfrac{qR^2}{d^3}, \tau_{max} = 8.22\dfrac{qR^2}{d^3}$

8.5-24 (a) $\sigma_x = 0, \sigma_y = 2.34\,\text{MPa}$, $\tau_{xy} = -0.1912\,\text{MPa}$; (b) $\sigma_1 = 2.35\,\text{MPa}$, $\sigma_2 = -0.0155\,\text{MPa}$; (c) $\tau_{max} = 1.185\,\text{MPa}$

8.5-25 $\sigma_t = 21.6\,\text{MPa}, \sigma_c = -9.4\,\text{MPa}$, $\tau_{max} = 15.5\,\text{MPa}$

8.5-26 Pure shear: $\tau_{max} = 0.804\,\text{MPa}$

8.5-27 (a) $d_{min} = 47.4\,\text{mm}$; (b) $P_{max} = 55.9\,\text{N}$

8.5-28 (a) $\sigma_1 = 29.3\,\text{MPa}, \sigma_2 = -175.9\,\text{MPa}$, $\tau_{max} = 102.6\,\text{MPa}$; (b) $\sigma_1 = 156.1\,\text{MPa}$, $\sigma_2 = -33\,\text{MPa}, \tau_{max} = 94.5\,\text{MPa}$

8.5-29 (a) $\sigma_1 = 0, \sigma_2 = -148.1\,\text{MPa}$, $\tau_{max} = 74.0\,\text{MPa}$; (b) $\sigma_1 = 7.02\,\text{MPa}$, $\sigma_2 = -155.1\,\text{MPa}, \tau_{max} = 81.8\,\text{MPa}$

8.5-30 Maximum: $\sigma_t = 18.35\,\text{MPa}$, $\sigma_C = -18.35\,\text{MPa}, \tau_{max} = 9.42\,\text{MPa}$

8.5-31 Top of beam: $\sigma_1 = 64.4\,\text{MPa}, \sigma_2 = 0$, $\tau_{max} = 32.2\,\text{MPa}$

8.5-32 (a) $d_{Al} = 26.3\,\text{mm}$; (b) $d_{Ti} = 21.4\,\text{mm}$

8.5-33 $\sigma_y = 0, \sigma_x = \dfrac{(FL)\dfrac{d_2}{2}}{\dfrac{I_p}{2}} = 12.14\,\text{MPa}$, $\tau_{xy} = \dfrac{-T\dfrac{d_2}{2}}{I_p} = -3.49\,\text{MPa}, \sigma_1 = 13.07\,\text{MPa}$, $\sigma_2 = -0.932\,\text{MPa}, \tau_{max} = 7\,\text{MPa}$

8.5-34 (a) $\sigma_1 = 0, \sigma_2 = \sigma_x = -108.4\,\text{MPa}$, $\tau_{max} = \dfrac{\sigma_x}{2} = -54.2\,\text{MPa}$; (b) $\sigma_1 = 0.703\,\text{MPa}, \sigma_2 = -1.153\,\text{MPa}$, $\tau_{max} = 0.928\,\text{MPa}$; (c) $P_{max} = 348\,\text{N}$

8.5-35 $\sigma_x = -136.4\,\text{MPa}, \sigma_y = 0, \tau_{xy} = 32.7\,\text{MPa}$, $\sigma_1 = 7.42\,\text{MPa}, \sigma_2 = -143.8\,\text{MPa}$, $\tau_{max} = 75.6\,\text{MPa}$

R-8.1 A

R-8.2 C

R-8.3 D

R-8.4 B

R-8.5 C

R-8.6 A

R-8.7 D

R-8.8 D

R-8.9 A

R-8.10 D

R-8.11 D

R-8.12 A

R-8.13 C

R-8.14 B

R-8.15 C

CHAPTER 9

9.2-1 moment M_0 applied at $x = L$

9.2-2 uniform load

9.2-3 $q = q_0 x/L$; Triangular load, acting downward

9.2-4 (a) $q = q_0 \sin \pi x/L$, Sinusoidal load; (b) $R_A = R_B = q_0 L/\pi$; (c) $M_{max} = q_0 L^2/\pi^2$

9.2-5 $q = q_0(1 - x/L)$; Triangular load, acting downward

9.2-6 (a) $q = q_0(L^2 - x^2)/L^2$; Parabolic load, acting downward; (b) $R_A = 2q_0 L/3$, $M_A = -q_0 L^2/4$

9.3-1 $\delta_{max} = 1.04$ mm, $\theta_A = 9.4 \times 10^{-4}$ rad

9.3-2 (a) $q = 1.438 \dfrac{\text{kN}}{\text{m}}$; (b) $r = 14.72$ mm

9.3-3 $\delta_{max} = 6.5$ mm, $\theta = 0.28°$

9.3-4 $h = 96$ mm

9.3-5 $L = 3.0$ m

9.3-6 $\delta_{max} = 15.4$ mm

9.3-7 $\delta/L = 1/320$

9.3-8 $E_g = 80.0$ GPa

9.3-9 Let $\beta = a/L$: $\dfrac{\delta_C}{\delta_{max}}$

$$= 3\sqrt{3}(-1 + 8\beta - 4\beta^2)$$

The deflection at the midpoint is close to the maximum deflection. The maximum difference is only 2.6%.

9.3-10 $\dfrac{\delta_B}{M} = 3.2 \times 10^4 \left[\dfrac{1}{N}\right]$, $\dfrac{\theta_B}{M} = 200\left[\dfrac{1}{N \cdot \mu m}\right]$

9.3-11 (a) $\delta_B = 25.5$ mm, $\delta_C = 51.4$ mm; (b) $\delta_B = 25.5$ mm, $\delta_C = 52.2$ mm

9.3-15 (a) $q_0 = 1186$ kN/m

(b) $\theta_B = 1.563 \times 10^{-3}$ rad

9.3-16 IPN 380

9.3-17 $v(x) = -mx^2(3L - x)/6EI$, $\delta_B = mL^2/3EI$, $\theta_B = mL^2/2EI$

9.3-18 $v(x) = -\dfrac{q}{48EI}(2x^4 - 12x^2L^2 + 11L^4)$,

$$\delta_B = \frac{qL^4}{48EI}$$

9.3-19 See Table H-2, Case 9.

9.3-20 See Table H-1, Case 9.

9.3-21 $v(x) = \dfrac{q_0 L}{24EI}(x^3 - 2Lx^2)$ for $0 \le x \le \dfrac{L}{2}$,

$$v(x) = \frac{-q_0}{960LEI}(-160L^2x^3 + 160L^3x^2 + 80Lx^4 - 16x^5 - 25L^4x + 3L^5)$$

for $\dfrac{L}{2} \le x \le L$, $\delta_B = \dfrac{7}{160}\dfrac{q_0 L^4}{EI}$,

$$\delta_C = \frac{1}{64}\frac{q_0 L^4}{EI}$$

9.3-22 $v(x) = \dfrac{q_0 x}{5760LEI}(200x^2L^2 - 240x^3L + 96x^4 - 53L^4)$ for $0 \le x \le \dfrac{L}{2}$,

$$v(x) = \frac{-q_0 L}{5760EI}(40x^3 - 120Lx^2 + 83L^2x - 3L^3) \text{ for } \frac{L}{2} \le x \le L,$$

$$\delta_C = \frac{3q_0 L^4}{1280EI}$$

9.3-23 $v(x) = -\dfrac{PL}{10{,}368EI}(-4104x^2 + 3565L^2)$

for $0 \le x \le \dfrac{L}{3}$, $v(x) = -\dfrac{P}{1152EI}$ $(-648Lx^2 + 192x^3 + 64L^2x + 389L^3)$

for $\dfrac{L}{3} \le x \le \dfrac{L}{2}$, $v(x) = -\dfrac{P}{144EIL}$ $(-72L^2x^2 + 12Lx^3 + 6x^4 + 5L^3x + 49L^4)$

for $\dfrac{L}{2} \le x \le L$, $\delta_A = \dfrac{3565PL^3}{10{,}368EI}$,

$$\delta_C = \frac{3109PL^3}{10{,}368EI}$$

9.4-3 $v = -M_0 x(L - x)^2/2LEI$, $\delta_{max} = 2M_0 L^2/27EI$ (downward)

9.4-4 $v(x) = -\dfrac{q}{48EI}(2x^4 - 12x^2L^2 + 11L^4)$,

$\theta_B = -\dfrac{qL^3}{3EI}$

9.4-5 See Table H-1, Case 10.

9.4-6 $v = -q_0x^2(45L^4 - 40L^3x + 15L^2x^2 - x^4)/360L^2EI$, $\delta_B = 19q_0L^4/360EI$, $\theta_B = q_0L^3/15EI$

9.4-7 $v = -q_0x(3L^5 - 5L^3x^2 + 3Lx^4 - x^5)/90L^2EI$, $\delta_{max} = 61q_0L^4/5760EI$

9.4-8 $v(x) = \dfrac{q_0}{120EIL}(x^5 - 5Lx^4 + 20L^3x^2 - 16L^5)$,

$\delta_{max} = \dfrac{2q_0L^4}{15EI}$

9.4-9 $v(x) = -\dfrac{qL^2}{16EI}(x^2 - L^2)$ for $0 \le x \le L$,

$v(x) = -\dfrac{q}{48EI}(-20L^3x + 27L^2x^2 - 12Lx^3 + 2x^4 + 3L^4)$ for $L \le x \le \dfrac{3L}{2}$,

$\delta_C = \dfrac{9qL^4}{128EI}, \theta_C = \dfrac{7qL^3}{48EI}$

9.4-10 $v(x) = -\dfrac{q_0L^2}{480EI}(-20x^2 + 19L^2)$ for $0 \le x \le \dfrac{L}{2}$,

$v(x) = -\dfrac{q_0}{960EIL}(80Lx^4 - 16x^5 - 120L^2x^3 + 40L^3x^2 - 25L^4x + 41L^5)$

for $\dfrac{L}{2} \le x \le L, \delta_A = \dfrac{19q_0L^4}{480EI}$,

$\theta_B = -\dfrac{13q_0L^3}{192EI}, \delta_C = \dfrac{7q_0L^4}{240EI}$

9.5-1 $b = 86.25$ mm, $h = 172.5$ mm

9.5-2 $\delta_{max} = 0.78$ mm

9.5-3 $P = 16.88$ N

9.5-4 $\delta_C = 5.9$ mm

9.5-5 $\delta_B = 0.03$ mm, $\theta_B = 4.9 \times 10^{-5}$ rad

9.5-6 $\delta_B = 0.764$ mm, $\theta_B = 4.02 \times 10^{-4}$ rad

9.5-7 $\theta_B = 7PL^2/9EI, \delta_B = 5PL^3/9EI$

9.5-8 (a) $\delta_1 = 11PL^3/144EI$;
(b) $\delta_2 = 25PL^3/384EI$;
(c) $\delta_1/\delta_2 = 88/75 = 1.173$

9.5-9 (a) $a/L = 2/3$; (b) $a/L = 1/2$

9.5-10 (a) $\delta_C = 6.25$ mm (upward);
(b) $\delta_C = 18.36$ mm (downward)

9.5-11 $y = Px^2(L - x)^2/3LEI$

9.5-12 $\theta_B = 7qL^3/162EI, \delta_B = 23qL^4/648EI$

9.5-13 $\delta_C = 3.76$ mm, $\delta_B = 12.12$ mm

9.5-14 (a) $M = PL/2$;
(b) $M = 5PL/24, \theta_B = PL^2/12EI$;
(c) $M = PL/8, \delta_B = -PL^3/24EI$

9.5-15 $\theta_A = \dfrac{PL^2}{9EI}CW$, $\theta_B = \theta_A$ but CCW

$\delta_{max} = \dfrac{23}{648}\dfrac{PL^3}{EI}$ at $x = \dfrac{L}{2}$

9.5-16 $\theta_A = \theta_B = \dfrac{PL^2}{81EI}CW$, $\delta_{max} = \dfrac{2\sqrt{6}}{2187}\dfrac{PL^3}{EI}$

9.5-17 $M = (19/180)q_0L^2$

9.5-18 (a) $\delta_A = PL^2(10L - 9a)/324EI$ (positive upward); (b) Upward when $a/L < 10/9$, downward when $a/L > 10/9$

9.5-19 (a) $\delta_C = PH^2(L + H)/3EI$;
(b) $\delta_{max} = PHL^2/9\sqrt{3}EI$

9.5-20 $\delta_C = 3.5$ mm

9.5-21 $\theta_B = q_0L^3/10EI, \delta_B = 13q_0L^4/180\,EI$

9.5-22 $\theta_A = q(L^3 - 6La^2 + 4a^3)/24EI$,
$\delta_{max} = q(5L^4 - 24L^2a^2 + 16a^4)/384EI$

9.5-23 (a) $P/Q = 9a/4L$;
(b) $P/Q = 8a(3L + a)/9L^2$;
(c) $P/qa = 9a/8L$ for $\delta_B = 0$,
$P/qa = a(4L + a)/3L^2$ for $\delta_D = 0$

9.5-24 $\delta = 19WL^3/31{,}104EI$

9.5-25 $k = 640$ N/m

9.5-26 $M_1 = 7800$ N·m, $M_2 = 4200$ N·m

9.5-27 $\delta = \dfrac{6Pb^3}{EI}$

9.5-28 $\delta_E = \dfrac{47Pb^3}{12EI}$

9.5-29 $\delta_C = 5.07$ mm

9.5-30 $\delta_C = 2.05$ mm downward

9.5-31 $\delta_B = 13.84$ mm, $\theta_A = 0.538°$

9.5-32 $q = 16cEI/7L^4$

9.5-33 $\delta_h = Pcb^2/2EI, \delta_v = Pc^2(c + 3b)/3EI$

9.5-34 $\delta = PL^2(2L + 3a)/3EI$

9.5-35 (a) $H_B = 0, V_B = \dfrac{M}{L}, V_C = -V_B$;
(b) $\theta_A = \dfrac{5ML}{6EI}, \theta_B = \dfrac{ML}{3EI}, \theta_C = \dfrac{-ML}{6EI}$,
$\theta_D = \theta_C$; (c) $\delta_A = (7/24)ML^2/EI$ (to the left), $\delta_D = (1/12)ML^2/EI$ (to the right);
(d) $L_{CD} = \dfrac{\sqrt{14}}{2}L = 1.871L$

9.5-36 (a) $H_B = 0, V_B = \dfrac{P}{3}, V_C = \dfrac{2P}{3}$;
(b) $\theta_A = \left(\dfrac{-4}{81}\right)\dfrac{ML}{EI}, \theta_B = \theta_A$,
$\theta_C = \left(\dfrac{5}{81}\right)\dfrac{ML}{EI}, \theta_D = \theta_C$;
(c) $\delta_A = -\theta_B\left(\dfrac{L}{2}\right) = \dfrac{2L^2M}{81EI}$ (to the right),
$\delta_D = \theta_C\left(\dfrac{L}{2}\right) = \dfrac{5L^2M}{162EI}$ (to the left);
(d) $L_{CD} = \dfrac{2\sqrt{5}L}{5} = 0.894L$

9.5-37 (a) $b/L = 0.403$;
(b) $\delta_C = 0.00287qL^4/EI$

9.5-38 $\alpha = 22.5°, 112.5°, -67.5°$, or $-157.5°$

9.5-39 $\delta_D = \dfrac{2}{9}\dfrac{PL^3}{EI} + \dfrac{wL^4}{8EI}, \theta_D = \dfrac{5}{18}\dfrac{PL^2}{EI} + \dfrac{wL^3}{6EI}$

9.5-40 $\delta_B = 113.6$ mm, $\theta_B = 0.0238$ rad

9.5-41 $M_A = \dfrac{14}{81}qL^2, \theta_A = \dfrac{2}{81}\dfrac{qL^3}{EI}CCW$

9.5-42 $M_A = \dfrac{16}{81}qL^2, \theta_A = \dfrac{qL^3}{27EI}CCW$

9.5-43 $d = 0.375\,L, \theta_A = 0.0635\dfrac{qL^3}{EI}CCW$

9.5-44 (a) $\delta_C = \dfrac{121}{1920}\dfrac{q_2L^4}{EI} - \dfrac{13}{960}\dfrac{q_1L^4}{EI}$ upward;
(b) $q_2 = \dfrac{26}{121}q_1$; (c) $\delta_C = \dfrac{19}{384}\dfrac{q_0L^4}{EI}$ upward

9.6-4 $\theta_B = 7qL^3/162EI, \delta_B = 23qL^4/648EI$

9.6-5 $\delta_B = 10.85$ mm, $\delta_C = 3.36$ mm

9.6-6 $\delta_B = 11.8$ mm, $\delta_C = 4.10$ mm

9.6-8 $P = 64$ kN

9.6-9 $\theta_A = M_0L/6EI, \theta_B = M_0L/3EI$,
$\delta = M_0L^2/16EI$

9.6-10 $\theta_A = Pa(L - a)(L - 2a)/6LEI$,
$\delta_1 = Pa^2(L - 2a)^2/6LEI, \delta_2 = 0$

9.6-11 $\theta_A = M_0L/6EI, \theta_B = 0, \delta = M_0L^2/27EI$ (downward)

9.7-1 (a) $\delta_B = PL^3(1 + 7I_1/I_2)/24EI_1$;
(b) $r = (1 + 7I_1/I_2)/8$

9.7-2 (a) $\delta_B = qL^4(1 + 15I_1/I_2)/128EI_1$;
(b) $r = (1 + 15I_1/I_2)/16$

9.7-3 (a) $\delta_C = -2.14$ mm (upward);
(b) $\delta_C = 18.08$ mm (downward)

9.7-4 $v = -qx(21L^3 - 64Lx^2 + 32x^3)/768EI$ for $0 \le x \le L/4$,
$v = -q(13L^4 + 256L^3x - 512Lx^3 + 256x^4)/12{,}288EI$ for $L/4 \le x \le L/2$,
$\theta_A = 7qL^3/256EI, \delta_{max} = 31qL^4/4096EI$

9.7-5 $\theta_A = 8PL^2/243EI, \delta_B = 8PL^3/729EI$,
$\delta_{max} = 0.01363PL^3/EI$

9.7-6 $v = -2Px(19L^2 - 27x^2)/729EI$ for $0 \le x \le L/3$,
$v = P(13L^3 - 175L^2x + 243Lx^2 - 81x^3)/1458EI$ for $L/3 \le x \le L$,
$\theta_A = 38PL^2/729EI, \theta_C = 34PL^2/729EI$,
$\delta_B = 32PL^3/2187EI$

9.7-7 $v = \dfrac{PL^3}{EI_A}\left[\dfrac{L}{2(L+x)} - \dfrac{3x}{8L} + \dfrac{1}{8} + \ln\left(\dfrac{L+x}{2L}\right)\right]$,
$\delta_A = \dfrac{PL^3}{8EI_A}(8\ln 2 - 5)$

9.7-8 $v = \dfrac{PL^3}{24EI_A}\left[7 - \dfrac{4L(2L + 3x)}{(L + x)^2} - \dfrac{2x}{L}\right]$,
$\delta_A = \dfrac{PL^3}{24EI_A}$

9.7-9 $v = \dfrac{8PL^3}{EI_A}\left[\dfrac{L}{2L+x} - \dfrac{2x}{9L} - \dfrac{1}{9} + \ln\left(\dfrac{2L+x}{3L}\right)\right]$,
$\delta_A = \dfrac{8PL^3}{EI_A}\left(\ln\dfrac{3}{2} - \dfrac{7}{18}\right)$

9.7-10 $v(x) = \frac{19{,}683PL^3}{2000EI_A}\left(\frac{81L}{81L+40x} + 2\ln\left(\frac{81}{121}+\frac{40x}{121L}\right) - \frac{6440x}{14{,}641L} - \frac{3361}{14{,}641}\right)$,

$\delta_A = \frac{19{,}683PL^3}{7{,}320{,}500EI_A}\left(-2820 + 14{,}641\ln\left(\frac{11}{9}\right)\right) = 0.317\frac{PL^3}{EI_A}$

9.7-11 $v(x) = -\frac{19{,}683PL^3}{2000EI_A}\left(\frac{81L}{81L+40x} + 2\ln\left(1+\frac{40x}{81L}\right) - \frac{6440x}{14{,}641L} - 1\right)$,

$\delta_B = \frac{19{,}683PL^3}{7{,}320{,}500EI_A}\left(-2820 + 14{,}641\ln\left(\frac{11}{9}\right)\right)$

9.7-12 (a) $v' = -\frac{qL^3}{16EI_A}\left[1 - \frac{8Lx^2}{(L+x)^3}\right]$ for $0 \le x \le L$,

$v = -\frac{qL^4}{2EI_A}\left[\frac{(9L^2+14Lx+x^2)x}{8L(L+x)^2} - \ln\left(1+\frac{x}{L}\right)\right]$ for $0 \le x \le L$;

(b) $\theta_A = \frac{qL^3}{16EI_A}$, $\delta_C = \frac{qL^4(3-4\ln 2)}{8EI_A}$

9.8-1 $U = 4bhL\sigma_{max}^2/45E$

9.8-2 (a) and; (b) $U = P^2L^3/96EI$; (c) $\delta = PL^3/48EI$

9.8-3 (a) and; (b) $U = \frac{q^2L^3}{15EI}$

9.8-4 (a) $U = 32EI\delta^2/L^3$; (b) $U = \pi^4EI\delta^2/4L^3$

9.8-5 (a) $U = P^2a^2(L+a)/6EI$; (b) $\delta_C = Pa^2(L+a)/3EI$; (c) $U = 56.2$ J, $\delta_C = 5.0$ mm

9.8-6 $U = \frac{L}{15{,}360EI}(17L^4q^2 + 280qL^2M_0 + 2560M_0^2)$

9.8-7 $\delta_B = 2PL^3/3EI + 8\sqrt{2}PL/EA$

9.9-2 $\delta_D = Pa^2b^2/3LEI$

9.9-3 $\delta_C = Pa^2(L+a)/3EI$

9.9-6 $\delta_C = L^3(2P_1 + 5P_2)/48EI$, $\delta_B = L^3(5P_1 + 16P_2)/48EI$

9.9-7 $\theta_A = 7qL^3/48EI$

9.9-8 $\delta_C = Pb^2(b+3h)/3EI$, $\theta_C = Pb(b+2h)/2EI$

9.9-9 $\delta_C = 31qL^4/4096EI$

9.9-10 $\theta_A = M_A(L+3a)/3EI$, $\delta_A = M_Aa(2L+3a)/6EI$

9.9-11 $\delta_C = Pa^2(L+a)/3EI + P(L+a)^2/kL^2$

9.9-12 $\delta_D = 37qL^4/6144EI$ (upward)

9.10-1 $\sigma_{max} = \sigma_{st}[1 + (1 + 2h/\delta_{st})^{1/2}]$

9.10-2 $\sigma_{max} = \sqrt{18WEh/AL}$

9.10-3 $\delta_{max} = 4.33$ mm, $\sigma_{max} = 102.3$ MPa

9.10-4 d = 281 mm

9.10-5 HE 320A

9.10-6 $h = 360$ mm

9.10-7 $R = \sqrt{3EII_m\omega^2/L^3}$

9.11-1 $v = -\alpha(T_2 - T_1)(x)(L-x)/2h$ (pos. upward), $\theta_A = \alpha L(T_2 - T_1)/2h$ (clockwise), $\delta_{max} = \alpha L^2(T_2 - T_1)/8h$ (downward)

9.11-2 $v = -\alpha(T_2 - T_1)(x^2)/2h$ (upward), $\theta_B = \alpha L(T_2 - T_1)/h$ (counterclockwise), $\delta_B = \alpha L^2(T_2 - T_1)/2h$ (upward)

9.11-3 $v(x) = \frac{\alpha(T_2 - T_1)(x^2 - L^2)}{2h}$, $\theta_C = \frac{\alpha(T_2 - T_1)(L+a)}{h}$ (counterclockwise), $\delta_C = \frac{\alpha(T_2 - T_1)(2La + a^2)}{2h}$ (upward)

9.11-4 (a) $\delta_{max} = \frac{\alpha T_0 L^3}{9\sqrt{3}h}$ (downward); (b) $\delta_{max} = \frac{\alpha T_0 L^4(2\sqrt{2}-1)}{48h}$ (downward)

9.11-5 (a) $\delta_{max} = \dfrac{\alpha T_0 L^3}{6h}$ (downward);

(b) $\delta_{max} = \dfrac{\alpha T_0 L^4}{12h}$ (downward);

(c) $\delta_{max} = \dfrac{\alpha T_0 L^3}{6h}$ (downward),

$\delta_{max} = \dfrac{\alpha T_0 L^4}{12h}$ (downward)

R-9.1 C

R-9.2 C

R-9.3 B

R-9.4 C

R-9.5 B

R-9.6 C

R-9.7 D

CHAPTER 10

10.3-1 (a) $R_A = 1163$ N, $R_B = 698$ N, $M_A = 814$ N·m; (b) $x_{zero} = 0.875$ m; (c) $\delta_{max} = 0.022$ mm, $\theta_B = 2.36 \times 10^{-3}$ rad

10.3-2 (a) $h = 257$ mm; (b) $\delta_0 = 1$ mm

10.3-3 $R_A = -R_B = 3M_0/2L$, $M_A = M_0/2$, $v = -M_0x^2(L-x)/4LEI$

10.3-4 $R_A = R_B = qL/2$, $M_A = M_B = qL^2/12$, $v = -qx^2(L-x)^2/24EI$

10.3-5 $R_A = R_B = 3EI\delta_B/L^3$, $M_A = 3EI\delta_B/L^2$, $v = -\delta_B x^2(3L-x)/2L^3$

10.3-6 $\theta_B = \dfrac{qL^3}{6(k_R L - EI)}$,

$\delta_B = -\dfrac{1}{8}qL^4 + \dfrac{k_R q L^5}{12(k_R L - EI)}$

10.3-7 $R_A = V(0) = \dfrac{9}{40}q_0 L$,

$R_B = -V(L) = \dfrac{11}{40}q_0 L$, $M_A = \dfrac{7}{120}q_0 L^2$

10.3-8 (a) $R_A = V(0) = \dfrac{7}{60}q_0 L$,

$R_B = -V(L) = \dfrac{13}{60}q_0 L$, $M_A = \dfrac{1}{30}q_0 L^2$,

$v = \dfrac{q_0}{360L^2EI}(-x^6 + 7L^3x^3 - 6q_0L^4x^2)$;

(b) $R_A = V(0) = 0.31q_0 L$

$= \left(\dfrac{2}{\pi} - 6\dfrac{\pi^2 - 4\pi + 8}{\pi^4}\right)q_0 L$,

$R_B = -V(L) = 0.327q_0 L$

$= \left(6\dfrac{\pi^2 - 4\pi + 8}{\pi^4}\right)q_0 L$,

$M_A = -2q_0L^2\dfrac{\pi^2 - 12\pi + 24}{\pi^4}$,

$v = \dfrac{1}{EI} \times$

$$\left[-q_0\left(\frac{2L}{\pi}\right)^4 \sin\left(\frac{\pi x}{2L}\right) - 6q_0L\frac{\pi^2 - 4\pi + 8}{\pi^4}\frac{x^3}{6} + 2q_0L^2\frac{\pi^2 - 12\pi + 24}{\pi^4}\frac{x^2}{2} + q_0\left(\frac{2L}{\pi}\right)^3 x\right]$$

10.3-9 (a) $R_A = \dfrac{61Lq_0}{120}$,

$M_A = \dfrac{11L^2q_0}{120}$,

$R_B = \dfrac{19Lq_0}{120}$,

$v(x) = -\dfrac{q_0x^2(33L^4 - 61L^3x + 30L^2x^2 - 2x^4)}{720EIL^2}$;

(b) $R_A = \dfrac{48Lq_0}{\pi^4}$,

$R_B = \displaystyle\int_0^L q(x)dx - R_A = \frac{2Lq_0}{\pi} - \frac{48Lq_0}{\pi^4}$,

$M_A = \displaystyle\int_0^L q(x)x dx - R_B L = \frac{2L^2q_0(\pi - 2)}{\pi^2} - L\left(\frac{2Lq_0}{\pi} - \frac{48Lq_0}{\pi^4}\right)$,

$v(x) = \dfrac{16L^4q_0 - 24L^2q_0x^2 + 8Lq_0x^3 - 16L^4q_0\cos\left(\frac{\pi x}{2L}\right)}{\pi^4 EI}$

10.3-10 (a) $R_A = V(0) = \dfrac{24}{\pi^4}q_0 L$,

$R_B = -V(L) = -\dfrac{24}{\pi^4}q_0 L$,

$$M_A = \left(\frac{12}{\pi^4} - \frac{1}{\pi^2}\right) q_0 L^2 \text{ (counterclockwise)},$$

$$M_B = \left(\frac{12}{\pi^4} - \frac{1}{\pi^2}\right) q_0 L^2 \text{ (counterclockwise)},$$

$$v = \frac{1}{\pi^4 EI}\left[- q_0 L^4 cos\left(\frac{\pi x}{L}\right) + 4q_0 L x^3 - 6q_0 L^2 x^2 + q_0 L^4\right];$$

(b) $R_A = R_B = q_0 L/\pi$, $M_A = M_B = 2q_0 L^2/\pi^3$,
$v = -q_0 L^2 (L^2 \sin \pi x/L + \pi x^2 - \pi L x)/\pi^4 EI$

10.3-11 (a) $R_A = V(0) = \dfrac{48(4 - \pi)}{\pi^4} q_0 L,$

$$R_B = -V(L) = \left(\frac{2}{\pi} - \frac{48(4 - \pi)}{\pi^4}\right) q_0 L,$$

$$M_A = -q_0 \left(\frac{2L}{\pi}\right)^2 + \frac{16(6 - \pi)}{\pi^4} q_0 L^2,$$

$$M_B = -\frac{32(\pi - 3)}{\pi^4} q_0 L^2,$$

$$v = \frac{1}{\pi^4 EI}\left[-16 q_0 L^4 \cos\left(\frac{\pi x}{2L}\right) + 8(4 - \pi) q_0 L x^3 - 8(6 - \pi) q_0 L^2 x^2 + 16 q_0 L^4\right];$$

(b) $R_A = V(0) = \dfrac{13}{30} q_0 L,$

$$R_B = -V(L) = \frac{7}{30} q_0 L,$$

$$M_A = \frac{1}{15} q_0 L^2 \text{ (counterclockwise)},$$

$$M_B = -\frac{1}{20} q_0 L^2 \text{ (counterclockwise)},$$

$$v = \frac{q_0}{360 L^2 EI}[x^6 - 15L^2 x^4 + 26 L^3 x^3 - 12 L^4 x^2]$$

10.3-12 $R_A = V(0) = \dfrac{3}{20} q_0 L,$

$$R_B = -V(L) = \frac{7}{20} q_0 L,$$

$$M_A = \frac{1}{30} q_0 L^2,$$

$$v = \frac{1}{120 LEI}(-q_0 x^5 + 3q_0 L x^3 - 2q_0 L^2 x^2)$$

10.3-13 $R_A = -R_B = 3M_0/2L$,
$M_A = -M_B = M_0/4$,
$v = -M_0 x^2 (L - 2x)/8LEI$ for
$0 \le x \le L/2$

10.3-14 $R_B = -\dfrac{9}{8}\dfrac{M_0}{L}$, $R_A = \dfrac{9}{8}\dfrac{M_0}{L}$, $M_A = \dfrac{1}{8} M_0$,

$$v = \frac{1}{EI}\left(\frac{9M_0}{48L} x^3 - \frac{M_0}{16} x^2\right)\left(0 \le x \le \frac{L}{2}\right),$$

$$v = \frac{1}{EI} \times \left(\frac{9M_0}{48L} x^3 - \frac{9M_0}{16} x^2 + \frac{M_0 L}{2} x - \frac{M_0 L^2}{8}\right)\left(\frac{L}{2} \le x \le L\right)$$

10.3-15 $q = 8.6$ kN/m

10.3-16 $q = 2.95 \dfrac{\text{kN}}{\text{m}}$

10.4-1 (a) $R_A = R_C = 261$ N, $R_B = 870$ N;
(b) $\delta_{AB} = -0.06$ mm

10.4-2 $R_A = 1.76$ kN, $M_A = 2.4$ kN·m,
$R_B = 3.24$ kN, $M_B = 3.6$ kN·m,
$\delta_C = 0.0674$ mm

10.4-3 (a) $R_A = 2.02$ kN, $M_A = 1.385$ kN·m,
$R_B = 0.68$ kN, $M_B = 0.802$ kN·m;
(b) $\delta_{max} = 5.98$ mm at $x = 0.466L = 2.1$ m;
(c) $R_A = R_B = 2.25$ kN,
$M_A = -M_B = 1.688$ kN·m

10.4-4 $R_A = 375$ N, $M_A = 225$ N·m, $R_B = 225$ N

10.4-5 $R_A = Pb(3L^2 - b^2)/2L^3$,
$R_B = Pa^2(3L - a)/2L^3$, $M_A = Pab(L + b)/2L^2$

10.4-6 $R_A = qL$, $M_A = \dfrac{qL^2}{3}$, $M_B = \dfrac{qL^2}{6}$

10.4-7 $R_A = -\dfrac{1}{8} qL$, $R_B = \dfrac{17}{8} qL$, $M_A = -\dfrac{1}{8} qL^2$

10.4-8 (a) $R_A = M_0/3L$, $H_A = -4M_0/3L$,
$R_B = -R_A$, $R_C = -H_A$;
(b) $\theta_A = -M_0 L/18EI$, $\theta_B = M_0 L/9EI$,
$\theta_C = \theta_A$; (c) $L_{BC} = 2L$

10.4-9 (a) $R_A = \dfrac{4M_0}{3L}$, $H_A = \dfrac{2M_0}{3L}$, $R_B = -\dfrac{4M_0}{3L}$,

$R_C = -\dfrac{2M_0}{3L}$; (b) $\theta_A = \dfrac{5}{18}\dfrac{M_0 L}{EI}$,

$\theta_B = \dfrac{-M_0 L}{18EI}$, $\theta_C = \dfrac{M_0 L}{36EI}$;

(c) $L_{AB} = 2.088L$

10.4-10 (a) $R_A = \dfrac{M_0}{L} + \dfrac{M_0 k_R}{2(3EI + Lk_R)}$,

$R_B = -R_A, M_B = \dfrac{LM_0 k_R}{6EI + 2Lk_R}(CCW)$;

(b) $\theta_A = \dfrac{LM_0}{4EI} + \dfrac{LM_0}{4(3EI + Lk_R)}$

For k_R goes to zero:

$\theta_A = \dfrac{LM_0}{4EI} + \dfrac{LM_0}{4(3EI)} = \dfrac{LM_0}{3EI}$

For k_R goes to infinity: $\theta_A = \dfrac{M_0 L}{4EI}$

For k_R goes to $6EI/L$:

$\theta_A = \dfrac{LM_0}{4EI} + \dfrac{LM_0}{4\left[3EI + L\left(\dfrac{6EI}{L}\right)\right]} = \dfrac{5LM_0}{18EI}$

10.4-11 (a) $H_A = \dfrac{3}{2}\dfrac{M_0}{L}$,

$H_B = 0, V_B = 0, V_C = 0, H_D = -H_A$;

(b) $\theta_A = \dfrac{-M_0 L}{16EI}, \theta_D = -\theta_A$,

$\theta_B = \dfrac{M_0 L}{8EI}, \theta_C = -\theta_B$;

(c) $H_A = \dfrac{M_0}{L}, H_B = -2\dfrac{M_0}{L}, V_B = \dfrac{M_0}{L}$,

$V_C = \dfrac{-M_0}{L}, H_D = H_A, \theta_A = \dfrac{-M_0 L}{24EI}$,

$\theta_D = \theta_A, \theta_B = \dfrac{M_0 L}{12EI}, \theta_C = \theta_B$

10.4-12 $t_{AB}/t_{CD} = L_{AB}/L_{CD}$

10.4-13 $R_A = \dfrac{7}{12}qL, R_B = \dfrac{17}{12}qL, M_A = \dfrac{7}{12}qL^2$

10.4-14 $R_A = 2qL, M_B = \dfrac{7}{12}qL^2$

10.4-15 $R_A = R_B = q_0L/4, M_A = M_B = 5q_0L^2/96$

10.4-16 $R_A = qL/8, R_B = 33qL/16, R_C = 13qL/16$

10.4-17 $R_A = 11/17\ P = 5.18$ kN (downward), $R_B = R_A + P = 13.18$ kN (upward), $M_A = 5/34\ PL = 3.53$ kN·m (clockwise)

10.4-18 $R_B = 6.44$ kN

10.4-19 $R_A = 174$ N, $R_B = 43.5$ N, $M_A = 87$ N·m

10.4-20 (a) $R_A = R_B = 45$ kN, $M_A = -M_B = 35$ kN·m; (b) $h = 167.1$ mm

10.4-21 $R_A = -159.6$ N, $R_B = -679$ N, $M_A = -347$ N·m, $M_B = -669$ N·m

10.4-22 $R_A = 33$ kN, $R_B = 17$ kN, $M_A = 25.3$ kN·m

10.4-23 (a) The tension force in the tie rod = $R_D = 2.12$ kN; (b) $R_A = 4.78$ kN, $M_A = 3.74$ kN·m

10.4-24 $R_A = 31qL/48, R_B = 17qL/48, M_A = 7qL^2/48$

10.4-25 (a) $R_A = -23P/17, R_D = R_E = 20P/17$, $M_A = 3PL/17$; (b) $M_{max} = PL/2$

10.4-26 $R_A = R_D = 2qL/5, R_B = R_C = 11qL/10$

10.4-27 $M_B(q) = (-1/2)(q)$ for $q \le 48$ kN/m, $M_B(q) = (-q/8) - 18$ for $q \ge 48$ kN/m

10.4-28 $R_A = \dfrac{19}{128}q_0L, R_C = -\dfrac{19}{128}q_0L$,

$M_A = \dfrac{3}{128}q_0L^2, V_{max} = \dfrac{19}{128}q_0L$,

$M_{max} = 0.0147q_0L^2$

10.4-29 $R_A = 109.3$ N, $R_B = 21.2$ N, $M_A = 80.3$ N·m

10.4-30 $R_A = -R_B = 6M_0ab/L^3$, $M_A = M_0b(3a - L)/L^2$, $M_B = -M_0a(3b - L)/L^2$

10.4-31 $\sigma = 3.14$ MPa

10.4-32 $(M_{AB})_{max} = 121qL^2/2048 = 6.05$ kN·m; $(M_{CD})_{max} = 5qL^2/64 = 8.0$ kN·m

10.4-33 $F = 14.47$ kN, $M_{AB} = 26.0$ kN·m, $M_{DE} = 9.66$ kN·m

10.4-34 $k = 48EI(6 + 5\sqrt{2})/7L^3 = 89.63EI/L^3$

10.4-35 (a) $V_A = V_C = 3P/32, H_A = P$, $M_A = 13PL/32$; (b) $M_{max} = 13PL/32$

10.4-36 $H_A = \dfrac{-29}{64}P, H_C = \dfrac{-35}{64}P, M_{max} = \dfrac{29}{128}PL$

10.4-37 $R_A = 12.53$ kN, $R_B = 12.45$ kN, $R_C = 0.026$ kN

10.4-38 (a) $M_A = M_B = qb(3L^2 - b^2)/24L$; (b) $b/L = 1.0, M_A = qL^2/12$; (c) For $a = b = L/3, (M_{max})_{pos} = 19qL^2/648$

10.4-39 (a) $d_2/d_1 = \sqrt[4]{8} = 1.682$; (b) $M_{max} = qL^2(3 - 2\sqrt{2})/2 = 0.08579qL^2$; (c) Point C is below points A and B by the amount $0.01307qL^4/EI$

10.4-40 $M_{max} = 19q_0L^2/256, \sigma_{max} = 13.4\text{ MPa}$, $\sigma_{max} = 19q_0L^4/7680EI = 0.00891\text{ mm}$

10.4-41 $M_A = \dfrac{2}{27}qL^2$

10.4-42 $M_A = \dfrac{4}{81}qL^2$

10.4-43 (a) $V_{max} = \dfrac{4}{3}P, M_{max} = -\dfrac{PL}{3}$;

(b) $V_{max} = \dfrac{-17}{27}P, M_{max} = -\dfrac{10}{81}PL$

10.5-1 $S = \dfrac{243E_SE_WIAH\alpha(\Delta T)}{4AL^3E_S + 243IHE_W}$

10.5-2 (a) $R_A = -\dfrac{\alpha(T_2 - T_1)L^2}{2h}\left(\dfrac{3EIk}{3EI + L^3k}\right)$,

$R_B = \dfrac{\alpha(T_2 - T_1)L^2}{2h}\left(\dfrac{3EIk}{3EI + L^3k}\right)$,

$M_A = R_BL = \dfrac{\alpha(T_2 - T_1)L^3}{2h}\left(\dfrac{3EIk}{3EI + L^3k}\right)$;

(b) $R_A = -R_B = -\dfrac{3EI\alpha(T_2 - T_1)}{2hL}$ (upward),

$R_B = \dfrac{3EI\alpha(T_2 - T_1)}{2hL}$ (downward),

$M_A = R_BL = \dfrac{3EI\alpha(T_2 - T_1)}{2h}$ (counterclockwise)

10.5-3 $R_A = -R_B = -\dfrac{\alpha(T_2 - T_1)L^2}{2h}\left(\dfrac{3EIk}{3EI + L^3k}\right)$ (upward),

$R_B = \dfrac{\alpha(T_2 - T_1)L^2}{2h}\left(\dfrac{3EIk}{3EI + L^3k}\right)$ (downward),

$M_A = R_BL = \dfrac{\alpha(T_2 - T_1)L^3}{2h}\left(\dfrac{3EIk}{3EI + L^3k}\right)$ (counterclockwise)

10.5-4 (a) $R_B = -\dfrac{\alpha(T_1 - T_2)L^2}{h}\left(\dfrac{6EIk}{36EI + L^3k}\right)$ (downward),

$R_A = -\dfrac{1}{4}R_B = \dfrac{\alpha(T_1 - T_2)L^3}{2h}\left(\dfrac{3EIk}{36EI + L^3k}\right)$ (upward),

$R_C = -\dfrac{3}{4}R_B = \dfrac{\alpha(T_1 - T_2)L^2}{2h}\left(\dfrac{9EIk}{36EI + L^3k}\right)$ (upward);

(b) $R_B = -\dfrac{6EI\alpha(T_1 - T_2)}{Lh}$ (downward),

$R_A = \dfrac{3EI\alpha(T_1 - T_2)}{2Lh}$ (upward),

$R_C = \dfrac{9EI\alpha(T_1 - T_2)}{2Lh}$ (upward)

10.5-5 $R_B = -\dfrac{\alpha(T_1 - T_2)L^2}{h}\left(\dfrac{6EIk}{36EI + L^3k}\right)$ (downward),

$R_A = -\dfrac{1}{4}R_B = \dfrac{\alpha(T_1 - T_2)L^2}{2h}\left(\dfrac{3EIk}{36EI + L^3k}\right)$ (upward)

$R_C = -\dfrac{3}{4}R_B = \dfrac{\alpha(T_1 - T_2)L^2}{2h}\left(\dfrac{9EIk}{36EI + L^3k}\right)$ (upward)

10.6-1 (a) $H = \pi^2EA\delta^2/4L^2$, $\sigma_t = \pi^2E\delta^2/4L^2$;

(b) $\sigma_t = 4.32, 1.08, \text{ and } 0.48\text{ MPa}$

10.6-2 (a) $\lambda = 17q^2L^7/40{,}320E^2I^2$, $\sigma_b = qhL^2/16I$;

(b) $\sigma_t = 17q^2L^6/40{,}320EI^2$;

(c) $\lambda = 0.01112\text{ mm}, \sigma_b = 117.2\text{ MPa}$, $\sigma_t = 0.741\text{ MPa}$

R-10.1 B

R-10.2 B

R-10.3 B

R-10.4 D

R-10.5 B

R-10.6 D

R-10.7 A

CHAPTER 11

11.2-1 $P_{cr} = \beta_R / L$

11.2-2 (a) $P_{cr} = \dfrac{\beta a^2 + \beta_R}{L}$; (b) $P_{cr} = \dfrac{\beta a^2 + 2\beta_R}{L}$

11.2-3 $P_{cr} = 9.44$ kN

11.2-4 $P_{cr} = 10$ kN

11.2-5 $P_{cr} = 6\beta_R / L$

11.2-6 $P_{cr} = 1.688$ kN

11.2-7 $P_{cr} = 4.58$ kN

11.2-8 (a) $P_{cr} = \dfrac{(L - a)(\beta a^2 + \beta_R)}{aL}$;
(b) $P_{cr} = \dfrac{\beta L^2 + 20\beta_R}{4L}$

11.2-9 $P_{cr} = \dfrac{3\beta_R}{L}$

11.2-10 $P_{cr} = \dfrac{3}{5}\beta L$

11.2-11 $P_{cr} = \dfrac{7}{4}\beta L$

11.2-12 $P_{cr} = \dfrac{9}{8}\beta L$

11.2-13 $P_{cr} = \dfrac{9}{5}\dfrac{\beta_R}{L}$

11.2-14 $P_{cr1} = 30.2$ kN, $P_{cr2} = 84.6$ kN

11.2-15 $P_{cr1} = 243$ kN, $P_{cr2} = 932$ kN

11.2-16 $P_{cr1} = \beta L$, $P_{cr2} = \dfrac{9}{4}\beta L$

11.3-1 $P_{allow} = 542$ kN

11.3-2 HE 160B

11.3-3 (a) $P_{cr} = 465$ kN; (b) $P_{cr} = 169.5$ kN

11.3-4 (a) $P_{cr} = 176.7$ kN; (b) $P_{cr} = 10.86$ kN

11.3-5 (a) $P_{cr} = 319$ kN; (b) $P_{cr} = 120.1$ kN

11.3-6 $M_{allow} = 1143$ kN·m

11.3-7 $P_{allow} = 220$ kN

11.3-8 $P_{crY} = 339$ kN

11.3-9 (a) $P_{cr} = 223$ kN; (b) $d = 118.3$ mm

11.3-10 (a) $P_{cr} = 97.5$ kN; (b) $d = 86.9$ mm

11.3-11 $Q_{allow} = 109.8$ kN

11.3-12 (a) $Q_{cr} = \dfrac{\pi^2 EI}{L^2}$; (b) $Q_{cr} = \dfrac{2\pi^2 EI}{9L^2}$

11.3-13 (a) $Q_{cr} = \dfrac{2\pi^2 EI}{L^2}$; (b) $M_{cr} = \dfrac{3d\pi^2 EI}{L^2}$

11.3-14 $\Delta T = \pi^2 I / \alpha A L^2$

11.3-15 $h/b = 2$

11.3-16 (a) $P_{cr} = 3\pi^3 E r^4 / 4L^2$;
(b) $P_{cr} = 11\pi^3 E r^4 / 4L^2$

11.3-17 $P_1 : P_2 : P_3 = 1.000 : 1.047 : 1.209$

11.3-18 $P_{allow} = 710$ kN

11.3-19 $F_{allow} = 164$ kN

11.3-20 $W_{max} = 124$ kN

11.3-21 $t_{min} = 4.53$ mm

11.3-22 $P_{cr} = 426$ kN

11.3-23 $W_{cr} = 203$ kN

11.3-24 $\theta = \arctan 0.5 = 26.57°$

11.3-25 (a) $q_{max} = 1.045$ kN/m; (b) $I_{b,min} = 2411$ cm^4;
(c) $s = 70$ mm, 869 mm

11.3-26 $P_{cr} = 3.56$ kN

11.3-27 $P_{cr} = 70.3$ kN

11.4-1 $P_{cr} = 756$ kN

11.4-2 $t_{min} = 4.98$ mm

11.4-3 $P_{cr} = 831$ kN, 208 kN, 1700 kN, 3330 kN

11.4-4 $P_{cr} = 62.2$ kN, 15.6 kN, 127 kN, 249 kN

11.4-5 $P_{allow} = 323$ kN, 80.7 kN, 661 kN, 1292 kN

11.4-6 $P_{allow} = 6.57$ kN, 1.64 kN, 13.45 kN, 26.3 kN

11.4-7 $P_{cr} = 295$ kN

11.4-8 $T_{allow} = 18.1$ kN

11.4-9 (a) $Q_{cr} = 13.41$ kN;
(b) $Q_{cr} = 35.8$ kN, $a = 0$

11.4-10 $P_{cr} = 447$ kN, 875 kN, 54.7 kN, 219 kN

11.4-11 $P_{cr} = 4\pi^2 EI / L^2$, $v = \delta(1 - \cos 2\pi x / L)/2$

11.4-12 $L_{max} = 4.2$ m

11.4-13 $P_{max} = 242$ kN

11.4-14 (a) $P_{cr} = 17.4$ kN, (b) $d = 72.4$ mm

11.4-15 $t_{min} = 7.8$ mm

11.4-16 $t_{min} = 10.0$ mm

11.4-17 (b) $P_{cr} = 413.89EI/L^2$

11.5-1 $\delta = 5.98$ mm, $M_{max} = 231$ N·m

11.5-2 $\delta = 8.87$ mm, $M_{max} = 2.03$ kN·m

11.5-3 $L = 4.8$ m

11.5-4 $b = 11.07$ mm, $h = 16.61$ mm

11.5-5 For $P = 0.3P_{cr}$: $M/Pe = 1.162(\sin 1.721x/L) + \cos 1.721x/L$

11.5-6 $P = 583.33\{\arccos[5/(5 + \delta)]\}^2$, in which P = kN and δ = mm; $P = 884$ kN when $\delta = 10$ mm

11.5-7 $P = 163.61\{\arccos[5/(5 + \delta)]\}^2$, in which P = kN and δ = mm; $P = 248$ kN when $\delta = 10$ mm

11.5-8 $P_{allow} = 57.9$ kN

11.5-9 $L_{max} = 3.91$ m

11.5-10 $L_{max} = 3.69$ m

11.5-11 $\delta = e(\sec kL - 1)$, $M_{max} = Pe \sec kL$

11.5-12 $L_{max} = 2.21$ m

11.5-13 $L_{max} = 3.86$ m

11.5-14 $T_{max} = 8.29$ kN

11.5-15 (a) $q_0 = 3.33$ kN/m; (b) $M_{max} = 4.23$ kN·m, ratio $= 0.47$

11.6-1 (a) $\sigma_{max} = 116.8$ MPa; (b) $L_{max} = 1.367$ m

11.6-2 $P_{allow} = 37.2$ kN

11.6-3 $b_{min} = 106.3$ mm

11.6-4 (a) $\sigma_{max} = 38.8$ MPa; (b) $L_{max} = 5.03$ m

11.6-5 (a) $\sigma_{max} = 63.7$ MPa; (b) $P_{allow} = 18.98$ kN

11.6-6 $d_2 = 131$ mm

11.6-7 $L = 5.2$ m

11.6-8 $\sigma_{max} = 212$ MPa

11.6-9 (a) $\sigma_{max} = 66.5$ MPa; (b) $P_{allow} = 779$ kN

11.6-10 (a) $\sigma_{max} = 94.3$ MPa; (b) $L_{max} = 4.05$ m

11.6-11 (a) $\sigma_{max} = 68.6$ MPa; (b) $P_{allow} = 268$ kN

11.6-12 (a) $\sigma_{max} = 56.6$ MPa; (b) $n = 2.54$

11.6-13 (a) $\sigma_{max} = 96.1$ MPa; (b) $n = 3.06$

11.6-14 (a) $\sigma_{max} = 98.9$ MPa; (b) $P_2 = 459$ kN

11.6-15 (a) $\sigma_{max} = 100.2$ MPa; (b) $n = 2.24$

11.6-16 (a) $\sigma_{max} = 120.4$ MPa; (b) $P_2 = 113.5$ kN

R-11.1 D

R-11.2 B

R-11.3 D

R-11.4 A

R-11.5 D

R-11.6 A

R-11.7 B

R-11.8 B

R-11.9 B

R-11.10 C

R-11.11 D

APPENDIX D

D.2-2 $\bar{x} = \bar{y} = 5a/12$

D.2-3 $\bar{y} = 27.5$ mm

D.2-4 $2c^2 = ab$

D.2-5 $\bar{y} = 340$ mm

D.2-6 $\bar{y} = 52.5$ mm

D.2-7 $\bar{x} = 24.5$ mm, $\bar{y} = 49.5$ mm

D.2-8 $\bar{x} = 137$ mm, $\bar{y} = 132$ mm

D.3-6 $I_x = 518 \times 10^3$ mm^4

D.3-7 $I_x = 13.55 \times 10^6$ mm^4, $I_y = 4.08 \times 10^6$ mm^4

D.3-8 $I_x = I_y = 194.6 \times 10^6$ mm^4, $r_x = r_y = 80.1$ mm

D.3-9 $I_1 = 61{,}390$ cm^4, $I_2 = 9455$ cm^4, $r_1 = 18.90$ cm, $r_2 = 7.42$ cm

D.4-1 $I_b = 72{,}113 \text{ cm}^4$

D.4-2 $I_c = 11a^4/192$

D.4-3 $I_{xc} = 2.82 \times 10^6 \text{ mm}^4$

D.4-4 $I_2 = 405 \times 10^3 \text{mm}^4$

D.4-5 $I_{xc} = 204{,}493 \text{ cm}^4$, $I_{yc} = 14{,}863 \text{ cm}^4$

D.4-6 $I_{xc} = 106 \times 10^6 \text{ mm}^4$

D.4-7 $I_{xc} = 656 \text{ cm}^4$, $I_{yc} = 237 \text{ cm}^4$

D.4-8 $b = 250 \text{mm}$

D.5-1 $I_P = \text{bh}(b^2 + 12h^2)/48$

D.5-2 $(I_P)_C = r^4(9\alpha^2 - 8\sin^2\alpha)/18\alpha$

D.5-3 $I_P = 32{,}966 \text{ cm}^4$

D.5-4 $I_P = \text{bh}(b^2 + h^2)/24$

D.5-5 $(I_P)_C = r^4(176 - 84\pi + 9\pi^2)/[72(4 - \pi)]$

D.6-2 $I_{xy} = r^4/24$

D.6-3 $b = 2r$

D.6-4 $I_{xy} = t^2(2b^2 - t^2)/4$

D.6-5 $I_{12} = -540 \text{ cm}^4$

D.6-6 $I_{xy} = 24.3 \times 10^6 \text{ mm}^4$

D.6-7 $I_{xcyc} = -230 \text{ cm}^4$

D.7-1 $I_{x1} = I_{y1} = b^4/12$, $I_{x1y1} = 0$

D.7-2 $I_{x1} = \dfrac{b^3h^3}{6(b^2 + h^2)}$, $I_{y1} = \dfrac{bh(b^4 + h^4)}{12(b^2 + h^2)}$,
$I_{x1y1} = \dfrac{b^2h^2(h^2 - b^2)}{12(b^2 + h^2)}$

D.7-3 $I_d = 14{,}696 \text{ cm}^4$

D.7-4 $I_{x1} = 12.44 \times 10^6 \text{ mm}^4$,
$I_{y1} = 9.68 \times 10^6 \text{ mm}^4$,
$I_{x1y1} = 6.03 \times 10^6 \text{ mm}^4$

D.7-5 $I_{x1} = 480.2 \text{ cm}^4$, $I_{y1} = 145.8 \text{ cm}^4$,
$I_{x1y1} = 181.2 \text{ cm}^4$

D.7-6 $I_{x1} = 8.75 \times 10^6 \text{ mm}^4$,
$I_{y1} = 1.02 \times 10^6 \text{ mm}^4$,
$I_{x1y1} = -0.356 \times 10^6 \text{ mm}^4$

D.8-1 (a) $c = \sqrt{a^2 - b^2}/2$; (b) $a/b = \sqrt{5}$;
(c) $1 \leq a/b < \sqrt{5}$

D.8-2 Shows that two different sets of principal axes exist at each point.

D.8-3 $\theta_{p1} = -29.9°$, $\theta_{p2} = 60.1°$,
$I_1 = 121.5 \times 10^6 \text{ mm}^4$, $I_2 = 34.7 \times 10^6 \text{ mm}^4$

D.8-4 $\theta_{p1} = -8.54°$, $\theta_{p2} = 81.46°$,
$I_1 = 17.24 \times 10^6 \text{ mm}^4$,
$I_2 = 4.88 \times 10^6 \text{ mm}^4$

D.8-5 $\theta_{p1} = 37.7°$, $\theta_{p2} = 127.7°$,
$I_1 = 5.87 \times 10^6 \text{ mm}^4$, $I_2 = 0.714 \times 10^6 \text{ mm}^4$

D.8-6 $\theta_{p1} = 32.63°$, $\theta_{p2} = 122.63°$,
$I_1 = 8.76 \times 10^6 \text{ mm}^4$, $I_2 = 1.00 \times 10^6 \text{ mm}^4$

D.8-7 $\theta_{p1} = 16.85°$, $\theta_{p2} = 106.85°$, $I_1 = 0.2390b^4$,
$I_2 = 0.0387b^4$

D.8-8 $\theta_{p1} = 74.08°$, $\theta_{p2} = -15.92°$,
$I_1 = 8.29 \times 10^6 \text{ mm}^4$, $I_2 = 1.00 \times 10^6 \text{ mm}^4$

D.8-9 $\theta_{p1} = 75.3°$, $\theta_{p2} = -14.7°$,
$I_1 = 6.28 \times 10^6 \text{ mm}^4$, $I_2 = 0.66 \times 10^6 \text{ mm}^4$

찾아보기

한글 찾아보기

ㅇ

ㅍ

ㅎ

영어 찾아보기

A

B

C

N

O

P

R

S

Table I-3

Mechanical Properties

Material	Yield Stress σ_Y	Ultimate Stress σ_U	Percent Elongation (25 mm gage length)
	MPa	MPa	
Aluminum alloys	35–500	100–550	1–45
2014-T6	410	480	13
6061-T6	270	310	17
7075-T6	480	550	11
Brass	70–550	200–620	4–60
Bronze	82–690	200–830	5–60
Cast iron (tension)	120–290	69–480	0–1
Cast iron (compression)		340–1400	
Concrete (compression)		10–70	
Copper and copper alloys	55–760	230–830	4–50
Glass		30–1000	0
Plate glass		70	
Glass fibers		7000–20,000	
Magnesium alloys	80–280	140–340	2–20
Monel (67% Ni, 30% Cu)	170–1100	450–1200	2–50
Nickel	100–620	310–760	2–50
Plastics			
Nylon		40–80	20–100
Polyethylene		7–28	15–300
Rock (compression)			
Granite, marble, quartz		50–280	
Limestone, sandstone		20–200	
Rubber	1–7	7–20	100–800
Steel			
High-strength	340–1000	550–1200	5–25
Machine	340–700	550–860	5–25
Spring	400–1600	700–1900	3–15
Stainless	280–700	400–1000	5–40
Tool	520	900	8
Steel, structural	200–700	340–830	10–40
ASTM-A36	250	400	30
ASTM-A572	340	500	20
ASTM-A514	700	830	15

Table I-3 (Continued)

Mechanical Properties

Material	Yield Stress σ_Y	Ultimate Stress σ_U	Percent Elongation (25 mm gage length)
	MPa	MPa	
Steel wire	280–1000	550–1400	5–40
Titanium alloys	760–1000	900–1200	10
Tungsten		1400–4000	0–4
Wood (bending)			
Douglas fir	30–50	50–80	
Oak	40–60	50–100	
Southern pine	40–60	50–100	
Wood (compression parallel to grain)			
Douglas fir	30–50	40–70	
Oak	30–40	30–50	
Southern pine	30–50	40–70	

Table I-4

Coefficients of Thermal Expansion

Material	Coefficient of Thermal Expansion α
	$10^{-6}/°C$
Aluminum alloys	23
Brass	19.1–21.2
Bronze	18–21
Cast iron	9.9–12
Concrete	7–14
Copper and copper alloys	16.6–17.6
Glass	5–11
Magnesium alloys	26.1–28.8
Monel (67% Ni, 30% Cu)	14
Nickel	13

Material	Coefficient of Thermal Expansion α
	$10^{-6}/°C$
Plastics	
Nylon	70–140
Polyethylene	140–290
Rock	5–9
Rubber	130–200
Steel	10–18
High-strength	14
Stainless	17
Structural	12
Titanium alloys	8.1–11
Tungsten	4.3